Vollhardt

Organische Chemie

Vertrieb:

VCH Verlagsgesellschaft, Postfach 10 11 61, D-6940 Weinheim (Bundesrepublik Deutschland)

Schweiz: VCH Verlags-AG, Postfach, CH-4020 Basel (Schweiz)

United Kingdom und Irland: VCH Publishers (UK) Ltd., 8 Wellington Court, Wellington Street, Cambridge CB1 1 HW (England)

USA and Canada: VCH Publishers, Suite 909, 220 East 23rd Street, New York, NY 10010-4606 (USA)

ISBN 3-527-26912-6

K. Peter C. Vollhardt

Organische Chemie

übersetzt von

Holger Butenschön
Barbara Elvers
Karin von der Saal

Titel der Originalausgabe: Organic Chemistry.
First published in the United States by
W. H. FREEMAN AND COMPANY, New York and Oxford

Prof. K. Peter C. Vollhardt
Dept. of Chemistry
University of California, Berkeley
Berkeley, CA 94720
USA

1. Auflage 1988
1. korrigierter Nachdruck, 1990, der 1. Auflage 1988

Lektorat: Dr. Michael G. Weller
Redaktion: Dipl. Chem. Karin von der Saal
Herstellerische Betreuung: Elke Littmann

CIP-Titelaufnahme der Deutschen Bibliothek:

Vollhardt, K. Peter C.:
Organische Chemie/K. Peter C. Vollhardt. Übers. von Holger Butenschön ... – 1. korr. Nachdr. d. 1. Aufl. – Weinheim ; Basel (Schweiz) ; Cambridge ; New York, NY : VCH, 1990
Einheitssacht.: Organic chemistry <dt.>
ISBN 3-527-26912-6

Gedruckt auf säurefreiem Papier.

Satz, Druck und Bindung: Konrad Triltsch, Graphischer Betrieb, D-8700 Würzburg.
Printed in the Federal Republic of Germany

Vorwort

Die Organische Chemie, schon immer ein besonders lebendiges Gebiet, hat sich in den vergangenen 10 Jahren auf der Basis neuer Techniken und Konzepte noch einmal stark gewandelt. Diese Entwicklung war geprägt durch neue Synthesestrategien, die Aufklärung von Reaktionsmechanismen und die virtuose Anwendung spektroskopischer Methoden. Nach meiner Überzeugung müssen diese Fortschritte in einem modernen Lehrbuch der Organischen Chemie sichtbar werden. Das war für mich ein Grund, dieses Buch zu schreiben; ein weiterer liegt in dem Wunsch, den Studenten die Organische Chemie einfach und verständlich zu erklären, um Ihnen dann etwas von meiner Begeisterung an der Forschung vermitteln zu können. Nach drei Entwürfen und fast acht Jahren ist das Buch fertig; ich hoffe, daß Sie, die damit arbeiten werden, es der Mühe wert finden.

Eine traditionelle und die wohl beste Art, Organische Chemie darzustellen und zu verstehen, ist ihr Aufbau nach funktionellen Gruppen. Der Logik dieses Aufbaus entsprechend beginnt das Buch (nach einer kurzen Einführung in notwendige chemische Grundlagen) mit den Alkanen (ohne funktionelle Gruppen) und führt dann schrittweise immer stärker „funktionalisierte“, kompliziertere Moleküle ein. Zusammen mit der Reaktivität der funktionellen Gruppen werden die Reaktionsmechanismen beschrieben. Auf diese Weise präsentiert sich die Organische Chemie wie eine Sprache: Mit den Reaktionen als Vokabular und den Mechanismen als Grammatik. Zu unserem Verständnis dieser „Sprache“ haben die spektroskopischen Methoden entscheidend beigetragen; sie werden jeweils an geeigneten Stellen im Buch behandelt.

Es gibt eine ganze Reihe guter und bewährter Lehrbücher der Organischen Chemie, die zumeist auch noch den Vorteil von Korrekturen und Verbesserungen im Laufe mehrerer Auflagen haben. Ein gänzlich neu geschriebenes Buch mag sich dagegen vergleichsweise weniger „rund“ präsentieren. Dafür aber kann der Autor zwei wichtige Vorteile nutzen: Zum einen kann er den Stoff unbelastet durch früher schon einmal Geschriebenes ganz aus heutiger Sicht darstellen und auswählen (wie weit das hier gelungen ist, mag der geneigte Leser selbst beurteilen). Zum anderen kann er sich bei der Vermittlung dieses Stoffes moderner didaktischer und technischer Hilfen bedienen. Meine Bemühungen in dieser Richtung seien hier kurz erläutert:

Farbe. Im Unterschied zu anderen Büchern wird Farbe hier nicht primär als schmückendes Element benutzt, sondern als wirkliche Lernhilfe. So wird z. B. durch die Verwendung mehrerer Farben in Strukturformel und Name eines Moleküls zwanglos deutlich, wie sich dieser Name zusammensetzt aus Stamm, Substituenten und funktionellen Gruppen. Farbige Signale in Spektren erlauben deren sofortige Zuordnung zu entsprechend gefärbten Teilen eines Moleküls. In der Regel sind *s*-Orbitale rot, 2*p*-Orbitale blau und 3*p*-Orbitale grün abgebildet (und sp^3-Hybridorbitale dementsprechend violett). Im Kapitel über Stereoisomerie ist die absteigende Ordnung der Substituenten in der Sequenz rot, blau, grün und schwarz auch farblich festgehalten. Am wichtigsten ist wohl Farbe dort, wo sie im funktionellem Sinne benutzt wird: elektronenreiche, nucleophile Gruppen sind rot, elektronenarme, elektrophile Gruppen blau und Abgangsgruppen sowie Radikale grün abgebildet. Farbe „markiert" also die Reaktivität einer funktionellen Gruppe. Diese Reaktivität kann aber je nach Reaktionstyp variieren, was dann auch in der Farbe der funktionellen Gruppe zum Ausdruck kommt. Auf Farbe verzichtet wurde überall dort, wo sie keinen Sinn erfüllt, z. B. bei Übungen und Aufgaben und in Zusammenfassungen.

Nomenklatur. Die Namen organischer Verbindungen sind ein schier unlösbares Problem in der Lehre: einerseits sind die systematischen Namen komplizierter Moleküle extrem verwirrend und andererseits sind selbst einfache Moleküle häufig unter ihren Trivialnamen besser bekannt als unter den systematischen. In diesem Buch wird die IUPAC-Nomenklatur jeweils ausführlich besprochen und konsequent angewendet. Hat sich der Trivialname einer Verbindung jedoch durchgesetzt, folgt er in Klammern dem systematischen, z. B.: Propanon (Aceton).

Spektren. Fast alle NMR-Spektren wurden auf einem 90 MHz-Gerät (Varian EM 390) gemessen; IR-Spektren auf einem Perkin-Elmer-681-Spektrometer.

Reaktionsdaten. Mit der großzügigen finanziellen Hilfe meines Verlegers wurden alle in diesem Buch beschriebenen Reaktionsdaten (Ausbeuten, Bedingungen etc.) von Studenten in der Literatur und wenn nötig auch im Labor überprüft.

Biologische und industrielle Bezüge. Ich habe besonderen Wert darauf gelegt, den Bezug der Organischen Chemie zur Biologie einerseits und ihre Anwendung in der Industriellen Chemie andererseits zu beschreiben und so die Relevanz der Organischen Chemie für das Leben, für den Alltag und für die Ökonomie deutlich zu machen.

Aktuelle Bezüge. In vielen Stellen des Buches werden neueste Forschungsergebnisse beschrieben und Verbindungen zu Nachbardisziplinen aufgezeigt, die sich in jüngerer Zeit als besonders fruchtbar erwiesen haben; z. B. zu Naturstoffchemie, medizinischer Chemie, Kohlechemie, Biochemie oder selbst zur Energieversorgung.

Kästen. Manches interessante Thema kann im Rahmen dieses Lehrbuches nicht im Zusammenhang und ausführlich beschrieben werden. Um es dennoch kurz anzureißen, um gerade behandelten Themen Tiefe und Breite zu verleihen, und um vielleicht das Interesse an weiterer Beschäftigung zu wecken, werden solche Themen in Form von „Kästen" als Exkurse in den laufenden Text eingeschoben.

Übungen und Aufgaben. Die Übungen im Text und die Aufgaben am Ende jedes Kapitels dienen natürlich der Vertiefung des Stoffes. Daneben aber stellen sie oft neue Sachverhalte vor, die über das im Text Behandelte hinausgehen und häufig bis in die Biochemie hineinreichen. Die Lösungen zu den Übungen sind am Schluß des Buches zusammengefaßt. Ausführliche Lösungen und Erklärungen zu den Aufgaben dagegen befinden sich in einem separaten Arbeitsbuch, das von meinem Kollegen, Prof. Neil Schore, verfaßt wurde. Er führt auf lebendige und leicht verständliche Art an die Lösungen heran und bespricht ausführlich beispielhafte Aufgaben.

Sommer 1988 K. Peter C. Vollhardt

Danksagung

Viele Personen halfen mir, das Buch in seiner jetzigen Form zu verwirklichen. Für unschätzbare Kritik und Vorschläge schulde ich Dank

Harold Bell, *Virginia Polytechnic Institute*
Peter Bridson, *Memphis State University*
William Closson, *State University of New York in Albany*
Fred Clough, *früher University of Wisconsin, Parkside*
Otis Dermer, *Oklahoma State University*
Thomas Fisher, *Mississippi State University*
Marye Anne Fox, *University of Texas in Austin*
Raymond Funk, *University of Nebraska, Lincoln*
Roy Garvey, *North Dakota State University*
Edward Grubbs, *San Diego State University*
Gene Hiegel, *California State University in Fullerton*
Earl Huyser, *University of Kansas*
Taylor Jones, *The Master's College, Newhall, California*
George Kenyon, *University of California, San Francisco*
Robert Kerber, *State University of New York in Stony Brook*
Karl Kopecky, *University of Alberta*
James Moore, *University of Delaware*
Harry Pearson, *Bedales School, England*
William Pryor, *Louisiana State University*
William Rosen, *University of Rhode Island*
Neil Schore, *University of California, Davis*
Jay Siegel, *University of California, San Diego*
Richard Sundberg, *University of Virginia*
Michael Tempesta, *University of Missouri, Columbia*
Jack Timberlake, *University of New Orleans*
William Tucker, *North Carolina State University*
Desmond Wheeler, *University of Nebraska, Lincoln*
Joseph Wolinsky, *Purdue University*
Steven Zimmerman, *University of Illinois, Urbana*

Danken möchte ich außerdem Raymond Funk für seine Mithilfe bei der Ausarbeitung der farbigen Schemen und Neil Schore, der die Aufgaben zu den Kapiteln geschrieben hat. Professor Schore und meinen Mitarbeitern Jim Drage, Ron Halterman, Joe King und Patty McGovern schulde ich Dank für die Aufnahme der Spektren und Julie Bertucelli, Harold Helson und Eric Rouse, die viele Stunden in der Bibliothek verbrachten, um die Literatur zu durchforsten. Bedanken möchte ich mich auch bei Juris Germanas, Douglas Grotjahn und George Sheppard, ebenfalls Mitarbeiter meines Arbeitskreises, für das sorgfältige Korrekturlesen von Druckfahnen und Umbruch. Schließlich gilt mein Dank Kim Denison, Lynn Goodman, Gene Sharp, Sandy Young, Janet Wortendyke und besonders Matt Pease, die es geschafft haben, meine Notizen in ein lesbares Manuskript umzuwandeln.

Inhaltsübersicht

Inhalt

1 Struktur und Bindung organischer Moleküle

1.1 Einführung

Die Chemie beschäftigt sich mit der Beschreibung der Struktur von Molekülen und mit den Gesetzen, nach denen Wechselwirkungen zwischen Molekülen ablaufen. Die Naturwissenschaft Chemie läßt sich in die Gebiete analytische, anorganische, organische, theoretische und physikalische Chemie, Biochemie, Kernchemie, sowie Polymerchemie unterteilen. Was ist nun eigentlich organische Chemie und wodurch unterscheidet sie sich von den anderen Bereichen der Chemie? Die Antwort ist einfach: die organische Chemie ist *die Chemie des Kohlenstoffs und seiner Verbindungen.*

Die Bedeutung der organischen Chemie für unser Leben und unsere Umwelt

Alle lebende Materie ist aus organischen Molekülen aufgebaut. Die Proteine, die Nucleinsäuren, die Zucker und die Fette sind Substanzen, die hauptsächlich aus Kohlenstoff bestehen. Jeden Tag benutzen wir völlig selbstverständlich organische Verbindungen. Alle Kleidungsstücke, die wir tragen, sind aus organischen Molekülen aufgebaut, einige aus in der Natur vorkommenden, wie Wolle, Baumwolle und Seide, andere aus vom Menschen synthetisierten Molekülen, wie den Polyesterfasern. Zahnbürsten, Zahnpasta, Seife, Shampoo, Deodorants und Parfums enthalten organische Verbindungen ebenso wie Möbel, Teppiche, Plastikschüsseln, Bilder, Nahrungsmittel, alkoholische Getränke und unzählige andere Dinge, mit denen wie täglich umgehen. Organische Verbindungen wie Benzin, Kohle, die meisten Medikamente, Impfstoffe, aber auch Pestizide und Insektenbekämpfungsmittel beeinflussen heutzutage unser Leben außerordentlich stark, wenn sie es nicht sogar bestimmen. Es läßt sich darüber diskutieren, ob diese Entwicklung gut oder schlecht ist. Auf der einen Seite hat sich unsere Lebensqualität durch organische Verbindungen verbessert, auf der anderen Seite sind wir von ihnen abhängig geworden. Die unkontrollierte Deponierung und Beseitigung organischer Verbindungen hat nicht selten zur Vergiftung der Umwelt mit der Zerstörung von tierischem und pflanzlichen Leben und zu Verletzungen, Erkrankungen und dem Tod von Menschen geführt. Mit welchen Gefühlen wir auch der organischen Chemie gegenübertreten, als nächstes wollen wir dieses Fachgebiet, seine Grundlagen und deren Anwendungen genau betrachten.

Was dieses Buch an Lernzielen vermitteln möchte

1 Struktur und Bindung organischer Moleküle

Am Anfang dieses Buches steht die Wiederholung einiger Grundprinzipien von Struktur und Bindung, in dem Maße, in dem sie für organische Moleküle wichtig ist. Eine Klasse von organischen Verbindungen, die nur aus Kohlenstoff und Wasserstoff aufgebaut ist, die Alkane, dient uns dann zur Einführung der systematischen Nomenklatur organischer Moleküle und zur Gegenüberstellung dieses Systems mit den traditionellen Trivialnamen der entsprechenden Verbindungen. Am Beispiel des typischen Alkans Ethan und der Bewegungsmöglichkeiten der Atome innerhalb dieses Moleküls wollen wir kurz die Thermodynamik und die Reaktionskinetik wiederholen. Danach folgt eine Diskussion der Stärke der Alkanbindung. Wir zeigen, wie sich diese Bindung durch Wärmezufuhr oder Reagenzien aufbrechen läßt, und beschreiben auf dieser Grundlage die Chlorierung von Methan zu Chlormethan.

$CH_3—CH_3$
Ethan

$CH_3—Cl$
Chlormethan

$$\begin{array}{ccc} & CH_2 & \\ H_2C & & CH_2 \\ | & & | \\ H_2C & & CH_2 \\ & CH_2 & \end{array}$$
Cyclohexan

Nach einer Diskussion der besonderen Eigenschaften der Cycloalkane, insbesondere des Cyclohexans, wenden wir uns der Stereochemie zu, um die verschiedenen möglichen Anordnungen der Atome von organischen Molekülen im Raum zu beschreiben. Danach folgt eine Betrachtung zweier wichtiger Reaktionen an organischen Molekülen: der Substitution und der Eliminierung:

Beispiel einer Substitutionsreaktion

$$CH_3—Cl + K^+ I^- \longrightarrow CH_3—I + K^+Cl^-$$

Beispiel einer Eliminierungsreaktion

$$\underset{\substack{|\\H}}{CH_2}—\underset{\substack{|\\I}}{CH_2} + K^+ \,^-OH \longrightarrow H_2C{=}CH_2 + HOH + K^+I^-$$

In diesem Stadium haben wir dann die Grundlage geschaffen für eine Darstellung der wichtigsten Klassen organischer Verbindungen, die durch bestimmte Teile des Gesamtmoleküls, die sogenannten **funktionellen Gruppen**, charakterisiert sind. So ist beispielsweise die Kohlenstoff-Kohlenstoff-Doppelbindung die funktionelle Gruppe der Alkene, die Kohlenstoff-Sauerstoff-Doppelbindung bestimmt Eigenschaften und Reaktionen der Aldehyde und Ketone, und alle Amine besitzen eine stickstoffhaltige funktionelle Gruppe. Immer wenn es möglich ist, ziehen wir biologisch oder industriell relevante Beispiele heran. In den darauf folgenden Kapiteln gehen wir hierauf noch genauer ein und beschreiben einige wichtige Klassen von Naturstoffen mit mehreren funktionellen Gruppen, wie die Kohlenhydrate, die Alkaloide, die Aminosäuren, Peptide und Nucleinsäuren.

$H_2C{=}CH_2$
ein Alken

$H_2C{=}O$
ein Aldehyd

$$CH_3—\overset{\substack{O\\\|}}{C}—CH_3$$
ein Keton

$CH_3—NH_2$
ein Amin

Dieses Buch will ihnen die grundlegenden physikalischen Eigenschaften organischer Moleküle, und Möglichkeiten für ihre Darstellung und gegenseitige Überführung vermitteln. Einige Abschnitte befassen sich mit den Methoden zur Identifizierung von Molekülen: der Elementaranalyse und den verschiedenen Arten der Spektroskopie.

Synthese: Die Darstellung von Molekülen

Ein wichtiger Teil der organischen Chemie befaßt sich mit dem „Machen" von Molekülen, der **Synthese**. Die Bezeichnung „organisch" für Kohlenstoffverbindungen rührt daher, daß man ursprünglich annahm, daß diese nur in lebender Materie existierten. Man entdeckte jedoch bald, daß sich organische Verbindungen im Laboratorium aus kohlenstoffhaltigen Verbindungen der unbelebten Natur synthetisieren ließen. Dies wurde erstmals im Jahre 1828 von Friedrich Wöhler* erkannt, dem es gelang, Bleicyanat durch Behandlung mit wässriger Ammoniaklösung in Harnstoff zu überführen. *Eine anorganische Verbindung war also in ein natürliches Produkt des menschlichen und tierischen Proteinabbaus überführt worden.* In den fast 160 Jahren seit der Wöhlerschen Entdeckung sind mehr als sechs Millionen organische Substanzen im Laboratorium aus einfacheren organischen und anorganischen Verbindungen synthetisiert worden.

$$\underset{\textbf{Bleicyanat}}{Pb(OCN)_2} + \underset{\textbf{Wasser}}{2\,H_2O} + \underset{\textbf{Ammoniak}}{2\,NH_3} \longrightarrow \underset{\textbf{Harnstoff}}{2\,H_2N\overset{\overset{O}{\|}}{C}NH_2} + \underset{\textbf{Bleihydroxid}}{Pb(OH)_2}$$

Unter diesen Substanzen befinden sich Naturstoffe, wie die Penicilline und völlig neue, nicht natürlich vorkommende Verbindungen, wie Cuban und Saccharin, wobei die Synthese des künstlichen Süßstoffs Saccharin von größerer praktischer Bedeutung ist.

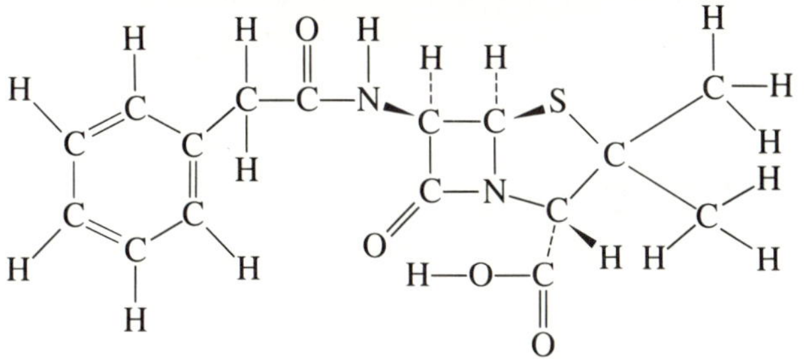

Benzylpenicillin 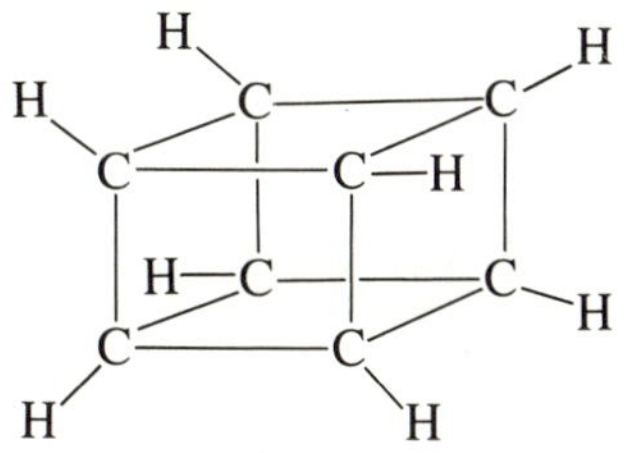 **Cuban** 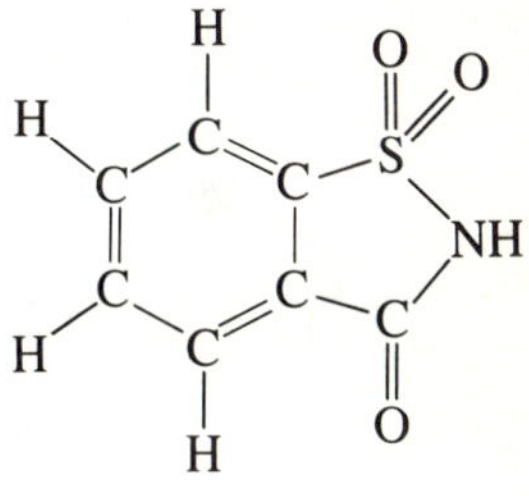 **Saccharin**

Um in der Lage zu sein, einen Molekültyp in einen anderen überführen zu können, muß ein Chemiker bzw. eine Chemikerin mit den organischen Reaktionen vertraut sein. Er/sie muß ebenso die Beeinflussung dieser Prozesse durch physikalische Parameter – wie beispielsweise den Einfluß von Lösungsmitteln, Temperatur und Molekülstruktur – abschätzen können. Dieses Wissen ist ebenso wichtig bei der biologischen Anwendung der organischen Chemie, insbesondere der Biosynthese organischer Moleküle, ihrem Metabolismus und Abbau und ihrem Einfluß auf die Umwelt.

Reaktionen und Mechanismen: Vokabular und Grammatik der organischen Chemie

Beim Studium der organischen Chemie spielt die Betrachtung des Wechselspiels zwischen **Reaktion** – der Umwandlung einer oder mehrerer Substanzen in andere – und **Mechanismus** – den einzelnen Reaktionschritten auf molekularer Ebene – eine wichtige Rolle. So möge z. B. Substanz A mit Substanz B zu C reagieren. Die gesamte Reaktion läßt sich dann als $A + B \rightarrow C$ beschreiben. Der tatsächliche Ablauf der Reaktion kann aber davon völlig verschieden sein: $A + B$ könnten zunächst ein nicht beobachtetes Zwischenprodukt D bilden, das sich dann sehr schnell in das identifi-

* Friedrich Wöhler (1800–1882), Professor an der Universität Göttingen

zierte Produkt C umwandelt. Man kann daher die Reaktion besser als A + B → D → C beschreiben. Noch mehr Details der Reaktion lassen sich erfassen, wenn man klärt wie, wann und wie schnell Bindungen aufgebrochen und gebildet werden, wie Bindungsbruch und -bildung räumlich ablaufen und wie eventuell geringfügige Änderungen in der Struktur der Substanzen den Gang und das Ergebnis der Reaktion beeinflussen. In dieser Hinsicht entspricht das „Lernen" und der „Gebrauch" der organischen Chemie dem Erlernen und dem Gebrauch einer Fremdsprache. Man braucht die Vokabeln (die Reaktionen), um die richtigen Worte zu benutzen, aber man braucht auch die Grammatik (die Mechanismen) um einen vernünftigen und verständlichen Satz zustandezubringen. Keines von beiden reicht aus, um die organische Chemie (die Sprache) zu beherrschen, aber beide zusammen ermöglichen die Kommunikation und die logische Analyse.

Sie sollten sich immer vergegenwärtigen, daß organische Moleküle nichts weiter als Gruppen miteinander verbundener Atome sind. Daher wollen wir zunächst einige der Grundprinzipien der chemischen Bindung wiederholen.

1.2 Ionische und kovalente Bindung: Kurzer Abriß der historischen Entwicklung

Im Jahre 1916 wurden erstmalig genauere Vorstellungen über Natur und Zustandekommen von chemischen Bindungen entwickelt. Walter Kossel* veröffentlichte die Theorie der ionischen Bindung und der Amerikaner Gilbert N. Lewis** unabhängig davon die Theorie der kovalenten Bindung. Beide fußen auf der Grundlage des damals bekannten Wissens über den Atomaufbau und seien hier kurz wiedergegeben.

Im Bohrschen Atommodell bewegen sich die negativen Elektronen auf kreisförmigen Bahnen oder Schalen um den positiven Atomkern. Diese Bahnen entsprechen erlaubten Energiezuständen der Elektronen. Die Elektronenenergien können nur bestimmte, diskrete Werte annehmen, sie sind **gequantelt**. Jede Schale kann nur eine begrenzte Anzahl von Elektronen aufnehmen. So kann die erste Schale maximal mit 2, die zweite mit 8 und die dritte mit 18 Elektronen besetzt werden. Elektronenkonfigurationen der äußeren Schale, die denen der Edelgase entsprechen, sind besonders stabil. Die Atome der übrigen Elemente versuchen, über eine ionische oder kovalente Bindung diese stabile Edelgaskonfiguration zu erlangen. Da alle Edelgase mit Ausnahme von Helium acht äußere Elektronen (ein Oktett) besitzen, bezeichnet man das Bestreben anderer Atome, über eine Bindung acht Valenzelektronen zu erlangen, als **Oktettregel**.

---

* Walter Kossel, 1888–1956, Professor an der Universität Kiel, Danzig und Tübingen

** Gilbert N. Lewis, 1875–1946, Professor an der University of California, Berkeley

Elektronenoktetts durch Übertragung von Elektronen: Die Ionenbindung

Das Alkalimetall Natrium (Na) reagiert mit dem Halogen Chlor (Cl) außerordentlich heftig zu einer stabilen Verbindung: Natriumchlorid. In gleicher Weise reagiert Natrium auch mit Fluor (F), Brom (Br) oder Iod (I) zu den entsprechenden Salzen. Im Laufe dieser Reaktionen *gibt Natrium sein einziges Elektron auf der Valenzschale ab*, das Chloratom, das bereits sieben äußere Elektronen besitzt, *nimmt ein Elektron auf* und beide Partner erlangen Edelgaskonfiguration. Nach der Reaktion ist Natrium positiv, Chlor negativ geladen. Die Bindung kommt durch elektrostatische Anziehungskräfte zwischen den unterschiedlich geladenen Ionen zustande, man bezeichnet sie als **Ionenbindung**. Die Alkalimetalle auf der linken Seite des Periodensystems wirken als Elektronendonatoren, die Halogene auf der rechten Seite des Periodensystems als Elektronenakzeptoren.

$$Li^{2,1} \xrightarrow{-1\,e} [Li^{2}]^{+}$$ Helium-Konfiguration

Lithium-Kation

$$Na^{2,8,1} \xrightarrow{-1\,e} [Na^{2,8}]^{+}$$ Neon-Konfiguration

Natrium-Kation

$$Cl^{2,8,7} \xrightarrow{+1\,e} [Cl^{2,8,8}]^{-}$$ Argon-Konfiguration

Chlorid-Anion

Das Wasserstoffatom kann entweder ein Elektron abgeben und ein nackter Atomkern, ein *Proton*, werden, oder unter Aufnahme eines Elektrons ein *Hydrid*-Ion bilden, das Helium-Konfiguration hat. Die Hydride des Lithiums, Natriums und Kalium sind häufig verwendete Reagenzien.

$$H^{1} \xrightarrow{-1e^{-}} [H^{0}]^{+}$$ nackter Atomkern

Proton

$$H^{1} \xrightarrow{+1e^{-}} [H^{2}]^{-}$$ Helium-Konfiguration

Hydrid-Anion

Zur Erlangung einer bevorzugten Elektronenanordnung können auch mehrere Elektronen abgegeben oder aufgenommen werden. So besitzt Magnesium z. B. zwei äußere Elektronen. Durch Abgabe dieser Elektronen an einen geeigneten Akzeptor entsteht das entsprechende doppelt positiv geladene Kation mit Neon-Konfiguration. In gleicher Weise kommen die Ionenbindungen in allen typischen Salzen zustande.

Elektronenoktetts durch „Beteiligung“ an Elektronen: Die kovalente Bindung

Reagieren Nichtmetalle miteinander, ist die Tendenz, eine Ionenbindung einzugehen, sehr gering, da die Abgabe von Elektronen einen zu großen Energiebetrag erfordert, als daß er durch die bei einer ionischen Bindung wirkenden elektrostatischen Kräfte aufgewogen würde. Dies gilt auch für Kohlenstoff. Dieses Element müßte vier Elektronen abgeben, um Helium-Konfiguration zu erlangen, oder vier Elektronen aufnehmen zur Erreichung einer Neon-Struktur. Damit wäre Kohlenstoff entweder vierfach positiv oder vierfach negativ geladenen, was mit einer hohen Energieaufnahme verbunden wäre.

$$C^{4+} \xleftarrow{-4e} \cdot\dot{\underset{\cdot}{C}}\cdot \xrightarrow{+4e} :\ddot{\underset{\cdot\cdot}{C}}:^{4-}$$

Helium-Konfiguration **Neon-Konfiguration**

In diesem Falle ist ein anderer Bindungstyp bevorzugt, bei dem die aneinander gebundenen Atome Elektronen miteinander *teilen*, damit jedes ein äußeres Elektronenoktett erhält. Eine Ausnahme ist das Wasserstoffatom, das für die Helium-Konfiguration nur ein weiteres Elektron benötigt. Typische Beispiele für Bindungen, in denen Elektronen geteilt werden, sind die Moleküle H_2 und HF. In HF erhält das Fluoratom ein Elektronenoktett durch gemeinsame Beanspruchung eines Elektronenpaares mit dem Wasserstoff. Entsprechend erhalten beide Atome des F_2-Moleküls durch ein gemeinsames Elektronenpaar ein Oktett. Derartige Bindungen bezeichnet man als **kovalente Einfachbindungen**. Bei der Zeichnungvon kovalenten Bindungen nach Lewis werden die Valenzelektronen durch Punkte um das Symbol des betreffenden Elements dargestellt (Lewis-Strukturen). In diesem Fall steht das Elementsymbol für den Kern und alle inneren Elektronen, den sogenannten **Atomrumpf**.

Elektronen-Punkt-Darstellung von kovalenten Bindungen (Lewis-Strukturen)

$$H\cdot + \cdot H \longrightarrow H:H$$

$$H\cdot + \cdot\ddot{\underset{\cdot\cdot}{F}}: \longrightarrow H:\ddot{\underset{\cdot\cdot}{F}}:$$

$$:\ddot{\underset{\cdot\cdot}{F}}\cdot + \cdot\ddot{\underset{\cdot\cdot}{F}}: \longrightarrow :\ddot{\underset{\cdot\cdot}{F}}:\ddot{\underset{\cdot\cdot}{F}}:$$

Da das Kohlenstoffatom vier Valenzelektronen hat, muß es vier Elektronen in vier Einfachbindungen teilen, um die Neon-Konfiguration, wie in Methan, zu erlangen. Stickstoff mit seinen fünf Valenzelektronen benötigt drei Elektronen für ein Elektronenoktett (z.B. im Ammoniak durch gemeinsame Beanspruchung dreier Elektronenpaare mit Wasserstoffatomen), während Sauerstoff mit seinen sechs Valenzelektronen nur zwei Elektronen mit anderen Atomen teilen muß (z.B. im Wassermolekül).

Bei manchen kovalenten Bindungen werden beide Elektronen von demselben Atom zur Verfügung gestellt. Beispiele hierfür sind das Ammonium-Ion NH_4^+, und das Hydronium-Ion, H_3O^+. Bindungen, die auf diese Weise entstanden sind, bezeichnet man auch als *dative* (*dativus*: latein. gebend) *kovalente Bindungen*.

Außer Zweielektronen- (Einfach-)Bindungen können Atome zur Erlangung einer Edelgaskonfiguration auch Vierelektronen- (Doppel-) und Sechselektronen- (Dreifach-)Bindungen ausbilden. Dies geschieht, indem mehr als ein Elektronenpaar geteilt wird. Beispiele hierfür sind das Ethylen- und das Stickstoffmolekül.

$$\begin{matrix} H & & H \\ & \dot{C}::\dot{C} & \\ H & & H \end{matrix}$$

Ethylen

$$:N:::N:$$

Stickstoff

$$\begin{matrix} & H & \\ & \cdot\cdot & \\ H: & C & :H \\ & \cdot\cdot & \\ & H & \end{matrix}$$

Methan

$$H:\ddot{\underset{\cdot\cdot}{N}}:H \quad \text{mit } H \text{ darunter}$$

Ammoniak

$$H:\ddot{\underset{\cdot\cdot}{O}}:H$$

Wasser

$$H:\underset{\underset{H}{\cdot\cdot}}{\overset{\overset{H}{\cdot\cdot}}{N}}: + H^+ \longrightarrow \left[H:\underset{\underset{H}{\cdot\cdot}}{\overset{\overset{H}{\cdot\cdot}}{N}}:H\right]^+$$

Ammonium-Ion

$$H:\underset{\underset{H}{\cdot\cdot}}{\ddot{O}}: + H^+ \longrightarrow \left[H:\underset{\underset{H}{\cdot\cdot}}{\ddot{O}}:H\right]^+$$

Hydronium-Ion

Übung 1-1
Schreiben Sie die Lewis-Strukturen von Cl_2, SiF_4, CCl_4, PH_3, BrI, OH^-, NH_2^- und NCl_3. (Bei den mehratomigen Molekülen ist das erste Atom das Zentralatom.) Prüfen Sie nach, ob alle von Ihnen gezeichneten Atome Edelgasstruktur besitzen.

Das Zeichnen von Lewis-Strukturen kann sich etwas mühsam gestalten, insbesondere bei größeren Molekülen. Kovalente Bindungen lassen sich einfacher darstellen, indem die aneinander gebundenen Atome durch gerade Striche verbunden werden. Einfachbindungen werden durch einen Strich, Doppelbindungen durch zwei und Dreifachbindungen durch drei gerade Striche zwischen den Atomen symbolisiert. Einsame Elektronenpaare stellt man als Punkte dar oder läßt sie einfach weg. Diese Darstellung wurde als erstes von August Kekulé* benutzt, lange bevor man die Elektronen entdeckte, und Strukturen dieses Typs werden daher häufig als **Kekulé-Strukturen** bezeichnet.

1.3 Das quantenmechanische Atommodell: Atomorbitale

Aufgrund von Ergebnissen der sich zu Beginn des zwanzigsten Jahrhunderts stürmisch entwickelnden Atomphysik mußte das Bohrsche Atommodell, in dem die Elektronen als kleine Teilchen beschrieben werden, die sich in exakt definierten Kreisbahnen um den Kern drehen, verlassen werden. So postulierte der französische Physiker Louis de Broglie 1924, daß alle Materiepartikel, also auch Elektronen, eine bestimmte charakteristische Wellenlänge besitzen, die von dem Impuls ($m \times v$) des betreffenden Teilchens abhängig ist:

$$\lambda = \frac{h}{m \times v}$$

Hierbei ist h die Plancksche Konstante.

Aus der Heisenbergschen Unschärferelation folgte weiterhin, daß es prinzipiell unmöglich ist, gleichzeitig genau Ort und Impuls eines Teilchens, wie z. B. eines Elektrons, zu bestimmen. Macht man eine genaue Aussage über den Ort, ist der Impuls mit einer gewissen Unschärfe behaftet, und umgekehrt. Dies steht natürlich in krassem Widerspruch zum Bohrschen Atommodell, das eine genaue Angabe über Ort und Impuls eines Elektrons macht.

Aufgrund des Welle-Teilchen-Dualismus wurde die *Wellen-* oder *Quantenmechanik* entwickelt. Diese beschreibt die Bewegung und die Energiezustände eines Elektrons mit Hilfe von Gleichungen, die denen zur mathematischen Beschreibung stehender Wellen entsprechen (s. Abb. 1-1). Man nennt diese Gleichungen *Schrödinger*-Gleichungen (nach dem österreichischen Physiker Erwin Schrödinger) oder *Wellengleichungen*. Verfolgt man eine stehenden Welle in der Mechanik in Richtung ihrer Ausbreitung, nimmt ihre Amplitude von Null auf einen Maximalwert zu, nimmt wieder

* August Kekulé, 1829–1896, Professor an der Universität Bonn

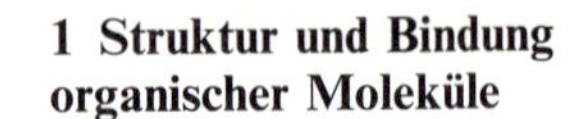

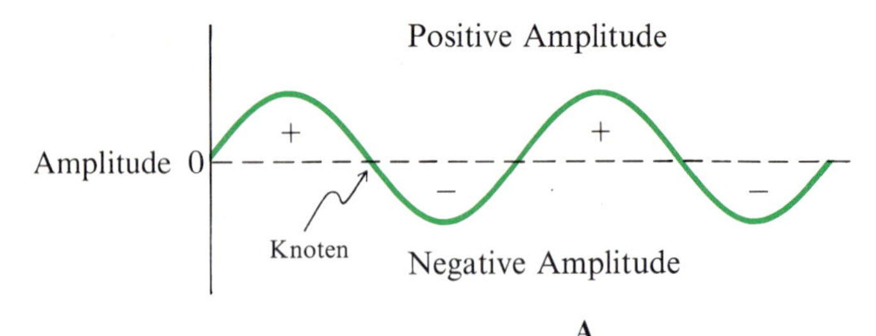

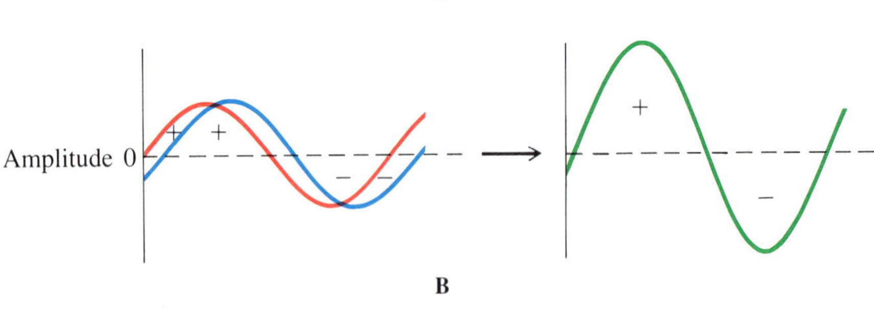

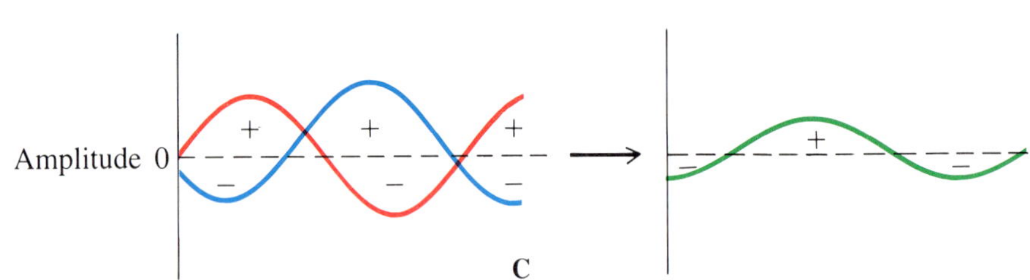

Abb. 1-1 A. Stehende Welle. Die Vorzeichen der Amplitude sind willkürlich gewählt. Nullstellen der Kurve bezeichnet man als Knoten.
B. Wellen mit Amplituden gleichen Vorzeichens (in-Phase) verstärken einander.
C. Wellen, die außer Phase schwingen, schwächen sich gegenseitig.

ab und durchläuft abermals den Wert Null, um dann in der entgegengesetzten Richtung zuzunehmen. Die Nullstellen der Amplitude bezeichnet man als Knoten. Um zwischen Auslenkungen nach oben und nach unten zu unterscheiden, ordnet man ihnen willkürlich algebraische Vorzeichen zu (z. B. Auslenkung nach oben +, Auslenkung nach unten −). Wellen, die miteinander in Phase schwingen, verstärken sich gegenseitig (s. Abb. 1-1 B). Schwingen sie nicht in Phase, interferieren sie derart miteinander, daß die Amplitude der resultierenden Welle verkleinert wird, und sie sich im Extremfall sogar auslöschen, wie in Abb. 1-1 C dargestellt.

Für jede Wellengleichung gibt es einen bestimmten Satz von Lösungen, die *Wellenfunktionen*. Das Symbol für eine Wellenfunktion ist üblicherweise der griechische Buchstabe psi, ψ. Der Wert der Wellenfunktion für jeden Punkt des Raumes um den Kern entspricht nicht direkt einer beobachtbaren Eigenschaft des Atoms. Das Quadrat der Wellenfunktion jedoch (ψ^2) beschreibt die Wahrscheinlichkeit, ein Elektron an einem bestimmten Punkt zu finden. Lösungen der Wellengleichungen bezeichnet man auch als **Atomorbitale**. Aufgrund der Randbedingungen, die sich aus der physikalischen Realität des Atoms ergeben, hat die Wellengleichung nur für bestimmte Energien des Systems eine Lösung. Die Quantelung der Energieniveaus folgt also völlig zwanglos aus den Berechnungen der Wellenmechanik.

Übung 1-2

Zeichnen Sie ein Bild wie in Abb. 1-1 von zwei Wellen, die sich so überlagern, daß sich ihre Amplituden gegenseitig auslöschen.

Atomorbitale haben eine charakteristische Gestalt

In der graphischen Darstellung erscheinen Wellenfunktionen als kugel- oder lappenförmige Gebilde mit positiven und negativen Amplituden und Knoten, in denen sich das Vorzeichen der Funktion ändert. Lösungen für höhere Energien haben mehr Knotenebenen als die für niedrige Energien.

Wir wollen nun die Gestalt der Atomorbitale für das einfachste Atom, das Wasserstoffatom, betrachten, das aus einem Proton und einem Elektron besteht. Die Wellenfunktion mit der niedrigsten Energie ist das 1*s*-Orbital, die einzige erste Lösung der Wellengleichung. Wie wir bald sehen, gibt es bei höheren Energien auch mehrere äquivalente Lösungen dieser Gleichung. Die Zahl vor dem Buchstaben ist die sogenannte Hauptquantenzahl, die eine Angabe über das Energieniveau des Orbitals macht.

Die Bezeichnung 1*s* gibt die Gestalt und die Anzahl der Knotenebenen des Orbitals an. Das 1*s*-Orbital ist kugelsymmetrisch (s. Abb. 1-2) und hat keine Knotenebenen. Dieses Orbital läßt sich graphisch als diffuse Wolke, wie in Abb. 1-2A oder einfach als Kreis, wie in Abb. 1-2B, darstellen.

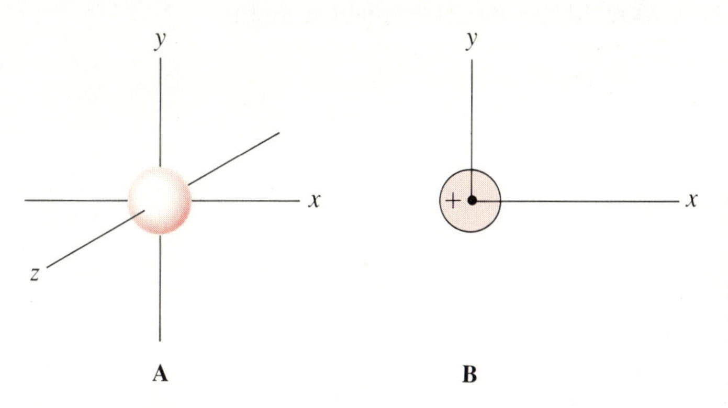

Abb. 1-2 Darstellung eines 1*s*-Orbitals: A. die dreidimensionale Gestalt des Orbitals; B. vereinfachte zweidimensionale Abbildung. Das Pluszeichen gibt das Vorzeichen der Wellenfunktion und *nicht eine Ladung* an.

Da das Quadrat des Zahlenwerts der Wellenfunktion an einem bestimmten Punkt im Raum ein Maß für die Wahrscheinlichkeit ist, das Elektron an diesem Punkt zu finden, wird in den Zeichnungen von Atomorbitalen der Bereich angegeben, in dem sich das Elektron mit hoher (z. B. 90%) Wahrscheinlichkeit befindet. Außerhalb dieses Bereichs nimmt die Elektronendichte sehr schnell ab.

Für das nächsthöhere Energieniveau gibt es wiederum nur eine Lösung der Wellengleichung, das ebenfalls kugelsymmetrische 2*s*-Orbital. Das 1*s*- und das 2*s*-Orbital unterscheiden sich in zweierlei Hinsicht. Erstens ist das 2*s*-Orbital aufgrund des höheren Energiezustands des Elektrons größer, und das 2*s*-Elektron daher im Mittel weiter vom Kern entfernt. Zweitens hat das 2*s*-Orbital eine Knotenebene. Da sich das Vorzeichen der Wellenfunktion in der kugelsymmetrischen Knotenebene ändert (s. Abb. 1-3), ist

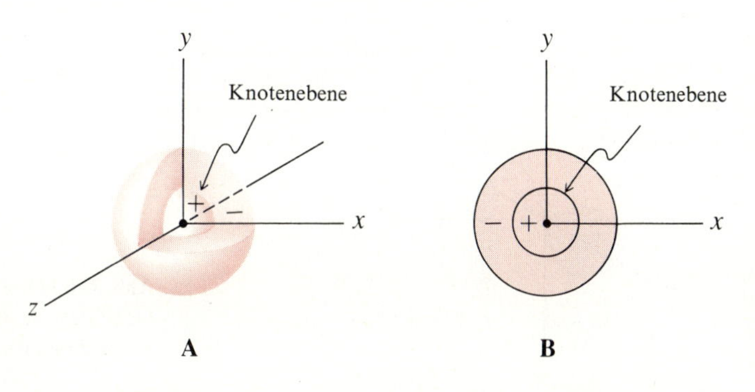

Abb. 1-3 Darstellung eines 2*s*-Orbitals. Es ist größer als das 1*s*-Orbital und hat eine Knotenebene. Plus und Minus geben das Vorzeichen der Wellenfunktion an. Teil A zeigt eine dreidimensionale Abbildung, in der ein Sektor herausgenommen ist, um die Knotenebene sichtbar zu machen. Teil B zeigt die gebräuchlichere zweidimensionale Darstellung.

die Wahrscheinlichkeit, hier ein Elektron zu finden, null. Wie bei den klassischen Wellen ist das Vorzeichen der Wellenfunktion auf beiden Seiten der Knotenebene willkürlich gewählt, entscheidend ist nur, daß es sich in der Knotenebene ändert. Das Vorzeichen der Wellenfunktion wird bei der Diskussion der Bindung zwischen Atomen eine wichtige Rolle spielen (s. Abschn. 1.4).

Für das nächsthöhere Energieniveau ergeben sich für das Elektron des Wasserstoffatoms drei energetisch äquivalente Lösungen, das $2p_x$-, das $2p_y$- und das $2p_z$-Orbital. Diese bezeichnet man aufgrund ihrer identischen Energie als *entartet*. In der graphischen Darstellung besteht ein *p*-Orbital aus 2 Orbitallappen die wie eine räumliche Acht aussehen (s. Abb. 1-4). Jedes *p*-Orbital hat eine charakteristische räumliche Orientierung. Durch bestimmte mathematische Operationen läßt sich die Symmetrieachse der Orbitale auf eine der drei Achsen (*x*-, *y*- oder *z*-Achse, daher die Bezeichnungen p_x, p_y und p_z) eines cartesischen Koordinatensystems legen, der Kern befindet sich dann im Ursprung des Koordinatensystems. Die beiden Orbitallappen mit unterschiedlichem Vorzeichen sind durch eine Knotenebene getrennt, die senkrecht auf der Orbitalachse steht.

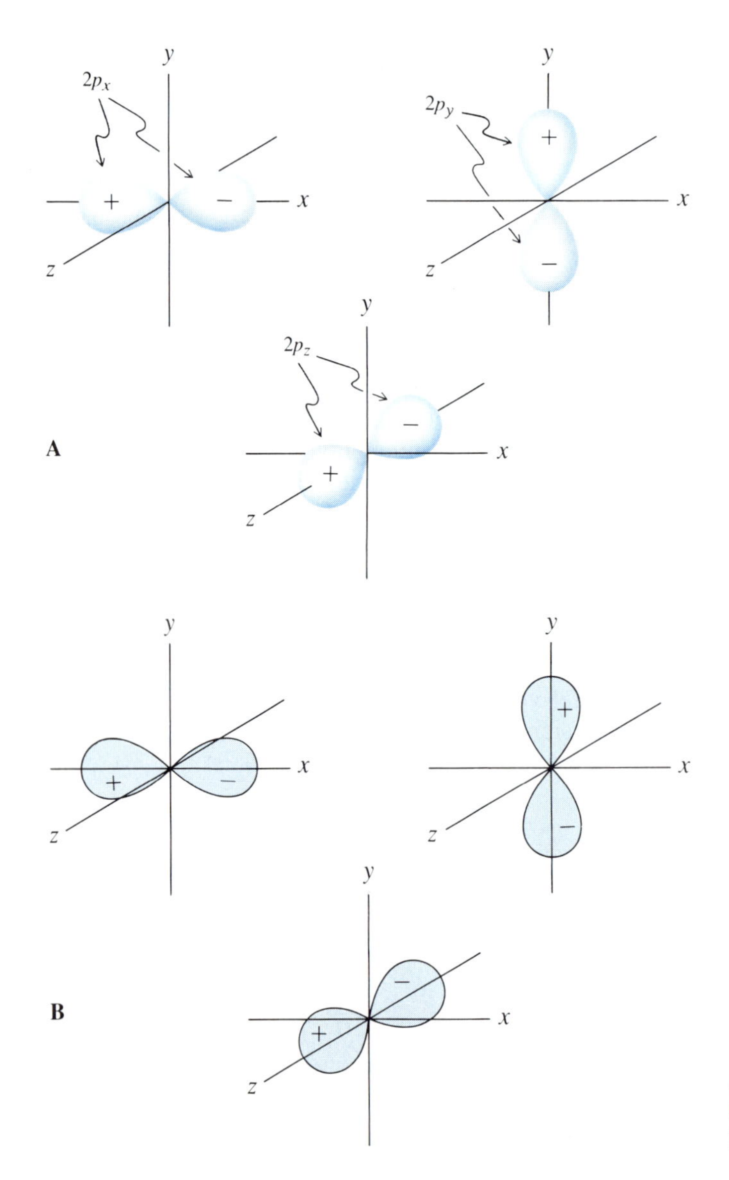

Abb. 1-4 Darstellungen von $2p$-Orbitalen: A. dreidimensional; B. zweidimensional.

Die nächsten Energieniveaus sind das 3*s*- und die 3*p*-Orbitale. Diese sind von ähnlicher, aber diffuserer Gestalt als die entsprechenden Orbitale mit niedrigerer Energie und haben zwei Knotenebenen. Lösungen der Wellengleichungen für höhere Energien als die 3*s*- und 3*p*-Orbitale bezeichnet man als *d*-Orbitale. Bei noch höheren Energieniveaus sind dann auch *f*-Orbitale möglich. Diese Orbitale sind durch eine größere Anzahl von Knotenebenen und unterschiedliche Gestalt charakterisiert. Sie spielen in der organischen Chemie eine weitaus geringere Rolle als die Orbitale mit niedrigerer Energie. Die relativen Energien der Atomorbitale bis zum 5*s*-Niveau sind in Abb. 1-5 dargestellt.

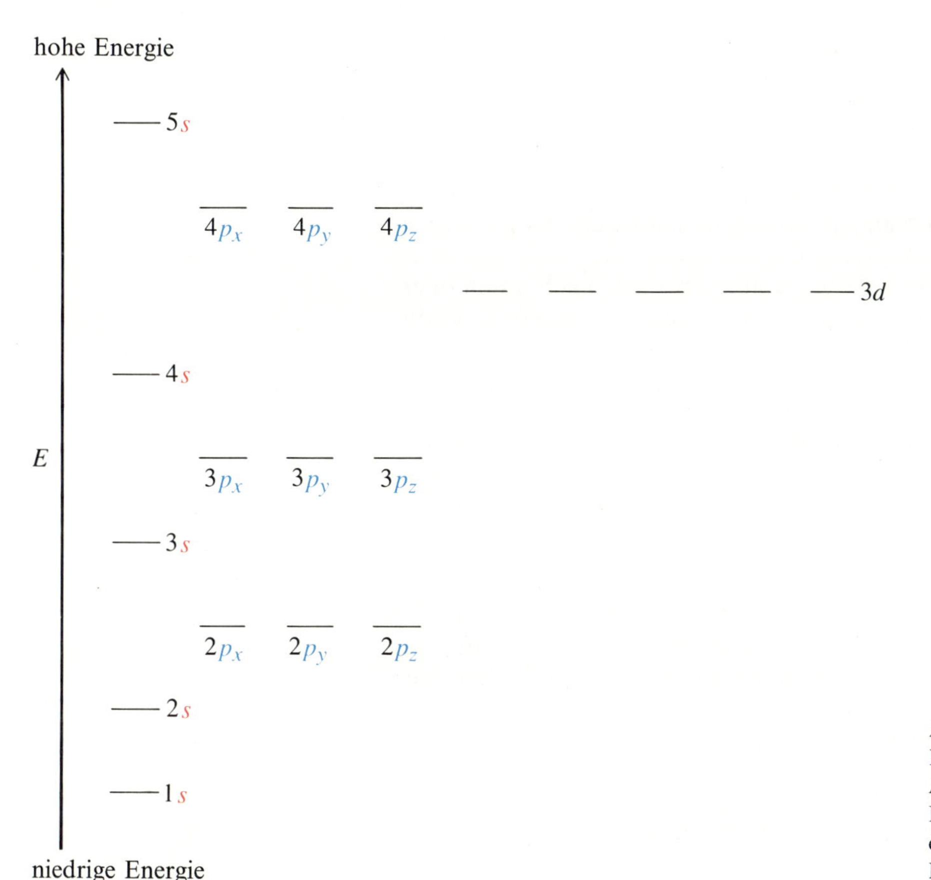

Abb. 1-5 Schematisches Energieniveau-Diagramm der Atomorbitale des Wasserstoffs. Die Energieskala ist nicht linear, der Bereich mit niedrigeren Energien ist gerafft.

Atomorbitale für andere Elemente als Wasserstoff

Sind die Lösungen der Wellengleichung für andere Atome dieselben wie die für das Wasserstoffatom? Die Antwort ist nein, da das Wasserstoffatom nur aus einem Proton und einem Elektron besteht, die sich gegenseitig beeinflussen. Die mathematische Behandlung der Wellengleichung für Elemente mit mehreren Elektronen müßte die Wechselwirkungen aller Elektronen untereinander berücksichtigen, und solche Rechnungen sind außergewöhnlich kompliziert. Glücklicherweise sind Form und Knotenebenen der Atomorbitale anderer Elemente in erster Ännäherung denen des Wasserstoffs sehr ähnlich. Daher können wir *s*- und *p*-Orbitale ebenfalls bei der Beschreibung der Elektronenkonfiguration des Heliums, Lithiums und der weiteren Elemente benutzen. Die Größe der Orbitale nimmt dabei im Periodensystem innerhalb einer Periode von links nach rechts ab, was durch die im gleichen Sinne steigende Kernladung zustandekommt. Wie wir sehen werden, ergeben sich daraus einige Konsequenzen für die chemische Bindung.

Die Verteilung der Elektronen auf die Atomorbitale: Das Aufbauprinzip

Mittels Energieniveauschemata, wie sie Abb. 1-5 wiedergibt, können wir die Elektronenkonfiguration eines jeden Elements im Periodensystem angeben. Dabei müssen wir die folgenden drei Regeln beachten:

1 Orbitale mit niedriger Energie werden vor denen mit höherer Energie aufgefüllt.
2 Eine Konsequenz des **Pauli-Prinzips** ist, daß jedes Orbital nur mit maximal zwei Elektronen besetzt werden kann, die sich in der Orientierung ihres Drehmoments, dem **Spin**, unterscheiden müssen. Es gibt zwei mögliche Orientierungsrichtungen dieses Spins, die normalerweise durch einen senkrechten Pfeil, dessen Spitze entweder nach unten oder nach oben weist, symbolisiert werden. Ein Orbital ist aufgefüllt, wenn es mit zwei Elektronen mit entgegengesetztem Spin besetzt ist. Man bezeichnet diese häufig als *gepaarte Elektronen*.
3 Die **Hundsche Regel** sagt aus, in welcher Weise entartete Orbitale, wie die p-Orbitale, gefüllt werden. Zunächst wird jedes mit einem Elektron besetzt, wobei alle Spins in dieselbe Richtung weisen. Sind alle Orbitale einfach gefüllt, beginnt die Auffüllung mit einem zweiten Elektron entgegengesetzten Spins.

Mit Hilfe dieser Regeln ist die Bestimmung der Elektronenkonfigurationen sehr einfach. Helium hat zwei Elektronen im $1s$-Orbital, seine Elektronenstruktur lautet abgekürzt $(1s)^2$. Lithium $[(1s)^2\,(2s)^1]$ hat ein und Beryllium $[(1s)^2\,(2s)^2]$ zwei weitere Elektronen im $2s$-Orbital. Bei Bor $[(1s)^2\,(2s)^2\,(2p)^1]$ beginnt die Auffüllung der entarteten $2p$-Orbitale mit einem Elektron, weitere ungepaarte Elektronen kommen bei Kohlenstoff $[(1s)^2\,(2s)^2\,(2p)^2]$ und Stickstoff $[(1s)^2\,(2s)^2\,(2p)^3]$ hinzu. Bei Sauerstoff beginnt die Paarung der $2p$-Elektronen, die dann bei Neon abgeschlossen ist. Die Elektronenkonfiguration des Kohlenstoffs ist in Abb. 1-6 dargestellt.

Den Vorgang der Auffüllung der für das Wasserstoffatom berechneten Atomorbitale (s. Abb. 1-5) mit Elektronen bezeichnet man als *Aufbauprinzip*. Aus dem Aufbauprinzip ist leicht zu erkennen, warum Elektronen-

E

$2p_x$ $2p_y$ $2p_z$

$2s$

$1s$

Abb. 1-6 Die stabilste Elektronenkonfiguration von atomarem Kohlenstoff, $(1s)^2\,(2s)^2\,(2p)^2$. Die einfache Besetzung von zwei p-Orbitalen ist in Übereinstimmung mit der Hundschen Regel, die gepaarten Spins der Elektronen im aufgefüllten $1s$- und $2s$-Orbital in Übereinstimmung mit dem Pauli-Prinzip und der Hundschen Regel. Die beiden Elektronen sind willkürlich in die p_x, p_y-Orbitale gezeichnet worden. Jede andere Kombination von zwei $2p$-Orbitalen wäre ebenso richtig.

oktetts und -duetts besonders stabile Konfigurationen darstellen. Diese Anzahlen von Elektronen ergeben abgeschlossene Konfigurationen mit vollständig besetzten Orbitalen. Beim Helium ist das 1*s*-Orbital mit zwei Elektronen mit entgegengesetztem Spin aufgefüllt, im Neon sind die 2*s*- und 2*p*-Orbitale durch weitere acht Elektronen besetzt, die vollständige Besetzung der 3*s*- und 3*p*-Niveaus im Argon erfordert wiederum acht Elektronen (s. Abb. 1-7).

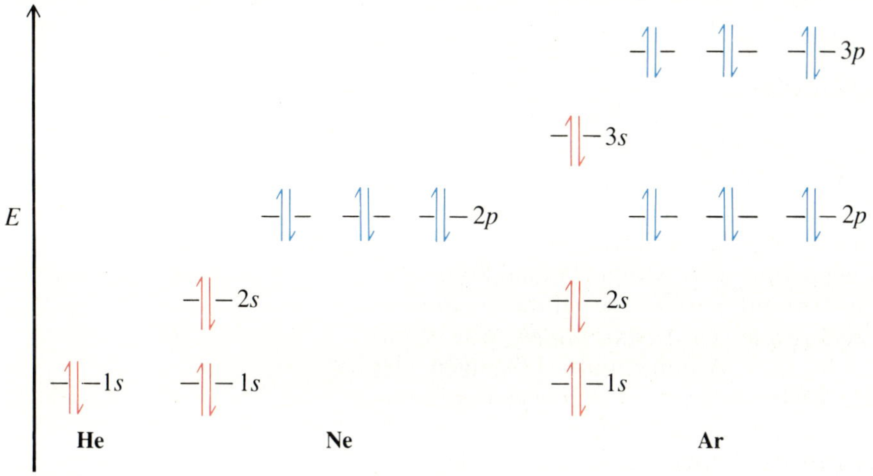

Abb. 1-7 Abgeschlossene Konfiguration der Edelgase Helium, Neon und Argon.

Übung 1-3

Schreiben Sie mit Hilfe von Abb.1-5 die Elektronenkonfigurationen des Schwefels und des Phosphors auf.

Zusammenfassend läßt sich sagen, daß die Bewegung von Elektronen um den Kern durch Wellengleichungen beschrieben wird. Die Lösungen der Wellengleichungen, die Atomorbitale, lassen sich anschaulich als Bereiche im Raum um den Kern darstellen, wobei jedem Punkt ein positiver oder negativer Zahlenwert (bzw. im Falle einer Knotenebene der Wert null) zugeordnet werden kann. Das Quadrat dieser Zahlenwerte gibt die Wahrscheinlichkeit an, ein Elektron an diesem Punkt zu finden. Mit dem Aufbauprinzip sind wir der Lage, die Elektronenkonfigurationen aller Atome (mit Ausnahme vielleicht einiger Transurane) aufzustellen.

1.4 Bindung durch Überlappung von Atomorbitalen: Molekülorbitale

Als nächstes wollen wir sehen, wie sich kovalente Bindungen durch In-Phase-Überlappung von Atomorbitalen darstellen lassen.

Die Bindung im Wasserstoffmolekül

Lassen sie uns mit dem einfachsten Fall anfangen, der Bindung zwischen den beiden Wasserstoffatomen in H_2. In einer Lewis-Darstellung dieses Moleküls würden wir die Bindung als von beiden geteiltes Elektronenpaar darstellen, wodurch jedes eine Helium-Konfiguration erlangt. Wie können wir nun das H_2-Molekül unter Benutzung von Atomorbitalen konstruieren? Linus Pauling* hat eine Antwort auf diese Frage gefunden: *Bindungen entstehen durch In-Phase-Überlappung von Atomorbitalen.* Was ist damit gemeint? Erinnern Sie sich, daß Atomorbitale Lösungen der Wellengleichung sind. Genau wie Wellen können sie sich gegenseitig verstärken (s. Abb. 1-1), wenn die Überlappung zwischen Gebieten der Wellenfunktion mit gleichem Vorzeichen stattfindet. Findet die Überlappung zwischen Bereichen mit entgegengesetztem Vorzeichen statt, erfolgt eine gegenseitige Schwächung oder Auslöschung.

Durch In-Phase-Überlappung der beiden 1*s*-Orbitale entsteht ein neues Orbital mit niedrigerer Energie als die beiden ursprünglichen Atomorbitale, das **bindende Molekülorbital** (s. Abb. 1-8). Auf der anderen Seite ergibt die Außer-Phase-Überlappung zwischen beiden Orbitalen eine destabilisierende Wechselwirkung, es entsteht ein **antibindendes Molekülorbital** (s. Abb. 1-8). In der bindenden Kombination ist die Wellenfunktion im Bereich zwischen beiden Kernen außerordentlich verstärkt. Dies bedeutet, daß die Aufenthaltswahrscheinlichkeit der Elektronen im Raum zwischen den Kernen sehr groß ist: es kommt zu einer Bindung zwischen den beiden Atomen. Die Benutzung zweier Wellenfunktionen mit *positivem* Vorzeichen zur Darstellung der In-Phasen-Kombination der zwei 1*s*-Orbitale aus Abb. 1-8 ist willkürlich. Überlappung zwischen zwei *negativen* Orbitalen würde zu demselben Ergebnis führen. Mit anderen Worten führt die Über-

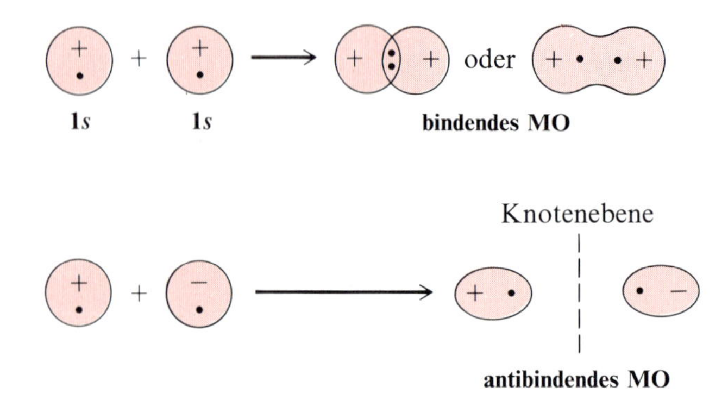

Abb. 1-8 In-Phase- (bindende) und Außer-Phase- (antibindende) Kombination der Wasserstoff-Atomorbitale zu Wasserstoff-Molekülorbitalen. Die Punkte stellen die Elektronen dar. Das antibindende Molekülorbital hat eine Knotenebene.

* Linus Pauling, geb. 1901, emeritierter Professor der Stanford Universität, Kalifornien, Nobelpreise 1954 und 1963 (Frieden).

lappung zwischen Orbitallappen mit *gleichem Vorzeichen* zu einer Bindung, unabhängig vom Vorzeichen der Wellenfunktion. Im antibindenden Molekülorbital ist die Amplitude der Wellenfunktion im Raum zwischen beide Atomen null, es befindet sich dort eine Knotenebene.

Die Wechselwirkung der beiden 1s-Atomorbitale des Wasserstoffs ergibt also zwei Molekülorbitale. Eines ist bindend und von niedrigerer Energie als die Ausgangsorbitale, das andere antibindend und von höherer Energie. Da das System insgesamt nur zwei Elektronen enthält, besetzen beide das Molekülorbital mit der geringeren Energie. Hieraus ergibt sich im Vergleich mit zwei isolierten Wasserstoffatomen ein Energiegewinn. Dieses läßt sich schematisch durch ein Energiediagramm, wie in Abb. 1-9A darstellen.

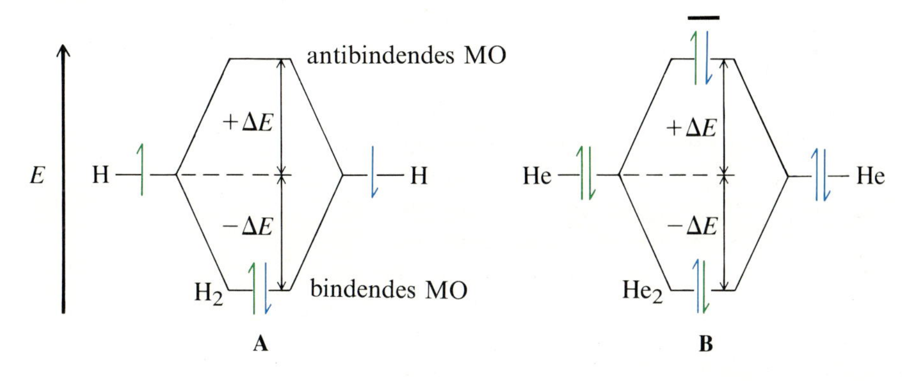

Abb. 1-9 Schematische Darstellung der Kombination von zwei A. einfach (wie im H_2) besetzten und B. doppelt (wie im He_2) besetzten Atomorbitalen zu zwei Molekülorbitalen (MOs). (Nicht maßstabsgetreu.)

Gibt es nun irgendwelche Hinweise darauf, daß antibindende Molekülorbitale tatsächlich existieren? Die gibt es tatsächlich. Unter gewissen Bedingungen lassen sich bindende Elektronen durch bestimmte Energieformen (Wärme oder Licht) derart aktivieren, daß eines der bindenden Elektronen auf das höherenergetische antibindende Niveau angehoben wird. Auf die Stärke der Bindung bezogen, bedeutet das angenähert, daß keine Bindung vorliegt. Der Energiegewinn durch Besetzung eines bindenden Molekülorbitals mit einem Elektron wird durch den Energieverlust durch die Plazierung des zweiten Elektrons in das antibindende Niveau aufgehoben. Das Ergebnis einer solchen Anhebung kann daher ein Bindungsbruch sein.

Leicht ist auch zu verstehen, warum Wasserstoff als H_2-Molekül, Helium in atomarer Form auftritt. Die Überlappung zweier vollständig gefüllter Atomorbitale, wie im Helium, ergibt keinen Energiegewinn, da sowohl das bindende wie das antibindende Molekülorbital vollständig aufgefüllt sind (Abb. 1-9B). Daher ist die Ausbildung einer He—He-Bindung nicht energetisch begünstigt.

Bindungen entstehen durch Überlappung von Atomorbitalen: σ- und π-Bindungen

Die Aufspaltung der Energieniveaus bei der Wechselwirkung von Atomorbitalen ist ein allgemeines Phänomen, das sich nicht nur auf die 1*s*-Orbitale des Wasserstoffs, sondern auch auf andere Atomorbitale anwenden läßt. Das Ausmaß der Aufspaltung der Energieniveaus – also der Energiebetrag, um den das bindende Energieniveau absinkt und das antibindende ansteigt, und der die Stärke der Bindung ausmacht – ist von einer Reihe von Faktoren abhängig. Zum einen ist von Bedeutung, wie ähnlich sich beide Atomorbitale in ihrem Energieinhalt vor der Wechselwirkung waren. So ist beispielsweise das Ausmaß der Überlappung zwischen zwei

1*s*-Orbitalen größer als das zwischen einem 1*s*- und einem 3*s*-Orbital. Dies ist leicht zu verstehen, wenn man sich die äußere Gestalt der Orbitale ansieht. Das Ausmaß der Überlappung zwischen Orbitalen ist davon abhängig, inwieweit die bindenden Elektronen denselben Aufenthaltsraum haben. Daher ist die Überlappung eines kleinen Orbitals mit einem weitaus größeren gering, weil die Elektronenverteilung im größeren Orbital diffuser ist.

Geometrische Faktoren spielen ebenfalls eine wichtige Rolle bei der Bestimmung des Ausmaßes der Überlappung. Dies ist bei Orbitalen mit nicht kugelsymmetrischer Gestalt, wie den *p*-Orbitalen, besonders wichtig. Bei diesen ergeben sich hierdurch zwei Typen von Bindungen: Einen Typ, in dem sich das Maximum der Elektronendichte auf der Kernverbindungsachse (Abb. 1-10, Teil A, B, C und E) befindet und einen anderen, in dem es ober- und unterhalb dieser Achse lokalisiert ist (Teil D). Den ersten Typ bezeichnet man als **sigma-**(σ-)-, den anderen als **pi-**(π-)**Bindung**. Alle Kohlenstoff-Kohlenstoff-Einfachbindungen sind σ-Bindungen, Doppel- und Dreifachbindungen enthalten immer einen π-Bindungsanteil (Kapitel 11 und 13).

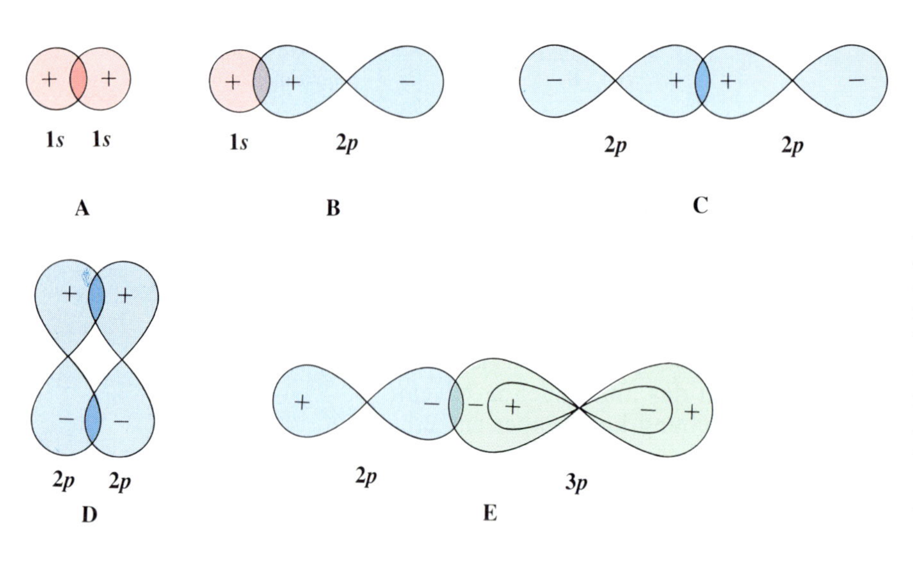

Abb. 1-10 Bindung zwischen Atomorbitalen: A. 1*s* und 1*s* (z. B. H_2); B. 1*s* und 2*p* (z. B. HF); C. 2*p* und 2*p*, entlang der Kernverbindungsachse angeordnet (z. B. F_2); D. 2*p* und 2*p*, senkrecht auf der Kernverbindungsachse, eine π-Bindung; E. 2*p* und 3*p* (z. B. FCl). Die Plus- und Minuszeichen sind willkürlich gewählt.

Übung 1-4

Zeichnen Sie ein Molekülorbital- und Energieaufspaltungdiagramm der Bindung im He_2^+-Molekül. Ist es energetisch begünstigt?

Bei unserer Beschreibung der chemischen Bindung haben wir schon einen weiten Weg zurückgelegt. Wir haben mit einer Beschreibung der ionischen Bindung begonnen, haben dann den Begriff der Kovalenz und des gemeinsamen Elektronenpaars eingeführt und sind schließlich zu einem quantenmechanischen Modell gelangt. Bindungen entstehen in diesem Modell durch Überlappung von Atomorbitalen. Die beiden bindenden Elektronen besetzen das bindende Molekülorbital. Da dieses eine geringere Energie als die beiden Ausgangsorbitale besitzt, wird Energie bei der Entstehung einer chemischen Bindung frei.

1.5 Bindungen in komplizierten Molekülen: Hybridorbitale

Als nächsten wollen wir Bindungsschemata von komplexeren Molekülen mit Hilfe von quantenmechanischen Überlegungen zeichnen. Wie lassen sich lineare (wie im BeH_2), trigonale (wie im BH_3) und tetraedrische Moleküle (CH_4, NH_3, H_2O) mit Hilfe von Atomorbitalen konstruieren?

Durch Linearkombination von Atomorbitalen entstehen Hybridorbitale: Berylliumhydrid

Im allgemeinen läßt sich die Bindung in einfachen zweiatomigen Molekülen durch Überlappung der entsprechenden Atomorbitale darstellen. Dieses Schema versagt jedoch bei mehratomigen Systemen.

Als Beispiel wollen wir das dreiatomige Berylliumhydrid-Molekül, BeH_2, betrachten. Nach dem Aufbauprinzip hat Beryllium eine geschlossene Elektronenkonfiguration, mit zwei Elektronen im 1*s*- und zwei weiteren im 2*s*-Orbital. Bei dieser Anordnung sollte man nicht erwarten, daß Beryllium chemische Bindungen eingeht.

Tatsächlich gibt es jedoch eine Reihe von Berylliumverbindungen. Bei der Bindungsbildung wird Energie frei, das System gewinnt Stabilität. Um diese Befunde mit unseren bisherigen Vorstellungen in Einklang zu bringen, müssen wir unser Modell der chemischen Bindung modifizieren. Beginnen wir mit einem Gedankenexperiment. Es ist nur ein kleiner Energiebetrag nötig, um ein Elektron aus dem 2*s*-Orbital in eines der 2*p*-Niveaus anzuheben (Abb. 1-11). In dieser $1s^2\,2s^1\,2p^1$-Konfiguration ist Beryllium

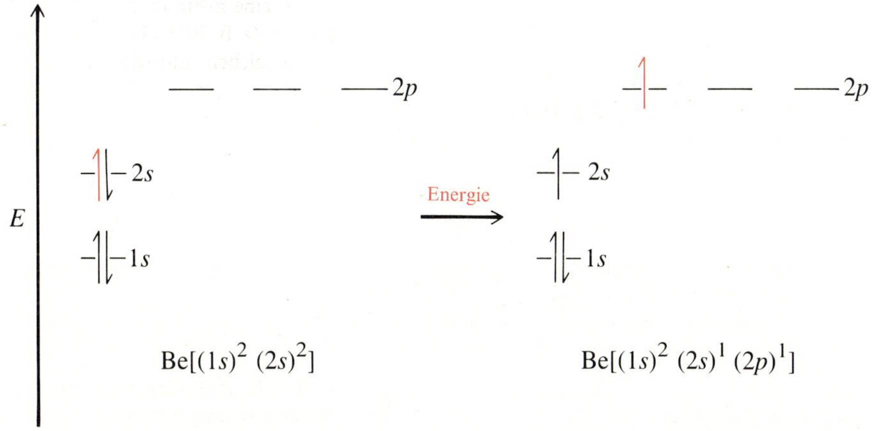

Be$[(1s)^2\,(2s)^2]$ —Energie→ Be$[(1s)^2\,(2s)^1\,(2p)^1]$

Abb. 1-11 Anhebung eines 2*s*-Elektrons im Beryllium auf ein 2*p*-Niveau.

leicht in der Lage, eine chemische Bindung einzugehen, da nun zwei einfach besetzte Atomorbitale zur Verfügung stehen. Man sollte annehmen, daß eine Bindung durch Überlappung des Be-2*s*-Orbitals mit dem 1*s*-Orbital des einen Wasserstoffatoms, die andere Bindung durch Überlappung des Be-2*p*-Orbitals mit dem 1*s*-Orbital des anderen Wasserstoffatoms zustandekommt (s. Abb.1-12). Diese Annahme hat einige Konsequenzen für die Struktur des Moleküls. Man sollte nämlich zwei verschiedene Bindungen unterschiedlicher Länge erwarten, und das gesamte Molekül wäre vermutlich gewinkelt. Leider existiert BeH_2 nicht als einzelnes Molekül (Monomer), sondern als polymere Struktur aus vielen einzelnen Monomereinheiten, die Vorhersage läßt sich also nicht experimentell nachprüfen. Es gibt jedoch sehr ähnliche Verbindungen, wie das gasförmige $Be(CH_3)_2$, die *linear* gebaut sind und C—Be-Bindungen von *gleicher* Länge enthalten. Wie läßt sich nun die Bindung in diesen Molekülen mit Hilfe von *s*- und *p*-Orbitalen erklären? Zur Beantwortung dieser Frage benutzen wir eine quantenmechanischen Ansatz, der als **Hybridisierung von Orbitalen** bezeichnet wird.

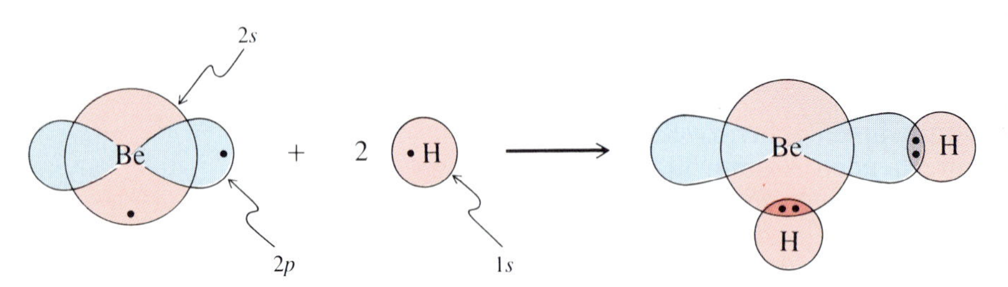

Abb. 1-12 Bindung im BeH_2 über ein 2*s*- und ein 2*p*-Orbital des Berylliums. Die Knotenebene im 2*s*-Orbital ist nicht eingezeichnet, die beiden anderen leeren *p*-Orbitale und das gefüllte 1*s*-Orbital mit niedrigerer Energie sind der Deutlichkeit wegen fortgelassen. Die Valenzelektronen sind durch Punkte eingezeichnet.

Ebenso wie sich Atomorbitale verschiedener Atome mathematisch durch Linearkombination in Molekülorbitale überführen lassen, kann man auch Atomorbitale *desselben* Atoms durch mathematische Operationen in **Hybridorbitale** überführen. Beim Beryllium entstehen durch geeignete Kombination oder Mischung der 2*s*- und einer 2*p*-Funktion zwei neue Hybride, die sogenannten *sp*-Orbitale, die 50% *s*- und 50% *p*-Charakter haben. Durch diese Mischung erfolgt eine räumliche Umorientierung der Orbitallappen, wie in Abb. 1-13 gezeigt. Die größeren Orbitallappen, die sogenannten Vorderlappen, bilden einen Winkel von 180° miteinander. Daneben entstehen noch zwei kleinere Hinterlappen (jeweils einer für jedes *sp*-Hybrid) mit entgegengesetzem Vorzeichen. Die beiden nicht besetzten *p*-Orbitale bleiben unverändert.

Diese Hybridisierung minimiert die gegenseitige Abstoßung der Elektronen und maximiert die Bindung. Durch Überlappung der *sp*-Hybridorbitale mit den beiden Wasserstoff-1*s*-Orbitalen entsteht dann das lineare BeH_2. Entsprechend können die beiden *sp*-Hybride des Berylliums auch

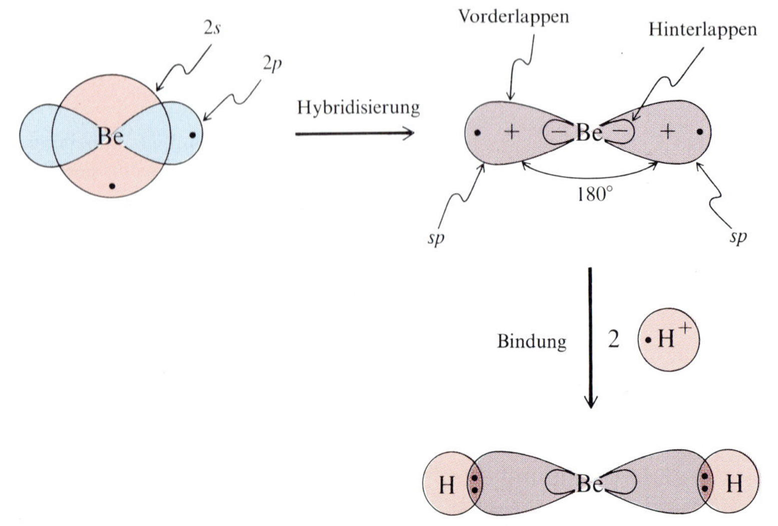

Abb. 1-13 Hybridisierung im Berylliumatom zu zwei *sp*-Hybridorbitalen und die resultierende Bindung im BeH_2. Wieder sind die verbleibenden *p*-Orbitale und das 1*s*-Orbital der Deutlichkeit wegen fortgelassen. Das Vorzeichen der Wellenfunktion ist in den großen *sp*-Lappen umgekehrt wie in den kleinen.

mit den Orbitalen anderer Elemente überlappen, wodurch die anderen Berylliumverbindungen gebildet werden. Die Gesamtzahl aller für die Bindung zur Verfügung stehenden Orbitale wird durch die Hybridisierung nicht verändert. Wie wir in Abschn. 13.2 sehen werden, läßt sich auch die Kohlenstoff-Dreifachbindung unter Benutzung von *sp*-Hybridorbitalen beschreiben.

sp^2-Hybride zur Darstellung trigonaler Strukturen

Als nächstes wollen wir die Gruppe von Elementen im Periodensystem mit drei Valenzelektronen (Gruppe 13) betrachten. Welches Bindungsschema können wir für Boran, BH_3, Aluminiumtrimethyl, $Al(CH_3)_3$, und ähnliche Moleküle ableiten?

Zur Beschreibung der Bindung im Boranmolekül mit Hilfe von Atomorbitalen benutzen wir wieder die Hybridisierung. In diesem Falle entstehen durch mathematische Kombination eines $2s$- und zweier $2p$-Orbitale drei neue Hybridorbitale. Man bezeichnet sie als sp^2-Hybride, um die Anzahl der an der Hybridisierung beteiligten Orbitale anzugeben (s. Abb. 1-14). Das dritte *p*-Orbital nimmt nicht an der Hybridisierung teil, die

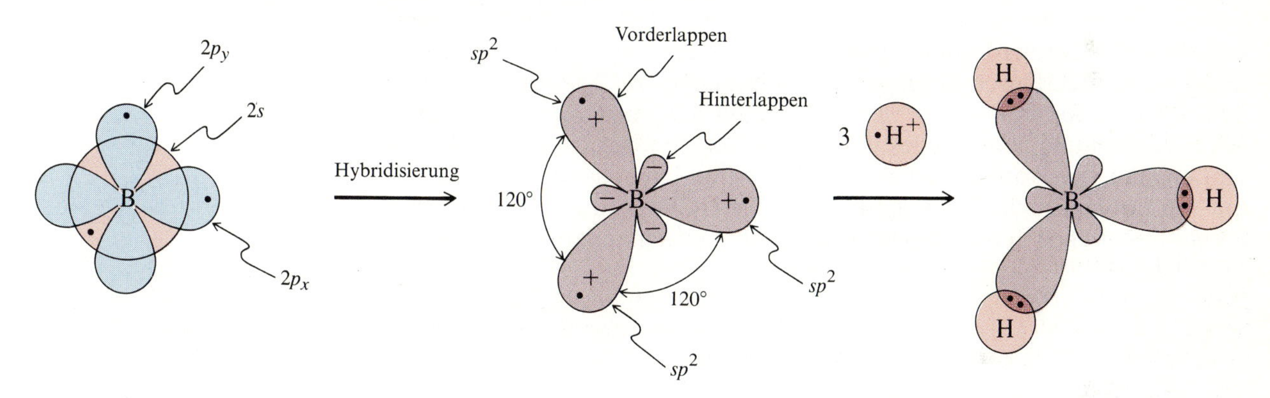

Abb. 1-14 Hybridisierung des Boratoms zu drei sp^2-Hybriden und die resultierende Bindung im BH_3. Die drei vorderen Orbitallappen haben dasselbe Vorzeichen, das der drei hinteren ist umgekehrt. Das verbleibende *p*-Orbital (p_z) steht senkrecht auf der Molekülebene (die Papierebene, ein Lappen liegt oberhalb, der andere unterhalb der Ebene) und ist nicht eingezeichnet.

Gesamtzahl der Orbitale bleibt unverändert vier. Wie beim Beryllium brauchen wir uns nicht darum zu kümmern, daß nach dem Aufbauprinzip für Bor eine Elektronenkonfiguration $(1s)^2$ $(2s)^2$ $(2p)^1$ und daher nur ein ungepaartes Elektron zu erwarten ist. Durch Anhebung eines $2s$-Elektrons auf eines der $2p$-Niveaus ergeben sich die drei einfach besetzten Atomorbitale (ein $2s$, zwei $2p$), die für die Hybridisierung erforderlich sind.

Die drei sp^2-Orbitale des Bors im BH_3 haben die gewünschte trigonale Anordnung, die mit einer Minimierung der Elektron-Elektron-Abstoßung verbunden ist. Durch die Hybridisierung vergrößert sich auch die Möglichkeit der Überlappung mit anderen Atomorbitalen. Es können sich daher stärkere Bindungen als über normale *p*-Orbitale ausbilden (s. Abb. 1-14). Die drei Vorderlappen haben dasselbe Vorzeichen und überlappen mit den $1s$-Orbitalen der Wasserstoffatome unter Bildung von BH_3. Das dritte $2p$-Orbital des Bors steht senkrecht auf der Ebene, in der sich die sp^2-Hybridorbitale befinden. Es ist leer und nicht in signifikantem Maße an der Bindung beteiligt.

Genau wie *sp*-Hybridorbitale können auch sp^2-Hybride Bindungen zu anderen Atomorbitalen als den besprochenen 1*s*-Orbitalen eingehen. So läßt sich beispielsweise die Bindung im Bortrifluorid, BF_3, durch Wechselwirkung der drei sp^2-Orbitale des Bors mit drei einfach besetzten 2*p*-Orbitalen der Fluoratome darstellen. Hierdurch entstehen drei doppelt besetzte $sp^2 - p$-Molekülorbitale.

Das BH_3-Molekül ist mit dem Methyl-Kation, CH_3^+, *isoelektronisch*, das bedeutet daß es dieselbe Anzahl von Elektronen hat. Die Bindung im CH_3^+ erfolgt ebenfalls über drei sp^2-Hybridorbitale, und wie wir in Abschn. 11.2 sehen, lassen sich Doppelbindungen am Kohlenstoff ebenfalls unter Benutzung von sp^2-Hybriden beschreiben.

Hybridisierung in gesättigten Kohlenstoffverbindungen: Methan

Nun wollen wir das Element betrachten, an dessen Bindungen wir am meisten interessiert sind, den Kohlenstoff. Kohlenstoff hat die Elektronenkonfiguration $(1s)^2\,(2s)^2\,(2p)^2$, mit zwei ungepaarten 2*p*-Elektronen. Die Anhebung eines Elektrons vom 2*s*- auf das unbesetzte 2*p*-Niveau ergibt vier einfach besetzte Orbitale, die für eine Bindung zur Verfügung stehen. Untersuchungen der Molekülstruktur des Methans haben ergeben, daß die vier Wasserstoffatome tetraedrisch um den zentralen Kohlenstoff angeordnet sind. Durch Mischen des 2*s*- mit *allen drei* 2*p*-Orbitalen ergeben sich nun *vier* äquivalente sp^3-Orbitale mit der gewünschten geometrischen Anordnung, wobei jedes von einem Elektron besetzt ist. Die Überlappung mit vier Waserstoff-1*s*-Orbitalen ergibt dann das Methanmolekül mit vier äquivalenten C – H-Bindungen. Die HCH-Bindungen bilden den charakteristischen Tetraederwinkel von 109.5° miteinander (s. Abb. 1-15).

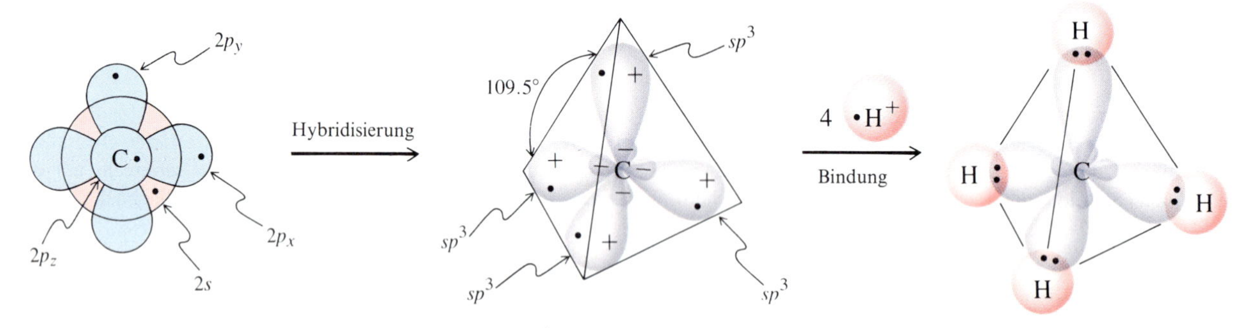

Abb. 1-15 Hybridisierung im Kohlenstoffatom zu vier sp^3-Hybridorbitalen und die resultierende Bindung im CH_4. Das Vorzeichen der kleineren Hinterlappen der sp^3-Hybridorbitale ist entgegengesetzt zu dem der Vorderlappen.

Wie alle bisher diskutierten Hybridorbitale können auch die sp^3-Hybride mit anderen Orbitalen überlappen. Durch Überlappung mit vier Chlor-*p*-Orbitalen entsteht beispielsweise Tetrachlormethan, CCl_4. Auch Kohlenstoff – Kohlenstoff-Bindungen werden durch Überlappung zweier Hybridorbitale gebildet. Im Ethan, CH_3-CH_3, (s. Abb. 1-16) findet die Überlappung zwischen zwei einfach besetzten sp^3-Hybridorbitalen der beiden CH_3-Einheiten statt. Jedes Wasserstoffatom im Methan und Ethan läßt sich durch eine CH_3- oder eine andere Gruppe ersetzen, wodurch eine Fülle von neuen Kombinationen möglich wird. In all diesen Molekülen sind die Bindungen am Kohlenstoff in etwa tetraedrisch angeordnet. Die außerordentliche Vielfalt der organischen Chemie kommt aufgrund dieser

Eigenschaft des Kohlenstoffs, mit sich selbst Ketten bilden zu können, an denen eine Vielzahl weiterer Substituenten gebunden sein können, zustande.

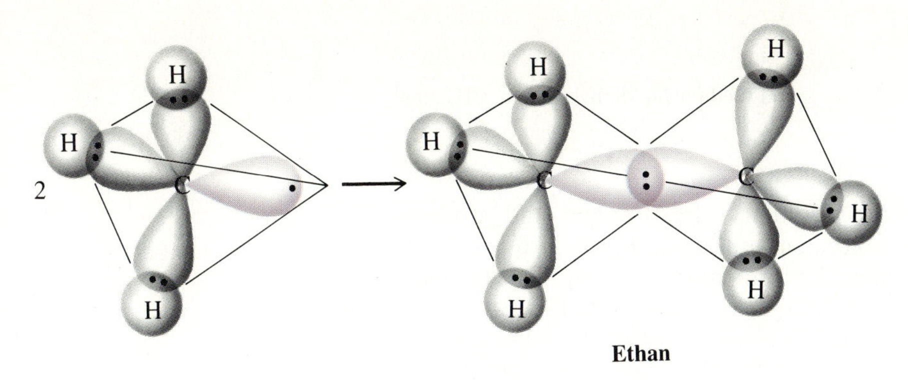

Abb. 1-16 Ausbildung der Kohlenstoff-Kohlenstoff-Bindung im Ethan durch Überlappung zweier sp^3-Orbitale.

Freie Elektronenpaare und Hybride: Ammoniak und Wasser

Mit welchen Typen von Orbitalen läßt sich nun die Bindung im Ammoniak- und im Wassermolekül beschreiben? Lassen Sie uns mit dem Ammoniak beginnen. Aus der Elektronenkonfiguration des Stickstoffs, $(1s)^2\,(2s)^2\,(2p)^3$, ergibt sich dessen Dreibindigkeit, drei kovalente Bindungen sind zur Erreichung eines Elektronenoktetts nötig. Wir könnten zur Bindung reine p-Orbitale benutzen, das nichtbindende Elektronenpaar verbliebe dann im $2s$-Niveau. Dieses steht jedoch in Widerspruch zu der beobachteten Molekülstruktur, einem angenäherten Tetraeder mit den drei Wasserstoffatomen an der Basis und dem Stickstoff an der Spitze. Nimmt man jedoch eine sp^3-Hybridisierung am Stickstoff an, ergibt sich die gewünschte Geometrie. Drei der sp^3-Orbitale werden für die Bindungen zu den Wasserstoffatomen benutzt, im vierten befindet sich das freie Elektronenpaar (s. Abb. 1-17).

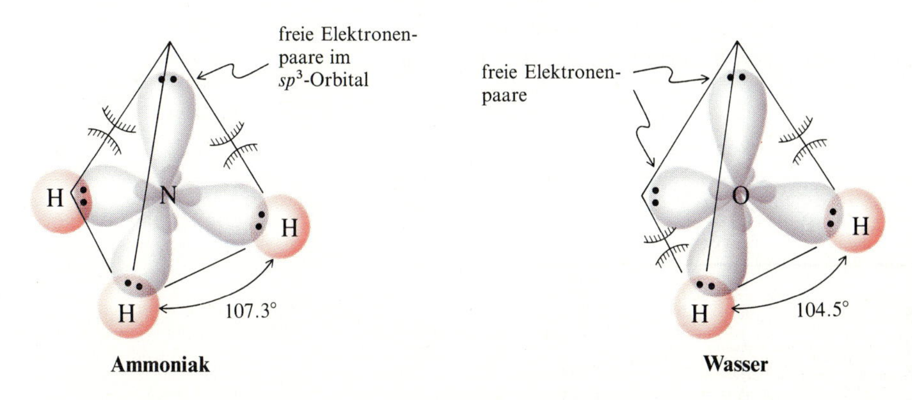

Abb. 1-17 Bindung und Elektronenabstoßung in Ammoniak und Wasser. Die Bögen deuten eine verstärkte Abstoßung durch die freien Elektronenpaare, die sich dicht am Kern des Zentralatom befinden, an.

Entsprechend läßt sich auch die Bindung im Wassermolekül am besten über sp^3-Hybridorbitale beschreiben. Der HOH-Bindungswinkel beträgt 104.5°, was dem Tetraederwinkel recht nahe kommt. Die bei beiden Molekülen beobachteten geringen Abweichungen vom Tetraederwinkel lassen sich erklären, wenn man die freien Elektronenpaare dieser Systeme berücksichtigt (s. Abb. 1-17). Da freie Elektronenpaare nicht zur Bindung benutzt werden, befinden sie sich näher am Stickstoff- bzw. Sauerstoffkern als die bindenden Elektronen. Hierdurch ist die Abstoßung zwischen den freien und den bindenden Elektronenpaaren größer als die der bindenden untereinander, der Winkel zwischen den bindenden Paaren verkleinert sich.

Übung 1-5

Schreiben Sie ein Schema für die Hybridisierung und Bindung im Methyl-Kation, CH_3^+, und im Methyl-Anion, CH_3^-.

Um also die Bindung und die Geometrie dreiatomiger und größerer Moleküle richtig beschreiben zu können, muß man durch mathematische Kombination von Orbitalen neue Hybridorbitale bilden. So entstehen beispielsweise durch geeignete Mischung eines *s*- und eines *p*-Orbitals zwei lineare *sp*-Hybride, bei einem *s*- und zwei *p*-Orbitalen drei trigonale sp^2-Hybridorbitale und aus einem *s*- und drei *p*-Orbitalen drei tetraderisch angeordnete sp^3-Orbitale. Es sei aber noch einmal darauf hingewiesen, daß es sich hierbei um mathematische Vorgänge und Gedankenexperimente handelt, die keiner physikalischen Realität in den Atomen („erst promoviert der Kohlenstoff ein Elektron, danach hybridisiert er sich") entsprechen.

1.6 Nicht alle Elektronen werden gleichmäßig aufgeteilt: Die polare kovalente Bindung

Aufgrund ihres unterschiedlichen Aufbaus haben die Atome verschiededener Elemente eine unterschiedliche Neigung, Elektronen anzuziehen, oder abzugeben. So versteht man unter dem **Ionisierungspotential** (*IP*) den Energiebetrag, der erforderlich ist, um von einem Atom oder Ion in der Gasphase ein Elektron zu entfernen. Den Energiebetrag, der benötigt

Tabelle 1-1 Ionisierungspotentiale einiger häufig vorkommender Elemente

Ionisierungspotential* in kJ/mol				
Element	1. *IP*	2. *IP*	Element	1. *IP*
H	1315		Na	498
He	2374	5255	Mg	733
Li	519	7302	Al	578
Be	896	1758	Si	787
B	800	2428	P	1013
C	1089	2353	S	1001
N	1403		Cl	1256
O	1315		Br	1143
F	1683		I	1009
Ne	2085			

* Da zur Abspaltung eines oder mehrerer Elektronen Energie erforderlich ist, haben alle aufgeführten Elemente positive *IP*s. Es sind aber auch negative Werte möglich (z. B. bei den *IP*s von Anionen).

wird, um das erste Elektron zu entfernen, bezeichnet man als erstes Ionisierungspotential, den zur Entfernung des zweiten Elektrons erforderlichen Betrag das zweite Ionisierungspotential und so weiter. In Tab. 1-1 sind die Ionisierungspotentiale einiger ausgewählter Elemente aufgeführt. Die Größe des ersten und der folgenden *IP*s hängt stark, aber nicht ausschließlich von der Größe der Kernladung ab. Ein höher positiv geladener Atomrumpf hat meist ein größeres *IP* zur Folge. Als Beispiel möge der Vergleich der Ionisierungspotentiale von Kohlenstoff ($IP = 1089$ kJ/mol) und von Fluor ($IP = 1683$ kJ/mol) dienen. Wird durch Abgabe eines Elektrons eine Edelgaskonfiguration erhalten, ist das Ionisierungspotential relativ klein (s. *IP* von Li, Na).

Die **Elektronenaffinität** (*EA*) ist definiert als die Energiemenge, die bei der Aufnahme eines Elektrons durch ein Atom freigesetzt wird. Die Elektronenaffinität eines Atoms entspricht im Zahlenwert dem ersten Ionisierungspotential des dazugehörigen einfach negativ geladenen Anions. In Tabelle 1-2 sind die *EA*s einiger Elemente angegeben.

Mit beiden Größen im Zusammenhang steht die sogenannte **Elektronegativität**, die ein Maß dafür ist, wie stark ein Atom die bindenden Elektronen einer kovalenten Bindung anzieht. Die Elektronegativität von Fluor, dem elektronegativsten Element, ist dabei willkürlich gleich 4 gesetzt. In Tabelle 1-3 sind die relativen Elektronegativitäten einiger Elemente angegeben. Kommt es nun zur Knüpfung einer kovalenten Bindungen zwischen Atomen mit unterschiedlicher Elektronegativität, zieht das elektronegativere von beiden die bindenden Elektronen stärker zu sich hin, man bezeichnet eine solche Bindung als **polar**.

1.6 Nicht alle Elektronen werden gleichmäßig aufgeteilt: Die polare kovalente Bindung

Tabelle 1-2 Elektronenaffinitäten einiger ausgewählter Elemente

Element	Elektronenaffinität* in kJ/mol
H	−75
C	−105
O	−142
F	−335
Cl	−348
Br	−322
I	−297

* Das Vorzeichen der Werte der Elektronenaffinität ist negativ, da bei den aufgeführten Elementen bei Aufnahme eines Elektrons Energie frei wird. Es gibt jedoch auch positive *EA*-Werte.

Tabelle 1-3 Elektronegativitäten einiger ausgewählter Elemente

H 2.2						
Li 1.0	Be 1.6	B 2.0	C 2.6	N 3.0	O 3.4	F 4.0
Na 0.9	Mg 1.3	Al 1.6	Si 1.9	P 2.2	S 2.6	Cl 3.2
K 0.8						Br 3.0
						I 2.7

Polare Bindungen

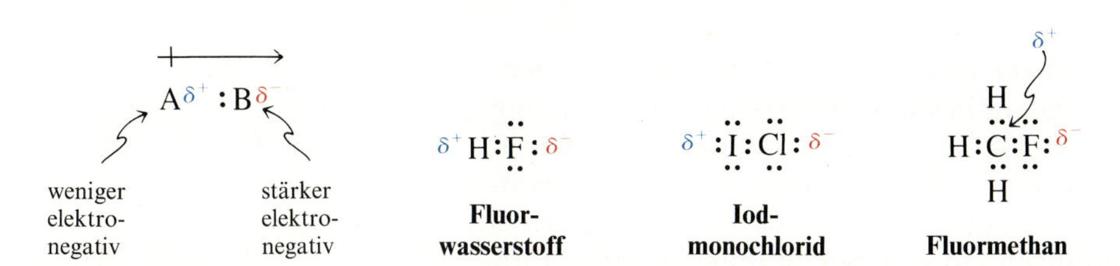

Obwohl das Molekül als ganzes nach außen hin neutral bleibt, besitzt das eine Ende des Moleküls eine positive, das andere Ende eine negative Partialladung. Positive und negative Partialladung werden durch die Zeichen δ^+ und δ^- symbolisiert. Ein Molekül A : B dieses Typs ist ein *Dipol*, der durch eine positive Ladung am einen und eine numerisch gleich große negative Ladung am anderen Ende, die durch den Abstand l voneinander getrennt sind, charakterisiert ist. Das Produkt aus Ladung q und Abstand l bezeichnet man als Dipolmoment μ. Das Dipolmoment läßt sich durch den Grad der Ausrichtung des Dipols in einem äußeren elektrischen Feld messen. Die SI-Einheit des Dipolmoments ist Cm. Häufig findet man daneben noch die alte Einheit Debye (D, $1\,D = 3.33 \times 10^{-30}$ Cm). Das Dipolmoment von HF beträgt 5.8×10^{-30} Cm, das von HCl ist kleiner (warum?), es beträgt 3.6×10^{-30} Cm.

ein Dipol

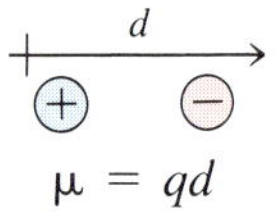

d

$\mu = qd$

Die Polarität einer Bindung ist auch noch bei benachbarten Gruppen zu spüren. Der elektronenanziehende Charakter des Fluors führt im Fluormethan dazu, daß auch die an den Kohlenstoff gebundenen Wasserstoff etwas positiv polarisiert sind. Dieses Phänomen der Ladungsübertragung bezeichnet man als *induktiven Effekt*. Der induktive Effekt wird uns noch einmal im Abschn. 8.3 begegnen.

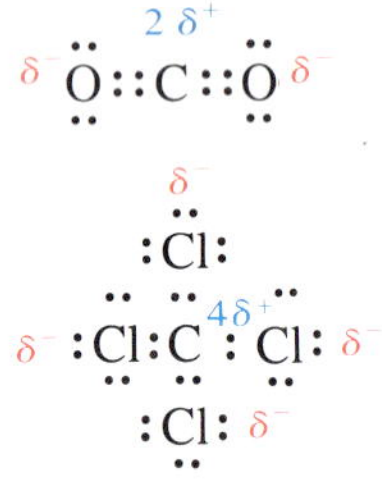

Nicht alle Moleküle mit polaren Bindungen wirken nach außen als Dipole. Dies ist nur dann der Fall, wenn der Schwerpunkt der positiven und der negativen Ladung des Moleküls nicht an demselben Ort liegen. Das gilt beispielsweise für die bereits erwähnten Moleküle HF, HCl und CH_3F. Bei einer symmetrischen Struktur, wie beim CO_2- und CCl_4-Molekül, liegen jedoch die Zentren der positiven und negativen Ladung an demselben Punkt, das Dipolmoment ist null. Um zu entscheiden, ob eine Struktur symmetrisch ist, müssen wir die Gestalt des entsprechenden Moleküls kennen.

Moleküle können polare Bindungen enthalten und trotzdem kein Dipolmoment haben

$2\delta^+$

δ^- O::C::O δ^-

δ^-

:Cl:

δ^- :Cl:C:Cl: δ^- ($4\delta^+$)

:Cl: δ^-

1.7 Resonanzstrukturen

Als nächstes wollen wir eine Gruppe von Molekülen betrachten, die sich nicht nur durch eine einzige, sondern durch mehrere richtige Strukturformelnbeschreiben lassen. Wie ist das möglich?

Das Carbonat-Ion läßt sich durch mehrere richtige Strukturformeln darstellen

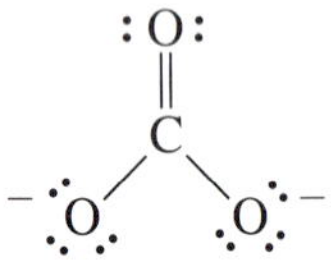

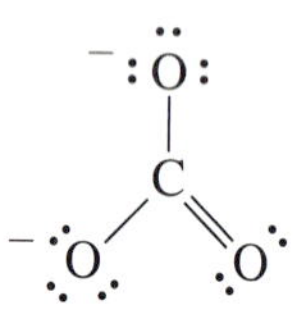

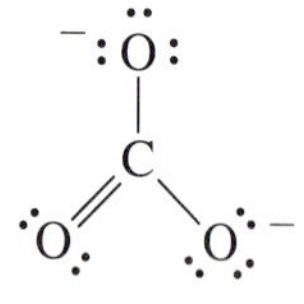

Lassen Sie uns noch einmal zu den Lewis-Strukturen zur Beschreibung von kovalenten Bindungen zurückkehren, weil sich an ihnen die folgenden Betrachtungen am einfachsten demonstrieren lassen. Außerdem werden auch heutzutage noch die zweidimensionalen Abbildungen von Molekülen mit Hilfe von Lewis-Strukturen dargestellt, weil sie sich einfach zeichnen lassen, auch wenn jedem Chemiker bewußt ist, daß sich hieraus wenig über die tatsächliche Gestalt des Moleküls und die Art der Bindung aussagen läßt. Für das Carbonat-Ion könnten wir eine Lewis-Struktur A zeichnen, in der jedes Atom ein Elektronenoktett besitzt. In dieser Formel befinden sich die negativen Ladungen auf den beiden unteren Sauerstoffatomen. Das dritte Sauerstoffatom an der Spitze ist neutral und an das zentrale Kohlenstoffatom durch eine Doppelbindung gebunden. Es hat zwei freie Elektronenpaare. Warum haben wir uns aber gerade die beiden unteren Sauerstoffatome als Ladungsträger ausgewählt? Dafür gibt es

A

B

C

überhaupt keinen Grund, diese Entscheidung ist völlig willkürlich. Struktur B oder C sind zur Beschreibung des Carbonat-Ions ebenso geeignet. Alle drei Lewis-Strukturen sind äquivalent, man bezeichnet sie als **Resonanzstrukturen**. Verschiedene Resonanzstrukturen desselben Moleküls lassen sich allein durch Verschiebung von Elektronenpaaren ineinander überführen, die Position der Kerne im Molekül bleibt unverändert. Um A in B und dann in C zu überführen, müssen wir in jedem Falle zwei Elektronenpaare verschieben. Eine derartige Bewegung von Elektronen läßt sich durch gebogene Pfeile darstellen.

Darstellung des Verschiebens von Elektronenpaaren durch gebogene Pfeile

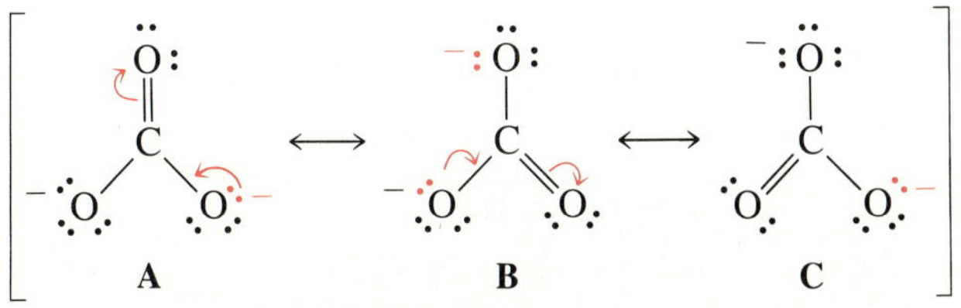

A ⟷ B ⟷ C

Wie sieht nun die wahre Struktur des Carbonat-Ions aus?

Liegen im Carbonat-Ion nun tatsächlich ein nicht geladener Sauerstoff, der an den Kohlenstoff durch eine Doppelbindung gebunden ist, und zwei negativ geladene Sauerstoffatome, die jedes durch eine Einfachbindung gebunden sind, vor? Die Antwort ist nein. Das Carbonat-Ion ist vollständig symmetrisch gebaut und enthält ein trigonales zentrales Kohlenstoffatom. Alle C – O-Bindungen haben dieselbe Länge, die zwischen der einer Doppel- und der einer Einfachbindung liegt. Die negative Ladung verteilt sich gleichmäßig über alle drei Sauerstoffatome, sie ist delokalisiert. Mit anderen Worten stellt keine der Lewis-Strukturen allein eine ausreichende Beschreibung des Moleküls dar.

Eine richtige Beschreibung des Moleküls bekommen wir, wenn wir annehmen, daß *die wahre Struktur des Moleküls in der Mitte zwischen allen dreien liegt*. Das Carbonat-Ion ist ein sogenanntes **Resonanzhybrid** dieser drei Resonanzstrukturen A, B und C die man auch als Grenzformeln bezeichnet. Da alle drei Strukturen äquivalent sind, ist ihr Beitrag zum Resonanzhybrid gleich groß, aber keine von ihnen beschreibt das Molekül hinreichend. Da Resonanzstrukturen hypothetisch sind, lassen sie sich weder beobachten noch isolieren. Um die Darstellung eines Moleküls durch Resonanzstrukturen von normalen chemischen Gleichungen zu unterscheiden, werden erstere durch einen zweiköpfigen Pfeil verbunden und in eckige Klammern gesetzt.

Das Wort Resonanz impliziert, daß das Molekül zwischen den Resonanzstrukturen hin und her vibriert oder oszilliert. Dies ist aber nicht richtig. Das Molekül hat nur eine Struktur, die sich aber unter Verwendung dieser Strukturformeln nicht besser beschreiben läßt. Deswegen ist der Terminus Hybrid besser gewählt. Ein Hybrid ist in der Biologie definiert als Nachkomme genetisch ungleicher Eltern. Im Falle des Carbonat-Ions bedeutet das, daß es drei „Eltern" hat (A,B und C), die eine Hybrid-Struktur ergeben.

Die Carbonat-Struktur läßt sich auch mit Hilfe anderer Konventionen beschreiben. So kann man die Kohlenstoff-Sauerstoff-Doppelbindung auch als Kombination einer durchgezogenen und einer gestrichelten Linie

Das Carbonat-Ion läßt sich auch mit Hilfe gepunkteter Linien als Resonanzhybrid zeichnen

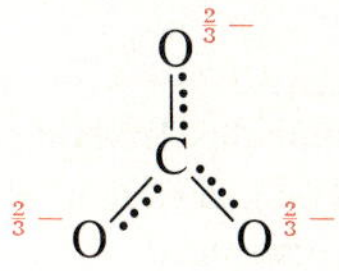

darstellen. Da jedes Sauerstoffatom nur einen Teil (etwa 2/3) einer negativen Ladung trägt, wird dies durch ein $2/3^{-}$-Zeichen angedeutet.

Weitere Beispiele für Resonanzhybride sind das Acetat- und das Allyl-Ion*.

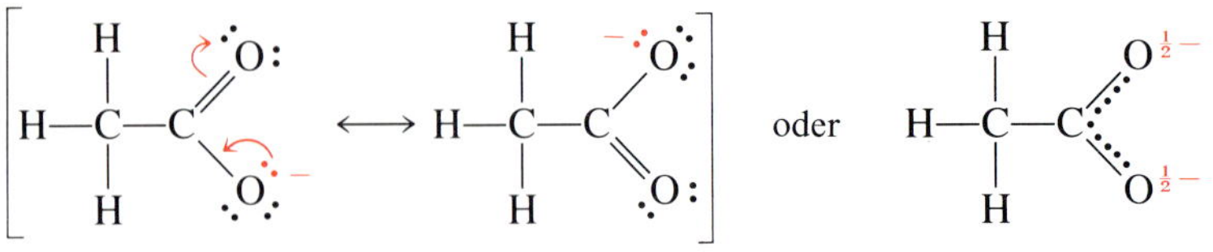

oder

Acetat-Ion

oder

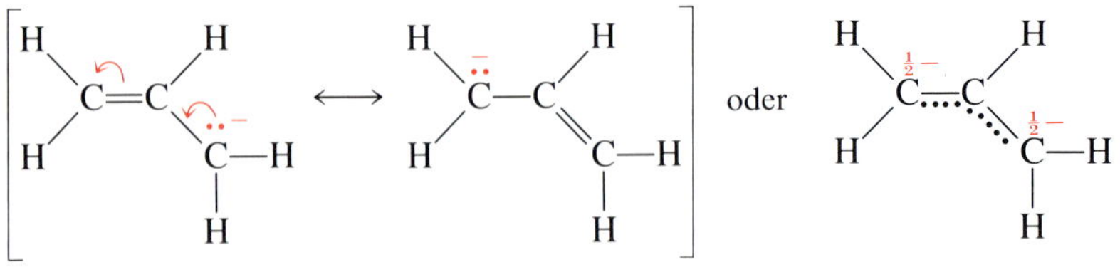

Allyl-Ion

Für das Zeichnen von Resonanzstrukturen sei noch einmal darauf hingewiesen, daß (1) das Verschieben eines Elektronenpaars von einem Atom zu einem anderen mit einer Bewegung von Ladung verbunden ist; (2) die relativen Positionen aller Atome unverändert bleiben müssen; (3) die Energien aller äquivalenter Resonanzstrukturen dieselben sind und daß (4) zwischen die einzelnen Strukturen zweiköpfige Pfeile gezeichnet werden.

Übung 1-6

Zeichnen Sie zwei Resonanzstrukturen für das Nitrit-Ion, NO_2^-. Was läßt sich über die Geometrie des Moleküls sagen?

Nicht-äquivalente Resonanzstrukturen

Die Resonanzstrukturen des Carbonat-, Acetat- und Allyl-Anions sind untereinander äquivalent. Viele Moleküle lassen sich jedoch durch einen Satz von Lewis-Strukturen beschreiben, die nicht äquivalent sind. Ein Beispiel hierfür ist das Enolat-Ion, ein Sauerstoff-Analogon des Allyl-Anions. Beide Resonanzstrukturen unterscheiden sich in der Lage der Doppelbindung und der Ladungsverteilung. Da sich beide Strukturen unterscheiden, entspricht eine von beiden eher dem wahren Zustand des Moleküls, obwohl keine das Molekül ausreichend beschreibt.

Die beiden nicht-äquivalenten Resonanzstrukturen des Enolat-Ions

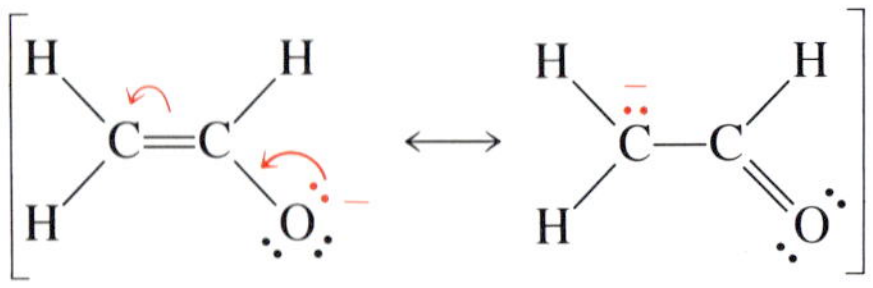

* Dies sind die Trivialnamen. Der systematische Name für Acetat ist *Ethanoat* (s. Abschn. 17-1), der für Allyl 2-*Propenyl* (Abschn. 14-1). Auf die systematischen Namen gehen wir später ein.

Wie läßt sich nun erkennen, welche Resonanzstruktur die größere Stabilität und damit die größere Beteiligung am Resonanzhybrid besitzt? Dieses Problem können wir durch Beachtung einiger Regeln lösen.

Regel 1 *Strukturen mit der größtmöglichen Anzahl von Elektronenoktetts sind bevorzugt.* Im Enolat-Ion sind alle Atome in beiden möglichen Resonanzstrukturen von einem Oktett von Elektronen umgeben. Betrachten wir im Gegensatz dazu die Resonanzstrukturen des Nitrosyl-Kations, NO^+. In der Struktur mit der positiven Ladung am Sauerstoff haben beide Atome ein Elektronenoktett, während in derjenigen mit der positiven Ladung am Stickstoff nur Sauerstoff ein Oktett erhält.

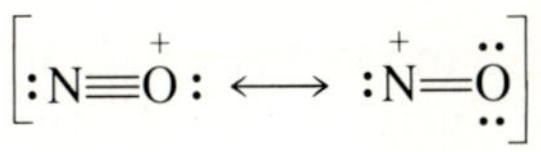

$$\left[:N{\equiv}\overset{+}{O}: \longleftrightarrow :\overset{+}{N}{=}\ddot{\underset{..}{O}} \right]$$

stärkere Beteiligung am Resonanzhybrid — **geringere Beteiligung am Resonanzhybrid**

Aus diesem Grund ist der Beitrag der zweiten Struktur zum Resonanzhybrid geringer. Die Bindung im Molekül entspricht daher eher einer Dreifach- als einer Doppelbindung und die positive Ladung ist eher am Sauerstoff lokalisiert.

Regel 2 *Negative Ladungen sollten bevorzugt am Atom mit der größten, positive Ladungen am Atom mit der geringsten Elektronegativität lokalisiert sein.* Betrachten Sie wiederum das Enolat-Ion. Welche Resonanzstruktur ist nach dem eben gesagten die bevorzugte? Aufgrund von Regel 2 ist es die erste mit der negativen Ladung am Sauerstoff.

Beim Betrachten von NO^+ kann Ihnen Regel 2 vielleicht verwirrend erscheinen. In der Struktur mit der höheren Beteiligung am Resonanzhybrid liegt die positive Ladung am elektronegativeren Sauerstoff. In solchen Fällen ist zu beachten, daß Regel 1 gegenüber Regel 2 die höhere Priorität zukommt, die Einhaltung der Oktettregel ist wichtiger als die Berücksichtigung der Elektronegativität.

Regel 3 *Strukturen mit geringerer Ladungstrennung sind bevorzugt.* Diese Regel ergibt sich aus dem Coulombschen Gesetz. Das Trennen von Ladungen erfordert Energie, daher sind neutrale Strukturen gegenüber dipolaren begünstigt.

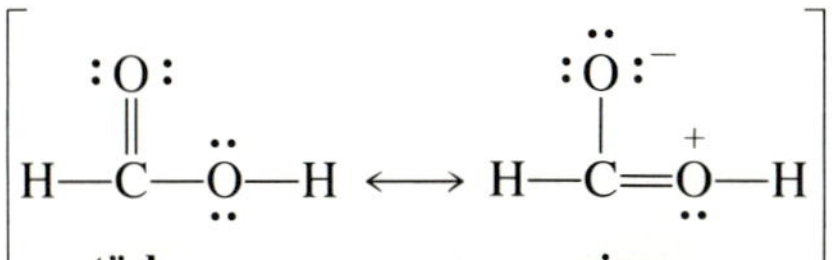

$$\left[H{-}\underset{\|}{\overset{:O:}{C}}{-}\ddot{\underset{..}{O}}{-}H \longleftrightarrow H{-}\overset{:\ddot{O}:^-}{\overset{|}{C}}{=}\overset{+}{\underset{..}{O}}{-}H \right]$$

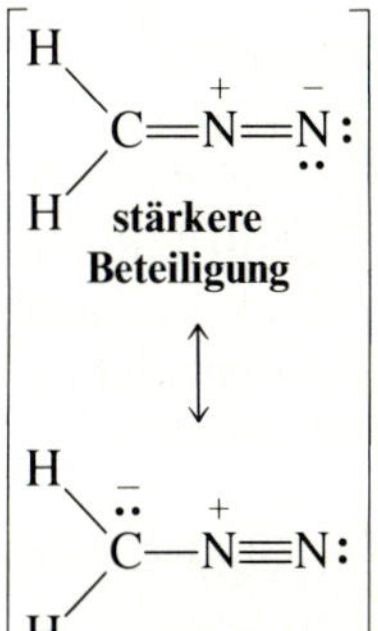

stärkere Beteiligung — **geringere Beteiligung**

Ameisensäure

Regel 4 *Trennung von Ladungen kann durch die Oktettregel erzwungen sein.* In einigen Fällen ist Ladungstrennung zur Einhaltung der Oktettregel akzeptierbar. Regel 1 besitzt wiederum eine höhere Priorität als Regel 3. Ein Beispiel hierfür ist Kohlenmonoxid:

$$\left[:C{=}\dot{\underset{\cdot}{O}}\!: \longleftrightarrow :\overset{-}{C}{\equiv}\overset{+}{O}: \right]$$

geringere Beteiligung — **stärkere Beteiligung**

Kohlenmonoxid

Sind in derartigen Fällen mehrere Resonanzstrukturen möglich, ist die energetisch günstigste diejenige, in der die Ladungsverteilung am besten den relativen Elektronegativitäten der beteiligten Atome entspricht (Regel 2). Im Diazomethan beispielsweise ist Stickstoff elektronegativer als Kohlenstoff.

$$\left[H_2C{=}\overset{+}{N}{=}\overset{-}{\underset{..}{N}}: \;\text{(stärkere Beteiligung)} \longleftrightarrow H_2\overset{-}{\ddot{C}}{-}\overset{+}{N}{\equiv}N: \;\text{(geringere Beteiligung)} \right]$$

Diazomethan

Übung 1-7
Zeichnen Sie die Resonanzstrukturen der folgenden zwei Moleküle. Geben Sie in jedem Fall die Struktur mit der größere Beteiligung am Resonanzhybrid an. (a) CNO^-; (b) NO^-.

Zusammenfassend läßt sich sagen, daß es Moleküle gibt, die sich durch eine einzige Strukturformel nicht hinreichend beschreiben lassen, sondern als Hybride von mehreren Resonanzstrukturen dargestellt werden müssen. Um die Struktur mit der größten Beteiligung am Resonanzhybrid zu finden, prüft man zunächst, ob die Oktettregel erfüllt ist, danach, ob die Ladungstrennung möglichst klein ist und schließlich, ob die elektronegativeren Atome so viel negative und so wenig positive Ladung wie möglich tragen.

1.8 Zusammensetzung, Struktur und Formeln von organischen Molekülen

Nachdem wir uns nun einen Eindruck über die Bindung in organischen Molekülen verschafft haben, wollen wir sehen, auf welche Weise man in der organischen Chemie vorgeht, um Zusammensetzung und Struktur einer organischen Verbindung aufzuklären. Danach befassen wir uns damit, wie sich eine bekannte Molekülstruktur mit Hilfe bestimmter Konventionen auf dem Papier darstellen läßt.

Durch die Elementaranalyse wird die Zusammensetzung von organischen Verbindungen bestimmt

Woher wissen wir eigentlich, welche Zusammensetzung ein bestimmtes Molekül hat? Die klassische Methode, um erste Informationen über die Zusammensetzung einer unbekannten Struktur zu erhalten, ist die **Elementaranalyse**. Bei der Elementaranalyse wird eine kleine, genau ausgewogene Menge einer unbekannten Verbindung in eine meßbare Menge einer bekannten Substanz, in der alle Elemente, die bestimmt werden sollen enthalten sind, überführt. So läßt sich beispielsweise die vollständige Oxidation oder Verbrennung eines Kohlenwasserstoffs zu Kohlendioxid und Wasser exakt mit Hilfe eines Geräts, eines sogenannten C—H-Analysators, bestimmen. Aus der bekannten Masse beider Produkte kann man dann sehr einfach den Massenanteil von Kohlenstoff und Wasserstoff in der ursprünglichen Probe bestimmen (das Gerät macht das automatisch). Aus stickstoffhaltigen Verbindungen läßt sich durch bestimmte Reaktionen der Stickstoff als N_2-Gas abspalten und bestimmen. Der Chlorgehalt von chlororganischen Verbindungen wird durch Aufschluß und anschließende gravimetrische Bestimmung des Chlors als Silberchlorid bestimmt. So gibt es für jedes Element einen speziellen quantitativen Nachweis. Einige Ergebnisse von quantitativen Elementaranalysen sind im folgenden angegeben:

Beispiele für Ergebnisse von Elementaranalysen

CH_4: C 74.87%; H 25.13%
Methan

CCl_4: C 7.81%; Cl 92.19%
Tetrachlormethan

$CH_3SH = CH_4S$: C 24.97%; H 8.38%; S 66.65%
Methanthiol

$CH_3CH_2CH_3 = C_3H_8$ C 81.7%; H 18.29%
Propan

Aus der quantitativen Analyse können wir die **empirische Formel** berechnen, d.h. die einfachste Formel, die die relative Anzahl der Atome jedes Elements in einem Molekül angibt. So ist z.B. die empirische Formel von Methan CH_4, denn aus der Elementaranalyse ergibt sich, daß das Molekül viermal soviel Wasserstoff- wie Kohlenstoffatome enthält. Wie geht diese Berechnung nun in der Praxis vor sich?

Wir wollen annehmen, daß uns jemand eine Probe eines unbekannten Gases gegeben hat. Zur Ermittlung der empirischen Formel würden wir dann eine bestimmte Menge dieser Substanz – sagen wir einfachheitshalber 100 mg – vollständig oxidieren. Nach dieser Behandlung erhielten wir 275 mg CO_2 und 225 mg H_2O. Hieraus berechnen wir dann:

$$n(CO_2) = n(C) = \frac{m(CO_2)}{M(CO_2)} = \frac{275\text{ mg}}{44\text{ g/mol}} = 6.25\text{ mmol}$$

und

$$n(H_2O) = \frac{1}{2}\,n(H) = \frac{m(H_2O)}{M(H_2O)} = \frac{225\text{ mg}}{18\text{ g/mol}} = 12.5\text{ mmol}$$

$$n(H) = 25\text{ mmol}$$

Das Stoffmengenverhältnis von H zu C in unserer Verbindung ergibt sich dann als $25:6.25 = 4$. Da 6.25 mmol Kohlenstoff eine Masse von $6.25\text{ mmol} \times 12\text{ g/mol} = 75\text{ mg}$, und 25 mmol atomarer Wasserstoff eine Masse von $25\text{ mmol} \times 1\text{ g/mol} = 25\text{ mg}$ haben (beides zusammen ergibt die gesamte Masse der Probe), liegen keine weiteren Elemente vor, es ergibt sich die empirische Formel CH_4. Die tatsächliche Zusammensetzung des Moleküls, die **Summenformel** könnte im Prinzip auch ein Vielfaches von CH_4, z.B. C_2H_8, C_3H_{12} sein. Die Summenformel muß mit Hilfe anderer Methoden bestimmt werden. Eine Möglichkeit wäre die Massenspektroskopie, die wir in Kapitel 18 besprechen, mit deren Hilfe sich die molare Masse eines Moleküls bestimmen läßt. In unserem Fall würde sich 16 g/mol ergeben, wir erhalten als Summenformel CH_4 (1×12 g/mol $+ 4 \times 1$ g/mol $= 16$ g/mol).

Die Interpretation des Ergebnisses bestimmter chemischer Reaktionen läßt auch häufig einen Rückschluß auf die Summenformel der Ausgangsverbindung zu. So ergibt die Einführung eines Chloratoms in C_3H_6 das Molekül C_3H_5Cl. Durch Reaktion von Chlor mit C_6H_{12} würde $C_6H_{11}Cl$ erhalten, eine Substanz mit völlig anderer elementarer Zusammensetzung. Beim Methan ist die Sache allerdings einfach: auf der Grundlage des Konzepts der chemischen Bindung ergibt nur die Formel CH_4 ein sinnvolles Molekül.

Die Bestimmung des Massenanteils des Sauerstoffs durch Elementaranalyse ist ziemlich kompliziert und wird selten durchgeführt. Stattdessen wird der Gehalt an Sauerstoff durch Subtraktion der Summe der Massenanteile der übrigen Elemente von 100 bestimmt. So ergibt beispielsweise die Elementaranalyse von (einfachheitshalber angenommen) 100 g einer Flüssigkeit 52.2 g Kohlenstoff und 13.0 g Wasserstoff, weitere Elemente sind nicht nachzuweisen, die Masse des enthaltenen Sauerstoffs muß daher 34.8 g betragen. Wir erhalten also für das Stoffmengenverhältnis der einzelnen Elemente in der Verbindung:

$$n(\mathrm{C}):n(\mathrm{H}):n(\mathrm{O}) = \frac{52.2\ \mathrm{g}}{12\ \mathrm{g/mol}} : \frac{13.0\ \mathrm{g}}{1\ \mathrm{g/mol}} : \frac{34.8\ \mathrm{g}}{16\ \mathrm{g/mol}}$$

$$= 4.35\ \mathrm{mol} : 13\ \mathrm{mol} : 2.175\ \mathrm{mol}$$

Da das Teilchenzahlverhältnis gleich dem Stoffmengenverhältnis ist, könnte eine empirische Formel daher $C_{4.35}H_{13}O_{2.175}$ lauten. Da Moleküle natürlich nur ganze Atome enthalten, teilen wir durch den kleinsten Index (2.175) und erhalten ein Stoffmengenverhältnis C : H : O = 2 : 5.98 : 1. Durch Aufrundung ergibt sich dann die empirische Formel C_2H_6O. Wenn wir annehmen, daß die empirische Formel gleich der Summenformel ist, gibt es zwei Verbindungen mit diesen Formeln: der Dimethylether, CH_3OCH_3, und Ethanol, CH_3CH_2OH.

Übung 1-8
Berechnen Sie das Massenverhältnis von Kohlenstoff und Wasserstoff in Glucose (s. Kap. 23).

Wie ermittelt man nun die Identität und die Struktur eines Moleküls?

Aus einer empirischen Formel läßt sich weder die tatsächliche Identität noch die Struktur eines Moleküls erkennen. Zur Unterscheidung zwischen möglichen alternativen Strukturen gibt es mehrere Möglichkeiten. So existieren, wie bereits erwähnt, zwei Moleküle mit der empirischen Formel C_2H_6O: Ethanol und Dimethylether. Eine Möglichkeit, zwischen beiden zu unterscheiden, ergibt sich aufgrund ihrer verschiedenen physikalischen Eigenschaften – z. B. Schmelz- und Siedepunkt, Brechungsindex, Dichte und so weiter. So ist Ethanol beispielsweise bei Raumtemperatur flüssig (Sdp. 78.5 °C), Dimethylether gasförmig (Sdp. – 23°). Beide unterscheiden sich auch in ihrer chemischen Reaktivität. So reagiert Ethanol mit Natrium unter Bildung von Wasserstoff und Natriumethoxid, Dimethylether ist inert. Derartige Moleküle, die dieselbe empirische Formel besitzen, sich aber in der Folge, in der die Atome aneinander gebunden sind, unterscheiden, bezeichnet man als **Strukturisomere**.

Ethanol und Dimethyl-Ether: zwei Isomere

```
    H   H
    |   |
H—C—C—O—H
    |   |
    H   H
```

Ethanol
(Sdp. 78.5 °C)

```
    H       H
    |       |
H—C—O—C—H
    |       |
    H       H
```

Dimethylether
(Sdp. –23 °C)

Übung 1-9
Zeichnen Sie so viele Isomere mit der Strukturformel C_4H_{10} wie möglich.

Nehmen wir nun an, die fragliche Verbindung ist noch nie zuvor untersucht worden, und es liegen daher auch keine Literaturdaten vor, mit denen sie verglichen werden könnte. In diesen Fällen müssen andere Methoden zur Unterscheidung herangezogen werden, bei den meisten von ihnen handelt es sich um Formen der **Spektroskopie**. Als Spektroskopie bezeichnet man den Zweig der Physik und Chemie, der sich mit den Wechselwirkungen von Materie mit elektromagnetischen Strahlungen der verschiedensten Wellenlängenbereiche befaßt. Die Reaktion der Substanzen auf unterschiedliche Wellenlängen hängt von der Anordnung der Atome im Molekül, der Struktur, ab. Die verschiedenen spektroskopischen Methoden und ihre Anwendung bei der Strukturbestimmung organischer Verbindungen behandeln wir in späteren Kapiteln.

Neben der Reihenfolge, in der die Atome aneinander gebunden sind, interessieren wir uns auch für deren Anordnung im Raum. Einige Informationen hierüber lassen sich ebenfalls durch spektroskopische Methoden erhalten. Die genaueste und vollständigste Methode ist die **Röntgenstrukturanalyse**, mit deren Hilfe sich die Struktur eines Moleküls im kristallinen Zustand aufklären läßt. Kristallographische Untersuchungen mit Röntgenstrahlen ergeben ein detailliertes Bild des Moleküls und der genauen Position aller Atome, vergleichbar einem Blick durch eine ungewönlich stark vergrößernde Lupe. Nach der Bestimmung der Positionen der Atome kann man Bindungslängen und -winkel sowie andere geometrische Faktoren ableiten. Die strukturellen Anordnungen, die auf diese Weise für die beiden Isomere Ethanol und Dimethylether erhalten wurden, sind in Form von Kugel-Stab-Modellen in Abb. 1-18 dargestellt. Die tetraedrische Anordnung der Bindungen um die Kohlenstoffatome und die gewinkelte Anordnung der beiden Bindungen zum Sauerstoff sind gut zu erkennen.

In Abb. 1-18 stoßen wir das erste Mal auf ein Problem, das uns durch das ganze Buch verfolgen wird. Da es eine unglaubliche Zeit in Anspruch nimmt, Strukturen als Kugel-Stab-Modelle zu zeichnen, haben organische Chemiker verschiedene Konventionen zur vereinfachten Darstellung entwickelt.

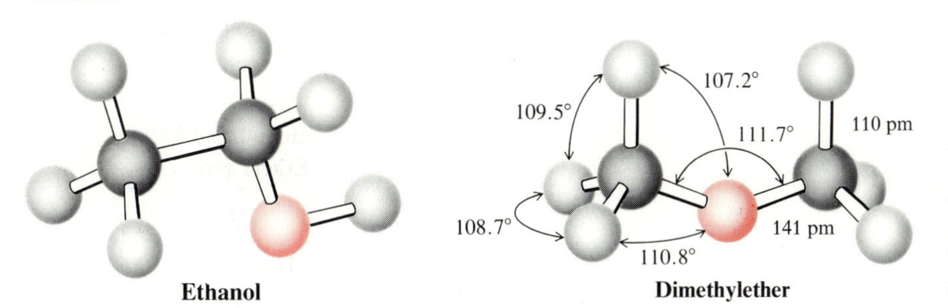

Abb. 1-18 Dreidimensionale Kugel-Stab-Modelle von Ethanol und Dimethylether. Bindungslängen sind in pm, Bindungswinkel in Grad angegeben.

Zeichnen von Strukturen und Formeln

Eine besonders einfache Art, organische Moleküle so zu zeichnen, daß ihre dreidimensionale Anordnung deutlich wird, und die wir in diesem Buch sehr häufig benutzen, ist die Darstellung durch Keilstrichformeln. Dabei werden die Kohlenstoffatome einer Kette zickzackförmig auf das Papier gezeichnet und durch gerade Linien verbunden, um die tetraedrischen Bindungswinkel um jeden Kohlenstoff zu verdeutlichen. An jedem Kohlenstoffatom der Kette werden dann die verbleibenden zwei Bindungen durch gestrichelte oder keilförmige Linien dargestellt. Eine gestrichelte Linie bedeutet, daß sich die Bindung *unterhalb*, eine keilförmige, daß sich die Bindung *oberhalb der Papierebene* befindet (Abb. 1-19). Alle Kohlen-

Abb. 1-19 Keilstrichformeln (Keile blau, gestrichelte Linien rot) von: A. einer Kohlenstoffkette; B. Methan; C. Ethan; D. Ethanol und E. Dimethylether.

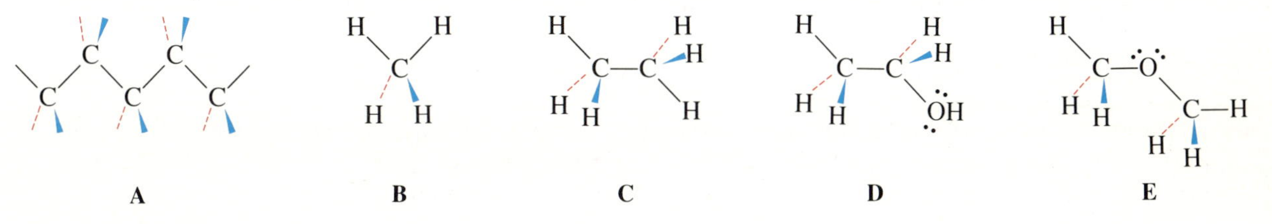

stoffatome der Kette befinden sich dann in der Papierebene. Die gebundenen Atome oder Gruppen wie H, OH, CH_3 und so weiter zeichnet man dann an das Ende der gestrichelten oder keilförmigen Linien. In der Darstellung des Methanmoleküls stehen zwei Wasserstoffatome anstelle von zwei Kohlenstoffatomen der Kette, beim Ethan ist es nur eines.

Die Vergegenwärtigung der dreidimensionalen Struktur organischer Moleküle ist zum Verständnis ihrer Struktur und Reaktivität unerläßlich. Vielleicht finden Sie es schwierig, sich die räumliche Anordnung der Atome selbst in den einfachsten Molekülen vorzustellen. Hierfür ist ein *Molekülbaukasten*, mit dessen Hilfe sich recht genaue Modelle der Moleküle konstruieren lassen, eine gute Hilfe. Solche Baukästen sind nicht sehr teuer und für organische Chemiker unerläßlich.

Häufig ist die dreidimensionale Darstellung von Molekülen nicht erforderlich. In diesen Fällen sind einfache Lewis- oder Strichstrukturen ausreichend. Um diese noch weiter zu vereinfachen, benutzt man Kurzstrukturformeln, in denen die bekannten Gruppen als CH_3, CH_2, OH und so weiter geschrieben werden. Wie dargestellt, werden die an jedes Kohlenstoffatom gebundenen Atome normalerweise rechts hingeschrieben. Freie Elektronenpaare läßt man in allgemeinen fort.

Beispiele von Kurzstrukturformeln

H—C(H)(H)—C(H)(H)—ÖH entspricht CH_3CH_2OH

Ethanol

$H_2C{=}CH_2$ entspricht $CH_2{=}CH_2$

Ethylen

H—C≡C—H entspricht HC≡CH

Acetylen

H—C(H)(H)—C(=O)—C(H)(H)—H entspricht $CH_3\overset{O}{\overset{\|}{C}}CH_3$

Aceton

$^{-}$:O:—C(=O)—:O:$^{-}$ entspricht CO_3^{2-}

Carbonat-Ion

H—C(=O)—Ö—H entspricht $H\overset{O}{\overset{\|}{C}}OH$

Ameisensäure

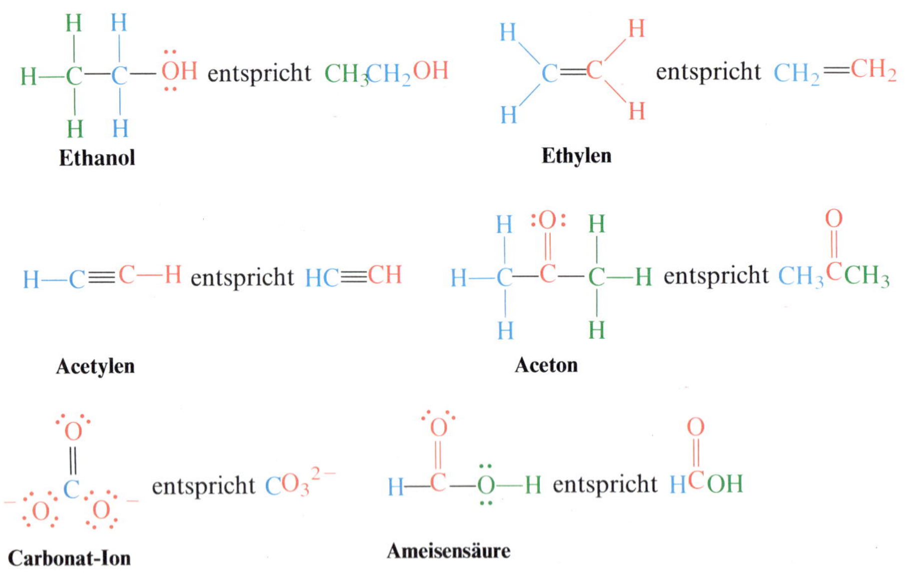

Sie sollten nun in der Lage sein, die elementare Zusammensetzung eines Moleküls zu bestimmen und empirische Formeln abzuleiten. Die dreidimensionale Struktur von Molekülen läßt sich zeichnerisch am einfachsten durch Keilstrichformeln darstellen. Kurzstrukturformeln sind zur schnellen Zeichnung von Molekülen nützlich.

Zusammenfassung

1 Die organische Chemie ist die Chemie des Kohlenstoffs.

2 Ionenbindungen entstehen durch Coulombsche Anziehung zwischen entgegengesetzt geladenen Ionen. Diese Ionen entstehen durch vollständige Übertragung von Elektronen von einem Atom auf ein anderes. Durch eine solche Elektronenübertragung wird häufig Edelgaskonfiguration erreicht.

3 Kovalente Bindungen entstehen durch Teilung von Elektronen zwischen zwei Atomen. Auch durch Teilung von Elektronen können die an der Bindung beteiligten Atome Edelgaskonfiguration erhalten. Das Zustandekommen von dativen kovalenten Bindungen kann man sich so vorstellen, daß das eine Atom beide Elektronen der kovalenten Bindung zur Verfügung stellt.

4 Polare Bindungen bilden sich zwischen Atomen mit unterschiedlicher Elektronegativität. Diese ist ein Maß für die Fähigkeit eines Atoms, Elektronen in einer Bindung anzuziehen.

5 Unter dem Atomrumpf versteht man den Kern und die inneren Elektronen, die nicht an Bindungen beteiligt snd.

6 Das Ionisierungspotential ist die Energie, die bei der Entfernung eines Elektrons aus einem Atom, Ion oder Molekül in der Gasphase verbraucht (positives Vorzeichen) oder frei wird (negatives Vorzeichen).

7 Als Elektronenaffinität bezeichnet man den Energiebetrag, der bei der Aufnahme eines Elektrons durch ein gasförmiges Atom, Ion oder Molekül, freigesetzt oder verbraucht wird.

8 Ein polares Molekül hat eine unsymmetrische Ladungsverteilung mit einem positiven und einem negativen Ende. Das Dipolmoment μ ist das Produkt aus Ladung q und Abstand l, $\mu = q \times l$.

9 In den Lewis-Strukturen werden chemische Bindungen durch Punkte, die Elektronen symbolisieren, dargestellt. Man zeichnet sie so, daß Wasserstoff ein Duett, die anderen Atome möglichst ein Oktett von Elektronen erhalten.

10 Läßt sich ein Molekül durch zwei oder mehrere Lewis-Strukturen darstellen, bezeichnet man diese als Resonanzstrukturen. Formal können Resonanzstrukturen durch Bewegung von Elektronen allein, ohne daß dabei Atome ihren Platz tauschen, ineinander überführt werden. Keine Resonanzstruktur beschreibt das Molekül hinreichend, der wahre Zustand des Moleküls läßt sich als gewichtetes Mittel (Hybrid) aus allen Lewis-Strukturen beschreiben. Sind die Resonanzstrukturen zur Beschreibung eines Moleküls nicht äquivalent, leisten die Strukturen, die die Regeln für Lewis-Strukturen am besten erfüllen und die relativen Elektronegativitäten der Atome berücksichtigen, den größten Beitrag zum Resonanzhybrid.

11 Die Bewegung der Elektronen um den Kern läßt sich durch Wellengleichungen beschreiben. Die Lösungen der Wellengleichung sind die Wellenfunktionen (Atomorbitale). Das Quadrat der Wellenfunktion an jedem Punkt des Raumes ist ein Maß für die Wahrscheinlichkeit, ein Elektron an diesem Punkt zu finden.

12 *s*-Orbitale haben eine kugelsymmetrische Gestalt, *p*-Orbitale sehen wie zwei sich berührende Kugeln oder wie eine „räumliche Acht" aus. Das Vorzeichen der Orbitale an einem Punkt des Raumes kann positiv, negativ oder null sein (Knotenebene). Mit der Zunahme der Energie des Orbitals steigt auch die Anzahl der Knotenebenen an. Jedes Orbital kann maximal von zwei Elektronen mit entgegengesetztem Spin besetzt werden (Pauli-Prinzip, Hundsche Regel).

13 Den Vorgang des Auffüllens von einem Orbital nach dem anderen mit Elektronen bezeichnet man als Aufbauprinzip.

14 Bei der Überlappung von zwei Atomorbitalen entsteht ein Molekülorbital. Hat die Wellenfunktion der miteinander überlappenden Orbitale dasselbe Vorzeichen, entsteht ein bindendes Orbital mit niedrigerer Energie. Bei entgegengesetzem Vorzeichen der Wellenfunktion bildet sich ein antibindendes Molekülorbital mit höherer Energie, das eine zusätzliche Knotenebene zwischen den Kernen besitzt. Die Anzahl der Molekülorbitale ist gleich der Zahl der Atomorbitale, aus denen sie entstanden sind.

15 Bindungen, bei denen das Maximum der Elektronendichte auf der Kernverbindungachse liegt, bezeichnet man als σ-Bindungen; Bindungen, bei denen sich die Elektronendichte ober- und unterhalb der Kernverbindungsachse befindet, als π-Bindungen.

16 Durch mathematische Kombination von Orbitalen desselben Atoms lassen sich Hybridorbitale bilden, deren Form sich von den ursprünglichen Orbitalen unterscheidet. Durch Kombination eines *s*- und eines *p*-Orbitals entstehen zwei lineare *sp*-Hybride, die z. B. in der Bindung des BeH_2 benutzt werden. Aus einem *s*- und zwei *p*-Orbitalen ergeben sich drei trigonale sp^2-Hybride, über die sich die Bindung im BH_3 erklären läßt. Kombination eines *s*- und dreier *p*-Orbitale ergibt vier tetraedrische sp^3-Hybride, wie sie im CH_4-Molekül vorliegen. Durch Überlappung der sp^3-Hybridorbitale von verschiedenen Kohlenstoffatomen entsteht die Kohlenstoff-Kohlenstoff-Bindung im Ethan und anderen organischen Molekülen. Hybridorbitale können auch, wie im NH_3 und im H_2O, durch freie Elektronenpaare besetzt sein.

17 Die elementare Zusammensetzung organischer Moleküle ergibt sich aus der Elementaranalyse. Die empirische Formel gibt das kleinste ganzzahlige Stoffmengenverhältnis der enthaltenen Atome, die Summenformel die Anzahl der Atome der einzelnen Elemente pro Molekül bzw. die entsprechenden Stoffmengen in einem Mol der Verbindung an.

18 Moleküle mit derselben Summenformel, aber einer unterschiedlichen räumlichen Anordnung der Atome bezeichnet man als Strukturisomere.

19 Die dreidimensionale Struktur eines Moleküls läßt sich mit Hilfe von Keilstrichformeln auf dem Papier wiedergeben. Eine vereinfachte Schreibweise gegenüber den Lewis-Strukturen stellen die sogenannten Kurzstrukturformeln dar.

Aufgaben

1 Zeichnen Sie die Lewis-Strukturen der folgenden Moleküle und ordnen Sie, falls erforderlich, Ladungen zu. Die Anordnung der Atome im Molekül ist in Klammern angegeben.

(a) ClF
(b) $BrCN$
(c) $HOCl$
(d) $SOCl_2$ ($OSCl_2$)
(e) CH_3NH_2
(f) $(CH_3)_2O$
(g) N_2H_2 (HNNH)
(h) CH_2CO
(i) HN_3 (HNNN)
(j) N_2O (NNO)

2 Einige der Verbindungen aus Aufgabe 1 lassen sich nicht adäquat durch eine einzige Lewis-Struktur darstellen, sondern als Hybride aus mehreren Resonanzstrukturen. Identifizieren Sie diese Moleküle, und schreiben Sie alle möglichen Resonanzstrukturen auf. Geben Sie in jedem Falle an, welche die größte Beteiligung am Resonanzhybrid besitzt.

3 Zeichnen Sie alle Resonanzstrukturen für die folgenden Spezies. Geben Sie die Struktur(en) mit der größten Beteiligung am Resonanzhybrid an.

(a) OCN^-
(b) CH_2CHNH^-
(c) $HCONH_2$ (HC(O)NH$_2$, O über dem C)
(d) O_3 (OOO)
(e) $CH_2CHCH_2^+$
(f) SO_2 (OSO)
(g) $CH_2NH_2^+$
(h) $HC(OH)NH_2^+$
(i) $HONO_2$ (HON(O)O, O über dem N)
(j) CH_3CNO

4 Für jede Bindung zwischen einem dreibindigen Bor und einem beliebigen Atom mit freiem Elektronenpaar lassen sich zwei Resonanzstrukturen zeichnen.

(a) Zeichnen Sie beide Resonanzstrukturen für jedes der drei folgenden Moleküle:
(i) R_2BNR_2; (ii) R_2BOR; und (iii) R_2BF (in jedem Falle ist $R = CH_3$).

(b) Bestimmen Sie mit Hilfe der Regeln aus Abschn. 1.7 bei allen Verbindungen in Übungsteil **(a)** die relative Bedeutung der Resonanzformen für das Resonanzhybrid.
(c) Wie beeinflußt der Unterschied in der Elektronegativität zwischen N,O und F in jedem Falle die relative Bedeutung der Resonanzstrukturen?
(d) Wie ist N in (i) und O in (ii) hybridisiert?

5 Das ungewöhnliche Molekül [2.2.2]Propellan ist im folgenden abgebildet, einige geometrische Parameter sind ebenfalls angegeben. Welche Hybridisierung würden Sie aufgrund der Molekülgeometrie für die mit Stern markierten Kohlenstoffatome erwarten? Welche Orbitale werden für die Bindung zwischen den beiden mit Stern markierten Kohlenstoffatomen benutzt? Erwarten Sie, daß diese Bindung stärker oder schwächer als eine gewöhnliche Kohlenstoff-Kohlenstoff-Einfachbindung ist? (Im allgemeinen beträgt die Länge einer solchen Bindung 154 pm).

CH_2 CH_2 C^* H_2C CH_2 C^* H_2C CH_2 oder 160 pm 155 pm 120°

6 Sagen Sie anhand einer Analyse der Molekülorbitale voraus, in welcher Spezies aus den folgenden Paaren die Atome stärker aneinander gebunden sind.

(a) H_2 oder H_2^+
(b) O_2 oder O_2^+
(c) N_2 oder N_2^+

7 Geben Sie die Hybridisierung eines jeden Kohlenstoffatoms in den folgenden Strukturen an. Begründen Sie ihre Antwort mit Hilfe der Geometrie um die entsprechenden Kohlenstoffatome.

(a) CH_3Cl
(b) CH_3OH
(c) $CH_3CH_2CH_3$
(d) $CH_2{=}CH_2$ (trigonale Geometrie)
(e) $HC{\equiv}CH$ (lineare Struktur)
(f) O, C, H_3C, H
(g) [O, C, ^-H_2C, H ⟷ O^-, C, H_2C, H]

8 **(a)** Geben Sie aufgrund der Informationen aus Aufgabe 7 an, welche Hybridisierung das Orbital, in dem sich das freie Elektronenpaar der folgenden Anionen befindet, besitzt. (i) $CH_3CH_2^-$; (ii) CH_2CH^-; (iii) HC_2^-.
(b) Die Energie von Elektronen ist um so geringer, je näher sie sich am Kern befinden. Ordnen Sie die drei Anionen aus Teil **a** nach Stabilität der negativen Ladung an (Hinweis: Welche Elektronen befinden sich im Durchschnitt dichter am Kern, *s*- oder *p*-Elektronen?)
(c) Die Stärke einer jeden Säure HA hängt von der Stabilität ihrer konjugierten Base, A^-, ab. Anders gesagt, ist das Dissoziationsgleich-

gewicht HA $\rightleftharpoons H^+ + A^-$ bei einem stabilen A^- nach rechts verschoben. Obwohl CH_3CH_3, $CH_2{=}CH_2$ und $HC{\equiv}CH$ schwache Säuren sind, lassen sie sich doch in ihrer Säurestärke unterscheiden. Ordnen Sie sie nach zunehmender Säurestärke.

9 Berechnen Sie empirische Formeln aufgrund der im folgenden angegebenen prozentualen Massenanteile. Wenn ihre Summe in einer Verbindung nicht 100% ergibt, nehmen Sie an, daß es sich beim Rest um Sauerstoff handelt.

(a) C 92.31%; H 7.69%.
(b) C 62.07%; H 10.34%.
(c) C 71.11%; H 6.67%; N 10.37%.
(d) C 48.70%; H 2.90%; Cl 20.58%.
(e) C 83.72%; H 16.23%.
(f) C 57.14%; H 4.76%.

10 Überführen Sie die folgenden Kurzstrukturformeln in Strichformeln

(a) CH_3CN

(b) 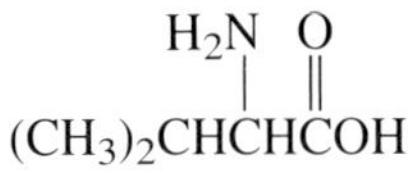 $(CH_3)_2CHCH(NH_2)COH$ (mit H_2N und $=O$ wie gezeichnet: $(CH_3)_2CHCHCOH$, H_2N an CH, O an C)

(c) $CH_3CHOHCH_2CH_3$

(d) $CH_2BrCHBr_2$

(e) 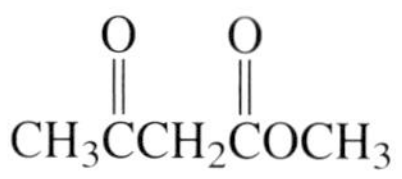 $CH_3CCH_2COCH_3$ (O über C und C)

(F) $HOCH_2CH_2OCH_2CH_2OH$

11 Überführen Sie die folgenden Keilstrichformeln in Kurzstrukturformeln.

(a) 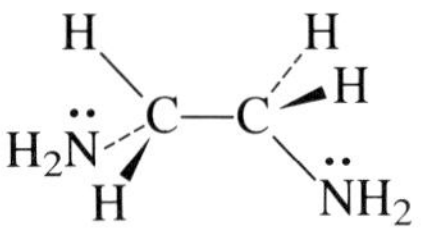 H, H_2N, H — C—C — H, H, NH_2

(b) H, H, H, H — C—C — H, H; H, H — C—O — C≡N

(c) H—C(Br)(Br)(Br)

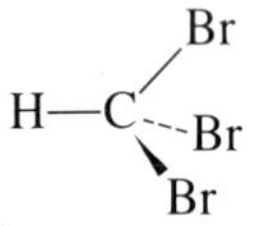

12 Überführen Sie die folgenden Kurzstrukturformeln in Keilstrichformeln.

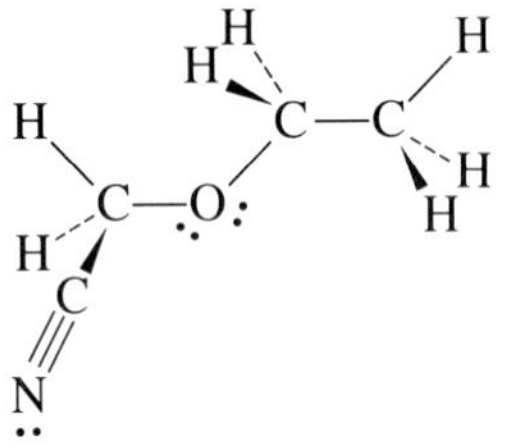

(a) 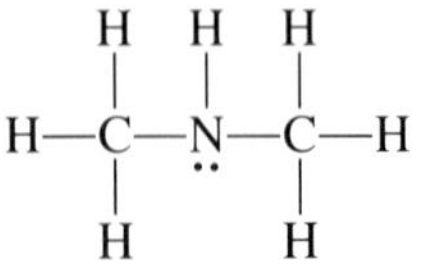 H—C(H)(H)—N—C(H)(H)—H

(b) H—C(H)(H)—C(=O)—N—C(H)(H)—C(H)(H)—H

(c) H—S—C(H)(H)—C(H)(H)—C(H)(:O—H)(H)—C(H)(H)—H

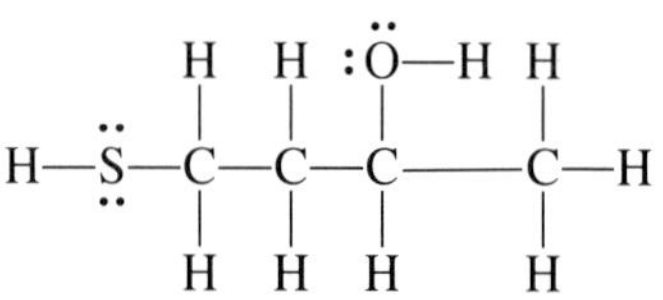

(d) 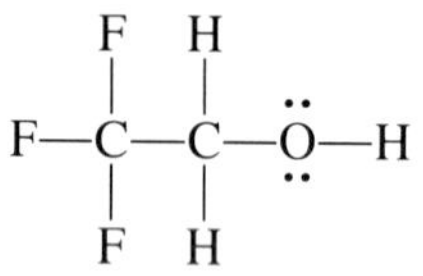 F—C(F)(F)—C(H)(H)—O—H

(e) $(H_3C)HC{=}C(CH_3)(CH_3)$: H, H, H, H — C, C — C=C — H, H, H — C — H, H

(f) $H_2C{=}CH{-}C({=}O){-}CH_3$

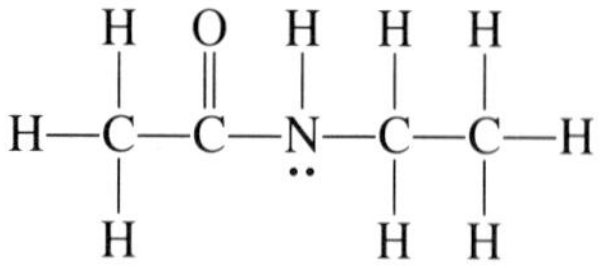

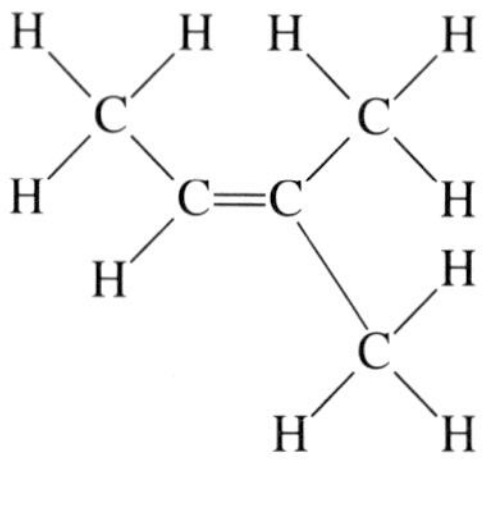

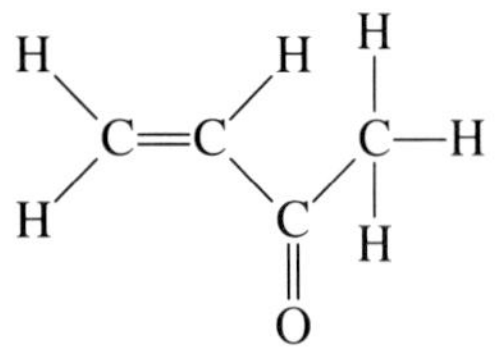

13 Überführen Sie die folgenden Kurzstrukturformeln in Keilstrichformeln.

(a) $CH_3CH(CN)OCH_3$ **(c)** $(CH_3)_2NH$
(b) $CHCl_3$ **(d)** $CH_3CH(SH)CH_2CH_3$

14 Berechnen Sie die prozentualen Massenanteile der Elemente in den folgenden Verbindungen.

Schmerzmittel:
(a) Aspirin, $C_9H_8O_4$
(b) Paracetamol, $C_8H_9NO_2$
(c) Ibuprofen, $C_{13}H_{18}O_2$

künstliche Süßstoffe:
(d) Saccharin, $C_7H_5NO_3S$
(e) Cyclamat, $C_6H_{13}NO_3S$
(f) Aspartam, $C_{14}H_{18}N_2O_5$

15 Eine Reihe von Verbindungen, in denen sich Kohlenstoffatome am positiven Ende von polaren Bindungen befinden, sind als potentielle Cancerogene eingestuft. Unter der Annahme, daß das Ausmaß der positiven Polarisierung ein Faktor für die cancerogene Wirkung ist, ordnen Sie die folgenden Substanzen nach steigender Wahrscheinlichkeit, als Cancerogen zu wirken.

(a) CH_3Cl **(d)** CH_3OCH_2Cl
(b) $(CH_3)_4Si$ **(e)** $(CH_3)_3C^+$
(c) $ClCH_2OCH_2Cl$

Dies ist natürlich nur einer von vielen Faktoren, aufgrund derer, wie vermutet wird, eine cancerogene Wirkung zustandekommt. Außerdem ist noch von keinem der Faktoren allein der Nachweis einer direkten Krebsauslösung erbracht.

16 Die Struktur von Lynestrenol, einem Bestandteil bestimmter oraler Contraceptiva ist im folgenden gezeigt.

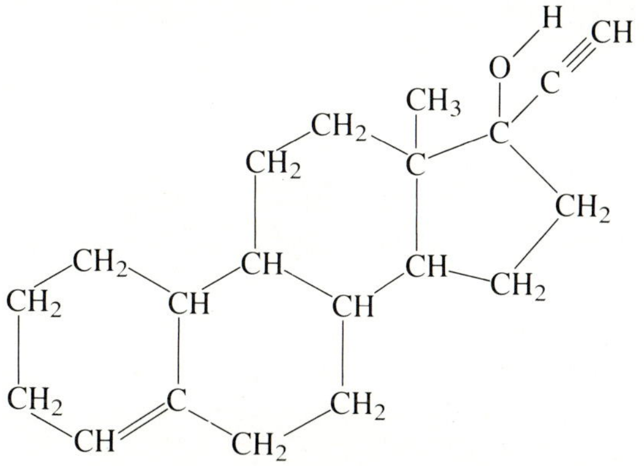

Lynestrenol

Geben Sie an, an welcher Stelle sich in diesem Molekül ein Beispiel für die folgenden Bindungen oder Atome befindet:

(a) eine stark polarisierte kovalente Bindung.
(b) eine nicht polarisierte kovalente Bindung.
(c) Ein *sp*-hybridisiertes Kohlenstoffatom.
(d) ein sp^2-hybridisiertes Kohlenstoffatom
(e) ein sp^3-hybridisiertes Kohlenstoffatom
(f) eine Bindung zwischen unterschiedlich hybridisierten Atomen.

2 Alkane:
Moleküle ohne funktionelle Gruppen

Nachdem wir uns noch einmal die Grundlagen der Struktur und der Bindung von organischen Molekülen vergegenwärtigt haben, wollen wir uns nun mit ihren chemischen und physikalischen Eigenschaften befassen. Mit Hilfe der in ihnen vorhandenen oder nicht vorhandenen funktionellen Gruppen teilen wir die organischen Verbindungen in Substanzklassen ein. Dieses Kapitel beginnt mit einer kurzen Beschreibung dieser Gruppen, danach befassen wir uns mit der einfachsten Klasse von organischen Molekülen, den Alkanen: ihren Namen, physikalischen Eigenschaften und den Bewegungsmöglichkeiten innerhalb eines Alkanmoleküls, die sich aus der räumlichen Drehbarkeit der Bindungen an tetraedrischen Kohlenstoffatomen ergeben.

2.1 Die funktionelle Gruppe: Das Zentrum der Reaktivität

Organische Moleküle bestehen aus zwei Teilen: einem Kohlenwasserstoffgerüst (-skelett) und den funktionellen Gruppen. Einfache Systeme besitzen alkanartige Grundgerüste, daß bedeutet, daß sie hauptsächlich aus sp^3-hybridisierten Kohlenstoffatomen mit daran gebundenen Wasserstoffatomen bestehen. Dieser Teil des Moleküls ist vergleichsweise reaktionsträge. An das Grundgerüst gebundene **funktionelle Gruppen** bestimmen die Eigenschaften und die Reaktivität des gesamten Moleküls und chemische Reaktionen laufen fast ausschließlich an ihnen ab.

Bindung von funktionellen Gruppen (G) an eine Alkankette

H H H H G H H G
H_3C CH_3
H G H H H H

Die Bindung zu vielen funktionellen Gruppen, wie beispielsweise den Halogenen, ist polar. Es sei daran erinnert, daß sich die Polarität einer Bindung aus der unterschiedlichen Elektronegativität der beiden aneinander gebundenen Atome ergibt. Die Polarität dieser Bindungen bestimmt die Reaktivität des ganzen Moleküls. So wird z. B. die C—Cl-Bindung in Chlormethan leicht in bestimmten chemischen Reaktionen aufgebrochen.

$$CH_3{-}\ddot{\underset{..}{Cl}}: \; + \; H\ddot{\underset{..}{O}}:^- \longrightarrow H\ddot{\underset{..}{O}}{-}CH_3 \; + \; :\ddot{\underset{..}{Cl}}:^-$$

Chlormethan **Hydroxid-Ion** **Methanol** **Chlorid-Ion**

Auch Kohlenstoff-Kohlenstoff-Doppel- und Dreifachbindungen sind als funktionelle Gruppen anzusehen, da sie die Reaktionsfähigkeit eines Kohlenwasserstoffs im Vergleich zu den Alkanen außerordentlich erhöhen. Diese Verbindungen addieren eine Fülle von Reagenzien an die Mehrfachbindung, wobei Einfachbindungen entstehen.

$$H_2C{=}CH_2 + Br_2 \longrightarrow H{-}CHBr{-}CHBr{-}H$$

Ethen (Ethylen)* **Brom** **1,2-Dibromethan**

$$H{-}C{\equiv}C{-}H + 2\,Br_2 \longrightarrow H{-}CBr_2{-}CBr_2{-}H$$

Ethin (Acetylen) **Brom** **1,1,2,2-Tetrabromethan**

Einige funktionelle Gruppen enthalten Wasserstoffatome, die als Protonen abgespalten werden können (Beispiele s. Randspalte).

Funktionelle Gruppen mit freien Elektronenpaaren können dative Bindungen eingehen.

$$CH_3{-}\ddot{N}(H){-}CH_3 + H^+ \longrightarrow CH_3{-}N^+H_2{-}CH_3$$

***N*-Methylmethanamin (Dimethylamin)** ***N*-Methylmethanammonium-Ion (Dimethylammonium-Ion)**

$$CH_3{-}\ddot{\underset{..}{O}}{-}H$$

Methanol

+

$$^-:\ddot{N}H_2$$

Amid-Ion

↓

$$CH_3{-}\ddot{\underset{..}{O}}:^-$$

Methoxid-Ion

+

$$H{-}\ddot{N}H_2$$

Ammoniak

Andere Gruppen lassen sich leicht oxidieren, reduzieren oder auf irgendeine andere Art umwandeln.

Kohlenwasserstoffe enthalten nur Wasserstoff und Kohlenstoff

Moleküle, deren empirische Formel der allgemeinen Formel C_xH_y entspricht, bezeichnet man als **Kohlenwasserstoffe**. Kohlenwasserstoffe, die nur Einfachbindungen enthalten, wie Methan, Ethan und Propan, tragen die Bezeichnung **Alkane** oder **gesättigte Kohlenwasserstoffe**. Ein Beispiel für die ringförmigen Alkane, die **Cycloalkane**, ist das Cyclohexan. **Alkene**

---

* In der nun folgenden Diskussion tragen viele Verbindungen mehr als nur einen Namen. Wir halten uns hier so weit als möglich an die systematische Nomenklatur (s. Abschn. 2.3); häufig gebrauchte Trivialnamen sind in Klammern beigefügt.

und **Alkine** enthalten Kohlenstoff-Kohlenstoff-Doppel- und -Dreifachbindungen. Da sie sehr leicht Additionsreaktionen eingehen, bezeichnet man sie auch als **ungesättigte Kohlenwasserstoffe**. Beispiele hierfür sind Ethen, Propen, Ethin und Propin.

Gesättigte Kohlenwasserstoffe: Alkane

CH_4 — **Methan**

$CH_3{-}CH_3$ — **Ethan**

$CH_3{-}CH_2{-}CH_3$ — **Propan**

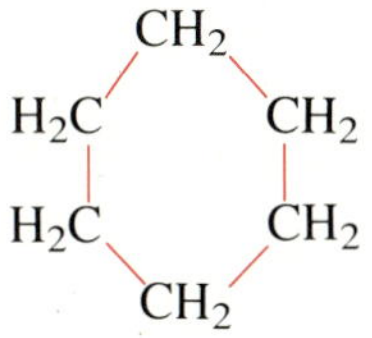

$(CH_2)_6$ (Ring) — **Cyclohexan**

Ungesättigte Kohlenwasserstoffe: Alkene und Alkine

$CH_2{=}CH_2$ — **Ethen (Ethylen)**

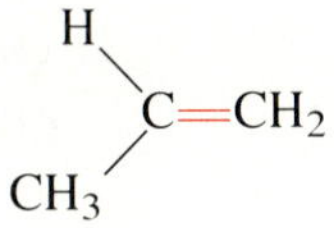

$(H)(CH_3)C{=}CH_2$ — **Propen**

$HC{\equiv}CH$ — **Ethin (Acetylen)**

$CH_3{-}C{\equiv}CH$ — **Propin**

Chemie und Eigenschaften der Alkane besprechen wir im nächsten Abschnitt und in den Kapiteln 3 und 4. Mit den Alkenen befassen sich die Kapitel 11 und 12, mit den Alkinen das Kapitel 13.

Ein Sonderfall eines ungesättigten Kohlenwasserstoffs ist Benzol, C_6H_6, in dem sich drei Doppelbindungen in einem sechsgliedrigen Ring befinden. Benzol und seine Derivate bezeichnet man als **aromatische Verbindungen**. Diese Bezeichnung ist historisch bedingt und kommt dadurch zustande, daß einige Benzolderivate einen angenehmen Geruch besitzen. Im Gegensatz dazu nennt man nicht-aromatische Verbindungen **aliphatisch**. Mit den aromatischen Verbindungen befassen sich die Kapitel 14, 19, 20, 24 und 25.

Aromatische Verbindungen

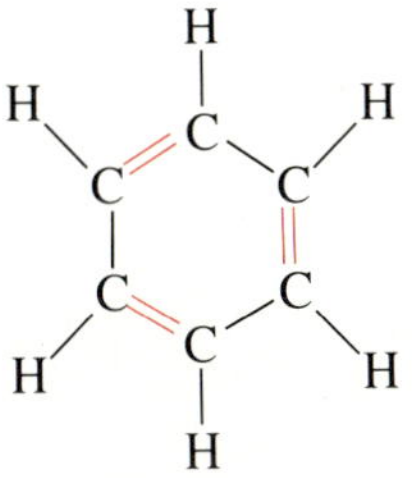

Benzol (C_6H_6)

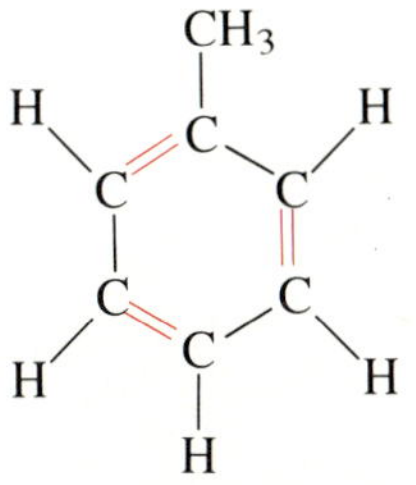

Methylbenzol (Toluol) ($C_6H_5CH_3$)

Häufig ist ein Wasserstoff in einer Alkankette durch eine Kohlenwasserstoff-Einheit (mit einer freien Bindung) ersetzt. Derartige Gruppen bezeichnet man allgemein als *Alkylgruppen*, wenn sie sich von einem Alkan ableiten und kürzt sie mit dem Symbol R (für Rest) ab, mit RH würde man dann ein Alkan bezeichnen. Von Benzol abgeleitete Gruppen nennt man *Phenylgruppen* (C_6H_5).

Tabelle 2-1 Häufig vorkommende funktionelle Gruppen

Verbindungsklasse	allgemeine Struktur	funktionelle Gruppe	Beispiel
Alkane	R—H	keine	$CH_3CH_2CH_2CH_3$ Butan
Halogenalkan	R—X (X = F, Cl, Br, I)	—X	CH_3CH_2—I Iodethan
Alkohole	R—OH	—OH	$(CH_3)_2CH$—OH 2-Propanol (Isopropylalkohol)
Ether	R—O—R′	—O—	CH_3CH_2—O—CH_3 Methoxyethan (Ethylmethylether)
Thiole	R—SH	—SH	CH_3CH_2—SH Ethanthiol
Alkene	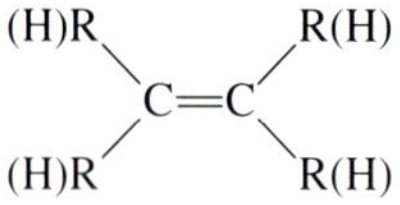 ((H)R)₂C=C(R(H))₂	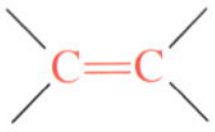 >C=C<	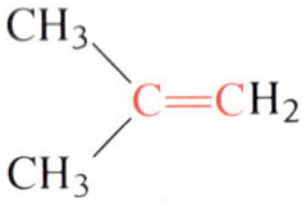 $(CH_3)_2C{=}CH_2$ 2-Methylpropen
Alkine	(H)R—C≡C—R(H)	—C≡C—	$CH_3C{\equiv}CCH_3$ 2-Butin
aromatische Verbindungen	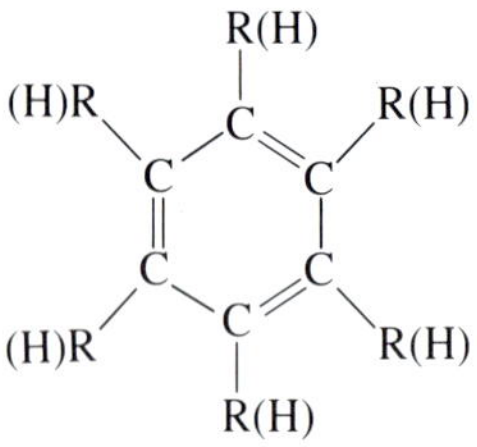 $C_6(R(H))_6$ (Benzolring)	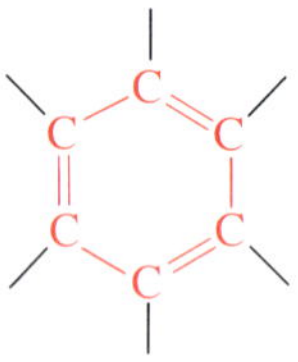 Benzolring	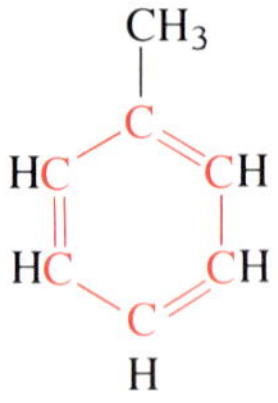 $C_6H_5CH_3$ Methylbenzol (Toluol)

Beachten Sie: Der Buchstabe R steht für eine Alkylgruppe. Unterschiedliche Alkylgruppen werden meist als R′, R″ usw. gekennzeichnet.

Kohlenwasserstoff-Substituenten

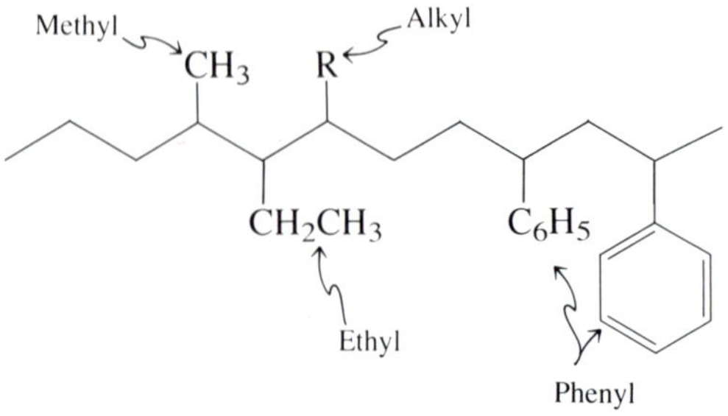

Methyl
CH_3
Alkyl
R
CH_2CH_3
Ethyl
C_6H_5
Phenyl

Kohlenwasserstoffe sind auf der Erde weit verbreitet. So ist Methan beispielsweise der Hauptbestandteil des Erdgases. Erdöl (Rohöl) besteht

Tabelle 2-1 (Fortsetzung)

Verbindungsklasse	allgemeine Struktur	funktionelle Gruppe	Beispiel
Aldehyde	$R{-}C({=}O){-}H$	$-C({=}O){-}H$	$CH_3CH_2CH({=}O)$ Propanal
Ketone	$R{-}C({=}O){-}R'$	$-C({=}O){-}$	$CH_3CH_2C({=}O)CH_2CH_3$ 3-Pentanon
Carbonsäuren	$R{-}C({=}O){-}O{-}H$	$-C({=}O){-}OH$	$CH_3CH_2C({=}O)OH$ Propansäure
Anhydride	$R{-}C({=}O){-}O{-}C({=}O){-}R'$ (H)	$-C({=}O){-}O{-}C({=}O){-}$	$CH_3CH_2C({=}O)OC({=}O)CH_2CH_3$ Propansäureanhydrid
Ester	(H)$R{-}C({=}O){-}O{-}R'$	$-C({=}O){-}O{-}$	$CH_3C({=}O)OCH_3$ Methylethanoat (Essigsäuremethylester)
Amide	$R{-}C({=}O){-}N(R''){-}R'$ (H), R'' (H)	$-C({=}O){-}N{<}$	$CH_3CH_2CH_2C({=}O)NH_2$ Butanamid
Nitrile	$R{-}C{\equiv}N$	$-C{\equiv}N$	$CH_3C{\equiv}N$ Ethanitril (Acetonitril)
Amine	$R{-}N(R''){-}R'$	$-N{<}$	$(CH_3)_3N$ *N,N*-Dimethylmethanamin (Trimethylamin)

größtenteils aus gesättigten, ungesättigten und aromatischen Kohlenwasserstoffen. Nach chemischer Bearbeitung und Destillation erhält man als ein Hauptprodukt das Benzin, mit dem unsere Autos fahren. Aus anderen Erdölfraktionen entstehen Kerosin (Flugzeugtreibstoff), Heizöl, Dieselkraftstoff, Schmieröle, Paraffine und andere nützliche Verbindungen.

Viele funktionelle Gruppen enthalten Sauerstoff und Stickstoff

Eine bekannte funktionelle Gruppe ist die *Hydroxygruppe*, $-OH$, die sich durch Abspaltung eines Wasserstoffatoms aus dem Wassermolekül ergibt. Sie ist charakteristisch für die Gruppe der **Alkohole**. Die *Alkoxygruppe*,

$-OR$ (R steht wiederum für einen Alkylrest), ist die funktionelle Gruppe der **Ether**.

Alkohole		**Ether**	
CH_3OH	CH_3CH_2OH	CH_3OCH_3	$CH_3CH_2OCH_2CH_3$
Methanol	**Ethanol**	**Methoxymethan (Dimethylether)**	**Ethoxyethan (Diethylether)**

Die einfachsten Vertreter dieser beiden Verbindungsklassen werden häufig als Lösungsmittel bei organischen Reaktionen verwendet. Ethanol ist der wirksame Bestandteil von alkoholischen Getränken und wird gelegentlich als Brennstoff (Brennspiritus) benutzt. Alkohole und Ether lassen sich durch Reaktion an der funktionellen Gruppe in eine Fülle von anderen Verbindungen überführen, sie spielen daher eine wichtige Rolle bei organischen Synthesen. Hiermit werden wir uns in den Kapiteln 8 und 9 befassen.

Die *Carbonylfunktion*, C=O, findet sich in **Aldehyden** und **Ketonen**, und, in Verbindung mit einer OH-Gruppe, in den **Carbonsäuren**. Aldehyde und Ketone besprechen wir in den Kapiteln 15 und 16, die Carbonsäuren und ihre Derivate in den Kapiteln 17 und 18.

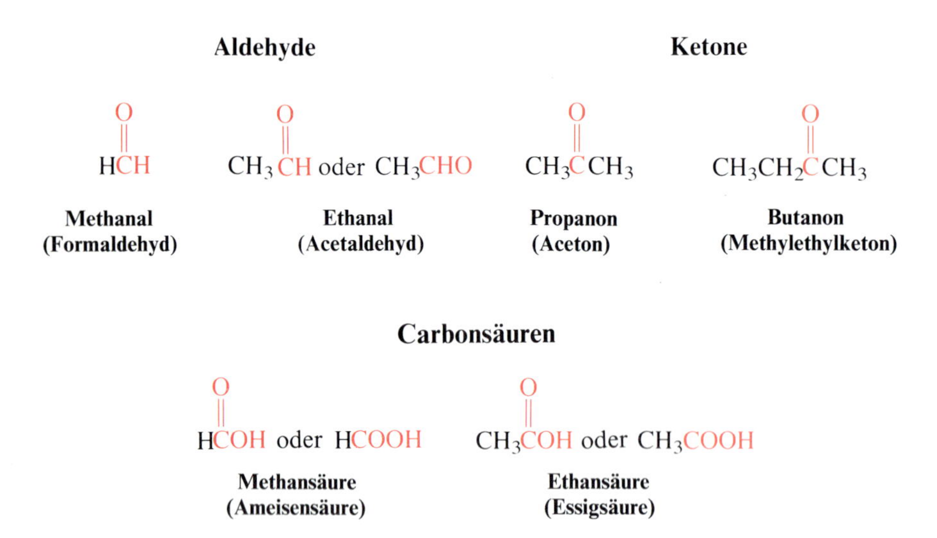

Es gibt auch eine Reihe von funktionellen Gruppen, die andere Elemente enthalten. So bezeichnet man gesättigte aliphatische Stickstoffverbindungen als **Amine**. Durch Ersetzen des Sauerstoffs in den Alkoholen durch Schwefel ergeben sich **Thiole** (**Mercaptane**).

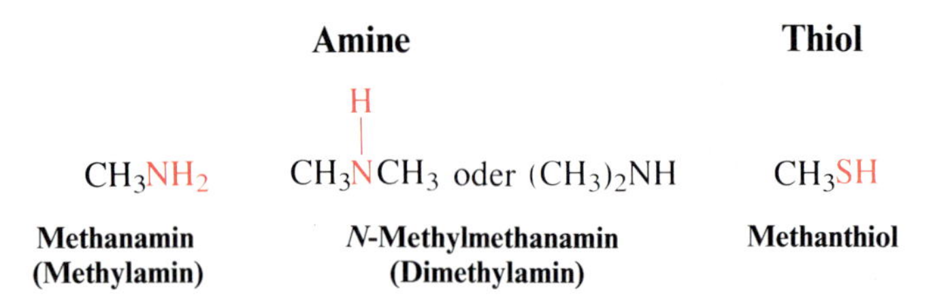

In Tabelle 2-1 sind die häufigsten funktionellen Gruppen in der Reihenfolge, in der wir sie besprechen, die Namen der Verbindungsklassen, für die sie charakteristisch sind, und ein Beispiel für jede Klasse angegeben.

2.2 Geradkettige und verzweigte Alkane

Wie wir bereits erwähnt haben, nennt man Kohlenwasserstoffe, die nur Einfachbindungen enthalten, Alkane. Aufgrund ihrer Struktur lassen sie sich in verschiedene Typen unterteilen: die *geradkettigen* Alkane; die *verzweigten* Alkane, in denen sich in der Kohlenstoffkette ein oder mehrere Verzweigungspunkte befinden; die cyclischen Alkane oder *Cycloalkane* sowie die komplizierteren bicyclischen, tricyclischen und polycyclischen Alkane. Ein Beispiel für jeden Typ ist im folgenden dargestellt.

geradkettiges Alkan	**verzweigtes Alkan**	**Cycloalkan**	**bicyclisches Alkan**
$CH_3-CH_2-CH_2-CH_3$	$CH_3-CH(CH_3)-H$ (zentrales C mit CH_3 oben und CH_3 unten)	CH_2-CH_2 / CH_2-CH_2 (Ring)	CH_2, CH_2, CH, CH_2, CH_2, CH, CH_2, CH_2 (Ringsystem)
Butan, C_4H_{10}	**2-Methylpropan, C_4H_{10} (Isobutan)**	**Cyclobutan, C_4H_8**	**Bicyclo[2.2.2]octan, C_8H_{14}**

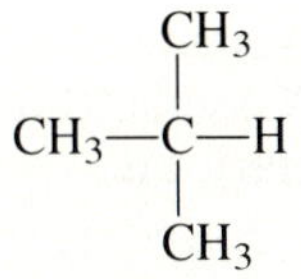

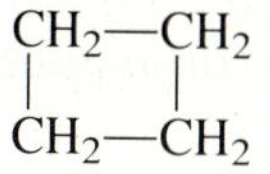

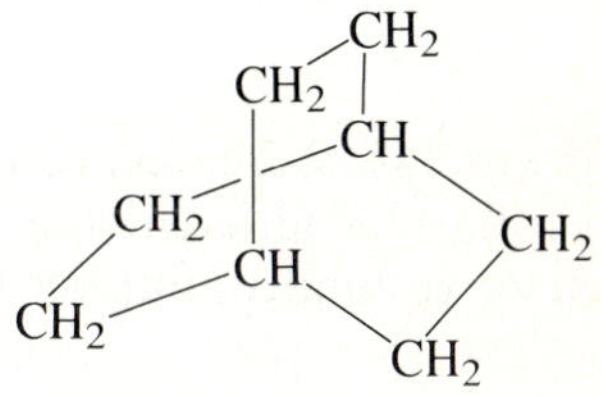

Homologe und isomere Alkane

Die geradkettigen Kohlenwasserstoffe bestehen aus Ketten von Kohlenstoffen, in denen jedes Kohlenstoffatom an seine beiden Nachbarn und an zwei Wasserstoffatome gebunden ist. Eine Ausnahme stellen die beiden endständigen Kohlenstoffatome dar, die nur an einen weiteren Kohlenstoff und an drei Wasserstoffatome gebunden sind. Diese Reihe von Kohlenwasserstoffen läßt sich durch mehrere allgemeine Formeln darstellen:

$$H-(CH_{2n})-H \qquad CH_3-(CH_{2n-1})-H \qquad C_nH_{2n+2}$$

(diese Formel gilt für alle Typen von nichtcyclischen Alkanen)

Jedes Glied dieser Reihe unterscheidet sich vom vorhergehenden nur durch das Vorhandensein einer weiteren Methylengruppe ($-CH_2-$). Moleküle, die sich auf diese Weise eins aus dem anderen allein durch Einfügen immer derselben Gruppe ergeben, bezeichnet man als **Homologe** (*homos*, griechisch: dasselbe) und eine solche Reihe als **homologe Reihe**. Methan ($n = 1$) ist das erste Glied der homologen Reihe der Alkane, Ethan ($n = 2$) das zweite und so weiter.

Verzweigte Alkane leiten sich von den geradkettigen durch Ersatz eines Wasserstoffatoms einer Methylengruppe durch eine Alkylgruppe ab. Sie besitzen dieselbe empirische Formel wie die geradkettigen Alkane, C_nH_{2n+2}. Das einfachste Beispiel eines verzweigten Alkans ist 2-Methylpropan, C_4H_{10}, mit derselben Summenformel wie Butan. Die beiden Isomere unterscheiden sich nur durch die Reihenfolge der C–C- und C–H-Bindungen. Theoretisch könnte man Butan in 2-Methylpropan überführen, indem man einen Wasserstoff in der Mitte des Moleküls mit einer endständigen Methylgruppe vertauscht. Tatsächlich ist das nicht so einfach, da C–C- und C–H-Bindungen gebrochen und wieder neu geknüpft werden müßten.

Bei den höheren homologen Alkanen ($n > 4$) sind mehr als zwei Isomere möglich. Es gibt drei isomere Pentane, C_5H_{12}, (s. u.), fünf Hexane, C_6H_{14}, neun Heptane, C_7H_{16}, und achtzehn Octane, C_8H_{18}.

Die Isomere des Pentans

$CH_3—CH_2—CH_2—CH_2—CH_3$

Pentan

$CH_3—CH_2—CH(CH_3)—CH_3$

2-Methylbutan

$CH_3—C(CH_3)_2—CH_3$

2,2-Dimethylpropan (Neopentan)

Wie aus Tab. 2-2 ersichtlich, steigt die Anzahl der Möglichkeiten, n Kohlenstoffatome untereinander und mit $2n + 2$ umgebenden Wasserstoffatomen zu verbinden, mit der Größe von n außerordentlich stark an.

Tabelle 2-2
Anzahl der möglichen isomeren Alkane mit der Summenformel C_nH_{2n+2}

n	Isomere
1	1
2	1
3	1
4	2
5	3
6	5
7	9
8	18
9	35
10	75
15	4347
20	366319

Übung 2-1

(a) Zeichnen Sie die Strukturen der fünf isomeren Hexane; (b) zeichnen Sie die Strukturen aller möglichen nächsthöheren und -niederen Homologen von 2-Methylbutan.

Die Mannigfaltigkeit der Möglichkeiten, Kohlenstoffatome und daran gebundene Substituenten anzuordnen, ist der Hauptgrund dafür, daß es eine solche Fülle von unterschiedlichen organischen Molekülen gibt. Hierdurch ergibt sich ein Problem: Wie können wir durch eine systematische Namensgebung alle diese Verbindungen voneinander unterscheiden? Ist es z. B. möglich, allen C_6H_{14}-Isomeren einen eindeutigen Namen zu geben, so daß sich über jedes von ihnen leicht Informationen (wie Siedepunkt, Schmelzpunkt, chemische Reaktionen) in einem organischen Handbuch finden lassen? Gibt es eine Möglichkeit, eine Verbindung, die Sie noch nie vorher gesehen haben, zu benennen und ihre Struktur auf das Papier zu zeichnen? Tatsächlich gibt es ein genaues System zur Benennung der Alkane.

2.3 Die systematische Nomenklatur der Alkane

Das Problem der Benennung von organischen Molekülen hat die organische Chemie seit ihren Anfängen begleitet; es wurde im Laufe der Zeit mit der Fülle von neuen Verbindungen, die jedes Jahr entdeckt wurden, immer schwieriger. Bei der Verständigung zwischen Chemikern unterschiedlicher Nationalitäten ergaben sich außerdem Sprachprobleme. So würde ein englischer Chemiker die Verbindung, die wir im Deutschen Tetrachlorkohlenstoff (CCl_4) nennen, als *tetrachloromethane*, ein Franzose als *tetraclorure* de *carbone*, ein Spanier als *tetracloruro* de *carbono* und ein Däne als *tetrachlorkulstof* bezeichnen. Einige Verbindungen sind zu Ehren ihrer Entdecker benannt, z. B. „Prelog-Djerassi-Lacton" oder „Wieland-Miescher-Keton", andere nach dem Ort, an dem sie entdeckt oder das erstemal dargestellt wurden wie „Münchnone", eine Klasse von Verbindungen, die in München entdeckt wurde oder „Sydnone", die man zuerst in Sydney darstellte. Eine Reihe von Namen leiten sich von der Form des Moleküls ab wie „Cuban" (s. Abschn. 1.1), ein würfelförmiger Kohlenwasserstoff, „Basketan", ein korbförmiges (engl. basket) Molekül, „Barrelen" oder „Snautan". Andere ergeben sich aus dem Namen des Tieres oder der Planze, aus denen sie erstmals isoliert wurden wie „Ameisensäure" aus Ameisen, „Anisol" aus dem Anisöl und „Vanillin" aus der Vanille. Diese Namen, die man als **Trivialnamen** bezeichnet, haben teilweise nur noch historische Bedeutung, andere haben sich so eingebürgert, daß man sie anstelle der systematischen Namen benutzt, insbesondere, wenn diese sehr kompliziert sind.

Die **systematische Nomenklatur** wurde erstmalig auf einem chemischen Kongreß in Genf im Jahre 1892 eingeführt und ist seitdem kontinuierlich verändert und neuen Entwicklungen angepaßt worden. Diese Aufgabe liegt in den Händen der „International Union of Pure and Applied Chemistry" (IUPAC) und Regeln zur Benennung organischer Verbindungen bezeichnet man als **IUPAC-Regeln**. Die Namen der ersten zwanzig geradkettigen Alkane finden sich in Tabelle 2-3. Der Wortstamm ist meist lateinischen oder griechischen Ursprungs und gibt die Anzahl der Kohlenstoffatome der Kette an. So setzt sich der Name Heptadecan aus dem griechischen Wort *hepta*, sieben, und dem lateinischen Wort *decem*, zehn, zusammen. Die ersten vier Alkane haben eigene Namen, die in das IUPAC-System mit aufgenommen wurden, aber alle enden auf **-an**. Es ist sehr wichtig, Tabelle 2-3 im Gedächtnis zu behalten, da sie die Grundlage für die Benennung vieler organischer Moleküle darstellt.

Die Namen der Alkylgruppen ergeben sich aus den Namen der entsprechenden Alkane, indem die Endung **-an** durch **-yl** ersetzt wird. Für einige

CH_3—
Methyl

CH_3—CH_2—
Ethyl

CH_3—CH_2—CH_2—
Propyl

Tabelle 2-3 Namen der geradkettigen Alkane, C_nH_{2n+2}

n	Name	Formel
1	Methan	CH_4
2	Ethan	CH_3CH_3
3	Propan	$CH_3CH_2CH_3$
4	Butan	$CH_3CH_2CH_2CH_3$
5	Pentan	$CH_3(CH_2)_3CH_3$
6	Hexan	$CH_3(CH_2)_4CH_3$
7	Heptan	$CH_3(CH_2)_5CH_3$
8	Octan	$CH_3(CH_2)_6CH_3$
9	Nonan	$CH_3(CH_2)_7CH_3$
10	Decan	$CH_2(CH_2)_8CH_3$
11	Undecan	$CH_3(CH_2)_9CH_3$
12	Dodecan	$CH_3(CH_2)_{10}CH_3$
13	Tridecan	$CH_3(CH_2)_{11}CH_3$
14	Tetradecan	$CH_3(CH_2)_{12}CH_3$
15	Pentadecan	$CH_3(CH_2)_{13}CH_3$
16	Hexadecan	$CH_3(CH_2)_{14}CH_3$
17	Heptadecan	$CH_3(CH_2)_{15}CH_3$
18	Octadecan	$CH_3(CH_2)_{16}CH_3$
19	Nonadecan	$CH_3(CH_2)_{17}CH_3$
20	Eicosan	$CH_3(CH_2)_{18}CH_3$

niedere Homologe der verzweigten Alkane sind teilweise noch Trivialnamen gebräuchlich. Zur Bezeichnung dieser Verbindungen werden Namensvorsätze wie **iso**- oder **neo**- verwendet. Beispiele hierfür sind Isobutan, Isopentan und Neohexan.

$$CH_3-\overset{\displaystyle CH_3}{\underset{\displaystyle H}{C}}-(CH_2)_n-CH_3 \qquad CH_3-\overset{\displaystyle CH_3}{\underset{\displaystyle CH_3}{C}}-(CH_2)_n-H$$

ein Isoalkan (z.B., $n = 1$, Isopentan) — **ein Neoalkan (z.B., $n = 2$, Neohexan)**

Übung 2-2
Zeichnen Sie die Strukturen von Isohexan und Neopentan.

Auch viele verzweigte Alkylgruppen haben Trivialnamen (s. Tab. 2-4). Bei ihnen verwendet man neben den Vorsätzen iso- und neo- noch *sek*- (oder *s*-) für sekundär und *tert*- (oder *t*-) für tertiär. **Sekundär** und **tertiär** leiten sich ab von der Bezeichnung **primär**, obwohl diese nicht als Namensvorsatz verwendet wird. Ein primärer Kohlenstoff ist nur an ein weiteres Kohlenstoffatom gebunden, wie beispielsweise alle Kohlenstoffatome an den Enden von Alkanketten. Die Wasserstoffatome, die an diese Kohlen-

Tabelle 2-4 Verzweigte Alkylgruppen

Struktur	Trivialname	systematischer Name	abgeleitet von	Bezeichnung
$CH_3-\overset{\displaystyle CH_3}{\underset{\displaystyle H}{C}}-$	Isopropyl	1-Methylethyl	Propan	sekundär
$CH_3-\overset{\displaystyle CH_3}{\underset{\displaystyle H}{C}}-CH_2-$	Isobutyl	2-Methylpropyl	2-Methylpropan (Isobutan)	primär
$CH_3-\overset{\displaystyle H}{\underset{\displaystyle CH_2CH_3}{C}}-$	*sek*-Butyl	1-Methylpropyl	Butan	sekundär
$CH_3-\overset{\displaystyle CH_3}{\underset{\displaystyle CH_3}{C}}-$	*tert*-Butyl	1,1-Dimethylethyl	2-Methylpropan (Isobutan)	tertiär
$CH_3-\overset{\displaystyle CH_3}{\underset{\displaystyle CH_3}{C}}-CH_2-$	Neopentyl	2,2-Dimethylpropyl	2,2-Dimethylpropan (Neopentan)	primär

stoffatome gebunden sind, bezeichnet man ebenfalls als primäre Wasserstoffatome. Ein sekundärer Kohlenstoff ist an zwei, ein tertiärer an drei weitere Kohlenstoffatome gebunden.*

Alkylgruppen benennt man in gleicher Weise. Eine Alkylgruppe, die durch Entfernung eines primären Wasserstoffs entsteht, bezeichnet man als primär. Entsprechend erhält man durch Entfernung eines sekundären Wasserstoffatoms eine sekundäre, durch Entfernung eines tertiären eine tertiäre Alkylgruppe (s. Tab. 2-4).

Primäre, sekundäre und tertiäre Kohlenstoff- und Wasserstoffatome

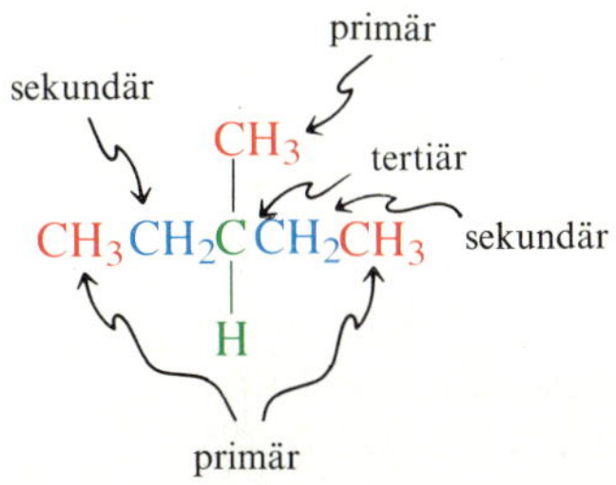

primär, sekundär, tertiär, sekundär

$$CH_3CH_2\overset{\displaystyle CH_3}{\underset{\displaystyle H}{C}}CH_2CH_3$$

primär

Übung 2-3

Kennzeichnen Sie die primären, sekundären und tertiären Wasserstoffatome im 2-Methylpentan (Isohexan).

Regeln für die Nomenklatur verzweigter Alkane

Mit Hilfe von Tabelle 2-3 können Sie nun die ersten zwanzig geradkettigen Alkane benennen. Wie geht man aber bei einem verzweigten System vor? Die IUPAC hat uns mit einem Satz von Regeln ausgestattet, die, wenn man sie genau befolgt, die Sache recht einfach machen.

Regel 1 *Suchen Sie die längste Kette von Kohlenstoffatomen im Molekül und benennen Sie sie.* Diese Aufgabe ist nicht so einfach, wie sie aussieht. Das Problem ist, daß komplexe Alkane in der Kurzstrukturformel so gezeichnet sein können, daß schwer herauszufinden ist, welche Kette die längste ist. In den folgenden Beispielen ist die längste Kette, der Stammkohlenwasserstoff, genau markiert. Das Stammalkan gibt dem Molekül seinen Namen.

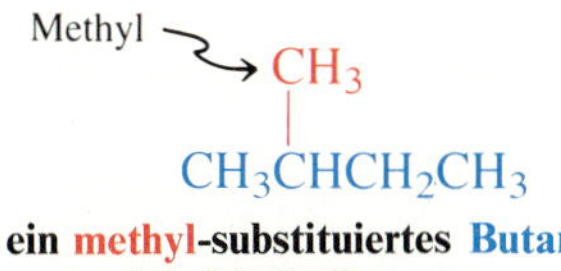

Methyl → CH_3 an $CH_3CHCH_2CH_3$

ein methyl-substituiertes Butan
(ein Methylbutan)

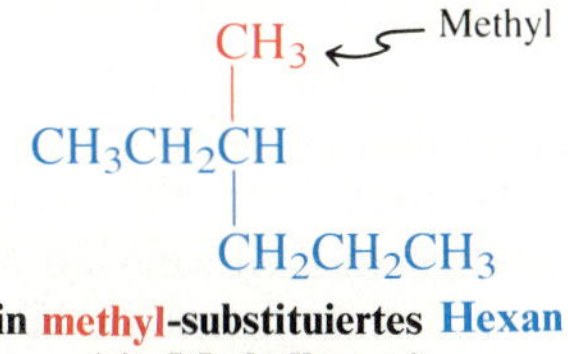

Methyl → CH_3 an $CH_3CH_2CH(CH_2CH_2CH_3)$

ein methyl-substituiertes Hexan
(ein Methylhexan)

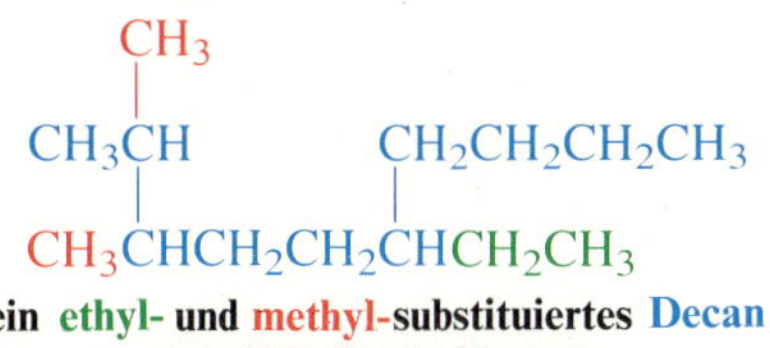

$CH_3CH(CH_3)$ und $CH_2CH_2CH_2CH_3$ an $CH_3CHCH_2CH_2CHCH_2CH_3$

ein ethyl- und methyl-substituiertes Decan
(ein Ethylmethyldecan)

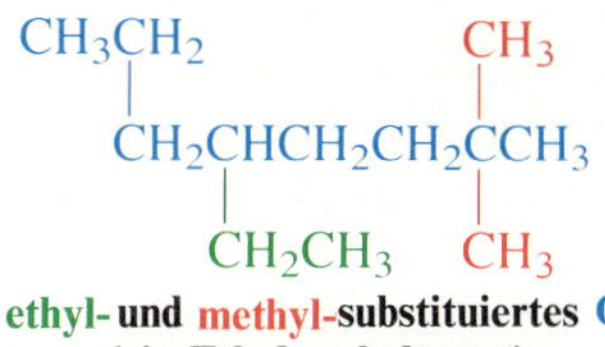

CH_3CH_2 und CH_3 an $CH_2CHCH_2CH_2CCH_3$, darunter CH_2CH_3 und CH_3

ein ethyl- und methyl-substituiertes Octan
(ein Ethylmethyloctan)

---

* Mit dem Term **quartär** bezeichnet man Kohlenstoffatome, die an vier andere Kohlenstoffe gebunden sind. Diese Bezeichnung wird aber nicht in der Nomenklatur verwendet.

Besitzt ein Molekül zwei oder mehrere Ketten gleicher Länge, ist der Stamm diejenige Kette mit den meisten Substituenten.

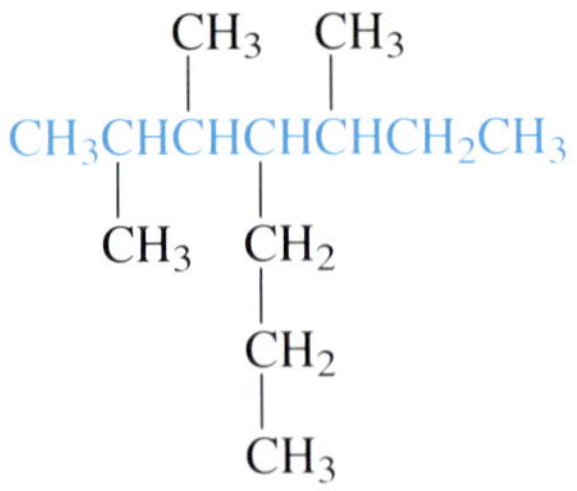

```
    CH3  CH3                          CH3  CH3
    |    |                            |    |
CH3CHCHCHCHCHCH2CH3     nicht    CH3CHCHCHCHCHCH2CH3
  |    |                            |    |
 CH3  CH2                          CH3  CH2
       |                                 |
      CH2                               CH2
       |                                 |
      CH3                               CH3
```

4 Substituenten
ein Heptan

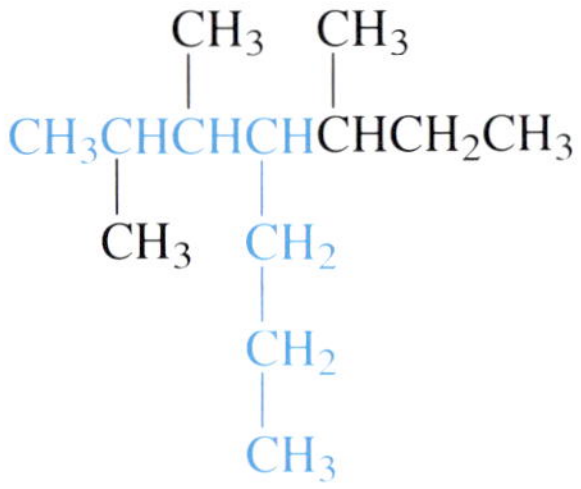

3 Substituenten
ein Heptan

Bevor wir uns mit Regel 2 befassen, wollen wir eine weitere, noch einfachere Methode zur graphischen Darstellung verzweigter Alkane vorstellen. Da bei komplexen Alkanen selbst Kurzstrukturformeln recht unübersichtlich werden können, ist die im folgenden dargestellte Methode bei diesen Verbindungen vorteilhafter. Die Alkanketten werden hierbei durch Zickzacklinien dargestellt, wobei das Ende eines auf- oder abwärts weisenden Strichs ein Kohlenstoffatom bedeutet. Alle Wasserstoffatome sind weggelassen und die längste Kette wird normalerweise horizontal gezeichnet. Einige der bereits im vorausgehenden Text gezeichneten Alkane sind hier noch einmal auf die beschriebene Weise dargestellt:

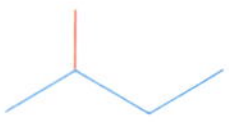

ein Methylbutan

ein Methylhexan

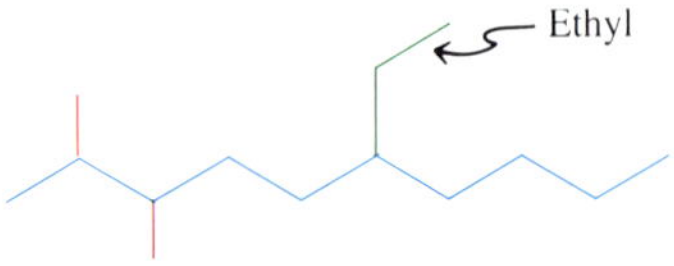

Ethyl

ein Ethylmethyldecan

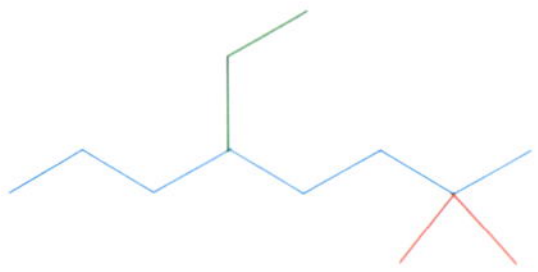

ein Ethylmethyloctan

Bei der folgenden Diskussion verwenden wir beide Formeltypen.

Regel 2 *Bestimmen Sie die Namen der an die längste Kette gebundenen Alkylgruppen.* Bei geradkettigen Substituenten können wir Tab. 2-3 zur Ableitung des Substituentennamens heranziehen. Wie verfahren wir jedoch, wenn die Kette verzweigt ist? In diesem Fall wenden wir die gleichen Regeln wie bei der Hauptkette an: zuerst suchen wir die längste Kette des Substituenten, danach benennen wir alle gebundenen Gruppen und gehen darauf zu Regel 3 über.

Regel 3 *Numerieren Sie die Kohlenstoffatome der längsten Kette von dem Ende her, das einem Substituenten am nächsten ist.*

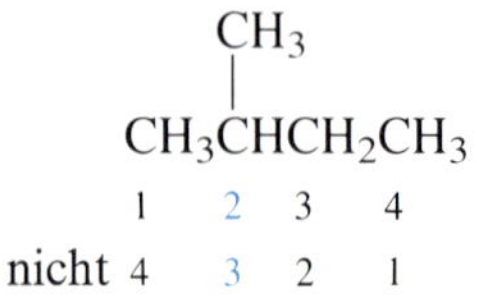

```
      CH3
      |
   CH3CHCH2CH3
   1  2  3  4
nicht 4  3  2  1
```

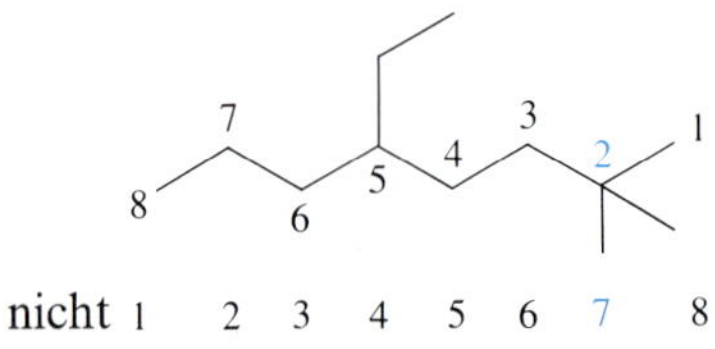

8 7 6 5 4 3 2 1

nicht 1 2 3 4 5 6 7 8

Sind zwei Substituenten gleich weit von beiden Kettenenden entfernt, nehmen Sie zur Numerierung des Stammalkans das Alphabet zur Hilfe. Der Substituent, dessen Anfangsbuchstabe eher im Alphabet kommt, ist an den Kohlenstoff mit der niedrigeren Nummer gebunden.

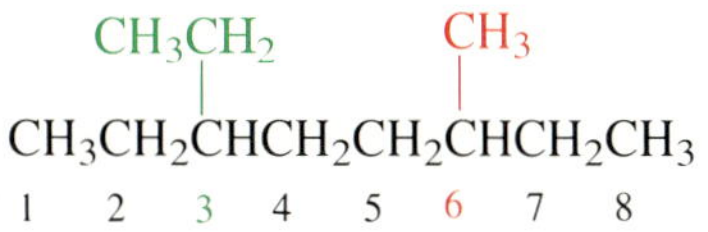

Ethyl vor Methyl

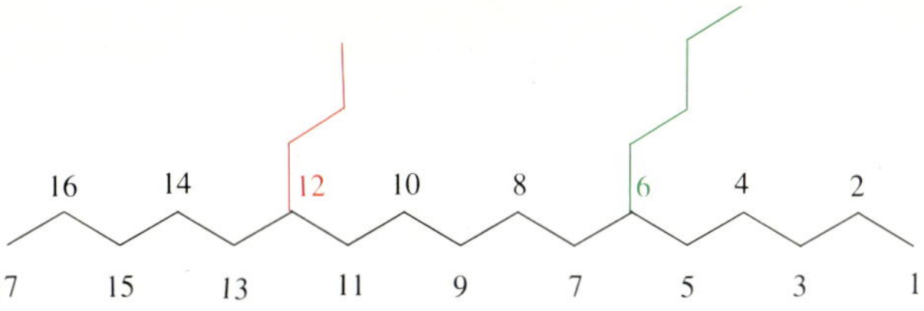

Butyl vor Propyl

In einer Seitenkette ist das Kohlenstoffatom mit der Nummer eins immer dasjenige, das an die Hauptkette gebunden ist.

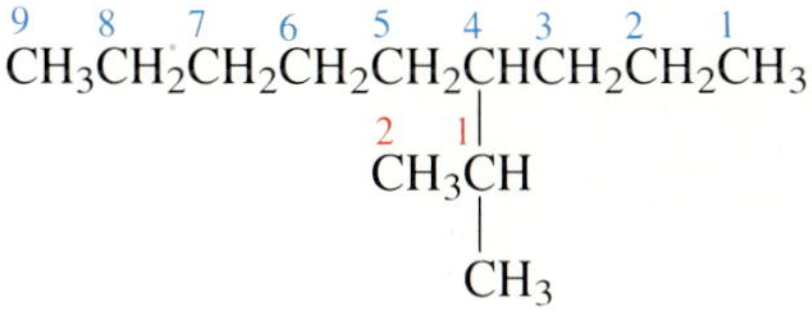

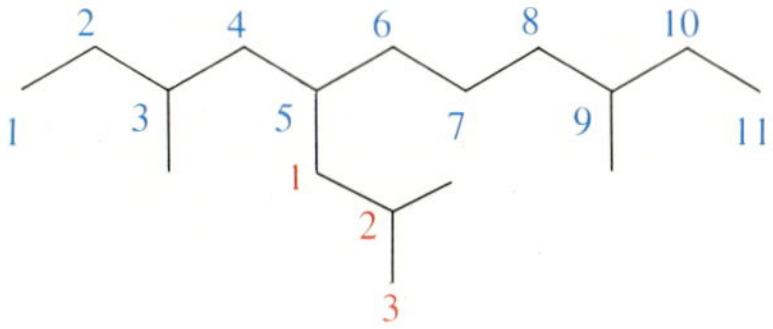

Regel 4 *Schreiben Sie den Namen des Alkans, indem Sie zunächst die Namen der Seitenketten in alphabetischer Reihenfolge ordnen (jedem geht die Nummer des Kohlenstoffatoms, an das es gebunden ist und ein Bindestrich voraus), und fügen sie dann den Namen des Stammalkans, wie am Rand gezeigt, hinzu.*

Tritt die gleiche Alkylgruppe mehrfach als Seitenkette auf, wird durch den Vorsatz Di-, Tri-, Tetra- usw. angezeigt, wie oft dieser Substituent im Molekül vorhanden ist (s. Tab. 2-3). Die Positionen der Kohlenstoffatome des Stamms, an die die Alkylgruppe gebunden ist, werden insgesamt vor seinen Namen gesetzt und durch Kommata getrennt. Diese Vorsätze werden ebenso wie *sek*- und *tert*- nicht bei der alphabetischen Anordnung der Namen berücksichtigt. Ausnahmen sind einige komplexe Substituentennamen.

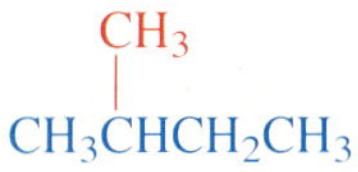

2-Methylbutan

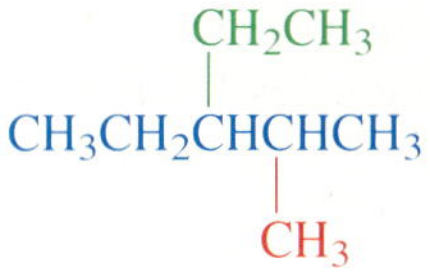

3-Ethyl-2-methylpentan

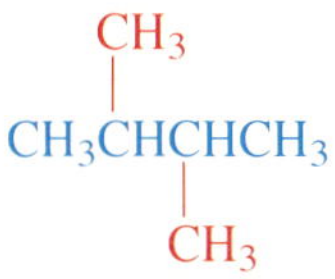

2,3-Dimethylbutan

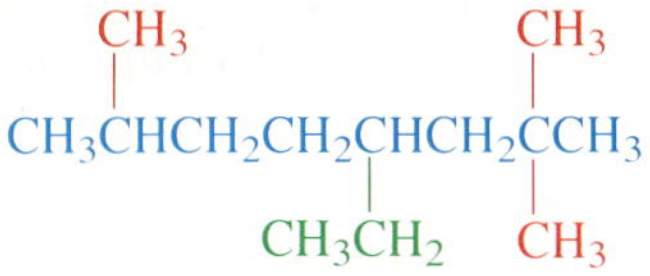

4-Ethyl-2,2,7-trimethyloctan

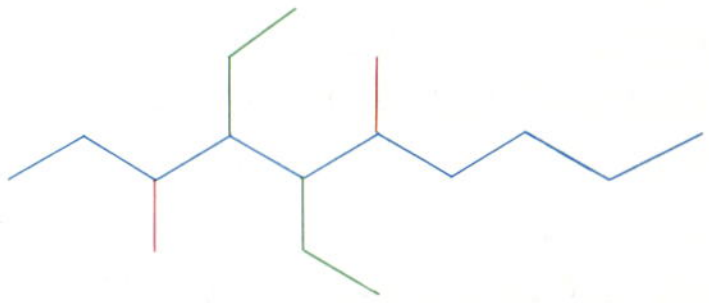

4,5-Diethyl-3,6-dimethyldecan

Obwohl die IUPAC auch die in Tab. 2-4 angegebenen Trivialnamen als Substituentennamen zuläßt, sollte man möglichst die systematische Nomenklatur benutzen. Um Zweifelsfälle auszuschließen, werden diese komplizierteren Substituentennamen gewöhnlich in Klammern angegeben.

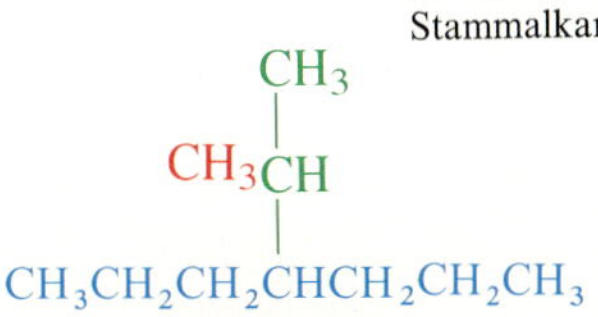

4-(1-Methylethyl)heptan
(4-Isopropylheptan)

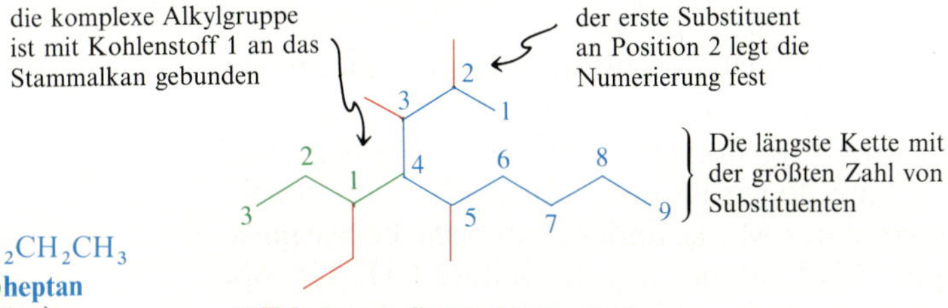

4-(1-Ethylpropyl)-2,3,5-trimethylnonan

Weitere Einweisungen in die Nomenklatur erfolgen, wenn wir neue Klassen von Verbindungen, wie die Cycloalkane und Halogenalkane vorstellen.

Übung 2-4

Schreiben Sie die Namen der eben behandelten acht verzweigten Alkane auf, schließen Sie das Buch und zeichnen Sie deren Struktur aufgrund des Namens.

Zusammengefaßt läßt sich sagen, daß bei der Benennung eines verzweigten Alkans folgende Reihenfolge eingehalten werden muß: (1) Auffinden der längsten Kette; (2) Bestimmung des Namens aller an das Stammalkans gebundenen Alkylgruppen; (3) Numerierung der Kette; (4) Aufschreiben des Namens der Verbindung, wobei zuerst die Namen der Alkylsubstituenten in alphabetischer Reihenfolge geordnet und deren Stellung in der Kette als Zahl vor den Substituentennamen gesetzt werden. Als letztes folgt der Name des Stammalkans.

2.4 Physikalische Eigenschaften der Alkane

Wie sehen nun die dreidimensionalen Strukturen der Alkane aus und welche physikalischen Eigenschaften haben sie? Diese Fragen wollen wir als nächstes beantworten.

Bei Raumtemperatur sind die homologen Alkane mit kleinerer molarer Masse Gase oder farblose Flüssigkeiten, die mit größerer molarer Masse Feststoffe. Ihre Strukturen sind bemerkenswert regelmäßig und können (neben anderen) die Zickzackanordnung annehmen, die zur vereinfachten Darstellung langer Kohlenwasserstoffketten verwendet wird (s. Abb. 2-1). Die Bindungen um alle Kohlenstoffatome sind tetraedrisch angeordnet. Die Bindungswinkel betragen etwa 109 °, die C – C- und C – H-Bindungslängen liegen im normalen Bereich (154 pm bzw. ~110 pm). Zur Verdeutlichung der dreidimensionalen Struktur der Kohlenwasserstoffkette können wir die Darstellung als Keilstrichformeln verwenden (s. Abb. 1-22). Dabei zeichnet man die Hauptkette und je einen endständigen Wasserstoff in die Papierebene (s. Abb. 2-2).

Übung 2-5

Zeichnen Sie solche Strukturen für 2-Methylbutan und 2,3-Dimethylbutan.

Aufgrund der Regelmäßigkeit der Alkanstrukturen kann man annehmen, daß auch ihre physikalischen Eigenschaften einen eindeutigen Trend erkennen lassen. Dies ist auch richtig; Die Daten in Tab. 2-5 zeigen, daß sich die Eigenschaften in der homologen Reihe kontinuierlich mit zunehmender (oder abnehmender) molarer Masse ändern. So bewirkt beispielsweise in der Reihe von Pentan bis Pentadecan jede weitere CH_2-Gruppe eine Zunahme des Siedepunktes um 20 °C bis 30 °C (s. Abb. 2-3).

Trägt man hingegen die Schmelzpunkte der Alkane gegen die molare Masse auf, erhält man eine unregelmäßige Kurve. Diese Unregelmäßigkeit kommt dadurch zustande, daß die Alkane mit ungerader Anzahl von Kohlenstoffatomen im Molekül einen etwas niedrigeren Schmelzpunkt als die mit gerader Anzahl haben. Auf der anderen Seite nehmen die Werte für die Dichte gleichmäßig zu.

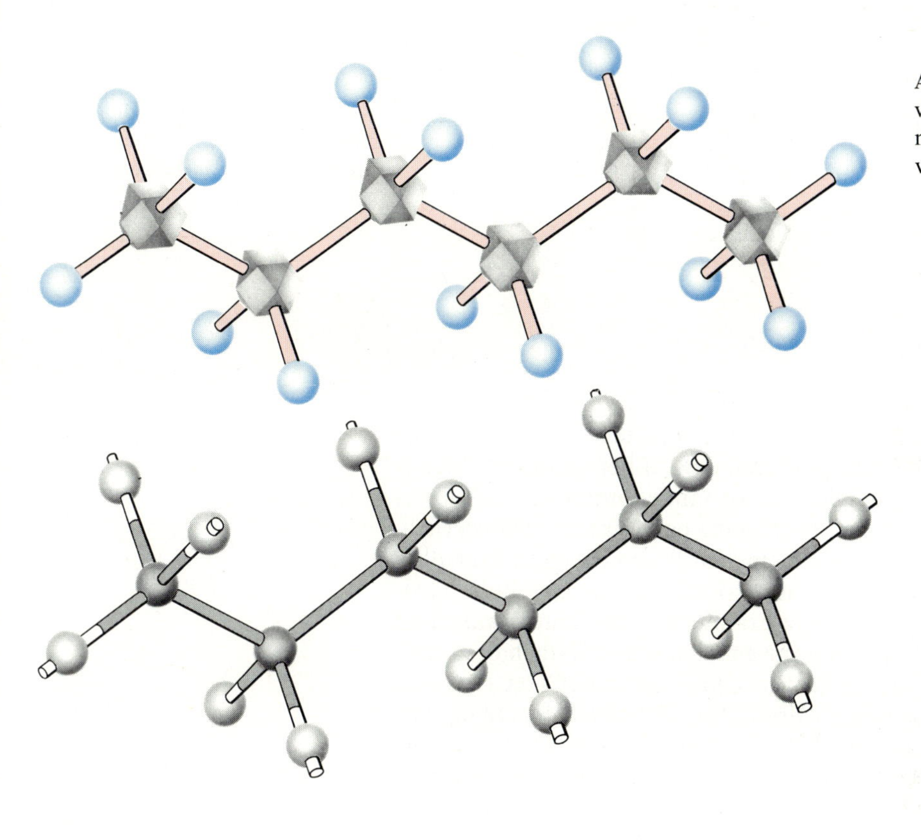

Abb. 2-1 Zwei Molekülmodelle von Hexan (Molekülbaukästen mit freundlicher Genehmigung von Maruzen Co., Ltd., Tokio.)

Tabelle 2-5 Physikalische Eigenschaften geradkettiger Alkane

Kohlenwasserstoff	Sdp. / °C	Smp. / °C	Dichte bei 20 °C in g/mL
Methan	−161.7	−182.5	0.5547 (bei 0 °C)
Ethan	−88.6	−183.3	0.509 (bei −60 °C)
Propan	−42.1	−187.7	0.5005
Butan	−0.5	−138.3	0.5787
Pentan	36.1	−129.8	0.5572
Hexan	68.7	−95.3	0.6603
Heptan	98.4	−90.6	0.6837
Octan	125.7	−56.8	0.7026
Nonan	150.8	−53.5	0.7177
Decan	174.0	−29.7	0.7299
Undecan	195.8	−25.6	0.7402
Dodecan	216.3	−9.6	0.7487
Tridecan	235.4	−5.5	0.7564
Tetradecan	253.7	5.9	0.7628
Pentadecan	270.6	10.0	0.7685
Eicosan	343.0	36.8	0.7886

Abb. 2-2 Keilstrichformeln der Alkane Methan bis Pentan. Beachten Sie, daß die Hauptkette und zwei endständige Wasserstoffatome in einer Zickzack-Anordnung gezeichnet werden.

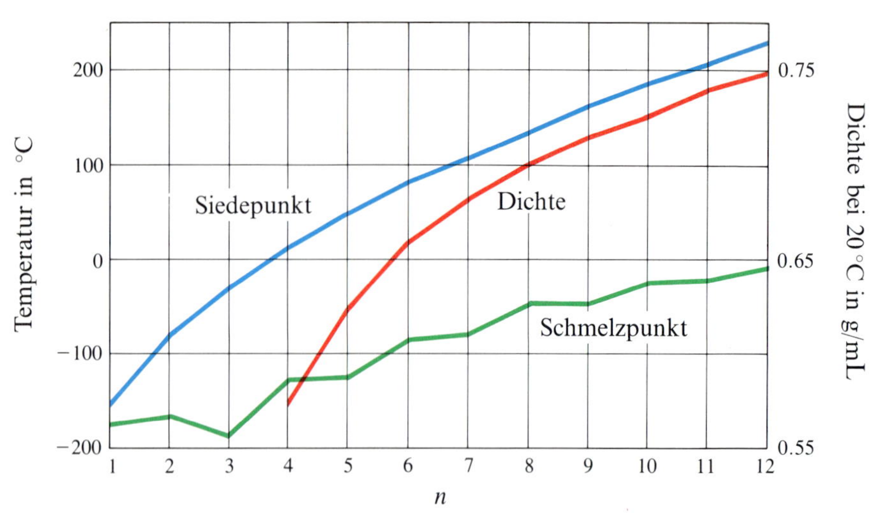

Abb. 2-3 Abhängigkeit einiger physikalischer Konstanten der geradkettigen Alkane von der Molekülgröße

Moleküle ziehen sich gegenseitig an

Wodurch kommt diese Regelmäßigkeit zustande? Der Grund dafür liegt in den **zwischenmolekularen** oder **van-der-Waals-Kräften**.* Moleküle üben Anziehungskräfte aufeinander aus, wodurch eine höher geordnete Struktur, wie in Festkörpern und Flüssigkeiten, zustandekommt. Zum Aufbrechen dieser Strukturen ist Energie, im allgemeinen Wärme, erforderlich. Die meisten organischen Verbindungen sind im festen Zustand kristallin, der Ordnungszustand der Moleküle ist also sehr groß. Der hohe Ordnungsgrad der Salze kommt dadurch zustande, daß die Ionen aufgrund starker Coulombscher Kräfte starr an ihrem Gitterplatz festgehalten werden. Nichtionische, polare Moleküle wie Chlormethan (CH_3Cl) ziehen sich gegenseitig durch schwächere Dipol-Dipol-Wechselwirkungen, die wiederum Coulombscher Natur sind, an (s. Abschn. 6.2). Im Gegensatz dazu wirken bei den vollständig unpolaren Alkanen sogenannte **London-Kräfte**. Diese Kräfte kommen durch gegenseitige Beeinflussung von Elektronen zustande. Eine stark vereinfachende Erklärung dieses Effekts geht davon aus, Alkane als Elektronenwolken anzusehen. Die Ladungsverteilung im Molekül ist im Mittel symmetrisch, durch die Bewegung der Elektronen besteht jedoch in jedem Augenblick eine kleine, jedesmal andere Abweichung von der Durchschnittsverteilung, die ein kleines momentanes Dipolmoment erzeugt. Dieser kurzlebige Dipol beeinflußt die Elektronenwolke eines benachbarten Alkanmoleküls. Sein negatives Ende stößt die Elektronen des anderen Moleküls ab, sein positives Ende zieht sie an, so daß auch in dem zweiten Molekül ein kurzlebiges Dipolmoment induziert wird, das dem ersten entgegengerichtet ist. Obwohl, wie bereits gesagt, diese Dipole ständig auf und abgebaut werden und dauernd ihre Richtung ändern, kommt es im Endeffekt doch zu einer Anziehung zwischen beiden Molekülen. Naturgemäß sind London-Kräfte nur sehr schwach und haben eine sehr geringe Reichweite (Kräfte zwischen indu-

* Anm. d. Übers.: der Autor verwendet den Ausdruck van-der-Waals-Kräfte als Synonym für zwischenmolekulare Kräfte; die zwischenmolekularen Kräfte, die durch momentane Dipolmomente zustandekommen und im deutschen Sprachgebrauch als van-der-Waals-Kräfte bezeichnet werden, hingegen als London-Kräfte. Wir haben im folgenden die Bezeichnungen des Autors verwendet.

zierten Dipolen sind umgekehrt proportional zu der sechsten Potenz des Abstandes) so daß sie nur zwischen direkt benachbarten Molekülen wirksam sind.

Trotz ihrer geringen Stärke und Reichweite haben London-Kräfte einen merkbaren Einfluß auf die physikalischen Eigenschaften der Alkane. In Abb. 2-4 ist ein vereinfachter Vergleich zwischen ionischen, dipolaren und London-Kräften dargestellt.

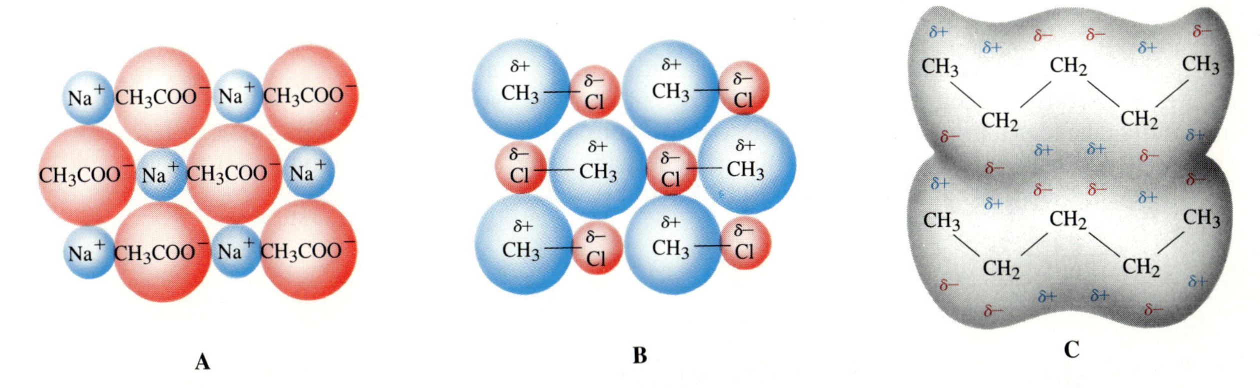

Abb. 2-4 A. Coulombsche Anziehungskräfte in kristallinem Natriumethanoat (-acetat).
B. Dipol-Dipol-Wechselwirkungen im festen Chlormethan; die Moleküle ordnen sich so an, daß die Coulombschen Anziehungskräfte am stärksten sind.
C. London-Kräfte in kristallinem Pentan. In diesem vereinfachten Bild treten die gesamten Elektronenwolken der einzelnen Moleküle miteinander in Wechselwirkung, wodurch Partialladungen entgegengesetzten Vorzeichens induziert werden. Dies ist kein statischer Zustand, die Elektronenverteilung ändert sich kontinuierlich mit der Bewegung der Elektronen.

Warum nehmen nun Schmelz- und Siedepunkte der Alkane mit steigender Molekülgröße zu? Diese Frage können wir jetzt beantworten: dies ist größtenteils durch die Zunahme der London-Kräfte und der molaren Masse bedingt. Die im Vergleich zu ihren Nachbarn höheren Schmelzpunkte der geradkettigen Alkane mit gerader Anzahl von Kohlenstoffatomen kommen dadurch zustande, (s. Abb. 2-3), daß die Moleküle der geradzahligen Homologen im festen Zustand dichter als die der ungeradzahligen gepackt sind, wodurch die Wechselwirkungen vergrößert werden.

Auch die physikalischen Eingeschaften der verzweigten Alkane lassen sich unter Berücksichtigung der Anziehungskräfte voraussagen. Ihre Oberfläche ist kleiner und sie können sich nicht so dicht wie ihre geradkettigen Isomere packen. Dies führt zu einer Abnahme der Anziehungskräfte und daher zu niedrigeren Siede- und Schmelzpunkten. Andererseits sollte ihre Dichte relativ hoch sein. Tabelle 2-6 bestätigt diese Voraussage. Dieser

Tabelle 2-6 Physikalische Eigenschaften einiger verzweigter Alkane

Alkan	Sdp. / °C	Smp. / °C	Dichte bei 20 °C in g/mL
2-Methylpropan	−11.7	−159.4	0.5572
2-Methylbutan	29.9	−159.9	0.6196
2,2-Dimethylpropan	9.4	−16.8	0.5904
2-Methylpentan	60.3	−153.6	0.6532
3-Methylpentan	63.3	−118.0	0.6644
2,2-Dimethylbutan	49.7	−100.0	0.6492
2,2-Dimethylbutan	58.0	−128.4	0.6616
2,2,3,3-Tetramethylbutan	106.3	100.6	0.6568

Tabelle läßt sich noch eine andere interessante Tatsache entnehmen: Symmetrische verzweigte Alkane haben ungewöhnlich hohe Schmelzpunkte (s. z. B. 2,2-Dimethylpropan und 2,2,3,3-Tetramethylbutan). Aufgrund ihrer Symmetrie bilden diese Verbindungen leicht die regelmäßigen Gitter, die zur Ausbildung von stärkeren zwischenmolekularen Kräften erforderlich sind. Im weniger geordneten flüssigen Zustand sind die Anziehungskräfte jedoch klein, infolgedessen die Siedepunkte niedrig. Daher ist bei einigen dieser Verbindungen der Temperaturunterschied zwischen Schmelz- und Siedepunkt sehr gering.

Zusammenfassend kann man sagen, daß geradkettige Alkane regelmäßige Strukturen haben. Schmelz- und Siedepunkte sowie Dichte nehmen mit steigender molarer Masse zu. Diese Beziehung gilt nicht für ihre verzweigten Isomere, die eine kleinere Oberfläche haben und in einigen Fällen aus Symmetriegründen besonders gut kristallisieren.

2.5 Moleküle sind nicht starr: Konformationsisomere

Wir haben gesehen, wie intermolekulare Kräfte die physikalischen Eigenschaften von Verbindungen beeinflussen. Diese Kräfte wirken *zwischen* Molekülen. In diesem Abschnitt wollen wir die Kräfte, die *innerhalb* eines Molekül wirksam sind (die intramolekularen Kräfte) genauer betrachten. Durch das Wirken dieser Kräfte sind einige räumliche Anordnungen von Molekülen energetisch begünstigter als andere.

Wenn Sie ein Modell des Ethanmoleküls bauen, sehen Sie, daß sich die beiden Methylgruppen leicht gegeneinander verdrehen lassen. Beim Molekül selbst beträgt die Energie, die erforderlich ist, die Wasserstoffatome aneinander vorbei zu bewegen, die *Rotationsbarriere*, 12.6 kJ/mol. Dieser Zahlenwert ist sehr klein, sogar so klein, daß man allgemein von einer freien Drehbarkeit der Methylgruppen spricht. Verallgemeinernd gilt, daß ein Molekül um jede Einfachbindung frei drehbar ist.

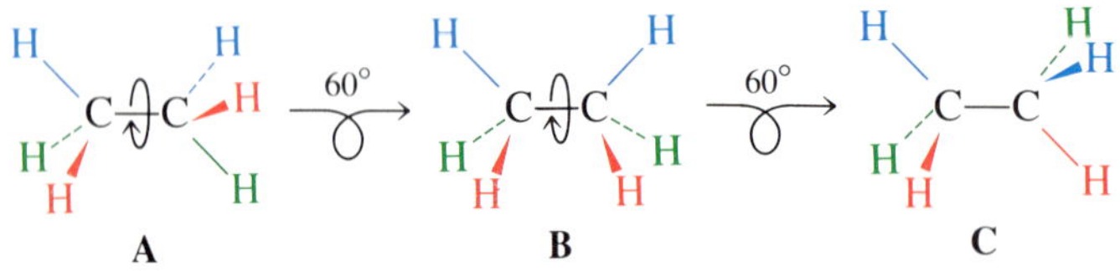

Abb. 2-5 Rotation im Ethan: A. und C. gestaffelte Konformationen; B. verdeckt (eclipsed).

In Abb. 2-5 sind die Rotationsmöglichkeiten im Ethanmolekül in der vereinfachten dreidimensionalen Darstellung gezeigt. Bei der Zeichnung des Moleküls sind zwei Extreme möglich: die gestaffelte (staggered) und die verdeckte (eclipsed) Konformation. Betrachtet man die **gestaffelte Konformation** entlang der C–C-Verbindungsachse, sieht man, daß jedes Wasserstoffatom des ersten Kohlenstoffatoms genau in der Mitte zwischen zwei Wasserstoffatomen des zweiten liegt. Der zweite Extremfall ergibt sich aus dem ersten, indem man eine der beiden Methylgruppen um 60° um die C–C-Bindung dreht. Betrachtet man diese Konformation entlang der C – C-Achse, liegen alle Wasserstoffatome des zweiten Kohlenstoffatoms genau hinter denen des ersten, die Wasserstoffatome des ersten Kohlenstoffs verdecken die des zweiten. Eine weitere 60 °-Drehung überführt die verdeckte Form in eine weitere gestaffelte Konformation, die zu der ersten äquivalent ist. Zwischen beiden Extremen sind noch zahlreiche andere Stellungen der Wasserstoffatome zueinander möglich, die man zusamenfassend als **schiefe** (skew) Konformationen bezeichnet.

Die vielen verschiedenen Formen des Ethans (und, wie wir sehen, auch seiner Derivate), die durch eine solche Drehung entstehen, bezeichnet man als **Konformationsisomere**. Andere Bezeichnungen sind **Konformere** oder **Rotamere**. Alle gehen bei Raumtemperatur rasch ineinander über. Die Untersuchung ihres thermodynamischen und kinetischen Verhaltens bezeichnet man als **Konformationsanalyse**.

Eine andere Perspektive: Newman-Projektionen

Eine einfache Alternative zu Keilstrichformeln stellen die **Newman-Projektionen** dar. Sie gelangen von der Keilstrichformel zur Newman-Projektion, indem Sie das Molekül „aus der Papierebene drehen" und es entlang der C – C-Achse betrachten (Abb. 2-6A und B). In dieser Darstellung verdeckt das vordere das hintere Kohlenstoffatom, aber die von beiden ausgehenden Bindungen sind deutlich zu erkennen. Der vordere Kohlenstoff ist der Verbindungspunkt der drei auf ihn treffenden Bindungen, eine von ihnen wird gewöhnlich senkrecht nach oben gezeichnet. Der hintere Kohlenstoff ist ein Kreis (Abb. 2-6C) und die Bindungen ragen aus der Kreislinie heraus. Die verschiedenen Konformationsisomere des Ethans lassen sich auf diese Weise sehr einfach zeichnen (Abb. 2-7). Um die drei hinteren Wasserstoffatome bei verdeckten Konformationen besser sichtbar zu machen, zeichnet man sie etwas aus der genauen verdeckten Position herausgedreht.

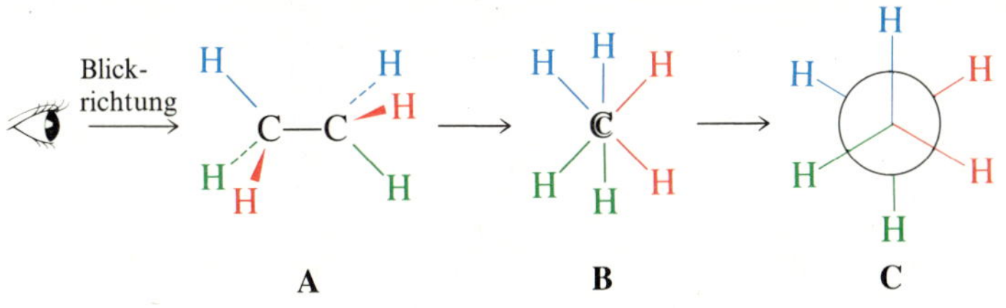

Blickrichtung

A B C

Abb. 2-6 Überführung einer Keilstrichformel (A) in eine Newman-Projektion (C).

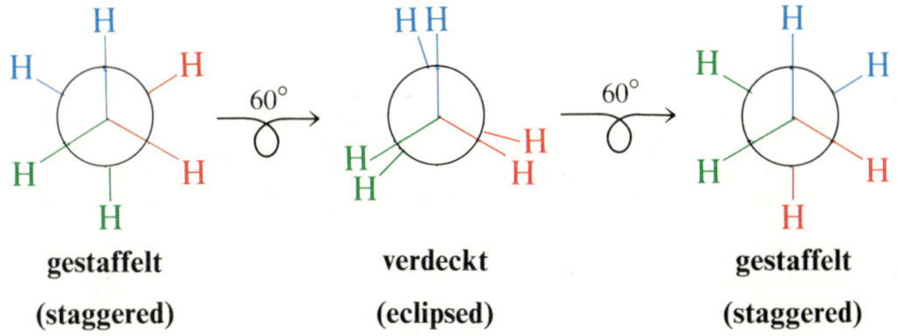

60° 60°

gestaffelt (staggered) **verdeckt (eclipsed)** **gestaffelt (staggered)**

Abb. 2-7 Newman-Projektionen des gestaffelten und des verdeckten Rotamers des Ethans. Eine Projektion geht in die nächste durch Drehung des hinteren Kohlenstoffs um jeweils 60° über.

Die Rotamere des Ethans haben unterschiedliche potentielle Energien

Nicht alle Rotamere des Ethans haben dieselbe potentielle Energie. Wie bereits erwähnt, sind etwa 12.6 kJ/mol an Wärme nötig, um die Methylgruppen im Ethan zu drehen. Wie kommt das zustande? Eine einfache Erklärung geht von der Abstoßung der Elektronen aus. Dreht sich eine Methylgruppe von einer gestaffelten Konformation ausgehend, um die C–C-Achse, nimmt der Abstand zwischen den Wasserstoffatomen beider Methylgruppen ab. Das Ergebnis ist eine Zunahme der Wechselwirkung der bindenden Elektronenpaare in den C–H-Bindungen, sie stoßen sich gegenseitig ab. Die potentielle Energie des Systems nimmt also im Laufe der Drehung der Methylgruppe aus der gestaffelten in die verdeckte Konformation stetig zu. In der verdeckten Konformation ist die Energie des Moleküls am größten, da in diesem Zustand alle sechs Wasserstoffatome und alle sechs bindenden Elektronenpaare am dichtesten zusammengerückt sind. Die Energie des Moleküls liegt an diesem Punkt um 12.6 kJ/mol über der des energieärmsten Zustands des Moleküls, dem gestaffelten Rotamer.

Eine einfache Möglichkeit zur Darstellung der Energieänderungen während der Rotation um eine Bindung: Diagramme der potentiellen Energie

Die Unterschiede in den potentiellen Energien von Rotameren lassen sich graphisch durch Auftragen der Energieänderung gegen den Drehwinkel veranschaulichen (Abb. 2-8). Derartige Diagramme sind auch zur Beschreibung anderer chemischer Prozesse sehr nützlich.

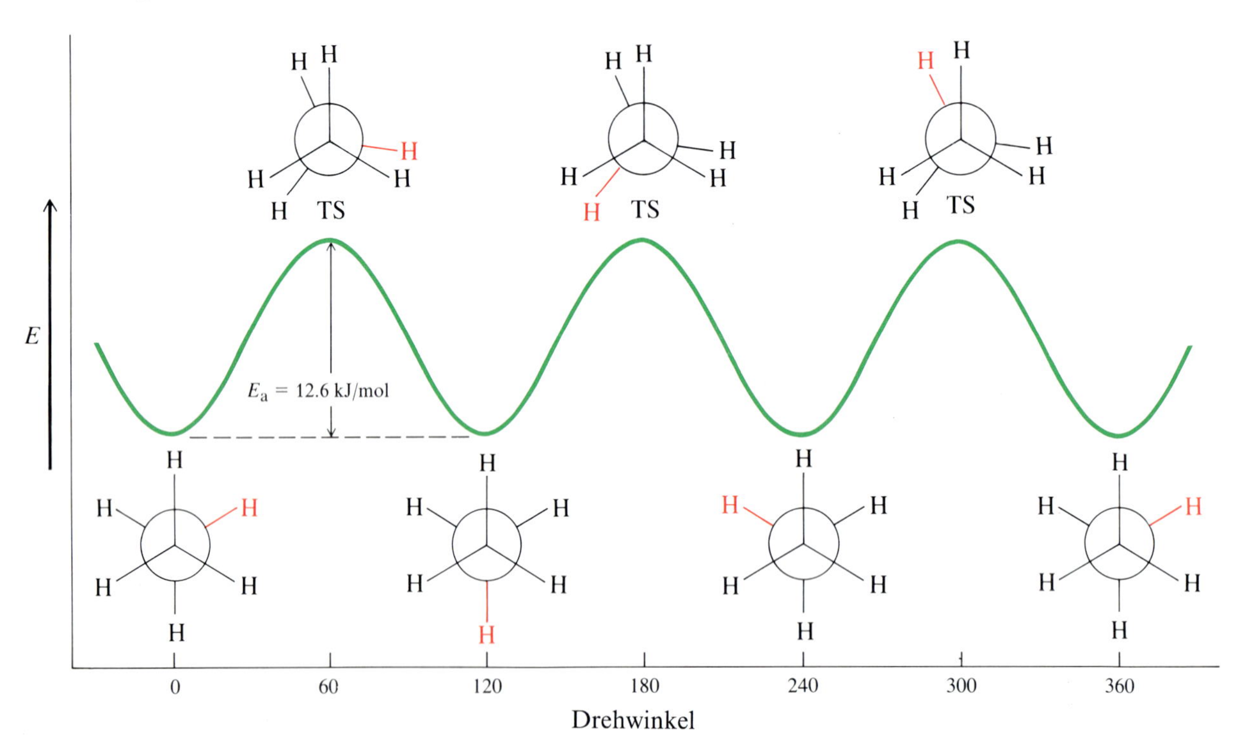

Abb. 2-8 Diagramm der potentiellen Energie der Rotationsisomere des Ethans; TS = Übergangszustand (engl. *transition state*).

In solchen Diagrammen trägt man die Änderung der potentiellen Energie im Laufe eines Prozesses oder einer Reaktion gegen eine Reaktionskoordinate, in diesem Falle den Drehwinkel, auf. Andere Koordinaten, wie der Abstand zwischen Paaren von Wasserstoffatomen an beiden Kohlenstoffatomen, würden ein ähnliches Diagramm ergeben. In der gestaffelten Konformation beträgt der Abstand zwischen einem Wasserstoffatom des einen und den beiden benachbarten Wasserstoffatomen des anderen Kohlenstoffatoms 255 pm. In der verdeckten Konformation ist dieser Abstand kleiner geworden, er beträgt 229 pm.

Ethan wird am besten in seiner gestaffelten Konformation beschrieben. Tatsächlich besitzt das verdeckte Konformer nur eine kurze Lebenszeit in der Größenordnung der Dauer einer Molekülschwingung (10^{-12} s) da sich die Wasserstoffatome sehr schnell aneinander vorbeibewegen um von einer gestaffelten Konformation in eine andere zu gelangen. Da verdeckte Konformationen die höchste Energie in diesem Prozeß besitzen, stellen sie die Maxima im Energiediagramm dar. Diese Maxima bezeichnet man als **Übergangszustände**, sie stellen den Übergang von der einen gestaffelten Konformation zur nächsten dar. Die Energie des Übergangszustands kann als Barriere, die beim Übergang von einer gestaffelten Konformation in die nächste überwunden werden muß, angesehen werden. Man bezeichnet diese Energie als **Aktivierungsenergie**, E_a, des Rotationsprozesses. Je geringer ihr Betrag ist, desto schneller verläuft die Rotation.

Wie gelangt man über die Barriere der Aktivierungsenergie?

Die Energie, die zur Überschreitung der Energiebarriere nötig ist, erlangen Moleküle durch Zusammenstöße mit gleichartigen Molekülen, mit Molekülen des Lösungsmittels oder mit der Gefäßwand. Die Häufigkeit und Wucht der Zusammenstöße hängt von der *kinetischen Energie* der Teilchen ab. Bei Raumtemperatur beträgt die mittlere kinetische Energie der Moleküle einer organischen Verbindung nur etwa 2.5 kJ/mol. Die Häufigkeitsverteilung der kinetischen Energie bei einer gegebenen Temperatur wird durch die Boltzmann*-Verteilung angegeben (s. Abb. 2-9). Diese zeigt, daß, obwohl die meisten Moleküle nur eine mittlere Geschwindigkeit haben, es immer einen Anteil von Molekülen mit beträchtlich niedrigerer und beträchtlich höherer Energie gibt, die bei Raumtemperatur bis zu 105 kJ/mol betragen kann. Aufgrund der schnellen Energieumverteilung durch fortwährende Zusammenstöße haben prinzipiell alle Moleküle die Möglichkeit, die Energiebarriere zu überwinden. Dies ist der Grund für die sogenannte „freie Drehbarkeit" der Ethanmoleküle. Bei höheren Temperaturen steigt die mittlere kinetische Energie an, die Verteilungskurve ist abgeflacht und zu höheren Energien hin verschoben (s. Abb. 2-9). Jetzt besitzt ein größerer Anteil der Moleküle mindestens die zur Erreichung des

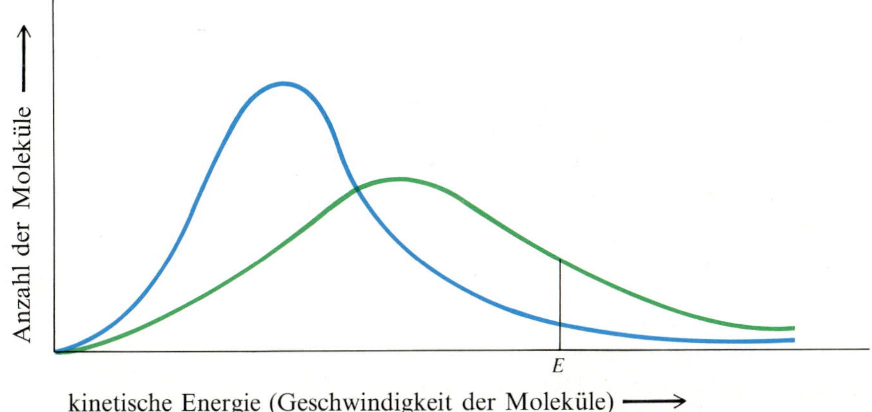

Abb. 2-9 Boltzmannsche Verteilungskurve bei zwei verschiedenen Temperaturen. Bei der höheren Temperatur (grüne Kurve) haben mehr Moleküle die kinetische Energie E als bei niedrigeren Temperaturen (blaue Kurve).

* Ludwig Boltzmann, 1844–1906, Professor an der Universität Leipzig

Übergangszustands erforderliche Energie, die Geschwindigkeit des Rotationsprozesses nimmt zu. Auf der anderen Seite nimmt die Rotationsgeschwindigkeit bei niedrigeren Temperaturen ab.

Rotation in substituierten Ethanen

Wie ändert sich das Energiediagramm, wenn ein Substituent in das Ethanmolekül eingefügt wird? Nehmen Sie als Beispiel das Propan, dessen Struktur bis auf den Ersatz eines Wasserstoffatoms durch eine Methylgruppe der des Ethans entspricht.

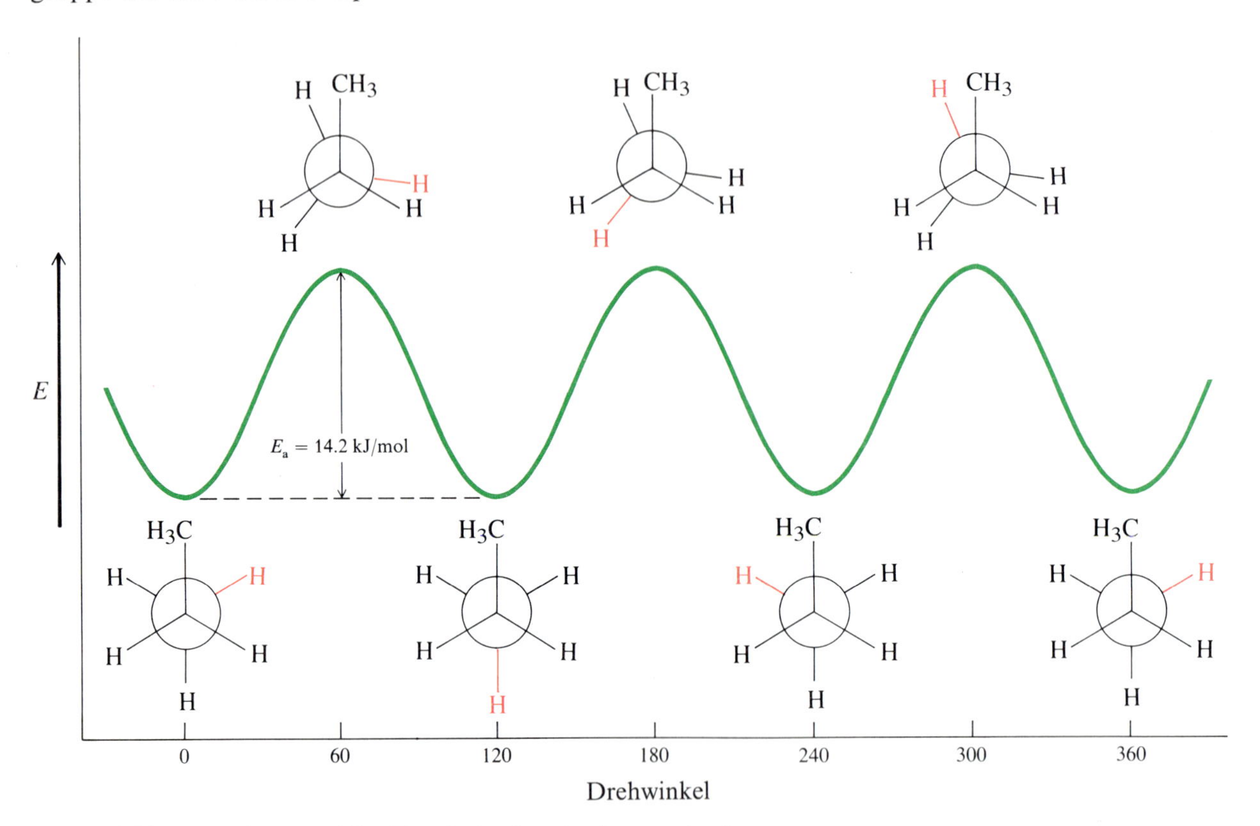

Abb. 2-10 Diagramm der potentiellen Energie der Rotationsisomere des Propans.

Abbildung 2-10 zeigt das Energiediagramm der Rotation um eine C – C-Bindung im Propan. Die Newman-Projektionen des Propans unterscheiden sich von denen des Ethans nur durch Einzeichnen einer Methylgruppe anstelle eines Wasserstoffatoms. Wiederum gibt es die beiden extremen Konformationen gestaffelt und verdeckt. Die Energiebarriere zwischen beiden beträgt nun aber 14.2 kJ/mol, ist also etwas größer geworden. Dieser Unterschied kommt durch eine ungünstigte sterische Wechselwirkung zwischen dem Methylsubstituenten und dem nächsten Wasserstoff des anderen Kohlenstoffs in der verdeckten Konformation zustande. Dieses Phänomen bezeichnet man als **sterische Hinderung**. In erster Näherung läßt sich dieser Effekt einfach darauf zurückführen, daß zwei Teile des Moleküls den gleichen Raumbereich beanspruchen. Die sterische Hinderung im Propan ist sogar noch stärker, als man nach dem Betrag der Aktivierungsenergie vermuten sollte. Methylsubstituenten erhöhen nicht nur die Energie der verdeckten, sondern auch der gestaffelten Konformation, letzeren allerdings in geringerem Maße, da die sterische Wechselwirkung geringer ist. Die Aktivierungsenergie ist nur die Energiedifferenz zwischen Grund- und Übergangszustand, der gesamte Effekt beim Einführen einer Methylgruppe anstelle eines Wasserstoffatoms in einer verdeckten Konformation wird hierdurch nicht wiedergegeben. Im Propan besitzen beide Konformationen eine höhere Energie als im Ethan, der Einfluß auf die verdeckte Konformation ist noch etwas größer. Insgesamt findet man nur eine geringe Zunahme von E_a.

Konformationsanalyse des Butans: Es gibt mehrere gestaffelte und verdeckte Konformationen

Wenn Sie ein Molekülmodell des Butans bauen und die Drehung um die zentrale C–C-Bindung betrachten, sehen Sie, daß es bei diesem Molekül mehr als eine gestaffelte und eine verdeckte Konformation gibt (s. Abb. 2-11). Beginnen Sie mit dem Konformeren, in dem beide Methylgruppen soweit wie möglich voneinander entfernt sind. Diese sogenannte ***anti***-(entgegengesetzte) Anordnung ist die stabilste, da die sterische Hinderung am geringsten ist. Durch Drehung des hinteren Kohlenstoffatoms der Newman-Projektion um 60° in beide Richtungen (in Abb. 2-11 im Uhrzeigersinn) entsteht eine verdeckte Konformation mit zwei CH_3–H-Wechselwirkungen. Die Energie dieses Rotamers liegt um 15.9 kJ/mol höher als die des *anti*-Konformers. Durch weitere Drehung entsteht ein weiteres gestaffeltes Konformer, in dem die beiden Methylgruppen näher zueinander als in der *anti*-Konformation stehen. Um dieses Konformer vom anderen zu unterscheiden, bezeichnet man es als ***gauche*** (*gauche*, französisch im Sinne von ungeschickt, linkisch). Aufgrund der sterischen Behinderung besitzt das *gauche*- eine um etwa 3.8 kJ/mol höhere Energie als das *anti*-Konformer. Durch weitere Drehung (s. Abb. 2-11) entsteht eine zweite verdeckte Konformation, in der beide Methylgruppen hintereinander liegen. Aufgrund dieser Anordnung ist die Energie dieses Rotamers am größten, sie liegt um etwa 18.8 kJ/mol höher als die der stabilen *anti*-Konformation. Dreht man wiederum um 60°, ergibt sich ein zweites gauche-Konformer. Die Aktivierungsenergie für eine *gauche* $\rightleftharpoons$ *gauche*-Umlagerung beträgt 15.1 kJ/mol. In Abb. 2-12 ist ein Energiediagramm der Rotation um die zentrale C–C-Bindung im Butan dargestellt. Bei 25 °C liegt in Lösung zu 80% das stabile *anti*-Konformer, zu 20% das etwas weniger stabile *gauche*-Konformer vor.

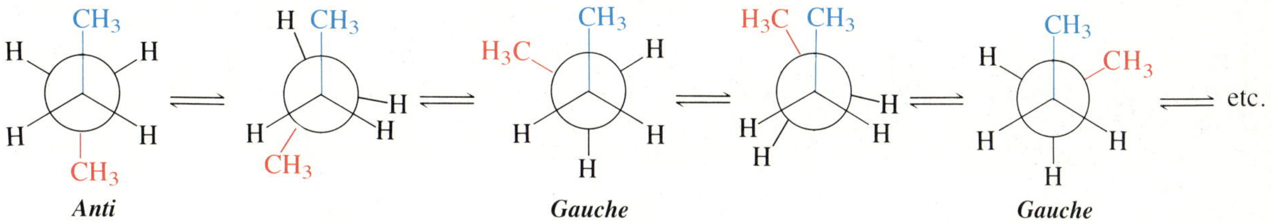

Anti — *Gauche* — *Gauche*

Abb. 2-11 Verschiedene Newman-Projektionen des Butans. Der hintere Kohlenstoff der C-2–C-3-Bindung wird beim Übergang von einer Projektion zur nächsten im Uhrzeigersinn gedreht.

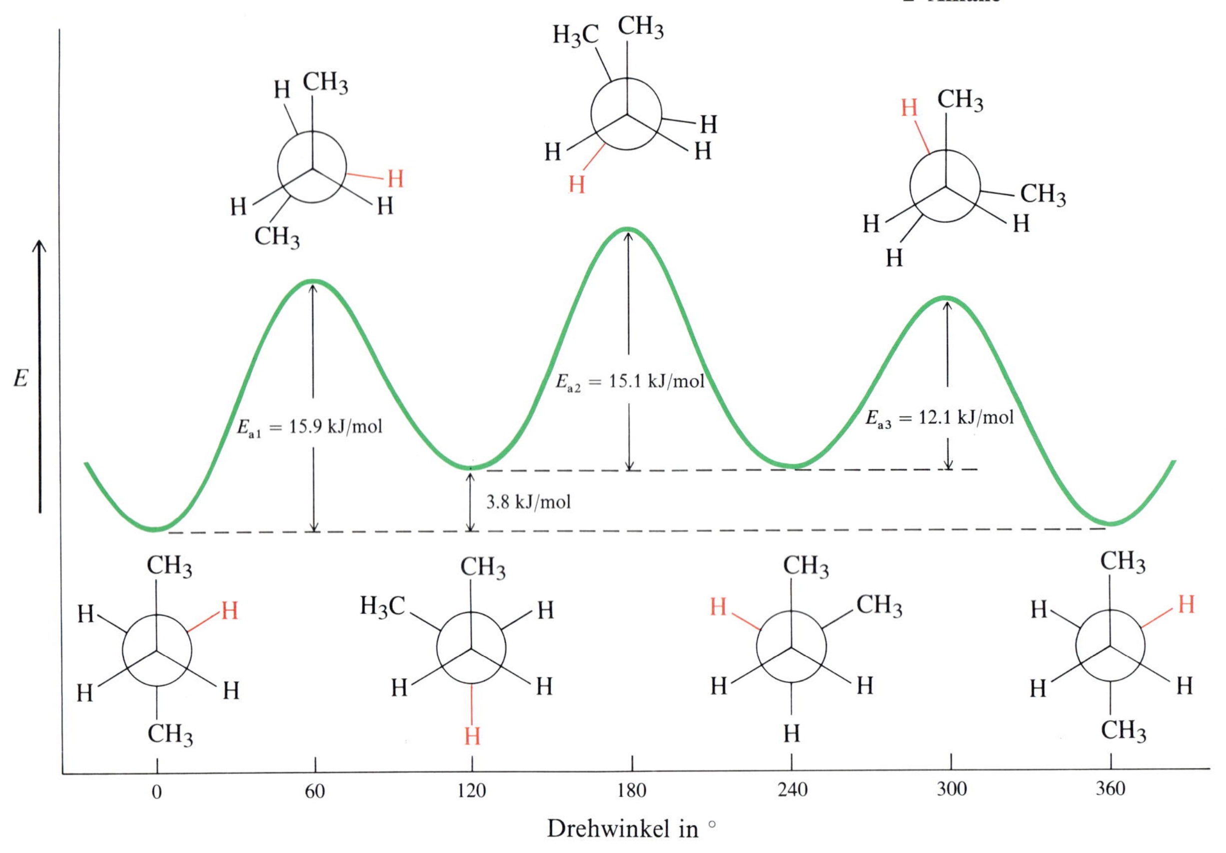

Abb. 2-12 Diagramm der potentiellen Energie im Butan während der Drehung um die C-2 – C-3-Bindung. Es gibt drei Prozesse: die *anti* ⟶ *gauche*-Umlagerung (E_{a1} = 15.9 kJ/mol), die *gauche* ⟶ *gauche*-Umlagerung (E_{a2} = 15.1 kJ/mol) und die *gauche* ⟶ *anti*-Umlagerung (E_{a3} = 12.1 kJ/mol).

Qualitative Voraussagen mit Hilfe der Konformationsanalyse

Die Konformationsanalyse ist bei dem Verstehen der Reaktivität eine wichtige Hilfe. Da das stabilste Konformer auch das am häufigsten vorkommende ist, ist es oft auch die Spezies, die an einer Reaktion beteiligt ist. In vielen Fällen verlaufen Reaktionen jedoch auch über weniger stabile Konformationen, da ein bestimmtes Reagenz gerade diese angreift.

Die Konformationsanalyse ist insbesondere wichtig bei der Behandlung von komplizierteren Alkanen als dem Butan. Betrachten Sie beispielsweise die beiden gestaffelten Konformere des 2,3-Dimethylbutans entlang der C-2 – C-3-Bindung. Zählt man die Anzahl der ungünstigen *gauche*-Wechselwirkungen in beiden Konformeren, ist eine qualitative Voraussage, welche Struktur in Lösung oder in der Gasphase stabiler sein sollte, möglich. Derartige Voraussagen lassen sich für den festen Zustand nicht anstellen, da sich aufgrund von van-der-Waals-Kräften andere Konformationen als besonders günstig erweisen können.

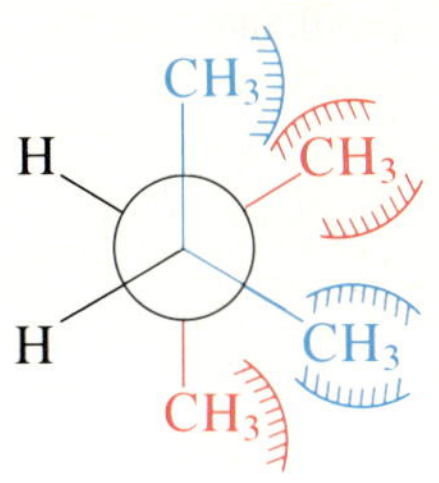

drei *gauche*-Wechselwirkungen: weniger stabil

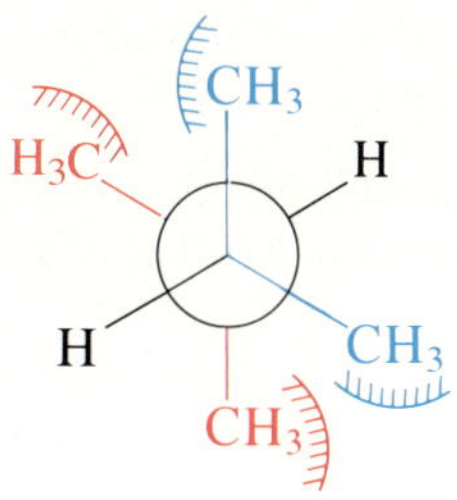

zwei *gauche*-Wechselwirkungen: stabiler

Noch deutlicher wird dies beim 2,2,4-Trimethylpentan. Die gestaffelte Konformation mit der sperrigen 1,1-Dimethylethyl-(*tert*-Butyl-) Gruppe zwischen zwei Methylgruppen ist eindeutig weniger begünstigt als das Konformer, in dem sie sich zwischen einer Methylgruppe und einem Wasserstoffatom befindet, wie am Rand gezeigt ist.

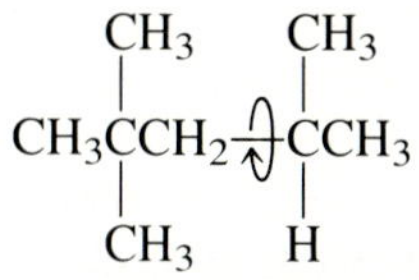

2,2,4-Trimethylpentan

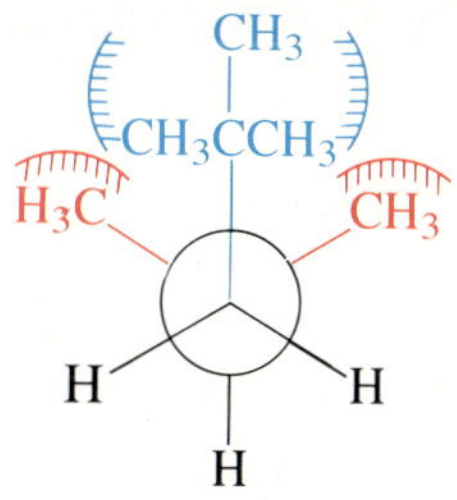

weniger stabil

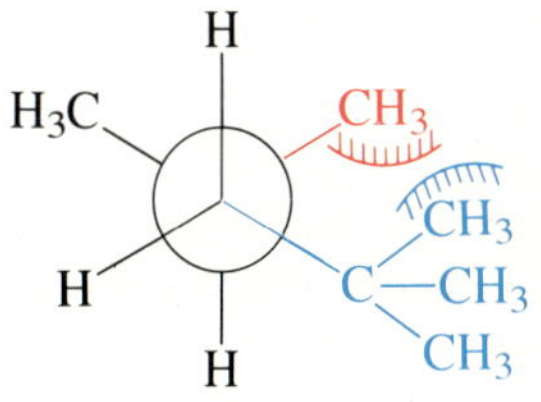

stabiler

Übung 2-6

Zeichnen Sie ein Energiediagramm der Drehung um die C-2--C-3-Bindung im 2,3-Dimethylbutan.

Zusammenfassend läßt sich sagen, daß die Anordnung der Substituenten an benachbarten, miteinander verbundenen, gesättigten Kohlenstoffatomen durch intramolekulare Kräfte bestimmt wird. Beim Ethan und seinen Derivaten liegen zwischen den relativ stabilen gestaffelten Konformationen höherenergetische Übergangszustände, in denen die Substituenten verdeckt stehen. Die zur Erreichung des Übergangszustands notwendige Energie erlangen Moleküle durch Zusammenstöße mit anderen. Die Energieverteilung in einem Kollektiv von Molekülen bei bestimmter Temperatur ist durch eine Boltzmann-Kurve gegeben. Die Energieänderung während der Drehung um eine C—C-Bindung läßt sich am einfachsten durch ein Energiediagramm darstellen. Beträgt der Winkel zwischen zwei Substituenten an benachbarten Kohlenstoffatomen in einer gestaffelten Newman-Projektion 180°, bezeichnet man dies als *anti*-Konformer. Beträgt er 60°, spricht man von einer *gauche*-Konformation. Als Konformationsanalyse bezeichnet man die Untersuchung der Veränderungen der potentiellen Energie während der Drehung um Einfachbindungen.

2.6 Kinetik und Thermodynamik der Konformationsisomerie und einfacher Reaktionen

Die *anti* $\rightleftharpoons$ *gauche*-Konformationsisomerie ist ein typisches Beispiel für ein Gleichgewicht zwischen zwei chemisch unterschiedlichen Spezies. Obwohl in diesem Fall keine Bindungen gebrochen oder geknüpft werden, wie bei gewöhnlichen chemischen Reaktionen, gelten für diesen Prozeß die gleichen physikalischen Gesetzmäßigkeiten.

In diesem Abschnitt wollen wir einige der Grundlagen, nach denen chemische Reaktionen ablaufen, wiederholen:

1 Die chemische Thermodynamik befaßt sich mit den Energieänderungen bei chemischen Reaktionen. Diese sind ein Maß dafür, wo sich ein chemisches Gleichgewicht einpendelt.

2 Die chemische Kinetik betrachtet die Geschwindigkeit, mit der sich die Konzentrationen der Reaktanden und Produkte ändern, also die Schnelligkeit, mit der die Reaktion abläuft.

Beide Aspekte stehen oft in Beziehung zueinander. Thermodynamisch sehr begünstigte Reaktionen verlaufen häufig schneller als weniger begünstigte. Andererseits verlaufen einige Reaktionen schneller als andere, obwohl sie zu thermodynamisch weniger stabilen Produkten führen. So bezeichnet man als **thermodynamisch kontrollierte Reaktionen** solche Reaktionen, bei denen die Produkte mit der geringsten Energie entstehen, als **kinetisch kontrolliert** Reaktionen, deren Aktivierungsenergie niedrig ist, bei denen aber thermodynamisch weniger stabile Produkte gebildet werden. Dies wollen wir im folgenden etwas genauer betrachten.

Gleichgewichte und Thermodynamik chemischer Reaktionen

Alle chemischen Reaktionen sind reversibel, und Reaktanden und Produkte lassen sich in unterschiedlichem Ausmaß gegenseitig ineinander überführen. Ist eine Reaktion so weit abgelaufen, daß keine Änderungen der Konzentrationen der Reaktanden und Produkte mehr zu beobachten sind, befindet sich die Reaktion in **chemischem Gleichgewicht**. In vielen Fällen liegt das Gleichgewicht sehr weit (sagen wir, zu mehr als 99.9 %) auf der Seite der Produkte. Dann sagt man, die Reaktion sei vollständig abgelaufen. (In diesen Fällen läßt man den Pfeil, der die Rückreaktion andeutet, gewöhnlich weg). Gleichgewichte sind durch ihre Gleichgewichtskonstante, K, charakterisiert. Nach dem Massenwirkungsgesetz wird die Gleichgewichtskonstante der allgemeinen Reaktion $jA + kB \longrightarrow pC + qD$ durch die folgende Gleichung definiert:

$$K = \frac{a_C^p \times a_D^q}{a_A^j \times a_B^k}$$

Hierbei bezeichnet a_A die Gleichgewichtsaktivität des Stoffes A etc. Im allgemeinen ergibt sich die Gleichgewichtskonstante aus den miteinander multiplizierten Aktivitäten der Produkte, wobei jedes den Koeffizienten aus der Reaktionsgleichung als Exponenten erhält, dividiert durch den entsprechenden Ausdruck der Aktivitäten der Edukte. Ein großer Wert von K bedeutet, daß die Reaktion weit nach rechts abläuft, ihre **Triebkraft** ist groß.

Der Betrag der **freien Enthalpie**, ΔG^0, der bei einer spontanen Reaktion frei wird, oder bei einer nicht spontanen aufgebracht werden muß, ergibt sich aus der Gleichgewichtkonstanten. Im Gleichgewicht besteht folgende Beziehung zwischen der freien Standardreaktionsenthalpie, ΔG^0 *, und K:

$$\Delta G^0 = -RT \ln K$$

* ΔG^0 ist die sogenannte freie Standardreaktionsenthalpie. Sie ergibt sich, wenn sich alle Reaktanden und Produkte im chemischen Gleichgewicht im Standardzustand (z. B. ideale Lösungen der Aktivität 1) befinden. In allen anderen Fällen ist die Reaktionenthalpie durch die Gleichung $\Delta G = \Delta G^0 + RT \ln K$ gegeben. Wir benutzen im folgenden nur ΔG^0.

hierbei ist R die Gaskonstante ($R = 8.3144\,\mathrm{J\,K^{-1}\,mol^{-1}}$) und T die Kelvintemperatur. Ein negativer Wert von ΔG^0 zeigt an, daß das System Energie abgibt, die Reaktion also spontan verläuft. Wie aus der Gleichung ersichtlich, ist dies der Fall, wenn K groß ist. Bei Raumtemperatur (298 K) läßt sich die obige Gleichung vereinfachen zu

$$\Delta G^0 = 2.48\ \mathrm{kJ/mol} \times \ln K$$

Da zwischen ΔG^0 und K ein logarithmisches Verhältnis besteht, nimmt K bei einer Erhöhung von ΔG^0 exponentiell zu. (siehe Tab. 2-7)

Tabelle 2-7 Beziehung zwischen Gleichgewichtskonstante und freier Enthalpie

K	$\left(\frac{n_B}{n_A + n_B}\right) \cdot 100$	$\left(\frac{n_A}{n_A + n_B}\right) \cdot 100$	$\left(\frac{\Delta G^\circ}{\mathrm{kJ/mol}}\right)$ bei 25 °C
0.01	0.99	99.0	+11.43
0.10	9.1	90.9	+5.69
0.33	25	75	+2.72
1	50	50	0
2	67	33	−1.72
3	75	25	−2.72
4	80	20	−3.43
5	83	17	−3.98
10	90.9	9.1	−5.69
100	99.0	0.99	−11.43
1000	99.9	0.1	−17.12
10000	99.99	0.01	−22.86

Die Änderung der freien Enthalpie hängt von Änderungen der Bindungsenergien und des Ordnungszustandes ab

Die Änderung der freien Standardenthalpie ist eine Funktion zweier anderer thermodynamischer Größen, der Standardreaktionsenthalpie, ΔH^0 und der Standardreaktionsentropie, ΔS^0:

$$\Delta G^0 = \Delta H^0 - T\Delta S^0$$

In dieser Gleichung ist T wiederum die Kelvintemperatur, ΔH^0 besitzt die Einheit kJ/mol und ΔS^0 die Einheit $\mathrm{J\,K^{-1}mol^{-1}}$.

Die Enthalpieänderung, ΔH^0, ist definiert als Reaktionswärme bei konstantem Druck. Enthalpieänderungen bei organischen Reaktionen kommen hauptsächlich durch Änderungen der Bindungsenergien beim Übergang von den Edukten zu den Produkten zustande. Der Wert von ΔH^0 läßt sich also aus der Differenz der Bindungsenergien der im Laufe einer Reaktion gebrochenen und der neu geknüpften Bindungen abschätzen.

$$\begin{pmatrix}\text{Summe Bindungsenergien}\\ \text{gebrochene Bindungen}\end{pmatrix} - \begin{pmatrix}\text{Summe Bindungsenergien}\\ \text{neu geknüpfte Bindungen}\end{pmatrix} = \Delta H^0$$

Wird bei der Knüpfung der neuen Bindungen ein größerer Energiebetrag frei, als zum Aufbrechen der alten erforderlich, bekommt ΔH^0 einen negativen Wert und man bezeichnet die Reaktion als **exotherm**. Im Gegensatz dazu ist ein positiver Wert von ΔH^0 charakteristisch für einen **endothermen** Prozeß. Ein Beispiel für einen exothermen Vorgang ist die Verbrennung von Methan, dem Hauptbestandteil des Erdgases, zu Kohlendioxid und Wasser. Die Standardreaktionsenthalpie dieses Prozesses beträgt -892 kJ/mol.

$$CH_4 + 2\,O_2 \longrightarrow CO_2 + 2\,H_2O(fl) \qquad \Delta H^0 = -892\ \text{kJ/mol}$$

Dieser Prozeß ist deshalb exotherm, weil die Bindungsstärken in den Produkten sehr groß sind. Viele Kohlenwasserstoffe verbrennen unter Freisetzung großer Energiebeträge und sind daher wertvolle Brennstoffe.

Wenn die Reaktionsenthalpie stark von Änderungen der Bindungsenergie abhängt, welche Bedeutung hat dann ΔS^0? Die Reaktionsentropie kann man sich anschaulich als Maß für die Änderung des Ordnungszustands des Systems vorstellen. Der Wert von ΔS^0 nimmt mit steigender Unordnung zu. Da das Vorzeichen des $T\Delta S^0$-Terms in der Gleichung für ΔG^0 negativ ist, ist mit einer Zunahme der Entropie ein negatives ΔG^0 verbunden. Anders gesagt, der Übergang von der Ordnung in die Unordnung ist energetisch begünstigt.

Was bedeuten nun die Ausdrücke Ordnung und Unordnung bei einer chemischen Reaktion? Häufig wird hierdurch die Anzahl der freien Bewegungsmöglichkeiten, die einem Molekül zur Verfügung stehen, beschrieben. Je mehr Möglichkeiten bestehen, desto ungeordneter ist das System. Hierbei kann es sich um Translationsbewegung handeln, also um Möglichkeiten der Bewegung des gesamten Moleküls im Raum. So hat eine Reaktion, in der eine in Lösung frei bewegliche Substanz als Feststoff ausfällt, einen relativ großen negativen Wert für ΔS. Auf der anderen Seite ist die Entropieänderung von Reaktionen, bei denen die Teilchenzahl zunimmt, wie die Dissoziation von I_2 zu atomarem Iod, positiv. Die Molekularbewegung schließt aber auch Freiheitsgrade der Vibration und Rotation ein. Hierdurch wird die Möglichkeit einzelner Atome und Atomgruppen innerhalb eines Moleküls, sich relativ zueinander zu bewegen, beschrieben. So besitzt beispielsweise Cyclohexan aufgrund seiner größeren Starrheit weniger Schwingungs- und Rotationsfreiheitsgrade als das offenkettige Hexan.

Bei unterschiedlichem Vorzeichen von ΔH^0 und $-T\Delta S^0$ bestimmt die relative Größe beider Terme, ob ΔG^0 ein positives oder negatives Vorzeichen hat. Die Triebkraft und damit die Lage des Gleichgewichts vieler einfacher organischer Reaktionen wird primär durch ΔH^0 und zu einem geringeren Ausmaß durch ΔS^0 bestimmt. Nur wenn ΔH^0 relativ klein oder die Temperatur recht groß ist, wird der Einfluß der Entropie größer. So hat die Chlorierung von Ethan mit Chlorgas zu Chlorethan (s. Abschn. 3.5) ein ΔH^0 von -117kJ/mol und nur ein kleines ΔS^0 von 2.1 $\text{J K}^{-1}\text{mol}^{-1}$. Dies bedeutet, daß der $T\Delta S^0$-Term bei Raumtemperatur (298 K) nur -0.62 kJ/mol beträgt, also vernachlässigbar ist. Die beträchtliche Triebkraft der Reaktion kommt nur durch den stark negativen ΔH^0-Term zustande.

$$CH_3CH_3 + Cl_2 \longrightarrow \underset{\textbf{Chlorethan}}{CH_3CH_2Cl} + HCl \qquad \Delta H^0 = -117\ \text{kJ/mol}$$
$$\Delta S^0 = +2.1\ \text{J K}^{-1}\text{mol}^{-1}$$

Im Lauf dieser Reaktion gehen 2 mol Edukte in 2 mol Produkte über. Die Reaktionsentropie ist beträchtlich größer, wenn die Stoffmenge der

Produkte auf einen Formelumsatz bezogen unterschiedlich von der der Edukte ist. So hat z. B. die Reaktion von Ethen (Ethylen) mit Chlorwasserstoff zu Chlorethan aufgrund der geringeren Stoffmenge der Produkte pro Formelumsatz (1 mol Produkte, 2 mol Edukte) eine relativ stark negative Reaktionsentropie, $\Delta S^0 = -131\ \mathrm{J\,mol^{-1}K^{-1}}$. Der $T\Delta S^0$Term ist daher positiv, die Reaktion ist von der Entropie her nicht begünstigt. Da aber bei der Reaktion eine beträchtliche Wärmemenge frei wird ($\Delta H^0 = -64.9$ kJ/mol), resultiert bei normalen Temperaturen ein negatives ΔG^0.

$$CH{=}CH_2 + HCl \longrightarrow CH_3CH_2Cl \qquad \Delta H^0 = -64.9\ \mathrm{kJ/mol}$$
$$\Delta S^0 = -131\ \mathrm{J\,mol^{-1}K^{-1}}$$

Übung 2-7

Berechnen Sie ΔG^0 bei 25 °C für die oben angegebene Reaktion.

Wie schnell kommt es zur Gleichgewichtseinstellung? Die Geschwindigkeit einer chemischen Reaktion hängt von der Aktivierungsenergie ab

Können wir aufgrund der thermodynamischen Betrachtung einer Reaktion irgendetwas über ihre Geschwindigkeit ausagen? Lassen Sie uns zu der Konformationsanalyse des Butans zurückkehren (Abb. 2-12). Wie wir gesehen haben, ist es thermodynamisch günstig, wenn das Molekül die *anti*-Konformation einnimmt. Die Triebkraft für eine *gauche-anti*-Umlagerung ist jedoch sehr klein, teilweise deshalb, weil Bindungen weder gebrochen noch neu geknüpft werden. Trotzdem stellt sich das *anti-gauche*-Gleichgewicht selbst bei sehr niedrigen Temperaturen außerordentlich rasch ein. In Gegensatz dazu verlaufen einige Reaktionen, die stark exotherm sind, wie die Verbrennung von Methan, so langsam, daß man sie bei normalen Temperaturen nicht beobachten kann. Wir wissen, daß sich Methan bei Raumtemperatur nicht spontan an der Luft entzündet, obwohl die Enthalpieänderung bei dieser Reaktion -892 kJ/mol beträgt.

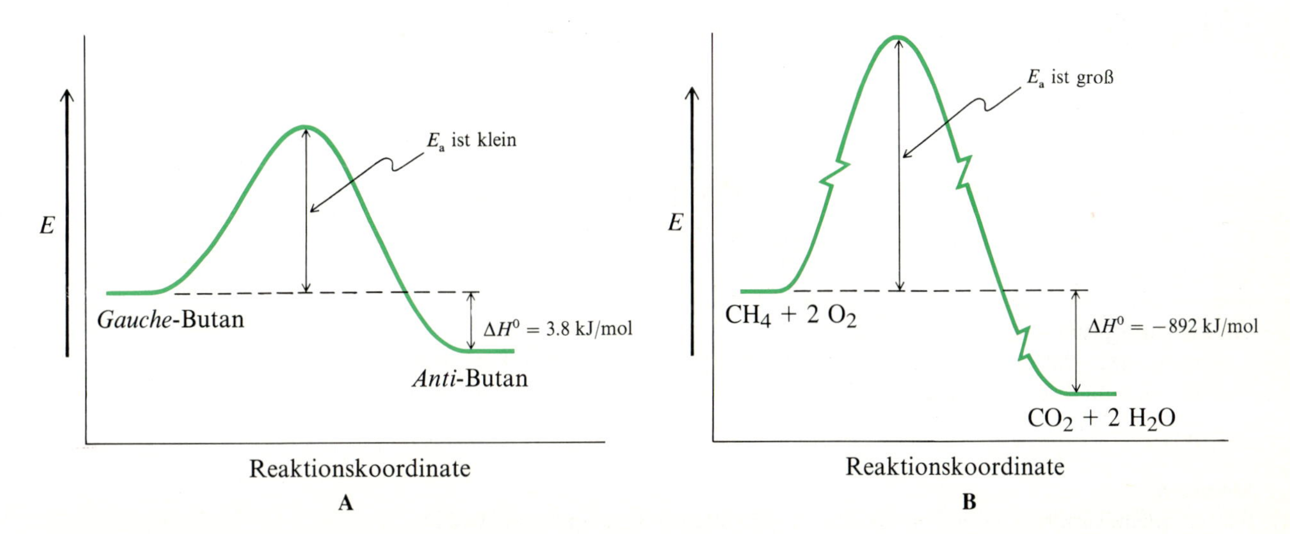

Abb. 2-13 Vergleich der Änderung der potentiellen Energie bei (A) der *gauche* ⟶ *anti*-Rotation im Butan und (B) der Verbrennung von Methan.

Der Grund für diesen scheinbaren Widerspruch liegt darin, daß die Geschwindigkeit einer chemischen Reaktion durch den Betrag ihrer Aktivierungsenergie, E_a, bestimmt wird. Die Aktivierungsenergie hängt von der Energie des Übergangszustands ab. Ein hochenergetischer Übergangszustand, wie bei der Methan-Oxidation, hat bei normalen Temperaturen eine geringe, ein Übergangszustand mit niedriger Energie (*gauche-anti*-Rotation von Butan) eine große Reaktionsgeschwindigkeit zur Folge (s. Abb. 2-13).

Wie ist es möglich, daß eine exotherme Reaktion eine so große Aktivierungsenergie besitzt? Eine einfache Antwort ist, daß der Knüpfung einer Bindung gewöhnlich der Bruch einer anderen Bindung vorausgeht. Bevor also Energie durch die Ausbildung einer neuen Bindung gewonnen wird, muß zunächst ein bestimmter Energiebetrag aufgebracht werden, damit es zum Bindungsbruch kommt. Der Punkt, an dem der anfängliche Energieverlust durch einen entsprechenden Energiegewinn kompensiert wird, ist der Übergangszustand.

Die Konzentration von Reaktanden kann die Reaktionsgeschwindigkeit beeinflussen

Die Konzentration der Reaktanden kann Einfluß auf die Reaktionsgeschwindigkeit haben. Betrachten wir die Reaktion der beiden Edukte A und B zum Produkt C:

$$A + B \longrightarrow C$$

Bei vielen derartigen Prozessen beobachtet man, daß die Erhöhung der Konzentration beider Reaktanden die Geschwindigkeit der Reaktion erhöht. Für die Reaktionsgeschwindigkeit gilt dann:

$$\text{Geschwindigkeit} = k[A][B]$$

Da man als Reaktionsgeschwindigkeit entweder die Geschwindigkeit der Abnahme der Konzentration eines Edukts oder der Zunahme der Konzentration eines Produkts bezeichnet, gibt man sie in der Einheit mol $L^{-1}s^{-1}$ an. Die Proportionalitätskonstante k bezeichnet man auch als **Geschwindigkeitskonstante** der Reaktion. Reaktionen, bei denen die Geschwindigkeit von der Konzentration zweier Reaktanden abhängt, bezeichnet man als **Reaktionen zweiter Ordnung**.

Bei anderen Reaktionen hängt die Geschwindigkeit nur von der Konzentration eines Reaktanden ab, wie im folgenden allgemeinen Fall:

$$A \longrightarrow B$$

$\text{Geschwindigkeit} = k[A]$ mol $L^{-1}s^{-1}$

Reaktionen dieses Typs sind **erster Ordnung**. Ein Beispiel für einen Prozeß, der nach einem Geschwindigkeitsgesetz erster Ordnung verläuft, ist die Drehung um eine Kohlenstoff-Kohlenstoff-Einfachbindung.

Übung 2-8

Wie hat sich die Geschwindigkeit einer Reaktion erster und einer Reaktion zweiter Ordnung nach 50% Umsatz geändert, wenn die Ausgangskonzentrationen aller Edukte 1 mol/L beträgt?

Temperatur und Geschwindigkeit: Die Arrhenius-Gleichung

Die Reaktionsgeschwindigkeit wird ebenfalls stark durch die Temperatur beeinflußt. Erhöhung der Temperatur führt zu schnelleren Reaktionen. Der Grund hierfür liegt in der Zunahme der kinetischen Energie der Moleküle bei Wärmezufuhr, wodurch ein größerer Anteil der Moleküle die Möglichkeit hat, über die Barriere der Aktivierungsenergie zu kommen (s. Abb. 2-9). Eine Faustregel, die für viele Reaktionen gilt, besagt, daß eine Erhöhung der Temperatur um 10 °C eine Erhöhung der Geschwindigkeit um das Doppelte bis Dreifache bedingt.

Der schwedische Chemiker Arrhenius* fand eine Gesetzmäßigkeit für die Abhängigkeit der Geschwindigkeitskonstanten von der Temperatur, die sogenannte Arrhenius-Gleichung:

$$k = Ae^{-E_a/RT}$$

hierbei ist A eine für die Reaktion charakteristische Konstante.

Die Arrhenius-Gleichung macht auch eine quantitative Aussage darüber, wie stark die Geschwindigkeit einer Reaktion von der Aktivierungsenergie abhängt. Zwei Reaktionen, die bei etwa 600 K ablaufen (dann ist $RT \sim 5$ kJ/mol) und deren Aktivierungsenergien um etwa 50 kJ/mol voneinander verschieden sind, unterscheiden sich bei gleichem Wert von A in ihrer Geschwindigkeit um einen Faktor von mehr als 20000.

Übung 2-9

Chlorethan, CH_3CH_2Cl, zersetzt sich bei 500 °C in Ethen, $CH_2{=}CH_2$, und HCl. A besitzt den Wert 10^{14} s^{-1}, die Aktivierungsenergie beträgt 244.5 kJ/mol. Schätzen Sie die Geschwindigkeit und ΔG^0 ab. Benutzen Sie hierfür die im vorhergehenden Text für die Rückreaktion angegebenen Werte für ΔH^0 und ΔS^0.

Wie lassen sich Aktivierungsenergien messen?

Die Arrhenius-Gleichung läßt sich durch Logarithmieren beider Seiten umformen:

$$\ln k = \ln(Ae^{-E_a/RT})$$
$$\ln k = \ln A - E_a/RT$$

Hieraus ist ersichtlich, wie sich aus der Temperaturabhängigkeit der Geschwindigkeitskonstanten die Aktivierungsenergie bestimmen läßt. Tragen wir $\ln k$ gegen $1/T$ auf, ist die Steigung der erhaltenen Geraden gleich $-E_a/R$ und der Schnittpunkt mit der y-Achse bei $1/T = 0$ gleich $\ln A$.

Hiermit ist unsere kurze Wiederholung der einfachen thermodynamischen und kinetischen Beziehungen, nach denen organische Prozesse ablaufen, abgeschlossen. In späteren Kapitel lassen wir, wenn nötig, weitergehende Betrachtungen und Vertiefungen folgen. Zusammenfassend läßt sich sagen, daß alle chemischen Reaktionen nach einer gewissen Zeit zu einem Zustand des chemischen Gleichgewichts kommen. Auf welcher Seite der Reaktionsgleichung das Gleichgewicht liegt, hängt ab von der

* Svante Arrhenius, 1859–1927, Professor am technischen Institut in Stockholm. Nobelpreis 1903, Direktor des Nobelinstituts von 1905 bis kurz vor seinem Tode

Größe der Gleichgewichtskonstanten K, die wiederum in Beziehung zu der Änderung der freien Standardenthalpie, ΔG^0, steht. ΔG^0 ist außerdem eine Funktion der Standardreaktionsenthalpie, ΔH^0, und der -entropie, ΔS^0. Die Enthalpieänderung ΔH^0 hängt hauptsächlich von der Änderung der Bindungsenergien beim Übergang von den Edukten zu den Produkten ab, die Entropieänderung ergibt sich aus der unterschiedlichen Anzahl von Freiheitsgraden in den Molekülen der Ausgangs- und der Endstoffe. Während diese Terme die Lage des Gleichgewichts bestimmen, hängt die Geschwindigkeit der Gleichgewichtseinstellung von der Konzentration der Reaktanden, der Aktivierungsenergie und der Temperatur ab. Die Beziehung zwischen Geschwindigkeit, E_a und T ist durch die Arrhenius-Gleichung gegeben.

Zusammenfassung

1 Organische Moleküle lassen sich vereinfacht als Kohlenstoffgerüst mit daran gebundenen funktionellen Gruppen ansehen.

2 Kohlenwasserstoffe bestehen nur aus Kohlenstoff und Wasserstoff. Die gesamte Verbindungsklasse unterteilt man in gesättigte und und ungesättigte Kohlenwasserstoffe. Gesättigte Kohlenwasserstoffe werden auch als Alkane bezeichnet. Ihre Moleküle enthalten keine funktionellen Gruppen. Sie können aus einer einzelnen geraden Kette bestehen, aber auch verzweigt oder ringförmig sein. Die allgemeine Summenformel aller geradkettigen und verzweigten Alkane ist C_nH_{2n+2}.

3 Moleküle, die sich bei sonst gleichem Kohlenstoffgerüst nur in der Anzahl der Methylengruppen, $-CH_2-$, in der Kette unterscheiden, bezeichnet man als Homologe, sie gehören zu derselben homologen Reihe.

4 Ein primärer Kohlenstoff ist nur an einen weiteren Kohlenstoff gebunden. Ein sekundärer Kohlenstoff ist an zwei, ein tertiärer an drei andere Kohlenstoffatome gebunden. Die an diese Kohlenstoffatome gebundenen Wasserstoffatome bezeichnet man entsprechend als primär, sekundär oder tertiär.

5 Für die Namensgebung gesättigter Kohlenwasserstoffe gelten folgende IUPAC-Regeln:

(a) Finden Sie die längste Kette im Molekül und benennen Sie sie.

(b) Bestimmen Sie die Namen aller an die längste Kette gebundenen Alkylgruppen.

(c) Numerieren Sie die Kohlenstoffatome der längsten Kette.

(d) Schreiben Sie den Namen des Alkans, wobei die Namen aller Substituenten in alphabetischer Reihenfolge vor dem Namen des Stammalkans stehen. Vor jeder Alkylgruppe steht die Nummer des Kohlenstoffatoms der Hauptkette, an das sie gebunden ist.

6 Zwischen den einzelnen Alkanketten wirken London-Kräfte, polare Moleküle ziehen sich gegeseitig durch Dipol-Dipol-Wechselwirkungen, die Ionen von Salzen hauptsächlich durch starke elektrostatische Kräfte an.

7 Durch Rotation um Kohlenstoff-Kohlenstoff-Einfachbindungen entstehen Konformationsisomere (Konformere, Rotamere). Die Substituenten an benachbarten Kohlenstoffatomen können zueinander gestaffelt (staggered) oder verdeckt (eclipsed) stehen. Die verdeckte Konformation stellt einen Übergangszustand zwischen zwei gestaffelten Konformeren dar. Die Energie zur Erreichung des verdeckten Zustands bezeichnet man als Aktivierungsenergie der Rotation. Sind an beide Kohlenstoffatome Alkyl- oder andere Gruppen gebunden, gibt es noch weitere gestaffelte Konformere: Diejenigen mit beiden Gruppen in enger Nachbarschaft (60°) bezeichnet man als *gauche*; stehen beide Gruppen gerade entgegengesetzt (180°), spricht man von einem *anti*-Konformer. Moleküle sind bestrebt, die Konformation einzunehmen, bei der die sterische Hinderung am geringsten ist. Dies ist bei anti-Konformationen der Fall.

8 Alle chemischen Reaktionen führen zu Gleichgewichten. Die Lage des Gleichgewichts ergibt sich aus thermodynamischen, die Schnelligkeit der Gleichgewichtseinstellung aus kinetischen Berechnungen. Die freie Standardreaktionsenthalpie, ΔG^0, hängt von der Gleichgewichtskonstante des Massenwirkungsgesetzes ab: $\Delta G^0 = -RT \ln K$. Außerdem ist ΔG^0 eine Funktion der Reaktionsenthalpie, ΔH^0, und der Reaktionsentropie, ΔS^0: $\Delta G^0 = \Delta H^0 - T\Delta S^0$. Enthalpieänderungen kommen hauptsächlich durch Unterschiede der Bindungsenergien in den gebrochenen und den neu geknüpften Bindungen zustande. Eine Reaktion ist exotherm, wenn bei der Bildung der Bindungen in den Produkten mehr Energie freigesetzt, als zum Aufbrechen der alten verbraucht wird. Entropieänderungen ergeben sich aus Unterschieden im Ordnungsgrad der Edukte im Vergleich zu den Produkten. Je höher die Unordnung ist, desto größer positiv ist ΔS^0. Ein Maß für den Grad der Ordnung oder Unordnung in organischen Molekülen ist die relative Zahl der Freiheitsgrade der Translations-, Vibrations- und Rotationsbewegung.

9 Die Geschwindigkeit einer chemischen Reaktion hängt ab von der Konzentration der Ausgangsstoffe, der Aktivierungsenergie und der Temperatur. Die Abhängigkeit der Geschwindigkeitskonstanten k von der Temperatur ist durch die Arrhenius-Gleichung gegeben: $k = Ae^{-E_a/RT}$.

10 Hängt die Geschwindigkeit einer Reaktion nur von der Konzentration eines Ausgangsstoffes ab, ist sie erster Ordnung. Ist sie von den Konzentrationen zweier Ausgangsstoffe abhängig, spricht man von einer Reaktion zweiter Ordnung.

Aufgaben

1 Bestimmen Sie bei allen Verbindungen aus Tabelle 2-1 die polaren kovalenten Bindungen und kennzeichen Sie die betreffenden Atome mit positiven und negativen Partialladungen. (Berücksichtigen Sie C—H-Bindungen nicht.)

2 Sagen Sie auf der Grundlage elektrostatischer (Coulombscher) Anziehung voraus, welches Atom der folgenden organischen Moleküle wahrscheinlich mit dem angegebenen Reagenz reagiert. Geben Sie auch an, in welchen Fällen Ihrer Meinung nach keine Reaktion stattfindet. (Entnehmen Sie die Strukturen der organischen Moleküle Tab. 2-1.)

(a) Iodethan mit dem Sauerstoff von OH^-.
(b) Propanal mit dem Stickstoff von NH_3.
(c) Methoxyethan mit H^+
(d) 3-Pentanon, mit dem Kohlenstoff von CH_3^-
(e) Ethannitril (Acetonitril) mit dem Kohlenstoff von CH_3^+.
(f) Butan mit OH^-.

3 Benennen Sie die folgenden Moleküle entsprechend der IUPAC-Nomenklatur.

(a) 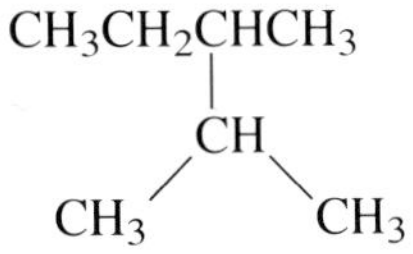 $CH_3CH_2CHCH_3$ (an CH: $CH(CH_3)_2$, d. h. CH mit zwei CH_3)

(b) 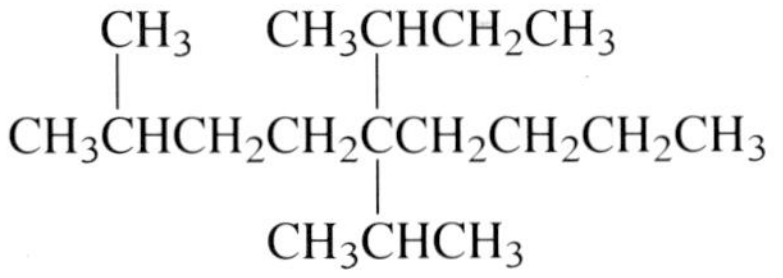 $CH_3CHCH_2CH_2CCH_2CH_2CH_2CH_3$ (an C-2: CH_3; am quartären C: $CH_3CHCH_2CH_3$ oben, CH_3CHCH_3 unten)

(c) $CH_3CH_2CCH_2CH_3$ (am zentralen C: oben CH_2—CH_3, unten CH_2—CH_3)

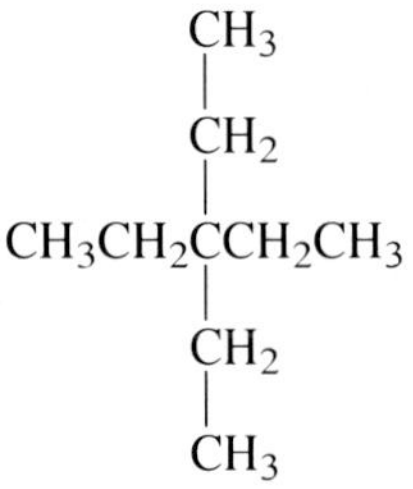

(d) $CH_3CH(CH_3)CH(CH_3)CH(CH_3)CH(CH_3)_2$

(e) 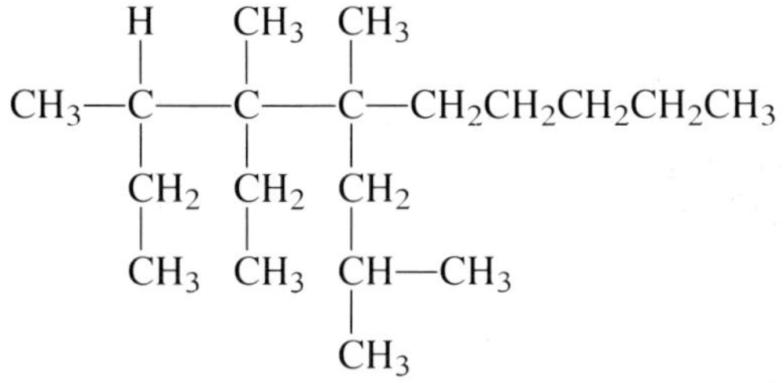 CH_3—C—C—C—$CH_2CH_2CH_2CH_2CH_3$ (Substituenten oben: H, CH_3, CH_3; unten: CH_2—CH_3, CH_2—CH_3, CH_2—CH(CH_3)—CH_3)

(f) 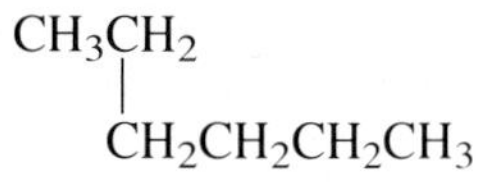 CH_3CH_2—$CH_2CH_2CH_2CH_3$ (gewinkelt geschrieben)

(g)

(h)

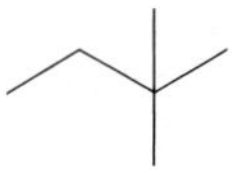

(i)

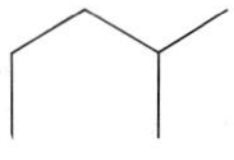

(j)

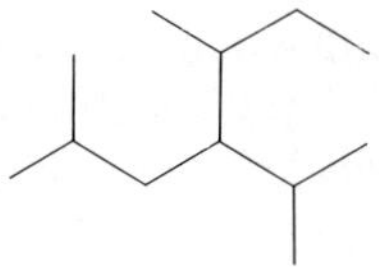

4 Zeichenen Sie die Strukturformeln der Moleküle, deren Namen im folgenden angegeben sind. Danach prüfen Sie, ob der angegebene Name jedes Moleküls in Einklang mit der IUPAC-Nomenklatur steht. Wenn nicht, finden Sie den richtigen Namen des Moleküls.

(a) 2-Methyl-3-propylpentan
(b) 5-(1,1-Dimethylpropyl)nonan
(c) 2,3,4-Trimethyl-4-butylheptan
(d) 4-*tert*-Butyl-5-isopropylhexan
(e) 4-(2-Ethylbutyl)decan
(f) 2,4,4-Trimethylpentan
(g) 4-*sec*-Butylheptan

5 Zeichnen und benennen Sie alle möglichen Isomere der Formel C_7H_{16} (isomere Heptane).

6 Identifizieren Sie die primären, sekundären und tertiären Kohlenstoffatome in den folgenden Molekülen.

(a) Ethan
(b) Pentan
(c) 2-Methylbutan
(d) 1-Ethyl-2,2,3,4-tetramethylpentan

7 Geben Sie an, ob es sich bei den folgen Alkylgruppen um primäre, sekundäre oder tertiäre handelt und bestimmen Sie ihren systematischen IUPAC-Namen.

```
(a)          CH3
             |
    —CH2—CH—CH2—CH3

(b)      CH3
         |
    CH3—CH—CH2—CH2—

(c)      CH3   CH3
         |     |
    CH3—CH————CH—

(d)       CH3—CH2
              |
    CH3—CH2—CH—CH2—

(e)       CH3—CH—
              |
    CH3—CH2—CH—CH3

(f)       CH3—CH2
              |
    CH3—CH2—C—CH3
              |
```

8 Ordnen Sie die folgenden Moleküle nach steigenden Siedepunkten, ohne dabei die tatsächlichen Werte nachzuschlagen.

(a) 2-Methylhexan
(b) Heptan
(c) 2,2-Dimethylpentan
(d) 2,2,3-Trimethylbutan

9 Zeichnen Sie Keilstrichformeln für die folgenden Moleküle in der angegebenen Konformation.

(a) gestaffeltes Propan
(b) verdecktes Propan
(c) *anti*-Butan
(d) *gauche*-Butan

10 Bei Raumtemperatur liegt 2-Methylbutan überwiegend in zwei verschiedenen Konformationen vor, die sich durch Rotation um die C-2–C-3-Bindung ineinander überführen lassen. Etwa 90% der Moleküle nehmen die günstigere, 10% die weniger begünstigte Konformation ein.

(a) Berechnen Sie den Unterschied der freien Enthalpie (ΔG^0) zwi schen beiden Konformationen.

(b) Zeichnen Sie ein Energiediagramm für die Rotation um die C-2–C-3-Bindung im 2-Methylbutan. Ordnen Sie, so gut Sie es können, allen Konformationen in Ihrem Diagramm relative Energien zu.

(c) Zeichnen Sie Newman-Projektionen für alle gestaffelten und verdeckten Rotameren in Teil **b** und geben Sie an, welche die bevorzugten sind.

11 In der Beziehung zwischen ΔG^0 und K ist ein Temperatur-Term enthalten. Benutzen Sie Ihr Ergebnis von Übungsaufgabe 10, Teil a, um die folgenden Aufgaben zu lösen. Außerdem müssen Sie noch wissen, daß ΔS^0 für das stabilste Konformer von 2-Methylbutan $+ 5.9\,\mathrm{J\,mol^{-1}K^{-1}}$ relativ zu demnächst stabilsten Konform beträgt.

(a) Berechnen Sie die Enthalpiedifferenz (ΔH^0) zwischen beiden Konformeren mit Hilfe der Gleichung $\Delta G^0 = \Delta H^0 - T\Delta S^0$. Wie gut stimmt dieser Wert mit dem aus der Anzahl der *gauche*-Wechselwirkungen in beiden Konformeren berechneten überein?

(b) Berechnen Sie unter der Annahme, daß ΔH^0 und ΔS^0 keine Temperaturabhängigkeit zeigen, ΔG^0 für den Übergang zwischen beiden Konformeren bei folgenden Temperaturen: (i) $-250\,°\mathrm{C}$, (ii) $-100\,°\mathrm{C}$ und (iii) $+ 500\,°\mathrm{C}$.

(c) Berechnen Sie K für diese Prozesse bei denselben Temperaturen.

12 Erklären Sie die folgenden experimentellen Ergebnisse mit Hilfe der Thermodynamik und der Kinetik. Bei einer chemischen Reaktion entstehen zwei Produkte, A und B, deren Mengenverhältnis von den Reaktionsbedingungen abhängt. Bei $-60\,°\mathrm{C}$ erhält man 80% A und 2% B. Bei Raumtemperatur und darüber entstehen jedoch 25% A und 75% B. Erwärmt man schließlich das bei niedrigen Temperaturen entstandene Produktgemisch (80% A und 20% B) auf 25 °C, ändert sich das Produktverhältnis auf 25% A und 75% B.

13 Der Kohlenwasserstoff Propen ($CH_3\text{-}CH{=}CH_2$) kann auf zwei verschiedene Arten mit Brom reagieren (Kapitel 12 und 14):

(i) $CH_3\text{—}CH{=}CH_2 + Br_2 \longrightarrow CH_3\text{—}CHBr\text{—}CH_2Br$

(ii) $CH_3\text{—}CH{=}CH_2 + Br_2 \longrightarrow CH_2Br\text{—}CH{=}CH_2 + HBr$

(a) Berechnen Sie ΔH^0 für beide Reaktionen unter Benutzung der am Rand angegebenen Bindungsenergien.

(b) $\Delta S^0 \sim -146\,\mathrm{J\,mol^{-1}K^{-1}}$ bei Reaktion (i); $\Delta S^0 \sim 0\,\mathrm{J\,mol^{-1}K^{-1}}$ bei Reaktion (ii). Erklären Sie kurz, wie dieser Unterschied zustandekommt. Berechnen Sie ΔG^0 für beide Reaktionen bei Raumtemperatur (25 °C) und bei 600 °C.

(c) Die Aktivierungsenergie beider Reaktionen ist niedrig genug, um unter Normalbedingungen mit vernünftiger Geschwindigkeit abzulaufen, E_a von Reaktion (i) ist jedoch kleiner als E_a von Reaktion (ii). Sagen Sie unter Benutzung aller gegebenen und von Ihnen berechneten Daten voraus, welches Produkt (welche Produkte) bei der Reaktion von Propen mit bei 25 °C und bei 600 °C entstehen.

Bindung	durchschnittliche Stärke in kJ/mol
C–C	348
C=C	611
C–H	415
Br–Br	193
H–Br	364
C–Br	285

14 Berechnen Sie mit Hilfe der Arrhenius-Gleichung, welchen Einfluß eine Temperaturerhöhung um 10 K, 30 K und 50 K auf k hat, wenn die folgenden Aktivierungsenergien gegeben sind. Nehmen Sie 300 K (ungefähr Raumtemperatur) als Ausgangswert für die Temperatur.

(a) $E_a = 60\,\mathrm{kJ/mol}$
(b) $E_a = 120\,\mathrm{kJ/mol}$
(c) $E_a = 180\,\mathrm{kJ/mol}$

15 Geben Sie bei den folgenden Naturstoffmolekülen an, zu welcher (welchen) Verbindungsklasse(n) sie gehören und kreisen Sie alle funktionellen Gruppen ein.

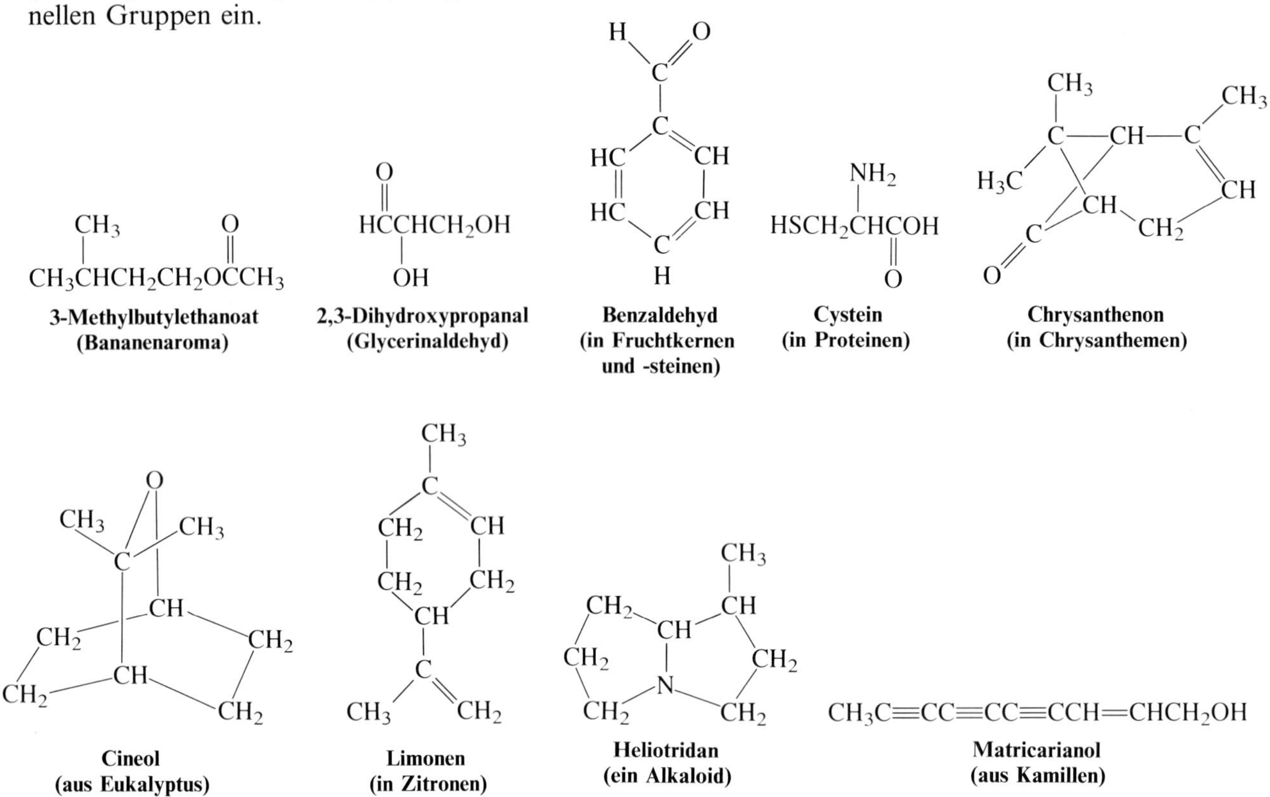

16 Geben Sie die IUPAC-Namen für alle eingekastelten Alkylgruppen in den folgenden biologisch wichtigen Verbindungen an. Bestimmen Sie, ob es sich um primäre, sekundäre oder tertiäre Alkylgruppen handelt.

$NH_2{-}CH{-}CO_2H$

Valin
(eine Aminosäure)

Leucin
(eine andere Aminosäure)

Isoleucin
(noch eine Aminosäure)

Cholesterin
(ein Steroid)

Vitamin D$_4$

$CH_2CH_2CH_2CHCH_2CH_2CH_2CHCH_2CH_2CH_2CHCH_3$

Vitamin E

3 Die Reaktionen der Alkane

Pyrolyse und Dissoziationsenergien, Verbrennung und Wärmeinhalt, radikalische Halogenierung und relative Reaktivität

Wie wir bereits in Kapitel 2 gesehen haben, sind Alkane organische Verbindungen ohne funktionelle Gruppen. Um sie in für die Synthese brauchbare Verbindungen zu überführen, muß man funktionelle Gruppen in das Molekül einführen. Viele der flüssigen und festen Alkane lassen sich einfach und billig durch Destillation und Cracken aus dem Erdöl gewinnen (s. Abschn. 3.3). Aus natürlichen Quellen stehen uns also große Mengen von Kohlenwasserstoffen zur Verfügung, die man als Ausgangsverbindungen für die Synthese anderer organischer Moleküle verwenden kann. Natürliche Alkane sind durch langsamen Abbau tierischer und pflanzlicher Materie in Anwesenheit von Wasser und unter Luftabschluß entstanden, ein Prozeß, der Millionen von Jahren in Anspruch genommen hat. Die Alkane mit kleinerer molarer Masse – Methan, Ethan, Propan und Butan – sind gasförmig und Bestandteile des Erdgases. Die bei weitem wichtigste Komponente ist das Methan. Das Erdgas stellt eine unserer wichtigsten Energiequellen dar, der Erdgasverbrauch in der Bundesrepublik belief sich 1986 auf 53×10^9 m^3.

Zu Beginn dieses Kapitels wollen wir untersuchen was passiert, wenn Alkane auf hohe Temperaturen erhitzt werden: Kohlenstoff-Kohlenstoff und Kohlenstoff-Wasserstoff-Bindungen werden aufgebrochen. Diesen Prozeß bezeichnet man als **Bindungsdissoziation**, die zum Aufbrechen einer Bindung erforderliche Energie als Bindungsdissoziationsenergie, DH^0. Eine Diskussion der Verbrennung von Kohlenwasserstoffen bringt uns dann zu einer Beschreibung der Methoden, mit deren Hilfe man den Wärmeinhalt von Molekülen, ihre Standardbildungsenthalpie ΔH_f^0, bestimmt. Schließlich stellen wir eine wichtige Reaktion zur Einführung von funktionellen Gruppen in Alkanmoleküle vor: die Halogenierung.

3.1 Die Stärke der Alkanbindung: Pyrolyse

In Kapitel 1 haben wir beschrieben, warum und wie es zur Ausbildung einer Bindung kommt und haben gesehen, daß bei der Bindungsbildung Energie freigesetzt wird. Bringt man beispielsweise zwei Wasserstoffatome so nahe zusammen, daß zwischen ihnen eine Bindung geknüpft wird, wird ein Wärmebetrag von 435 kJ/mol frei (s. Abb. 1-19).

$$H\cdot + H\cdot \longrightarrow H-H \qquad \Delta H^0 = -435\ \text{kJ/mol}$$

Entsprechend ist zum Aufbrechen einer solchen Bindung Energie *erforderlich*, und zwar derselbe Energiebetrag, der bei der Bindungsbildung freigesetzt wurde. Diese Energie bezeichnet man als **Bindungsdissoziationsenergie**, DH^0.

$$H-H \longrightarrow H\cdot + H\cdot \qquad \Delta H^0 = DH^0 = 435\ \text{kJ/mol}$$

Bricht die Bindung so auf, daß das bindende Elektronenpaar gleichmäßig zwischen den beiden beteiligten Atomen (oder Molekülfragmenten) aufgeteilt wird, bezeichnet man dies als **homolytische Spaltung**. Die entstandenen Bruchstücke besitzen ungepaarte Elektronen, wie H·, Cl·, $CH_3\cdot$ und $CH_3CH_2\cdot$. Diese Fragmente bezeichnet man, außer wenn es sich bei ihnen um einzelne Atome handelt, als **Radikale**. (Diese Bezeichnung leitet sich von dem lateinischen Wort für Wurzel, *radix*, hier im Sinne von Grundkörper, ab). Wegen der ungepaarten Elektronen sind Radikale außerordentlich reaktiv und lassen sich normalerweise nicht isolieren. Sie können jedoch in geringen Konzentrationen als Zwischenstufen in chemischen Reaktionen auftreten.

A—B
homolytische Spaltung
A· + ·B
Radikale

:Cl·
Chloratom

H—C(H)(H)·
Methylradikal

H₃C—C(H)(H)·
Ethylradikal

Die Alternative zu der eben beschriebenen homolytischen ist die sogenannte **heterolytische Spaltung**. Hierbei werden beim Aufbrechen der Bindung beide Elektronen einem der beiden vorher miteinander verbundenen Atome übertragen, es kommt zur Bildung von **Ionen**.

$$A-B \xrightarrow{\text{heterolytische Spaltung}} A^+ + :B^-$$

Ionen

Dissoziationsenergien, DH^0, beziehen sich ausschließlich auf homolytische Spaltungen. Je nach Art der Bindung und der miteinander verbundenen Atome besitzen sie einen charakteristischen Wert. In Tab. 3-1 sind die Dissoziationsenergien einiger häufig vorkommender Bindungen aufgeführt. Auffällig sind die relativ starken Bindungen zu Wasserstoff, wie beispielsweise im H–F und im H–OH. Obwohl die Dissoziationsenergie dieser Bindungen groß ist, brechen sie doch in Wasser leicht *heterolytisch* unter Bildung von H^+ und F^- oder OH^- auf. Hierbei handelt es sich jedoch, wie gesagt, um heterolytische und nicht um homolytische Prozesse.

Bindungen, die durch Überlappung von Orbitalen ähnlicher Energie und Größe zustandekommen, besitzen eine vergleichsweise größere Dissoziationsenergie als solche, für die das nicht zutrifft. So nimmt beispiels-

Tabelle 3-1 Dissoziationsenergien einiger A–B-Bindungen (DH^0 in kJ/mol)

	B						
A	H	F	Cl	Br	I	OH	NH_2
H	435	565	431	364	297	498	448
CH_3	440	460	356	279	239	389	335
CH_3CH_2	410	448	335	285	222	385	322
$CH_3CH_2CH_2$	410	448	339	285	222	381	326
$(CH_3)_2CH$	395.7	444	339	285	222	385	389
$(CH_3)_3C$	389	460	339	280	218	389	389

Die Dissoziationsenergien werden wegen der ständig verbesserten Meßmethoden kontinuierlich überprüft. Einige der hier angegebenen Werte können mit einem (kleinen) Fehler behaftet sein.

weise die Stärke der Bindungen zwischen Wasserstoff und den Halogenen in der Reihe F > Cl > Br > I ab, da das an der Bindung beteiligte *p*-Orbital von den leichteren zu den schwereren Halogenen immer größer und diffuser und deshalb das Ausmaß der Überlappung mit dem relativ kleinen 1*s*-Orbital des Wasserstoffs immer geringer wird. Entsprechendes gilt auch für die Bindungen zwischen den Halogenen und Kohlenstoff.

Übung 3-1

Berechnen Sie die Bindungsenergien von CH_3-F, CH_3-OH und CH_3-NH_2. Warum werden die Bindungen innerhalb dieser Reihe immer schwächer, obwohl sich die an der Bindung beteiligten Orbitale in Größe und Energie immer ähnlicher werden? (Nehmen Sie Tab. 1-3 für Ihre Erklärung zu Hilfe.)

Die Stärke der C–H-Bindung ist abhängig von der Molekülstruktur

Die Stärke einer C–H-Bindung in einem Alkan beträgt ungefähr 410 kJ/mol, die einer C–C-Bindung etwa 360 kJ/mol. In Tab. 3-2 sind die Bindungsdissoziationsenergien verschiedener Alkanbindungen aufgeführt. Hierbei fällt auf, daß die C–H-Bindungsenergien von Methan über primäre und sekundäre zu tertiären C–H-Bindungen hin abnehmen. So ist DH^0 für die C–H-Bindungen im Methan mit 440 kJ/mol recht groß, die Dissoziationsenergie einer entsprechenden Bindung im Ethan ist mit 410 kJ/mol bereits um 30 kJ/mol kleiner. Dieser Wert ist typisch für pri-

Tabelle 3-2 Dissoziationsenergien einiger Alkane

Verbindung	DH^0 kJ/mol	Verbindung	DH^0 kJ/mol
CH_3∤H	440	CH_3∤CH_3	377
C_2H_5∤H	410	C_2H_5∤CH_3	360
C_3H_7∤H	410	C_3H_7∤CH_3	364
$(CH_3)_2CHCH_2$∤H	410	C_2H_5∤C_2H_5	343
$(CH_3)_2CH$∤H	395.7	$(CH_3)_2CH$∤CH_3	360
$(CH_3)_3C$∤H	389	$(CH_3)_3C$∤CH_3	352
		$(CH_3)_3C$∤$C(CH_3)_3$	301

S. Fußnote von Tab. 3-1

märe C—H-Bindungen und gilt auch für gleiche Bindungen im Propan und 2-Methylpropan. Eine sekundäre C—H-Bindung ist etwas schwächer (DH^0 = 395.7 kJ/mol), die Energie der Bindung zwischen einem tertiären Kohlenstoff und Wasserstoff beträgt nur noch 389 kJ/mol.

$$CH_4 \longrightarrow CH_3\cdot + H\cdot \qquad DH^0 = 440 \text{ kJ/mol}$$

$$R-H \longrightarrow R\cdot + H\cdot \qquad \begin{array}{ll} \text{R primär} & : DH^0 = 410 \text{ kJ/mol} \\ \text{R sekundär} & : DH^0 = 395.7 \text{ kJ/mol} \\ \text{R tertiär} & : DH^0 = 389 \text{ kJ/mol} \end{array}$$

Für die etwas schwächeren C—C-Bindungen gilt ein etwas weniger ausgeprägter, aber vergleichbarer Trend, die Extreme stellen die zentrale Bindung im Ethan (DH^0 = 377 kJ/mol) und im 2,2,3,3-Tetramethylbutan (DH^0 = 301 kJ/mol) dar.

Warum haben nun alle diese Dissoziationsenergien verschiedene Werte? Eine Erklärung hierfür ist, *daß die bei der Dissoziation entstehenden Radikale eine unterschiedliche Energie haben.* Ihre Stabilität nimmt in der Reihe primär – sekundär – tertiär zu, entsprechend nimmt die Energie, die zu ihrer Bildung benötigt wird, ab. Hieraus können wir schließen, daß primäre Radikale die größte, tertiäre Radikale die geringste Energie besitzen (s. Abb. 3-1).

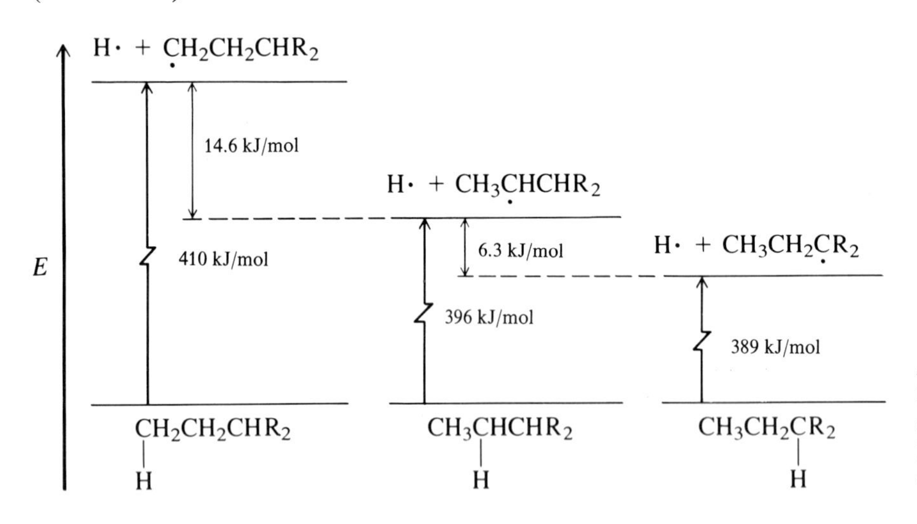

Abb. 3-1 Der unterschiedliche Energieinhalt von primären, sekundären und tertiären Radikalen des Alkans $CH_3CH_2CHR_2$.

Stabilität von Alkylradikalen

$$CH_3\cdot < \text{primär} < \text{sekundär} < \text{tertiär}$$

Aus welchen Gründen ergibt sich diese Reihenfolge? Zur Beantwortung dieser Frage müssen wir die Struktur von Alkylradikalen genauer untersuchen.

Übung 3-2

In welcher Reihenfolge brechen die C—C-Bindungen in Ethan und 2,2-Dimethylpropan?

Zusammenfassend gilt, daß bei der Homolyse einer Bindung Radikale entstehen. Die zum Aufbrechen der Bindung erforderliche Energie ist die Bindungsdissoziationsenergie, DH^0, die für alle möglichen Bindungen zwischen allen Elementen charakteristische Werte besitzt. Da die Stabilität von Alkylradikalen in der Reihe tertiär > sekundär > primär abnimmt, muß zur Bildung von tertiären Radikalen der geringste Energiebetrag aufgewendet werden. Am schwierigsten sind Methylradikale auf diese Weise zu erzeugen.

3.2 Struktur von Alkylradikalen und Hyperkonjugation

Um die Frage, warum einige Typen von Radikalen stabiler als andere sind, beantworten zu können, müsen wir uns als erstes die Struktur der Bindungen in einem Alkylradikal genauer betrachten.

Nehmen wir zunächst das Methylradikal, das durch Abspaltung eines Wasserstoffatoms aus dem Methanmolekül entsteht. Im Prinzip sollte sich die Bindung in diesem Radikal über ein sp^3-hybridisiertes Kohlenstoffatom mit drei sp^3 C–H-Bindungen und dem einzelnen Elektron im vierten sp^3-Molekülorbital beschreiben lassen. Spektroskopische Untersuchungen haben jedoch ergeben, daß das Methyl- und wahrscheinlich auch alle anderen Alkylradikale eine nahezu planare Struktur besitzen, die sich besser mit einer sp^2-Hybridisierung beschreiben läßt (s. Abb. 3-2). Das ungepaarte Elektron besetzt dann das nicht hybridisierte p-Orbital, das senkrecht auf der Molekülebene steht.

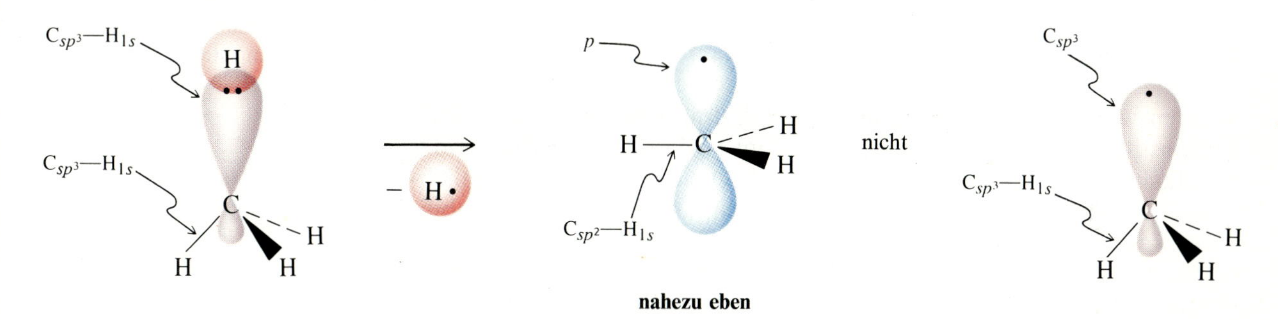

Abb. 3-2 Umhybridisierung von Methan bei der Bildung des Methylradikals. Die nahezu ebene Anordnung erinnert an die Hybridisierung im BH_3 (Abb. 1-14).

Mit Hilfe der planaren Struktur der Alkylradikale läßt sich ihre relative Stabilität erklären. Die Stabilitätszunahme kommt durch die steigende Zahl von Methylgruppen, die sich anstelle von Wasserstoffatomen im Molekül befinden, zustande. So ist im Ethylradikal ein Wasserstoffatom durch eine Methylgruppe ersetzt. Im Modell läßt sich zeigen, daß es ein Konformer gibt, in dem eine C–H-Bindung des Methylsubstituenten verdeckt (eclipsed) zu einem Lappen des einfach besetzten p-Orbitals steht (s. Abb. 3-3). In dieser Konformation ist eine gewisse Delokalisierung des bindenden Elektronenpaars durch Überlappung mit dem einfach aufgefüllten p-Lappen möglich, ein Phänomen, das man als **Hyperkonjugation** bezeichnet. Es sei daran erinnert, daß die Wechselwirkung zwischen einem aufgefüllten und einem einfach besetzten Orbital insgesamt eine stabilisierende Wirkung hat (s. Abb. 3-4).

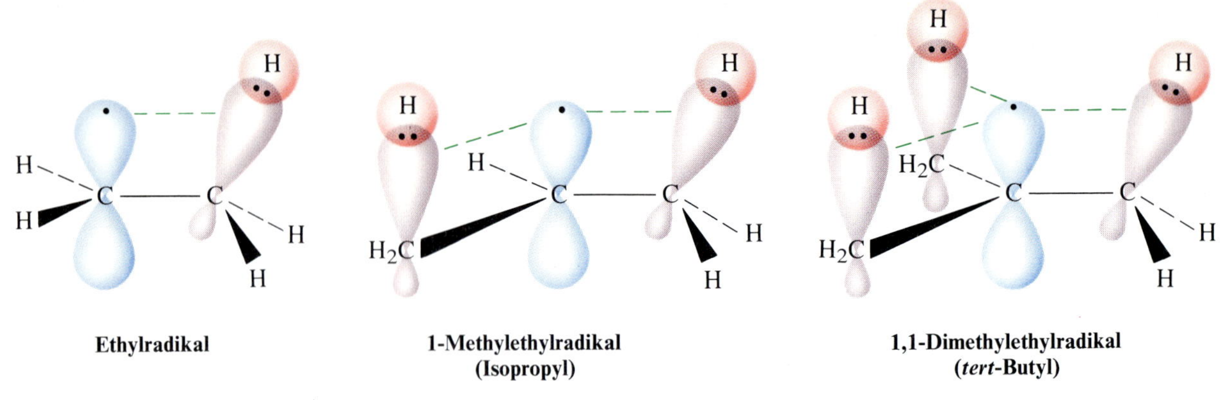

Abb. 3-3 Hyperkonjugation (grün gestrichelte Linien) zwischen gefüllten sp^3-Hybridorbitalen und dem teilweise gefüllten p-Orbital im Ethyl-, 1-Methylethyl- und 1,1-Dimethylethylradikal.

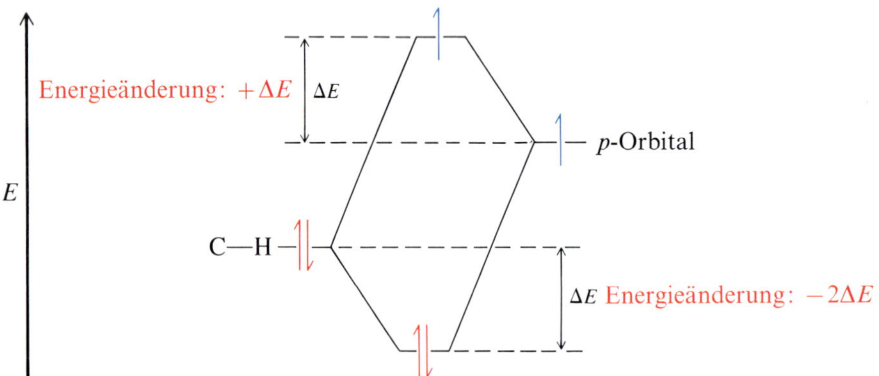

Abb. 3-4 Die Wechselwirkung zwischen einem gefüllten und einem einfach besetzten Orbital ist stabilisierend: Die Energieänderung (in ersten Annährung $\Delta E - 2\,\Delta E = -\Delta E$) ist negativ. Beim Ethylradikal entspricht das aufgefüllte Niveau dem bindenden Orbital der C–H-Bindung, das einfach besetzte Orbital einem $2p$-Orbital des Kohlenstoffs. Sonst kann das gefüllte Orbital für jede C–R-Bindung stehen.

Werden weitere Wasserstoffatome des Alkylradikals sukzessive durch Alkylsubstituenten ersetzt, verdoppelt (wie im 1-Methylethylradikal) oder verdreifacht (wie im 1,1-Dimethylethylradikal) sich die Wahrscheinlichkeit einer Hyperkonjugation. Auf diese Weise läßt sich die relative Stabilität von Radikalen leicht mit der Stabilisierung durch Hyperkonjugation erklären. Sekundäre und tertiäre Radikale erfahren eine zusätzliche Stabilisierung durch Abnahme der sterischen Wechselwirkung zwischen den Substituenten durch den Übergang von einem tetraedrischen zu einem planaren System.

3.3 Erdöl und Cracken von Kohlenwasserstoffen: Ein Beispiel für Pyrolyse

Zum Verstehen des Verhaltens von Kohlenwasserstoffen bei hohen Temperaturen ist es unerläßlich, über die Dissoziationsenergien der beteiligten Bindungen und die relative Stabilität von Radikalen genauer Bescheid zu wissen. Wir wollen sehen, wie man mit unseren Kenntnissen die Überführung von Rohöl in flüchtigere Kohlenwasserstoffe erklären kann.

3.3 Erdöl und Cracken von Kohlenwasserstoffen: Ein Beispiel für Pyrolyse

Erhitzt man Alkane auf hohe Temperaturen, werden C–H- und C–C-Bindungen aufgebrochen. Diesen Prozeß bezeichnet man als **Pyrolyse**. In Abwesenheit von Sauerstoff können sich die entstandenen Radikale miteinander zu neuen höheren oder niedere Alkanen verbinden. Ebensogut kann ein Radikal von einem dem radikalischen Zentrum benachbarten Kohlenstoffatom ein Wasserstoffatom abspalten, wobei ein Alken gebildet wird. Bei einer Pyrolyse entsteht also ein sehr kompliziertes Gemisch aus Alkanen und Alkenen.

Unter bestimmten Bedingungen läßt sich die Produktverteilung bei diesen Reaktionen jedoch kontrollieren, so daß man einen hohen Anteil von Kohlenwasserstoffen mit definierter Kettenlänge erhält.

Pyrolyse von Hexan

Spaltung in Radikale:

$$\underset{\textbf{Hexan}}{\overset{1\ \ 2\ \ 3\ \ 4}{CH_3CH_2CH_2CH_2CH_2CH_3}} \xrightarrow{\text{C-1-, C-2-Spaltung}} CH_3\cdot + \cdot CH_2CH_2CH_2CH_2CH_3$$

$$\xrightarrow{\text{C-2-, C-3-Spaltung}} CH_3CH_2\cdot + \cdot CH_2CH_2CH_2CH_3$$

$$\xrightarrow{\text{C-3-, C-4-Spaltung}} CH_3CH_2CH_2\cdot + \cdot CH_2CH_2CH_3$$

Rekombination von Radikalen:

$$CH_3\cdot + \cdot CH_2CH_3 \longrightarrow \underset{\textbf{Propan}}{CH_3CH_2CH_3}$$

$$CH_3CH_2CH_2CH_2CH_2\cdot + \cdot CH_2CH_2CH_3 \longrightarrow \underset{\textbf{Octan}}{CH_3CH_2CH_2CH_2CH_2CH_2CH_2CH_3}$$

Wasserstoffabspaltung:

$$CH_3CH_2\cdot + CH_3\overset{H}{\overset{|}{C}}H{-}CH_2\cdot \longrightarrow \underset{\textbf{Ethan}}{CH_3\overset{H}{\overset{|}{C}}H_2} + \underset{\textbf{Propen}}{CH_3CH{=}CH_2}$$

$$\overset{H}{\overset{|}{C}}H_2CH_2\cdot + CH_3CH_2CH_2\cdot \longrightarrow \underset{\textbf{Ethen}}{CH_2{=}CH_2} + \underset{\textbf{Propan}}{CH_3CH_2\overset{H}{\overset{|}{C}}H_2}$$

An diesen Reaktionen sind meistens bestimmte Katalysatoren beteiligt, wie beispielsweise kristalline Natriumaluminiumsilikate, sogenannte Zeolithe. Diese Katalysatoren bilden ein dreidimensionales Netzwerk aus tetraedrischen SiO_4- und AlO_4-Einheiten. „Zeolith A" hat die Formel $Na_{12}(AlO_2)_{12}(SiO_2)_{12}(H_2O)_{27}$. Die Pyrolyse von Dodecan an einem Katalysator diesen Typs ergibt hauptsächlich Kohlenwasserstoffe mit drei bis sechs Kohlenstoffatomen.

$$\text{Dodecan} \xrightarrow{\text{Zeolith, 482 °C, 2 min}} \underset{17\%}{C_3} + \underset{31\%}{C_4} + \underset{23\%}{C_5} + \underset{18\%}{C_6}$$

Kasten 3-1

Die Wirkungsweise eines Katalysators

Welche Wirkung hat der Zeolith-Katalysator? Ein Katalysator ist eine Substanz, die eine Reaktion beschleunigt, d.h. die Geschwindigkeit, mit der das chemische Gleichgewicht erreicht wird, erhöht. Dies wird meist erreicht, indem die Reaktion am Katalysator über einen anderen Weg geführt wird, in dem der geschwindigkeitsbestimmende Schritt eine geringere Aktivierungsenergie als der ursprüngliche Prozeß hat (s. Abb. 3-5). Neben Zeolithen und anderen mineralischen Oberflächen wirken auch viele Metalle als Katalyatoren. In der Natur übernehmen gewöhnlich Enzyme diese Funktion (s. Kap. 27). In Anwesenheit eines Katalysators verlaufen viele Prozesse bei niedrigeren Temperatur und ganz allgemein unter milderen Bedingungen.

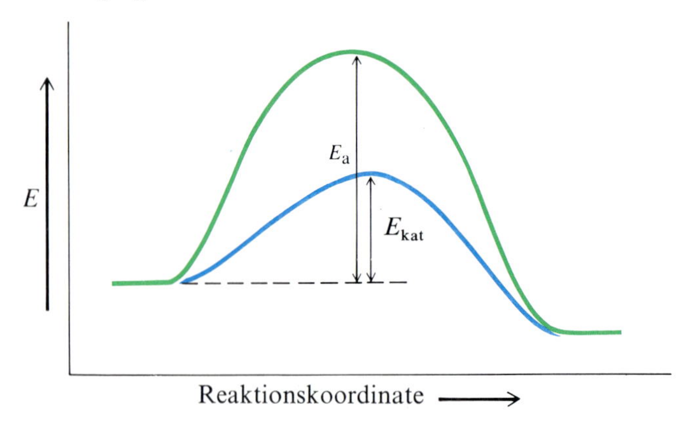

Abb. 3-5 Unterschied in der Aktivierungsenergie zwischen einer katalysierten (E_{kat}) und einer nicht katalysierten (E_a) Reaktion.

Erdölraffination

Das Zerlegen eines Alkans in kleinere Bruchstücke bezeichnet man als **Cracken**. Derartige Prozesse spielen in der Mineralölindustrie eine wichtige Rolle bei der Produktion von Benzin und anderen flüssigen Kraftstoffen.

Wie bereits in der Einleitung zu diesem Kapitel erwähnt, nimmt man an, daß Erdöl durch mikrobiellen Abbau von Organismen entstanden ist, die vor mehreren hundert Millionen Jahren auf der Erde gelebt haben. Rohöl, eine dunkle, viskose Flüssigkeit, ist ein Gemisch aus mehreren hundert verschiedenen Kohlenwasserstoffen, hauptsächlich geradkettigen Alkanen, einigen verzweigten Alkanen und einem schwankenden Anteil von aromatischen Kohlenwasserstoffen. Außerdem sind noch sauerstoff-, schwefel- und stickstoffhaltige Verbindungen enthalten. Durch Destillation werden mehrere Fraktionen mit unterschiedlichem Siedebereich erhalten. Eine typische Produktverteilung ist in Tabelle 3-3 angegeben. Die Zusammensetzung des Erdöls ist aber, je nach Herkunft, großen Schwankungen unterworfen. So enthält beispielsweise Öl aus dem Nahen Osten einen hohen Anteil von niedrigsiedenden, mexikanisches Öl einen hohen Anteil von hochsiedenden Kohlenwasserstoffen.

Um mehr von der begehrten Benzinfraktion zu erhalten, werden die höhersiedenden Öle pyrolytisch gecrackt. Ursprünglich (in den zwanziger Jahren) mußte man diesen Prozeß bei hohen Temperaturen durchführen (800 °C – 1000 °C). Moderne katalytische Crackverfahren laufen bei relativ niedrigen Temperaturen ab (500 °C). Neben den bereits erwähnten Zeolithen finden Katalysatoren, bei denen Nickel oder Wolfram auf eine $SiO_2-Al_2O_3$-Oberfläche aufgetragen sind, Verwendung. Die Reaktion läuft in einer Wasserstoffatmosphäre ab (Hydro-Crack-Prozeß), die das Abfangen der Radikale durch Wasserstoff fördert, so daß Produkte mit niedrigerem Siedepunkt entstehen. Gleichzeitig werden einige der Alkene zu Alkanen hydriert und die stickstoff- und schwefelhaltigen Bestandteile, die die Umwelt belasten und den Katalysator vergiften können, in leicht abtrennbaren Ammoniak, NH_3, und Schwefelwasserstoff, H_2S, überführt. Das Cracken des Rückstands der Erdöldestillation ergibt etwa 30% Gas, 50% Benzin, 20% Öle mit höherer molarer Masse und als Rückstand Koks.

3.3 Erdöl und Cracken von Kohlenwasserstoffen: Ein Beispiel für Pyrolyse

Tabelle 3-3 Produktverteilung bei einer typischen Rohöldestillation

Menge (in % Volumenanteil)	Sdp. / °C	Kohlenstoffatome	Produkte
1–2	<30	C_1-C_4	Erdgas, Methan, Propan, Butan, Flüssiggas
15–30	30–200	C_4-C_{12}	Petrolether ($C_{5,6}$), Ligroin (C_7), Naphtha, Erdgasbenzin[a]
5–20	200–300	$C_{12}-C_{15}$	Kerosin, Heizöl
10–40	300–400	$C_{15}-C_{25}$	Gasöl, Dieselöl, Schmieröl, Wachse, Asphalt
8–69	> 400	$> C_{25}$	restliche Öle, Paraffinwachse, Asphalt (Teer)

[a] Hiermit bezeichnet man direkt aus Erdöl gewonnenes Benzin, das nicht vorbehandelt wurde.

Ein anderer Prozeß überführt Alkane in aromatische Kohlenwasserstoffe mit etwa derselben Anzahl von Kohlenstoffatomen. Diese Aromaten werden zur Erhöhung der Octanzahl dem Benzin beigemischt und sind wichtige Ausgangsprodukte in der chemischen Industrie. Da in diesem Prozeß aus einem Kohlenwasserstoff ein neuer gebildet wird, bezeichnet man ihn als **Reforming** (Neubildung) und das Produkt als **Reformat**. Andere Bezeichnungen für dieses Verfahren beziehen sich auf die Reaktionsbedingungen wie Platforming (an einem Platinkatalysator) oder Hydroforming (in Anwesenheit von Wasserstoff). Ein Beispiel für Reforming stellt die Überführung von Heptan in Methylbenzol (Toluol) dar.

$CH_3CH_2CH_2CH_2CH_2CH_2CH_3$

Heptan

$\downarrow$ $Pt/SiO_2/Al_2O_3$, 500 °C, 2 MPa H_2

CH₃-substituierter Benzolring (H, H, H, H, H) $+ 4\ H_2$

Methylbenzol (Toluol)

Kasten 3-2

Erdöl und Benzin sind unsere Hauptenergiequellen

Durch Erdöl und Erdgas werden etwa 45% des Energiebedarfs der Bundesrepublik gedeckt, in anderen Industrienationen findet man ähnliche Zahlen. Im Jahre 1985 entstammten 41.4% unserer Energieversorgung aus Öl, 15.3% aus Gas, 30 % aus Kohle und 10.7% aus Kernenergie.

Für Länder wie die Bundesrepublik, die keine nennenswerten eigenen Erdölvorkommen haben, hat die Abhängigkeit von den Ölimporten tiefgreifende ökonomische und politische Konsequenzen. Beispiele sind der starke Anstieg der Rohölpreise in den siebziger Jahren, das arabische Ölembargo und andererseits das Abbröckeln der Ölpreise im Jahre 1986. Daher werden überall in der Welt große Anstrengungen unternommen, die wirtschaftliche Abhängigkeit vom Öl zu verringern und neue Energiequellen zu finden, die nach einer Erschöpfung der Öl- und Gasreserven den Bedarf decken können. Beispiele hierfür sind einerseits die Kernenergie, der umstrittene schnelle Brüter und die Kernfusion, andererseits Wasserkraft, Solar- und geothermische Energie, und immer noch die Kohle. Andere Versuche befassen sich mit der Nutzung der Windenergie, der Energie von Meereswellen oder mit der Herstellung von Brennstoffen aus Stallmist und organischen Abfällen (Biogas).

3.4 Verbrennung der Alkane

Wie können wir den Wärmeinhalt von Kohlenwasserstoffen (und damit von einigen unserer wichtigsten Brennstoffen) messen? Die Antwort ist ganz einfach: durch **Verbrennen**. *Als Verbrennung einer Substanz bezeichnet man ihre chemische Reaktion mit Sauerstoff, die gewöhnlich bei erhöhten Temperaturen abläuft.* Bei der Verbrennung der Alkane und auch der meisten anderen organischen Verbindungen entstehen dabei Kohlendioxid und Wasser als Produkte. Der Energieinhalt beider Produkte ist sehr niedrig, so daß die Reaktionsenthalpie, die sogenannte **Verbrennungsenthalpie**, stark negativ ist.

$$2\ C_nH_{2n+2} + (3n+1)\ O_2 \longrightarrow 2n\ CO_2 + (2n+2)\ H_2O \quad \Delta H \text{ ist negativ}$$

Tabelle 3-4 Verbrennungsenthalpien in kJ/mol (normiert auf 25 °C) von einigen organischen Verbindungen

Struktur (Aggregatzustand)	Name	ΔH^0_{Verb}
CH_4 (Gas)	Methan	−891.0
C_2H_6 (Gas)	Ethan	−1560.9
$CH_3CH_2CH_2$ (Gas)	Propan	−2221.6
$CH_3(CH_2)_2CH_3$ (Gas)	Butan	−2878.1
$(CH_3)_3CH$ (Gas)	2-Methylpropan	−2869.8
$CH_3(CH_2)_3CH_3$ (Gas)	Pentan	−3538.8
$CH_3(CH_2)_3CH_3$ (Flüssigkeit)	Pentan	−3512.0
$CH_3(CH_2)_4CH_3$ (Flüssigkeit)	Hexan	−4166.1
(Flüssigkeit)	Cyclohexan	−3922.8
CH_3CH_2OH (Gas)	Ethanol	−1408.5
CH_3CH_2OH (Flüssigkeit)	Ethanol	−1367.9
$C_{12}H_{22}O_{11}$ (Feststoff)	Rohrzucker (Saccharose)	−5644.1

Bezogen auf die Verbrennung zu CO_2 (g) und H_2O (fl)

In Tabelle 3-4 sind die Verbrennungsenthalpien für einige Alkane und andere organische Moleküle aufgeführt.

Bei der Angabe der Verbrennungsenthalpie einer Substanz sollte man immer deren Aggregatzustand angeben (gasförmig, flüssig, fest). So beträgt ΔH^0_{Verb} von flüssigem Ethanol, CH_3CH_2OH(fl), −1367.9 kJ/mol, von gasförmigem Ethanol, CH_3CH_2OH(g), −1408.5 kJ/mol. Der Unterschied kommt durch die Verdampfungsenthalpie des Ethanols, $\Delta H^0_{\text{Verd}} = +40.6$ kJ/mol, zustande.

Die molare Verbrennungsenthalpie nimmt mit steigender Anzahl von Kohlenstoffatomen im Molekül zu. Dies ist nicht weiter überraschend, es liegt einfach daran, daß pro mol Alkan eine größere Stoffmenge Kohlenstoff und Wasserstoff zum Verbrennen zur Verfügung steht. Was findet man nun aber bei isomeren Alkanen mit derselben Anzahl von Kohlenstoff- und Wasserstoffatomen?

Die relative Stabilität der Alkane: Bildungsenthalpie

Vergleicht man die Verbrennungsenthalpien von isomeren Alkanen, stellt man fest, daß sie normalerweise *unterschiedliche* Werte haben. Als Beispiele seien die beiden einfachsten Isomere, Butan und 2-Methylpropan herangezogen. Bei der Verbrennung von Butan wird ein ΔH^0_{Verb} von −2878 kJ/mol, bei der Verbrennung seines Isomeren −2869.8 kJ/mol, also 8.4 kJ/mol weniger, frei (s. Tab. 3-4). Der Energieinhalt von 2-Methylpropan ist also kleiner als der von Butan, da bei der Bildung derselben Stoffmenge von CO_2 und H_2O (4 mol CO_2 und 5 mol H_2O), ein geringerer Energiebetrag frei wird (s. Abb. 3-6). Butan ist *thermodynamisch weniger stabil* als sein Isomer.

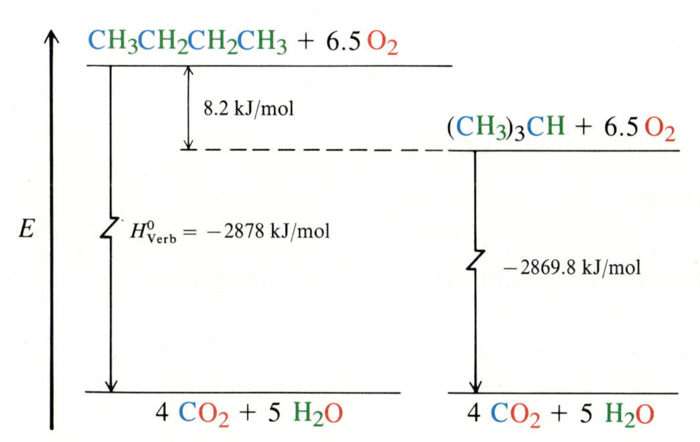

Abb. 3-6 Aus der Messung der Verbrennungsenthalpien ergibt sich für Butan ein höherer Energieinhalt als für 2-Methylpropan.

Der Energieinhalt von Substanzen wird durch ihre **Standardbildungsenthalpie**, ΔH^0_f angegeben. *Die molare Standardbildungsenthalpie einer Verbindung ist der Enthalpiebetrag, der bei der Darstellung von 1 mol dieser Verbindung aus den Elementen freigesetzt wird* (ΔH^0_f ist negativ), *oder aufgebracht werden muß* (ΔH^0_f ist positiv). Dabei befinden sich alle Elemente in ihrem Standardzustand, der als stabilste Modifikation bei 298.15 K und 101.325 kPa definiert ist. Die Bildungenthalpie der stabilsten Modifikation eines Elements im Standardzustand ist definitionsgemäß null. Bei Wasserstoff, Sauerstoff und Stickstoff ist der gasförmige der Standardzustand, die bei Raumtemperatur stabilste Kohlenstoffmodifikation ist der Graphit. Die Bildungsenthalpien einiger Elemente und Verbindungen sind in Tab. 3-5 angegeben.

Tabelle 3-5 Bildungsenthalpien einiger ausgewählter Elemente und Verbindungen in kJ/mol (normiert auf 25 °C)

Struktur (Aggregatzustand)	ΔH^0_f / kJ/mol	Struktur (Aggregatzustand)	ΔH^0_f / kJ/mol
C (Graphit)	0	$(CH_3)_3CH$ (Gas)	−135.7
C (Diamant)	1.88	$CH_3(CH_2)_3CH_3$ (Gas)	−147.0
CO_2 (Gas)	−394.0	$CH_3(CH_2)_3CH_3$ (Flüssigkeit)	−173.3
H_2O (Gas)	−242.0	H_2, O_2, N_2 (Gase)	0
H_2O (Flüssigkeit)	−286.0	H (Gas, atomar)	218.1
CH_4 (Gas)	− 74.9	O (Gas atomar)	249.5
CH_3CH (Gas)	− 84.6	C (isolierte Atome)	717.2
$CH_3CH_2CH_3$ (Gas)	−103.8	$CH_2{=}CH_2$ (Gas)	52.3
$CH_3(CH_2)_2CH_3$ (Gas)	−127.3	$HC{\equiv}CH$ (Gas)	226.9

Hieraus ist ersichtlich, daß die Standardbildungsenthalpie der Diamantmodifikation + 1.88 kJ/mol beträgt, die Umwandlung von Diamant in Graphit also ein exothermer Vorgang ist. (Glücklicherweise hat dieser Prozeß eine hohe Aktivierungsenergie, s. Abschn. 2.6). Die Bildungsenthalpien von 1 mol atomarer Teilchen wie H und O ergeben sich durch Halbierung des Wertes der entsprechenden molaren Bindungsenergie der diatomigen Moleküle (H–H: 436.2 kJ/mol, O–O: 499.1 kJ/mol). Diese Werte sind positiv, da Energie (DH^0) aufgebracht werden muß, um diese Teilchen zu erhalten.

Standardbildungenthalpie von H· und O·

$$\text{H–H} \longrightarrow \text{H·} + \text{H·} \qquad \Delta H^0 = DH^0 = +436.2 \text{ kJ/mol}$$

$$\Delta H_f^0(\text{H·}) = 217.7 \text{ kJ/mol}$$

$$\text{O–O} \longrightarrow \text{O·} + \text{O·} \qquad \Delta H^0 = DH^0 = +499.1 \text{ kJ/mol}$$

$$\Delta H_f^0(\text{O·}) = 249.5 \text{ kJ/mol}$$

Die Bildungsenthalpien der meisten organischen Moleküle sind negativ, bei der Bildung aus den sie aufbauenden Elementen wird also Energie frei. So beträgt die Enthalpie der Reaktion von 1 mol Graphit mit 2 mol H_2 zu 1 mol Methan –74.9 kJ/mol.

$$\text{C(Graphit)} + 2\,\text{H}_2 \longrightarrow \text{CH}_4 \qquad \Delta H^0 = -74.9 \text{ kJ/mol}$$

Die unterschiedliche thermodynamische Stabilität von Butan und 2-Methylpropan spiegelt sich auch in ihren Bildungsenthalpien wieder. Sie betragen –127.3 kJ/mol (Butan) bzw. –135.7 kJ/mol (2-Methylpropan). Der Energieunterschied in den Standardbildungsenthalpien und den Verbrennungsenthalpien ist genau derselbe, nämlich 8.4 kJ/mol. Diese Beziehungen sind noch einmal in Abb. 3-7 dargestellt.

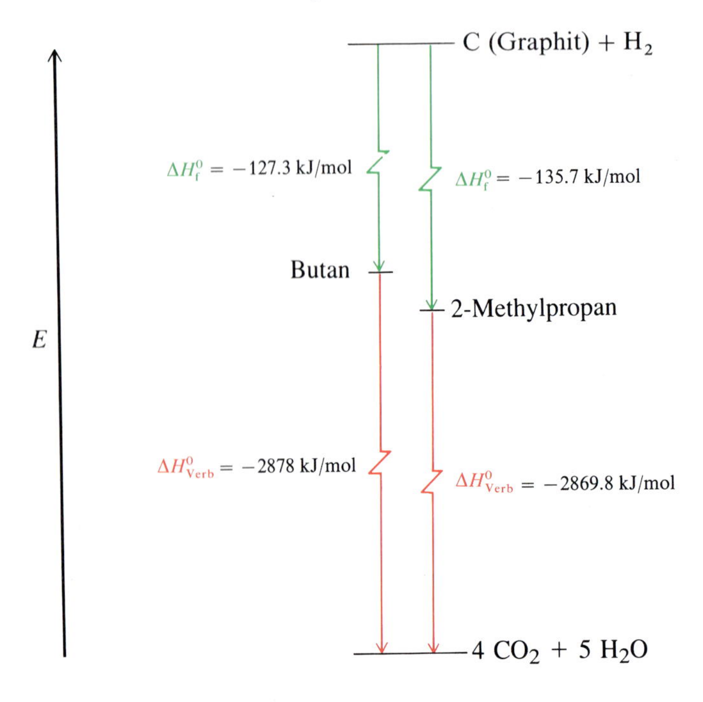

Abb. 3-7 Aus der Standardbildungsenthalpie von Butan und 2-Methylpropan aus den Elementen ergibt sich, daß 2-Methylpropan stabiler als das unverzweigte Isomer ist, bei seiner Verbrennung daher weniger Wärme frei wird.

Aus Abb. 3-7 ist ersichtlich, daß sich die Bildungsenthalpie eines Kohlenwasserstoffs aus seiner Verbrennungsenthalpie und den Standardbildungenthalpien von CO_2 und H_2O berechnen läßt, da sich die Enthalpieänderungen bei der Addition von chemischen Reaktionen ebenfalls addieren (Heßscher* Satz). Lassen Sie uns die Standardbildungsenthalpie von Methan auf diese Weise berechnen. Seine Verbrennungsenthalpie zu 1 mol gasförmigem CO_2 und 2 mol flüssigem H_2O beträgt bei 298 K −891 kJ/mol.

$$CH_4(g) + 2\ O_2(g) \longrightarrow CO_2(g) + 2\ H_2O(fl) \qquad \Delta H^0 = -891\ \text{kJ/mol}$$

Mit Hilfe von Tab. 3-5 können wir nun die Summe der Bildungenthalpien der bei der Verbrennung entstandenen Produkte berechnen:

$$\begin{aligned} 1 \times \Delta H_f^0[CO_2(g)] &= -394.0\ \text{kJ/mol} \\ 2 \times \Delta H_f^0[H_2O(fl)] &= -571.9\ \text{kJ/mol} \\ \hline &= -965.9\ \text{kJ/mol} \end{aligned}$$

Man findet jedoch nur eine Verbrennungsenthalpie von −891 kJ/mol. Die Differenz zwischen der berechneten und der gemessenen Enthalpieänderung ist genau die Summe der Bildungsenthalpie von Methan und Sauerstoff. Da letztere definitionsgemäß null ist, erhalten wir für ΔH_f^0 von Methan:

$$-965.9\ \text{kJ/mol} - (-891\ \text{kJ/mol}) = -74.9\ \text{kJ/mol}$$

Umgekehrt läßt sich auch aus der Standardbildungsenthalpie eines Moleküls seine Verbrennungsenthalpie berechnen.

Übung 3-3

Die Bildungsenthalpie von Cyclopropan

```
      CH2
     /   \
  H2C-----CH2
```

beträgt +53.2 kJ/mol. Wie groß ist die Verbrennungsenthalpie?

Kasten 3-3

Einführung von funktionellen Gruppen durch katalytische Oxidation

Die Verbrennung ist eine Möglichkeit, die unter normalen Bedingungen sehr reaktionsträgen Alkane zu aktivieren, aber leider wird dabei das Molekül zerstört. Eine andere und unter milderen Bedingungen verlaufende Möglichkeit zur Einführung von funktionellen Gruppen ist die *enzymatische Aktivierung*. Enzyme sind Biokatalysatoren, an denen eine Fülle von Reaktionen in lebenden Systemen ablaufen (s. Kap. 27). Die *Mono-Oxygenasen*, eine Klasse

Enzymatische Aktivierung von Alkanen

R—H

Alkane ($C_1 - C_8$)

↓ Enzym, O_2

R—OH

Alkohole

---

* Germain Hess, 1802–1850, Prof. in Petersburg

von Enzymen, die im Säugetiergewebe vorkommen, sind an der Oxidation von Medikamenten, Steroiden (Abschn. 4.7) und Fettsäuren (s. Abschn. 17.12) beteiligt. In mikrobiellen Systemen katalysieren diese Enzyme auch die Oxidation von Alkanen. So bewirkt ein Enzym aus *Methyloccus capsulatus* den Einschub von Sauerstoff bei einer Reihe von Kohlenwasserstoffen, wobei Alkohole entstehen. Bakterien sind zur Beseitigung von Ölleckagen durch oxidativen Abbau vorgeschlagen worden.

Ein synthetisches Verfahren zur kontrollierten Oxidation der Alkane verwendet Übergangsmetallkatalysatoren wie beispielsweise Cobalt:

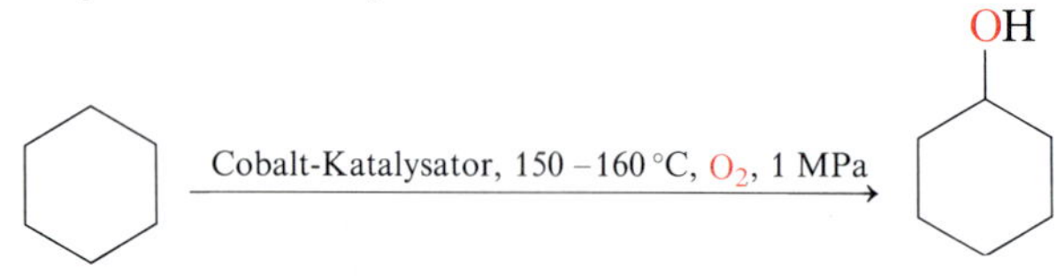

Kasten 3-4

Kraftstoffadditive verhindern das Klopfen

Das Alkangemisch, aus dem unser Benzin besteht, neigt gelegentlich dazu, vor der Zündung durch die Zündkerze explosionsartig zu oxidieren. Dieser Vorgang, den man als Vorzündung oder *Klopfen* bezeichnet, ist bei geradkettigen Alkanen stärker ausgeprägt als bei verzweigten. Der Reforming-Prozeß wird daher vor allem deshalb durchgeführt, um durch die Isomerisierung von geradkettigen in verzweigte Alkane die Kraftstoffqualität zu verbessern. Die Klopffestigkeit wird durch die sogenannte Octanzahl angegeben. Dies ist eine Vergleichsskala, in der Heptan der Wert null und 2,2,4-Trimethylpentan (Isooctan) der Wert 100 zugeordnet wird.

Um die Klopffestigkeit des Benzins zu erhöhen, sind die verschiedensten Additive entwikkelt worden. So sind im deutschem Normalbenzin bis zu 0.15 g Bleitetraethyl pro Liter enthalten. Bleitetraethyl ist eine organometallische Verbindung, die sich unter Bildung von Radikalen zersetzt, die die Verbrennung der Alkane beschleunigen. Die Octanzahl von 2,2,4-Trimethylpentan-Bleitetraethyl berägt 120.3. Damit das Blei mit den Auspuffgasen aus dem Verbrennungsraum austreten kann, werden außerdem 1,2-Dichlor- und 1,2-Dibromethan zugegeben. Sie dienen als Halogenquellen, die das Metall als Bleihalogenid abfangen. So gelangt das Blei größtenteils in Form von Bleihalogeniden und -oxiden über den Autoauspuff in die Umwelt, wo es zu großen Schädigungen führt. Und nicht nur das: 1,2-Dichlor- und 1,2-Dibromethan stehen im Verdacht, Krebs auszulösen. Da Blei außerdem die Abgaskatalysatoren vergiftet, entwickelte man bleifreies Benzin, in dem die gewünschte Klopffestigkeit durch eine Veränderung des Kraftstoffgemischs erreicht wird. Ein „Katalysator" bewirkt dreierlei: er senkt den Ausstoß von giftigem Kohlenmonoxid und von unverbrannten Kohlenwasserstoffen und bewirkt außerdem die Zersetzung von den bei hohen Temperaturen gebildeten Stickoxiden in Stickstoff und Sauerstoff.

Wir fassen noch einmal zusammen: Aus der Verbrennungswärme oder der Bildungsenthalpie der Alkane und anderer organischer Verbindungen läßt sich ihr Energieinhalt abschätzen.

3.5 Die Halogenierung von Methan

Wir haben gesehen, daß Alkane trotz ihrer fehlenden chemischen Reaktivität Pyrolyse- und Verbrennungsreaktionen eingehen. In diesem Abschnitt wollen wir untersuchen, was passiert, wenn ein Alkan, Methan, und Halogene miteinander zur Reaktion gebracht werden. Dabei entstehen ein Halogenmethan und Halogenwasserstoff. Um den Mechanismus aufzuklären, wollen wir jeden einzelnen Schritt des Prozesses analysieren.

Chlor reagiert mit Methan zu Chlormethan

Gibt man Methan und Chlorgas im Dunkeln bei Raumtemperatur zusammen, findet keine Reaktion statt. Das Gemisch muß erst auf Temperaturen oberhalb von 300 °C erwärmt oder mit ultraviolettem Licht bestrahlt werden, bevor eine, dann allerdings oft recht heftige, Reaktion eintritt. Eines der beiden ersten Produkte ist Chlormethan, das sich vom Methan durch Ersatz eines Wassserstoffs durch ein Chloratom ableitet. Man bezeichnet diesen Prozeß als **Substitutionsreaktion**. Daneben entsteht Chlorwasserstoff. Bei weiterer Substitution werden Dichlormethan (Methylenchlorid), CH_2Cl_2, Trichlormethan (Chloroform), $CHCl_3$, und Tetrachlormethan (Tetrachlorkohlenstoff), CCl_4, gebildet.

Warum kann diese Reaktion ablaufen? Ein Anhaltspunkt ergibt sich aus einer Betrachtung von ΔH^0. Bei der Reaktion werden eine C–H-Bindung im Methan ($DH^0 = 440$ kJ/mol) und eine Cl–Cl-Bindung ($DH^0 = 243$ kJ/mol) aufgebrochen, die C–Cl-Bindung im Chlormethan ($DH^0 = 356$ kJ/mol) und die H–Cl-Bindung ($DH^0 = 431$ kJ/mol) neu geknüpft. Die neu gebildeten Bindungen sind also um 104 kJ/mol energieärmer als die aufgebrochenen, die Reaktion ist ausgeprägt *exotherm*.

Chlorierung von Methan

$$CH_3\text{—}H + :\ddot{Cl}\text{—}\ddot{Cl}: \xrightarrow{\Delta \text{ oder } h\nu} CH_3\text{—}\ddot{Cl}: + H\text{—}\ddot{Cl}: \qquad \Delta H^0 = -105 \text{ kJ/mol}$$

Chlormethan

440 243 356 431

DH^0 (in kJ/mol)

Warum läuft dann die thermische Chlorierung von Methan nicht bei Raumtemperatur ab? Die Antwort auf diese Frage ist uns schon bekannt. Die Tatsache, daß eine Reaktion exotherm ist, bedeutet nicht notwendigerweise, daß sie mit meßbarer Geschwindigkeit abläuft. Erinnern wir uns daran, daß die Geschwindigkeit einer Reaktion unabhängig von ΔH^0 ist, sondern allein von den Aktivierungsparametern des Prozesses abhängt. In diesem Fall muß die Aktivierungsenergie offensichtlich recht groß sein. Woher kommt das, und warum verläuft die Reaktion bei Bestrahlung *doch* bei Raumtemperatur? Diese Fragen lassen sich nur über eine Untersuchung des Mechanismus der Reaktion beantworten. Dieser Mechanismus besteht aus drei Stufen: der Startreaktion, den Kettenfortpflanzungsschritten und den Abbruchsreaktionen.

Die einzelnen Stufen im Mechanismus der Chlorierung von Methan:

Startreaktion:

$$Cl_2 \longrightarrow 2 :\ddot{Cl}\cdot$$

Kettenfortpflanzung:

$$CH_4 + :\ddot{Cl}\cdot \longrightarrow CH_3\cdot + H\ddot{Cl}:$$

$$CH_3\cdot + Cl_2 \longrightarrow CH_3\ddot{Cl}: + :\ddot{Cl}\cdot$$

Abbruchsreaktionen:

$$:\ddot{Cl}\cdot + :\ddot{Cl}\cdot \longrightarrow Cl_2$$

$$:\ddot{Cl}\cdot + CH_3\cdot \longrightarrow CH_3\ddot{Cl}:$$

$$CH_3\cdot + CH_3\cdot \longrightarrow CH_3-CH_3$$

Lassen Sie uns diese Stufen genauer betrachten.

Der Mechanismus der Chlorierung von Methan verläuft über intermediär gebildete Radikale. Im ersten Schritt der Reaktionsfolge bricht die schwächste Bindung innerhalb der Reaktionspartner, die Cl–Cl-Bindung, auf. Dies kann, wie bereits erwähnt, einerseits thermisch bei Temperaturen oberhalb von 300 °C oder andererseits durch Absorption eines Photons geeigneter Wellenlänge erfolgen. Im letzteren Fall werden die bindenden Elektronen auf das antibindende Niveau angehoben (s. Abschn. 1.3) was zum Aufbrechen der Bindung führt. Woher die Energie auch stammt, die Dissoziation des Chlors zu Beginn, die sogenannte Startreaktion, erfordert mindestens 243 kJ/mol an Energie.

Schritt 1: Kettenstart

$$:\ddot{\underset{..}{Cl}}-\ddot{\underset{..}{Cl}}: \xrightarrow{\Delta \text{ bzw. } h\nu} 2:\ddot{\underset{..}{Cl}}\cdot \qquad \Delta H^0 = +243 \text{ kJ/mol}$$

Im nächsten Schritt greift das Chloratom das Methanmolekül unter Wasserstoffabspaltung an. Daher entstehen Chlorwasserstoff und ein Methylradikal.

Schritt 2: Wasserstoffabspaltung

$$:\ddot{\underset{..}{Cl}}\cdot + H-CH_3 \longrightarrow :\ddot{\underset{..}{Cl}}-H + \cdot CH_3 \qquad \Delta H^0 = +8 \text{ kJ/mol}$$

DH^0 (in kJ/mol): 440 (H–CH₃), 431 (Cl–H); **Methylradikal**

ΔH^0 für diesen Prozeß ist leicht positiv, aber nicht positiv genug, daß nicht im Gleichgewicht doch beträchtliche Konzentrationen an Produkten gebildet werden. Wie groß ist die Aktivierungsenergie, E_a, der Wasser-

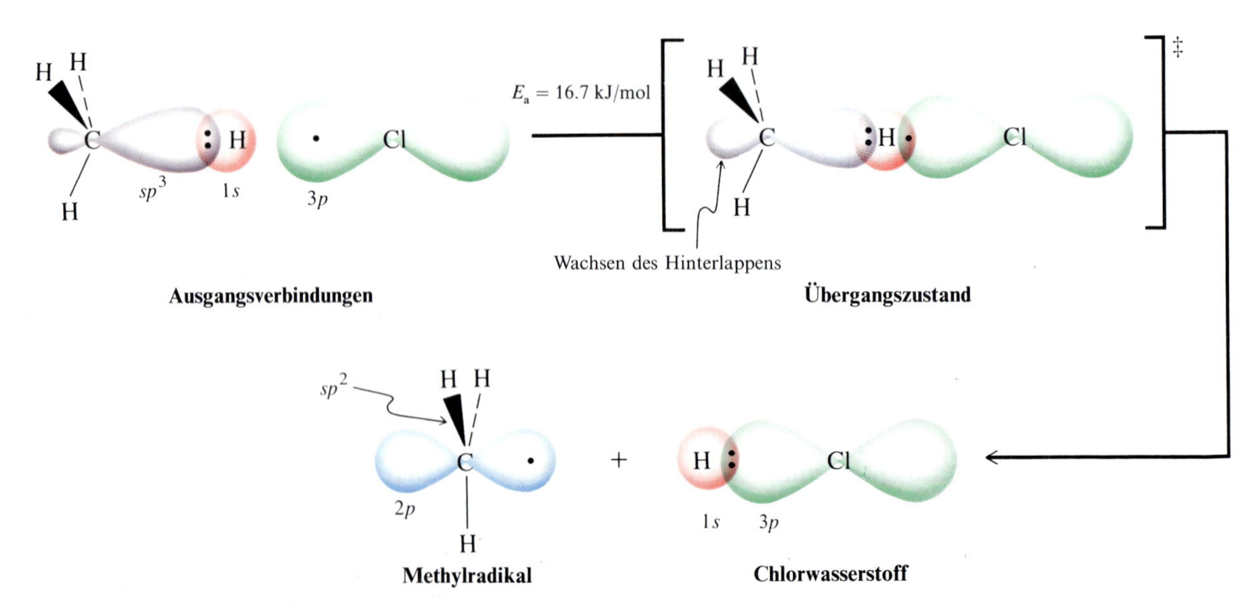

Abb. 3-8 Darstellung der an der Abspaltung eines Wasserstoffatoms des Methans durch ein Chloratom beteiligten Orbitale. Während des Übergangszustands erfolgt die Umhybridisierung am Kohlenstoff zum ebenen Methylradikal. Die Orbitale sind nicht maßstabsgetreu gezeichnet.

stoffabspaltung? Steht genug Energie von außen zur Verfügung, um die Energiebarriere zu überschreiten? Die Antwort ist ja, da die radikalische Abspaltung allgemein eine sehr geringe Aktivierung erfordert. Eine Beschreibung der Molekülorbitale des Chloratoms während des Übergangszustands der Wasserstoffabspaltung aus dem Methan (s. Abb. 3-8) macht deutlich, wie leicht dieser Prozeß verläuft. Der abzuspaltende Wasserstoff befindet sich zwischen Kohlenstoff und Chlor und ist partiell an beide gebunden. Der Übergangszustand liegt energetisch nur etwa 16.7 kJ/mol über den Ausgangsstoffen. Da sich dieser Zustand nicht isolieren läßt (er ist nur ein Punkt auf der Reaktionskoordinate), kennzeichnet man ihn mit einem besonderen Zeichen, ‡. Im Übergangszustand hat sich die H–Cl-Bindung in demselben Maße gebildet, wie die H–C-Bindung aufgebrochen wurde. Wäre der Bindungsbruch vor der Knüpfung der neuen Bindung schon in beträchtlich größerem Maße vollzogen, wäre E_a weitaus größer. Ein Energiediagramm für diesen Reaktionsschritt ist in Abb. 3-9 dargestellt.

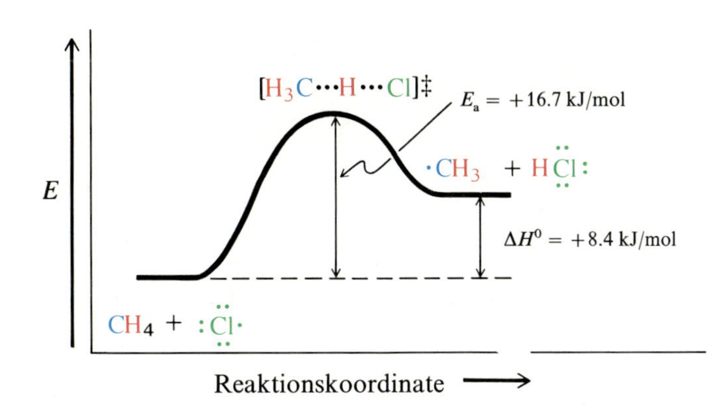

Abb. 3-9 Änderung der potentiellen Energie bei der Reaktion von Methan mit einem Chloratom. Die partiell ausgebildeten Bindungen im Übergangszustand sind durch gepunktete Linien gezeichnet.

In Schritt 2 entsteht eines der Produkte der Chlorierungsreaktion, HCl. Wann bildet sich nun das gewünschte Produkt CH_3Cl? Dies erfolgt in Schritt 3. In diesem Schritt spaltet das Methylradikal ein Chloratom aus einem Chlormolekül ab, wobei Chlormethan und ein neues Chloratom gebildet werden. Das letztere reagiert wieder in Schritt 2, der Kreislauf ist geschlossen. Schritt 3 verläuft stark exotherm, $\Delta H^0 = -113$ kJ/mol. Dieser Schritt ist für die große Triebkraft des gesamten Prozesses verantwortlich.

Schritt 3: Bildung von Chlormethan

$$H_3C\cdot + :\ddot{Cl}-\ddot{Cl}: \longrightarrow H_3C-Cl + \cdot\ddot{Cl}: \qquad \Delta H^0 = -113 \text{ kJ/mol}$$

DH^0 (in kJ/mol): Cl–Cl 243; C–Cl 356

Aufgrund der exothermen Natur von Schritt 3 wird das ungünstige Gleichgewicht von Schritt 2 in Richtung der Produkte verschoben, da das Methylradikal im folgenden Schritt sofort wegreagiert und damit aus dem Gleichgewicht entfernt wird.

$$CH_4 + Cl\cdot \rightleftharpoons CH_3\cdot + HCl \xrightarrow{Cl_2} CH_3Cl + Cl\cdot + HCl$$

leicht ungünstig — stark begünstigt „treibt“ die Reaktion

Schritt 2 und 3 sind die Kettenfortpflanzungschritte, in ihnen werden die Produkte gebildet. In Energiediagramm in Abb. 3-10 ist noch einmal der gesamte Prozeß dargestellt. Der zweite Schritt bestimmt eindeutig die Geschwindigkeit der Kettenfortpflanzung. Im Diagramm wird auch deutlich, daß das gesamte ΔH^0 der Reaktion sich aus zwei Werten zusammensetzt [ΔH^0 (Schritt 2) und ΔH^0 (Schritt 3)]: $(+8.4 - 113.0)$ kJ/mol = -104.6 kJ/mol. Dies folgt auch aus dem Heßschen Satz, wenn man die Reaktionsgleichungen von Schritt 2 und 3 addiert:

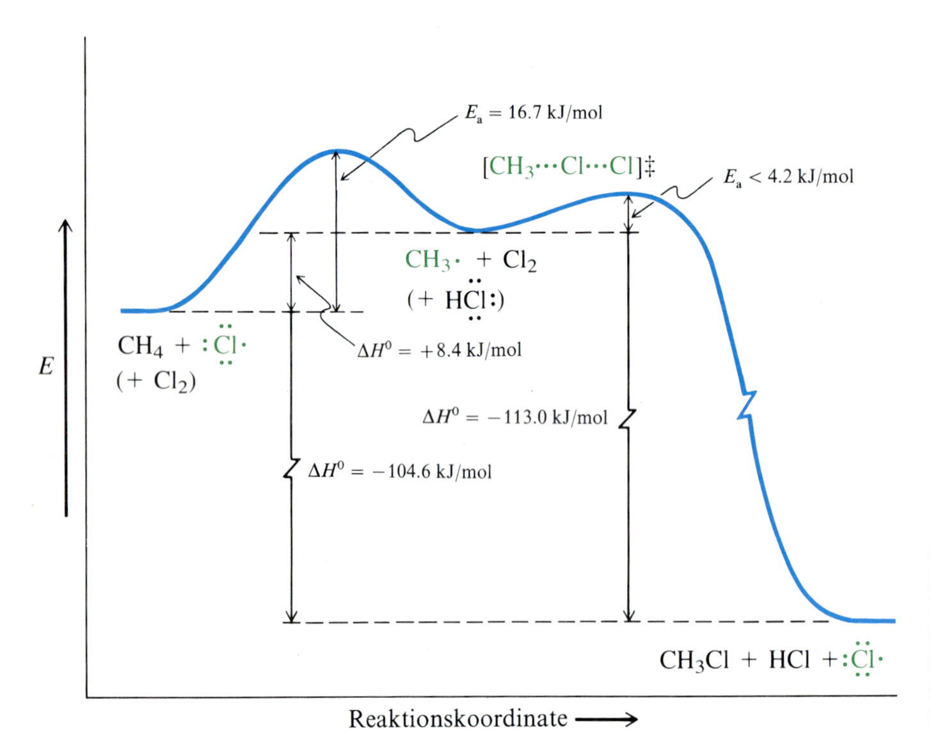

Abb. 3-10 Änderung der potentiellen Energie bei der Bildung von CH_3Cl aus einem Chlorradikal und Methan. ΔH^0 für die Gesamtreaktion $CH_4 + Cl_2 \longrightarrow CH_3Cl + HCl$ beträgt -105 kJ/mol.

$$:\ddot{Cl}\cdot + CH_4 \longrightarrow CH_3\cdot + H\ddot{Cl}: \qquad +8.4\ \text{kJ/mol}$$
$$CH_3\cdot + Cl_2 \longrightarrow CH_3\ddot{Cl}: + :\ddot{Cl}\cdot \qquad -113.0\ \text{kJ/mol}$$
$$CH_4 + Cl_2 \longrightarrow CH_3\ddot{Cl}: + H\ddot{Cl}: \qquad -104.6\ \text{kJ/mol}$$

Die Chlorierung von Methan verläuft nach einem **Radikalkettenmechanismus**.

Zum Start der Reaktion sind nur wenige Halogenatome erforderlich, da im zweiten Fortpflanzungsschritt ebensoviele Halogenatome gebildet, wie im ersten verbraucht werden. Die neugebildeten Halogenatome treten dann wieder in im ersten Kettenfortpflanzungschritt in den Kreislauf ein. Ist eine *Kettenreaktion* einmal gestartet, kann sie über tausende von Cyclen laufen.

Läßt sich die Kettenreaktion auch beenden? Die Antwort ist ja, zum Abbruch der Kette kommt es hauptsächlich durch Knüpfen kovalenter Bindungen zwischen Radikalen. Die Konzentration der Radikale im Reaktionsgemisch ist allerdings klein und die Wahrscheinlichkeit, daß zwei Radikale aufeinander treffen, ebenfalls gering. Kettenabbruchsreaktionen sind daher relativ selten.

Radikalketten-mechanismus:

Kettenstart:

$$X_2 \longrightarrow 2\ :\ddot{X}\cdot$$

Kettenfortpflanzung:

$$:\ddot{X}\cdot + RH \longrightarrow R\cdot + H\ddot{X}:$$
$$X_2 + R\cdot \longrightarrow R\ddot{X}: + :\ddot{X}\cdot$$

Kettenabbruch:

$$:\ddot{X}\cdot + :\ddot{X}\cdot \longrightarrow X_2$$
$$R\cdot + :\ddot{X}\cdot \longrightarrow RX$$
$$R\cdot + R\cdot \longrightarrow R_2$$

Übung 3-4
Bei der Chlorierung von Ethan entsteht Chlorethan. Formulieren Sie einen Mechanismus für diesen Prozeß und berechnen Sie für jeden Reaktionsschritt ΔH^0 (s. Tab. 3-1 und 3-2).

In der Praxis ist das größte Problem der Methan-Chlorierung deren geringe Selektivität. Wie bereits erwähnt, ist diese Reaktion nicht mit der Bildung von Chlormethan beendet, sondern durch weitere Substitution entstehen Di-,Tri- und Tetrachlormethan (Methylenchlorid, Chloroform und Tetrachlorkohlenstoff). Die weitere radikalische Substitution ist noch dadurch begünstigt, daß die Stärke der C–H-Bindungen in der Reihe CH_3Cl ($DH^0 = 423$ kJ/mol) über CH_2Cl_2 ($DH^0 = 414.5$ kJ/mol) zu $CHCl_3$ hin abnimmt ($DH^0 = 402$ kJ/mol), diese Verbindungen also leichter als Methan ein Wasserstoffatom abspalten. Dieses Problem läßt sich einfach dadurch lösen, daß man die Reaktion mit einem hohen Überschuß Methan ablaufen läßt. Unter diesen Bedingungen ist das reaktive Chloratom zu jedem Zeitpunkt von weitaus mehr Methan- als CH_3Cl-Molekülen umgeben. Die Wahrscheinlichkeit, daß Cl· auf ein CH_3Cl-Molekül trifft und mit ihm zu CH_2Cl_2 reagiert, ist also außerordentlich klein, man erreicht Produktselektivität.

Andere Halogenierungsreaktionen: Fluor ist das reaktivste, Iod das am wenigsten reaktive Element

Fluor und Brom, aber nicht Iod reagieren mit Methan ebenfalls über einen Radikalmechanismus zu den entsprechenden Halogenalkanen. Die Dissoziationsenergien von X_2 (X=F, Br, I) sind geringer als die von Cl_2, der Kettenstart erfordert also weniger Energie.

	F_2	Cl_2	Br_2	I_2
$DH^0(X_2)$ in kJ/mol	155	243	193	151

Es ist jedoch interessant, die Enthalpien der beiden Kettenfortpflanzungsschritte zu vergleichen (s. Tab. 3-6). Offensichtlich ist die Triebkraft der Wasserstoffabspaltung bei den verschiedenen Halogenen sehr unterschiedlich. Beim Fluor verläuft dieser Prozeß exotherm, −125 kJ/mol an Energie werden frei. Wie wir bereits gesehen haben, ist dieser Schritt beim Chlor leicht, beim Brom dann schon deutlich endotherm. Für die Reaktion von atomarem Iod mit Methan muß schließlich ebensoviel Energie aufgebracht werden ($\Delta H^0 = +142$ kJ/mol), wie bei der Reaktion mit Fluor frei wird. Dies ist eine Folge der abnehmenden Bindungsenergie in den Halogenwasserstoffen in der Reihe Fluor bis Iod (s. Tab. 3-1). Die

Tabelle 3-6 Enthalpien der Kettenfortpflanzungsschritte bei der Halogenierung von Methan in kJ/mol

	F	Cl	Br	I
$:\ddot{X}\cdot + CH_4 \longrightarrow \cdot CH_3 + H\ddot{X}:$	−125	+8	+75	+142
$\cdot CH_3 + X_2 \longrightarrow CH_3\ddot{X}: + :\ddot{X}\cdot$	−306	−113	−105	−88
$CH_4 + X_2 \longrightarrow CH_3\ddot{X}: + H\ddot{X}:$	−431	−105	−30	+54

Tatsache, daß das Fluoratom eine starke Bindung zu Wasserstoff ausbildet, spiegelt sich in seiner Reaktivität bei der Wasserstoffabspaltung wider. Fluor ist reaktiver als Chlor, dieses reaktiver als Brom, das reaktionsträgste Halogenatom ist Iod.

Relative Reaktivität von X· bei der Wasserstoffabspaltung

$$F\cdot > Cl\cdot > Br\cdot > I\cdot$$

Wir sollten jedoch vorsichtig mit dem Wort reaktiv umgehen. Wir müssen immer die *thermodynamische Reaktivität*, die sich aus der Reaktionsenthalpie, ΔH^0 (oder, wenn wir den Entropieterm berücksichtigen, der freien Reaktionsenthalpie, ΔG^0), von der *kinetischen Reaktivität*, die sich aus der Aktivierungsenergie ergibt, unterscheiden.

Kasten 3-5

Frühe und späte Übergangszustände

In einigen Fällen läßt sich die relative Leichtigkeit, mit der eine Reaktion abläuft, durch Untersuchung der Struktur des Übergangszustands abschätzen. Betrachten wir die Reaktion von F· mit Methan. Der Übergangszustand entspricht dem in Abb. 3-8 dargestellten Typ; die H–F-Bindung ist teilweise ausgebildet, der Kohlenstoff besitzt partiell Radikalcharakter. Da jedoch die Stärke der H–F-Bindung weitaus größer als die der H–Cl-Bindung ist (s. Tab. 3-1), greift das Fluoratom das Methanmolekül zu einem Zeitpunkt an, in dem die C–H-Bindung noch kaum aufgebrochen ist. Der Übergangszustand ähnelt den Ausgangsstoffen – das bedeutet, er liegt auf der Reaktionskoordinate in Abb. 3-11 weiter links. *Frühe Übergangszustände* sind häufig für schnelle exotherme Prozesse charakteristisch (Hammond*-Postulat).

Auf der anderen Seite ist in der hypothetischen Reaktion von I· mit Methan die C–H-Bindung vor Erreichung des Übergangszustands bereits in beträchtlichem Maße gespalten (s. Abb. 3-11), der Übergangszustand ähnelt eher den Endprodukten, man spricht von einem *späten Übergangszustand*. Späte Übergangszustände sind meist für relativ langsame, schwach exotherme oder endotherme Reaktionen typisch.

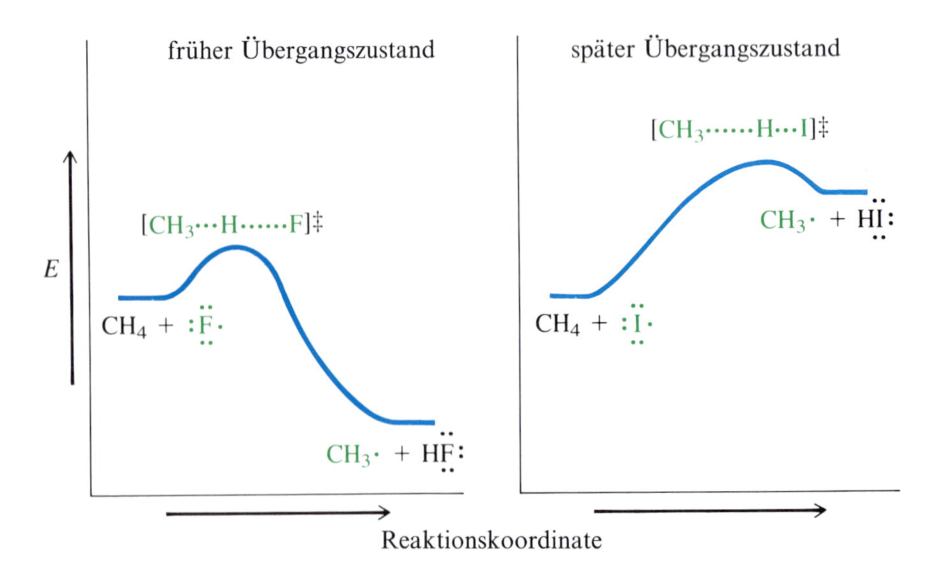

Abb. 3-11 Diagramm der potentiellen Energie für einen frühen Übergangszustand (exotherme Reaktion) und einen späten Übergangszustand (endotherme Reaktion).

---

* Professor George S. Hammond, geb 1921, Allied Corporation

Thermodynamik und Kinetik des zweiten Kettenfortpflanzungschritts

Lassen Sie uns nun den zweiten Schritt in Tabelle 3-6 betrachten. Dieser Prozeß verläuft bei allen Halogenen exotherm. Am schnellsten und stärksten exotherm reagiert wiederum Fluor. Addiert man die Reaktionsenthalpien beider Schritte, ergibt sich ein ΔH^0 von -439.6 kJ/mol. Dieser Wert ist so groß, daß bei ausreichenden Konzentrationen von Methan und Fluor eine außerordentlich heftige Reaktion abläuft. Die Bildung von Chlormethan ist weniger, die von Brommethan noch weniger exotherm. Im letzteren Fall ist der Energiegewinn aus dem zweiten Schritt ($\Delta H = -104.7$ kJ/mol) kaum größer als der Energiebetrag, der für den ersten aufgebracht werden muß ($\Delta H = +75.4$ kJ/mol). Für die gesamte Substitution ergibt sich dann ein Energiegewinn von nur -29.3 kJ/mol. Betrachtet man schließlich die Thermodynamik der Iodierung, wird deutlich, warum keine Reaktion eintritt. Der erste Schritt erfordert so viel Energie, daß sogar der recht exotherme zweite Schritt das Gleichgewicht nicht auf die Seite der Produkte verschiebt.

Übung 3-5

Welche Produktverteilung ergibt die Reaktion von Methan mit einer äquimolaren Mischung von Chlor und Brom nach kurzer Umsatzzeit?

Fassen wir zusammen: Die Halogene mit Ausnahme von Iod reagieren mit Methan (und, wie wir sehen werden, auch anderen Alkanen) zu Halogenalkanen. Die Reaktion verläuft über einen Mechanismus, in dem ein kleiner Anteil der Halogenmoleküle homolytisch durch Wärme oder Licht in Halogenatome gespalten wird (Kettenstart). Diese sind in der Lage, eine Radikalkettenreaktion, die aus zwei Schritten besteht, aufrechtzuerhalten. Dies sind die beiden Schritte: (1) Wasserstoffabspaltung unter Bildung eines Methylradikals und HX, (2) Reaktion von $CH_3\cdot$ zu CH_3X und erneute Bildung von X·. Abgebrochen wird die Kette durch Rekombination von Radikalen. Die Reaktionsenthalpie der einzelnen Schritte läßt sich aus den Bindungsenergien der gebrochenen und neu geknüpften Bindungen berechnen. Bei diesen Prozessen haben die exothermeren Schritte auch die geringere Aktivierungsenergie. Hieraus erklärt sich die relative Reaktivität der Halogene, Fluor ist am reaktivsten, Iod am wenigsten reaktiv. Schließlich ist ein früher Übergangszustand, der in seiner Struktur den Ausgangsstoffen ähnelt, häufig charakteristisch für eine stark exotherme Reaktion, wo bei der Ausbildung der neuen Bindungen ein relativ großer Energiebetrag frei wird. Im Gegensatz dazu ist ein später Übergangszustand, der in seiner Struktur den Produkten ähnlich ist, meist für einen endothermen oder leicht exothermen Prozeß typisch.

3.6 Die Chlorierung höherer Alkane: Relative Reaktivität und Selektivität

Wie verläuft die radikalische Chlorierung von Methan im Vergleich zu anderen Alkanen? Reagieren primäre, sekundäre und tertiäre C–H-Bindungen unterschiedlich? Diese Fragen wollen wir beantworten, indem wir zunächst die Chlorierung von Ethan, dann von Propan und schließlich die von 2-Methylpropan betrachten.

Bei der Monochlorierung von Ethan entsteht Chlorethan.

Die Chlorierung von Ethan

$$CH_3CH_3 + Cl_2 \xrightarrow{\Delta \text{ oder } h\nu} \underset{\textbf{Chlorethan}}{CH_3CH_2Cl} + HCl \qquad \Delta H^0 = -117 \text{ kJ/mol}$$

Diese Reaktion verläuft über einen analogen Radikalkettenmechanismus wie die beim Methan. In den Fortpflanzungsschritten wird zunächst ein Ethylradikal durch Reaktion von Ethan mit einem Chloratom gebildet, im nächsten Schritt entsteht das Produkt und ein neues Chloratom (Übung 3-4). Beide Reaktionen unterscheiden sich jedoch stark in ihrer Reaktionsenthalpie. Die Abspaltung eines Wasserstoffatoms aus dem Ethanmolekül ($DH^0 = 410$ kJ/mol) ist nicht, wie bei Methan, endotherm, sondern verläuft unter Freisetzung eines Energiebetrags von -21 kJ/mol. Der Grund hierfür ist die schwächere C–H-Bindung im Ethan.

Kettenfortpflanzungsschritte bei der Chlorierung von Ethan

$$CH_3CH_3 + :\ddot{\underset{..}{Cl}}\cdot \longrightarrow CH_3CH_2\cdot + H\ddot{\underset{..}{Cl}}: \qquad \Delta H^0 = -21 \text{ kJ/mol}$$

$$CH_3CH_2\cdot + Cl_2 \longrightarrow CH_3CH_2\ddot{\underset{..}{Cl}}: + \ddot{\underset{..}{Cl}}\cdot \qquad \Delta H^0 = -96 \text{ kJ/mol}$$

Was ergibt sich nun für das nächste Homologe, Propan?

Sekundäre C–H-Bindungen sind reaktiver als primäre

Im Propan können zwei Arten von gebundenen Wasserstoffatomen mit Chlor reagieren, sechs primäre und zwei sekundäre. Würden beide Typen mit gleicher Geschwindigkeit reagieren, sollte man nach Beendigung der Reaktion rein statistisch dreimal soviel 1-Chlorpropan wie 2-Chlorpropan finden.

Die Chlorierung von Propan

$$Cl_2 + CH_3CH_2CH_3 \xrightarrow{h\nu} \underset{\textbf{1-Chlorpropan}}{CH_3CH_2CH_2Cl} + \underset{\textbf{2-Chlorpropan}}{CH_3\overset{\overset{Cl}{|}}{C}HCH_3} + HCl$$

erwartetes statistisches Verhältnis	3	:	1
erwartetes Verhältnis der Reaktivität der C–H-Bindungen	weniger reaktiv	:	reaktiver
experimentelles Verhältnis bei 25 °C	43	:	57
experimentellesVerhältnis bei 600 °C	3	:	1

Da andererseits die sekundäre C—H-Bindung schwächer als die primäre ist (DH^0 = 395.7 kJ/mol im Vergleich zu 410 kJ/mol), sollte man erwarten, daß mehr 2-Chlor- als 1-Chlorpropan gebildet wird.

Unterschied von ΔH^0 beim ersten Kettenfortpflanzungsschritt der Chlorierung von Propan

$$CH_3CH_2CH_3 + :\ddot{Cl}\cdot \longrightarrow \underset{\textbf{Propylradikal}}{CH_3CH_2CH_2\cdot} + H\ddot{Cl}: \quad \Delta H^0 = -21 kJ/mol$$

$$CH_3CH_2CH_3 + :\ddot{Cl}\cdot \longrightarrow \underset{\textbf{1-Methylethyl-(Isopropyl-)radikal}}{CH_3\dot{C}HCH_3} + H\ddot{Cl}: \quad \Delta H^0 = -35.6 kJ/mol$$

Es ist schwierig, aufgrund dieser Unterschiede in DH^0 ein genaues Produktverhältnis vorauszusagen, da das Verhältnis nicht durch die unterschiedlichen Bildungsenthalpien des Propyl- und des 1-Methylethyl-(Isopropyl-)radikals, sondern durch die relativen Energien der Übergangszustände bestimmt ist. Da die Spezies in beiden Übergangszuständen nur teilweise radikalischen Charakter besitzen, spiegelt sich die unterschiedliche Stabilität der radikalischen Produkte nur in geringem Maße in den relativen Energien des Übergangszustandes wider. Daher beträgt die Energiedifferenz beider möglicher Übergangszustände nur etwa 4.2 kJ/mol (s. Abb. 3-12).

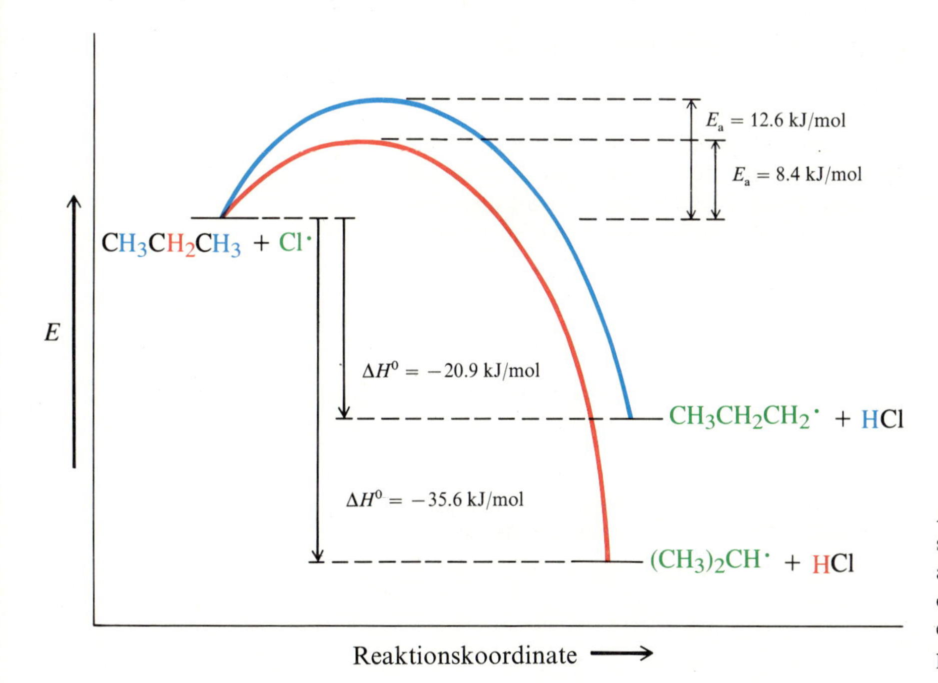

Abb. 3-12 Die Wasserstoffabspaltung durch ein Chloratom ist an einem sekundären Kohlenstoff des Propans exothermer und erfolgt schneller an als an einem primären Kohlenstoff.

Experimentell findet man bei 25 °C ein Produktverhältnis von 1-Chlorpropan zu 2-Chlorpropan von 43:57. Dies zeigt, daß bei der Bildung der Produkte statistische und thermodynamische Faktoren eine Rolle spielen.

Die *relative Reaktivität von sekundären und primären Wasserstoffatomen* können wir durch Eliminierung des statistischen Faktors im Produktverhältnis bestimmen. So steuert die Reaktion jedes der sechs primären Wasserstoffatome 43/6 = 7.2% der Gesamtausbeute an 1-Chlorpropan bei. Entsprechend ist jedes sekundäre Wasserstoffatom mit 57/2 = 28.5% an der Gesamtmenge von 2-Chlorpropan beteiligt. Das relative Reaktivitätsverhältnis sekundär: primär ist daher 28.5:7.2 = 4:1. Die sekundären Wasserstoffatome sind also bei der Chlorierung von Propan bei 25 °C viermal so reaktiv wie die primären.

Man ist nun leicht geneigt anzunehmen, daß generell *alle* sekundären Positionen in *allen* Radikalkettenreaktionen viermal so reaktiv wie die entsprechenden primären sind. Diese Verallgemeinerung ist allerdings nicht ganz richtig. Obwohl sekundäre Wasserstoffatome generell schneller als primäre reagieren, hängt ihre relative Reaktivität sehr stark von der Natur des angreifenden Radikals, X·, der Stärke der entstehenden H–X-Bindung und sogar von der Temperatur ab. So ergibt die Chlorierung von Propan bei 600 °C die statistisch zu erwartende Produktverteilung. Bei dieser Temperatur haben beide reagierenden Spezies soviel thermische Energie, daß fast jeder Zusammenstoß zur Reaktion führt. Man sagt, daß das Chloratom bei höheren Temperaturen weniger selektiv ist, und die Produktverteilung allein von statistischen Faktoren abhängt. Bei niedrigen Temperaturen und damit geringeren thermischen Energien ist die Selektivität größer.

Übung 3-6

Welche Produkte entstehen bei der Monochlorierung von Butan? Welches Produktverhältnis ergibt sich bei 25 °C?

Tertiäre C–H-Bindungen sind reaktiver als sekundäre

Als nächstes wollen wir die relative Reaktivität eines *tertiären* Wasserstoffs bei der Chlorierung von Alkanen untersuchen. Zu diesem Zweck unterwerfen wir 2-Methylpropan, ein Molekül mit neun primären und einem tertiären Wasserstoff, bei 25 °C den Bedingungen einer radikalischen Chlorierung. Wir erhalten dabei 2-Chlor-2-methylpropan (*tert*-Butylchlorid) und 1-Chlor-2-methylpropan im Produktverhältnis 36:64.

$$Cl_2 + (CH_3)_3C{-}H \xrightarrow{h\nu} ClCH_2{-}CH(CH_3)_2 + (CH_3)_3C{-}Cl + HCl$$

1-Chlor-2-methylpropan (Isobutylchlorid) | **2-Chlor-2-methylpropan (*tert*-Butylchlorid)**

erwartetes statistisches Verhältnis	9	:	1
erwartetes Reaktivitätsverhältnis der C–H-Bindungen	weniger reaktiv	:	reaktiver
experimentelles Verhältnis (25 °C)	64	:	36
experimentelles Verhältnis (600 °C)	80	:	20

Unter Berücksichtigung, daß neun primäre einem tertiären Wasserstoff gegenüberstehen, erhalten wir eine relative Reaktivität von primär:tertiär = 64/9:36/1 = 1:5.1. Diese Selektivität wird wiederum bei höheren Temperaturen kleiner. Bei 25 °C ergibt sich folgende Reaktivitätsreihe der verschiedenen C—H-Bindungen für die radikalische Chlorierung:

$$\text{tertiär : sekundär : primär} = 5:4:1$$

Dieses Verhältnis sollte man auch aufgrund der Bindungsenergien erwarten. Die tertiäre C—H-Bindung ist schwächer als die sekundäre und diese wiederum schwächer als die primäre.

Die Reihenfolge läßt sich durch Untersuchung der unterschiedlichen Reaktivität der Wasserstoffe in einem einzigen Substrat, 2-Methylbutan, nachprüfen. Dieses Molekül enthält neun primäre, zwei sekundäre und einen tertiären Wasserstoff. Da sich die neun primären Wasserstoffatome noch in zwei Gruppen (eine Gruppe von sechs und eine von drei) unterteilen lassen, ergibt die Reaktion mit Chlor insgesamt vier verschiedene Monochlorierungsprodukte.

$$Cl_2 + CH_3{-}CH(CH_3){-}CH_2{-}CH_3 \xrightarrow[-HCl]{h\nu}$$

$$ClCH_2{-}CH(CH_3){-}CH_2{-}CH_3 + CH_3{-}CH(CH_3){-}CH_2{-}CH_2Cl + CH_3{-}CH(CH_3){-}CHCl{-}CH_3 + CH_3{-}CCl(CH_3){-}CH_2{-}CH_3$$

27%	14%	36%	23%
1-Chlor-2-methylbutan	**1-Chlor-3-methylbutan**	**2-Chlor-3-methylbutan**	**2-Chlor-2-methylbutan**

Die gesamte Ausbeute an beiden primären Halogeniden beträgt 41% (1-Chlor-2-methylbutan plus 1-Chlor-3-methylbutan), zu 36% bildet sich das sekundäre, zu 23% das tertiäre Halogenid. Wir erhalten daher:

$$\text{primäres : sekundäres : tertiäres Halogenid} = 41:36:23$$

relative Reaktivität:

$$\text{primär : sekundär : tertiär} = 41/9 : 36/2 : 23/1 = 1:4:5$$

Dies entspricht genau unseren Erwartungen.

Übung 3-7

Geben Sie die Produkte und das Produktverhältnis der Monochlorierung von Methylcyclohexan bei 25 °C an.

Zusammenfassend gilt: Die relative Reaktivität von primären, sekundären und tertiären Wasserstoffatomen entspricht dem Trend, den man aufgrund der Bindungsenergien der unterschiedlichen C—H-Bindungen erwarten sollte. Relative Reaktivitätsverhältnisse berechnet man durch Eliminierung von statistischen Faktoren. Diese Verhältnisse sind temperaturabhängig, die Selektivität ist bei niedrigen Temperaturen größer.

3.7 Die Selektivität der Halogenierung von Alkanen mit Fluor und Brom

Wie groß ist die Selektivität der anderen Halogene bei der radikalischen Halogenierung? Können wir ähnliche Reaktivitätsunterschiede erwarten? Wie wir in diesem Abschnitt sehen, kann unsere frühere Beobachtung, daß gesteigerte Reaktivität Hand in Hand mit geringerer Selektivität geht, verallgemeinert werden.

Wie aus Tab. 3-6 ersichtlich, ist das Fluoratom in der Reihe der Halogene am reaktivsten, bei der Wasserstoffabspaltung aus Methan zur Bildung der starken H–F-Bindung wird ein Energiebetrag von −125 kJ/mol frei. Aus diesem stark negativen ΔH^0 ergibt sich ein früher Übergangszustand und eine geringe Aktivierungsenergie. Das Bromatom ist auf der anderen Seite weitaus weniger reaktiv, wir finden für denselben Schritt ein positives ΔH^0 von +31.2 kJ/mol, eine große Aktivierungsenergie ($E_a = 79.5$ kJ/mol) und einen späten Übergangszustand. Ergibt sich hieraus ein Unterschied in der Selektivität?

Die Antwort auf diese Frage folgt aus den Ergebnissen der Reaktion von 2-Methylpropan mit Fluor bzw. Brom. Die einfache Fluorierung ergibt bei 25 °C die beiden möglichen Produkte 2-Fluor-2-methylpropan (*tert*-Butylfluorid) und 1-Fluor-2-methylpropan (Isobutylfluorid) im Verhältnis 14:86. Auf der anderen Seite erhält man bei der Bromierung derselben Verbindung fast ausschließlich das tertiäre Bromid. Sogar bei 98 °C ergibt sich aus dem Produktverhältnis eine relative Reaktiviät von 6300:1.

$$F_2 + (CH_3)_3CH \xrightarrow{h\nu} (CH_3)_3CF + FCH_2-C(CH_3)_2-H + HF$$

14% **2-Fluor-2-methylpropan (*tert*-Butylfluorid)**

86% **1-Fluor-2-methylpropan (Isobutylfluorid)**

Relative Reaktivität, tertiär : primär = 1.4 : 1 (bei 25 °C)

$$Br_2 + (CH_3)_3CH \xrightarrow{h\nu} (CH_3)_3CBr + BrCH_2-C(CH_3)_2-H + HBr$$

>99% **2-Brom-2-methylpropan (*tert*-Butylbromid)**

<1% **1-Brom-2-methylpropan (Isobutylbromid)**

Relative Reaktivität, tertiär : primär = 6300 : 1 (bei 98 °C)

Daraus läßt sich schließen, daß Reaktivität und Selektivität bei der radikalischen Halogenierung in einem *umgekehrten Verhältnis* zueinander stehen. Die reaktiveren Halogene Fluor und Chlor unterscheiden weniger zwischen den verschiedenen Typen von C–H-Bindungen als das weniger reaktive Brom. Tabelle 3-7 faßt diese Ergebnisse noch einmal zusammen.

Tabelle 3-7 Relative Reaktivitäten der Halogenatome mit C–H-Bindungen von Alkanen

		CH_3–H	RCH_2–H	R_2CH–H	R_3C–H
F·	(25 °C, Gas)	0.5	1	1.2	1.4
Cl·	(25 °C, Gas)	–	1	4	5
Cl·	(100 °C, Flüssigkeit)	–	1	2.0	3.0
Br·	(98 °C, Gas)	–	1	250	6300
Br·	(150 °C, Gas)	0.002	1	80	1700

3.8 Synthetische Bedeutung der radikalischen Halogenierung

Welche Überlegungen muß man bei der Entwicklung einer erfolgreichen Methode zur Alkan-Halogenierung anstellen? Man muß auf Selektivität, leichte Durchführbarkeit, Effektivität und den Preis achten.

Fluorierungen sind aus mehreren Gründen unattraktiv. Fluor ist relativ teuer, korrosiv, und, was wahrscheinlich noch schlimmer ist, recht unselektiv und gefährlich reaktiv. Zur Kontrolle von Fluorierungen sind besondere Bedingungen erforderlich. Andererseits lassen sich radikalische Iodierungen nicht durchführen, weil sie thermodynamisch ungünstig sind.

Im Gegensatz dazu spielt die radikalische Chlorierung, insbesondere in der Industrie, eine wichtige Rolle, und dies aus dem einfachen Grund, weil Chlor billig ist. Chlor wird fast ausschließlich durch Elektrolyse von Natriumchlorid dargestellt. Die Schwierigkeit bei der Verwendung von Chlor zur Halogenierung liegt in der relativ geringen Selektivität des Prozesses, wodurch Isomerengemische entstehen, die schwierig zu trennen sind. Manchmal umgeht man dieses Problem, indem man Alkane verwendet, die nur einen Typ von Wasserstoffatomen enthalten, so daß (zumindestens am Anfang) nur ein Produkt entsteht. Ein Beispiel ist Cyclopentan:

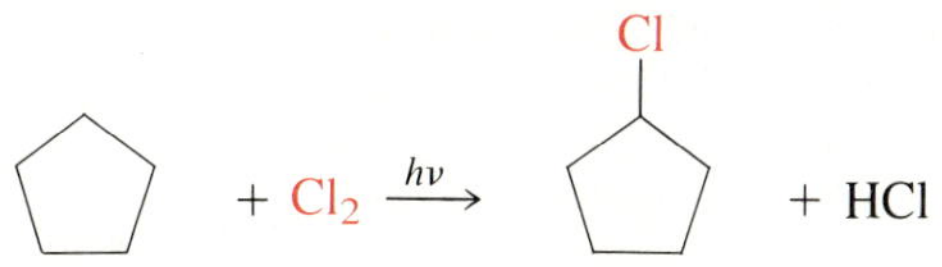

Cyclopentan + Cl_2 $\xrightarrow{h\nu}$ Chlorcyclopentan + HCl

Cyclopentan **Chlorcyclopentan**

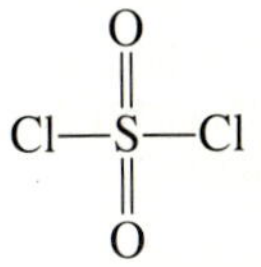

Sogar in solchen Fällen kann das Ergebnis der Reaktion durch Mehrfachsubstitution kompliziert werden. Da jedoch die Produkte der Mehrfachchlorierung gewöhnlich höhere Siedepunkte haben (mit jedem zusätzlichen Chloratom steigt der Siedpunkt des Halogenalkans um ca. 60 °C an), lassen sie sich destillativ trennen.

Im Industriemaßstab werden Alkane in großen Reaktionsgefäßen chloriert, die mit hochentwickelten Kontrollinstrumenten ausgestattet sind, um eine einfache und sichere Handhabung zu ermöglichen. In Forschungslaboratorien versucht man die Verwendung von Chlorgas möglichst zu vermeiden, da es stark giftig und korrosiv und relativ schwierig genau abzuwiegen ist. Für den Gebrauch im Labor sind verschiedene

$Cl-SO_2-Cl$

Sulfurylchlorid
(Sdp. 69 °C)

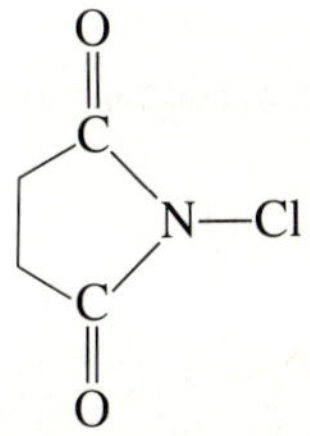

N-Chlorbutanimid
(N-Chlorsuccinimid)
(Smp. 148 °C)

Chlorierungsmittel entwickelt worden, die denselben Zweck erreichen, aber leichter und genauer handhabbar sind. Diese Verbindungen sind gewöhnlich Flüssigkeiten oder Feststoffe, wie Sulfurylchlorid, SO_2Cl_2, und *N*-Chlorbutanimid (*N*-Chlorsuccinimid, NCS).

Beispiele:

Cyclohexan + SO_2Cl_2 $\xrightarrow{\text{Radikal-Initiator}}$ Chlorcyclohexan + SO_2 + HCl

57%
Chlorcyclohexan

Reaktion mit NCS

RH + NCS $\xrightarrow{CCl_4,\ \text{Radikal-Initiator}}$ RCl + Succinimid

Butanimid (Succinimid)

Bei der Verwendung von Sulfurylchlorid oder NCS als Chlorierungsmittel müssen katalytische Mengen eines Radikalstarters (Initiators) verwendet werden. Dies ist aufgrund der relativ hohen Dissoziationsenergie der Cl-SO_2Cl-Bindung (etwa 264 kJ/mol) im Vergleich zu der Cl_2-Bindung, wodurch eine thermische oder photolytische Spaltung erschwert wird, erforderlich. Der Radikal-Initiator spielt bei diesen Chlorierungen die Rolle des Lichts.

Kasten 3-6

Initiatoren von Radikalreaktionen

Als Initiatoren von radikalischen Reaktionen werden häufig die Moleküle 2,2′-Azodi(2-methylpropannitril), auch Azobisisobutyronitril oder AIBN genannt, und Dibenzoylperoxid benutzt. (Die letztere Verbindung ist der wirksame Bestandteil einiger Aknecremes.) Beide Initiatormoleküle spalten leicht unter Bildung von Radikalen auf, die mit SO_2Cl_2 reagieren. Die Wellenlinien bei den unten angegebenen Strukturen zeigen die Bindungen an, die bevorzugt aufbrechen.

$$CH_3-C(CN)(CH_3)-\ddot{N}=\ddot{N}-C(CN)(CH_3)-CH_3 \xrightarrow{\Delta} 2\ CH_3-\dot{C}(CN)(CH_3) + :N{\equiv}N:$$

2,2′-Azodi(2-methylpropannitril) — **2-Cyano-2-propylradikal**

$$C_6H_5-C(=O)-\ddot{\underset{..}{O}}-\ddot{\underset{..}{O}}-C(=O)-C_6H_5 \xrightarrow{\Delta} 2\ C_6H_5-C(=O)-\ddot{\underset{..}{O}}\cdot \longrightarrow 2\ C_6H_5\cdot + 2\ CO_2$$

Dibenzoylperoxid — **Phenylradikal**

Übung 3-8

Schlagen Sie einen Mechanismus für die radikalische Chlorierung eines Alkans RH mit (a) SO_2Cl_2 und (b) *N*-Chlorbutanimid vor. Geben Sie deutlich die Start-, Kettenfortpflanzungs- und Abbruchsschritte an.

Übung 3-9

Welche der folgenden Verbindungen ergeben mit vernünftiger Selektivität ein Monochlorierungsprodukt: Propan, 2,2-Dimethylpropan, Cyclohexan, Methylcyclohexan?

Im Labor verwendet man bevorzugt Brom als Halogenierungsmittel für Alkane, weil es selektiver und, da es flüssig ist, leichter handzuhaben ist. Als Lösungsmittel werden häufig Chlorierungsprodukte des Methan (CCl_4, $CHCl_3$, CH_2Cl_2) benutzt, die gegenüber Brom vergleichsweise reaktionsträge sind.

Brom erhält man aus wäßrigen Natriumbromid-Lösungen, die in natürlichen Solen vorkommen, durch Behandeln mit Chlor. Hierbei entstehen Natriumchlorid und Brom. Die Bromdämpfe werden im Luftstrom ausgewaschen und dann kondensiert. In der Industrie findet Brom aufgrund seines höheren Preises und seiner größeren molaren Masse weniger Verwendung. Ein anderes verbreitetes Bromierungsmittel ist *N*-Brombutanimid (*N*-Bromsucinimid, NBS, s. Abschn. 14.2), ein Analogon zum NCS.

Fassen wir noch einmal zusammen: Trotz seines höheren Preises ist Brom das Reagenz der Wahl für selektive radikalische Halogenierungen. Ein festes Bromierungsmittel ist *N*-Brombutanimid, das, ebenso wie *N*-Chlorbutanimid, einen Radikal-Initiator zum Start der Reaktion erfordert. Entsprechend läßt sich auch Sulfurylchlorid als flüssiges Chlorierungsmittel verwenden.

Zusammenfassung

1 Den zur homolytischen Spaltung einer Bindung erforderlichen Enthalpiebetrag bezeichnet man als Bindungsdissoziationsenergie, DH^0. Bei der Homolyse einer Bindung entstehen Radikale.

2 Die Dissoziationsenergie der C–H-Bindung nimmt in der Gruppe der Alkane in der Reihenfolge

$$CH_3{-}H > RCH_2{-}H > R_2CH{-}H > R_3C{-}H$$

ab, da die Stabilität von Alkylradikalen in der Reihe

$$CH_3\cdot < RCH_2\cdot < R_2CH\cdot < R_3C\cdot$$

zunimmt. Dies kommt durch eine steigende Stabilisierung durch Hyperkonjugation zustande.

3 Katalysatoren, wie Zeolithe oder metallische Oberflächen beschleunigen die Einstellung des Gleichgewichts zwischen Ausgangs- und Endstoffen. Ein Beispiel hierfür ist die Umlagerung von Kohlenwasserstoffen (Reforming).

4 Durch Vergleich des bei der Verbrennung freiwerdenden Wärmebetrags, der Verbrennungsenthalpie, ΔH^0_{Verb}, zweier Verbindungen (z. B. isomerer Alkane) läßt sich deren relative Stabilität abschätzen.

5 Als Standardbildungsenthalpie ΔH_f^0 einer Verbindung bezeichnet man den Enthalpiebetrag, der bei der Darstellung dieser Verbindung aus den sie aufbauenden Elementen unter Standardbedingungen frei wird oder aufgebracht werden muß. Auch durch Vergleich der Standardbildungsenthalpien zweier Verbindungen läßt sich ihre relative Stabilität abschätzen.

6 Nach dem Heßschen Satz kann man aus der bekannten Bildungs- oder Verbrennungsenthalpie einer Verbindung mit Hilfe der tabellierten Bildungsenthalpien von Wasser und Kohlendioxid die andere Größe berechnen.

7 Alkane reagieren mit Halogenen (außer Iod) über einen Radikalkettenmechanismus zu Halogenalkanen. Der Mechanismus besteht aus einer Startreaktion, bei der ein Halogenatom gebildet wird, zwei Fortpflanzungsschritten und verschiedenen Abbruchsreaktionen.

8 Der erste Kettenfortpflanzungsschritt ist geschwindigkeits- und produktbestimmend. In diesem Schritt wird ein Wasserstoffatom aus der Alkankette abgespalten, wobei ein Alkylradikal und HX entstehen. Die Reaktivität der Halogene steigt von I_2 bis F_2 an, in derselben Reihenfolge nimmt die Selektivität ab. Auch mit Zunahme der Temperatur wird die Selektivität geringer.

9 Die relative Reaktivität der verschiedenen Typen von C–H-Bindungen läßt sich durch Eliminieren von statistischen Faktoren berechnen. Bei identischen Bedingungen ergibt sich folgende Reihenfolge

$CH_4 <$ primäre C–H-Bindung $<$ sekundäre C–H-Bindung $<$ tertiäre C–H-Bindung

Bei der radikalischen Chlorierung der Alkane ergibt sich bei 25 °C für die relative Reaktivität von primären : sekundären : tertiären Wasserstoffatomen ein Verhältnis 5:4:1. Bei Fluorierungen findet man etwa 1.4:1.2:1, bei Bromierungen bei 98 °C 6300:250:1.

10 Im Labor werden häufig andere Halogenierungsmittel als die Halogene selbst verwendet. Beispiele hierfür sind Sulfurylchlorid, SO_2Cl_2, und *N*-Chlor- sowie *N*-Brombutanimid.

Aufgaben

1 Kennzeichnen Sie in den folgenden Verbindungen die primären, sekundären und tertiären Wasserstoffatome.

(a) $CH_3CH_2CH_3$

(b) $CH_3CH_2CH_2CH_3$

(c) CH_3 (Methylcyclopentan)

(d) $H_3C-C(CH_3)_2-CH_3$

(e) $(H_3C)_2CHCH_2CH_3$

2 Schreiben Sie alle Produkte auf, die Ihrer Meinung nach beim pyrolytischen Cracken von Propan entstehen. Nehmen Sie an, daß die einzige Startreaktion der Bruch einer C–C-Bindung ist.

3 Beantworten Sie die Frage aus Aufgabe 2 für (a) Butan und (b) 2-Methylpropan. Benutzen Sie Tab. 3-2 um zu bestimmen, welche Bindungen wahrscheinlich homolytisch gespalten werden und nehmen Sie diesen Bindungsbruch als Startreaktion.

4 Erwarten Sie, daß Hyperkonjugation

(a) $CH_3CH_2^+$ relativ zu CH_3^+
(b) $CH_3CH_2^-$ relativ zu CH_3^-

stabilisiert?

5 Berechnen Sie mit Hilfe der Daten aus Abschn. 3-4 ΔH_f^0 von Cyclohexan (flüssig), Ethanol (gasförmig) und Saccharose (fest).

6 Die Verbrennungsenthalpien einiger organischer Verbindungen sind im folgenden angegeben. Berechnen Sie für jede von ihnen ΔH_f^0.

(a) C_6H_6, Benzol (Struktur s. Abschn. 2.1), −3270.0 kJ/mol
(b) C_3H_6O, Propanon (Aceton, Struktur s. Abschn. 15.1), −1791.6 kJ/mol
(c) C_3H_6O, Propanal (Struktur s. Abschn. 15.1), −1817.6 kJ/mol

7 Geben Sie aufgrund Ihrer Ergebnisse von Aufgabe 6 an, welches Isomer der Formel C_3H_6O stabiler ist, Propanon (Aceton) oder Propanal?

8 Berechnen Sie mit Hilfe Ihrer Ergebnisse von Übung 3-3 und Aufgabe 5 ΔH^0 für die hypothetische Reaktion

$$2\ \text{Cyclopropan} \longrightarrow \text{Cyclohexan}$$

9 Berechnen Sie ΔH^0 für die Reaktion von Ethin (Acetylen, $HC{\equiv}CH$) mit Wasserstoff zu Ethan.

10 Gebläsebrenner, wie sie Glasbläser verwenden, werden mit Erdgas betrieben. Beim Schweißen, wo man wesentlich höhere Temperaturen braucht, verwendet man häufig Ethin (Acetylen, $HC{\equiv}CH$).

(a) Schreiben Sie eine mit den richtigen Koeffizienten versehene Reaktionsgleichung für die Verbrennung von Ethin und berechnen Sie aus den Daten von Abschn. 3.4 seine Verbrennungsenthalpie.
(b) Vergleichen Sie Ihr Ergebnis mit der Verbrennungsenthalpie von Propan – sowohl die molare Verbrennungsenthalpie wie die pro Gramm (spezifische Größe). Läßt sich hiermit die heißere Flamme von Ethin erklären?

11 In Abschnitt 3.4 haben wir gezeigt, wie sich ΔH_f von Methan aus dessen Verbrennungsenthalpie und den gegebene ΔH_f-Werten von gasförmigem H_2O und CO_2 berechnen läßt. Stellen Sie sich vor, daß anstelle der Bildungsenthalpien von H_2O und CO_2 die Verbrennungsenthalpien von Kohlenstoff und Wasserstoff gegeben wären. Wie würden Sie daraus ΔH_f von Methan berechnen?

12 Ein hypothetischer alternativer Mechanimus für die Halogenierung von Methan hat die folgenden Fortpflanzungsschritte:

$$(1)\ X\cdot + CH_4 \longrightarrow CH_3X + H\cdot$$

$$(2)\ H\cdot + X_2 \longrightarrow HX + X\cdot$$

(a) Berechnen Sie mit Hilfe der tabellierten DH^0 oder ΔH_f-Werte ΔH^0 für beide Schritte bei allen Halogenen.
(b) Vergleichen Sie Ihre ΔH^0-Werte mit denen des anerkannten Mechanismus (s Tab. 3-6). Meinen Sie, daß der hypothetische Mechanismus eine echte Alternative für den etablierten darstellt?

13 Formulieren Sie einen Mechanismus für die radikalische Bromierung von Benzol, C_6H_6 (Struktur s. Abschn. 2.1). Nehmen Sie ähnliche Kettenfortpflanzungsschritte wie bei der Halogenierung der Alkane an (s. Abschn. 3.5 bis 3.7). Berechnen Sie ΔH^0 für jeden Schritt und für die gesamte Reaktion. Vergleichen Sie die Thermodynamik dieser Reaktion mit der Bromierung anderer Kohlenwasserstoffe. [($DH^0(C_6H_5-H) = 465$ kJ/mol; $DH^0(C_6H_5-Br) = 339$ kJ/mol].

14 Gibt man zu einer Halogenierungsreaktion bestimmte Stoffe, sogenannte Radikalinhibitoren, hinzu, kommt die Reaktion zum Stillstand. Ein Beispiel ist die Inhibierung der Methan-Chlorierung durch I_2. Erklären Sie, wie es dazu kommt. (Hinweis: Berechnen Sie ΔH^0 für die möglichen Reaktionen der verschiedenen Spezies, die in dem System mit I_2 vorliegen und schätzen Sie die Reaktivität dieser Produkte im weiteren Verlauf der Reaktion ab.)

15 Berechnen Sie ΔH^0 für die folgenden möglichen Reaktionen.

(a) $H_2 + F_2 \longrightarrow 2\,HF$
(b) $H_2 + Cl_2 \longrightarrow 2\,HCl$
(c) $H_2 + Br_2 \longrightarrow 2\,HBr$
(d) $H_2 + I_2 \longrightarrow 2\,HI$
(e) $(CH_3)_3CH + F_2 \longrightarrow (CH_3)_3CF + HF$
(f) $(CH_3)_3CH + Cl_2 \longrightarrow (CH_3)_3CCl + HCl$
(g) $(CH_3)_3CH + Br_2 \longrightarrow (CH_3)_3CBr + HBr$
(h) $(CH_3)_3CH + I_2 \longrightarrow (CH_3)_3CI + HI$

16 Geben Sie die Hauptprodukte der folgenden Reaktionen an, falls es überhaupt zu einer Reaktion kommt.

(a) $CH_3CH_3 + I_2 \xrightarrow{\Delta}$

(b) $CH_3CH_2CH_3 + F_2 \longrightarrow$

(c) $CH_3CH(CH_3)—CH_2—C(CH_3)_2CH_3 + Cl_2 \xrightarrow{h\nu}$

(d) $CH_3CH(CH_3)—CH_2—C(CH_3)_2CH_3 + Br_2 \xrightarrow{h\nu}$

(e) Methylcyclopentan $+ Br_2 \xrightarrow{\Delta}$

17 Berechnen Sie die Produktverhältnisse bei den Reaktionen aus Übungsaufgabe 16. Benutzen Sie die Daten für die relative Reaktivität von F_2 und Cl_2 bei 25 °C und für Br_2 bei 150 °C (s. Tab. 3-7).

18 Bei welchen der Reaktionen aus Aufgabe 16 entsteht das Hauptprodukt mit vernünftiger Selektivität (welche der Reaktionen sind brauchbare „synthetische Methoden“)?

19 Stellen Sie sich vor, Sie erhitzen eine gasförmige Mischung aus CH_3I und HI. Was werden Sie am wahrscheinlichsten erhalten? Schlagen Sie einen detaillierten Mechanismus vor und berechnen Sie für jeden Schritt ΔH^0. (Hinweis: Beginnen Sie mit dem Bruch der schwächsten Bindung innerhalb der Ausgangsstoffe und prüfen Sie dann, welche Radikalkettenreaktionen folgen könnten.)

20 Sagen Sie das Hauptprodukt (die Hauptprodukte) der radikalischen Bromierung der folgenden Verbindungen (angegeben ist der Trivialname) voraus. Geben Sie alle Reaktionen an, bei denen das Hauptprodukt mit vernünftiger Selektivität entsteht. Alle gezeigten Kohlenwasserstoffe leiten sich von Molekülen aus der Naturstoffklasse der Terpene ab (s. Abschn. 4.7).

(a) H_3C—[Cyclohexan]—$CH(CH_3)_2$
(Menthan)

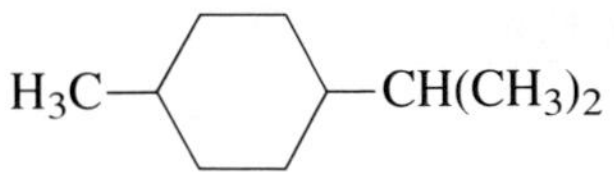

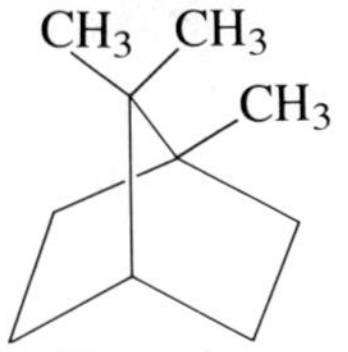

(b) CH_3, CH_3, $CH(CH_3)_2$
(Pseudoguajan)

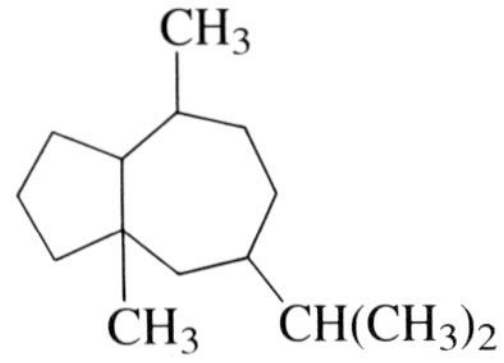

(c) CH_3 CH_3 CH_3
(Bornan)

(d) CH_3, $(CH_3)_2CH$, CH_3
(Eudesman)

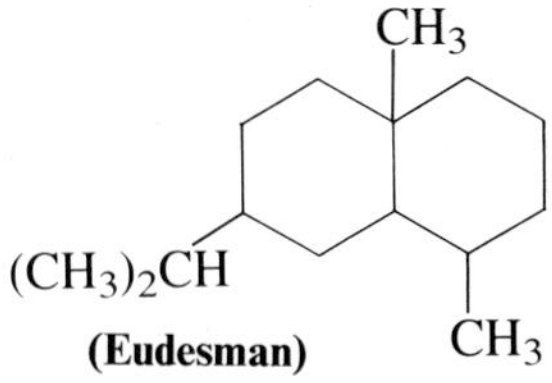

21 Das Molekül mit dem Trivialnamen *para*-Cymol ist ein Verwandtes der Terpene und läßt sich leicht durch eine Fülle von Reagenzien halogenieren.

(a) Geben Sie das Hauptprodukt der Reaktion von *para*-Cymol mit (i) SO_2Cl_2 und (ii) *N*-Brombutanimid, beide Male in Gegenwart von Dibenzoylperoxid, an. Die nötigen Informationen können Sie Aufgabe 13 entnehmen.
(b) Formulieren Sie einen detaillierten Mechanismus für die Reaktion von *para*-Cymol mit *N*-Brombutanimid (vergl. Übung 3-8).

22 Methanol (CH_3OH) und 2-Methoxy-2-methylpropan [*tert*-Butylmethylether, $(CH_3)_3COCH_3$], die als Kraftstoffadditive verwendet werden, haben im gasförmigen Zustand folgende Standardbildungsenthalpien: -201.4 kJ/mol für Methanol und -295.6 kJ/mol für 2-Methoxy-2-methylpropan.

(a) Formulieren Sie abgeglichene Reaktionsgleichungen für die vollständige Verbrennung beider Verbindungen zu CO_2 und H_2O.
(b) Berechnen Sie für beide ΔH^0_{Verb}.
(c) Vergleichen Sie anhand von Tab. 3-4 die Verbrennungsenthalpien dieser Verbindungen mit denen von Alkanen mit ähnlicher molarer Masse.

23 Typische Kohlenwasserstoff-Kraftstoffe (z. B. 2,2,4-Trimethylpentan, der Hauptbestandteil des Benzins) haben sehr ähnliche *Brennwerte* (als Brennwert bezeichnet man die auf 1 g *Substanz* bezogene Verbrennungsenthalpie, s. Aufgabe 10).

(a) Berechnen Sie den Brennwert einiger Kohlenwasserstoffe aus Tabelle 3-4.
(b) Führen Sie dieselbe Berechnung für Ethanol (s. Tab. 3-4) und für die beiden Verbindungen aus Übungsaufgabe 22 durch.
(c) Ein Auto, dessen Motor anstelle von Benzin mit Ethanol angetrieben wird (an brasilianischen Tankstellen ist tatsächlich Ethanol erhältlich), hat einen um etwa 40% höheren Kraftstoffverbrauch pro Kilometer. Stimmt diese Abschätzung mit den Ergebnissen von Teil **a** und **b** überein? Was läßt sich generell über die Eignung von sauerstoffhaltigen Molekülen als Kraftstoff im Vergleich zu Kohlenwasserstoffen sagen?

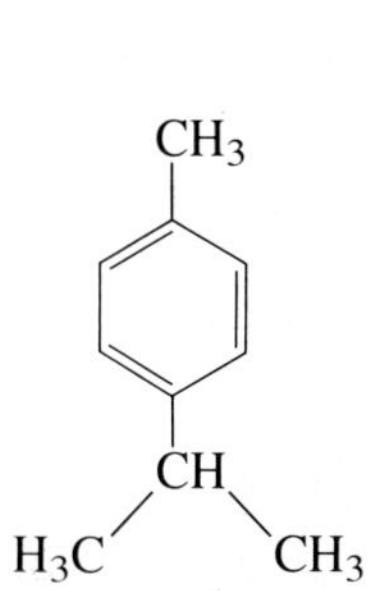

CH_3, CH, H_3C, CH_3

1-Methyl-4-(1-methylethyl)-benzol
(*para*-Cymol)

24 In Abb. 3-12 werden die Reaktionen von Cl· mit den primären und sekundären Wasserstoffatomen im Propan verglichen. Zeichnen Sie ein ähnliches Diagramm für die Reaktion von Br· mit den primären und sekundären Wasserstoffatomen des Propans. Benutzen Sie dafür die in der Randspalte angegebenen Daten und beantworten Sie die folgenden Fragen.

(a) Berechnen Sie ΔH^0 für die Abspaltung der primären und der sekundären Wasserstoffatome.
(b) Welchen Übergangszustand würden Sie als „früh", welchen als „spät" bezeichnen.
(c) Schätzen Sie aus der Lage der Übergangszustände auf der Reaktionskoordinate ab, ob sie einen stärker oder weniger ausgeprägten radikalischen Charakter als die entsprechenden Übergangszustände der Chlorierung besitzen (s. Abb. 3-12).
(d) Stimmt Ihre Antwort zu Teil **c** mit den Selektivitätsunterschieden zwischen Cl· und Br· bei der Reaktion mit Propan überein? Geben Sie eine Erklärung dafür.

	ΔH_f^0 kJ/mol
$CH_3CH_2CH_3$	−103.8
$CH_3CH_2CH_2\cdot$	+96
$CH_3\dot{C}HCH_3$	+75
HBr	−36.4
Br·	−111.8

E_a für Br· + primäre C−H-Bindung ca. 54 kJ/mol
E_a für Br· + sekundäre C−H-Bindung ca. 42 kJ/mol

4 Cyclische Alkane

In diesem Kapitel besprechen wir die Namen, physikalischen Eigenschaften, die Struktur und die Konformationsisomerie der Cycloalkane. Anhand charakteristischer Mitglieder dieser Verbindungsklasse wiederholen wir einige der Prinzipien, die wir in Kapitel 2 bei den kettenförmigen Alkanen kennengelernt haben, und betrachten sie ausführlicher.

4.1 Namen und physikalische Eigenschaften der Cycloalkane

Zu Beginn wollen wir herausfinden, wie sich die Cycloalkane in ihren Namen und einfachen physikalischen Eigenschaften von ihren nicht cyclischen (auch als *acylisch* bezeichneten) Analogen mit derselben Anzahl von Kohlenstoffatomen unterscheiden.

Nomenklatur der Cycloalkane

Mit einem Molekülbaukasten können Sie ein Modell eines Cycloalkans konstruieren, indem sie zwei endständige Wasserstoffatome aus dem Modell eines geradkettigen Alkans entfernen und zwischen den beiden radikalischen Zentren eine neue Bindung knüpfen. Alle cylischen Alkane haben die empirische Formel C_nH_{2n}. Die Nomenklatur dieser Verbindungsklasse ist ganz einfach: Dem Namen des offenkettigen Alkans mit derselben Zahl von Kohlenstoffatomen wird einfach die Vorsilbe **cyclo** vorangesetzt. Drei Mitglieder der homologen Reihe sind, beginnend mit dem kleinsten, dem Cyclopropan, an Rand dargestellt. Dabei wurden die Moleküle einmal mit Hilfe der Kurzstrukturformel, einmal in der Strichschreibweise gezeichnet.

CH_2 / CH_2—CH_2

Cyclopropan

CH_2—CH_2 / CH_2—CH_2

Cyclobutan

CH_2 / CH_2 CH_2 / CH_2 CH_2 / CH_2

Cyclohexan

Übung 4-1

Bauen Sie Modelle für die Moleküle Cyclopropan bis Cyclododecan. Vergleichen Sie die Flexibilität der Konformation des Ringes innerhalb der Reihe und vergleichen Sie sie mit der Beweglichkeit der entsprechenden offenkettigen Alkane.

Bei der Benennung eines substituierten Cycloalkans müssen die einzelnen Kohlenstoffatome im Ring nur dann numeriert werden, wenn mehr als ein Substituent an den Ring gebunden ist. Bei monosubstituierten Systemen ist das Kohlenstoffatom, an das der Substituent gebunden ist, definitionsgemäß C-1. Bei mehrfach substituierten Verbindungen können die Kohlenstoffatome des Ringes prinzipiell entweder im oder gegen den Uhrzeigersinn numeriert werden. Die Numerierung sollte dann immer so erfolgen, daß die Substituenten an die Kohlenstoffatome mit möglichst niedriger Nummer gebunden sind. Sind zwei solche Numerierungsfolgen möglich, gibt die alphabetische Reihenfolge der Substituenten den Ausschlag. Radikale, die sich von den Cycloalkanen durch Abspaltung eines Wasserstoffatoms ableiten, nennt man **Cycloalkylradikale**. Sind zwei Cycloalkane über eine Bindung aneinander gebunden, wird der kleinere Ring als Substituent (als Cycloalkylgruppe), der größere als Stammverbindung aufgefaßt.

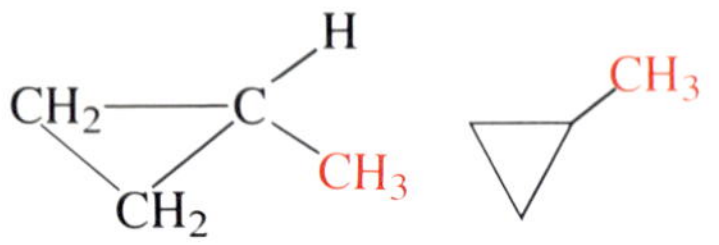

Methylcyclopropan

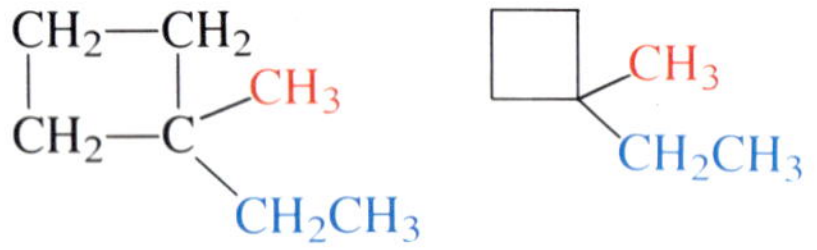

1-Ethyl-1-methylcyclobutan

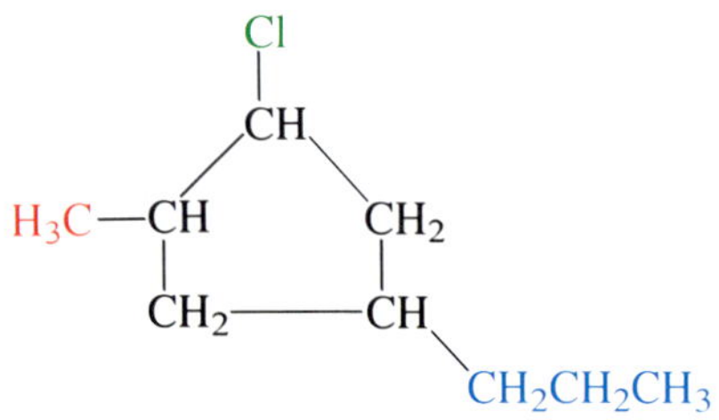

1-Chlor-2-methyl-4-propylcyclopentan
(nicht 1-Methyl-2-chlor-4-propylcyclopentan)

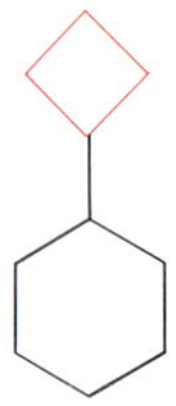

Cyclobutylcyclohexan

Untersucht man Molekülmodelle disubstituierter Cycloalkane, bei denen sich beide Substituenten an unterschiedlichen Kohlenstoffatomen befinden, genauer, so sieht man, *daß es in jedem Fall zwei mögliche Isomere gibt*. Bei einem Isomer liegen beide Substituenten auf derselben, beim anderen auf entgegengesetzten Seiten der Ringebene. Substituenten auf derselben Seite stehen **cis** (*cis*, lateinisch: diesseits), Substituenten auf entgegengesetzten Seiten **trans** (*trans*, lateinisch: jenseits) zueinander.

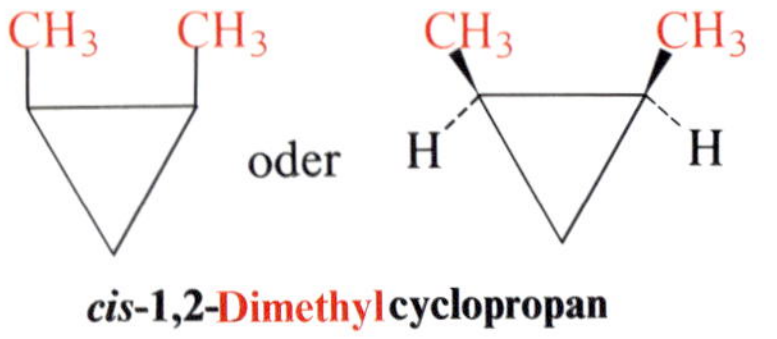

***cis*-1,2-Dimethylcyclopropan**

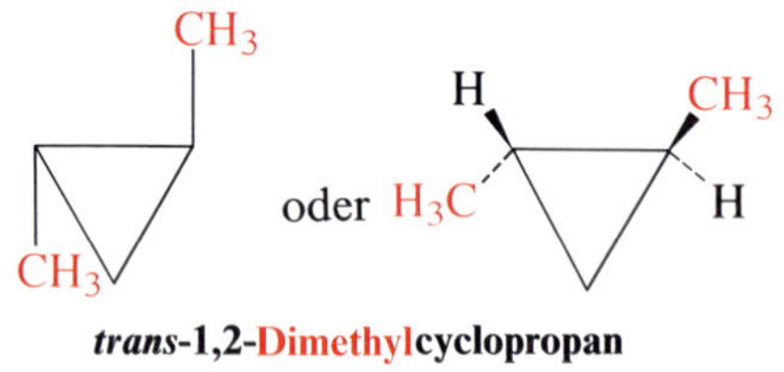

***trans*-1,2-Dimethylcyclopropan**

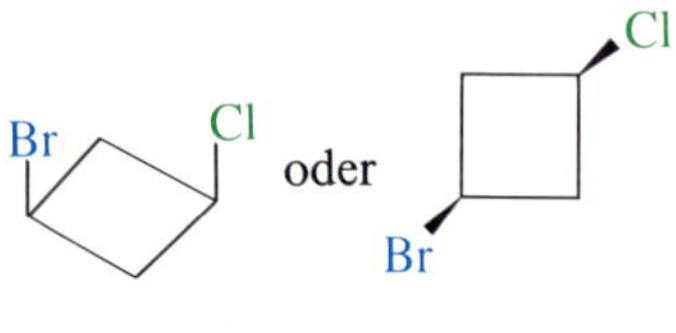

***cis*-1-Brom-3-chlorcyclobutan**

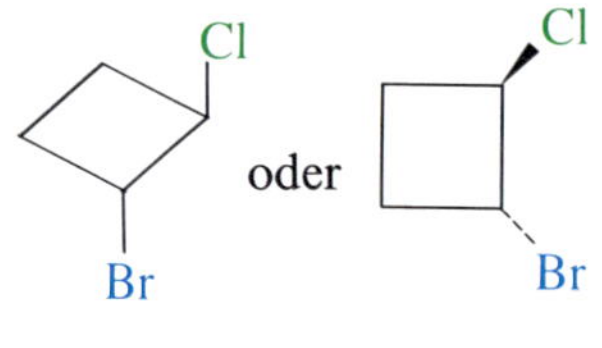

***trans*-1-Brom-2-chlorcyclobutan**

Cis- und trans-Isomere sind **Stereoisomere**. Dies sind Moleküle, die dieselbe Reihenfolge von Atomen und Bindungen besitzen, sich aber in der räumlichen Anordnung der gebundenen Atome oder Gruppen unterscheiden. Man muß sie von den Strukturisomeren (s. Abschn. 1.8 und 2.2) unterscheiden, bei denen die Reihenfolge der aneinander gebundenen Atome eine andere ist. Auf der anderen Seite sind Konformationsisomere (s. Abschn. 2.5) nach obiger Definition auch Stereoisomere. Sie lassen sich jedoch im Gegensatz zu cis/trans-Isomeren, die nur durch *Aufbrechen und Neuknüpfen von Bindungen* ineinander überführt werden können (versuchen Sie das mit Ihrem Modell), leicht durch *Drehung* um Bindungen miteinander ins Gleichgewicht bringen. Die Stereochemie wollen wir detallierter in Kapitel 5 diskutieren.

Zur Darstellung der dreidimensionalen Anordnung der Substituenten kann man wiederum Keilstrichformeln verwenden. Die Wasserstoffatome sind häufig nicht eingezeichnet. Da bei den Cycloalkanen neben Strukturisomerie auch noch cis/trans-Isomerie auftritt, sind eine Fülle von unterschiedlichen strukturellen Anordnungen bei derselben Summenformel möglich. So gibt es beispielweise acht isomere Brommethylcyclohexane (drei von ihnen sind im folgenden dargestellt), die sich alle in ihren physikalischen und chemischen Eigenschaften unterscheiden.

(Brommethyl)-cyclohexan | **1-Brom-1-methyl-cyclohexan** | ***cis*-1-Brom-2-methylcyclohexan**

Übung 4-2

Zeichnen Sie die Strukturen der übrigen fünf isomeren Brommethylcyclohexane und geben Sie ihre Namen an.

Physikalische Eigenschaften der Cycloalkane

Die physikalischen Eigenschaften einiger Cycloalkane sind in Tabelle 4-1 zusammengefaßt. Bemerkenswert ist, daß die cyclischen Alkane höhere Siede- und Schmelzpunkte und größere Dichten als die entsprechenden offenkettigen Verbindungen haben (s. Tab. 2-5). Der Grund hierfür liegt in den stärkeren London-Kräften, die in den starreren und symmetrische-

Tabelle 4-1 Physikalische Eigenschaften einiger Cycloalkane

	Sdp. / °C	Smp. / °C	Dichte bei 20 °C in g/mL
Cyclopropan	−32.7	−127.6	
Cyclobutan	−12.5	−50.0	0.720
Cyclopentan	49.3	−93.9	0.7457
Cyclohexan	80.7	6.6	0.7786
Cycloheptan	118.5	−12.0	0.8098
Cyclooctan	148.5	14.3	0.8349
Cyclododecan	160 (13 kPa)	64	0.861
Cyclopentadecan	110 (19 Pa[a])	66	0.860

[a] Sublimationspunkt.

ren cyclischen Systemen wirken können. Beim Vergleich der Schmelzpunkte der niederen Cycloalkane mit ungerader mit denen mit gerader Zahl von Kohlenstoffatomen fällt ein noch stärker alternierendes Verhalten als bei den offenkettigen Verbindungen auf. Dies wird Unterschieden in der Packungsdichte der Kristalle in beiden Reihen zugeschrieben.

Lassen Sie uns zusammenfassen: Die Namen der Cycloalkane leiten sich ganz einfach von den Namen der entsprechenden offenkettigen Verbindungen ab. Ist im Molekül ein einziger Substituent enthalten, bezeichnet man das Kohlenstoffatom, an das er gebunden ist, als C-1. Bei disubstituierten Cycloalkanen können, je nach der Stellung der Substituenten, cis- und trans-Isomere auftreten. Die einfachen physikalischen Eigenschaften ähneln denen der offenkettigen Alkane, nur liegen die Werte der Schmelz- und Siedepunkte sowie der Dichten bei den cyclischen Verbindungen mit gleicher Kohlenstoffzahl höher.

4.2 Ringspannung und die Struktur der Cycloalkane

Lassen Sie uns nun den Wärmeinhalt der Cycloalkane mit dem ihrer offenkettigen Analogen vergleichen.

Am besten überdenken Sie noch einmal Übung 4-1, bevor Sie mit diesem Abschnitt beginnen. Welche offensichtlichen Unterschiede zwischen Cyclopropan, Cyclobutan etc. und den entsprechenden offenkettigen Alkanen sind Ihnen beim Bauen der Molekülmodelle aufgefallen? Bei den beiden ersten Mitgliedern der Reihe fanden Sie es sicher sehr schwer, den Ring zu schließen, ohne die Plastikröhrchen, die die Bindungen darstellen, zu zerbrechen. Der Grund hierfür liegt im tetraedrischen Kohlenstoffmodell. Im Cyclopropan und im Cyclobutan weichen die C—C—C-Bindungswinkel erheblich vom Tetraederwinkel ab. Mit zunehmender Ringgröße wird der Unterschied kleiner. Cyclohexan läßt sich schon ohne Verdrehung oder Spannung zusammenbauen. Außerdem werden in den niederen Cycloalkanen die Wasserstoffatome in verdeckte (eclipsed) Konformationen gezwungen. Bei größeren Ringen können die Wasserstoffatome jedoch gestaffelte (staggered) Konformationen einnehmen.

Können wir aus diesen Beobachtungen irgendetwas über die relative Stabilität der Cycloalkane entnehmen? Wie groß ist z. B. ihre Standardbildungsenthalpie, ΔH_f^0? Wie werden in den kleineren Ringen die Verdrehungen am tetraedrischen Kohlenstoff ausgeglichen, die für diese Strukturen erforderlich sind? Wird die Konformation hierdurch beeinflußt? Dieser und der nächste Abschnitt sollen diese Fragen beantworten.

Die Bildungsenthalpien der Cycloalkane sind ein Hinweis auf das Vorliegen einer Ringspannung

In Abschnitt 3.4 haben wir Methoden beschrieben, mit denen sich der relative Wärmeinhalt der Alkane messen läßt. Eine dieser Methoden ist die Berechnung der Bildungsenthalpie aus den Elementen im Standardzustand (s. Tab. 3-5). Aus dieser Tabelle läßt sich entnehmen, daß der Wert von ΔH_f^0 in der homologen Reihe der offenkettigen Alkane von Verbindung zu Verbindung um etwa denselben Betrag ansteigt.

Die ΔH_f^0-Werte nehmen in der homologen Reihe der Alkane regelmäßig zu

$CH_3CH_2CH_3$	−103.8	23.5	
$CH_3CH_2CH_2CH_3$	−127.3		19.7 kJ/mol
$CH_3(CH_2)_3CH_3$	−147.0	20.1	
$CH_3(CH_2)_4CH_3$	−167.1		

Das Inkrement für jede zusätzliche CH_2-Gruppe beträgt etwa 21 kJ/mol. Bildet man den Mittelwert über eine große Zahl von Alkanen, läßt sich der Wert auf 21.6 kJ/mol verbessern. Da Cycloalkane die empirische Formel $(CH_2)_n$ haben, sollte ihre Bildungsenthalpie näherungsweise $n \times -21.6$ kJ/mol betragen (Tab. 4-2, Spalte 2). Vergleicht man diese Werte aber mit den tatsächlich gemessenen, (Tab. 4-2, Spalte 2) stellt man gravierende Unterschiede fest. So sollte ΔH_f^0 von Cyclopropan etwa − 64.8 kJ/mol betragen, experimentell findet man aber + 53.30 kJ/mol.

Tabelle 4-2 Berechnete und experimentell bestimmte Bildungsenthalpien einiger Cycloalkane in kJ/mol

Ringgröße (C_n)	$\frac{\Delta H_f^0}{\text{kJ/mol}}$ (berechnet)	$\frac{\Delta H_f^0}{\text{kJ/mol}}$ (gemessen)	gesamte Ringspannung in kJ/mol	Spannung pro CH_2-Gruppe
3	− 64.8	+ 53.2	118	39.3
4	− 86.4	+ 28.5	115	28.8
5	−108.0	− 77.0	31	6.2
6	−129.6	−123.5	6	1.0
7	−151.2	−118.1	33	4.7
8	−172.8	−124.3	48	6.0
9	−194.4	−132.7	62	6.9
10	−215.6	−154.5	61	6.1
11	−237.2	−179.6	58	5.2
12	−258.7	−230.3	28	2.3
17	−366.5	−364.7	2	0.2

Die berechneten Zahlen ergeben sich aus dem Wert − 21.6 kJ/mol pro CH_2-Gruppe.

Der Unterschied zwischen dem erwarteten und dem beobachteten Wert beträgt 118.2 kJ/mol und kommt aufgrund einer Eigenschaft des Cyclopropans, die Sie schon beim Zusammenbauen des Modells bemerkt haben, zustande: der **Ringspannung**. Die Spannung pro CH_2-Gruppe beträgt in dieser Verbindung 39.4 kJ/mol. Eine ähnliche Rechnung für Cyclobutan (s. Tab. 4-2) ergibt eine Ringspannung von 114.7 kJ/mol, 28.7 kJ/mol für jede CH_2-Gruppe. Beim Cyclopentan ist dieser Effekt weitaus schwächer, die gesamte Ringspannung beträgt nur 31 kJ/mol, der Cyclohexanring ist fast spannungsfrei. Bei den darauffolgenden Homologen treten jedoch wieder beträchtliche Spannungen auf. Nur die sehr großen Ringe haben spannungsfreie Strukturen. Aufgrund dieser Beobachtungen haben die organischen Chemiker die Cycloalkane grob in vier Gruppen eingeteilt:

1 *kleine Ringe* (Cyclopropan, Cyclobutan)
2 *normale Ringe* (Cyclopentan, Cyclohexan, Cycloheptan)
3 *mittlere Ringe* (acht bis zwölf Ringglieder)
4 *große Ringe* (dreizehn und mehr Ringglieder)

Aufgrund welcher Faktoren kommt nun die Spannung in einem Ring zustande? Diese Faktoren sind: (1) die **Winkelspannung**, die Energie, die zur Veränderung der Tetraederwinkel für den Ringschluß erforderlich ist (2) die **ekliptische Spannung**, die sich aus der verdeckten Stellung von Wasserstoffatomen ergibt; (3) ***gauche*-Wechselwirkungen**, wie im Butan (s. Abschn. 2.5); und (4) die **transannulare Spannung**, die durch gegenseitige sterische Hinderung von Wasserstoffatomen, die auf entgegengesetzten Seiten des Ringes gebunden sind, entsteht (*trans*, lateinisch: jenseits; *annulus*, lateinisch: Ring).

Struktur und Konformation von Cyclopropan, Cyclobutan und Cyclopentan

Die Struktur des kleinsten Cycloalkans, *Cyclopropan,* ist in Abbildung 4-1 gezeigt. Cyclopropan besitzt die Gestalt eines ebenen gleichseitigen Dreiecks, die C–C–C-Winkel betragen daher 60°, was eine beträchtliche Abweichung vom Tetraederwinkel bedeutet (109.5°). Außerdem stehen alle Wasserstoffatome eclipsed zueinander. Wie aus Tab. 4-2 ersichtlich, ergibt sich hieraus eine Bildungsenthalpie, die weitaus positiver als die der anderen Cycloalkane ist. Anders gesagt, Cyclopropan ist weitaus instabiler, als man es für ein Molekül mit drei Methylengruppen erwarten sollte.

Wie ist es überhaupt möglich, daß zwischen drei vermutlich tetraedrischen Kohlenstoffatomen eine derart verformte Bindung aufrechterhalten werden kann? Das Problem ist vielleicht am besten in Abb. 4-2 dargestellt,

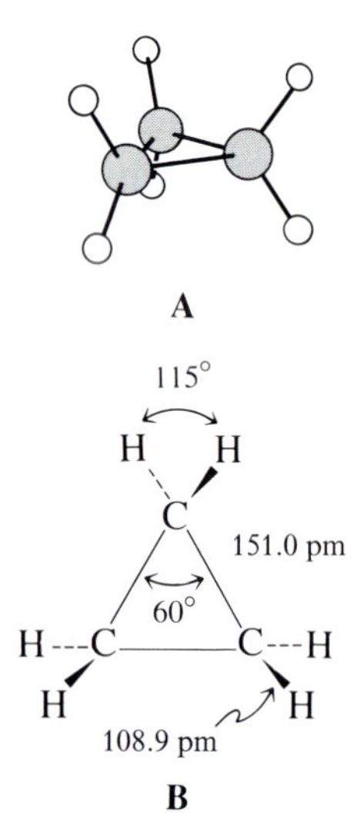

Abb. 4-1 Cyclopropan: (A) Molekülmodell; (B) Bindungslängen und -winkel.

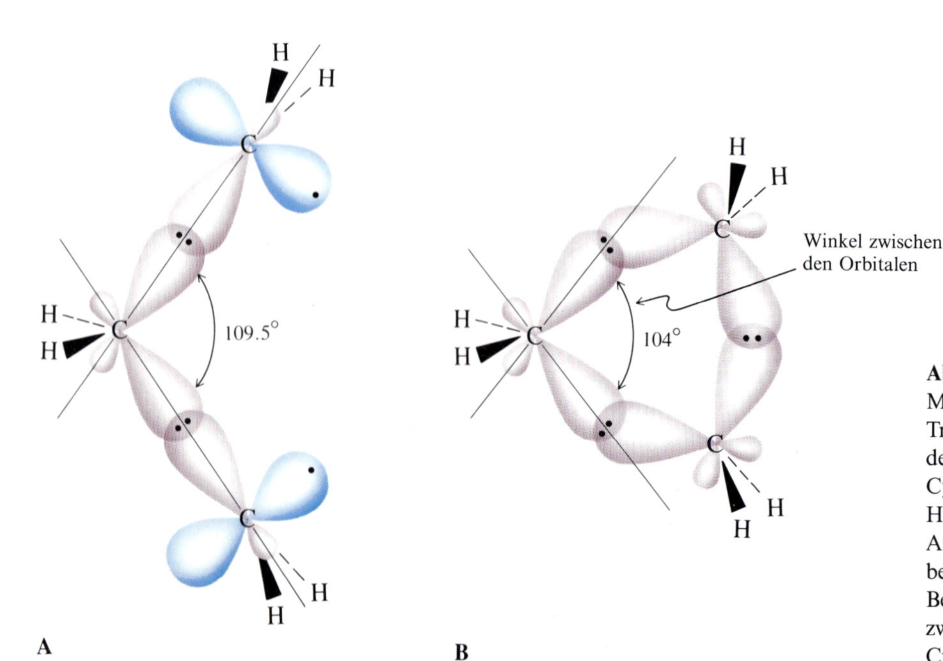

Abb. 4-2 Darstellung der Molekülorbitale (A) des Trimethylen-Diradikals und (B) der gebogenen Bindungen im Cyclopropan. Es sind nur die Hybridorbitale, die an der Ausbildung von C–C-Bindungen beteiligt sind, eingezeichnet. Beachten Sie den Winkel von 104° zwischen den Orbitalen des Cyclopropans.

in dem die Bindung im spannungsfreien „offenen Cyclopropan“ dem Trimethylen-Diradikal, $\cdot CH_2CH_2CH_2\cdot$, mit der in der geschlossenen Form verglichen wird. Sie können daraus erkennen, daß die beiden Enden des Trimethylen-Diradikals nicht weit genug „reichen“, als daß es ohne „Verbiegen“ der beiden bereits vorhandenen Bindungen zum Ringschluß kommt. Sind jedoch alle drei C–C-Bindungen gebogen (Orbitalwinkel 104°, s. Abb. 4-2B), ist die Überlappung groß genug, um zu einer Bindung zu führen.

Eine Folge dieser Bindungsstruktur ist, daß die C–C-Bindungen im Cyclopropan relativ schwach sind. Die zum Öffnen des Rings benötigte Energie beträgt 272 kJ/mol. Dieser Wert ist aufgrund der Aufhebung der Ringspannung sehr klein (es sei daran erinnert, daß die Dissoziationsenergie der C–C-Bindung im Ethan 377 kJ/mol beträgt). Aus diesem Grund geht Cyclopropan einige ungewöhnliche Reaktionen ein. So lagert es sich z.B. beim Erhitzen in Propen um und reagiert mit Wasserstoff in Gegenwart eines Palladiumkatalysators zu Propan:

$$\triangle \xrightarrow{500\,°C} \underset{\textbf{Propen}}{CH_2{=}CHCH_3} \qquad \Delta H^0 = -33.1\ kJ/mol$$

$$\triangle + H_2 \xrightarrow{\text{Pd-Katalysator}} \underset{\textbf{Propan}}{CH_3CH_2CH_3} \qquad \Delta H^0 = -157.4\ kJ/mol$$

Die Struktur von *Cyclobutan* (s. Abb. 4-3) zeigt, daß das Molekül nicht eben, sondern gefaltet ist, der eine Teil des Moleküls ist um 26° aus der

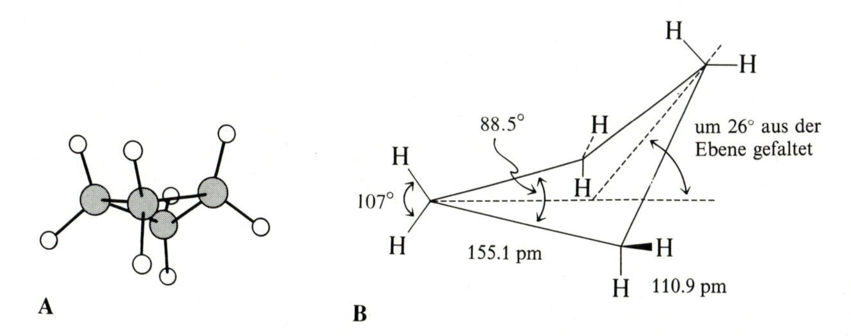

Abb. 4-3 Cyclobutan: (A) Molekülmodell; (B) Bindungslängen und -winkel.

Ebene gedreht. Die nichtplanare Struktur des Ringes ist jedoch nicht sehr starr. Das Molekül klappt schnell von einer gefalteten Konformation in die andere.

schnelles Umklappen

Im Molekülmodell wird deutlich, warum das Herausdrehen des Vierrings aus der Ebene begünstigt ist: Die Spannung die durch die acht eclipsed stehenden Wasserstofftome entsteht, wird hierdurch teilweise verringert. Außerdem hat das Molekül eine beträchtlich geringere Winkelspannung als Cyclopropan, obwohl eine maximale Überlappung wiederum nur über gebogene Bindungen zu erreichen ist. Die Dissoziationsenergie der C–C-Bindung ist im Cyclobutan ebenfalls niedrig (etwa 264 kJ/mol), da mit der Ringöffnung eine Aufhebung der Spannung und die Ausbildung von neuen Bindungen mit größerer Überlappung verbunden ist. Cyclobutan ist weniger reaktiv als Cyclopropan, geht aber ähnliche Ringöffnungsreaktionen ein.

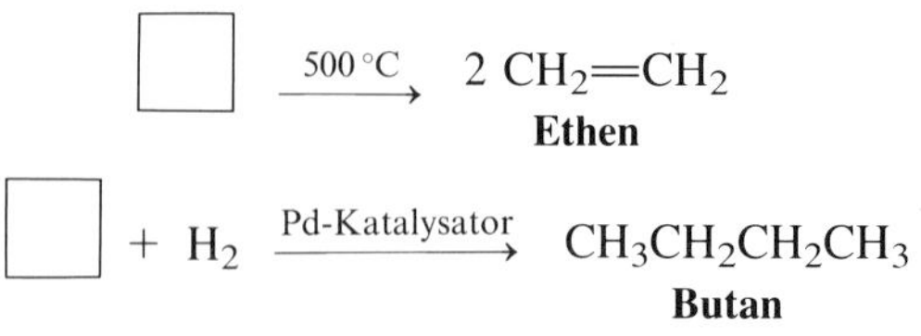

$$\square \xrightarrow{500\,^\circ C} 2\ CH_2{=}CH_2$$

Ethen

$$\square + H_2 \xrightarrow{\text{Pd-Katalysator}} CH_3CH_2CH_2CH_3$$

Butan

Man könnte erwarten, daß *Cyclopentan* eben gebaut ist, da die Winkel im einem regelmäßigen Fünfeck 108° betragen, also nahezu dem Tetraederwinkel entsprechen. Eine solche planare Anordnung wäre jedoch mit *zehn* ungünstigen ekliptischen H–H-Wechselwirkungen verbunden. Dies wird, wie aus Abb. 4-4 ersichtlich, durch Falten des Ringes umgangen.

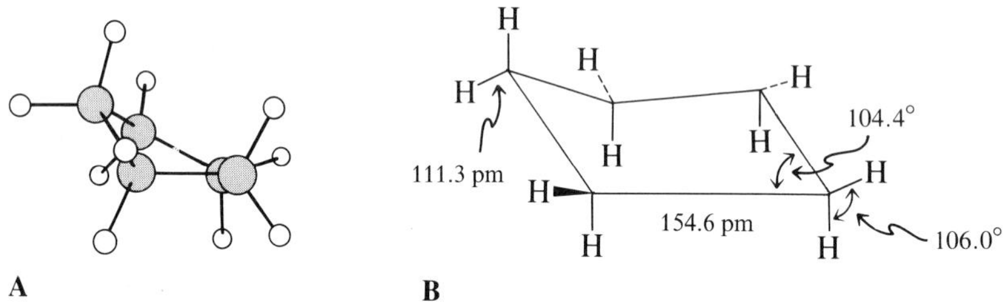

Abb. 4-4 Cyclopentan: (A) Molekülmodell; (B) Bindungslängen und -winkel.

Das Falten verringert zwar die ekliptischen Wechselwirkungen, vergrößert aber die Winkelspannung. Die Konformation mit der geringsten Energie stellt einen Kompromiß, in dem die Energie des Systems minimiert ist, dar. Das Cyclopentanmolekül kann zwei gefaltete Strukturen einnehmen, die „envelope"- (Briefumschlag) und die „Halbsessel"form.

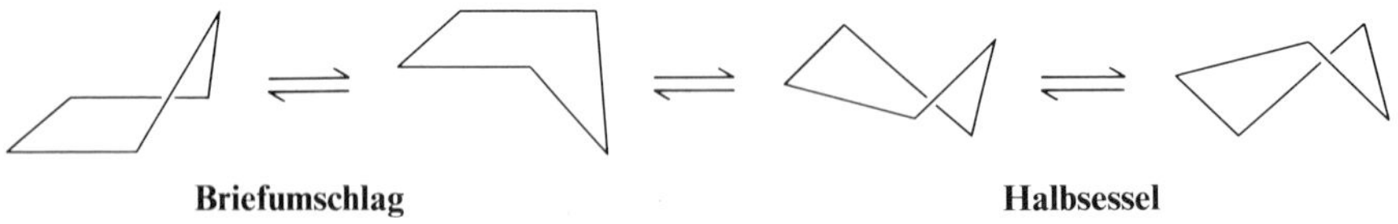

Der Energieunterschied zwischen beiden Konformationen ist gering und die Aktivierungsenergie der Umlagerung klein. Insgesamt ist das Cyclopentanmolekül relativ wenig gespannt und es läßt sich weder durch einfaches Erhitzen zerstören, noch zu Pentan hydrieren.

Aus Tabelle 4-2 ist ersichtlich, daß das Cyclohexanmolekül fast spannungsfrei ist. Warum?

4.3 Cyclohexan, ein spannungsfreies Cycloalkan?

Der Cyclohexanring ist eine der am häufigsten vorkommenden und wichtigsten Struktureinheiten in der organischen Chemie. Seine substituierten Derivate finden sich in vielen Naturstoffen (s. Abschn. 4.7). Um die Eigenschaften dieses Moleküls besser zu verstehen, wollen wir untersuchen, welche Konformationen dieses Molekül einnimmt, und wie eine Konformation in die andere umklappen kann.

Ein hypothetisches ebenes Cyclohexan enthielte zwölf ekliptische H – H-Wechselwirkungen und eine sechsfache Winkelspannung. Die Spannung würde sich daraus ergeben, daß ein regelmäßiges Sechseck 120°-Bindungswinkel erfordern würde. Es gibt jedoch eine nahezu spannungsfreie Konformation des Cyclohexan, die sich dadurch ergibt, daß man die Kohlenstoffatome 1 und 4 in entgegengesetzter Richtung aus der Ebene bewegt (s. Abb. 4-5). Diese Struktur bezeichnet man als **Sesselkonformation** des Cyclohexans (sie hat gewisse Ähnlichkeit mit einem Sessel). In dieser Konformation stehen alle Wasserstoffe gestaffelt und alle Bindungswinkel sind nahezu tetraedrisch. Wie aus Tab. 4-2 ersichtlich, entspricht der berechnete Wert von ΔH_f^0 (– 129.4 kJ/mol) für ein spannungsfreies Cyclohexan fast dem experimentell bestimmten (– 123.5 kJ/mol).

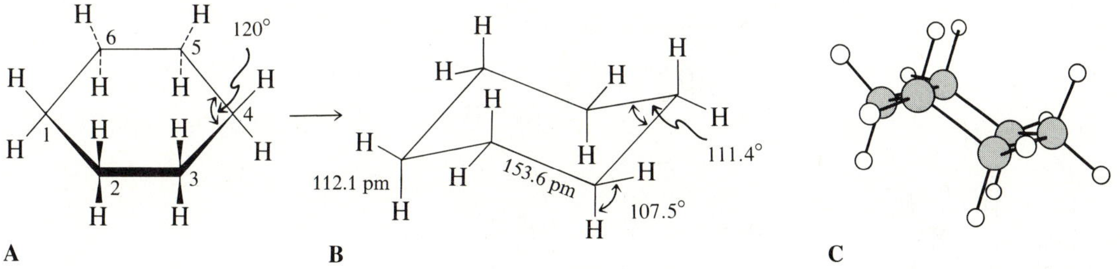

A **ebenes Cyclohexan** (Bindungswinkel 120 °C; 12 ekliptische Wasserstoffatome)

B **Sessel-Cyclohexan** (nahezu tetraedrische Bindungswinkel; keine ekliptischen Wasserstoffatome)

C

Abb. 4-5 A. Überführung des hypothetischen ebenen Cyclohexans in die Sesselkonformation; B. Bindungslängen und -winkel; C. Molekülmodell.

Um die im weiteren gemachten Aussagen besser nachprüfen zu können, nehmen Sie am besten ein Molekülmodell des Cyclohexans zur Hilfe. Wenn Sie das Modell entlang irgendeiner beliebigen C – C-Bindung betrachten, sehen Sie, daß alle Substituenten gestaffelt angeordnet sind. Dies läßt sich auch aus der Newman-Projektion entnehmen. Aufgrund der fehlenden Spannung ist Cyclohexan so inert wie ein normales Alkan.

Übung 4-3

In Abb. 2-13 ist der Energieunterschied zwischen *gauche*- und verdecktem Butan angegeben. Berechnen Sie die Energiedifferenz zwischen der ebenen und der Sesselkonformation von Cyclohexan unter der Annahme, daß für eine verdeckte Stellung der C – C-Bindungen im Cyclohexan ein ähnlicher Energiebetrag erforderlich ist (vernachlässigen Sie die Winkelspannung).

Tabelle 4-2 können wir entnehmen, daß Cyclohexan nicht völlig spannungsfrei ist, sondern etwa 5.9 kJ/mol Spannung im Ring verbleibt. Wie kommt sie zustande? Die Antwort findet man am leichtesten, wenn man die Newman-Projektion der Sesselkonformation des Cyclohexans in Abb. 4-6 betrachtet: alle Methylengruppen sind als *gauche*-Substituenten der benachbarten C–C-Bindung anzusehen. Ein *anti*-Konformer ist in einem Sechsring nicht möglich.

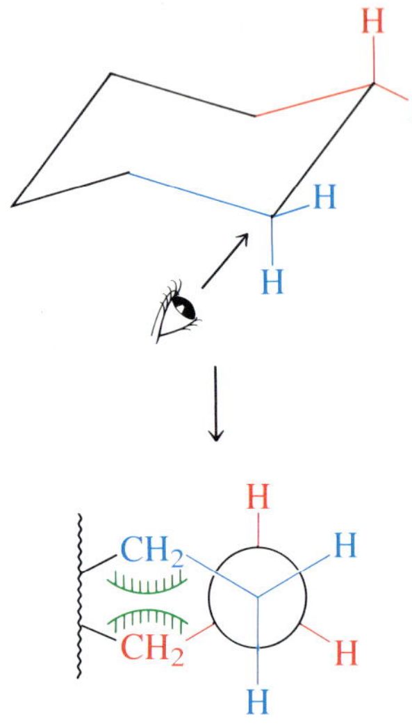

Abb. 4-6 Newman-Projektion entlang einer der C–C-Bindungen in der Sesselkonformation von Cyclohexan. Beachten Sie die gestaffelte Anordnung aller Substituenten und die *gauche*-Methylengruppen.

Cyclohexan kann mehr als eine Konformation einnehmen

Es gibt noch weitere, weniger stabile Konformationen des Cyclohexans, deren Energieunterschied zur Sesselform allerdings nicht allzu groß ist. Eine von ihnen ist die **Wannen- (Boot-)Form**, in der die Kohlenstoffatome 1 und 4 in *derselben* Richtung aus der Ebene ragen (s. Abb. 4-7). Sie ist um 27.2 kJ/mol energiereicher als die Sesselform. Dies ergibt sich aus der ekliptischen Stellung von acht Wasserstoffatomen und der sterischen Hinderung zweier nach innen stehender Wasserstoffatome in der Wannenkonformation. Der Abstand zwischen beiden Wasserstoffatomen beträgt nur 183 pm und ist damit klein genug, um eine Abstoßungsenergie von etwa 12.6 kJ/mol zu erzeugen. Dieser Effekt ist ein Beispiel für transannulare Spannung.

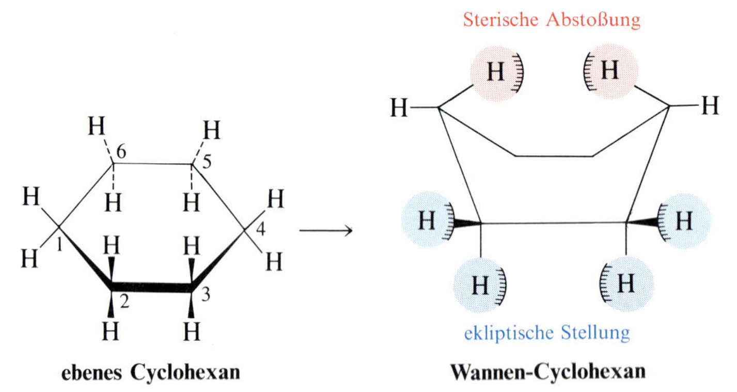

Abb. 4-7 Überführung des hypothetischen ebenen Cyclohexans in die Wannenform. Beachten Sie die nichtbindende Wechselwirkung zwischen den inneren Wasserstoffatomen an C-1 und C-4 und die verdeckte Stellung der Wasserstoffe an den Kohlenstoffatomen 2, 3, 5 und 6.

Die Wannenform des Cyclohexans ist recht beweglich. Verdrillt man eine der C–C-Bindungen des Ringes relativ zu der benachbarten, stabilisiert sich die Konformation etwas, weil die Wechselwirkung zwischen den inneren Wasserstoffatomen aufgehoben wird. Diese neue Konformation bezeichnet man als **Twist-** (verdrehte) **Form** (s. Abb. 4-8), sie ist um etwa 6.3 kJ/mol stabiler als die Wannenform. Wie nebenstehend gezeigt, gibt es zwei Twistformen, die sich leicht ineinander überführen lassen. Der Übergangszustand zwischen beiden ist die Wannenform (prüfen Sie das anhand Ihres Modells nach). Die Wannenform stellt also kein isolierbares Konformer, sondern einen höherenergetischen *Übergangszustand* dar. Die Twistform liegt in sehr geringen Mengen vor, die Sesselform ist das Hauptkon-

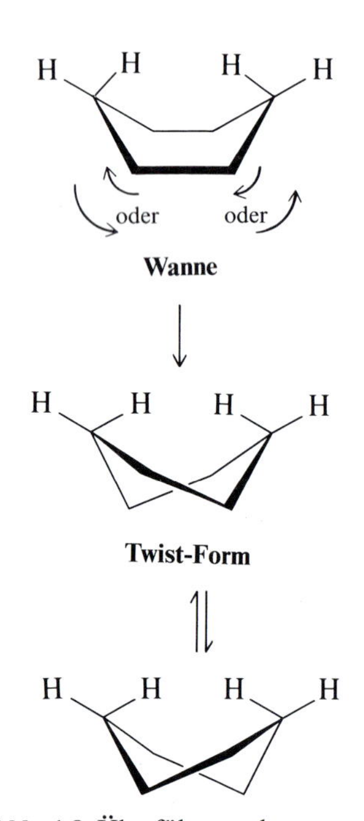

Abb. 4-8 Überführung der Wannenform des Cyclohexans in eine Twistform.

former (s. Abb. 4-9), das von der Twistform durch eine Energiebarriere von 45.2 kJ/mol getrennt ist. Wie wir im folgenden sehen, gibt es auch zwei miteinander im Gleichgewicht stehende Sesselkonformere des Cyclohexans.

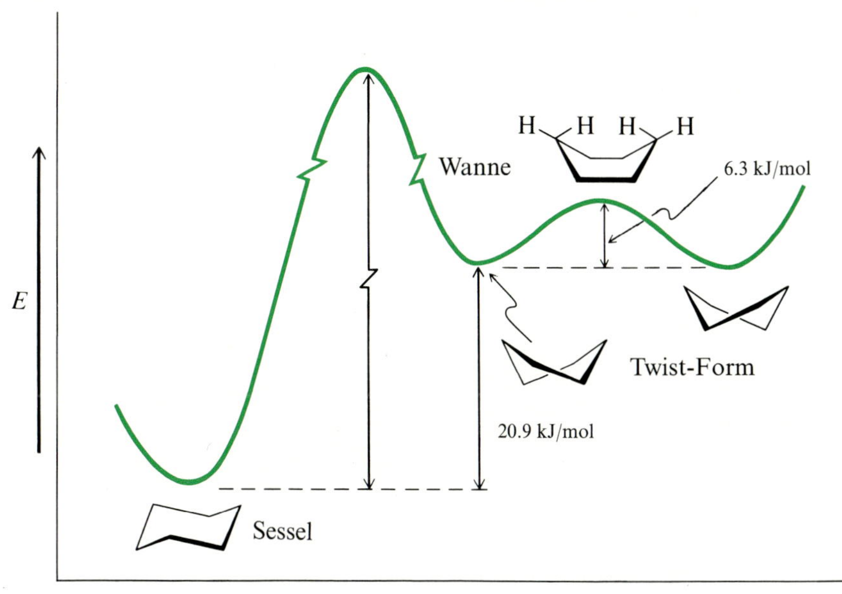

Abb. 4-9 Änderung der potentiellen Energie des Cyclohexans in Abhängigkeit von der Konformation.

Cyclohexan hat axiale und äquatoriale Wasserstoffatome

Wenn Sie die Sesselkonformation des Cyclohexans betrachten, sehen Sie, daß es im Molekül zwei unterschiedliche Typen von Wasserstoffatomen gibt. Sechs Kohlenstoff-Wasserstoff-Bindungen stehen parallel zu der Drehachse des Molekül (s. Abb. 4-10), man bezeichnet sie als **axial**, die anderen sechs stehen senkrecht zu dieser Achse, die **äquatorialen*** Wasserstoffatome.

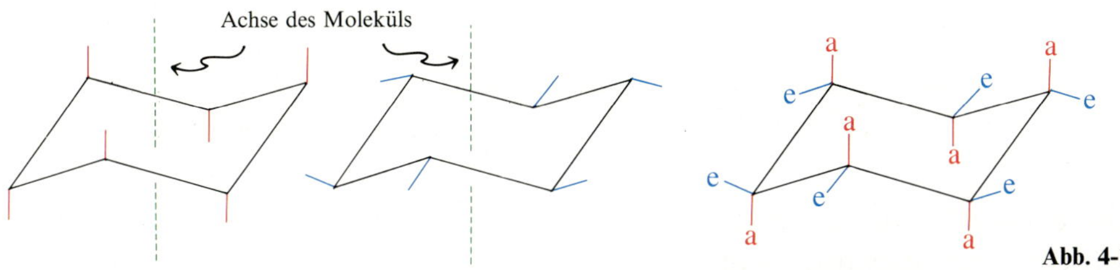

Abb. 4-10 Axiale und äquatoriale Positionen in der Sesselkonformation des Cyclohexans.

* Als Äquatorebene ist eine Ebene definiert, die senkrecht auf der Rotationsachse eines sich drehenden Körpers steht und von beiden Polen gleichweit entfernt ist, wie der Äquator der Erde. Die äquatorialen H-Atome des Cyclohexan stehen in der Äquatorebene.

Kasten 4-1

Regeln zum Zeichnen von Sesselkonformationen des Cyclohexans

Das Zeichnen von richtigen Sesselkonformationen ist eine große Hilfe beim Verständnis der Chemie von Sechsringen. Dazu können folgen Regeln dienen:

1 Zeichnen Sie den Sessel so, daß C-2 und C-3 rechts von C-5 und C-6 stehen. Die Spitze an C-1 zeigt nach links unten, die Spitze an C-4 nach rechts oben.

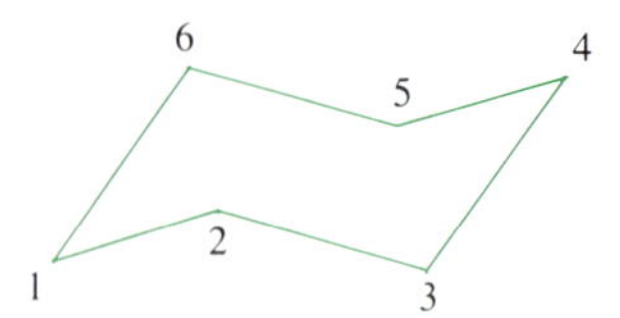

2 Zeichnen Sie alle axialen Bindungen als senkrechte Linien, die an C-1, C-3 und C-5 nach unten, an C-2, C-4 und C-6 nach oben weisen.

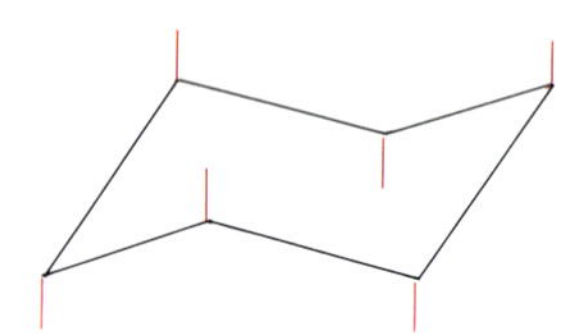

3 Zeichnen Sie die beiden äquatorialen Bindungen an C-1 und C-4 in einem kleinen Winkel zur Horizontalen. Die Bindung an C-1 zeigt nach oben, die an C-4 zeigt nach unten. Beide sind parallel zu der Bindung zwischen C-2 und C-3 (bzw. C-5 und C-6).

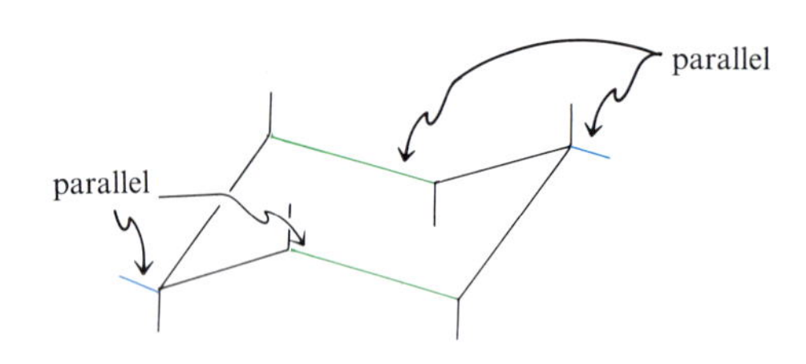

4 Diese Regel ist die schwierigste: Zeichnen Sie die fehlenden äquatorialen Bindungen an C-2, C-3, C-5 und C-6. Die Bindungen an C-2 und C-5 sowie an C-3 und C-6 müssen parallel zueinander stehen.

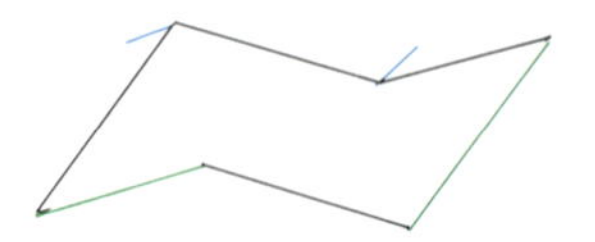
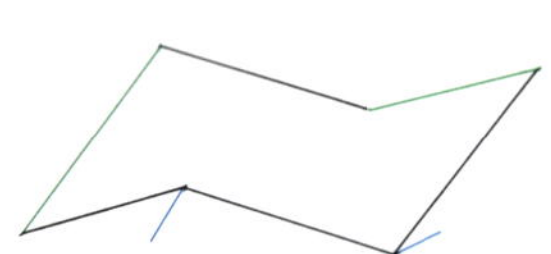

Beim Umklappen der Konformation werden aus axialen äquatoriale Wasserstoffatome und umgekehrt

Cyclohexan ist kein starres Gebilde. Eine Sesselkonformation geht in die andere über, wodurch axiale und äquatoriale Wasserstoffatome ihre Positionen tauschen, d.h. daß beim Umklappen des Ringes alle axialen Wasserstoffatome zu äquatorialen und umgekehrt (s. Abb. 4-11) werden. Die Aktivierungsenergie für diesen Prozeß beträgt 45.2 kJ/mol. Wie wir bereits in Absch. 2.5 festgestellt haben, ist dieser Wert klein genug, daß sich die beiden Sesselformen bei Raumtemperatur außerordentlich schnell ineinander umlagern (etwa 100000 mal pro Sekunde). Nur wenn man Lösungen des Moleküls auf sehr niedrige Temperaturen herunterkühlt (ca. – 100 °C), wird das Gleichgewicht eingefroren.

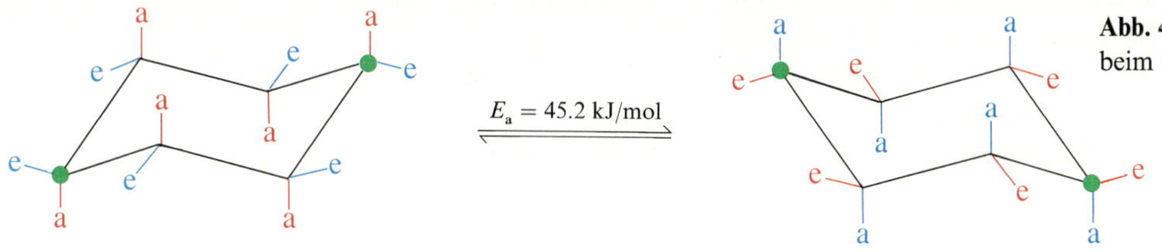

$E_a = 45.2$ kJ/mol

Abb. 4-11 Umklappen des Sessels beim Cyclohexan.

Um die Abschnitte 4-2 und 4-3 noch einmal zusammenzufassen: Bei den Cycloalkanen ergibt sich der Unterschied zwischen berechneter und gemessener Bildungsenthalpie aus der Winkel-, der ekliptischen, der *gauche*- und der transannularen Spannung. Aufgrund der starken Ringspannung sind die Cycloalkane mit kleinen Ringen chemisch reaktiv und gehen leicht Ringöffnungsreaktionen ein. Cyclohexan ist, von *gauche*-Wechselwirkungen abgesehen, nahezu spannungsfrei. Die Cyclohexan-Konformation mit der niedrigsten Energie ist der Sessel, daneben gibt es noch einige höherenergetische Konformationen, insbesondere die Wannen- und die Twistform. Das Umklappen von einer Sesselform in die anderen geschieht bei Raumtemperatur sehr rasch. Bei diesem Prozeß tauschen äquatoriale und axiale Wasserstoffatome ihre Positionen.

4.4 Substituierte Cyclohexane

Wir wollen nun unsere Kenntnis der Konformationsanalyse auf die substituierten Cyclohexane anwenden. Beginnen wir mit dem einfachsten Alkylcyclohexan, Methylcyclohexan.

Der Unterschied zwischen axialem und äquatorialem Methylcyclohexan

In Methylcyclohexan kann die Methylgruppe entweder eine äquatoriale oder eine axiale Position einnehmen:

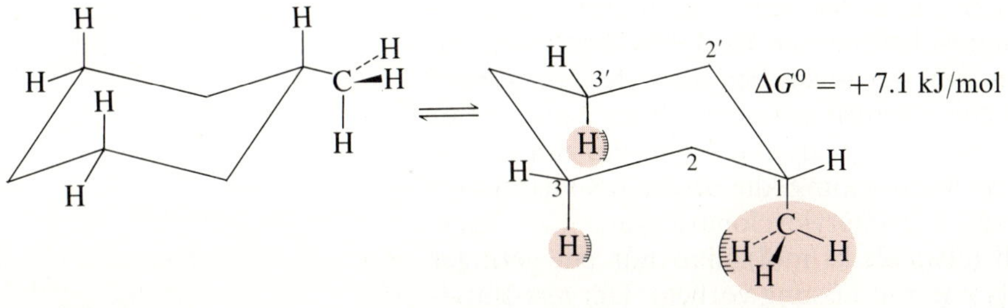

$\Delta G^0 = +7.1$ kJ/mol

Verhältnis 95:5

1,3-diaxale Wechselwirkungen

Sind beide Formen äquivalent? Offensichtlich nicht. Beim äquatorialen Konformer ragt die Methylgruppe in den Raumbereich, in dem sich keine anderen Teile des Moleküls befinden, während im axialen Konformer der Methylsubstituent *gauche* zu zwei C–C-Bindungen und sehr nahe bei zwei axialen Wasserstoffatomen auf derselben Seite des Ringes steht. Der Abstand zu diesen Wasserstoffatomen ist klein genug (etwa 270 pm), um sterische Abstoßung, ein weiteres Beispiel für transannulare Spannung, zu erzeugen. Da dieser Effekt durch axiale Substituenten an Kohlenstoffatomen, die eine 1,3-Beziehung zueinander haben (in der Zeichnung 1,3 und 1,3′), zustande kommt, bezeichnet man ihn als **1,3-diaxiale Wechselwirkung**.

Beide Sesselformen von Methylcyclohexan stehen miteinander im Gleichgewicht, wobei das äquatoriale Konformer im Verhältnis 95 : 5 begünstigt ist. Mit Hilfe der Gleichung $\Delta G^0 = -RT \ln K (T = 298.15$ K, $K = 95/5)$ erhalten wir für den Unterschied der freien Standardenthalpie zwischen beide Konformeren: $\Delta G^0 = 7.3$ kJ/mol. Die Aktivierungsenergie für das Umklappen des Sessels ist von ähnlicher Größe wie die beim Cyclohexan selbst (etwa 46 kJ/mol), das Konformerengleichgewicht stellt sich bei Raumtemperatur rasch ein.

Die ungünstigen *gauche*- und 1,3-diaxialen Wechselwirkungen bei axialer Substitution sind leicht aus der Newman-Projektion der C–C-Bindung des Ringes, an der sich der Substituent befindet, zu erkennen. Im Gegensatz dazu steht der Substituent im äquatorialen Konformer *anti* zu C-3 und C-5 (s. Abb. 4-12) und entfernt von den axialen Wasserstoffatomen.

Anti-Bindungen

Y steht äquatorial

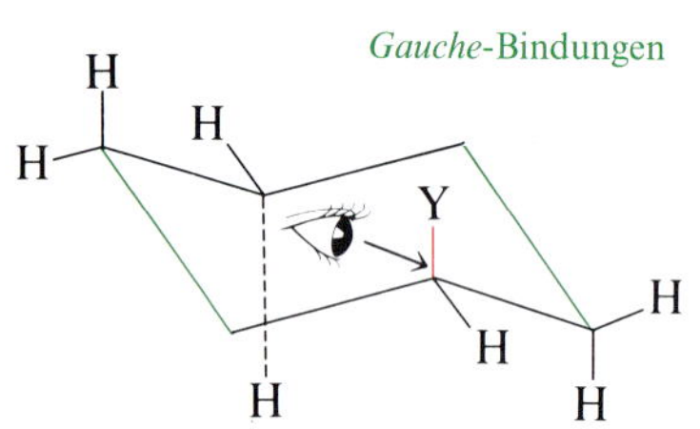

Y steht axial

Y steht anti

Y steht gauche

Abb. 4-12 Newman-Projektionen eines substituierten Cyclohexans. Der äquatoriale Substituent Y nimmt eine *anti*-Konformation, der axiale Substituent Y eine *gauche*-Konformation ein.

Die freie Enthalpiedifferenz, ΔG^0, zwischen dem axialen und dem äquatorialen Isomer ist bei vielen monosubstituierten Cyclohexanen gemessen worden, einige der Werte sind in Tab. 4-3 angegeben. In viele Fällen (aber nicht in allen) nimmt der Energieunterschied zwischen beiden Formen mit der Größe des Substituenten zu. Dies ist eine direkte Folge der zunehmenden *gauche*- und 1,3-diaxialen Wechselwirkung, die besonders ausgeprägt im (1,1-Dimethylethyl)cyclohexan (*tert*-Butylcyclohexan) ist. Der Energieunterschied ist hier so groß (etwa 21 kJ/mol), daß nur ein geringer Anteil (ca. 0.01 %) des axialen Isomers in Lösung vorliegt. Der *tert*-Butyl-Substituent fixiert die Konformation.

Tabelle 4-3 Unterschiede in der freien Enthalpie zwischen axialen und äquatorialen Konformeren des Cyclohexans (bei allen Beispielen ist die äquatoriale Form stabiler)

Substituent	ΔG^0 kJ/mol	Substituent	ΔG^0 kJ/mol
H	0	F	1.05
CH_3	7.12	Cl	2.18
CH_3CH_2	7.33	Br	2.30
$(CH_3)_2CH$	9.21	I	1.93
$(CH_3)_3C$	~38	HO	3.94
HO–C(=O)	5.90	CH_3O	3.14
CH_3O–C(=O)	5.40	H_2N	5.86

Substituenteneffekte können sich addieren

Bei disubstituierten Cyclohexanen ist allgemein die Konformation mit der größten Zahl von äquatorialen Substituenten die bevorzugte. Lassen Sie uns einige einfache Beispiele betrachten.

Es gibt verschiedene isomere Dimethylcyclohexane. Im 1,1-Dimethylcyclohexan steht immer eine Methylgruppe äquatorial, die andere axial. Beide Sesselformen sind identisch, daher ist ΔG^0 für das Umklappen der Konformation null.

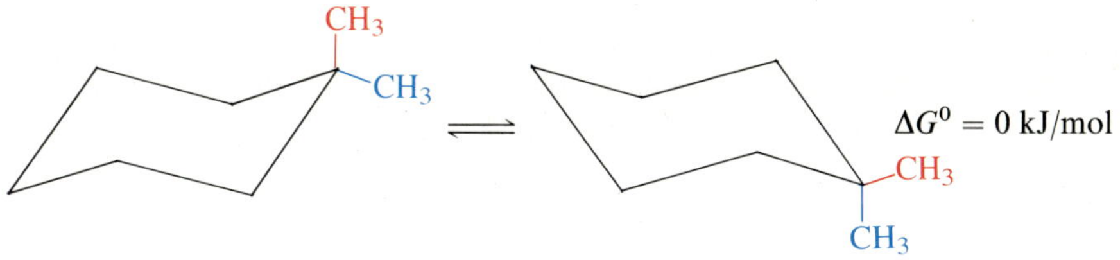

1,1-Dimethylcyclohexan

Bei den 1,2-, 1,3- und 1,4-Dimethylcyclohexanen gibt es cis- und trans-Isomere mit unterschiedlicher Konformation. So liegt im *cis*-1,4-Dimethylcyclohexan in beiden Sesselformen ein axialer und ein äquatorialer Substituent vor, beide besitzen dieselbe Energie.

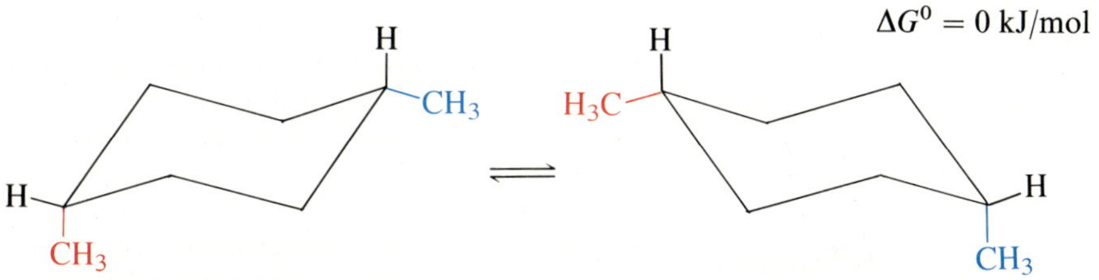

Das trans-Isomer kann hingegen in zwei unterschiedlichen Sesselkonformationen, einer mit zwei axialen (diaxial) und einer mit zwei äquatorialen (diäquatorial) Methylgruppen vorliegen.

$\Delta G^0 = +14.2$ kJ/mol

diäquatorial **diaxal**

***trans*-1,4-Dimethylcyclohexan**

Bei der diaxialen Anordnung ist die *gauche-* und die 1,3-diaxiale Spannung bei beiden Substituenten etwa gleich groß. Sie sind daher etwa zweimal so stark ($\Delta G^0 = +14.2$ kJ/mol) wie das axiale Monomethylcyclohexan im Vergleich zum stabileren Konformer destabilisiert. Hieraus läßt sich schließen, daß sich die Substituenteneffekte aus Tab. 4-3 in etwa additiv verhalten und daß man sie zur Berechnung der ΔG^0-Werte von Sessel-Sessel-Gleichgewichten bei einer Reihe von substituierten Cyclohexanen benutzen kann.

Übung 4-4

Berechnen Sie ΔG^0 für das Gleichgewicht zwischen den beiden Sesselkonformeren von: (a) 1-Ethyl-1-methylcyclohexan; (b) *cis*-1-Ethyl-4-methylcyclohexan; (c) *trans*-1-Ethyl-4-methylcyclohexan.

Übung 4-5

Welche der vier Wannenkonformationen von Methylcyclohexan ist die stabilste und warum?

Beim *trans*-1,2-Dimethylcyclohexan ist das diäquatoriale Konformer um etwa 8.4 kJ/mol stabiler als das diaxiale (s. Abb. 4-13). Vielleicht haben Sie erwartet, daß der Unterschied etwas größer ist, wenn man berücksichtigt,

$\Delta G^0 = +8.4$ kJ/mol

diäquatorial **diaxal**

***trans*-1,2-Dimethylcyclohexan**

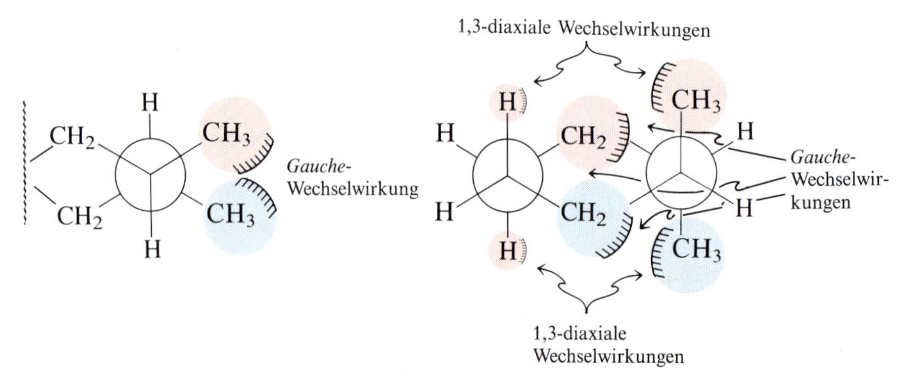

Abb. 4-13 Konformere des *trans*-1,2-Dimethylcyclohexans. Die Newman-Projektion zeigt eine *gauche*-Wechselwirkung zwischen den beiden Methylgruppen im diäquatorialen Isomer, im diaxialen Isomer treten die erwarteten *gauche-* und 1,3-diaxialen Wechselwirkungen auf (insgesamt vier, die nicht alle eingezeichnet sind).

daß das äquatoriale Isomer im Monomethylcyclohexan um 7.1 kJ/mol stabiler als das axiale ist. Mit zwei Methylgruppen im Molekül sollte sich der Unterschied in etwa verdoppelt haben. Der Hauptgrund für diese Abweichung vom erwarteten Wert liegt darin, daß das diäquatoriale Konformer eine zusätzliche Methyl-Methyl-*gauche*-Wechselwirkung enthält (s. Abb. 4-13), wodurch dessen Grundzustand im Verhältnis zur diaxialen Form angehoben wird.
Bei den cis-1,2-disubstituierten Cycloalkanen steht immer ein Substituent axial, der andere äquatorial. Das Überwiegen des einen Konformers über das andere hängt dann davon ab, mit welcher Wahrscheinlichkeit jeder Substituent eine äquatoriale oder axiale Stellung einnimmt. So zwingt beispielsweise die 1,1-Dimethylethyl- (*tert*-Butyl)-Gruppe im *cis*-1-(1,1-Dimethylethyl)-2-methylcyclohexan aufgrund ihrer Größe die Methylgruppe in die axiale Position.

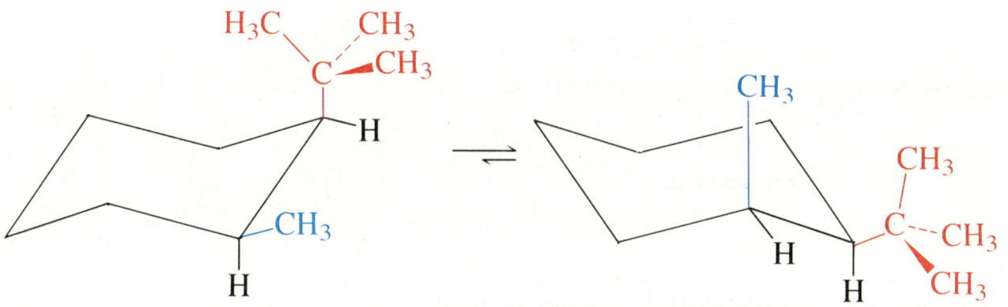

das Gleichgewicht liegt auf der rechten Seite

Wenn Sie so nacheinander alle 1,2-, 1,3- und 1,4-Isomere in cis- und trans-Konfiguration untersuchen, erkennen sie zwei allgemeine Gesetzmäßigkeiten: (1) bei den cis-1,2-, trans-1,3- und cis-1,4-disubstituierten Cyclohexanen nimmt immer ein Substituent die axiale, der andere die äquatoriale Position ein. (2) Die trans-1,2-, cis-1,3- und trans 1,4-disubstituierten Cyclohexane liegen als miteinander im Gleichgewicht stehende Paare von diaxialen und diäquatorialen Konformeren vor.

Übung 4-6

Zeichnen Sie alle möglichen All-Sessel-Konformere von Cyclohexylcyclohexan.

Fassen wir zusammen: Mit Hilfe der Konformationsanalyse von Cyclohexan ist es uns möglich, die relative Stabilität seiner verschiedenen Konformere vorauszusagen und sogar die Energiedifferenzen zwischen zwei Sesselkonformationen zu berechnen. Sperrige Substituenten, insbesondere eine 1,1-Dimethylethylgruppe, neigen dazu, das Sessel-Sessel-Gleichgewicht auf der Seite zu fixieren, in der sie selbst eine äquatoriale Stellung einnehmen.

Gelten ähnliche Beziehungen auch für die größeren Cycloalkane?

4.5 Größere Ringe

Aus Tab. 4-2 ist ersichtlich, daß die Spannung in größeren Ringen als dem Cyclohexan wieder zunimmt. Diese Spannung ergibt sich aus einer Kombination von Winkelspannung, ekliptischer Stellung von Wasserstoffatomen, *gauche*-Wechselwirkungen und Abstoßung von H-Atomen an gegenüberliegenden Seiten des Ringes. Die einzelnen Moleküle nehmen dann Konformationen an, in denen diese Spannung, so gut es geht, minimiert wird. Dies ergibt häufig mehrere geometrische Anordnungen von sehr ähnlicher Energie. Die folgenden Diskussionen lassen sich am besten mit Hilfe von Molekülmodellen nachvollziehen.

Cycloheptan kann man sich als ein Cyclohexan in der Sesselform vorstellen, in dem eine Spitze um eine CH_2-Gruppe erweitert ist (s. Abb. 4-14). Dies ist jedoch nicht die stabilste Konformation, da die Wasserstoffatome an C-4 und C-5 vollständig verdeckt stehen. Durch eine leichte Verdrehung um diese C – C-Bindung entsteht eine günstigere Anordnung, „Twist-Cycloheptan".

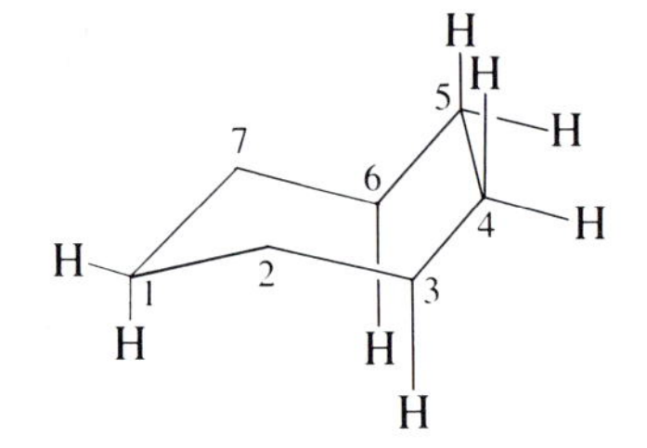

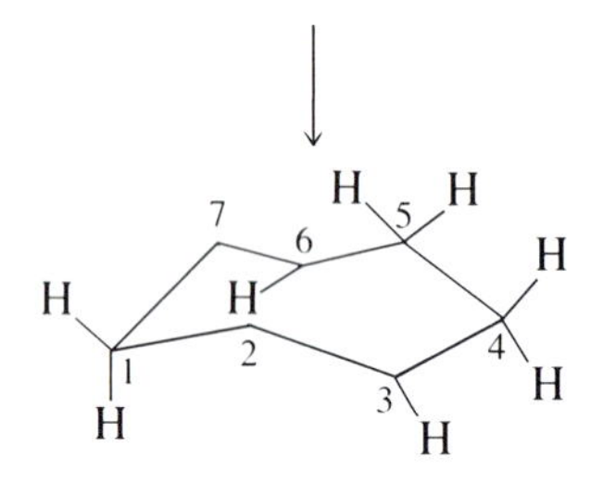

Abb. 4-14 Zwei Konformationen des Cycloheptans. Die obere leitet sich vom Sessel-Cyclohexan durch Einschub von Kohlenstoff 5 ab. Durch Verdrillen wird die ekliptische Spannung an C-4 und C-5 etwas verkleinert.

Cyclooctan liegt überwiegend in einer Wannen-Sessel-Konformation, in geringerem Maße in der Kronenform (die Struktur ähnelt einer Krone) vor:

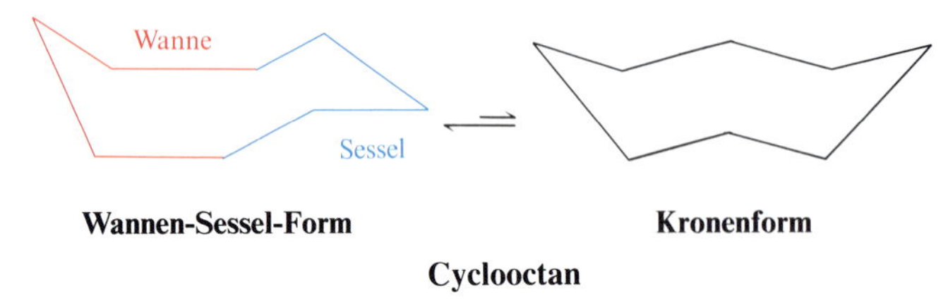

Cyclooctan

Der *Cyclodecanring* ist groß genug, um einige anti-Konformationen zu ermöglichen. Trotzdem ist das Molekül, teilweise aufgrund von transannularen Wechselwirkungen zwischen Wasserstoffatomen, nicht spannungsfrei.

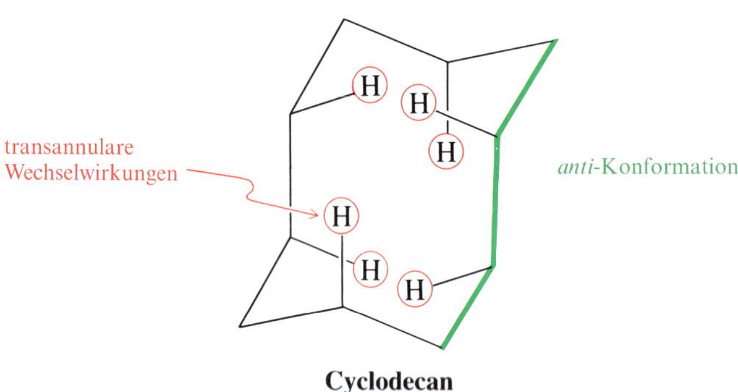

Cyclodecan

Praktisch spannungsfreie Konformationen sind nur bei den Cycloalkanen mit großen Ringen, wie dem Cycloheptadecan, möglich (s. Tab. 4-2). In diesen Ringen nimmt die Kohlenstoffkette eine sehr ähnliche Struktur wie in den offenkettigen Alkanen an (s. Abschn. 2-4). Alle Wasserstoffatome sind gestaffelt angeordnet und nehmen *anti*-Konformationen ein. Aber auch in diesen Systemen ist mit der Einführung eines Substituenten ein unterschiedliches Ausmaß von Ringspannung verbunden. Die meisten cyclischen Moleküle, die wir in diesem Buch beschreiben, sind nicht spannungsfrei.

Die Cycloalkane, die wir bisher betrachtet haben, bestehen nur aus einem Ring; man könnte sie daher als monocyclische Alkane bezeichnen. Im nächsten Abschnitt befassen wir uns mit komplexeren Strukturen, in denen zwei oder mehr Ringe Kohlenstoffatome miteinander teilen – den bi- tri-, tetra-, und höher polycyclischen Kohlenwasserstoffen. Wir werden sehen, welche Vielfalt von Strukturen in diesen Verbindungen möglich ist. Viele der Moleküle, die Alkyl- und funktionelle Gruppen am Ring tragen, kommen in der Natur vor.

4.6 Polycyclische Alkane

Molekülmodelle polycyclischer Alkane lassen sich leicht konstruieren, indem man die Kohlenstoffatome zweier Alkylsubstituenten in einem monocyclischen Alkan miteinander verbindet. Entfernt man z. B. aus den beiden endständigen Methylgruppen im 1,2-Diethylcyclohexan jeweils einen Wasserstoff und knüpft eine neue C – C-Bindung, entsteht ein neues Molekül mit dem Trivialnamen Decalin. Im Decalinmolekül teilen zwei Cyclohexanringe zwei Kohlenstoffatome miteinander, beide Ringe sind **kondensiert** oder **anneliert**.

CH_3 CH_3 – 2 H

Decalin

Wenn wir das gleiche bei einem Molekülmodell von *cis*-1,3-Dimethylcyclopentan machen, erhalten wir ein anderes Grundgerüst, das des Norbornans:

CH_3 CH_3 – 2 H identisch mit

Norbornan

Diese Verbindungen sind Beispiele für *bicyclische* Ringsysteme. Sie sind dadurch charakterisiert, daß zwei Kohlenstoffatome, die *Brückenkopfatome*, von zwei Ringen geteilt werden.

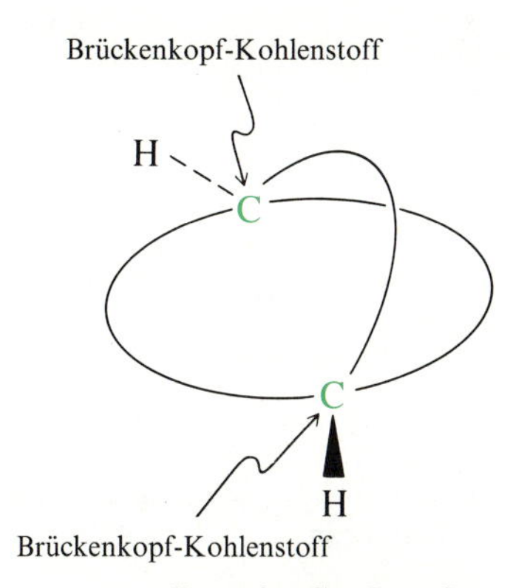

allgemeine Struktur für bicyclische Ringe

Solche Moleküle werden systematisch als Derivate des Cycloalkans mit derselben Zahl von Ringkohlenstoffatomen bezeichnet. Der Name des Alkans erhält den Vorsatz *bicyclo*. Decalin ist dann ein *Bicyclodecan*. Die Anzahl der Glieder der Brücke (Anzahl der Kohlenstoffatome) zwischen beiden Brückenköpfen ist in der Reihenfolge abnehmender Größe durch Zahlen in eckigen Klammern zwischen dem Vorsatz bicyclo- und dem Namen des Alkans angegeben. So ist z. B. Norbornan ein bicyclisches Heptan mit zwei zweigliedrigen und einer eingliedrigen Brücke. Der systematische Name lautet daher: Bicyclo[2.2.1]heptan. Decalin ist ein etwas anderer Fall. Hier ist eine der Brücken einfach eine Bindung ohne Atome, eine „nullgliedrige“ Brücke. Der IUPAC-Name ist daher Bicyclo[4.4.0]decan. Weitere Beispiele bicyclischer Kohlenwasserstoffe sind *cis*-Bicyclo[1.1.0]butan und *cis*-Bicyclo[4.2.0]octan. Bei der Numerierung des bicyclischen Gerüsts beginnt man bei einem der Brückenkopf-Kohlenstoffatome, geht über die längste Brücke zum zweiten Brückenkopf, geht zurück über die zweitlängste Brücke zum ersten Brückenkopf-Kohlenstoff und beendet die Numerierung über die verbleibende Brücke.

Bicyclo[2.2.1]heptan (Norbornan)

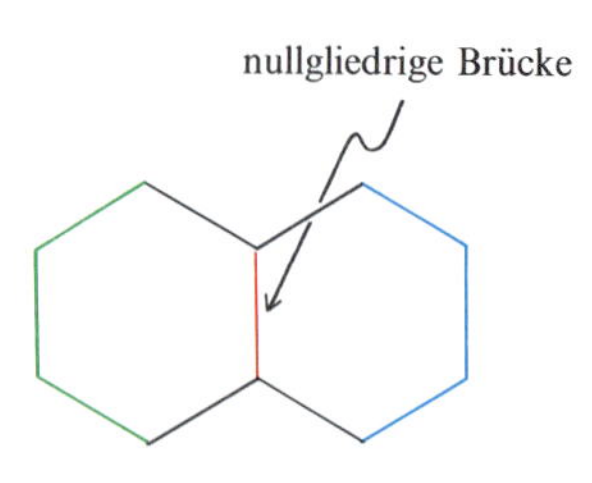

Bicyclo[4.4.0]decan (Decalin)

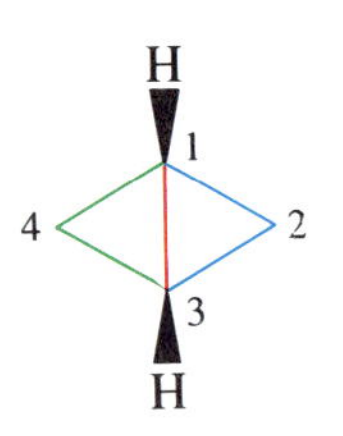

***cis*-Bicyclo[1.1.0]butan**

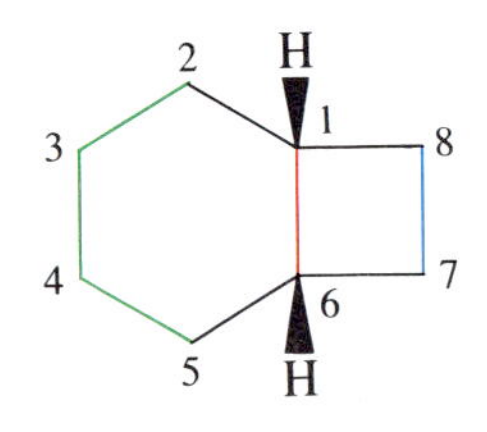

***cis*-Bicyclo[4.2.0]octan**

Bicycloalkane können cis oder trans verknüpft sein. Manchmal ist die trans-Verknüpfung, wie im Norbornan oder im *cis*-Bicylo[1.1.0]butan, sterisch nicht möglich. Beim Bicyclo[4.4.0]decan gibt es dagegen beide Isomere (s. Abb. 4-15).

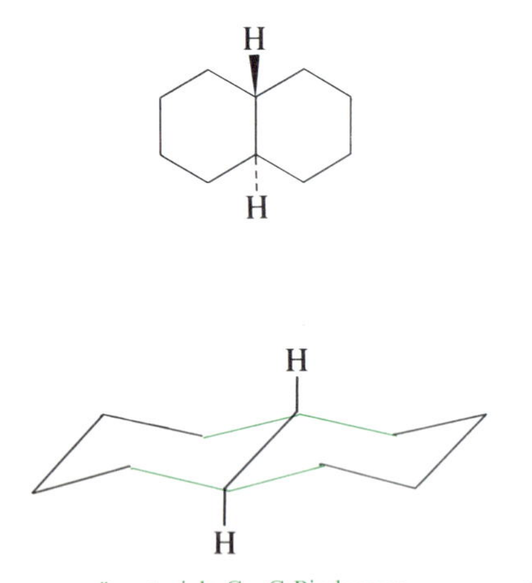

***trans*-Bicyclo[4.4.0]decan**

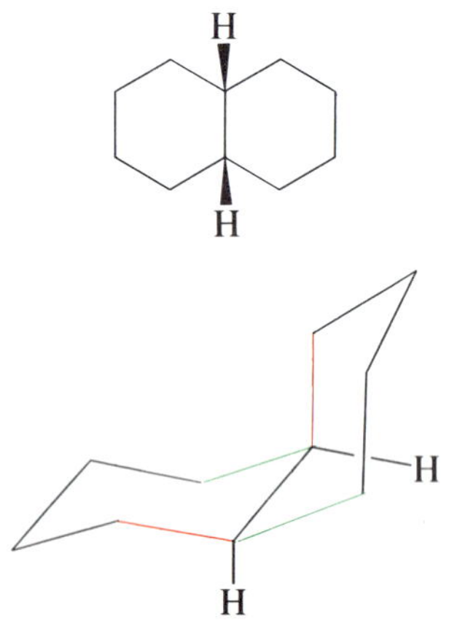

***cis*-Bicyclo[4.4.0]decan**

Abb. 4-15 Ebene Projektion und Sesselkonformation von *trans*- und *cis*-Bicyclo[4.4.0]decan (*trans*- und *cis*-Dekalin).

Übung 4-7

Bauen Sie Molekülmodelle von *cis*- und *trans*-Bicyclo[4.4.0]decan. Was läßt sich über die Beweglichkeit der Konformationen sagen?

Gespannte Kohlenwasserstoffe: Wo ist die Grenze?

Die Suche nach den Grenzen der Spannung in der Bindung von Kohlenwasserstoffen ist ein faszinierendes Forschungsgebiet, aus dem bereits eine Reihe von exotischen Molekülen hervorgegangen ist. Es ist wirklich erstaunlich, wie stark die Winkel am gesättigten Kohlenstoffatom verdreht werden können. Sie haben ja bereits Modelle von Molekülen gebaut, die sich nur mit Mühe konstruieren ließen. Ein extremes Beispiel in der Serie der bicyclischen Kohlenwasserstoffe ist das Bicyclo[1.1.0]butan, dessen Spannungsenergie auf 278 kJ/mol geschätzt wird. Wenn man bedenkt, daß die Bildungsenthalpie dieses Moleküls + 217.3 kJ/mol beträgt, ist es ein Wunder, daß das Molekül überhaupt existiert.

Eine Reihe von Verbindungen, die die Aufmerksamkeit der synthetischen Chemiker besonders erregt, hat ein Kohlenstoffgerüst, dessen Geometrie den Platonischen Körpern entspricht: dem *Tetraeder* (Tetrahedran), dem *Hexaeder* (Cuban) und dem pentagonalen *Dodecaeder* (Dodecahedran). Als erste dieser Strukturen wurde im Jahre 1964 der Hexaeder synthetisiert, ein würfelförmiger Kohlenwasserstoff der Formel C_8H_8. Nach dem englischen Wort für Würfel, *cube*, erhielt die Verbindung auch ihren Namen, Cuban. Die experimentell gemessene Spannungsenergie (657 kJ/mol) ist etwa gleich der gesamten Spannung von sechs Cyclobutanringen. Obwohl Tetrahedran selbst unbekannt ist, wurde ein Tetra(1,1-dimethylethyl)-Derivat im Jahre 1978 synthetisiert. Trotz der geschätzten Ringspannung von etwa 540 bis 574 kJ/mol ist die Verbindung stabil und schmilzt erst bei 135 °C. Im Jahre 1982 gelang es, Dodecahedran zu synthetisieren. Die Synthese verläuft über 23 Stufen, mit einem einfachen Cyclopentanderivat als Ausgangsverbindung. Im letzten Syntheseschritt wurden 1.5 mg der reinen Verbindung erhalten. Die Ausbeute war dennoch ausreichend, um das Molekül vollständig charakterisieren zu können. Der Schmelzpunkt von 430 °C liegt für einen C_{20}-Kohlenwasserstoff außerordentlich hoch und bestätigt die hohe Symmetrie der Verbindung. Eicosan als Vergleich schmilzt bei 36.8 °C (s. Tab. 2-5).

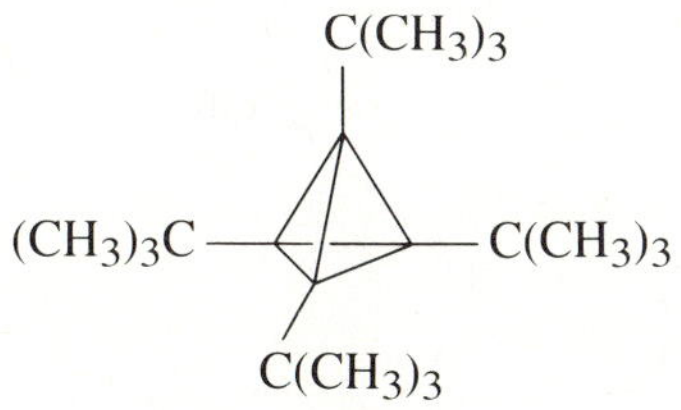

$C(CH_3)_3$ $(CH_3)_3C$ $C(CH_3)_3$ $C(CH_3)_3$

Tetrakis(1,1-dimethylethyl)-tetrahedran 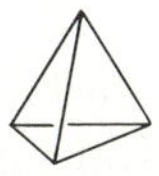 **Tetrahedran** 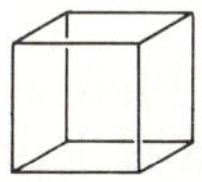 **Cuban** 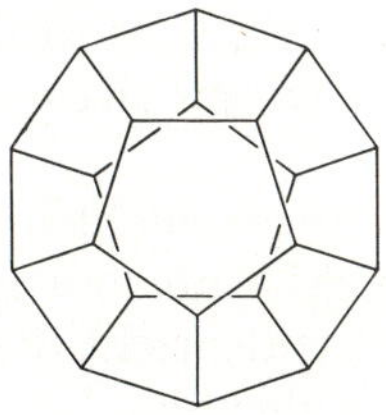 **Dodecahedran**

Zusammenfassend können wir sagen, daß der Kohlenstoff in cyclischen Verbindungen einen hohen Anteil von Spannung im Vergleich zu anderen Kohlenstoffatomen tolerieren kann. Diese Fähigkeit hat die Darstellung einer Reihe von cyclischen Molekülen ermöglicht, in denen die Geometrie am Kohlenstoff stark von der Tetraederstruktur abweicht.

4.7 Cyclische Kohlenwasserstoffe in der Natur

Lassen Sie uns nun einen kurzen Blick auf die Vielfalt der cyclischen Moleküle, die in der Natur gebildet werden, die cyclischen **Naturstoffe**, werfen.

Naturstoffe sind organische Verbindungen, die von lebenden Organismen produziert werden. Einige dieser Verbindungen sind extrem einfach, wie das Methan, andere haben sehr komplexe Strukturen. Die Naturwissenschaftler haben versucht, die Fülle der Naturstoffe auf verschiedene Weise zu klassifizieren. Im allgemeinen wendet man vier Schemata an, in denen diese Verbindungen nach (1) chemischer Struktur, (2) physiologischer Wirkung, (3) Organismus- oder Pflanzenspezifität (Taxonomie) und (4) biochemischer Herkunft geordnet werden.

Es gibt viele Gründe, warum organische Chemiker an Naturstoffen interessiert sind. Viele dieser Verbindungen sind wichtige Arzneigrundstoffe, andere wirken als Farb- oder Aromastoffe und andere stellen wichtige Rohprodukte dar. Untersuchungen von Tiersekreten ergeben Informationen darüber, in welcher Weise Tiere chemische Stoffe zur Markierung von Pfaden, zur Abwehr von Feinden oder als Sexuallockstoff verwenden. Die Erforschung der biochemischen Abbauwege, über die ein Organismus eine Verbindung metabolisiert, ermöglicht eine Einsicht in die Vorgänge im Körper. Der nächste Abschnitt befaßt sich mit zwei Naturstoffklassen, den Terpenen und Steroiden, die aus obigen Gründen immer eine wichtige Rolle in der organischen Chemie gespielt haben.

CH_3

2-Methyl-1,3-butadien (Isopren)

Isopren-Einheit in Terpenen
(einige enthalten Doppelbindungen)

Terpene

Die meisten von Ihnen haben schon den oft sehr intensiven Geruch von frisch zerriebenen Blättern gerochen. Durch das Zerreiben wird ein Gemisch aus recht flüchtigen Substanzen mit normalerweise fünfzehn oder zwanzig Kohlenstoffatomen pro Molekül freigesetzt, die Terpene. Man verwendet diese Verbindungen als Aromastoffe für Lebensmittel (Nelken- und Pfefferminzextrakte), in Parfums (Rosen, Lavendel, Sandelholz) und als Lösungsmittel (Terpentin).

Die Biosynthese der Terpene geschieht in der Pflanze durch Verknüpfung mindestens zweier Moleküleinheiten mit fünf Kohlenstoffatomen. Die Struktur dieser Einheiten entspricht der von 2-Methyl-1,3-butadien (Isopren), man bezeichnet sie daher als „Isopren-Einheiten". Je nachdem, wie viele Isopren-Einheiten in einem Molekül enthalten sind, unterteilt man die Terpene in Mono-(C_{10}), Sesqui-(C_{15}) und Diterpene-(C_{20}). (In den im folgenden dargestellten Terpenen sind die Isopren-Einheiten farbig herausgehoben.)

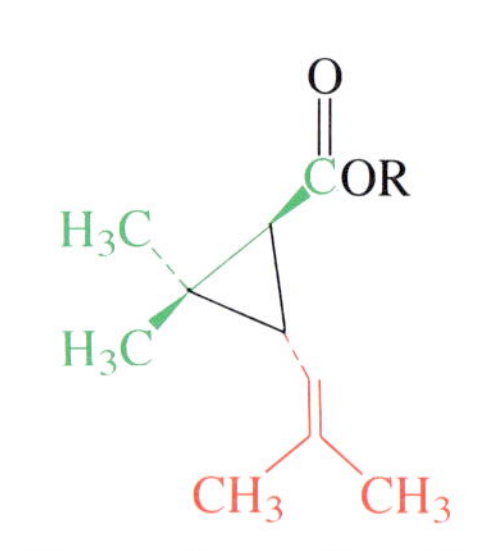

***trans*-Chrysanthemensäure (R = H)**
***trans*-Chrysanthemensäureester (R ≠ H)**

Die Chrysanthemensäure ist ein monocyclisches Terpen, das einen Dreiring enthält. Sie tritt in Form ihrer Ester in den Blüten von Pyrethrum (*Chrysanthemum cinerariae-folium*) auf. Die Ester sind natürliche Insektizide, wobei die cis-Isomere gewöhnlich aktiver als die trans-Verbindungen sind. In Grandisol, dem Sexuallockstoff des männlichen Baumwollrüsselkäfers (*Anthonomus grandis*), liegt ein Cyclobutanring vor. Menthol (Pfef-

Grandisol

Campher

β-Cadinen

Menthol

ferminzöl) ist ein Beispiel eines natürlich vorkommenden Cyclohexanderivats, während Campfer (aus dem Campferbaum) und β-Cardinen (aus Wacholder und Zeder) einfache bicyclische Terpene sind, ersteres ist ein Bicyclo[2.2.1]system, das zweite ein Bicyclo[4.4.0]-(Decalin)-Derivat.

Übung 4-8

Zeichnen Sie die bevorzugte Sesselkonformation von Menthol.

Im Gegensatz zu den Terpenen, die anhand ihrer Molekülgröße und ihres natürlichen Vorkommens in Gruppen eingeteilt werden, sich aber in der Molekülgestalt stark unterscheiden, klassifiziert man die Steroide anhand struktureller Gemeinsamkeiten.

Übung 4-9

Geben Sie an, welche funktionellen Gruppen in den in diesem Abschnitt gezeigten Terpenen vorliegen.

Steroide: Tetracyclische Naturstoffe mit großer physiologischer Wirkung

Steroide komen häufig in der Natur vor, und viele dieser Verbindungen haben physiologische Aktivität. Eine Reihe von Steroiden wirken als *Hormone*, so wird im menschlichen Körper z. B. die geschlechtliche Reifung und die Fruchtbarkeit durch Steroidhormone gesteuert. Daher werden in der Medizin viele, häufig synthetisch hergestellte Steroide, in der Krebstherapie, bei der Behandlung von Arthritis oder Allergien und bei der Empfängnisverhütung eingesetzt.

In den Steroiden sind drei Cyclohexanringe in der Sesselform aneinander kondensiert und meist trans-verknüpft, entsprechend der Struktur von *trans*-Bicyclo[4.4.0]decan. Der vierte Ring ist ein Cyclopentan, alle vier zusammen ergeben die charakteristische Steroidstruktur. Man bezeichnet die vier Ringe als A, B, C und D, und die Kohlenstoffatome werden nach einem bestimmten, für die Steroide spezifischen, Schema numeriert. In vielen Steroiden sind an C-10 und C-13 Methylgruppen, an C-3 und C-17 Sauerstoffatome gebunden. Teilweise findet sich an C-17 auch eine längere Seitenkette. Die trans-Verküpfung der Ringe ermöglicht eine weitgehend spannungsfreie All-Sessel-Konformation, in der die Methylgruppen und Wasserstoffatome an den Verbindungsstellen der Ringe axiale Positionen einnehmen.

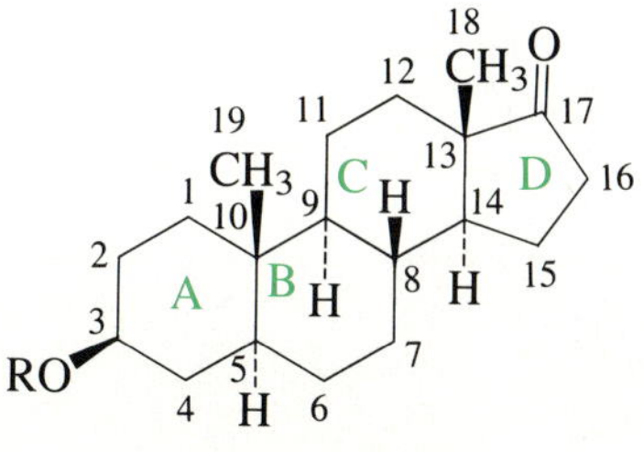

Steroid-Grundgerüst

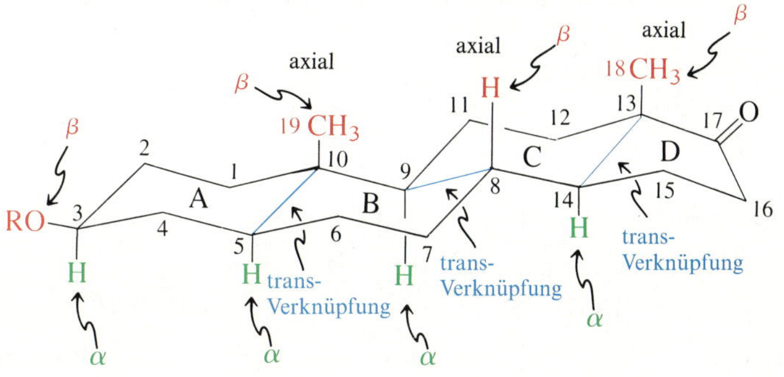

Gruppen, die oberhalb der Ebene des Steroidmoleküls stehen, bezeichnet man als β-Substituenten, unterhalb der Ebene befindliche Gruppen als α-Substituenten. In der obigen Struktur ist also eine 3β-OR-Gruppe, ein 5α-H, eine 10β-CH_3-Gruppe etc. enthalten. Die axialen CH_3-Gruppen bezeichnet man auch als *angulare* Methylgruppen, da sie stark aus dem übrigen Molekülgerüst herausragen (*angulus*, lateinisch: im Winkel; an einer scharfen Ecke).

Cholesterin (engl.: cholesterol) gehört zu den am weitesten verbreiteten Steroiden. Es kommt in fast allen tierischen und menschlichen Geweben vor, insbesondere im Gehirn und im Rückenmark. Im Rückenmark von Rindern ist es sogar so konzentriert, daß es hieraus kommerziell durch einfache Extraktion gewonnen wird. Der Körper eines Erwachsenen enthält 200 bis 300 g Cholesterin, Gallensteine können völlig daraus bestehen. Dieses Steroid ist vermutlich für einige Kreislauferkrankungen verantwortlich, da es sich an den Arterienwänden absetzt, was zu Arteriosklerose und Herzerkrankungen führt. Seine biologische Funktion im Körper ist noch nicht vollständig geklärt, man weiß aber, daß es eine Vorstufe der Steroidhormone und der Gallensäuren ist. Die Gallensäuren werden in der Leber gebildet und sind Teil eines Sekretgemischs, das im Zwölffingerdarm zur Emulgierung, Verdauung und Absorption der Fette dient. Ein Beispiel ist die Cholsäure.

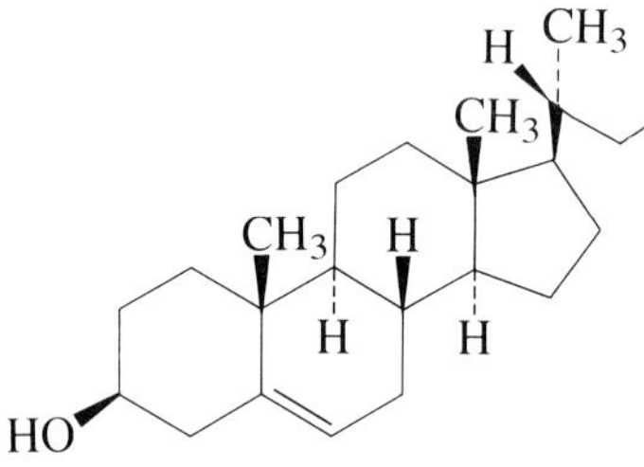

Cholesterin 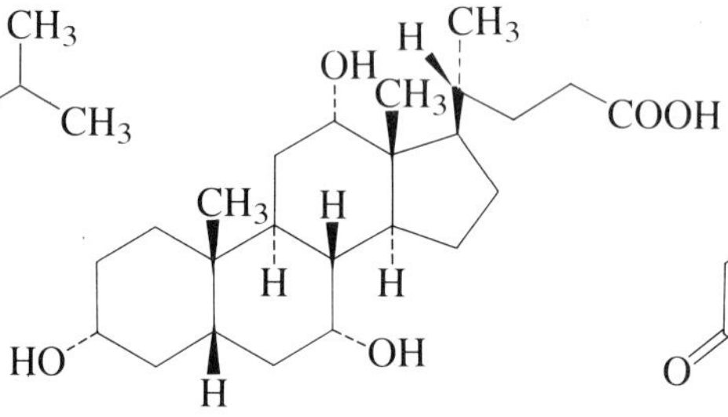 **Cholsäure** 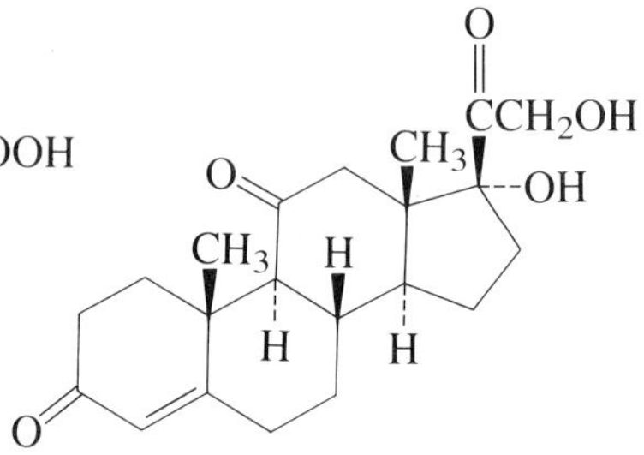 **Cortison**

Cortison, das eine breite Anwendung bei der Behandlung rheumatischer Erkrankungen findet, ist eines der Nebennierenrindenhormone. Diese Hormone sind an der Regulierung des Elektrolyt- und Wasserhaushalts und am Protein- und Kohlenhydrat-Metabolismus beteiligt.

Die Sexualhormone lassen sich in drei Gruppen aufteilen: (1) die männlichen Sexualhormone oder *Androgene*; (2) die weiblichen Sexualhormone oder *Östrogene*; und (3) die Schwangerschaftshormone oder *Progestine*.

Testosteron ist das wichtigste männliche Sexualhormon. Es wird von den Hoden produziert und ist auch für die sekundären männlichen Geschlechtsmerkmale wie tiefe Stimme, Bartwuchs und allgemeine physische Konstitution verantwortlich. Das weibliche Sexualhormon ist das Östradiol. Es wurde erstmals durch Extraktion von vier Tonnen Schweine-

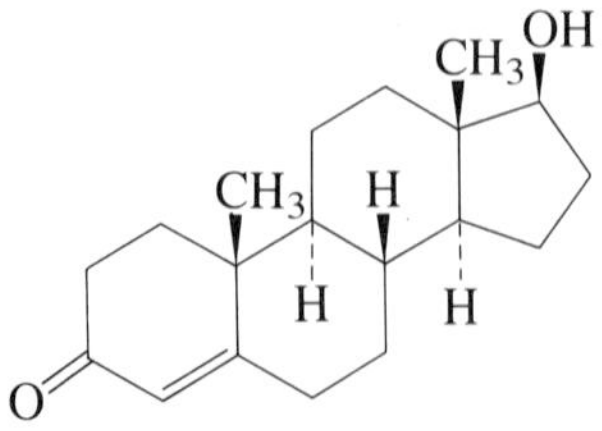

Testosteron 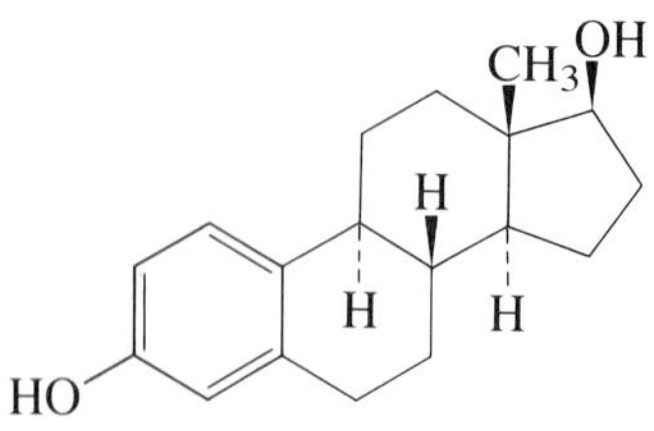 **Östradiol** 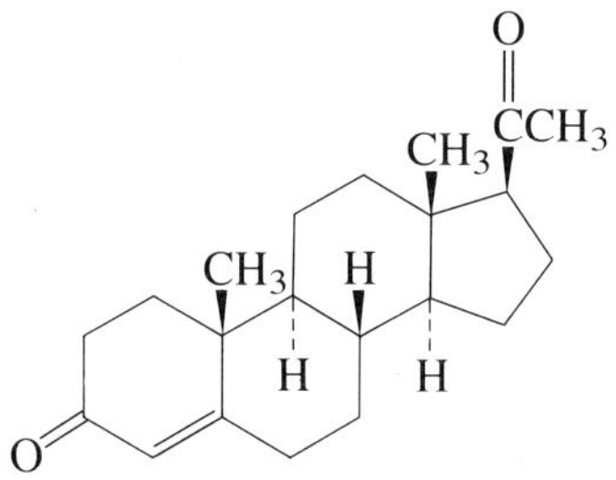 **Progesteron**

ovarien gewonnen, wobei nur einige Milligramm reines Steroid isoliert wurden. Östradiol ist für die Entwicklung der sekundären weiblichen Geschlechtsmerkmale verantwortlich und ist an der Regulierung des weiblichen Menstruationscyclus beteiligt. Ein Beispiel eines Schwangerschaftshormons ist Progesteron, das dafür sorgt, daß der Uterus für die Einnistung der befruchteten Eizelle bereit ist.

Die strukturellen Ähnlichkeiten der Steroidhormone sind bemerkenswert, wenn man ihre völlig unterschiedliche Wirkungsweise berücksichtigt. Steroide sind die Wirkstoffe der „Pille", die aufgrund der Kontrolle des weiblichen Mentruationscyclus und des Eisprungs als Empfängnisverhütungsmittel wirkt. Zum Zeitpunkt der weitesten Verbreitung haben mehr als 100 Millionen Frauen in der Welt die „Pille" genommen.

Wir fassen noch einmal zusammen: Es gibt eine außerordentliche Vielfalt von Naturstoffen, die sich in ihrer Struktur und Wirkungsweise stark unterscheiden. Als Beispiele von Naturstoffen haben wir die Terpene und die Steroide betrachtet. In den folgenden Kapiteln zeigen wir häufig anhand von Naturstoffen die Chemie bestimmter funktioneller Gruppen, demonstrieren an ihnen Synthesestrategien oder die Wirkungsweise eines Reagenz, und ziehen sie zur Darstellung dreidimensionaler Wechselbeziehungen und als Beispiele für medizinische Anwendungen heran. Einige Naturstoffklassen wollen wir genauer diskutieren: die Fette (Abschn. 17.12 und 18.4), die Kohlenhydrate (Kapitel 23), die Alkaloide (Abschn. 26.7) und die Amino- und Nucleinsäuren (Kap. 27).

Kasten 4-2

Menstruationscyclus und Contraceptiva

Der Menstruationscyclus wird von drei Proteinhormonen der Hypophyse kontrolliert. Das follikelstimulierende Hormon (FSH) induziert das Reifen der Eizelle, das luteinisierende Hormon (LH) den Eisprung. Das dritte Hypophysenhormon (luteotropes Hormon) induziert die Bildung eines Ovariengewebes, des Gelbkörpers (*corpus luteum*). Mit Beginn des Cyclus und der Initiation der Eireifung produziert das die Eizelle umgebende Gewebe zunehmende Mengen von Östrogenen. Ist eine bestimmte Östrogenkonzentration im Blut erreicht, hört die FSH-Produktion auf. In diesem Stadium erfolgt als Antwort auf LH der Eisprung. LH bewirkt zum Zeitpunkt der Ovulation ebenfalls die Bildung des Gelbkörpers, der mit der Produktion steigender Mengen von Progesteron beginnt. Dieses Hormon unterdrückt jeden weiteren Eisprung durch Stoppen der LH-Produktion. Wird die Eizelle nicht befruchtet, werden Gelbkörper und Ei ausgestoßen (Menstruation). Eine Schwangerschaft führt andererseits zur Zunahme der Östrogen- und Progesteronproduktion, um die Sekretion von Hypophysenhormonen und damit eine erneute Ovulation zu verhindern. Die Pille besteht aus einer Mischung synthetischer stark wirksamer Östrogen- und Progesteronderivate (wirksamer als die natürlichen Hormone), die, wenn sie während des überwiegenden Teils des Menstruationscyclus eingenommen werden, die Eireifung und den Eisprung verhindern, da sie die FSH- und die LH-Produktion stoppen. Dem weiblichen Körper wird eine Schwangerschaft vorgetäuscht. Eine der im Handel befindlichen Pillen enthält eine Kombination aus 0.05 mg Mestranol und 1 mg Norethisteron. Andere Präparate bestehen aus ähnlichen Verbindungen mit geringen strukturellen Änderungen.

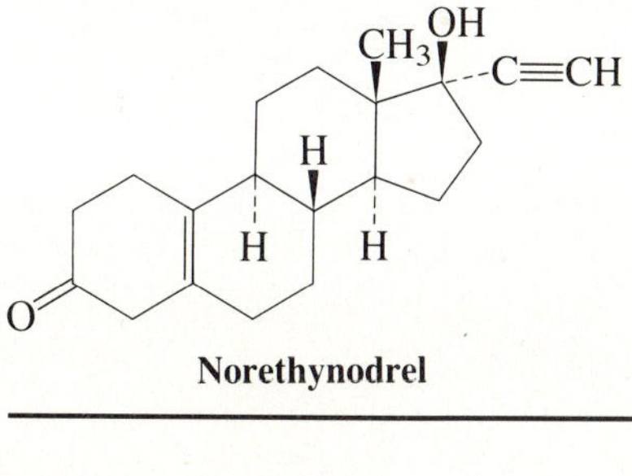

CH_3 OH C≡CH H H H O

Norethynodrel

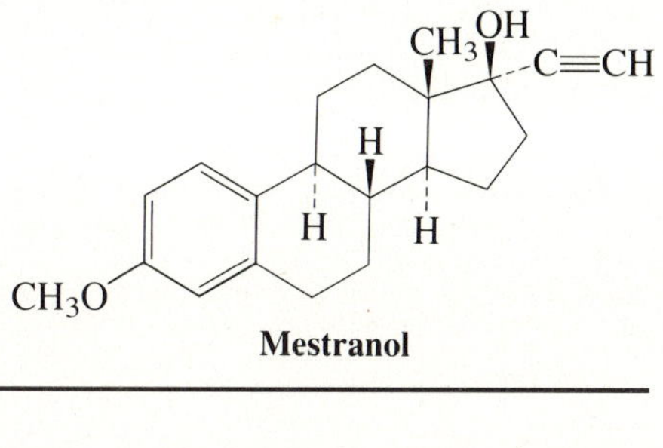

CH_3 OH C≡CH H H H CH_3O

Mestranol

Zusammenfassung

1 Die Nomenklatur der Cycloalkane leitet sich von der der offenkettigen Verbindungen ab.

2 Alle disubstituierten Cycloalkane außer den 1,1-disubstituierten können als zwei verschiedene Isomere auftreten: Befinden sich beide Substituenten auf derselben Seite des Moleküls, stehen sie cis; befinden sie sich auf entgegengesetzten Seiten, stehen sie trans.

3 Einige Cycloalkane sind gespannt. Spannung entsteht aufgrund von Veränderung der Bindungswinkel am Kohlenstoff, der ekliptischen Stellung von Wasserstoffatomen, und aufgrund von *gauche*- und transannularen Wechselwirkungen.

4 Cyclohexan ist nahezu spannungsfrei, dieses Molekül ist nur *gauche*-Wechselwirkungen ausgesetzt.

5 Die Winkelspannung wird in den kleinen Cycloalkanen großenteils durch Ausbildung gebogener Bindungen ausgeglichen.

6 Winkel-, ekliptische und anderen Spannungen werden in größeren Cycloalkanen als dem Cyclopropan (das naturgemäß eben sein muß) durch Abweichungen von einer ebenen Anordnung erreicht.

7 Die Ringspannung in den kleineren Ringen hat Ringöffnungsreaktionen zur Folge.

8 Durch Herausbewegen aus der Ebene ergeben sich bewegliche Konformere, wie die Sessel-, die Wannen- und die Twistform des Cyclohexans.

9 In der Sesselform des Cyclohexans lassen sich zwei Typen von Wasserstoffatomen, die axialen und die äquatorialen, unterscheiden. Sie gehen bei Raumtemperatur rasch durch „Umklappen" des Sessels ineinander über. Die Aktivierungenergie für diesen Prozeß beträgt 45.2 kJ/mol.

10 Bei den monosubstituierten Cyclohexanen ist ΔG^0 für das Gleichgewicht zwischen beiden Sesselkonformationen substituentenabhängig. Axiale Substituenten sind *gauche*- und 1,3-diaxialen Wechselwirkungen ausgesetzt.

11 Bei den höher substituierten Cyclohexanen verhalten sich die Effekte der Substituenten häufig additiv, die sperrigsten Substituenten nehmen mit größter Wahrscheinlichkeit äquatoriale Positionen ein.

12 Völlig spannungsfreie Cycloalkane liegen bei den sehr großen Ringen vor, die leicht eine All-*anti*-Konformation annehmen können und in denen keine transannularen Spannungen auftreten.

13 Bicycloalkane enthalten zwei Brückenkopf-Kohlenstoffatome, die beiden Ringen gemeinsam sind. Die Verknüpfung kann cis oder trans sein.

14 Naturstoffe werden allgemein nach ihrer Struktur, physiologischer Wirkung, Taxonomie oder nach ihrem biochemischem Ursprung eingeteilt. Beispiele für die letztgenannte Klasse sind die Terpene, für die erste die Steroide.

15 Terpene bestehen aus Isopren-Einheiten mit fünf Kohlenstoffatomen.

16 Steroide enthalten drei trans-verknüpfte Cyclohexanringe (A,B,C-Ringe), die an den Cyclopentanring D gebunden sind. β-Substituenten stehen oberhalb der Molekülebene, α-Substituenten darunter.

17 Eine wichtige Klasse von Steroiden bilden die Sexualhormone, die eine Reihe von physiologischen Funktionen, einschließlich der Regulierung der Fruchtbarkeit, haben.

Aufgaben

1 Zeichnen Sie für die Formel C_5H_{10} soviele Strukturen mit einem Ring wie möglich und benennen Sie sie.

2 Benennen Sie die folgenden Moleküle nach der IUPAC-Nomenklatur.

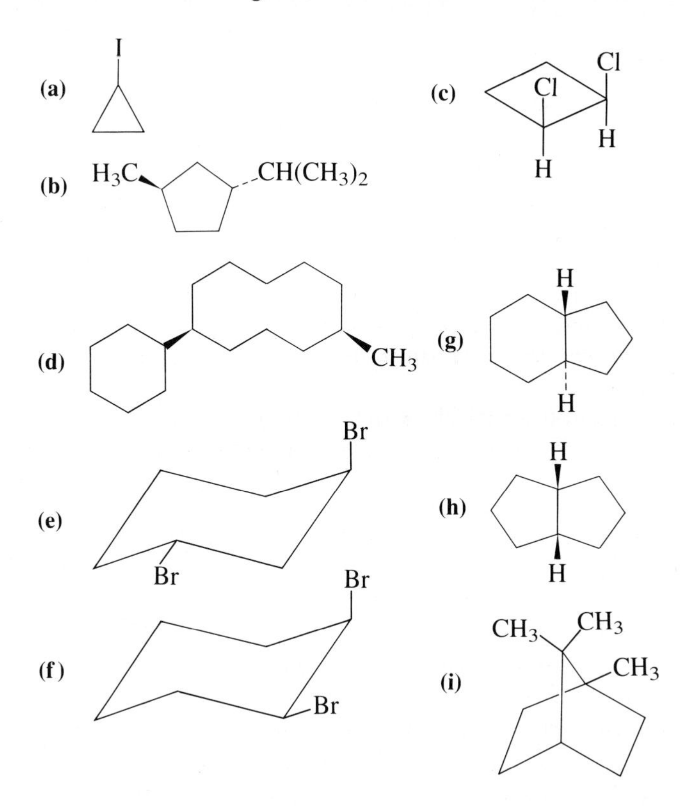

3 Die folgenden kinetischen Daten für die radikalische Chlorierung einiger Cycloalkane zeigen, daß die C–H-Bindungen im Cyclopropan und, in geringerem Ausmaß, auch im Cyclobutan, ungewöhnlich sind.

Relative Reaktivität pro Wasserstoff gegenüber Cl·, bezogen auf Reaktivität von Cyclohexan = 1.0[a]

Cycloalkan	Reaktivität
Cyclopentan	0.9
Cyclobutan	0.7
Cyclopropan	0.1

[a]Bedingungen: 68 °C, *hν*, CCl_4 als Lösungsmittel

(a) Was können Sie aus diesen Daten über (i) die Stärke der C–H-Bindung im Cyclopropan und (ii) über die Stabilität des Cyclopropylradikals sagen?

(b) Finden Sie einen Grund für die Stabilitätseigenschaften des Cyclopropylradikals. Hinweis: Vergleichen Sie die Winkelspanung im Cyclopropylradikal mit der von Cyclopropan selbst.

(c) Unter den beschriebenen experimentellen Bedingungen besitzt 2,2-Dimethylcyclopropan pro Wasserstoff gegenüber Cl· eine relative Reaktivität von 0.6. Geben Sie aufgrund dieser Information das Hauptprodukt der Halogenierung in den beiden folgenden Reaktionen an:

H_3C CH_3 (Cyclopropan) $\xrightarrow{Cl_2,\ h\nu}$ H CH_3 (Cyclopropan) $\xrightarrow{Cl_2,\ h\nu}$

4 Schätzen Sie mit Hilfe der Daten aus Tab. 3-2 und 4-2 DH^0 für eine C–C-Bindung in:

(a) Cyclopropan
(b) Cyclobutan
(c) Cyclopentan
(d) Cyclohexan

5 Schlagen Sie einen Mechanismus für die Überführung von Cyclopropan in Propen bei hohen Temperaturen vor.

6 Berechnen Sie ΔH^0 für die folgenden möglichen Prozesse.

(a) + H_2 ⟶ Hexan

(b) + HCl ⟶ 1-Chlorhexan

(c) + H_2 ⟶ Propan

(d) + HCl ⟶ 1-Chlorpropan

7 Wenn Cyclobutan eben gebaut wäre, betrügen alle C—C—C-Bindungswinkel exakt 90°, und man könnte zur Beschreibung dieser Bindung reine *p*-Orbitale heranziehen. Wie wären dann die Kohlenstoffatome hybridisiert, damit alle C—H-Bindungen äquivalent sein könnten? Wie groß würde der Winkel zwischen beiden C—H-Bindungen sein?

Welche Befunde über die Struktur des Cyclobutanmoleküls widersprechen dieser Hypothese?

8 Schätzen Sie ΔH^0 für das Gleichgewicht ebenes Cyclopentan $\rightleftharpoons$ Briefumschlag-Cyclopentan ab. Berücksichtigen Sie nur Unterschiede in der ekliptischen Spannung.

9 Geben Sie für jedes der folgenden Cyclohexanderivate an, (1) ob das Molekül ein cis- oder trans-Isomer ist und (2) ob die angegebene die stabilste Konformation ist. Wenn Sie die zweite Frage mit „nein" beantworten, klappen Sie den Ring um und zeichnen Sie die stabilste Konformation.

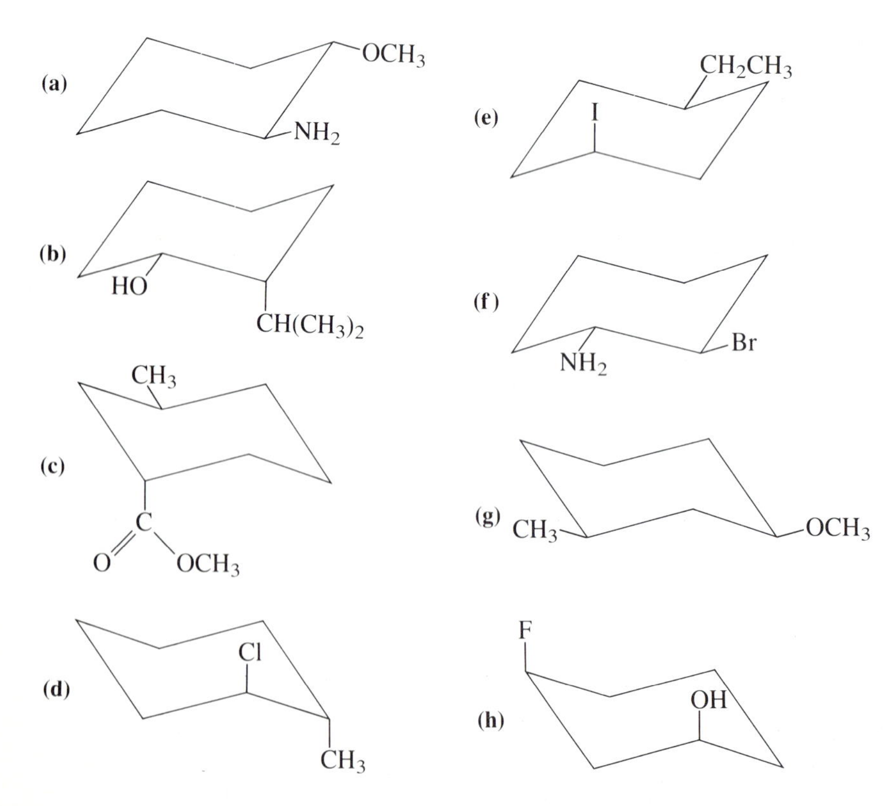

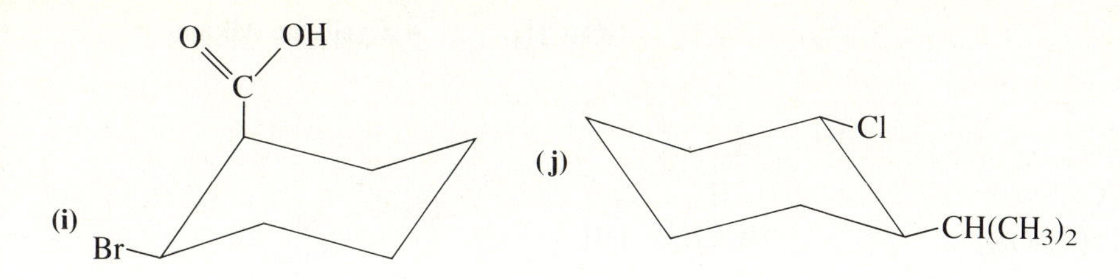

10 Zeichnen Sie die stabilste Konformation der folgenden substituierten Cyclohexane. Klappen Sie dann den Ring um und zeichnen Sie das nächststabilere Konformer.

(a) Cyclohexanol
(b) *trans*-3-Methylcyclohexanol
(c) *cis*-1-(1-Methylethyl)-2-methylcyclohexan.
(d) *cis*-1-Ethyl-2-methoxycyclohexan
(e) *trans*-1-(1,1-Dimethylethyl)-4-chlorcyclohexan

11 Schätzen Sie für jedes Molekül aus Aufgabe 10 die Energiedifferenz zwischen der stabilsten und der nächststabileren Konformation ab. Berechnen Sie das ungefähre Verhältnis beider Konformere bei 300 K.

12 Das stabilste Konformer des *trans*-1,3-bis-(1,1-Dimethylethyl)cyclohexans ist kein Sessel. Welches Konformation würden Sie für dieses Molekül erwarten? Geben Sie eine Erklärung.

13 Vergleichen Sie die Struktur von Cyclodecan in der All-Sessel-Konformation (im folgenden gezeigt) mit der von *trans*-Bicyclo[4.4.0]decan (*trans*-Decalin). Erlären Sie, warum die All-Sessel-Konformation stark gespannt ist, und *trans*-Bicyclo[4.4.0]decan dennoch ein nahezu spannungsfreies Molekül ist. Bauen Sie Molekülmodelle.

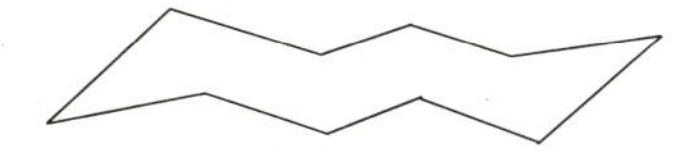

All-Sessel-Cyclodecan

***trans*-Bicyclo[4.4.0]decan**

14 Geben Sie eine Erklärung für die Tatsache, daß *cis*-Bicyclo[4.4.0]decan bei $-43\,°C$ schmilzt, während der Schmelzpunkt des *trans*-Isomers bei $-30\,°C$ liegt. Übung 4-7 enthält eine Informationen, die für Ihre Antwort wichtig sind.

15 Sagen Sie qualitativ voraus, welches der beiden Isomeren stabiler ist: **(a)** *cis*- oder *trans*-Bicyclo[4.4.0]decan; **(b)** *cis*- oder *trans*-Bicyclo[4.3.0]nonan (Indan); **(c)** *cis*- oder *trans*-Bicyclo[4.2.0]octan. Nehmen Sie Modelle zur Hilfe.

16 Geben Sie bei jedem der folgenden Moleküle an, ob es sich um ein Monoterpen, ein Sesquiterpen oder ein Diterpen handelt (es sind die Trivialnamen angegeben).

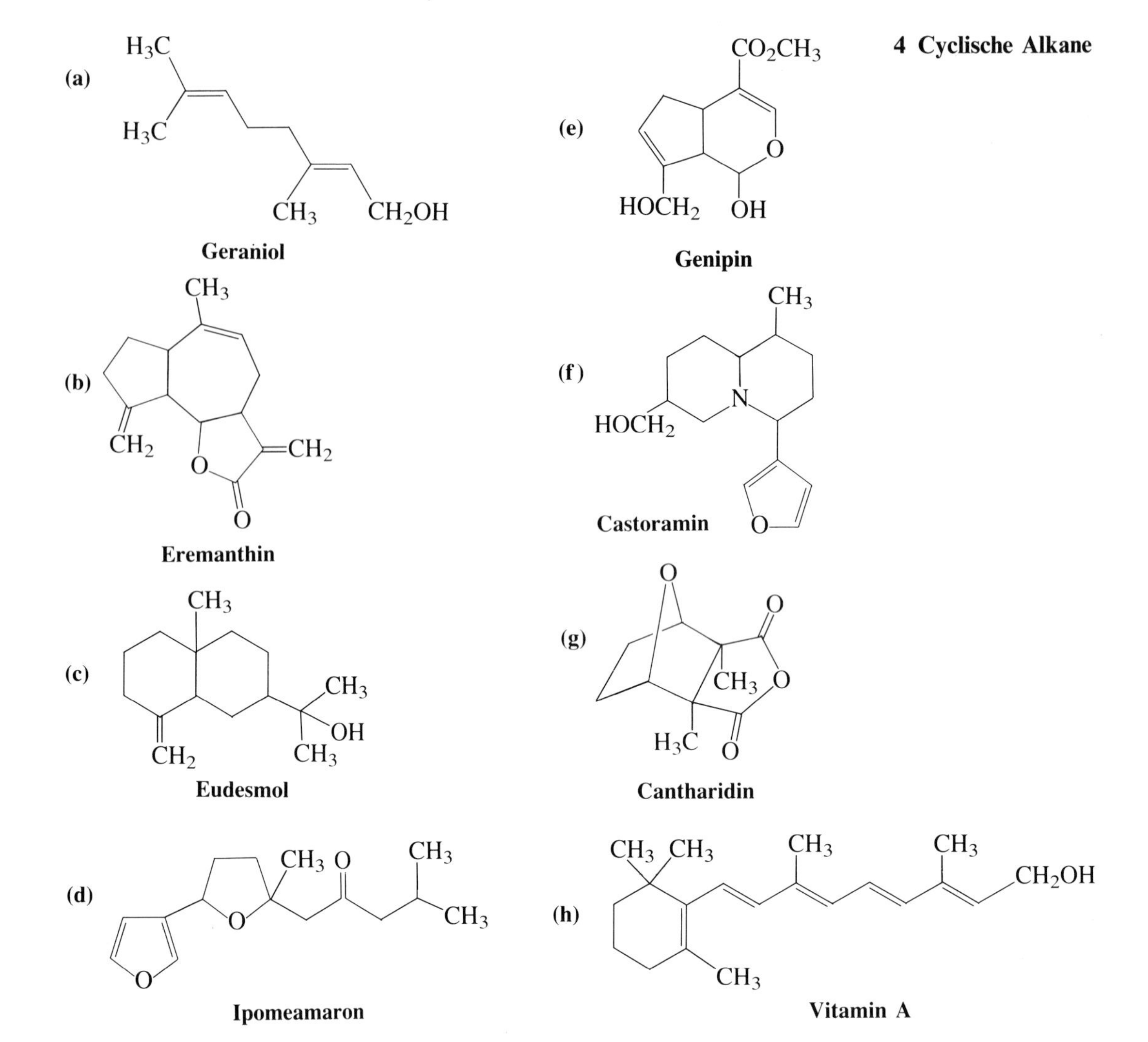

17 Suchen Sie die 2-Methyl-1,3-butadien- (Isopren-)Einheiten in allen Naturstoffmolekülen aus Aufgabe 16.

18 Umranden und benennen Sie alle funktionellen Gruppen in allen drei in Abschn. 4.7 dargestellten Steroiden. Kennzeichnen Sie polarisierte Bindungen mit positiven und negativen Partialladungen (δ^+ und δ^-).

19 Im folgenden sind noch einige Beispiele von natürlich vorkommenden Molekülen mit gespannten Ringen dargestellt.

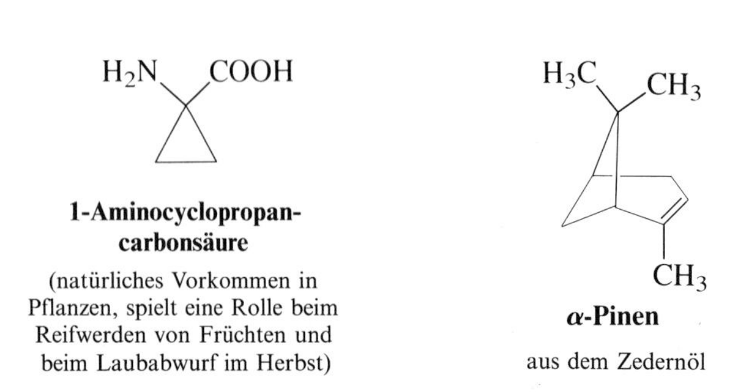

1-Aminocyclopropan-carbonsäure
(natürliches Vorkommen in Pflanzen, spielt eine Rolle beim Reifwerden von Früchten und beim Laubabwurf im Herbst)

α-Pinen
aus dem Zedernöl

Africanon

(ebenfalls ein aus Blättern isoliertes Öl)

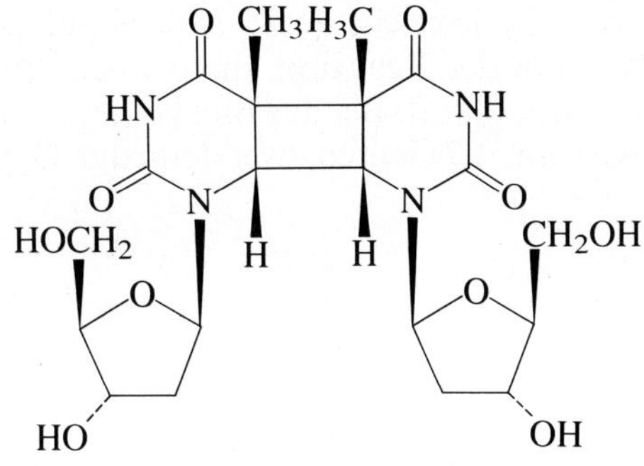

Thymidin-Dimer

(bildet sich in der DNA nach Exposition gegenüber UV-Licht)

(a) Geben Sie an, bei welchen der angegeben Strukturen es sich um Terpene handelt (falls welche darunter sind). Suchen Sie die 2-Methyl-1,3-butadien-Einheiten in jeder Struktur und geben Sie an, ob es sich um Mono-, Sesqui- oder Diterpene handelt.
(b) Wie lauten die IUPAC-Namen der bicyclischen Alkane, von denen sich Pinen und Africanon ableiten?

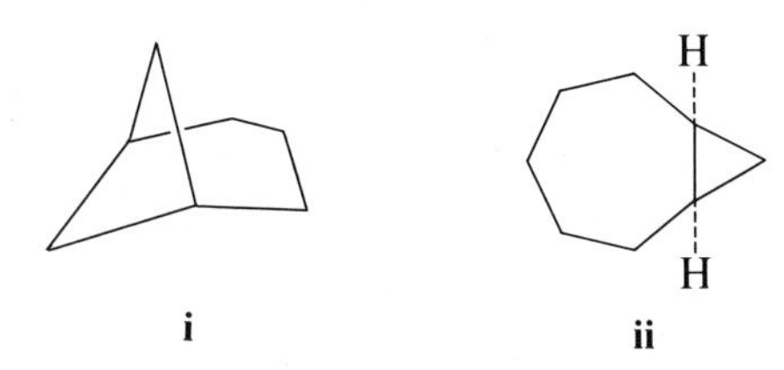

20 Fusidinsäure ist ein steroidähnliches mikrobielles Produkt, das ein extrem wirksames Antibiotikum mit einem breiten Spektrum biologischer Aktivität darstellt. Die Gestalt des Moleküls ist ausgesprochen ungewöhnlich (s. unten) und hat wichtige Anhaltspunkte bei der Erforschung der Steroidsynthese in der Natur gegeben.

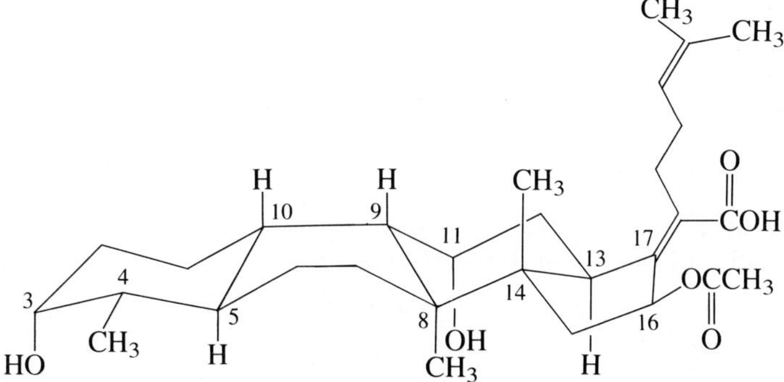

Fusidinsäure

(a) Lokalisieren Sie alle Ringe in der Fusidinsäure und beschreiben Sie ihre Konformation.
(b) Geben Sie die Verknüpfungsart der Ringe (cis oder trans) an.
(c) Geben Sie an, welche der an den Ring gebundenen Gruppen α-, welche β-Substituenten sind.
(d) Beschreiben Sie genau, in welcher Weise sich dieses Molekül von den typischen Steroiden in Struktur und Stereochemie unterscheidet.

Um Ihnen bei der Beantwortung dieser Fragen zu helfen, sind die Kohlenstoffatome des Molekülgerüsts numeriert.

21 Die enzymatische Oxidation von Cyclohexan zu Cyclohexanol (s. Abschn. 3.4) ist eine vereinfachte Version der Reaktion, die bei der Produktion der Nebennierenrindenhormone abläuft. Bei der Biosynthese von Corticosteron aus Progesteron (s. Abschn. 4.7) laufen zwei derartige Oxidationen nacheinander ab:

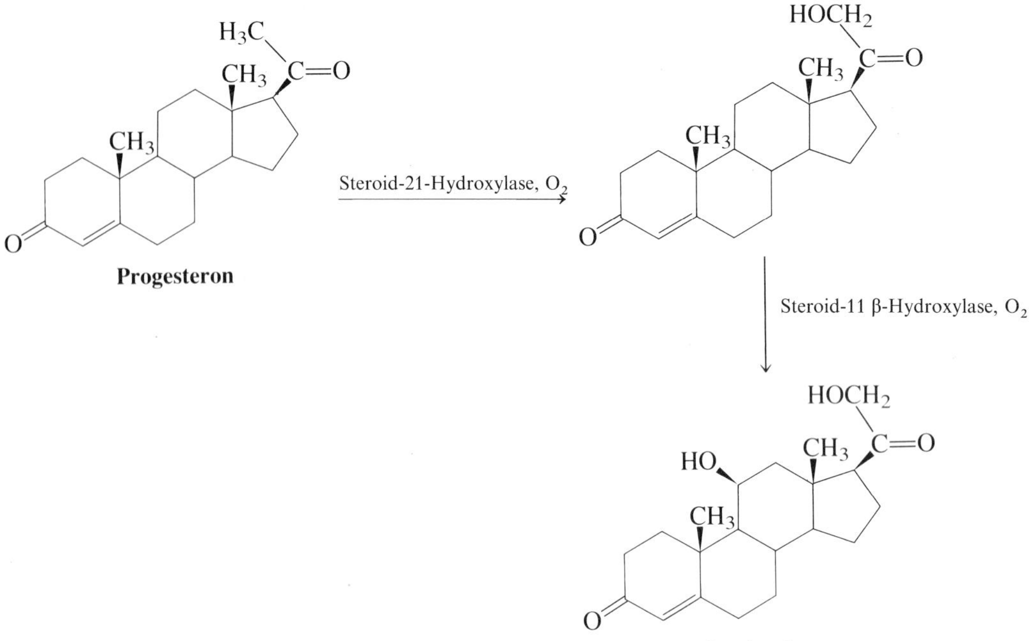

Progesteron $\xrightarrow{\text{Steroid-21-Hydroxylase, } O_2}$ (21-Hydroxyprogesteron) $\xrightarrow{\text{Steroid-11 β-Hydroxylase, } O_2}$ **Corticosteron**

Man nimmt an, daß die Hydroxylasen (oder Mono-Oxygenasen) in diesen Reaktionen als komplexe Sauerstoffatom-Donatoren fungieren. Für diese Reaktion ist ein Zweischritt-Mechanismus vorgeschlagen, der im folgenden am Beispiel des Cyclohexans dargestellt ist.

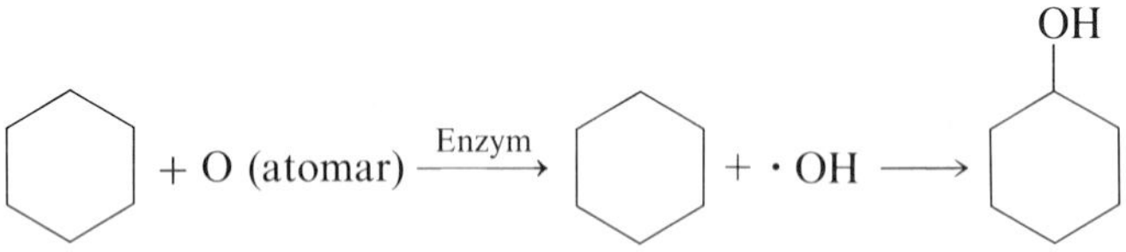

Cyclohexan + O (atomar) $\xrightarrow{\text{Enzym}}$ Cyclohexylradikal + · OH ⟶ Cyclohexanol (OH)

Berechnen Sie ΔH^0 für jeden Schritt und für die Gesamtreaktion. Benutzen Sie hierfür die Daten aus Tab. 3-5 und die folgenden ΔH_f^0-Werte: Cyclohexan, -123.5 kJ/mol; Cyclohexanol, -286.4 kJ/mol; Cyclohexylradikal, $+62.8$ kJ/mol; HO·, $+39.4$ kJ/mol.

22 Iodbenzoldichlorid, das bei der Reaktion von Iodbenzol und Chlor entsteht, ist wie Sulfurylchlorid und NCS (Abschn. 3.8) ein Reagenz zur Chlorierung von C—H-Bindungen in Alkanen. Chlorierungen mit Iodbenzoldichlorid können durch Licht initiiert werden und man muß keinen chemischen Radikal-Initiator hinzugeben.

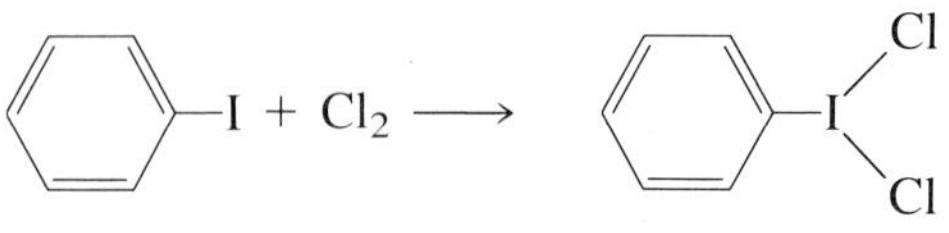

C_6H_5—I + Cl_2 ⟶ C_6H_5—ICl_2

Iodbenzoldichlorid

(a) Schlagen Sie einen Radikalkettenmechanismus für die Chlorierung eines Alkans RH durch Iodbenzoldichlorid vor. Die Gleichung der Gesamt- und der Startreaktion sind im folgenden angegeben.

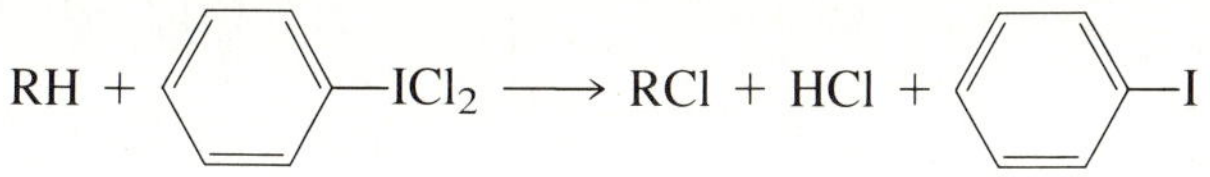

$$RH + C_6H_5{-}ICl_2 \longrightarrow RCl + HCl + C_6H_5{-}I$$

Kettenstart:

$$C_6H_5{-}ICl_2 \xrightarrow{h\nu} C_6H_5{-}\dot{I}{-}Cl + Cl\cdot$$

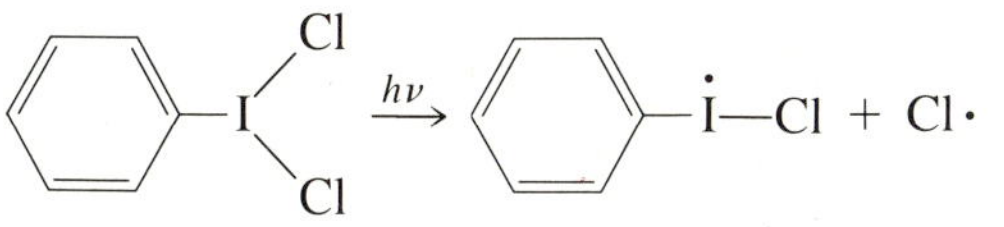

(b) Die radikalische Chlorierung typischer Steroide durch Iodbenzoldichlorid gibt hauptsächlich drei isomere Monochlorierungsprodukte. Sagen Sie aufgrund von Reaktivitätsbetrachtungen (tertiär, sekundär, primär) und sterischen Einflüssen (die vielleicht den Angriff eines Reagenz auf eine C–H-Bindung, die sonst reaktiv wäre, verhindern können) voraus, an welchen drei Stellen im Molekül die Chlorierung am günstigsten erfolgt. Nehmen Sie entweder ein Modell zur Hilfe, oder analysieren Sie sorgfältig die Abbildungen des Steroidgerüsts in Abschn. 4.7.

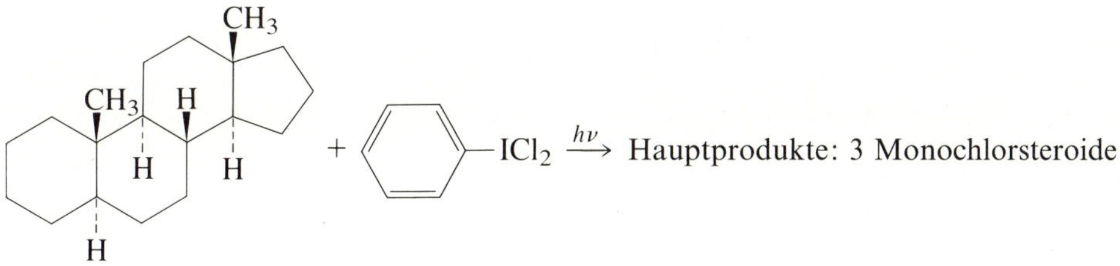

$$\text{Steroid} + C_6H_5{-}ICl_2 \xrightarrow{h\nu} \text{Hauptprodukte: 3 Monochlorsteroide}$$

23 Wie Sie Aufgabe 21 entnehmen können, sind die enzymatischen Reaktionen, mit deren Hilfe funktionelle Gruppen in das Steroidgerüst eingeführt werden, hochselektiv, ganz anders als die Chlorierung im Labor, die wir in Aufgabe 22 beschrieben haben. Dennoch läßt sich durch eine geschickte Abänderung dieser Reaktion die Selektivität der Natur im Labor teilweise nachahmen. Zwei Beispiele hierfür sind im folgenden dargestellt.

(a) $\xrightarrow{Cl_2,\ h\nu}$

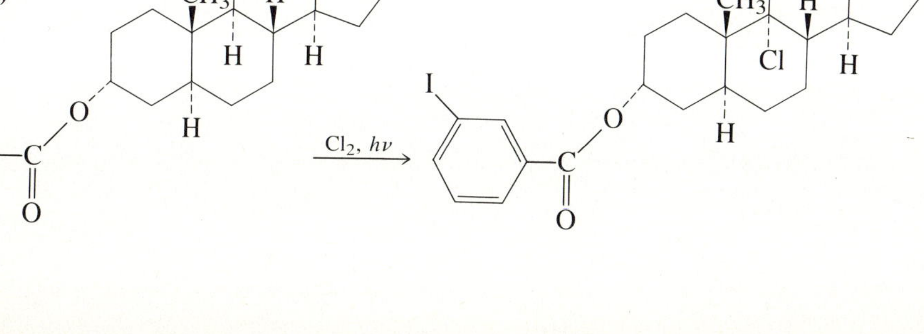

(b)

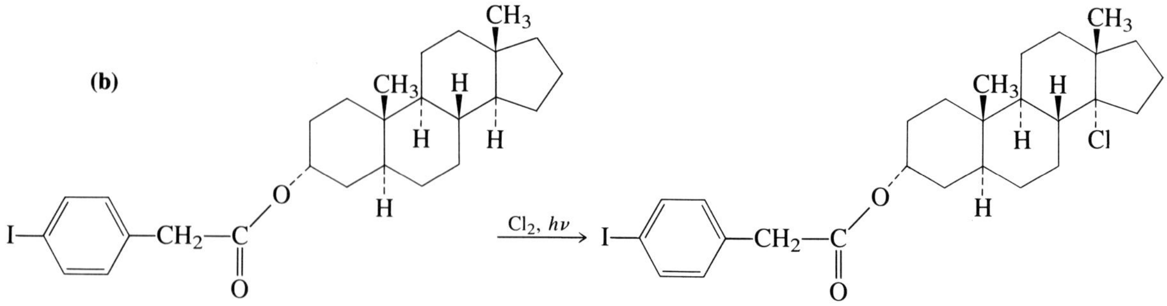

CH_3 CH_3 H H H H O I–⟨⟩–CH_2–C(=O) $\xrightarrow{Cl_2,\ h\nu}$ I–⟨⟩–CH_2–C(=O) O CH_3 CH_3 H H Cl H

Versuchen Sie, die Ergebnisse beider Reaktionen zu erklären. Bauen Sie ein Modell des Additionsprodukts von Cl_2 (vergl. Übungsaufgabe 22), um beide Systeme analysieren zu können.

5 Stereoisomerie

In den vorhergehenden Kapiteln haben wir zwei Arten von Isomerie kennengelernt, die Struktur- und die Stereoisomerie. *Strukturisomere* sind Verbindungen mit derselben Summenformel, die sich in der Reihenfolge der aneinander gebundenen Atome unterscheiden.

Strukturisomere

C_4H_{10}	$CH_3CH_2CH_2CH_3$	$H_3C\text{—}CH(CH_3)\text{—}CH_3$
	Butan	**2-Methylpropan**
C_2H_6O	CH_3CH_2OH	CH_3OCH_3
	Ethanol	**Methoxymethan (Dimethylether)**

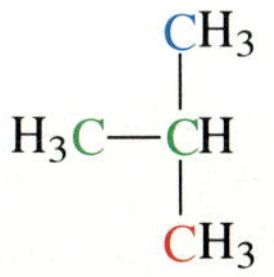

Übung 5-1

Sind Bicyclo[4.2.0]octan und Bicyclo[3.3.0]octan Isomere?

Mit dem Begriff **Stereoisomere** bezeichnet man Isomere, deren Atome in derselben Reihenfolge aneinander gebunden sind, die sich aber in deren räumlichen Anordnung unterscheiden. Beispiele für Stereoisomere sind die relativ stabilen cis-trans-Isomere und die schnell äquilibrierenden Konformere (Abschn. 4.1).

Stereoisomere

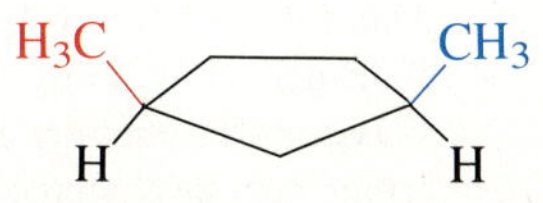

H_3C CH_3 H H

cis-**1,3-Dimethylcyclopentan**

H CH_3 H_3C H

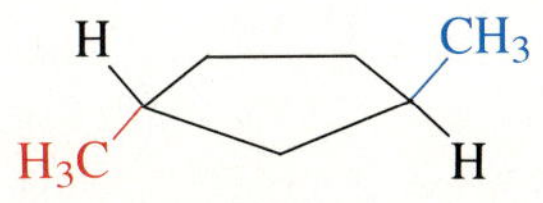

trans-**1,3-Dimethylcyclopentan**

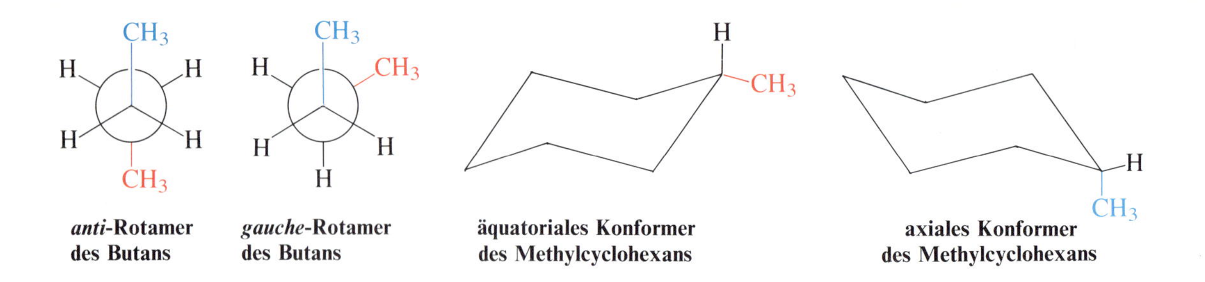

Übung 5-2
Zeichnen Sie weitere Stereoisomere des Methylcyclohexans.

In diesem Kapitel stellen wir einen dritten Typ von Stereoisomeren vor, der sich aus der „Händigkeit" bestimmter Moleküle ergibt. Wir werden sehen, daß es Strukturen gibt, die sich nicht mit ihrem Spiegelbild zur Deckung bringen lassen, genauso wie Ihre linke Hand nicht deckungsgleich mit Ihrer rechten ist. Beide Strukturen sind daher verschiedene Objekte, sind können unterschiedliche Eigenschaften besitzen und auf andere Weise reagieren.

5.1 Chirale Moleküle

Wie kann es Moleküle geben, die sich mit ihrem Spiegelbild nicht zur Deckung bringen lassen? Lassen Sie uns die radikalische Bromierung von Butan betrachten. Die Reaktion läuft hauptsächlich an einem der sekundären Kohlenstoffatome ab, es entsteht 2-Brombutan. Ein Molekülmodell der Ausgangsverbindung zeigt, daß zwei anscheinend äquivalente Wasserstoffatome an diesem Kohlenstoff substituierbar sind, wodurch nur ein „mögliches" 2-Brombutan entsteht (s. Abb. 5-1). Ist das wirklich wahr?

Betrachten wir die beiden 2-Brombutane, die sich durch Substitution eines der beiden Methylen-Wasserstoffatome ergeben, genauer, stellen wir fest, daß sich beide Strukturen nicht zur Deckung bringen lassen und daher *nicht identisch sind.* Beide Moleküle stehen zueinander wie Objekt und Spiegelbild. Wollte man eines in das andere überführen, müßte man Bindungen aufbrechen und neu knüpfen. Paare von Molekülen, die sich zueinander spiegelbildlich verhalten, bezeichnet man als **Enantiomere** (*enantios*, griechisch: entgegengesetzt). Diese Verbindungen besitzen keine *Spiegelebene*, sie sind **chiral**. In unserem Beispiel, der Bromierung von Butan wird ein 1:1-Gemisch von Enantiomeren gebildet. Ein solches Gemisch bezeichnet man als **Racemat** oder **racemisches Gemisch**.

Br_2, $h\nu$; $-HBr$

Abb. 5-1 Durch Substitution eines der sekundären Wasserstoffatome des Butans erhält man zwei stereoisomere Formen des 2-Brombutans.

Im Gegensatz zu den chiralen Molekülen bezeichnet man Strukturen, die sich mit ihrem Spiegelbild zur Deckung bringen lassen, als **achiral**. Beispiele chiraler und achiraler Moleküle sind im folgenden dargestellt (die ersten beiden chiralen Strukturen stellen Enantiomerenpaare dar).

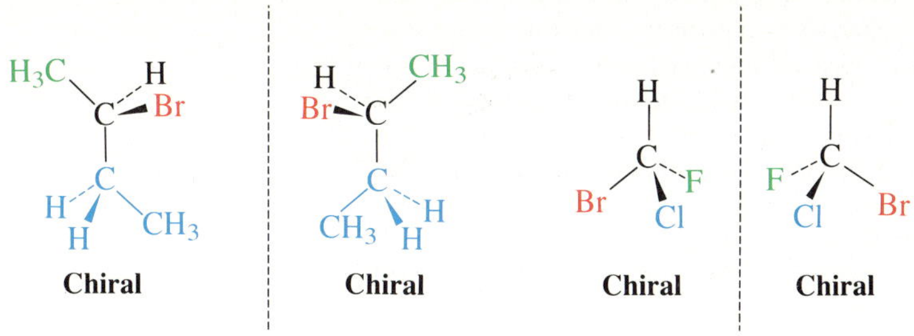

H_3C H Br C C H H CH_3 — **Chiral** | H CH_3 Br C C CH_3 H H — **Chiral** | H C F Br Cl — **Chiral** | H C F Cl Br — **Chiral**

Spiegelebene   Spiegelebene

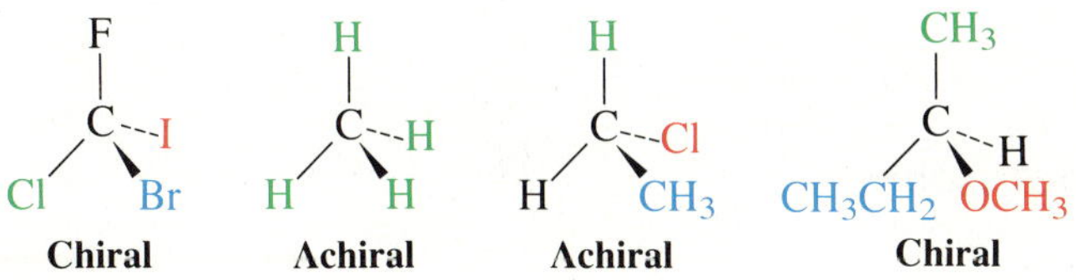

F C I Cl Br — **Chiral** | H C H H H — **Achiral** | H C Cl H CH_3 — **Achiral** | CH_3 C H CH_3CH_2 OCH_3 — **Chiral**

Alle gezeigten chiralen Moleküle enthalten ein Atom, an das vier *verschiedene* Substituenten gebunden sind. Man bezeichnet es als **asymmetrisches Atom** (z. B. asymmetrisches Kohlenstoffatom) oder **Chiralitätszentrum**. Zentren dieser Art werden häufig mit einem Stern gekennzeichnet. Moleküle mit *einem* Chiralitätszentrum sind *immer* chiral. Wie wir in Abschnitt 5.5 sehen, gilt dies nicht notwendigerweise auch für Strukturen mit mehr als einem dieser Zentren.

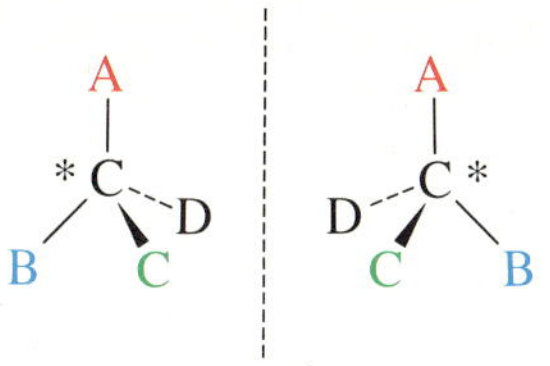

A *C D B C | A D C* C B

Spiegelebene
(C* = chiraler Kohlenstoff)

Kasten 5-1

Chirale Naturstoffe

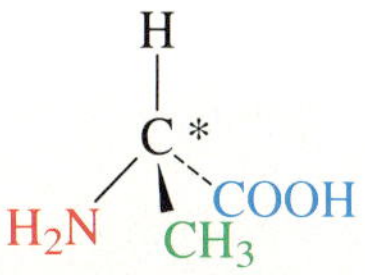

H C* H_2N COOH CH_3
2-Aminopropansäure (Alanin)

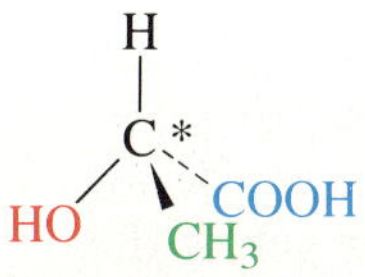

H C* HO COOH CH_3
2-Hydroxypropansäure (Milchsäure)

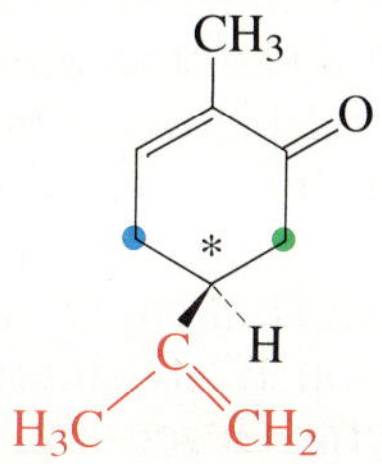

CH_3 O * H C H_3C CH_2
2-Methyl-5-(1-methylethenyl)-2-cyclohexenon (Carvon)

Von vielen chiralen Naturstoffen kommt in der Natur nur eines von beiden Enantiomeren vor, von einigen beide. So ist z. B. natürliches *Alanin* (systematischer Name: 2-Aminopropansäure) eine weitverbreitete Aminosäure, die nur in einer Form gefunden wird. *Milchsäure* (2-Hydroxypropansäure) tritt im Blut und in der Zellflüssigkeit als eines von beiden Enantiomeren, in saurer Milch und einigen Früchten und Pflanzen als Racemat auf. Ein interessanter Fall ist *Carvon* [2-Methyl-5-(1-methylethenyl)-2-cyclohexenon], das ein Chiralitätszentrum in einem Sechsring enthält. Sieht man den Ring selbst als zwei getrennte und unterschiedliche Substituenten an, sind an das gekennzeichnete Kohlenstoffatom vier verschiedene Gruppen gebunden. Sie sind deshalb unterschiedlich, weil, vom Chiralitätszentrum beginnend, die Folge der Atome und Bindungen im Ring im Uhrzeigersinn eine andere als gegen den Uhrzeigersinn ist. Carvon tritt in der Natur in beiden enantiomeren Formen auf. Der charakteristische Geruch von Kümmel und Dillsamen kommt durch das gezeigte, das Aroma der Krauseminze (spearmint) durch das andere Isomer zustande.

Übung 5-3

Welche der Naturstoffe aus Abschnitt 4-7 sind chiral, welche achiral? Geben Sie in allen Fällen die Anzahl der Chiralitätszentren an.

Moleküle können auch ohne asymmetrisches Kohlenstoffatom chiral sein

Das Wort *chiral* leitet sich von dem griechischen Wort *cheir*, das „Hand" oder „Händigkeit" bedeutet, ab. Ein Paar menschliche Hände steht zueinander in der Bild-Spiegelbild-Beziehung, die für Enantiomere typisch ist (s. Abb. 5-2). Zu den vielen chiralen Objekten, mit denen wir tagtäglich zu

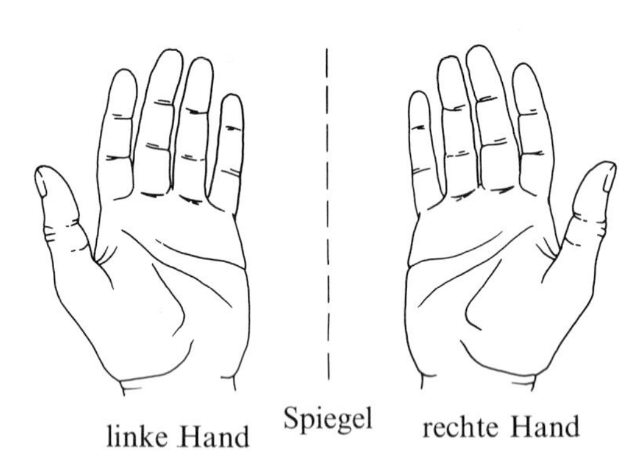

linke und rechte Hand lassen sich nicht zur Deckung bringen

Abb. 5-2 Linke und rechte Hand als Modell für eine enantiomere Beziehung.

tun haben, gehören Schuhe, Ohren, Schrauben und Wendeltreppen. Sie können als ein Extremfall nur in einer enantiomeren Form vorliegen, wie z. B. eine Sammlung linker Schuhe, im anderen Extrem als Racemate, wie Schuhpaare im Karton. Auf der anderen Seite gibt es auch viele achirale Gegenstände wie Bälle, gewöhnliche Wassergläser, Hämmer und Nägel.

Viele chirale Objekte, wie beispielweise Wendeltreppen, haben keine Chiralitätszentren. Dies gilt auch für viele chirale Moleküle. *Es sei noch einmal daran erinnert, daß das einzige Kriterium für Chiralität ist, daß sich Objekt und Spiegelbild nicht zur Deckung bringen lassen.* So ist beispielsweise das *gauche*-Konformer von 1,2-Dichlorethan chiral, das *anti*-Konformer achiral (s. Abb. 5-3). Im Gegensatz zu 2-Brombutan gehen die Enantiomere bei Raumtemperatur rasch ineinander über, wofür keine Bindungen gebrochen werden müssen.

Unter den vielen chiralen Molekülen ohne Chiralitätszentrum sind diejenigen mit spiral- oder helixförmiger Struktur (*helix*, griechisch: Spirale), wie die Helicene (Abschnitt 25.4, Abb. 25-5) besonders faszinierend.

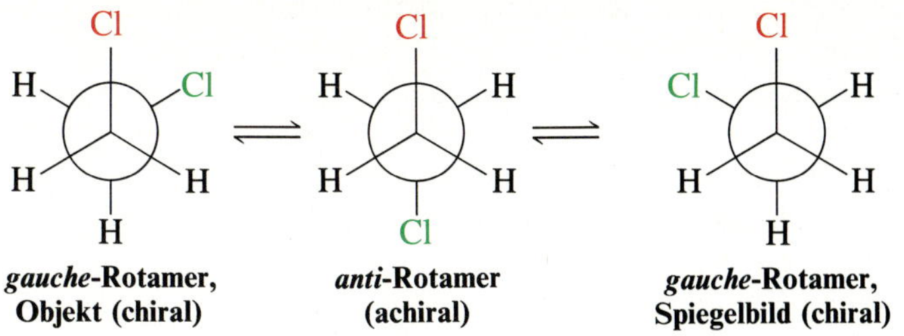

gauche-Rotamer, Objekt (chiral) ⇌ *anti*-Rotamer (achiral) ⇌ *gauche*-Rotamer, Spiegelbild (chiral)

Abb. 5-3 *Gauche*-Rotamere des 1,2-Dichlorethans: Durch Rotation um die Kohlenstoff-Kohlenstoff-Bindung werden beide enantiomere Formen ineinander überführt.

Wie lassen sich chirale Strukturen von achiralen unterscheiden? Symmetrie in Molekülen

Wie Sie sicher schon festgestellt haben, ist es nicht immer einfach zu sehen, ob ein Molekül chiral ist oder nicht. Absolut narrensicher ist es, Modelle des Moleküls und seines Spiegelbilds zu bauen und zu sehen, ob man sie zur Deckung bringen kann. Leider erfordert dieses Verfahren sehr viel Zeit. Glücklicherweise gibt es zwei Hilfen, mit denen man schnell feststellen kann, ob ein Molekül chiral ist oder nicht. Sie basieren auf den Symmetrieeigenschaften des Moleküls.

Durch bestimmte Symmetrieoperationen, die man am Molekül vornehmen kann, bleiben dessen Struktur und die Position der Atome im Raum unverändert. Wir brauchen nur zwei zu berücksichtigen: Die Einführung einer Symmetrieebene oder eines Symmetriezentrums. Eine **Symmetrieebene** schneidet das Molekül derart, daß der Teil der Struktur, der auf der einen Seite der Ebene liegt, das Spiegelbild des Teils auf der anderen Seite ist. So hat beispielsweise Methan sechs Symmetrieebenen, Dichlormethan (Methylenchlorid) zwei, Bromchlormethan eine und Bromchlorfluormethan keine (s. Abb. 5-4, für das Methanmolekül ist nur eine Symetrieebene dargestellt).

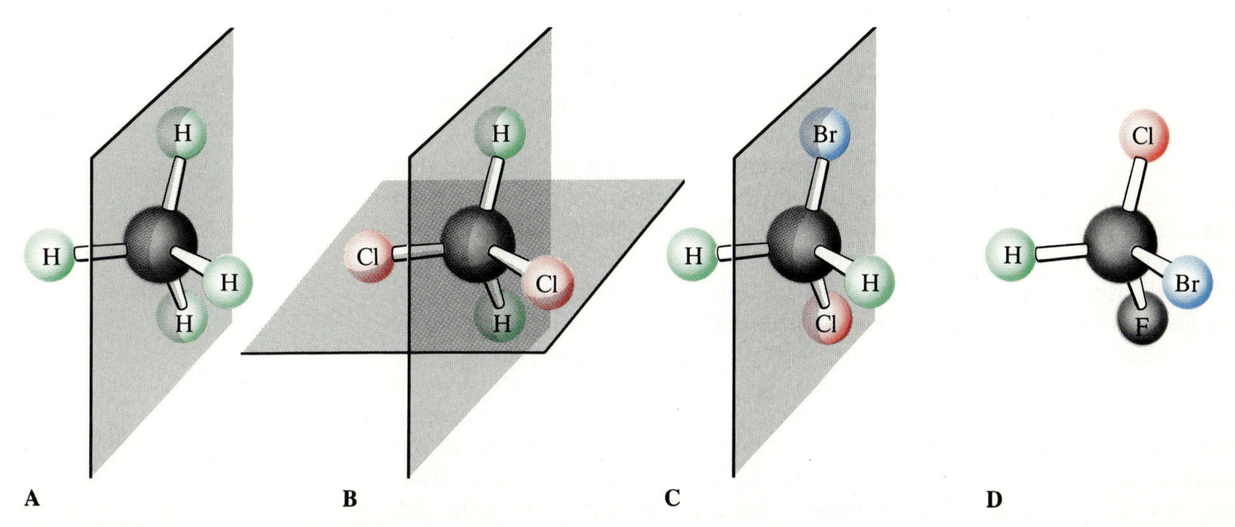

Abb. 5-4 Beispiele für Symmetrieebenen A. in Methan (nur eine ist gezeigt), B. in Dichlormethan und C. in Bromchlormethan. D. Bromchlorfluormethan hat keine Spiegelebene.

Ein **Symmetriezentrum** ist ein Punkt in einem Molekül, der jede Gerade, die durch ihn gezeichnet wird, in zwei gleichgroße Gruppen von Punkten auf jeder Seite mit derselben Umgebung teilt. Es kann immer nur *einen* solchen Punkt geben. Das Molekül, das in Abb. 5-5 dargestellt ist, besitzt ein solches Symmetriezentrum. Es gibt weitaus weniger Strukturen mit einem Symmetriezentrum als mit einer Symmetrieebene.

Um ein chirales Molekül von einem achiralen zu unterscheiden, müssen wir uns nur merken, *daß chirale Moleküle weder ein Symmetriezentrum noch eine Symmetrieebene enthalten dürfen*. Liegt eines von beiden Symmetrieelementen im Molekül vor, ist es achiral. So sind die ersten drei Methane in Abb. 5-4 eindeutig achiral, weil sie Spiegelebenen besitzen. Im Beispiel aus Abb. 5-5 fehlt eine solche Ebene, das Molekül ist aber aufgrund des Vorhandenseins eines Symmetriezentrums achiral. Bei den meisten Molekülen in diesem Buch können Sie schon, indem Sie nach einer Symmetrieebene suchen, feststellen, ob das Molekül chiral ist oder nicht.

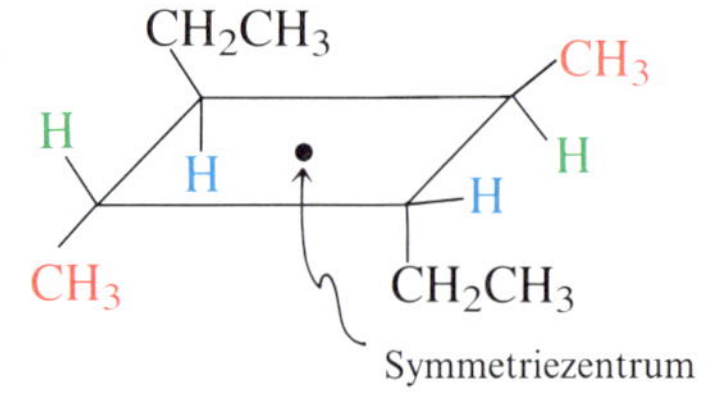

Abb. 5-5 Molekül mit einem Symmetriezentrum. Die farbig gezeichneten Gruppen befinden sich auf verschiedenen Geraden durch das Symmetriezentrum in derselben Umgebung.

Übung 5-4

Zeichnen Sie die Strukturen aller Dimethylcyclobutane. Geben Sie an, welche chiral sind.

Fassen wir zusammen: Chirale Moleküle sind Stereoisomere, bei denen Bild- und Spiegelbild nicht deckungsgleich sind. Man bezeichnet die beiden Isomere als Enantiomere. In vielen chiralen organischen Molekülen ist ein Chiralitätszentrum enthalten, in anderen nicht. Ein chirales Molekül besitzt weder eine Symmetrieebene noch ein Symmetriezentrum.

5.2 Optische Aktivität

Wenn Sie daran denken, wie ähnlich Enantiomere einander sind (alle Bindungen sind identisch, ihr Energieinhalt ist daher derselbe) werden Sie sich fragen, wie es überhaupt möglich ist, das eine Enantiomer vom anderen zu unterscheiden. Dies ist in der Tat sehr schwierig, da die Enantiomere in den meisten *physikalischen* Eigenschaften übereinstimmen. Eine bemerkenswerte Ausnahme ist die Wechselwirkung mit einer bestimmten Art von Licht.

Erinnern Sie sich an unser erstes Beispiel von chiralen Molekülen, den beiden Enantiomeren von 2-Brombutan, und nehmen Sie an, Sie hätten jedes Enantiomer in reiner Form isoliert. Vergleicht man die physikalischen Eigenschaften wie Schmelzpunkt, Siedepunkt und Dichte miteinander, stellt man keinen Unterschied fest. Schickt man jedoch einen Strahl von **linear polarisiertem Licht** (wir erklären gleich, was das ist) durch eine Probe eines der beiden Enantiomere, wird die Schwingungsebene des einfallenden Lichtes um einen bestimmten Betrag in eine Richtung *gedreht* (entweder im oder gegen den Uhrzeigersinn). Wiederholt man dasselbe Experiment mit dem anderen Enantiomer, wird die Schwingungsebene um genau denselben Betrag, nur in die andere Richtung, gedreht. Ein Enantiomer, das die Ebene des polarisierten Lichts im Uhrzeigersinn dreht, bezeichnet man als **rechtsdrehend** und nennt es willkürlich (+)-Enantiomer. Entsprechend ist das andere Enantiomer, das die Ebene gegen den Uhrzeigersinn dreht, das **linksdrehende** oder das (−)-Enantiomer. Aufgrund dieser besonderen Wechselwirkung mit dem Licht nennt man Enantiomere häufig **optische Isomere** und das beobachtete Phänomen **optische Aktivität**.

Die Messung der optischen Drehung

Was ist nun linear polarisiertes Licht und wie mißt man die Drehung der Schwingungsebene? Gewöhnliches Licht kann man als elektromagnetische Wellenbewegung beschreiben, deren elektrische und magnetische Feldvektoren im rechten Winkel zueinander und senkrecht zur Ausbreitungsrichtung des Lichtes schwingen (s. Abb. 5-6). Dabei können die Feldvektoren in alle Richtungen des Raumes weisen. Beim linear polarisierten Licht ist das anders, alle elektrischen Feldvektoren liegen in *einer* Ebene. Gewöhnliches Licht wird linear polarisiert, wenn es durch ein Nicolsches Prisma geht, das alle der unzähligen Schwingungsebenen bis auf eine absorbiert, so daß nur Licht mit einer einzigen Schwingungsebene durchgelassen wird. Der entstehende Lichtstrahl ist linear polarisiert (s. Abb. 5-6). Bewegt sich Licht durch ein Molekül, treten die Elektronen

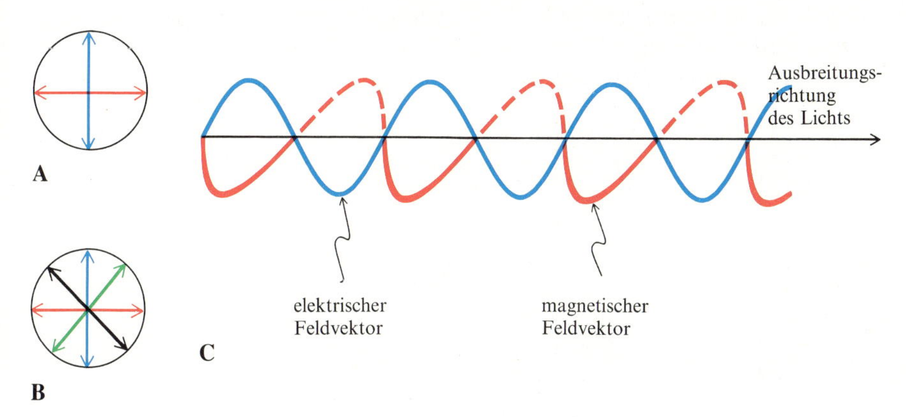

Abb. 5-6 Darstellung elektromagnetischer Wellen.
A. Ein elektrischer Feldvektor und der dazu senkrechte magnetische Feldvektor. In dieser Darstellung steht die Ausbreitungsrichtung des Lichts senkrecht auf der Papierebene, die Feldvektoren in der Ebene.
B. Bei gewöhnlichem Licht weisen die Feldvektoren in alle Richtungen.
C. Eine andere Ansicht von Teil A, in der sich das Licht von der linken zur rechten Seite des Papiers ausbreitet.
Teil A und C gelten auch für linear polarisiertes Licht.

der verschiedenen Bindungen und in der Umgebung der Kerne in Wechselwirkung mit dem elektrischen Feld des Lichtstrahls. Ist das Licht linear polarisiert, kann der elektrische Feldvektor seine Richtung in Abhängigkeit von der Probe verändern oder beibehalten. Enthält die Probe achirale Moleküle, bleibt die Richtung dieselbe, die Probe ist **optisch inaktiv**. Sie ist deshalb inaktiv, weil in diesen Strukturen eine Spiegelebene oder ein Symmetriezentrum enthalten ist. Grob vereinfacht kann man sagen, daß aufgrund dieser Symmetrie jeder Effekt, den der eine Teil des Moleküls (oder vielmehr die Elektronen) auf das Licht hat, vom spiegelbildlichen Teil aufgehoben wird. Schickt man andererseits einen Strahl linear polarisierten Lichts durch eine chirale Substanz, ist die Wechselwirkung des elektrischen Felds mit der, sagen wir „linken“ Hälfte des Moleküls anders als mit der „rechten“ (s. Abb. 5-7) und beide heben sich nicht gegenseitig auf. In Lösung können die chiralen Moleküle viele verschiedene räumliche Orientierungen besitzen, das Licht geht also in allen möglichen Winkeln durch sie hindurch. Hieraus ergeben sich sehr unterschiedliche Drehungen der Polarisationsebene. Die gemessene Drehung ist eine makroskopische Eigenschaft – die Summe über alle Rotationen durch die einzelnen Moleküle. Man bezeichnet dies als **optische Drehung**, und eine Probe, die Anlaß zu einer optischen Drehung gibt, als **optisch aktiv**.

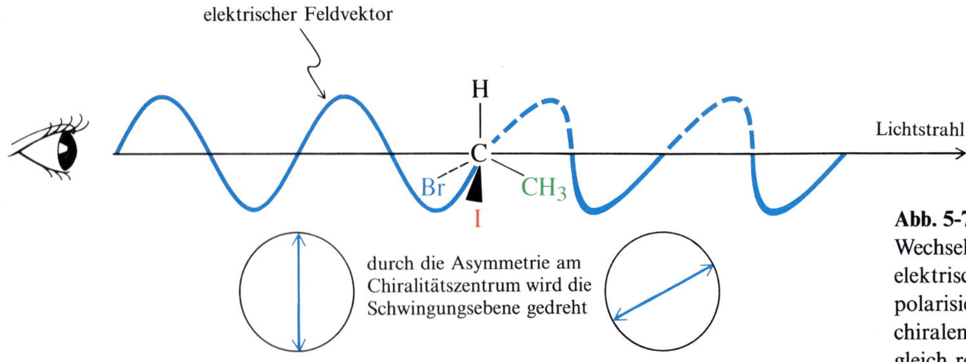

Abb. 5-7 Ungleichmäßige Wechselwirkung des schwingenden elektrischen Felds von linear polarisiertem Licht mit einem chiralen Molekül. „Links ist nicht gleich rechts", hieraus folgt eine Drehung der Polarisationsebene.

Der Apparat, mit dem man optische Drehungen mißt, ist ein **Polarimeter** (s. Abb. 5-8). Als Lichtquelle wird meist eine *monochromatische* (nur eine Wellenlänge) Natrium-D-Lampe ($\lambda = 589$ nm) verwendet. Als erstes wird das Licht durch ein Nicolsches Prisma linear polarisiert. Dann geht der Strahl durch die Meßzelle mit der Probe. Die Drehung der Schwingungsebene wird anschließend mit Hilfe eines zweiten Nicolschen Prismas, des Analysators, nachgewiesen. In der Praxis geschieht dies einfach, indem der Analysator so lange gedreht wird, bis der durchgelassene Lichtstrahl dem Auge des Beobachters maximal hell erscheint. Der am Analysator abgelesene Drehwinkel ist die **beobachtete optische Drehung**, α, der Probe.

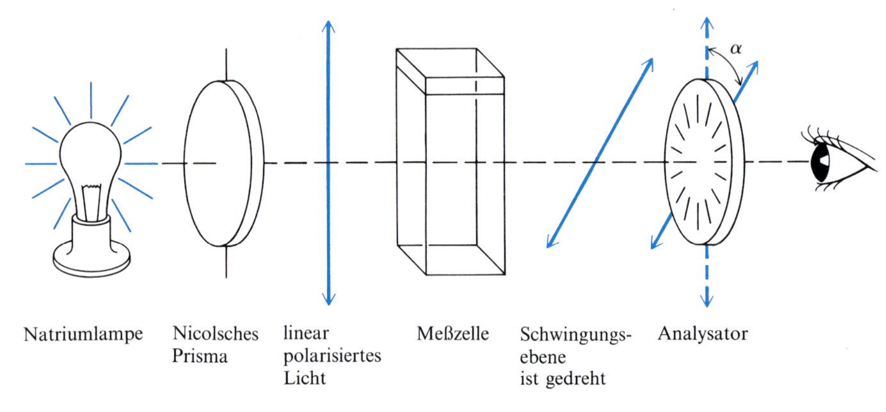

Abb. 5-8 Schematische Zeichnung eines Polarimeters.

Der Wert hängt ab von der Konzentration und Struktur des optisch aktiven Moleküls, der Länge der Meßzelle, der Wellenlänge des Licht, dem Lösungsmittel und der Temperatur. Um Zweifelsfälle auszuschließen, haben sich die Chemiker auf einen Standardwert von α, die **spezifische Drehung**, $[\alpha]$, geeinigt. Diese Größe (die abhängig vom Lösungsmittel ist) ist definiert als:

$$[\alpha]_\lambda^\vartheta = \frac{\alpha}{l \cdot c}$$

$[\alpha]$ = spezifische Drehung
ϑ = Temperatur in °C
λ = Wellenlänge des einfallenden Licht; für die Natrium-D-Lampe einfach durch „D" gekennzeichnet
α = beobachtete optische Drehung
l = Länge der Küvette (Meßzelle) in dm (meist 1 dm lang)
c = Konzentration in g/mL (Lösung)

Die spezifische Drehung einer optisch aktiven Verbindung ist eine physikalische Konstante, die für diese Substanz charakteristisch ist, ebenso wie der Schmelzpunkt, der Siedepunkt und die Dichte. Die spezifischen Drehungen einiger Substanzen sind in Tab. 5-1 angegeben.

Tabelle 5-1 Spezifische Drehung einiger chiraler Moleküle $[\alpha]_D^{25\,°C}$

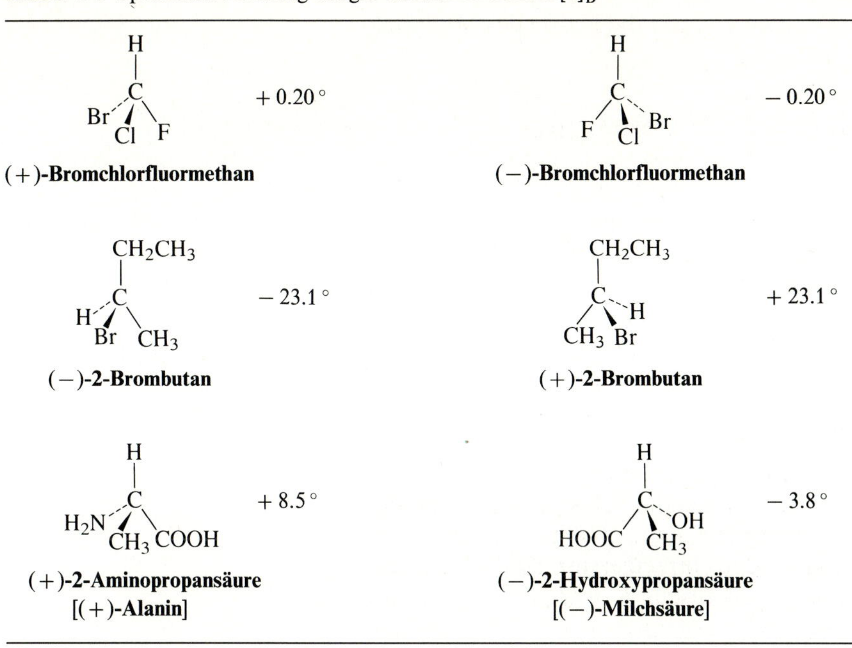

Bei den Halogenalkanen in reiner Phase, bei den Säuren in wässriger Lösung gemessen.

Spezifische Drehungen von Enantiomerengemischen

Wie breits erwähnt, drehen Enantiomere die Schwingungsebene des linear polarisierten Lichts um denselben Betrag, nur in entgegengesetzte Richtungen. Das (−)-Enantiomer von 2-Brombutan dreht also die Ebene um 23.1° gegen dem Uhrzeigersinn, das Spiegelbild (+)-2-Brombutan um 23.1° im Uhrzeigersinn. Hieraus folgt, daß die optische Drehung eines Racemats null ist, es ist optisch inaktiv. [Die Bezeichnung Racemat leitet sich von dem lateinischen Wort für Weintraube, *racemus*, ab. Eine optisch inaktive Weinsäure, die Traubensäure (s. Abschn. 5.5) wird in Weinbeeren gefunden]. Um an einem Enantiomerengemisch optische Aktivität beobachten zu können, muß eines von beiden Enantiomeren im Überschuß vorliegen. Mit Hilfe des Werts der spezifischen Drehung können wir die Zusammensetzung von Gemischen zweier Enantiomeren berechnen. Beträgt der spezifische Drehwert einer Lösung von 2-Brombutan nur + 11.55° (also die Hälfte des Wertes für das reine rechtsdrehende Isomer), können wir daraus schließen, daß die Mischung aus drei Teilen (+)-Enantiomer und einem Teil (−)-Enantiomer besteht. Letzeres hebt die Drehung eines Teils der zum ihm spiegelbildlichen Moleküle auf; wir können daraus schließen, daß das Gemisch zu 50 % aus Racemat und zu 50 % aus reinen (+)-Enantiomer besteht.

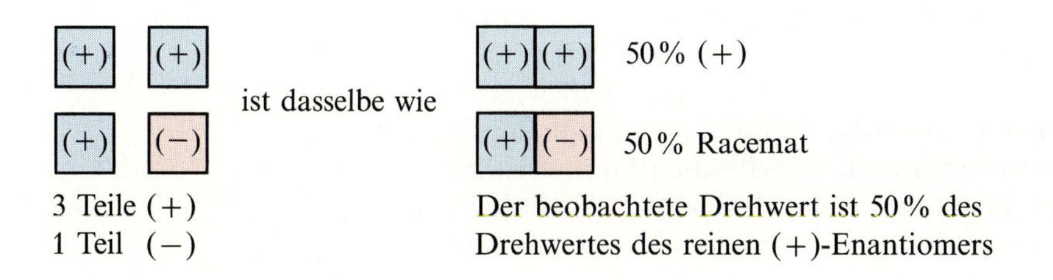

Ein Gemisch dieser Zusammensetzung bezeichnet man als 50 % *optisch rein*. Der beobachtete spezifische Drehwert ist nur die Hälfte des Maximalwerts.

$$\text{optische Reinheit in \%} = \left[\frac{[\alpha]_{(\text{beobachtet})}}{[\alpha]} \cdot 100 \right]$$

Wird ein Enantiomer über irgendeinen Prozeß mit seinem Spiegelbild ins Gleichgewicht gebracht, spricht man von **Racemisierung**. So findet eine Racemisierung bei der Drehung des *gauche*-Konformers von 1,2-Dichlorethan (s. Abb. 5-3) statt. Wir werden auch Beispiele für chemische Reaktionen, die zu einer Racemisierung führen, kennenlernen.

Zusammengefaßt können wir sagen, daß sich zwei Enantiomere aufgrund ihrer optischen Aktivität unterscheiden lassen – also aufgrund ihrer Wechselwirkung mit linear polarisiertem Licht, die man in einem Polarimeter messen kann. Beide Enantiomere drehen die Schwingungsebene des linear polarisierten Lichts um denselben Betrag, das eine im Uhrzeigersinn (rechtsdrehend), das andere entgegen dem Uhrzeigersinn (linksdrehend). Die spezifische Drehung [α] ist eine physikalische Konstante, die nur bei chiralen Verbindungen gefunden wird. Die gegenseitige Überführung von Enantiomeren führt zur Racemisierung und zum Verschwinden der optischen Aktivität.

5.3 Absolute Konfiguration: Die *R*-*S*-Sequenzregeln

Wie können wir nun bestimmen, welches Enantiomer welches ist? Und, wenn wir die Antwort wissen, gibt es eine Möglichkeit, wie man ein Enantiomer eindeutig benennen und es von seinem Spiegelbild unterscheiden kann? Im folgenden Abschnitt wollen wir diese beiden Fragen untersuchen.

Die absolute Konfiguration steht in keiner Beziehung zum Vorzeichen der optischen Drehung und kann durch Röntgenstrukturanalyse bestimmt werden

Wie können wir die Molekülstruktur eines reinen Enantiomers einer chiralen Verbindung ermitteln? Die relative Anordnung der Atome zueinander, die **relative Konfiguration**, ist bei beiden Enantiomeren gerade umgekehrt, aber welches ist welches? Wie wir bereits gesehen haben, sind alle physikalischen Eigenschaften mit Ausnahme der optischen Drehung bei beiden Enantiomeren identisch. Besteht nun eine Beziehung zwischen dem Vorzeichen der optischen Drehung und der tatsächlichen räumlichen Anordnung der Substituenten, der **absoluten Konfiguration**? Ist es möglich, die Struktur eines Enantiomers durch Messen des spezifischen Drehwerts zu bestimmen? Die Antwort auf beide Fragen lautet leider nein. Es besteht keine eindeutige Beziehung zwischen dem Vorzeichen des Drehwerts und der Struktur eines Enantiomers (außer der, daß das Vorzeichen entgegengesetzt zu dem des Spiegelbilds sein muß). Aus welchen Gründen konnten wir dann einem Stereoisomeren von 2-Brombutan ein positives, dem anderen ein negatives Vorzeichen von [α] zuordnen (s. Tab. 5-1)? Diese Zuordnung war nur aufgrund zusätzlicher Informationen über die Struktur möglich. Solche Informationen ergeben sich aus einer bestimmten Form der *Röntgenstrukturanalyse* (anomale Dispersion), mit deren Hilfe man direkt die dreidimensionale Anordnung der Atome in einem Molekül erkennen kann. Die absolute Konfiguration eines Enantiomers läßt sich auch durch *chemische Korrelation* mit einer Struktur, deren eigene absolute Konfiguration durch Röntgenstrukturanalyse ermittelt wurde, ableiten.

Kasten 5-2

Absolute Konfiguration: Eine historische Betrachtung

Vor der Entdeckung der Röntgenstrukturanalyse war die absolute Konfiguration chiraler Moleküle unbekannt. Um wenigstens ein einheitliches System von relativen Konfigurationen zu schaffen, wurden willkürlich beiden Enantiomeren von 2,3-Dihydroxypropanal (Glycerinaldehyd), einer synthetisch außerordentlich wichtigen Substanz, die sich in eine Fülle anderer chiraler Moleküle überführen läßt, Konfigurationen zugeordnet.

Man postulierte, daß das rechtsdrehende Enantiomer eine Struktur besäße, die mit D-Glycerinaldehyd bezeichnet wurde. Die Bezeichnung „D" leitet sich ursprünglich vom lateinischen Wort „*dexter*" für rechts ab, bezieht sich aber nicht auf das Vorzeichen der Drehung des linear polarisierten Lichts, sondern auf die relative Anordnung der Substituenten, die willkürlich wie unten gezeigt, geschrieben wurde.

H, O, C, HC, OH, CH_2OH — $[\alpha]_D^{25\,°C} = +8.7°$

D-(+)-2,3-Dihydroxypropanal
[D-(+)-Glycerinaldehyd]

H, O, C, CH, HO, CH_2OH — $[\alpha]_D^{25\,°C} = -8.7°$

L-(−)-2,3-Dihydroxypropanal
[L-(−)-Glycerinaldehyd]

Entsprechend bezeichnete man das linksdrehende Isomer als L-Glycerinaldehyd (L von lateinisch: *laevulus*, links). Damit die Buchstaben D und L, die, wie wir noch einmal betonen möchten, die Konfiguration, und nicht den Drehsinn angeben nicht mit diesem verwechselt werden, schreibt man das Vorzeichen des Drehsinns (+ oder −) in Klammern hinter die Angabe der Konfiguration und vor den Namen der Verbindung. Allen chiralen Verbindungen, die durch chemische Prozesse mit D-(+)-Glycerinaldehyd korreliert werden konnten – das bedeutet, daß man sie mit Hilfe von chemischen Reaktionen, die die Konfiguration am chiralen Kohlenstoff nicht verändern, in rechtsdrehenden Glycerinaldehyd überführen konnte – wurde die D-Konfiguration zugeordnet, ihren Spiegelbildisomeren die L-Konfiguration. Beispiele für Moleküle mit D- und L-Konfiguration sind unten abgebildet. Erst im Jahre 1951 gelang es mit Hilfe der Röntgenstrukturanalyse, die absolute Konfiguration des D-Glycerinaldehyds zu bestimmen. Dabei stellte es sich amüsanterweise heraus, daß die tatsächliche Konfiguration gleich der willkürlich angenommenen war.

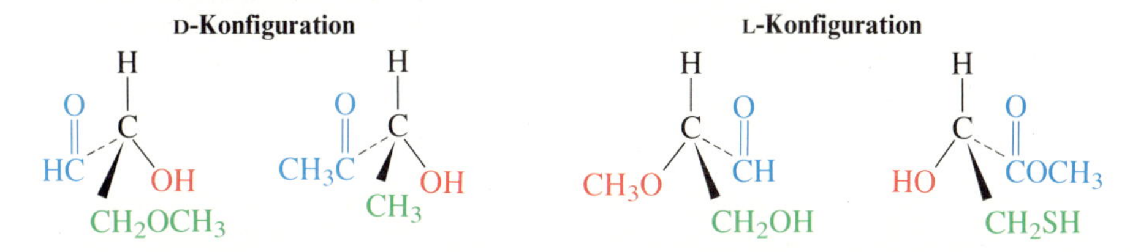

Die D,L-Nomenklatur wird noch stets bei den Zuckern (Kap. 23) und den Aminosäuren (Kap. 27) verwendet.

Benennung von Enantiomeren: Die Händigkeit wird durch *R* und *S* angegeben

Um Enantiomere eindeutig zu benennen, brauchen wir ein System, mit dessen Hilfe wir die Händigkeit des Moleküls angeben können, eine Art „linke Hand" gegen „rechte Hand" Nomenklatur. Ein solches System ist von drei Chemikern entwickelt worden, von R. S. Cahn und C. Ingold aus London und von V. Prelog aus Zürich.*

Obwohl die drei auch Nomenklaturregeln für chirale Moleküle ohne Chiralitätszentrum formuliert haben, beschränken wir uns im folgenden auf die Regeln, die für Stereoisomere mit unsymmetrisch substituierten tetraedrischen Kohlenstoffatomen entwickelt wurden, weil diese in der organischen Chemie am häufigsten sind. Der erste Schritt bei der Bestimmung der Chiralität an einem solchen Kohlenstoffatom besteht darin, alle vier Substituenten nach abnehmender Priorität als *a*, *b*, *c*, und *d* zu ordnen. Die Priorität wird mit Hilfe von Sequenzregeln, die wir gleich besprechen, bestimmt. Substituent *a* hat dann die höchste, *b* die zweithöchste, *c* die dritte und *d* die geringste Priorität. Als nächstes dreht man das Molekül so (in Gedanken, auf dem Papier oder man nimmt das Modell), daß der Substituent mit der geringsten Priorität am weitesten vom Betrachter entfernt ist (s. Abb. 5-9). Danach ergeben sich zwei (und nur zwei) mögliche Anordnungen für die übrigen Substituenten. Bewegt man sich, um von *a* über *b* nach *c* zu gelangen, entgegen dem Uhrzeigersinn, besitzt das Chiralitätszentrum die Konfiguration *S* (*sinister*, lateinisch: links). Bewegt man sich im anderen Fall im Uhrzeigersinn, ist die Konfiguration *R* (*rectus*, lateinisch: rechts). Das Symbol *R* oder *S* wird in Klammern vor den Namen der chiralen Verbindung gesetzt, wie (*R*)-2-Brombutan und (*S*)-2,3-Dihydroxypropanal. Racemische Gemische kennzeichnet man durch *R*, *S*, wie im (*R*, *S*)-Bromchlorfluormethan. Das Vorzeichen der Drehung der Ebene der linear polarisierten Licht kann man noch dazuschreiben (das ist aber für die eindeutige Kennzeichnung nicht erforderlich), wie in (*S*)-(+)-2-Brombutan und (*R*)-(+)-2,3-Dihydroxypropanal. Wir wollen noch einmal daran erinnern, daß eine Korrelation zwischen den Symbolen *R* und *S* mit dem Drehsinn rein zufällig ist.

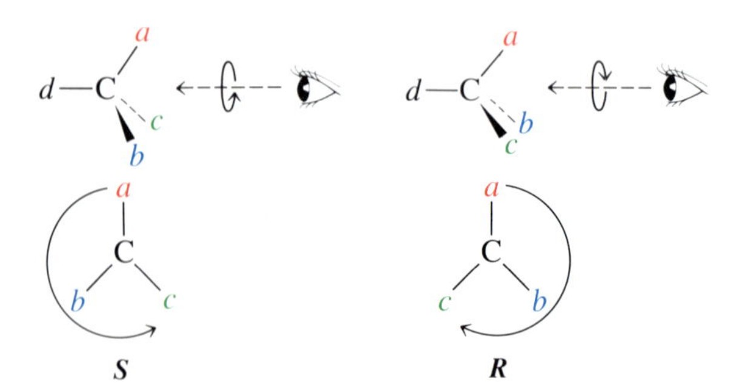

Abb. 5-9 Bestimmung der *R*- oder *S*-Konfiguration an einem tetraedrischen Chiralitätszentrum. Bei vielen der Strukturzeichnungen in diesem Kapitel verwenden wir dasselbe Farbschema zur Angabe der Priorität der Substituenten.

* Dr. Robert S. Cahn, 1899–1981, Fellow am Royal Institute of Chemistry, London; Christopher Ingold, 1893–1970, Professor am University College, London; Vladimir Prelog, geb. 1906, Professor an der ETH Zürich.

Ermittlung der Priorität von Substituenten: Die Sequenzregeln

Mit Hilfe der *Sequenzregeln* können wir die Priorität der Substituenten an einem Chiralitätszentrum bestimmen.

Regel 1 Die Priorität ergibt sich aus der Ordnungszahl des gebundenen Atoms. Ein Substituent mit höherer Ordnungszahl hat höhere Priorität als einer mit niedrigerer Ordnungszahl. Daraus folgt, daß der Substituent mit niedrigster Priorität der Wasserstoff ist. Bei Isotopen desselben Elements hat dasjenige mit der größeren Masse die höhere Priorität.

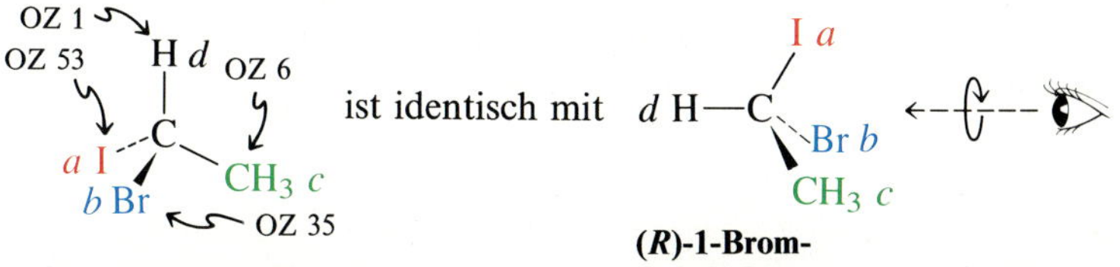

OZ 1, OZ 53, H *d*, OZ 6, *a* I, C, CH_3 *c*, *b* Br, OZ 35 — ist identisch mit — *d* H—C(I *a*)(Br *b*)(CH_3 *c*)

OZ = Ordnungszahl

(*R*)-1-Brom-1-iodethan

Regel 2 Besitzen zwei Substituenten dieselbe Priorität, wenn man die direkt ans Chiralitätszentrum gebundenen Atome betrachtet, führt man dieselbe Einstufung entlang beider Ketten solange weiter, bis in beiden Ketten ein Unterschied in der Priorität auftaucht.

Ein Ethylsubstituent hat z. B. eine höhere Priorität als eine Methylgruppe. Warum? Beide Gruppen sind über ein Kohlenstoffatom an das Chiralitätszentrum gebunden, unterscheiden sich also dort nicht in ihrer Priorität. Entfernt man sich nun von Zentrum, sieht man, daß an das Kohlenstoffatom der Methylgruppe nur Wasserstoffatome, an das der Ethylgruppe zwei Wasserstoffatome und ein Kohlenstoffatom gebunden sind (höhere Priorität).

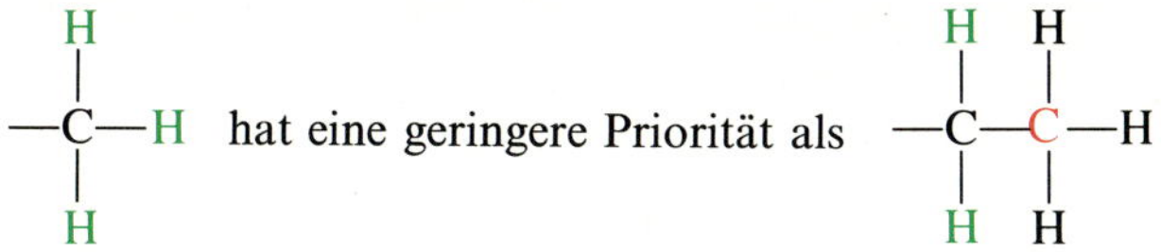

—CH_3 (**Methyl**) hat eine geringere Priorität als —CH_2—CH_3 (**Ethyl**)

Auf der anderen Seite hat die 1-Methylethylgruppe eine höhere Rangordnung als die Ethylgruppe, da an das erste Kohlenstoffatom der Ethylgruppe nur ein Kohlenstoff, an das der 1-Methylethylgruppe aber zwei gebunden sind. Entsprechend hat die 2-Methylpropyl- eine höhere Priorität als die Butyl- aber eine niedrigere als die 1,1-Dimethylethylgruppe.

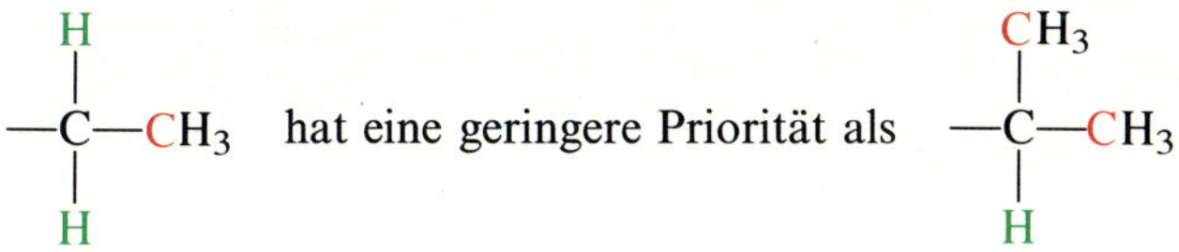

—CH_2—CH_3 (**Ethyl**) hat eine geringere Priorität als —CH(CH_3)—CH_3 (**1-Methylethyl (Isopropyl)**)

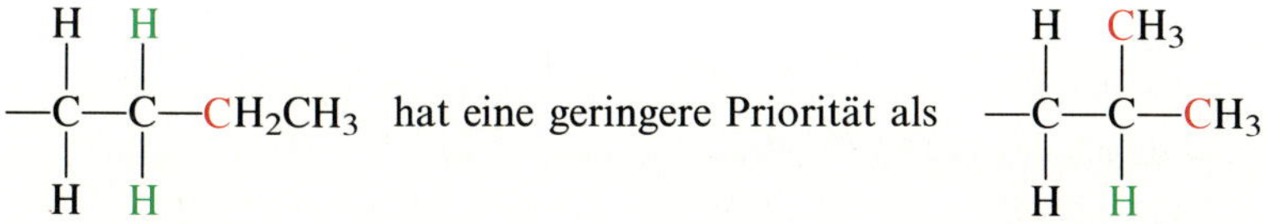

—CH_2—CH_2—CH_2CH_3 (**Butyl**) hat eine geringere Priorität als —CH_2—CH(CH_3)—CH_3 (**2-Methylpropyl**)

$-CH_2-CH(CH_3)-CH_3$ hat eine geringere Priorität als $-C(CH_3)_3$

2-Methylpropyl | **1,1-Dimethylethyl (*tert*-Butyl)**

Denken wir daran, daß die Priorität an der ersten unterschiedlichen Stelle bei sonst ähnlichen Substituentenketten bestimmt wird. Ist dieser Punkt erreicht, ist die Struktur des Rests der Kette irrelevant:

$-CH_2-CH_2OH$ hat eine geringere Priorität als $-CH(CH_3)-CH_3$

$-CH_2-CH_2CH_2CCl_3$ hat eine geringere Priorität als $-CH(CH_3)-CH_3$

Erreichen Sie in einer Substituentenkette eine Verzweigungspunkt, wählen Sie den Zweig mit höherer Priorität. Haben zwei Substituenten ähnliche Verzweigungen, gehen Sie so weit, bis Sie eine unterschiedliche Stelle gefunden haben:

$-CH(CH_2CH_2CH_3)-CH_2-SH$ hat eine geringere Priorität als $-CH(CH_2CH_2CH_3)-CH_2-S-CH_3$

Beispiele:

C: I *a*, CH_2CH_3 *b*, CH_3 *c*, H *d*

(*R*)-2-Iodbutan

C: $C(CH_3)_3$ *a*, $CH(CH_3)_2$ *b*, CH_2CH_3 *c*, H *d*

(*S*)-3-Ethyl-2,2,4-trimethylpentan

Regel 3 Doppel- und Dreifachbindungen werden wie gesättigte Verbindungen behandelt, wie im folgenden gezeigt:

$HC{=}CHR$ wird angesehen als $-C(H)(C)-C(H)(C)-R$

$-C{\equiv}C-R$ wird angesehen als $-C(C)(C)-C(C)(C)-R$

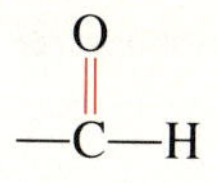

—C(=O)—H wird angesehen als —C(O)(O—C)(H)

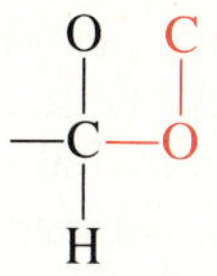

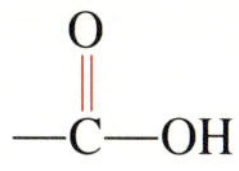

—C(=O)—OH wird angesehen als —C(O)(O—C)(OH)

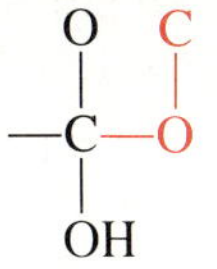

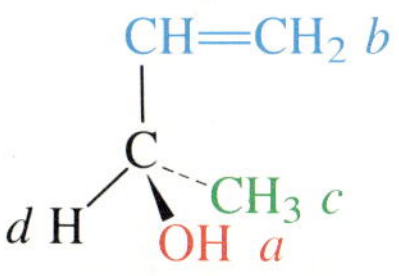

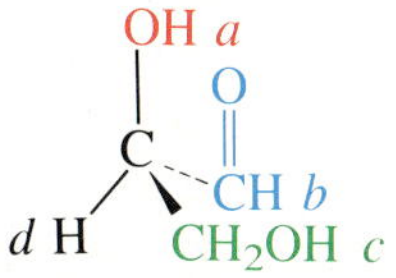

Beispiele:

R — C(CH=CH₂ *b*)(CH₃ *c*)(OH *a*)(H *d*)

R — C(OH *a*)(CH=O *b*)(CH₂OH *c*)(H *d*)

Übung 5-5

Bestimmen Sie die absolute Konfiguration der Moleküle aus Tab. 5-1.

Übung 5-6

Zeichnen Sie ein Enantiomer (geben Sie an, welches) von: 2-Chlorbutan, 2-Chlor-2-fluorbutan und von $(HC{\equiv}C)(CH_2{=}CH)C(Br)(CH_3)$.

Um die räumliche Struktur von Stereoisomeren richtig bestimmen zu können, müssen Sie eine ganze Menge dreidimensionales „Sehen" oder „sterisches Sehgefühl" entwickeln. Bei den Strukturen, die wir zur Veranschaulichung der Prioritätsregeln benutzt haben, lag immer der Substituent mit der niedrigsten Priorität links vom chiralen Kohlenstoffatom in der Papierebene, der Rest des Moleküls rechts davon, mit der oberen rechten Gruppe ebenfalls in der Papierebene. Dies ist jedoch nicht die einzige Möglichkeit zur Zeichnung dreidimensionaler Strukturen, andere sind ebenso richtig. Betrachten Sie als Beispiel einige der Darstellungen von (*S*)-2-Brombutan. In jeder ist das Molekül einfach aus einem anderen Blickwinkel gezeigt.

Sechs Möglichkeiten zur Zeichnung von (*S*)-2-Brombutan

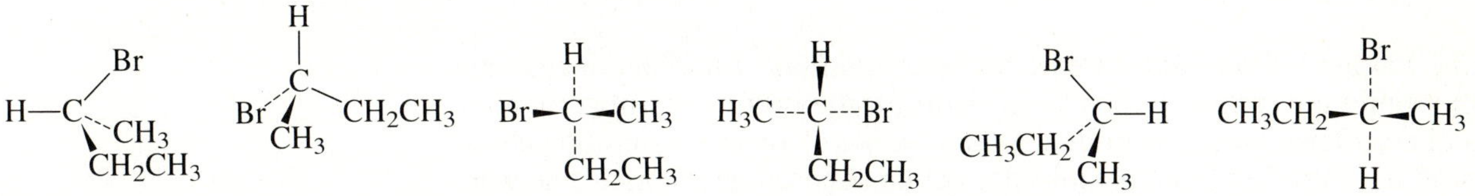

H—C(Br)(CH₃)(CH₂CH₃) | H—C(Br)(CH₃)(CH₂CH₃) | Br—C(H)(CH₃)(CH₂CH₃) | H₃C---C(H)---Br (CH₂CH₃) | Br—C(H)(CH₃CH₂)(CH₃) | CH₃CH₂—C(Br)(H)—CH₃

Vielleicht hätten Sie gern noch einige zusätzliche Hilfestellungen bei der Ermittlung der Stereochemie eines Moleküls. Ein einfaches Hilfsmittel zur Bestimmung der absoluten Konfiguration ist ihre linke Hand (s. Abb. 5-10). Zeichnen Sie zuerst das Molekül so, daß der Substituent mit der geringsten Priorität nach links weist, wie wir es bei der Vorstellung der Sequenzregeln getan haben. Dann benutzen Sie Ihre linke Hand als Modell für das tetraedrische Chiralitätszentrum, dessen Konfiguration Sie bestimmen möchten. Das linke Handgelenk stellt die Gruppe mit der geringsten Priorität dar, der linke Zeigefinger, der Mittelfinger und der Daumen die anderen Substituenten. Halten Sie nun Ihre Hand so, daß Ihre Handfläche auf Sie hinzeigt und Ihr Handgelenk (geringste Priorität) von Ihnen wegweist, und markieren Sie mit einem Stift Ihre Finger entsprechend ihrer Priorität. So können Sie die absolute Konfiguration leicht erkennen.

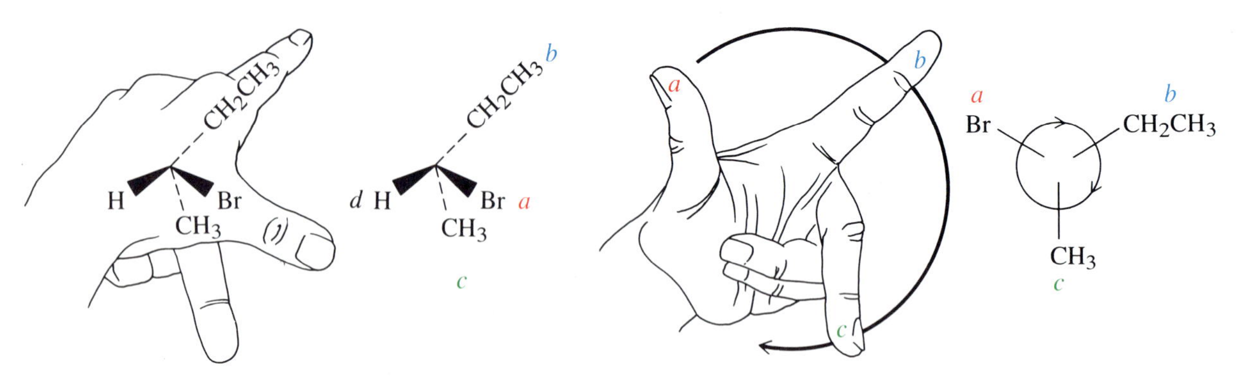

Abb. 5-10 Die linke Hand als Modell für ein chirales Molekül und die Bestimmung der Konfiguration von (*R*)-2-Brombutan.

Lassen Sie uns zusammenfassen: Zur Bestimmung der absoluten Konfiguration kann man das Vorzeichen der optischen Drehung nicht heranziehen. Stattdessen muß man besondere Verfahren der Röntgenbeugung (oder chemische Korrelationen) benutzen. Die absolute Konfiguration des chiralen Moleküls läßt sich mit Hilfe der Sequenzregeln, aufgrund derer wir die Substituenten nach abnehmender Priorität ordnen können, als *R* oder *S* angeben. Dreht man die Strukturen so, daß die Gruppe mit der geringsten Priorität nach hinten weist, können die übrigen Substituenten entweder im (*R*) oder entgegen dem Uhrzeigersinn (*S*) angeordnet sein.

5.4 Fischer-Projektionen

Eine **Fischer*-Projektion** ist eine Standardmethode zur zweidimensionalen Abbildung tetraedrischer Kohlenstoffatome und ihrer Substituenten. In dieser Darstellungsmethode wird das Molekül als Kreuz mit den chiralen Kohlenstoff im Schnittpunkt der beiden Achsen gezeichnet. Die waagerechten Linien stellen Bindungen dar, die auf den Betrachter zu gerichtet sind, senkrechte Linien weisen von ihm weg. Um von Keilstrichformeln leichter zu Fischer-Projektionen zu kommen, zeichnet man sie in derselben Anordnung. Dies ist im folgenden für 2-Chlorbutan gezeigt.

---

* Emil Fischer, 1852–1919, Professor an der Universität Berlin, Nobelpreis 1902.

Überführung von Keilstrichformeln in Fischer-Projektionen am Beispiel der beiden Enantiomere von 2-Chlorbutan

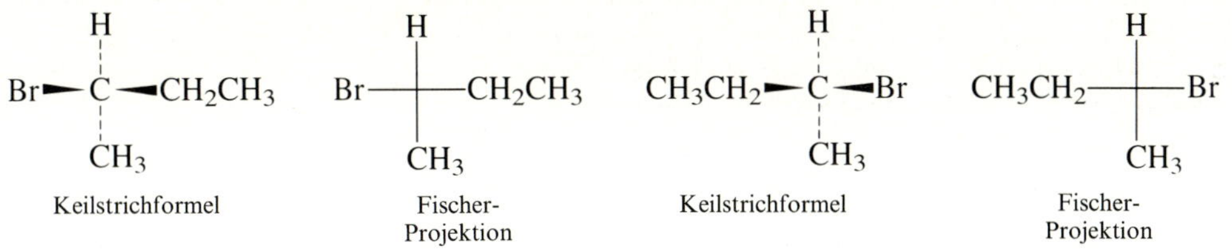

Keilstrichformel	Fischer-Projektion	Keilstrichformel	Fischer-Projektion
H oben, Br◄C◄CH_2CH_3, CH_3 unten	H oben, Br—┼—CH_2CH_3, CH_3 unten	H oben, CH_3CH_2◄C◄Br, CH_3 unten	H oben, CH_3CH_2—┼—Br, CH_3 unten

(*R*)-2-Brombutan (*S*)-2-Brombutan

Da die Fischer-Projektionen Abbildungen dreidimensionaler Objekte in die Ebene darstellen, müssen wir sehr vorsichtig sein, wenn wir irgendwelche Manipulationen an ihnen vornehmen. Drehen wir z. B. eine solche Projektion um 90° in der Ebene, erhalten wir die Struktur des Spiegelbildisomers. Daraus folgt, daß man bei Drehung um 180° wieder zur Struktur des ursprünglichen Enantiomers zurückkommt. Dies können Sie leicht nachvollziehen, indem Sie die Keilstrichformeln drehen, oder indem Sie ein Molekülmodell zur Hilfe nehmen. Am besten dreht man Fischer-Projektionen überhaupt nicht in dieser Weise, da man dabei sehr schnell die Übersicht verlieren kann.

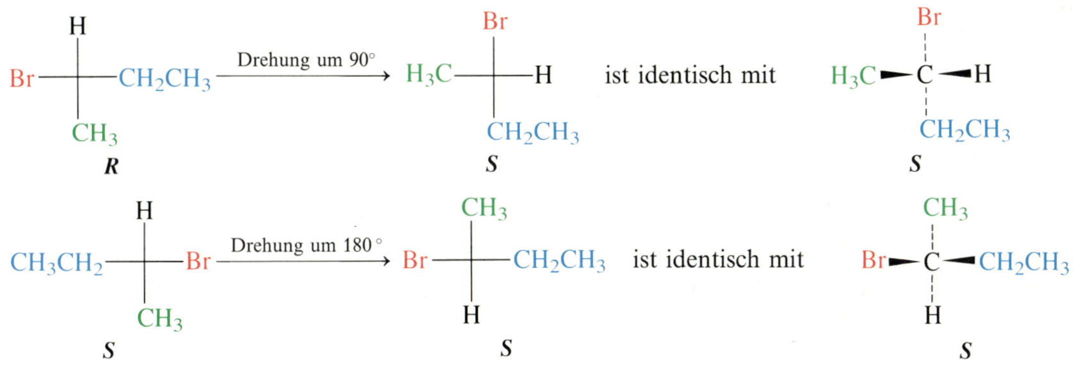

H / Br—┼—CH_2CH_3 / CH_3 (*R*) —Drehung um 90°→ Br / H_3C—┼—H / CH_2CH_3 (*S*) ist identisch mit Br / H_3C◄C◄H / CH_2CH_3 (*S*)

H / CH_3CH_2—┼—Br / CH_3 (*S*) —Drehung um 180°→ CH_3 / Br—┼—CH_2CH_3 / H (*S*) ist identisch mit CH_3 / Br◄C◄CH_2CH_3 / H (*S*)

Übung 5-7
Zeichnen Sie Fischer-Projektionen für alle Moleküle aus den Übungen 5-5 und 5-6.

Wie man Fischer-Projektionen ineinander überführen kann, ohne dabei die absolute Konfiguration zu verändern

Genau wie bei den Keilstrichformeln gibt es auch mehrere Fischer-Projektionen für dasselbe Enantiomer, was zur Verwirrung führen kann. Wie können wir schnell feststellen, ob zwei Fischer-Projektionen dasselbe Enantiomer oder Bild und Spiegelbild abbilden? Wir müssen eine Methode zur Überführung einer Fischer-Projektion in eine andere entwickeln, bei der wir genau wissen, wann die absolute Konfiguration unverändert bleibt und wann wir die umgekehrte Stereochemie bekommen. Es zeigt sich, daß man dies am einfachsten durchführen kann, wenn man Substituenten die Plätze tauschen läßt. Wie Sie leicht anhand von Molekülmodellen nachprüfen können, überführt jeder einfache Platztausch ein Enantiomer in sein Spiegelbild. Bei zweimaligem Platztausch (es können jedesmal andere Substituenten sein) erhält man wieder die ursprüngliche absolute Konfiguration.

Änderungen der absoluten Konfiguration beim Vertauschen von Substituenten in Fischer-Projektionen

Fischer-Projektionen (oben – links – rechts – unten):

- CH_3 / Cl / Br / CH_2CH_3 — ***S***
- $\xrightarrow{CH_3 \leftrightarrow Br}$ Br / Cl / CH_3 / CH_2CH_3 — ***R***
- $\xrightarrow{CH_3CH_2 \leftrightarrow Br}$ CH_2CH_3 / Cl / CH_3 / Br — ***S***

(der Doppelpfeil bedeutet, daß zwei Gruppen ihre Plätze tauschen)

Jetzt ist es sehr einfach festzustellen, ob zwei verschiedene Fischer-Projektionen dieselbe oder unterschiedliche Konfigurationen darstellen. Muß man eine gerade Zahl von Substituentenvertauschungen vornehmen, um von der einen in die andere Struktur zu gelangen, sind die Strukturen identisch. Bei einer ungeraden Zahl von Vertauschungen verhalten sich die Strukturen wie Bild und Spiegelbild.

Betrachten Sie beispielsweise die beiden Fischer-Projektionen A und B. Stellen sie Moleküle mit derselben Konfiguration dar? Die Antwort ist leicht gefunden. Wir überführen A durch zweimaligen Austausch in B, A ist gleich B.

- **A**: Cl / H / CH_3 / CH_2CH_3
- $\xrightarrow{H \leftrightarrow Cl}$ H / Cl / CH_3 / CH_2CH_3
- $\xrightarrow{Cl \leftrightarrow CH_3}$ **B**: H / H_3C / Cl / CH_2CH_3

Kasten 5-3

Eine einfache Methode zur Konfigurationsbestimmung mit Hilfe von Fischer-Projektionen

Obwohl man bei der Behandlung von stereochemischen Problemen eigentlich immer dreidimensionale Modelle zur Hand nehmen muß, kann man auch anhand einer Fischer-Projektion die absolute Konfiguration bestimmen, ohne sie in ein Molekülmodell zu überführen. Zeichnen Sie zu diesem Zweck eine beliebige Fischer-Projektion des Moleküls. Bestimmen Sie dann die Reihenfolge der Substituenten nach der Sequenzregel. Tauschen Sie schließlich zwei Gruppen des Moleküls so aus, daß der Substituent mit niedrigster Priorität oben steht, danach vertauschen Sie irgendein anderes Paar (damit die absolute Konfiguration wieder die ursprüngliche wird). Nun können sie sehen, daß die drei Gruppen A, B und C entweder im Uhrzeigersinn oder entgegen dem Uhrzeigersinn angeordnet sind, was dann einer *R*- oder *S*-Konfiguration entspricht.

- *d* / *a* / *b* / *c* — ***R***
- *d* / *c* / *a* / *b* — ***R***
- *d* / *b* / *a* / *c* — ***S***
- *d* / *a* / *c* / *b* — ***S***

Übung 5-8
Welche Konfiguration besitzen die folgenden Moleküle?

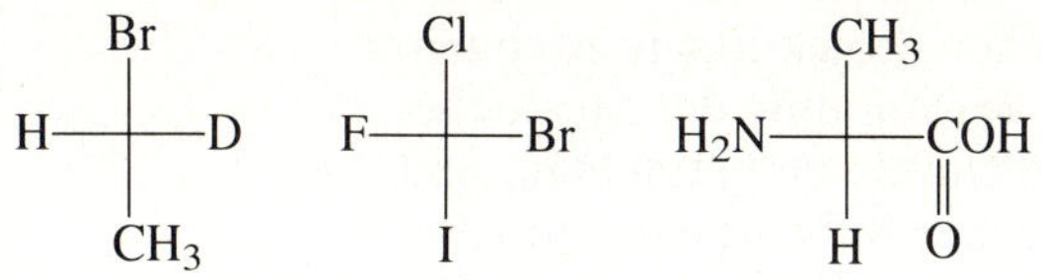

(Fischer-Projektionen: H, D, Br oben, CH_3 unten; F, Br, Cl oben, I unten; H_2N, COOH (C=O), CH_3 oben, H unten)

Zusammenfassend können wir sagen, daß sich chirale Moleküle sehr einfach durch Fischer-Projektionen abbilden lassen. Drehen Sie solche Projektionen nicht in der Ebene. Durch einmaliges, dreimaliges etc. Vertauschen von Substituenten wird die absolute Konfiguration umgedreht, ist die Anzahl der Vertauschungen gerade, bleibt die ursprüngliche Konfiguration erhalten. Schreibt man in der Fischer-Projektion den Substituenten mit geringster Priorität an die Spitze des Moleküls, läßt sich die absolute Konfiguration leicht bestimmen.

5.5 Moleküle mit mehreren Chiralitätszentren

Mit Molekülen, die mehrere Kohlenstoffatome mit vier verschiedenen Substituenten enthalten, wollen wir uns in diesem Abschnitt befassen. Da an jedem Zentrum die Konfiguration entweder *R* oder *S* sein kann, ist eine Vielzahl verschiedener Strukturen möglich, die alle Isomere sind.

Bei der Chlorierung von 2-Brombutan an C-3 entstehen mehrere Stereoisomere

In Abschnitt 5.1 haben wir gesehen, wie durch radikalische Monohalogenierung von Butan ein chirales Kohlenstoffatom entsteht. Lassen Sie uns nun die Chlorierung von 2-Brombutan zu (neben anderen Produkten) 2-Brom-3-chlorbutan betrachten. Unser Ausgangsmaterial liegt als Racemat, als äquimolares Gemisch der *R*- und *S*-Isomere, vor. Durch Einführung eines Chloratoms an C-3 entsteht ein neues Chiralitätszentrum im Molekül. Dieses Zentrum kann entweder *R*- oder *S*-Konfiguration haben, die sich mit Hilfe derselben Sequenzregeln, die wir bei Molekülen mit einem derartigen Zentrum entwickelt haben, bestimmen läßt.

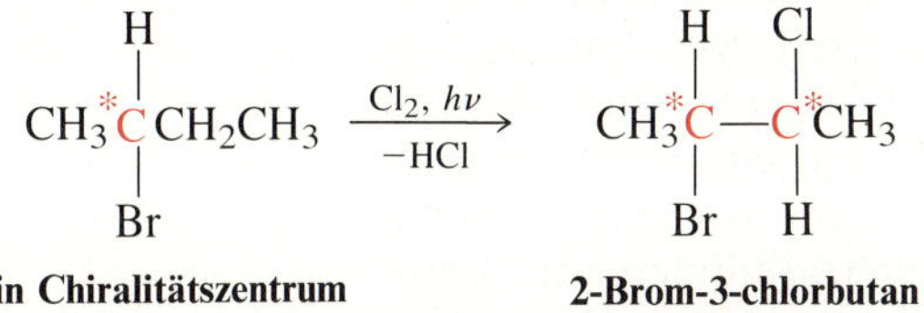

$$CH_3\overset{*}{C}(H)(Br)CH_2CH_3 \xrightarrow[-HCl]{Cl_2,\ h\nu} CH_3\overset{*}{C}(H)(Br)-\overset{*}{C}(Cl)(H)CH_3$$

ein Chiralitätszentrum — **2-Brom-3-chlorbutan zwei Chiralitätszentren**

Wie viele Stereoisomere sind bei 2-Brom-3-chlorbutan möglich? Diese Frage läßt sich durch eine einfache Permutationsübung beantworten:

Jedes Chiralitätszentrum kann entweder die Konfiguration *R* oder *S* besitzen, es gibt also die möglichen Kombinationen *RR*, *RS*, *SR* und *SS*. Dies ergibt vier Stereoisomere. Wie in Abb. 5-11 dargestellt, kann man sie entweder als Keilstrichformeln oder als Fischer-Projektionen zeichnen. Verwendet man Fischer-Projektionen bei der Bestimmung der Stereochemie, ist es am besten, jedes Chiralitätszentrum einzeln zu betrachten, und die Gruppe mit dem anderen Zentrum als einfachen Substituenten anzusehen. Dies ist besonders wichtig, wenn man Fischer-Projektionen durch Vertausch von Substituenten in eine zur Bestimmung der Stereochemie geeignete Form überführt.

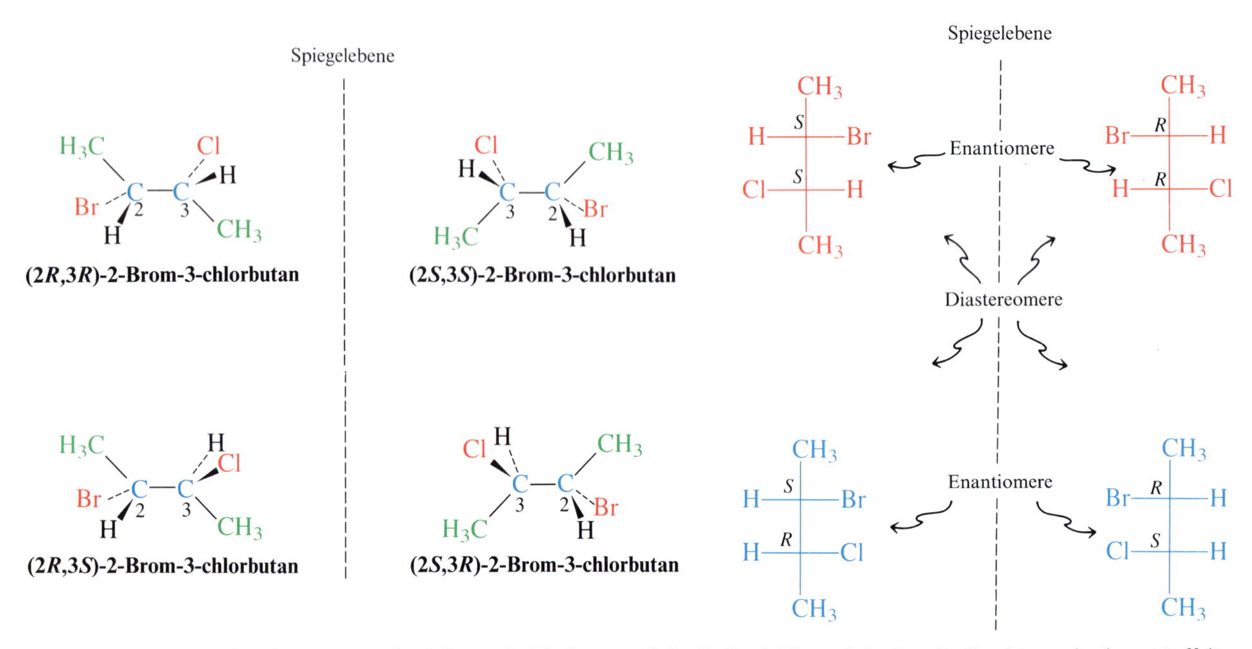

Abb. 5-11 Die vier Chiralitätszentren des 2-Brom-3-chlorbutans: links Keilstrichformel, in der alle Strukturen in der gestaffelten Konformation gezeichnet sind; rechts Fischer-Projektionen und die stereochemische Beziehung der vier Chiralitätszentren.

Betrachten wir die Strukturen der vier Stereoisomeren von 2-Brom-3-chlorbutan genauer, sehen wir, daß wir zwei Paare von Verbindungen haben: ein *R*, *R*/*S*, *S*-Paar und ein *R*, *S*/*S*, *R*-Paar. Die beiden Moleküle eines Paars sind Spiegelbilder voneinander und daher Enantiomere. Andererseits ist jedes Molekül des einen Paars von keinem der beiden Moleküle des anderen das Spiegelbild: beide Enantiomerenpaare sind zueinander nicht enantiomer. Stereoisomere, die sich nicht wie Bild und Spiegelbild verhalten, sind **Diastereomere** (*dia*, griechisch: jenseits). Aus Abb. 5-11 ist ersichtlich, daß 2-Brom-3-chlorbutan aus zwei Diastereomeren besteht, von denen jedes ein Enantiomerenpaar bildet. Im Gegensatz zu Enantiomeren sind Diastereomere Moleküle mit *unterschiedlichen physikalischen und chemischen Eigenschaften*. Sie lassen sich durch fraktionierende Destillation bzw. Kristallisation oder durch chromatographische Methoden trennen. Sie unterscheiden sich in ihrem Schmelz- und Siedepunkt und in ihrer Dichte, genau wie Strukturisomere, und zeigen verschiedene spezifische Drehwerte.

Kasten 5-4

Bestimmung der absoluten Konfiguration eines Chiralitätszentrums in einem 2-Brom-3-chlorbutan

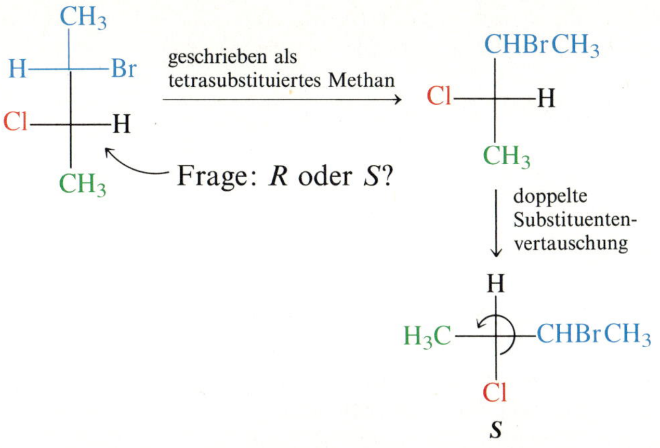

CH_3

H — — Br

Cl — — H

CH_3

Frage: *R* oder *S*?

geschrieben als tetrasubstituiertes Methan →

$CHBrCH_3$

Cl — — H

CH_3

↓ doppelte Substituentenvertauschung

H

H_3C — — $CHBrCH_3$

Cl

S

Lösung: der chirale Kohlenstoff hat *S*-Konfiguration.

Übung 5-9

In welcher stereochemischen Beziehung (identisch, Enantiomere, Diastereomere) stehen die folgenden vier Moleküle? Bestimmen Sie die absolute Konfiguration an jedem Chiralitätszentrum.

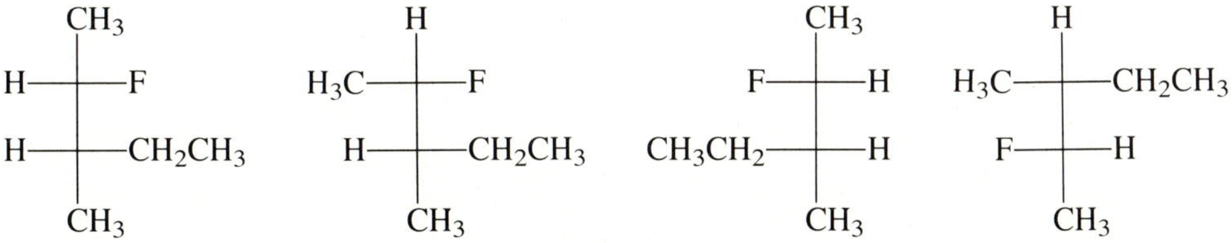

1: CH_3 (oben); H — — F; H — — CH_2CH_3; CH_3 (unten)

2: H (oben); H_3C — — F; H — — CH_2CH_3; CH_3 (unten)

3: CH_3 (oben); F — — H; CH_3CH_2 — — H; CH_3 (unten)

4: H (oben); H_3C — — CH_2CH_3; F — — H; CH_3 (unten)

Diastereomere in cyclischen Verbindungen

Es ist interessant, die Stereoisomeren von 2-Brom-3-chlorbutan mit denen eines cyclischen Analogons, 1-Brom-2-chlorcyclobutan, zu vergleichen (s. Abb. 5-12). Ebenso wie bei dem offenkettigen Derivat gibt es auch hier

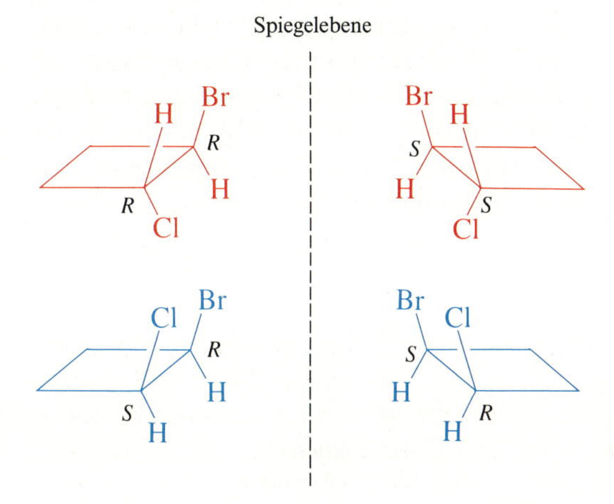

Abb. 5-12 *cis*- und *trans*-1-Brom-2-chlorcyclobutan sind Diastereomere.

vier Stereoisomere: *R*, *R*; *S*, *S*; *R*, *S* und *S*, *R*. In der cyclischen Verbindung läßt sich jedoch die stereochemische Beziehung des ersten zu dem zweiten Paar leicht erkennen. In einem sind die Substituenten cis, im anderen trans angeordnet. Die cis- und trans-Isomere (s. Abschn. 4.1) bei den Cycloalkanen sind Diastereomere.

Bei zwei gleich substituierten Chiralitätszentren gibt es nur drei Stereoisomere

Das Molekül 2-Brom-3-chlorbutan enthält zwei chirale Kohlenstoffatome, die sich in ihrem Substitutionsmuster unterscheiden, an beide ist ein anderes Halogen gebunden.

Wieviele Stereoisomere kann man erwarten, wenn beide Zentren gleich substituiert sind? Eine solche Situation ist in 2,3-Dibrombutan gegeben, das durch radikalische Bromierung von 2-Brombutan dargestellt werden kann. Genau wie bei 2-Brom-3-chlorbutan müssen wir vier Strukturen betrachten, die sich aus den verschiedenen Permutationen der *R*- und *S*-Konfigurationen ergeben (s. Abb. 5-13).

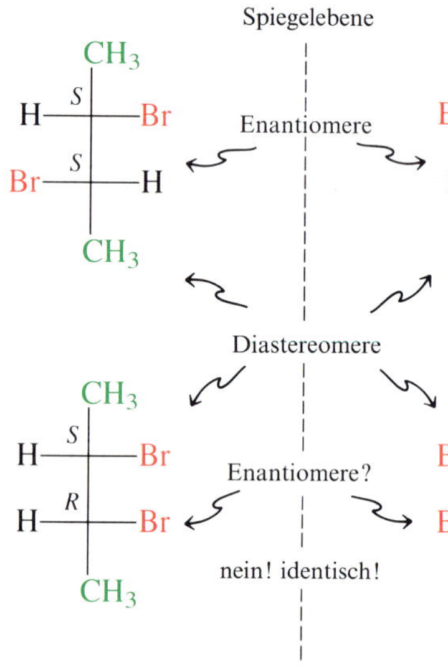

Spiegelebene

Enantiomere

Diastereomere

Enantiomere?

nein! identisch!

Abb. 5-13 Die stereochemische Beziehung der Stereoisomere des 2,3-Dibrombutans.

Beim ersten Paar von Stereoisomeren, mit *R*, *R*- und *S*, *S*-Konfiguration, läßt sich klar erkennen, daß es sich um einen Enantiomerenpaar handelt. Betrachtet man das zweite Paar jedoch genauer, sieht man daß sich Bild (*S*, *R*) und Spiegelbild (*R*, *S*) zur Deckung bringen lassen. Beide Moleküle sind daher identisch. Das *S*, *R*-Isomer von 2,3-Dibrombutan ist achiral und nicht optisch aktiv, obwohl es zwei Chiralitätszentren enthält. Die Identität beider Strukturen läßt sich schnell an Molekülmodellen nachprüfen. Eine Verbindung, die zwei (oder, wie wir sehen werden auch mehr als zwei) Chiralitätszentren enthält, aber deckungsgleich mit ihrem

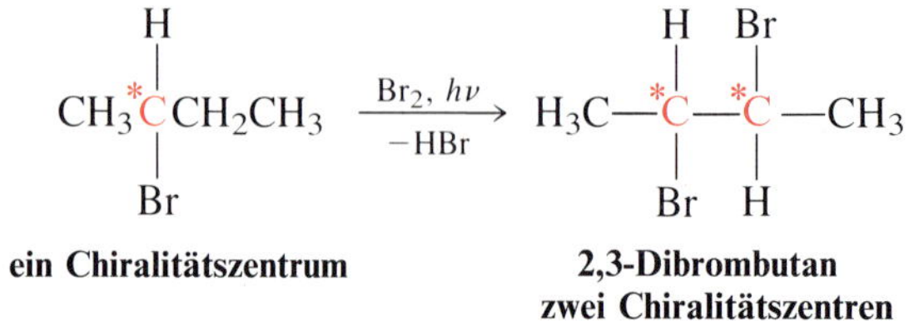

$$CH_3\overset{*}{C}H(Br)CH_2CH_3 \xrightarrow[-HBr]{Br_2,\ h\nu} H_3C-\overset{*}{C}H(Br)-\overset{*}{C}H(Br)-CH_3$$

ein Chiralitätszentrum — **2,3-Dibrombutan zwei Chiralitätszentren**

Spiegelbild ist, bezeichnet man als **meso-Verbindung** (*mesos*, griechisch: Mitte). Alle Mesoverbindungen *besitzen eine Spiegelebene*, die das eine Chiralitätszentrum (oder mehrere von ihnen) auf das andere abbildet. So ist z. B. in 2,3-Dibrombutan das 2 *R*-Zentrum das Spiegelbild des 3 *S*-Zentrums. Dies läßt sich am besten in einer dreidimensionalen Abbildung der verdeckten Konformation erkennen (s. Abb. 5-14). Erinnern wir uns daran, daß ein Molekül mit einer Spiegelebene achiral ist (s. Abschn. 5.1).

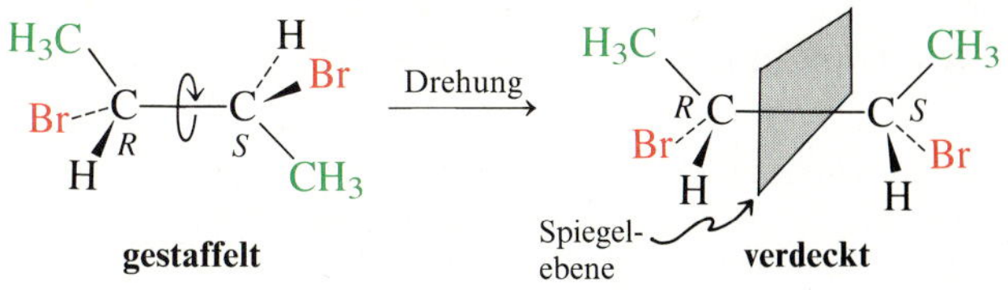

Abb. 5-14 *meso*-2,3-Dibrombutan enthält eine Spiegelebene.

1,2-Dibromcyclobutan ist das cyclische Analogon von 2,3-Dibrombutan

Es ist wieder recht lehrreich, die Stereochemie in 2,3-Dibrombutan mit der in einem analogen cyclischen Molekül, dem 1,2-Dibromcyclobutan, zu vergleichen. Wie Sie sehen können, tritt *trans*-1,2-Dibromcyclobutan als Enantiomerenpaar auf (*R*, *R* und *S*, *S*) und ist daher optisch aktiv. Das *cis*-Isomer besitzt hingegen eine Spiegelebene, ist also eine meso-Verbindung, achiral und optisch inaktiv (s. Abb. 5-15).

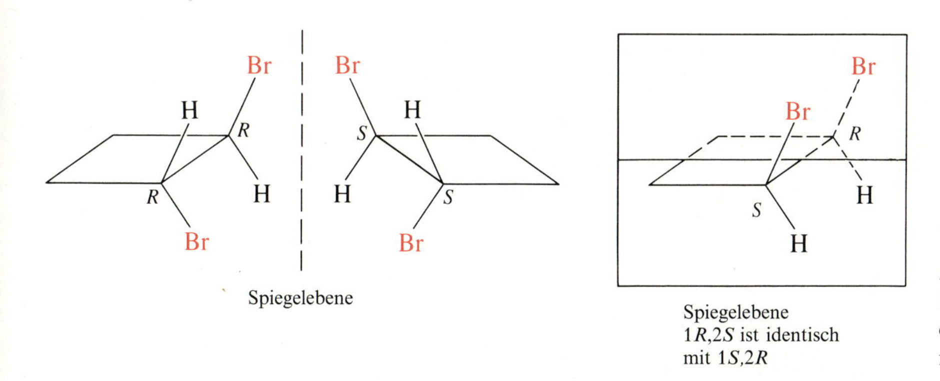

Abb. 5-15 Das trans-Isomer des 1,2-Dibromcyclobutans ist chiral, das cis-Isomer ist eine meso-Verbindung.

Kasten 5-5

Die Stereoisomere der Weinsäure

Weinsäure (systematischer Name: 2,3-Dihydroxybutandisäure) ist eine natürlich vorkommende Dicarbonsäure, die zwei Chiralitätszentren mit identischem Substitutionsmuster enthält. Sie kommt daher einmal als Enantiomerenpaar mit identischen physikalischen Eigenschaften (abgesehen von der entgegengesetzten Drehung der Schwingungsebene des linear polarisierten Lichts), zum anderen als achirale meso-Verbindung mit davon unterschiedlichen physikalischen und chemischen Eigenschaften vor.
Das rechtsdrehende Enantiomer der Weinsäure ist in der Natur weit verbreitet, es kommt in vielen Früchten vor (Fruchtsäure). Das Monokaliumsalz ist der sogenannte Weinstein, der bei der Fermentation des Traubensaftes ausfällt, und dessen Kristalle man häufig als Bodensatz in Weinflaschen findet. Linksdrehende Weinsäure kommt selten vor. Das Racemat bezeichnet man, wie bereits erwähnt, als Traubensäure. Ebenso wie das linksdrehende Enantiomer wird auch die meso-Weinsäure in der Natur nur selten angetroffen.

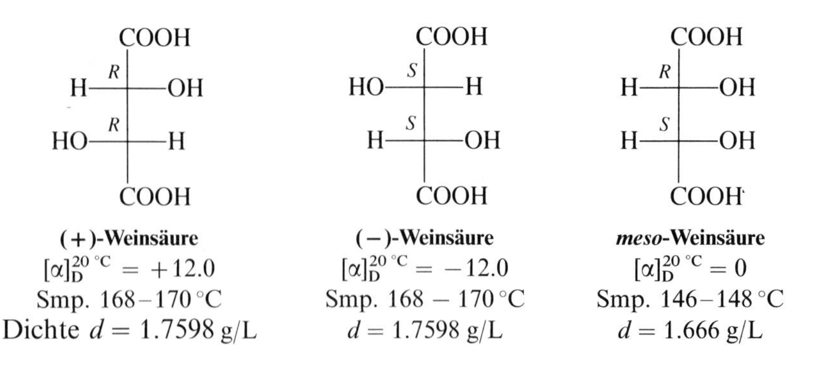

(+)-Weinsäure	**(−)-Weinsäure**	***meso*-Weinsäure**
$[\alpha]_D^{20\,°C} = +12.0$	$[\alpha]_D^{20\,°C} = -12.0$	$[\alpha]_D^{20\,°C} = 0$
Smp. 168–170 °C	Smp. 168 – 170 °C	Smp. 146–148 °C
Dichte $d = 1.7598$ g/L	$d = 1.7598$ g/L	$d = 1.666$ g/L

Die Weinsäure hat in der Geschichte der Chemie eine wichtige Rolle gespielt, denn sie war das erste chirale Molekül, das in seine Enantiomeren zerlegt werden konnte. Dies geschah im Jahre 1848, lang bevor man erkannte, daß die Bindungen des Kohlenstoffs in organischen Molekülen in die Ecken eines Tetraeders gerichtet sind. Um das Jahr 1848 herum war gezeigt worden, daß natürliche Weinsäure rechtsdrehend ist, und auch das Racemat Traubensäure war bekannt. Der französische Chemiker Louis Pasteur* erhielt zu dieser Zeit eine Probe des gemischten Natrium-Ammonium-Salzes der Traubensäure und stellte fest, daß zwei Typen von Kristallen vorlagen: die eine Typ war das Spiegelbild des anderen. Anders gesagt, die Kristalle waren chiral. Louis Pasteur trennte beide Kristallarten per Hand voneinander, löste sie in Wasser und bestimmte ihre optische Drehung. Er fand, daß die eine Kristallsorte das reine Salz der (+)-Weinsäure, die andere die reine linksdrehende Form war. Es ist bemerkenswert, daß die Chiralität der einzelnen Moleküle in diesem Fall eine Chiralität des gesamten Kristalls, also eine makroskopische Eigenschaft, bewirkt. Pasteur folgerte aus seinen Beobachtungen, daß die Moleküle selbst chiral sein müssen. Aufgrund dieser und anderer Befunde postulierten im Jahre 1874 van't Hoff und Le Bel** unabhängig voneinander, daß die Bindungen am gesättigten Kohlenstoff tetraedrisch – und nicht beispielsweise planar-quadratisch – angeordnet sind. (Warum ist die Vorstellung eines ebenen Kohlenstoffs unvereinbar mit der eines Chiralitätszentrums?)

Übung 5-10

Zeichnen Sie alle anderen möglichen Dibromcyclobutane. Welche von ihnen sind chiral, welche achiral, welche sind meso-Verbindungen? Machen Sie dasselbe bei den Dibromcyclopentanen.

Es ist nicht erforderlich, daß die Chiralitätszentren bei Diastereomeren direkt benachbart sind

Bis jetzt hat sich unsere Diskussion in diesem Abschnitt auf Verbindungen beschränkt, bei denen zwei chirale Kohlenstoffatome direkt nebeneinander liegen. Dieselbe stereochemische Beziehung gilt jedoch auch für Systeme, bei denen derartige Zentren durch ein oder mehrere Atome getrennt sind. Sind beide Chiralitätszentren unterschiedlich substituiert, gibt es prinzipiell vier Stereoisomere, bei gleichem Substitutionsmuster nur drei: zwei Enantiomere und eine meso-Verbindung. Beispiele hierfür sind 2-Brom-4-chlor- und 2,4-Dichlorpentan. Das erste Beispiel hat vier, das andere drei Stereoisomere (es ist nur jeweils ein Enantiomer von jedem Diasteromer abgebildet).

* Louis Pasteur, 1822–1895, Professor an der Sorbonne, Paris.

** Jacobus H. van't Hoff, 1852–1911, Professor an der Universität Amsterdam, Nobelpreis 1901, Dr. Joseph A. Le Bel, 1847–1930, Dissertation Sorbonne, Paris.

(2*R*,4*S*)-2-Brom-4-chlorpentan

(2*R*,4*R*)-2-Brom-4-chlorpentan

Spiegelebene

meso-2,4-Dichlorpentan

(2*R*,4*R*)-2,4-Dichlorpentan

Mehr als zwei Chiralitätszentren: Noch mehr Stereoisomere

Welche strukturelle Vielfalt können wir bei einer Verbindung mit drei Chiralitätszentren erwarten? Dieses Problem können wir wieder durch Permutieren der verschiedenen Möglichkeiten lösen. Kennzeichnen wir die drei Zentren nacheinander als entweder *R* oder *S*, ergibt sich die folgende Sequenz:

RRR *RRS* *RSR* *SRR* *RSS* *SRS* *SSR* *SSS*

also insgesamt acht Stereoisomere. Sie lassen sich zu folgenden vier Enantiomerenpaaren ordnen:

Bild	*RRR*	*RRS*	*RSS*	*SRS*
Spiegelbild	*SSS*	*SSR*	*SRR*	*RSR*

Die Zahl der Stereoisomeren nimmt ab, wenn meso-Formen auftreten. Allgemein gilt, *daß eine Verbindung mit n Chiralitätszentren maximal* 2^n *Stereoisomere haben kann.* Daher kann eine Verbindung mit drei chiralen Kohlenstoffatomen maximal in acht Stereoisomeren, bei vier chiralen Kohlenstoffatomen in maximal sechzehn, bei fünf in 32 Stereoisomeren auftreten. Bei größeren Systemen ergeben sich phantastische strukturelle Möglichkeiten.

Übung 5-11

Zeichnen Sie alle Stereoisomere von 2-Brom-3-chlor-4-fluorpentan.

Fassen wir zusammen: Hat ein Molekül mehr als ein Chiralitätszentrum, kommt es zur Bildung von Diastereomeren. Dies sind Stereoisomere, die sich zueinander nicht wie Bild und Spiegelbild verhalten. Bei den cyclischen Verbindungen sind cis- und trans-Isomere Diastereomere. Enthält ein Molekül *n* chirale Kohlenstoffatome, sind maximal 2^n Stereoisomere möglich. Die Zahl kann kleiner sein, wenn das Molekül bestimmte Symmetrieeigenschaften, wie beispielsweise Spiegelebenen, besitzt.

5.6 Stereochemie bei chemischen Reaktionen

In diesem Abschnitt wollen wir detailliert beschreiben, wie aufgrund einer chemischen Reaktion Chiralität in ein Molekül eingeführt wird. Insbesondere befassen wir uns genauer damit, warum bei der Überführung von achiralem Butan in chirales 2-Brombutan ein Racemat erhalten wird. Wir sehen auch, daß ein bereits im Molekül vorhandenes Chiralitätszentrum die Stereochemie einer Reaktion, die zur Einführung eines zweiten führt, in gewissem Ausmaß kontrolliert. Beginnen wir mit einer erneuten Untersuchung der radikalischen Bromierung von Butan.

Warum die Bromierung von Butan racemisches 2-Brombutan ergibt

Durch radikalische Bromierung von Butan an C-2 entsteht ein chirales Molekül (s. Abschn. 5.1). Dies geschieht, weil eines der Methylenwasserstoffatome durch einen neuen Substituenten ersetzt wird, und wir ein Kohlenstoffatom mit vier verschiedenen Substituenten erhalten. Es gibt zwei von diesen Wasserstoffatomen, der Austausch des einen gegen Brom ergibt das eine Enantiomer, der Austausch des anderen dessen Spiegelbild. Ein solches Paar von Wasserstoffatomen bezeichnet man als **enantiotop**, da die Umgebung des einen genau das Spiegelbild der Umgebung des anderen ist.

Da beide Wasserstoffatome bei dieser Reaktion chemisch äquivalent sind, werden sie vom Bromatom mit derselben Geschwindigkeit abgespalten. Betrachtet man jedoch den Mechanismus der radikalischen Halogenierung (Abschn. 3.5 und 3.6) sieht man, daß bei diesem Schritt kein neues Chiralitätszentrum entsteht, da das Produkt dieses Schrittes ein ebenes und daher achirales Radikal ist. Das radikalische Zentrum hat auch zwei enantiotope Stellen, an denen die Reaktion abläuft – die beiden Lappen des *p*-Orbitals (s. Abb. 5–16). Da beide Lappen in gleichem Maße für einen Angriff des Broms geeignet sind, führt diese Reaktion zu racemischem 2-Brombutan. Wie Sie aus der Abbildung erkennen können, stehen die beiden Übergangszustände, die zu den entsprechenden Enantiomeren führen, spiegelbildlich zueinander. Sie sind enantiomer und daher energetisch äquivalent. Die Geschwindigkeit der Bildung des *R*- und *S*-Produkts ist gleich, es entsteht ein Racemat. Allgemein gilt, *daß bei der Bildung chiraler Verbindungen*, (z. B. 2-Brombutan) *aus achiralen Reaktanden* (z. B. Butan und Brom) *Racemate entstehen*. Oder, anders gesagt, *optisch inaktive Reaktionspartner ergeben optisch inaktive Produkte.**

Der Einfluß eines Chiralitätszentrums: Die Chlorierung von (*S*)-2-Brombutan

Nachdem wir nun verstanden haben, warum bei der Halogenierung eines achiralen Moleküls ein racemisches Halogenid entsteht, können wir uns

* Wie wir später sehen, ist es möglich, optisch aktive Produkte aus optisch inaktiven Ausgangsmaterialien darzustellen, wenn man optisch aktive Reagentien benutzt.

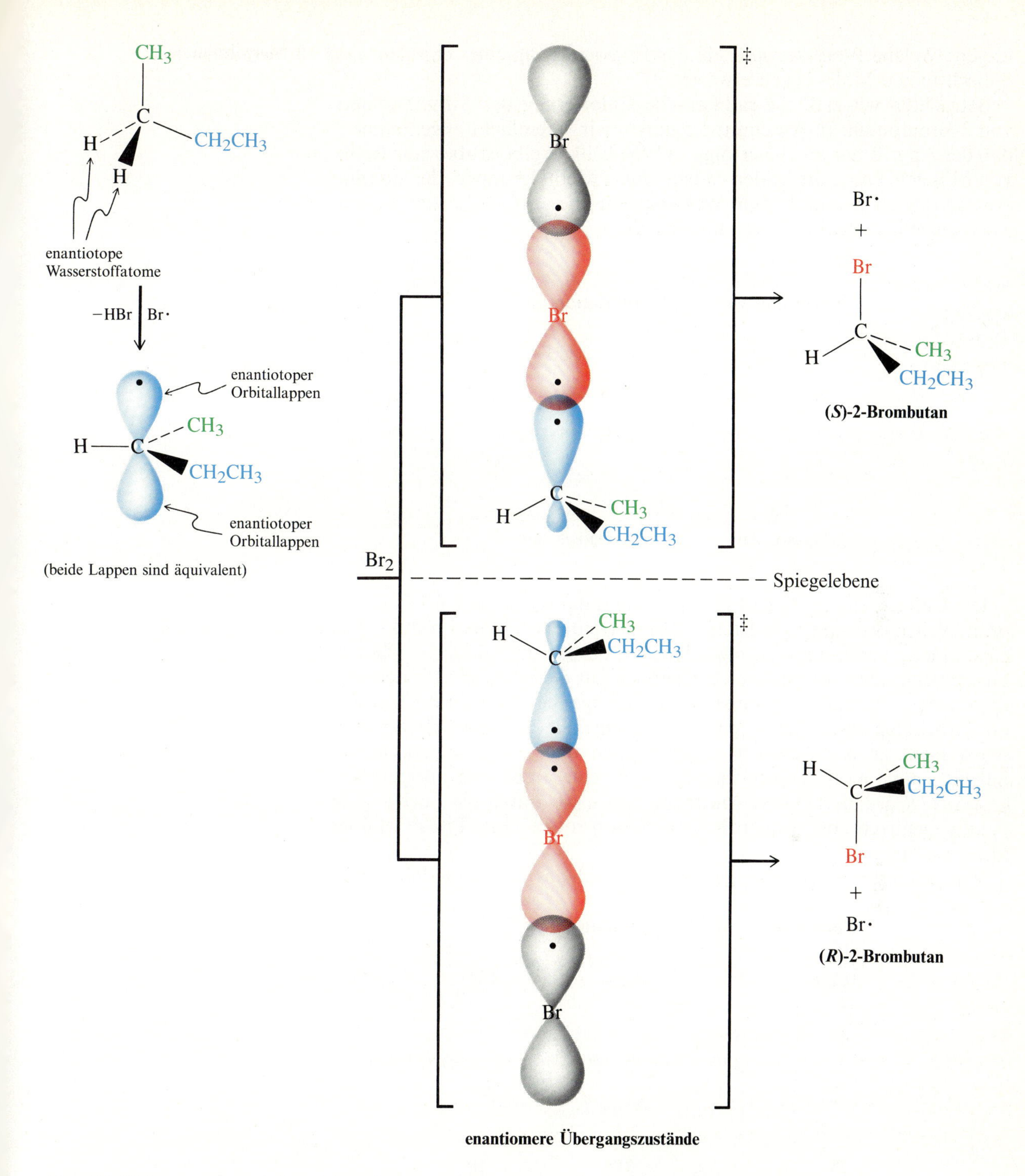

Abb. 5-16 Bildung von racemischem 2-Brombutan aus Butan durch radikalische Bromierung an C-2.

fragen: Welche Produkte sind bei der Halogenierung eines chiralen und optisch reinen Moleküls zu erwarten?

Betrachten wir z. B. die radikalische Chlorierung des *S*-Enantiomers von 2-Brombutan. In Abschnitt 5.5 hatten wir vereinfacht angenommen, daß der Angriff nur an C-3 erfolgt, in Wirklichkeit gibt es aber eine Reihe von Möglichkeiten: die beiden endständigen Methylgruppen, der einzelne Wasserstoff an C-2 und beide Wasserstoffatome an C-3. Lassen Sie uns jeden einzelnen Reaktionsweg untersuchen.

Chlorierung von (*S*)-2-Brombutan an C-1

1 CH_3 / H—2—Br / H—3—H / 4 CH_3 $\xrightarrow[-HCl]{Cl_2,\ h\nu}$ 1 CH_2Cl / H—2—Br / H—3—H / 4 CH_3

2*S*	**2*R***
Optisch aktiv	**Optisch aktiv**

Die Chlorierung an C-1 ist leicht zu überblicken, sie verläuft über das primäre Radikal und es entsteht 2-Brom-1-chlorbutan als Produkt. Die entstandene Verbindung ist optisch aktiv, da das ursprüngliche Chiralitätszentrum noch vorhanden ist. Dennoch hat die Überführung der Methyl- in eine Chlormethylgruppe etwas Wichtiges bewirkt: die Reihenfolge der Prioritäten an C-2 hat sich verändert. Obwohl das Chiralitätszentrum selbst nicht an der Reaktion teilgenommen und kein Platztausch von Substituenten stattgefunden hat, hat sich seine absolute Konfiguration von *S* in *R* geändert. Diese Änderung haben wir durch die Farbgebung deutlich gemacht, die Sequenzfolge läuft von rot (höchste Priorität) über blau zu grün.

Was passiert bei einer Halogenierung an C-2, am chiralen Kohlenstoff?

Chlorierung von (*S*)-2-Brombutan an C-2

1 CH_3 / H—2—Br / H—3—H / 4 CH_3 $\xrightarrow[-HCl]{Cl_2,\ h\nu}$ 1 CH_3 / Cl—2—Br / H—3—H / 4 CH_3 + 1 CH_3 / Br—2—Cl / H—3—H / 4 CH_3

50:50

2*S*	**2*S***	**2*R***
Optisch aktiv	**Racemisch (Optisch inaktiv)**	

Das Produkt der Chlorierung von (*S*)-2-Brombutan an C-2 ist 2-Brom-2-chlorbutan. Die Reaktion läuft am Chiralitätszentrum ab, aber das Molekül bleibt chiral, auch wenn sich das Substitutionsmuster verändert hat. Versucht man jedoch den Drehwert des Produkts zu bestimmen, findet man keine optische Aktivität – die Verbindung ist racemisch. Wie läßt sich das erklären?

Es entsteht ein Racemat, weil bei der Wasserstoffabspaltung an C-2 ein planares und achirales Radikal entsteht. Der Angriff des Chloratoms kann von beiden Seiten aus erfolgen und verläuft wie bei der Bromierung von Butan über enantiomere Übergangszustände gleicher Energie (s. Abb. 5-16). Die Bildungsgeschwindigkeit von (*S*)- und (*R*)-2-Brom-2-chlorbutan ist gleich, es entsteht das Racemat (s. Abb. 5-17). Diese Reaktion ist ein Beispiel für einen Prozeß, bei dem aus einer optisch aktiven Verbindung ein optisch inaktives Produkt wird.

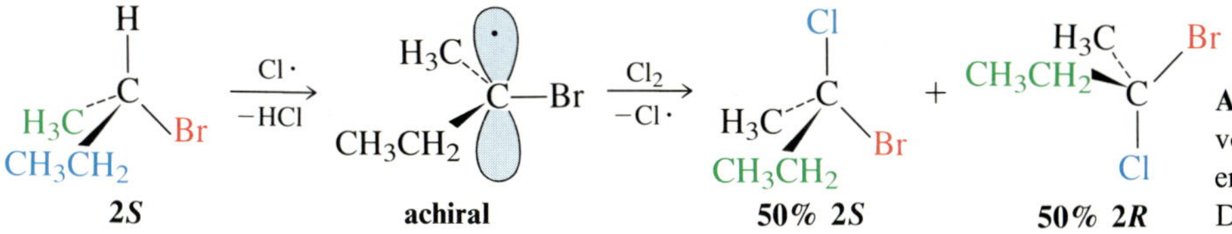

H, H_3C, C, Br, CH_3CH_2 — **2*S*** $\xrightarrow[-HCl]{Cl\cdot}$ H_3C, C—Br, CH_3CH_2 — **achiral** $\xrightarrow[-Cl\cdot]{Cl_2}$ Cl, H_3C, C, Br, CH_3CH_2 — **50% 2*S*** + H_3C, Br, CH_3CH_2, C, Cl — **50% 2*R***

Abb. 5-17 Bei der Chlorierung von (*S*)-2-Brombutan an C-2 entsteht ein racemisches Produkt. Das Farbschema gibt die Priorität der Gruppen im Ausgangsmaterial und in den Produkten an.

Übung 5-12

Bei welchen anderen Halogenierungen von (*S*)-2-Brombutan entstehen optisch inaktive Produkte?

Bei der Chlorierung von (*S*)-2-Brombutan an C-3 entsteht ein zweites Chiralitätszentrum, es kommt zur Bildung von Diastereomeren. Die Substitution des linken Wasserstoffatoms an C-3 in der unteren Zeichnung ergibt (2*S*, 3*S*)-2-Brom-3-chlorbutan, die des rechten das Diastereomer (2*S*, 3*R*)-2-Brom-3-chlorbutan. Da beide Wasserstoffatome an C-3 nicht äquivalent sind, bezeichnet man sie als **diastereotop**, weil bei ihrer Substitution Diastereomere gebildet werden.

Chlorierung von (*S*)-2-Brombutan an C-3

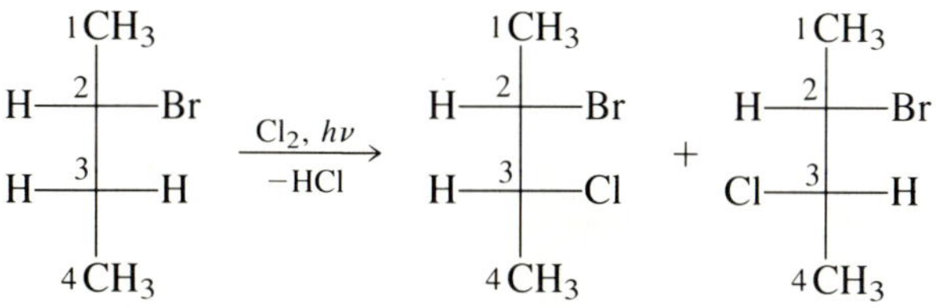

$^1CH_3$ / H–C2–Br / H–C3–H / $^4CH_3$	$\xrightarrow[-HCl]{Cl_2,\ h\nu}$	$^1CH_3$ / H–C2–Br / H–C3–Cl / $^4CH_3$	+	$^1CH_3$ / H–C2–Br / Cl–C3–H / $^4CH_3$
2*S*		**2*S*,3*R***		**2*S*,3*S***
Optisch aktiv		**Optisch aktiv**		**Optisch aktiv**

(ungleiche Mengen)

Die Chlorierung an C-2 ergibt ein 1:1-Gemisch von Enantiomeren. Entsteht bei der Reaktion an C-3 ebenfalls ein äquimolares Gemisch von Diastereomeren? Die Antwort ist nein. Dieser Befund läßt sich leicht durch Betrachtung der beiden Übergangszustände, die zu den Produkten führen, erklären (s. Abb. 5-18). Durch Abspaltung eines der beiden diastereotopen Protonen entsteht ein angenähert planares radikalisches Zentrum an C-3. Im Gegensatz zu dem Radikal, das bei der Chlorierung an C-2 gebildet wird, stehen hier die beiden Seiten nicht spiegelbildlich zueinander: sie sind nicht enantiotop. Der Grund hierfür liegt in der Erhaltung der Chiralität des Moleküls bei der reagierenden Spezies, wodurch beide Lappen des *p*-Orbitals nicht äquivalent bleiben (unabhängig von der Konformation des Moleküls). Beide Seiten des Radikals sind diastereotop.

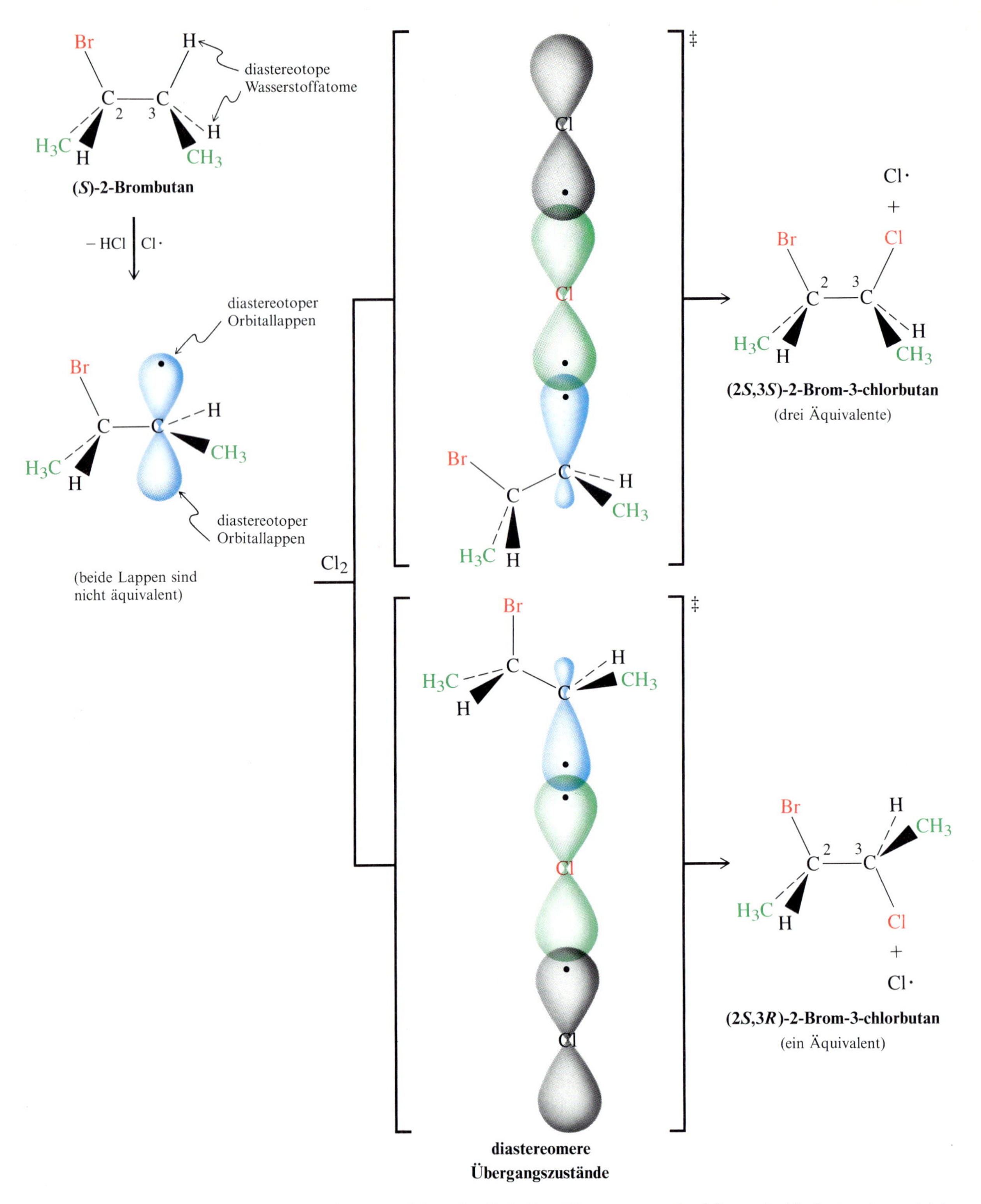

Abb. 5-18 Die Chlorierung von (*S*)-2-Brombutan an C-3 ergibt die beiden Diastereomere des 2-Brom-3-chlorbutans in ungleichen Mengen.

Welche Konsequenzen ergeben sich nun hieraus? Wenn beide Seiten des Radikals, wie man vermuten kann, mit unterschiedlicher Geschwindigkeit angegriffen werden, sollten beide Diastereomere in unterschiedlichem Ausmaß gebildet werden, was auch zutrifft. Die beiden Übergangszustände stehen nicht spiegelbildlich zueinander und sind nicht deckungsgleich, sie sind Diastereomere. Sie haben daher unterschiedliche Energien und stellen verschiedene Reaktionswege dar.

Bei der Chlorierung an C-4 entsteht dann wiederum nur ein Produkt. Bei dieser Reaktion wird weder ein neues Chiralitätszentrum eingeführt, noch das alte zerstört. Man erhält ein optisch aktives Produkt. Die Chlorierung an C-4 ändert auch die Rangordnung der Substituenten am (ehemaligen) C-Atom 2 nicht, die Konfiguration bleibt *S*. Um jedoch die niedrigst möglich Numerierung der Substituenten beizubehalten, ist das ursprüngliche C-Atom 4 nun C-1 geworden. Die Verbindung heißt jetzt (*S*)-3-Brom-1-chlorbutan.

Chlorierung von (*S*)-2-Brombutan an C-4

$$\begin{array}{c} CH_3 \\ H-\!\!\!\!-\!\!\!+\!\!\!-\!\!\!-Br \\ H-\!\!\!\!-\!\!\!+\!\!\!-\!\!\!-H \\ CH_3 \end{array} \xrightarrow[-HCl]{Cl_2,\ h\nu} \begin{array}{c} CH_3 \\ H-\!\!\!\!-\!\!\!+\!\!\!-\!\!\!-Br \\ H-\!\!\!\!-\!\!\!+\!\!\!-\!\!\!-H \\ CH_2Cl \end{array}$$

2*S*
(Optisch aktiv)

(*S*)-3-Brom-1-chlorbutan
(Optisch aktiv)

Übung 5-13

Zeichnen Sie die Strukturen der Produkte der Monobromierung von (*S*)-2-Brompentan an jedem Kohlenstoff. Benennen Sie sie und geben Sie an, ob sie chiral oder achiral sind, ob sie in gleicher oder ungleicher Menge gebildet werden und welche von ihnen optisch aktiv sind.

Stereoselektivität: Die Bevorzugung eines Stereoisomers

Die Beobachtung, daß beide Enantiomere bei der Chlorierung von 2-Brombutan an C-3 in unterschiedlichem Ausmaß gebildet werden, zeigt, daß das Vorhanden- oder Nichtvorhandensein von Symmetrie im Molekül in einem gewissen Ausmaß das stereochemische Ergebnis der Reaktion beeinflussen oder sogar kontrollieren kann. Eine Reaktion, bei der überwiegend (oder ausschließlich) eines von mehreren möglichen Stereoisomeren gebildet wird, bezeichnet man als **stereoselektiv**. So ist z. B. die Chlorierung von (*S*)-2-Brombutan an C-3 stereoselektiv, oder noch genauer, *diastereoselektiv*, da die Produkte Diastereomere sind. Die entsprechende Chlorierung an C-2 ist andererseits nicht stereoselektiv (genauer gesagt, nicht *enantioselektiv*, da Enantiomere gebildet werden), da ein Racemat entsteht.

In welchem Ausmaß ist Stereoselektivität möglich? Die Antwort hierauf hängt stark vom Substrat, vom Reagenz, von der Art der Reaktion und von den Bedingungen ab. In der Natur sind Enzyme in der Lage, achirale Moleküle mit sehr hoher Enantioselektivität in chirale zu überführen. Der Grund hierfür ist der, daß Enzyme selbst chiral sind und daher aus achiralen Ausgangsmaterialien Produkte mit einer zu ihnen passenden Chiralität machen können. Etwas Ähnliches tun Sie selbst, wenn Sie verformbare achirale Objekte mit ihren Händen bearbeiten. Wenn Sie z. B. einen Tonklumpen mit Ihrer linken Hand zusammendrücken, erhalten Sie eine Form die das Spiegelbild der Form ist, die Sie mit Ihrer rechten Hand machen.

Bei chiralen Molekülen wie (*S*)-2-Brombutan ergibt sich aus der Asymmetrie des Moleküls ein gewisses Ausmaß an Diastereoselektivität, das, abhängig von der Art der Reaktion, gewissen Schwankungen unterworfen ist. In unserem Beispiel ist die Bildung von (2*S*, 3*R*)-2-Brom-3-chlorbutan um den Faktor 3 gegenüber der des 2*S*,3*S*-Isomers begünstigt (s. Abb. 5-18). Entsprechend erhält man bei der Bromierung von racemischem 2-Brombutan an C-3 zweieinhalbmal soviel meso-Dibromid als *R*, *R*/*S*, *S*-Isomer.

Übung 5-14

Zeichnen Sie alle anderen möglichen Produkte der Chlorierung von (*S*)-1-Brom-2,2-dimethylcyclobutan. Geben Sie an, ob sie chiral oder achiral sind, ob sie in gleicher oder unterschiedlicher Menge gebildet werden, und welche von ihnen optisch aktiv sind.

Es ergibt sich also folgendes: Chemische Reaktionen können, wie wir am Beispiel der radikalischen Halogenierung gezeigt haben, stereoselektiv oder nicht stereoselektiv sein. Bei achiralen Ausgangsstoffen wie Butan entsteht ein racemisches Produkt (bei Butan durch Bromierung an C-2). Die beiden enantiotopen Wasserstoffatome an den Methylenkohlenstoffatomen des Butans sind in gleichem Maße substituierbar, der Halogenierungsschritt im Mechanismus der radikalischen Bromierung verläuft über zwei enantiomere Übergangszustände gleicher Energie. Entsprechend ergibt die Halogenierung eines enantiomerenreinen chiralen 2-Brombutans am Chiralitätszentrum ebenfalls ein racemisches Produkt, da das Zwischenprodukt ein achirales Radikal ist. Andererseits ist bei der Bildung eines neuen Chiralitätszentrums Diastereoselektivität möglich, da aufgrund der chiralen Umgebung, die im Molekül erhalten bleibt, der Angriff auf das radikalische Zwischenprodukt von zwei unterschiedlichen Seiten her erfolgen kann. Beide Übergangszustände sind Diasteromere und haben unterschiedliche Energien, die Produkte entstehen daher in unterschiedlichem Ausmaß.

5.7 Trennung von Enantiomeren

Obwohl wir bereits wiederholt die physikalischen und chemischen Besonderheiten von Enantiomeren besprochen haben, haben wir uns noch keine Gedanken gemacht, wie man sie chemisch rein gewinnen kann. Wie wir wissen, entsteht bei der Bildung einer chiralen Struktur aus achiralen Ausgangsstoffen ein racemisches Gemisch und es erhebt sich nun die Frage, wie man reine Enantiomere einer chiralen Verbindung erhält.

Eine mögliche Methode ist die, vom Racemat auszugehen, und die Enantiomeren voneinander zu trennen. Diesen Prozeß bezeichnet man als **Racematspaltung**. Wie wir bereits bei der Weinsäure erwähnt haben (Kasten 5-5), kristallisieren Enantiomere gelegentlich in spiegelbildlichen Kristallstrukturen aus, die man per Hand und Augenschein trennen kann.

Dieser Prozeß ist jedoch zeitraubend und daher nur bei kleinen Ansätzen anwendbar. Außerdem gelingt es nur in den seltensten Fällen, Racemate in spiegelbildliche Kristallformen zu zerlegen.

Besser ist es, sich die unterschiedlichen physikalischen Eigenschaften von Diastereomeren zunutze zu machen. Wenn wir eine Reaktion finden können, bei der durch Zugabe des reinen Enantiomers einer chiralen Verbindung ein Racemat in ein Diastereomerengemisch überführt wird, müßte sich die *R*-Form des ursprünglichen Enantiomerengemischs von der *S*-Form durch fraktionierende Kristallisation, Destillation oder Chromatographie trennen lassen. So ergäbe beispielsweise die Reaktion des Racemats $X_{R,S}$ (in dem X_R und X_S die beiden Enantiomere sind) mit einer optisch aktiven Verbindung Y_S (wir haben ihr völlig willkürlich *S*-Konfiguration gegeben, das Spiegelbild würde genausogut gehen) zwei optisch aktive Diastereomere, X_RY_S und X_SY_S, die sich durch Standardverfahren trennen lassen (s. Abb. 5-19). Wenn sich die Bindung zwischen beiden Teilen des Moleküls leicht aufbrechen läßt, können X_R und X_S aus den Diastereomeren als reine Enantiomere gewonnen werden. Außerdem läßt sich so möglicherweise das optisch aktive Hilfsreagenz zurückerhalten und bei anderen Racematspaltungen wieder verwenden.

Was wir also brauchen, ist eine leicht erhältliche, enantiomerenreine Verbindung, die sich mit den Molekülen des Racemats in einer reversiblen Reaktion verknüpfen läßt. Häufig werden Naturstoffe für diesen Zweck verwendet, da eine Reihe von optisch reinen Molekülen in der Natur vorkommen. Ein Beispiel ist (+)-(*R*, *R*)-2,3-Dihydroxybutandisäure [(+)-(*R*, *R*)-Weinsäure]. Eine häufig angewandte (und leicht reversible) Reaktion zur Racematspaltung ist die Salzbildung zwischen Säuren und Basen. So wirkt z. B. (+)-Weinsäure sehr gut bei der Spaltung racemischer Amine. In Abb. 5-20 sehen Sie, wie 3-Butin-2-amin auf diese Weise in die Enantiomere zerlegt wird. Man behandelt das Racemat zunächst mit (+)-

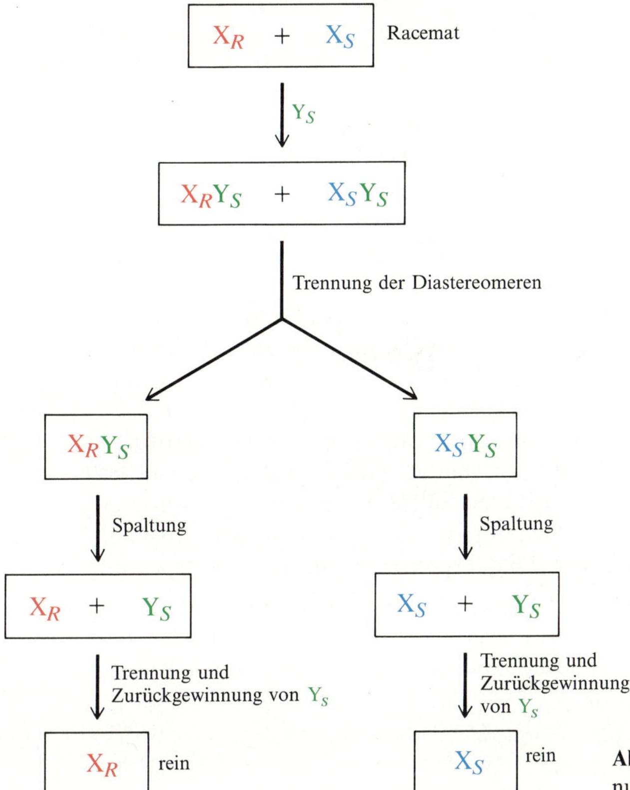

Abb. 5-19 Flußschema für die Trennung (Spaltung) zweier Enantiomere.

Weinsäure, wobei die beiden diastereomeren Tartrate (Salze der Weinsäure, lateinisch: *acidum tartaricum*, bezeichnet man als Tartrate) entstehen. Das rechtsdrehende Isomer kristallisiert beim Stehenlassen aus und kann von der Mutterlauge mit dem linksdrehenden Tartrat abfiltriert werden. Beim Behandeln des (+)-Salzes mit wässriger Carbonatlösung wird das Amin, (+)-*R*-3-Butin-2-amin, freigesetzt, das man mit Ether

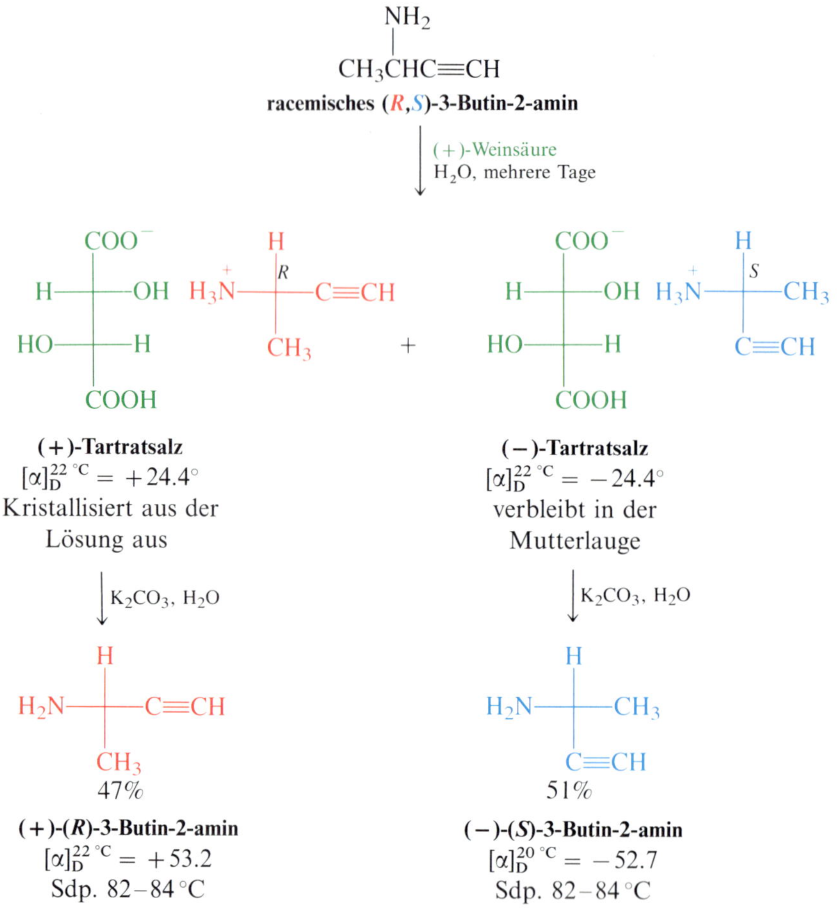

$CH_3CH(NH_2)C{\equiv}CH$

racemisches (*R*,*S*)-3-Butin-2-amin

↓ (+)-Weinsäure, H_2O, mehrere Tage

(+)-Tartratsalz (COO⁻, H–C–OH, HO–C–H, COOH; $H_3\overset{+}{N}$–C(H)(*R*)(CH₃)–C≡CH)
$[\alpha]_D^{22\,°C} = +24.4°$
Kristallisiert aus der Lösung aus

\+

(−)-Tartratsalz (COO⁻, H–C–OH, HO–C–H, COOH; $H_3\overset{+}{N}$–C(H)(*S*)(C≡CH)–CH₃)
$[\alpha]_D^{22\,°C} = -24.4°$
verbleibt in der Mutterlauge

↓ K_2CO_3, H_2O

H_2N–C(H)(CH₃)–C≡CH
47%
(+)-(*R*)-3-Butin-2-amin
$[\alpha]_D^{22\,°C} = +53.2$
Sdp. 82–84 °C

H_2N–C(H)(C≡CH)–CH₃
51%
(−)-(*S*)-3-Butin-2-amin
$[\alpha]_D^{20\,°C} = -52.7$
Sdp. 82–84 °C

Abb. 5-20 Racematspaltung von 3-Butin-2-amin mit (+)-2,3-Dihydroxybutandisäure [(+)-Weinsäure].

extrahieren und durch Destillation reinigen kann. Das Kaliumtartrat verbleibt in der wässrigen Phase. Durch entsprechendes Behandeln der Mutterlauge erhält man das (−)-(*S*)-Enantiomer (augenscheinlich weniger rein, da die optische Drehung etwas geringer ist).

In diesem Beispiel haben wir das reine Enantiomer einer Säure zur Spaltung eines racemischen Amins verwendet. Das Umgekehrte ist auch möglich: Die Spaltung einer racemischen Säure mit einem enantiomerenreinen Amin. Neben den beschriebenen gibt es noch viele andere Möglichkeiten, wie man die Bildung von Diastereomeren zur Racematspaltung benutzen kann.

Zusammenfassung

1 Isomere haben dieselbe Summenformel, sind aber verschiedene Verbindungen. Strukturisomere unterscheiden sich in der Reihenfolge, in der die einzelnen Atome aneinander gebunden sind. Bei den Stereoisomeren ist die Reihenfolge dieselbe, die dreimensionale Anordnung der Atome aber unterschiedlich. Zu den Stereoisomeren gehören cis- und trans-Isomere sowie Enantio- und Diastereomere. Cis- und trans-Isomere sind Spezialfälle von Diastereomeren.

2 Ein Objekt, das sich nicht mit seinem Spiegelbild zur Deckung bringen läßt, ist chiral. Ein Kohlenstoffatom, an das vier verschiedene Substituenten gebunden sind (ein asymmetrisches Kohlenstoffatom) ist ein Beispiel für ein Chiralitätszentrum.

3 Enthält ein Molekül ein Chiralitätszentrum, tritt es als Enantiomerenpaar auf. Enantiomere sind Stereoisomere, bei denen sich das eine zum anderen wie Bild zu Spiegelbild verhält.

4 Bei zwei Chiralitätszentren im Molekül gibt es maximal vier Stereoisomere – zwei enantiomere Paare von Diastereomeren. Diastereomere sind Stereoisomere, die nicht wie Objekt und Spiegelbild zueinander stehen. Ein Molekül mit n Chiralitätszentren kann maximal in 2^n Stereoisomeren auftreten. Besitzt das Molekül einige Symmetrieelemente (wie z. B. meso-Verbindungen), ist die Zahl der Stereoisomeren kleiner.

5 Ein chirales Molekül muß nicht unbedingt Chiralitätszentren haben, es läßt sich nur nicht mit seinem Spiegelbild zur Deckung bringen.

6 Chirale Rotamere können durch Drehung um Einfachbindungen racemisieren.

7 Damit ein Molekül chiral ist, darf es weder eine Symmetrieebene noch ein Symmetriezentrum haben.

8 Die meisten physikalischen Eigenschaften eines Enantiomerenpaars sind gleich. Die Ausnahme ist ihre Wechselwirkung mit linear polarisiertem Licht: das eine Enantiomer dreht die Schwingungsebene um einen bestimmten Betrag nach rechts, das andere um denselben Betrag nach links. Diese Phänomen bezeichnet man als optische Aktivität. Das Ausmaß der Drehung der Ebene des linear polarisierten Lichts wird in Grad gemessen und durch die spezifische Drehung $[\alpha]$ angegeben. Ein Racemat hat den Drehwert null. Die optische Reinheit einer chiralen Verbindung ist gegeben durch

$$\%\ \text{optische Reinheit} = \left[\frac{[\alpha]_{\text{beobachtet}}}{[\alpha]} \cdot 100\right]$$

9 Die absolute Konfiguration eines Chiralitätszentrums wird mit Hilfe der Sequenzregeln von Cahn, Ingold und Prelog als *R* oder *S* bestimmt.

10 Fischer-Projektionen benutzt man zur vereinfachten Darstellung von Stereoformeln und zur Bestimmung der absoluten Konfiguration.

11 Die chemische Einführung von Chiralität in eine achirale Verbindung durch radikalische Halogenierung führt über enantiomere Übergangszustände zu einem Racemat, da beide enantiotopen Seiten des ebenen Radikals mit gleicher Geschwindigkeit und Wahrscheinlichkeit angegriffen werden.

12 Die radikalische Halogenierung eines chiralen Moleküls mit einem Chiralitätszentrum ergibt ein Racemat, wenn die Reaktion an diesem Zentrum abläuft. Sind zwei diastereotope Wasserstoffatome an der Reaktion beteiligt, entstehen zwei Diastereomere in ungleichem Mengenverhältnis über diastereomere Übergangszustände.

13 Von Stereoselektivität spricht man, wenn bevorzugt eines von mehreren möglichen Stereoisomeren gebildet wird.

14 Die Trennung von Enantiomeren bezeichnet man als Racematspaltung. Eine Racematspaltung läßt sich am besten durchführen, wenn man das Racemat mit dem reinen Enantiomer einer chiralen Hilfverbindung reagieren läßt, wobei trennbare Diastereomere entstehen. Durch Abspaltung der chiralen Hilfsverbindung lassen sich beide Enantiomere rein erhalten.

Aufgaben

1 Geben Sie an, ob die folgenden Dinge aus dem täglichen Leben chiral oder achiral sind. Nehmen Sie in jedem Fall an, daß das Objekt in seiner einfachsten Form, ohne Verzierungen oder aufgeklebte Etiketten, Preisschilder etc. vorliegt.

(a) eine Leiter
(b) eine Tür
(c) ein Propeller
(d) ein Kühlschrank
(e) die Erde
(f) ein Fußball
(g) ein Tennisschläger
(h) ein Fausthandschuh
(i) ein glattes Stück Papier
(j) eine Gabel
(k) ein Löffel
(l) ein Messer

2 In jedem Teil dieser Frage werden zwei Objekte oder Paare von Objekten beschrieben. Geben Sie so genau wie möglich an, welche Beziehungen zwischen ihnen bestehen. Benutzen Sie hierfür die Terminologie dieses Kapitels: also spezifizieren Sie, ob die Gegenstände identisch, enantiomer, diastereomer etc. sind.

(a) Ein deutsches Spielzeugauto im Vergleich zu einem englischen (gleiche Farbe und Typ, aber Steuerrad auf der anderen Seite).
(b) Zwei linke Schuhe im Vergleich zu zwei rechten Schuhen (gleiche Farbe, Größe und Form).
(c) Ein Paar Schlittschuhe im Vergleich zu zwei linken Schlittschuhen (gleiche Farbe, Größe und Form).
(d) Ein rechter Handschuh auf einem linken Handschuh (Handfläche auf Handfläche) im Vergleich zu einem linken Handschuh auf einem rechten, wobei die Handfläche des linken auf dem Handrücken des rechten Handschuhs liegt (gleiche Farbe, Größe und Schnitt).

3 Geben Sie bei den folgenden Molekülpaaren an, ob die einzelnen Teile (1) Stereoisomere, (2) Strukturisomere oder (3) identisch sind. Kennzeichnen Sie die Stereoisomere, die sich durch Drehung um Bindungen leicht ineinander überführen lassen.

(a) 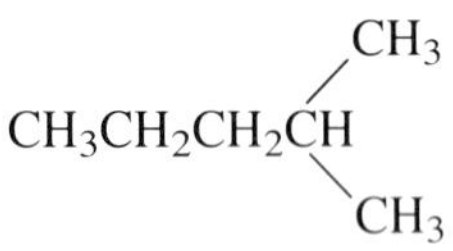 $CH_3CH_2CH_2CH(CH_3)_2$ und $CH_3CH_2CH(CH_3)CH_2CH_3$

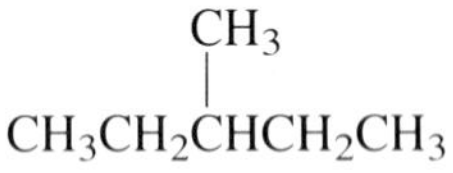

(b) 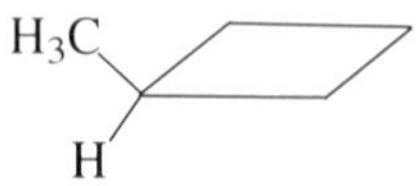 H_3C, H (Cyclobutan) und H, CH_3 (Cyclobutan)

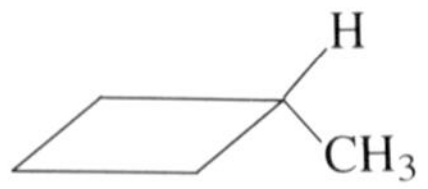

(c) 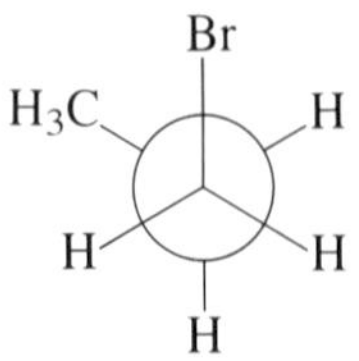 Newman-Projektionen: Br, H_3C, H, H, H, H und CH_3, H, Br, H, H, H

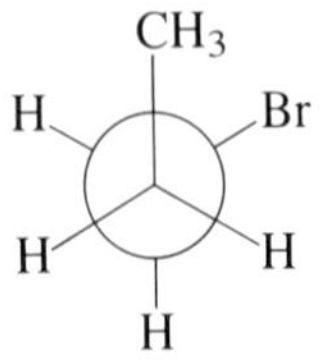

(d) 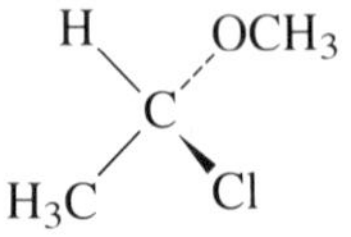 H, OCH_3, C, H_3C, Cl und H_3C, OCH_3, C, H, Cl

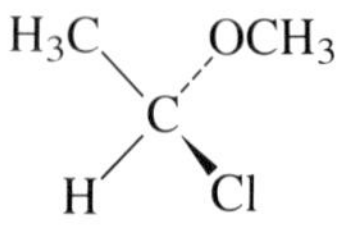

(e) 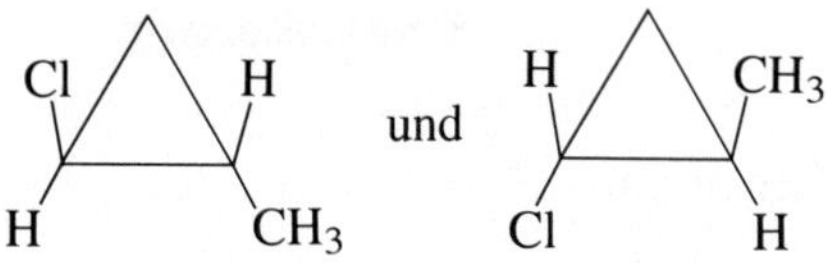 [Strukturformeln: Cyclopropanderivate mit Cl, H, H, CH_3] und [Cl, H, H, CH_3]

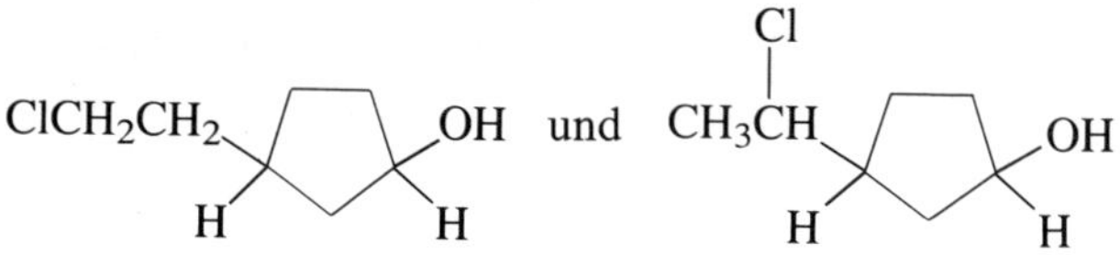

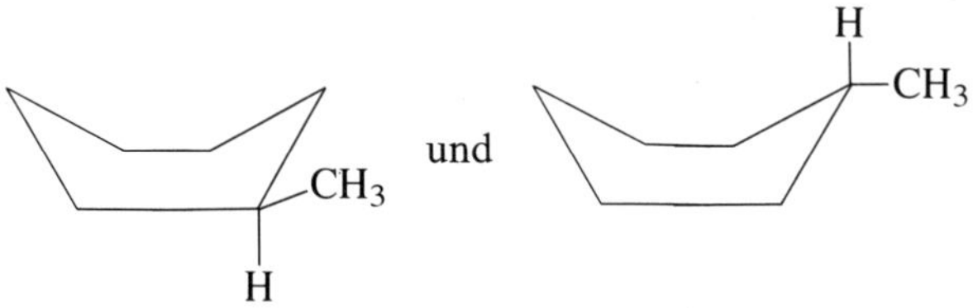

(f) $ClCH_2CH_2$–Cyclopentan–OH (H, H) und $CH_3CH(Cl)$–Cyclopentan–OH (H, H)

(g) [Cyclohexan-Sesselformen mit CH_3 und H] und [Cyclohexan-Sesselform mit H und CH_3]

(h) $CH_3CCl(Br)CH_2CH_2CH_3$ und $CH_3CH(Br)CH_2CH(Cl)CH_3$

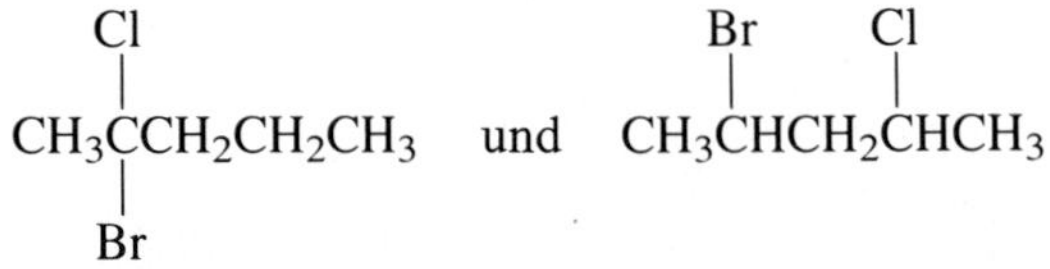

4 Welche der folgenden Verbindungen sind chiral?

(a) 2-Methylheptan
(b) 3-Methylheptan
(c) 4-Methylheptan
(d) 1,1-Dibrompropan
(e) 1,2-Dibrompropan
(f) 1,3-Dibrompropan
(g) Ethen, $H_2C{=}CH_2$
(h) Ethin, $HC{\equiv}CH$
(i) Benzol

(Beachten Sie: Genau wie im Ethen sind im Benzol alle Kohlenstoffatome sp^2-hybridisiert, das Molekül ist daher eben.

(j) Adrenalin
[Strukturformel: HO, HO am Benzolring; –CH(OH)CH_2NHCH_3]

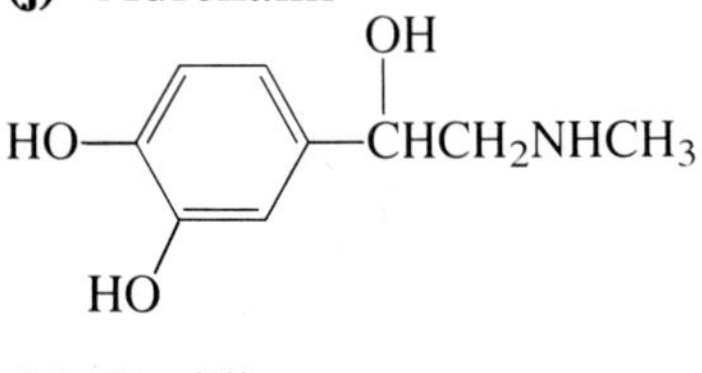

(k) Vanillin
[Strukturformel: HO, CH_3O am Benzolring; –CH=O]

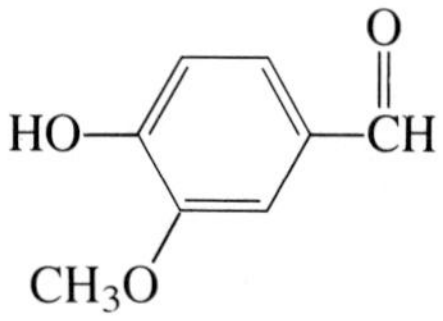

(l) Citronensäure
[Strukturformel: $HOOCCH_2C(OH)(COOH)CH_2COOH$]

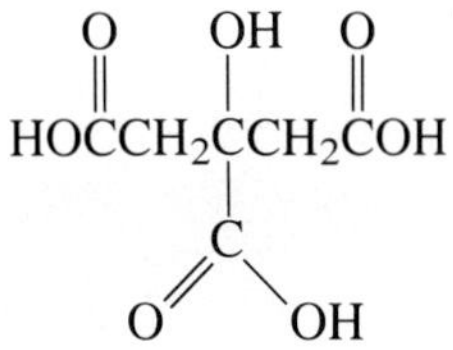

(m) Ascorbinsäure
[Strukturformel: $HOCH_2$–HOCH– am Fünfring mit O, =O, H, HO, OH]

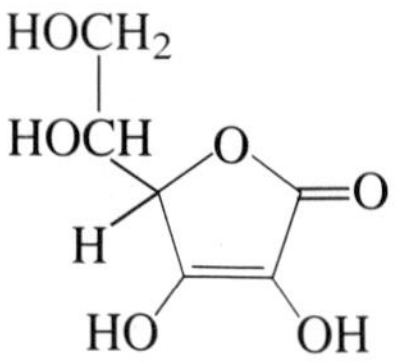

(n) *p*-Menthan-1,8-diol
[Strukturformel: Cyclohexan mit HO, CH_3; H_3C–C(OH)–CH_3]

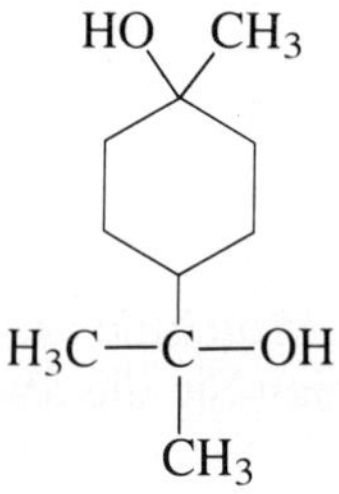

(o) Pethidin (Dolantin)

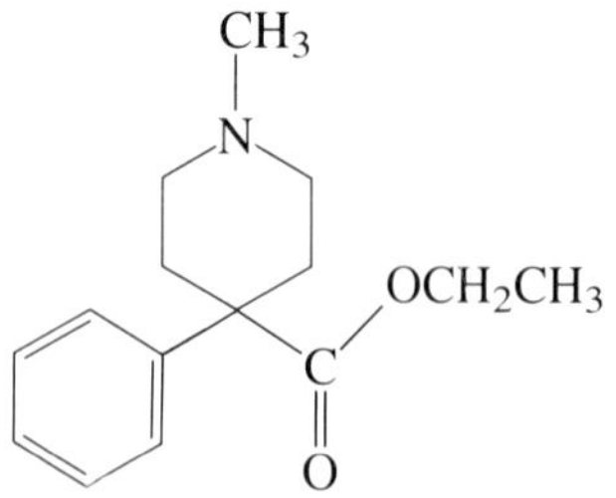

5 Welche der folgenden Cyclohexanderivate sind chiral? Bei der Bestimmung der Chiralität einer cyclischen Verbindung kann man den Ring vereinfacht als eben ansehen.

(a) (b) (c) (d)

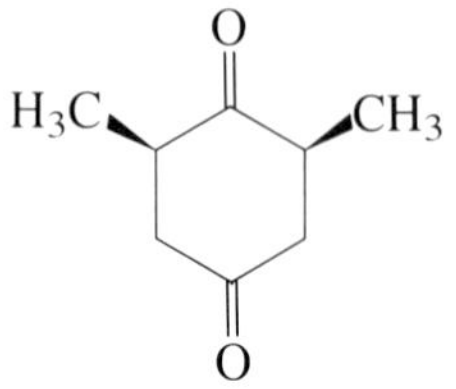

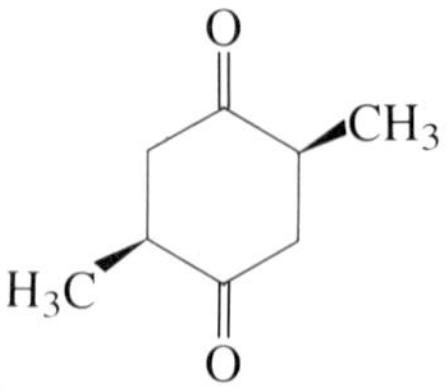

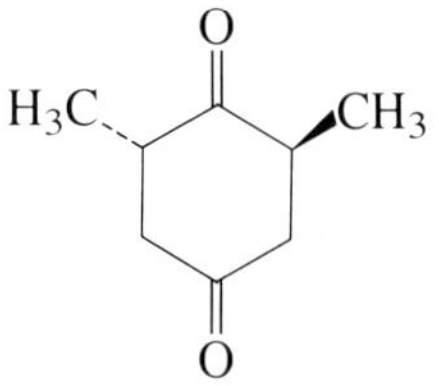

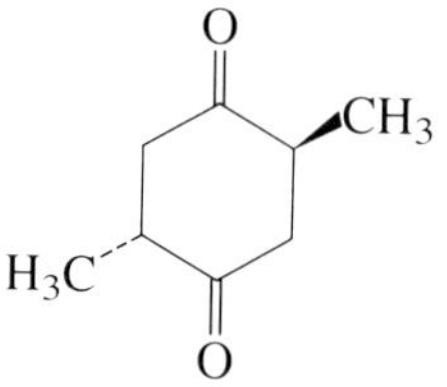

6 Welche der folgenden Cyclohexanderivate sind chiral? Wie in Aufgabe 5 können Sie den Ring als eben ansehen.

(a) (b) (c) (d)

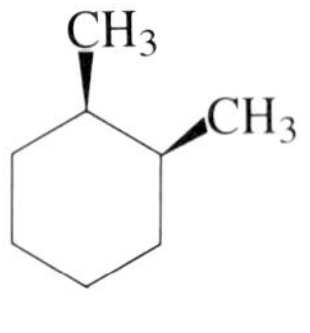

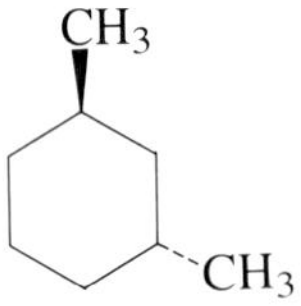

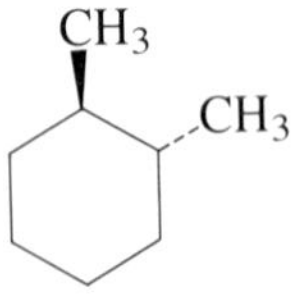

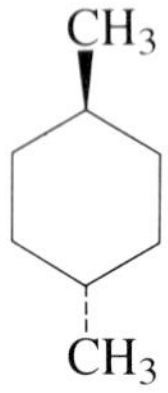

7 Identifizieren Sie bei den folgenden Formeln (1) alle Strukturisomeren, die ein oder mehrere Chiralitätszentren enthalten, (2) geben Sie für jedes die Anzahl der Stereoisomeren an und (3) zeichnen und benennen Sie in jedem Fall mindestens ein Stereoisomer.

(a) C_7H_{16}
(b) C_8H_{18}
(c) C_5H_{10}, mit einem Ring

8 Markieren Sie die Chiralitätszentren der chiralen Moleküle aus Aufgabe 4. Zeichnen Sie alle Stereoisomeren und bestimmen Sie die absolute Konfiguration an jedem Chiralitätszentrum.

9 Die beiden Isomere von Carvon [systematischer Name: 2-Methyl-5-(1-methylethenyl)-2-cyclohexanon (s. Abschn. 5.1) sind im folgenden gezeichnet. Welches ist das *R*-, welches das *S*-Isomer?

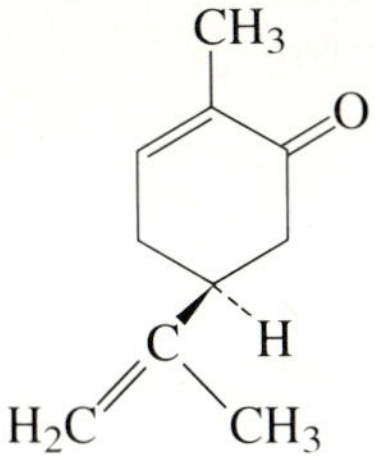

(−)-Carvon (aus der Krauseminze)   **(+)-Carvon** (in Kümmelsamen)

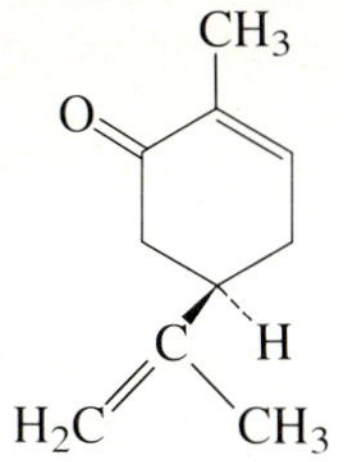

10 Zeichnen Sie die Strukturformeln der folgenden Moleküle. Prüfen Sie, ob Ihre Strukturformeln deutlich die Konfiguration an jedem Chiralitätszentrum zeigen.

(a) (*R*)-3-Brom-3-methylhexan
(b) (1 *S*, 2 *S*)-1-Chlor-1-trifluormethyl-2-methylcyclobutan
(c) (3 *R*, 5 *S*)-3,5-Dimethylheptan
(d) (2 *R*, 3 *S*)-2-Brom-3-methylpentan
(e) (*S*)-1,1,2-Trimethylcyclopropan
(f) (1 *R*, 2 *R*, 3 *S*)-1,2-Dichlor-3-ethylcyclohexan.

11 Nehmen Sie bei den folgenden Fragen an, daß alle Messungen in 1-dm-Polarimeterküvetten durchgeführt werden.

(a) Eine Lösung von 0.4 g von optisch aktivem 2-Butanol in 10 mL Wasser zeigt eine optische Drehung von − 0.56°. Wie groß ist die spezifische Drehung?
(b) Die spezifische Drehung von Saccharose (gewöhnlicher Haushaltszucker) beträgt + 66.4°. Welchen Drehwert hat eine Lösung von 3 g Saccharose in 10 mL Wasser?
(c) Eine Lösung von reinem (*S*)-2-Brombutan in Ethanol hat ein α von 57.3°. Wenn $[\alpha]$ von (*S*)-2-Brombutan 23.1° ist, wie groß ist dann die Konzentration der Lösung?

12 Natürliches Adrenalin, $[\alpha]_D^{25\,°C} = -50°$, wird in der Medizin verwendet. Sein Enantiomer ist medizinisch wertlos, und, nicht nur das, außerdem giftig. Stellen Sie sich vor, Sie sind Apotheker und erhalten eine Lösung, die 1 g Adrenalin in 20 mL Flüssigkeit enthalten soll, deren optische Reinheit aber nicht angegeben ist. Sie geben die Lösung in ein Polarimeter (1 dm-Küvette) und lesen am Analysator − 2.5° ab. Welche optische Reinheit hat die Probe? Können Sie es verantworten, das Adrenalin abzugeben?

13 Natriumhydrogen(*S*)-glutamat [(*S*)-Mononatriumglutamat], $[\alpha]_D^{25\,°C} = +24°$ wird in der Lebensmittelindustrie als Geschmacksverstärker verwendet. Die Kurzstrukturformel der Verbindung ist im folgenden angegeben.

$$HOOC{-}CH(NH_2)CH_2CH_2COO^-\,Na^+$$

(a) Zeichnen Sie die Struktur des *S*-Enantiomers von Mononatriumglutamat.
(b) Eine käufliche Probe der Verbindung hat einen spezifischen Drehwert $[\alpha]_D^{25\,°C}$ von $+8°$. Wie groß ist die optische Reinheit? Wie groß sind die Prozentanteile des *S*- und des *R*-Enantiomers in der Mischung?
(c) Beantworten Sie dieselben Fragen für eine Probe mit $[\alpha]_D^{25\,°C} = +16°$.

14 Markieren Sie bei den folgenden Molekülen (1) alle Chiralitätszentren, (2) geben Sie an, ob sie *R*- oder *S*-Konfiguration haben, und (3) zeichnen Sie ein eindeutiges Bild der entsprechenden Enantiomere.

(a) 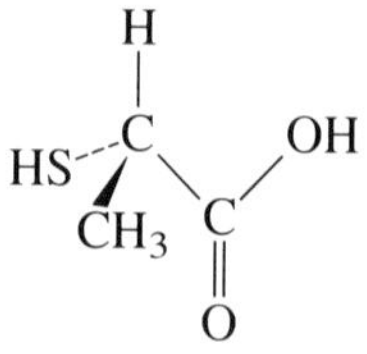 H, HS, C, CH_3, OH, C, O

(b) CH_3, C, H, $C(CH_3)_3$, $CH_2CH_2OCH_2CH_3$

(c) CH_3, H_3C, C—C, H, Cl, H, $CH{=}CH_2$

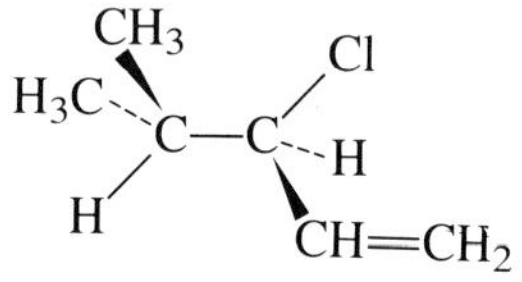

(d) 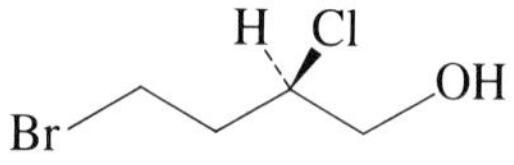 Br, H, Cl, OH

(e) 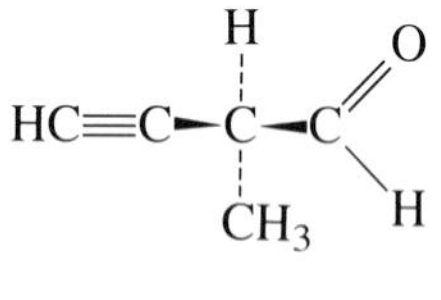 H, O, $HC{\equiv}C$–C–C, CH_3, H

(f) 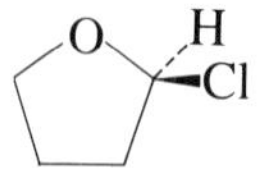 O, H, Cl

(g) 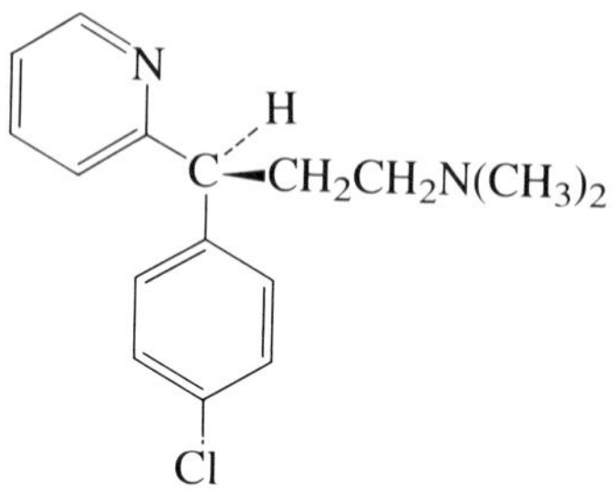 N, H, C, $CH_2CH_2N(CH_3)_2$, Cl

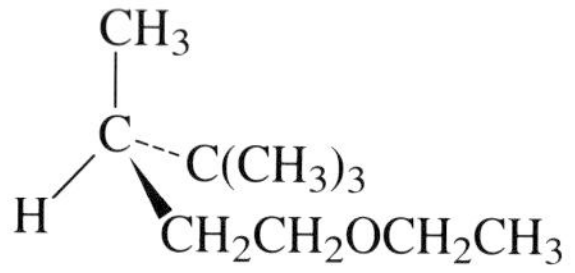

Chlorpheniramin

Die Kohlenstoffatome in Benzol- oder benzolähnlichen Ringen werden ebenso wie die in Alkenen behandelt (s. Regel 3 der Prioritätsregeln, Abschn. 5.3).

(h) 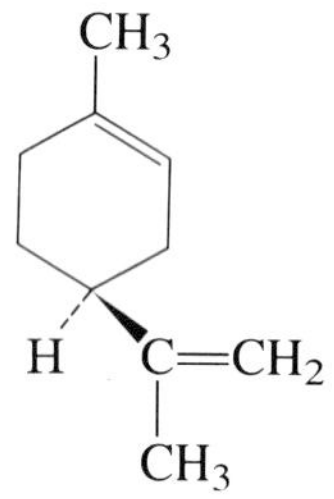 CH_3, H, $C{=}CH_2$, CH_3

Limonen

(aus Bäumen, Früchten usw.)

15 Geben Sie bei den folgenden Paaren von Strukturen an, ob die zwei Moleküle identisch sind oder Enantiomere.

(a) 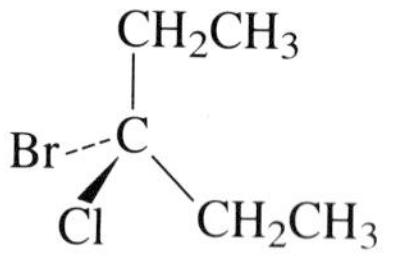 CH_2CH_3, Br, C, Cl, CH_2CH_3 und CH_2CH_3, C, Br, CH_3CH_2, Cl

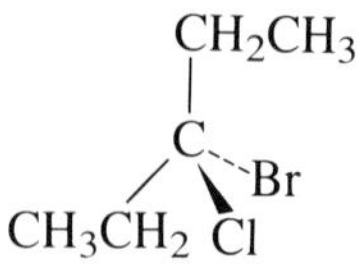

(b) 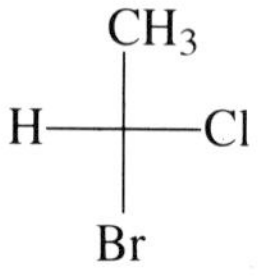 CH_3, H, Cl, Br und CH_3, Cl, C, H, Br

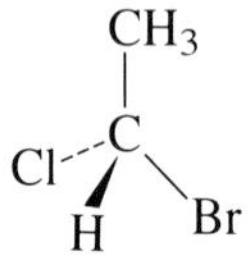

(c) Cl–C(CH3)(OCH3)–CF3 und F3C–C(OCH3)(Cl)–CH3

(d) H2N–C(H)(CH(CH3)2)–CO2H und H–C(NH2)(CO2H)–CH(CH3)2

16 Bestimmen Sie an allen Chiralitätszentren in den Molekülen aus Aufgabe 15 die absolute Konfiguration.

17 Zeichnen Sie die folgenden Moleküle in der Fischer-Projektion und bestimmen Sie dann, ob die Chiralitätszentren *R*- oder *S*-Konfiguration haben.

(a) H3C, H, Cl – C—C – Cl, H, CH3

(b) CO2H, OHC, CH3, HO, CH3, OH

(c) H2N, H, H3C – C—C – OH, H, COOH

(d) H3C, H, Cl – C—C – Br, H, CH3

18 Die am Rand abgebildete Verbindung ist ein Zucker, die (−)-Arabinose. Ihr spezifischer Drehwert ist −105°.

(a) Zeichnen Sie ein Enantiomer von (−)-Arabinose.
(b) Gibt es noch andere Enantiomere?
(c) Zeichnen Sie ein Diastereomer der (−)-Arabinose.
(d) Gibt es noch andere Diastereomere der (−)-Arabinose?
(e) Sagen Sie, wenn möglich, die spezifische Drehung der Struktur, die Sie in Teil **a** gezeichnet haben, voraus.
(f) Sagen Sie, wenn möglich, die spezifische Drehung der Struktur, die Sie in Teil **c** gezeichnet haben, voraus.
(g) Gibt es optisch inaktive Diastereomere der (−)-Arabinose? Wenn ja, zeichnen Sie eines.

H–C=O; HO–C–H; H–C–OH; H–C–OH; CH2OH

(−)-Arabinose

19 Geben Sie den vollständigen IUPAC-Namen der folgenden Verbindung an (Vergessen Sie nicht die Angabe der Stereochemie).

CH2CH3, H, Cl – C – CH2CH2Cl $C_5H_{10}Cl_2$

Bei der Reaktion dieser Verbindung mit 1 mol Cl_2 in Gegenwart von Licht bilden sich mehrere Isomere der Formel $C_5H_9Cl_3$. Geben Sie bei jedem möglichen Strukturisomer an:

(1) Wie viele Stereoisomere entstehen?
(2) Wenn mehr als eines gebildet wird, entstehen sie in gleicher oder ungleicher Menge?

(3) Geben Sie die absolute Konfiguration aller Chiralitätszentren in jedem möglichen Stereoisomer bei

(a) Chlorierung an C-3
(b) Chlorierung an C-4
(c) Chlorierung an C-5

an.

20 Bei der Monochlorierung von Methylcyclopentan können mehrere Produkte entstehen. Betrachten Sie die Monochlorierung von Methylcyclopentan an C-1, C-2 und C-3 und beantworten Sie die gleichen Fragen wie in Aufgabe 19.

21 Beschreiben Sie, wie man racemisches 1-Phenylethanamin über eine reversible Überführung in Diasteromere in Enantiomere spalten kann.

$$\begin{array}{c} NH_2 \\ | \\ C_6H_5CHCH_3 \end{array}$$

22 Zeichnen Sie ein Flußdiagramm für die Spaltung von racemischer 2-Hydroxypropansäure (Milchsäure) mit (*S*)-1-Phenylethanamin (die Struktur können Sie Übungsaufgabe 21 entnehmen).

23 Wieviele verschiedene stereoisomere Produkte entstehen bei der Monobromierung von

(a) racemischem *trans*-1,2-Dimethylcyclohexan?
(b) reinem (*R*, *R*)-1,2-Dimethylcyclohexan?
(c) Geben Sie bei Ihren Antworten zu Teil **a** und **b** an, ob Sie die verschiedenen Produkte im gleichen oder unterschiedlichen Stoffmengenverhältnis erwarten. Inwieweit können die Produkte aufgrund unterschiedlicher physikalischer Eigenschaften (z. B. Löslichkeit, Siedepunkt, etc.) getrennt werden?

24 Identifizieren und kennzeichnen Sie alle enantiotopen und alle diastereotopen Atompaare in den folgenden Molekülen.

(a) 2,2-Dimethylbutan
(b) 3-Methylhexan
(c) 3-Methylpentan
(d) Cyclohexanon

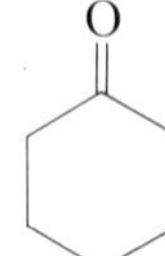

25 Bauen Sie ein Modell von *cis*-1,2-Dimethylcyclohexan in seiner stabilsten Konformation. Wäre das Molekül chiral, wenn es starr an diese Konformation gebunden wäre? (Prüfen Sie Ihre Antwort, indem Sie ein Modell des Spiegelbilds bauen und probieren, ob Sie beide zur Deckung bringen.)

Klappen Sie den Ring des Modells um. In welcher stereochemischen Beziehung stehen die ursprüngliche Konformation und die nach dem Umklappen? Vergleichen Sie Ihre Ergebnisse bei der Beantwortung dieser Frage mit Ihrer Antwort auf Übungsaufgabe 6, Teil **a**.

26 Morphinan ist die Stammverbindung einer großen Klasse von chiralen Molekülen, die als Morphin-Alkaloide bekannt sind. Interessanterweise haben die (+)- und (−)-Enantiomere der Verbindungen dieser Familie recht unterschiedliche physiologische Eigenschaften. Die (−)-Verbindungen, wie Morphinan sind „narkotische Analgetika" (Schmerzmittel), die (+)-Verbindungen „Antitussiva“ (Hustenmittel). Eines der einfachsten und bekanntesten Mitglieder der zweiten Gruppe ist Dextromethorphan.

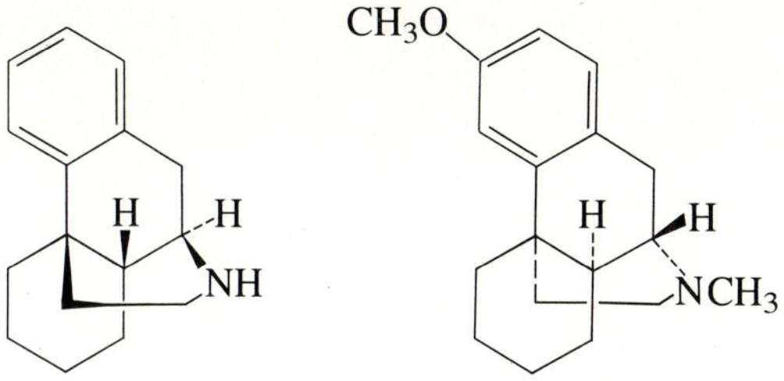

Morphinane Dextromethorphan

(a) Lokalisieren und identifizieren Sie alle Chiralitätszentren in Dextromethorphan.
(b) Zeichnen Sie das Enantiomer von Dextromethorphan.
(c) Bestimmen Sie die absolute Konfiguration aller Chiralitätszentren in Dextromethophan so gut Sie können (das ist nicht einfach).

27 Die enzymatische Einführung einer funktionellen Gruppe in ein biologisch wichtiges Molekül ist nicht nur spezifisch in Bezug auf den Ort der Reaktion im Molekül (s. Kap. 4, Übungsaufgabe 21), sondern gewöhnlich auch bezüglich der Stereochemie. Bei der Biosynthese von Adrenalin muß zunächst eine Hydroxygruppe spezifisch eingeführt werden, so daß aus dem achiralen Substrat Dopamin (−)-Noradrenalin wird. (Die letzten Stufen der Synthese von Adrenalin stellen wir in Aufgabe 24 von Kap. 6 vor.) Nur das (−)-Enantiomer ist physiologisch in der gewünschten Weise wirksam, die Synthese muß daher äußerst stereoselektiv verlaufen.

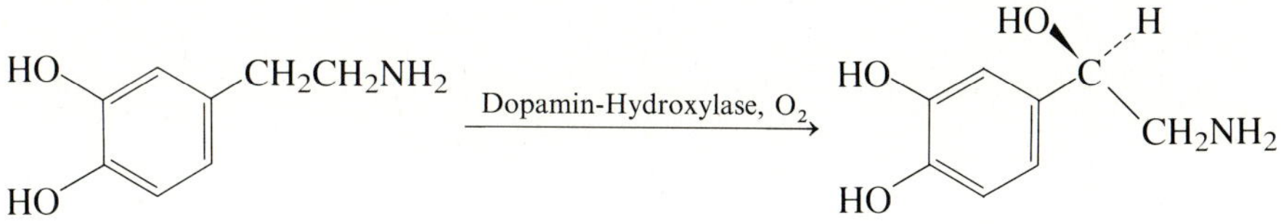

Dopamin-Hydroxylase, O_2

Dopamin (−)-Noradrenalin

(a) Hat (−)-Noradrenalin *R*- oder *S*-Konfiguration?
(b) Wie bezeichnet man die beiden Wasserstoffatome am Methylenkohlenstoff von Dopamin, an denen die Reaktion stattfindet?
(c) Nehmen Sie an, die Reaktion verläuft nicht in Gegenwart eines Enzyms. Wären die beiden Übergangszustände der radikalischen Oxidation, die zu (+)- bzw. (−)-Noradrenalin führen, von gleicher oder unterschiedlicher Energie? Mit welchem Ausdruck bezeichnet man die Beziehung zwischen diesen Übergangszuständen?
(d) Beschreiben Sie mit Ihren eigenen Worten, wie das Enzym die Energie des Übergangszustands beeinflussen muß, damit die Bildung des (−)-Enantiomers begünstigt ist. Muß das Enzym unbedingt chiral sein?

6 Eigenschaften und Reaktionen der Halogenalkane

Bimolekulare nucleophile Substitution

Nachdem wir in Kapitel 3 die Darstellung der Halogenalkane durch radikalische Halogenierung von Alkanen ausführlich besprochen haben und in Kapitel 5 auf die stereochemischen Konsequenzen dieser Reaktion eingegangen sind, wollen wir uns nun mit der Chemie der Halogenalkane befassen. Wir beginnen mit der Nomenklatur dieser Verbindungsklasse und geben einen kurzen Abriß ihrer physikalischen Eigenschaften.

6.1 Nomenklatur der Halogenalkane

Ähnlich wie man Alkane kurz mit R–H bezeichnet, werden Halogenalkane mit R–X abgekürzt, wobei X für ein Halogen steht.

In der systematischen IUPAC-Nomenklatur gilt das Halogen als Substituent des Alkangerüsts; der halogenierte Kohlenwasserstoff wird als **Halogenalkan** benannt.

CH_3I — **Iodmethan**

Fluorcyclohexan (Cyclohexanring mit F) — **Fluorcyclohexan**

$CH_3C(CH_3)(Cl)CH_2CH_3$ — **2-Chlor-2-methylbutan**

Das Halogen wird wie ein Alkylsubstituent ohne Priorität behandelt. Die längste fortlaufende Alkankette wird so numeriert, daß Substituenten möglichst niedrige Nummern erhalten. Wie gewöhnlich ordnet man Substituenten alphabetisch.

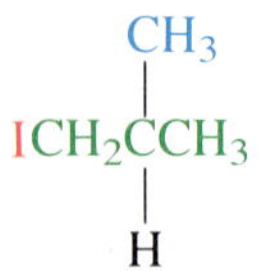

$ICH_2C(CH_3)HCH_3$ — **1-Iod-2-methylpropan**

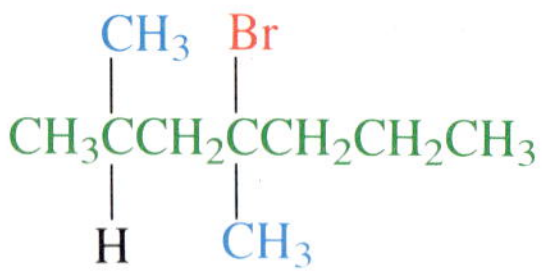

$CH_3CH(CH_3)CH_2CBr(CH_3)CH_2CH_2CH_3$ — **4-Brom-2,4-dimethylheptan**

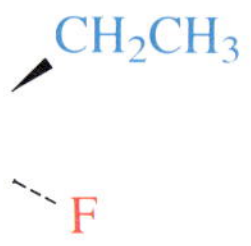

trans-1-Ethyl-2-fluorcyclohexan

Für komplexere Substituentengruppen gelten die gleichen Regeln.

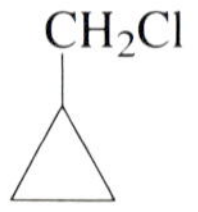

(Chlormethyl)-cyclopropan

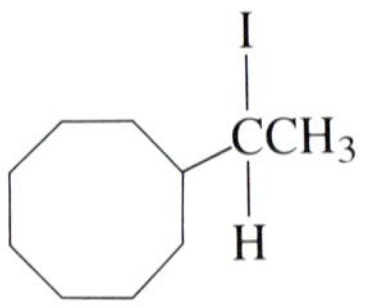

(1-Iodethyl)cyclooctan

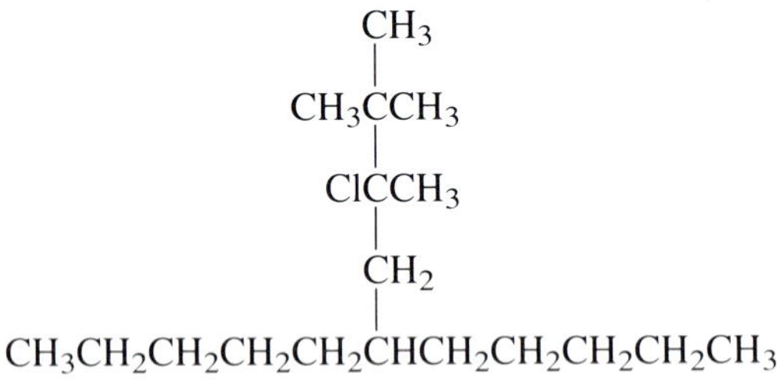

$CH_3CH_2CH_2CH_2CH_2CH(CH_2CCl(CH_3)C(CH_3)_2CH_3)CH_2CH_2CH_2CH_2CH_3$ — **6-(2-Chlor-2,3,3-trimethylbutyl)-undecan**

Die Trivialnamen der Halogenalkane beruhen auf dem Alkylhalogenid als Molekülstamm.

CH_3I	CH_3CH_2F	$(CH_3)_3C{-}Br$
Methyliodid	**Ethylfluorid**	**_tert_-Butylbromid**

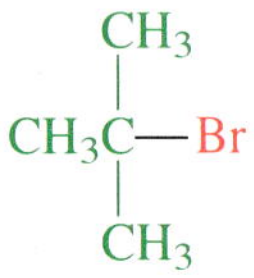

Manche chlorierten Lösungsmittel haben Trivialnamen: z. B. Tetrachlorkohlenstoff, CCl_4; Chloroform, $CHCl_3$, und Methylenchlorid, CH_2Cl_2.

Übung 6-1

Zeichnen Sie die Strukturen von (2-Iodethyl)cyclooctan und 5-Butyl-3-chlor-2,2,3-trimethyldecan.

Wir halten fest: Halogenalkane werden nach denselben Regeln wie Alkane benannt (Abschn. 2.3), dabei hat das Halogen den gleichen Rang wie eine Alkylgruppe.

6.2 Physikalische Eigenschaften der Halogenalkane

Halogenalkane unterscheiden sich in ihren physikalischen Eigenschaften beträchtlich von den entsprechenden Alkanen. Bindungsstärken, Bindungslängen, Dipolmomente und Siedepunkte werden stark von den unterschiedlichen Größen der Halogenatome und von der Polarität der Kohlenstoff-Halogen-Bindung beeinflußt.

Die C–X-Bindungsstärke nimmt mit zunehmender Größe von X ab

Die Bindung zwischen einem Kohlenstoffatom und einem Halogenatom kommt hauptsächlich zustande durch die Überlappung eines sp^3-Hybridorbitals des Kohlenstoffs mit einem fast reinen *p*-Orbital des Halogenatoms (Abb. 6-1). Da in der Gruppe von Fluor zu Iod die Größe des *p*-Orbitals zunimmt, wird die Elektronenwolke um das Halogenatom diffuser; das Orbital kann nicht mehr so gut mit dem Kohlenstofforbital überlappen. Als Folge davon wird die C–X-Bindung schwächer. So nehmen erwartungsgemäß die C–X-Bindungsstärken in den Halogenmethanen CH_3X in dem Maße ab, wie die Länge der C–X-Bindung zunimmt (Tab. 6-1).

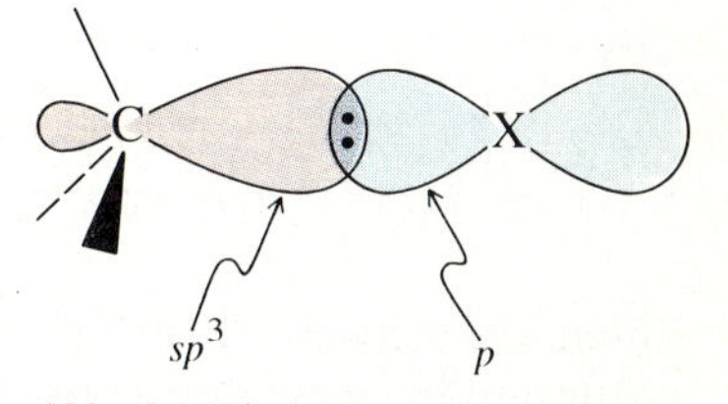

Abb. 6-1 Bindung zwischen einem aliphatischen Kohlenstoffatom und einem Halogen. Für X = Cl, Br oder I ist das *p*-Orbital erheblich größer als hier gezeigt.

Tabelle 6-1 Bindungslängen und Bindungsstärken in CH_3X

Halogenmethan	Bindungslänge in pm	Bindungsstärke in kJ/mol
CH_3F	138.5	461
CH_3Cl	178.4	356
CH_3Br	192.9	297
CH_3I	213.9	239

Die C–X-Bindung ist polar

Eine charakteristische Eigenschaft der Halogenalkane ist die dipolare Natur der C–X-Bindung, da Halogene elektronegativer als Kohlenstoff sind (Abschn. 1.6, Tab. 1-3). Dies führt zu einer ungleichmäßigen Elektronendichteverteilung zugunsten des Halogenatoms, das dadurch eine negative Partialladung (δ^-) erhält. Das daraus resultierende Dipolmoment (Abschn. 1.6) beeinflußt das chemische Verhalten der Halogenalkane beträchtlich. Wir werden z. B. sehen, daß Anionen und andere elektronenreiche Spezies das positiv polarisierte Kohlenstoffatom angreifen können. Kationen und andere elektronenarme Teilchen dagegen greifen das Halogenatom an.

Polarität der C – X-Bindung

δ^+ C — X: δ^-

Beeinflußt der dipolare Charakter der C–X-Bindung andere physikalische Eigenschaften der Halogenalkane?

Siedepunkte und Polarisierbarkeit

Die Siedepunkte von Halogenalkanen liegen im allgemeinen höher als die der entsprechenden Alkane (Tab. 6-2), was hauptsächlich auf die Dipolstruktur der Halogenalkane zurückzuführen ist, die zu Dipol-Dipol-Wechselwirkungen in flüssiger Phase führt. Außerdem nehmen die Siedepunkte mit steigender Halogengröße zu. Dies wird durch die größere molare Masse und die stärkeren London-Kräfte (Abschn. 2.4) bedingt. Wir erinnern uns, daß London-Kräfte hauptsächlich auf gegenseitige Wechselwirkung der Elektronen zwischen Molekülen zurückzuführen sind. Bei Mole-

Tabelle 6-2 Siedepunkte von Halogenalkanen (R – X)

R	Siedepunkt in °C				
X =	H	F	Cl	Br	I
CH_3	−161.7	−78.4	−24.2	3.6	42.4
CH_3CH_2	− 88.8	−37.7	12.3	38.4	72.3
$CH_3(CH_2)_2$	− 42.1	− 2.5	46.6	71.0	102.5
$CH_3(CH_2)_3$	− 0.5	32.5	78.4	101.6	130.5
$CH_3(CH_2)_4$	36.1	62.8	107.8	129.6	157.0
$CH_3(CH_2)_7$	125.7	142.0	182.0	200.3	225.5

külen, die schwere Atome der höheren Perioden enthalten, sind die Kräfte naturgemäß stärker ausgeprägt, da die Elektronen von den schweren Kernen weniger stark angezogen werden. Dieses Phänomen ist als **Polarisierbarkeit** des Atoms meßbar. Die Polarisierbarkeit (im Gegensatz zur Polarität) ist, einfach ausgedrückt, ein Maß für die Fähigkeit der Elektronenhülle eines Kerns, auf die Änderungen eines elektrischen Feldes zu reagieren. Je größer die Polarisierbarkeit eines Atoms ist, desto stärker unterliegt es den London-Kräften.

Wir merken uns: Die zunehmend diffuse Natur der Halogenorbitale in der Reihe F, Cl, Br, I wirkt sich in mehrfach zusammenhängender Weise aus: (1) Die Stärke der C–X-Bindung nimmt ab. (2) Die C–X-Bindung wird länger. (3) Für gleiche Reste R steigen die Siedepunkte. (4) London-Kräfte gewinnen an Bedeutung. (5) Die Polarisierbarkeit des Moleküls nimmt zu. Am Beispiel der nucleophilen Substitution werden wir sehen, wie stark diese Effekte das chemische Verhalten von Halogenalkanen beeinflussen.

6.3 Nucleophile Substitution: Einführung und Anwendungsbereich

Die nucleophile Substitution an einem Halogenalkan läßt sich durch zwei allgemeine Gleichungen darstellen:

$$\underset{\text{Nucleophil}}{\mathrm{Nu{:}^-}} + \underset{\text{Elektrophil}}{\overset{\delta^+}{R}}-\overset{\delta^-}{\ddot{\underset{..}{X}}}{:} \longrightarrow R-Nu + \underset{\text{Abgangsgruppe}}{:\ddot{\underset{..}{X}}{:}^-}$$

oder

$$\underset{\text{Nucleophil}}{\mathrm{Nu{:}}} + \underset{\text{Elektrophil}}{R}-\ddot{\underset{..}{X}}{:} \longrightarrow [R-Nu]^+ + \underset{\text{Abgangsgruppe}}{:\ddot{\underset{..}{X}}{:}^-}$$

Bei dieser Reaktion greift ein Reagenz mit einem freien Elektronenpaar (meist ein Anion wie Iodid, I^-, oder ein neutrales Teilchen wie Ammoniak, $:NH_3$) das Halogenalkan an, um das Halogen zu verdrängen. Dieser Abschnitt beschreibt, wie es zu einer solchen Reaktion kommt und welche Moleküle daran beteiligt sind. In vielen der folgenden Gleichungen und

Mechanismen werden Nucleophile rot, Elektrophile blau und Abgangsgruppen grün dargestellt, wie im oben gezeigten Schema.

Nucleophile greifen elektrophile Zentren an

Wie bereits erwähnt, erzeugt die Polarität der Kohlenstoff-Halogen-Bindung eine positive Partialladung auf dem Kohlenstoffatom, wodurch dieses **elektrophil** wird. Seine Reaktivität richtet sich auf elektronenreiche Spezies (elektrophil = elektronenliebend, vom griechischen *philos*, liebend). Umgekehrt nennt man elektronenreiche Verbindungen, die mit elektrophilen Zentren reagieren, **Nucleophile**, Nu („kernliebend"). Charakteristisch für Nucleophile ist eine negative Ladung, freie Elektronenpaare oder beides. Am Anfang dieses Abschnitts wurde gezeigt, daß ein negativ geladenes Nucleophil mit einem Halogenalkan unter Substitution des Halogen-Anions reagiert zu einem neutralen Subtstitutionsprodukt. Ein neutrales Nucleophil erzeugt ein positiv geladenes Produkt. In beiden Fällen wird ein negativ geladenes Halogenid-Ion, X^- verdrängt. Die aus der Ausgangsverbindung austretende Gruppe nennt man **Abgangsgruppe**.

Beachten Sie, daß die zwei Gleichungen, die die nucleophile Substitution eines Halogenalkans beschreiben, mit Ausnahme der Ladungen völlig identisch sind. In der ersten Gleichung ist die Gesamtladung Null, da auf jeder Seite eine negative Ladung steht. In der zweiten Gleichung haben wir auf der linken Seite zwei neutrale Verbindungen, auf der rechten Seite wird die positive Ladung des substituierten Produkts durch die negative Ladung der Abgangsgruppe ausgeglichen.

Der Ausdruck *nucleophile Substitution* könnte nahelegen, daß das Nucleophil die angreifende Spezies ist. In gewissem Sinne trifft diese Bezeichnung nicht exakt zu, da die Reaktivität zwischen Nucleophil und Elektrophil gegenseitig ist. So kann man nucleophile Substitution ebensogut als elektrophilen Angriff der Alkylgruppe ansehen; man sagt, das Halogenalkan *alkyliert* das Nucleophil.

Tabelle 6-3 zeigt uns einige typische Nucleophile und ihre Reaktionen mit verschiedenen Halogenalkanen. Im allgemeinen ist es stets die gleiche Reaktion zwischen Nucleophil und Substrat.* In diesen Beispielen finden wir jedoch nur primäre und sekundäre Halogenalkane als Substrate. Dies aus gutem Grund, denn tertiäre Halogenalkane – obwohl sie unter gewissen Voraussetzungen ähnlich reagieren – verhalten sich gegenüber den aufgeführten Nucleophilen anders und werden deshalb in Kapitel 7 getrennt behandelt. Auch sekundäre Halogenalkane können mit Nucleophilen anders als unter Substitution reagieren (Kap. 7). Am einfachsten verhalten sich primäre Halogenalkane.

Wir wollen diese Umwandlungen näher betrachten. In *Reaktion 1* verdrängt ein Hydroxid-Ion das Chlorid von Chlormethan und es bildet sich Methanol. Dies ist ein allgemeiner Syntheseweg, um ein Halogenalkan in einen Alkohol zu überführen. Normalerweise verwendet der organische Chemiker dazu Alkalimetallhydroxide, z. B. Natrium- oder Kaliumhydroxid.

Reaktion 2 stellt eine Variante dar. Hier reagiert das Methoxid-Ion mit Iodethan zu Methoxyethan, ein Beispiel für die Williamson-Ethersynthese (Abschn. 9.2).

---

* Ein *Substrat* ist eine Verbindung, mit der eine Reaktion eingegangen wird (vom lateinischen *substratus*, der Unterworfene).

Tabelle 6-3 Beispiele nucleophiler Substitutionen

	Substrat	Nucleophil		Produkt	Abgangsgruppe
1	CH_3Cl **Chlormethan**	$+ HO^-$	⟶	CH_3OH **Methanol**	$+ Cl^-$
2	CH_3CH_2I **Iodethan**	$+ CH_3O^-$	⟶	$CH_3CH_2OCH_3$ **Methoxyethan**	$+ I^-$
3	$CH_3CH(Br)CH_2CH_3$ **2-Brombutan**	$+ I^-$	⟶	$CH_3CH(I)CH_2CH_3$ **2-Iodbutan**	$+ Br^-$
4	$CH_3CH(CH_3)CH_2I$ **1-Iod-2-methyl propan**	$+ N{\equiv}C^-$	⟶	$CH_3CH(CH_3)CH_2C{\equiv}N$ **3-Methylbutan-nitril**	$+ I^-$
5	Cyclohexyl–Br **Bromcyclohexan**	$+ CH_3S^-$	⟶	Cyclohexyl–SCH_3 **(Methylthio)cyclohexan**	$+ Br^-$
6	CH_3CH_2I **Iodethan**	$+ :NH_3$	⟶	$CH_3CH_2\overset{+}{N}H_3$ **Ethylammonium-iodid**	$+ I^-$
7	CH_3Br **Brommethan**	$+ :P(CH_3)_3$	⟶	$CH_3\overset{+}{P}(CH_3)_3$ **Tetramethylphosphonium-bromid**	$+ Br^-$

In den Reaktionen 1 und 2 enthält das angreifende Nucleophil ein negativ geladenes Sauerstoff-Ion. *Reaktion 3* zeigt die Anwendung weiterer Nucleophile. Hier fungiert ein Halogenid-Ion nicht nur als Abgangsgruppe, sondern auch als Nucleophil. Die umgekehrte Reaktion (die Substitution von Iodid in 2-Iodbutan durch Bromid) ist ebenfalls möglich. Auf diese Weise besteht in Reaktion 3 ein Gleichgewicht zwischen den verschiedenen Halogenalkanen. Die Verwendung von Propanon (Aceton) als Lösungsmittel steigert die Ausbeute des Iodprodukts, weil es Natriumiodid gut löst, während das Produkt Natriumbromid (oder Natriumchlorid bei Verwendung von Chloralkanen) in diesem Solvens unlöslich ist. Da eines der Produkte ausfällt, verschiebt sich das Gleichgewicht der Reaktion zur rechten Seite. Auch mit einem Überschuß Natriumiodid ließe sich das erreichen.

Reaktion 4 verwendet ein Kohlenstoffatom als Nucleophil in Form von Cyanid (z. B. Natriumcyanid, Na^+CN^-). Hier entsteht eine neue Kohlenstoff-Kohlenstoff-Bindung, eine wichtige Methode zur Verlängerung der Kohlenstoffkette.

Reaktion 5 ist analog Reaktion 2, nur fungiert hier in Methanthiolat ein Schwefelatom als Nucleophil gegenüber Bromcyclohexan und erzeugt ein Sulfid (Abschn. 9.7). Hier zeigt sich, daß Nucleophile aus der gleichen Gruppe des Periodensystems ähnlich reagieren und zu analogen Produkten führen, wie es auch in den *Reaktionen 6* und *7* der Fall ist. Diese beiden letzten Beispiele unterscheiden sich jedoch qualitativ von den ersten fünf Reaktionen, in denen negativ geladene Nucleophile negativ geladene Abgangsgruppen substituieren. Amine, NR_3, und Phosphane, PR_3, sind neutrale Nucleophile, die beim Verdrängen der negativ geladenen Abgangsgruppe eine kationische Spezies, ein Ammonium- oder Phosphoniumsalz bilden.

Übung 6-2

Welche Substitutionsprodukte entstehen bei der Reaktion von 1-Brombutan mit:

(a) $:\ddot{\underset{..}{I}}:^-$; (b) $CH_3CH_2\ddot{\underset{..}{O}}:^-$; (c) $N_3\colon^-$; (d) $:As(CH_3)_3$; (e) $(CH_3)_2\ddot{\underset{..}{Se}}$?

Übung 6-3

Schlagen Sie Ausgangsmaterialien vor für die Darstellung von: (a) $(CH_3)_4N^+I^-$; (b) $CH_3SCH_2CH_3$.

Wir fassen zusammen: Die nucleophile Substitution ist eine typische Reaktion primärer und sekundärer Halogenalkane, wobei das Halogenid als Abgangsgruppe austritt. Verschiedene Arten von Nucleophilen können an der Reaktion teilnehmen.

6.4 Ein erster Blick auf den Mechanismus der nucleophilen Substitution: Kinetik

An diesem Punkt ergeben sich etliche Fragen: Welche Kinetik liegt der Reaktion zugrunde? Ist sie 1. Ordnung, 2. Ordnung (Abschn. 2.6) oder komplizierter? Was geschieht mit optisch aktiven Halogenalkanen? Gibt es andere Abgangsgruppen? Lassen sich aus der Art der Abgangsgruppe oder des Nucleophils, aus der räumlichen Umgebung des Substrats oder des Lösungsmittels Vorhersagen über relative Substitutionsgeschwindigkeiten treffen? Im restlichen Kapitel soll auf jede einzelne dieser Fragen eingegangen werden.

In diesem Abschnitt wird uns eine Untersuchung der Kinetik der Reaktion weiterhelfen, mögliche Mechanismen auszuschließen und den wahrscheinlichsten Reaktionsverlauf aufzuzeigen. Als Beispiel soll uns die Reaktion von Chlormethan mit Natriumhydroxid in Wasser dienen. Wärmezufuhr (ausgedrückt durch den Großbuchstaben Delta, Δ) erhöht sicher die Ausbeute an Methanol und Natriumchlorid, doch sagt das nichts aus über die Art, *wie* die Ausgangssubstanzen in die Produkte umgewandelt werden. Messungen der Reaktionsgeschwindigkeit, d. h. der Änderung der Konzentration der Edukte, erlauben es, aufgrund mechanistischer Vor-

$$CH_3Cl + NaOH \xrightarrow{H_2O,\ \Delta} CH_3OH + NaCl$$

stellungen gewisse Aussagen über den Ausgang des Experiments zu machen. Wie können wir uns die Bildung von Methanol vorstellen? Zwei Möglichkeiten werden wir dabei in Betracht ziehen.

Ein erster hypothetischer Mechanismus bei der Umwandlung von Chlormethan in Methanol: Heterolytische Dissoziation

Da die C–Cl-Bindung polar ist, erscheint es vernünftig, zu Beginn eine *heterolytische* Dissoziation des Moleküls in ein Methyl-Kation und ein Chlorid-Ion anzunehmen (1. Schritt). Im darauffolgenden 2. Schritt würde sich das äußerst elektrophile Kation mit dem elektronenreichen Hydroxid-Ion zum Produktmolekül verbinden. Dieser Mechanismus beinhaltet zwei Reaktionsschritte, jeder mit einer eigenen Geschwindigkeitskonstanten k_1 und k_2. Wenn er zutrifft, was gilt dann für die Geschwindigkeit der Gesamtreaktion? Für Reaktionen wie diese, die aus mehr als einem Schritt bestehen, gilt: Die Geschwindigkeit der Gesamtreaktion hängt ab vom *langsamsten Schritt der Reaktion*, dem **geschwindigkeitsbestimmenden Schritt**. In unserem Beispiel erscheint es vernünftig, den Bruch der CH_3–Cl-Bindung als geschwindigkeitsbestimmend anzusehen ($k_1 < k_2$), da hier gegensätzliche Ladungen getrennt werden müssen. Der zweite Schritt, in dem ein Kation mit einem Anion zu einem Produktmolekül (Methanol) reagiert, sollte sehr viel schneller sein.

Schritt 1

$$CH_3Cl \xrightarrow{k_1} CH_3^+ + Cl^-$$

Schritt 2

$$CH_3^+ + {}^-OH \xrightarrow{k_2} CH_3OH$$

Betrachten Sie den geschwindigkeitsbestimmenden Schritt als „Flaschenhals"! Stellen Sie sich einen Wasserschlauch vor, an dem Sie mehrere Kammern angebracht haben, um die Strömung zu regulieren (Abb. 6-2). Sie sehen, daß die Geschwindigkeit, mit der das Wasser am Ende herausspritzt, am Ort der stärksten Verengung kontrolliert wird. Wenn Sie die Flußrichtung umkehren (um die Rückreaktion zu veranschaulichen), müßte wieder diese engste Stelle passiert werden. Genauso liegt der Fall bei einer mehrstufigen Reaktion.

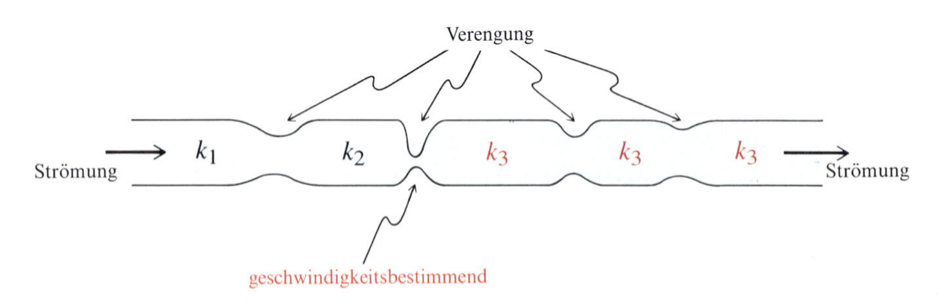

Abb. 6-2 Die Geschwindigkeit, mit der Wasser durch einen Schlauch fließt, wird von der stärksten Verengung bestimmt: die Strömungsgeschwindigkeit an verschiedenen Stellen ist mit k_1, k_2 und k_3 bezeichnet. Nach Passieren der Verengung bleibt der Gesamtfluß k_3 konstant.

Übung 6-4

Stellen Sie sich anstelle einer heterolytischen Dissoziation bei der Synthese von Methanol aus Chlormethan einen homolytischen Reaktionsverlauf vor, in dem die CH_3–Cl-Bindung im ersten Schritt homolytisch gespalten wird. Formulieren Sie diesen Verlauf und zeigen Sie den geschwindigkeitsbestimmenden Schritt.

Ein zweiter möglicher Mechanismus: Direkte Substitution

Eine Alternative zum Dissoziationsmechanismus ist der direkte Angriff des Nucleophils am Halogenalkan mit dem gleichzeitigen Austritt der

Abgangsgruppe. In diesem **konzertierten** Prozeß werden die Bindungen *gleichzeitig* („konzertiert") gebildet, bzw. gebrochen.

Für diesen Reaktionsverlauf kann man sich zwei völlig entgegengesetzte Richtungen vorstellen. Nähert sich das Nucleophil dem Substrat von der Seite der Abgangsgruppe, spricht man von einem **Vorderseitenangriff** (Abb. 6-3).

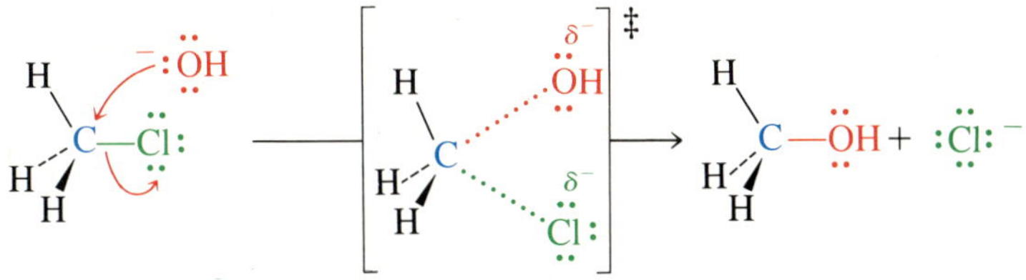

6.4 Ein erster Blick auf den Mechanismus der nucleophilen Substitution: Kinetik

Abb. 6-3 Nucleophiler Vorderseitenangriff. Die punktierten Linien deuten das gleichzeitige (konzertierte) Bilden der neuen Bindung zu OH und das Lösen der Bindung zu Cl an. Beachten Sie in der ersten Struktur die Pfeile, die die *Bewegung der Elektronen* verdeutlichen. Auf diese Weise läßt sich der Weg der Elektronen während einer Reaktion verfolgen. Im vorliegenden Fall schließt das Elektronenpaar des Hydroxid-Ions eine Bindung zu Kohlenstoff, während die Abgangsgruppe beim Austritt die Elektronen der Bindung zwischen Kohlenstoff und Chlor mitnimmt.

Die alternative Möglichkeit besteht in einem konzertierten **Rückseitenangriff**, in dem das Nucleophil und die Abgangsgruppe sich auf entgegengesetzten Seiten befinden (Abb. 6-4).

Der konzertierte Verlauf durch Rück- oder Vorderseitenangriff führt zu einem Übergangszustand, in dem sowohl Sauerstoff als auch Chlor negative Partialladungen tragen.

Ist es möglich, zwischen zweistufigen und konzertierten Reaktionsverlauf zu unterscheiden? Die Antwort lautet ja, durch kinetische Untersuchungen.

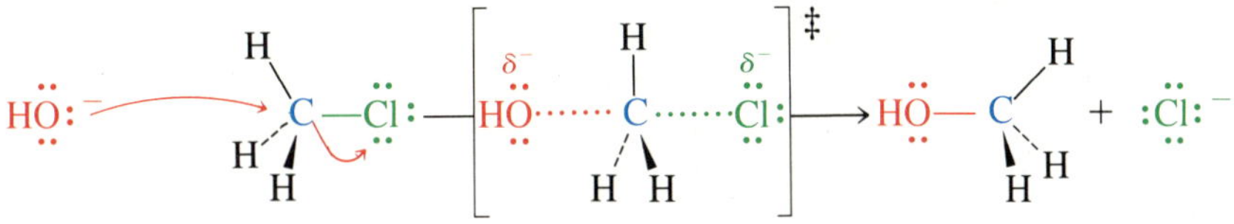

Abb. 6-4 Nucleophiler Rückseitenangriff.

Durch kinetische Messungen läßt sich die Reaktionsordnung der Substitution genau bestimmen

Das Diagramm in Abb. 6-5 gibt die Änderung der potentiellen Energie im Verlauf einer mehrstufigen Reaktion an unserem Beispiel wieder. Es zeigt, daß der erste Schritt geschwindigkeitsbestimmend ist, da er zu einem energiereicheren Übergangszustand führt. Nur das Halogenalkan ist am Übergangszustand beteiligt, folglich ist die Reaktionsgeschwindigkeit der Konzentration von R–X direkt proportional und *unabhängig von der Konzentration des Hydroxid-Ions*. Für sie gilt daher folgende Gleichung:

$$\text{Geschwindigkeit} = k[CH_3Cl]\ \text{mol/(L s)}$$

Wir wissen, daß eine Reaktion, die einer solchen Geschwindigkeitsgleichung gehorcht, erster Ordnung bezüglich des Reaktanten ist (Abschn. 2.6). Da nur ein Molekül am geschwindigkeitsbestimmenden Schritt beteiligt ist, nennt man sie **unimolekular**.

Wie stellen wir uns die Kinetik der beiden konzertierten Mechanismen vor? Da in beiden die Abgangsgruppe direkt substituiert wird, erwarten wir in jedem Fall nur einen Übergangszustand, der durch Kollision der beiden Reaktionspartner gebildet wird (Abb. 6-6). Die Reaktionsgeschwindigkeit muß nun von den Konzentrationen beider Partner abhän-

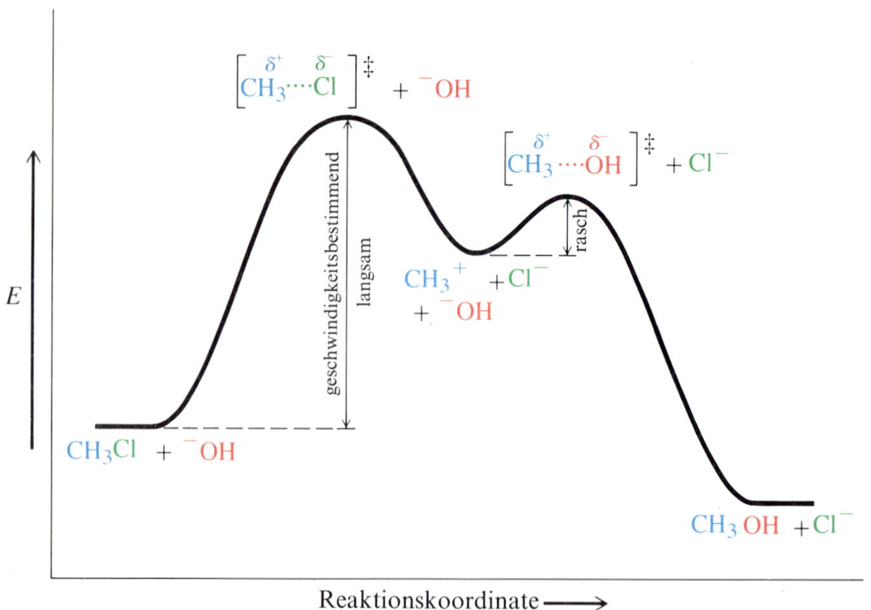

Abb. 6-5 Reaktionsprofil der hypothetischen heterolytischen Dissoziation bei der Substitution von Chlorid durch Hydroxid in Chlormethan. Der erste Schritt ist langsam und geschwindigkeitsbestimmend, der zweite ist schnell und hat keinen Einfluß auf die Reaktionsgeschwindigkeit.

gen, schon deshalb, weil die Chancen der Reaktanten, einander zu begegnen, mit zunehmender Konzentration eines oder beider Partner steigen. So sollte z. B. eine Verdopplung der Hydroxid-Konzentration die Geschwindigkeit, mit der das Halogenalkan verschwindet, verdoppeln. Bei gegebener Hydroxid-Konzentration müßte eine Verdopplung der Konzentration von Chlormethan den gleichen Effekt haben. Die Konzentrationen beider Reaktanten zu verdoppeln, hieße die Geschwindigkeit „doppelt zu verdoppeln", d.h. zu vervierfachen. Diese Reaktion zweiter Ordnung (Abschn. 2.6) entspricht folgender Geschwindigkeitsgleichung:

$$\text{Geschwindigkeit} = k[CH_3Cl][OH^-]\ \text{mol/(L s)}$$

Eine Reaktion, die diesem Gesetz gehorcht, nennt man **bimolekular**.

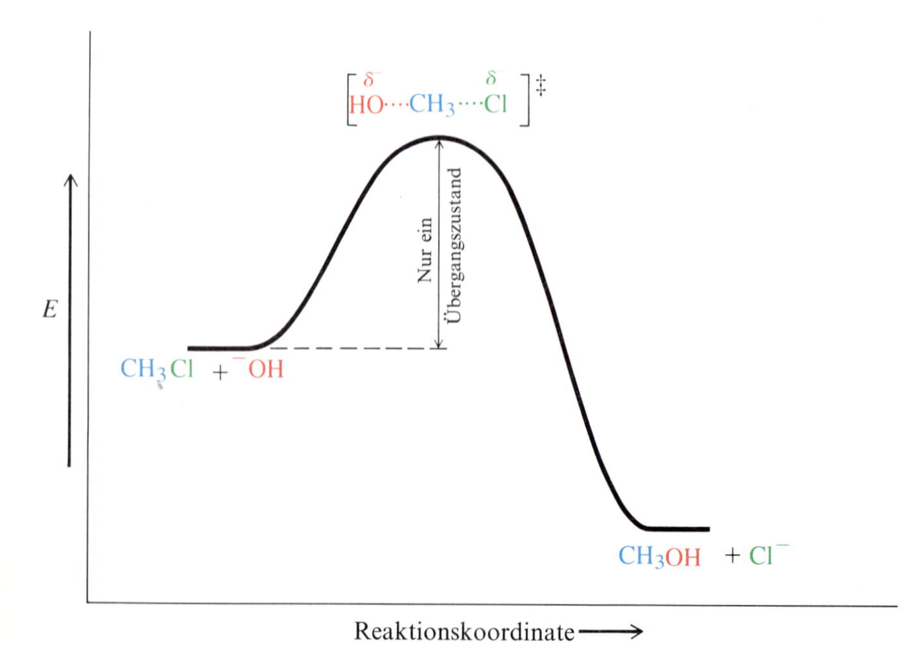

Abb. 6-6 Reaktionsprofil der konzertierten Substitution von Chlorid durch Hydroxid in Chlormethan. Es gibt nur einen Übergangszustand, an dem beide Reaktanden beteiligt sind.

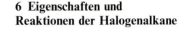

Welches Ergebnis liefern uns unsere kinetischen Experimente? In allen Fällen finden wir, daß *bei der Reaktion von Chlormethan mit dem Hydroxid-Ion eine Kinetik zweiter Ordnung* vorliegt. Wir können den Reaktionsverlauf zeitlich verfolgen, indem wir die Abnahme der OH^--Konzentration mit der Zeit bestimmen, zum Beispiel durch Säuretitration, oder wir messen die Abnahme von Chlormethan und die Zunahme von Methanol gaschromatographisch. Die Geschwindigkeit der Zunahme der Chlorid-Konzentration läßt sich durch Ausfällen als Silberchlorid verfolgen. Stets zeigt das Ergebnis, daß die Substitution nach einem bimolekularen Mechanismus verläuft und schließt damit den Dissoziationsmechanismus, den wir zuerst erwägt haben, aus. Alle Beispiele des Abschnitts 6.3 verlaufen bimolekular. Bimolekulare nucleophile Substitution wird generell als S_N**2** abgekürzt, wobei **S** für Substitution steht, **N** für nucleophil und **2** für bimolekular.

Kasten 6-1

Ein alternativer, chemisch jedoch wenig sinnvoller Mechanismus der S_N2-Reaktion

Eine Kinetik zweiter Ordnung ist auch mit einem Dissoziationsmechanismus vereinbar, in dem der erste Schritt *schnell* und der zweite, bimolekulare geschwindigkeitsbestimmend wäre. In diesem Fall wäre in dem Reaktionsprofil in Abb. 6-5 der zweite Übergangszustand energiereicher als der erste. Für die Reaktion würde folgendes Geschwindigkeitsgesetz gelten:

$$\text{Geschwindigkeit} = k_2[CH_3^+][OH^-]$$

Die Konzentration von CH_3^+ hängt mit der Konzentration von Chlormethan folgendermaßen zusammen:

$$\text{Geschwindigkeit (der Bildung von } CH_3^+) = k_1[CH_3Cl]$$

Fügt man diese Beziehung in die vorhergehende Gleichung ein, erhält man:

$$\text{Gesamtgeschwindigkeit} = k_1k_2[CH_3Cl][OH^-]$$

Dieses Geschwindigkeitsgesetz wäre mit einem bimolekularen Mechanismus vereinbar. Vom chemischen Standpunkt her ist es jedoch unwahrscheinlich, daß der erste Schritt dieses hypothetischen Mechanismus schneller ist als der zweite; dieser Reaktionsverlauf kommt deshalb für uns nicht in Betracht. Auch die stereochemischen Untersuchungen, die in Abschnitt 6.5 beschrieben werden, schließen eine Dissoziation am Anfang der Reaktion aus.

Wir halten fest: S_N2-Reaktionen folgen einer Kinetik zweiter Ordnung. Am Übergangszustand des geschwindigkeitsbestimmenden Schritts sind beide Reaktionspartner beteiligt, damit ist ein unimolekularer Verlauf ausgeschlossen.

6.5 Vorderseiten- oder Rückseitenangriff? Die Stereochemie der S_N2-Reaktion

Dieser Abschnitt befaßt sich mit einem Aspekt vieler organischer Reaktionen, der uns zusätzliche Information über den möglichen Mechanismus verschafft: der Stereochemie. Beeinflussen die verschiedenen Möglichkeiten der S_N2-Reaktion die räumliche Anordnung der Substituenten am Reaktionszentrum? Um diese Frage zu beantworten, verfolgen wir das stereochemische Schicksal eines chiralen Halogenalkans.

Carbenium-Ionen als Zwischenstufen führen zu racemischen Produkten

Betrachten wir die Reaktion von (*S*)-2-Brombutan mit Iodid. Verschiedene Mechanismen der Substitution führen zu stereochemisch unterschiedlichen Produkten. Über einen dissoziativen Weg entstünde ein planares (Abschn. 1.5) und daher achirales Carbenium-Ion als Zwischenstufe; die stereochemische Information des Ausgangsmaterials wäre im Produkt verlorengegangen. Da der Angriff des Iodid-Ions von beiden Seiten des Kations her erfolgen kann, wäre ein racemisches Gemisch der beiden möglichen Enantiomere zu erwarten. Tatsächlich jedoch führt diese S_N2-Reaktion zu optisch aktivem 2-Iodbutan.

Ein Carbenium-Ion als Zwischenstufe ergibt ein Racemat

S — Chiral und optisch aktiv

$\xrightarrow{-\,Br^-}$ Planar, achiral, optisch inaktiv: Angriff von beiden Seiten möglich

$\xrightarrow{I^-}$ $CH_3CHICH_2CH_3$ — R,S — Racemisch, optisch inaktiv

S_N2-Reaktionen sind stereospezifisch

Eine optisch aktive Ausgangssubstanz sollte nach einer konzertierten Substitution – durch Rück- oder Vorderseitenangriff – wiederum zu einem optisch aktiven Produkt führen. Ein Vorderseitenangriff ergäbe 2-Iodbutan mit *derselben* Konfiguration wie die Ausgangssubstanz; in diesem Fall spricht man von Erhalt, d. h. **Retention der Stereochemie**. Ein Rückseitenangriff dagegen führte zu einem Produkt *entgegengesetzter* Konfiguration, die Reaktion verliefe also unter **Inversion der Stereochemie**.

Vorderseitenangriff führt zu Retention

S — Chiral und optisch aktiv

$\xrightarrow{I^-}$ $[\,I^{\delta-} \cdots C \cdots Br^{\delta-}\,]^{\ddagger}$ — Vorderseitenangriff

$\longrightarrow$ S + Br^- — Chiral und optisch aktiv: Retention

Rückseitenangriff führt zu Inversion

$$\text{(S)-}CH_3CH_2(H_3C)(H)C\text{—Br} \xrightarrow{I^-} \left[{}^{\delta-}I\cdots C(H)(CH_3)(CH_2CH_3)\cdots Br^{\delta-}\right]^{\ddagger} \longrightarrow \text{(R)-}I\text{—}C(H)(CH_3)(CH_2CH_3) + Br^-$$

S — Chiral und optisch aktiv

Rückseitenangriff

R — Chiral und optisch aktiv: Inversion

Man findet nach der Reaktion von (*S*)-2-Brombutan mit Iodid (*R*)-2-Iodbutan; das heißt also, daß die Reaktion unter *Inversion der Konfiguration* verläuft. Andere S_N2-Reaktionen liefern uns das gleiche Ergebnis, damit können wir einen Dissoziationsmechanismus und einen Vorderseitenangriff definitiv ausschließen. Der wahrscheinlichste Mechanismus ist also die Substitution durch einen Rückseitenangriff.

Kasten 6-2

Stereospezifische und stereoselektive Reaktionen

Die bimolekulare Substitution eines Halogenalkans, bei der ein Stereoisomer (in der Umwandlung von 2-Brombutan zu 2-Iodbutan entweder das *R*- oder das *S*-Enantiomer der Ausgangssubstanz) vollständig in ein Produkt mit definierter Stereochemie umgewandelt wird, ist ein Beispiel einer **stereospezifischen** Reaktion. Dieser Ausdruck ist hier dem allgemeineren Begriff *stereoselektiv* (Abschn. 5.6) vorzuziehen. Stereoselektiv ist ein Prozeß, der *unabhängig* von der Stereochemie des Ausgangsmaterials von verschiedenen möglichen Stereoisomeren eines bevorzugt bildet. Eine stereospezifische Reaktion ist stets auch stereoselektiv, aber nicht umgekehrt. Leider werden diese Begriffe in der chemischen Literatur oft verwechselt und ungenau angewendet. Manchmal werden Reaktionen unkorrekt als stereoselektiv bezeichnet, die nach unserer Definition teilweise stereospezifisch sind, während „stereospezifisch" für Reaktionen mit quantitativer Selektivität verwendet wird. In diesem Buch werden wir die Begriffe streng nach obiger Definition verwenden.

Molekülorbitale im Übergangszustand der S_N2-Reaktion

Der Übergangszustand der S_N2-Reaktion läßt sich mit Begriffen der Molekülorbital-Theorie beschreiben, wie uns Abbildung 6-7 zeigt. Sobald sich das Nucleophil dem hinteren Lappen des sp^3-Hybridorbitals nähert, mit dem das Halogen an den Kohlenstoff gebunden ist, wird das Molekül planar, das Kohlenstoffatom rehybridisiert zu sp^2. Die negative Ladung ist jetzt nicht mehr ausschließlich auf dem Nucleophil lokalisiert, sondern teilweise auch auf der Abgangsgruppe. Im weiteren Verlauf der Reaktion, wenn sich die Produkte bilden, wird die Inversion vollständig, das Kohlenstoffatom nimmt wieder tetraedrische sp^3-Konfiguration an, aus der Abgangsgruppe wird ein Anion, das die volle negative Ladung trägt.

Übung 6-5

Zeichnen Sie die Produkte der S_N2-Reaktion von Cyanid mit: (a) *meso*-2,4-Dibrompentan (zweifache S_N2-Reaktion) und (b) *trans*-1-Iod-4-methylcyclohexan.

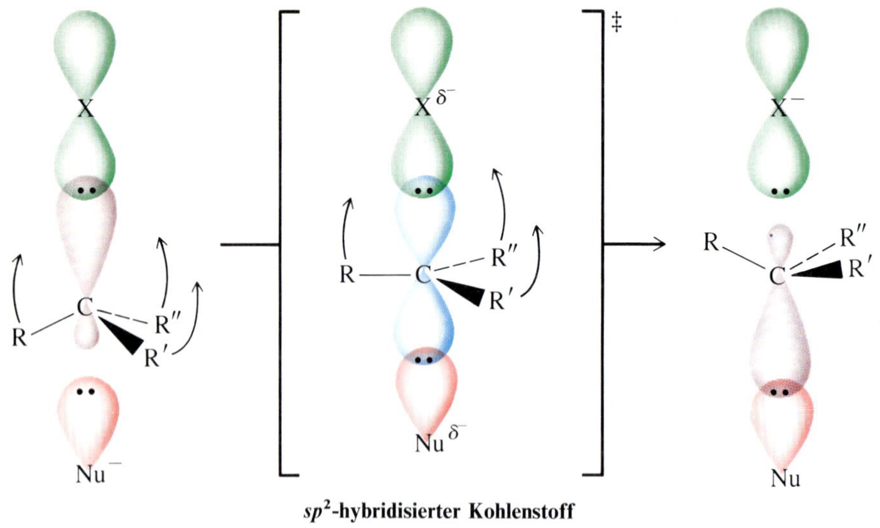

*sp*²-hybridisierter Kohlenstoff

Abb. 6-7 Molekülorbitale während einer S_N2-Reaktion. Der Vorgang des Inversion erinnert an das Umklappen eines Schirms bei Sturm.

Wir fassen zusammen: Kinetische Daten verweisen auf einen bimolekularen Verlauf der nucleophilen Substitution. Die Reaktion vollzieht sich unter Inversion der Konfiguration durch einen konzertierten Rückseitenangriff.

6.6 Folgen der Inversion bei S_N2-Reaktionen

Welche Bedeutung hat die Inversion der Stereochemie bei S_N2-Reaktionen für die Synthese?

Enantiomere in S_N2-Reaktionen

Betrachten wir die Umwandlung von 2-Bromoctan in 2-Octanthiol durch Reaktion mit Hydrogensulfid: Setzen wir optisch reines *R*-Bromid ein, so erhalten wir das *S*-Thiol als einziges Produkt. Das *R*-Enantiomer entsteht nicht. (Die verwendeten Farben folgen dem gleichen Schema wie in Abschnitt 5.3, um die Priorität der Substituenten zu unterstreichen.)

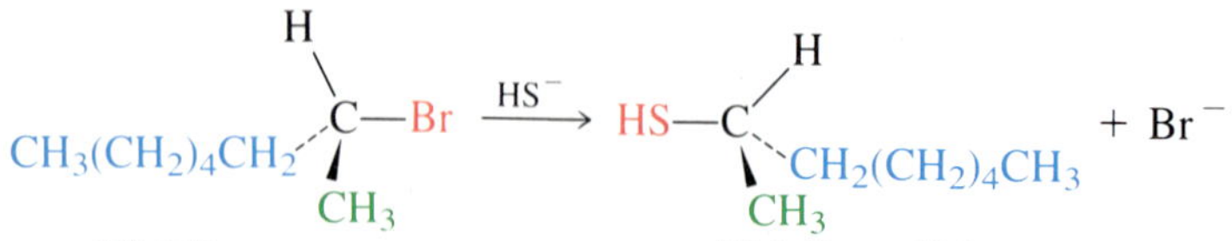

$$CH_3(CH_2)_4CH_2\text{–}C(H)(CH_3)\text{–}Br \xrightarrow{HS^-} HS\text{–}C(H)(CH_3)\text{–}CH_2(CH_2)_4CH_3 + Br^-$$

(*R*)-2-Bromoctan $[\alpha] = -34.6°$

(*S*)-2-Octanthiol $[\alpha] = +36.4°$

Wie aber können wir (*R*)-2-Bromoctan in das *R*-Thiol überführen? Eine Möglichkeit besteht darin, zwei aufeinanderfolgende S_N2-Reaktionen durchzuführen, von denen jede mit Inversion am Chiralitätszentrum einhergeht. Eine erste S_N2-Reaktion, z. B. mit Iodid, erzeugt (*S*)-2-Iodoctan unter Konfigurationsumkehr. Eine darauffolgende Substitution des Iodids durch das HS^--Ion liefert das *R*-Thiol. Durch doppelte Inversion erhalten wir also wieder Retention.

Retention durch doppelte Inversion

$$CH_3(CH_2)_4CH_2\text{-}CH(CH_3)\text{-}Br \xrightarrow[-\,Br^-]{I^-} I\text{-}CH(CH_3)\text{-}CH_2(CH_2)_4CH_3 \xrightarrow[-\,I^-]{HS^-} CH_3(CH_2)_4CH_2\text{-}CH(CH_3)\text{-}SH$$

(*R*)-2-Bromoctan $[\alpha] = -34.6°$ — **(*S*)-2-Iodoctan** $[\alpha] = +46.3°$ — **(*R*)-2-Octanthiol** $[\alpha] = -36.4°$

In unseren Beispielen ändert ein enantiomerenreines Substrat durch eine S_N2-Reaktion seine Konfiguration von *R* zu *S* oder umgekehrt. Dies ist jedoch keine notwendige Folge einer Inversion, da die Bezeichnungen *R* und *S* einzig auf Prioritätsregeln beruhen. Nachstehend folgt ein Beispiel, in dem ein *S*-Enantiomer durch eine S_N2-Reaktion in ein *S*-Produkt überführt wird.

$$CH_3CH_2O^- + \underset{S}{(b\,CH_3S)(H)(c\,CH_3)C\text{-}Br\ (a)} \longrightarrow \underset{S}{(b\,CH_3CH_2O)C(SCH_3\,a)(H)(c\,CH_3)} + Br^-$$

$$\underset{2S,3R}{CH_3\text{-}CHBr\text{-}CH(CH_2CH_3)\text{-}CH_3} + I^- \xrightarrow{\text{Propanon (Aceton)}} \underset{2R,3R}{CH_3\text{-}CHI\text{-}CH(CH_2CH_3)\text{-}CH_3} + Br^-$$

Diastereomere in S_N2-Reaktionen

Bis jetzt traten in unseren Beispielen von S_N2-Reaktionen nur Moleküle mit einem Chiralitätszentrum auf. Was aber, wenn Moleküle mehrere solcher Zentren haben? Die Reaktionen dieser Moleküle lassen sich im allgemeinen vorhersagen: An allen primären und sekundären Kohlenstoffatomen, die mit einem Nucleophil reagieren, findet Inversion statt. Beachten Sie, daß bei der Reaktion von (2*S*,4*R*)-2-Brom-4-chlorpentan mit einem Überschuß an Cyanid ein meso-Produkt entsteht!

$$\underset{2S,4R}{CH_3\text{-}CHBr\text{-}CH_2\text{-}CHCl\text{-}CH_3} + {}^-CN\ (\text{Überschuß}) \xrightarrow{\text{Ethanol}} \underset{2R,4S:\ \text{Meso}}{CH_3\text{-}CH(CN)\text{-}CH_2\text{-}CH(CN)\text{-}CH_3} + Br^- + Cl^-$$

Halogencycloalkane: Die Ringgröße beeinflußt die Geschwindigkeit der S_N2-Reaktion

S_N2-Reaktionen an Halogencycloalkanen weisen beträchtliche Unterschiede in der Reaktionsgeschwindigkeit auf, die von der Ringgröße abhängen. Die stark gespannten Halogencyclopropane z. B. sind völlig unre-

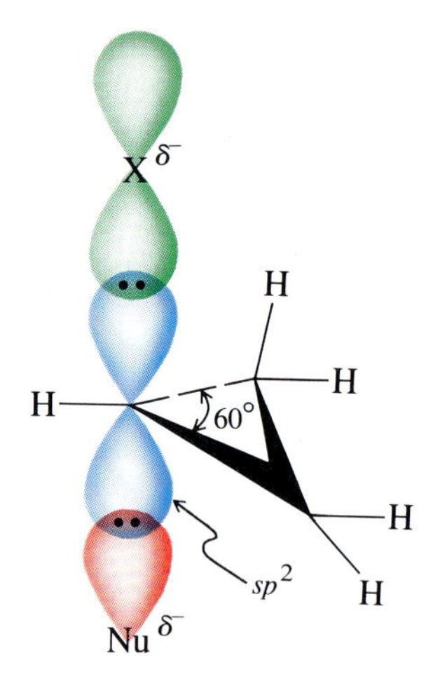

Abb. 6-8 Hypothetischer Übergangszustand während einer S_N2-Reaktion eines Halogencyclopropans.

aktiv, was sich mit der Struktur des Übergangszustandes erklären läßt. Wie wir in Abb. 6-7 gesehen haben, nimmt das Kohlenstoffatom, an dem die Substitution stattfindet, im Übergangszustand sp^2-Konfiguration an, dabei müßte der normale Bindungswinkel 120° betragen. Der Cyclopropanring läßt sich kaum über 60° hinaus verzerren (Abb. 4-1). Der Übergangszustand würde also unter zusätzlicher starker Spannung stehen (Abb. 6-8). Damit wird die Reaktion praktisch unmöglich.

Ähnliches gilt für die relativ geringe Reaktivität von Halogencyclobutanen, obwohl diese – wenn auch zögernd – S_N2-Reaktionen eingehen.

Substitutionen bei Halogencyclopentanen verlaufen ähnlich rasch wie bei deren alicyclischen Analoga, z. B. 2-Halogenpentanen. Halogencyclohexane jedoch reagieren langsamer, obwohl man bei ihnen eine bereitwillige sp^2-Hybridisierung am reaktiven Kohlenstoff erwartet. Es scheint, daß hier sterische Gründe vorliegen: der Angriff des Nucleophils ist bei

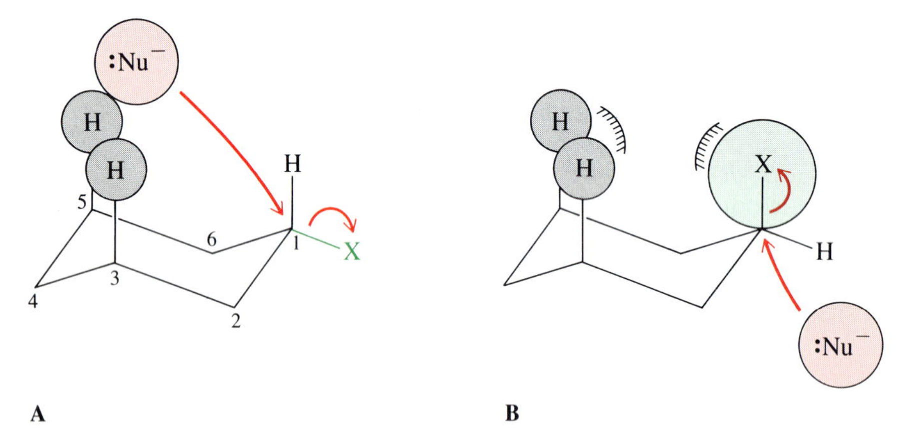

Abb. 6-9 A. Ein Nucleophil nähert sich dem äquatorialen Halogenid X. Die sterische Behinderung durch die beiden axialen Wasserstoffatome an C-3 und C-4 ist offensichtlich. B. Substitution eines axialen Halogenids X. Der Austritt ist sterisch behindert.

äquatorialer Stellung der Abgangsgruppe behindert, die axiale Stellung der Abgangsgruppe ist für deren Austritt sterisch ungünstig (Abb. 6-9).

Durch die Inversion der Stereochemie am Reaktionszentrum in disubstituierten Cyclohexanen oder anderen Cycloalkanen ändern Substituenten ihre Stellung von cis nach trans oder von trans nach cis.

$$\text{Cis} \xrightarrow{\text{NaI, Propanon (Aceton)}} \text{Trans} + \text{NaBr}$$

H, Br; H, CH_3 — **Cis** → I, H; H, CH_3 — **Trans** + NaBr

Wir fassen zusammen: Die Inversion der Konfiguration bei S_N2-Reaktionen hat verschiedene Auswirkungen auf die Stereochemie. Die optische Aktivität bleibt erhalten, solange nicht Abgangsgruppe und Nucleophil identisch sind oder meso-Verbindungen entstehen. Bei cyclischen Systemen werden cis- und trans-Stereoisomere ineinander umgewandelt. Bei Halogencyclopropanen verhindert ein stark gespannter Übergangszustand mögliche Substitutionsreaktionen.

6.7 Die Struktur der Abgangsgruppe beeinflußt die Geschwindigkeit der nucleophilen Substitution

Es hat sich gezeigt, daß die relative Leichtigkeit von S_N2-Reaktionen von vielerlei Faktoren abhängt. Nachdem wir mechanistische Einzelheiten und einige synthetische Anwendungen erforscht haben, sollten wir diese Faktoren in näheren Augenschein nehmen. Wir wollen mit der Abgangsgruppe beginnen: Gibt es hier Strukturmerkmale, die uns zumindest qualitativ erlauben, vorherzusagen, ob eine Abgangsgruppe „gut" oder „schlecht" ist?

Das Austrittsvermögen

Die Abgangsgruppe in einer nucleophilen Substitution ist häufig negativ geladen. Daher läßt sich die relative Leichtigkeit, mit der sie substituiert wird, ihr *Austrittsvermögen*, mit ihrer Fähigkeit, eine negative Ladung zu stabilisieren, korrelieren. Wir erinnern uns, daß die Abgangsgruppe im Übergangszustand der Reaktion einen Teil der negativen Ladung übernimmt (Abb. 6-7).

Austrittsvermögen

$I^- > Br^- > Cl^- > F^-$

Bei den Halogenen nimmt das Austrittsvermögen von Fluor zu Iod hin zu. Iodid ist daher eine „gute" Abgangsgruppe; Fluorid dagegen reagiert so „schlecht", daß S_N2-Substitutionen bei Fluoralkanen selten beobachtet werden.

Übung 6-6

Welches Produkt entsteht bei der Reaktion von 1-Chlor-6-iodhexan mit einem Äquivalent Natriummethylselenid ($CH_3Se^-Na^+$)?

Das Austrittsvermögen der Abgangsgruppe hängt mit ihrer Basenstärke zusammen; anders ausgedrückt, die Basizität der Abgangsgruppe sollte auch von ihrer Fähigkeit abhängen, eine negative Ladung zu stabilisieren. Was versteht man darunter? Der kurze folgende Rückblick auf die Theorie von Säuren und Basen wird manches verdeutlichen.

Säuren und Basen: Ein kurzer Rückblick

Brønstedt und Lowry stellten eine einfache Definition von Säuren und Basen auf: Eine Säure ist ein Protonen-Donator, eine Base ist ein Protonen-Akzeptor. Acidität und Basizität mißt man gewöhnlich in Wasser. Eine Säure überträgt ein Proton auf ein Wassermolekül, das zu einem Hydronium-Ion wird, eine Base zieht ein Proton von einem Wassermolekül ab und erzeugt ein Hydroxid-Ion. Chlorwasserstoff, HCl, ist ein Beispiel für eine Säure, Natriummethoxid, $CH_3O^-Na^+$, ist ein Beispiel für eine Base.

$$H{-}\ddot{\underset{..}{Cl}}: + H\ddot{\underset{..}{O}}H \rightleftharpoons H{-}\underset{H}{\overset{H}{O}}{:}^+ + :\ddot{\underset{..}{Cl}}:^-$$

Hydronium-Ion

$$CH_3\ddot{\underset{..}{O}}:^- Na^+ + H\ddot{\underset{..}{O}}H \rightleftharpoons CH_3OH + Na^+ \quad ^-:\ddot{\underset{..}{O}}H$$

Hydroxid-Ion

Wasser selbst ist neutral. Durch Eigendissoziation entstehen eine gleiche Anzahl von Hydronium- und Hydroxid-Ionen:

$$H_2O + H_2O \overset{K_w}{\rightleftharpoons} H_3O^+ + OH^-$$

Die Gleichgewichtskonstante K_w wird als Eigendissoziationskonstante von Wasser bezeichnet.

$$K_w = [H_3O^+][OH^-] = 10^{-14}\ mol^2/L^2$$

Die Konzentration von Wasser erscheint nicht in der Gleichung, da sie konstant bleibt: $1000\ g\ L^{-1}$/molare Masse $(18\ g\ mol^{-1}) = 55.5\ mol/L$. Aus dem Wert für K_w ergibt sich eine Konzentration von H_3O^+ in reinem Wasser von 10^{-7} mol/L.

Der pH-Wert ist definiert als der negative dekadische Logarithmus der H_3O^+-Konzentration:

$$pH = -\log[H_3O^+]$$

Für reines Wasser ist er deshalb + 7. Eine wässrige Lösung mit einem pH-Wert kleiner als 7 ist sauer, eine Lösung mit einem pH-Wert größer als 7 ist basisch.

Allgemein gilt für die Acidität einer Säure HA folgende Gleichung:

$$HA + H_2O \overset{K}{\rightleftharpoons} H_3O^+ + A^-$$

Für sie gilt die Gleichgewichtskonstante K. Nach der allgemeinen Definition einer Gleichgewichtskonstanten wird K ausgedrückt durch

$$K = \frac{[H_3O^+][A^-]}{[HA][H_2O]}$$

Da in wäßriger Lösung $[H_2O]$ konstant 55 mol/L beträgt, wird diese Zahl in eine neue Konstante K_a, der Aciditätskonstanten, miteinbezogen:

$$K_a = \frac{[H_3O^+][A^-]}{[HA]}\ mol/L$$

Wie der pH-Wert kann K_a durch den negativen dekadischen Logarithmus ausgedrückt werden:

$$pK_a = -\log K_a$$

Tabelle 6-4 pK_a-Werte häufig vorkommender Säuren bei 25 °C

Name	Säure	pK_a
Iodwasserstoff	HI	−5.2
Bromwasserstoff	HBr	−4.7
Chlorwasserstoff	HCl	−2.2
Schwefelsäure	H_2SO_4	−5[a]
Hydronium-Ion	H_3O^+	−1.7
Methansulfonsäure	CH_3SO_3H	−1.2
Fluorwasserstoff	HF	3.2
Ethansäure (Essigsäure)	CH_3COOH	4.7
Cyanwasserstoff	HCN	9.2
Methanthiol	CH_3SH	10.0
Methanol	CH_3OH	15.5
Wasser	H_2O	15.7
Ammoniak	NH_3	35
Methan	CH_4	~50

[a] Erstes Dissoziationsgleichgewicht

Eine Säure mit einem pK_a-Wert kleiner als 1 ist ein starke Säure, eine mit einem pK_a-Wert größer als 4 ist eine schwache Säure. In Tabelle 6-4 sind die Stärken verschiedener gebräuchlicher Säuren aufgeführt. Man sieht, daß die Halogenwasserstoffe (mit Ausnahme von HF) und Schwefelsäure sehr starke Säuren sind. Cyanwasserstoff, Wasser, Methanol und Methan dagegen sind sehr schwache Säuren.

Die Protonierung von Basen und ihre Basenstärke lassen sich durch analoge Gleichungen ausdrücken. Die Basizität einer Base A^- wird durch folgende Gleichung beschrieben:

$$A^- + H_2O \underset{}{\overset{K'}{\rightleftharpoons}} OH^- + HA$$

Dafür gilt die Gleichgewichtskonstante K':

$$K' = \frac{[OH^-][HA]}{[A^-][H_2O]}$$

Durch Einbeziehen der konstanten H_2O-Konzentration in die Konstante erhält man

$$K_b = \frac{[OH^-][HA]}{[A^-]} \text{ mol/L}$$

Hier ist K_b als Basizitätskonstante definiert. Aus ihr erhält man wiederum den pK_b-Wert.

Die beiden Konstanten K_a und K_b sind über eine einfache Multiplikation miteinander verknüpft:

$$K_a \times K_b = \frac{[H_3O^+][A^-]}{[HA]} \times \frac{[OH^-][HA]}{[A^-]} = [H_3O^+][OH^-] = K_w = 10^{-14}$$

Man sieht, daß das Produkt der beiden gleich der Eigendissoziationskonstante von Wasser ist. Daher gilt:

$$pK_a + pK_b = 14$$

Kennt man den pK_a-Wert einer Säure HA, so kennt man automatisch auch den pK_b-Wert von A^-. Aufgrund dieser Beziehung wird A^- oft als **konjugierte** Base der Säure HA bezeichnet (vom lateinischen *coniunctus*, miteinander verbunden). Umgekehrt ist HA die konjugierte Säure der Base A^-. Cl^- z. B. ist die konjugierte Base von HCl, CH_3OH ist die konjugierte Säure von CH_3O^-. Umgekehrt kann man HCl als konjugierte Säure von Cl^- betrachten, und CH_3O^- als konjugierte Base von CH_3OH. Auch folgt aus dieser Beziehung, daß die konjugierte Base einer starken Säure schwach ist. Ebenso ist die konjugierte Säure einer starken Base schwach.

Übung 6-7

Berechnen Sie die pK_b-Werte für die konjugierten Basen der Säuren in Tabelle 6-4.

Gibt es nun Strukturmerkmale, die es erlauben, zumindest qualitativ die relative Stärke einer Säure HA abzuschätzen (und damit auch die ihrer konjugierten Base)? Die Antwort ist ja, es gibt mehrere! Zu den wichtigsten gehören

1 Die Stärke der H – A-Bindung. Klar erkennbar ist dies in der Reihe der Halogenwasserstoffe, in der die Säurestärke folgendermaßen abnimmt: HI > HBr > HCl > HF (die DH^0-Werte von HX finden Sie in Tab. 3-1).

2 Die Fähigkeit von A^-, eine negative Ladung zu stabilisieren. Dies geschieht durch einen oder mehrerer folgender Faktoren:

a Die Elektronegativität von A. Je elektronegativer das Atom ist, das das acide Proton trägt, desto bereitwilliger gibt es das Proton ab. In der ersten Reihe des Periodensystems nimmt z. B. die Säurestärke in der Reihe HF > H_2O > H_3N > H_4C ab. Dies spiegelt die abnehmende Elektronegativität in dieser Reihe wider (Tab. 1-3). Bei den Halogenwasserstoffen überwiegt die Bindungsstärke diesen Effekt.

b Die Fähigkeit zu Resonanz in A, die eine Verteilung der Ladung über mehrere Atome erlaubt. Ethansäure (Essigsäure) z. B. ist acider als Methanol. Zwar wird bei beiden eine O – H-Bindung heterolytisch gespalten, für das entstehende Ethanoat-Ion (Acetat) gibt es jedoch, im Gegensatz zum Methoxid-Ion, zwei Resonanzstrukturen (Abschn. 1.7).

Resonanz erhöht die Acidität von Ethansäure (Essigsäure)

$$CH_3\ddot{\underset{..}{O}}{-}H + H_2O \rightleftharpoons CH_3{-}\ddot{\underset{..}{O}}{:}^- + H_3O^+$$

$$CH_3C({=}\ddot{O}{:}){-}\ddot{\underset{..}{O}}{-}H + H_2O \rightleftharpoons \left[CH_3C({=}\ddot{O}{:}){-}\ddot{\underset{..}{O}}{:}^- \longleftrightarrow CH_3C(-\ddot{O}{:}^-){=}\ddot{\underset{..}{O}}\right] + H_3O^+$$

Noch stärker ist dieser Effekt bei der Schwefelsäure und Methansulfonsäure ausgeprägt. Da das Schwefelatom *d*-Orbitale zur Verfügung hat, lassen sich bei diesen Verbindungen „valenzerweiterte" Lewis-Strukturen mit bis zu 12 Elektronen beschreiben. Außerdem ist Ladungstrennung mit bis zu zwei positiven Ladungen am Schwefel möglich. Diese Vielfalt möglicher Resonanzstrukturen weist auf niedrige pK_a-Werte dieser Säuren hin:

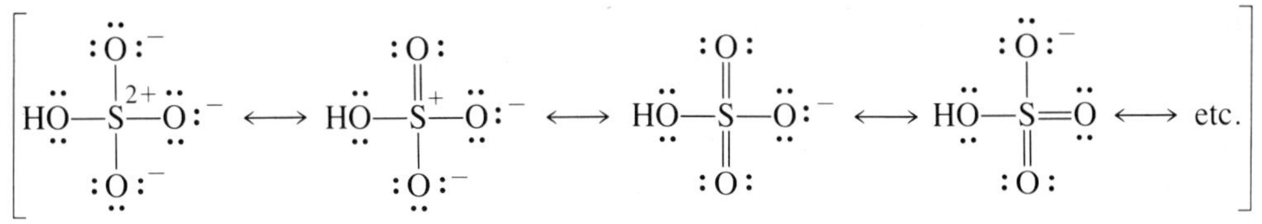

6.7 Die Struktur der Abgangsgruppe beeinflußt die Geschwindigkeit der nucleophilen Substitution

Hydrogensulfat-Ion

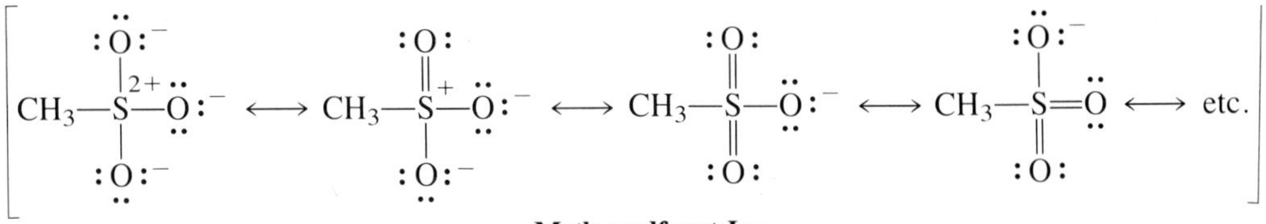

Methansulfonat-Ion

Als Faustregel gilt: Innerhalb des Periodensystems nimmt die Stärke einer Säure HA nach rechts und nach unten hin zu.

Das Austrittsvermögen korreliert mit der Basenstärke

Ob Halogenide gute oder schlechte Abgangsgruppen sind, sollte demnach von ihrer Basenstärke abhängen: je schwächer basisch X^- ist, d.h. je stärker die konjugierte Säure HX, desto besser fungiert X^- als Abgangsgruppe. Ein Vergleich der pK_a-Werte (Tab. 6-4) und experimentelle Befunde bestätigen das: HF ist deutlich die schwächste Säure, HCl ist stärker, am stärksten sind HBr und HI.

Halogenide sind jedoch nicht die einzigen Substituenten, die in S_N2-Reaktionen durch Nucleophile verdrängt werden können. In Tab. 6-4 sind auch die pK_a-Werte anderer starker Säuren aufgeführt, deren konjugierte (schwache) Basen gute Abgangsgruppen in S_N2-Reaktionen sind. Typische Beispiele dafür sind Schwefelderivate des Typs $ROSO_3^-$ und RSO_3^-, wie das Methylsulfat-Ion $CH_3OSO_3^-$ und verschiedene Sulfonate. Ihre konjugierten Säuren sind sehr stark, vergleichbar mit Methansulfonsäure und Schwefelsäure, hauptsächlich aufgrund der Resonanzstabilisierung der entsprechenden Anionen. Alkylsulfate und Sulfonate treten so häufig als Abgangsgruppen auf, daß Trivialnamen wie Mesylat, Triflat und Tosylat ihren festen Platz in der chemischen Literatur behaupten.

Gute Abgangsgruppen

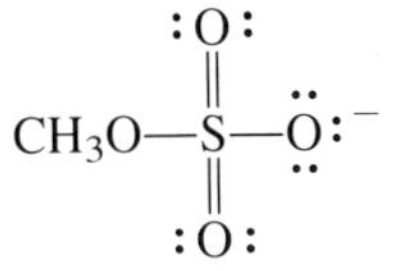

Methylsulfat-Ion

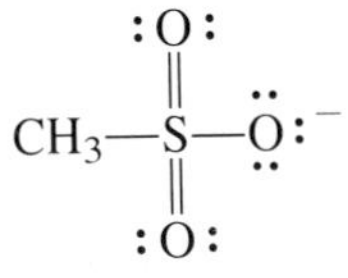

Methansulfonat-Ion (Mesylat-Ion)

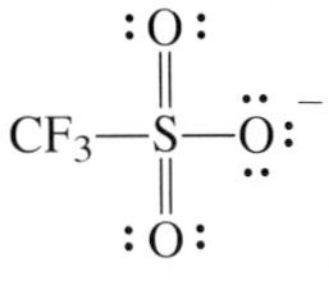

Trifluormethansulfonat-Ion (Triflat-Ion)

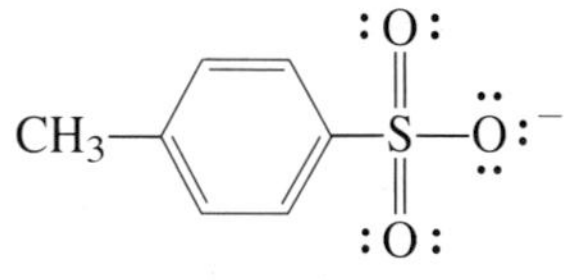

4-Methylbenzolsulfonat-Ion (*p*-Toluolsulfonat-Ion, Tosylat-Ion)

Das im Handel erhältliche flüssige Dimethylsulfat, $(CH_3)_2SO_4$, wird z.B. oft als Methylierungsreagenz verwendet, da es gegenüber Sauerstoff- und Stickstoff-Nucleophilen sehr reaktiv ist. Das Nucleophil greift am elektrophilen Methyl-Kohlenstoff an, wird also methyliert, während Methylsulfat als Abgangsgruppe das Molekül verläßt. Man sagt, das Nucleophil wurde *methyliert*.

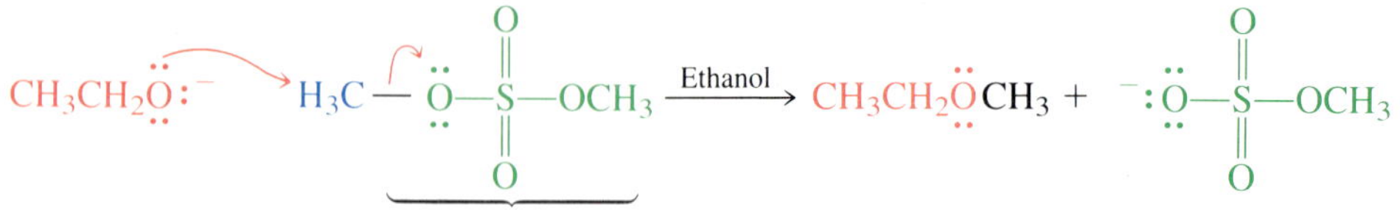

$$CH_3CH_2\ddot{O}:^- + H_3C-\ddot{O}-S(=O)_2-OCH_3 \xrightarrow{\text{Ethanol}} CH_3CH_2\ddot{O}CH_3 + {}^-:\ddot{O}-S(=O)_2-OCH_3$$

Abgangsgruppe
Methylsulfat

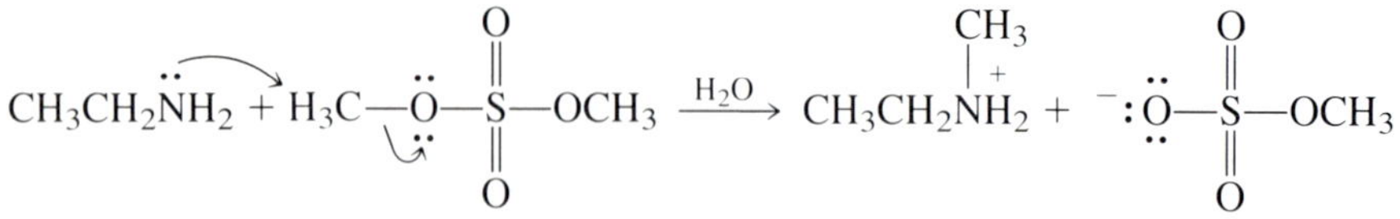

$$CH_3CH_2\ddot{N}H_2 + H_3C-\ddot{O}-S(=O)_2-OCH_3 \xrightarrow{H_2O} CH_3CH_2\overset{+}{N}H_2(CH_3) + {}^-:\ddot{O}-S(=O)_2-OCH_3$$

Alkylsulfonate wie Mesylate oder Tosylate kann man leicht aus den entsprechenden Sulfonylchloriden und Alkoholen darstellen. Diese Reaktion wird in Abschn. 9.3 ausführlicher besprochen.

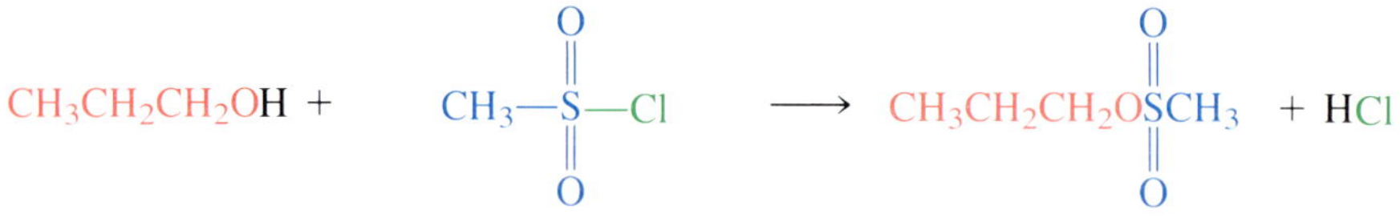

$$CH_3CH_2CH_2OH + CH_3-S(=O)_2-Cl \longrightarrow CH_3CH_2CH_2OS(=O)_2CH_3 + HCl$$

Methansulfonylchlorid (Mesylchlorid)

Propylmethansulfonat (Propylmesylat)

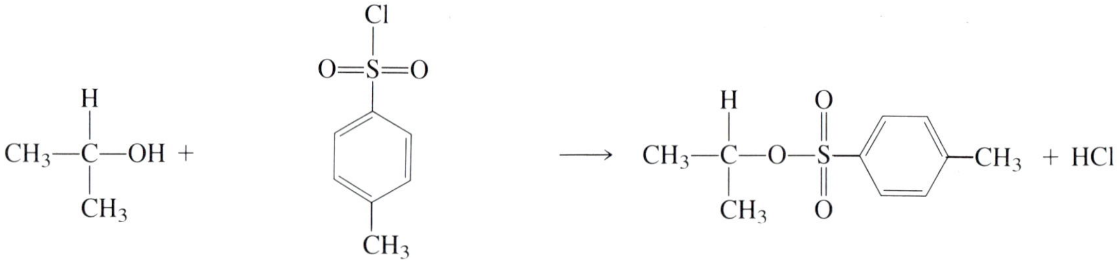

$$CH_3-CH(CH_3)-OH + Cl-S(=O)_2-C_6H_4-CH_3 \longrightarrow CH_3-CH(CH_3)-O-S(=O)_2-C_6H_4-CH_3 + HCl$$

4-Methylbenzolsulfonylchlorid (*p*-Toluolsulfonylchlorid)

1-Methylethyl-4-methylbenzolsulfonat (Isopropyltosylat)

Die Produkte lassen sich in einer glatten Reaktion mit vielen verschiedenen Nucleophilen umsetzen.

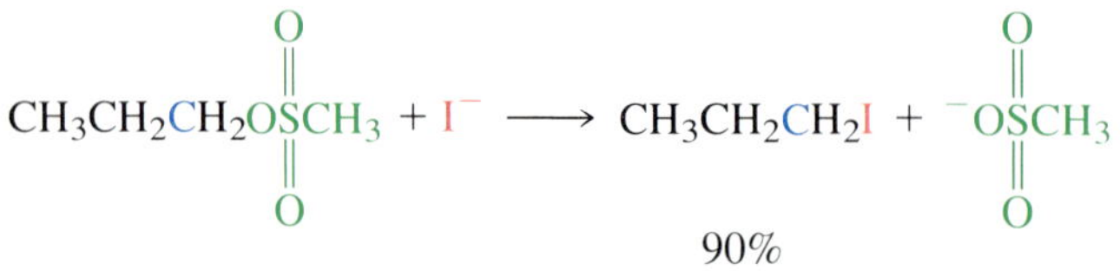

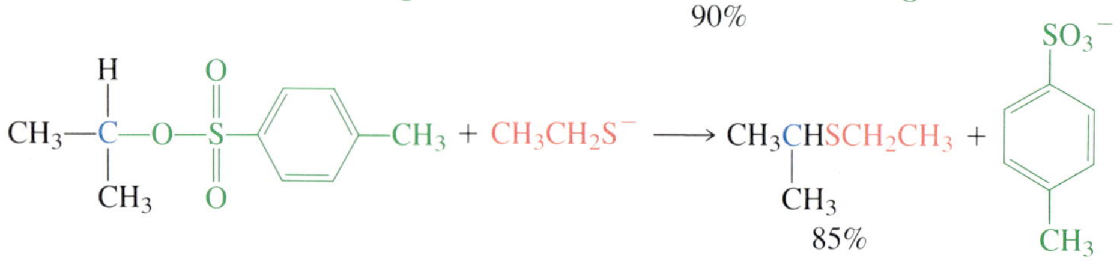

$$CH_3CH_2CH_2OS(=O)_2CH_3 + I^- \longrightarrow CH_3CH_2CH_2I + {}^-OS(=O)_2CH_3$$

90%

$$CH_3-CH(CH_3)-O-S(=O)_2-C_6H_4-CH_3 + CH_3CH_2S^- \longrightarrow CH_3CH(CH_3)SCH_2CH_3 + {}^-O_3S-C_6H_4-CH_3$$

85%

Werden die hier gezeigten Reaktionen nacheinander durchgeführt, so stellen sie eine brauchbare Methode dar, um Alkohole in neue Derivate umzuwandeln, in denen die Hydroxygruppe durch ein Nucleophil ersetzt ist. Dies ist umso wichtiger, als Wasser, im Gegensatz zu Halogenwasserstoffen und Sulfonsäuren, einen sehr hohen pK_a hat und deshalb Hydroxid eine äußerst schlechte Abgangsgruppe ist. Durch die Überführung in ein Sulfonat dagegen wird die Darstellung vieler Produkte über nucleophile Substitutionen möglich. Aus Tabelle 6-4 könnte man vorhersagen, daß $CH_3CO_2^-$, CN^-, CH_3S^-, OH^- und NH_2^- zunehmend schlechtere Abgangsgruppen sind. Qualitativ trifft das auch zu. In der Praxis tritt keine dieser Verbindungen als Abgangsgruppe auf. Hier liegt jedoch nur eine vereinfachte Korrelation vor! Die Daten aus Tabelle 6-4 erlauben keine quantitativen Vorhersagen über die relativen Substitutionsgeschwindigkeiten bei Alkylgruppen mit verschiedenen Abgangsgruppen.

6.7 Die Struktur der Abgangsgruppe beeinflußt die Geschwindigkeit der nucleophilen Substitution

Sulfonate als Zwischenstufe bei der nucleophilen Substitution der Hydroxygruppe eines Alkohols

R—OH

↓

$R-OS(=O)_2R'$

↓

R—Nu

Übung 6-8

Welches Produkt entsteht bei dieser Reaktionsfolge?

(cis-3-Methylcyclohexanol: OH, CH_3) $\xrightarrow{CH_3SO_2Cl}$ $\xrightarrow{NaI}$

Wasser als Abgangsgruppe

Wie bereits erwähnt, wird OH durch die Überführung in ein Sulfonat zu einer guten Abgangsgruppe. Noch einfacher läßt sich das durch Protonierung erreichen. Durch Protonierung des freien Elektronenpaars des Sauerstoffatoms erhält man ein Oxonium-Ion.

Indem die ursprünglich neutrale OH-Gruppe ein Proton bindet, erhält das Sauerstoffatom eine positive Ladung. Aus der schlechten Abgangsgruppe OH wird eine gute Abgangsgruppe, nämlich Wasser. Wasser ist eine schwache Base, wie der sehr niedrige pK_a-Wert (– 1.7) ihrer konjugierten Säure, des Hydronium-Ions H_3O^+ zeigt.

$$pK_a(H_3O^+) = 14 - pK_a(H_2O) = 14 - 15.7 = -1.7$$

$$R-\ddot{O}-H + H^+ \rightleftharpoons R-\dot{O}^+H_2$$

Oxonium-Ion

Die nucleophile Substitution von H_2O kann durch die konjugierte Base der Säure erfolgen, mit der anfangs protoniert wurde.

$$R-\ddot{O}-H + HBr \longrightarrow R-\dot{O}^+H_2 \quad Br^- \longrightarrow R-Br + H_2O$$

Auf diese Weise erhält man durch Umsetzung verschiedener Alkohole mit konzentrierten Halogenwasserstoffsäuren die entsprechenden Halogenalkane in guten Ausbeuten.

Beispiele:

$$CH_3(CH_2)_{10}CH_2OH + HBr \longrightarrow CH_3(CH_2)_{10}CH_2Br + H_2O$$

1-Dodecanol → **1-Bromdodecan**

$$HO(CH_2)_6OH + 2\,HI \longrightarrow I(CH_2)_6I + 2\,H_2O$$

1,6-Hexandiol → **1,6-Diiodhexan**

Genauso kann die RO-Gruppe in Ethern ROR durch sehr starke Säuren protoniert werden und so eine gute Abgangsgruppe bilden. Der Mechanismus dieser Reaktion ist der gleiche wie bei Alkoholen.

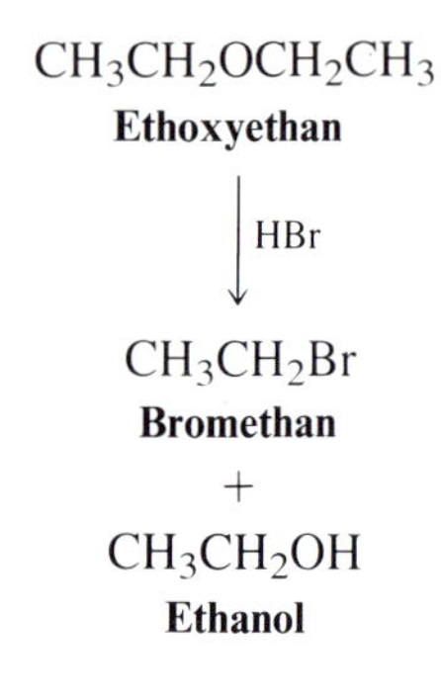

Mechanismus:

[Beachten Sie, daß hier die Farbe funktionelle Bedeutung hat: Aus dem Nucleophil (rot) wird eine Abgangsgruppe (grün).]

$$CH_3CH_2\ddot{O}CH_2CH_3 \overset{H^+}{\rightleftharpoons} CH_3CH_2{-}\overset{+}{\ddot{O}}(H){-}CH_2CH_3$$

Oxonium-Ion

$$Br^- + CH_3CH_2{-}\overset{+}{\ddot{O}}(H){-}CH_2CH_3 \longrightarrow CH_3CH_2Br + H\ddot{O}CH_2CH_3$$

Der entstehende Alkohol kann erneut reagieren und ein weiteres Bromalkan erzeugen. In Kapitel 9 werden die Reaktionen von Alkoholen und Ethern in Gegenwart von Säuren ausführlich besprochen.

Übung 6-9

Die Reaktion von Oxacyclohexan (Tetrahydropyran) mit HI ergibt 1,5-Diiodpentan. Nach welchem Mechanismus verläuft die Reaktion? (Schreiben Sie Gleichungen mit Pfeilen für Elektronenverschiebungen).

Oxacyclohexan (Tetrahydropyran)

Wir halten fest: Das Austrittsvermögen einer Abgangsgruppe ist in etwa proportional der Stärke ihrer konjugierten Säure. Beides hängt von ihrer Fähigkeit ab, eine negative Ladung zu stabilisieren. Dieser Abschnitt gab einen kurzen Rückblick auf die Theorie von Säuren und Basen und der Gleichungen, die pK_a und pK_b korrelieren ($pK_a + pK_b = 14$). Die Säurestärke (und damit das Austrittsvermögen der konjugierten Base) ist abhängig von der Dissoziationsenergie DH^0 von HA, der Elektronegativität von A und von Resonanzeffekten. Neben den Halogeniden (Cl^-, Br^- und I^-) spielen vor allem Sulfonate (z. B. Methyl- oder 4-Methylbenzolsulfonate, Tosylate) als gute Abgangsgruppen eine wichtige Rolle bei chemischen Synthesen. Die Umwandlung eines Alkohols in das entsprechende Sulfonat und dessen darauffolgende Substitution ist eine geschickte Methode, um OH in einer zweistufigen Reaktion zu substituieren. Auch durch Protonierung durch eine starke Säure wird OH zu einer guten Abgangsgruppe. Dadurch läßt sich manchmal OH durch Br oder I ersetzen; die gleiche Methode ist auch bei Ethern möglich.

6.8 Art und Struktur des Nucleophils – Einfluß auf die Reaktionsgeschwindigkeit

Nun wollen wir verschiedene Nucleophile untersuchen, und ihre relative nucleophile Stärke, ihre **Nucleophilie** diskutieren. Wir werden sehen, daß Nucleophilie von einer Reihe von Faktoren abhängt: von der Ladung, der

Basizität, dem Lösungsmittel, der Polarisierbarkeit und den Substituenten. Aus einer Reihe vergleichender Experimente geht die Bedeutung dieser Faktoren und ihr Verhältnis zueinander hervor.

Eine negative Ladung erhöht die Nucleophilie

Beeinflußt eine veränderte Ladung am nucleophilen Atom die Reaktivität? Die folgenden Experimente geben darauf Antwort:

Experiment 1

$CH_3Cl + OH^- \longrightarrow CH_3OH + Cl^-$ schnell
$CH_3Cl + H_2O \longrightarrow CH_3OH_2^+ + Cl^-$ sehr langsam

Experiment 2

$CH_3Cl + NH_2^- \longrightarrow CH_3NH_2 + Cl^-$ schnell
$CH_3Cl + NH_3 \longrightarrow CH_3NH_3^+ + Cl^-$ langsamer

Experiment 3

$CH_3Cl + HS^- \longrightarrow CH_3SH + Cl^-$ schnell
$CH_3Cl + H_2S \longrightarrow CH_3SH_2^+ + Cl^-$ langsamer

Ergebnis: Von zwei Nucleophilen mit dem gleichen reaktiven Atom ist dasjenige mit einer negativen Ladung das stärkere Nucleophil. Anders ausgedrückt, die Base ist stets stärker nucleophil als ihre konjugierte Säure. Dies ist in der Tat einleuchtend. Da ein nucleophiler Angriff zu einer Bindung mit einem elektrophilen Kohlenstoffatom führt, muß die Reaktion umso schneller sein, je elektronenreicher (negativer) die angreifende Spezies ist.

Übung 6-10

Welches Nucleophil der folgenden Paare ist das jeweils reaktivere: (a) CH_3SCH_3 oder CH_3S^-; (b) CH_3NH^- oder CH_3NH_2; (c) HSe^- oder H_2Se.

Die Nucleophilie nimmt im Periodensystem nach rechts hin ab

In den Experimenten 1 bis 3 werden Nucleophile mit dem gleichen nucleophilen Atom verglichen (z. B. Sauerstoff in H_2O mit OH^-, Stickstoff in NH_3 mit NH_2^-). Was aber, wenn Nucleophile eine ähnliche Struktur, aber verschiedene nucleophile Atome haben? Wir wollen nun die Elemente in einer Reihe des Periodensystems untersuchen.

Experiment 4

$CH_3CH_2Br + NH_3 \longrightarrow CH_3CH_2NH_3^+ + Br^-$ schnell
$CH_3CH_2Br + H_2O \longrightarrow CH_3CH_2OH_2^+ + Br^-$ sehr langsam

Experiment 5

$CH_3CH_2Br + NH_2^- \longrightarrow CH_3CH_2NH_2 + Br^-$ schnell
$CH_3CH_2Br + OH^- \longrightarrow CH_3CH_2OH + Br^-$ langsamer

Experiment 6

$$CH_3CH_2Br + CH_3S^- \longrightarrow CH_3CH_2SCH_3 + Br^- \quad \text{schnell}$$
$$CH_3CH_2Br + Cl^- \longrightarrow CH_3CH_2Cl + Br^- \quad \text{sehr langsam}$$

Ergebnis: Auch die Basizität scheint mit der Nucleophilie zu korrelieren: die stärker basische Spezies ist offensichtlich auch das reaktivere Nucleophil. Im Periodensystem nimmt daher die Nucleophilie von links nach rechts ab. Die Elemente der ersten Reihe lassen sich nach ihrer Nucleophilie ungefähr so ordnen:

$$NH_2^- > OH^- > NH_3 > F^- > H_2O$$

Daraus sehen wir auch, daß eine negative Ladung mehr wiegt als die Stellung im Periodensystem (z. B. $OH^- > NH_3$; $F^- > H_2O$). Hier spiegelt sich die relativ stärkere Basizität der Verbindungen wider.

Übung 6-11

Welche der folgenden Verbindungen ist das stärkere Nucleophil: (a) $P(CH_3)_3$ oder $S(CH_3)_2$; (b) $CH_3CH_2Se^-$ oder Br^-; (c) H_2O oder HF.

Kasten 6-3

Eine Reflexion über die Zusammenhänge zwischen Basizität und Nucleophilie

Auf den ersten Blick erwartet man, daß Basizität und Nucleophilie sich in etwa entsprechen. Beachten Sie jedoch folgende Überlegungen: Basizität (wie auch Acidität) messen ein *thermodynamisches* Phänomen, nämlich das Gleichgewicht zwischen einer Base und ihrer konjugierten Säure in Wasser:

$$A^- + H_2O \overset{K}{\rightleftharpoons} AH + OH^- \qquad K = \text{Gleichgewichtskonstante}$$

Nucleophilie dagegen ist ein Maß für einen *kinetischen* Vorgang, der Geschwindigkeit der Reaktion eines Nucleophils mit einem Elektrophil:

$$Nu^- + R-X \xrightarrow{k} Nu-R + X^- \qquad k = \text{Geschwindigkeitskonstante}$$

Es ist interessant, daß trotz dieser grundlegenden Unterschiede von Basizität und Nucleophilie ein so guter Zusammenhang besteht, zumindest bei den bisher behandelten Beispielen.

Solvatation beeinträchtigt die Nucleophilie

Wenn ein allgemeiner Zusammenhang zwischen Nucleophilie und Basizität besteht, sollte die Nucleophilie der Elemente in einer Gruppe des Periodensystems von oben nach unten hin abnehmen, da die Basizität in ähnlicher Weise geringer wird (Abschn. 6.7). Mit einer weiteren Testreihe wollen wir diese Vorhersage überprüfen.

Experiment 7

$$CH_3CH_2CH_2OS(=O)_2CH_3 + Cl^- \xrightarrow{CH_3OH} CH_3CH_2CH_2Cl + {}^-O_3SCH_3 \quad \text{langsam}$$

$$CH_3CH_2CH_2OS(=O)_2CH_3 + Br^- \xrightarrow{CH_3OH} CH_3CH_2CH_2Br + {}^-O_3SCH_3 \quad \text{schneller}$$

$$CH_3CH_2CH_2OS(=O)_2CH_3 + I^- \xrightarrow{CH_3OH} CH_3CH_2CH_2I + {}^-O_3SCH_3 \quad \text{am schnellsten}$$

Experiment 8

$$CH_3CH_2CH_2Br + CH_3O^- \xrightarrow{CH_3OH} CH_3CH_2CH_2OCH_3 + Br^- \quad \text{mäßig schnell}$$

$$CH_3CH_2CH_2Br + CH_3S^- \xrightarrow{CH_3OH} CH_3CH_2CH_2SCH_3 + Br^- \quad \text{sehr schnell}$$

Experiment 9

$$CH_3I + N(CH_3)_3 \xrightarrow{CH_3OH} N(CH_3)_4^+I^- \quad \text{schnell}$$

$$CH_3I + P(CH_3)_3 \xrightarrow{CH_3OH} P(CH_3)_4^+I^- \quad \text{schneller}$$

Ergebnis: Innerhalb einer Gruppe *nimmt* die Nucleophilie nach unten hin *zu*, während man aufgrund der Basizität der eingesetzten Nucleophile gerade das Gegenteil erwartet. Schwefel-Nucleophile sind reaktiver als Sauerstoff-Nucleophile, aber weniger reaktiv als entsprechende Selen-Verbindungen. Das gleiche gilt für Phosphor – verglichen mit Stickstoff-Nucleophilen. Wie läßt sich das erklären?

In der nun folgenden Diskussion unterscheiden wir zwischen neutralen und geladenen Nucleophilen. Für die zunehmende Nucleophilie *negativ geladener Nucleophile* innerhalb einer Gruppe von oben nach unten scheinen im wesentlichen Solvenseffekte verantwortlich zu sein.

Beim Lösen einer Festsubstanz werden die intermolekularen Kräfte, die sie im festen Zustand zusammenhalten (Abschn. 2.4), durch Molekül-Solvens-Wechselwirkungen abgelöst. Dieses Phänomen bezeichnet man als **Solvatation**. Ein Molekül in Lösung ist von einer Solvathülle umgeben, d. h. es wird von Lösungsmittelmolekülen *solvatisiert*. Salze gehen nur in sehr polaren Solventien, wie Wasser und Alkoholen, in Lösung. In solchen Lösungsmitteln ist ein Wasserstoffatom an ein stark elektronegatives Atom Y gebunden, hier liegt also eine stark polarisierte $H^{\delta+}-Y^{\delta-}$-Bindung vor. Wegen des protonenähnlichen Charakters des Wasserstoffatoms nennt man das Lösungsmittel **protisch**. Protische Lösungsmittel solvatisieren Salze besonders gut, weil das kleine, positiv polarisierte Wasserstoffatom gut mit dem Anion des Salzes in Wechselwirkung treten kann. Diese Wechselwirkung nennt man **Wasserstoffbrücken-Bindung**, sie wird in Abschnitt 8.2 ausführlicher besprochen. Polare Lösungsmittel, in denen kein positiv polarisiertes Wasserstoffatom auftritt, nennt man **apro-**

tisch (siehe Abschn. 6.10). Protische Lösungsmittel werden oft bei nucleophilen Substitutionsreaktionen verwendet.

Wie kann das Solvens die Nucleophilie beeinflussen? Gewöhnlich wird diese verringert. Kleine Anionen sind dichter solvatisiert als große, da bei ihnen die Ladung auf eine kleinere Fläche verteilt und damit die Ladungsdichte erhöht ist. Einschließlich der Solvathülle sind sie daher größer als die weniger gut solvatisierten, größeren Ionen. Das Lösungsmittel baut sozusagen ein Hindernis auf, das den Angriff auf das Elektrophil erschwert. Abbildung 6-10 stellt diesen Solvenseffekt mit Methanol als Lösungsmittel dar. Tatsächlich verlaufen viele S_N2-Reaktionen in aprotischen Lösungsmitteln, die keine Wasserstoffbrücken bilden, beträchtlich schneller (siehe Abschn. 6.10). Hier kehrt sich die Reaktivitätsreihe um und verläuft nun so, wie man ursprünglich aufgrund der Basizität erwartet.

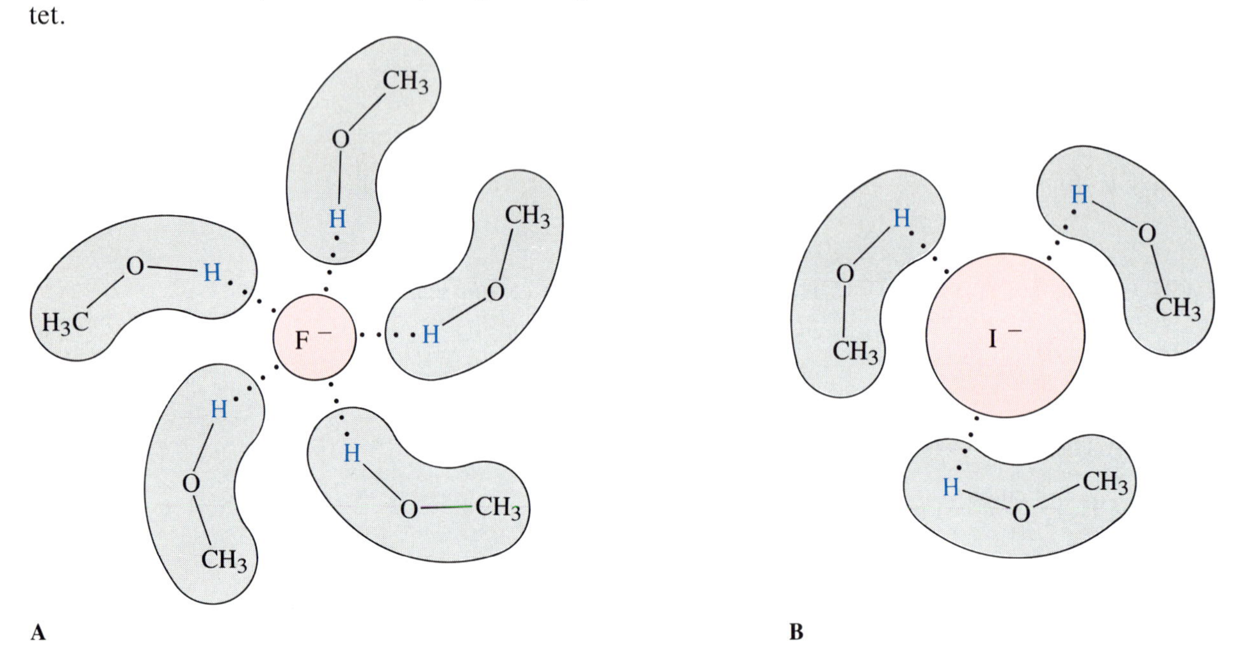

Abb. 6-10 Vereinfachte schematische Darstellung der unterschiedlichen Solvatation von (A) einem kleinen Anion (F^-) und (B) einem großen Anion (I^-).

Zunehmende Polarisierbarkeit erhöht die Nucleophilie

Die hier beschriebenen Solvenseffekte sollten nur bei geladenen Nucleophilen stark ausgeprägt sein. Dennoch nimmt die Nucleophilie auch *ungeladener Nucleophile* in der Gruppe nach unten hin zu, z. B. $H_2Se > H_2S > H_2O$ und $PH_3 > NH_3$. Für die beobachteten Änderungen der Nucleophilie muß es daher noch einen anderen Grund geben.

Beziehen wir deshalb die Polarisierbarkeit des Nucleophils in unsere Überlegungen mit ein. Die Elektronenhüllen von schweren Elementen sind größer, diffuser und leichter polarisierbar. Diese bessere „Verschiebbarkeit" erlaubt eine wirksamere Überlappung im Übergangszustand mit dem langsam zu sp^3 rehybridisierenden Orbital, das an die Abgangsgruppe gebunden war (Abb. 6-11). Aus dem gleichen Grund sind größere Elemente schwächer basisch als kleinere, da sie schlechter mit dem 1*s*-Orbital von Wasserstoff überlappen können. In Abbildung 6-11 wird die unterschiedliche Reaktivität von Iodid und Fluorid in S_N2-Reaktionen deutlich.

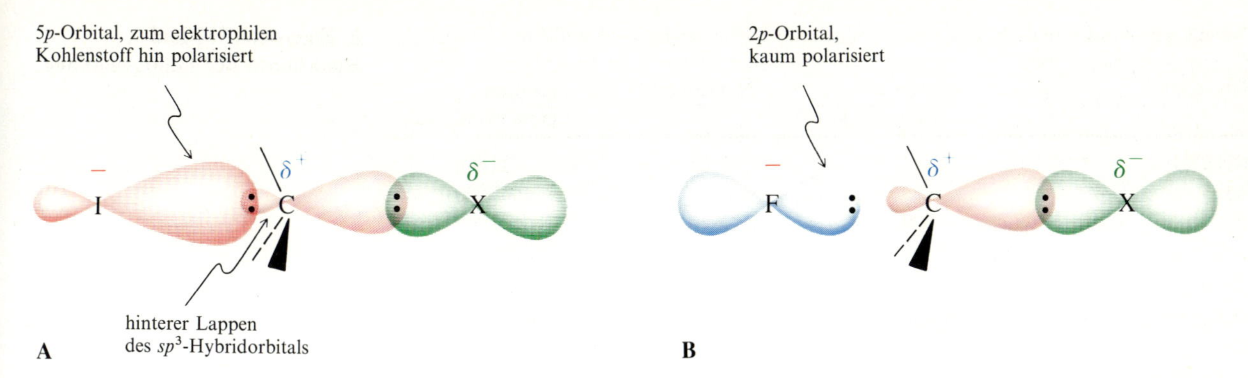

Abb. 6-11 Vergleich von I^- und F^- während einer S_N2-Reaktion: (A) Das polarisierte 5*p*-Orbital von Iodid ist zum elektrophilen Kohlenstoff ausgerichtet; (B) An einem vergleichbaren Punkt auf der Reaktionskoordinate besteht hier eine geringere Wechselwirkung des schlecht polarisierbaren 2*p*-Orbitals von Fluorid mit dem elektrophilen Kohlenstoff.

Übung 6-12
Welche Verbindung ist stärker nucleophil: (a) CH_3SH oder CH_3SeH; (b) $(CH_3)_2NH$ oder $(CH_3)_2PH$?

Sterisch gehinderte Nucleophile reagieren schlecht

Wir sahen, daß eine feste Solvathülle das Nucleophil in seiner Reaktivität beeinträchtigt. Auch raumerfüllende Substituenten im Molekül selbst stellen solche sterischen Hindernisse dar. Ihren Einfluß auf die Reaktionsgeschwindigkeit zeigt Experiment 10.

Experiment 10

$$CH_3I + CH_3O^- \longrightarrow CH_3OCH_3 + I^- \qquad \text{schnell}$$

$$CH_3I + (CH_3)_3CO^- \longrightarrow CH_3OC(CH_3)_3 + I^- \qquad \text{langsamer}$$

Ergebnis: Sterisch gehinderte Nucleophile reagieren langsamer.

Übung 6-13
Welches der beiden Nucleophile (a) oder (b) reagiert rascher mit Brommethan?

(a) CH_3S^- oder $CH_3CH(CH_3)S^-$; (b) $(CH_3)_2NH$ oder $(CH_3CH(CH_3))_2NH$.

Nucleophilie hängt also von einer ganzen Reihe von Faktoren ab. Sie nimmt im Periodensystem von rechts nach links und von oben nach unten hin, sowie mit zunehmender negativer Ladung zu. In Tabelle 6-5 werden die Reaktivitäten verschiedener Nucleophile mit Methanol (willkürlich 1 gesetzt) verglichen. Hier sehen Sie die Ergebnisse dieses Abschnitts bestätigt.

Tabelle 6-5 Relative Reaktionsgeschwindigkeiten verschiedener Nucleophile mit Iodmethan

Nucleophil	Relative Geschwindigkeit	Nucleophil	Relative Geschwindigkeit
CH_3OH	1	CH_3SCH_3	347000
NO_3^-	~32	N_3^-	603000
F^-	500	Br^-	617000
SO_4^{2-}	3160	CH_3O^-	1950000
		CH_3SeCH_3	2090000
$CH_3C(=O)O^-$	20000	CN^-	5010000
Cl^-	23500	$(CH_3CH_2)As$	7940000
$CH_3CH_2SCH_2CH_3$	219000	I^-	26300000
NH_3	316000	HS^-	100000000

6.9 Der Einfluß der Substratstruktur auf die Geschwindigkeit der nucleophilen Substitution

Beeinträchtigt die Struktur des Substrats, besonders in der Nähe des Reaktionszentrums, die Geschwindigkeit des nucleophilen Angriffs?

Wie in den vorhergehenden Abschnitten können wir Reaktivitäten in etwa abschätzen, indem wir die Reaktionsgeschwindigkeiten verschiedeer Halogenalkane mit passenden Nucleophilen miteinander vergleichen. Aussagen über *relative* Reaktivität erhält man am einfachsten durch ein **Konkurrenzexperiment**. In einem solchen Test werden zwei Substrate, deren Reaktivität wir vergleichen wollen, in gleichen Mengen mit einem Unterschuß (i. allg. 0.05–0.1 Moläquivalenten) des Reagenz umgesetzt. Das Mengenverhältnis der beiden möglichen Produkte gibt uns unmittelbar Aufschluß über die relativen Geschwindigkeiten, mit denen die beiden Substrate um das Nucleophil konkurriert haben.

Der Einfluß der Kettenlänge

Zuerst wollen wir untersuchen, ob das Hinzufügen von Methylengruppen zu einem Halogenmethan dessen S_N2-Substitutionsgeschwindigkeit beeinflußt. Zu diesem Zweck starten wir ein Konkurrenzexperiment, in dem eine 1:1-Mischung von Chlormethan und Chlorethan mit einer kleinen Menge Iodid umgesetzt wird.

Experiment 1

$$CH_3Cl + CH_3CH_2Cl + I^- \longrightarrow CH_3I + CH_3CH_2I + \text{eingesetzte Chloralkane}$$

Verhältnis 1 : 1 (Edukte); I^-: kleine Menge; Verhältnis 80 : 1 (Produkte)

Aus dem Experiment geht hervor, daß Chlormethan ungefähr achtzig Mal schneller als Chlorethan mit Iodid reagiert. Wird dieser Unterschied durch eine weitere Methylengruppe noch größer? Ein ähnliches Experiment mit Chlormethan und 1-Chlorpropan als Konkurrenten soll uns darüber Auskunft geben.

6.9 Der Einfluß der Substratstruktur auf die Geschwindigkeit der nucleophilen Substitution

Experiment 2

$$CH_3Cl + CH_3CH_2Cl + I^- \longrightarrow CH_3I + CH_3CH_2CH_2I + \text{eingesetzte Chloralkane}$$

Verhältnis 1 : 1	kleine Menge	Verhältnis 150 : 1

Wie man sieht, wird die Reaktivität des Chloralkans durch die Verlängerung der Alkylkette fast um den Faktor zwei erniedrigt. Dieses Ergebnis kann durch ein unabhängiges Kontrollexperiment bestätigt werden. Man findet nämlich, daß Chlorethan etwa doppelt so reaktiv wie 1-Chlorpropan ist. Diese Tendenz setzt sich jedoch nicht fort! Alle höheren Halogenalkane zeigen etwa die gleiche Reaktivität gegenüber Nucleophilen. Gibt es nun eine Erklärung für die bei diesen Experimenten gemachten Beobachtungen?

Man findet eine Lösung des Problems, wenn man überlegt, wie sich das Nucleophil dem Elektrophil nähert (Abb. 6-12). Die Reaktion verläuft

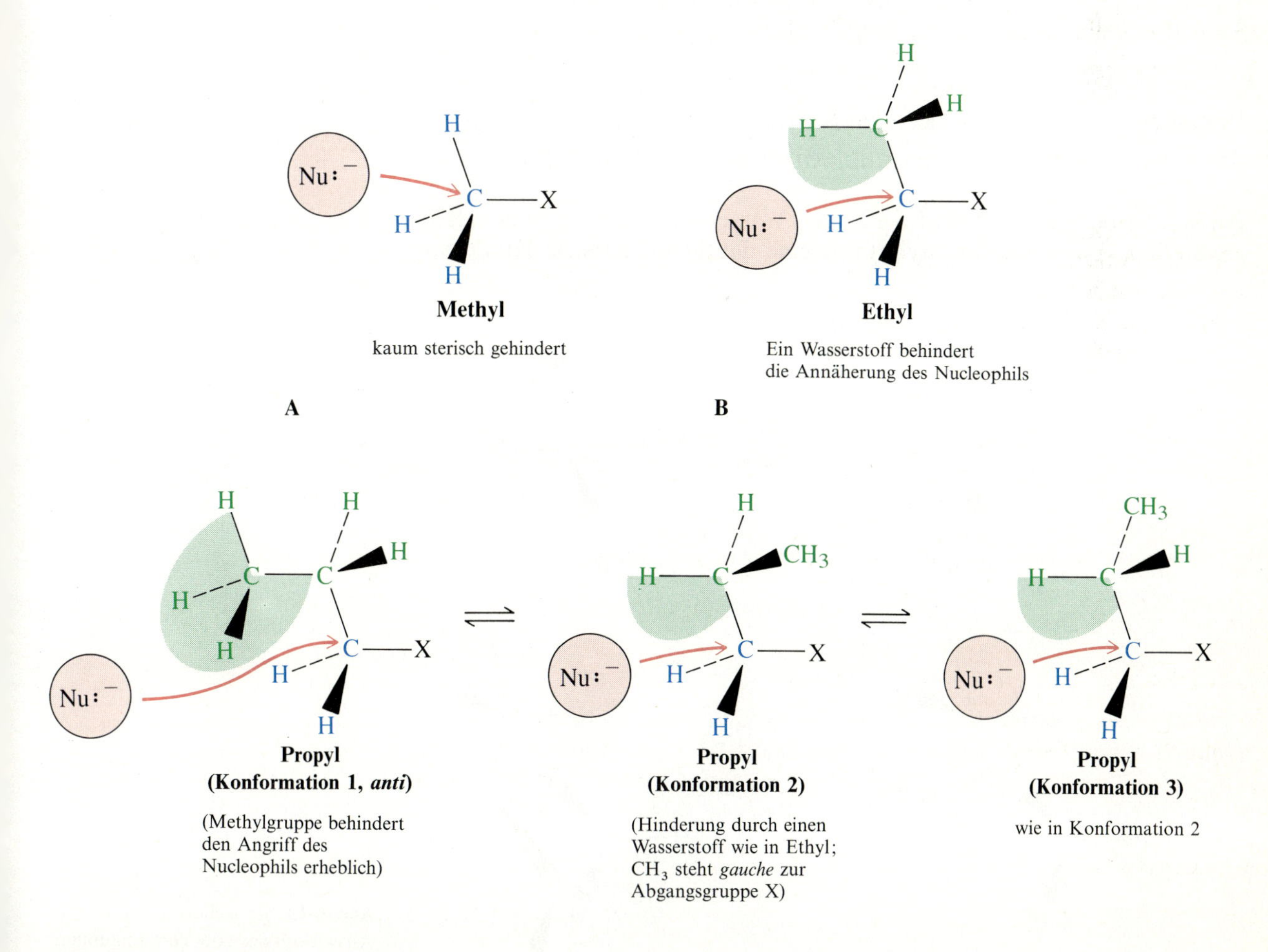

Abb. 6-12 S_N2-Angriff eines Nucleophils Nu^- auf (A) ein Halogenmethan, (B) ein Halogenethan und (C) drei verschiedene Konformationen eines 1-Halogenpropans.

etwa so wie die von Chlormethan mit dem Hydroxid-Ion (Abb. 6-7 und 6-12A). Das Nucleophil wird auf seinem Weg nicht behindert. Ersetzt man jedoch im Halogenmethan ein Wasserstoffatom durch eine Methylgruppe, so stören die zusätzlichen Wasserstoffatome wegen ihrer räumlichen Ausdehnung den Angriff des Nucleophils (Abb. 6-12B). Dadurch wird die Reaktivität erheblich herabgesetzt (um den Faktor 80 in Experiment 1) im Vergleich zur analogen Reaktion mit einem Halogenmethan. Bei den 1-Halogenpropanen mit einer weiteren Methylgruppe in der Nähe des Reaktionszentrums ist die Reaktivität jedoch nur wenig vermindert, weil das Molekül eine von zwei möglichen gestaffelten Konformationen (2 und 3 in Abb. 6-12C) annehmen kann, in denen die zusätzliche Methylgruppe außerhalb des Angriffsweges des Nucleophils liegt. Diese beiden für die nucleophile Substitution so günstigen Konformationen sind jedoch relativ energiereiche Rotamere, weil die Methylgruppe *gauche* zum Halogenatom steht. Andererseits würde in der energieärmsten und damit stabilsten *anti*-Konformation 1 die Methylgruppe genau im Angriffsweg des Nucleophils liegen und damit die Reaktion verhindern. Deshalb muß ein Molekül der Konformation 1 zuerst eine energiereichere *gauche*-Form (2 oder 3) durchdurchlaufen, um zu einer S_N2-Reaktion fähig zu sein. Dieser geringe Energieaufwand führt dazu, daß sich die Reaktionsgeschwindigkeit im Vergleich zu einem Halogenethan weiter verringert. Eine weitere Kettenverlängerung bringt keinen zusätzlichen Nachteil, da die neuen Kohlenstoffatome immer Teil eines energiearmen Konformeren sein können, das den Angriff des Nucleophils nicht beeinträchtigt.

Verzweigungen am reaktiven Kohlenstoffatom erniedrigen die Geschwindigkeit der nucleophilen Substitution

Bei S_N2-Reaktionen ruft der Ersatz eines Wasserstoffatoms in einem Halogenmethan durch eine Methylgruppe eine deutliche sterische Hinderung

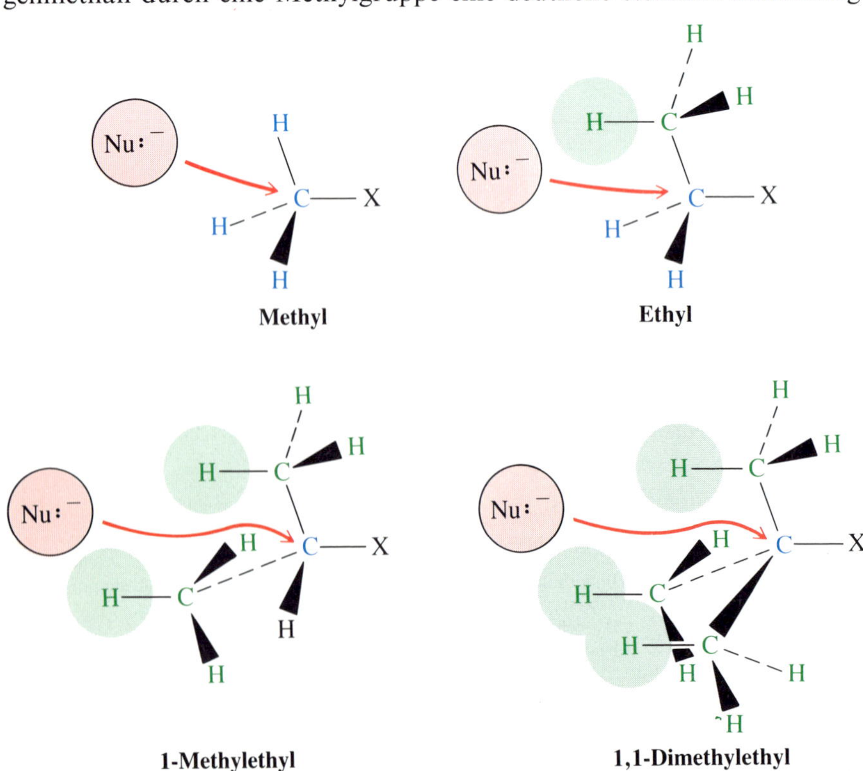

Abb. 6-13 Sterische Auswirkungen von Verzweigungen am reaktiven Kohlenstoff bei S_N2-Reaktionen.

hervor (Abb. 6-12B). Was geschieht nun, wenn man der Reihe nach alle *drei* Wasserstoffatome durch Methylgruppen ersetzt? Mit anderen Worten, wie unterschiedlich sind die Reaktivitäten von Halogenmethanen, primären, sekundären und tertiären Halogeniden bei der bimolekularen nucleophilen Substitution? Konkurrenzexperimente, wie wir sie bereits am Beispiel der Chloralkane kennengelernt haben, zeigen, daß die Reaktivität rasch mit zunehmender Substitution abnimmt (Tab. 6-6). Die sukzessive Einführung von Alkylgruppen hat also einen kumulativen Effekt auf die sterische Hinderung der Substitution (Abb. 6-13). Die Ergebnisse der Tabelle 6-6 gelten ausschließlich für einen bimolekularen Mechanismus. Wie bereits früher erwähnt, können tertiäre (sowie manche sekundären) Halogenide auch nach anderen Mechanismen reagieren (Kapitel 7).

6.9 Der Einfluß der Substratstruktur auf die Geschwindigkeit der nucleophilen Substitution

Tabelle 6-6
Relative S_N2-Reaktionsgeschwindigkeiten verzweigter Bromalkane mit Iodid

Bromalkan	Geschwindigkeit
CH_3Br	145
CH_3CH_2Br	1
$CH_3CH(CH_3)Br$	0.0078
$CH_3C(CH_3)_2Br$	vernachlässigbar

Übung 6-14
Welche relativen Geschwindigkeiten erwarten Sie für die S_N2-Reaktionen der folgenden Substratpaare mit Cyanid-Ionen?

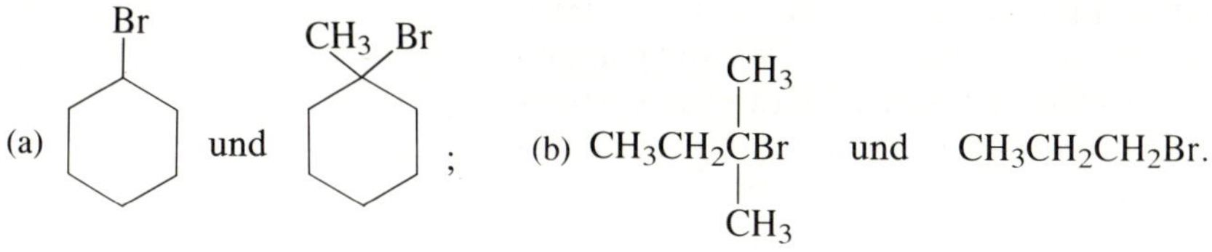

(a) 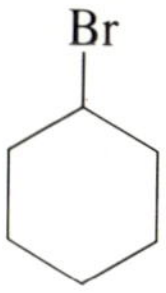

und 

; (b) $CH_3CH_2C(CH_3)_2Br$ und $CH_3CH_2CH_2Br$.

Verzweigungen in Nachbarschaft des reagierenden Kohlenstoffatoms

Wir können uns nun eine Reihe von Experimenten überlegen, um die Wirkung mehrerer Substituenten am Kohlenstoffatom neben dem elektrophilen Reaktionszentrum zu untersuchen. Die Reaktivitäten verschiedener Bromalkane relativ zu Bromethan sind in der Tabelle 6-7 dargestellt.

Tabelle 6-7 Relative Reaktivität verzweigter Bromalkane mit Iodid

Bromalkan	Relative Geschwindigkeit	Bromalkan	Relative Geschwindigkeit
$H\text{—}C(H)_2CH_2Br$	1		
$CH_3C(H)_2CH_2Br$	0.8	$CH_3C(CH_3)_2CH_2CH_2Br$	0.03
$CH_3C(CH_3)(H)CH_2Br$	0.003	$CH_3C(CH_3)_2CH_2CH_2CH_2Br$	1
$CH_3C(CH_3)_2CH_2Br$	1.3×10^{-5}		

Die Tabelle enthält außerdem zwei Verbindungen, bei denen die Verzweigung noch weiter vom Brom-substituierten Kohlenstoffatom entfernt ist. Man bemerkt eine drastische Verminderung der Reaktivität bei den höher substituierten 1-Brompropanen: 1-Brom-2-methylpropan reagiert mit Iodid in einer S_N2-Reaktion um zwei Größenordnungen langsamer als 1-Brompropan. 1-Brom-2,2-dimethylpropan reagiert so langsam, daß man es als inert betrachten kann. Also gilt folgende Reaktivitätsreihe:

Methyl- > Ethyl- > Propyl- > 2-Methylpropyl- > 2,2-Dimethylpropyl

Ist die Verzweigungsstelle allerdings noch weiter vom Brom-substituierten Kohlenstoffatom entfernt, so ist der retardierende Einfluß der Substituenten viel geringer. Wie kann man das verstehen?

Erinnern Sie sich, daß aus sterischen Gründen Halogenpropane weniger reaktiv sind als Halogenethane (Abb. 6-12). Ähnlich lassen sich die Reaktionen der Tabelle 6-7 bildlich darstellen (Abb. 6-14).

Ein 1-Halogen-2-methylpropan kann nur eine Konformation annehmen, bei der ein Angriff des Nucleophils von der Rückseite möglich ist (Abb. 6-14C). Bei dieser Konformation stehen zwei Methylgruppen *gauche* zum Halogenatom, was mit starker sterischer Spannung verbunden ist, bei 1-Halogenpropan dagegen nur eine. 1-Halogen-2-methylpropan bildet deshalb ein größeres sterisches Hindernis, deshalb sind 1-Halogen-2,2-dimethylpropane für einen Rückseitenangriff fast völlig unzugänglich (Abb. 6-14E und F).

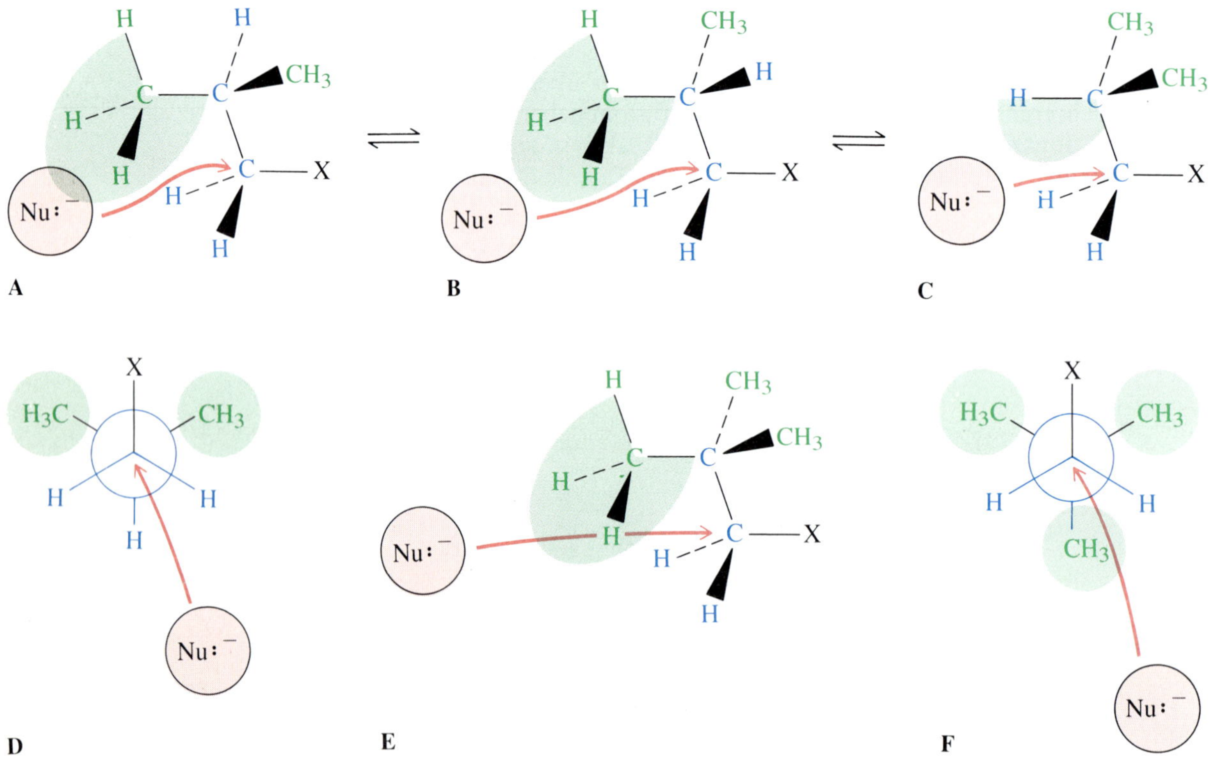

Abb. 6-14 Sterische Behinderung bei einer S_N2-Reaktion von 1-Halogen-2-methylpropanen (A bis D) und 1-Halogen-2,2-dimethylpropanen (E bis F). Bei einem 1-Halogen-2-methylpropan behindern in den Konformationen A und B Methylgruppen die Annäherung des Nucleophils; nucleophile Substitution ist nur bei Konformation C möglich, hier stellen jedoch die beiden *gauche*-stehenden Methylgruppen ein erhebliches sterisches Hindernis dar (Teil D zeigt eine Newman-Projektion dieser Konformation). Bei 1-Halogen-2,2-dimethylpropanen schirmen in jeder Konfiguration Methylgruppen die Rückseite des Halogen-substituierten Kohlenstoffatoms vor dem Nucleophil ab, wie in E und F gezeigt wird.

Übung 6-15

Bestimmen Sie die Reihenfolge der Reaktivität bei folgenden S_N2-Reaktionen:

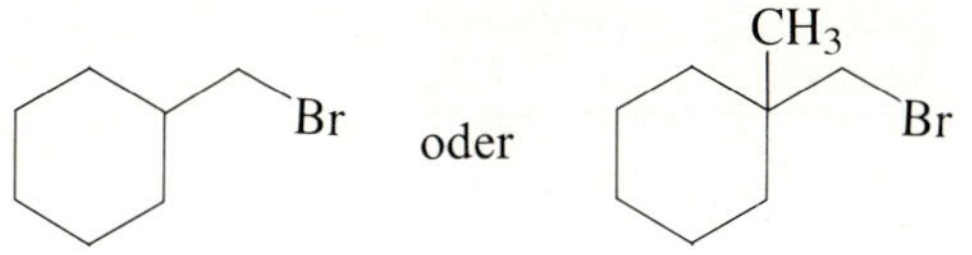

Cyclohexyl–CH_2–Br oder 1-Methylcyclohexyl–CH_2–Br (CH_3)

Zusammenfassend kann man sagen, daß die Struktur des Alkylteils von Halogenalkanen einen ausgeprägten Effekt auf den nucleophilen Angriff haben kann. Konkurrenzexperimente haben gezeigt, daß die einfache Kettenverlängerung nur geringen Einfluß auf die Geschwindigkeit von S_N2-Reaktionen hat, Verzweigungen jedoch zu einer starken sterischen Hinderung und damit zu einer Verlangsamung der Reaktion führen.

6.10 Auswirkungen aprotischer Lösungsmittel

Bevor wir dieses Kapitel schließen, wollen wir kurz den Einfluß aprotischer Lösungsmittel auf die Geschwindigkeit nucleophiler Substitutionen untersuchen. Wir haben gesehen (Abschn. 6.8), daß bei diesen Reaktionen oft protische Lösungsmittel wie Methanol, Ethanol oder Wasser verwendet werden. Diese können negativ geladene Nucleophile durch Wasserstoffbrücken ausgezeichnet solvatisieren. Auch aprotische Lösungsmittel wie Propanon (Aceton) sind jedoch bei diesen Umsetzungen sehr nützlich. Da in diesen Medien keine Wasserstoffbrücken gebildet werden, ist das Nucleophil hier sehr viel weniger fest solvatisiert, es liegt sozusagen fast „nackt“ vor. Dadurch ist seine Reaktivität oft fast drastisch gesteigert. Die Umsetzung von Brommethan mit Kaliumiodid zu Iodmethan verläuft zum Beispiel in Propanon (Aceton) ungefähr 500 mal schneller als in Methanol.

In Tabelle 6-8 sehen Sie verschiedene polare aprotische Lösungsmittel zusammengestellt. Sie zeichnen sich aus durch Abwesenheit von positiv polarisierten Wasserstoffatomen, die an Wasserstoffbrücken teilnehmen könnten, durch hohe Dipolmomente und hohe Dielektrizitätskonstanten. Die Dipolmomente polarer Moleküle wurden in Abschnitt 1.6 diskutiert. Die Dielektrizitätskonstante eines Lösungsmittels ist ein Maß für seine Fähigkeit, ein positiv geladenens Ion M^+ von dessen Gegenion X^- zu trennen. In unpolaren Lösungsmitteln neigen Salze, auch wenn sie sich darin lösen, zur Ausbildung von Ionenpaaren M^+X^- und komplexeren Aggregaten, die in S_N2-Reaktionen nur mäßig reaktiv sind. Mit diesem Verhalten läßt sich erklären, weshalb nucleophile Substitutionen in Lösungsmitteln mit hoher Dielektrizitätskonstante rascher verlaufen. Die Bedeutung von Solvenseffekten bei diesen Reaktionen wird deutlich, wenn man die Geschwindigkeit der Substitution von Iodid in Iodmethan durch Chlorid in verschiedenen Lösungsmitteln vergleicht. Testet man Methanol (protisch), Methanamid (Formamid, schwach protisch), *N*-Methylmethanamid (*N*-Methylformamid, sehr schwach protisch), und *N,N*-Dimethylmethanamid (*N,N*-Dimethylformamid, DMF, aprotisch), erhält

Tabelle 6-8 Polare aprotische Lösungsmittel

Name	Struktur	Siedepunkt in °C	Dielektrizitätskonstante	Dipolmoment (μ) in 10^{-30} C m
Propanon (Aceton)	$CH_3C(=O)CH_3$	56.5	20.70	9.6
Ethannitril (Acetonnitril)	$CH_3C\equiv N$	81.8	37.5	13.1
N,N-Dimethylmethanamid (*N,N*-Dimethylformamid, DMF)	$HC(=O)N(CH_3)_2$	39.9 (1.3 kPa)	36.71	12.9
N-Methylmethanamid* (*N*-Methylformamid)	$HC(=O)N(H)CH_3$	103 (2.7 kPa)	182.4	12.9
Methanamid* (Formamid)	$HC(=O)NH_2$	111 (2.7 kPa)	111.0	12.4
Dimethylsulfoxid (DMSO)	$CH_3S(=O)CH_3$	87 (2.7 kPa)	46.6	13.0
Hexamethylphosphorsäuretriamid (HMPT)	$O=P[N(CH_3)_2]_3$	100 (0.8 kPa)	30	14.4
Sulfolan	(cyclisches Sulfon, S mit zwei O)	283	43.3	16.0

* noch schwach protisch

man die unterschiedlichsten Ergebnisse (siehe Tab. 6-9). Die Reaktion verläuft also in DMF mehr als eine Million mal schneller als in Methanol.

Solvenseffekte bewirken auch, daß sogar Dimethylpropylderivate in einem polaren aprotischen Lösungsmittel bereitwillig in einer S_N2-Reaktion reagieren:

$$(CH_3)_3CCH_2OS(=O)_2\text{-}C_6H_4\text{-}CH_3 + {}^-CN \xrightarrow{\text{HMPT, } 100°C,\ 7\ h} (CH_3)_3CCH_2CN \quad 90\%$$

2,2-Dimethylpropyl-4-methylbenzolsulfonat → **3,3-Dimethylbutannitril**

Wie stark sich Solvenseffekte auch auf relative Reaktivität auswirken, zeigt sich in einem weiteren Befund. Wir wissen, daß kleine Ionen in protischen Lösungsmitteln stärker solvatisiert sind als große. Dies erklärt,

Tabelle 6-9 Relative S_N2-Reaktionsgeschwindigkeiten von Iodmethan mit dem Chlorid-Ion in verschiedenen Lösungsmitteln

$$CH_3I + Cl^- \xrightarrow[k_{rel}]{\text{Lösungsmittel}} CH_3Cl + I^-$$

Lösungsmittel	CH_3OH	$HCONH_2$	$HCONHCH_3$	$HCON(CH_3)_2$
k_{rel}:	1	12.5	45.3	1200000

weshalb die Nucleophilie der Halogenide in der Gruppe nach unten hin zunimmt. In aprotischen Lösungsmitteln, in denen Solvatation nicht mehr die überragende Rolle spielt, sollte sich diese Reihenfolge ändern. Tatsächlich nimmt in DMF die Nucleophilie in der Reihe $Cl^- > Br^- > I^-$ ab, was aufgrund von Säure/Base-Überlegungen auch zu erwarten wäre. In Propanon (Aceton) gilt dieselbe Reihenfolge wie in Alkoholen, die Unterschiede in der Reaktivität sind jedoch geringer.

Zusammenfassung

1 Verbindungen, die aus einer Alkylgruppe und einem Halogenatom aufgebaut sind, bezeichnet man nach der IUPAC-Systematik als Halogenalkane, trivial als Alkylhalogenide, wobei das Halogen und die Alkylgruppe gleichrangig sind.

2 Die physikalischen Eigenschaften der Halogenalkane sind weitgehend von der Polarität der C–X-Bindung und der Polarisierbarkeit des Halogens X geprägt.

3 Eine Verbindung reagiert als Nucleophil, wenn sie mit freien Elektronenpaaren ein positiv geladenes, elektrophiles Reaktionszentrum (das kein Proton ist) angreift. Führt diese Reaktion zu einem Austausch von Substituenten, spricht man von einer nucleophilen Substitution. Die durch das Nucleophil verdrängte Gruppe ist die Abgangsgruppe.

4 Die Reaktion von Nucleophilen mit primären (und den meisten sekundären) Halogenalkanen folgt einer Kinetik zweiter Ordnung, dies deutet auf einen bimolekularen Mechanismus.

5 Die bimolekulare nucleophile Substitution (S_N2) ist stereospezifisch und verläuft unter Inversion der Konfiguration am Reaktionszentrum.

6 Mit Hilfe von Molekülorbitalen läßt sich der Übergangszustand der S_N2-Reaktion folgendermaßen beschreiben: Das Kohlenstoffatom, an dem die Reaktion stattfindet, ist sp^2-hybridisiert, zum eintretenden Nucleophil wird eine Bindung aufgebaut, während gleichzeitig die Bindung zur Abgangsgruppe gelöst wird. Nucleophil und Abgangsgruppe tragen Partialladungen.

7 Bei gespannten Halogencycloalkanen finden S_N2-Reaktionen entweder gar nicht (z. B. bei Dreiringen), oder wegen der damit verbundenen Winkelspannung nur sehr schwer statt.

8 Das Austrittsvermögen ist in etwa der Stärke der konjugierten Säure proportional. Chlorid, Bromid, Iodid, Sulfonate und Wasser sind besonders gute Abgangsgruppen. Hydroxid selbst ist eine schlechte Abgangsgruppe, durch die Reaktion mit Sulfonylchloriden oder durch Protonierung wird es in eine gute Abgangsgruppe überführt.

9 Die Nucleophilie steigt mit zunehmender negativer Ladung, im Periodensystem nach links und nach unten hin und in polaren aprotischen Lösungsmitteln.

10 Verzweigungen am Reaktionszentrum oder an dem diesem benachbarten Kohlenstoffatom verlangsamen die bimolekulare Substitution. Tertiäre Halogenide gehen keine S_N2-Substitutionen ein. Ihre Reaktionen werden in Kaptiel 7 besprochen. 1-Halogen-2,2-dimethylpropane sind normalerweise gegenüber Nucleophilen inert.

11 Polare aprotische Lösungsmittel beschleunigen die S_N2-Reaktion (a) indem hier „nackte“ Nucleophile ohne feste, durch Wasserstoffbrücken gebundene Solvathüllen vorliegen; (b) da sie aufgrund ihres Dipolmoments polare Moleküle gut lösen und (c) da sie aufgrund ihrer hohen Dielektrizitätskonstante die Entstehung von Ionenpaaren verhindern.

Aufgaben

1 Benennen Sie folgende Verbindungen nach dem IUPAC-System der Nomenklatur.

(a) CH_3CH_2Cl
(b) $BrCH_2CH_2Br$
(c) $CH_3CH_2CHCH_2F$ (mit CH_2CH_3 am dritten C-Atom)
(d) $(CH_3)_3CCH_2I$
(e) Cyclohexyl–CCl_3
(f) $CHBr_3$

2 Zeichnen Sie die Strukturen folgender Moleküle:

(a) 3-Ethyl-2-iodpentan
(b) 3-Brom-1,1-dichlorbutan
(c) *cis*-1-(Brommethyl)-2-(2-chlorethyl)cyclobutan
(d) (Trichlormethyl)cyclopropan
(e) 1,2,3-Trichlor-2-methylpropan

3 Zeichnen und benennen Sie alle möglichen Strukturisomere der Formel C_3H_6BrCl.

4 Zeichnen und benennen Sie alle möglichen Strukurisomere der Formel $C_5H_{11}Br$.

5 Kennzeichnen Sie bei jedem Isomer der Aufgaben 3 und 4 die Chiralitätszentren und geben Sie die Gesamtanzahl der Stereoisomeren an, die für diese Struktur existieren.

6 Bezeichnen Sie bei den Reaktionen der Tabelle 6-3 (1) das Nucleophil, (2) dessen nucleophiles Atom (zeichnen Sie zuerst dessen Lewis-Struktur), (3) das elektrophile Atom der organischen Substrats und (4) die Abgangsgruppe.

7 Für eines der Nucleophile aus Aufgabe 6 gibt es eine weitere Lewis-Struktur.

(a) Welches Nucleophil ist das? Zeichnen Sie die zweite mögliche Struktur (sie ist eine alternative Resonanzform).

(b) Zeigt diese zweite Resonanzform die Gegenwart eines weiteren nucleophilen Atoms? Wenn das der Fall ist, schreiben Sie die betreffende Reaktion in Aufgabe 6 um, indem Sie das neue nucleophile Atom angreifen lassen. Zeichnen Sie für das Produkt eine korrekte Lewis-Struktur.

8 In Abschnitt 6.4 diskutierten wir vier mögliche Mechanismen einer nucleophilen Substitution: (1) heterolytische Dissoziation/Neukombination, (2) homolytische Dissoziation (siehe Übung 6-4), (3) Vorderseitenangriff und (4) Rückseitenangriff.

Nehmen Sie an, daß die folgende Reaktion viermal, *jedesmal* nach einem anderen der obengenannten Mechanismen abläuft. Wie würden sich dann die nachstehend aufgeführten Änderungen auf die jeweilige Reaktionsgeschwindigkeit auswirken.

$$CH_3Cl + CH_3O^- \xrightarrow{CH_3OH} CH_3OCH_3 + Cl^-$$

(a) Ändern des Substrats: CH_3I statt CH_3Cl
(b) Ändern des Nucleophils: CH_3S^- statt CH_3O^-

(c) Ändern des Substrats: $(CH_3)_2CHCl$ statt CH_3Cl
(d) Ändern des Lösungsmittels: $(CH_3)_2SO$ statt CH_3OH

9 In der nachstehenden Tabelle finden Sie die Geschwindigkeit der folgenden Reaktion bei verschiedenen Konzentrationen der Reaktanden:

$$CH_3Cl + KSCN \xrightarrow{DMF} CH_3SCN + KCl$$

$[CH_3Cl]$ in mol/L	[KSCN] in mol/L	Geschwindigkeit in mol (L s)
0.1	0.1	2×10^{-8}
0.2	0.1	
0.2	0.3	
0.4	0.4	

(a) Berechnen Sie die Geschwindigkeitskonstante dieser Reaktion.
(b) Fügen Sie die fehlenden Werte der Reaktionsgeschwindigkeiten ein.

10 Bestimmen Sie die Konfigurationen (*R* oder *S*) der Ausgangssubstanzen und der Produkte der folgenden S_N2-Reaktionen. Welche Produkte sind optisch aktiv?

(a) H, CH_3—C—Cl, CH_2CH_3 (Fischer-Projektion) $+ Br^-$

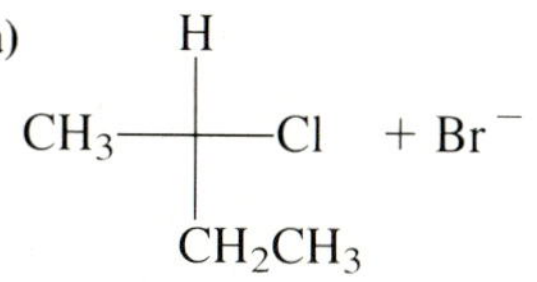

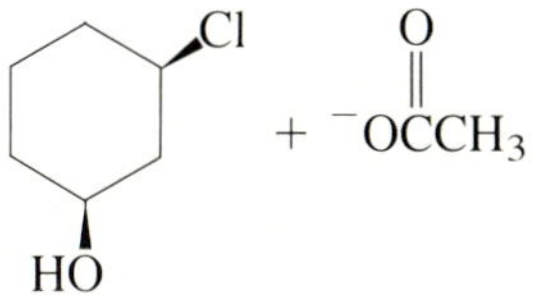

(b) Cl, H_3C, H — H, CH_3, Br $+ 2\,I^-$

(c) Cyclohexan mit Cl und HO $+ {}^-OCCH_3$ (C=O)

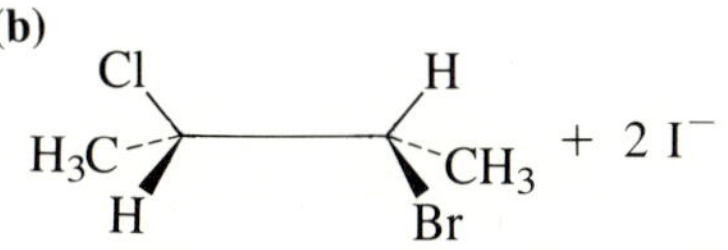

(d) Cyclohexan mit Cl und HO $+ {}^-OCCH_3$ (C=O)

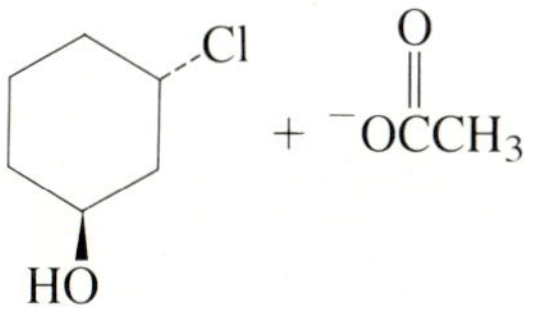

11 Die nachstehend aufgeführten Beispiele von bimolekularen nucleophilen Substitutionen sind alle gleichermaßen thermodynamisch begünstigt. Dennoch reagieren die cyclischen Substrate *sehr langsam* verglichen mit der acyclischen Verbindung. Wie erklären Sie sich das?

Reaktion 1

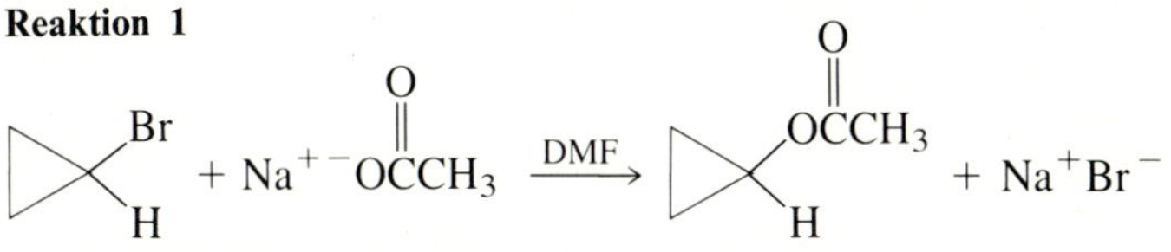

Cyclopropyl-Br (H) $+ Na^{+}\,{}^{-}OCCH_3$ (C=O) $\xrightarrow{DMF}$ Cyclopropyl-$OCCH_3$ (C=O) (H) $+ Na^+Br^-$

Reaktion 2

Cyclobutyl-Br (H) $+ Na^{+}\,{}^{-}OCCH_3$ (C=O) $\xrightarrow{DMF}$ Cyclobutyl-$OCCH_3$ (C=O) (H) $+ Na^+Br^-$

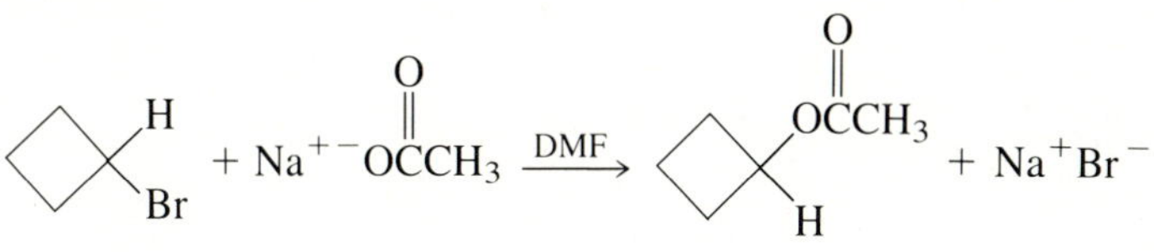

Reaktion 3

$$(H_3C)_2CHBr + Na^{+}\,{}^{-}O\overset{O}{\overset{\|}{C}}CH_3 \xrightarrow{DMF} (H_3C)_2CHO\overset{O}{\overset{\|}{C}}CH_3 + Na^+Br^-$$

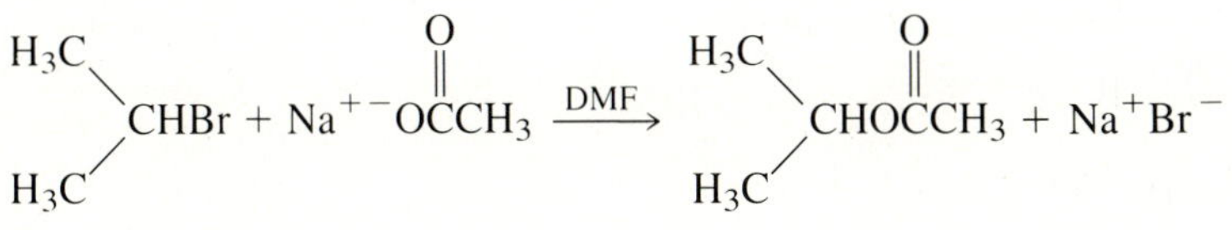

12 Welches Produkt (welche Produkte) entstehen bei der Reaktion von 1-Brompropan mit den folgenden Reagenzien? Findet in jedem Fall eine Reaktion statt?

(a) H_2O
(b) H_2SO_4
(c) KOH
(d) CsI
(e) NaCN
(f) HCl
(g) $(CH_3)_2S$
(h) NH_3
(i) Cl_2
(j) KF

13 Geben Sie für die Produkte folgender Reaktionen – sofern sie stattfinden – passende Kurzstrukturformeln.

(a) $CH_3CH_2CH_2CH_2Br + K^+OH^- \xrightarrow{CH_3CH_2OH}$

(b) $CH_3CH_2I + K^+Cl^- \xrightarrow{DMF}$

(c)  C_6H_5—$CH_2Cl + Li^{+\,-}OCH_2CH_3 \xrightarrow{CH_3CH_2OH}$

(d) $(CH_3)_2CHCH_2Br + Cs^+I^- \xrightarrow{CH_3OH}$

(e) $CH_3CH_2CH_2Cl + K^+SCN^- \xrightarrow{CH_3CH_2OH}$

(f) $CH_3CH_2F + Li^+Cl^- \xrightarrow{CH_3OH}$

(g) $CH_3CH_2CH_2OH + K^+I^- \xrightarrow{DMSO}$

(h) $CH_3I + Na^+CH_3S^- \xrightarrow{CH_3OH}$

(i) $CH_3CH_2OCH_2CH_3 + Na^+OH^- \xrightarrow{H_2O}$

(j) $CH_3CH_2I + K^{+\,-}OC(=O)CH_3 \xrightarrow{DMSO}$

14 Stellen Sie für die einzelnen Schritte der nachstehenden Umsetzungen chemische Gleichungen auf. Benutzen Sie für jede Reaktion ein anderes Verfahren (siehe Abschn. 6.7).

(a) 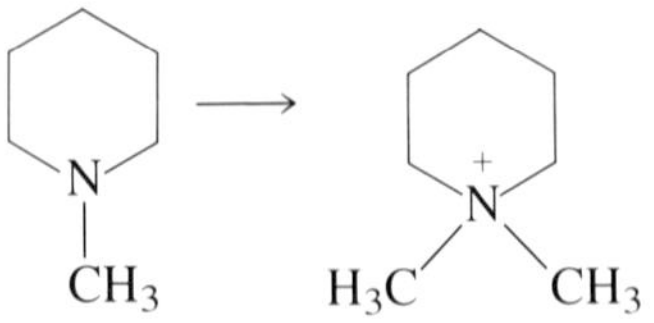 N-Methylpiperidin (N—CH_3) $\longrightarrow$ N,N-Dimethylpiperidinium ($\overset{+}{N}$, H_3C, CH_3)

(b) (R)-$CH_3CH(OH)CH_2CH_3 \longrightarrow (S)$-$CH_3CH(SH)CH_2CH_3$

(c) 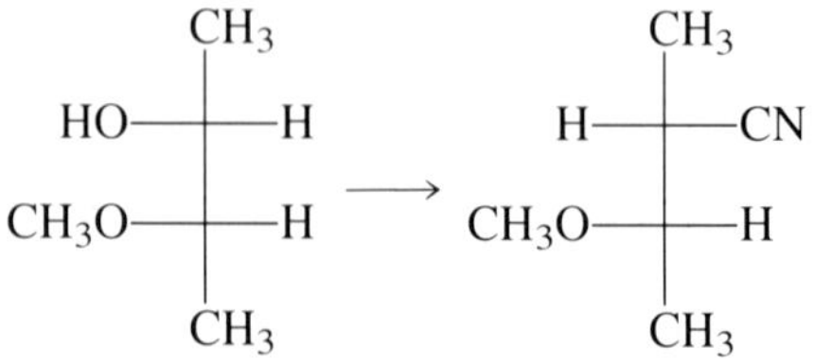 Fischer-Projektion: CH_3 oben; HO—C—H; CH_3O—C—H; CH_3 unten $\longrightarrow$ CH_3 oben; H—C—CN; CH_3O—C—H; CH_3 unten

(d) 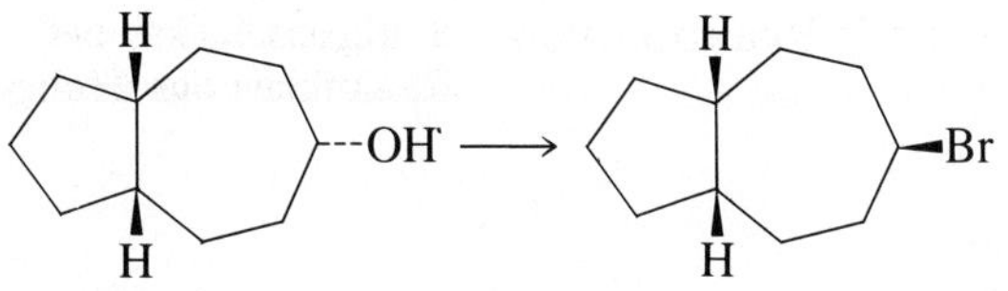 [bicyclic structure with H, H and ---OH] $\longrightarrow$ [bicyclic structure with H, H and Br]

15 Beschreiben Sie genau den Mechanismus, der abläuft, wenn man 1-Propanol, NaBr und konzentrierte H_2SO_4 mischt, mit Reaktionsgleichungen. Deuten Sie die Elektronenverschiebungen durch Pfeile an.

16 Ringe kann man durch intramolekulare S_N2-Reaktionen herstellen. Geben Sie für die nachstehenden Reaktionen den jeweiligen Mechanismus in allen Einzelschritten an.

(a) $HOCH_2CH_2CH_2CH_2Cl + NaOH \xrightarrow{CH_3OH}$ [Tetrahydrofuran-Ring, O]

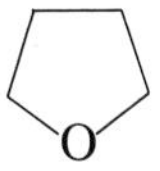

(b) $HSCH_2CH_2Br + NaOH \xrightarrow{CH_3CH_2OH}$ [Thiiran-Ring, S]

(c) $BrCH_2CH_2CH_2CH_2CH_2Br + NaOH \xrightarrow{CH_3OH}$ [Tetrahydropyran-Ring, O]

(d) $BrCH_2CH_2CH_2CH_2CH_2Br + NH_3 \xrightarrow{CH_3CH_2OH}$ [Piperidin-Ring, N–H]

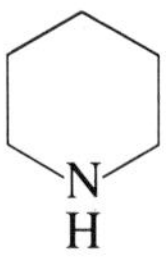

17 Ordnen Sie die Mitglieder der folgenden Gruppen (1) nach ihrer Basizität, (2) ihrer Nucleophilie und (3) ihrem Austrittsvermögen. Erklären Sie kurz Ihre Reihenfolge.

(a) H_2O, OH^-, $CH_3CO_2^-$
(b) Br^-, Cl^-, F^-, I^-
(c) NH_2^-, NH_3, PH_2^-
(d) OCN^-, SCN^-
(e) F^-, OH^-, CH_3S^-
(f) H_2O, H_2S, NH_3

18 Welches Produkt (welche Produkte) entstehen bei folgenden Reaktionen? Findet in jedem Fall eine Reaktion statt?

(a) $CH_3CH_2CH_2CH_3 + Na^+Cl^- \xrightarrow{CH_3OH}$

(b) $CH_3CH_2Cl + CH_3O^-Na^+ \xrightarrow{CH_3OH}$

(c) 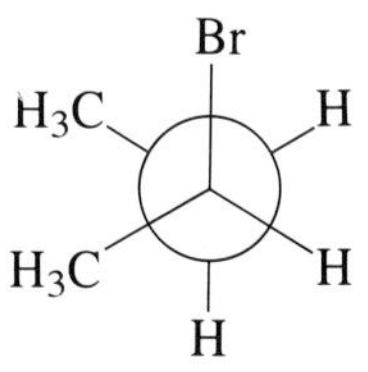 [Newman-Projektion: vorne Br, H₃C, H₃C; hinten H, H, H] $+ Na^+I^- \xrightarrow{\text{Propanon (Aceton)}}$

(d) 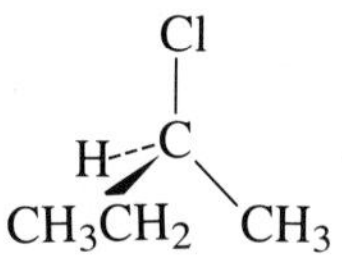 [Cl–C(H)(CH₃CH₂)(CH₃)] $+ Na^+SCH_3^- \xrightarrow{\text{Propanon (Aceton)}}$

(e) $CH_3CH(OH)CH_3 + Na^+CN^- \longrightarrow$

(f) $CH_3CH(OH)CH_3 + HCN \longrightarrow$

(g) $CH_3CH(OH)CH_3 + HBr \longrightarrow$

(h) 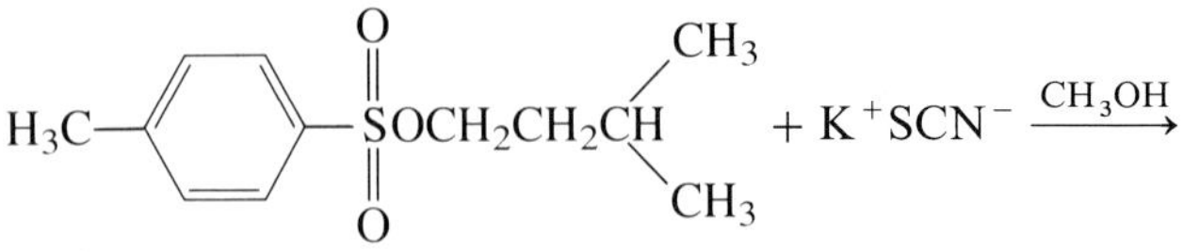 $H_3C-C_6H_4-SO_2-OCH_2CH_2CH(CH_3)_2 + K^+SCN^- \xrightarrow{CH_3OH}$

(i) $CH_3CH_2NH_2 + Na^+Br^- \xrightarrow{DMSO}$

(j) $CH_3I + Na^{+\,-}NH_2 \xrightarrow{NH_3}$

(k) Produkt von Teil **j** + weiteres $CH_3I \longrightarrow$

(l) 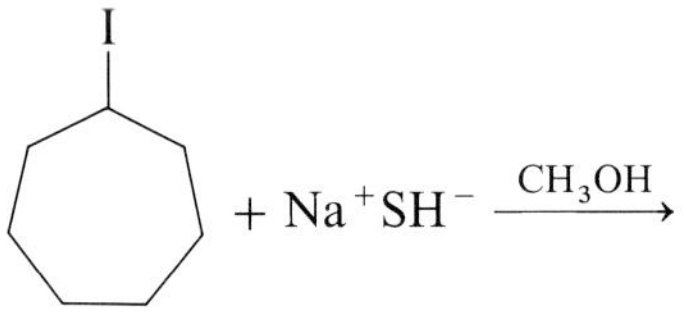 Iodcycloheptan $+ Na^+SH^- \xrightarrow{CH_3OH}$

(m) 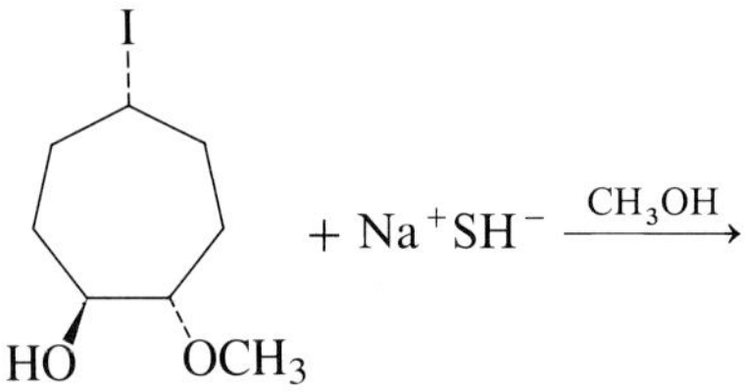 Iodcycloheptan (mit HO und OCH_3) $+ Na^+SH^- \xrightarrow{CH_3OH}$

(n) 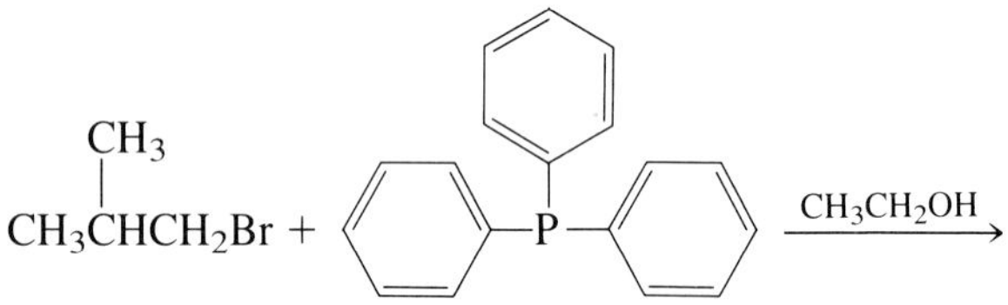 $CH_3CH(CH_3)CH_2Br + (C_6H_5)_3P \xrightarrow{CH_3CH_2OH}$

19 Nachdem Sie Kapitel 3 und 6 durchgearbeitet haben, suchen Sie das bestmögliche Verfahren, um die nachstehend aufgeführten Verbindungen zu synthetisieren. Verwenden Sie Propan als organische Ausgangsverbindung und nach Bedarf beliebig andere Reagenzien. Hinweis: Aufgrund dessen, was Sie in Abschnitt 3.6 gelernt haben, werden Sie für **a**, **c** und **e** keine besonders elegante Lösungen finden, es gibt jedoch ein allgemeines Verfahren, das in diesen Fällen das beste ist.

(a) 1-Chlorpropan
(b) 2-Chlorpropan
(c) 1-Brompropan
(d) 2-Brompropan
(e) 1-Iodpropan
(f) 2-Iodpropan

20 Schlagen Sie vier Syntheseverfahren für *trans*-1-Methyl-2-(methylthio)cyclohexan (siehe unten) vor. Gehen Sie dabei von den nachstehenden Ausgangsverbindungen aus.

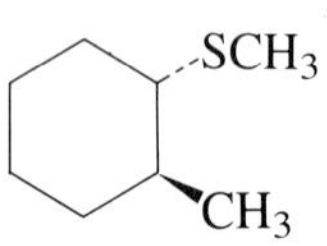

SCH_3, CH_3

(a) *cis*-1-Chlor-2-methylcyclohexan
(b) *trans*-1-Chlor-2-methylcyclohexan
(c) *cis*-2-Methylcyclohexanol
(d) *trans*-2-Methylcyclohexanol

21 Ordnen Sie die Verbindungen folgender Gruppen nach zunehmender S_N-Reaktivität.

(a) CH_3CH_2Br, CH_3Br, $(CH_3)_2CHBr$.

(b) $(CH_3)_2CHCH_2CH_2Cl$, $(CH_3)_2CHCH_2Cl$, $(CH_3)_2CHCl$.

(c) CH_3CH_2Cl, CH_3CH_2I, Cyclohexyl—Cl.

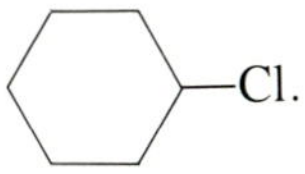

(d) $(CH_3CH_2)_2CHCH_2Br$, $CH_3CH_2CH_2CHBr$ (mit CH_3 am CHBr), $(CH_3)_2CHCH_2Br$.

22 Die folgende Tabelle gibt die relativen Geschwindigkeiten der Reaktion von CH_3I mit drei verschiedenen Nucleophilen in zwei verschiedenen Lösungsmitteln wider.

Nucleophil	$K_{rel.}$, CH_3OH	$K_{rel.}$, DMF
Cl^-	1	1.2×10^6
Br^-	20	6×10^5
$SeCN^-$	4×10^3	6×10^5

Was sagen diese Ergebnisse über die relative Reaktivität von Nucleophilen unter verschiedenen Bedingungen aus?

23 Die so kompliziert scheinende Verbindung 5-Methyltetrahydrofolsäure (abgekürzt 5-Methyl-FH_4) entsteht auf biologischem Wege durch verschiedene mehrstufige Reaktionen, durch die Kohlenstoffatome in verschiedenenen einfachen Molekülen wie Methansäure (Ameisensäure) oder der Aminosäure Histidin in Methylgruppen umgewandelt werden:

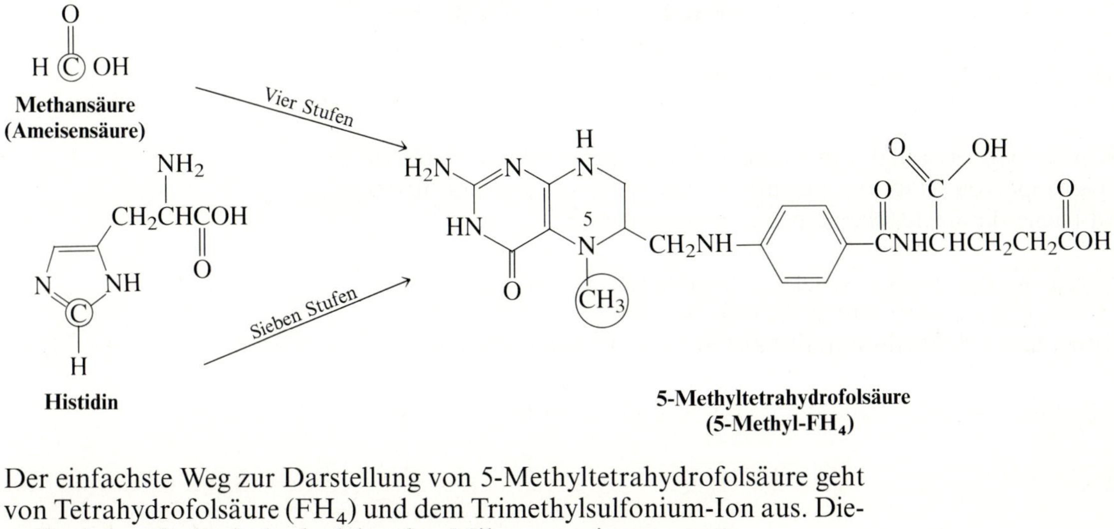

5-Methyltetrahydrofolsäure (5-Methyl-FH_4)

Der einfachste Weg zur Darstellung von 5-Methyltetrahydrofolsäure geht von Tetrahydrofolsäure (FH_4) und dem Trimethylsulfonium-Ion aus. Diese Reaktion findet in bodenlebenden Mikroorganismen statt.

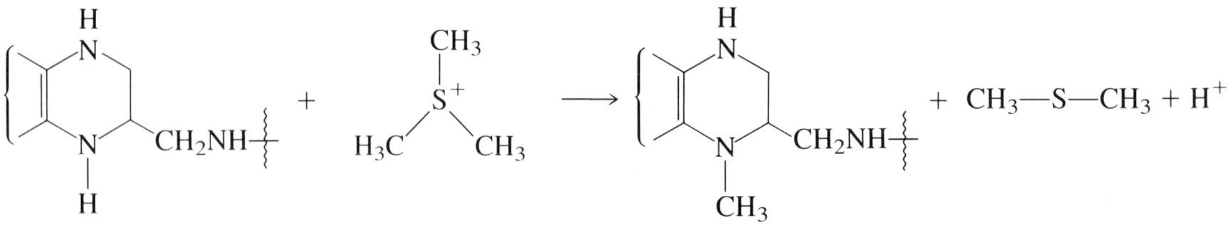

FH$_4$ + Trimethylsulfonium-Ion ⟶ 5-Methyl-FH$_4$ + $CH_3—S—CH_3 + H^+$

(a) Erscheint es Ihnen sinnvoll, für diese Reaktion einen nucleophilen Substitutionsmechanismus anzunehmen? Schreiben Sie den Mechanismus nieder, deuten Sie die Elektronenverschiebungen mit Pfeilen an.
(b) Kennzeichnen Sie das Nucleophil, das nucleophile und das elektrophile Atom und die Abgangsgruppe.
(c) Verhalten sich die Gruppen, die Sie so gekennzeichnet haben, bei dieser Reaktion gemäß den Sachverhalten aus den Abschnitten 6.7 bis 6.9? Hilft es Ihnen weiter, wenn Sie wissen, daß eine Spezies wie H_3S^+ eine sehr starke Säure ist (z. B. hat $CH_3SH_2^+$ einen pK_a von ungefähr -7)?

24 Biologische Systeme gebrauchen 5-Methyl-FH$_4$ (Aufgabe 23) um Methylgruppen auf einfache Moleküle zu übertragen. Das vielleicht bekannteste Beispiel in diesem Zusammenhang ist die Darstellung der Aminosäure Methionin aus Homocystein:

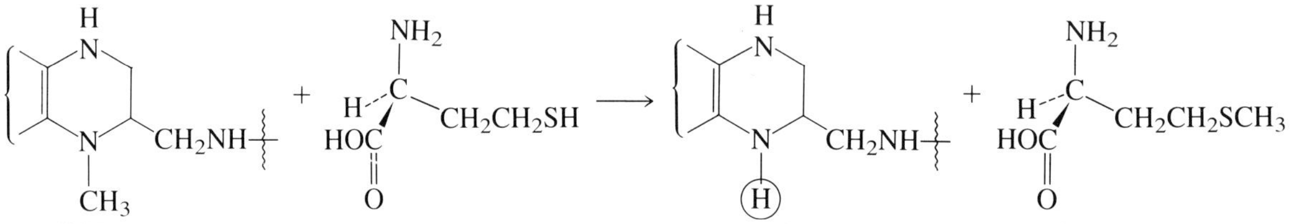

5-Methyl-FH$_4$ + Homocystein ⟶ FH$_4$ + Methionin

Beantworten Sie für diese Reaktion diesselben Fragen, die in Aufgabe 23 gestellt wurden.

Der eingekreiste Wasserstoff in FH$_4$ hat einen pK_a von 5. Ist dieser Wert mit den Erfordernissen Ihres Mechanismus vereinbar? In der Tat benötigen Methyl-Transferreaktionen mit 5-Methyl-FH$_4$ eine Protonenquelle. Wiederholen Sie den Abschnitt 6.7, besonders den Unterabschnitt „Wasser als Abgangsgruppe". Was können Sie daraufhin über die Rolle des Protons in der obigen Reaktion aussagen?

25 Der Körper baut Adrenalin in einem Zweistufenprozeß auf, bei dem eine Methylgruppe von Methionin (Aufgabe 24) auf Noradrenalin übertragen wird (siehe die nachstehenden Reaktionen 1 und 2).

(a) Erklären Sie die mechanistischen Einzelheiten dieser Reaktionen. Welche Rolle hat die Verbindung ATP dabei inne?
(b) Glauben Sie, daß Methionin direkt mit Noradrenalin reagiert? Erklären Sie Ihre Antwort.
(c) Wie könnte man Adrenalin aus Noradrenalin im Labor herstellen?

Reaktion 1

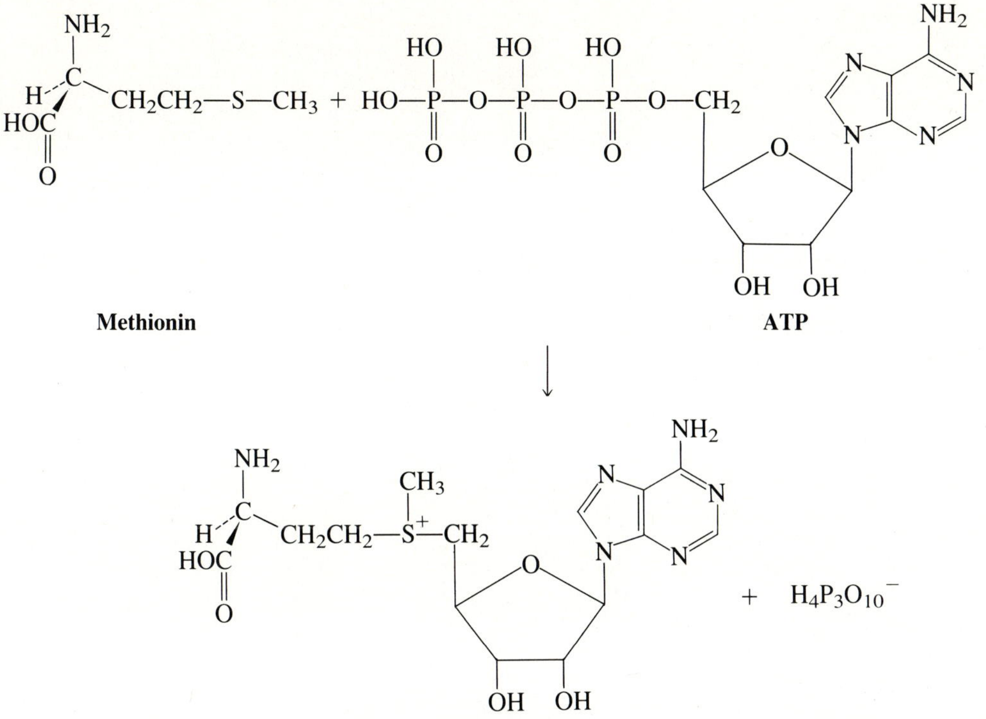

NH_2

$H \cdot C$ — $CH_2CH_2—S—CH_3$ + HO—P—O—P—O—P—O—CH_2

HOC

O

HO HO HO

O O O

NH_2

N N N N

O

OH OH

Methionin **ATP**

↓

NH_2

CH_3

$H \cdot C$ — $CH_2CH_2—S^+—CH_2$

HOC

O

NH_2

N N N N

O

OH OH

\+ $H_4P_3O_{10}^-$

***S*-Adenosylmethionin** **(Triphosphat)**

Reaktion 2

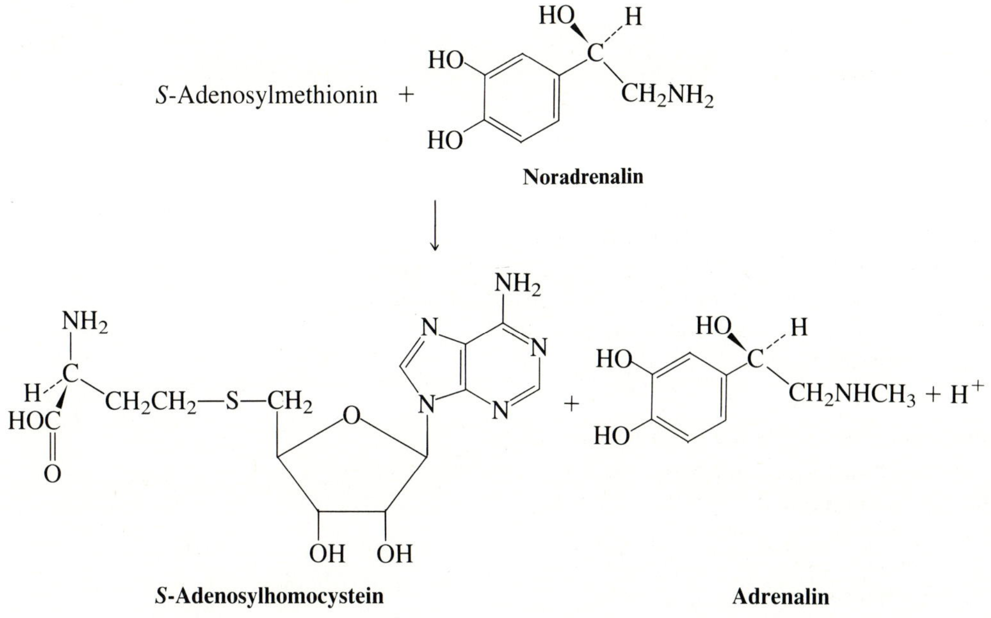

HO H

HO C

S-Adenosylmethionin + CH_2NH_2

HO

Noradrenalin

↓

NH_2

NH_2

N N

$H \cdot C$ — $CH_2CH_2—S—CH_2$

HOC

O N N

O

OH OH

HO H

HO C

\+ CH_2NHCH_3 + H^+

HO

***S*-Adenosylhomocystein** **Adrenalin**

7 Weitere Reaktionen der Halogenalkane

Unimolekulare Substitution und Eliminierung

Schon in Kapitel 6 wurde erwähnt, daß vor allem sekundäre und tertiäre Halogenalkane in Gegenwart von Nucleophilen auch andere als S_N2-Reaktionen eingehen können. In diesem Kapitel werden wir sehen, daß die bimolekulare Substitution nur eine von *vier* möglichen Reaktionen ist.

7.1 Solvolyse tertiärer Halogenalkane

Wir haben bereits gehört, daß tertiäre Halogenalkane mit Nucleophilen eine weitere Reaktion eingehen können, und daß S_N2-Reaktionen bei sekundären und tertiären Halogenalkanen drastisch verlangsamt sind. So reagieren Brommethan und Bromethan in einer S_N2-Reaktion mit Iodid in Propanon (Aceton) mäßig schnell, 2-Brompropan reagiert langsamer und 2-Brom-2-methylpropan sehr langsam. Das gilt jedoch nur für eine bimolekulare Substitution. Sekundäre und tertiäre Halogenide können auch nach einem anderen Mechanismus substituiert werden, der in einer glatten Reaktion zu den entsprechenden Substitutionsprodukten führt. Ein Beispiel: 2-Brom-2-methylpropan (*tert*-Butylbromid) wird in wäßrigem Propanon (Aceton) rasch zu 2-Methyl-2-propanol (*tert*-Butanol) und Bromwasserstoff umgewandelt. Hier reagiert Wasser als Nucleophil, während es normalerweise in S_N2-Reaktionen unreaktiv ist.

Hydrolyse, ein Beispiel für Solvolyse

$$(CH_3)_3CBr + H{-}OH \xrightarrow{\text{Propanon (Aceton)}} (CH_3)_3COH + HBr$$

2-Brom-2-methylpropan (*tert*-Butylbromid) → **2-Methyl-2-propanol (*tert*-Butylalkohol)**

Ähnlich, wenn auch langsamer, reagiert 2-Brompropan, während 1-Brompropan, Bromethan und Brommethan unter diesen Bedingungen inert sind.

Eine solche Reaktion, bei der ein Substrat mit einem Solvensmolekül als Nucleophil reagiert, nennt man **Solvolyse**. Mit Wasser als Lösungsmittel findet **Hydrolyse** statt. Bei Alkoholen sprechen wir von **Alkoholyse**, oder speziell von Methanolyse, Ethanolyse und so weiter.

Methanolyse von 2-Chlor-2-methylpropan

$$(CH_3)_3CCl + \underset{\textbf{Solvens}}{CH_3OH} \rightleftharpoons (CH_3)_3COCH_3 + HCl$$

2-Chlor-2-methylpropan → **2-Methoxy-2-methylpropan**

Tabelle 7-1 zeigt die relativen Geschwindigkeiten der Umsetzung von 2-Brompropan und 2-Brom-2-methylpropan mit Wasser zu den entsprechenden Alkoholen und im Vergleich dazu die entsprechenden Hydrolysegeschwindigkeiten ihrer unverzweigten Analoga. Eine S_N2-Reaktion führt zwar zu den gleichen Produkten, die Reaktivitäten sind jedoch genau *entgegengesetzt*: Primäre Halogenalkane reagieren sehr langsam mit Wasser, sekundäre Halogenide sind etwas reaktiver und tertiäre Verbindungen reagieren ungefähr *eine Million mal* schneller als primäre. All das spricht stark dafür, daß die Solvolyse tertiärer Halogenalkane nach einem anderen Mechanismus als eine bimolekulare Substitution verläuft. Um diese Reaktion in ihren Einzelheiten zu verstehen, können wir uns der gleichen Mittel bedienen, mit denen wir den Mechanismus der S_N2-Reaktion aufgeklärt haben: der Kinetik, der Stereochemie und dem Einfluß der Substratstruktur und des Lösungsmittels auf dieReaktionsgeschwindigkeit.

Tabelle 7-1

Relative Reaktivitäten verschiedener Bromalkane gegenüber Wasser

Bromalkane	Relative Geschwindigkeit
CH_3Br	1
CH_3CH_2Br	1
$(CH_3)_2CHBr$	12
$(CH_3)_3CBr$	1.2×10^6

Übung 7-1

Während die Verbindung A (siehe Rand) in Ethanol völlig stabil ist, wird B rasch zu einer anderen Verbindung umgewandelt. Wie erklären Sie das?

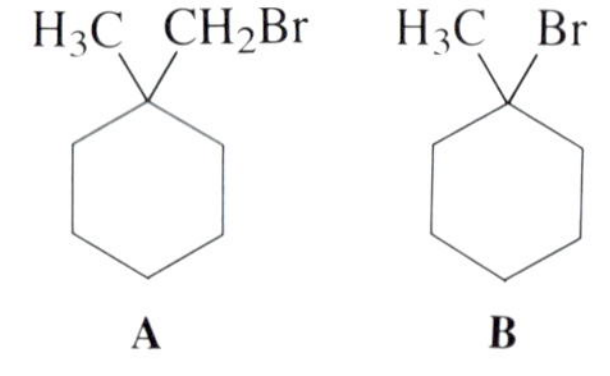

7.2 Mechanismus der Solvolyse tertiärer Halogenalkane: Unimolekulare nucleophile Substitution

In diesem Abschnitt werden wir einen weiteren Mechanismus der nucleophilen Substitution kennenlernen. Die Merkmale der S_N2-Reaktion wollen wir hier nochmals kurz zusammenfassen: sie folgt einer Kinetik zweiter Ordnung, verläuft stereospezifisch und die Reaktivität des Substrats nimmt in der Reihe tertiär $<$ sekundär $<$ primär zu. Im Gegensatz dazu verläuft der Solvolysemechanismus nach einer Kinetik erster Ordnung, also unimolekular, ist nicht stereospezifisch und für ihn gilt, wie bereits erwähnt, eine genau entgegengesetzte Reaktivitätsreihe.

Die Solvolyse gehorcht einer unimolekularen Kinetik

Übereinstimmend mit einem bimolekularen Übergangszustand des geschwindigkeitsbestimmenden Schritts ist die Geschwindigkeit einer S_N2-Reaktion der Konzentration beider Reaktanten – Halogenalkan und Nucleophil – proportional. Dagegen ergeben kinetische Untersuchungen der Reaktion von 2-Brom-2-methylpropan mit Wasser, daß die Geschwindigkeit der Hydrolyse nur von der Konzentration des eingesetzten Bromids abhängt.

$$\text{Geschwindigkeit} = k\,[(CH_3)_3CBr]\ \text{mol/(L s)}$$

Die beobachtete Kinetik erster Ordnung läßt auf einen unimolekularen Mechanismus schließen, bei dem nur das Halogenalkan am geschwindigkeitsbestimmenden Schritt teilnimmt. Ein solcher Verlauf wurde bereits als hypothetischer Mechanismus bei der Reaktion von Chlormethan mit Hydroxid-Ionen zu Methanol in Erwägung gezogen (Abb. 6-5). Dieselben Überlegungen können wir bei der Hydrolyse von 2-Brom-2-methylpropan wieder heranziehen, mit dem Unterschied, daß jetzt Wasser anstelle des Hydroxid-Ions als Nucleophil reagiert.

Vorschlag für den Verlauf der Hydrolyse von 2-Brom-2-methylpropan

Die Hydrolyse von 2-Brom-2-methylpropan könnte mit der Dissoziation des Substrats in ein Carbenium-Ion und ein Bromid-Ion als geschwindigkeitsbestimmendem Schritt 1 eingeleitet werden. Dies allein würde bereits genügen, um die kinetischen Ergebnisse zu erklären.

Schritt 1: Dissoziation

$$(CH_3)_3C\text{—}Br \xrightleftharpoons{\text{geschwindigkeits-bestimmend}} (CH_3)_3C^+ + Br^-$$

1,1-Dimethylethyl-Kation (*tert*-Butyl-Kation)

Das auf diese Weise entstandene 1,1-Dimethylethyl-Kation (*tert*-Butyl-Kation) reagiert als stark elektrophiles Teilchen sofort mit dem Wasser der Umgebung (Schritt 2). Diesen Vorgang kann man als nucleophilen Angriff eines Wassermoleküls auf das elektronenarme Kohlenstoffatom auffassen.

Schritt 2: Nucleophiler Angriff durch Wasser

$$(CH_3)_3C^+ + :\ddot{O}H_2 \xrightleftharpoons{\text{schnell}} (CH_3)_3C\text{—}\overset{+}{\ddot{O}}H_2$$

Das dadurch entstandene Oxonium-Ion (s. Abschn. 6.7) wird in wäßrigem Medium rasch zu 2-Methyl-2-propanol deprotoniert.

Schritt 3: Deprotonierung

$$(CH_3)_3C\overset{+}{O}H_2 + H_2\ddot{O}: \underset{}{\overset{\text{schnell}}{\rightleftharpoons}} (CH_3)_3C\ddot{O}H + H\overset{+}{\ddot{O}}H_2$$

2-Methyl-2-propanol

In Abbildung 7-1 ist die Änderung der potentiellen Energie während dieses hypothetischen Reaktionsverlaufs dargestellt. Einen solche Reaktion nennt man **unimolekulare nucleophile Substitution**, abgekürzt **S_N1**. Die Zahl 1 deutet darauf hin, daß nur das Halogenalkan am Übergangszustand des geschwindigkeitsbestimmenden Schritts teilnimmt.

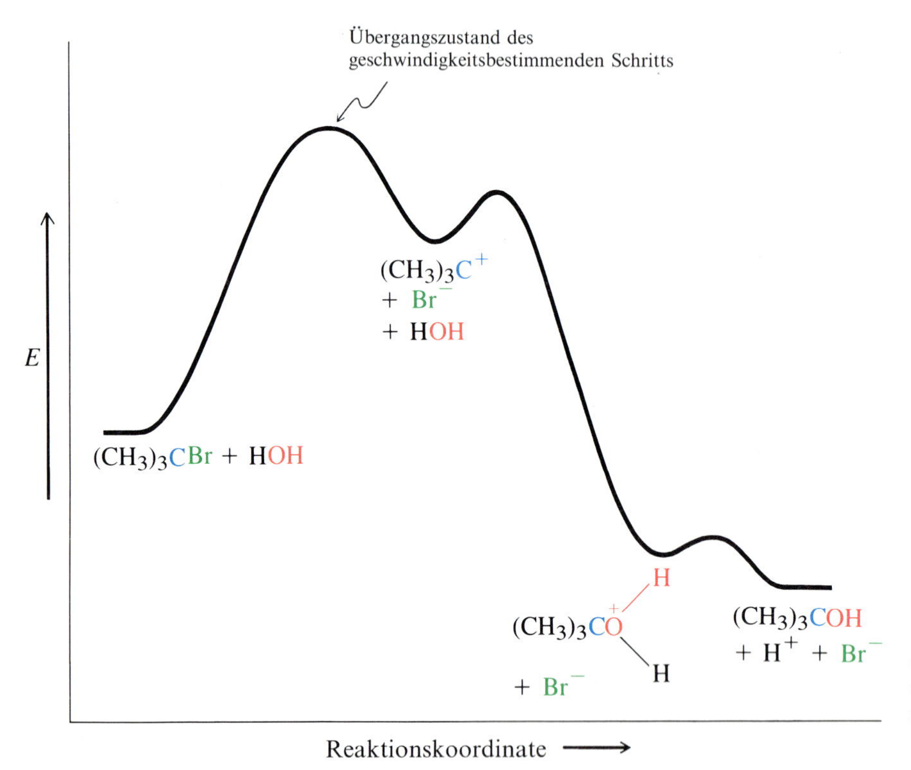

Abb. 7-1 Reaktionsprofil der Hydrolyse von 2-Brom-2-methylpropan

Übung 7-2

Berechnen Sie mit Hilfe der in Tabelle 3-1 aufgeführten Bindungsstärken die ΔH^0-Werte für die Hydrolyse von 2-Brom-2-methylpropan zu 2-Methyl-2-propanol und Bromwasserstoff.

Die Solvolyse ist reversibel

Alle drei Schritte der Solvolyse sind reversibel. Die drei Gleichgewichte werden auf die Seite der Produkte verschoben, weil diese von geringerer Energie als die Substrate und damit thermodynamisch bevorzugt sind. Durch einen großen Überschuß an Bromwasserstoff läßt sich diese Situation jedoch umkehren. Zum Beispiel kann man 2-Brom-2-methylpropan leicht herstellen, indem man eine Lösung von 2-Methyl-2-propanol in konzentriertem wäßrigem Bromwasserstoff in einem Scheidetrichter schüttelt. Das Produkt scheidet sich als wasserunlösliche Phase ab.

$$\underset{\text{Überschuß}}{(CH_3)_3COH + HBr} \rightleftharpoons (CH_3)_3CBr + H_2O$$

Beachten Sie, daß hier ein völlig anderer Mechanismus vorliegt als bei der auf den ersten Blick ähnlich aussehenden Bildung von primären Halogenalkanen aus primären Alkoholen in Gegenwart konzentrierter Halogenwasserstoffe (Abschn. 6.7). Bei der Reaktion tertiärer Alkohole entstehen **Carbenium-Ionen** als Zwischenstufen, während eine S_N2-Reaktion über ein intermediäres Oxonium-Ion verläuft.

Übung 7-3

Nach welchem Mechanismus verläuft folgende Reaktion:

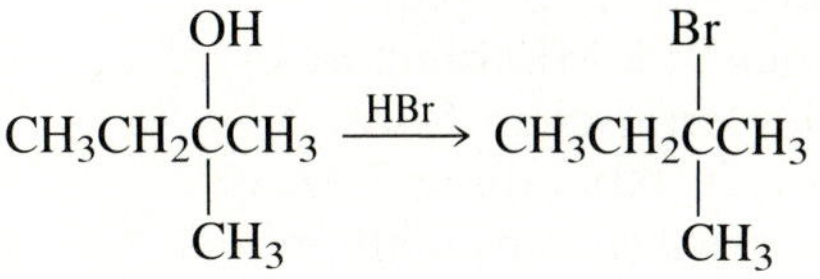

$$CH_3CH_2C(OH)(CH_3)CH_3 \xrightarrow{HBr} CH_3CH_2C(Br)(CH_3)CH_3$$

S_N1-Reaktionen ergeben racemische Produkte

Der vorgeschlagene Mechanismus der nucleophilen Substitution, bei der ein Carbenium-Ion als Zwischenstufe auftritt, wirkt sich in vorhersehbarer Weise auf die Stereochemie der Produkte aus. Ein Carbenium-Ion ist planar und daher achiral. Setzt man ein optisch aktives tertiäres Halogenalkan ein, sollte man racemische S_N1-Produkte erhalten, da das Nucleophil das Carbenium-Ion von beiden Seiten angreifen kann (Abb. 7-2). Tatsächlich kann man dies bei vielen Solvolysereaktionen beobachten.

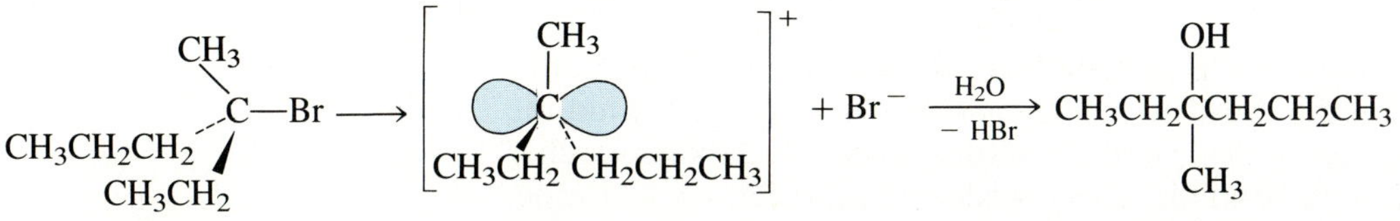

$$(CH_3)(CH_3CH_2CH_2)(CH_3CH_2)C{-}Br \longrightarrow \left[(CH_3)C^{+}(CH_3CH_2)(CH_2CH_2CH_3)\right]^{+} + Br^- \xrightarrow[-\,HBr]{H_2O} CH_3CH_2C(OH)(CH_3)CH_2CH_2CH_3$$

(*R*)-3-Brom-3-methylhexan — **Planar, achiral** — **racemisch**

Abb. 7-2 Hydrolyse von (*R*)-3-Brom-3-methylhexan. Durch heterolytische Dissoziation entsteht ein planares, achirales Carbenium-Ion, das mit einem Wassermolekül zum racemischen Alkohol reagiert.

Übung 7-4

(*R*)-3-Brom-3-methylhexan verliert seine optische Aktivität beim Lösen in Propanon (Aceton). Weshalb?

Übung 7-5

Die Hydrolyse von A (siehe Rand) führt zu zwei verschiedenen Alkoholen. Weshalb?

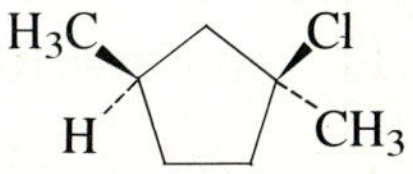

H_3C, H, Cl, CH_3

A

Polare Lösungsmittel beschleunigen die S_N1-Reaktion

Die heterolytische Spaltung einer C–X-Bindung im geschwindigkeitsbestimmenden Schritt der S_N1-Reaktion verläuft über einen stark polaren

Übergangszustand (Abb. 7-3A) zu zwei Ionen. Im Gegensatz dazu nimmt im Übergangszustand einer typischen S_N2-Reaktion (Abb. 7-3B) die Ladungsdichte auf dem eintretenden Nucleophil in dem Maße ab, wie sie auf der Abgangsgruppe wächst. Ladungen werden nicht erzeugt, sondern im Gegenteil abgeschwächt.

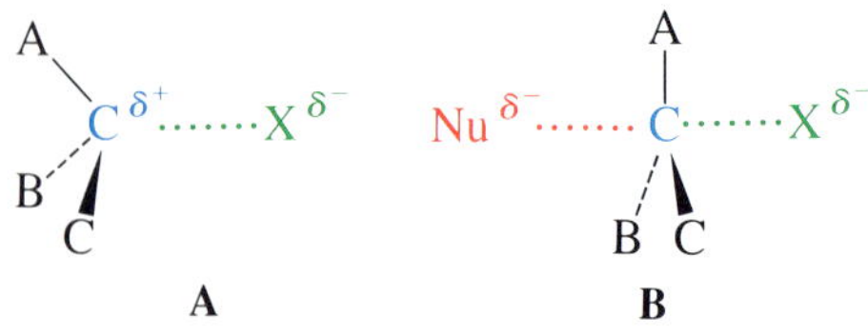

Abb. 7-3 Übergangszustand der S_N1-Reaktion (A) und der S_N2-Reaktion (B). Im Übergangszustand A sind die Ladungen stärker getrennt als in B.

Aufgrund des stark polaren Übergangszustandes wird die S_N1-Reaktion mit zunehmender Polarität des Lösungsmittels schneller. Besonders auffällig ist dieser Effekt, wenn man von einem aprotischen zu einem protischen Solvens wechselt. Die Hydrolyse von 2-Brom-2-methylpropan verläuft z. B. in reinem Wasser viel schneller als in einer 9 : 1 Mischung aus Propanon (Aceton) und Wasser. Die Wirkung des protischen Solvens besteht in der Stabilisierung des Übergangszustands in Abbildung 7-3A durch die Ausbildung von Wasserstoffbrücken. Wir erinnern uns, daß im Gegensatz dazu eine S_N2-Reaktion durch polare *aprotische* Lösungsmittel beschleunigt wird. Hier beeinflußt das Solvens jedoch die Reaktivität des Nucleophils und *nicht* die des Substrats.

Reaktion	Relative Geschwindigkeit:
$(CH_3)_3CBr \xrightarrow{100\%\ H_2O} (CH_3)_3COH + HBr$	400000
$(CH_3)_3CBr \xrightarrow{90\%\ \text{Propanon (Aceton)},\ 10\%\ H_2O} (CH_3)_3COH + HBr$	1

Gute Abgangsgruppen beschleunigen die S_N1-Reaktion

Da die Abgangsgruppe im geschwindigkeitsbestimmenden Schritt das Molekül verläßt, übt das Austrittsvermögen einen großen Einfluß auf die Reaktionsgeschwindigkeit aus. Deshalb werden tertiäre Iodalkane rascher hydrolysiert als tertiäre Bromide, diese wiederum schneller als Chloride. Besonders leicht dissoziieren Sulfonate.

Relative Solvolysegeschwindigkeit von RX (R = tertiäre Alkylgruppe)

$$X = -OSO_2R' > -I > -Br \sim -\overset{+}{O}H_2 > -Cl$$

Die Stärke des Nucleophils beeinflußt die Produktverteilung, nicht die Geschwindigkeit der Reaktion

Wie wirken sich verschiedene Nucleophile auf den Solvolyseablauf aus? Wir erinnern uns, daß eine S_N2-Reaktion mit zunehmender Nucleophilie der angreifenden Spezies beschleunigt wird. Am geschwindigkeitsbestimmenden Schritt einer S_N1-Reaktion ist das Nucleophil jedoch nicht beteiligt, demnach sollte es auf die Reaktionsgeschwindigkeit, d. h. auf die Konzentrationsabnahme des tertiären Halogenalkans keinen Einfluß haben. Wenn jedoch zwei oder mehr verschiedene Nucleophile um das intermediär gebildete Carbenium-Ion konkurrieren, sollten deren relative Stärke und Konzentration die *Produktverteilung* wesentlich bestimmen.

Ein Beispiel: Die Solvolyse von 0.1 mol/L 2-Chlor-2-methylpropan in Methanol ergibt 2-Methoxy-2-methylpropan mit einer Geschwindigkeitskonstanten k_1. In Gegenwart von 0.1 mol Natriumazid jedoch wird mit *gleicher* Geschwindigkeit 1,1-Dimethylethylazid (*tert*-Butylazid) gebildet. In diesem Fall gewinnt Azid, N_3^-, (Tab. 6-5) als das stärkere Nucleophil. Obwohl die Konzentration der Ausgangsverbindung 2-Chlor-2-methylpropan mit k_1 abnimmt (ungeachtet welches Produkt entsteht), bestimmt die relative Stärke der konkurrierenden Nucleophile die Geschwindigkeit, mit der die möglichen Produkte entstehen, d. h. das Produkt des stärkeren Nucleophils entsteht rascher (k_{CH_3OH} ist viel kleiner als $k_{N_3^-}$):

$$(CH_3)_3CCl + CH_3OH + NaN_3 \xrightarrow[\text{geschwindigkeits-bestimmend}]{k_1} (CH_3)_3C^+ + Cl^- \xrightarrow{k_{CH_3OH}} (CH_3)_3COCH_3 + HCl$$

2-Methoxy-2-methylpropan

$$(CH_3)_3C^+ + Cl^- \xrightarrow{k_{N_3^-}} (CH_3)_3CN_3 + NaCl$$

1,1-Dimethylethylazid (*tert*-Butylazid)

produkt-bestimmend

Daher ist es sinnvoll, zwischen zwei Übergangszuständen zu unterscheiden: dem des *geschwindigkeitsbestimmenden* und dem des *produktbestimmenden* Schritts (Abb. 7-4). Ungeachtet der Anzahl der Übergangszustände und Zwischenstufen einer Reaktion bestimmt der energiereichste Übergangszustand die Geschwindigkeit; die relativen Energien der darauffolgenden Übergangszustände bestimmen jedoch die Produktverteilung.

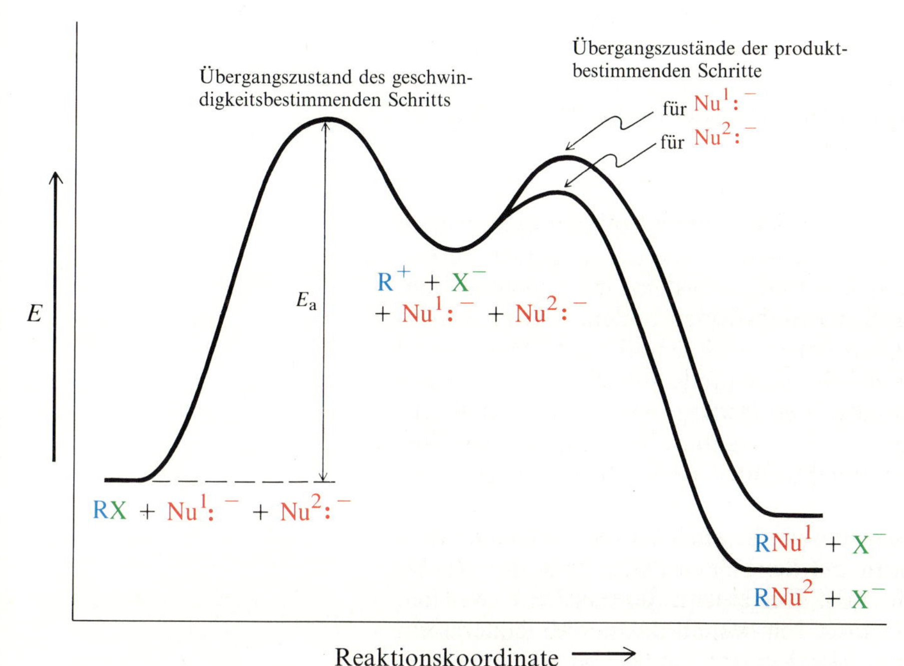

Abb. 7-4 Die unterschiedlichen Übergangszustände des geschwindigkeitsbestimmenden und des produktbestimmenden Schritts während der S_N1-Reaktion eines tertiären Halogenalkans in Gegenwart zweier konkurrierender Nucleophile. E_a bezeichnet die Aktivierungsenergie der Reaktion. Die Produktverteilung wird von den unterschiedlichen Energien der beiden produktbestimmenden Übergangszustände kontrolliert.

Übung 7-6
Eine Lösung von 2-Methyl-2-propanol in Propanon (Aceton) und einem Überschuß an NaCl und NaBr wurde mit Schwefelsäure behandelt. Als Produkt erhielt man 2-Brom-2-methylpropan. Wie erklären Sie sich das?

In diesem Abschnitt haben wir uns verschiedener Hilfsmittel bedient, um den Mechanismus der Reaktion zwischen tertiären Halogenalkanen und bestimmten Nucleophilen aufzuklären: der Kinetik, der Stereochemie, dem Einfluß des Lösungsmittels, dem Austrittsvermögen der Abgangsgruppe und der Stärke des Nucleophils. Die Ergebnisse zeigen, daß zu Beginn der Reaktion eine geschwindigkeitsbestimmende Dissoziation des Substrats als entscheidender mechanistischer Schritt stattfindet. Als nächstes erheben sich die Fragen, weshalb tertiäre Halogenide nach S_N1 reagieren, während primäre Systeme S_N2-Reaktionen eingehen und wie sekundäre Halogenalkane sich in dieses Bild einfügen.

7.3 Der Einfluß der Substratstruktur auf die Geschwindigkeit der S_N1-Reaktion: Die Stabilität von Carbenium-Ionen

In diesem Abschnitt werden wir sehen, daß der Grad der Substitution des reaktiven Kohlenstoffatoms im wesentlichen bestimmt, ob Halogenalkane (und ähnliche Derivate) mit Nucleophilen bevorzugt nach S_N1 oder nach S_N2 reagieren. Je höher substituiert ein Kohlenstoffatom ist, desto leichter bildet es ein Carbenium-Ion aus. Aus diesem Grund werden tertiäre Halogenalkane nach dem S_N1-Mechanismus umgesetzt, primäre Halogenalkane nach S_N2, bei sekundären Verbindungen können beide Mechanismen auftreten, je nach den vorliegenden Reaktionsbedingungen.

Die Stabilität von Carbenium-Ionen nimmt in der Reihe primär < sekundär < tertiär zu

Wir wissen nun, daß von den zwei möglichen Substitutionsmechanismen primäre Halogenalkane direkt, d. h. in einem konzertierten Schritt substituiert werden, während sekundäre und tertiäre Systeme mit zunehmendem sterischem Anspruch bevorzugt Carbenium-Ionen bilden. Warum entstehen Carbenium-Ionen nicht aus primären Halogenalkanen? Der Grund dafür liegt in dem relativ hohen Energieinhalt primärer Carbenium-Ionen, die deshalb in Lösung unter den Bedingungen einer S_N1-Reaktion nicht entstehen. Messungen in der Gasphase zeigten, daß die Stabilität von Carbenium-Ionen mit zunehmender Alkylsubstitution *zunimmt* (Tab. 7-2).

Es fällt auf, daß die gleiche Stabilitätsreihe auch für die entsprechenden Radikale gilt (Abschn. 3.2), da sie auf demselben Phänomen, der *Hyperkonjugation* beruht (siehe Abb. 3-3). Der einzige Unterschied zwischen einem Radikal und einem Carbenium-Ion besteht darin, daß letzteres ein Elektron weniger hat. In einem Carbenium-Ion findet Hyperkonjugation

Tabelle 7-2 Bildungswärmen isomerer Butyl-Kationen in der Gasphase

Carbenium-Ion		ΔH_f in kJ/mol
$CH_3CH_2CH_2\overset{+}{C}H_2$	(primär)	913
$CH_3CH_2\overset{+}{C}HCH_3$	(sekundär)	804
$(CH_3)_3C^+$	(tertiär)	737

7.3 Der Einfluß der Substratstruktur auf die Geschwindigkeit der S_N1-Reaktion: Die Stabilität von Carbenium-Ionen

zwischen einem leeren *p*-Orbital und einer benachbarten Bindung (gewöhnlich C–H oder C–C) statt. Abbildung 7-5 zeigt dies bei einem relativ stabilen Ion, dem 1,1-Dimethylethyl-Kation (*tert*-Butyl-Kation) und im Vergleich dazu das Methyl-Kation, bei dem eine solche Stabilisierung nicht möglich ist. Wir sehen, daß Hyperkonjugation im wesentlichen auf dem Elektronenschub eines Alkylsubstituenten zu einem elektronenarmen Zentrum beruht. Aufgrund dieser Wirkung gilt die Alkylgruppe als „elektronenliefernd" und kann benachbarte positive Ladungen stabilisieren.

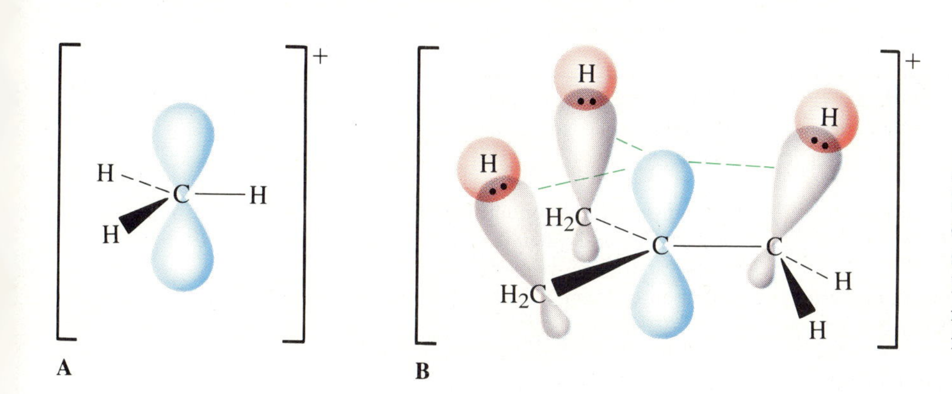

Abb. 7-5 Orbitalbild (A) des Methyl-Kations, das sich nicht durch Hyperkonjugation stabilisieren kann und (B) des 1,1-Dimethylethyl-(*tert*-Butyl)-Kations mit drei zur Hyperkonjugation fähigen C–H-Bindungen.

Diese besondere Stabilität tertiärer Carbenium-Ionen ist der Grund dafür, daß tertiäre Halogenide nach S_N1 reagieren: bei ihnen erfolgt die Dissoziation in Ionen relativ leicht. Auch sterische Einflüsse spielen hier eine Rolle. Während der Dissoziation rehybridisiert das Reaktionszentrum von sp^3 nach sp^2; durch die Winkelaufweitung von 90° auf 120° können sich die Substituenten weiter voneinander entfernen. Die durch die Anhäufung der Substituenten in der Ausgangsverbindung vorhandene sterische Spannung läßt nach (Abb. 7-6).

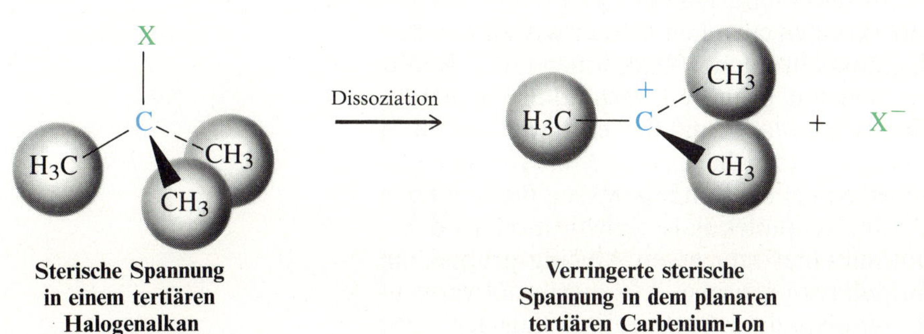

Abb. 7-6 Die Dissoziation eines tertiären Halogenalkans verringert die sterische Spannung.

Übung 7-7

Erklären Sie die relativen Solvolysegeschwindigkeiten der beiden 4-Methylbenzolsulfonate (Tosylate) in der nebenstehenden Tabelle.

$$(X = OS(=O)_2-C_6H_4-CH_3)$$

Struktur	Relative Geschwindigkeit
$(CH_3)_3C—X$	1
X (bicyclisch, Brückenkopf)	10^{-13}

Ein Vergleich der Reaktivitäten von Halogenmethanen, primären und tertiären Halogenalkanen

In Tabelle 7-3 sind die Ergebnisse, die wir von der Reaktivität der Halogenalkane gegenüber Nucleophilen gewonnen haben, zusammengefaßt.

Tabelle 7-3 Reaktivität von R-X gegenüber nucleophiler Substitution:

$$R-X + Nu^- \longrightarrow R-Nu + X^-$$

R	S_N1	S_N2
CH_3	in Lösung nicht beobachtet (das Methyl-Kation ist zu energiereich)	häufig; rasche Reaktion mit guten Nucleophilen und guten Abgangsgruppen
primär	in Lösung nicht beobachtet (primäre Carbenium-Ionen sind zu energiereich; Ausnahme: resonanz-stabilisierte Kationen, siehe Kap. 14)	häufig; rasche Reaktion mit guten Nucleophilen und guten Abgangsgruppen; langsam, wenn Verzweigungen an C-2 von R vorhanden
tertiär	häufig; besonders rasch in polaren protischen Lösungsmitteln und bei sterisch gehinderten R mit guten Abgangsgruppen	extrem langsam

Sekundäre Systeme reagieren nach S_N1 und S_N2

Nun stellt sich die Frage, wonach sekundäre Systeme, das Zwischenglied in unserem Schema, bevorzugt reagieren? Neigen Sie mehr zu S_N2-Reaktionen oder bilden sie bevorzugt Carbenium-Ionen?

Von Kapitel 6 wissen wir, daß sekundäre Halogenalkane und andere sekundäre Alkylderivate S_N2-Reaktionen eingehen. Weiter wissen wir, daß sterische Hinderung die Geschwindigkeit solcher Reaktionen um ungefähr zwei Größenordnungen, verglichen mit primären Verbindungen, herabsetzt. Können sekundäre Verbindungen aufgrund der erhöhten Stabilität der entsprechenden Carbenium-Ionen (verglichen mit Methyl- oder primären Kationen) S_N1-Reaktionen eingehen? Unter gewissen Bedingungen finden diese tatsächlich statt. Eine unimolekulare Substitution wird begünstigt, wenn wir ein Substrat mit einer sehr guten Abgangsgruppe, ein schwaches Nucleophil und ein polares protisches Lösungsmittel verwenden (S_N1-Bedingungen). Eine bimolekulare Substitution dagegen wird vorherrschen, wenn wir ein starkes Nucleophil, ein polares aprotisches Solvens und ein Halogenalkan mit einer mäßig guten Abgangsgruppe einsetzen (S_N2-Bedingungen). In Tabelle 7-4 sehen wir diese Voraussetzungen nochmals zusammengefaßt.

7.3 Der Einfluß der Substratstruktur auf die Geschwindigkeit der S_N1-Reaktion: Die Stabilität von Carbenium-Ionen

Tab. 7-4 Reaktivität sekundärer Halogenalkane gegenüber nucleophiler Substitution

R	S_N1	S_N2
sekundär	relativ langsam; am besten in polaren, protischen Medien mit guten Abgangsgruppen und sperrigen Substituenten	relativ langsam; am besten mit guten Nucleophilen in aprotischen Medien

S_N2-Bedingungen

$$(CH_3)_2CH\text{—}Br + CH_3S^- \xrightarrow{\text{Propanon (Aceton)}} CH_3S\text{—}CH(CH_3)_2 + Br^-$$

S_N1-Bedingungen

$$(CH_3)_2CH\text{—}OSO_2CF_3 \xrightarrow{H_2O} (CH_3)_2CH\text{—}OH + CF_3SO_3H$$

Übung 7-8
Wie erklären Sie sich folgende Reaktionen:

(a) 2-Chlorbutan (*R*) + CN^- $\xrightarrow{\text{Propanon (Aceton)}}$ 2-Methylbutannitril (*S*)

Cl H → H CN

(b) 2-Iodbutan (*R*) + CH_3OH ⟶ 2-Methoxybutan (OCH_3), *R* + *S*

Im Gegensatz zu S_N2-Reaktionen sind S_N1-Reaktionen für die Synthese nur von begrenztem Wert, vor allem aufgrund der Komplexität der Chemie der Carbenium-Ionen. Wie wir in Abschnitt 9-4 noch sehen werden, neigen diese zu Umlagerungen, wobei komplizierte Produktgemische entstehen. Eine weitere Reaktion der Carbenium-Ionen wird in Abschnitt 7.4 beschrieben: die Ausbildung einer Doppelbindung nach *Abgabe eines Protons.*

Wir fassen wie folgt zusammen: Die Reaktion tertiärer Halogenalkane mit Nucleophilen erfolgt nicht über einen S_N2-Mechanismus, da sie zu stark sterisch gehindert sind. Sie bilden jedoch leicht tertiäre Carbenium-Ionen, die durch Hyperkonjugation stabilisiert sind. Anschließend werden diese durch ein Nucleophil abgefangen, z. B. durch ein Lösungsmittelmolekül (Solvolyse), und es entsteht das Produkt einer nucleophilen Substitution. Primäre Halogenalkane reagieren nicht auf diese Weise – ein primäres Kation ist zu energiereich, um in Lösung zu entstehen. Das reaktive Kohlenstoffatom ist sterisch nicht gehindert und die Reaktion erfolgt durch einen S_N2-Prozeß. Bei sekundären Systemen beeinflussen die Natur der Abgangsgruppe, das Lösungsmittel, das Nucleophil und die Struktur des Substrats den Mechanismus der nucleophilen Substitution.

7.4 Unimolekulare Eliminierung: E1

Der nucleophile Angriff auf das positiv geladene Kohlenstoffatom ist jedoch nicht die einzige Möglichkeit der Reaktion von Carbenium-Ionen mit Nucleophilen. Als Alternative kann das Carbenium-Ion ein Proton abspalten, wobei ein Alken entsteht. Löst man zum Beispiel 2-Brom-2-methylpropan in Methanol, so verschwindet das Ausgangsmaterial rasch, und es entsteht nicht nur das erwartete Produkt einer S_N1-Reaktion, 2-Methoxy-2-methylpropan, sondern auch eine größere Menge eines Alkens, nämlich 2-Methylpropen. Die Analyse der Kinetik zeigt, daß die Bildungsgeschwindigkeit des Alkens nur von der Konzentration des eingesetzten Halogenalkans abhängt. Der geschwindigkeitsbestimmende Schritt ist wie bei der S_N1-Reaktion die Dissoziation zum Carbenium-Ion. Dieser Zwischenstufe stehen nun zwei Wege offen: entweder verliert sie ein Proton oder sie wird durch ein Nucleophil abgefangen. Im ersten Fall wird also HX von RX abgespalten, es findet eine Dehydrohalogenierung statt. Dieser Prozeß heißt **Eliminierung**, abgekürzt E. Die eben besprochene Reaktion nennt man genauer **E1**, weil sie einer unimolekularen Kinetik folgt.

$$(CH_3)_3CBr \xrightleftharpoons{CH_3OH} H_3C{-}\overset{+}{C}(CH_3)_2 + Br^-$$

2-Brom-2-methylpropan

E1: $\rightarrow H_2C{=}C(CH_3)_2 + H^+ + Br^-$ — 20% **2-Methylpropen**

S_N1, CH_3OH: $\rightarrow (CH_3)_3COCH_3 + H^+ + Br^-$ — 80% **2-Methoxy-2-methylpropan**

Allgemeine Eliminierung

$$H{-}C{-}C{-}X \xrightarrow{\text{Base: }:B^-} {>}C{=}C{<} + H{-}B + X^-$$

Nucleophile können als Basen wirken

In der Abbildung 7-7 ist die Abspaltung des Protons ausführlich dargestellt. Erinnern wir uns, daß ein substituiertes Carbenium-Ion durch Hyperkonjugation mit benachbarten C–H-Bindungen stabilisiert wird. Dabei wird Elektronendichte aus diesen Bindungen in das leere *p*-Orbital übertragen, wodurch die Bindungen geschwächt werden (Abb. 7-7A).

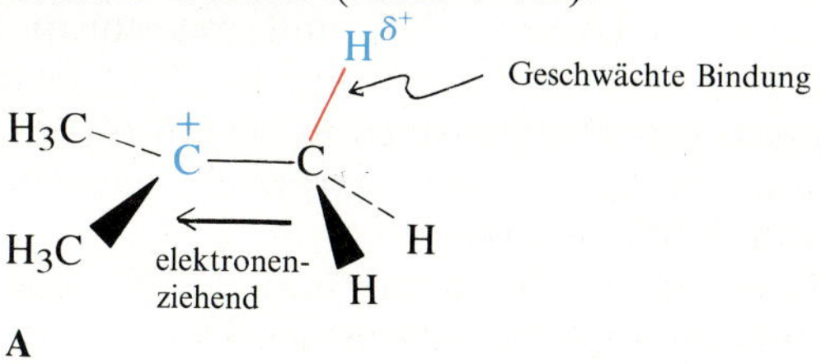

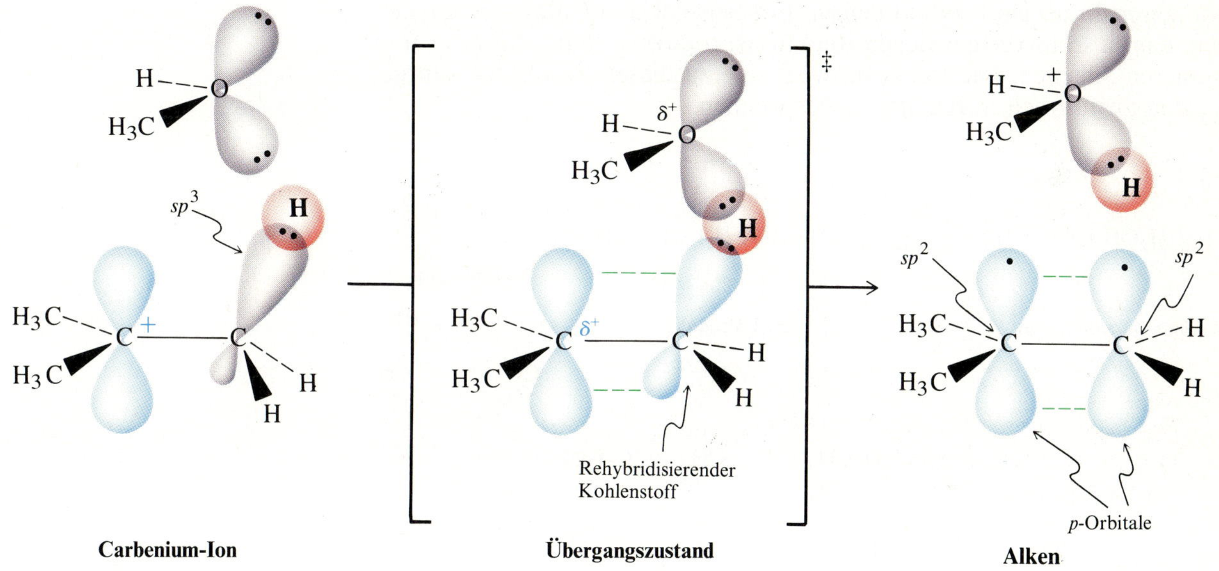

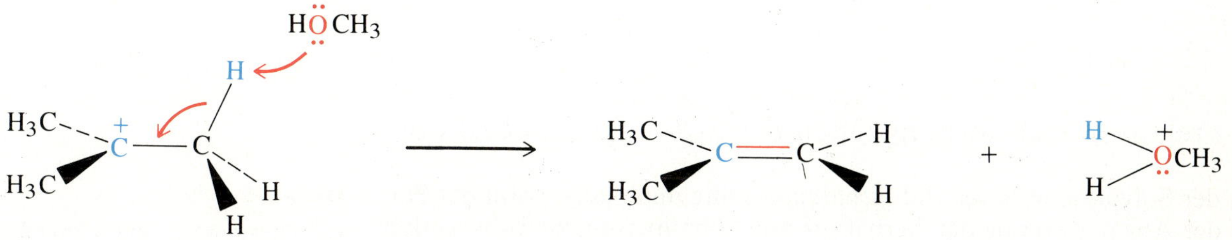

Abb. 7-7
A Das 1,1-Dimethylethyl-(*tert*-Butyl)-Kation. Die elektronenabziehende positive Ladung schwächt die C–H-Bindung, der an der Hyperkonjugation beteiligte Wasserstoff nimmt eine positive Partialladung an. **B** Protonübertragung des 1,1-Dimethylethyl-(*tert*-Butyl)-Kations an das Solvens (Methanol) als Molekülorbital-Schema. Das elektronenreiche Sauerstoffatom von Methanol nähert sich dem aktivierten Wasserstoffatom. Im Übergangszustand ist die Bindung zwischen dem Sauerstoff zu diesem Wasserstoff schon teilweise geschlossen, seine Bindung zu Kohlenstoff ist teilweise gelöst. Das ursprünglich sp^3-hybridisierte Orbital, das das Wasserstoffatom band, rehybridisiert zu sp^2. Das Proton tritt aus und hinterläßt ein Elektronenpaar, das sich über die *p*-Orbitale verteilt und die neue Doppelbindung herstellt. **C** Derselbe Vorgang dargestellt mit Pfeilen, die die Elektronenwanderung verdeutlichen.

Außerdem verursacht der elektronenziehende Effekt des positiv geladenen Kohlenstoffatoms eine Polarisierung der C–H-Bindung, wodurch das Wasserstoffatom eine positive Partialladung erhält. Dieses Wasserstoffatom kann nun als Proton abgegeben werden, z. B. an das Lösungsmittel, das in diesem Fall als Base wirkt.

Durch die Abspaltung des Protons entsteht ein neutrales Molekül, das eine Doppelbindung enthält. Dieser Vorgang wird in Abbildung 7-7 mit Hilfe eines Orbitalschemas (Abb. 7-7B) und mit einem einfacheren Schema (Abb. 7-7C) dargestellt, das zeigt, wie die Elektronen wandern.

In allen Darstellungen von Mechanismen in diesem Buch wird die Abstraktion eines Protons als Dissoziation dargestellt, gemeint ist jedoch immer die Abstraktion durch eine Base.

Jedes Wasserstoffatom in der Nachbarschaft des Reaktionszentrums kann in einer E1-Reaktion abgespalten werden. Das 1,1-Dimethylethyl-Kation (*tert*-Butyl-Kation) hat neun solche Wasserstoffatome, die alle gleich reaktiv sind. In diesem Fall entsteht immer das gleiche Produkt, unabhängig davon, welches Proton abgespalten wird. Andere Substrate können mehr als ein Produkt liefern. Ein Beispiel ist 3-Chlor-3-methylhexan, das zu sechs verschiedenen Reaktionsprodukten führt, darunter fünf isomeren Alkenen. Die Reaktionswege, die zu diesen Produkten führen, werden ausführlich in Kapitel 11 besprochen.

$$CH_3CH_2CH_2C(CH_3)(Cl)CH_2CH_3 \xrightarrow[-\,HCl]{CH_3OH,\ \Delta} CH_3CH_2CH_2C(CH_3)(OCH_3)CH_2CH_3 + (CH_3CH_2CH_2)(CH_3CH_2)C{=}CH_2$$

3-Chlor-3-methylhexan — **S_N1-Produkt** — **E1**

$$+ (CH_3)(CH_3CH_2CH_2)C{=}C(H)(CH_3) + (CH_3)(CH_3CH_2CH_2)C{=}C(CH_3)(H)$$

E1 — **E1**

$$+ (CH_3CH_2)(H)C{=}C(CH_3)(CH_2CH_3) + (H)(CH_3CH_2)C{=}C(CH_3)(CH_2CH_3)$$

E1 — **E1**

Die relativen Geschwindigkeiten der S_N1- und E1-Reaktion

Bei der Solvolyse tertiärer Halogenalkane sollte unabhängig von der Natur der Abgangsgruppe das Verhältnis von Eliminierung zu Substitution immer gleich sein, weil beide Reaktionen über die gleiche Zwischenstufe verlaufen. Das wird im großen und ganzen auch beobachtet (Tab. 7-5). Das Produktverhältnis kann durch Zusatz einer schwachen Base zugunsten der Eliminierung verschoben werden, weil die Deprotonierung des Carbenium-Ions beschleunigt wird. Gibt man zum Beispiel ein Äquivalent NaOH zu einer Lösung von 2-Chlor-2-methylpropan in wäßrigem Ethanol, so erhält man fast ausschließlich 2-Methylpropen. In diesem Fall greift das Hydroxid-Ion, das eine viel stärkere Base als Wasser oder Ethanol ist, das intermediär gebildete Carbenium-Ion rasch und ausschließlich am Wasserstoffatom an. Kompliziert wird das ganze allerdings dadurch,

Tabelle 7-5

Verhältnis von S_N1- zu E1-Produkt bei der Hydrolyse von 2-Halogen-2-methylpropanen bei 25 °C

X in $(CH_3)_3CX$	Verhältnis S_N1 : E1
Cl	95:5
Br	95:5
I	96:4

daß starke Basen mit Halogenalkanen auch über eine direkte Eliminierung reagieren können. Diese Reaktion wird im nächsten Abschnitt besprochen.

Bevorzugte E1-Reaktion von 2-Chlor-2-methylpropan in Ethanol in Gegenwart von Hydroxid-Ionen

$$(CH_3)_3CCl \rightleftharpoons H_3C-\overset{+}{C}(CH_3)_2 + Cl^-$$

E1, Relativ schnell, HO^-:

$$Cl^- + HOH + CH_2{=}C(CH_3)_2$$

2-Methylpropen

S_N1, Relativ langsam, CH_3CH_2OH, H_2O:

$$(CH_3)_3COCH_2CH_3 + (CH_3)_3COH + H^+ + Cl^-$$

2-Ethoxy-2-methylpropan; 2-Methyl-2-propanol

Übung 7-9

Löst man 2-Brom-2-methylpropan bei 25 °C in wäßrigem Ethanol, so erhält man eine Mischung von $(CH_3)_3COCH_2CH_3$ (30%), $(CH_3)_3COH$ (60%) und $(CH_3)_2C{=}CH_2$ (10%). Erklären Sie das.

Wir fassen zusammen: Bei einer Solvolyse kann das Carbenium-Ion nicht nur durch ein Nucleophil abgefangen werden können, wobei Produkte einer S_N1-Reaktion entstehen, sondern auch durch Deprotonierung Produkte einer Eliminierungsreaktion ausbilden (E1). In solchen Fällen dient das Nucleophil, d.h. gewöhnlich das Lösungsmittel, als Base.

7.5 Bimolekulare Eliminierung: E2

Neben S_N2-, S_N1- und E1-Reaktionen können Halogenalkane noch auf eine weitere Art mit Nucleophilen reagieren: Wie bei E1-Reaktionen reagiert das Nucleophil als Base und führt eine Eliminierung herbei, die jedoch nun nach einem bimolekularen Mechanismus verläuft. Solche Eliminierungen kürzt man mit **E2** ab.

Starke Basen führen zu einer bimolekularen Eliminierung

Aus dem vorangegangenen Kapitel wissen wir, daß tertiäre Halogenalkane in nicht-nucleophilen, schwach basischen Lösungsmitteln wie Wasser und Alkoholen neben Substitutionsreaktionen auch E1- Reaktionen eingehen können. Dabei kann der Anteil an E1-Produkten durch Zugabe von geringen Mengen einer Base erhöht werden. Wenn wir die Eliminierungsreaktion verfolgen, stellen wir jedoch ab einer gewissen Konzentration der Base fest, daß die Bildungsgeschwindigkeit des Alkens nunmehr direkt proportional der Basenkonzentration ist; die Eliminierung wird bimolekular.

Kinetik der E2-Reaktion von 2-Chlor-2-methylpropan

$$(CH_3)_3CCl + Na^+OH^- \xrightarrow{k} CH_2{=}C(CH_3)_2 + NaCl + H_2O$$

$$\text{Geschwindigkeit} = k[(CH_3)_3CCl][OH^-] \text{ mol/(L s)}$$

Offensichtlich sind starke Basen in der Lage, ein dem Reaktionszentrum benachbartes Wasserstoffatom anzugreifen, bevor sich ein Carbenium-Ion ausbilden kann. Diese Reaktion ist bei allen Halogenalkanen möglich, bei sekundären und primären jedoch in Konkurrenz zu S_N2-Prozessen.

$$CH_3CH_2CH_2Br \xrightarrow{CH_3O^-Na^+,\ CH_3OH} CH_3CH_2CH_2OCH_3 + (H_3C)HC{=}CH_2$$

92% **1-Methoxypropan** — 8% **Propen**

Übung 7-10

Welche Produkte erwarten Sie bei der Reaktion von Bromcyclohexan mit Hydroxid-Ionen?

Übung 7-11

Reagieren die folgenden Substrate nach E2 und welche Produkte entstehen dabei: CH_3CH_2I; CH_3I; $(CH_3)_3CCl$; $(CH_3)_3CCH_2I$?

Bei der E2-Reaktion findet eine konzertierte *anti*-Eliminierung von HX statt

Kinetische Untersuchungen der E2-Reaktion legen einen bimolekularen Übergangszustand nahe. Dieser ist Abbildung 7-8 dargestellt, einmal als Bild der Elektronenverschiebungen und einmal als Orbitalbild. Er ist dadurch gekennzeichnet, daß ein Proton bevorzugt in *anti*-Stellung zum austretenden Halogenid abgegeben wird, und daß folgende Vorgänge gleichzeitig ablaufen: Bindungsbildung zwischen Hydroxid-Ion und Proton; Rehybridisierung von sp^3 zu sp^2 und Ausbildung der Doppelbindung durch die beiden entstehenden *p*-Orbitale; Lösen der Bindung zwischen Kohlenstoffatom und Abgangsgruppe.

Ein Vergleich mit dem Übergangszustand der E1-Reaktion (Abb. 7-7) zeigt, daß beide sich sehr ähnlich sind und sich nur in der Reihenfolge der Vorgänge unterscheiden. Hier finden Proton-Abstraktion und Austritt der Abgangsgruppe gleichzeitig statt, bei der E1-Reaktion greift die Base nach dem Austritt des Halogenids an. Um sich den Unterschied der beiden Mechanismen klar zu verdeutlichen, mag es helfen, sich die starke Base bei der E2-Reaktion als sehr „agressiv" vorzustellen, die das Substrat sofort angreift, ohne die Dissoziation in Carbenium-Ion und Halogenid abzuwarten.

Wie erhält man ein genaues Bild des Übergangszustands der E2-Reaktion?

Um den Übergangszustand genau beschreiben zu können, wurden verschiedene Experimente durchgeführt, von denen jedes bestimmte Merk-

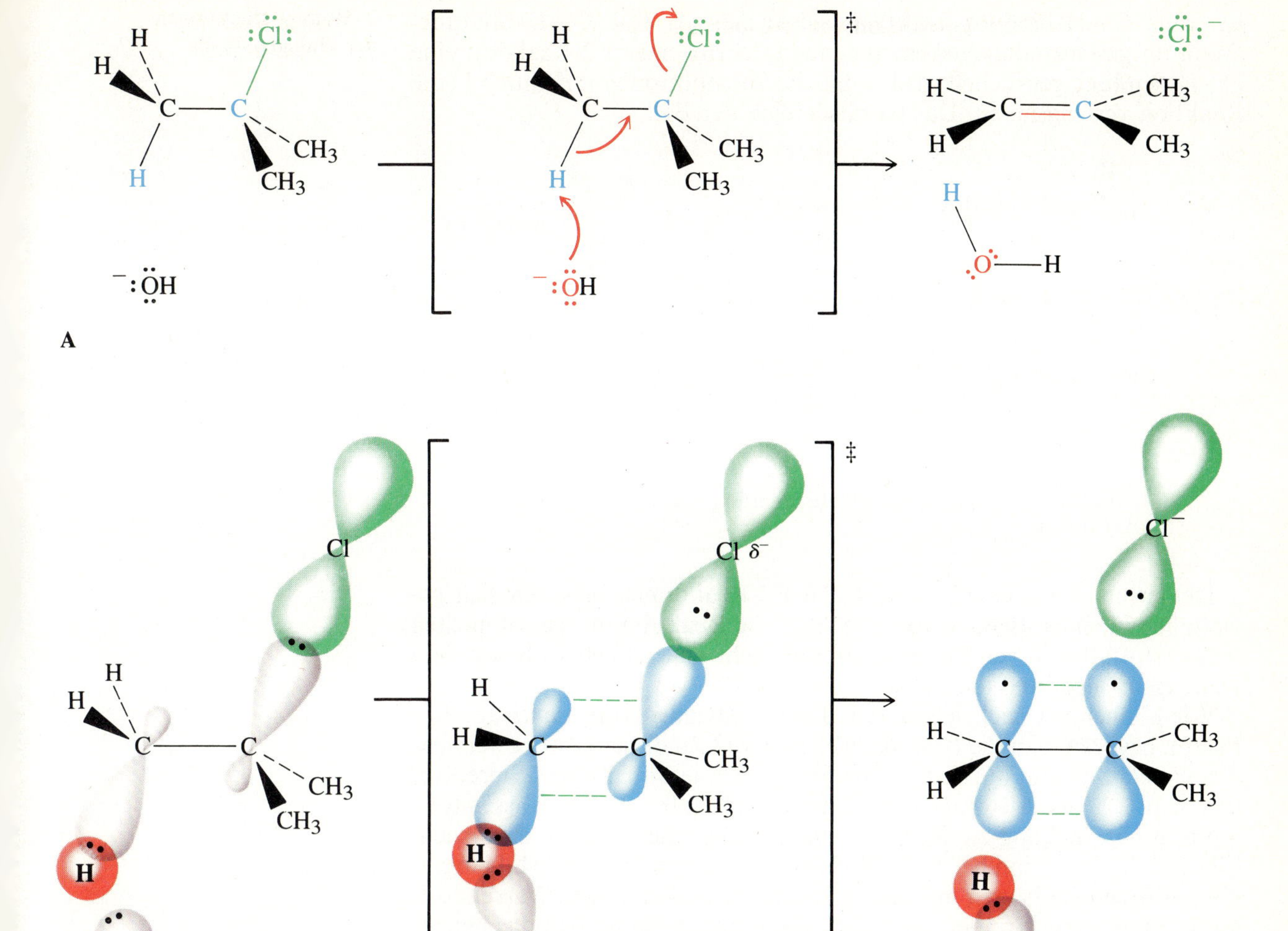

Abb. 7-8 Die E2-Reaktion von 2-Chlor-2-methylpropan mit dem Hydroxid-Ion (A) dargestellt mit Pfeilen, die die Elektronenwanderung anzeigen und (B) als Orbitalbild.

male seiner Struktur offenlegte. Wie bereits erwähnt, zeigt uns die Kinetik deutlich, daß Halogenalkan und Base eng zusammenwirken müssen. Indem wir die Abgangsgruppe variieren, sehen wir, daß ihre Bindung zum Substrat im Übergangszustand teilweise gelöst ist. Bessere Abgangsgruppen beschleunigen die Eliminierung.

Reaktivitätsreihe der E2-Reaktion

$$RCl < RBr < RI$$

Übung 7-12
Erklären Sie die nebenstehende Reaktion.

Cl— —I

CH_3O^-

Cl—

Auch ist in unserem Übergangszustand (Abb. 7-8) eine C–H-Bindung teilweise gelöst, was sich mit einem Isotopenexperiment nachweisen läßt. Man verwendet ein Substrat, in dem Wasserstoff durch Deuterium ersetzt ist. Eine C–H-Bindung ist etwas schwächer als eine C–D-Bindung. Wenn im geschwindigkeitsbestimmenden Schritt einer E2-Reaktion eine C–H-Bindung gebrochen wird, sollte die Substitution von H durch D die Reaktion verlangsamen. Das ist tatsächlich der Fall.

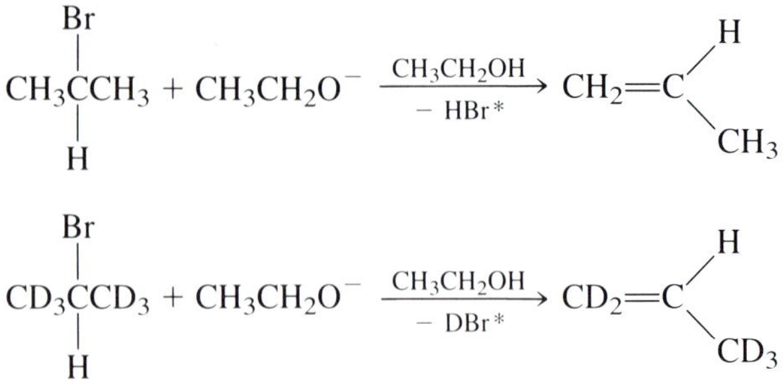

$$CH_3CBr(H)CH_3 + CH_3CH_2O^- \xrightarrow[-\ HBr^*]{CH_3CH_2OH} CH_2{=}C(H)CH_3 \qquad \text{schneller}$$

$$CD_3CBr(H)CD_3 + CH_3CH_2O^- \xrightarrow[-\ DBr^*]{CH_3CH_2OH} CD_2{=}C(H)CD_3 \qquad \text{langsamer}$$

$$\frac{k_{CH_3CHBrCH_3}}{k_{CD_3CHBrCD_3}} = \text{Deuterium-Isotopeneffekt} = 6.7$$

Deuterium-Isotopeneffekte k_H/k_D in E2-Reaktionen bewegen sich gewöhnlich in einem Bereich von 3–8, d.h. die Reaktion mit gewöhnlichen Wasserstoffatomen verläuft etwa drei bis acht mal schneller als mit dem Deuterium-substituierten Substrat.

Wie können wir nachweisen, daß das zur Abgangsgruppe *anti*-ständige Proton bevorzugt an die Base abgegeben wird? Zu diesem Zweck verwenden wir ein Substrat mit festgelegter Stereochemie. Im all-trans-Stereoisomer von 1,2,3,4,5,6-Hexachlorcyclohexan z.B. gibt es kein Wasserstoffatom in *anti*-Stellung zu einem Chloratom. Aus diesem Grund vollzieht sich eine E2-Reaktion bei dieser Verbindung mehrere tausend Mal langsamer als bei einem Isomer mit zumindest einem *anti*-ständigen Wasserstoffatom. Eliminierung findet zwar statt, aber dabei befindet sich das betroffene Wasserstoffatom auf derselben Seite wie die Abgangsgruppe. Im Gegensatz zur *anti*-Eliminierung verläuft diese Reaktion über einen *syn*-Übergangszustand (vom griechischen *syn*, zusammen).

Bei all-*trans*-1,2,3,4,5,6-Hexachlorcyclohexan gibt es keine Konformation mit einem *anti*-ständigen Wasserstoffatom

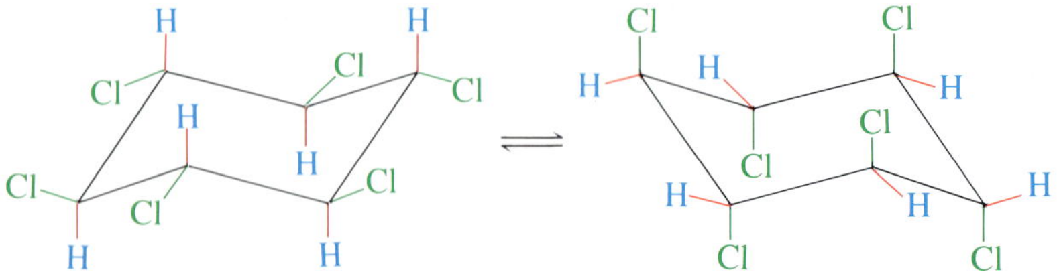

Äquatorial ⇌ **Axial**

All-*trans*-1,2,3,4,5,6-hexachlorocyclohexan

* Diese Schreibweise bedeutet, daß die Ausgangssubstanz eine Säure (HBr) abspaltet. Dies ist die Nettobilanz, in Wirklichkeit wird das Proton jedoch auf eine Base übertragen. Auf diese Schreibweise werden wir im Zusammenhang mit Eliminierungen in diesem Buch noch häufiger stoßen.

Anti-Eliminierung erzeugt Alkene mit definierter Stereochemie. Diesen Aspekt sowie die Ursachen der bevorzugten *anti*-Eliminierung besprechen wir ausführlich in Abschnitt 11.5.

Übung 7-13

Die E2-Reaktion von *trans*-1-Brom-4-(1,1-dimethylethyl)cyclohexan und Natriummethoxid verläuft wesentlich langsamer als beim entsprechenden cis-Isomer. Erklären Sie dies!

Sterische Faktoren bestimmen das Verhalten von Halogenalkanen gegenüber Nucleophilen

Die vielfältigen Reaktionsmöglichkeiten von Halogenalkanen in Gegenwart von Nucleophilen mögen auf den ersten Blick verwirrend sein: S_N2, S_N1, E2, E1. Es gibt jedoch einige klare, übergreifende Richtlinien, die es erlauben, die Reaktion eines Halogenalkans vorherzusagen. Dabei spielen sterische Faktoren eine entscheidende Rolle.

Die relativ ungehinderten primären Halogenalkane reagieren auch mit starken Basen wie OR^- oder OH^- bevorzugt nach S_N2, da bei ihnen das Reaktionszentrum dem Nucleophil frei zugänglich ist. Dies ändert sich, wenn wir eine sterisch anspruchsvolle Base verwenden, deren Angriff räumlich stark gehindert ist. Hier kann auch bei primären Verbindungen Eliminierung vorherrschen, da die Deprotonierung an der besser zugänglichen Peripherie des Moleküls erfolgt. Beispiele für sterisch gehinderte Basen sind Kalium-*tert*-butoxid und Lithiumdiisopropylamid (LDA), die wir hier mit ihren Trivialnamen bezeichnen.* Bei Reaktionen mit diesen Basen verwendet man oft die entsprechende konjugierte Säure als Lösungsmittel, z. B. 2-Methyl-2-propanol oder *N*-(1-Methylethyl)-1-methylethanamin (Diisopropylamin).

Sterisch gehinderte Basen

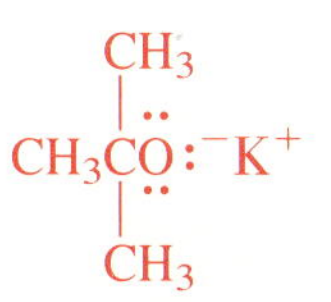

$$(CH_3)_3C\ddot{\underset{..}{O}}:^-K^+$$

Kalium-*tert*-butoxid

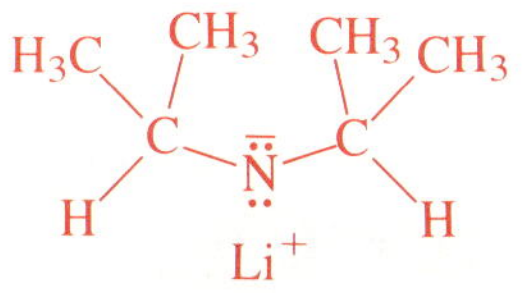

$$[(CH_3)_2CH]_2\ddot{\underset{..}{N}}^-\ Li^+$$

Lithiumdiisopropylamid (LDA)

$$CH_3CH_2CH_2CH_2Br \xrightarrow[-\ HBr]{(CH_3)_3CO^-K^+,\ (CH_3)_3COH} \underset{85\%}{CH_3CH_2CH{=}CH_2} + \underset{15\%}{CH_3CH_2CH_2CH_2OC(CH_3)_3}$$

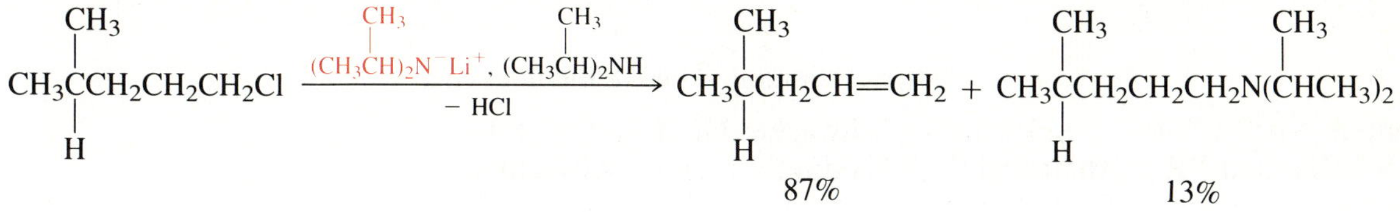

$$CH_3CH(CH_3)CH_2CH_2CH_2Cl \xrightarrow[-\ HCl]{[(CH_3)_2CH]_2N^-Li^+,\ [(CH_3)_2CH]_2NH} \underset{87\%}{CH_3CH(CH_3)CH_2CH{=}CH_2} + \underset{13\%}{CH_3CH(CH_3)CH_2CH_2CH_2N[CH(CH_3)_2]_2}$$

* Die Basen R′R″N⁻ (Amide) dürfen nicht mit den gleichnamigen (Carbonsäure-) Amiden RCONR′R″ (Abschn. 18.5) verwechselt werden!

Ist eine sehr gute Abgangsgruppe vorhanden, z. B. ein Sulfonat (wie in 4-Methylbenzolsulfonat) wird jedoch auch hier die S_N2-Reaktion bevorzugt:

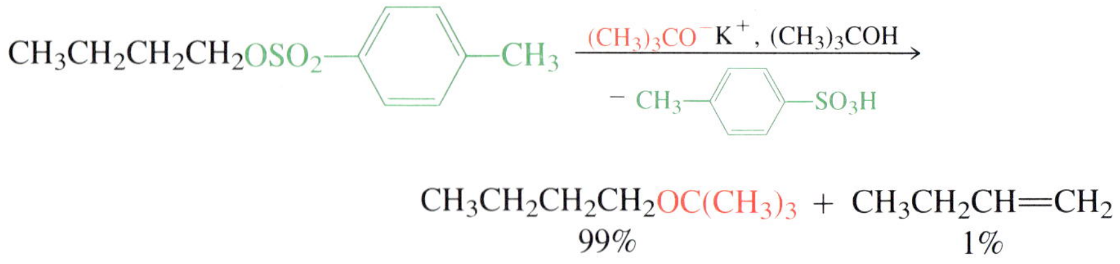

$$CH_3CH_2CH_2CH_2OSO_2-C_6H_4-CH_3 \xrightarrow[-\,CH_3-C_6H_4-SO_3H]{(CH_3)_3CO^-K^+,\ (CH_3)_3COH} \underset{99\%}{CH_3CH_2CH_2CH_2OC(CH_3)_3} + \underset{1\%}{CH_3CH_2CH{=}CH_2}$$

Zunehmend sperrige Gruppen am Reaktionszentrum verlangsamen die Substitution und begünstigen die Eliminierung. Sekundäre und tertiäre Halogenalkane reagieren mit starken Basen daher hauptsächlich unter bimolekularer Eliminierung, mit sterisch gehinderten starken Basen findet sogar ausschließlich Eliminierung statt.

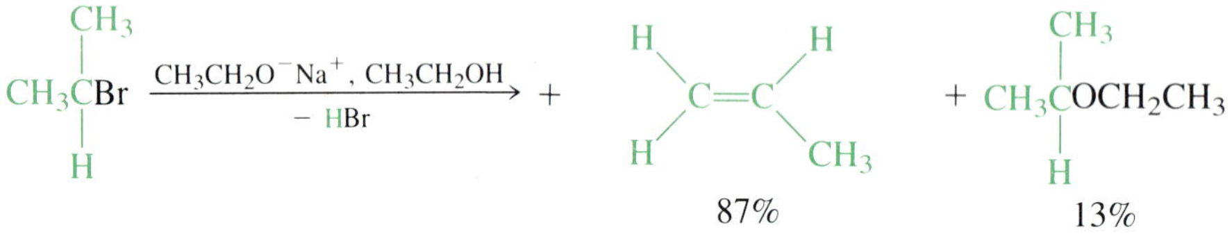

$$CH_3CH(CH_3)Br \xrightarrow[-\,HBr]{CH_3CH_2O^-Na^+,\ CH_3CH_2OH} \underset{87\%}{H_2C{=}CHCH_3} + \underset{13\%}{CH_3CH(CH_3)OCH_2CH_3}$$

Propen — **2-Ethoxypropan**

überwiegend Eliminierung

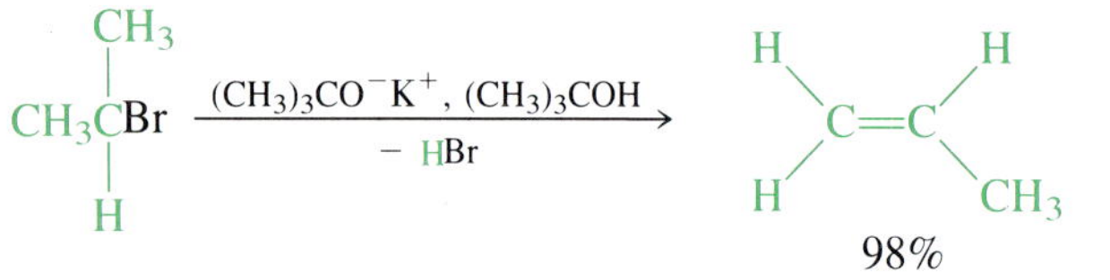

$$CH_3CH(CH_3)Br \xrightarrow[-\,HBr]{(CH_3)_3CO^-K^+,\ (CH_3)_3COH} \underset{98\%}{H_2C{=}CHCH_3}$$

Propen

ausschließlich Eliminierung

Verzweigungen an anderer Stelle wirken sich ähnlich aus.

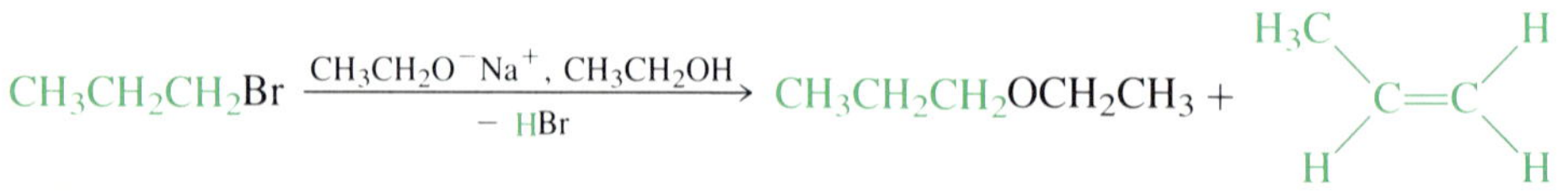

$$CH_3CH_2CH_2Br \xrightarrow[-\,HBr]{CH_3CH_2O^-Na^+,\ CH_3CH_2OH} CH_3CH_2CH_2OCH_2CH_3 + H_3C(H)C{=}CH_2$$

91 % Substitution — 9 % Eliminierung

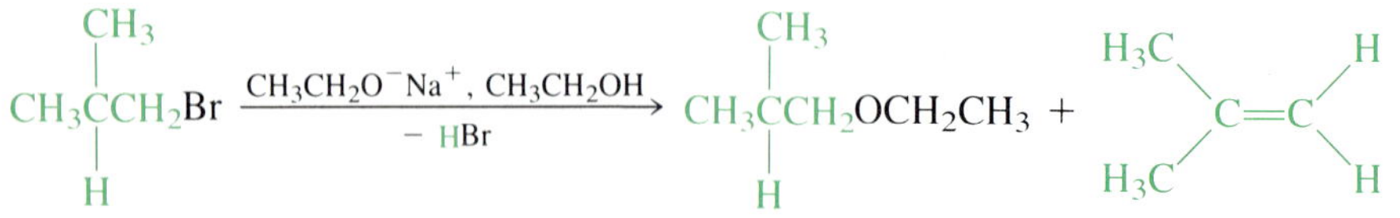

$$CH_3CH(CH_3)CH_2Br \xrightarrow[-\,HBr]{CH_3CH_2O^-Na^+,\ CH_3CH_2OH} CH_3CH(CH_3)CH_2OCH_2CH_3 + (H_3C)_2C{=}CH_2$$

40 % Substitution — 60 % Eliminierung

Mit guten Nucleophilen, die gleichzeitig schwache Basen sind, z. B. I^-, Br^-, RS^-, N_3^- und PR_3, erhält man S_N2-Produkte in guten Ausbeuten. 1-Brom-2-methylpropan z. B. reagiert mit Iodid in einer glatten S_N2-Reaktion:

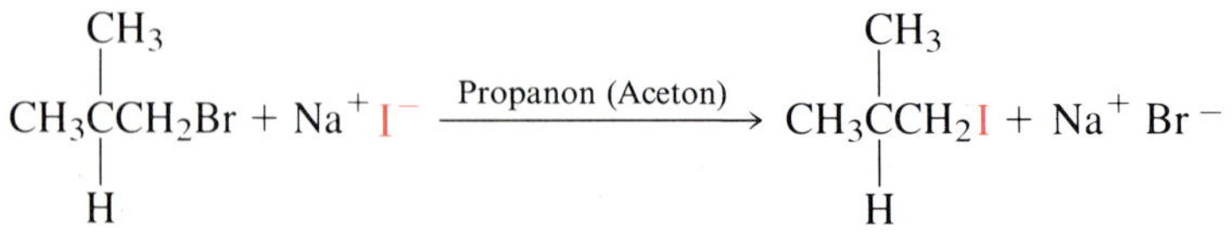

$$CH_3CH(CH_3)CH_2Br + Na^+I^- \xrightarrow{\text{Propanon (Aceton)}} CH_3CH(CH_3)CH_2I + Na^+Br^-$$

Übung 7-14
Welches Nucleophil der folgenden Gruppen ergibt ein höheres E2/S_N2-Produktverhältnis bei der Reaktion mit 1-Brom-2-methylpropan?

$$\text{(a)}\ N(CH_3)_3,\ P(CH_3)_3;\quad \text{(b)}\ NH_2^-,\ (CH_3\underset{}{\overset{CH_3}{\overset{|}{C}}}H)_2N^-;\quad \text{(c)}\ I^-,\ Cl^-.$$

Der Einfluß der Basenstärke

Mit abnehmender Stärke oder zunehmender Nucleophilie einer Base tritt bevorzugt Substitution ein; ob diese bimolekular oder unimolekular erfolgt, hängt von den weiteren Reaktionsbedingungen, dem Substrat und dem verwendeten Nucleophil ab. So reagiert das Ethoxid-Ion mit 2-Brompropan in Propanon (Aceton) zu 87% unter Eliminierung, das Ethanoat-Ion (Acetat) ergibt 100% Substitution, da Ethanoat (Acetat) weniger basisch ist als Ethoxid.

$$CH_3\underset{H}{\overset{CH_3}{C}}Br + CH_3\overset{O}{\overset{\|}{C}}O^-Na^+ \xrightarrow{\text{Propanon (Aceton)}} CH_3\underset{H}{\overset{CH_3}{C}}O\underset{O}{\underset{\|}{C}}CH_3 + Na^+Br^-$$

100%

Mit 2-Brom-2-methylpropan ergeben beide Basen jedoch ausschließlich Eliminierungsprodukte.

Die vielfältigen Möglichkeiten der sekundären Halogenalkane

Am vielseitigsten verhalten sich sekundäre Alkylderivate gegenüber Nucleophilen. Mit guten Nucleophilen, die gleichzeitig schwache Basen sind, gehen sie fast ausschließlich bimolekulare Substitution ein, starke Basen dagegen führen zu bimolekularer Eliminierung. In einem protischen Solvens und in Abwesenheit starker Nucleophile und Basen tritt zusätzlich Dissoziation ein, da nun S_N2 und E2-Prozesse so langsam werden, daß ein sekundäres Carbenium-Ion entstehen kann. Das Verhältnis von Substitution (S_N1) und Eliminierung (E1) variiert, je nachdem welches Medium vorliegt. Oft erhält man aus einem einzigen Halogenalkan das ganze Spektrum möglicher Produkte, die durch unimolekulare und bimolekulare Substitution und Eliminierung gebildet werden. Deshalb ist es oft unmöglich, die Reaktion zwischen einem sekundären Halogenalkan und einem Nucleophil vorherzusagen. Durch Variation von Substratstruktur, Abgangsgruppe, Lösungsmittel und Nucleophil sollte man jedoch die Produktverteilung zumindest qualitativ abschätzen können.

Übung 7-15
Bei welcher der folgenden Reaktionen entsteht ein größeres E2/E1-Produktverhältnis? Weshalb?

$$\text{(a)}\ CH_3CH_2\overset{CH_3}{\overset{|}{C}}HBr \xrightarrow{CH_3OH} \qquad CH_3CH_2\overset{CH_3}{\overset{|}{C}}HBr \xrightarrow{CH_3O^-Na^+,\ CH_3OH}$$

(b) Iodcyclohexan $\xrightarrow{(CH_3CH(CH_3))_2N^-Li^+,\ (CH_3CH(CH_3))_2NH}$ Iodcyclohexan $\xrightarrow{\text{Propanon (Aceton)}}$

Wir halten fest: Starke Basen reagieren mit Halogenalkanen sowohl unter Substitution als auch unter Eliminierung. Diese Reaktionen folgen einer Kinetik zweiter Ordnung, was auf einen bimolekularen Mechanismus deutet. Sie verlaufen bevorzugt über einen *anti*-Übergangszustand, in dem die Abstraktion des Protons durch die Base gleichzeitig mit dem Austritt der Abgangsgruppe erfolgt. Sterische Effekte, die eine Substitution beeinträchtigen, begünstigen Eliminierung. Mit abnehmender Nucleophilie und zunehmender Basizität des Nucleophils läuft die Reaktion leichter nach E2 als nach S_N2 ab. Am vielseitigsten verhalten sich sekundäre Halogenalkane bei Substitutions- und Eliminierungsreaktionen.

Zusammenfassung der Chemie der Halogenalkane: Eliminierung oder Substitution? Bimolekular oder unimolekular?

In den vorangegangenen Abschnitten haben wir die vielfältigen Reaktionsmöglichkeiten der Halogenalkane (und anderer Alkylderivate mit guten Abgangsgruppen) in Gegenwart von Nucleophilen kennengelernt. Bei diesen Reaktionen spielen viele Faktoren eine Rolle, die sich leicht variieren lassen: Substratstruktur, Nucleophil, Abgangsgruppe, Lösungsmittel und Basenstärke. Es gibt ein paar einfache Regeln, nach denen man relative Reaktivitäten vergleichen und die Reaktionsprodukte zumindest qualitativ vorhersagen kann.

Wir wollen zunächst die wichtigsten Reaktionstypen zusammenfassen: Alkylderivate mit guten Abgangsgruppen haben vier verschiedene Möglichkeiten, mit Nucleophilen zu reagieren.

Reaktionen von Alkylderivaten mit Nucleophilen

1 Sekundäre und tertiäre Verbindungen dissoziieren in Carbenium-Ionen, die anschließend ein Nucleophil einfangen (S_N1):

$$CH_3CH_2C(CH_3)_2Br \xrightarrow[-\ Br^-]{} CH_3CH_2C^+(CH_3)_2 \xrightarrow{:Nu^-} CH_3CH_2C(CH_3)_2Nu$$

2 Sekundäre und tertiäre Verbindungen dissoziieren in Carbenium-Ionen, anschließend abstrahiert das Nucleophil, das als Base wirkt, ein Proton (E1):

$$CH_3C(CH_3)(H){-}C(CH_3)(H)Cl \xrightarrow[-\ Cl^-]{} CH_3C(CH_3)(H){-}C^+(CH_3)H \xrightarrow{:B^-} CH_3C(CH_3)(H){-}C(=CH_2)H + (H_3C)_2C{=}C(CH_3)H + BH$$

3 Bei primären und sekundären Alkylderivaten verdrängt das eintretende Nucleophil die Abgangsgruppe direkt, dabei erfolgt Inversion der Konfiguration am Reaktionszentrum (S_N2):

$$H_3C(H)(CH_2CH_3)C{-}I \xrightarrow{:Nu^-} Nu{-}C(CH_3)(H)(CH_2CH_3) + I^-$$

4 Bei primären, sekundären und tertiären Verbindungen werden Abgangsgruppe und ein benachbartes Proton gleichzeitig eliminiert, dabei entsteht eine Doppelbindung (E2):

$$CH_3CH_2CH_2I \xrightarrow{:B^-} CH_3CH{=}CH_2 + BH + I^-$$

Wie können wir die unterschiedlichen Reaktivitäten der verschiedenen Klassen der Halogenalkane als einfache Regeln formulieren?

Primäre Alkylderivate

Ungehinderte primäre Alkylderivate reagieren stets nach einem bimolekularen Mechanismus, dabei entstehen überwiegend Substitutionsprodukte, außer wenn sterisch gehinderte starke Basen, z. B. Kalium-*tert*-Butoxid, vorliegen. In diesem Fall wird die S_N2-Reaktion aus sterischen Gründen so langsam, daß der E2-Mechanismus zum Tragen kommt.

Auch Verzweigungen im Substratmolekül beeinträchtigen die Substitution. Starke Nucleophile führen aber selbst in diesen Fällen hauptsächlich zu Substitutionsprodukten. Nur starke Basen wie Alkoxide, RO^-, oder Amide, R_2N^-, bewirken hauptsächlich Eliminierung. Ausnahmen bilden 2,2-Dialkylpropyl- und ähnliche Systeme, bei denen kein Proton in der Nachbarschaft des Reaktionszentrums vorhanden und deshalb Eliminierung unmöglich ist. Auch eine S_N2-Reaktion verläuft hier sehr langsam, so daß diese Verbindungen in Gegenwart von Nucleophilen bemerkenswert inert bleiben. Die Reaktionsmöglichkeiten primärer Alkylderivate sind nachfolgend nochmals zusammengefaßt.

Reaktionen primärer Alkylderivate R–X mit Nucleophilen (Basen)

Ungehinderte R–X. S_N2 mit guten Nucleophilen:

$$CH_3CH_2CH_2Br + CN^- \xrightarrow{\text{Propanon (Aceton)}} CH_3CH_2CH_2CN + Br^-$$

Auch mit starken Basen:

$$CH_3CH_2CH_2Br + CH_3O^- \xrightarrow{CH_3OH} CH_3CH_2CH_2OCH_3 + Br^-$$

E2 mit einer starken, sterisch gehinderte Base:

$$CH_3CH_2CH_2Br + CH_3C(CH_3)_2O^- \xrightarrow[-\ HBr]{(CH_3)_3COH} CH_3CH{=}CH_2$$

Keine oder nur äußerst langsame Reaktion mit schwachen Nucleophilen (CH_3OH).

Verzweigte R–X. S_N2 mit starken Nucleophilen (allerdings langsamer als bei ungehinderten R–X):

$$CH_3C(CH_3)(H)CH_2Br + I^- \xrightarrow{\text{Propanon (Aceton)}} CH_3C(CH_3)(H)CH_2I + Br^-$$

Mit starken Basen (auch mit ungehinderten) E2:

$$CH_3C(CH_3)(H)CH_2Br + CH_3CH_2O^- \xrightarrow[-\,HBr]{CH_3CH_2OH} CH_3C(CH_3){=}CH_2$$

Mit schwachen Nucleophilen keine oder nur äußerst langsame Reaktion.

Sekundäre Alkylderivate

Sekundäre Alkylderivate gehen je nach den vorherrschenden Bedingungen Eliminierung und Substitution ein, sowohl unimolekular als auch bimolekular. Starke Nucleophile begünstigen S_N2, starke Basen führen zu E2, in polaren, nicht-nucleophilen Medien entstehen hauptsächlich S_N1 und E1-Produkte. Nachstehend sind die Reaktionsmöglichkeiten sekundärer Verbindungen nochmals zusammengefaßt.

Reaktionsmöglichkeiten sekundärer Alkylderivate R–X mit Nucleophilen (Basen)

Wenn X eine gute Abgangsgruppe ist, in einem stark polaren, nicht nucleophilen Medium: S_N1 (+ E1)

$$CH_3C(CH_3)(H)Br \xrightarrow[-\,HBr]{CH_3CH_2OH} \underset{\text{Hauptprodukt}}{CH_3C(CH_3)(H)OCH_2CH_3} + \underset{\text{Nebenprodukt}}{CH_3CH{=}CH_2}$$

Mit starken Nucleophilen: S_N2

$$CH_3C(CH_3)(H)Br + CH_3S^- \xrightarrow{CH_3CH_2OH} CH_3C(CH_3)(H)SCH_3 + Br^-$$

Mit starken Basen: E2

$$CH_3C(CH_3)(H)Br + CH_3CH_2O^- \xrightarrow[-\,HBr]{CH_3CH_2OH} CH_3CH{=}CH_2$$

Tertiäre Alkylderivate

Tertiäre Systeme reagieren in Gegenwart starker Basen unter Eliminierung, in nichtbasischen Medien unter Substitution (S_N1). Bimolekulare Substitution findet nicht statt, Eliminierung nach E1 tritt jedoch als Nebenreaktion von S_N1 auf. Die verschiedenen Reaktionen sind nachstehend zusammengefaßt.

Reaktionsmöglichkeiten tertiärer Alkylderivate R–X mit Nucleophilen (Basen)

Wenn X eine gute Abgangsgruppe ist, ein polares Solvens vorliegt und in Abwesenheit einer Base: $S_N1 + E1$

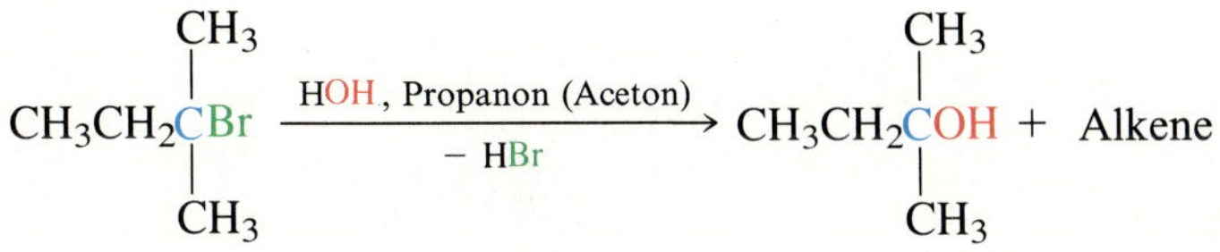

$$CH_3CH_2C(CH_3)_2Br \xrightarrow[-\ HBr]{HOH,\ \text{Propanon (Aceton)}} CH_3CH_2C(CH_3)_2OH + \text{Alkene}$$

Mit starken Basen: E2

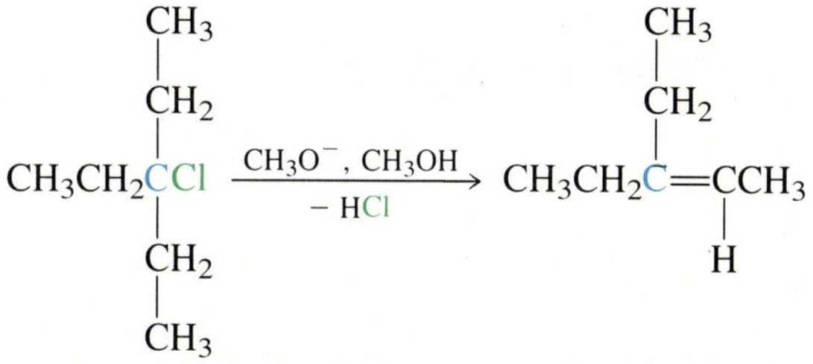

$$CH_3CH_2C(CH_2CH_3)_2Cl \xrightarrow[-\ HCl]{CH_3O^-,\ CH_3OH} CH_3CH_2C(CH_2CH_3){=}CHCH_3$$

Mit schwachen Basen: E1

$$CH_3C(CH_3)_2Br \xrightarrow[-\ HBr]{CH_3CH_2OH,\ \text{schwache Base}} CH_2{=}C(CH_3)CH_3$$

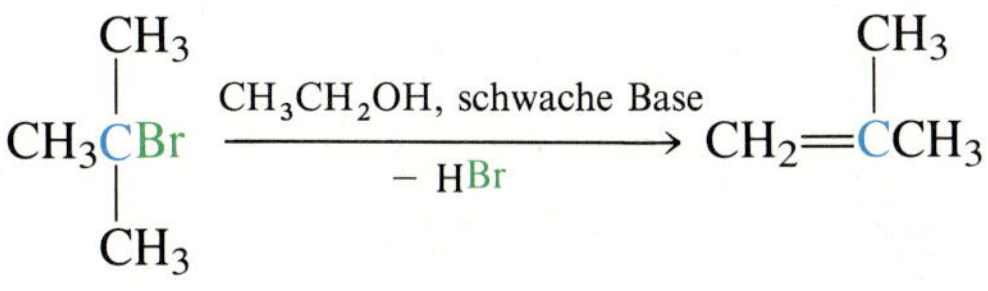

Aufgaben

1 Welche Hauptprodukte entstehen bei folgenden Solvolysereaktionen?

(a) 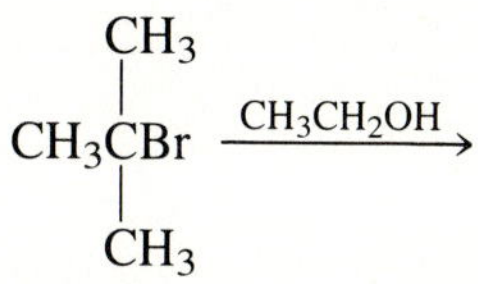 $CH_3C(CH_3)_2Br \xrightarrow{CH_3CH_2OH}$

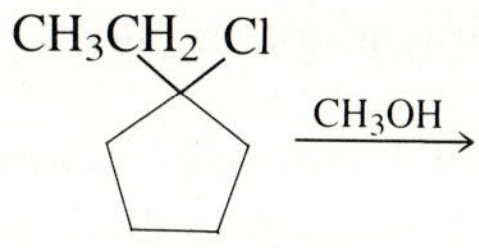

(b) 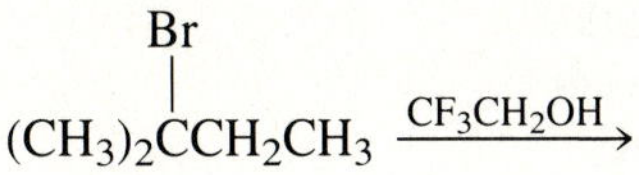 $(CH_3)_2CBrCH_2CH_3 \xrightarrow{CF_3CH_2OH}$

(c) 1-Chlor-1-ethylcyclopentan (CH_3CH_2, Cl am selben Ringkohlenstoff) $\xrightarrow{CH_3OH}$

(d) 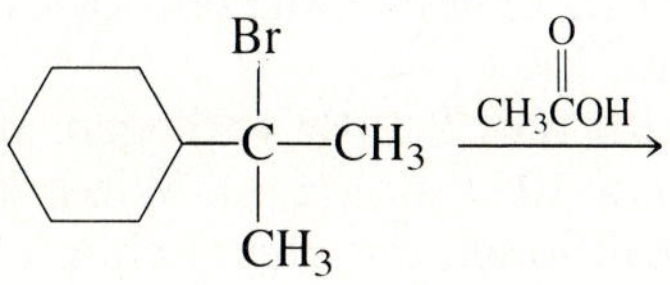 Cyclohexyl–$CBr(CH_3)$–CH_3 $\xrightarrow{CH_3COOH}$

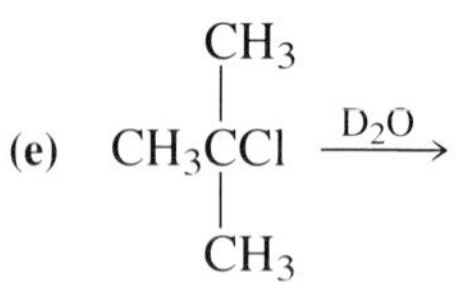

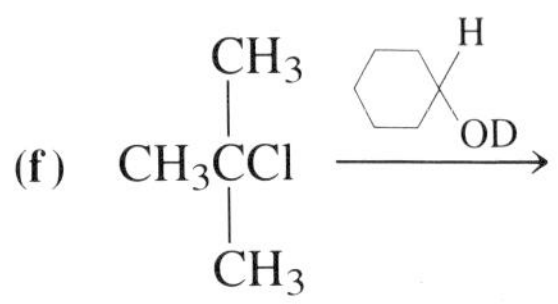

(e) $CH_3C(CH_3)_2Cl \xrightarrow{D_2O}$

(f) $CH_3C(CH_3)_2Cl \xrightarrow{\text{1-Deuteroxycyclohexan (H, OD)}}$

2 Welche beiden Substitutionsprodukte entstehen überwiegend bei nebenstehender Reaktion?

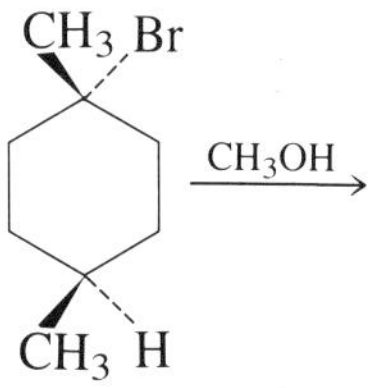

(Randformel: Cyclohexan mit CH_3, Br an einem C und CH_3, H am gegenüberliegenden C $\xrightarrow{CH_3OH}$)

(a) Erklären Sie die Mechanismen, die zu den einzelnen Produkten führen.
(b) Unterbricht man die Reaktion vorzeitig, so findet man ein *Isomer* der Ausgangsverbindung in der Reaktionsmischung. Welche Struktur hat es und wie ist es entstanden?

3 Welche beiden Hauptprodukte entstehen bei folgender Substitutionsreaktion?

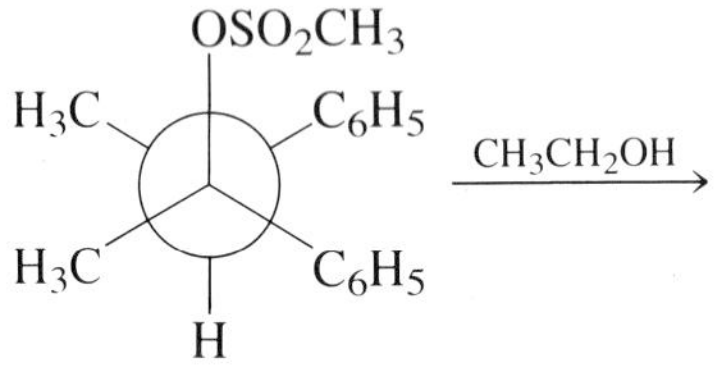

(Newman-Projektion: vorne OSO_2CH_3, H_3C, C_6H_5; hinten H_3C, C_6H_5, H) $\xrightarrow{CH_3CH_2OH}$

4 Wie würde sich das Hinzufügen der folgenden Substanzen bei der Solvolysereaktion in Aufgabe 1 auswirken?

(a) H_2O	**(d)** NaN_3
(b) H_2S	**(e)** Propanon (Aceton)
(c) KI	**(f)** $CH_3CH_2OCH_2CH_3$

5 Zeichnen Sie den qualitativen Verlauf der potentiellen Energie während der folgenden Reaktion.

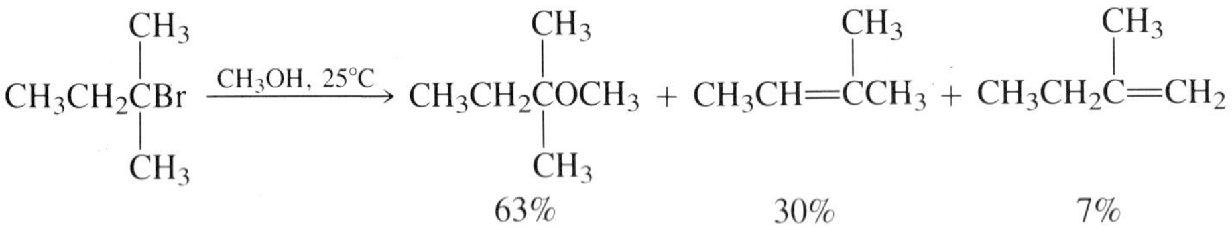

$$CH_3CH_2C(CH_3)_2Br \xrightarrow{CH_3OH,\ 25°C} \underset{63\%}{CH_3CH_2C(CH_3)_2OCH_3} + \underset{30\%}{CH_3CH{=}C(CH_3)CH_3} + \underset{7\%}{CH_3CH_2C(CH_3){=}CH_2}$$

Geben Sie die Übergangszustände des geschwindigkeitsbestimmenden und des produktbestimmenden Schritts an.

6 2-Brom-2-phenylpropan (siehe Rand) wird nach einem unimolekularen Mechanismus streng nach erster Ordnung hydrolysiert. Bei einer Konzentration [RBr] = 0.1 mol/L in 9:1 Propanon/Wasser mißt man eine Reaktionsgeschwindigkeit von 2×10^{-4} mol/(L s).

RBr = C_6H_5–C(CH_3)$_2$–Br

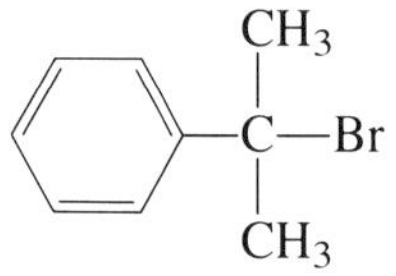

(a) Errechnen Sie daraus die Geschwindigkeitskonstante k. Welches Produkt entsteht?
(b) In Gegenwart von 0.1 mol/L LiCl wird die Reaktion schneller, 4×10^{-4} mol/(L s), obwohl sie weiterhin genau nach erster Ordnung verläuft. Berechnen Sie die neue Geschwindigkeitskonstante k_{LiCl} und erklären Sie die Wirkung von LiCl.
(c) Wenn anstelle von LiCl 0.1 mol/L LiBr vorliegen, *sinkt* die Reaktionsgeschwindigkeit auf 1.6×10^{-4} mol/(L s). Wie erklären Sie sich das? Beschreiben Sie die Reaktionen mit chemischen Gleichungen!

7 Ordnen Sie die folgenden Carbenium-Ionen nach abnehmender Stabilität.

$CH_3\overset{+}{C}HCH_2CH_3$ H CH_2^+ CH_3 +

8 Die nachfolgend dargestellten cyclischen Carbenium-Ionen sind von unterschiedlicher Stabilität. Schlagen Sie eine Stabilitätsreihe vor und begründen Sie diese.

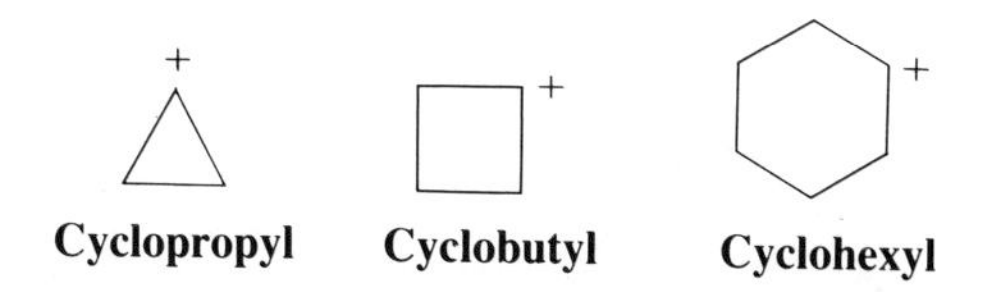

9 Ordnen Sie die Verbindungen der folgenden Gruppen nach abnehmender Solvolysegeschwindigkeit in wäßrigem Propanon (Aceton).

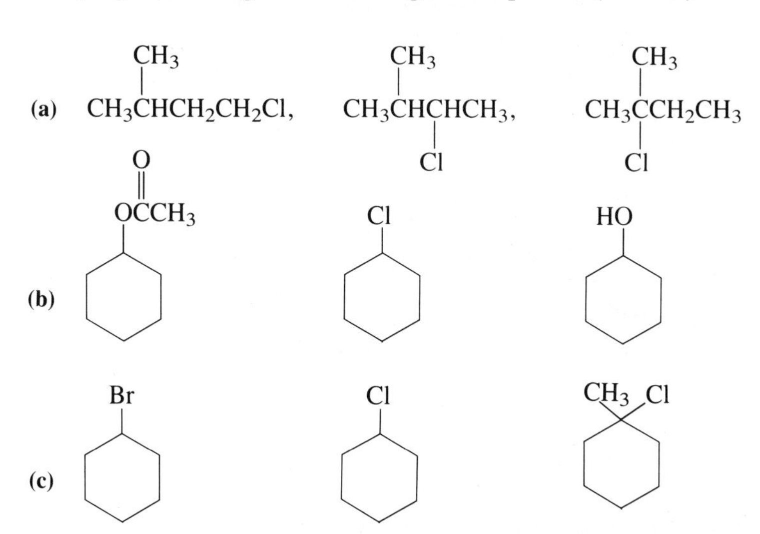

10 Welche Produkte entstehen bei folgenden Substitutionsreaktionen? Verlaufen sie nach S_N1 oder S_N2? Stellen Sie die einzelnen Schritte vollständig dar, verwenden sie Pfeile, um die Elektronenverschiebungen und Bindungsänderungen deutlich zu machen.

(a) $(CH_3)_2CHOSO_2CF_3 \xrightarrow{CH_3CH_2OH}$

(b) CH_3 / OH (Cyclopentan) $\xrightarrow{\text{konz. HCl, } H_2O}$

(c) $CH_3CH_2CH_2CH_2Br \xrightarrow{(C_6H_5)_3P,\ DMSO}$

(d) $CH_3CH_2CHClCH_2CH_3 \xrightarrow{\text{NaI, Propanon (Aceton)}}$

11 Schlagen Sie eine Synthese vor für (*R*)-$CH_3\underset{N_3}{C}HCH_2CH_3$, ausgehend von (*R*)-2-Brombutan.

12 Ordnen Sie nachstehenden Reaktionen das passende Reaktionsprofil (s. u.) zu. Zeichnen Sie die Übergangszustände, Zwischenstufen oder Produkte, die auf den Energiekurven mit einem Großbuchstaben bezeichnet sind.

(a) $(CH_3)_3CCl + (C_6H_5)_3P \longrightarrow$
(b) $(CH_3)_2CHI + KBr \longrightarrow$
(c) $(CH_3)_3COH + HBr \longrightarrow$
(d) $CH_3CH_2Br + NaOCH_2CH_3 \longrightarrow$

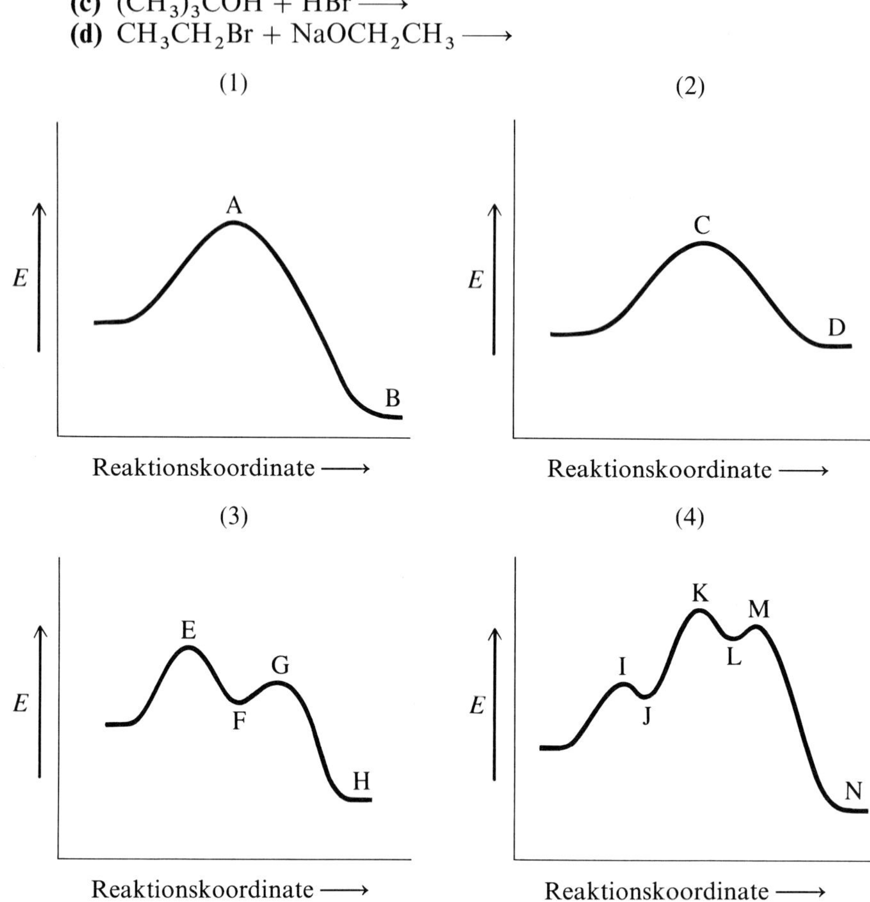

13 Nachstehend sehen Sie zwei Substitutionsreaktionen von (*S*)-2-Brombutan.

(1) $(S)\text{-}CH_3CH_2\underset{\displaystyle Br}{\underset{|}{C}}HCH_3 \xrightarrow{\text{HC(=O)OH}}$

(2) $(S)\text{-}CH_3CH_2\underset{\displaystyle Br}{\underset{|}{C}}HCH_3 \xrightarrow{\text{HC(=O)O}^-\text{Na}^+\text{, DMSO}}$

Welche Stereochemie erwarten Sie für die Produkte beider Reaktionen?

14 Welche E1-Produkte können bei den Reaktionen der Aufgaben 1, 2 und 3 entstehen?

15 Welches ist das wahrscheinlichste Produkt der Reaktion von 4-Chlor-4-methyl-1-pentanol in neutralem, polaren Lösungsmittel. Die Summenformel des Produkts lautet $C_6H_{12}O$.

$$(CH_3)_2\overset{\displaystyle Cl}{\overset{|}{C}}CH_2CH_2CH_2OH \longleftrightarrow HCl + ?$$

Dieselbe Verbindung in *basischer* Lösung ergibt ein Produkt mit derselben Summenformel $C_6H_{12}O$, das aber eine völlig andere Struktur hat. Welches Produkt entsteht und wie erklären Sie die unterschiedlichen Ergebnisse?

16 Tragen Sie das Hauptprodukt oder die Hauptprodukte der Reaktion zwischen den Halogenalkanen und den angegebenen Reagenzien in die Tabelle ein.

Halogenalkan	Reagenz			
	H_2O	$NaSCH_3$	$NaOCH_3$	$KOC(CH_3)_3$
CH_3Cl	______	______	______	______
CH_3CH_2Cl	______	______	______	______
$(CH_3)_2CHCl$	______	______	______	______
$(CH_3)_3CCl$	______	______	______	______

17 Geben Sie für jedes Produkt, das Sie in die Tabelle in Aufgabe 16 eingetragen haben, den Mechanismus an, nach dem es entstanden ist (S_N1, S_N2, E1 oder E2)

18 Die nachstehend gezeigte Reaktion kann sowohl nach E1 als auch nach E2 verlaufen.

$$C_6H_5CH_2\overset{\displaystyle CH_3}{\overset{|}{\underset{\underset{\displaystyle CH_3}{|}}{C}}}Cl \xrightarrow{NaOCH_3, CH_3OH} C_6H_5CH{=}C(CH_3)_2 + C_6H_5CH_2\overset{\displaystyle CH_3}{\overset{|}{C}}{=}CH_2$$

Die Geschwindigkeitskonstante für E1 lautet $k_{E1} = 1.4 \times 10^{-4}\ s^{-1}$, die Geschwindigkeitskonstante für E2 lautet $k_{E2} = 1.9 \times 10^{-4}$ L/(mol s); die Halogenalkan-Konzentration beträgt 0.02 mol/L.

(a) Welcher Eliminierungsmechanismus herrscht vor bei einer Konzentration von $NaOCH_3$ von 0.5 mol/L?
(b) Welcher Eliminierungsmechanismus überwiegt bei einer $NaOCH_3$-Konzentration von 2.0 mol/L?
(c) Bei welcher Konzentration der Base reagiert das Substrat genau zu 50% nach E1 und zu 50% nach E2?

19 Welche Produkte entstehen bei folgenden Eliminierungen? Geben Sie für jede Reaktion an, ob sie hauptsächlich nach E1 oder E2 verläuft und beschreiben Sie sämtliche mechanistischen Schritte wie in Aufgabe 10.

(a) $(CH_3)_3COH \xrightarrow{\text{konz. } H_2SO_4,\ \Delta}$

(b) $CH_3CH_2CH_2CH_2Cl \xrightarrow{LDA,\ [(CH_3)_2CH]_2NH}$

(c) (Cyclohexyl)–CH(Br)–(Cyclohexyl) $\xrightarrow{\text{Überschuß KOH, } CH_3CH_2OH}$

(d) 1-Chlor-1-methylcyclohexan (Cl, CH_3) $\xrightarrow{NaOCH_3,\ CH_3OH}$

20 Ein sekundäres Halogenalkan reagiert mit jedem der unten aufgeführten Nucleophile in einem polaren protischen Solvens (die pK_a-Werte der konjugierten Säuren der Nucleophile sind in Klammern angegeben). Geben Sie für jede Reaktion das Hauptprodukt und den vorliegenden Mechanismus an.

(a) N_3^- (4.6)	**(f)** F^- (3.2)
(b) NH_2^- (3.3)	**(g)** $C_6H_5O^-$ (9.9)
(c) NH_3 (9.5)	**(h)** PH_3 (− 12)
(d) HSe^- (3.7)	**(i)** NH_2OH (6.0)
(e) H^- (38)	**(j)** NCS^- (− 0.7)

21 Nachstehend sehen Sie drei Reaktionen von 2-Chlor-2-methylpropan:

(1) $(CH_3)_3CCl \xrightarrow{H_2S,\ CH_3OH}$

(2) $(CH_3)_3CCl \xrightarrow{CH_3C(=O)O^-K^+,\ CH_3OH}$

(3) $(CH_3)_3CCl \xrightarrow{CH_3O^-K^+,\ CH_3OH}$

(a) Geben Sie das Hauptprodukt jeder Reaktion an.
(b) Vergleichen Sie die Geschwindigkeiten der drei Reaktionen, setzen Sie dabei identische Substratkonzentration und Polarität des Mediums voraus. Welche Mechanismen liegen vor?
(c) Zeichnen Sie für jede Reaktion ein Diagramm des qualitativen Verlaufs der potentiellen Energie.

22 Geben Sie bei folgenden Reaktionen an, ob sie stattfinden, welche Produkte hauptsächlich entstehen und nach welchem Mechanismus (S_N1, S_N2, E1 oder E2.

(a) Cyclopentan mit CH_2Cl und H $\xrightarrow{KOC(CH_3)_3,\ (CH_3)_3COH}$

(b) $CH_3CHFCH_2CH_3$ (F an C-2) $\xrightarrow{\text{KBr, Propanon (Aceton)}}$

(c) H_3C–C(CH_2CH_3)(H)–Br $\xrightarrow{H_2O}$

(d) Iodcyclohexan $\xrightarrow{NaNH_2,\ \text{fl. } NH_3}$

(e) $(CH_3)_2CHCH_2CH_2CH_2Br \xrightarrow{NaOCH_2CH_3,\ CH_3CH_2OH}$

(f) C(Br)(H_3C)(CH_2CH_3)($CH_2CH_2CH_3$) $\xrightarrow{\text{NaI, Propanon (Aceton)}}$

(g) Cyclopentan mit OH und H am selben C-Atom $\xrightarrow{KOH,\ CH_3CH_2OH}$

(h) Cl–(Cyclohexyl)–$CH_2CH_2CH_2Br$ $\xrightarrow{\text{Überschuß KCN},\ CH_3OH}$

(i) (*R*)-$CH_3CH_2CHCH_3$ (mit OSO_2–C_6H_4–CH_3 am CH) $\xrightarrow{NaSH,\ CH_3OH}$

(j) $(CH_3CH_2)_3COH$ $\xrightarrow{\text{konz. HCl},\ H_2O}$

(k) $(CH_3)_3CCl$ $\xrightarrow{NaNH_2,\ \text{fl.}\ NH_3}$

(l) Cyclohexan mit CH_3CH_2 und I am selben C-Atom $\xrightarrow{CH_3OH}$

(m) $(CH_3)_3CCHCH_3$ (Br am CH) $\xrightarrow{KOH,\ CH_3CH_2OH}$

(n) CH_3CH_2Cl $\xrightarrow{CH_3COOH}$

23 Geben Sie für jede der folgenden Gleichungen an, ob die Reaktion rasch, träge oder überhaupt nicht vonstatten geht. Bei Reaktionen, die anders als aufgeführt verlaufen, geben Sie das tatsächliche Reaktionsprodukt an.

(a) $CH_3CH_2CHCH_3$ (Br am CH) $\xrightarrow{\text{NaOH, Propanon (Aceton)}}$ $CH_3CH_2CHCH_3$ (OH am CH)

(b) CH_3CHCH_2Cl (H_3C am CH) $\xrightarrow{CH_3OH}$ $CH_3CHCH_2OCH_3$ (CH_3 am CH)

(c) Cyclohexan mit H und Cl am selben C-Atom $\xrightarrow{HCN,\ CH_3OH}$ Cyclohexan mit H und CN am selben C-Atom

(d) CH_3–C(CH_3)(CH_3SO_2O)–$CH_2CH_2CH_2CH_2OH$ $\xrightarrow{(CH_3CH_2)_2O}$ 2,2-Dimethyltetrahydropyran (CH_3, CH_3 am C neben O)

(e) Cyclopentan mit CH_3 und CH_2I am selben C-Atom $\xrightarrow{NaSCH_3,\ CH_3OH}$ Cyclopentan mit CH_3 und CH_2SCH_3 am selben C-Atom

(f) $CH_3CH_2CH_2Br \xrightarrow{NaN_3,\ CH_3OH} CH_3CH_2CH_2N_3$

(g) $(CH_3)_3CCl \xrightarrow{\text{NaI, Propanon (Aceton)}} (CH_3)_3CI$

(h) $(CH_3CH_2)_2O \xrightarrow{CH_3I} (CH_3CH_2)_2\overset{+}{O}CH_3 + I^-$

(i) $CH_3I \xrightarrow{CH_3OH} CH_3OCH_3$

(j) $CH_3CH_2CH_2CH_2Cl \xrightarrow{NaOCH_2CH_3,\ CH_3CH_2OH} CH_3CH_2CH{=}CH_2$

(k) $CH_3CHCH_2CH_2Cl$ (CH_3 am CH) $\xrightarrow{NaOCH_2CH_3,\ CH_3CH_2OH}$ $CH_3CHCH{=}CH_2$ (CH_3 am CH)

(l) $(CH_3CH_2)_3COCH_3 \xrightarrow{NaBr,\ CH_3OH} (CH_3CH_2)_3CBr$

24 Entwerfen Sie Synthesen für die nachfolgend aufgeführten Verbindungen, ausgehend von den angegebenen Substanzen. Wählen Sie nach Belieben die Lösungsmittel oder zusätzliche Reagenzien. In manchen Fällen werden Sie stets Produktgemische erhalten, geben Sie dann die Reagenzien und die Bedingungen an, die zu einer maximalen Ausbeute des erwünschten Produkts führen (vgl. Aufgabe 19 in Kap. 6).

(a) $CH_3CH_2CHICH_3$ (I am C-2), aus Butan
(b) $CH_3CH_2CH_2CH_2I$, aus Butan
(c) $(CH_3)_3COCH_3$, aus Methan und 2-Methylpropan
(d) Cyclohexen, aus Cyclohexan
(e) Cyclohexanol, aus Cyclohexan
(f)  (Tetrahydrofuran, O), aus $HOCH_2CH_2CH_2CH_2OH$.
(g) 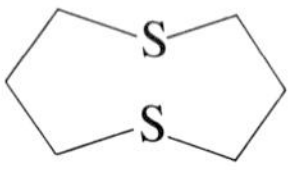 (1,3-Dithian-Ring, S, S), aus 1,3-Dibrompropan.

25 Cortison ist ein Steroid, das entzündungshemmend wirkt. Man erhält es leicht aus dem unten gezeigten Alken.

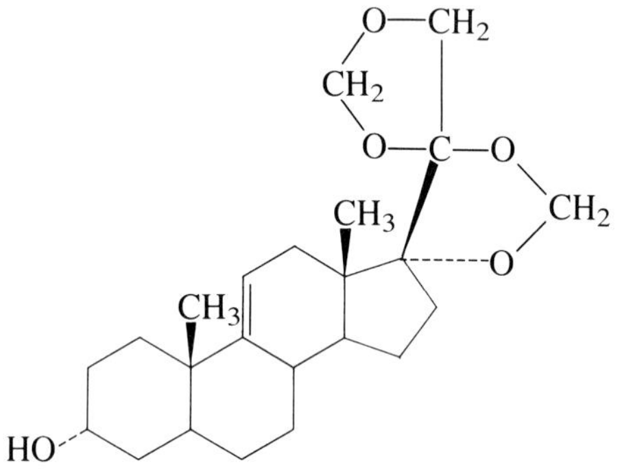

O—CH2, CH2, O—C—O, CH2, O, CH3, CH3, HO
Alken

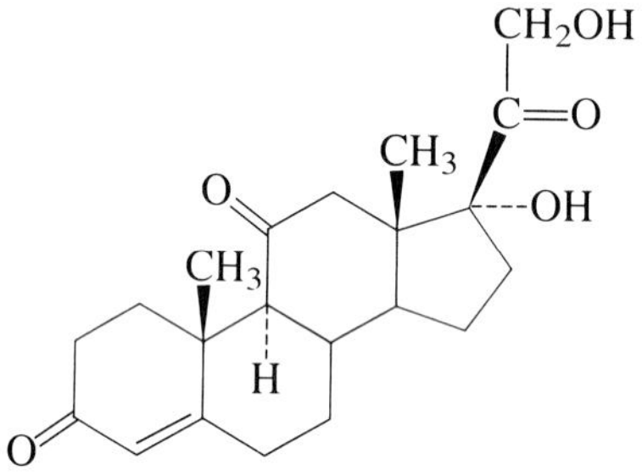

CH2OH, C=O, OH, O, CH3, CH3, H, O
Cortison

Nachstehend sind drei chlorierte Verbindungen gezeigt. Zwei davon ergeben mit einer Base unter E2-Eliminierung gute Ausbeuten des oben gezeigten Alkens. Mit welcher Verbindung ist das nicht möglich und weshalb? Welches Produkt erhält man in diesem Fall durch eine E2-Eliminierung?

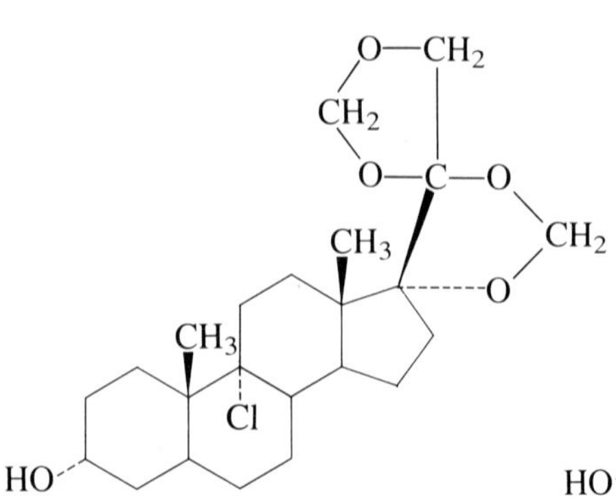

O—CH2, CH2, O—C—O, CH2, O, CH3, CH3, Cl, HO
A

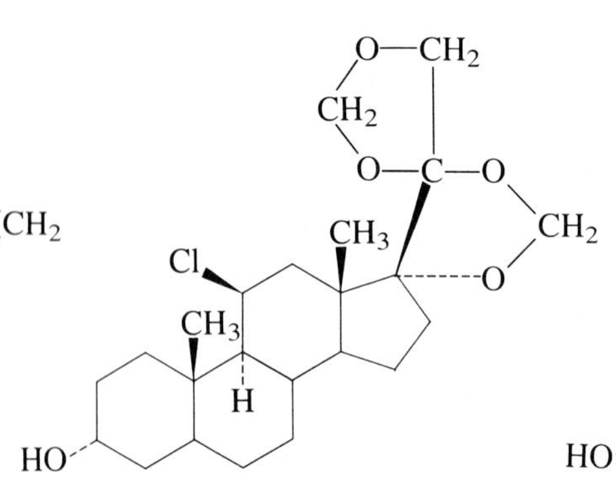

O—CH2, CH2, O—C—O, CH2, O, Cl, CH3, CH3, H, HO
B

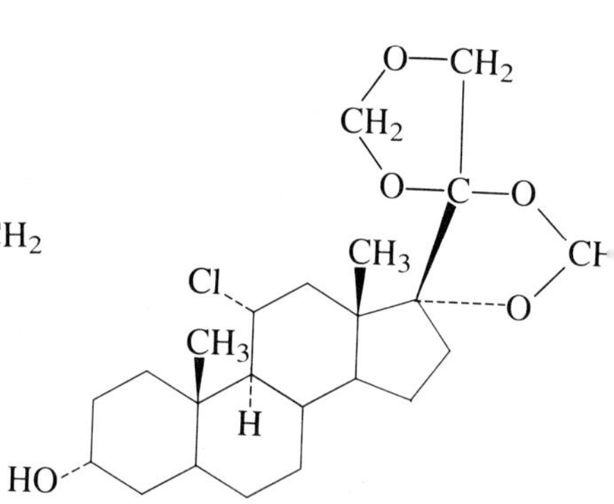

O—CH2, CH2, O—C—O, CH2, O, Cl, CH3, CH3, H, HO
C

26 Das Ringsystem von *trans*-Bicyclo[4.4.0]decan-Derivaten ist als Teil von Steroidgerüsten von besonderem Interesse. Fertigen Sie sich Modelle der am Rand gezeigten bromierten Systeme an, und beantworten Sie mit deren Hilfe folgende Fragen:

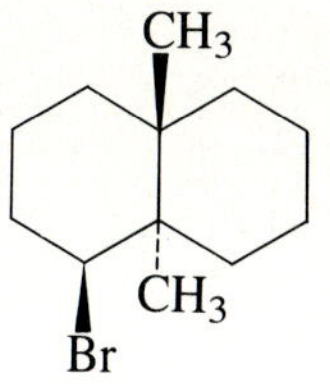

i

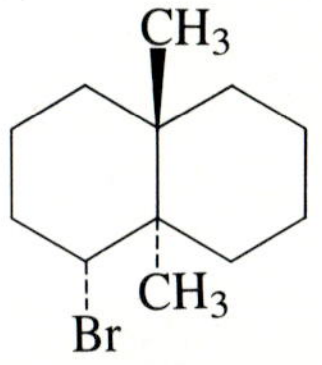

ii

(a) Eines der am Rand gezeigten Moleküle reagiert in einer E2-Reaktion mit $NaOCH_2CH_3$ in CH_3CH_2OH wesentlich schneller als das andere. Welches Molekül ist das und weshalb?

(b) Deuteriert man das Kohlenstoffatom neben dem bromsubstituiertem Kohlenstoff, erhält man folgendes Ergebnis:

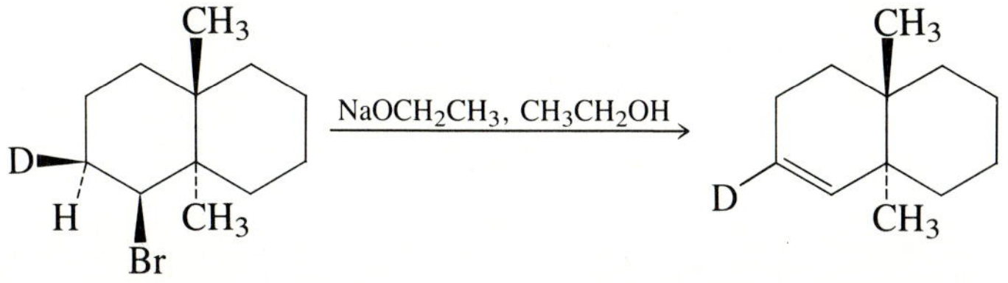

i

(D vollständig erhalten)

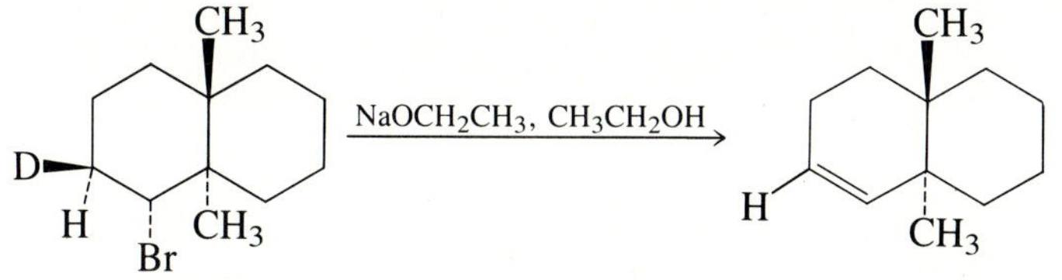

ii

(D vollständig abgespalten)

Geben Sie bei jeder Reaktion an, ob *syn*- oder *anti*-Eliminierung vorliegt. Zeichnen Sie jeweils die Konformation, die das Molekül vor der Eliminierung annehmen muß. Kann Ihnen das helfen, die Frage **a** zu lösen? Auf welche Weise?

(c) Finden Sie bei jeder der in **b** beschriebenen Reaktionen einen Deuterium-Isotopeneffekt? Erklären Sie ihre Antwort!

27 Die Biosynthese der ungesättigten Fettsäuren ist ein mehrstufiger Prozeß, ausgehend von kurzen gesättigten Carbonsäuren, der unter anderem über kettenverlängernde und Eliminierungsschritte verläuft. Die Synthese eines häufig erwähnten Beispiels, der 11-Octadecensäure (Vaccensäure), verläuft über 3-Hydroxydecansäure als Zwischenstufe.

$$CH_3(CH_2)_5CH{=}CH(CH_2)_9\overset{\overset{\displaystyle O}{\|}}{C}OH \qquad CH_3(CH_2)_5CH_2\overset{\overset{\displaystyle OH}{|}}{C}HCH_2\overset{\overset{\displaystyle O}{\|}}{C}OH$$

11-Octadecensäure **3-Hydroxydecansäure**

Obwohl wir die Chemie der Alkohole bisher nur gestreift haben, kennen Sie bereits Methoden, mit denen wir Alkohole durch Eliminierung in Alkene umwandeln können.

Schlagen Sie Reaktionen vor, durch die man 3-Hydroxydecansäure in eines oder mehrere Alkene umwandeln kann **(a)** durch E1 **(b)** durch E2. Geben Sie die Struktur des möglichen Produkts oder der möglichen Produkte an. Vorsicht! Ist die OH-Gruppe im Ausgangsmaterial schon eine gute Abgangsgruppe?

8 Alkohole

Eigenschaften und Darstellung

Einführung in die Synthesestrategie

Alkohole und Ether kann man als Derivate von Wasser ansehen, im dem ein oder zwei Wasserstoffatome durch Alkylgruppen ersetzt wurden:

$H-O-H$	CH_3-O-H	CH_3-O-CH_3
Wasser	**Methanol**	**Methoxymethan**

Alkohole sind in der Natur weit verbreitet. Sie treten in einer Vielzahl komplizierter Strukturen auf (siehe z. B. Abschn. 4.7). Einfache Alkohole werden als Lösungsmittel und Zwischenstufen chemischer Synthesen verwendet (siehe Abschn. 9.8). Die folgenden beiden Kapitel zeigen, wie die Chemie der Alkohole und Ether von ihrer funktionellen Gruppe geprägt ist. Zunächst jedoch wollen wir uns mit der Nomenklatur der Alkohole befassen, uns dann kurz ihrer Struktur zuwenden und ihre physikalischen Eigenschaften mit denen der Alkane und Halogenalkane vergleichen.

8.1 Nomenklatur der Alkohole

Wie auch bei anderen Verbindungsklassen benutzt man für Alkohole systematische und Trivialnamen.

Nach der IUPAC-Nomenklatur sind Alkohole Alkanole

Nach der systematischen IUPAC-Nomenklatur werden Alkohole als Alkanderivate behandelt. Dem Namen des Alkans wird die Endung **-ol** angehängt, aus dem Alkan wird ein **Alkanol**. Der einfachste Alkohol, Methanol, leitet sich von Methan ab. Ethanol ist ein Derivat des Ethans, Propanol stammt von Propan u.s.w. Bei komplizierten verzweigten Systemen richtet sich der Name des Alkohols nach der längsten Kette, *die den OH-Substituenten trägt*. Diese muß nicht unbedingt die längste Kohlenstoffkette im Molekül sein.

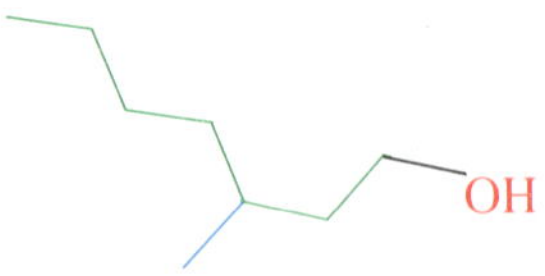
OH

Ein Methylheptanol

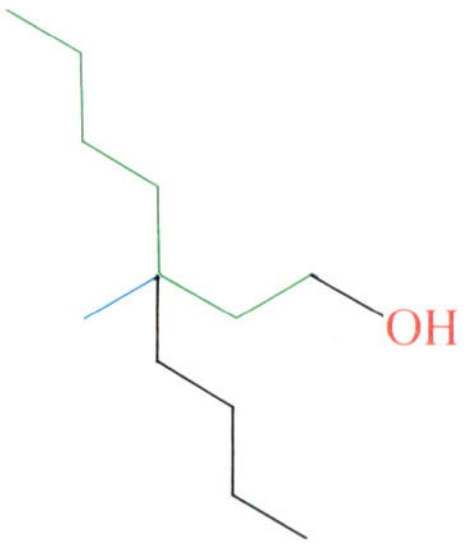
OH

Ein Butylmethylheptanol

Um den Platz der funktionellen Gruppe im Molekül festzulegen, beginnt man mit der Zählung so, daß die OH-Gruppe eine möglichst niedrige Nummer erhält.

3 2 1
CH3CH2CH2OH

1-Propanol

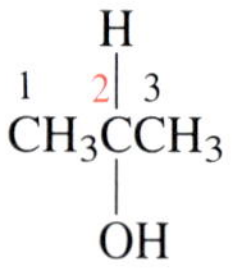
H
1 2 3
CH3CCH3
OH

2-Propanol

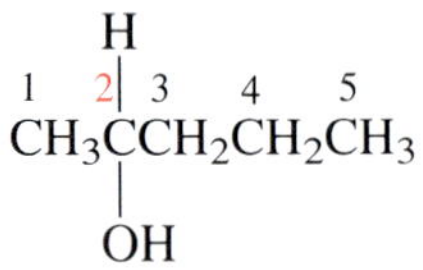
H
1 2 3 4 5
CH3CCH2CH2CH3
OH

2-Pentanol

Damit ist die Numerierung anderer Substituenten der Kette automatisch festgelegt. Die Namen dieser Substituenten werden dem Alkanol vorangestellt. Komplizierte Alkylsubstituenten werden nach den IUPAC-Regeln für Kohlenwasserstoffe benannt (Abschn. 2.3).

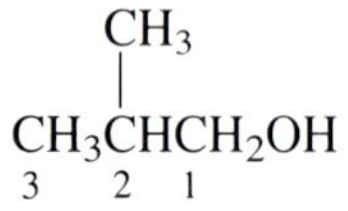
CH3
CH3CHCH2OH
3 2 1

2-Methyl-1-propanol

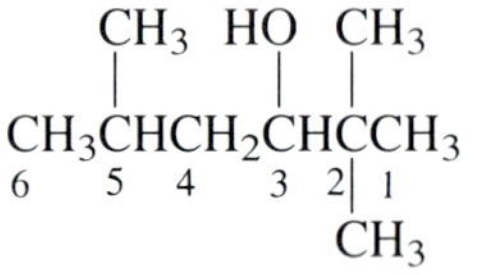
CH3 HO CH3
CH3CHCH2CHCCH3
6 5 4 3 2 1
CH3

2,2,5-Trimethyl-3-hexanol

Stehen für die Benennung zwei Ketten gleicher Länge zur Auswahl, wählt man diejenige mit der größeren Anzahl von Substituenten. Cyclische Alkohole heißen **Cycloalkanole**; wenn sie weitere Substituenten tragen, zählt man so, daß das Kohlenstoffatom, das die funktionelle Gruppe bindet, die Nummer 1 erhält.

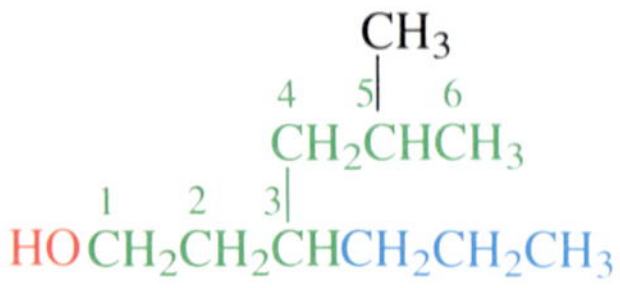
CH3
4 5 6
CH2CHCH3
1 2 3
HOCH2CH2CHCH2CH2CH3

5-Methyl-3-propyl-1-hexanol
[nicht 3-(2-Methylpropyl)-1-hexanol]

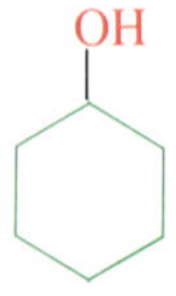
OH

Cyclohexanol

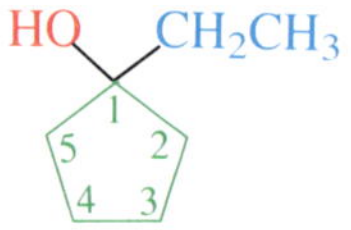
HO
CH2CH3
1
5 2
4 3

1-Ethylcyclopentanol

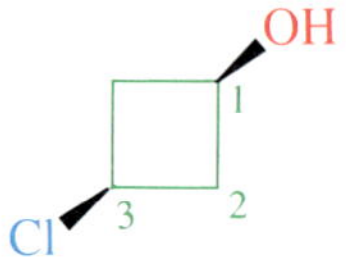
OH
1
2
3
Cl

***cis*-3-Chlorcyclobutanol**

Die OH-Gruppe als Teil eines Moleküls ist eine **Hydroxygruppe**. Wie Alkylsubstituenten und Halogenalkane teilen wir Alkohole in primäre, sekundäre und tertiäre Alkanole ein:

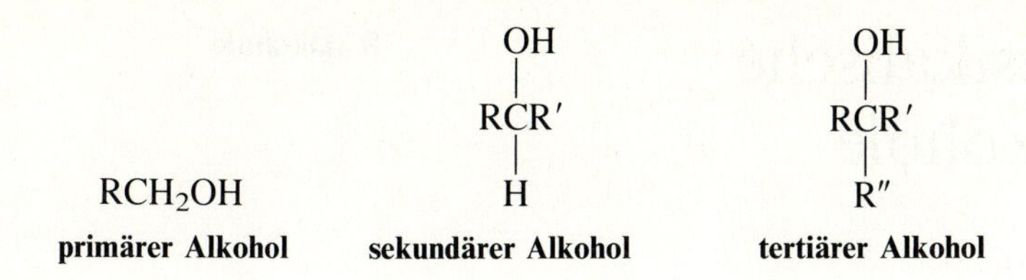

primärer Alkohol **sekundärer Alkohol** **tertiärer Alkohol**

Übung 8-1

Zeichnen Sie die Strukturen folgender Alkohole: (a) (*S*)-3-Methyl-3-hexanol; (b) *trans*-2-Bromcyclopentanol; (c) 2,2-Dimethyl-1-propanol (Neopentylalkohol).

Übung 8-2

Benennen Sie folgende Verbindungen:

(a) $CH_3CH(CH_3)CH_2CH(OH)CH_3$ (b) CH_3CH_2–Cyclohexyl–OH (c) $CH_3CH(Br)CH(Cl)CH_2OH$

In der chemischen Umgangssprache werden Alkohole als Alkylderivate behandelt, wobei dem Namen der Alkylgruppe das Wort „Alkohol" nachgestellt wird. In der älteren Literatur findet man solche Namen noch oft, wir sollten sie aber nicht mehr verwenden.

CH_3OH — **Methylalkohol**

$(CH_3)_2CHOH$ — **Isopropylalkohol**

$(CH_3)_3COH$ — ***tert*-Butylalkohol**

Manche häufig verwendete Alkohole haben Eigennamen:

$HOCH_2CH_2OH$ — **Ethylenglycol (1,2-Ethandiol)**

CH_2OH–$HCOH$–CH_2OH — **Glycerin (1,2,3-Propantriol)**

C_6H_5OH — **Phenol**

Die Stellung eines Substituenten bezüglich der funktionellen Gruppe wird durch einen griechischen Buchstaben angegeben. Das Kohlenstoffatom, das die Hydroxygruppe trägt, ist das α-Atom, das benachbarte Kohlenstoffatom heißt β, so wird die Kette alphabetisch weitergezählt.

$\overset{\delta}{Cl CH_2}\overset{\gamma}{CH_2}\overset{\beta}{CH_2}\overset{\alpha}{CH_2}OH$

δ-Chlorbutylalkohol

Wir fassen zusammen: Nach der IUPAC-Nomenklatur sind Alkohole Alkanole. Die längste Kette, die die Hydroxygruppe trägt, gibt der Verbindung den Namen. Die funktionelle Gruppe erhält eine möglichst niedrige Nummer. In Trivialnamen kennzeichnen griechische Buchstaben die Stellung weiterer Substituenten bezüglich der OH-Gruppe.

8.2 Struktur und physikalische Eigenschaften der Alkohole

Die physikalischen Eigenschaften der Alkohole werden durch die Anwesenheit der funktionellen Hydroxygruppe geprägt. Die Polarität der Hydroxygruppe bewirkt die Assoziation der Alkoholmoleküle über Wasserstoffbrücken. Diese Eigenschaft spiegelt sich im Löslichkeitsverhalten und in den Siedepunkten wider.

Alkohole enthalten ein tetraedrisches Sauerstoffatom und eine kurze O–H-Bindung

Die Struktur der Alkohole ähnelt der von Wasser, von dem man sie formal ableiten kann. In Abbildung 8-1 können wir die Strukturen von Methanol, Wasser und Methoxymethan (Dimethylether) miteinander vergleichen. Beachten Sie die überall gleiche Grundstruktur. Die geringen Unterschiede in Bindungswinkeln und Bindungslängen sind auf sterische Effekte zurückzuführen, die beim Austausch von Wasserstoff gegen Alkylgruppen auftreten. Der Winkel zwischen R–O–R nimmt z. B. von 104.5° über 108.9° auf 111.7° zu, wenn man schrittweise H durch CH_3 ersetzt. Hauptsächlich aufgrund der höheren Elektronegativität des Sauerstoffatoms verglichen mit dem Kohlenstoffatom ist die O–H-Bindung beträchtlich kürzer als die C–H-Bindung. Im Einklang damit nimmt die Bindungsstärke zu: $DH^0(\text{OH}) = 435$ kJ/mol, $DH^0(\text{CH}) = 410$ kJ/mol.

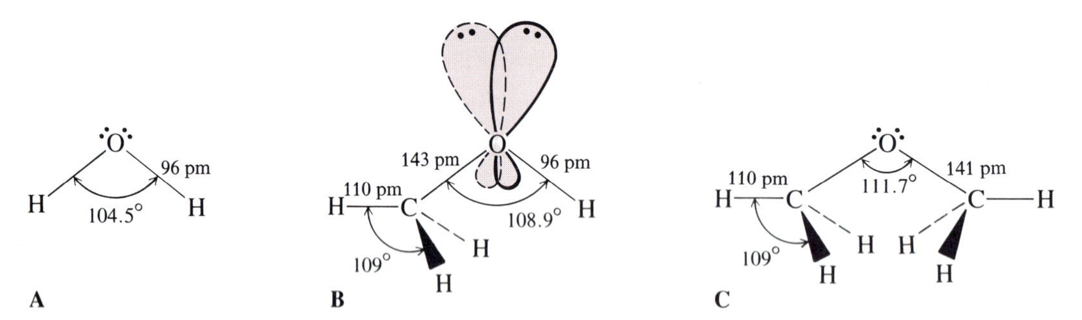

Abb. 8-1 Die Strukturen von (A) Wasser, (B) Methanol, und (C) Methoxymethan. Kohlenstoff- und Sauerstoffatom sind nahezu sp^3-hybridisiert, so daß alle drei Moleküle Tetraederstruktur haben. Erinnern Sie sich, daß das tetraedrische Sauerstoff-atom zwei weitere freie Elektronenpaare in zwei nichtbindenden sp^3-Hybridorbitalen trägt. Dies wird in der Struktur B besonders gut sichtbar.

Die Elektronegativität des Sauerstoffatoms bewirkt eine ungleichmäßige Ladungsverteilung im Molekül, so daß ein Dipolmoment ähnlich dem in Wasser entsteht (Abschn. 1.6).

Dipolmomente von Wasser und Methanol

6.0×10^{-30} C m — 5.7×10^{-30} C m

O — H, H — Dipolmoment (insgesamt)

O — CH_3, H — Dipolmoment (insgesamt)

Der Einfluß von Wasserstoffbrücken auf die physikalischen Eigenschaften der Alkohole

Bei der Diskussion der physikalischen Eigenschaften der Halogenalkane (Abschn. 6.2) stellten wir fest, daß polare Alkylderivate generell höher sieden als die entsprechenden unpolaren Alkane. Das Dipolmoment eines Alkohols gleicht in etwa dem eines entsprechenden Halogenalkans (z. B. CH_3Cl, $\mu = 6.5 \times 10^{-30}$ C m; CH_3OH, $\mu = 5.7 \times 10^{-30}$ C m), eine ähnliche Korrelation von Dipolmomenten und Siedepunkten wäre daher auch bei vergleichbaren Vertretern dieser beiden Verbindungsklassen zu erwarten. Tabelle 8-1 zeigt jedoch, daß das nicht zutrifft. Tatsächlich finden wir, daß die Siedepunkte der Alkohole ungewöhnlich hoch sind, viel höher als die von Alkanen und Halogenalkanen vergleichbarer Größe. Wie läßt sich das erklären?

Tabelle 8-1 Physikalische Eigenschaften von Alkoholen und ausgewählten analogen Halogenalkanen und Alkanen

Verbindung	IUPAC-Name	Trivialname	Schmelzpunkt in °C	Siedepunkt in °C	Löslichkeit in H_2O bei 23 °C
CH_3OH	Methanol	Methylalkohol	−97.8	65.0	unbegrenzt
CH_3Cl	Chlormethan	Methylchlorid	−97.7	−24.2	0.74 g/100 ml
CH_4	Methan		−182.5	−161.7	3.5 ml (g)/100 ml
CH_3CH_2OH	Ethanol	Ethylalkohol	−114.7	78.5	unbegrenzt
CH_3CH_2Cl	Chlorethan	Ethylchlorid	−136.4	12.3	0.477 g/100 ml
CH_3CH_3	Ethan		−183.3	−88.6	4.7 ml (g)/100 ml
$CH_3CH_2CH_2OH$	1-Propanol	Propylalkohol	−126.5	97.4	unbegrenzt
$CH_3CHOHCH_3$	2-Propanol	Isopropylalkohol	−89.5	82.4	unbegrenzt
$CH_3CHClCH_3$	2-Chlorpropan	Isopropylchlorid	−117.2	35.7	0.305 g/100 ml
$CH_3CH_2CH_3$	Propan		−187.7	−42.1	6.5 ml (g)/100 ml
$CH_3CH_2CH_2CH_2OH$	1-Butanol	Butylalkohol	−89.5	117.3	8.0 g/100 ml
$(CH_3)_3COH$	2-Methyl-2-propanol	*tert*-Butylalkohol	25.5	82.2	unbegrenzt
$CH_3(CH_2)_4OH$	1-Pentanol	Pentylalkohol	−79	138	2.2 g/100 ml
$(CH_3)_3CCH_2OH$	2,2-Dimethyl-1-propanol	Neopentylalkohol	53	114	unbegrenzt

Der Grund dafür liegt in der Ausbildung von Wasserstoffbrücken. Bei Alkoholen werden diese zwischen dem Sauerstoffatom des einen Moleküls und dem Hydroxy-Wasserstoffatom eines anderen Moleküls gebildet. Diese Wechselwirkung führt zu einem weiten Netz derart verknüpfter Moleküle (Abb. 8-2A). Obwohl eine Wasserstoffbrücken-Bindung viel schwächer ist ($DH^0 \sim 21$ kJ/mol) als eine kovalente O–H-Bindung ($DH^0 = 435$ kJ/mol) – was sich auch in der relativ langen Wasserstoffbrücken-Bindung äußert (Abb. 8-2A) – erschwert jedoch die Vielzahl der vorhandenen Wasserstoffbrücken den Siedevorgang. Dies führt zu verhältnismäßig hohen Siedepunkten.

In Wasser ist dieser Effekt noch stärker ausgeprägt, da hier zwei Wasserstoffatome für Wasserstoffbrücken zur Verfügung stehen (Abb. 8-2B). In reinem flüssigen Wasser ist jedes Molekül im Durchschnitt an 3.4 Nachbarmoleküle durch Wasserstoffbrücken gebunden. Obwohl diese Bindungen ständig neu geknüpft und gelöst werden, besteht doch im Ganzen eine hochgeordnete Struktur. Dies erklärt auch den – bei einer molaren Masse von 18 – ungewöhnlich hohen Siedepunkt (100 °C) des Wassers. Ohne diese Wasserstoffbrücken wäre Wasser unter Normalbedingungen ein Gas. Bedenkt man, daß Wasser die Grundlage des Lebens ist, kann man sich kaum vorstellen, wie die Evolution auf unserem Planeten ohne flüssiges Wasser verlaufen wäre.

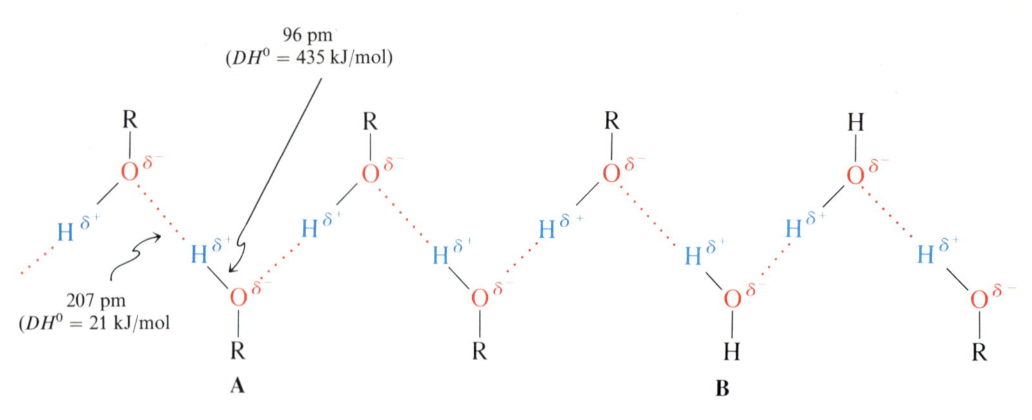

Abb. 8-2 Wasserstoffbrücken-Bindungen (A) zwischen Alkoholmolekülen und (B) zwischen Alkohol- und Wassermolekülen.

Die Fähigkeit zur Ausbildung von Wasserstoffbrücken ist für die gute Wasserlöslichkeit vieler Alkohole verantwortlich (Tab. 8-1). Die Löslichkeit ist um so besser, je kleiner die Alkankette des Alkohols ist. Die unpolaren Alkane lösen sich schlecht in Wasser. Deshalb nennt man sie **hydrophob** (vom griechischen *hydro*, Wasser, und *phobos*, Furcht). Dagegen kann Wasser die Hydroxygruppe und andere polare Gruppen (z. B. COOH und NH_2) solvatisieren. Man nennt sie deshalb **hydrophil**. Tabelle 8-1 zeigt, daß die Löslichkeit von Alkoholen in polaren Lösungsmitteln abnimmt, wenn der hydrophobe Alkylteil des Moleküls größer wird. Gleichzeitig nimmt die Löslichkeit in unpolaren Lösungsmitteln zu. Die Einführung polarer, hydrophiler Gruppen im Alkylteil hat den gegenteiligen Effekt: die Löslichkeit in polaren Solventien nimmt zu, die in unpolaren Lösungsmitteln nimmt ab (Abb. 8-3). Durch ihre „wasserähnliche" Struktur sind die niederen Alkohole, besonders Methanol und Ethanol, ausgezeichnete Lösungsmittel für polare Verbindungen und sogar Salze. Auch in S_N2-Reaktionen werden sie häufig verwendet (Kapitel 6).

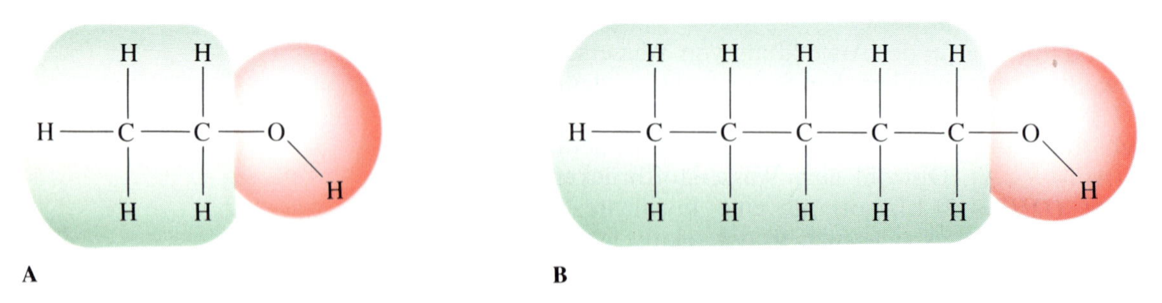

Abb. 8-3 Schematische Darstellung der hydrophoben und hydrophilen Gruppen von (A) Ethanol und (B) 1-Pentanol. Durch die zunehmende Größe des hydrophoben Restes in dem höheren Alkohol wird die Wasserlöslichkeit herabgesetzt (Tab. 8-1).

Wir fassen zusammen: Das Sauerstoffatom in Alkoholen (und Ethern) ist tetraedrisch umgeben und nahezu sp^3-hybridisiert. Die kovalente O–H-Bindung ist stärker als die C–H-Bindung. Das elektronegative Sauerstoffatom bewirkt ein beachtliches Dipolmoment in Alkoholen und Ethern. Alkoholmoleküle bilden untereinander Wasserstoffbrücken. Diese sind für die relativ hohen Siedepunkte und für die gute Löslichkeit von Alkoholen in polaren Lösungsmitteln verantwortlich.

8.3 Alkohole sind Säuren und Basen

Alkohole sind Säuren, sie werden durch Basen deprotoniert und bilden Alkoxidsalze. (Abschn. 6.7; Tab. 6-4). In diesem Abschnitt wollen wir untersuchen, wie induktive und sterische Effekte sowie die Polarisierbarkeit die pK_a-Werte der Alkohole beeinflussen. Alkohole reagieren auch basisch, indem das freie Elektronenpaar des Sauerstoffatoms ein Proton bindet. Dadurch entsteht ein Oxonium-Ion (Abschn. 6.7).

pK_a-Werte der Alkohole

Die Acididät von Alkoholen in Wasser wird durch die Gleichgewichtskonstante K ausgedrückt (Abschn. 6.7):

$$ROH + H_2O \overset{K}{\rightleftharpoons} H_3O^+ + RO^-$$

Wird das Gleichgewicht in Wasser gemessen, so kann man die Konzentration von Wasser als konstant (55.5 mol/L) ansehen, und in eine neue Gleichgewichtskonstante K_a miteinbeziehen:

$$K_a = \frac{[H_3O^+][RO^-]}{[ROH]} \text{ mol/L} \qquad (K_a = K[H_2O])$$

und

$$pK_a = -\log K_a$$

Tabelle 8-2 enthält die pK_a-Werte verschiedener Alkohole und verwandter Verbindungen. Vergleicht man diese mit den Werten von Mineralsäuren und anderen starken Säuren in Tabelle 6-4, sieht man, daß Alkohole wie Wasser recht schwache Säuren sind.

Im Gegensatz zu Alkanen und Halogenalkanen reagieren Alkohole auch sauer, da das positiv polarisierte Wasserstoffatom als Proton an eine Base abgegeben werden kann. Dadurch entsteht ein negativ geladenes Alkoxid-Ion, in dem wiederum die Elektronegativität des Sauerstoffatoms die Ladung stabilisiert.

Tabelle 8-2 pK_a-Werte einiger Alkohole und verwandter Verbindungen

Verbindung	pK_a	Verbindung	pK_a
H_2O	15.7	HOCl	7.53
CH_3OH	15.5	$ClCH_2CH_2OH$	14.3
CH_3CH_2OH	15.9	CF_3CH_2OH	12.4
$(CH_3)_2CHOH$	17.1	$CF_3CH_2CH_2OH$	14.6
$(CH_3)_3COH$	18	$CF_3CH_2CH_2CH_2OH$	15.4
H_2O_2	11.64		

Nur starke Basen können Alkohole deprotonieren

Um das Gleichgewicht zwischen Alkohol und Alkoxid auf die Seite der konjugierten Base zu verschieben, muß man eine *stärkere* Base als das Alkoxid einsetzen; mit anderen Worten: die konjugierte Säure der Base muß *schwächer* als der Alkohol sein. Als Beispiel betrachten wir die Reaktion zwischen Natriumamid, $NaNH_2$, und Methanol, die zu Natriummethoxid und Ammoniak führt.

$$CH_3OH + Na^+NH_2^- \overset{K}{\rightleftharpoons} CH_3O^-Na^+ + NH_3$$

$pK_a = 15.5$ $\qquad$ $pK_a = 35$

Das Gleichgewicht liegt hier weit auf der rechten Seite ($K \sim 10^{35-15.5} = 10^{19.5}$), da Methanol eine viel stärkere Säure ist als Ammoniak oder, anders ausgedrückt, weil das Amid-Ion eine viel stärkere Base ist als Methoxid. In Abschnitt. 9.1 werden wir sehen, daß bei der Darstellung von Alkoxiden starke Basen eingesetzt werden.

Bei vielen Reaktionen genügt es, das Alkoxid während der Reaktion zu erzeugen, wo es dann in der Gleichgewichtskonzentration vorliegt. Zu diesem Zweck gibt man ein Alkalihydroxid zum Alkohol.

$$CH_3CH_2OH + Na^+OH^- \overset{K}{\rightleftharpoons} CH_3CH_2O^-Na^+ + H_2O$$

$pK_a = 15.9$ $\qquad$ $pK_a = 15.7$

In Gegenwart dieser Base liegt der Alkohol etwa zur Hälfte als Alkoxid vor, wenn äquimolare Konzentrationen der Reaktionspartner eingesetzt werden.

In Tabelle 8-2 sehen wir, daß die pK_a-Werte der einzelnen Alkohole beträchtlich variieren. Was ist der Grund dafür?

Sterische Hinderung, Polarisierbarkeit und induktive Effekte beeinflussen die pK_a-Werte von Alkoholen

Wie aus der ersten Spalte von Tabelle 8-2 ersichtlich ist, nehmen die pK_a-Werte der Alkohole von Methanol zu primären, sekundären und tertiären Systemen hin zu.

pK_a-Werte von Alkoholen in Lösung

$$CH_3OH < \text{primär} < \text{sekundär} < \text{tertiär}$$

Diese Reihenfolge ist darauf zurückzuführen, daß die Solvatation und die Ausbildung von Wasserstoffbrücken bei großen Molekülen sterisch gehindert ist. Da sowohl Solvatation wie auch Wasserstoffbrücken-Bindungen die negative Ladung des Sauerstoff-Ions stabilisieren, wirkt sich die Beeinträchtigung dieser Prozesse auf den pK_a aus.*

Die zweite Spalte der Tabelle 8-2 zeigt die Auswirkung elektronenziehender Gruppen in der Nähe der OH-Gruppe: die Säurestärke nimmt zu, da der induktive Effekt dieser Substituenten (Abschn. 1.6) die negative Ladung des Alkoxid-Sauerstoffs stabilisiert. Der induktive Effekt steigt mit der Zahl elektronegativer Substituenten und nimmt mit zunehmender Entfernung vom Sauerstoffatom ab.

Übung 8-3

Ordnen Sie folgende Alkohole nach zunehmender Acidität:

---

* In der Gasphase ist aufgrund der fehlenden Solvation die Aciditätsskala gerade umgekehrt. Die Erklärung dafür ist in der Polarisierbarkeit zu suchen: Alkylsubstituenten stabilisieren die positive Ladung besser.

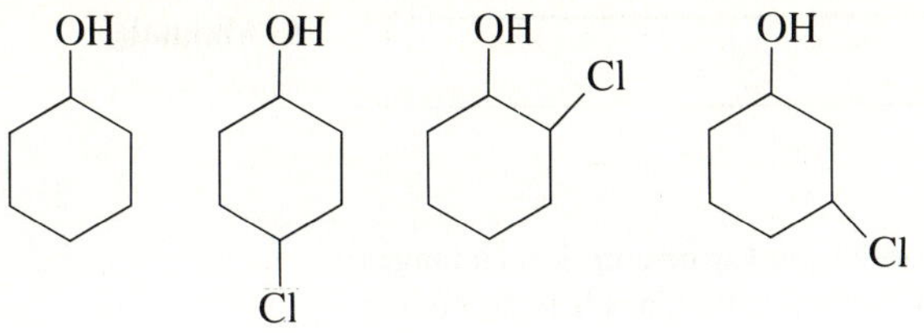

Übung 8-4
Auf welcher Seite bei folgender Reaktion liegt das Gleichgewicht (äquimolare Anfangskonzentrationen vorausgesetzt)

$$(CH_3)_3CO^- + CH_3OH \rightleftharpoons (CH_3)_3COH + CH_3O^-$$

Durch das freie Elektronenpaar des Sauerstoffatoms reagieren Alkohole basisch

Alkohole können nicht nur als Säuren, sondern aufgrund der beiden freien Elektronenpaare am Sauerstoffatom auch als Basen reagieren. In Abschnitt 6.7 wurden Alkohole als Basen bereits erwähnt, wir erfuhren, daß sehr starke Säuren die OH-Gruppe protonieren. Alkohole sind jedoch nur sehr schwach basisch, wie aus den niedrigen pK_a-Werten ihrer konjugierten Säuren, den Oxonium-Ionen, ersichtlich ist (Tab. 8-3). Eine Substanz, die sowohl sauer als auch basisch wirkt, nennt man **amphoter** (vom griechischen *ampho*, beide).

Die amphotere Natur der funktionellen Hydroxygruppe prägt das chemische Verhalten der Alkohole. In stark saurer Lösung liegen sie als Oxonium-Ionen vor, in neutralem Medium als Alkohole, in stark basischer Lösung als Alkoxide. Amphotere Verbindungen haben mehr als einen pK_a-Wert. Diese Eigenschaft finden wir sonst nur bei einigen Mineralsäuren, z. B. Schwefelsäure und Phosphorsäure, die mehr als einmal deprotoniert werden können. Normalerweise bezieht sich der pK_a eines Alkohols jedoch auf sein Gleichgewicht mit dem Alkoxid und nicht mit dem Oxonium-Ion.

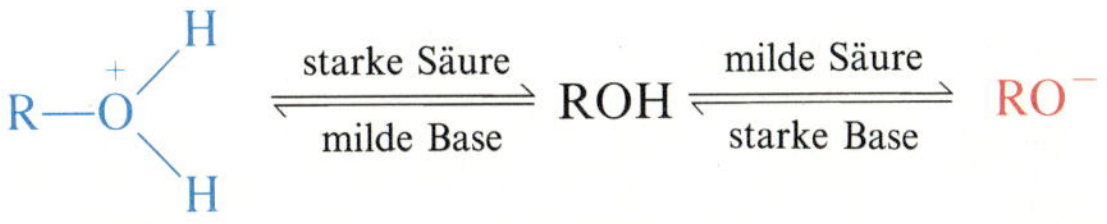

Tabelle 8-3
pK_a-Werte einiger protonierter Alkohole

Verbindung	pK_a
$CH_3\overset{+}{O}H_2$	−2.2
$CH_3CH_2\overset{+}{O}H_2$	−2.4
$(CH_3)_2CH\overset{+}{O}H_2$	−3.2
$(CH_3)_3C\overset{+}{O}H_2$	−3.8

$$R\text{—}\overset{+}{O}H_2 \underset{\text{milde Base}}{\overset{\text{starke Säure}}{\rightleftharpoons}} ROH \underset{\text{starke Base}}{\overset{\text{milde Säure}}{\rightleftharpoons}} RO^-$$

Oxonium-Ion **Alkohol** **Alkoxid**

Wir halten fest: Alkohole sind amphoter. Das elektronegative Sauerstoffatom bewirkt ein schwach saures Verhalten. In Lösung beeinträchtigen sperrige Substituenten die Solvatation und erhöhen damit die pK_a-Werte. Die entgegengesetzte Wirkung, die Stabilisierung der negativen Ladung durch die größere Polarisierbarkeit von Alkylsubstituenten kommt nur in der Gasphase zum Tragen. Elektronenziehende Substituenten in der Nähe der funktionellen Gruppe senken den pK_a-Wert. Alkohole sind auch schwach basisch und können ein Proton (oder eine Lewis-Säure, z. B. ein Carbenium-Ion) binden. Dadurch entstehen Oxonium-Ionen.

Kasten 8-1

Oxonium-Ionen als Lewis-Säure-Base-Addukte

Oxonium-Ionen entstehen auch, wenn Wasser oder Alkohole ein Carbenium-Ion einfangen (Abschn. 7.1). Hier reagiert das elektronenarme Kation als Elektrophil, das Sauerstoffatom im Alkohol- oder Wassermolekül als Nucleophil. Die allgemeine Säure-Basen-Theorie von G. N. Lewis trägt diesem ähnlichen Verhalten von Carbenium-Ion und Proton Rechnung. Lewis definiert eine Säure als Verbindung, die als Elektronenakzeptor wirkt (z. B. alle Elektrophile), eine Base als Verbindung, die als Elektronendonator wirkt (z. B. alle Nucleophile). Nach dieser Definition ist ein Carbenium-Ion eine Lewis-Säure, ein Alkohol ist eine Lewis-Base.

$$(CH_3)_3C^+ + H\ddot{O}R \longrightarrow (CH_3)_3C{:}\overset{+}{O}(H)R$$

Lewis-Säure **Lewis-Base**

Andere Beispiele von Lewis-Säure-Base-Reaktionen wurden bereits in Zusammenhang mit dem Konzept der dativen kovalenten Bindungen diskutiert (Abschn. 1.2).

8.4 Darstellung der Alkohole

Befassen wir uns nun mit der Herstellung der Alkohole. Dabei unterscheiden wir zwischen großtechnischen Prozessen und allgemeineren Methoden, die auch im Labor durchgeführt werden. Es gibt verschiedene Möglichkeiten, die Hydroxygruppe in ein organisches Molekül einzuführen. In diesem Abschnitt besprechen wir die Reduktion von Kohlenmonoxid, die Hydrolyse von Halogenalkanen oder anderen Alkylderivaten, die Hydrierung und Hydrid-Reduktion von Carbonylverbindungen und die Hydrierung von gespannten cyclischen Ethern unter Ringöffnung.

Andere Methoden, die wir später kennenlernen, wandeln eine vorhandene funktionelle Gruppe in eine Hydroxygruppe um. Beispiele dafür sind:

1 Hydratisierung von Alkenen (Abschn. 12.3)

$$>C=C< + HOH \longrightarrow H-\overset{|}{\underset{|}{C}}-\overset{|}{\underset{|}{C}}-OH$$

2 Umsetzung organometallischer Reagenzien mit Carbonylverbindungen (Abschn. 8.6 und 13.4)

$$RM + >C=O \longrightarrow \xrightarrow{H^+,\ H_2O} -\overset{OH}{\underset{R}{C}}-$$

3 Aldolkondensation (Abschn. 15.7)

$$\begin{array}{c} :O: \\ \| \\ -C-CH_2 \end{array} + \begin{array}{c} :O: \\ \| \\ C \end{array} \xrightarrow{^{-}:\ddot{O}H} \begin{array}{c} :O: \\ \| \\ -C-CH-C- \\ \quad\quad\quad | \\ \quad\quad\quad :\ddot{O}H \end{array}$$

Kohlenmonoxid und Ethen: Ausgangsstoffe der technischen Alkoholsynthese

1985 wurden in der Bundesrepublik über 500 000 Tonnen Methanol hergestellt. Bei diesem Verfahren wird ein Gasgemisch aus Kohlenmonoxid und Wasserstoff (Synthesegas) katalytisch unter hohem Druck umgesetzt, wobei CO zu CH_3OH hydriert, d. h. reduziert wird. Der Katalysator besteht aus Kupfer, Zinkoxid und Chromoxid.

$$CO + 2H_2 \xrightarrow{Cu/ZnO/Cr_2O_3,\ 250\,°C,\ 5-10\ MPa} CH_3OH$$

Beim Erhitzen von Synthesegas in Gegenwart von Rhodium- oder Rutheniumkatalysatoren unter hohem Druck entsteht selektiv 1,2-Ethandiol (Ethylenglycol) durch reduktive Kopplung von CO. 1,2-Ethandiol spielt in der chemischen Industrie eine wichtige Rolle. Hauptsächlich wird es jedoch durch Hydrolyse des cyclischen Ethers Oxacyclopropan (Oxiran, Ethylenoxid) dargestellt (Abschn. 9.8).

$$2CO + 3H_2 \xrightarrow{\text{Rh oder Ru, Druck, Erhitzen}} \begin{array}{cc} CH_2 - & CH_2 \\ | & | \\ OH & OH \end{array}$$

1,2-Ethandiol (Ethylenglycol)

Die selektive Bildung eines einzigen Produkts aus Synthesegas ist technisch besonders interessant, da Mischungen aus CO und H_2 durch Kohlevergasung in Gegenwart von Wasser leicht herzustellen sind (ungefähre Zusammensetzung von Kohle siehe Abschn. 25.4).

$$\text{Kohle} \xrightarrow{\text{Luft, } H_2O,\ \Delta} x\,CO + y\,H_2$$

Die reichen Kohlelagerstätten auf der Welt bilden daher die Basis für chemische Grundstoffe und weitere wichtige Produkte, unter ihnen flüssige Kraftstoffe (s. u.).

Bei einer weiteren katalytischen Reaktion von Synthesegas entstehen Alkohole nur als Nebenprodukte. Diese als **Fischer-Tropsch-Reaktion** bekannte Eisen- oder Kobalt-katalysierte Bildung von Kohlenwasserstoffen aus Synthesegas wurde um die Jahrhundertwende entdeckt und in Deutschland in den zwanziger Jahren weiterentwickelt. Im zweiten Weltkrieg, als das Land von Ölimporten abgeschlossen war, war es mit der Fischer-Tropsch-Synthese möglich, den Energiebedarf, vor allem den Bedarf an flüssigen Kraftstoffen, aus heimischer Kohle zu decken.

$$n\,CO + (2n+1)\,H_2 \xrightarrow{\text{Co oder Fe, Druck, } 200-350\,°C} C_nH_{2n+2} + n\,H_2O$$

Auf dem Höhepunkt der Produktion 1943 wurden durch diesen Prozeß mehr als 500 000 Tonnen Kohlenwasserstoffe und andere Produkte (Benzin, Diesel, Öle, Wachse und Waschmittel) in Deutschland hergestellt. Gegenwärtig ist Südafrika das einzige Land, das einen Großteil seines Treibstoffbedarfs durch die Fischer-Tropsch-Reaktion deckt.

Ethanol wird in großen Mengen durch Fermentation von Zuckern gewonnen (Kap. 23). Für Industriezwecke stellt man es durch Phosphorsäure-katalysierte Hydratisierung von Ethen her (Abschn. 9.8 und 12.9).* Insgesamt wurden in der Bundesrepublik 1985 über 85000 Tonnen Ethanol hergestellt.

$$CH_2{=}CH_2 + HOH \xrightarrow{H_3PO_4,\ 300°C} \underset{\displaystyle H}{CH_2}{-}\underset{\displaystyle OH}{CH_2}$$

Nach diesem Verfahren sind auch andere, einfache Alkohole aus den entsprechenden Alkenen zugänglich (siehe Abschn. 12.3 und 12.4).

Kompliziertere Alkohole kann man herstellten, indem man andere funktionelle Gruppen in eine Hydroxygruppe umwandelt, z. B. durch nucleophile Substitution eines Halogenalkans.

Darstellung von Alkoholen durch nucleophile Substitution

In den Kapiteln 6 und 7 haben wir bereits eine Methode kennengelernt, durch die man funktionelle Gruppen in eine Hydroxygruppe überführt: die Hydrolyse von Alkylderivaten mit guten Abgangsgruppen nach S_N2 und S_N1. Dieses Verfahren kann man jedoch nicht generell anwenden, da umgekehrt die benötigten Halogenalkane aus den entsprechenden Alkoholen gebildet werden. Auch können hier die bekannten Nebenreaktionen der nucleophilen Substitution auftreten, z. B. bimolekulare Eliminierung bei sterisch gehinderten primären und sekundären Verbindungen. Die aus tertiären Halogenalkanen gebildeten Carbenium-Ionen neigen zu E1-Reaktionen oder Umlagerungen (siehe Abschn. 9.2).

Darstellung von Alkoholen durch nucleophile Substitution

$$CH_3Br + OH^- \xrightarrow[S_N2]{H_2O,\ 100°C} CH_3OH + Br^-$$

$$(CH_3)_3CCl \xrightarrow[S_N1]{HOH,\ \text{Propanon (Aceton)}} (CH_3)_3COH + Cl^- + H^+$$

Mit einem schwächer basischen Sauerstoff-Nucleophil, z. B. mit Ethanoat (Acetat) läßt sich das Problem der Eliminierung umgehen. Da Ethanoat schwächer basisch ist als Hydroxid (Abschn. 7.5), erhält man damit gute Ausbeuten an Substitutionsprodukt, in diesem Fall einen Ester, und nur geringe Mengen an Eliminierungsprodukten. Ist dieser Schritt (Schritt 1) vollzogen, kann man das entstandene Alkylethanoat mit wäßrigem Hydroxid zum erwünschten Alkohol spalten (Schritt 2).

* Anm. d. Übers.: In zunehmendem Maß wird Industrie-Ethanol durch Destillation der Überschußproduktion von EG-Weinen hergestellt. 1985/86 wurden in der Bundesrepublik 502000 hL Wein destilliert.

Schritt 1: Bildung von Ethanoat (Acetat)

$$CH_3CH_2CH(CH_3)CH_2CH_2Br + CH_3C(=O)O^- Na^+ \xrightarrow{DMF,\ 80^\circ C} CH_3CH_2CH(CH_3)CH_2CH_2OC(=O)CH_3 + Na^+ Br^-$$

95%

1-Brom-3-methylpentan **3-Methylpentylethanoat**

Schritt 2: Spaltung

$$CH_3CH_2CH(CH_3)CH_2CH_2O \wr C(=O)CH_3 + Na^{+\,-}OH \xrightarrow{H_2O} CH_3CH_2CH(CH_3)CH_2CH_2OH + \left(HOC(=O)CH_3 \xrightarrow[-\,H_2O]{HO^-} {}^-OC(=O)CH_3 \right)$$

85%

3-Methyl-1-pentanol

Der zweite Schritt erfolgt durch eine uns noch unbekannte Reaktion, der *Hydrolyse von Estern*. Hier wird die Bindung zwischen einem Carbonyl-Kohlenstoffatom und einem Sauerstoffatom gespalten. Diese Reaktion besprechen wir ausführlich in Abschnitt 18.4.

Übung 8-5

Setzt man (*R*)-2-Iodbutan nacheinander mit Natriumethanoat (Natriumacetat) und mit Hydroxid um, erhält man einen optisch aktiven Alkohol. Welche absolute Konfiguration hat er?

Darstellung von Alkoholen durch katalytische Hydrierung von Aldehyden und Ketonen

Die Kohlenstoff-Sauerstoff-Doppelbindung von Aldehyden und Ketonen (Abschn. 2.1) reagiert mit Wasserstoff, H_2, unter Bildung von Alkoholen.

$$R\text{—}C(=O)\text{—}R' \xrightarrow{H_2,\ \text{Katalysator}} R\text{—}C(OH)(H)\text{—}R'$$

Aldehyd (R′ = H) oder Keton (R′ = Alkyl) → **Alkohol**

Diese Reaktion erfordert einen Katalysator und in vielen Fällen erhöhten Wasserstoffdruck. Meist verwendet man **heterogene Katalysatoren** (vom griechischen *heteros*, anderer, und *genos*, Art). Sie bestehen gewöhnlich aus feinverteiltem Metall, das eine große Oberfläche bietet, z. B. Palladium, Platin oder Nickel auf einem Trägermaterial, z. B. Kohle. Der Katalysator ist im Reaktionsmedium unlöslich und liegt darin suspendiert vor.

$$CH_3CH(CH_3)CH_2CH{=}O \xrightarrow{H_2,\ Pd\text{-}C} CH_3CH(CH_3)CH_2CH_2OH$$

3-Methylbutanal → **3-Methyl-1-butanol**

$$\text{Cyclohexanon} \xrightarrow{H_2,\ Pt} \text{Cyclohexanol}$$

Cyclohexanon → **Cyclohexanol**

Der Mechanismus dieser katalytischen Hydrierung wird am Beispiel der Alkene in Abschnitt 12.2 ausführlich erläutert. Er verläuft über atomaren Wasserstoff, der zusammen mit dem Substrat an die Oberfläche des Katalysators gebunden wird. Der Katalysator ist notwendig, da die Bindungsdissoziationsenergie von Wasserstoff mit $DH° = 435$ kJ/mol zu hoch ist, als daß Wasserstoffatome auf einfachem thermischem Wege entstehen könnten. Mit dem Katalysator ist ein Reaktionsverlauf von geringerer Aktivierungsenergie möglich (siehe auch Abb. 3-5).

Darstellung von Alkoholen durch Reduktion der Carbonylgruppe mit Hydrid

Da Sauerstoff elektronegativer als Kohlenstoff ist, sind die Elektronen in der Carbonylgruppe ungleichmäßig verteilt, das Kohlenstoffatom ist elektrophil, das Sauerstoffatom nucleophil. Die Elektronenverteilung läßt sich durch dipolare Resonanzstrukturen beschreiben, in denen das Carbonyl-Kohlenstoffatom ein Carbenium-Ion, das Sauerstoffatom ein Alkoxid-Ion darstellt:

$$>\overset{\delta^+}{C}=\ddot{\underset{..}{O}}^{\delta^-} \qquad \left[>C=\ddot{\underset{..}{O}} \longleftrightarrow >\overset{+}{C}-\ddot{\underset{..}{O}}:^- \right]$$

Polarisierung in einer Carbonylgruppe — **Resonanzstrukturen einer Carbonylgruppe**

Das elektrophile Carbonyl-Kohlenstoffatom kann durch ein Äquivalent Hydrid, H^-, reduziert werden. Als hydridübertragende Reagenzien verwendet man Natriumborhydrid, $NaBH_4$, und Lithiumaluminiumhydrid, $LiAlH_4$.

Hydrid-Reduktion von Aldehyden und Ketonen

$$R-CHO + NaBH_4 \xrightarrow{CH_3CH_2OH} R-CH(OH)-H$$

$$R-CO-R' + LiAlH_4 \xrightarrow{(CH_3CH_2)_2O} \xrightarrow{H_2O\ \text{Aufarbeitung}} R-CH(OH)-R'$$

Diese hydridübertragenden Reagenzien kann man sich entstanden denken durch Reaktion eines Alkalimetallhydrids mit Boran, BH_3, bzw. Alan, AlH_3. Durch Addition von Hydrid, H^-, können die Elektronenmangelverbindungen BH_3 bzw. AlH_3, in der Bor bzw. Aluminium sp^2-hybridisiert sind, ihr Elektronenoktett vervollständigen (siehe Abb. 1-14). Im BH_4^--Ion und im AlH_4^--Ion nehmen die vier äquivalenten Wasserstoffatome die Ecken eines Tetraeders ein. Diese Moleküle haben die gleiche elektronische Struktur wie Methan oder das Ammonium-Ion NH_4^+.

$$BH_3 \xrightarrow{:H^-\ Na^+} [BH_4]^-\ Na^+$$

$$AlH_3 \xrightarrow{:H^-\ Li^+} [AlH_4]^-\ Li^+$$

Der Hydrid-Charakter des Wasserstoffatoms charakterisiert die Chemie dieser Verbindungen. Mit protischen Verbindungen wie Wasser und Alkoholen reagieren sie unter Bildung von Wasserstoff, wobei Natriumborhydrid reaktionsträger ist.

$$NaBH_4 + 4\,HOH \xrightarrow{\text{relativ langsam}} NaOH + B(OH)_3 + 4\,H{-}H$$

$$LiAlH_4 + 4\,CH_3OH \xrightarrow{\text{schnell}} LiAl(OCH_3)_4 + 4\,H{-}H$$

Bei diesen Reaktionen wirkt das Hydrid-Ion als Base. Da $NaBH_4$ weniger reaktiv ist, kann es in Wasser und Alkohol als Lösungsmittel umgesetzt werden. Für protische Medien ist Lithiumaluminiumhydrid zu reaktiv, in diesem Fall greift man zu Ethoxyethan (Diethylether) oder anderen Ethern als Lösungsmittel. Man arbeitet die Reaktionsmischung mit wäßriger Säure auf, um einen Überschuß an Reagenz sowie eventuell gebildete Bor- oder Aluminiumsalze zu hydrolysieren.

$$CH_3CH_2CH_2CH_2CHO \xrightarrow{NaBH_4,\ CH_3CH_2OH} CH_3CH_2CH_2CH_2CH_2OH \quad 85\%$$

Pentanal — 1-Pentanol

$$\text{Cyclobutanon} \xrightarrow{1.\ LiAlH_4,\ (CH_3CH_2)_2O;\ 2.\ H^+,\ H_2O} \text{Cyclobutanol} \quad 90\%$$

Pentanal **1-Pentanol** **Cyclobutanon** **Cyclobutanol**

Übung 8-6

Reduktionen mit Hydrid verlaufen oft stereospezifisch, da das Hydrid-Ion die weniger gehinderte Seite des Substrats angreift. Welche Stereochemie hat das Produkt der Reaktion zwischen Verbindung A (siehe Rand) und $LiAlH_4$.

A

Wie wir wissen, vollzieht sich die Hydrid-Reduktion durch eine nucleophile Addition des Hydrids an das elektrophile Carbonyl-Kohlenstoffatom. Setzt man Borhydrid in einem protischen Solvens, z. B. Ethanol ein, überträgt das Lösungsmittel im Augenblick des Angriffs ein Proton auf das Sauerstoffatom des Substrats. Das Ethoxid-Ion verbindet sich mit der Borverbindung zu einem Ethoxyborhydrid.

Mechanismus der $NaBH_4$-Reduktion

$$Na^+\,H_3\bar{B}{-}H \quad {>}C{=}O \quad H{-}OCH_2CH_3 \longrightarrow H{-}\underset{|}{\overset{|}{C}}{-}OH + Na^+\,H_3\bar{B}OCH_2CH_3$$

Ethanol (Solvens) **Alkohol (Produkt)** **Natriumethoxyborhydrid**

Das Ethoxyborhydrid kann drei weitere Carbonylmoleküle angreifen, bis alle Hydride verbraucht sind. Die Borverbindung wird schließlich zu Tetraethoxyborat, $B(OCH_2CH_3)_4^-$ umgewandelt. Verwendet man Lithiumaluminiumhydrid, entsteht zuerst ein Alkoxyaluminat, das bei der wäßrigen Aufarbeitung hydrolysiert wird.

Mechanismus der $LiAlH_4$-Reduktion

$${>}C{=}O + Li^{+\,-}AlH_4 \longrightarrow H{-}\underset{|}{\overset{|}{C}}{-}OAl^-H_3Li^+ \xrightarrow{\text{weiteres}} \xrightarrow{\text{Carbonyl-}} \xrightarrow{\text{Substrat}}$$

$$(H{-}\underset{|}{\overset{|}{C}}{-}O)_4Al^-Li^+ \xrightarrow{HOH\ \text{Aufarbeitung}} 4\,H{-}\underset{|}{\overset{|}{C}}{-}OH + Al(OH)_3 + LiOH$$

Lithiumtetraalkoxy-aluminat

Lithiumaluminiumhydrid ist so reaktiv, daß es sogar Carbonsäuren und Ester zu Alkoholen reduziert (siehe Abschn. 17.10 und 18.4):

$$\text{C}_6\text{H}_{11}\text{CH}_2\overset{\text{O}}{\overset{\|}{\text{C}}}\text{OH} \xrightarrow[2.\ \text{H}^+,\ \text{H}_2\text{O}]{1.\ \text{LiAlH}_4,\ (\text{CH}_3\text{CH}_2)_2\text{O}} \text{C}_6\text{H}_{11}\text{CH}_2\text{CH}_2\text{OH}$$

97%

2-Cyclohexyl-ethansäure → **2-Cyclohexyl-ethanol**

$$\text{CH}_3\text{CH}_2\overset{\text{O}}{\overset{\|}{\text{C}}}\text{OCH}_3 \xrightarrow[2.\ \text{H}^+,\ \text{H}_2\text{O}]{1.\ \text{LiAlH}_4,\ (\text{CH}_3\text{CH}_2)_2\text{O}} \text{CH}_3\text{CH}_2\text{CH}_2\text{OH} + \text{CH}_3\text{OH}$$

92%

Methyl-propanoat → **1-Propanol**

Auch reduziert es Halogenalkane in einer normalen S_N2-Reaktion zu Alkanen.

$$\text{CH}_3(\text{CH}_2)_7\text{CH}_2\text{—Br} \xrightarrow[-\ \text{LiBr}]{\text{LiAlH}_4,\ (\text{CH}_3\text{CH}_2)_2\text{O}} \text{CH}_3(\text{CH}_2)_7\text{CH}_2\text{—H}$$

96%

1-Bromnonan → **Nonan**

Ausnützung der Ringspannung in der Synthese: Hydrid-Reduktion von gespannten Ringethern zu Alkoholen

Das stark nucleophile Lithiumaluminiumhydrid kann Dreiringether, z. B. Oxacyclopropan (Oxiran, Ethylenoxid) angreifen:

$$\text{H}_2\text{C}\overset{\text{O}}{\text{—}}\text{CH}_2 \xrightarrow[2.\ \text{H}^+,\ \text{H}_2\text{O}]{1.\ \text{LiAlH}_4,\ (\text{CH}_3\text{CH}_2)_2\text{O}} \text{H—CH}_2\text{—CH}_2\text{—OH}$$

Oxacyclopropan (Oxiran, Ethylenoxid) → **Ethanol**

Hier greift Hydrid nucleophil an und verdrängt das Sauerstoffatom des Ethers. Aus zweierlei Gründen ist dies jedoch eine ungewöhnliche S_N2-Reaktion: (1) Alkoxide sind normalerweise sehr schlechte Abgangsgruppen; (2) Die Abgangsgruppe bleibt an das Molekül gebunden. Die Substitution verläuft also intramolekular.

Mechanismus der Oxacyclopropan-Öffnung durch $LiAlH_4$:

$$\text{H}_2\text{C}\overset{\ddot{\text{O}}}{\text{—}}\text{CH}_2 + \text{H—Al}^-\text{H}_3 \longrightarrow \text{H—CH}_2\text{—CH}_2\text{—}\ddot{\text{O}}\text{:}^- \xrightarrow{\text{HOH}} \text{HCH}_2\text{CH}_2\ddot{\text{O}}\text{H}$$

Die treibende Kraft dieser Reaktion ist die Verminderung der Ringspannung, die etwa so groß ist wie in Cyclopropan (113 kJ/mol, siehe Abschn. 4.2) und bei der Ringöffnung frei wird. Wie auch andere S_N2-Reaktionen ist die Reduktion von gespannten Ethern mit einer Inversion am Reaktionszentrum verbunden und wird durch sperrige Substituenten verzögert. Bei ungleichen Substituenten greift das Hydrid von der weniger gehinderten Seite an. Diesen Aspekt der Ether-Chemie lernen wir in Abschnitt 9.6 näher kennen.

1. $LiAlH_4$, $(CH_3CH_2)_2O$
2. H^+, H_2O

Epoxid (H, H, H, R) → $CH_2(H)CH(OH)R$

Übung 8-7

Schlagen Sie vier mögliche Ausgangssubstanzen für die Herstellung von 3-Hexanol vor und geben Sie die jeweiligen Reaktionsbedingungen an.

Darstellungsweisen der Alkohole können wir folgendermaßen zusammenfassen: In der Industrie setzt man Übergangsmetallkatalysatoren bei der Hydrierung von Kohlenmonoxid zu niederen Alkoholen (Methanol, 1,2-Ethandiol) ein. Einfachere, allgemeine Methoden zur Herstellung von Alkoholen beinhalten S_N2-Reaktionen von Halogenalkanen oder anderen Derivaten, Hydrierung und Hydrid-Reduktion von Carbonylverbindungen und Ringöffnung gespannter Ether.

8.5 Organolithium- und Organomagnesium-Reagenzien: Verbindungen mit nucleophilem Kohlenstoff

Mit der Hydrid-Reduktion von Carbonylverbindungen kennen wir bereits eine effiziente Methode zur Darstellung von Alkoholen. Könnte man die Reaktion so erweitern, daß anstelle von Hydrid ein *nucleophiles Kohlenstoffatom* angreift, würde ein Alkohol mit einer neu geknüpften Kohlenstoff-Kohlenstoff-Bindung entstehen. Für eine solche Reaktion brauchen wir ein Reagenz mit einem nucleophilen Kohlenstoffatom, R^-. In diesem Abschnitt erfahren wir, wie man dieses Ziel durch eine neue Klasse von Verbindungen, den **organometallischen Reagenzien** verwirklichen kann. Diese enthalten ein Metallatom, meist Lithium oder Magnesium, gebunden an ein Kohlenstoffatom eines organischen Moleküls. Sie zeichnen sich durch starke Basizität und Nucleophilie aus und spielen in organischen Synthesen eine überaus wichtige Rolle.

Darstellung von Alkyllithium- und Alkylmagnesium-Verbindungen aus Halogenalkanen

Meist stellt man organometallische Verbindungen von Lithium und Magnesium durch direkte Reaktion eines Halogenalkans mit dem in Ethoxyethan (Diethylether) oder in Oxacyclopentan, (Tetrahydrofuran, THF) suspendierten Metall her. Die Reaktivität des Halogenalkans nimmt in der Reihenfolge Cl < Br < I zu; Fluoride werden normalerweise nicht verwendet.

Synthese von Alkyllithium-Verbindungen

$$CH_3Br + 2\,Li \xrightarrow{(CH_3CH_2)_2O,\ 0°-10°C} CH_3Li + LiBr$$

Methyllithium

$$CH_3CH_2CH_2CH_2Br + 2\,Li \xrightarrow{THF,\ 0°-10°C} CH_3CH_2CH_2CH_2Li + LiBr$$

Butyllithium

THF = (Ring mit O) = Oxacyclopentan (Tetrahydrofuran)

Synthese von Alkylmagnesium-(Grignard-)Verbindungen

$$(CH_3)_2CHI + Mg \xrightarrow{THF,\ 20°C} (CH_3)_2CHMgI$$

1-Methylethylmagnesiumiodid

Organomagnesium-Verbindungen, RMgX, nennt man nach ihrem Entdecker V. Grignard* auch **Grignard-Verbindungen**. Man kann sie aus primären, sekundären und tertiären Halogenalkanen darstellen und, wie wir in späteren Kapiteln sehen werden, auch aus Halogenalkenen und Halogenbenzolen.

In Abbildung 8-4 sehen wir einen typischen Reaktionsaufbau für die Synthese dieser Verbindungen. Er besteht aus einem Dreihalskolben, einem Rührer, einem Tropftrichter und einem mit trockenen Stickstoff gespülten Rückflußkühler. Während der Reaktion geht das suspendierte Metall langsam in Lösung. Legt man Lithium vor, fällt das Halogenid als Lithiumhalogenid aus und kann abfiltriert werden. Alkyllithium- und Grignard-Verbindungen werden normalerweise nicht isoliert, sondern in der Reaktionsmischung erzeugt und reagieren sofort mit dem Substrat weiter. Verschiedene Alkyllithium-Reagenzien (Methyllithium, Butyllithium und 1,1-Dimethylethyllithium, (*tert*-Butyllithium) sind als Standardlösungen käuflich. Diese Reagenzien sind sehr luft- und feuchtigkeitsempfindlich, man muß sie deshalb unter strengem Luft- und Feuchtigkeitsausschluß herstellen und handhaben. Die Strukturen von Alkyllithium-Verbindungen variieren, je nachdem, welches System vorliegt. Oft kennt man die genaue Zusammensetzung nicht, da sie dazu neigen, zu Clustern unterschiedlicher Größe zu aggregieren.

Grignard-Verbindungen unterscheiden sich in ihrer Zusammensetzung von Alkyllithium-Verbindungen. Das Halogenalkan entzieht praktisch der Metalloberfläche ein Magnesiumatom und fügt es zwischen die R–X-Bindung ein. In dem so gebildeten RMgX ist die Valenz des zweiwertigen Magnesiums abgesättigt, um sein Elektronenoktett zu vervollständigen,

* Victor Grignard, 1871–1935, Professor an der Universität Lyon, Nobelpreis 1912

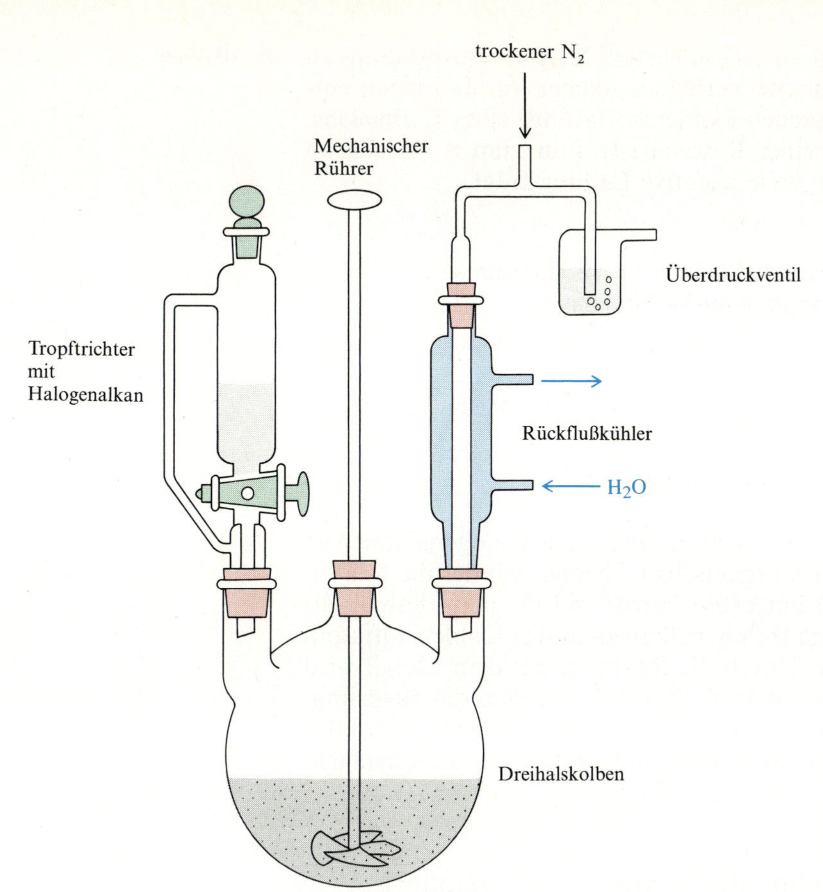

Abb. 8-4 Reaktionsapparatur zur Darstellung eines organometallischen Reagenz. Ein Halogenalkan wird zu Lithium oder Magnesium, suspendiert in Ether, zugetropft.

ist es jedoch noch an zwei Ethermoleküle koordiniert. Diese Wechselwirkung kann man als Beispiel einer typischen dativen kovalenten Bindung (Abschn. 1.2) ansehen oder als eine Lewis-Säure-Base-Reaktion (Abschn. 8.3). In der Strukturformel einer Grignard-Verbindung führt man die koordinierten Ethermoleküle zwar nicht auf, ihre Bedeutung zeigt sich jedoch in der Tatsache, daß ein Ether bei der Darstellung vorhanden sein muß da sonst die Reaktion sehr schlecht verläuft.

Grignard-Verbindungen sind an Lösungsmittelmoleküle koordiniert

$$\mathrm{R{-}X + Mg \xrightarrow{(CH_3CH_2)_2O} R{-}\underset{\uparrow \atop \ddot{O}(CH_2CH_3)_2}{\overset{(CH_3CH_2)_2\ddot{O} \atop \downarrow}{Mg}}{-}X}$$

Polarität der Alkyl-Metall-Bindung

Die Kohlenstoff-Metall-Bindung ist zwar kovalent, jedoch durch das elektropositive Metall (Tab. 1-3) stark polarisiert. Das Metall bildet das positive Ende des Dipols. Der Grad der Polarität wird manchmal als „% Ionencharakter“ ausgedrückt. Die Kohlenstoff-Lithium-Bindung zum Beispiel ist zu etwa 40%, die Kohlenstoff-Magnesium-Bindung zu etwa 35% ionisch. Das chemische Verhalten solcher Verbindungen entspricht dem eines negativ geladenen Kohlenstoffatoms, eines **Carbanions**. Diese Eigenschaft kommt in einer Resonanzstruktur zum Ausdruck, in dem das Kohlenstoffatom die volle negative Ladung trägt.

Die Kohlenstoff-Metall-Bindung in Alkyllithium- und Alkylmagnesium-Verbindungen

$$\left[-\overset{|}{\underset{|}{C}}{}^{\delta^-}\!\!-\!M^{\delta^+} \longleftrightarrow -\overset{|}{\underset{|}{C}}:^- \; M^+ \right] \qquad M = \text{Metall}$$

polarisiert **ladungsgetrennt**

Die Darstellung von Alkylmetall-Verbindungen aus Halogenalkanen ist ein Kunstgriff der synthetischen organischen Chemie, mit der die Reaktivität einer Verbindung genau umgekehrt wird, und die man deshalb als **Umpolung** bezeichnet. In einem Halogenalkan stellt das Kohlenstoffatom das elektrophile Zentrum dar. Durch die Reaktion mit dem Metall wird die $C^{\delta+}-X^{\delta-}$-Gruppe umgewandelt in $C^{\delta-}-M^{\delta+}$, in dem das ursprüngliche Dipolmoment genau umgekehrt ist. Durch die Metallierung wird das elektrophile Kohlenstoffatom nucleophil und ändert dementsprechend seine Reaktivität.

Die Alkylgruppe in Alkylmetall-Verbindungen reagiert basisch

Organometallische Reagenzien *müssen* unter Feuchtigkeitsausschluß hergestellt werden, da sie mit Wasser zum Teil heftig reagieren unter Bildung von Metallhydroxid und Alkan. Allein aufgrund der Ladungsverteilung läßt sich diese Reaktion vorhersagen: der negative polarisierte Alkylrest reagiert als Base und wird protoniert, während die Hydroxygruppe das positiv polarisierte Metall bindet.

$$\overset{\delta^-}{R}-\overset{\delta^+}{M} + \overset{\delta^+}{H}-\overset{\delta^-}{OH}$$

Alkylmetall

$$\downarrow$$

$$R-H + M-OH$$

Alkan **Metallhydroxid**

$$CH_3Li + HOH \longrightarrow \underset{100\%}{HCH_3} + LiOH$$

$$CH_3CH_2\overset{CH_3}{\overset{|}{C}}HCH_2CH_2MgBr + HOH \longrightarrow \underset{100\%}{CH_3CH_2\overset{CH_3}{\overset{|}{C}}HCH_2CH_2H} + BrMgOH$$

3-Methylpentylmagnesiumbromid **3-Methylpentan**

Mit dieser Methode – obgleich sie ihre Grenzen hat – kann man einen Halogensubstituenten aus einer Alkankette entfernen. Dasselbe läßt sich auf direkte Weise durch die schon besprochene Reaktion eines Halogenalkans mit Lithiumaluminiumhydrid erreichen. Eine andere Möglichkeit, um etwa ein Wasserstoffisotop wie Deuterium in ein Molekül einzuführen, besteht darin, die organometallische Verbindung mit deuteriertem Wasser zu hydrolysieren.

$$(CH_3)_3CCl \xrightarrow[2.\,D_2O]{1.\,Mg} (CH_3)_3CD$$

Übung 8-8
Wie würden Sie 1-Deuterocyclohexan aus Cyclohexan herstellen?

Das an das Metall gebundene Kohlenstoffatom ist nucleophil

Organometallische Verbindungen mit anderen Metallen als Lithium oder Magnesium kann man durch nucleophile Reaktion von Alkyllithium- oder Grignard-Verbindungen mit Metallhalogeniden herstellen. Diese Reaktion ist Beispiel einer **Transmetallierung**, da sie eine organometallische Verbindung in eine andere überführt.

Transmetallierung

$$R{-}M + M'X \longrightarrow R{-}M' + MX$$

Beispiele:

$$3\ CH_3MgCl + SiCl_4 \longrightarrow (CH_3)_3SiCl + 3\ MgCl_2$$

Chlortrimethylsilan

$$2\ CH_3\underset{}{\overset{CH_3}{\overset{|}{C}}}HMgCl + CdCl_2 \longrightarrow \left(CH_3\overset{CH_3}{\overset{|}{C}}H\right)_2Cd + 2\ MgCl_2$$

Di(1-methylethyl)-cadmium

$$3\ CH_3Li + AlCl_3 \longrightarrow (CH_3)_3Al + 3\ LiCl$$

Trimethylaluminum

Manche dieser Reagenzien haben für die Synthese große Bedeutung, wie wir in folgenden Kapiteln noch mehrmals sehen, wenn funktionelle Gruppen ineinander umgewandelt werden.

Ein weiteres Beispiel, das an dieser Stelle erwähnt werden muß, ist die Bildung einer neuen C–C-Bindung bei der Reaktion von Cupraten R_2CuLi und (meist) primären Halogenalkanen R′X zu einem neuen Alkan R–R′. Cuprate erhält man durch direkte Reaktion zweier Äquivalente einer Alkyllithium-Verbindung mit einem Äquivalent Kupferiodid, CuI.

Direkte Cuprat-Synthese

$$2\,RLi + CuI \longrightarrow R_2CuLi + LiI$$

Ein Cuprat

Die genaue Struktur dieser Spezies ist unbekannt, und die Reagenzien erzeugt man gewöhnlich in situ (vom lateinischen *in situs*, am Ort) und verarbeitet sie sofort weiter.

Darstellung von Alkanen aus Cupraten und Haloganalkanen

$$R_2CuLi + 2\,R'X \longrightarrow 2\,R{-}R' + LiX + \text{Kupfersalze}$$

Ein Beispiel:

$$(CH_3)_2CuLi + CH_3(CH_2)_8CH_2I \xrightarrow{(CH_3CH_2)_2O,\ 0\,°C} CH_3(CH_2)_8CH_2CH_3$$

90%

Lithiumdimethyl-cuprat **1-Ioddecan** **Undecan**

Beachten Sie, daß bei dieser Reaktion auch anorganische Produkte entstehen, die in der Gleichung nicht aufgeführt sind. Diese Produkte werden durch neutrale oder schwach saure wäßrige Aufarbeitung entfernt und sind für den organischen Chemiker gewöhnlich uninteressant.

Übung 8-9

Stellen Sie 2,2,5,5-Tetramethylhexan aus 2,2-Dimethylpropan her.

Bereits in der Einleitung zu diesem Abschnitt erfuhren wir, daß bei den interessantesten Reaktionen organischer Lithium- und Magnesium-Verbindungen durch nucleophilen Angriff des Alkylrestes auf eine Carbonylgruppe Alkohole unter Neuknüpfung einer C–C-Bindung entstehen. Im nächsten Abschnitt werden wir dieses Thema ausführlich besprechen.

Diesen Abschnitt fassen wir wie folgt zusammen: Organolithium- oder Organomagnesium-Verbindungen (Grignard-Verbindungen) erhalten wir durch die Umsetzung eines Halogenalkans mit dem entsprechenden Metall in Etherlösung. Organometallische Verbindungen enthalten, im Gegensatz zu Halogenalkanen, einen negativ polarisierten Alkylteil. Obwohl die Bindung zwischen Metall und Kohlenstoff zum großen Teil kovalent ist, reagiert das an das Metall gebundene Kohlenstoffatom wie ein Carbanion. Es kann ein Proton aufnehmen, dadurch entsteht ein Alkan; Alkyllithium- und Grignard-Verbindungen reagieren mit anderen Metallhalogeniden in einer Transmetallierung, wodurch weitere Alkylmetall-Verbindungen, z. B. mit Cd oder Si entstehen. Durch die Reaktion von Cupraten R_2CuLi mit Halogenalkanen werden zwei Alkylreste unter Ausbildung einer neuen C–C-Bindung verbunden.

8.6 Organolithium- und Organomagnesium-Verbindungen bei der Alkoholsynthese

Die Nucleophilie der an ein Metall gebundenen Alkylgruppe nutzt man zur Darstellung von Alkoholen durch die Umsetzung von organometallischen Reagenzien mit Carbonylverbindungen und bei der nucleophilen Ringöffnung gespannter cyclischer Ether.

Darstellung von Alkoholen durch Addition organometallischer Verbindungen an die Carbonylgruppe von Aldehyden und Ketonen

Organometallische Reagenzien addieren an Aldehyde und Ketone in gleicher Weise wie Hydride unter Bildung von Alkoholen. Dabei wird im Unterschied zur Hydrid-Reduktion eine neue C–C-Bindung ausgebildet.

Synthese von Alkoholen durch Reaktion von Aldehyden und Ketonen mit organometallischen Reagenzien

$$>C^{\delta+}=\ddot{O}:^{\delta-} + R^{\delta-}-M^{\delta+} \longrightarrow -\underset{R}{\overset{:\ddot{O}:^- M^+}{C}}- \xrightarrow{H^+,\ H_2O} -\underset{R}{\overset{OH}{C}}-$$

Die Reaktion läßt sich leichter verstehen, wenn man sich die Wanderung der Elektronen veranschaulicht. Die negativ polarisierte Alkylgruppe, genauer der nucleophile, an das Metall gebundene Kohlenstoff greift das Carbonyl-Kohlenstoffatom mit dem Bindungselektronenpaar nucleophil an. Das Carbonyl-Sauerstoffatom übernimmt das Metall unter Bildung eines Metallalkoxids. Durch Zugabe von verdünnter wäßriger Säure wird die Sauerstoff-Metall-Bindung hydrolysiert, so entstehen der Alkohol und ein Salz. Wie bereits erwähnt, läßt man die weiteren Aufarbeitungsschritte oft in der Reaktionsgleichung weg.

Methanal (Formaldehyd) reagiert mit organometallischen Reagenzien unter Bildung von *primären Alkoholen*:

$$CH_3CH_2CH_2CH_2MgBr + H_2C{=}O \xrightarrow{(CH_3CH_2)_2O} \xrightarrow{H^+,\ H_2O} CH_3CH_2CH_2CH_2\underset{H}{\overset{H}{C}}OH$$

Butylmagnesiumbromid + **Methanal (Formaldehyd)** → **1-Pentanol** (93%)

Mit anderen *Aldehyden* erhält man *sekundäre Alkohole*:

$$CH_3\overset{MgBr}{C}HCH_3 + CH_3\overset{O}{\overset{\|}{C}}H \xrightarrow{(CH_3CH_2)_2O} \xrightarrow{H^+,\ H_2O} (CH_3)_2CH\underset{H}{\overset{OH}{C}}CH_3$$

1-Methylethylmagnesiumbromid + **Ethanal (Acetaldehyd)** → **3-Methyl-2-butanol** (54%)

Ketone werden in *tertiäre Alkohole* umgewandelt:

$$\underset{\textbf{Butyllithium}}{CH_3CH_2CH_2CH_2Li} + \underset{\substack{\textbf{Propanon}\\ \textbf{(Aceton)}}}{CH_3\overset{\overset{O}{\|}}{C}CH_3} \xrightarrow{THF} \xrightarrow{H^+,\ H_2O} \underset{\substack{95\%\\ \textbf{2-Methyl-2-hexanol}}}{CH_3CH_2CH_2CH_2\overset{\overset{CH_3}{|}}{\underset{\underset{CH_3}{|}}{C}}OH}$$

Übung 8-10

Schlagen Sie Reaktionen vor, mit denen man 2-Propanol, $(CH_3)_2CHOH$ in 2-Methyl-1-propanol, $(CH_3)_2CHCH_2OH$ umwandeln kann.

Darstellung von Alkoholen durch Addition von organometallischen Verbindungen an Ester

Die Umsetzung von Carbonsäureestern mit zwei Äquivalenten eines Alkyllithium- oder Grignard-Reagenz führt zu tertiären (wenn R = Alkyl) oder zu sekundären Alkoholen (wenn R = H). Man nimmt an, daß bei dieser Reaktion die Alkoxygruppe des Esters verdrängt wird, wobei intermediär ein Keton oder ein Aldehyd entsteht, der mit dem organometallischen Reagenz schneller als der vorliegende Ester reagiert. Dieser Mechanismus wird in Abschnitt 18.4 ausführlich diskutiert.

Alkoholsynthese aus Estern

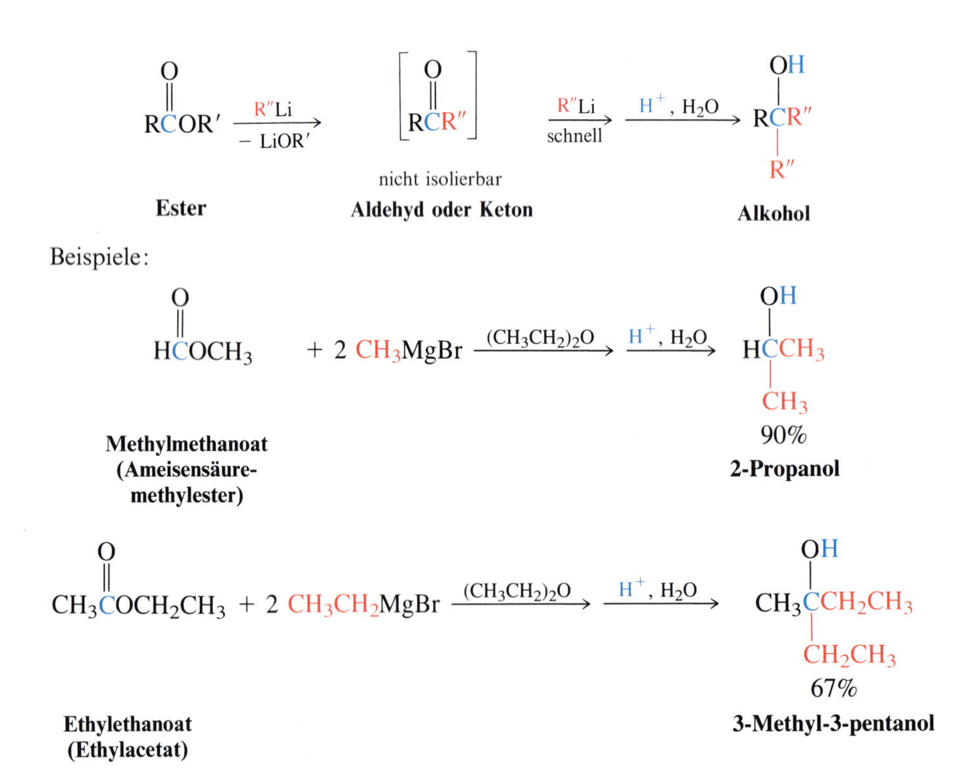

Darstellung von Alkoholen durch Addition organometallischer Reagenzien an gespannte Ringether

Grignard- und Alkyllithium-Verbindungen greifen gewöhnliche Ether nur schwer an, gespannte Ringether sind jedoch ausreichend reaktiv. Wie ein Hydrid-Reagenz kann auch das nucleophile Kohlenstoffatom im Alkylmetall den Ring von Oxacyclopropan öffnen:

$$H_2C\overset{O}{-}CH_2 + CH_3CH_2CH_2CH_2MgBr \xrightarrow{THF} \xrightarrow{H^+,\ H_2O} CH_3CH_2CH_2CH_2CH_2CH_2OH$$

62%

1-Hexanol

$$H_2C\overset{O}{-}CH_2 + (CH_3)_3CLi \xrightarrow{THF} \xrightarrow{H^+,\ H_2O} (CH_3)_3CCH_2CH_2OH$$

72%

3,3-Dimethyl-1-butanol

Übung 8-11

Schlagen Sie effiziente Synthesen für die folgenden Produkte vor. Die Ausgangssubstanzen sollten nicht mehr als vier Kohlenstoffatome pro Molekül enthalten.

(a) $CH_3CH_2CH_2CH(OH)CH_3$; (b) Cyclobutan mit OH und $C(CH_3)_3$ am selben C-Atom; (c) $CH_3C(OH)(CH_3)_2$; (d) $CH_3(CH_2)_5OH$

Wir halten fest: Alkyllithium- und Alkylmagnesium-Verbindungen addieren an Aldehyde und Ketone unter Bildung von Alkoholen. Dabei knüpft die ans Metall gebundene Alkylgruppe eine neue Bindung zum Carbonyl-Kohlenstoffatom. Ester addieren zwei Moleküle der organometallischen Verbindung. Aus dreigliedrigen cyclischen Ethern entstehen Alkohole durch Ringöffnung, die Kohlenstoffkette des Produkts wird dabei um zwei Methylen-Einheiten verlängert.

8.7 Komplizierte Alkohole: Eine Einführung in die Synthesestrategie

Die neuen Reaktionen, die in diesem Kapitel vorgestellt werden, sind sozusagen ein Teil des Vokabulars der organischen Chemie. Nur wenn man die Reaktionen kennt, mit denen man bestimmte Änderungen an Molekülen vornehmen kann und funktionelle Gruppen ineinander umwandeln kann, ist man in der Lage, sich in der organischen Chemie zu bewegen. Man muß sich daher mit diesen Reaktionen vertraut machen, mit ihrer Vielfalt, den verwendeten Reagenzien, den Reaktionsbedingungen, sofern sie für den Erfolg einer Reaktion ausschlaggebend sind und den Grenzen einer Methode. Obwohl dies eine kaum zu bewältigende Aufgabe scheint, wird sie uns erleichtert, wenn wir die mechanistischen Grundlagen verstehen. Schon mehrmals konnten wir Reaktionen vorhersagen, indem wir die Elektronegativität der beteiligten Atome, Coulomb-Kräfte und Bindungsstärken in Betracht zogen. Weitere Beispiele sehen wir hier aufgeführt.

Vorhersage einer Reaktion aufgrund mechanistischer Überlegungen

$$ICH_2CH_2CH_2Br \xleftarrow[\times]{I^-,\ \text{Propanon (Aceton)}} FCH_2CH_2CH_2Br \xrightarrow{I^-,\ \text{Propanon (Aceton)}} FCH_2CH_2CH_2I$$

entsteht nicht

Erklärung: Bromid ist eine bessere Abgangsgruppe als Fluorid.

$$CH_3C(OCH_3)(H)MgBr \xleftarrow[\times]{(CH_3CH_2)_2O} H_3C{-}\overset{\delta^+}{C}(=O^{\delta^-}){-}H + \overset{\delta^-}{C}H_3\overset{\delta^+}{Mg}Br \xrightarrow{(CH_3CH_2)_2O} CH_3C(\overset{-}{O}\overset{+}{Mg}Br)(H)CH_3$$

entsteht nicht

Erklärung: Das positiv polarisierte Carbonyl-Kohlenstoffatom bildet eine Bindung zum negativ geladenen Alkyl-Kohlenstoffatom des organometallischen Reagenz.

Andere Bromide + 1-Brom-3-methylcyclohexan + (Brommethyl)cyclohexan $\xleftarrow[\times]{Br_2,\ h\nu}$ Methylcyclohexan $\xrightarrow{Br_2,\ h\nu}$ 1-Brom-1-methylcyclohexan

entsteht nicht

Erklärung: Die tertiäre C–H-Bindung ist schwächer als die primäre oder sekundäre C–H-Bindung.

Ein fundiertes chemisches Grundwissen ist Voraussetzung für die erfolgreiche Durchführung chemischer Reaktionen. Wie wir am Anfang dieses Buches (Abschn. 1.1) gehört haben, werden in einer Synthese Moleküle „gemacht". Das Arbeitsgebiet „Synthese" besteht aus zwei eng zusammenhängenden Bereichen: (1) der Entwicklung neuer *Synthesemethoden* und (2) der *Totalsynthese*, die zum Ziel hat, ein bestimmtes erwünschtes Molekül in so guten Ausbeuten als möglich darzustellen, gewöhnlich durch eine Reihe aufeinanderfolgender Reaktionen.

Das Ziel dieses Abschnitts ist es, die Bedeutung der bisher behandelten chemischen Reaktionen für diese Teilbereiche der organischen Synthese zu untersuchen.

Die Entdeckung und Anwendung von Synthesemethoden

Man kann neue Reaktionen entweder sorgfältig planen oder durch Zufall entdecken. Stellen wir uns vor, wie zwei Studenten die Reaktion eines Grignard-Reagenz mit einem Keton zu einem Alkohol unabhängig voneinander entdeckt haben könnten. Der erste, erfahrene Student sagte aufgrund von Elektronegativitäts-Betrachtungen und der elektronischen Struktur von Ketonen vorher, daß der nucleophile Alkylrest der Grignard-Verbindung an das elektrophile Carbonyl-Kohlenstoffatom addiert.

Das Ergebnis des Experiments bestätigte seine theoretische Vorhersage. Ein zweiter, unerfahrener Student versuchte vielleicht, eine besonders konzentrierte Lösung eines Grignard-Reagenz mit einem – wie er glaubte – besonders gutem polaren Lösungsmittel zu verdünnen, nämlich mit Propanon (Aceton). Die einsetzende heftige Reaktion enthüllte die Reaktivität dieses Reagenz bei der Alkohol-Darstellung.

Ist eine neue Reaktion erst entdeckt, ist es auch wichtig, ihre Reichweite und ihre Grenzen abzustecken. Zu diesem Zweck testet man verschiedene Substrate, stellt mögliche Nebenprodukte fest, unterwirft neue funktionelle Gruppen den Reaktionsbedingungen und führt mechanistische Studien durch. Sollte sich die neue Reaktion nach diesen Untersuchungen als generell anwendbar erweisen, wird sie als neues Syntheseinstrument dem Werkzeug des organischen Chemikers beigefügt.

Da eine Reaktion eine sehr spezifische Änderung in einem Molekül hervorruft, ist es von Nutzen, diese Änderung hervorzuheben. Nehmen wir als Beispiel die Addition eines Grignard-Reagenz an einen Dreiringether. Welche Strukturänderung findet bei der Umsetzung statt? Eine Zwei-Kohlenstoff-Einheit, $-CH_2CH_2-$ wird an eine Alkylgruppe addiert. Dieses wertvolle Verfahren macht es möglich, eine Alkylkette direkt um zwei Kohlenstoffatome zu verlängern, man spricht hier auch von einer doppelten Homologisierung.

R—M
Alkylgruppe
+
O
$H_2C—CH_2$
Zwei-Kohlenstoff-Einheit
↓
$R—CH_2—CH_2—OH$

Da Grignard-Verbindungen durch die Reaktion von Halogenalkanen mit Magnesium gut zugänglich sind und auch Halogenalkane leicht aus den entsprechenden Alkoholen darzustellen sind (z. B. durch Behandlung mit HX, Abschn. 6.7) oder aus Alkanen (durch radikalische Halogenierung, Abschn. 3.5), kann man sich weitere Synthesemöglichkeiten ausdenken.

$$ROH \xrightarrow[\text{4. } H^+,\ H_2O]{\text{1. HBr; 2. Mg; 3. } H_2C\overset{O}{—}CH_2} RCH_2CH_2OH \qquad RH \xrightarrow[\text{4. } H^+,\ H_2O]{\text{1. } Br_2,\ h\nu;\ \text{2. Mg; 3. } H_2C\overset{O}{—}CH_2} RCH_2CH_2OH$$

Dieses Verfahren hat außerdem den Vorteil, daß am Ende der verlängerten Kohlenstoffkette eine neue Hydroxygruppe entsteht, die weitere synthetische Möglichkeiten eröffnet. Man kann sie auch entfernen, wenn sie unerwünscht ist. Die Methode dazu kennen Sie bereits. So kann man z. B. den Alkohol in ein Halogenalkan umwandeln und dann mit Lithiumaluminiumhydrid reduzieren.

RCH_2CH_2OH
$\downarrow$ HBr, $-H_2O$
RCH_2CH_2Br
$\downarrow$ $LiAlH_4$, $-LiBr$
RCH_2CH_2H

Warum kann man die OH-Gruppe nicht direkt mit $LiAlH_4$ reduzieren? Dafür gibt es zwei Gründe: Zum einen ist die OH-Gruppe eine schlechte Abgangsgruppe, zum zweiten reagiert das Hydrid mit dem aciden Proton des Alkohols, dadurch entstehen Alkoxide und Wasserstoff.

$$4\ RCH_2CH_2OH + LiAlH_4 \longrightarrow Li[Al(OCH_2CH_2R)_4] + 4\ H{-}H$$

Die entständige Hydroxygruppe ist für weitere Umsetzungen besonders nützlich, da man sie durch ein Bromid ersetzen kann. Als gute Abgangsgruppe erlaubt Bromid die Einführung vieler neuer funktioneller Gruppen am Ende der Kette:

$$RCH_2CH_2OH \xrightarrow[\text{2. } :Nu^-]{\text{1. HBr}} RCH_2CH_2Nu$$

Nu = OH, OR, I, CN, SR, NH_2,
(R′ durch Reaktion mit Cupraten usw.)

Außerdem sind Bromalkane ausgezeichnete Substrate für die Synthese organometallischer Reagenzien, die wiederum eine Vielzahl von molekularen Änderungen eingehen können:

$$\mathrm{RCH_2CH_2Br} \xrightarrow{\mathrm{Mg}} \mathrm{RCH_2CH_2MgBr}$$

$$\mathrm{RCH_2CH_2MgBr} \xrightarrow{\mathrm{D_2O}} \mathrm{RCH_2CH_2D}$$

$$\mathrm{RCH_2CH_2MgBr} \xrightarrow{\mathrm{CH_3CHO}} \mathrm{RCH_2CH_2C(OH)(H)CH_3}$$

$$\mathrm{RCH_2CH_2MgBr} \xrightarrow{\mathrm{CH_3COCH_3}} \mathrm{RCH_2CH_2C(OH)(CH_3)CH_3}$$

$$\mathrm{RCH_2CH_2MgBr} \xrightarrow{\mathrm{HCOOCH_3}} \mathrm{HC(OH)(CH_2CH_2R)CH_2CH_2R}$$

$$\mathrm{RCH_2CH_2MgBr} \xrightarrow{\mathrm{H_2C{-}CH_2\ (O)}} \mathrm{RCH_2CH_2CH_2CH_2OH}$$

Jedes der Produkte in diesem Schema kann weiter zu noch einer noch komplizierteren Verbindung umgesetzt werden. Sie sehen, wieviel Synthesemöglichkeiten Ihnen schon zur Verfügung stehen, obwohl Sie bisher erst wenige Reagenzien kennen.

Wenn wir fragen „Wie gut ist eine Reaktion? Welche Strukturen können wir damit herstellen?", beschäftigen wir uns mit der Methodologie. Die Entwicklung eines neuen Syntheseverfahrens, das Auffinden der optimalen Bedingungen, das Abstecken seiner Reichweite und Grenzen und letztlich seine Anwendung bei der Herstellung interessanter Verbindungen sind wichtige Themen synthetischer organischer Forschung.

Nun wollen wir eine andere Aufgabe angehen. Unser Ziel ist es, ein ganz bestimmtes Molekül herzustellen. Wie gehen wir dabei vor? Wie finden wir die richtigen Ausgangsverbindungen? Die Aufgabe, mit der wir uns nun befassen müssen, ist die Totalsynthese einer Verbindung.

Totalsynthese organischer Verbindungen

Organische Chemiker befassen sich mit der Synthese komplexer Moleküle aus verschiedenen Gründen. Manche Verbindungen haben wertvolle pharmakologische Eigenschaften, sind jedoch aus natürlichen Quellen nicht erhältlich. Biochemiker brauchen oft spezifisch isotopenmarkierte Verbindungen, um den Metabolismus verfolgen zu können. Physikochemiker messen an neuen Strukturen physikalische Konstanten, spektroskopische und andere Eigenschaften und chemisches Verhalten. (Erinnern Sie sich an die gespannten Cycloalkane in Abschnitt 4.6.) Es gibt viele Gründe für die Totalsynthese organischer Moleküle.

Was auch immer das Ziel sein mag, eine erfolgreiche Synthese zeichnet sich durch Kürze und hohe Gesamtausbeute aus. Die Ausgangssubstanzen sollten leicht zugänglich, möglichst käuflich und preiswert sein. In der Industrie erfordert die Umsetzung großer Chemikalienmengen eine besondere Verfahrenstechnik. Hinzu kommen Sicherheitsansprüche und Umweltanliegen, die möglichst ungiftige und leicht zu handhabende Reagenzien erfordern.

In manchen Fällen ist es besser, einen Reaktionsschritt mit geringer Ausbeute miteinzubeziehen, wenn er den Gesamtprozeß wesentlich verkürzt. Ein Beispiel: Unter der Voraussetzung vergleichbarer Kosten für die Ausgangsmaterialien ist eine siebenstufige Synthese, bei der jeder Schritt eine Ausbeute von 85% hat, weniger effizient als eine vierstufige Synthese, bei der drei Schritte mit 95% Ausbeute verlaufen und einer mit 45%. Die Gesamtausbeute der ersten Reaktionsfolge errechnet sich zu $(0.85 \times 0.85 \times 0.85 \times 8.85 \times 0.85 \times 0.85 \times 0.85) \times 100 = 32\%$. Die Gesamtausbeute der zweiten Methode dagegen, die drei Schritte weniger hat, beträgt $(0.95 \times 0.95 \times 0.95 \times 0.45) \times 100 = 39\%$.

Meist sind käufliche, preiswerte Substanzen einfache Verbindungen mit fünf oder weniger Kohlenstoffatomen. Deshalb steht der synthetische Chemiker meistens vor der Aufgabe, große, komplizierte Moleküle aus einfachen kleinen Bausteinen herzustellen. Dieses Problem geht man am besten von *rückwärts* an, eine Arbeitsweise, die man auch **retrosynthetische Analyse** (vom griechischen *retro*, umgekehrt) nennt. Dabei nimmt man sich das Zielmolekül vor. An einer Stelle, an der die Neuknüpfung zweier C–C-Bindungen möglich scheint, bricht man diese Bindungen. Zum Beispiel legt die retrosynthetische Analyse der Ethanol-Synthese aus zwei Ein-Kohlenstoff-Einheiten eine Bildung aus einer Methylmetall-Verbindung und Methanal (Formaldehyd) nahe. Die geplante Reaktion, in diesem Fall CH_3CH_2OH aus $CH_3MgBr + CH_2O$, wird durch einen Doppelpfeil dargestellt. Dieser muß nicht unbedingt eine reell existierende Reaktion darstellen, er steht in erste Linie für einen strategischen Abbau, dessen Umkehr, der Aufbau des Moleküls, kann mehrere Schritte erfordern.

Retrosynthetische Analyse der Ethanol-Synthese aus zwei Ein-Kohlenstoff-Einheiten

$$CH_3CH_2OH \Longrightarrow CH_3MgBr + H_2C{=}O$$

Methylmagnesiumbromid **Methanal (Formaldehyd)**

Zwei weitere Beispiele der Retrosynthese von Ethanol sind:

$$CH_3CH_2OH \Longrightarrow CH_3\overset{O}{\overset{\|}{C}}H + NaBH_4$$

$$CH_3CH_2OH \Longrightarrow CH_3CH_2Br + OH^-$$

Sie sind von geringerer Bedeutung als das erste Beispiel, da sie das Zielmolekül nicht wesentlich vereinfachen. Kohlenstoff-Kohlenstoff-Bindungen werden nicht gebrochen.

Wir wollen nun den Aufbau eines tertiären Alkohols einer retrosynthetischen Analyse unterziehen. Dafür gibt es mehrere Möglichkeiten. Die strategisch wichtigen Bindungen sind die zwischen der funktionellen Gruppe und dem reaktiven Kohlenstoffatom. 4-Methyl-4-heptanol hat drei Stellen, an denen das Molekül in einfachere Vorstufen gespalten werden kann. Weg *a* spaltet die Methylgruppe von C-4 ab und führt zu Methylmagnesiumbromid und 4-Heptanon als Ausgangssubstanzen. Spaltung nach *b* erfordert eine Propylgrignard-Verbindung und 2-Pentanon als Vorstufen. Der eleganteste Weg jedoch ist die Möglichkeit *c*: Dieser Weg nutzt die Tatsache, daß das Zielmolekül an C-4 zwei identische Substituenten, die Propylgruppen, trägt. Wir wissen, daß wir solche Alkohole aus Estern und zwei Äquivalenten einer organometallischen Verbindung erhalten. In unserem Fall stellen wir unseren Alkohol leicht aus Methylethanoat (Methylacetat) und Propylmagnesiumbromid her.

Retrosynthetische Analyse der Synthese von 4-Methyl-4-heptanol

(a) $\Rightarrow$ CH_3MgBr (**Methylmagnesiumbromid**) + $CH_3CH_2CH_2C(=O)CH_2CH_2CH_3$ (**4-Heptanon**)

$CH_3C(OH)(CH_2CH_2CH_3)CH_2CH_2CH_3$ (**4-Methyl-4-heptanol**)

(b) $\Rightarrow$ $CH_3CH_2CH_2MgBr$ (**Propylmagnesiumbromid**) + $CH_3C(=O)CH_2CH_2CH_3$ (**2-Pentanon**)

(c) $\Rightarrow$ $CH_3C(=O)OCH_3$ (**Methylethanoat (Methylacetat)**) + 2 $CH_3CH_2CH_2MgBr$ (**Propylmagnesiumbromid**)

Vergleicht man die drei Möglichkeiten der Retrosynthese miteinander, stellt sich Weg *c* als der beste heraus: die Ausgangssubstanzen sind billig und bestehen aus einfachen, kurzkettigen Verbindungen. Der zweitbeste Weg ist Weg *b*. Er ist insofern schlechter als *c*, da in einem Schritt nur eine C–C-Bindung geknüpft wird und 2-Pentanon ein relativ kompliziertes Molekül ist. Am ungünstigsten ist die Methode *a*, da hier sehr ungleichartige Bausteine verwendet werden und einer davon sogar sieben Kohlenstoffatome enthält.

Sie sollten immer im Auge behalten, daß es bei der Synthese eines komplexen Alkohols im Prinzip stets mehrere Möglichkeiten gibt, diesen durch Reaktion eines passenden organometallischen Reagenz mit einem Aldehyd oder Keton herzustellen.

Allgemeine Darstellungswege für Alkohole

$$RC(=O)R' + R''M \Leftarrow R\text{—}C(OH)(R'')\text{—}R' \Rightarrow RC(=O)R'' + R'M$$

$$\Downarrow$$

$$R'C(=O)R'' + RM$$

Übung 8-12

Überlegen Sie sich eine ökonomisch sinnvolle Retrosynthese von 2,3,3-Trimethyl-2-heptanol.

Übung 8-13

Geben Sie die Reaktionsschritte an, durch die 2-Methyl-2-propanol in den Ether A umgewandelt wird.

$$(CH_3)_3COH \longrightarrow \underset{\mathbf{A}}{(CH_3)_3CCH_2CH_2OCH_3}$$

Fehlerquellen bei der Syntheseplanung und mögliche Auswege

Beim Entwurf einer Synthese muß man verschiedene Dinge beachten, wenn die Darstellung eines erwünschten Moleküls erfolgreich und mit hohen Ausbeuten gelingen soll.

Die Reagenzien dürfen keine funktionellen Gruppen tragen, die die erwünschte Reaktion stören könnten. So würde z. B. die Reaktion eines Hydroxyaldehyds mit einer Grignard-Verbindung zu Alkoholyse und nicht zur Ausbildung einer C–C-Bindung führen:

$$HOCH_2CH_2CH(OH)CH_3 \not\longleftrightarrow HOCH_2CH_2CH{=}O + CH_3MgBr \longrightarrow BrMgOCH_2CH_2CH{=}O + H{-}CH_3$$

Dieses Problem läßt sich umgehen, indem man mit zwei Äquivalenten des Grignard-Reagenz arbeitet, ein Äquivalent zum Abfangen des aciden Protons und eines zur Reaktion mit der Carbonylgruppe.

Stellen Sie niemals eine Grignard-Verbindung aus einem Bromketon her. Ein solches Reagenz ist nicht stabil und würde sogleich nach seiner Entstehung mit der Carbonylgruppe der Ausgangssubstanz reagieren.

Br, O, Mg, nicht miteinander vereinbar, BrMg, O

Um störende funktionelle Gruppen unwirksam zu machen, benutzt der Chemiker sogenannte **Schutzgruppen**. Dabei wird eine funktionelle Gruppe reversibel in eine unreaktive Form überführt. Einen Alkohol kann man z. B. in Form des 1,1-Dimethylethylethers schützen (Abschn. 9.5). Der Ether wird durch Reaktion des Alkohols mit einem tertiären Halogenalkan gebildet. Durch Hydrolyse mit Säure läßt sich die Alkoholgruppe wieder regenerieren (Abspaltung der Schutzgruppe):

$$ROH \xrightarrow[-HX]{(CH_3)_3CX} ROC(CH_3)_3 \xrightarrow{H^+,\, H_2O} ROH + (CH_3)_3COH$$

Addition der Schutzgruppe — Abspaltung der Schutzgruppe

Später werden wir weitere Methoden kennenlernen, mit denen man verschiedene funktionelle Gruppen schützen kann.

Erwägen Sie alle mechanistischen und strukturellen Einschränkungen, wenn Sie eine bestimmte Reaktion durchführen wollen. So verlaufen z. B. radikalische Bromierungen selektiver als Chlorierungen. Bedenken Sie strukturelle Einflüsse bei nucleophilen Reaktionen; vergessen Sie nicht, daß 2,2-Dimethyl-1-halogenpropane (Neopentylhalogenide) nur träge reagieren. Auch wenn es nicht auf den ersten Blick auffällt, haben auch andere Halogenalkane „neopentyl-ähnliche" Struktur und reagieren ebenso schlecht. Andererseits kann man aus solchen Systemen organometallische Reagenzien herstellen und sie so für weitere Reaktionen zugänglich machen. Überführt man z. B. 1-Brom-2,2-dimethylpropan in das Grignard-Reagenz und setzt es mit Methanal (Formaldehyd) um, erhält man den entsprechenden Alkohol.

Beispiele neopentyl-ähnlicher gehinderter Halogenalkane

$$(CH_3)_3CCH_2Br \xrightarrow[2.\ CH_2=O]{1.\ Mg} (CH_3)_3CCH_2CH_2OH$$

1-Brom-2,2-dimethylpropan **3,3-Dimethyl-1-butanol**

Oft ist es schwer, ein tertiäres Halogenid als solches zu erkennen, wenn es Teil eines komplizierteren Gerüsts ist. Bedenken Sie, daß tertiäre Halogenide nicht nach S_N2, sondern in Gegenwart von Basen unter Eliminierung reagieren.

Geschicklichkeit bei Synthesefragen erwirbt man, wie in so vielen anderen Bereichen der organischen Chemie nur durch Erfahrung. Wenn Sie die Synthese komplexer Moleküle planen, müssen sie die Reaktionen und Mechanismen vorangegangener Abschnitte wiederholen. Auf diese Weise tragen Sie Kenntnisse zusammen, die sie bei späteren Problemen anwenden können.

Zusammenfassung neuer Reaktionen

1 Säure-Base-Eigenschaften der Alkohole

$$R{-}\overset{+}{O}H_2 \underset{}{\overset{H^+}{\rightleftharpoons}} ROH \overset{\text{Base :}B^-}{\rightleftharpoons} RO^- + BH$$

Oxonium-Ion **Alkohol** **Alkoxid**

2 Synthesegas

$$\text{Kohle} \xrightarrow{\text{Luft, } H_2O,\ \Delta} x\,CO + y\,H_2$$

Synthesegas

3 Darstellung von Methanol aus Synthesegas

$$CO + 2\,H_2 \xrightarrow{Cu/ZnO/Cr_2O_3,\ 250\,°C,\ 5-10\ MPa} CH_3OH$$

4 Fischer-Tropsch-Synthese

$$n\,CO + (2n+1)\,H_2 \xrightarrow{\text{Co oder Fe, Druck, } 200°-350\,°C} C_nH_{2n+2} + n\,H_2O$$

Kohlenwasserstoffe

5 Ethanol durch Hydratisierung von Ethen

Zusammenfassung neuer Reaktionen

$$CH_2{=}CH_2 + H_2O \xrightarrow{H_3PO_4,\ 300\,°C} CH_3CH_2OH$$

Darstellung von Alkoholen

6 Nucleophile Verdrängung von Halogeniden und anderen Abgangsgruppen durch Hydroxid

$$RCH_2X + HO^- \xrightarrow[S_N2]{} RCH_2OH + X^-$$

X = Halogen, Sulfonat

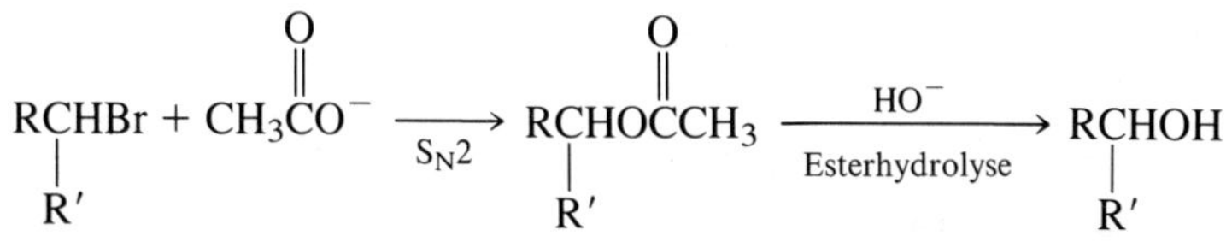

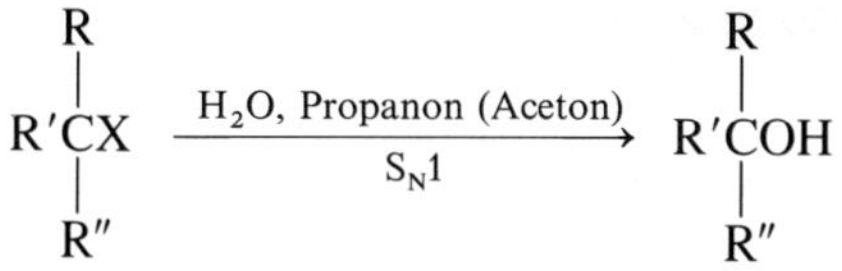

$$R'CHBr + CH_3C(=O)O^- \xrightarrow[S_N2]{} R'CHOC(=O)CH_3 \xrightarrow[\text{Esterhydrolyse}]{HO^-} R'CHOH$$

$$RR'R''CX \xrightarrow[S_N1]{H_2O,\ \text{Propanon (Aceton)}} RR'R''COH$$

7 Katalytische Hydrierung von Aldehyden und Ketonen

$$RC(=O)H \xrightarrow{H_2,\ Pt} RCH_2OH \qquad RC(=O)R' \xrightarrow{H_2,\ \text{Katalysator}} RCH(OH)R'$$

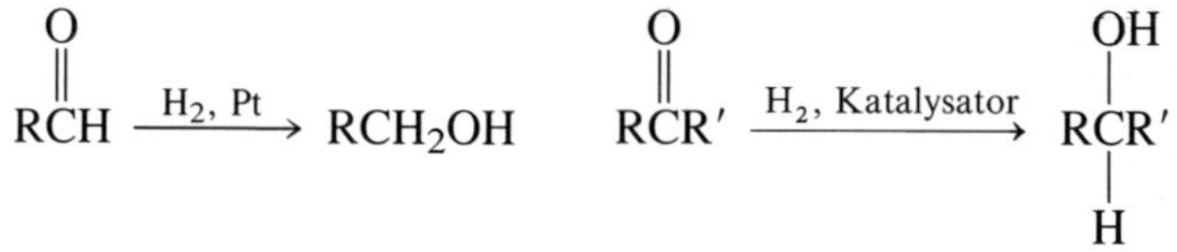

8 Reduktion von Aldehyden und Ketonen durch Hydride

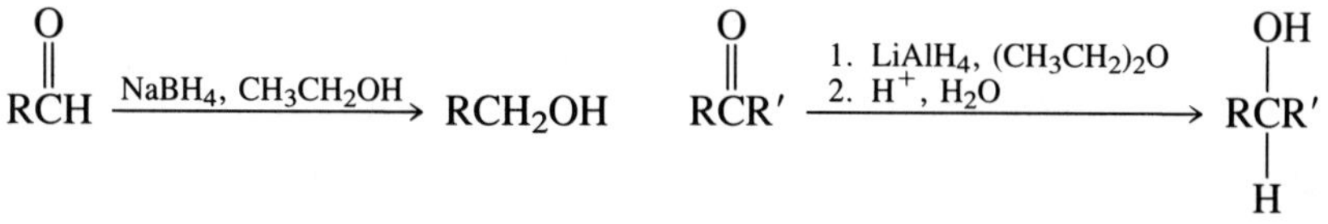

$$RC(=O)H \xrightarrow{NaBH_4,\ CH_3CH_2OH} RCH_2OH \qquad RC(=O)R' \xrightarrow{1.\ LiAlH_4,\ (CH_3CH_2)_2O;\ 2.\ H^+,\ H_2O} RCH(OH)R'$$

9 Reduktion von Carbonsäuren und Estern durch Lithiumaluminiumhydrid

$$\underset{\textbf{Carbonsäure}}{RC(=O)OH} \xrightarrow{1.\ LiAlH_4;\ 2.\ H^+,\ H_2O} RCH_2OH \qquad \underset{\textbf{Ester}}{RC(=O)OR'} \xrightarrow{1.\ LiAlH_4;\ 2.\ H^+,\ H_2O} RCH_2OH + R'OH$$

10 Nucleophile Ringöffnung von Oxacyclopropan durch Lithiumaluminiumhydrid

$$H_2C\text{—}CH_2\ (\text{über }O\text{ verbrückt}) \xrightarrow{1.\ LiAlH_4;\ 2.\ H^+,\ H_2O} CH_3CH_2OH$$

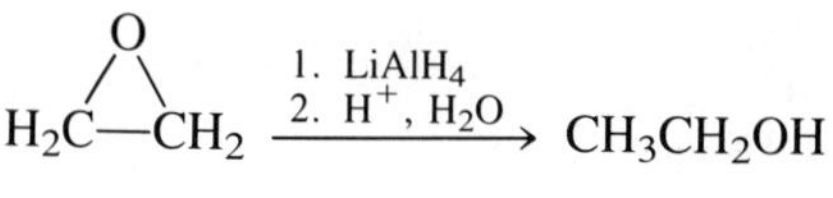

Darstellung organometallischer Reagenzien

11 Reaktion von Metallen mit Halogenalkanen

$$RX + Li \xrightarrow{(CH_3CH_2)_2O} \underset{\textbf{Alkyllithium-Verbindung}}{RLi} + LiX$$

$$RX + Mg \xrightarrow{(CH_3CH_2)_2O} \underset{\textbf{Grignard-Verbindung}}{RMgX}$$

12 Transmetallierung

$$4\,RMgX + SiX_4 \longrightarrow \underset{\textbf{Tetraalkylsilan}}{SiR_4} + 4\,MgX_2$$

$$2\,RMgX + CdX_2 \longrightarrow \underset{\textbf{Dialkylcadmium}}{CdR_2} + 2\,MgX_2$$

$$3\,RLi + AlX_3 \longrightarrow \underset{\textbf{Trialkylaluminium}}{R_3Al} + 3\,LiX$$

$$RLi + CuI \longrightarrow \underset{\textbf{Ein Alkylkupfer-Reagenz}}{RCu} + LiI$$

$$RCu + RLi \longrightarrow \underset{\substack{\textbf{Lithiumdialkylcuprat} \\ \textbf{(Ein Cuprat)}}}{R_2CuLi}$$

Reaktionen organometallischer Verbindungen

13 Hydrolyse

$$RLi + H_2O \longrightarrow RH + LiOH$$

$$RMgX + D_2O \longrightarrow RD + Mg(OD)X$$

14 Alkane aus Cupraten und (primären) Halogenalkanen

$$R_2CuLi + 2\,R'X \longrightarrow 2\,R-R' + LiX + \text{Kupfersalze}$$

15 Alkane aus Halogenalkanen und Lithiumaluminiumhydrid

$$RX + LiAlH_4 \longrightarrow RH$$

Darstellung von Alkoholen mit organometallischen Reagenzien

16 Addition organometallischer Verbindungen an Aldehyde und Ketone

$$\text{RLi oder RMgX} + \underset{\textbf{Methanal}}{CH_2{=}O} \longrightarrow \underset{\textbf{primärer Alkohol}}{RCH_2OH}$$

$$\text{RLi oder RMgX} + \underset{\textbf{Aldehyd}}{R'\overset{\overset{\displaystyle O}{\|}}{C}H} \longrightarrow \underset{\textbf{sekundärer Alkohol}}{R\overset{\overset{\displaystyle OH}{|}}{\underset{\underset{\displaystyle H}{|}}{C}}R'}$$

$$\text{RLi oder RMgX} + \underset{\textbf{Keton}}{R'\overset{\overset{\displaystyle O}{\|}}{C}R''} \longrightarrow \underset{\textbf{tertiärer Alkohol}}{R\overset{\overset{\displaystyle OH}{|}}{\underset{\underset{\displaystyle R''}{|}}{C}}R'}$$

17 Addition organometallischer Verbindungen an Ester

$$RCOR' + 2\,R''MgX \longrightarrow RC(OH)(R'')R''$$

(RCOR': Ester mit C=O; Produkt: RCR'' mit OH und R'' am C)

tertiärer Alkohol

$$HCOR + 2\,R'Li \longrightarrow HC(OH)(R')R'$$

(HCOR: mit C=O; Produkt: HCR' mit OH und R' am C)

Alkylmethanoat (Ameisensäureester) → **sekundärer Alkohol**

18 Nucleophile Ringöffnung von Ethylenoxid durch organometallische Verbindungen

$$\text{RLi oder RMgX} + H_2C\text{—}CH_2 \text{ (über O verbrückt)} \longrightarrow RCH_2CH_2OH$$

Zusammenfassung

1 Alkohole bezeichnet man nach der IUPAC-Nomenklatur als Alkanole. Die Kohlenstoffkette, die die funktionelle Gruppe trägt, gibt der Verbindung den Namen. Alkyl- und Halogensubstituenten werden dem Namen vorangestellt.

2 Alkohole bestehen aus einem hydrophoben Molekülteil, der Alkankette, und einem hydrophilen Teil, der OH-Gruppe mit einer kurzen polaren O–H-Bindung. Das positiv polarisierte Wasserstoffatom kann Wasserstoffbrücken-Bindungen eingehen.

3 Alkohole sind sowohl Säuren und Basen. Elektronenziehende Substituenten erhöhen die Säurestärke (und verringern die Basizität). Eine Base, deren konjugierte Säure beträchtlich schwächer ist als der Alkohol, deprotoniert diesen vollständig.

4 Ein Oxonium-Ion kann als Lewis-Säure-Base-Komplex zwischen einem Carbenium-Ion und einem Alkohol aufgefaßt werden.

5 Die Hydrierung von Aldehyden und Ketonen erfordert einen Katalysator, der Wasserstoff und Substrat durch Adsorption an seiner Oberfläche aktiviert.

6 Das Kohlenstoffatom einer Carbonylgruppe ist elektrophil und wird daher von Nucleophilen, z. B. Hydrid oder dem Alkylrest einer organometallischen Verbindung angegriffen; es entsteht ein Alkohol.

7 Gespannte cyclische Ether sind ungewöhnlich reaktiv, da durch die nucleophile Ringöffnung die Spannung nachläßt.

8 Die Umwandlung der elektrophilen Alkylgruppe eines Halogenalkans in ein Nucleophil in einer organometallischen Verbindung ist ein Beispiel für eine Umpolung.

Aufgaben

1 Geben Sie die IUPAC-Namen der folgenden Verbindungen an. Definieren Sie gegebenenfalls die genaue Stereochemie und geben Sie an, ob es sich um einen primären, sekundären oder tertiären Alkohol handelt.

(a) $CH_3CH_2CHOHCH_3$
(b) $CH_3CHBrCH_2CHOHCH_2CH_3$
(c) $HOCH_2CH(CH_2CH_2CH_3)_2$
(d) 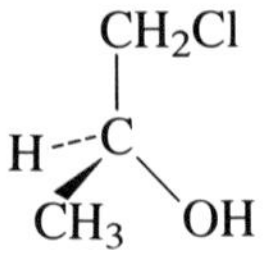 CH_2Cl, H, CH_3, OH an C
(e) 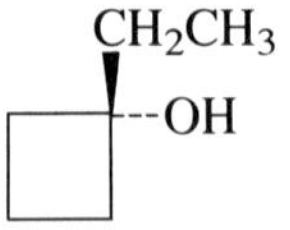 Cyclobutan mit CH_2CH_3 und OH
(f) 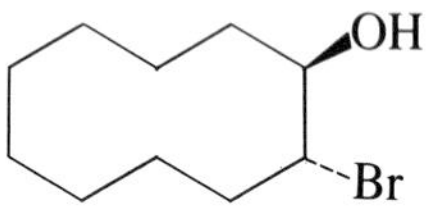 Ring mit OH und Br
(g) $C(CH_2OH)_4$
(h) 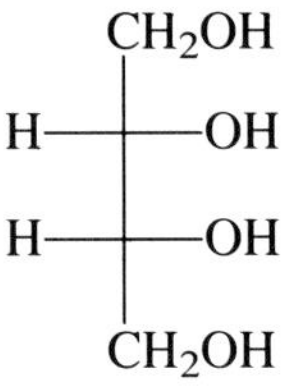 CH_2OH; H—C—OH; H—C—OH; CH_2OH
(i) 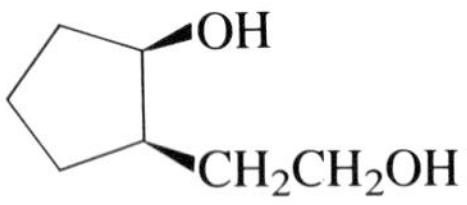 Cyclopentan mit OH und CH_2CH_2OH
(j) 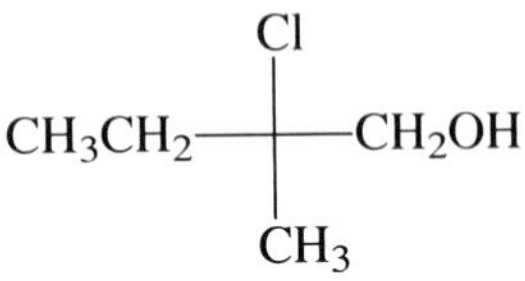 CH_3CH_2—C(Cl)(CH_3)—CH_2OH

2 Zeichnen Sie die Strukturformeln folgender Verbindungen.

(a) 2-(Trimethylsilyl)ethanol
(b) 1-Methylcyclopropanol
(c) 3-(1-Methylethyl)-2-hexanol
(d) (*R*)-2-Pentanol
(e) 3,3-Dibromcyclohexanol

3 Ordnen Sie die Verbindungen aus folgenden Gruppen nach ihren Siedepunkten.

(a) Cyclohexan, Cyclohexanol, Chlorcyclohexan
(b) 2,3-Dimethyl-2-pentanol, 2-Methyl-2-hexanol, 2-Heptanol

4 Erklären Sie die unterschiedliche Wasserlöslichkeit der Verbindungen aus nachstehenden Gruppen.

(a) Ethanol > Chlorethan > Ethan
(b) Methanol > Ethanol > 1-Propanol

5 Weshalb liegt 1,2-Ethandiol in viel größerem Ausmaß als 1,2-Dichlorethan in der *gauche*-Konformation vor?

Was erwarten Sie für das Verhältnis *gauche*/*anti* bei 2-Chlorethanol? Gleicht es mehr dem von 1,2-Dichlorethan oder mehr dem von 1,2-Ethandiol?

6 Ordnen Sie die Alkohole nachstehender Gruppen nach ihrer Säurestärke in Lösung.

(a) $CH_3CHClCH_2OH$, $CH_3CHBrCH_2OH$, $ClCH_2CH_2CH_2OH$
(b) $CH_3CCl_2CH_2OH$, CCl_3CH_2OH, $(CH_3)_2CClCH_2OH$
(c) $(CH_3)_2CHOH$, $(CF_3)_2CHOH$, $(CCl_3)_2CHOH$

7 Fassen Sie die Reaktionen der folgenden Alkohole in Lösung (1) als Säure und (2) als Base in Gleichungen. Vergleichen Sie jeweils die Basen- bzw. Säurestärke qualitativ mit der von Methanol.

(a) $(CH_3)_2CHOH$
(b) CH_3CHFCH_2OH
(c) CCl_3CH_2OH

8 Der pK_a-Wert von $CH_3\overset{+}{O}H_2$ ist -2.2, der von CH_3OH ist 15.5. Errechnen Sie daraus das pH, bei dem

(a) Methanol zu genau gleichen Teilen $CH_3\overset{+}{O}H_2$ und CH_3O^- enthält.
(b) 50% CH_3OH und 50% $CH_3\overset{+}{O}H_2$ vorliegen.
(c) 50% CH_3OH und 50% CH_3O^- vorliegen.

9 Glauben Sie, daß Hyperkonjugation bei der Stabilisierung von Oxonium-Ionen (z.B. ROH_2^+, R_2OH^+ u.a.) eine Rolle spielt? Erklären Sie ihre Antwort.

10 Stellen Sie sich die Reaktion von Bromcyclohexan mit den vier folgenden Reagenzien vor und beantworten Sie die nachstehenden Fragen.

(i) H_2O; (ii) OH^-; (iii) $CH_3\overset{O}{\overset{\|}{C}}OH$; (iv) $CH_3\overset{O}{\overset{\|}{C}}O^-$

(a) Welcher Mechanismus überwiegt jeweils?
(b) Welches Reagenz führt zum größten Anteil an Eliminierungsprodukt?
(c) Mit welchem Reagenz erhält man die beste Ausbeute an Alkohol?

11 Betrachten Sie nachfolgende Alkoholsynthesen. Schätzen Sie ab, ob sie brauchbar (wenn der gewünschte Alkohol ausschließlich oder überwiegend entsteht), weniger brauchbar (wenn der gewünschte Alkohol nur ein Nebenprodukt ist) oder wertlos sind.

(a) $CH_3CH_2Cl \xrightarrow{H_2O,\ CH_3\overset{O}{\overset{\|}{C}}CH_3} CH_3CH_2OH$

(b) $CH_3OSO_2\text{—}C_6H_4\text{—}CH_3 \xrightarrow{HO^-,\ H_2O,\ \Delta} CH_3OH$

(c) Iodcyclohexan $\xrightarrow{HO^-,\ H_2O,\ \Delta}$ Cyclohexanol

(d) $CH_3\underset{}{\overset{I}{\overset{|}{C}}}HCH_2CH_2CH_3 \xrightarrow{H_2O,\ \Delta} CH_3\overset{OH}{\overset{|}{C}}HCH_2CH_2CH_3$

(e) $CH_3\overset{CN}{\overset{|}{C}}HCH_3 \xrightarrow{HO^-,\ H_2O,\ \Delta} CH_3\overset{OH}{\overset{|}{C}}HCH_3$

(f) $CH_3OCH_3 \xrightarrow{HO^-,\ H_2O,\ \Delta} CH_3OH$

(g) 1-Brom-1-methylcyclopentan (Strukturformel: H_3C, Br am Cyclopentanring) $\xrightarrow[2.\ HO^-,\ H_2O]{1.\ CH_3COOH}$ 1-Methylcyclopentanol (Strukturformel: H_3C, OH am Cyclopentanring)

(h) $CH_3CH(CH_3)CH_2Cl \xrightarrow{HO^-,\ H_2O,\ \Delta} CH_3CH(CH_3)CH_2OH$

12 Welches Hauptprodukt oder welche Hauptprodukte entstehen bei folgenden Reaktionen? (Wo es nötig war, wurde die Reaktionsmischung wäßrig aufgearbeitet.)

(a) $CH_3CH{=}CHCH_3 \xrightarrow{H_3PO_4,\ H_2O,\ \Delta}$

(b) (S)-$CH_3(CH_2)_5CH(OSO_2CH_3)CH_3 \xrightarrow{Na^+\ {}^-OC(O)CH_3,\ DMSO}$

(c) Produkt von Teil **b** $\xrightarrow{NaOH,\ CH_3OH,\ H_2O}$

(d) $CH_3C(O)CH_2CH_2C(O)CH_3 \xrightarrow{H_2,\ Pt}$

(e) Cyclohexancarbaldehyd (Strukturformel: Cyclohexanring mit H und C(=O)H) $\xrightarrow{NaBH_4,\ CH_3CH_2OH}$

(f) Bromsubstituiertes Cyclopentenoxid (Strukturformel: Br am Cyclopentanring, Epoxid-O) $\xrightarrow{LiAlH_4,\ (CH_3CH_2)_2O}$

(g) $CH_3OC(O)CH_2$–(Tetrahydrofuranring, O) $\xrightarrow{LiAlH_4,\ (CH_3CH_2)_2O}$

(h) Cyclohexanon mit CH_3 und CH_3CH_2 (Keilstriche) $\xrightarrow{NaBH_4,\ CH_3CH_2OH}$

13 Auf welcher Seite liegt das nachstehend beschriebene Gleichgewicht? Der pK_a-Wert für H_2 beträgt etwa 38.

$$H^- + H_2O \rightleftharpoons H_2 + OH^-$$

14 Geben Sie die Produkte folgender Reaktionen an.

(a) $CH_3C(O)H \xrightarrow[2.\ H^+,\ H_2O]{1.\ LiAlD_4}$

(b) CH_2–CH_2 (Epoxid, O) $\xrightarrow[2.\ H^+,\ H_2O]{1.\ LiAlD_4}$

(c) Cyclohexenoxid (Strukturformel: Cyclohexanring mit Epoxid-O) $\xrightarrow[2.\ H^+,\ H_2O]{1.\ LiAlD_4}$

(d) Oxetan (CH_2–O / CH_2–CH_2) $\xrightarrow[2.\ H^+,\ H_2O]{1.\ LiAlD_4}$

15 Geben Sie das Hauptprodukt oder die Hauptprodukte folgender Reaktionen an.

(a) $CH_3(CH_2)_5CHClCH_3 \xrightarrow{Mg,\ (CH_3CH_2)_2O}$

(c) Bromcyclopentan $\xrightarrow{Li,\ (CH_3CH_2)_2O}$

(b) Produkt von **a** $\xrightarrow{D_2O}$

(d) Produkt von **c** $\xrightarrow{ZnCl_2}$

16 Welche Endprodukte erhalten Sie durch folgende Reaktionen oder Reaktionsfolgen.

(a) $(CH_3)_3CCl \xrightarrow[2.\ (CH_3)_2SiCl_2]{1.\ Mg}$

(b) $(CH_3)_2CHBr + 2\ Li \xrightarrow{(CH_3CH_2)_2O}$

(c) Produkt von Teil **b** (2 Äquivalente) + CuI $\longrightarrow$

(d) Produkt von Teil **c** + $CH_3CH(CH_3)CH_2CH_2Br \longrightarrow$

(e) $CH_3CH_2CH_2Cl + Mg \xrightarrow{(CH_3CH_2)_2O}$

(f) Produkt von Teil **e** + $C_6H_5COCH_3 \longrightarrow$

(g) Bromcyclobutan $+ 2\ Li \xrightarrow{(CH_3CH_2)_2O}$

(h) 2 Mol Produkt von Teil **g** + 1 mol von $HCOOCH_3 \longrightarrow$

17 Organometallische Verbindungen mit stark elektropositiven Metallen sind nur schwer herstellen, da diese Metalle Halogenalkane angreifen. So erhält man beim Versuch, ein Alkylnatrium herzustellen, meistens ein Alkan durch die sogenannte *Wurtz-Kopplung*:

$$2\,RX + 2\,Na \longrightarrow R-R + 2\,NaX$$

Einzelschritte:

$$R-X + 2\,Na \longrightarrow R-Na + NaX$$

$$R-Na + R-X \longrightarrow R-R + NaX$$

Früher diente die Wurtz-Kopplung hauptsächlich zur Darstellung von Alkanen aus zwei identischen Alkylgruppen (siehe Gl. 1 unten). Was spricht dagegen, die Wurtz-Reaktion zur Kopplung unterschiedlicher Alkylgruppen zu verwenden (Gl. 2 unten)?

$$2\,CH_3CH_2CH_2Cl + 2\,Na \longrightarrow CH_3CH_2CH_2CH_2CH_2CH_3 + 2\,NaCl \quad (1)$$

$$CH_3CH_2Cl + CH_3CH_2CH_2Cl + 2\,Na \longrightarrow CH_3CH_2CH_2CH_2CH_3 + 2\,NaCl \quad (2)$$

18 Welches Hauptprodukt (oder welche Hauptprodukte) entstehen bei folgenden Reaktionen (mit anschließender wäßriger Aufarbeitung). In allen Fällen ist das Lösungsmittel Ethoxyethan (Diethylether).

(a) Cyclopropyl–MgBr + HC(=O)H ⟶

(b) $CH_3CH(CH_3)CH_2MgCl + CH_3C(=O)H$ ⟶

(c) $C_6H_5CH_2Li + C_6H_5C(=O)H$ ⟶

(d) $CH_3CH(MgBr)CH_3$ + Cyclohexanon ⟶

(e) $2\ CH_3MgI + C_6H_5C(=O)CH_3$ ⟶

(f) $2\ CH_3CH_2Li + HC(=O)OCH_3$ ⟶

(g) 1-Chlormagnesiocyclopentan (H, MgCl) + $CH_3CH_2CH(CHO)CH_2CH_3$ ⟶

(h) C_6H_5Li + CH_2—CH_2 (Oxacyclopropan, O) ⟶

19 Die Reaktion zweier Äquivalente Mg mit 1,4-Dibrombutan erzeugt Verbindung A. Durch Reaktion von A mit zwei Äquivalenten CH_3CHO (Ethanal) mit anschließender Aufarbeitung mit verdünnter wäßriger Säure erhält man Verbindung B mit der Zusammensetzung $C_8H_{18}O_2$. Welche Strukturen haben A und B?

20 Die Reaktion von Verbindung B (Aufgabe 19) mit einem Überschuß HI erzeugt Verbindung C ($C_8H_{16}I_2$). Umsetzung von C mit 2 Äquivalenten Mg ergibt Verbindung D. Reaktion von D mit zwei Äquivalenten HCHO (Methanal) führt nach saurer wäßriger Aufarbeitung zu Verbindung E ($C_{10}H_{22}O_2$). Welche Strukturen haben C, D und E?

21 Reagiert Verbindung D (Aufgabe 20) stattdessen mit dem nebenan abgebildeten Ester, entsteht ein völlig anderes Produkt, Verbindung F ($C_9H_{18}O$). Welche (vernünftige) Struktur hat F? Beschreiben Sie sämtliche Schritte seiner Entstehung.

$HC(=O)OCH_3$

Methylmethanoat (Ameisensäuremethylester)

22 Schlagen Sie möglichst effiziente Synthesen der nachstehenden einfachen Alkohole vor, gehen Sie dabei in jedem Fall von einem einfachen Alkan aus. Welche Probleme treten generell auf, wenn man Alkane einsetzt?

(a) Methanol
(b) Ethanol
(c) 1-Propanol
(d) 2-Propanol
(e) 1-Butanol
(f) 2-Butanol
(g) 2-Methyl-2-propanol

23 Versuchen Sie, jeden Alkohol aus Aufgabe 22 auch, sofern es möglich ist, aus (1) einem Aldehyd, (2) einem Keton und (3) einem Oxacyclopropan (einem Dreiringether) herzustellen.

24 Welche Alkohole aus Aufgabe 22 kann man auch aus Carbonsäuren oder Carbonsäureestern herstellen? Beschreiben Sie ausführlich diese Synthesen.

25 Formulieren Sie vier verschiedene Synthesen von 2-Methyl-2-hexanol ausgehend von den nachstehend aufgeführten Ausgangssubstanzen. Verwenden Sie beliebig andere Reagenzien und beliebig viele Reaktionsschritte.

Aufgaben

(a) $CH_3\overset{\overset{\displaystyle O}{\|}}{C}CH_3$

(b) $CH_3\overset{\overset{\displaystyle O}{\|}}{C}CH_2CH_2CH_2CH_3$

(c) $CH_3CH_2CH_2CH_2CO_2CH_3$

(d) $(CH_3)_2CHCH_2CH_2Br$

26 Schlagen Sie mindestens zwei weitere Synthesen von 2-Methyl-2-hexanol vor mit anderen Ausgangssubstanzen, die nicht bei Aufgabe 25 aufgeführt sind. Wie bewerten Sie diese Verfahren?

27 Synthetisieren Sie 3-Octanol ausgehend von

(a) einem Keton
(b) einem Aldehyd
(c) einem anderen Aldehyd

28 Entwerfen Sie zwei oder drei mögliche Synthesen der nachstehenden Verbindungen nach den Regeln der retrosynthetischen Analyse. Verwenden Sie dazu niedere Aldehyde, Ketone, Ester oder Kohlenwasserstoffe. Wählen Sie den jeweils besten Weg nach den Kriterien in Abschnitt 8.7.

(a) $(CH_3)_3CCH_2CH_2OH$

(b) $CH_3CH_2\overset{\overset{\displaystyle CH_3}{|}}{\underset{\underset{\displaystyle CH_3CH_2}{|}}{C}}CH_2OH$

(c) Cyclohexan-Ring mit HO und CH_3 am selben C-Atom

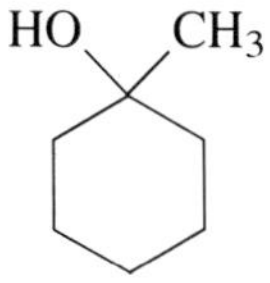

(d) $C_6H_5CH_2\overset{\overset{\displaystyle OH}{|}}{C}HCH_2C_6H_5$

(e) Cyclopentan-Ring mit H und CH_2CH_2OH am selben C-Atom

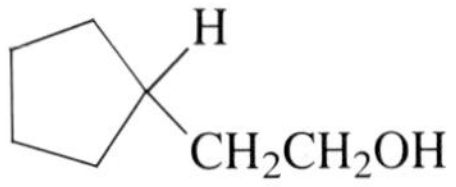

29 Versuchen Sie, in jedem Molekül der Aufgabe 28, die OH-Gruppe durch die folgenden Atome oder Atomgruppen zu ersetzen.

(1) $-Br$
(2) $-H$
(3) $-CH_3$
(4) $-CH(CH_3)_2$
(5) $-C(CH_3)_3$

Wenn das ist einem Fall nicht möglich sein sollte, erklären Sie, wo das Problem liegt.

30 Wachse sind natürlich vorkommende Ester (Alkylalkanoate) mit langen unverzweigten Alkylketten. Das Wachs 1-Hexadecylhexadecanoat ist ein Bestandteil des Walrats.

$CH_3(CH_2)_{14}\overset{\overset{\displaystyle O}{\|}}{C}O(CH_2)_{15}CH_3$

1-Hexadecylhexadecanoat

(a) Wie würden Sie dieses Wachs durch eine S_N2-Reaktion darstellen?
(b) Welche Produkte entstehen bei der Spaltung dieser Verbindung mit wäßrigem Natriumhydroxid?

31 Mit Vitamin B, auch Niacin genannt, baut der Körper das Coenzym Nicotinamid-adenin-dinucleotid (NAD, siehe Abschn. 26.5) auf. Zusammen mit verschiedenen Enzymen wirkt diese Substanz in ihrer reduzierten Form (NADH) als biologischer Hydrid-Donator, der Aldehyde und Ketone zu Alkoholen reduziert nach der allgemeinen Gleichung

$$R\overset{\overset{\displaystyle O}{\|}}{C}R + NADH + H^+ \xrightarrow{\text{Enzym}} R\overset{\overset{\displaystyle OH}{|}}{C}HR + NAD^+$$

Welche Produkte entstehen, wenn NADH folgende Verbindungen reduziert:

(a) 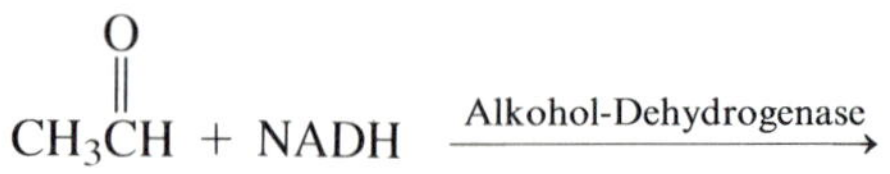 $CH_3CH(=O) + NADH \xrightarrow{\text{Alkohol-Dehydrogenase}}$

(b)  $CH_3C(=O)C(=O)OH + NADH \xrightarrow{\text{Lactat-Dehydrogenase}}$

2-Oxopropansäure (Brenztraubensäure) — **Milchsäure**

(c)  $HOC(=O)CH_2C(=O)C(=O)OH + NADH \xrightarrow{\text{Malat-Dehydrogenase}}$

2-Oxobutandisäure (Oxalessigsäure) — **Äpfelsäure**

32 Reduktionen durch NADH (Aufgabe 31) verlaufen stereospezifisch, die Stereochemie des Produkts wird enzymatisch kontrolliert. Die gewöhnlichen Formen der Lactat- und der Malat-Dehydrogenase erzeugen ausschließlich die *S*-Stereoisomere von Milchsäure bzw. Äpfelsäure. Zeichnen Sie diese Stereoisomere.

33 Chemisch modifizierte Steroide gewinnen immer mehr an Bedeutung für die Medizin. Geben Sie das Produkt oder die Produkte der nachstehenden Reaktionen an. Wenn mehr als ein Stereoisomer entstehen kann, geben Sie das überwiegende Produkt an, das durch Angriff des Reagenz von der weniger gehinderten Seite des Moleküls entsteht.

(a) 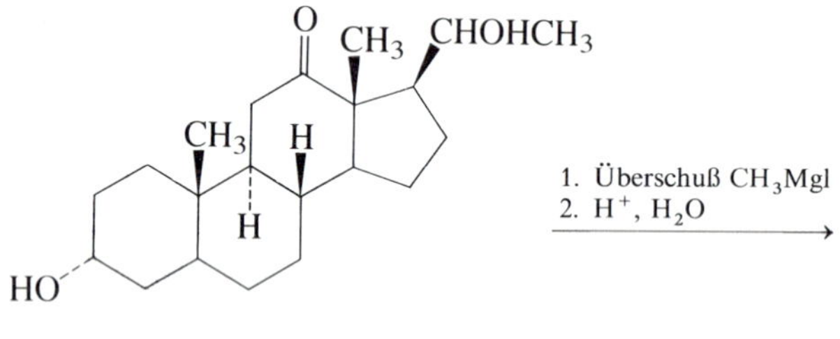 O, CH_3, $CHOHCH_3$, CH_3, H, H, HO

1. Überschuß CH_3MgI
2. H^+, H_2O

(b) 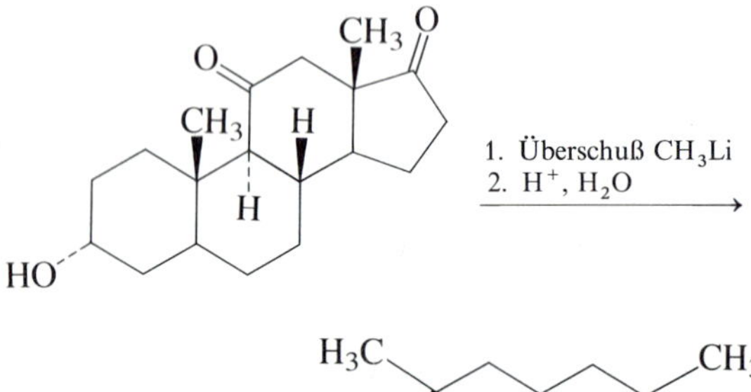 O, CH_3, O, CH_3, H, H, HO

1. Überschuß CH_3Li
2. H^+, H_2O

(c) 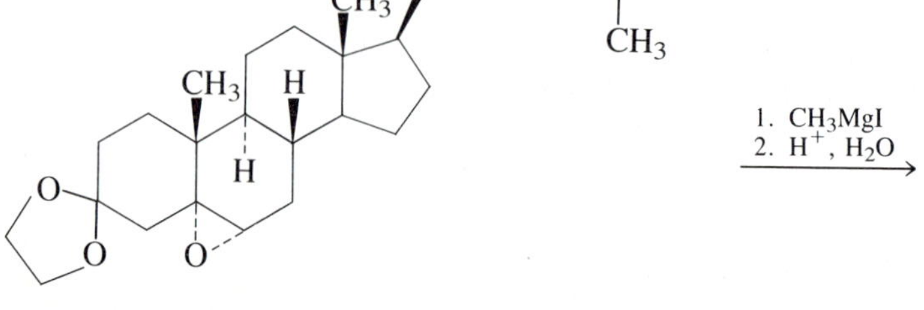 H_3C, CH_3, CH_3, CH_3, CH_3, H, H, O, O, O

1. CH_3MgI
2. H^+, H_2O

9 Reaktionen der Alkohole

Chemie der Ether

Um die Reaktionen der Alkohole zu untersuchen, werfen wir zunächst einen Blick auf einige präparative Aspekte ihrer Basizität und Acididät. Danach wollen wir uns mit dem chemischen Verhalten der Carbenium-Ionen beschäftigen, die entstehen, wenn man sekundäre und tertiäre Alkohole mit Säure behandelt. Anschließend wird übergeleitet in die Darstellung von Estern aus Alkoholen und die Oxidation von Alkoholen zu Aldehyden und Ketonen, d. h. die Umkehr der Reduktionen, die in Abschnitt 8.4 beschrieben sind. Der nächste Abschnitt befaßt sich mit der Bildung von Ethern, die aus Alkoholen über indermediäre Alkoxide oder Oxonium-Ionen entstehen. Die Chemie der Ether, vor allem der cyclischen Ether, ist das Thema folgender Abschnitte.

Alkohole können unterschiedlich reagieren, je nachdem, welches Reagenz vorliegt und an welcher Stelle im Molekül der Angriff erfolgt. Im allgemeinen wird dabei mindestens eine der in Abbildung 9-1 mit *a*, *b*, *c* und *d* bezeichneten Bindungen gelöst.

9.1 Darstellung von Alkoxiden und Carbenium-Ionen

Dieser Abschnitt faßt zusammen, wie man die Darstellung von Alkoxiden durch Deprotonierung von Alkoholen und von Carbenium-Ionen durch Protonierung von Alkoholen und anschließender Wasserabspaltung präparativ nutzen kann.

Basische Reagenzien zur Erzeugung von Alkoxiden

Alkohole reagieren sauer (Abschn. 8.3). Um das Alkoxid in großen Konzentrationen herzustellen, ist eine stärkere Base als dieses erforderlich, die das Proton dem Säure-Base-Gleichgewicht entzieht. Solche Basen sind

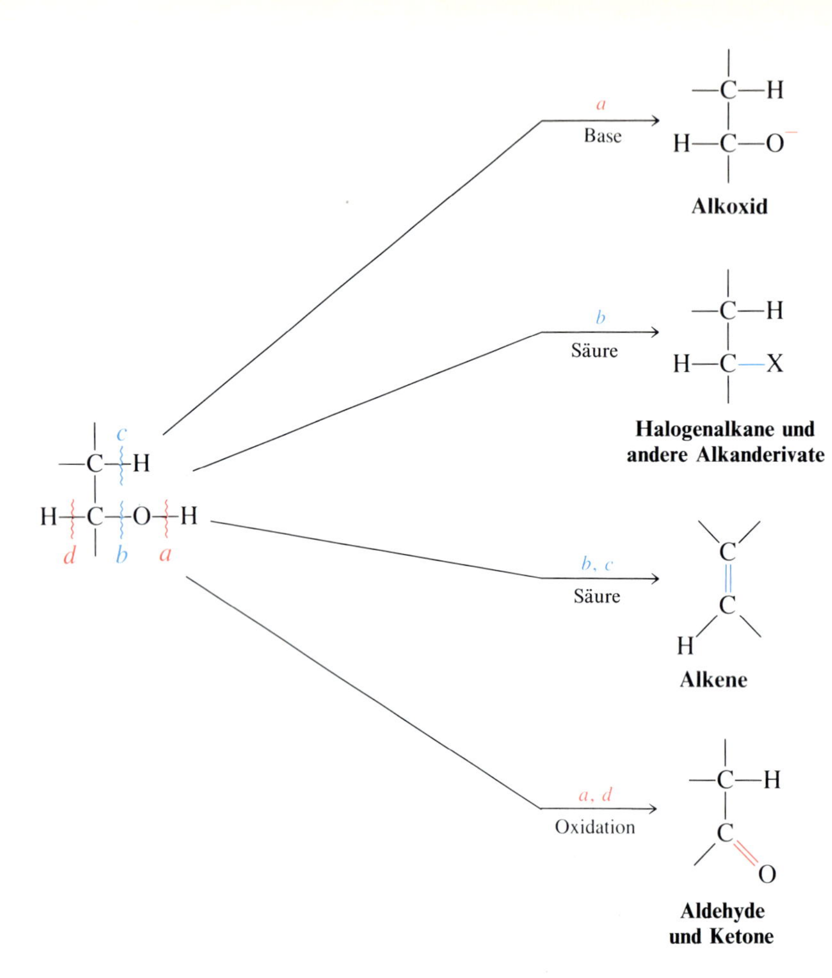

Abb. 9-1 Vier Reaktionsmöglichkeiten von Alkoholen: *a*, Deprotonierung durch eine Base; *b*, Protonierung durch eine Säure gefolgt von uni- oder bimolekularer Substitution; *b*, *c*, Eliminierung; *a*, *d*, Oxidation.

z. B. Kalium-*tert*-Butoxid, Lithiumdiisopropylamid oder Butyllithium (siehe unten).

Drei Darstellungsweisen von Methoxid aus Methanol

$$\underset{pK_a = 15.5}{CH_3OH} + (CH_3)_3CO^-K^+ \xrightleftharpoons{K = 300} CH_3O^-K^+ + \underset{pK_a = 18}{(CH_3)_3COH}$$

$$\underset{pK_a = 15.5}{CH_3OH} + Li^{+-}N(CH(CH_3)_2)CH(CH_3)_2 \xrightleftharpoons{K = 10^{24.5}} CH_3O^-Li^+ + \underset{pK_a = 40}{HN(CH(CH_3)_2)CH(CH_3)_2}$$

$$\underset{pK_a = 15.5}{CH_3OH} + CH_3CH_2CH_2CH_2Li \xrightleftharpoons{K = 10^{34.5}} CH_3O^-Li^+ + \underset{pK_a = -50}{CH_3CH_2CH_2CH_2H}$$

Natriumamid, $NaNH_2$, und Hydride, z. B. Natriumhydrid, NaH, und Kaliumhydrid, KH, sind weitere Beispiele für Basen, die Alkohole deprotonieren können. Hydride haben den Vorteil, daß als einziges Nebenprodukt bei der Reaktion mit Alkoholen gasförmiger Wasserstoff entsteht.

$$\underset{pK_a = 18}{(CH_3)_3COH} + Na^+NH_2^- \xrightleftharpoons{K = 10^{15}} (CH_3)_3CO^-Na^+ + \underset{pK_a = 33}{NH_3}$$

$$\underset{pK_a = 15.9}{CH_3CH_2OH} + K^+H^- \xrightleftharpoons{K = 10^{22.1}} CH_3CH_2O^-K^+ + \underset{pK_a = 38}{H-H}$$

Übung 9-1
Würden Sie anhand der pK_a-Werte in Tabelle 6-4 Natriumcyanid zur Umwandlung von Methanol in Natriummethoxid verwenden? Begründen Sie Ihre Antwort.

Alkalimetalle reagieren mit Alkoholen zu Alkoxiden

Eine weiteres, häufig gebrauchtes Verfahren, Alkoxide herzustellen, besteht in der Reaktion von Alkoholen mit Alkalimetallen. Diese Metalle reagieren mit Wasser in einer oft heftigen Redoxreaktion zum Alkalihydroxid und Wasserstoff. Die reaktivsten Metalle (Natrium, Kalium und Cäsium) reagieren mit Wasser an Luft oft explosionsartig, da sich der entstehende Wasserstoff spontan entzünden und sogar detonieren kann.

$$2\ H{-}OH + 2\ M \longrightarrow 2\ M^{+}OH^{-} + H_2$$
$$(M = Li, Na, K)$$

Dieselbe Reaktion findet auch mit Alkoholen unter Bildung von Alkoxiden statt, nur verläuft sie hier weniger heftig.

Bildung von Alkoxiden aus Alkoholen und Alkalimetallen

$$2\ CH_3OH + 2\ Li \longrightarrow 2\ CH_3O^{-}Li^{+} + H_2$$
$$2\ CH_3CH_2OH + 2\ Na \longrightarrow 2\ CH_3CH_2O^{-}Na^{+} + H_2$$
$$2\ (CH_3)_3COH + 2\ K \longrightarrow 2\ (CH_3)_3CO^{-}K^{+} + H_2$$

Dabei nimmt die Reaktivität der Alkohole mit zunehmender Substitution ab; Methanol ist also am reaktivsten, tertiäre Alkohole am wenigsten reaktiv.

Reaktivität von ROH gegenüber Alkalimetallen

$$R = CH_3 > \text{primär} > \text{sekundär} > \text{tertiär}$$

2-Methyl-2-propanol reagiert so langsam, daß man damit Kaliumreste im Labor sicher, ohne besondere Vorkehrungen, zerstören kann.

Wofür können wir Alkoxide verwenden? Wir haben Sie bereits als nützliche Reagenzien bei organischen Synthesen kennengelernt. So erhalten wir bei der Umsetzung sterisch gehinderter Alkoxide mit Halogenalkanen Eliminierungsprodukte.

$$CH_3CH_2CH_2CH_2Br \xrightarrow{(CH_3)_3CO^{-}K^{+},\ (CH_3)_3COH} CH_3CH_2CH{=}CH_2 + (CH_3)_3COH + K^{+}Br^{-}$$

Weniger stark verzweigte Alkoxide greifen primäre und sekundäre Halogenalkane in einer S_N2-Reaktion an, dadurch entstehen Ether. Dieses Verfahren wird in Abschnitt 9.5 beschrieben.

Protonierung von Alkoholen und Erzeugung von Carbenium-Ionen

Oxonium-Ionen entstehen durch Protonierung von Alkoholen (Abschn. 8.3). Sekundäre und tertiäre Oxonium-Ionen können daraufhin Wasser abspalten und relativ stabile sekundäre oder tertiäre Carbenium-Ionen ausbilden. Primäre Oxonium-Ionen hingegen sind bezüglich dieser Weiterreaktion recht stabil, da das daraus entstehende primäre Carbenium-Ion zu energiereich ist (Abschn. 7.3). Sie können jedoch von einem Nucleophil angegriffen werden. Ein Beispiel: Das Oxonium-Ion, das durch die Umsetzung von 1-Butanol mit HBr entsteht, reagiert mit Bromid in einer Substitutionsreaktion zu 1-Brombutan (Abschn. 6.7). Das nucleophile Sauerstoffatom des Alkohols bindet an das elektrophile Proton. So entsteht das Oxonium-Ion mit einem elektrophilen Kohlenstoffatom und H_2O als Abgangsgruppe. In der darauffolgenden S_N2-Reaktion reagiert Bromid als Nucleophil.

$$CH_3CH_2CH_2CH_2OH + HBr \longrightarrow CH_3CH_2CH_2CH_2\overset{+}{O}H_2 + Br^-$$
$$\longrightarrow CH_3CH_2CH_2CH_2Br + H_2O$$

Auch Iodalkane kann man auf diese Weise herstellen, nicht aber primäre Chloralkane, da Chlorid ein zu schwaches Nucleophil ist. Für die Umwandlung eines primären Alkohols in das entsprechende Chloralkan sind andere Verfahren erforderlich (Abschn. 9.3).

In Abwesenheit eines guten Nucleophils sind primäre Oxonium-Ionen so stabil, daß man sie nachweisen kann. Olah* fand heraus, daß das Oxonium-Ion, das er durch Protonierung von 1-Butanol mit Fluorsulfonsäure erhielt, in flüssigem Schwefeldioxid stabil ist.

Protonierung von 1-Butanol mit Fluorsulfonsäure

$$CH_3CH_2CH_2CH_2OH + FSO_3H \xrightarrow{SO_2 \text{ als Solvens}} CH_3CH_2CH_2CH_2\overset{+}{O}H_2 + FSO_3^-$$

Fluorsulfonsäure (FSO₃H) — **stabil** (Oxonium-Ion) — **extrem schwaches Nucleophil** (FSO_3^-)

Hier sind sowohl das Solvens als auch die konjugierte Base, das Fluorsulfonat-Ion, FSO_3^- extrem schwache Nucleophile, die den protonierten Alkohol nicht in einer S_N2-Reaktion angreifen.

Wie bereits erwähnt, spalten sekundäre und tertiäre Alkohole – im Gegensatz zu primären – nach der Protonierung Wasser ab, woraus reaktive Carbenium-Ionen entstehen (Abschn. 7.2 und 7.4). In Gegenwart von Nucleophilen werden diese zu S_N1-Produkten umgesetzt, in Abwesenheit von Nucleophilen und bei erhöhter Temperatur entstehen daraus E1-Produkte. Ist es möglich, Carbenium-Ionen direkt zu beobachten? Dies ist tatsächlich der Fall, wenn man sie bei tiefer Temperatur und in strikter Abwesenheit von Nucleophilen erzeugt. Zum Beispiel entreißt die starke Lewis-Säure Antimonpentafluorid die Hydroxygruppe von 2-Methyl-2-propanol. So erhält man in flüssigem SO_2 eine Lösung des 1,1-Dimethylethyl-(*tert*-Butyl)-Kations und $HOSbF_5^-$ als nicht-nucleophilem Gegenion.

$$(CH_3)_3C{-}OH + SbF_5 \xrightarrow{SO_2 \text{ (Lösungsmittel)}} CH_3{-}\overset{+}{C}(CH_3)_2 + HO\overset{-}{S}bF_5$$

* George A. Olah, geb. 1927, Professor an der University of Southern California, Los Angeles

Seitdem dieses Verfahren erstmals durchgeführt wurde, erzeugte und wies man auf gleiche Weise viele andere Carbenium-Ionen nach, die bis dahin nur als reaktive Zwischenstufen mancher Reaktionsmechanismen postuliert waren. Zum ersten Mal wurde es damit möglich, die physikalischen und chemischen Eigenschaften einer Zwischenstufe direkt zu erforschen. Besonders interessant erwies sich die Kinetik ihrer Zerfallsreaktion und die Umlagerungen, die Carbenium-Ionen eingehen können. Diese Umlagerungen sind das Thema des nächsten Abschnitts.

Wir fassen zusammen: Alkoxide entstehen durch Umsetzung eines Alkohols mit einer starken Base oder mit einem Alkalimetall. Starke Säuren protonieren Alkohole zu Oxonium-Ionen, die als primäre Systeme relativ stabil sind. Sekundäre und tertiäre Oxonium-Ionen dagegen bilden unter Wasserabspaltung Carbenium-Ionen.

9.2 Umlagerungen der Carbenium-Ionen

Carbenium-Ionen können sich durch Alkyl- oder Wasserstoffverschiebungen zu neuen Carbenium-Ionen umlagern. Diese reagieren in S_N1- und E1-Reaktionen weiter, so daß man oft komplexe Mischungen erhält, wenn nicht ein Produkt thermodynamisch sehr begünstigt ist.

Wasserstoffverschiebung führt zu einem neuen S_N1-Produkt

Setzt man 2-Propanol mit Bromwasserstoff bei tiefen Temperaturen (um Eliminierung zu verhindern) um, erhält man, wie erwartet, 2-Brompropan. Ein höher substituierter, sekundärer Alkohol, z. B. 3-Methyl-2-butanol führt unter den gleichen Reaktionsbedingungen jedoch zu einem unerwarteten Ergebnis. Das erwartete 2-Brom-3-methylbutan fällt nur in geringen Mengen an, während 2-Brom-2-methylbutan das Hauptprodukt darstellt. In diesem und in weiteren Reaktionsschemen verdeutlichen farbige Atome oder Atomgruppen deren Herkunft in einem Produkt. Die wandernde Gruppe oder das wandernde Atom ist fettgedruckt.

$$CH_3CH(OH)CH_3 + HBr \xrightarrow{0^\circ C} CH_3CH(Br)CH_3 + H{-}OH$$

$$CH_3C(\mathbf{H})(H_3C){-}C(OH)(H)CH_3 \xrightarrow{HBr,\ 0^\circ C} CH_3C(\mathbf{H})(H_3C){-}C(Br)(H)CH_3 + CH_3C(Br)(H_3C){-}C(\mathbf{H})(H)CH_3 + H{-}OH$$

3-Methyl-2-butanol — Nebenprodukt **2-Brom-3-methylbutan** — Hauptprodukt **2-Brom-2-methylbutan**

Nach welchem Mechanismus verläuft diese Umwandlung? Unsere Befunde lassen sich erklären, wenn wir die Fähigkeit von Carbenium-Ionen, sich durch **Wasserstoffverschiebungen** umzulagern, miteinbeziehen. Ursprünglich entsteht durch Protonierung des Alkohols und anschließender Wasserabspaltung ein sekundäres Carbenium-Ion. Durch die Wanderung eines tertiären Wasserstoffatoms an den elektronenarmen Nachbarn entsteht ein tertiäres, stabileres Kation. Diese Spezies reagiert nun mit Bromid zu einem umgelagerten S_N1-Produkt. Dieser Mechanismus ist nachstehend dargestellt. Die Pfeile zeigen wiederum den Elektronenfluß. Auch in diesem und in den darauffolgenden Schemen heben wir die Reaktionszentren farbig hervor: das Elektrophil blau, das Nucleophil rot, und die Abgangsgruppe grün. Deshalb können auch Atome oder Atomgruppen im Reaktionsverlauf ihre Farbe ändern.

Mechanismus

Schritt 1: Protonierung

$$CH_3C(H)(H_3C)-C(\ddot{O}H)(H)CH_3 + H^+ \rightleftharpoons CH_3C(H)(H_3C)-C(\overset{+}{O}H_2)(H)CH_3$$

Schritt 2: Abspaltung von Wasser

$$CH_3C(H)(H_3C)-C(\overset{+}{O}H_2)(H)CH_3 \rightleftharpoons CH_3C(H)(H_3C)-\overset{+}{C}(H)CH_3 + H_2\ddot{O}$$

Schritt 3: Wasserstoffverschiebung

$$CH_3C(H)(H_3C)-\overset{+}{C}(H)CH_3 \longrightarrow CH_3\overset{+}{C}(H_3C)-C(H)(H)CH_3$$

Schritt 4: Abfang durch Bromid

$$CH_3\overset{+}{C}(H_3C)-C(H)(H)CH_3 + :\ddot{Br}:^- \rightleftharpoons CH_3C(:\ddot{Br}:)(H_3C)-C(H)(H)CH_3$$

Der Übergangszustand der beobachteten Wasserstoffverschiebung ist in Abbildung 9-2 ausführlich dargestellt. Die Umlagerung ist wiederum ein Beispiel für einen konzertierten Prozeß, in dem das Lösen und das Neuknüpfen einer Bindung gleichzeitig stattfinden. Zu Beginn der Umlagerung besteht eine zunehmende Wechselwirkung des Wasserstoffatoms mit dem leeren *p*-Orbital des benachbarten positiv geladenen Kohlenstoffatoms. Im Übergangszustand rehybridisieren beide Kohlenstoffatome: das ursprünglich sp^3-hybridisierte Zentrum nimmt sp^2-Konfiguration an und trägt nach der Wasserstoffverschiebung die positive Ladung. Das Wasserstoffatom wandert zusammen mit seinen Bindungselektronen, die die neue Bindung schließen, deshalb spricht man hier manchmal von „Hydrid-Transfer", obwohl ein freies Hydrid, H^-, nicht auftritt. Wird die Bindung zwischen dem umgelagerten Wasserstoffatom und dem ehemals positiv geladenen Kohlenstoffatom geschlossen, rehybridisiert dieses von sp^2 zu sp^3. Als einfache Regel gilt, daß bei einer Wasserstoffverschiebung in einem Carbenium-Ion die positive Ladung und ein Wasserstoffatom an einem benachbarten Kohlenstoffatom ihre Plätze tauschen. Diese 1,2-Verschiebung, die auch Alkylgruppen eingehen können (siehe unten), bezeichnet man auch als **Wagner-Meerwein-Umlagerung**.

Wasserstoffverschiebungen verlaufen gewöhnlich sehr rasch und sind besonders dann bevorzugt, wenn das neue Carbenium-Ion stabiler ist als das ursprüngliche, so wie es bei unserem Beispiel in Abbildung 9-2 der Fall ist.

$$CH_3C(H)(H_3C)-C(OH)(H)CH_2CH_3$$

2-Methyl-3-pentanol

$$\downarrow H_2SO_4,\ H_2O,\ 0°C$$

$$CH_3C(OH)(H_3C)-C(H)(H)CH_2CH_3$$

2-Methyl-2-pentanol

Übung 9-2

Durch Einwirkung von HBr auf 2-Methylcyclohexanol erhält man 1-Brom-1-methylcyclohexan. Geben Sie einen Mechanismus zur Erklärung dieses Befunds an.

Umgelagerte Carbenium-Ionen können durch ein gutes Nucleophil, das in der Reaktionsmischung vorhanden ist, abgefangen werden. So erhält

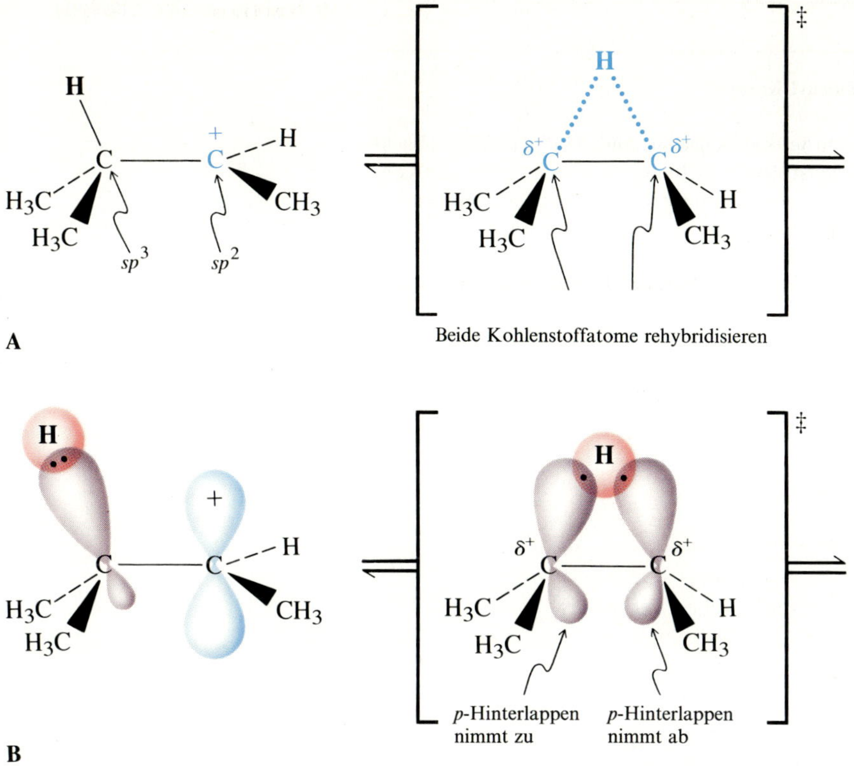

A

Beide Kohlenstoffatome rehybridisieren

B

p-Hinterlappen nimmt zu   *p*-Hinterlappen nimmt ab

Abb. 9-2 Umlagerung eines Carbenium-Ions durch eine Wasserstoffverschiebung: (A) die im Übergangszustand gelösten bzw. neu gebildeten Bindungen sind punktiert dargestellt; (B) ein Orbitalbild

man durch Umsetzung von 2-Methyl-3-pentanol mit wäßriger Schwefelsäure den umgelagerten Alkohol 2-Methyl-2-pentanol. In diesem Fall ist das Hydrogensulfat-Ion ein zu schwaches Nucleophil, das mit Wasser nicht um das intermediäre Kation konkurrieren kann.

Übung 9-3

Welche Hauptprodukte entstehen bei folgenden Reaktionen: (a) 2-Methyl-3-pentanol + H_2SO_4, in CH_3OH; (b)

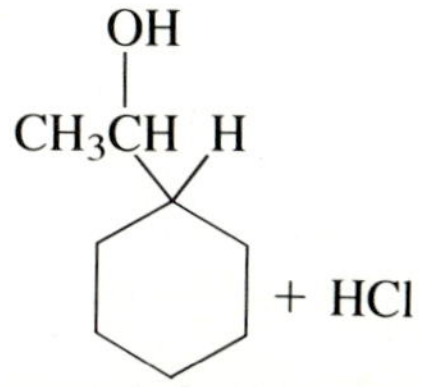

$$CH_3CH(OH)\text{-}C_6H_{10}(H) + HCl$$

Eine Umlagerung führt nie zu primären Carbenium-Ionen, weil diese zu instabil sind. Carbenium-Ionen mit vergleichbarer Stabilität, z. B. sekundäre–sekundäre oder tertiäre–tertiäre liegen in einem Gleichgewicht miteinander vor. In diesen Fällen fängt ein beliebiges zugefügtes Nucleophil alle vorhandenen Carbenium-Ionen ab, wodurch Produktgemische entstehen.

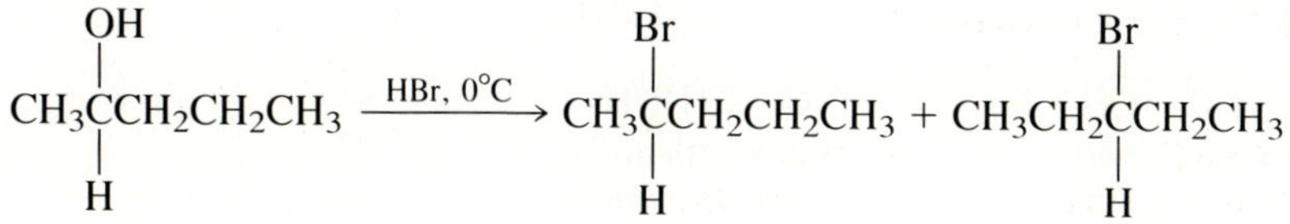

$$CH_3C(OH)(H)CH_2CH_2CH_3 \xrightarrow{HBr,\ 0°C} CH_3C(Br)(H)CH_2CH_2CH_3 + CH_3CH_2C(Br)(H)CH_2CH_3$$

Kasten 9-1

Die entartete Umlagerung des Cyclopentadienyl-Kations

Beim Cyclopentadienyl-Kation läßt sich eine besonders faszinierende Umlagerung beobachten. Hier findet eine rasche Folge von Wasserstoffverschiebungen statt, durch die alle Kohlenstoffatome im Mittel äquivalent werden. Dieses Phänomen läßt sich mit der Isotopenmarkierung eines Kohlenstoffatoms verfolgen. Setzt man ^{13}C-markiertes Cyclopentanol mit HBr um, erhält man drei verschiedene Bromide in einem Verhältnis von 1:2:2. Der einzige Unterschied zwischen ihnen besteht in der Stellung des Bromids bezüglich des markierten Kohlenstoffs.

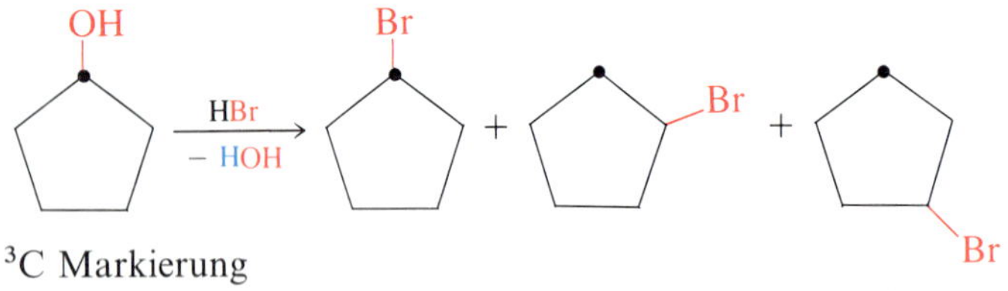

OH — $\xrightarrow[-\text{HOH}]{\text{HBr}}$ — Br + Br + Br

• = ^{13}C Markierung

1 : 2 : 2

Statistisches Verhältnis

Mechanismus:

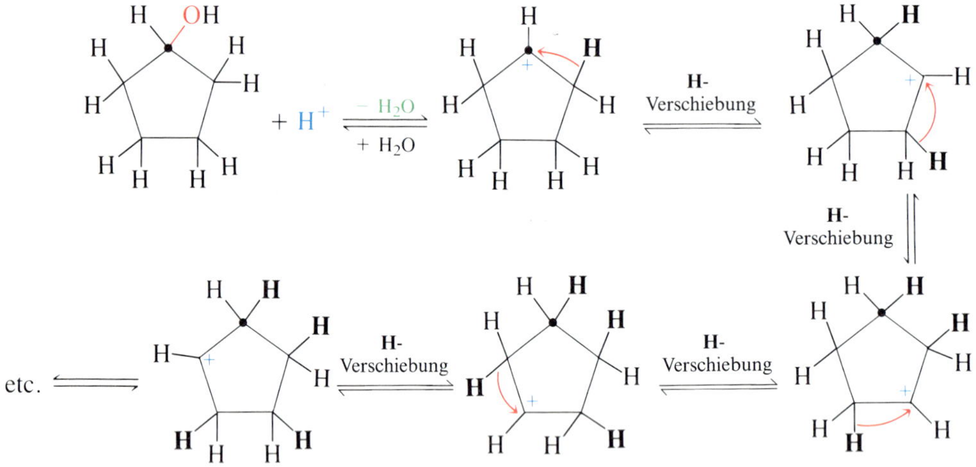

+ H^+ $\underset{+\,H_2O}{\overset{-\,H_2O}{\rightleftharpoons}}$ H-Verschiebung ⇌ H-Verschiebung ⇌ H-Verschiebung ⇌ H-Verschiebung ⇌ etc.

Umwandlungen dieser Art, in der eine molekulare Umlagerung wieder zu dem gleichen Molekül führt und die deshalb gewöhnlich nicht auffallen, nennt man **entartete** (engl. *degenerate*) **Umlagerungen**.

Wenn äußere Bedingungen die Dissoziation begünstigen, entstehen auch aus Halogenalkanen Carbenium-Ionen, die sich weiter umlagern können. So können z. B. bei der Ethanolyse von 2-Brom-3-ethyl-2-methylpentan zwei verschiedene tertiäre Ether entstehen:

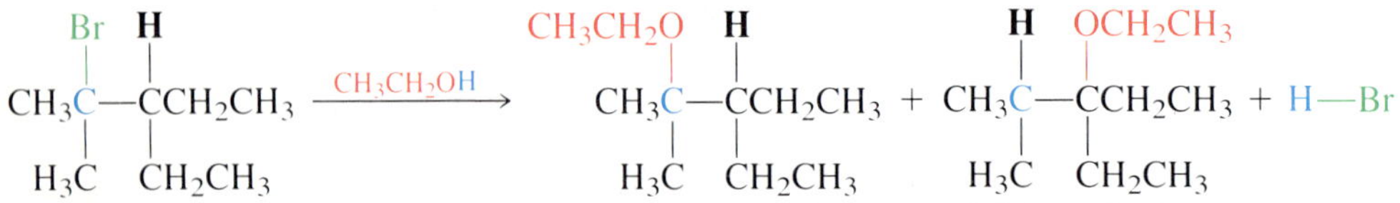

$$CH_3C(Br)(CH_3)-CH(CH_2CH_3)CH_2CH_3 \xrightarrow{CH_3CH_2OH} CH_3C(OCH_2CH_3)(CH_3)-CH(CH_2CH_3)CH_2CH_3 + CH_3CH(CH_3)-C(OCH_2CH_3)(CH_2CH_3)CH_2CH_3 + H-Br$$

2-Brom-3-ethyl-2-methylpentan — **2-Ethoxy-3-ethyl-2-methylpentan** — **3-Ethoxy-3-ethyl-2-methylpentan**

Übung 9-4
Welches Ergebnis erhalten Sie durch die Reaktion von 2-Chlor-4-methylpentan mit Methanol?

Umlagerungen zu Hydroxycarbenium-Ionen

Besonders bevorzugt ist die durch eine Wasserstoffverschiebung verlaufende Umlagerung zu einem Hydroxy-substituierten Carbenium-Ion. Dieses Carbenium-Ion ist resonanzstabilisiert, wobei das Sauerstoffatom mit einem seiner freien Elektronenpaare an das elektronenarme Kohlenstoffatom bindet. Durch die Deprotonierung dieses Ions entsteht eine Carbonylverbindung. Hydroxycarbenium-Ionen können bei Reaktionen von 1,2-Diolen als Zwischenstufen auftreten. Behandelt man z. B. 2,3-Butandiol mit Schwefelsäure, erhält man 2-Butanon.

Resonanzstrukturen eines Hydroxycarbenium-Ions

$$\left[\overset{+}{C}-\ddot{O}H \longleftrightarrow C=\overset{+}{\ddot{O}}-H \right]$$

$$CH_3CH(OH)-CH(OH)CH_3 \xrightarrow[-\ H_2O]{H_2SO_4} CH_3C(=O)CH_2CH_3 \quad 95\%$$

2,3-Butandiol → **2-Butanon**

Mechanismus:

$$CH_3CH(\ddot{O}H)-CH(\ddot{O}H)CH_3 \underset{-\ H^+}{\overset{+\ H^+}{\rightleftharpoons}} CH_3CH(\ddot{O}H)-CH(\overset{+}{O}H_2)CH_3 \underset{+\ H_2\ddot{O}:}{\overset{-\ H_2\ddot{O}:}{\rightleftharpoons}} CH_3CH(\ddot{O}H)-\overset{+}{C}HCH_3 \xrightarrow{\text{H-Verschiebung}}$$

$$\left[CH_3\overset{+}{C}(\ddot{O}H)-CH(CH_3)H \longleftrightarrow CH_3C(=\overset{+}{O}H)-CH(CH_3)H \right] \underset{+H^+}{\overset{-\ H^+}{\rightleftharpoons}} CH_3C(=\ddot{O})-CH(CH_3)H$$

Erhitzt man unsymmetrische 1,2-Diole mit Säure, entsteht das stabilere Carbenium-Ion schneller, und kontrolliert so die Produktbildung. Die Darstellung von 2,3-Dimethylbutanal aus 2,3-Dimethyl-1,2-butandiol ist dafür ein Beispiel.

$$(CH_3)_2CHC(OH)(CH_3)CH_2OH \xrightarrow{H^+,\ 100°C,\ 4\ h} (CH_3)_2CHCH(CH_3)CHO \quad 61\%$$

2,3-Dimethyl-1,2-butandiol → **2,3-Dimethylbutanal**

Mechanismus:

$$\underset{\underset{CH_3}{|}}{\overset{\overset{:\ddot{O}H}{|}}{RC}}-CH_2\ddot{O}H + H^+ \underset{+H_2\ddot{O}:}{\overset{-H_2\ddot{O}:}{\rightleftharpoons}} R\overset{+}{C}(H_3C)-C(H)(H)-\ddot{O}H \longrightarrow$$

$$\left[RC(H)(H_3C)-\overset{+}{C}(\ddot{O}H)H \longleftrightarrow R-C(H)(H_3C)-C(=\overset{+}{O}-H)H \right] \underset{+H^+}{\overset{-H^+}{\rightleftharpoons}} RCHCH(=O)(H_3C)$$

Übung 9-5

Welches Produkt entsteht bei der Umsetzung von 1,2-Cyclohexandiol mit Schwefelsäure?

Auch E1-Produkte entstehen durch Umlagerungen von Carbenium-Ionen

Bei erhöhter Temperatur und in Gegenwart eines relativ schwach nucleophilen Mediums, entstehen aus umgelagerten Carbenium-Ionen Alkene nach einem E1-Mechanismus. Zum Beispiel erhält man aus der Reaktion von 2-Methyl-2-pentanol mit Schwefelsäure bei 80 °C und aus 4-Methyl-2-pentanol dasselbe Alken als Hauptprodukt. Bei der Umsetzung des sekundären Alkohols findet eine Wasserstoffverschiebung in dem anfänglich gebildeten Carbenium-Ion und anschließende Deprotonierung statt.

$$CH_3C(OH)(CH_3)CH_2CH_2CH_3 \xrightarrow[-H_2O]{H_2SO_4,\ 80^\circ C} (H_3C)_2C{=}C(H)CH_2CH_3 \xleftarrow[-H_2O]{H_2SO_4,\ 80^\circ C} CH_3C(CH_3)(H)CH_2C(OH)(H)CH_3$$

2-Methyl-2-pentanol — Hauptprodukt **2-Methyl-2-penten** — **4-Methyl-2-pentanol**

Mechanismus:

$$CH_3C(CH_3)(H)CH_2C(OH)(H)CH_3 + H^+ \underset{+H_2O}{\overset{-H_2O}{\rightleftharpoons}} CH_3C(H_3C)(H)-CH(H)\overset{+}{C}(H)CH_3 \xrightleftharpoons{\text{H-Verschiebung}}$$

$$CH_3\overset{+}{C}(H_3C)(H)CH(H)CH_3 \rightleftharpoons (H_3C)_2C{=}C(H)CH_2CH_3 + H^+$$

Übung 9-6

Behandelt man 4-Methylcyclohexanol mit heißer Säure, erhält man 1-Methylcyclohexen. Stellen Sie für diese Reaktion einen Mechanismus auf.

CH_3 (1-Methylcyclohexen)

Umlagerungen von Carbenium-Ionen durch Alkylverschiebung

Bei Carbenium-Ionen, die kein sekundäres oder tertiäres Wasserstoffatom in Nachbarschaft zum positiv geladenen Kohlenstoffatom haben, kann eine andere Art der Umlagerung auftreten: die **Alkylverschiebung**. So entsteht bei der Reaktion von 3,3-Dimethyl-2-butanol mit Bromwasserstoff in hohen Ausbeuten 2-Brom-2,3-dimethylbutan, das durch Wanderung einer Methylgruppe entstanden ist.

$$(CH_3)_3C{-}CH(OH)CH_3 \xrightarrow[-\ HOH]{HBr} (CH_3)_2CBr{-}CH(CH_3)CH_3$$

3,3-Dimethyl-2-butanol → 94% **2-Brom-2,3-dimethylbutan**

Wanderung einer Alkylgruppe

Mechanismus:

$$(CH_3)_3C{-}CH(OH)CH_3 + H^+ \underset{+\ H_2O}{\overset{-\ H_2O}{\rightleftharpoons}} (CH_3)_3C{-}\overset{+}{C}HCH_3 \xrightarrow{CH_3\text{-Verschiebung}} (CH_3)_2\overset{+}{C}{-}CH(CH_3)CH_3 \underset{-\ Br^-}{\overset{+\ Br^-}{\rightleftharpoons}} (CH_3)_2CBr{-}CH(CH_3)CH_3$$

Wie auch bei der Wasserstoffwanderung nimmt die wandernde Gruppe das Elektronenpaar mit und bindet damit an das benachbarte Carbenium-Ion. Die wandernde Alkylgruppe und die positive Ladung tauschen also ihre Plätze.

Bei erhöhter Temperatur entstehen aus demselben Alkohol 2,3-Dimethyl-2-buten und 2,3-Dimethyl-1-buten, die Produkte einer E1-Reaktion (Abschn. 11.6):

$$(CH_3)_3C{-}CH(OH)CH_3 \xrightarrow[-\ H_2O]{H^+,\ 100°C} (CH_3)_2C{=}C(CH_3)_2 + H_2C{=}C(CH_3){-}CH(CH_3){-}CH_3$$

64% **2,3-Dimethyl-2-buten** + Nebenprodukt **2,3-Dimethyl-1-buten**

Alkylwanderung zu einem Hydroxycarbenium-Ion

Behandelt man tetraalkylierte vicinale Diole mit Mineralsäure, lagern sich auch diese durch eine Alkylverschiebung um. Diese Reaktion wird nach der Verbindung Pinakol (2,3-Dimethyl-2,3-butandiol), bei der sie erstmalig entdeckt wurde, **Pinakol-Umlagerung** genannt. (Der Trivialname dieser Verbindung leitet sich vom griechischen *pinax*, Plättchen, ab und geht auf die äußere Form der Kristalle der Verbindung zurück). Als Produkt entsteht wiederum eine Carbonylverbindung.

$$CH_3C(OH)(CH_3)\text{—}C(OH)(CH_3)CH_3 \xrightarrow[-\,H_2O]{H_2SO_4,\ H_2O} CH_3C(CH_3)_2\text{—}C(=O)CH_3 \quad 70\%$$

2,3-Dimethyl-2,3-butandiol → **3,3-Dimethyl-2-butanon**

Mechanismus:

$$CH_3C(H_3C)(\ddot{O}H)\text{—}C(\ddot{O}H)(CH_3)CH_3 + H^+ \underset{+\,H_2O}{\overset{-\,H_2O}{\rightleftharpoons}} CH_3\overset{+}{C}(H_3C)\text{—}C(\ddot{O}H)(CH_3)CH_3 \longrightarrow$$

$$\left[CH_3C(H_3C)(CH_3)\text{—}\overset{+}{C}(\ddot{O}H)CH_3 \longleftrightarrow CH_3C(H_3C)(CH_3)\text{—}C(=\overset{+}{O}H)CH_3 \right] \rightleftharpoons CH_3C(H_3C)(CH_3)\text{—}C(=\ddot{O}{:})CH_3 + H^+$$

Übung 9-7

Behandelt man das Diol A mit wäßriger Schwefelsäure im kochenden Wasserbad, erhält man B in 15% Ausbeute. Erklären Sie den Mechanismus dieser Reaktion.

$$\mathbf{A}\ (\text{1,1'-Bicyclohexyl-1,1'-diol}) \xrightarrow[-\,H_2O]{H^+} \mathbf{B}\ (\text{Spiroketon: Cyclohexan-Spiro-Cycloheptanon})$$

Die Umlagerung von 2,2-Dimethyl-1-propanol

Obwohl primäre Carbenium-Ionen in Lösung nicht entstehen, kann man Alkyl- und Protonenverschiebungen zu primären Kohlenstoffatomen beobachten, wenn diese Abgangsgruppen tragen. 2,2-Dimethyl-1-propanol (Neopentylalkohol) ist dafür ein Beispiel. Behandelt man diese Verbindung mit einer starken Säure, lagert sich das Kohlenstoffgerüst zu einem substituierten 2-Methylbutan um, obwohl ein primäres Carbenium-Ion als Zwischenstufe nicht entstehen kann. In diesem Fall erfolgt nach der Protonierung die Abspaltung von Wasser gleichzeitig mit der Methylwanderung

$$CH_3C(CH_3)_2CH_2OH \xrightarrow[-\,H\text{—}OH]{HBr,\ \Delta} CH_3C(Br)(CH_3)CH_2CH_3$$

2,2-Dimethyl-1-propanol (Neopentylalkohol) → **2-Brom-2-methylbutan**

Mechanismus:

$$CH_3C(CH_3)_2CH_2\ddot{O}H \overset{H^+}{\rightleftharpoons} CH_3C(CH_3)_2\text{—}CH_2\text{—}\overset{+}{\ddot{O}}H_2 \xrightarrow{-\,H_2\ddot{O}} CH_3\overset{+}{C}(CH_3)CH_2CH_3 \underset{-\,:\ddot{Br}:^-}{\overset{+\,:\ddot{Br}:^-}{\rightleftharpoons}} CH_3C(:\ddot{Br}:)(CH_3)CH_2CH_3$$

an das benachbarte Kohlenstoffatom. Auf diese Weise läßt sich die Bildung eines primären Carbenium-Ions vermeiden.

Wir halten fest: Zusätzlich zu normalen S_N1-und E1-Reaktionen können Carbenium-Ionen sich durch Wasserstoff- oder Alkylwanderung umlagern. Dabei überträgt die wandernde Gruppe ihr Bindungselektronenpaar dem benachbarten positiv geladenen Kohlenstoffatom, tauscht also den Platz mit der positiven Ladung. Die Umlagerung kann entartet sein oder zu einem stabileren Kation führen, wenn z. B. aus einem sekundären Carbenium-Ion ein tertiäres oder aus einem Alkyl-Kation ein Hydroxy-Kation entsteht. Durch die Umsetzung vicinaler Diole mit Säuren entstehen am Ende Aldehyde oder Ketone. Auch primäre Alkohole können sich umlagern, dieser Vorgang erfolgt jedoch konzertiert, nicht über ein intermediäres primäres Carbenium-Ion.

9.3 Die Bildung von Estern aus Alkoholen

Eine der wichtigsten Reaktionen der Alkohole ist ihre Umsetzung mit Carbonsäuren zu Estern. Ester haben wir bereits bei der Synthese von Alkoholen durch die Reaktion von Halogenalkanen mit dem Ethanoat-Ion (Acetat-Ion) kennengelernt. Das Alkylethanoat wurde dort zum Alkohol hydrolysiert (Abschn. 8.4). In diesem Abschnitt werden wir erfahren, daß Alkohole nicht nur mit Carbonsäuren, sondern auch mit anorganischen Reagenzien Ester bilden. Zu dieser Verbindungsklasse gehören wertvolle Zwischenstufen bei der Umwandlung von Alkoholen in Halogenalkane, d. h. der Umkehrung der vorangegangenen Synthese.

$$R-\overset{O}{\overset{\|}{C}}-OR'$$

Ein Ester

$$CH_3\overset{O}{\overset{\|}{C}}OR'$$

Ein Alkylethanoat

Darstellung organischer Ester

In Gegenwart katalytischer Mengen von Mineralsäure reagieren Alkohole mit Carbonsäuren unter Bildung eines Esters und Wasser. Bei dieser Reaktion liegt zwischen Edukten und Produkten ein Gleichgewicht vor, das durch den Überschuß eines der Komponenten in die gewünschte Richtung verschoben werden kann. Verwendet man Alkohol als Lösungsmittel, verschiebt man das Gleichgewicht auf die Seite des Esters, ein Überschuß an Wasser dagegen treibt die Hydrolyse des Esters voran. Nachstehend sehen Sie Beispiele dafür. Der Mechanismus der Esterbildung wird in Abschnitt 17.8 ausführlich erläutert.

Synthese von Carbonsäureestern

$$R\overset{O}{\overset{\|}{C}}OH + R'OH \underset{}{\overset{H^+}{\rightleftharpoons}} R\overset{O}{\overset{\|}{C}}OR' + HOH$$

Veresterung

$$CH_3\overset{O}{\overset{\|}{C}}OH + CH_3CH_2OH \xrightarrow{H^+} CH_3\overset{O}{\overset{\|}{C}}OCH_2CH_3 + HOH$$

Ethansäure (Essigsäure) · **Ethanol (Lösungsmittel)** · **Ethylethanoat (Acetat)**

Esterhydrolyse

$$C_6H_{11}COCH_3 + H_2O \text{ (Überschuß)} \xrightarrow{H^+} C_6H_{11}COOH + CH_3OH$$

Anorganische Ester als Zwischenstufen bei der Synthese von Halogenalkanen

Primäre und sekundäre Alkohole reagieren mit Phosphortribromid, einer als solchen käuflichen Verbindung, zu Bromalkanen und Phosphoriger Säure. Dieses Verfahren dient generell zur Darstellung von Bromalkanen aus Alkoholen. Phosphortribromid kann alle drei Bromatome übertragen. Die treibende Kraft dieser Reaktion ist die Ausbildung der starken Phosphor-Sauerstoff-Doppelbindung.

$$3\,CH_3CH_2CH(OH)CH_2CH_3 + PBr_3 \xrightarrow{(CH_3CH_2)_2O} 3\,CH_3CH_2CHBrCH_2CH_3 + H_3PO_3$$

3-Pentanol + **Phosphortribromid** → **3-Brompentan** (47%) + **Phosphonsäure**

Welcher Mechanismus läuft hier ab? Im ersten Schritt reagieren Alkohol und die Phosphorverbindung unter Ausbildung einer Spezies, die man als protoniertes anorganisches Esterderivat der Phosphorigen Säure auffassen kann:

$$RCH_2\ddot{O}H + PBr_3 \longrightarrow RCH_2\overset{+}{O}(H)\text{—}PBr_2 + Br^-$$

$HOPBr_2$ ist eine gute Abgangsgruppe und wird durch Bromid verdrängt, das im esterbildenden Schritt entsteht.

$$:\ddot{Br}:^- + RCH_2\text{—}\overset{+}{O}(H)\text{—}PBr_2 \longrightarrow RCH_2\ddot{Br}: + H\ddot{O}PBr_2$$

$HOPBr_2$ reagiert daraufhin nacheinander mit zwei weiteren Alkoholmolekülen nach dem gleichen Mechanismus wie bei dem ersten esterbildenden Schritt:

$$RCH_2\ddot{O}H + H\ddot{O}PBr_2 \longrightarrow RCH_2\overset{+}{O}(H)\text{—}P(Br)\ddot{O}H + :\ddot{Br}:^-$$

$$:\ddot{Br}:^- + RCH_2-\overset{+}{\ddot{O}}(H)-\ddot{P}(Br)OH \longrightarrow RCH_2\ddot{Br}: + HO\ddot{P}(Br)\ddot{O}H$$

$$RCH_2OH + (HO)_2PBr \longrightarrow \longrightarrow RCH_2\ddot{Br}: + H_3PO_3$$

Beachten Sie, daß das Gelingen dieser Umsetzung darauf beruht, daß die Hydroxygruppe zu Beginn der Reaktion in eine gute Abgangsgruppe umgewandelt wird, wie es auch bei der Reaktion von Alkoholen mit Bromwasserstoff zu Bromalkanen der Fall ist. Dieses letztere Verfahren wird jedoch duch die stark sauren Reaktionsbedingungen und durch mögliche Umlagerungen kompliziert.

Wollen wir anstelle eines Bromalkans das entsprechende Iodalkan herstellen, erzeugen wir das dazu benötigte Phosphortriiodid, PI_3, am besten *in situ*, da es äußerst reaktiv ist. Dazu fügen wir roten elementaren Phosphor und Iod zum Alkohol. Bei diesem Verfahren reagiert PI_3 sofort nach seiner Entstehung weiter.

$$CH_3(CH_2)_{14}CH_2OH \xrightarrow{P,\ I_2,\ \Delta} CH_3(CH_2)_{14}CH_2I\ (85\%) + H_3PO_3$$

Um Alkohole in Chloralkane zu überführen, kann man auch mit Phosphorpentachlorid, PCl_5, arbeiten:

$$C_6H_{11}CH_2OH + PCl_5 \longrightarrow C_6H_{11}CH_2Cl + HCl + POCl_3$$

Diese Reaktion verläuft nach einem ähnlichen Mechanismus wie die Bromierung durch PBr_3, nur enthält jetzt das Reagenz ein fünfbindiges Phosphoratom. Durch die Reaktion mit einem Äquivalent Alkohol entsteht anfangs Phosphoroxichlorid, $POCl_3$. Die weitere Reaktion mit zusätzlichen Alkoholmolekülen erzeugt weiteres Chloralkan und schließlich Phosphorsäure H_3PO_4.

Mechanismus:

$$RCH_2OH + PCl_5 \longrightarrow RCH_2OPCl_4 + H^+ + Cl^-$$

$$H^+ + Cl^- + RCH_2OPCl_4 \longrightarrow RCH_2Cl + HOPCl_4$$

$$HOPCl_3Cl \longrightarrow O{=}PCl_3 + HCl$$

$$3\ RCH_2OH + O{=}PCl_3 \longrightarrow 3\ RCH_2Cl + O{=}P(OH)_3$$

Phosphorsäure

Thionylchlorid, $SOCl_2$, ist ein weiteres gutes Chlorierungsmittel. Durch einfaches Erwärmen eines Alkohols in Gegenwart dieses Reagenz entsteht ein Chloralkan, daneben entwickeln sich SO_2 und HCl.

$$CH_3CH_2CH_2OH + SOCl_2 \longrightarrow \underset{91\,\%}{CH_3CH_2CH_2Cl} + O{=}S{=}O + HCl$$

Die Bildung des Alkohols RCH_2OH verläuft auch hier über einen anorganischen Ester, RCH_2OSOCl als Zwischenstufe. Das dabei freigewordene Chlorid-Ion greift den Ester nucleophil an, so entstehen das Chloralkan und je ein Molekül SO_2 und HCl.

Mechanismus:

$$RCH_2OH + ClS(=O)Cl \longrightarrow RCH_2OS(=O)Cl + H^+ + Cl^-$$

$$H^+ + :\ddot{Cl}:^- + RCH_2{-}O{-}S(=O){-}Cl: \longrightarrow :ClCH_2R + O{=}S{=}O + HCl:$$

Die Gegenwart eines Amins, das den gebildeten Chlorwasserstoff neutralisiert, verbessert den Reaktionsablauf. So kann man zum Beispiel *N,N*-Diethylethanamin (Triethylamin) verwenden, das unter diesen Bedingungen das entsprechende Ammoniumchlorid bildet.

$(CH_3CH_2)_3N:$
***N,N*-Diethylethanamin (Triethylamin)**
+
HCl
↓
$(CH_3CH_2)_3\overset{+}{N}HCl^-$

Die anorganischen Ester, die bei diesen Reaktionen auftreten, sind spezielle Beispiele für Abgangsgruppen, die sich letztlich von „Schwefel-Säuren" ableiten lassen. Sie sind mit den Sulfonaten verwandt, denen wir in Abschnitt 6.7 begegnet sind. Dort erfuhren wir, daß man sie leicht aus den entsprechenden Sulfonylchloriden und einem Alkohol herstellen kann.

$$CH_3CH(CH_3)CH_2OH + CH_3SO_2Cl + C_5H_5N \longrightarrow CH_3CH(CH_3)CH_2OSO_2CH_3 + C_5H_5\overset{+}{N}H\ Cl^-$$

2-Methyl-1-propanol | **Methansulfonylchlorid** | **Pyridin** | **2-Methylpropylmethansulfonat** | **Pyridiniumhydrochlorid**

Wie Thionylchlorid reagieren auch Sulfonylchloride am besten in Gegenwart eines Amins, im Gegensatz zu RCH_2OSOCl kann man Sulfonate jedoch isolieren.

$$C_6H_{11}OH + CH_3{-}C_6H_4{-}SO_2Cl + (CH_3CH_2)_3N \longrightarrow C_6H_{11}OSO_2{-}C_6H_4{-}CH_3 + (CH_3CH_2)_3\overset{+}{N}HCl^-$$

Cyclohexanol | **4-Methylbenzolsulfonylchlorid (*p*-Toluolsulfonylchlorid)** | **Cyclohexyl-4-methylbenzolsulfonat (Cyclohexyltosylat)**

Wir wissen, daß man vor allem primäre und sekundäre Halogenalkane gut durch S_N2-Substitution von Sulfonatgruppen durch Halogenide (Cl^-, Br^-, I^-) darstellen kann. Für die Darstellung tertiärer Halogenide ist diese Methode weniger geeignet, da hier leicht Carbenium-Ionen entstehen, die zu Eliminierungs- und Umlagerungsprodukten führen. Tertiäre Chloride und Bromide stellt man daher am besten aus den entsprechenden Alkoholen her, die man mit kaltem konzentriertem Halogenwasserstoff behandelt.

Übung 9-8

Welche Reagenzien benötigen Sie zur Darstellung der folgenden Halogenalkane aus den entsprechenden Alkoholen: (a) $I(CH_2)_6I$; (b) $(CH_3CH_2)_3CCl$

(c) [Skelettformel: $CH_3CH_2CH_2CH(CH_3)CH_2Br$]

Wir fassen zusammen: Die Reaktion von Alkoholen mit Carbonsäuren führt unter Wasserabspaltung zu organischen Estern. Mit anorganischen Halogeniden wie z. B. PBr_3, PCl_5, $SOCl_2$ und RSO_2Cl reagieren Alkohole unter Abspaltung von HX zu anorganischen Estern. Diese enthalten gute Abgangsgruppen, die leicht nucleophil substituiert werden können, z. B. durch Halogenid-Ionen zu den entsprechenden Halogenalkanen.

9.4 Oxidation von Alkoholen: Darstellung von Aldehyden und Ketonen

In Abschnitt 8.4 wurde die Darstellung von Alkoholen aus Aldehyden und Ketonen beschrieben, die mit Wasserstoff oder Hydriden reduziert wurden. Auch die umgekehrte Reaktion, die Oxidation von Alkoholen zu Aldehyden und Ketonen, ist möglich.

Allgemeines Schema für die Oxidation von Alkoholen

$$\mathrm{RCH(H)\text{—}OH} \xrightarrow{\text{Oxidation}} \mathrm{RC(=O)H}$$

Primärer Alkohol → **Aldehyd**

$$\mathrm{RC(OH)(H)R'} \xrightarrow{\text{Oxidation}} \mathrm{RC(=O)R'}$$

Sekundärer Alkohol → **Keton**

Chrom-Verbindungen zur Oxidation von Alkoholen

Ein häufig verwendetes Reagenz zur Oxidation von Alkoholen ist Chrom(VI), ein Übergangsmetall in einer hohen Oxidationsstufe. In dieser Form ist Chrom gewöhnlich gelb bis orange. Bei der Umsetzung mit einem Alkohol wird Chrom(VI) zu tiefgrünem Chrom(III) reduziert. Das Reagenz kann man als Dichromat ($K_2Cr_2O_7$ oder $Na_2Cr_2O_7$) oder als CrO_3 kaufen. Die Oxidation findet in saurer wäßriger Lösung statt, wie am Beispiel von 1-Propanol am Rand gezeigt ist.*

Unter diesen Reaktionsbedingungen wird der Aldehyd gewöhnlich weiter oxidiert zur Säure. Um den Aldehyd zu isolieren, muß man ihn deshalb ständig aus dem Reaktionsgemisch entfernen, meistens durch Destillation. Dies ist jedoch nur mit flüchtigen Aldehyden möglich und die Ausbeuten sind nur mäßig. Die Weiteroxidation zur Säure läßt sich vermeiden, wenn

$$CH_3CH_2CH_2OH \xrightarrow{K_2Cr_2O_7,\ H_2SO_4,\ H_2O} CH_3CH_2CH{=}O$$

49%

Propanal
(flüchtig)

$$\xrightarrow{\text{Überoxidation}} CH_3CH_2C(=O)OH$$

Propansäure

* Für diese Reaktion gilt folgende stöchiometrische Gleichung:

$$7\ H_2SO_4 + 3\ CH_3CH_2CH_2OH + 2\ K_2Cr_2O_7 \longrightarrow 3\ CH_3CH_2CH{=}O + 2\ Cr_2(SO_4)_3 + K_2SO_4 + 10\ H_2O$$

Wenn Sie mit dem Aufstellen von Redox-Gleichungen nicht ganz vertraut sind, sollten Sie dies in einem Lehrbuch der Allgemeinen Chemie wiederholen.

man wasserfrei arbeitet, da dann der Aldehyd stabil ist. So kann man z. B. den Chromtrioxid(pyridin)$_2$-Komplex verwenden (siehe auch Abschn. 15.3):

$$\text{C}_5\text{H}_9\text{–CH}_2\text{CH}_2\text{CH}_2\text{CH}_2\text{OH} \xrightarrow{\text{CrO}_3(\text{Pyridin})_2,\ \text{CH}_2\text{Cl}_2} \text{C}_5\text{H}_9\text{–CH}_2\text{CH}_2\text{CH}_2\text{CHO}$$

93%

Ketone sind gegenüber Cr(VI) stabiler, da eine Weiteroxidation nur mit dem Bruch einer C–C-Bindung möglich wäre. So erhält man bei der Oxidation von sekundären Alkoholen mit Cr(VI) gute Ausbeuten.

$$\text{Cyclohexanol} \xrightarrow{\text{Na}_2\text{Cr}_2\text{O}_7,\ \text{H}_2\text{SO}_4,\ \text{H}_2\text{O}} \text{Cyclohexanon}$$

96%

Eine Lösung von Chromtrioxid in wäßriger Schwefelsäure bezeichnet man als **Jones-Reagenz**.

Oxidation mit dem Jones-Reagenz

$$\text{Norbornanol} \xrightarrow{\text{CrO}_3,\ \text{H}_2\text{SO}_4,\ \text{H}_2\text{O}} \text{Norbornanon}$$

88%

Die Oxidation von Alkoholen mit Cr(VI) verläuft über einen Chromsäureester als Zwischenstufe, der formal wie organische Ester aus Carbonsäuren gebildet wird. Dabei bleibt die Oxidationstufe von Chrom erhalten:

$$\text{RCH}_2\text{OH} + \text{HO–Cr}^{\text{VI}}(=\text{O})_2\text{–OH} \rightleftharpoons \text{RCH}_2\text{O–Cr}^{\text{VI}}(=\text{O})_2\text{–OH} + \text{H}_2\text{O}$$

Chromsäure **Chromsäureester**

Der zweite Schritt gleicht einer E2-Reaktion, wobei Wasser als milde Base das dem Alkohol-Sauerstoffatom benachbarte Proton entzieht. $HCrO_3^-$ tritt aus dem Molekül aus. Das Bindungselektronenpaar verbleibt bei Chrom, das damit seine Oxidationsstufe um zwei verringert zu Cr(IV):

$$\text{RCH(H)–O–Cr}^{\text{VI}}(=\text{O})_2\text{–OH} + \text{H}_2\text{O} \longrightarrow \text{H}_2\text{O}^+\text{–H} + \text{RCH=O} + {}^-\text{O–Cr}^{\text{IV}}(=\text{O})\text{–OH}$$

Diese Eliminierung unterscheidet sich von den bisher behandelten E2-Reaktionen, da hier statt einer Kohlenstoff-Kohlenstoff-Doppelbindung eine Kohlenstoff-Sauerstoff-Doppelbindung entsteht. Die gebildete Cr(IV)-Spezies kann zu Cr(III) und Cr(V) disproportionieren oder weiter reduziert werden, d.h. als Oxidationsmittel wirken. Am Ende ist Cr(VI) vollständig zu Cr(III) reduziert.

Die Oxidation tertiärer Alkohole mit Chromat bereitet Schwierigkeiten, da sie keine Wasserstoffatome neben der funktionellen Gruppe tragen.

Oxidation mit Iod: Die Iodoform-Reaktion

Sekundäre 2-Alkanole (und Ethanol) reagieren mit Iod in wäßriger NaOH-Lösung, wobei sich ein gelber Niederschlag von Triiodmethan bildet. Diese Beobachtung ist so charakteristisch für Alkohole mit der Struktur $RCH(OH)CH_3$, daß sie als Nachweis für diese Gruppierung dienen kann. Bei der Reaktion wird eine C–C-Bindung gelöst und der Rest des Moleküls in das entsprechende Carboxylatsalz überführt. In Abschnitt 16.2 finden wir diesen Mechanismus dargestellt.

Iodoform-Reaktion

$$R{-}\underset{OH}{\overset{H}{C}}{-}CH_3 \xrightarrow{I_2,\ NaOH} \underset{\text{Gelber Niederschlag}}{CHI_3} + RC(=O)O^-Na^+$$

Präparative Anwendungen der Alkohol-Oxidation

Die bequeme Methode, die wir nun kennen, Alkohole durch Oxidation in Aldehyde und Ketone zu überführen, wollen wir nun präparativ nutzen. Ein kurzer Rückblick auf Abschnitt 8.7 zeigt uns einige Anwendungsmöglichkeiten: immer dann, wenn ein primärer oder sekundärer Alkohol dargestellt wurde (Abschn. 8.4 und 8.6), können wir ihn zur Carbonylverbindung oxidieren. Diese wiederum kann man weiter mit organometallischen Reagenzien in einer Fülle von Reaktionen umsetzen:

Präparative Nutzung der Alkohol-Oxidation

$$R\underset{H}{\overset{OH}{C}}R' \xrightarrow{H^+,\ Na_2Cr_2O_7} R\overset{O}{\overset{\|}{C}}R' \xrightarrow[M\,=\,\text{Metall}]{R''M} \xrightarrow{H^+,\ H_2O} R\underset{R''}{\overset{OH}{C}}R'$$

Übung 9-9

Stellen Sie 2-Brom-2-methylpropan aus Methanol als einzigem organischen Ausgangsmaterial her.

Wir fassen zusammen: Chrom(VI)-Reagenzien oxidieren primäre Alkohole zu Aldehyden und sekundäre Alkohole zu Ketonen. Die Weiteroxidation von Aldehyden vermeidet man, indem man den Aldehyd – sofern er flüchtig ist – aus der Reaktionsmischung abdestilliert, oder indem man Chromtrioxid(pyridin)$_2$ in wasserfreier Umgebung als Oxidationsmittel verwendet. Die Reaktion von sekundären Alkoholen und Ethanol mit Iod in Gegenwart einer Base ist als Iodoform-Reaktion bekannt. Bei dieser Reaktion wird die Methyleinheit abgespalten, wobei sich ein Carboxylatsalz bildet.

9.5 Das Sauerstoffatom des Alkohols als Nucleophil: Darstellung von Ethern

In vorangegangenen Kapiteln stießen wir bereits mehrmals auf Ether. In diesem Abschnitt wird uns diese Verbindungsklasse systematisch vorgestellt, indem wir zunächst die Nomenklatur der Ether behandeln, fortfahren mit der Beschreibung einiger ihrer physikalischen Eigenschaften und Möglichkeiten ihrer Darstellung kennenlernen.

Nomenklatur der Ether

Das IUPAC-System behandelt Ether als Alkane mit einem Alkoxy-Substituenten, als Alkoxyalkane also. Der kleinere Substituent gilt als Teil der Alkoxygruppe, der größere Substituent bildet den Stamm des Moleküls.

Alkoxyalkane kann man sich als Derivate von Alkoholen denken, in denen das Hydroxy-Proton durch eine Alkylgruppe ersetzt wurde. Auf dieser Betrachtungsweise basieren die Trivialnamen, die sich aus den Namen der beiden Alkylgruppen, gefolgt von dem Wort „Ether“ zusammensetzen. CH_3OCH_3 heißt daher Dimethylether, $CH_3OCH_2CH_3$ wird Ethylmethylether genannt und so weiter.

$CH_3OCH_2CH_3$
Methoxyethan

$CH_3CH_2\ddot{O}C(CH_3)_2CH_3$
2-Ethoxy-2-methylpropan

cis-1-Ethoxy-2-methoxycyclopentan

Physikalische Eigenschaften der Ether

Die Summenformel von einfachen Alkoxyalkanen, $C_nH_{2n+2}O$, ist identisch mit der von Alkanolen. Dennoch liegen die Siedepunkte von Ethern viel niedriger als die von isomeren Alkoholen, da bei ihnen keine Wasserstoffbrücken ausgebildet werden (Tab. 9-1). Die beiden einfachsten Mitglieder dieser Reihe sind mit Wasser mischbar, mit zunehmendem Kohlenwasserstoffanteil nimmt die Löslichkeit in Wasser jedoch ab. So ist Methoxymethan z. B. mit Wasser in jedem Verhältnis mischbar, während Ethoxyethan nur eine ungefähr 10%ige wäßrige Lösung bildet.

Ether verhalten sich im allgemeinen recht reaktionsträge (außer gespannten cyclischen Ethern, siehe Kap. 8 und Abschn. 9.6). Deshalb verwendet man Ether, darunter auch cyclische Ether (Abschn. 26.1), Verbindungen mit mehreren Etherfunktionen oder Systeme mit beiden Eigenschaften gerne als Lösungsmittel bei organischen Synthesen. Für diese häufig verwendeten Verbindungen sind deshalb Eigennamen im Gebrauch.

Tabelle 9-1 Siedepunkte von Ethern und isomeren 1-Alkanolen

Ether	Name	Siedepunkt in °C	1-Alkanol	Siedepunkt in °C
CH_3OCH_3	Methoxymethan (Dimethylether)	−23	CH_3CH_2OH	78.5
$CH_3OCH_2CH_3$	Methoxyethan (Ethylmethylether)	10.8	$CH_3CH_2CH_2OH$	82.4
$CH_3CH_2OCH_2CH_3$	Ethoxyethan (Diethylether)	34.5	$CH_3(CH_2)_3OH$	117.3
$(CH_3CH_2CH_2CH_2)_2O$	1-Butoxybutan (Dibutylether)	142	$CH_3(CH_2)_7OH$	194.5

Ether-Lösungsmittel und ihre Namen

$CH_3CH_2OCH_2CH_3$	(ring structure)	$CH_3OCH_2CH_2OCH_3$	(ring structure)
Ethoxyethan (Diethylether)	**1,4-Dioxacyclohexan (1,4-Dioxan)**	**1,2-Dimethoxyethan (Glycoldimethylether, Glyme)**	**Oxacyclopentan (Tetrahydrofuran, THF)**

Darstellung von Ethern durch S_N2-Reaktionen: Die Williamson-Ethersynthese

Ether stellt man am einfachsten durch die Reaktion eines Alkoxids mit einem primären Halogenalkan oder einem Sulfonsäureester unter typischen S_N2-Bedingungen her (Kap. 6). Dieses Verfahren ist als **Williamson*-Ethersynthese** bekannt. Das Medium, in dem diese Reaktion stattfindet, kann der Alkohol sein, von dem das Alkoxid stammt (wenn dieser preiswert ist). Genausogut oder sogar noch besser sind andere polare Lösungsmittel wie Dimethylsulfoxid (DMSO) oder Hexamethylphosphorsäuretriamid (HMPT) (Tab. 6.8).

Beispiele der Williamson-Ethersynthese

$$CH_3CH_2CH_2CH_2O^-Na^+ + ClCH_2CH_2CH_2CH_3 \xrightarrow[\text{oder DMSO, 9.5 h}]{CH_3CH_2CH_2CH_2OH,\ 14\ h} CH_3CH_2CH_2CH_2OCH_2CH_2CH_2CH_3 + Na^+Cl^-$$

60% (in Butanol)
95% (in DMSO)
1-Butoxybutan

$$(CH_3)_2CHO^-Na^+ + CH_3CH_2Br \xrightarrow{HMPT} (CH_3)_2CHOCH_2CH_3 + Na^+Br^-$$

85%
2-Ethoxypropan

$$\text{Cyclopentyl-}O^-Na^+ + CH_3(CH_2)_{15}CH_2OSO_2CH_3 \xrightarrow{DMSO} \text{Cyclopentyl-}OCH_2(CH_2)_{15}CH_3 + Na^{+\,-}O_3SCH_3$$

91%
Cyclopentoxyheptadecan

Da Alkoxide starke Basen sind, bleibt ihre Anwendung bei der Ethersynthese auf primäre ungehinderte Systeme beschränkt, da sonst ein erheblicher Anteil an E2-Produkt entstehen würde (Abschn. 7.5).

Übung 9-10

Behandelt man 4-Brom-1-butanol mit wäßriger NaOH, erhält man Oxacyclopentan (Tetrahydrofuran). Erklären Sie dies.

---

* Alexander W. Williamson, 1824–1904, Professor am University College, London

Bildung von cyclischen Ethern durch intramolekulare Williamson-Synthese

Die Williamson-Ethersynthese dient auch zur Herstellung cyclischer Ether, die aus Halogenalkoholen durch eine intramolekulare S_N2-Reaktion entstehen.

Darstellung cyclischer Ether

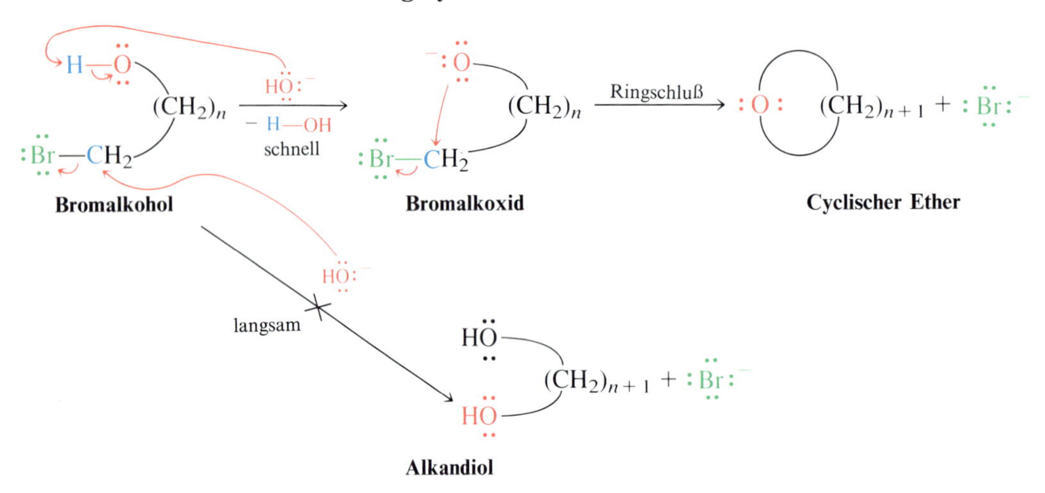

(Schwarze gebogene Linien stellen Kohlenstoffketten dar.)

Bei dieser Reaktion entsteht zunächst durch rasche Protonübertragung auf die Base ein Bromalkoxid, bevor der Ringschluß zum cyclischen Ether erfolgt. Die anfangs stattfindende Deprotonierung und der darauffolgende Schritt verlaufen viel schneller als der Angriff des Hydroxids auf das bromierte Ende, der zu einem Alkandiol führte.

Intramolekulare Ringschlüsse muß man in verdünnter Lösung ausführen, um die Möglichkeit einer intermolekularen Reaktion zu verringern. In konzentrierter Lösung kann das intermediär auftretende Bromalkoxid ein noch unverändertes Eduktmolekül angreifen und ein neues Bromalkoxyalkanol bilden. Dieses wiederum kann weiter alkyliert werden, wodurch am Ende langkettige Ether entstünden. In verdünnter Lösung ist diese intermolekulare Reaktion erschwert.

Intermolekulare Bromalkohol-Kupplung

$$2\ \mathrm{Br{-}CH_2(CH_2)_n{-}OH} \xrightarrow[-\mathrm{Br}^-]{\mathrm{OH}^-} \mathrm{Br{-}CH_2(CH_2)_n{-}O{-}CH_2(CH_2)_n{-}OH} \xrightarrow{\mathrm{OH}^-} \text{etc.}$$

ein Bromalkoxyalkanol

Durch die intramolekulare Williamson-Ethersynthese ist es möglich, cyclische Ether verschiedener Größe einschließlich kleiner Ringe herzustellen.

$$\mathrm{HOCH_2CH_2Br + HO^-} \longrightarrow \text{Oxacyclopropan} + \mathrm{Br^-} + \mathrm{HOH}$$

Oxacyclopropan (Oxiran, Ethylenoxid)

$HO(CH_2)_2CH_2Br + HO^- \longrightarrow$ Oxacyclobutan $+ Br^- + HOH$

Oxacyclobutan

$HO(CH_2)_3CH_2Br + HO^- \longrightarrow$ Oxacyclopentan $+ Br^- + HOH$

Oxacyclopentan (Tetrahydrofuran)

$HO(CH_2)_4CH_2Br + HO^- \longrightarrow$ Oxacyclohexan $+ Br^- + HOH$

Oxacyclohexan (Tetrahydropyran)

Cyclische Ether gehören zu einer Klasse von Cycloalkanen, in denen ein oder mehrere Kohlenstoffatome durch ein *Heteroatom* – in diesem Fall ein Sauerstoffatom – ersetzt wurden. Ein Heteroatom kann jedes Atom außer Kohlenstoff oder Wasserstoff sein. Cyclische Verbindungen dieser Art nennt man Heterocyclen (Kap. 26).

Die Benennung der cyclischen Ether kann nach verschiedenen Regeln erfolgen (Abschn. 26.1). Am einfachsten bezieht sich der Name auf das *Grundgerüst* des *Oxacycloalkans*, bei dem die Vorsilbe *Oxa* auf die Substitution eines Kohlenstoffatoms durch ein Sauerstoffatom hinweist. Danach heißen dreigliedrige cyclische Ether Oxacyclopropane (andere Namen dafür sind Oxirane, Epoxide oder Ethylenoxide), Vierring-Systeme heißen Oxacyclobutane, die nächsten beiden höheren Homologen sind Oxacyclopentane (Tetrahydrofurane) und Oxacyclohexane (Tetrahydropyrane). Die Zählung beginnt beim Heteroatom, hier dem Sauerstoff, und wird um den Ring fortgeführt.

Kasten 9-2

1,2-Dioxacyclobutane können chemoluminiszieren

Ein Spezialfall der intramolekularen Williamson-Ethersynthese findet mit einem 2-Bromhydroperoxid statt. Das Produkt dieser Reaktion ist ein 1,2-Dioxacyclobutan (1,2-Dioxetan), ein cyclisches Peroxid. Diese Spezies zeigt ein ungewöhnliches Verhalten: Sie zerfällt in die entsprechenden Carbonylverbindungen unter Aussendung von Licht (**Chemolumineszenz**). Bei diesem Vorgang wird die O – O-Bindung zu einem Diradikal gespalten, das zum Produkt umgewandelt wird. Der Zerfall von Dioxacyclobutanen ist vermutlich auch für manche natürlichen Leuchtvorgänge (**Biolumineszenz**) verantwortlich, daneben gibt es jedoch weitere Mechanismen, die bei diesem Phänomen ablaufen. Beispiele landlebender biolumineszierender Arten sind die Feuerfliege, das Glühwürmchen und manche Schnellkäfer. Der Ozean jedoch beherbergt die größte Vielfalt biolumineszierender Organismen, von mikroskopisch kleinen Bakterien über Plankton zu Fischen. Das emittierte Licht dient vielerlei Zwecken, unter anderem scheint es eine Rolle zu spielen bei der Paarung und der Geschlechtsunterscheidung, der Kommunikation, der Beutesuche und zur Abschreckung von Feinden.

$$(CH_3)_2C(OOH){-}C(CH_3)_2Br \xrightarrow[-\,Br^-,\ -\,H{-}OH]{HO^-} \text{3,3,4,4-Tetramethyl-1,2-dioxacyclobutan} \xrightarrow{\Delta} 2\ CH_3\overset{O}{\overset{\|}{C}}CH_3 + h\nu$$

Ein 2-Bromhydroperoxid — **3,3,4,4-Tetramethyl-1,2-dioxacyclobutan (Ein 1,2-Dioxetan)** — **Propanon (Aceton)**

Das Luciferin* der Feuerfliege ist ein Beispiel für eine chemolumineszierende Substanz, die in der Natur vorkommt. Die Oxidation dieser Verbindung in basischer Umgebung führt zu einem Dioxacyclobutanon als Zwischenstufe, das in gleicher Weise wie 3,3,4,4-Tetramethyl-1,2-dioxacyclobutan zerfällt zu einem Heterocyclus, Kohlendioxid und der Emission von Licht.

Luciferin der Feuerfliege $\xrightarrow{\text{Base, } O_2}$ **1,2-Dioxacyclobutanon (Zwischenstufe)** $\longrightarrow$ Heterocyclus $+ CO_2 + h\nu$

Einige cyclische Polyether binden selektiv Kationen; die Wirt-Gast-Beziehung

Es gibt gewisse cyclische Ether mit mehreren Etherfunktionen, die ungewöhnliche Lösungseigenschaften haben. Die sogenannten **Kronenether** sind aus 1,2-Ethandiol-Einheiten aufgebaut. Ihren Namen verdanken Sie ihrer kronenähnlichen Struktur in kristallinem Zustand, vielleicht auch in Lösung. Der Polyether [18]Krone-6 ist in Abbildung 9-3 dargestellt. Die Zahl 18 bezieht sich auf die Gesamtzahl der Atome im Ring, die Zahl 6 gibt die Anzahl der Sauerstoffatome an.

○ = Sauerstoff

○ = CH_2

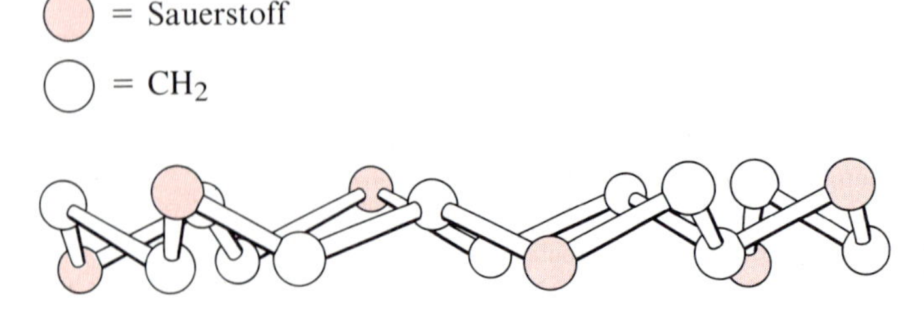

Abb. 9-3 Die kronenähnliche Struktur von [18]Krone-6

* Anm. d. Übers.: *Luciferin* ist ein Sammelbegriff für strukturell oft unterschiedliche Verbindungen, die in lebenden Organismen unter Aussendung von Licht zerfallen. Die dabei beteiligten Enzyme heißen *Luciferasen*.

Kronenether haben die bemerkenswerte Fähigkeit, stark an einfache Kationen zu binden, so daß diese sich in organischen Lösungsmitteln lösen. Das tief violette Kaliumpermanganat z. B., das in Benzol völlig unlöslich ist, löst sich bereitwillig in diesem Solvens, wenn man [18]Krone-6 zufügt. Der Lösevorgang wird ermöglicht, weil die sechs Sauerstoffatome des Kronenethers einen „Käfig" bilden, in dem sie das Metall-Ion festhalten. So ist eine sehr wirkungsvolle Solvatation möglich. Auf diese Weise kann man Oxidationen mit Kaliumpermanganat in organischer Lösung durchführen. Hier finden wir ein Beispiel einer **Wirt-Gast-Beziehung**, (der Kronenether ist der Wirt, das Kation der Gast), wie sie auch der Wechselwirkung zwischen Enzymen und ihren Substraten zugrundeliegt.

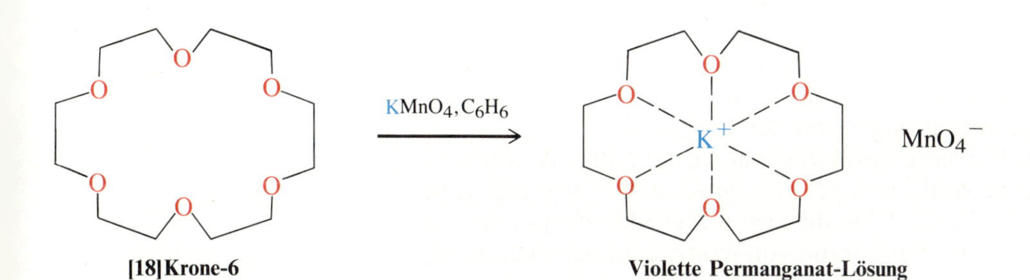

Den „Käfig" des Kronenethers kann man so maßschneidern, daß nur manche Kationen selektiv gebunden werden – nämlich die, die aufgrund ihres Ionenradius am besten in den Käfig passen. Dieses Konzept konnte man durch die Herstellung polycyclischer Ether, der sogenannten **Kryptanden** (aus dem griechischen *kryptos*, versteckt) nach drei Dimensionen hin ausweiten. Diese binden hochselektiv Alkali- und andere Metallionen (Abb. 9-4).

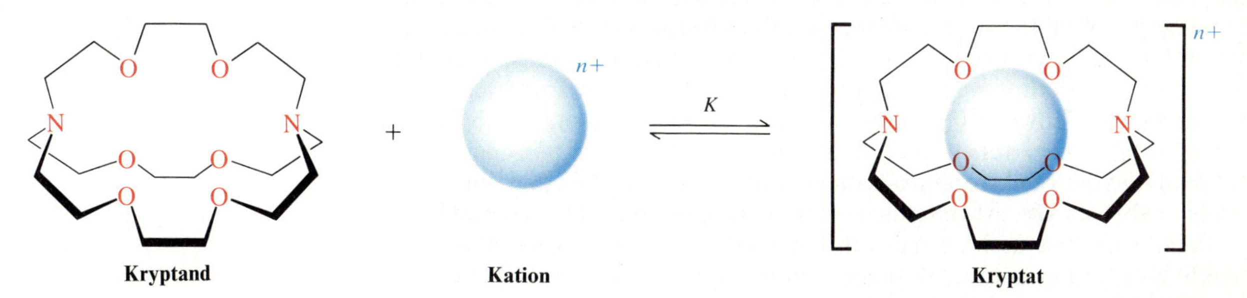

Abb. 9-4 Ein polycyclischer Ether (Kryptand) bindet ein Kation, wobei ein Komplex (Kryptat) entsteht. Der hier dargestellte Kryptand bindet selektiv ein Kalium-Ion mit einer Bindungskonstante $K = 10^{10}$. Die Selektivität nimmt in der Reihenfolge $K^+ > Rb^+ > Na^+ > Cs^+ > Li^+$ ab. Das Lithium-Ion wird mit einer Bindungskonstanten von ungefähr 100 gebunden. Die Unterschiede innerhalb der Reihe der Alkalimetalle umfassen also acht Größenordnungen.

Die Ringgröße bestimmt die Schnelligkeit des Ringschlusses

Wie bereits erwähnt, führt eine intramolekulare Williamson-Synthese auch zu gespannten cyclischen Ethern. Dies ist möglich, da die S_N2-Substitution durch das Alkoxid genügend exotherm ist, um die ungünstige Ringspannung des Produkts zu kompensieren. Dennoch wäre zu erwarten, daß sich gespannte cyclische Ether langsamer bilden als größere Ringether, wenn sich die aufbauende Ringspannung auf die Energie des Übergangszustand auswirkt. Vergleicht man jedoch die relativen Bildungsgeschwindigkeiten von cyclischen Ethern, stellt sich gerade das Gegenteil heraus, so überraschend es auch ist: dreigliedrige Ringe entstehen rasch, vergleichbar etwa mit fünfgliedrigen Ringen. Sechsringe bilden sich langsamer, noch langsamer entstehen Vierringe und die größeren Oxacycloalkane. Welche Ursachen liegen dem zugrunde?

Relative Bildungsgeschwindigkeiten cyclischer Ether

Ringgröße: $3 \geqq 5 > 6 > 4 \geqq 7 > 8$

Um diese Unterschiede zu verstehen, sollten wir uns daran erinnern, daß sich die Aktivierungsenergie einer Reaktion aus mehreren Faktoren zusammensetzt: einem Enthalpie-Term, zu dem die Ringspannung einen positiven (d. h. ungünstigen) Beitrag leistet, und einem Entropie-Term, der hauptsächlich durch die Nähe der Reaktionszentren und die relative Starre des Übergangszustands beeinflußt wird. Beide Faktoren ändern sich in entgegengesetzten Richtungen mit der Ringgröße.

Die Darstellung eines Oxacyclopropans aus einem 2-Bromalkohol ist hinsichtlich der Entropie ideal, da hier Nucleophil und Abgangsgruppe sich so nahe wie möglich sind. Obwohl hier die größte Ringspannung aufgebaut wird, ist der Übergangszustand von relativ geringer Energie, da der günstige Entropie-Term einen relativ raschen Ringschluß ermöglicht. Oxacyclobutane entstehen viel langsamer als ihre höheren und niederen Homologe. In diesem Fall ist der Entropiefaktor erheblich ungünstiger als bei den Oxacyclopropanen, da eine zusätzliche Methylengruppe die Reaktionszentren trennt. (Stellen Sie sich ein Modell der bevorzugten all-*anti*-Konfiguration her!). Längerkettige Ausgangssubstanzen haben zusätzliche Flexibilität (Freiheitsgrade), die im Übergangszustand des Ringschlusses verloren geht. Die Ringspannung dagegen (siehe Tab. 4-2, Ringspannung vergleichbarer Cycloalkane) ist bei allen Systemen etwa gleich groß. Deshalb bilden sie sich nur sehr langsam. Die Synthese von Fünfringen dagegen ist einfach. Obwohl hier die Reaktionszentren weit voneinander entfernt sind, fällt hier doch der ungünstige Ringsspannungsanteil der Aktivierungsenthalpie weg. Deshalb bilden sich Fünfringe sogar schneller als Sechsringe, obwohl Cyclohexane und ihre Derivate praktisch spannungsfrei sind. Bei ihnen wiegen die große Entfernung zwischen dem Alkoxid und dem elektrophilen Kohlenstoff und der Verlust der Freiheitsgrade mehr als die Abwesenheit von Ringspannung. Die Herstellung größerer Ringe ist deshalb meist durch ungünstige Entropieeffekte, verdeckte Konformationen und andere Spannungsfaktoren erschwert (siehe Abschn. 4.5)

Auswirkungen der intramolekularen Williamson-Synthese auf die Stereochemie

Bei der Williamson-Ethersynthese ändert sich die Konfiguration am Kohlenstoffatom, das die Abgangsgruppe trägt. Dieser Befund steht im Einklang mit der Erfordernissen eines S_N2-Mechanismus. Das Nucleophil greift das Elektrophil auf der der Abgangsgruppe entgegengesetzten Seite an. Das Halogenalkoxid kann nur *eine* Konformation einnehmen, bei der eine Substitution durch Rückseitenangriff möglich ist. So setzt die Bildung von Oxacyclopropan eine *anti*-Anordnung von Nucleophil und Abgangsgruppe voraus. Die anderen möglichen *gauche*-Konformationen können nicht zum Produkt führen (Abb. 9-5).

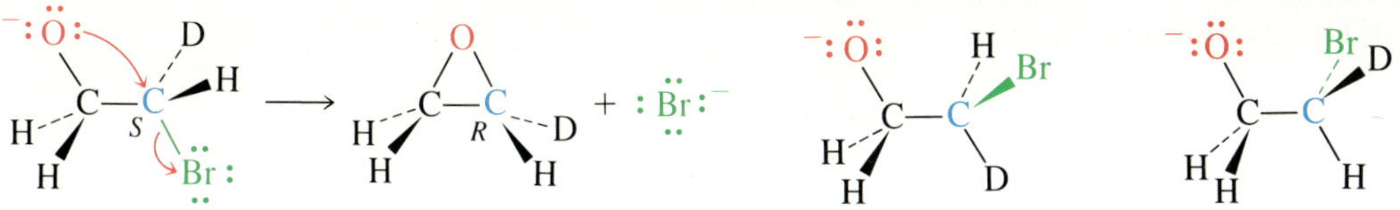

Abb. 9-5 Nur aus der *anti*-Konformation (A) eines 2-Bromalkoxids heraus kann ein Oxacyclopropan entstehen; bei den *gauche*-Konformeren (B und C) ist ein intramolekularer Rückseitenangriff nicht möglich.

Übung 9-11
(1*R*,2*R*)-2-Bromcyclopentanol reagiert mit Natriumhydroxid rasch zu einem optisch inaktivem Produkt. Das (1*S*,2*R*)-Enantiomer dagegen reagiert viel langsamer. Wie erklären Sie sich das?

Darstellung von Ethern durch Reaktion von Alkoholen mit Mineralsäuren: S_N2- und S_N1-Mechanismen

Die Reaktion von primären Alkoholen mit HBr oder HI führt über Oxonium-Ionen als Zwischenstufen zu den entsprechenden Halogenalkanen (Abschn. 9.2). In Gegenwart katalytischer Mengen von starken, nicht-nucleophilen Säuren, z. B. Schwefelsäure, entstehen jedoch bei erhöhter Temperatur Ether. In diesem Fall ist der unprotonierte Alkohol das stärkste in der Lösung anwesende Nucleophil. Der nucleophile Angriff erfolgt nach der Protonierung eines Alkoholmoleküls und führt schließlich zur Bildung von Ether und Wasser.

$$2\,CH_3CH_2OH \xrightarrow{H_2SO_4,\ 130\,^\circ C} CH_3CH_2OCH_2CH_3 + H_2O$$

Mechanismus:

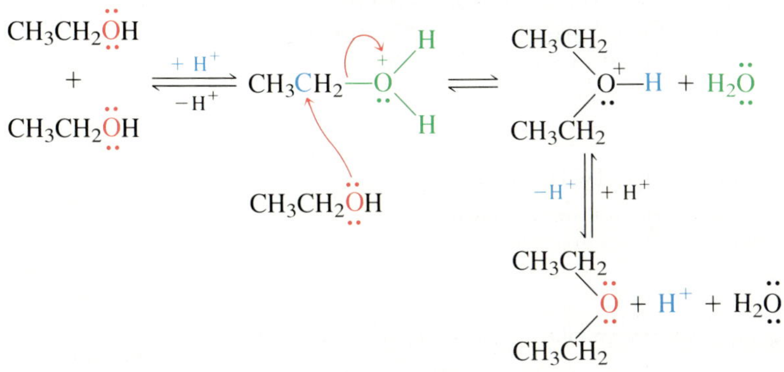

$$2\,CH_3CH_2\ddot{O}H \underset{-H^+}{\overset{+H^+}{\rightleftharpoons}} CH_3CH_2{-}\overset{+}{O}H_2 \;(+\,CH_3CH_2\ddot{O}H) \rightleftharpoons (CH_3CH_2)_2\overset{+}{O}{-}H + H_2\ddot{O}$$

$$(CH_3CH_2)_2\overset{+}{O}{-}H \underset{+H^+}{\overset{-H^+}{\rightleftharpoons}} (CH_3CH_2)_2\ddot{O} + H^+ + H_2\ddot{O}$$

Die Bildung eines Alkens durch Eliminierung von Wasser findet ebenfalls statt, diese Reaktion erfordert jedoch gewöhnlich höhere Temperaturen:

$$CH_3CH(H)CH_2OH \xrightarrow{H_2SO_4,\ 180^\circ C} CH_3CH{=}CH_2 + HOH$$

Ebenso kann man sekundäre und tertiäre Ether aus sekundären und tertiären Alkoholen durch Behandlung mit Säure herstellen. Hier bildet sich zuerst ein Carbenium-Ion, das von einem weiteren Alkoholmolekül in einer S_N1-Reaktion angegriffen wird (Abschn. 9.2) Als Nebenreaktion tritt hauptsächlich eine E1-Reaktion auf.

$$2\ CH_3\overset{\overset{\displaystyle OH}{|}}{\underset{\underset{\displaystyle H}{|}}{C}}CH_3 \xrightarrow{H^+} \underset{75\%}{(CH_3)_2CHOCH(CH_3)_2} + HOH + H^+$$

2-Propanol — **2-(1-Methylethoxy)propan (Diisopropylether)**

Gemischte Ether aus zwei unterschiedlichen Alkylgruppen sind nur schwer zugänglich. Die Reaktion zweier verschiedener Alkohole in Gegenwart von Säure führt gewöhnlich zu einer Mischung der drei möglichen Produkte. Gemischte Ether aus einer tertiären und einer primären oder sekundären Alkylgruppe entstehen jedoch in verdünnter Säure in guten Ausbeuten, da sich hier das tertiäre Carbenium-Ion bevorzugt bildet und mit einem Molekül des anderen Alkohols reagiert.

$$CH_3\overset{\overset{\displaystyle CH_3}{|}}{\underset{\underset{\displaystyle CH_3}{|}}{C}}OH + CH_3CH_2OH \xrightarrow[-\ HOH]{15\%\ \text{wäßrige}\ NaHSO_4} \underset{80\%}{CH_3\overset{\overset{\displaystyle CH_3}{|}}{\underset{\underset{\displaystyle CH_3}{|}}{C}}OCH_2CH_3}$$

2-Ethoxy-2-methylpropan

1,1-Dimethylethyl-(*tert*-Butyl-)ether werden mit verdünnter Säure rasch hydrolysiert. Deshalb kann man mit ihnen die Alkoholgruppe wirkungsvoll *schützen* (Abschn. 8.7). Als Beispiel betrachten wir 4-Brom-1-butanol, das wir in eine Grignard-Verbindung überführen und mit Methanal (Formaldehyd) umsetzen wollen. Zuvor müssen wir die Hydroxygruppe durch Überführung in den *tert*-Butylether schützen. Die Abspaltung der Schutzgruppe geschieht in verdünnter wäßriger Säure, die nur tertiäre Alkylether angreift. Das 1,1-Dimethylethyl-(*tert*-Butyl)-Kation zerfällt nach einem E1-Mechanismus rasch zu 2-Methylpropen.

$$BrCH_2CH_2CH_2CH_2OH \xrightarrow[-H_2O,\ \text{Addition der Schutzgruppe}]{(CH_3)_3COH,\ H^+} BrCH_2CH_2CH_2CH_2OC(CH_3)_3 \xrightarrow{Mg}$$

4-Brom-1-butanol — **Geschütztes 4-Brom-1-butanol**

$$BrMgCH_2CH_2CH_2CH_2OC(CH_3)_3 \xrightarrow{1.\ CH_2{=}O\quad 2.\ H^+,\ H_2O} HOCH_2CH_2CH_2CH_2CH_2OC(CH_3)_3 \xrightarrow[\text{Abspaltung der Schutzgruppe}]{H^+,\ H_2O}$$

Grignard-Reagenz (vor Eigenprotonierung geschützt) — **zur Hälfte geschütztes 1,5-Pentandiol**

$$HO(CH_2)_5OH + H_2C{=}C(CH_3)_2$$

1,5-Pentandiol — **2-Methylpropen**

Übung 9-12

Wie könnte man folgende Umwandlung erreichen (der gestrichelte Pfeil deutet mehrere Stufen an)?

$$BrCH_2CH_2CH_2OH \dashrightarrow DCH_2CH_2CH_2OH$$

Übung 9-13

Welche Mechanismen liegen bei folgenden Reaktionen vor: (a) 1,4-Butandiol + H^+ $\longrightarrow$ Oxacyclopentan (Tetrahydrofuran); (b) 5-Methyl-1,5-hexandiol + H^+ $\longrightarrow$ 2,2-Dimethyloxacyclohexan (2,2-Dimethyltetrahydropyran).

Darstellung von Ethern durch Alkoholyse

Wir wissen, daß tertiäre und sekundäre Ether auch durch Alkoholyse der entsprechenden Halogenalkane oder Alkylsulfonate entstehen (Abschn. 7.2). Dazu löst man die Ausgangssubstanz einfach in einem Alkohol, bis die S_N2-Reaktion vollständig ist. Am Rand sehen Sie ein Beispiel.

H_3C, Cl (Cyclohexanring)

1-Chlor-1-methyl cyclohexan

$\downarrow$ CH_3CH_2OH

H_3C, OCH_2CH_3 (Cyclohexanring) + H^+ + Cl^-

86%

1-Ethoxy-1-methylcyclohexan

Übung 9-14

Es gibt verschiedene Möglichkeiten, einen Ether aus einem Halogenalkan und einem Alkohol zusammenzusetzen. Wie würden Sie vorgehen, um (a) 2-Methyl-2-(1-methylethoxy)butan; (b) 1-Methoxy-2,2-dimethylpropan herzustellen?

Wir fassen zusammen: Ether werden als Alkoxyalkane oder als Dialkylether bezeichnet. Sie sieden niedriger als vergleichbare Alkohole, da sie untereinander keine Wasserstoffbrücken ausbilden können. Zur Darstellung der Ether dient die Williamson-Synthese, bei der ein Alkoxid mit einem Halogenalkan in einer S_N2-Reaktion umgesetzt wird. Für diese Reaktion sind primäre Halogenide oder Sulfonate am besten geeignet, bei denen Eliminierungsreaktionen unwahrscheinlich sind. Durch eine intramolekulare Variante dieser Reaktion entstehen cyclische Ether. Dabei muß man in verdünnter Lösung arbeiten. Drei- oder Fünfringe bilden sich am schnellsten. Ether kann man auch herstellen, indem man Alkohole mit Säure nach einem S_N2- oder S_N1-Mechanismus umsetzt, wobei Oxonium-Ionen oder Carbenium-Ionen als Zwischenstufen auftreten. Eine weitere Methode zur Synthese von Ethern besteht in der Alkoholyse sekundärer oder tertiärer Halogenalkane oder Alkylsulfonate.

9.6 Reaktionen der Oxacyclopropane

Peroxide aus Ethern

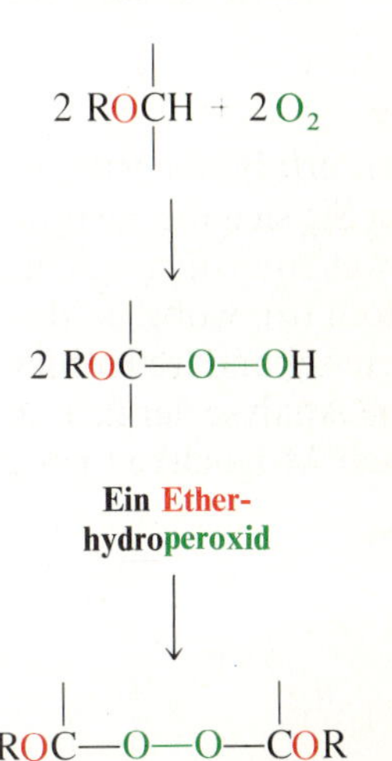

Ein Etherperoxid

Ether sind, wie wir bereits wissen, recht reaktionsträge. Einige Ether reagieren jedoch langsam mit Sauerstoff zu Hydroperoxiden und Peroxiden nach einem radikalischen Mechanismus. Peroxide sind sehr gefährlich, da sie sich explosionsartig zersetzen können. Deshalb sollte man mit Etherlösungen, die einige Tage der Luft ausgesetzt waren, äußerst vorsichtig sein.

Auch starke Säuren greifen Ether unter Ausbildung von Alkoholen oder Halogenalkanen an. Diese Reaktionen verlaufen über intermediäre

Oxonium-Ionen. Wegen der stark sauren Bedingungen ist dieses Verfahren jedoch nur begrenzt von Nutzen (Abschn. 6.7).

Übung 9-15

Behandelt man Methoxymethan mit heißer HI, erhält man Iodmethan. Stellen Sie einen Mechanismus auf.

Obwohl gewöhnliche Ether relativ inert sind, wissen wir bereits, daß der gespannte Ring von Oxacyclopropan eine Reihe von Ringöffnungsreaktionen mit Nucleophilen eingehen kann. In diesem Abschnitt werden wir Einzelheiten dieser Reaktionen erfahren.

Regioselektivität bei der nucleophilen Ringöffnung von Oxacyclopropan

Neben Hydriden und organometallischen Reagenzien (Abschn. 8.4 und 8.6) können auch andere anionische Nucleophile den Oxacyclopropan-Ring angreifen. Der Angriff kann an jedem Kohlenstoffatom des Ethers erfolgen, da diese aufgrund der symmetrischen Struktur gleichwertig sind.

Nucleophile Ringöffnung von Oxacyclopropan durch ein Anion

$$\text{(O)}CH_2\text{—}CH_2 \xrightarrow{:Nu^-} \xrightarrow[-\,HO^-]{HOH} HO\text{—}CH_2\text{—}CH_2\text{—}Nu$$

Ein Beispiel:

$$\text{(O)}CH_2\text{—}CH_2 + CH_3S:^- \xrightarrow[-\,HO^-]{HOH} HOCH_2CH_2SCH_3$$

Wie erfolgt die Ringöffnung bei unsymmetrischen cyclischen Ethern? Stellen Sie sich die Reaktion von 2-Methyloxacyclopropan mit Methoxid vor. Zwei Angriffsmöglichkeiten bieten sich hier an: das primäre Kohlenstoffatom (*a*), wobei 1-Methoxy-2-propanol entsteht, und das methylsubstituierte sekundäre Kohlenstoffatom (*b*), das zu 2-Methoxy-1-propanol führt. Die Analyse der Produkte zeigt, daß ausschließlich 1-Methoxy-2-propanol nach Möglichkeit (*a*) gebildet wurde.

$$\underset{(S)\text{-1-Methoxy-2-propanol}}{CH_3OCH_2\text{—}C(S)H(OH)CH_3} \xleftarrow[a]{CH_3O^-,\ CH_3OH} \underset{(S)\text{-2-Methyloxacyclopropan}}{\text{(O)}CH_2\text{—}C(S)H(CH_3)} \xrightarrow[b]{CH_3O^-,\ CH_3OH} \!\!\!\!\!\times\ \underset{(R)\text{-2-Methoxy-1-propanol}}{HOCH_2\text{—}C(R)H(CH_3)OCH_3}$$

(*S*)-1-Methoxy-2-propanol — **(*S*)-2-Methyloxacyclopropan** — **(*R*)-2-Methoxy-1-propanol** (entsteht nicht)

Dieses Ergebnis überrascht nicht, da uns bereits bekannt ist, daß ein nucleophiler Angriff bevorzugt am dem *weniger* substituierten Kohlenstoffatom erfolgt (Abschn. 6.9). Geht man von optisch reinem (*S*)-2-Methyloxacyclopropan aus, bleibt die Konfiguration am Stereozentrum erhalten, da dieses an der Reaktion nicht beteiligt ist. Die Möglichkeit (*b*) würde Inversion zur Folge haben. Die Regeln der nucleophilen Substitution, die anhand einfacher Alkylderivate abgeleitet wurden, gelten also auch für gespannte cyclische Ether.

Man bezeichnet die nucleophile Ringöffnung substituierter Oxacyclopropane auch als **regioselektiv**, da von zwei möglichen, ähnlichen „Regionen" nur eines nucleophil angegriffen wird.

Die Ringöffnung ist erwartungsgemäß mit Inversion am Reaktionszentrum verbunden.

Inversion bei der Ringöffnung von Oxacyclopropan

O, CH_3, H — 1. $LiAlD_4$ 2. H^+, H_2O → OH, CH_3, H, D

99.4%

D und OH sind trans, nicht cis

Bei diesem Beispiel ist $LiAlD_4$ das Deuterierungsmittel.

Übung 9-16

Zeichnen Sie die ursprüngliche Konformation des Produkts der Ringöffnung von Verbindung A durch Methyllithium? Ist diese Konformation stabil? (Hinweis: Bauen Sie sich ein Modell.)

O

A

Die Ringöffnung von Oxacyclopropanen wird durch Säuren katalysiert. Zu Beginn dieser Reaktion entsteht ein cyclisches Oxonium-Ion, das sich durch nucleophilen Angriff öffnet.

Säurekatalysierte Ringöffnung von Oxacyclopropan

$$\overset{O}{CH_2\text{—}CH_2} + CH_3OH \xrightarrow{H_2SO_4} HOCH_2CH_2OCH_3$$

2-Methoxyethanol

Mechanismus:

$$\overset{\ddot{O}}{CH_2\text{—}CH_2} \underset{-\,H^+}{\overset{+\,H^+,\,CH_3\ddot{O}H}{\rightleftharpoons}} \overset{H\text{—}O^+}{CH_2\text{—}CH_2} \longrightarrow \overset{:\ddot{O}H}{CH_2\text{—}CH_2\text{—}\overset{+}{O}(H)CH_3} \xrightarrow[-\,H^+]{} H\ddot{O}CH_2CH_2\ddot{O}CH_3$$

Cyclisches Oxonium-Ion $H\ddot{O}CH_3$

Die Frage stellt sich, ob auch dieser Mechanismus der nucleophilen Ringöffnung wie der Angriff eines Anions regioselektiv und stereospezifisch verläuft. Dies kann man nur teilweise bejahen. Betrachten wir nochmals die Ringöffnung von (*S*)-2-Methyloxacyclopropan durch Methanol. Das Nucleophil ist nun neutral. Überraschend ist, daß hier beide möglichen regioisomeren Produkte entstehen. Die Reaktion verläuft nur teilweise regioselektiv. Der Angriff erfolgt hauptsächlich am sekundären Kohlenstoffatom, und nur in geringerem Ausmaß auch am primären Kohlenstoffatom. In beiden Fällen erfolgt am Reaktionszentrum Inversion.

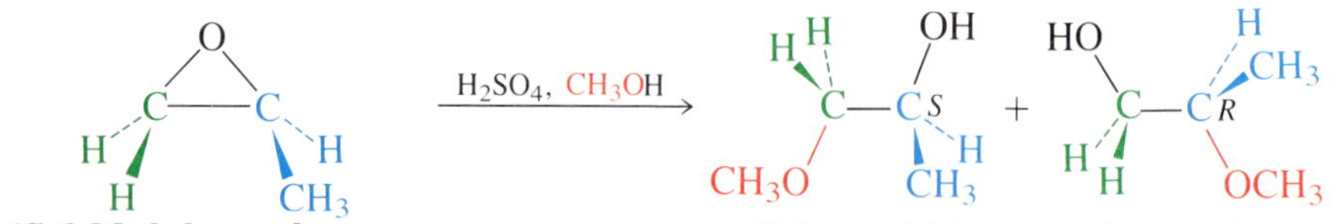

H_2SO_4, CH_3OH

(*S*)-2-Methyloxacyclopropan → **Nebenprodukt** + **Hauptprodukt**

Warum erfolgt der Angriff hauptsächlich an der stärker gehinderten Stelle? Mit einer Besonderheit der säurekatalysierten Substitution können wir dies erklären. Durch die Protonierung des Ether-Sauerstoffs entsteht intermediär ein reaktives Oxonium-Ion, in dem die Sauerstoff-Kohlenstoff-Bindungen erheblich polarisiert sind. Dadurch tragen die Ringkohlenstoffatome eine positive Partialladung. Da Alkylgruppen elektronenliefernd wirken (Abschn. 7.3), kann das sekundäre Kohlenstoffatom seine Ladung besser „wegstecken“; die positive Ladung konzentriert sich deshalb mehr auf dieses Atom.

Mechanismus der säurekatalysierten Ringöffnung von (*S*)-2-Methyloxacyclopropan durch Methanol

H^+

gleicht einem primären Carbenium-Ion

oder

gleicht einem sekundären Carbenium-Ion

$-H^+$ | CH_3OH → (*S*)-1-Methoxy-2-propanol

$-H^+$ | CH_3OH → (*R*)-2-Methoxy-1-propanol

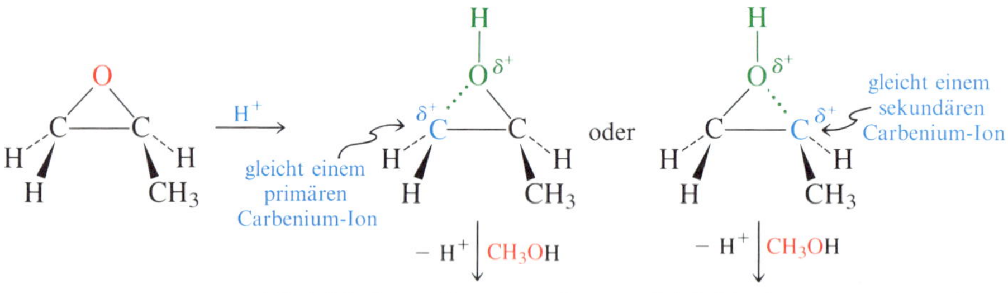

Diese ungleiche Ladungsverteilung wirkt der sterischen Hinderung entgegen, hebt sie jedoch nicht völlig auf. Das Nucleophil Methanol wird durch Coulomb-Kräfte stärker zum sekundären als zum primären Kohlenstoffatom dirigiert. Bei der säurekatalysierten Ringöffnung von 2,2-Dimethyloxacyclopropan scheint der Einfluß der Ladung zu überwiegen:

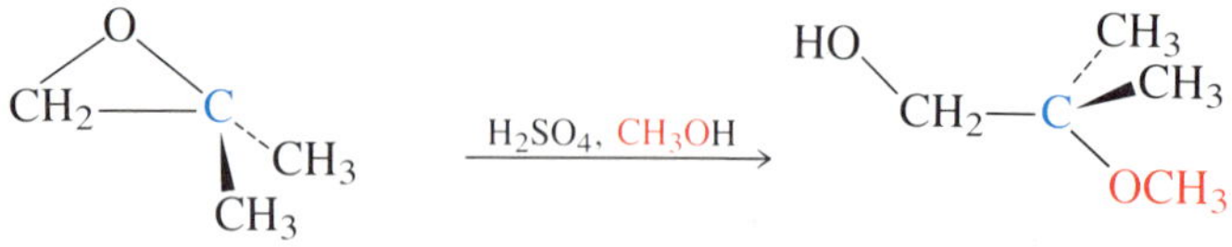

H_2SO_4, CH_3OH

2,2-Dimethyloxacyclopropan → **Einziges Produkt**

Übung 9-17

Aus (2*R*,3*R*)-*trans*-2,3-Dimethyloxacyclopropan erhält man in saurem wäßrigem Medium eine optisch inaktive Verbindung. Erklären Sie diese Reaktion.

Wir halten fest: Gewöhnliche Ether sind relativ reaktionsträge, Oxacyclopropane jedoch gehen regioselektive und stereospezifische Ringöffnung ein. Für den Angriff anionischer Nucleophile gelten die Standardregeln der bimolekularen nucleophilen Substitution: der Angriff erfolgt am weniger gehinderten Kohlenstoffzentrum unter Inversion. Durch Säurekatalyse wird die Regioselektivität umgekehrt, der Angriff erfolgt nun am stärker gehinderten Zentrum.

9.7 Schwefelanaloga der Alkohole und Ether: Thiole und Sulfide

Das chemische Verhalten der Schwefelanaloga der Alkohole und Ether gleicht in vieler Hinsicht dem der Sauerstoffverbindungen. Die Unterschiede, die auftreten, kann man in erster Linie darauf zurückführen, daß beim Schwefel *d*-Orbitale vorhanden sind. In diesem Abschnitt wollen wir die beiden Verbindungsklassen miteinander vergleichen.

Nomenklatur der Schwefelanaloga von Alkoholen und Ethern

Nach dem IUPAC-System bezeichnet man die Schwefelanaloga der Alkohole, R–SH als **Thiole**, nach dem griechischen *theion*, Schwefel, oder, veraltet, als Mercaptane. Dem Alkanstamm wird die Endung -thiol angehängt, so daß man ein Alkanthiol erhält. Die SH-Gruppe heißt **Mercapto**-Gruppe. Ihre Stellung im Molekül wird, wie in der Nomenklatur der Alkanole, durch die Zählung der längsten Kette angegeben.

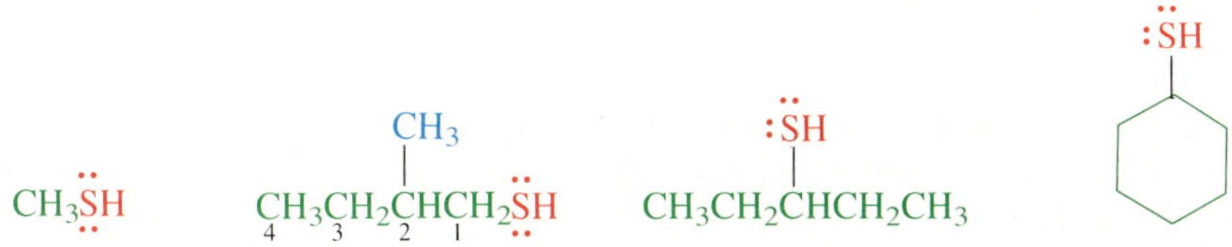

$CH_3\ddot{S}H$ — **Methanthiol**

$CH_3CH_2CH(CH_3)CH_2\ddot{S}H$ (C-4, 3, 2, 1) — **2-Methyl-1-butanthiol**

$CH_3CH_2CH(\ddot{S}H)CH_2CH_3$ — **3-Pentanthiol**

Cyclohexan mit :SH — **Cyclohexanthiol**

Die Schwefelanaloga der Ether werden **Sulfide** genannt (trivial: Thioether). Die genaue Bennenung richtet sich nach dem System der Trivialnamen der Alkylether*. Die RS-Gruppe heißt **Alkylthio**, die RS^--Gruppe **Alkanthiolat**.

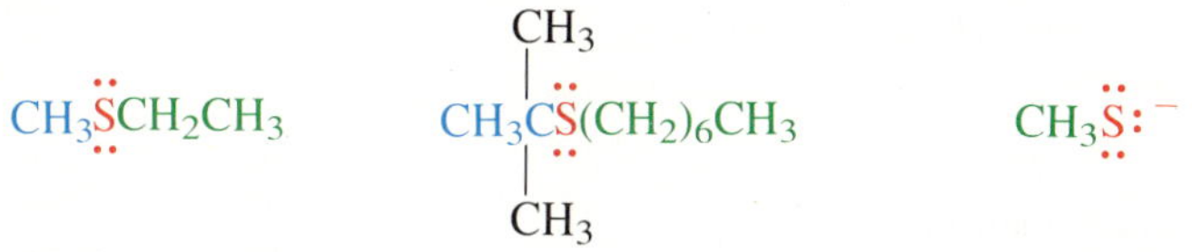

$CH_3\ddot{S}CH_2CH_3$ — **Ethylmethylsulfid**

$CH_3C(CH_3)_2\ddot{S}(CH_2)_6CH_3$ — **Heptyl-(1,1-dimethyl)-ethylsulfid**

$CH_3\ddot{S}:^-$ — **Methanthiolat-Ion**

* Nach einer systematischen Nomenklatur richtet sich der Name nach dem Alkylthioalkan-System, so wie bei der Benennung der Alkoxyalkane.

Eigenschaften der Thiole: Geringere Vernetzung durch Wasserstoffbrücken, saurer als Alkohole

Aufgrund seiner Größe, seiner diffusen Orbitale und der nur schwach polaren S – H-Bindung (vgl. Tab. 1-3) bildet das Schwefelatom nur schwache Brücken zu Wasserstoffatomen. Die Siedepunkte der Thiole liegen deshalb zwischen denen vergleichbarer Halogenalkane und Alkohole (Tab. 9-2).

Die relativ schwache Wasserstoff-Schwefel-Bindung ist teilweise auch dafür verantwortlich, daß Thiole stärker saurer sind als Wasser, ihre pK_a-Werte liegen im Bereich von 9 bis 12. Deshalb übertragen sie ihr Proton leicht auf Hydroxid- und Alkoxid-Ionen.

Tabelle 9-2
Vergleich der Siedepunkte von Thiolen, Alkoholen und Halogenalkanen

Verbindung	Siedepunkt in °C
CH_3SH	6.2
CH_3Cl	−24.2
CH_3OH	65.0
CH_3CH_2SH	37
CH_3CH_2Cl	12.3
CH_3CH_2OH	78.5

Acidität von Thiolen

$$\text{RSH} + \text{HO:}^- \rightleftharpoons \text{RS:}^- + \text{HOH}$$

$pK_a = 9$–12

Chemisch verhalten sich Thiole und Sulfide ähnlich wie Alkohole und Ether

In ihrer Reaktivität ähneln Thiole und Sulfide ihren entsprechenden Sauerstoffanaloga. Das Schwefelatom ist jedoch stärker nucleophil als das Sauerstoffatom in Alkoholen und Ethern. Deshalb entstehen Thiole und Sulfide leicht durch nucleophilen Angriff von RS^- oder HS^- auf Halogenalkane. Bei der Darstellung von Thiolen ist ein großer Überschuß von HS^- nötig, um die Weiterreaktion des Produkts mit dem Ausgangshalogenid zum Dialkylsulfid zu verhindern.

$$CH_3CH(CH_3)Br + Na^+HS^- \xrightarrow{CH_3CH_2OH} CH_3CH(CH_3)SH + Na^+Br^-$$

Überschuß — **2-Propanthiol**

In gleicher Weise entstehen Sulfide durch die Alkylierung von Thiolen in Gegenwart einer Base, z. B. Hydroxid. Die Base erzeugt das Alkanthiolat, das mit dem Halogenalkan nach einem S_N2-Mechanismus reagiert. Bei dieser Substitution kann das Hydroxid-Ion nicht mit dem stark nucleophilen Thiolat konkurrieren.

$$RSH + R'Br \xrightarrow{NaOH} RSR' + NaBr + H_2O$$

Die starke Nucleophilie des Schwefelatoms zeigt sich auch in der Fähigkeit der Sulfide, Halogenalkane unter Ausbildung von Sulfonium-Ionen anzugreifen:

$$(H_3C)_2\ddot{S}: + CH_3{-}\ddot{I}: \longrightarrow (H_3C)_2\overset{+}{S}{-}CH_3 + :\ddot{I}:^-$$

95%

Trimethylsulfoniumiodid

Sulfoniumsalze können wie Oxonium-Ionen nucleophil angegriffen werden, wobei das Sulfid die Abgangsgruppe ist.

$$H\ddot{O}:^- + CH_3{-}\overset{+}{S}(CH_3)_2 \longrightarrow H\ddot{O}CH_3 + \ddot{S}(CH_3)_2$$

Übung 9-18

(a) Das Sulfid A ist stark giftig und wurde im ersten Weltkrieg als Kampfgas („Senfgas") eingesetzt. Schlagen Sie eine Synthese ausgehend von Oxacyclopropan vor. (b) Das Sulfoniumsalz B ist vermutlich für die Giftwirkung verantwortlich, indem es mit Nucleophilen im Körper reagiert. Wie entsteht B und wie reagiert es mit Nucleophilen?

$$ClCH_2CH_2SCH_2CH_2Cl \qquad ClCH_2CH_2\overset{+}{S}(CH_2CH_2)\ Cl^-$$

A **B**

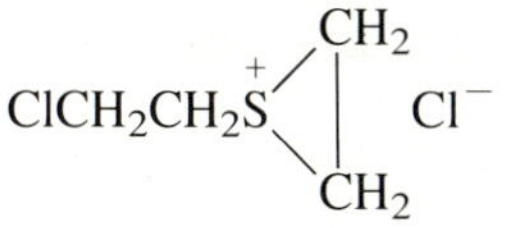

Erweiterte Valenzschalen des Schwefelatoms in Thiolen und Thioethern erlauben ein ungewöhnliches Verhalten

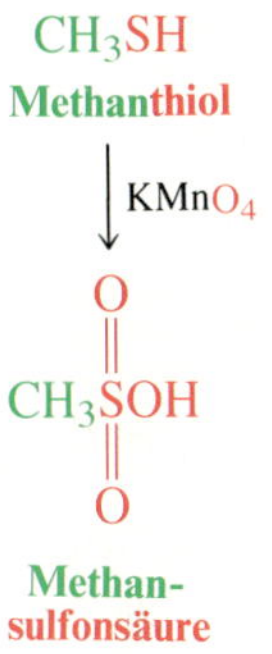

Schwefel hat als Element der dritten Periode *d*-Orbitale zur Verfügung, die die Valenzschalen erweitern und deshalb mehr Elektronen aufnehmen können, als nach der Oktettregel erlaubt ist (siehe Abschn. 6.7). Wir kennen bereits Schwefelverbindungen, bei denen das Schwefelatom formal von zehn oder zwölf Außenelektronen umgeben ist. Diesen Verbindungen stehen deshalb Reaktionsmöglichkeiten offen, die bei den entsprechenden Sauerstoffverbindungen nicht möglich sind. Zum Beispiel erhält man durch Oxidation von Thiolen mit starken Oxidationsmitteln wie Wasserstoffperoxid oder Kaliumpermanganat die entsprechenden Sulfonsäuren. Auf diese Weise kann man Methanthiol in Methansulfonsäure umwandeln.

CH_3SH
Methanthiol

$\downarrow KMnO_4$

$CH_3S(=O)_2OH$

Methansulfonsäure

Behandelt man Sulfonsäuren mit PCl_5, erhält man Sulfonylchloride, deren Verwendung wir bei der Synthese von Sulfonaten (Abschn. 6.7 und 9.4) schon kennengelernt haben.

Die Oxidation von Thiolen mit dem milderen Oxidationsmittel Iod ergibt **Disulfide**, die mit Alkalimetallen leicht wieder zu Thiolen reduziert werden.

Die Thiol-Disulfid-Redoxreaktion

Oxidation:

$$2\ CH_3CH_2CH_2SH + I_2 \longrightarrow CH_3CH_2CH_2SSCH_2CH_2CH_3 + 2\ HI$$

1-Propanthiol **Dipropyldisulfid**

Reduktion:

$$CH_3CH_2CH_2SSCH_2CH_2CH_2 \xrightarrow[2.\ H^+,\ H_2O]{1.\ Li,\ fl.\ NH_3} 2\ \ CH_3CH_2CH_2SH$$

Die reversible Bildung von Disulfiden ist ein bedeutender biologischer Vorgang. Viele Proteine und Peptide enthalten freie SH-Gruppen, die zu

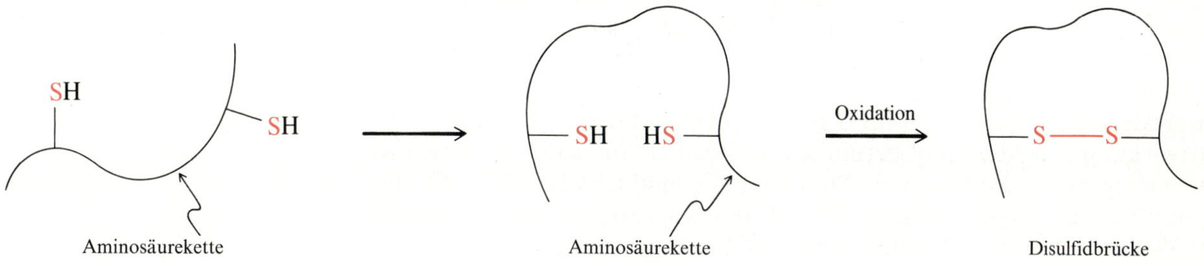

Disulfidbrücken verknüpft werden können. Die Natur bedient sich dieses Mechanismus, um Aminosäureketten intra- und intermolekular zu verbinden (siehe Kapitel 27).

Sulfide werden leicht über **Sulfoxide** zu **Sulfonen** oxidiert. Zum Beispiel führt die Oxidation von Dimethylsulfid zunächst zu Dimethylsulfoxid, die weitere Oxidation ergibt Dimethylsulfon. Wir kennen Dimethylsulfoxid als stark polares, nicht-protisches Lösungsmittel, vor allem bei nucleophilen Substitutionen (siehe Abschn. 6.10, Tab. 6-8).

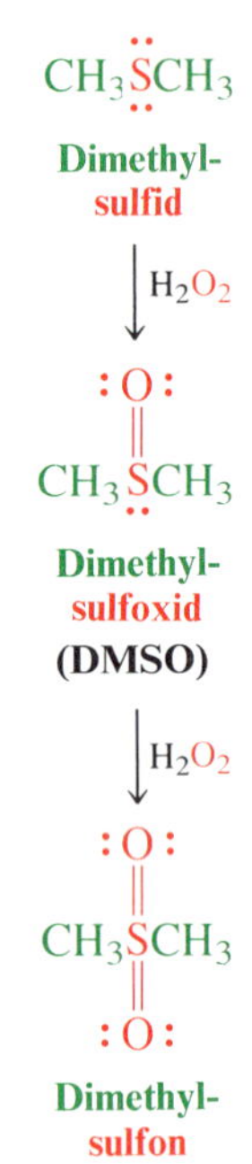

Unsymmetrische Sulfoxide sind chiral, wobei das Sauerstoffatom und das freie Elektronenpaar, das die niedrigste Priorität hat, die Rolle von Substituenten einnehmen.

Chiralität bei Sulfoxiden

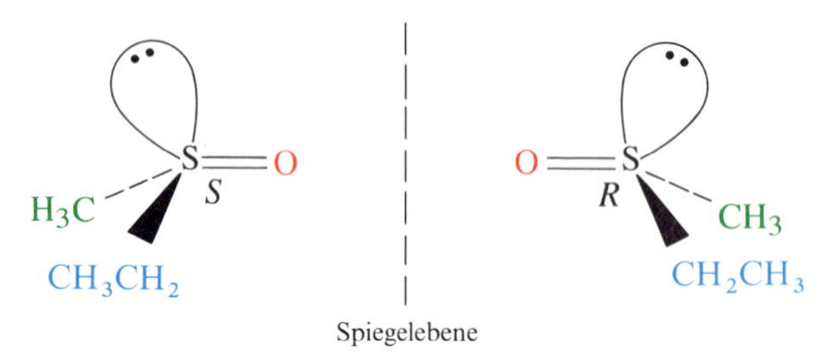

Bemerkung: Die Farbgebung kennzeichnet die Priorität der Substituenten (Abschn. 5.3)

Wir fassen zusammen: Thiole und Sulfide werden nach einem ähnlichen System benannt wie Alkohole und Ether. Verglichen mit Alkoholen zeichnen sich Thiole durch höhere Flüchtigkeit, größere Acidität und stärkere Nucleophilie aus. Durch Oxidation von Thiolen entstehen Disulfide oder Sulfonsäuren; die Oxidation von Sulfiden führt zu Sulfoxiden und Sulfonen.

9.8 Physiologische und andere interessante Eigenschaften; Verwendungszwecke einiger Alkohole und Ether

Die moderne industrielle Darstellung von *Methanol* beruht auf der katalytischen Reduktion von Kohlenmonoxid mit Wasserstoff bei hohem Druck und hohen Temperaturen (Abschn. 8.4). Methanol wird hauptsächlich als Lösungsmittel, z. B. für Farben, und als Zwischenstufe in Synthesen verwendet. Methanol ist hochgiftig, Einnahme oder längerer Kontakt mit dieser Verbindung, die auch durch die Haut dringt, kann zur Erblindung und zum Tod führen. Es wurden Todesfälle nach der Einnahme von nur 30 ml bekannt. Die Zugabe von Methanol zu technischem Ethanol denaturiert diesen und macht ihn für den menschlichen Genuß untauglich. Die Giftwirkung von Methanol beruht wahrscheinlich auf seiner im Organismus erfolgenden Oxidation zu Methanal (Formaldehyd), $CH_2{=}O$, das vermutlich den physiologischen Prozeß des Sehvorgangs beeinträchtigt. Die Weiteroxidation zu Ameisensäure, HCOOH, verursacht Acidose, eine abnormale Senkung des pH des Blutes, die den Sauerstofftransport unmöglich macht und schließlich zum Koma führt.

In jüngster Zeit wurde Methanol als mögliche Ausgangssubstanz für Treibstoffe diskutiert. Katalysiert durch Zeolithe (Abschn. 3.3), lassen sich daraus Kohlenwasserstoffgemische aus vier bis zehn Kohlenstoffatomen aufbauen, deren Destillation einen hohen Anteil Benzin ergibt (siehe Tab. 3-3).

$$n\ CH_3OH \xrightarrow{\text{Zeolith, } 340-375\,°C} \underset{67\%}{C_nH_{2n+2}} + \underset{6\%}{C_nH_{2n}} + \underset{27\%}{\text{Aromaten}}$$

Ethanol bildet, zusammen mit Wasser und unterschiedlichen Mengen an Aromastoffen den Grundstoff für alkoholische Getränke. Aufgrund seiner pharmakologischen Wirkung zählt es zu den Hypnotika, da es eine unspezifische, reversible dämpfende Wirkung auf das Zentralnervensystem ausübt. Ungefähr 95% des aufgenommenen Alkohols werden im Körper (hauptsächlich in der Leber) letztlich zu Kohlendioxid und Wasser abgebaut. Trotz seines hohen Verbrennungswertes kann Alkohol nicht als hochwertiges Nahrungsmittel zählen.

Die Geschwindigkeit des Abbaus der meisten Substanzen in der Leber nimmt mit deren Konzentration zu. Der Metabolismus von Ethanol dagegen erfolgt linear mit der Zeit. Der Organismus eines Erwachsenen kann ungefähr 10 ml reines Ethanol pro Stunde abbauen, diese Menge entspricht etwa einer halben Flasche Bier, einem halben Glas Wein oder einem Glas Schnaps. Je nach Körpergewicht, Alkoholgehalt des Getränks und wie schnell dieses verzehrt wurde, entsteht so leicht ein Alkoholspiegel im Blut, der die 0.8‰ übersteigt, die zur Zeit die Obergrenze bilden, mit der man sich noch hinters Steuer setzen darf.

Ethanol ist giftig. Seine lethale Konzentration wird auf 0.4% im Blut geschätzt. Die giftige Wirkung äußert sich in zunehmender Euphorie, Enthemmung, Desorientierung und abnehmender Urteilsfähigkeit (Trunkenheit), im fortgeschrittenen Stadium führt sie zu Ohnmacht, Koma und Tod. Ethanol erweitert die Blutgefäße und erzeugt deshalb ein Wärmegefühl, setzt aber tatsächlich die Körpertemparatur herab. Obwohl die Einnahme von geringen Mengen Alkohol (etwa zwei Flaschen Bier pro Tag) auch über längeren Zeitraum unschädlich scheint, können größere Mengen auf Dauer unterschiedliche physische und psychische Störungen hervorrufen, die unter dem Begriff *Alkoholismus* zusammengefaßt werden. Alkoholismus ist eine schwere Suchtkrankheit, die Halluzinationen, psychomotorische Störungen, Schwachsinn und Magen- und Leberschäden erzeugt.

Interessant ist, daß man eine akute Methanol- oder Glycolvergiftung mit einer fast toxischen Menge Ethanol behandelt. Der Überschuß an Ethanol verhindert den Metabolismus der stärker giftigen Alkohole. Diese werden ausgeschieden, bevor sich schädliche Sekundärprodukte anreichern können. Für menschlichen Genuß bestimmtes Ethanol wird durch Fermentation von Zuckern und Stärke (Reis, Kartoffeln, Mais, Weizen, Blüten, Früchte usw., siehe Kap. 23) gewonnen. Diese Fermentation ist eine enzymatisch katalysierte Reaktionsfolge, durch die Kohlenhydrate in Ethanol und Kohlendioxid umgewandelt werden:

$$\underset{\textbf{Stärke}}{(C_6H_{10}O_5)_n} \xrightarrow{\text{Enzyme}} \underset{\textbf{Glucose}}{C_6H_{12}O_6} \xrightarrow{\text{Enzyme}} 2\ CH_3CH_2OH + 2\ CO_2$$

Für Industriezwecke bestimmter Alkohol wird technisch durch Hydratisierung von Ethen (Abschn. 8.4 und 12.8) hergestellt. Man verwendet ihn beispielsweise als Lösungmittel in Parfums, Firnissen und Lacken und als synthetische Zwischenstufe, wir wir bei früheren Gleichungen gesehen haben. In jüngster Zeit wird Ethanol als potentielles Kraftstoffadditiv („gasohol") diskutiert.

2-Propanol (Isopropylalkohol) ist giftig, wird aber im Gegensatz zu Methanol durch die Haut nicht aufgenommen. Deshalb wird es gerne zum Einreiben und als Lösungsmittel verwendet.

1,2-Ethandiol (Ethylenglycol) erhält man durch Oxidation von Ethen zu Oxacyclopropan und anschließender Hydrolyse. 1985 wurden in der Bundesrepublik über 228 000 Tonnen davon hergestellt. Mit einem Schmelzpunkt von −11.5 °C und einem Siedepunkt von 198 °C, und weil es mit Wasser vollkommen mischbar ist, ist 1,2-Ethandiol ein ausgezeichnetes Frostschutzmittel.

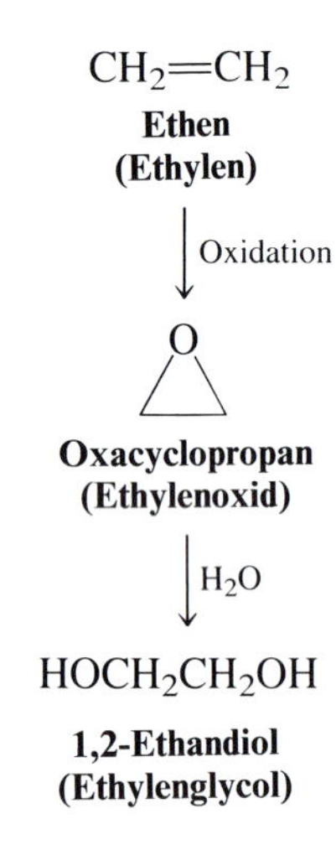

1,2,3-Propantriol (Glycerin), $HOCH_2CHOHCH_2OH$, ist eine viskose, ölige Substanz, die wasserlöslich und ungiftig ist. Sie wird durch alkalische Hydrolyse von Triglyceriden, den Hauptbestandteilen von Fettgewebe, gewonnen. Die Natrium- und Kaliumsalze langkettiger Carbonsäuren (Fettsäuren, Abschn. 17.12), die man aus Fetten gewinnt, werden als Seifen verkauft.

$$\begin{array}{l} CH_2OCR \\ | \\ CHOCR \\ | \\ CH_2OCR \end{array} \text{ (jeweils C=O)} \xrightarrow{H_2O,\ NaOH} \begin{array}{l} CH_2OH \\ | \\ HCOH \\ | \\ CH_2OH \end{array} + RCO^-Na^+ \text{ (C=O)}$$

Triglycerid (ein „Fett") — R = lange Alkylkette; **1,2,3-Propantriol (Glycerin)**; **Seife**

Die Phosphorsäureester der 1,2,3-Propantriole (Phosphoglyceride, Abschn. 18.4) sind Hauptbestandteile der Zellmembran.

1,2,3-Propantriol wird für Kosmetika (z. B. für Lotionen) und für pharmazeutische Präparate verwendet. Durch Umsetzung mit Salpetersäure entsteht der dreifache Salpetersäureester Nitroglycerin, ein hochexplosiver Sprengstoff.* Die Explosionskraft dieser Substanz beruht auf ihrem – von äußeren Erschütterungen ausgelöstem- stark exothermen Zerfall in gasförmige Produkte (N_2, CO_2, H_2O(g) und O_2). Dabei entstehen innerhalb von Sekundenbruchteilen Temperaturen um 3000 °C und Drücke von mehr als 200 MPa.

$$\begin{array}{l} CH_2OH \\ | \\ CHOH \\ | \\ CH_2OH \end{array} + 3\ HONO_2 \longrightarrow \begin{array}{l} CH_2ONO_2 \\ | \\ CHONO_2 \\ | \\ CH_2ONO_2 \end{array} + 3\ H_2O$$

Nitroglycerin

* Anm. d. Übers.: Nitroglyzerin ist auch ein häufig eingesetztes Medikament bei Angina pectoris.

Cholesterin, ein Steroid mit einer Hydroxygruppe, übt wichtige physiologische Funktionen aus (Abschn. 4.7).

Ethoxyethan (Diethylether) wurde früher als Narkosemittel verwendet, das es die Aktivität des Zentralnervensystems dämpft und zur Bewußtlosigkeit führt. Da es jedoch die Atmung beeinträchtigen und starke Übelkeit hervorrufen kann, verwendet man heute unter anderem 1-Methoxypropan (Methylpropylether) an seiner Stelle. Ethoxyethan und andere Ether sind im Gemisch mit Luft explosiv.

Oxacyclopropan (Ethylenoxid, Oxiran) wird zum Beizen von Saatgut und zum Desinfizieren von Getreide verwendet.

Viele *Naturstoffe* mit physiologischen Wirkungen enthalten Alkohol- und Ethergruppen.

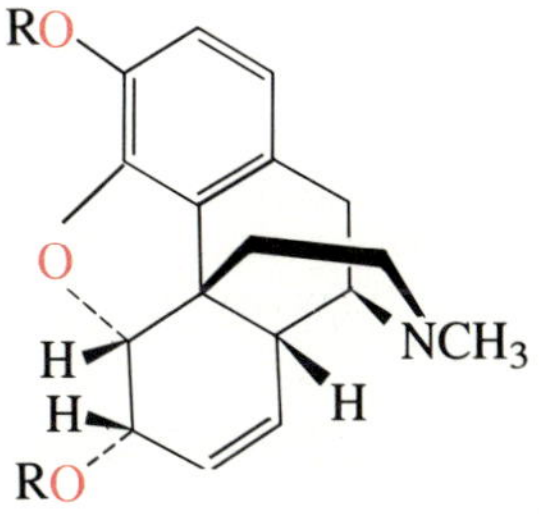

Morphin
(R = H)
Heroin
($R = \overset{\displaystyle O}{\overset{\|}{C}}CH_3$)

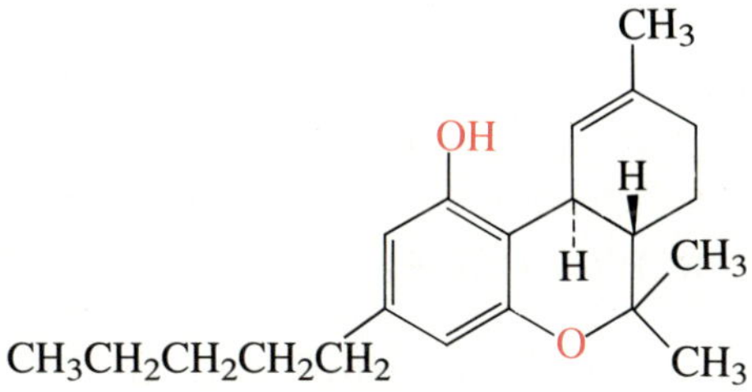

Tetrahydrocannabinol

Niedere Thiole und Sulfide sind wegen ihres üblen Geruchs unverkennbar. *Ethanthiol* in Luft riecht man noch in einer Verdünnung von 1:50 Millionen.

Mit dem flüchtigen *3-Methyl-1-butanthiol,* trans-*2-Buten-1-thiol* und trans-*2-Butenylmethyldisulfid* schlägt das Stinktier seine Feinde in die Flucht.

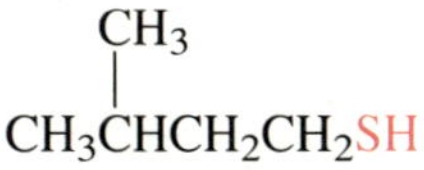

$CH_3CH(CH_3)CH_2CH_2SH$

3-Methyl-1-butanthiol

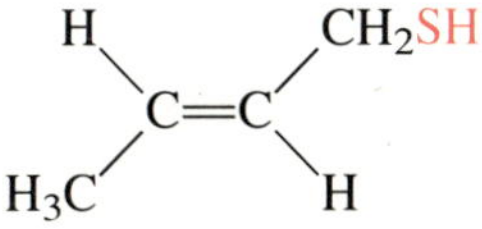

$H(H_3C)C{=}C(H)CH_2SH$

***trans*-2-Buten-1-thiol**

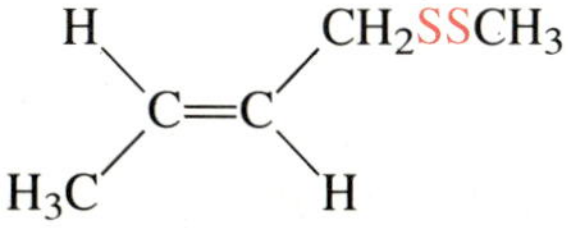

$H(H_3C)C{=}C(H)CH_2SSCH_3$

***trans*-2-Butenylmethyldisulfid**

Interessanterweise wirkt der Geruch von Schwefelverbindungen in sehr großer Verdünnung recht angenehm. So ist der Geruch frisch geschnittener Zwiebel oder Knoblauchs auf niedere Thiole und Sulfide zurückzuführen. Dimethylsulfid ist ein Bestandteil des Aromas von schwarzem Tee.

Auch manche Medikamente enthalten Schwefel. Hier sind in erster Linie die antibakteriell wirkenden *Sulfonamide* zu nennen (Abschn. 19.6).

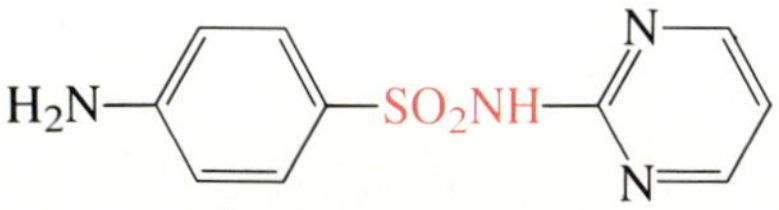

$H_2N-C_6H_4-SO_2NH-C_4H_3N_2$

Sulfadiazin
(wirkt antibakteriell)

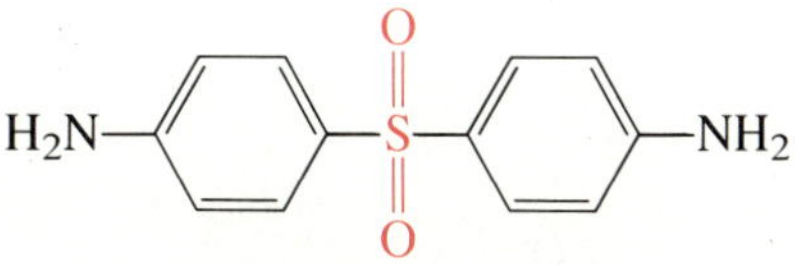

$H_2N-C_6H_4-SO_2-C_6H_4-NH_2$

Diaminodiphenylsulfon
(Medikament gegen Lepra)

Alkohole und Ether dienen also mannigfaltigen Zwecken, als Basischemikalien in der chemischen Industrie, und als hochwirksame Medikamente. Viele Vertreter dieser Verbindungsklassen kommen in der Natur vor, andere kann man leicht synthetisieren.

Zusammenfassung neuer Reaktionen

Reaktionen der Alkohole

1 Säure-Base-Reaktionen

$$RO^- \underset{}{\overset{-H^+}{\rightleftharpoons}} ROH \overset{+H^+}{\rightleftharpoons} R\overset{+}{O}H_2$$

2 Darstellung von Carbenium-Ionen

$$\overset{OH}{\overset{|}{RCHR}} \xrightarrow{SbF_5,\ SO_2} R\overset{+}{C}HR + HOSb\overset{-}{F_5}$$

3 Umlagerung von Carbenium-Ionen durch Wasserstoff- und Alkylverschiebung

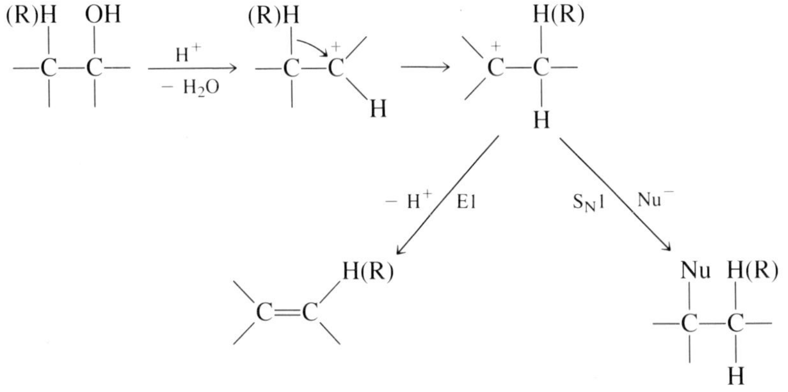

(R)H OH; —C—C— $\xrightarrow[-H_2O]{H^+}$ (R)H; —C—C⁺(H) $\longrightarrow$ >C⁺—C(H(R))(H)—

$-H^+$ E1: >C=C< H(R)

S_N1 Nu^-: Nu H(R); —C—C—; H

4 Umlagerung vicinaler Diole durch Alkyl- und Wasserstoff-Verschiebung

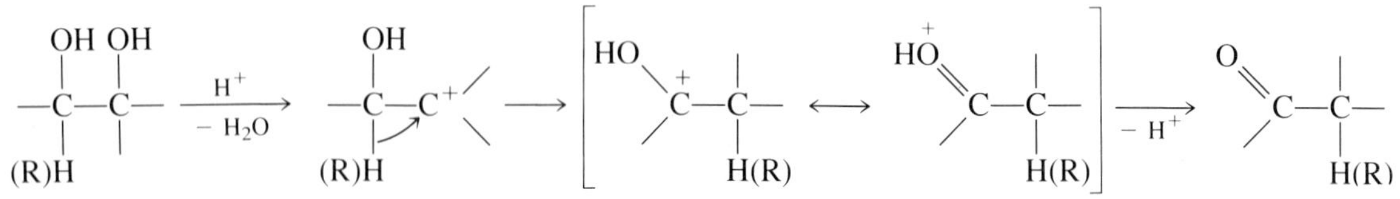

OH OH; —C—C—; (R)H $\xrightarrow[-H_2O]{H^+}$ OH; —C—C⁺<; (R)H $\longrightarrow$ [HO>C⁺—C(H(R))— $\longleftrightarrow$ $H\overset{+}{O}$=C<—C(H(R))—] $\xrightarrow{-H^+}$ O=C<—C(H(R))—

5 Konzertierte Alkylverschiebung bei primären Alkoholen

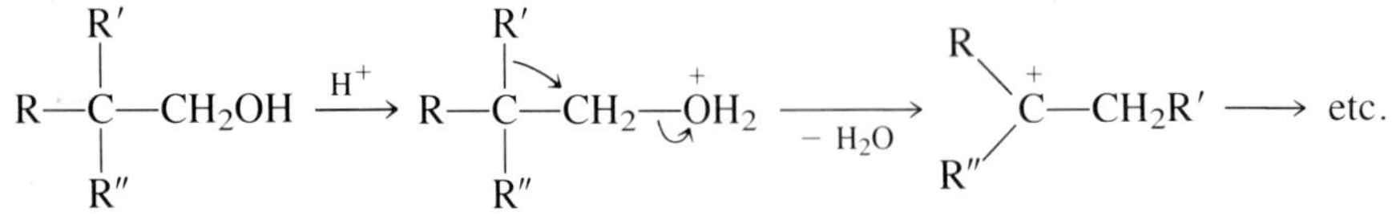

$$R-\underset{R''}{\overset{R'}{C}}-CH_2OH \xrightarrow{H^+} R-\underset{R''}{\overset{R'}{C}}-CH_2-\overset{+}{O}H_2 \xrightarrow[-H_2O]{} \underset{R''}{\overset{R}{>}}\overset{+}{C}-CH_2R' \longrightarrow \text{etc.}$$

6 Bildung organischer Ester

$$\overset{O}{\overset{\|}{RCOH}} + R'OH \overset{H^+}{\rightleftharpoons} \overset{O}{\overset{\|}{RCOR'}} + H_2O$$

Darstellung von Halogenalkanen aus Alkoholen

7 Mit Phosphor-Reagenzien

$$3\ ROH + PBr_3 \longrightarrow 3\ RBr + H_3PO_3$$

$$6\ ROH + 6\ P + 3\ I_2 \longrightarrow 6\ RI + 6\ H_3PO_3$$

$$5\ ROH + PCl_5 \longrightarrow 5\ RCl + H_3PO_4 + H_2O$$

8 Mit Schwefel-Reagenzien

$$ROH + SOCl_2 \xrightarrow{N(CH_2CH_3)_3} RCl + SO_2 + (CH_3CH_2)_3NH^+Cl^-$$

$$ROH + R'SO_2Cl \longrightarrow \underset{\textbf{Alkylsulfonat}}{ROSO_2R'} \xrightarrow{X^-} RX + RSO_3^-$$

Oxidation von Alkoholen

9 Mit Chrom-Reagenzien

$$\underset{\textbf{primärer Alkohol}}{RCH_2OH} \xrightarrow{CrO_3(Pyridin)_2} \underset{\textbf{Aldehyd}}{RCH{=}O}$$

$$\underset{\textbf{sekundärer Alkohol}}{RCH(OH)R} \xrightarrow{Na_2Cr_2O_7,\ H^+ \text{ oder } CrO_3,\ H_2SO_4 \text{ (Jones-Reagenz)}} \underset{\textbf{Keton}}{RC(=O)R}$$

10 Iodoform-Reaktion

$$R{-}CH(OH){-}CH_3 \xrightarrow{I_2,\ NaOH} RC(=O)O^-Na^+ + \underset{\textbf{Gelber Niederschlag}}{CHI_3}$$

11 Darstellung von Ethern aus Alkoholen

Primäre Alkohole:

$$RCH_2OH \xrightarrow{H^+,\ \text{tiefe Temp.}} RCH_2\overset{+}{O}H_2 \xrightarrow[-\ H_2O]{RCH_2OH,\ \Delta} RCH_2OCH_2R$$

$$RCH_2OH \xrightarrow[2.\ R'X,\ S_N2]{1.\ Base} RCH_2OR'$$

R' darf nicht sterisch gehindert sein, um E2 auszuschalten.

Sekundäre Alkohole:

$$RCH(OH)R \xrightarrow[-\ H_2O]{H^+} R_2CH{-}O{-}CHR_2 + \text{E1-Produkte}$$

$$RCH(OH)R \xrightarrow[2.\ R'X,\ S_N2]{1.\ Base} R_2CH{-}OR' + \text{E2-Produkte}$$

R' = primär

Tertiäre Alkohole:

$$R_3COH + R'OH \xrightarrow[S_N1,\ -H_2O]{NaHSO_4,\ H_2O} R_3C\text{—}OR' + \text{E1-Produkte}$$

R′ = (fast immer) primär

12 Nucleophile Ringöffnung von Oxacyclopropanen

Anionische Nucleophile:

$$\text{Nu}^- + \text{Oxacyclopropan (R)} \longrightarrow \xrightarrow{H^+,\ H_2O} \text{NuCH}_2\text{CH(OH)R}$$

Säurekatalysierte Ringöffnung:

$$\text{Protoniertes Oxacyclopropan (R)} + \text{Nu} \longrightarrow \underset{\text{Hauptprodukt}}{\text{HOCH}_2\text{CH(Nu)R}} + \underset{\text{Nebenprodukt}}{\text{NuCH}_2\text{CH(OH)R}}$$

13 Darstellung von Thiolen und Sulfiden

$$\underset{\textbf{Überschuß}}{RX + HS^-} \longrightarrow \underset{\textbf{Thiol}}{RSH}$$

$$RSH + R'X \xrightarrow{Base} \underset{\textbf{Alkylsulfid}}{RSR'}$$

14 Acidität von Thiolen

$$RSH + OH^- \rightleftharpoons RS^- + H_2O \qquad pK_a(RSH) = 9\text{–}12$$

15 Nucleophilie von Sulfiden

$$R_2\ddot{S} + R'X \longrightarrow \underset{\textbf{Sulfoniumsalz}}{R_2\overset{+}{S}R'\,X^-}$$

16 Oxidation von Thiolen

$$RSH \xrightarrow{KMnO_4 \text{ oder } H_2O_2} \underset{\textbf{Alkansulfonsäure}}{RSO_3H}$$

$$RSH \underset{Li,\ fl.\ NH_3}{\overset{I_2}{\rightleftharpoons}} \underset{\textbf{Dialkyldisulfid}}{RS\text{-}SR}$$

17 Oxidation von Sulfiden

$$RSR' \xrightarrow{H_2O_2} \underset{\textbf{Dialkylsulfoxid}}{\underset{\text{Chiral}}{R\overset{O}{\overset{\|}{\ddot{S}}}R'}} \xrightarrow{H_2O_2} \underset{\textbf{Dialkylsulfon}}{R\overset{O}{\overset{\|}{\underset{\underset{O}{\|}}{S}}}R'}$$

Zusammenfassung

1 Die Reaktivität von ROH gegenüber Alkalimetallen, wodurch Alkoxide und Wasserstoff entstehen, nimmt in der Reihe $R = CH_3 >$ primär $>$ sekundär $>$ tertiär ab.

2 Durch Umsetzung primärer Alkohole mit starken nicht-nucleophilen Säuren bei niedriger Temperatur konnten Oxonium-Ionen beobachtet werden. Bei höherer Temperatur entsteht aus dem primären Oxonium-Ion durch Wasserabspaltung mit gleichzeitiger Hydrid- oder Alkylverschiebung ein sekundäres oder tertiäres Carbenium-Ion. In Gegenwart von Säure und einem nucleophilen Gegenion reagieren primäre Alkohole nach S_N2. Sekundäre und tertiäre Alkohole bilden in Anwesenheit von Säure leicht Carbenium-Ionen, die vor oder nach einer Umlagerung E1- oder S_N1-Reaktionen eingehen können.

3 Die Oxidation von Alkoholen zu Aldehyden und Ketonen eröffnet ein weites Feld wichtiger Reaktionen, da Carbonylverbindungen mit organometallischen Reagenzien weiter modifiziert werden können.

4 Die intramolekulare Williamson-Ethersynthese findet am besten in hoher Verdünnung statt, da die Wahrscheinlichkeit intramolekularer Reaktionen herabgesetzt wird.

5 Kronenether und Etherkryptanden können Kationen hochselektiv binden und ermöglichen das Auflösen anorganischer Salze in organischen Lösungsmitteln.

6 Die relative Geschwindigkeit des Ringschlusses cyclischer Ether richtet sich nach der Ringgröße:

$$3 \geqq 5 > 6 > 4 \geqq 7 > 8 .$$

7 Die nucleophile Ringöffnung von Oxacyclopropanen durch Anionen findet am weniger substituierten Kohlenstoffatom gemäß den Regeln einer S_N2-Reaktion statt. Dagegen kann die säurekatalysierte Ringöffnung an beiden Reaktionszentren eingeleitet werden, wobei oft das höher substituierte Kohlenstoffatom aufgrund des besseren Ladungsausgleichs bevorzugt ist.

8 Die Orbitale des Schwefelatoms sind diffuser als die des Sauerstoffatoms. Die S—H-Bindung eines Thiols ist daher weniger polar als die O—H-Bindung eines Alkohols, deshalb sind Thiole in geringerem Ausmaß durch Wasserstoffbrücken vernetzt. Die verglichen mit der O—H-Bindung schwächere S—H-Bindung erhöht die Säurestärke von Thiolen.

Aufgaben

1 Auf welcher Seite (links oder rechts) liegen die folgenden Gleichgewichte bevorzugt?

(a) $(CH_3)_3COH + K^+OH^- \rightleftharpoons (CH_3)_3CO^-K^+ + H_2O$

(b) $CH_3OH + NH_3 \rightleftharpoons CH_3O^- + NH_4^+$ ($pK_a = 9.2$)

(c) CH_3CH_2OH + (Piperidin-N⁻ Li⁺) $\rightleftharpoons CH_3CH_2O^-Li^+$ + (Piperidin, N–H) ($pK_a = 40$)

(d) NH_3 ($pK_a = 35$) $+ Na^+H^- \rightleftharpoons Na^+NH_2^- + H_2$ ($pK_a \sim 58$)

2 Geben Sie für die folgenden Alkohole jeweils an: (1) Die Struktur des Oxonium-Ions nach Protonierung durch eine starke Säure; (2) die Struktur des Carbenium-Ions, das durch Wasserabspaltung entsteht; (3) die Strukturen aller neu entstandener Carbenium-Ionen, in den Fällen, bei denen Sie Umlagerungen erwarten.

(a) $CH_3CH_2CH_2OH$

(b) $CH_3CHOHCH_3$

(c) $CH_3CH_2CH_2CH_2OH$

(d) $(CH_3)_2CHCH_2OH$

(e) $(CH_3)_3CCH_2CH_2OH$

(f) 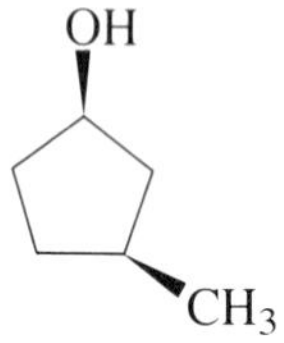 OH, CH_3

(g) H_3C, OH, CH_3

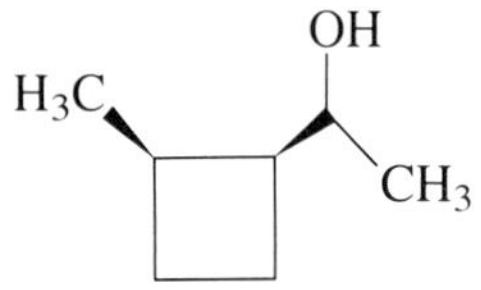

(h) $(CH_3)_3C$, OH

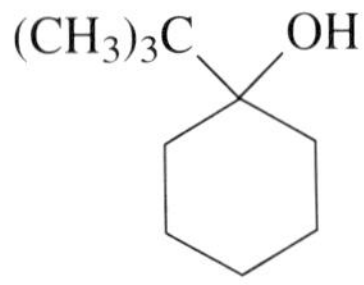

(i) 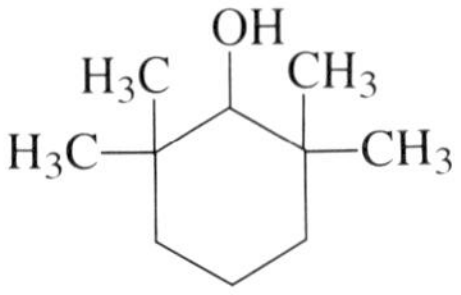 OH, H_3C, CH_3, H_3C, CH_3

(j) 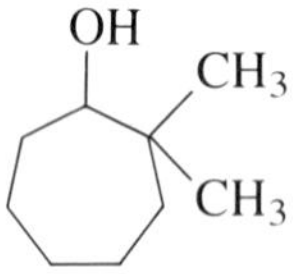 OH, CH_3, CH_3

3 Welche Produkte entstehen, wenn die Alkohole aus Aufgabe 2 mit konzentrierter H_2SO_4 unter Eliminierungsbedingungen reagieren?

4 Geben Sie die (chemisch sinnvollen) Produkte der Reaktion der Alkohole aus Aufgabe 2 mit konzentrierter wäßriger HBr an.

5 Oft setzt man primäre Alkohole mit NaBr in wäßriger H_2SO_4 zu den entsprechenden Bromiden um. Erklären Sie diese Reaktion. Warum könnte dieses Verfahren der Umsetzung mit konzentrierter wäßriger HBr überlegen sein?

$$CH_3CH_2CH_2CH_2OH \xrightarrow{NaBr,\ H_2SO_4} CH_3CH_2CH_2CH_2Br$$

6 Um 1-Chlor-1-cyclobutylpentan herzustellen, wurden die nachstehenden Reaktionen durchgeführt. Man erhielt jedoch nicht das erwünschte Produkt, sondern ein Isomer davon. Geben Sie dessen Struktur an und erklären Sie den Mechanismus, nach dem es entstanden sein könnte.

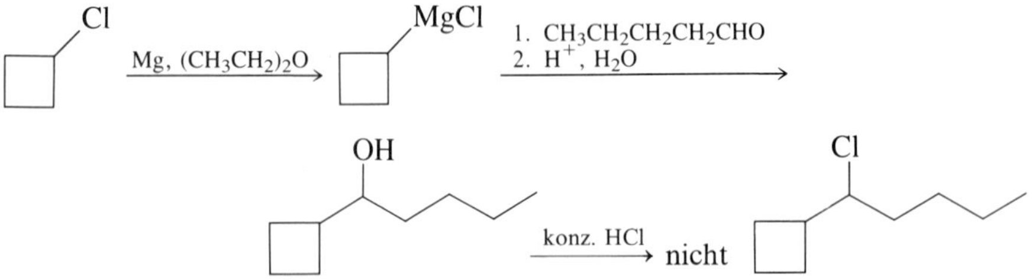

Cl $\xrightarrow{Mg,\ (CH_3CH_2)_2O}$ MgCl $\xrightarrow{1.\ CH_3CH_2CH_2CH_2CHO \quad 2.\ H^+,\ H_2O}$

OH $\xrightarrow{\text{konz. HCl}}$ nicht Cl

7 Welche Produkte erwarten Sie bei der Reaktion der folgenden Substrate mit wäßriger Schwefelsäure?

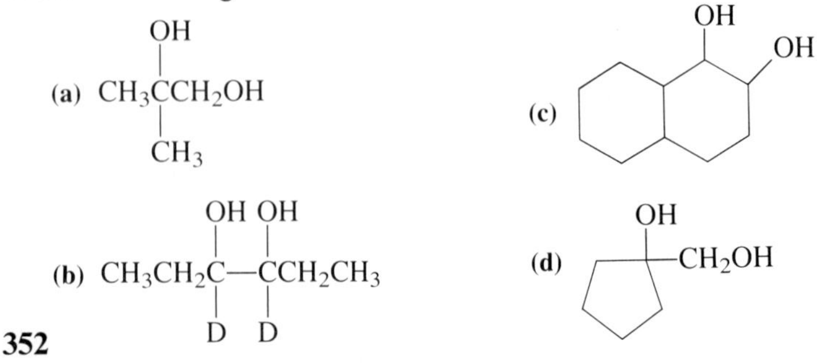

8 Schlagen Sie einen Mechanismus für die am Rand gezeigte Reaktion vor. Welches Produkt könnte ebenfalls entstehen? Welches der beiden möglichen Produkte überwiegt Ihrer Ansicht nach?

CH_3, OH, OH, CH_3 — Konz. H_2SO_4 — O, H_3C, CH_3

9 Welches Produkt (welche Produkte) entstehen am wahrscheinlichsten bei den folgenden Reaktionen?

(a) CH_3, OH $\xrightarrow{CH_3CH_2OH,\ H_2SO_4}$

(b) $CH_3C(CH_3)_2CH_2OH$ $\xrightarrow{HCl,\ ZnCl_2}$

(c) CH_2OH $\xrightarrow{\text{konz. } H_2SO_4,\ 180\,°C}$

(d) $CH_3C(CH_3)_2$—$CHICH_3$ $\xrightarrow{H_2O}$

(e) H H, H OH, H OH $\xrightarrow{\text{konz. } H_2SO_4}$

(f) OH, OH $\xrightarrow{\text{konz. } H_2SO_4}$

10 Welches Hauptprodukt erwarten Sie jeweils bei der Umsetzung der Alkohole aus Aufgabe 2 mit PBr_3? Vergleichen Sie die Ergebnisse mit denen der Aufgabe 4.

11 Welches Produkt (welche Produkte) erwarten Sie bei der Reaktion von 1-Pentanol mit den folgenden Reagenzien:

(a) $(CH_3)_3CO^-K^+$
(b) metallisches Natrium
(c) CH_3Li
(d) konzentrierte HI
(e) $HCl + ZnCl_2$
(f) FSO_3H
(g) konz. H_2SO_4, 130 °C
(h) konz. H_2SO_4, 180 °C
(i) $(CH_3)_2CHCOOH + HCl$ (als Katalysator)
(j) PBr_3
(k) $SOCl_2$
(l) $K_2Cr_2O_7 + H_2SO_4 + H_2O$
(m) $CrO_3(\text{pyridin})_2$
(n) $(CH_3)_3COH + H_2SO_4$ (als Katalysator)

12 Welches Produkt (welche Produkte) erwarten Sie bei der Reaktion von *trans*-3-Methylcyclopentanol mit jedem der Reagenzien aus Aufgabe 11?

13 Welche der folgenden Alkohole ergeben mit Iod in verdünnter Base die Iodoform-Reaktion? Geben Sie für die Fälle, in denen die Reaktion stattfindet, die Produkte an.

(a) $CH_3CH_2CH_2CH_2CH_2OH$

(b) $CH_3CH_2CH_2CH(OH)CH_3$

(c) $CH_3CH_2CH(OH)CH_2CH_3$

(d) OH, CH_2CH_3

(e) OH, CH_2CH_3

(f) 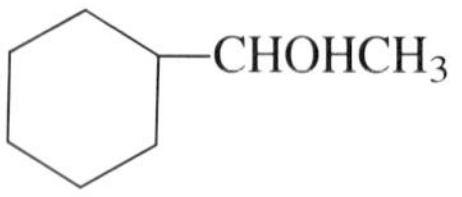 Cyclohexyl–$CHOHCH_3$

(g) 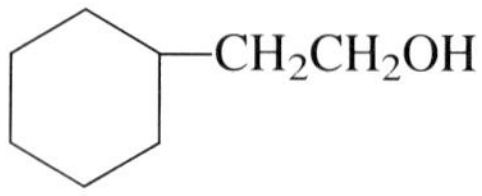 Cyclohexyl–CH_2CH_2OH

14 Geben Sie die IUPAC-Namen der folgenden Verbindungen an.

(a) $(CH_3)_2CHOCH_2CH_3$

(b) $CH_3OCH_2CH_2OH$

(c) 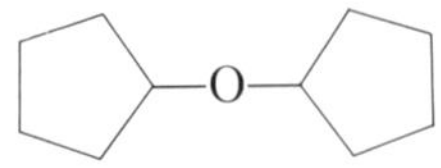 Cyclopentyl–O–Cyclopentyl

(d) $(ClCH_2CH_2)_2O$

(e) 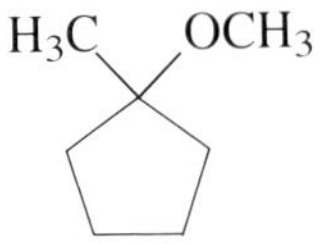 Cyclopentan mit H_3C und OCH_3 am selben C-Atom

(f) 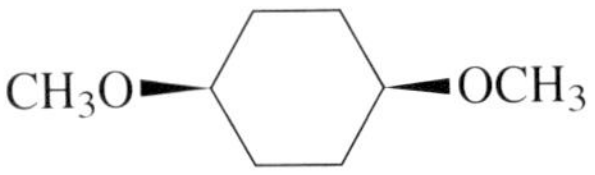 CH_3O–Cyclohexan–OCH_3 (keilförmige Bindungen)

(g) CH_3OCH_2Cl

15 Weshalb haben Ether sehr viel niedrigere Siedepunkte als Alkohole derselben molaren Masse?

Was erwarten Sie für die Wasserlöslichkeit von Ethern verglichen mit der Wasserlöslichkeit von Alkoholen derselben molaren Masse?

16 Mit nachstehenden Reaktionen sollen Ether synthetisiert werden. Welches Hauptprodukt (eventuell mehrere) erwarten Sie jeweils?

(a) 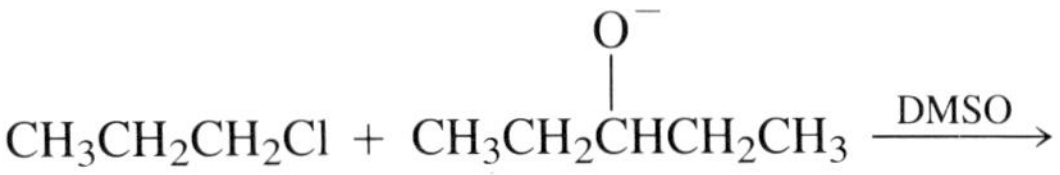 $CH_3CH_2CH_2Cl + CH_3CH_2CH(O^-)CH_2CH_3 \xrightarrow{DMSO}$

(b) 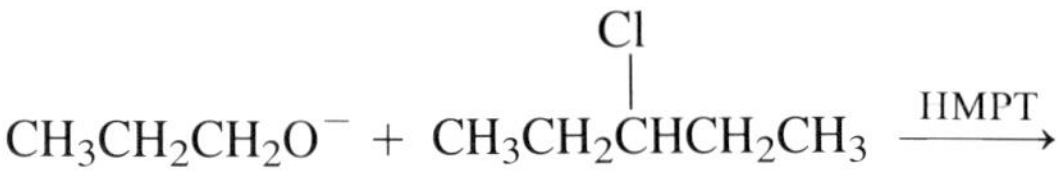 $CH_3CH_2CH_2O^- + CH_3CH_2CH(Cl)CH_2CH_3 \xrightarrow{HMPT}$

(c) 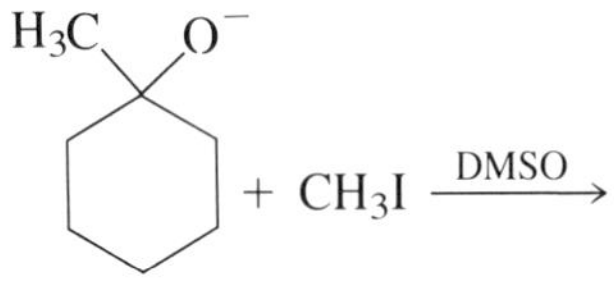 1-Methylcyclohexanolat (H_3C, O^- am selben C-Atom) $+ CH_3I \xrightarrow{DMSO}$

(d) $(CH_3)_2CHO^- + (CH_3)_2CHCH_2CH_2Br \xrightarrow{(CH_3)_2CHOH}$

(e) 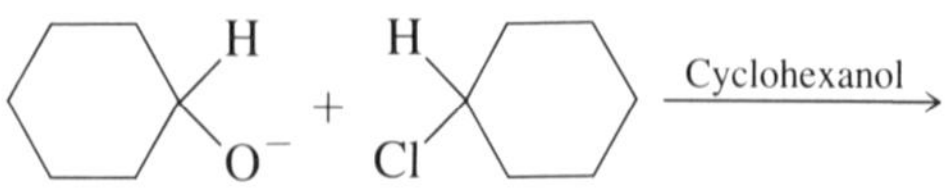 Cyclohexyl(H)–O^- + Cyclohexyl(H)–Cl $\xrightarrow{Cyclohexanol}$

(f) 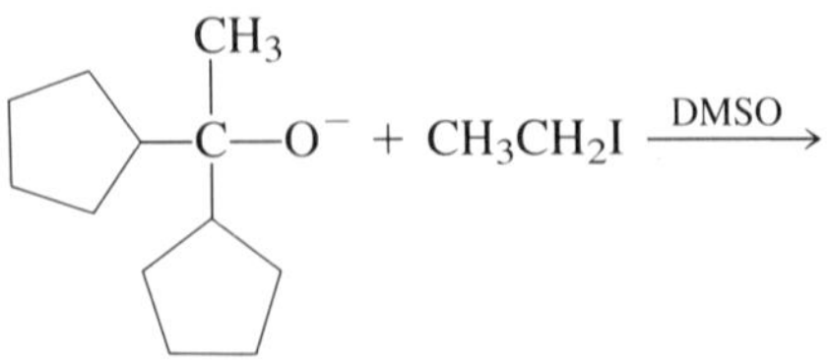 $(C_5H_9)_2C(CH_3)$–O^- (zwei Cyclopentylreste) $+ CH_3CH_2I \xrightarrow{DMSO}$

17 Schlagen Sie für jede Reaktion der Aufgabe 16, bei der Sie keine guten Ausbeuten an Ether erwarten, ein besseres Verfahren vor. Gehen Sie dabei von Alkoholen oder Halogenalkanen aus, die Ihnen ein besseres Ergebnis versprechen. Hinweis: siehe Aufgabe 1, Kapitel 7.

18 Welches Produkt (welche Produkte) erwarten Sie bei der Reaktion der folgenden Substrate mit NaOH in verdünnter DMSO-Lösung?

(a) $CH_3CH(OH)CH_2CH_2CH_2Cl$

(b) (Cyclohexan mit H, OH und H, CH_2CH_2Br)

(c) (Cyclooctan mit H, OH und Br, H)

(d) $HOCH_2CH_2OCH_2CH_2OH + BrCH_2CH_2OCH_2CH_2Br$

(e) (Cycloheptan mit HO, Br, Br)

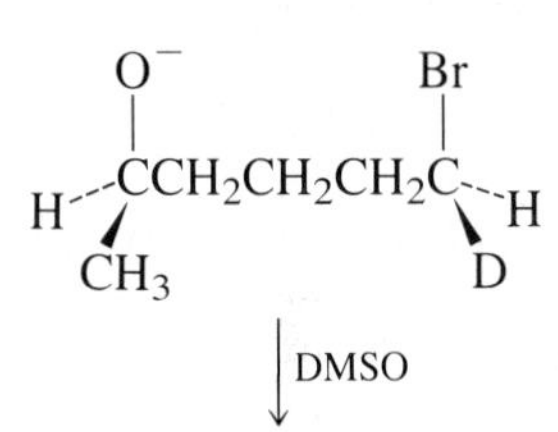

19 Welches Produkt entsteht bei der am Rand gezeigten Reaktion? Beachten Sie die Stereochemie der Reaktionszentren! Welcher Ordnung folgt die Kinetik dieser Umsetzung?

20 Schlagen Sie effiziente Methoden zur Darstellung folgender Ether vor, gehen Sie dabei von Halogenalkanen oder Alkoholen aus.

(a) $CH_3CH_2CH(CH_3)OCH_2CH_3$

(b) (1-Methylcyclohexyl mit CH_3 und $OCH_2CH_2CH_2CH_3$)

(c) (Tetrahydrofuran mit O und zwei CH_3)

(d) (Dicyclopentylether, O)

21 Welche Hauptprodukte entstehen bei nachstehenden Reaktionen? Schlagen Sie, falls nötig, in Abschnitt 6.7 nach.

(a) $CH_3CH_2OCH_2CH_2CH_3 \xrightarrow{\text{Überschuß konz. HI}}$

(b) $CH_3OCH(CH_3)_2 \xrightarrow{\text{Überschuß konz. HBr}}$

(c) $CH_3OCH_2CH_2OCH_3 \xrightarrow{\text{Überschuß konz. HI}}$

(d) (Tetrahydrofuran mit CH_3, H, H, H; O) $\xrightarrow{\text{Überschuß konz. HBr}}$

(e) (Tetrahydrofuran mit CH_3, H, H, CH_3; O) $\xrightarrow{\text{Überschuß konz. HBr}}$

(f) (Cyclohexan mit H, O, CH_2, CH_2, H) $\xrightarrow{\text{Überschuß konz. HBr}}$

22 Welche Hauptprodukte entstehen bei folgenden Umsetzungen?

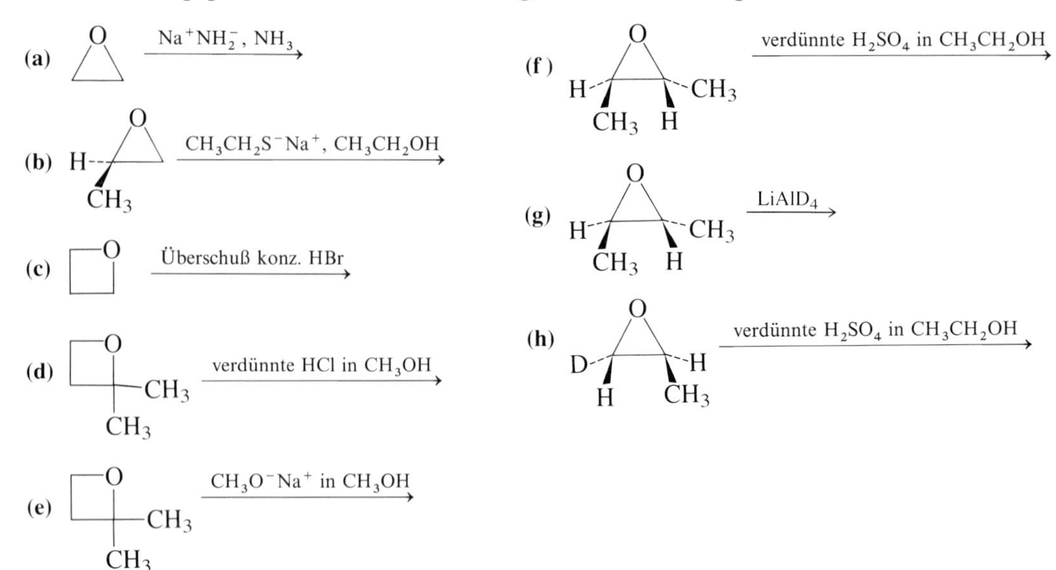

23 Schlagen Sie wirksame Darstellungsverfahren für die folgenden Halogenalkane vor, ausgehend von den entsprechenden Alkoholen.

(a) $CH_3CH_2CH_2Cl$

(b) $CH_3CH_2CH(CH_3)CH_2Br$

(c) 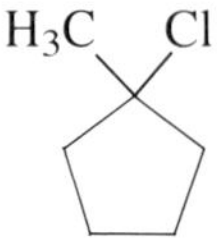 1-Chlor-1-methylcyclopentan (H_3C, Cl am Cyclopentanring)

(d) $CH_3CHICH(CH_3)_2$

24 Wie kann man am besten die folgenden Verbindungen aus einem passenden Alkohol erhalten?

(a) 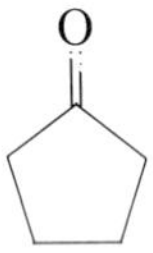 Cyclopentanon

(b) $CH_3CH_2CH_2CH_2COOH$

(c) 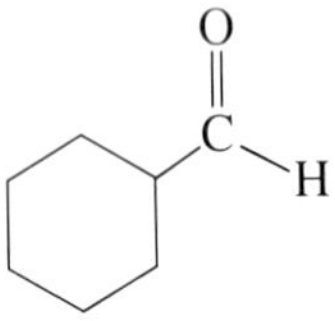 Cyclohexyl–CHO

(d) $CH_3CH(CH_3)C(=O)CH_3$

(e) CH_3CHO

25 Formulieren Sie vernünftige Synthesen für die folgenden Verbindungen. Benutzen Sie keine anderen als die aufgeführten organischen Ausgangssubstanzen, verwenden Sie jedoch nach Belieben notwendige anorganische Reagenzien und organische Lösungsmittel.

(a) $CH_3CH(CH_3)—C(CH_3)(OH)—CH_2CH_3$, aus Ethan und Propan

(b) 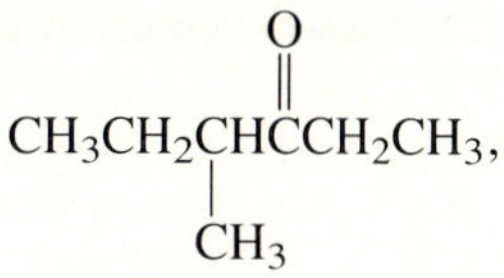 $CH_3CH_2CH(CH_3)C(=O)CH_2CH_3$, aus Butan, Ethan und Methanal $\left(\begin{array}{c} O \\ \| \\ HCH \end{array}\right)$

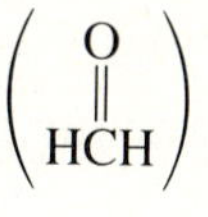

(c) $(CH_3CH_2)_2CHCH_2COOH$, aus Ethan, Methylmethanoat und Oxacyclopropan

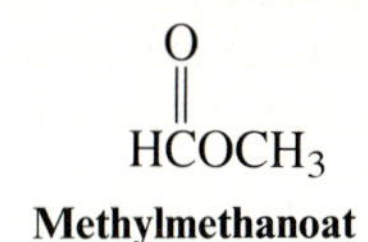

Methylmethanoat

(d) 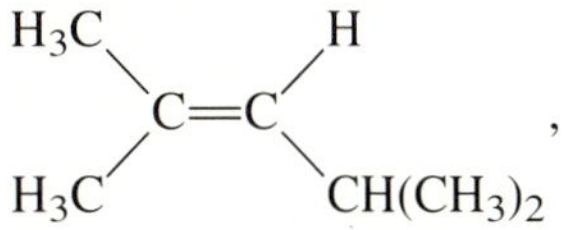 $(H_3C)_2C{=}C(H)CH(CH_3)_2$, aus Propan und Methylmethanoat

26 Entwerfen Sie Synthesen für die nachstehenden Verbindungen. Wählen Sie vernünftige Ausgangssubstanzen nach den Kriterien der Synthesestrategie, wie Sie sie vor allem in Abschn. 8.7 kennengelernt haben. Schlangenlinien deuten an, wo neue C – C-Bindungen aufgebaut werden können.

(a) 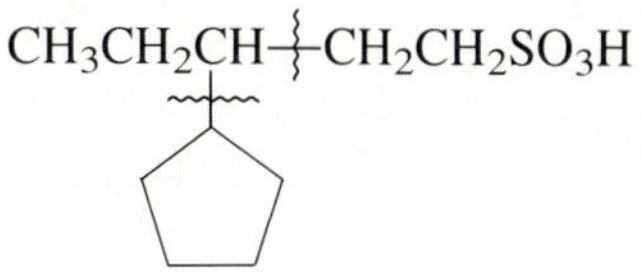 $CH_3CH_2CH \wr CH_2CH_2SO_3H$, mit Cyclopentyl-Substituent am CH (Schlangenlinie zwischen CH und Cyclopentylring)

(b) 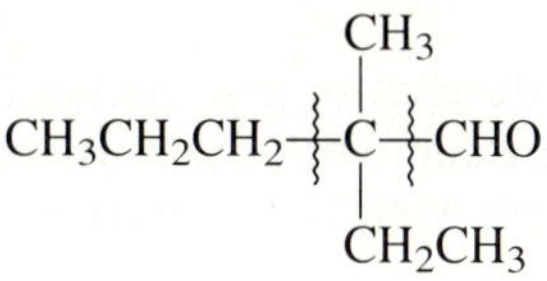 $CH_3CH_2CH_2 \wr C(CH_3)(CH_2CH_3) \wr CHO$

27 Benennen Sie die folgenden Verbindungen nach dem IUPAC-System der Nomenklatur.

(a) 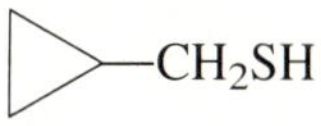 Cyclopropyl–CH_2SH

(b) 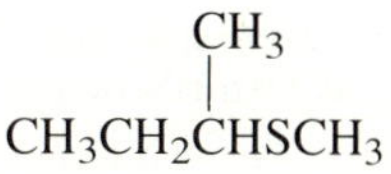 $CH_3CH_2CH(CH_3)SCH_3$

(c) $CH_3CH_2CH_2SO_3H$

(d) CF_3SO_2Cl

28 Entscheiden Sie, welche Verbindung aus folgenden Paaren (1) die stärkere Säure und (2) die stärkere Base ist.

(a) CH_3SH, CH_3OH
(b) HS^-, OH^-
(c) H_3S^+, H_2S

29 Nennen Sie vernünftige Produkte folgender Reaktionen.

(a) $ClCH_2CH_2CH_2CH_2Cl \xrightarrow{\text{Überschuß NaSH}}$

(b) $ClCH_2CH_2CH_2CH_2Cl \xrightarrow{\text{ein Äquivalent } Na_2S}$

(c) 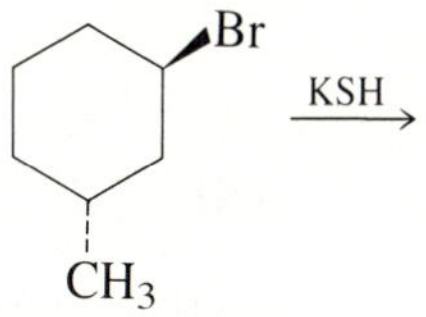 1-Brom-3-methylcyclohexan (Br keilförmig, CH_3 gestrichelt) $\xrightarrow{KSH}$

(d) 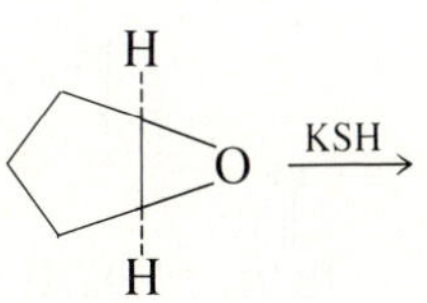 Cyclopentenoxid (H gestrichelt, cis) $\xrightarrow{KSH}$

(e) 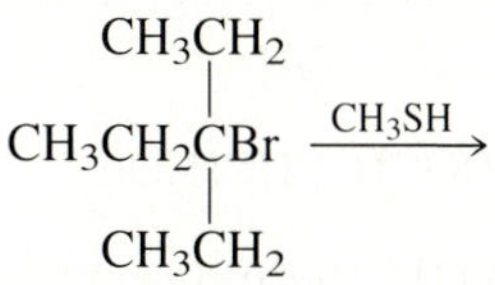 $(CH_3CH_2)_3CBr \xrightarrow{CH_3SH}$

(f) 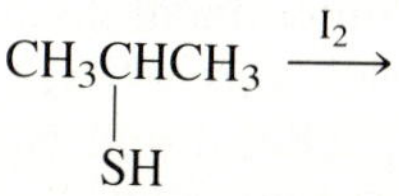 $CH_3CH(SH)CH_3 \xrightarrow{I_2}$

(g)  1,4-Oxathian (Sechsring mit O und S) $\xrightarrow{\text{Überschuß } H_2O_2}$

30 Schlagen Sie eine Synthese vor für (Ring mit O und S: 1,4-Oxathian), aus 2-Bromethanol.

31 Vergleichen Sie die folgenden Möglichkeiten der Darstellung eines Alkens aus einem primären Alkohol. Nennen Sie bei jedem Verfahren Vorteile und Nachteile.

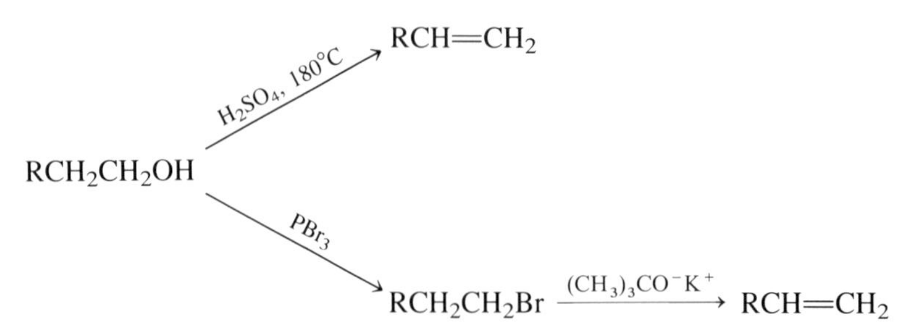

32 Als Polyhydroxyverbindungen zeigen Zucker (Kap. 23) das für Alkohole charakteristische chemische Verhalten. In einem fortgeschrittenen Abschnitt der Glycolyse – dem Metabolismus der Glucose –, wird 2-Phosphoglycerinsäure, ein Metabolit mit einer restlichen Hydroxygruppe zu 2-Phosphoenolbrenztraubensäure umgewandelt; diese Reaktion wird durch das Enzym Enolase in Gegenwart einer Lewis-Säure wie Mg^{2+} katalysiert.

(a) Wie würden Sie diese Reaktion klassifizieren?
(b) Worin könnte die Rolle der Lewis-Säure, d. h. des Metall-Ions liegen?

$$HOCH_2-CH(OPO_3^{2-})-COOH$$

2-Phosphoglycerinsäure

$$\downarrow \text{Enolase, } Mg^{2+}$$

$$CH_2=C(OPO_3^{2-})CO_2H$$

2-Phosphoenolbrenztraubensäure

33 Manche Enzyme katalysieren in Verbindung mit gewissen Derivaten von Vitamin B_{12} eine Klasse von Reaktionen, zu denen auch die nachstehende gehört.

$$HOCH_2CH(OH)CH_2OH \longrightarrow HOCH_2CH_2CH{=}O$$

1,2,3-Propantriol → **3-Hydroxypropanal**

(a) An welche nicht-enzymatische Reaktion erinnert Sie diese Umwandlung?
(b) Unter welchen Bedingungen findet diese Reaktion auch nicht-enzymatisch statt (d. h. wie würden Sie vorgehen, um sie erfolgreich im Labor durchzuführen)?

(c) Welche Produkte enstehen, wenn Sie von $HOCD_2CH(OH)CD_2OH$, ausgehen?

Welche entstehen mit $HOCD_2CH(OH)CH_2OH$?

34 Die Umkehrung der NADH-Reduktion von Aldehyden und Ketonen (Kap. 8, Aufgaben 31 und 32) findet ebenfalls in biologischen Systemen statt: Die Oxidation von Alkoholen durch NAD^+. Wird monodeuteriertes Ethanal (Acetaldehyd), CH_3CDO, durch NADH in Gegenwart von Alkohol-Dehydrogenase reduziert (vgl. Kap. 8, Aufgabe 31, Teil **a**), entsteht Ethanol mit genau einem Deuterium pro Molekül (CH_3CHDOH). Wird dieses Ethanol wieder von NAD^+ oxidiert, wird CH_3CDO regeneriert, das ursprünglich vorhandene Deuterium bleibt vollständig erhalten.

$$RCH(OH)R + NAD^+ \xrightarrow{\text{Enzym}} RC(=O)R + NADH + H^+$$

(a) Welche Schlüsse können Sie daraus ziehen hinsichtlich der Stereochemie der NADH-Reduktion von Aldehyden und der NAD^+-Oxidation von Alkoholen. Hinweis: Aufgrund der unterschiedlichen Isotopensubstitution enthält CH_3CHDOH ein Stereozentrum.
(b) Setzt man deuteriertes NADH (d.h. NADD) ein, um CH_3CHO zu reduzieren, erhält man ebenfalls monodeuteriertes Ethanol, CH_3CHDOH. Ist diese Verbindung identisch mit Ethanol, das durch die Reaktion zwischen CH_3CDO und NADH entsteht? Wenn nicht, wie unterscheiden sich die beiden Verbindungen?

35 **(a)** Nur das trans-Isomer von 2-Bromcyclohexanol reagiert mit Natriumhydroxid zu einem Produkt, das einen Oxacyclopropan-Ring enthält. Weshalb ist das cis-Isomer unreaktiv? Hinweis: Zeichnen Sie die möglichen Konformationen der beiden Isomere um die C-1 – C-2-Bindung (vgl. Abb. 4-13). Bauen Sie sich, wenn nötig, ein Modell.
(b) Einige Steroide, die einen Oxacyclopropan-Ring im Molekül enthalten, wurden in einer Zweistufenreaktion ausgehend von Steroiden mit einem Brom und einer Ketogruppe im Molekül synthetisiert. Wählen Sie die für die folgende Umwandlung nötigen Reagenzien.

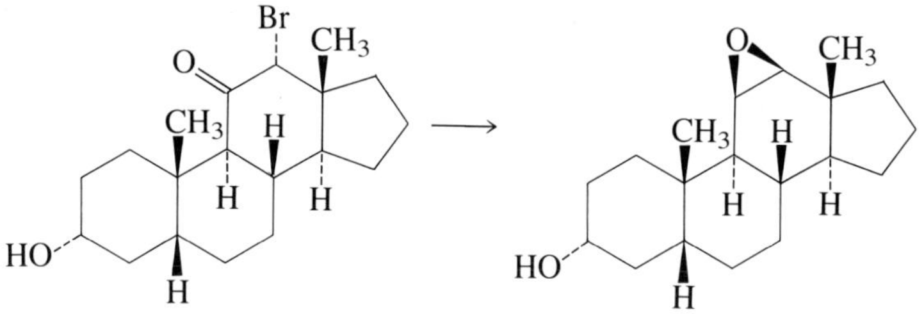

Br, O, CH_3, CH_3, H, H, H, HO, H ⟶ O, CH_3, CH_3, H, H, H, HO, H

(c) Beinhaltet Ihre Reaktionsfolge Schritte, die bestimmte Erfordernisse hinsichtlich der Stereochemie haben?

36 Frisch geschnittener Knoblauch enthält Allicin, eine Verbindung, die den charakteristischen Knoblauchgeruch ausmacht. Allicin zeigt bemerkenswerte antibakterielle Wirkungen und ist offensichtlich in der Lage, den Cholesterinspiegel bei Tieren, die cholesterinreich ernährt wurden, zu senken. Schlagen Sie eine kurze Synthese für Allicin vor, ausgehend von 3-Chlorpropen.

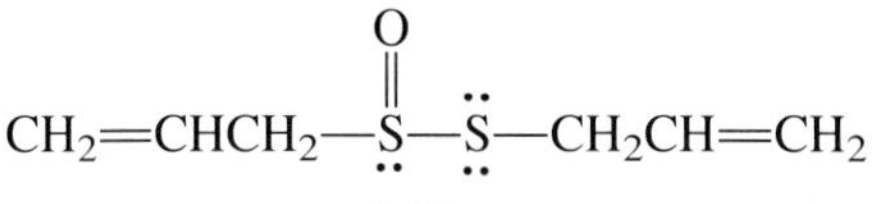

$$CH_2{=}CHCH_2{-}\overset{\overset{\displaystyle O}{\|}}{\ddot{S}}{-}\ddot{S}{-}CH_2CH{=}CH_2$$

Allicin

10 NMR-Spektroskopie zur Strukturaufklärung

Die Kenntnis der zahlreichen organischen Reaktionen und funktionellen Gruppen, die in den vorangegangenen Kapiteln vorgestellt wurden, dürften den Leser befähigen, manches komplizierte Molekül im Laboratorium herzustellen. Hier müssen wir auf eine Frage zurückkommen, die schon in Abschnitt 1.8 angeschnitten wurde: Wie können wir sicherstellen, daß es sich bei der dargestellten Verbindung tatsächlich um die gewünschte Substanz handelt? Wie können wir beispielsweise wissen, daß ein Grignard-Reagenz ein Keton tatsächlich in den entsprechenden Alkohol umgewandelt hat? Zur Beantwortung dieser Fragen stehen uns eine Reihe von Meßmethoden und chemischen Nachweisen zur Verfügung. Dabei wird die Substanz zunächst durch chromatographische Methoden, Destillation oder Kristallisation gereinigt. Wenn die reine Substanz vorliegt, können physikalische Daten wie Schmelzpunkt, Siedepunkt, Dipolmoment, Brechungsindex usw. bestimmt werden. Die Meßwerte können mit denen bekannter Verbindungen verglichen werden, die in der Literatur und in speziellen Nachschlagewerken publiziert sind. Die Übereinstimmung mehrerer solcher physikalischer Daten ist ein deutlicher Hinweis darauf, daß es sich um die gesuchte Verbindung handelt. Diese Art der Strukturbestimmung hängt allerdings davon ab, daß die Struktur des betreffenden Moleküls früher schon einmal mit anderen Methoden bestimmt worden ist. Viele im Laboratorium hergestellte Verbindungen sind jedoch vollkommen neu; daher sind ihre physikalischen Daten in der Literatur nicht verfügbar. Welche anderen Möglichkeiten haben wir, um in solchen Fällen die Struktur zu bestimmen?

Eine wichtige Methode dazu ist die Elementaranalyse, die in Abschnitt 1.8 erwähnt wurde, da sie über die Gesamtzusammensetzung der Verbindung Auskunft gibt. Ein weiterer Ansatz besteht in der Durchführung einer Reihe von chemischen Tests, um die Chemie der unbekannten Verbindung und damit die vorhandenen funktionellen Gruppen zu ermitteln. Beispielsweise haben wir früher gelernt, daß man Methoxymethan und Ethanol anhand ihrer Reaktion mit Natriummetall unterscheiden kann (Abschn. 1.8). Das Problem wird jedoch bedeutend schwieriger, wenn es sich um große Moleküle von umfangreicher struktureller Vielfalt handelt. Was können wir tun, wenn wir aus einer Reaktion einen Alkohol der Summenformel $C_7H_{16}O$ erhalten? Obwohl die Reaktion mit Natrium auf eine Hydroxygruppe hinweist, wüßten wir noch wenig über die Struktur der Verbindung. Tatsächlich gibt es viele Möglichkeiten, von denen drei hier gezeigt sind.

Drei mögliche Strukturen für einen Alkohol der Summenformel $C_7H_{16}O$

$$CH_3(CH_2)_5CH_2OH \qquad CH_3\overset{\overset{\displaystyle CH_3}{|}}{\underset{\underset{\displaystyle CH_3}{|}}{C}}CH_2CH_2CH_2OH \qquad CH_3\overset{\overset{\displaystyle CH_2CH_3}{|}}{\underset{\underset{\displaystyle CH_3}{|}}{C}}CH_2CH_2OH$$

Übung 10-1

Zeichnen Sie weitere Strukturformeln für sekundäre und tertiäre Alkohole der Summenformel $C_7H_{16}O$.

Wie können wir zwischen all diesen Möglichkeiten unterscheiden? In der modernen organischen Chemie steht ein weiteres Mittel zur Lösung solcher Probleme zur Verfügung: Die **Spektroskopie** (*spectrum*, lat., Erscheinung, bezogen auf das Erscheinen charakteristischer aufgenommener Linien).

Es gibt verschiedene Arten von Spektroskopie, von denen vier in der organischen Chemie besonders wichtig sind: (1) *Kernresonanz-Spektroskopie* (NMR, engl.: *nuclear magnetic resonance*), (2) *Infrarot-Spektroskopie* (IR, Abschn. 17.3), (3) *Ultraviolett-Spektroskopie* (UV, Abschn. 14.7) und (4) *Massenspektroskopie* (MS, Abschn. 18.7). Die für die Strukturaufklärung wichtigste Methode hiervon ist die **NMR-Spektroskopie**. Sie gewährt Einblicke in die strukturelle Umgebung einzelner Atomkerne (insbesondere von Wasserstoff- und Kohlenstoffatomen, aber auch bei einigen anderen Elementen). Die Infrarot-Spektroskopie (Abschn. 17.3) erlaubt die Identifizierung bestimmter funtioneller Gruppen (wie Hydroxy- oder Carbonylgruppen) in einem Molekül. Sie liefert auch einen eindeutigen „Fingerabdruck" von Substanzen, der mit denen bekannter Verbindungen verglichen werden kann. Ultraviolett- oder allgemeiner UV-VIS-Spektren (Abschn. 14.7) erlauben Einblicke in die elektronische Struktur bestimmter Stoffklassen. Schließlich kann man mittels der Massenspektroskopie (Abschn. 18.7) die molare Masse der Verbindung messen. Dabei unterscheiden sich die Instrumente und die physikalischen Vorgänge deutlich von den ersten drei Methoden. Dieses Kapitel befaßt sich in erster Linie mit den Prinzipien und Anwendungen der Kernresonanz-Spektroskopie (NMR-Spektroskopie).

10.1 Was ist Spektroskopie?

Wir beginnen mit einem etwas vereinfachten Überblick über die physikalischen Prinzipien, die der NMR-, IR- und UV-Spektroskopie zugrunde liegen. Da es sich bei der Massenspektrometrie (MS) nicht um eine im strengen Sinne spektroskopische Methode handelt, wird sie an anderer Stelle (Abschn. 18.7) besprochen. Danach folgt eine Beschreibung der prinzipiellen Funktionsweise von Spektrometern.

Das elektromagnetische Spektrum

Organische Moleküle absorbieren Strahlung in diskreten „Portionen" $\Delta E = h\nu$, die auch **Quanten** genannt werden (Abb. 10-1). Die absorbierte Strahlung bewirkt im Molekül irgendeine Veränderung des elektronischen oder mechanischen Zustandes, ein Prozeß, der auch als *Anregung* bezeichnet wird. Die dazu erforderliche Energie ist gequantelt; die Anregung erfolgt nur, wenn die eintretende Strahlung exakt die für das betrachtete Molekül richtige „Portion" Energie liefert.

Ein Molekül kann vielen unterschiedlichen Arten der Anregung unterliegen, von denen eine jede ihre genau bestimmte Energie ΔE erfordert. Röntgenstrahlen sind zum Beispiel sehr energiereiche Strahlung, die Elektronen aus energieärmeren Orbitalen in energiereichere anregen kann; ein solcher Wechsel wird als *Elektronenanregung* bezeichnet, die (in diesem Fall) eine Energie erfordert, die 1250 kJ/mol übersteigt. Ultraviolettes und sichtbares Licht können Elektronen aus der Valenzschale anregen; typisch sind Übergänge aus einem besetzten bindenden Molekülorbital in ein unbesetztes antibindendes (s. Abb. 1-12). Die dazu nötige Energie liegt zwischen 160 und 1250 kJ/mol. Infrarot-Strahlung bewirkt die Anregung von Schwingungen im Molekülgerüst einer Verbindung (ΔE liegt zwischen 4 und 40 kJ/mol). Die Quanten von Mikrowellen führen zu Rotationen um chemische Bindungen (ΔE etwa 4×10^{-4} kJ/mol). Radiowellen sind schließlich in der Lage, die Orientierung von Kernspins in einem Magnetfeld umzukehren (ΔE etwa 4×10^{-6} kJ/mol). Dieses Phänomen stellt die Grundlage der NMR-Spektroskopie dar.

Die unterschiedlichen Strahlungsarten, die damit verbundenen Energiebeträge ΔE und die dem entsprechenden Wellenlängen sind in Abbildung 10-2 zusammengestellt. Man erinnere sich, daß die Energie von Strahlung mit der Frequenz ν und der Wellenzahl $\tilde{\nu}$ ansteigt, mit steigender Wellenlänge λ jedoch abnimmt.

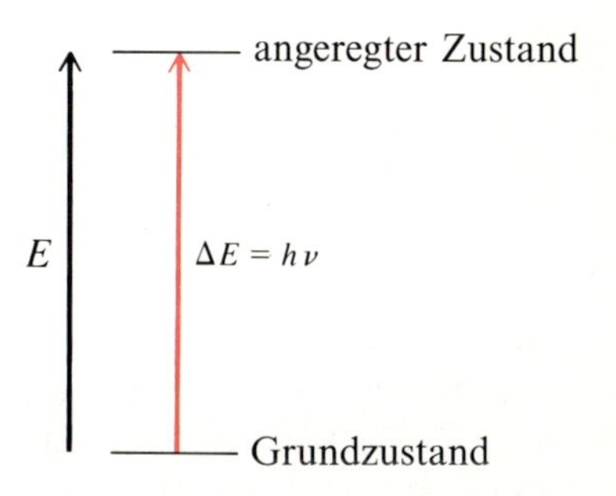

Abb. 10-1 Der Energieunterschied ΔE zwischen dem Grundzustand und dem angeregten Zustand wird durch die eintretende Strahlung der Frequenz ν überbrückt, die exakt dem Energieunterschied ΔE entspricht.

ν Frequenz der absorbierten Strahlung
h Planckscher Wirkungsquantum $= 6.6251 \times 10^{-34}$ J s

Übung 10-2

Welche Strahlungsart (Wellenlänge λ) ist mindestens erforderlich, um die radikalische Chlorierung von Methan zu initiieren? Vgl. Abschn. 3.5.

Das Spektrometer

Entsprechend der Darstellung in Abbildung 10-1 kann die Absorption eines geeigneten Strahlungsquantums durch ein Molekül zur Anregung aus dem Normalzustand (Grundzustand) in einen energiereicheren Zustand führen. Spektroskopie (richtiger: Absorptionsspektroskopie) ist prinzipiell ein technisches Verfahren, das dazu dient, die absorbierte Strahlung zu messen. Die dazu benutzten Geräte heißen Spektrometer. Jedes Spektrometer enthält eine Quelle der erforderlichen elektromagnetischen Strahlung: Infrarot-Licht für die IR-Spektroskopie, ultraviolettes oder sichtbares Licht für die UV-VIS-Spektroskopie und Radiowellen im Falle der NMR-Spektroskopie. In IR- und UV-VIS-Spektrometern (Abb. 10-3) wird das Licht der Strahlungsquelle in zwei Strahlen exakt gleicher Intensität geteilt. Man erhält einen Meßstrahl, der die Probe durchläuft, und einen Vergleichsstrahl (Referenzstrahl), der unverändert bleibt. Mit einem *Detektor* werden die Intensitäten beider Strahlen gemessen, verglichen und kleinste Intensitätsunterschiede erfaßt. IR- und UV-VIS-Spektrometer enthalten einen *Monochromator*, der dafür sorgt, daß zu jedem Zeitpunkt immer nur Strahlung einer Wellenlänge den Meßvorgang durchläuft. Eine

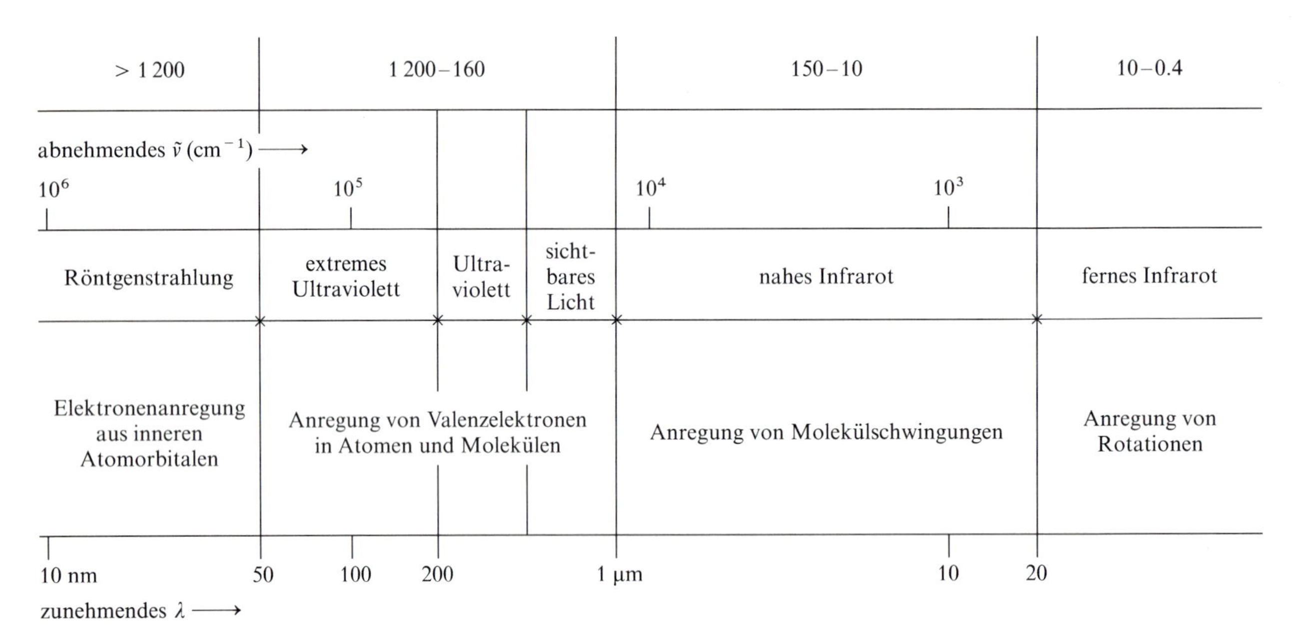

Abb. 10-2 Das Spektrum der elektromagnetischen Strahlung. Energien werden in kJ/mol wiedergegeben, Wellenzahlen $\tilde{\nu}$ in cm^{-1}, Wellenlängen λ in nm (1 nm = 10^{-9} m), μm (1 μm = 10^{-6} m), mm (1 mm = 10^{-3} m) und m. Die Wellenzahl ist definiert als $\tilde{\nu} = 1/\lambda$ und entspricht der Periodenanzahl einer Welle je Zentimeter. Die Wellenzahl ist der Frequenz nach der Beziehung $\nu = c/\lambda = c \times \tilde{\nu}$ proportional, wobei c die Lichtgeschwindigkeit ist ($c = 3 \times 10^{10}$ cm s^{-1}). Die Frequenz ν wird in Hz oder s^{-1} gemessen. Eine einfach Umrechnung von ΔE in die dazugehörige Wellenlänge λ ist gegeben durch die Beziehung $\Delta E = 119748 / \lambda$ (ΔE in kJ/mol, λ in nm).

kontinuierliche Änderung der Wellenlänge erlaubt es, Absorptionen in Abhängigkeit von der Wellenlänge aufzuzeichnen. Dies geschieht auf kalibriertem Papier; die so erhaltene Auftragung der Absorption gegen die Wellenlänge (oder gegen die Wellenzahl) wird als *IR-* oder *UV-VIS-Spektrum* bezeichnet.

Der Aufbau eines NMR-Spektrometers unterscheidet sich grundlegend von dem für IR- und UV-VIS-Spektrometer beschriebenen. Essentielle Bestandteile eines NMR-Spektrometers sind ein Magnet, der im Bereich

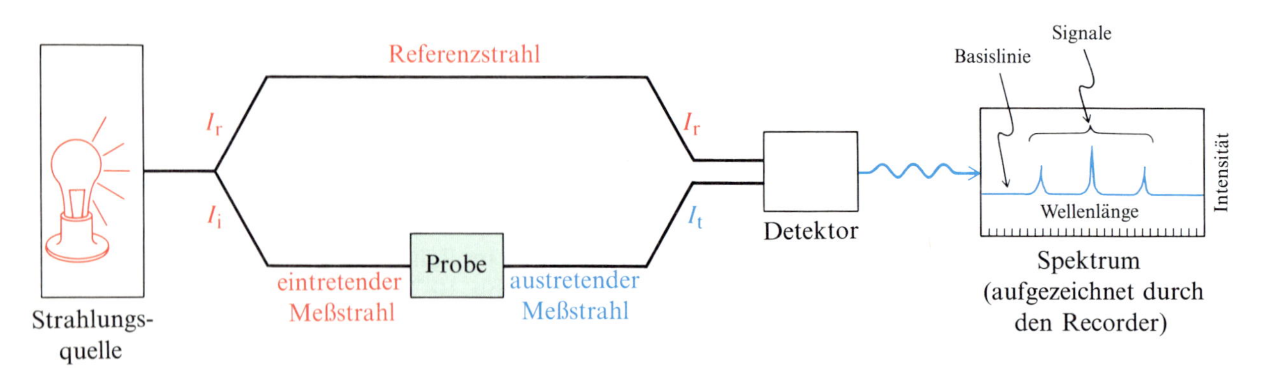

Abb. 10-3 Schematische Darstellung eines IR- bzw. UV-VIS-Spektrometers. Die einfallende Strahlung wird in einen Referenzstrahl und einen Meßstrahl gleicher Intensität aufgespalten ($I_r = I_i$). Der Meßstrahl durchläuft die Probe und verläßt sie mit einer Intensität I_t. Erfolgt keine Absorption, gilt $I_t = I_i$ und auch $I_t = I_r$. Wenn $I_t = I_r$, mißt der Detektor keinen Intensitätsunterschied, der Schreiber zeichnet eine gerade Linie (Grund- oder Basislinie). Erfolgt Absorption, $I_t \neq I_r$, wird ein Signal (Peak) aufgezeichnet. Das so erhaltene Diagramm wird als Spektrum bezeichnet.

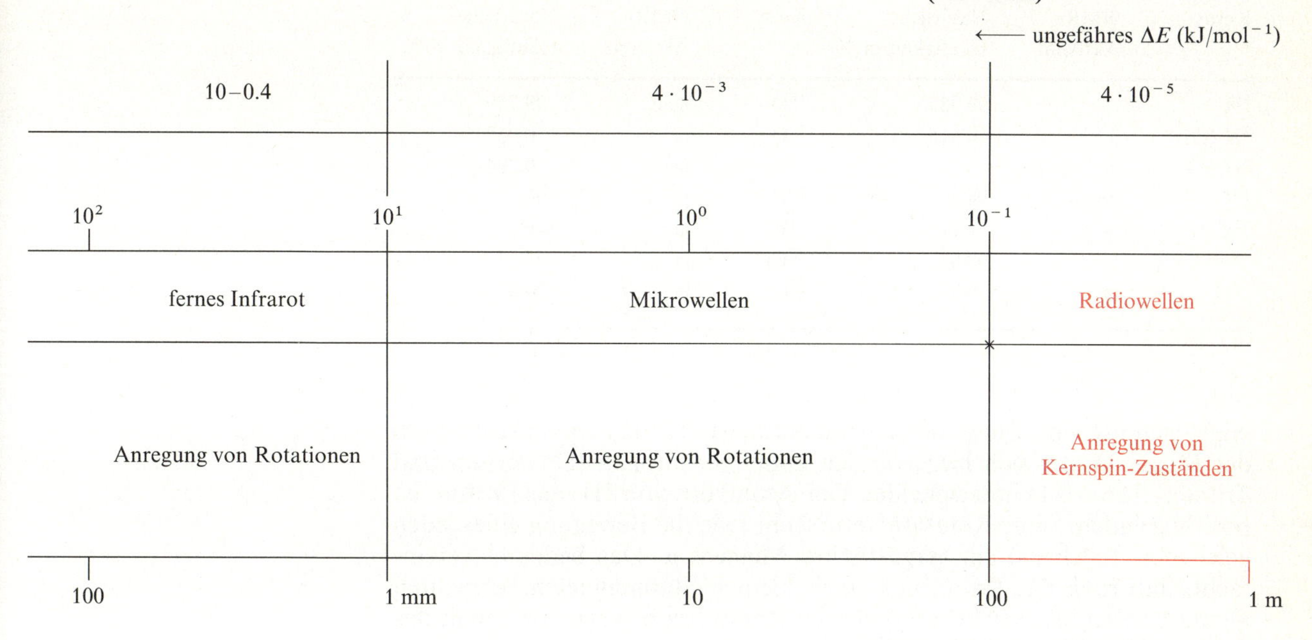

der Probe ein homogenes Magnetfeld erzeugt, ein Radiofrequenzsender als Strahlungsquelle und ein Radiofrequenzempfänger, der die Rolle des Detektors spielt. Schließlich bedarf es noch eines Schreibers, der die Absorptionssignale („Peaks“) in Abhängigkeit von der Frequenz aufzeichnet. Das so erhaltene Diagramm ist das NMR-Spektrum.

Wir fassen zusammen, daß elektromagnetische Strahlung in diskreten Energiequanten absorbiert wird, was mit spektroskopischen Methoden gemessen werden kann. Die NMR-Spektroskopie erfordert energiearme Strahlung im Bereich der Radiowellen.

10.2 Protonen-Kernresonanz (^{1}H NMR)

In diesem Abschnitt werden die grundlegenden Prinzipien der NMR-Spektroskopie, insbesondere der Wasserstoffatome, erläutert.

Kernspins und die Absorption von Radiowellen

Viele Atomkerne verhalten sich so, als würden sie sich um ihre eigene Achse drehen. Man sagt daher, daß sie einen **Kernspin** haben (*to spin*,

Tabelle 10-1 NMR-Aktivität und natürliche Häufigkeit ausgewählter Kerne

Kern	NMR-Aktivität	Natürliche Häufigkeit in %	Kern	NMR-Aktivität	Natürliche Häufigkeit in %
^{1}H	ja	99.985	^{16}O	nein	99.759
^{2}H (D)	ja	0.015	^{17}O	ja	0.037
^{3}H (T)	ja	0	^{18}O	nein	0.204
^{12}C	nein	98.89	^{19}F	ja	100
^{13}C	ja	1.11	^{31}P	ja	100
^{14}N	ja	99.63	^{35}Cl	ja	75.53
^{15}N	ja	0.37	^{37}Cl	ja	24.47

engl., sich drehen). Einer dieser Atomkerne ist ^{1}H (das Wasserstoffisotop der Masse 1), der sich hier von den anderen Isotopen (Deuterium und Tritium; Tab. 10-1) unterscheidet. Der Atomkern von ^{1}H, das Proton, ist positiv geladen. Seine Rotation verursacht (wie die Bewegung eines jeden geladenen Teilchens) ein **magnetisches Moment μ**. Das bedeutet vereinfacht, daß man das Proton als einen kleinen Stabmagneten betrachten kann, der sich in einer Lösung oder im Raum frei bewegt. Setzt man das Proton einem äußeren Magnetfeld B_0 aus, kann es im Prinzip eine von zwei Orientierungen einnehmen: Die energiearme Orientierung ist die zum Magnetfeld parallele, während die zum Magnetfeld antiparallele energetisch weniger vorteilhaft ist. Die beiden Orientierungen werden als Spin α und Spin β bezeichnet (Abb. 10-4). Der Übergang vom energieärmeren (α) in den energiereicheren Zustand (β) erfordert die Zufuhr eines entsprechenden Energiequantums.

Um den Übergang spektroskopisch zu messen, bedarf es einer Strahlung geeigneter Frequenz. Dann kommt es zur **Resonanz**, d. h. die zum Übergang von Spin α nach Spin β erforderliche Energie wird von der Probe aufgenommen, was sich spektroskopisch als Energieabsorption beobachten läßt. Resonanz ist ein generelles Phänomen, das dann eintritt, wenn zum Übergang von einem energieärmeren in einen energiereicheren Zustand eines Systems genau die Strahlung absorbiert wird, deren Frequenz dem zu überbrückenden Energieunterschied entspricht. Sie wird in zahlreichen physikalischen Systemen beobachtet, z. B. bei einem an einer

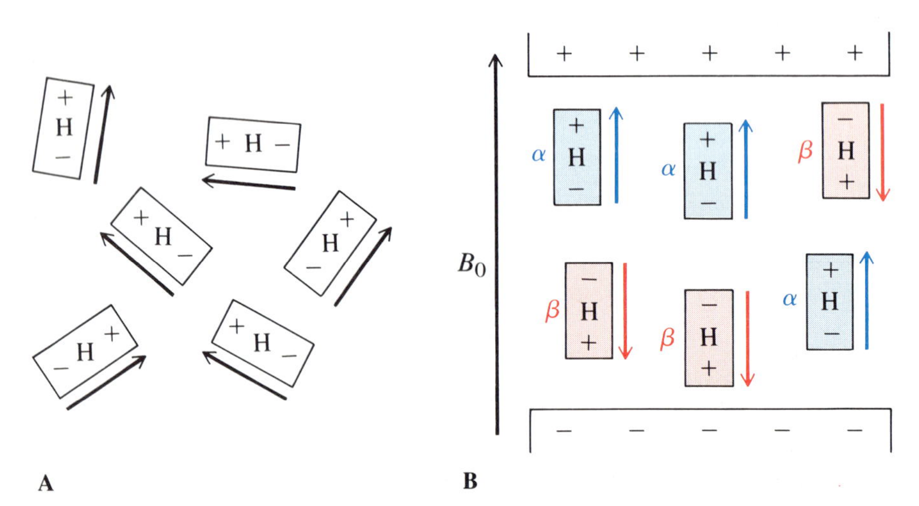

Abb. 10-4 Wasserstoffkerne als kleine Stabmagneten. Die beiden Pole sind durch + und − gekennzeichnet (die positiven Ladungen der Atomkerne wurden weggelassen). (A): Ohne äußeres Magnetfeld B_0. (B): Mit äußerem Magnetfeld B_0. Die Kernspins richten sich in (α) oder gegen (β) die Richtung des Feldes aus.

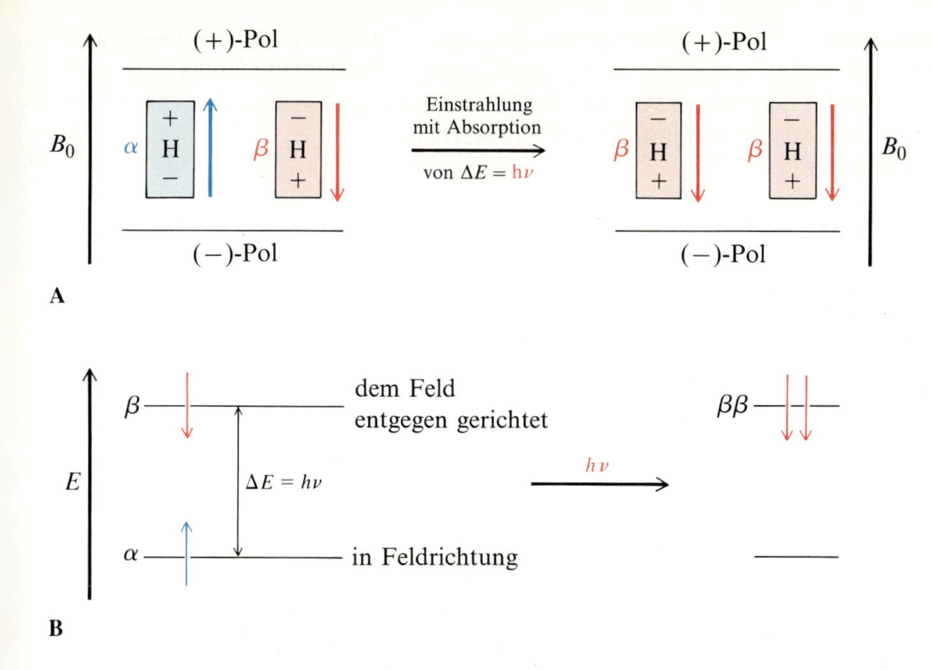

Abb. 10-5 Energetisch unterschiedliche Spinzustände bei Einwirkung eines äußeren Magnetfeldes auf Protonen. Die Einstrahlung elektromagnetischer Strahlung der Frequenz ν, d. h. der Energie $h\nu = \Delta E$, bewirkt Absorption. (A): Spinumkehr von α nach β bei Einstrahlung der Energie $h\nu$. (B): Energieniveaus zur Spinumkehr in (A).

Feder hängenden Gewicht, wenn eine periodisch wirkende Kraft mit der für das System charakteristischen Eigenfrequenz wirkt. Für die Kernresonanz von Protonen ist dieser Zusammenhang in Abbildung 10-5 schematisch dargestellt. Das Besondere an der Kernresonanz ist, daß die energetisch unterschiedlichen Zustände der Protonen (Spin α und Spin β) erst durch den Einfluß eines äußeren Magnetfeldes erzeugt werden. Bei anderen spektroskopischen Methoden (z. B. UV- oder IR-Spektroskopie) sind die unterschiedlichen Energieniveaus bereits im Molekül vorhanden. Nach der Anregung fallen die Spins auf unterschiedlichen Wegen wieder in ihren energieärmeren Zustand zurück, die absorbierte Energie wird dabei als Wärme an die Umgebung abgegeben. Diese Rückkehr in den energieärmeren Zustand wird als **Relaxation** bezeichnet; eine eingehendere Behandlung dieses Phänomens übersteigt den Rahmen dieses Buches. Unter Resonanzbedingungen finden deshalb kontinuierlich Anregung und Relaxation statt.

Man kann sich vorstellen, daß der Energieunterschied ΔE zwischen den Spinzuständen α und β direkt von der Stärke B_0 des externen Magnetfeldes abhängt. Je stärker dieses Magnetfeld ist, desto größer wird der Energieunterschied ΔE. Dieser Befund ist Ausdruck der relativen Schwierigkeit der Umkehr eines Spins α in einen Spin β. Die Frequenz der absorbierten Strahlung ν ist der Stärke des äußeren Magnetfeldes B_0 mit einer Konstante γ direkt proportional:

$$\nu = \gamma B_0$$

Dabei ist die Konstante γ für die Art des betrachteten Atomkerns und seine Umgebung charakteristisch.

Wieviel Energie muß man aufwenden, um eine Spinanregung von α nach β zu bewirken? Diese Frage kann man nur beantworten, wenn man typische Werte für die Stärke des externen Magnetfeldes kennt. Die heute käuflichen Magneten weisen Feldstärken zwischen 1.4 und 15 Tesla (T) auf. Die entsprechenden Frequenzen ν reichen von 60 bis 600 MHz (1 MHz = 10^6 Hz = 10^6 s^{-1}). Beispielsweise erfordert Wasserstoff bei einem magnetischen Feld B_0 von 2.115 T zur Kernresonanz Radiowellen einer Frequenz ν von 90 MHz. Der Zusammenhang zur absorbierten Energie ergibt sich aus der Gleichung:

$$\Delta E_{\beta-\alpha} = h\nu$$

Die Größe der absorbierten Energie berechnet sich so zu 3.8×10^{-5} kJ/mol, einem relativ kleinen Wert. Da der Energieunterschied zwischen den beiden Spinzuständen klein ist, erfolgt die Einstellung eines Gleichgewichtes zwischen den Spins in den beiden Zuständen schnell. Im Durchschnitt befinden sich nur wenig mehr als die Hälfte aller Spins im energieärmeren Zustand, die anderen befinden sich im energiereicheren.

Auch Kerne anderer Atome als Wasserstoff zeigen Kernresonanz

Das Proton (^{1}H) ist nicht der einzige Kern, der zur Kernresonanz befähigt ist. Weitere Kerne, die in der organischen Chemie wichtig sind, und die das Phänomen der Kernresonanz zeigen können, sind Deuterium (D oder ^{2}H, Wasserstoffisotop der Atommasse 2), das Isotop ^{13}C des Kohlenstoffs (nicht jedoch das natürlich überwiegend vorhandene ^{12}C), ^{14}N und ^{15}N, ^{17}O (nicht jedoch ^{16}O), ^{19}F, ^{31}P, ^{35}Cl und ^{37}Cl (Tab. 10-1).

Jeder dieser Kerne hat einen anderen charakteristischen Wert γ; *dies führt dazu, daß bei gleicher Feldstärke unterschiedliche Atomkerne bei unterschiedlichen Frequenzen ν absorbieren.* Dies gilt auch für unterschiedliche Isotope des gleichen Elementes: Die Resonanzfrequenzen von Wasserstoff (^{1}H) unterscheiden sich von denen des Deuteriums (D), die von ^{35}Cl von denen des ^{37}Cl und so weiter. Wenn man sich beipielsweise überlegt, wie ein hypothetisches NMR-Spektrum einer Probe von Deuteriochlorfluormethan, CHDClF, bei einem äußeren Magnetfeld von 2.115 T auszusehen hätte, so würde man sechs verschiedene Absorptionen

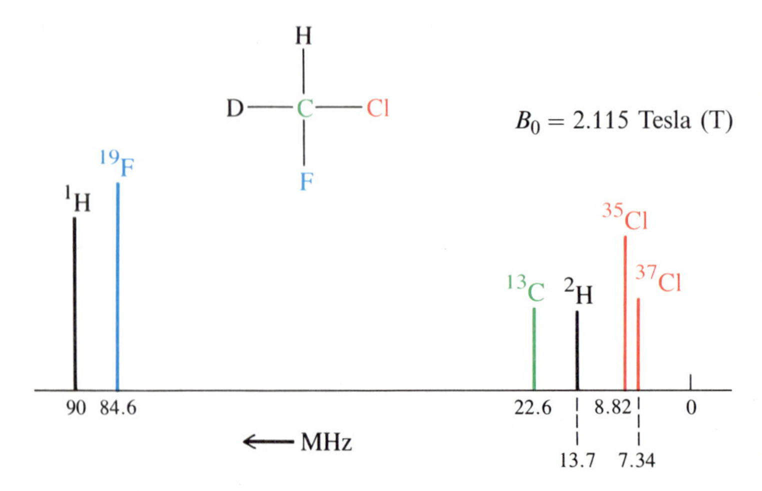

Abb. 10-6 Das für CHDClF zu erwartende NMR-Spektrum bei 2.115 T. Man sollte sechs Linien beobachten: 7.34 MHz (^{37}Cl), 8.82 MHz (^{35}Cl), 13.7 MHz (D), 22.6 MHz (^{13}C), 84.6 MHz (^{19}F), 90 MHz (^{1}H). Dies ist eine vereinfachte Darstellung, da die Signale bestimmter Kerne (der Chlor-Isotope, ^{2}H und ^{13}C) wegen ihrer geringen Häufigkeit und/oder der geringen Empfindlichkeit nur mit speziellen Techniken beobachtet werden können.

erwarten (Abb. 10-6), die folgenden „NMR-aktiven" Kernen zuzuordnen wären: Den häufig vorkommenden Kernen ^1H, ^{19}F, ^{35}Cl und ^{37}Cl, sowie den selteneren ^{13}C (1.11%) und ^2H (0.015%). Durch eine Messung bei einem stärkeren Magnetfeld könnte man den Bereich des Spektrums dehnen. Beispielsweise würden alle Kerne bei 4.23 T bei genau der doppelten Frequenz absorbieren. Die beobachteten Frequenzen (Abb. 10-6) würden sich demnach von 14.68 MHz für ^{37}Cl bis 180 MHz für ^1H erstrecken. Eine derartige Dehnung des Spektralbereiches ermöglicht eine bessere Auftrennung (Auflösung) der verschiedenen NMR-Signale; dieser Aspekt ist für die **hochauflösende NMR-Spektroskopie** von beträchtlicher Bedeutung. Wir werden sehen, daß man so gleichartige Atomkerne unterschiedlicher chemischer Umgebung in einem Molekül unterscheiden kann.

Hochauflösende NMR-Spektroskopie

Wir wollen das NMR-Spektrum des Chlor(methoxy)methans (Chlormethylmethylether), $ClCH_2OCH_3$, näher betrachten. Eine Aufnahme des Spektrums bei 2.115 T würde zwischen 0 und 90 MHz große Signale (Peaks) der vorhandenen häufig vorkommenden Kerne zeigen (Abb. 10-7A). Die hochauflösende NMR-Spektroskopie ermöglicht uns die eingehendere Betrachtung der einzelnen Signale, indem das Spektrum in der unmittelbaren Nachbarschaft der Hauptresonanzen gedehnt wird. Moderne NMR-Spektrometer ermöglichen so die detaillierte Betrachtung eines äußerst kleinen Teils des Spektrums. Bei den Signalen der Wasserstoffkerne ^1H erstreckt sich der so beobachtbare Bereich zum Beispiel von

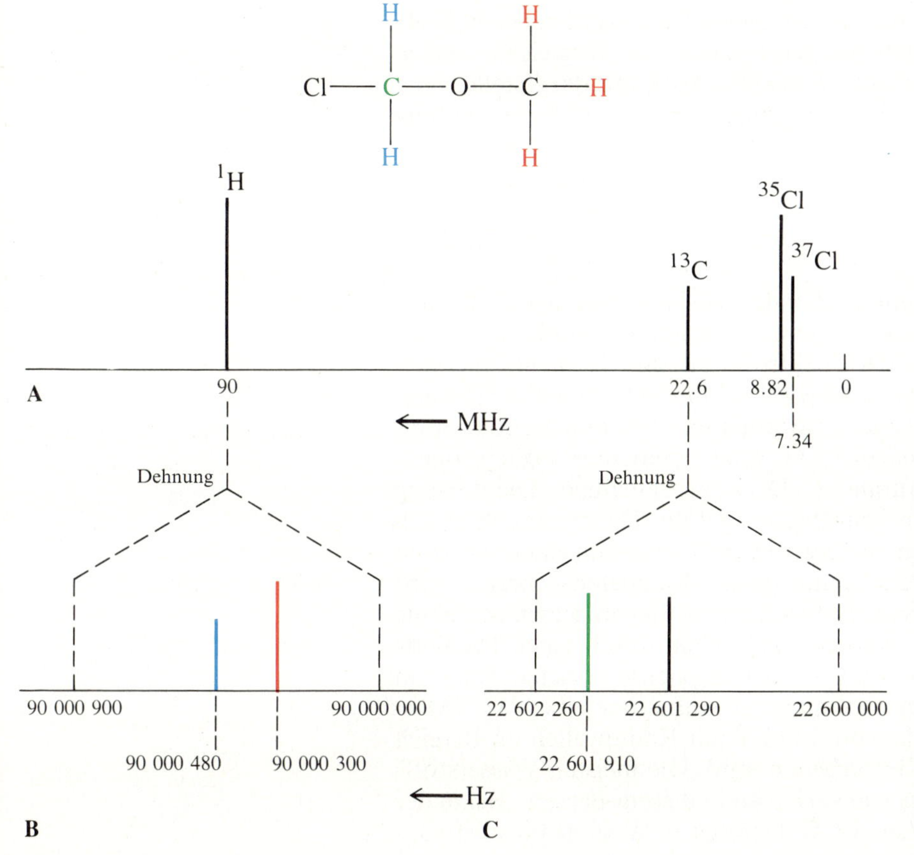

Abb. 10-7 Hypothetisches NMR-Spektrum von $ClCH_2OCH_3$ bei 2.115 T: (A) bei geringer Auflösung; das Spektrum zeigt vier Signale für die vier häufigsten Kerne des Moleküls (schwache Signale, die auf ^2H oder ^{17}O zurückzuführen wären, wurden weggelassen). (B) bei hoher Auflösung; das ^1H NMR-Spektrum zeigt zwei Signale für die beiden Sätze von Wasserstoffatomen (blau bzw. rot gezeichnet). Man beachte, daß der Bereich der Abb. hoher Auflösung nur etwa 0.001% der Aufnahme bei niedriger Auflösung abdeckt. (C) Das ^{13}C NMR-Spektrum hoher Auflösung, das mit einer in Abschnitt 10.7 beschriebenen speziellen Technik erhalten wurde, zeigt zwei Signale für die beiden unterschiedlichen Kohlenstoffatome im Molekül.

90 000 000 bis 90 000 900 Hz. Die Betrachtung eines so gedehnten Spektrums zeigt, daß es in Wirklichkeit in diesem Bereich nicht nur aus einer Absorptionslinie besteht, sondern aus zwei Absorptionslinien, die anfangs nicht hinreichend aufgelöst worden waren (Abb. 10-7B). In ähnlicher Weise zeigt das hochaufgelöste ^{13}C NMR-Spektrum in der unmittelbaren Umgebung von 22.6 MHz zwei Signale (Abb. 10-7C). Diese Beobachtungen sind auf die Gegenwart von jeweils zwei wegen ihrer unterschiedlichen chemischen Umgebungen unterscheidbaren Wasserstoff- und Kohlenstoffatomen im Molekül zurückzuführen. Die Möglichkeit, Wasserstoff- und Kohlenstoffatome in verschiedenen strukturellen Umgebungen zu unterscheiden, hat die NMR-Spektroskopie zur heute wohl wichtigsten Methode zur Aufklärung von Molekülstrukturen gemacht.

Der organische Chemiker bedient sich der NMR-Spektroskopie meist häufiger als aller anderen spektroskopischen Methoden zur Strukturaufklärung. Im folgenden Abschnitt werden kurz einige technische Aspekte angesprochen, bevor wir dann mit der Anwendung der Methode fortfahren.

Aufnahme von NMR-Spektren: Das NMR-Spektrometer

Die NMR-Spektroskopie wird seit 1960 routinemäßig angewandt. Das erste in Serie hergestellte NMR-Spektrometer arbeitete mit einem Magnetfeld von einer Feldstärke von 1.4 T, die Resonanzfrequenz der Atomkerne des Wasserstoffs lag bei etwa 60 MHz. Die meisten in der älteren Literatur publizierten Spektren wurden bei dieser Frequenz aufgenommen. Fortschritte in der Computer-Technologie, die Verfügbarkeit von supraleitenden Magneten und andere apparative Verbesserungen führten zur allgemeinen Anwendung höherer Feldstärken, heute sind sogar 500 MHz-Spektrometer in Gebrauch. In diesem Buch werden bei 90 MHz gemessene Spektren abgebildet; gelegentlich sind zu Vergleichszwecken auch bei höheren Feldstärken aufgenommene Spektren dargestellt.

Wie ist ein NMR-Spektrometer im Prinzip aufgebaut? In Abbildung 10-8 ist ein Foto eines modernen 500 MHz Fourier-Transform-NMR-Spektrometers wiedergegeben; darauf sind das Kontrollpult und der Schreiber, der das Spektrum aufzeichnet, deutlich zu sehen. Rechts befindet sich der supraleitende Magnet, in den die Probe eingeführt wird. Er wird mit flüssigem Helium gekühlt.

Einige Milligramm der zu untersuchenden Probe werden in 0.3–0.5 mL eines Lösungsmittels gelöst, das im interessierenden Spektralbereich nicht selbst absorbiert. In der ^{1}H NMR-Spektroskopie sind Tetrachlormethan, CCl_4, oder deuterierte Lösungsmittel wie Trichlordeuteriomethan (Deuteriochloroform), $CDCl_3$, Hexadeuteriopropanon (Hexadeuterioaceton), CD_3COCD_3, Hexadeuteriobenzol, C_6D_6, und Octadeuteriooxacyclopentan (Octadeuteriotetrahydrofuran), C_4D_8O, gebräuchlich. Die Lösung wird in ein spezielles NMR-Probenröhrchen gefüllt. Dabei handelt es sich um ein zylindrisches Röhrchen von etwa 18 cm Länge und einem präzisen Durchmesser von 5 mm, welches dann in den Magneten gebracht wird (Abb. 10-9). Um die unterschiedliche Orientierung der einzelnen Moleküle im Magnetfeld auszumitteln, wird das Röhrchen durch einen Preßluftstrom in eine schnelle Rotation um seine Längsachse versetzt. Schon in Abbildung 10-7 wurde gezeigt, daß man zur Aufnahme eines ^{1}H NMR-Spektrums bei einer Feldstärke von 2.115 T mit Radiowellen im Bereich von 90 000 000 bis 90 000 900 Hz arbeiten muß. Die meisten Wasserstoffkerne organischer Verbindungen absorbieren in diesem Bereich. Bei in der Praxis gebräuchlichen einfacheren CW-Geräten (CW steht für *continous*

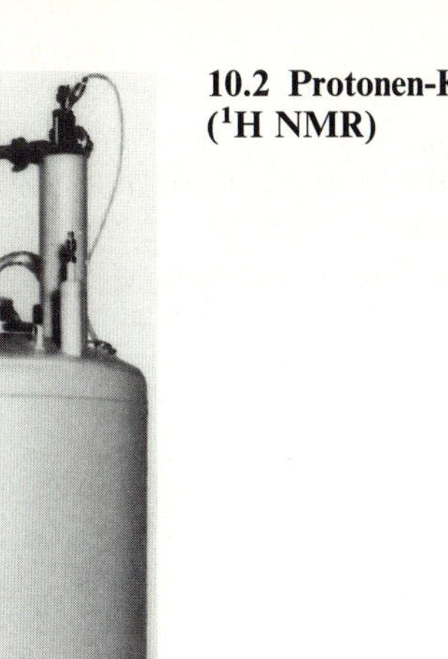

Abb. 10-8 Ein modernes 500 MHz Fourier-Transform-Spektrometer mit supraleitendem Magneten (rechts). (Bruker Analytische Meßtechnik GmbH, Karlsruhe)

wave) läßt man üblicherweise die Frequenz konstant (z. B. 90 MHz) und ändert zur Aufnahme des Spektrums die Feldstärke (Feld-sweep) entsprechend. Dies kann zu einer gewissen Verwirrung führen, denn normalerweise werden NMR-Spektren auf einer Frequenz-Skala (Einheit Hz) anstatt einer Feldstärke-Skala (Einheit T) aufgezeichnet, so als ob die Frequenz bei konstantem Magnetfeld B_0 verändert würde. In Wirklichkeit ist dem jedoch nicht so. Im Unterschied dazu arbeiten die aufwendigeren FT-Geräte (FT steht für *Fourier transform*) nach dem Frequenz-sweep-Verfahren, bei dem die Feldstärke konstant bleibt und die Frequenz der

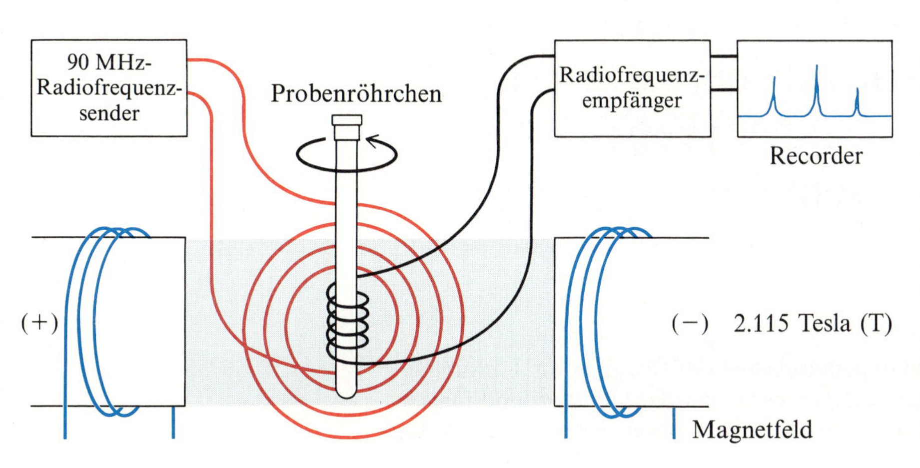

Abb. 10-9 Schematische Darstellung der wichtigsten Bestandteile eines NMR-Spektrometers. Bei Resonanz wird ein Teil der von einer Radiofrequenz-Quelle abgegebenen Energie absorbiert. Durch die $\alpha \longrightarrow \beta$ Spinumkehr wird in einer Meßspule um das Probenröhrchen ein geringe elektrische Spannung induziert, die mit einem RF-Detektor gemessen und elektronisch in ein Signal umgewandelt wird, das vom Recorder aufgezeichnet wird.

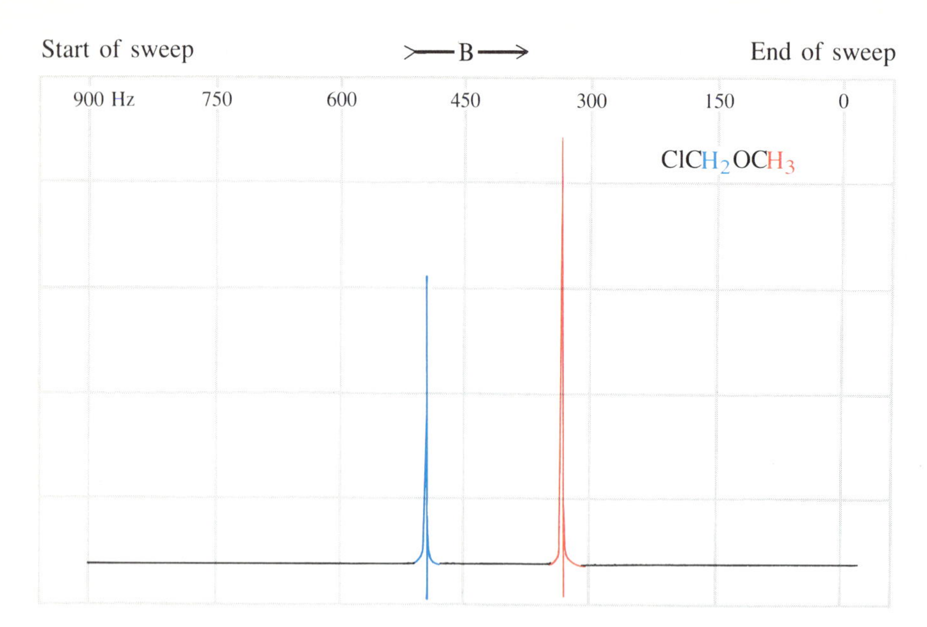

Abb. 10-10 90 MHz ^{1}H NMR-Spektrum von Chlor(methoxy)methan. Der Nullpunkt der Hz-Skala befindet sich bei einer Meßfrequenz von exakt 90 MHz am rechten Rand des Spektrums.

elektromagnetischen Wellen verändert wird. Das ^{1}H NMR-Spektrum von $ClCH_2OCH_3$ ist in Abbildung 10-10 wiedergegeben.

Wir fassen zusammen, daß die Kerne bestimmter Atome, wie von ^{1}H oder ^{13}C, vereinfacht als kleine Stabmagneten angesehen werden können, die im Magnetfeld in der Richtung des Feldes (α) oder dazu entgegengesetzt (β) ausgerichtet sein können. Diese beiden Zustände haben unterschiedliche Energie, was die Kernresonanz-Spektroskopie (NMR-Spektroskopie) ermöglicht. Im Kernresonanz-Experiment absorbieren die Atomkerne Energie geeigneter eingestrahlter Radiowellen und werden dadurch vom energiearmen (α) in den energiereicheren (β) Zustand angeregt. Der energiereiche Zustand relaxiert anschließend zum energieärmeren, indem er die entsprechende Energiemenge als Wärme an die Umgebung abgibt. Die beobachtete Resonanzfrequenz, die der Stärke des äußeren Magnetfeldes proportional ist, ist charakteristisch für den betreffenden Atomkern und seine chemischen Umgebung.

10.3 Verschiedene Wasserstoffatomkerne absorbieren bei unterschiedlichen Feldstärken: Die chemische Verschiebung von Protonen

Warum können für die verschiedenen Wasserstoffatome im Chlor(methoxy)methan unterschiedliche NMR-Signale beobachtet werden? Dieser Abschnitt soll dazu eine Antwort geben. Wir werden erkennen, daß die

Position eines NMR-Signals, die man auch als chemische Verschiebung bezeichnet, von der Elektronendichte um das betreffende Wasserstoffatom abhängt, welche ihrerseits von der chemischen Umgebung des Wasserstoffatoms beeinflußt wird. *Aus diesem Grund erlaubt die chemische Verschiebung weitgehende Rückschlüsse auf die Struktur eines Moleküls.*

10.3 Verschiedene Wasserstoffatomkerne absorbieren bei unterschiedlichen Feldstärken: Die chemische Verschiebung von Protonen

Die Lage eines NMR-Signals wird von elektronischer Abschirmung und Entschirmung des Kerns bestimmt

Dem in Abbildung 10-10 dargestellten hochaufgelösten ^{1}H NMR-Spektrum des Chlor(methoxy)methans ist zu entnehmen, daß die beiden verschiedenen Arten von Wasserstoffatomen zwei unterschiedliche Resonanzfrequenzen haben. Wie kommt es dazu? Die Ursache liegt in der unterschiedlichen elektronischen Umgebung der jeweiligen Wasserstoffatome. Ein freies Proton* wäre von seiner Umgebung weitestgehend unbeeinflußt. Im Magnetfeld orientiert es sich mit oder entgegen dem Magnetfeld, wie in Abbildung 10-4 dargestellt. Organische Moleküle enthalten jedoch in der Regel kovalent gebundene Wasserstoffatome, deren Atomkerne sich von freien Protonen unterscheiden; solche Bindungen beeinflussen die Resonanzfrequenz. Die Kerne chemisch gebundener Wasserstoffatome sind von Elektronenwolken umgeben, deren Elektronendichte je nach Polarität der Bindung, der Hybridisierung der benachbarten Atome und der An- oder Abwesenheit elektronenziehender oder -liefernder Gruppen variiert. Wenn ein von Elektronen umgebener Atomkern einem Magnetfeld ausgesetzt wird, induzieren diese ein *lokales Magnetfeld, b_{lokal}, welches dem äußeren Magnetfeld, B_0, entgegen gerichtet ist. Die*

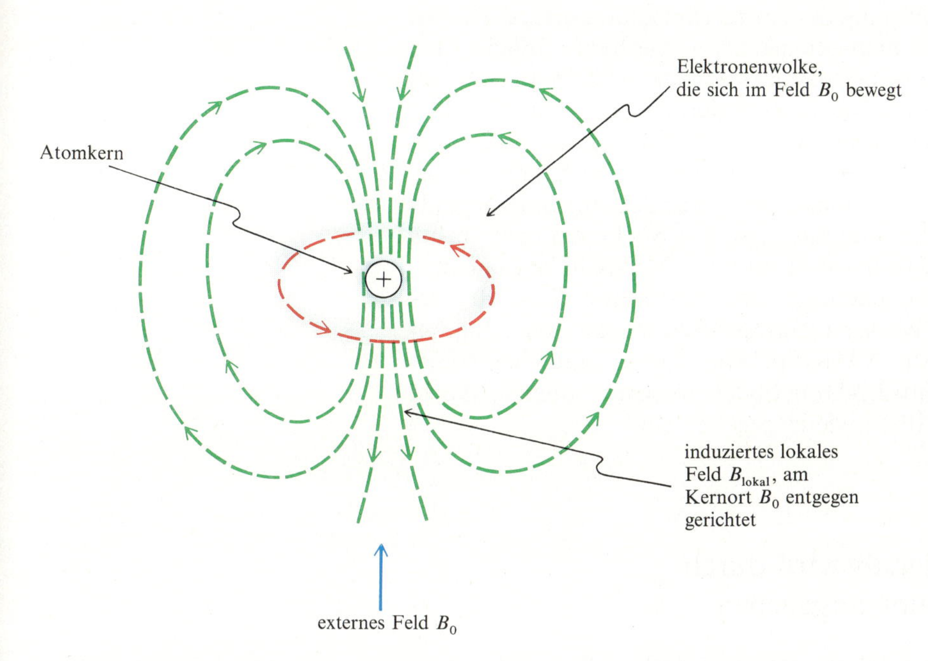

Abb. 10-11 Das externe Magnetfeld, B_0, bewirkt einen elektronischen Strom der bindenden Elektronen um den Atomkern des Wasserstoffatoms, wodurch wiederum ein lokales Magnetfeld erzeugt wird, das gemäß der Lenzschen Regel B_0 entgegen gerichtet ist.

* Bei der Behandlung der NMR-Spektroskopie wird oft nicht exakt zwischen den Begriffen ‚Proton' und ‚Wasserstoff' bzw. ‚Wasserstoffatom' unterschieden. Begriffe wie ‚Protonen-NMR' und ‚Protonen in Molekülen' werden oft benutzt, wenn kovalent gebundene Wasserstoffatome gemeint sind.

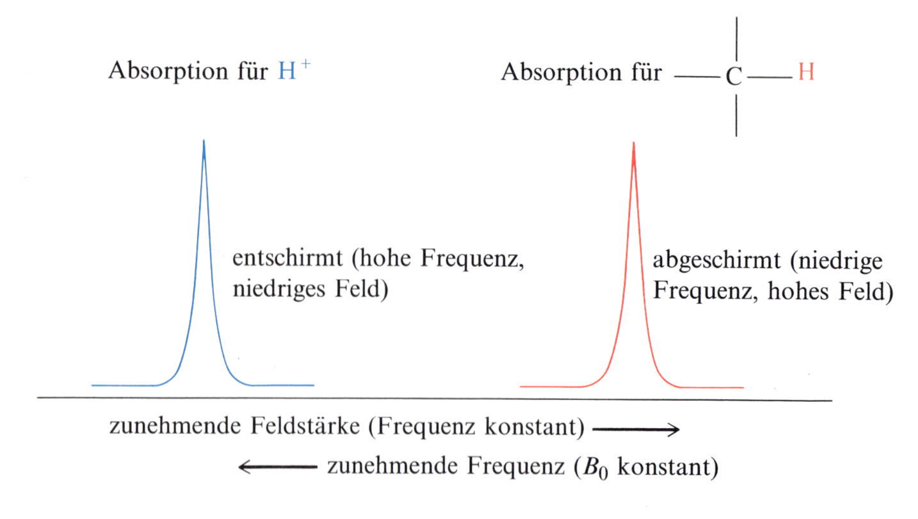

Abb. 10-12 Effekt der Abschirmung auf die Resonanzabsorption eines kovalent gebundenen „Protons". Bei konstanter Meßfrequenz der Energie $h\nu$ tritt das freie Proton bei B_0 in Resonanz. Die Abschirmung bewirkt eine Verminderung des lokalen Feldes auf $B_0 - b_{lokal}$. Zur Einstrahlung der „passenden" Energie $h\nu$ muß daher das äußere Feld um den Betrag b_{lokal} verstärkt werden. Bei konstant gehaltenem äußerem Feld B_0 wirkt am Atomkern das lokale Feld $B_0 - b_{lokal}$; daher reicht eine geringere Frequenz aus, um Resonanz zu erzeugen. In beiden Fällen ist das Ergebnis, daß das Signal im Spektrum nach rechts verschoben wird.

Konsequenz ist eine geringere effektive Feldstärke in der Umgebung des Wasserstoff-Atomkerns, der so vom äußeren Feld B_0 durch die Elektronenwolke abgeschirmt wird (Abb. 10-11). Der Grad der Abschirmung hängt von der Elektronendichte in der Umgebung des jeweiligen Atomkerns ab, wobei eine Erhöhung der Elektronendichte die Abschirmung verstärkt, und umgekehrt.

Wie wirkt sich die Abschirmung auf die Signallage im NMR-Spektrum aus? Wenn das Spektrum bei konstanter Feldstärke B_0 aufgenommen wird, wird das am Atomkern wirksame Magnetfeld zu $B_0 - b_{lokal}$ vermindert. Dies bedeutet eine Erniedrigung der zur Kernresonanz erforderlichen Frequenz (Abb. 10-12). Wenn man umgekehrt – wie heute üblich – bei konstanter Frequenz und variabler Feldstärke arbeitet, stellt man fest, daß zur Kernresonanz eine höhere Feldstärke erforderlich ist, um die Abschirmung zu überwinden. Spektren werden normalerweise mit von links nach rechts ansteigender Feldstärke – das entspricht einer von rechts nach links ansteigenden Frequenz – aufgezeichnet. Eine Verschiebung eines Signals *nach höherem Feld* bedeutet also, daß das Signal im Spektrum nach rechts verschoben wird. Ein jedes Wasserstoffatom eines Moleküls hat entsprechend seiner elektronischen Umgebung eine bestimmte Resonanzfrequenz. Chemisch äquivalente Wasserstoffatome führen zu gleichen Signallagen. Als Beispiele können die NMR-Spektren zweier ähnlicher Moleküle, 1,2-Dimethoxyethan und 2,2-Dimethyl-1-propanol, dienen, die in den Abbildungen 10-13 und 10-14 wiedergegeben sind.

Die Lage eines NMR-Signals wird durch die chemische Verschiebung angegeben

Wie kann man NMR-spektroskopische Daten mitteilen? Es wurde schon erwähnt, daß die NMR-Signale organischer Verbindungen in einem 90 MHz NMR-Spektrum in einen Bereich von 900 Hz fallen. Anstatt nun die exakte Frequenz eines jeden Signals zu vermessen – das wäre technisch ziemlich aufwendig – wird meist eine kleine Menge eines internen Stan-

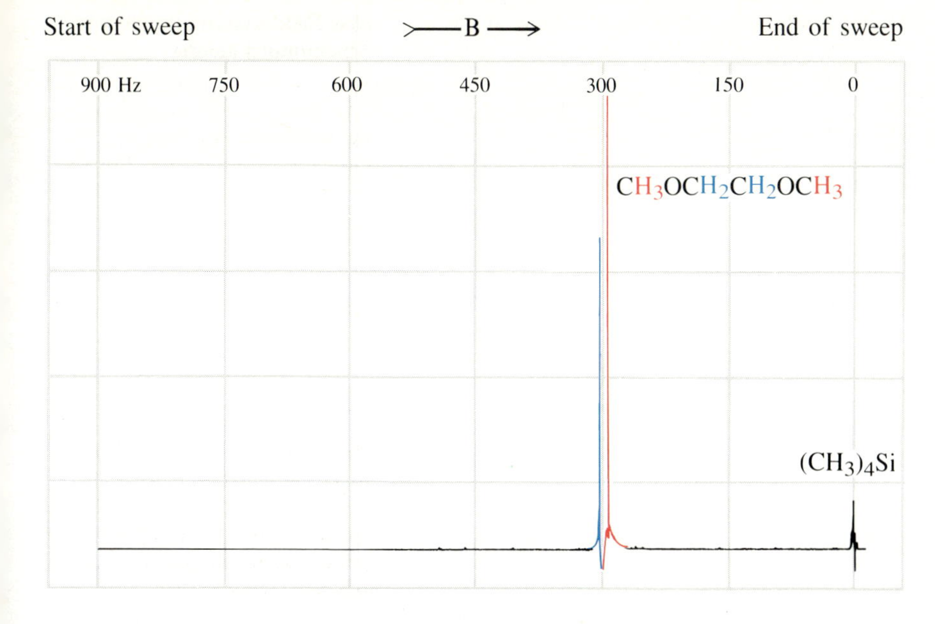

Abb. 10-13 90 MHz ^1H NMR-Spektrum von 1,2-Dimethoxyethan, $CH_3OCH_2CH_2OCH_3$, in CCl_4. Man beobachtet zwei Signale für die beiden unterschiedlichen Sätze von Wasserstoffatomen. Das scharfe Signal am rechten Rand gehört zum internen Standard Tetramethylsilan, $(CH_3)_4Si$. Die Skala am oberen Rand zeigt den Frequenzunterschied in Hz zwischen einem zur Substanz gehörenden Signal und dem des internen Standards.

dards zur Probe gegeben. Die Lage der NMR-Signale der zu untersuchenden Substanz werden dann relativ zu den Signalen des internen Standards angegeben. Als interner Standard dient Tetramethylsilan, $(CH_3)_4Si$, eine Flüssigkeit, die bei 26.5 °C siedet und daher notfalls bequem wieder entfernt werden kann. Die zwölf chemisch äquivalenten Wasserstoffatome dieser Verbindung sind im allgemeinen stärker abgeschirmt als die von üblichen organischen Verbindungen. Kommerziell sind NMR-Lösungsmittel erhältlich, denen bereits eine geringe Menge (1 %) Tetramethylsilan hinzugefügt worden ist. Die NMR-Signale einer Substanz werden dann als Frequenzunterschied (in Hz) zum Signal des internen Standards angegeben. So kann man beispielsweise die Signale des 2,2-Dimethylpropanols (Abb. 10-14) wiedergeben, indem man sagt, daß sie relativ zum internen Standard $(CH_3)_4Si$ um 78, 258 und 287 Hz nach tieferem Feld verschoben sind.

Dabei hat man allerdings das Problem, daß diese Angaben je nach der Stärke des angelegten Magnetfeldes variieren. Da Feldstärke und Resonanzfrequenz zueinander proportional sind, führt eine Verdoppelung oder Verdreifachung der Feldstärke zu einer Verdoppelung oder Verdreifachung der Resonanzfrequenz. Um diese Komplikation zu umgehen, und um in der Literatur publizierte Spektren unterschiedlicher Feldstärke vergleichbar zu machen, bildet man den Quotienten aus dem Frequenzunterschied zum Signal des Tetramethylsilans und der Meßfrequenz des jeweiligen Spektrometers. Dies führt zu einer *von der Feldstärke unabhängigen Größe*, der **chemischen Verschiebung δ**:

$$\delta = \frac{\text{Frequenzunterschied zum Signal von } (CH_3)_4Si \text{ in Hz}}{\text{Spektrometerfrequenz } \nu_0 \text{ in Hz}} \text{ ppm}$$

Die chemische Verschiebung ist eine dimensionslose Größe. Der Faktor 10^{-6}, der sich rechnerisch aus der Division von Hz durch MHz ergibt, wird durch die Angabe der chemischen Verschiebung in „parts per million" (ppm) berücksichtigt. Bei ^1H NMR-Spektren werden meist die ersten zwei Dezimalen angegeben. Für den internen Standard $(CH_3)_4Si$ ist

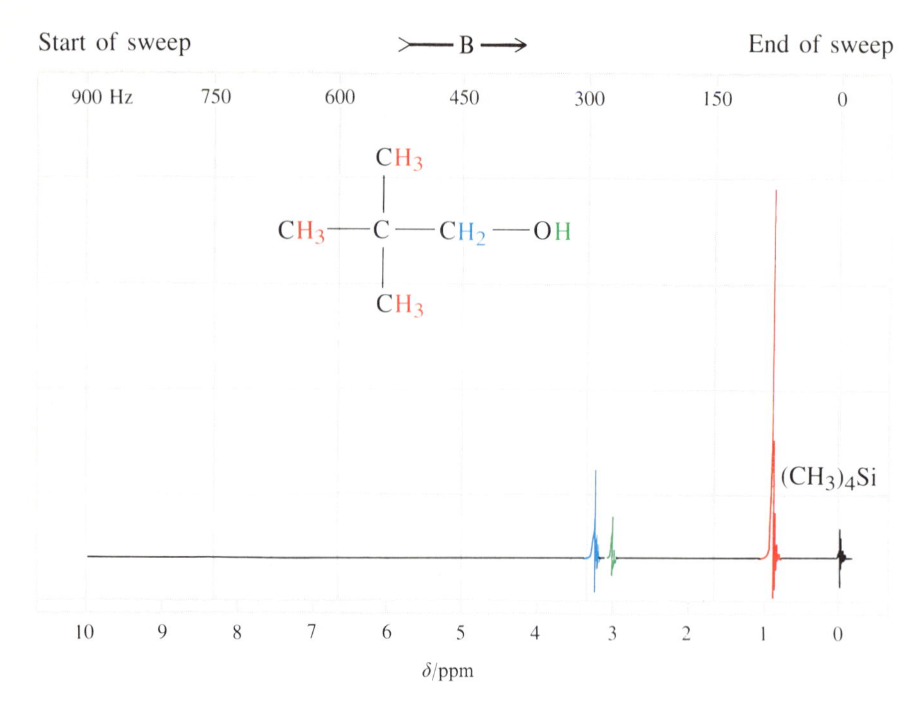

Abb. 10-14 90 MHz ^1H NMR-Spektrum von 2,2-Dimethyl-1-propanol in CCl_4. Man beobachtet drei Signale für die drei unterschiedlichen Sätze von Wasserstoffatomen. Die Skala am unteren Rand zeigt die chemische Verschiebung δ.

δ *per definitionem* 0.00. Das ^1H NMR-Spektrum des 2,2-Dimethyl-1-propanols (Abb. 10-14) wird demnach folgendermaßen wiedergegeben: ^1H NMR (90 MHz, CCl_4): $\delta = 0.83, 2.87, 3.19$ ppm.

Übung 10-3

Bei einer Meßfrequenz von 90 MHz haben die beiden NMR-Signale des 1,2-Dimethoxyethans (Abb. 10-13) zum Signal des Tetramethylsilans einen Frequenzunterschied von 288 und 297 Hz. Wie groß ist ihre chemische Verschiebung? Bei welcher Frequenz (in Hz, relativ zu Tetramethylsilan) würden die Protonen absorbieren, wenn die Meßfrequenz 100 MHz betragen würde?

Funktionelle Gruppen haben charakteristische chemische Verschiebungen

Der große Wert der NMR-Spektroskopie liegt darin, daß die chemische Verschiebung für die chemische (strukturelle) Umgebung der betreffenden Kerne charakteristisch ist. In Tabelle 10-2 sind die für die üblichen organischen Gruppen charakteristischen chemischen Verschiebungen zusammengestellt. Sie werden detailliert in den Kapiteln diskutiert, die die jeweiligen Gruppen behandeln. Der Leser mache sich mit denjenigen Werten vertraut, die in Tabelle 10-2 für diejenigen Stoffgruppen angegeben sind, die schon behandelt wurden: Alkane, Halogenalkane, Ether, Alkohole, Aldehyde und Ketone.

Man beachte, daß die Signale der Alkane bei ziemlich hohem Feld ($\delta = 0.8-1.7$ ppm) erscheinen und mit zunehmender Substitution eine kleine, jedoch deutliche Verschiebung nach höherer Frequenz (tieferem Feld) aufweisen. Mit anderen Worten wächst δ_{R-H} in der Reihe primär < sekundär < tertiär. Wenn sich ein Wasserstoffatom im Molekül nahe bei einem elektronegativen Atom wie einem Halogen oder Sauerstoff befindet, wird das Signal nach höherer Frequenz (tieferem Feld) verschoben, da

Tabelle 10-2 Typische chemische Verschiebungen in ^1H NMR-Spektren organischer Moleküle

Wasserstoffatom	Chemische Verschiebung δ in ppm
Primäres Alkyl, RCH_3	0.8–1.0
Sekundäres Alkyl, RCH_2R'	1.2–1.4
Tertiäres Alkyl, R_3CH	1.4–1.7
Allyl-H (einer Doppelbindung benachbart), $R_2C{=}C(CH_3)R'$	1.6–1.9
Benzyl-H (einem Benzolring benachbart), $ArCH_2R$	2.2–2.5
Chloralkan, RCH_2Cl	3.6–3.8
Bromalkan, RCH_2Br	3.4–3.6
Iodalkan, RCH_2I	3.1–3.3
Ether, RCH_2OR'	3.3–3.9
Alkohol, RCH_2OH	3.3–4.0
Ketone, $RC(=O)CH_3$	2.1–2.6
Aldehyde, $RC(=O)H$	9.5–9.6
Terminale Alkene, $R_2C{=}CH_2$	4.6–5.0
Interne Alkene, $R_2C{=}CHR'$	5.2–5.7
Aromatische H, ArH	6.0–9.5
Alkine, $RC{\equiv}CH$	1.7–3.1
Alkoholische Hydroxy-H, ROH	0.5–5.0 (variabel)
Amin-H, RNH_2	0.5–5.0 (variabel)

10.3 Verschiedene Wasserstoffatomkerne absorbieren bei unterschiedlichen Feldstärken: Die chemische Verschiebung von Protonen

Entschirmung in Chlormethanen

CH_3Cl δ = 3.05 ppm

CH_2Cl_2 δ = 5.30 ppm

$CHCl_3$ δ = 7.27 ppm

der elektronegative Substituent das Proton durch den Abzug von Elektronendichte aus seiner Umgebung entschirmt. Tabelle 10-3 zeigt, wie benachbarte Heteroatome die chemische Verschiebung einer Methylgruppe beeinflussen: Je elektronegativer der Substituent, desto stärker werden die Protonen relativ zu denen des Methans entschirmt. Mehrere derartige Substituenten führen zu einem kumulativen Effekt, wie die chemischen Verschiebungen der drei chlorierten Methane am Rand zeigen. Der entschirmende Effekt elektronegativer Substituenten nimmt mit wachsendem Abstand vom Substituenten ab:

$CH_3—CH_2—CH_2—Br$
δ = 1.06 1.81 3.47 ppm

$(CH_3)_2CH—I$: CH_3 1.89 ppm, H 4.24 ppm

Ein weiteres Beispiel ist 1,2,2-Trichlorpropan, $CH_3CCl_2CH_2Cl$, welches zwei Signale bei δ = 4.00 und δ = 2.23 ppm aufweist. Das bei höherer Frequenz (tieferem Feld) erscheinende Signal wird der Methylengruppe zugeordnet, die sekundäre Wasserstoffatome trägt und sich nahe den drei elektronegativen Chloratomen befindet, von denen eines an dasselbe Kohlenstoffatom gebunden ist, wie die Wasserstoffatome. Das Signal der Methylgruppe erscheint dagegen bei höherem Feld, da es sich hier um primäre Wasserstoffatome handelt, in deren Nachbarschaft sich nur zwei Chloratome befinden.

Tabelle 10-3 Der entschirmende Effekt elektronegativer Atome

CH_3X	Elektronegativität von X (aus Tabelle 1-4)	Chemische Verschiebung δ der CH_3-Gruppe in ppm
CH_3F	4.0	4.26
CH_3OH	3.4	3.40
CH_3Cl	3.2	3.05
CH_3Br	3.0	2.68
CH_3I	2.7	2.16
CH_3H	2.2	0.23

Übung 10-4

Erklären Sie die Zuordnung der Signale in den ^1H NMR-Spektren von Chlor(methoxy)methan (Abb. 10-10) und 1,2-Dimethoxyethan (Abb. 10-13).

Wie Tabelle 10-2 entnommen werden kann, absorbieren Hydroxy- (und Amin-)Wasserstoffatome in einem breiten Frequenzbereich. Dies beruht auf Wasserstoffbrücken-Bindungen. Das Sauerstoffatom in Alkoholen hat zwei freie Elektronenpaare, die das direkt daran gebundene Wasserstoffatom stark abschirmen (Man betrachte zum Vergleich den induktiven entschirmenden Effekt eines indirekt gebundenen Sauerstoffatoms in Tab. 10-3.). Daher findet man das Signal dieses Kerns in verdünnten wasserfreien Lösungen bei ziemlich niedriger Frequenz (hohem Feld). In konzentrierteren oder nicht vollkommen wasserfreien Proben führen jedoch Wasserstoffbrücken-Bindungen (zwischen Alkoholmolekülen oder zu Wasser) zu einer verminderten Abschirmung durch die freien Elektronenpaare, daher steigt die chemische Verschiebung. Der exakte Wert hängt von der genauen Zusammensetzung der Lösung und auch von der Temperatur ab. In den Spektren solcher Proben erscheint das Signal der OH-Gruppe meist ziemlich breit. Das kann man vereinfacht dadurch erklären, daß durch die unterschiedlichen Grade der Ausbildung von Wasserstoffbrücken-Bindungen die verschiedenen Wasserstoff-Atomkerne in einer Probe gleichzeitig einer Vielzahl von elektronischen Umgebungen ausgesetzt werden. Daher wird das Signal über einen gewissen Bereich „verschmiert", was zur beobachteten Verbreiterung führt. Ähnliches gilt für primäre und sekundäre Amine, RNH_2 bzw. $RR'NH$, welche auch Wasserstoffbrücken-Bindungen eingehen und breite Signale unterschiedlicher chemischer Verschiebungen aufweisen (Abschn. 21.2). Wegen ihrer Breite können die OH- oder NH-Gruppen zuzuordnenden Signale im NMR-Spektrum meist leicht erkannt werden, obgleich ihre chemischen Verschiebungen δ nur wenig exakt angegeben werden können.

Es kann zusammengefaßt werden, daß die verschiedenen Wasserstoffatome eines organischen Moleküls anhand ihrer NMR-Signale, die bei charakteristischen chemischen Verschiebungen δ erscheinen, erkannt werden können. Eine elektronenarme Umgebung entschirmt ein Wasserstoffatom und führt zu Absorptionen bei höherer Frequenz (tieferem Feld, höherer chemischer Verschiebung δ). Eine elektronenreiche Umgebung verursacht den umgekehrten Effekt (abgeschirmt, höheres Feld, kleinere δ-Werte). Die chemische Verschiebung δ ist der Quotient aus der Differenz zwischen der gemessenen Resonanzfrequenz und der des internen Standards Tetramethylsilan (in Hz) und der Meßfrequenz (in MHz) und wird in „parts per million“ (ppm) angegeben. OH- und NH-Gruppen von Alkoholen bzw. Aminen zeigen breite Absorptionssignale mit konzentrationsabhängigen chemischen Verschiebungen δ, die sich mit dem Wassergehalt der Probe ändern über einen großen Bereich.

10.4 Chemisch äquivalente Wasserstoffatome haben dieselbe chemische Verschiebung

In den bisher betrachteten NMR-Spektren zeigten Wasserstoffatome, die chemisch äquivalent waren, nur *ein* NMR-Signal. Man kann allgemein feststellen, daß *chemisch äquivalente Wasserstoffatome dieselbe chemische Verschiebung haben*. Das Gegenteil gilt nicht unbedingt: Wasserstoffatome mit derselben chemischen Verschiebung sind nicht notwendigerweise chemisch äquivalent. Ihre Signale können zufällig dieselbe Lage im NMR-Spektrum haben. Wir werden sehen, daß es nicht immer einfach ist, eine mit der Gleichheit der chemischen Verschiebung einhergehende chemische Äquivalenz einzelner Wasserstoffatome festzustellen. Um die NMR-Spektren einzelner Verbindungen zu beurteilen, ist es hilfreich, sich die in Kapitel 5 behandelten Symmetrieoperationen zu vergegenwärtigen. Daneben wird in diesem Abschnitt eine weitere Aufnahmetechnik vorgestellt, die als Integration bezeichnet wird, und die es erlaubt, die relative Anzahl von Wasserstoffatomen zu bestimmen, auf die ein Signal zurückzuführen ist.

Symmetrie und die Gleichheit chemischer Verschiebungen

Zur Beurteilung der chemischen Äquivalenz muß man die Symmetrie des Moleküls und seiner Substituenten erkennen; diese Aufgabe ist der des Erkennens von Chiralität oder Achiralität (Abschn. 5.2) ähnlich. Wenn es möglich ist, an dem Molekül Symmetrieoperationen in der Weise ausführen, daß die zwei oder mehr Wasserstoffatome, deren Äquivalenz vermutet wird, vertauscht werden und die Molekülstruktur dabei insgesamt unverändert bleibt, sind die betrachteten Wasserstoffatome chemisch äquivalent und müssen dieselbe chemische Verschiebung aufweisen. Als Symmetrieelemente haben wir schon die Spiegelebene und das Symmetriezentrum kennengelernt; ein weiteres ist eine Drehachse. Als Beispiel ist in Abbildung 10-15 dargestellt, wie eine Methylgruppe zweimal um 120° gedreht wird, so daß jeweils Wasserstoffatome ihre Plätze vertauschen, ohne daß die chemische Struktur der Methylgruppe beeinträchtigt wird. Die drei Wasserstoffatome einer schnell rotierenden Methylgruppe sollten daher dieselbe chemische Verschiebung haben. Wir werden gleich sehen, daß dies in der Tat der Fall ist.

Die Anwendung der Prinzipien der Rotations- oder der Spiegelsymmetrie oder beider erlaubt die Bestimmung chemisch äquivalenter Kerne in anderen Verbindungen (Abb. 10-16).

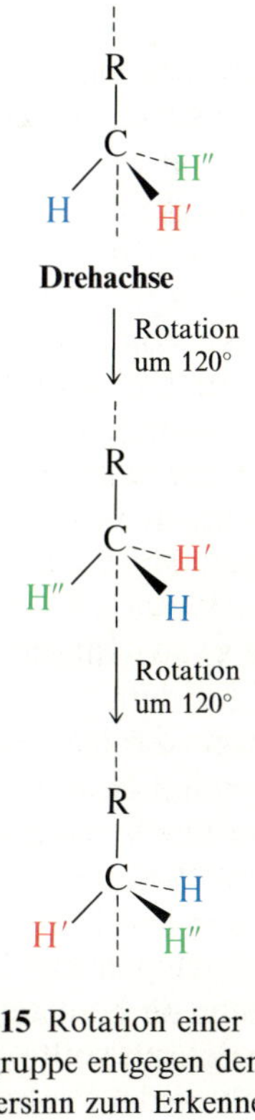

Drehachse

Rotation um 120°

Rotation um 120°

Abb. 10-15 Rotation einer Methylgruppe entgegen dem Uhrzeigersinn zum Erkennen von Symmetrie.

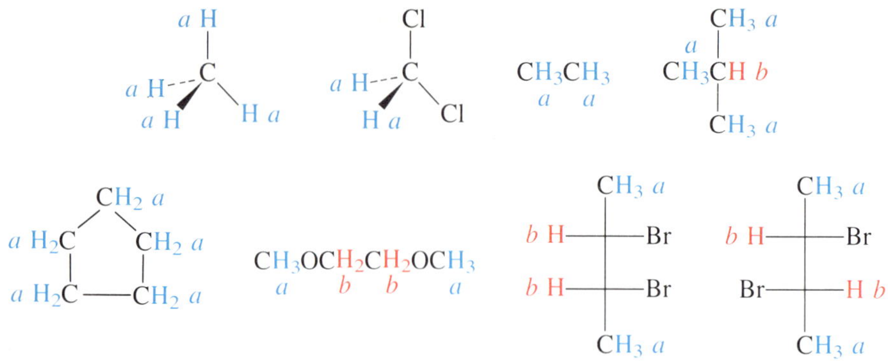

Abb. 10-16 Wasserstoffatome mit gleicher chemischer Verschiebung in einigen organischen Molekülen. Die Farben blau und rot unterscheiden Wasserstoffatome mit unterschiedlichen chemischen Verschiebungen. Alle Moleküle weisen Drehachsen oder Spiegelebenen oder beides auf.

Übung 10-5

Wieviele NMR-Signale erwarten Sie für die folgenden Verbindungen: (a) 2,2,3,3-Tetramethylbutan; (b) $CH_3OCH_2CH_2OCH_2CH_2OCH_3$; (c) Oxacyclopropan?

Eine weitere nützliche Möglichkeit, sich über die chemische Äquivalenz von Wasserstoffatomen in einem Molekül klarzuwerden, besteht in der Durchführung einer (hypothetischen oder realen) chemischen Reaktion, bei der eines der Wasserstoffatome durch eine andere Gruppe ersetzt wird. Wenn dies für alle in Frage stehenden Wasserstoffatome zur gleichen Verbindung oder zu ihrem Enantiomer führt, sind die Wasserstoffatome chemisch äquivalent und haben dieselbe chemische Verschiebung. Dieses Prinzip wurde bei der Diskussion der Stereochemie radikalischer Halogenierungen von Alkanen angewandt (Abschn. 5.6).

Symmetrie und die NMR-Zeitskala

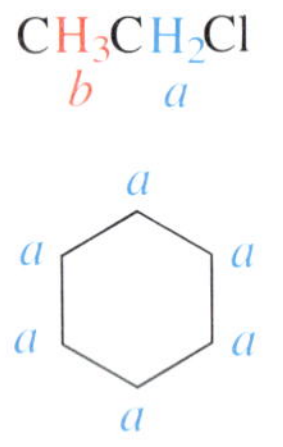

Wir wollen zwei weitere Beispiele etwas eingehender betrachten, Chlorethan und Cyclohexan. Für Chlorethan erwarten wir zwei NMR-Signale, da zwei Gruppen chemisch äquivalenter Wasserstoffatome vorhanden sind; für Cyclohexan erwarten wir wegen der zwölf chemisch äquivalenten Wasserstoffatome nur ein NMR-Signal. Sind diese Erwartungen wirklich gerechtfertigt? Man stelle sich die möglichen Konformationen dieser zwei Moleküle vor (Abb. 10-17). Wir beginnen mit Chlorethan. Hier ist die gestaffelte Konformation am stabilsten, in der sich eines der Methyl-Wasserstoffatome (H_{b3}) relativ zum Chloratom in *anti*-Position befindet. Wir würden daher für dieses Wasserstoffatom eine andere chemische Verschiebung erwarten als für die beiden benachbarten *gauche*-Wasserstoffatome (H_{b1} und H_{b2}). Tatsächlich wird dieser Unterschied in der chemischen Verschiebung nicht aufgelöst, da die schnelle Rotation der Methylgruppe um die C–C-Bindung zu einem Signal für die drei Wasserstoffatome H_b führt, das dem zeitlichen Durchschnitt aller Konformationen entspricht. Man sagt, die Rotation sei *schnell relativ zur NMR-Zeitskala*. Das Spektrometer hat (wie das Auge oder eine Kamera) nur eine begrenzte Fähigkeit einzelne Vorgänge aufzulösen, die in schneller Folge ablaufen. Jenseits einer bestimmten Geschwindigkeit fallen die Vorgänge für das Spektrometer zusammen. Für das Spektrum des Chlorethans bedeutet dies, daß man eine zeitlich gemittelte chemische Verschiebung δ der beiden für H_b erwarteten Signale beobachtet.

Theoretisch sollte es möglich sein, die Rotation im Chlorethan durch Abkühlung der Probe zu verlangsamen. Unter einer bestimmten Temperatur sollte das ursprüngliche Durchschnittssignal in zwei Signale aufspalten, die $H_{b1,b2}$ und H_{b3} zuzuordnen wären. In diesem speziellen Fall ist das technisch schwer zu realisieren, da die Aktivierungsenergie der Rotation nur einige kJ/mol beträgt. Um die Rotation „einzufrieren", müßte man die Probe bis auf $-80\,°C$ abkühlen, eine Temperatur, bei der die meisten Lösungsmittel kristallisieren würden, so daß die herkömmliche NMR-Spektroskopie nicht möglich wäre.

Ähnliches gilt für das Cyclohexan-Molekül. Hier bewirkt die schnelle Äquilibrierung der axialen mit den äquatorialen Wasserstoffatome das Auftreten nur eines Signals bei $\delta = 1.36$ ppm (Abb. 10-17B). Im Gegensatz zur Rotation im Chlorethan ist dieser Prozeß bereits bei $-90\,°C$ jedoch so langsam, daß man anstatt eines Resonanzsignals zwei beobachtet. Eines ($\delta = 1.12$ ppm) ist den sechs axialen Wasserstoffatomen zuzuordnen, das andere gehört zu den sechs äquatorialen Wasserstoffatomen, die bei $\delta = 1.60$ ppm absorbieren. Wegen der deutlich höheren Aktivierungsenergie ($E_a = 45.2$ kJ/mol) der konformationellen Isomerisierung des Cyclohexans ist sie bei $-90\,°C$ auf der NMR-Zeitskala ausgefroren. Im allgemeinen muß die Lebensdauer der im Gleichgewicht vorliegenden Species in der Größenordnung von etwa einer Sekunde liegen, um die Beobachtung in einem gut aufgelösten NMR-Spektrum zu ermöglichen. In der Tat werden solche zeit- und temperaturabhängigen Phänomene in der NMR-Spektroskopie benutzt, um die Aktivierungsparameter chemischer Prozesse zu bestimmen.

10.4 Chemisch äquivalente Wasserstoffatome haben dieselbe chemische Verschiebung

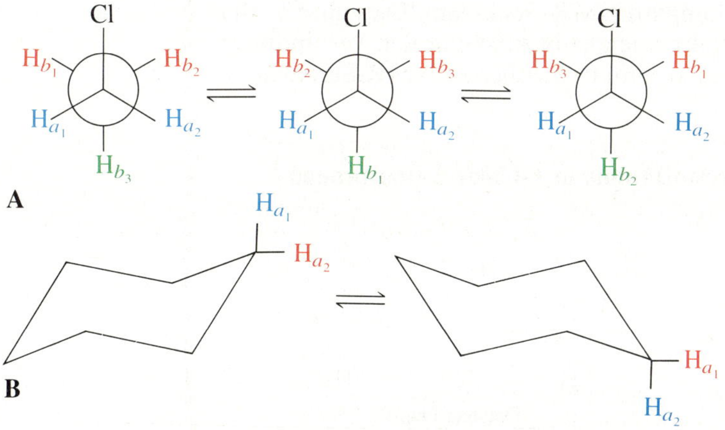

Abb. 10-17 A. Eine Newman-Projektion von Chlorethan. H_{b3} steht *anti* zum Chlorsubstituenten und hat daher nicht dieselbe Umgebung wie H_{b1} und H_{b2}. Durch eine schnelle Rotation der Methylgruppe werden jedoch auf der NMR-Zeitskala alle drei Wasserstoffatome äquivalent.
B. In beiden wiedergegebenen Konformationen des Cyclohexans unterscheiden sich die äquatoralen Wasserstoffatome von den axialen. Da die Ringinversion des Cyclohexan-Ringes jedoch relativ zur NMR-Zeitskala schnell ist, erscheinen die Umgebungen beider Typen von Wasserstoffatomen im zeitlichen Mittel gleich, und man beobachtet ein gemitteltes Signal. Um die magnetischen Umgebungen besser unterscheiden zu können, wurden unterschiedliche Wasserstoffatome in unterschiedlichen Farben wiedergegeben.

Enantiotope und diastereotope Wasserstoffatome in der NMR-Spektroskopie

Wir wollen zu unserer Beispielverbindung Chlorethan und ihrem NMR-Spektrum zurückkehren. Wir haben erkannt, daß wegen der schnellen Rotation der Methylgruppe alle drei Protonen H_b als im zeitlichen Durchschnitt äquivalent erfaßt werden. Die Newman-Projektion des Moleküls zeigt uns, daß auch die beiden dem Chloratom direkt benachbarten Protonen der Methylengruppe, H_{a1} und H_{a2}, äquivalent sind. Man kann sich davon überzeugen, indem man eine Spiegelebene durch das Chloratom, die beiden Kohlenstoffatome und H_{b3} zeichnet und die dem entsprechende Newman-Projektion betrachtet. Wenn man nun ein Wasserstoffatom der Methylengruppe durch einen Substituenten ersetzt, erhält man ein Enantiomerenpaar (Abschn. 5.6). Daher heißen die beiden Methylen-Wasserstoffatome enantiotop. Sie sind chemisch äquivalent und führen daher zu nur einem NMR-Signal.*

Die enantiotopen Wasserstoffatome H_a in Chlorethan

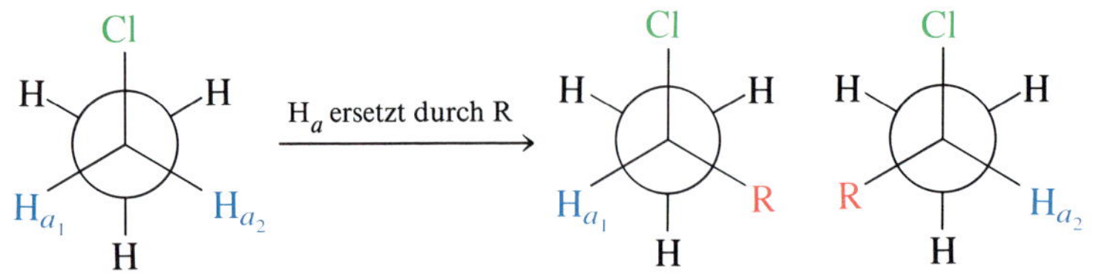

H_a ersetzt durch R

Enantiomere

Die Situation ist grundsätzlich anders, wenn sich eine Methylengruppe in der Nähe eines Chiralitätszentrums befindet. Als Beispiel wollen wir 1-Chlor-2-fluorpropan betrachten. Dieses Molekül enthält keine Spiegelebene, und es gibt keine Symmetrieoperation, die die beiden Wasserstoffatome H_a und H_b ineinander überführt. Daher wird durch eine chemische Reaktion, die eines der Wasserstoffatome an C-1 durch einen Substituenten ersetzt, ein neues Chiralitätszentrum neben dem schon vorhandenen erzeugt. Das Ergebnis ist hier die Bildung von zwei Diastereomeren, und die Wasserstoffatome H_a und H_b heißen daher diastereotop (Abschn. 5.6). Da sie chemisch nicht äquivalent sind, haben diese Protonen eine unterschiedliche chemische Verschiebung im NMR-Spektrum. Dies gilt für alle Gruppen mit zwei identischen Substituenten in *jeder* chiralen Verbindung: Die beiden Substituenten führen zu unterschiedlichen NMR-Signalen.

Die diastereotopen Wasserstoffatome in 1-Chlor-2-fluorpropan

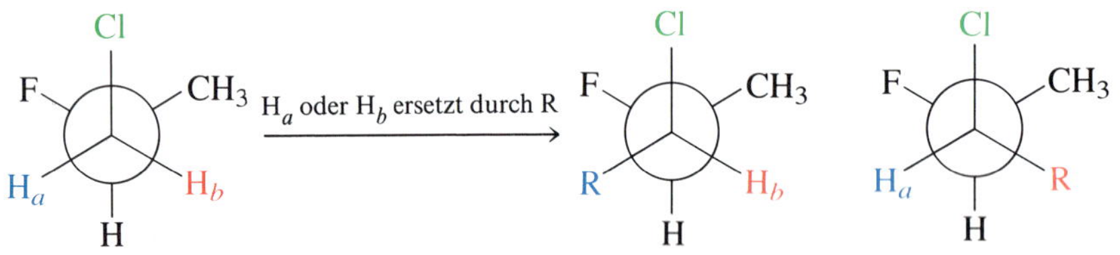

H_a oder H_b ersetzt durch R

Diastereomere

Ein Molekül mit diastereotopen Wasserstoffatomen muß nicht chiral sein. Zum Beispiel unterscheiden sich in substituierten Cycloalkanen wie Methylcyclohexan die Wasserstoffatome, die relativ zum Substituenten *cis*-ständig sind, von den *trans*-ständigen. Ähnlich enthält 2-Methylpentan zwei äquivalente diastereotope Methylengruppen. Obgleich das Molekül aufgrund seiner Spiegelebene achiral ist, wird keine der beiden Methylengruppen durch die Spiegelebene geteilt, und es gibt auch keine andere Symmetrieoperation, aufgrund derer die beiden Wasserstoffatome einer Methylengruppe äquivalent wären.

Die Unterschiede in den chemischen Verschiebungen diastereotoper Gruppen sind oft klein, so daß dann oft nur eine Resonanz erkennbar ist,

---

* Dies ist nur für achirale Reagenzien in achiralen Lösungsmitteln streng gültig. In einer chiralen Umgebung sind enantiotope Wasserstoffatome nicht mehr äquivalent. Dies wird deutlich, wenn man ein Molekülmodell des Chlorethans in eine Hand nimmt. Die Hand ist chiral und bewirkt, daß die beiden ursprünglich äquivalenten Wasserstoffatome nun diastereotop sind.

als ob sie äquivalent wären (jedenfalls bei 90 MHz). Wir sollten dabei jedoch nicht vergessen, daß ein solches Zusammenfallen der Signale zufällig ist.

10.4 Chemisch äquivalente Wasserstoffatome haben dieselbe chemische Verschiebung

Diastereotope Substituenten
(durch Pfeile hervorgehoben)

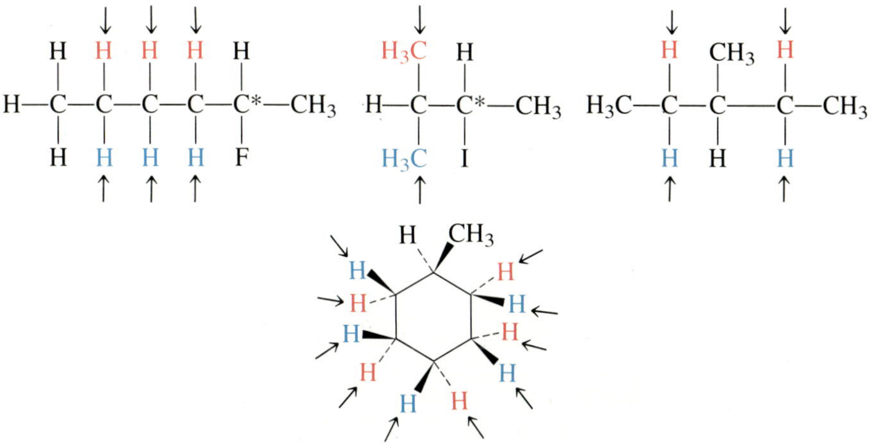

Übung 10-6
Welche der folgenden Moleküle enthalten CH_2-Gruppen, deren Wasserstoffatome im NMR-Spektrum zu Signalen bei unterschiedlichen chemischen Verschiebungen führen: (a) Cyclopropan, (b) Methylcyclopropan, (c)

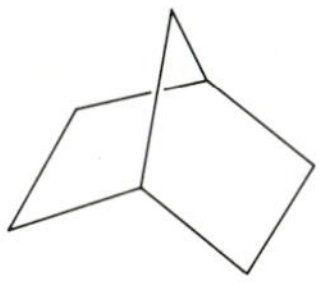

Die Integration der Signale zeigt die relative Anzahl der Wasserstoffatome eines NMR-Signals

Der Vergleich der Signalintensitäten (exakter: der Peakflächen) in den bisher besprochenen NMR-Spektren (s. z. B. Abb. 10-13 u. 10-14) zeigt uns einen weiteren Vorteil der NMR-Spektroskopie: Die relative Signalintensität korreliert mit der Anzahl der dem Signal entsprechenden Kerne. Je mehr Wasserstoffatome einer Art in einem Molekül vorhanden sind, desto intensiver ist das dazugehörige NMR-Signal relativ zu den Signalen anderer Wasserstoffatome. Durch Vergleich der Peakflächen werden quantitative Abschätzungen über die Anzahl der jeweiligen Wasserstoffatome im Molekül möglich. Zum Beispiel weist das Spektrum des 2,2-Dimethyl-1-propanols (Abb. 10-14) drei Signale im Intensitätsverhältnis 9:2:1 auf.

Um derartige Messungen zu vereinfachen, haben NMR-Spektrometer eine elektronische Einrichtung zur **Integration**. Auf einen Knopfdruck wird das Gerät zur Integration umgeschaltet, und eine entsprechende Messung liefert die relativen Signalintensitäten. Diese Intensitäten werden durch eine Kurve über das NMR-Spektrum aufgezeichnet, die zunächst (oberhalb der Basislinie des Spektrums) horizontal verläuft. An den Stellen im Spektrum, an denen bei normaler Meßeinstellung ein Signal erscheint, macht die Integrationskurve eine Stufe nach oben, deren Stufenhöhe der Peakfläche entspricht. Nach einem Peak verläuft die Kurve wieder horizontal, um beim nächsten Signal wiederum um eine Stufe entsprechender Höhe nach oben zu gehen. Das Verhältnis der so erhalte-

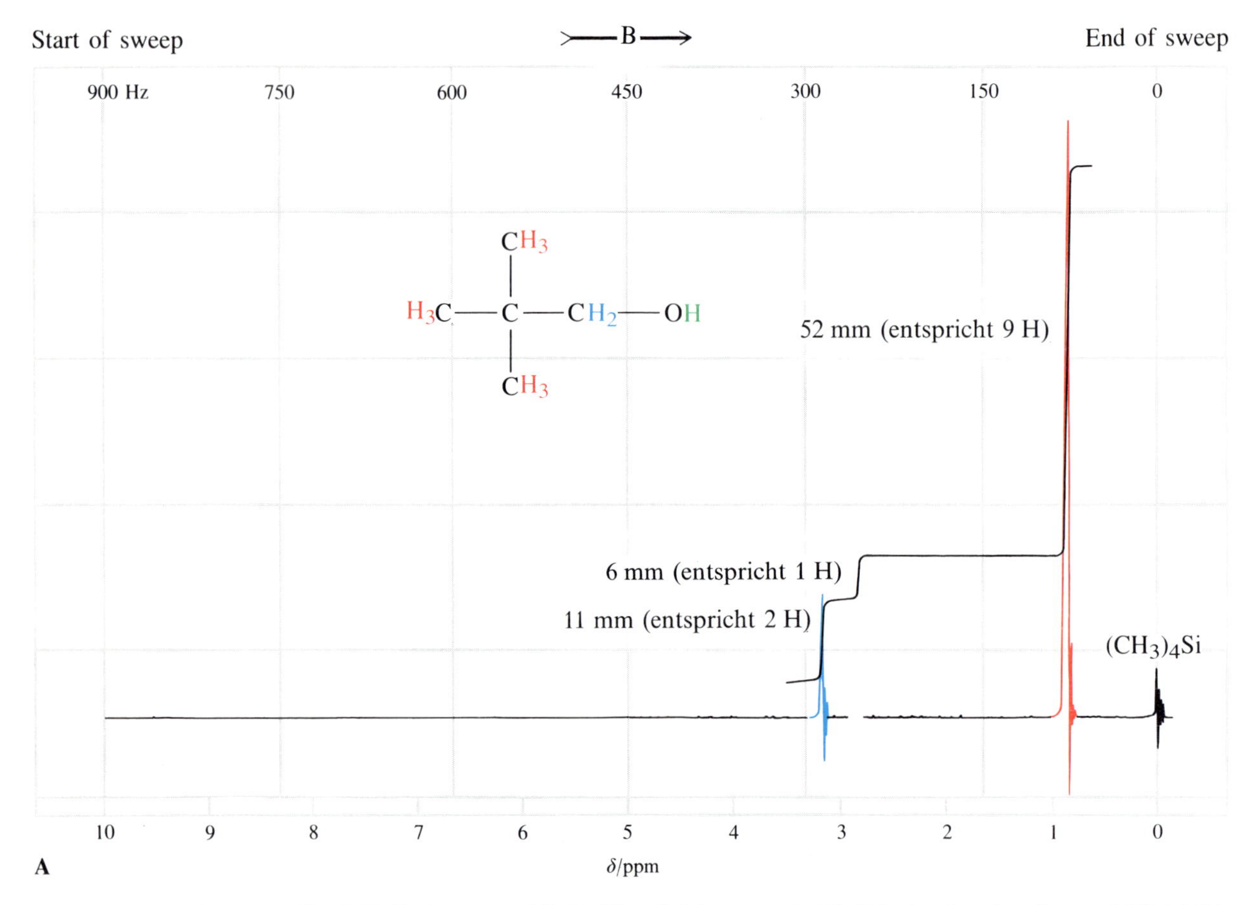

Abb. 10-18 Integrierte 90 MHz NMR-Spektren von (A) 2,2-Dimethyl-1-propanol, (B) Chlor(methoxy)methan und (C) 1,2-Dimethoxyethan in CCl_4 mit internem Standard $(CH_3)_4Si$. Mit einem Lineal kann man die Integrale zu 11:6:52 (in mm) ausmessen (Man beachte, daß durch die Integration Peakflächen, die in mm^2 zu messen wären, in Stufenhöhen umgewandelt werden, die in mm gemessen werden). Division durch den kleinsten gemessenen Wert (Normalisierung) ergibt ein Peakflächenverhältnis von 1.8:1:8.7. Geringfügige Abweichungen von ganzen Zahlen sind auf Meßfehler zurückzuführen. Rundung führt zum erwarteten Peakflächenverhältnis von 2:1:9. Man beachte, daß die Integration nur *Verhältnisse* liefert, und keine absoluten Werte für die Anzahl der in einem Molekül vorhandenen Wasserstoffatome. So werden in den Beispielen B und C Peakflächenverhältnisse von 3:2 gemessen, wobei diese Werte nur bei B zutreffend sind. In der Verbindung zu Beispiel C liegen die Wasserstoffatome tatsächlich im Verhältnis 6:4 vor.

nen Stufenhöhen ist gleich dem Verhältnis der Anzahl der den Signalen entsprechenden Atome. Abbildung 10-18 zeigt die ^1H NMR-Spektren des 2,2-Dimethyl-1-propanols, des Chlor(methoxy)methans und des 1,2-Dimethoxyethans mit den dazugehörigen Integrationskurven.

Die Integration als Hilfsmittel bei der Strukturaufklärung

Die Zuordnung von Signalen aufgrund ihrer chemischen Verschiebung ist in Verbindung mit der Integration ein außerordentlich wertvolles Hilfsmittel bei der Strukturaufklärung. Man stelle sich beispielsweise die

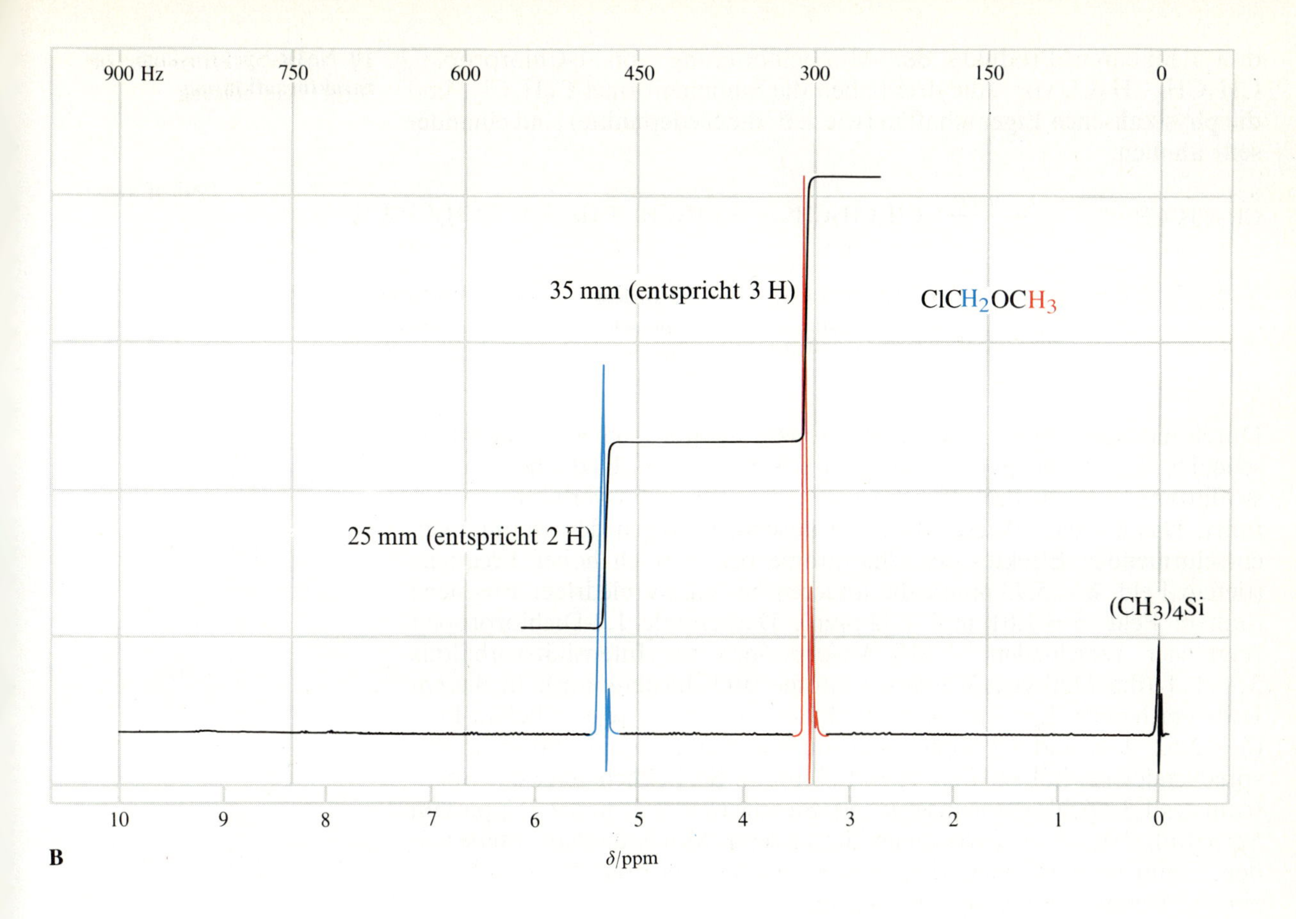
900 Hz
750
600
450
300
150
0
35 mm (entspricht 3 H)
ClCH2OCH3
25 mm (entspricht 2 H)
(CH3)4Si
10
9
8
7
6
5
4
3
2
1
0
B
δ/ppm

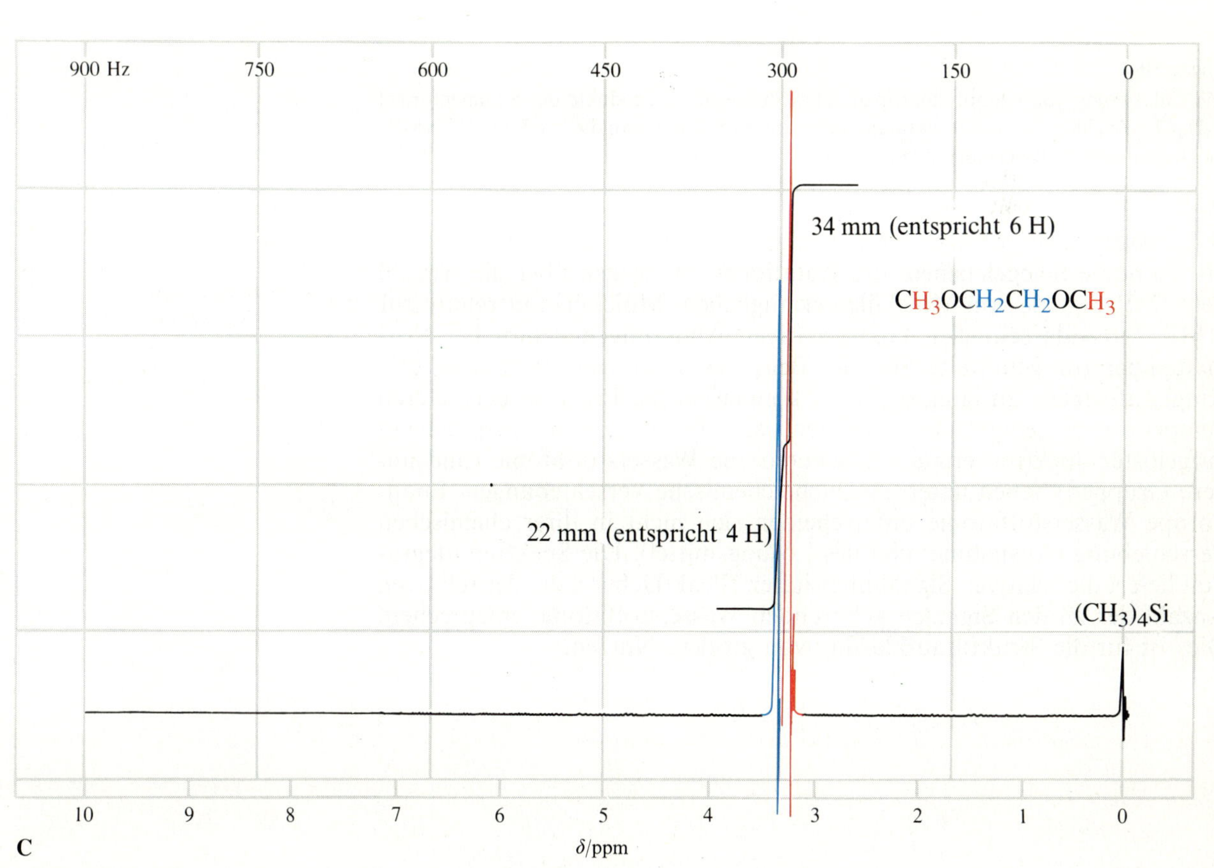
900 Hz
750
600
450
300
150
0
34 mm (entspricht 6 H)
CH3OCH2CH2OCH3
22 mm (entspricht 4 H)
(CH3)4Si
10
9
8
7
6
5
4
3
2
1
0
C
δ/ppm

drei denkbaren Produkte der Monochlorierung von 1-Chlorpropan, $CH_3CH_2CH_2Cl$, vor. Alle drei haben die Summenformel $C_3H_6Cl_2$, und die physikalischen Eigenschaften (wie z. B. die Siedepunkte) sind einander sehr ähnlich.

$$CH_3CH_2CH_2Cl \xrightarrow[-\ HCl]{Cl_2,\ h\nu,\ 100^\circ C} \underset{10\%}{CH_3CH_2CHCl_2} + \underset{27\%}{CH_3CHClCH_2Cl} + \underset{14\%}{ClCH_2CH_2CH_2Cl}$$

1,1-Dichlorpropan	**1,2-Dichlorpropan**	**1,3-Dichlorpropan**
Sdp. 87° – 90 °C	Sdp. 96 °C	Sdp. 120 °C

Durch die NMR-Spektroskopie kann man die drei Isomeren klar unterscheiden. 1,1-Dichlorpropan enthält drei Sorten unterschiedlicher Wasserstoffatome, was zu drei NMR-Signalen im Intensitätsverhältnis 3 : 2 : 1 führt. Das einzelne Wasserstoffatom absorbiert wegen des kumulativen entschirmenden Effektes der Chloratome bei ziemlich hoher Frequenz (tiefem Feld, $\delta = 5.93$ ppm), die anderen bei relativ niedriger Frequenz (hohem Feld, $\delta = 1.01$ und 2.34 ppm). Das chirale 1,2-Dichlorpropan zeigt vier verschiedene NMR-Absorptionen im Intensitätsverhältnis 3 : 1 : 1 : 1 (die Methylen-Wasserstoffatome sind diastereotop). In diesem Falle erscheinen drei Signale im Verhältnis 1 : 1 : 1 bei relativ tiefem Feld ($\delta = 2.62$, 2.74 und 4.17 ppm) und nur ein drei Wasserstoffatomen entsprechendes bei hohem Feld ($\delta = 1.70$ ppm). Schließlich zeigt das Spektrum des 1,3-Dichlorpropans nur zwei Signale ($\delta = 3.71$ und 2.25 ppm) im Verhältnis 2:1, die sich von denen der anderen Moleküle klar unterscheiden. Somit ist es möglich, die Strukturen aller drei Produkte durch eine einzige Messung eindeutig zuzuordnen.

Übung 10-7

Die Chlorierung von Chlorcyclopropan liefert drei isomere Produkte der Summenformel $C_3H_4Cl_2$. Zeichnen Sie ihre Strukturen und erläutern Sie, wie man die Produkte ^1H NMR-spektroskopisch unterscheiden kann.

Wir fassen zusammen, daß die Symmetrieeigenschaften der Moleküle, insbesondere Spiegelebenen und Rotationen, Aussagen über die Anzahl der NMR-Signale von Molekülen ermöglichen. Moleküle mit relativ zur NMR-Zeitskala schnellen konformativen Änderungen liefern bei Normaltemperatur gemittelte Signale. Beispiele dafür sind Rotamere und Ringkonformere. In einigen Fällen können solche Prozesse bei tieferen Temperaturen „eingefroren" werden, was die Aufnahme entsprechend aufgelöster Spektren erlaubt. Diastereotope Wasserstoffatome (und andere Gruppen) haben unterschiedliche chemische Verschiebungen. Enantiotope Wasserstoffatome unterscheiden sich nicht in ihrer chemischen Verschiebung (Ausnahme: chirales Lösungsmittel). Die Spektrenintegration liefert die relativen Signalintensitäten (Peakflächen), die der relativen Anzahl der zu den Signalen gehörenden Wasserstoffatome entsprechen. Dies ist für die Strukturaufklärung von großem Nutzen.

10.5 Spin-Spin-Kopplung: Die gegenseitige Beeinflussung nichtäquivalenter Wasserstoffatome

Die bisher behandelten Spektren hatten ziemlich einfache Linienmuster: Einfache scharfe Linien, die man auch als Singuletts bezeichnet. Die diesen Spektren entsprechenden Verbindungen haben eines gemein: In jedem Fall sind nichtäquivalente Wasserstoffatome durch wenigstens ein Atom (Kohlenstoff oder Sauerstoff) voneinander getrennt, welches kein Wasserstoffatom trägt, wie in Chlor(methoxy)methan, 1,2-Dimethoxymethan und 2,2-Dimethylpropanol. Diese Beispiele wurden aus gutem Grund ausgewählt, denn wenn zwei nichtäquivalente Kerne in direkter Nachbarschaft zueinander stehen, führt das zu komplizierteren Spektren, da es dann zur **Spin-Spin-Kopplung** oder **Spin-Spin-Aufspaltung** kommt. Ein Beispiel für dieses Phänomen zeigt das NMR-Spektrum von 1,1-Dichlor-2,2-diethoxyethan (Abb. 10-19). Die Art der Spin-Spin-Aufspaltung (Multiplizitäten) in solchen Spektren gibt Auskunft über die Art und die Anzahl der Wasserstoffatome, die dem zum Signal gehörenden Kern (bzw. Kernen) benachbart sind. In Verbindung mit den anderen Größen des NMR-Spek-

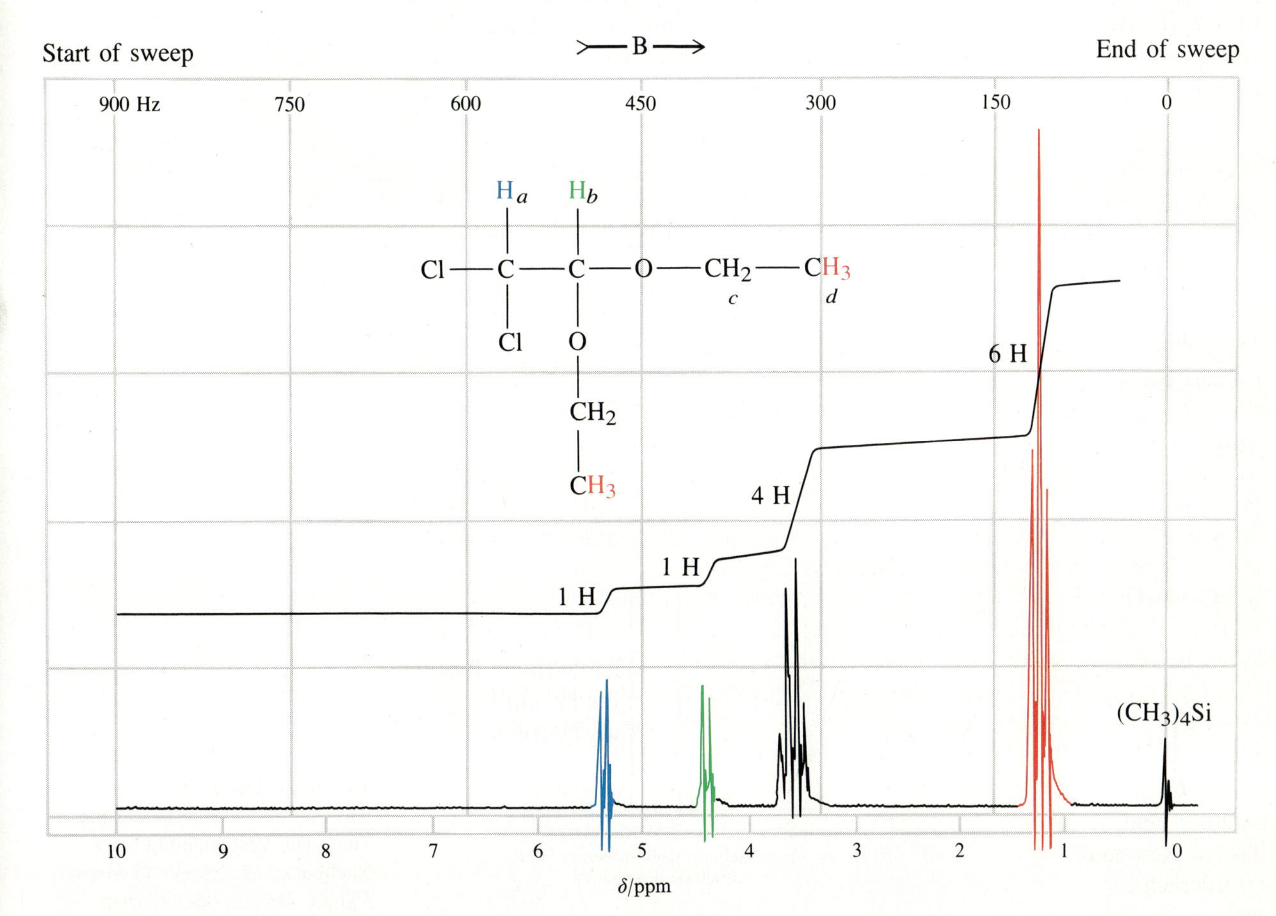

Abb. 10-19 90 MHz NMR-Spektrum von 1,1-Dichlor-2,2-diethoxyethan in CCl_4. An Aufspaltungsmustern beobachtet man zwei Dubletts, ein Triplett und ein Quartett für die vier verschiedenen Typen von Wasserstoffatomen.

trums (chemische Verschiebung, Integral) ermöglicht die Analyse der Kopplungen oft die vollständige Strukturaufklärung einer unbekannten Verbindung.

Benachbarte Spins beeinflussen sich gegenseitig

Das Spektrum in Abbildung 10-19 zeigt vier Absorptionen, die den Wasserstoffatomen H_a–H_d zuzuordnen sind. Obwohl die Methylen-Wasserstoffatome H_c diastereotop sind, haben sie praktisch dieselbe chemische Verschiebung und können in erster Näherung als gleich behandelt werden. Anstatt als einfache Linien erscheinen die NMR-Signale in Form komplizierterer Muster: Zwei Zwei-Linien-Muster (Dubletts), eine Vier-Linien-Absorption (Quartett) und eine Drei-Linien-Resonanz (Triplett). Wie kann man das verstehen?

Wir wollen zunächst die zwei Dubletts betrachten, die aufgrund ihrer Integrale der relativen Größe 1 den zwei einzelnen Wasserstoffatomen H_a und H_b zugeordnet werden. Die Aufspaltung dieser Signale kann mit dem Verhalten der Kerne in externen Magnetfeldern erklärt werden. Die Kerne verhalten sich wie kleine Stabmagneten in Richtung (α) oder entgegen der Richtung (β) des Feldes. Der Energieunterschied ist außerordentlich klein, und bei Raumtemperatur sind beide Zustände bei leichter Bevorzugung von α fast gleich wahrscheinlich (s. Abschn. 10.2). Im vorliegenden Fall heißt das, daß im Prinzip zwei verschiedene Wasserstoffatome H_a vorliegen: Etwa die Hälfte haben als Nachbar ein H_b im α-Zustand und die andere Hälfte sind einem H_b im β-Zustand benachbart. In entsprechender Weise hat H_b zwei unterschiedliche H_a's zum Nachbarn, von denen die

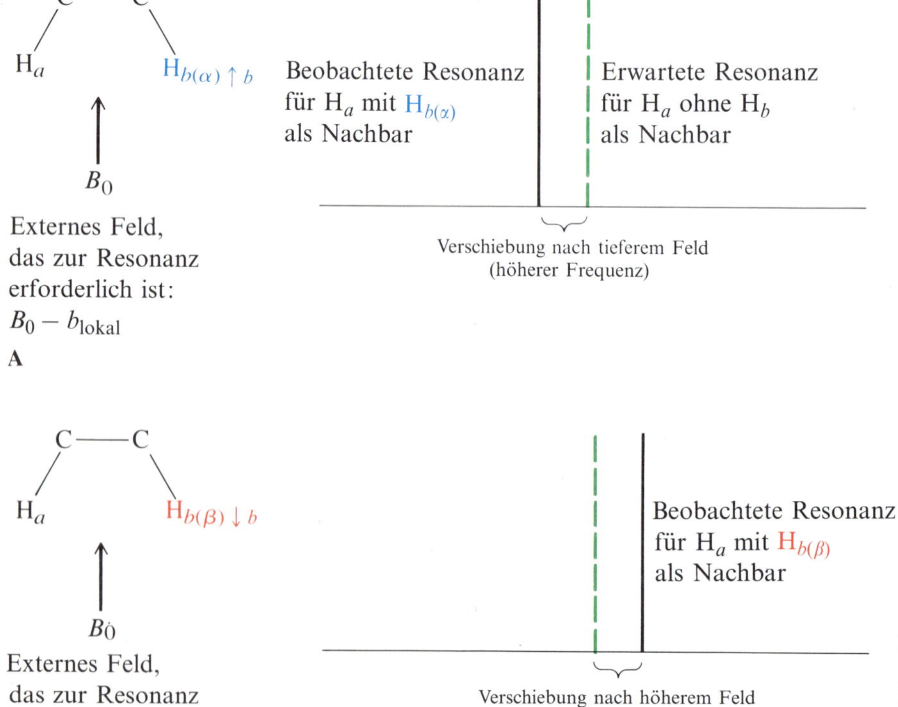

Abb. 10-20 Der Effekt eines Wasserstoff-Atomkerns auf die chemische Verschiebung eines Nachbarkerns: Es entstehen zwei Signale. Beitrag des externen Feldes: B_0; Beitrag des lokalen Feldes: b_{lokal}.

Hälfte im α- und die andere Hälfte im β-Zustand sind. Was bedeutet dies für das NMR-Spektrum?

Wenn ein Wasserstoffatom H_a ein H_b zum Nachbarn hat, welches *in Feldrichtung* ausgerichtet ist, so ist H_a nicht nur dem externen Magnetfeld B_0 ausgesetzt, sondern erfährt durch den α-Spin von H_b eine – wenn auch sehr kleine – *Verstärkung* des effektiven Magnetfeldes. Zur Kernresonanz dieses Wasserstoffatoms wird daher ein schwächeres äußeres Magnetfeld benötigt, als es ohne diese Wechselwirkung erforderlich wäre. In der Tat beobachtet man das entsprechende NMR-Signal bei tieferem Feld (Abb. 10-20A). Diese Absorption wird jedoch nur von der Hälfte der in der Probe enthaltenen Wasserstoffatome H_a erzeugt. Die andere Hälfte hat Atome H_b mit β-Spin zum Nachbarn, also mit einer Orientierung *gegen* die Richtung des äußeren Feldes; das lokale Feld bei H_a wird in diesem Fall *geschwächt*. Zur Resonanz ist ein stärkeres äußeres Feld erforderlich, man beobachtet im Spektrum eine Verschiebung nach höherem Feld (Abb. 10-20B).

Da der lokale Beitrag von H_b zum externen Magnetfeld in beiden Fällen von dem gleichen Betrag ist, entspricht die Verschiebung des hypothetischen Signals nach tieferem Feld der der Verschiebung nach höherem Feld. Man sagt, das Signal eines H_a ohne Nachbarn sei durch die Nachbaratome in ein Dublett „aufgespalten". Die Integration der Einzellinien zeigt für jede eine relative Intensität von 0.5. Das Gesamtintegral der Linien dieses Wasserstoffatoms entsprechen einer relativen Intensität von 1. Als die chemische Verschiebung eine Dubletts wird der Mittelwert aus den chemischen Verschiebungen der beiden Linien angegeben (Abb. 10-21).

10.5 Spin-Spin-Kopplung: Die gegenseitige Beeinflussung nichtäquivalenter Wasserstoffatome

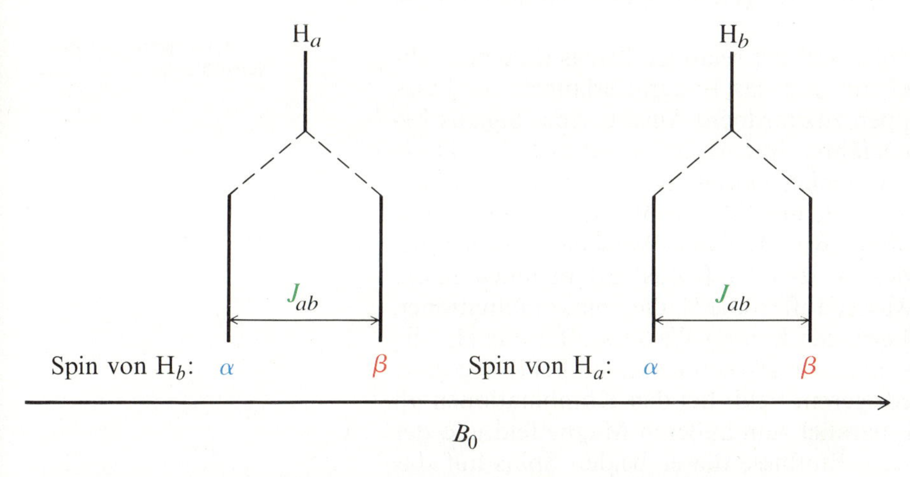

Abb. 10-21 Spin-Spin-Aufspaltung zwischen H_a und H_b in 1,1-Dichlor-2,2-diethoxyethan. Die Kopplungskonstante J_{ab} ist für beide Dubletts gleich. Die chemische Verschiebung wird als der Mittelwert der beiden Signale eines Dubletts folgendermaßen wiedergegeben: $\delta_{H_a} = 5.36$ ppm (d, $J = 7$ Hz, 1H), $\delta_{H_b} = 4.39$ ppm (d, $J = 7$ Hz, 1H), wobei „d" das Aufspaltungsmuster wiedergibt (Dublett) und die letzte angegebene Zahl der integrierten Intensität des Signals entspricht.

Für H_b gelten entsprechende Überlegungen. Auch H_b hat zwei Typen von Nachbaratomen: $H_{a(\alpha)}$ und $H_{a(\beta)}$. Daher erscheint sein Signal im Spektrum auch als Dublett. Man sagt, H_a werde durch H_b aufgespalten und umgekehrt. Dabei ist der Betrag der gegenseitigen Aufspaltung für beide Dubletts gleich; das heißt, daß der Abstand der beiden Linien eines Dubletts (in Hz) für beide Signale gleich ist. Dieser Abstand ist die **Kopplungskonstante,** J. In unserem Beispiel ist $J_{a,b} = 7$ Hz (Abb. 10-21). Die Kopplungskonstante ist unabhängig von der Stärke des externen Magnetfeldes. Zum Beispiel ist bei einer Meßfrequenz von 90 MHz $J_{a,b} = 7$ Hz, wie auch bei 180 MHz. Obwohl sich mit einer Verdoppelung der Meßfrequenz der Abstand der beiden Signale von H_a und H_b (in Hz) verdoppelt, bleibt die von der Meßfrequenz unabhängige Kopplungskonstante (in Hz) unverändert.

Spin-Spin-Kopplungen beobachtet man generell, wenn nichtäquivalente Wasserstoffatome direkte Nachbarn sind, und zwar sowohl, wenn sie an dasselbe Kohlenstoffatom gebunden sind [**geminale Kopplung** (*geminus*, lat., Zwilling)], als auch, wenn sie an direkt miteinander verbundene Kohlenstoffatome gebunden sind [**vicinale Kopplung** (*vicinus*, lat., Nachbar)]. Wasserstoffkerne, die über mehr als zwei Atome voneinander getrennt sind, sind normalerweise zu weit voneinander entfernt, um zu beobachtbaren Kopplungen zu führen.

Man beachte, daß bei Kernen mit gleicher chemischer Verschiebung keine Spin-Spin-Kopplungen beobachtet werden können. Dies kann man als sinnvoll empfinden. Man kann sich dazu *stark vereinfacht* vorstellen, daß in diesem Fall die simultan absorbierenden Spins aller beteiligten Wasserstoffatome auf der NMR-Zeitskala schnell äquilibrieren, so daß für das Spektrometer nur ein zeitlicher Durchschnitt erfaßbar ist.

Die Beiträge mehrerer Nachbaratome verhalten sich additiv

Wir wollen zum Spektrum des 1,1-Dichlor-2,2-diethoxyethans zurückkehren, das in Abb. 10-19 gezeigt ist. Neben den beiden Dubletts für H_a und H_b zeigt es ein Triplett für die Methylprotonen H_d und ein Quartett, das den Methylenprotonen H_c zugeordnet werden kann. Da diese nichtäquivalenten Gruppen von Protonen benachbart sind, beobachtet man erwartungsgemäß eine vicinale Kopplung. Die Aufspaltungsmuster sind jedoch deutlich komplizierter als die aus der Kopplung zwischen H_a und H_b resultierenden. Mit dem, was wir über die Ursachen der gegenseitigen Aufspaltung der Signale von H_a und H_b gelernt haben, können wir sie jedoch verstehen.

Wir wollen zunächst das Triplett mit der relativen Intensität 6 betrachten. Seine chemische Verschiebung und das Integral erlauben es, dieses Signal den beiden Methylgruppen zuzuordnen. Anstatt eines Signals beobachten wir drei Linien im ungefähren Intensitätsverhältnis 1:2:1. Diese Aufspaltung resultiert aus der vicinalen Kopplung zu den benachbarten Methylengruppen: Die drei äquivalenten Methyl-Wasserstoffatome der beiden Ethoxygruppen sind jeweils zwei Methylen-Wasserstoffatomen benachbart, von denen sich jedes im α- oder β-Zustand befinden kann. Demnach sind für die beiden Wasserstoffatome H_c die Spinkombinationen αα, αβ, βα und ββ möglich. Diejenigen Methyl-Wasserstoffatome H_d, die einem $H_{c(\alpha\alpha)}$ benachbart sind, sind einem stärkeren lokalen Feld ausgesetzt und absorbieren daher bei niedrigerem Feld. Bei den Kombinationen αβ oder βα ist jeweils ein Spin H_c parallel zum äußeren Magnetfeld und der andere dem entgegengesetzt. Die Einflüsse dieser beiden Spins auf das lokale Feld bei H_d heben sich daher gegenseitig auf. Das Resonanzsignal sollte daher da erscheinen, wo H_d ohne Kopplung zu H_c absorbieren würde. Darüberhinaus sollte, da *zwei* Spinkombinationen hierzu beitragen ($H_{a(\alpha\beta)}$ und $H_{a(\beta\alpha)}$), die Intensität dieses Signals doppelt so groß sein wie die der ersten Linie. Dies wird tatsächlich beobachtet. Schließlich kann H_d einem Protonenpaar der Spinkombination ββ benachbart sein. In diesem Fall wird das externe Feld entsprechend geschwächt, und ein nach hohem Feld verschobenes Signal der einfachen Intensität ist die Folge. Insgesamt resultiert ein Triplett vom Intensitätsverhältnis 1:2:1, dessen Gesamtintegral 6 Wasserstoffatomen entspricht (das Molekül enthält zwei äquivalente Methylgruppen). Der Abstand von je zwei benachbarten Linien des Tripletts entspricht der Kopplungskonstanten $J_{cd} = 8$ Hz. Die Aufspaltung des Signals der Methylgruppe durch die benachbarte Methylengruppe ist in Abbildung 10-22 schematisch dargestellt.

Kopplung zwischen nahe benachbarten Wasserstoffatomen

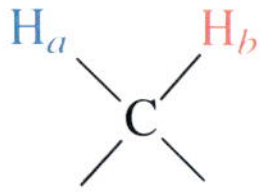

H_a H_b C

J_{ab}, geminale Kopplung (zwischen 0–18 Hz)

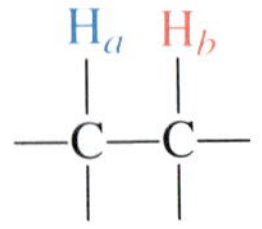

H_a H_b —C—C—

J_{ab}, vicinale Kopplung, 6–8 Hz

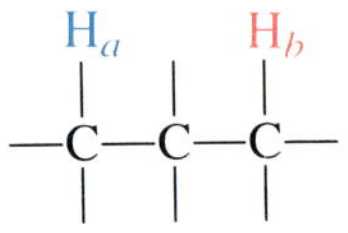

H_a H_b —C—C—C—

J_{ab}, 1,3-Kopplung, meist vernachlässigbar

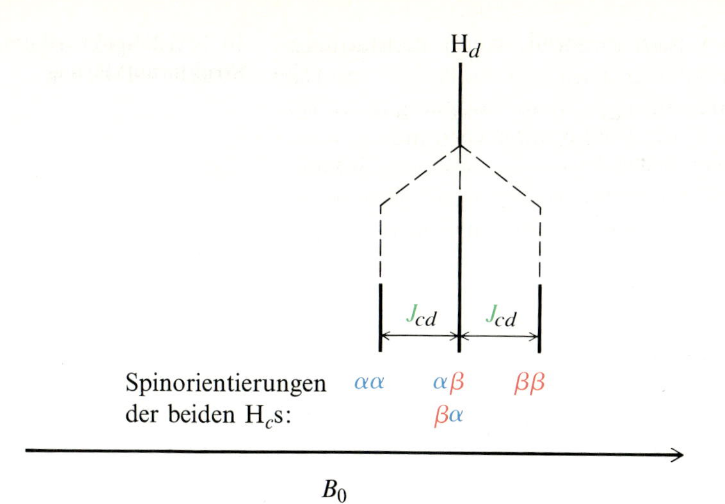

Abb. 10-22 Das NMR-Signal des Kerns H_d erscheint als Triplett, da es drei magnetisch unterschiedliche Spin-Kombinationen der Nachbarkerne gibt: $H_{c(\alpha\alpha)}$, $H_{c(\alpha\beta \text{ und } \beta\alpha)}$ und $H_{c(\beta\beta)}$. Als chemische Verschiebung eines derartigen Signals wird die chemische Verschiebung der mittleren der drei Linien folgendermaßen angegeben: $\delta_{H_d} = 1.23$ ppm (t, $J = 8$ Hz, 6H), wobei „t" für Triplett steht.

Das für H_c beobachtete Quartett kann in ähnlicher Weise analysiert werden. H_c kann vier verschiedenen H_d-Spinkombinationen benachbart sein: Eine, bei der alle Methyl-Spins in Richtung des externen Feldes ausgerichtet sind [$H_{c(\alpha\alpha\alpha)}$], drei äquivalente Kombinationen, bei denen ein H_d-Spin entgegen dem externen Feld und die beiden anderen in Feldrichtung stehen ($H_{c(\alpha\alpha\beta,\alpha\beta\alpha,\beta\alpha\alpha)}$), drei weitere äquivalente Kombinationen, bei denen zwei Spins entgegen und einer in Richtung des externen Feldes stehen ($H_{c(\alpha\beta\beta,\beta\alpha\beta,\beta\beta\alpha)}$) und schließlich eine Kombination, bei der alle drei Spins dem externen Feld entgegengerichtet sind ($H_{c(\beta\beta\beta)}$). Für das Spektrum erwartet man daher – und dies wird tatsächlich beobachtet – ein Quartett mit den relativen Linienintensitäten 1:3:3:1 und einem totalen Integral von 4 Wasserstoffatomen (Abb. 10-19 u. 10-23). Die Kopplungskonstante J_{cd} ergibt sich als der Frequenzunterschied zwischen je zwei benachbarten Linien des Quartetts und entspricht dem für das Triplett von H_d gemessenen ($J_{cd} = 8$ Hz).

Die ($N + 1$)-Regel der Spin-Spin-Aufspaltung

Die Überlegungen zur Spin-Spin-Aufspaltung führen zu einfachen Regeln: Signale äquivalenter Kerne, die einem einzelnen Wasserstoffatom benachbart sind, erscheinen als Dublett; solche, die zwei äquivalente Nachbarkerne haben, erscheinen als Triplett; solche mit drei äquivalenten

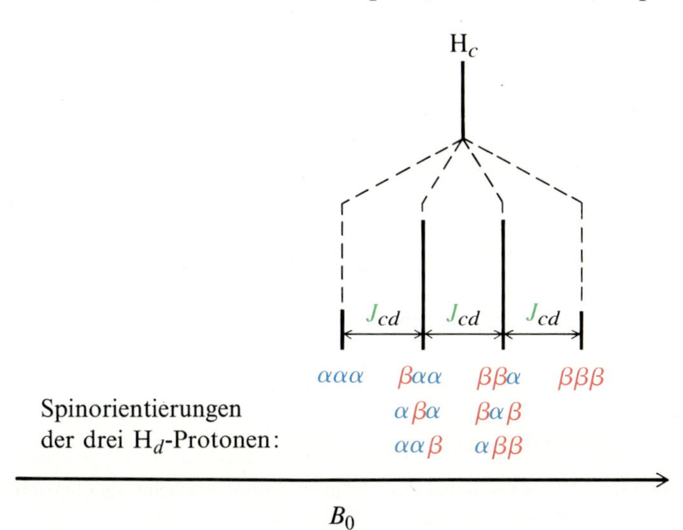

Abb. 10-23 Aufspaltung des Signals von H_c in ein Quartett durch die vier verschiedenen Spinkombinationen von H_d. Die chemische Verschiebung wird als das Zentrum aller vier Linien folgendermaßen angegeben: $\delta_{H_c} = 3.63$ ppm (q, $J = 8$ Hz, 4H), wobei „q" für Quartett steht.

Tabelle 10-4 NMR-Aufspaltungsmuster von Wasserstoffatomen mit *N* äquivalenten Nachbarkernen sowie die integrierten Verhältnisse der Intensitäten der Einzellinien (Pascalsches Dreieck)

Anzahl *N* der Nachbarkerne	Anzahl der Linien ($N+1$)	Bezeichnung des Aufspaltungsmusters (Abkürzung)	Integriertes Intensitätsverhältnis der Einzellinien
0	1	Singulett (s)	1
1	2	Dublett (d)	1 : 1
2	3	Triplett (t)	1 : 2 : 1
3	4	Quartett (q)	1 : 3 : 3 : 1
4	5	Quintett (quin)	1 : 4 : 6 : 4 : 1
5	6	Sextett (sex)	1 : 5 : 10 : 10 : 5 : 1
6	7	Septett (sep)	1 : 6 : 15 : 20 : 15 : 6 : 1

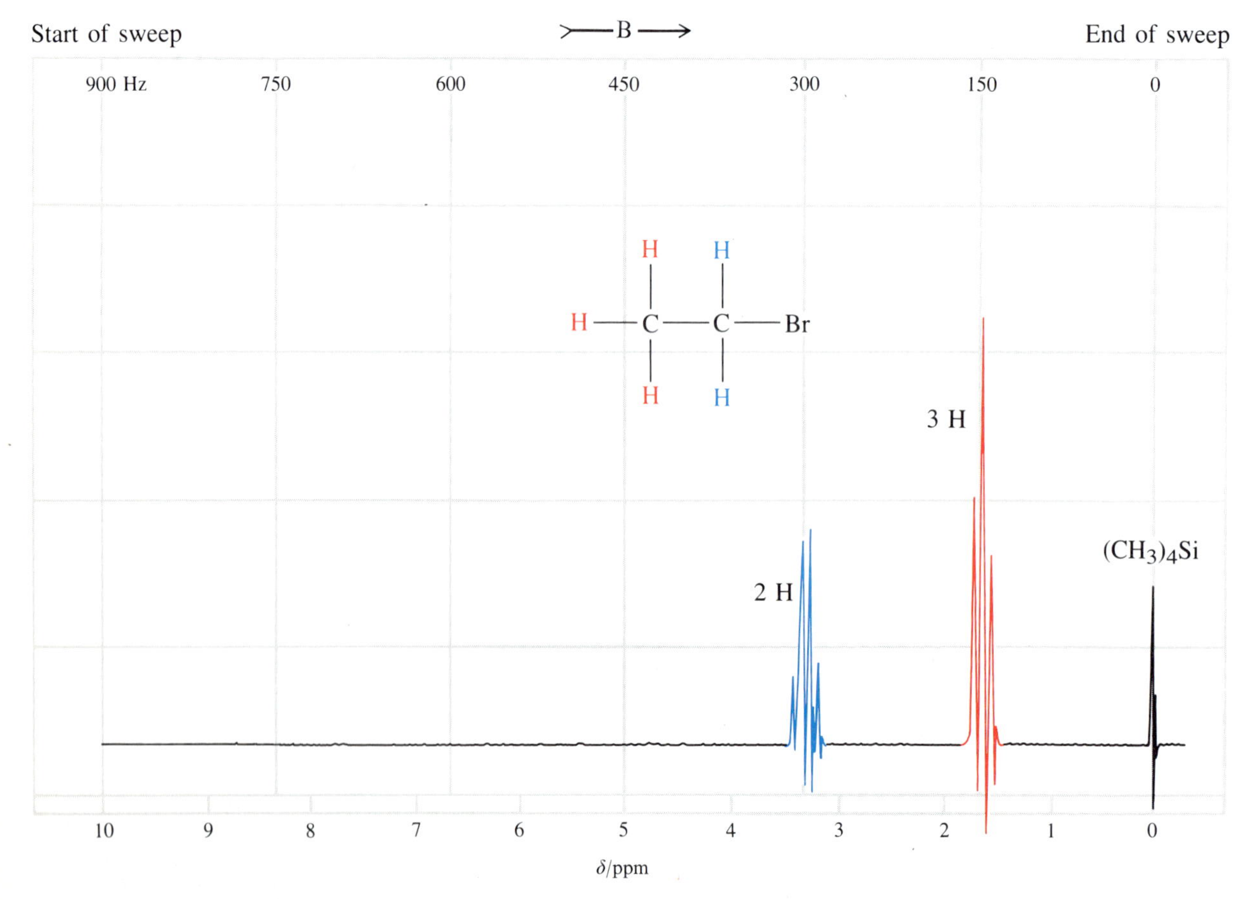

Abb. 10-24 90 MHz NMR-Spektrum von Bromethan in CCl_4. Das Signal der Methylengruppe erscheint als Quartett bei $\delta = 3.24$ ppm, $J = 7$ Hz. Die Methyl-Wasserstoffatome absorbieren dagegen als Triplett bei $\delta = 1.58$ ppm, $J = 7$ Hz.

Nachbarn erscheinen als Quartett. Tabelle 10-4 zeigt die Aufspaltungsmuster, die für Kerne mit N äquivalenten Nachbarn zu erwarten sind. Wir erkennen, daß eine *Aufspaltung in* $N + 1$ *Linien* erfolgt. Ihre relativen Intensitäten lassen sich anhand des Pascalschen Dreiecks (s. Tab.- 10-4) leicht berechnen. Jede Zahl in diesem Dreieck berechnet sich als die Summe der beiden nächsten darüberstehenden Zahlen. Die Abbildungen 10-24, 10-25 und 10-26 (ohne Integration) liefern Beispiele dafür. In Abbildung 10-26 haben wir ein Beispiel, in dem äquivalente Wasserstoffatome zweier Gruppen (der beiden Methylgruppen im 2-Iodpropan) für das zentrale Wasserstoffatom 2-H zu einem Septett führen ($N + 1 = 7$). Die Kopplung der Methylprotonen zum tertiären Wasserstoffatom läßt ihr NMR-Signal entsprechend als Dublett erscheinen.

Es ist wichtig, sich daran zu erinnern, daß nichtäquivalente Kerne *miteinander* koppeln und ihre Signale *gegenseitig* aufgespalten sind. Mit anderen Worten impliziert die Beobachtung eines aufgespaltenen Signals die Anwesenheit eines weiteren entsprechend aufgespaltenen Signals im NMR-Spektrum. Die Kopplungskonstanten für diese Spin-Spin-Aufspaltungen müssen gleich sein. In Tabelle 10-5 sind einige häufig vorkommende Multipletts mit den ihnen entsprechenden Strukturelementen zusammengefaßt.

Übung 10-8

Sagen Sie die ^1H NMR-Spektren der folgenden Verbindungen voraus: (a) Ethoxyethan (Diethylether); (b) 1,3-Dibrompropan; (c) 2-Methyl-2-butanol. Geben Sie die ungefähren chemischen Verschiebungen, die relativen Intensitäten und die Multiplizitäten der zu erwartenden Signale an.

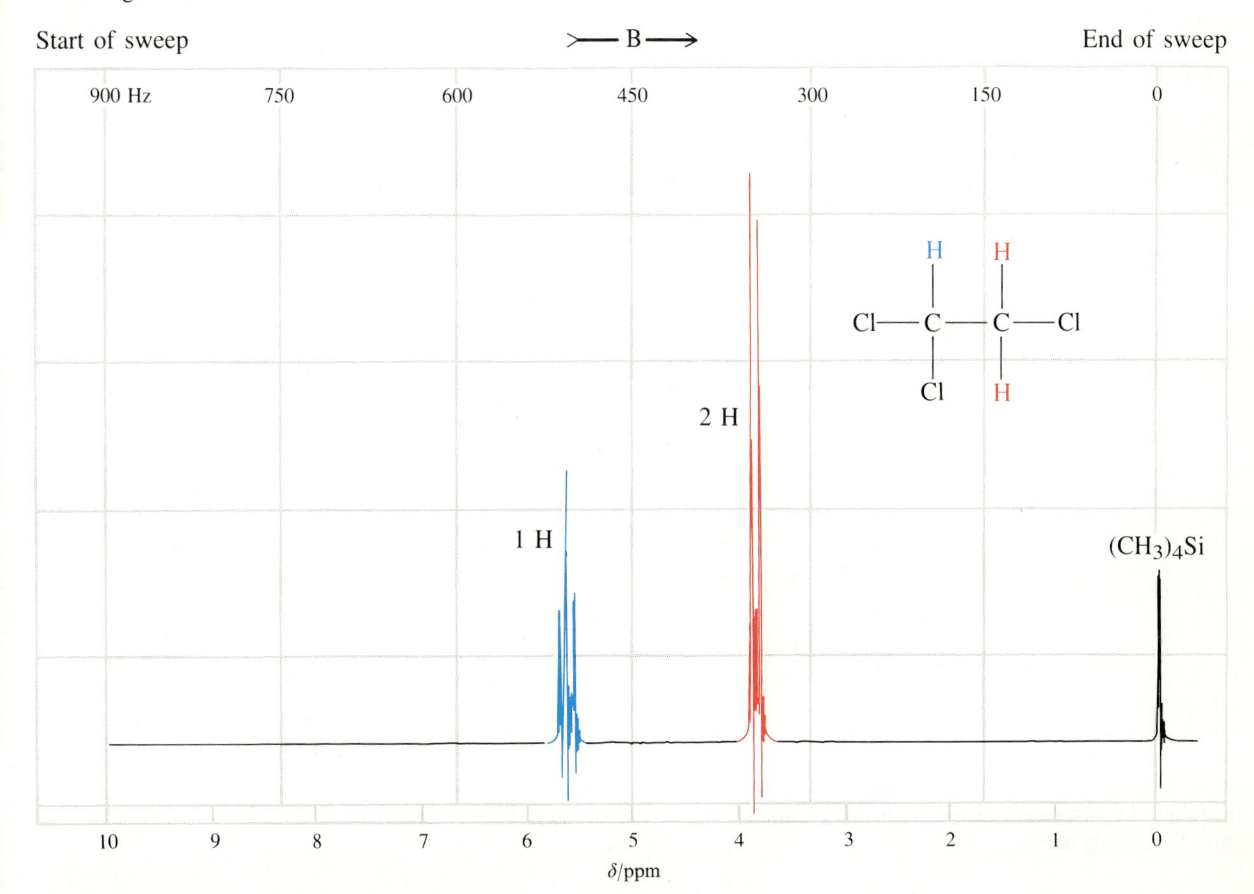

Abb. 10-25 90 MHz NMR-Spektrum von 1,1,2-Trichlorethan in CCl_4: $\delta = 5.58$ (t, $J = 7$ Hz, 1H), 2.13 (d, $J = 7$ Hz, 2H) ppm.

Tabelle 10-5 Häufig zu beobachtende Aufspaltungsmuster der ^{1}H NMR-Signale einfacher Alkylgruppen

Aufspaltungsmuster für H_a	Struktur	Aufspaltungsmuster für H_b
	$-C(H_a)-C(H_b)-$	
	$-C(H_a)(H_a)-C(H_b)$	
	$-C(H_a)(H_a)-C(H_b)(H_b)-$	
	$H_a-C(H_a)(H_a)-C(H_b)$	
	$H_a-C(H_a)(H_a)-C(H_b)(H_b)-$	
	$H_a-C(H_a)(H_a)-C(H_b)-C(H_a)(H_a)-H_a$	

Anmerkung: Es wird davon ausgegangen, daß H_a und H_b keine weiteren koppelnden Kerne in ihrer Umgebung haben.

Wir fassen zusammen, daß Spin-Spin-Kopplungen zwischen nichtäquivalenten vicinal oder geminal benachbarten Wasserstoffatomen entsprechend der ($N + 1$)-Regel auftreten. Normalerweise bewirkt die Kopplung zu N äquivalenten Nachbarkernen eine Signalaufspaltung in $N + 1$ Linien, deren relative Intensitäten den Zahlen des Pascalschen Dreiecks entsprechen. Dies führt zu typischen Linienmustern für die üblichen Alkylgruppen.

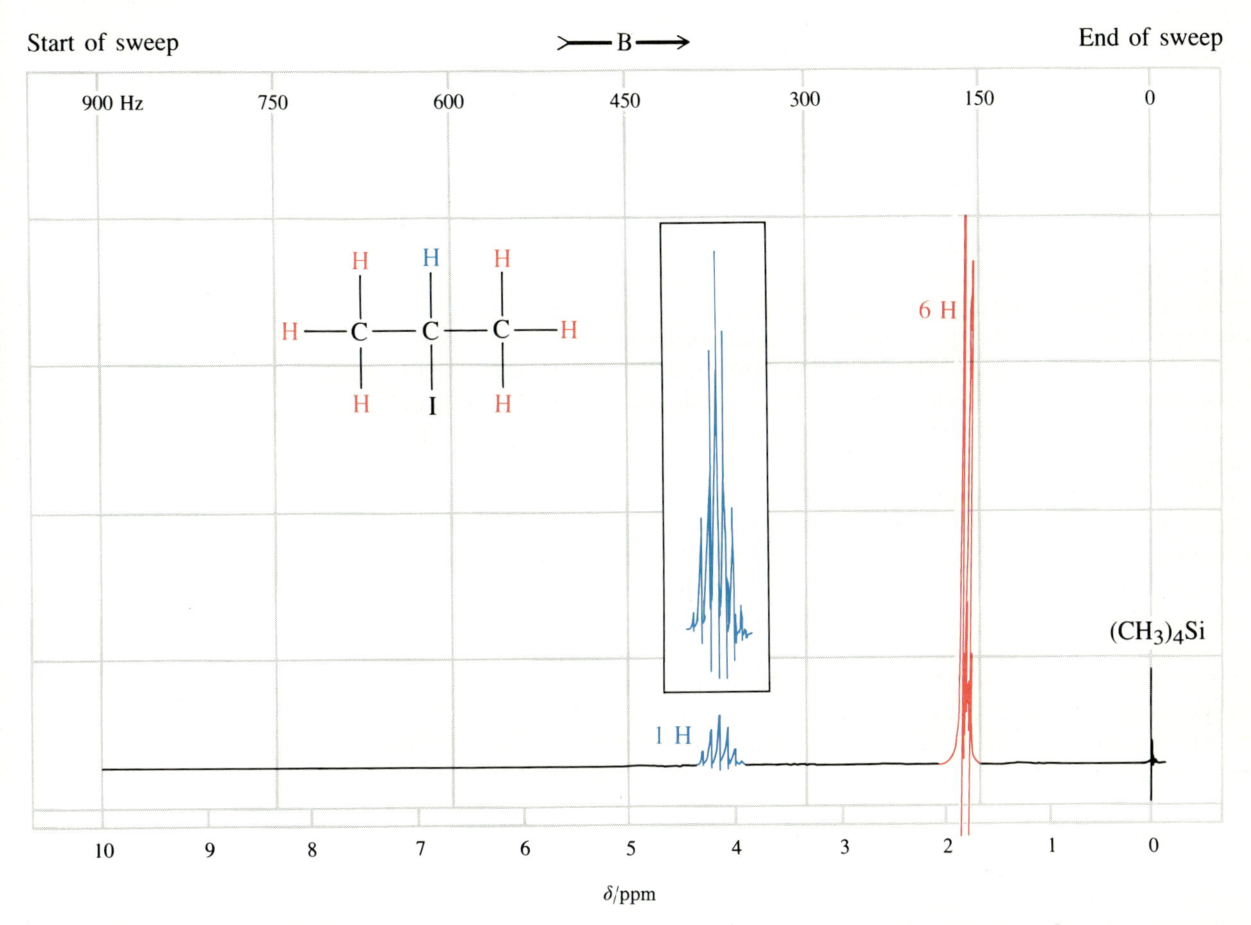

Abb. 10-26 90 MHz NMR-Spektrum von 2-Iodpropan in CCl_4: $\delta = 4.12$ (sep, $J = 7.5$ Hz, 1H), 1.82 (d, $J = 7.5$ Hz, 6H) ppm, wobei „sep" für Septett steht. Man beachte, daß die äußeren Linien des Septetts so eine geringe Intensität haben, daß man sie im Spektrum kaum erkennt. Um Einzelheiten zu erkennen, kann es daher erforderlich sein, bestimmte Signale noch einmal bei (elektronisch) gesteigerter Intensität aufzuzeichnen. Ein derart vergrößertes Signal ist als Einfügung in das Spektrum gezeichnet. Es zeigt das Septett der tertiären Wasserstoffatome bei erhöhter Empfindlichkeit.

10.6 Kompliziertere Spin-Spin-Kopplungen

Die Regeln für die Spin-Spin-Aufspaltung, die in Abschnitt 10.5 entwikkelt wurden, sind etwas idealisiert. Es gibt Fälle, in denen wegen eines nur kleinen Frequenzunterschieds zweier Signale im Vergleich zur Kopplungskonstanten die Aufspaltungen zu komplizierteren Mustern (Multipletts) führen, die ohne den Einsatz von Computern kaum zu analysieren sind. Daneben ist die ($N + 1$)-Regel dann nicht direkt anwendbar, wenn mehrere nichtäquivalente Kerne mit dem in Resonanz stehenden Kern mit unterschiedlichen Kopplungskonstanten koppeln. Schließlich kommt es vor, daß Hydroxy-Protonen als Singulett erscheinen, selbst wenn vicinale Wasserstoffatome vorhanden sind.

Kopplungen zwischen Kernen mit wenig unterschiedlicher chemischer Verschiebung δ führen zu Spektren höherer Ordnung

Die eingehendere Betrachtung der Spektren in den Abbildungen 10-19, 10-25 und 10-26 zeigt, daß die relativen Intensitäten der Aufspaltungsmuster nicht vollkommen mit den nach dem Pascalschen Dreieck zu erwartenden Verhältnissen übereinstimmen: Sie wirken etwas verzerrt. Dies ist eine allgemeine Erscheinung, die bisweilen hilfreich ist, denn die Signale sind in der Regel in Richtung auf das Signal des Kopplungspartners hin verzerrt. Ideale Intensitätsverhältnisse werden nur dann beobachtet, wenn die Signale der Kopplungspartner weit auseinander liegen. Präziser kann man diese Bedingung folgendermaßen formulieren: Intensitätsverhältnisse, wie sie sich aus dem Pascalschen Dreieck und der $(N + 1)$-Regel ergeben, können dann beobachtet werden, wenn der Unterschied der chemischen Verschiebungen der Signale der Kopplungspartner (*in Hz*) viel größer ist (Faustregel: Faktor 10) als die Kopplungskonstante: $\Delta\delta \gg J$. Wenn diese Bedingung erfüllt ist, spricht man von einem Spektrum *erster Ordnung**. Wird der Frequenzunterschied $\Delta\delta$ kleiner, so daß die Bedingung nicht mehr erfüllt ist, unterliegt das Aufspaltungsmuster einer zunehmenden Störung. Anfangs tritt nur die erwähnte Verzerrung ein, bei noch kleinerem $\Delta\delta$ wird das Signal jedoch noch komplizierter. Hier sind die einfachen Regeln aus Abschnitt 10.5 nicht mehr gültig, die Signalaufspaltungen sind komplexer, und man spricht von Spektren *nicht-erster* oder *höherer* Ordnung. Man kann solche Spektren mit der Hilfe von Computern analysieren, dies überschreitet jedoch den Rahmen unserer Diskussion.

Besonders eindrucksvolle Beispiele für Spektren höherer Ordnung sind die von längeren Alkylketten, auch die von unverzweigten Alkanen. Abbildung 10-27 zeigt das Spektrum von *n*-Octan, welches offensichtlich nicht erster Ordnung ist, da alle nichtäquivalenten Protonen (es gibt derer vier) fast dieselbe chemische Verschiebung aufweisen. Alle Methylenprotonen führen zu einem breiten Singulett, und das Signal der terminalen Methylgruppen erscheint als ein verzerrtes Triplett.

Abbildung 10-28A zeigt das bei 90 MHz aufgenommene NMR-Spektrum des Methylcyclohexans, welches etwas komplizierter als das des *n*-Octans ist, da acht unterschiedliche Wasserstoffatome vorliegen. Das bei größerer Meßfrequenz (250 MHz) aufgenommene Spektrum (Abb. 10-28B) ist viel besser aufgelöst, jedoch auch nicht erster Ordnung.

Ein Fall, in dem eine erhöhte Feldstärke einen wesentlich stärkeren Effekt hat, ist der des 2-Chlor-1-(2-chlorethoxy)ethans (Abb. 10-29) Hier ist der entschirmende Effekt des Sauerstoffatoms etwa von der gleichen Größe wie der des Chlorsubstituenten. Daher erscheinen die Signale der Methylengruppen dicht beieinander. Das Aufspaltungsmuster wirkt symmetrisch, ist jedoch sehr kompliziert, da es aus über 32 Linien unterschied-

---

* Dieser Ausdruck stammt von der Definition einer ‚Theorie erster Ordnung'. Darunter versteht man allgemein eine Theorie, die nur die wichtigsten von mehreren Variablen eines Systems berücksichtigt.

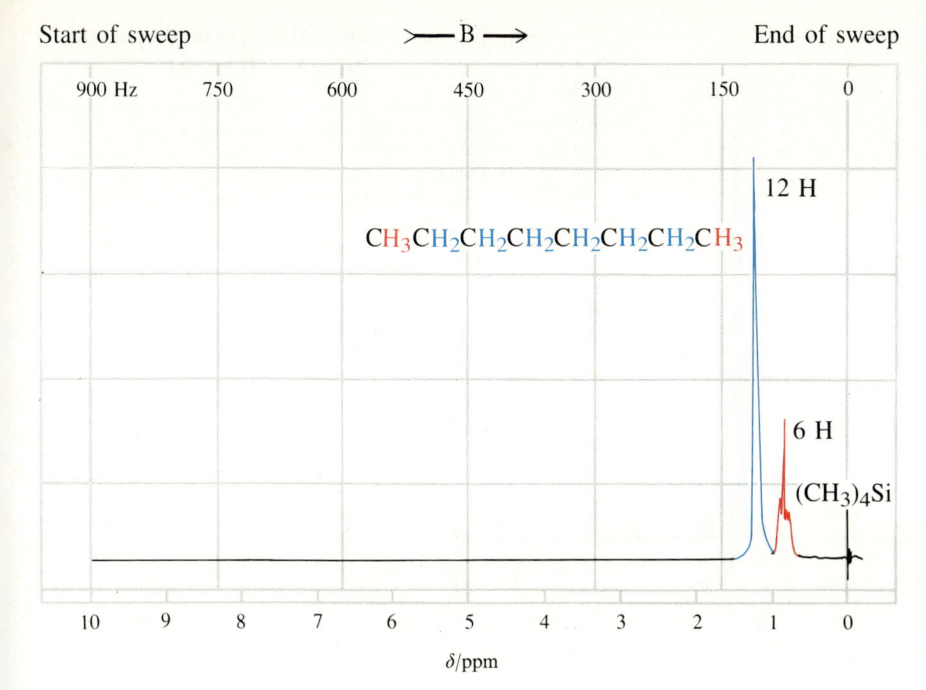

Abb. 10-27 90 MHz NMR-Spektrum von Octan in CCl_4.

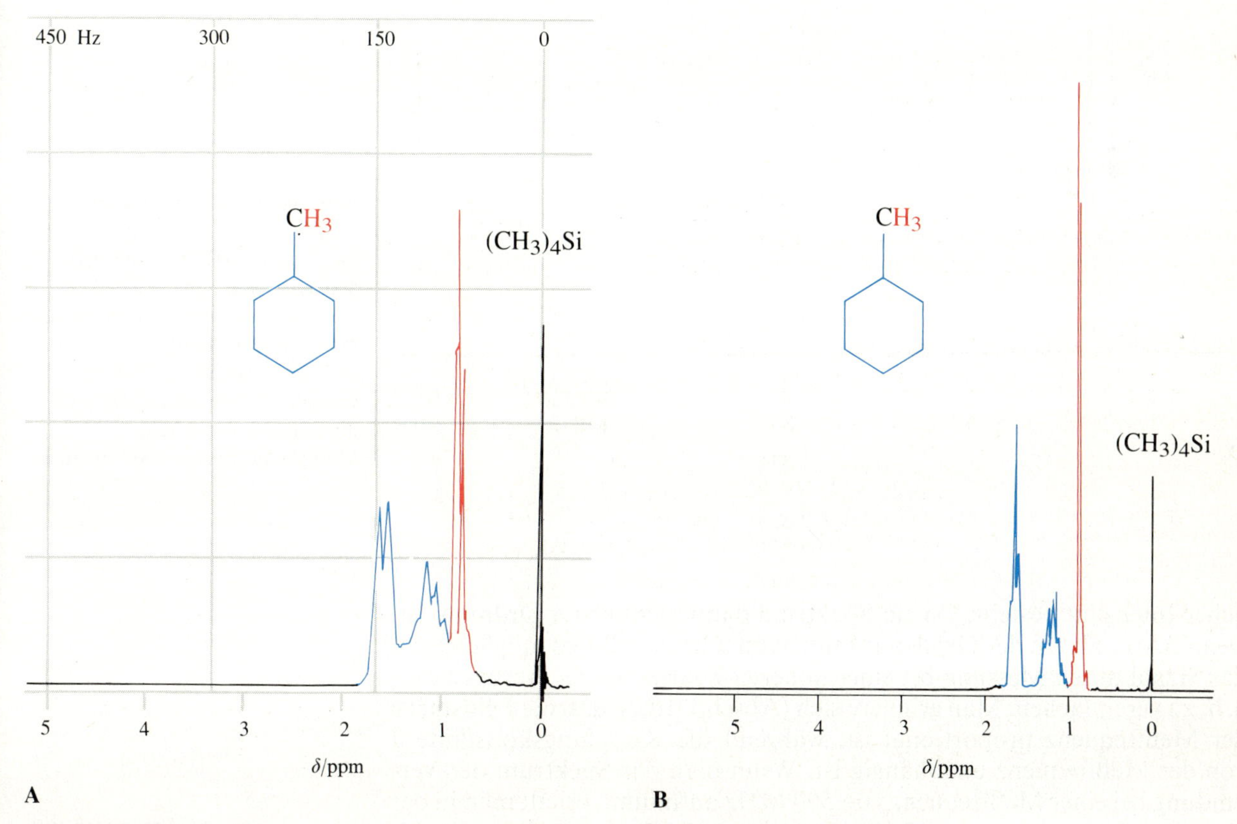

Abb. 10-28 NMR-Spektrum von Methylcyclohexan in CCl_4 bei (A) 90 MHz und (B) 250 MHz.

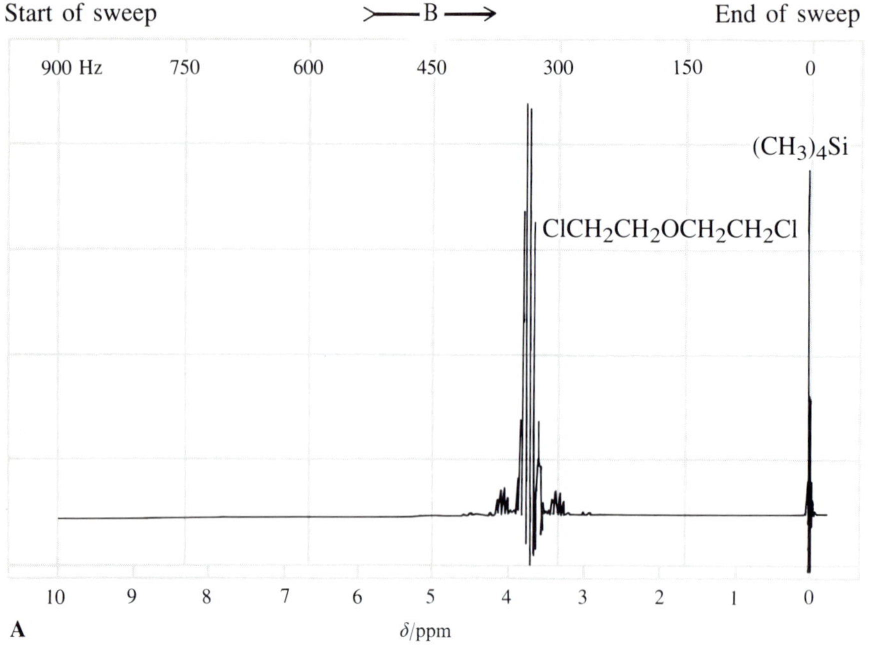

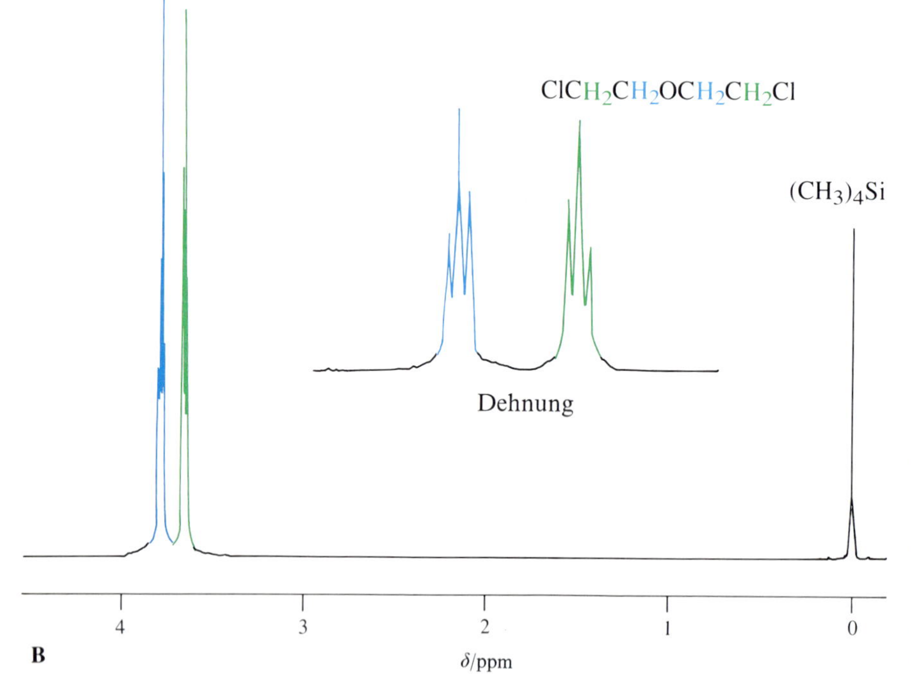

Abb. 10-29 NMR-Spektrum von 2-Chlor-1-(2-chlorethoxy)ethan in CCl_4 bei (A) 90 MHz und (B) 500 MHz. Bei hoher Feldstärke wird das komplexe Multiplett, das man bei 90 MHz beobachtet, zu zwei leicht verzerrten Tripletts vereinfacht, wie man es für zwei miteinander koppelnde Methylengruppen erwarten würde.

licher Intensität besteht. Da ein Spektrum dann nicht erster Ordnung ist, wenn $\Delta\delta$ (in Hz) in der Größenordnung von J liegt, sollte es möglich sein, das Signal durch Messung bei einer höheren Feldstärke zu „verbessern", d.h. zu vereinfachen. Man erinnere sich (Abschn. 10.2), daß die Feldstärke der Meßfrequenz proportional ist, während die Kopplungskonstante J von der Meßfrequenz unabhängig ist. Wenn man das Spektrum der Verbindung bei einer Meßfrequenz von 500 MHz aufnimmt, erhält man in der Tat eine Aufspaltung erster Ordnung (Abb. 10-29 B).

Kopplung mit nichtäquivalenten Nachbarn: Eine Modifikation der $(N + 1)$-Regel

Ein kompliziertes Aufspaltungsmuster muß nicht heißen, daß das Spektrum von höherer Ordnung ist. Wasserstoffatome können mit *mehreren nichtäquivalenten* Nachbarn koppeln, was zu ziemlich komplizierten Aufspaltungsmustern führt, die dennoch erster Ordnung sind. Ein Beispiel dafür ist das 1-Brompropan, dessen NMR-Spektrum in Abbildung 10-30 wiedergegeben ist. Hier befinden sich die Wasserstoffatome an C-2 zwischen einer Methyl- und einer Methylengruppe. Die Kopplung erfolgt unabhängig voneinander zu beiden Nachbarn.

Wir wollen das Spektrum detailliert analysieren. Zunächst erkennen wir zwei Tripletts, eines bei hoher Frequenz (tiefem Feld, $\delta = 3.28$ ppm, $J = 6.0$ Hz, 2H) und eines bei tiefer Frequenz (hohem Feld, $\delta = 1.03$ ppm, $J = 6.5$ Hz, 3H), die der 1-Methylengruppe und der Methylgruppe zuzuordnen sind. Die Absorption bei hoher Frequenz (tiefem Feld) ist der 1-Methylengruppe zuzuordnen, da sie dem entschirmenden Einfluß des Halogensubstituenten am stärksten ausgesetzt ist, und die Methylgruppe tritt erwartungsgemäß bei der tiefsten Frequenz (höchstem Feld) in Resonanz. Die 2-Methylengruppe führt zu einem Aufspaltungsmuster, das man auf den ersten Blick als leicht verzerrtes Sextett ansehen würde ($\delta = 1.86$ ppm, $J = 6–7$ Hz, 2H). Ist das das zu erwartende Aufspaltungsmuster?

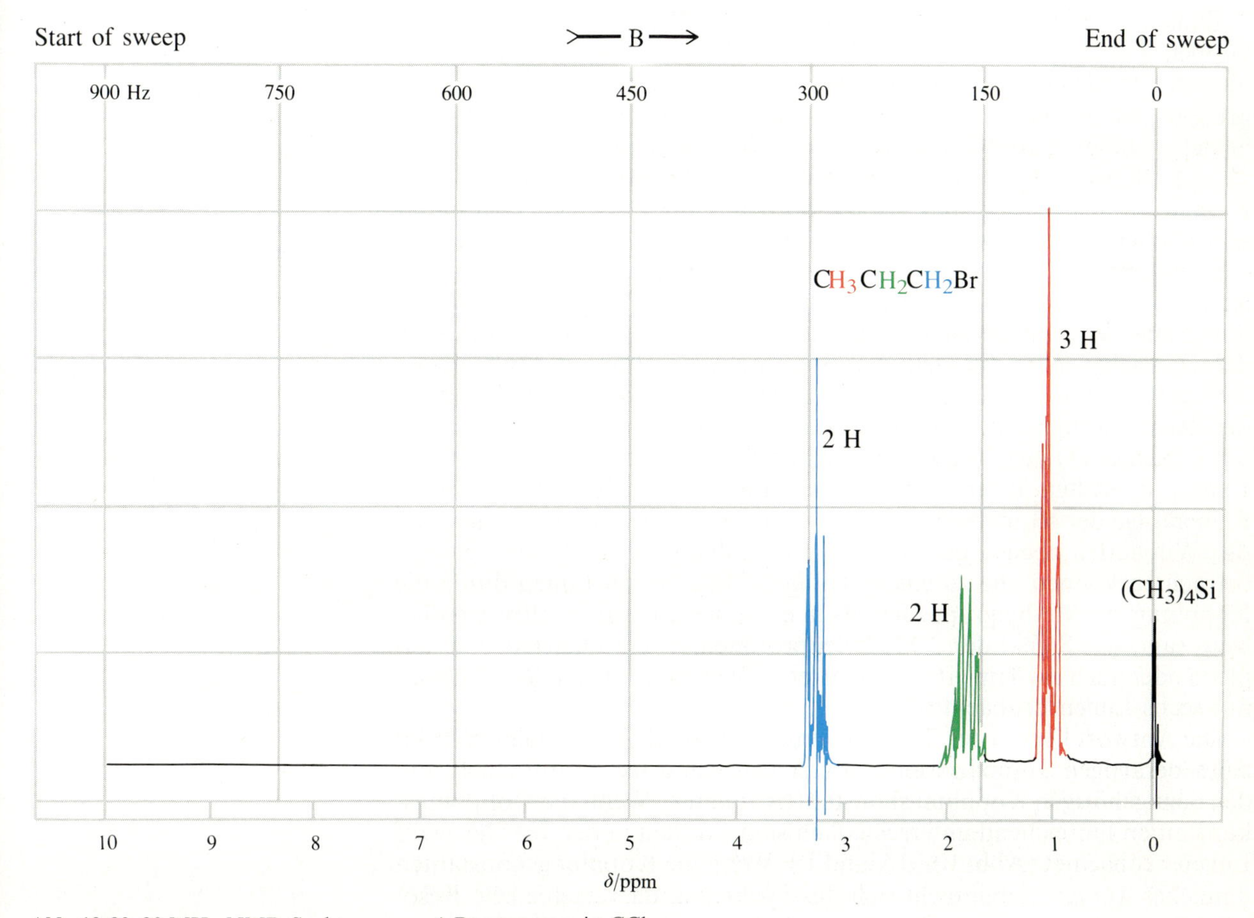

Abb. 10-30 90 MHz NMR-Spektrum von 1-Brompropan in CCl_4.

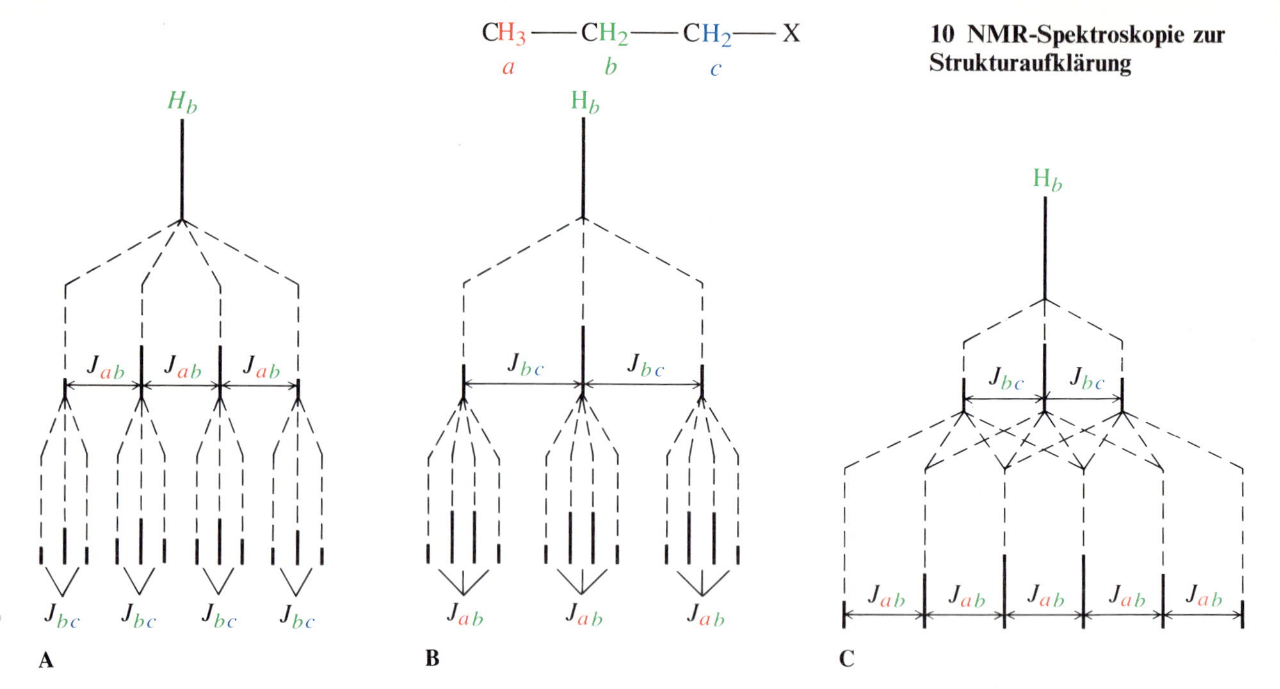

Abb. 10-31 Das für H_b einer Propylverbindung zu erwartende Aufspaltungsmuster (A) bei $J_{ab} > J_{bc}$, (B) bei $J_{bc} > J_{ab}$ und (C) bei $J_{ab} \sim J_{bc}$. Im letzten Fall fallen mehrere Signale zusammen, was zu einem täuschend einfachen Signal führt: Man beobachtet ein Sextett.

Zunächst werden wir diese Frage bejahen. Die Wasserstoffatome an C-2 koppeln mit insgesamt fünf Nachbarn, nämlich mit drei Wasserstoffatomen der Methylgruppe und mit zwei Wasserstoffatomen der Methylengruppe. Bei Anwendung der $(N + 1)$-Regel erwarten wir in der Tat ein Sextett. Dieser Schluß ist jedoch nicht vollkommen richtig, denn die $(N + 1)$-Regel gilt streng nur für die Kopplung zu magnetisch *äquivalenten* Kernen. In unserem Beispiel erfolgt die Kopplung jedoch zu zwei unterschiedlichen Sätzen von Protonen (1-Methylen- und Methylprotonen), die jeder mit einer charakteristischen Kopplungskonstante mit den 2-Methylenprotonen koppeln. Die Auswirkungen dieser Kopplungen können durch eine sequentielle Anwendung der $(N + 1)$-Regel abgeschätzt werden. Zunächst sollte die Methylgruppe eine Aufspaltung des Signals der 2-Methylengruppe in ein Quartett bewirken. Die nochmalige Anwendung der Regel – bezüglich der Kopplung zur 1-Methylengruppe – sollte für jede der Linien des Quartetts zu einer zusätzlichen Aufspaltung in ein Triplett führen. Es sollten daher maximal zwölf Linien erscheinen. Dabei ist die Reihenfolge der sequentiellen Anwendung der $(N + 1)$-Regel nicht wichtig: Wir hätten ebenso gut zuerst die Kopplung zur 1-Methylengruppe betrachten können, die zu einem Triplett führt, dessen Linien durch die Kopplung zur Methylgruppe jeweils in ein Quartett aufgespalten werden. Man sagt, das Signal der 2-Methylenprotonen sei ein Quartett von Tripletts oder auch ein Triplett von Quartetts. Warum werden in Wirklichkeit nur sechs Linien beobachtet?

Die Antwort liegt in der Tatsache, daß das endgültige Erscheinungsbild eines derartigen komplizierteren Aufspaltungsmusters empfindlich von den dazugehörigen Kopplungskonstanten abhängt. Wenn die Kopplungskonstanten hinreichend unterschiedlich sind, werden in der Tat alle zwölf Linien beobachtet (Abb. 10-31A und B). Wenn die Kopplungskonstanten ähnlicher werden, vereinfacht sich das Spektrum, da verschiedene Resonanzen entarten, d. h. denselben Wert annehmen. Abbildung 10-31C kann entnommen werden, daß dann mehrere Linien zusammenfallen. In Alkylverbindungen wie 1-Brompropan sind die beiden Kopplungskonstanten sehr ähnlich, so daß das Spektrum nach dem äußeren Anschein der $(N + 1)$-Regel genügt. Man beachte jedoch, daß dies mehr eine zufällige Übereinstimmung und keine notwendigerweise zu erwartende Erscheinung ist. Die große Ähnlichkeit der Kopplungskonstanten der beiden Nachbargruppen zur 2-Methylengruppe kann durch genaues Ausmessen der beiden Tripletts verdeutlicht werden: Im 1-Brompropan ergeben sie sich zu 6 und 6.5 Hz.

Übung 10-9

Erklären Sie die Aufspaltungsmuster im NMR-Spektrum des 1-Chlor-2-methylpropans (Abb. 10-32).

Ein Fall, in dem die beiden Kopplungskonstanten zu zwei benachbarten Sätzen unterschiedlicher Wasserstoffatome eine hinreichend große Differenz aufweisen, um die theoretisch zu erwartende Anzahl von Resonanzlinien auch tatsächlich zu beobachten, ist das Spektrum des 1,1,2-Trichlorpropans (Abb. 10-33).

Wegen der Kopplung zu H_b erscheinen H_a ($\delta = 5.69$ ppm) und H_c ($\delta = 1.64$ ppm) als zwei Dubletts. Die beiden Kopplungskonstanten sind $J_{ab} = 3.6$ Hz und $J_{bc} = 6.8$ Hz. Daher sollte H_b als Dublett von Quartetts

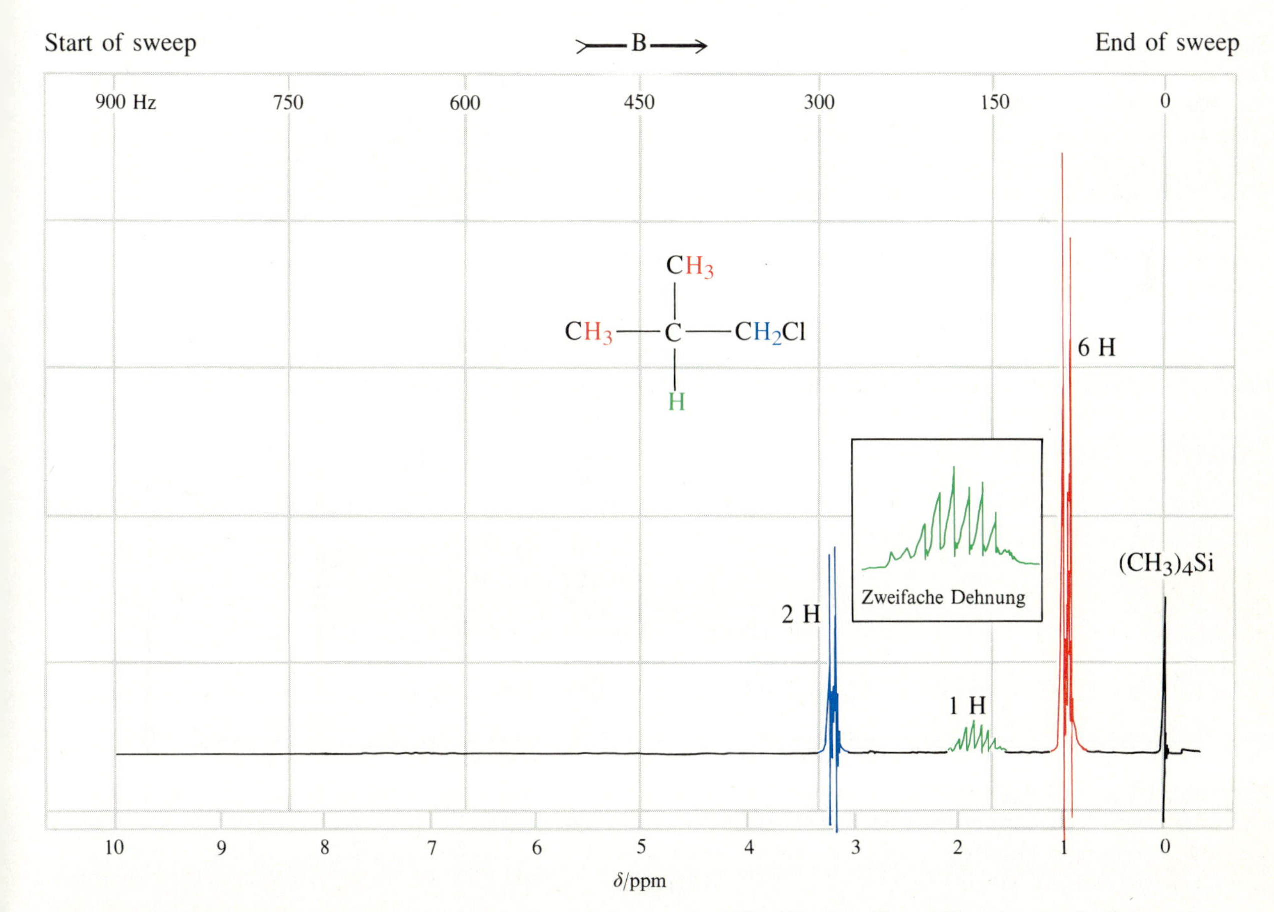

Abb. 10-32 90 MHz NMR-Spektrum von 1-Chlor-2-methylpropan in CCl_4. Die eingefügte Abb. zeigt eine Ausdehnung (Faktor 2) des Signals bei $\delta = 1.88$ ppm.

entsprechend diesen Kopplungskonstanten erscheinen, wie es in der Dehnung gezeigt ist. Die chemische Verschiebung von H_b ist der Mittelpunkt dieses Signals ($\delta = 4.18$ ppm).

Ein schneller Protonenaustausch entkoppelt Hydroxyprotonen

Wir wollen mit dem, was wir über vicinale Kopplungen gelernt haben, zu den NMR-Spektren von Alkoholen zurückkehren. Dem NMR-Spektrum des 2,2-Dimethyl-1-propanols (Abb. 10-14) war zu entnehmen, daß das der OH-Gruppe entsprechende Signal als eine einzelne Linie erschien, ohne irgendeine Aufspaltung. Dies ist merkwürdig, da das Hydroxy-Wasserstoffatom zwei Wasserstoffatomen vicinal benachbart ist, die sein Signal eigentlich zu einem Triplett aufspalten sollten. Das Signal der Methylenprotonen erscheint seinerseits als Singulett anstatt des aufgrund einer Kopplung zum Hydroxy-Wasserstoffatom zu erwartenden Dubletts. Warum kann man hier keine Spin-Spin-Kopplung beobachten? Die Ursache dafür liegt in einem sehr schnellen Protonenaustausch zwischen der Hydroxygruppe des Alkohols mit Spuren von Wasser (oder anderen Alkoholen). Der Austausch erfolgt schnell relativ zur NMR-Zeitskala, etwa 10^5 Protonen werden pro Sekunde ausgetauscht. Das entspricht einer Aufenthaltsdauer eines Protons in der direkten Nachbarschaft zu den vicinalen

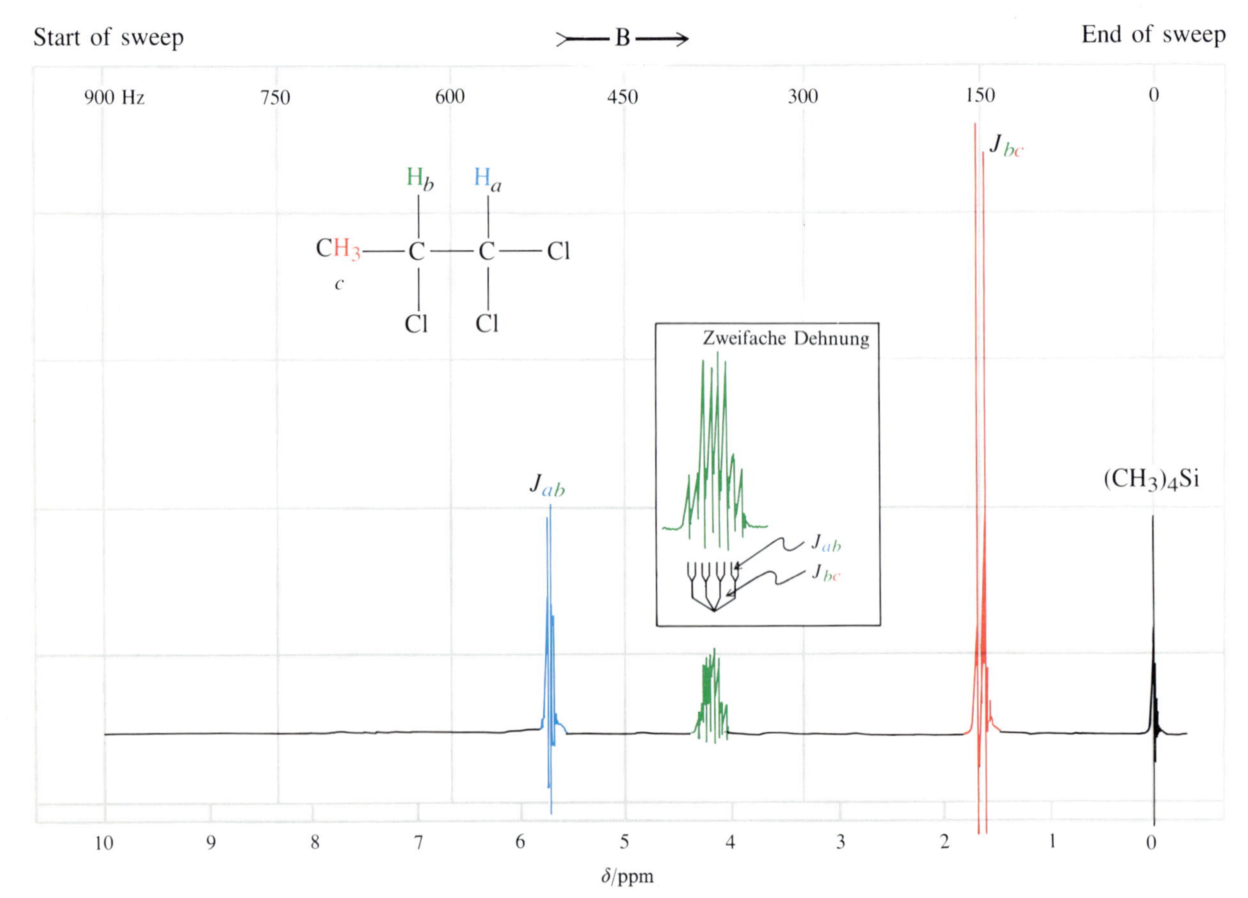

Abb. 10-33 90 MHz NMR-Spektrum von 1,1,2-Trichlorpropan in CCl_4. Das Signal des Kerns H_b erscheint als Dublett von Quartetts bei $\delta = 4.18$ ppm: Man beobachtet acht Linien.

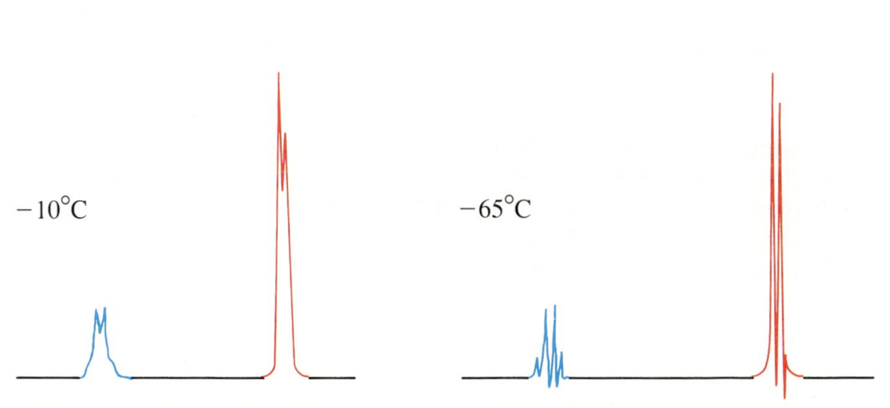

Abb. 10-34 Temperaturabhängigkeit der Spin-Spin-Aufspaltung in Methanol (nach H. Günther, *NMR-Spektroskopie*, 2. Aufl. Georg Thieme Verlag, Stuttgart 1983).

Methylenprotonen von 10^{-5} s. Aus diesem Grunde wird mit dem NMR-Spektrometer für die OH-Protonen nur ein zeitlicher Durchschnitt aller Resonanzen erfaßt. Wegen der kurzen Zeit, die ein bestimmtes Proton als Hydroxyproton gebunden ist, wird keine Kopplung beobachtet. Die drei Situationen, in denen ein Proton den unterschiedlichen Spinorientierungen der Methylengruppe ($\alpha\alpha$, $\alpha\beta/\beta\alpha$, $\beta\beta$) benachbart ist, wechseln so schnell, daß nur eine gemittelte chemische Verschiebung gefunden wird. Eine analoge Argumentation erklärt die fehlende Aufspaltung des Signals der Methylengruppe.

Man sagt, daß derartige Absorptionen durch Protonenaustausch **entkoppelt** werden. Man kann den Austausch verlangsamen, indem man jede Spur von Wasser oder Säuren entfernt, oder indem man die Probe derart abkühlt, daß ein Proton bezüglich der NMR-Zeitskala hinreichend lange an einer Sauerstoffatom bleibt, um beobachtet werden zu können. Ein Beispiel dafür zeigt Abbildung 10-34 für Methanol. Bei 37 °C beobachtet man zwei Singuletts, die ohne Kopplung den unterschiedlichen Protonen entsprechen. Kühlt man die Probe ab, verbreitern sich die Signale, bis bei −65 °C das zu erwartende Kopplungsmuster beobachtet werden kann: ein Quartett und ein Dublett.

Wir fassen zusammen: In vielen NMR-Spektren sind die Aufspaltungen nicht erster Ordnung, da der Unterschied in der chemischen Verschiebung der miteinander koppelnden nichtäquivalenten Wasserstoff-Atomkerne in der Größenordnung der Kopplungskonstante liegt. Aufnahmen bei höheren Meßfrequenzen können zu besser aufgelösten Kopplungsmustern führen, die dann erster Ordnung sein können. Die Kopplung von Wasserstoffatomen zu unterschiedlichen nichtäquivalenten Wasserstoffatomen erfolgt getrennt mit der für jede Kopplung charakteristischen Kopplungskonstante. In vielen Fällen, z. B. bei Alkylgruppen, sind diese Kopplungskonstanten so ähnlich, daß sich das Kopplungsmuster zu dem vereinfacht, was man bei Anwendung der ($N + 1$)-Regel erwarten würde. In anderen Fällen gilt dies nicht, man kann die entstehenden Multipletts jedoch meist dennoch analysieren. Vicinale Kopplungen zu Hydroxyprotonen werden wegen des schnellen Protonenaustauschs in der Regel nicht beobachtet.

10.7 ^{13}C NMR-Spektroskopie

Da die meisten organischen Verbindungen Wasserstoffatome enthalten, ist die ^{1}H NMR-Spektroskopie ein außerordentlich wirksames Hilfmittel zur Strukturaufklärung. Potentiell noch wertvoller sollte jedoch die NMR-Spektroskopie des Kohlenstoffs sein, denn *per definitionem* enthalten *alle* organischen Verbindungen dieses Element als Teil ihres Gerüstes. Allein oder in Verbindung mit der ^{1}H NMR-Spektroskopie gibt es zahlreiche Anwendungsmöglichkeiten der NMR-Spektroskopie des Kohlenstoffs. Dieser Abschnitt soll eine kurze Einführung in die NMR-Spektroskopie des Kohlenstoffs und ihre Anwendungen geben.

Kohlenstoff-NMR mit einem Isotop geringer natürlicher Häufigkeit: ^{13}C

Es ist möglich, Kohlenstoff-NMR-Spektroskopie zu betreiben; es gibt jedoch eine wesentliche Komplikation: Das häufigste Isotop des Kohlenstoffs, ^{12}C, ist NMR-spektroskopisch nicht nachweisbar. Glücklicherweise gibt es in der Natur ein weiteres Isotop, ^{13}C, das mit einer Häufigkeit von 1.11% auftritt. Im Magnetfeld verhält sich dieses Isotop ähnlich dem Isotop ^{1}H. Man würde daher erwarten, daß ^{13}C NMR-Spektren den ^{1}H NMR-Spektren ähneln. Es zeigt sich jedoch, daß diese Erwartung nur teilweise zutreffend ist, denn es gibt wichtige (und in der Tat sehr nützliche) Unterschiede zwischen den beiden Meßverfahren.

Es ist viel schwieriger, ^{13}C NMR-Spektren aufzunehmen als ^{1}H NMR-Spektren. Das liegt nur zum Teil an der erheblich geringeren natürlichen Häufigkeit des Isotops ^{13}C; ein weiterer Grund ist die geringere Empfindlichkeit von ^{13}C. Unter vergleichbaren Bedingungen ist ein ^{1}H NMR-Signal etwa 6000mal stärker als ein ^{13}C NMR-Signal. Um so wenig intensive Signale zu erfassen, werden ^{13}C NMR-Spektren viele Male nacheinander gemessen und in einem Computer gespeichert. Der Computer addiert alle gespeicherten Einzelspektren und liefert am Ende ein Spektrum, in dem alle Signale durch die Addition aufsummiert sind, während das zufällige Rauschen herausgemittelt worden ist. Um eine Messung in vertretbarer Zeit (üblicherweise wird mehrere tausend Male gemessen) zu ermöglichen, ist eine spezielle Technik, die Fourier-Transform-NMR (FT-NMR) erforderlich, deren Details den Rahmen dieser Darstellung überschreiten. Es soll hier genügen festzustellen, daß die ^{13}C NMR-Spektroskopie durch diese Entwicklung für den organischen Chemiker ebenso zur Routinemethode geworden ist wie die ^{1}H NMR-Spektroskopie.

Ein Vorteil der geringen natürlichen Häufigkeit des Isotops ^{13}C liegt darin, daß in normalen ^{13}C NMR-Spektren keine Kohlenstoff-Kohlenstoff-Kopplungen auftreten. Wie beim Wasserstoff sollten zwei magnetisch nichtäquivalente benachbarte Kohlenstoffatome (wie z. B. im Bromethan) miteinander koppeln, und ihre NMR-Signale sollten entsprechend aufgespalten sein. In der Praxis wird dies jedoch nicht beobachtet. Warum ist das so? Es liegt daran, daß eine Kopplung nur dann auftreten kann, wenn zwei ^{13}C-Kohlenstoffatome einander benachbart sind. Bei einer natürlichen Häufigkeit von ^{13}C von 1.11% ist eine solche Situation sehr wenig wahrscheinlich. Die meisten Kohlenstoffatome des Isotops ^{13}C sind von solchen des Isotops ^{12}C umgeben, die, da sie keinen Kernspin haben, keine Spin-Spin-Kopplungen eingehen können. Dies vereinfacht die ^{13}C NMR-Spektren erheblich; Kopplungen zu benachbarten Wasserstoffatomen treten dagegen sehr wohl auf.

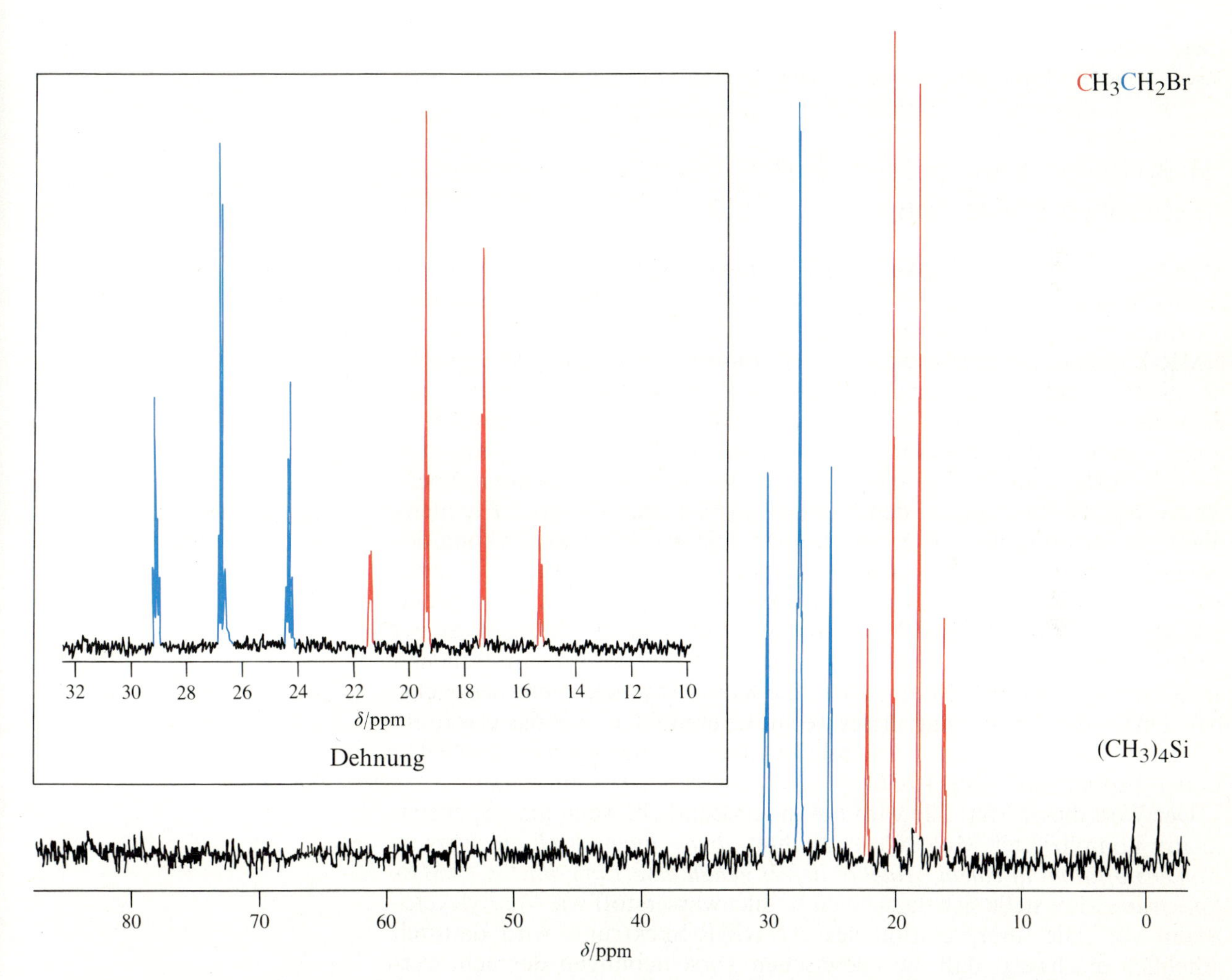

Abb. 10-35 62.8 MHz ^{13}C NMR-Spektrum von Bromethan. Bei hohem Feld (niedriger Resonanzfrequenz) bei $\delta = 18.3$ ppm beobachtet man ein Quartett und bei niedrigerem Feld (höherer Resonanzfrequenz) bei $\delta = 26.6$ ppm ein Triplett, die den beiden Kohlenstoffatomen des Moleküls zuzuordnen sind. Man beachte den großen Gesamtbereich der chemischen Verschiebung. Das Signal des Tetramethylsilans $(CH_3)_4Si$ erscheint *per definitionem* (wie in der ^1H NMR-Spektroskopie) bei $\delta = 0.00$ ppm . Wegen der Kopplung der Kohlenstoffatome mit den jeweils drei benachbarten Wasserstoffatomen ist es zum Quartett aufgespalten ($J = 118$ Hz; die beiden äußeren Linien des Quartetts sind kaum zu erkennen). Die eingefügte gedehnte Darstellung des Tripletts und des Quartetts der Kohlenstoffatome des Bromethans läßt erkennen, daß es sich bei dem Quartett des Methyl-Kohlenstoffatoms des Bromethans tatsächlich um ein Quartett von Tripletts handelt ($J = 126$ und 3 Hz). Dies beruht auf der Kopplung zu den drei Methyl-Wasserstoffatomen (große Kopplungskonstante) und der weiteren Aufspaltung aufgrund der Kopplung zu den benachbarten Methylen-Wasserstoffatomen (kleine Kopplungskonstante). Das Methylen-Kohlenstoffatom absorbiert entsprechend als Triplett von Quartetts ($J = 151$ und 5 Hz).

Abbildung 10-35 zeigt das ^{13}C NMR-Spektrum von Bromethan. Die chemische Verschiebung δ wird relativ zu einem internen Standard, meist der ^{13}C-Absorption von $(CH_3)_4Si$, angegeben. Man beachte, daß der Bereich der chemischen Verschiebung bei Kohlenstoff viel größer ist als bei Wasserstoff. Die meisten ^{13}C NMR-Signale organischer Verbindungen liegen im Bereich zwischen 0 und 200 ppm. Dies ist ein deutlicher Unterschied zum relativ kleinen „Fenster" der ^{1}H NMR-Spektroskopie (10 ppm). Abbildung 10-35 vermittelt auch einen Eindruck von der relativen Komplexität der Spektren, die auf $^{13}C-H$-Kopplungen beruht. Direkt gebundene Wasserstoffatome koppeln mit ^{13}C mit relativ großen Kopplungskonstanten (125-200 Hz). Die Kopplung nimmt mit der Entfernung der Kopplungspartner im Molekül schnell ab, so daß geminale Kopplungen Kopplungskonstanten J_{C-C-H} zwischen 0.7 und 6 Hz zeigen.

Übung 10-10

Sagen Sie das ^{13}C NMR-Spektrum von 1-Brompropan (mit Aufspaltungen) voraus.

^{1}H Breitband-Entkopplung führt zu einzelnen Linien (Singuletts)

Man kann mittels der **^{1}H Breitband-Entkopplung** („noise decoupling") bewirken, daß die Signale im Spektrum nicht aufgespalten sind, sondern als einzelne Linien erscheinen. Dazu wird während der eigentlichen ^{13}C NMR-Messung ein intensives, breites Radiofrequenz-Signal eingestrahlt, das die Resonanzfrequenzen aller Wasserstoffatome vollkommen abdeckt. Zum Beispiel tritt ^{13}C bei einem Magnetfeld von 5.875 T bei einer Frequenz von 62.8 MHz in Resonanz (s. in Abb. 10-35), Wasserstoff hingegen bei 250 MHz. Zur Aufnahme eines ^{1}H-Breitband-entkoppelten Spektrums wird die Probe auf beiden Frequenzen bestrahlt. Die erste Frequenz dient zur Messung der ^{13}C Kernresonanz. Die gleichzeitige Wirkung der zweiten Frequenz läßt die Wasserstoffkerne schnell zwischen den Spinzuständen α und β „hin und her springen". Dies geschieht hinreichend schnell, so daß das an das Wasserstoffatom gebundene ^{13}C nicht einem bestimmten Spinzustand α oder β benachbart ist, sondern einem zeitlichen Durchschnittszustand. Dadurch wird die Kopplung nicht mehr beobachtbar. Durch die Anwendung dieser Technik vereinfacht sich das erwähnte Spektrum des Bromethans beträchtlich: Es werden nur noch zwei einzelne Linien beobachtet (Abb. 10-36).

Der Wert dieser Methode wird besonders deutlich, wenn man Spektren relativ komplizierter Moleküle betrachtet. *Jedes magnetisch einzigartige Kohlenstoffatom in einem Molekül liefert genau eine Linie im ^{13}C NMR-Spektrum.* Man stelle sich dazu einen Kohlenwasserstoff wie Methylcyclohexan vor. Die Interpretation des ^{1}H NMR-Spektrums wird dadurch erheblich erschwert, daß die chemischen Verschiebungen der acht verschiedenen Wasserstoffatome sehr ähnlich sind (Abb. 10-28). Zahlreiche $H-H$-Kopplungen machen das Spektrum noch komplizierter. Im Gegensatz dazu zeigt das ^{13}C NMR-Spektrum des Methylcyclohexans nur fünf Linien, die den fünf magnetisch nichtäquivalenten Kohlenstoffatomen des Moleküls entsprechen (Abb. 10-37).

Aus Tabelle 10-6 geht hervor, daß, ähnlich der ^{1}H NMR-Spektroskopie, die chemischen Verschiebungen in der ^{13}C NMR-Spektroskopie durch die chemische Umgebung des jeweiligen Kohlenstoffatoms bestimmt werden. Wie in der ^{1}H NMR-Spektroskopie wirken elektronenziehende Gruppen entschirmend. Die chemischen Verschiebungen steigen in

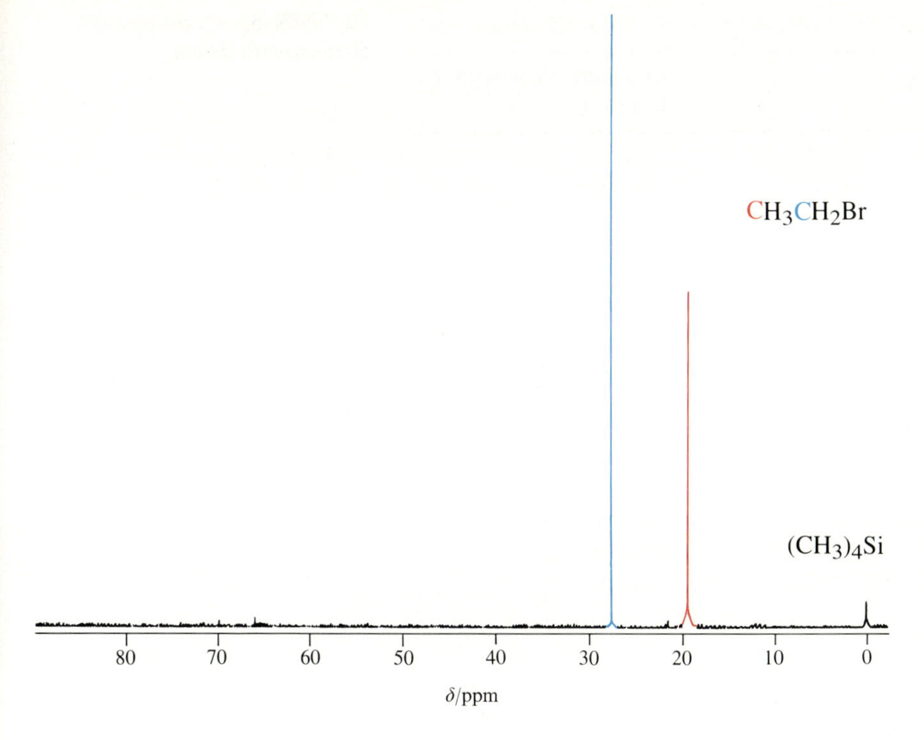

Abb. 10-36 62.8 MHz ^{13}C NMR-Spektrum von Bromethan mit ^{1}H-Breitband-Entkopplung bei 250 MHz und einem Magnetfeld von 5.875 T. Alle Signale, auch das des Tetramethylsilans, werden zu Singuletts vereinfacht.

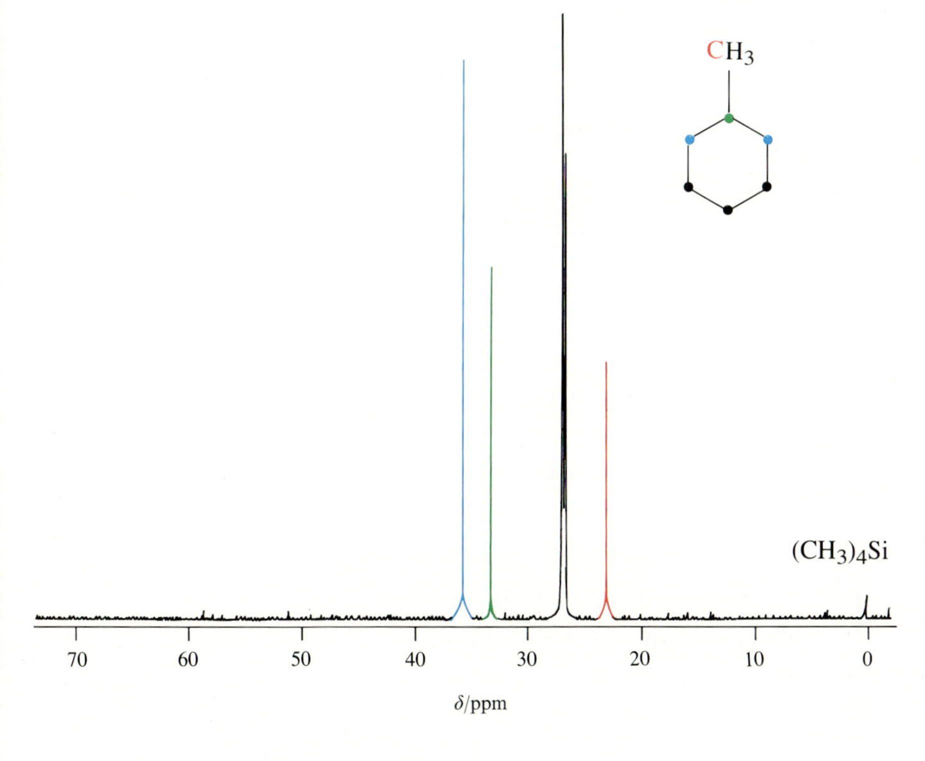

Abb. 10-37 62.8 MHz ^{13}C NMR-Spektrum von Methylcyclohexan, ^{1}H-entkoppelt, in C_6D_6. Das Molekül enthält fünf chemisch unterschiedliche Kohlenstoffatome, die zu fünf unterschiedlichen Signalen führen: $\delta = 23.1$, 26.7, 26.8, 33.1, 35.8 ppm.

der Reihenfolge primäres < sekundäres < tertiäres Kohlenstoffatom. Neben den chemischen Verschiebungen δ kann auch die Kenntnis der Zahl unterschiedlicher Kohlenstoffatome im Molekül für die Strukturaufklärung von großer Bedeutung sein. Wenn man das Methylcyclohexan mit anderen Isomeren der Summenformel C_7H_{14} vergleicht, erkennt man, daß es Isomere gibt, die eine andere Anzahl nichtäquivalenter Kohlenstoff-

Tabelle 10-6 Charakteristische chemische Verschiebungen in ^{13}C NMR-Spektren

Kohlenstoffatom	Chemische Verschiebung δ in ppm
Primäres Alkyl, RCH_3	5–20
Sekundäres Alkyl, RCH_2R'	20–30
Tertiäres Alkyl, R_3CH	30–50
Quartäres Alkyl, R_4C	30–45
Allylisches C, $R_2C{=}C(R'')CH_2R'$	20–40
Chloralkan, RCH_2Cl	25–50
Bromalkan, RCH_2Br	20–40
Ether oder Alkohol, RCH_2OR' oder RCH_2OH	50–90
Aldehyd oder Keton, $RC(=O)H$ oder $RC(=O)R'$	170–200
Alken, Aromat, $R_2C{=}CR_2$	100–150
Alkin, $RC{\equiv}CR$	50–95

atome haben, und die daher im ^{13}C NMR-Spektrum eine andere Anzahl von Signalen zeigen (Der Leser möge sich Isomere überlegen, die wie das Methylcyclohexan fünf Signale zeigen). Man beachte den engen Zusammenhang zwischen der Symmetrie eines Moleküls und der Zahl der ^{13}C NMR-Signale!

Die Anzahl der ^{13}C NMR-Signale einiger Isomerer der Summenformel C_7H_{14}

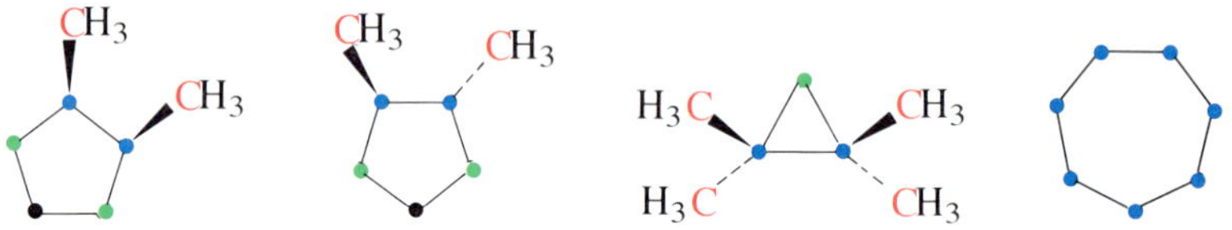

CH_3 CH_3 — 4 Signale

CH_3 CH_3 — 4 Signale

H_3C CH_3 H_3C CH_3 — 3 Signale

1 Signal

Übung 10-11

Wie viele ^{13}C NMR-Signale sind für die ^{1}H-Breitband-entkoppelten ^{13}C NMR-Spektren der folgenden Verbindungen zu erwarten: (a) 2,2-Dimethyl-1-propanol;

(b) 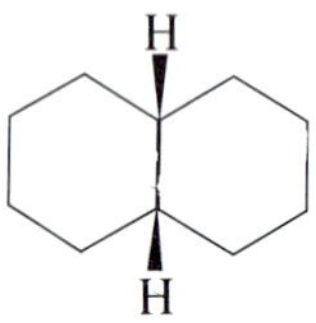 H H ; (c) 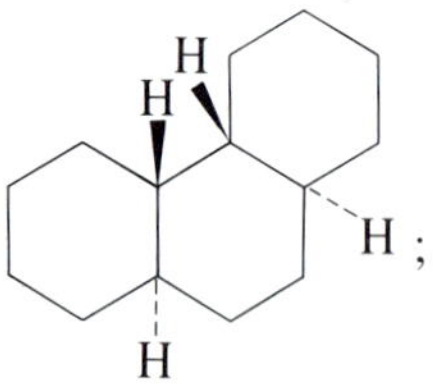 H H H H ; (d) 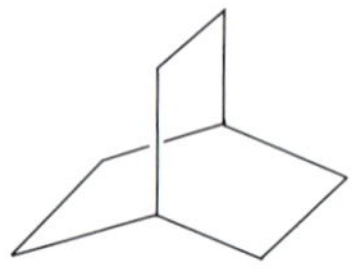 ?

Hinweis: Beachten Sie die Symmetrie!

Es ist zusammenzufassen, daß ^{13}C NMR-Spektren nicht so einfach zu erhalten sind, wie ^{1}H NMR-Spektren. Das liegt an der erheblich geringeren natürlichen Häufigkeit des Isotops ^{13}C und an der geringeren Empfindlichkeit des Isotops ^{13}C. Zwei weitere potentielle Komplikationen sind die ^{13}C-^{1}H- und die ^{13}C-^{13}C-Kopplungen. Die ^{13}C-^{1}H-Kopplungen können durch ^1H Breitband-Entkopplung praktisch „ausgeschaltet" werden, und die ^{13}C-^{13}C-Kopplungen stellen in der Praxis wegen der extrem geringen Wahrscheinlichkeit der direkten Nachbarschaft zweier Isotope ^{13}C nie ein Problem dar. Der Bereich der chemischen Verschiebung ist in der ^{13}C NMR-Spektroskopie mit etwa 200 ppm deutlich größer als in der ^1H NMR-Spektroskopie.

Zusammenfassung

1 Die NMR-Spektroskopie ist die wichtigste spektroskopische Methode zur Strukturaufklärung in der organischen Chemie.

2 Spektroskopie wird dadurch möglich, daß sich ein Molekül in verschiedenen energetischen Zuständen befinden kann, und dadurch, daß das Molekül durch die Aufnahme diskreter Quanten elektromagnetischer Strahlung vom energetisch niedrigeren in den energetisch höheren Zustand angeregt werden kann.

3 Die NMR-Spektroskopie wird dadurch möglich, daß die Kernspins bestimmter Atomkerne (insbesondere ^1H und ^{13}C) unter dem Einfluß eines äußeren Magnetfeldes zwei energetisch unterschiedliche Spinzustände α und β einnehmen können. Der Übergang vom α- zum β-Zustand kann durch die Einstrahlung von Radiowellen bewirkt werden. Dann erfolgt Kernresonanz mit einer charakteristischen Schwächung der eingestrahlten Energie. Je stärker das externe Magnetfeld ist, desto höher ist die Resonanzfrequenz. Beispielsweise tritt Wasserstoff in einem externen Magnetfeld von 2.115 T bei einer Frequenz von 90 MHz in Resonanz.

4 Hinreichend aufgelöste NMR-Spektren erlauben es, Wasserstoff- bzw. Kohlenstoffatome in unterschiedlichen chemischen Umgebungen zu unterscheiden. Die spezifische Lage ihrer Signale im Spektrum wird durch die chemische Verschiebung δ (in ppm) relativ zum internen Standard Tetramethylsilan angegeben.

5 Die chemische Verschiebung ist sehr empfindlich hinsichtlich Anwesenheit (Abschirmung) oder Abwesenheit (Entschirmung) von Elektronendichte. Abschirmung bewirkt eine Verschiebung nach niedrigerer Frequenz (höherem Feld, d.h. nach kleineren chemischen Verschiebungen δ), während eine Entschirmung zu einer Verschiebung nach niedrigerem Feld (höheren Frequenzen, größeren chemischen Verschiebungen δ) führt. Elektronenliefernde Substituenten schirmen ab, elektronenziehende entschirmen. O*H*-Protonen in Alkoholen und N*H*-Protonen in Aminen haben unterschiedliche chemische Verschiebungen, je nach dem Ausmaß von Wasserstoffbrücken und der Geschwindigkeit von Protonenaustauschreaktionen.

6 Chemisch äquivalente Wasserstoff- oder Kohlenstoffatome haben die gleiche chemische Verschiebung. Die Äquivalenz von Atomen wird am besten durch die Anwendung von Symmetrieoperationen wie Spiegelung oder Rotationen gezeigt.

7 Die relative Anzahl der Wasserstoffatome, auf die ein NMR-Signal zurückzuführen ist, wird durch die Integration gemessen.

8 Die Anzahl und die Art von benachbarten Wasserstoffatomen kann durch Analyse der Spin–Spin-Kopplung entsprechend der $(N+1)$-Regel ermittelt werden. Äquivalente Wasserstoffatome zeigen keine gegenseitige Spin-Spin-Aufspaltung.

9 Wenn sich die chemischen Verschiebungen koppelnder Wasserstoffatome nicht hinreichend unterscheiden, werden Spektren höherer Ordnung erhalten, die kompliziertere Aufspaltungsmuster aufweisen. Spektren erster Ordnung entstehen, wenn der Unterschied der chemischen Verschiebung viel größer ist (Faustregel: Faktor 10) als die betreffende Kopplungskonstante ($\Delta\delta \gg J$).

10 Wenn die Kopplungskonstanten zu unterschiedlichen Nachbarkernen unterschiedlich sind, wird die $(N+1)$-Regel sequentiell bezüglich der einzelnen Kopplungen angewandt.

11 Die NMR-Spektroskopie des Kohlenstoffs erfolgt am relativ seltenen Isotop ^{13}C. In normalen ^{13}C NMR-Spektren beobachtet man keine ^{13}C-^{13}C-Kopplungen. Die ^{13}C-^1H-Kopplungen können durch ^1H-Breitband-Entkopplung unterdrückt werden, wodurch die meisten ^{13}C NMR-Signale nichtäquivalenter Kohlenstoffatomen zu einzelnen Linien vereinfacht werden.

Aufgaben

1 Wo im Spektrum der elektromagnetischen Strahlung (s. Abb. 10-2) sind die folgenden Wellen angesiedelt:
Schallwellen ($\nu \sim 1$ kHz $= 10^3$ Hz $= 10^3$ s^{-1}); AM-Radiowellen (Mittelwelle, $\nu \sim 1$ MHz $= 1000$ kHz $= 10^6$ Hz); FM-Radiowellen (UKW-Rundfunk und Fernsehen, $\nu \sim 100$ MHz $= 10^8$ s^{-1})?

2 Rechnen Sie die folgenden Größen in die angegebenen um:

(a) 1050 cm^{-1} in λ (in µm).
(b) 510 nm (grünes Licht) in ν (in s^{-1} oder Hz).
(c) 6.15 µm in $\tilde{\nu}$ (in cm^{-1}).
(d) 2250 cm^{-1} in ν (in s^{-1} oder Hz).

3 Rechnen Sie die folgenden Größen in die entsprechenden Energien (in kJ/mol) um:

(a) Eine Rotation um eine Bindung bei 750 cm^{-1}.
(b) Eine Bindungsschwingung bei 2900 cm^{-1}.
(c) Ein Elektronenübergang bei 350 nm (ultraviolettes Licht, welches einen Sonnenbrand verursachen kann).
(d) Ein Ton einer Orgelpfeife von 20 Hz.
(e) Ein Ton einer Hundepfeife von 40 000 Hz.
(f) Die Radiofrequenz eines UKW-Senders von 87.25 MHz.
(g) Die Wellenlänge eines „harten“ Röntgenstrahls von 0.07 nm.

4 Berechnen Sie auf drei Stellen hinter dem Komma genau die Energie, die bei der Kernresonanz eines Wasserstoffatoms aufgenommen wird in einem äußeren Magnetfeld von

(a) 2.115 T ($\nu = 90$ MHz)
(b) 13.75 T ($\nu = 500$ MHz).

5 Die besten heutzutage erhältlichen NMR-Spektrometer können Signale auflösen, die sich um nur 0.15 Hz unterscheiden. Welchem Energieunterschied (in kJ/mol) entspricht dieser Wert?

6 Zeichnen Sie die bei geringer Auflösung (d. h. ohne Aufspaltungen) zu erwartenden NMR-Spektren der folgenden Verbindungen. Berücksichtigen Sie alle NMR-aktiven Kerne. Die Stärke des externen Magnetfeldes betrage 2.115 T.

(a) $CHCl_3$ (Chloroform).
(b) $CFCl_3$ (Freon 11).
(c) $CF_3CHClBr$ (Halothan).

Wie würden sich die Spektren verändern, wenn sie bei 8.46 T aufgenommen würden?

7 Wie würden die Spektren der Verbindungen aus Aufgabe 6 aussehen, wenn man für jeden Kern ein hochaufgelöstes Spektrum aufnehmen würde? Was wäre anders?

8 Das ^{1}H NMR-Spektrum von 4,4-Dimethyl-2-pentanon [$CH_3C(O)CH_2C(CH_3)_3$] zeigt bei einer Meßfrequenz von 90 MHz Signale bei den folgenden Frequenzen: 92, 185 und 205 Hz nach höherer Frequenz (tieferem Feld) bezüglich Tetramethylsilan.

(a) Welche chemischen Verschiebungen (δ) haben diese Signale?
(b) Welche Frequenzen würde man erhalten, wenn man bei 60 MHz und bei 360 MHz messen würde?
(c) Ordnen Sie jedes Signal dem ihm entsprechenden Satz äquivalenter Wasserstoffatome zu.

9 Wie viele Signale sind für die ^{1}H NMR-Spektren der folgenden Verbindungen zu erwarten? Bei welchen *ungefähren* chemischen Verschiebungen sind die Signale zu erwarten? Ignorieren Sie in dieser und der nächsten Aufgabe die Spin-Spin-Aufspaltungen.

(a) $CH_3CH_2CH_2CH_3$

(b) $CH_3CHBrCH_3$

(c) 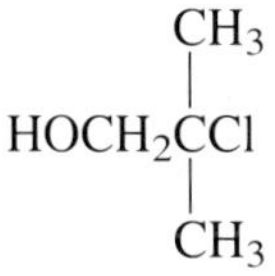 CH_3
|
$HOCH_2CCl$
|
CH_3

(d) 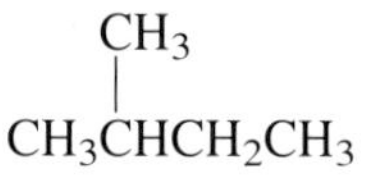 CH_3
|
$CH_3CHCH_2CH_3$

(e) 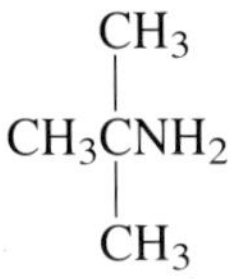 CH_3
|
CH_3CNH_2
|
CH_3

(f) $CH_3CH_2CH(CH_2CH_3)_2$

(g) $CH_3OCH_2CH_2CH_3$

(h) 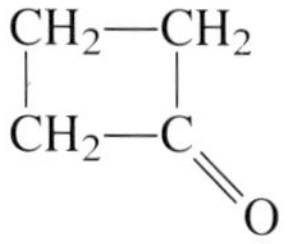 CH_2—CH_2
| |
CH_2—C=O

(i) 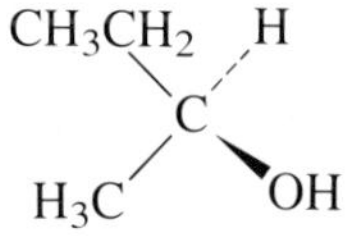 CH_3CH_2, H, C, H_3C, OH

(j) 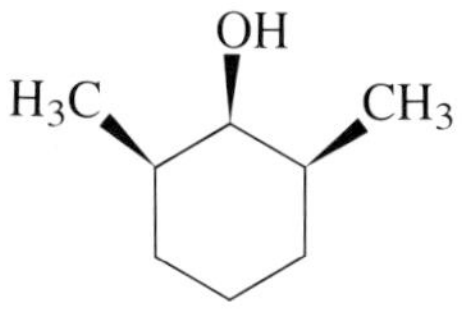 OH, H_3C, CH_3

10 Geben Sie für jede Verbindung in jeder der unten aufgeführten Gruppen von Isomeren (1) die Anzahl der Signale im ^{1}H NMR-Spektrum, (2) die *ungefähre* chemische Verschiebung eines jeden Signals und (3) die relativen Integrale der Signale an. Sagen Sie, ob man mit ausschließlich diesen Informationen die Isomeren einer jeden der drei Gruppen unterscheiden kann.

(a) 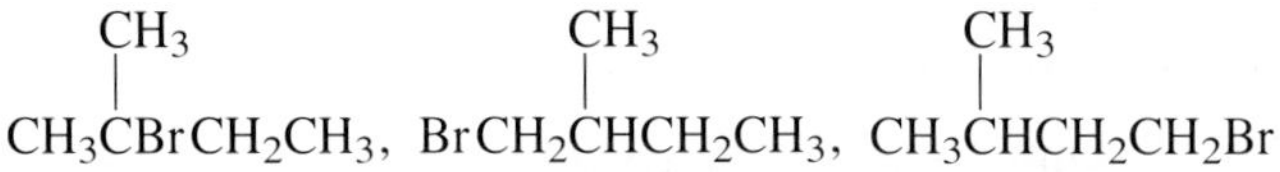 $CH_3CBr(CH_3)CH_2CH_3$, $BrCH_2CH(CH_3)CH_2CH_3$, $CH_3CH(CH_3)CH_2CH_2Br$

(b) 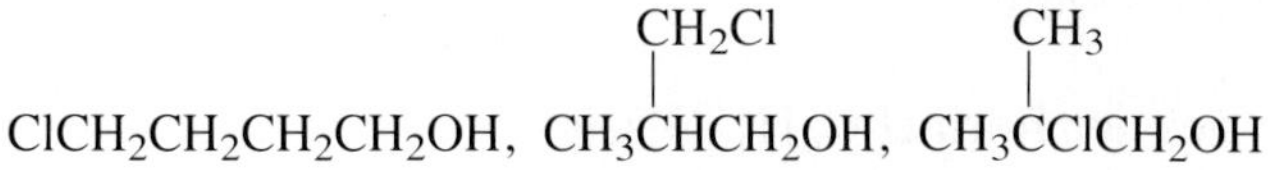 $ClCH_2CH_2CH_2CH_2OH$, $CH_3CH(CH_2Cl)CH_2OH$, $CH_3CCl(CH_3)CH_2OH$

(c) 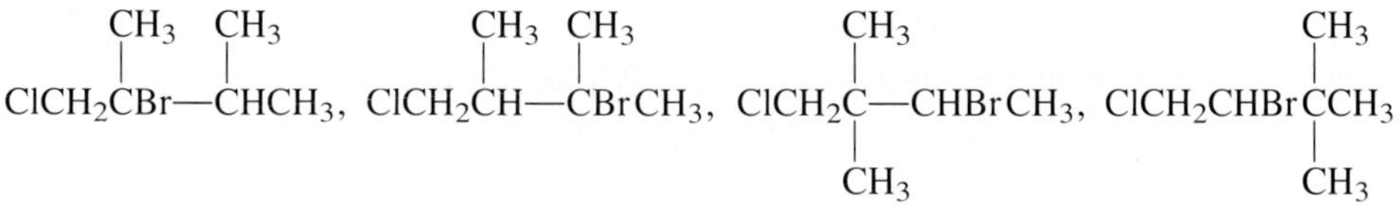 $ClCH_2CBr(CH_3)—CH(CH_3)CH_3$, $ClCH_2CH(CH_3)—CBr(CH_3)CH_3$, $ClCH_2C(CH_3)_2—CHBrCH_3$, $ClCH_2CHBrC(CH_3)_2CH_3$

11 Schlagen Sie für die abgebildeten Spektren zweier Halogenalkane $C_5H_{11}Cl$ (Spektrum A) und $C_4H_8Br_2$ (Spektrum B) Strukturen vor, die mit den Spektren vereinbar sind.

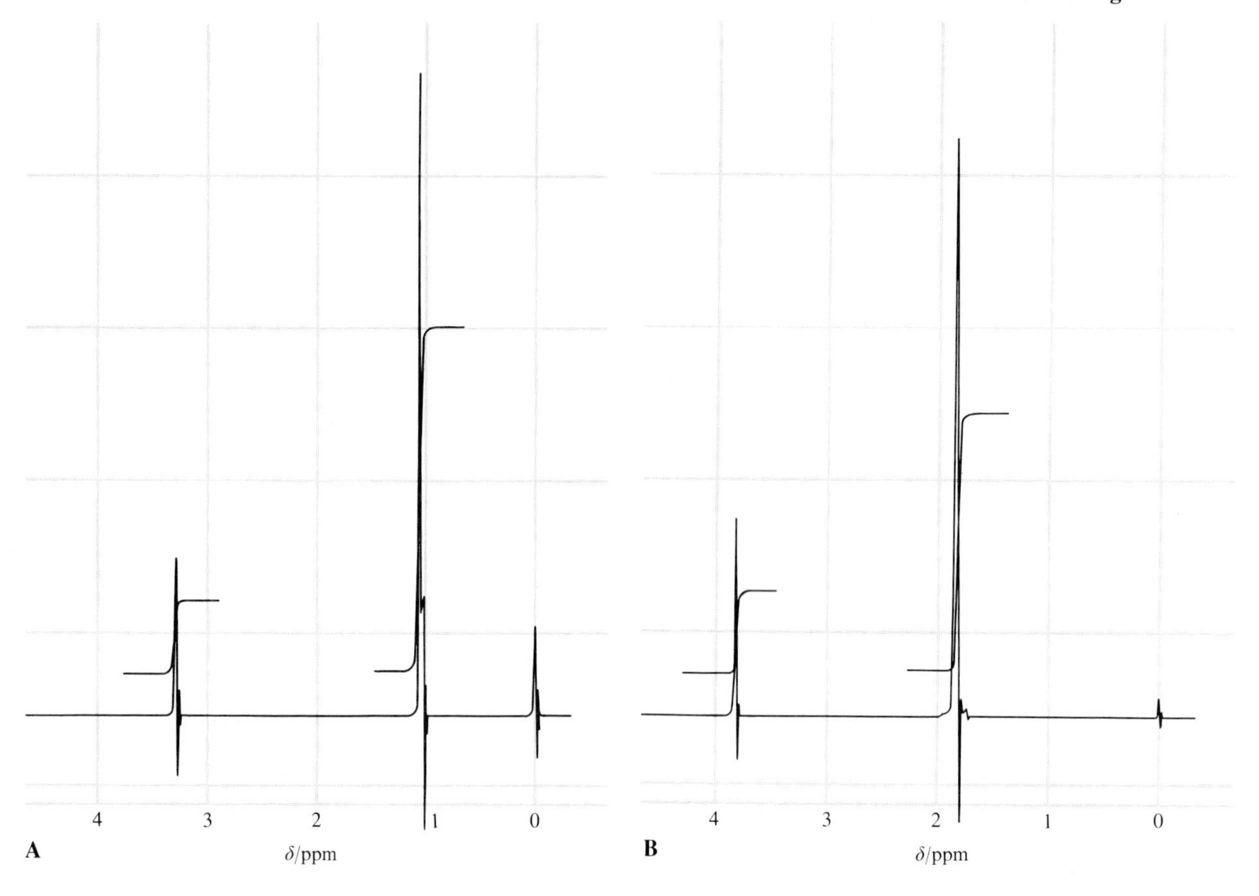

12 Unten sind die ^{1}H NMR-Signale von drei Molekülen aus der Stoffklasse der Ether angegeben. Alle Signale erscheinen als einfache, scharfe Linien. Schlagen Sie Strukturen für diese Verbindungen vor.

(a) $C_3H_8O_2$, $\delta = 3.3$ und 4.4 ppm (Integralverhältnis 3:1).
(b) $C_4H_{10}O_3$, $\delta = 3.3$ und 4.9 ppm (Integralverhältnis 9:1).
(c) $C_5H_{12}O_2$, $\delta = 1.2$ und 3.1 ppm (Integralverhältnis 1:1).

Vergleichen Sie diese Spektren mit dem des 1,2-Dimethoxyethans (Abb. 10-13); worin unterscheiden sich die Spektren davon?

13 **(a)** Das ^{1}H NMR-Spektrum eines Ketons der Formel $C_6H_{12}O$ zeigt Signale bei $\delta = 1.2$ und 2.1 ppm (Integralverhältnis 3:1). Machen Sie einen damit zu vereinbarenden Strukturvorschlag.
(b) Es gibt zwei dem Keton aus **a** ähnliche isomere Moleküle der Summenformel $C_6H_{12}O_2$. Ihre ^{1}H NMR-Spektren zeigen folgende Signale:

Isomer 1, $\delta = 1.5$ und 2.0 ppm (Integralverhältnis 3:1).
Isomer 2, $\delta = 1.2$ und 3.6 ppm (Integralverhältnis 3:1).

Alle Signale sind scharfe einfache Linien. Schlagen Sie Strukturen für diese zwei Isomeren vor. Zu welcher Verbindungsklasse gehören sie?

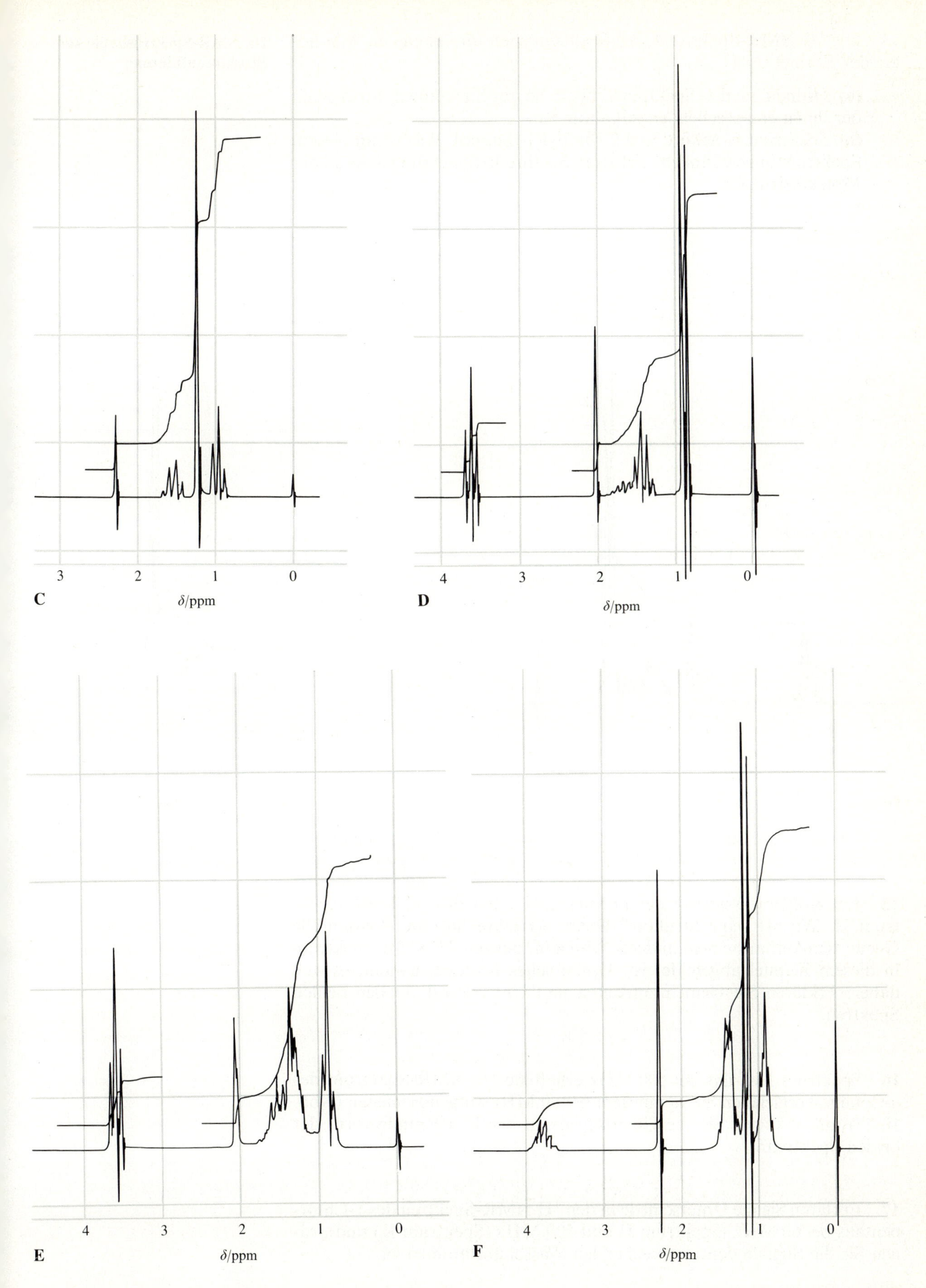
3
2
1
0
C
δ/ppm
4
3
2
1
0
D
δ/ppm
4
3
2
1
0
E
δ/ppm
4
3
2
1
0
F
δ/ppm

14 Die ^{1}H NMR-Spektren C bis G entsprechen fünf isomeren Alkoholen der Formel $C_5H_{12}O$.

(a) Ordnen Sie den Spektren C bis F, so gut Sie können, Strukturen der ihnen entsprechenden Alkohole zu.
(b) Spektrum G gehört zum 2-Methyl-1-butanol. Was ist an diesem Spektrum ungewöhnlich? Erklären Sie Ihre Beobachtung anhand der Molekülstruktur.

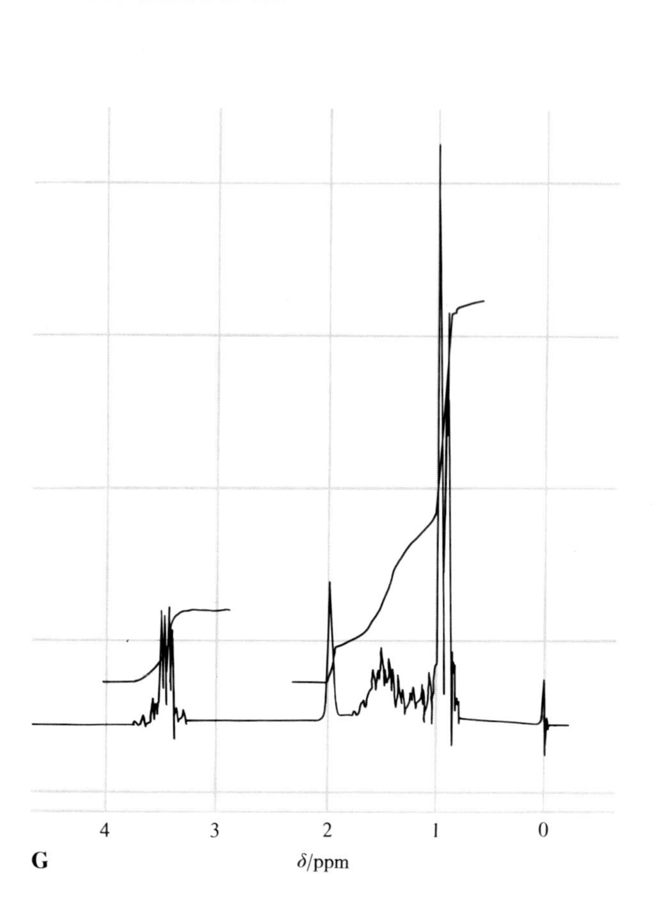

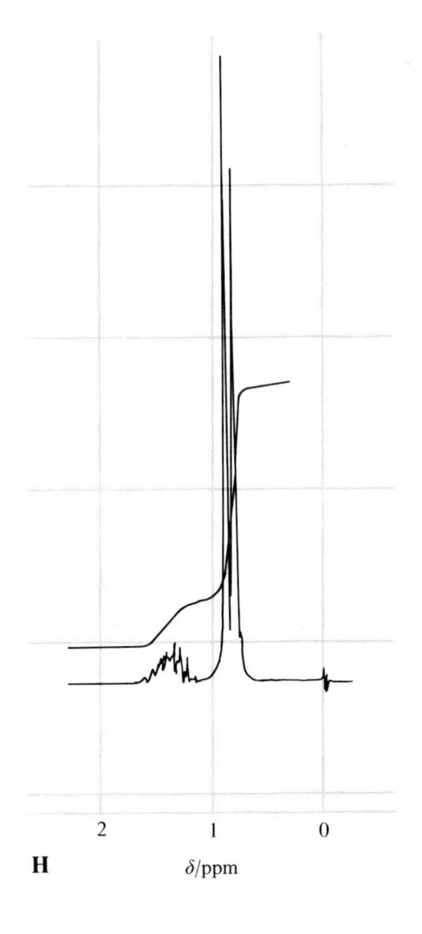

15 Ein Kohlenwasserstoff der Formel C_6H_{14} hat das ^{1}H NMR-Spektrum H. Wie ist seine Struktur? Dieses Molekül hat eine strukturelle Gemeinsamkeit mit einem anderen Molekül, dessen ^{1}H NMR-Spektrum in diesem Kapitel abgebildet ist. Um welches Molekül handelt es sich dabei? Erklären Sie Gemeinsamkeiten und Unterschiede in den beiden Spektren.

16 Spektrum I ist das bei 500 MHz erhaltene ^{1}H NMR-Spektrum des *n*-Octans. Vergleichen Sie es mit dem bei 90 MHz aufgenommenen (Abb. 10-27) und erklären Sie die Unterschiede in der Erscheinungsform der beiden Spektren.

17 Erklären Sie die Unterschiede in den ^{1}H NMR-Spektren des 1-Chlorpentans bei 60 MHz (Spektrum J) und 500 MHz (Spektrum K) und ordnen Sie die Signale den entsprechenden Wasserstoffatomen zu.

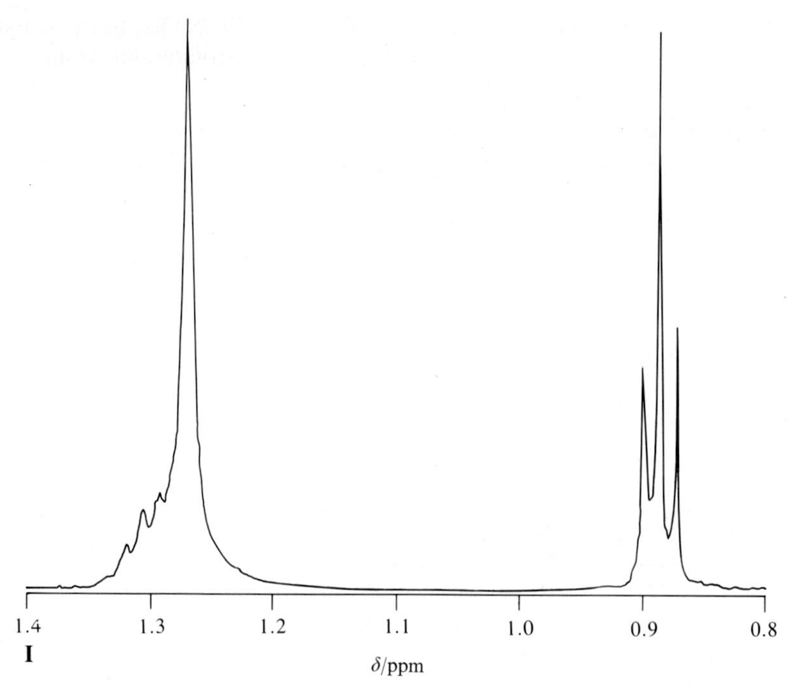

18 Kann man die drei isomeren Pentane *allein* aufgrund ihrer ^{1}H-Breitband-entkoppelten ^{13}C NMR-Spektren unterscheiden? Wie steht es mit den fünf isomeren Hexanen?

19 Wie sollten die ^{13}C NMR-Spektren der Verbindungen aus Aufgabe 9 mit und ohne Protonenentkopplung aussehen?

20 Beantworten Sie für jede Gruppe isomerer Verbindungen aus Aufgabe 10 die dort gestellten Fragen auf der Basis der für sie zu erwartenden ^{13}C NMR-Spektren.

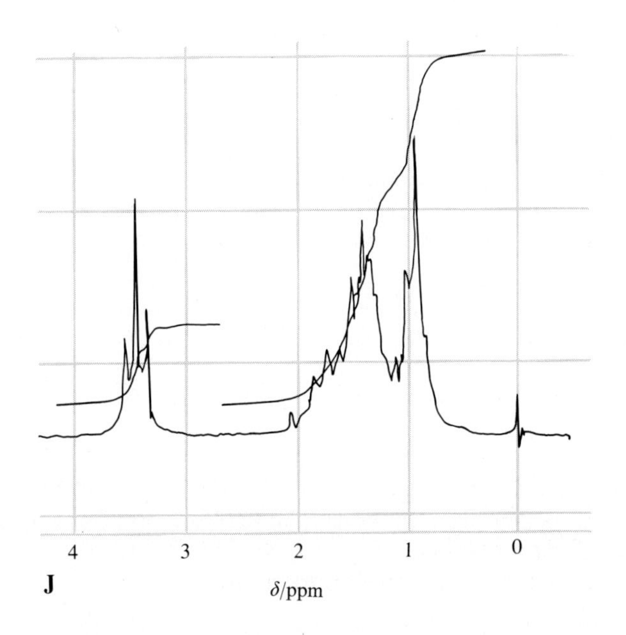

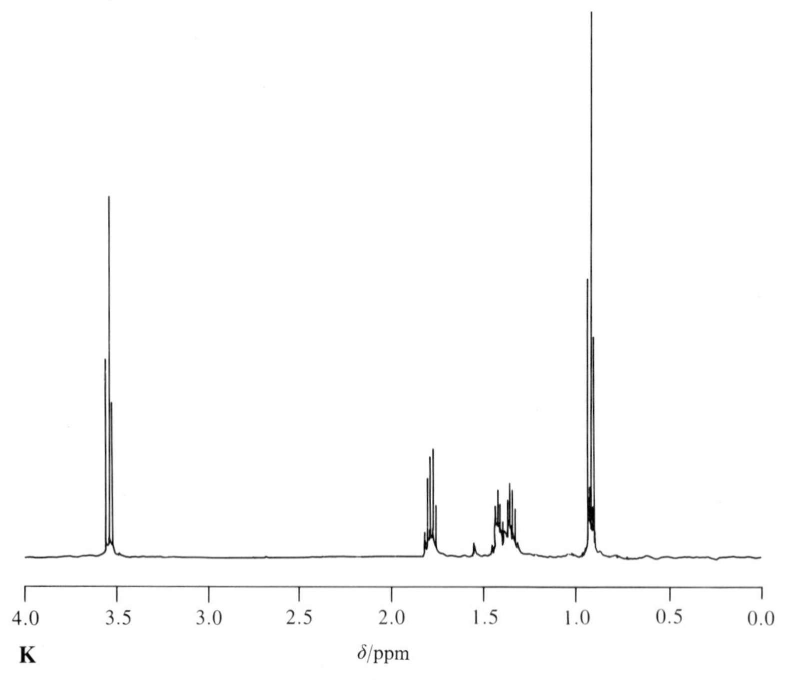

21 Entscheiden Sie für jede der folgenden Gruppen, welche Verbindung am besten mit dem angegebenen protonenentkoppelten ^{13}C NMR-Spektrum zu vereinbaren ist. Erklären Sie Ihre Entscheidung.

(a) $CH_3(CH_2)_4CH_3$, $(CH_3)_3CCH_2CH_3$, $(CH_3)_2CHCH(CH_3)_2$; $\delta = 19.5, 33.9$ ppm.
(b) 1-Chlorbutan, 1-Chlorpentan, 3-Chlorpentan; $\delta = 13.2, 20.0, 34.6, 44.6$ ppm.
(c) Cyclopentanon, Cycloheptanon, Cyclononanon; $\delta = 24.0, 30.0, 43.5, 214.9$ ppm.
(d) $ClCH_2CHClCH_2Cl$, $CH_3CCl_2CH_2Cl$, $CH_2{=}CHCH_2Cl$; $\delta = 45.1, 118.3, 133.8$ ppm.

22 Schlagen Sie für die folgenden zwei Moleküle Strukturen vor, die mit den abgebildeten ^{1}H NMR- und ^{1}H-Breitband-entkoppelten ^{13}C NMR-Spektren vereinbar sind:

Aufgaben

(a) $C_7H_{16}O$, Spektren L und M.
(b) $C_8H_{18}O_2$, Spektren N und O.

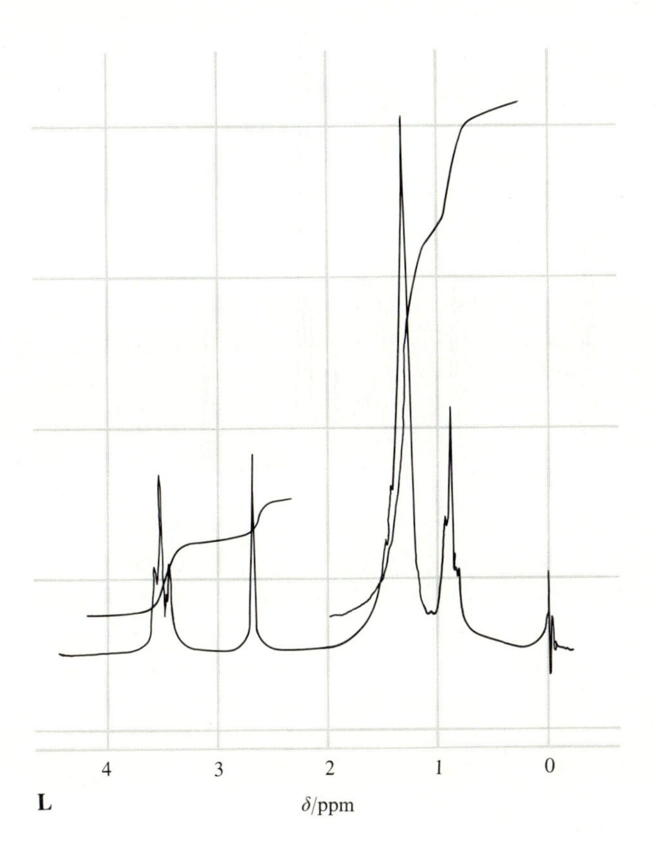

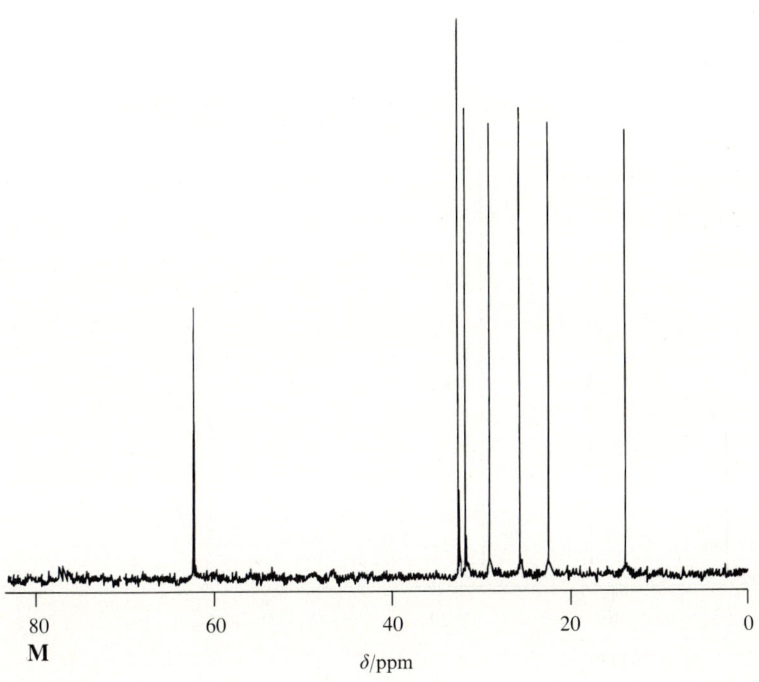

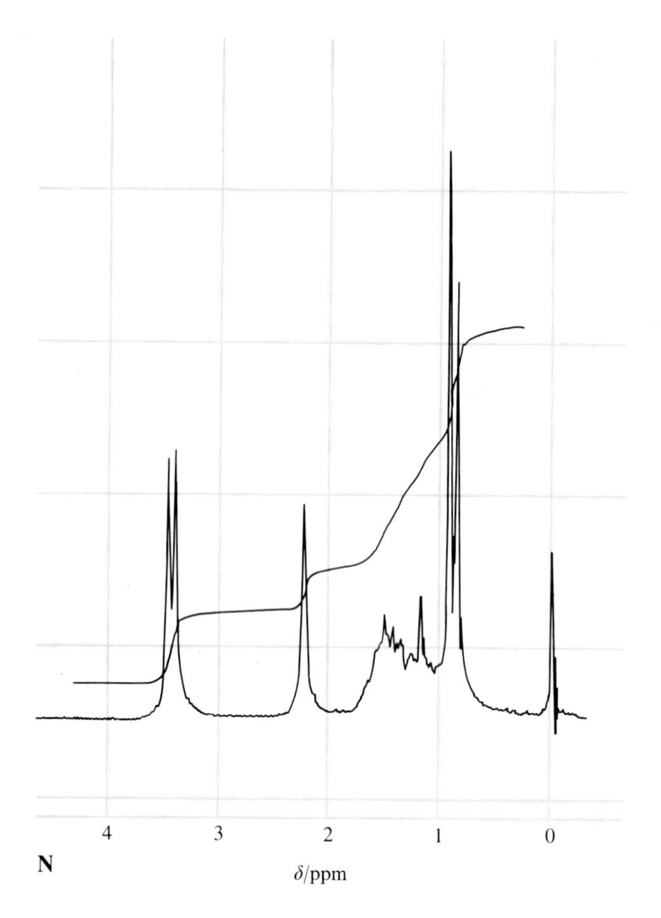
4
3
2
1
0
N
δ/ppm

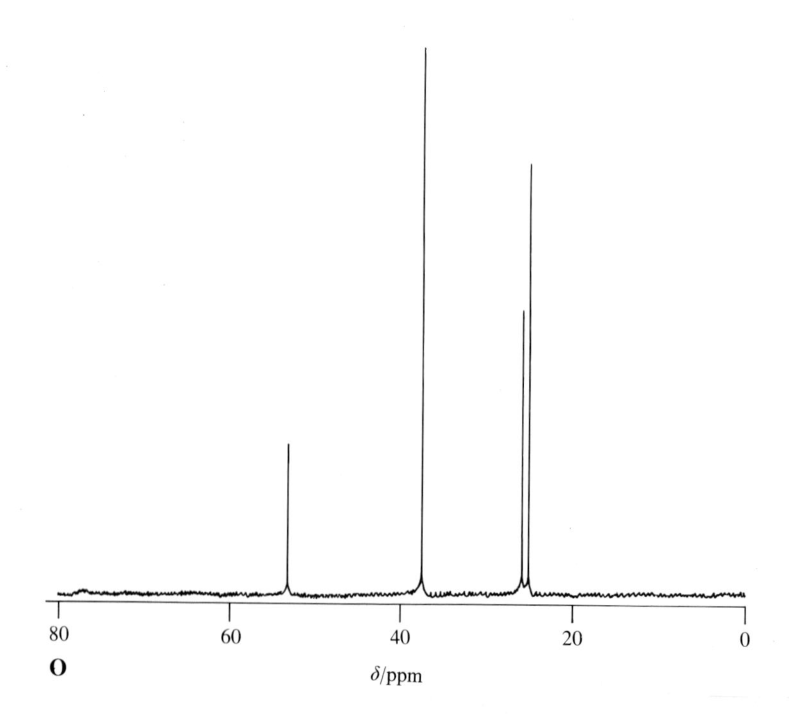
80
60
40
20
0
O
δ/ppm

23 Das ^{1}H NMR-Spektrum des Cholesterylbenzoates, einem Derivat eines typisch komplexen biologisch wichtigen Moleküls, ist als Spektrum P abgebildet. Trotz seiner Komplexität, kann man bestimmte Signale erklären. Erklären Sie so viele Signale und Aufspaltungsmuster, wie Sie können. Im Spektrum ist das Signal bei $\delta = 4.8$ ppm mit zweifacher Dehnung wiedergegeben. Warum ist das Signal derart komplex? Wie kann man die vergleichsweise einfache Aufspaltung des Signals bei $\delta = 5.4$ ppm erklären?

Cholesterylbenzoat

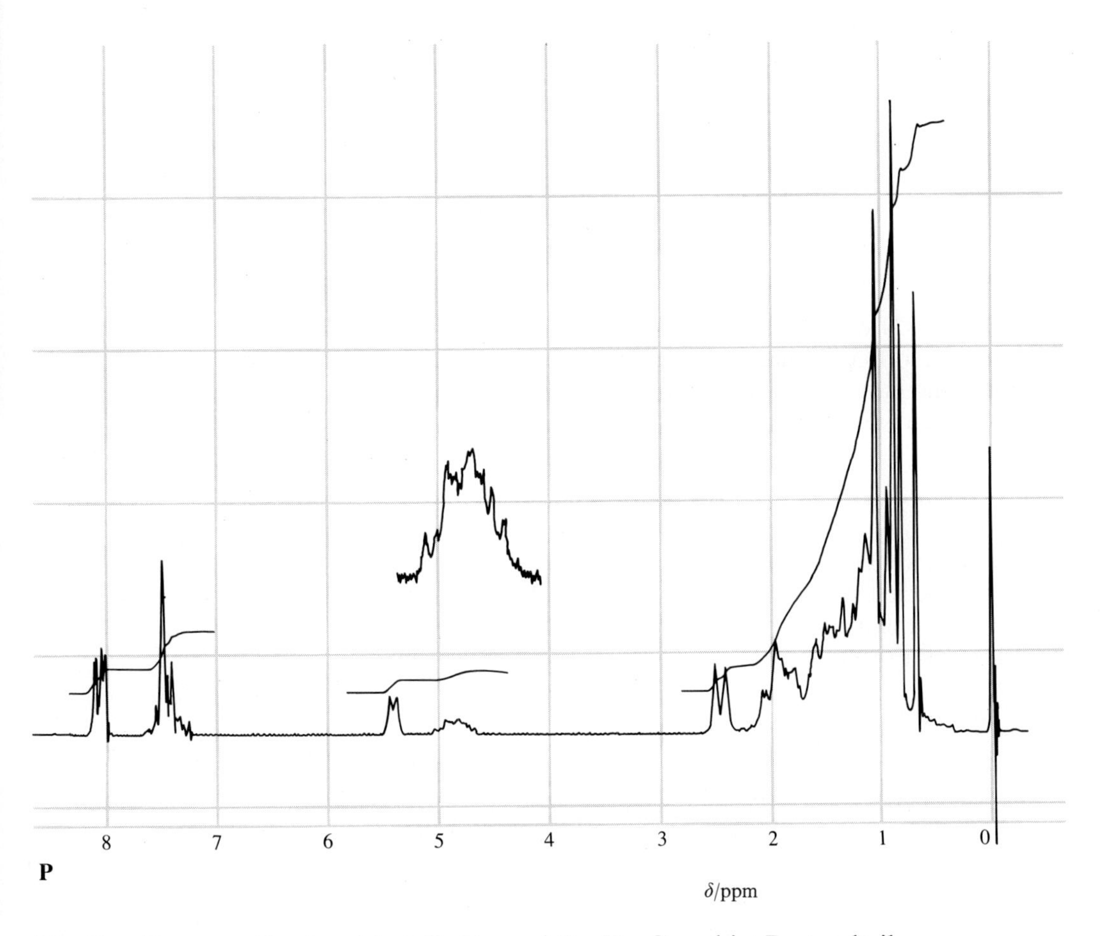

24 Das Terpen α-Terpineol hat die Formel $C_{10}H_{18}O$ und ist Bestandteil von etherischen Ölen aus Kiefern. Wie die Endung -ol zeigt, handelt es sich um einen Alkohol. Ermitteln Sie anhand Spektrum Q die Struktur des α-Terpineols, so gut Sie können. Dazu sollten Sie von den folgenden Hinweisen Gebrauch machen: (1) α-Terpineol hat das gleiche 1-Methyl-4-(1-methylethyl)cyclohexan-Gerüst wie einige andere Terpene (z. B. Carvon, Aufgabe 9, Kap. 5, und *para*-Cymol, Aufgabe 21, Kap. 3);

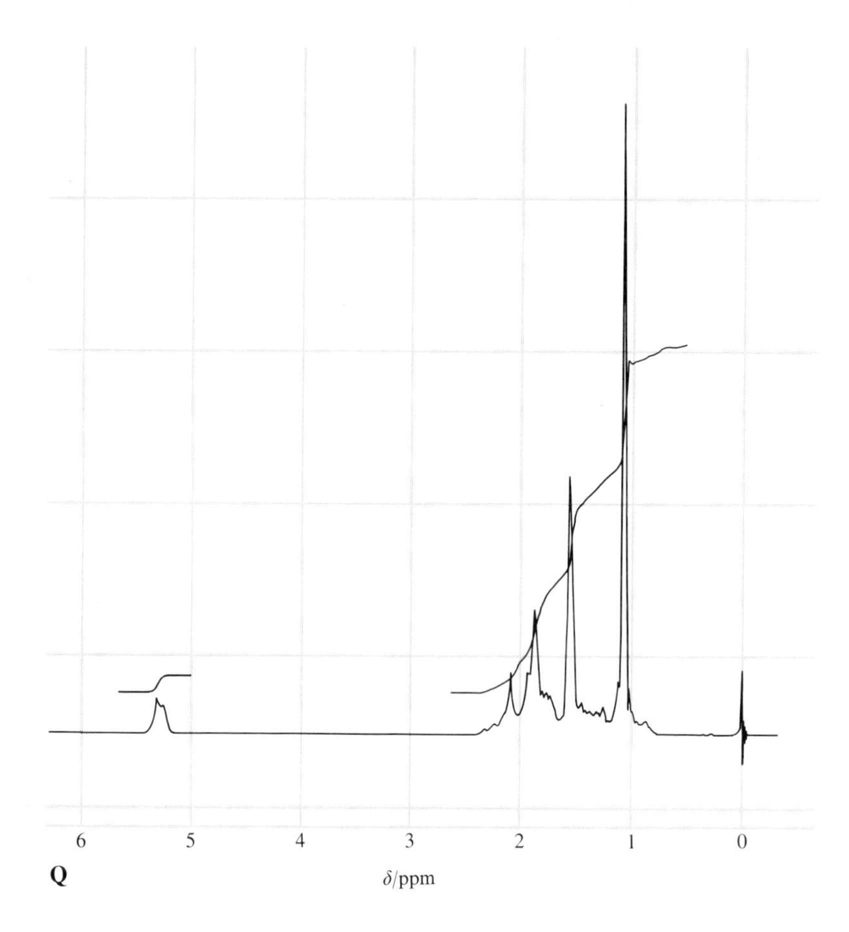

(2) anstatt dieses komplizierte NMR-Spektrum vollständig zu interpretieren, sollten Sie sich auf die offensichtlichen Signale konzentrieren (bei $\delta = 1.1$, 1.6 und 5.3 ppm) und dabei die chemischen Verschiebungen, Integrale und – soweit vorhanden – Aufspaltungen als Hilfe heranziehen.

25 Das Studium von Solvolysereaktionen von Derivaten des Menthols [5-Methyl-2-(1-methylethyl)-1-cyclohexanol] hat unser Verständnis derartiger Reaktionen erheblich erweitert. Das Erhitzen des 4-Methylbenzolsulfonates des abgebildeten speziellen Menthol-Isomeren in 2,2,2-Trifluorethanol (einem stark ionisierenden Lösungsmittel geringer Nucleophilie) führt zu zwei Produkten der Formel $C_{10}H_{18}$.

CH_3 … (D)H … $CH(CH_3)_2$ … OSO_2–C_6H_4–CH_3 $\xrightarrow{CF_3CH_2OH,\ \Delta}$ $C_{10}H_{18}$ (zwei Produkte)

(a) Das Hauptprodukt zeigt im ^{13}C NMR-Spektrum zehn unterschiedliche Signale, von denen zwei bei niedrigerem Feld als $\delta = 100$ ppm liegen, nämlich bei $\delta = 120$ ppm und $\delta = 145$ ppm. Das ^{1}H NMR-Spektrum zeigt bei $\delta = 5$ ppm ein einem Wasserstoffatom entsprechendes Multiplett; die anderen Signale erscheinen bei höherem Feld als $\delta = 3$ ppm. Identifizieren Sie das Reaktionsprodukt.

(b) Das Nebenprodukt hat im ^{13}C NMR-Spektrum nur sieben Signale. Wiederum erscheinen zwei davon bei tiefem Feld (etwa $\delta = 125$ ppm und $\delta = 140$ ppm). Es werden jedoch keine ^{1}H NMR-Signale bei niedrigerem Feld als $\delta = 3$ ppm gefunden. Identifizieren Sie dieses Produkt und erklären Sie seine Bildung mechanistisch.
(c) Wenn das Ausgangssulfonat an C-2 des Cyclohexanringes anstatt eines Wasserstoffatoms (H) ein Deuteriumatom (D) trägt, werden wiederum zwei Produkte gebildet. Das Hauptprodukt zeigt im Prinzip das gleiche ^{13}C NMR-Spektrum wie in **a**, das ^{1}H NMR-Signal bei $\delta = 5$ ppm ist jedoch erheblich kleiner als erwartet. Wie kann man diesen Befund erklären? Dabei spielt der Mechanismus der Bildung des Nebenproduktes (Teil **b**) eine Rolle.

11 Alkene – Kohlenwasserstoffe mit Doppelbindungen

Eine Kohlenstoff-Kohlenstoff-Doppelbindung ist die funktionelle Gruppe, die für die **Alkene** charakteristisch ist (s. auch Abschn. 2.1). Ein älterer Name für diese Verbindungsklasse ist **Olefine** (*oleum*, lat., Öl; *facere*, lat., machen). Der Name hat seinen Ursprung darin, daß viele gasförmige Alkene durch Additionsreaktionen an die Doppelbindung Öle ergeben. Die allgemeine Formel der Alkene ist C_nH_{2n}, die gleiche wie für die Cycloalkane. Dieses Kapitel befaßt sich mit der Nomenklatur der Alkene, ihren physikalischen Eigenschaften, mit der Frage, inwieweit die Stabilität der Doppelbindung von ihrem Substitutionsmuster abhängt, sowie mit der Darstellung der Alkene. Der letzte Punkt gibt Gelegenheit zu einem Überblick und einer Vertiefung unseres Wissens über Eliminierungsreaktionen.

11.1 Die Nomenklatur der Alkene

Wie bei anderen Verbindungsklassen sind auch bei manchen Alkenen noch Trivialnamen in Benutzung. Bei diesen wird die Endung **-an** des Alkans durch die Endung **-ylen** ersetzt. Substituentennamen werden als Präfixe hinzugefügt.

Trivialnamen von Alkenen

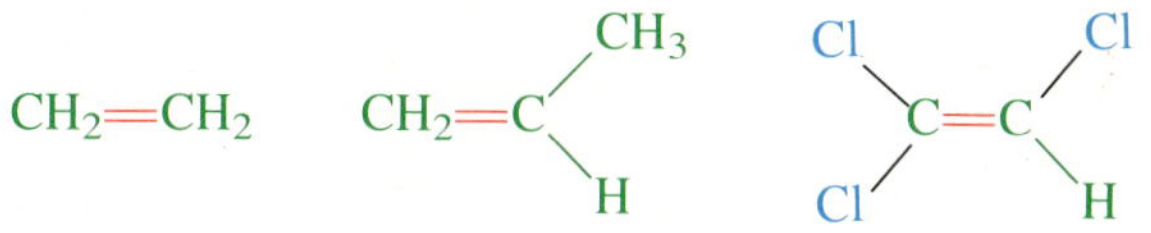

$CH_2{=}CH_2$ — **Ethylen**

$CH_2{=}C(CH_3)H$ — **Propylen**

$Cl_2C{=}CClH$ — **Trichlorethylen**

In der IUPAC-Nomenklatur wird die einfachere Endung **-en** anstatt -ylen benutzt, wie beispielsweise in Ethen und Propen. Kompliziertere Systeme erfordern Anpassungen und Erweiterungen der Nomenklaturregeln für Alkene (Abschnitt 2.3):

Regel 1: Finden Sie die längste Kette von Kohlenstoffatomen, die die funktionelle Gruppe – hier *beide* an der Doppelbindung beteiligte Kohlenstoffatome – enthält. Das Molekül kann längere Kohlenstoff-Ketten enthalten, aber diese werden bei der Benennung des Stammsystems nicht beachtet.

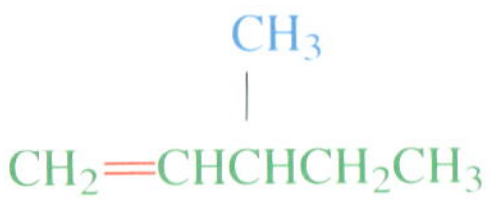

$CH_2{=}CHCH(CH_3)CH_2CH_3$ — **Ein Methypenten**

$CH_2{=}CHCH(CH_2CH_2CH_3)(CH_2)_4CH_3$ — **Ein Propylocten** (Kein Hexen-Derivat)

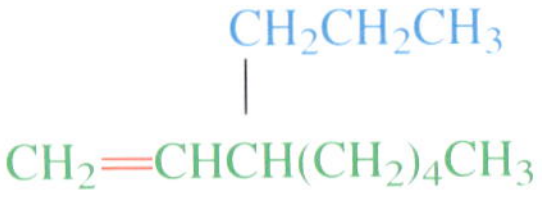

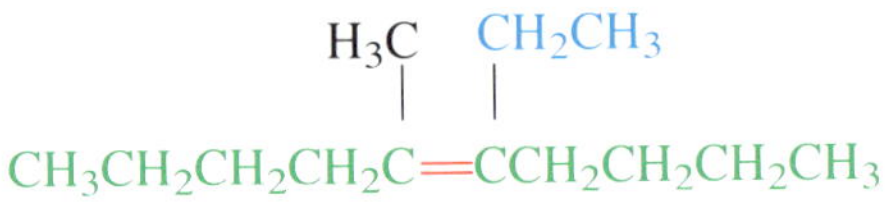

$CH_3CH_2CH_2CH_2C(CH_3){=}C(CH_2CH_3)CH_2CH_2CH_2CH_3$ — **Ein Ethylmethyldecen** (Kein Penten-, Hepten- oder Octen-Derivat)

Regel 2: Die Position der Doppelbindung in der Hauptkette wird durch eine Nummer angezeigt. Die Numerierung beginnt an dem Ende, das der Doppelbindung *näher* ist. In Cycloalkenen sind die Kohlenstoffatome 1 und 2 immer die, zwischen denen die Doppelbindung steht. Alkene gleicher Summenformel, die sich nur in der Position der Doppelbindung unterscheiden (wie in 1-Buten und 2-Buten), heißen *Doppelbindungs-Isomere*. Ein 1-Alken wird auch als *terminales* Alken bezeichnet, die übrigen als *interne*. Beachten Sie, daß Alkene leicht durch Strichformeln dargestellt werden.

$\overset{1}{C}H_2{=}\overset{2}{C}H\overset{3}{C}H_2\overset{4}{C}H_3$ — **1-Buten** (Nicht 3-Buten) Ein terminales Alken

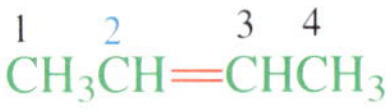

$\overset{1}{C}H_3\overset{2}{C}H{=}\overset{3}{C}H\overset{4}{C}H_3$ — **2-Buten** (Ein internes Alken und Doppelbindungsisomer von 1-Buten)

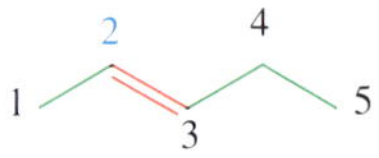

2-Penten (Nicht 3-Penten)

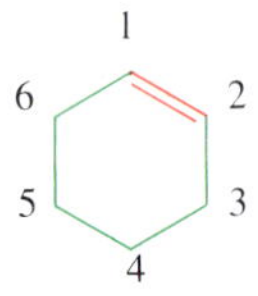

Cyclohexen

Regel 3: Die Substituenten und ihre Positionen werden dem Namen des Alkens als Präfixe vorgestellt. Bei Alkenen mit symmetrischem Stammsystem ist so zu numerieren, daß der erste Substituent entlang der Kette die niedrigst mögliche Nummer erhält.

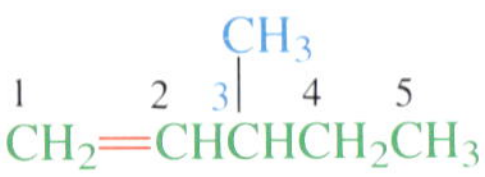

$\overset{1}{C}H_2{=}\overset{2}{C}H\overset{3}{C}H(CH_3)\overset{4}{C}H_2\overset{5}{C}H_3$ — **3 Methyl-1-penten**

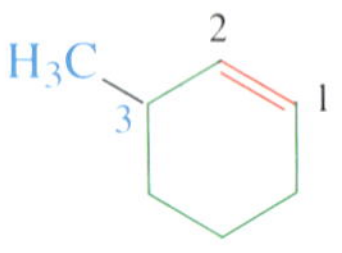

3-Methylcyclohexen (Nicht 6-Methylcyclohexen)

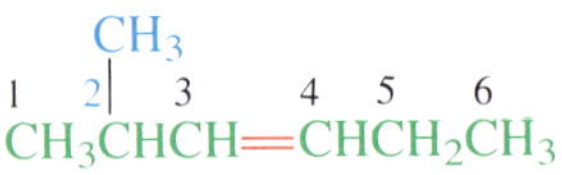

$\overset{1}{C}H_3\overset{2}{C}H(CH_3)\overset{3}{C}H{=}\overset{4}{C}H\overset{5}{C}H_2\overset{6}{C}H_3$ — **2-Methyl-3-hexen** (Nicht 3-Methyl-3-hexen)

Übung 11-1

Benennen Sie die folgenden zwei Alkene:

(a) 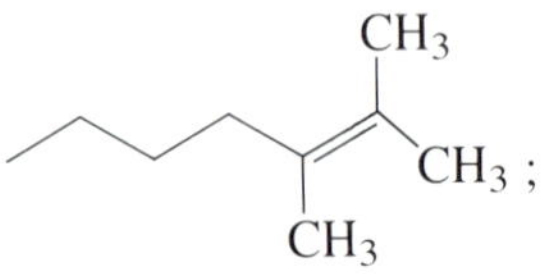 [Strichformel mit CH_3, CH_3, CH_3]; (b) 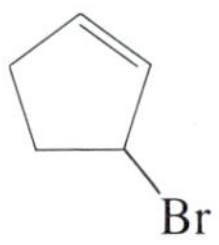 [Cyclopenten mit Br]

Regel 4: In einem 1,2-disubstituierten Ethen können die zwei Substituenten auf derselben oder auf entgegengesetzten Seiten der Doppelbindung stehen. Die erste stereochemische Anordnung wird *cis* genannt, die zweite *trans*. Zwei Alkene der gleichen Summenformel, die sich nur in ihrer Stereochemie unterscheiden, werden *cis-trans*-Isomere genannt und sind Beispiele für Struktur-Isomere.

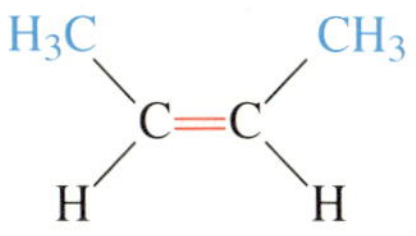

cis-2-Buten 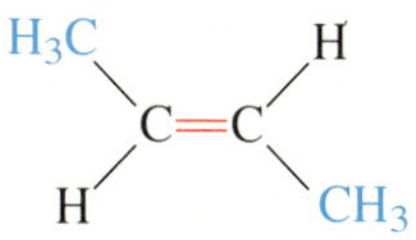 **trans-2-Buten** 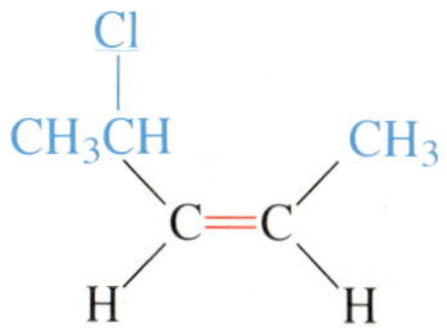 **4-Chlor-cis-2-penten**

Übung 11-2

Benennen Sie die folgenden zwei Alkene:

(a) 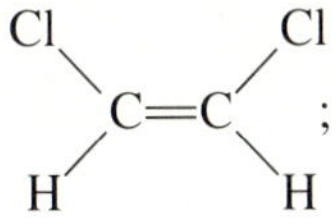 ; (b)

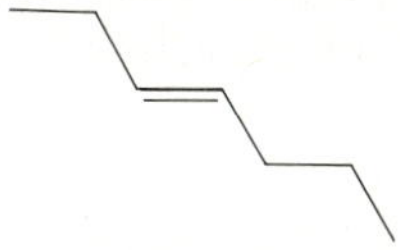

In kleineren substituierten Cycloalkenen kann die Doppelbindung nur in der *cis*-Konfiguration existieren. Wie man sich anhand eines Molekülmodells vor Augen führen kann, ist die *trans*-Anordnung viel zu stark gespannt, um existieren zu können. In größeren Cycloalkenen sind *trans*-Isomere allerdings stabil (s. Abschn. 11.4).

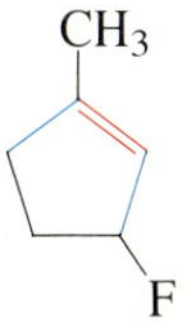

3-Fluor-1-methylcyclopenten 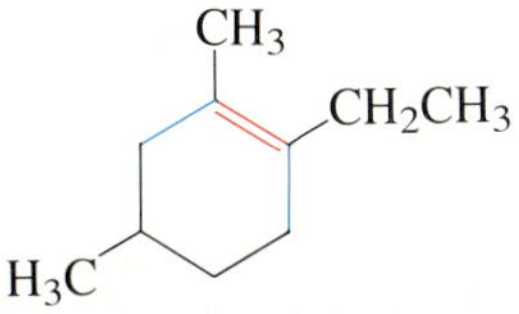 **1-Ethyl-2,4-dimethylcyclohexen** 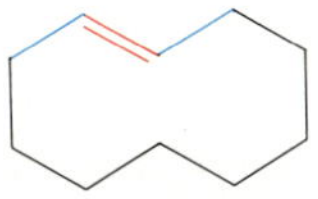 ***trans*-Cyclodecen**

(In beiden Fällen ist nur das *cis*-Isomer stabil.)

Regel 5: Bei Verbindungen, in denen an beide Kohlenstoffatome der Doppelbindung nur ein oder gar kein Wasserstoffatom gebunden sind, ist die eindeutige Zuordnung der Präfixe *cis* oder *trans* schwieriger. Ein alternatives und allgemeineres System zur Benennung von substituierten (insbesondere tri- oder tetrasubstituierten) Alkenen wurde von der IUPAC eingeführt: Das *E,Z-System*. In dieser Konvention werden die Sequenzregeln für die Priorität von Substituenten in *R,S*-Namen (Abschn. 5.3) getrennt auf die Substituenten eines jeden doppelt gebundenen Kohlenstoffatoms (geminale Gruppen) angewandt. Wenn die beiden Gruppen höchster Priorität auf entgegengesetzten Seiten der Doppelbindung stehen, hat das Molekül *E*-Konfiguration (*E* von *entgegen*). Wenn die zwei Gruppen höchster Priorität auf derselben Seite der Doppelbindung stehen, liegt eine *Z*-Konfiguration vor (*Z* von *zusammen*).

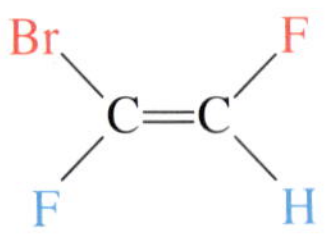

$$\mathrm{Br(F)C{=}C(F)H}$$

(Z)-1-Brom-1,2-difluoroethen

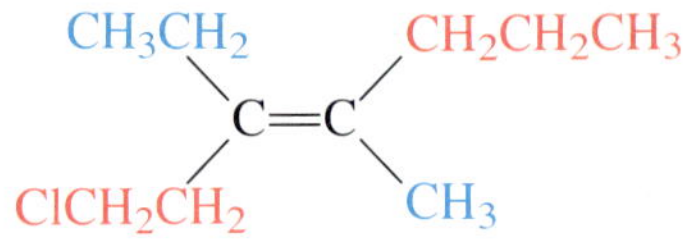

$$\mathrm{(CH_3CH_2)(ClCH_2CH_2)C{=}C(CH_2CH_2CH_3)(CH_3)}$$

(E)-1-Chlor-3-ethyl-4-methyl-3-hepten

Übung 11-3

Benennen Sie die folgenden zwei Alkene:

(a) 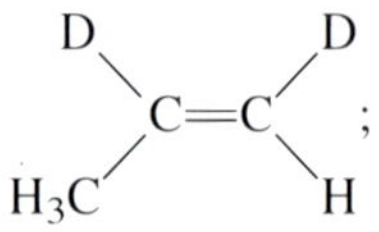 $\mathrm{(D)(H_3C)C{=}C(D)(H)}$; (b) 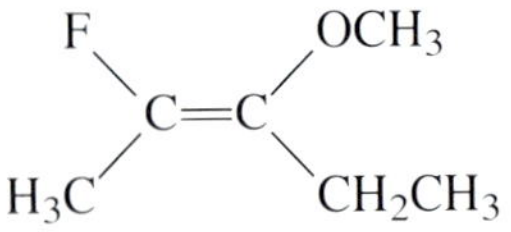 $\mathrm{(F)(H_3C)C{=}C(OCH_3)(CH_2CH_3)}$

Regel 6: Die Hydroxygruppe hat gegenüber der Doppelbindung Vorrang. Alkohole, die in ihrem Kohlenstoffgerüst eine Doppelbindung enthalten, werden Alkenole genannt, und das beide funktionelle Gruppen enthaltende Stammsystem wird so numeriert, daß das Kohlenstoffatom mit der OH-Gruppe die niedrigst mögliche Nummer erhält.

$$\mathrm{CH_2{=}CHCH_2OH}$$

2-Propen-1-ol

(Nicht 1-Propen-3-ol)

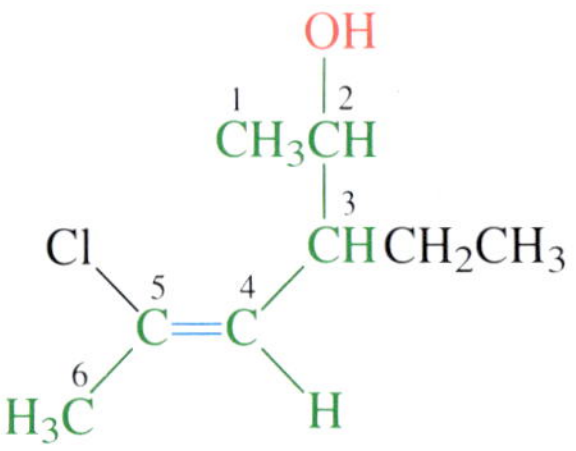

$$\mathrm{\overset{1}{C}H_3\overset{2}{C}H(OH){-}\overset{3}{C}H(CH_2CH_3){-}\overset{4}{C}H{=}\overset{5}{C}(Cl){-}\overset{6}{C}H_3}$$

(Z)-5-Chlor-3-ethyl-4-hexen-2-ol

(Die beiden Stereozentren sind nicht spezifiziert.)

Übung 11-4

Zeichnen Sie die Strukturformeln der folgenden Moleküle: a) *trans*-3-Penten-1-ol; b) 3-Cyclohexenol.

Regel 7: Substituenten, die eine Doppelbindung enthalten, werden Alkenyl genannt, wie Ethenyl (Trivialname Vinyl), 2-Propenyl (Allyl) und *cis*-1-Propenyl.

$\mathrm{CH_2{=}CH{-}}$ $\mathrm{CH_2{=}CH{-}CH_2{-}}$ $\mathrm{(H)(H_3C)C{=}C(H){-}}$

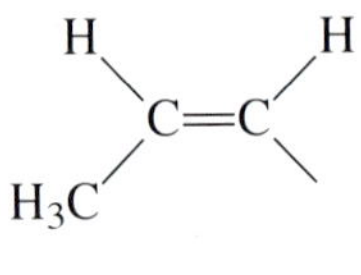

Üblicherweise beginnt die Numerierung eines Substituenten am Anknüpfungspunkt an das Stammsystem.

1-(*trans*-1-Propenyl)-bicyclo[4.4.0]decan

4-Pentenylcyclooctan

$\overset{1}{C}H_2{=}\overset{2}{C}H\overset{3}{C}H_2O\overset{1}{C}H_2\overset{2}{C}H{=}\overset{3}{C}H_2$

3-(2-Propenyloxy)-1-propen (Diallylether)

Übung 11-5

a) Zeichnen Sie die Strukturformel von *trans*-1,2-Diethenylcyclopropan; b) benennen Sie das am Rand abgebildete Molekül.

11.2 Struktur und Bindung in Alkenen

Aufgrund ihrer Kohlenstoff-Kohlenstoff-Doppelbindungen haben Alkene besondere elektronische und strukturelle Eigenschaften, die Gegenstand dieses Abschnittes sind: Hybridisierung, die Natur der beiden Bindungen (σ und π), die Stärke der π-Bindung, die Molekülstruktur von Ethen und einige physikalische Eigenschaften der Alkene.

Die Natur der Doppelbindung in Ethen

Im Ethen, welches die einfachste Doppelbindung enthält, sind beide Kohlenstoffatome sp^2-hybridisiert, wie im Methylradikal (Abschn. 3.2, Abb. 3-2). In $CH_3\cdot$ überlappen die drei sp^2-Hybridorbitale mit den 1*s*-Orbitalen der Wasserstoffatome (Abb. 11-1A), um drei σ-Bindungen zu bilden (Abschnitt 1.5). Senkrecht zu der so aufgespannten Ebene erstreckt sich das

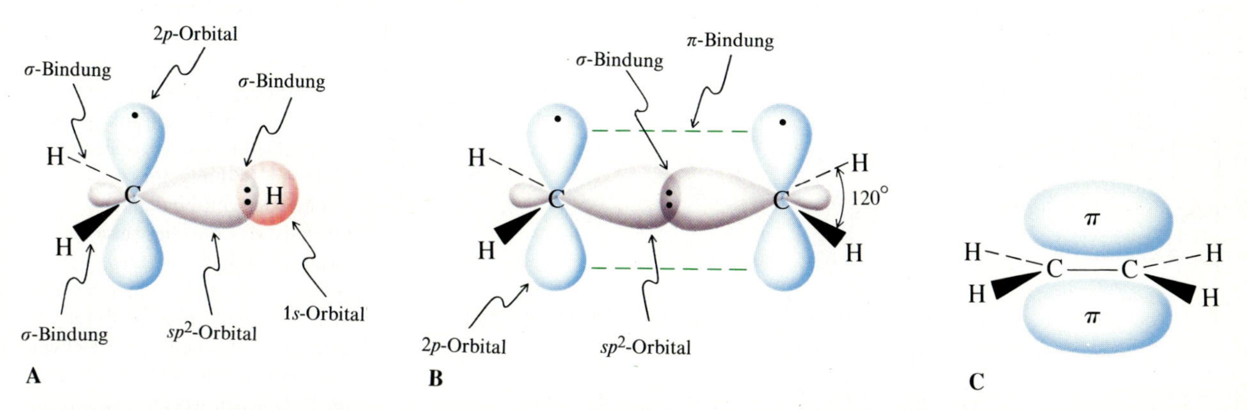

Abb. 11-1 Molekülorbitale (A) des Methylradikals (es ist nur eine C–H-Bindung als MO gezeigt) und (B) des Ethens. Die aus der Überlappung zweier sp^2-Orbitale gebildete C–C-Bindung wird als σ-Bindung bezeichnet. Die beiden zur Molekülebene senkrecht stehenden *p*-Orbitale überlappen unter Bildung der zusätzlichen π-Bindung. Zur Verdeutlichung wurde diese Überlappung durch die durchbrochenen grünen Linien dargestellt, wobei die Orbitallappen voneinander entfernt sind. Eine andere Art der Darstellung der π-Bindung ist in (C) wiedergegeben. Hier befindet sich die „π-Elektronenwolke" über und unter der Molekülebene.

einfach besetzte p-Orbital in beide Richtungen. Man kann zwei sp^2-hybridisierte Kohlenstoffatome zu einer Kohlenstoff-Kohlenstoff-σ-Bindung kombinieren. So bleiben zwei zueinander parallel stehende p-Orbitale übrig, die dicht genug zueinander stehen, um zu überlappen (Abb. 11-1B). Diese Art der Wechselwirkung nennt man eine π-Bindung; sie ist typisch für die Doppelbindungen in Alkenen (siehe auch Abb. 1-10). Die π-Elektronen sind über und unter der Molekül-Ebene delokalisiert, wie es in Abb. 11-1C gezeigt ist.

Die relative Stärke von σ- und π-Bindungen

Wie unser Orbital-Bild zeigt, besteht die Doppelbindung aus zwei unterschiedlichen Bindungen: einer σ- und einer π-Bindung. Wie groß ist ihr jeweiliger Anteil an der Stärke der Doppelbindung? Wir wissen aus Abschnitt 1.4, daß chemische Bindungen durch die Überlappung von Orbitalen entstehen und daß die Bindungsstärke von der Effektivität dieser Überlappung bestimmt wird. Wegen der räumlichen Anordnung der Orbitale dürfen wir daher erwarten, daß die Orbital-Überlappung in einer σ-Bindung deutlich besser ist als in einer π-Bindung. Diese Situation wird als Wechselwirkung zwischen Energieniveaus in MO-Schemata dargestellt (Abb. 11-2 und 11-3), wie sie schon benutzt wurden, um die chemische Bindung im Wasserstoffmolekül zu beschreiben (Abb. 1-8 und 1-9). Für jeden der beiden Orbital-Typen gibt es zwei verschiedene Wechselwirkun-

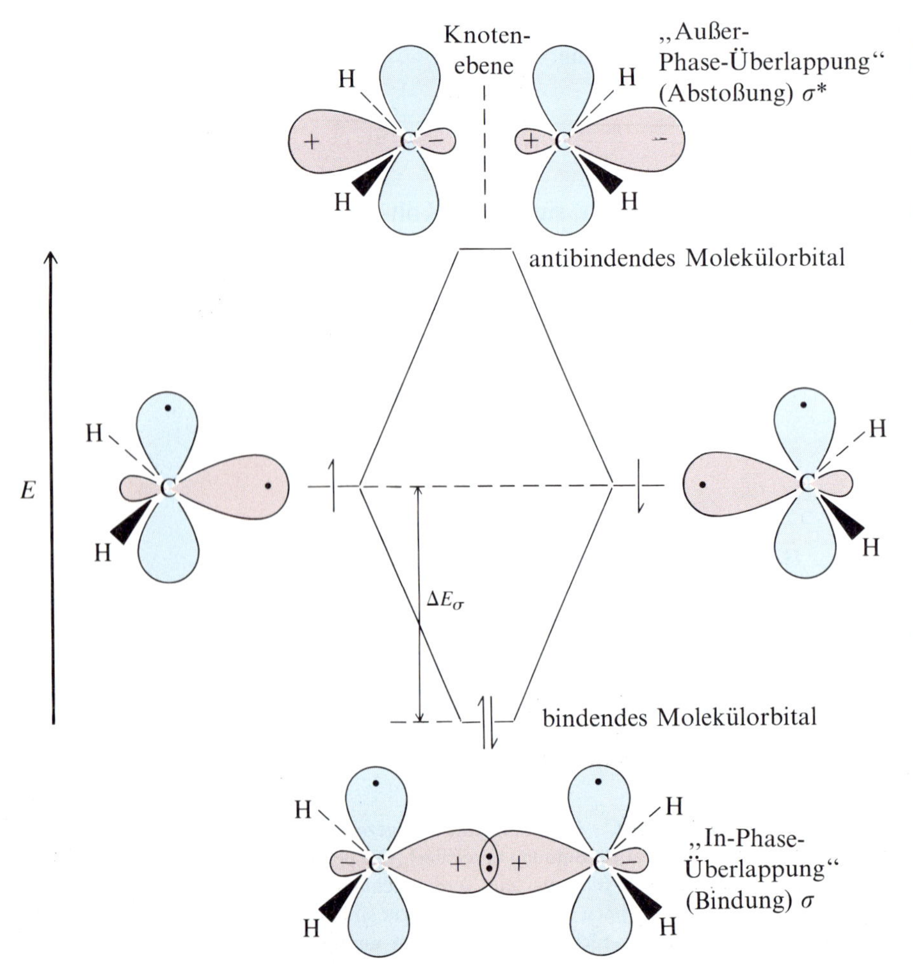

Abb. 11-2 Überlappung zweier sp^2-Hybridorbitale unter Bildung der σ-Bindung des Ethens. Eine Wechselwirkung zwischen Orbitalen ist in Phase, wenn sie zwischen Bereichen der Wellenfunktion mit gleichem Vorzeichen erfolgt; dieses wird willkürlich als (+) bezeichnet [man hätte auch (−) wählen können; man beachte, daß es sich dabei *nicht* um elektrische Ladungen handelt]. Eine solche Überlappung verstärkt die Bindung. Die beiden Elektronen besetzen das so gebildete bindende Molekülorbital in spingepaartem Zustand. Die Darstellung eines solchen σ-Molekülorbitals macht deutlich, daß sich die Elektronen dieses Orbitals mit größter Wahrscheinlichkeit in der unmittelbaren Umgebung der Kern-Kern-Verbindungslinie aufhalten. Eine außer-Phase-Überlappung erfolgt zwischen Bereichen der Wellenfunktion mit unterschiedlichem Vorzeichen und führt zur Bildung eines unbesetzten antibindenden Orbitals, das üblicherweise als solches durch einen Stern gekennzeichnet wird, hier σ*. Das antibindende Orbital ist durch eine Knotenebene gekennzeichnet, entlang derer die Wellenfunktion ihr Vorzeichen wechselt, wie in der Abb. gezeigt. Die das System stabilisierende Energie ΔE_σ bei Bildung einer σ-Bindung ist größer als ΔE_π bei Bildung einer π-Bindung (s. Abb. 11-3).

gen, eine bindende und eine antibindende. Bei der bindenden Wechselwirkung überlappen die beiden Orbitale anziehend (in Phase) unter Bildung der σ- und π-Bindungen; bei der antibindenden überlappen sie abstoßend (außer Phase) und ergeben die antibindenden Kombinationen σ^* und π^*. Die Gestalten der Molekülorbitale bei bindender und bei antibindender Wechselwirkung sind in Abb. 11-2 und 11-3 gezeigt. Weil die Überlappung

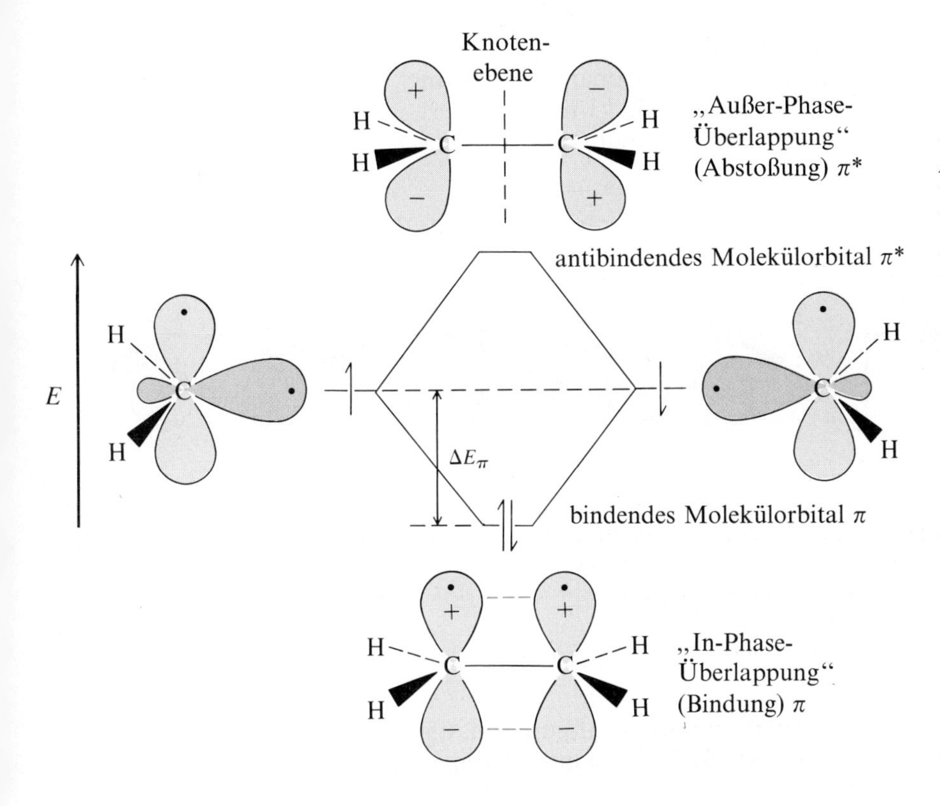

Abb. 11-3 Überlappung zweier *p*-Orbitale unter Bildung einer π-Bindung in Ethen (sp^2-Orbitale wurden weggelassen). Die gleichphasige Wechselwirkung führt zur Bildung eines bindenden π-Orbitals, das durch die beiden Elektronen gefüllt wird. Die gegenphasige Wechselwirkung ergibt ein antibindendes π*-Orbital, welches nicht besetzt ist und eine Knotenebene aufweist. Der Darstellung des π-Molekülorbitals ist zu entnehmen, daß sich die dieses Orbital besetzenden Elektronen mit größter Wahrscheinlichkeit zwischen den beiden sp^2-hybridisierten Kohlenstoffatomen über und unter der Molekülebene aufhalten. Die das System stabilisierende Energie ΔE_π ist kleiner als ΔE_σ (s. Abb. 11-2).

in π-Orbitalen geringer ist als in σ-Orbitalen, ist der Energieunterschied ΔE_π geringer als ΔE_σ. Das bindende Molekülorbital der σ-Bindung ist energieärmer als das der entprechenden π-Bindung. Dieser Unterschied zwischen den beiden beteiligten Bindungen hat chemische und physikalische Konsequenzen. Beispielsweise erfolgt die Abspaltung eines Elektrons aus einem Alken, wie man anhand des Ionisierungspotentials messen kann (Abschn. 1.6), aus dem energetisch höher liegenden π-Niveau, denn π-Elektronen sind weniger stark gebunden als σ-Elektronen. Die energetische Abfolge der Molekülorbitale in einer Doppelbindung ist in Abb. 11-4 dargestellt. Die relative Stärke von π- und σ-Bindungen kann abgeschätzt werden durch eine Messung der Energie, die für eine thermische

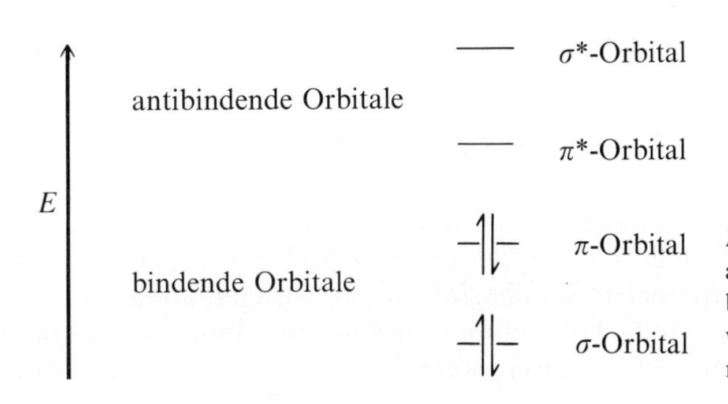

Abb. 11-4 Energieniveaus der an einer Doppelbindung beteiligten Molekülorbitale. Die vier Elektronen besetzen nur die bindenden Orbitale.

cis-trans-Isomerisierung eines spezifisch substituierten Alkens – etwa 1,2-dideuterierten Ethens – erforderlich ist. Bei dieser Isomerisierung werden die zwei *p*-Orbitale, die die π-Bindung bilden, um 180° gedreht. Bei einer Rotation um 90° stehen die beiden *p*-Orbitale senkrecht zueinander und überlappen daher nicht; dies ist der Übergangszustand der Isomerisierung (Abb. 11-5). In diesem Zustand ist die π-Bindung, nicht jedoch die σ-Bindung gebrochen; daher entspricht die Aktivierungsenergie dieser Isomerisierung ungefähr der Bindungsstärke der π-Bindung in der Doppelbindung. Experimentell erfordert eine solche rein thermische Isomerisierung ziemlich hohe Temperaturen (400–500 °C), um mit meßbarer Geschwindigkeit abzulaufen. Die Aktivierungsenergie beträgt 272 kJ/mol, ein Wert, den man üblicherweise der Stärke der π-Bindung zuschreibt. Bei Temperaturen unter 300 °C sind die meisten Doppelbindungen konfigurationsstabil; *cis* bleibt *cis* und *trans* bleibt *trans*. Die Stärke der gesamten Doppelbindung im Ethen – mit anderen Worten die Energie, die zur Spaltung in zwei Methylen-Fragmente benötigt wird – wurde zu 724 kJ/mol abgeschätzt; dementsprechend hat die σ-Bindung in diesem Molekül eine Bindungsstärke von etwa 452 kJ/mol (Abb. 11-6). Die Bindung zwischen einem Alkyl-Substituenten oder einem Wasserstoffatom und einem Alkenyl-Kohlenstoff ist ungewöhnlich stark, verglichen mit entsprechenden Bindungen in Alkanen (Tab. 3-2); der Unterschied macht mehr als 42 kJ/mol aus. Zu einem großen Teil beruht dieser Unterschied auf der verbesserten Überlappung der relativ dichten sp^2-Hybride und den Orbitalen der Substituenten. Daher laufen Radikalreaktionen von Alkenen nicht unter Abspaltung der stark gebundenen Vinyl-Wasserstoffatome ab. Tatsächlich ist der größte Teil der Chemie der Alkene durch die Reaktivität der schwächeren Bindung charakterisiert: der π-Bindung (Kap. 12).

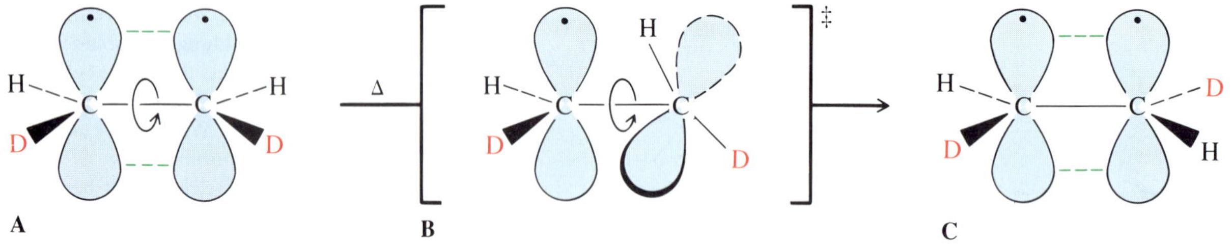

Abb. 11-5 Thermische Isomerisierung von *cis*-Dideuterioethen zum *trans*-Isomer. Die Reaktion verläuft vom Ausgangsmaterial (A) über eine Rotation um die C–C-Bindung, bis im Übergangszustand (B) der Zustand höchster Energie erreicht ist. Hier stehen die beiden *p*-Orbitale, aus denen die π-Bindung gebildet wurde, senkrecht zueinander. Weitere Rotation führt zur Bildung des Produktes (C), in dem die beiden Deuteriumatome zueinander *trans*-ständig sind.

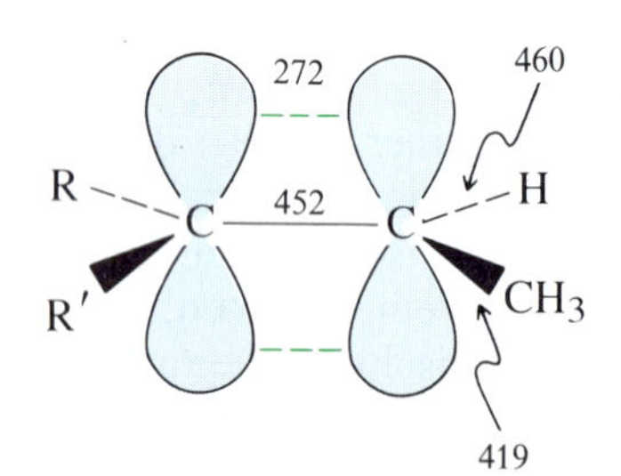

Abb. 11-6 Ungefähre Bindungsstärken in einem Alken (in kJ/mol).

Die Molekülstruktur des Ethens folgt aus der Hybridisierung

Die Benutzung von sp^2-Hybridorbitalen bei der Bildung einer Doppelbindung hat beträchtliche strukturelle Konsequenzen. Ethen ist planar, die Bindungswinkel der beiden trigonalen Kohlenstoffatome betragen annähernd 120° (Abb. 11-7). Daher hat die Doppelbindung keine dreidimensionale Stereochemie, sondern nur die *cis-trans*-Isomerie.

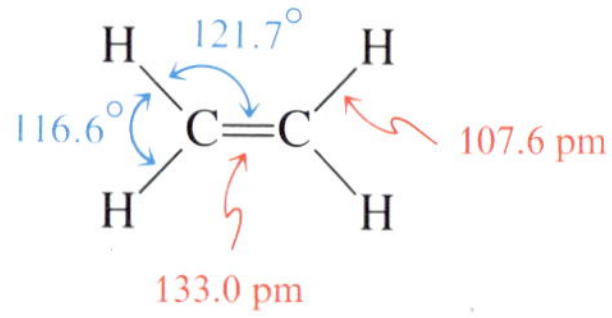

Abb. 11-7 Molekülstruktur von Ethen.

Einige physikalische Konstanten der Alkene

Die Siedepunkte der Alkene liegen erwartungsgemäß sehr nah bei denen der entsprechenden Alkane. Ethen (Sdp. −103.7 °C), Propen (Sdp. −47.4 °C) und die Butene sind bei Raumtemperatur gasförmig. Die Pentene sieden kurz über Raumtemperatur (30–40 °C).

In Abhängigkeit von ihrer Struktur können Alkene Dipolmomente aufweisen, denn die Alkenyl-Kohlenstoff-Bindung ist in Richtung auf das sp^2-hybridisierte Kohlenstoffatom polarisiert. Die Polarisierung hat ihre Ursache darin, daß der prozentuale Anteil des *s*-Charakters in einem sp^2-Hybridorbital größer ist als in einem sp^3-Hybridorbital. Im allgemeinen halten sich Elektronen in Orbitalen mit höherem *s*-Charakter dichter am Atomkern auf als solche in einem Orbital mit räumlich stärker gerichtetem *p*-Charakter. Dieser Effekt macht sp^2-Kohlenstoffatome relativ elektronenziehend und verursacht einen Dipol entlang einer Alkenyl-Kohlenstoff-Bindung. Häufig, besonders bei *cis*-disubstituierten Alkenen, führt dies zu einem Dipolmoment des gesamten Moleküls. In *trans*-disubstituierten Alkenen sind solche Dipolmomente klein, da die Polarisierung der einzelnen Bindungen entgegengesetzt gerichtet sind, so daß sich die Dipole gegenseitig ausgleichen können.

Polarisierung in Alkenen

Resultierendes Dipolmoment: *cis*: H_3C, CH_2CH_3 / H, H an C=C

Kein resultierendes Dipolmoment: *trans*: H_3C, H / H, CH_3 an C=C

Eine weitere Konsequenz des elektronenziehenden Charakters des sp^2-Kohlenstoffs ist die erhöhte Acidität der Vinyl-Wasserstoffatome. Während Ethan einen pK_a von ungefähr 50 hat, ist Ethen mit einem pK_a von 44 etwas acider. Dennoch ist Ethen ein sehr schwacher Protonen-Donator, verglichen mit anderen Verbindungen wie Alkoholen oder gar Carbonsäuren.

Acidität von Vinyl-Wasserstoffatomen

$$CH_3{-}CH_2{-}H \underset{K \sim 10^{-50}}{\rightleftharpoons} CH_3{-}\ddot{C}H_2^- + H^+$$

Ethyl-Anion

$$CH_2{=}CH_2 \underset{K \sim 10^{-44}}{\rightleftharpoons} CH_2{=}\ddot{C}H^- + H^+$$

Ethenyl-(vinyl-)Anion

Übung 11-6

Ethenyllithium (Vinyllithium) wird üblicherweise nicht durch Deprotonierung von Ethen dargestellt, sondern durch Transmetallierung aus Chlorethen (Vinylchlorid) oder Tetraethenylzinn (Tetravinylzinn) (Abschn. 8.5):

$$CH_2{=}CHCl + 2\ Li \xrightarrow{(CH_3CH_2)_2O} CH_2{=}CHLi + LiCl \quad 60\%$$

$$4\ CH_3CH_2CH_2CH_2Li + (CH_2{=}CH)_4Sn \xrightarrow{THF} 4\ CH_2{=}CHLi + (CH_3CH_2CH_2CH_2)_4Sn$$

Wenn man Ethenyllithium mit Propanon (Aceton) behandelt, erhält man nach wäßriger Aufarbeitung in 74% Ausbeute eine farblose Flüssigkeit. Schlagen Sie dafür eine Struktur vor.

Zusammenfassend ist festzuhalten, daß die für eine Doppelbindung eines Alkens charakteristische Hybridisierung seine physikalischen und elektronischen Eigenschaften bestimmt. Diese Hybridisierung ist die Ursache für die Bildung einer starken σ-, sowie einer schwächeren π-Bindung, für stabile *cis*- und *trans*-Isomere und für die Stärke der Bindung zwischen Alkenyl-Kohlenstoff und Substituent. Sie bewirkt die Planarität der Doppelbindung mit den trigonalen Kohlenstoffatomen sowie die etwas erhöhte Acidität von Alkenyl-Wasserstoffen gegenüber Alkyl-Wasserstoffen.

11.3 Charakteristische Entschirmung durch Doppelbindungen: NMR-Spektroskopie der Alkene

Die ^{1}H und ^{13}C NMR-Spektren von Alkenen enthalten deutliche Hinweise auf die Anwesenheit dieser funktionellen Gruppe (s. Tab. 10-2 u. 10-6). Wir werden uns damit befassen, wie dies zur Strukturbestimmung isomerer Alkene ausgenutzt werden kann.

Der Einfluß von π-Elektronen auf die chemische Verschiebung

Wasserstoffatome, die an sp^2-hybridisierte Kohlenstoffatome gebunden sind, treten bei deutlich tieferem Feld in Resonanz als die von Alkanen. Die Signale terminaler Alken-Wasserstoffe ($RR'C=CH_2$) erscheinen bei $\delta = 4.6-5.0$ ppm, die interner ($RCH=CHR'$) bei $\delta = 5.2-5.7$ ppm. Abbildung 11-8 zeigt ein Spektrum des *trans*-2,2,5,5-Tetramethyl-3-hexens. Man beobachtet nur zwei Signale, eines für die 18 äquivalenten Methyl-Wasserstoffe und eines für die beiden Alken-Wasserstoffe. Die Signale erscheinen als Singuletts, weil zwischen äquivalenten Kernen keine Spin-Spin-Kopplung beobachtet wird, und da die Methylgruppen für eine beobachtbare Kopplung zu weit von den Alkenyl-Wasserstoffen entfernt sind.

Warum ist die Entschirmung von Wasserstoffatomen an Doppelbindungen so ausgeprägt? Ein Grund dürfte der elektronenziehende Charakter der sp^2-hybridisierten Kohlenstoffatome sein. Wir erinnern uns, daß in der NMR-Spektroskopie der Abzug von Elektronendichte zu einer Entschirmung führt. Obwohl dieser Effekt einen Beitrag zu den beobachteten nach tiefem Feld verschobenen Resonanzen leistet, ist ein anderes Phänomen hier wichtiger: *Die Bewegung der Elektronen in der π-Bindung*. Werden diese Elektronen der Wirkung eines äußeren, zur Doppelbindung senkrecht stehenden Magnetfeldes ausgesetzt, wird eine Kreisbewegung dieser Elektronen induziert. Dadurch entsteht um das Zentrum der π-Bindung ein lokales Magnetfeld, welches dem äußeren Magnetfeld entgegengerichtet ist (Abb. 11-9). Die Bewegung der Elektronen ist dem Induktionsstrom in einer Drahtschleife, die in ein Magnetfeld gebracht wird, ähnlich (s. auch Abb. 10-11). Am Rand der Doppelbindung, da, wo sich die Alkenyl-Wasserstoffe befinden, *verstärkt* das lokal induzierte Magnetfeld das äußere. Die Folge ist, daß zur Kernresonanz dieser Wasserstoffatome eine geringere magnetische Feldstärke erforderlich ist: sie werden stark entschirmt. In Lösung werden sich nicht alle Moleküle in der in Abb. 11-9 gezeigten Weise exakt senkrecht zum äußeren Magnetfeld und damit für eine maximale Entschirmung ausrichten. Die meisten werden irgendeinen Winkel zum äußeren Feld einnehmen, der sich mit ihrer Bewegung

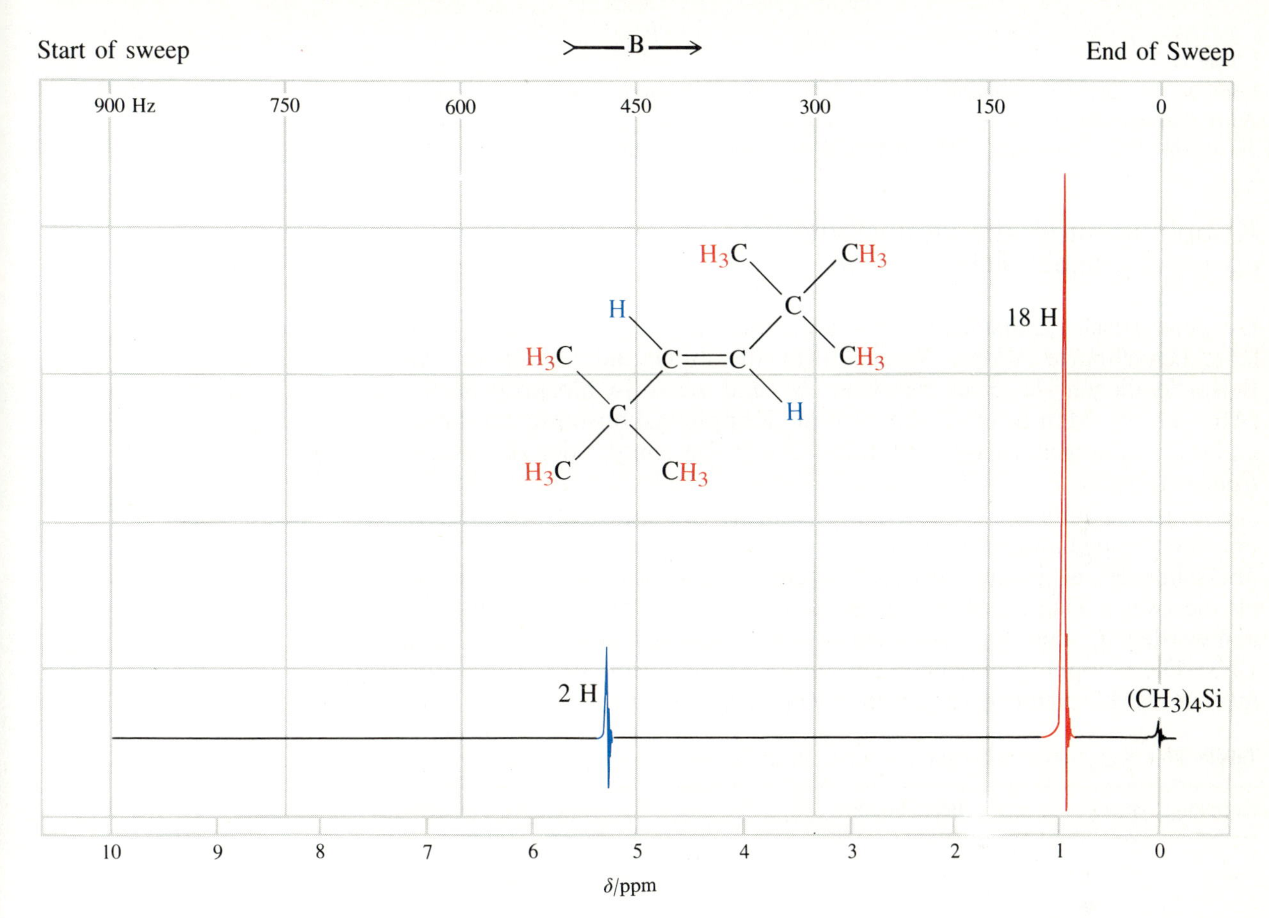

Abb. 11-8 90 MHz ^{1}H NMR-Spektrum von *trans*-2,2,5,5-Tetramethyl-3-hexen in CCl_4. Es zeigt zwei scharfe Singuletts für die zwei Sätze äquivalenter Protonen; das Signal der sechs Methylgruppen erscheint bei $\delta = 0.97$ ppm und das der beiden stark entschirmten Alkenyl-Wasserstoffatome bei $\delta = 5.30$ ppm.

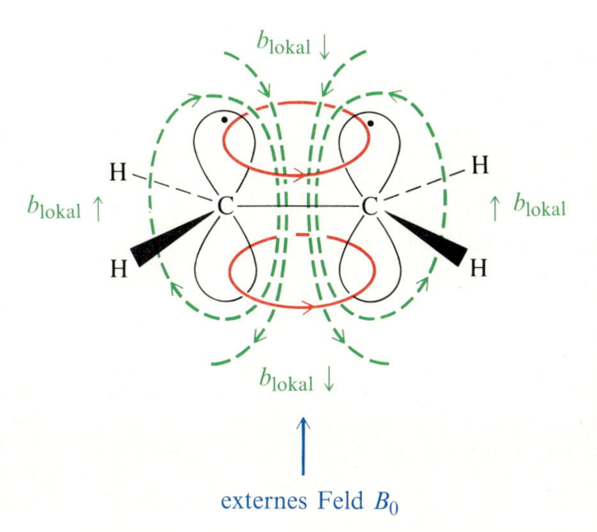

Abb. 11-9 Das externe Feld B_0 induziert eine kreisförmige Bewegung der π-Elektronen (in rot dargestellt) über und unter der Molekülebene. Diese Bewegung induziert ein lokales Magnetfeld b_{lokal} (in grün dargestellt), das dem externen Feld im Zentrum der Doppelbindung entgegen gerichtet ist, das es jedoch in den Bereichen, in denen sich die Alkenyl-Wasserstoffatome befinden, verstärkt.

in der Lösung schnell ändert. Diese Änderungen sind bezüglich der NMR-Zeitskala schnell, weswegen die beobachtete chemische Verschiebung ein Durchschnittswert aus allen beteiligten Molekülen ist, der nicht dem maximal möglichen Wert entspricht, jedoch, wie beobachtet, charakteristisch hoch ist.

Übung 11-7

Erklären Sie die Unterschiede der chemischen Verschiebungen der an C-7 gebundenen Wasserstoffatome in den am Rand dargestellten Molekülen. Hinweis: Versuchen Sie, die in Abb. 11-9 entwickelten Prinzipien auf diese Verbindungen anzuwenden.

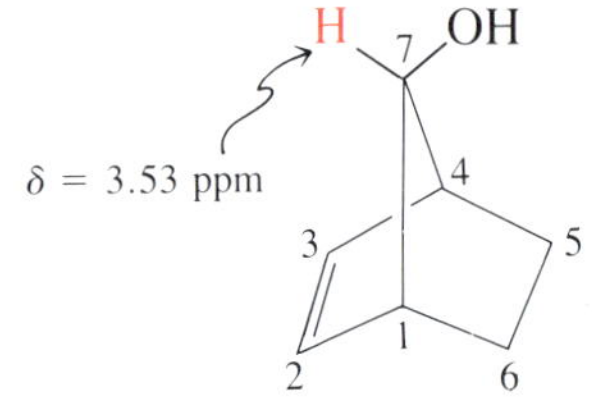

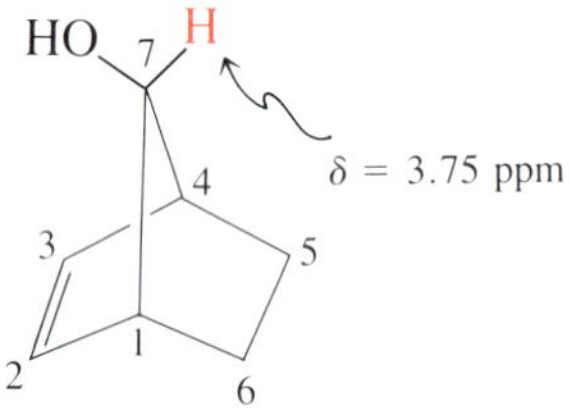

$\delta = 3.53$ ppm

$\delta = 3.75$ ppm

Kopplung durch die Doppelbindung: *cis* unterscheidet sich von *trans*

Unsymmetrisch 1,2-disubstituierte Doppelbindungen haben nicht äquivalente benachbarte Alkenyl-Wasserstoffe, die miteinander koppeln. Als Beispiele dienen die Spektren von *cis*- und *trans*-3-Chlorpropensäure (Abb. 11-10). Man beachte, daß sich die Kopplungskonstante der zueinander *cis*-ständigen Wasserstoffatome ($J = 9$ Hz) von der der zueinander *trans*-ständigen ($J = 14$ Hz) unterscheidet. In Tabelle 11-1 findet sich eine Zusammenstellung der Größen der verschiedenen möglichen Kopplungen um eine Doppelbindung. Obwohl der Bereich für J_{cis} sich mit dem für J_{trans} überschneidet, ist in einer Gruppe isomerer Alkene die erste immer kleiner als die zweite. Dadurch können *cis*- und *trans*-Isomere leicht unterschieden werden. J_{cis} und J_{trans} sind **vicinale Kopplungskonstanten** (vgl. Abschn. 10-5). Die Kopplung zwischen nicht äquivalenten terminalen Wasserstoffatomen ist klein und wird **geminale Kopplung** genannt (Tab. 11-1). Eine

Tabelle 11-1 Kopplungskonstanten um eine Doppelbindung

Kopplungstyp	Bezeichnung	J in Hz
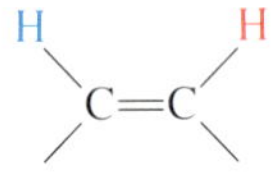 H(C=C)H, cis	vicinal, *cis*	6–14
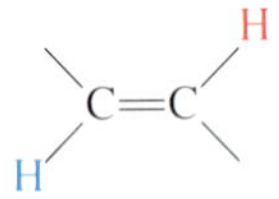 H(C=C)H, trans	vicinal, *trans*	11–18
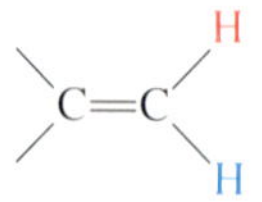 C=CH₂	geminal	0–3
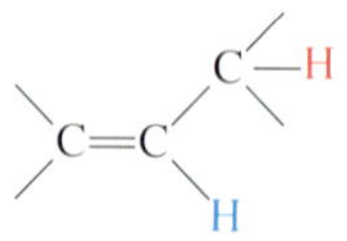 C=C(H)–C–H	–	4–10
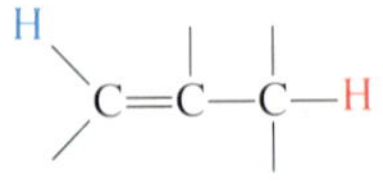 H–C=C–C–H	allylisch, (1,3)-*cis* oder -*trans*	0.5–3
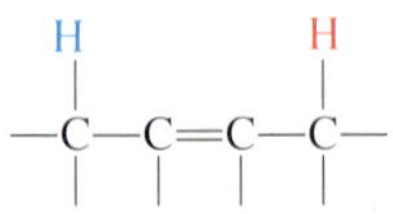 H–C–C=C–C–H	(1,4)- oder Fernkopplung	0–1.6

Abb. 11-10 90 MHz ^{1}H NMR-Spektren von (A) *cis*-3-Chlorpropensäure und (B) des entsprechenden *trans*-Isomers in CCl_4. Die beiden Alkenyl-Wasserstoffatome sind jeweils nicht äquivalent und koppeln daher miteinander. Das Wasserstoffatom der Carboxylgruppen tritt bei $\delta = 12.35$ ppm in Resonanz. Sein Signal ist um 3 ppm nach höherem Feld verschoben („offset" von 3 ppm) als Einfügung dargestellt. ▶

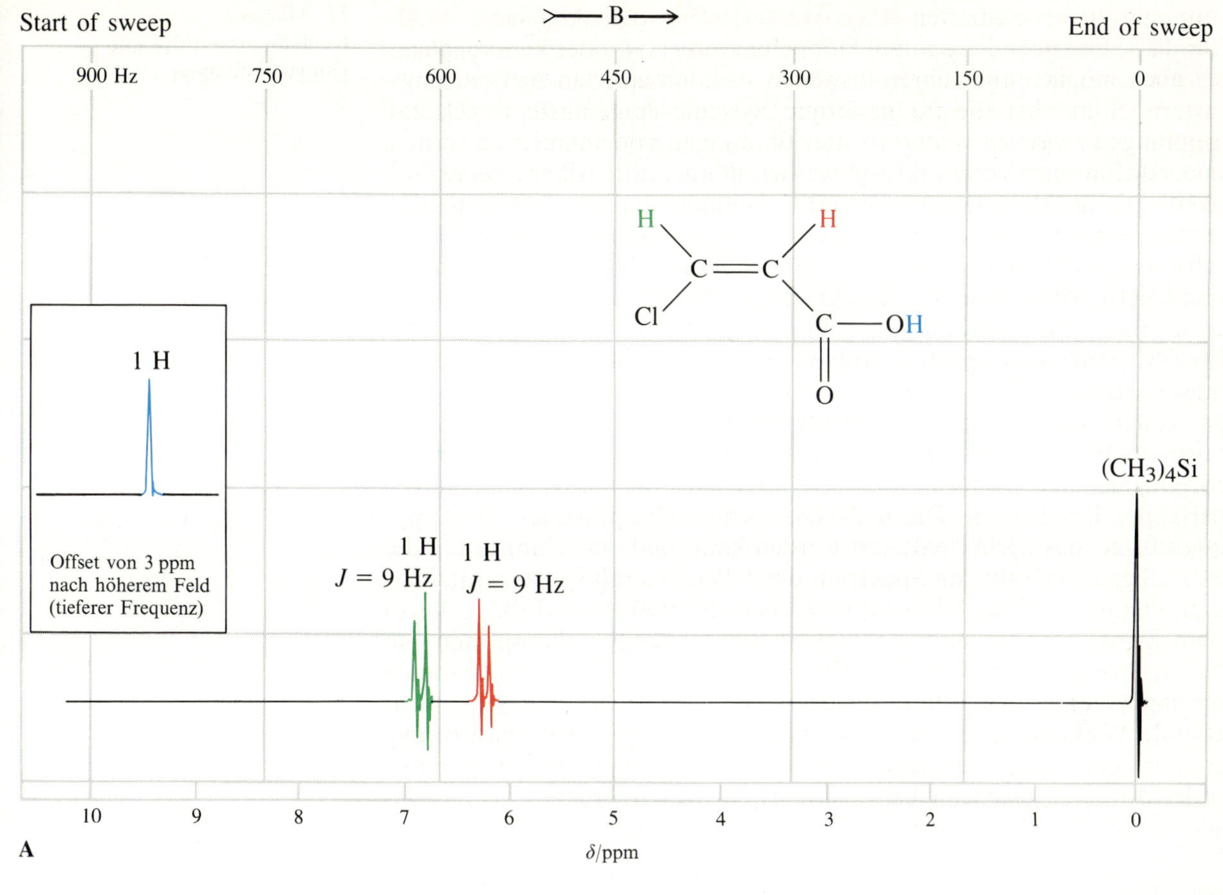
Start of sweep
B
End of sweep
900 Hz
750
600
450
300
150
0
H
H
C
C
Cl
C
OH
O
1 H
Offset von 3 ppm
nach höherem Feld
(tieferer Frequenz)
$(CH_3)_4Si$
1 H
J = 9 Hz
1 H
J = 9 Hz
10
9
8
7
6
5
4
3
2
1
0
A
δ/ppm

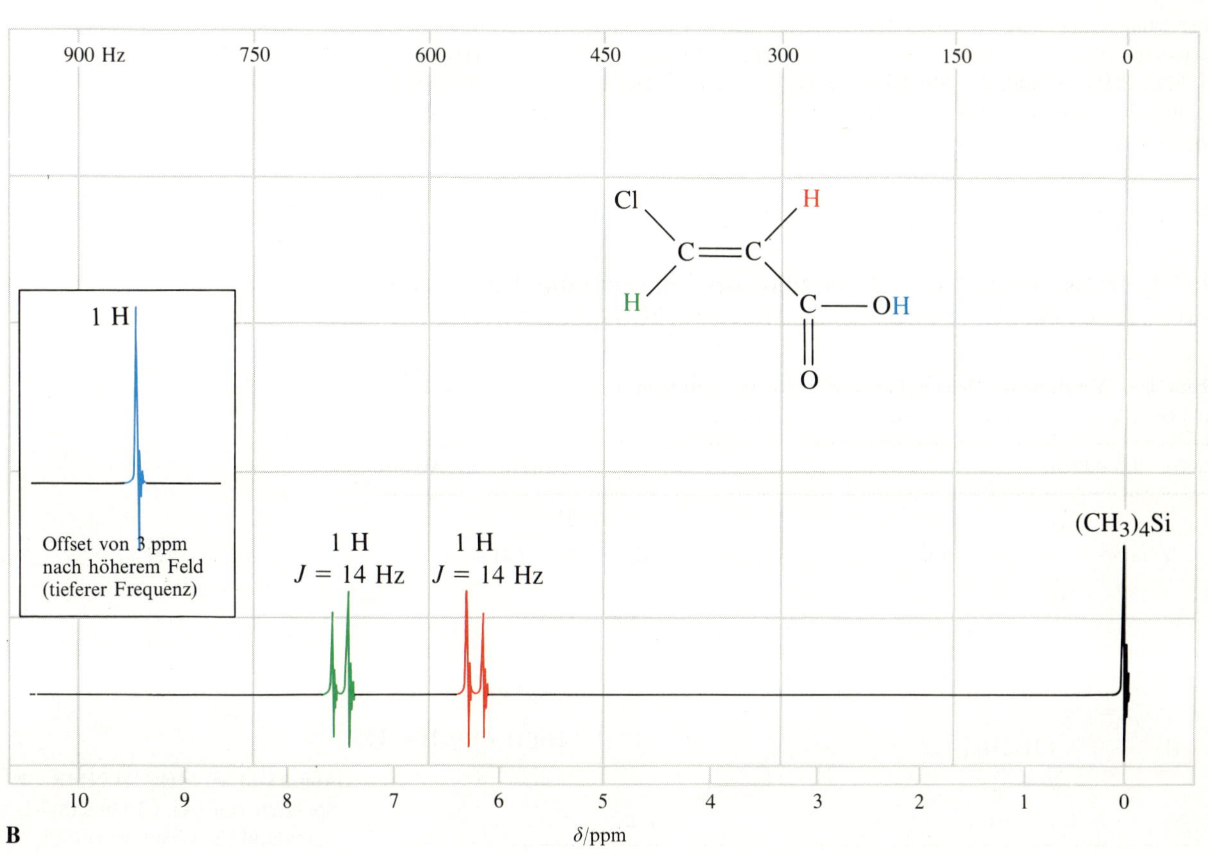
900 Hz
750
600
450
300
150
0
Cl
H
C
C
H
C
OH
O
1 H
Offset von 3 ppm
nach höherem Feld
(tieferer Frequenz)
1 H
J = 14 Hz
1 H
J = 14 Hz
$(CH_3)_4Si$
10
9
8
7
6
5
4
3
2
1
0
B
δ/ppm

Kopplung zu benachbarten Alkyl-Wasserstoffen (**Allylkopplung**, s. Abschn. 11.1) und über die gesamte Doppelbindung (**1,4-** oder **Fernkopplung**) sind auch möglich und führen bisweilen zu komplizierten Aufspaltungsmustern. Somit hat die für gesättigte Systeme eingeführte Regel, daß Kopplungen zwischen weiter als drei Bindungen voneinander entfernten Wasserstoffatomen vernachlässigt werden können, für Alkene keine Gültigkeit. Die Spektren des 3,3-Dimethyl-1-butens und des 1-Pentens illustrieren die potentielle Komplexität der Aufspaltungsmuster (Abb. 11-11). In beiden Spektren erscheinen die Signale der Alken-Wasserstoffe als komplizierte Multipletts. Im 3,3-Dimethyl-1-buten tritt das an das höher substituierte Kohlenstoffatom gebundene H_a bei niedrigerem Feld ($\delta = 5.81$ ppm) als doppeltes Dublett mit zwei ziemlich großen Kopplungskonstanten ($J_{ab} = 18$ Hz, $J_{ac} = 10.5$ Hz) in Resonanz. Die Signale von H_b und von H_c sind auch doppelte Dubletts; das liegt an ihren Kopplungen zu H_a und ihrer geminalen Kopplung ($J_{bc} = 1.5$ Hz). Wegen des geringfügigen Unterschieds zwischen ihren chemischen Verschiebungen überlappen ihre Signale. Die zweifache Dehnung zeigt jedoch ein Kopplungsmuster, das leicht analysiert werden kann und eine Zuordnung der beiden Signale erlaubt. Im Spektrum des 1-Pentens führt eine zusätzliche Kopplung, die auf die Alkylgruppe zurückzuführen ist (s. Tab. 11-1), zu einem Signal, das für eine Analyse erster Ordnung zu kompliziert ist. Dennoch sind die beiden unterschiedlichen Typen von Wasserstoffatomen (terminal und intern) klar unterschieden. Daneben bewirkt die elektronenziehende Wirkung des sp^2-Kohlenstoffatoms eine leichte Entschirmung der unmittelbar daran gebundenen (Allyl-) CH_2-Gruppe; das ihr zuzuordnende Multiplett erscheint bei tieferem Feld ($\delta = 1.94$ ppm) als das der anderen Alkyl-Absorptionen.

Übung 11-8

Ethyl-2-butenoat (Ethylcrotonat), $CH_3CH{=}CHCO_2CH_2CH_3$, hat in CCl_4 das folgende ^1H NMR-Spektrum: $\delta = 6.95$ (dq, $J = 16$, 6.8 Hz, 1H), 5.81 (dq, $J = 16$, 1.7 Hz, 1H), 4.13 (q, $J = 7$ Hz, 2H), 1.88 (dd, $J = 6.8$, 1.7 Hz, 3H), 1.24 (t, $J = 7$ Hz, 3H) ppm. Ordnen sie die verschiedenen Wasserstoffatome zu und entscheiden Sie, ob es sich um eine *cis*- oder *trans*-Doppelbindung handelt (vgl. dazu Tab. 11-1).

^{13}C NMR-Spektroskopie von Alkenen

Die ^{13}C NMR-Spektren der Alkene sind ebenfalls sehr informativ. Verglichen mit den Alkanen absorbieren die Alken-Kohlenstoffe (mit vergleich-

Tabelle 11-2 Vergleich der chemischen Verschiebungen (in ppm) der ^{13}C NMR-Absorptionen von Alkenen mit denen der entsprechenden Alkane

Struktur des Alkens	Struktur des Alkans
$(CH_3)_2C{=}C(CH_3)_2$: C=C 122.8; CH_3 18.9	$(CH_3)_2CH{-}CH(CH_3)_2$: CH 34.0; CH_3 19.2
cis-$CH_3CH{=}CHCH_2CH_3$: C2 123.7; C3 132.7; CH_3 12.3; CH_2 20.5; CH_3 14.0	$CH_3CH_2CH_2CH_2CH_3$: CH_3 13.5; C2 22.2; C3 34.1

Abb. 11-11 90 MHz ^1H NMR-Spektren von (A) 3,3-Dimethyl-1-buten und (B) 1-Penten in CCl_4. ►

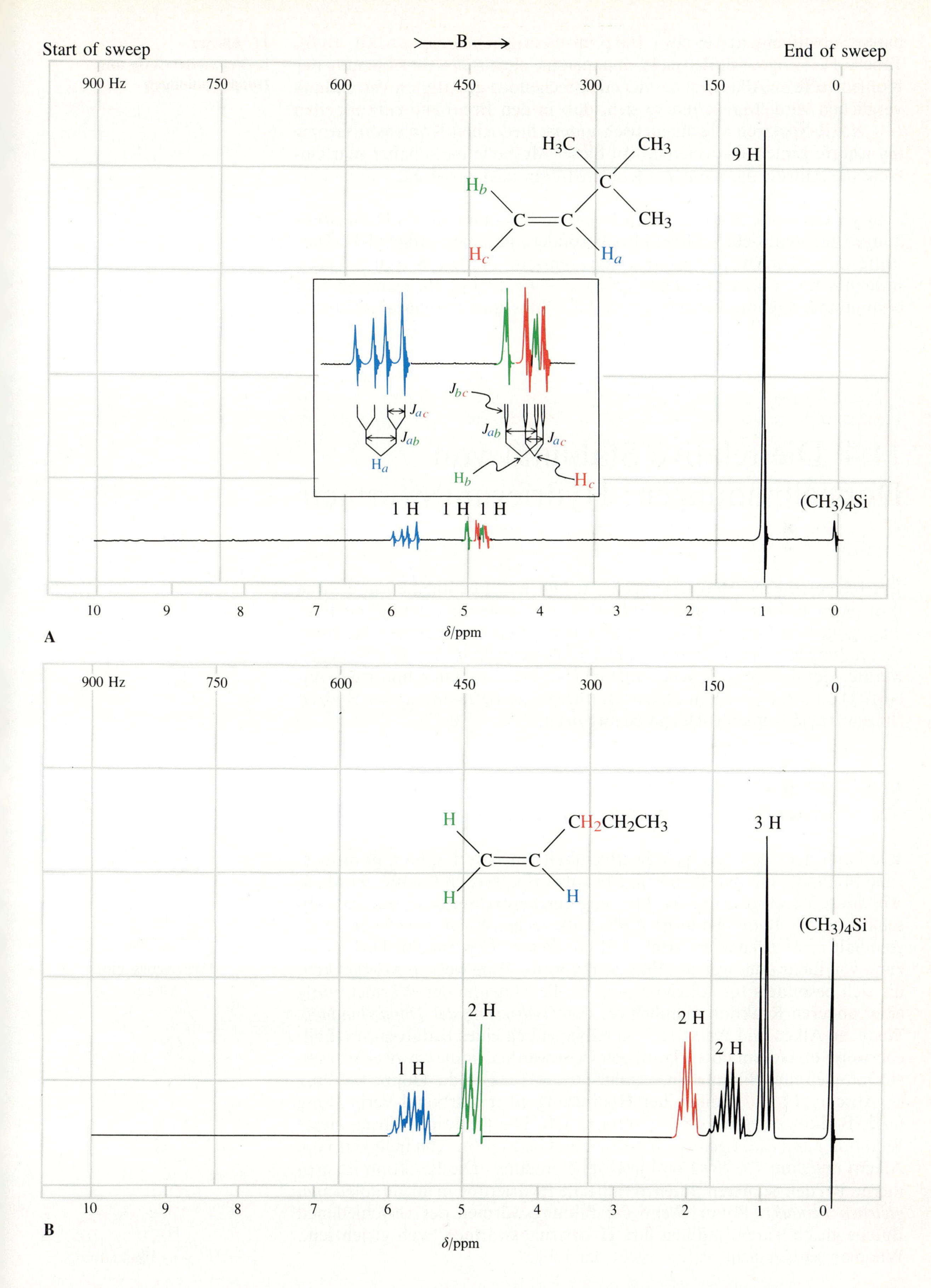
Start of sweep
B
End of sweep
900 Hz
750
600
450
300
150
0
H_3C
CH_3
C
H_b
C=C
CH_3
H_c
H_a
9 H
J_{ac}
J_{ab}
H_a
J_{bc}
J_{ab}
J_{ac}
H_b
H_c
1 H
1 H
1 H
$(CH_3)_4Si$
10
9
8
7
6
5
4
3
2
1
0
A
δ/ppm
900 Hz
750
600
450
300
150
0
H
$CH_2CH_2CH_3$
C=C
H
H
3 H
$(CH_3)_4Si$
2 H
2 H
2 H
1 H
10
9
8
7
6
5
4
3
2
1
0
B
δ/ppm

baren Substituenten) bei etwa 100 ppm niedrigerem Feld (s. Tab. 10-6). Tabelle 11-2 zeigt zwei Beispiele, in denen die chemische Verschiebung der Kohlenstoffe im Alken mit der der entsprechenden gesättigten Verbindung verglichen wird. Man erinnere sich, daß in den Breitband-entkoppelten ^{13}C NMR-Spektren alle magnetisch unterschiedlichen Kohlenstoffatome als scharfe Linien absorbieren. Mit dieser Methode ist es daher sehr einfach, die Anwesenheit von sp^2-Kohlenstoffen nachzuweisen.

Insgesamt ist die NMR-Spektroskopie zur Bestimmung von Doppelbindungen in organischen Molekülen besonders geeignet. Alkenyl-Wasserstoffe und -Kohlenstoffe werden stark entschirmt. Die Kopplungskonstanten nehmen in der Reihenfolge $J_{trans} > J_{cis} > J_{gem}$ ab. Daneben sind bestimmte Kopplungskonstanten für Allyl-Substituenten charakteristisch.

11.4 Die relative Stabilität von Doppelbindungen: Hydrierungswärmen

Wir haben gesehen, daß es je nach Anzahl der Substituenten und ihren Positionen mehrere mögliche Substitutionsmuster an einer Doppelbindung gibt. Führt dies zu Unterschieden in der Stabilität der verschiedenen Verbindungen? Gibt es beispielsweise Unterschiede in den Hydrierungswärmen der drei verschiedenen Butene (1-Buten, *cis*-Buten und *trans*-Buten)? Diese Frage wird im folgenden durch eine Betrachtung der Hydrierungswärmen isomerer Alkene beantwortet.

Hydrierungswärmen als Maß der relativen Stabilität isomerer Alkene

Wie kann man den relativen Energieinhalt einer Verbindung ermitteln? Eine Methode, mit der diese Frage beantwortet werden könnte, wurde in Abschnitt 3.4 vorgestellt: Die Messung der Verbrennungswärme zur Abschätzung der Bildungswärme ΔH_f^0. Entsprechend dem jeweiligen Energieinhalt eines Alkens erwartet man bei diesem Experiment die Freisetzung von mehr oder weniger Energie (Wärme). Eine weitere Möglichkeit, die sich besonders für Alkene eignet, ist die Messung der Wärmetönung einer anderen Reaktion, nämlich die der *Hydrierung der Doppelbindung*. Wenn ein Alken und Wasserstoff in Anwesenheit eines Katalysators (üblicherweise Palladium oder Platin) gemischt werden, addieren zwei Wasserstoffatome unter Bildung eines gesättigten Alkans an die Doppelbindung (s. Abschn. 12.2) – ähnlich der Hydrierung einer Carbonyl-Verbindung unter Bildung eines Alkohols (Abschn. 8.4). Die Reaktionswärme dieser Reaktion kann exakt gemessen werden und beträgt (in Abhängigkeit vom Alken) ungefähr -126 kJ/mol je Doppelbindung: Die Reaktion ist exotherm. Bei den isomeren Butenen führt die Hydrierung in allen Fällen *zum gleichen Produkt*: Butan. Wenn die Bildungswärmen der verschiedenen Butene gleich wären, müßten ihre Hydrierungswärmen auch gleich sein. Wie man jedoch sieht, ist das nicht der Fall:

Hydrierung eines Alkens

$$>C{=}C< \; + \; H{-}H \xrightarrow{\text{Pd or Pt}} -\overset{|}{\underset{H}{C}}-\overset{|}{\underset{H}{C}}-$$

$\Delta H^0 \sim -126$ kJ/mol

$$\text{cis-2-Buten} + H_2 \xrightarrow{Pt} CH_3CH_2CH_2CH_3 \text{ (Butan)} \qquad \Delta H^0 = -119.7 \text{ kJ/mol}$$

$$\text{1-Buten} + H_2 \xrightarrow{Pt} CH_3CH_2CH_2CH_3 \text{ (Butan)} \qquad \Delta H^0 = -126.9 \text{ kJ/mol}$$

$$\text{trans-2-Buten} + H_2 \xrightarrow{Pt} CH_3CH_2CH_2CH_3 \text{ (Butan)} \qquad \Delta H^0 = -115.6 \text{ kJ/mol}$$

Der größte Energiebetrag wird bei der Hydrierung der terminalen Doppelbindung frei. Dem folgt die Hydrierungswärme des *cis*-2-Butens; am wenigsten Energie wird bei der Hydrierung des *trans*-Isomers frei. Dies führt zu dem Schluß, daß die thermodynamischen Stabilitäten der Butene in der Reihenfolge 1-Buten < *cis*-2-Buten < *trans*-2-Buten ansteigen (Abb.

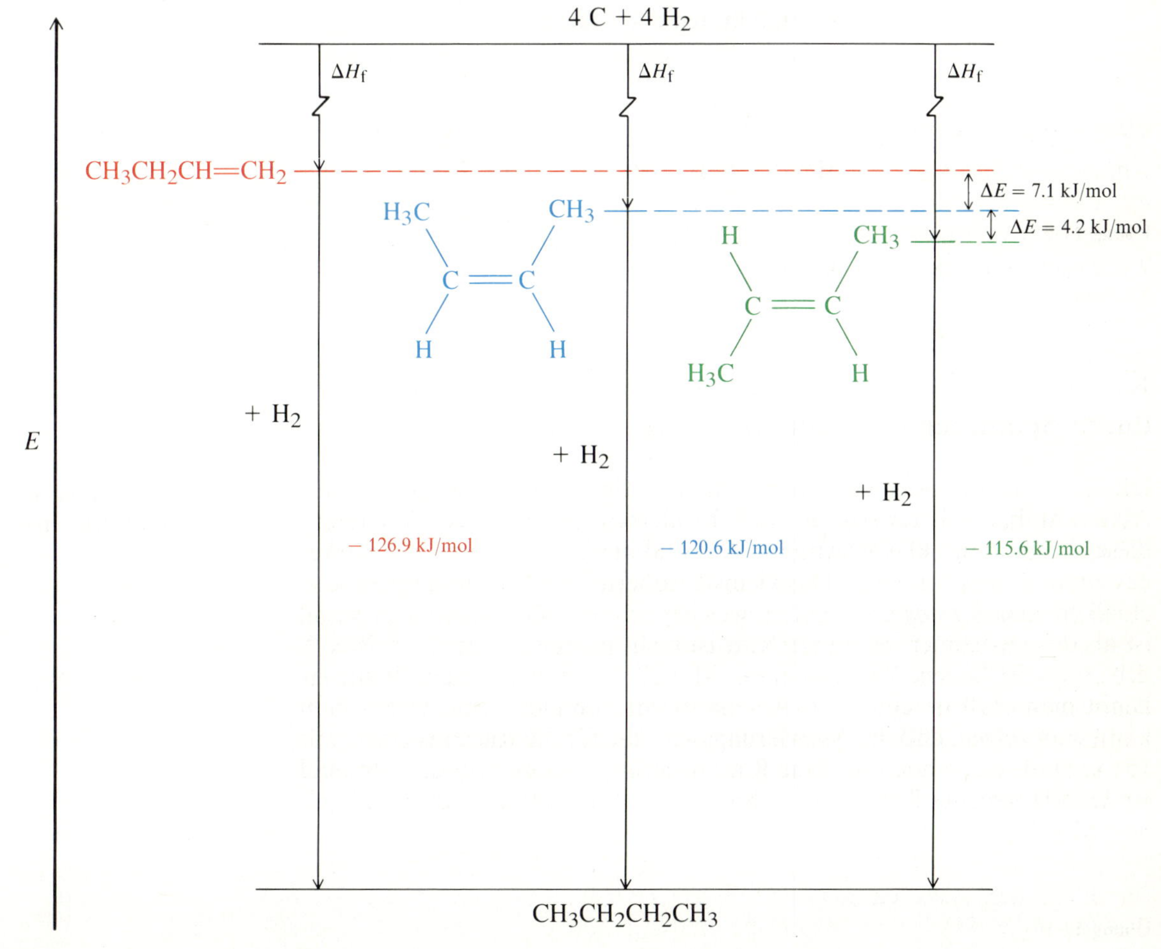

Abb. 11-12 Die relativen Bildungswärmen der isomeren Butene, wie sie aus ihren Hydrierungswärmen errechnet wurden. Die Abb. ist nicht maßstabsgerecht.

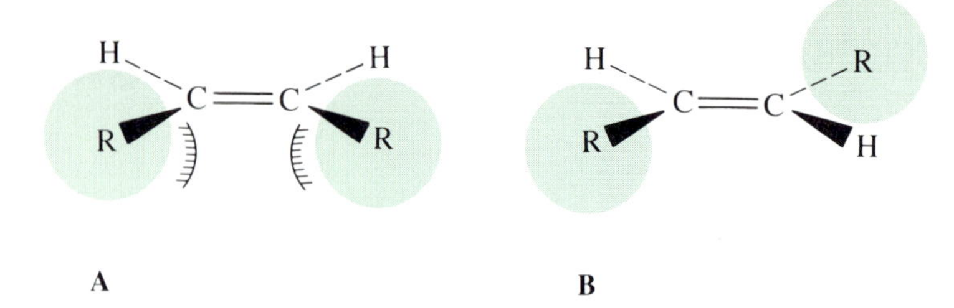

Abb. 11-13 Darstellung (A) der sterischen Wechselwirkung in *cis*-disubstituierten Alkenen und (B) ihrer Abwesenheit in *trans*-disubstituierten Alkenen.

11-12). Diese Ergebnisse können verallgemeinert werden: Die relative Stabilität von Alkenen steigt mit zunehmender Substitution, und *trans*-Isomere sind üblicherweise stabiler als ihre *cis*-Gegenstücke. Die erste Beobachtung läßt sich nicht auf einfache Weise erklären, ist aber zum Teil auf Hyperkonjugation zurückzuführen. So, wie die Stabilität von Radikalen mit zunehmender Substituenten-Anzahl steigt (wegen Hyperkonjugation des einfach besetzten *p*-Orbitals mit den benachbarten C–H-Bindungen, Abschn. 3.2), können die *p*-Orbitale einer π-Bindung durch Alkyl-Substituenten stabilisiert werden. Die zweite Beobachtung ist leichter zu erklären, insbesondere, wenn man Molekülmodelle betrachtet. In *cis*-Alkenen behindern sich die Substituenten oft gegenseitig. Diese sterische Wechselwirkung ist energetisch ungünstig und fehlt in den entsprechenden *trans*-Isomeren (Abb. 11-13).

Relative Stabilitäten der Alkene

$$CH_2{=}CH_2 < RCH{=}CH_2 < \underset{H\quad\ \ H}{\overset{R\quad\ \ R}{C{=}C}} < \underset{R\quad\ \ H}{\overset{H\quad\ \ R}{C{=}C}} < \underset{R\quad\ \ H}{\overset{R\quad\ \ R}{C{=}C}} < \underset{R\quad\ \ R}{\overset{R\quad\ \ R}{C{=}C}}$$

Übung 11-9

Wie lautet bei den folgenden Verbindungen die Reihenfolge der Hydrierungswärmen ΔH^0: 2,3-Dimethyl-2-buten, *cis*-3-Hexen, *trans*-4-Octen und 1-Hexen?

Kleine *trans*-Cycloalkene werden durch Spannung destabilisiert

Die Cycloalkene bilden eine Ausnahme der allgemeinen Regel, daß *trans*-Alkene stabiler als *cis*-Alkene sind. In kleinen und mittleren Vertretern dieser Verbindungsklasse (Abschn. 4.2) sind die *trans*-Isomere viel stärker gespannt (s. Abschn. 11.1). Das kleinste isolierte unsubstituierte *trans*-Cycloalken ist das *trans*-Cycloocten, welches um 38.5 kJ/mol weniger stabil ist als das *cis*-Isomer. Seine Struktur ist nicht planar, sondern „twisted", d.h. stark verbogen. Wenn man ein Modell dieser Verbindung baut, erkennt man, daß sie chiral ist. An enantiomerenreinem *trans*-Cycloocten kann man zeigen, daß die Aktivierungsschwelle für die Racemisierung mit 151 kJ/mol relativ hoch ist. Eine Racemisierung bedeutet für das Molekül ein Umklappen des Ringes: wie schwer das ist, erkennt man leicht anhand von Molekül-Modellen.

Racemisierung von *trans*-Cycloocten

$E_a = 151$ kJ/mol

Übung 11-10

Bei der Hydrierung des Alkens A zu B werden schätzungsweise 272 kJ/mol frei. Das ist mehr als doppelt so viel, wie bei der in Abb. 11-12 gezeigten Hydrierung. Wie ist das zu erklären?

$$\text{A} \xrightarrow{H_2,\ \text{Katalysator}} \text{B} \qquad \Delta H^0 = -272\ \text{kJ/mol}$$

Insgesamt ist festzuhalten, daß die relativen Energien verschiedener isomerer Alkene durch Messung ihrer Hydrierungswärmen abgeschätzt werden können. Das Alken höherer Energie hat eine größere Hydrierungswärme ΔH^0. Die Stabilität steigt aufgrund von Hyperkonjugation mit zunehmender Anzahl von Substituenten. *cis*-Alkene sind wegen sterischer Hinderung weniger stabil als ihre *trans*-Isomere. Die Ausnahme bilden kleine und mittlere Cycloalkene, welche wegen ihrer Ringspannung als *cis*-Isomere stabiler sind als als *trans*-Isomere.

11.5 Darstellung von Alkenen aus Halogenalkanen und Alkylsulfonaten: Anwendung von bimolekularen Eliminierungen

Vor dem Hintergrund der physikalischen Gesichtspunkte der Struktur und der Stabilität von Alkenen wollen wir uns nun mit den verschiedenen Wegen zur Darstellung von Alkenen befassen. Der allgemeinste Ansatz ist die Darstellung durch **Eliminierung**, wobei zwei benachbarte Gruppen an einem Kohlenstoffgerüst entfernt werden. Eliminierungsreaktionen wurden bereits bei der Dehydrohalogenierung von Halogenalkanen durch eine E1-Reaktion (Abschn. 7.4) oder eine E2-Reaktion (Abschn. 7.5) diskutiert. Ein spezieller Typ von Eliminierung wurde im Zusammenhang mit dem Cracken von Kohlenwasserstoffen beschrieben (Abschn. 3.3), welches die bedeutendste industrielle Quelle für Ethen (Abschn. 12.9) und Propen darstellt. Dieser Abschnitt gibt einen Überblick über die E2-Reaktion als der gängigsten Darstellungsmethode für Alkene im Laboratorium. Eine andere Methode, die Dehydratisierung von Alkoholen, wird in Abschnitt 11.6 angesprochen. Andere Ansätze zur Synthese von Alkenen werden in späteren Kapiteln beschrieben, darunter:

Eliminierung

$$-\overset{|}{\underset{\text{A}}{\underset{|}{\text{C}}}}-\overset{|}{\underset{\text{B}}{\underset{|}{\text{C}}}}- \longrightarrow \; >C=C< \; + \text{AB}$$

1 Reduktion von Alkinen (Abschn. 13.6)

$$H_2 + -C\equiv C- \longrightarrow \overset{H}{>}C=C\overset{H}{<}$$

2 Kondensation von Carbonylgruppen (Abschn. 15.4 u. 15.7)

$$\rangle C{=}O + H_2C\langle \longrightarrow \rangle C{=}C\langle + H_2O$$

$$\rangle C{=}O + R_3P{=}C\langle \longrightarrow \rangle C{=}C\langle + O{=}PR_3$$

3 Ester-Pyrolyse (Abschn. 18.4)

$$-\underset{|}{\overset{H}{\overset{|}{C}}}-\underset{|}{\overset{O-C(=O)R}{\overset{|}{C}}}- \xrightarrow{\Delta} \rangle C{=}C\langle + R\overset{O}{\overset{\|}{C}}OH$$

4 Hofmann-Eliminierung (Abschn. 21.5)

$$H-\underset{|}{\overset{|}{C}}-\underset{|}{\overset{|}{C}}-\overset{+}{N}R_3 + {}^{-}OH \longrightarrow \rangle C{=}C\langle + HOH + NR_3$$

5 Cope-Eliminierung (Abschn. 21.5)

$$-\underset{|}{\overset{H}{\overset{|}{C}}}-\underset{|}{\overset{O^{-}-\overset{+}{N}R_2}{\overset{|}{C}}}- \xrightarrow{\Delta} \rangle C{=}C\langle + R_2NOH$$

Regioselektivität in E2-Reaktionen: Bildung interner oder terminaler Alkene

Wie schon früher diskutiert, können Halogenalkane (oder Alkylsulfonate) bei Anwesenheit von Basen unter simultaner Bildung einer Kohlenstoff-Kohlenstoff-Doppelbindung ein Molekül HX eliminieren. Zur Vermeidung von E1-Nebenreaktionen und anderen Reaktionen, die aus der Bildung von Carbeniumionen resultieren, werden vorzugsweise sterisch anspruchsvolle, starke Basen wie Kalium-*tert*-butoxid (Abschn. 7.5) eingesetzt.

Bei vielen Substraten kann die Eliminierung in mehr als eine Richtung der Kohlenstoff-Kette erfolgen, was zur Bildung von doppelbindungs-isomeren Alkenen führt. Kann man in solchen Fällen die *Regioselektivität* der Reaktion kontrollieren? Die Antwort lautet ja, aber nur in begrenztem Maß. Ein einfaches Beispiel ist die Dehydrobromierung von 2-Brom-2-methylbutan. Die Reaktion mit Natriumethoxid in heißem Ethanol liefert vorwiegend 2-Methyl-2-buten, aber auch etwas 2-Methyl-1-buten:

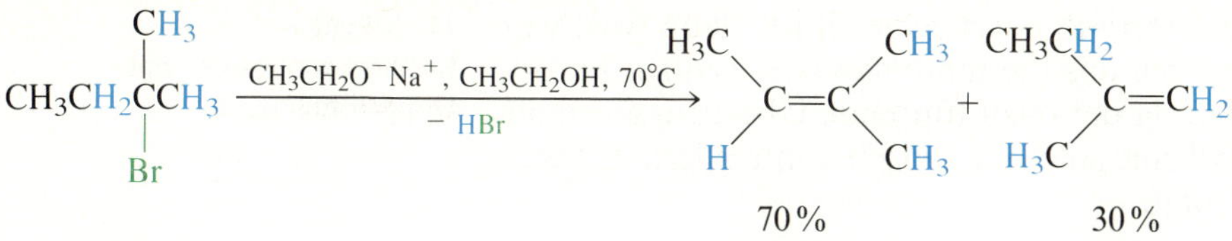

$$CH_3CH_2C(CH_3)(Br)CH_3 \xrightarrow[-\ HBr]{CH_3CH_2O^-Na^+,\ CH_3CH_2OH,\ 70°C} (H_3C)(H)C{=}C(CH_3)_2 + (CH_3CH_2)(H_3C)C{=}CH_2$$

2-Brom-2-methylbutan → **2-Methyl-2-buten** (70 %) + **2-Methyl-1-buten** (30 %)

Das erste Alken enthält eine trisubstituierte Doppelbindung und ist thermodynamisch stabiler als das zweite. Tatsächlich sind viele Reaktionen in der Weise regioselektiv, daß das thermodynamisch stabilere Produkt überwiegt. Dieses Ergebnis kann durch eine Betrachtung des Übergangszustandes der Reaktion erklärt werden (Abb. 11-14). Die Eliminierung des Bromwasserstoffs erfolgt durch einen Angriff der Base auf eines der vicinalen Wasserstoffatome, die sich in *anti*-Position zur Abgangsgruppe (Br) befinden. Im Übergangszustand finden ein partieller C–H-Bindungsbruch, eine partielle C–C-Doppelbindungsbildung und ein partieller C–Br-Bindungsbruch statt. Der zum 2-Methyl-2-buten führende Übergangszustand ist etwas mehr stabilisiert als der zum 2-Methyl-1-buten führende. Das stabilere Produkt wird schneller gebildet, weil der Übergangszustand der Reaktion den Produkten in gewissem Ausmaß ähnelt. Eliminierungsreaktionen dieser Art führen zum höher substituierten Alken und folgen damit der **Saytzev-Regel***.

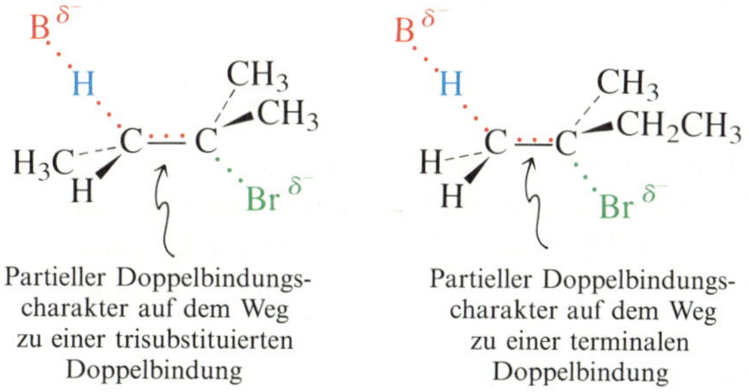

A: $B^{\delta-}$ ··· H ··· $H_3C(H)C$ ⋯ $C(CH_3)_2$ ··· $Br^{\delta-}$ — Partieller Doppelbindungscharakter auf dem Weg zu einer trisubstituierten Doppelbindung

B: $B^{\delta-}$ ··· H ··· $H(H)C$ ⋯ $C(CH_3)(CH_2CH_3)$ ··· $Br^{\delta-}$ — Partieller Doppelbindungscharakter auf dem Weg zu einer terminalen Doppelbindung

Abb. 11-14 Die beiden zu den Produkten führenden Übergangszustände der Dehydrobromierung von 2-Brom-2-methylbutan. Übergangszustand A ist gegebüber B bevorzugt, da die partielle Doppelbindung hier mehr Substituenten trägt.

Eine andere Produktverteilung erhält man in derselben Reaktion bei Benutzung einer sterisch stärker gehinderten Base; dann wird mehr von dem thermodynamisch *weniger* bevorzugten terminalen Alken gebildet:

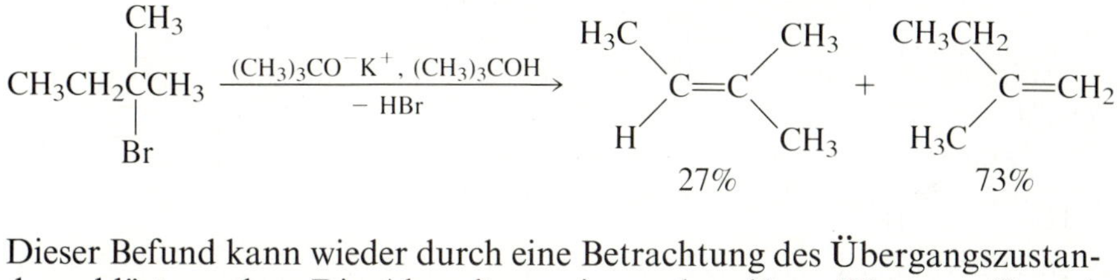

$$CH_3CH_2C(CH_3)(Br)CH_3 \xrightarrow[-\ HBr]{(CH_3)_3CO^-K^+,\ (CH_3)_3COH} (H_3C)(H)C{=}C(CH_3)_2\ (27\%) + (CH_3CH_2)(H_3C)C{=}CH_2\ (73\%)$$

Dieser Befund kann wieder durch eine Betrachtung des Übergangszustandes erklärt werden. Die Abspaltung eines sekundären Wasserstoffatoms von C-3 im Ausgangsmaterial ist sterisch schwieriger als die Abspaltung eines der primären Wasserstoffatome einer Methylgruppe, die dem Angriff der Base in stärkerem Maße ausgesetzt sind. Dieser Effekt ist dann beson-

* Alexander M. Saytzev (auch Zaitsev oder Saytzeff), 1841–1910, Russischer Chemiker.

ders ausgeprägt, wenn die Base sterisch anspruchsvoll ist; dann wird wegen der sterischen Beschränkungen das thermodynamisch weniger bevorzugte Isomer schneller gebildet, da der dazu führende Übergangszustand energieärmer ist. Man sagt, daß eine solche kinetisch kontrollierte E2-Reaktion der **Hofmann-Regel*** folgt.

Übung 11-11

Die folgende Reaktion wurde zum einen mit *tert*-Butoxid in 2-Methyl-2-propanol (*tert*-Butanol) und zum anderen mit Ethoxid in Ethanol ausgeführt und lieferte zwei Produkte A und B. Das Mengenverhältnis A : B betrug unter den ersten Bedingungen 23 : 77, unter den zweiten 82 : 18. Was sind A und B?

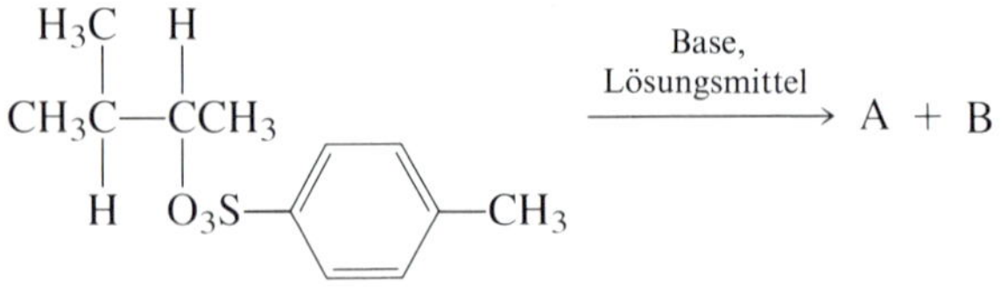

$$CH_3C(CH_3)(H)\text{—}C(H)(CH_3)O_3S\text{—}C_6H_4\text{—}CH_3 \xrightarrow[\text{Lösungsmittel}]{\text{Base,}} A + B$$

Stereoselektivität bei E2-Reaktionen: *cis* oder *trans*?

Je nach Struktur der eingesetzten Alkyl-Verbindung kann eine E2-Reaktion auch zu *cis-trans*-Isomerengemischen führen, wobei in einigen Fällen eine Selektivität beobachtet wird. Beispielsweise liefert die Reaktion von 2-Brompentan mit Natriumethoxid 51% *trans*- und nur 18% *cis*-2-Penten, daneben entsteht das terminale Regioisomer. Entsprechend unserer Definition von Selektivität in Reaktionen, die zu Stereoisomeren führen, ist diese Reaktion als stereoselektiv anzusehen, weil unabhängig von der Stereochemie der Ausgangsverbindung (in diesem Beispiel *R* oder *S*) ein Stereoisomer in höherer Ausbeute gebildet wird als das andere (Abschn. 5.6). Das Ergebnis dieser und ähnlicher Reaktionen wird offenbar von der relativen thermodynamischen Stabilität der Produkte bestimmt, wobei die stabilste *trans*-Doppelbindung bevorzugt gebildet wird.

Stereoselektive Dehydrobromierung von 2-Brompentan

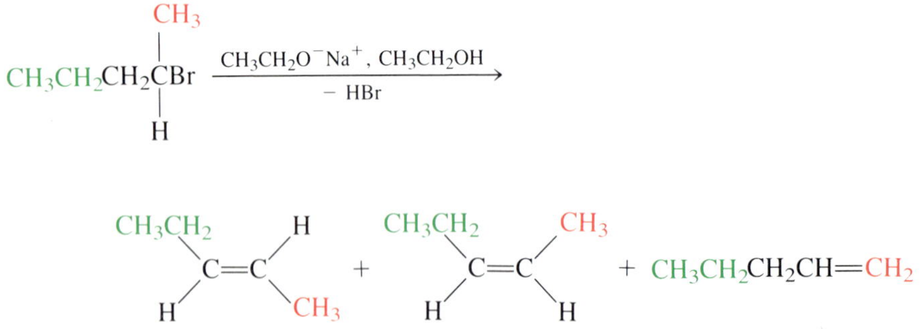

$$CH_3CH_2CH_2C(CH_3)(H)Br \xrightarrow[-\ HBr]{CH_3CH_2O^-Na^+,\ CH_3CH_2OH}$$

$$\underset{51\%}{(CH_3CH_2)(H)C{=}C(H)(CH_3)\ (trans)} + \underset{18\%}{(CH_3CH_2)(H)C{=}C(CH_3)(H)\ (cis)} + \underset{31\%}{CH_3CH_2CH_2CH{=}CH_2}$$

Es könnte jedoch auch eine bevorzugte Konformation im Grundzustand der Ausgangsverbindung für die Stereochemie der Reaktion verantwort-

* Professor August W. von Hofmann, 1818–1892, Universität Berlin.

lich sein. Diese Konformation (Abb. 11-15A) vermeidet im Gegensatz zur weniger bevorzugten Alternative, die in Abb. 11-15B gezeigt ist, *gauche*-Wechselwirkungen zwischen der Ethyl- und der Methylgruppe. Da die Eliminierungsreaktion vom Grundzustand (s. Abb. 11-15A) ausgeht, können sich die zwei Substituenten in die weniger gehinderte *trans*-Position bewegen. Dagegen würde eine von der in Abb. 11-15B gezeigten Konformation ausgehende Eliminierung die zwei zueinander *gauche*-konfigurierten Alkylgruppen noch näher aneinanderdrängen. Die Eliminierung dürfte daher vorzugsweise von der Konformation A aus erfolgen und aus zwei Gründen zu *trans*-Alkenen führen: Zum einen liegt sie im Grundzustand bevorzugt vor, zum anderen führt sie zum energieärmeren Übergangszustand. Vom synthetischen Standpunkt aus ist es bedauerlich, daß eine vollkommene *trans*-Stereoselektivität bei E2-Reaktionen selten ist. Kapitel 13 befaßt sich mit alternativen Methoden zur Darstellung stereochemisch reiner *cis*- und *trans*-Alkene.

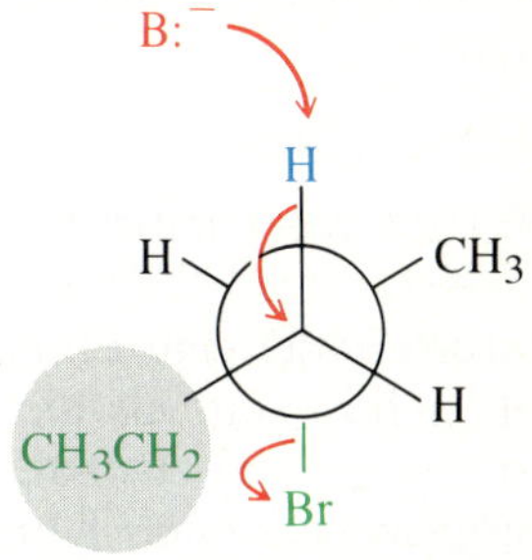

B:⁻ H H CH$_3$ CH$_3$CH$_2$ H Br

A

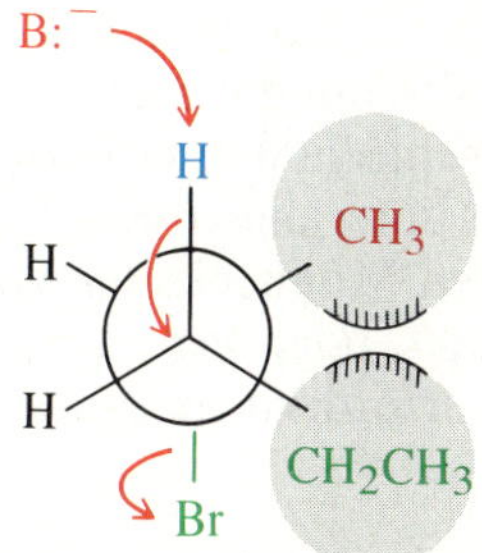

B:⁻ H H CH$_3$ H CH$_2$CH$_3$ Br

B

Abb. 11-15 Die beiden Konformationen des 2-Brompentans, die entweder (A) zum *trans*-2-Penten oder (B) zum *cis*-2-Penten führen.

Stereospezifität in E2-Reaktionen: *Z* oder *E*?

Daß im bevorzugten Übergangszustand das zu abstrahierende Proton relativ zur austretenden Gruppe *anti* steht, hat weitere stereochemische Konsequenzen. Beispielsweise ist eine E2-Reaktion der beiden Diastereomere des 2-Brom-3-methylpentans, die zum 3-Methyl-2-penten führt, vollkommen stereospezifisch. Einsatz des (*R,R*)- oder des (*S,S*)-Isomers führt in beiden Fällen *ausschließlich* zur Bildung des (*E*)-Isomers des Alkens. Andererseits liefert die Reaktion des (*R,S*)- oder des (*S,R*)-Diastereomers oder beider ausschließlich das (*Z*)-Alken.

Stereospezifität bei der E2-Reaktion von 2-Brom-3-methylpentan

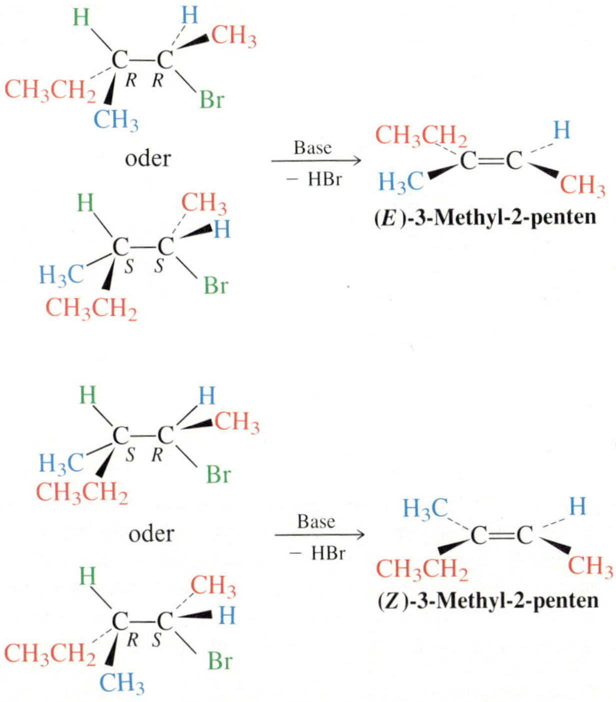

H H CH$_3$ C—C CH$_3$CH$_2$ R R Br CH$_3$

oder

H CH$_3$ H C—C H$_3$C S S Br CH$_3$CH$_2$

Base / − HBr →

CH$_3$CH$_2$ H C=C H$_3$C CH$_3$

(*E*)-3-Methyl-2-penten

H H CH$_3$ C—C H$_3$C S R Br CH$_3$CH$_2$

oder

H CH$_3$ H C—C CH$_3$CH$_2$ R S Br CH$_3$

Base / − HBr →

H$_3$C H C=C CH$_3$CH$_2$ CH$_3$

(*Z*)-3-Methyl-2-penten

Wie den räumlich gezeichneten Strukturen zu entnehmen ist, bestimmt die *anti*-Eliminierung des Bromwasserstoffs die Konfiguration der Doppelbindung des Produktes. Die Reaktion ist stereospezifisch, ein Diastereomer (und sein Spiegelbild) führen nur zu einem stereoisomeren Alken; das andere Diastereomer liefert die entgegengesetzte Konfiguration.

Übung 11-12

Welches Diastereomer des 2-Brom-3-deuteriobutans ergibt (*E*)-2-Deuterio-2-buten und welches das (*Z*)-Isomer? Was kann man über die Isotopenreinheit der jeweiligen Produkte sagen?

Warum *anti*-Eliminierung?

Warum findet eine Eliminierungsreaktion aus der *anti*-Konformation so viel leichter statt als die aus der, in der das Proton und die austretende Gruppe *gauche* zueinander stehen? Die Antwort ist, daß nur aus der energieärmeren *anti*-Konformation die zwei *p*-Orbitale der π-Bindung in zueinander paralleler Anordnung gebildet werden, die für die Überlappung nötig ist (Abb. 11-16, s. auch Abb. 7-8). Eine Eliminierung aus der *gauche*-Konformation würde zwei *p*-Orbitale erzeugen, die um 60° gegeneinander verdreht sind, eine wenig vorteilhafte Situation. Die dritte Möglichkeit, eine *syn*-Eliminierung, bei der das Proton H und die austretende Gruppe X das Molekül auf derselben Seite verlassen, würde von einem ebenfalls ungünstigen ekliptischen Rotamer ausgehen und ebenfalls zu einer schlechteren Überlappung der sich bildenden *p*-Orbitale führen. Daher ist unter diesen Konformationen die *anti*-Eliminierung bevorzugt. Die anderen Möglichkeiten zur Eliminierung werden nur in Spezialfällen beobachtet, oder wenn eine *anti*-Eliminierung nicht möglich ist. Normalerweise erfordern sie drastischere Reaktionsbedingungen (Abschn. 7.5).

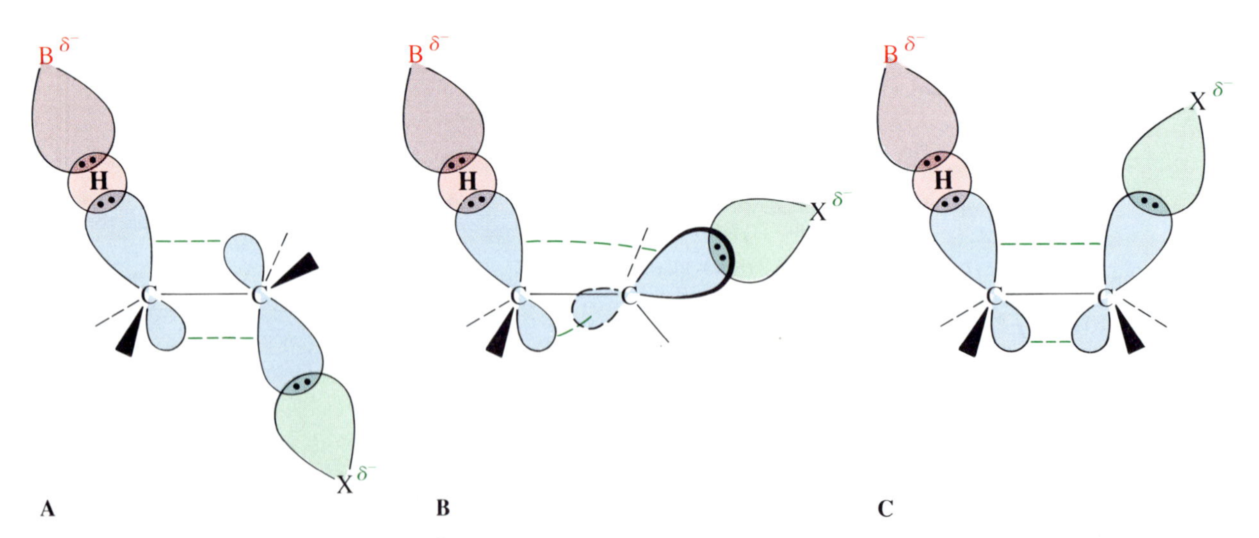

Abb. 11-16 Die verschiedenen denkbaren Übergangszustände der E2-Reaktion: (A) H und X sind zueinander *anti*-ständig, die übrigen Substituenten stehen zueinander in *gestaffelter* Konformation, und die sich bildenden *p*-Orbitale stehen zueinander vollkommen parallel, um die π-Bindung zu bilden. (B) H und X sind zueinander *gauche*-ständig, die Konformation ist wiederum *gestaffelt*, die sich bildenden *p*-Orbitale bilden zueinander jedoch einen Winkel von 60°; (C) H und X sind zueinander *syn*-ständig, die Konformation ist *ekliptisch*. Obwohl die beiden *p*-Orbitale in (C) zueinander parallel stehen, ist die Überlappung schlechter als in (A); daneben macht das Erfordernis einer ekliptischen Konformation einen solchen Reaktionspfad wenig wahrscheinlich.

Zusammenfassend ist festzustellen, daß Alkene meist durch E2-Reaktionen dargestellt werden. Um S_N2-Nebenprodukte, besonders bei primären Substraten, zu vermeiden, ist die Verwendung einer sterisch anspruchsvollen Base anzuraten. Normalerweise werden die thermodynamisch stabileren internen Alkene schneller gebildet als die terminalen Isomere (Saytzev-Regel). Die Reaktion kann in der Weise stereoselektiv sein, daß größere Ausbeuten an *trans*-Isomeren erhalten werden als an den *cis*-Isomeren, wenn man von racemischen Substraten ausgeht. Die Reaktion ist stereospezifisch, da bestimmte Diastereomere von Halogenalkanen nur zu einem von zwei möglichen stereoisomeren Alkenen führen. Sterisch anspruchsvolle Basen können verstärkt zu thermodynamisch weniger stabilen (z.B. terminalen) Doppelbindungen führen (Hofmann-Regel). Die *anti*-Eliminierung ist bevorzugt, da die Überlappung der beiden entstehenden *p*-Orbitale zur Bildung der π-Bindung am größten ist.

11.6 Alkene durch Dehydratisierung von Alkoholen

Säurekatalysierte Dehydratisierung von Alkoholen

$$\mathrm{-\overset{|}{\underset{H}{\underset{|}{C}}}-\overset{|}{\underset{OH}{\underset{|}{C}}}-} \xrightarrow{\text{Säure, }\Delta} \mathrm{{>}C{=}C{<}} + \mathrm{HOH}$$

Die Behandlung von Alkoholen mit Mineralsäuren führt bei erhöhter Temperatur zur Abspaltung von Wasser, ein Prozeß, der **Dehydratisierung** genannt wird, und der nach dem E1- oder dem E2-Mechanismus ablaufen kann (Kap. 7 u. 9). Dieser Abschnitt gibt einen Überblick über einige präparative und mechanistische Gesichtspunkte dieser Reaktion.

Präparative Methoden zur Dehydratisierung von Alkoholen

Die übliche Methode zur Dehydratisierung von Alkoholen besteht darin, sie in Gegenwart von Schwefel- oder Phosphorsäure relativ hoch (120–170 °C) zu erhitzen. Eine andere Dehydratisierungs-Methode, die manchmal wirksamer ist, erfordert den Einsatz von Aluminiumoxid, Al_2O_3, als Lewis-Säure-Katalysator. Dabei wird der Alkohol als Dampf über das Alminiumoxid-Pulver geführt, wobei die Temperaturen zwischen 350 und 400 °C liegen. Das Alken wird am Ende des Reaktionsgefäßes in eine Kühlfalle kondensiert. Die Leichtigkeit der Wasserabspaltung aus Alkoholen wächst mit zunehmender Substitution des die Hydroxygruppe tragenden Kohlenstoffatoms:

Leichtigkeit der Dehydratisierung von Alkoholen

R = tertiär > sekundär > primär

$$\mathrm{CH_3CH_2OH} \xrightarrow[-\ \mathrm{HOH}]{\text{konz. } \mathrm{H_2SO_4},\ 170\,^\circ\mathrm{C}} \mathrm{CH_2{=}CH_2}$$

$$\mathrm{CH_3\overset{HO}{\underset{H}{C}}H{-}\overset{H}{\underset{H}{C}}CH_3} \xrightarrow[-\ \mathrm{HOH}]{50\%\ \mathrm{H_2SO_4},\ 100\,^\circ\mathrm{C}} \underset{80\%}{\mathrm{CH_3CH{=}CHCH_3}} + \underset{\text{Spur}}{\mathrm{CH_2{=}CHCH_2CH_3}}$$

$$\mathrm{(CH_3)_3COH} \xrightarrow[-\ \mathrm{HOH}]{\text{konz. } \mathrm{H_2SO_4},\ 50\,^\circ\mathrm{C}} \underset{100\%}{\mathrm{H_2C{=}C(CH_3)_2}}$$

Für diese Dehydratisierungsreaktionen sind zwei Mechanismen in Betracht zu ziehen, ein unimolekularer und ein bimolekularer (s. auch Abschn. 7.4, 7.5, 9.2 und 9.5).

Die unimolekulare Dehydratisierung

Sekundäre und tertiäre Alkohole beschreiten den unimolekularen Eliminierungs-Pfad. Eine Protonierung des schwach basischen Hydroxy-Sauerstoffs liefert, gefolgt von der Wasserabspaltung, die entsprechenden sekundären oder tertiären Carbeniumionen, die dann unter Deprotonierung zum Alken abreagieren.

Mechanismus der unimolekularen Dehydratisierung:

$$\text{R—C(}\ddot{\text{O}}\text{H)—C(H)—} \underset{-\,H^+}{\overset{+\,H^+}{\rightleftharpoons}} \text{R—C(}\overset{+}{\text{O}}\text{H}_2\text{)—C(H)—} \underset{+\,H_2\ddot{O}}{\overset{-\,H_2\ddot{O}}{\rightleftharpoons}} \text{R}\overset{+}{\text{C}}\text{—C(H)—} \underset{+H^+}{\overset{-H^+}{\rightleftharpoons}} \text{RC=C}$$

Die Alken-Bildung ist besonders bei hohen Temperaturen begünstigt, bei denen die große Reaktionsentropie – aus einem Molekül werden zwei – dominiert ($\Delta G^0 = \Delta H^0 - T\Delta S^0$). Daneben ist auch die Abwesenheit jeglicher Nucleophile förderlich. Andernfalls entstehen bevorzugt S_N1-Produkte. Da Carbeniumionen als Zwischenstufen auftreten, ist die Reaktion nicht stereoselektiv. Es treten die bei Carbeniumionen möglichen Nebenreaktionen auf, insbesondere Wasserstoffverschiebung und Gerüstumlagerungen (Abschn. 9.2).

Dehydratisierung mit Umlagerung

$$\text{CH}_3\text{CH(CH}_3\text{)—CH}_2\text{—CH(OH)CH}_3 \xrightarrow[-\,H_2O]{H_2SO_4,\ \Delta} \underset{54\%}{(\text{H}_3\text{C})_2\text{C=C(H)CH}_2\text{CH}_3} + \underset{8\%}{\text{CH}_3\text{CH(CH}_3\text{)CH=CHCH}_3} + \text{und andere Isomere (Nebenprodukte)}$$

$$\text{CH}_3\text{C(CH}_3\text{)}_2\text{—CH(OH)CH}_3 \xrightarrow[-\,H_2O]{85\%\ H_3PO_4,\ \Delta} \underset{64\%}{(\text{H}_3\text{C})_2\text{C=C(CH}_3\text{)}_2} + \underset{\text{Nebenprodukt}}{\text{H}_2\text{C=C(CH}_3\text{)CH(CH}_3\text{)CH}_3}$$

Übung 11-13

Formulieren Sie unter Zuhilfenahme der Abschnitte 7.4 und 9.2 Mechanismen für die beiden vorstehenden Reaktionen.

Reversible Deprotonierung: Vergleich zwischen kinetischer und thermodynamischer Kontrolle

Selbst ohne Umlagerungen erhält man bei säurekatalysierten Dehydratisierungen oft mehrere Produkte. Dies ist bei unsymmetrischen Alkoholen der Fall:

CH_3, OH (2-Methylcyclohexanol) $\xrightarrow{H_3PO_4,\ 100°C}$ CH_3 (1-Methylcyclohexen) + CH_3 (3-Methylcyclohexen)

Hauptprodukt Nebenprodukt

Dennoch bilden sich meist die thermodynamisch stabileren Alkene. Wenn immer möglich, bildet sich das System mit der am höchsten substituierten Doppelbindung, wobei *trans*-substituierte Alkene über ihre *cis*-Isomeren dominieren. Der Grund liegt darin, daß die Reaktion thermodynamisch kontrolliert ist, da die Deprotonierung *reversibel* ist. Selbst wenn sich im Anfangsstadium der Reaktion (kinetisch kontrolliert) eine gewisse Menge des thermodynamisch weniger stabilen Alkens bildet, wird die Reprotonierung das ursprüngliche oder ein neues Carbeniumion erzeugen, woraus sich am Ende das thermodynamisch bevorzugte Produkt bildet.

Thermodynamische Kontrolle bei säurekatalysierten Dehydratisierungen

Deprotonierung zu Beginn der Reaktion kann zum terminalen Alken führen:

$$CH_3CH_2\overset{OH}{\underset{H}{C}}CH_3 \underset{-\,H_2O}{\overset{H^+}{\rightleftharpoons}} CH_3CH_2\overset{+}{\underset{H}{C}}CH_3 \overset{-\,H^+}{\rightleftharpoons} CH_3CH_2CH{=}CH_2$$

Reprotonierung erzeugt erneut das Carbeniumion, welches schließlich zum internen Alken führt:

$$CH_3CH_2CH{=}CH_2 \overset{H^+}{\rightleftharpoons} CH_3CH_2\overset{+}{\underset{H}{C}}CH_3 \overset{-\,H^+}{\rightleftharpoons} CH_3CH{=}CHCH_3$$

Daher wird die endgültige Produktverteilung ausschließlich von den relativen freien Bildungsenthalpien der erzeugten Alkene bestimmt. Bei den isomeren Butenen ist, wie wir schon früher feststellten (Abb. 11-12), *cis*-2-Buten um 7.1 kJ/mol stabiler als 1-Buten, und *trans*-2-Buten ist wiederum um 1.8 kJ/mol stabiler als das *cis*-Isomer. Die Anwendung der thermodynamischen Gleichung $\Delta G^0 = -RT \ln K$ (Abschn. 2.6) ergibt, daß die bei Raumtemperatur im thermodynamischen Gleichgewicht befindliche Buten-Mischung aus 74% *trans*-2-Buten, 23% des *cis*-Isomers und nur 3% 1-Buten bestehen muß:

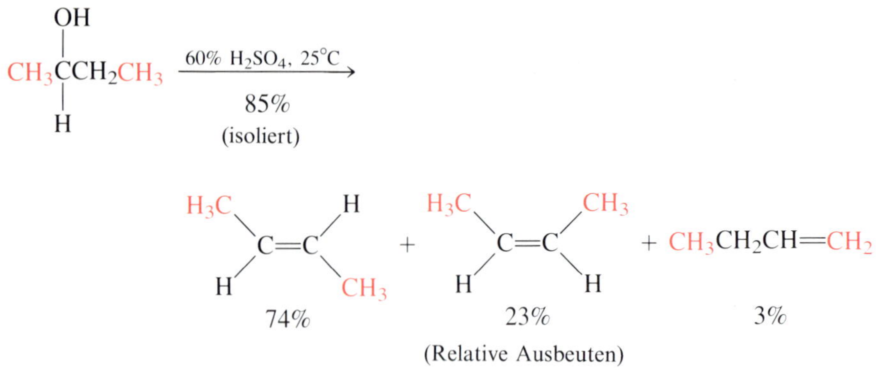

$$CH_3\underset{H}{\overset{OH}{C}}CH_2CH_3 \xrightarrow[85\%\ \text{(isoliert)}]{60\%\ H_2SO_4,\ 25°C}$$

trans-$CH_3CH{=}CHCH_3$ (74%) + cis-$CH_3CH{=}CHCH_3$ (23%) + $CH_3CH_2CH{=}CH_2$ (3%)

(Relative Ausbeuten)

Wenn man eines der Isomere rein isoliert und es dann wieder den sauren Reaktionsbedingungen aussetzt, erhält man erneut die thermodynamische Gleichgewichtsmischung. Man beachte, daß diese Methode die Möglichkeit bietet, ein weniger stabiles Alken katalytisch in stabilere Isomere zu überführen:

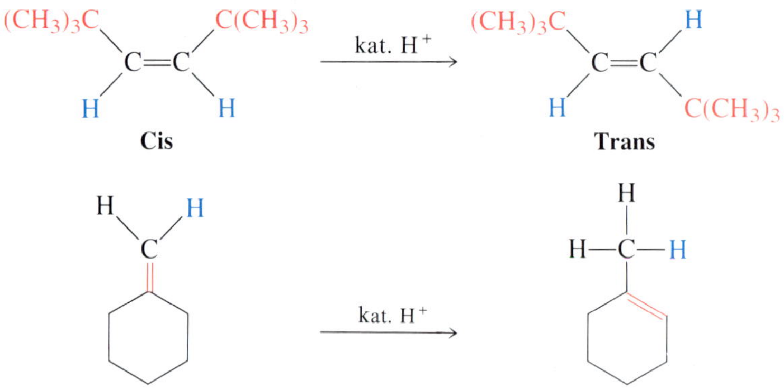

$(CH_3)_3CCH{=}CHC(CH_3)_3$ (**Cis**) $\xrightarrow{\text{kat. } H^+}$ $(CH_3)_3CCH{=}CHC(CH_3)_3$ (**Trans**)

Methylencyclohexan (**Terminal**) $\xrightarrow{\text{kat. } H^+}$ 1-Methylcyclohexen (**Intern**)

Übung 11-14

Schlagen Sie einen Mechanismus für die folgende Umlagerung vor. Was ist die treibende Kraft der Reaktion?

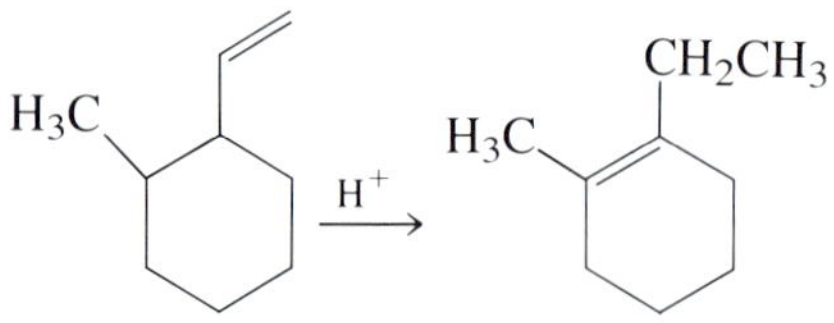

1-Methyl-2-vinylcyclohexan $\xrightarrow{H^+}$ 1-Ethyl-2-methylcyclohexen (H_3C, CH_2CH_3)

Kasten 11-1

Die säurekatalysierte Dehydratisierung von α-Terpineol

Die säurekatalysierte Dehydratisierung ist für präparative Zwecke nicht immer nützlich, da Produktgemische gebildet werden können. Ein Beispiel dafür ist die Dehydratisierung von α-Terpineol, einem wohlriechenden, natürlich vorkommenden, ungesättigten Terpen-Alkohol (s. Abschn. 4.7), der aus dem Pinienöl isoliert wird:

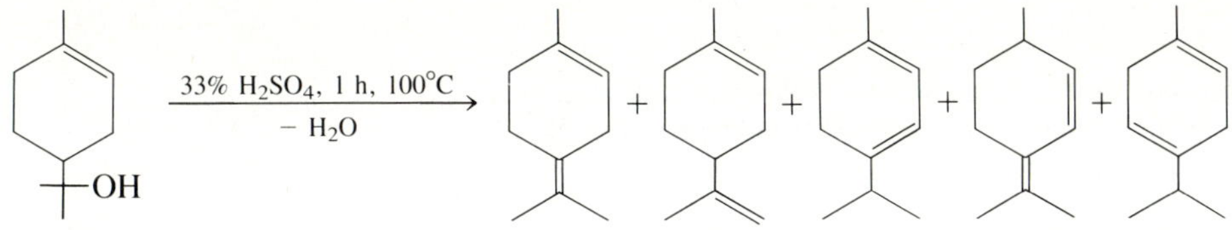

$$\alpha\text{-Terpineol} \xrightarrow[-\,H_2O]{33\%\ H_2SO_4,\ 1\ h,\ 100°C} 15\% + 9\% + 28.5\% + 18.5\% + 15\%$$

α-Terpineol

Die bimolekulare Dehydratisierung primärer Alkohole

Wenn man primäre Alkohole bei erhöhten Temperaturen mit Mineralsäuren behandelt, erhält man ebenfalls Alkene; zum Beispiel ergibt Ethanol Ethen, und 1-Propanol liefert Propen (Abschn. 9.5).

$$CH_3CH_2CH_2OH \xrightarrow{\text{konz. } H_2SO_4,\ 180\,°C} CH_3CH{=}CH_2$$

Der Mechanismus dieser Reaktion besteht aus einer Protonierung des Sauerstoffatoms, welches dann von einem Hydrogensulfat-Ion oder einem anderen Alkoholmolekül angegriffen wird, um dann bimolekular H_3O^+ zu eliminieren.

Mechanismus:

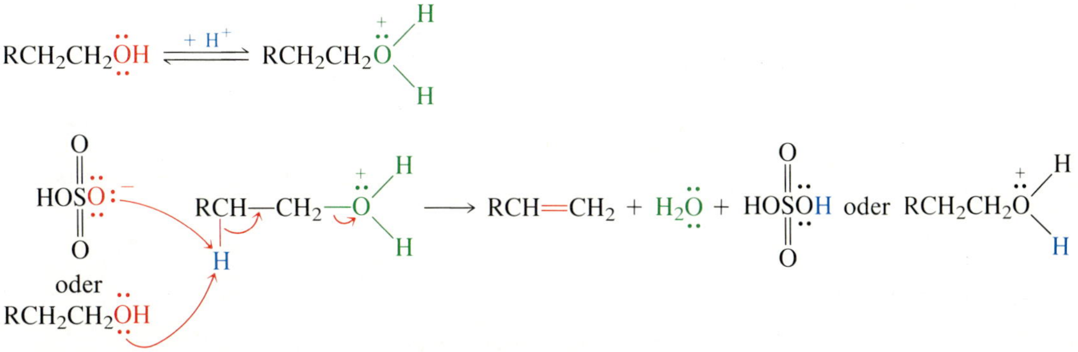

$$RCH_2CH_2\ddot{O}H \underset{}{\overset{+\,H^+}{\rightleftharpoons}} RCH_2CH_2\overset{+}{\ddot{O}}H_2$$

$$HOSO_3^- \text{ oder } RCH_2CH_2\ddot{O}H + RCH(H){-}CH_2{-}\overset{+}{O}H_2 \longrightarrow RCH{=}CH_2 + H_2\ddot{O} + HOSO_2OH \text{ oder } RCH_2CH_2\overset{+}{\ddot{O}}H_2$$

Eine S_N2-Reaktion kann zur E2-Eliminierung in Konkurrenz treten und zu Ethern führen (Abschn. 9.5). Wie wir wissen, überwiegt dieser Reaktionsweg bei tieferen Temperaturen. Ether unterliegen bei erhöhten Temperaturen jedoch auch einer Eliminierungsreaktion, die nach einem ähnlichen Mechanismus abläuft, und führen so zum gleichen Alken.

Alkene aus Ethern

$$CH_3CH_2OCH_2CH_3 \xrightarrow{\text{konz. } H_2SO_4,\ \Delta} 2\ CH_2{=}CH_2 + H_2O$$

Übung 11-15

Formulieren Sie einen Mechanismus für die Bildung von Ethen aus Ethoxyethan (Diethylether) bei Behandlung mit heißer Säure.

Übung 11-16

Eines der Produkte der Oxidation von Cholesterin mit saurem Dichromat ist das Keton A. Können Sie einen Mechanismus für seine Bildung vorschlagen? Hinweis: Beachten Sie die Diskussion der Hydroxy-Kationen in Abschn. 9.2.

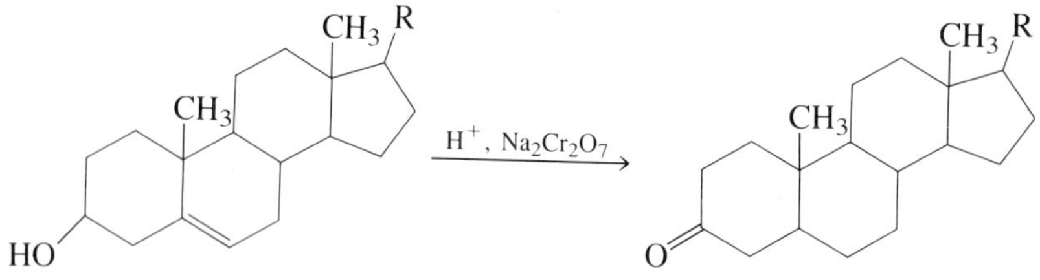

$$\text{Cholesterin} \xrightarrow{H^+,\ Na_2Cr_2O_7} \mathbf{A}$$

(Strukturformeln: Cholesterin mit HO, CH_3, CH_3, R; Keton **A** mit O, CH_3, CH_3, R)

Cholesterin **A**

Abschließend kann man folgendes festhalten: Alkene können durch Dehydratisierung von Alkoholen hergestellt werden. Sekundäre und tertiäre Systeme reagieren über Carbeniumionen, wogegen primäre Alkohole E2-Reaktionen über intermediäre Oxoniumionen eingehen. Alle Systeme unterliegen Umlagerungen als Folge reversibler Deprotonierungs-Reprotonierungs-Cyclen und ergeben daher meist Produktgemische.

Zusammenfassung neuer Reaktionen

1 Hydrierung von Alkenen

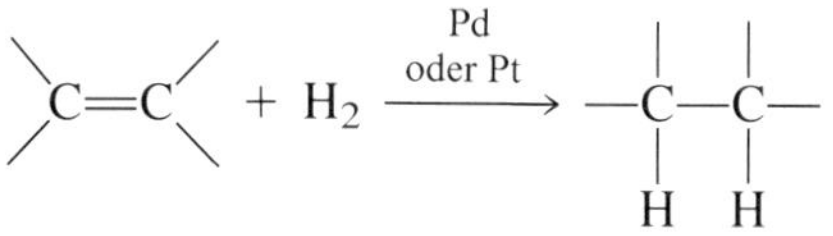

$$\rangle C{=}C\langle + H_2 \xrightarrow[\text{oder Pt}]{\text{Pd}} -\underset{H}{\overset{|}{C}}-\underset{H}{\overset{|}{C}}- \qquad \Delta H^0 \sim -126\ \text{kJ/mol}$$

Ordnung der Stabilität der Doppelbindung:

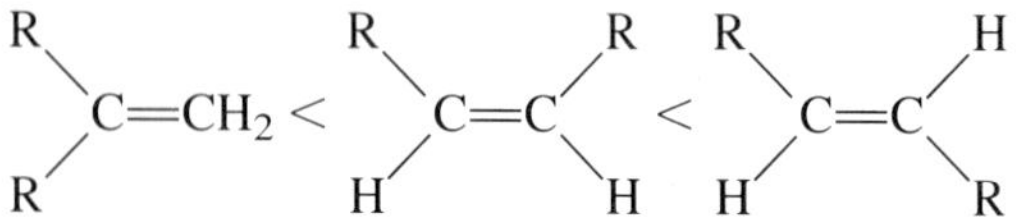

$$R_2C{=}CH_2 < \underset{H\quad\;\; H}{\overset{R\quad\;\; R}{C{=}C}} < \underset{H\quad\;\; R}{\overset{R\quad\;\; H}{C{=}C}} < \text{höhersubstituierte Alkene}$$

Darstellung von Alkenen

2 Eliminierung aus Halogenalkanen (Dehydrohalogenierung)

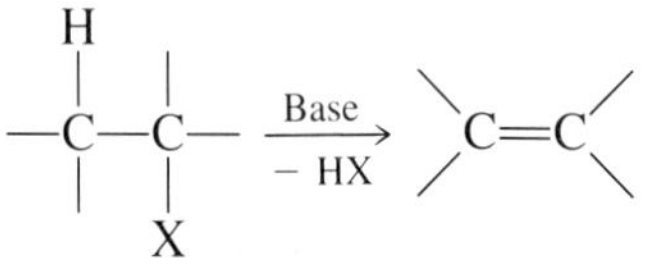

$$-\overset{H}{\underset{|}{C}}-\underset{X}{\overset{|}{C}}- \xrightarrow[-\,HX]{\text{Base}} \rangle C{=}C\langle$$

3 Saytzev-Eliminierung

Zusammenfassung neuer Reaktionen

$$-\overset{\overset{\displaystyle H}{|}}{\underset{|}{C}}-\overset{|}{\underset{\underset{\displaystyle X}{|}}{C}}-CH_3 \xrightarrow[-\,HX]{\text{Base}} \;>C=C<^{CH_3}$$

Höhersubstituiertes (stabileres) Alken

4 Hofmann-Eliminierung

$$-\overset{\overset{\displaystyle H}{|}}{\underset{|}{C}}-\overset{|}{\underset{\underset{\displaystyle X}{|}}{C}}-CH_3 \xrightarrow[-\,HX]{\text{Voluminöse Base}} \;>C(H)-C=CH_2$$

Geringer substituiertes (weniger stabiles) Alken

5 Stereochemie der E2-Reaktion

$$(H)(R')(R)C-C(R'')(R''')(X) \xrightarrow[-\,HX]{\text{Base}} (R')(R)C=C(R'')(R''')$$

Anti-Eliminierung

6 Dehydratisierung von Alkoholen

$$-\overset{|}{\underset{\underset{\displaystyle H}{|}}{C}}-\overset{|}{\underset{\underset{\displaystyle OH}{|}}{C}}- \xrightarrow[-\,H_2O]{H^+} \;>C=C<$$

Reihenfolge der Reaktivität: tertiär > sekundär > primär

7 Isomerisierung von Alkenen

$$(H)(RCH_2)C=CH_2 \xrightarrow{H^+} RCH=CHCH_3$$

Terminal **Intern**

$$(R)(H)C=C(R)(H) \xrightarrow{H^+} (R)(H)C=C(H)(R)$$

Cis **Trans**

Zusammenfassung

1 Die IUPAC-Namen der Alkene werden von denen der Alkane abgeleitet, wobei die längste, die Doppelbindung einschließende Kette als Stammsystem dient. Isomere ergeben sich aus terminalen und internen Alkenen sowie aus *cis*- und *trans*-Doppelbindungen. Tri- und tetrasubstituierte Alkene werden nach dem *E,Z*-System benannt, wobei die Prioritätsregeln des *R,S*-Systems angewendet werden.

2 Die Doppelbindung besteht aus einer σ- und einer π-Bindung. Die σ-Bindung wird durch Überlappung der zwei sp^2-Hybridorbitale der beiden Kohlenstoffatome gebildet, die π-Bindung durch Überlappung der beiden verbleibenden *p*-Orbitale. Die π-Bindung ist schwächer (ca. 272 kJ/mol) als die σ-Bindung (ca. 452 kJ/mol), jedoch stark genug, um die Existenz von *cis*- und *trans*-Isomeren zu erlauben.

3 Doppelbindungen sind planar, d.h. die beiden Kohlenstoffatome der Doppelbindung und die vier direkt an diese gebundenen Atome liegen in einer Ebene. Die sp^2-Hybridisierung ist die Ursache für die mögliche Ausbildung von Dipolmomenten und für die relativ hohe Acidität der Alkenyl-Wasserstoffe.

4 Alkenyl-Wasserstoffe treten im ^{1}H NMR-Spektrum bei tiefem Feld in Resonanz ($\delta = 4.6-5.7$ ppm); Alkenyl-Kohlenstoffe verhalten sich im ^{13}C NMR-Spektrum ebenso ($\delta = 100-140$ ppm). J_{trans} ist größer als J_{cis}, J_{gem} ist sehr klein, J_{allyl} unterschiedlich, jedoch klein.

5 Die relative Stabilität isomerer Alkene kann durch Messung ihrer Hydrierungswärmen bestimmt werden. Sie nimmt mit abnehmender Substitution ab. *trans*-Isomere sind stabiler als ihre *cis*-Analoga.

6 Eliminierungen von Halogenalkanen (oder auch anderen Alkyl-Verbindungen) folgen der Saytzev-Regel (sterisch wenig anspruchsvolle Base, Bildung interner Alkene) oder der Hofmann-Regel (sterisch anspruchsvolle Base, Bildung terminaler Alkene). *trans*-Alkene überwiegen als Reaktionsprodukte über *cis*-Alkene. Als Folge des *anti*-Übergangszustandes, der die optimale Überlappung der sich bildenden *p*-Orbitale ermöglicht, ist die Eliminierung stereospezifisch.

Aufgaben

1 Benennen Sie jedes der folgenden Moleküle entsprechend dem IUPAC-System der Nomenklatur.

(a) CH_3CH_2, H / C=C \ CH_3, H

(b) $CH_3CH_2CHCH{=}CH_2$ mit CH_3CH_2 am CH

(c) Cl, H / C=C \ H, $CH_2CH_2CHCH_3$ (OH am CH)

(d) F, Cl / C=C \ Br, I

(e) $HOCH_2$, CH_3CH_2 / C=C \ $CHCH_3$ (CF_3 am CH), H

(f) CH_3CH_2, H / C=C \ Cl, Cl

(g) CH_3O, H_3C / C=C \ OCH_3, H

(h)
CH_3
CH_3CH $CH_2CH_2CH_3$
C=C
H_3C H

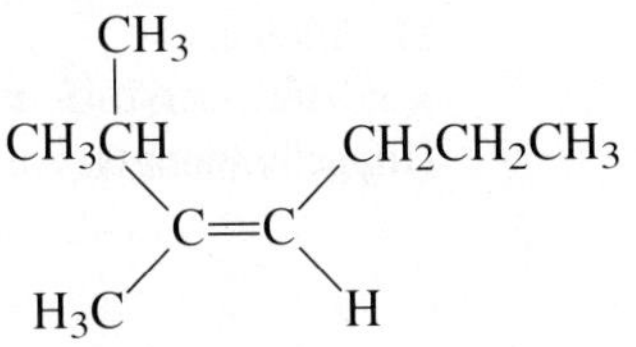

(i) 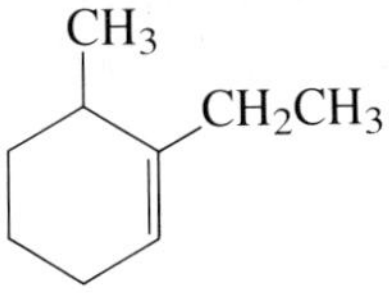
CH_3
CH_2CH_3

(j) 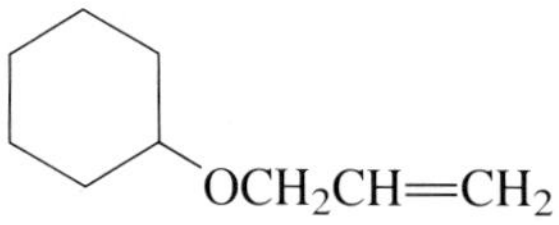
$OCH_2CH{=}CH_2$

2 Bestimmen Sie die Strukturen der folgenden Moleküle anhand ihrer abgebildeten ^1H NMR-Spektren (siehe folgende Seiten). Bedenken Sie, wenn nötig, die Stereochemie.

(a) C_4H_7Cl, NMR-Spektrum A
(b) $C_5H_8O_2$, NMR-Spektrum B
(c) $C_6H_{11}I$, NMR-Spektrum C
(d) $C_6H_{11}I$, NMR-Spektrum D
(e) $C_3H_4C_{12}$, NMR-Spektrum E

3 Erklären Sie das Aufspaltungsmuster im ^1H NMR-Spektrum D genau.

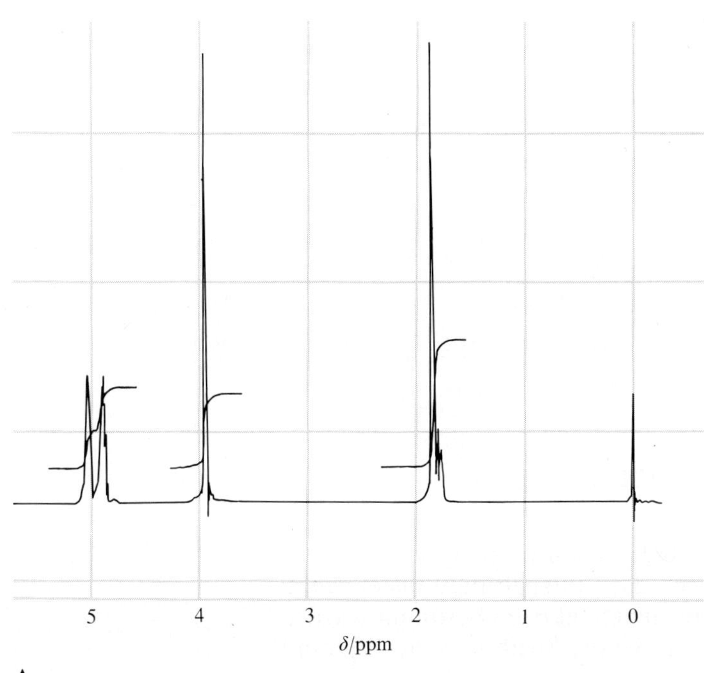

A

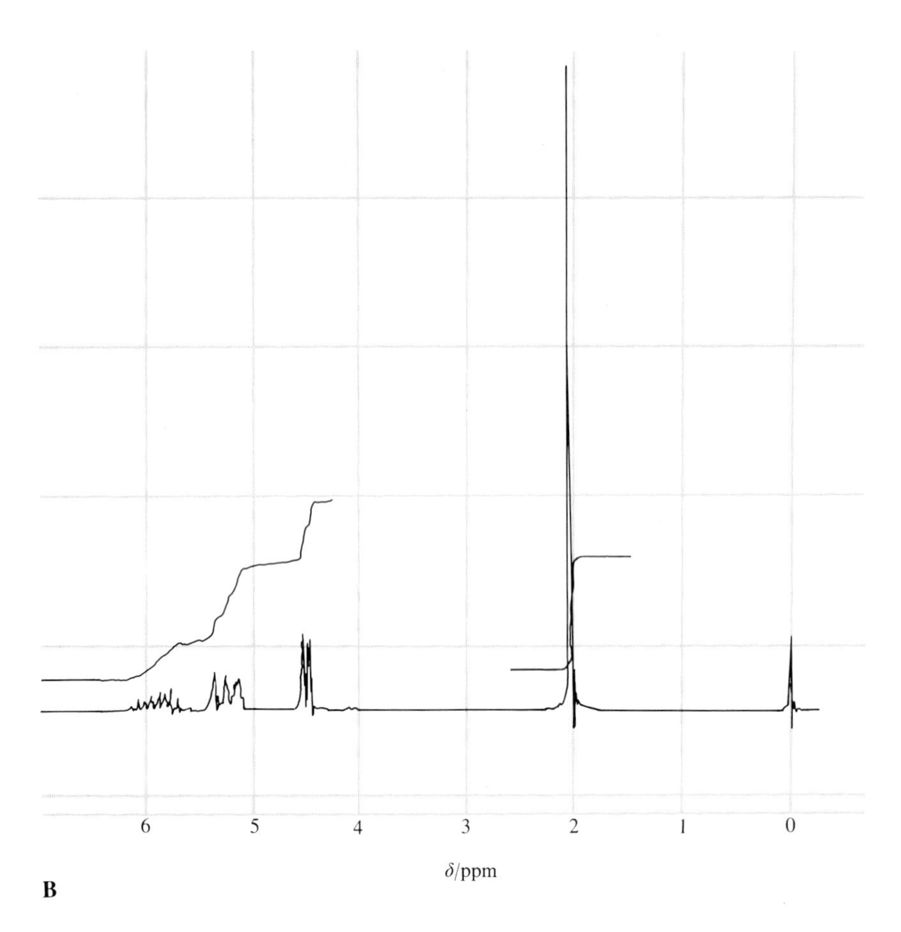

4 Entscheiden Sie für jedes der folgenden Paare von Alkenen, ob man die beiden Verbindungen allein anhand einer Messung des Dipolmomentes unterscheiden kann. Wo möglich, nennen Sie die Verbindung mit dem größeren Dipolmoment.

(a) $(H)(H_3C)C{=}C(CH_3)(H)$ (H und CH_3 oben, H_3C und H unten) und $CH_3CH_2CH{=}CH_2$

(b) $(H_3C)(H)C{=}C(CH_2CH_2CH_3)(H)$ (H_3C und $CH_2CH_2CH_3$ oben, H und H unten) und $(CH_3CH_2)(H)C{=}C(CH_2CH_3)(H)$ (CH_3CH_2 und CH_2CH_3 oben, H und H unten)

(c) $(H_3C)(H)C{=}C(CH_2CH_2CH_3)(H)$ (H_3C und $CH_2CH_2CH_3$ oben, H und H unten) und $(H)(CH_3CH_2)C{=}C(CH_2CH_3)(H)$ (H und CH_2CH_3 oben, CH_3CH_2 und H unten)

5 Die Summenformeln und die ^{13}C NMR-Daten (in ppm) einiger Verbindungen sind nachfolgend angegeben; das Aufspaltungsmuster eines jeden Signals, das aus dem nicht entkoppelten Spektrum bestimmt wurde, ist in Klammern hinzugefügt. Bestimmen Sie die Strukturen der Verbindungen.

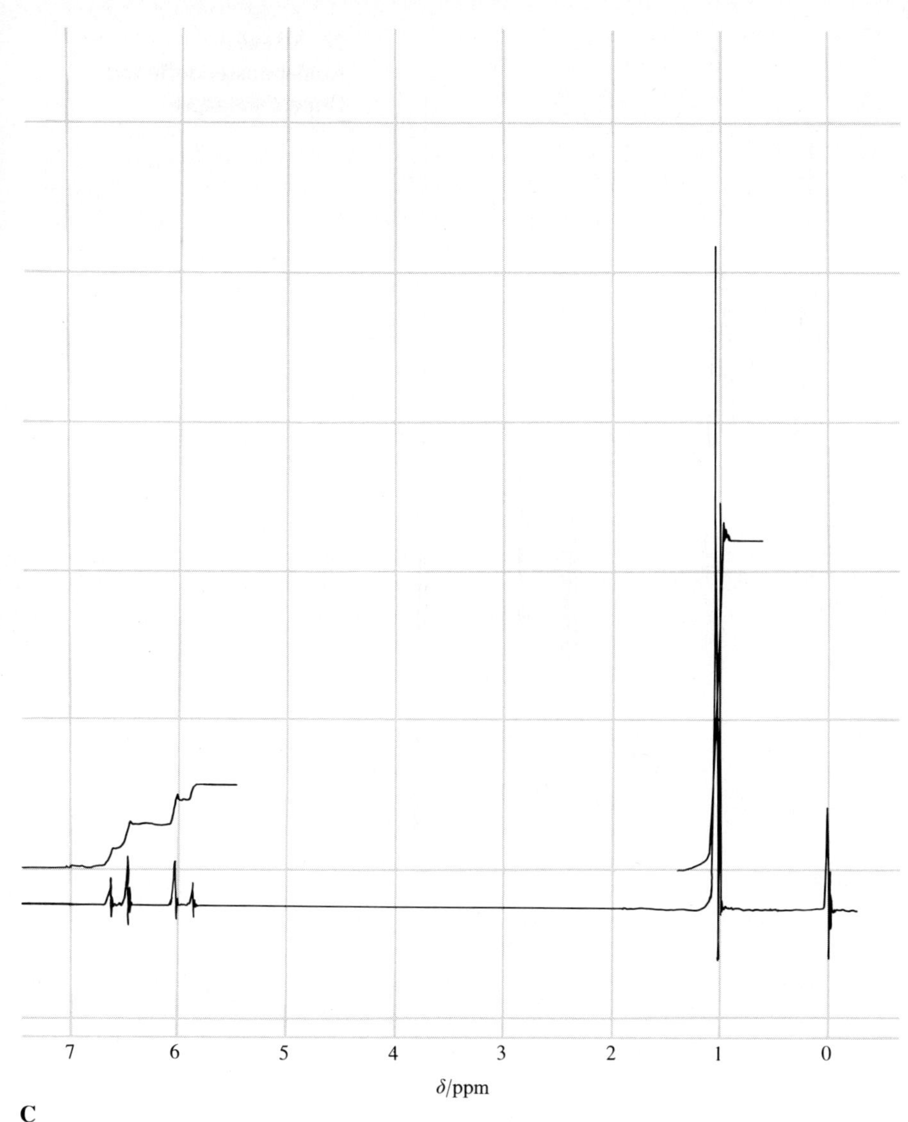

C

(a) C_4H_6: 30.2 (t), 136.0 (d).
(b) C_4H_6O: 18.2 (q), 134.9 (d), 153.7 (d), 193.4 (d).
(c) C_4H_8: 13.6 (q), 25.8 (t), 112.1 (t), 139.0 (d).
(d) $C_5H_{10}O$: 17.6 (q), 25.4 (q), 58.8 (t), 125.7 (d), 133.7 (s).
(e) C_5H_8: 15.8 (t), 31.1 (t), 103.9 (t), 149.2 (s).
(f) C_7H_{10}: 25.2 (t), 41.9 (d), 48.5 (t), 135.2 (d). (Diese Aufgabe ist schwierig. Hinweis: Das Molekül enthält eine Doppelbindung. Wie viele Ringe muß es enthalten?)

6 Die ^{13}C NMR-Spektren von drei Verbindungen der Summenformel C_5H_{10} sind mit den aus den nicht entkoppelten Spektren erhaltenen Multiplizitäten (in Klammern) angegeben. Machen Sie Strukturvorschläge für die drei Verbindungen!

(a) 25.3 (t).
(b) 13.3 (q), 17.1 (q), 25.5 (q), 118.7 (d), 131.7 (s).
(c) 12.0 (q), 13.8 (q), 20.3 (t), 122.8 (d), 132.4 (d).

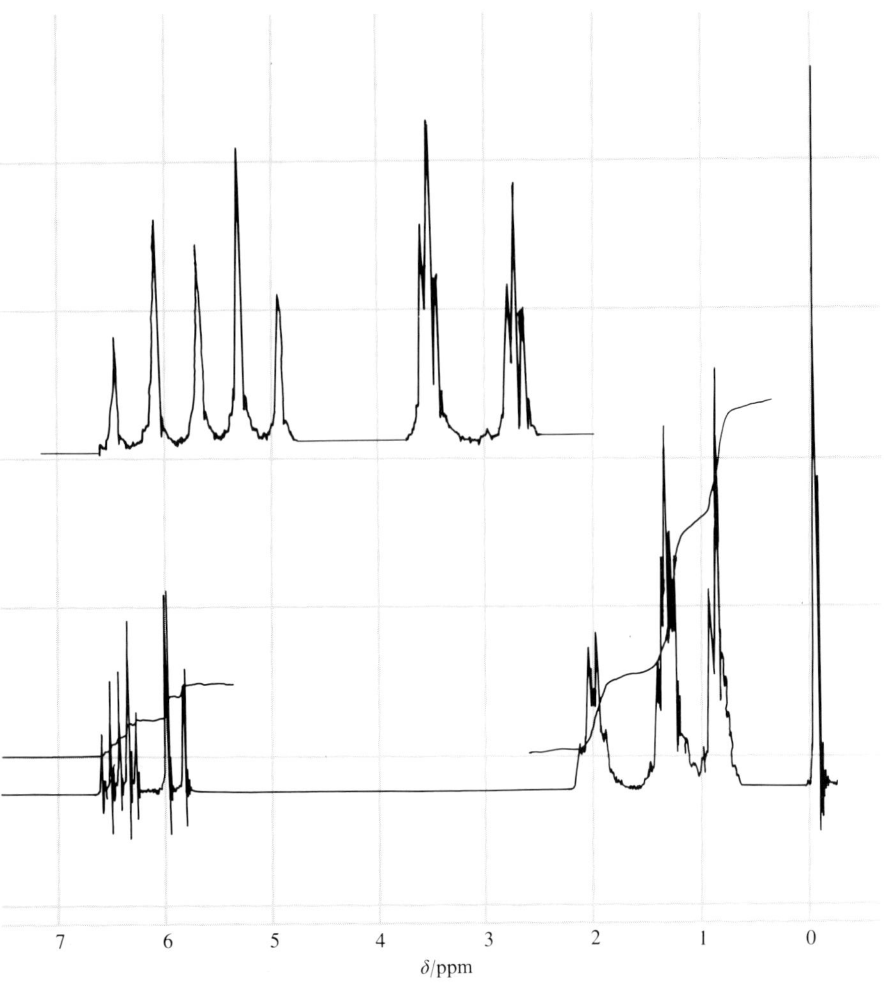

D

7 Ordnen Sie jede der folgenden Gruppen von Alkenen a) nach steigender Stabilität der Doppelbindung und b) nach steigender Hydrierungswärme.

(a) $CH_2{=}CH_2$ $\quad$ $(H_3C)_2C{=}C(CH_3)_2$ $\quad$ $(H_3C)_2C{=}CH_2$

(b) $H(H_3C)C{=}C(H)CH(CH_3)_2$ (H und H auf derselben Seite) $\quad$ $H(H_3C)C{=}C(H)CH(CH_3)_2$ (H und $CH(CH_3)_2$ auf derselben Seite)

$H((CH_3)_2CH)C{=}C(H)CH(CH_3)_2$ (H und H auf derselben Seite)

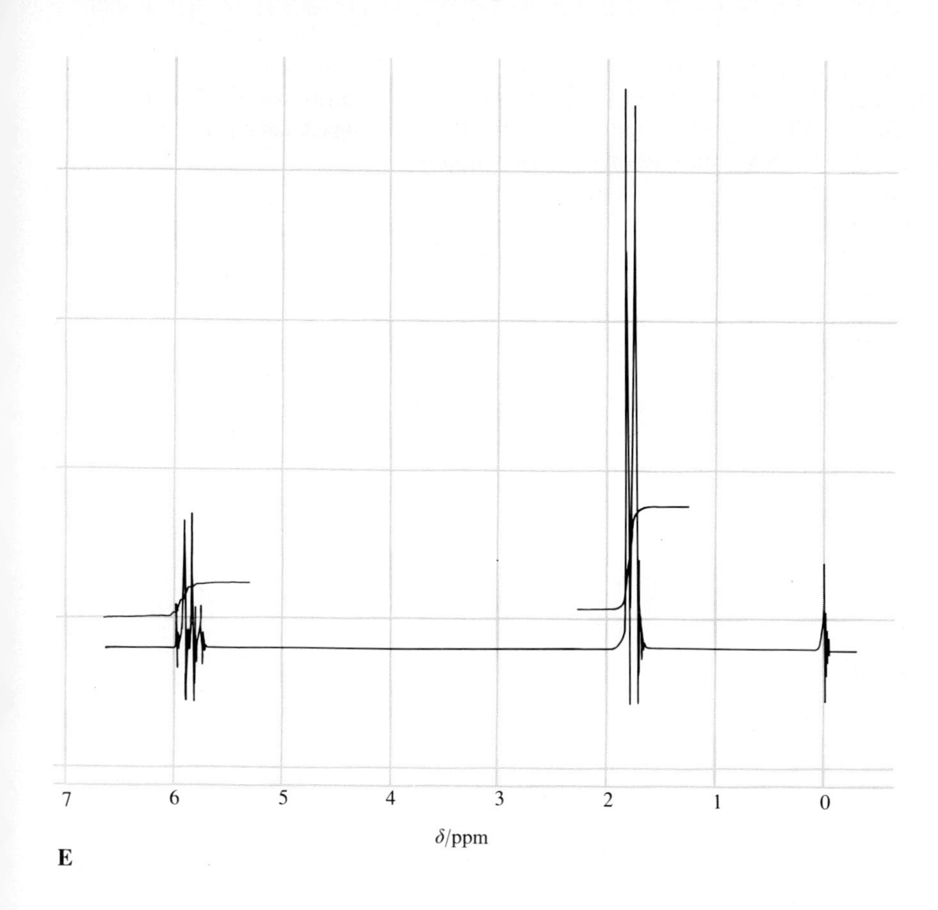

(c)

(d) H_3C, CH_3 — H_3C, CH_2 — H_3C, CH_3

(e)

8 Berechnen Sie unter Verwendung der in Klammern angegebenen Bildungswärmen (in kJ/mol bei 25 °C) die Zusammensetzung der Gleichgewichtsmischung für jede der gegebenen Gruppen von Alkenen. Erklären Sie in beiden Gruppen die Reihenfolge der Stabilität.

(a) 1-Penten (−22.2), *cis*-2-Penten (−29.3), *trans*-2-Penten (−33.1).
(b) 3-Methyl-1-buten (−28.9), 2-Methyl-1-buten (−36.0), 2-Methyl-2-buten (−42.3).

9 1-Methylcyclohexen ist stabiler als Methylencyclohexan (A am Rand), 1-Methylencyclopropan (B) ist jedoch weniger stabil als 1-Methylcyclopropen. Erklären Sie diesen Befund.

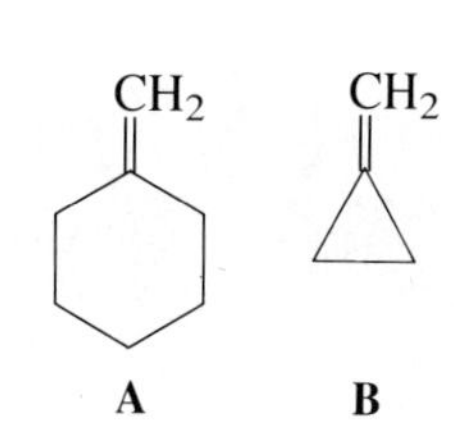

10 Die E2-Eliminierung von 2-Brombutan mit Natriumethoxid in Ethanol ergibt drei Produkte. Welche? Zeichnen Sie Newman-Projektionen der reaktiven Konformationen, die für die Bildung eines jeden der drei Produkte ursächlich sind. Was sagen diese Projektionen über die Leichtigkeit der Bildung eines jeden Produktes aus?

11 Welche Strukturmerkmale unterscheiden Halogenalkane, die bei einer E2-Reaktion mehr als ein Stereoisomer (z. B. 2-Brombutan, Aufgabe 19) ergeben, von solchen, die ausschließlich ein Stereoisomer ergeben (z. B. 2-Brom-3-methylpentan, Abschn. 11.5)?

12 Welches sind die zu erwartenden Hauptprodukte der Reaktionen der folgenden Halogenalkane mit (1) Natriumethoxid in Ethanol und (2) Kalium-*tert*-butoxid in 2-Methyl-2-propanol (*tert*-Butanol)?

(a) Chlormethan.
(b) 1-Brompentan.
(c) 2-Brompentan.
(d) 1-Chlor-1-methylcyclohexan.
(e) (1-Bromethyl)cyclopentan.
(f) (*R*,*R*)-2-Chlor-3-ethylhexan.
(g) (2*R*,3*S*)-2-Chlor-3-ethylhexan.
(h) (2*S*,3*R*)-2-Chlor-3-ethylhexan.

13 Zeichnen Sie Newman-Projektionen der vier Stereoisomere des 2-Brom-3-methylpentans in den für E2-Reaktionen nötigen Konformationen (Beachten Sie die Strukturen zur Stereospezifität in der E2-Reaktion von 2-Brom-3-methylpentan in Abschn. 11.5). Sind die reaktiven Konformationen auch die stabilsten? Erklären Sie!

14 Welches sind die Produkte einer E2-Reaktion der folgenden isomeren Halogen-Verbindungen?

(a) C_6H_5 / H—Br / H—CH_3 / C_6H_5

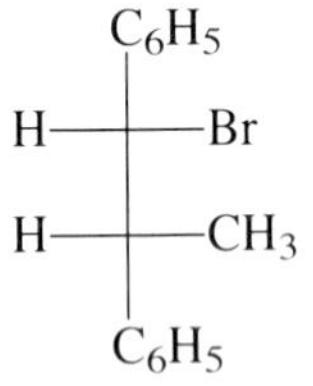

(b) C_6H_5 / H—Br / H_3C—H / C_6H_5

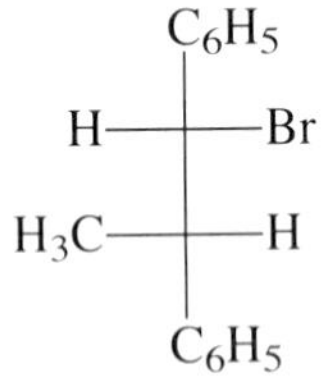

Die eine Verbindung reagiert dabei 50 mal schneller als die andere. Welche der beiden ist das? Warum? Wie hängt der Faktor 50 in der Reaktionsgeschwindigkeit mit der Aktivierungsenergie bei 298 K zusammen? Ergibt dieser Energieunterschied chemisch einen Sinn? Hinweis: Vgl. Aufgabe 13.

15 Die folgende Reaktion ergibt zwei Produkte, deren Mengenverhältnis von den Reaktionsbedingungen abhängt. Welches wird mit verdünnter KOH in Ethanol das Hauptprodukt sein? Welches mit konzentrierter KOH in Ethanol? Erklären Sie.

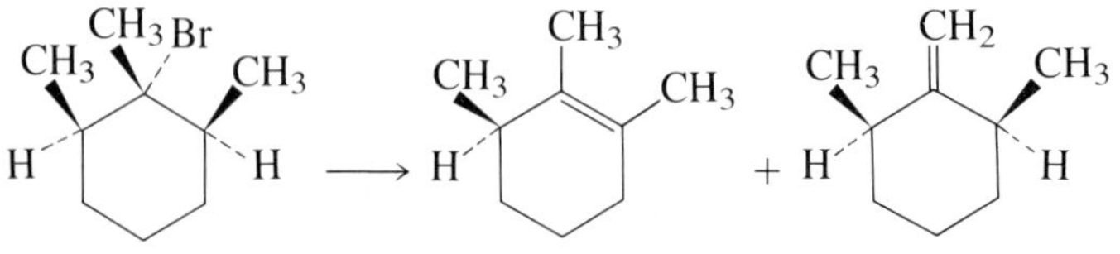

CH_3, Br, CH_3, CH_3, H, H ⟶ CH_3, CH_3, CH_3, H **(a)** + CH_2, CH_3, CH_3, H, H **(b)**

16 Erklären Sie genau die Unterschiede in den Reaktionsmechanismen, die zu den folgenden zwei experimentellen Ergebnissen führen:

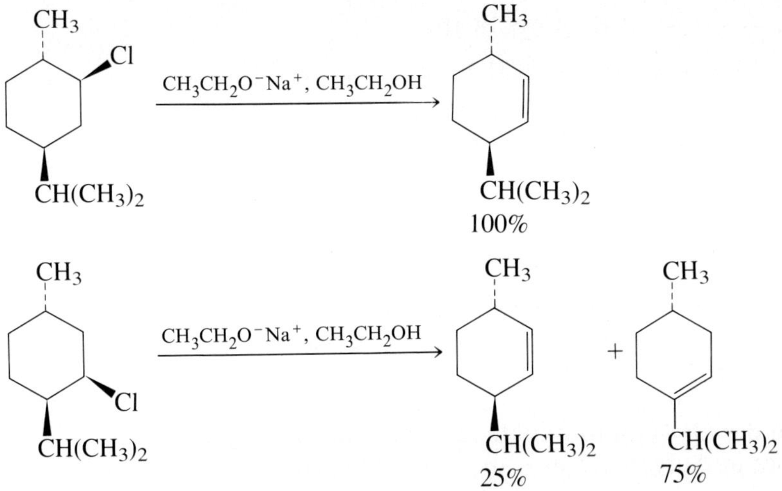

CH_3, Cl, $CH(CH_3)_2$ —[$CH_3CH_2O^-Na^+$, CH_3CH_2OH]→ CH_3, $CH(CH_3)_2$ 100%

CH_3, Cl, $CH(CH_3)_2$ —[$CH_3CH_2O^-Na^+$, CH_3CH_2OH]→ CH_3, $CH(CH_3)_2$ 25% + CH_3, $CH(CH_3)_2$ 75%

17 Wie ist die Struktur des jeweiligen Halogenalkans, das die folgenden Alkene durch basische Eliminierung mit der höchstmöglichen Stereoselektivität ergibt?

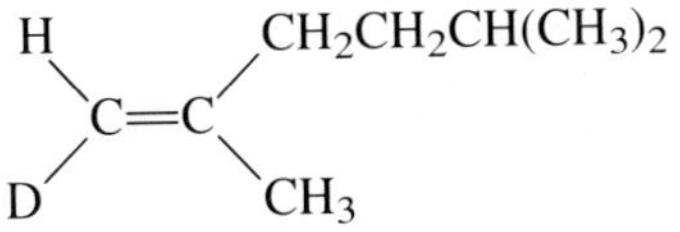

(a) H_3C, H, C=C, CH_3, CH_2CH_3

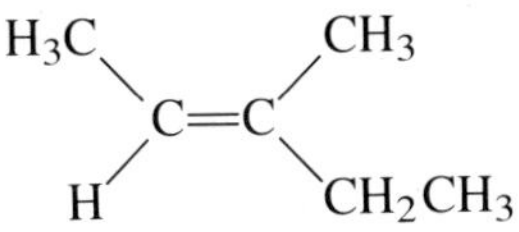

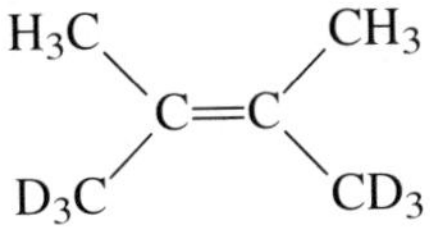

(b) H, D, C=C, $CH_2CH_2CH(CH_3)_2$, CH_3

(c) H_3C, D_3C, C=C, CH_3, CD_3

(d) H_3C, CH_3, C, H, CH_3

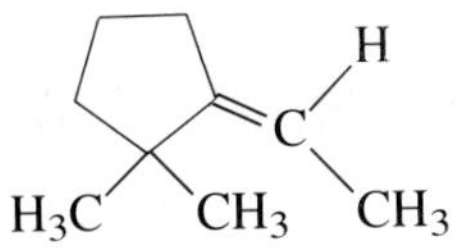

18 Schätzen Sie (qualitativ) die relativen Mengen der isomeren Alkene ab, die bei den Eliminierungsreaktionen in Aufgabe 14 in Kap. 7 gebildet werden.

19 Schätzen Sie (qualitativ) die relativen Ausbeuten an gebildeten Alkenen bei den Reaktionen in Aufgabe 3 in Kap. 9 ab.

20 Erklären Sie den Ablauf der dargestellten Eliminierungsreaktionen Deuterium-markierter Moleküle mechanistisch!

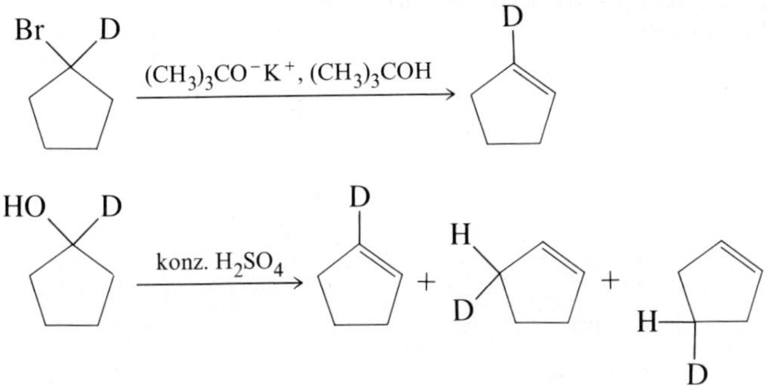

Br, D —[$(CH_3)_3CO^-K^+$, $(CH_3)_3COH$]→ D

HO, D —[konz. H_2SO_4]→ D + H, D + H, D

21 Erklären Sie die folgenden Umsetzungen vom energetischen und vom mechanistischen Standpunkt aus:

(a) $(CH_3)_2CHCH_2CH_2OH \xrightarrow{H_2SO_4,\ \Delta} (CH_3)_2C{=}CHCH_3$

(b) $(CH_3)_3CCH{=}CH_2 \xrightarrow{H_2SO_4,\ \Delta} (CH_3)_2C{=}C(CH_3)_2$

(c) 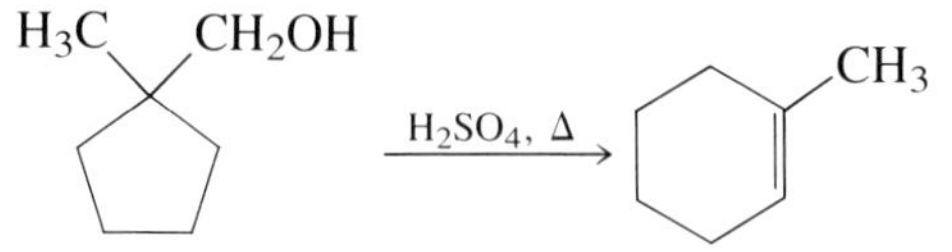 1-Methyl-1-(hydroxymethyl)cyclopentan (H_3C, CH_2OH) $\xrightarrow{H_2SO_4,\ \Delta}$ 1-Methylcyclohexen (CH_3)

22 Erläutern Sie detailliert den Mechanismus der säurekatalysierten Dehydratisierung von 1-Propanol, wobei der unprotonierte Alkohol als die im Eliminierungs-Schritt erforderliche Base dienen soll.

23 Welches sind die Strukturen der als Hauptprodukte zu erwartenden Alkene bei E2-Eliminierungen der in Aufgabe 25 in Kap. 7 abgebildeten chlorierten Steroide?

24 Im Bakterium *Escherichia coli* hat man ein Enzym entdeckt, das die Dehydratisierung von Thioestern der (−)-3-Hydroxydecansäure so katalysiert, daß ein Gemisch der entsprechenden Thioester der *trans*-2-Decensäure und der *cis*-3-Decensäure entsteht:

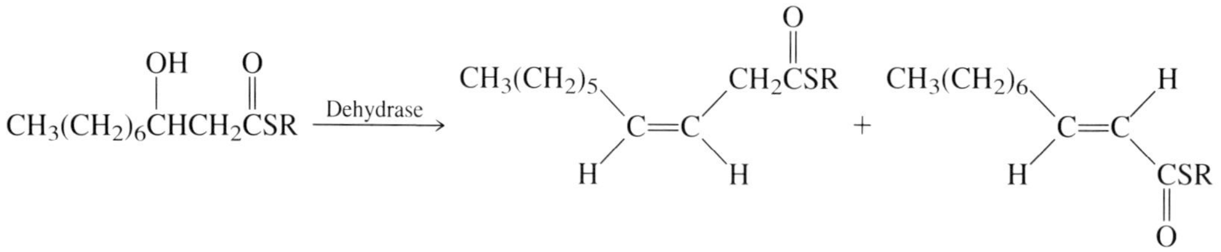

$$CH_3(CH_2)_6\overset{OH}{\overset{|}{C}}HCH_2\overset{O}{\overset{\|}{C}}SR \xrightarrow{\text{Dehydrase}} \underset{H}{CH_3(CH_2)_5}C{=}C\underset{H}{CH_2\overset{O}{\overset{\|}{C}}SR} + \underset{H}{CH_3(CH_2)_6}C{=}C\overset{H}{\underset{\underset{O}{\|}}{CSR}}$$

Vergleichen Sie dieses Ergebnis mit dem für eine normale Säure-katalysierte Dehydratisierung (z. B. H_2SO_4 und Wärme) zu erwartenden.

25 Die Prostaglandine sind extrem wirksame hormonähnliche Substanzen mit vielen biologischen Funktionen, darunter die Stimulation der Muskelkontraktion, die Inhibierung der Blutplättchen-Aggregation, die Senkung des Blutdrucks, die Verstärkung von Entzündungen und die Wehenverstärkung während der Geburt. Das bei den Säugetieren aktivste Prostaglandin ist das *Prostaglandin* E_2. Den Abbildungen von drei Vertretern der Familie der Prostglandine folgt das Protonen-entkoppelte ^{13}C NMR-Spektrum des Prostaglandins E_2. Welches der drei Prostaglandine steht mit dem ^{13}C NMR-Spektrum in Einklang?

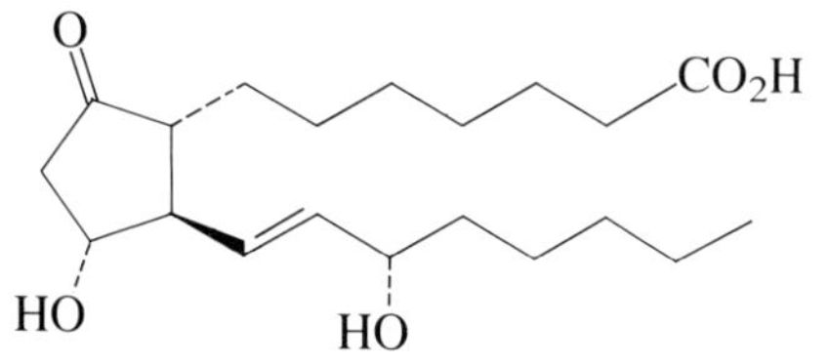

O, CO_2H, HO, HO

A

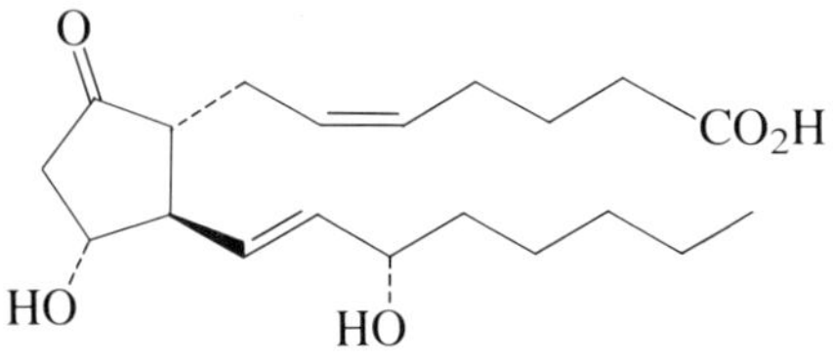

O, CO_2H, HO, HO

B

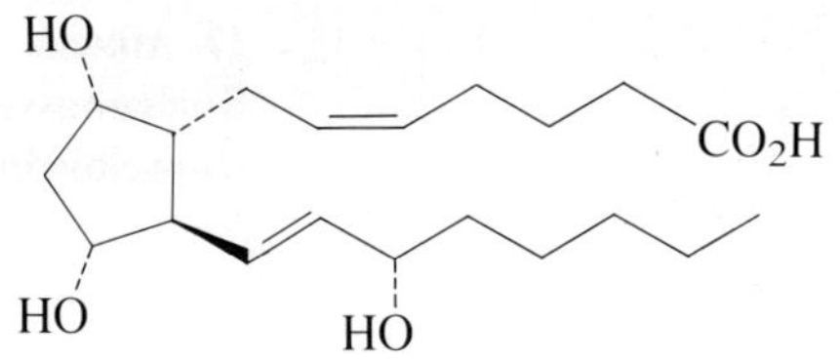

HO, HO, HO, CO_2H

C

^{13}C NMR: δ = 14.1, 22.7, 24.6, 25.2, 26.5, 31.8, 33.4, 37.0, 46.2, 53.6, 54.6, 72.0, 126.7, 131.0, 131.7, 136.7, 177.2, 215.4 ppm.

26 Ein sehr einfaches Molekül der Summenformel $C_5H_8O_2$ wurde als Ausgangsmaterial für Prostaglandin-Synthesen benutzt. Ermitteln Sie seine Struktur anhand der NMR-Daten: ^1H NMR: δ = 1.54 (Dublett von Tripletts; $J_{Dublett} = 15$ Hz; $J_{Triplett} = 4$ Hz; 1H), 3.20 (sehr breites Signal; 2H), 4.65 (Dublett von Dublett von Dublett, $J = 1$, 4 und 7 Hz; 2H), 6.03 (Dublett, $J = 1$ Hz; 2 H). Protonen-entkoppeltes ^{13}C NMR: 3 Signale bei ca. 45, 80 und 135 ppm. Hinweis: Beachten Sie „Kopplungen zwischen nahe benachbarten Wasserstoffatomen" auf S. 390 für eine Erklärung der 15 Hz-Kopplung zwischen den Signalen bei δ = 1.54 und 2.70 ppm. Das ^1H NMR-Spektrum zeigt komplizierte Kopplungen zu nicht-äquivalenten Nachbarn (Abschn. 10.6). Die 1 Hz- und 4 Hz-Kopplungen sind etwas kleiner, als man für die koppelnden Wasserstoffatome erwarten würde. Machen Sie vom ^{13}C NMR-Spektrum Gebrauch, um die Symmetrie des Moleküls herauszufinden.

27 Der *Citronensäure-Cyclus* ist eine Folge von biologisch wichtigen Reaktionen, die im Metabolismus der Zelle eine zentrale Rolle spielen. Der Cyclus beinhaltet Dehydratisierungsreaktionen der Milchsäure und der Citronensäure, wobei Fumarsäure und Aconitsäure gebildet werden (Trivialnamen). Beide Reaktionen verlaufen über einen Enzym-katalysierten *anti*-Eliminierungs-Mechanismus.

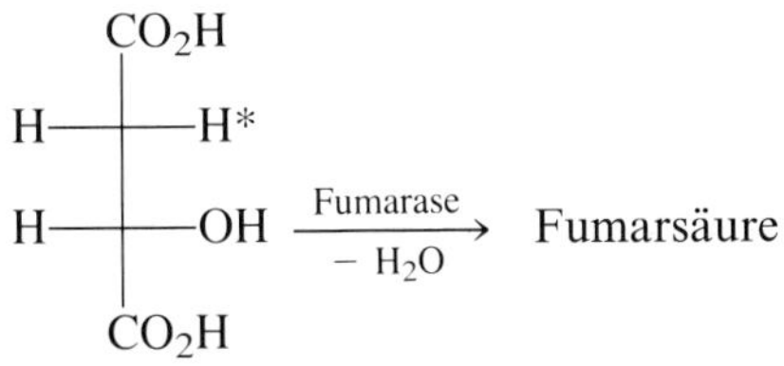

CO_2H; H—H*; H—OH $\xrightarrow[-\,H_2O]{\text{Fumarase}}$ Fumarsäure; CO_2H

Äpfelsäure

CO_2H; H—H*; HO—CH_2CO_2H $\xrightarrow[-\,H_2O]{\text{Aconitase}}$ Aconitsäure; CO_2H

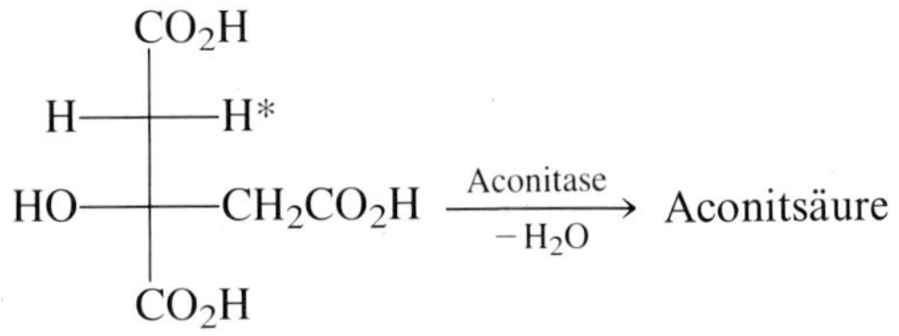

Citronensäure

(a) In beiden Reaktionen wird nur das durch einen Stern gekennzeichnete Wasserstoffatom zusammen mit der OH-Gruppe des darunterstehenden Kohlenstoffatoms entfernt. Welches sind die Strukturen der Fumarsäure und der Aconitsäure, wie sie durch diese Reaktionen gebildet werden? Machen Sie sich die Stereochemie der beiden Produkte klar.
(b) Benennen Sie die Stereochemie der beiden Produkte unter Verwendung der *cis-trans*- oder der *E,Z*-Nomenklatur.
(c) Sind die Wasserstoffatome der CH_2-Gruppe der Äpfelsäure enantiotop oder diastereotop? Beantworten Sie die Frage auch für die Citronensäure.

(d) Isocitronensäure

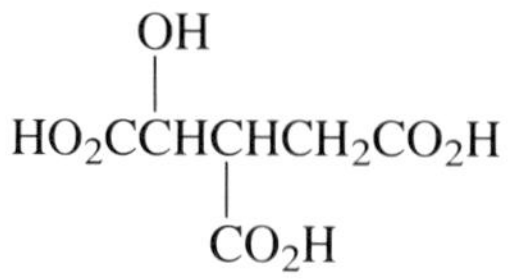

```
        OH
        |
HO2CCHCHCH2CO2H
          |
          CO2H
```

wird auch durch Aconitase dehydratisiert. Wieviele Stereoisomere der Isocitronensäure können existieren? Nennen Sie die Struktur eines Stereoisomers der Isocitronensäure, das bei Dehydratisierung (*anti*-Eliminierung!) das gleiche Isomer der Aconitsäure ergibt, das man aus Citronensäure erhält. Markieren Sie die chiralen Kohlenstoffatome in diesem Isomer der Isocitronensäure unter Verwendung der *R,S*-Notation.

28 Identifizieren Sie die im folgenden mit A, B und C bezeichneten Verbindungen und erklären Sie die ablaufenden Reaktionen: Reaktion von *exo*-Bicyclo[3.3.0]octan-2-ol (Rand) mit 4-Methylbenzolsulfonylchlorid in Pyridin ergibt A ($C_{15}H_{20}SO_3$). Die Reaktion von A mit Lithiumdi-*iso*-propylamid (LDA, Abschn. 7.5) ergibt ein einziges Produkt B (C_8H_{12}), welches in seinem ^1H NMR-Spektrum ein zwei Protonen entsprechendes Multiplett bei $\delta = 5.6$ ppm zeigt. Wenn man A jedoch vor seiner Reaktion mit LDA mit NaI behandelt, bilden sich zwei Produkte, B und ein Isomer C, dessen ^1H NMR-Spektrum bei $\delta = 5.2$ ppm ein Multiplett zeigt, dessen Integral nur einem Proton entspricht.

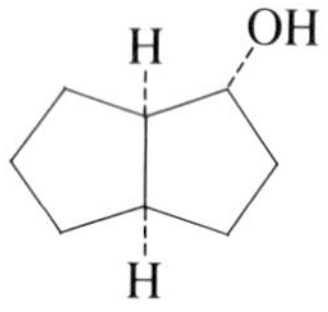

H OH

H

12 Die Reaktionen der Alkene

Die Doppelbindung kann eine Vielzahl von Reaktionen eingehen, darunter zahlreiche **Additionsreaktionen**, die zu gesättigten Produkten führen (Abschn. 2.1). Solche Additionen erfolgen insbesondere mit katalytisch aktiviertem Wasserstoff, elektrophilen Reagenzien (darunter das Proton, Halogene und Quecksilber-Ionen), Boranen, die zu (weiter modifizierbaren) Alkylboranen führen, Oxidationsmitteln (sie können zu Diolen oder sogar zum vollständigen Bruch der C—C-Bindungen führen), sowie mit radikalischen Reagenzien. Am Anfang dieses Kapitels werden wir zeigen, daß Additionen an π-Bindungen im allgemeinen exotherm sind; wenn es kinetisch möglich ist, werden sie ablaufen.

12.1 Thermodynamik der Additionsreaktionen

Die π-Bindung ist relativ schwach, weswegen die Chemie der Alkene vor allem von den Reaktionen dieser Bindung bestimmt wird. Die einfachste Reaktion ist die Addition einer Verbindung A—B, die zu einer gesättigten Verbindung führt. Die Thermodynamik dieses Prozesses hängt ab von der Stärke der π-Bindung, der Dissoziationsenthalpie DH^0_{A-B} und der Stärke der neu gebildeten Bindungen von A und B zu Kohlenstoff. Man erinnere sich, daß man die Reaktionsenthalpie ΔH^0 derartiger Reaktionen abschätzen kann, indem man die Bindungsstärken der gebrochenen Bindungen von denen der gebildeten Bindungen abzieht (Abschn 2.6; C steht für Kohlenstoff):

$$\Delta H^0 = (DH^0_{C-A} + DH^0_{C-B}) - (DH^0_{\pi\text{-Bindung}} + DH^0_{A-B})$$

Addition an die Doppelbindung eines Alkens

$$>C{=}C< \; + \; A{-}B \xrightarrow{\Delta H^0 = ?} -\overset{A}{\underset{|}{\overset{|}{C}}}-\overset{B}{\underset{|}{\overset{|}{C}}}-$$

Tabelle 12-1 zeigt die DH^0-Werte (bestimmt aus den Daten in Tab. 3-1 und Abschn. 3.5 für eine π-Bindungsstärke von 272 kJ/mol) sowie abgeschätzte Reaktionsenthalpien ΔH^0 für verschieden Additionen an Ethen. In allen Beispielen übertrifft die gesamte Stärke der gebildeten Bindungen – bisweilen beträchtlich – die der gebrochenen Bindungen. Daher ist zu erwarten, daß Additionen an Alkene unter Freisetzung von Energie ablaufen, wenn dies kinetisch möglich ist.

Tabelle 12-1 Abgeschätzte Reaktionsenthalpien ΔH^0 (in kJ/mol) einiger Additionsreaktionen an Ethen

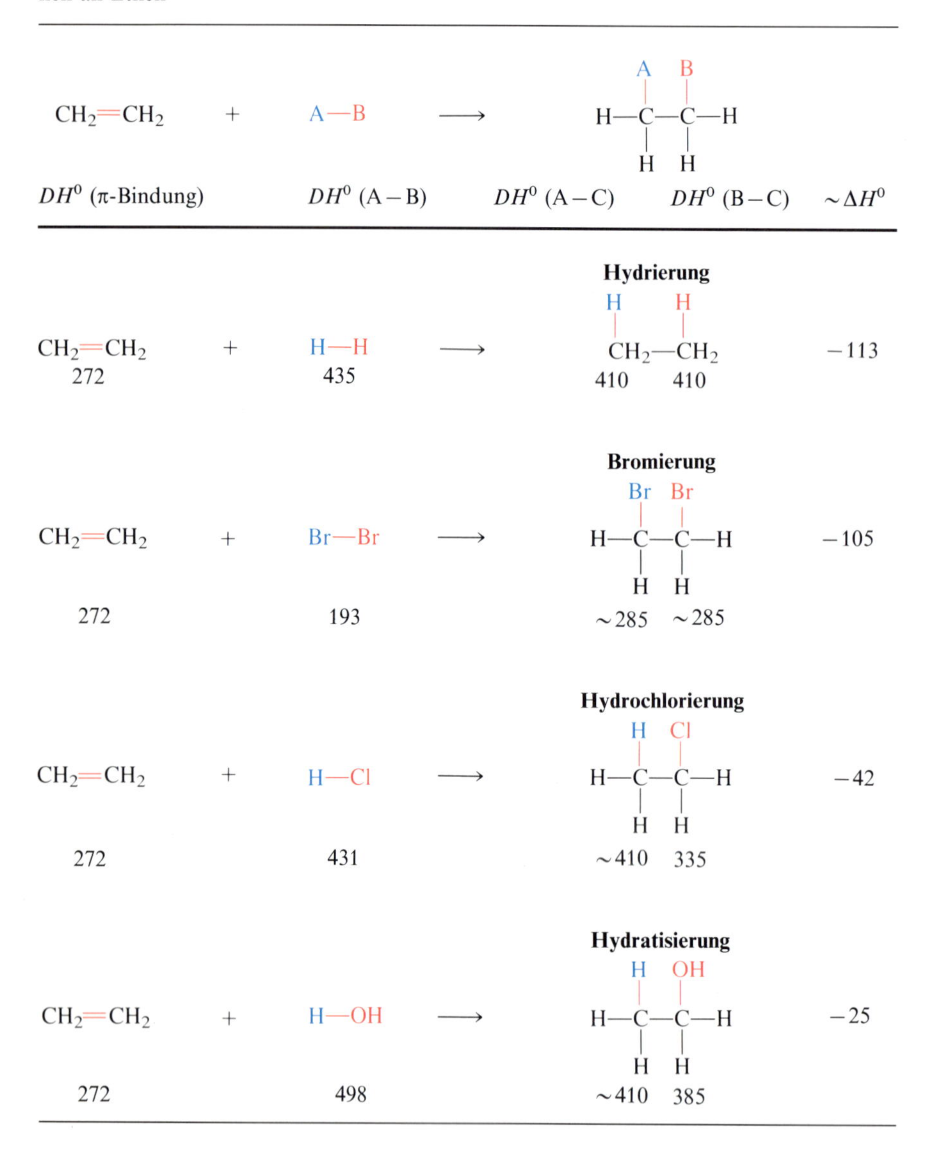

Reaktion	$CH_2{=}CH_2$ + A—B ⟶ $AH_2C{-}CH_2B$	DH^0 (π-Bindung)	DH^0 (A – B)	DH^0 (A – C)	DH^0 (B – C)	$\sim\Delta H^0$
Hydrierung	$CH_2{=}CH_2$ + H—H ⟶ H–CH_2—CH_2–H	272	435	410	410	−113
Bromierung	$CH_2{=}CH_2$ + Br—Br ⟶ H—C(Br)(H)—C(Br)(H)—H	272	193	~285	~285	−105
Hydrochlorierung	$CH_2{=}CH_2$ + H—Cl ⟶ H—C(H)(H)—C(Cl)(H)—H	272	431	~410	335	−42
Hydratisierung	$CH_2{=}CH_2$ + H—OH ⟶ H—C(H)(H)—C(OH)(H)—H	272	498	~410	385	−25

Übung 12-1

Berechnen Sie die Reaktionsenthalpie ΔH^0 für die Addition von H_2O_2 an Ethen, die zu 1,2-Ethandiol (Ethylenglycol) führt ($DH^0_{HO-OH} = 214$ kJ/mol).

12.2 Die katalytische Hydrierung von Alkenen

Die einfachste der Reaktionen von Doppelbindungen ist ihre Absättigung mit Wasserstoff. Diese Umwandlung wurde in Abschnitt 11.4 im Zusammenhang mit den Hydrierungswärmen als Maß der relativen Stabilität unterschiedlich substituierter Alkene diskutiert. Die Hydrierung erfordert einen Katalysator, der heterogen (Abschn. 8.4) oder homogen sein kann.

Heterogene Katalyse bei Hydrierungen

Die Hydrierung eines Alkens zu einem Alkan läuft, obschon sie exotherm ist, nicht einmal bei erhöhten Temperaturen ab. Man kann Ethen und Wasserstoff in der Gasphase für längere Zeit auf 200 °C erhitzen, ohne daß ein meßbarer Umsatz erfolgt. Wenn man jedoch einen Katalysator zusetzt, findet die Hydrierung sogar bei Raumtemperatur mit gleichmäßiger Geschwindigkeit statt. Die Katalysatoren sind üblicherweise dieselben wie bei der katalytischen Hydrierung von Carbonylverbindungen zu Alkoholen (Abschn. 8.4): Heterogene Stoffe wie Palladium (z. B. dispergiert auf Aktivkohle, Pd/C), Platin (Adams-Katalysator *, PtO_2, welches in Gegenwart von Wasserstoff in kolloidales metallisches Platin umgewandelt wird) und Nickel (fein dispergiert wie bei Raney-Nickel **, Ra-Ni). Die Aufgabe des Katalysators liegt im wesentlichen in der Aktivierung des Wasserstoffes und der Bildung Metall-gebundenen Wasserstoffes auf der Katalysator-Oberfläche (Abb. 12-1). Ohne das Metall ist die Spaltung der starken

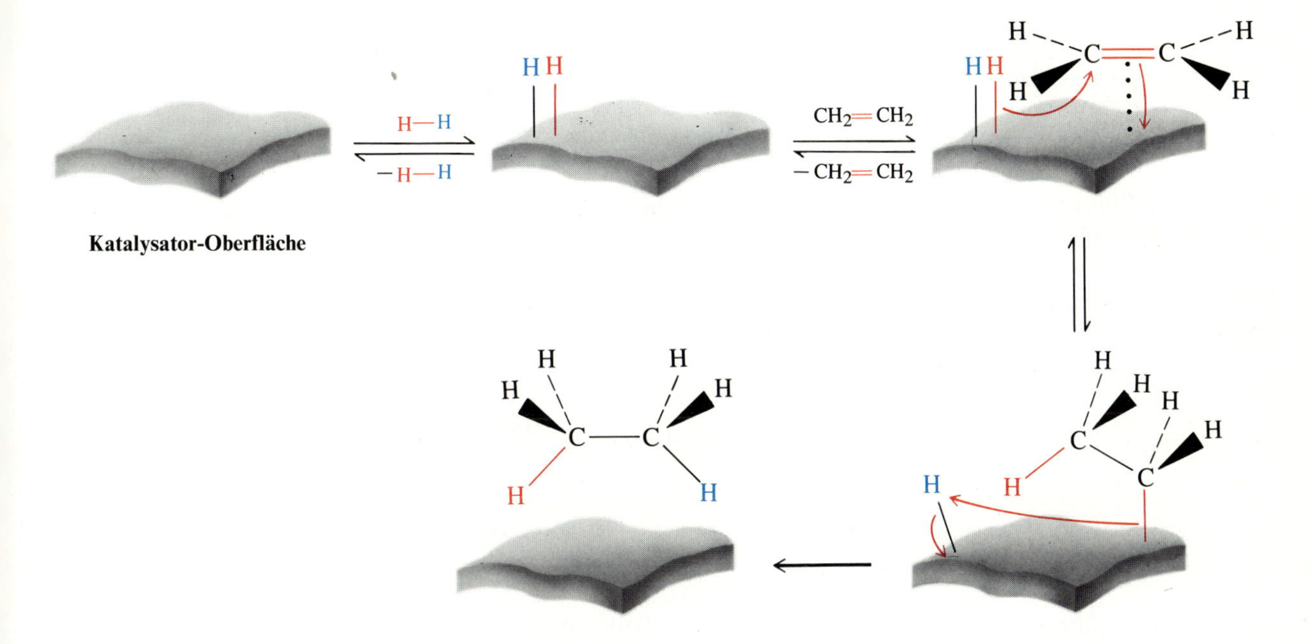

Abb. 12-1 Katalytische Hydrierung von Ethen zu Ethan.

* Professor Roger Adams, 1889–1971, University of Illinois.

** Dr. Murray Raney, 1885–1966, Raney Catalyst Company.

H–H-Bindung energetisch kaum möglich. Als Lösungsmittel werden bei solchen Hydrierungen üblicherweise Methanol, Ethanol, Ethansäure (Essigsäure), Ethylethanoat (Ethylacetat, Essigsäureethylester) und andere verwendet.

Beispiel:

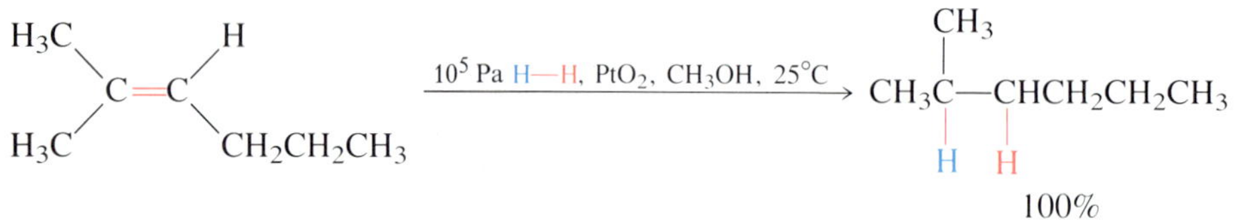
H₃C
H
C=C
H₃C
CH₂CH₂CH₃
10⁵ Pa H—H, PtO₂, CH₃OH, 25°C
CH₃
CH₃C—CHCH₂CH₂CH₃
H H
100%

2-Methyl-2-hexen **2-Methylhexan**

Die Hydrierung ist stereospezifisch

Eine wichtige Eigenschaft der Hydrierung ist ihre *Stereospezifität*. Die zwei Wasserstoffatome werden von derselben Seite an die Doppelbindung addiert (*syn*-Addition). Zum Beispiel ergibt die Hydrierung von 1-Ethyl-2-methylcyclohexen über Platin spezifisch *cis*-1-Ethyl-2-methylcyclohexan. Die Addition des Wasserstoffs kann mit gleicher Wahrscheinlichkeit von beiden Seiten der Molekülebene her erfolgen. Daher verhalten sich die beiden so gebildeten Stereozentren wie Bild und Spiegelbild, das Produkt ist racemisch.

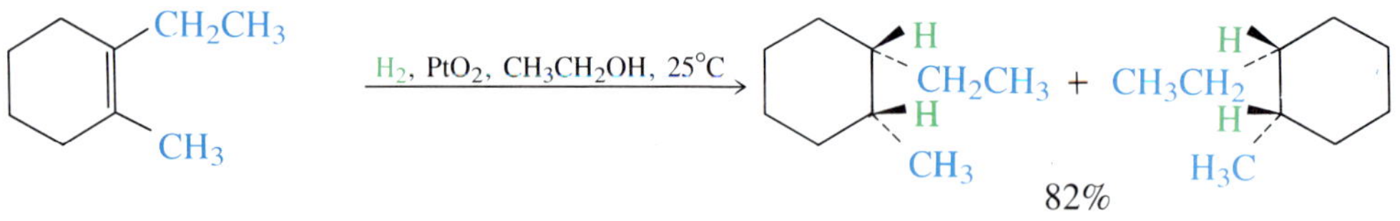
CH₂CH₃
CH₃
H₂, PtO₂, CH₃CH₂OH, 25°C
H
CH₂CH₃
H
CH₃
+
H
CH₃CH₂
H
H₃C
82%

1-Ethyl-2-methylcyclohexen ***cis*-1-Ethyl-2-methylcyclohexan (Racemat)**

Durch den Einsatz von Deuteriumgas kann man eine *syn-Deuterierung* bewirken. So liefert beispielsweise die Deuterierung von *cis*-2-Buten *meso*-2,3-Dideuteriobutan. Man beachte, daß die einfache Addition von zwei Wasserstoff- oder Deuteriumatomen auf dem Papier zunächst eine verdeckte Konformation des Produktes liefert:

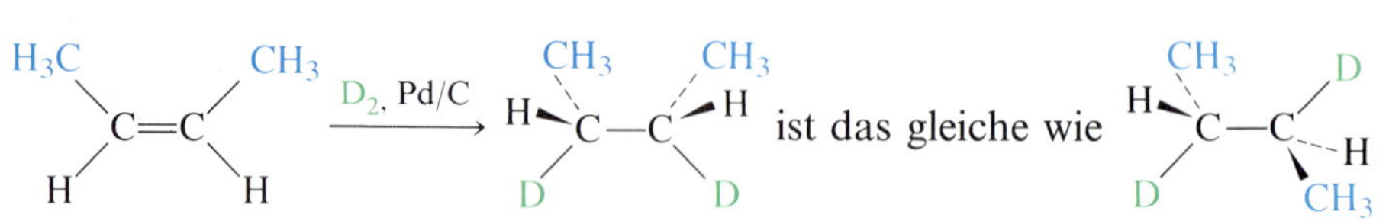
H₃C
CH₃
C=C
H
H
D₂, Pd/C
CH₃
CH₃
H
C—C
H
D
D
ist das gleiche wie
CH₃
D
H
C—C
H
D
CH₃
ekliptisch
gestaffelt

***meso*-2,3-Dideuteriobutan**

In diesem Fall führt die Addition von jeder der beiden Seiten des Moleküls zum gleichen Stereoisomer. Im Gegensatz dazu führt die Deuterierung von *trans*-2-Buten zu einer racemischen Mischung aus (2*R*,3*R*)- und (2*S*,3*S*)-2,3-Dideuteriobutan. Dabei entsteht das eine Enantiomer durch *syn*-Deuterierung von der einen Seite des π-Systems, das andere durch die von der entgegengesetzten Seite des π-Systems.

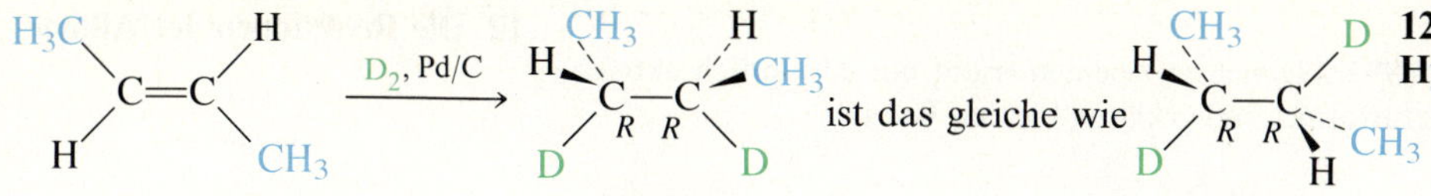

ekliptisch — gestaffelt

(2*R*,3*R*)-2,3-Dideuteriobutan

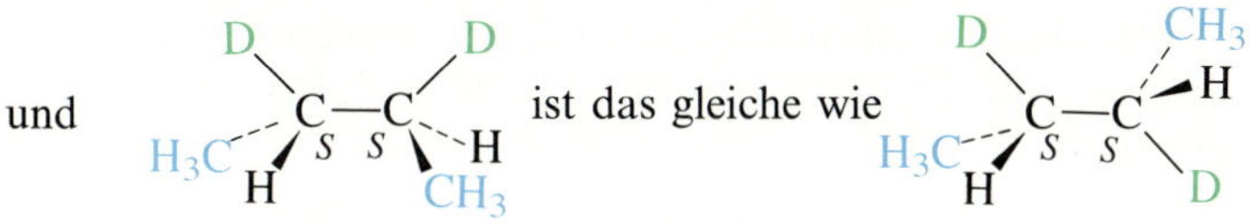

ekliptisch — gestaffelt

(2*S*,3*S*)-2,3-Dideuteriobutan

Übung 12-2
Welches sind die Produkte der Hydrierung von 2,3-Dideuterio-*cis*-2-penten? Geben Sie die Stereochemie genau an!

Die Hydrierung eines chiralen Alkens kann zu nur einem Diastereomer führen, wenn die Addition von einer Seite des π-Systems her bevorzugt ist. Besonders deutlich tritt dieser Effekt bei starren bicyclischen Systemen auf. Zum Beispiel gibt die Hydrierung von Car-3-en, einem Bestandteil des Terpentins, über Platin nur ein gesättigtes Produkt, mit dem Trivialnamen *cis*-Caran. Der Präfix *cis* zeigt an, daß sich die Methylgruppe und der Cyclopropanring auf derselben Seite des Cyclohexanringes befinden. Dieser Befund zeigt, daß der Wasserstoff nur von der sterisch weniger gehinderten, dem Cyclopropanring gegenüberliegenden Seite der Doppelbindung her in das Molekül eingetreten ist. Dadurch ergibt sich zwangsläufig die beobachtete *cis*-Konfiguration (man mache sich dies anhand eines Molekülmodells klar, wobei man einen Tisch benutzen kann, um wie in Abb. 12-1 die Katalysator-Oberfläche zu repräsentieren).

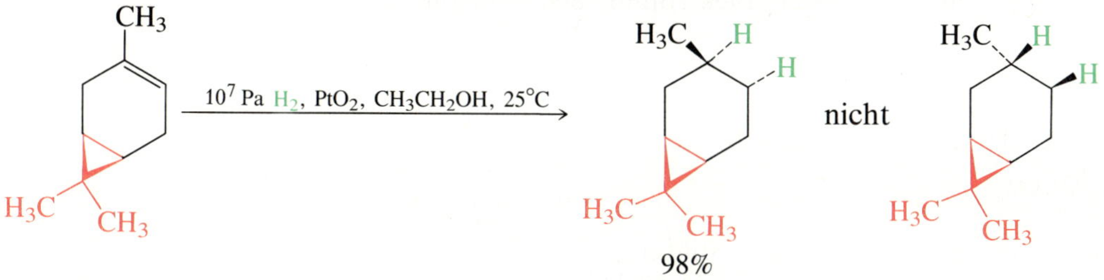

10^7 Pa H_2, PtO_2, CH_3CH_2OH, 25°C

nicht

98%

Car-3-en — ***cis*-Caran**

Übung 12-3
Erklären Sie den folgenden Befund:

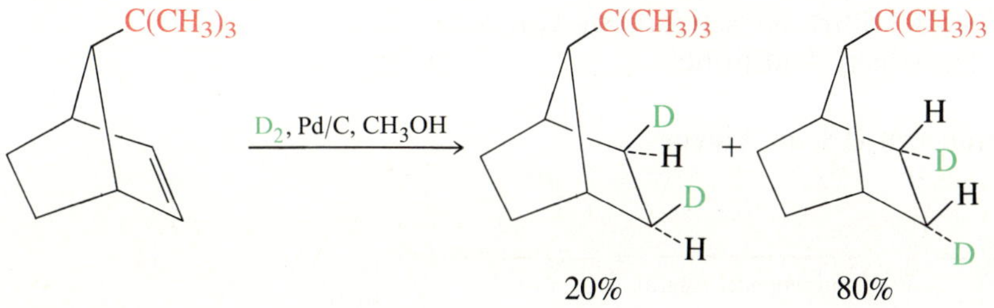

D_2, Pd/C, CH_3OH

20% — 80%

Übung 12-4
Die katalytische Hydrierung von (*S*)-2,3-Dimethyl-1-penten ergibt nur ein optisch aktives Produkt. Zeichnen Sie seine Strukturformel und erklären Sie den Befund!

Abschließend ist festzuhalten, daß die Hydrierung der Doppelbindung in Alkenen einen Katalysator erfordert. Sie verläuft *syn*-stereospezifisch und erfolgt von der sterisch weniger gehinderten Seite des π-Systems her. Achirale Alkene können Racemate chiraler Produkte ergeben. Chirale Alkene können zu Diastereomeren führen; die Diastereoselektivität wird dabei durch sterische Faktoren bestimmt.

12.3 Der basische und der nucleophile Charakter der π-Bindung: Elektrophile Additionen

Wie schon früher erwähnt, sind die π-Elektronen einer Doppelbindung nicht so stark gebunden wie die einer σ-Bindung. Die Elektronenwolke über und unter der Molekül-Ebene des Alkens ist polarisierbar und unterliegt ähnlich den freien Elektronenpaaren in Lewis-Basen dem Angriff von Species mit Elektronenmangel. Das Proton ist nicht das einzige Elektrophil, das eine Doppelbindung angreift (Abschn. 11.6); vielmehr eignen sich neben anderen auch Halogene und Quecksilber-Ionen dazu. Ähnlich wie bei der Hydrierung geht die Doppelbindung eine *Additionsreaktion* ein, jedoch nach einem anderen Mechanismus. Wir werden sehen, daß diese Umwandlungen regioselektiv und stereospezifisch sein können. Wir wollen die Betrachtung mit dem einfachsten Elektrophil, dem Proton, beginnen.

Der elektrophile Angriff durch Protonen liefert Carbeniumionen

Das Proton einer starken Säure kann sich unter Bildung eines Carbeniumions an eine Doppelbindung addieren (Abschn. 11.6). Der Übergangszustand für diesen Prozeß ist derselbe wie im Deprotonierungsschritt einer E1-Reaktion (Abschn. 7.4, Abb. 7-7). Wenn kein geeignetes Nucleophil zum Abfang des Carbeniumions zur Verfügung steht, werden Umlagerungsreaktionen beobachtet. Wenn jedoch ein geeignetes Nucleophil vorhanden ist, bildet sich, insbesondere bei tiefen Temperaturen, das Produkt einer **elektrophilen Addition** an die Doppelbindung. Tiefe Temperaturen sind erforderlich um die bei höheren Temperaturen mögliche Umkehrung der Reaktion zu vermeiden. Zum Beispiel führt die Behandlung von Alkenen mit Halogenwasserstoffen zu derartigen Additionen.

Elektrophile Addition von HX an Alkene

$$\mathrm{>C{=}C<} \;+\; H^+ \xrightarrow{\text{elektrophiler Angriff}} \mathrm{H{-}\overset{|}{C}{-}\overset{+}{C}<} \xrightarrow[\text{nucleophiler Angriff}]{X^-} \mathrm{-\underset{|}{\overset{H}{C}}-\underset{|}{\overset{X}{C}}-}$$

Beispiele:

$$CH_3CH_2CH_2CH{=}CH_2 \xrightarrow{HBr,\ 0°C} CH_3CH_2CH_2\underset{Br}{C}H\underset{H}{C}H_2 \quad > 84\%$$

1-Penten → **2-Brompentan**

Cyclohexen $\xrightarrow{HI,\ 0°C}$ Iodcyclohexan 90%

Cyclohexen → **Iodcyclohexan**

In einem typischen Experiment wird gasförmiger Halogenwasserstoff in das reine oder gelöste Alken eingeleitet. Er kann auch in einem Lösungsmittel wie Ethansäure (Essigsäure) zum Alken gegeben werden. Wäßrige Aufarbeitung liefert in hohen Ausbeuten die Halogenalkane. Alle Halogenwasserstoffe können in einer solchen Reaktion mit Erfolg eingesetzt werden.

Regioselektivität bei elektrophilen Additionen: Die Regel von Markovnikov

Sind Additionen von HX an unsymmetrische Doppelbindungen regioselektiv? Zur Beantwortung dieser Frage betrachten wir die Reaktion von Propen mit Chlorwasserstoff. Zwei Produkte sind denkbar: 2-Chlorpropan und 1-Chlorpropan. Man findet jedoch als einziges Produkt 2-Chlorpropan.

Regioselektive elektrophile Addition an Propen

$$CH_3CH{=}CH_2 \xrightarrow{HCl} CH_3\underset{Cl}{C}H\underset{H}{C}H_2 \quad \text{aber kein} \quad CH_3\underset{H}{C}H\underset{Cl}{C}H_2$$

weniger substituiert (an CH_2)

2-Chlorpropan **1-Chlorpropan**

In ähnlicher Weise liefert die Reaktion von 2-Methylpropen mit Bromwasserstoff nur 2-Brom-2-methylpropan, und 1-Methylcyclohexen reagiert mit Iodwasserstoff ausschließlich zu 1-Iod-1-methylcyclohexan:

$$(H_3C)_2C{=}CH_2 \xrightarrow{HBr} CH_3\overset{CH_3}{\underset{Br}{C}}CH_2H$$

weniger substituiert (an CH_2)

1-Methylcyclohexen $\xrightarrow{HI}$ 1-Iod-1-methylcyclohexan (I am C-1 mit CH_3, H am C-2)

weniger substituiert

Andererseits liefert die Addition von HBr an *trans*-2-Penten eine Mischung der zwei denkbaren Brompentane:

$$(E)\text{-}CH_3CH_2CH{=}CHCH_3 \xrightarrow{HBr} CH_3CH_2\underset{\displaystyle Br}{\underset{|}{C}}HCH_2CH_3 + CH_3CH_2CH_2\underset{\displaystyle Br}{\underset{|}{C}}HCH_3$$

Schon an diesen wenigen Beispielen kann man erkennen, daß, wenn die an der Doppelbindung beteiligten Kohlenstoffatome nicht den gleichen Substitutionsgrad haben, *das Proton des Halogenwasserstoffs an das weniger substituierte Kohlenstoffatom gebunden wird.* Entsprechend findet man das Halogenatom dann meist am höher substituierten Kohlenstoffatom. Dieser Befund ist Ausdruck der nach ihrem Entdecker benannten **Regel von Markovnikov** *. Die Regel kann mit Hilfe unserer Kenntnisse über den Mechanismus der elektrophilen Addition von Protonen an Alkene und der relativen Stabilität der so gebildeten Carbeniumionen erklärt werden.

Wir betrachten die Hydrochlorierung von Propen. Im ersten Schritt greift das Proton das π-System unter Bildung eines intermediären Carbeniumions an. Die Regiochemie der Reaktion wird von diesem Schritt bestimmt, denn wenn das Carbeniumion erst gebildet ist, erfolgt der Abfang durch das Chlorid-Ion schnell. Das Proton greift beide Kohlenstoffatome an. Addition an das interne Kohlenstoffatom führt zum primären 1-Propyl-Kation.

Protonierung von Propen an C-2

$$H_3C(H)C{=}CH_2 + H^+ \longrightarrow \left[H_3C(H)C\overset{\delta^+}{\cdots}\underset{\underset{\displaystyle H^{\delta^+}}{\vdots}}{C}H_2\right]^{\ddagger} \longrightarrow CH_3CH_2CH_2^+$$

primäres Carbeniumion

Im Gegensatz dazu resultiert eine Protonierung am terminalen Kohlenstoffatom in der Bildung des sekundären 1-Methylethyl-Kations (Isopropyl-Kation).

Protonierung von Propen an C-1

$$CH_3(H)C{=}CH_2 + H^+ \longrightarrow \left[CH_3(H)\overset{\delta^+}{C}\cdots\underset{\underset{\displaystyle H^{\delta^+}}{\vdots}}{C}H_2\right]^{\ddagger} \longrightarrow CH_3\overset{+}{C}HCH_3$$

sekundäres Carbeniumion

Das sekundäre Carbeniumion ist stabiler und wird, da der Übergangszustand der Protonierung dem gebildeten Kation ähnelt, deutlich schneller gebildet. Abbildung 12-2 zeigt ein Diagramm der potentiellen Energie dieses Zusammenhanges.

Nach dieser Analyse kann die Regel von Markovnikov wie folgt neu formuliert werden: HX addiert an unsymmetrische Alkene in der Weise, daß *die zuerst erfolgende Protonierung das stabilere Carbeniumion bildet.* Für Alkene, die an beiden sp^2-Kohlenstoffatomen ähnlich substituiert sind, wie es im *trans*-2-Penten der Fall ist, sind Produktgemische zu erwarten, weil Carbeniumionen vergleichbarer Stabilität gebildet werden.

---

* Professor Vladimir V. Markovnikov, 1838–1904, formulierte seine Regel 1869, Universität Moskau.

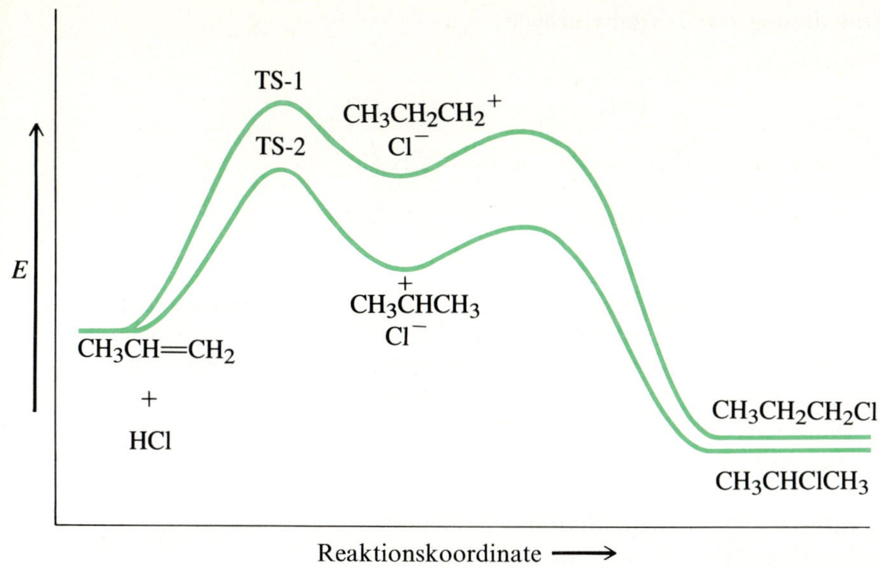

Abb. 12-2 Energiediagramm der beiden denkbaren Wege der Addition von HCl an Propen. Übergangszustand 1 (TS 1), der zum energetisch ungünstigeren primären Propyl-Kation führt, ist weniger wahrscheinlich als der Übergangszustand 2 (TS 2), der zum 1-Methylethyl-Kation (*iso*-Propyl-Kation) führt.

Übung 12-5

Sagen Sie die Produkte der Addition von HBr an die folgenden Verbindungen voraus. Wie viele Produkte können jeweils gebildet werden? (a) 1-Hexen; (b) 2-Methyl-2-buten; (c) 4-Methylcyclohexen.

Die Darstellung von Alkoholen durch elektrophile Hydratisierung

Bislang waren die nucleophilen Abfangreagenzien die Gegenionen der Protonen der eingesetzten Säuren. Wie steht es mit anderen Nucleophilen? Wenn man ein Alken einer *wäßrigen* Lösung einer Säure aussetzt, die ein wenig nucleophiles Gegenion besitzt, wie z. B. Schwefelsäure, übernimmt das Wasser die Rolle des abfangenden Nucleophils und reagiert mit dem durch die Protonierung gebildeten Carbeniumion. Insgesamt werden so die Bestandteile des Wassers addiert, es handelt sich um eine **Hydratisierung**. Die Reaktion ist das Gegenstück zur Säure-induzierten Dehydratisierung von Alkoholen (Abschn. 11.6), und der Mechanismus ist derselbe in umgekehrter Richtung. Er ist am Beispiel der Hydratisierung des 2-Methylpropens dargestellt, einem industriell wichtigen Prozeß, der 2-Methyl-2-propanol (*tert*-Butanol) liefert.

Elektrophile Hydratisierung

1-Methylcyclohexen $\xrightarrow{50\%\ HOH,\ H_2SO_4}$ 1-Methylcyclohexanol (50%)

$$CH_3\overset{\overset{O}{\|}}{C}CH_2CH_2CH{=}C(CH_3)_2 \xrightarrow{HOH,\ H_2SO_4} CH_3\overset{\overset{O}{\|}}{C}CH_2CH_2\underset{H}{CH}{-}C(CH_3)_2OH$$

85%

6-Methylhept-5-en-2-on → **6-Hydroxy-6-methyl-2-heptanon**

Mechanismus der Hydratisierung von 2-Methylpropen:

$$(CH_3)_2C{=}CH_2 \underset{-H^+}{\overset{H^+}{\rightleftharpoons}} (CH_3)_2\overset{+}{C}CH_3 \underset{-H\ddot{O}H}{\overset{+H\ddot{O}H}{\rightleftharpoons}} (CH_3)_3C{-}\overset{+}{\ddot{O}}H_2 \underset{+H^+}{\overset{-H^+}{\rightleftharpoons}} (CH_3)_3C{-}\ddot{\underset{..}{O}}H$$

Wie bei der Säure-induzierten Dehydratisierung von Alkoholen, fungiert das Proton lediglich als ein Katalysator und wird durch die Reaktion nicht verbraucht. Ohne Säure würde die Hydratisierung nicht ablaufen; Alkene sind in neutralem Wasser stabil. In Gegenwart einer Säure etabliert sich jedoch ein Gleichgewicht zwischen Alken und Alkohol. Dieses Gleichgewicht kann nach beiden Seiten verschoben werden, zum Alken (Dehydratisierung) oder zum Alkohol (Hydratisierung). Aus Gründen der Entropie wird bei höheren Temperaturen allgemein die Bildung des Alkens bevorzugt (Abschn. 11.6). Wenn das Alken flüchtig ist, kann das Gleichgewicht zu seinen Gunsten verschoben werden, indem man es direkt aus der Reaktionsmischung abdestilliert. Bei tieferen Temperaturen, wenn ein großer Überschuß an Wasser vorhanden ist, ist der Alkohol das überwiegende Produkt.

Hydratisierungs-Dehydratisierungs-Gleichgewicht

$$RCH{=}CH_2 + H_2O \underset{\text{Menge } H^+}{\overset{\text{Katalytische}}{\rightleftharpoons}} RCH(OH)CH_3$$

Übung 12-6

Die Behandlung von 2-Methylpropen mit einer katalytischen Menge deuterierter Schwefelsäure in D_2O führt zur Bildung von $(CD_3)_3COD$. Erklären Sie dies anhand des Mechanismus.

Halogene als Elektrophile: Halogen-Addition

Es gibt Reagenzien, denen man ihren elektrophilen Charakter nicht sofort ansieht, und die ebenfalls Doppelbindungen angreifen können. Ein Beispiel dafür ist die Halogenierung von Alkenen, die unter Addition von zwei Halogenatomen an die Doppelbindung vicinale Dihalogenide liefert. Die Reaktion funktioniert mit Chlor und Brom am besten. Fluor geht mit Alkenen eine zu heftige Reaktion ein; die Bildung von Diiodiden ist thermodynamisch wenig begünstigt.

Halogen-Addition an Alkene

$$>C{=}C< \xrightarrow{X-X} X{-}C{-}C{-}X$$

vicinales Dihalogenid

X = Cl, Br

Übung 12-7

Berechnen Sie (wie in Tab. 12-1) die Reaktionsenthalpien ΔH^0 für die Addition von F_2 und I_2 an Ethen (zu $DH^0_{X_2}$ s. Abschn. 3.5).

Die Brom-Addition ist besonders leicht zu verfolgen, da die roten Brom-Lösungen bei der Reaktion mit Alkenen sofort entfärbt werden. Diese Erscheinung wird bisweilen zum Nachweis von Doppelbindungen ausgenutzt. Gesättigte Systeme reagieren nicht mit Brom, es sei denn, ein Radikal-Initiator wäre zugegen (Abschn. 3.5).

Halogenierungen werden am besten bei Raumtemperatur oder unter Kühlung in inerten halogenierten Lösungsmitteln wie Halogenmethanen ausgeführt.

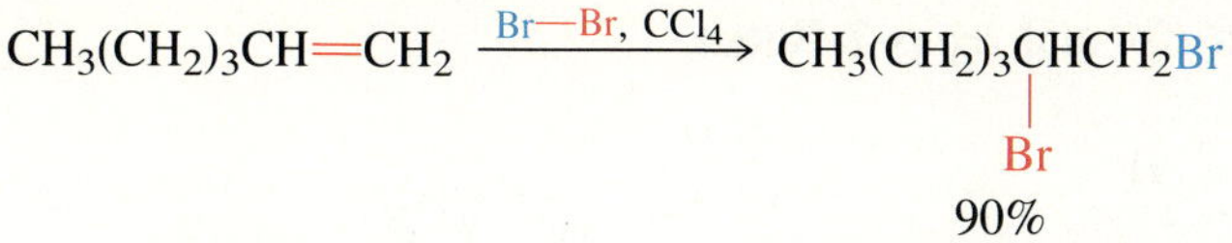

$$CH_3(CH_2)_3CH{=}CH_2 \xrightarrow{Br-Br,\ CCl_4} CH_3(CH_2)_3CHBrCH_2Br$$

1-Hexen → **1,2-Dibromhexan** (90%)

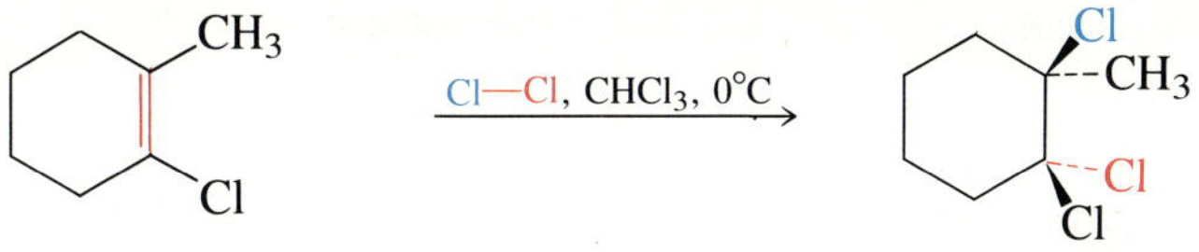

1-Chlor-2-methylcyclohexen $\xrightarrow{Cl-Cl,\ CHCl_3,\ 0°C}$ **1,1,2-Trichlor-2-methyl cyclohexan** (30%–50%)

Oberflächlich betrachtet sind Halogen-Additionen der Hydrierung von Doppelbindungen ähnlich. In Wirklichkeit sind sie es jedoch nicht. Die Stereochemie der Halogen-Addition zeigt, daß ihr ein vollkommen anderer Mechanismus zugrunde liegt.

Stereochemie und Mechanismus der Halogenierung: *anti*-Addition

Hier werden wir uns mit der Bromierung von Alkenen befassen; die Argumentation ist jedoch auch auf andere Halogenierungen anwendbar.

Wie ist die Stereochemie der Bromierung? Treten die beiden Bromatome von derselben Seite in das Alken ein (wie bei der katalytischen Hydrierung) oder von entgegengesetzten Seiten? Betrachten wir die Bromierung von Cyclohexen. Addition von nur einer Seite sollte *cis*-1,2-Dibromcyclohexan ergeben; Addition von entgegengesetzten Seiten dürfte zu *trans*-1,2-Dibromcyclohexan führen.

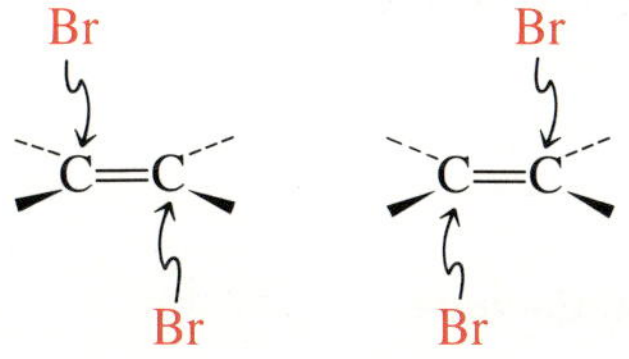

anti-Bromierung von Cyclohexen

Cyclohexen $\xrightarrow{Br_2,\ CCl_4}$ racemisches *trans*-1,2-Dibromcyclohexan (83%)

racemisches *trans*-1,2-Dibrom-cyclohexan

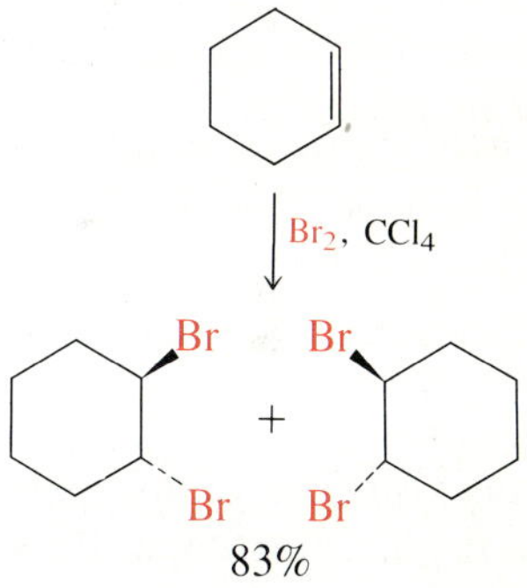

Zwei Möglichkeiten der *anti*-Addition von Brom an eine Doppelbindung

Br / C=C / Br   Br / C=C / Br

Das Experiment zeigt, daß die zweite Möglichkeit zutrifft, man beobachtet ausschließlich *anti*-Addition. Da die *anti*-Addition an die beiden ungesättigten Kohlenstoffatome mit gleicher Wahrscheinlichkeit auf zwei möglichen Wegen erfolgt – für *beide* Kohlenstoffatome von der Oberseite *oder* von der Unterseite des π-Systems –, ist das Produkt racemisch.

Auch mit acyclischen Alkenen verläuft die Reaktion vollkommen stereospezifisch. So erhält man aus der Bromierung von *cis*-2-Buten ein racemisches Gemisch von (2*R*,3*R*)- und (2*S*,3*S*)-2,3-Dibrombutan, wogegen *trans*-2-Buten zum *meso*-Diastereomer führt.

Stereospezifische Bromierung von *cis*- und *trans*-2-Buten

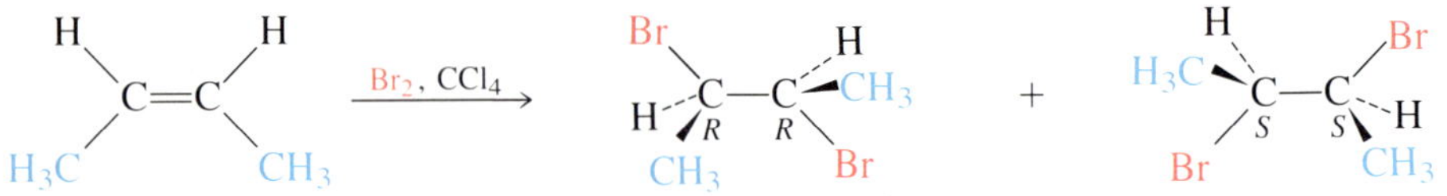

cis-2-Buten $\xrightarrow{Br_2,\ CCl_4}$ (2*R*,3*R*)-2,3-Dibrombutan + (2*S*,3*S*)-2,3-Dibrombutan

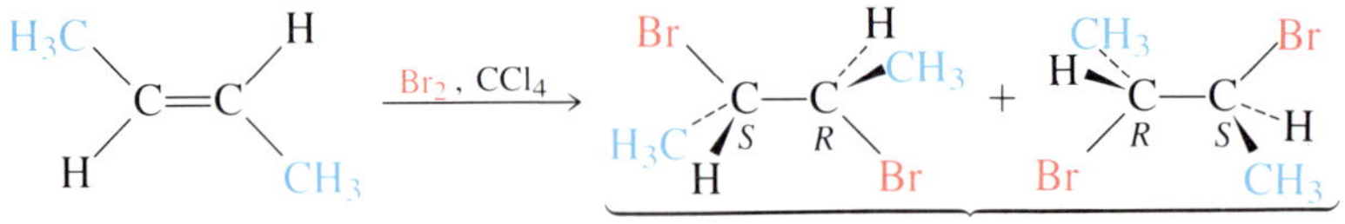

trans-2-Buten $\xrightarrow{Br_2,\ CCl_4}$ *meso*-2,3-Dibrombutan (identisch)

Mit welchem Mechanismus kann man die beobachtete Stereochemie erklären? Wie greift Brom die elektronenreiche Doppelbindung an, obwohl es offenbar kein elektrophiles Zentrum besitzt? Diese Fragen kann man mit der Polarisierbarkeit der Br – Br-Bindung beantworten, die bei einer Reaktion mit einem Nucleophil eine heterolytische Spaltung erfährt. Die π-Elektronenwolke hat nucleophilen Charakter und greift das Brommolekül an einem Ende an, wobei am anderen Ende simultan ein Bromid-Ion abgespalten wird. Das daraus entstehende Zwischenprodukt ist ein **cyclisches Bromonium-Ion**. Im Bromonium-Ion überbrückt das Bromatom die ursprüngliche Doppelbindung so, daß ein dreigliedriger Ring gebildet wird. Man kann sich die Bildung dieser Species so vorstellen, daß eines der freien Elektronenpaare des Broms mit den zwei *p*-Orbitalen der an der π-Bindung beteiligten Kohlenstoffatome überlappt (Abb. 12-3). Ähnlich wie in einer S_N2-Reaktion greifen die π-Elektronen als Nucleophile das Brommolekül an und substituieren das Bromid-Ion, welches als Abgangsgruppe fungiert.

Daß ein Bromonium-Ion Zwischenprodukt der Reaktion ist, erklärt die beobachtete Stereochemie. Die Struktur des Ions ist starr, und es kann daher nur von der dem Bromatom gegenüberliegenden Seite angegriffen werden. Dies geschieht durch das im ersten Schritt der Reaktion abgespaltene Bromid-Ion. So wird der dreigliedrige Ring stereospezifisch geöffnet. Der zweite Reaktionsschritt ist vollkommen analog der nucleophilen Öffnung von Oxacyclopropanen (Epoxiden, Abschn. 9.6). Das überbrückende Bromatom fungiert als Abgangsgruppe. Bei symmetrischen Bromonium-Ionen ist ein nucleophiler Angriff auf jedes der beiden Kohlenstoffatome gleich wahrscheinlich, was bei der Bildung chiraler Dibromide zu racemischen Gemischen führt.

Nucleophile Öffnung eines cyclischen Bromonium-Ions

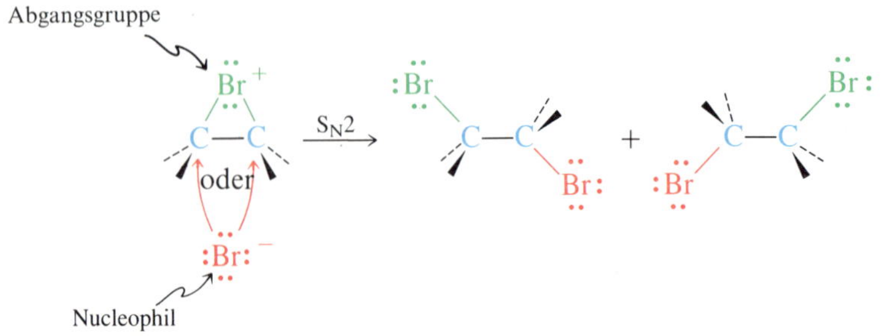

Abgangsgruppe

oder

S_N2

Nucleophil

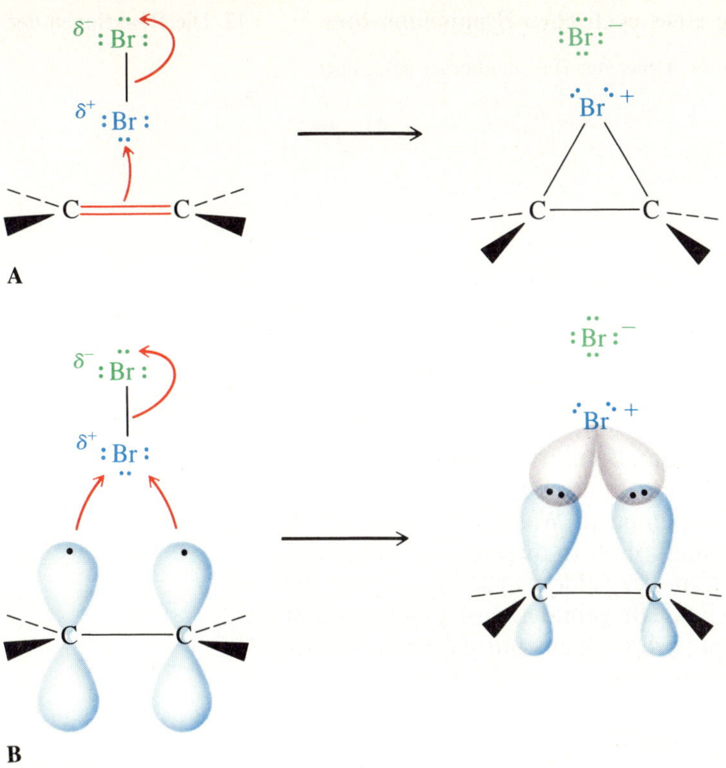

A

B

Abb. 12-3 Zur Bildung des cyclischen Bromonium-Ions. A. Valenzstrichformel. Das Alken fungiert als ein Nucleophil, das ein Bromid-Ion des Broms substituiert. Das molekulare Brom verhält sich vereinfacht so, als ob es stark polarisiert wäre, so daß ein Bromatom als Bromid-Anion und das andere als Brom-Kation angesehen werden kann. B. Molekülorbitale bei der Bildung des Bromonium-Ions.

Übung 12-8
Zeichnen Sie das Zwischenprodukt der Bromierung von Cyclohexen anhand der abgebildeten Formeln. Zeigen Sie, warum das Produkt racemisch ist. Was kann man über die anfängliche Konformation des Produktes sagen?

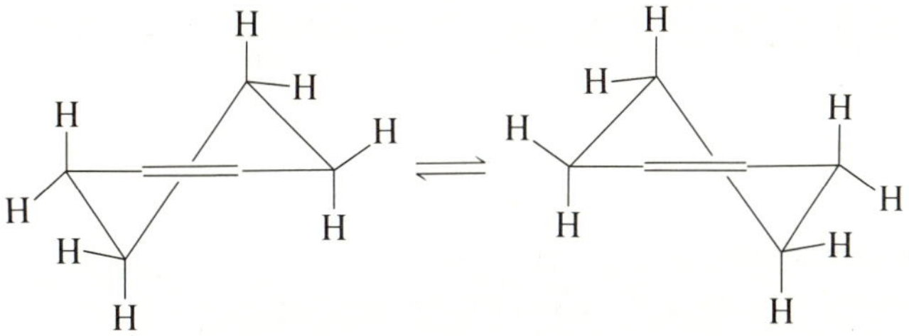

Umklappen der Konformation des Cyclohexens

Das Bromonium-Ion kann mit anderen Nucleophilen abgefangen werden

Die Bildung eines Bromonium-Ions in Bromierungen von Alkenen legt den Gedanken nahe, daß es bei Anwesenheit anderer Nucleophile zu einer Konkurrenzreaktion mit dem Bromid-Ion beim nucleophilen Abfang des Intermediates kommt. Dies ist in der Tat möglich. Zum Beispiel erhält man bei der Bromierung von Cyclopenten in Gegenwart eines Überschusses an Chlorid-Ionen (als Salz hinzugefügt) eine Mischung von *trans*-1,2-Dibromcyclopentan und *trans*-1-Brom-2-chlorcyclopentan.

(Obwohl alle Produkte racemisch sind, wurde immer nur ein Enantiomer gezeichnet.)

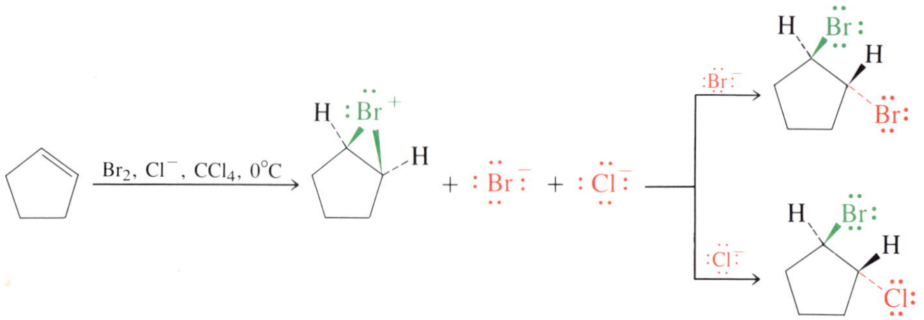

Br_2, Cl^-, CCl_4, 0°C

Der Einsatz eines großen Überschusses an konkurrierendem Nucleophil kann die Bildung von Produktgemischen unterbinden. Wenn man beispielsweise die Bromierung von Cyclopenten in Wasser ausführt, erhält man ausschließlich den vicinalen Bromalkohol. In diesem Fall wurde das Bromonium-Ion von Wasser angegriffen. Per Saldo wurde Br—OH an die Doppelbindung addiert. Daneben wird HBr gebildet. Entsprechend läßt sich ein Chloralkohol durch Umsetzung des Alkens mit Chlor in Wasser erhalten, wobei intermediär ein Chloronium-Ion gebildet wird.

Bildung eines Bromalkohols

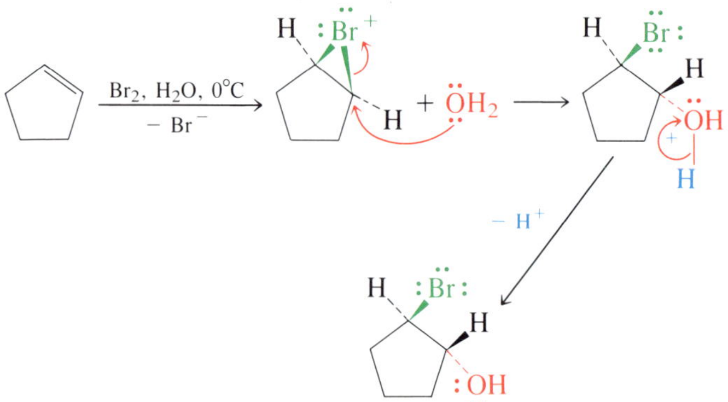

Br_2, H_2O, 0°C; $-\ Br^-$; $+\ \ddot{O}H_2$; $-\ H^+$

***trans*-2-Bromcyclopentanol**

Übung 12-9

Welche Produkte erhält man bei der Reaktion von (a) *trans*-2-Buten und (b) *cis*-2-Penten mit wäßrigem Chlor? Welche Stereochemie haben die Produkte?

2-Halogenalkohole gehen in Gegenwart von Basen einen intramolekularen Ringschluß unter Bildung von Oxacyclopropanen ein (Abschn. 9.5) und sind daher wertvolle Zwischenprodukte in der organischen Synthese. Verwendet man Alkohole anstatt Wasser, werden die entsprechenden vicinalen Halogenether gebildet.

Synthese vicinaler Halogenether

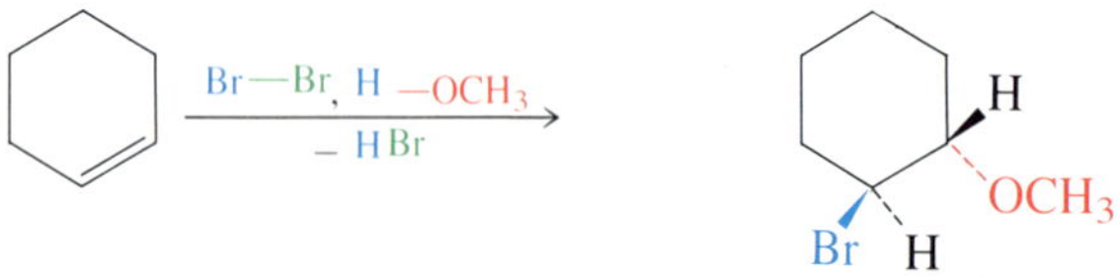

Br—Br, H—OCH_3; $-\ HBr$

76%

***trans*-1-Brom-2-methoxycyclohexan**

Cyclische Halonium-Ionen können regioselektiv geöffnet werden

Im Gegensatz zur Umsetzung mit Dihalogenen können gemischte Additionen an Doppelbindungen Probleme der Regioselektivität aufwerfen. Ist die Addition von Br–OR an eine unsymmetrische Doppelbindung selektiv? Die Antwort lautet ja. Zum Beispiel wird 2-Methylpropen mit wäßrigem Brom nur zu 1-Brom-2-methyl-2-propanol umgesetzt, das alternative Regioisomer 2-Brom-2-methyl-1-propanol wird nicht gebildet.

$$(H_3C)_2C{=}CH_2 \xrightarrow[-\,HBr]{Br{-}Br,\ H{-}OH} CH_3C(OH)(CH_3)CH_2Br \quad \text{aber kein} \quad CH_3CBr(CH_3)CH_2OH$$

82%

1-Brom-2-methyl-2-propanol — **2-Brom-2-methyl-1-propanol**

Man beobachtet in anderen Fällen eine ähnliche Selektivität:

Methylencyclohexan $\xrightarrow[-\,HCl]{Cl{-}Cl,\ H{-}OCH_3}$ 1-(CH_2Cl)-1-(CH_3O)-cyclohexan (78%) aber kein 1-Cl-1-(CH_2OCH_3)-cyclohexan

Das elektrophile Halogen wird im Produkt immer an das weniger substituierte Kohlenstoffatom der ursprünglichen Doppelbindung gebunden, und das danach eintretende Nucleophil greift immer das höher substituierte Zentrum an. Die Situation erinnert an die Markovnikov-Addition von Halogenwasserstoffen und hat einen ähnlichen Ursprung. Im Unterschied zur Markovnikov-Addition von Säuren, die über Carbeniumionen verläuft, sind hier Halonium-Ionen die Intermediate. Die Frage der Regiochemie ist eine nach der Selektivität des nucleophilen Angriffs auf dieses Intermediat: Das höher substituierte Kohlenstoffatom wird bevorzugt angegriffen.

Wie kann man diese Beobachtung erklären? Sie ist der säurekatalysierten nucleophilen Öffnung von Oxacyclopropanen (Epoxiden, Abschn. 9.6) sehr ähnlich, bei der das Intermediat ein protoniertes Sauerstoffatom im dreigliedrigen Ring enthält. In beiden Fällen greift das eintretende Nucleophil das höher substituierte Kohlenstoffatom an, weil dieses in stärkerem Maße positiv polarisiert ist, als das andere.

Regioselektive Öffnung des aus 2-Methylpropen gebildeten Bromonium-Ions

$$(CH_3)_2C\overset{Br^+}{\frown}CH_2 + H{-}\ddot{O}H \longrightarrow (CH_3)_2C(\overset{+}{O}H_2){-}CH_2\ddot{Br}: \xrightarrow{-\,H^+} CH_3C(CH_3)(\ddot{O}H){-}CH_2\ddot{Br}:$$

Angriff am höhersubstituierten Kohlenstoffatom des Bromonium-Ions

Eine einfache Faustregel besagt, daß elektrophile Additionen an unsymmetrische Alkene im Sinne der Markovnikov-Regel regioselektiv erfolgen, so daß der elektrophile Teil des addierenden Substrates das geringer substituierte Kohlenstoffatom angreift (s. Teil (b) von Übung 12-9).

Übung 12-10
Welches sind die Produkte der folgenden Reaktionen?

(a) $CH_3CH{=}CH_2 \xrightarrow{Cl_2,\ CH_3OH}$ (b) 3-Methylcyclohexen (H_3C-substituierter Cyclohexenring) $\xrightarrow{Br_2,\ H_2O}$

Übung 12-11
Welches Alken wäre eine gute Vorstufe zur Darstellung eines racemischen Gemisches von (2*R*,3*R*)- und (2*S*,3*S*)-2-Brom-3-methoxypentan? Welche anderen isomeren Produkte sind bei der von Ihnen vorgeschlagenen Reaktion zu erwarten?

Allgemeine Betrachtung der elektrophilen Addition von polarisierten oder polarisierbaren Reagenzien A – B

Alkene gehen stereo- und regioselektive Additionsreaktionen mit Reagenzien des Typs A – B ein, wobei A als ein Elektrophil und B als ein Nucleophil agiert. Solche Reagenzien sind neben den Produkten ihrer Addition an 2-Methylpropen in Tabelle 12-2 zusammengestellt.

Wie können wir voraussagen, welcher Teil der Reagenzien als Elektrophil und welcher als Nucleophil reagiert? Mit anderen Worten, was bestimmt den Sinn der Polarisierung der A – B-Bindung? Erwartungsgemäß sind die relativen Elektronegativitäten entscheidend. Bei Additionen an Alkene fungiert der Teil mit der höheren Elektronegativität als Nucleophil, der mit der geringeren Elektronegativität als Elektrophil. Um eine qualitative Vorstellung der relativen Elektronegativitäten verschiedener interessierender Struktur-Elemente zu gewinnen, sei auf Tabelle 1-2 verwiesen. Das Vermögen, Elektronen anzuziehen, steigt im Periodensystem der Elemente von links nach rechts sowie von unten nach oben. Beispielsweise ist BrCl im Sinne von $Br^{\delta+}Cl^{\delta-}$ polarisiert, es enthält also ein elektrophiles Bromatom. In ähnlicher Weise ist ICl gemäß $I^{\delta+}Cl^{\delta-}$ polarisiert, und RSCl ist als $RS^{\delta+}Cl^{\delta-}$ anzusehen.

Die Hybridisierung und die relative Elektronegativität anderer an die reaktiven Zentren gebundener Atome leisten ebenfalls einen wichtigen Beitrag zum Sinn der Polarisierung. Bromcyan ist beispielsweise ziemlich stark gemäß $Br^{\delta+}CN^{\delta-}$ polarisiert, obwohl der Unterschied der Elektronegativitäten von Brom (3.0) und Kohlenstoff (2.6) minimal ist. Der Grund für die beobachtete Richtung der Polarisierung liegt in der *sp*-Hybridisierung des Kohlenstoffatoms, und das Stickstoffatom ist mit einer Elektronegativität von 3.0 ebenfalls elektronenziehend.

Eine besondere elektrophile Addition: Oxymercurierung-Demercurierung

Das letzte Beispiel in Tabelle 12-2 ist eine elektrophile Addition eines Quecksilbersalzes an ein Alken. Diese Reaktion heißt *Mercurierung*. Das Reaktionsprodukt ist eine Alkylquecksilberverbindung, aus der das

Tabelle 12-2 Reagenzien A–B, die unter elektrophilem Angriff an Alkene addieren

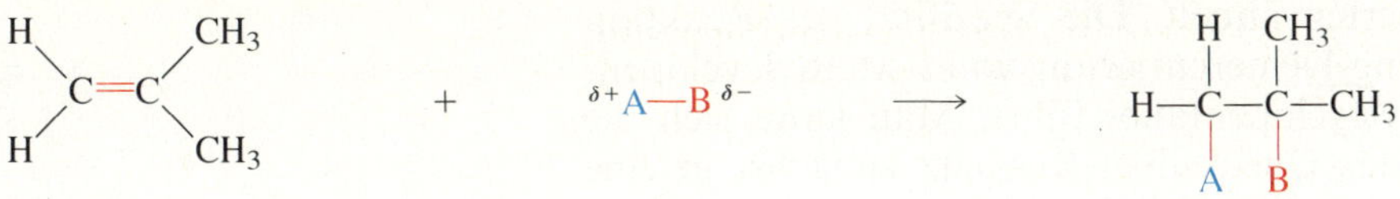

$$(H)_2C{=}C(CH_3)_2 + {}^{\delta+}A{-}B^{\delta-} \longrightarrow H{-}\underset{A}{\overset{H}{C}}{-}\underset{B}{\overset{CH_3}{C}}{-}CH_3$$

Name	Struktur	Additionsprodukt an 2-Methylpropen
Bromchlorid	Br—Cl	$BrCH_2C(Cl)(CH_3)_2$
Bromcyanid	Br—CN	$BrCH_2C(CN)(CH_3)_2$
Iodchlorid	I—Cl	$ICH_2C(Cl)(CH_3)_2$
Sulfenylchloride	RS—Cl	$RSCH_2C(Cl)(CH_3)_2$
Quecksilbersalze	XHg—X	$XHgCH_2C(X)(CH_3)_2$

Quecksilber in einer weiteren Reaktion abgespalten werden kann. Besonders nützlich ist eine Reaktionsfolge, die **Oxymercurierung-Demercurierung** genannt wird. Setzt man ein Alken mit Quecksilberethanoat (Quecksilberacetat) in Gegenwart von Wasser um, bildet sich das entsprechende Additions-Produkt (Oxymercurierung).

Oxymercurierung

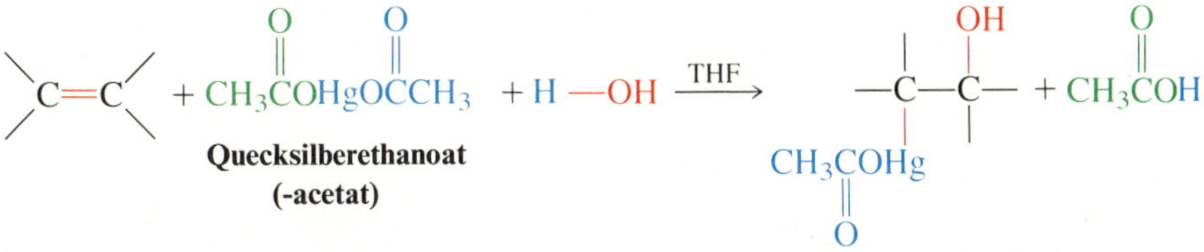

$$\rangle C{=}C\langle + CH_3\overset{O}{\overset{\|}{C}}OHgO\overset{O}{\overset{\|}{C}}CH_3 + H{-}OH \xrightarrow{THF} -\underset{CH_3\underset{\|}{\underset{O}{C}}OHg}{\overset{|}{C}}-\overset{OH}{\overset{|}{C}}- + CH_3\overset{O}{\overset{\|}{C}}OH$$

Quecksilberethanoat (-acetat)

Im Anschluß daran kann der Quecksilber-haltige Substituent durch Umsetzung mit Natriumborhydrid, $NaBH_4$, in Base abgespalten werden (Demercurierung). Das Endresultat der Reaktionsfolge ist eine Hydratisierung der Doppelbindung unter Bildung eines Alkohols.

Demercurierung

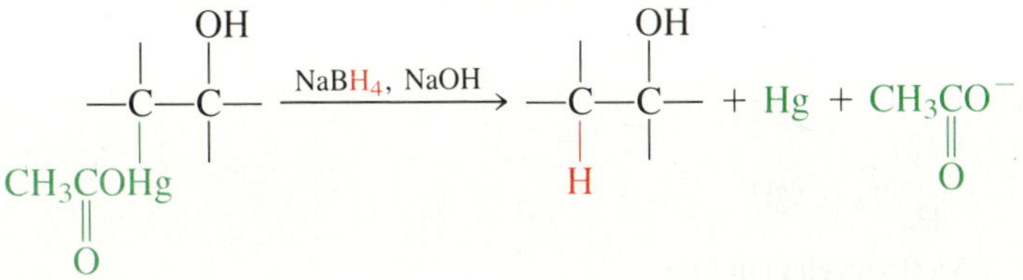

$$-\underset{CH_3\underset{\|}{\underset{O}{C}}OHg}{\overset{|}{C}}-\overset{OH}{\overset{|}{C}}- \xrightarrow{NaBH_4,\ NaOH} -\underset{H}{\overset{|}{C}}-\overset{OH}{\overset{|}{C}}- + Hg + CH_3\underset{\|}{\underset{O}{C}}O^-$$

Die Oxymercurierung ist weitgehend *anti*-stereospezifisch; sie ist auch regioselektiv. Dies legt einen Mechanismus nahe, der dem bisher für die elektrophile Addition diskutierten ähnelt. Die Spezifität der Reaktion wird durch die Oxymercurierung-Demercurierung von 1-Methylcyclopenten illustriert, die zu 1-Methylcyclopentanol führt. Man kann sich die Reaktion so vorstellen, daß das Quecksilber-Reagenz zunächst in eine kationische Quecksilber-Species und ein Ethanoat-Ion (Acetat-Ion) dissoziiert. Das Kation kann dann die Doppelbindung angreifen, was zu einem Mercurinium-Ion führt, welches einem cyclischen Bromonium-Ion nicht unähnlich sein dürfte. Das vorhandene Wasser greift das höher substituierte Kohlenstoffatom an und bildet so ein Alkylquecksilberethanoat (-acetat) als Zwischenprodukt. Dieses wird im folgenden Schritt durch Natriumborhydrid reduziert. Der Mechanismus der Reduktion, bei der metallisches Quecksilber gebildet wird, ist kompliziert und bisher nicht vollkommen verstanden. Als Produkt der Reduktion wird das tertiäre Methylcyclopentanol gebildet, formal das Produkt einer Hydrierung des Ausgangsmaterials nach Markovnikov. Die gesamte Oxymercurierung-Demercurierung kann bequem in einem Gefäß ohne Isolierung der Zwischenprodukte durchgeführt werden.

1-Methylcyclopentanol aus 1-Methylcyclopenten durch Oxymercurierung-Demercurierung

1 Dissoziation:

$$CH_3\overset{O}{\overset{\|}{C}}OHgO\overset{O}{\overset{\|}{C}}CH_3 \rightleftharpoons CH_3\overset{O}{\overset{\|}{C}}O^- + {}^+HgO\overset{O}{\overset{\|}{C}}CH_3$$

2 Elektrophiler Angriff:

1-Methylcyclopenten + $^+HgOCCH_3$ (O) ⟶ Mercurinium-Ion ($\overset{+}{Hg}OCCH_3$, CH_3)

Mercurinium-Ion

3 Nucleophile Öffnung:

Mercurinium-Ion + $H—\ddot{O}H$ $\xrightarrow{-H^+}$ (CH_3, OH, $HgOCCH_3$, H)

Alkylquecksilberethanoat (-acetat)

4 Reduktion:

(CH_3, OH, $HgOCCH_3$, H) $\xrightarrow[-CH_3COO^-]{NaBH_4,\ NaOH}$ (CH_3, OH, H, H) + Hg

1-Methylcyclopentanol

Wenn die Oxymercurierung eines Alkens in einem Alkohol als Lösungsmittel ausgeführt wird, erhält man bei der Demercurierung einen Ether.

Kasten 12-1

Oxymercurierung-Demercurierung in der Synthese eines Juvenilhormon-Analogen

Unten ist eine Anwendung der Oxymercurierung-Demercurierung bei der Synthese eines Juvenilhormon-Analogen gezeigt. Juvenilhormon ist eine Substanz, die die Metamorphose von Insektenlarven kontrolliert. Es wird von der wilden Seidenmotte *Hyalophora cecropia* L. produziert und verhindert die Reifung der Insektenlarve. Die Verbindung selbst wurde wie auch modifizierte Analoga als potentielle Insektizide vorgeschlagen.

Juvenilhormon

1. $Hg(OCCH_3)_2$, CH_3OH
2. $NaBH_4$, KOH

74%

Juvenilhormon-Analoge

Dieses Beispiel ist bemerkenswert, weil die Reaktion so gesteuert werden kann, daß sie nur an der sterisch am wenigsten gehinderten elektronenreichen Doppelbindung stattfindet. Leider beträgt die Aktivität des Produktes nur 1/500 von der des Naturstoffes.

Synthese von Ethern durch Oxymercurierung-Demercurierung

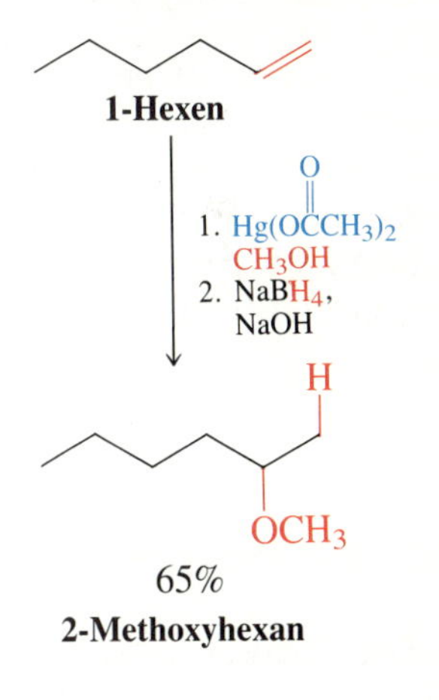

Übung 12-12

Erklären Sie die am Rand dargestellte Reaktion.

$HOCH_2$ CH_2OH

1. $Hg(OCCH_3)_2$
2. $NaBH_4$, NaOH

CH_2OH

42%

Die in diesem Abschnitt besprochenen Reaktionen ähneln sich darin, daß sie alle elektrophile Additionen sind. Die Protonierung von Alkenen führt zu Carbeniumionen. die dann mit Nucleophilen abgefangen werden können. Diese Additionen, die die Markovnikov-Regel befolgen, verlaufen über die stabilsten (am höchsten substituierten) Carbeniumionen. Auf diese Weise können Alkene regioselektiv zu Halogenalkanen hydrohalogeniert oder zu Alkoholen hydratisiert werden. Additionen von Halogenen liefern überbrückte Halogenium-Ionen als Intermediate. Diese Ionen unterliegen stereospezifischen und regioselektiven Ringöffnungen, die mechanistisch der nucleophilen Öffnung von protonierten Oxacyclopropanen stark ähneln. Halogenium-Ionen können durch Halogenid-Ionen,

Wasser oder Alkohole abgefangen werden, was zu vicinalen Dihalogeniden, Halogenalkoholen bzw. Halogenethern führt. Das Prinzip der elektrophilen Addition kann auf jedes Reagens A – B angewandt werden, das eine polarisierte oder polarisierbare Bindung besitzt. Schließlich wurde als synthetisch nützliche Reaktion zur Umwandlung von Alkenen in Markovnikov-Alkohole oder Ether die Oxymercurierung-Demercurierung diskutiert.

12.4 Regioselektive und stereospezifische Funktionalisierung von Alkenen durch Hydroborierung

Dieser Abschnitt beschreibt eine Reaktion, die mechanistisch irgendwo zwischen der Hydrierung und der elektrophilen Addition angesiedelt zu sein scheint: Die Hydroborierung von Doppelbindungen. Die daraus gebildeten Alkylborane sind synthetisch außerordentlich nützlich, weil das Boratom durch funktionelle Gruppen wie die Hydroxygruppe oder Halogene ersetzt werden kann.

Die Bor-Wasserstoff-Bindung addiert an Doppelbindungen

In einer Reaktion, die von ihrem Entdecker H.C. Brown * **Hydroborierung** genannt wurde, addiert Boran, BH_3, ohne katalytische Aktivierung an Doppelbindungen.

Hydroborierung

$$\rangle C{=}C\langle + H{-}BH_2 \longrightarrow H{-}C{-}C{-}BH_2 \xrightarrow{2\ \rangle C{=}C\langle} (H{-}C{-}C)_3{-}B$$

Boran **Ein Alkylboran** **Ein Trialkylboran**

Boran, welches als Dimer B_2H_6 existiert, ist in Ether-Lösung kommerziell erhältlich. In diesen Lösungen liegt Boran als Lewis-Säure-Base-Komplex mit dem Sauerstoffatom des Ethers vor. Ein solches Aggregat ermöglicht dem Bor die Ausbildung eines Elektronenoktetts (Darstellung der Molekülorbitale des Bors s. Abb. 1-14):

$$BH_3 + CH_3CH_2\ddot{O}CH_2CH_3 \longrightarrow H_3\bar{B}{-}\overset{+}{O}(CH_2CH_3)_2$$

Boran-Ether-Komplex

* Professor Herbert C. Brown, geb. 1912, Purdue University, Nobelpreis 1979.

Wie addiert die B-H-Einheit an die π-Bindung? Weil die π-Bindung elektronenreich und Boran elektronenarm ist, erscheint es sinnvoll, zunächst einen Lewis-Säure-Base-Komplex ähnlich einem Bromonium-Ion zu formulieren (Abb. 12-3 ohne die positive Ladung); dabei wird das leere *p*-Orbital des BH_3 benutzt, wie im Boran-Ether-Komplex. Danach wird eines der Wasserstoffatome über einen vier-Zentren-Übergangszustand auf eines der Kohlenstoffatome des Alkens übertragen, während das Boratom zum anderen Kohlenstoffatom transferiert wird, ohne daß irgendein weiteres Intermediat entsteht. Die Hydroborierung ist *syn*-stereospezifisch. Alle drei B–H-Bindungen des Borans sind in diesem Sinne reaktiv.

12.4 Regioselektive und stereospezifische Funktionalisierung von Alkenen durch Hydroborierung

Mechanismus der Hydroborierung

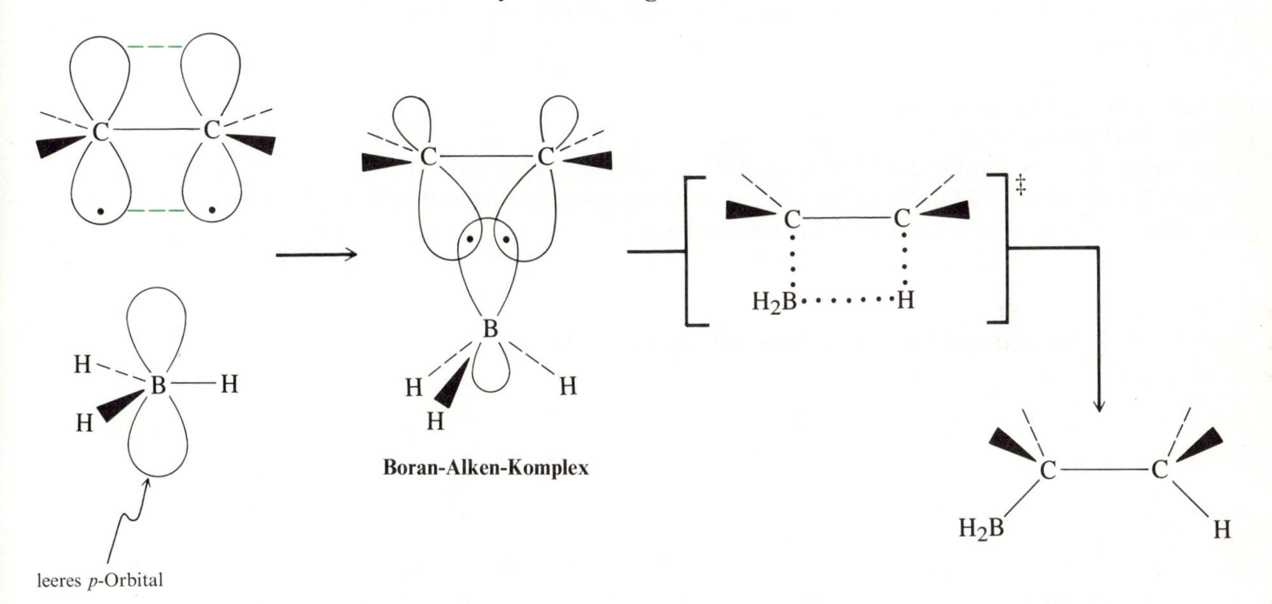

Die Hydroborierung ist nicht nur stereospezifisch (*syn*-Addition), sondern auch regioselektiv. Anders als bei der in Abschnitt 12.3 beschriebenen elektrophilen Addition kontrollieren jedoch sterische und nicht elektronische Faktoren die Regioselektivität: Das Boratom wird an das weniger gehinderte (weniger substituierte) Kohlenstoffatom gebunden. Die Reaktivität der aus diesen Hydroborierungen gebildeten Trialkylborane beansprucht besonderes Interesse.

Regioselektive Hydroborierung

$$3\ RCH{=}CH_2 + BH_3 \longrightarrow (RCH_2CH_2)_3B$$

Die Oxidation von Alkylboranen ergibt Alkohole

Trialkylborane können mit einer basischen wäßrigen Lösung von Wasserstoffperoxid unter Bildung von Alkoholen in der Weise oxidiert werden, daß die Hydroxygruppe den Boran-Rest ersetzt. Das Gesamtergebnis der zweistufigen Reaktionsfolge **Hydroborierung-Oxidation** ist die Addition der Bestandteile des Wassers an eine Doppelbindung. Im Gegensatz zu den Hydratisierungen in Abschnitt 12.3 erfolgt sie jedoch im **anti-Markovnikov**-Sinn.

Hydroborierung-Oxidation

$$3\ RCH{=}CHR \xrightarrow{BH_3} (RCH_2CHR)_3B \xrightarrow{H_2O_2,\ NaOH,\ H_2O} 3\ RCH_2\overset{\overset{\displaystyle R}{|}}{C}HOH$$

Beispiel:

$$(CH_3)_2CHCH_2CH{=}CH_2 \xrightarrow[\;]{1.\ BH_3\quad 2.\ H_2O_2,\ NaOH,\ H_2O} (CH_3)_2CHCH_2CH_2CH_2OH$$

80%

4-Methyl-1-penten → **4-Methyl-1-pentanol**

Die Oxidation des Alkylborans verläuft mechanistisch so, daß das stark nucleophile und elektronenreiche Hydroperoxid-Ion das elektronenarme Boratom angreift. Die daraus resultierende Species unterliegt einer Umlagerung, bei der eine Alkylgruppe mit ihrem Elektronenpaar (unter Retention der Konfiguration) zum benachbarten Sauerstoffatom wandert, wobei ein Hydroxid-Ion abgespalten wird. Obwohl die Hydroxygruppe normalerweise eine eher schlechte Abgangsgruppe ist, erlauben die schwache O–O-Bindung und die intramolekulare Natur des Prozesses ihre Abspaltung. Das so gebildete Produkt R_2BOR geht weitere Oxidationen bis zum Trialkylborat $(RO)_3B$ ein, welches im wäßrig basischen Medium zum Alkohol und zu Natriumborat hydrolysiert wird.

Mechanismus der Oxidation von Alkylboranen

$$R_3B + {}^{-}\!:\!\ddot{O}{-}\ddot{O}H \longrightarrow R_3B^{-}{-}\ddot{O}{-}\ddot{O}H \xrightarrow{-\,HO^{-}} R_2B{-}\ddot{O}R \xrightarrow[-\,HO^{-}]{HOO^{-}} \xrightarrow[-\,HO^{-}]{HOO^{-}}$$

Hydroperoxid-Ion

$$(RO)_3B \xrightarrow{H_2O,\ NaOH} (HO)B^{-}(OR)_3 \longrightarrow (HO)B(OR)_2 + {}^{-}OR \longrightarrow$$

Ein Trialkylborat

$$ROH + {}^{-}OB(OR)_2 \longrightarrow \longrightarrow 3\ ROH + Na_3BO_3$$

Natriumborat

Die Umlagerung bei der Oxidation von Alkylboranen ähnelt der Wanderung einer Alkylgruppe bei der Protonierung von 2,2-Dimethyl-1-propanol. In beiden Fällen wandert die Gruppe zu einem relativ elektronenarmen Zentrum.

$$CH_3C(CH_3)_2{-}CH_2{-}\overset{+}{O}H_2 \longrightarrow CH_3\overset{+}{C}(CH_3){-}CH_2CH_3 + H_2\ddot{O}$$

Wegen der hohen Selektivität der Boran-Addition erlaubt die folgende Oxidation die stereospezifische und regioselektive Synthese von Alkoholen.

Stereospezifische und regioselektive Synthese von Alkoholen durch Hydroborierung-Oxidation

3 1,2-Dideuteriocyclohexen $\xrightarrow{BH_3}$ $\xrightarrow{H_2O_2,\ NaOH,\ H_2O}$ 3 *cis*-1,2-Dideuteriocyclohexanol (87%)

3 1-Methylcyclopenten $\xrightarrow{BH_3}$ $\xrightarrow{H_2O_2,\ NaOH,\ H_2O}$ 3 *trans*-2-Methylcyclopentanol (86%)

Übung 12-13
Welches sind die Produkte einer Hydroborierung-Oxidation von (a) Propen und (b) (*E*)-2,3-Dideuterio-2-buten? Geben Sie die Stereochemie genau an!

Hydroborierung-Halogenierung: *anti*-Markovnikov-Hydrohalogenierung

Alkylborane können auch als Vorläufer von Halogenalkanen dienen. Zum Beispiel liefert die Reaktion mit Brom oder Iodmonochlorid die entsprechenden Halogenalkane. Wieder bewirkt die Spezifität der Hydroborierung, daß das Halogen nur an einem Ende der ursprünglichen Doppelbindung in das Molekül eintritt. Das Gesamtergebnis dieser **Hydroborierung-Halogenierung** ist die regioselektive und stereospezifische Hydrohalogenierung eines Alkens, wobei das Halogen im Unterschied zu Markovnikov-Additionen (Abschn. 12.3) an das geringer substituierte Kohlenstoffatom der ursprünglichen Doppelbindung gebunden wird.

Hydroborierung-Halogenierung

2-Methyl-1-penten $\xrightarrow{1.\ BH_3,\ THF,\ 0°C;\ 2.\ Br_2}$ 1-Brom-2-methylpentan (70%)

Cyclohexen $\xrightarrow{1.\ BH_3;\ 2.\ ICl}$ Iodcyclohexan (100%)

Übung 12-14
Zeichnen Sie die Produkte der Hydroborierung-Halogenierung von (a) 1,2-Dideuteriocyclopenten und (b) (*Z*)-2,3-Dideuterio-2-buten unter Angabe der Stereochemie!

Zusammenfassend bleibt festzustellen, daß die Hydroborierung eine weitere Methode zur Funktionalisierung von Alkenen darstellt. Die anfängliche Boran-Addition verläuft *syn*-regioselektiv, das Boratom wird an das weniger substituierte Kohlenstoffatom der Doppelbindung gebunden. Die Oxidation von Alkylboranen mit basischer Wasserstoffperoxid-Lösung liefert anti-Markovnikov-Alkohole; Halogenierung ergibt die entsprechenden Halogenalkane.

12.5 Oxidation von Alkenen mit elektrophilen Oxidationsmitteln

Dieser Abschnitt beschreibt, wie elektrophile Oxidationsmittel Sauerstoffatome auf eine π-Bindung übertragen, wobei Oxacyclopropane (Epoxide), vicinale *syn*- und *anti*-Diole, sowie durch vollständigen Bruch der Doppelbindung Carbonylverbindungen entstehen. Wir wollen mit der Bildung von Oxacyclopropanen durch Reaktion von Alkenen mit Peroxycarbonsäuren beginnen, einer Umwandlung, die nach hydrolytischer Ringöffnung schließlich zu vicinalen *anti*-Diolen führt.

Peroxycarbonsäuren übertragen Sauerstoffatome auf Doppelbindungen: Bildung von Oxacyclopropanen und *anti*-Diolen

Die OH-Gruppe in Peroxycarbonsäuren, $\mathrm{R\overset{O}{\overset{\|}{C}}OOH}$, enthält ein elektrophiles Sauerstoffatom. Diese Verbindungen reagieren mit Alkenen unter Übertragung dieses Sauerstoffatoms auf die Doppelbindung, was zu Oxacyclopropanen führt. Das andere Produkt der Reaktion ist eine Carbonsäure, die mit wäßriger Base bequem abgetrennt werden kann. Die Umwandlung ist präparativ wertvoll, da Oxacyclopropane, wie wir wissen, vielseitige Zwischenprodukte in der Synthese sind (Abschn. 9.6). Die Reaktion läuft bei Raumtemperatur in inerten Lösungsmitteln wie Chloroform, Dichlormethan oder Benzol ab. Eine häufig benutzte, käufliche, kristalline Peroxycarbonsäure ist die *meta*-Chlorperbenzoesäure (MCPBA).

Bildung von Oxacyclopropanen

$$\mathrm{>C{=}C<} + \mathrm{R\overset{O}{\overset{\|}{C}}-\overset{\delta^-}{O}-\overset{\delta^+}{O}-H} \longrightarrow \text{Oxacyclopropan} + \mathrm{R\overset{O}{\overset{\|}{C}}OH}$$

elektrophil

Ein Oxacyclopropan

Peroxycarbonsäuren

$\mathrm{R-\overset{O}{\overset{\|}{C}}-\overset{\delta^-}{O}-\overset{\delta^+}{O}H}$

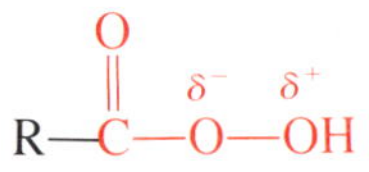

Eine Peroxycarbonsäure

$\mathrm{CH_3\overset{O}{\overset{\|}{C}}OOH}$

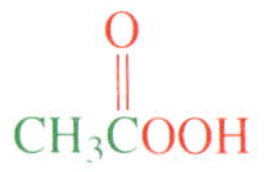

Peroxyethansäure
(Peressigsäure)

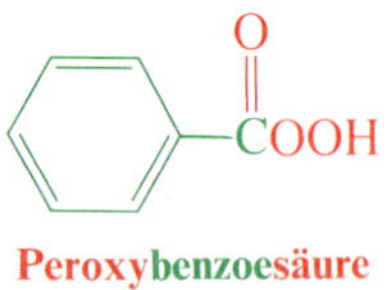

$\mathrm{C_6H_5\overset{O}{\overset{\|}{C}}OOH}$

Peroxybenzoesäure
(Benzoepersäure)

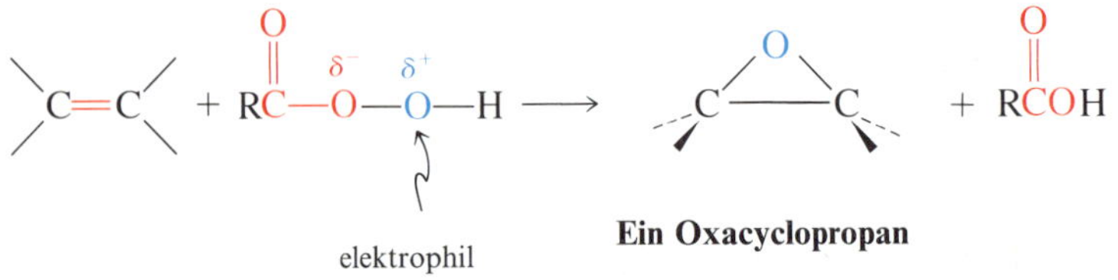

Beispiele:

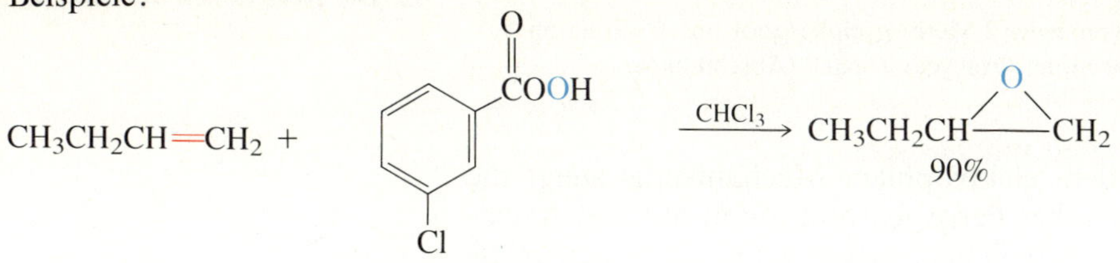

$$CH_3CH_2CH{=}CH_2 + \text{MCPBA} \xrightarrow{CHCl_3} CH_3CH_2CH\text{—}CH_2 \text{ (Epoxid, O)} \quad 90\%$$

1-Buten — ***meta*-Chlorperbenzoesäure (MCPBA)** — **Ethyloxacyclopropan**

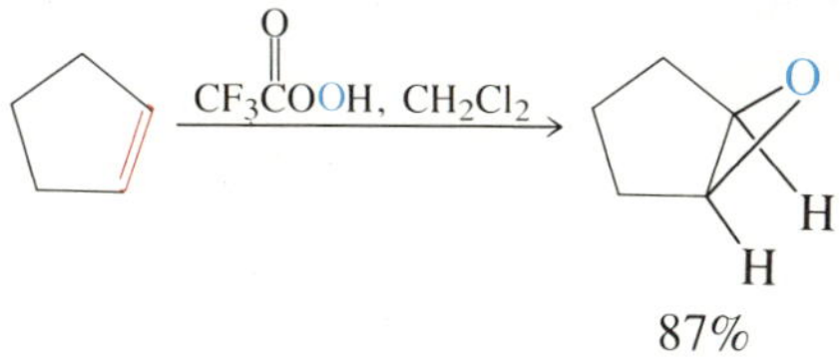

$$\text{Cyclopenten} \xrightarrow{CF_3COOH,\ CH_2Cl_2} \text{Epoxid} \quad 87\%$$

Die Übertragung des Sauerstoffatoms erfolgt stereospezifisch *syn*, die Stereochemie des ursprünglichen Alkens bleibt im Produkt erhalten. Zum Beispiel ergibt *trans*-Dideuterioethen *trans*-2,3-Dideuteriooxacyclopropan; das entsprechende *cis*-Ethen führt zu *cis*-2,3-Dideuteriooxacyclopropan.

$$\text{HDC=CDH} \xrightarrow{\text{MCPBA}} \text{Epoxid} \quad 85\%$$

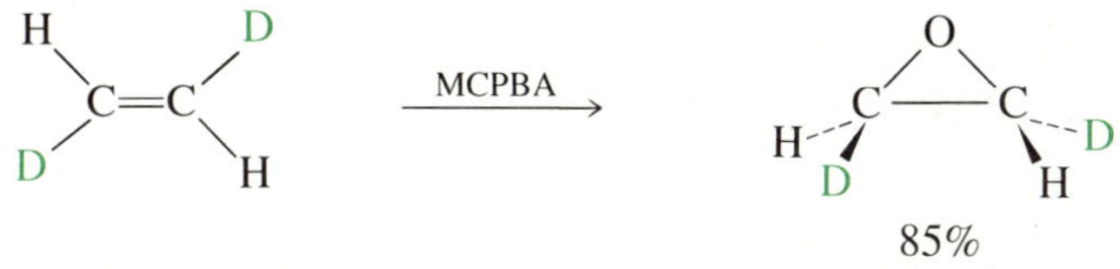

***trans*-1,2-Dideuterioethen** — ***trans*-1,2-Dideuteriooxacyclopropan**

$$\text{DHC=CHD} \xrightarrow{\text{MCPBA}} \text{Epoxid} \quad 85\%$$

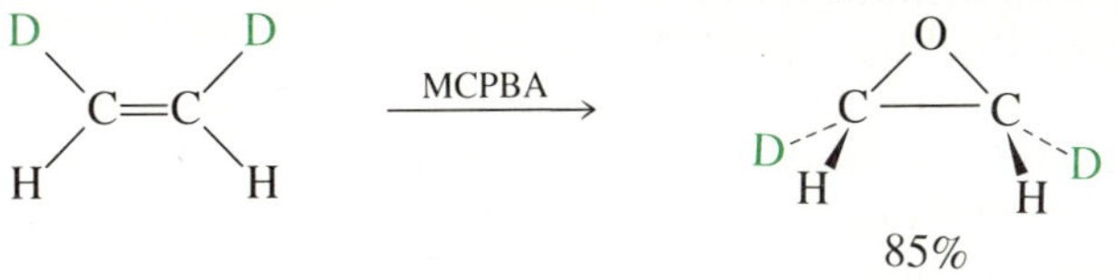

***cis*-1,2-Dideuterioethen** — ***cis*-1,2-Dideuteriooxacyclopropan**

Welchen Mechanismus hat diese Oxidation? Man kann sich einen cyclischen Übergangszustand vorstellen, in welchem simultan das Proton der Peroxycarbonsäure auf ihre eigene Carbonylgruppe übertragen wird, wie das elektrophile Sauerstoffatom an die π-Bindung addiert wird. Formal beteiligt sich das Elektronenpaar der π-Bindung des Alkens an der Bildung einer Bindung zum elektrophilen Sauerstoffatom, während das für die O–H-Bindung verantwortliche Elektronenpaar die andere Bindung bildet.

Mechanismus der Bildung von Oxacyclopropanen

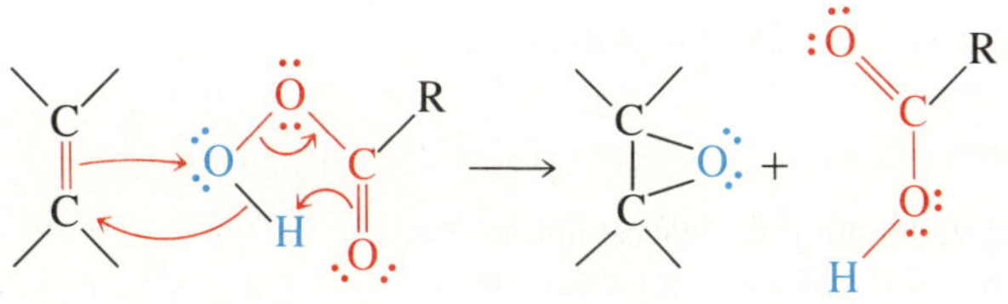

$$\text{C=C} + \text{H–O–O–C(=O)R} \longrightarrow \text{Oxacyclopropan} + \text{RC(=O)OH}$$

Übung 12-15
Schlagen Sie eine kurze Synthese von *trans*-2-Methylcyclohexanol aus Cyclohexen vor. Hinweis: Betrachten Sie die Reaktionen der Oxacyclopropane (Abschn. 9.6).

In Übereinstimmung mit dem elektrophilen Mechanismus steigt die Reaktivität von Alkenen gegenüber Peroxycarbonsäuren mit zunehmender Alkyl-Substitution, was die Möglichkeit selektiver Oxidationen eröffnet.

Relative Geschwindigkeiten (in Klammern) der Bildung von Oxacyclopropanen

$$H_2C{=}CH_2\ (1) < RCH{=}CH_2\ (24) < RCH{=}CHR \sim R_2C{=}CH_2\ (500) < R_2{=}CHR\ (6500) < R_2C{=}CR_2\ \text{(sehr schnell)}$$

Beispiel:

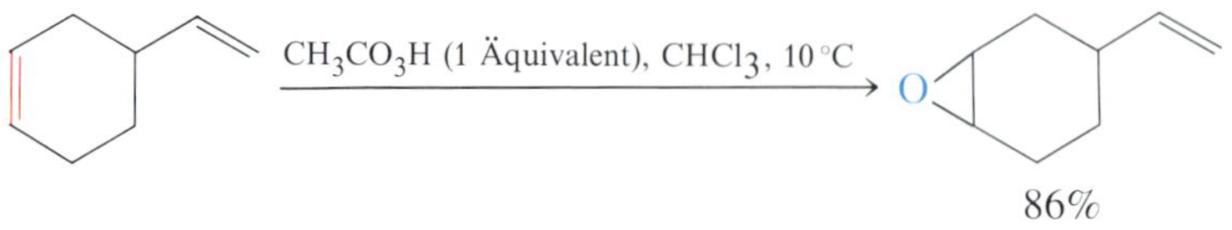

CH_3CO_3H (1 Äquivalent), $CHCl_3$, 10 °C

O

86%

Die Hydrolyse von Oxacyclopropanen führt zu Produkten einer *anti*-Dihydroxylierung von Alkenen

Die Behandlung von Oxacyclopropanen mit Wasser in Gegenwart katalytischer Mengen Säure oder Base führt unter Ringöffnung (Abschn. 9.6) zu den entsprechenden vicinalen Diolen. In dieser Reaktion greift Wasser die dem Sauerstoffatom gegenüberliegende Seite des Dreiringes nucleophil an, so daß das Gesamtergebnis der Sequenz aus Oxidation und Hydrolyse eine *anti-Dihydroxylierung* ist. Auf diese Weise erhält man aus *trans*-2-Buten *meso*-2,3-Butandiol, wogegen *cis*-2-Buten zu einer racemischen Mischung der 2*R*,3*R*- und 2*S*,3*S*-Diastereomeren führt.

Bildung vicinaler *anti*-Diole aus Alkenen

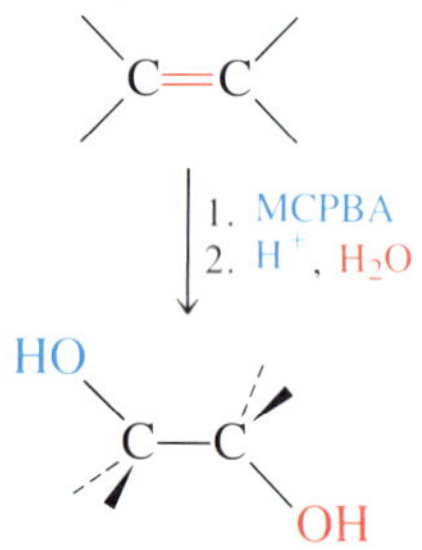

C=C

1. MCPBA
2. H^+, H_2O

HO C—C OH

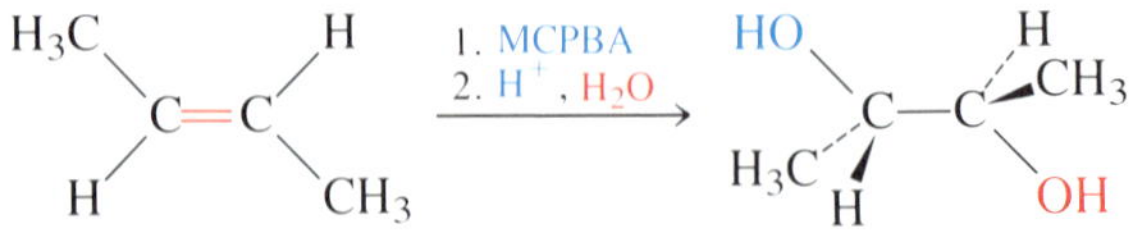

H_3C H C=C H CH_3 — 1. MCPBA 2. H^+, H_2O → HO H C—C CH_3 H_3C H OH

***trans*-2-Buten** → ***meso*-2,3-Butandiol**

H H C=C H_3C CH_3 — 1. MCPBA 2. H^+, H_2O → HO H C—C CH_3 H R R OH CH_3 + H_3C H C—C OH HO S S H CH_3

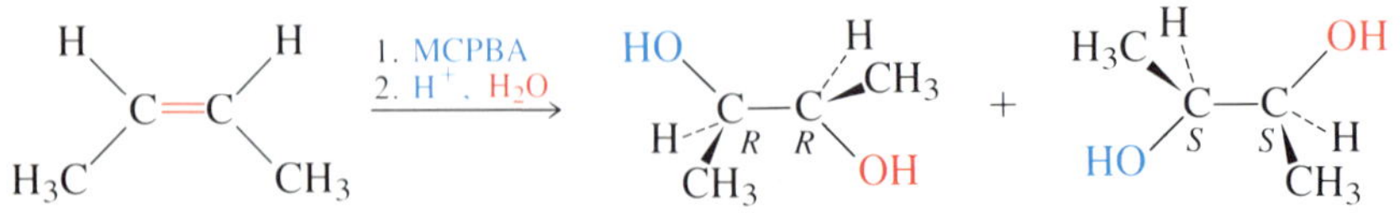

***cis*-2-Buten** → **(2*R*,3*R*)-2,3-Butandiol** + **(2*S*,3*S*)-2,3-Butandiol**

Übung 12-16
Welche Produkte erhält man, wenn man die folgenden Verbindungen zunächst mit MCPBA und dann mit wäßriger Säure behandelt? (a) 1-Hexen; (b) Cyclohexen; (c) *cis*-2-Penten.

Oxidation von Alkenen zu vicinalen *syn*-Diolen

Kaliumpermanganat reagiert in kalter wäßriger Lösung unter neutralen Bedingungen mit Alkenen unter Bildung der entsprechenden vicinalen *syn*-Diole. Daneben wird bei dieser Reaktion das unlösliche dunkelbraune Mangandioxid, MnO_2, gebildet, das seinerseits ein mildes Oxidationsmittel ist. Unter neutralen Bedingungen reagiert MnO_2 jedoch weder mit dem Alken noch mit dem gebildeten Diol.

Vicinale *syn*-Dihydroxylierung mit Permanganat

$$\text{>C=C<} + \underset{\textbf{tief violett}}{KMnO_4} \xrightarrow{0°C,\ H_2O,\ pH = 7} \text{HO–C–C–OH} + \underset{\textbf{braun}}{MnO_2}$$

Beispiel:

$$\text{Cyclohexen} \xrightarrow{KMnO_4,\ H_2O,\ 0°C} \text{cis-1,2-Cyclohexandiol (37\%)}$$

37%

***cis*-1,2-Cyclohexandiol**

Welcher Mechanismus liegt dieser Reaktion zugrunde? Die anfängliche Reaktion der π-Bindung mit dem Permanganat ist eine konzertierte Addition, in der sich drei Elektronenpaare simultan verschieben, wodurch ein Mn(V) enthaltender cyclischer Ester entsteht. Man kann diesen Prozeß als einen elektrophilen Angriff auf das Alken betrachten. Es werden formal zwei Elektronen vom Alken auf das Metall übertragen, welches von Mn(VII) zu Mn(V) reduziert wird. Aus sterischen Gründen kann sich das Produkt nur so bilden, daß beide Sauerstoffatome auf *einer* Seite des π-Systems eingeführt werden: *syn*. Dieses Intermediat ist reaktiv und hydrolysiert in Gegenwart von Wasser unter Freisetzung des Diols und Bildung einer instabilen Mangan(V)-Verbindung. In dieser Oxidationsstufe disproportioniert Mangan zum unlöslichen MnO_2 und (wahrscheinlich) einer Mn(VI)-Species, die weiteres Ausgangsmaterial oxidiert. Die Details dieser Umwandlung sind komplex. Die Entfärbung einer violetten Permanganat-Lösung ist eine für Alkene charakteristische Reaktion. Andere Stoffklassen wie Alkane, Halogenide, Ether und Ketone sind, soweit bisher bekannt, unter diesen Bedingungen stabil.

Mechanismus der Permanganat-Oxidation von Alkenen

$$\text{Cyclohexen} + \overset{VII}{MnO_4^-} \longrightarrow \text{cyclischer Mn(V)-Ester} \xrightarrow{H_2O} \text{cis-1,2-Cyclohexandiol} + [Mn^{V}]$$

syn-Dihydroxylierungen können mit besseren Ausbeuten mit Osmiumteroxid (OsO_4) durchgeführt werden; der Mechanismus ist dem der Permanganat-Oxidation weitgehend ähnlich. Das Metall in OsO_4 hat die gleiche Zahl von Valenzelektronen wie Mangan in MnO_4^-; Osmium steht im Periodensystem der Elemente eine Gruppe weiter rechts als Mangan. Ursprünglich wurde das Reagens in stöchiometrischen Mengen angewandt, was zu isolierbaren cyclischen Estern als Zwischenprodukte führte. Üblicherweise wurden diese Ester jedoch nicht isoliert, sondern mit H_2S oder Natriumhydrogensulfit, $NaHSO_3$ (Natriumbisulfit), reduktiv hydrolysiert.

Vicinale *syn*-Dihydroxylierung mit Osmiumtetroxid

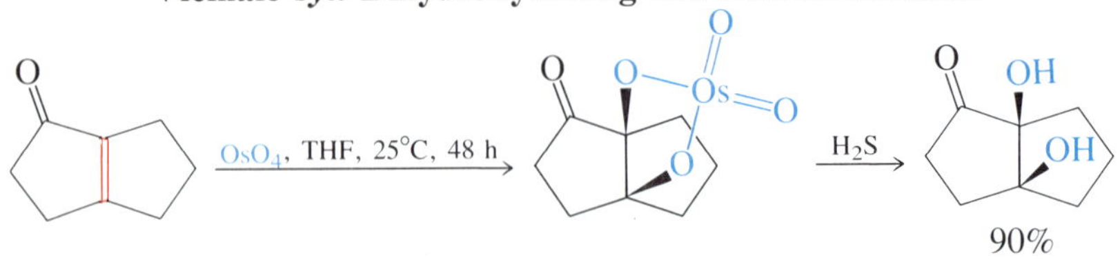

OsO_4, THF, 25°C, 48 h → H_2S → 90%

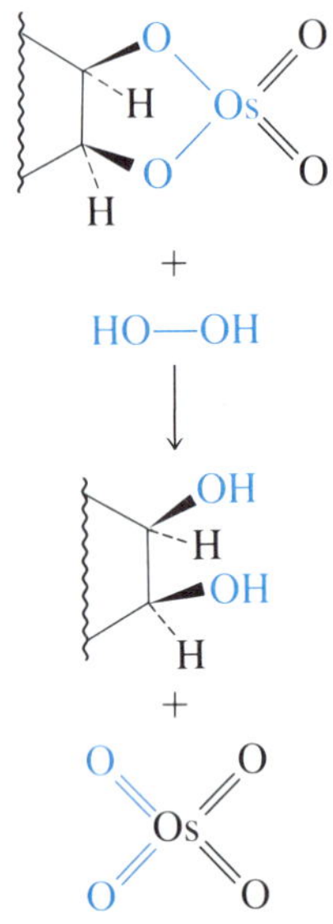

Osmiumtetroxid ist jedoch teuer und sehr giftig; daher wurde die Methode derart modifiziert, daß lediglich katalytische Mengen des OsO_4 und dazu stöchiometrische Mengen von Wasserstoffperoxid benötigt werden, welches unter diesen Bedingungen nicht selbst mit Alkenen reagiert. Im katalytischen Cyclus bildet OsO_4 zunächst den cyclischen Ester, der dann oxidativ hydrolysiert wird, wobei das vicinale *syn*-Diol und OsO_4 freigesetzt werden. Die Methode liefert direkt ohne einen zweiten Reaktionsschritt das Diol.

Oxidative Hydrolyse des intermediären Esters bei Osmiumtetroxid-Oxidationen

+ HO—OH → + OsO_4

Ein Beispiel der Anwendung dieser Methode auf ein Steroid zeigt, daß die Reaktion nicht nur bezüglich der Doppelbindung stereospezifisch ist, sondern auch in Bezug auf andere Stereozentren des Moleküls. In diesem Fall ist die α-Seite (Abschn. 4.7) des Steroids sterisch weniger gehindert, weswegen die Bildung des vicinalen Diols nur auf der α-Seite erfolgt:

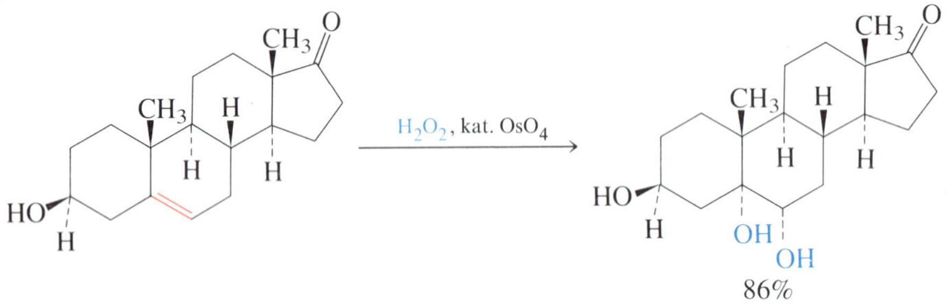

H_2O_2, kat. OsO_4 → 86%

Übung 12-17

Die stereochemischen Konsequenzen der vicinalen *syn*-Dihydroxylierung komplementieren die der vicinalen *anti*-Dihydroxylierung. Welches sind unter Berücksichtigung der Stereochemie die Produkte der vicinalen *syn*-Dihydroxylierung von *cis*- und von *trans*-Buten?

Die vollständige oxidative Spaltung von Alkenen: Ozonolyse

Während die Oxidation von Alkenen mit kalter Kaliumpermanganat-Lösung oder Osmiumtetroxid nur zum Bruch der π-Bindung führt, gibt es andere Reagenzien, die auch die σ-Bindung brechen. Die allgemeinste und mildeste Methode, Alkene unter oxidativer Spaltung in Carbonylverbindungen zu überführen, ist die **Ozonolyse**. Bei dieser Reaktion wird das Alken bei tiefer Temperatur beispielsweise in Methanol mit Ozon, O_3, zur

Reaktion gebracht. Andere übliche Lösungsmittel sind Ethylethanoat (Ethylacetat) und Dichlormethan. Ozon wird im Labor durch einen Ozonisator hergestellt. Dabei handelt es sich um ein Gerät, in welchem durch eine Glimmentladung in einem trockenen Sauerstoff-Strom 3–4% Ozon gebildet werden. Die Gasmischung wird anschließend durch die das Alken enthaltende Lösung geleitet. Das erste isolierbare Intermediat ist eine Species, die *Ozonid* genannt wird. Das Ozonid wird in einem anschließenden reduktiven Schritt durch katalytische Hydrierung, Zink in Ethansäure (Essigsäure) oder Dimethylsulfid direkt zu den beiden Carbonylverbindungen reduziert. Das Gesamtergebnis der Reaktionsfolge Ozonolyse-Reduktion ist aufgrund einer Spaltung des Moleküls an der C=C-Doppelbindung die Bildung zweier Carbonylverbindungen.

Ozonolyse-Reduktion

$$\mathrm{>C{=}C<} \xrightarrow{O_3} \text{Ozonid} \xrightarrow[-\,[O]]{\text{Reduktion}} \mathrm{>C{=}O} + \mathrm{O{=}C<}$$

Ozonid **Carbonyl-Produkte**

Beispiele:

$$\text{(Z)-}CH_3CH_2(CH_3)C{=}C(H)CH_3 \xrightarrow[2.\ Zn,\ CH_3COOH]{1.\ O_3,\ CH_2Cl_2} CH_3CH_2\overset{O}{\overset{\|}{C}}CH_3 + CH_3\overset{O}{\overset{\|}{C}}H$$

(Z)-3-Methyl-2-penten — **2-Butanon** (90%) — **Ethanal (Acetaldehyd)**

$$\text{1-Methylcyclohexen} \xrightarrow[2.\ H_2,\ Pt]{1.\ O_3,\ CH_2Cl_2} CH_3\overset{O}{\overset{\|}{C}}(CH_2)_4\overset{O}{\overset{\|}{C}}H$$

1-Methylcyclohexen — **6-Oxoheptanal** (85%)

$$\text{Bicyclus mit } H_3C \text{ und } {=}CH_2 \xrightarrow[2.\ (CH_3)_2S]{1.\ O_3,\ CH_3OH} \text{Bicyclus mit } H_3C \text{ und } {=}O + CH_2{=}O$$

76% (bei der Aufarbeitung entfernt)

Der Mechanismus der Ozonolyse verläuft über eine elektrophile Addition des Ozons an die Doppelbindung; diese Umwandlung liefert das *Primärozonid* (auch Molozonid genannt). Bei dieser Reaktion bewegen sich, wie wir es schon bei zahlreichen anderen Reaktionen kennengelernt haben, sechs Elektronen konzertiert in einem cyclischen Übergangszustand. Das Primärozonid ist instabil und fragmentiert in eine Carbonylverbindung und ein Carbonyloxid. Dieser Prozeß läuft wiederum über einen Übergangszustand mit sechs Elektronen. Kopf–Schwanz-Kombination der beiden Fragmente führt zum Ozonid.

Mechanismus der Ozonolyse:

Schritt 1: Bildung des Primärozonids und dessen Spaltung

$$>C{=}C< + {}^{-}:\ddot{O}{-}O^{+}{=}\ddot{O}: \longrightarrow \left[\text{Primärozonid}\right] \longrightarrow >C{=}\ddot{O}: + >C{=}\ddot{O}^{+}{-}\ddot{O}:^{-}$$

Ein Primärozonid

Ein Carbonyloxid

Schritt 2: Bildung des Ozonids und Reduktion

$$>C{=}O: + >C{=}O^{+}{-}\ddot{O}:^{-} \longrightarrow \text{Ozonid}$$

Ozonid

H_2, Pt

Zn, CH_3COOH

$(CH_3)_2S$

$>C{=}\ddot{O} + H_2\ddot{O}$

$>C{=}\ddot{O} + ZnO$

$>C{=}\ddot{O} + (CH_3)_2S{=}\ddot{O}$

Übung 12-18

Ein unbekannter Kohlenwasserstoff der empirischen Formel (*nicht* Summenformel) C_3H_5 hat ein ^{1}H NMR-Spektrum mit einem komplexen Multiplett von Signalen zwischen 1 und 2.2 ppm. Die Ozonolyse dieser Verbindung ergibt zwei Äquivalente Cyclohexanon. Welche Struktur hat die unbekannte Verbindung?

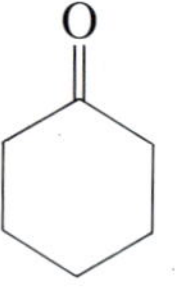

Ozonolyse zu Alkoholen

Die Behandlung des Ozonids mit Natriumborhydrid ($NaBH_4$) führt zu Alkoholen. Auf diese Weise kann eine Doppelbindung unter Bildung zweier Alkohole gespalten werden.

Alkohole aus Alkenen

$$CH_3CH_2CH_2CH{=}CHCH_2CH_2CH_3 \xrightarrow[\text{2. } NaBH_4,\ CH_3OH]{\text{1. } O_3,\ CH_2Cl_2} 2\ CH_3CH_2CH_2CHOH \text{ (mit H)}$$

4-Octen

95%

1-Butanol

$$CH_3CH{=}CH(CH_2)_7\overset{O}{\overset{\|}{C}}OCH_3 \xrightarrow[\text{2. } NaBH_4,\ CH_3OH]{\text{1. } O_3,\ CH_2Cl_2} CH_3CHOH + HOCH(CH_2)_7\overset{O}{\overset{\|}{C}}OCH_3 \text{ (jeweils mit H)}$$

Methyl 9-undecenoat

Ethanol

91%

Methyl 9-hydroxynonanoat

Übung 12-19

Welches sind die Produkte der folgenden Reaktionen:

(a) [Strukturformel: 2-Methyl-3-vinylcyclopentanon; 1. O_3, 2. $(CH_3)_2S$ →]

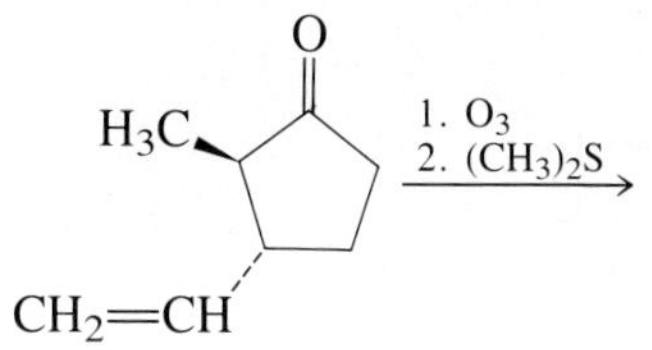

(b) [Strukturformel: Methylencyclopentan; 1. O_3, 2. $NaBH_4$ →]

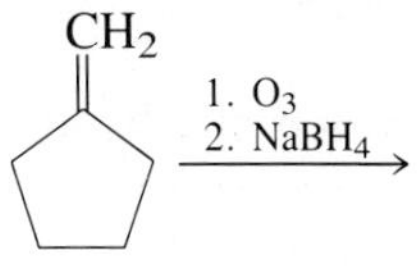

Übung 12-20

Welche Strukturformel hat das Ausgangsmaterial der folgenden Reaktion:

$C_{10}H_{16}$ → (1. O_3, 2. H_2, Pt) [Strukturformel: Cyclodecan-1,6-dion]

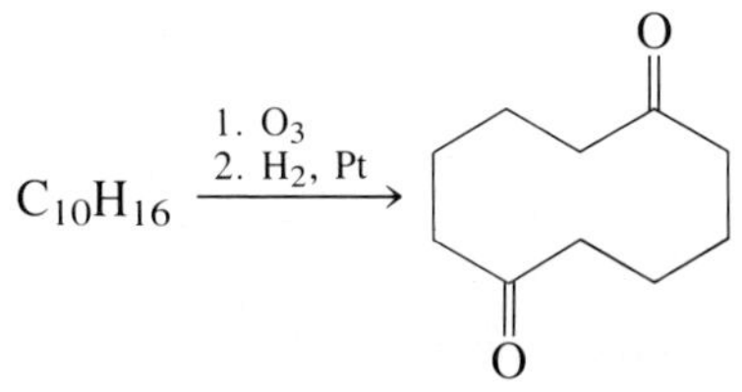

Es bleibt festzuhalten, daß zahlreiche elektrophile Oxidationsmittel Alkene mit oder ohne Bruch der Doppelbindung in oxidierte Produkte umwandeln. Peroxycarbonsäuren übertragen ein Sauerstoffatom, was zu Oxacyclopropanen führt. Sequenzen aus Oxidation mit Peroxycarbonsäuren und anschließender Hydrolyse liefern vicinale *anti*-1,2-Diole, wogegen kalte wäßrige Kaliumpermanganat-Lösungen oder besser katalytische Mengen Osmiumtetroxid in Gegenwart stöchiometrischer Mengen Wasserstoffperoxid zu vicinalen *syn*-Diolen führen. Schließlich gelangt man durch Ozonolyse bei anschließender Reduktion des Ozonids unter Bruch der Doppelbindung zu Aldehyden und Ketonen. Behandlung des Ozonids mit Natriumborhydrid ergibt die entsprechenden Alkohole. Mechanistisch können alle diese Reaktionen auf einen elektrophilen Angriff auf die Doppelbindung zurückgeführt werden, der zu ihrem Bruch führt, wobei die beiden π-Elektronen zur Bindung des Oxidationsmittels verwendet werden.

12.6 Addition von Radikalen an Alkene: Bildung von anti-Markovnikov-Produkten

In diesem Abschnitt befassen wir uns mit einer anderen Art der Reaktivität von Doppelbindungen, mit Radikaladditionen. Im Unterschied zu den elektrophilen Additionsreagenzien, die beide π-Elektronen der Doppelbindung benötigen, erfordert ein Radikal nur eines, so daß ein Alkylradikal gebildet wird. Die Konsequenz dieses Unterschiedes ist die Bildung von anti-Markovnikov-Produkten.

12.6 Addition von Radikalen an Alkene: Bildung von anti-Markovnikov-Produkten

Addition von Bromwasserstoff an Alkene unter Bildung des anti-Markovnikov-Produktes: Ein Wechsel im Mechanismus

Setzt man frisch destilliertes 1-Buten mit Bromwasserstoff um, wird entsprechend der Markovnikov-Regel Addition zu 2-Brombutan beobachtet. Dies steht in Einklang mit dem in Abschn. 12.3 diskutierten ionischen Mechanismus. Erstaunlicherweise führt die Reaktion, wenn man sie mit einer Probe 1-Buten ausführt, die einige Zeit der Luft ausgesetzt war, deutlich schneller zu einem ganz anderen Resultat. In diesem Fall isoliert man 1-Brombutan, das anti-Markovnikov-Produkt.

Dieser Wechsel führte in den Anfängen der Alken-Chemie zu einer beträchtlichen Verwirrung, weil ein Forscher das eine Hydrobromierungs-Produkt erhielt, und ein anderer bei der scheinbar gleichen Reaktion ein anderes oder eine Mischung aus beiden. Das Rätsel wurde in den dreißiger Jahren von Kharasch* gelöst, als gefunden wurde, daß Radikale die Verursacher waren; sie waren aus Peroxiden, ROOR, entstanden, wenn das betreffende Alken der Luft ausgesetzt worden war.

Markovnikov-Addition von HBr

$$CH_3CH_2CH{=}CH_2 \xrightarrow[24\ h]{HBr} CH_3CH_2CH(Br)CH_2H$$

90%

Markovnikov-Produkt

Unter diesen Bedingungen ist die Natur des Mechanismus nicht ionisch, sondern eine viel schnellere **Radikalketten-Reaktion** (In diesem Abschnitt werden wie in Kap. 3 alle Radikale und einzelne Atome in grün dargestellt). Der Anfangsschritt (Initiation) besteht zunächst im Bruch der schwachen RO–OR-Bindung ($DH^0 \sim 146.5$ kJ/mol) und der dann folgenden Reaktion der gebildeten Alkoxyradikale (oder daraus gebildeter Radikale) mit dem Bromwasserstoff. Die treibende Kraft für den zweiten (exothermen) Schritt ist die Bildung der starken O–H-Bindung. Das so gebildete Bromatom initiiert die Kettenreaktion durch Angriff auf die Doppelbindung. Eines der π-Elektronen kombiniert mit dem ungepaarten Elektron des Broms unter Bildung der Brom-Kohlenstoff-Bindung. Das andere π-Elektron verbleibt am anderen Kohlenstoffatom und führt zur Bildung eines Radikals. Der Angriff durch das Halogenatom erfolgt *regioselektiv*, wobei das stabilere sekundäre Radikal anstatt des weniger stabilen primären gebildet wird. Dies erinnert an die ionische Addition von Bromwasserstoff an Alkene, nur daß die Rollen von Proton und Brom vertauscht sind. Beim ionischen Mechanismus greift das Proton in der Weise an, daß das stabilere Carbeniumion gebildet wird. Beim radikalischen Mechanismus ist das Bromatom die angreifende Spezies, und es wird das stabilere Radikal gebildet. Letzteres reagiert dann mit noch vorhandenem Bromwasserstoff unter Abstraktion des Wasserstoffatoms, wobei das für die Kettenreaktion erforderliche Bromatom übrig bleibt. Beide Schritte des Kettenwachstums sind exotherm, und die Reaktion läuft schnell ab. Wie üblich erfolgt der Abbruch der Kettenreaktion durch Radikalkombination oder einen anderen Abfang der Radikale (Abschn. 3.5).

Anti-Markovnikov-Addition von HBr

$$CH_3CH_2CH{=}CH_2$$

(in Gegenwart von Sauerstoff)

$$\xrightarrow[4\ h]{HBr} CH_3CH_2CH(H)CH_2Br$$

65%

Anti-Markovnikov-Produkt

Mechanismus der radikalischen Hydrobromierung

Initiation:

$$R\ddot{\underset{..}{O}}{-}\ddot{\underset{..}{O}}R \xrightarrow{\Delta} 2\ R\ddot{\underset{..}{O}}\cdot \qquad \Delta H^0 \sim +146\ \text{kJ/mol}$$

$$R\ddot{\underset{..}{O}}\cdot + H\ddot{\underset{..}{Br}}: \xrightarrow{\Delta} R\ddot{\underset{..}{O}}H + :\ddot{\underset{..}{Br}}\cdot \qquad \Delta H^0 \sim -64.9\ \text{kJ/mol}$$

* Professor M.S. Kharasch, 1895–1957, University of Chicago.

Kettenwachstum:

$$\begin{matrix} H \\ \diagdown \\ C{=}CH_2 \\ \diagup \\ CH_3CH_2 \end{matrix} + :\ddot{\underset{..}{Br}}\cdot \longrightarrow \underset{\textbf{sekundäres Radikal}}{CH_3CH_2\dot{C}H{-}CH_2\ddot{\underset{..}{Br}}:} \quad \Delta H^0 \sim -12.6\ \text{kJ/mol}$$

$$CH_3CH_2\dot{C}HCH_2Br + H:\ddot{\underset{..}{Br}}: \longrightarrow CH_3CH_2\overset{H}{\overset{|}{C}}HCH_2\ddot{\underset{..}{Br}}: + :\ddot{\underset{..}{Br}}\cdot \quad \Delta H^0 \sim -31.4\ \text{kJ/mol}$$

Kettenabbruch:

$$:\ddot{\underset{..}{Br}}\cdot + \cdot\ddot{\underset{..}{Br}}: \longrightarrow Br_2$$

$$2\ CH_3CH_2\dot{C}HCH_2Br \longrightarrow \begin{matrix} CH_3CH_2CHCH_2Br \\ | \\ CH_3CH_2CHCH_2Br \end{matrix}$$

Haben radikalische Additionen allgemeine Bedeutung?

Die Bildung von anti-Markovnikov-Produkten aus Chlorwasserstoff und Iodwasserstoff ist kinetisch unvorteilhaft; in beiden Fällen ist einer der Schritte des Kettenwachstums endotherm und so langsam, daß die Kettenreaktion abbricht. Beim Iodwasserstoff ist der erste Schritt endotherm, da die Stärke der neu gebildeten Iod-Kohlenstoff-Bindung den Verlust der π-Bindung nicht wettmacht.

$$CH_3CH_2CH{=}CH_2 + I\cdot \xrightarrow[\text{endotherm}]{} CH_3CH_2\dot{C}H{-}CH_2I$$

Beim Chlorwasserstoff ist der zweite Schritt endotherm; hier muß die starke Chlor-Wasserstoff-Bindung gebrochen werden, weswegen die Reaktion zu langsam wird, obwohl man sie in machen Fällen dennoch beobachten kann.

$$CH_3CH_2\dot{C}HCH_2Cl + HCl \xrightarrow[\text{endotherm}]{} CH_3CH_2\overset{H}{\overset{|}{C}}HCH_2Cl + Cl\cdot$$

Übung 12-21

Berechnen Sie DH^0 unter Verwendung der Daten in Tab. 3-1 und eines Wertes von 272 kJ/mol für die π-Bindungsstärke für die beiden dargestellten endothermen Reaktionsschritte.

Es gibt jedoch andere Reagenzien, die einer radikalischen Addition an Alkene zugänglich sind. Beispiele sind Thiole und manche Halogenmethane.

Beispiele für andere radikalische Additionen an Alkene

$$CH_3CH{=}CH_2 + \underset{\textbf{Ethanthiol}}{CH_3CH_2SH} \xrightarrow{\text{ROOR}} \underset{\textbf{Ethylpropylsulfid}}{CH_3\underset{H}{\underset{|}{C}}HCH_2SCH_2CH_3}$$

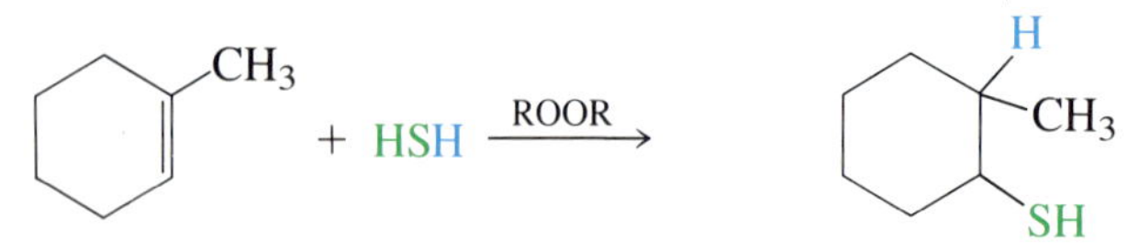

$$\text{1-Methylcyclohexen} + HSH \xrightarrow{ROOR} \text{2-Methylcyclohexanthiol (H, } CH_3\text{, SH am Ring)}$$

29%

2-Methylcyclohexanthiol
(Gemisch von *cis*- und *trans*-Isomeren)

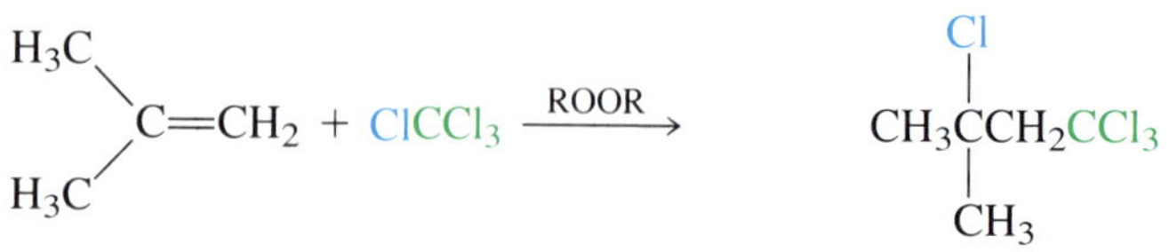

$$(H_3C)_2C{=}CH_2 + ClCCl_3 \xrightarrow{ROOR} CH_3\underset{CH_3}{\overset{Cl}{C}}CH_2CCl_3$$

78%

1,1,1,3-Tetrachlor-3-methylbutan

$$CH_3(CH_2)_5CH{=}CH_2 + HCCl_3 \xrightarrow{ROOR} CH_3(CH_2)_5\overset{H}{C}HCH_2CCl_3$$

22%

1,1,1-Trichlornonan

In den meisten dieser Beispiele abstrahiert das initiierende Alkoxyradikal wegen der Stärke der O–H-Bindung ein Wasserstoffatom vom Substrat und erzeugt so das in der Kettenreaktion wirksame Radikal. Ein typisches Beispiel ist Trichlormethan (Chloroform):

$$RO\cdot + CHCl_3 \longrightarrow ROH + \underset{\textbf{Kettenüberträger}}{\cdot CCl_3} \quad \text{nicht} \quad RO\cdot + Cl\underset{H}{\overset{Cl}{C}}{-}Cl \longrightarrow ROCl + \cdot CHCl_2$$

Übung 12-22

Schlagen Sie einen plausiblen Mechanismus für die radikalische Addition von Tetrabrommethan an Propen vor.

Präparativ sind anti-Markovnikov-Additionen sehr nützlich, da sie die ionischen Additionen komplementieren. Diese Art der Kontrolle der Regioselektivität ist sehr wichtig für die Entwicklung neuer synthetischer Methoden.

Es bleibt festzuhalten: Radikal-Initiatoren ändern den Mechanismus der Addition von Bromwasserstoff an Alkene von einem ionischen zu einem Radikalketten-Mechanismus. Die Folge ist eine anti-Markovnikov-Regioselektivität. Daneben reagieren auch andere Species wie Thiole oder einige Halogenmethane in ähnlicher Weise nach diesem Mechanismus.

12.7 Dimerisierung, Oligomerisierung und Polymerisation von Alkenen

Können Alkene mit ihresgleichen reagieren? In der Tat ist das möglich, allerdings muß ein geeigneter Katalysator vorhanden sein – beispielsweise eine Säure, ein Radikal, eine Base oder ein Übergangsmetall. Bei diesen Reaktionen werden die ungesättigten Zentren des Alken-Monomeren (*monos*, griech., allein; *meros*, griech., Teil) unter Bildung von Dimeren, Trimeren, **Oligomeren** (*oligos*, griech., wenig, klein) und schließlich **Polymeren** (*polymeres*, griech., aus vielen Teilen) verbunden, welche große industrielle Bedeutung besitzen.

Polymerisation

$$\sim C{=}C\sim \; C{=}C \; C{=}C\sim \longrightarrow \sim C{-}C{-}C{-}C{-}C{-}C\sim$$

Monomere **Polymer**

Carbeniumionen greifen π-Bindungen an

Die Behandlung von 2-Methylpropen mit heißer wäßriger Schwefelsäure führt zu zwei Dimeren: 2,4,4-Trimethyl-1-penten und 2,4,4-Trimethyl-2-penten. Die Reaktion ist möglich, da 2-Methylpropen unter den Reaktionsbedingungen unter Bildung des 1,1-Dimethylethyl-Kations (*tert*-Butyl-Kations) protoniert werden kann. Die elektrophile Addition erfolgt entsprechend der Markovnikov-Regel unter Bildung des stabileren Carbeniumions. Die folgende Deprotonierung von jedem der benachbarten Kohlenstoffatome führt zur Mischung der beiden beobachteten Produkte.

Erstaunlicherweise überwiegt das terminale Alken in der Produktmischung. Diese scheinbare Verletzung der Regeln über die Stabilität von Alkenen hat ihren Ursprung offenbar in der relativ starken sterischen Abstoßung zwischen der 1,1-Dimethylethyl-Gruppe (*tert*-Butylgruppe) und der *Z*-Methylgruppe des im Unterschuß gebildeten Isomers. Eine solche sterische Hinderung macht das interne Alken weniger stabil als das terminale.

Dimerisierung von 2-Methylpropen

$CH_2{=}C(CH_3)_2$ + $CH_2{=}C(CH_3)_2$ $\xrightarrow{H^+}$ $(CH_3)_3CCH_2C(CH_3){=}CH_2$

Hauptprodukt
2,4,4-Trimethyl-1-penten

+

$(CH_3)_3CCH{=}C(CH_3)_2$

Nebenprodukt
2,4,4-Trimethyl-2-penten

Mechanismus der Dimerisierung von 2-Methylpropen

$$CH_2{=}C(CH_3)_2 \xrightarrow{H^+} CH_3\overset{+}{C}(CH_3)_2 \quad + \quad CH_2{=}C(CH_3)_2 \longrightarrow$$

$$(CH_3)_3C{-}CH_2{-}\overset{+}{C}(CH_3){-}CH_2{-}H \xrightarrow{-H^+} (CH_3)_3CCH_2C(CH_3){=}CH_2 + (CH_3)_3CCH{=}C(CH_3)_2$$

Die beiden Dimeren des 2-Methylpropens neigen dazu, mit dem Ausgangsalken weiter zu reagieren. So liefert die Reaktion von 2-Methylpropen in Gegenwart von Mineralsäuren unter schärferen Bedingungen Trimere, Tetramere, Pentamere usw., die durch wiederholten elektrophilen Angriff auf die Doppelbindung gebildet werden. Dieser Prozeß, der zu Alkanketten mittlerer Länge führt, wird Oligomerisierung genannt.

Oligomerisierung von 2-Methylpropen

$$CH_3C(CH_3)_2CH{=}C(CH_3)_2 + CH_3C(CH_3)_2CH_2C(CH_3){=}CH_2 \xrightarrow{H^+} CH_3C(CH_3)_2CH_2\overset{+}{C}(CH_3)_2 + CH_2{=}C(CH_3)_2 \longrightarrow$$

$$CH_3C(CH_3)_2CH_2C(CH_3)_2CH_2\overset{+}{C}(CH_3)_2 + CH_2{=}C(CH_3)_2 \longrightarrow CH_3C(CH_3)_2CH_2C(CH_3)_2CH_2C(CH_3)_2CH_2\overset{+}{C}(CH_3)_2 \quad \text{etc.}$$

Kasten 12-2

Natürliche Steroid-Synthese

Eine bemerkenswerte Folge intramolekularer Alkenkupplungen wird in der Natur als Teil des biosynthetischen Weges zum Steroid-System beobachtet. In diesem Prozeß wird ein Squalen genanntes Molekül enzymatisch zum Oxacyclopropan Squalenoxid oxidiert. Der enzymatisch säurekatalysierten Ringöffnung des Oxacyclopropans folgt eine Sequenz aus vier Bildungen von Kohlenstoff–Kohlenstoff-Bindungen, die der Alken-Oligomerisierung mechanistisch verwandt ist. Eine weitere biochemische Reaktion führt zum Lanosterol, dem biologischen Vorläufer des Cholesterins. Solche Cyclisierungen (biomimetische Alken-Cyclisierungen) wurden auch im Laboratorium ausgeführt. Diese Reaktionen sind hoch regioselektiv und bieten einen einfachen Weg zur Synthese einer Vielzahl von Steroiden.

Squalen $\xrightarrow{O_2,\ \text{Enzym}}$ Squalenoxid $\xrightarrow{H^+,\ \text{Enzym}}$

Squalen **Squalenoxid**

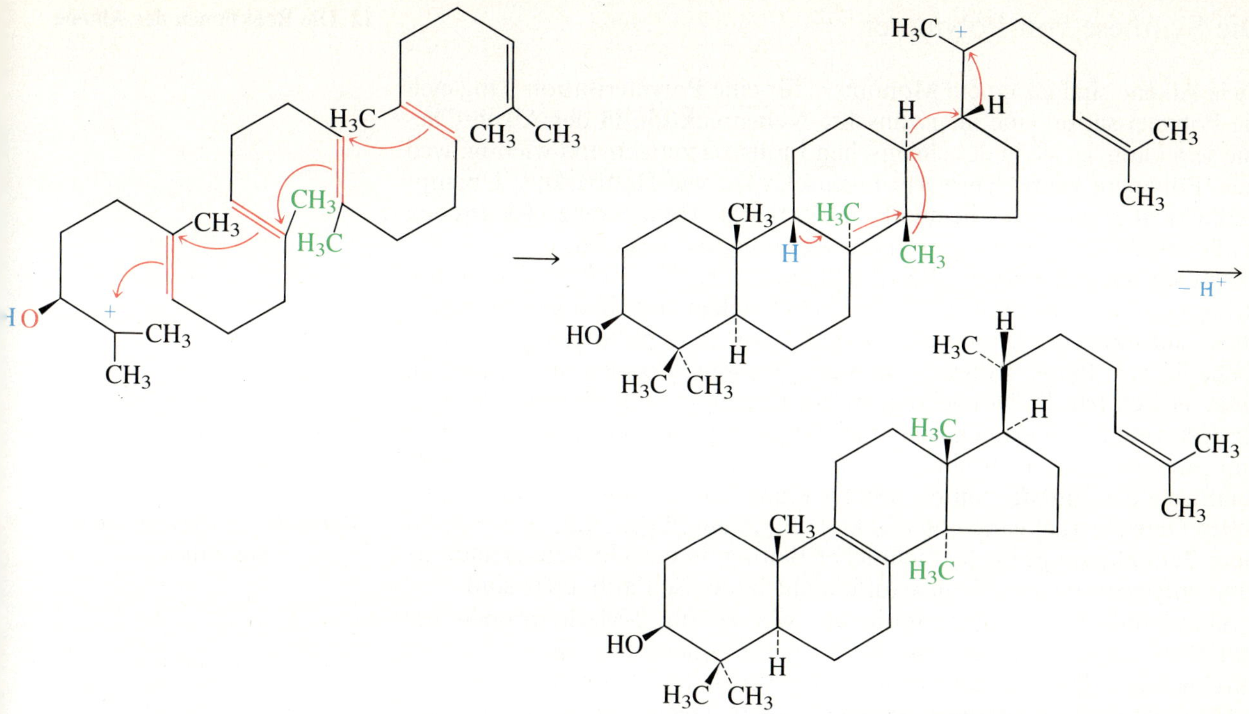

$$\xrightarrow{-H^+}$$

Lanosterin

Übung 12-23

Die Terpene Humulen und α-Caryophyllen-Alkohol sind Bestandteile von Nelken-Extrakten. Humulen wird durch eine säurekatalysierte Hydratisierung in einem Schritt in α-Caryophyllen-Alkohol umgewandelt. Der Mechanismus umfaßt durch Carbeniumionen ausgelöste Cyclisierungen sowie Wanderungen von Wasserstoff und Alkylgruppen. Schlagen Sie einen möglichen Mechanismus vor (diese Übung ist schwierig; folgen Sie den markierten Kohlenstoffatomen retrosynthetisch).

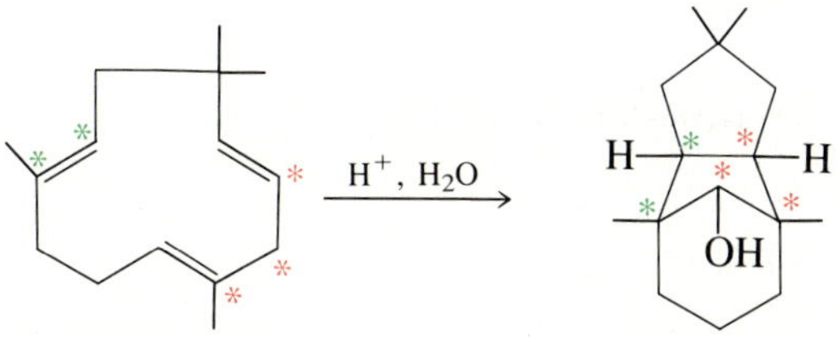

$$\text{Humulen} \xrightarrow{H^+,\ H_2O} \alpha\text{-Caryophyllen-Alkohol}$$

Humulen **α-Caryophyllen-Alkohol**

Bei höheren Temperaturen setzt sich die Oligomerisierung von Alkenen fort und führt zu Polymeren, die aus vielen Monomer-Einheiten aufgebaut sind.

Polymerisation von 2-Methylpropen

$$n\ CH_2{=}C(CH_3)_2 \xrightarrow{H^+,\ 200°C} H{-}(CH_2{-}C(CH_3)_2)_{n-1}{-}CH_2C(CH_3){=}CH_2$$

Poly-2-methylpropen
(Polyisobutylen)

Die Synthese von Polymeren

Viele Alkene sind geeignete Monomere für eine Polymerisation. Obgleich die Polymerisation eine unerwünschte Nebenreaktion in der Alken-Chemie sein kann, ist sie in der chemischen Industrie zunehmend wichtig, weil viele Polymere wünschenswerte Eigenschaften wie Haltbarkeit, Unempfindlichkeit gegen viele Chemikalien, Elastizität, Transparenz, elektrischen Widerstand oder geringe thermische Leitfähigkeit besitzen.

Namen wie Polyethylen, Poly(vinylchlorid) (PVC), Teflon, Polystyrol, Orlon und Plexiglas (Tab. 12-3) sind in fast jedem Haushalt gebräuchlich. Diese Substanzen erfahren eine Vielzahl von Anwendungen als synthetische Fasern, Filme, Rohre, Überzüge, gegossene Formen und so fort. In jüngerer Zeit hat die Notwendigkeit des Energiesparens zum Bau leichterer Fahrzeuge geführt. Dazu haben Kunststoffe wegen ihrer Festigkeit und ihres geringen Gewichtes einen wesentlichen Beitrag geleistet. 1980 resultierte der Einbau von ca. 180 kg Kunststoff in einem durchschnittlichen Gewichtsrückgang von 450 kg je Fahrzeug. Dem Nutzen der Polymere steht allerdings ihr beträchtlicher Beitrag an der Umweltverschmutzung entgegen, da viele Kunststoffe nicht biologisch abbaubar sind.

Säurekatalysierte Polymerisationen, wie sie für 2-Methylpropen beschrieben wurde, werden mit H_2SO_4, HF oder BF_3 als Initiatoren durchgeführt. Da hier Kationen als Intermediate auftreten, werden sie *kationische Polymerisationen* genannt. Andere Mechanismen sind *radikalische*, *anionische* und *metallkatalysierte* Polymerisationen.

Ein Beispiel für eine radikalische Polymerisation ist die von Ethen in Gegenwart eines organischen Peroxids bei Drucken um 100 MPa und Temperaturen über 100 °C. Der Mechanismus dieser Reaktion ähnelt in

Radikalische Polymerisation von Ethen

$$n\ CH_2{=}CH_2 \xrightarrow[>100°C]{ROOR,\ 10^8\ Pa} {-}(CH_2{-}CH_2)_n{-}$$

Polyethen (Polyethylen)

Tabelle 12-3 Wichtige Polymere und ihre Monomeren

Monomer	Struktur	Polymer (Trivialname)
Ethen	$H_2C{=}CH_2$	Polyethylen
Chlorethen (Vinylchlorid)	$H_2C{=}CHCl$	Poly(vinylchlorid) (PVC)
Tetrafluorethen	$F_2C{=}CF_2$	Teflon
Phenylethen (Styrol)	$C_6H_5{-}CH{=}CH_2$	Polystyrol
Propennitril (Acrylnitril)	$H_2C{=}C(H){-}C{\equiv}N$	Orlon
Methyl-2-methyl-propenoat (Methylmethacrylat)	$H_2C{=}C(CH_3){-}C(=O)OCH_3$	Plexiglas

den ersten Schritten dem der radikalischen Addition an Alkene (Abschn. 12.6). Das Peroxid zerfällt in Alkoxyradikale, die die Polymerisation durch Addition an die Doppelbindung des Ethens auslösen. Das so gebildete Alkylradikal greift die Doppelbindung eines weiteren Ethenmoleküls unter Bildung eines neuen radikalischen Zentrums an, usw. Die Reaktion kann durch Dimerisierung, Disproportionierung des Radikals oder Abfangreaktionen beendet werden.

Mechanismus der radikalischen Polymerisation von Ethen

Initiation:

$$RO{-}OR \longrightarrow 2\,RO\cdot$$

$$RO\cdot + CH_2{=}CH_2 \longrightarrow ROCH_2{-}\dot{C}H_2$$

Kettenwachstum:

$$ROCH_2CH_2\cdot + CH_2{=}CH_2 \longrightarrow ROCH_2CH_2CH_2CH_2\cdot$$

$$ROCH_2CH_2CH_2CH_2\cdot \xrightarrow{(n-1)\,CH_2=CH_2} RO{-}(CH_2CH_2)_n{-}CH_2CH_2\cdot$$

Kettenabbruch:

$$2\,RO{-}(CH_2CH_2)_n{-}CH_2CH_2\cdot \longrightarrow RO{-}(CH_2CH_2)_{2n+2}{-}OR$$

$$2\,RO{-}(CH_2CH_2)_n{-}CH_2CH_2\cdot \longrightarrow RO{-}(CH_2CH_2)_n{-}CH_2CH_3 + RO{-}(CH_2CH_2)_n{-}CH{=}CH_2$$

Von dem so gebildeten Polyethen (Polyethylen) erwartet man eine lineare Struktur. Es tritt jedoch *Kettenverzweigung* ein, indem von der wachsenden Kette ein Wasserstoffatom abstrahiert wird, wobei ein neues radikalisches Zentrum entsteht, von dem aus neues Kettenwachstum erfolgt. Die durchschnittliche molare Masse eines so hergestellten Polyethens beträgt fast 10^6 g/mol.

Verzweigung bei der Polymerisation von Ethen

$$\sim\!CH_2CH(H)CH_2CH_2\!\sim \xrightarrow[-\,RH]{R\cdot} \sim\!CH_2\dot{C}(H)CH_2CH_2\!\sim \xrightarrow{CH_2=CH_2}$$

$$\sim\!CH_2C(H)(CH_2\dot{C}H_2)CH_2CH_2\!\sim \xrightarrow{\text{Überschuß}\ CH_2=CH_2} \sim\!CH_2C(H)(CH_2CH_2\!\sim)CH_2CH_2\!\sim$$

Poly(chlorethen) [Polyvinylchlorid, PVC] wird durch eine ähnliche radikalische Polymerisation hergestellt. Interessanterweise ist die Reaktion regioselektiv. Der Peroxid-Initiator und die intermediären Kettenradikale addieren nur an das unsubstituierte Ende des Monomers, da das am substituierten Kohlenstoffatom gebildete Radikal ziemlich stabil ist. PVC hat daher eine sehr einheitliche *Kopf-Schwanz-Struktur* mit molaren Massen über 1.5×10^6. Obwohl PVC selbst ziemlich hart und spröde ist, kann es durch Zusatz von Carbonsäureestern (Abschn. 18.4), sogenannten Weichmachern, formbar gemacht werden. Das so gebildete elastische Material wird als Kunstleder, für Plastikabdeckungen oder für Gartenschäuche verwendet.

$$CH_2{=}CHCl \xrightarrow{ROOR} -(CH_2\underset{\displaystyle Cl}{\underset{|}{C}}H)_n-$$

Poly(chlorethen)
(Polyvinylchlorid, PVC)

Der Kontakt mit Chlorethen (Vinylchlorid) ist mit dem Auftreten einer seltenen Form von Leberkrebs (Angiocarcinom) in Zusammenhang gebracht worden.

Eisensulfat ($FeSO_4$) wird in Gegenwart von Wasserstoffperoxid zur Initiation der radikalischen Polymerisation von Propennitril (Acrylnitril) eingesetzt. Polypropennitril (Polyacrylnitril), $-(CH_2CHCN)_n-$, auch als Orlon bekannt, wird zur Herstellung von Fasern verwendet. Ähnliche Polymerisationen anderer Monomerer liefern Teflon oder Plexiglas.

Übung 12-24

Eine Frischhaltefolie wird durch radikalische Copolymerisation von 1,1-Dichlorethen und Chlorethen hergestellt. Schlagen Sie eine Struktur vor.

Anionische Polymerisationen werden durch so starke Basen wie Alkyllithium-Verbindungen, Grignard-Reagenzien, Amide oder Alkoxide initiiert. Zum Beispiel polymerisiert Acrylnitril (Propennitril) schnell, wenn man es in Ammoniak mit Natriumamid behandelt. Das Amid-Ion greift die Methylengruppe unter Bildung des stabileren Carbanions an, das seine Ladung an dem der Nitrilgruppe benachbarten Kohlenstoffatom trägt. Letztere ist wegen ihres *sp*-hybridisierten Kohlenstoffatoms elektronenziehend, denn das Stickstoffatom polarisiert die Dreifachbindung im Sinne $^{\delta+}C{\equiv}N^{\delta-}$, und außerdem wird die Ladung delokalisiert.

$$H_2\ddot{N}:^- + CH_2{=}CHC{\equiv}N: \xrightarrow[\text{Lösungsmittel}]{NH_3\text{ als}}$$

$$[H_2\ddot{N}CH_2\ddot{C}^-H{-}C{\equiv}N: \longleftrightarrow H_2\ddot{N}CH_2CH{=}C{=}\ddot{N}:^-] \xrightarrow{CH_2=CHCN:} H_2\ddot{N}CH_2\underset{\displaystyle CN:}{\underset{|}{\overset{\displaystyle H}{\overset{|}{C}}}}CH_2\ddot{C}^-HCN: \xrightarrow{\text{etc.}}$$

Eine wichtige *metallkatalysierte Polymerisation* ist die durch Ziegler-Natta-Katalysatoren* initiierte. Sie werden üblicherweise aus Titantetrachlorid und einem Trialkylaluminium, z. B. Triethylaluminium, $Al(CH_2CH_3)_3$, hergestellt. Das System polymerisiert Alkene, insbesondere Ethen, bei ziemlich niedrigen Drucken mit bemerkenswerter Leichtigkeit und Effektivität.

* Professor Karl Ziegler, 1898–1976, Max-Planck-Institut für Kohlenforschung, Mülheim a.d. Ruhr, Nobelpreis 1963; Professor Giulio Natta, 1903–1979, Polytechnisches Institut Mailand, Nobelpreis 1963.

Ziegler-Natta-Polymerisation

$$R{-}\overset{R}{\overset{|}{Ti}}{-}R \xrightarrow{CH_2{=}CH_2} R{-}\overset{R}{\overset{|}{Ti}}{-}R \; (\cdots CH_2{=}CH_2) \longrightarrow R{-}\overset{R}{\overset{|}{Ti}}CH_2CH_2R \longrightarrow R{-}\overset{R}{\overset{|}{Ti}}CH_2CH_2R \; (\cdots CH_2{=}CH_2) \xrightarrow{(n-2)CH_2{=}CH_2} R{-}(CH_2CH_2)_n{-}R$$

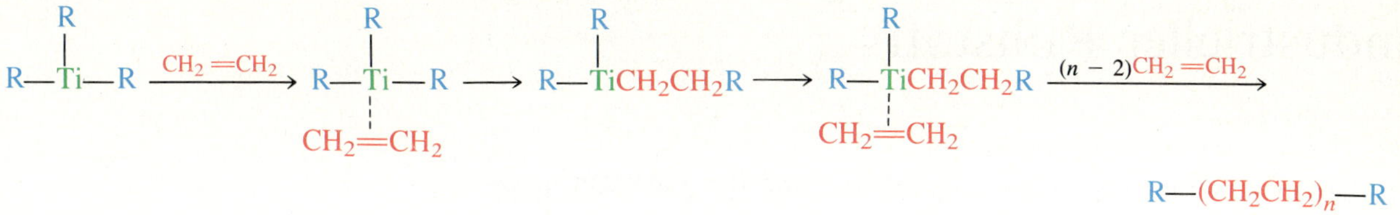

Obwohl der Mechanismus der Reaktion Gegenstand kontroverser Diskussion ist, glaubt man nicht, daß sie über eine der bislang diskutierten klassischen Reaktionsfolgen verläuft. Vielmehr wird angenommen, daß die Polymerisation durch sukzessive Komplexierungen des Monomers an das die Kette tragende Übergangsmetall, gefolgt von wiederholten Insertionen, verläuft. Interessant ist, daß die Ziegler-Natta-Polymerisation stereochemisch einheitlich verläuft, wenn man substituierte Alkene einsetzt. In Abhängigkeit von den Reaktionsbedingungen wird ein terminales Alken so polymerisiert, daß der Substituent entweder abwechselnd auf beiden Seiten der Kette (*syndiotaktisches Polymer*) oder immer auf der gleichen Seite (*isotaktisches Polymer*) zu stehen kommt. Diese Regularität gibt dem Polymer vorteilhafte Eigenschaften wie z. B. höhere Kristallinität, verglichen mit Polymeren zufälliger Stereochemie (*ataktische Polymere*), die durch andere Polymerisationen erhalten werden.

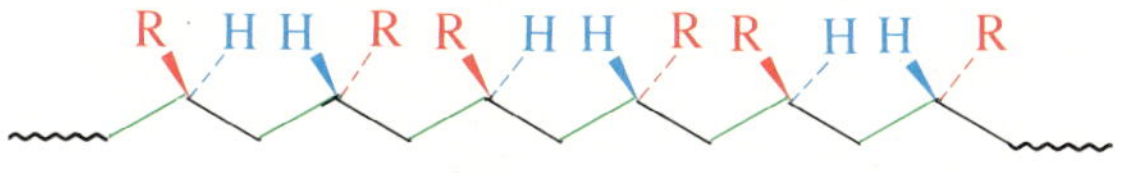

R H H R R H H R R H H R

Syndiotaktisches Polymer

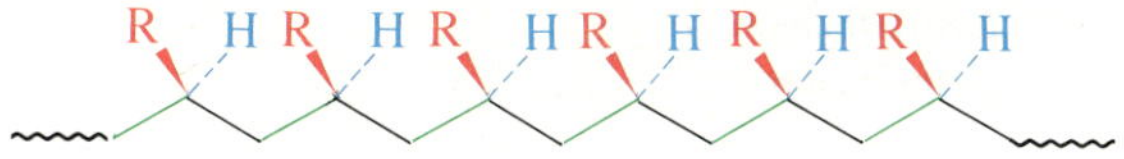

R H R H R H R H R H R H

Isotaktisches Polymer

R H R H H R R H H R H R

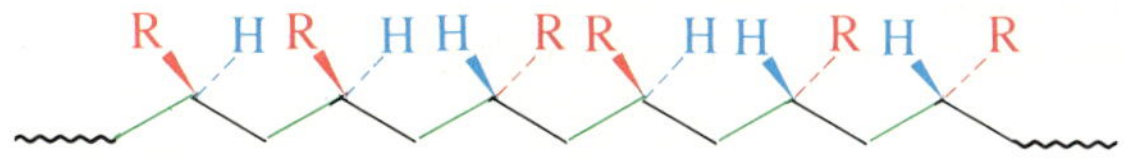

Ataktisches Polymer

Es ist festzuhalten, daß Alkene durch Carbeniumionen, Radikale, Anionen und Übergangsmetalle unter Bildung von Polymeren angegriffen werden können. Im Prinzip kann jedes Alken als Monomer dienen. Die Intermediate werden üblicherweise nach den Regeln über die Stabilität von Ladungen und radikalischen Zentren gebildet.

12.8 Ethen: Ein wichtiger industrieller Rohstoff

In diesem Abschnitt soll Ethen als ein Beispiel für die Wichtigkeit von Alkenen in der industriellen Chemie dienen.

Ethen dient als wichtiges Monomer zur Produktion von Polyethen. Mehr als 3 Millionen Tonnen dieses Polymers werden jährlich allein in der Bundesrepublik Deutschland hergestellt. Derzeit wird Ethen durch Pyrolyse von Erdöl oder Kohlenwasserstoffen wie Ethan, Propan oder anderen Alkanen und Cycloalkanen hergestellt, die aus Erdgas gewonnen werden. Bei Temperaturen zwischen 750 °C und 900 °C liegen die Ausbeuten an Ethen zwischen 20 und 30%. Crack-Prozesse höherer Alkane verlaufen meist unter C–C-Bindungsbruch zu Alkylradikalen, die unter weiterer Fragmentierung u.a. Ethen bilden (Abschn. 3.3). 1984 wurden so fast 14 Millionen Tonnen Ethen produziert. Das entspricht 10% der Gesamtproduktion an organischen Chemikalien.

Neben seiner Eignung als Monomer dient Ethen als Ausgangsmaterial für die Herstellung einer Vielzahl wichtiger Industrie-Chemikalien, die bisweilen ihrerseits wertvolle Monomere darstellen. zum Beispiel wird Ethenylethanoat (Vinylacetat) durch eine Reaktion zwischen Ethen und Ethansäure (Essigsäure) in Gegenwart eines Palladium(II)-Katalysators, Luft und Kupferchlorid dargestellt.

$$CH_2{=}CH_2 \xrightarrow{CH_3\overset{O}{\overset{\|}{C}}OH,\ O_2,\ \text{kat. } PdCl_2 \text{ und } CuCl_2} CH_2{=}CHO\overset{O}{\overset{\|}{C}}CH_3 + H_2O$$

Ethenylethanoat (Vinylacetat)

Eine ähnliche Reaktion, bei der anstatt Ethansäure (Essigsäure) Wasser benutzt wird, führt zum Zwischenprodukt Ethenol (Vinylalkohol). Diese Species ist instabil und lagert spontan zum Ethanal (Acetaldehyd, s. Abschn. 13.6 u. 15.6) um. Die katalytische Umwandlung von Ethen in Ethanal ist auch als *Wacker-Prozeß* bekannt.

Wacker-Prozeß

$$CH_2{=}CH_2 \xrightarrow{H_2O,\ O_2,\ \text{kat. } PdCl_2 \text{ und } CuCl_2} CH_2{=}CHOH \longrightarrow CH_3\overset{O}{\overset{\|}{C}}H$$

Ethenol (Vinylalkohol) — **Ethanal (Acetaldehyd)**

Chlorethen (Vinylchlorid) wird aus Ethen durch eine Sequenz aus Chlorierung und Dehydrochlorierung dargestellt. Da Chlor teuer ist, wurde ein indirekter Prozeß entwickelt, der HCl in Gegenwart von Sauerstoff und $CuCl_2$ verwendet. Unter diesen Bedingungen entsteht das gleiche Intermediat, 1,2-Dichlorethan, welches durch thermische Eliminierung von HCl zum gewünschten Produkt umgesetzt wird.

Synthese von Chlorethen (Vinylchlorid)

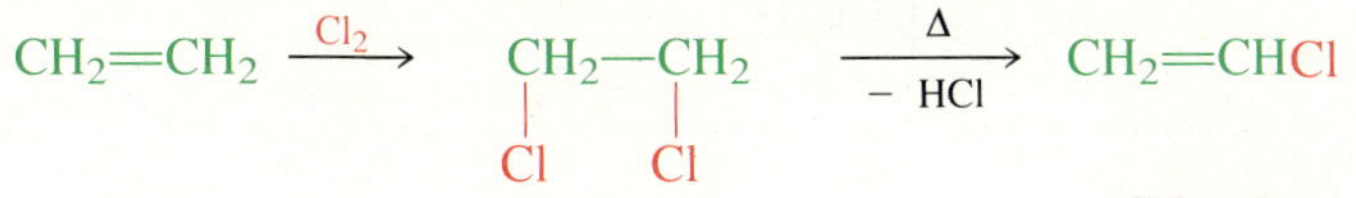

$$CH_2{=}CH_2 \xrightarrow{Cl_2} \underset{\text{1,2-Dichlorethan}}{CH_2Cl{-}CH_2Cl} \xrightarrow[-\,HCl]{\Delta} \underset{\text{Chlorethen (Vinylchlorid)}}{CH_2{=}CHCl}$$

Die Oxidation von Ethen mit Sauerstoff in Gegenwart von Silber ergibt Oxacyclopropan (Ethylenoxid), dessen Hydrolyse zum 1,2-Ethandiol (Ethylenglycol, Abschn. 9.8) führt. Die Hydratisierung von Ethen liefert Ethanol (Abschn. 8.4).

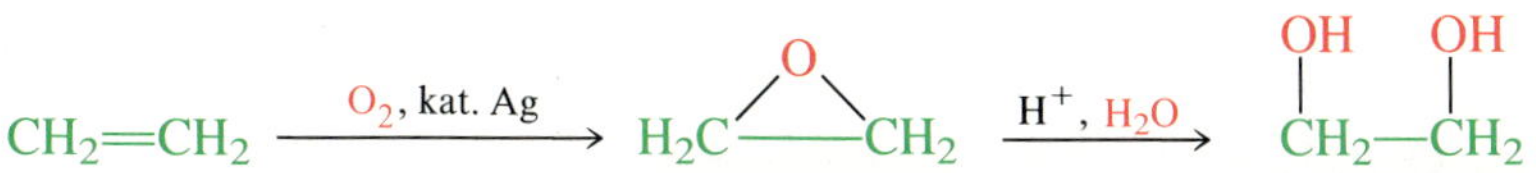

$$CH_2{=}CH_2 \xrightarrow{O_2,\ \text{kat. Ag}} \underset{\text{Oxacyclopropan (Ethylenoxid)}}{H_2C{-}O{-}CH_2} \xrightarrow{H^+,\ H_2O} \underset{\text{1,2-Ethandiol (Ethylenglycol)}}{HOCH_2{-}CH_2OH}$$

Ethen ist somit eine wertvolle Quelle industrieller Grundstoffe, insbesondere für Monomere, Ethanol und 1,2-Ethandiol (Ethylenglycol).

12.9 Alkene in der Natur: Insekten-Pheromone

Zahlreiche Naturstoffe enthalten π-Bindungen; einige wurden schon in den Abschnitten 4.7 und 9.8 erwähnt. In diesem Abschnitt wird eine bestimmte Gruppe von natürlich vorkommenden Alkenen detailliert besprochen: die Insekten-Pheromone (*pherein*, griech., tragen; *hormon*, griech., stimulieren).

Insekten-Pheromone

(Soweit nicht anders vermerkt, handelt es sich um Sexualpheromone)

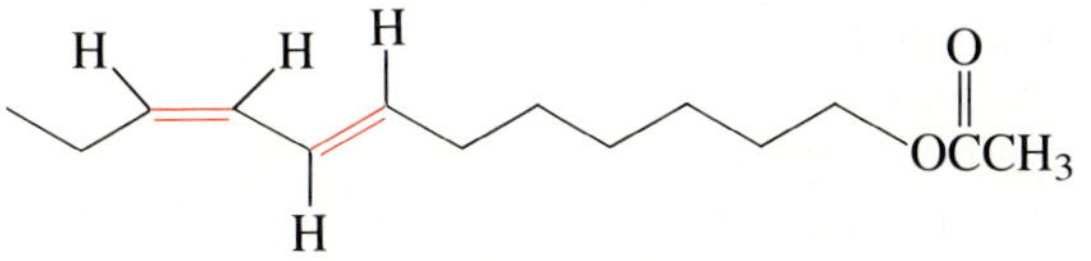

H H H O OCCH$_3$ H

Traubenwickler

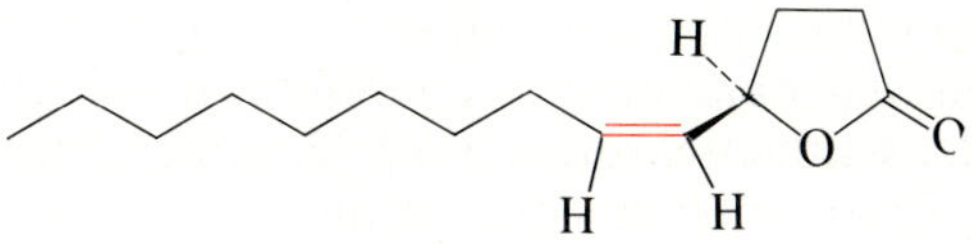

H O O H H

Japankäfer

O OCCH$_3$ H H$_2$C CH$_3$ H H$_3$C CH$_2$ + H$_2$C O OCCH$_3$ H CH$_3$ H H$_3$C CH$_2$

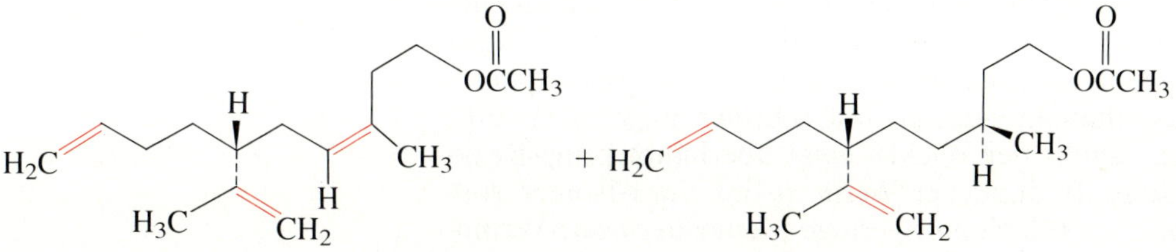

Aonidiella aurantii **(eine Art Deckelschildlaus)**

Baumwollkapselwurm

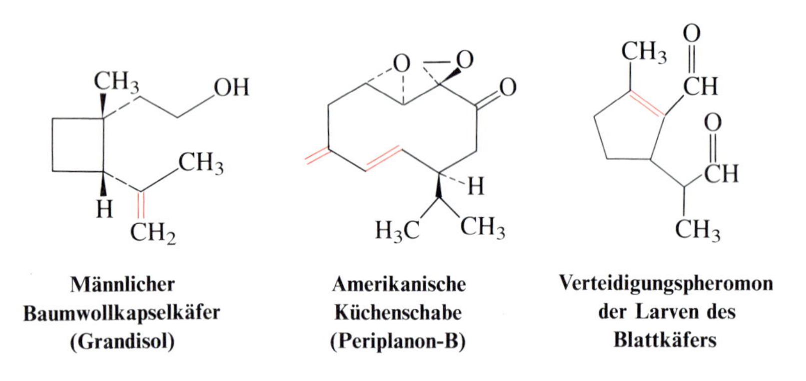

Männlicher Baumwollkapselkäfer (Grandisol)

Amerikanische Küchenschabe (Periplanon-B)

Verteidigungspheromon der Larven des Blattkäfers

Alarmpheromon einiger Aphiden

Verteidigungspheromon der Termiten

Pheromone sind chemische Substanzen, die zur Kommunikation unter lebenden Species dienen. Unter ihnen sind Sexual-, Lock-, Alarm- und Verteidigungspheromone, um nur einige zu nennen. Sie werden durch Extraktion bestimmter Teile der betreffenden Insekten und chromatographische Abtrennung aus der Produktmischung isoliert. Oft können nur geringste Mengen der bioaktiven Verbindungen isoliert werden. In solchen Fällen kann der synthetisch-organische Chemiker eine wichtige Rolle spielen, indem er Totalsynthesen entwirft und durchführt. Es ist bemerkenswert, daß die spezifische Aktivität eines Pheromons oft von der Konfiguration an der Doppelbindung (z.B. *E* oder *Z*), der absoluten Konfiguration eines jeden chiralen Zentrums (*R,S*) *und* der Zusammensetzung des Isomerengemisches abhängt. Zum Beispiel wird das Männchen des Maiszünzlers *Ostrinia nubilalis* (Fam. Zünzler) von seinem reinen Sexualpheromon, *cis*-3-Tetradecenylethanoat (-acetat) nur schwach angezogen. Eine andere Species aus der Familie der Wickler zeigt überhaupt keine Reaktion auf diese Verbindung. In ähnlicher Weise ist das *trans*-Isomer vollkommen inaktiv. Wenn man jedoch eine geringe Menge der *trans*-Verbindung zur *cis*-Verbindung gibt, werden beide Species stark angezogen.

Sexualpheromone des Maiszünzlers *Argyrotaenia velutinana*

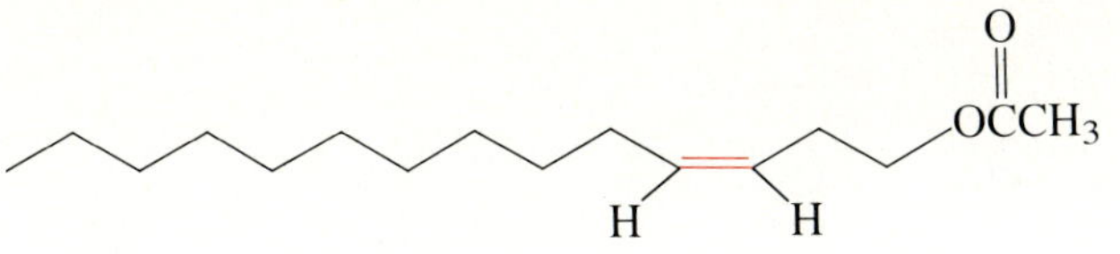

cis-3-Tetradecenylethanoat (-acetat)

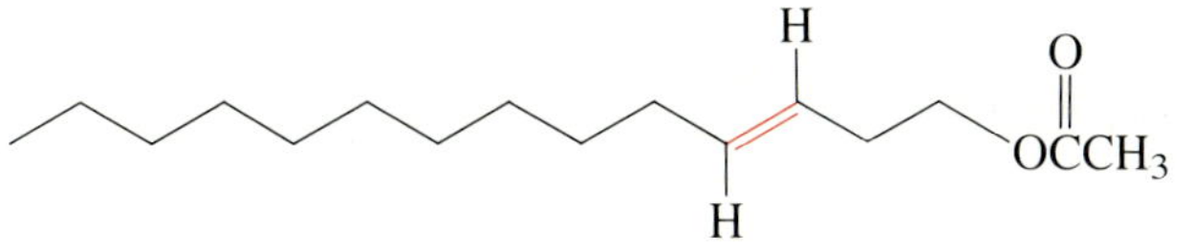

trans-3-Tetradecenylethanoat (-acetat)

Das Phänomen, daß eine Mischung von zwei oder mehr Verbindungen eine größere physiologische Aktivität entfaltet als aufgrund der Wirksamkeit der einzelnen Verbindungen zu erwarten wäre, nennt man **Synergismus** (*synergos*, griech., zusammenarbeiten). Allgemein ist Synergismus definiert als die simultane Wirkung mehrerer separater Kräfte, die zusammen eine größere Wirkung haben als die Summe ihrer einzelnen Wirkungen („Das Ganze ist größer als die Summe der Teile"). Synergismus wird auch bei Mischungen von Enantiomeren beobachtet. Zum Beispiel entfaltet der *Borkenkäfer* auf das Sexuallockpheromon Ipsdienol die optimale Reaktion bei einer Mischung aus 65% rechtsdrehendem und 35% linksdrehenden Enantiomer.

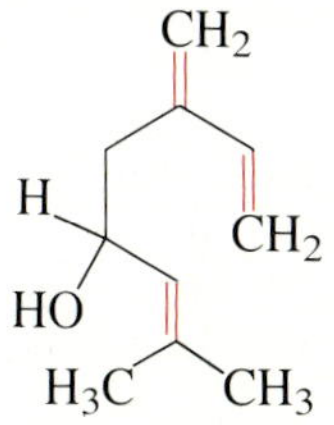

Ipsdienol

Die Pheromon-Forschung bietet wichtige Möglichkeiten bei der Schädlingsbekämpfung. Geringste Mengen von Sexualpheromonen können auf großen Ackerflächen genügen, um die männlichen Insekten bei der Suche nach den Weibchen beträchtlich zu verwirren. Diese Pheromone können daher als Lockstoffe in Fallen benutzt werden, um die Insekten effektiv zu entfernen, ohne die Pflanzen mit großen Mengen von Chemikalien zu spritzen. Es ist zu erwarten, daß organische Chemiker in Zusammenarbeit mit auf Insekten spezialisierten Biologen in den kommenden Jahren hier wesentliche Beiträge leisten werden.

Zusammenfassung neuer Reaktionen

Additionen

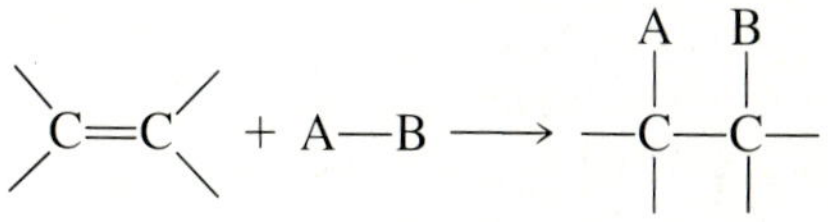

$$>C=C< + A{-}B \longrightarrow -\overset{A}{\underset{|}{\overset{|}{C}}}-\overset{B}{\underset{|}{\overset{|}{C}}}-$$

1 Hydrierung

$$>C=C< \xrightarrow[\text{sator}]{H_2,\ \text{Kataly-}} \text{H}{-}C{-}C{-}\text{H}$$

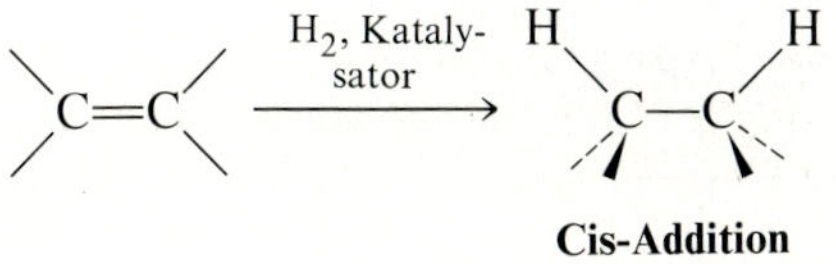

Cis-Addition

2 Hydrohalogenierung

$$\rangle C{=}C\langle \xrightarrow{HX} -\overset{H}{\underset{|}{C}}-\overset{X}{\underset{|}{C}}-$$

$$RHC{=}CH_2 \longrightarrow H-\overset{R}{\underset{X}{C}}-CH_3$$

regiospezifisch (Markovnikov-Regel)

3 Hydratisierung

$$\rangle C{=}C\langle \xrightarrow{H^+,\ H_2O} -\overset{H}{\underset{|}{C}}-\overset{OH}{\underset{|}{C}}-$$

4 Halogenierung

$$\rangle C{=}C\langle \xrightarrow{X_2} X-C-C-X$$

stereospezifisch (*anti*)

5 Synthese vicinaler Halogenalkohole

$$\rangle C{=}C\langle \xrightarrow{X_2,\ H_2O} X-C-C-OH$$

6 Synthese vicinaler Halogenether

$$\rangle C{=}C\langle \xrightarrow{X_2,\ ROH} X-C-C-OR$$

7 Allgemeine Elektrophile Addition
A = elektropositiv, B = elektronegativ

$$\rangle C{=}C\langle \xrightarrow{AB} C\overset{A}{\underset{+}{-}}C \xrightarrow{B^-} A-C-C-B$$

8 Oxymercurierung – Demercurierung

$$\rangle C{=}C\langle \xrightarrow[2.\ NaBH_4,\ NaOH]{1.\ Hg(O\overset{O}{\overset{\|}{C}}CH_3)_2,\ H_2O} -\overset{H}{\underset{|}{C}}-\overset{OH}{\underset{|}{C}}-$$

$$\rangle C{=}C\langle \xrightarrow[2.\ NaBH_4,\ NaOH]{1.\ Hg(O\overset{O}{\overset{\|}{C}}CH_3)_2,\ ROH} -\overset{H}{\underset{|}{C}}-\overset{OR}{\underset{|}{C}}-$$

9 Hydroborierung

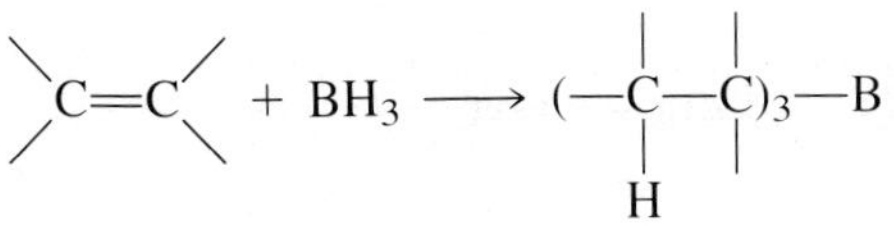

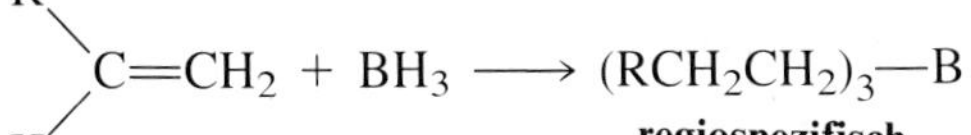

$$>C{=}C< + BH_3 \longrightarrow (-\overset{|}{\underset{H}{C}}-\overset{|}{\underset{|}{C}})_3-B$$

$$RHC{=}CH_2 + BH_3 \longrightarrow (RCH_2CH_2)_3-B$$

regiospezifisch

$$\text{1,2-Dideuterocyclohexen} + BH_3 \longrightarrow$$

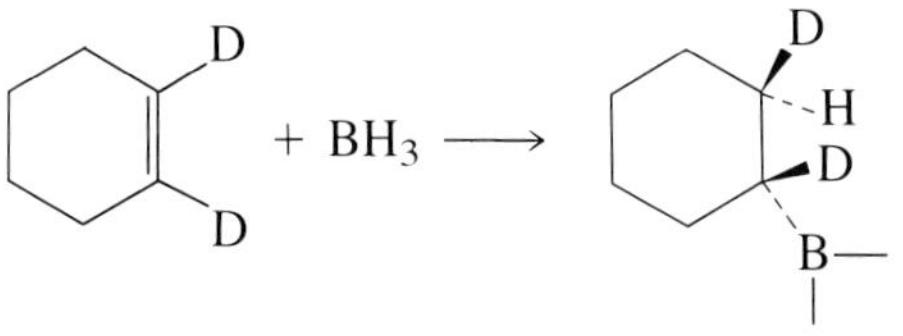

stereospezifisch (*syn*) und anti-Markovnikov

10 Hydroborierung – Oxidation

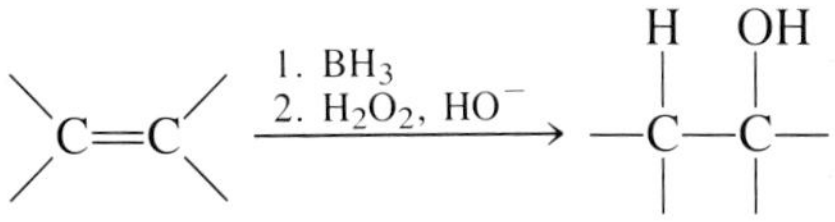

$$>C{=}C< \xrightarrow[2.\ H_2O_2,\ HO^-]{1.\ BH_3} -\overset{H}{\underset{|}{C}}-\overset{OH}{\underset{|}{C}}-$$

11 Hydroborierung – Halogenierung

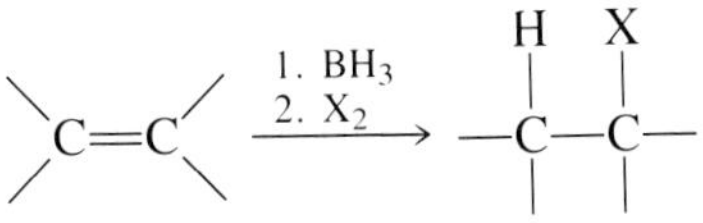

$$>C{=}C< \xrightarrow[2.\ X_2]{1.\ BH_3} -\overset{H}{\underset{|}{C}}-\overset{X}{\underset{|}{C}}-$$

Oxidationen

12 Bildung von Oxacyclopropanen

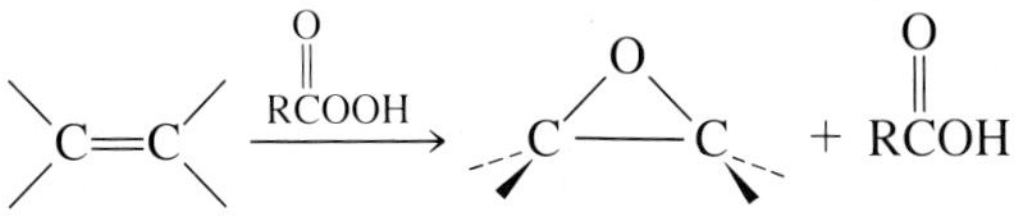

$$>C{=}C< \xrightarrow{RCOOOH} C\overset{O}{-}C + RCOH \ (\text{mit } C{=}O)$$

13 Vicinale *anti*-Dihydroxylierung

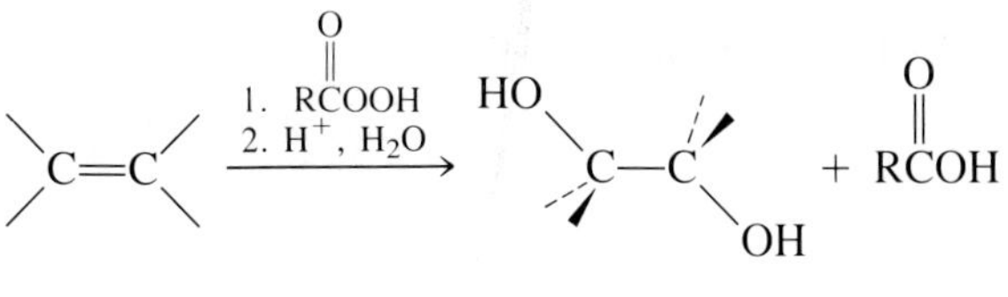

$$>C{=}C< \xrightarrow[2.\ H^+,\ H_2O]{1.\ RCOOOH} HO-C-C-OH + RCOH \ (\text{mit } C{=}O)$$

14 Vicinale *syn*-Dihydroxylierung

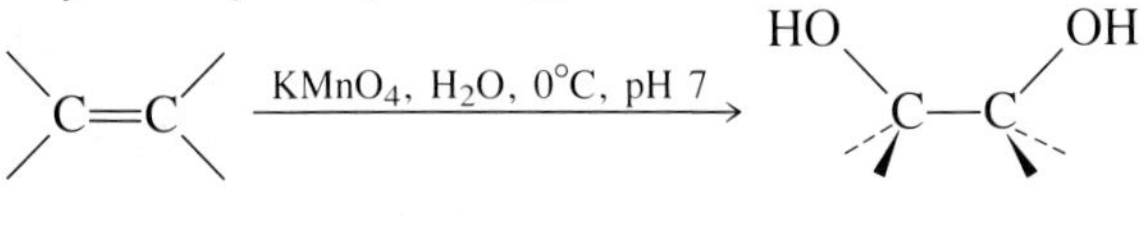

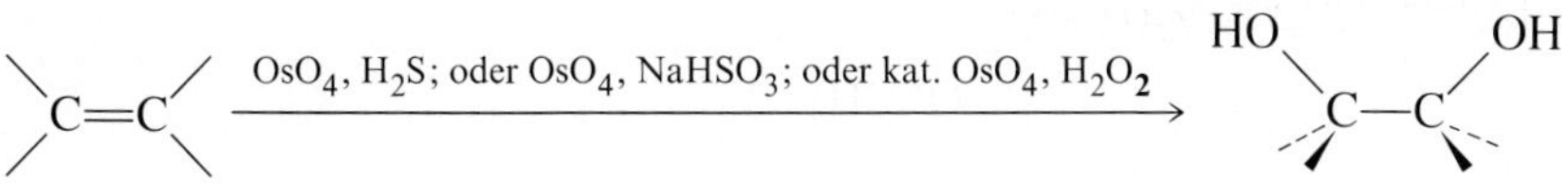

$$>C{=}C< \xrightarrow{KMnO_4,\ H_2O,\ 0°C,\ pH\ 7} HO-C-C-OH$$

$$>C{=}C< \xrightarrow{OsO_4,\ H_2S;\ \text{oder}\ OsO_4,\ NaHSO_3;\ \text{oder kat.}\ OsO_4,\ H_2O_2} HO-C-C-OH$$

15 Ozonolyse

$$>C{=}C< \xrightarrow[\text{2. }(CH_3)_2S\text{; oder Zn, }CH_3\overset{O}{\overset{\|}{C}}OH\text{; oder }H_2\text{, Pt}]{\text{1. }O_3} >C{=}O + O{=}C<$$

$$>C{=}C< \xrightarrow[\text{2. }NaBH_4]{\text{1. }O_3} -\overset{H}{\underset{|}{\overset{|}{C}}}-OH + HO-\overset{H}{\underset{|}{\overset{|}{C}}}-$$

Radikalische Additionen

16 Radikalische Hydrobromierung

$$>C{=}CH_2 \xrightarrow{HBr,\ ROOR} -\overset{H}{\underset{|}{\overset{|}{C}}}-\overset{Br}{\underset{H}{\overset{|}{\underset{|}{C}}}}-H$$

Anti-Markovnikov

17 Weitere radikalische Reaktionen

$$>C{=}C< \xrightarrow{RSH,\ ROOR} -\overset{H}{\underset{|}{\overset{|}{C}}}-\overset{SR}{\underset{|}{\overset{|}{C}}}-$$

$$>C{=}C< \xrightarrow{HCX_3,\ ROOR} -\overset{H}{\underset{|}{\overset{|}{C}}}-\overset{CX_3}{\underset{|}{\overset{|}{C}}}-$$

Monomere und Polymere

18 Dimerisierung, Oligomerisierung und Polymerisation

$$n\ >C{=}C< \xrightarrow{H^+\text{ oder }RO^{\cdot}\text{ oder }B^-} -(\underset{|}{\overset{|}{C}}-\underset{|}{\overset{|}{C}})_n-$$

Ziegler-Natta-Polymerisation:

$$n\ CH_2{=}CH_2 \xrightarrow{TiCl_4,\ AlR_3} -(CH_2CH_2)_n-$$

syndiotaktisch oder isotaktisch

19 Ethen in industriellen Prozessen

Synthese durch Cracken:

$$R-CH_2-CH_2-R \xrightarrow{\Delta} CH_2{=}CH_2 + R-R + \text{andere Kohlenwasserstoffe}$$

Synthese von Vinylethanoat (Vinylacetat):

$$CH_2{=}CH_2 \xrightarrow{CH_3\overset{O}{\overset{\|}{C}}OH,\ O_2,\ \text{kat. }PdCl_2\text{ und }CuCl_2} CH_2{=}C\begin{matrix} H \\ O\underset{\underset{O}{\|}}{C}CH_3 \end{matrix}$$

Wacker-Prozeß:

$$CH_2{=}CH_2 \xrightarrow{H_2O,\ O_2,\ \text{kat. } PdCl_2 \text{ und } CuCl_2} CH_3\overset{\overset{O}{\|}}{C}H$$

Chlorierung und Synthese von Chlorethen (Vinylchlorid):

$$CH_2{=}CH_2 \xrightarrow{Cl_2} \underset{Cl}{\underset{|}{C}}H_2{-}\underset{Cl}{\underset{|}{C}}H_2 \xrightarrow[-\,HCl]{} CH_2{=}CHCl$$

Synthese von Oxacyclopropan (Ethylenoxid) und 1,2-Ethandiol (Ethylenglycol):

$$CH_2{=}CH_2 \xrightarrow{O_2,\ \text{kat. Ag}} H_2C\overset{O}{\triangle}CH_2 \xrightarrow{H^+,\ H_2O} \overset{OH}{\overset{|}{C}}H_2{-}\overset{OH}{\overset{|}{C}}H_2$$

Zusammenfassung

1 Die Reaktivität der Doppelbindung wird durch exotherme Additionsreaktionen deutlich, die zu gesättigten Produkten führen.

2 Die Hydrierung von Doppelbindungen ist unmeßbar langsam, wenn nicht ein Katalysator zur Spaltung der H – H-Bindung zugegen ist. Mögliche Katalysatoren sind Palladium auf Aktivkohle, Platin (als PtO_2) und Raney-Nickel. Die Addition von Wasserstoff ist sterisch kontrolliert, normalerweise wird die weniger gehinderte Seite der Doppelbindung bevorzugt angegriffen.

3 Ähnlich wie eine Lewis-Base wird die π-Bindung von Säuren und Elektrophilen wie H^+, X^+ und Hg^{2+} angegriffen. Wenn als Intermediat ein Carbeniumion auftritt, wird das höher substituierte Carbeniumion gebildet. Entsprechend werden cyclische Onium-Ionen generell am höher substituierten Kohlenstoffatom nucleophil geöffnet. Der erste Fall führt zu einer Kontrolle der Regiochemie (Markovnikov-Regel), der letztere zu einer Kontrolle sowohl der Regio- wie auch der Stereochemie.

4 Mechanistisch scheint die Hydroborierung zwischen der Hydrierung und der elektrophilen Addition angesiedelt zu sein. Der erste Schritt ist eine π-Komplexierung des elektronenarmen Bors, während der zweite Schritt eine konzertierte Übertragung eines Wasserstoffatoms auf ein Kohlenstoffatom ist. Die Hydroborierung-Oxidation oder -Halogenierung resultiert in der anti-Markovnikov-Hydratisierung bzw. -Hydrohalogenierung von Alkenen.

5 Man kann sich Peroxycarbonsäuren so vorstellen, daß sie ein elektrophiles Sauerstoffatom enthalten, das unter Bildung von Oxacyclopropanen auf Alkene übertragen werden kann.

6 Permanganat und Osmiumtetroxid verhalten sich gegenüber Alkenen als elektrophile Oxidationsmittel; im Laufe der Reaktion verringert sich die Oxidationszahl des Metalls um zwei Stufen. Die Addition erfolgt konzertiert über cyclische Sechs-Elektronen-Übergangszustände unter Bildung vicinaler *syn*-Diole.

7 Je nach Reduktionsmittel liefert die Ozonolyse mit nachfolgender Reduktion unter Bruch der C – C-Doppelbindung Carbonylverbindungen oder Alkohole.

8 Bei radikalischen Ketten-Additionsreaktionen addiert das Radikal an die π-Bindung unter Bildung des höher substituierten Radikals. Diese Methode erlaubt die anti-Markovnikov-Hydrobromierung von Alkenen wie auch die Addition von Thiolen und einigen Halogenmethanen.

9 Alkene reagieren mit ihresgleichen durch Initiation von geladenen Species, Radikalen oder Übergangsmetallen. Der Angriff auf die Doppelbindung erzeugt eine reaktive Zwischenstufe, die die Bildung von Kohlenstoff-Kohlenstoff-Bindungen fortsetzt.

1 Berechnen Sie die Reaktionsenthalpien ΔH^0 für die Additionen der folgenden Moleküle an Ethen (DH^0-Werte s. Tab. 3-1 u. Abschn. 3.5, π-Bindungsstärke 272 kJ/mol).

(a) Cl_2
(b) IF (DH^0 = 280 kJ/mol)
(c) IBr (DH^0 = 180 kJ/mol)
(d) HF
(e) HI
(f) Br–CN (DH^0 = 348 kJ/mol; DH^0_{C-CN} = 519 kJ/mol)
(g) HO–Cl (DH^0 = 251 kJ/mol)
(h) CH_3S–H (DH^0 = 368 kJ/mol; DH^0_{C-S} = 251 kJ/mol)

2 Welches sind die zu erwartenden Hauptprodukte der folgenden Reaktionen:

(a) $(H_3C)(CH_3CH_2)C{=}C(CH_3)(CH_2CH_3)$ $\xrightarrow{H_2,\ PtO_2}$

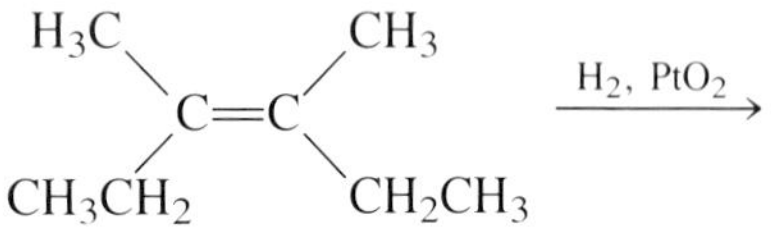

(b) $(H_3C)(CH_3CH_2)C{=}C(CH_2CH_3)(CH_3)$ $\xrightarrow{H_2,\ PtO_2}$

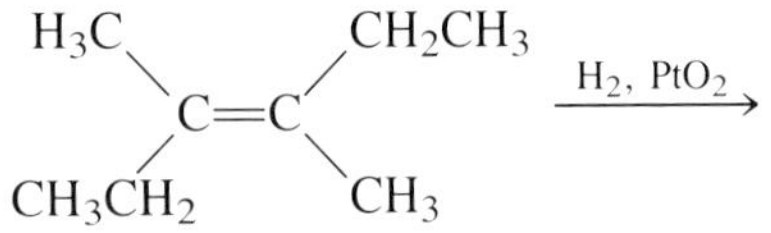

(c) H, H, C=C, H_2C, CH_3, CH_3 $\xrightarrow{H_2,\ Pd\text{-}C}$

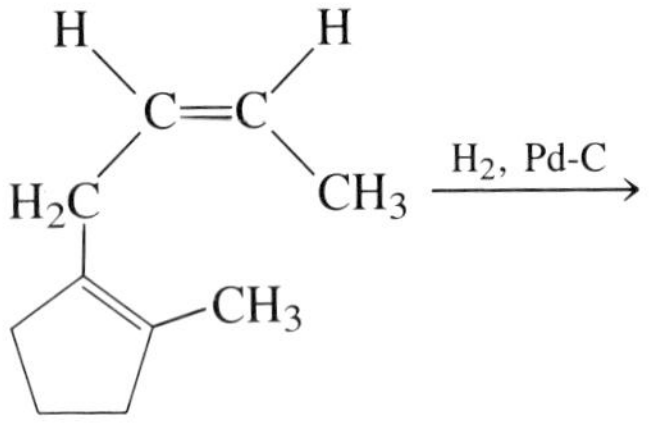

(d) H, H $\xrightarrow{D_2,\ PtO_2}$

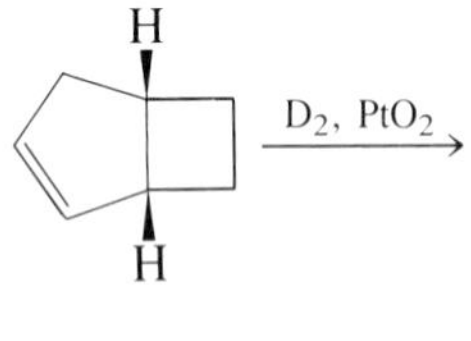

3 Welches sind die zu erwartenden Hauptprodukte der katalytischen Hydrierungen der folgenden Verbindungen? Zeigen und erklären Sie in jedem Fall genau die Stereochemie!

(a) CH_3, $(CH_3)_2CH$ H

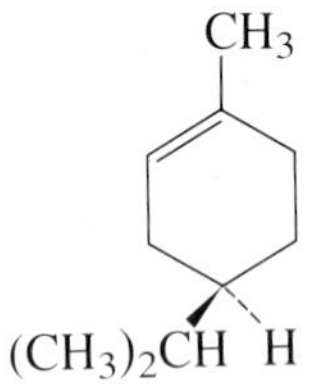

(b) CH_3

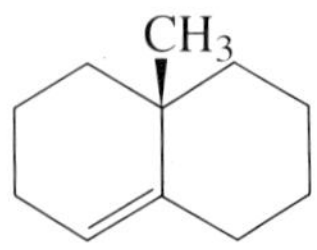

(c) H, H, H_2C

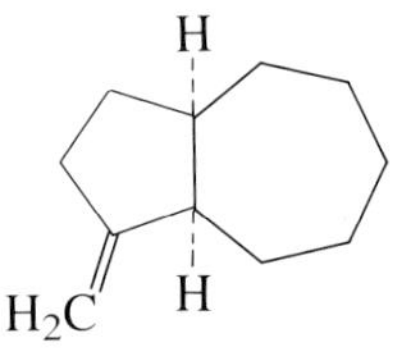

4 Würden Sie erwarten, daß die katalytische Hydrierung eines Kleinring-Alkens wie Cyclobuten mehr oder weniger exotherm ist als die von Cyclohexen?

5 Welche der folgenden Species sollten auf der Grundlage einfacher Überlegungen zu Lewis-Struktur, Elektronegativität und Polarität vielversprechende Kandidaten für elektrophile Additionen an Alkene sein?

(a) AlH_3
(b) NH_4^+
(c) O_2
(d) CH_3SeCl
(e) $CH_2{=}OH^+$
(f) Li^+
(g) BH_4^-
(h) NO^+
(i) $(CH_3)_3SiCl$
(j) HCN

6 Jede der folgenden Reaktionen ist reversibel. Geben Sie geeignete Reagenzien und experimentelle Bedingungen an, um die Reaktion nach rechts und nach links ablaufen zu lassen. Geben Sie an, welche Richtung thermodynamisch bevorzugt ist, und wie die experimentellen Bedingungen es erlauben, die Reaktionen vollständig in die eine oder in die andere Richtung ablaufen zu lassen.

(a) $H_2O + CH_2{=}CH_2 \rightleftharpoons CH_3CH_2OH$
(b) $HBr + CH_2{=}CH_2 \rightleftharpoons CH_3CH_2Br$

7 Welche Produkte erwarten Sie von den folgenden Reaktionen? Zeigen Sie klar die Stereochemie!

(a) [Cyclohexyliden mit CH_2CH_3] $\xrightarrow{HCl}$

(b) *trans*-3-Hepten $\xrightarrow{Cl_2}$

(c) 1-Ethylcyclohexen $\xrightarrow{I_2,\ H_2O}$

(d) [CH_3-Cyclopenten] $\xrightarrow[\text{2. } NaBH_4,\ CH_3OH]{\text{1. } Hg(OCCH_3)_2,\ CH_3OH}$ (O über C, ‖)

(e) [H-Bicyclus mit Doppelbindung] $\xrightarrow{I_2,\ \text{Überschuß } Na^+Cl^-}$

(f) Welches Produkt sollte bei der folgenden hypothetischen Reaktion entstehen? Sollte die Addition schneller oder langsamer als die an ein „normales" Alken wie Ethen erfolgen?

$$CH_2{=}CH{-}\overset{+}{N}(CH_3)_3 + HCl \longrightarrow$$

(g) [CH_3-Bicyclus mit Doppelbindung] $\xrightarrow[\text{2. } H_2O_2,\ NaOH,\ H_2O]{\text{1. } BH_3}$

(h) [CH_3, CH_3-Cyclohexen] $\xrightarrow[\text{2. } ICl]{\text{1. } BH_3}$

8 Wie würden Sie die folgenden Verbindungen ausgehend von einem geeigneten Alken Ihrer Wahl darstellen?

OH
(a) $(CH_3)_2CHCHCH_3$

CH_3
(b) $ClCH_2CHOCH(CH_3)_2$

(c) *meso*-$CH_3CH_2CH_2CHCHCH_2CH_2CH_3$ (z. B. das 4*R*,5*S*-Stereoisomer)
Br Br

(d) $CH_3CH_2CH_2CHCHCH_2CH_2CH_3$ (racemisches Gemisch von 4*R*,5*R* und 4*S*,5*S*)
Br Br

(e) 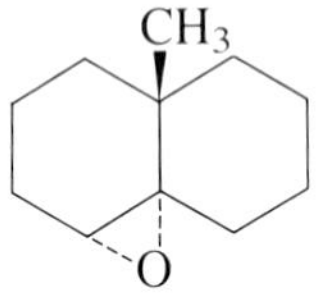 CH_3 O

(f) 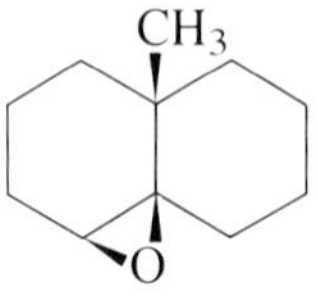 CH_3 O

9 Schlagen Sie effiziente Methoden vor, um die folgenden Umwandlungen zu bewerkstelligen. Meist werden mehrere Schritte erforderlich sein.

Br
(a) $CH_3CH_2CHCH_3 \longrightarrow CH_3CH_2CH_2CH_2I$

OH HO OH
(b) $CH_3CHCH_2CH_3 \longrightarrow$ *meso*-$CH_3CHCHCH_3$ (z. B. 2*R*,3*S*)

OH HO OH
(c) $CH_3CHCH_2CH_3 \longrightarrow CH_3CHCHCH_3$ (1 : 1 Gemisch aus 2*R*,3*R* und 2*S*,3*S*)

O O
(d) $(CH_3)_2C{=}CHCH_2CH_2CH{=}CH_2 \longrightarrow (CH_3)_2C\text{—}CHCH_2CH_2CH_2CH$

O
(e) *cis*-$(CH_3)_2CHCH_2CH{=}CHCH_3 \longrightarrow HCCHCH_2CH_2CH_2CH_3$
CH_3

10 Das ^1H NMR-Spektrum A entspricht einer Verbindung der Summenformel C_3H_5Cl.

(a) Leiten Sie die Struktur des Moleküls ab.
(b) Ordnen Sie jedes NMR-Signal einem Wasserstoffatom oder einer Gruppe von Wasserstoffatomen zu.
(c) Das „Dublett“ bei $\delta = 4$ ppm hat eine Kopplungskonstante $J = 6$ Hz. Steht das in Einklang mit ihren Signal-Zuordnungen in **b**?
(d) Eine fünffache Dehnung des „Dubletts“ (rechts oben in Spektrum A) zeigt, daß es sich dabei in Wirklichkeit um ein Dublett von Tripletts handelt. Die Triplett-Aufspaltung beträgt etwa 1 Hz. Was ist die Ursache für diese Aufspaltung? Steht sie mit der Signal-Zuordnung in **b** in Einklang?

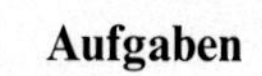

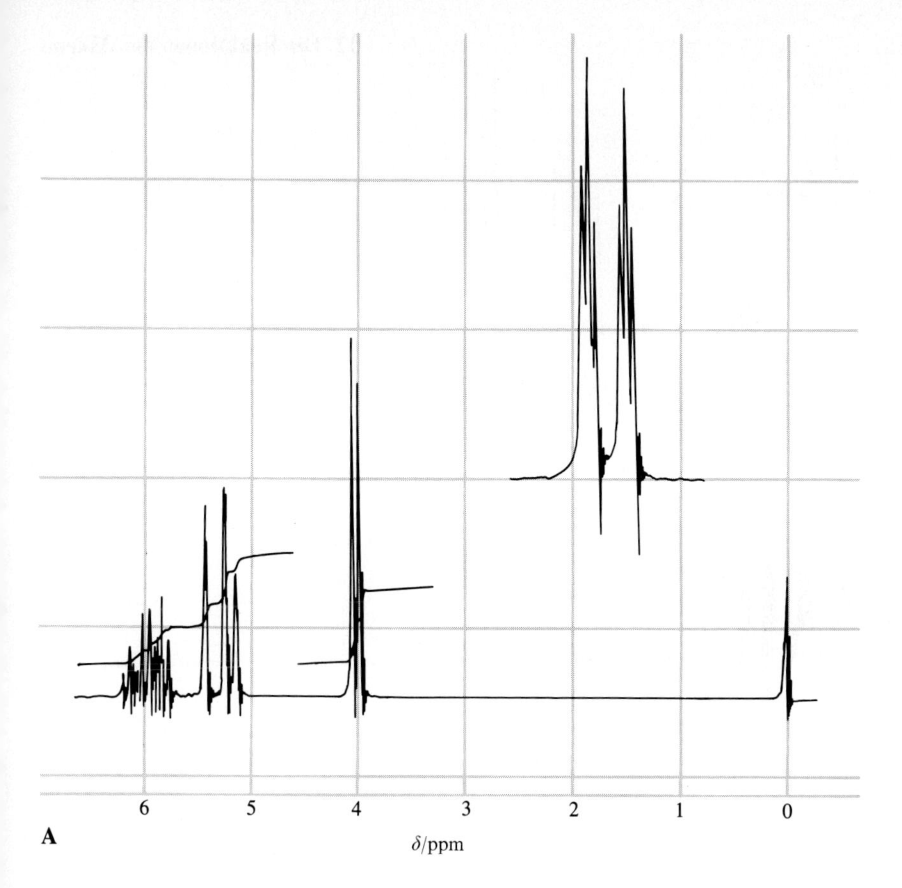
6
5
4
3
2
1
0
A
δ/ppm

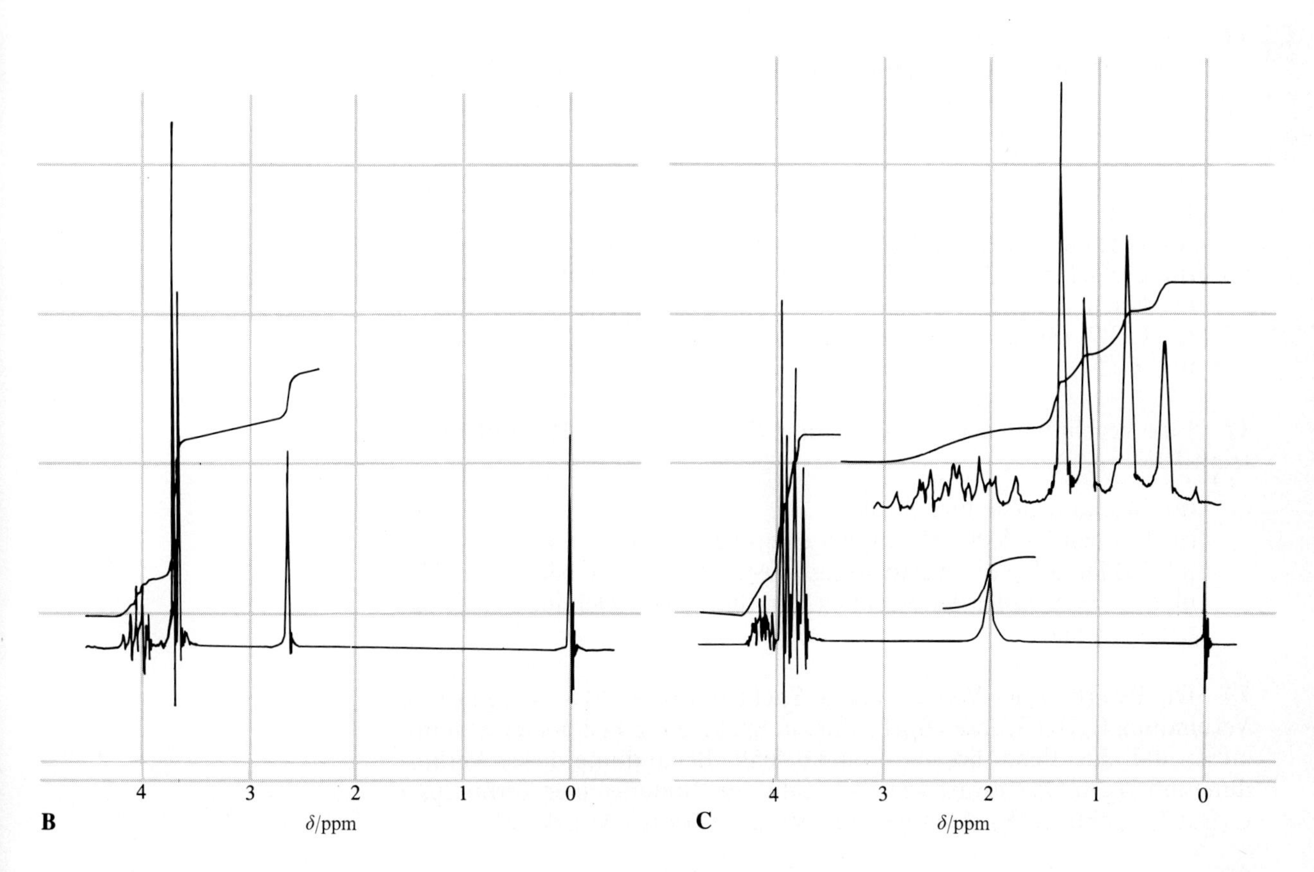
4
3
2
1
0
B
δ/ppm
4
3
2
1
0
C
δ/ppm

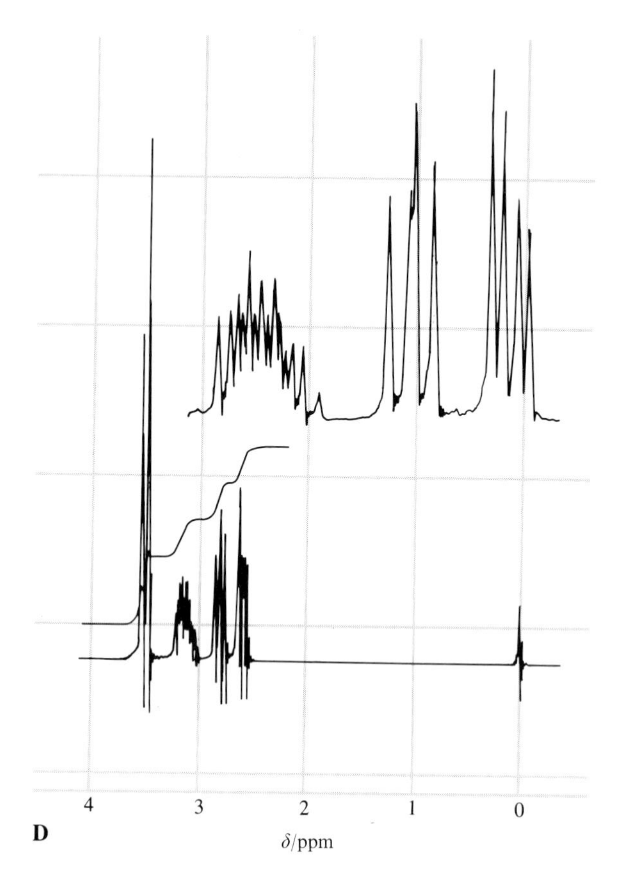

11 Die Reaktion von C_3H_5Cl (Aufgabe 10, Spektrum A) mit Cl_2 in H_2O ergibt zwei Produkte der Summenformel $C_3H_6OCl_2$ mit den ^1H NMR-Spektren B und C. Beide reagieren mit KOH zum gleichen Produkt C_3H_5OCl mit dem ^1H NMR-Spektrum D.

(a) Leiten Sie anhand der Spektren B, C und D die Strukturen der Produkte ab.
(b) Warum werden bei der Reaktion der chlorierten Ausgangsverbindung (Spektrum A) mit Cl_2 in H_2O zwei isomere Produkte gebildet?
(c) Nach welchen Mechanismen erfolgt die Bildung des Produktes C_3H_5OCl (Spektrum D) aus den Isomeren $C_3H_6OCl_2$ (Spektren B und C)?

12 Eine Verbindung der Summenformel C_4H_8O hat das ^1H NMR-Spektrum E.

(a) Bestimmen sie ihre Struktur.
(b) Ordnen Sie jedes Signal den entsprechenden Protonen zu.
(c) Erklären Sie die Aufspaltungsmuster der Signale bei $\delta = 1.2$, 4.2 und 5.8 ppm unter Verwendung der fünffachen Dehnung in Spektrum E genau.

13 Die Reaktion der Verbindung zu Spektrum E mit $SOCl_2$ ergibt eine Verbindung C_4H_7Cl, deren Spektrum mit Spektrum E fast übereinstimmt, außer, daß das Signal bei $\delta = 3.5$ ppm fehlt. Behandlung dieser Verbindung mit H_2 in Gegenwart von PtO_2 führt zur Bildung einer Verbindung C_4H_9Cl (Spektrum F). Identifizieren Sie diese beiden Moleküle!

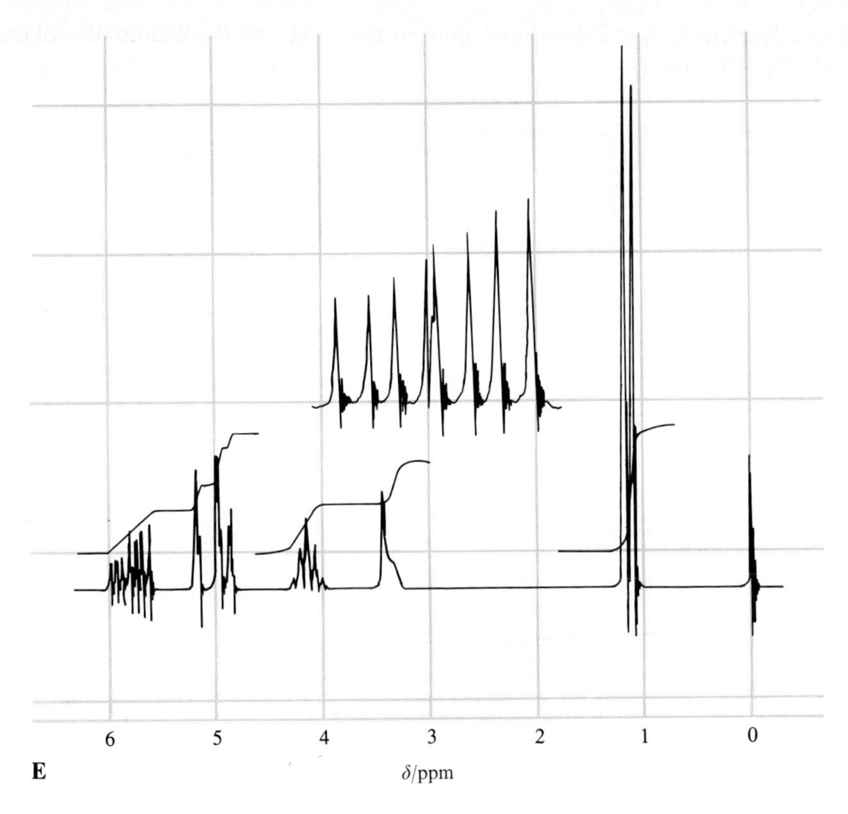

E

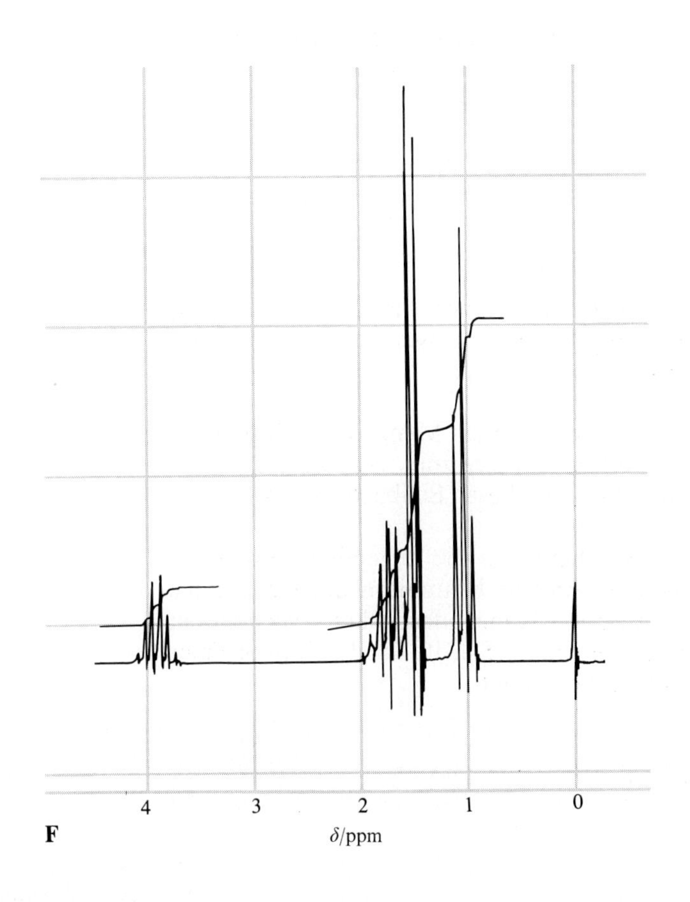

F

14 Welche Produkte sind bei der Reaktion von 2-Methyl-1-penten mit den folgenden Reagenzien jeweils zu erwarten:

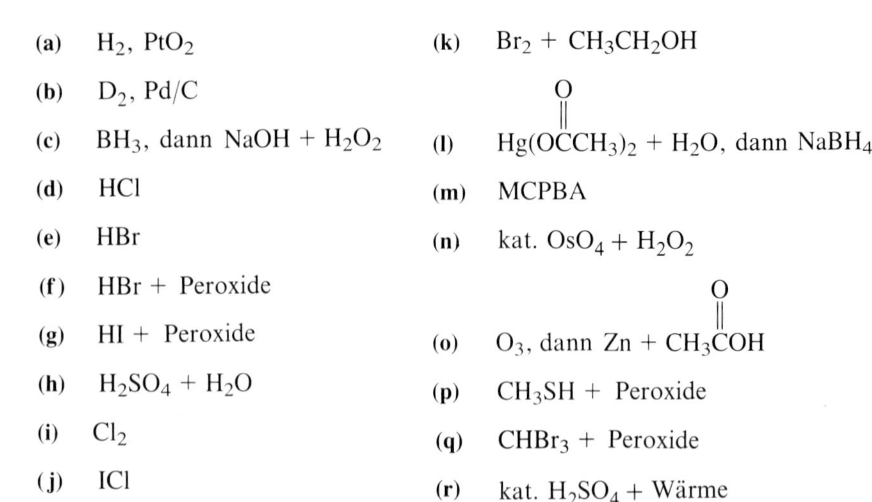

(a) H_2, PtO_2
(b) D_2, Pd/C
(c) BH_3, dann NaOH + H_2O_2
(d) HCl
(e) HBr
(f) HBr + Peroxide
(g) HI + Peroxide
(h) H_2SO_4 + H_2O
(i) Cl_2
(j) ICl
(k) Br_2 + CH_3CH_2OH
(l) $Hg(OCCH_3)_2$ (mit C=O) + H_2O, dann $NaBH_4$
(m) MCPBA
(n) kat. OsO_4 + H_2O_2
(o) O_3, dann Zn + CH_3COH (mit C=O)
(p) CH_3SH + Peroxide
(q) $CHBr_3$ + Peroxide
(r) kat. H_2SO_4 + Wärme

15 Welche Produkte sind bei der Reaktion von (*E*)-3-Methyl-3-hexen mit den Reagenzien aus Aufgabe 14 jeweils zu erwarten?

16 Welche Produkte sind bei der Reaktion von 1-Ethylcyclopenten mit den Reagenzien aus Aufgabe 14 jeweils zu erwarten?

17 (*E*)-5-Hepten-1-ol reagiert mit HCl zu $C_7H_{14}O$ und mit Br_2 zu $C_7H_{13}OBr$. Beschreiben Sie für beide Fälle die Strukturen der Produkte sowie den detaillierten Mechanismus ihrer Bildung.

18 In Aufgabe 13 zu Kap. 2 wurden die beiden folgenden Reaktionen miteinander verglichen:

(i) $CH_3{-}CH{=}CH_2 + Br_2 \longrightarrow CH_3{-}CH(Br){-}CH_2Br$

(ii) $CH_3{-}CH{=}CH_2 + Br_2 \longrightarrow CH_2(Br){-}CH{=}CH_2 + HBr$

Schlagen Sie unter Verwendung der Informationen aus Kap. 3.5–3.7 und 12.6 eine mechanistische Erklärung des Ergebnisses der Reaktion von Propen mit Br_2 in der Gasphase bei 600 °C vor!

19 Mischt man ein *cis*-Alken mit einer geringen Menge I_2 in Gegenwart von Licht oder Wärme, isomerisiert es teilweise zum *trans*-Alken. Schlagen Sie einen Mechanismus zu Erklärung dieser Beobachtung vor.

20 Planen Sie retrosynthetisch Synthesen für die folgenden Verbindungen. Mögliche Ausgangsmaterialien sind in Klammern angegeben; Sie können jedoch auch andere einfache Alkane oder Alkene verwenden, solange jede Synthese in mindestens einem Schritt die Knüpfung einer Kohlenstoff–Kohlenstoff-Bindung beinhaltet.

(a) $CH_3CH_2C(=O)CH(CH_3)CH_3$ (Propen)

(b) $CH_3CH_2CH_2CH(SCH_2CH_3)CH_2CH_2CH_3$ (Propen, wieder)

(c) 2,6-Dimethylcyclohexanol (OH, H_3C, CH_3) (Cyclohexen)

(d) Cyclopentanon (Cyclobuten, wenn Sie die Herausforderung annehmen!)

21 Wie würden Sie mit den bislang vorgestellten Methoden Cyclopentan in ein jedes der folgenden Moleküle umwandeln?

(a) *cis*-1,2-Dideuteriocyclopentan
(b) *trans*-1,2-Dideuteriocyclopentan

(c) Cyclopentan mit SCH_2CH_3 und Cl

(e) Cyclopentan mit Cl und CH_2CCl_3

(d) Cyclopentan$=CH_2$

(f) 2-Methylcyclopentanon (O, CH_3)

(g) 1,2-Dimethylcyclopenten
(h) *trans*-1,2-Dimethyl-1,2-cyclopentandiol

(i) Epoxid von Cyclopentan mit CH_3 (O)

22 Welches sind die zu erwartenden Hauptprodukte der folgenden Reaktionen?

(a) $CH_3OCH_2CH_2CH{=}CH_2 \xrightarrow[\text{2. NaBH}_4]{\text{1. Hg(OCCH}_3)_2\text{, CH}_3\text{OH}}$ (O über C)

(b) $H_2C{=}C(CH_3)(CH_2OH) \xrightarrow[\text{2. H}^+\text{, H}_2\text{O}]{\text{1. CH}_3\text{COOH (O über C)}}$

(c) Cyclobutan mit $CH{=}CH_2$ $\xrightarrow{\text{konz. HI}}$

(d) 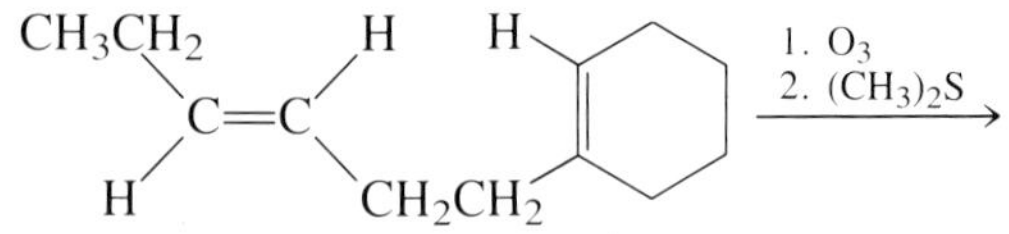 $CH_3CH_2(H)C{=}C(H)CH_2CH_2$–(1-Cyclohexenyl, H) $\xrightarrow{\text{1. } O_3 \text{ 2. } (CH_3)_2S}$

(e) 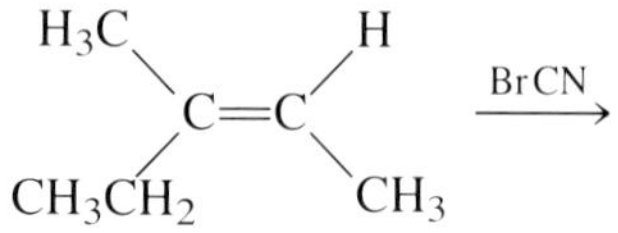 $(H_3C)(CH_3CH_2)C{=}C(H)(CH_3)$ $\xrightarrow{BrCN}$

(f) 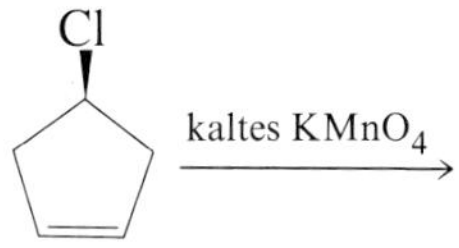 Cl-substituiertes Cyclopenten $\xrightarrow{\text{kaltes } KMnO_4}$

(g) $(CH_3)_2C(OH)CH{=}CH_2 \xrightarrow{HBr,\ ROOR}$

(h) 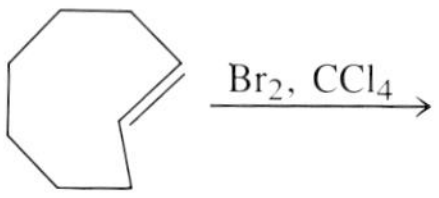 Cycloocten $\xrightarrow{Br_2,\ CCl_4}$

(i) $CH_3CH{=}CH_2 \xrightarrow{\text{kat. } HF}$

(j) $CH_2{=}CHNO_2 \xrightarrow{\text{kat. } KOH}$

(Hinweis: zeichnen Sie die Lewis-Strukturformel für die NO_2-Gruppe.)

23 Die Behandlung von α-Terpineol (Kap. 10, Aufgabe 24) mit wäßrigem Quecksilberethanoat (-acetat), gefolgt von einer Reduktion mit Natriumborhydrid, führt überwiegend zu einem Isomer der Ausgangsverbindung ($C_{10}H_{18}O$), anstatt zum Hydratisierungs-Produkt. Dieses Isomer ist die Hauptkomponente des Eucalyptusöls und heißt deswegen Eucalyptol. Üblicherweise wird es wegen seines Aromas benutzt, um sonst übelschmeckenden Medikamenten einen angenehmen Geschmack zu verleihen. Schlagen Sie aufgrund des Mechanismus der beschriebenen Reaktion und des folgenden Protonen-entkoppelten ^{13}C NMR-Spektrums eine Struktur für Eucalyptol vor!

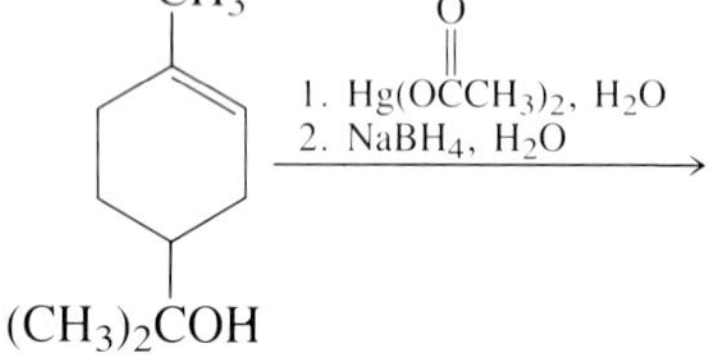

α-Terpineol (CH_3; $(CH_3)_2COH$) $\xrightarrow{\text{1. } Hg(OCCH_3)_2,\ H_2O \text{ (O über C) } \text{ 2. } NaBH_4,\ H_2O}$ Eucalyptol, ($C_{10}H_{18}O$) ^{13}C NMR: δ = 22.8, 27.5, 28.8, 31.5, 32.9, 69.6, und 73.5 ppm

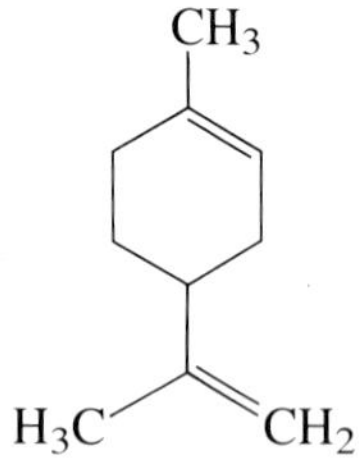

α-Terpineol

24 Sowohl Boran als auch MCPBA reagieren mit Molekülen wie Limonen, die Doppelbindungen mit sehr unterschiedlichen Umgebungen enthalten, hochselektiv. Welche Produkte sind bei der Reaktion von Limonen mit **(a)** einem Äquivalent BH_3, gefolgt von basischer Aufarbeitung mit H_2O_2, und **(b)** mit einem Äquivalent MCPBA zu erwarten? Erklären Sie Ihre Antworten!

CH_3; H_3C, CH_2

Limonen

25 Das Öl des Majorans enthält eine angenehm zitronenähnlich riechende Substanz $C_{10}H_{16}$ (Verbindung G). Ihre Ozonolyse ergibt zwei Produkte. Eines von ihnen, H, hat die Formel $C_8H_{14}O_2$ und kann auf folgendem Weg unabhängig dargestellt werden:

$$(H_3C)_2C{=}CH{-}CH_2Br \xrightarrow[\text{2. } H_2C\overset{O}{—}CHCH_3]{\text{1. Mg}} \underset{\mathbf{I}}{C_8H_{16}O} \xrightarrow{CrO_3(Pyridin)_2} \underset{\mathbf{J}}{C_8H_{14}O} \xrightarrow{\text{1. } BH_3;\ \text{2. } H_2O_2,\ NaOH;\ \text{3. } CrO_3(Pyridin)_2} H$$

Schlagen Sie auf der Basis dieser Informationen sinnvolle Strukturen für die Verbindungen G bis J vor!

26 Caryophyllen ist ein ungewöhnliches Sesquiterpen, das Ihnen als Hauptbestandteil des Geruches von Gewürznelken bekannt sein dürfte. Ermitteln Sie seine Struktur anhand der folgenden Informationen. Achtung: Die Struktur unterscheidet sich vollkommen von der des α-Caryophyllen-Alkohols (Aufg. 12-23).

Summenformel: $C_{15}H_{24}$

Reaktion 1

$$\text{Caryophyllen} \xrightarrow{H_2,\ Pd/C} C_{15}H_{28}$$

Reaktion 2

$$\text{Caryophyllen} \xrightarrow[\text{2. Zn, } CH_3COOH]{\text{1. } O_3} \text{[Strukturformel]} + CH_2{=}O$$

Reaktion 3

$$\text{Caryophyllen} \xrightarrow[\text{2. } H_2O_2,\ NaOH,\ H_2O]{\text{1. 1 Äquivalent } BH_3} C_{15}H_{26}O \xrightarrow[\text{2. Zn, } CH_3COOH]{\text{1. } O_3} \text{[Strukturformel]}$$

Ein Isomer, Isocaryophyllen, ergibt bei Hydrierung und bei Ozonolyse die gleichen Produkte wie Caryophyllen. Hydroborierung-Oxidation von Isocaryophyllen ergibt ein Produkt $C_{15}H_{26}O$, das ein Isomeres des in Reaktion 3 gezeigten ist. Ozonolyse wandelt dieses Produkt jedoch in das abgebildete um. Wie unterscheiden sich Caryophyllen und Isocaryophyllen?

27 Juvenilhormon (JH, Abschn 12.3) selbst wurde auf zahlreichen Wegen synthetisiert. Drei Moleküle, aus denen es dargestellt wurde, sind unten abgebildet. Schlagen Sie Synthesen des JH vor, die von einer jeden der drei Verbindungen ausgehen. Die Synthese zu **a** und **b** sollten stereospezifisch sein. Beachten Sie bei **a** und **b**, daß die Doppelbindungen zwischen C-10 und C-11 die gegenüber Elektrophilen reaktivsten sind (Ziehen Sie die Synthese des JH-Analogons in Abschn. 12.3 zum Vergleich heran).

(a)

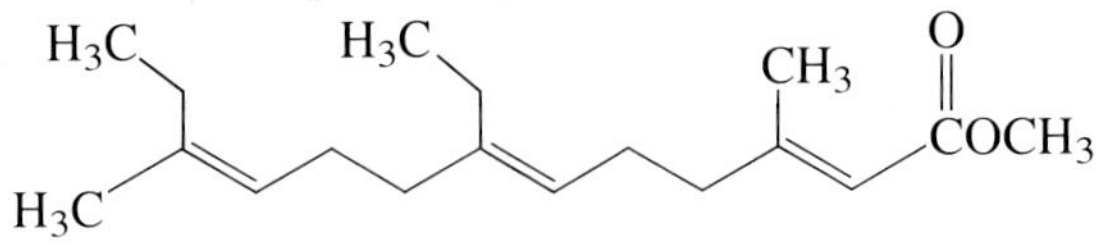

(b)

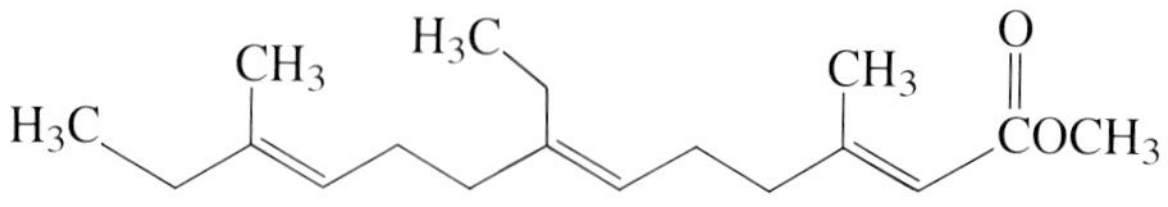

(c)

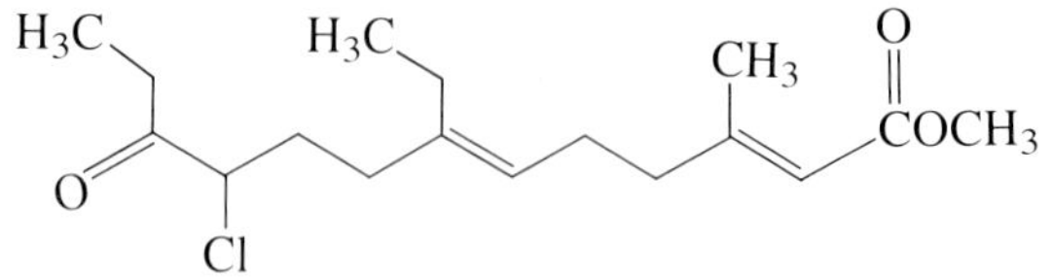

28 Viele Synthesen komplexer Naturstoffe gehen von einfacheren natürlich vorkommenden Molekülen aus. Der Plan, den komplizierten Sesquiterpen-Aldehyd Sinensal zu synthetisieren, erfordert die Umwandlung des Monoterpens Myrcen in das abgebildete Heptadienyliodid.

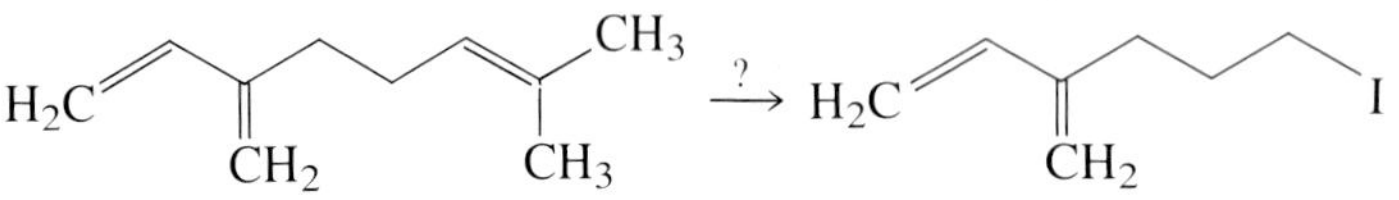

Myrcen

Schlagen Sie eine einfache Reaktionsfolge für diese Umwandlung vor. Hinweis: Nutzen Sie die unterschiedlichen Reaktivitäten der drei Doppelbindungen des Myrcens aus.

29 Das Monoterpen-Keton Campher wird zur Darstellung zahlreicher Produkte von Weichmachern über Mottenkugeln bis zu Feuerwerkskörpern genutzt. Obwohl man es gut aus natürlichen Quellen erhalten kann, ist die Nachfrage so groß, daß man es aus besser zugänglichen Naturstoffen wie Pinen und Camphen synthetisiert. Die Behandlung von Camphen mit Ethansäure (Essigsäure) ergibt in Gegenwart von H_2SO_4 Isobornylethanoat, welches in zwei folgenden Schritten in Campher umgewandelt wird.

Erklären Sie die Reaktion, die Camphen in Isobornylethanoat umwandelt, mechanistisch. Überrascht Sie an der Reaktion irgend etwas?

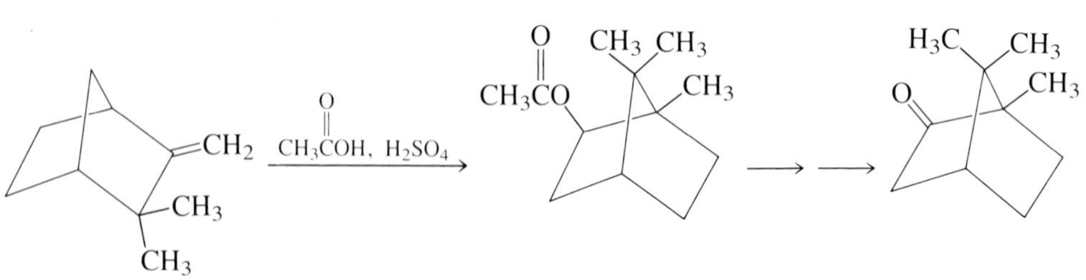

Camphen $\xrightarrow{CH_3COOH,\ H_2SO_4}$ **Isobornylethanoat (-acetat)** $\longrightarrow\ \longrightarrow$ **Campher**

13 Alkine – Die Kohlenstoff-Kohlenstoff-Dreifachbindung

Eine Kohlenstoff-Kohlenstoff-Dreifachbindung ist die funktionelle Gruppe, die für die **Alkine** charakteristisch ist. Die allgemeine Summenformel der Alkine ist C_nH_{2n-2}, die gleiche wie die der Cycloalkene. Die Gliederung dieses Kapitels folgt der der Diskussion, Darstellung und Reaktionen der Alkene. Wir werden erkennen, daß die Reaktivität der Dreifachbindung mit ihren zwei einander überlagernden π-Bindungen der der Alkene in vieler Hinsicht ähnelt, sich jedoch in einigen Aspekten deutlich davon unterscheidet. Zum Beispiel sind Alkine wie Alkene elektronenreich und unterliegen daher dem Angriff durch Elektrophile und Borane, sie können durch Eliminierungsreaktionen dargestellt werden, und terminale Alkine sind weniger stabil als interne. Im Unterschied zu Alken-Wasserstoffatomen werden Alkin-Wasserstoffatome im NMR-Experiment abgeschirmt, sie sind stärker sauer und können in oxidativen Kupplungsreaktionen entfernt werden.

13.1 Die Nomenklatur der Alkine

Immer noch gebräuchliche Trivialnamen für Alkine leiten sich vom Trivialnamen des einfachsten Alkins, des *Acetylens*, C_2H_2, ab. Andere Alkine werden als seine Derivate, z. B. Alkylacetylene, betrachtet.

Trivialnamen von Alkinen

$HC{\equiv}CH$	$CH_3C{\equiv}CCH_3$	$CH_3CH_2CH_2C{\equiv}CH$
Acetylen	**Dimethylacetylen**	**Propylacetylen**

Die IUPAC-Regeln zur Benennung von Alkenen werden auch auf Alkine angewandt, wobei die Endung **-in** die Endung **-en** der Alkene ersetzt. Die Position der Dreifachbindung in der Hauptkette wird durch eine Nummer angegeben.

HC≡CH — **Ethin**

$CH_3C{\equiv}CCH_3$ — **2-Butin**

$\overset{1}{C}H_3\overset{2}{C}{\equiv}\overset{3}{C}\overset{4}{C}H(Br)\overset{5}{C}H_2\overset{6}{C}H_3$ — **4-Brom-2-hexin**

$\overset{4}{C}H_3\overset{3}{C}(CH_3)_2\overset{2}{C}{\equiv}\overset{1}{C}H$ — **3,3-Dimethyl-1-butin**

Alkine der allgemeinen Struktur RC≡CH heißen *terminal*, wogegen solche der allgemeinen Struktur RC≡CR′ als *interne* Alkine bezeichnet werden. Der Substituent der Struktur –C≡CH heißt **Ethinyl** sein Homologes $-CH_2C{\equiv}CH$ heißt **2-Propinyl** (Propargyl). Wie Alkane und Alkene kann man Alkine auch durch Strichformeln graphisch darstellen.

***trans*-1,2-Diethinylcyclohexan**

$\triangleright$–$CH_2C{\equiv}CH$

2-Propinylcyclopropan (Propargylcyclopropan)

$HC{\equiv}CCH_2OH$

2-Propin-1-ol (Propargylalkohol)

In der IUPAC-Nomenklatur hat die funktionelle Gruppe der Alkine Vorrang vor der der Alkene; daher wird ein Kohlenwasserstoff, der Dreifach- und Doppelbindungen enthält, *Alkenin* genannt. Die Positionen der funktionellen Gruppen werden so niedrig wie möglich beziffert. Befinden sich Dreifach- und Doppelbindung in einem Molekül an äquivalenten Positionen, wird das Alkenin so benannt, daß die Doppelbindung die niedrigere Nummer erhält. Alkohole haben Priorität vor Alkinen; daher heißen Alkine, die eine Hydroxy-Funktion enthalten, *Alkinole*.

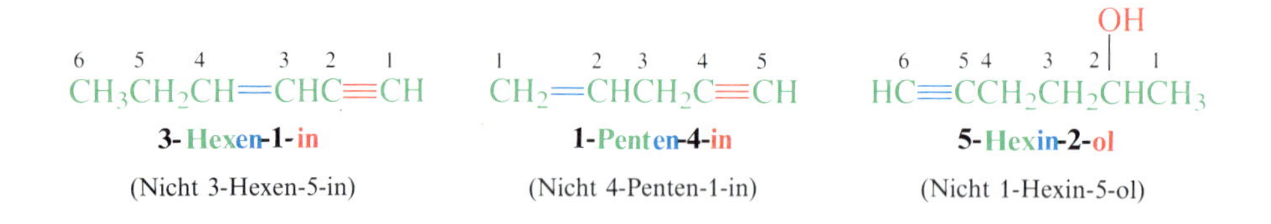

Übung 13-1

Geben Sie die IUPAC-Namen an für (a) alle Alkine der Summenformel C_6H_{10};

(b) H_3C, H, $CH{=}CH_2$ an C–C≡CH ;

(c) alle Butinole.

Beziehen Sie alle Stereoisomeren ein und benennen Sie sie!

13.2 Struktur und Bindung der Alkine

Dieser Abschnitt beschreibt die Dreifachbindung anhand ihrer Molekülorbitale: Die Kohlenstoffatome sind *sp*-hybridisiert, und die vier einfach besetzten *p*-Orbitale bilden zwei zueinander senkrecht stehende π-Bindungen. Dies hat weitreichende Konsequenzen für die physikalischen und chemischen Eigenschaften der Alkine.

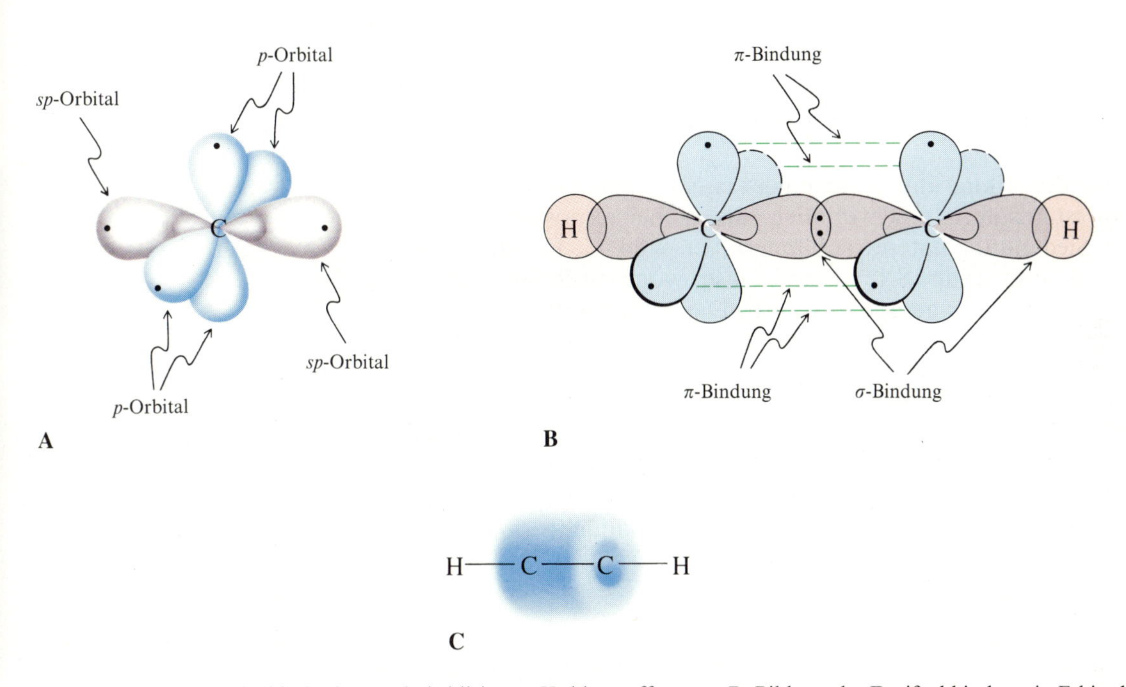

Abb. 13-1 A. Molekülorbitale eines *sp*-hybridisierten Kohlenstoffatoms. B. Bildung der Dreifachbindung in Ethin durch Überlappung zweier CH-Fragmente unter Bildung einer σ- und zweier π-Bindungen. C. Die beiden zueinander senkrecht angeordneten π-Orbitale des Ethins führen zu einer zylindrischen Elektronenverteilung um die C–C-Bindungsachse.

Die elektronische Struktur des Ethins

Im Ethin sind die zwei Kohlenstoffatome *sp*-hybridisiert (Abb. 13-1A), wie es auch beim Beryllium in Berylliumhydrid der Fall ist (Abb. 1-13). Eines der beiden Hybridorbitale überlappt mit dem *s*-Orbital des Wasserstoffatoms, das andere wird zur Bildung der C–C-σ-Bindung verwendet (Abb. 13-1B). Die zwei zueinander senkrechten *p*-Orbitale eines jeden Kohlenstoffatoms enthalten (im Gegensatz zu denen des Berylliums) je ein Elektron. Diese *p*-Orbitale überlappen mit den entsprechenden *p*-Orbitalen des anderen Kohlenstoffatoms und bilden zwei zueinander senkrecht orientierte π-Bindungen zwischen den Kohlenstoffatomen. Der diffuse Charakter der π-Elektronenwolken gibt der Elektronenverteilung der Dreifachbindung eine zylindrische Gestalt (Abb. 13-1C).

Als Konsequenz der Hybridisierung und der zwei π-Bindungen ist die Stärke der Dreifachbindung beträchtlich: sie beträgt ungefähr 838 kJ/mol. Die Dissoziationsenergie der C–H-Bindung ist mit 536 kJ/mol ebenfalls hoch.

Die Molekülstruktur des Ethins: Ein lineares Molekül mit kurzen Bindungen

Da beide Kohlenstoffatome des Ethins *sp*-hybridisert sind, ist seine Struktur linear (Abb. 13-2). Die Kohlenstoff-Kohlenstoff-Bindungslänge beträgt 120.3 pm und ist kürzer als die der Doppelbindung (133 pm, Abb. 11-7). Die Kohlenstoff-Wasserstoff-Bindungslänge ist wegen des hohen *s*-Anteils an den für die Bindung zum Wasserstoff verwendeten *sp*-Hybridorbitalen ebenfalls kurz. Die Elektronen dieser Orbitale und der aus ihnen durch Überlappung mit anderen Orbitalen gebildeten Bindungen halten sich relativ nahe am Atomkern auf und führen so zu kürzeren und stärkeren Bindungen.

$$\mathrm{H{-}C{\equiv}C{-}H} \quad (C{\equiv}C: 120.3\ \mathrm{pm};\ C{-}H: 106.1\ \mathrm{pm};\ 180^\circ)$$

Abb. 13-2 Molekülstruktur von Ethin.

Einige physikalische Konstanten der Alkine

Die Siedepunkte der Alkine ähneln denen der entsprechenden Alkene und Alkane. Ethin ist insofern ungewöhnlich, als es bei atmosphärischem Druck keinen Siedepunkt hat; es sublimiert bei −84 °C. Propin (Sdp. −23.2 °C) und 1-Butin (Sdp. 8.1 °C) sind Gase, wogegen 2-Butin (Sdp. 27 °C) bei Raumtemperatur gerade flüssig ist. Die Alkine mittlerer Größe sind destillierbare Flüssigkeiten. Der Umgang mit Alkinen erfordert Vorsicht; sie polymerisieren leicht, bisweilen in heftiger Reaktion. Ethin explodiert unter Druck, kann jedoch in Druckgasflaschen aus Stahl transportiert werden, die Aceton und ein poröses Füllmaterial (Bimsstein) enthalten. In Analogie zu den Alkenen führt der hohe *s*-Charakter der Hybridorbitale der Kohlenstoffatome zur Ausbildung von Dipolmomenten, wenn es sich nicht um ein symmetrisches Alkin handelt.

Polarisierung in Alkinen

$CH_3C{\equiv}CH$	$CH_3CH_2C{\equiv}CH$	$CH_3CH_2C{\equiv}CCH_2CH_3$
$\mu = 2.5 \times 10^{-30}$ C m	$\mu = 2.7 \times 10^{-30}$ C m	$\mu = 0$ C m

Aus demselben Grunde sind terminale Alkine acider als die entsprechenden Alkene oder Alkane. Beispielsweise liegt der pK_a-Wert des Ethins mit 25 deutlich unter dem des Ethens (p$K_a \sim 44$) und dem des Ethans (p$K_a \sim 50$).

Deprotonierung von 1-Alkinen

$$\mathrm{RC{\equiv}C{-}H + :B^-} \longrightarrow \mathrm{RC{\equiv}C:^- + HB}$$

Reihenfolge der Acidität von Alkinen, Alkenen und Alkanen

	$HC{\equiv}CH$ >	$H_2C{=}CH_2$ >	$H_3C{-}CH_3$
Hybridisierung:	*sp*	sp^2	sp^3
pK_a:	25	44	50

Es zeigt sich, daß dieser Effekt präparativ nützlich ist, weil zahlreiche starke Basen benutzt werden können, um ein terminales Alkin stöchiometrisch zum entsprechenden Alkinyl-Anion zu deprotonieren. Beispiele für solche starken Basen sind Natriumamid in flüssigem Ammoniak, Alkyllithium-Verbindungen und Grignard-Reagenzien. Die so erzeugten Anionen reagieren wie andere Anionen auch als Basen oder als Nucleophile (Abschn. 13.5).

Deprotonierung von Alkinen

$$CH_3CH_2C\equiv CH + CH_3CH_2CH_2CH_2Li \xrightarrow{(CH_3CH_2)_2O} CH_3CH_2C\equiv CLi + CH_3CH_2CH_2CH_2\text{–}H$$

$$\text{C}_5\text{H}_9\text{–}C\equiv CH + CH_3CH_2MgBr \xrightarrow{THF} \text{C}_5\text{H}_9\text{–}C\equiv CMgBr + CH_3CH_2\text{–}H$$

$$HC\equiv CH + 2\ NaNH_2 \xrightarrow{\text{fl. }NH_3} NaC\equiv CNa + 2\ NH_2\text{–}H$$

Übung 13-2
Wir haben andere als die eben erwähnten starken Basen früher kennengelernt. Zwei Beispiele sind Kalium-*tert*-butoxid und Lithiumdiisopropylamid (LDA). Ist eine von diesen Basen (oder beide) geeignet, um aus Ethin Ethinyl-Anionen darzustellen? Erklären Sie Ihre Antwort!

Die physikalischen und chemischen Eigenschaften der Alkine werden durch die *sp*-Hybridisierung der an der Dreifachbindung beteiligten Kohlenstoffatome bestimmt. Sie ist verantwortlich für starke Bindungen, die lineare Struktur der Alkine, Dipolmomente und die relativ hohe Acidität der Alkinyl-Wasserstoffatome.

13.3 Die Dreifachbindung schirmt Alkinyl-Wasserstoffatome ab: NMR-Spektroskopie der Alkine

Wir haben bereits in Abschnitt 11.3 diskutiert, daß Alkenyl-Wasserstoffatome verglichen mit denen gesättigter Alkane ungewöhnlich entschirmt werden, weil die π-Elektronen unter dem Einfluß des äußeren Magnetfeldes in eine Kreisbewegung gezwungen werden. Ein ähnlicher (möglicherweise sogar stärkerer) entschirmender Effekt sollte wegen der zwei π-Bindungen und der *sp*-Hybridisierung für Alkinyl-Wasserstoffatome zu erwarten sein. In diesem Abschnitt werden wir sehen, daß diese Erwartung vom Experiment nicht bestätigt wird und daß diese Kerne tatsächlich in charakteristischer Weise abgeschirmt werden.

Die chemischen Verschiebungen von Alkinyl-Wasserstoffatomen

Die ^1H NMR-Resonanzen von Wasserstoffatomen, die an ein *sp*-hybridisiertes Kohlenstoffatom gebunden sind, werden bei $\delta = 1.7-3.1$ ppm be-

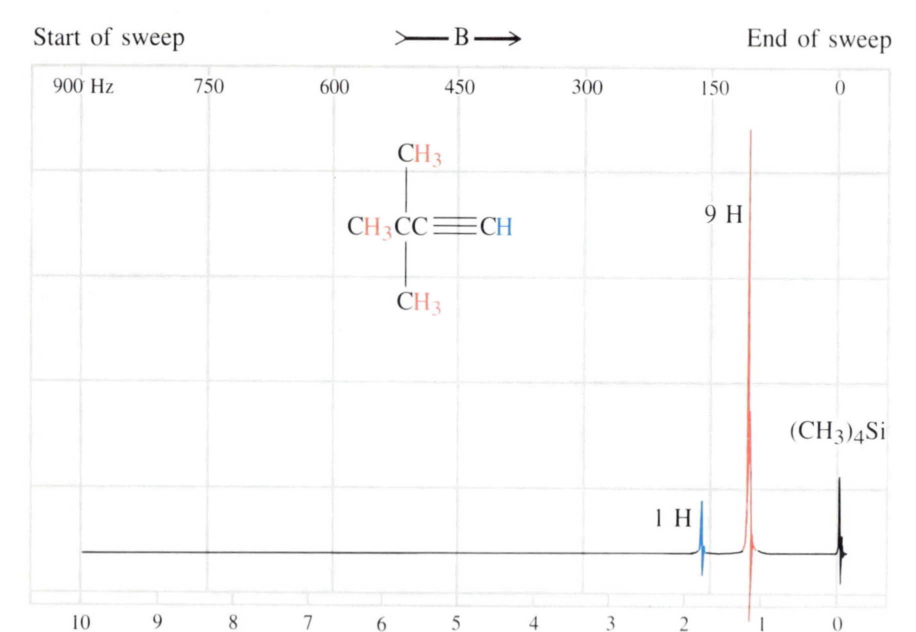

Abb. 13-3 90 MHz ^{1}H NMR-Spektrum von 3,3-Dimethyl-1-butin in CCl_4.

obachtet (s. Tab. 10-2). Ein Beispiel ist das Spektrum des 3,3-Dimethyl-1-butins, das in Abb. 13-3 gezeigt ist. Die Alkinyl-Wasserstoffatome absorbieren bei δ = 1.74 ppm, bei deutlich höherem Feld als die Alkenyl-Wasserstoffatome im *trans*-2,2,5,5-Tetramethyl-3-hexen (δ = 5.30 ppm, s. Abb. 11-8). Das Signal der Protonen der 1,1-Dimethylethyl-Gruppe (*tert*-Butylgruppe) erscheint erwartungsgemäß bei δ = 1.13 ppm.

Warum wird das terminale Alkin-Proton so sehr abgeschirmt? Offensichtlich wird der elektronische Effekt, der die Entschirmung der Alkenyl-Protonen bewirkte, in Alkinen irgendwie aufgehoben. Die Erklärung liegt in der zylinderförmigen Elektronenwolke entlang der Achse der Dreifachbindung (s. Abb. 13-1C), welche eine andersartige Elektronenbewegung ermöglicht. Liegt die Achse der Dreifachbindung parallel zum externen

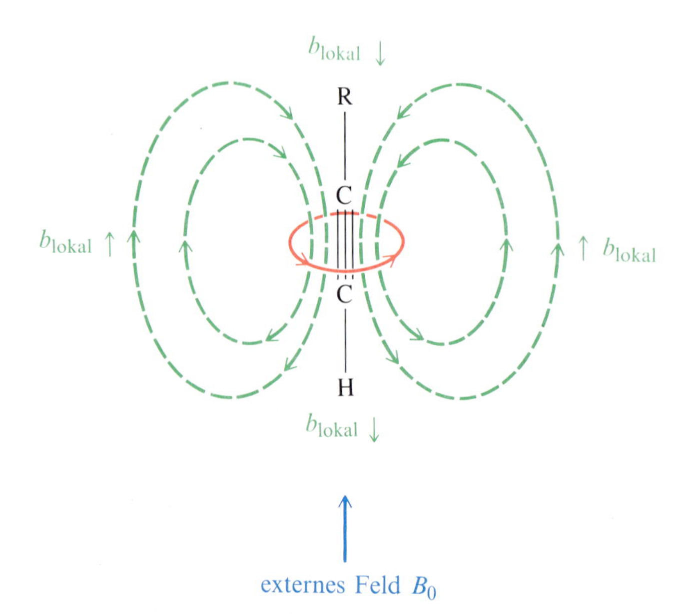

Abb. 13-4 Das externe Magnetfeld B_0 induziert einen Elektronenstrom parallel zur Bindungsachse der Dreifachbindung. Dieser Strom induziert ein lokales Magnetfels b_{lokal} (durchbrochene Linien), das dem externen Feld im Bereich der Alkinyl-Wasserstoffatome entgegen gerichtet ist. Daher erfordert die Kernresonanz derartiger Wasserstoffatome ein höheres Feld (bzw. eine niedrigere Frequenz).

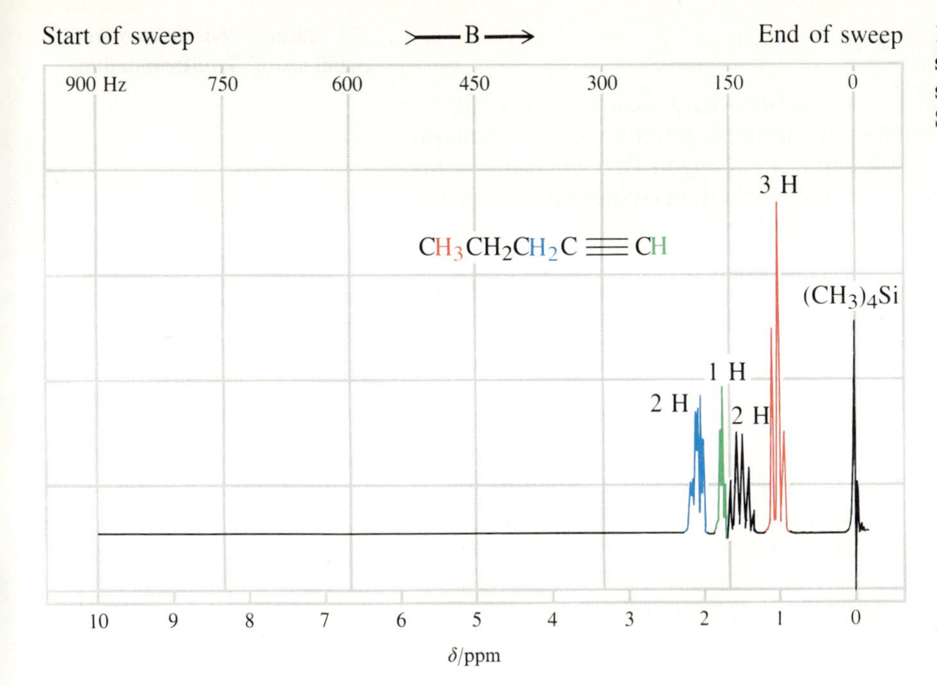

13.3 Die Dreifachbindung schirmt Alkinyl-Wasserstoffatome ab: NMR-Spektroskopie der Alkine

Abb. 13-5 90 MHz ^{1}H NMR-Spektrum von 1-Pentin in CCl_4.

Magnetfeld B_0, erzeugen die sich bewegenden Elektronen in der Umgebung der Alkinyl-Wasserstoffatome ein dazu *entgegengesetztes* Magnetfeld (Abb. 13-4). Das Ergebnis ist ein starker *abschirmender* Effekt.

Der normale Einfluß einer π-Bindung, in Abb. 11-9 für ein Alken dargestellt, ist immer noch wirksam, sobald die Achse eines Alkin-Moleküls zum externen Magnetfeld senkrecht (oder in einem anderen von 0° verschiedenen Winkel) steht. In Lösung und im sich drehenden NMR-Röhrchen nehmen die Moleküle alle möglichen Orientierungen ein. Es stellt sich relativ zur NMR-Zeitskala schnell ein Gleichgewicht ein, weswegen man nur ein mittleres Signal beobachtet.

Kopplung durch die Dreifachbindung

Die Dreifachbindung überträgt Kopplungen so gut, daß das Signal eines terminalen Wasserstoffatoms aufgespalten wird, obwohl es von dem nächsten Wasserstoffatom durch mindestens drei Kohlenstoffatome getrennt ist. Dies ist ein weiteres Beispiel für eine Fernkopplung. Die Kopplungskonstanten liegen zwischen 2 und 4 Hz. Abbildung 13-5 zeigt das ^{1}H NMR-Spektrum des 1-Pentins, an dem dieser Effekt besonders deutlich wird. Die Alkinyl-Wasserstoffatome treten bei $\delta = 1.71$ ppm als Triplett ($J = 2.5$ Hz) in Resonanz, da sie mit den zwei äquivalenten Wasserstoffatomen an C-3 koppeln, die bei $\delta = 2.07$ ppm als Dublett von Tripletts absorbieren ($J = 2.5$, 6 Hz). Derartige Fernkopplungen ($J \sim 2-3$ Hz) werden auch über vier Kohlenstoffatome zwischen zwei Gruppen nicht äquivalenter Wasserstoffatome beobachtet, die durch eine Dreifachbindung getrennt sind – zum Beispiel im 3-Heptin, $CH_3CH_2C \equiv CCH_2CH_2CH_3$.

Fernkopplungen in Alkinen

H–C–C≡C–H

$J = 2–4$ Hz

H–C–C≡C–C–H

$J = 2–3$ Hz

Übung 13-3

Beschreiben Sie das Aufspaltungsmuster erster Ordnung im ^{1}H NMR-Spektrum von *trans*-1-Brom-1-penten-4-in.

^{13}C NMR-Spektroskopie von Alkinen

Die ^{13}C NMR-Spektroskopie ist für die Strukturaufklärung von Alkinen nützlich. Beispielsweise absorbieren die dreifach gebundenen Kohlenstoffatome in Alkyl-substituierten Alkinen in dem engen Bereich von $\delta = 65$–85 ppm, der sich deutlich von den chemischen Verschiebungen entsprechender Alkene oder Alkane unterscheidet.

Typische chemische Verschiebungen in ^{13}C NMR-Spektren von Alkinen

$HC{\equiv}CH$ — $\delta = 71.9$

$HC{\equiv}CCH_2CH_2CH_2CH_3$ — 68.6, 84.0, 18.6, 31.1, 22.4, 14.1

$CH_3CH_2C{\equiv}CCH_2CH_3$ — 81.1, 15.6, 13.2 ppm

Es ist festzuhalten, daß durch die zylidrische π-Elektronenwolke um die Kohlenstoff-Kohlenstoff-Dreifachbindung ein lokales Magnetfeld induziert wird, das für Alkinyl-Wasserstoffatome zu Verschiebungen nach höherem Feld führt als bei Alkenyl-Wasserstoffatomen. Die Kopplung durch die Dreifachbindung ist in etwa so stark wie die durch die Doppelbindung.

13.4 Die Stabilität der Dreifachbindung

Hängt der Energieinhalt von Alkinen von den Substituenten ab, wie es für Alkene der Fall ist? Welche Alkine sind stabiler – terminale oder interne? Wie steht es mit Cycloalkinen? Wie groß muß ein Ring sein, um eine lineare Dreifachbindung enthalten zu können? Inwieweit ist eine Abweichung von der Linearität möglich? Diese Fragen können durch das Studium der relativen Verbrennungs- und Hydrierungswärmen sowie von basenkatalysierten Isomerisierungen beantwortet werden.

Alkine sind energiereiche Verbindungen

Alkine haben einen beträchtlichen Energieinhalt. Zum Beispiel beträgt die Bildungsenthalpie des Ethins $\Delta H_f^0 = +227.4$ kJ/mol. Demnach ist Ethin relativ zu den Elementen im Grundzustand außerordentlich instabil. Aufgrund dieser Eigenschaft reagieren Alkine in vielen Fällen unter Freisetzung von Energie. Zum Beispiel zersetzt sich Ethin, wenn man es schlagartig hohem Druck oder katalytischen Mengen Kupfer aussetzt, explosiv zu Kohlenstoff und Wasserstoff. Bei der Verbrennung des Ethins werden 1327 kJ/mol frei. Diese Energie wird in Acetylen-Brennern beim Schweißen ausgenutzt, welches sehr hohe Temperaturen erfordert (über 2500 °C).

Verbrennung von Ethin

$$HC{\equiv}CH + 2.5\ O_2 \longrightarrow 2\ CO_2 + H_2O \qquad \Delta H^0 = -1327\ \text{kJ/mol}$$

Die katalytische Hydrierung des Ethins läuft in zwei Schritten ab, zuerst wird Ethen gebildet, dann Ethan. Die Hydrierungswärmen zeigen, daß die erste π-Bindung einen höheren Energieinhalt hat als die zweite.

Hydrierung von Ethin

$$HC{\equiv}CH + H_2 \xrightarrow{\text{Kataly-sator}} H_2C{=}CH_2 \qquad \Delta H^0 = -175.4 \text{ kJ/mol}$$

$$H_2C{=}CH_2 + H_2 \xrightarrow{\text{Kataly-sator}} H_3CCH_3 \qquad \Delta H^0 = -136.9 \text{ kJ/mol}$$

Um die relativen Energien terminaler und interner Alkine zu messen, können wir ihre Hydrierungswärmen vergleichen. Zum Beispiel werden beide isomere Butine zu Butan hydriert, geben jedoch unterschiedlich viel Energie ab:

$$CH_3CH_2C{\equiv}CH + 2\,H_2 \xrightarrow{\text{Kataly-sator}} CH_3CH_2CH_2CH_3 \qquad \Delta H^0 = -292.7 \text{ kJ/mol}$$

$$CH_3C{\equiv}CCH_3 + 2\,H_2 \xrightarrow{\text{Kataly-sator}} CH_3CH_2CH_2CH_3 \qquad \Delta H^0 = -272.6 \text{ kJ/mol}$$

Wieder ist das interne π-Systen stabiler als das terminale, wie man es aufgrund der Hyperkonjugation erwarten sollte (Abschn. 3.2 u. 11.4).

Relative Stabilitäten der Alkine

$RC{\equiv}CH < RC{\equiv}CR'$

Cyclische Alkine sind gespannt

Man kann den Energieinhalt von Alkinen weiter erhöhen, wenn man die eigentlich lineare Dreifachbindung verbiegt, wie es in Cycloalkinen der Fall ist.

Berechnete Spannungsenergien einiger Cycloalkine

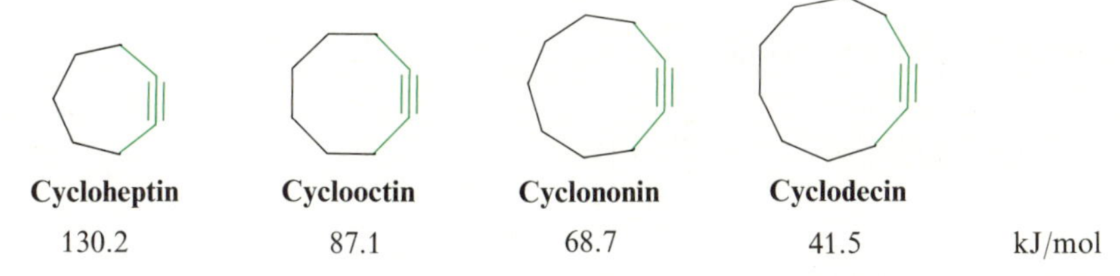

Cycloheptin	Cyclooctin	Cyclononin	Cyclodecin	
130.2	87.1	68.7	41.5	kJ/mol

Die Spannungsenergie der Cycloalkine steigt mit kleiner werdender Ringgröße. Das kleinste isolierte unsubstituierte Cycloalkin ist Cyclooctin. Kleinere Homologe sind zu reaktiv, um isoliert werden zu können. Daß gespannte Cycloalkine reaktiv sein sollten, wird auch anhand ihrer Molekülmodelle deutlich. Die Verbiegung der Dreifachbindung vermindert die Überlappung der p-Orbitale der π-Bindung in der Molekülebene, was zu einem gewissen diradikalischen Charakter führt (s. Abb. 13-6). Dieser

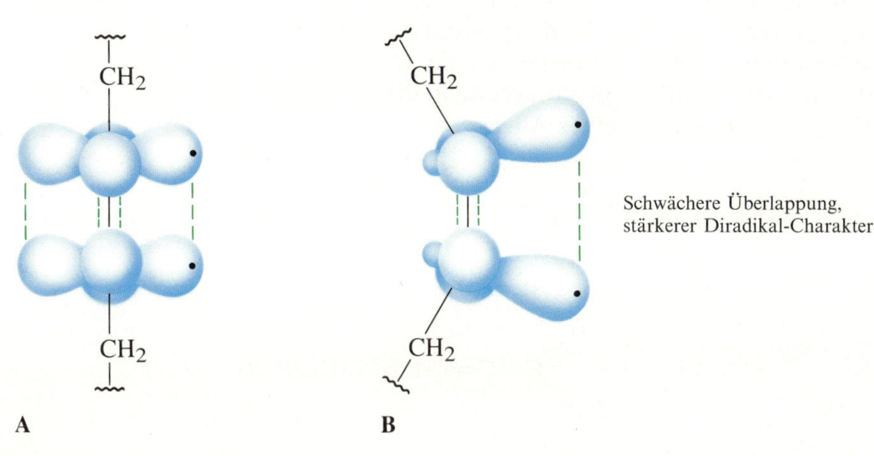

Abb. 13-6 A. Nicht gespannte Dreifachbindung; die beiden Sätze von p-Orbitalen können unter Bildung der beiden π-Orbitale gut überlappen.
B. Gespannte Dreifachbindung; die Orbitallappen der in der Biegeebene liegenden p-Orbitale werden voneinander entfernt, die Überlappung wird daher schlechter.

radikalische Charakter manifestiert sich in erhöhter Reaktivität, insbesondere hinsichtlich der Polymerisation und der Reaktion mit Sauerstoff.

Basen katalysieren die Isomerisierung von Alkinen

Die relativen Stabilitäten verschiedener isomerer Alkine können direkt durch die Einstellung des thermodynamischen Gleichgewichtes zwischen ihnen abgeschätzt werden, ähnlich wie bei der säurekatalysierten Isomerisierung von Alkenen (s. Abschn. 12.3). Bei Alkinen ist die Isomerisierung basenkatalysiert. Beispielsweise kann man 1-Alkine in Gegenwart heißer alkoholischer Kaliumhydroxid-Lösung in 2-Alkine umwandeln. Bei 25 °C ist diese Reaktion mit etwa 17 kJ/mol exotherm, wie es anhand der Bildungsenthalpien der beiden Verbindungen zu erwarten ist.

Basenkatalysierte Isomerisierung von 1-Hexin zu 2-Hexin

$$\underset{\textbf{1-Hexin}}{CH_3CH_2CH_2CH_2C{\equiv}CH} \xrightarrow{KOH,\ CH_3CH_2OH,\ 175°C} \underset{\textbf{2-Hexin}}{CH_3CH_2CH_2C{\equiv}CCH_3} \qquad \Delta H^0 \sim -17\ kJ/mol$$

Übung 13-4

Im Gleichgewicht bei 175 °C liegen 2-Hexin und 1-Hexin im Verhältnis 70:1 vor. Berechnen Sie ΔG^0 für diese Temperatur.

Welches ist der Mechanismus dieser Umwandlung? Wenn die Base das terminale Alkin angreift, wird zuerst das acide terminale Proton abgespalten, wodurch ein Alkinyl-Anion entsteht.

Reversible Deprotonierung terminaler Alkine

$$\underset{pK_a \sim 25}{RCH_2C{\equiv}CH} + CH_3CH_2\ddot{\underset{\cdot\cdot}{O}}\!:^- \underset{K \sim 10^{-9}}{\rightleftharpoons} RCH_2C{\equiv}C:^- + \underset{pK_a \sim 16}{CH_3CH_2\ddot{\underset{\cdot\cdot}{O}}H}$$

Dieser Prozeß ist reversibel und erlaubt nur die Bildung geringer Konzentrationen des Anions, denn der pK_a-Wert des Ethanols ist niedriger als der eines terminalen Alkins. Die Reaktion ist nicht nur thermodynamisch ungünstig, sie führt auch mechanistisch in eine Sackgasse, da sie nicht zum Produkt führt. Obwohl die C-3-Position mit einem pK_a-Wert von etwa 35 deutlich weniger acid ist, wird die Base gelegentlich auch hier ein Proton abstrahieren und zum entsprechenden Anion führen. In diesem Gleichgewicht ist das Anion nicht begünstigt, es erlaubt aber in geringem Ausmaß die Bildung eines Zwischenproduktes, das dann zum Produkt weiterreagieren kann. Man kann sich eine Resonanzstruktur überlegen, bei der die negative Ladung die terminale Position einnimmt. Reprotonierung in dieser Position führt zur Bildung eines neuen Isomers, eines **Allens**.

Mechanismus der Isomerisierung von Alkinen:

Schritt 1: Bildung des Anions an C-3

$$RCH(H)C{\equiv}CH + CH_3CH_2\ddot{\underset{\cdot\cdot}{O}}\!:^- \rightleftharpoons \left[\begin{matrix} H \\ R \end{matrix}\!\!>\!\ddot{C}^{-}\!-C{\equiv}CH \longleftrightarrow \begin{matrix} H \\ R \end{matrix}\!\!>\!C{=}C{=}\ddot{C}H^{-} \right] + CH_3CH_2\ddot{\underset{\cdot\cdot}{O}}H$$

Schritt 2: Reprotonierung

$$\left[\begin{array}{c} H \\ R \end{array}\!\!>\ddot{C}^{-}\!-C\equiv CH \longleftrightarrow \begin{array}{c} H \\ R \end{array}\!\!>C=C=\ddot{C}^{-}H\right] + CH_3CH_2\ddot{O}H \longrightarrow \begin{array}{c} H \\ R \end{array}\!\!>C=C=C\!\!<\begin{array}{c} H \\ H \end{array} + CH_3CH_2\ddot{O}:^{-}$$

Ein Allen

Schritt 3: Zweite Deprotonierung-Reprotonierung

$$\begin{array}{c} H \\ R \end{array}\!\!>C=C=C\!\!<\begin{array}{c} H \\ H \end{array} + CH_3CH_2\ddot{O}:^{-} \longrightarrow \left[R-\ddot{C}^{-}=C=C\!\!<\begin{array}{c} H \\ H \end{array} \longleftrightarrow RC\equiv C-\ddot{C}^{-}H_2\right] + CH_3CH_2\ddot{O}H$$

$$\downarrow$$

$$RC\equiv CCH_2H + CH_3CH_2\ddot{O}:^{-}$$

Die Isomerisierung von 1-Alkinen zu den entsprechenden Allenen ist normalerweise mit etwa 4 kJ/mol leicht exotherm. Im weiteren Verlauf der Isomerisierung abstrahiert die Base ein internes Proton des Allens, wodurch sich erneut ein Anion bildet. Reprotonierung liefert schließlich das isomerisierte Alkin.

Übung 13-5
Welche der folgenden Verbindungen wird in der fettgedruckten Position schneller deprotoniert: $CH_3\mathbf{CH_2}C\equiv CH$; $CH_3CH=C=\mathbf{CH_2}$.

Allene können chiral sein

Manchmal, insbesondere wenn eine Weiterreaktion nicht möglich ist, kann man die Intermediate der Alkin-Isomerisierung isolieren. Zum Beispiel isomerisiert 3-Methyl-1-butin bei Behandlung mit Base zu 1,1-Dimethylallen.

Darstellung von 1,1-Dimethylallen

$$CH_3-\underset{CH_3}{\overset{H}{C}}-C\equiv CH \xrightarrow{KOH,\ CH_3CH_2OH,\ 170^{\circ}C} \begin{array}{c} CH_3 \\ CH_3 \end{array}\!\!>C=C=CH_2$$

3-Methyl-1-butin → **3-Methyl-1,2-butadien (1,1-Dimethylallen)**

Allene haben eine ungewöhnliche Struktur (Abb. 13-7). Die beiden π-Bindungen sind senkrecht zueinander ausgerichtet, da das zentrale Kohlenstoffatom *sp*-hybridisiert ist. Man beachte, daß die vier Wasserstoffatome der Stammverbindung Allen sich in den Positionen eines gedehnten Tetraeders befinden. Infolgedessen können substituierte Allene chiral sein, ohne ein chirales Zentrum zu enthalten. Ein Beispiel dafür ist 1,3-Dichlor-1,2-propadien. Anhand von Molekülmodellen erkennt man deutlich, daß sich Bild und Spiegelbild dieser Verbindung nicht zur Deckung bringen lassen.

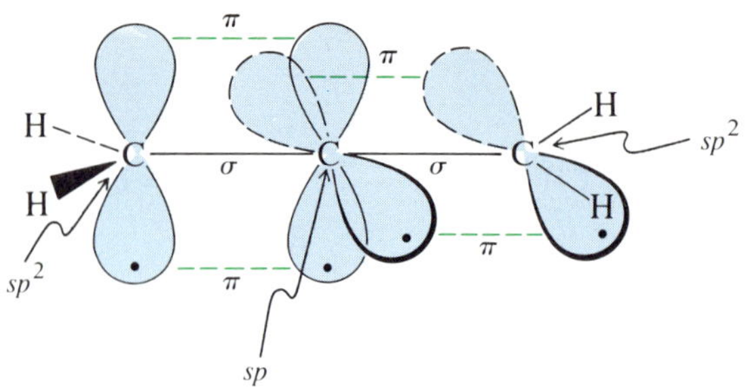

Abb. 13-7 π-Molekülorbitale des Allens. Die beiden π-Bindungen stehen senkrecht zueinander. Jede Doppelbindung hat eine Länge von 131 pm (zum Vergleich: Ethen 134 pm, Ethin 120 pm).

Chiralität in 1,3-Dichlor-1,2-propadien

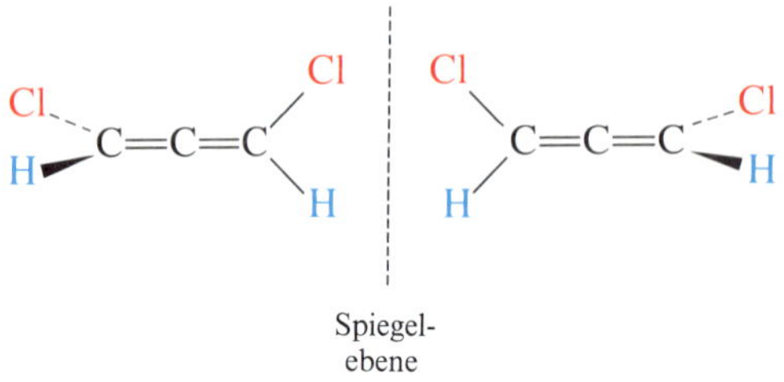

Übung 13-6

Die am Rand gezeigten Strukturen A und B scheinen topologisch der des 1,3-Dichlor-1,2-propadiens zu ähneln. Sind sie chiral?

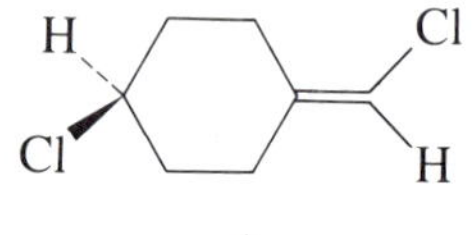

Es bleibt festzuhalten, daß Alkine energiereiche Verbindungen sind, deren erste π-Bindung bei Hydrierung mehr Energie freisetzt als die zweite. Cyclische Alkine können sehr gespannt sein. Interne Alkine sind stabiler als terminale, wie anhand der Hydrierungswärmen und der basenkatalysierten Isomerisierung gezeigt wurde. Letztere verläuft über Allene als Zwischenprodukte, die chiral sein können.

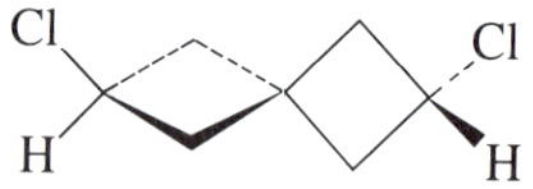

13.5 Die Darstellung von Alkinen

Zur Darstellung von Alkinen gibt es zwei grundlegende Methoden, die doppelte Eliminierung von 1,1- oder 1,2-Dihalogenalkanen und die Alkylierung terminaler Alkinyl-Anionen.

Alkine durch Eliminierung

Wie schon in Abschn. 11.5 diskutiert, kann man Alkene durch E2-Reaktionen aus Halogenalkanen darstellen. Die Anwendung dieses Prinzips auf Alkine legt den Gedanken nahe, daß die Behandlung von vicinalen oder geminalen Dihalogenalkanen mit starken Basen unter doppelter Eliminierung zur Bildung einer Dreifachbindung führen sollte.

Alkine durch doppelte Eliminierung aus Dihalogenalkanen

$$-\underset{H}{\overset{X}{C}}-\underset{H}{\overset{X}{C}}- \xrightarrow[-\,2\,HX]{\text{Base}} -C\equiv C-$$

vicinales Dihalogenalkan

$$-\underset{H}{\overset{H}{C}}-\underset{X}{\overset{X}{C}}- \xrightarrow[-\,2\,HX]{\text{Base}} -C\equiv C-$$

geminales Dihalogenalkan

Tatsächlich erhält man, wenn man 1,2-Dibromhexan (erhältlich durch Bromierung von 1-Hexen) zu Natriumamid in Ammoniak gibt, nach dem Abdampfen des Lösungsmittels und wäßriger Aufarbeitung 1-Hexin:

$$CH_3CH_2CH_2CH_2\underset{Br}{CH}-CH_2Br \xrightarrow[-\,2\,HBr]{1.\ NaNH_2,\ \text{fl.}\ NH_3 \quad 2.\ H_2O} CH_3CH_2CH_2CH_2C\equiv CH$$

Die anderen Produkte dieser Reaktion sind die protonierte Base (z.B. NH_3), die verdampft, und Natriumbromid, das bei der wäßrigen Aufarbeitung entfernt wird. Eliminierungen in flüssigem Ammoniak werden üblicherweise bei der Siedetemperatur des Ammoniaks ausgeführt, welche mit −33 °C niedrig ist. Dadurch sind die Reaktionsbedingungen üblicherweise mild und erlauben die Darstellung von Alkinen ohne Isomerisierung (Abschn. 13.4).

Da vicinale Dihalogenalkane durch Halogenierung der entsprechenden Alkene leicht erhältlich sind, ist die Reaktionsfolge **Halogenierung – doppelte Dehydrohalogenierung** eine einfache Methode zur Umwandlung von Alkenen in die entsprechenden Alkine.

Darstellung von Alkinen durch Halogenierung – doppelte Dehydrohalogenierung

$$CH_3CH=CHCH_3 \xrightarrow{1.\ Br_2,\ CCl_4 \quad 2.\ NaNH_2,\ \text{fl.}\ NH_3} CH_3C\equiv CCH_3$$

2-Buten → **2-Butin**

$$CH_2=CHCH_2CH_2CH=CH_2 \xrightarrow{1.\ Br_2,\ CCl_4 \quad 2.\ NaNH_2,\ \text{fl.}\ NH_3} HC\equiv CCH_2CH_2C\equiv CH \quad 53\%$$

1,5-Hexadien → **1,5-Hexadiin**

Auch andere Basen als Natriumamid, z.B. Alkoxide, können für Dehydrohalogenierungen benutzt werden. Ihr Gebrauch ist dann sinnvoll, wenn Isomerisierungen strukturell unmöglich sind. Ein Beispiel ist die Bromierung-Dehydrobromierung von 3,3-Dimethyl-1-buten mit Kalium-*tert*-butoxid.

$$CH_3\underset{CH_3}{\overset{CH_3}{C}}CH=CH_2 \xrightarrow{1.\ Br_2,\ CCl_4 \quad 2.\ (CH_3)_3CO^-K^+,\ (CH_3)_3COH} CH_3\underset{CH_3}{\overset{CH_3}{C}}C\equiv CH \quad 95\%$$

3,3-Dimethyl-1-buten → **3,3-Dimethyl-1-butin**

Geminale Dihalogenalkane reagieren wie ihre vicinalen Gegenstücke:

$$(CH_3)_2CHCH_2CHCl_2 \xrightarrow{NaNH_2,\ 2,2,4\text{-Trimethylpentan},\ 170\,^\circ C} (CH_3)_2CHC{\equiv}CH \quad 75\%$$

1,1-Dichlor-3-methylbutan **3-Methyl-1-butin**

Halogenalkene sind Zwischenprodukte bei der Alkinsynthese durch Eliminierung

Der Mechanismus der Dehydrohalogenierung von Dihalogenalkanen verläuft in zwei Schritten über Halogenalkene, die auch **Alkenyl-** oder **Vinylhalogenide** genannt werden. Obwohl Mischungen aus *E*- und *Z*-Halogenalkenen im Prinzip möglich sind, führen diastereomerenreine vicinale Dihalogenalkane nur zu einem Produkt, da die Eliminierung stereospezifisch *anti* verläuft (Abschn. 11.5).

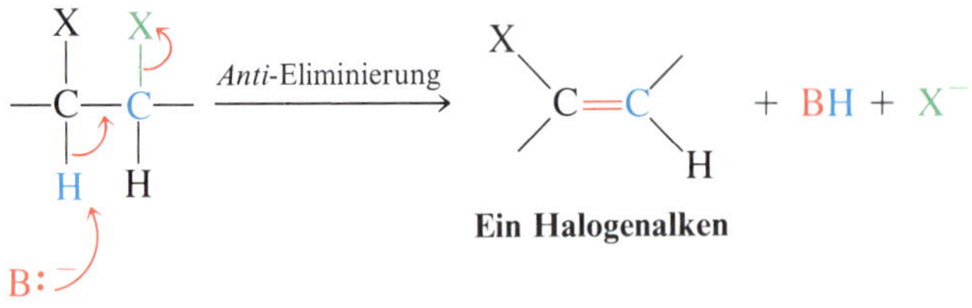

Anti-Eliminierung → + BH + X^-

Ein Halogenalken

Anti-Eliminierung → + BH + X^-

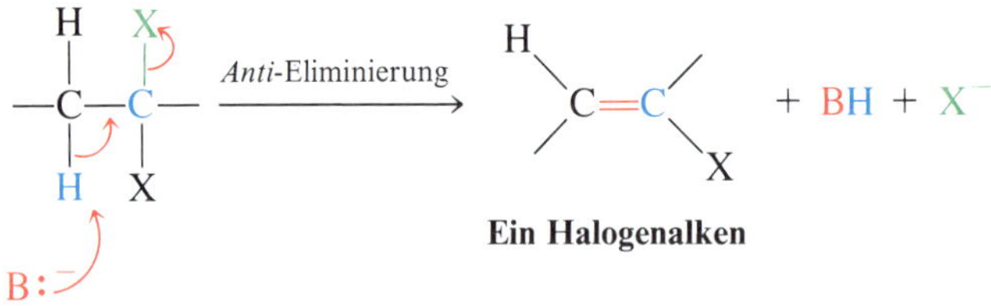

Ein Halogenalken

Wir wissen bereits, daß man stereoisomerenreine vicinale Dihalogenalkane durch Addition von Brom an Alkene erhalten kann (s. Abschn. 12.3). So erhält man durch Addition von Brom an *cis*-2-Buten nur (2*R*,3*R*)- und (2*S*,3*S*)-2,3-Dibrombutan (nur das *S*,*S*-Isomer ist abgebildet), welches ausschließlich zu (*Z*)-2-Brom-2-buten dehydrobromiert wird. Entsprechend erhält man aus *trans*-2-Buten selektiv (*E*)-2-Brom-2-buten.

Stereospezifische Bromierung-Dehydrobromierung

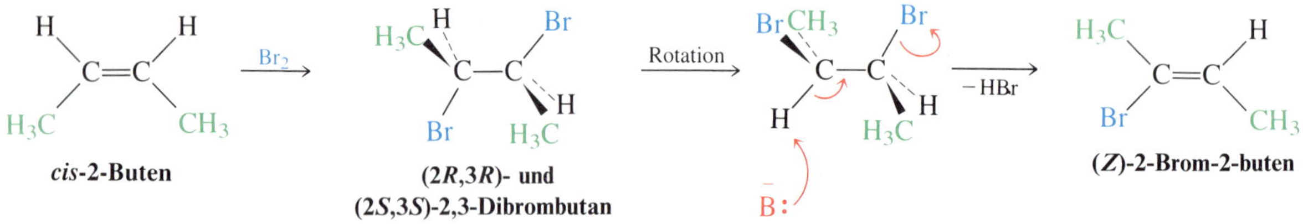

cis-2-Buten → (Br_2) → **(2*R*,3*R*)- und (2*S*,3*S*)-2,3-Dibrombutan** → (Rotation) → (B:, −HBr) → **(*Z*)-2-Brom-2-buten**

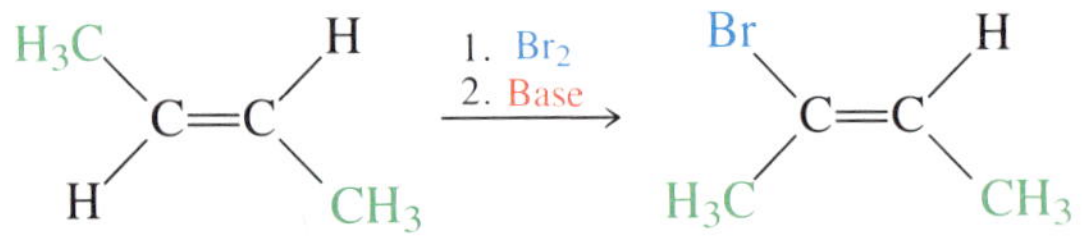

trans-2-Buten → (1. Br_2 2. Base) → **(*E*)-2-Brom-2-buten**

Die Stereochemie des intermediären Halogenalkens hat keine Konsequenzen für das Ergebnis der zum Alkin führenden Reaktion, beide Isomere liefern dasselbe Produkt. Wenn man vom Halogenalken ausgeht, ist jedoch meist die *anti*-Eliminierung schneller als die *syn*-Eliminierung. Offenbar ist die Ursache dafür ähnlich der, die die *anti*-Eliminierung bei der E2-Reaktion zu Alkenen bevorzugt – die Überlappung der *p*-Orbitale der neuen π-Bindung ist im *anti*-Übergangszustand günstiger.

$$(Br)(H_3C)C{=}C(H)(CH_3) \xrightarrow[\text{schnell}]{NaNH_2,\ \text{fl.}\ NH_3} CH_3C{\equiv}CCH_3 \qquad (Br)(H_3C)C{=}C(H)(CH_3) \xrightarrow[\text{langsam}]{NaNH_2,\ \text{fl.}\ NH_3} CH_3C{\equiv}CCH_3$$

Der Leser dürfte bemerkt haben, daß die Eliminierung von HX aus einem vicinalen Dihalogenalkan nur zum Halogenalken, nicht aber zum Allylhalogenid führt (s. Kap. 14). Warum greift die Base nur das Proton an dem Kohlenstoffatom an, das an ein Halogenatom gebunden ist? Die Antwort ist, daß das Halogen eine höhere Elektronegativität hat als das Kohlenstoffatom, weswegen das daran gebundene Wasserstoffatom ziemlich acid ist. Daher ist die zum Halogenalken führende E2-Reaktion schneller als die zum Allylhalogenid führende.

Regioselektive Eliminierung aus vicinalen Dihalogenalkanen

Allylhalogenid ⟷̸ —CH–CX–CX— (mit B⁻) ⟶ Halogenalken oder Halogenalken

Übung 13-7
Welches Produkt liefert die Reaktion von Natriummethoxid mit 1-Fluor-2-bromethan?

Halogenalkene sind ziemlich unreaktiv

Verglichen mit Halogenalkanen sind Halogenalkene ziemlich unreaktiv gegenüber Nucleophilen. Obwohl wir gesehen haben, daß sie mit starken Basen Eliminierungsreaktionen zu Alkinen eingehen, reagieren sie nicht mit schwachen Basen oder relativ wenig basischen Nucleophilen wie Iodid. Auch S_N1-Reaktionen laufen normalerweise nicht ab, da die intermediär gebildeten Alkenyl-Kationen besonders wegen der minimalen Delokalisierung der Elektronen als Species hoher Energie wenig stabil sind. Abbildung 13-8 zeigt das Molekülorbital-Schema des Vinyl-Kations. Man beachte, daß das Kohlenstoffatom, das dem die positive Ladung tragenden benachbart ist, nicht über ein *p*-Orbital verfügt, das zu dem leeren Orbital, das die positive Ladung trägt, parallel steht.

Halogenalkene reagieren kaum nach S_N2 oder S_N1

$$CH_2{=}CHBr \xrightarrow{I^-}\!\!\!\!\!\!\!\times\ CH_2{=}CHI + Br^- \qquad CH_2{=}CHBr \not\rightarrow CH_2{=}\overset{+}{C}{-}H + Br^-$$

Vinyl-Kation

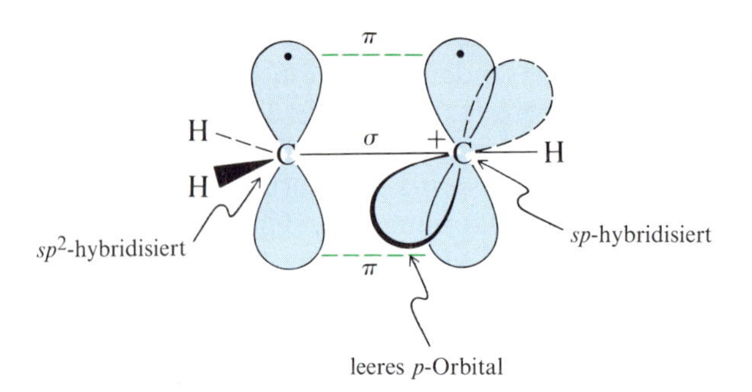

Abb. 13-8 Molekülorbitale des Ethenyl-Kations (Vinyl-Kations). Ein Kohlenstoffatom ist sp^2-, das andere sp-hybridisiert.

Halogenalkene können jedoch über metallorganische Intermediate in Reaktionen eingesetzt werden (s. Übung 11-6). Diese Intermediate eröffnen den Zugang zu einer Vielzahl spezifisch substituierter Alkene.

Alkenylmetall-Verbindungen in der Synthese

$$CH_2{=}C(Br)H + Mg \xrightarrow{THF} CH_2{=}C(MgBr)H \xrightarrow[2.\ H^+,\ H_2O]{1.\ CH_3\overset{O}{\overset{\|}{C}}CH_3} CH_2{=}C(H)C(OH)(CH_3)_2$$

1-Bromethen (Vinylbromid)	Ethenylmagnesiumbromid (Ein Vinyl-Grignard-Reagenz), 90%	2-Methyl-3-buten-2-ol, 65%

$$\underset{\text{(Z)-2-Brom-2-penten}}{CH_3CH_2(H)C{=}C(Br)CH_3} \xrightarrow[(CH_3CH_2)_2O,\ -78°C]{CH_3CH_2CH_2CH_2Li,} \underset{\text{(Z)-2-Penten-2-lithium}}{CH_3CH_2(H)C{=}C(Li)CH_3} \xrightarrow[-\ LiI]{CH_3I} \underset{\text{2-Methyl-2-penten, 72\%}}{CH_3CH_2(H)C{=}C(CH_3)CH_3}$$

Alkine durch Alkylierung von Alkinyl-Anionen

Alkine können aus anderen Alkinen erhalten werden durch Reaktion terminaler Alkinyl-Anionen mit alkylierenden Reagenzien wie primären Halogenalkanen, Oxacyclopropanen, Aldehyden und Ketonen. Wie wir wissen, werden solche Anionen aus terminalen Alkinen durch Deprotonierung mit starken Basen, meist Alkyllithium-Verbindungen, Natriumamid in flüssigem Ammoniak oder Grignard-Reagenzien, dargestellt. Die Alkylierung mit primären Halogenalkanen erfolgt üblicherweise in flüssigem Ammoniak oder Ethern. Diese Lösungsmittel enthalten bisweilen 1,2-Ethandiamin, $H_2NCH_2CH_2NH_2$, N,N,N',N'-Tetramethyl-1,2-ethandiamin (TMEDA), $(CH_3)_2NCH_2CH_2N(CH_3)_2$ oder HMPA als Cosolventien, um die Nucleophilie des Anions zu erhöhen (Abschn. 6.10). Ethin selbst wird über mehrere Stufen über die selektive Bildung des Monoanions zu Mono- und Dialkylderivaten alkyliert.

Alkylierung von Alkinyl-Anionen

$$CH_3C{\equiv}CH \xrightarrow[-NH_2H]{NaNH_2\text{, fl. }NH_3} CH_3C{\equiv}C{:}^{-}\,{}^{+}Na \xrightarrow[-\,NaI]{CH_3I} CH_3C{\equiv}CCH_3$$

75%

2-Butin

$$\text{Cyclohexyl-}C{\equiv}CH \xrightarrow[-\,LiBr]{1.\ CH_3CH_2CH_2CH_2Li,\ THF,\ H_2NCH_2CH_2NH_2\quad 2.\ CH_3CH_2CH_2Br} \text{Cyclohexyl-}C{\equiv}CCH_2CH_2CH_3$$

85%

1-Pentinylcyclohexan

Der Komplex aus Ethinyllithium und 1,2-Ethandiamin ist auch kommerziell erhältlich. Um nur Monoalkylierung zu erhalten, muß die Alkylierung bei tiefer Temperatur erfolgen. Bei hohen Temperaturen disproportioniert das einfach metallierte Ethin zum unlöslichen Dianion (oder dem doppelten Grignard-Reagenz) und Ethin.

Disproportionierung des einfach metallierten Ethins

$$2\ HC{\equiv}CMgBr \xrightarrow{30^{\circ}C,\ (CH_3CH_2)_2O} HC{\equiv}CH + BrMgC{\equiv}CMgBr$$

Der Versuch der Alkylierung von Alkinyl-Anionen mit sekundären oder tertiären Halogenalkanen führt wegen des stark basischen Charakters des Alkinyl-Anions zu den Produkten einer E2-Reaktion.

Reaktionen mit Oxacyclopropanen oder Carbonylverbindungen verlaufen auf die gleiche Weise wie mit anderen metallorganischen Reagenzien.

$$HC{\equiv}CH \xrightarrow[-\,NH_2H]{LiNH_2\text{ (1 Äquivalent), fl. }NH_3} HC{\equiv}CLi \xrightarrow[-\,LiOH]{1.\ H_2C{-}CH_2\text{ (Oxacyclopropan)}\quad 2.\ HOH} HC{\equiv}CCH_2CH_2OH$$

92%

3-Butin-1-ol

$$CH_3C{\equiv}CH \xrightarrow[-\,CH_3CH_2H]{CH_3CH_2MgBr,\ (CH_3CH_2)_2O,\ 20^{\circ}C} CH_3C{\equiv}CMgBr \xrightarrow{1.\ \text{Cyclopentanon}\quad 2.\ H_2O} \text{1-(1-Propinyl)cyclopentanol (OH, }C{\equiv}C{-}CH_3)$$

66%

Übung 13-8

Schlagen sie kurze Synthesen für die folgenden Verbindungen vor:

(a) $CH_3CH_2CH_2C{\equiv}CCH(OH)CH_2CH_3$ aus Ethin; (b) $CH_3(CH_2)_3C{\equiv}CCH(OH)C{\equiv}C(CH_2)_3CH_3$ von $CH_3(CH_2)_3C{\equiv}CH$ (Hinweis: Konsultieren Sie Abschn. 8.6).

Neben den als Ausgangsmaterial gegebenen Alkinen können Sie jedes andere Reagenz zusätzlich benutzen.

Es ist zusammenfassend festzuhalten, daß Alkine aus vicinalen oder geminalen Dihalogenalkanen durch doppelte stereospezifische Dehydrohalogenierung über Halogenalkene als Intermediate dargestellt werden. Letztere sind in nucleophilen Substitutionen wenig reaktiv, können jedoch mit metallorganischen Reagenzien metalliert werden. Alkine können durch Alkylierung mit primären Halogenalkanen, Oxacyclopropanen oder Carbonylverbindungen aus anderen Alkinen dargestellt werden. Ethin selbst kann in mehreren Schritten alkyliert werden.

13.6 Reaktionen der Alkine: Die relative Reaktivität der beiden π-Bindungen

Die Reaktionen der Alkine ähneln in vieler Hinsicht denen der Alkene, wenn man davon absieht, daß zwei π-Bindungen zur Verfügung stehen, von denen eine reaktiver ist als die andere. So unterliegen Alkine Additionsreaktionen wie der Hydrierung, Hydroborierung und anderen elektrophilen Angriffen. Solche Reaktionen können mit *syn*- oder *anti*-Stereochemie mit oder ohne Regioselektivität verlaufen.

Addition von Reagenzien A – B an Alkine

$$R{-}C{\equiv}C{-}R \xrightarrow{A-B} \underset{\text{(A, R / R, B)}}{C{=}C} \text{ oder } \underset{\text{(A, R / B, R)}}{C{=}C} \xrightarrow{A-B} A{-}CR(A){-}CR(B){-}B \text{ oder } A{-}CR(B){-}CR(A){-}B$$

In diesem Abschnitt werden die Reaktionen der Alkine besprochen und dabei zwei neue Reaktionen vorgestellt: Die schrittweise Hydrierung und Ein-Elektronen-Reduktion mit Natrium unter Bildung von *cis*- bzw. *trans*-Alkenen, und die oxidative Kupplung unter Bildung von Diinen.

Hydrierung: Eine Synthese von *cis*-Alkenen

Alkine können unter den gleichen Bedingungen wie Alkene hydriert werden. Üblicherweise werden Platin oder Palladium auf Aktivkohle in der Lösung des Alkins suspendiert und die Mischung einer Wasserstoffatmosphäre ausgesetzt. Unter diesen Bedingungen wird die Dreifachbindung vollständig abgesättigt.

Vollständige Hydrierung von Alkinen

$$\underset{\textbf{3-Heptin}}{CH_3CH_2CH_2C{\equiv}CCH_2CH_3} \xrightarrow{H_2,\ Pt} \underset{\textbf{Heptan}}{\underset{100\%}{CH_3CH_2CH_2CH_2CH_2CH_2CH_3}}$$

$$CH_3OCH_2CH_2C{\equiv}CH \xrightarrow{H_2,\ Pd/C} CH_3OCH_2CH_2CH_2CH_2H$$

100%

4-Methoxy-1-butin **1-Methoxybutan**

Die Hydrierung ist ein schrittweiser Prozeß; das heißt, daß man in manchen Fällen die Reaktion auf der intermediären Alken-Stufe anhalten kann. Daneben besteht die Möglichkeit, die Hydrierung des Alkens durch die Verwendung modifizierter Katalysatoren zu vermeiden. Ein solches System ist auf Calciumcarbonat niedergeschlagenes Palladium, welches mit Bleiacetat und Chinolin behandelt wurde. Dieses Material ist unter dem Namen **Lindlar-Katalysator*** bekannt. Die Metalloberfläche des Lindlar-Katalysators hat eine weniger aktive Konfiguration als Palladium auf Aktivkohle, so daß nur die reaktivere erste π-Bindung hydriert wird. Da die Hydrierung stereoselektiv *syn* verläuft, stellt diese Methode eine steroselektive Synthese von *cis*-Alkenen dar.

Hydrierungen mit Lindlar-Katalysator

Lindlar-Katalysator: 5% $Pd/CaCO_3$, $Pb(OCCH_3)_2$ (mit C=O), Chinolin

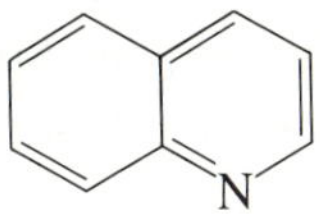

Chinolin

$$CH_3CH_2CH_2C{\equiv}CCH_2CH_3 \xrightarrow{H_2,\ \text{Lindlar-Katalysator},\ 25\,°C} (H)(CH_3CH_2CH_2)C{=}C(H)(CH_2CH_3)$$

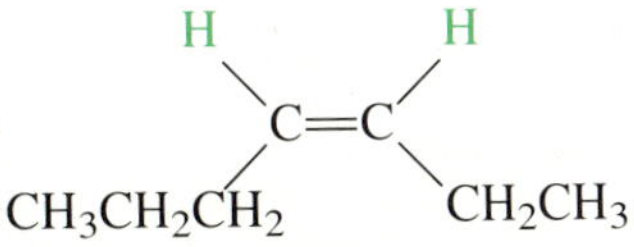

100%

***cis*-3-Hepten**

$\xrightarrow{H_2,\ \text{Lindlar-Katalysator},\ 25\,°C}$

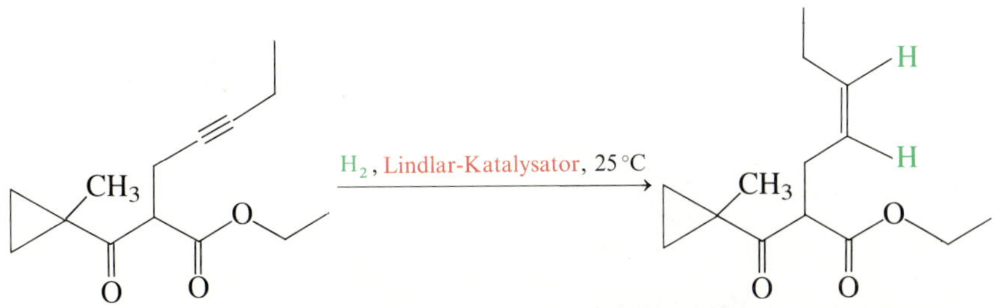

83% (nach Destillation)

Nachdem uns nun eine Methode zur stereoselektiven Umwandlung von Alkinen in *cis*-Alkene zur Verfügung steht, ist die Frage aufgeworfen, wie wir die Reduktion von Alkinen modifizieren können, um ausschließlich *trans*-Alkene zu erhalten. Dies ist mit einem anderen Reduktionsmittel nach einem anderen Mechanismus möglich.

* Dr. Herbert H.M. Lindlar, geb. 1909, Hoffmann La Roche & Co. AG, Basel.

Ein-Elektronen-Reduktion von Alkinen zu *trans*-Alkenen

Wenn man anstatt des katalytisch aktivierten Wasserstoffs als Reduktionsmittel in flüssigem Ammoniak gelöstes *Natriummetall* verwendet, erhält man aus Alkinen *trans*-Alkene als Produkte. Zum Beispiel wird 3-Heptin auf diese Weise zu *trans*-3-Hepten reduziert. Im Unterschied zu in Ammoniak gelöstem Natriumamid, welches als starke Base fungiert, wirkt in flüssigem Ammoniak gelöstes Natrium als starker Elektronendonator (d.h. als Reduktionsmittel).

$CH_3CH_2CH_2C{\equiv}CCH_2CH_3$
3-Heptin

1. Na, fl. NH_3
2. H_2O

$CH_3CH_2CH_2(H)C{=}C(H)CH_2CH_3$
86%
***trans*-3-Hepten**

Im ersten Schritt des Mechanismus dieser Reaktion nimmt das π-System der Dreifachbindung ein Elektron auf, wodurch ein Radikal-Anion entsteht. Dieses Anion wird durch Ammoniak unter Bildung eines Alkenylradikals protoniert, welches ein weiteres Elektron aufnimmt. Das so gebildete Alkenyl-Anion wird zum Alken protoniert, welches gegenüber weiterer Reduktion stabil ist. Die *trans*-Stereochemie des Endproduktes beruht auf einer schnellen Äquilibrierung des intermediären Alkenylradikals zwischen der *cis*- und der *trans*-Form. Das Gleichgewicht liegt auf der Seite der stabileren *trans*-Form.

Mechanismus der Reduktion von Alkinen durch Natrium in flüssigem Ammoniak:

Schritt 1: Ein-Elektronen-Übertragung

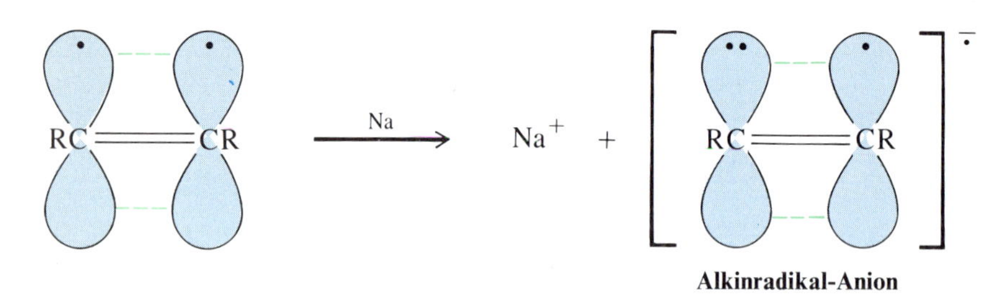

Alkinradikal-Anion

Schritt 2: Erste Protonierung

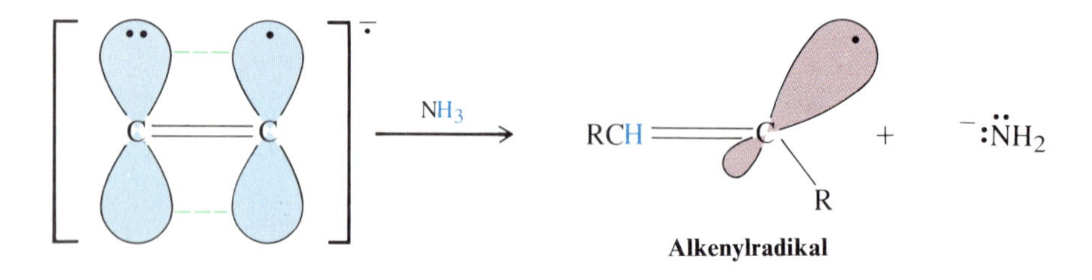

Alkenylradikal

Schritt 3: Äquilibrierung des Alkenylradikals

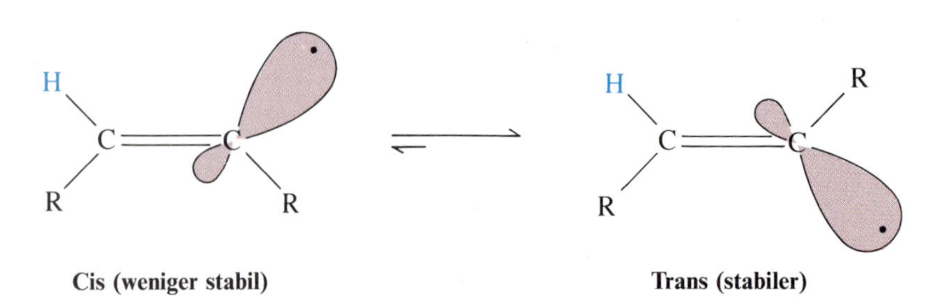

Cis (weniger stabil) **Trans (stabiler)**

Schritt 4: Zweite Ein-Elektronen-Übertragung

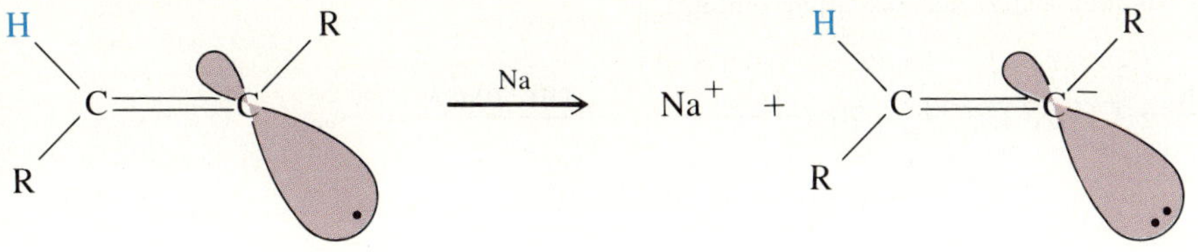

Schritt 5: Zweite Protonierung

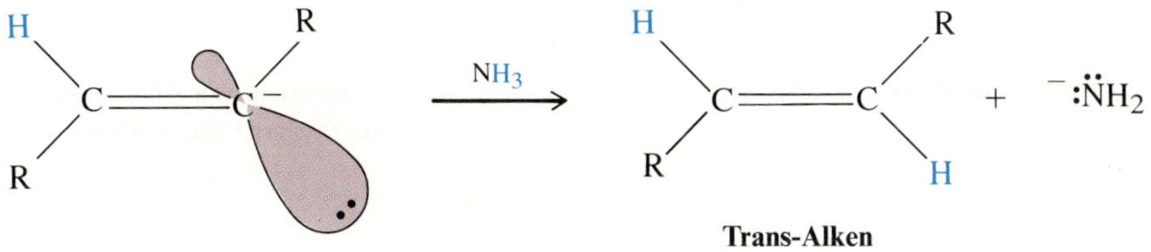

Übung 13-9

Die Behandlung von 1,7-Undecadiin (11 Kohlenstoffatome) mit einer Mischung aus Natrium *und* Natriumamid in flüssigem Ammoniak führt unter ausschließlicher Reduktion der internen Dreifachbindung zu *trans*-7-Undecen-1-in. Erklären Sie diesen Befund.

Hydroborierung von Alkinen

Eine andere Möglichkeit der Reduktion von Alkinen zu *cis*-Alkenen, die ohne die Verwendung von Wasserstoff auskommt, ist die Hydroborierung. Die Reaktion eines internen Alkins mit Boran führt zur Bildung eines Alkenylborans, das mit Ethansäure (Essigsäure) in das Alken umgewandelt werden kann. Die *cis*-Stereochemie des gebildeten Alkens wird durch die *syn*-Stereospezifität der Hydroborierung bestimmt.

Kasten 13-1

Synthese eines Sexualpheromons

Das nachstehende Schema zeigt eine Anwendung der Ein-Elektronen-Reduktion von Alkinen bei der Synthese des Sexualpheromons (Abschn. 12.9) von *Choristoneura fumiferana* (Fam. Wickler). Die Ausgangsverbindung, 10-Brom-1-decanol, wird zunächst als *tert*-Butylether geschützt. Dadurch wird eine Reaktion der Hydroxygruppe mit dem Organolithium-

Reagenz im nächsten Schritt verhindert. Dann wird das Bromatom durch 1-Butinyllithium substituiert, die Schutzgruppe wird abgespalten, und das so gebildete Alkinol wird zum *trans*-Alkenol reduziert. Oxidation des Alkohols liefert das Sexualpheromon.

$$HO(CH_2)_{10}Br \xrightarrow[\text{Schutz der OH-Gruppe}]{(CH_3)_2C{=}CH_2,\ H^+} (CH_3)_3CO(CH_2)_{10}Br \xrightarrow[-LiBr]{LiC{\equiv}CCH_2CH_3,\ THF,\ HMPA}$$

10-Brom-1-decanol

$$(CH_3)_3CO(CH_2)_{10}C{\equiv}CCH_2CH_3 \xrightarrow[-(CH_3)_2C{=}CH_2 \text{ Entblockierung}]{H^+} HO(CH_2)_{10}C{\equiv}CCH_2CH_3 \xrightarrow[\text{Reduktion}]{Na,\ fl.\ NH_3}$$

11-Tetradecin-1-ol

$$HO(CH_2)_{10}(H)C{=}C(H)CH_2CH_3 \xrightarrow{\text{Oxidation}} HC(=O)(CH_2)_9(H)C{=}C(H)CH_2CH_3$$

***trans*-11-Tetradecen-1-ol** → **Sexualpheromon von *Choristoneura fumiferana* (Fam. Wickler)**

Hydroborierung-Hydrolyse von Alkinen zu cis-Alkenen

$$3\ CH_3CH_2C{\equiv}CCH_2CH_3 \xrightarrow{BH_3,\ 0°C} \left(\begin{matrix} CH_3CH_2 & & CH_2CH_3 \\ & C{=}C & \\ H & & \end{matrix} \right)_3 B \xrightarrow{3\ CH_3COOH}$$

3-Hexin **Ein Alkenylboran**

$$\begin{matrix} CH_3CH_2 & & CH_2CH_3 \\ & C{=}C & \\ H & & H \end{matrix} + B(OCCH_3)_3 \; (\text{mit } C{=}O)$$

80%

***cis*-3-Hexene**

Terminale Alkine werden regiospezifisch so hydroboriert, daß das Boratom das weniger gehinderte Kohlenstoffatom angreift. Mit Boran selbst führt die Reaktion jedoch zur Hydroborierung beider π-Bindungen. Um die Reaktion auf der Alken-Stufe anzuhalten, werden weniger reaktive sterisch gehinderte Boran-Reagenzien benutzt, wie Di(1,2-dimethylpropyl)boran (Diisoamylboran) oder Dicyclohexylboran. Diese modifizierten Borane zeigen auch bei der Hydroborierung unsymmetrischer interner Alkine eine bemerkenswerte Regioselektivität.

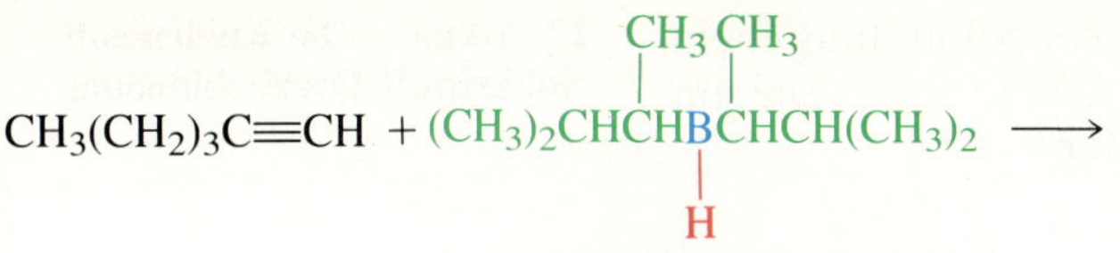

$$CH_3(CH_2)_3C{\equiv}CH + (CH_3)_2CHCH(CH_3)BH{-}CH(CH_3)CH(CH_3)_2 \longrightarrow$$

Di(1,2-dimethylpropyl)boran (Diisoamylboran)

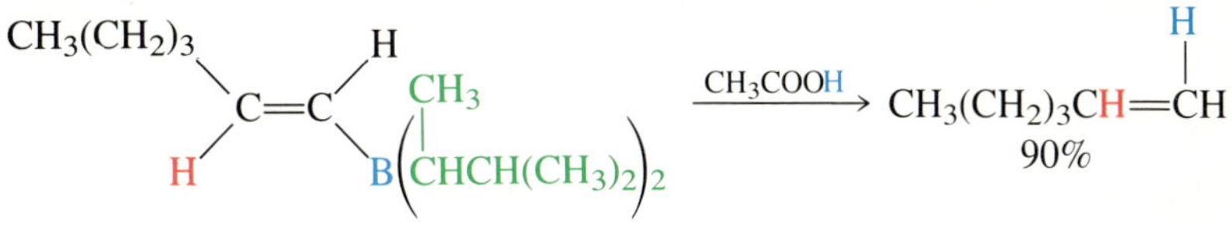

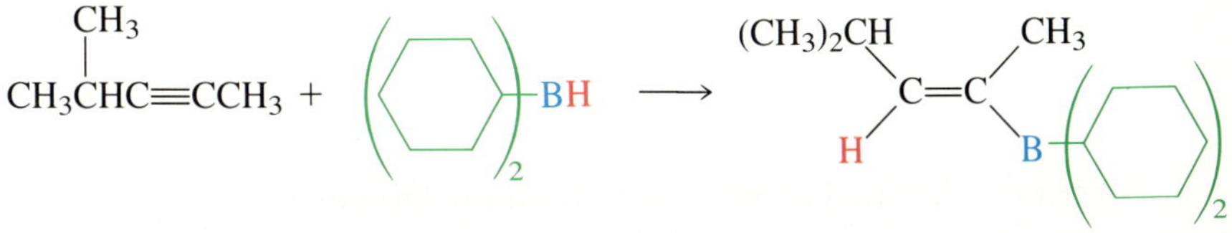

$$CH_3(CH_2)_3CH{=}CH{-}B(CH(CH_3)CH(CH_3)_2)_2 \xrightarrow{CH_3COOH} CH_3(CH_2)_3CH{=}CH_2 \quad 90\%$$

$$CH_3CH(CH_3)C{\equiv}CCH_3 + (C_6H_{11})_2BH \longrightarrow (CH_3)_2CH(H)C{=}C(CH_3)B(C_6H_{11})_2$$

Dicyclohexylborane — 92% (+ 8% des anderen Regioisomeren)

Übung 13-10
Entwickeln Sie von 1-Hexin ausgehende Synthesen für *cis-* und *trans-*1-Deuterio-1-hexen.

Ähnlich wie die Alkylborane (Abschn. 12.4) können auch Alkenylborane zu den entsprechenden Alkoholen oxidiert werden – in diesem Fall zu Enolen, die sich sofort zu den isomeren Carbonylverbindungen umlagern (Abschn. 12.8 u. 16.2).

Hydroborierung-Oxidation von Alkinen

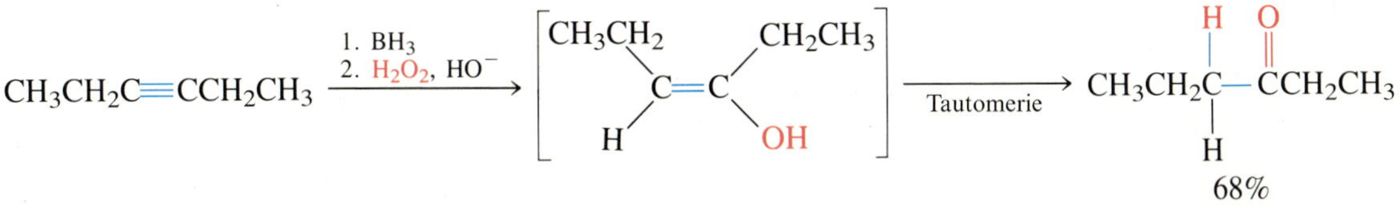

$$CH_3CH_2C{\equiv}CCH_2CH_3 \xrightarrow[2.\ H_2O_2,\ HO^-]{1.\ BH_3} \left[CH_3CH_2(H)C{=}C(OH)CH_2CH_3\right] \xrightarrow{\text{Tautomerie}} CH_3CH_2CH_2{-}C({=}O)CH_2CH_3$$

3-Hexin — **Enol** — 68% **3-Hexanon**

1. Diisoamylborane
2. H_2O_2, HO^-

Tautomerie

OH

Enol

O, H, H, H

61%

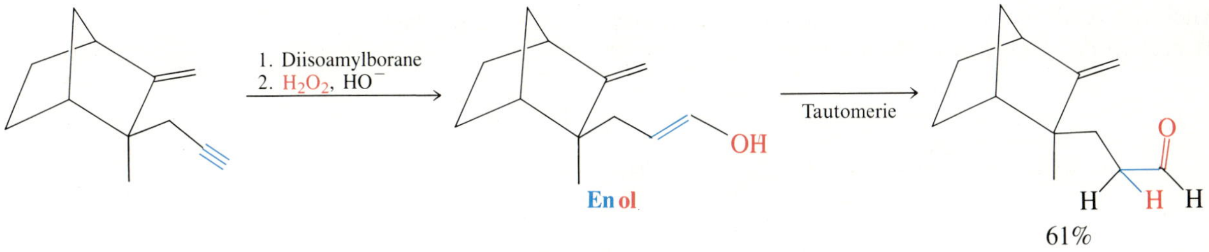

Eine solche Umlagerung wird **Tautomerie** genannt; man sagt, das Enol *tautomerisiert* zur Carbonylverbindung, die beiden Species werden *Tautomere* (*tauto*, griech., das gleiche; *meros*, griech., Teil) genannt. Der Begriff Tautomerie wird allgemein dann benutzt, wenn sich zwei Isomere durch die simultane Wanderung eines Protons und einer Doppelbindung ineinander umwandeln. Auf diese Weise werden interne Alkine in Ketone umgewandelt, während terminale Alkine Aldehyde liefern.

Übung 13-11
Schlagen Sie für das am Rande abgebildete Molekül eine von 3,3-Dimethyl-1-butin ausgehende Synthese vor.

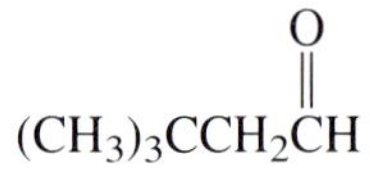

$(CH_3)_3CCH_2CH{=}O$

Boran ist nicht das einzige Elektrophil, das Dreifachbindungen angreift. Alkine dienen auch bei Protonierungen, Halogenierungen und Mercurierungen als Substrate.

Protonierung, Halogenierung und Mercurierung von Alkinen

Als ein Zentrum hoher Elektronendichte kann die Dreifachbindung leicht protoniert werden. So liefert die Addition von Bromwasserstoff an 2-Butin das entsprechende Bromalken.

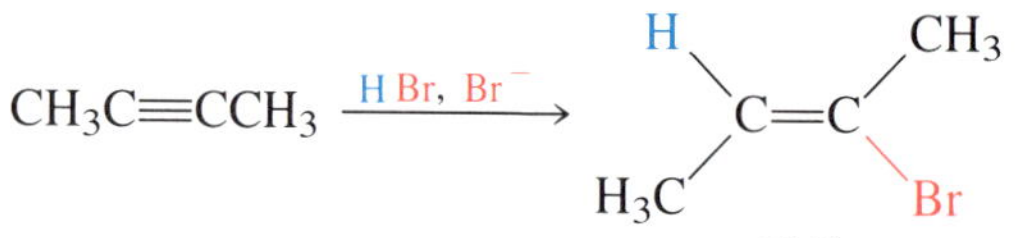

$$CH_3C{\equiv}CCH_3 \xrightarrow{HBr,\ Br^-} (H)(H_3C)C{=}C(CH_3)(Br)$$

60%

(*Z*)-2-Brombuten

Die Stereochemie solcher Additionsreaktionen ist meist (aber nicht immer) *anti*, insbesondere bei einem Überschuß an Bromid-Ionen. Addition eines weiteren Moleküls Bromwasserstoff an das Bromalken ergibt das geminale Dihalogenalkan mit der der Markovnikov-Regel entsprechenden Regioselektivität.

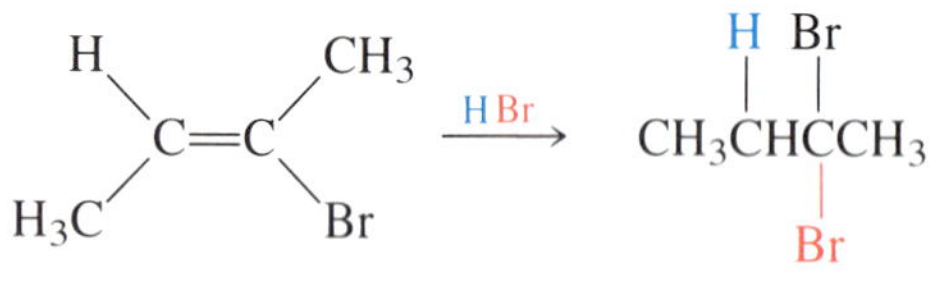

$$(H)(H_3C)C{=}C(CH_3)(Br) \xrightarrow{HBr} CH_3CH_2CBr_2CH_3$$

90%

2,2-Dibrombutan

Auch die Addition von Halogenwasserstoffen an terminale Alkine verläuft gemäß der Regel von Markovnikov.

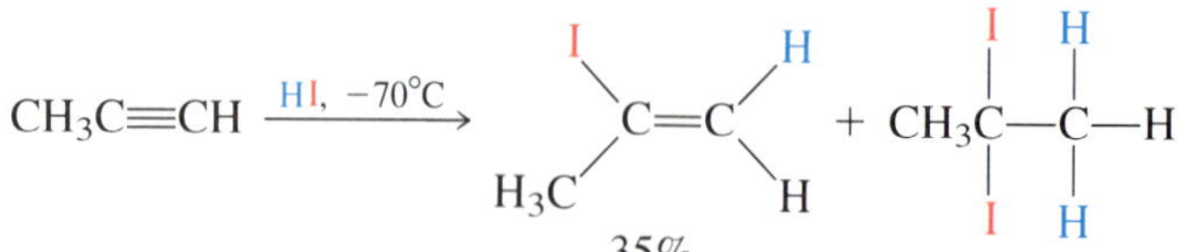

$$CH_3C{\equiv}CH \xrightarrow{HI,\ -70°C} (I)(H_3C)C{=}CH_2 + CH_3CI_2{-}CH_3$$

35% 65%

Der Mechanismus der Reaktion verläuft über eine Protonierung der Dreifachbindung unter Bildung eines Alkenyl-Kations, das dann vom Gegenion abgefangen wird.

Mechanismus der Hydrohalogenierung von Alkinen

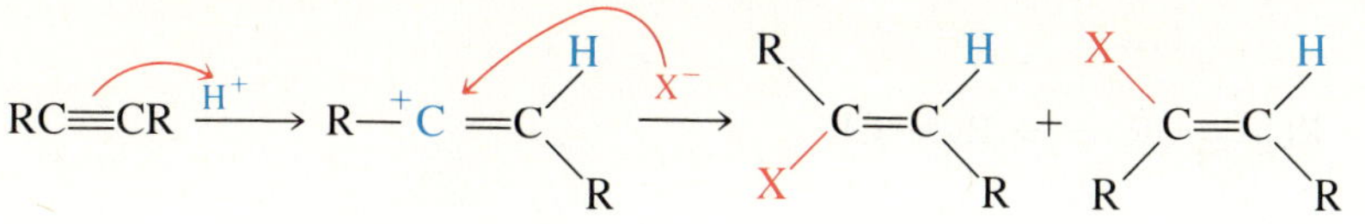

$$RC{\equiv}CR \xrightarrow{H^+} R{-}\overset{+}{C}{=}C(H)(R) \xrightarrow{X^-} (R)(X)C{=}C(H)(R) + (X)(R)C{=}C(H)(R)$$

Alkenyl-Kation

Übung 13-12

Die Reaktion von 2-Brom-3-methyl-2-buten mit Bromwasserstoff liefert nur 2,2-Dibrom-3-methylbutan. Erklären Sie dies. (Hinweis: Ziehen Sie Resonanzstrukturen in Betracht.)

Wie bei den Alkenen kann Bromwasserstoff auch radikalisch an Dreifachbindungen addieren, wenn Licht oder andere Radikalbildner zugegen sind. Es werden die *anti*-Markovnikov-Produkte gebildet, und zwar sowohl im Sinne einer *syn*- als auch einer *anti*-Addition.

$$CH_3(CH_2)_3C{\equiv}CH \xrightarrow{HBr,\ ROOR} CH_3(CH_2)_3CH{=}CHBr \quad 74\%$$

1-Hexin → ***cis*- und *trans*-1-Brom-1-hexen**

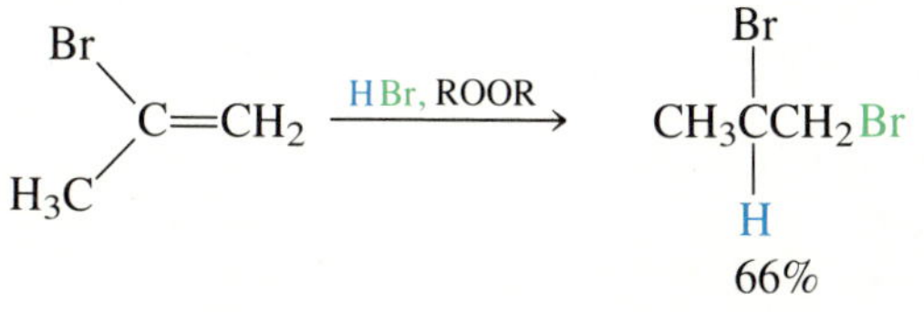

$$(Br)(H_3C)C{=}CH_2 \xrightarrow{HBr,\ ROOR} CH_3C(Br)(H)CH_2Br \quad 66\%$$

2-Brompropen → **1,2-Dibrompropan**

Die elektrophile Halogenaddition an Alkine verläuft über die isolierbaren vicinalen Dihalogenalkene und liefert schließlich Tetrahalogenalkane.

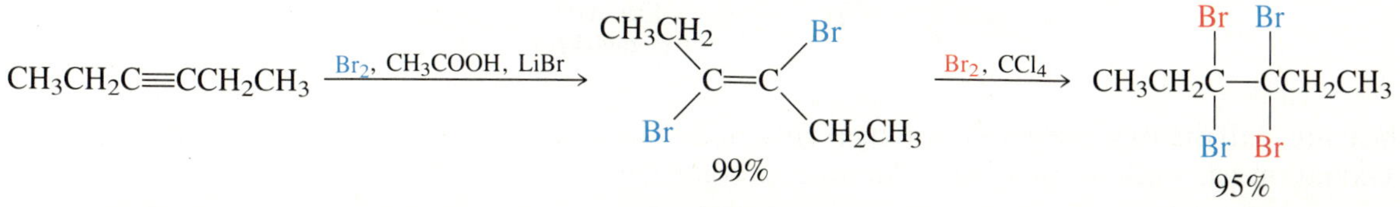

$$CH_3CH_2C{\equiv}CCH_2CH_3 \xrightarrow{Br_2,\ CH_3COOH,\ LiBr} (CH_3CH_2)(Br)C{=}C(Br)(CH_2CH_3)\ 99\% \xrightarrow{Br_2,\ CCl_4} CH_3CH_2CBr_2{-}CBr_2CH_2CH_3\ 95\%$$

3-Hexin → **(*E*)-2,3-Dibrom-3-hexen** → **3,3,4,4-Tetrabromhexan**

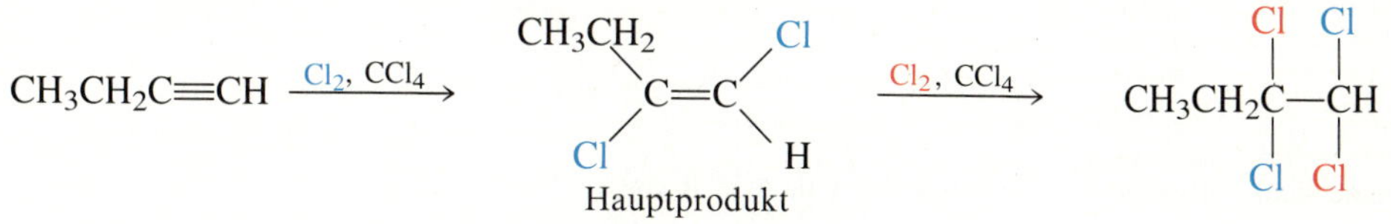

$$CH_3CH_2C{\equiv}CH \xrightarrow{Cl_2,\ CCl_4} (CH_3CH_2)(Cl)C{=}C(Cl)(H) \xrightarrow{Cl_2,\ CCl_4} CH_3CH_2CCl_2{-}CHCl_2$$

Hauptprodukt

(*E*)-1,2-Dichlor-1-buten → **1,1,2,2,-Tetrachlorbutan**

Analog zur Hydratisierung von Alkenen kann Wasser im Markovnikov-Sinn an Alkine addiert werden, wobei sich nach Tautomerie der intermediären Enole Ketone bilden. Die Reaktion wird durch Quecksilber-Ionen katalysiert.

Hydratisierung von Alkinen

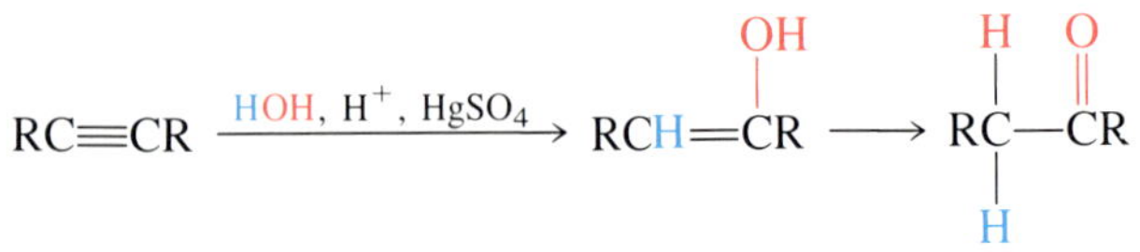

$$RC{\equiv}CR \xrightarrow{HOH,\ H^+,\ HgSO_4} RCH{=}C(OH)R \longrightarrow RCH_2{-}C(=O)R$$

Enol → Keton

Symmetrische interne Alkine ergeben nur eine Carbonylverbindung, unsymmetrische liefern Produktgemische.

$$CH_3CH_2C{\equiv}CCH_2CH_3 \xrightarrow{H_2SO_4,\ H_2O,\ HgSO_4} CH_3CH_2\overset{O}{\overset{\|}{C}}CH_2CH_2CH_3$$

80%

einzig mögliches Produkt

$$CH_3CH_2CH_2C{\equiv}CCH_3 \xrightarrow{H_2SO_4,\ H_2O,\ HgSO_4} CH_3CH_2CH_2\overset{O}{\overset{\|}{C}}CH_2CH_3 + CH_3CH_2CH_2CH_2\overset{O}{\overset{\|}{C}}CH_3$$

50% 50%

Terminale Alkine führen zu Methylketonen, und nur Ethin ergibt einen Aldehyd, nämlich Ethanal (Acetaldehyd).

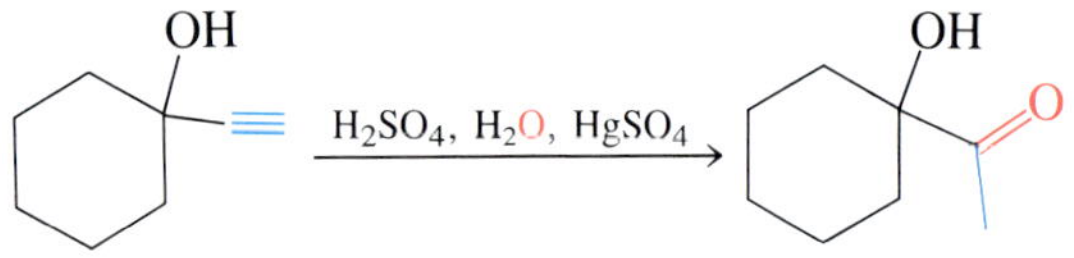

1-Ethinylcyclohexanol (OH) $\xrightarrow{H_2SO_4,\ H_2O,\ HgSO_4}$ 1-Acetylcyclohexanol (OH, O)

91%

$$HC{\equiv}CH \xrightarrow{H_2SO_4,\ H_2O,\ HgSO_4} H_2C{=}CH(OH) \longrightarrow CH_3\overset{O}{\overset{\|}{C}}H$$

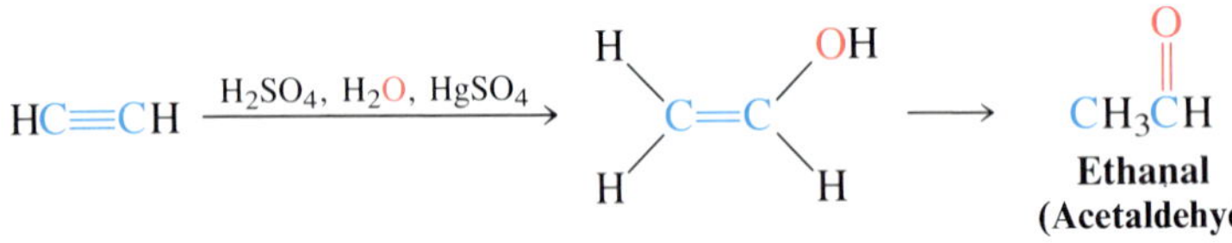

Ethanal (Acetaldehyd)

Man beachte, daß die Regioselektivität umgekehrt zu der der Hydroborierung-Oxidation ist, weshalb sich beide Methoden ergänzen.

Übung 13-13

Schlagen Sie eine Reaktionsfolge zur Umwandlung von A in B vor.

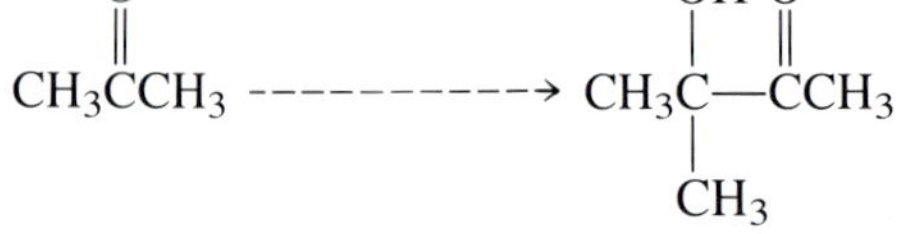

$$CH_3\overset{O}{\overset{\|}{C}}CH_3 \dashrightarrow CH_3C(OH)(CH_3){-}\overset{O}{\overset{\|}{C}}CH_3$$

A **B**

Carbeniumionen greifen Dreifachbindungen an: Kationische Cyclisierungen

Carbeniumionen greifen Dreifachbindungen elektrophil an. Diese Reaktion ist bisweilen präparativ nützlich, insbesondere, wenn sie intramolekular abläuft. Zum Beispiel führt Erhitzen des 4-Methylbenzolsulfonates (Tosylates) von 6-Heptin-2-ol in wäßriger Säure zur Bildung von 3-Methylcyclohexanon.

$$CH_3CH(OTs)CH_2CH_2CH_2C{\equiv}CH \xrightarrow{H^+,\ H_2O}$$ 3-Methylcyclohexanon (91%)

Wie läuft diese bemerkenswerte Umwandlung ab? Zunächst wird durch die Abspaltung des Sulfonats wie in einer S_N1-Reaktion ein sekundäres Carbeniumion gebildet. Das elektrophile Kohlenstoffatom greift dann im Sinne der Markovnikov-Regel die elektronenreiche Dreifachbindung unter Bildung eines Alkenyl-Kations an. Dieses wird durch Wasser zum intermediären Enol abgefangen, das zum Keton tautomerisiert.

Mechanismus:

$$CH_3CH(OTs)CH_2CH_2CH_2C{\equiv}CH \xrightarrow{H^+,\ H_2O} CH_3\overset{+}{C}HCH_2CH_2CH_2C{\equiv}CH + CH_3C_6H_4SO_3^-$$

$\longrightarrow$ Cyclisches Alkenyl-Kation $\xrightarrow{HOH}$ Enol $+ H^+ \longrightarrow$ 3-Methylcyclohexanon

Carbeniumionen können auch eine Polymerisation von Alkinen auslösen, die zu Polyalkinen führt. Eine ungewöhnliche Eigenschaft des Polyethins (Polyacetylens) ist die elektrische Leitfähigkeit – ähnlich einem Metall –, die durch Behandlung mit Ein-Elektronen-Oxidationsmitteln erzeugt wird. Eine solche Behandlung nennt man *Dotierung*. So behandeltes Polyethin ist hinreichend gut leitfähig, um in bestimmten wiederaufladbaren Batterien verwendet zu werden.

Polymerisation von Ethin

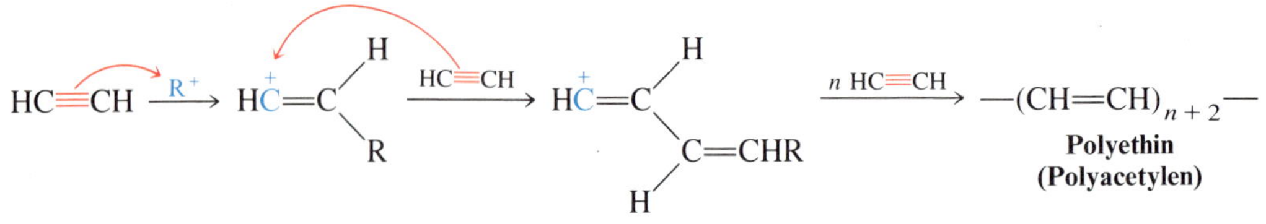

$$HC\equiv CH \xrightarrow{R^+} H\overset{+}{C}{=}C(H)(R) \xrightarrow{HC\equiv CH} H\overset{+}{C}{=}C(H)\text{–}C(H){=}CHR \xrightarrow{n\ HC\equiv CH} -(CH{=}CH)_{n+2}-$$

Polyethin (Polyacetylen)

Übung 13-14
Schlagen Sie einen Mechanismus für die folgende Reaktion vor:

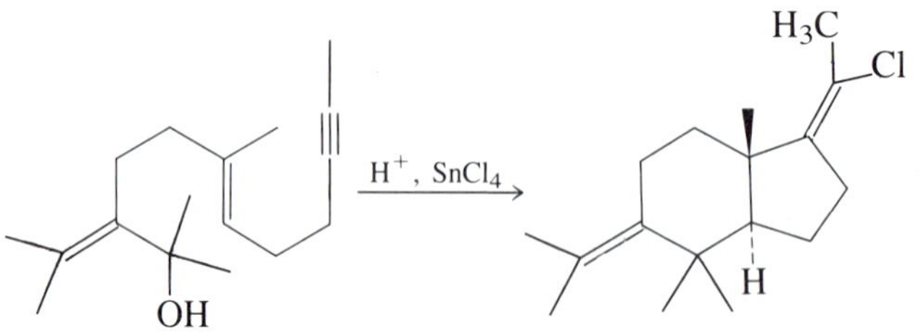

$\xrightarrow{H^+,\ SnCl_4}$

OH, H_3C, Cl, H

Oxidation von Alkinen: Aktivierung der terminalen C–H-Bindung

Die Oxidation von Alkinen – etwa mit Peroxycarbonsäuren – läuft nicht so glatt ab wie die von Alkenen; die Oxidation von Alkinen führt meist zu komplexen Produktgemischen. Unter kontrollierten Bedingungen können Kohlenstoff-Kohlenstoff-Doppelbindungen in Gegenwart von Dreifachbindungen selektiv oxidiert werden:

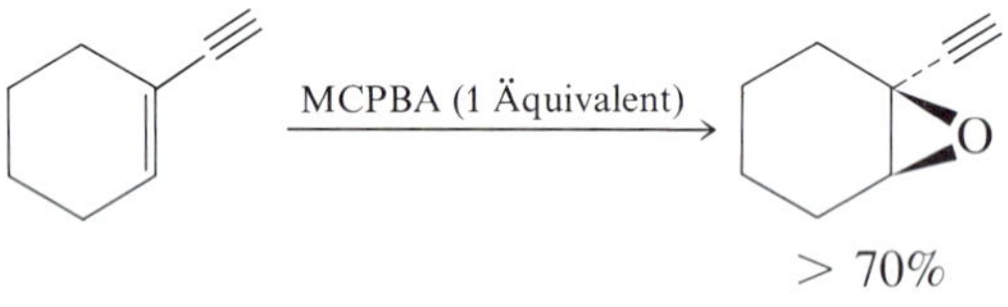

$\xrightarrow{\text{MCPBA (1 Äquivalent)}}$ O

> 70%

Eine einzigartige Reaktivität terminaler Alkine wird in Gegenwart von Kupfersalzen in Aminen als Lösungsmittel beobachtet, wenn man sie mit Sauerstoff umsetzt. Die terminalen Alkinyl-Wasserstoffatome werden unter gleichzeitiger Kupplung zweier Dreifachbindungen zu Diinen abgespalten. Diese Reaktion heißt **oxidative Kupplung**.

Oxidative Kupplung terminaler Alkine

$$RC\equiv CH + HC\equiv CR \xrightarrow{Cu^+,\ \text{Amin},\ O_2} RC\equiv C{-}C\equiv CR + H_2O$$

Ein Diin

Zum Beispiel kann 1-Ethinylcyclohexanol in Gegenwart von Kupfer(I)-chlorid (CuCl), *N,N,N',N'*-Tetramethylethandiamin (TMEDA) und Sauerstoff mit 93% Ausbeute gekuppelt werden.

$$\text{1-Ethinylcyclohexanol} \xrightarrow{CuCl,\ (CH_3)_2NCH_2CH_2N(CH_3)_2,\ O_2,\ 28^\circ C} \text{(Cyclohexanol)–C≡C–C≡C–(Cyclohexanol)}\quad 93\%$$

1-Ethinylcyclohexanol

Tatsächlich ist Kupfer(II) in dieser Reaktion das Oxidationsmittel; der Sauerstoff dient dazu, es aus Cu(I) zu regenerieren.

Redox-Reaktivität des Kupfers in der oxidativen Kupplung von Alkinen

$$2\ RC{\equiv}CH + 2\ Cu(II) \longrightarrow RC{\equiv}CC{\equiv}CR + 2\ H^+ + 2\ Cu(I)$$
$$2\ Cu(I) + \tfrac{1}{2}\ O_2 + 2\ H^+ \longrightarrow 2\ Cu(II) + H_2O$$

Die Methode kann intramolekular zur Bildung großer Ringe benutzt werden, die auch Makrocyclen heißen (*makros*, griech., lang).

$$\xrightarrow{CuCl,\ NH_4Cl,\ O_2,\ CH_3CH_2OH,\ 60^\circ C}\quad 40\%$$

In ähnlicher Weise können Diine cyclodimerisiert, -trimerisiert und -oligomerisiert werden, wobei entsprechend große Ringe entstehen. Diese Makrocyclen wurden von Sondheimer * und seinen Mitarbeitern mit starken Basen zu cyclischen Polyenen isomerisiert, die man *Annulene* nennt (Abschn. 25.5).

$$HC{\equiv}CCH_2CH_2C{\equiv}CH \xrightarrow{Cu(O\overset{O}{\overset{\|}{C}}CH_3)_2,\ Pyridin,\ O_2} \quad 6\% + 6\% + 6\% + 2\%$$

* Professor Franz Sondheimer, 1926–1981, University College, London.

Übung 13-15
Schlagen Sie eine Synthese aus vier Schritten für 1,8-Octandiol aus Ethin und anderen Reagenzien vor.

Es ist zusammenzufassen, daß die Reaktivität der Alkine der der Alkene stark ähnelt, außer, daß sie zwei π-Bindungen haben, die beide durch Additionsreaktionen abgesättigt werden können. Die Hydrierung der ersten π-Bindung, die zu Alkenen führt, ist stärker exotherm als die der zweiten. Alkine können durch Ein-Elektronen-Reduktion mit Natrium in flüssigem Ammoniak in *trans*-Alkene überführt werden. Die elektrophile Addition von Boranen bietet eine weitere Möglichkeit zur Darstellung von *cis*-Alkenen durch Hydrolyse der so gebildeten Alkenylborane. Hydroborierung-Oxidation führt zu *anti*-Markovnikov-Enolen, die zu Ketonen bzw. Aldehyden tautomerisieren. Die Reaktionen mit Protonen, Halogenen oder Quecksilber-Ionen verlaufen entsprechend der Markovnikov-Regel unter Bildung von *syn*- und *anti*-Additionsprodukten. Die durch Quecksilber-Ionen katalysierte Hydratisierung von Alkinen führt nach Markovnikov-Addition und Tautomerisierung zu Ketonen. Die radikalische Hydrobromierung terminaler Alkine liefert 1-Bromalkene. Die Dreifachbindung wird von Carbeniumionen angegriffen. Intramolekular führt diese Reaktion zu Cyclisierungsprodukten, intermolekular kann sie zu Polymeren führen. Alkene können in Gegenwart von Dreifachbindungen selektiv zu Oxacyclopropanen oxidiert werden. Die oxidative Kupplung von Alkinen mit Kupfer(I)-Ionen und Sauerstoff ist eine einzigartige Reaktion, bei der terminale Alkine unter Bildung einer Kohlenstoff-Kohlenstoff-Bindung gekuppelt werden.

13.7 Ethin als industrielles Ausgangsmaterial

Aus zwei Gründen war Ethin früher eines der vier oder fünf bedeutenderen Ausgangsprodukte in der chemischen Industrie: Zum einen lieferten Additionsreaktionen an eine der π-Bindungen wertvolle Alken-Monomere (Abschn. 12.7), und zum anderen wegen seines großen Energieinhaltes. Seine industrielle Verwendung ist inzwischen zurückgegangen, da auf Erdölbasis billiges Ethen, Propen, Butadien und andere Alkene verfügbar sind. Nach dem Jahr 2000 werden die Erdölreserven jedoch so weit verbraucht sein, daß andere Energiequellen entwickelt werden müssen. Eine solche Energiequelle ist die Kohle. Zur Zeit gibt es keinen Prozeß zur direkten Umwandlung von Kohle in die erwähnten Kohlenwasserstoffe. Ethin kann jedoch aus Kohle und Wasserstoff oder aus Koks (Kohle nach Entfernung der flüchtigen Bestandteile) und Kalkstein über die Bildung von Calciumcarbid gewonnen werden. Daher könnte es wieder zu einem bedeutenden industriellen Ausgangsmaterial werden.

Die Produktion von Ethin

Der große Energieinhalt des Ethins erfordert energieaufwendige Methoden zu seiner Darstellung. Ein solcher Prozeß unter Verwendung von

Kohle und Wasserstoff in einem elektrischen Lichtbogen läuft bei einigen tausend Grad ab.

$$\text{Kohle} + H_2 \xrightarrow{\Delta} \underset{33\%\ \text{Umsatz}}{HC{\equiv}CH} + \text{nichtflüchtige Salze}$$

Die älteste Methode zur Darstellung von Ethin in großem Maßstab verläuft über Calciumcarbid. Kalkstein (Calciumoxid) und Koks werden auf etwa 2000 °C erhitzt, wodurch neben dem gewünschten Produkt auch Kohlenmonoxid gebildet wird.

$$\underset{\textbf{Koks}}{3\,C} + \underset{\textbf{Kalk}}{CaO} \xrightarrow{2000^\circ C} \underset{\textbf{Calciumcarbid}}{CaC_2} + CO$$

Calciumcarbid wird dann bei Raumtemperatur mit Wasser zu Ethin und Calciumhydroxid umgesetzt.

$$CaC_2 + 2\,H_2O \longrightarrow HC{\equiv}CH + Ca(OH)_2$$

Industrielle Chemie des Ethins

Die industrielle Chemie des Ethins gewann in den dreißiger und den vierziger Jahren in den Laboratorien der Badischen Anilin- und Sodafabriken (BASF) in Ludwigshafen eine erhebliche kommerzielle Bedeutung. Unter Druck wurde Ethin mit Kohlenmonoxid, Carbonylverbindungen, Alkoholen und Säuren in Gegenwart von Katalysatoren zu einer Vielzahl wertvoller Zwischenprodukte umgesetzt. Zum Beispiel katalysiert Nickelcarbonyl die Addition von Kohlenmonoxid und Wasser an Ethin unter Bildung von Propensäure (Acrylsäure). In ähnlicher Weise führt der Ersatz des Wassers durch Alkohole oder Amine zu den entsprechenden Säurederivaten. All diese Produkte sind wertvolle Monomere (s. Abschn. 12.7). Die Addition von Methanal (Formaldehyd) an Ethin verläuft mit Kupferacetylid als Katalysator besonders wirkungsvoll.

Industrielle Chemie des Ethins

Carbonylierung:

$$HC{\equiv}CH + CO + H_2O \xrightarrow{Ni(CO)_4,\ 10^7\ Pa,\ >250\,^\circ C} H_2C{=}CHCOOH$$

Propensäure (Acrylsäure)

$$HC{\equiv}CH + CO + CH_3OH \xrightarrow{Ni(CO)_4,\ \Delta} H_2C{=}CH\overset{O}{\overset{\|}{C}}OCH_3$$

80%

Methylpropenoat (Methylacrylat)

$$HC{\equiv}CH + CO + RNH_2 \xrightarrow{Ni(CO)_4,\ \Delta} H_2C{=}CH\overset{O}{\overset{\|}{C}}NHR$$

Ein Propenamid (Ein Acrylamid)

Addition von Methanal (Formaldehyd):

$$HC{\equiv}CH + CH_2{=}O \xrightarrow[5 \cdot 10^5\ Pa]{Cu_2C_2-SiO_2,\ 125\,°C,} HC{\equiv}C\ CH_2OH \text{ oder } HOCH_2C{\equiv}CCH_2OH$$

2-Propin-1-ol (Propargylalkohol) — **2-Butin-1,4-diol**

Die gebildeten Alkohole sind nützliche synthetische Zwischenprodukte. Zum Beispiel ist 2-Butin-1,4-diol ein Vorläufer für die Produktion von Oxacyclopentan (Tetrahydrofuran) durch Hydrierung, gefolgt von einer säurekatalysierten Dehydratisierung.

Synthese von Oxacyclopentan (Tetrahydrofuran)

$$HOCH_2C{\equiv}CCH_2OH \xrightarrow{Katalysator,\ H_2} HO(CH_2)_4OH \xrightarrow[9 \cdot 10^6 - 10^7\ Pa]{H_3PO_4,\ pH\ 2,\ 260°-280\,°C,} \text{Oxacyclopentan} + H_2O$$

99%

Oxacyclopentan (Tetrahydrofuran, THF)

Ethin kann auch zu seinem Trimer, Benzol, oder zu seinem Tetramer, 1,3,5,7-Cyclooctatetraen, cyclooligomerisiert werden (s. Abschn. 25.5).

$$3\ HC{\equiv}CH \xrightarrow{Ni(CN)_2,\ P(C_6H_5)_3,\ THF,\ 70°C} \text{Benzol}$$

80%

Benzol

$$4\ HC{\equiv}CH \xrightarrow[12 \cdot 10^5 - 25 \cdot 10^5\ Pa]{Ni(CN)_2,\ THF,\ 70\,°C,} \text{1,3,5,7-Cyclooctatetraen}$$

70%

1,3,5,7-Cyclooctatetraen

Katalysierte nucleophile Additionsreaktionen

Es sind eine Reihe technischer Prozesse entwickelt worden, bei denen Reagenzien des Typs $A^{\delta+}-B^{\delta-}$ in Gegenwart eines Katalysators an eine Dreifachbindung addiert werden. Beispielsweise kann Ethin zu Ethanal (Acetaldehyd; dieser Prozeß wurde durch die Entwicklung des Wacker-Prozesses überflüssig; s. Abschn. 12.8) hydratisiert werden (s. Abschn. 13.6). Ähnlich liefert die Addition von Ethansäure (Essigsäure) Vinylethanoat (Vinylacetat) und die von Chlorwasserstoff Chlorethen (Vinylchlorid). Die Chlorierung resultiert in der Bildung von Tetrachlorethan, und durch Addition von Cyanwasserstoff erhält man Propennitril (Acrylnitril).

Additionsreaktionen an Ethin

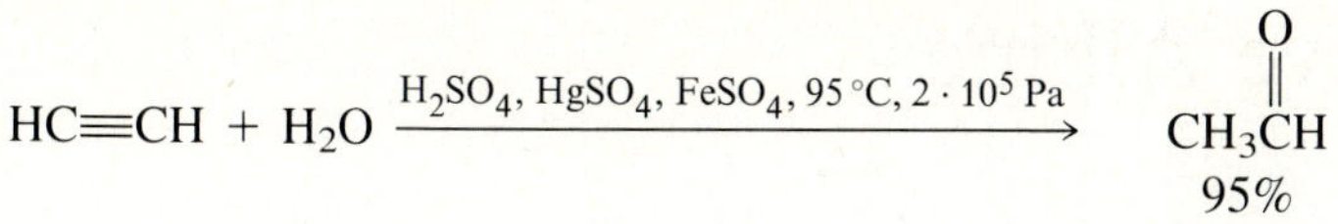

$$HC{\equiv}CH + H_2O \xrightarrow{H_2SO_4,\ HgSO_4,\ FeSO_4,\ 95\,°C,\ 2\cdot 10^5\,Pa} CH_3CHO$$

95%

Ethanal
(Acetaldehyd)

$$HC{\equiv}CH + CH_3COOH \xrightarrow{Hg^{2+}} H_2C{=}CH{-}OCCH_3 \ (\text{C=O})$$

70%

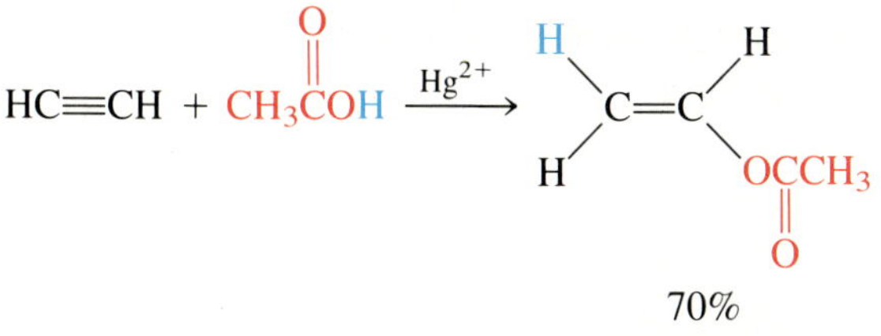

Ethenylethanoat
(Vinylacetat)

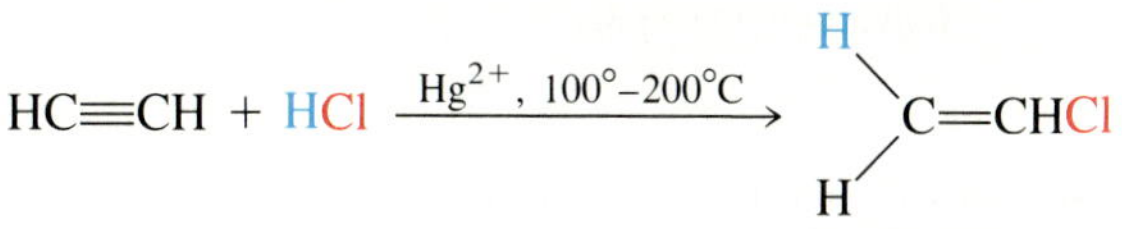

$$HC{\equiv}CH + HCl \xrightarrow{Hg^{2+},\ 100°\text{–}200°C} H_2C{=}CHCl$$

Chlorethen
(Vinylchlorid)

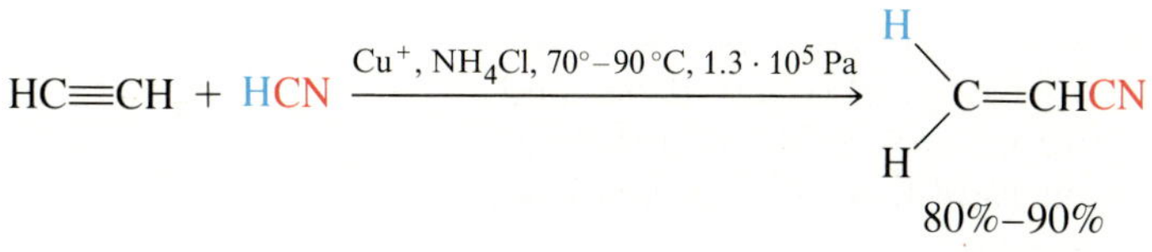

$$HC{\equiv}CH + HCN \xrightarrow{Cu^{+},\ NH_4Cl,\ 70°\text{–}90\,°C,\ 1.3\cdot 10^5\,Pa} H_2C{=}CHCN$$

80%–90%

Propennitril
(Acrylnitril)

Übung 13-16

Formulieren Sie einen plausiblen Mechanismus für die Hydratisierung von Ethin in Gegenwart von Quecksilberchlorid (Hinweis: Beachten Sie die durch Quecksilber-Ionen katalysierte Hydratisierung von Alkenen, Abschn. 12.3).

Ethin war früher wegen seiner Fähigkeit, mit einer Vielzahl von Substraten zu nützlichen Monomeren und anderen Verbindungen mit funktionellen Gruppen zu reagieren, ein wertvoller industrieller Rohstoff. Möglicherweise wird seine Bedeutung in der Zukunft wieder zunehmen. Ethin kann aus Kohle und Wasserstoff bei hohen Temperaturen hergestellt oder durch Hydrolyse von Calciumcarbid freigesetzt werden. Wichtige industrielle Reaktionen des Ethins sind die Carbonylierung, die Addition von Methanal (Formaldehyd), die Cyclooligomerisierung und Additionsreaktionen mit H_2O, HX und X_2.

13.8 Natürlich vorkommende und physiologisch aktive Alkine

Dieser Abschnitt behandelt die Dreifachbindung in Naturstoffen und in Verbindungen mit medizinischen Anwendungen.

Obwohl Alkine in der Natur nicht sehr verbreitet sind, kommen sie doch in einigen Pflanzen und anderen Organismen vor. Als die erste derartige Substanz wurde 1826 der Dehydromatricariaester isoliert.

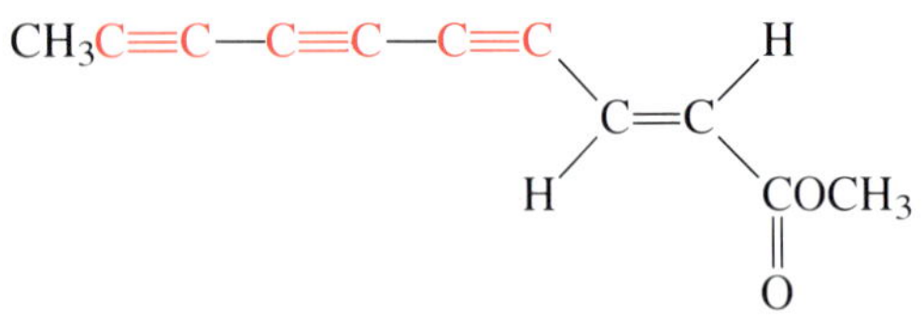

Dehydromatricariaester

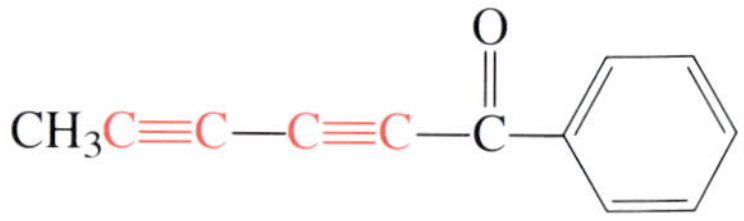

Capillin (bekämpft Hautpilz)

Es sind mehr als tausend solcher Verbindungen bekannt, von denen einige physiologisch aktiv sind. Zum Beispiel haben einige natürlich vorkommende Ethinylketone wie Capillin fungizide Aktivität. Das Alkin Ichthyotherol ist die aktive Komponente eines Pfeilgiftes der Indianer im Niederen Amazonasbecken. Es verursacht bei Säugetieren Krämpfe. Die Verbindung Hystrionicotoxin enthält zwei Alkin-Funktionen. Diese Substanz wurde aus der Haut des „Pfeilgiftfrosches" isoliert, einer stark gefärbten Species der Art *Dendrobates*. Der Frosch sekretiert diese und ähnliche Verbindungen als Verteidigungsgifte und als Schleimhaut-Reizstoff sowohl gegen Säugetiere als auch gegen Reptilien. Die Biosynthese der Alkingruppen und ihre exakte Funktion sind nicht bekannt.

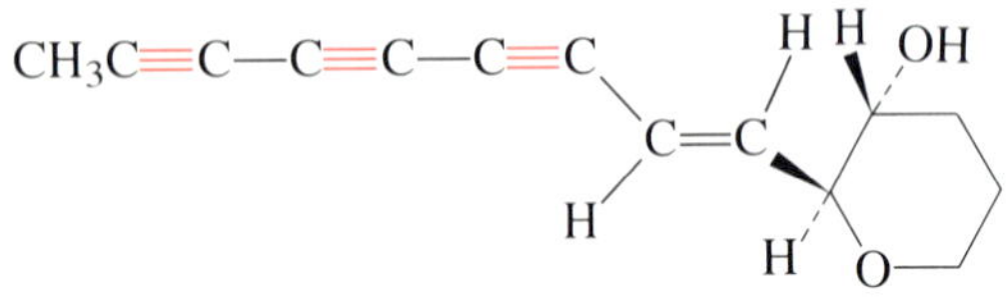

Ichthyothereol (krampfauslösend)

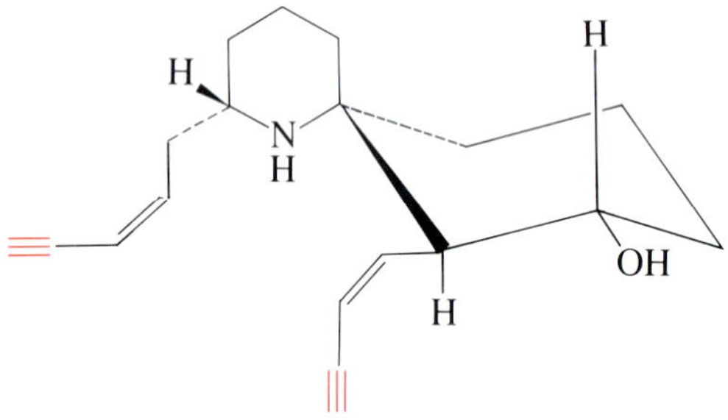

Hystrionicotoxin

Viele Medikamente wurden synthetisch so modifiziert, daß sie Dreifachbindungen enthalten, weil solche Verbindungen meist leichter vom Körper aufgenommen werden, weniger giftig und oft aktiver sind als die entsprechenden Alkene oder Alkane. Zum Beispiel ist 3-Methyl-1-pentin-3-ol ein in den USA rezeptfreies Schlafmittel, und zahlreiche andere Alkinole haben eine ähnliche Wirksamkeit. Bestimmte chlorierte Alkinamine erwiesen sich als Wirkstoffe gegen Krebs. Diese Wirkung wird jedoch auf ihr Alkylierungsvermögen und nicht auf die Dreifachbindung zurückgeführt.

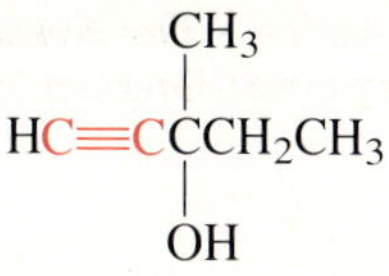

$$HC{\equiv}CC(CH_3)(OH)CH_2CH_3$$

3-Methyl-1-pentyn-3-ol ein Schlafmittel

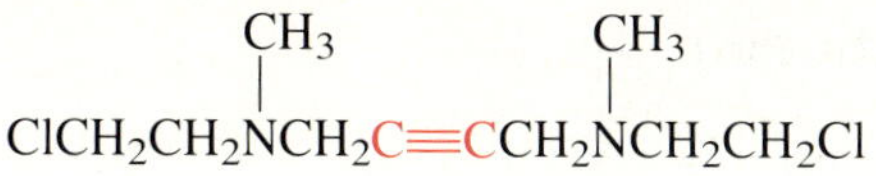

$$ClCH_2CH_2N(CH_3)CH_2C{\equiv}CCH_2N(CH_3)CH_2CH_2Cl$$

wirksam gegen Krebs

Übung 13-17

Formulieren Sie einen Mechanismus zur alkylierenden Reaktivität des abgebildeten Wirkstoffes gegen Krebs (Hinweis: Beachten Sie Übung 9-18).

Ethinylöstrogene wie 17-Ethinylöstradiol sind weit wirksamere Verhütungsmittel als die natürlich vorkommenden Hormone (s. Abschn. 4.7). Das Diaminoalkin Tremorin löst Symptome aus, die für die Parkinson-Krankheit typisch sind: Krampfhafte unkontrollierte Bewegungen. Interessanterweise wirkt ein einfaches cyclisches Homologes des Tremorins als Muskelrelaxans und damit dem Effekt des Tremorins entgegen. Verbindungen, die die physiologischen Wirkungen anderer Verbindungen aufheben, heißen *Antagonisten* (*antagonizesthai*, griech., gegen etwas kämpfen). Schließlich wurden auf der Suche nach alternativen, aktiveren, spezifischer wirkenden und weniger suchtauslösenden Stimulantien für das Zentralnervensystem Ethinyl-Analoge des Amphetamins synthetisiert.

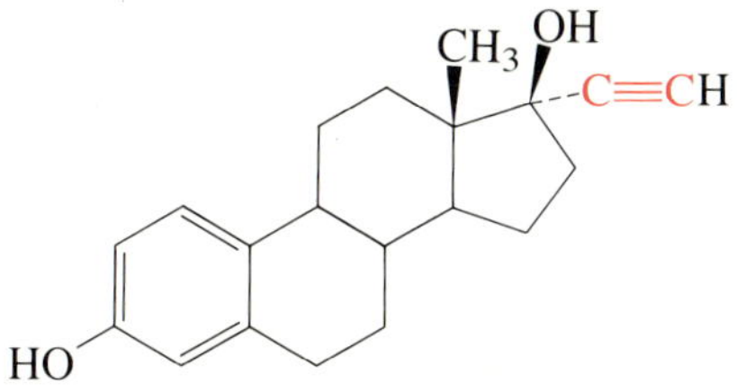

HO, CH_3, OH, $C{\equiv}CH$

17-Ethinylöstradiol

$NCH_2C{\equiv}CCH_2N$

Tremorin

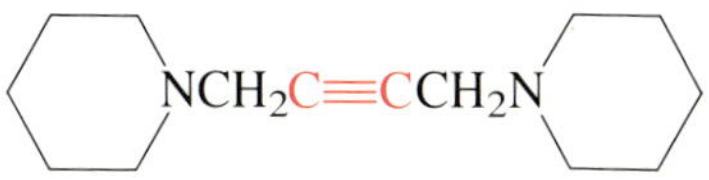

$NCH_2C{\equiv}CCH_2N$

Tremorin-Antagonist

NH_2, $CH_2CHC{\equiv}CH$

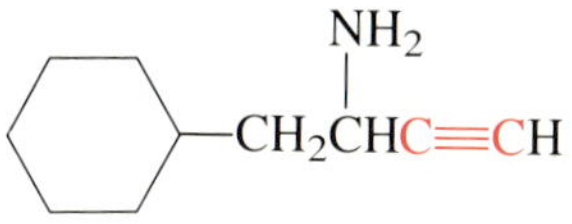

Ein Amphetamin-Analoges (wirksam im Zentralnervensystem)

Wie wir sehen, gibt es eine ganze Reihe von synthetischen Verbindungen, in denen die Alkineinheit eine nötige oder hilfreiche Komponente für eine bestimmte physiologische Wirkung darstellt.

Zusammenfassung neuer Reaktionen

1 Acidität von 1-Alkinen

$$\mathrm{RC{\equiv}CH} + :\mathrm{B}^- \rightleftharpoons \mathrm{RC{\equiv}C}:^- + \mathrm{BH}$$

$pK_a \sim 25$

Base: $NaNH_2$-fl. NH_3, RLi-$(CH_3CH_2)_2O$, RMgX-THF

Umwandlung von Alkinen in andere Alkine und Allene

2 Basenkatalysierte Isomerisierung

$$\underset{\textbf{1-Alkin}}{\mathrm{RCH_2C{\equiv}CH}} \xrightarrow{\mathrm{KOH,\ CH_3CH_2OH,\ \Delta}} \underset{\textbf{2-Alkin}}{\mathrm{RC{\equiv}CCH_3}} \qquad \Delta H^0 \sim -17\ \mathrm{kJ/mol}$$

$$\underset{\textbf{1-Alkin}}{\mathrm{R_2CHC{\equiv}CH}} \xrightarrow{\mathrm{KOH,\ CH_3CH_2OH}} \underset{\textbf{Allen}}{\mathrm{R_2C{=}C{=}CH_2}}$$

3 Alkylierung von Alkinyl-Anionen

$$\mathrm{RC{\equiv}CH} \xrightarrow[\ ]{\text{1. } \mathrm{NaNH_2,\ fl.\ NH_3} \quad \text{2. } \mathrm{R'X}} \mathrm{RC{\equiv}CR'}$$

$R' =$ primär

4 Alkylierung mit Oxacyclopropan

$$\mathrm{RC{\equiv}CH} \xrightarrow{\text{1. } \mathrm{CH_3CH_2CH_2CH_2Li,\ THF} \quad \text{2. } \mathrm{H_2C\overset{O}{—}CH_2}} \mathrm{RC{\equiv}CCH_2CH_2OH}$$

5 Alkylierung mit Carbonylverbindungen

$$\mathrm{RC{\equiv}CH} \xrightarrow{\text{1. Base, THF} \quad \text{2. } \mathrm{R'\overset{O}{\overset{\|}{C}}R''}} \mathrm{RC{\equiv}C\overset{OH}{\underset{R''}{C}}R'}$$

Darstellung von Alkinen

6 Eliminierung aus Dihalogenalkanen

$$\underset{\textbf{vicinales Dihalogenalkan}}{\mathrm{R\overset{X}{\underset{H}{C}}—\overset{X}{\underset{H}{C}}R}} \xrightarrow[-\ 2\ \mathrm{HX}]{\mathrm{NaNH_2,\ fl.\ NH_3}} \mathrm{RC{\equiv}CR}$$

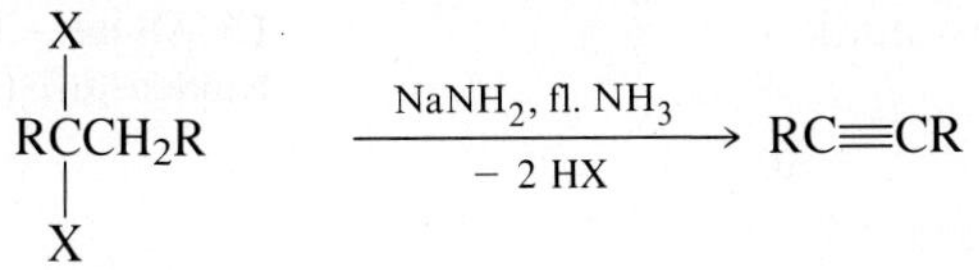

Zusammenfassung neuer Reaktionen

$$\mathrm{RCX_2CH_2R} \xrightarrow[-\,2\,HX]{NaNH_2,\ fl.\ NH_3} \mathrm{RC{\equiv}CR}$$

geminales Dihalogenalkan

7 Aus Alkenen durch Halogenierung-Dehydrohalogenierung

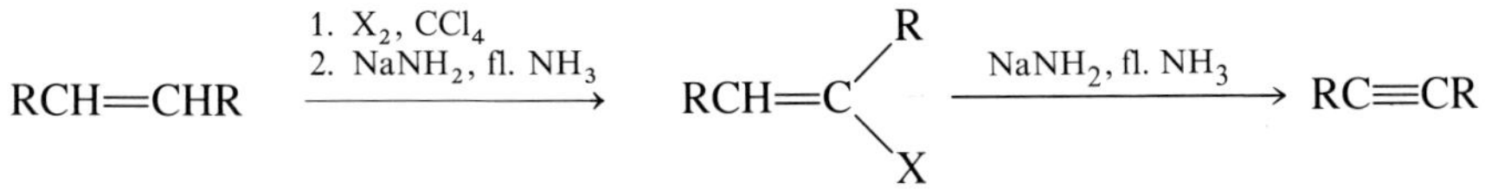

$$\mathrm{RCH{=}CHR} \xrightarrow{1.\ X_2,\ CCl_4;\ 2.\ NaNH_2,\ fl.\ NH_3} \mathrm{RCH{=}C(R)X} \xrightarrow{NaNH_2,\ fl.\ NH_3} \mathrm{RC{\equiv}CR}$$

Halogenalken-Zwischenstufe

8 Stereospezifische Bildung von Halogenalkenen

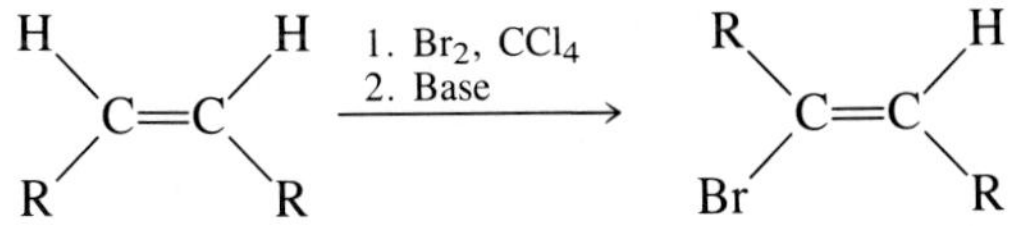

$$\text{H(R)C=C(H)R} \xrightarrow{1.\ Br_2,\ CCl_4;\ 2.\ Base} \text{R(Br)C=C(H)R}$$

cis-**Alken** → (*Z*)-**Bromalken**

$$\text{H(R)C=C(R)H} \xrightarrow{1.\ Br_2,\ CCl_4;\ 2.\ Base} \text{R(Br)C=C(R)H}$$

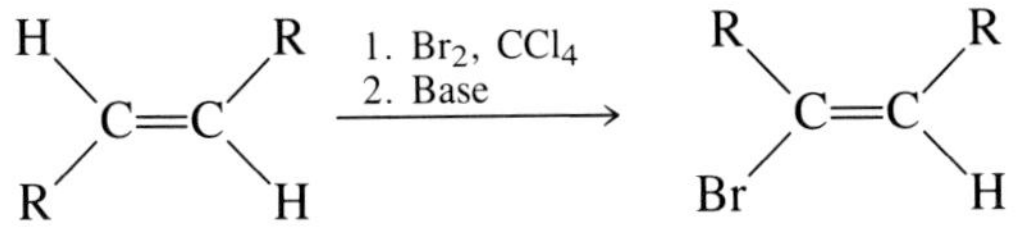

trans-**Alken** → (*E*)-**Bromalken**

9 Alkenylmetall-Verbindungen

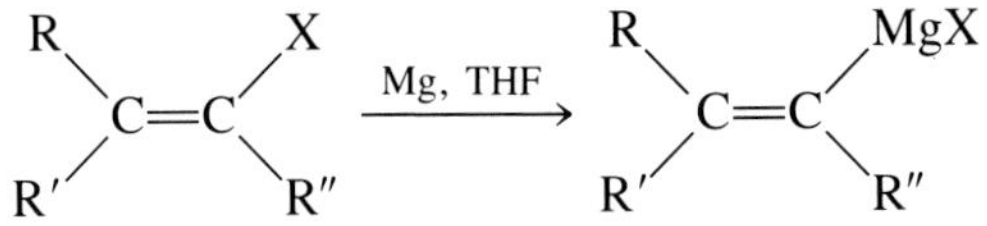

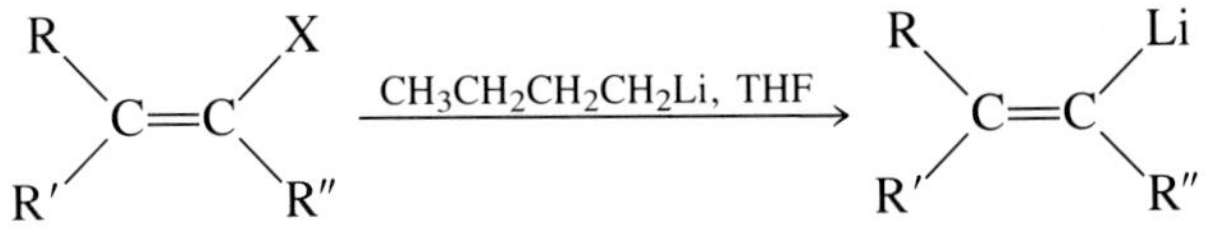

$$\text{R(R')C=C(X)R''} \xrightarrow{Mg,\ THF} \text{R(R')C=C(MgX)R''}$$

$$\text{R(R')C=C(X)R''} \xrightarrow{CH_3CH_2CH_2CH_2Li,\ THF} \text{R(R')C=C(Li)R''}$$

Reaktionen der Alkine

10 Hydrierung

$$\mathrm{RC{\equiv}CR} \xrightarrow{\text{Katalysator, } H_2} \mathrm{RCH_2CH_2R} \qquad \Delta H^0 \sim -293\ \text{kJ/mol}$$

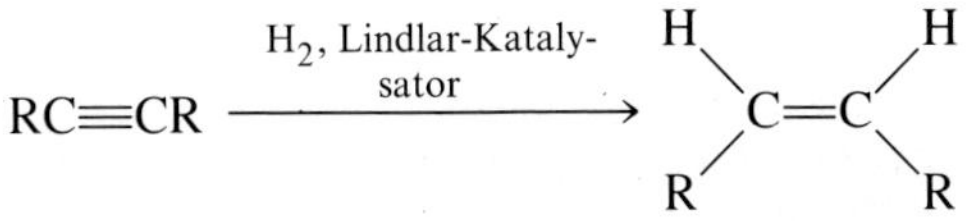

$$\mathrm{RC{\equiv}CR} \xrightarrow{H_2,\ \text{Lindlar-Katalysator}} \text{H(R)C=C(H)R} \qquad \Delta H^0 \sim -167\ \text{kJ/mol}$$

Cis-Alken

11 Reduktion mit Natrium in flüssigem Ammoniak

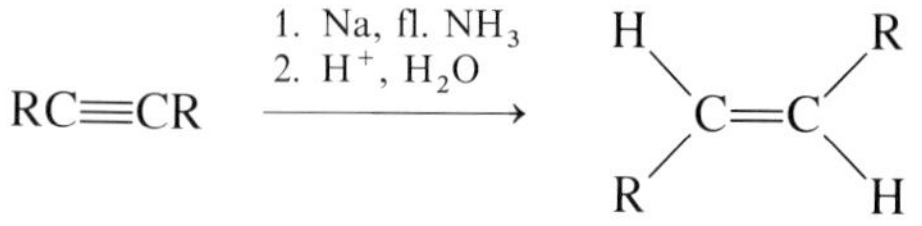

$$RC\equiv CR \xrightarrow[2.\ H^+,\ H_2O]{1.\ Na,\ fl.\ NH_3} \text{H(R)C=C(R)H}$$

Trans-Alken

12 Hydroborierung

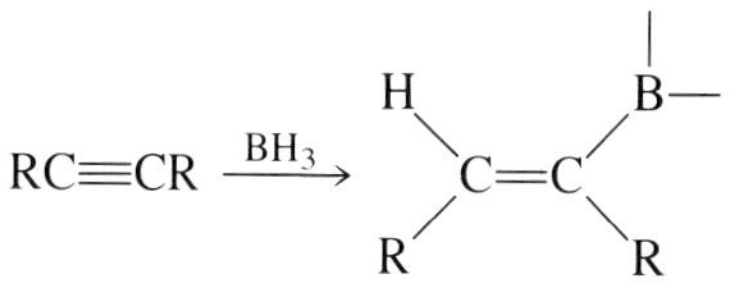

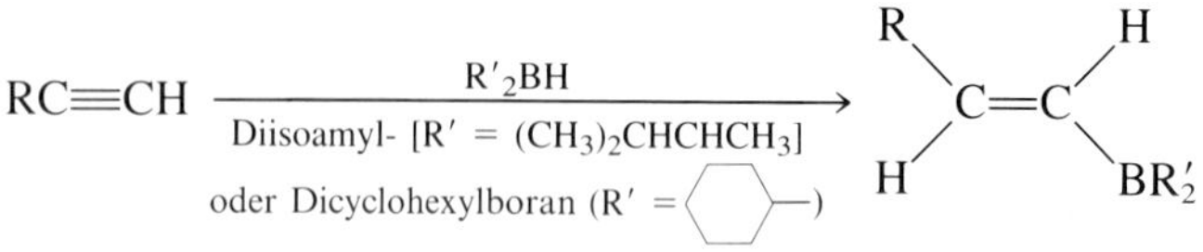

$$RC\equiv CR \xrightarrow{BH_3} \text{H(R)C=C(R)B}\text{—}$$

$$RC\equiv CH \xrightarrow[\text{Diisoamyl- } [R' = (CH_3)_2CHCHCH_3] \text{ oder Dicyclohexylboran } (R' = C_6H_{11}\text{—})]{R'_2BH} \text{R(H)C=C(H)BR}'_2$$

13 Reaktionen der Alkenylborane

Umwandlung in Alkene:

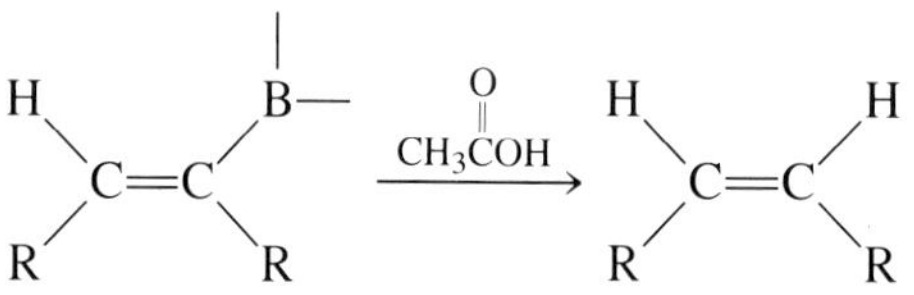

$$\text{H(R)C=C(R)B}\text{—} \xrightarrow{CH_3\overset{O}{\overset{\|}{C}}OH} \text{H(R)C=C(R)H}$$

Cis-Alken

Oxidation:

$$\text{H(R)C=C(R)B}\text{—} \xrightarrow{H_2O_2,\ HO^-} \left[\text{H(R)C=C(R)OH}\right] \xrightarrow[\text{Tautomerie}]{} RCH_2\overset{O}{\overset{\|}{C}}R$$

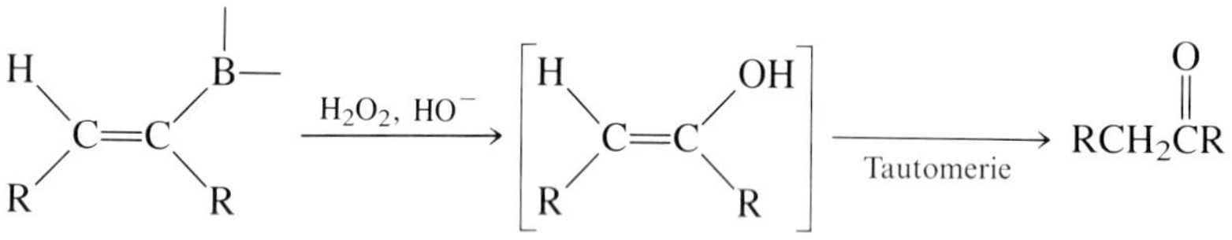

Enol

14 Elektrophile Additionen

$$RC\equiv CR \xrightarrow{HX} RCH{=}CXR \xrightarrow{HX} RCH_2CX_2R$$

geminales Dihalogenalkan

$$RC\equiv CH \xrightarrow{2\ HX} RCX_2CH_3$$

Markovnikov-Addition:

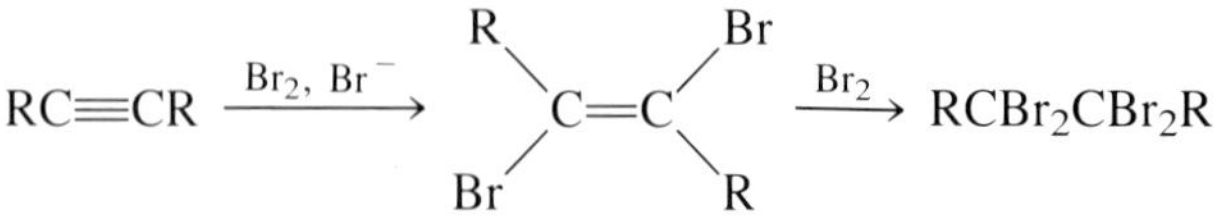

$$RC\equiv CR \xrightarrow{Br_2,\ Br^-} \text{R(Br)C=C(R)Br} \xrightarrow{Br_2} RCBr_2CBr_2R$$

überwiegend trans

$$RC\equiv CR \xrightarrow{Hg^{2+},\ H_2O} RCH_2\overset{O}{\overset{\|}{C}}R$$

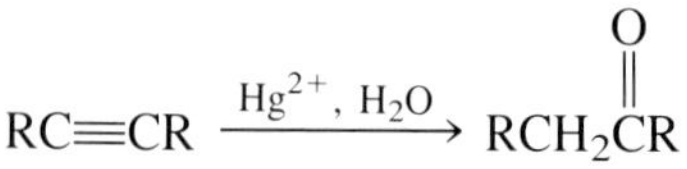

15 Radikalische Addition von Bromwasserstoff

$$RC{\equiv}CH \xrightarrow{HBr,\ ROOR} RCH{=}CHBr$$

16 Kationische Cyclisierung und Polymerisation

Cyclisierung:

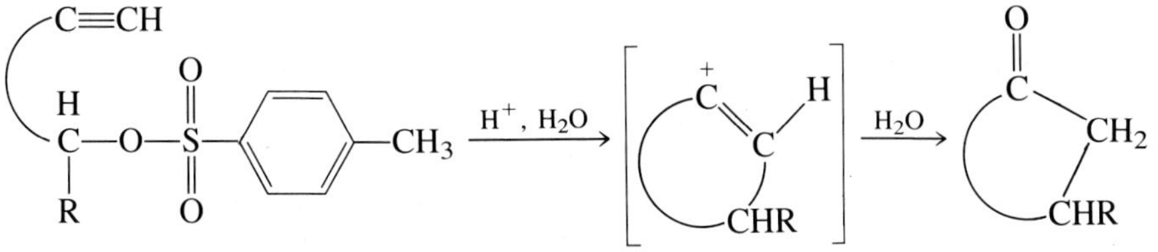

$$\text{(Alkinyl-tosylat: } C{\equiv}CH \ldots HC(R){-}O{-}SO_2{-}C_6H_4{-}CH_3) \xrightarrow{H^+,\ H_2O} \left[\text{cyclisches Vinylkation } \overset{+}{C}{=}CH \ldots CHR\right] \xrightarrow{H_2O} \text{Cycloalkanon } (C{=}O,\ CH_2,\ CHR)$$

Polymerisation:

$$n\ RC{\equiv}CR \xrightarrow{\text{Katalysator}} {-}(RC{=}CR)_n{-}$$

Polyalkin

17 Oxidation

$$2\ RC{\equiv}CH \xrightarrow[\text{Oxidative Kupplung}]{Cu^+,\ \text{Amin},\ O_2} RC{\equiv}C{-}C{\equiv}CR$$

18 Industrielle Darstellung und Anwendung von Ethin

Darstellung:

Direkt aus Kohle + H_2, Δ; oder aus Koks + CaO $\longrightarrow$ $CaC_2 \xrightarrow{H_2O} HC{\equiv}CH$

Verbrennung (Acetylen-Brenner):

$$HC{\equiv}CH + 2.5\ O_2 \longrightarrow 2\ CO_2 + H_2O \qquad \Delta H^0 = -\ 1327\ \text{kJ/mol}$$

Industrielle Chemie:

$$C_2H_2 + CO + H_2O \xrightarrow{Ni(CO)_4} CH_2{=}CHCO_2H$$

$$C_2H_2 + CH_2O \xrightarrow{Cu_2C_2} HOCH_2C{\equiv}CH + HOCH_2C{\equiv}CCH_2OH$$

$$3\ C_2H_2 \xrightarrow{Ni(CN)_2,\ P(C_6H_5)_3} \text{Benzol}$$

$$4\ C_2H_2 \xrightarrow{Ni(CN)_2} \text{Cyclooctatetraen}$$

Additionen:

Katalysiert durch Übergangsmetall-Kationen; Addition von H_2O, $CH_3C(O)OH$, HX, X_2, HCN.

Zusammenfassung

1 Die Nomenklaturregeln für Alkine sind im Prinzip die gleichen wie die für die Alkene. Die Dreifachbindung genießt Vorrang vor der Doppelbindung. Hydroxygruppen haben höhere Priorität als beide funktionelle Gruppen.

2 Die elektronische Struktur der Dreifachbindung zeichnet sich durch zwei zueinander senkrechte π-Bindungen und eine aus den beiden einander überlappenden *sp*-Orbitalen gebildete σ-Bindung aus. Die Bindungsstärke der Dreifachbindung beträgt etwa 837 kJ/mol, die der Alkinyl-C–H-Bindung etwa 536 kJ/mol. Dreifachbindungen bilden mit daran gebundenen Atomen lineare Strukturen mit kurzen C–C- (120 pm) und C–H-Bindungen (106 pm).

3 Der hohe *s*-Charakter des Alkin-Kohlenstoffatoms verleiht dem daran gebundenen Wasserstoffatom ein relativ hohe Acidität ($pK_a \sim 25$).

4 Durch die vom äußeren Magnetfeld induzierte cyclische Bewegung der π-Elektronen um die Achse der Dreifachbindung ist die chemische Verschiebung von Alkinyl-Protonen mit $\delta = 1.7-3.1$ ppm verglichen mit der von Alkenyl-Protonen niedrig. Die Abschirmung durch diesen Effekt gleicht die normalerweise mit einer π-Bindung verbundene Entschirmung aus. Die Dreifachbindung ermöglicht Fernkopplungen.

5 Die Hydrierung der ersten π-Bindung eines Alkins setzt mehr Energie frei als die der zweiten.

6 Kleine cyclische Alkine sind gespannt, da die normalerweise lineare Anordnung um die funktionelle Gruppe durch Biegung gestört wird.

7 Obwohl die Wasserstoffatome, die an ein einer Dreifachbindung benachbartes Kohlenstoffatom gebunden sind, weniger acid sind ($pK_a \sim 35$) als Alkinyl-Wasserstoffe, können sie durch Basen abgespalten werden, wodurch geringe Gleichgewichtskonzentrationen der entsprechenden Anionen gebildet werden.

8 Allene haben eine etwas geringere Energie (4-8 kJ/mol) als die isomeren terminalen Alkine, jedoch höhere Energie (12 kJ/mol) als interne Alkine.

9 Allene können chiral sein.

10 Die Eliminierungsreaktionen vicinaler Dihalogenalkane verlaufen regioselektiv unter ausschließlicher Bildung von Halogenalkenen, da Protonen in α-Stellung zu einem Halogen relativ sauer sind.

11 Eine selektive *cis*-Hydrierung von Alkinen ist mit dem Lindlar-Katalysator möglich, dessen Oberfläche weniger aktiv ist als die von Palladium auf Aktivkohle, weswegen Alkene nicht hydriert werden. Eine selektive *trans*-Hydrierung ist mit in flüssigem Ammoniak gelöstem Natrium möglich, da einfache Alkene nicht durch Ein-Elektronen-Übertragung reduziert werden können. Die Stereochemie wird durch die höhere Stabilität des *trans*-disubstituierten radikalischen Intermediates bestimmt.

12 Um die Hydroborierung terminaler Alkene auf der Alkenylboran-Stufe anzuhalten, verwendet man modifizierte Dialkylborane – insbesondere Diisoamyl- oder Dicyclohexylboran werden angewandt. Die Oxidation der resultierenden Alkenylborane ergibt Enole, die instabil sind und sich in Carbonylverbindungen umwandeln (Tautomerie).

Aufgaben

1 Benennen Sie jede der folgenden Verbindungen nach dem IUPAC-Nomenklatursystem.

(a)

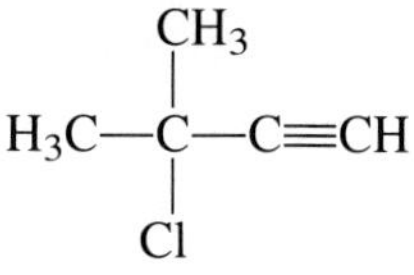

$$H_3C-\overset{\displaystyle CH_3}{\underset{\displaystyle Cl}{C}}-C\equiv CH$$

(b)

$$H_3C-\overset{\displaystyle CH_3}{\underset{\displaystyle HO}{C}}-C\equiv CH$$

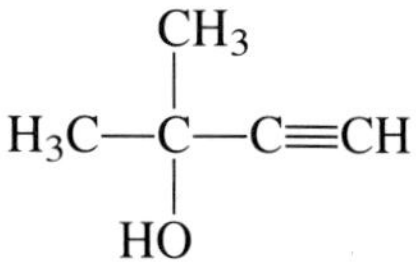

(c)

$$CH_3CH_2CH_2\underset{\displaystyle C\equiv CH}{CH}CH_2CH_2CH_2OH$$

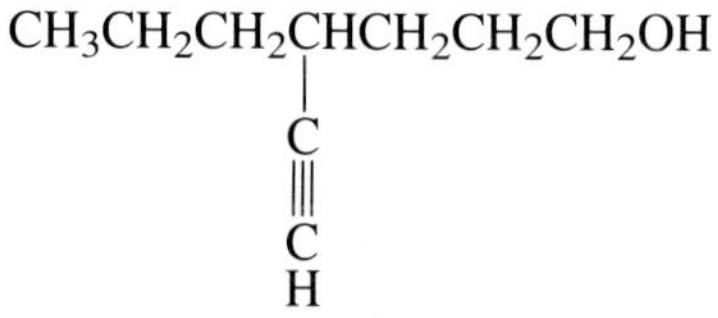

(d)

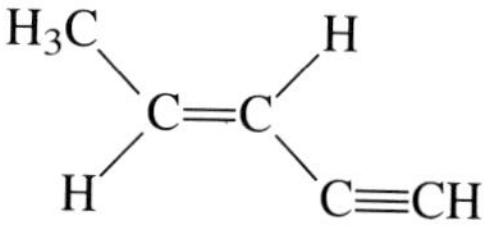

$$\begin{matrix} H_3C & & H \\ & C=C & \\ H & & C\equiv CH \end{matrix}$$

(e)

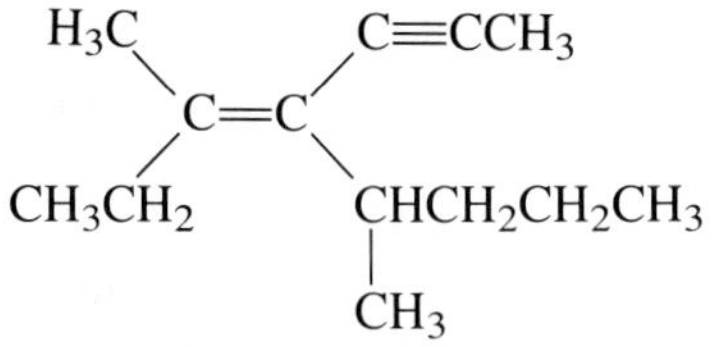

$$\begin{matrix} H_3C & & C\equiv CCH_3 \\ & C=C & \\ CH_3CH_2 & & \underset{\displaystyle CH_3}{CH}CH_2CH_2CH_3 \end{matrix}$$

(f)

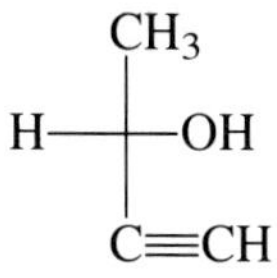

$$H-\overset{\displaystyle CH_3}{\underset{\displaystyle C\equiv CH}{C}}-OH$$

(g) 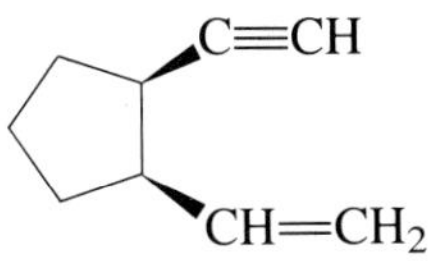 Cyclopentan mit $C\equiv CH$ und $CH=CH_2$ (Keilstriche)

2 Vergleichen Sie die C – H-Bindungsstärken in Ethan, Ethen und Ethin. Wie stehen diese Daten im Zusammenhang mit a) der Hybridisierung, b) der Polarität und c) der Acidität der Wasserstoffatome?

3 Vergleichen Sie die C-2 – C-3-Bindungen in Propan, Propen und Propin. Sollte es Unterschiede in der Bindungsstärke oder der Bindungslänge geben? Wenn ja, wie sollten sie variieren?

4 Leiten Sie die Strukturen der folgenden Moleküle anhand ihrer NMR-Spektren ab (lassen Sie sich nicht durch die Ähnlichkeit der Spektren B und C täuschen!).

(a) C_6H_{10}, Spektrum A.
(b) C_7H_{12}, Spektrum B.
(c) C_7H_{12}, Spektrum C.

5 Die ^{13}C NMR-Signale der vier unverzweigten Octine sind unten aufgeführt. Ordnen Sie allein auf der Basis dieser Daten jedes Spektrum dem entsprechenden Isomer zu. Achtung: Die Signalintensitäten sind nicht angegeben; es kann immer vorkommen, daß die Signale zweier verschiedener Kohlenstoffatome zufällig die gleiche chemische Verschiebung haben.

(a) $\delta = 12.7, 19.2, 21.4, 79.0$ ppm.
(b) $\delta = 2.9, 14.5, 18.4, 22.7, 29.5, 31.4, 74.8, 78.5$ ppm.

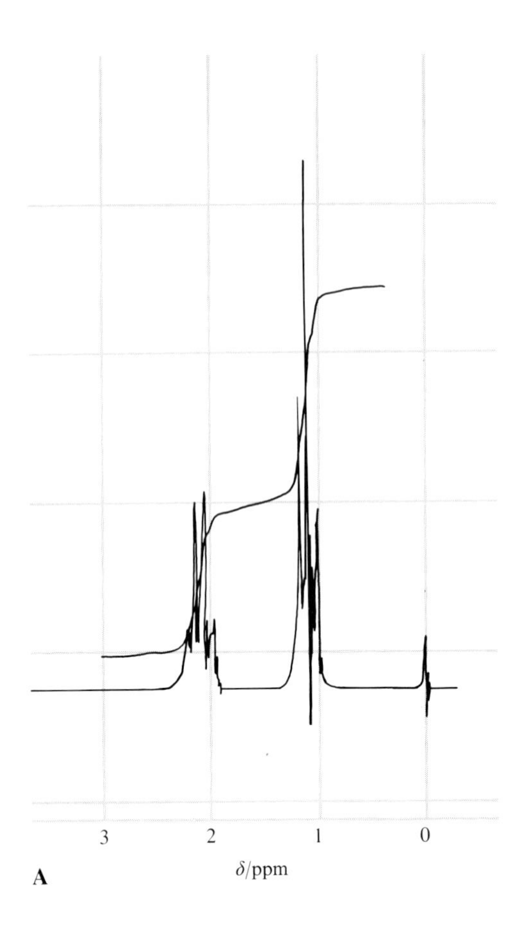
3
2
1
0
A
δ/ppm

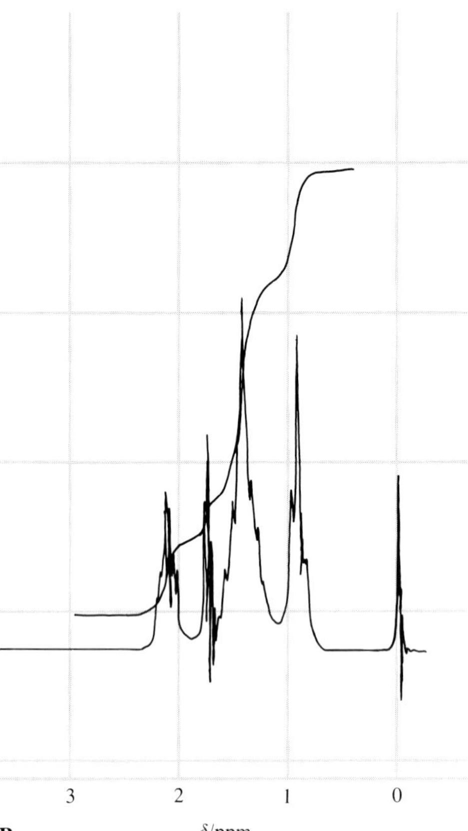
3
2
1
0
B
δ/ppm

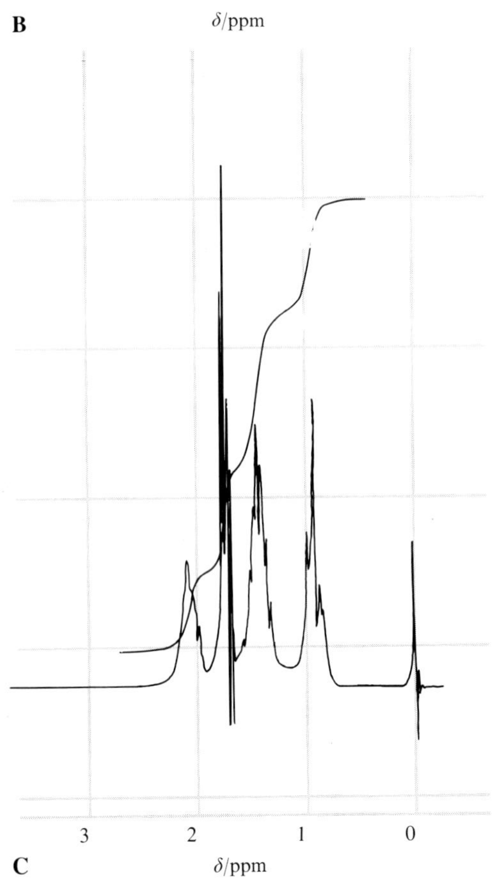
3
2
1
0
C
δ/ppm

(c) δ = 14.9, 18.4, 23.4, 29.2, 32.0, 69.0, 84.0 ppm.
(d) δ = 13.0, 14.6, 15.1, 18.7, 22.8, 31.9, 79.7, 81.0 ppm.

6 Folgende Bildungsenthalpien ΔH_f^0 sind gegeben (in kJ/mol): Butan (−127.3), *cis*-2-Buten (−8.0), 2-Butin (145.3), Cycloheptan (−118.1) und Cyclohepten (−9.2).

(a) Schätzen Sie ΔH_f^0 für Cycloheptin ab. Berücksichtigen Sie dabei die berechnete Spannungsenergie (Abschn. 13.4).
(b) Berechnen Sie die Reaktionsenthalpien ΔH^0 der folgenden Hydrierungen:

(i) Butin + H_2 ⟶ *cis*-2-Buten
(ii) *cis*-2-Buten + H_2 ⟶ Butan
(iii) Cycloheptin + H_2 ⟶ Cyclohepten
(iv) Cyclohepten + H_2 ⟶ Cycloheptan

(c) Schätzen Sie die Bindungsstärken für jede der π-Bindungen in 2-Butin und Cycloheptin ab, und berechnen Sie die DH^0-Werte für die ganzen Dreifachbindungen.
(d) Erklären Sie die ungewöhnlichen Ergebnisse Ihrer Berechnungen.

7 Benzol ist kinetisch eine der stabilsten organischen Verbindungen, die sogar Erhitzen auf 1000 °C überlebt. Im Unterschied dazu kann Benz-in als stabile Species nur in festem Argon bei 8 K beobachtet werden; wenn es über 20 K „erwärmt" wird, dimerisiert es sofort. Erklären Sie die Instabilität von Benz-in.

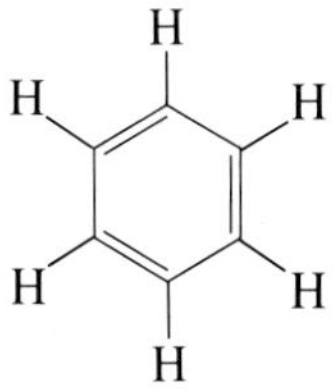

Benzol, C_6H_6

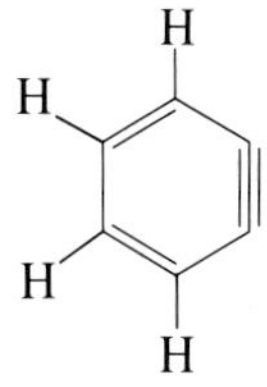

Benz-in, C_6H_4 (Dehydrobenzol)

8 Welches ^1H NMR-Spektrum ist für 1,1-Dimethylallen qualitativ zu erwarten (chemische Verschiebungen, Kopplungen etc.)?

9 Welches sind die zu erwartenden Produkte der folgenden Reaktionen:

(a) 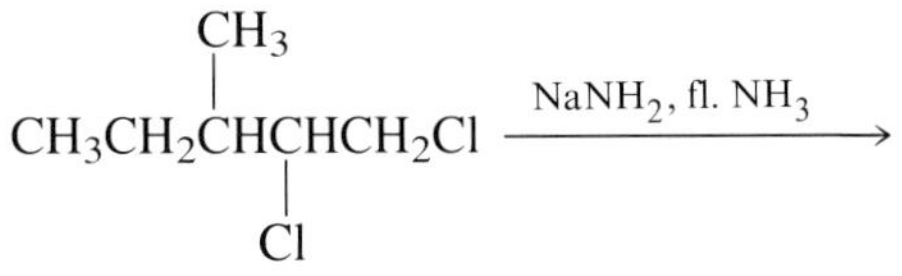 $CH_3CH_2CH(CH_3)CH(Cl)CH_2Cl \xrightarrow{NaNH_2,\ fl.\ NH_3}$

(b) 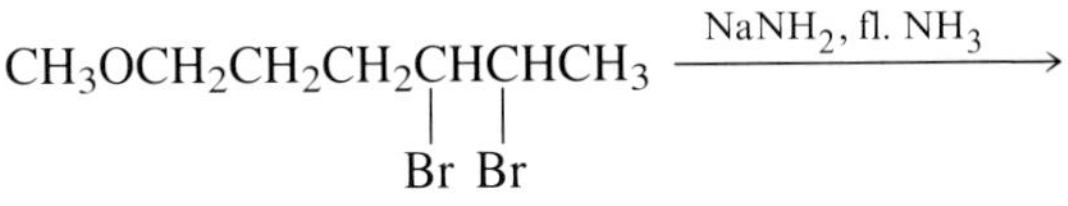 $CH_3OCH_2CH_2CH_2CH(Br)CH(Br)CH_3 \xrightarrow{NaNH_2,\ fl.\ NH_3}$

(c) 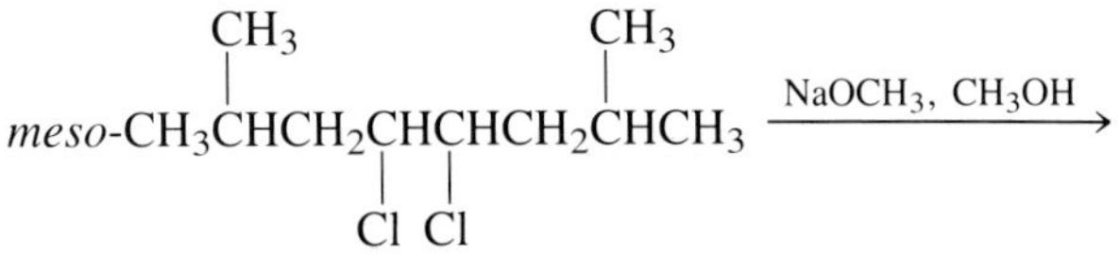 *meso*-$CH_3CH(CH_3)CH_2CH(Cl)CH(Cl)CH_2CH(CH_3)CH_3 \xrightarrow{NaOCH_3,\ CH_3OH}$

(d)  (4*R*,5*R*)-$CH_3CH(CH_3)CH_2CH(Cl)CH(Cl)CH_2CH(CH_3)CH_3 \xrightarrow{NaOCH_3,\ CH_3OH}$

(e) Würde das Produkt aus Aufgabe **(c)** oder das aus Aufgabe **(d)** schneller mit $NaNH_2$ reagieren?

10 Ist es möglich, durch Umsetzung von 2,3-Dibrom-2-methylbutan mit $NaNH_2$ bei hoher Temperatur ein Alkin zu bilden? Beschreiben Sie die Reaktion mechanistisch mit allen Zwischenstufen.

11 Schlagen Sie einen Mechanismus für die Bildung einer Alkenyllithium-Verbindung aus einem Bromalken durch Transmetallierung mit $CH_3CH_2CH_2CH_2Li$ (Abschn. 13.5) vor. Welches sind die Produkte der folgenden Reaktionen:

(a) 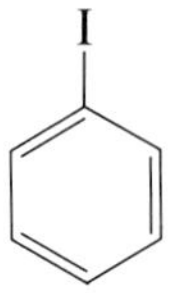 Iodbenzol + $CH_3CH_2CH_2CH_2Li \longrightarrow$

(b) $(CH_3)_3CC{\equiv}CBr + CH_3CH_2CH_2CH_2Li \longrightarrow$

12 Welches sind die Hauptprodukte der Reaktionen der folgenden Verbindungen mit 1-Propinyllithium, $CH_3C{\equiv}C^-Li^+$:

(a) CH_3CH_2Br

(b) $CH_3CH(CH_3)CH(Cl)CH(CH_3)_2$

(c) $CH_3CH(Cl)CH_2OH$

(d) Cyclohexanon

(e) 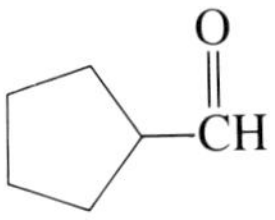 Cyclopentyl–CHO ($C_5H_9CH{=}O$)

(f) 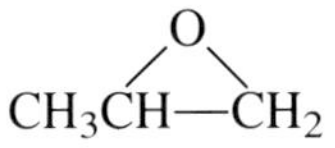 $CH_3CH{-}CH_2$ (Epoxid, O verbrückt)

(g) $CH_3CH_2CH_2C({=}O)OCH_3$

(h) 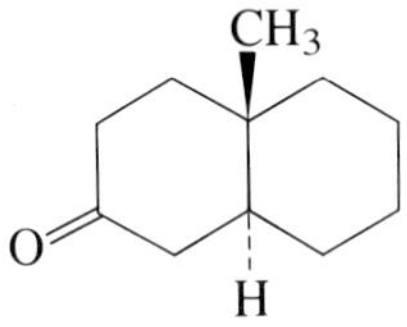 bicyclisches Keton (Decalinon) mit CH_3 und H an den Brückenkopfatomen, O= am Ring

13 Um 6-Heptin-3-ol darzustellen, wurde die folgende Reaktion ausgeführt:

$$HC{\equiv}CCH_2CH_2CH({=}O) + CH_3CH_2MgBr \longrightarrow$$

Das gewünschte Produkt wurde nicht erhalten. Stattdessen wurde eine Gasentwicklung aus der Reaktionsmischung beobachtet, und die Aufarbeitung lieferte nur polymeres Material. Erklären Sie diese Beobachtungen.

14 Schlagen Sie unter Anwendung retrosynthetischer Überlegungen sinnvolle Synthesen für die folgenden Alkine vor. Jede Alkin-Funktion im Zielmolekül sollte aus einem *getrennten* Molekül stammen, das irgendeine Verbindung mit zwei Kohlenstoffatomen sein kann (z. B. Ethin, Ethen, Ethanal etc.).

(a) $CH_3CH_2C{\equiv}CCH_2CH_2CH_3$
(b) $CH_3)_3CC{\equiv}CH$ (Vorsicht! Warum geht $(H_3C)_3CCl + {}^-{:}C{\equiv}CH$ nicht?)
(c) $HC{\equiv}CCH_2CH_2C{\equiv}CH$

(d) $CH_3CH_2C(CH_3)(OH)C{\equiv}CH$

(e) 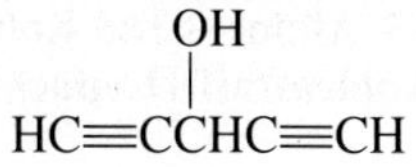 $HC{\equiv}C\overset{OH}{\overset{|}{C}}HC{\equiv}CH$

(f) 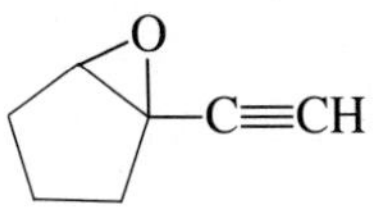 [Cyclopentan-Epoxid mit Substituent] $-C{\equiv}CH$

(g) $CH_3CH_2C{\equiv}C-C{\equiv}CCH_2CH_3$

15 Zeichnen Sie die Struktur von (*R*)-4-Deuterio-2-hexin. Schlagen Sie eine Strategie zur Darstellung dieser Verbindung vor!

16 Vergleichen Sie die Orbital-Darstellungen des Ethenylradikals (Vinylradikals, Abschn. 13.6) und des Ethenyl-Kations (Vinyl-Kations, Abschn. 13.5). Warum vermuten Sie, daß das kationische Kohlenstoffatom *sp*- und das radikalische sp^2-hybridisiert ist?

17 Welches sind die Hauptprodukte der Reaktion von Propin mit den folgenden Reagenzien:

(a) D_2, $Pd/BaSO_4$, Chinolin
(b) Na, ND_3
(c) $[(CH_3)_2CHCH_2CH_2]_2BD$, dann CH_3CO_2H
(d) Diisoamylboran, dann CH_3CO_2D
(e) 1 Äquivalent HI
(f) 2 Äquivalente HI
(g) 1 Äquivalent Br_2
(h) 1 Äquivalent ICl
(i) 2 Äquivalente ICl
(j) H_2O, $HgSO_4$, H_2SO_4
(k) Diisoamylboran, dann NaOH, H_2O_2
(l) Cu_2Cl_2, O_2, Pyridin

18 Welches sind die Produkte der Reaktion von Dicyclohexylethin mit jedem der Reagenzien aus Aufgabe 17?

19 Welches sind die Produkte der Reaktionen aus den Verbindungen Ihrer Antworten aus Aufgabe 18a und 18b mit jedem der folgenden Reagenzien:

(a) H_2, Pd/C
(b) Br_2
(c) BH_3, dann NaOH, H_2O_2
(d) MCPBA
(e) kaltes $KMnO_4$

20 Schlagen Sie für die folgenden Verbindungen vernünftige Synthesen vor, die in mindestens einem Schritt ein Alkin verwenden.

(a) 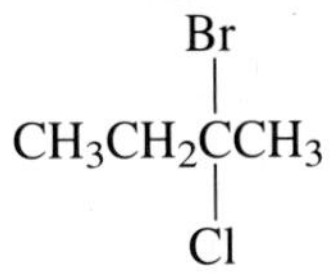 $CH_3CH_2\underset{Cl}{\underset{|}{\overset{Br}{\overset{|}{C}}}}CH_3$

(b) $CH_3CH_2CH_2CH_2CI_2CH_3$
(c) *meso*-2,3-Dibrombutan
(d) Racemisches Gemisch aus (2*R*,3*R*)- und (2*S*,3*S*)-2,3-Dibrombutan

(e) 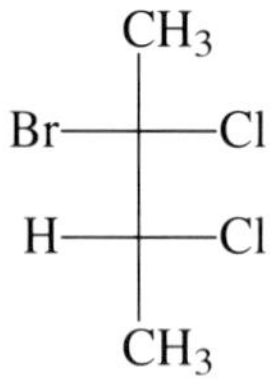 CH_3
Br—|—Cl
H—|—Cl
CH_3

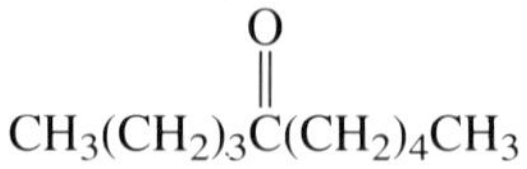

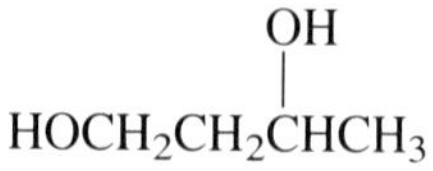

(f) $CH_3(CH_2)_3\overset{O}{\overset{\|}{C}}(CH_2)_4CH_3$

(g) $HOCH_2CH_2\overset{OH}{\overset{|}{C}}HCH_3$

(h) $CH_2{=}CHCH_2CH_2\overset{O}{\overset{\|}{C}}CH_3$

(i)

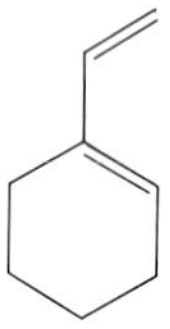

(j) 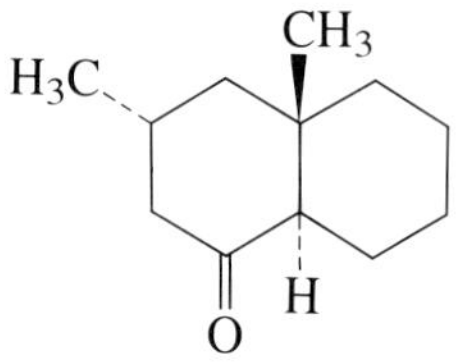 H_3C CH_3 H O

(k) 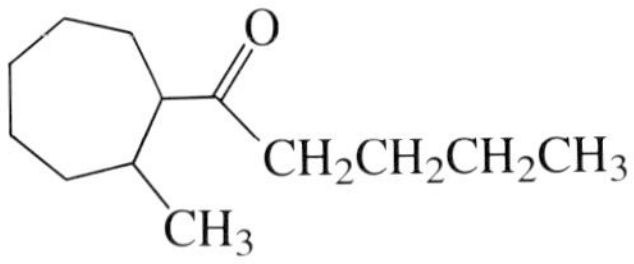 O $CH_2CH_2CH_2CH_3$ CH_3

21 Die kationische Cyclisierung von 1-Methyl-5-heptinyl-(4-methylbenzol)sulfonat (-tosylat) ergibt eine Mischung aus zwei Hauptprodukten:

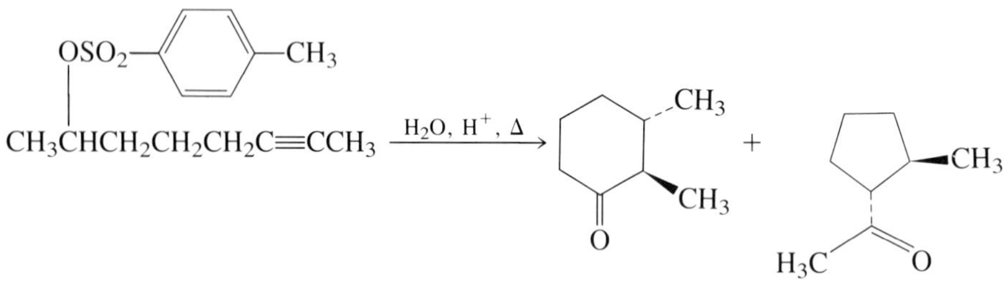

OSO_2—C_6H_4—CH_3
$CH_3\overset{|}{C}HCH_2CH_2CH_2C{\equiv}CCH_3 \xrightarrow{H_2O,\ H^+,\ \Delta}$ (Cyclohexanon mit CH_3, CH_3; O) + (Cyclopentan mit CH_3; H_3C, O)

Geben Sie für diese Reaktion einen detaillierten Mechanismus an, und vergleichen Sie diese Reaktion mit der Cyclisierung von 1-Methyl-5-hexinyl(4-methylbenzol)sulfonat (-tosylat) in Abschn. 13.6.

22 Sagen Sie das Produkt der kationischen Cyclisierung des Tosylates von 6-Heptin-3-ol voraus (Reaktionsbedingungen: H^+, H_2O, Erwärmen).

23 Schlagen Sie auf der Basis seiner Reaktivität eine sinnvolle Struktur für Calciumcarbid vor. Wie würde ein systematischer Name dafür lauten?

24 Wie würden Sie den letzten Oxidationsschritt in der Synthese des Pheromons des *Chloristoneura fumiferana* (Fam. Wickler) (Abschn. 13.6) ausführen?

25 Schlagen Sie *zwei verschiedene* Synthesen für Linalool vor, einem Terpen aus dem Zimt, Sassafras und Orangenblütenöl. Beginnen Sie mit dem abgebildeten Octenon und verwenden Sie in beiden Synthesen Ethin als Quelle für die beiden benötigten zusätzlichen Kohlenstoffatome.

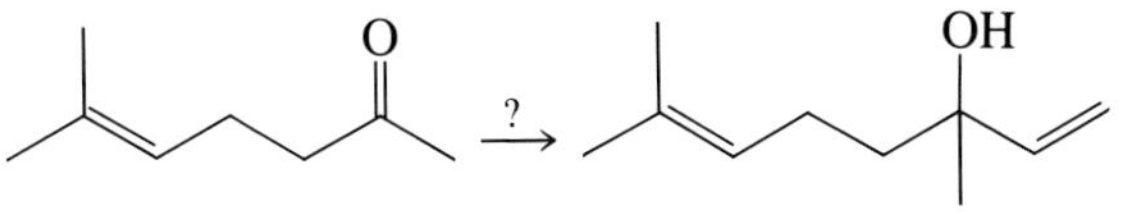

O ?→ OH

Linalool

26 Eine Synthese des Sesquiterpens Farnesol erfordert die Umwandlung einer Dichlorverbindung in ein Alkinol. Schlagen Sie eine Möglichkeit für diese Umwandlung vor.

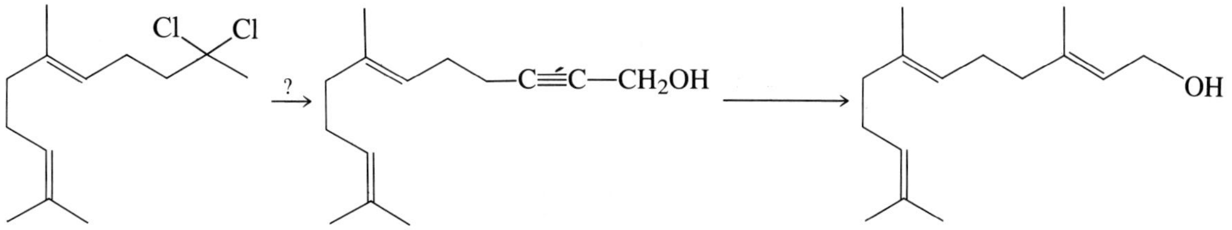

Cl Cl ?→ —C≡C—CH_2OH ⟶ OH

Farnesol

27 Die Synthese von Chamaecynon, dem ätherischen Öl des Benihibaumes, erfordert die Umwandlung eines Chloralkohols in ein Alkinylketon. Schlagen Sie eine synthetische Strategie zur Lösung dieser Aufgabe vor.

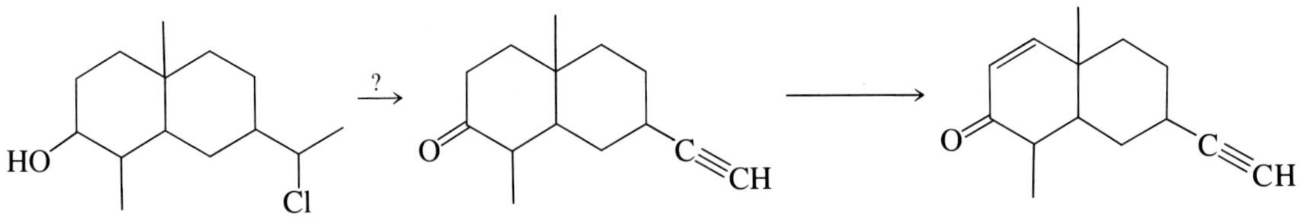

HO Cl ?→ O C≡CH ⟶ O C≡CH

Chamaecynon

28 Die Synthese des Sesquiterpens Bergamoten geht vom abgebildeten Alkohol aus. Schlagen Sie eine Reaktionsfolge zur Vervollständigung der Synthese vor.

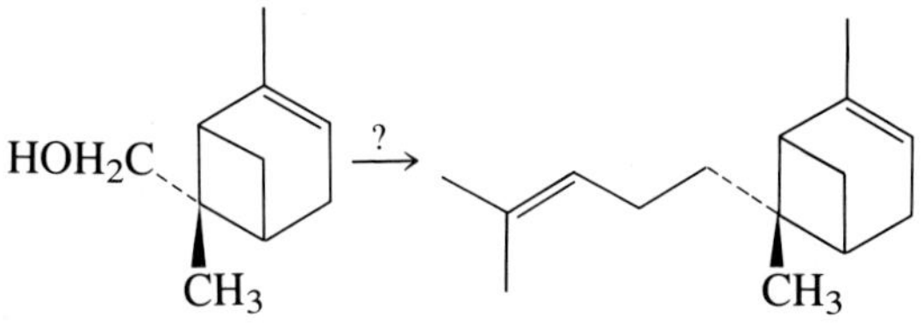

HOH_2C CH_3 ?→ CH_3

Bergamoten

29 Ein unbekanntes Molekül hat das ^1H NMR-Spektrum D. Reaktion mit H_2 in Gegenwart des Lindlar-Katalysators führt zu einer Verbindung, die nach Ozonolyse und Behandlung mit Zn in wäßriger Säure ein Äquivalent $CH_3C(=O)C(=O)H$ und zwei Äquivalente $HC(=O)H$ ergibt. Welches ist die Struktur der ursprünglichen Verbindung?

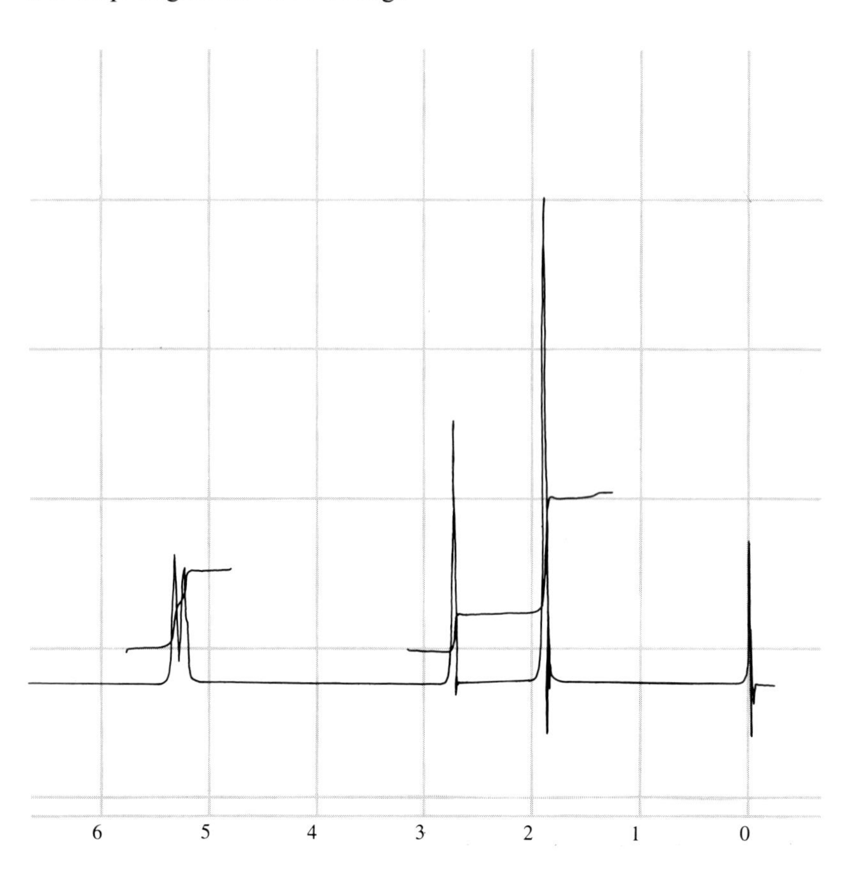

D

14 Delokalisierte π-Systeme und ihre Untersuchung durch UV-VIS-Spektroskopie

In den Kapiteln 12 und 13 wurde die Bedeutung von einander überlappenden *p*-Orbitalen deutlich, die zueinander parallel stehen. Diese Wechselwirkung setzt Energie frei und bewirkt die Bildung einer π-Bindung. Der Gedanke liegt nahe, daß, wenn zwei parallele *p*-Orbitale derart miteinander wechselwirken, dies bei drei oder mehr zueinander parallelen *p*-Orbitalen in noch stärkerem Maße der Fall ist.

In diesem Kapitel werden Verbindungen mit drei oder mehr einander benachbarten überlappenden *p*-Orbitalen besprochen. Eine derartige Anordnung führt zu einer thermodynamischen Stabilisierung. Die chemische Reaktivität solcher Verbindungen zeichnet sich durch Intermediate aus, die ebenfalls auf diese Weise stabilisiert sind. Das Kapitel beginnt mit dem 2-Propenyl-System, das auch als Allylsystem bezeichnet wird. Danach folgen Verbindungen mit mehreren einander benachbarten Doppelbindungen. Diese Verbindungen zeigen nicht nur die für Alkene typischen Reaktionen, sondern auch einzigartige thermische und photochemische Cycloadditions- und Ringschlußreaktionen. Die Ausdehnung solcher π-Systeme kann durch Spektroskopie im ultravioletten (UV) und sichtbaren (VIS) Bereich gemessen werden.

14.1 Überlappung von drei benachbarten *p*-Orbitalen: Resonanz im Allylsystem (2-Propenyl-System)

Eine Reihe von experimentellen Befunden, zwischen denen auf den ersten Blick kein Zusammenhang zu bestehen scheint, deuten beim Allylsystem auf einige ungewöhnliche Eigenschaften hin:

Befund 1 Die C–H-Bindungsstärke an der Methylgruppe des Propens ist mit 364 kJ/mol relativ gering.

$$H_2C{=}C(H)(CH_2H) \longrightarrow H_2C{=}C(H)(CH_2\cdot) + H\cdot \qquad DH^0 = 364 \text{ kJ/mol}$$

Propen → **2-Propenyl-radikal**

Ein Vergleich dieser Dissoziationsenergie mit der anderer Kohlenwasserstoffe (s. Tab. 3-2) zeigt, daß die primäre C–H-Bindung in Propen sogar schwächer ist als eine tertiäre C–H-Bindung. Offensichtlich erfährt das Allylradikal eine spezielle Stabilisierung

Dissoziationsenergien verschiedener C–H-Bindungen

$CH_2{=}CHCH_2{-}H$
$DH^0 = 364$ kJ/mol

$(CH_3)_3C{-}H$
$DH^0 = 389$ kJ/mol

$(CH_3)_2CH{-}H$
$DH^0 = 395.7$ kJ/mol

$CH_3CH_2{-}H$
$DH^0 = 410$ kJ/mol

Befund 2 3-Chlor-1-propen dissoziiert unter S_N1-Bedingungen relativ schnell (Solvolyse) und geht eine schnelle unimolekulare Substitution über ein kationisches Intermediat ein.

$$H_2C{=}C(H)(CH_2Cl) \xrightarrow[-\,Cl^-]{CH_3OH,\ \Delta} H_2C{=}C(H)(CH_2^+) \xrightarrow[+\,H^+]{CH_3OH} H_2C{=}C(H)(CH_2OCH_3)$$

3-Chlor-1-propen → **2-Propenyl-Kation** → **3-Methoxy-1-propen (S_N1-Produkt)**

Dieser Befund steht in klarem Gegensatz zu dem, was wir über die Stabilität primärer Carbeniumionen gelernt haben. Das aus dem 3-Chlor-1-propen gebildete Carbeniumion scheint stabiler zu sein als andere primäre Carbeniumionen. Um wieviel? Die Leichtigkeit der Bildung des Allyl-Kations in Solvolysereaktionen entspricht nach groben Messungen in etwa der eines sekundären Carbeniumions.

Befund 3 Der pK_a des Propens beträgt etwa 40.

$$H_2C{=}C(H)(CH_2H) \underset{K \sim 10^{-40}}{\rightleftharpoons} H_2C{=}C(H)(CH_2^-) + H^+$$

2-Propenyl-Anion

Demnach ist Propen deutlich acider als Propan ($pK_a \sim 50$), und die Bildung des Allyl-Anions scheint ungewöhnlich begünstigt zu sein.

Wie kann man diese drei Befunde erklären?

Das Allylsystem ist durch Konjugation stabilisiert

In jeder der drei erwähnten Reaktionen wird eine Spezies – Radikal, Carbeniumion, Carbanion – in direkter Nachbarschaft zum π-System einer Doppelbindung gebildet. Diese Anordnung bewirkt offenbar die besondere Stabilisierung. Warum? Der Grund liegt in der Elektronendelokalisierung. Moleküle, von denen man mehrere Lewis-Strukturen schreiben kann, haben eine ungewöhnliche Stabilität (s. Abschn. 1.7). Jedes Produkt kann durch ein Paar von äquivalenten Resonanzstrukturen beschrieben werden. Wegen der speziellen Anordnung der Elektronen und der daraus resultierenden ungewöhnlichen Chemie wurde diesen Intermediaten aus drei Kohlenstoffatomen der Trivialname **Allyl** – gefolgt von der entsprechenden Endung -radikal, -Kation oder -Anion – gegeben. Allgemein befinden sich Kohlenstoffatome und ihre Bindungen in direkter Nachbarschaft zu einer Doppelbindung in *Allylstellung*.

Resonanz im Allylsystem

14.1 **Überlappung von drei benachbarten p-Orbitalen: Resonanz im Allylsystem (2-Propenyl-System)**

$[CH_2{=}CH{-}\dot{C}H_2 \longleftrightarrow \dot{C}H_2{-}CH{=}CH_2]$ oder (H–C, H_2C ⋯ CH_2, Radikal)

Radikal

$[CH_2{=}CH{-}\overset{+}{C}H_2 \longleftrightarrow \overset{+}{C}H_2{-}CH{=}CH_2]$ oder (H–C, H_2C ⋯ + ⋯ CH_2)

Kation

$[CH_2{=}CH{-}\overset{-}{\ddot{C}}H_2 \longleftrightarrow \overset{-}{\ddot{C}}H_2{-}CH{=}CH_2]$ oder (H–C, H_2C ⋯ − ⋯ CH_2)

Anion

Bei der Betrachtung der Resonanzformen des Allylsystems muß man sich darüber im Klaren sein, daß es sich dabei *nicht* um Isomere handelt, sondern um Grenzformeln ein und desselben Moleküls. Die wahre Struktur liegt irgendwo zwischen diesen extremen Darstellungen. Die mit punktierten Linien gezeichneten Strukturen rechts neben den klassischen Darstellungen zeigen die Symmetrie der Allylsysteme deutlicher.

Die drei Molekülorbitale des Allylsystems

Die Stabilisierung des Allylsystems kann auch mit Hilfe von Molekülorbitalen dargestellt werden, die eine eingehendere (und ergänzende) quantenmechanische Betrachtung ermöglichen. Inwieweit beeinflußt die Wechselwirkung mit einem *p*-Orbital das Molekülorbitalschema einer einfachen π-Bindung (Abschn. 11.2, Abb. 11-1, 11-2 u. 11-3)?

Das Gerüst besteht aus drei Kohlenstoffatomen, die alle sp^2-hybridisiert sind und je ein *p*-Orbital senkrecht zur Molekülebene haben. Man kann das Allylsystem als eine Doppelbindung betrachten, der ein weiteres sp^2-hybridisiertes Kohlenstoffatom direkt benachbart ist (Abb. 14-1). Das Molekül ist jedoch symmetrisch und weist gleiche C–C-Bindungslängen auf. Läßt man das σ-Gerüst außer acht, kann man die drei *p*-Orbitale mathematisch so kombinieren, daß drei π-Orbitale entstehen. Dieses Vorgehen ist analog zur Kombination zweier *p*-Orbitale unter Bildung zweier π-Orbitale (Abb. 11-1, 11-2 u. 11-3), nur daß nun ein drittes Orbital

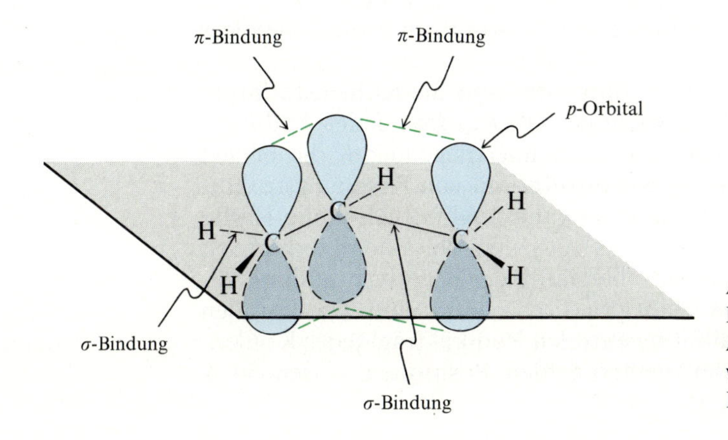

Abb. 14-1
Die drei *p*-Orbitale der Allylgruppe. Das σ-Gerüst wurde in durchgezogenen Linien wiedergegeben.

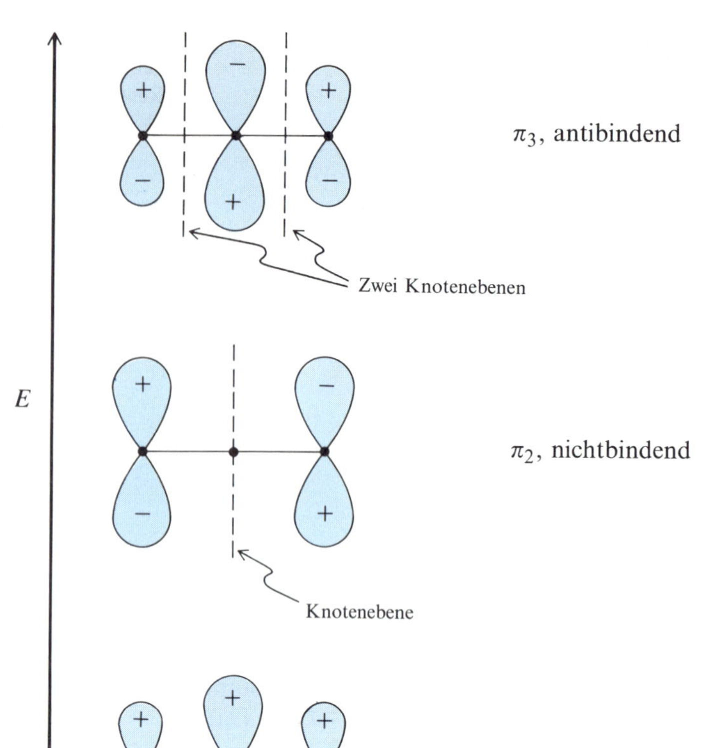

Abb. 14-2
Die drei π-Molekülorbitale des Allylsystems. Man beachte, daß die verschiedenen Orbitallappen unterschiedliche Größen haben.

vorliegt. Unter den drei neuen Molekülorbitalen ist eines bindend und besitzt keine Knotenebene (π_1), eines ist *nichtbindend* (m.a.W.: es hat dieselbe Energie wie ein nicht wechselwirkendes *p*-Orbital) und hat eine Knotenebene (π_2), und eines ist antibindend und hat, wie in Abbildung 14-2 dargestellt, zwei Knotenebenen (π_3). Wenn die drei Orbitale zur Verfügung stehen, können wir sie mit der entsprechenden Anzahl an Elektronen füllen (Abb. 14-3). Da wir nur die π-Elektronen betrachten, hat das Allyl-Kation mit zwei π-Elektronen nur ein besetztes Orbital, π_1. Beim Allylradikal und beim Allyl-Anion wird das nächste Orbital, π_2, mit einem bzw. zwei Elektronen besetzt. In allen Fällen ist die Gesamtenergie des Systems niedriger (günstiger) als die von drei nicht wechselwirkenden *p*-Orbitalen. Die Energie von π_1 liegt deutlich niedriger, und das Orbital ist voll besetzt, wogegen das antibindende Orbital π_3 in allen Fällen leer bleibt.

Die im nichtbindenden Orbital π_2 durch das zentrale Kohlenstoffatom führende Knotenebene hat eine wichtige Konsequenz: Jeder Ladungsüberschuß oder Ladungsmangel wird sich überwiegend auf die beiden terminalen Atome erstrecken, wie wir es aufgrund von Resonanzstrukturen erwarten würden. Daher befindet sich durchschnittlich je die Hälfte der positiven Ladung des Allyl-Kations auf jedem der beiden terminalen Kohlenstoffatome, wie auch jeweils die Hälfte der negativen Ladung des Anions. Die zentrale Position bleibt praktisch neutral und weist in allen Fällen ein Elektronenoktett auf. Im neutralen Radikal trägt jedes Kohlenstoffatom ein *p*-Elektron, und die terminalen Positionen weisen 50% radikalischen Charakter auf.

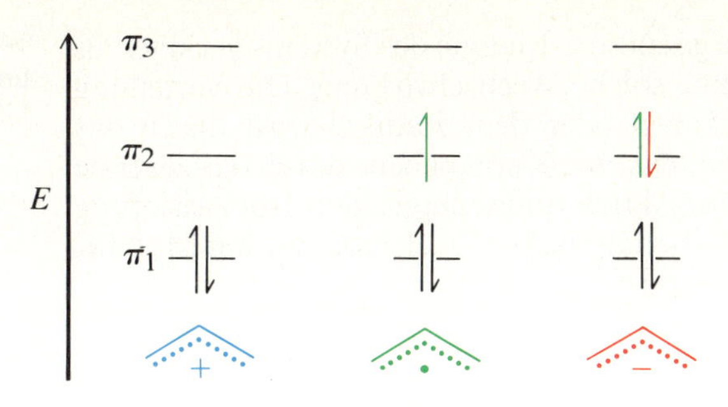

14.1 Überlappung von drei benachbarten p-Orbitalen: Resonanz im Allylsystem (2-Propenyl-System)

Abb. 14-3
Schrittweises Auffüllen der Molekülorbitale des Allylsystems zum Kation, Radikal und Anion.

Partielle Elektronendichteverteilung im Allylsystem

Wie stark ist die π-Bindung im Allylradikal?

Zur Abschätzung der Stärke der π-Bindung im Allylradikal kann man ein Experiment durchführen, das dem zur Bestimmung der π-Bindungsstärke im Ethen ähnelt (Abschn. 11.2), nämlich das zur Bestimmung der Aktivierungsenergie der *cis-trans*-Isomerisierung in 1,2-Dideuterioethen; zur Beantwortung unserer Frage betrachten wir die entsprechende Reaktion des 1-Deuteriopropenylradikals. Die Aktivierungsenergie dieser Isomerisierung beträgt etwa 65.7 kJ/mol und vermittelt damit einen Eindruck von der Größe der Wechselwirkung eines Elektrons in einem *p*-Orbital mit einer Doppelbindung. Man beachte, daß die Wechselwirkung zwar vorhanden, aber deutlich schwächer ist als die π-Bindung im Ethen.

***cis-trans*-Isomerisierung des 1-Deuteriopropenylradikals**

$E_a \sim 65.7$ kJ/mol

Es bleibt festzuhalten, daß experimentelle Befunde die Beteiligung der Doppelbindung an der Stabilisierung von Allylradikalen, -Kationen und -Anionen klar belegen. Bei der Benutzung von Lewis-Formeln wird diese Wechselwirkung durch die Resonanzstrukturen deutlich. Im Molekülorbital-Modell entstehen aus der Wechselwirkung der drei *p*-Orbitale miteinander drei neue Molekülorbitale; von diesen befindet sich eines deutlich unter dem *p*-Energieniveau, eines liegt genau auf dem *p*-Energieniveau und das dritte deutlich darüber. Da im Allylsystem nur die unteren beiden

Orbitale besetzt werden, ist die gesamte π-Energie des Systems geringer als die der drei *p*-Orbitale ohne eine solche Wechselwirkung. Die Verteilung der Elektronendichte in den Ionen oder dem Radikal wird durch das nichtbindende Orbital bestimmt, das eine Knotenebene durch das zentrale Kohlenstoffatom aufweist. Die Aktivierungsenergie der Isomerisierung des 1-Deuteriopropenylradikals beträgt 62 bis 67 kJ/mol, was ein Maß für die Stärke von Allyl-π-Bindungen ist.

14.2 Konsequenzen der Delokalisierung: Die Chemie des Allylsystems

Allyl-Kationen können mit Nucleophilen an jedem der terminalen Kohlenstoffatome in S_N1-Reaktionen abgefangen werden, was zu kinetischen Produktgemischen führt. Deren Zusammensetzung kann durch Erhitzen geändert werden, wobei die thermodynamisch bedingten Mischungsverhältnisse entstehen. Allylhalogenide gehen auch S_N2-Reaktionen ein, sowie einen neuen Typ von Substitutionsreaktionen, S_N2'-Reaktionen. In letzterem Fall greift das Nucleophil die Doppelbindung an und verschiebt das π-Elektronenpaar gewissermaßen zur Abgangsgruppe. Radikalische Halogenierungen an Alkenen finden an der Allylposition statt, wobei die Doppelbindung in der Regel unberührt bleibt. Doppelbindungen mit einem Substituenten, der ein freies Elektronenpaar trägt, können als neutrale Analoga des Allyl-Anions angesehen werden.

Nucleophile Substitution an 3-Halogen-1-propenen (Allylhalogeniden)

Die leichte heterolytische Dissoziation von Allylhalogeniden hat wichtige Konsequenzen. Zum Beispiel kann man durch Hydrolyse von entweder 1-Chlor-2-buten oder 3-Chlor-1-buten das gleiche Gemisch von Alkoholen erhalten. Der Grund liegt im gemeinsamen Intermediat, dem Allyl-Kation.

Hydrolyse isomerer Allylchloride

$$CH_3CH{=}CHCH_2Cl \xrightarrow[-Cl^-]{} \left[\overset{4}{C}H_3\overset{3}{C}H{=}\overset{2}{C}H\overset{1}{C}H_2^{+} \longleftrightarrow \overset{4}{C}H_3\overset{+}{\underset{3}{C}}H\underset{2}{C}H{=}\underset{1}{C}H_2\right] \xleftarrow[-Cl^-]{} CH_3CH(Cl)CH{=}CH_2$$

1-Chlor-2-buten — **Allyl-Kation** — **3-Chlor-1-buten**

$$\downarrow HOH$$

$$CH_3CH{=}CHCH_2OH + CH_3CH(OH)CH{=}CH_2 + H^+$$

Nebenprodukt **2-Buten-1-ol** — Hauptprodukt **3-Buten-2-ol**

Übung 14-1

Die Hydrolyse von (*R*)-3-Chlor-1-buten liefert ausschließlich racemische Alkohole. Erklären Sie diesen Befund.

Interessanterweise ist das Hauptprodukt dieser Reaktion 3-Buten-2-ol, obwohl die thermodynamisch weniger bevorzugte terminale Doppelbindung gebildet wird. Das muß ein kinetischer Effekt sein; offenbar wird das thermodynamisch weniger stabile Isomer schneller gebildet. Warum? Der Unterschied liegt in der elektronischen Natur des intermediären Allyl-Kations. Dieses System ist unsymmetrisch. Daher sollte man eine unsymmetrische Ladungsverteilung zwischen C-1 und C-3 erwarten. Tatsächlich ist die Ladung an C-3, dem höher substituierten Kohlenstoffatom, größer. In unserem Schema trägt die zweite Resonanzstruktur stärker zum Grundzustand des Moleküls bei als die erste. Da der nucleophile Abfang des Kations im wesentlichen ladungskontrolliert ist, greift das Wasser C-3 schneller an, was zum anfangs beobachteten Hauptprodukt führt.

Vergleich zwischen kinetischer und thermodynamischer Kontrolle

$$CH_3\underset{|}{\overset{OH}{C}}HCH{=}CH_2 + H^+ \underset{\text{(schnell, aber reversibel)}}{\overset{\text{Kinetische Kontrolle}}{\rightleftharpoons}} \left[CH_3CH{=}CHCH_2^+ \longleftrightarrow CH_3\overset{+}{C}HCH{=}CH_2 \right] + HOH \underset{\text{(langsam)}}{\overset{\text{Thermodynamische Kontrolle}}{\rightleftharpoons}} CH_3CH{=}CHCH_2OH + H^+$$

Weniger stabiles Produkt, überwiegt bei kurzen Reaktionszeiten und tiefen Temperaturen.

Stabileres Produkt, überwiegt bei langen Reaktionszeiten und höheren Temperaturen.

Daß das Ergebnis der Hydrolyse tatsächlich kinetisch bestimmt ist, kann durch eine Äquilibrierung der Produkte bewiesen werden. Das Erwärmen einer Mischung der isomeren Butenole führt nach längerer Zeit zum thermodynamischen Gemisch, vorwiegend 2-Buten-1-ol. Die anfänglich gewählten Reaktionsbedingungen erlaubten demnach kinetische, die späteren thermodynamische Reaktionskontrolle.

Warum führen lange Reaktionszeiten zu thermodynamischen Produktverhältnissen? Der nucleophile Abfang des intermediären Allyl-Kations ist reversibel. Zunächst bildet sich das kinetische Produkt, das bei tieferen Temperaturen stabil ist. Beim Erwärmen entsteht aus dem Alkohol jedoch wieder das intermediäre Allyl-Kation, wodurch die Bildung des langsamer entstehenden thermodynamisch stabileren Isomeren ermöglicht wird.

Man kann sich diese Situation an einem Energie-Diagramm verdeutlichen (Abb. 14-4). Der kinetisch begünstigte Alkohol wird zuerst gebildet, seine Bildung ist jedoch reversibel, wodurch schließlich die Bildung des thermodynamisch bevorzugten Isomeren ermöglicht wird.

Übung 14-2

Die Behandlung von 3-Buten-2-ol mit kaltem Bromwasserstoff ergibt 1-Brom-2-buten und 3-Brom-1-buten im Verhältnis 15:85. Beim Erhitzen ändert sich dieses Verhältnis, es entsteht weit überwiegend 1-Brom-2-buten. Erklären Sie diesen Befund.

Allylhalogenide können auch S_N2-Reaktionen eingehen. Diese sind deutlich schneller als S_N2-Reaktionen normaler primärer Halogenalkane. Dies liegt vermutlich daran, daß das *p*-Orbital im Übergangszustand der Substitutionsreaktion mit der Doppelbindung überlappt (Abb. 14-5).

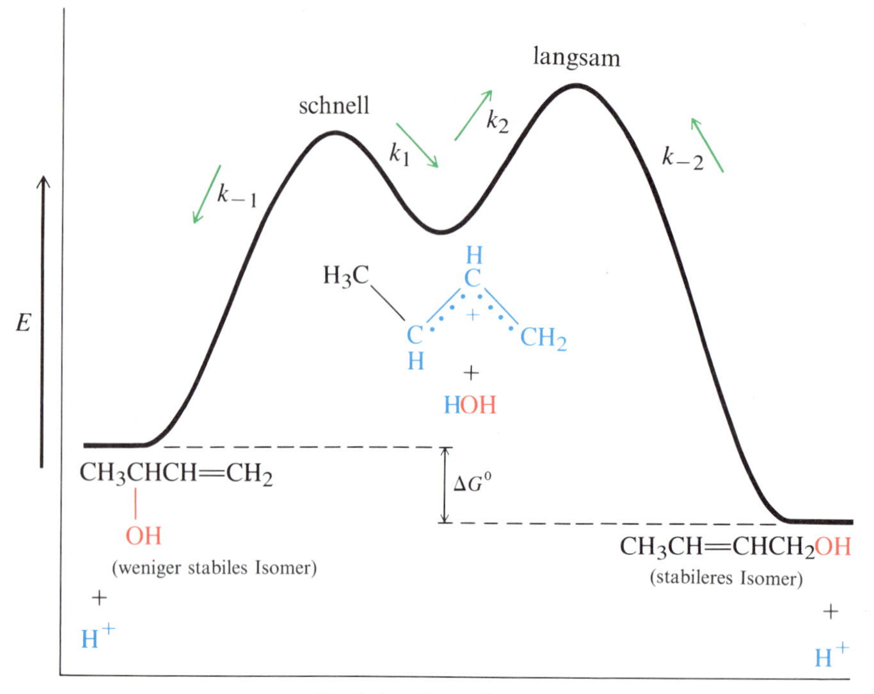

Abb. 14-4
Vergleich von kinetischer und thermodynamischer Reaktionskontrolle in der Reaktion des 1-Methyl-2-propenyl-Kations (1-Methallyl-Kations) mit Wasser. Zur Verdeutlichung wurden Oxonium-Ionen-Zwischenstufen im Diagramm weggelassen. Bei tiefer Temperatur wird die Produktverteilung im wesentlichen durch die relativen Geschwindigkeiten ihrer Bildung (k_1, k_2) bestimmt, d.h. durch die relativen Höhen der Aktivierungsenergien, denn die Geschwindigkeiten der Rückreaktionen (k_{-1}, k_{-2}) sind hier vernachlässigbar. Dabei wird die Bildung von 3-Buten-2-ol begünstigt. Bei höherer Temperatur gewinnt k_{-1} an Bedeutung, wodurch das Allyl-Kation zurückgebildet wird, aus dem langsam mehr und mehr thermodynamisches Produkt, 2-Buten-1-ol, entsteht. Die Geschwindigkeit der Rückreaktion des thermodynamischen Produktes, k_{-2}, ist die kleinste im gesamten System. Die grünen Pfeile zeigen an, zu welcher Richtung entlang Reaktionskoordinate die jeweilige Geschwindigkeitskonstante k gehört.

Die S_N2-Reaktionen von 3-Chlor-1-propen und 1-Chlorpropan

	Relative Geschwindigkeit
$CH_2{=}CHCH_2Cl + I^- \xrightarrow{\text{Propanon (Aceton), 50 °C}} CH_2{=}CHCH_2I + Cl^-$	73
$CH_3CH_2CH_2Cl + I^- \xrightarrow{\text{Propanon (Aceton), 50 °C}} CH_3CH_2CH_2I + Cl^-$	1

Diese bimolekularen Austauschprozesse können durch eine weitere Art des nucleophilen Angriffs kompliziert werden, wobei die Doppelbindung Ziel des Angriffs ist. Während der Bildung der neuen Bindung bewegen sich die π-Elektronen zur Abgangsgruppe. Im Endprodukt sind dann die Positionen der Doppelbindung und die des Allylsubstituenten vertauscht. Wegen der Ähnlichkeit zu einer S_N2-Reaktion wird diese Art der Substitution als **S_N2'-Reaktion** (S_N2-„Strich“) bezeichnet.

Die S_N2'-Reaktion

$$H_2C{=}CH{-}C(CH_3)(H){-}Cl + (CH_3CH_2)_2\ddot{N}H \longrightarrow (CH_3CH_2)_2\overset{+}{N}H{-}CH_2{-}CH{=}C(H)CH_3 + Cl^- \longrightarrow$$

$$(CH_3CH_2)_2NCH_2CH{=}C(H)CH_3 + H^+ + Cl^-$$

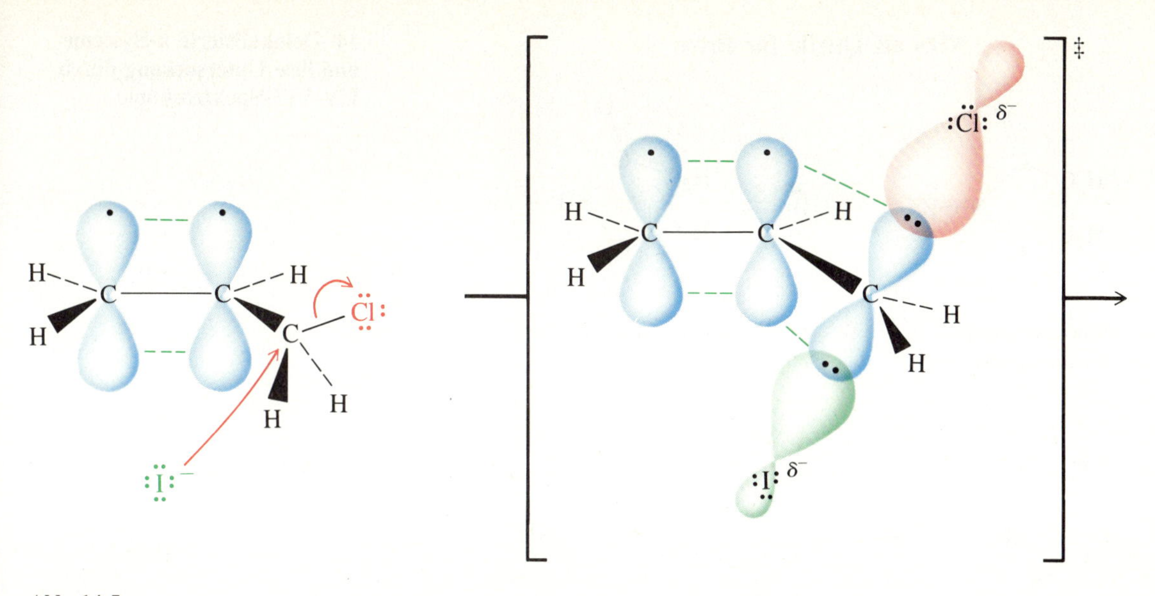

Abb. 14-5
Delokalisierter Übergangszustand der S_N2-Reaktion von 3-Chlor-1-propen mit dem Iodid-Ion.

Übung 14-3
Erklären Sie die folgende Umwandlung:

$$\text{HS}\!\sim\!\sim\!\sim\!\text{CH=CH–CH(CH}_3\text{)–O}\overset{\text{O}}{\overset{\|}{\text{C}}}\text{R} \xrightarrow{\text{HO}^-} \text{(S-Ring)–CH=CH–CH}_3$$

Radikalische Halogenierung in Allylstellung

Obgleich Halogene unter Bildung vicinaler Dihalogenide an Alkene addieren können (Abschn. 12.3), wird der Ablauf einer solchen Reaktion verändert, wenn das Halogen in nur geringer Konzentration vorliegt. Diese Bedingungen begünstigen radikalische Kettenmechanismen und führen zur *radikalischen Substitution in Allylstellung**.

Radikalische Substitution in Allylstellung

$$CH_2{=}CHCH_3 \xrightarrow[\text{Konzentration)}]{X_2\ \text{(geringe}} CH_2{=}CHCH_2X + HX$$

Ein Reagenz, das für Bromierungen in Allylstellung häufig benutzt wird, ist *N*-Brombutanimid (*N*-Bromsuccinimid, NBS, Abschn. 3.8), welches in Tetrachlormethan suspendiert wird. Diese Verbindung ist in CCl_4 unlöslich und eine andauernde Quelle sehr kleiner Mengen Brom, die mit Spuren von Bromwasserstoff gebildet werden.

---

* Die Begründung dieses Wechsels erfordert eine detaillierte kinetische Analyse der drei möglichen Prozesse – Substitution in Allylstellung, ionische Addition und radikalische Addition; eine solche Diskussion überschreitet jedoch den Rahmen dieses Buches. Es genügt hier festzustellen, daß bei geringen Bromkonzentrationen die konkurrierenden Additionsreaktionen soweit verlangsamt werden, daß man praktisch nur Substitution beobachtet.

NBS als Quelle für Brom

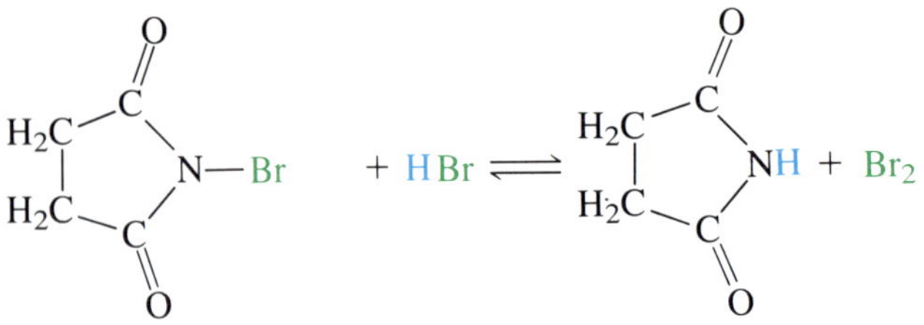

$$\text{N-Brombutanimid (N-Bromsuccinimid, NBS)} + HBr \rightleftharpoons \text{Butanimid} + Br_2$$

N-Brombutanimid (N-Bromsuccinimid, NBS) — **Butanimid**

Beispiel:

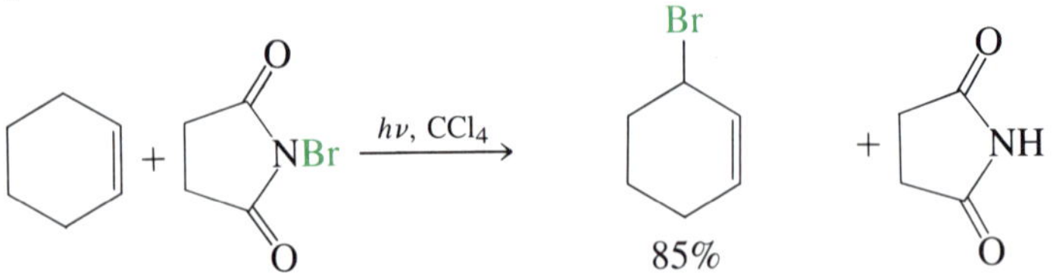

$$\text{Cyclohexen} + \text{NBS} \xrightarrow{h\nu,\ CCl_4} \text{3-Bromcyclohexen (85\%)} + \text{Butanimid}$$

3-Bromcyclohexen

Das Brom reagiert dann mit dem Alken nach einem radikalischen Kettenmechanismus (Abschn. 3.5), der beginnt, wenn Brom unter Einfluß von Strahlung oder Spuren von Radikalen dissoziiert.

Mechanismus der Bromierung in Allylstellung:

Kettenstart:

$$Br_2 \xrightarrow{h\nu \text{ oder Radikalstarter}} 2\ Br\cdot$$

Kettenwachstum:

Schritt 1

$$RCH{=}CHCH(R){-}H + Br\cdot \longrightarrow [RCH{=}CH\dot{C}H(R) \longleftrightarrow \dot{C}H(R)CH{=}CHR] + H{-}Br$$

$DH^0 \sim 364$ kJ/mol (C–H) $\qquad DH^0 = 364$ kJ/mol (H–Br)

Schritt 2

$$RCH{=}CH\dot{C}H(R) + Br{-}Br \longrightarrow RCH{=}CHCH(R){-}Br + Br\cdot$$

$DH^0 = 193$ kJ/mol (Br–Br) $\qquad DH^0 = 230$ kJ/mol (C–Br)

Das Bromatom abstrahiert im ersten Schritt der Wachstumsreaktion das schwächer gebundene Wasserstoffatom, wodurch ein Allylradikal entsteht. Diese Reaktion ist energetisch praktisch neutral, da die dabei gebildete H – Br-Bindung genauso stark ist wie die gebrochene Allyl-C – H-Bindung. Im zweiten Schritt reagiert das Allylradikal mit weiterem Brom, wobei neben dem Allylbromid ein neues Bromradikal entsteht, welches dann nach Schritt 1 weiterreagiert. Schritt 2 ist exotherm. Der im ersten Schritt gebildete Bromwasserstoff reagiert mit weiterem *N*-Brombutanimid unter Bildung von weiterem Br_2, und so weiter. Man kann die Reaktion gut verfolgen, da NBS schwerer als CCl_4 ist und daher am Gefäßboden bleibt. Im Gegensatz dazu ist das in CCl_4 ebenfalls unlösliche Reaktionsprodukt Butanimid leichter als das Lösungsmittel und schwimmt daher an dessen Oberfläche.

Wenn das intermediäre Allylradikal nicht symmetrisch ist, können Produktgemische entstehen.

$$CH_2{=}CH(CH_2)_5CH_3 \xrightarrow[-\ HBr]{NBS,\ h\nu} BrCH_2CH{=}CH(CH_2)_4CH_3 + CH_2{=}CHCH(Br)(CH_2)_4CH_3$$

1-Octen → **1-Brom-2-octen** (44%) + **3-Brom-1-octen** (17%)

Meist reagieren sekundäre Positionen jedoch schneller als primäre.

$$CH_3CH_2CH_2CH_2CH{=}CHCH_3 \xrightarrow{NBS,\ ROOR,\ CCl_4,\ 2\ h} CH_3CH_2CH_2CH(Br)CH{=}CHCH_3 + HBr$$

2-Hepten → **4-Brom-2-hepten** (76%)

Da Chlor relativ billig ist, sind Chlorierungen in Allylstellung auch industriell wichtig. Zum Beispiel wird 3-Chlorpropen (Allylchlorid) kommerziell durch Gasphasen-Chlorierung von Propen bei 400 °C hergestellt.

$$CH_3CH{=}CH_2 + Cl_2 \xrightarrow{400°C} ClCH_2CH{=}CH_2 + HCl$$

3-Chlorpropen (Allylchlorid)

Übung 14-4

Welche Produkte sind bei der Bromierung der folgenden Substrate in Allylstellung mit einem Äquivalent NBS zu erwarten: (a) Cyclohexen; (b) [bicyclische Struktur: Octahydronaphthalin mit zentraler Doppelbindung]; (c) 1-Methylcyclohexen.

Allylmetall-Reagenzien: Nützliche C_3-Nucleophile

Wegen der größeren relativen Stabilität des gebildeten konjugierten Carbanions ist Propen deutlich acider als Propan. Daher können Allyllithium-Reagenzien durch Abstraktion eines Protons aus Propenderivaten mittels eines Alkyllithiums in Gegenwart von *N,N,N',N'*-Tetramethylethan-1,2-diamin (Tetramethylethylendiamin, TMEDA), einem gut solvatisierenden Reagenz, erhalten werden.

$$CH_3CH_2CH_2CH_2Li + H_2C{=}C(CH_3)_2 \xrightarrow{(CH_3)_2NCH_2CH_2N(CH_3)_2\ (TMEDA)} H_2C{=}C(CH_3)CH_2Li + CH_3CH_2CH_2CH_2{-}H$$

Allylmetall-Verbindungen können auch durch Transmetallierung erzeugt werden (Abschn. 8.5). Zum Beispiel resultiert die Behandlung von Tetra(2-propenyl)zinn (Tetraallylzinn) mit Butyllithium in der Bildung von 2-Propenyllithium und Tetrabutylzinn.

$$4\ CH_3CH_2CH_2CH_2Li + (CH_2{=}CHCH_2)_4Sn \xrightarrow{THF} 4\ CH_2{=}CHCH_2Li + (CH_3CH_2CH_2CH_2)_4Sn$$

2-Propenyllithium (Allyllithium) — **Tetrabutylzinn**

Einen noch direkteren Zugang zu Allylmetall-Verbindungen bietet die Bildung von Grignard-Reagenzien.

$$CH_2{=}CHCH_2Br \xrightarrow{Mg,\ THF,\ 0°C} CH_2{=}CHCH_2MgBr$$

1-Brom-2-propen → **2-Propenylmagnesiumbromid**

3-Chlorcyclopenten $\xrightarrow{Mg,\ THF,\ 0°C}$ 2-Cyclopentenylmagnesiumchlorid

Cl → MgCl

3-Chlorcyclopenten → **2-Cyclopentenylmagnesiumchlorid**

Wie ihre Alkyl-Analoga können Allyllithium- und -Grignardverbindungen als Nucleophile dienen.

$$[H_2C{\cdots}C(CH_3){\cdots}CH_2]^- Li^+ + CH_3CH_2CH_2CH_2Br \xrightarrow[-\ LiBr]{Hexan,\ TMEDA} CH_3CH_2CH_2CH_2CH_2C(CH_3){=}CH_2$$

55%

2-Methyl-1-hepten

$$CH_2{=}CHCH_2MgBr + CH_3\overset{O}{\overset{\|}{C}}CH_3 \xrightarrow{(CH_3CH_2)_2O} \xrightarrow{H^+,\ H_2O} CH_2{=}CHCH_2C(OH)(CH_3)CH_3$$

85%

2-Methyl-4-penten-2-ol

Übung 14-5

Wie kann man die folgende Umwandlung mit möglichst wenigen Schritten realisieren:

Cyclohexanon (O) ---→ 1-(2-Hydroxyethyl)cyclohexanol (HO, CH_2CH_2OH)

Neutrale Äquivalente von Allyl-Anionen: Delokalisierte freie Elektronenpaare

Allyl-Anionen erhalten ihre besondere Stabilität durch die Delokalisierung des der Doppelbindung benachbarten Elektronenpaares. Ähnliches ist in einigen neutralen Molekülen wie z. B. Halogenalkenen der Fall. Das Halogenatom kann ein *p*-Orbital, welches eines der freien Elektronenpaare enthält, parallel zu den *p*-Orbitalen der π-Bindung ausrichten, so daß die nichtbindenden Elektronen in die π-Bindung delokalisieren können (Abb. 14-6). So wird Elektronendichte in das π-System übertragen. Mit anderen Worten macht die Delokalisierung in die Doppelbindung aus dem Halogen durch Resonanz einen *elektronenliefernden* Substituenten, obgleich er induktiv ein elektronenziehender ist. Dieser Effekt kann durch eine dipolare Resonanzformel verdeutlicht werden (Abb. 14-6B). Man nennt eine Doppelbindung mit derartigen elektronenliefernden Substituenten *elektronenreich*. Andere elektronenreiche Doppelbindungen finden sich in Alkoxyalkenen, Alkylvinylsulfiden und Alkenylaminen (Enaminen, Abschn. 15.6).

Einige elektronenreiche Doppelbindungen

$R_2C{=}C(H)\ddot{O}R'$

Alkoxyalken (Enolether)

$R_2C{=}C(H)\ddot{S}R'$

Alkylalkenylsulfid

$R_2C{=}C(H)\ddot{N}R'_2$

***N,N*-Dialkylalkenylamin (Enamin)**

Es ist festzuhalten, daß die Delokalisierung im Allyl-System die Ursache für die ungewöhnliche Reaktivität von Bindungen in Allylstellung ist. Allylhalogenide gehen relativ schnelle S_N1- und S_N2-Reaktionen ein, sowie einen neuen Typ einer bimolekularen Substitution, S_N2'. Die S_N1-Reaktion liefert bei tiefen Temperaturen kinetische Produkte, bei hoher Temperatur bilden sich die thermodynamisch äquilibrierten Mischungen. Unter radikalischen Bedingungen können Alkene in der Allylposition halogeniert werden. Dafür ist *N*-Brombutanimid, eine Quelle geringer Bromkonzentrationen, besonders geeignet. Alkene können unter Bildung delokalisierter Anionen in der Allylposition deprotoniert werden. Allyl-Grignard-Reagenzien sind aus den entsprechenden Allylhalogeniden erhältlich. Wie ihre Alkyl-Analoga sind Allylmetall-Verbindungen Nucleophile. Wie Allyl-Anionen sind auch einige neutrale Verbindungen durch Delokalisierung eines Elektronenpaares in die Doppelbindung stabilisiert. Dabei handelt es sich um Doppelbindungen mit Heteroatomen, deren freie Elektronenpaare mit den π-Elektronen in Resonanz treten. Dadurch wird die π-Bindung elektronenreich.

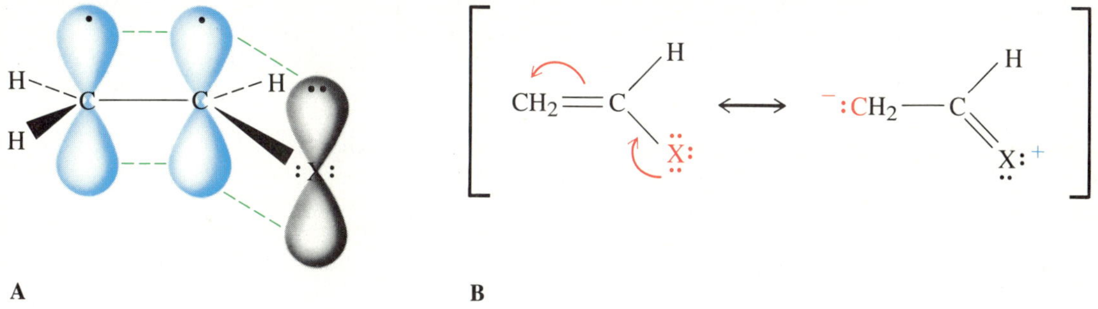

Abb. 14-6
A. Eines der nichtbindenden Elektronenpaare des Halogenatoms steht parallel zum π-Orbital der Doppelbindung; dadurch wird eine Delokalisierung des nichtbindenden Elektronenpaares ermöglicht. B. Valenzstrich-Schreibweise der Resonanzformeln eines Halogenalkans. Da bei der rechten Formel getrennte Ladungen auftreten, kommt ihr ein geringeres Gewicht zu als der linken.

14.3 Zwei benachbarte Doppelbindungen: Konjugierte Diene

Dieser Abschnitt geht einen Schritt über das Allylsystem hinaus, indem noch ein weiteres *p*-Orbital hinzugefügt wird, wie es in Strukturelementen anzutreffen ist, bei denen zwei Doppelbindungen durch eine σ-Bindung verbunden sind. Systeme mit alternierenden Doppel- und Einfachbindungen heißen allgemein **konjugiert** (*conjunctio*, lat., Verbindung, Zusammenhang); in diesem Abschnitt sprechen wir daher von konjugierten Dienen. Auch bei konjugierten Dienen bewirkt die Delokalisierung eine Stabilisierung, wie Messungen der Hydrierungswärmen belegen. Die Wechselwirkung zwischen den Doppelbindungen wird in den molekularen und elektronischen Strukturen dieser Diene wiedergespiegelt, sowie in ihren Additionsreaktionen mit Elektrophilen und Radikalen.

Benennung von Dienen: Kohlenwasserstoffe mit zwei Doppelbindungen

Man muß konjugierte Diene zum einen von solchen unterscheiden, bei denen die beiden Doppelbindungen durch gesättigte Kohlenstoffatome voneinander getrennt sind, und zum anderen von den Allenen (Abschn. 13.4), in denen eine Überlappung der π-Orbitale der beiden Doppelbindungen wegen ihrer zueinander senkrechten Anordnung unmöglich ist.

Die Namen von konjugierten und nichtkonjugierten Dienen leiten sich von denen der entsprechenden Alkene sinngemäß ab. Die längste Kette, die beide Doppelbindungen enthält, bildet das Stammsystem. Sie wird zur Angabe der Positionen funktioneller Gruppen oder Substituenten durchnumeriert. Wenn nötig, wird die Stereochemie der Doppelbindungen durch die Präfixe *cis*, *trans* oder *E*,*Z* angegeben. Cyclische Diene werden entsprechend benannt.

Die einfachsten konjugierten und nichtkonjugierten Diene

$CH_2{=}CH{-}CH{=}CH_2$

1,3-Butadien

$CH_2{=}CHCH_2CH{=}CH_2$

1,4-Pentadien

$CH_2{=}C{=}CH_2$

1,2-Propadien (Allen)

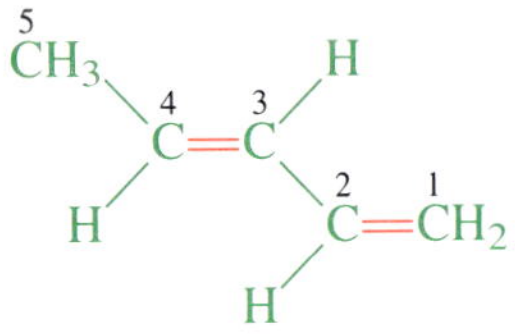

***trans*-1,3-Pentadien**

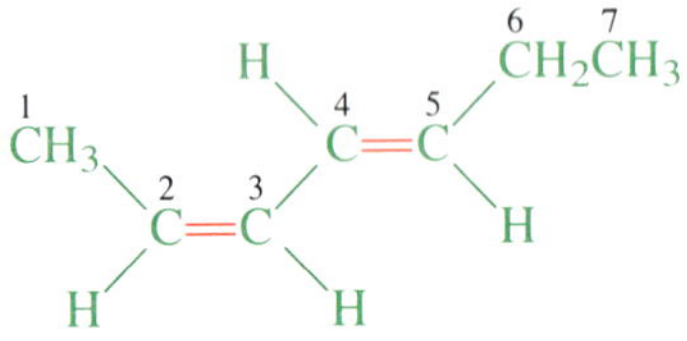

***cis*-2-*trans*-4-Heptadien**

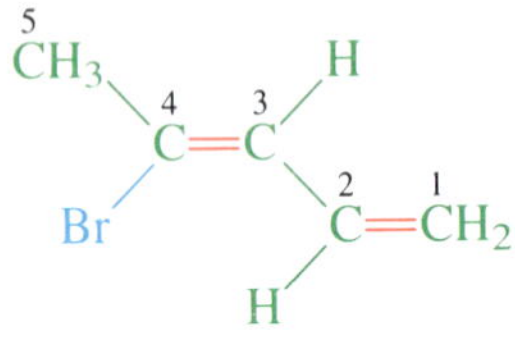

(*Z*)-4-Brom-1,3-pentadien

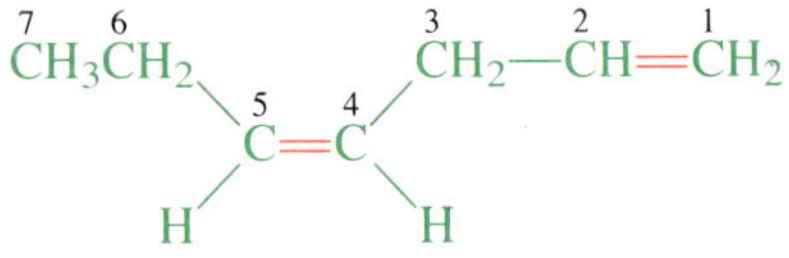

***cis*-1,4-Heptadien**
(Ein nichtkonjugiertes Dien)

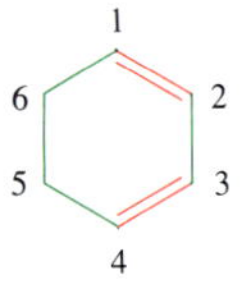

1,3-Cyclohexadien

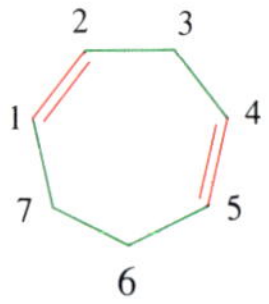

1,4-Cycloheptadien
(Ein nichtkonjugiertes cyclisches Dien)

Übung 14-6

Schlagen Sie Namen für die folgenden Verbindungen vor, bzw. zeichnen sie ihre Strukturformeln:

(a) 

; (b) 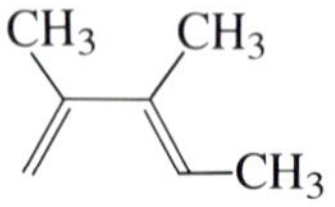

; (c) *cis*-3,6-Dimethyl-1,4-cyclohexadien; (d) *cis,cis*-1,4-Dibrom-1,3-butadien.

Sind konjugierte Diene stabiler als nichtkonjugierte?

Im vorangegangenen Abschnitt wurde festgestellt, daß die Delokalisierung der Elektronen das Allylsystem besonders stabil macht. Wenn ein konjugiertes Dien dieselbe Eigenschaft hat, sollte man dies an den Hydrierungswärmen erkennen. Weil die Hydrierungswärme eines terminalen Alkens etwa -125 kJ/mol beträgt (s. Abschn. 11.4), sollte eine Verbindung mit zwei miteinander nicht wechselwirkenden Doppelbindungen eine etwa doppelt so hohe Hydrierungswärme aufweisen, etwa -250 kJ/mol. In der Tat wird bei der katalytischen Hydrierung von 1,5-Hexadien oder 1,4-Pentadien ungefähr diese Energie frei.

Hydrierungswärmen eines Alkens und die nichtkonjugierter Diene

$$CH_3CH_2CH{=}CH_2 + H_2 \xrightarrow{Pt} CH_3CH_2CH_2CH_3 \qquad \Delta H^0 = -126.9\ kJ/mol$$

$$CH_2{=}CHCH_2CH_2CH{=}CH_2 + 2\ H_2 \xrightarrow{Pt} CH_3(CH_2)_4CH_3 \qquad \Delta H^0 = -253.3\ kJ/mol$$

$$CH_2{=}CHCH_2CH{=}CH_2 + 2\ H_2 \xrightarrow{Pt} CH_3(CH_2)_3CH_3 \qquad \Delta H^0 = -254.6\ kJ/mol$$

Wenn man das Experiment jedoch mit einem konjugierten Dien ausführt, wird weniger Energie frei.

Hydrierungswärme von 1,3-Butadien

$$CH_2{=}CH{-}CH{=}CH_2 + 2\ H_2 \xrightarrow{Pt} CH_3CH_2CH_2CH_3 \qquad \Delta H^0 = -239.1\ kJ/mol$$

Der Unterschied der Hydrierungswärmen beträgt etwa 14.6 kJ/mol. Mit anderen Worten, das konjugierte Dien ist um 14.6 kJ/mol stabiler als ein System ohne stabilisierende Wechselwirkung zwischen den zwei Doppelbindungen. Dieser Befund ist in Abbildung 14-7 dargestellt (s. auch Abb. 11-12). Diese stabilisierende Wechselwirkung zwischen zwei benachbarten Doppelbindungen wird **Resonanzenergie** genannt.

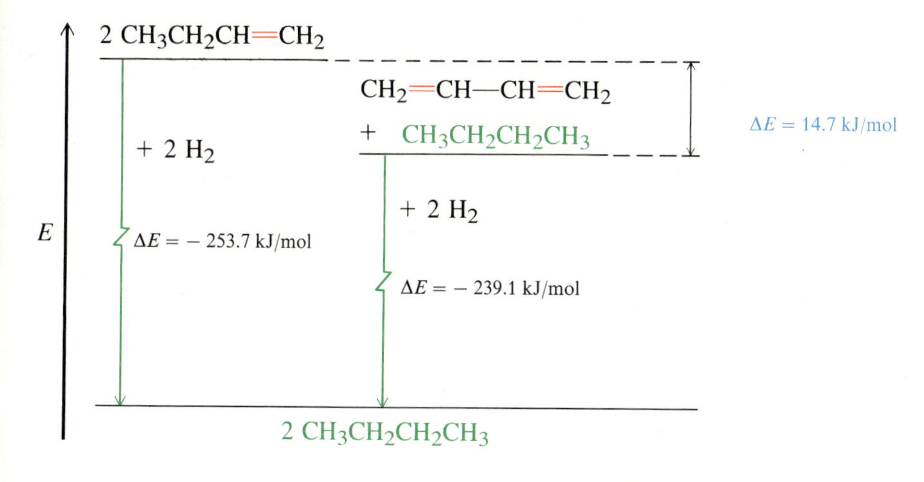

Abb. 14-7
Die Hydrierungswärmen von zwei Äquivalenten eines Monoalkens (1-Buten) im Vergleich zur Hydrierungswärme eines konjugierten Diens (1,3-Butadien). Um die beiden Prozesse vergleichbar zu machen, muß zur Bildungswärme des 1,3-Butadiens die eines Äquivalentes Butan hinzugezählt werden.

Übung 14-7

Die Hydrierungswärme von *trans*-1,3-Pentadien beträgt −226.5 kJ/mol, das sind 27.6 kJ/mol weniger als die von 1,4-Pentadien; sie ist sogar geringer als aufgrund der Resonanzenergie des 1,3-Butadiens zu erwarten wäre. Erklären Sie den Befund! (Hinweis: *trans*-1,3-Pentadien enthält eine interne Doppelbindung.)

Die Struktur des 1,3-Butadiens zeigt die Auswirkung der Konjugation

Abbildung 14-8 zeigt die Struktur des 1,3-Butadiens mit den relevanten *p*-Orbitalen, die jeweils ein Elektron enthalten. Da die beiden π-Bindungen zueinander parallel angeordnet sind, können die *p*-Orbitale von C-2 und C-3 überlappen. Die resultierende π-Wechselwirkung ist schwach, beträgt jedoch einige Kilojoule pro Mol. Erwartungsgemäß ist die Rotationsbarriere niedriger als bei einer normalen π-Bindung (Abb. 14-8B).

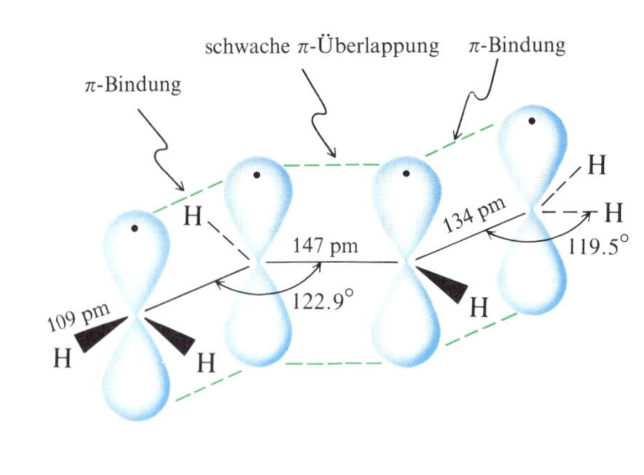

A

$E_a = 16.3$ kJ/mol

$\Delta H^0 = -11.7$ kJ/mol

s-**cis** *s*-**trans**

B

Abb. 14-8
A. Molekülstruktur des 1,3-Butadiens. Die zentrale Bindung ist kürzer als die eines Alkans (Die Bindungslänge der zentralen C–C-Bindung in Butan beträgt 154 pm). Die auf der Molekülebene senkrecht stehenden *p*-Orbitale kombinieren zu einem über das ganze Kohlenstoffgerüst delokalisierten π-Orbital. B. 1,3-Butadien kann in zwei unterschiedlichen Konformationen vorliegen.

Die Betrachtung von Molekülmodellen zeigt, daß das Molekül zwei mögliche coplanare Konformationen einnehmen kann. In der einen, die *s-cis* genannt wird, liegen die beiden π-Bindungen auf derselben Seite der Achse C-2–C-3; in der anderen *s-trans* genannten befinden sich die π-Bindungen auf entgegengesetzten Seiten (Abb. 14-8B). Das Prefix *s* bezieht sich auf die Tatsache, daß es sich bei der Bindung zwischen C-2 und C-3 im Prinzip um eine *Einfach*bindung handelt. Die *s-cis*-Form ist wegen der sterischen Wechselwirkung der inneren Protonen der Dieneinheit fast 12.5 kJ/mol weniger stabil als die *s-trans*-Konfiguration. Daher bevorzugt die *s-cis*-Form eine nichtplanare Konformation, in der die Doppelbindungen zueinander *gauche*-ständig sind.

Wie groß ist die π-Bindungsstärke der beiden Doppelbindungen im 1,3-Butadien? Ein Experiment, das früher auf Ethen angewandt wurde (Abschn. 11.2), kann auch für *cis*-1-Deuterio-1,3-butadien durchgeführt werden. Man findet eine deutlich geringere Isomerisierungsenergie von etwa 217 kJ/mol, das sind rund 54 kJ/mol weniger als beim Ethen. Was ist der Grund dafür?

Die Antwort dieser Frage liegt im Übergangszustand der Isomerisierung. Auf der einen Seite der ursprünglichen Doppelbindung entsteht ein isoliertes radikalisches Zentrum, auf der anderen jedoch ein delokalisiertes Allylradikal. Die Resonanzenergie des Allylsystems ist die Ursache für die niedrigere Isomerisierungsbarriere.

Übung 14-8
Erklären Sie, warum die Dissoziationsenergie der zentralen C – H-Bindung in 1,4-Pentadien nur 296.8 kJ/mol beträgt!

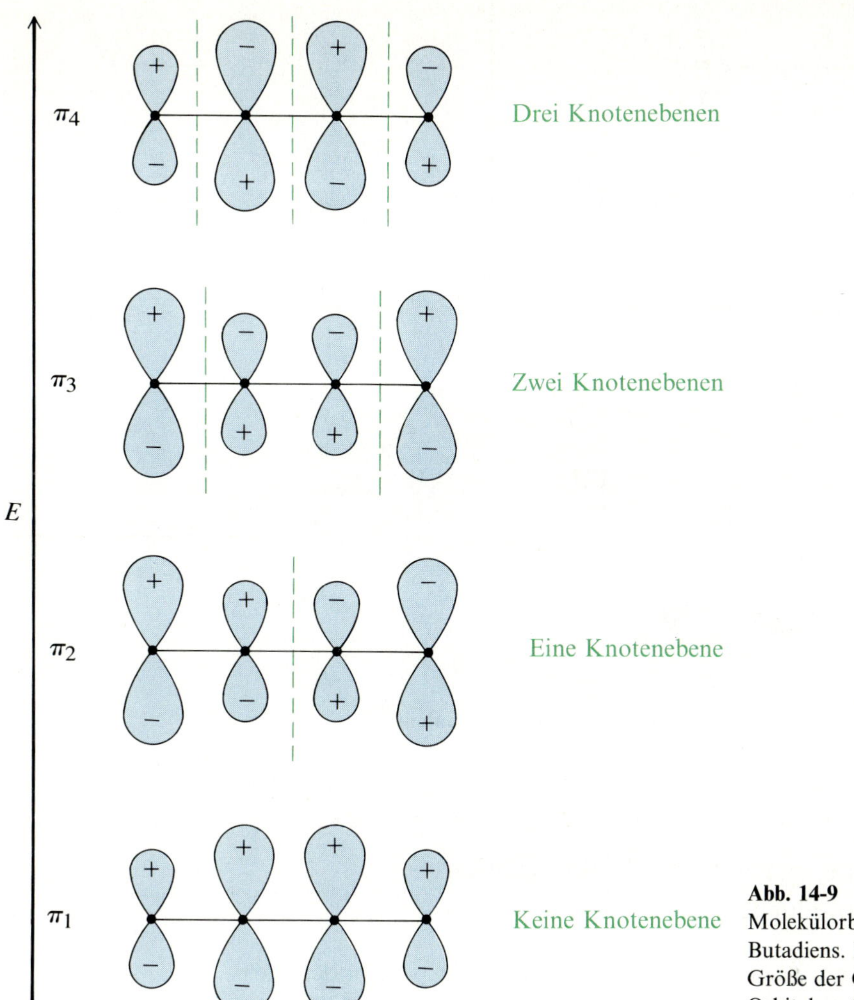

Abb. 14-9
Molekülorbitale des 1,3-Butadiens. Man beachte, daß die Größe der Orbitallappen von Orbital zu Orbital variiert.

Die Molekülorbitale des 1,3-Butadiens

Die elektronische Struktur der π-Orbitale des 1,3-Butadiens kann beschrieben werden, indem man die vier *p*-Atomorbitale zu vier Molekülorbitalen kombiniert (Abb. 14-9). Die Energie der Molekülorbitale steigt mit steigender Knotenzahl. Das energieärmste Molekülorbital, π_1, hat keine Knotenebene und realisiert nur bindende Wechselwirkungen zwischen den beteiligten *p*-Orbitalen. Das Orbital π_2 hat eine Knotenebene und damit eine antibindende Wechselwirkung. Insgesamt ist dieses Orbital jedoch bindend, da die antibindende Wechselwirkung zwischen C-2 und C-3 durch die bindende Wechselwirkung zwischen den äußeren Orbitalen mehr als ausgeglichen wird. Sowohl π_1 als auch π_2 sind energieärmer als isolierte *p*-Orbitale. Das Molekülorbital π_3 ist mit zwei Knotenebenen insgesamt antibindend (eine bindende und zwei antibindende Wechselwirkungen), und π_4 ist vollständig antibindend. Die vier π-Elektronen besetzen die beiden bindenden Molekülorbitale (Abb. 14-10), woraus die relative Stabilisierung verglichen mit vier nicht wechselwirkenden *p*-Orbitalen resultiert.

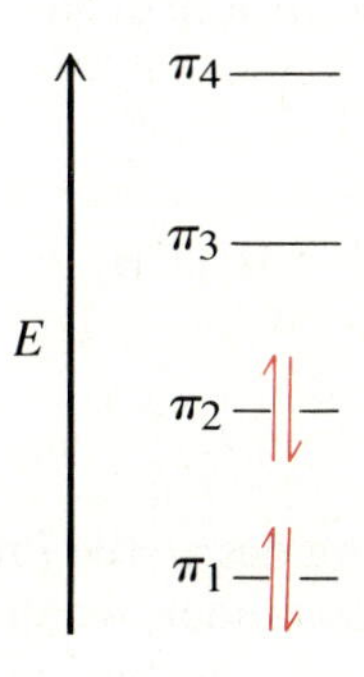

Abb. 14-10
1,3-Butadien hat vier π-Elektronen, die die beiden energieärmsten Molekülorbitale, π_1 und π_2, besetzen. Beide Orbitale sind bindend.

Die *cis-trans*-Isomerisierung von *cis*-1-Deuterio-1,3-butadien

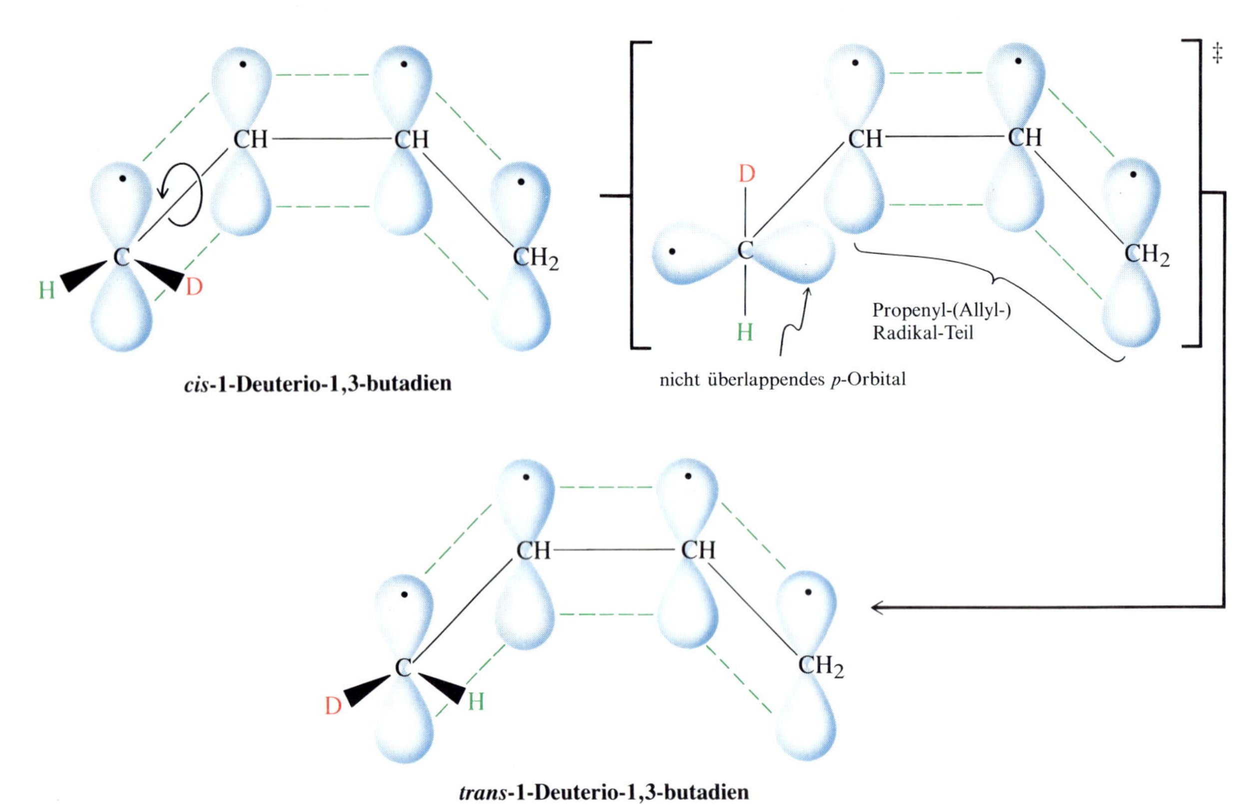

***cis*-1-Deuterio-1,3-butadien**

***trans*-1-Deuterio-1,3-butadien**

Konjugierte Diene werden von Elektrophilen und Radikalen angegriffen

Konjugierte Diene sind wegen der π-Elektronen Spezies von hoher Elektronendichte. Obwohl sie thermodynamisch stabiler sind als Diene mit isolierten Doppelbindungen, sind sie gegenüber Elektrophilen und anderen Reagenzien dennoch *reaktiver*. Beispielsweise nimmt 1,3-Butadien leicht ein Äquivalent gasförmigen Chlorwasserstoff auf. Man erhält zwei isomere Additionsprodukte, 3-Chlor-1-buten und 1-Chlor-2-buten.

$$CH_2{=}CH{-}CH{=}CH_2 + HCl \xrightarrow{25°C} \underset{\substack{\textbf{3-Chlor-1-buten} \\ 80\%}}{CH_2{=}CH{-}\overset{\overset{\displaystyle Cl}{|}}{C}H{-}CH_2H} + \underset{\substack{\textbf{1-Chlor-2-buten} \\ 20\%}}{HCH_2{-}CH{=}CH{-}CH_2Cl}$$

Die Bildung des ersten Produktes kann anhand der bekannten Chemie der Alkene verstanden werden. Es handelt sich um eine Markovnikov-Addition an eine der beiden Doppelbindungen. Wie kommt es jedoch zur Bildung des zweiten Produktes?

Die Bildung von 1-Chlor-2-buten kann durch eine Betrachtung des Reaktionsmechanismus erklärt werden. Die anfängliche Protonierung erfolgt an C-1 und führt zur Bildung des thermodynamisch stabilsten Allyl-Kations.

Protonierung von 1,3-Butadien

$\overset{+}{C}H_2-CH(H)-CH=CH_2$ $\xleftarrow[\text{Angriff an C-2}]{H^+}$ (nicht) $\overset{1}{C}H_2=\overset{2}{C}H-\overset{3}{C}H=\overset{4}{C}H_2$ $\xrightarrow[\text{Angriff an C-1}]{H^+}$

primäres, nicht delokalisiertes Kation (nicht gebildet)

$$\left[CH_3-\overset{+}{C}H-CH=CH_2 \longleftrightarrow CH_3-CH=CH-\overset{+}{C}H_2\right]$$

delokalisiertes Allyl-Kation (wird ausschließlich gebildet)

Dieses kann durch Chlorid-Ionen auf zwei Weisen abgefangen werden, wobei die beobachteten Produkte entstehen: Am terminalen Kohlenstoffatom zu 1-Chlor-2-buten und am internen Kohlenstoffatom zu 3-Chlor-1-buten. Man sagt, daß die Bildung von 1-Chlor-2-buten das Resultat einer **1,4-Addition** von Chlorwasserstoff an 1,3-Butadien sei, da die Reaktion an C-1 und C-4 erfolgt. Das andere Produkt folgt aus einer normalen 1,2-Addition. Viele elektrophile Additionen an Diene führen auf beiden Reaktionswegen zu Produktgemischen.

Nucleophiler Abfang des aus der Protonierung von 1,3-Butadien entstandenen Allyl-Kations

$CH_3CH(Cl)CH=CH_2$ $\xleftarrow[\text{Angriff an internem Kohlenstoffatom}]{Cl^-}$ $CH_3CH\cdots\overset{+}{C}H\cdots CH_2$ $\xrightarrow[\text{Angriff an terminalem Kohlenstoffatom}]{Cl^-}$ $CH_3CH=CH-CH_2Cl$

1,2-Addition | **1,4-Addition**

Beispiele:

$$CH_2=CH-CH=CH_2 + Br-Br \xrightarrow{CCl_4} CH_2(Br)-CH(Br)-CH=CH_2 + CH_2(Br)-CH=CH-CH_2(Br)$$

54% **3,4-Dibrom-1-buten** | 46% **1,4-Dibrom-2-buten**

1,3-Cyclohexadien + DBr ⟶ 3-Brom-4-deuteriocyclohexen + 3-Brom-6-deuteriocyclohexen

90% **3-Brom-4-deuterio-cyclohexen** | 10% **3-Brom-6-deuterio-cyclohexen**

Diese Reaktionen folgen den Regeln über thermodynamische und kinetische Reaktionskontrolle. Normalerweise lagern sich die 1,2-Addukte beim Erhitzen in die thermodynamisch stabileren 1,4-Isomere um.

Vergleich zwischen kinetischer und thermodynamischer Kontrolle bei elektrophilen Additionen an 1,3-Butadien

$$\underset{\textbf{Kinetisches Produkt}}{BrCH_2CH(Br)CH{=}CH_2} \underset{}{\overset{\Delta}{\rightleftharpoons}} \underset{Br^-}{[BrCH_2CH \overset{+}{\cdots} CH \cdots CH_2]} \rightleftharpoons \underset{\textbf{Thermodynamisches Produkt}}{BrCH_2CH{=}CHCH_2Br}$$

Konjugierte Diene finden auch als Monomere in durch Elektrophile, Radikale oder andere Initiatoren induzierten Polymerisationen Anwendung (s. Abschn. 14.6).

Übung 14-9

Konjugierte Diene können durch die Methoden hergestellt werden, die auch zur Darstellung normaler Alkene dienen. Schlagen Sie Synthesen vor für (a) 2,3-Dimethyl-1,3-butadien aus 2.3-Dimethyl-1,4-butandiol und (b) 1,3-Cyclohexadien aus Cyclohexan.

Es kann zusammengefaßt werden, daß Diene entsprechend den für einfache Alkene formulierten Regeln benannt werden. Konjugierte Diene sind entsprechend den Messungen ihrer Hydrierungswärmen stabiler als Diene mit isolierten Doppelbindungen; die Differenz entspricht der Resonanzenergie konjugierter Diene. Die Molekülstruktur des 1,3-Butadiens spiegelt die Konjugation wieder; man findet eine relativ kurze zentrale Bindung mit einer Rotationsbarriere von etwa 17 kJ/mol. Die beiden Rotamere *s-trans* und *s-cis* unterscheiden sich um eine Energie von etwa 12.5 kJ/mol. Die Aktivierungsenergie der *cis-trans*-Isomerisierung beträgt etwa 217 kJ/mol und liegt damit unter der des Ethens, was auf die Allyl-Stabilisierung eines der beiden Fragmente des Übergangszustandes beruht. Das Molekülorbital-Schema des 1,3-Butadiens enthält zwei bindende und zwei antibindende Molekülorbitale. Die vier Elektronen besetzen die beiden energieärmsten Niveaus, was zu einer elektronischen Stabilisierung des Systems führt. Schließlich werden konjugierte Diene als elektronenreiche Moleküle von Elektrophilen unter Bildung intermediärer Allyl-Kationen angegriffen, was zu 1,2- oder 1,4-Addukten führt.

14.4 Delokalisierung über mehr als zwei π-Bindungen: Ausgedehnte Konjugation und Benzol

Was passiert, wenn ein Molekül mehr als zwei konjugierte Doppelbindungen enthält? Unterscheiden sich cyclisch konjugierte Systeme von acyclischen? Dieser Abschnitt soll mit der Beantwortung dieser Fragen beginnen.

Ausgedehnte π-Systeme sind thermodynamisch stabil, aber kinetisch reaktiv

Bei Molekülen mit mehr als zwei konjugierten Doppelbindungen spricht man von **ausgedehnten π-Systemen**. Ein Beispiel ist 1,3,5-Hexatrien, das nächsthöhere Doppelbindungshomologe des 1,3-Butadiens; man spricht auch vom Vinylogen, da eine Vinylgruppe hinzugefügt wurde. Diese Verbindung ist ziemlich reaktiv und polymerisiert leicht, insbesondere in der Gegenwart von Elektrophilen. Trotz der wegen des ausgedehnten π-Systems hohen Reaktivität ist das Molekül thermodynamisch relativ stabil. Seine erhöhte Reaktivität ist auf die verminderte Aktivierungsenergie für elektrophile Additionen zurückzuführen, welche über stark delokalisierte Kationen verlaufen. Zum Beispiel liefert die Bromierung von 1,3,5-Hexatrien ein substituiertes Pentadienyl-Kation, das durch drei Resonanzstrukturen beschrieben werden kann.

Bromierung von 1,3,5-Hexatrien

$$CH_2{=}CH{-}CH{=}CH{-}CH{=}CH_2 \xrightarrow{Br_2} \left[\begin{array}{c} BrCH_2{-}\overset{+}{C}H{-}CH{=}CH{-}CH{=}CH_2 \\ \updownarrow \\ BrCH_2{-}CH{=}CH{-}\overset{+}{C}H{-}CH{=}CH_2 \\ \updownarrow \\ BrCH_2{-}CH{=}CH{-}CH{=}CH{-}\overset{+}{C}H_2 \end{array} \right] + Br^-$$

1,3,5-Hexatrien

$$\downarrow$$

$$BrCH_2\underset{}{\overset{Br}{C}}HCH{=}CHCH{=}CH_2 + BrCH_2CH{=}CH\overset{Br}{C}HCH{=}CH_2 + BrCH_2CH{=}CHCH{=}CHCH_2Br$$

5,6-Dibrom-1,3-hexadien, ein 1,2-Additionsprodukt — **3,6-Dibrom-1,4-hexadien, ein 1,4-Additionsprodukt** — **1,6-Dibrom-2,4-hexadien, ein 1,6-Additionsprodukt**

Das am Ende der Reaktion erhaltene Produktgemisch ist das Ergebnis von 1,2-, 1,4- und 1,6-Additionen, wobei das letzte Produkt thermodynamisch bevorzugt ist, da es ein konjugiertes Diensystem behält. 1,3,5-Hexatrien wird auch durch Radikale und anionische Reagenzien angegriffen, wobei intermediär ähnlich delokalisierte Pentadienylradikale und -Anionen entstehen.

Übung 14-10

Die Behandlung von 1,3,5-Hexatrien mit zwei Äquivalenten Brom liefert mäßige Mengen von 1,2,5,6-Tetrabrom-3-hexen. Nach welchem Mechanismus könnte dieses Produkt entstehen?

Einige stark ausgedehnte π-Systeme finden sich in der Natur. Ein Beispiel ist β-Carotin, der Farbstoff der Karotten, und sein biologisches Abbauprodukt Vitamin A.

CH_3 CH_3 CH_3 CH_3 H_3C CH_3 CH_3 CH_3 CH_3 CH_3

β-Carotin

CH_3 CH_3 CH_3 CH_2OH CH_3 CH_3

Vitamin A

Derartige Verbindungen können sehr reaktiv sein, da sie viele Angriffspunkte für Reagenzien, die an Doppelbindungen addieren, bieten. Dieses Verhalten steht im Gegensatz zu einigen cyclisch konjugierten Systemen, welche je nach der Anzahl ihrer π-Elektronen deutlich weniger reaktiv sein können (s. Kap. 19 u. 25). Das herausragendste Beispiel dafür ist Benzol, das cyclische Analogon des 1,3,5-Hexatriens.

Die besondere Stabilität des Benzols, eines cyclischen Triens

Benzol und seine Resonanzformeln

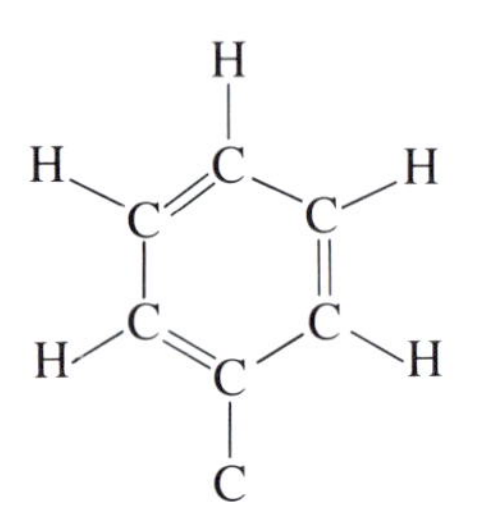

Benzol

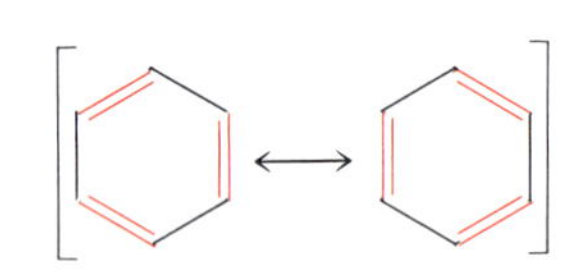

Cyclisch konjugierte Systeme sind Sonderfälle. Die bekanntesten Beispiele sind das cyclische Trien C_6H_6, besser bekannt als Benzol, sowie seine Derivate (Kap. 19, 20, 24 u. 25). Im Unterschied zum 1,3,5-Hexatrien ist Benzol sowohl thermodynamisch als auch kinetisch wegen seiner elektronischen Struktur außerordentlich stabil (s. Kap. 19). Daß es sich beim Benzol um eine ungewöhnliche Verbindung handelt, wird schon beim Zeichnen seiner Resonanzstrukturen deutlich: Es gibt zwei gleichwertige Formeln. Benzol geht nicht leicht die für ungesättigte Systeme typischen Additionsreaktionen ein wie katalytische Hydrierung, Hydratisierung, Halogenierung und Oxidation. Vielmehr kann Benzol wegen seiner geringen Reaktivität als Lösungsmittel für organische Reaktionen verwendet werden.

Benzol ist ungewöhnlich reaktionsträge

Außerordentlich langsame Reaktion ← H_2, Pd

$KMnO_4$, 25°C → Keine Reaktion

H^+, 25°C → Keine Reaktion

Br_2, 25°C → Keine Reaktion

Obgleich es relativ inert ist, kann Benzol unter bestimmten Bedingungen von Elektrophilen angegriffen werden. Solche Reaktionen führen nicht zu Produkten von Additionen, sondern zu *Substitutionsprodukten.* Zum Beispiel erhält man aus Benzol und Brom in Gegenwart katalytischer Mengen Eisentribromid Brombenzol.

Die Bromierung von Benzol führt zum Substitutionsprodukt, nicht zum Additionsprodukt

$$\text{Benzol} \xrightarrow{Br_2,\ \text{kat. } FeBr_3} \text{Brombenzol (80\%)} + HBr, \text{ kein (Br, Br-Cyclohexadien)}$$

Benzol **80% Brombenzol**

Der Grund für diese Reaktionsweise liegt in dem Bestreben des Systems, die stabile, cyclisch konjugierte Struktur aus sechs Elektronen zu erhalten. Weitere Beispiele dafür sind die Nitrierung und die Sulfonierung des Benzols unter Bedingungen, die bei einem offenkettigen konjugierten Polyen zu vollständiger Polymerisation führen würden.

Nitrierung und Sulfonierung von Benzol

HNO_3, konz. H_2SO_4, Δ → NO_2

85%

Nitrobenzol

SO_3, konz. H_2SO_4, Δ → SO_3H

95%

Benzolsulfonsäure

Da zahlreiche Derivate des Benzols charakteristische Gerüche haben, werden sie als aromatische Verbindungen bezeichnet (Abschn. 2.1). Die Chemie des Benzols und der Mechanismus seiner Substitutionsreaktionen werden in Kapitel 19 eingehender diskutiert werden.

Zusammenfassend kann gesagt werden, daß acyclische ausgedehnte konjugierte Systeme eine erhöhte Reaktivität aufweisen, da sie zahlreiche Angriffspunkte für Reagenzien bieten und leicht delokalisierte Intermediate bilden. Wegen seiner cyclischen Form ist das konjugierte System des Benzols jedoch besonders unreaktiv.

14.5 Konjugierte π-Systeme können ungewöhnliche Reaktionen eingehen: Cycloadditionen und elektrocyclische Reaktionen

Konjugierte Doppelbindungen ermöglichen mehr Reaktionstypen als die für einfache Alkene besprochenen, wie elektrophile und radikalische Additionen. Zum Beispiel können konjugierte Doppelbindungen mit anderen Doppelbindungen thermische Cycloadditionen eingehen, wobei substituierte Cyclohexene gebildet werden. Diese Reaktion erfolgt durch die simultane und stereospezifische Bildung zweier Kohlenstoff–Kohlenstoff-Bindungen vom Alken zu den terminalen Kohlenstoffatomen der Dieneinheit. Daneben können konjugierte π-Systeme stereospezifische thermische und photochemische Ringschlußreaktionen eingehen, die elektrocyclische Reaktionen genannt werden. Cycloadditionen und elektrocyclische Reaktionen gehören zu einer neuen Klasse von Umwandlungen, die **pericyclische Reaktionen** (*peri*, griech., um herum) genannt werden, da ihre Übergangszustände cyclische Anordnungen von Atomkernen und Elektronen aufweisen.

Cycloaddition von Dienen und Alkenen unter Bildung von Cyclohexenen: Die Diels-Alder-Reaktion

Wird eine Mischung aus 1,3-Butadien und Ethen in der Gasphase erhitzt, findet eine bemerkenswerte Reaktion statt, in welcher unter simultaner Bildung von zwei Kohlenstoff–Kohlenstoff-Bindungen Cyclohexen entsteht.

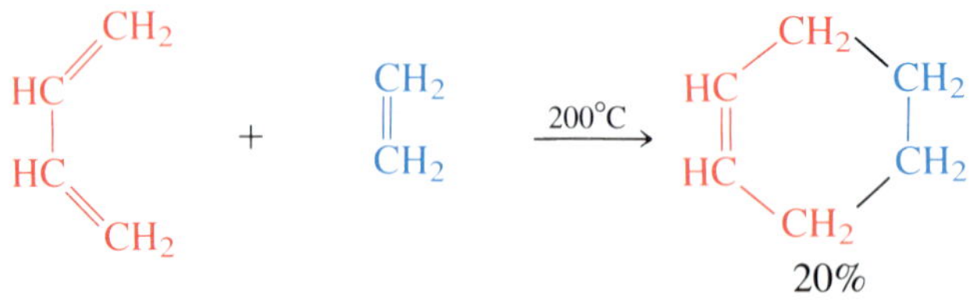

$$CH_2{=}CH{-}CH{=}CH_2 + CH_2{=}CH_2 \xrightarrow{200°C} \text{Cyclohexen } (20\%)$$

1,3-Butadien, 4 π-Elektronen **Ethen, 2 π-Elektronen** **Cyclohexen, ein Cycloaddukt**

Dies ist das einfachste Beispiel für die **Diels-Alder-Reaktion***, in welcher ein konjugiertes Dien an ein Alken addiert und Derivate des Cyclohexens entstehen. Die Diels-Alder-Reaktion ist ein Spezialfall der allgemeineren Klasse von **Cycloadditionsreaktionen** von π-Systemen. In der Diels-Alder-Reaktion reagiert eine Einheit aus vier konjugierten Atomen zu vier π-Elektronen mit einer Doppelbindung zu zwei Elektronen. Daher wird die Reaktion auch als [4 + 2]-Cycloaddition bezeichnet.

Die erwähnte Reaktion zwischen Butadien und Ethen geht in Wirklichkeit nicht sehr gut und liefert nur geringe Ausbeuten an Cyclohexen. Es ist viel besser, ein elektronenarmes Alken mit einem elektronenreichen Dien zur Reaktion zu bringen. Besonders günstige Reaktionspartner erhält man daher durch Substitution des Alkens mit elektronenziehenden Resten und des Diens mit elektronenliefernden.

Wie kann man solche Gruppen erkennen? Bestimmte Substituenten üben einen induktiven Effekt aus, der die Elektronendichte des Stammsystems ändert. Zum Beispiel ist die Trifluormethylgruppe wegen der großen Elektronegativität des Fluors induktiv elektronenziehend, wogegen Alkylgruppen wegen der Hyperkonjugation elektronenliefernd sind (Abschn. 7.3).

Es gibt auch zahlreiche Substituenten, die durch Resonanz Elektronendichte liefern oder abziehen. Zum Beispiel sind Carbonylgruppen, Nitrile und Nitrosubstituenten gute Elektronenakzeptoren. Man erkennt dies, wenn man die ladungsgetrennten Resonanzstrukturen betrachtet, bei denen die Alken-Kohlenstoffatome positive und die elektronegativeren Substituenten negative Ladungen tragen.

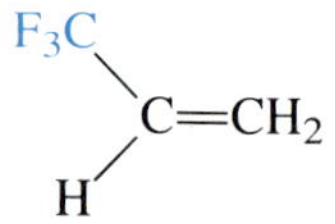

$$F_3C(H)C{=}CH_2$$

Ein elektronenarmes Alken

$$H_2C{=}C(CH_3){-}C(CH_3){=}CH_2$$

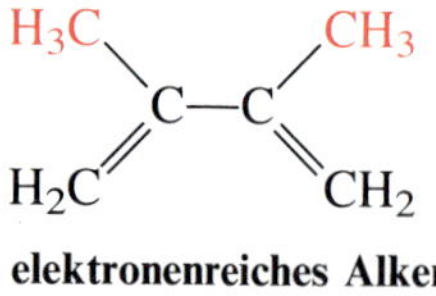

Ein elektronenreiches Alken

* Professor Otto Diels, 1876–1954, Universität Kiel, Nobelpreis 1950; Professor Kurt Alder, 1902–1958, Universität Köln, Nobelpreis 1950.

Durch Resonanz elektronenziehende Gruppen

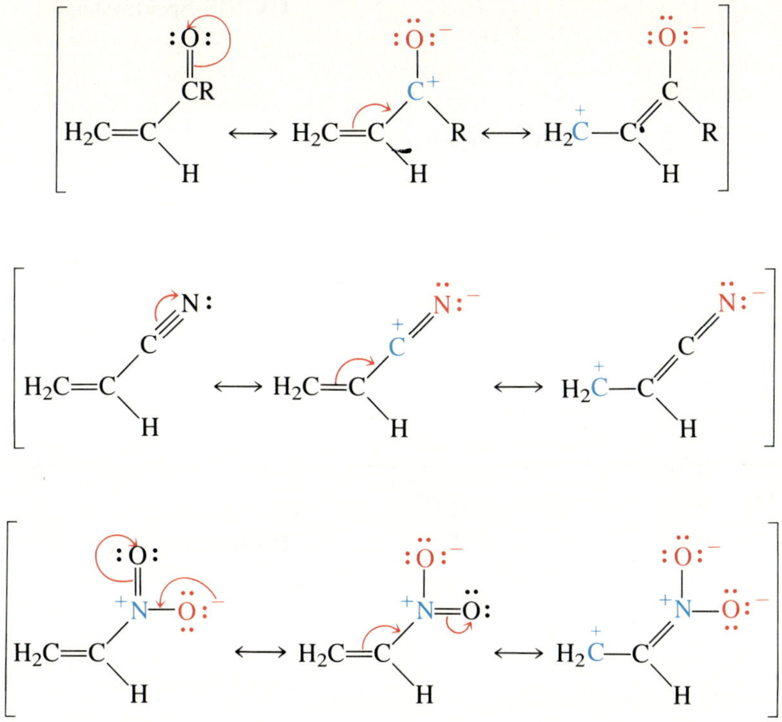

$$\left[H_2C{=}CH{-}C(R){=}\ddot{O}: \longleftrightarrow H_2C{=}CH{-}C^{+}(R){-}\ddot{O}:^{-} \longleftrightarrow H_2\overset{+}{C}{-}CH{=}C(R){-}\ddot{O}:^{-} \right]$$

$$\left[H_2C{=}CH{-}C{\equiv}N: \longleftrightarrow H_2C{=}CH{-}\overset{+}{C}{=}\ddot{N}:^{-} \longleftrightarrow H_2\overset{+}{C}{-}CH{=}C{=}\ddot{N}:^{-} \right]$$

$$\left[H_2C{=}CH{-}\overset{+}{N}({=}\ddot{O}:){-}\ddot{O}:^{-} \longleftrightarrow H_2C{=}CH{-}\overset{+}{N}(\ddot{O}:^{-}){=}\ddot{O}: \longleftrightarrow H_2\overset{+}{C}{-}CH{=}\overset{+}{N}(\ddot{O}:^{-}){-}\ddot{O}:^{-} \right]$$

Ein Beispiel für die Wirkung einer solchen elektronischen „push-pull"-Substitution auf die Diels-Alder-Reaktion ist die Cycloaddition von 2,3-Dimethyl-1,3-butadien an Propenal (Acrolein).

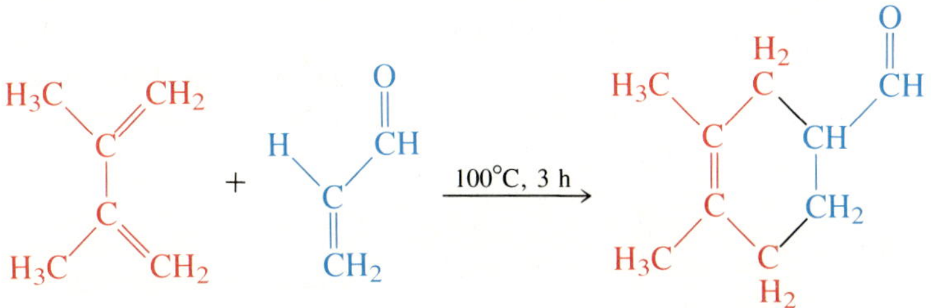

H_3C, CH_2, C, C, H_3C, CH_2 + H, O, CH, C, CH_2 $\xrightarrow{100°C,\ 3\ h}$ H_3C, H_2, C, O, CH, C, CH, CH_2, C, H_3C, C, H_2

90%

2,3-Dimethyl-1,3-butadien | **Propenal** | **Diels-Alder-Addukt**

Die Doppelbindung im Produkt ist elektronenreich und tritt daher nicht mit der des Propenals in Konkurrenz:

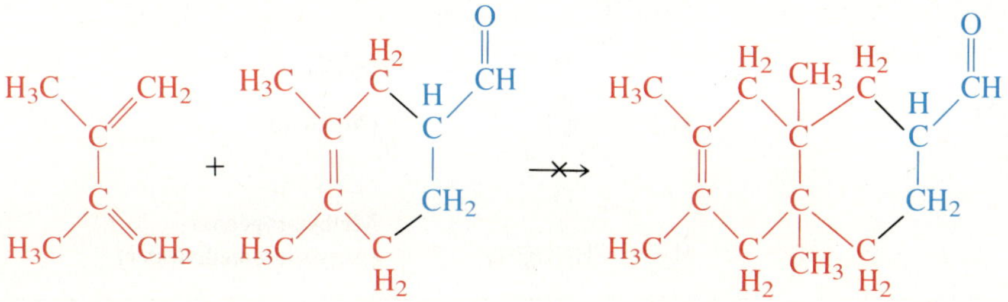

H_3C, CH_2, C, C, H_3C, CH_2 + H_3C, H_2, C, H, O, CH, C, C, C, CH_2, H_3C, C, H_2 $\not\rightarrow$ H_3C, H_2, C, CH_3, H_2, C, H, O, CH, C, C, C, C, C, CH_2, H_3C, C, H_2, CH_3, C, H_2

Die unsubstituierte Stammverbindung 1,3-Butadien ist hinreichend elektronenreich, um mit elektronenarmen Alkenen eine [4 + 2]-Cycloaddition einzugehen:

$$\text{1,3-Butadien} + \underset{\text{Ethylpropenoat (Ethylacrylat)}}{H_2C{=}CHCOCH_2CH_3\,(C{=}O)} \xrightarrow{160°C,\ 15\ h} \text{Cyclohexenyl-COCH}_2\text{CH}_3\ (94\%)$$

Ethylpropenoat
(Ethylacrylat)

94%

Tabelle 14-1 Einige Diene und Dienophile für die Diels-Alder-Reaktion

Dien	Dienophil
1,3-Butadien	**Tetracyanoethen** $(NC)_2C{=}C(CN)_2$
2,3-Dimethyl-1,3-butadien (H_3C, H_3C)	***cis*-1,2-Dicyanoethen** (H, CN; H, CN)
***trans,trans*-2,4-Hexadien** (CH_3, CH_3)	**Dimethyl-*cis*-2-butendioat (Maleinsäuredimethylester)** (H, CO_2CH_3; H, CO_2CH_3)
1,3-Cyclopentadien	**Dimethyl-*trans*-2-butendioat (Fumarsäuredimethylester)** (H, CO_2CH_3; CH_3CO_2, H)
1,3-Cyclohexadien	**2-Butendisäureanhydrid (Maleinsäureanhydrid)**
5-Methylen-1,3-cyclopentadien (Fulven)	**Dimethylbutindioat (Acetylendicarbonsäuremethylester)** $CH_3O_2C{-}C{\equiv}C{-}CO_2CH_3$
1,2-Dimethylencyclohexan	**Propenal (Acrolein)** $H_2C{=}CHCH(=O)$
	Methylpropenoat (Acrylsäuremethylester) $H_2C{=}CHCOCH_3\ (C{=}O)$

In [4 + 2]-Cycloadditionen wird das substituierte Ethen üblicherweise als **Dienophil** bezeichnet (d.h. „dienliebend"), um es von der Dienkomponente zu unterscheiden. Typische Diene und Dienophile, von denen viele Trivialnamen haben, sind in Tabelle 14-1 zusammengestellt.

Übung 14-11

Formulieren Sie die Produkte der [4 + 2]-Cycloaddition von Tetracyanoethen mit (a) 1,3-Butadien; (b) Cyclopentadien; (c) 1,2-Dimethylencyclohexan.

Die Diels-Alder-Reaktion ist konzertiert

Die Diels-Alder-Reaktion läuft in einem Schritt ab. Beide neue Kohlenstoff-Kohlenstoff-σ-Bindungen und die neue π-Bindung werden simultan mit dem Brechen der drei π-Bindungen in den Edukten gebildet. Es wurde bereits erwähnt, daß solche Reaktionen, in denen Bindungsbruch und Bindungsbildung gleichzeitig erfolgen, *konzertiert* genannt werden. Die konzertierte Natur der Reaktion kann durch einen delokalisierten Übergangszustand verdeutlicht werden, in dem alle sechs π-Elektronen durch einen punktierten Kreis dargestellt werden, oder aber durch das Umklappen von Elektronenpaaren.

Zwei Darstellungen des Übergangszustandes der Diels-Alder-Reaktion

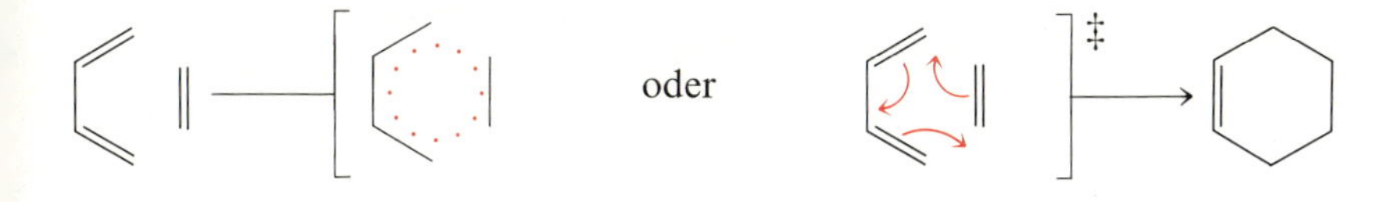

cyclischer delokalisierter Übergangszustand

In einer Molekülorbital-Darstellung (Abb. 14-11) wird die Bindungsbildung klar durch die Überlappung der *p*-Orbitale des Dienophils mit den terminalen *p*-Orbitalen des Diens hervorgerufen. Auf diese Weise unterliegen alle vier Atome einer Umhybridisierung nach sp^3. Die beiden internen *p*-Orbitale des Diens bleiben übrig und bilden die neue π-Bindung.

Die Diels-Alder-Reaktion ist stereospezifisch

Als eine Folge des konzertierten Mechanismus ist die Diels-Alder-Reaktion *stereospezifisch.* Zum Beispiel liefert die Reaktion von 1,3-Butadien mit Dimethyl-*cis*-2-butendioat (Dimethylmaleat, ein *cis*-Alken) Dimethyl-*cis*-4-cyclohexen-1,2-dicarboxylat. Mit anderen Worten, die ursprüngliche Stereochemie des Dienophils findet sich im Produkt wieder. Die entsprechende Reaktion des *trans*-Dienophils, Dimethyl-*trans*-2-butendioat (Dimethylfumarat, ein *trans*-Alken), liefert das *trans*-Addukt.

In der Diels-Alder-Reaktion wird die Stereochemie des Dienophils beibehalten

Butadien + Dimethylmaleat $\xrightarrow{150°–160°C,\ 20\ h}$ Cis-Produkt (68%)

Dimethyl-*cis*-2-butendioat (Dimethylmaleat) Cis-Ausgangsmaterial

Dimethyl-*cis*-4-cyclohexen-1,2-dicarboxylat Cis-Produkt

Butadien + Dimethylfumarat $\xrightarrow{200°–205°C,\ 3.5\ h}$ Trans-Produkt (95%)

Dimethyl-*trans*-2-butendioat (Dimethylfumarat) Trans-Ausgangsmaterial

Dimethyl-*trans*-4-cyclohexen-1,2-dicarboxylat Trans-Produkt

In ähnlicher Weise wird auch die Stereochemie des Diens beibehalten.

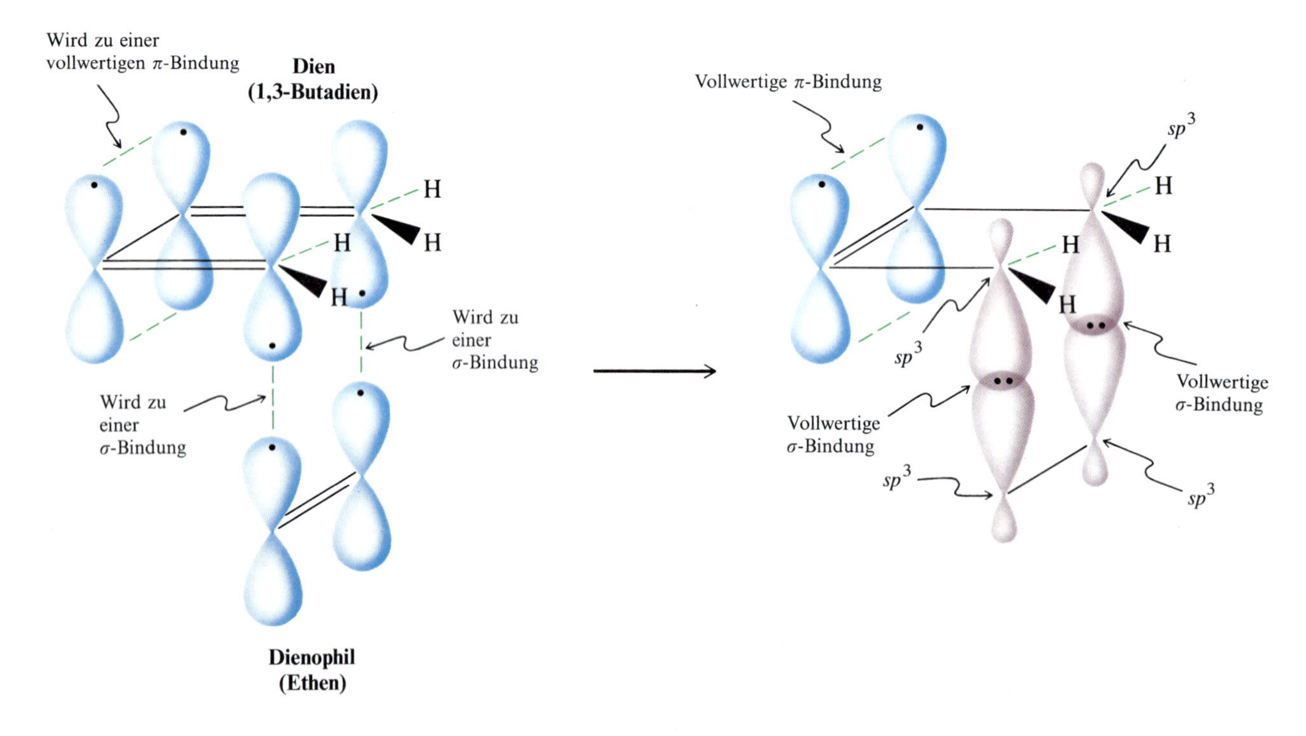

Abb. 14-11
Die an der Diels-Alder-Reaktion von 1,3-Butadien und Ethen beteiligten Orbitale. Die beiden *p*-Orbitale an C-1 und C-4 des 1,3-Butadiens und die beiden *p*-Orbitale des Ethens gehen eine Wechselwirkung ein. Dabei erfolgt an diesen Kohlenstoffatomen eine Rehybridisierung nach sp^3, was eine maximale Überlappung der an den gebildeten Einfachbindungen beteiligten Orbitale ermöglicht. Gleichzeitig erfolgt eine Überlappung der *p*-Orbitale von C-2 und C-3 des Diens unter Ausbildung einer π-Bindung.

In der Diels-Alder-Reaktion wird die Stereochemie des Diens beibehalten

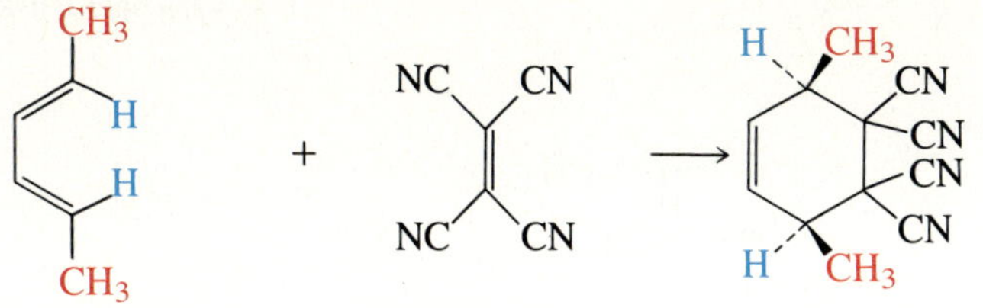

trans,trans-2,4-Hexadien + Tetracyanoethen ⟶ Cis-Produkt

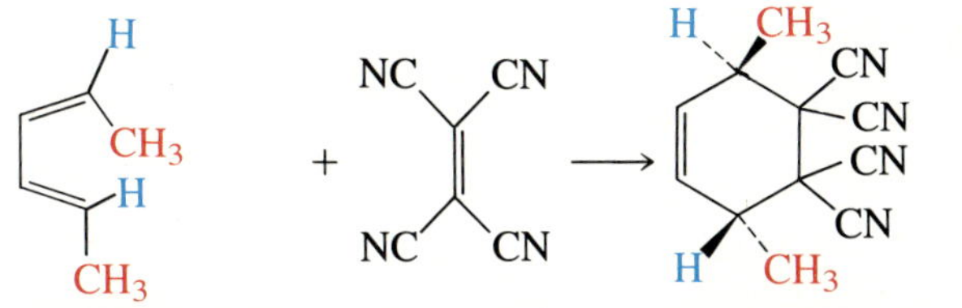

cis,trans-2,4-Hexadien + Tetracyanoethen ⟶ Trans-Produkt

Übung 14-12

Fügen Sie in die folgenden Reaktionsgleichungen die fehlenden Produkte und Edukte ein.

(a) H_3C, H_3C (2,3-Dimethyl-1,3-butadien) + NC, CN ⟶

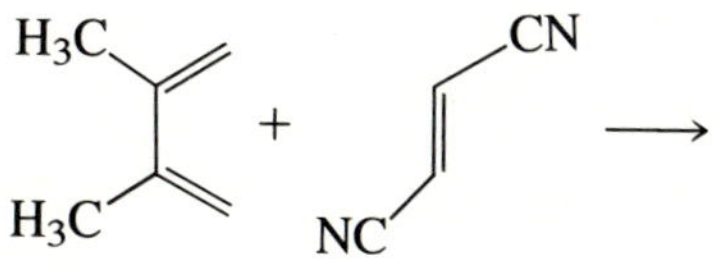

(b) + ⟶ H_3C, CH_3, F, F, F, F, CH_3

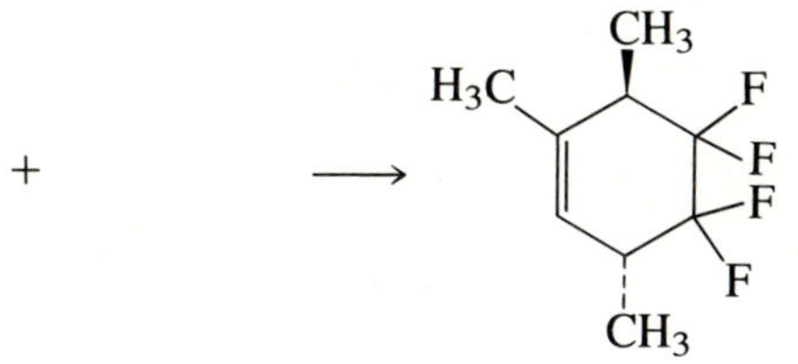

Übung 14-13

cis-trans-2,4-Hexadien reagiert in [4+2]-Cycloadditionen sehr träge; die *trans,trans*-Verbindung ist viel reaktionsfreudiger. Erklären Sie das. Hinweis: Für die Diels-Alder-Reaktion ist die *s-cis*-Konformation des Diens erforderlich (Abb. 14-11, s.a. Abb. 14-8).

Diels-Alder-Reaktionen befolgen die *endo*-Regel

Die Diels-Alder-Reaktion ist nicht nur bezüglich des Substitutionsmusters der ursprünglichen Doppelbindungen stereospezifisch, sondern auch in Bezug auf die Orientierung der beiden Ausgangsverbindungen zueinander. Wir betrachten dazu die Reaktion von 1,3-Cyclopentadien mit Dimethyl-*cis*-2-butendioat. Zwei Produkte erscheinen möglich; zum einen dasjenige, bei dem die beiden Estergruppen auf derselben Seite stehen wie die CH_2-Brücke (*cis*) und zum anderen das, bei dem die Estergruppen und die CH_2-Brücke auf entgegengesetzten Seiten stehen (*trans*). Das erste Produkt wird als *exo*-Addukt bezeichnet und das zweite als *endo*-Addukt (*exo*, griech., außen; *endo*, griech., innen). Diese Ausdrücke beziehen sich auf die Substituenten in überbrückten Systemen. *exo*-Substituenten befinden sich *cis* bezüglich der kürzeren Brücke, *endo*-Substituenten befinden sich *trans* bezüglich der kürzeren Brücke.

exo- und endo-Cycloadditionen an Cyclopentadien

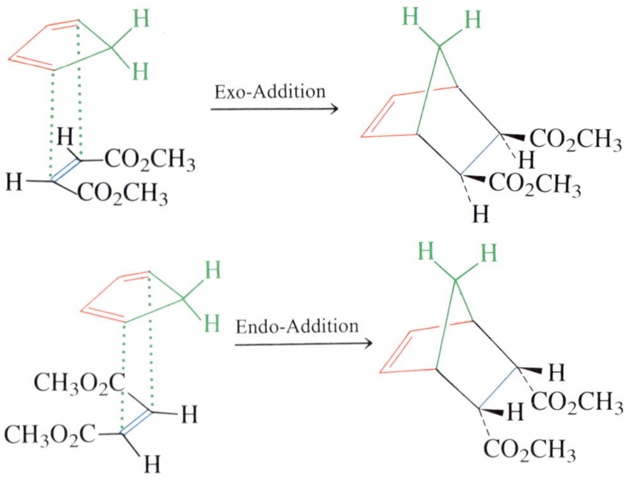

Exo-Addition

Endo-Addition

Die Diels-Alder-Reaktion ist im allgemeinen *endo*-selektiv, es wird nur das *endo*-Produkt gebildet. Dies bezeichnet man auch als *endo*-Regel.

Die *endo*-Regel

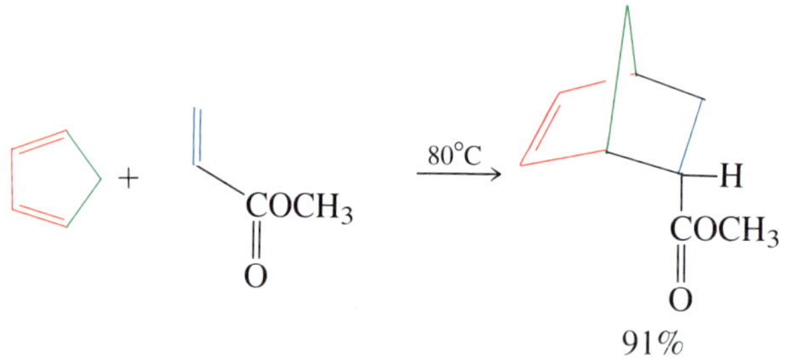

80°C

91%

Methylpropenoat **Endo-Produkt**

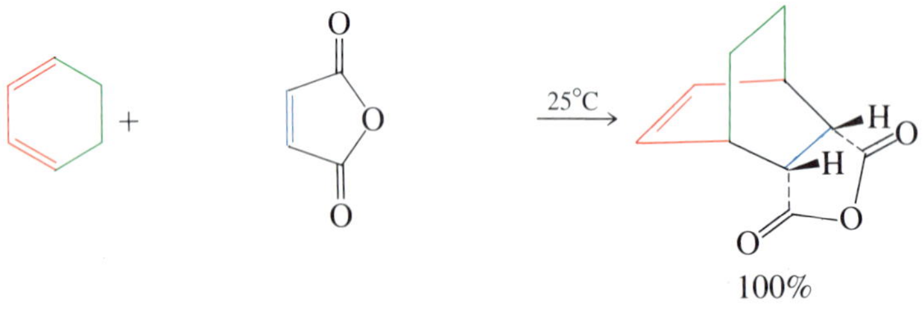

25°C

100%

2-Butendisäure-Anhydrid (Maleinsäureanhydrid) **Endo-Produkt**

Übung 14-14

Nennen Sie die Produkte der folgenden Reaktionen und geben Sie ihre Stereochemie genau an: (a) *trans,trans*-2,4-Hexadien mit Methylpropenoat; (b) *trans*-1,3-Pentadien mit *cis*-2-Butendisäureanhydrid (Maleinsäureanhydrid, MSA); (c) 1,3-Cyclopentadien mit Dimethyl-*trans*-2-butendioat (Dimethylfumarat).

Übung 14-15

Die Diels-Alder-Reaktion ist auch intramolekular möglich. Zeichnen Sie die beiden Übergangszustände, die zu den Produkten der folgenden Reaktion führen:

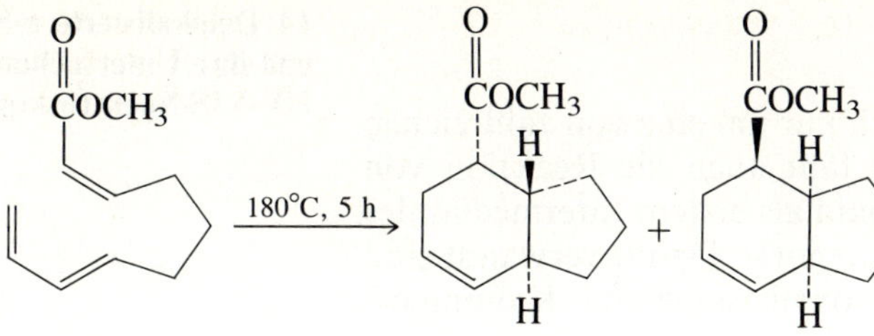

$COCH_3$ — 180°C, 5 h → 65 : 35

75% (Gesamtausbeute)

Alkine als Dienophile führen zu 1,4-Cyclohexadienen

Auch Alkine können als Dienophile in [4 + 2]-Cycloadditionen eingesetzt werden. Sowohl eine als auch beide π-Bindungen eines Alkins können dabei reagieren. Die einfache Cycloaddition führt zu einem 1,4-Cyclohexadienderivat.

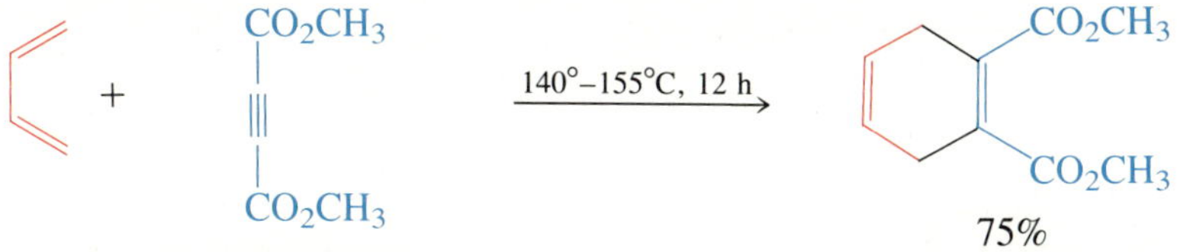

CO_2CH_3 + 140°–155°C, 12 h → 75%

Dimethylbutindioat (Acetylendicarbonsäure-dimethylester)

Dimethyl-1,4-cyclohexadien-1,2-dicarboxylat

Die elektronenarme Doppelbindung dieses Produktes kann mit einem weiteren Molekül Dien reagieren.

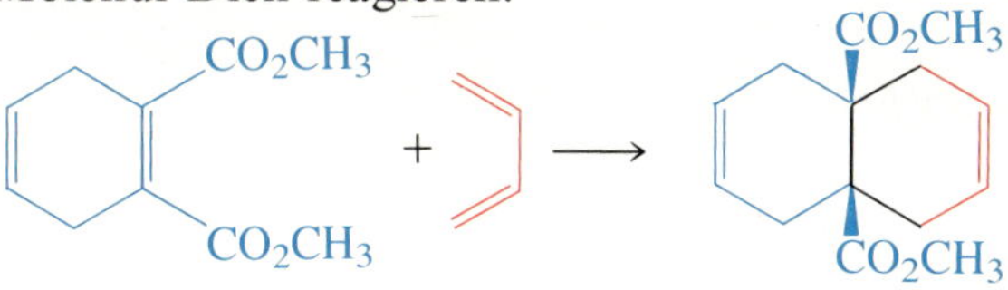

Ein *cis*-Bicyclo[4.4.0]-decadien-Derivat

Die Cycloaddition eines Alkins an ein cyclisches Dien führt zu einem bicyclischen Dien.

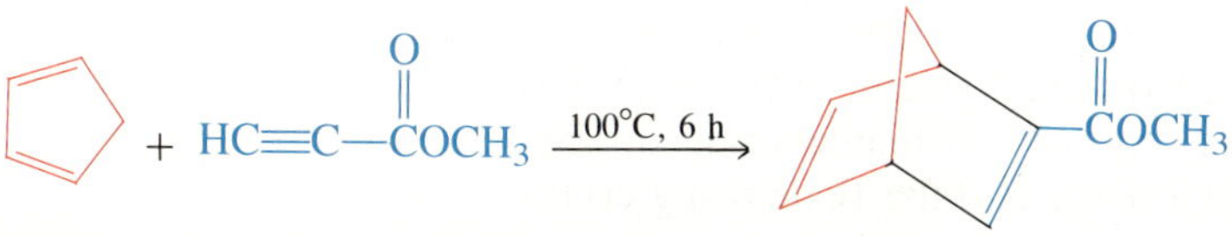

+ HC≡C—$COCH_3$ — 100°C, 6 h →

Übung 14-16

Die Reaktion von A mit Dimethylbutindioat ergibt die Cycloaddukte B und C. Erklären Sie dies anhand des Mechanismus.

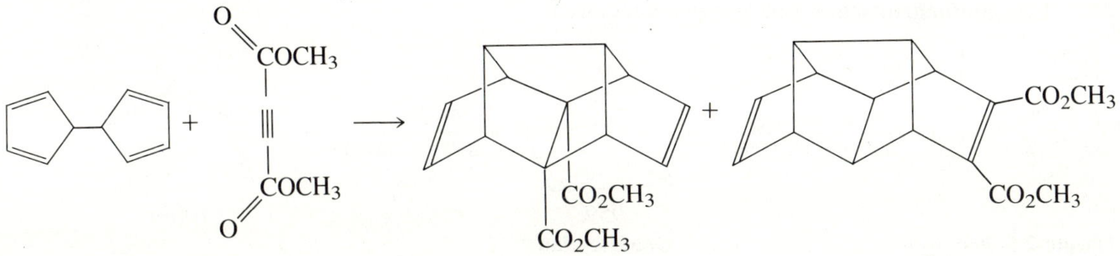

A + → B + C

Andere Cycloadditionen

Bei der Diels-Alder-Reaktion handelt es sich nur um eine von zahlreichen möglichen Cycloadditionen. Zum Beispiel fällt auch die Reaktion von Ozon mit Alkenen, die zu einem Primärozonid als erstem Intermediat der Ozonolyse führt (Abschn. 12.5), in diese Kategorie. Damit verwandt sind auch die ersten Schritte der vicinalen Dihydroxylierungen mit Kaliumpermanganat oder Osmiumtetroxid (Abschn. 12.5).

Obgleich isolierte Doppelbindungen üblicherweise durch Erhitzen keine Cycloadditionen mit ihresgleichen eingehen, tun sie dies unter Bestrahlung unter Bildung viergliedriger Ringe. Solche Reaktionen heißen [2 + 2]-Cycloadditionen.

Photochemische [2 + 2]-Cycloadditionen

2 H(CH$_3$O$_2$C)C=C(CO$_2$CH$_3$)H $\xrightarrow{h\nu}$ Cyclobutan mit CH$_3$O$_2$C, CH$_3$O$_2$C, CO$_2$CH$_3$, CO$_2$CH$_3$
60%

2 Cyclopentenon $\xrightarrow{h\nu}$ O, O (49%) + O, O (45%)

Eine ungewöhnliche Reaktion dieses Typs ist die intramolekulare photochemische Umwandlung von Bicyclo[2.2.1]hepta-2,5-dien (Norbornadien) in Quadricyclan (Trivialname). Diese Reaktion ist thermisch wenig begünstigt, und die Energie des Lichtes wird zur Umwandlung in das gespannte Produkt benötigt. Das Produkt geht in Gegenwart von Metallkatalysatoren schnell die Gegenreaktion ein, wobei etwa 109 kJ/mol an Spannungsenergie freigesetzt werden. Derartige Systeme werden in Zukunft möglicherweise für die Umwandlung von Sonnenenergie in chemisch zu speichernde und transportable Energieformen Bedeutung erlangen.

Ein photochemisches Energiespeichersystem

Bicyclo[2.2.1]hepta-2,5-dien (Norbornadien) $\xrightarrow[\Delta H^0 = +109 \text{ kJ/mol}]{h\nu, \text{ Sensibilisator}}$ Quadricyclan (95%) $\xrightarrow[\Delta H^0 = -109 \text{ kJ/mol}]{\text{Metall-Katalysator}}$ Norbornadien (100%)

Elektrocyclische Reaktionen

In Abwesenheit anderer Reaktionspartner können konjugierte Di-, Tri- und höhere Polyene durch **elektrocyclische Reaktionen** isomerisieren. In diesen Prozessen wird das Polyen dadurch in ein cyclisches Isomer umgewandelt, daß die beiden Molekülenden verknüpft werden und sich die Doppelbindungen anders anordnen. Durch den umgekehrten Prozeß ist bei geeigneten Molekülen eine Ringöffnung möglich. Die Lage des Gleichgewichtes richtet sich nach den relativen Bildungsenthalpien der Isomere. Zum Beispiel geht *cis*-1,3,5-Hexatrien beim Erhitzen einen elektrocyclischen Ringschluß zum 1,3-Cyclohexadien ein. Andererseits ist der Ringschluß von 1,3-Butadien zu Cyclobuten wegen der Ringspannung endotherm; daher *öffnet* der Cyclobutenring beim Erhitzen. Wenn man photochemisch arbeitet, sind diese einfachen thermodynamischen Überlegungen nicht mehr gültig, und man kann die Lichtenergie benutzen, um beim 1,3-Butadien einen Ringschluß herbeizuführen.

Beispiele elektrocyclischer Reaktionen

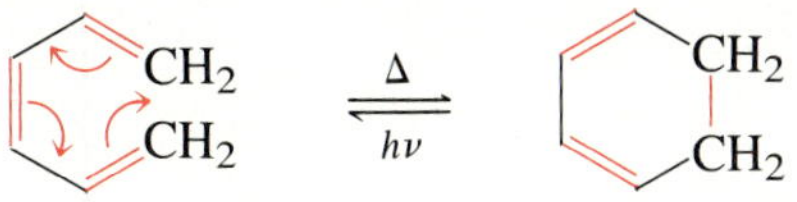

CH_2 CH_2 $\underset{h\nu}{\overset{\Delta}{\rightleftharpoons}}$ CH_2 CH_2 $\Delta H^0 = -60.7$ kJ/mol

***cis*-1,3,5-Hexatrien** **1,3-Cyclohexadien**

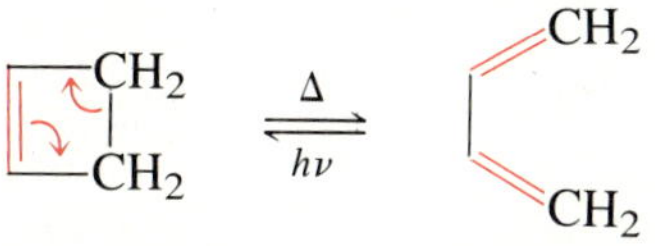

CH_2 CH_2 $\underset{h\nu}{\overset{\Delta}{\rightleftharpoons}}$ CH_2 CH_2 $\Delta H^0 = -40.6$ kJ/mol

Cyclobuten **1,3-Butadien**

Übung 14-17

Benzocyclobuten A kann in Gegenwart von Dimethyl-2-butendioat B unter Bildung von C erhitzt werden. Erklären Sie diese Reaktion. Hinweis: Kombinieren Sie eine elektrocyclische mit einer Diels-Alder-Reaktion.

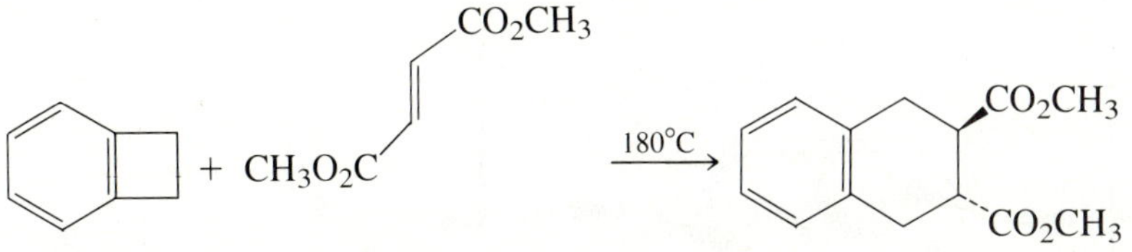

A + CH_3O_2C–CH=CH–CO_2CH_3 (B) $\xrightarrow{180°C}$ C (CO_2CH_3, CO_2CH_3)

Die Stereochemie elektrocyclischer Reaktionen: Das Dimethylcyclobuten-Hexadien-Gleichgewicht

Wie die Diels-Alder-Reaktion sind elektrocyclische Reaktionen konzertiert und hoch stereospezifisch. Zum Beispiel erhält man beim Erhitzen von *cis*-3,4-Dimethylcyclobuten ausschließlich *cis,trans*-2,4-Hexadien.

CH_3 H CH_3 H Δ H CH_3 H CH_3

***cis*-3,4-Dimethylcyclobuten** ***cis,trans*-2,4-Hexadien**

Andererseits öffnet *trans*-3,4-Dimethylcyclobuten thermisch zu *trans,trans*-2,4-Hexadien.

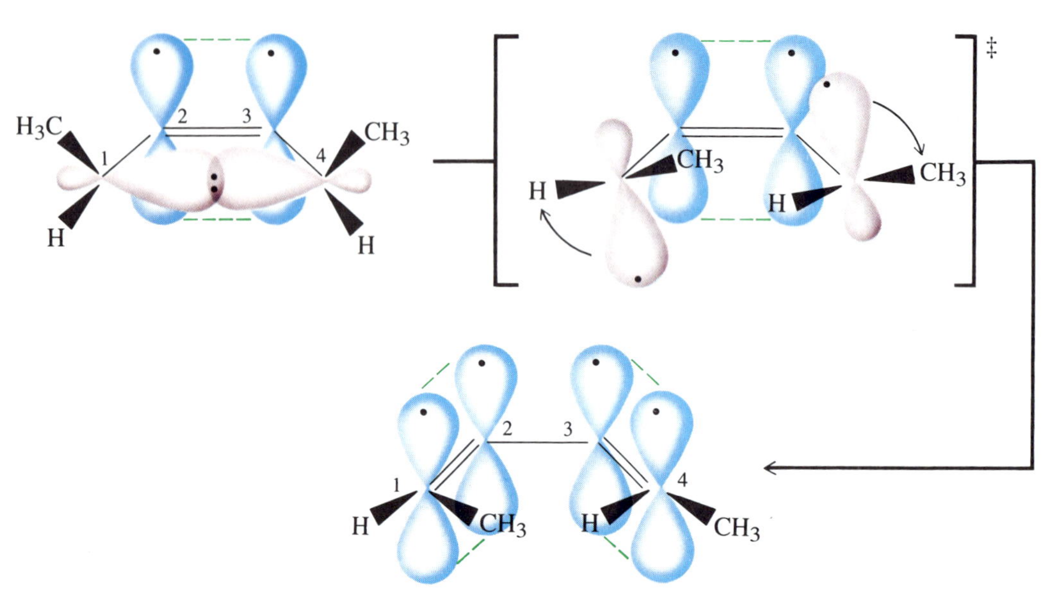

A

H_3C H H CH_3 H_3C H H CH_3

B

H_3C H H CH_3 ‡ H CH_3 H_3C H H CH_3 H_3C H

C

Abb. 14-12
A. Conrotatorische Ringöffnung des *cis*-3,4-Dimethylcyclobutens. Man stellt sich für die beiden reagierenden Kohlenstoffatome eine Rotation im Uhrzeigersinn vor. Aus den beiden den Ring schließenden sp^3-Orbitalen werden *p*-Orbitale, die Kohlenstoffatome sind dann sp^2-hybridisiert. Die Überlappung der so entstandenen *p*-Orbitale mit den beiden schon im Molekül vorhandenen führt zur Bildung der zwei Doppelbindungen des *cis,trans*-Diens. B. In ähnlicher Weise führt die conrotatorische Ringöffnung des *trans*-3,4-Dimethylbutadiens zum *trans,trans*-Dien. Die Ringöffnung, bei der die beiden Substituenten voneinander weggerichtet sind, heißt conrotatorisch auswärts und ist sterisch begünstigt. C. Wegen sterischer Hinderung im Übergangszustand findet die conrotatorisch inwärtige Ringöffnung nicht statt.

trans-3,4-Dimethylcyclobuten $\xrightarrow{\Delta}$ *trans*,*trans*-2,4-Hexadien

Man kann diesen Befund erklären, indem man annimmt, daß sich beim Bruch der Bindung zwischen C-3 und C-4 diese beiden Kohlenstoffatome in *dieselbe* Richtung (im oder gegen den Uhrzeigersinn) drehen. Dies nennt man eine **conrotatorische Ringöffnung**. Während dieser Rotation ändert sich die Hybridisierung der beiden Kohlenstoffatome von sp^3 nach sp^2, und die dadurch gebildeten *p*-Orbitale überlappen mit den schon vorhandenen der ursprünglichen Doppelbindung des Cyclobutens. Dies führt zum π-Gerüst des Diens (Abb. 14-12A). Man beachte, daß es für das *trans*-3,4-Dimethylcyclobuten zwei Möglichkeiten für eine conrotatorische Ringöffnung gibt, nämlich eine, bei der die beiden Methylgruppen sich voneinander wegbewegen und eine, bei der sie sich aufeinander zubewegen. Die erste Möglichkeit (**conrotatorisch auswärts**) führt zum tatsächlich beobachteten Produkt (Abb. 14-12B). Die zweite Möglichkeit (**conrotatorisch inwärts**) würde zum *cis*,*cis*-2,4-Hexadien führen (Abb. 14-12C), welches sterisch stark gehindert wäre und aus diesem Grunde nicht beobachtet wird.

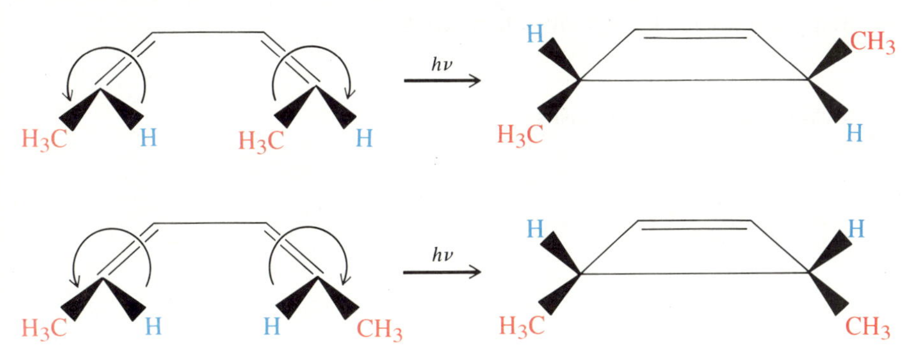

Abb. 14-13
Disrotatorischer photochemischer Ringschluß von *cis*,*trans*- und *trans*,*trans*-2,4-Hexadien. Bei disrotatorischen Reaktionen rotiert ein Kohlenstoffatom im Uhrzeigersinn und das andere gegenläufig.

Bemerkenswerterweise führen photochemische elektrocyclische Reaktionen zu anderen stereochemischen Ergebnissen. Zum Beispiel erfolgt der photochemische Ringschluß von 1,3-Butadien zu Cyclobuten mit einer Stereochemie, die der beim thermischen Ringschluß genau *entgegengesetzt* ist. In diesem Fall erfolgt die Produktbildung durch Rotation der beiden reagierenden Kohlenstoffatome in *entgegengesetzte* Richtungen; eines rotiert im Uhrzeigersinn und eines gegen den Uhrzeigersinn. Diese Art der Rotation nennt man **disrotatorisch** (Abb. 14-13). Demnach erfolgt die thermische Cyclobuten-Ringöffnung conrotatorisch, während die photochemische disrotatorisch verläuft.

Die Stereochemie der Umwandlung von 1,3,5-Hexatrien in Cyclohexadien

Das Erhitzen von *cis*-1,3,5-Hexatrien führt zur Bildung von 1,3-Cyclohexadien. *trans*-1,3,5-Hexatrien kann eine solche Reaktion nicht eingehen, da die terminalen Kohlenstoffatome sterisch nicht die Möglichkeit der

Bindungsbildung haben. Entspricht die Stereochemie dieser Reaktion der der thermischen Umwandlung von Cyclobuten in Hexadien? Die Antwort lautet, und das wird wohl überraschen, nein. Der sechsgliedrige Ring wird thermisch disrotatorisch gebildet, wie man durch den Einsatz substituierter Derivate nachweisen kann. Zum Beispiel erhält man beim Erhitzen von *trans,cis,trans*-2,4,6-Octatrien *cis*-5,6-Dimethyl-1,3-cyclohexadien, und *cis,cis,trans*-2,4,6-Octatrien geht einen Ringschluß ein zu *trans*-5,6-Dimethyl-1,3-cyclohexadien; in beiden Fällen handelt es sich um disrotatorische Ringschlüsse.

Stereochemie thermischer Ringschlüsse des 1,3,5-Hexatrien-Systems

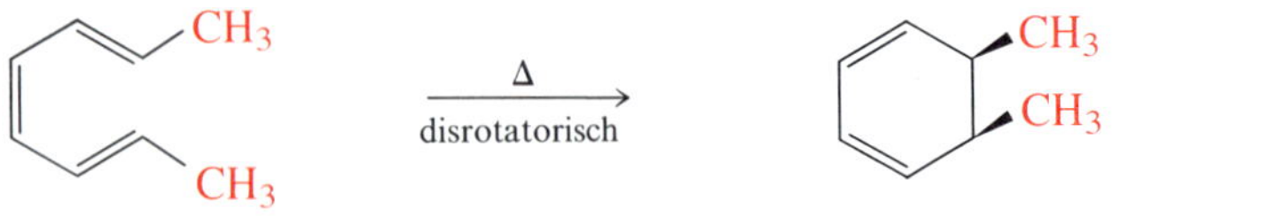

CH_3 CH_3 —Δ, disrotatorisch→ CH_3 CH_3

***trans,cis,trans*-2,4,6-Octatrien** **→ *cis*-5,6-Dimethyl-1,3-cyclohexadien**

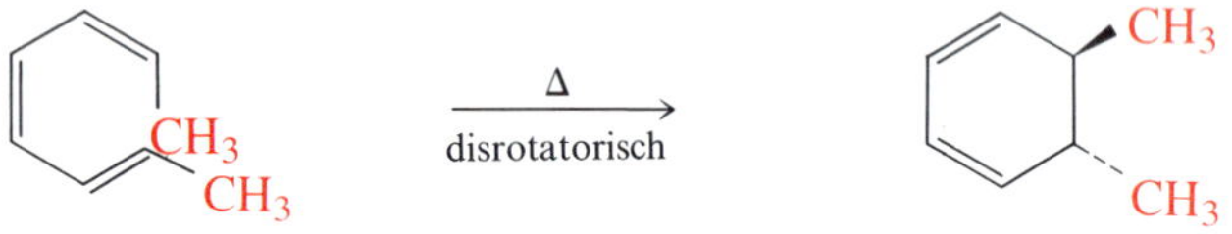

CH_3 CH_3 —Δ, disrotatorisch→ CH_3 CH_3

***cis,cis,trans*-2,4,6-Octatrien** **→ *trans*-5,6-Dimethyl-1,3-cyclohexadien**

Im Gegensatz dazu erfolgen die entsprechenden photochemischen Reaktionen conrotatorisch.

Stereochemie des photochemischen Ringschlusses des 1,3,5-Hexatrien-Systems

CH_3 CH_3 —$h\nu$→ CH_3 CH_3

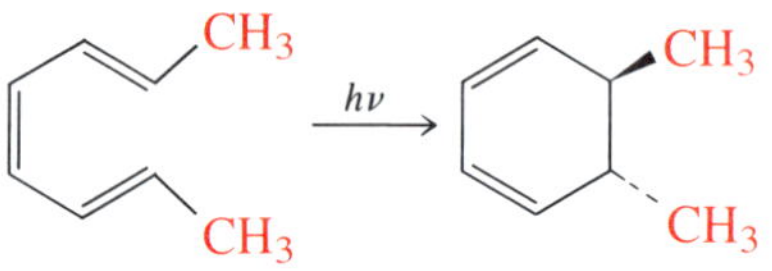

Demnach unterliegen konjugierte Triene thermisch disrotatorischen Ringschlußreaktionen zu den isomeren 1,3-Cyclohexadienen, während photochemisch die entsprechende conrotatorische Reaktion eintritt. Dies steht in exaktem Gegensatz zur Stereochemie der Umwandlungen von 1,3-Dienen in Cyclobutene.

Die Gesetzmäßigkeiten der Stereochemie der hier besprochenen elektrocyclischen Reaktionen sind zwei Beipiele für die **Woodward-Hoffmann-Regeln** *, nach denen solche Prozesse ablaufen. Diese Regeln wurden aus der Symmetrie der für diese Reaktionen wesentlichen Molekülorbitale abgeleitet [z.B. die Folge von (+)- und (−)-Orbitallappen]. Eine vollständigere Beschreibung der Woodward-Hoffmann-Regeln muß, wie auch ihre theoretische Analyse, fortgeschrittenen Lehrbüchern der organischen Chemie vorbehalten bleiben.

* Professor R.B. Woodward, 1917–1979, Harvard University, Nobelpreis 1965; Professor R. Hoffmann, geb. 1937, Cornell University, Nobelpreis 1981.

Übung 14-18
Die Photolyse von Ergosterin liefert Provitamin D_2, eine Vorstufe des Vitamins D_2 (wirksam gegen Rachitis). Erfolgt die Ringöffnung conrotatorisch oder disrotatorisch?

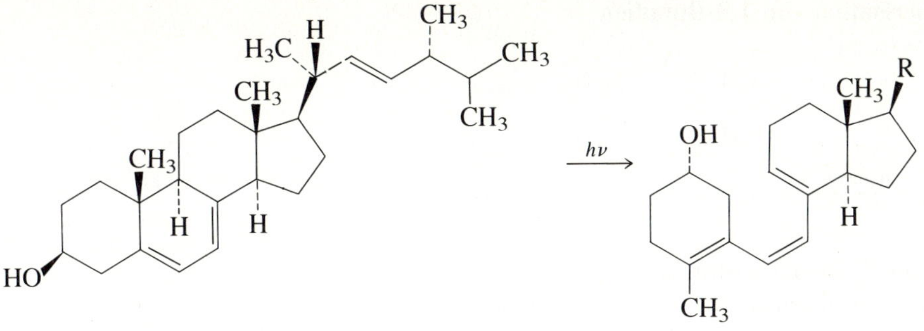

Ergosterin — $h\nu$ → Provitamin D_2 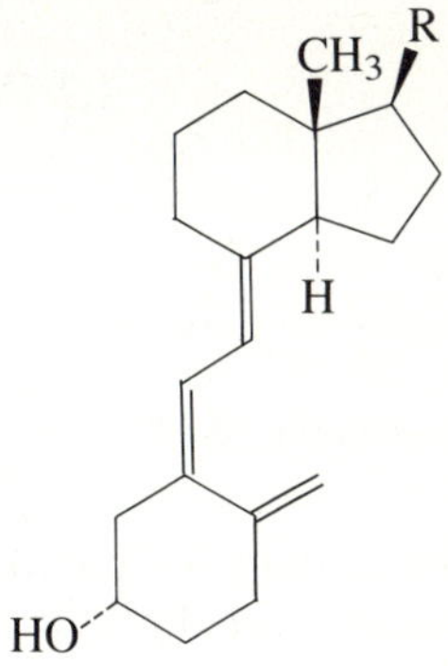 — Vitamin D_2

Wir halten fest, daß konjugierte π-Systeme konzertierte Cycloadditionen und elektrocyclische Reaktionen eingehen können. Die Diels-Alder-Reaktion ist eine [4 + 2]-Cycloaddition, die am besten zwischen einem elektronenreichen 1,3-Dien und einem elektronenarmen Dienophil abläuft und zu Cyclohexenen führt. Die Reaktion ist bezüglich der Stereochemie der Doppelbindungen und der Anordnung der Substituenten in Dien und Dienophil stereospezifisch; sie folgt der *endo*-Regel. Elektronenarme Alkine führen zu 1,4-Cyclohexadienen. Photochemische [2 + 2]-Cycloadditionen resultieren in der Bildung von substituierten Cyclobutanen. Elektrocyclische Reaktionen von Dienen und Hexatrienen sind (reversible) Ringschlußreaktionen zu Cyclobutenen bzw. 1,3-Cyclohexadienen. Das Hexadien-Cyclobuten-System reagiert thermisch conrotatorisch und photochemisch disrotatorisch. Das Hexatrien-Cyclohexadien-System reagiert mit entgegengesetzter Stereochemie, nämlich thermisch disrotatorisch oder photochemisch conrotatorisch. Die Stereochemie solcher elektrocyclischer Reaktionen folgt den Woodward-Hoffmann-Regeln.

14.6 Polymerisation konjugierter Diene

Gerade so, wie einfache Alkene polymerisieren können (Abschn. 12.7), können dies auch konjugierte Diene. Da jedoch vier anstatt zwei ungesättigte Zentren vorliegen, gibt es mehr Möglichkeiten zur Verknüpfung der einzelnen Dien-Einheiten. Die Elastizität der dadurch erhaltenen Materialien hat zu ihrem Einsatz als synthetischer Kautschuk geführt. Die Biosynthese von Naturkautschuk verdeutlicht die Struktur von Terpenen – insbesondere die immer wiederkehrende Einheit des aus fünf Kohlenstoffatomen bestehenden 2-Methyl-1,3-butadiens (Isopren, s. Abschn. 4.7).

Die Polymerisation von 1,3-Butadien

1,3-Butadien kann durch verschiedene Initiatoren zur Polymerisation gebracht werden. Polymerisation an den Kohlenstoffatomen C-1 und C-2 ergibt ein Poly(ethenylethen) [Poly(vinylethylen)]. In Abhängigkeit vom

Initiator (Kation, Radikal, Anion, metallorganische Verbindung) können syndio-, iso- und ataktische Polymere gebildet werden, die alle unterschiedliche Eigenschaften haben (Abschn. 12.8).

1,2-Polymerisation von 1,3-Butadien

$$2n\ CH_2{=}CH{-}CH{=}CH_2 \xrightarrow{\text{Initiator}} {-}(\underset{\underset{\overset{\|}{CH_2}}{CH}}{\overset{|}{CH}}{-}CH_2{-}\underset{\underset{\overset{\|}{CH_2}}{CH}}{\overset{|}{CH}}{-}CH_2)_n{-}$$

Die andere Möglichkeit, die Polymerisation an C-1 und C-4, liefert entweder *trans*-Polybutadien, *cis*-Polybutadien oder ein gemischtes Polymer.

1,4-Polymerisation von 1,3-Butadien

$$n\ CH_2{=}CH{-}CH{=}CH_2 \xrightarrow{\text{Initiator}} {-}(CH_2{-}CH{=}CH{-}CH_2)_n{-}$$

***cis*- oder *trans*-Polybutadien**

Die Polymerisation von Butadien ist in der Hinsicht ungewöhnlich, daß das Produkt selbst Doppelbindungen enthalten kann. Die Doppelbindungen des Polymers können durch Chemikalien wie Radikal-Initiatoren oder durch Strahlung miteinander verknüpft werden. Dies führt zur Bildung eines **vernetzten Polymers**, in dem die einzelnen Ketten zu einem starreren Gerüst verbunden sind (Abb. 14-14). Vernetzung erhöht allgemein die Dichte und die Härte eines Polymers. Die Vernetzung hat auch beträchtliche Auswirkungen auf die herausragende Eigenschaft der Butadien-Polymeren, die **Elastizität**. Die einzelnen Ketten der meisten Polymeren können gegeneinander bewegt werden, so daß eine äußere deformierende Kraft eine irreversible Veränderung hervorruft. In vernetzten Polymeren springen die Polymerketten nach Entfernung der äußeren Kraft jedoch mehr oder weniger in ihre alte Position zurück. Diese Elastizität ist charakteristisch für Gummi.

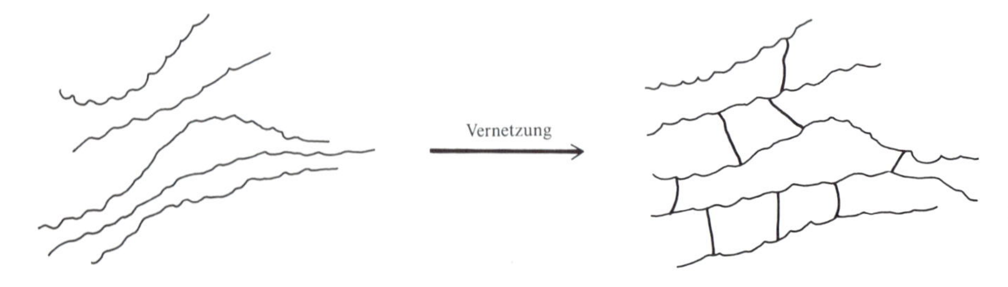

Abb. 14-14
Vernetzung von Polybutadien-Ketten.

Synthetischer Kautschuk

Die Ziegler-Natta-Polymerisation (Abschn. 12.8) von 2-Methyl-1,3-butadien (Isopren, Abschn. 4.7) führt zur Bildung von synthetischem Kautschuk (*Polyisopren*) mit fast 100% (*Z*)-1,4-Polybutadien-Konfiguration. Ähnlich kann man 2-Chlor-1,3-butadien zu einem elastischen, hitze- und sauerstoffbeständigen Polymer umsetzen, das Neopren genannt wird und auch fast ausschließlich in der *Z*-Form vorliegt.

$$n\ H_2C{=}C(CH_3){-}CH{=}CH_2 \xrightarrow{TiCl_4,\ AlR_3} {-}(H_2C(H_3C)C{=}C(H)CH_2)_n{-}$$

2-Methyl-1,3-butadien → **(Z)-Polyisopren**

$$n\ H_2C{=}C(Cl){-}CH{=}CH_2 \xrightarrow{TiCl_4,\ AlR_3} {-}(H_2C(Cl)C{=}C(H)CH_2)_n{-}$$

2-Chlor-1,3-butadien → **Neopren**

Man kann viele nützliche Gummi-Arten durch Copolymerisation von Butadien mit anderen Alkenen herstellen. Zum Beispiel bilden 1,3-Butadien und Phenylethen (Styrol) einen Kautschuk, der BUNA S genannt wird. Man erhält dieses Material durch Vernetzung aller Doppelbindungen der Ausgangsstoffe. Das 1,3-Butadien geht dabei sowohl 1,2- als auch 1,4-Verknüpfungen ein, wobei letztere statistisch *Z*- und *E*-Doppelbindungen liefern, die dann vernetzt werden. Natürlicher *Hevea*-Kautschuk ist ein 1,4-polymerisiertes (*Z*)-Poly(2-methyl-1,3-butadien), dessen Struktur der des Polyisoprens ähnelt. Zur Erhöhung seiner Elastizität wird es mit heißem elementaren Schwefel behandelt. Dieser Prozeß, der zu einem über Schwefelbrücken vernetzten Material führt, heißt **Vulkanisation** (*Vulcanus*, lat., der römische Gott des Feuers). Die Reaktion wurde 1839 von Goodyear* entdeckt.

Biosynthese des Naturkautschuks

Biosynthese der zwei isomeren 3-Methylbutenylpyrophosphate

$$HO{-}P(O)(OH){-}OH + HO{-}P(O)(OH){-}OH \xrightarrow{-\ HOH} HO{-}P(O)(OH){-}O{-}P(O)(OH){-}OH$$

Phosphorsäure → **Pyrophosphorsäure**

$$H_2C{=}C(CH_3)CH_2CH_2OH + HO{-}P(O)(OH){-}O{-}P(O)(OH){-}OH \xrightarrow{-\ HOH} H_2C{=}C(CH_3)CH_2CH_2O{-}P(O)(OH){-}O{-}P(O)(OH){-}OH$$

3-Methyl-3-buten-1-ol + **Pyrophosphorsäure** → **3-Methyl-3-butenylpyrophosphat**

$$H_2C{=}C(CH_3)CH_2CH_2O{-}P(O)(OH){-}O{-}P(O)(OH){-}OH \underset{}{\overset{Enzym}{\rightleftharpoons}} (H_3C)_2C{=}CHCH_2O{-}P(O)(OH){-}O{-}P(O)(OH){-}OH$$

3-Methyl-3-butenylpyrophosphat ⇌ **3-Methyl-2-butenylpyrophosphat**

* Charles Goodyear, 1800–1860, amerikanischer Erfinder.

Wie entsteht Kautschuk in der Natur? Pflanzen erzeugen das Grundgerüst des Polyisoprens, indem sie Isopentenylpyrophosphat oder 3-Methyl-3-butenylpyrophosphat als Baustein benutzen. Dieses Molekül ist ein Ester aus Pyrophosphorsäure und 3-Methyl-3-buten-1-ol. Ein Enzym äquilibriert eine geringe Menge dieser Verbindung zum 2-Butenyl-Isomer, einem Allylpyrophosphat.

Obgleich die folgenden Prozesse in Wirklichkeit enzymatisch kontrolliert sind, können sie mit Hilfe uns geläufiger Mechanismen formuliert werden (OPP = Pyrophosphat).

Mechanismus der Synthese von Naturkautschuk:

1 Heterolytische Dissoziation

OPP $\xrightarrow{-\,OPP^-}$ [+ ⟷ +]

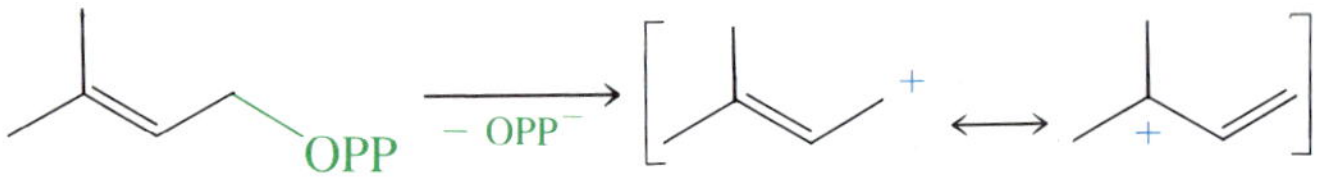

2 Elektrophiler Angriff

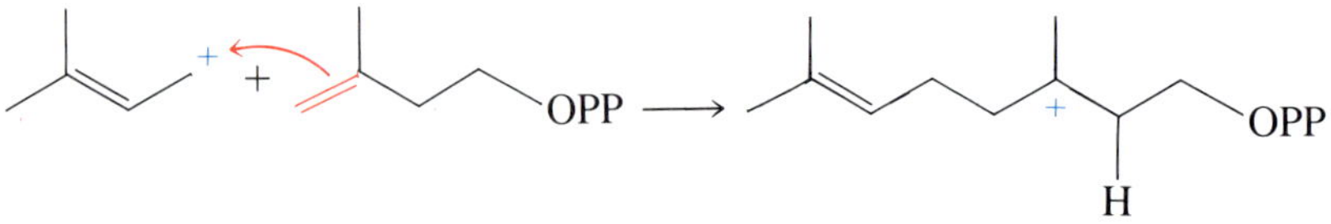

+ + OPP ⟶ + OPP H

3 Deprotonierung

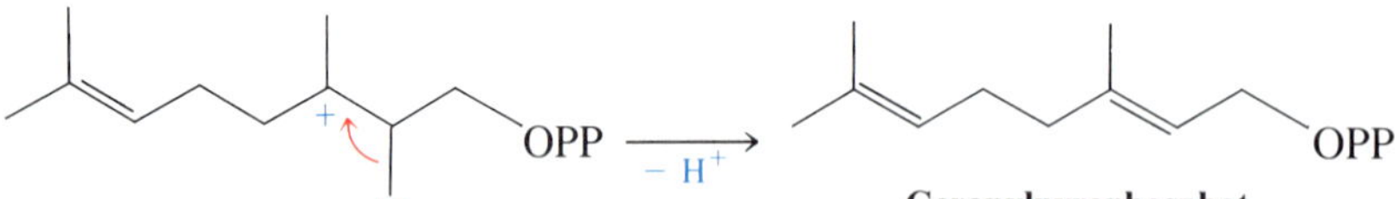

+ H OPP $\xrightarrow{-\,H^+}$ OPP

Geranylpyrophosphat

4 Zweite Oligomerisierung

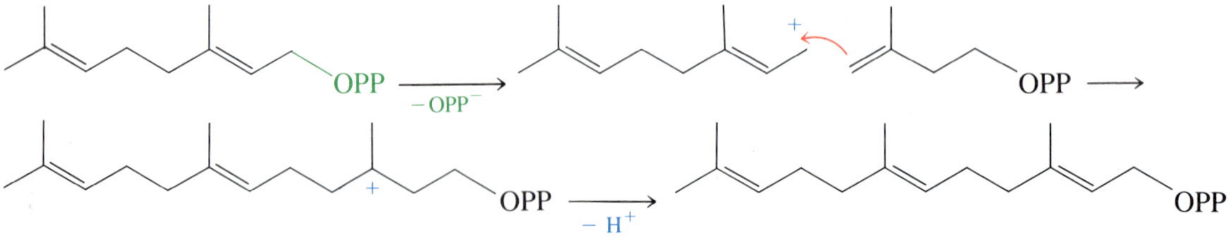

OPP $\xrightarrow{-\,OPP^-}$ + OPP ⟶

+ OPP $\xrightarrow{-\,H^+}$ OPP

Farnesylpyrophosphat

Die heterolytische Dissoziation des Allylpyrophosphats zum Allyl-Kation, gefolgt von einem elektrophilen Angriff auf ein weiteres Molekül 3-Methyl-3-butenylpyrophosphat und Deprotonierung, liefert ein Dimer, das Geranylpyrophosphat. Weitere Oligomerisierung führt schließlich zu einem Polymer, das das Grundgerüst des (*E*)-Poly-2-methylbutadiens [(*E*)-Polyisopren] aufweist; dabei handelt es sich um einen natürlichen Kautschuk, der Guttapercha genannt wird. Zahlreiche Pflanzen bilden Kautschukarten, die durch einen enzymatischen Prozeß *Z*-Doppelbindungen enthalten.

3-Methyl-3-butenylpyrophosphat ist für die Biosynthese ein wichtiger Baustein aus fünf Kohlenstoffatomen

Viele Naturstoffe leiten sich vom 3-Methyl-3-butenylpyrophosphat ab, darunter die Terpene, die schon in Abschn. 4.7 besprochen wurden. Terpene bestehen aus Einheiten von fünf Kohlenstoffatomen, die sich auf das 2-Methyl-1,3-butadien zurückführen lassen. In der Tat entstehen Terpene durch Verknüpfung mehrerer Moleküle 3-Methyl-3-butenylpyrophosphat auf unterschiedliche Weise. Das Monoterpen Geraniol und das Sesquiterpen Farnesol entstehen durch Hydrolyse ihrer Pyrophosphate.

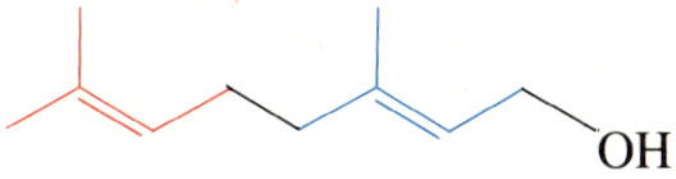

OH OH

Geraniol 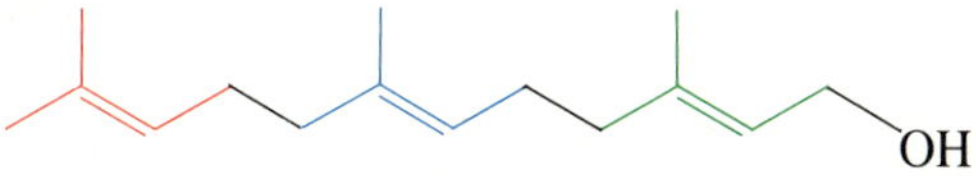 **Farnesol**

Die reduktive Kupplung zweier Moleküle Farnesylpyrophosphat führt zu Squalen, einem Vorläufer des Steroidgerüstes (Abschn. 12.7).

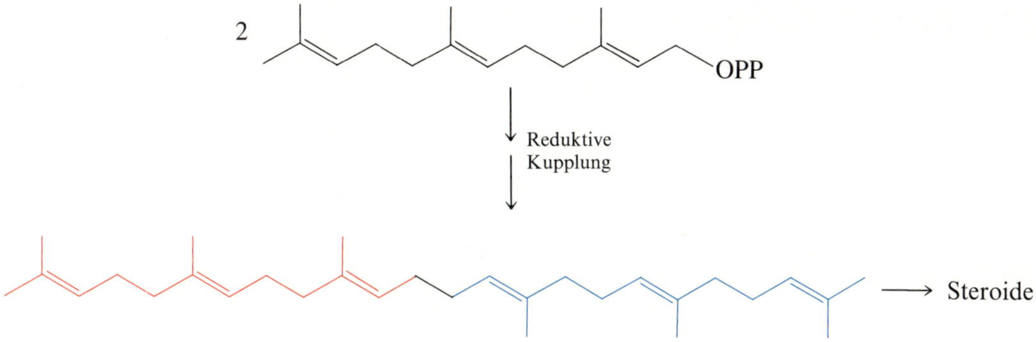

2 OPP

Reduktive Kupplung

⟶ Steroide

Squalen

Bicyclische Diterpene, die sich vom Campher ableiten, entstehen aus Geranylpyrophosphat durch enzymatisch kontrollierte elektrophile Bildung von Kohlenstoff–Kohlenstoff-Bindungen.

Biosynthese des Camphers aus Geranylpyrophosphat

OPP — *cis, trans*-Isomerisierung ⟶ OPP — $-\ OPP^-$ ⟶ + ⟶

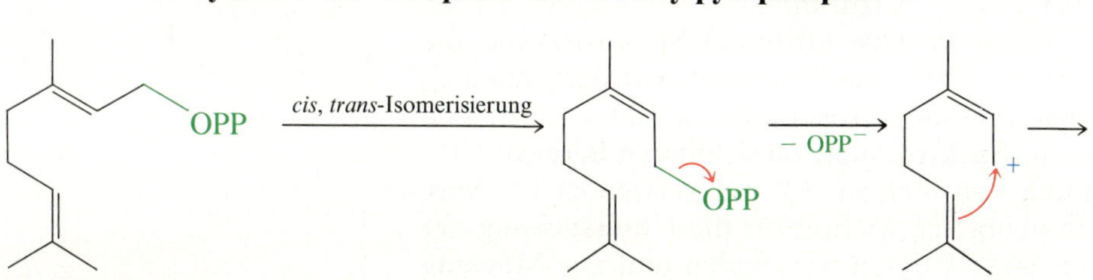

Geranylpyrophosphat

ist das gleiche wie

Campher

Andere höhere Terpene werden durch ähnliche Cyclisierungsreaktionen gebildet.

Es ist zusammenzufassen, daß 1,3-Butadien 1,2- oder 1,4-polymerisieren kann, wodurch Polybutadiene mit unterschiedlichem Vernetzungsgrad und daher unterschiedlicher Elastizität entstehen. Synthetischer Kautschuk kann durch Polymerisation von 2-Methyl-1,3-butadien zu Polymeren mit unterschiedlichem Anteil von *E*- und *Z*-Doppelbindungen erhalten werden. Natürlicher Kautschuk entsteht durch Isomerisierung von 3-Methyl-3-butenylpyrophosphat zum 2-Butenyl-System, heterolytische Dissoziation und schrittweise elektrophile Polymerisation. Ähnliche Mechanismen liegen dem Einbau von Isopreneinheiten in die polycyclischen Gerüste der Terpene zugrunde.

14.7 Elektronenspektren: Spektroskopie im ultravioletten und im sichtbaren Bereich

In Abschnitt 10.1 hatten wir festgestellt, daß organische Moleküle Strahlung verschiedener Wellenlänge absorbieren können. Spektroskopie wird dadurch möglich, daß die Moleküle die Strahlung in Form von Quanten bestimmter Energie, $h\nu$, aufnehmen, um dadurch unter Aufnahme einer Energie ΔE angeregt zu werden.

$$\Delta E = h\nu = \frac{hc}{\lambda} \qquad (c = \text{Lichtgeschwindigkeit})$$

In der Kernresonanzspektroskopie bewirkt die elektromagnetische Energie eine Umkehr der Spinorientierung aus der Richtung parallel zum angelegten Magnetfeld in die entgegengesetzte. Die dazu benötigte Energie ist gering, nur Bruchteile eines Joule pro mol. Daher sind Radiowellen ausreichend, um diesen Übergang herbeizuführen.

In diesem Abschnitt behandeln wir eine Form der Spektroskopie, die deutlich energiereichere elektromagnetische Strahlung erfordert, nämlich die **Ultraviolett-Spektroskopie** (UV-Spektroskopie), die im Bereich von 200 bis 400 nm arbeitet und die **Spektroskopie im sichtbaren Bereich** (VIS-Spektroskopie), die Strahlung von 400 bis 800 nm verwendet (s. Abb. 10-2). Diese Art der Spektroskopie ist wichtig für die Untersuchung der elektronischen Struktur von ungesättigten Molekülen und zur Messung des Ausmaßes ihrer Konjugation. So erhaltene Spektren nennt man **Elek-**

tronenspektren. Der Vorgang, der durch eine derartige Absorption von Strahlung ausgelöst wird, ist die Anregung von Elektronen aus besetzten bindenden (und nichtbindenden) in unbesetzte antibindende Molekülorbitale.

Elektronenanregung ist die Ursache für Elektronenspektren

Chemische Bindungen entstehen durch die In-Phase- und Außer-Phase-Überlappung von Atomorbitalen (Abschn. 1.4). In-Phase-Überlappung führt zu bindenden Molekülorbitalen, die durch bindende Elektronen besetzt sind. Außer-Phase-Überlappung führt zu unbesetzten antibindenden Molekülorbitalen höherer Energie (Abb. 14-15). Wenn sich beide

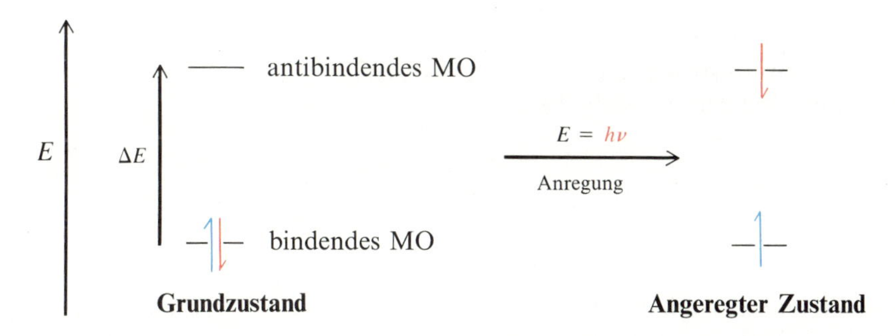

Abb. 14-15
Anregung eines Elektrons aus einem bindenden in einen antibindenden (angeregten) Zustand.

Elektronen einer einfachen Bindung im bindenden Orbital aufhalten, spricht man davon, daß sich das Molekül im Grundzustand befindet. Die Überführung eines dieser beiden Elektronen in ein antibindendes Orbital erfordert Energie (Strahlung) und bringt das Molekül in einen angeregten Zustand. Diese elektronische Anregung ist die Basis für die Spektroskopie im ultravioletten (UV) und im sichtbaren (VIS) Bereich. Die Wellenlänge des absorbierten Lichtes hängt vom Energieunterschied der beiden Zustände ab; dieser ist wiederum ein Maß für den Energieunterschied zwischen den besetzten und den unbesetzten Molekülorbitalen. Kohlenstoff—Kohlenstoff- und Kohlenstoff—Wasserstoff-σ-Bindungen haben eine große Energielücke zwischen diesen Orbitalen, ein Zeichen für gute Orbitalüberlappung. Die Anregung der Elektronen einer solchen Bindung heißt **σ ⟶ σ*-Übergang**, wobei die Wellenlänge der absorbierten Strahlung üblicherweise im **extremen oder Vakuum-Ultraviolett-Bereich**, unter 200 nm, des Spektrums liegen. Zur Messung von Spektren in diesem Bereich benötigt man eine besondere apparative Ausstattung (z. B. Vakuumpumpen zur Entfernung der Luft, die die Strahlung unter 200 nm absorbiert). Im Gegensatz dazu erfordert die Anregung der Elektronen in π-Bindungen weniger Energie und kann im Spektralbereich über 200 nm beobachtet werden. Dabei spricht man von **π ⟶ π*-Übergängen**. Auch nichtbindende Elektronen können in höhere Niveaus angeregt werden, man spricht dann von ***n*** **⟶ π*-** oder ***n*** **⟶ σ*-Übergängen** (*n* steht für nichtbindend).

Ein konjugiertes Molekül kann eine Vielzahl von bindenden, nichtbindenden und antibindenden Molekülorbitalen haben. Daher sind zahlreiche Übergänge möglich, und man sollte viele Absorptionssignale in den Elektronenspektren erwarten (Abb. 14-16). Man findet diese Signale für energiereiche Übergänge im Bereich der kürzeren Wellenlängen des Spektrums, die Signale für weniger energieaufwendige Übergänge erscheinen bei größeren Wellenlängen. Konjugierte Systeme, die bei Wellenlängen

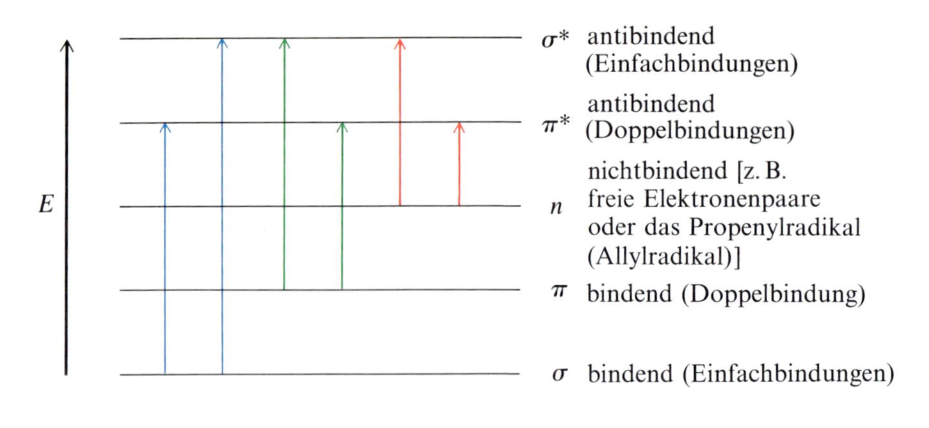

Abb. 14-16
Verschiedene mögliche Elektronenübergänge in einem konjugierten Molekül.

über 400 nm absorbieren, sind farbig; daher wird dieser Bereich auch als sichtbarer Bereich bezeichnet. Zum Beispiel sind Moleküle, die bei 450 nm absorbieren, orangerot, die bei 550 nm absorbierenden sind violett, und die bei 650 nm absorbierenden sind blaugrün (s. Tab. 14-2).

Das UV-VIS-Spektrometer und die aufgenommenen Spektren

Der Aufbau eines UV-VIS-Spektrometers entspricht dem allgemeinen Schema in Abb. 10-3. Wie in der NMR-Spektroskopie verwendet man Lösungsmittel, die im interessierenden Bereich nicht selbst absorbieren. Beispiele sind Ethanol, Methanol und Cyclohexan, von denen keines über 200 nm absorbiert. Ein typisches UV-Spektrum ist das des 2-Methyl-1,3-butadiens (Isopren), das in Abb. 14-17 dargestellt ist. Ein Signal im Spektrum wird durch die Lage des Absorptionsmaximums (der Bandenspitze) λ_{max} in nm charakterisiert. Die Höhe des Signals ist die Extinktion E; sie wird in Form des für das Molekül charakteristischen **Extinktionskoeffizienten ε** angegeben. Der Wert von ε berechnet sich für eine 1 cm dicke Küvette (Probengefäß) als der Quotient aus Extinktion E und molarer Konzentration der Probe C:

$$\varepsilon = \frac{E}{C}$$

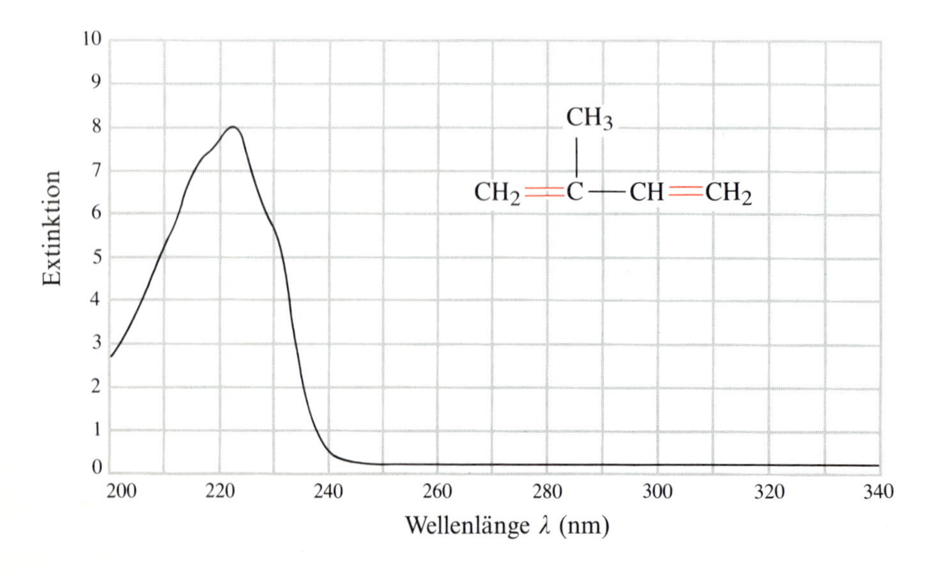

Abb. 14-17
Ultraviolett-Spektrum von 2-Methyl-1,3-butadien in Methanol, λ_{max} = 222.5 nm (ε = 10 800). Die beiden Einbuchtungen an den Seiten des Hauptsignals heißen Schultern.

Tabelle 14-2 Einige λ_{max}-Werte für die energieärmsten Übergänge in Ethen und konjugierten π-Systemen

Alken	Name	λ_{max} in nm	ε
	Ethen	171	15 500
CH_2	1,4-Pentadien	178	unbek.
	1,3-Butadien	217	21 000
	2-Methyl-1,3-butadien	222.5	10 800
	trans-1,3,5-Hexatrien	268	36 300
	trans-trans-1,3,5,7-Octatetraen	330	unbek.
	2,5-Dimethyl-2,4-hexadien	241.5	13 100
	1,3-Cyclopentadien	239	4 200
	1,3-Cyclohexadien	259	10 000
CH_3 CH_3	ein Steroid-Dien	282	unbek.
CH_3 CH_3	ein Steroid-Trien	324	unbek.
CH_3 CH_3	ein Steroid-Tetraen	355	unbek.
Struktur s. Abschn. 14.4	*β*-Carotin (Vitamin A-Vorläufer)	497 (orange)	133 000
	Azulen, ein cyclisch konjugierter Kohlenwasserstoff	696 (blau-violett)	150

Extinktionskoeffizienten bewegen sich in der Größenordnung von einigen hundert bis zu mehreren hunderttausend. Die Signale von Elektronenspektren sind, wie auch in Abb. 14-17, üblicherweise breit und nicht so scharf wie die vieler NMR-Spektren.

Welche Informationen erhält man aus Elektronenspektren?

Elektronenspektren können zeigen, inwieweit ein Molekül konjugiert ist. Je mehr Doppelbindungen konjugiert sind, desto größer wird die Wellenlänge für die energieärmste Absorption sein, und desto mehr Signale werden im Spektrum auftreten. Ethen absorbiert beispielsweise bei $\lambda_{max} = 171$ nm, und ein unkonjugiertes Dien wie 1,4-Pentadien absorbiert bei $\lambda_{max} = 178$ nm. Dagegen absorbiert ein konjugiertes Dien wie 1,3-Butadien bei deutlich größerer Wellenlänge ($\lambda_{max} = 217$ nm), wie es der geringeren Anregungsenergie entspricht. Die Einführung weiterer konjugierter Doppelbindungen führt zu einem inkrementellen Ansteigen der λ_{max}-Werte, wie es in Tabelle 14-2 dargestellt ist. Der Tabelle ist darüber hinaus zu entnehmen, daß auch andere Faktoren die Lage der Absorption mit der größten Wellenlänge beeinflussen, insbesondere die Art der Einbindung des π-Systems in das carbocyclische Gerüst und der Grad der Substitution.

Einige Moleküle mit komplizierten Elektronenspektren sind Benzol (s. Abschn. 19.3, Abb. 19-7) und das intensiv blau-violette Azulen (Abb. 14-18).

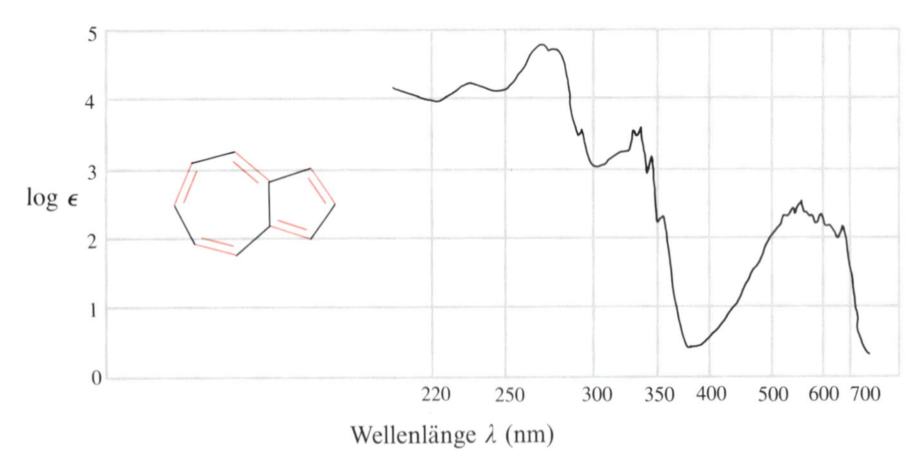

Abb. 14-18
UV-VIS-Spektrum von Azulen in Cyclohexan. Die Extinktion ist als log ε dargestellt, um die Skala zu komprimieren. Auch die die Wellenlänge wiedergebende horizontale Skala ist nichtlinear.

Warum hat die Zahl der konjugierten Doppelbindungen einen derart starken Einfluß auf das Elektronenspektrum? Mit ansteigendem Grad der Konjugation wächst die Zahl der Energieniveaus, die zu den entsprechenden π-Orbitalen gehören (Abb. 14-19). Entsprechend sinkt der Energieunterschied zwischen dem höchsten besetzten und dem niedrigsten unbesetzten Molekülorbital. Dieser Energieunterschied bestimmt die Absorption mit der größten Wellenlänge. Ausgedehntere π-Systeme erfordern daher zur elektronischen Anregung weniger energiereiche Strahlung von größerer Wellenlänge.

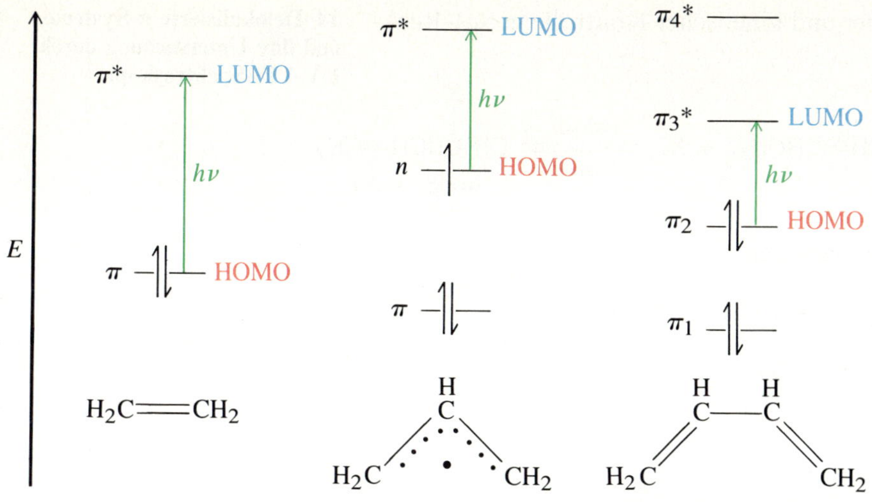

Abb. 14-19
Energieniveaus der Molekülorbitale des Ethens, des Allylradikals und des 1,3-Butadiens. Der Energieunterschied zwischen dem höchsten besetzten Molekülorbital (HOMO) und dem niedrigsten unbesetzten Molekülorbital (LUMO) nimmt mit wachsendem Ausmaß der Konjugation ab.

Übung 14-19

Mit jeder Substitution eines Wasserstoffatoms gegen eine Alkylgruppe an einem sp^2-hybridisierten Kohlenstoffatom wächst die dem energieärmsten $\pi \longrightarrow \pi^*$-Übergang zuzuordnende Wellenlänge um 5 nm. Berechnen Sie mit Hilfe dieser Information und dem λ_{max}-Wert für 1,3-Butadien die λ_{max}-Werte für 2-Methyl-1,3-butadien und 2,5-Dimethyl-2,4-hexadien. Vergleichen Sie Ihr Resultat mit den gemessenen Werten in Tabelle 14-2.

Es ist festzuhalten, daß die UV-VIS-Spektroskopie benutzt werden kann, um elektronische Übergänge in konjugierten Molekülen nachzuweisen. Mit steigender Zahl an Molekülorbitalen werden mehr Übergänge möglich, was zu einer steigenden Zahl von Absorptionsbanden in den Spektren führt. Das Absorptionssignal mit der größten Wellenlänge im UV-VIS-Spektrum steht in engem Zusammenhang mit dem Übergang eines Elektrons vom höchsten besetzten Molekülorbital in das niedrigste unbesetzte Molekülorbital. Mit zunehmender Konjugation und zunehmender Substitution wächst diese Wellenlänge, was auf der geringer werdenden Energiedifferenz dieser Molekülorbitale beruht. Ihr Wert ist auch für bestimmte Strukturtypen charakteristisch.

Zusammenfassung neuer Reaktionen

1 Dissoziationsenergie der Allyl-Wasserstoffatome in Propen

$$CH_3CH{=}CH_2 \longrightarrow H\cdot + \cdot CH_2CH{=}CH_2 \qquad DH^0 = 364\ kJ/mol$$

2 S_N1-Reaktivität von Allylhalogeniden

$$XCH_2CH{=}CH_2 \longrightarrow X^- + {}^+CH_2CH{=}CH_2 \xrightarrow{Nu^-} X^- + NuCH_2CH{=}CH_2$$

3 pK_a von Propen

$$CH_3CH{=}CH_2 \rightleftharpoons H^+ + {}^-\!:CH_2CH{=}CH_2 \qquad pK_a \sim 40$$

4 Vergleich thermodynamischer und kinetischer Kontrolle in S_N1-Reaktionen von Allylderivaten

$$\underset{\textbf{stabiler}}{CH_3CH{=}CHCH_2X} \xleftarrow{\text{langsam}} CH_3CH{=}CHCH_2^{+} + X^{-} \underset{\text{reversibel}}{\overset{\text{schnell}}{\rightleftharpoons}} \underset{\textbf{weniger stabil}}{CH_3CH(X)CH{=}CH_2}$$

5 S_N2-Reaktivität von Allylhalogeniden

$$CH_2{=}CHCH_2X + Nu{:}^{-} \longrightarrow CH_2{=}CHCH_2Nu + X^{-}$$

S_N2'-Reaktivität von Allylhalogeniden

$$CH_2{=}CHCH(R)X + Nu{:}^{-} \longrightarrow NuCH_2CH{=}CHR + X^{-}$$

6 Radikalische Halogenierung in Allylposition

$$RCH_2CH{=}CH_2 \xrightarrow{\text{NBS, } h\nu} RCH(Br)CH{=}CH_2$$

7 Allyl-Grignard-Reagenzien

$$CH_2{=}CHCH_2Br \xrightarrow{\text{Mg}} CH_2{=}CHCH_2MgBr$$

8 Allyllithium-Reagenzien

$$RCH_2CH{=}CH_2 \xrightarrow{CH_3CH_2CH_2CH_2Li,\ \text{TMEDA}} R\ddot{C}HCH{=}CH_2\ Li^{+}$$

$$(CH_2{=}CHCH_2)_4Sn \xrightarrow{CH_3CH_2CH_2CH_2Li} CH_2{=}CHCH_2{:}^{-}Li^{+}$$

9 Hydrierung konjugierter Diene

$$CH_2{=}CH{-}CH{=}CH_2 \longrightarrow CH_3CH_2CH_2CH_3 \qquad \Delta H^0 = -239.1\ \text{kJ/mol}$$

Dagegen zum Vergleich:

$$CH_2{=}CH{-}CH_2{-}CH{=}CH_2 \longrightarrow CH_3(CH_2)_3CH_3 \qquad \Delta H^0 = -254.6\ \text{kJ/mol}$$

10 Elektrophile Reaktionen mit 1,3-Dienen

$$CH_2{=}CH{-}CH{=}CH_2 \xrightarrow{HX} \underset{\textbf{Kinetisches Produkt}}{CH_2{=}CHCH(X)CH_3} + \underset{\textbf{Thermodynamisches Produkt}}{XCH_2CH{=}CHCH_3}$$

$$CH_2{=}CH{-}CH{=}CH_2 \xrightarrow{X_2} CH_2{=}CHCH(X)CH_2X + XCH_2CH{=}CHCH_2X$$

11 Elektrophile Substitution an Benzol

$$C_6H_6 + E^{+} \longrightarrow C_6H_5E + H^{+}$$

E = Br (unter $FeBr_3$-Katalyse), NO_2, SO_3H

12 Diels-Alder-Reaktion (konzertiert und stereospezifisch, folgt der *endo*-Regel)

Alkene:

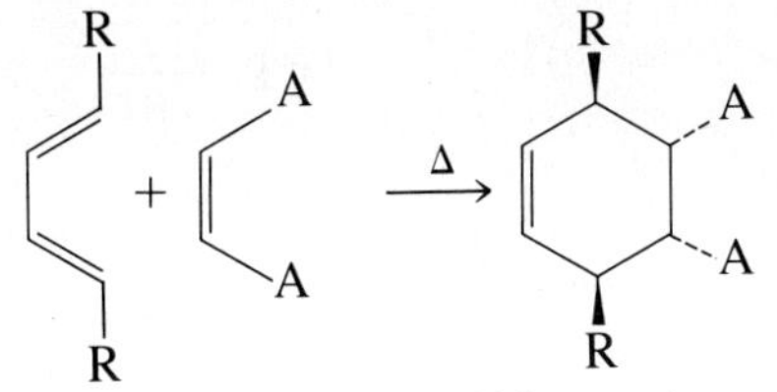

R R + A A $\xrightarrow{\Delta}$ R A A R

A = Elektronenakzeptor

Alkine:

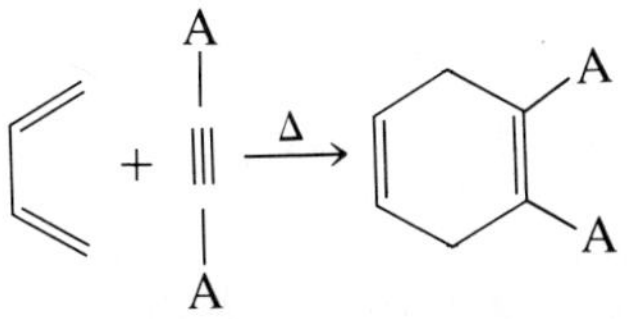

+ A ≡ A $\xrightarrow{\Delta}$ A A

13 [2 + 2]-Photocycloadditionen

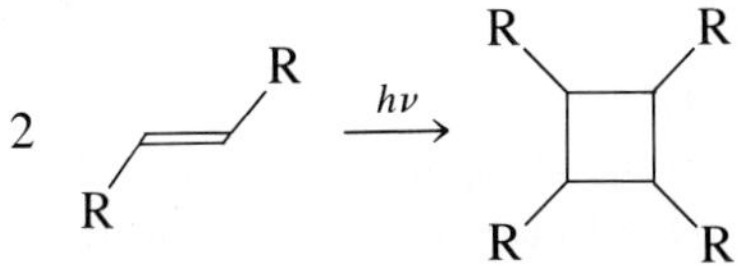

2 R R $\xrightarrow{h\nu}$ R R R R

14 Elektrocyclische Reaktionen

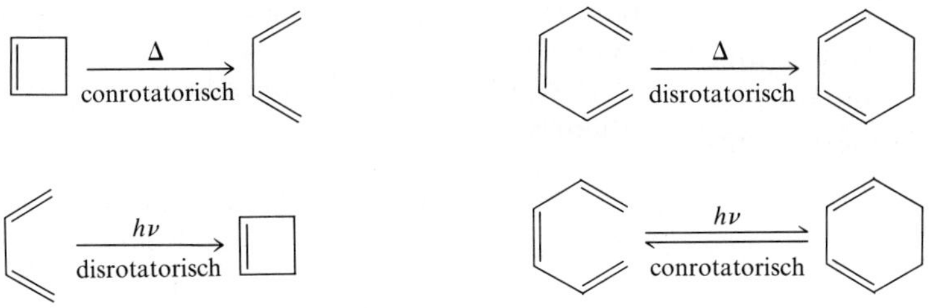

$\xrightarrow[\text{conrotatorisch}]{\Delta}$

$\xrightarrow[\text{disrotatorisch}]{\Delta}$

$\xrightarrow[\text{disrotatorisch}]{h\nu}$

$\xrightleftharpoons[\text{conrotatorisch}]{h\nu}$

15 Polymerisation von 1,3-Dienen
1,2-Polymerisation:

$$2n\ CH_2{=}CH{-}CH{=}CH_2 \xrightarrow{\text{Initiator}} {-}(\underset{\underset{\underset{CH_2}{\|}}{CH}}{CH}{-}CH_2{-}\underset{\underset{\underset{CH_2}{\|}}{CH}}{CH}{-}CH_2)_n{-}$$

1,4-Polymerisation:

$$n\ CH_2{=}CH{-}CH{=}CH_2 \xrightarrow{\text{Initiator}} {-}(CH_2{-}CH{=}CH{-}CH_2)_n{-}$$

cis* oder *trans

16 3-Methyl-3-butenylpyrophosphat als biochemischer Baustein

$$CH_2{=}\overset{CH_3}{\overset{|}{C}}{-}CH_2CH_2OPP \xrightleftharpoons{\text{Enzym}} (CH_3)_2C{=}CHCH_2OPP \longrightarrow (CH_3)_2C{=}CHCH_2^{+} + {}^{-}OPP$$

3-Methyl-3-butenyl pyrophosphat

Allyl-Kation

Pyrophosphat-Ion

C–C-Bindungsbildung:

Zusammenfassung

1 Das Allylsystem (2-Propenyl-System) wird durch Resonanz stabilisiert. Es hat drei π-Molekülorbitale, ein bindendes, ein nichtbindendes und ein antibindendes. Seine Struktur ist symmetrisch, alle Ladungen oder ungepaarten Elektronen verteilen sich zu gleichen Teilen auf die beiden terminalen Kohlenstoffatome. Die π-Bindungsstärke im Allylradikal beträgt etwa 63 kJ/mol.

2 Die Chemie des Allyl-Kations unterliegt sowohl kinetischer als auch thermodynamischer Kontrolle. Der nucleophile Abfang kann an einem internen Kohlenstoffatom wegen der relativ größeren positiven Partialladung schneller erfolgen als an einem terminalen, was zum thermodynamisch weniger stabilen Produkt führt. Das kinetische Produkt kann durch Dissoziation und Abfang unter thermodynamischer Kontrolle zum thermodynamischen Isomer umlagern.

3 Die S_N2-Reaktion von Allylhalogeniden wird durch Konjugation im Übergangszustand beschleunigt.

4 Die besondere Stabilität des Allylradikals ermöglicht radikalische Halogenierungen von Alkenen in der Allylposition.

5 Die besondere Stabilität des Allyl-Anions erlaubt durch starke Basen wie Butyllithium/TMEDA Deprotonierung in Allylposition.

6 Die Konjugation von Heteroatomen, welche ein freie Elektronenpaare tragen, mit einer Doppelbindung macht diese elektronenreich.

7 1,3-Diene spiegeln die Auswirkung der Konjugation durch ihre Resonanzenergie, eine relativ kurze interne C–C-Bindung (147 pm) und eine Rotationsbarriere von 16.3 kJ/mol wieder. Die *cis-trans*-Isomerisierung der Doppelbindungen wird durch die radikalische Natur des Übergangszustandes erleichtert ($E_a \sim 217$ kJ/mol).

8 Der elektrophile Angriff auf 1,3-Diene führt bevorzugt zur Bildung von Allyl-Kationen.

9 Ausgedehnte konjugierte Systeme sind besonders reaktiv, da sie viele Angriffspunkte für Reaktionspartner aufweisen und die Intermediate durch Resonanz stabilisiert werden.

10 Benzol ist wegen der cyclischen Delokalisierung besonders stabil. Der elektrophile Angriff führt zur Substitution und nicht zur Addition oder Polymerisation.

11 Die Diels-Alder-Reaktion ist eine stereospezifische konzertierte [4 + 2]-Cycloaddition zwischen einem *s-cis*-Dien und einem Dienophil. Sie führt zur Bildung von Cyclohexenen oder 1,4-Cyclohexadienen.

12 Konjugierte Diene, Triene und ihre cyclischen Analoga gehen elektrocyclische Reaktionen ein, die zu konzertierten und stereospezifischen Ringschlüssen oder Ringöffnungen führen. Conrotatorische Ringöffnungen oder Ringschlüsse wechseln zu disrotatorischen, wenn man von einer thermischen Reaktion zur entsprechenden photochemischen wechselt.

13 Die Polymerisation von 1,3-Dienen resultiert in 1,2- oder 1,4-Additionen und liefert Polymere, die zur weiteren Vernetzung befähigt sind. Auf diese Weise kann man synthetischen Kautschuk darstellen. Naturkautschuk entsteht durch elektrophile Kohlenstoff–Kohlenstoff-Bindungsbildung aus biochemischen C_5-Bausteinen, die sich vom 3-Methyl-3-butenylpyrophosphat ableiten.

14 Spektroskopie im ultravioletten (UV) und im sichtbaren (VIS) Spektralbereich erlaubt die Messung des Ausmaßes der Konjugation in einem Molekül. Die Spektren haben üblicherweise breite Signale, die als λ_{max} wiedergegeben werden. Ihre Intensität wird durch den Extinktionskoeffizienten ε angegeben.

Aufgaben

1 Zeichnen Sie für die folgenden Spezies sämtliche Resonanzformeln sowie eine Formel, aus der die Delokalisierung der Elektronen deutlich wird (Resonanzhybrid).

(a) 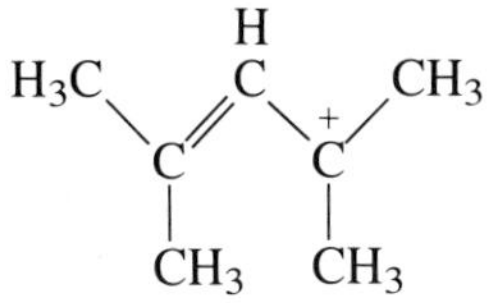 H_3C, H, C, CH_3, C, $\overset{+}{C}$, CH_3, CH_3

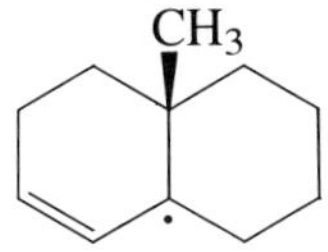

(b) 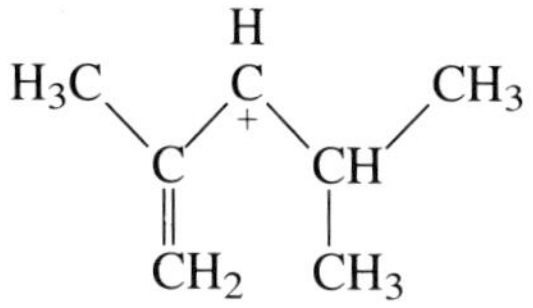 H_3C, H, $\overset{+}{C}$, CH_3, C, CH, CH_2, CH_3

(c) CH_3

(d)

(e)

2 Zeigen Sie durch geeignete Formeln – darunter alle relevanten Resonanzformeln –, welche Spezies zuerst entsteht

(a) durch Bruch der schwächsten C–H-Bindung in 1-Buten;
(b) durch Behandlung von 4-Methylcyclohexen mit einer starken Base (z. B. Butyllithium/TMEDA);
(c) Erhitzen einer Lösung von 3-Chlor-1-methylcyclopenten in wäßrigem Ethanol.

3 Ordnen Sie primäre, sekundäre, tertiäre und Allylradikale nach ihrer Stabilität. Wie würde die Reihenfolge für die entsprechenden Carbeniumionen aussehen? Was sagen die Ergebnisse aus über die relative Fähigkeit von Hyperkonjugation und Resonanz zur Stabilisierung von radikalischen oder kationischen Zentren?

4 Welches sind die Hauptprodukte der folgenden Reaktionen? Geben Sie, wenn mehr als ein Produkt entsteht, an, welches das kinetische (größte Ausbeute bei tiefer Temperatur und kurzer Reaktionsdauer) und welches das thermodynamische (größte Ausbeute bei hoher Temperatur und langen Reaktionszeiten) ist.

(a) 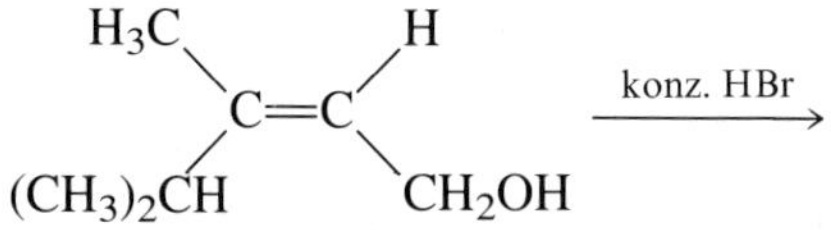 H_3C, H, C=C, $(CH_3)_2CH$, CH_2OH $\xrightarrow{\text{konz. HBr}}$

(b) CH_3, Cl $\xrightarrow{H_2O}$

(c) Br, $CH{=}CH_2$ $\xrightarrow{CH_3CH_2OH}$

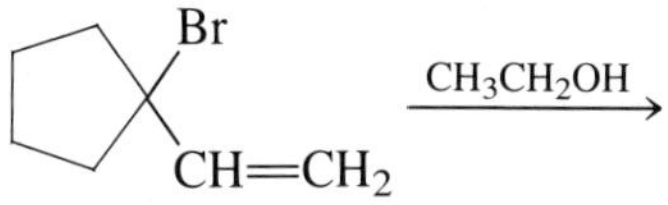

(d) 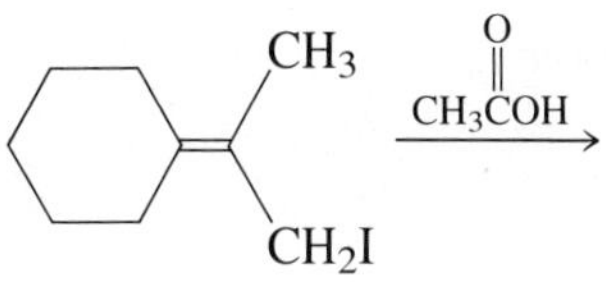 CH_3, CH_2I $\xrightarrow{CH_3\overset{O}{\overset{\|}{C}}OH}$

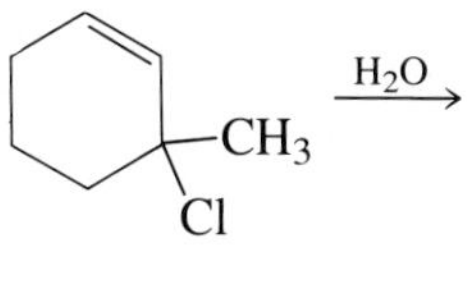

(e) 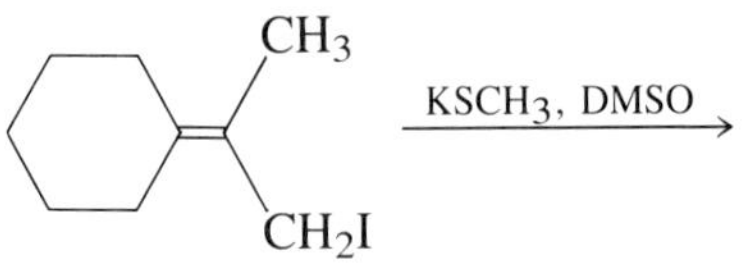 1-Cyclohexyliden-Verbindung mit CH_3 und CH_2I $\xrightarrow{KSCH_3,\ DMSO}$

(f) 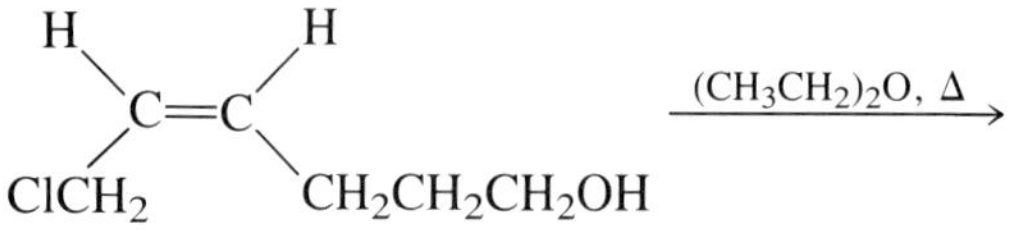 $ClCH_2(H)C{=}C(H)CH_2CH_2CH_2OH$ $\xrightarrow{(CH_3CH_2)_2O,\ \Delta}$

5 Stellen Sie detailliert die Reaktionsmechanismen zu den Reaktionen **a**, **c**, **e** und **f** aus Aufgabe 4 dar.

6 Ordnen Sie primäre, sekundäre und tertiäre Allylchloride in ihrer ungefähren Reihenfolge bezüglich (1) abnehmender S_N1-Reaktivität und (2) abnehmender S_N2-Reaktivität.

7 Ordnen Sie die folgenden Moleküle (1) nach abnehmender S_N1-Reaktivität und (2) nach abnehmender S_N2-Reaktivität.

(a) 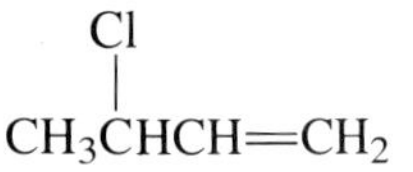 $CH_3CHClCH{=}CH_2$

(b) 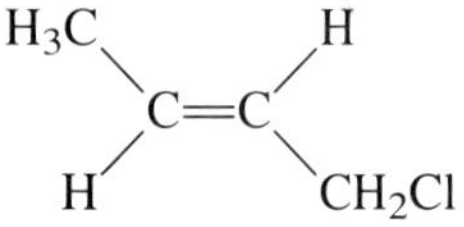 $(H_3C)(H)C{=}C(H)(CH_2Cl)$

(c) $(H_3C)(H)C{=}C(CH_3)(CH_2Cl)$

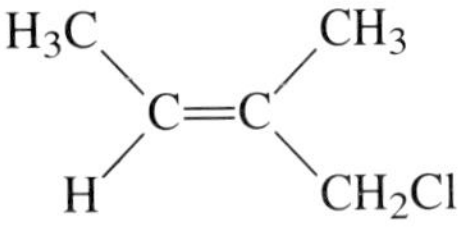

(d) 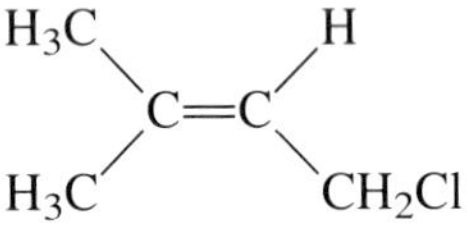 $(H_3C)_2C{=}C(H)(CH_2Cl)$

(e) 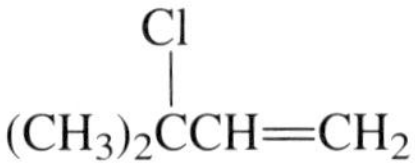 $(CH_3)_2CClCH{=}CH_2$

(f) $CH_2{=}CHCH_2Cl$

8 Jede der folgenden Reaktionen ergibt ausschließlich das abgebildete Substitutionsprodukt. Geben Sie für jeden Fall den Reaktionsmechanismus an. Schlagen Sie einen Grund vor, warum die Umlagerung nur in den Fällen **a** und **b**, nicht aber in den Fällen **c** und **d** eintritt.

(a) 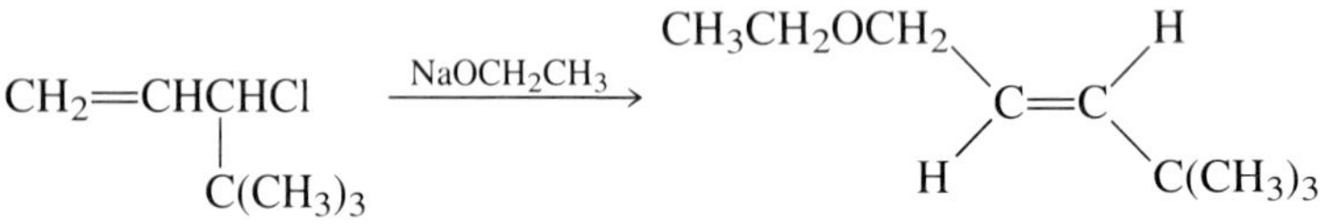 $CH_2{=}CHCHClC(CH_3)_3 \xrightarrow{NaOCH_2CH_3} (CH_3CH_2OCH_2)(H)C{=}C(H)(C(CH_3)_3)$

(b) $CH_2{=}CHC(CH_3)_2Cl \xrightarrow{NaSCH_2CH_3} CH_3CH_2SCH_2CH{=}C(CH_3)_2$

(c) $CH_3CH{=}CHCH_2I \xrightarrow{NaBr} CH_3CH{=}CHCH_2Br$

(d) $(CH_3)_2CH{=}CHCH_2Br \xrightarrow{NaCN} (CH_3)_2CH{=}CHCH_2CN$

9 Welches sind die Hauptprodukte der folgenden Reaktionen:

(a) 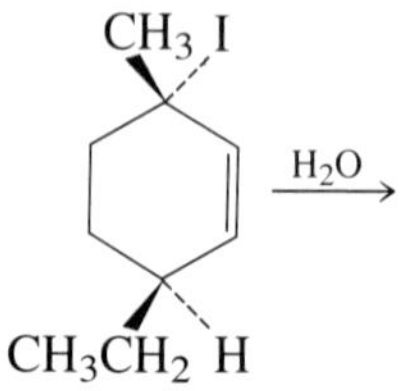 Cyclohexen mit CH_3, I und CH_3CH_2, H $\xrightarrow{H_2O}$

(b) 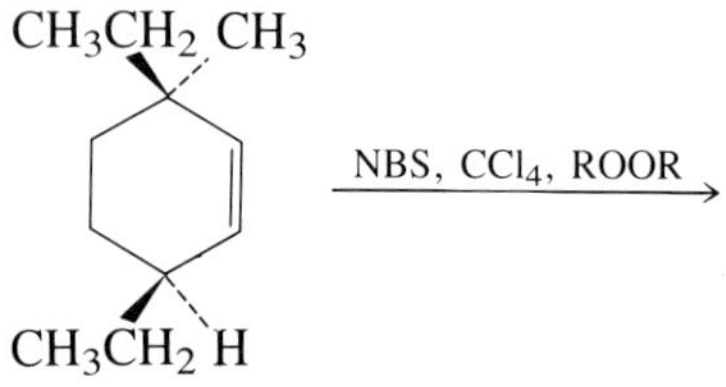 Cyclohexen mit CH_3CH_2, CH_3 und CH_3CH_2, H $\xrightarrow{NBS,\ CCl_4,\ ROOR}$

(c) $CH_3CH_2CH(CH_3)—CH=CH_2 \xrightarrow{\text{NBS, } CCl_4\text{, ROOR}}$

(d) $CH_3CH_2(H)C=C(H)CH_2CH_3$ (cis) $\xrightarrow{CH_3CH_2CH_2CH_2Li\text{, TMEDA}}$

(e) Produkt aus Teil **d** $\xrightarrow[\text{2. } H^+\text{, } H_2O]{\text{1. } CH_3CHO}$

(f) $(CH_3)_2C=CH—C(H)(CH_3)Br \xrightarrow{KSCH_3\text{, DMSO}}$

10 Welches sind die beiden isomeren Produkte der folgenden Reaktionssequenz? Erklären Sie den Mechanismus ihrer Bildung.

3-Chlor-1-methylcyclohexen (Cl, CH_3) $\xrightarrow{Mg} \xrightarrow{\text{dann } D_2O}$

11 Schlagen Sie eine von Cyclohexen ausgehende Synthese für die am Rand abgebildete Verbindung vor.

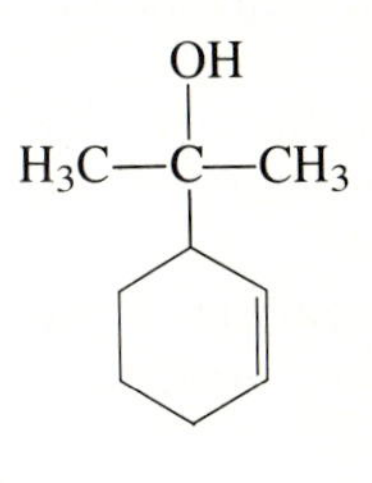

12 Wie kann die folgende Reaktion stattfinden?

1-(Dimethylamino)cyclohexen (H_3C, CH_3, N, H) $+ CH_3I \longrightarrow$ Iminiumion (H_3C, CH_3, $\overset{+}{N}$, H, CH_3) $+ I^-$

13 Das ^{1}H NMR-Spektrum von Ethenylethanoat (Vinylacetat, $CH_3CO_2CH=CH_2$) zeigt die folgenden Signale: $\delta = 2.05$ (s, 3H), 4.45 (Dublett von Dublett, $J = 1$ u. 6 Hz, 1H), 4.77 (Dublett von Dublett, $J = 1$ u. 14 Hz, 1H), 7.23 (Dublett von Dublett, $J = 6$ u. 14 Hz, 1H) ppm. Ordnen Sie jedes Signal anhand der Werte für δ und J einem Wasserstoffatom oder einer Gruppe von Wasserstoffatomen des Moleküls zu. Erklären Sie den großen Unterschied in der chemischen Verschiebung für die Signale zwischen 4 und 5 ppm und dem bei 7.23 ppm. Hinweis: Abb. 14-6 enthält nützliche Informationen.

14 Wie lauten die systematischen Namen der folgenden Moleküle:

(a) $H_3C(H)C=C(H)—CH_2—(H)C=C(H)CH_3$

(b) $CH_2=CH—CH=CH—CH_2OH$

(c) Dibromcyclooctadien (Br, Br)

(d) Vinylcyclohexen

15 Vergleichen Sie die Bromierung in Allylstellung von 1,3-Pentadien mit der von 1,4-Pentadien. Welche sollte schneller ablaufen? Welche ist energetisch stärker begünstigt? Wie unterscheiden sich die Produktgemische?

$$CH_2{=}CH{-}CH{=}CH{-}CH_3 \xrightarrow{\text{NBS, ROOR, }CCl_4}$$

$$CH_2{=}CH{-}CH_2{-}CH{=}CH_2 \xrightarrow{\text{NBS, ROOR, }CCl_4}$$

16 Vergleichen Sie die Addition von H^+ an 1,3-Pentadien mit der an 1,4-Pentadien (s. Aufg. 15). Welches sind die Strukturen der Reaktionsprodukte? Zeichnen Sie ein qualitatives Reaktionsprofil mit beiden Dienen und beiden Protonen-Additionsprodukten im gleichen Diagramm. Welches Dien addiert das Proton schneller? Welches gibt das stabilere Produkt?

17 Welche Produkte sind für die elektrophile Addition der folgenden Reagenzien an 1,3-Cycloheptadien zu erwarten:

(a) HI
(b) Br_2 in H_2O
(c) IN_3
(d) H_2SO_4 in CH_3CH_2OH
(e) HBr + ROOR

18 Welches sind die Produkte der Reaktionen von *trans*-1,3-Pentadien mit den Reagenzien aus Aufgabe 17?

19 Welches sind die Produkte der Reaktionen von 2-Methyl-1,3-pentadien mit den Reagenzien aus Aufgabe 17?

20 Sagen Sie für jede der Reaktionen aus Aufgabe 19, welches das kinetische und welches das thermodynamische Produkt ist.

21 Ordnen Sie die folgenden Carbeniumionen in der Reihenfolge abnehmender Stabilität. Zeichnen Sie für jedes die weiteren möglichen Resonanzformeln.

(a) $CH_2{=}CH{-}CH_2^+$
(b) $CH_2{=}CH^+$
(c) $CH_3CH_2^+$
(d) $CH_3{-}CH{=}CH{-}\overset{+}{C}H{-}CH_3$
(e) $CH_2{=}CH{-}CH{=}CH{-}CH_2^+$

22 Zeichnen Sie die Molekülorbitale des Pentadienyl-Systems in der Reihenfolge steigender Energie (s. Abb. 14-2 u. 14-9). Machen Sie deutlich, wie viele Elektronen sich in welchen Orbitalen aufhalten für **(a)** das Radikal, **(b)** das Kation und **(c)** das Anion (s. Abb. 14-3 u. 14-10). Zeichnen Sie alle sinnvollen Resonanzformeln einer jeden dieser drei Spezies.

23 Diene können durch Eliminierungsreaktionen substituierter Allylverbindungen dargestellt werden, zum Beispiel:

$$H_3C{-}\overset{\overset{\displaystyle CH_3}{|}}{C}{=}CH{-}CH_2OH \xrightarrow{\text{kat. }H_2SO_4,\ \Delta} H_2C{=}\overset{\overset{\displaystyle CH_3}{|}}{C}{-}CH{=}CH_2 \xleftarrow{\text{LDA}} H_3C{-}\overset{\overset{\displaystyle CH_3}{|}}{C}{=}CH{-}CH_2Cl$$

Schlagen Sie einen detaillierten Mechanismus für diese Synthese von 2-Methyl-1,3-butadien (Isopren) vor.

24 Zeichnen Sie die Strukturen aller möglichen Produkte der säurekatalysierten Dehydratisierung von Vitamin A.

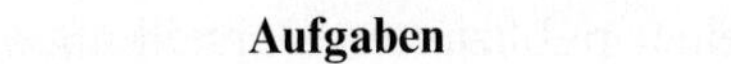

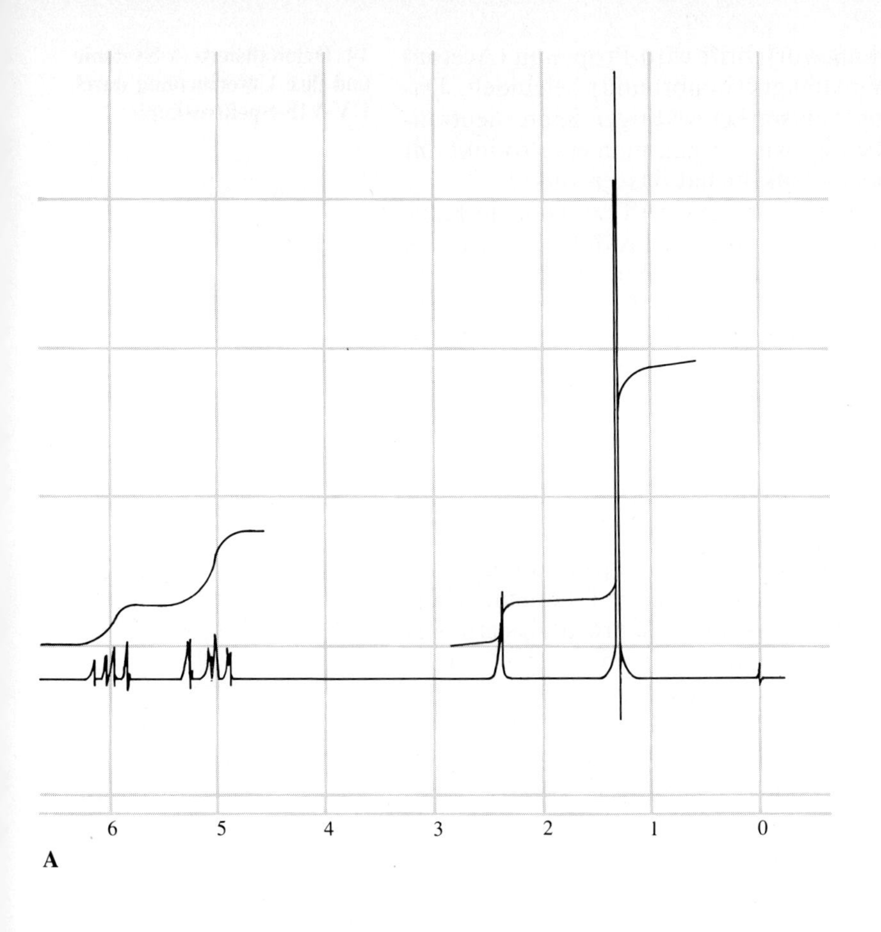

A

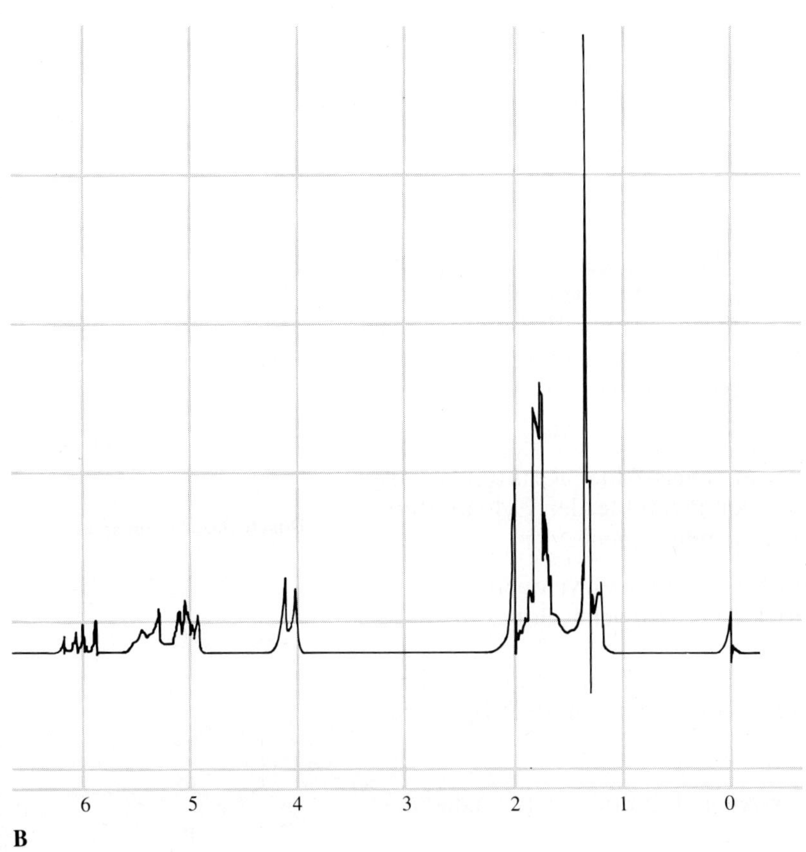

B

25 In einer publizierten Darstellungsvorschrift wird Propanon (Aceton) mit Ethenylmagnesiumbromid (Vinylmagnesiumbromid) behandelt. Danach wird die Reaktionsmischung mit starker wäßriger Säure neutralisiert. Wenn die Vorschrift genau befolgt wird, erhält man ein Produkt mit dem ^{1}H NMR-Spektrum A. Welche Struktur hat das Produkt?
Wenn die Reaktionsmischung (entgegen der Vorschrift) zu lange in Kontakt mit der wäßrigen Säure bleibt, erhält man ein Produktgemisch, das das ^{1}H NMR-Spektrum B ergibt. Neue Signale treten auf bei $\delta = 1.77$ (viele Linien), 4.10 (Dublett, $J = 8$ Hz) und 5.45 (breites Triplett, $J = 8$ Hz) ppm. Die relativen Intensitäten dieser drei Signale betragen 6:2:1. Welche andere Verbindung hat sich neben dem ursprünglichen Produkt gebildet? Wie konnte es dazu kommen?

26 Am Rand ist die Struktur des Terpens Limonen dargestellt. Zeigen Sie die 2-Methyl-1,3-butadien-Einheiten (Isopreneinheiten) in Limonen.

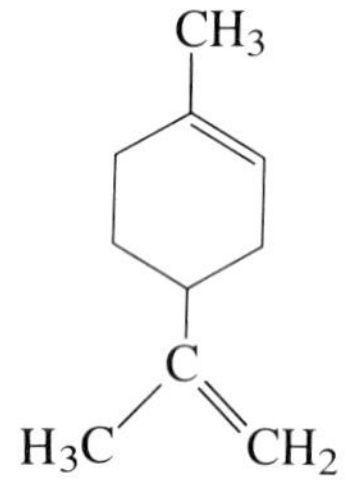

(a) Behandelt man Isopren mit katalytischen Mengen Säure, erhält man eine Reihe oligomerer Produkte, darunter auch Limonen. Schlagen Sie einen detaillierten Mechanismus für die säurekatalysierte Dimerisierung zweier Moleküle Isopren zum Limonen vor. Beachten Sie insbesondere die Intermediate eines jeden Schrittes.
(b) Zwei Moleküle Isopren können auch nach einem vollkommen anderen Mechanismus in völliger Abwesenheit irgendeines Katalysators zu Limonen dimerisieren. Wie lautet der Name dieser Reaktion? Welcher Mechanismus läuft ab?

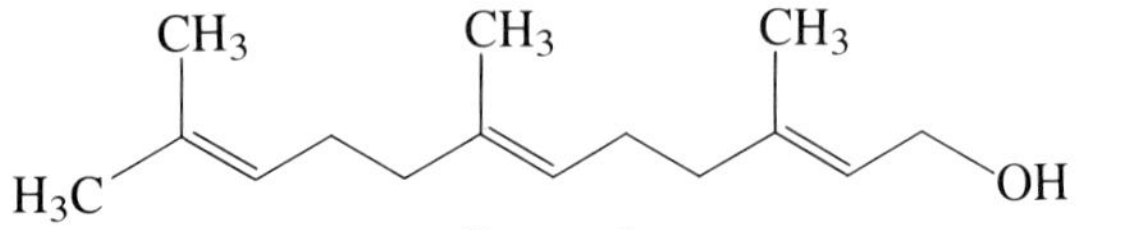

CH_3 H_3C C CH_2

Limonen

CH_3 CH_3 CH_3 H_3C OH

Farnesol

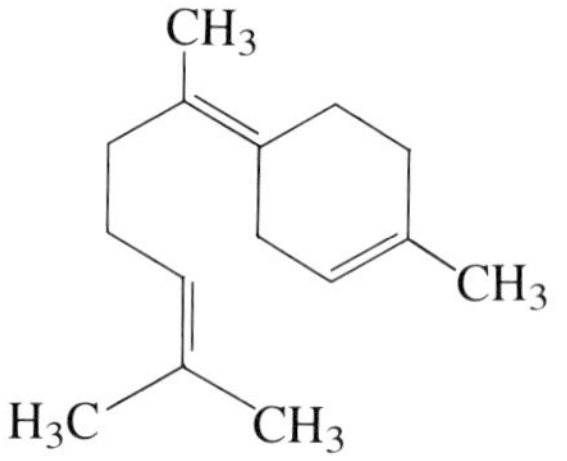

CH_3 CH_3 H_3C CH_3

Bisabolen

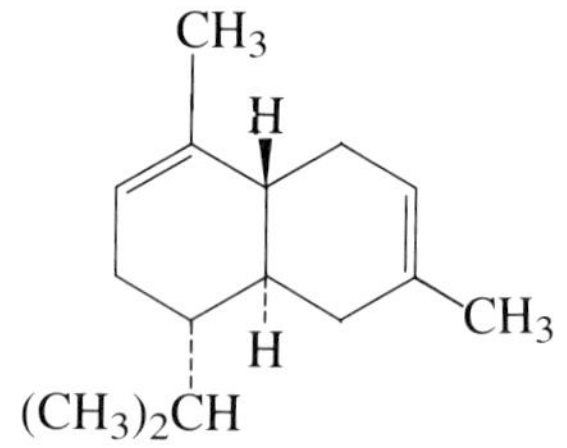

CH_3 H CH_3 H $(CH_3)_2CH$

Cadinen

27 Farnesol läßt Pflanzen, beispielsweise Flieder, angenehm duften. Die Behandlung mit heißer konzentrierter Schwefelsäure wandelt Farnesol zunächst in Bisabolen und schließlich in Cadinen um, eine Verbindung, die in den ätherischen Ölen von Wacholder und Zeder vorkommt. Schlagen Sie für diese Umwandlungen detaillierte Mechanismen vor.

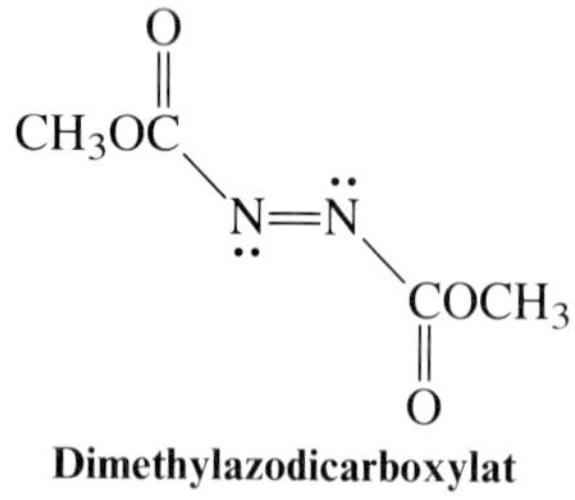

O CH_3OC N=N $COCH_3$ O

Dimethylazodicarboxylat

28 Dimethylazodicarboxylat fungiert in Diels-Alder-Reaktionen als Dienophil. Zeichnen Sie die Strukturen der Produkte der Cyloaddition dieser Verbindung mit einem jeden der folgenden Diene.

(a) 1,3-Butadien; **(c)** 5,5-Dimethoxycyclopentadien;
(b) *trans,trans*-2,4-Hexadien; **(d)** 1,2-Dimethylencyclohexan.

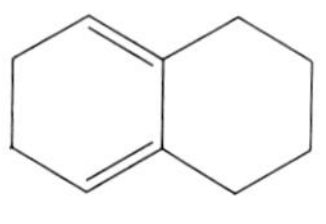

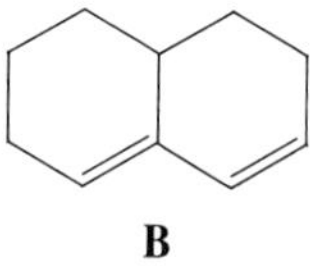

29 Das bicyclische Dien A reagiert mit geeigneten Alkenen gut in Diels-Alder-Reaktionen. Dagegen ist das Dien B vollkommen unreaktiv. Erklären Sie!

A

B

30 Schlagen Sie Synthesen über Diels-Alder-Reaktionen für jedes der folgenden Moleküle vor.

(a) 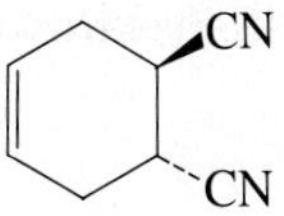 (b) 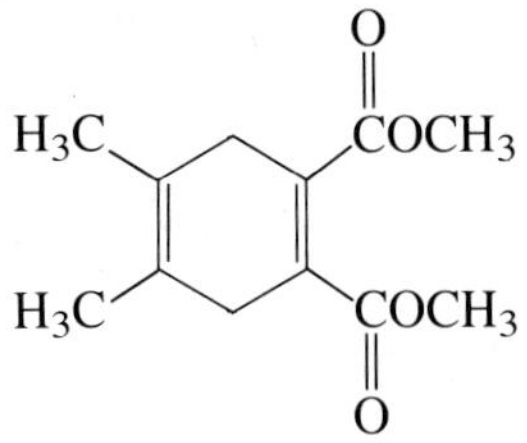 (c) (d)

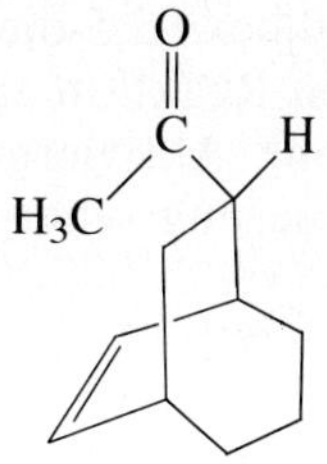

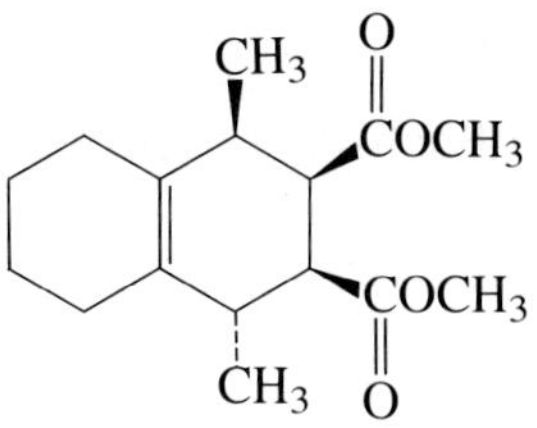

(e) 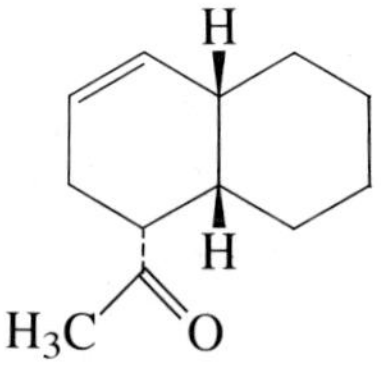 (Hinweis: s. Übung 14–15.)

31 Schlagen Sie für die folgenden Reaktionen sinnvolle Produkte vor.

(a) 2 $\xrightarrow{h\nu}$

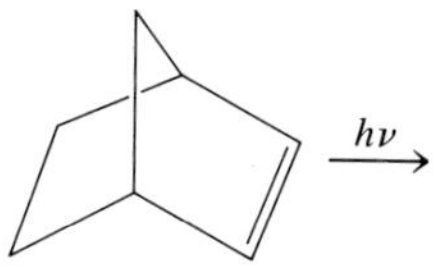

(b) 1,6-Heptadien $\xrightarrow{h\nu}$

(c) Können Sie ein zweites, isomeres Produkt zu Reaktion b angeben?

(d) 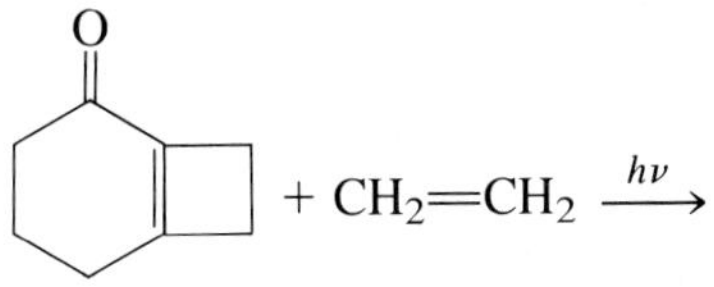 + $CH_2{=}CH_2$ $\xrightarrow{h\nu}$

32 Zeichnen Sie die für die folgenden Reaktionen zu erwartenden Produkte.

(a) 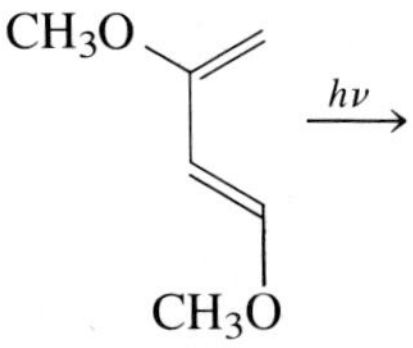 $\xrightarrow{h\nu}$

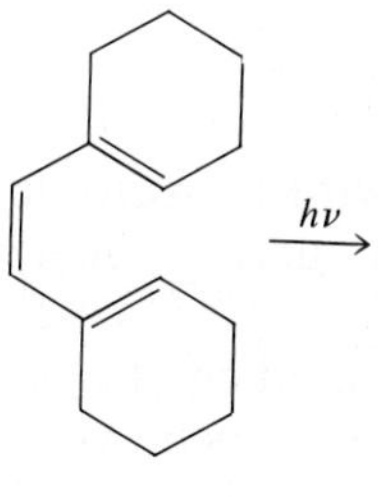

(b) 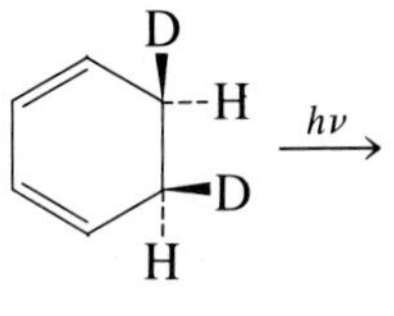 $\xrightarrow{h\nu}$

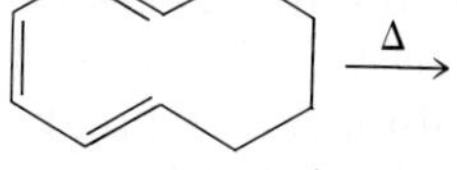

(c) 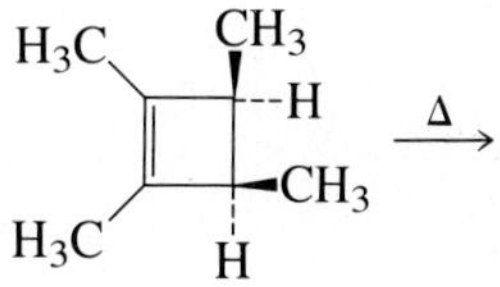 $\xrightarrow{\Delta}$

(d) $\xrightarrow{h\nu}$

(e) $\xrightarrow{\Delta}$

33 Beim Erhitzen isomerisiert Bicyclo[2.2.0]hexa-2,5-dien (Dewar-Benzol) in einer mit etwa 251 kJ/mol exothermen Reaktion zu Benzol. Diese Reaktion hat jedoch die ungewöhnlich hohe Aktivierungsenergie von 155 kJ/mol. Versuchen Sie, diese hohe Aktivierungssenergie zu erklären.

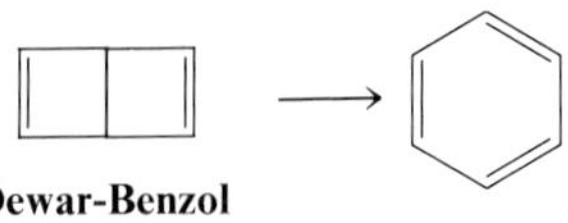

Dewar-Benzol

34 Erklären Sie eine jede mit einem Buchstaben gekennzeichnete Umsetzung:

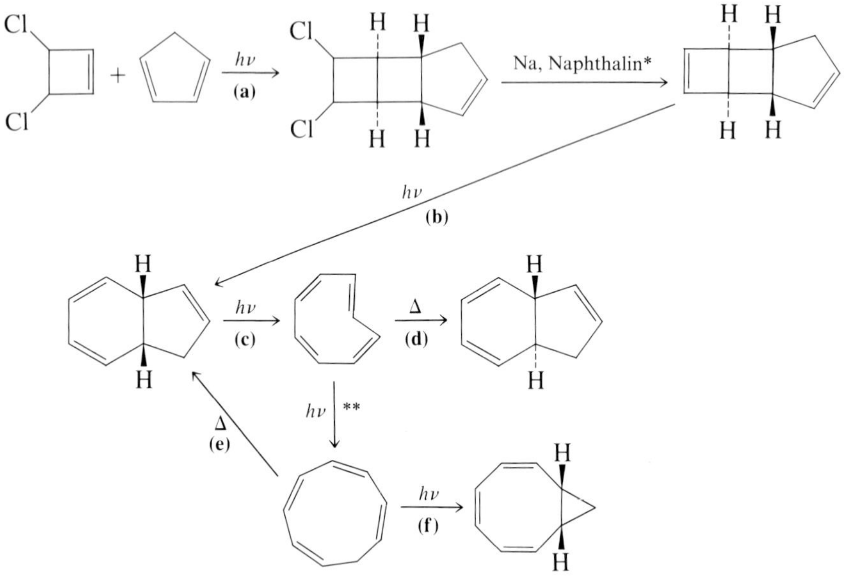

Cl Cl + $h\nu$ (a) Cl Cl H H H H Na, Naphthalin* H H H H

$h\nu$ (b)

H H $h\nu$ (c) Δ (d) H H

$h\nu$ ** Δ (e) $h\nu$ (f) H H

* Eine spezielle Kombination von Reagenzien, die genau für diese Reaktion benutzt wird.
** Bewirkt eine langsame *trans* → *cis*-Isomerisierung der *trans*-Doppelbindung.

35 Zeichnen Sie die abgekürzten Strukturformeln der folgenden Verbindungen:

(a) (*E*)-1,4-Poly-2-methyl-1,3-butadien [(*E*)-1,4-Polyisopren];
(b) 1,2-Poly-2-methyl-1,3-butadien (1,2-Polyisopren);
(c) 3,4-Poly-2-methyl-1,3-butadien (3,4-Polyisopren);
(d) Copolymer aus 1,3-Butadien und Ethenylbenzol (Styrol, $C_6H_5CH{=}CH_2$; das Copolymer wird in Autoreifen verwendet);
(e) Copolymer aus 1,3-Butadien und Propennitril (Acrylnitril, $CH_2{=}CHCN$, Latex);
(f) Copolymer aus 2-Methyl-1,3-butadien (Isopren) und 2-Methylpropen (Butylkautschuk, wird für Schläuche verwendet).

36 Das aus dem Geranylpyrophosphat (Abschn. 14-6) erhältliche Carbeniumion wird biochemisch nicht nur in Campher umgewandelt, es ist auch der biosynthetische Vorläufer des Limonens (Aufgabe 26) und der des α-Pinens (Kap. 4, Aufgabe 19). Schreiben Sie Mechanismen der Bildung der beiden letztgenannten Terpene aus diesem Carbeniumion.

37 Nennen Sie mit Hilfe der in Abschnitt 14.7 (insb. Abb. 14-16) eingeführten Bezeichnungen die Übergänge, die für die folgenden Moleküle der

Absorption mit der größten Wellenlänge im Elektronenspektrum zuzuordnen sind.

(a) CH_4 **(d)** Benzol (C_6H_6)
(b) N_2 **(e)** Formaldehyd ($CH_2{=}O$)
(c) H_2O **(f)** 2-Propenyl-Kation (Allyl-Kation)

38 Welches Molekül in den beiden folgenden Gruppen ist jeweils das mit der Absorption größter Wellenlänge im Elektronenspektrum?

(a) *cis,cis*-1,4,7-Nonatrien; *trans*-1,3,8-Nonatrien; *trans,cis,trans*-2,4,6-Nonatrien.

(b) 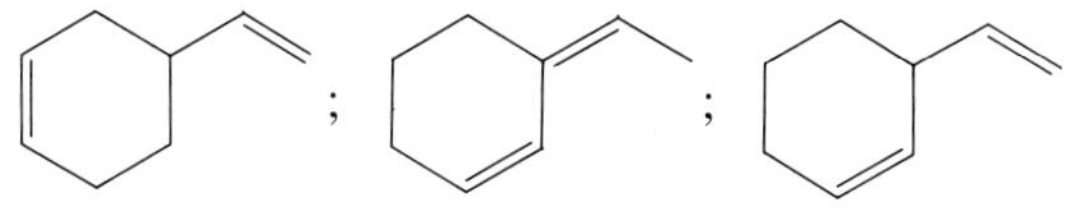 ; ;

39 Bestimmen Sie anhand der folgenden Informationen so gut Sie können die Strukturen der dazugehörenden vier Moleküle. Jedes reagiert mit einem Überschuß H_2 über Pd zu Hexan als einzigem Produkt.

(a) ^{1}H NMR: $\delta = 1.6-2.9$ (5H), 4.5–6.5 (5H) ppm. – UV: $\lambda_{max} = 182$ nm.
(b) ^{1}H NMR: $\delta = 2.02$ (4H), 4.5–6.5 (6H) ppm. – UV: $\lambda_{max} = 177$ nm.
(c) ^{1}H NMR: $\delta = 1.68$ (6H), 5.5–6.5 (4H) ppm. – UV: $\lambda_{max} = 227$ nm.
(d) ^{1}H NMR: $\delta = 0.8-2.0$ (5H), 4.5-6.5 (5H) ppm. – UV: $\lambda_{max} = 222$ nm.

15 Aldehyde und Ketone: Die Carbonylgruppe

Nachdem wir uns ausführlich mit der Chemie der Kohlenstoff–Kohlenstoff-π-Bindung befaßt haben, wenden wir uns nun der Chemie der Kohlenstoff–Sauerstoff-π-Bindung, der **Carbonylgruppe**, zu. Dabei handelt es sich wohl um die wichtigste funktionelle Gruppe der organischen Chemie. Dieses und das nächste Kapitel befassen sich mit der Chemie der **Aldehyde**, in welchen das Carbonyl-Kohlenstoffatom an Kohlenstoff und Wasserstoff gebunden ist [mit Ausnahme des Methanals (Formaldehyd), in dem das Carbonyl-Kohlenstoffatom an zwei Wasserstoffatome gebunden ist], und mit der Chemie der **Ketone**, in welchen es an zwei Kohlenstoffatome gebunden ist. In den Kapiteln 17 und 18 wird die Chemie der Carbonsäuren und ihrer Derivate beschrieben, in denen das Carbonyl-Kohlenstoffatom an Kohlenstoff und ein Heteroatom wie Sauerstoff, Halogen oder Stickstoff gebunden ist.

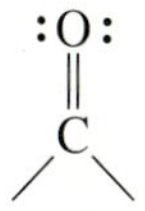

:O:
‖
C
/ \

Carbonylgruppe

Man kann sich vorstellen, daß sich Aldehyde und Ketone von Alkoholen durch Entfernung von zwei Wasserstoffatomen ableiten, und zwar eines von der Hydroxygruppe und eines von dem daran gebundenen Kohlenstoffatom.

Die Redox-Beziehung zwischen Alkoholen und Carbonylverbindungen

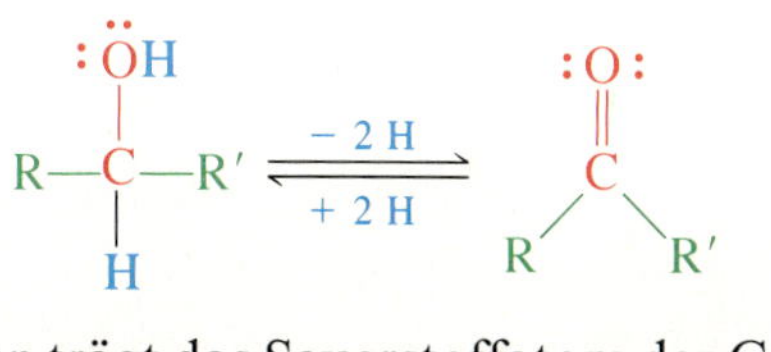

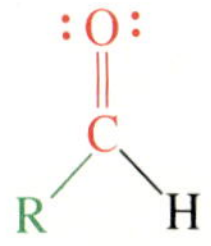

$$\mathrm{R{-}\underset{H}{\overset{:\ddot{O}H}{C}}{-}R'} \underset{+\,2\,H}{\overset{-\,2\,H}{\rightleftharpoons}} \mathrm{R{-}\overset{:O:}{\overset{\|}{C}}{-}R'}$$

Aldehyd: $\mathrm{R{-}C({=}O){-}H}$

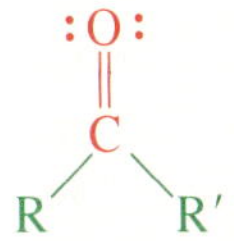

Keton: $\mathrm{R{-}C({=}O){-}R'}$

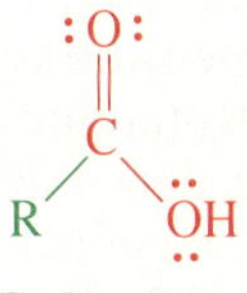

Carbonsäure: $\mathrm{R{-}C({=}O){-}\ddot{O}H}$

Wie bei den Alkoholen trägt das Sauerstoffatom der Carbonylgruppe zwei freie Elektronenpaare, weshalb die Carbonylgruppe leicht basisch ist. Daneben ist die Carbonylgruppe so polarisiert, daß das Kohlenstoffatom elektrophil wird. Das chemische Verhalten der Carbonylgruppen ist durch diese beiden Eigenschaften geprägt. Nach der Nomenklatur der Aldehyde und Ketone werden ihre physikalischen, strukturellen sowie spektroskopischen Eigenschaften besprochen. Danach wird auf die Methoden zur Darstellung dieser Verbindungen in Form einer Übersicht über Reaktionen eingegangen, die wir schon früher kennengelernt haben. Den Abschluß bilden die zahlreichen Additionsreaktionen an Kohlenstoff–Sauerstoff-Doppelbindungen.

15.1 Nomenklatur der Aldehyde und Ketone

Die Vertreter dieser Klasse von Verbindungen werden, wie auch andere, mit systematischen und mit Trivialnamen benannt.

Trivialnamen von Aldehyden und Ketonen

Aus historischen Gründen haben zahlreiche einfache Aldehyde und Ketone ihre Trivialnamen beibehalten. Viele Namen von Aldehyden leiten sich von den Trivialnamen der entsprechenden Carbonsäuren (s. Abschn. 17.1) durch Ersatz der Endung **-säure** durch **-aldehyd** ab.

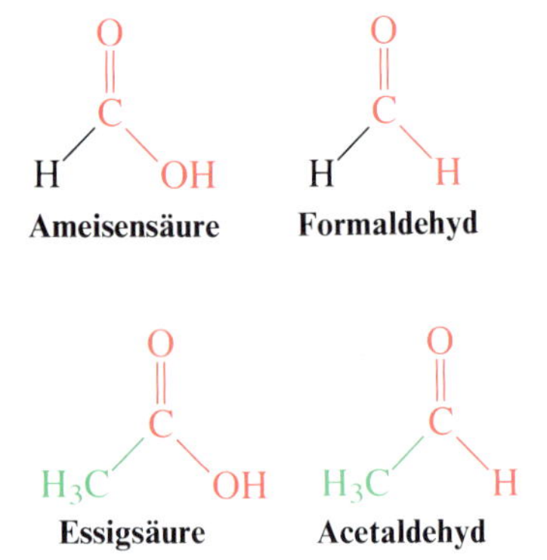

$CH_3\overset{O}{\overset{\|}{C}}CH_3$ **Dimethylketon (Aceton)**

$CH_3\overset{O}{\overset{\|}{C}}CH_2CH_3$ **Ethylmethylketon**

$CH_3CH_2\overset{O}{\overset{\|}{C}}CH_2CH_3$ **Diethylketon**

Bei den Trivialnamen der Ketone werden zunächst die beiden Substituenten der Carbonylgruppe genannt und dann die Endung **-keton** hinzugefügt, ähnlich wie bei der Dialkylether-Nomenklatur (Abschn. 9.5). Dimethylketon wird üblicherweise Aceton genannt.

Systematische Namen der Aldehyde und Ketone

Die systematischen Namen der Aldehyde leiten sich von denen der entsprechenden Alkane durch Hinzufügung der Endung **-al** ab. Aus einem Alkan wird so ein Alkanal. Beispielsweise leitet sich der einfachste Aldehyd vom Methan ab und heißt dementsprechend Methanal. Ethanal leitet sich vom Ethan ab, Propanal vom Propan und so weiter.

$H\overset{O}{\overset{\|}{C}}H$ **Methanal**

$CH_3\overset{O}{\overset{\|}{C}}H$ **Ethanal**

$CH_3CH_2\overset{O}{\overset{\|}{C}}H$ **Propanal**

$\overset{4}{Cl}\overset{}{C}H_2\overset{3}{C}H_2\overset{2}{C}H_2\overset{1}{\overset{O}{\overset{\|}{C}}}H$ **4-Chlorbutanal**

4,6-Dimethylheptanal

Die Position der Carbonylgruppe wird nicht spezifiziert; definitionsgemäß ist ihr Kohlenstoffatom C-1. Solange die Aldehydfunktion der längsten Kohlenstoffkette angehört ist so auch die Numerierung der anderen Kohlenstoffatome eindeutig festgelegt. Man beachte, daß die Namen der Aldehyde denen der Alkohole direkt entsprechen (Abschn. 8.1). Systeme, die nicht so einfach durch die Endung **-al** benannt werden können, werden als **Carbaldehyde** bezeichnet. Ist die funktionelle Gruppe der Aldehyde ein

Substituent, heißt dieser **Methanoyl** (wegen der Beziehung zum Methan); dennoch wird die Bezeichnung **Formyl** [abgeleitet von *formic acid*, engl., Methansäure (Ameisensäure)] von der IUPAC und *Chemical Abstracts* beibehalten.

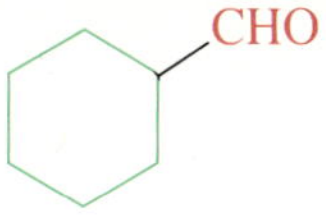

Cyclohexancarbaldehyd

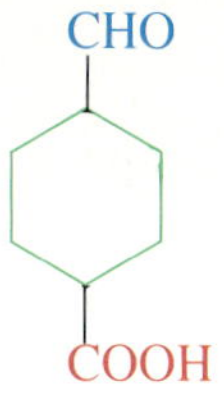

4-Methanoylcyclohexancarbonsäure (4-Formylcyclohexancarbonsäure)

Entsprechend den IUPAC-Regeln heißen Ketone **Alkanone**, dabei wird die Endung **-on** an den Namen des entsprechenden Alkans angehängt. Demnach wäre der systematische Name des Lösungsmittels Aceton Propanon. Die Position der Carbonylgruppe in der längsten Kette wird durch Numerierung in der Weise festgelegt, daß das Kohlenstoffatom der Carbonylgruppe die niedrigst mögliche Nummer erhält.

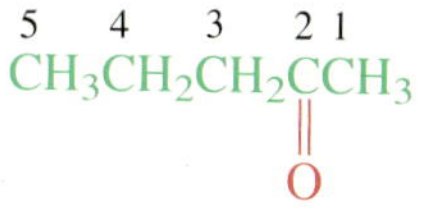

$CH_3CH_2CH_2C(=O)CH_3$ (C-5 4 3 2 1)

2-Pentanon

$CH_3CH(CH_3)CH_2CH(Cl)C(=O)CH_2CH_3$ (C-7 6 5 4 3 2 1)

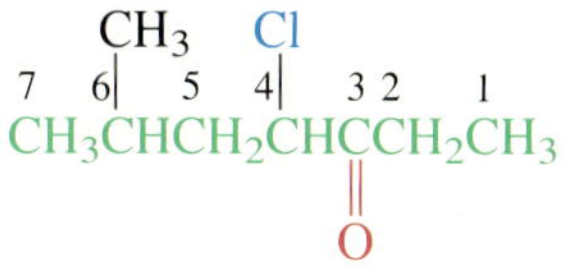

4-Chlor-6-methyl-3-heptanon

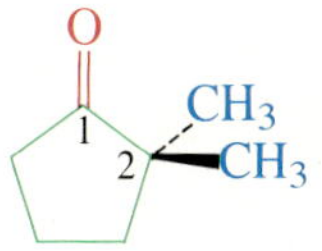

Während die Methanoylgruppe (Formylgruppe) nicht Bestandteil eines Ringes sein kann, gibt es sehr wohl cyclische Ketone. Solche Verbindungen heißen **Cycloalkanone**. Das Kohlenstoffatom der Carbonylgruppe ist als C-1 definiert.

2,2-Dimethylcyclopentanon

Bei komplizierteren Strukturen (wenn z. B. eine andere Gruppe höhere Priorität hat) und in Verbindung mit Trivialnamen wird die Bezeichnung **oxo** benutzt, um die Gegenwart einer Carbonylgruppe deutlich zu machen. Zahlreiche Substituenten, die eine Carbonylgruppe enthalten, haben spezielle Substituentennamen. Der Substituent $CH_3C(=O)-$ sollte **Ethanoyl** heißen, die IUPAC und *Chemical Abstracts* benutzen jedoch die Bezeichnung **Acetyl**. In diesem Buch wird das allgemeine Fragment $RC(=O)-$ als **Alkanoyl** bezeichnet, obwohl in anderen Nomenklatursystemen der Begriff **Acyl** bevorzugt wird.

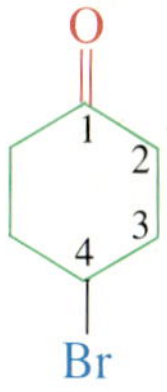

4-Bromcyclohexanon

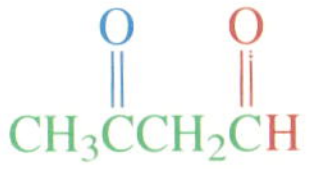

$CH_3C(=O)CH_2C(=O)H$

3-Oxobutanal

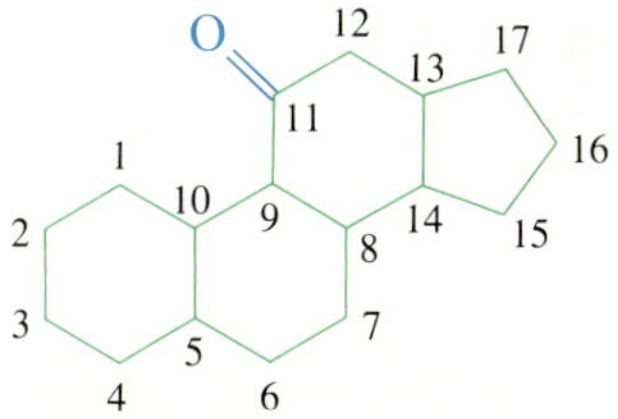

Ein 11-Oxosteroid

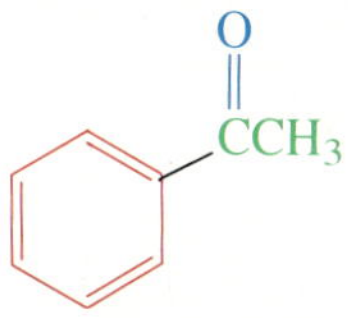

Ethanoylbenzol (Acetylbenzol, Acetophenon)

Wie in diesem Buch üblich, werden organische Moleküle soweit als möglich nach den ihnen entsprechenden Alkanen benannt; Trivialnamen werden in Klammern angegeben. Die Carbonylgruppe genießt Vorrang vor allen anderen bisher behandelten funktionellen Gruppen.

Aldehyde und Ketone mit anderen funktionellen Gruppen

$$\underset{\substack{|\\ CH_3}}{\overset{8\ \ 7}{CH_3}\overset{OH}{C}}\overset{6}{C}H_2\overset{5}{C}H{=}\overset{4}{C}H\overset{3}{C}H_2\overset{O}{\overset{\|}{\overset{2}{C}}}\overset{1}{C}H_3 \qquad HC{\equiv}C\overset{O}{\overset{\|}{C}}H$$

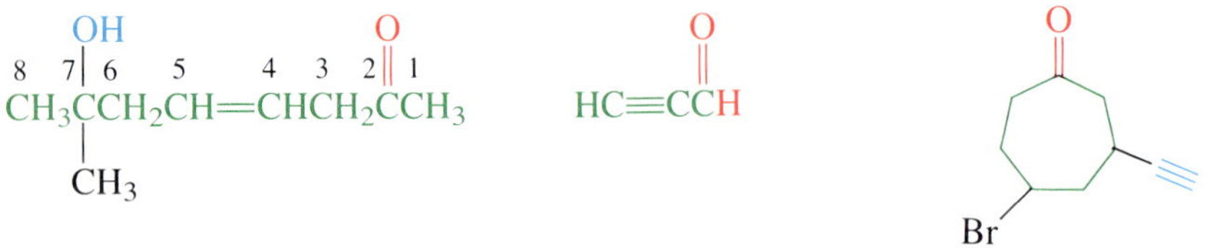

7-Hydroxy-7-methyl-4-octen-2-on — Propinal — 3-Ethinyl-5-bromcycloheptanon

Übung 15-1

Benennen oder zeichnen Sie die Strukturen der folgenden Verbindungen:

(a) 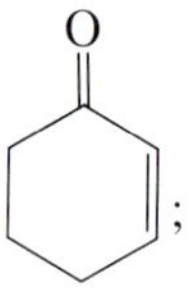 [Strukturformel]; (b) 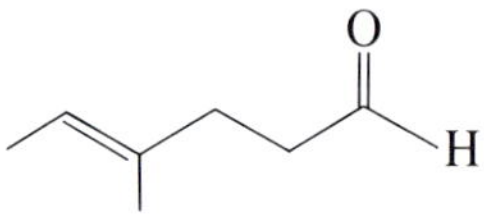 [Strukturformel] H; (c) 4-Octin-3-on; (d) 3-Hydroxybutanal.

Es gibt zahlreiche Möglichkeiten, Aldehyde und Ketone zu zeichnen. Strichformeln können wie üblich angewendet werden. In Kurzstrukturformeln werden Aldehyde als RCHO und nicht als RCOH bezeichnet, um Verwechslungen mit der Hydroxygruppe von Alkoholen vorzubeugen.

Möglichkeiten zum Zeichen der Strukturformeln von Aldehyden und Ketonen

Butanal: $CH_3CH_2CH_2\overset{O}{\overset{\|}{C}}H$ $\quad CH_3CH_2CH_2CHO$ (Keine Hydroxygruppe)

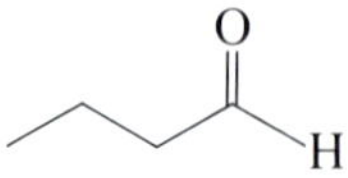

Butanon: $CH_3CH_2\overset{O}{\overset{\|}{C}}CH_3$ $\quad CH_3CH_2COCH_3$

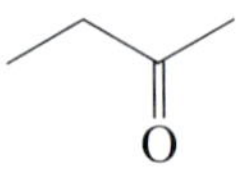

Insgesamt werden Aldehyde und Ketone systematisch als Alkanale und Alkanone benannt. Die Carbonylgruppe genießt Vorrang vor der Hydroxygruppe und vor C–C-Doppel- und Dreifachbindungen. Ansonsten werden die bekannten Regeln zur Numerierung des Stammsystems und zur Benennung der Substituenten befolgt.

15.2 Physikalische Eigenschaften von Aldehyden und Ketonen

In gewisser Weise ist die Carbonylgruppe ein Sauerstoff-Analogon der Doppelbindung in Alkenen. Diese Ähnlichkeit spiegelt sich in ihren Molekülorbitalen, in den Strukturen von Aldehyden und Ketonen sowie in einigen ihrer physikalischen und spektroskopischen Eigenschaften wieder. Andererseits gibt es auch grundsätzliche Unterschiede zwischen diesen beiden Doppelbindungen, die meist auf der Elektronegativität des Sauerstoffs, der Abwesenheit von Substituenten am Sauerstoffatom und den zwei freien Elektronenpaaren am Sauerstoffatom beruhen.

Die elektronische Struktur der Carbonylgruppe

Sowohl das Sauerstoffatom als auch das Kohlenstoffatom der Carbonylgruppe sind sp^2-hybridisiert und liegen daher in der gleichen Ebene wie die beiden anderen Nachbaratome des Kohlenstoffatoms; die Bindungswinkel am Kohlenstoffatom betragen etwa 120°. Senkrecht zu der so aufgespannten Molekülebene stehen zwei p-Orbitale, eines am Kohlenstoff- und eines am Sauerstoffatom, die die π-Bindung bilden (Abb. 15-1).

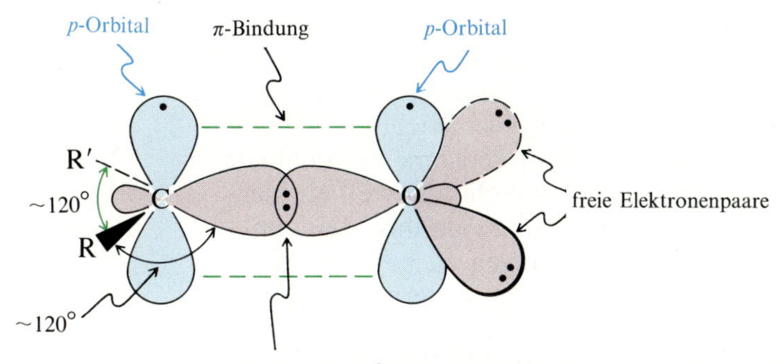

Abb. 15-1
Orbitale der Carbonylgruppe. Die Anordnung der Orbitale ist der der Orbitale des Ethens ähnlich (s. Abb. 11-1).

Der Vergleich mit der elektronischen Struktur der Doppelbindung in Alkenen zeigt zwei wesentliche Unterschiede. Zum einen trägt das Sauerstoffatom keine weiteren Atome, sondern nur zwei freie Elektronenpaare in seinen beiden ungefähr sp^2-hybridisierten Orbitalen. Diese weisen in die Raumrichtungen, in denen man die Substituenten eines sp^2-hybridisierten Kohlenstoffatoms erwarten würde. Daneben ist Sauerstoff stärker elektronegativ als Kohlenstoff. Dies beeinflußt die π-Elektronenwolke so, daß eine nennenswerte Polarisierung der Kohlenstoff–Sauerstoff-Bindung zu beobachten ist. Dadurch wird das Kohlenstoffatom der Carbonylgruppe leicht positiv geladen und das Sauerstoffatom um den gleichen Betrag negativ. Auf diese Weise wird das Kohlenstoffatom elektrophil und das Sauerstoffatom nucleophil und leicht basisch. Diese Polarisierung kann zum einen durch eine dipolare Resonanzstruktur, zum anderen durch Angabe von Partialladungen $\delta+$ und $\delta-$ verdeutlicht werden. Die Carbonylgruppe weist ein relativ großes Dipolmoment von etwa 9×10^{-30} C m auf, was fast dem von Halogenalkanen entspricht (Abschn. 6.2).

Darstellung einer Carbonylgruppe

$$\left[\rangle C{=}\ddot{O} \longleftrightarrow \rangle \overset{+}{C}{-}\ddot{O}{:}^{-} \right] \quad \text{oder} \quad \rangle \overset{\delta+}{C}{=}\overset{\delta-}{\ddot{O}}$$

elektrophil   nucleophil und basisch

$\mu \sim 9 \times 10^{-30}$ C m

Molekülstruktur von Ethanal, einem typischen Aldehyd

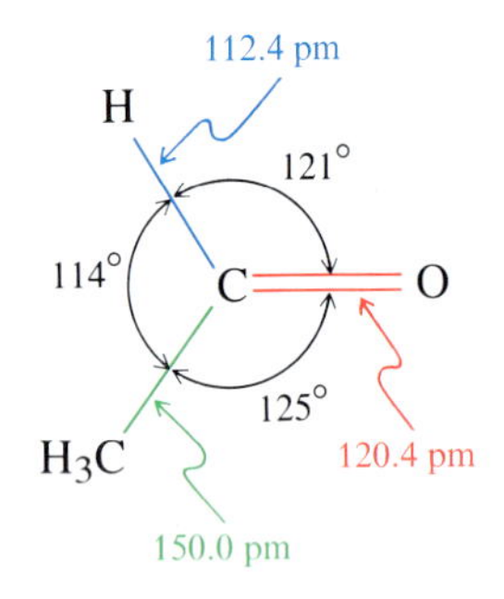

Abb. 15-2
Molekülstruktur von Ethanal.

Abbildung 15-2 zeigt die Molekülstruktur der Carbonylverbindung Ethanal (Acetaldehyd). Wie erwartet ist das Molekül planar mit einem trigonalen Carbonyl-Kohlenstoffatom und einer kurzen Kohlenstoff–Sauerstoff-Bindung, wodurch ihr Doppelbindungscharakter deutlich wird. Es überrascht nicht, daß die Bindungsstärke dieser Bindung mit 730–750 kJ/mol relativ groß ist.

Einige physikalische Konstanten von Aldehyden und Ketonen

Durch die Polarisierung der Carbonylgruppe liegen die Siedepunkte von Aldehyden und Ketonen höher als die der entsprechenden Kohlenwasserstoffe (Tab. 15-1). Die Siedepunkte der stärker polaren Halogenalkane (Tab. 6-2) sind denen der Aldehyde und Ketone vergleichbarer Größe bemerkenswert ähnlich. Die Siedepunktsunterschiede isomerer Aldehyde und Ketone sind vernachlässigbar. Homologe mit mehr als zwölf Kohlenstoffatomen sind bei Raumtemperatur Feststoffe. Wegen ihres Dipolmomentes und wegen der Wasserstoffbrückenbindungen zu negativ polarisierten Sauerstoffatomen sind die kleineren Carbonylverbindungen in Wasser löslich. Beispielsweise sind Ethanal (Acetaldehyd) und Propanon (Aceton) in jedem Verhältnis mit Wasser mischbar. Mit dem Anwachsen der hydrophoben Alkylgruppen sinkt jedoch die Wasserlöslichkeit. Carbonylverbindungen mit mehr als sechs Kohlenstoffatomen sind in Wasser praktisch unlöslich.

Tabelle 15-1 Siedepunkte einiger Aldehyde und Ketone

Formel	Name	Siedepunkt in °C
$HCHO$	Methanal (Formaldehyd)	–21
CH_3CHO	Ethanal (Acetaldehyd)	21
CH_3CH_2CHO	Propanal (Propionaldehyd)	49
CH_3COCH_3	Propanon (Aceton)	56
$CH_3CH_2CH_2CHO$	Butanal (Butyraldehyd)	76
$CH_3CH_2COCH_3$	Butanon (Ethylmethylketon)	80
$CH_3CH_2CH_2CH_2CHO$	Pentanal	102
$CH_3COCH_2CH_2CH_3$	2-Pentanon	102
$CH_3CH_2COCH_2CH_3$	3-Pentanon	102

Spektroskopische Eigenschaften von Aldehyden und Ketonen

^{1}H NMR-Entschirmung in Aldehyden und Ketonen

$$\mathrm{RC\overset{}{H_2}\overset{\overset{\displaystyle O}{\|}}{C}H}$$

$\delta \sim 2.5$ ~ 9.8 ppm

$$\mathrm{R\overset{\overset{\displaystyle R'}{|}}{C}H\overset{\overset{\displaystyle O}{\|}}{C}CH_3}$$

$\delta \sim 2.6$ ~ 2.0 ppm

Die Carbonylgruppe gibt Anlaß zu charakteristischen Spektren. In ^{1}H NMR-Spektren ist das Methanoyl-Wasserstoffatom (Formyl-Wasserstoffatom) stark entschirmt und tritt zwischen 9 und 10 ppm in Resonanz, ein Wert, der für diese Stoffklasse einzigartig ist. Es gibt zwei Gründe dafür. Zum einen induziert die Bewegung der π-Bindung wie bei Alkenen (Abschn. 11.3) ein lokales Magnetfeld, das das äußere verstärkt. Zum anderen hat die positive Partialladung des Carbonyl-Kohlenstoffatoms einen zusätzlichen entschirmenden Effekt. Abbildung 15-3 zeigt das ^{1}H NMR-Spektrum von Propanal mit dem Methanoylproton (Formylproton), das bei $\delta = 9.89$ ppm in Resonanz tritt. Wegen einer kleinen Kopplung mit den Methylenprotonen auf der anderen Seite der Carbonylgruppe ist das Signal mit einer Kopplungskonstanten von $J = 2$ Hz zu einem Triplett aufgespalten. Aufgrund des elektronenziehenden Charakters der Carbonylgruppe treten auch die beiden Methylenprotonen bei tieferem Feld in Resonanz als die entsprechender Alkane. Dieser Effekt wird auch in ^{1}H NMR-Spektren von Ketonen beobachtet.

Wegen der charakteristischen chemischen Verschiebung des Carbonyl-Kohlenstoffatoms sind ^{13}C NMR-Spektren für Aldehyde *und* Ketone besonders aussagekräftig. Man erinnere sich (Abschn. 11.3), daß die sp^2-hybridisierten Kohlenstoffatome eines Alkens bei tiefem Feld in Resonanz treten ($\sim$120–130 ppm). Zum Teil wegen der Elektronegativität des direkt an das Carbonyl-Kohlenstoffatom gebundenen Sauerstoffatoms treten Carbonyl-Kohlenstoffatome von Aldehyden und Ketonen bei noch tieferem Feld ($\sim$200 ppm) in Resonanz. Die der Carbonylgruppe benachbarten Kohlenstoffatome sind ebenfalls stärker entschirmt als die weiter entfernten. In Abbildung 15-4 ist das ^{13}C NMR-Spektrum von Cyclohexanon dargestellt.

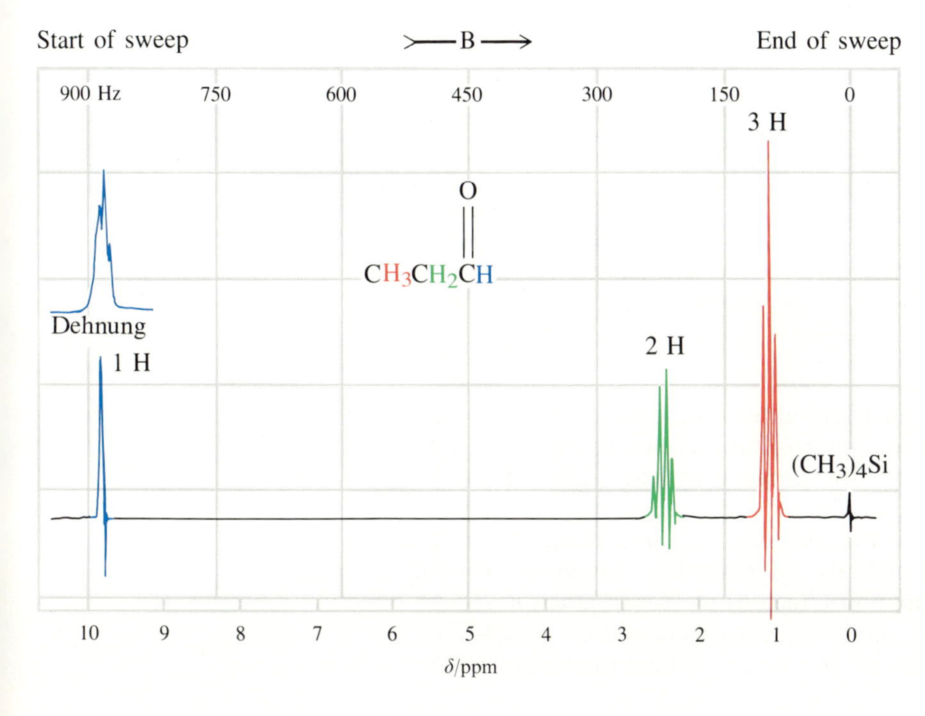

Abb. 15-3
90 MHz ^{1}H NMR-Spektrum von Propanal in CCl_4.

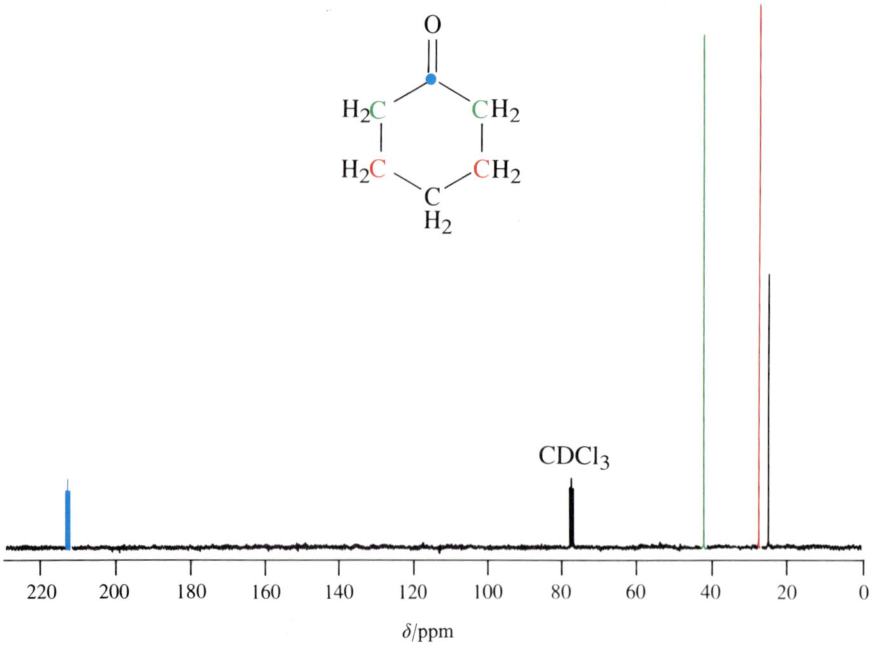

Abb. 15-4
^{13}C NMR-Spektrum von Cyclohexanon bei 75.5 MHz in $CDCl_3$. Das Carbonyl-Kohlenstoffatom ist, verglichen mit den anderen, stark entschirmt und tritt bei 211.8 ppm in Resonanz. Aus Symmetriegründen zeigt das Spektrum des Moleküls nur vier Signale. Je näher die Methylen-Kohlenstoffatome der Carbonylgruppe sind, bei desto niedrigerem Feld bzw. bei desto höherer Frequenz treten sie in Resonanz. Das Triplett bei 77 ppm gehört zum Kohlenstoffatom des Lösungsmittels $CDCl_3$, die Aufspaltung beruht auf der Kopplung zwischen Kohlenstoff und Deuterium (die Regeln für die Aufspaltung durch Deuterium unterscheiden sich von denen für Aufspaltungen durch Protonen und werden hier nicht näher besprochen).

Chemische Verschiebungen in ^{13}C NMR-Spektren von Aldehyden und Ketonen

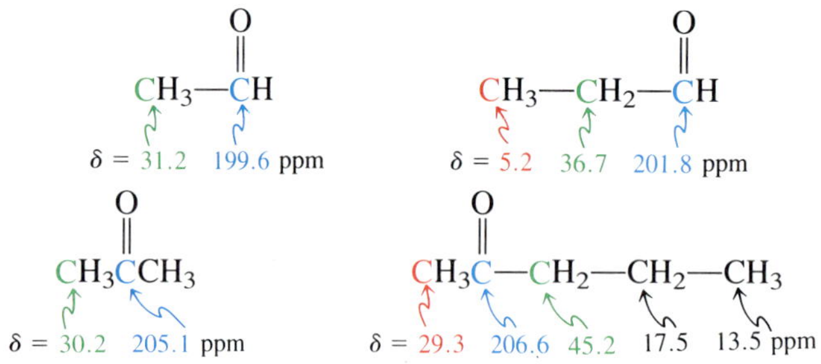

CH_3-CHO: δ = 31.2 (CH$_3$), 199.6 (CH) ppm

CH_3-CH_2-CHO: δ = 5.2 (CH$_3$), 36.7 (CH$_2$), 201.8 (CH) ppm

CH_3COCH_3: δ = 30.2 (CH$_3$), 205.1 (C=O) ppm

$CH_3CO-CH_2-CH_2-CH_3$: δ = 29.3, 206.6, 45.2, 17.5, 13.5 ppm

Übung 15-2

Ein Student fand eine alte Flasche mit Propanon (Aceton), das der Luft ausgesetzt worden war. Gaschromatographisch war eine geringe Menge einer neuen Verbindung nachweisbar. Ihr ^1H NMR-Spektrum (CCl_4) hatte Signale bei δ = 2.11 (s, 3H) und 2.60 (s, 2H) ppm. Ihr ^{13}C NMR-Spektrum zeigte nur drei Linien, eine davon bei 206.8 ppm. Die Elementaranalyse ergab eine Zusammensetzung C_3H_5O. Schlagen Sie eine Struktur für diese Verbindung vor. Hinweis: Beachten Sie, daß NMR-Integration und Elementaranalyse nur die *Verhältnisse* der fraglichen Ketone liefern!

Carbonylverbindungen haben auch charakteristische Elektronenspektren, da die freien Elektronenpaare des Sauerstoffatoms energiearme $n \longrightarrow \pi^*$- und die π-Elektronen $\pi \longrightarrow \pi^*$-Übergänge eingehen (Abb. 15-5). Als Konsequenz zeigen Aldehyde und Ketone Absorptionsbanden im ultravioletten Bereich zwischen 275 und 295 nm, das sind deutlich größere Wellenlängen (geringere Energie) als bei einfachen Alkenen (Abschn. 14.7). Zum Beispiel weist Propanon (Aceton) in Hexan einen $n \longrightarrow \pi^*$-Übergang bei 280 nm (ε = 15) auf. Der entsprechende $\pi \longrightarrow \pi^*$-Übergang wird bei 190 nm (ε = 1100) beobachtet. Konjugation mit einer Koh-

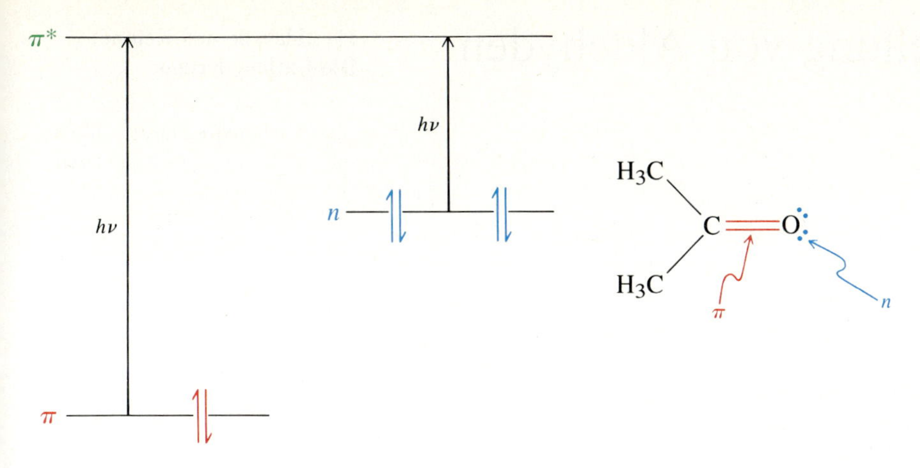

Abb. 15-5
$\pi \longrightarrow \pi^*$- und $n \longrightarrow \pi^*$-Übergänge in Propanon (Aceton).

lenstoff-Kohlenstoff-Doppelbindung hat auf die Elektronenspektren von Carbonylverbindungen den gleichen Einfluß wie auf die von Alkenen: Die Absorptionen werden nach größeren Wellenlängen verschoben. Zum Beispiel zeigt das Elektronenspektrum von 3-Buten-2-on, $CH_2{=}CHCOCH_3$, Signale bei 324 nm ($\varepsilon = 24$, $n \longrightarrow \pi^*$) und 219 nm ($\varepsilon = 3600$, $\pi \longrightarrow \pi^*$).

Elektronenübergänge im Propanon (Aceton) und im 3-Buten-2-on

$CH_3\overset{O}{\overset{\|}{C}}CH_3$ **Propanon (Aceton)**	$CH_2{=}CH\overset{O}{\overset{\|}{C}}CH_3$ **3-Buten-2-on**
$\lambda_{max}(\varepsilon) = 280\,(15)\ \ n \longrightarrow \pi^*$ $190\,(1100)\ \pi \longrightarrow \pi^*$	$\lambda_{max}(\varepsilon) = 324\,(24)\ \ n \longrightarrow \pi^*$ $219\,(3600)\ \pi \longrightarrow \pi^*$

Übung 15-3

Eine unbekannte Verbindung der Summenformel C_4H_6O hat die folgenden spektroskopischen Daten: ^1H NMR (CCl_4): $\delta = 2.03$ (dd, $J = 6.7$, 1.6 Hz, 3H), 6.06 (dq, $J = 16.1$, 7.7, 1.6 Hz, 1H), 6.88 (dq, $J = 16.1$, 6.7 Hz, 1H), 9.47 (d, $J = 7.7$ Hz, 1H) ppm. – ^{13}C NMR (CCl_4): $\delta = 18.4$, 132.8, 152.1, 191.4 ppm. – UV: $\lambda_{max}(\varepsilon) = 220$ (15000), 314 (21) nm. Schlagen Sie eine damit zu vereinbarende Struktur vor.

Es kann zusammengefaßt werden, daß es sich bei der Carbonylgruppe in Aldehyden und Ketonen um ein Sauerstoff-Analogon der Kohlenstoff–Kohlenstoff-Doppelbindung handelt. Die Elektronegativität des Sauerstoffatoms bewirkt jedoch durch die Polarisierung der π-Bindung ein starkes Dipolmoment. Die Carbonylgruppe wirkt daher als Substituent elektronenziehend. Als Konsequenz der sp^2-Hybridisierung liegen alle drei an das Carbonyl-Kohlenstoffatom gebundene Atome in einer Ebene. In NMR-Spektren sind Methanoylprotonen (Formylprotonen) und Carbonyl-Kohlenstoffatome stark entschirmt. Die Möglichkeit der Anregung nichtbindender Elektronen des Sauerstoffatoms in π*-Molekülorbitale ist schließlich die Ursache für die UV-Absorptionen von Carbonylverbindungen bei relativ großer Wellenlänge.

15.3 Die Darstellung von Aldehyden und Ketonen

Es gibt zahlreiche Methoden zur Darstellung von Aldehyden und Ketonen, von denen die wichtigsten bereits im Zusammenhang mit der Besprechung anderer funktioneller Gruppen erwähnt wurden: Oxidation von Alkoholen (Abschn. 9.4), oxidative Spaltung von Alkenen (Abschn. 12.5) und Hydroborierung-Oxidation oder Hydratisierung von Alkinen (Abschn. 13.6). In diesem Abschnitt werden einige industrielle Darstellungsmethoden angesprochen und die bereits erwähnten Methoden zusammengefaßt, wobei auf spezielle Gesichtspunkte eingegangen wird und weitere Beispiele angeführt werden. Andere Wege zu Aldehyden und Ketonen werden in späteren Kapiteln beschrieben, darunter:

1 Reaktion einer Carbonsäure mit Alkyllithium-Reagenzien (Abschn. 17.10),

$$\mathrm{R\overset{\displaystyle O}{\overset{\|}{C}}OH} + \mathrm{R'Li} \longrightarrow \xrightarrow{\mathrm{H^+,\ H_2O}} \mathrm{R\overset{\displaystyle O}{\overset{\|}{C}}R'}$$

2 Reaktion von Alkanoylchloriden (Acylchloriden) mit metallorganischen Reagenzien (Abschn. 18.2),

$$\mathrm{R\overset{\displaystyle O}{\overset{\|}{C}}Cl} + \mathrm{R'M} \longrightarrow \xrightarrow{\mathrm{H^+,\ H_2O}} \mathrm{R\overset{\displaystyle O}{\overset{\|}{C}}R'}$$

3 Reduktion von Alkanoylchloriden (Acylchloriden) mit einem modifizierten Hydrid oder katalytisch aktiviertem Wasserstoff (Abschn. 18.2),

$$\mathrm{R\overset{\displaystyle O}{\overset{\|}{C}}Cl} + \mathrm{MH} \longrightarrow \xrightarrow{\mathrm{H^+,\ H_2O}} \mathrm{R\overset{\displaystyle O}{\overset{\|}{C}}H} \qquad \mathrm{R\overset{\displaystyle O}{\overset{\|}{C}}Cl} + \mathrm{H_2} \xrightarrow{\mathrm{Pd/BaSO_4}} \mathrm{R\overset{\displaystyle O}{\overset{\|}{C}}H}$$

4 Reduktion von Estern und Amiden mit Diisobutylaluminiumhydrid (Abschn. 18.4 u. 18.5),

$$\mathrm{R\overset{\displaystyle O}{\overset{\|}{C}}OR'}\ \text{oder}\ \mathrm{R\overset{\displaystyle O}{\overset{\|}{C}}NR'_2} + \mathrm{(CH_3\overset{\displaystyle CH_3}{\overset{|}{C}}HCH_2)_2AlH} \longrightarrow \xrightarrow{\mathrm{H^+,\ H_2O}} \mathrm{R\overset{\displaystyle O}{\overset{\|}{C}}H}$$

5 Reaktion von Nitrilen mit metallorganischen Reagenzien (Abschn. 18.6),

$$\mathrm{RC{\equiv}N} + \mathrm{R'M} \longrightarrow \xrightarrow{\mathrm{H^+,\ H_2O}} \mathrm{R\overset{\displaystyle O}{\overset{\|}{C}}R'}$$

6 Reduktion von Nitrilen mit modifizierten Hydriden (Abschn. 18.6),

$$\mathrm{RC{\equiv}N} + \mathrm{MH} \longrightarrow \xrightarrow{\mathrm{H^+,\ H_2O}} \mathrm{R\overset{\displaystyle O}{\overset{\|}{C}}H}$$

7 Friedel-Crafts-Alkanoylierung (-Acylierung, Abschn. 19.7),

$$C_6H_6 + RCOCl \xrightarrow{AlCl_3} \xrightarrow{H^+,\ H_2O} C_6H_5COR$$

8 Reaktionen von Diazomethan mit Alkanoylchloriden (Acylchloriden, Abschn. 21.5),

$$RCOCl + CH_2N_2 \longrightarrow RCOCH_2Cl + N_2 \qquad RCOCl + 2\,CH_2N_2 \longrightarrow RCOCHN_2 + HCl$$

9 Alkylierung von Äquivalenten des Alkanoyl-Anions (Acyl-Anions, Abschn. 22.2),

$$RX + \text{2-R}'\text{-1,3-Dithian-2-id} \longrightarrow \xrightarrow{H^+,\ HgCl_2} RCOR'$$

10 Decarboxylierung von 3-Ketosäuren (Abschn. 22.4),

$$RCOCH(R')COOH \xrightarrow{\Delta} RCOCH_2R' + CO_2$$

Einige industrielle Darstellungsmethoden für Aldehyde und Ketone

Der industriell wichtigste Aldehyd ist Methanal (Formaldehyd); das wichtigste Keton ist Propanon (Aceton). In der Bundesrepublik werden jährlich über 500 000 Tonnen Methanal durch Oxidation von Methanol hergestellt:

$$CH_3OH \xrightarrow{O_2,\ 600^\circ-650\,^\circ C,\ kat.\ Ag} CH_2{=}O$$

Als wäßrige Lösung („Formalin“) wird Methanal als bakterizides und fungizides Desinfektionsmittel eingesetzt. Die wichtigste Verwendung ist die zur Herstellung von Phenolharzen (Abschn. 24.4).

Propanon (Aceton) ist ein wertvolles Nebenprodukt des Cumolhydroperoxid-Verfahrens (Abschn. 24.3) und dient als Lösungsmittel sowie als Ausgangsmaterial zur Darstellung anderer Industriechemikalien.

Butanal wird durch Hydroformylierung hergestellt; dabei wird Propen mit Synthesegas ($CO + H_2$, Abschn. 8.4) in Gegenwart von Cobalt- oder Rhodium-Katalysatoren umgesetzt. Die Reaktion ist allgemein anwendbar und kann zur Darstellung anderer Aldehyde angewandt werden.

$$CH_3CH{=}CH_2 + CO + H_2 \xrightarrow{Co\ oder\ Rh,\ \Delta,\ Druck} CH_3CH_2CH_2CHO$$

Aldehyde und Ketone durch Oxidation von Alkoholen

Wir haben schon früher erwähnt (Abschn. 9.4), daß Chrom(VI)-Verbindungen Alkohole zu Carbonylverbindungen oxidieren können. Sekundäre Alkohole führen zu Ketonen und primäre zu Aldehyden; letzteres funktioniert jedoch nur, wenn das Chromtrioxid mit Pyridin gemischt wird, welches die Weiteroxidation zur Carbonsäure unterbindet. Das Chrom-Oxidationsmittel ist selektiv, sogar in Gegenwart von Alken- und Alkingruppen.

Selektive Oxidation von Alkoholen

$$CH_3CH(OH)C{\equiv}C(CH_2)_3CH_3 \xrightarrow{CrO_3,\ H_2SO_4,\ \text{Propanon (Aceton)},\ 0\,^\circ C} CH_3C(=O)C{\equiv}C(CH_2)_3CH_3\quad 80\%$$

3-Octin-2-ol → **3-Octin-2-on**

$$HC{\equiv}CCH{=}CHCH_2OH \xrightarrow{CrO_3,\ H_2SO_4,\ \text{Propanon (Aceton)},\ 0\,^\circ C} HC{\equiv}CCH{=}CHC(=O)OH\quad 60\%$$

2-Penten-4-in-1-ol → **2-Penten-4-insäure**

$$\text{(2,2-Dimethyl-1,3-dioxolan-4-yl)}CH(CH_3)CH_2OH \xrightarrow{CrO_3(\text{Pyridin})_2,\ HCl,\ CH_2Cl_2,\ CH_3COO^-Na^+} \text{(2,2-Dimethyl-1,3-dioxolan-4-yl)}CH(CH_3)CH{=}O\quad 85\%$$

Die selektive Oxidation von primären Alkoholen zu Aldehyden verläuft nur in Abwesenheit von Wasser erfolgreich. In wäßrigen Medien wird der Aldehyd zum geminalen Diol hydratisiert, welches weiteroxidiert wird (Abschn. 15.5).

Wasser bewirkt Überoxidation von primären Alkoholen

$$RCH_2OH \xrightarrow{Cr(VI),\ H^+} RC(=O)H \xrightarrow{H_2O} RC(OH)(H)OH \xrightarrow{Cr(VI)} RC(=O)OH$$

Ein weiteres mildes Oxidationsmittel, welches spezifisch Allylalkohole zu Aldehyden oxidiert, ist Mangandioxid. Normale Alkohole werden bei Raumtemperatur nicht angegriffen.

Selektive Oxidationen von Allylalkoholen mit Mangandioxid

$$HC{\equiv}CCH{=}C(CH_3)CH_2OH \xrightarrow{MnO_2,\ \text{Propanon (Aceton)},\ 25\,^\circ C} HC{\equiv}CCH{=}C(CH_3)CHO\quad 35\%$$

2-Methyl-penten-4-in-1-ol → **2-Methyl-2-penten-4-inal**

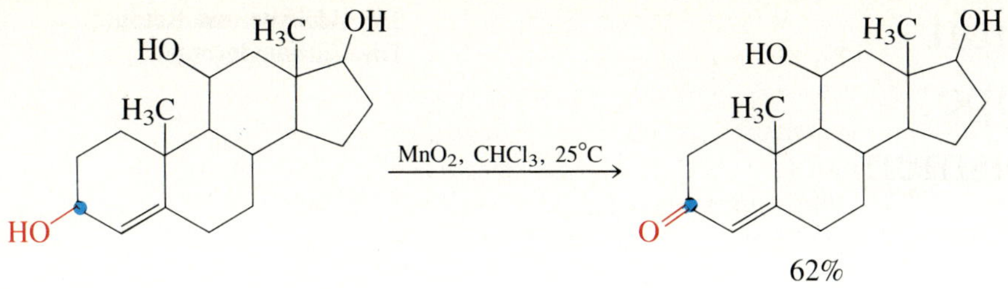

$$\xrightarrow{MnO_2,\ CHCl_3,\ 25°C}$$

62%

Übung 15-4
Entwerfen Sie eine von Cyclohexan ausgehende Synthese von Cyclohexyl-1-propinylketon. Sie dürfen alle möglichen Reagenzien verwenden.

Aldehyde und Ketone durch oxidativen C–C-Bindungsbruch

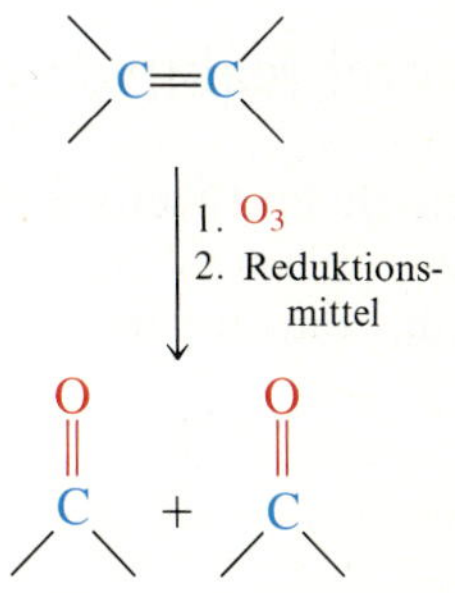

In Gegenwart milder Reduktionsmittel wie katalytisch aktiviertem Wasserstoff oder Dimethylsulfid spaltet Ozon Alkene unter Bildung von Aldehyden oder Ketonen (Abschn. 12.5).

Ozonolyse

1. O_3
2. Reduktionsmittel

Aldehyde und Ketone aus Alkinen

Die Addition von Wasser an eine Kohlenstoff–Kohlenstoff-Dreifachbindung ergibt Enole, die zu Carbonylverbindungen tautomerisieren (Abschn. 13.6). Die Markovnikov-Addition von Wasser erfolgt in wäßriger Säure in Gegenwart von Quecksilber-Ionen.

Markovnikov-Hydratisierung von Alkinen

$$RC{\equiv}CH \xrightarrow{HOH,\ H^+,\ Hg^{2+}} \left[(HO)(R)C{=}CH_2 \right] \longrightarrow RC(=O)CH_3$$

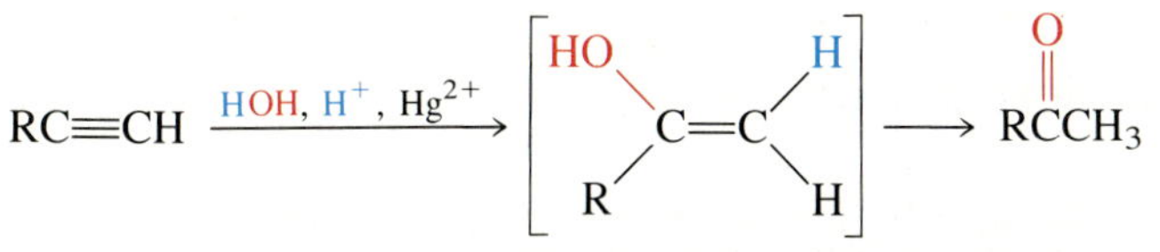

Anti-Markovnikov-Addition erfolgt bei der Hydroborierung-Oxidation.

Anti-Markovnikov-Hydratisierung von Alkinen

$$RC{\equiv}CH \xrightarrow{(C_6H_{11})_2BH} RHC{=}CH{-}B(C_6H_{11})_2 \xrightarrow{H_2O_2,\ HO^-} \left[RHC{=}CHOH \right] \longrightarrow RCH_2CH{=}O$$

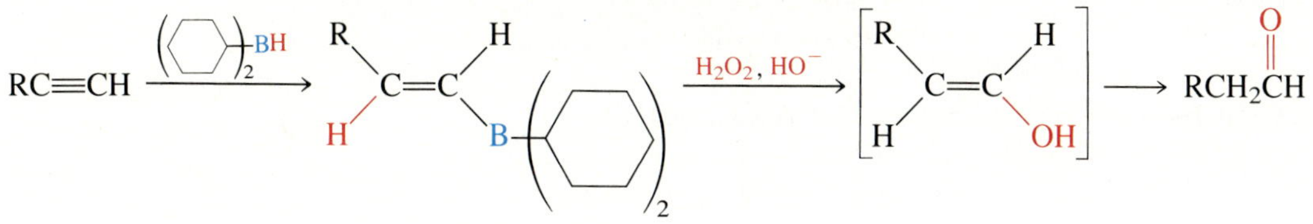

Es gibt demnach drei dominierende Verfahren zur Darstellung von Aldehyden und Ketonen: Oxidation von Alkoholen, oxidative Spaltung von Alkenen und Hydratisierung von Alkinen. Es gibt zahlreiche weitere Darstellungsmethoden, die in späteren Kapiteln angesprochen werden.

15.4 Die Reaktivität der Carbonylgruppe: Additionsmechanismen

Dieser Abschnitt beginnt mit einer Diskussion der Chemie der Carbonylgruppe in Aldehyden und Ketonen. Wie bei der π-Bindung in Alkenen geht auch die Kohlenstoff–Sauerstoff-Doppelbindung Additionsreaktionen ein. Zum Beispiel führt die katalytische Hydrierung zu Alkoholen. Elektrophile greifen das Sauerstoffatom, Nucleophile das Kohlenstoffatom an.

Die drei reaktiven Positionen in Aldehyden und Ketonen

Aldehyde und Ketone haben drei Positionen, an denen die meisten Reaktionen ablaufen: Das Sauerstoffatom, das Carbonyl-Kohlenstoffatom und das daran gebundene Kohlenstoffatom:

:O: ← Angriff durch Elektrophile
C ← Angriff durch Nucleophile
H (sauer), C, R

Der Rest dieses Kapitels befaßt sich mit den ersten beiden reaktiven Positionen. Die anderen Reaktionen werden in Kapitel 16 besprochen.

Die Carbonyl-π-Bindung kann hydriert werden

Wie C–C-π-Bindungen kann man auch die Carbonylgruppe katalytisch hydrieren (Abschn. 8.4), wobei Alkohole gebildet werden. In Abhängigkeit vom Katalysator können Aldehyde und Ketone reaktionsträger sein als Alkene, was Druck oder erhöhte Temperatur erforderlich macht, damit die Reaktion mit brauchbarer Geschwindigkeit abläuft.

$$CH_3CH_2CH_2CH{=}O \xrightarrow[3 \cdot 10^6\ Pa]{H_2,\ Ru,\ 160\,^\circ C} CH_3CH_2CH_2CH(H)OH$$

$$CH_3C(=O)CH_2CH_3 \xrightarrow[5 \cdot 10^5\ Pa]{H_2,\ Raney\text{-}Ni,\ 80\,^\circ C} CH_3C(OH)(H)CH_2CH_3$$

Diesen Unterschied in der Reaktivität kann man sich zunutze machen bei der selektiven Hydrierung ungesättigter Aldehyde oder Ketone. In schwierigen Fällen kann man den Wasserstoffverbrauch verfolgen und die Reaktion anhalten, wenn das erforderliche Volumen Wasserstoff aufgenommen worden ist.

Die katalytischen Hydrierungen von Aldehyden und Ketonen sind Additionsreaktionen, die an der Katalysatoroberfläche ablaufen. Additionen an die Kohlenstoff–Sauerstoff-Doppelbindung können unter Ausnutzung der dipolaren Natur der Carbonylgruppe ionisch verlaufen.

Selektive Hydrierung eines Enons

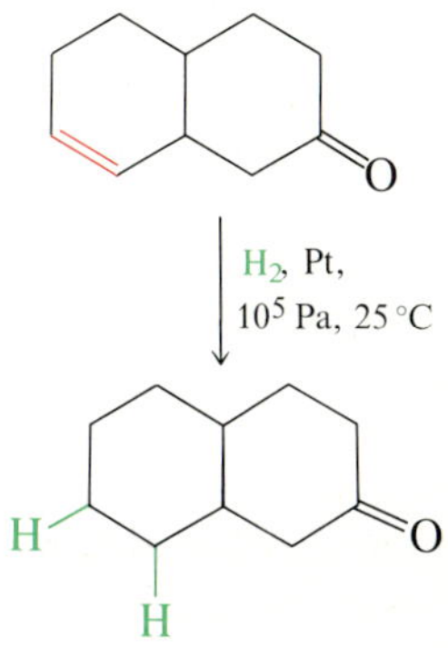

H_2, Pt, 10^5 Pa, 25 °C

H H

100%

Ionische Additionen an die Carbonylgruppe

Polare Reagenzien addieren gemäß dem Coulombschen Gesetz an die Carbonylgruppe. Nucleophile werden an das Kohlenstoffatom, Elektrophile an das Sauerstoffatom gebunden. In den Abschnitten 8.4 und 8.6 wurden zahlreiche solcher Additionen mit metallorganischen Reagenzien oder Hydriden besprochen, wobei Alkohole gebildet wurden. Wegen der Nucleophilie dieser Reagenzien waren diese Reaktionen irreversibel. Dieser und der folgende Abschnitt gehen auf ionische Additionsreaktionen mit milderen Nucleophilen Nu–H, wie Wasser, Alkoholen, Thiolen und Aminen ein. Diese Reaktionen sind nicht so stark exotherm, sondern führen zu Gleichgewichten, die durch geeignete Reaktionsbedingungen in beide Richtungen gedrängt werden können.

Nach welchem Mechanismus erfolgt die ionische Addition dieser Reagenzien an die C–O-Doppelbindung? Man kann zwei Wege formulieren. Der erste beginnt mit dem nucleophilen Angriff und erfordert die Abwesenheit von Säure. Mit der Annäherung des Nucleophils an das Carbonyl-Kohlenstoffatom rehybridisiert dieses, wobei das Elektronenpaar der π-Bindung unter Bildung eines Alkoxid-Ions auf das Sauerstoffatom übertragen wird. Die abschließende Protonierung durch ein protisches Lösungsmittel wie Wasser oder Alkohol liefert das Additionsprodukt.

Additionen an die Carbonylgruppe

δ^- O, δ^+ C + δ^+ X–Y δ^- → OX–C–Y

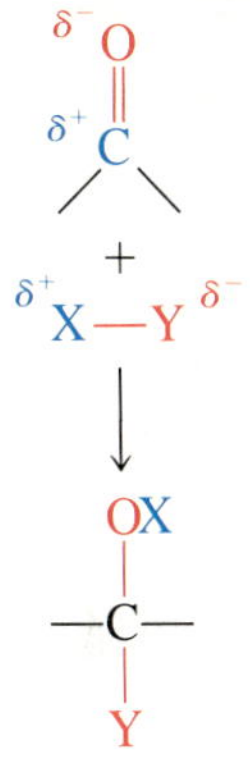

Nucleophile Addition-Protonierung

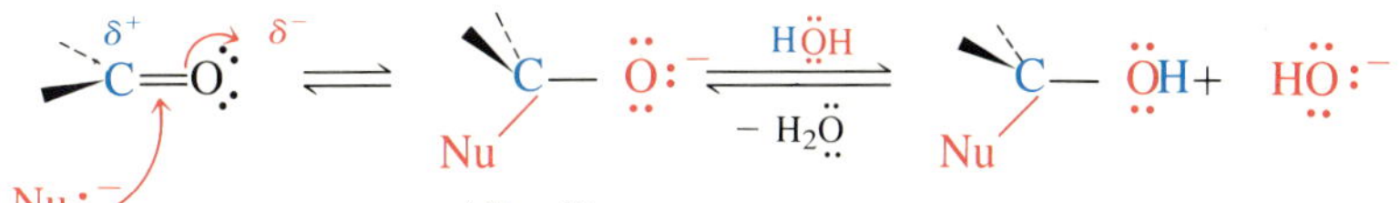

δ^+ C=O: δ^- + Nu:⁻ ⇌ Nu–C–O:⁻ (Alkoxid-Ion) ⇌ (HÖH / $-H_2O$) Nu–C–OH + HO:⁻

Man beachte, daß die neue Nu–C-Bindung ausschließlich durch das Elektronenpaar des Nucleophils gebildet wurde. Die gesamte Reaktion ähnelt einer S_N2-Reaktion. Anstatt einer Abgangsgruppe wird jedoch ein Elektronenpaar aus einer Position zwischen zwei Atomen in eine an einem Atom (dem Sauerstoffatom) lokalisierte verschoben.

Der zweite Mechanimus ist besonders in sauren Medien wirksam und beginnt mit einem elektrophilen Angriff. Hier begünstigt die Polarisierung der Carbonylgruppe und die Anwesenheit von freien Elektronenpaaren eine Protonierung. Protonierte Carbonylgruppen wurden in Abschnitt 9.2 angesprochen. Die Basizität des Sauerstoffatoms ist gering, wie die Acidität der konjugierten Säure zeigt, die einen pK_a zwischen -7 und -8 aufweist. Daher bleibt in einem verdünnten sauren Medium, in dem die meisten Reaktionen mit Carbonylverbindungen durchgeführt werden, der größte Teil der Moleküle unprotoniert. Der kleine protonierte Anteil verhält sich jedoch wie ein außergewöhnlich reaktives Kohlenstoff-Elektrophil. Der Angriff des Nucleophils vervollständigt die Additionsreaktion und zieht das Gleichgewicht in die gewünschte Richtung.

Elektrophile Protonierung-Addition

$$\mathrm{C}^{\delta^+}{=}\mathrm{O}^{\delta^-} + \mathrm{H}^+ \rightleftharpoons \left[\overset{+}{\mathrm{C}}{-}\ddot{\mathrm{O}}\mathrm{H} \longleftrightarrow \mathrm{C}{=}\overset{+}{\mathrm{O}}\mathrm{H}\right] \underset{-:\mathrm{Nu}^-}{\overset{:\mathrm{Nu}^-}{\rightleftharpoons}} \mathrm{Nu}{-}\mathrm{C}{-}\ddot{\mathrm{O}}\mathrm{H}$$

protonierte Carbonylgruppe

$pK_a \sim -8$

Wir fassen zusammen, daß es in Carbonylverbindungen drei reaktive Positionen gibt. Die ersten zwei sind die beiden Atome der Carbonylgruppe und Gegenstand dieses Kapitels. Die dritte Position wird in Kapitel 16 besprochen. Die Reaktivität der Carbonylgruppe wird im wesentlichen durch Additionsreaktionen bestimmt. Die katalytische Hydrierung führt zu Alkoholen. Ionische Additionen von NuH (Nu = OH, OR, SR, NR_2) sind reversibel und können mit einem nucleophilen Angriff auf das Carbonyl-Kohlenstoffatom beginnen, gefolgt von einem Abfang des so gebildeten Alkoxid-Ions. Alternativ erfolgt in sauren Medien zuerst die Protonierung und dann der nucleophile Angriff.

15.5 Aldehyde und Ketone addieren Wasser und Alkohole unter Bildung von Hydraten und Acetalen

In diesem Abschnitt werden die Reaktionen von Aldehyden und Ketonen mit Wasser oder Alkoholen eingeführt. Diese Reagenzien greifen Carbonylgruppen in der in Abschnitt 15.4 besprochenen Weise an, und zwar unter Säuren- und Basenkatalyse. Bei der Säurekatalyse wird das zunächst gebildete einfache Additionsprodukt weiter umgewandelt, indem die Hydroxygruppe unter Bildung eines Acetals durch eine Alkoxygruppe ersetzt wird. Eine ähnliche Reaktivität wird mit Thiolen beobachtet.

Wasser hydratisiert die Carbonylgruppe

Wasser ist eines der Reagenzien, die die Carbonylgruppen von Aldehyden und Ketonen angreifen können. Diese Umwandlung, die entweder durch Säure oder durch Base katalysiert wird, führt zur Einstellung eines Gleichgewichtes zwischen Carbonylverbindung und dem entsprechenden **geminalen Diol**, das auch als **Carbonylhydrat** bezeichnet wird. Im basenkatalysierten Mechanismus agiert das Hydroxid-Ion als das Nucleophil; Wasser fängt dann das intermediäre Addukt unter Bildung des geminalen Diols ab, wobei der Katalysator wieder frei wird.

Hydratisierung der Carbonylgruppe

$$\mathrm{C}{=}\mathrm{O} + \mathrm{HOH} \underset{\mathrm{H}^+ \text{ oder } \mathrm{HO}^-}{\overset{K}{\rightleftharpoons}} \mathrm{HO}{-}\mathrm{C}{-}\mathrm{OH}$$

Ein geminales Diol

Mechanismus der basenkatalysierten Hydratisierung

$$\mathrm{C}{=}\ddot{\mathrm{O}} + {}^-{:}\ddot{\mathrm{O}}\mathrm{H} \rightleftharpoons \mathrm{H}\ddot{\mathrm{O}}{-}\mathrm{C}{-}\ddot{\mathrm{O}}{:}^- \overset{\mathrm{H}\ddot{\mathrm{O}}\mathrm{H}}{\rightleftharpoons} \mathrm{H}\ddot{\mathrm{O}}{-}\mathrm{C}{-}\ddot{\mathrm{O}}\mathrm{H} + \mathrm{H}\ddot{\mathrm{O}}{:}^-$$

Hydroxyalkoxid

Im säurekatalysierten Mechanismus ist die Reihenfolge der einzelnen Schritte umgekehrt. Hier folgt der anfänglichen Protonierung der nucleophile Angriff des Wassers, wonach durch Deprotonierung der Katalysator frei wird, der neu in den Katalysecyclus eintritt.

Mechanismus der säurekatalysierten Hydratisierung

$$>C{=}\ddot{O} + H^+ \rightleftharpoons >C{=}\overset{+}{\ddot{O}}{-}H \xrightleftharpoons{H_2\ddot{O}} H_2\overset{+}{O}{:}{-}C{-}\ddot{O}H \rightleftharpoons H\ddot{O}{-}C{-}\ddot{O}H + H^+$$

Den Reaktionsgleichungen ist zu entnehmen, daß die Hydratisierung von Aldehyden und Ketonen reversibel ist. Für Ketone liegt das Gleichgewicht auf der linken Seite, für Methanal (Formaldehyd) und Aldehyde mit elektronenziehenden Substituenten rechts. Normale Aldehyde nehmen eine mittlere Position ein und weisen Gleichgewichtskonstanten um 1 auf. Wie kann man diesen Trend erklären? Allgemein sind Additionen an Carbonylgruppen umso mehr bevorzugt, je elektrophiler das Carbonyl-Kohlenstoffatom ist. Man kann die nucleophile Kraft dieses Zentrums grob mit der Stabilität des in der dipolaren Resonanzstruktur formulierten Carbeniumions korrelieren. Das höher substituierte Carbeniumion ist das stabilere, und seine Reaktivität sinkt in der Reihenfolge Methanal, Ethanal, Propanon. Methanal (Formaldehyd) weist zum Beispiel eine dipolare Resonanzformel mit einem primären Carbeniumion auf; in Ethanal (Acetaldehyd) ist dieses Carbeniumion sekundär, und bei Propanon (Aceton) ist es tertiär. Elektronenziehende Substituenten destabilisieren das positiv polarisierte Kohlenstoffatom, weswegen es bei einem nucleophilen Angriff reaktiver ist.

Gleichgewichtskonstanten *K* für die Hydratisierung einiger Carbonylverbindungen

$Cl_3C\overset{O}{\overset{\|}{C}}H$ $K > 10^4$

$H_2C{=}O$ $K > 10^3$

$CH_3\overset{O}{\overset{\|}{C}}H$ $K \sim 1$

$CH_3\overset{O}{\overset{\|}{C}}CH_3$ $K < 10^{-2}$

Reihenfolge der Reaktivität von Carbonylgruppen

$$Cl_3C{-}\overset{O^{\delta-}}{\overset{\|}{C^{\delta+}}}{-}H > H{-}\overset{O^{\delta-}}{\overset{\|}{C^{\delta+}}}{-}H > H_3C{-}\overset{O^{\delta-}}{\overset{\|}{C^{\delta+}}}{-}H > H_3C{-}\overset{O^{\delta-}}{\overset{\|}{C^{\delta+}}}{-}CH_3$$

Die elektronenziehende CCl_3-Gruppe schafft zusätzliche positive Ladung am Carbonyl-Kohlenstoffatom — Ähnlich einem primären Carbeniumion — Ähnlich einem sekundären Carbeniumion — Ähnlich einem tertiären Carbeniumion

Übung 15-5

(a) Ordnen Sie die folgenden Verbindungen nach steigender Reaktivität bei der Hydratisierung: $Cl_3C\overset{O}{\overset{\|}{C}}H$, $Cl_3C\overset{O}{\overset{\|}{C}}CH_3$, $Cl_3C\overset{O}{\overset{\|}{C}}CCl_3$.

(b) Die Behandlung von Propanon (Aceton) mit $H_2{}^{18}O$ resultiert in der Bildung von markiertem Propanon, $CH_3\overset{^{18}O}{\overset{\|}{C}}CH_3$. Erklären Sie diesen Befund.

Alkohole addieren an Aldehyde und Ketone unter Bildung von Halbacetalen (Hemiacetalen)

Es überrascht nicht, daß auch Alkohole an Aldehyde und Ketone addieren, wobei der Mechanismus dem der Hydratisierung praktisch gleicht. Die so erhaltenen Produkte nennt man **Halbacetale** (Hemiacetale, *hemi*, griech., halb), da sie Zwischenprodukte bei der Darstellung von Acetalen sind.

Bildung von Halbacetalen

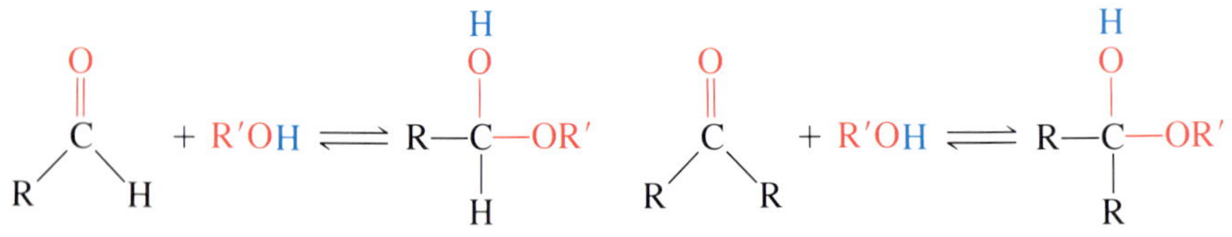

$$RCHO + R'OH \rightleftharpoons RCH(OH)OR'$$

Ein Halbacetal

$$R_2CO + R'OH \rightleftharpoons R_2C(OH)OR'$$

Ein Halbacetal

Diese Additionsreaktionen werden ebenfalls von einem Gleichgewicht beherrscht, das normalerweise auf der Seite der Carbonylverbindungen liegt. Daher sind Halbacetale meist nicht isolierbar. Ausnahmen sind die aus reaktiven Carbonylverbindungen wie Methanal (Formaldehyd) oder 2,2,2-Trichlorethanal (2,2,2-Trichloracetaldehyd) gebildeten Halbacetale. Man kann Halbacetale von Hydroxyaldehyden oder Hydroxyketonen isolieren, wenn ein Ringschluß zur Bildung von relativ spannungsfreien Fünf- oder Sechsringen führt.

Intramolekulare Bildung von Halbacetalen

$HOCH_2CH_2CH_2CH_2CHO$

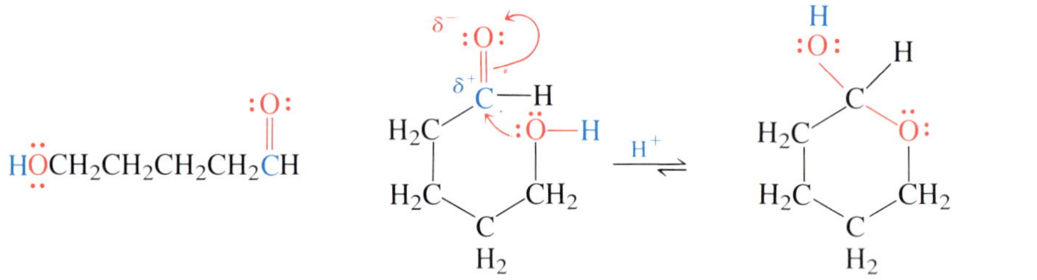

5-Hydroxypentanal

Ein cyclisches Halbacetal, stabil

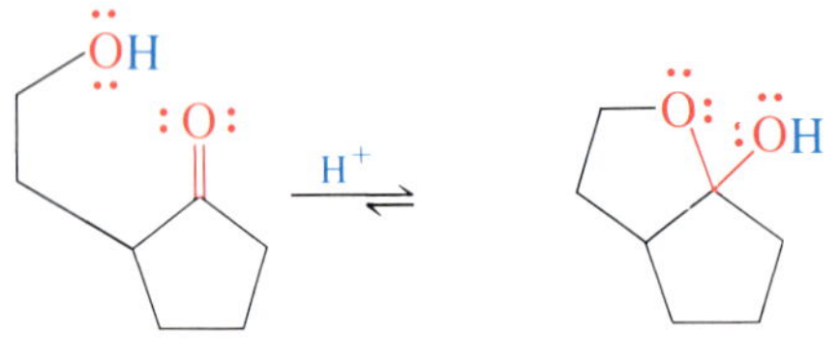

Ein cyclisches Halbacetal, stabil

Dies kann man mit Hilfe der Entropie erklären. In intermolekularen Reaktionen kombinieren *zwei* Moleküle unter Bildung *einer* neuen Struktur. Dies ist entropisch ungünstig, ΔS ist sehr negativ. Entsprechend ist die umgekehrte Reaktion entropisch begünstigt. Im Gegensatz dazu wandelt sich bei der intramolekularen Reaktion *ein* Molekül in *ein* neues um. Obgleich einige Freiheitsgrade (insbesondere Rotationsfreiheitsgrade) verlorengehen, da die Alkylkette mit der OH-Gruppe fixiert wird, ist die Entropieänderung insgesamt viel geringer, so daß ΔS zwar negativ, jedoch dem Betrage nach klein ist. Das Gleichgewicht liegt mehr auf der Produktseite, da die Enthalpiebilanz günstig ist. Bei der Bildung von Halbacetalen kann der Entropieterm das Ergebnis der Reaktion kontrollieren, indem er die Balance zwischen einer positiven (ungünstigen) und einer negativen (günstigen) freien Reaktionsenthalpie ΔG steuert. Die intramolekulare Bildung von Halbacetalen hat in der Chemie der Zucker große Bedeutung (s. Kap. 23).

Obgleich cyclische Halbacetale stabiler sind als die Hydroxycarbonylverbindungen, aus denen sie gebildet wurden, darf man nicht vergessen, daß es sich dabei um zwei miteinander im Gleichgewicht stehende Isomere handelt. Daher werden sie in der Halbacetal-Form die für Alkohole typische Reaktivität aufweisen, während sie in der offenkettigen Form eine für die beiden funktionellen Gruppen der Hydroxyaldehyde oder Hydroxyketone charakteristische Reaktivität aufweisen.

Reaktivität eines cyclischen Halbacetals

HO–CH2CH2CH2–CHO ⇌ cyclisches Halbacetal (O, OH)

Reduktion erfolgt an der Carbonylgruppe des Hydroxyaldehyds — $NaBH_4$ → HO–CH2CH2CH2–CH2OH (H, H)

CrO_3 — Oxidation erfolgt an der Hydroxygruppe des Halbacetals → Lacton (O, =O)

Säure katalysiert die Bildung von Acetalen

In Gegenwart eines Überschusses an Alkohol geht die säurekatalysierte Reaktion mit Aldehyden oder Ketonen über die Halbacetal-Stufe hinaus. Unter diesen Bedingungen wird die im Halbacetal vorhandene Hydroxygruppe durch eine weitere vom Alkohol stammende Alkoxygruppe ersetzt. Die so gebildeten Verbindungen heißen Acetale (eine ältere Bezeichnung für aus Ketonen gebildete Acetale ist Ketale).

Darstellung von Acetalen

$$\mathrm{R\overset{O}{\overset{\|}{C}}R} + 2\,\mathrm{R'OH} \xrightleftharpoons{H^+} \mathrm{R{-}\underset{R}{\underset{|}{\overset{OR'}{\overset{|}{C}}}}{-}OR'} + H_2O$$

Ein Acetal

Insgesamt wurde die Carbonylgruppe durch zwei Alkoxygruppen ersetzt, wobei ein Äquivalent Wasser frei wurde.

Wir wollen den Mechanismus der Acetalbildung für einen Aldehyd betrachten. Der erste Schritt ist eine gewöhnliche säurekatalysierte Addition des ersten Moleküls Alkohol. Das so gebildete Halbacetal wird an der Hydroxygruppe protoniert, wodurch eine gute Abgangsgruppe (Wasser) entsteht. Das resultierende Carbeniumion ist durch ein freies Elektronenpaar des Sauerstoffatoms resonanzstabilisiert. Ein zweites Molekül Alkohol addiert nun an das elektrophile Kohlenstoffatom, was zu einem protonierten Acetal führt, das dann zum Endprodukt deprotoniert.

Mechanismus der Acetalbildung:

Schritt 1: Bildung des Halbacetals

$$\mathrm{RCH{=}O} \underset{-H^+}{\overset{+H^+}{\rightleftharpoons}} \left[\mathrm{R(H)C{=}\overset{+}{O}H} \longleftrightarrow \mathrm{R(H)\overset{+}{C}{-}OH}\right] \underset{-R'OH}{\overset{R'OH}{\rightleftharpoons}} \mathrm{R{-}CH(OH){-}\overset{+}{O}(H)R'} \underset{+H^+}{\overset{-H^+}{\rightleftharpoons}} \mathrm{R{-}CH(OH){-}OR'}$$

Halbacetal

Schritt 2: Acetalbildung

$$\mathrm{R{-}CH(OH){-}OR'} \underset{-H^+}{\overset{+H^+}{\rightleftharpoons}} \mathrm{R{-}CH(\overset{+}{O}H_2){-}OR'} \underset{+H_2O}{\overset{-H_2O}{\rightleftharpoons}} \left[\mathrm{R(H)\overset{+}{C}{-}OR'} \longleftrightarrow \mathrm{R(H)C{=}\overset{+}{O}R'}\right] \underset{-R'OH}{\overset{R'OH}{\rightleftharpoons}}$$

$$\mathrm{R{-}CH(OR'){-}\overset{+}{O}(H)R'} \underset{+H^+}{\overset{-H^+}{\rightleftharpoons}} \mathrm{R{-}CH(OR'){-}OR'}$$

Dabei ist jeder Schritt reversibel; die gesamte Reaktionsfolge, von der Carbonylverbindung bis zum Acetal, ist ein Gleichgewichtsprozeß. Wie bei der Bildung des Halbacetals kann das Gleichgewicht vollständig auf der rechten Seite (besonders bei Aldehyden) oder auf der linken Seite (bei Ketonen) liegen. Durch Manipulation der Reaktionsbedingungen kann das Gleichgewicht nach rechts oder nach links verschoben werden: Zum Acetal durch Anwendung eines Überschusses Alkohol oder durch kontinuierliche Entfernung des entstehenden Wassers aus der Reaktionsmischung; zum Aldehyd oder Keton durch überschüssiges Wasser. Dieser Prozeß heißt **Acetal-Hydrolyse**.

Cyclische Acetale als nützliche Schutzgruppen

1,2-Ethandiol und ähnliche Diole reagieren mit Aldehyden und Ketonen in Gegenwart katalytischer Mengen Säure zu cyclischen Acetalen.

$$\mathrm{CH_3CHO} + \mathrm{HOCH_2CH_2OH} \xrightarrow[-H_2O]{H^+} \text{2-Methyl-1,3-dioxolan (Ring: } \mathrm{H_2C{-}CH_2}\text{, O, O, C(}\mathrm{H_3C}\text{)(H))}$$

73%

Ein cyclisches Acetal

Der Einsatz eines Diols ist sinnvoll, weil aus nur *zwei* Molekülen Ausgangsmaterial (Carbonylverbindung und Diol) zwei Produktmoleküle (Acetal und Wasser) gebildet werden. Reaktionen mit herkömmlichen

Alkoholen sind entropisch weniger vorteilhaft, da dabei aus *drei* Eduktmolekülen (Carbonylverbindung und zwei Äquivalente Alkohol) zwei Produktmoleküle entstehen. In Gegenwart eines Überschusses an wäßriger Säure lassen sich cyclische Acetale bequem zu den entsprechenden Aldehyden und Ketonen spalten.

Ein wichtiger Vorteil der Acetalbildung besteht in der relativen Inertheit der cyclischen Acetale. Obgleich sie durch Säuren geöffnet werden, werden sie von Basen, metallorganischen Reagenzien und Hydrid-Reduktionsmitteln nicht angegriffen. Dies ist nicht allzu überraschend, wenn man cyclische Acetale als cyclische Ether auffaßt. Man kann Acetale als „maskierte" Aldehyde oder Ketone betrachten. Die cyclischen Ether wirken als Schutzgruppen für die Carbonylfunktion.

Eine Anwendung cyclischer Acetale als Schutzgruppen ist die Alkylierung eines Alkinyl-Anions mit 3-Iodpropanal-1,2-Ethandiol-Acetal. Das isolierte Produkt läßt sich leicht zum Aldehyd hydrolysieren. Würde man die Reaktion mit dem ungeschützten 3-Iodpropanal ausführen, würde das Alkinyl-Anion die Carbonylgruppe angreifen.

Die Anwendung geschützter Aldehyde in der Synthese

$CH_3(CH_2)_3C{\equiv}C^-Li^+$ + ICH_2CH_2—C(H)(O—O cyclisch) $\xrightarrow{-\,LiI}$

1-Hexinyllithium **3-Iodpropanal-1,2-Ethandiol-Acetal**

$CH_3(CH_2)_3$—≡—(Acetal) $\xrightarrow[-\,HOCH_2CH_2OH]{H^+,\ H_2O}$ $CH_3(CH_2)_3$—≡—CHO

70% **4-Noninal-1,2-Ethandiol-Acetal**

90% **4-Noninal**

Übung 15-6

Schlagen Sie einen einfachen Weg zur Umwandlung von Verbindung A (am Rand) in Verbindung B vor.

Übung 15-7

Unter leicht sauren Bedingungen isomerisiert Verbindung C zu Verbindung D. Schlagen Sie dafür einen Mechanismus vor.

HO ... C $\xrightarrow{H^+}$ D ... OH

C **D**

Wenn es möglich ist, mit einem Diol eine Carbonylfunktion zu schützen, sollte man mit einer Carbonylverbindung auch ein Diol schützen können. Das ist in der Tat der Fall. Zum Beispiel kann man mit Propanon (Aceton) die sauren Positionen vicinaler Diole blockieren, indem es mit ihnen ein Acetal bildet. Der Schutz von Diolen als Propanon-Acetale (Aceton-Acetale) ist eine wichtige Reaktion in der Chemie der Zucker (Kap. 23).

$CH_3\overset{O}{\overset{\|}{C}}(CH_2)_4Br$

A

↓

$CH_3\overset{O}{\overset{\|}{C}}(CH_2)_4CH_2OH$

B

Schutz eines vicinalen Diols als Propanon-Acetal (Aceton-Acetal)

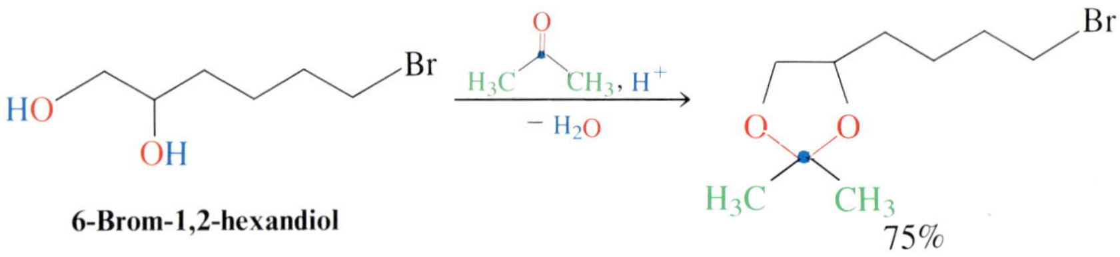

6-Brom-1,2-hexandiol $\xrightarrow[-\,H_2O]{H_3C\text{–}CO\text{–}CH_3,\ H^+}$ 75%

Übung 15-8

Erklären Sie, wie man vom Zucker Sorbose A mit Propanon (Aceton) zum Polyether B gelangt. Hinweis: Bauen Sie ein Molekülmodell und arbeiten Sie retrosynthetisch.

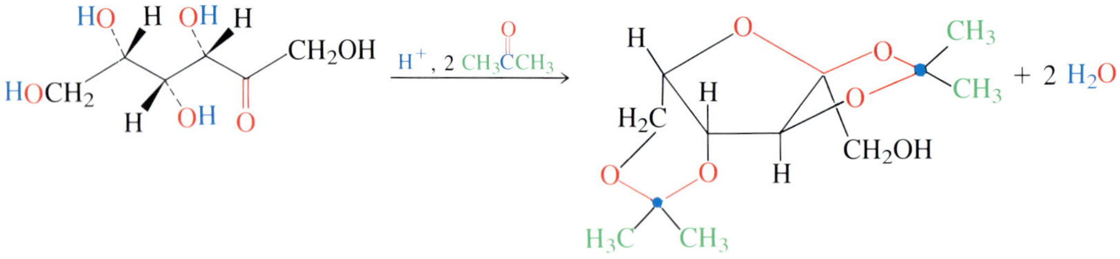

(Sorbose) $\xrightarrow{H^+,\ 2\ CH_3CCH_3}$ B $+ 2\ H_2O$

Thiole reagieren mit Carbonylverbindungen wie Alkohole

Thiole, die Schwefel-Analoga der Alkohole (s. Abschn. 9.7), reagieren nach dem gleichen Mechanismus wie die Alkohole mit Aldehyden und Ketonen in guten Ausbeuten unter Bildung von **Thioacetalen**. Anstatt einer Protonsäure kommen oft Lewis-Säuren wie BF_3 oder $ZnCl_2$ zum Einsatz.

Bildung von Thioacetalen

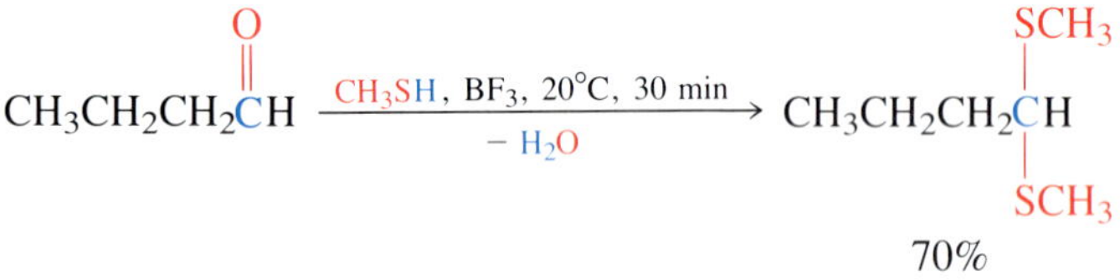

$$CH_3CH_2CH_2\overset{O}{\overset{\|}{C}}H \xrightarrow[-\,H_2O]{CH_3SH,\ BF_3,\ 20^\circ C,\ 30\ min} CH_3CH_2CH_2CH(SCH_3)_2$$

70%

Ein Thioacetal

$\xrightarrow[-\,H_2O]{HSCH_2CH_2SH,\ ZnCl_2,\ (CH_3CH_2)_2O,\ 25^\circ C}$

95%

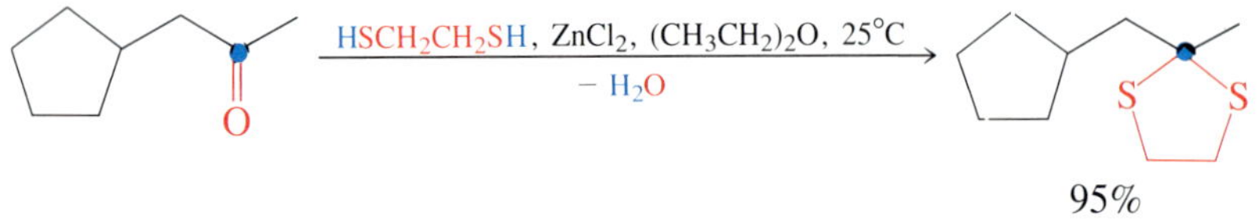

Ein cyclisches Thioacetal

Derartige Thioacetale sind in wäßriger Säure, einem Medium, das normale Acetale hydrolysiert, stabil. Diese unterschiedliche Reaktivität wird in der Synthese dann wichtig, wenn es darauf ankommt, zwischen zwei verschiedenen Carbonylgruppen in einem Molekül zu unterscheiden. Thioacetale lassen sich mit Quecksilberchlorid in Acetonitril hydrolysieren. Dabei ist die Bildung unlöslicher Quecksilbersulfide die treibende Kraft.

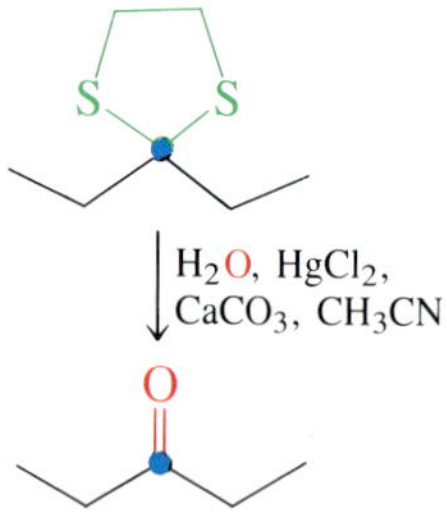

$H_2O,\ HgCl_2,\ CaCO_3,\ CH_3CN$

Thioacetale können unter Bildung des entsprechenden Kohlenwasserstoffes mit Raney-Nickel entschwefelt werden. Die Bildung von Thioacetalen mit anschließender reduktiver Entschwefelung wird benutzt, um eine Carbonylgruppe in eine Methylengruppe umzuwandeln.

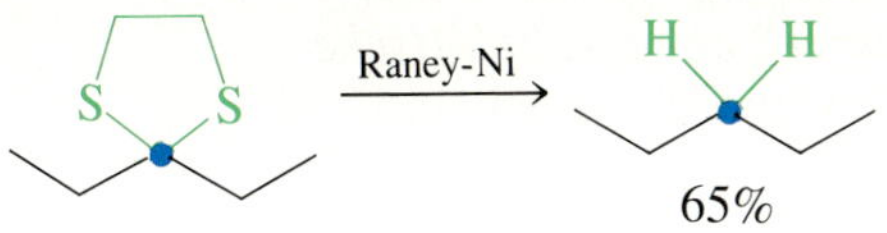

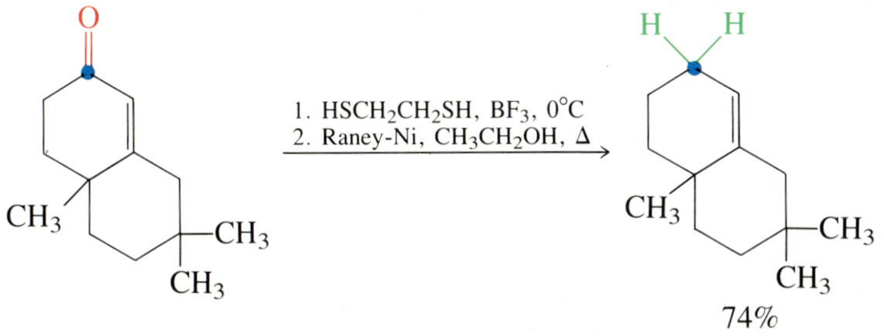

Raney-Ni

65%

1. $HSCH_2CH_2SH$, BF_3, 0°C
2. Raney-Ni, CH_3CH_2OH, Δ

CH_3 CH_3 CH_3

74%

Übung 15-9
Schlagen Sie eine Synthese von Cyclodecan vor, die von der Verbindung ausgeht.

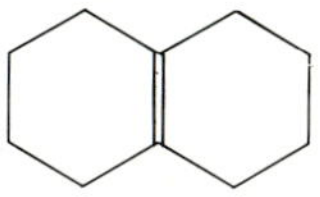

Wir fassen zusammen, daß die Carbonylgruppe von Aldehyden und Ketonen durch Wasser hydratisiert wird und mit Alkoholen in Halbacetale umgewandelt wird. Aldehyde sind dabei reaktiver als Ketone. Elektronenziehende Substituenten machen das Carbonyl-Kohlenstoffatom stärker elektrophil. Alle erwähnten Reaktionen sind Gleichgewichtsreaktionen, die durch einen Überschuß an Wasser oder Alkohol nach beiden Seiten hin verschoben werden können. Man beobachtet sowohl Basen- als auch Säurekatalyse. Aufgrund der Entropie ist die intramolekulare Bildung von Halbacetalen gegenüber ihrer intermolekularen Bildung bevorzugt. Halbacetale können mit einem Überschuß Alkohol in Gegenwart von Säure in Acetale umgewandelt werden. Cyclische Acetale sind gute Schutzgruppen für Carbonylfunktionen und für vicinale Diole. Thiole zeigen gegenüber Aldehyden und Ketonen eine ähnliche Reaktivität wie Alkohole. Die Bildung von Thioacetalen wird üblicherweise durch Lewis-Säuren katalysiert. Ihre Hydrolyse erfordert die Gegenwart von Quecksilbersalzen. Thioacetale können mit Raney-Nickel zu den entsprechenden Kohlenwasserstoffen reduziert werden.

15.6 Die nucleophile Addition von Aminen an Aldehyde und Ketone: Kondensation zu Iminen

Man kann Amine als die Stickstoff-Analoga der Alkohole betrachten. Das Stickstoffatom ist jedoch stärker nucleophil als das Sauerstoffatom; daher addieren Amine sehr effektiv an Carbonylgruppen von Aldehyden und

Ketonen. In diesem Abschnitt werden die Reaktionen verschiedener Amine mit der Carbonylfunktion beschrieben.

Aldehyde und Ketone bilden mit Aminen **Halbaminale**, die Stickstoff-Analoga der Halbacetale. Halbaminale primärer Amine verlieren unter Ausbildung einer Kohlenstoff-Stickstoff-Doppelbindung leicht Wasser. Diese funktionelle Gruppe ist die der **Imine** (ein älterer Name ist *Schiffsche Base*), welche die Stickstoff-Analoga zu Aldehyden und Ketonen sind.

Bildung von Iminen aus Aminen und Aldehyden oder Ketonen

Addition

Deprotonierung an N, Reprotonierung an O

$-\ H_2O$ / $+\ H_2O$

Eliminierung von Wasser

Ein Halbaminal **Ein Imin**

Der Mechanismus der Eliminierung von Wasser aus einem Halbaminal ist derselbe wie der der Spaltung eines Halbacetals in eine Carbonylverbindung und einen Alkohol. Er beginnt mit der Protonierung der Hydroxygruppe (Protonierung des stärker basischen Stickstoffatoms führt zurück zur Carbonylverbindung). Danach folgen die Dehydratisierung und die Deprotonierung des intermediären Iminium-Ions.

Mechanismus der Dehydratisierung von Halbaminalen

$+\ H^+$ / $-\ H^+$; $-\ H\ddot{O}H$ / $+\ H\ddot{O}H$; $-\ H^+$ / $+\ H^+$

Prozesse wie die Bildung eines Imins aus einem primären Amin und einem Aldehyd oder Keton, bei dem zwei Moleküle miteinander unter Wasserabspaltung verbunden werden, werden **Kondensationen** genannt. Die Iminbildung erfolgt reversibel, und es sind die üblichen Maßnahmen zu treffen, um das Gleichgewicht in die gewünschte Richtung zu verschieben. Imine können als *Z*- und *E*-Isomere existieren.

Kondensation eines Ketons mit einem primären Amin

$$RNH_2 + O{=}C(R')(R'') \rightleftharpoons RN{=}C(R')(R'') + H_2O$$

(Es können zwei Isomere entstehen)

Beispiele:

$$CH_3\overset{O}{\overset{\|}{C}}H + H_2NCH_2CH_2CH_2CH_3 \xrightarrow{KOH} CH_3CH{=}NCH_2CH_2CH_2CH_3 + H_2O \quad 83\%$$

$$CH_3\overset{O}{\overset{\|}{C}}CH_3 + \text{Cyclohexylamin} (C_6H_{11}NH_2) \xrightarrow{H^+} (H_3C)_2C{=}N{-}C_6H_{11} + H_2O \quad 95\%$$

Übung 15-10

Das Reagenz A wurde mit Aldehyden zur Herstellung von kristallinen Imidazolinderivaten wie B benutzt, wie auch zu ihrer Isolierung und strukturellen Identifikation. Schlagen Sie einen Mechanismus für die Bildung von B vor.

$$C_6H_5NHCH_2CH_2NHC_6H_5 + H\overset{O}{\overset{\|}{C}}CH_3 \xrightarrow{CH_3OH,\ H^+} \text{B} + H_2O$$

A
***N,N'*-Diphenyl-1,2-ethandiamin**

B
2-Methyl-1,3-diphenyl-1,3-diazacyclopentan
(2-Methyl-1,3-diphenylimidazolidin)
Smp. 102 °C

Zahlreiche Derivate von Aminen kondensieren mit Aldehyden und Ketonen unter Bildung kristalliner Produkte. Zum Beispiel kondensiert *Hydroxylamin*, H_2NOH, in Form seines Hydrochlorids zu **Oximen**.

Darstellung von Oximen

$$CH_3(CH_2)_5\overset{O}{\overset{\|}{C}}H + H_3\overset{+}{N}OHCl^- \xrightarrow[-\,H_2O]{H^+} CH_3(CH_2)_5(H)C{=}NOH \quad 93\%$$

Hydroxylamin-Hydrochlorid → **Heptanal-Oxim**

Hydrazin, H_2NNH_2, und einige seiner Derivate kondensieren zu **Hydrazonen**. Erfolgt die Reaktion an beiden Enden des Hydrazinmoleküls, werden **Azine** gebildet.

Darstellung von Hydrazonen und Azinen

$$CH_3\overset{O}{\overset{\|}{C}}CH_3 + H_2N{-}NH_2 \xrightarrow[-\,H_2O]{} (H_3C)_2C{=}N{-}NH_2$$

Hydrazin → **Propanon (Aceton)-Hydrazon**

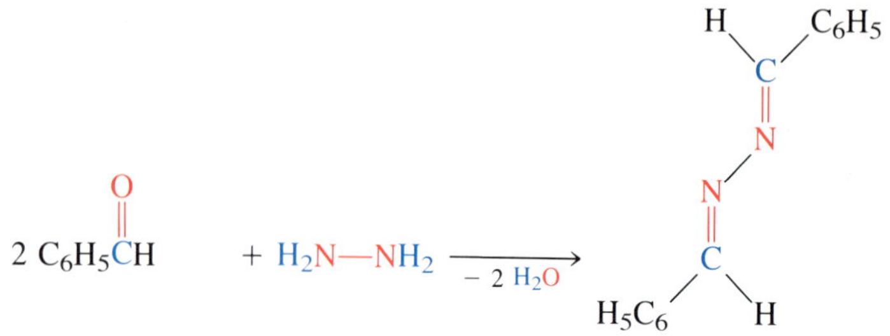

$$2\ C_6H_5CHO + H_2N{-}NH_2 \xrightarrow{-\ 2\ H_2O} C_6H_5CH{=}N{-}N{=}CHC_6H_5$$

Benzolcarbaldehyd (Benzaldehyd)

94%
Benzalazin

Phenylhydrazin, $C_6H_5NHNH_2$, und insbesondere 2,4-Dinitrophenylhydrazin, $(NO_2)_2C_6H_3NHNH_2$, werden traditionell in der Synthese kristalliner Derivate von flüssigen Aldehyden und Ketonen zum Zwecke ihrer Identifikation oder ihrer Isolierung eingesetzt.

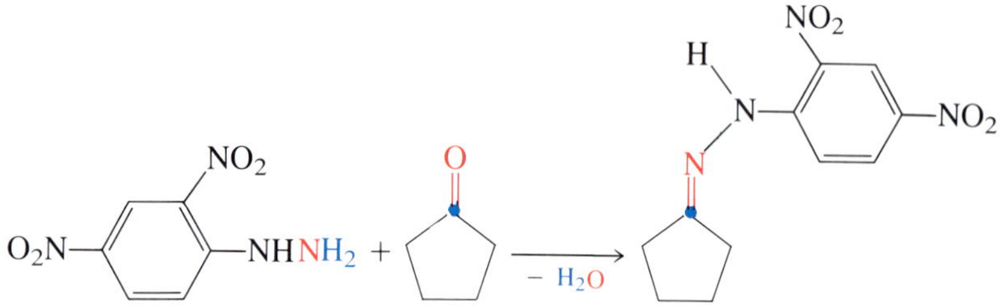

2,4-Dinitrophenylhydrazin + Cyclopentanon $\xrightarrow{-\ H_2O}$

85%
Cyclopentanon-2,4-Dinitrophenylhydrazon
Smp. 142 °C

Schließlich reagiert das Hydrazinderivat *Semicarbazid* mit Aldehyden und Ketonen unter Bildung von **Semicarbazonen**.

Darstellung von Semicarbazonen

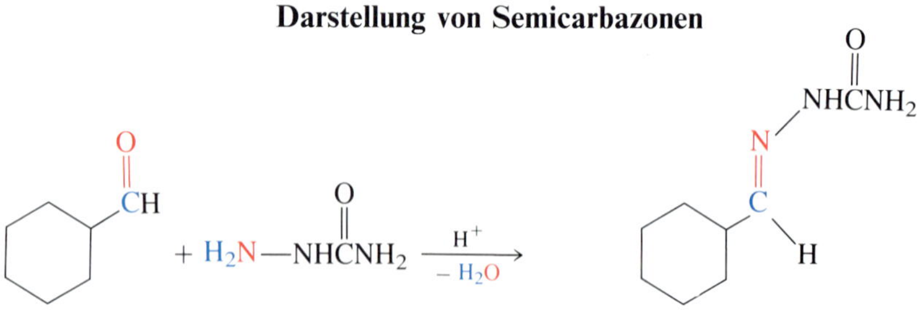

$$C_6H_{11}CHO + H_2N{-}NHCONH_2 \xrightarrow[-\ H_2O]{H^+} C_6H_{11}CH{=}N{-}NHCONH_2$$

Semicarbazid

90%
Cyclohexancarbaldehyd-Semicarbazon

Deoxygenierung der Carbonylgruppe über Imine

In Gegenwart von Basen bei erhöhter Temperatur zersetzen sich einfache Hydrazone unter Stickstoffentwicklung und Bildung der entsprechenden Kohlenwasserstoffe. Diese Reaktion, die als **Wolff-Kishner-Reduktion** *

* Professor Ludwig Wolff, 1857–1919, Universität Jena; Professor N.M. Kishner, 1867–1935, Universität Moskau.

bezeichnet wird, komplementiert die reduktive Entschwefelung von Thioacetalen (Abschn. 15.5) als eine Methode zur Reduktion von Aldehyden oder Ketonen zu den Kohlenwasserstoffen.

Wolff-Kishner-Reduktion

$$RC(=N{-}NH_2)R' + NaOH \xrightarrow{(HOCH_2CH_2)_2O,\ 180°-200°C} RCH_2R' + N_2$$

Der Mechanismus der Stickstoffabspaltung beinhaltet eine Reihe von durch Basen bewirkten Wasserstoffverschiebungen. Die Base entfernt zunächst ein Proton vom Hydrazon, wobei ein delokalisiertes Anion entsteht. Dieses Anion kann man als ein Allyl-Anion betrachten, bei dem zwei Kohlenstoffatome durch Stickstoffatome ersetzt worden sind. Reprotonierung kann entweder am Stickstoffatom erfolgen, was zurück zum Edukt führt, oder aber am Kohlenstoffatom, was letztlich zum Produkt führt. Dann entfernt die Base ein weiteres Proton vom Stickstoffatom des neuen Intermediates. Das dadurch gebildete neue Anion zersetzt sich schnell unter Abspaltung von gasförmigem Stickstoff. Das so entstandene Alkyl-Anion wird rasch zum Kohlenwasserstoff protoniert.

Mechanismus der Stickstoffabspaltung in der Wolff-Kishner-Reduktion

$$R_2C{=}N{-}NH_2 + HO^- \underset{+H_2O}{\overset{-HOH}{\rightleftharpoons}} \left[R_2C{=}N{-}\ddot{N}H^- \longleftrightarrow R_2\ddot{C}^-{-}N{=}NH \right] \underset{\text{Reprotonierung}}{\overset{HOH}{\rightleftharpoons}}$$

Deprotonierung

$$RCHR'{-}N{=}NH + HO^- \underset{+H_2O}{\overset{-HOH}{\rightleftharpoons}} RCHR'{-}N{=}N:^- \xrightarrow[\text{von } N_2]{\text{Abspaltung}} R\ddot{C}^-HR' \xrightarrow{H_2O,\ \text{Protonierung}} RCH_2R' + HO^-$$

Deprotonierung

In der Praxis wird die Wolff-Kishner-Reduktion ohne Isolierung des intermediären Hydrazons ausgeführt. Als 85%ige wäßrige Lösung erhältliches Hydrazin (Hydrazinhydrat) wird zur Carbonylverbindung gegeben, die im hochsiedenden Alkohol $HOCH_2CH_2OCH_2CH_2OH$ (Sdp. 245 °C) gelöst ist. Die Mischung wird nach Zusatz von Natriumhydroxid erhitzt. Nach wäßriger Aufarbeitung erhält man den Kohlenwasserstoff.

In einer Variante dieser Methode werden Dimethylsulfoxid (DMSO) als Lösungsmittel und Kalium-*tert*-butoxid als Base benutzt. Dadurch kann man die Reaktion bei tieferen Temperaturen (20 °C – 100 °C) durchführen.

Diketon (mit CH_3) $\xrightarrow[2.\ H_2O]{1.\ H_2NNH_2,\ H_2O,\ (HOCH_2CH_2)_2O,\ NaOH,\ \Delta}$ Kohlenwasserstoff (mit CH_3), 69%

Kondensationen mit sekundären Aminen liefern Enamine

Die bisher beschriebenen Kondensationen von Aminen mit Aldehyden oder Ketonen sind nur mit primären Aminen möglich, da die beiden Wasserstoffatome des abzuspaltenden Wassers vom Amin stammen müssen. Daher verläuft die Reaktion mit einem sekundären Amin anders. Nach der Addition wird Wasser durch Deprotonierung des der Carbonylgruppe benachbarten *Kohlenstoffatoms* eliminiert, was zu einem **Enamin** (Alkenylamin) führt. Diese funktionelle Gruppe vereinigt die *En*-Funktion eines Alkens und die *Amino*gruppe eines Amins. Die Bildung von Enaminen ist reversibel, und die Hydrolyse erfolgt leicht in Gegenwart katalytischer Mengen wäßriger Säure. Enamine sind wichtige Substrate bei Alkylierungen (Abschn. 16.1).

Bildung von Enaminen

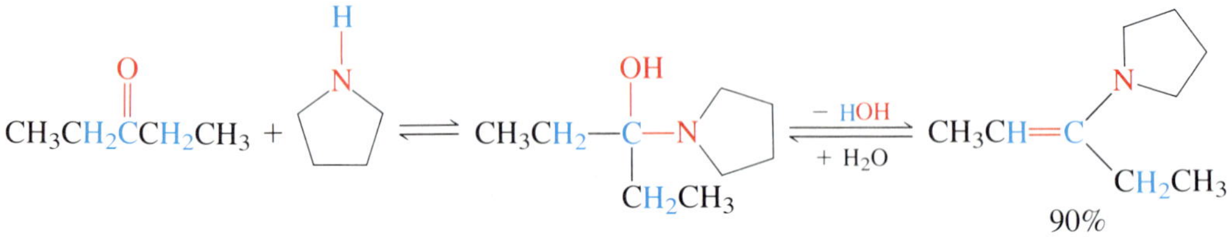

$$CH_3CH_2\overset{O}{\overset{\|}{C}}CH_2CH_3 + \text{Pyrrolidin (HN)} \rightleftharpoons CH_3CH_2-\underset{CH_2CH_3}{\overset{OH}{C}}-N(\text{Pyrrolidinyl}) \underset{+\,H_2O}{\overset{-\,HOH}{\rightleftharpoons}} CH_3CH{=}C(N\text{-Pyrrolidinyl})CH_2CH_3$$

90%

Ein Enamin

Übung 15-11

Welches sind die Produkte der folgenden Reaktionen:

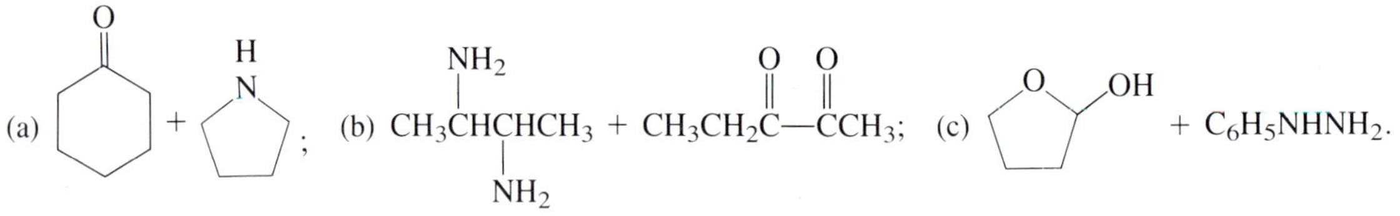

(a) Cyclohexanon + Pyrrolidin (HN); (b) $CH_3CH(NH_2)CH(NH_2)CH_3 + CH_3CH_2\overset{O}{\overset{\|}{C}}-\overset{O}{\overset{\|}{C}}CH_3$; (c) 2-Hydroxytetrahydrofuran (O, OH) $+ C_6H_5NHNH_2$.

Es kann zusammengefaßt werden, daß primäre Amine mit Aldehyden und Ketonen unter Kondensation reagieren, was zur Bildung von Iminen führt. Hydroxylamine ergeben Oxime, Hydrazine führen zu Hydrazonen und Azinen, und der Einsatz von Semicarbazid führt zu Semicarbazonen. Bei der Wolff-Kishner-Reduktion wird ein Hydrazon durch eine Base zersetzt. Sie stellt eine weitere Methode zur Desoxygenierung von Carbonylverbindungen dar. Sekundäre Amine reagieren mit Aldehyden und Ketonen zu Enaminen.

15.7 Addition von Kohlenstoff-Nucleophilen an Aldehyde und Ketone

Neben Alkoholen und Aminen können zahlreiche andere Nucleophile die Carbonylgruppe angreifen. Besonders wichtig sind Kohlenstoff-Nucleophile, da man auf diesem Wege neue Kohlenstoff–Kohlenstoff-Bindungen bilden kann. In Abschnitt 8.6 wurde besprochen, daß metallorganische Reagenzien, wie Grignard- oder Alkyllithiumreagenzien, unter Bildung von Alkoholen an Aldehyde oder Ketone addieren. Im Gegensatz zu den Additionen von Alkoholen oder Aminen sind diese in der Regel *nicht* reversibel. Dieser Abschnitt behandelt weniger reaktive Kohlenstoff-Nucleophile, die keine metallorganischen Reagenzien sind – die Addition von Cyanid-Ionen und eine neue Klasse von Verbindungen, die als Ylide bezeichnet werden. Cyanid-Additionen bieten einen Weg zum Schutz der Kohlenstoff–Sauerstoff-Doppelbindung in Aldehyden und Ketonen. Die Addition von Yliden führt dagegen zu Alkenen oder Oxacyclopropanen.

Bildung von Cyanhydrinen durch Addition von Cyanwasserstoff an Carbonylverbindungen

Cyanwasserstoff addiert an Carbonylverbindungen, wodurch Hydroxyalkannitrile gebildet werden, die auch **Cyanhydrine** genannt werden. Da die negative Ladung des Cyanid-Ions gut stabilisiert ist, ist die Bildung von Cyanhydrinen reversibel (Tab. 6-4). Durch Verwendung von flüssigem Cyanwasserstoff als Lösungsmittel kann das Gleichgewicht in Richtung auf das Addukt verschoben werden. Wegen seiner hohen Giftigkeit ist das Arbeiten mit großen Mengen des leichtflüchtigen HCN jedoch gefährlich. Man kann HCN *in situ* erzeugen, indem man ein Cyanidsalz einsetzt und langsam eine Säure zusetzt.

Bildung von Cyanhydrinen

$$CH_3CHO + HCN \rightleftharpoons CH_3CH(OH)CN \quad (70\%)$$

2-Hydroxypropannitril (Ethanal-Cyanhydrin)

$$\text{Cyclohexanon} + Na^{+}\,{}^{-}CN \xrightarrow[-\,NaCl]{HCl} \text{1-Hydroxycyclohexancarbonnitril} \quad (60\%)$$

1-Hydroxycyclohexancarbonnitril (Cyclohexanon-Cyanhydrin)

Der Mechanismus der Cyanhydrinbildung beginnt mit einem nucleophilen Angriff des Cyanid-Ions und endet mit einer Protonierung des Sauerstoffatoms.

Mechanismus der Cyanhydrinbildung

$$>C{=}\ddot{O}: + {}^{-}:C{\equiv}N: \rightleftharpoons (NC)C{-}\ddot{O}:^{-} \underset{-\,H^+}{\overset{+\,H^+}{\rightleftharpoons}} (NC)C{-}\ddot{O}H$$

Die Reaktion kann durch Basen leicht umgekehrt werden, da sie das Gleichgewicht durch Entzug der Protonen auf die Seite der freien Cyanid-Ionen verschieben.

$$CH_3CH(OH)CN \rightleftharpoons CH_3CHO + HCN \xrightarrow[\text{zieht das Gleichgewicht}]{HO^-} CH_3CHO + HOH + {}^{-}CN$$

Da die Nitrilgruppe durch weitere Reaktionen umgewandelt werden kann, sind Cyanhydrine wichtige Zwischenprodukte. Zum Beispiel liefert die

Behandlung mit wäßriger Säure die entsprechende 2-Hydroxycarbonsäure (s. Abschn. 17.5); die reduktive Umwandlung von Cyanhydrinen liefert dagegen Hydroxyamine (s. Abschn. 18.6).

Hydrolyse und Reduktion von 2-Hydroxybutannitril (Propanal-Cyanhydrin)

$$CH_3CH_2CH(OH)COOH \xleftarrow{H^+,\ H_2O} CH_3CH_2CH(OH)C{\equiv}N \xrightarrow[2.\ H^+,\ H_2O]{1.\ LiAlH_4} CH_3CH_2CH(OH)CH_2NH_2$$

70% **2-Hydroxybutansäure** — **2-Hydroxybutannitril (Propanal-Cyanhydrin)** — 80% **1-Amino-2-butanol**

Addition von Phosphor-Yliden an Aldehyde und Ketone: Die Wittig-Reaktion

In der **Wittig-Reaktion*** wird ein spezielles Reagenz benutzt, in dem ein Carbanion durch einen positiv geladenen, phosphorhaltigen Substituenten stabilisiert wird. Eine solche Spezies nennt man ein **Phosphor-Ylid** (ein anderer Name ist Phosphoran). Die Delokalisierung der negativen Ladung führt zu einer neuen Resonanzstruktur mit fünffach koordiniertem Phosphor und einer Kohlenstoff–Phosphor-Doppelbindung.

$$\left[(R)(H)\ddot{C}^{-}{-}\overset{+}{P}(C_6H_5)_3 \longleftrightarrow (R)(H)C{=}P(C_6H_5)_3 \right]$$

Ylid

Bei den üblicherweise benutzten Yliden trägt das Phosphoratom Phenylgruppen. Ylide werden am einfachsten in einer zweistufigen Synthese aus Halogenalkanen dargestellt; der erste Schritt ist eine nucleophile Substitution des Halogenatoms durch Triphenylphosphan, wodurch ein Alkyltriphenylphosphoniumsalz entsteht.

Bildung von Phosphoniumsalzen

$$(C_6H_5)_3P: + RCH_2{-}\ddot{\underset{..}{X}}: \longrightarrow RCH_2\overset{+}{P}(C_6H_5)_3 + :\ddot{\underset{..}{X}}:^-$$

Triphenylphosphan — **ein Alkyltriphenylphosphoniumhalogenid**

Das positiv geladene Phosphoratom steigert die Acidität eines jeden benachbarten Protons beträchtlich. Im zweiten Schritt, einer Deprotonierung durch Basen wie Alkoxide, Natriumhydrid oder Butyllithium, entsteht das Ylid. Ylide können isoliert werden, werden jedoch meist dargestellt und als Reagenzien *in situ* weiterverwendet.

* Professor Georg Wittig, 1897–1987, Universität Heidelberg, Nobelpreis 1979.

Ylidbildung

$$RCH_2\overset{+}{P}(C_6H_5)_3X^- + CH_3CH_2CH_2CH_2Li \xrightarrow{THF} \underset{\textbf{Ylid}}{RCH{=}P(C_6H_5)_3} + CH_3CH_2CH_2CH_2H + LiX$$

Wird ein Ylid mit einem Aldehyd oder Keton zur Reaktion gebracht, erhält man am Ende ein Alken, welches aus einer Kupplung des Ylid-Kohlenstoffatoms mit dem Carbonyl-Kohlenstoffatom resultiert. Daneben entsteht Triphenylphosphanoxid.

Die Wittig-Reaktion

$$\underset{\textbf{Ylid}}{>C{=}P(C_6H_5)_3} + \underset{\textbf{Aldehyd oder Keton}}{O{=}C<} \longrightarrow \underset{\textbf{Alken}}{>C{=}C<} + \underset{\textbf{Triphenylphosphan-Oxid}}{(C_6H_5)_3P{=}O}$$

Beispiele:

$$\text{Cyclohexanon} + CH_2{=}P(C_6H_5)_3 \xrightarrow{(CH_3CH_2)_2O,\ \Delta} \underset{\textbf{Methylencyclohexan}}{\underset{40\%}{\text{Methylencyclohexan}}} + (C_6H_5)_3PO$$

$$CH_3CH_2CH_2\overset{O}{\overset{\|}{C}}H + CH_3CH_2\overset{CH_3}{\overset{|}{C}}{=}P(C_6H_5)_3 \xrightarrow{(CH_3CH_2)_2O,\ 10°C}$$

$$\underset{\textbf{3-Methyl-3-hepten}}{\underset{66\%}{CH_3CH_2CH_2CH{=}\overset{CH_3}{\overset{|}{C}}CH_2CH_3}} + (C_6H_5)_3PO$$

Die Wittig-Reaktion ist für den präparativ arbeitenden Chemiker außerordentlich wertvoll, da durch sie Kohlenstoff–Kohlenstoff-Doppelbindungen gebildet werden. Im Gegensatz zu Eliminierungen (Abschn. 11.5 u. 11.6) ist hier die Position der neu gebildeten Doppelbindung im gebildeten Alken unzweideutig. Dies wird am Beispiel der Darstellung des 2-Ethyl-1-butens durch Wittig-Reaktion und durch Eliminierung deutlich.

Synthesen von 2-Ethyl-1-buten

Durch Wittig-Reaktion:

$$CH_3CH_2\overset{O}{\overset{\|}{C}}CH_2CH_3 + CH_2{=}P(C_6H_5)_3 \longrightarrow \underset{\text{nur ein Isomer}}{CH_3CH_2\overset{CH_2}{\overset{\|}{C}}CH_2CH_3} + (C_6H_5)_3P{=}O$$

Durch Eliminierung:

$$CH_3CH_2\overset{CH_3}{\overset{|}{\underset{Br}{\underset{|}{C}}}}CH_2CH_3 \xrightarrow{Base} \underset{\text{Isomerengemisch}}{CH_3CH_2\overset{CH_2}{\overset{\|}{C}}CH_2CH_3 + CH_3CH_2\overset{CH_3}{\overset{|}{C}}{=}CHCH_3}$$

Was ist der Mechanismus der Wittig-Reaktion? Das negativ polarisierte Ylid-Kohlenstoffatom ist nucleophil und kann die Carbonylgruppe angreifen. Das Ergebnis ist ein **Phosphor-Betain***, eine dipolare Spezies, die man auch als *Zwitterion* bezeichnet. Das Betain ist eine kurzlebige reaktive Zwischenstufe und wandelt sich schnell in einen neutralen Heterocyclus, ein **Oxaphosphacyclobutan (Oxaphosphetan)** um, einen viergliedrigen Ring, der Phosphor und Sauerstoff enthält. Dieses Intermediat zersetzt sich schließlich zu den Produkten Alken und Triphenylphosphanoxid. Die treibende Kraft des letzten Schrittes ist die Bildung der sehr starken Phosphor-Sauerstoff-Doppelbindung.

Mechanismus der Wittig-Reaktion:

$$\left[RCH{=}P(C_6H_5)_3 \longleftrightarrow R\ddot{C}^{-}H{-}\overset{+}{P}(C_6H_5)_3\right] + R'R''C{=}\ddot{O} \longrightarrow RCH{-}C(R')(R''){-}\ (C_6H_5)_3P^{+}\ :\ddot{O}:^{-} \longrightarrow$$

Ein Phosphor-Betain

$$\longrightarrow RCH{=}CR'R'' + (C_6H_5)_3P{=}O$$

Ein Oxaphosphacyclobutan (Oxaphosphetan)

Wittig-Reaktionen können in Gegenwart von Ether-, Ester-, Halogen- und Alkin-Funktionen ausgeführt werden. Sie sind jedoch nur manchmal stereoselektiv, üblicherweise entstehen Mischungen der *E*- und *Z*-Alkene.

$$CH_3C(OCH_2CH_2O)CH_2CH_2CH{=}P(C_6H_5)_3 + CH_2{=}CHCHO \xrightarrow[-\ (C_6H_5)_3PO]{\text{Benzol, 25 °C}} CH_3C(OCH_2CH_2O)CH_2CH_2CH{=}CHCH{=}CH_2$$

50%
Hauptisomer

$$CH_3CH_2CH_2CH{=}P(C_6H_5)_3 + CH_3(CH_2)_4CHO \xrightarrow[-\ (C_6H_5)_3PO]{\text{THF}}$$

$$(Z)\text{-}CH_3(CH_2)_2CH{=}CH(CH_2)_4CH_3\ (60\%) + (E)\text{-}CH_3(CH_2)_2CH{=}CH(CH_2)_4CH_3\ (10\%)$$

Die Wittig-Reaktion wurde insbesondere in Totalsynthesen extensiv angewandt, zum Beispiel in der folgenden Totalsynthese des Pheromons (s. Abschn. 12.9) Bombykol, dem Sexuallockstoff der Seidenspinner-Raupe;

* Betain ist der Name der Aminosäure $(CH_3)_3N^+CH_2COO^-$, die in Zuckerrüben gefunden wird und als Zwitterion vorliegt.

hier können neben der Wittig-Reaktion zahlreiche andere Reaktionen angewandt werden, die wir in den vorangegangenen Kapiteln besprochen haben.

Die Totalsynthese von Bombykol

$$CH_3CH_2CH_2Br \xrightarrow{NaC\equiv CH,\ fl.\ NH_3} CH_3CH_2CH_2C\equiv CH \xrightarrow[2.\ CH_2=O]{1.\ CH_3CH_2MgBr} CH_3CH_2CH_2C\equiv CCH_2OH \xrightarrow{PBr_3}$$

$$CH_3CH_2CH_2C\equiv CCH_2Br \xrightarrow{P(C_6H_5)_3} CH_3CH_2CH_2C\equiv CCH_2\overset{+}{P}(C_6H_5)_3Br^- \xrightarrow{CH_3CH_2O^-Na^+}$$

$$CH_3CH_2CH_2C\equiv CCH=P(C_6H_5)_3 \xrightarrow{CH_3CH_2O_2C(CH_2)_8CHO}$$

$$CH_3CH_2CH_2C\equiv CCH=CH(CH_2)_8CO_2CH_2CH_3 \xrightarrow[\text{(nur } trans\text{-Isomeres)}]{H_2,\ \text{Lindlar-Katalysator}}$$

Cis- und trans-Isomere

$$CH_3CH_2CH_2(H)C=C(H)-C(H)=C(H)(CH_2)_8\overset{O}{\overset{\|}{C}}OCH_2CH_3 \xrightarrow{LiAlH_4} CH_3CH_2CH_2(H)C=C(H)-C(H)=C(H)(CH_2)_8CH_2OH$$

Bombykol

Der erste Schritt ist die Alkylierung eines Alkinyl-Anions (Abschn. 13.5) zum 1-Pentin. 1-Pentin wird durch Behandlung mit Ethylmagnesiumbromid in das entsprechende Grignard-Reagenz umgewandelt. Diese Verbindung reagiert mit Methanal (Formaldehyd) zum entsprechenden Alkohol (Abschn. 8.6), der mit PBr_3 (Abschn. 9.3) in das Bromid umgewandelt wird. Nucleophile Substitution mit Triphenylphosphan ergibt das Phosphoniumsalz, welches einer Wittig-Reaktion mit Ethyl-10-oxodecanoat unterworfen wird. Dabei reagiert nur die Aldehyd-Funktion, und zwar zu einer Mischung von *cis*- und *trans*-Eninen. Nach einer Isomerentrennung wird das *trans*-Isomer stereospezifisch hydriert (Lindlar-Katalysator), was zu einer neuen *cis*-Doppelbindung führt (Abschn. 13.6). Die Esterfunktion wird dann mit Lithiumaluminiumhydrid zum entsprechenden Alkohol reduziert (Abschn. 8.4).

Die Anwendung der Wittig-Reaktion ist auch in der Industrie weit verbreitet. Die BASF AG synthetisiert Vitamin A_1 (Abschn. 14.4) nach einem Verfahren, bei dem die Wittig-Reaktion ein Schlüsselschritt ist. In diesem Fall ist die Reaktion stereospezifisch und führt ausschließlich zum *trans*-Alken.

Vitamin-A_1-Synthese der BASF AG

$$R-CH_2\overset{+}{P}(C_6H_5)_3X^- \xrightarrow[CH_3OH]{CH_3O^-,} R-CH=P(C_6H_5)_3 \xrightarrow{O=CH-C(CH_3)=CH-CH_2-O\overset{O}{\overset{\|}{C}}CH_3}$$

$$\cdots-CH_2O\overset{O}{\overset{\|}{C}}CH_3 \xrightarrow[\text{Esterhydrolyse}]{HO^-,\ H_2O} \cdots-CH_2OH$$

Vitamin A_1

Übung 15-12

Wie kann man auf kurzem Wege von den Edukten zu den angegebenen Produkten gelangen? Man kann zusätzlich zu den angegebenen Edukten jedes beliebige Material verwenden; für die Umwandlungen werden mehrere Schritte nötig sein.

(a) Cyclohexen $\dashrightarrow$ $CH_2{=}CH(CH_2)_4CH{=}CH_2$

(b) 1,3-Butadien $\dashrightarrow$ (Cyclohexylidenmethyl)cyclohexen

Schwefel-Ylide führen zu Oxacyclopropanen

Während Phosphor-Ylide mit Aldehyden und Ketonen unter nucleophilem Angriff gefolgt von einer Eliminierung von Phosphanoxid unter Ausbildung einer Doppelbindung reagieren, setzen sich **Schwefel-Ylide**, die durch Deprotonierung der entsprechenden Sulfoniumsalze erhältlich sind, auf andere Weise zu Oxacyclopropanen um.

Bildung von Schwefel-Yliden

$$CH_3I + CH_3\ddot{S}CH_3 \longrightarrow CH_3\overset{+}{S}(CH_3)_2\ I^- \xrightarrow[-\ CH_3CH_2CH_2CH_2H,\ LiI]{CH_3CH_2CH_2CH_2Li} \left[:\overset{-}{C}H_2{-}\overset{+}{S}(CH_3)_2 \longleftrightarrow CH_2{=}S(CH_3)_2 \right]$$

Trimethylsulfonium-iodid — Schwefel-Ylid

Schwefel-Ylide sind nucleophil; wie im ersten Schritt der Wittig-Reaktion greifen sie das Carbonyl-Kohlenstoffatom unter Bildung eines Schwefel-Betains an. Im Unterschied zu Phosphor-Betainen fungiert bei diesem Addukt jedoch Dimethylsulfid als Abgangsgruppe. Es wird durch einen intramolekularen nucleophilen Angriff eines Alkoxid-Ions substituiert, was zur Bildung eines Oxacyclopropans führt. So hat das Schwefel-Ylid die Funktion eines *Methylen-Transfer-Reagenz*, das eine Methylengruppe an die Carbonyl-Doppelbindung addiert. Man erinnere sich, daß Oxacyclopropane auch auf einem alternativen Syntheseweg zugänglich sind (Abschn. 12.5), bei dem mittels einer Peroxycarbonsäure ein Sauerstoffatom auf ein Alken übertragen wurde.

Bildung von Oxacyclopropanen mit Schwefel-Yliden

$$\text{Cyclohexanon} + :\overset{-}{C}H_2{-}\overset{+}{S}(CH_3)_2 \longrightarrow \text{Schwefel-Betain} \longrightarrow \text{Oxacyclopropan} + CH_3\ddot{S}CH_3$$

82%

Schwefel-Betain — Ein Oxacyclopropan

Übung 15-13
Wie kann man folgende Verbindungen mit einem Schwefel-Ylid darstellen?

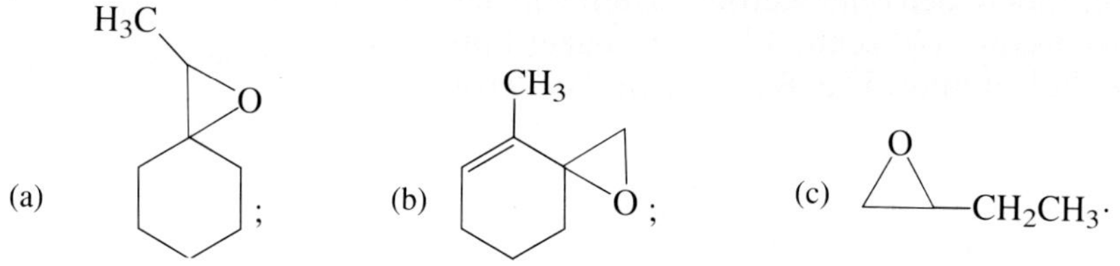

(a) [1-Methyl-spiro-oxacyclopropan-cyclohexan, H_3C, O]; (b) [Spiro-Verbindung mit CH_3 am Cyclohexen, O]; (c) [Oxacyclopropan mit CH_2CH_3].

Übung 15-14
Erklären Sie die folgende Umwandlung mechanistisch. Hinweis: Der Mechanismus beinhaltet eine Umlagerung von Carbeniumionen.

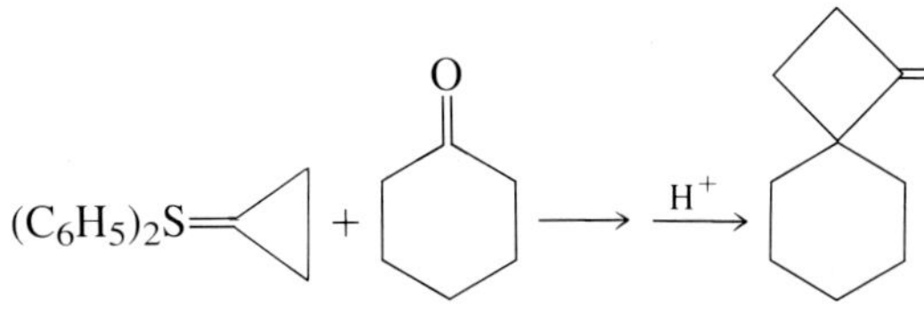

$$(C_6H_5)_2S{=}\text{Cyclopropyliden} + \text{Cyclohexanon} \longrightarrow \xrightarrow{H^+} \text{Spiro-cyclobutanon-cyclohexan}$$

Übung 15-15
Diazomethan reagiert mit Aldehyden und Ketonen so, wie es auch Schwefel-Ylide tun. Formulieren Sie einen Mechanismus, der mit dem folgenden Ergebnis in Einklang steht:

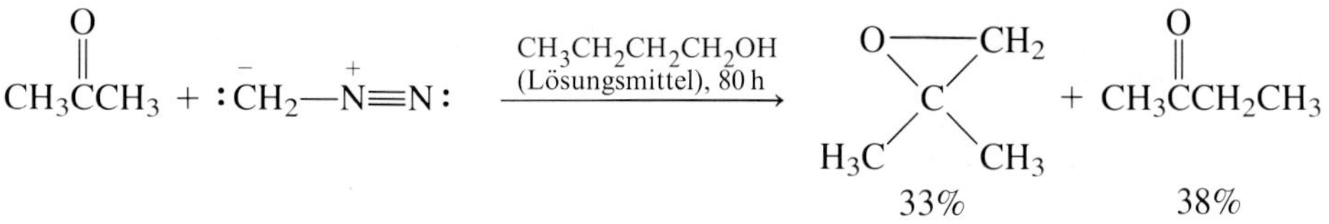

$$CH_3\overset{O}{\overset{\|}{C}}CH_3 + :\overset{-}{C}H_2{-}\overset{+}{N}{\equiv}N: \xrightarrow[\text{(Lösungsmittel), 80 h}]{CH_3CH_2CH_2CH_2OH} \underset{33\%}{(CH_3)_2C(-O-CH_2-)} + \underset{38\%}{CH_3\overset{O}{\overset{\|}{C}}CH_2CH_3}$$

Wir fassen zusammen, daß die Carbonylgruppe in Aldehyden und Ketonen durch Kohlenstoff-Nucleophile angegriffen werden kann. Metallorganische Reagenzien ergeben Alkohole, aus Cyaniden erhält man Cyanhydrine, Phosphor-Ylide addieren unter Betainbildung, die unter Ausbildung einer Kohlenstoff–Kohlenstoff-Doppelbindung zerfallen, und Schwefel-Ylide führen zu Oxacyclopropanen. Mit der Wittig-Reaktion steht eine Methode zur Synthese von Alkenen aus Carbonylverbindungen und Halogenalkanen über die entsprechenden Phosphoniumsalze zur Verfügung.

15.8 Spezielle Oxidationen und Reduktionen von Aldehyden und Ketonen

In diesem Abschnitt wird die Addition der Hydroperoxygruppe einer Peroxycarbonsäure an Carbonylgruppen von Aldehyden oder Ketonen besprochen, die schließlich unter Umlagerung zu Säuren oder Estern führt. Daneben werden einige oxidative Tests auf die Aldehydfunktion beschrieben. Im Kontrast zu diesen oxidativen Reaktionen werden auch einige spezielle Reduktionsmethoden für Aldehyde und Ketone beschrieben, die durch die Übertragung einzelner Elektronen möglich werden.

Peroxycarbonsäuren oxidieren Aldehyde und Ketone

Das Carbonyl-Kohlenstoffatom in Aldehyden oder Ketonen kann von der Hydroxygruppe einer Peroxycarbonsäure (Abschn. 12.5) so angegriffen werden, als ob sie von einem Alkohol stammt. Das Resultat ist das Peroxid-Analoge eines Halbacetals.

Addition von Peroxycarbonsäuren an die Carbonylgruppen von Aldehyden und Ketonen

$$R'\overset{\overset{\displaystyle O}{\|}}{C}H + \underset{\text{Peroxycarbonsäure}}{R\overset{\overset{\displaystyle O}{\|}}{C}OOH} \longrightarrow R'\underset{\underset{\displaystyle H}{|}}{\overset{\overset{\displaystyle OH}{|}}{C}}OO\overset{\overset{\displaystyle O}{\|}}{C}R$$

$$R''\overset{\overset{\displaystyle O}{\|}}{C}R' + R\overset{\overset{\displaystyle O}{\|}}{C}OOH \longrightarrow R''\underset{\underset{\displaystyle R'}{|}}{\overset{\overset{\displaystyle OH}{|}}{C}}OO\overset{\overset{\displaystyle O}{\|}}{C}R$$

Diese Produkte sind nicht stabil und zersetzen sich über einen 8-Elektronen-Übergangszustand unter Verschiebung der Substituenten. Im Addukt aus einem Aldehyd wandert ein Wasserstoffatom unter Bildung zweier Carbonsäuren. Eine stammt aus der Oxidation des Aldehyds, die andere von der ursprünglichen Peroxycarbonsäure.

Zersetzung des Adduktes aus Aldehyd und Peroxycarbonsäure

$$R'\!-\!\underset{\underset{\displaystyle H}{|}}{\overset{\overset{\displaystyle :\ddot{O}\!-\!H\cdots:\ddot{O}\!=\!C(R)}{|}}{C}}\!-\!\ddot{O}\!-\!\ddot{O}: \longrightarrow R'\!-\!\overset{\overset{\displaystyle :O:}{\|}}{C}\!-\!\ddot{O}\!:\!-\!H + H\!-\!\ddot{O}\!:\!-\!C(R)\!=\!\ddot{O}:$$

Im Addukt aus einem Keton wandert eine Alkylgruppe in analoger Weise unter Bildung eines Esters. Diese Umwandlung wird als **Baeyer-Villiger-Oxidation*** bezeichnet.

Baeyer-Villiger-Oxidation

$$R''\overset{\overset{\displaystyle O}{\|}}{C}R' + R\overset{\overset{\displaystyle O}{\|}}{C}OOH \longrightarrow R''\!-\!\underset{\underset{\displaystyle R'}{|}}{\overset{\overset{\displaystyle :\ddot{O}\!-\!H\cdots:\ddot{O}\!=\!C(R)}{|}}{C}}\!-\!\ddot{O}\!-\!\ddot{O}: \longrightarrow R''\!-\!\overset{\overset{\displaystyle :O:}{\|}}{C}\!-\!\ddot{O}\!:\!-\!R' + H\!-\!\ddot{O}\!:\!-\!C(R)\!=\!\ddot{O}:$$

---

* Professor Adolf von Baeyer, 1835–1917, Universität München, Nobelpreis 1905; V. Villiger, 1868–1934, BASF, Ludwigshafen.

Beispiel:

$$CH_3\overset{O}{\overset{\|}{C}}CH_2CH_3 \xrightarrow{CF_3\overset{O}{\overset{\|}{C}}OOH,\ CH_2Cl_2} CH_3\overset{O}{\overset{\|}{C}}OCH_2CH_3$$

72%

2-Butanon **Ethylethanoat (Acetat)**

Cyclische Ketone werden in cyclische Ester umgewandelt:

$$\xrightarrow{CH_3\overset{O}{\overset{\|}{C}}OOH,\ 40°C,\ 6\ h}$$

90%

Der Angriff erfolgt an einer Carbonylgruppe leichter als an einer Kohlenstoff–Kohlenstoff-Doppelbindung.

Bei Einsatz unsymmetrischer Ketone kann man im Prinzip zwei verschiedene Ester erhalten. Wie die Beispiele zeigen, wird jedoch jeweils nur einer gebildet. Durch eine Serie von Experimenten wurde eine Reihenfolge aufgestellt, die die relative Wanderungsneigung verschiedener Substituenten wiedergibt. Die Reihenfolge legt die Vermutung nahe, daß die wandernde Gruppe im Übergangszustand Carbeniumion-Charakter hat.

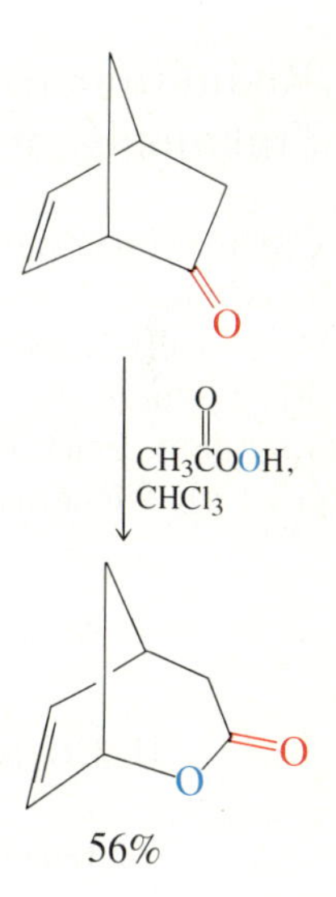

Wanderungsneigung in der Baeyer-Villiger-Oxidation

Wasserstoff > tertiär > Cyclohexyl > sekundär ~ Phenyl > primär > Methyl

Übung 15-16

Welches sind die Produkte der Reaktionen der folgenden Verbindungen mit Peroxycarbonsäuren:

(a) $CH_2{=}CHCH_2CH_2\overset{O}{\overset{\|}{C}}CH_3$; (b) [Bicyclus mit CH_3 und =O]; (c) $(CH_3)_3C\overset{O}{\overset{\|}{C}}CH_2CH_3$.

Oxidative chemische Nachweise von Aldehyden

Obwohl der Fortschritt in der NMR-Spektroskopie und in anderen spektroskopischen Methoden chemische Nachweise funktioneller Gruppen zu Seltenheiten hat werden lassen, werden sie dennoch in Spezialfällen benutzt, in denen andere Methoden versagen. Zwei charakteristische einfache Nachweise für Aldehyde werden in der Diskussion der Chemie der Zucker in Kapitel 23 wieder auftauchen; sie machen sich die leichte Oxidierbarkeit von Aldehyden zu den entsprechenden Carbonsäuren zunutze. Der erste Nachweis ist der Fehling-Test *, in welchem Kupfer(II)-Ionen als Oxidationsmittel dienen. In basischem Medium zeigt der Niederschlag von Kupfer(I)oxid die Gegenwart der Aldehydfunktion an.

* Professor Hermann C. von Fehling, 1812–1885, Universität Stuttgart.

Fehling-Nachweis von Aldehyden

$$\mathrm{R\overset{\overset{\displaystyle O}{\|}}{C}H + Cu^{2+} \xrightarrow{\text{NaOH, Tartrat, } H_2O} \underset{\textbf{ziegelrot}}{Cu_2O} + R\overset{\overset{\displaystyle O}{\|}}{C}OH}$$

Der zweite Test ist der Tollens-Nachweis*, bei welchem aus einer Silbersalzlösung bei Gegenwart von Aldehyden ein Silberspiegel abgeschieden wird.

Tollens-Nachweis von Aldehyden

$$\mathrm{R\overset{\overset{\displaystyle O}{\|}}{C}H + Ag^{+} \xrightarrow{NH_3,\ H_2O} \underset{\text{Silberspiegel}}{Ag} + R\overset{\overset{\displaystyle O}{\|}}{C}OH}$$

Die Reduktion von Aldehyden und Ketonen mit Zinkamalgam: Clemmensen-Reduktion

Die Carbonylgruppen von Aldehyden und Ketonen können indirekt durch reduktive Entschwefelung ihrer Thioacetale (Abschn. 15.5) oder durch die Wolff-Kishner-Reduktion desoxygeniert werden (Abschn. 15.6). Eine Möglichkeit der direkten Desoxygenierung bietet die Reduktion mit Zinkamalgam, Zn(Hg), mit konzentriertem Chlorwasserstoff. Diese Reaktion ist als **Clemmensen-Reduktion**** bekannt.

Clemmensen-Reduktion

$$\underset{\textbf{2-Octanon}}{\mathrm{CH_3(CH_2)_5\overset{\overset{\displaystyle O}{\|}}{C}CH_3}} \xrightarrow{\mathrm{Zn(Hg),\ HCl,\ \Delta}} \underset{\substack{62\% \\ \textbf{Octan}}}{\mathrm{CH_3(CH_2)_5CH_2CH_3}}$$

Zinkamalgam ist eine Legierung aus Zink und Quecksilber, die dazu dient, eine hochaktive Zinkoberfläche zu erzeugen. Der Mechanismus der Reaktion, der noch nicht vollkommen verstanden ist, beinhaltet wahrscheinlich Elektronenübertragungen vom Metall auf die Carbonyl-π-Bindung. Wegen der drastischen Reaktionsbedingungen (starke Säure) ist die Anwendungsbreite der Clemmensen-Reduktion begrenzt.

Manche Metalle reduzieren Aldehyde und Ketone unter Kupplung

Die Carbonylgruppe kann durch Hydride oder durch katalytische Hydrierung reduziert werden (Abschn. 8.4 u. 15.4). Aldehyde und Ketone gehen mit Metallen jedoch auch eine *Ein-Elektronen-Reduktion* ein, die zur Ausbildung einer Kohlenstoff–Kohlenstoff-Bindung zwischen zwei Carbonyl-Kohlenstoffatomen führt. Wenn man beispielsweise Propanon (Aceton) in Benzol mit Magnesium behandelt, findet eine stark exotherme

* Professor Bernhard Tollens, 1841–1918, Universität Göttingen.

** E. C. Clemmensen, 1876–1941, Präsident der Clemmensen Chemical Corporation, Newark, New Jersey, USA.

Reaktion statt, welche nach wäßriger Aufarbeitung 2,3-Dimethylbutan-2,3-diol ergibt. Diese Verbindung wurde schon in Abschnitt 9.2 als Pinakol im Zusammenhang mit der Pinakol-Umlagerung erwähnt. Die Reaktion seiner Bildung heißt **Pinakol-Reaktion**.

Pinakol-Reaktion

$$2\ CH_3C(=O)CH_3 + Mg \xrightarrow{\text{Benzol}} CH_3C(CH_3)(:\ddot{O}:^-)\text{—}C(CH_3)(:\ddot{O}:^-)CH_3 + Mg^{2+} \xrightarrow{H^+,\ H_2O} (CH_3)_2C(OH)\text{—}C(OH)(CH_3)_2$$

40%

2,3-Dimethyl-2,3-butandiol (Pinakol)

Der Mechanismus der Pinakol-Reaktion verläuft über Ein-Elektronen-Übertragungsschritte. Anfangs nimmt die Carbonylgruppe unter Bildung eines Radikal-Anions ein Elektron auf. Anschließend kombinieren zwei solcher Radikal-Anionen unter Bildung eines Dianions, welches bei der wäßrigen Aufarbeitung protoniert wird.

Mechanismus der Pinakol-Reaktion:

$$2\ CH_3C(=O)CH_3 \xrightarrow[\text{Ein-Elektronen-Übertragung}]{Mg} 2\ CH_3\dot{C}(:\ddot{O}:^-)CH_3 + Mg^{2+} \xrightarrow[\text{Kupplung}]{} CH_3C(CH_3)(:\ddot{O}:^-)\text{—}C(CH_3)(:\ddot{O}:^-)CH_3 + Mg^{2+}$$

Radikal-Anion

Die reduktive Carbonylkupplung wird auch durch eine niederwertige Titanspecies bewirkt, die durch Reduktion von Titantrichlorid mit Reagenzien wie Alkalimetall, Lithiumaluminiumhydrid oder Zink – Kupfer-Paar erhalten wird. Anstelle von vicinalen Diolen findet hier jedoch vollständige Desoxygenierung zum Alken statt.

$$2\ \text{Cyclohexanon} \xrightarrow[-\ TiO_2]{TiCl_3,\ Li,\ THF} \text{Cyclohexylidencyclohexan}$$

79%

$$2\ CH_3CH_2CH_2CH_2CH(=O) \xrightarrow[-\ TiO_2]{TiCl_3,\ K,\ THF} CH_3CH_2CH_2CH_2CH{=}CHCH_2CH_2CH_2CH_3$$

Pentanal 77% **5-Decen** (cis : trans = 3 : 7)

Der Mechanismus dieser Reaktion beginnt offenbar mit einer Pinakol-Kupplung, der eine Desoxygenierung folgt, die im Prinzip wie eine Umkehrung der vicinalen Dihydroxylierung von Alkenen verläuft (Abschn. 12.5). Das Titan hat die Funktion eines Reduktionsmittels und wird zu Titandioxid oxidiert.

Möglicher Mechanismus der Kupplung von Aldehyden und Ketonen durch niederwertiges Titan:

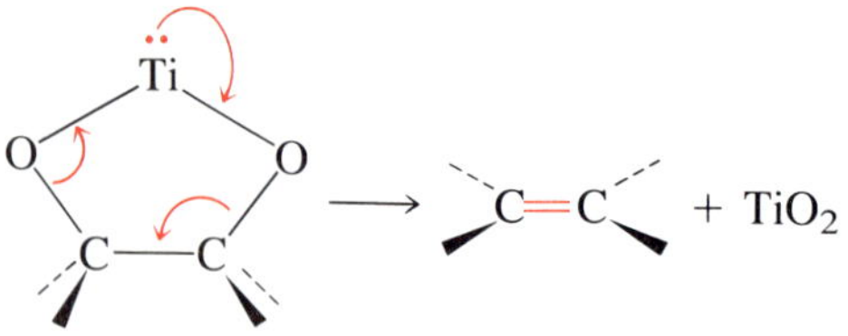

Gemischte Kupplungen werden möglich, wenn eine Carbonylverbindung im Überschuß vorliegt.

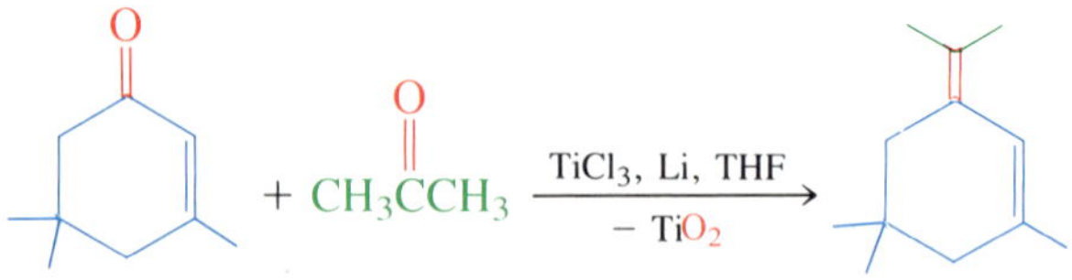

$$+ \; CH_3\overset{O}{\overset{\|}{C}}CH_3 \xrightarrow[-\;TiO_2]{TiCl_3,\;Li,\;THF}$$

1 : 4 63%

Intramolekulare Kupplungen führen zu Cycloalkenen.

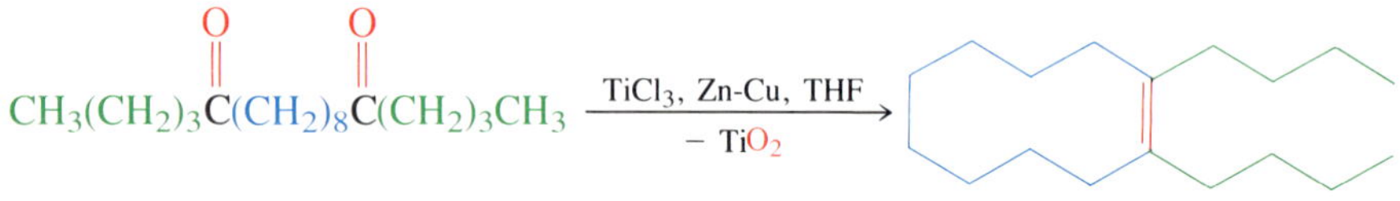

$$CH_3(CH_2)_3\overset{O}{\overset{\|}{C}}(CH_2)_8\overset{O}{\overset{\|}{C}}(CH_2)_3CH_3 \xrightarrow[-\;TiO_2]{TiCl_3,\;Zn\text{-}Cu,\;THF}$$

75%

Übung 15-17

Schlagen Sie eine kurze Synthese von 2-Methyl-2-penten vor, die von 1-Buten ausgeht.

Es kann zusammengefaßt werden, daß Aldehyde mit Peroxycarbonsäuren (und anderen Oxidationsmitteln) zu Carbonsäuren umgesetzt werden können. In ähnlicher Weise ergeben Ketone Ester. Bei unsymmetrischen Ketonen werden Ester selektiv unter Wanderung nur eines Substituenten gebildet. Aldehyde und Ketone können mit Metallen zu den entsprechenden Alkanen, zu gekuppelten vicinalen Diolen oder zu gekuppelten Alkenen reduziert werden.

Zusammenfassung neuer Reaktionen

Synthesen von Aldehyden und Ketonen

1 Oxidation von Alkoholen

$$R\overset{R'}{\overset{|}{C}}HOH \xrightarrow{CrO_3} R\overset{O}{\overset{\|}{C}}R'$$

$$RCH_2OH \xrightarrow{CrO_3(Pyridin)_2} R\overset{O}{\overset{\|}{C}}H$$

Stabil gegen das Oxidationsmittel

Oxidation in Allylstellung:

$$RCH{=}CHCH_2OH \xrightarrow{MnO_2} RCH{=}CH\overset{O}{\overset{\|}{C}}H$$

2 Ozonolyse von Alkenen

$$>C{=}C< \xrightarrow[\text{2. Reduktion}]{\text{1. } O_3} >C{=}O + O{=}C<$$

3 Hydratisierung von Alkinen

$$RC{\equiv}CH \xrightarrow{H_2O,\ Hg^{2+},\ H_2SO_4} R\overset{O}{\overset{\|}{C}}CH_3$$

$$RC{\equiv}CR' \xrightarrow{H_2O,\ Hg^{2+},\ H_2SO_4} R\overset{O}{\overset{\|}{C}}CH_2R' + RCH_2\overset{O}{\overset{\|}{C}}R'$$

4 Hydroborierung-Oxidation von Alkinen

$$RC{\equiv}CH \xrightarrow[\text{2. } H_2O_2,\ HO^-]{\text{1. } HBR_2'} RCH_2\overset{O}{\overset{\|}{C}}H$$

$$RC{\equiv}CR' \xrightarrow[\text{1. } H_2O_2,\ HO^-]{\text{1. } HBR_2''} RCH_2\overset{O}{\overset{\|}{C}}R' + R\overset{O}{\overset{\|}{C}}CH_2R'$$

Reaktionen von Aldehyden und Ketonen

5 Hydrierung

$$R\overset{O}{\overset{\|}{C}}R' \xrightarrow{H_2,\ \text{Ru oder Raney-Ni, Druck}} R\overset{OH}{\underset{H}{C}}R'$$

$$RCH{=}CHCH_2CH_2\overset{O}{\overset{\|}{C}}R' \xrightarrow{H_2,\ Pt} R(CH_2)_4\overset{O}{\overset{\|}{C}}R'$$

6 Addition von Wasser und Alkoholen – Halbacetale

$$R\overset{O}{\overset{\|}{C}}R' \xrightleftharpoons{H_2O,\ H^+ \text{ oder } OH^-} R\overset{OH}{\underset{OH}{C}}R'$$

Carbonylhydrat (Ein geminales Diol)

$$R\overset{O}{\overset{\|}{C}}R' \xrightleftharpoons{R''OH,\ H^+ \text{ oder } OH^-} R\overset{OH}{\underset{OR''}{C}}R'$$

Halbacetal

Intramolekulare Addition:

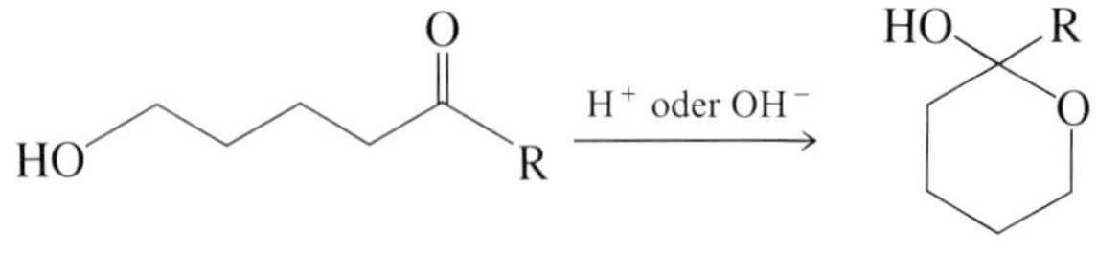

$$\text{HO(CH}_2\text{)}_4\text{COR} \xrightarrow{H^+ \text{ oder } OH^-} \text{(cyclisches Halbacetal, 2-R-2-Hydroxy-oxan)}$$

Cyclisches Halbacetal

7 Säurekatalysierte Addition von Alkoholen – Acetale

$$\overset{O}{\overset{\|}{RCR'}} + 2\,R''OH \overset{H^+}{\rightleftharpoons} RC(OR'')_2R' + H_2O$$

Acetal

Cyclische Acetale:

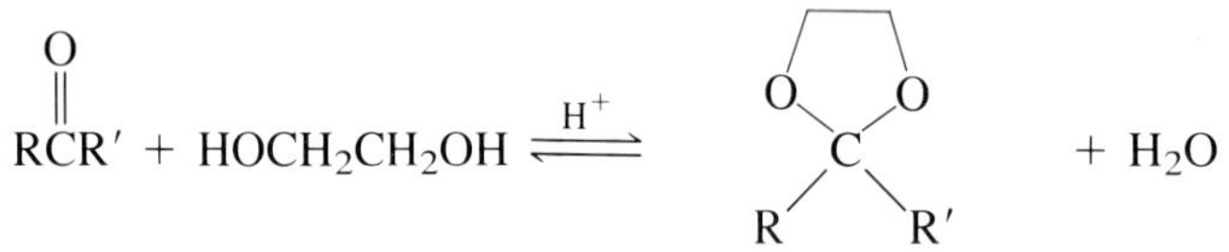

$$\overset{O}{\overset{\|}{RCR'}} + HOCH_2CH_2OH \overset{H^+}{\rightleftharpoons} \text{(1,3-Dioxolan, C mit R und R')} + H_2O$$

Keton, als cyclisches Acetal geschützt

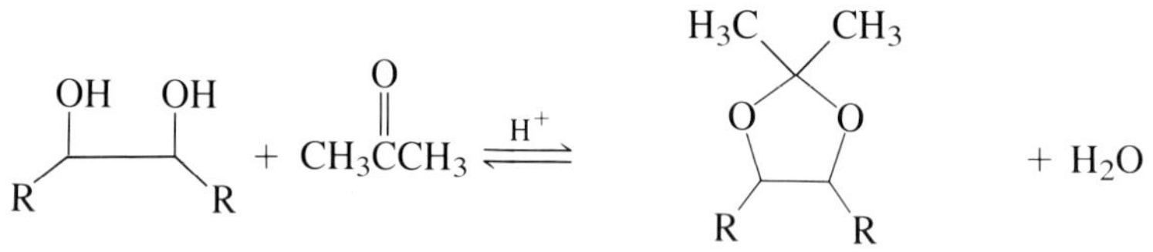

$$\text{RCH(OH)CH(OH)R} + CH_3\overset{O}{\overset{\|}{C}}CH_3 \overset{H^+}{\rightleftharpoons} \text{(2,2-Dimethyl-1,3-dioxolan mit R, R; } H_3C, CH_3) + H_2O$$

Diol, als Propanon-(Aceton-)Acetal geschützt

8 Thioacetale

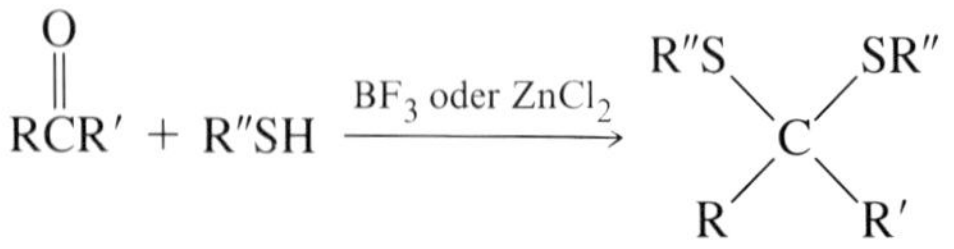

$$\overset{O}{\overset{\|}{RCR'}} + R''SH \xrightarrow{BF_3 \text{ oder } ZnCl_2} RC(SR'')_2R'$$

Hydrolyse von Thioacetalen:

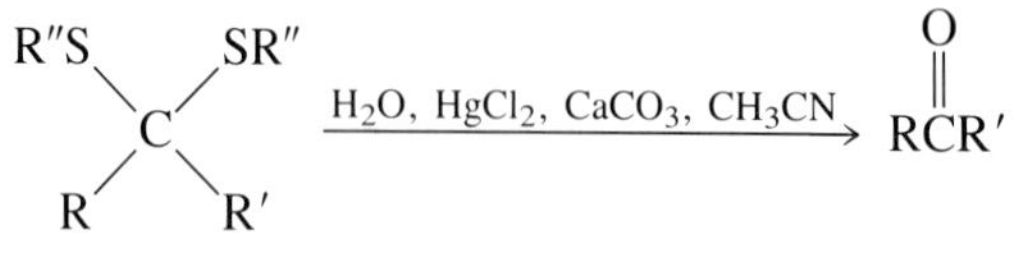

$$RC(SR'')_2R' \xrightarrow{H_2O,\ HgCl_2,\ CaCO_3,\ CH_3CN} \overset{O}{\overset{\|}{RCR'}}$$

9 Entschwefelung mit Raney-Nickel

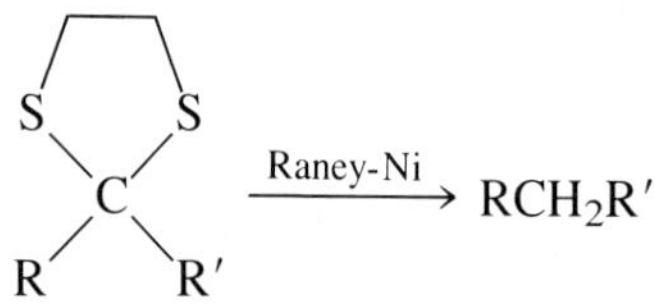

$$\text{(1,3-Dithiolan, C mit R und R')} \xrightarrow{\text{Raney-Ni}} RCH_2R'$$

10 Addition von Amin-Derivaten

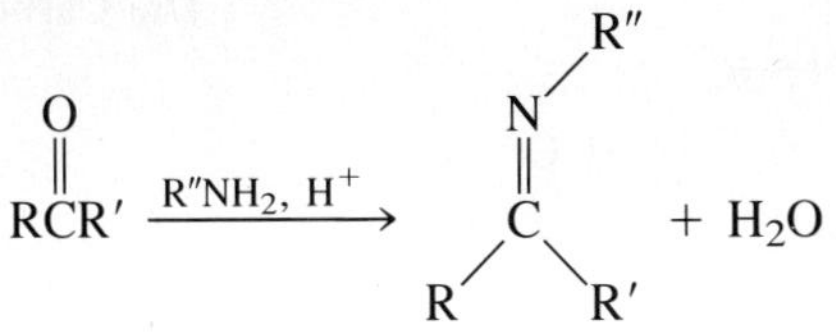

$$RCOR' \xrightarrow{R''NH_2,\ H^+} RR'C{=}NR'' + H_2O$$

Imin

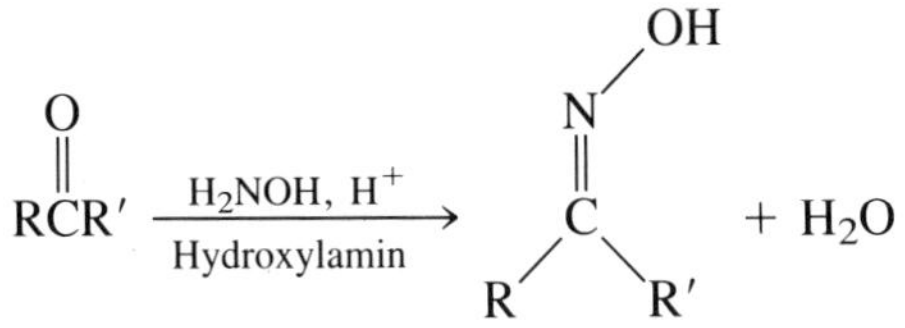

$$RCOR' \xrightarrow[\text{Hydroxylamin}]{H_2NOH,\ H^+} RR'C{=}NOH + H_2O$$

Oxim

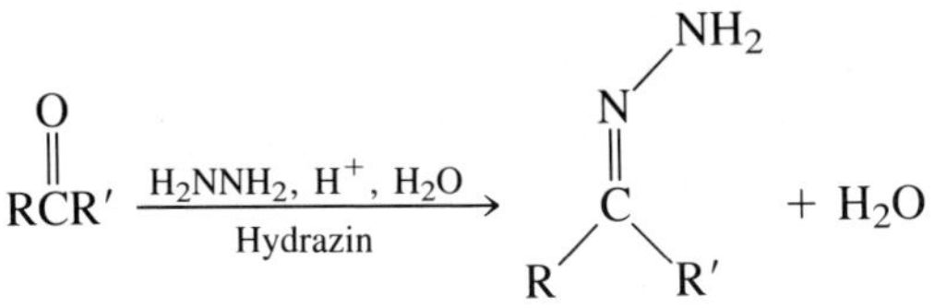

$$RCOR' \xrightarrow[\text{Hydrazin}]{H_2NNH_2,\ H^+,\ H_2O} RR'C{=}NNH_2 + H_2O$$

Hydrazon

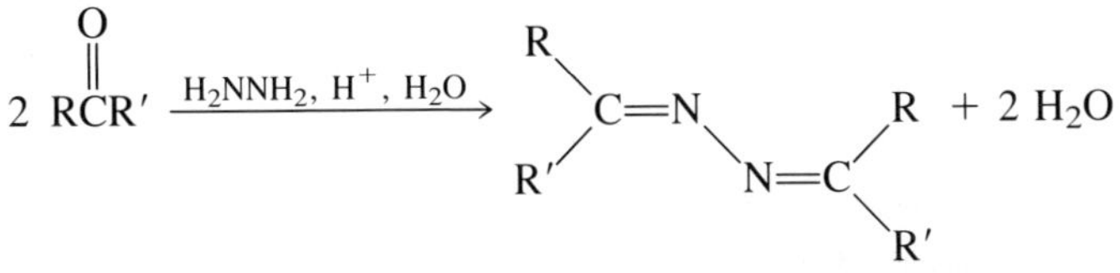

$$2\ RCOR' \xrightarrow{H_2NNH_2,\ H^+,\ H_2O} RR'C{=}N{-}N{=}CRR' + 2\ H_2O$$

Azin

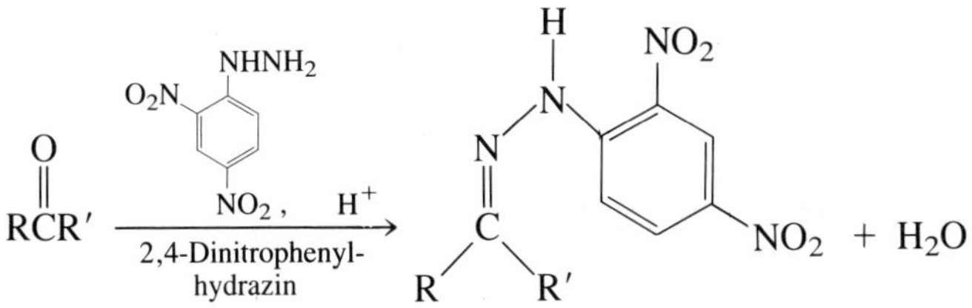

$$RCOR' \xrightarrow[\text{2,4-Dinitrophenylhydrazin}]{2,4\text{-}(O_2N)_2C_6H_3NHNH_2,\ H^+} RR'C{=}N{-}NH{-}C_6H_3(NO_2)_2 + H_2O$$

2,4-Dinitrophenylhydrazon

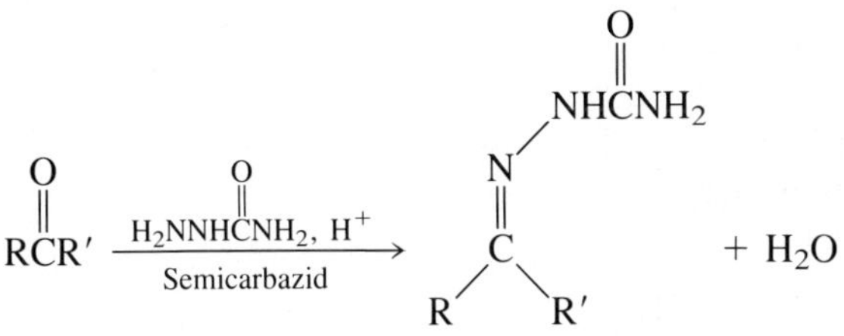

$$RCOR' \xrightarrow[\text{Semicarbazid}]{H_2NNHCONH_2,\ H^+} RR'C{=}NNHCONH_2 + H_2O$$

Semicarbazon

11 Wolff-Kishner-Reduktion

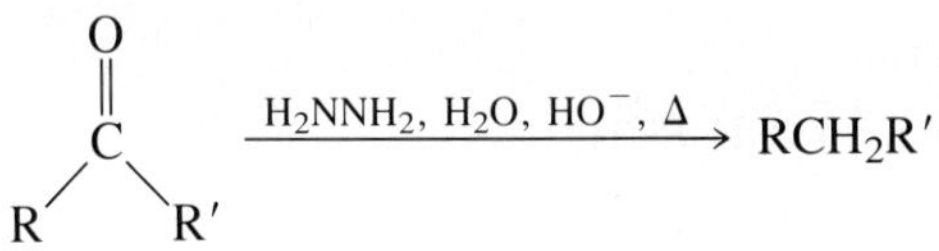

$$RCOR' \xrightarrow{H_2NNH_2,\ H_2O,\ HO^-,\ \Delta} RCH_2R'$$

12 Enamine

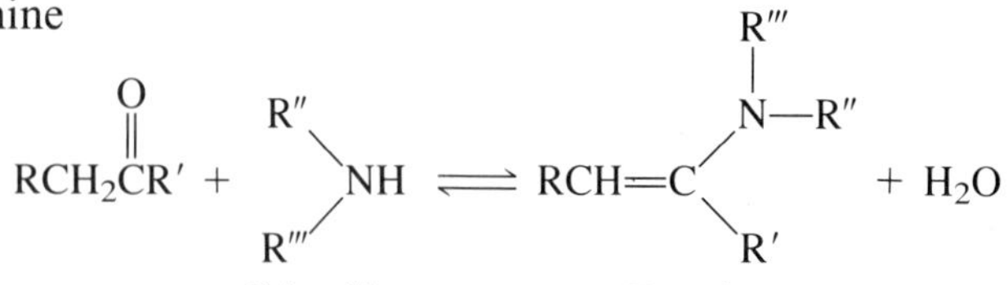

$$RCH_2\overset{O}{\overset{\|}{C}}R' + \underset{R'''}{\overset{R''}{}}\!\!NH \rightleftharpoons RCH{=}C(R')(NR''R''') + H_2O$$

Sekundäres Amin — **Enamin**

13 Cyanhydrine

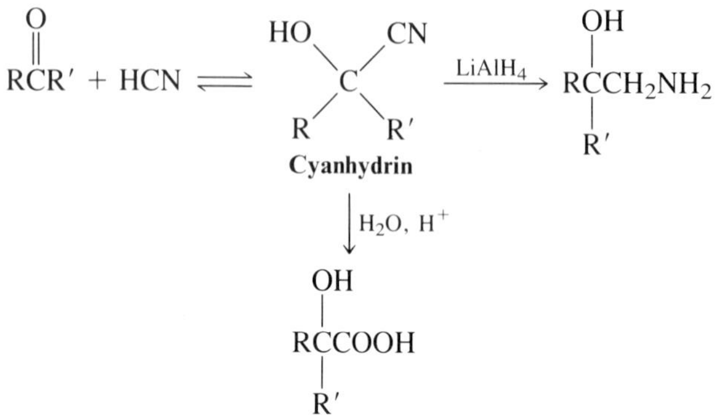

$$R\overset{O}{\overset{\|}{C}}R' + HCN \rightleftharpoons \underset{\text{Cyanhydrin}}{(HO)(CN)C(R)(R')} \xrightarrow{LiAlH_4} R\overset{OH}{\overset{|}{C}}(R')CH_2NH_2$$

$$\text{Cyanhydrin} \xrightarrow{H_2O,\ H^+} R\overset{OH}{\overset{|}{C}}(R')COOH$$

14 Wittig-Reaktion

$$R''CH_2X + \underset{\text{Triphenylphosphan}}{P(C_6H_5)_3} \longrightarrow \underset{\text{Phosphoniumhalogenid}}{R''CH_2\overset{+}{P}(C_6H_5)_3X^-}$$

$$R''CH_2\overset{+}{P}(C_6H_5)_3X^- \xrightarrow{Base} \underset{\text{Ylid}}{R''CH{=}P(C_6H_5)_3}$$

$$R\overset{O}{\overset{\|}{C}}R' + R''CH{=}P(C_6H_5)_3 \longrightarrow (R)(R')C{=}CHR'' + (C_6H_5)_3P{=}O$$

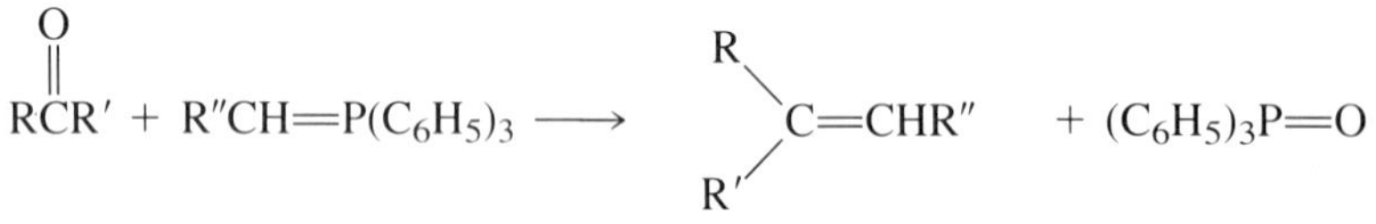

Nicht immer stereoselektiv

15 Schwefel-Ylide als Methylen-Transfer-Reagenzien

$$CH_3I + CH_3SCH_3 \longrightarrow \underset{\text{Trimethylsulfoniumiodid}}{(CH_3)_3S^+I^-}$$

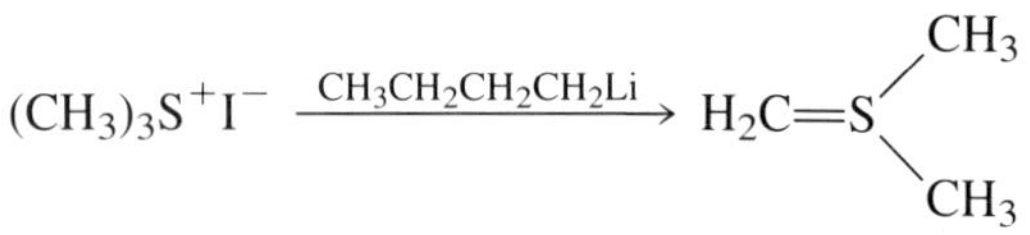

$$(CH_3)_3S^+I^- \xrightarrow{CH_3CH_2CH_2CH_2Li} \underset{\text{Schwefel-Ylid}}{H_2C{=}S(CH_3)_2}$$

$$R\overset{O}{\overset{\|}{C}}R' + H_2C{=}S(CH_3)_2 \longrightarrow (R)(R')C\!\!<\!\!\underset{O}{\overset{CH_2}{|}} + CH_3SCH_3$$

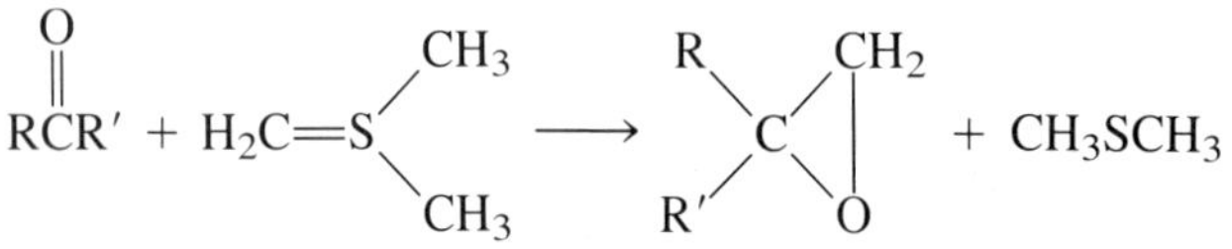

16 Baeyer-Villiger-Oxidation

$$\mathrm{R\overset{\overset{\displaystyle O}{\|}}{C}H} + \mathrm{R'\overset{\overset{\displaystyle O}{\|}}{C}OOH} \longrightarrow \mathrm{R\overset{\overset{\displaystyle O}{\|}}{C}OH} + \mathrm{R'\overset{\overset{\displaystyle O}{\|}}{C}OH}$$

Aldehyd **Peroxycarbonsäure** **Carbonsäuren**

$$\mathrm{R\overset{\overset{\displaystyle O}{\|}}{C}R'} + \mathrm{R''\overset{\overset{\displaystyle O}{\|}}{C}OOH} \longrightarrow \mathrm{R\overset{\overset{\displaystyle O}{\|}}{C}OR'} + \mathrm{R''\overset{\overset{\displaystyle O}{\|}}{C}OH}$$

Keton **Ester**

Wanderungsneigung bei der Baeyer-Villiger-Oxidation:
H > tertiär > Cyclohexyl > sekundär ~ Phenyl > primär > Methyl

17 Nachweise für Aldehyde

$$\mathrm{R\overset{\overset{\displaystyle O}{\|}}{C}H} \xrightarrow{Cu^{2+} \text{ oder } Ag^{+}} \mathrm{R\overset{\overset{\displaystyle O}{\|}}{C}OH} + Cu_2O \text{ oder } Ag$$

roter Niederschlag **Silberspiegel**

18 Clemmensen-Reduktion

$$\mathrm{R\overset{\overset{\displaystyle O}{\|}}{C}R'} \xrightarrow{Zn(Hg),\ HCl,\ \Delta} RCH_2R'$$

19 Pinakol-Reaktion

$$2\ \mathrm{CH_3\overset{\overset{\displaystyle O}{\|}}{C}CH_3} \xrightarrow[2.\ H^+,\ H_2O]{1.\ Mg} \mathrm{(CH_3)_2\overset{\overset{\displaystyle OH}{|}}{C}-\overset{\overset{\displaystyle OH}{|}}{C}(CH_3)_2}$$

Pinakol

20 Kupplung durch Titan

$$2\ \mathrm{\overset{\overset{\displaystyle O}{\|}}{C}} \xrightarrow[\text{Reduktionsmittel}]{TiCl_3,} \mathrm{C{=}C}$$

Reduktionsmittel: Li; K; $LiAlH_4$; Zn-Cu

Zusammenfassung

1 Die Carbonylgruppe ist die funktionelle Gruppe der Aldehyde (Alkanale) und der Ketone (Alkanone). Bei der Benennung von Molekülen hat sie Vorrang vor Hydroxy-, Alkenyl- und Alkinylgruppen.

2 Die Kohlenstoff-Sauerstoff-Doppelbindung und die beiden an das Carbonyl-Kohlenstoffatom gebundenen Atome liegen in einer Ebene. Die C=O-Gruppe ist mit einer negativen Partialladung am Sauerstoffatom polarisiert.

3 Die ¹H NMR-Spektren der Aldehyde zeigen ein Signal bei $\delta \sim 9.8$ ppm. Das Carbonyl-Kohlenstoffatom tritt bei etwa 200 ppm in Resonanz. Wegen der Möglichkeit niederenergetischer $n \longrightarrow \pi^*$-Übergänge zeigen die Elektronenspektren von Aldehyden und Ketonen Banden bei relativ großer Wellenlänge.

4 Die Kohlenstoff-Sauerstoff-Doppelbindung geht katalytische Hydrierungen und ionische Additionen ein. Für die erste Reaktion dienen Oberflächen von Übergangsmetallen als heterogene Katalysatoren, für die zweite Säuren und Basen.

5 Die Reaktivität der Carbonylgruppe steigt mit zunehmend elektrophilem Charakter des Carbonyl-Kohlenstoffatoms. Daher sind Aldehyde reaktiver als Ketone.

6 Intramolekulare Additionen an Carbonylgruppen sind entropisch gegenüber intermolekularen bevorzugt.

7 Primäre Amine gehen Kondensationsreaktionen mit Aldehyden und Ketonen ein, wobei Imine entstehen. Sekundäre Amine kondensieren zu Enaminen.

8 Die Wittig-Reaktion ist eine wichtige Reaktion, bei der aus Aldehyden und Ketonen direkt eine Kohlenstoff–Kohlenstoff-Doppelbindung entsteht.

9 Die Methylenierung von Aldehyden und Ketonen mit Schwefel-Yliden führt zu Oxacyclopropanen.

10 Die Addition von Peroxycarbonsäuren an Carbonylgruppen von Aldehyden oder Ketonen führt zur Bildung von Carbonsäuren bzw. Estern.

Aufgaben

1 Benennen Sie bzw. zeichnen Sie die Strukturen der folgenden Verbindungen.

(a)  $(CH_3)_2CHC(=O)CH(CH_3)_2$ **(b)** $(CH_3)_2CHCH_2CH_2CHO$

(c) 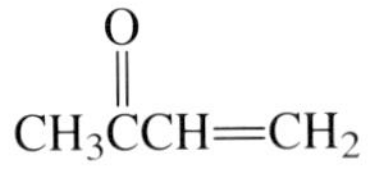 $CH_3C(=O)CH{=}CH_2$ **(d)** 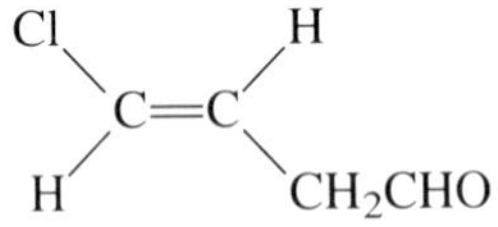 Cl(H)C=C(H)CH₂CHO — $ClHC{=}CHCH_2CHO$ (Cl und CH_2CHO trans)

(e) 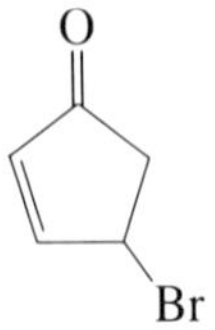 4-Brom-cyclopent-2-enon (Strukturformel: O, Br)

(f) 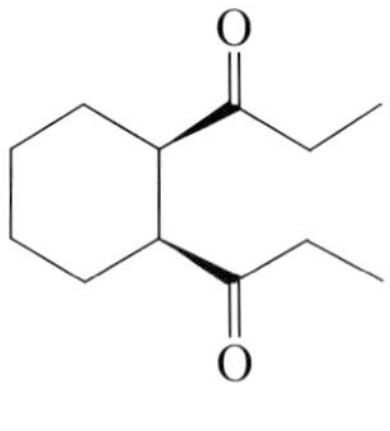 Cyclohexan mit zwei Propanoyl-Gruppen (Strukturformel: O, O)

(g) (*Z*)-2-Ethanoyl-2-butenoat
(h) *trans*-3-Chlorcyclobutancarbaldehyd

2 Es sind die spektroskopischen Daten zweier Carbonylverbindungen mit der Summenformel $C_8H_{12}O$ gegeben. Schlage Sie Strukturen für beide Verbindungen vor (m steht für ein nicht interpretierbares Multiplett an dieser Stelle des Spektrums).

(a) ¹H NMR: δ = 1.6 (m, 4H), 2.15 (s, 3H), 2.19 (m, 4H), 6.78 (t, 1H) ppm. – ¹³C NMR: δ = 21.8, 22.2, 23.2, 25.0, 26.2, 139.8, 140.7, 198.6 ppm.

(b) ^{1}H NMR: $\delta = 0.94$ (t, 3H), 1.48 (sex, 2H), 2.21 (quin, 2H), 5.8–7.1 (m, 4H), 9.56 (d, 1H) ppm. – ^{13}C NMR: $\delta = 13.6$, 21.9, 35.2, 129.0, 135.2, 146.7, 152.5, 193.2 ppm.

3 Die in Aufgabe 2 beschriebenen Verbindungen haben sehr unterschiedliche UV-Spektren. Die eine zeigt Banden bei $\lambda_{max}(\varepsilon) = 232$ (13000) und 308 (1450) nm, wogegen die andere bei $\lambda_{max}(\varepsilon) = 272$ (35000) nm und deutlich schwächer bei 320 nm absorbiert (wegen der großen Intensität der stärkeren Bande ist es schwierig, diesen Wert exakt zu ermitteln). Bringen Sie die von Ihnen für Aufgabe 2 ermittelten Strukturen mit diesen UV-Spektren in Einklang. Erklären Sie die Spektren anhand der Strukturen.

4 Welche Reagenzien oder Kombinationen von Reagenzien sind für die folgenden Reaktionen am besten geeignet?

(a) 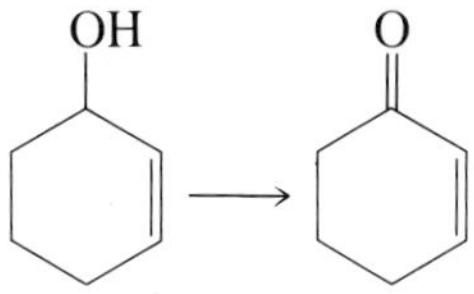 2-Cyclohexen-1-ol (OH) ⟶ 2-Cyclohexen-1-on (O)

(b) $CH_3CH_2CH(CH_2OH)CH_2CH_3 \longrightarrow CH_3CH_2CH(CHO)CH_2CH_3$

(c) 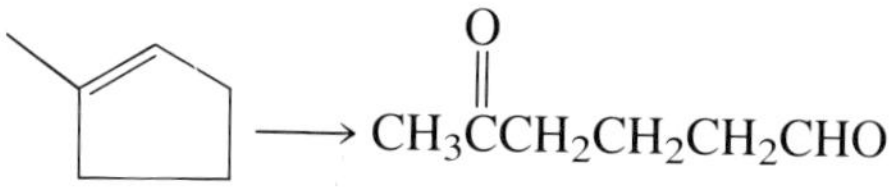 1-Methylcyclopenten ⟶ $CH_3\overset{O}{\overset{\|}{C}}CH_2CH_2CH_2CHO$

(d) 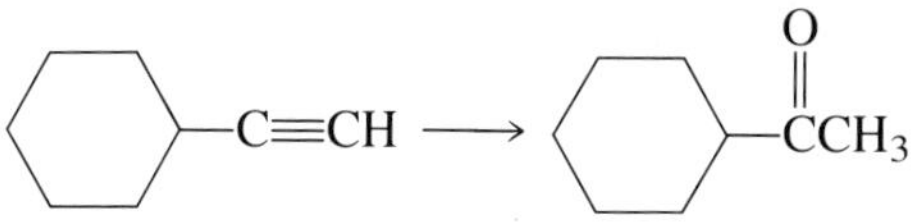 Cyclohexyl–$C{\equiv}CH \longrightarrow$ Cyclohexyl–$\overset{O}{\overset{\|}{C}}CH_3$

(e) $(CH_3)_2CHC{\equiv}CCH(CH_3)_2 \longrightarrow (CH_3)_2CH\overset{O}{\overset{\|}{C}}CH_2CH(CH_3)_2$

5 Das in wäßrig sauren Cr(VI)-Reagenzien vorhandene Wasser kann zur Überoxidation von Alkoholen zu Carbonsäuren führen. Dabei addiert das Wasser an den zunächst gebildeten Aldehyd, wodurch ein Hydrat gebildet wird, das dann weiteroxidiert wird (Abschn. 15.3). Erklären Sie in Kenntnis dieses Sachverhaltes die folgenden zwei Beobachtungen:

(a) Wasser addiert unter Hydratbildung an Ketone. Man beobachtet jedoch keine Überoxidation, wenn man einen sekundären Alkohol in ein Keton umwandelt.

(b) Die Oxidation eines primären Alkohols zum entsprechenden Aldehyd verläuft mit dem wasserfreien Reagenz CrO_3-Pyridin erfolgreich, wenn der Alkohol langsam zum CrO_3-Reagenz gegeben wird. Wenn man stattdessen das CrO_3-Reagens zum Alkohol gibt, erhält man als Resultat einer neuen Nebenreaktion einen Ester. Dies ist hier am Beispiel des 1-Butanols dargestellt:

$$CH_3CH_2CH_2CH_2OH \xrightarrow{CrO_3(Pyridin)_2} CH_3CH_2CH_2\overset{O}{\overset{\|}{C}}OCH_2CH_2CH_2CH_3$$

6 Welche Produkte erhält man bei der Ozonolyse der folgenden Verbindungen gefolgt von einer milden Reduktion, z. B. mit Zn?

(a) $CH_3CH_2CH_2CH{=}CH_2$

(b) 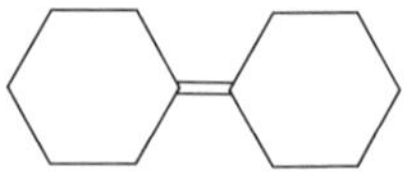 [Cyclohexylidencyclohexan]

(c) 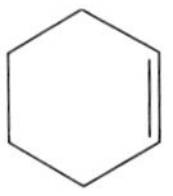 [Cyclohexen]

(d) 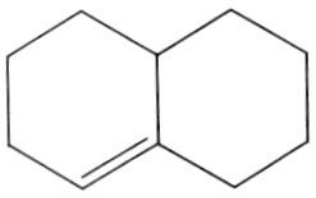 [Octahydronaphthalin]

7 Ordnen Sie jede der folgenden Gruppen nach abnehmender Reaktivität gegenüber der Addition eines Nucleophils an das am meisten elektrophile Kohlenstoffatom.

(a) $(CH_3)_2C{=}O$, $(CH_3)_2C{=}NH$, $(CH_3)_2C{=}\overset{+}{O}H$

(b) 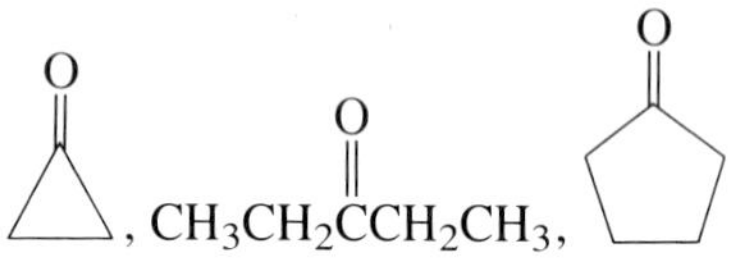 Cyclopropanon, $CH_3CH_2\overset{O}{\overset{\|}{C}}CH_2CH_3$, Cyclopentanon

(c) $CH_3\overset{O}{\overset{\|}{C}}CH_3$, $CH_3\overset{O}{\overset{\|}{C}}\overset{O}{\overset{\|}{C}}CH_3$, $CH_3\overset{O}{\overset{\|}{C}}\overset{O}{\overset{\|}{C}}\overset{O}{\overset{\|}{C}}CH_3$

8 Beschreiben Sie detailliert den Mechanismus der BF_3-katalysierten Reaktion von CH_3SH mit Butanal (Abschn. 15.5).

9 Die kommerzielle Synthese von Vitamin C erfordert die folgende Oxidation von Sorbose zu einer Carbonsäure:

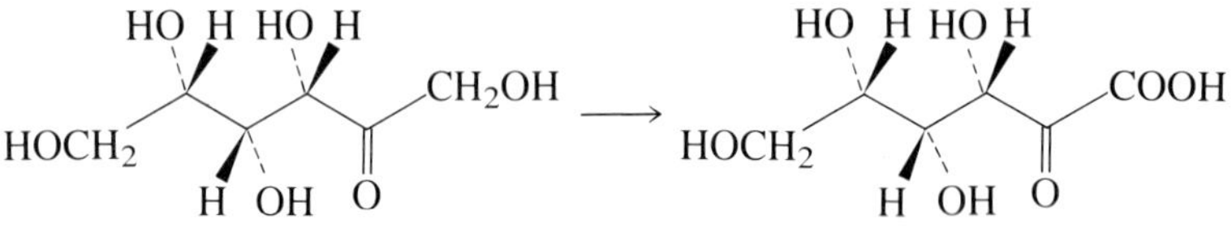

$HOCH_2$–CH(OH)–CH(OH)–CH(OH)–C(=O)–CH_2OH ⟶ $HOCH_2$–CH(OH)–CH(OH)–CH(OH)–C(=O)–COOH

Sorbose

Schlagen Sie eine effiziente Reaktionsfolge für diese Umwandlung vor.

10 Welches sind die für die folgenden Reaktionen zu erwartenden Produkte:

(a) 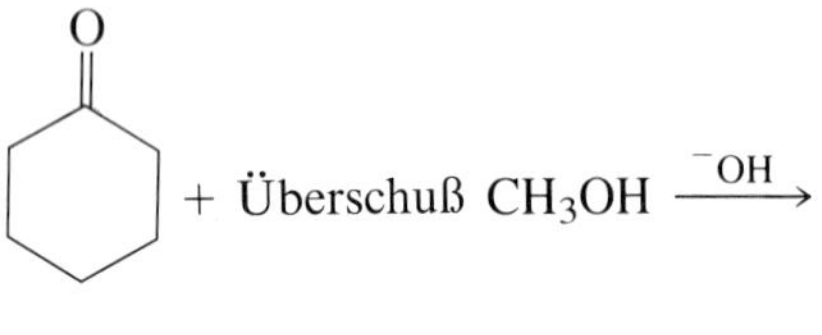 Cyclohexanon + Überschuß $CH_3OH \xrightarrow{^-OH}$

(b)  Cyclohexanon + Überschuß $CH_3OH \xrightarrow{H^+}$

(c) 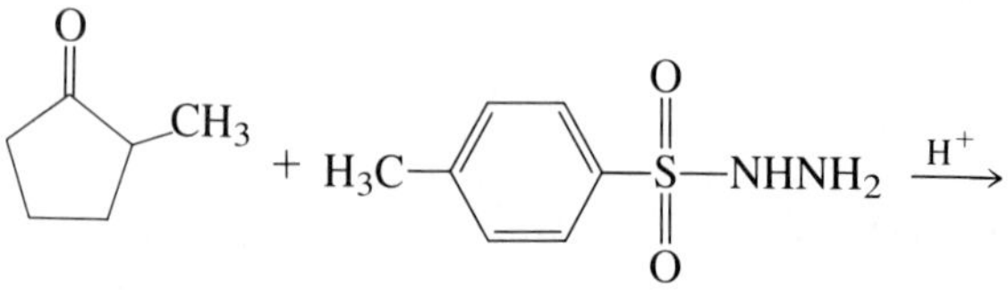 2-Methylcyclopentanon + H_3C–C_6H_4–SO_2–$NHNH_2 \xrightarrow{H^+}$

(d) $CH_3\overset{\overset{\displaystyle O}{\|}}{C}CH_3 + HOCH_2\overset{\overset{\displaystyle OH}{|}}{C}HCH_2CH_2CH_3 \xrightarrow{H^+}$

(e) [Bicyclic enone structure with angular CH_3, carbonyl O] $+ 2\,CH_3CH_2SH \xrightarrow{BF_3}$

(f) [Cyclopentanone, O] $+ (CH_3CH_2)_2NH \longrightarrow$

(g) [2-Methylcyclohexanone, O, CH_3] + [Morpholine, O, N, H] $\longrightarrow$

11 Erklären Sie, warum es zwei isomere Oxime des Ethanals, jedoch nur ein Oxim des Propanons gibt.

12 Die Geschwindigkeit der Reaktion von NH_2OH mit Aldehyden und Ketonen ist stark pH-abhängig. In Lösungen, die saurer als pH 2 oder basischer als pH 7 sind, verläuft die Reaktion sehr langsam, sie ist in schwach sauren Lösungen (pH $\sim$ 4) am schnellsten. Erklären Sie diesen Befund.

13 Die Bildung von Iminen, Oximen, Hydrazonen und ähnlichen Derivaten aus Carbonylverbindungen ist reversibel. Schreiben Sie einen detaillierten Mechanismus für die säurekatalysierte Hydrolyse des Cyclohexanon-Semicarbazons zurück zu Cyclohexanon und Semicarbazid.

[Cyclohexanon-Semicarbazon: Cyclohexyliden=N–$NH\overset{\overset{\displaystyle O}{\|}}{C}NH_2$] $+ H_2O \xrightarrow{H^+}$ [Cyclohexanon, O] $+ NH_2NH\overset{\overset{\displaystyle O}{\|}}{C}NH_2$

14 Schlagen Sie sinnvolle Synthesen der folgenden Verbindungen vor, die von den angegebenen Edukten ausgehen.

(a) $HOCH_2\overset{\overset{\displaystyle OH}{|}}{C}HCH_2CH_2CH_2\overset{\overset{\displaystyle OH}{|}}{\underset{\underset{\displaystyle CH_3}{|}}{C}}CH_3$ aus $HOCH_2\overset{\overset{\displaystyle OH}{|}}{C}HCH_2CH_2CH_2OH$

(b) $C_6H_5N{=}C(CH_2CH_3)_2$ aus 3-Pentanol

(c) [Tetrahydropyran-2,6-diol: HO, O, OH] aus 1,5-Pentandiol

(d) 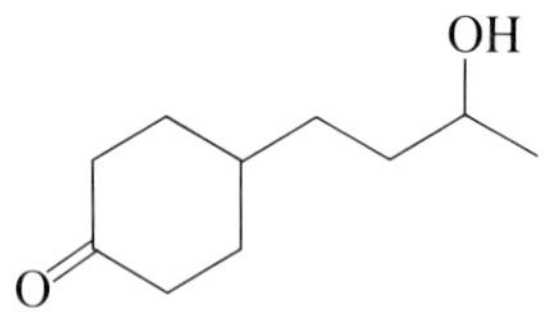 [Strukturformel] aus [Strukturformel]

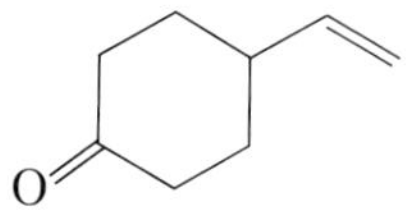

(e) 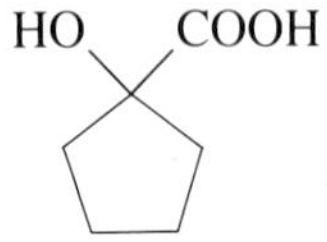 [Strukturformel: HO, COOH] aus Cyclopentan

15 Die UV-Absorptionen und die Farben von 2,4-Dinitrophenylhydrazonen von Aldehyden und Ketonen hängen empfindlich von der Struktur der Carbonylverbindung ab. Stellen Sie sich vor, Sie müßten die Inhalte dreier Flaschen herausfinden, deren Etiketten abgefallen sind. Den Etiketten ist zu entnehmen, daß eine Flasche Butanal, eine *trans*-2-Butenal und die dritte *trans*-3-Phenyl-2-propenal enthält. Die 2,4-Dinitrophenylhydrazone zeigen folgende Eigenschaften:

Flasche 1: Smp. 187–188 °C; λ_{max} = 377 nm; orange Farbe
Flasche 2: Smp. 121–122 °C; λ_{max} = 358 nm; gelbe Farbe
Flasche 3: Smp. 252–253 °C; λ_{max} = 394 nm; rote Farbe

Schlagen Sie, ohne vorher die Schmelzpunkte nachzusehen, eine Zuordnung der Etiketten zu den Flaschen vor und begründen Sie Ihre Wahl.

16 Welche Reagenzien eignen sich am besten für die folgenden Umwandlungen:

(a) 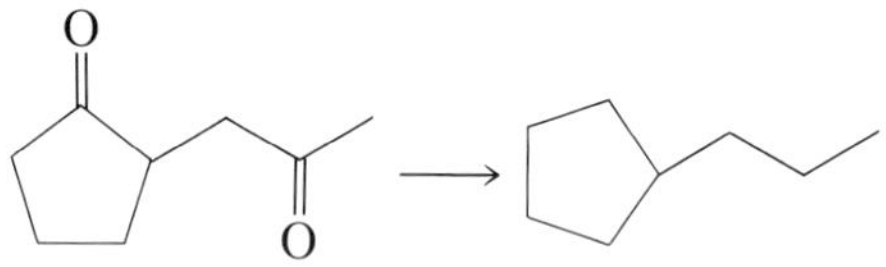 [Strukturformel] ⟶ [Strukturformel]

(b) $CH_3CH{=}CHCH_2CH_2\overset{O}{\overset{\|}{C}}H \longrightarrow CH_3CH_2CH_2CH_2CH_2\overset{O}{\overset{\|}{C}}H$

(c) $CH_3CH{=}CHCH_2CH_2\overset{O}{\overset{\|}{C}}H \longrightarrow CH_3CH{=}CHCH_2CH_2CH_2OH$

(d) 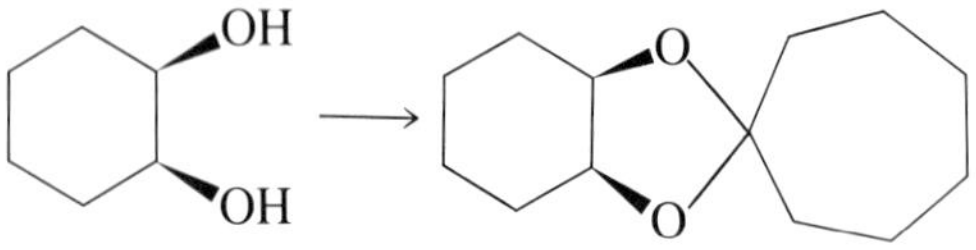 [Strukturformel: OH, OH] ⟶ [Strukturformel: O, O]

17 Die *Strecker-Synthese von Aminosäuren* ist unten beschrieben. Sie ist eine der ältesten präparativen Methoden der organischen Chemie und stammt aus dem Jahr 1850. Sie war die erste im Laboratorium entwickelte Methode zur Darstellung von 2-Aminosäuren, den Grundbausteinen aller Proteine.

$$RCHO \xrightarrow[2.\ H^+,\ H_2O]{1.\ NH_3,\ HCN;} R\overset{NH_2}{\overset{|}{C}}HCO_2H$$

Erklären Sie die Schritte dieser Synthese mit allen mechanistischen Details. Hinweis: Die Synthese kombiniert die typischen Eigenschaften von Imin- und Cyanhydrin-bildenden Reaktionen.

18 Schlagen Sie für jedes der folgenden Moleküle *zwei* Synthesen vor, die von den unterschiedlichen angegebenen Edukten ausgehen.

(a) 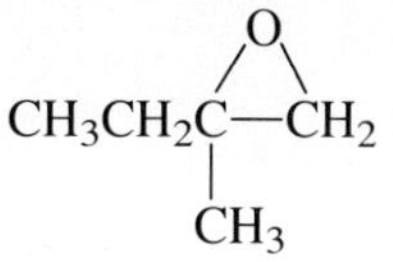 $CH_3CH_2C(CH_3)$—CH_2 (Epoxid, O-Brücke zwischen C und CH_2) aus (1) einem Alken und (2) einem Keton.

(b) $CH_3CH{=}CHCH_2CH(CH_3)_2$ aus (1) einem Aldehyd und (2) einem anderen Aldehyd.

(c) 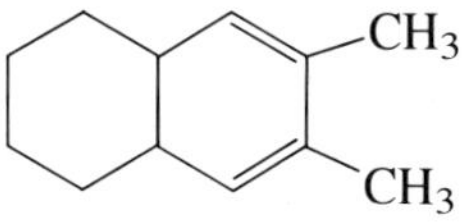 (bicyclische Verbindung mit zwei CH_3-Gruppen) aus (1) einem Dialdehyd und (2) einem Diketon.

19 Drei isomere Verbindungen der Summenformel $C_5H_{10}O$ werden durch eine Clemmensen-Reduktion in Pentan umgewandelt. Die Verbindungen A und C ergeben bei einer Baeyer-Villiger-Oxidation ein einziges Produkt; Verbindung B führt zu zwei verschiedenen Verbindungen im Verhältnis 1:1. Der Fehling-Test verläuft für Verbindung C positiv, für A und B negativ. Identifizieren Sie die Verbindungen A, B und C.

20 Verbindung D, $C_8H_{14}O$, wird durch $CH_2P(C_6H_5)_3$ in E, C_9H_{16}, umgewandelt. Behandlung von Verbindung D mit $LiAlH_4$ ergibt *zwei* isomere Produkte F und G, beide $C_8H_{16}O$, mit unterschiedlicher Ausbeute. Erhitzt man entweder F oder G mit konzentrierter H_2SO_4, erhält man Verbindung H, C_8H_{14}. Ozonolyse von H ergibt nach Behandlung mit Zn/H^+ und H_2O einen Ketoaldehyd. Oxidation dieses Ketoaldehyds mit wäßrigem Cr(VI) ergibt

$$CH_3\overset{O}{\overset{\|}{C}}CH_2CH_2CH_2\overset{CH_3}{\overset{|}{C}}HCO_2H$$

Identifizieren Sie die Verbindungen D bis H und schenken Sie dabei der Stereochemie von D besondere Beachtung.

21 Welches sind die Produkte der Reaktionen der folgenden Verbindungen mit Hexanal:

(a) $HOCH_2CH_2OH$, H^+
(b) $LiAlH_4$
(c) NH_2OH, H^+
(d) NH_2NH_2, KOH, Erwärmen
(e) $(CH_3)_2CHCH_2CH{=}P(C_6H_5)_3$
(f) 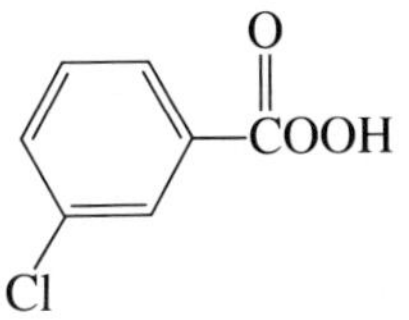 (3-Chlorphenyl)-C(=O)OOH (O, COOH, Cl)
(g) 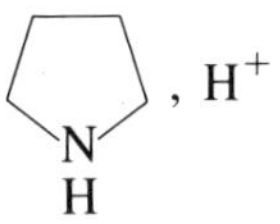 Pyrrolidin (N–H), H^+
(h) $CH_2{=}S(CH_3)_2$
(i) Ag^+, NH_3
(j) CrO_3, H_2SO_4, H_2O
(k) HCN, dann H^+, H_2O und Erwärmen
(l) Mg, dann H^+, H_2O

22 Welches sind die Produkte der Reaktionen von Cycloheptanon mit den Reagenzien aus Aufgabe 21?

23 Schlagen Sie Synthesen der folgenden Verbindungen vor, die von den angegebenen Edukten ausgehen.

(a) $((CH_3)_2CH)_2C{=}C(CH(CH_3)_2)_2$ aus 2,4-Dimethyl-2-penten

(b) Pentanal aus Ethin und einem Halogenalkan mit vier oder weniger Kohlenstoffatomen

(c) aus Cyclopentan

(d) HO, C≡CH, HO, OH aus 1,3-Butadien und $CH_2{=}CHCHO$

24 Schreiben Sie einen detaillierten Mechanismus der Baeyer-Villiger-Oxidation des am Rand abgebildeten Ketons (s. dazu Aufgabe 16).

O

25 Welches sind die beiden theoretisch möglichen Produkte der Baeyer-Villiger-Oxidation der folgenden Verbindungen? Welches wird jeweils bevorzugt gebildet?

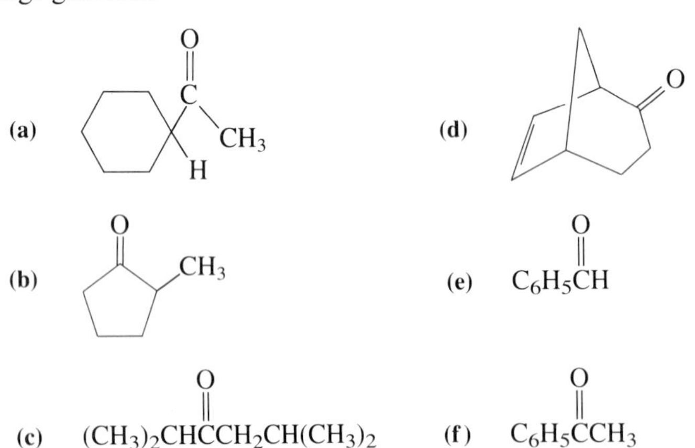

26 Schlagen Sie eine effiziente Synthese für jedes der abgebildeten Moleküle vor, die vom angegebenen Edukt ausgeht.

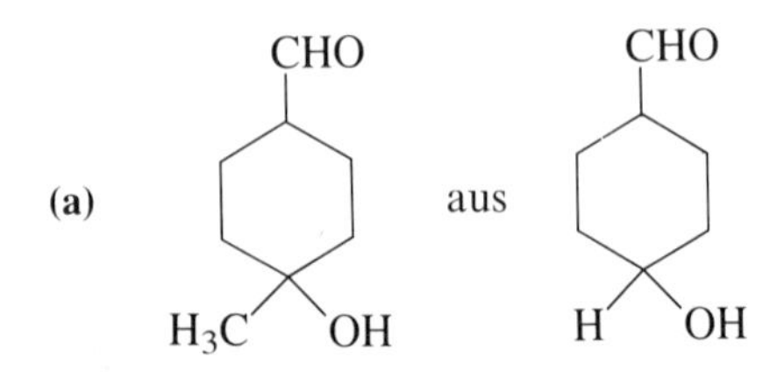

(b) 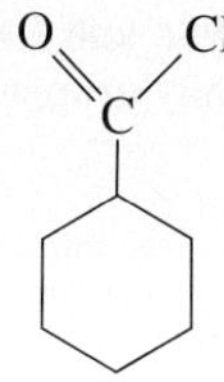 [Strukturformel] aus [Strukturformel]

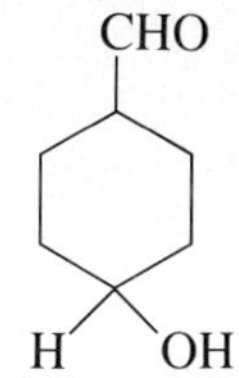

(c) 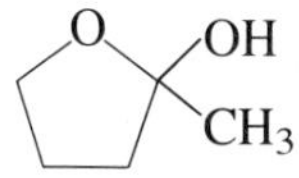 [Strukturformel] aus $ClCH_2CH_2CH_2OH$

27 1862 wurde entdeckt, daß Cholesterin (Struktur s. Abschn. 4.7) durch Bakterien im menschlichen Verdauungstrakt in eine neue Verbindung namens Coprostanol umgewandelt wird. Ermitteln Sie anhand der folgenden Informationen die Struktur dieser Verbindung. Identifizieren Sie auch die unbekannten Verbindungen J bis M.

(i) Coprostanol ergibt durch Behandlung mit Cr(VI)-Reagenzien Verbindung J; UV: $\lambda_{max}(\varepsilon) = 281(22)$ nm.
(ii) Die Behandlung von Cholesterin mit H_2 über Pt ergibt Verbindung K, ein Stereoisomer des Coprostanols. Umsetzung von K mit Cr(VI)-Reagenzien ergibt L, dessen UV-Absorption der von J sehr ähnelt, UV: $\lambda_{max}(\varepsilon) = 285(23)$ nm. Es zeigt sich, daß L ein Stereoisomer von J ist.
(iii) Die vorsichtige Behandlung von Cholesterin mit Cr(VI)-Reagenzien ergibt M: UV: $\lambda_{max}(\varepsilon) = 286(109)$ nm. Umsetzung von M mit H_2 über Pt ergibt die schon beschriebene Verbindung L.

28 Im folgenden sind drei Reaktionen mit der Verbindung M aus Aufgabe 27 beschrieben.

(a) Die Umsetzung von M mit katalytischen Mengen von Säure in Ethanol bewirkt die Isomerisierung zu N: UV: $\lambda_{max}(\varepsilon) = 241$ (17 500), 310 (72) nm. Schlagen Sie eine Struktur für N vor.
(b) Die Hydrierung von N (H_2/Pd, in Ether) ergibt J (Aufg. 27). Hätten Sie dieses Ergebnis erwartet oder ist daran irgendetwas ungewöhnlich?
(c) Die Wolff-Kishner-Reduktion (H_2NNH_2, H_2O, HO^-, Δ) von N ergibt 3-Cholesten. Schlagen Sie einen Mechanismus für diese Umwandlung vor.

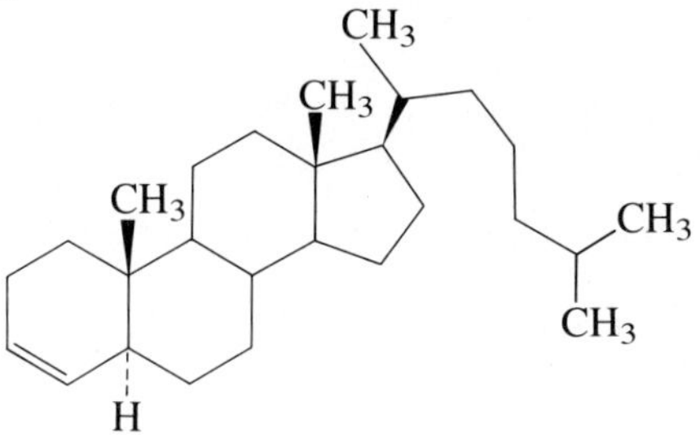

3-Cholesten

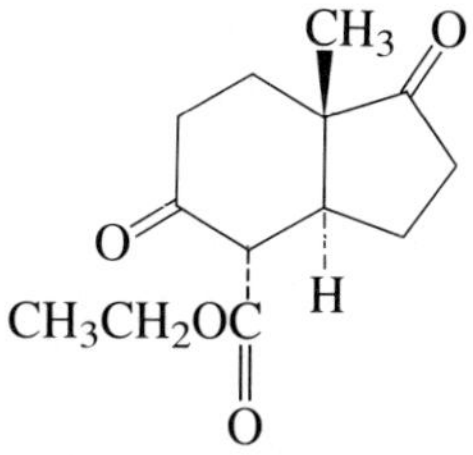

A

mehrere Schritte

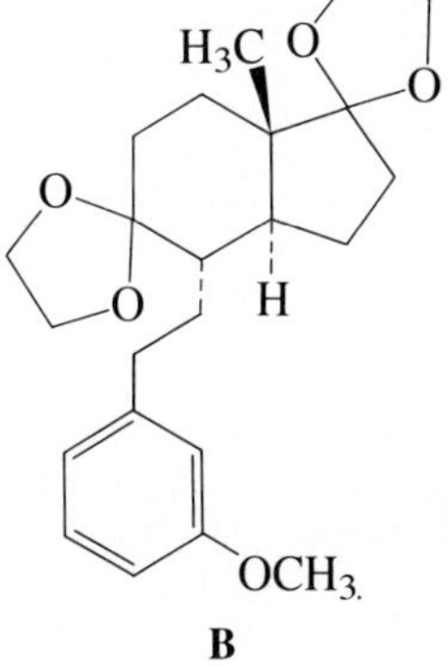

B

29 Es wurde eine effiziente Synthese für das Hormon Östron ausgearbeitet, die vom Diketoester A (s. Rand) ausgeht und über die Verbindung B verläuft. Schlagen Sie einen Syntheseweg von A nach B vor. Hinweis:

Benutzen Sie eine Wittig-Reaktion für die Knüpfung der Kohlenstoff-Kohlenstoff-Bindung.

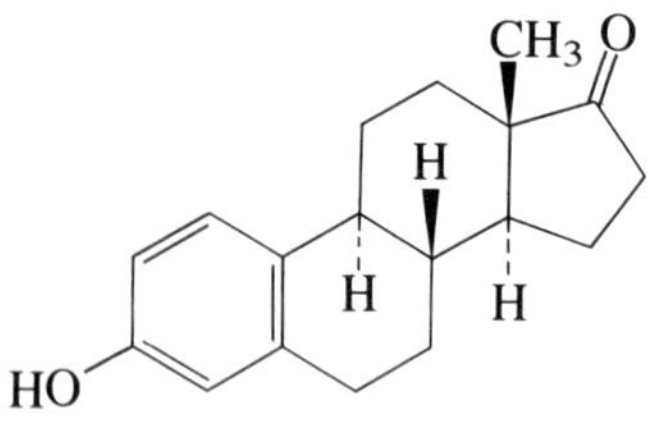

Östron

30 Entwickeln Sie eine effektive Reaktionsfolge zur Umwandlung des Polyen-Acetals A in das Oxacyclopropanderivat B. Letzteres wurde zum Studium steroidbildender Cyclisierungsreaktionen benutzt.

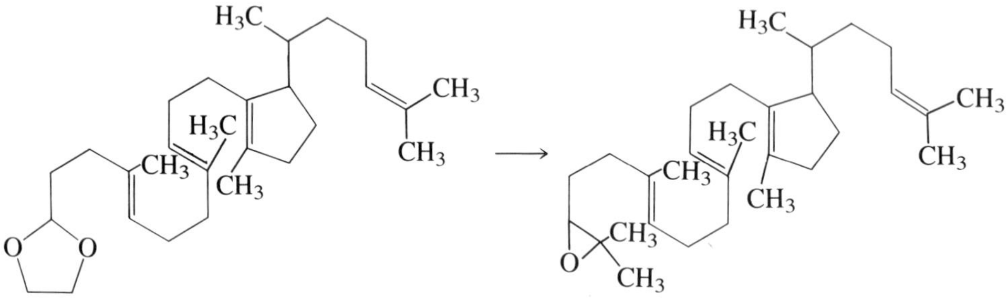

A $\longrightarrow$ **B**

16 Enole und Enone – α,β-ungesättigte Alkohole, Aldehyde und Ketone

In diesem Kapitel wird eine weitere Reaktivität in Aldehyden und Ketonen diskutiert, und zwar die des Kohlenstoffatoms, das direkt an das Carbonyl-Kohlenstoffatom gebunden ist. Diese Position wird auch als α-Position bezeichnet. Die spezielle Reaktivität dieser α-Position wurde schon in den Abschnitten 15.4 bis 15.8 betont. Durch die polarisierende Wirkung der Carbonylgruppe werden die α-Wasserstoffatome stärker sauer, was die Bildung von ungesättigten Alkoholen (Enolen) und der entsprechenden Anionen (Enolat-Ionen) ermöglicht. Diese elektronenreichen Spezies können Ziel des Angriffs elektrophiler Reagenzien wie Protonen, Alkylierungsmittel, Halogene sowie des positiv polarisierten Kohlenstoffatoms einer anderen Carbonylverbindung sein. In ähnlicher Weise können α,β-ungesättigte Aldehyde und Ketone elektrophile Additionen an die Kohlenstoff–Kohlenstoff-Doppelbindung erfahren. Sie unterliegen auch nucleophilen Angriffen, welche in Analogie zur Chemie konjugierter Diene als 1,2- oder 1,4-Additionen ablaufen können, je nach der Natur des Nucleophils.

16.1 Die Acidität der α-Wasserstoffatome in Aldehyden und Ketonen: Enolat-Ionen

In den Abschnitten 15.4 und 15.5 wurde gezeigt, daß die Carbonylgruppe von Elektrophilen am Sauerstoffatom und von Nucleophilen am Kohlenstoffatom angegriffen wird. Eine dritte Art der Reaktivität tritt in Gegenwart starker Basen in Erscheinung. Wenn diese derart gehindert sind, daß sie nicht nucleophil an die Carbonylverbindung addieren, deprotonieren sie das Molekül am α-Kohlenstoffatom. In diesem Abschnitt wird der synthetische Nutzen der so gebildeten Spezies behandelt.

Deprotonierung einer Carbonylverbindung

$$\text{—}\underset{\text{H}}{\overset{|}{\text{C}}}\text{—C}(=\ddot{\text{O}}\text{:}) + \text{B:}^- \longrightarrow \left[\text{>}\bar{\text{C}}\text{—C}(=\ddot{\text{O}}\text{:}) \longleftrightarrow \text{>C=C}(\text{—}\ddot{\text{O}}\text{:}^-) \right] + \text{BH}$$

$pK_a \sim 19–21$

Die pK_a-Werte von Aldehyden und Ketonen liegen zwischen 19 und 21, deutlich niedriger als die von Ethen (44) oder Ethin (25), jedoch höher als die von Alkoholen (15–18). Warum sind Aldehyde und Ketone relativ acid? Es gibt dafür zwei Gründe: Der induktive elektronenziehende Effekt des positiv polarisierten Kohlenstoffatoms und, wichtiger, Resonanz. Die durch Deprotonierung gebildeten Anionen, **Enolat-Ionen** oder **Enolate**, sind durch Resonanz stabilisiert.

Die Bildung stöchiometrischer Mengen von Enolat-Ionen aus Aldehyden ist wegen Nebenreaktionen (s. Abschn. 16.3) schwierig. Ketone können jedoch durch Lithiumdiisopropylamid oder Kaliumhydrid deprotoniert werden. Im Kaliumhydrid agiert das Hydrid-Ion als Base und nicht als Nucleophil, weswegen man keine Alkohole erhält, die beim Einsatz anderer Hydride wie Natriumborhydrid oder Lithiumaluminiumhydrid beobachtet werden (Abschn. 8.4 u. 15.8).

Darstellung von Enolaten

$$CH_3\overset{\text{:O:}}{\overset{\|}{C}}CH_3 + KH \xrightarrow{THF} K^+ \left[^-\text{:}CH_2\text{—C}(=\ddot{O}\text{:})CH_3 \longleftrightarrow CH_2\text{=C}(\text{—}\ddot{O}\text{:}^-)CH_3 \right] + H\text{—}H$$

Propanon-(Aceton-)Enolat-Ion

$$\text{Cyclohexanon} + (CH_3\overset{CH_3}{\overset{|}{C}H})_2NLi \xrightarrow{THF} \text{Cyclohexanon-Enolat-Ion } (\text{:}\ddot{O}\text{:}^- Li^+) + (CH_3\overset{CH_3}{\overset{|}{C}H})_2NH$$

LDA **Cyclohexanon Enolat-Ion**

Beide Resonanzformeln des Enolats tragen zum Charakter des Anions bei. Setzt man die negative Ladung auf das Kohlenstoffatom, bleibt die starke Kohlenstoff–Sauerstoff-Doppelbindung intakt. Andererseits ist Sauerstoff elektronegativer als Kohlenstoff, weswegen man erwarten würde, daß sich die negative Ladung bevorzugt am Sauerstoffatom aufhält. In den nucleophilen Reaktionen der Enolat-Ionen sind beide Grenzformeln wichtig, und der elektrophile Angriff kann sowohl am Kohlenstoff- als auch am Sauerstoffatom erfolgen. Obwohl meistens das Kohlenstoffatom Ziel des Angriffs ist, gibt es auch Fälle, in denen das Sauerstoffatom angegriffen wird. Eine Spezies, die an zwei verschiedenen Stellen reaktionsfähig ist, was zu zwei unterschiedlichen Produkten führt, heißt **ambident** (*ambi*, lat., beide, *dens*, lat., Zahn). Das Enolat-Ion ist ein ambidentes Anion. Zum Beispiel erfolgt die Alkylierung des Cyclohexanon-Enolates mit 3-Chlorpropen am Kohlenstoffatom (C-Alkylierung), während eine

Protonierung am Sauerstoffatom stattfindet (O-Protonierung). Das Produkt der Protonierung ist ein Enol, welches instabil ist und schnell zum Keton tautomerisiert (Abschn. 13.6).

Ambidentes Verhalten des Cyclohexanon-Enolats

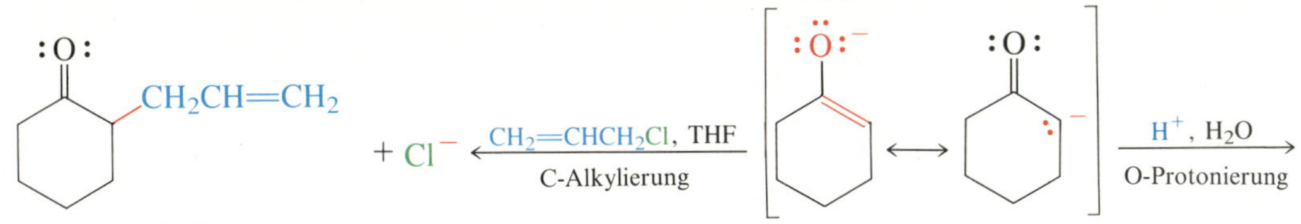

$CH_2CH{=}CH_2$ 62% **2-(2-Propenyl)cyclohexanon** $+ Cl^-$ ← $CH_2{=}CHCH_2Cl$, THF / C-Alkylierung — **Cyclohexanon-Enolat-Ion** — H^+, H_2O / O-Protonierung →

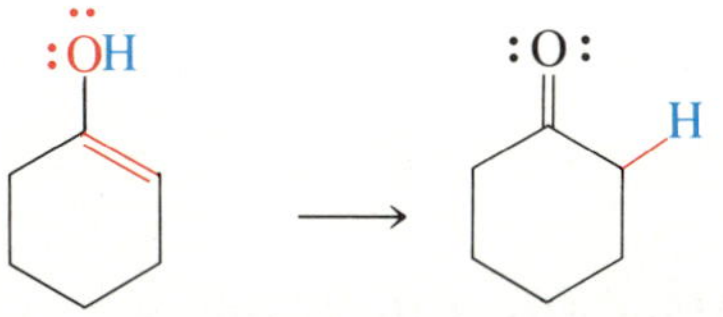

Cyclohexanon-Enol → **Cyclohexanon**

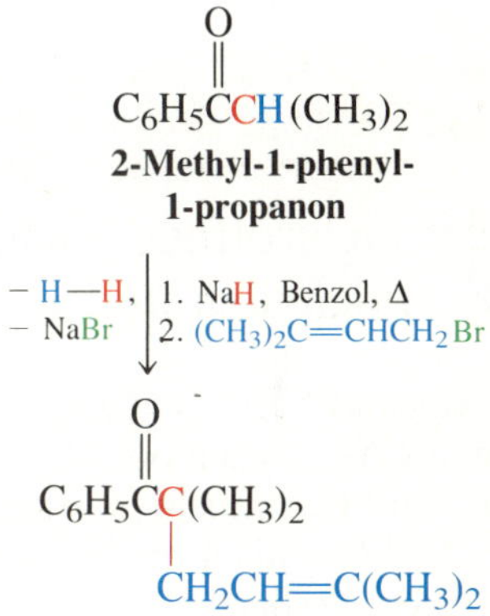

$C_6H_5CCH(CH_3)_2$ (C=O)
2-Methyl-1-phenyl-1-propanon

$-$ H—H, $-$ NaBr | 1. NaH, Benzol, Δ 2. $(CH_3)_2C{=}CHCH_2Br$

$C_6H_5CC(CH_3)_2$ (C=O) / $CH_2CH{=}C(CH_3)_2$
88%
2,2,5-Trimethyl-1-phenyl-4-hexen-1-on

Die meisten Alkylierungen finden am Kohlenstoffatom statt. Dies ist ein allgemeiner Weg zur Alkylierung von Carbonylverbindungen am α-Kohlenstoffatom (s. Rand). Ein Problem bei dieser Methode ist die Möglichkeit der Dialkylierung. Unter den üblichen Reaktionsbedingungen kann ein monoalkyliertes Keton durch das noch vorhandene Enolat deprotoniert werden und so eine zweite Alkylierung eingehen.

Einfache und doppelte Alkylierung von Enolaten

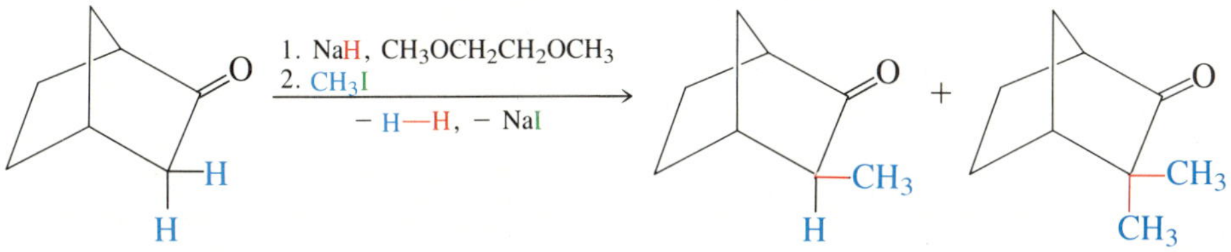

1. NaH, $CH_3OCH_2CH_2OCH_3$ 2. CH_3I / $-$ H—H, $-$ NaI

27% 38%

Eine weitere Komplikation tritt beim Einsatz unsymmetrischer Ketone auf: Beide α-Positionen können alkyliert werden.

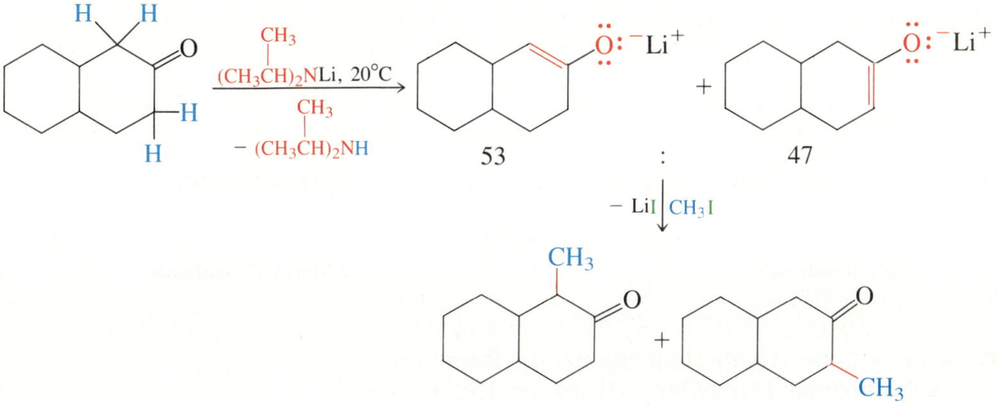

$(CH_3CH)_2NLi$, 20°C / $-$ $(CH_3CH)_2NH$ (mit CH_3) → $\ddot{O}{:}^- Li^+$ 53 : 47

$-$ LiI | CH_3I

Übung 16-1

Die Reaktion der Verbindung A mit Base ergibt drei Produkte der Summenformel $C_8H_{12}O$. Welche? (Hinweis: Beziehen Sie intramolekulare Alkylierungen in Ihre Überlegung ein.)

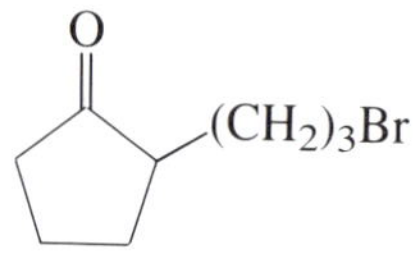

$(CH_2)_3Br$

A

Übung 16-2

Wie würden Sie das Cycloalkin B in das Keton C umwandeln?

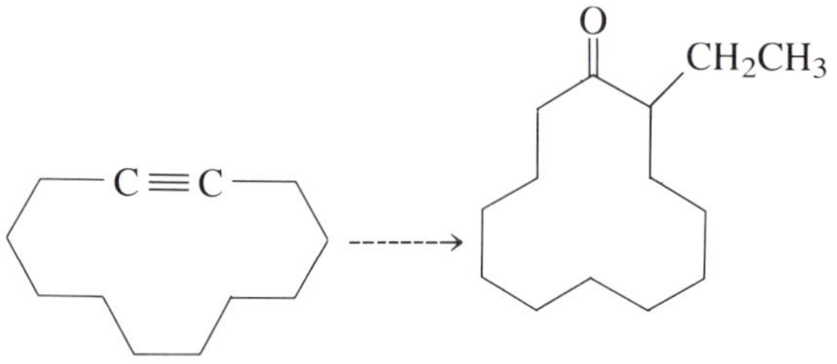

C≡C ⇢ O, CH_2CH_3

B **C**

Enamine eröffnen einen alternativen Weg zur Alkylierung von Aldehyden und Ketonen

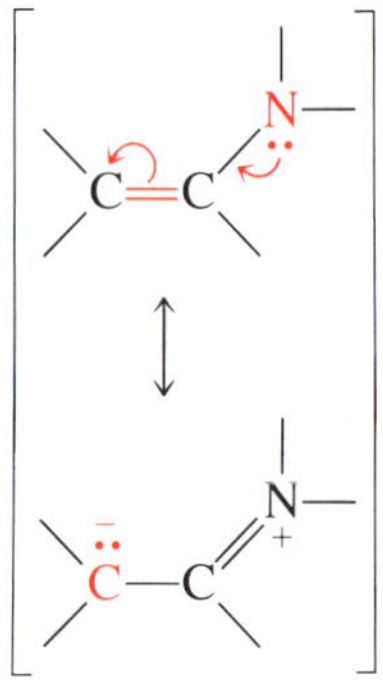

In Abschnitt 15.6 wurde gezeigt, daß die Reaktion von sekundären Aminen mit Aldehyden oder Ketonen zu Enaminen führt. Obgleich sie neutral sind, sind Enamine wegen des Stickstoffatoms elektronenreich. Sie können von Elektrophilen an der Kohlenstoff–Kohlenstoff-Doppelbindung angegriffen werden. Dies ist eine Konsequenz der Resonanz dieser Doppelbindung mit dem freien Elektronenpaar am Stickstoffatom.

Resonanz in Enaminen

Die dipolare Resonanzstruktur zeigt, daß ein Enamin die gleichen ambidenten Eigenschaften aufweisen sollte wie ein Enolat-Ion. In der Tat führt die Umsetzung mit Halogenalkanen zur Alkylierung am Kohlenstoffatom unter Bildung eines Iminiumsalzes. Bei wäßriger Aufarbeitung hydrolysieren Iminiumsalze nach einem Mechanismus, der dem ihrer Bildung genau entgegengesetzt ist (Abschn. 15.6). Am Ende erhält man ein neues alkyliertes Keton und das ursprüngliche sekundäre Amin.

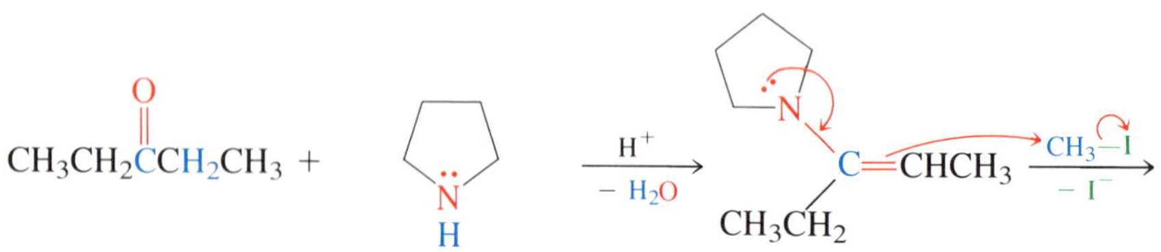

$CH_3CH_2\overset{O}{\overset{\|}{C}}CH_2CH_3$ + Pyrrolidin $\xrightarrow[-\,H_2O]{H^+}$ Enamin (CH_3CH_2–C(N)=CHCH$_3$) $\xrightarrow[-\,I^-]{CH_3{-}I}$

3-Pentanon **Azacyclopentan (Pyrrolidin)**

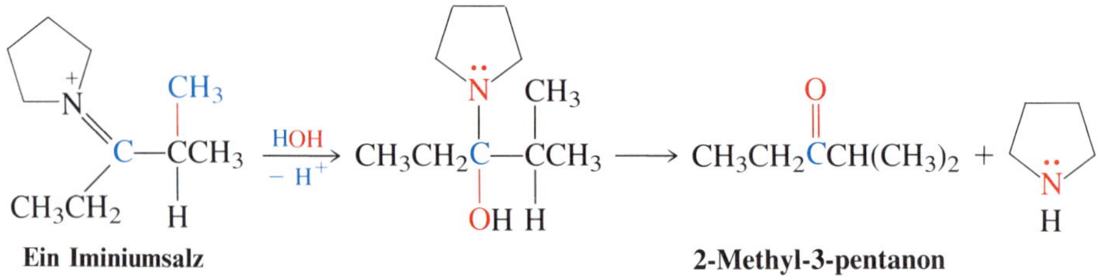

Iminiumsalz (CH_3CH_2–C(=N$^+$)–CCH$_3$(CH$_3$)H) $\xrightarrow[-\,H^+]{HOH}$ $CH_3CH_2C(N)(OH)$–$CCH_3(CH_3)H$ ⟶ $CH_3CH_2\overset{O}{\overset{\|}{C}}CH(CH_3)_2$ + Pyrrolidin

Ein Iminiumsalz **2-Methyl-3-pentanon**

Die Reaktionsfolge Enaminbildung – Alkylierung ergänzt die Reaktionsfolge Enolatbildung – Alkylierung zur Darstellung alkylierter Ketone.

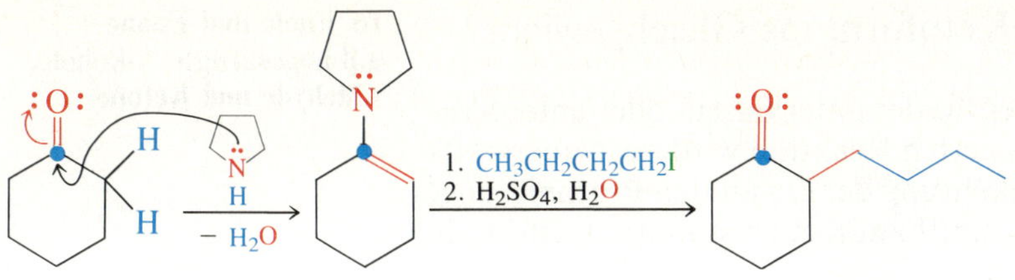

1. $CH_3CH_2CH_2CH_2I$
2. H_2SO_4, H_2O

$-H_2O$

44%
2-Butylcyclohexanon

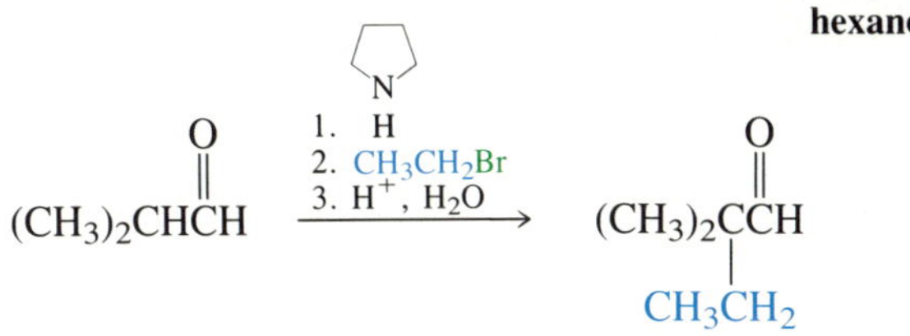

1. Pyrrolidin (N–H)
2. CH_3CH_2Br
3. H^+, H_2O

$(CH_3)_2CHCHO$ → $(CH_3)_2C(CH_2CH_3)CHO$

67%

2-Methylpropanal **2,2-Dimethylbutanal**

Übung 16-3
Erklären Sie das folgende Resultat:

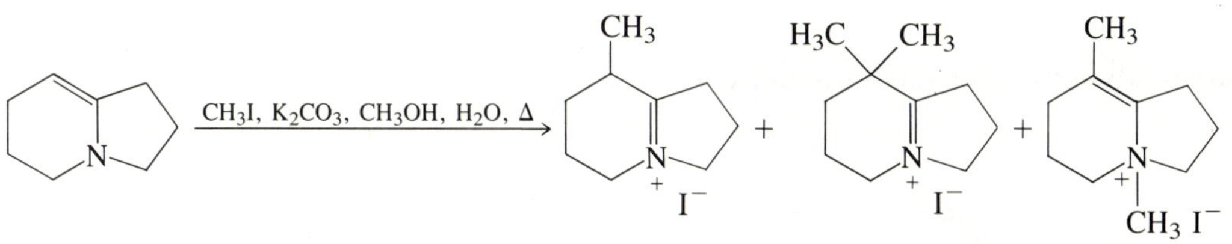

CH_3I, K_2CO_3, CH_3OH, H_2O, Δ

CH_3 ... I^- + H_3C CH_3 ... I^- + CH_3 ... CH_3 I^-

Wir fassen zusammen, daß die Wasserstoffatome am α-Kohlenstoffatom von Aldehyden und Ketonen mit pK_a-Werten zwischen 19 und 21 sauer sind. Die Deprotonierung führt zu den entsprechenden Enolat-Ionen, die von Elektrophilen am Kohlenstoffatom oder am Sauerstoffatom angegriffen werden können. Alkylierung erfolgt hauptsächlich am Kohlenstoffatom. Bei diesen Reaktionen können, wo möglich, sowohl der Grad der Alkylierung als auch ihre Position zu Problemen führen. Enamine von Aldehyden oder Ketonen werden zu den entsprechenden Iminiumsalzen alkyliert, welche nach Hydrolyse alkylierte Aldehyde oder Ketone liefern.

16.2 Keto – Enol-Gleichgewichte

Die Protonierung eines Enolat-Ions erfolgt am Sauerstoffatom, was zu einem Enol führt, das zur Carbonylverbindung tautomerisiert. Dabei handelt es sich um eine Gleichgewichtsreaktion, man sagt, Aldehyde oder Ketone haben eine **Keto-** und eine **Enol**form. Normalerweise überwiegt die Ketoform bei weitem. In diesem Abschnitt werden die Faktoren besprochen, die Keto – Enol-Gleichgewichte beeinflussen, der exakte Mechanismus der Tautomerisierung und die sich daraus ergebenden chemischen Konsequenzen.

Wie tritt ein Enol mit seiner Ketoform ins Gleichgewicht?

Die Keto – Enol-Tautomerie findet entweder unter Basen- oder unter Säurekatalyse statt. Bei der basenkatalysierten Reaktion wird das Sauerstoffatom einfach deprotoniert, eine Umkehrung der erwähnten Protonierung. Der darauf folgende (langsamere) Angriff am Kohlenstoffatom liefert die thermodynamisch stabilere Ketoform.

Basenkatalysierte Keto-Enol-Äquilibrierung

$$\mathrm{{>}C{=}C{<}^{\ddot{O}H}} + :B^- \rightleftharpoons \left[\mathrm{{>}C{=}C{<}^{\ddot{O}:^-}} \longleftrightarrow \mathrm{{>}\ddot{C}^-{-}C{=}\ddot{O}:}\right] + BH \rightleftharpoons \mathrm{{-}C(H){-}C{=}\ddot{O}:} + :B^-$$

Enolform — **Enolat-Ion** — **Ketoform**

Im säurekatalysierten Prozeß wird die Enolform an der Doppelbindung protoniert, was zu einem resonanzstabilisierten Carbeniumion direkt neben dem Sauerstoffatom führt. Dessen Deprotonierung ergibt die Ketoform.

Säurekatalysierte Keto-Enol-Äquilibrierung

$$\mathrm{{>}C{=}C{<}^{\ddot{O}H}} + H^+ \rightleftharpoons \left[\mathrm{{-}C(H){-}\overset{+}{C}{-}\ddot{O}H} \longleftrightarrow \mathrm{{-}C(H){-}C{=}\overset{+}{\ddot{O}}H}\right] \rightleftharpoons \mathrm{{-}C(H){-}C{=}\ddot{O}:} + H^+$$

In Lösung laufen sowohl die basen- als auch die säurekatalysierte Tautomerisierung relativ schnell ab, wenn Spuren des jeweiligen Katalysators vorhanden sind. Kann man nennenswerte Mengen einfacher Enole isolieren? Ja, aber nur unter bestimmten Bedingungen, wenn Säuren und Basen streng ausgeschlossen werden können. Zum Beispiel kann man Ethenol (Vinylalkohol) durch vakuum-pyrolytische Dehydratisierung von 1,2-Ethandiol darstellen.

$$\underset{\textbf{1,2-Ethandiol}}{\mathrm{H_2C(OH){-}CH_2(OH)}} \xrightarrow{900\,^{\circ}\mathrm{C,\ Vakuum}} \underset{\textbf{Ethenol (Vinylalkohol)}}{\mathrm{H_2C{=}C(H)OH}} + \mathrm{HOH}$$

Ethenol hat bei Raumtemperatur eine Halbwertzeit von etwa 30 min, das reicht für eine strukturelle Charakterisierung aus (s. Abb. 16-1). Die Energiebarriere für die unkatalysierte Umwandlung von Ethenol (Vinylalkohol) zu Ethanal (Acetaldehyd) in der Gasphase wurde zu 310 kJ/mol berechnet. Dieser ziemlich hohe Wert unterstreicht die Bedeutung der Katalyse für die Tautomerisierung.

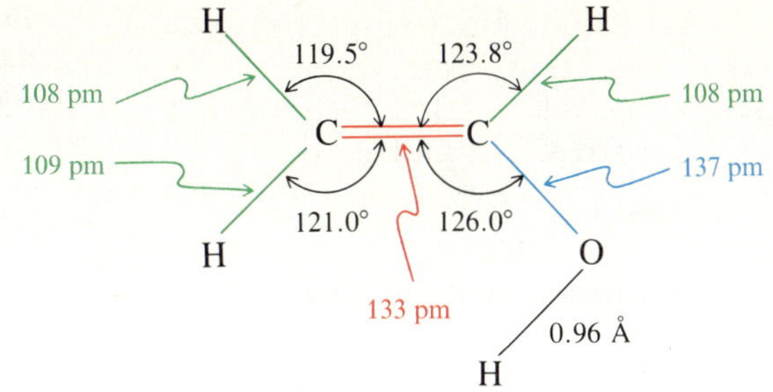

H 119.5° 123.8° H
108 pm 108 pm
109 pm C=C 137 pm
121.0° 126.0°
H O
133 pm 0.96 Å
H

Abb. 16-1
Die Molekülstruktur von Ethenol (Vinylalkohol) setzt sich aus Strukturelementen des Ethens (Ethylen, Abb. 11-7) und des Methanols (Abb. 8-1B) zusammen. Aufgrund der Resonanz ist die C–O-Bindung jedoch ziemlich kurz (zeichnen Sie die dipolaren Grenzstrukturen!).

Übung 16-4

Die Pyrolyse von Cyclobutanol bei 950 °C ergab eine neue Verbindung mit dem folgenden ^{1}H NMR-Spektrum: $\delta = 3.91$ (dd, $J = 6.5, 1.8$ Hz, 1H), 4.13 (dd, $J = 14.0, 1.8$ Hz, 1H), 6.27 (dd, $J = 14.0, 6.5$ Hz, 1H), 7.12 (breites s, 1H) ppm. Welche Struktur hat diese Verbindung? Ordnen Sie die einzelnen Teile des NMR-Spektrums den entsprechenden Wasserstoffatomen in der Struktur zu. Gibt es eine andere Verbindung, die gebildet werden sollte? Wenn ja, welche?

Substituenteneffekte auf Keto – Enol-Gleichgewichte

Für normale Aldehyde und Ketone sind die Gleichgewichtskonstanten des Keto – Enol-Gleichgewichtes sehr klein, nur Spuren der Enole sind vorhanden. Das Enol des Ethanals (Acetaldehyd) ist relativ zu seiner Ketoform etwa tausendmal so stabil wie das Enol des Propanons (Aceton) relativ zu dessen Ketoform. Das dürfte an der geringeren Stabilität der weniger substituierten Aldehydgruppe liegen.

Keto–Enol-Gleichgewichte

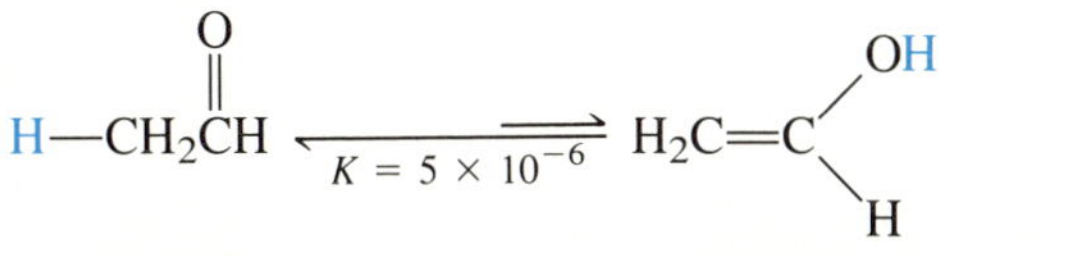

$$\text{H—CH}_2\overset{\text{O}}{\overset{\|}{\text{C}}}\text{H} \underset{K\,=\,5\,\times\,10^{-6}}{\rightleftharpoons} \text{H}_2\text{C=C(OH)H} \qquad \Delta G^0 \sim +38\ \text{kJ/mol}$$

Ethanal (Acetaldehyd) — **Ethenol (Vinylalkohol)**

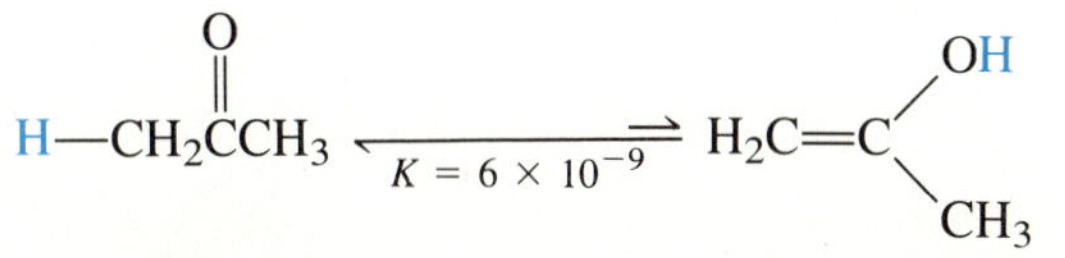

$$\text{H—CH}_2\overset{\text{O}}{\overset{\|}{\text{C}}}\text{CH}_3 \underset{K\,=\,6\,\times\,10^{-9}}{\rightleftharpoons} \text{H}_2\text{C=C(OH)CH}_3 \qquad \Delta G^0 \sim +46\ \text{kJ/mol}$$

Propanon (Aceton) — **2-Propenol**

Einige spezielle Carbonylverbindungen liegen bevorzugt in der Enolform vor. Beispiele sind β-Diketone wie 2,4-Pentandion (Acetylaceton, Abschn. 22.4). Dafür verantwortlich sind beim 2,4-Pentandion die Ausbildung eines konjugierten Enols sowie eine intramolekularen Wasserstoffbrücken-Bindung zwischen dem Enol-Wasserstoffatom und dem Sauerstoffatom der verbliebenen Carbonylgruppe. Man beachte, daß die so gebildete Struktur einen relativ spannungsfreien sechsgliedrigen Ring enthält.

$$CH_3C(=O)CH(H)C(=O)CH_3 \underset{}{\overset{\text{Hexan}}{\rightleftharpoons}} CH_3C(=O\cdots H{-}O)CH{=}CCH_3$$

10% **2,4-Pentandion (Acetylaceton)** — 90% **Z-4-Hydroxypent-3-en-2-on**

Konsequenzen der Enolbildung: Deuterium-Austausch und Stereoisomerisierung

Behandelt man ein Keton in D_2O mit Spuren von Säure oder Base, so werden *alle* Wasserstoffatome, die sich an Keto-Enol-Tautomerien beteiligen können, gegen Deuteriumatome ausgetauscht. Diese Reaktion kann bequem im ^{1}H-NMR spektroskopisch verfolgt werden, da die Signale dieser Wasserstoffatome langsam verschwinden, weil jedes dieser Wasserstoffatome durch Deuterium ersetzt wird.

Wasserstoff-Deuterium-Austausch enolisierbarer Carbonylverbindungen

$$CH_3C(=O)CH_2CH_3 \xrightarrow{D_2O,\ DO^-} CD_3C(=O)CD_2CH_3$$

2-Butanon — **1,1,1,3,3-Pentadeuterio-2-butanon**

Der Mechanismus dieser Austauschreaktion ist derselbe wie der für die säure- oder basenkatalysierte Tautomerisierung formulierte, mit der Ausnahme, daß nach der Enolisierung oder der Enolatbildung die ursprüngliche Carbonylverbindung durch Angriff von D^+ anstatt H^+ zurückgebildet wird.

Mechanismus des einfachen H-D-Austausches:

Basenkatalyse:

$$-\overset{|}{\underset{H}{C}}-C(=\ddot{O}:) + D\ddot{O}:^- \rightleftharpoons \rangle C{=}C(-\ddot{O}:^-) + D\ddot{O}H$$

$$\rangle C{=}C(-\ddot{O}:^-) + D{-}\ddot{O}D \rightleftharpoons -\overset{|}{\underset{D}{C}}-C(=\ddot{O}:) + D\ddot{O}:^-$$

Säurekatalyse:

$$-\overset{|}{\underset{H}{C}}-C(=\ddot{O}:) + D^+ \rightleftharpoons -\overset{|}{\underset{H}{C}}-C(=\overset{+}{\ddot{O}}{-}D) \rightleftharpoons \rangle C{=}C(-\ddot{O}D) + H^+$$

$$\rangle C{=}C(-\ddot{O}D) + D^+ \rightleftharpoons -\overset{|}{\underset{D}{C}}-C(=\overset{+}{\ddot{O}}{-}D) \longrightarrow -\overset{|}{\underset{D}{C}}-C(=\ddot{O}:) + D^+$$

Da D_2O als Lösungsmittel dient, ist eine Reprotonierung im Vergleich zur Deuterierung sehr unwahrscheinlich. Das Proton geht buchstäblich im großen Überschuß von D_2O verloren. Das mehrfache Durchlaufen dieser Austauschreaktion führt zum vollständigen Ersatz aller Wasserstoffatome gegen Deuterium.

Übung 16-5

Welches sind die Produkte (sofern überhaupt welche entstehen) des Deuteriumeinbaus durch Umsetzung der folgenden Verbindungen mit D_2O-NaOD: (a) Cycloheptanon; (b) 2,2-Dimethylpropanal; (c) 3,3-Dimethyl-2-butanon; (d) O ... CHO

Eine weitere Konsequenz der Enolisierung ist die stereochemische Labilität von Chiralitätszentren, die enolisierbare Wasserstoffatome tragen. Zum Beispiel liefert die Behandlung von *cis*-2,3-disubstituierten Cyclopentanonen mit schwacher Base die entsprechenden *trans*-Isomere. Diese sind aus sterischen Gründen thermodynamisch stabiler.

O, $CH_2CH{=}CH_2$, CH_3 — 10% KOH, CH_3CH_2OH → O^-K^+, $CH_2CH{=}CH_2$, CH_3 ⇌ O, $CH_2CH{=}CH_2$, CH_3 >95%

Die Reaktion verläuft über das Enolat, in dem das α-Kohlenstoffatom kein Chiralitätszentrum mehr ist. Reprotonierung auf der Seite *cis* zur 3-Methylgruppe führt zum beobachteten Produkt.

Aus demselben Grund ist es schwierig, die optische Aktivität einer Verbindung zu erhalten, deren Stereozentrum direkt an eine Carbonylgruppe gebunden ist. Zum Beispiel racemisiert optisch aktives 3-Phenyl-2-butanon bei Raumtemperatur in basischem Ethanol mit einer Halbwertzeit von einigen Minuten.

Racemisierung von optisch aktivem 3-Phenyl-2-butanon

C_6H_5, O, C—CCH_3, H, H_3C — $CH_3CH_2O^-$, CH_3CH_2OH ⇌ C_6H_5, O^-, C=C, H_3C, CH_3 — $CH_3CH_2O^-$, CH_3CH_2OH ⇌ C_6H_5, O, C—CCH_3, H_3C, H

(*S*)-3-Phenyl-2-butanon **achiral** **(*R*)-3-Phenyl-2-butanon**

Halogenierung von Aldehyden und Ketonen über Enolate oder Enole

Aldehyde und Ketone reagieren mit Halogenen am α-Kohlenstoffatom. Im Gegensatz zur Deuterierung hängt das Ausmaß der Halogenierung davon ab, ob Säure- oder Basenkatalyse angewandt wurde. Zum Beispiel kommt die Halogenierung bei Säurekatalyse normalerweise zum Erliegen, sobald das erste Halogenatom eingeführt wurde.

$$H{-}CH_2\overset{\overset{\Large O}{\|}}{C}CH_3 \xrightarrow{Br{-}Br,\ CH_3CO_2H,\ H_2O,\ 70^\circ C} BrCH_2\overset{\overset{\Large O}{\|}}{C}CH_3 + HBr$$

44%

Brompropanon (Bromaceton)

$$\text{2-Methylcyclohexanon} \xrightarrow{Cl{-}Cl,\ H^+,\ CCl_4} \text{2-Chlor-2-methylcyclohexanon} + HCl$$

85%

2-Methylcyclohexanon **2-Chlor-2-methylcyclohexanon**

Die Geschwindigkeit der säurekatalysierten Halogenierung ist unabhängig von der Konzentration des Halogens, was einen geschwindigkeitsbestimmenden ersten Schritt unter Einbeziehung der Carbonylverbindung nahelegt. Bei diesem Schritt handelt es sich um die Enolisierung. Das Halogen greift dann die Doppelbindung unter Bildung eines intermediären Sauerstoff-stabilisierten halogenierten Carbeniumions an (Abschn. 9.2). Darauf folgende Deprotonierung führt zum Produkt.

Mechanismus der säurekatalysierten Bromierung von Propanon (Aceton):

Schritt 1: Enolisierung

$$CH_3\overset{\overset{:\ddot{O}:}{\|}}{C}CH_3 \overset{H^+}{\rightleftharpoons} H_2C{=}C(\ddot{O}H)CH_3$$

Schritt 2: Angriff des Halogens

$$H_2C{=}C(\ddot{O}H)CH_3 + Br{-}Br \longrightarrow \left[BrH_2C{-}\overset{+}{C}(\ddot{O}H)CH_3 \longleftrightarrow BrH_2C{-}C(={\overset{+}{\ddot{O}}H})CH_3 \right] + Br^-$$

Schritt 3: Deprotonierung

$$BrCH_2\overset{\overset{+:O{-}H}{\|}}{C}CH_3 \longrightarrow BrCH_2\overset{\overset{:O:}{\|}}{C}CH_3 + H^+$$

Warum verläuft die Halogenierung langsamer, wenn das erste Halogenatom in das Molekül eingebaut worden ist? Die Antwort liegt in der Notwendigkeit der Enolisierung. Für eine weitere Halogenierung muß die Halogencarbonylverbindung nach dem üblichen säurekatalysierten Mechanismus enolisieren. Die elektronenziehende Wirkung des ersten Halogensubstituenten *erschwert* jedoch den ersten Schritt der Enolisierung, die Protonierung, im Vergleich zur unhalogenierten Carbonylverbindung.

Halogenierung verlangsamt die Enolisierung

Weniger basisch als im unsubstituierten Keton → :O:

$$\mathrm{BrCH_2\overset{\overset{O}{\|}}{C}CH_3} \xrightleftharpoons{H^+} \mathrm{BrCH_2\overset{\overset{^{+}O-H}{\|}}{C}CH_3}$$

elektronenziehend

Aus diesem Grund wird das einfach halogenierte Produkt so lange nicht weiter halogeniert, wie noch unhalogenierte Carbonylverbindung vorhanden ist. Erst danach tritt weitere Halogenierung ein.

$$\mathrm{C_6H_5\overset{\overset{O}{\|}}{C}CH_3} \xrightarrow[-\,2\,\mathrm{HCl}]{\mathrm{Cl{-}Cl\ (excess),\ CH_3CO_2H,\ 60^\circ C}} \mathrm{C_6H_5\overset{\overset{O}{\|}}{C}CHCl_2}\ \ 94\%$$

1-Phenylethanon (Acetophenon) → **2,2-Dichlor-1-phenylethanon**

Die durch Basen bewirkte Halogenierung verläuft vollkommen anders. Hier ist es schwierig, die Reaktion nach dem ersten Halogenierungsschritt anzuhalten, weswegen die Reaktion präparativ wenig nützlich ist. Bei Methylketonen entstehen Trihalogenmethylketone, deren Trihalogenmethylgruppe eine gute Abgangsgruppe ist. Unter basischen Bedingungen erhält man in der Regel Carbonsäuren und Trihalogenmethan (Trivialname: Haloform). Diese Reaktion (**Haloform-Reaktion**) findet in der Iodoform-Probe auf sekundäre 2-Alkanole und Methylketone Anwendung (Abschn. 9.4).

$$\mathrm{(CH_3)_3C\overset{\overset{O}{\|}}{C}CH_3} \xrightarrow[-\,3\,\mathrm{NaBr},\ -\,3\,\mathrm{H_2O}]{3\,\mathrm{Br{-}Br},\ \mathrm{NaOH},\ \mathrm{H_2O},\ 0^\circ C} \mathrm{(CH_3)_3C\overset{\overset{O}{\|}}{C}CBr_3} \xrightarrow{1.\ \mathrm{HO^-},\ \mathrm{H_2O};\ 2.\ \mathrm{H^+},\ \mathrm{H_2O}}$$

3,3-Dimethyl-2-butanon → **1,1,1-Tribrom-3,3-dimethyl-2-butanon**

$$\mathrm{(CH_3)_3C\overset{\overset{O}{\|}}{C}OH}\ (74\%) + \mathrm{HCBr_3}$$

2,2-Dimethylpropansäure + **Tribrommethan (Bromoform)**

Nach welchem Mechanismus läuft diese Reaktion ab? Durch die Base wird zunächst das Enolat-Ion gebildet. Diese Spezies ist hinreichend nucleophil, um direkt zur Monohalogenverbindung zu reagieren. Die elektronenziehende Wirkung des Halogenatoms *steigert* die Acidität der benachbarten Wasserstoffatome, was zu beschleunigter Bildung des Enolats und nochmaliger Halogenierung führt. Die Trihalogenmethylgruppe wird durch nucleophilen Angriff eines Hydroxid-Ions auf das Carbonyl-Kohlenstoffatom, ähnlich der basenkatalysierten Hydratisierung von Aldehyden und Ketonen (Abschn. 15.5), abgespalten. Anstatt zu einer Protonierung zu führen, wird die negative Ladung zusammen mit der Trihalogenmethylgruppe abgegeben, wodurch die Kohlenstoff – Sauerstoff-Doppelbindung zurückgebildet wird. Dieser Prozeß ähnelt stark einer Umkehrung der Cyanhydrinbildung (Abschn. 15.7).

Mechanismus der basenkatalysierten Bromierung eines Methylketons:

Schritt 1: Enolatbildung

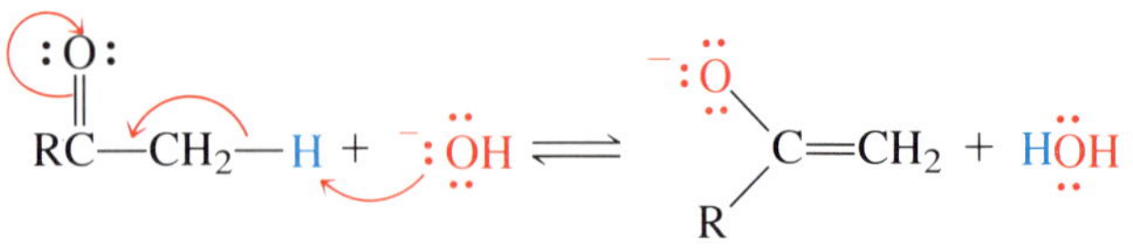

$$RC(=O)-CH_2-H + {}^{-}:OH \rightleftharpoons {}^{-}:O-C(R)=CH_2 + HOH$$

Schritt 2: Nucleophiler Angriff auf Brom

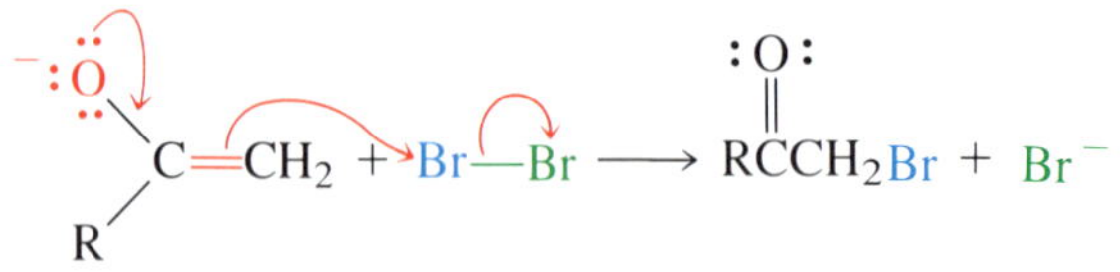

$${}^{-}:O-C(R)=CH_2 + Br-Br \longrightarrow RC(=O)CH_2Br + Br^{-}$$

Schritt 3: Vollständige Bromierung

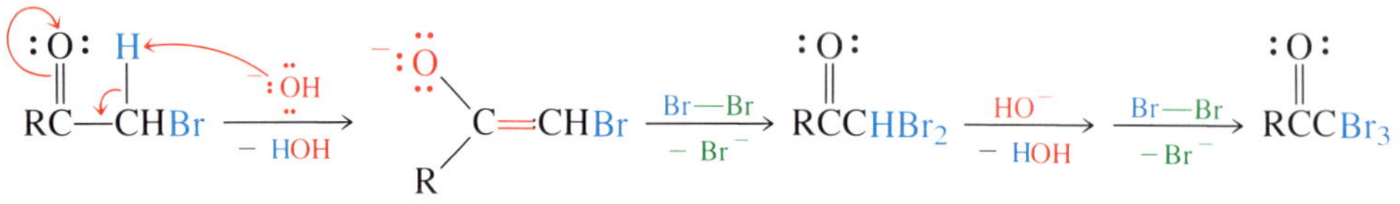

$$RC(=O)-CH(H)Br \xrightarrow[-\,HOH]{{}^{-}:OH} {}^{-}:O-C(R)=CHBr \xrightarrow[-\,Br^{-}]{Br-Br} RC(=O)CHBr_2 \xrightarrow[-\,HOH]{HO^{-}} \xrightarrow[-\,Br^{-}]{Br-Br} RC(=O)CBr_3$$

Schritt 4: Bildung der Carbonsäure

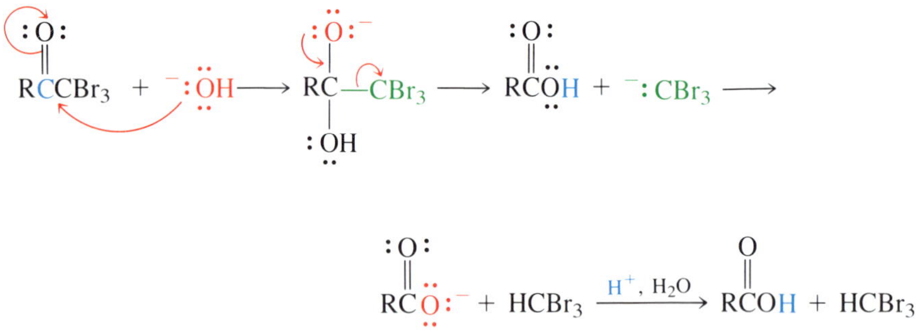

$$RC(=O)CBr_3 + {}^{-}:OH \longrightarrow RC(-O^{-})(OH)-CBr_3 \longrightarrow RC(=O)OH + {}^{-}:CBr_3 \longrightarrow$$

$$RC(=O)O:^{-} + HCBr_3 \xrightarrow{H^{+},\ H_2O} RC(=O)OH + HCBr_3$$

Übung 16-6

Welches sind die Produkte der säure- und der basenkatalysierten Bromierung von Ethanoylcyclopentan (Acetylcyclopentan)?

Übung 16-7

Erklären Sie das Ergebnis der folgenden Reaktion mechanistisch:

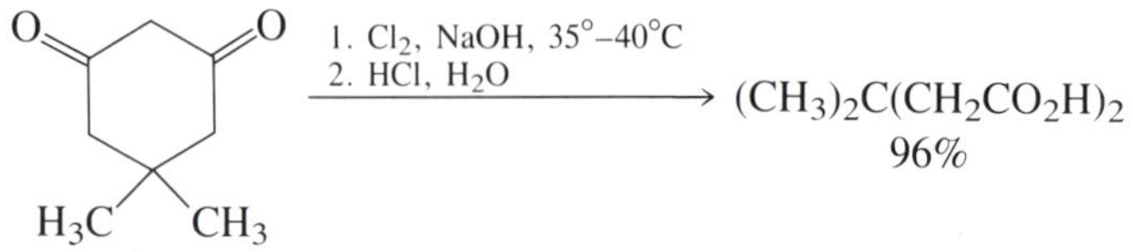

$$\text{5,5-Dimethylcyclohexan-1,3-dion} \xrightarrow[2.\ HCl,\ H_2O]{1.\ Cl_2,\ NaOH,\ 35^{\circ}-40^{\circ}C} (CH_3)_2C(CH_2CO_2H)_2 \quad 96\%$$

(Hinweis: Der Ring öffnet aus einer Zwischenstufe der Reaktion nach einem Mechanismus, der Schritt 4 der basenkatalysierten Halogenierung von 2-Alkanonen ähnelt.)

Man kann zusammenfassen: Aldehyde und Ketone befinden sich mit ihren Enol-Formen im Gleichgewicht, welche um etwa 41 kJ/mol weniger stabil sind. Die Keto-Enol-Äquilibrierung wird durch Säuren und Basen katalysiert. Die Enolisierung erlaubt einen bequemen H – D-Austausch in D_2O und bewirkt eine Stereoisomerisierung an Carbonylgruppen benachbarten Chiralitätszentren. Unter sauren Bedingungen führt die Halogenierung von Aldehyden oder Ketonen selektiv zum Monohalogenierungsprodukt. Unter basischen Bedingungen erfolgt vollständige Halogenierung. Methylketone spalten bei basischer Halogenierung die Trihalogenmethylgruppe unter Bildung von Carbonsäuren in einer Haloform-Reaktion ab.

16.3 Angriff von Enolaten auf Carbonylgruppen: Die Aldolkondensation

Enolate können Carbonylverbindungen unter Bildung von Hydroxycarbonylverbindungen angreifen. Die darauf folgende Eliminierung von Wasser liefert α,β-ungesättigte Aldehyde und Ketone. Die Reaktionsfolge aus zwei Schritten ist eine Kondensation.

Aldehyde gehen basenkatalysierte Kondensationen ein

Der kleinste enolisierbare Aldehyd, Ethanal (Acetaldehyd), ist in Gegenwart von wäßrigem Natriumhydroxid instabil. Neben dem sich schnell einstellenden Gleichgewicht mit seinem Hydrat tritt eine langsame (und bei Erhitzen schnelle) Kondensation zum α,β-ungesättigten Aldehyd, dem *trans*-2-Butenal (Crotonaldehyd) ein.

Aldolkondensation von Ethanal (Acetaldehyd)

$$CH_3CH{=}O + H_2C(H)CH{=}O \longrightarrow H_3C(H)C{=}C(H)CH{=}O + H_2O$$

***trans*-2-Butenal (Crotonaldehyd)**

Diese Reaktion ist ein Beispiel für die **Aldolkondensation**. Die Aldolkondensation ist für Aldehyde eine allgemeine Reaktion und kann auch bei Ketonen stattfinden.

Der Mechanismus dieser Reaktion ist ein anschauliches Beispiel für die Chemie der Enolate. Unter den vorliegenden basischen Bedingungen stellt sich zwischen dem Aldehyd und dem entsprechenden Enolat-Ion ein Gleichgewicht ein. Das Enolat-Ion, welches von überschüssigem Aldehyd umgeben ist, benutzt sein nucleophiles Kohlenstoffatom zum Angriff auf das Carbonyl-Kohlenstoffatom eines weiteren Aldehyd-Moleküls. Protonierung des Alkoxid-Ions liefert das Aldoladdukt, eine β-Hydroxy-Carbonylverbindung, hier 3-Hydroxybutanal, dem der Trivialname Aldol gegeben wurde.

Mechanismus der Aldolbildung:

Schritt 1: Enolatbildung

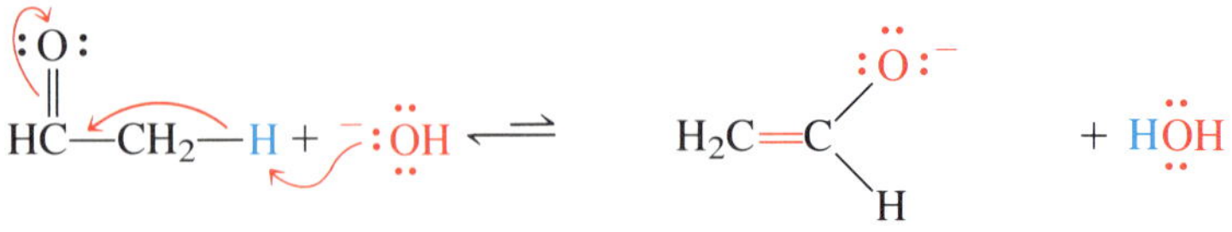

$$HC(=O)-CH_2-H + {}^-:\ddot{O}H \rightleftharpoons H_2C=C(H)-\ddot{O}:^- + H\ddot{O}H$$

Kleine Gleichgewichtskonzentration des Enolats

Schritt 2: Nucleophiler Angriff

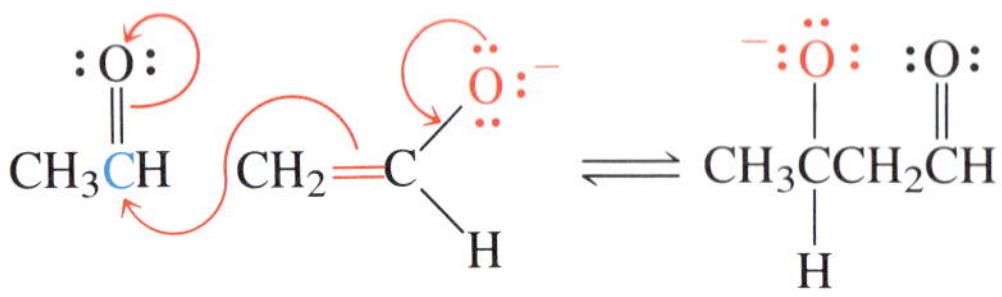

$$CH_3CH(=O) \quad CH_2=C(H)-\ddot{O}:^- \rightleftharpoons CH_3CH(O^-)CH_2CH(=O)$$

Schritt 3: Protonierung

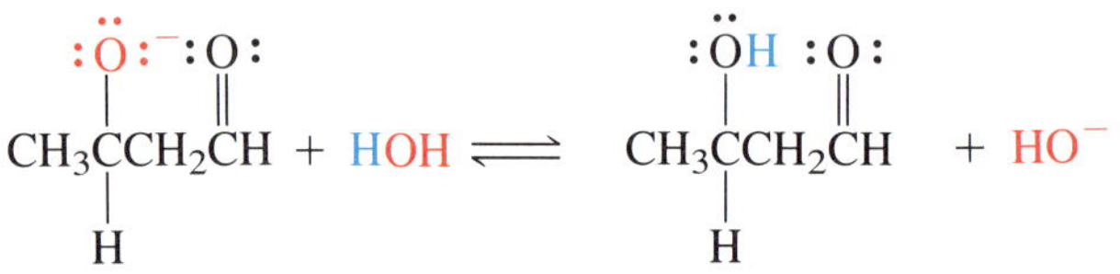

$$CH_3CH(O^-)CH_2CH(=O) + HOH \rightleftharpoons CH_3CH(OH)CH_2CH(=O) + HO^-$$

50%–60%

3-Hydroxybutanal („Aldol")

Man beachte, daß das Hydroxid-Ion in dieser Reaktion die Rolle eines Katalysators spielt. Die letzten zwei Schritte der Reaktion ziehen das anfängliche ungünstige Gleichgewicht auf die Produktseite. Die Gesamtreaktion ist nicht sehr exotherm und daher vollkommen reversibel. Das Aldol wird in 50–60% Ausbeute gebildet und reagiert nicht weiter, wenn die Reaktion bei niedriger Temperatur (5 °C) ausgeführt wird.

Übung 16-8

Kommerziell erhältliches „Aldol" zeigt ein NMR-Spektrum, das mit der am Rand dargestellten Verbindung A vereinbar ist. Wie könnte A aus Ethanal (Acetaldehyd) gebildet werden?

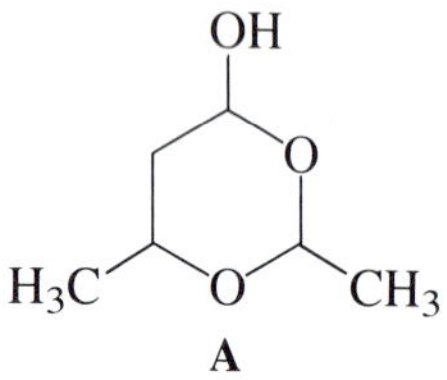

OH, O, H_3C, O, CH_3

A

Bei erhöhter Temperatur wird das Aldol in sein Enolat-Ion umgewandelt, welches ein Hydroxid-Ion zum Endprodukt eliminiert. Das Ergebnis des zweiten Schrittes ist eine Hydroxid-katalysierte Dehydratisierung des Aldols.

Mechanismus der Dehydratisierung:

$$CH_3CH(OH)-CH(H)-CH{=}O + {}^{-}:\ddot{O}H \rightleftharpoons CH_3CH(OH)-CH{=}CH-O^{-} + HOH$$

$$CH_3CH(OH)-CH{=}CH-O^{-} \longrightarrow CH_3CH{=}CHCH{=}O + HO^{-}$$

Der synthetische Nutzen der Aldolkondensation liegt darin, daß eine neue Kohlenstoff-Kohlenstoff-Bindung gebildet wird, wobei entweder eine Hydroxycarbonylgruppierung oder eine α,β-ungesättigte Carbonylverbindung gebildet werden, zum Beispiel:

$$(CH_3)_2CHCHO \xrightarrow{NaOH,\ H_2O,\ 5^\circ C} (CH_3)_2CH-CH(OH)-C(CH_3)_2CHO \quad 85\%$$

2-Methylpropanal → **3-Hydroxy-2,2,4-trimethylpentanal**

$$\text{Heptanal} \xrightarrow{K_2CO_3,\ H_2O,\ \Delta} \text{Z-2-Pentyl-2-nonenal} \quad 80\%$$

Heptanal → ***Z*-2-Pentyl-2-nonenal**

Ein Nachteil der Aldolkondensation liegt in der mangelhaften Selektivität, wenn zwei unterschiedliche Aldehyde eingesetzt werden (**gekreuzte Aldolkondensation**). Zum Beispiel erhält man aus einer Mischung von Ethanal (Acetaldehyd) und Propanal im Verhältnis 1 : 1 die vier möglichen Aldol-Additionsprodukte (oder bei höheren Temperaturen α,β-ungesättigte Aldehyde) in praktisch statistischen Verhältnissen.

Unselektive gekreuzte Aldolkondensation von Ethanal (Acetaldehyd) und Propanal

(Alle vier Reaktionen laufen gleichzeitig ab.)

$$CH_3CHO + CH_3CHO + CH_3CH_2CHO \longrightarrow CH_3CH(OH)-CH_2CHO$$

(CH_3CH_2CHO: nimmt an der Reaktion nicht teil)

3-Hydroxybutanal

$$CH_3\overset{O}{\overset{\|}{C}}H + CH_3CH_2\overset{O}{\overset{\|}{C}}H \longrightarrow CH_3\underset{H}{\overset{OH}{C}}-\underset{CH_3}{C}H\overset{O}{\overset{\|}{C}}H$$

3-Hydroxy-2-methylbutanal

$$CH_3CH_2\overset{O}{\overset{\|}{C}}H + CH_3\overset{O}{\overset{\|}{C}}H \longrightarrow CH_3CH_2\underset{H}{\overset{OH}{C}}-CH_2\overset{O}{\overset{\|}{C}}H$$

3-Hydroxypentanal

$$CH_3CH_2\overset{O}{\overset{\|}{C}}H + CH_3CH_2\overset{O}{\overset{\|}{C}}H + CH_3\overset{O}{\overset{\|}{C}}H \longrightarrow CH_3CH_2\underset{H}{\overset{OH}{C}}-\underset{CH_3}{C}H\overset{O}{\overset{\|}{C}}H$$

nimmt an der Reaktion nicht teil

3-Hydroxy-2-methylpentanal

Dieses Problem wird umgangen, wenn einer der Aldehyde nicht enolisierbar ist, denn dann können sich zwei der sonst möglichen Produkte nicht bilden. Um in einem solchen Fall eine effektive Reaktion jeweils eines der beiden Aldehyd-Moleküle miteinander sicherzustellen, wird der enolisierbare Aldehyd langsam zum nicht-enolisierbaren Aldehyd gegeben, der meist im Überschuß eingesetzt wird. Sobald das Enolat gebildet ist, wird es bevorzugt mit dem anderen Aldehyd reagieren. Beispiele:

$$CH_3\underset{CH_3}{\overset{CH_3}{C}}CHO + CH_3CH_2CHO \xrightarrow{NaOH,\ H_2O,\ \Delta} CH_3\underset{CH_3}{\overset{CH_3}{C}}CH{=}\overset{CH_3}{C}CHO + H_2O$$

wird langsam zugegeben; 65%

2,2-Dimethylpropanal — **Propanal** — **2,4,4-Trimethyl-2-pentenal**

$$C_6H_5CH{=}CHCHO + CH_3CH_2CH_2CHO \xrightarrow[-H_2O]{NaOH,\ H_2O} C_6H_5CH{=}CHCH{=}\overset{CH_2CH_3}{C}CHO$$

55%

3-Phenyl-2-propenal — **Butanal** — **2-Ethyl-5-phenyl-2,4-pentadienal**

Übung 16-9

Welche Produkte sind bei den folgenden Aldolkondensationen zu erwarten?

(a) $C_6H_5\overset{O}{\overset{\|}{C}}H + CH_3CHO$; (b) 2 Cyclohexan-CHO (reagiert mit sich selbst);

(c) $CH_2{=}CHCHO + CH_3CH_2CHO$.

Selektivität kann auch bei manchen intramolekularen Aldolkondensationen erzielt werden, wenn zufällige intermolekulare Reaktionen unwahrscheinlich sind.

$$\mathrm{HC(=O)CH_2CH_2CH_2CH_2CH(=O)} \xrightarrow{\mathrm{KOH,\ H_2O}} \text{1-Cyclopentencarbaldehyd} + H_2O$$

62%

1-Cyclopentencarbaldehyd

Ketone in Aldolkondensationen

Bisher haben wir nur Aldehyde als Substrate für die Aldolkondensation diskutiert. Wie steht es mit Ketonen? Behandelt man Propanon (Aceton) mit Base, erhält man in der Tat etwas 4-Hydroxy-4-methyl-2-pentanon, aber nur in wenigen Prozent Ausbeute und im Gleichgewicht mit dem Ausgangsmaterial.

Aldolbildung aus Propanon (Aceton)

$$\underset{94\%}{\mathrm{CH_3C(=O)CH_3}} \underset{}{\overset{\mathrm{HO^-}}{\rightleftharpoons}} \underset{6\%}{\mathrm{CH_3C(OH)(CH_3)CH_2C(=O)CH_3}}$$

4-Hydroxy-4-methyl-2-pentanon

Hier liegt ein echtes Gleichgewicht vor, das sich von beiden Seiten her bilden kann, wie die Behandlung von 4-Hydroxy-4-methyl-2-pentanon mit Base lehrt. Dann tritt eine schnelle Umkehr der Aldolreaktion (**Retro-Aldolreaktion**) ein, die zum Propanon (Aceton) führt.

Retro-Aldolreaktion

$$\mathrm{CH_3C(OH)(CH_3){-}CH_2{-}C(=O)CH_3} + {:}B^- \rightleftharpoons \mathrm{CH_3C(=O)CH_3} + \mathrm{CH_2{=}C(O^-)CH_3} + HB \rightleftharpoons 2\ \mathrm{CH_3C(=O)CH_3} + {:}B^-$$

Der Grund für die geringere Reaktivität von Ketonen in Aldolreaktionen im Vergleich zu Aldehyden liegt in der geringfügig stärkeren Carbonylbindung (etwa 12 kJ/mol) in den Ketonen. Während die Aldolreaktion bei Aldehyden leicht exotherm verläuft, ist die von Ketonen leicht endotherm. Die Aldolreaktion von Ketonen kann jedoch zur Produktseite hin gezogen werden, indem man den gebildeten Alkohol kontinuierlich aus der Reaktionsmischung extrahiert, sobald er gebildet wird. Unter schärferen Bedingungen kann man das Gleichgewicht durch Entfernung des neben den α,β-ungesättigten Carbonylverbindungen gebildeten Wassers zur Produktseite ziehen, wie es am Rand dargestellt ist.

Intramolekulare Kondensationen von Ketonen stellen eine wichtige Quelle cyclischer und bicyclischer Enone dar. In Abhängigkeit von den Reaktionsbedingungen und den Substraten wird entweder das Aldol oder das Kondensationsprodukt isoliert.

$$\mathrm{CH_3C(OH)(CH_3)CH_2C(=O)CH_3} \xrightarrow{\mathrm{NaOH,\ H_2O,\ \Delta}} \mathrm{(H_3C)_2C{=}CHC(=O)CH_3}$$

80%

4-Methyl-3-penten-2-on

+

H_2O (wird entfernt)

$CH_3CCH_2CH_2CCH_3$ (NaOH, H_2O) → 3-Methyl-2-cyclopentenon (42%) + H_2O

2,5-Hexandion **3-Methyl-2-cyclopentenon**

2-(3-Oxobutyl)cyclohexanon (KOH, H_2O, 20°C) → (Δ) → 90% + H_2O

Im Prinzip kann die intramolekulare Aldolkondensation in vielen Fällen mehrere Produkte mit unterschiedlichen Ringgröße ergeben. Normalerweise wird jedoch der am wenigsten gespannte Ring bevorzugt gebildet, typischerweise Fünf- oder Sechsringe. Beispielsweise ergab in einem der vorangegangenen Beispiele 2,5-Hexandion nur 3-Methyl-2-cyclopentenon, nicht aber das alternative Produkt mit einem dreigliedrigen Ring.

$CH_3CCH_2CH_2CCH_3$ (HO^-, H_2O) ⇌ H_3C, OH, CCH_3, O

2,5-Hexandion **2-Ethanoyl-1-methylcyclopropanol**

In ähnlicher Weise cyclisiert 2,7-Octandion zum Fünfring-Enon und nicht zum siebengliedrigen Ring. Der Grund liegt in der Tatsache, daß die Aldolkondensation reversibel ist und daher zu den thermodynamischen Reaktionsprodukten führt.

H_2O + 3-Methyl-2-cycloheptenon ⇌ (KOH, H_2O; b) $CH_3CCH_2CH_2CH_2CH_2CCH_3$ ⇌ (KOH, H_2O; a) 1-Ethanoyl-2-methylcyclopenten (83%) + H_2O

3-Methyl-2-cycloheptenon **2,7-Octandion** **1-Ethanoyl-2-methylcyclopenten**

Übung 16-10

Die Aldolreaktion von 2-(3-Oxobutyl)cyclohexanon hätte zu drei weiteren Aldoladdukten führen können. Zeichnen Sie sie ohne Beachtung der Stereochemie.

Übung 16-11
Welche Produkte erhält man bei den intramolekularen Aldolkondensationen von (a) Cyclodecan-1,5-dion;

(b) $C_6H_5\overset{O}{\overset{\|}{C}}(CH_2)_2\overset{O}{\overset{\|}{C}}CH_3$; (c) 2-[$CH_2\overset{\|}{\underset{O}{C}}(CH_2)_3CH_3$]cyclopentanon.

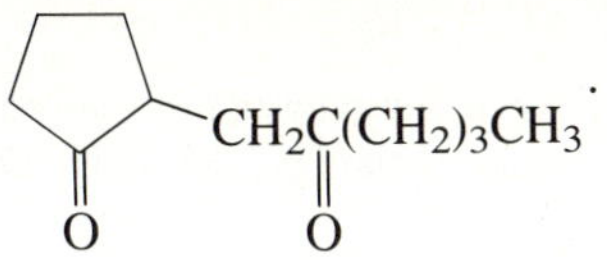

Die Aldolreaktion tritt auch in der Natur auf

Aldolkondensationen treten auch in natürlichen Systemen auf. Zum Beispiel werden Collagenfasern durch chemische Vernetzung von Aldehydgruppen durch Aldolkondensationen verstärkt. Collagen ist das am häufigsten vorkommende Faserprotein in Säugetieren; es ist die überwiegende faserige Komponente von Haut, Knochen, Sehnen, Knorpel und Zähnen. Seine Struktur besteht im wesentlichen aus einer gestaffelten Anordnung von *Tropocollagen*-Molekülen, welche aus dreisträngigen Polypeptidketten aufgebaut sind (Abschn. 27.3). Die Vernetzung dieser Ketten (s. Abschn. 12.7 u. 14.6 zur Vernetzung von Polymeren) verläuft über enzymkatalysierte Aldolkondensationen. Zunächst werden Lysinreste (Abschn. 27.1) der Ketten enzymatisch zu Aldehydderivaten oxidiert; dann verknüpft eine Aldolkondensation zwei Ketten (Abb. 16-2).

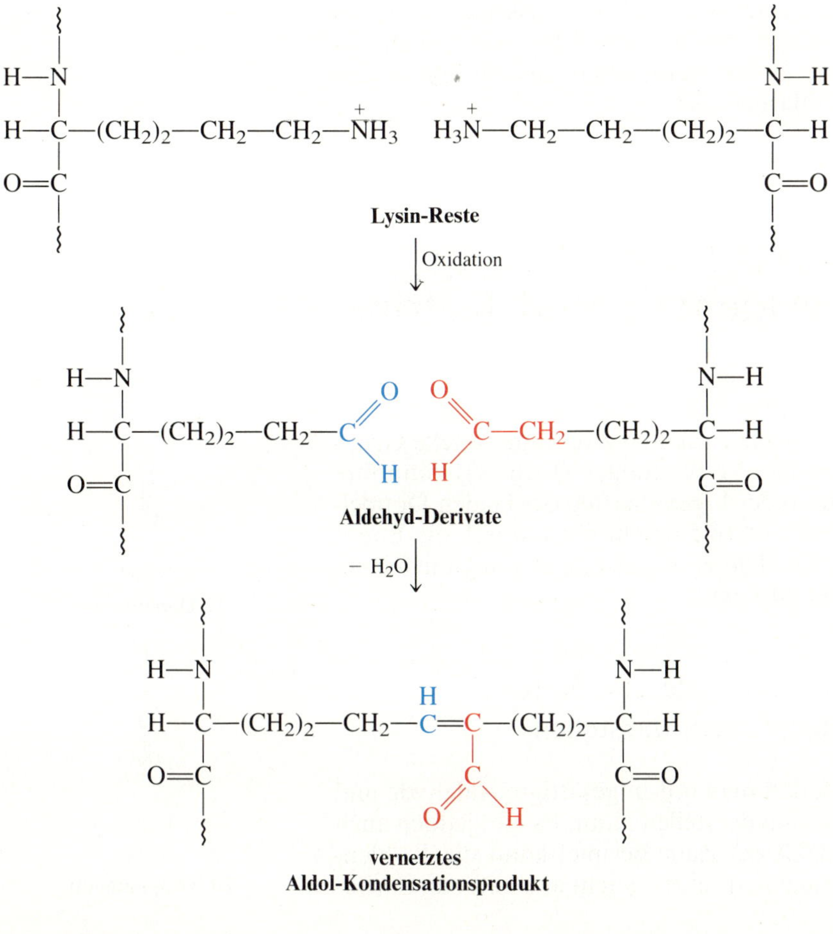

$$H-C(NH-)(C{=}O-)-(CH_2)_2-CH_2-CH_2-\overset{+}{N}H_3 \quad H_3\overset{+}{N}-CH_2-CH_2-(CH_2)_2-C(NH-)(C{=}O-)-H$$

Lysin-Reste

↓ Oxidation

$$H-C(NH-)(C{=}O-)-(CH_2)_2-CH_2-CHO \quad OHC-CH_2-(CH_2)_2-C(NH-)(C{=}O-)-H$$

Aldehyd-Derivate

↓ $- H_2O$

$$H-C(NH-)(C{=}O-)-(CH_2)_2-CH_2-CH{=}C(CHO)-(CH_2)_2-C(NH-)(C{=}O-)-H$$

vernetztes Aldol-Kondensationsprodukt

Abb. 16-2
Vernetzung von zwei Lysin-Seitenketten durch eine Aldol-Kondensation.

Das Ausmaß der Vernetzung hängt vom jeweiligen Zweck des Gewebes ab. Zum Beispiel ist die Achilles-Sehne von Ratten hochvernetzt, während die erheblich flexiblere Schwanzsehne deutlich weniger vernetzt ist.

Übung 16-12

Wie kann man die folgenden Verbindungen aus beliebigen Ausgangsmaterialien so herstellen, daß im entscheidenden Schritt Aldolkondensationen ablaufen? Hinweis: Die letzte Synthese erfordert eine doppelte Aldoladdition.

(a) 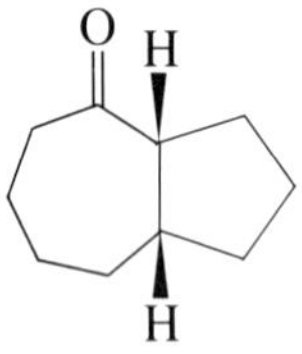 [bicyclische Struktur mit O, H, H]; (b) 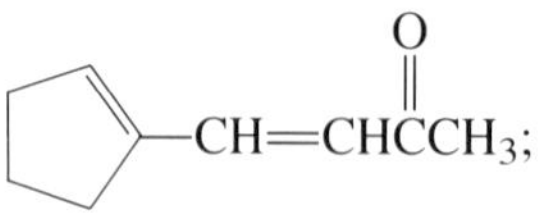 [Cyclopentenyl]–CH=CHC(=O)CH$_3$; (c) 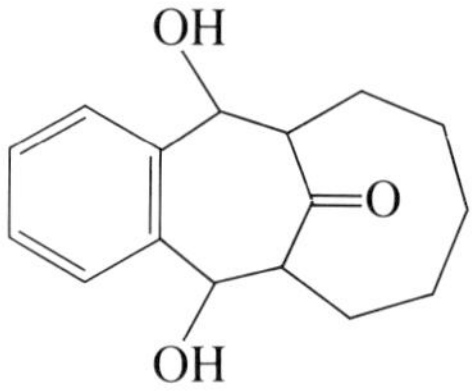 [tricyclische Struktur mit OH, OH, =O]

Es kann zusammengefaßt werden, daß Aldehyde und Ketone in Gegenwart katalytischer Mengen Base Aldolkondensationen eingehen, wobei α,β-ungesättigte Aldehyde und Ketone entstehen. Diese Reaktionen verlaufen über einen Angriff des Enolat-Ions auf die Carbonylgruppe, was zunächst zu einem Hydroxycarbonylderivat führt, welches bei Erwärmung dehydratisiert. Gekreuzte Aldolkondensationen liefern Produktgemische, sofern nicht eine nichtenolisierbare Carbonylverbindung eingesetzt wird. Aldoladditionen an Ketone sind energetisch unvorteilhaft. Um die Aldolkondensation von Ketonen auf die Produktseite zu ziehen, müssen spezielle Maßnahmen ergriffen werden, wie Entfernung des gebildeten Wassers oder des gebildeten Aldols. Intramolekulare Aldolkondensationen können hochselektiv sein und führen zum am wenigsten gespannten Cycloalkenon. Ein Beispiel für eine in der Natur ablaufende Aldolkondensation ist die Vernetzung von Collagenfasern.

16.4 Darstellung und Chemie α,β-ungesättigter Aldehyde und Ketone

α,β-ungesättigte Aldehyde und Ketone enthalten zwei funktionelle Gruppen. Wie bei anderen difunktionellen Verbindungen (Kap. 22) kann ihre Chemie eine einfache Kombination der Eigenschaften der beiden Doppelbindungen sein oder, wie in Abschnitt 16.5 beschrieben, durch die Enon-Funktion als Ganzes geprägt sein. Dieser Abschnitt beginnt mit einem Überblick der Darstellung dieser Moleküle.

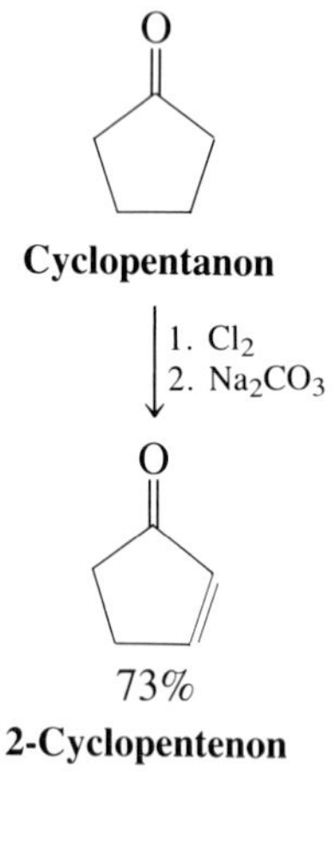

Man kann α,β-ungesättigte Aldehyde und Ketone durch schon behandelte Reaktionen darstellen

In Abschnitt 16.3 wurde gezeigt, daß man α,β-ungesättigte Aldehyde und Ketone durch die Aldolkondensation darstellen kann. Es gibt jedoch auch andere Wege zu dieser Substanzklasse. Zum Beispiel kann die Kohlenstoff–Kohlenstoff-Doppelbindung in direkter Nachbarschaft zur Carbo-

Cyclopentanon

1. Cl_2
2. Na_2CO_3

73%

2-Cyclopentenon

nylgruppe durch Halogenierung (Abschn. 16.2) gefolgt von baseninduzierter Dehydrohalogenierung eingeführt werden, wie am Rand gezeigt.

Ein anderer Weg zur Einführung der Doppelbindung ist die Wittig-Reaktion (Abschn. 15.7) von Carbonyl-Yliden. Zum Beispiel kann 2-Chlorethanal (2-Chloracetaldehyd) in das Phosphoniumsalz umgewandelt werden, welches zum entsprechenden Ylid deprotoniert werden kann.

Darstellung eines stabilisierten Ylids

$$ClCH_2CHO \xrightarrow{P(C_6H_5)_3} Cl^- (C_6H_5)_3\overset{+}{P}CH_2CHO \xrightarrow[-\ HOH,\ -\ NaCl]{NaOH}$$

$$\left[(C_6H_5)_3P{=}CH{-}CH{=}O \longleftrightarrow (C_6H_5)_3\overset{+}{P}{-}\overset{..}{\overset{-}{C}}H{-}CH{=}O \longleftrightarrow (C_6H_5)_3\overset{+}{P}{-}CH{=}CH{-}O^-\right]$$

Ein stabilisiertes Ylid

Die Deprotonierung erfolgt leicht, da das Ylid resonanzstabilisiert ist. Solche **stabilisierten** Ylide sind vergleichsweise wenig reaktiv und können bequem isoliert und gelagert werden. Beispielsweise gehen sie keine Wittig-Reaktionen mit Ketonen ein. Mit Aldehyden reagieren sie jedoch zu den entsprechenden α,β-ungesättigten Aldehyden. Analoge Reaktionen sind mit anderen Alkanoyl-Yliden möglich.

$$(C_6H_5)_3P{=}CHCHO + \text{Heptanal} \xrightarrow[-\ (C_6H_5)_3PO]{(CH_3CH_2)_2O,\ \Delta} \text{trans-2-Nonenal (CHO)}\quad 81\%$$

Heptanal **81%** ***trans*-2-Nonenal**

Ein vierter Weg zur Darstellung von α,β-ungesättigten Aldehyden und Ketonen besteht in der Oxidation von Allylalkoholen. Ein spezifisches Reagenz für derartige Reaktionen ist Mangandioxid, MnO_2 (Abschn. 15.3). Vitamin A kann auf diesem Wege zum Beispiel zum all-*trans*-Retinal oxidiert werden, einem Molekül, welches für die Chemie des Sehens von großer Wichtigkeit ist.

$$\text{Vitamin A } (\ldots CH_2OH) \xrightarrow[\text{Propanon (Aceton)}]{MnO_2} \text{all-trans-Retinal } (\ldots CHO)\quad 80\%$$

Vitamin A **all-*trans*-Retinal**

Konjugierte ungesättigte Aldehyde und Ketone sind stabiler als ihre nicht-konjugierten Isomere

Wie konjugierte Diene (Abschn. 14.3) sind auch α,β-ungesättigte Aldehyde und Ketone durch Resonanz stabilisiert.

Resonanz im 2-Butenal

$$\left[CH_3CH{=}CH{-}CH{=}\ddot{O}: \longleftrightarrow CH_3CH{=}CH{-}\overset{+}{C}H{-}\ddot{O}:^- \longleftrightarrow CH_3\overset{+}{C}H{-}CH{=}CH{-}\ddot{O}:^- \right]$$

Aus diesem Grunde isomerisieren β,γ-ungesättigte Carbonylverbindungen leicht zu ihren konjugierten Isomeren. Man sagt, „die Doppelbindung bewege sich in Konjugation" zur Carbonylgruppe.

Isomerisierung β,γ-ungesättigter Carbonylverbindungen zu konjugierten Systemen

$$\underset{\textbf{3-Butenal}}{CH_2{=}CHCH_2CH{=}O} \xrightarrow{H^+ \text{ oder } HO^-,\ H_2O} \underset{\textbf{2-Butenal}}{CH_3CH{=}CHCH{=}O}$$

$$\textbf{3-Cyclohexenon} \xrightarrow{H^+ \text{ oder } HO^-,\ H_2O} \textbf{2-Cyclohexenon}$$

Die Isomerisierung kann säure- oder basenkatalysiert sein. Der säurekatalysierte Weg verläuft über ein protoniertes Dienol. Protonierung am von der Hydroxygruppe abgewandten Ende führt zu einem resonanzstabilisierten Carbeniumion, das am Sauerstoffatom unter Bildung des Produktes deprotoniert wird.

Mechanismus der säurekatalysierten Isomerisierung von β,γ-ungesättigten Carbonylverbindungen:

$$CH_2{=}CHCH_2CH{=}\ddot{O}: \overset{H^+}{\rightleftharpoons} \underset{\textbf{Dienol}}{CH_2{=}CHCH{=}C(H){-}\ddot{O}H} \overset{H^+}{\rightleftharpoons}$$

$$\left[H{-}CH_2\overset{+}{C}H{-}CH{=}C(H){-}\ddot{O}H \longleftrightarrow CH_3CH{=}CH{-}C(H){=}\overset{+}{\ddot{O}}H \right] \overset{-H^+}{\rightleftharpoons} CH_3CH{=}CHCH{=}O$$

In der basenkatalysierten Reaktion ist ein konjugiertes Dienolat-Ion das Intermediat, welches am Kohlenstoff-Ende reprotoniert wird.

Mechanismus der basenkatalysierten Isomerisierung β,γ-ungesättigter Carbonylverbindungen:

$$CH_2{=}CHCH_2\overset{\overset{:O:}{\|}}{C}H + H\ddot{O}:^- \rightleftharpoons$$

$$\left[CH_2{=}CH{-}\ddot{C}H{-}\overset{\overset{:O:}{\|}}{C}H \longleftrightarrow CH_2{=}CH{-}CH{=}\overset{\overset{:\ddot{O}:^-}{|}}{C}H \longleftrightarrow :\bar{C}H_2{-}CH{=}CH{-}\overset{\overset{:O:}{\|}}{C}H\right] + H\ddot{O}H \rightleftharpoons$$

Dienolat-Ion

$$CH_3CH{=}CH\overset{\overset{:O:}{\|}}{C}H + H\ddot{O}:^-$$

α,β-Ungesättigte Aldehyde und Ketone gehen Reaktionen ein, die für ihre einzelnen funktionellen Gruppen typisch sind

α,β-Ungesättigte Aldehyde und Ketone gehen zahlreiche Reaktionen ein, deren Ausgang durch die Kenntnis der Chemie der Kohlenstoff–Kohlenstoff-Doppelbindung und der Kohlenstoff–Sauerstoff-Doppelbindung vollkommen vorausgesagt werden kann. Beispielsweise führt die Hydrierung über Palladium auf Aktivkohle zu gesättigten Carbonylverbindungen.

$$\text{(Octahydronaphthalinon)} \xrightarrow{H_2,\ Pd/C,\ CH_3CO_2CH_2CH_3\ \text{(Ethylethanoat als Lösungsmittel)}} \text{(Decahydronaphthalinon)}\quad 95\%$$

Gewisse spezielle Katalysatoren bewirken eine selektive Reduktion der Carbonylgruppe, ohne die Alken-Doppelbindung anzutasten.

$$(H_3C)_2C{=}CH\overset{\overset{O}{\|}}{C}H \xrightarrow{H_2,\ PtO_2,\ FeSO_4,\ Zn(O\overset{\overset{O}{\|}}{C}CH_3)_2,\ 3\cdot 10^6\ Pa} (H_3C)_2C{=}CH\overset{\overset{H}{|}}{C}HOH$$

3-Methyl-2-butenal → **3-Methyl-2-buten-1-ol**

Elektrophile Angriffe erfolgen am Kohlenstoff–Kohlenstoff-π-System. Zum Beispiel erhält man bei einer Bromierung eine Dibromcarbonylverbindung.

$$CH_3CH{=}CH\overset{\overset{O}{\|}}{C}CH_3 \xrightarrow{Br{-}Br,\ CCl_4} CH_3CH\overset{\overset{Br}{|}}{C}H\underset{\underset{Br}{|}}{}\overset{\overset{O}{\|}}{C}CH_3\quad 60\%$$

3-Penten-2-on → **3,4-Dibrom-2-pentanon**

Die Carbonylgruppe unterliegt den bekannten Additionsreaktionen. So führt die Reaktion mit Aminen zu den zu erwartenden Kondensationsprodukten (s. jedoch Abschn. 16.5)

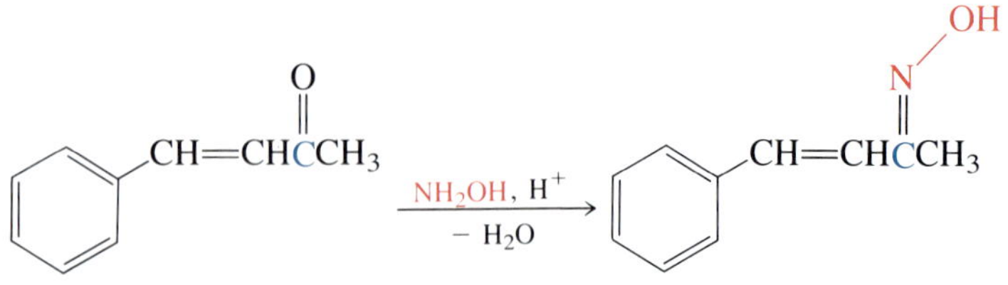

$$\text{C}_6\text{H}_5\text{CH=CH}\overset{\text{O}}{\overset{\|}{\text{C}}}\text{CH}_3 \xrightarrow[-\,\text{H}_2\text{O}]{\text{NH}_2\text{OH, H}^+} \text{C}_6\text{H}_5\text{CH=CH}\overset{\text{N-OH}}{\overset{\|}{\text{C}}}\text{CH}_3$$

4-Phenylbut-3-en-2-on

Oxim
Smp. 115 °C

Kasten 16-1

Reaktionen ungesättigter Aldehyde in der Natur: Die Chemie des Sehens

Vitamin A (Retinol) ist ein für den Sehvorgang unentbehrlicher Faktor, der mit der Nahrung zugeführt werden muß. Mangel an Vitamin A verursacht Nachtblindheit. Lebende Organismen benutzen ein Enzym namens *Retinol-Dehydrogenase*, um das Vitamin zu *trans*-Retinal zu oxidieren. Dieses Molekül ist Bestandteil der Lichtrezeptorzellen des menschlichen Auges. Bevor es jedoch seine Funktion erfüllen kann, muß es durch ein weiteres Enzym, *Retinal-Isomerase*, zum *cis*-Retinal isomerisiert werden.

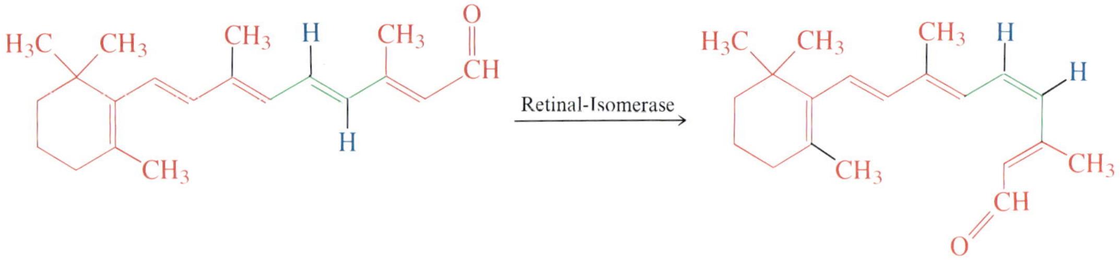

Retinal-Isomerase

***trans*-Retinal** → ***cis*-Retinal**

Dieses Molekül paßt gut in das aktive Zentrum eines Proteins, das *Opsin* heißt (molare Masse etwa 38 000). *cis*-Retinal reagiert mit einem der Amin-Substituenten des Opsins, wodurch das Imin *Rhodopsin* entsteht, die lichtempfindliche Substanz des Auges. Das Elektronenspektrum des Rhodopsins, $\lambda_{max} = 506$ nm ($\varepsilon = 40\,000$), spricht für das Vorliegen einer protonierten Imingruppe.

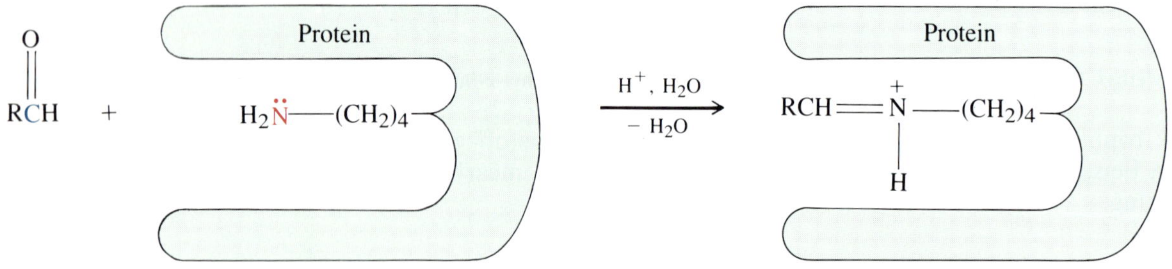

$$\text{R}\overset{\text{O}}{\overset{\|}{\text{C}}}\text{H} + \text{H}_2\ddot{\text{N}}\text{—(CH}_2)_4\text{—Protein} \xrightarrow[-\,\text{H}_2\text{O}]{\text{H}^+,\ \text{H}_2\text{O}} \text{RCH=}\overset{+}{\text{N}}\text{(H)—(CH}_2)_4\text{—Protein}$$

***cis*-Retinal** **Opsin** **Rhodopsin**

Trifft ein Photon auf ein Rhodopsin-Molekül, isomerisiert der *cis*-Retinal-Teil extrem schnell, in nur einigen Picosekunden (10^{-12} s), zum *trans*-Isomer. Diese Isomerisierung bewirkt erhebliche geometrische Veränderungen, welche offenbar das genaue Passen des ursprünglichen Moleküls in den Proteinhohlraum beträchtlich stören. Innerhalb von Nanosekunden (10^{-9} s) entstehen aus diesem Photoprodukt eine ganze Reihe neuer Intermediate, die von Konformationsänderungen in der Proteinstruktur begleitet werden, was schließlich zur Hydrolyse des schlecht passenden Retinal-Moleküls führt. Diese Reaktionsfolge induziert das Nervensignal, das von uns als Licht wahrgenommen wird. Dann wird das *trans*-Retinal durch die Retinal-Isomerase zum *cis*-Retinal isomerisiert und bildet wiederum Rhodopsin, welches für ein neues Photon frei ist. Das Beeindruckende an diesem Mechanismus ist die Empfindlichkeit, die es dem Auge ermöglicht, eine so kleine Lichtmenge wie ein Photon auf der Netzhaut zu registrieren. Bemerkenswerterweise benutzen alle bekannten visuellen Systeme der Natur, auch wenn sie evolutionär eine vollkommen unterschiedliche Vergangenheit haben, das Retinalsystem zur visuellen Anregung. Offensichtlich liefert dieses Molekül die optimale Lösung des Problems des Sehens.

Übung 16-13

Schlagen Sie eine Synthese von 1-Pentanol vor, die von Propanal ausgeht.

In diesem Abschnitt wurde ein Überblick über die synthetischen Methoden gegeben, die zu α,β-ungesättigten Aldehyden und Ketonen führen. Diese sind Aldolkondensationen, Halogenierung-Dehydrohalogenierung gesättigter Aldehyde und Ketone, Wittig-Reaktionen mit stabilisierten Yliden, Isomerisierung von β,γ-ungesättigten Carbonylverbindungen und Oxidationen von Allylalkoholen mit MnO_2. Die so gebildeten Systeme zeigen die typischen Reaktivitäten sowohl von Alkenen wie auch von Aldehyden bzw. Ketonen. Ein ungesättigter Aldehyd, Retinal, bestimmt die Chemie des Sehens durch Iminbildung und photochemische *cis-trans*-Isomerisierungen.

16.5 1,4-Additionen an α,β-ungesättigte Aldehyde und Ketone

In diesem Abschnitt wird erklärt, wie die konjugierte Carbonylgruppe von α,β-ungesättigten Aldehyden und Ketonen Reaktionen eingehen kann, die die Funktionalität des Systems als Ganzes erfordern. Dabei handelt es sich um 1,4-Additionen, denen wir schon bei der Behandlung des 1,3-Butadiens begegnet sind (Abschn. 14.3). In Abhängigkeit vom Reagenz können solche Reaktionen säurekatalysiert, radikalisch oder durch nucleophile Additionsmechanismen ablaufen.

Vergleich zwischen 1,2- und 1,4-Additionen an konjugierte Aldehyde und Ketone

Die in Abschnitt 16.4 beschriebenen Reaktionen α,β-ungesättigter Aldehyde und Ketone können als 1,2-Additionen an eine der beiden π-Bindungen des Systems klassifiziert werden.

1,2-Addition eines polaren Reagenz A–B an ein konjugiertes Enon

$$>C{=}C<\!\!\overset{O}{\overset{\|}{C}}\!\!- \xrightarrow{A-B} -\underset{B}{\overset{|}{C}}-\underset{A}{\overset{|}{C}}-C{=}O \quad \text{oder} \quad >C{=}C<\!\!-\overset{OA}{\overset{|}{C}}\!-B$$

Verschiedene Reagenzien reagieren mit dem π-System jedoch unter 1,4-Addition, die auch **konjugierte Addition** genannt wird. In diesen Umwandlungen verbindet sich der nucleophile Teil des Reagenz mit dem β-Kohlenstoffatom, und der elektrophile Teil (meist ein Proton) wird an das Carbonyl-Sauerstoffatom gebunden. Das zunächst gebildete Produkt ist ein Enol, welches dann zur Ketoform tautomerisiert.

1,4-Addition eines polaren Reagenz A–B an ein konjugiertes Enon

$$>C{=}C<\!\!\overset{O}{\overset{\|}{C}}\!\!- \xrightarrow{A-B} -\underset{B}{\overset{|}{C}}-C{=}\overset{OA}{\overset{|}{C}}- \xrightarrow{A\,=\,H} -\underset{B}{\overset{|}{C}}-\underset{H}{\overset{|}{C}}-C{=}O$$

Cyanwasserstoff reagiert mit konjugierten Carbonylverbindungen zu β-Cyanocarbonylverbindungen

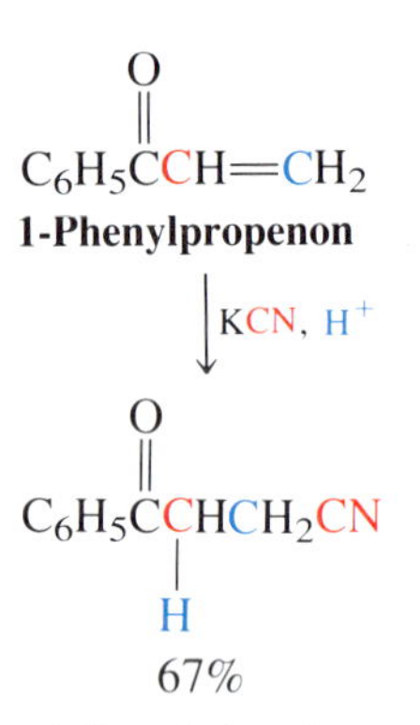

Im Gegensatz zur Cyanhydrinbildung (Abschn. 15.7) kann die Behandlung von konjugierten Aldehyden oder Ketonen mit Cyanid in Gegenwart von Säure zu einem Angriff des Cyanid-Ions am β-Kohlenstoffatom führen. Obwohl das Endprodukt der Reaktion den Anschein einer 1,2-Addition an die C–C-Doppelbindung erweckt, verläuft sie tatsächlich über eine 1,4-Addition mit anfänglicher Protonierung des Carbonyl-Sauerstoffatoms, gefolgt von einem β-Angriff und schließlich einer Keto-Enol-Tautomerisierung.

Mechanismus der Addition von Cyanwasserstoff an eine α,β-ungesättigte Carbonylverbindung:

Schritt 1: Protonierung

$$C_6H_5\overset{:O:}{\overset{\|}{C}}CH{=}CH_2 \xrightleftharpoons{H^+} \left[C_6H_5\overset{H\ddot{O}^+}{\overset{\|}{C}}-CH{=}CH_2 \longleftrightarrow C_6H_5\overset{H\ddot{O}:}{\overset{|}{\overset{+}{C}}}-CH{=}CH_2 \longleftrightarrow C_6H_5\overset{H\ddot{O}:}{\overset{|}{C}}{=}CH-\overset{+}{C}H_2\right]$$

Schritt 2: Cyanid-Angriff

$$C_6H_5\overset{H\ddot{O}^+}{\overset{\|}{C}}-CH{=}CH_2 + {}^-:C{\equiv}N: \rightleftharpoons C_6H_5\overset{H\ddot{O}:}{\overset{|}{C}}{=}CH-CH_2CN$$

Schritt 3: Keto-Enol-Tautomerisierung

$$C_6H_5\overset{H\ddot{O}:}{\overset{|}{C}}{=}CHCH_2CN \rightleftharpoons C_6H_5\overset{:O:}{\overset{\|}{C}}\underset{H}{\underset{|}{C}}HCH_2CN$$

Konjugierte Addition von Sauerstoff- und Stickstoff-Nucleophilen

Wasser, Alkohole und Amine können 1,4-Additionen eingehen. Obwohl diese Reaktionen durch Säuren oder Basen katalysiert werden können, werden die Produkte in Gegenwart von Basen schneller und in höherer Ausbeute gebildet.

$$CH_2{=}CHCCH_3 \text{ (C=O)} \xrightleftharpoons{HOH,\ Ca(OH)_2,\ -5°C} HOCH_2CH(H)CCH_3 \text{ (C=O)}$$

3-Buten-2-on → **4-Hydroxy-2-butanon**

$$CH_3CH{=}CHCH \text{ (C=O)} \xrightleftharpoons{CH_3OH,\ CH_3O^-K^+} CH_3CH(OCH_3)CH(H)CH \text{ (C=O)}$$

50%

2-Butenal → **3-Methoxybutanal**

$$(H_3C)_2C{=}CHCCH_3 \text{ (C=O)} \xrightleftharpoons{CH_3NH_2,\ H_2O} (CH_3)_2C(NHCH_3)CH(H)CCH_3 \text{ (C=O)}$$

75%

4-Methyl-3-penten-2-on → **4-Methyl-4-(methylamino)-2-pentanon**

Man beachte, daß die Hydratisierung einer α,β-ungesättigten Carbonylverbindung die Umkehrung des zweiten Schrittes der Aldolkondensation ist. In der Tat wird die 1,4-Addition bei höheren Temperaturen reversibel, und es können auch andere Produkte gebildet werden – beispielsweise aus Aldol- oder Amin-Kondensationsreaktionen (Abschn. 16.4).

Der Mechanismus der basenkatalysierten Addition an konjugierte Aldehyde und Ketone besteht in einem direkten nucleophilen Angriff am β-Kohlenstoffatom unter Bildung des Enolat-Ions, welches anschließend protoniert wird.

Mechanismus der basenkatalysierten Hydratisierung α,β-ungesättigter Aldehyde und Ketone

$$HO{:}^- + \;>C{=}C{-}C({=}O{:})< \;\rightleftharpoons\; HO{-}C{-}C{=}C{-}O{:}^- \;\xrightleftharpoons{HOH}\; HO{-}C{-}CH{-}C({=}O{:}){-} + {}^-{:}OH$$

Übung 16-14

Die Behandlung von 3-Chlor-2-cyclohexenon mit Natriummethoxid in Methanol ergab 3-Methoxy-2-cyclohexenon. Beschreiben Sie den Mechanismus dieser Reaktion.

Übung 16-15
Schlagen Sie einen Mechanismus für die folgende Reaktion vor:

$$CH_2{=}CHCCH_3 \text{ (C=O) } + NH_2NH_2 \xrightarrow{HCl,\ H_2O} \text{3-Methyl-2-pyrazolin} + H_2O$$

Metallorganische Reagenzien führen zu 1,2- oder 1,4-Addukten

Metallorganische Reagenzien können an α,β-ungesättigte Carbonylfunktionen zu 1,2- oder 1,4-Addukten reagieren. Organolithium-Verbindungen reagieren zum Beispiel bevorzugt unter direktem nucleophilem Angriff an das Carbonyl-Kohlenstoffatom.

$$(H_3C)_2C{=}CHCCH_3 \text{ (C=O) } \xrightarrow[2.\ H^+,\ H_2O]{1.\ CH_3Li,\ (CH_3CH_2)_2O} (H_3C)_2C{=}CHC(OH)(CH_3)CH_3 \quad 81\%$$

4-Methyl-3-penten-2-on → **2,4-Dimethyl-3-penten-2-ol**

Andererseits ergeben Cuprate nur die Produkte von konjugierten Additionen.

$$CH_3(CH_2)_5CH{=}C(CH_3)CH{=}O \xrightarrow[2.\ H^+,\ H_2O]{1.\ (CH_3)_2CuLi,\ THF,\ -78^\circ C,\ 4\ h} CH_3(CH_2)_5CH(CH_3)CH(CH_3)CH{=}O \quad 40\%$$

2-Methyl-2-nonenal → **2,3-Dimethylnonanal**

$$\text{2-Cyclohexenon} \xrightarrow[2.\ H^+,\ H_2O]{1.\ (CH_2{=}CH)_2CuLi,\ THF,\ -78^\circ C} \text{3-}(CH{=}CH_2)\text{cyclohexanon} \quad 65\%$$

2-Cyclohexenon → **3-Ethenylcyclohexanon (3-Vinylcyclohexanon)**

Man geht davon aus, daß die Kupfer-mediierten 1,4-Additionen durch schnelle und komplexe Elektronenübertragungsmechanismen ablaufen, wobei Radikale und möglicherweise andere Organokupfer-Spezies als Intermediate durchlaufen werden. Das erste isolierbare Zwischenprodukt ist ein Enolat-Ion, welches mit Alkylierungsreagenzien abgefangen werden kann, wie es in Abschnitt 16.1 gezeigt wurde. Die konjugierte Addition gefolgt von einer Alkylierung stellt eine nützliche Sequenz zur α,β-Dialkylierung ungesättigter Aldehyde und Ketone dar.

α,β-Dialkylierung ungesättigter Carbonylverbindungen

$$\mathrm{>C{=}C{<}C(=O){-}} \xrightarrow[2.\ R'X]{1.\ R_2CuLi} \mathrm{{-}C(R){-}C(R'){-}C(=O){-}}$$

Beispiel:

Cyclohexenon → 1. $(CH_3CH_2CH_2CH_2)_2CuLi$, THF; 2. CH_3I → trans- + cis-3-Butyl-2-methylcyclohexanon (CH_3, $CH_2CH_2CH_2CH_3$)

84%, 4:1

***trans-* und *cis*-3-Butyl-2-methylcyclohexanon**

Kasten 16-2

α,β-Dialkylierungen in der Naturstoffsynthese

Die α,β-Dialkylierung wurde bei der Totalsynthese von **Prostaglandinen**, einer physiologisch extrem aktiven Substanzklasse, ausgenutzt (s. Abschn. 17.12). Die Prostaglandine scheinen eine bemerkenswerte Vielfalt physiologischer Funktionen zu steuern, darunter die der Drüsen und Nerven, die Fortpflanzung, Verdauung, Atmung, die Aggregation der Blutplättchen, sowie die Funktionen des Herz-, Kreislauf und Nierensystems. Wegen dieser Eigenschaften stellen sie potentielle Pharmaka zur Behandlung von erhöhtem Blutdruck, Asthma, Fieber, Entzündungen und Geschwüren dar. Eines der kommerziell erhältlichen Prostaglandine löst bei schwangeren Frauen Wehen aus. Andere finden ihre Anwendung in der Tierzucht, um die Brunstzeit von Tieren zu kontrollieren.

Eine Synthese des Prostaglandins $PGF_{2\alpha}$, die von Stork* entwickelt wurde, schließt zwei konjugierte Additionen sowie eine Aldolreaktion ein.

Eine Prostaglandin-Synthese

(R, R′, R″ sind Schutzgruppen; C_5H_{11} = pentyl)

RO-Cyclopentenon + LiCu(–CH=CH–CH(OR′)–C_5H_{11})$_2$ → $(CH_3CH_2)_2O$, −78°C, 1,4-Addition → Enolat (O^-Li^+, RO, C_5H_{11}, OR′) → 1. $CH_2{=}O$, −50°C; 2. H^+, H_2O; Aldol-Kondensation → $=CH_2$-Keton (RO, C_5H_{11}, OR′) → 1. $[R''O(CH_2)_4$–CH=CH–$]_2CuLi$; 2. H^+, H_2O; 1,4-Addition → Keton mit CH_2–CH=CH–$(CH_2)_4OR''$, RO, C_5H_{11}, OR′ → → $PGF_{2\alpha}$ (OH, CH_2–CH=CH–$(CH_2)_3CO_2H$, HO, C_5H_{11}, OH)

$PGF_{2\alpha}$

---

* Professor Gilbert Stork, geb. 1921, Columbia University.

Übung 16-16

Wie könnte man die folgenden Verbindungen aus 3-Methyl-2-cyclohexenon darstellen? Hinweis: Arbeiten Sie rückwärts; der letzte Schritt in Aufgabe b ist eine intramolekulare Aldolkondensation.

(a) 2,3,3-Trimethylcyclohexanon (O; CH_3; CH_3; CH_3)

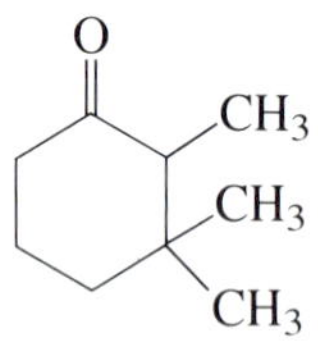

(b) bicyclisches Enon (O; CH_3)

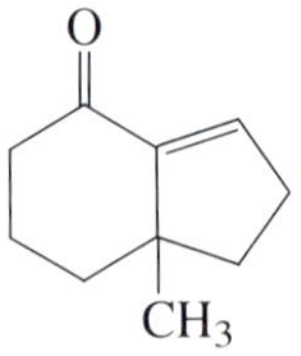

Enolat-Ionen gehen konjugierte Additionen ein: Die Michael-Reaktion und die Robinson-Annelierung

Wie andere Nucleophile können auch Enolat-Ionen konjugierte Additionen an α,β-ungesättigte Aldehyde und Ketone eingehen; diese Reaktion heißt **Michael-Reaktion***. Diese Reaktion funktioniert am besten mit Enolaten aus β-Dicarbonylverbindungen (Abschn. 22.3), geht aber auch mit einfacheren Systemen.

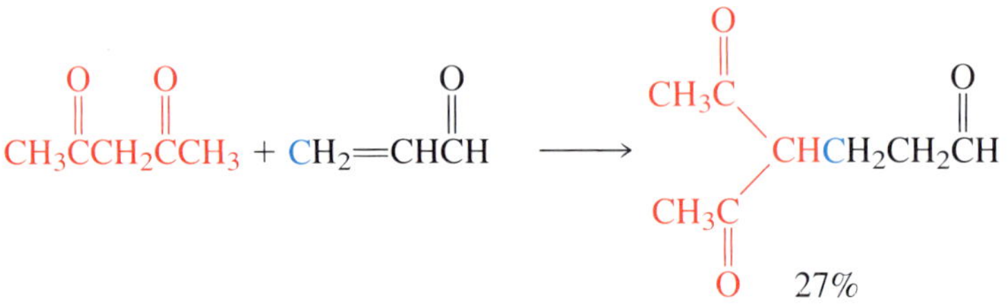

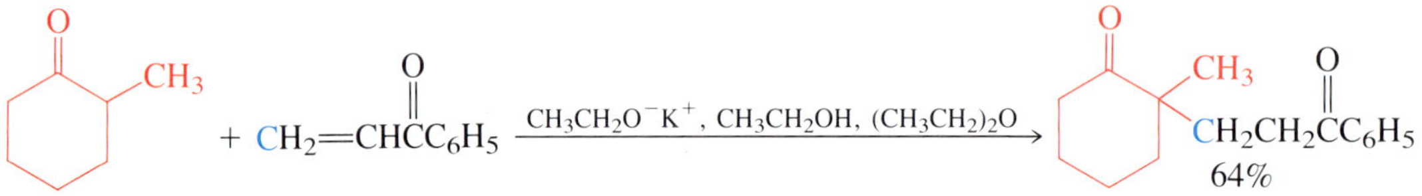

$$CH_3\overset{O}{\overset{\|}{C}}CH_2\overset{O}{\overset{\|}{C}}CH_3 + CH_2{=}CH\overset{O}{\overset{\|}{C}}H \longrightarrow (CH_3\overset{O}{\overset{\|}{C}})_2CHCH_2CH_2\overset{O}{\overset{\|}{C}}H \quad 27\%$$

$$\text{2-Methylcyclohexanon} + CH_2{=}CH\overset{O}{\overset{\|}{C}}C_6H_5 \xrightarrow{CH_3CH_2O^-K^+,\ CH_3CH_2OH,\ (CH_3CH_2)_2O} \text{2-Methyl-2-}(CH_2CH_2\overset{O}{\overset{\|}{C}}C_6H_5)\text{-cyclohexanon} \quad 64\%$$

Der Mechanismus der Michael-Reaktion besteht aus einem nucleophilen Angriff des Enolat-Ions auf das β-Kohlenstoffatom der ungesättigten Carbonylverbindung (den „Michael-Akzeptor"), gefolgt von einer Protonierung.

Mechanismus der Michael-Reaktion:

$$^-:\ddot{O}:-C{=}C< + >C{=}C-C{=}\ddot{O}: \longrightarrow :\ddot{O}{=}C-C-C-C{=}C-\ddot{O}:^- \xrightarrow[-\ HO^-]{HOH} :\ddot{O}{=}C-C-C-\underset{H}{C}-C{=}\ddot{O}:$$

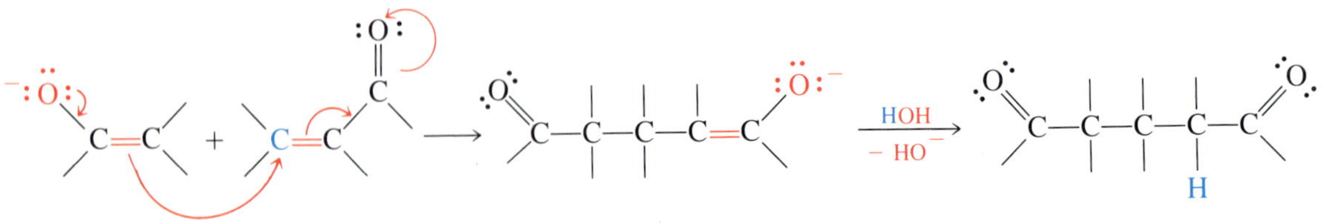

Wie der Mechanismus zeigt, funktioniert die Reaktion aufgrund des nucleophilen Potentials des β-Kohlenstoffatoms eines Enolates und des elektrophilen Potentials des β-Kohlenstoffatoms einer α,β-ungesättigten Carbonylverbindung.

* Professor Arthur Michael, 1853–1942, Harvard University.

Bei manchen Michael-Akzeptoren, wie 3-Buten-2-on, können die Produkte der anfänglichen Addition eine weitere intramolekulare Aldolkondensation eingehen, wodurch ein neuer Ring gebildet wird.

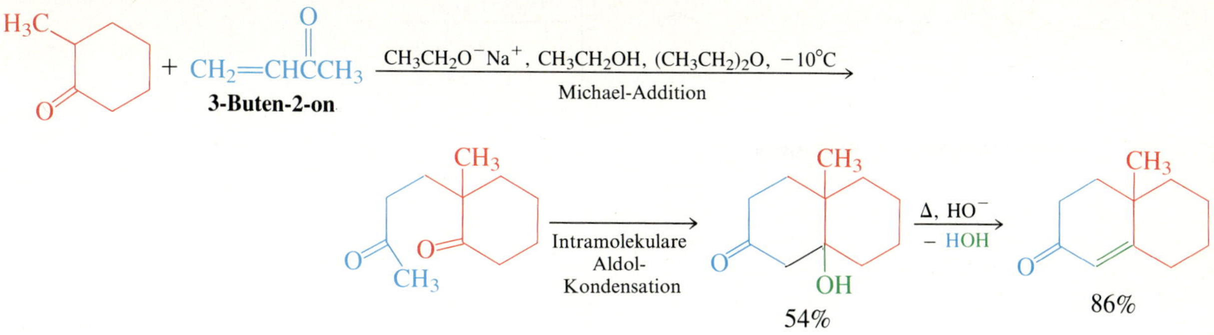

H_3C ... + $CH_2{=}CHCCH_3$ (C=O)
3-Buten-2-on

$CH_3CH_2O^-Na^+$, CH_3CH_2OH, $(CH_3CH_2)_2O$, $-10°C$
Michael-Addition

CH_3 ... CH_3 → Intramolekulare Aldol-Kondensation → CH_3, OH, 54% → Δ, HO^-, − HOH → CH_3, 86%

Die Folge aus Michael-Addition und intramolekularer Aldolkondensation wird auch Robinson-Annelierung* genannt.

Robinson-Annelierung

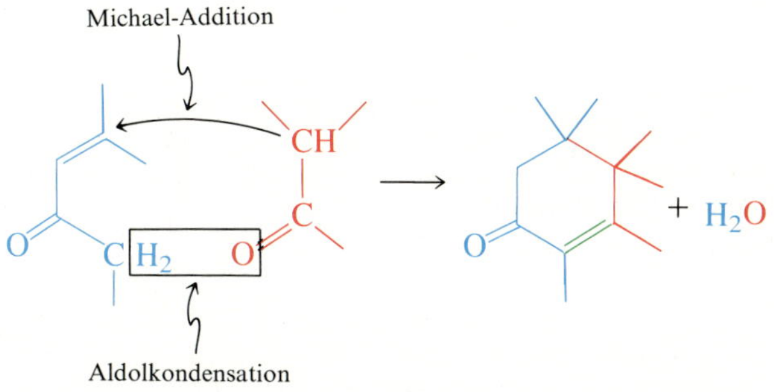

Michael-Addition

CH, C, O, CH_2, O → + H_2O

Aldolkondensation

Die Robinson-Annelierung hat bei der Synthese polycyclischer Ringsysteme wie Steroidsynthesen vielfältige Anwendung gefunden.

Steroidsynthese durch Robinson-Annelierung

OCH_3 → $CH_3O^-Na^+$, CH_3OH → OCH_3, $Na^+\ {}^-O$ → $CH_3CH_2CCH{=}CH_2$ (C=O) →

OCH_3, O, H_3C, O → $-H_2O$ → OCH_3, H_3C, O → Base ⇌

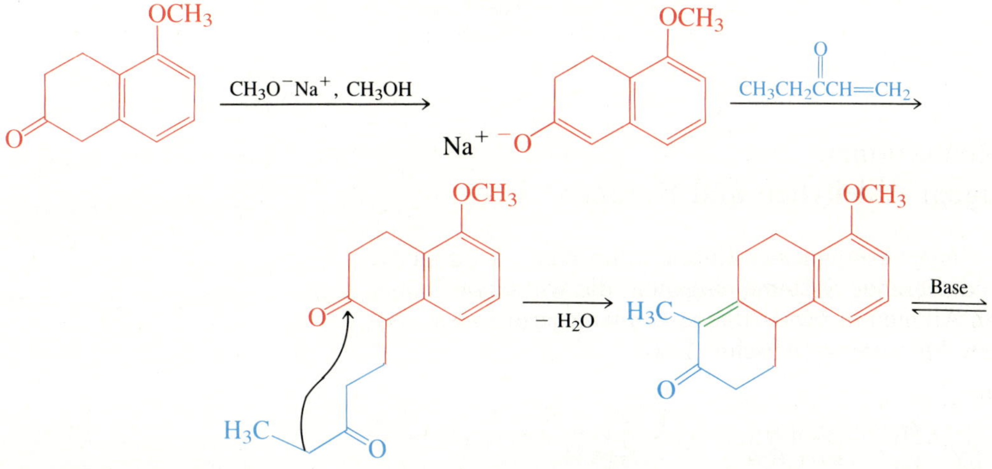

* Sir Robert Robinson, 1886–1975, Oxford University, Nobelpreis 1947.

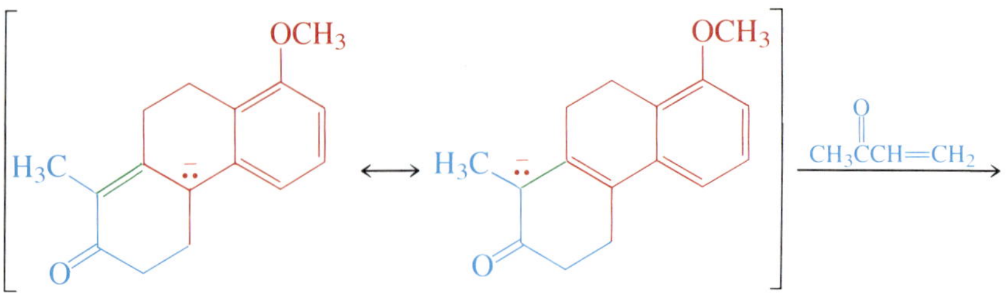

resonanzstabilisiertes Allyl-Anion

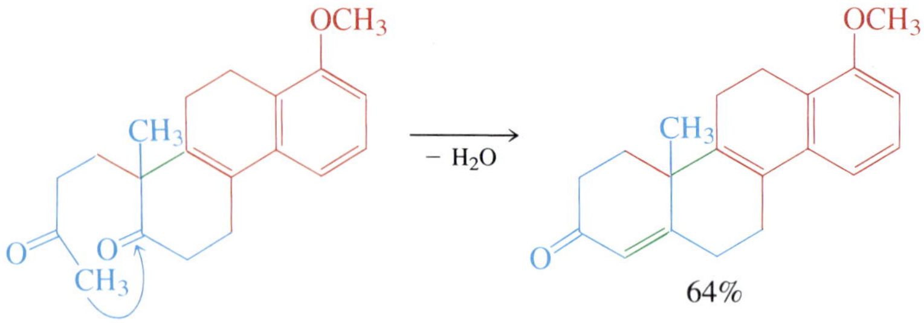

64%

Übung 16-17
Auch Enamine können Michael-Reaktionen eingehen. Erklären Sie die folgende Umwandlung mechanistisch:

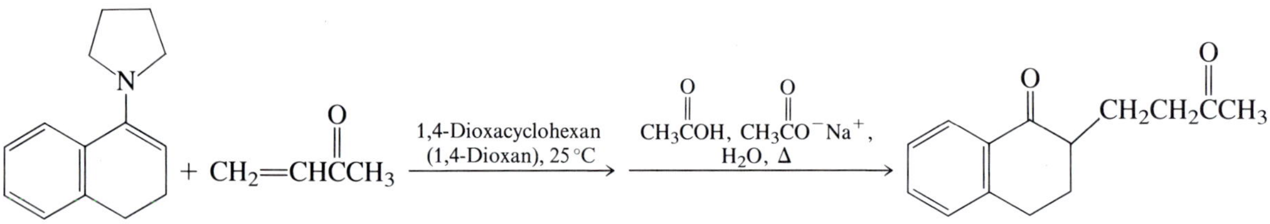

$+ CH_2{=}CHCCH_3$ (O) $\xrightarrow[\text{(1,4-Dioxan), 25 °C}]{\text{1,4-Dioxacyclohexan}}$ $\xrightarrow[H_2O,\ \Delta]{CH_3COOH,\ CH_3COO^-Na^+}$ $CH_2CH_2CCH_3$ (O)

Übung 16-18
Schlagen Sie Synthesen der folgenden Verbindungen durch Michael- oder Robinson-Reaktionen vor:

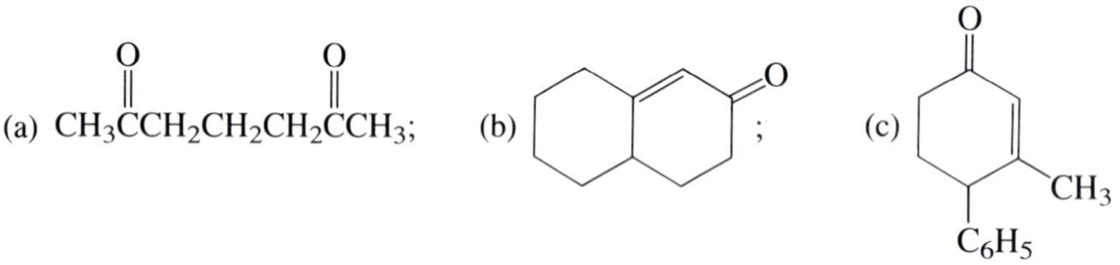

(a) $CH_3CCH_2CH_2CH_2CCH_3$ (mit zwei C=O); (b); (c) CH_3, C_6H_5

Ein-Elektronen-Reduktionen von α,β-ungesättigten Aldehyden und Ketonen

Die Doppelbindung einiger konjugierter Enone kann eine „konjugierte Reduktion" durch reduzierende Systeme eingehen, die wir schon früher zur Umwandlung von Alkinen in *trans*-Alkene kennengelernt haben: Alkalimetall in flüssigem Ammoniak (Abschn. 13.6).

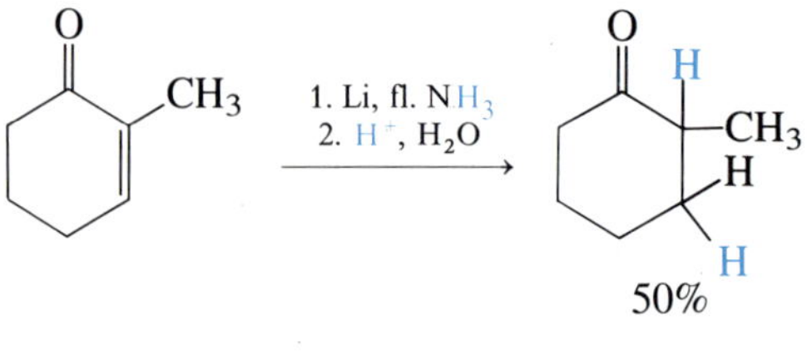

$\xrightarrow[2.\ H^+,\ H_2O]{1.\ Li,\ fl.\ NH_3}$

50%

Die Mechanismen dieser Reduktionen sind ähnlich und schließen zwei Ein-Elektronen-Übertragungen und zwei Protonierungen ein. Bei der Reduktion von Enonen ergibt die erste Elektronenübertragung ein resonanzstabilisiertes Enolatradikal-Ion, welches hinreichend basisch ist, um vom Lösungsmittel Ammoniak zum entsprechenden Radikal protoniert zu werden. Weitere Reduktion ergibt das Enolat-Ion, welches bei der wäßrigen Aufarbeitung protoniert wird. Man beachte, daß im Unterschied zur Pinakol-Reaktion (Abschn. 15.8) bei dieser Reduktion keine Kupplung stattfindet.

Mechanimus der Reduktion von konjugierten Enonen und Enalen mit Alkalimetall in Ammoniak:

(Anmerkung: Die Stereochemie um die Doppelbindungen ist nicht angegeben.)

Schritt 1: Erste Ein-Elektronen-Übertragung

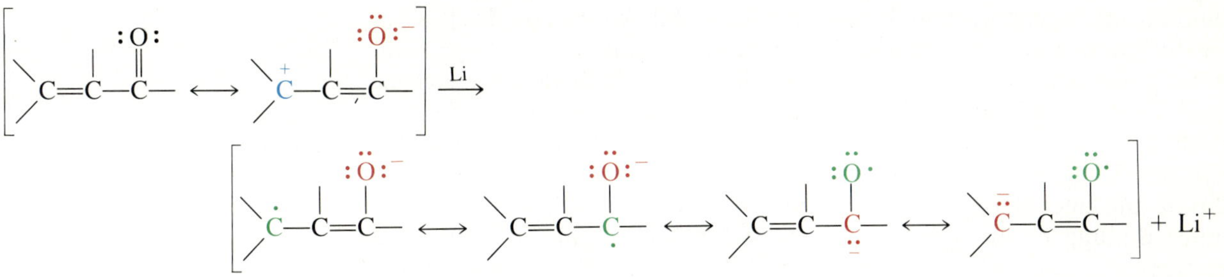

Schritt 2: Protonierung

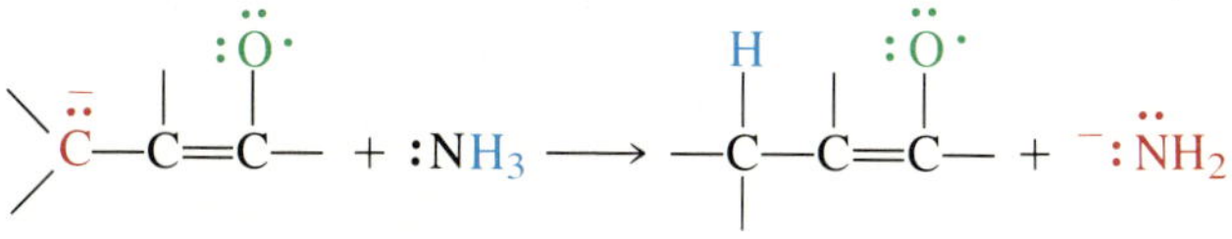

Schritt 3: Zweite Ein-Elektronen-Übertragung

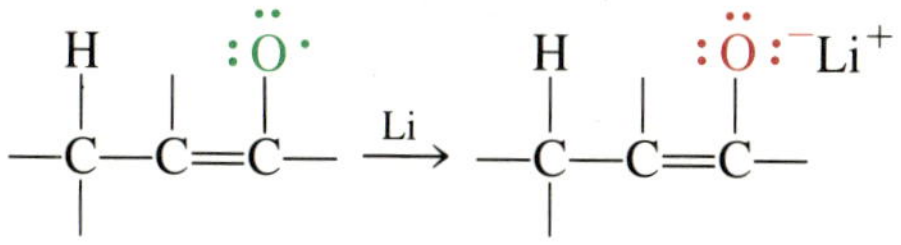

Schritte 4 und 5: Protonierung und Keto-Enol-Tautomerisierung durch wäßrige Aufarbeitung

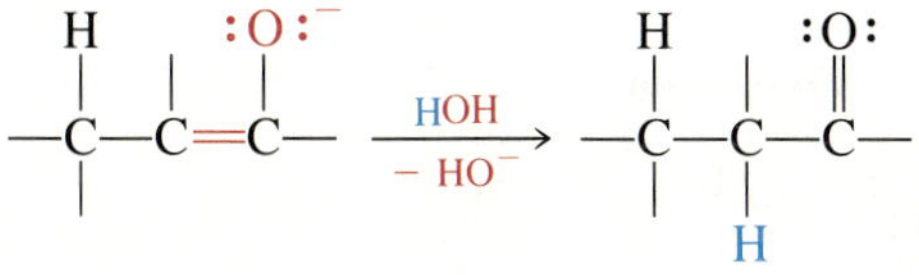

Diese Methode erlaubt die selektive Reduktion der konjugierten Doppelbindung in Gegenwart von nicht-konjugierten Doppelbindungen.

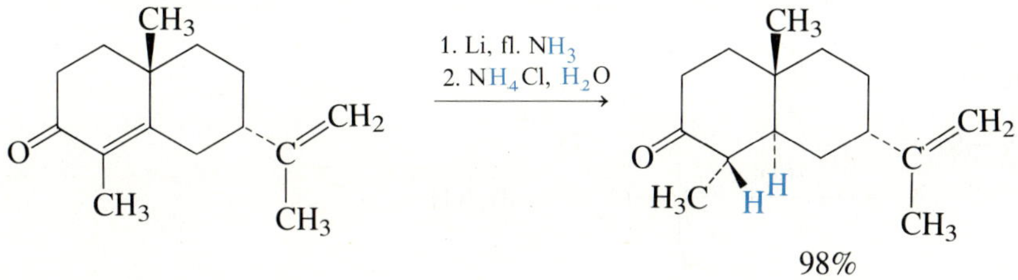

Eine andere nützliche Eigenschaft dieser Reaktion ist die anfängliche Bildung eines Enolat-Ions. Eine Alternative zur wäßrigen Aufarbeitung besteht in der Behandlung mit alkylierenden Reagenzien.

$$\text{2-Methyl-2-cyclohexenon} \xrightarrow{\text{Li, fl. } NH_3} \text{Enolat } (O^- Li^+) \xrightarrow[-\ LiI]{CH_3I} \text{2,2-Dimethylcyclohexanon } (40\%)$$

2-Methyl-2-cyclohexenon — **2,2-Dimethylcyclohexanon**

Man kann zusammenfassen: Wegen ihrer Fähigkeit zu 1,4-Additionen sind α,β-ungesättigte Aldehyde und Ketone nützliche Bausteine in der organischen Synthese. Cyanwasserstoff addiert zu β-Cyanocarbonylverbindungen; Sauerstoff- und Stickstoff-Nucleophile können an das β-Kohlenstoffatom addieren; nach wäßriger Aufarbeitung liefern Organocuprate β-alkylierte Derivate, oder α,β-dialkylierte Aldehyde oder Ketone nach Reaktion mit einem Halogenalkan. Die Michael-Reaktion führt zu einer konjugierten Addition eines Enolat-Ions unter Bildung von Dicarbonylverbindungen. Die Robinson-Annelierung kombiniert die Michael-Addition mit einer darauf folgenden intramolekularen Aldolkondensation unter Bildung neuer cyclischer Enone. Schließlich kann die Reduktion konjugierter Aldehyde und Ketone als 1,2- oder 1,4-Reaktion erfolgen, wobei mit Lithium in flüssigem Ammoniak über Ein-Elektronen-Übertragungen ein Enolat-Ion entsteht, das bei der wäßrigen Aufarbeitung protoniert wird.

Zusammenfassung neuer Reaktionen

Synthesen und Reaktionen von Enolaten und Enolen

1 Enolat-Ionen

$$RCH_2\overset{O}{\overset{\|}{C}}R' \xrightarrow[\text{oder eine andere starke Base, } -78\,^\circ C]{\text{LDA oder KH oder } (CH_3)_3CO^-K^+} RCH{=}C(O^-)R'$$

Enolat-Ion

2 Alkylierung von Enolaten

$$RCH{=}C(O^-)R' \xrightarrow[-\ X^-]{R''X} RCH(R'')\overset{O}{\overset{\|}{C}}R'$$

3 Alkylierung von Enaminen

$$>C{=}C(NR_2)< \xrightarrow{R'X} -C(R')-C({=}\overset{+}{N}R_2)<\ X^- \xrightarrow{H^+,\ H_2O} -C(R')-C({=}O)< + R_2NH$$

4 Keto-Enol-Gleichgewichte

$$\mathrm{RCH_2\overset{\overset{\displaystyle O}{\|}}{C}R'} \xrightleftharpoons{\text{kat. } H^+ \text{ oder } HO^-} \mathrm{RCH{=}C(OH)R'}$$

5 Wasserstoff-Deuterium-Austausch

$$\mathrm{RCH_2\overset{\overset{\displaystyle O}{\|}}{C}R'} \xrightarrow{D_2O,\ DO^- \text{ oder } D^+} \mathrm{RCD_2\overset{\overset{\displaystyle O}{\|}}{C}R'}$$

6 Stereoisomerisierung

$$\mathrm{(R)(H)(R')C{-}\overset{\overset{\displaystyle O}{\|}}{C}R''} \xrightleftharpoons{H^+ \text{ oder } HO^-} \mathrm{(R)(R')(H)C{-}\overset{\overset{\displaystyle O}{\|}}{C}R''}$$

7 Halogenierung

$$\mathrm{RCH_2\overset{\overset{\displaystyle O}{\|}}{C}R'} \xrightarrow[-\ HX]{X_2,\ H^+} \mathrm{RCH(X)\overset{\overset{\displaystyle O}{\|}}{C}R'}$$

Haloform-Reaktion:

$$\mathrm{R\overset{\overset{\displaystyle O}{\|}}{C}CH_3} \xrightarrow{X_2,\ HO^-} \mathrm{R\overset{\overset{\displaystyle O}{\|}}{C}CX_3} \xrightarrow{HO^-} \mathrm{R\overset{\overset{\displaystyle O}{\|}}{C}O^-} + \mathrm{CHX_3}$$

8 Aldolkondensationen

$$2\ \mathrm{RCH_2\overset{\overset{\displaystyle O}{\|}}{C}H} \xrightleftharpoons{HO^-} \underset{\textbf{Aldol-Addukt}}{\mathrm{RCH_2C(OH)(H){-}CH(R)\overset{\overset{\displaystyle O}{\|}}{C}H}} \xrightleftharpoons{HO^-,\ \Delta} \underset{\textbf{Kondensationsprodukt}}{\mathrm{RCH_2CH{=}C(CHO)R}} + \mathrm{H_2O}$$

Gekreuzte Aldolreaktion (ein Aldehyd ist nicht enolisierbar):

$$\mathrm{R\overset{\overset{\displaystyle O}{\|}}{C}H} + \mathrm{R'CH_2\overset{\overset{\displaystyle O}{\|}}{C}H} \xrightarrow[-\ H_2O]{HO^-,\ \Delta} \mathrm{RCH{=}C(R')(CHO)}$$

Ketone:

$$\mathrm{R\overset{\overset{\displaystyle O}{\|}}{C}CH_2R'} \xrightleftharpoons{HO^-} \mathrm{RC(OH)(CH_2R'){-}CH(R'){-}\overset{\overset{\displaystyle O}{\|}}{C}R} \xrightarrow[\text{zieht das Gleichgewicht}]{-\ H_2O} \mathrm{RC(CH_2R'){=}C(R'){-}\overset{\overset{\displaystyle O}{\|}}{C}R}$$

Retro-Aldolkondensation:

$$>C{=}C(-C(=O)-) \underset{HO^-,\ H_2O}{\rightleftharpoons} -\underset{HO}{C}-\underset{H}{C}-C(=O)- \underset{HO^-,\ H_2O}{\rightleftharpoons} >C{=}O + H-\underset{H}{C}-C(=O)-$$

Intramolekulare Aldolkondensation:

$$\text{cyclo-}[(CH_2)_n\text{–C(=O)–CH}_2R \;\cdots\; \text{C(=O)R}'] \xrightarrow[-\ H_2O]{HO^-} \text{cyclo-}[(CH_2)_n\text{–C(=O)–C(R)=C(R}')\text{–}]$$

Weniger gespannte Ringe werden bevorzugt.

9 Synthese α,β-ungesättigter Aldehyde und Ketone

Aldolkondensation: Siehe vorstehende Reaktionen.

Bromierung-Dehydrobromierung von Aldehyden und Ketonen:

$$RCH_2CH_2\overset{O}{\overset{\|}{C}}R' \xrightarrow[2.\ Base]{1.\ X_2,\ H^+} RCH{=}CH\overset{O}{\overset{\|}{C}}R'$$

Wittig-Reaktion mit stabilisierten Yliden:

$$R\overset{O}{\overset{\|}{C}}H + (C_6H_5)_3P{=}CH\overset{O}{\overset{\|}{C}}R' \longrightarrow \underset{H}{\overset{R}{>}}C{=}CH\overset{O}{\overset{\|}{C}}R' + (C_6H_5)_3P{=}O$$

Oxidation von Allylalkoholen:

$$>C{=}C(-C(OH)(H)-) \xrightarrow{MnO_2} >C{=}C(-C(=O)-)$$

Isomerisierung β,γ-ungesättigter Aldehyde und Ketone zu konjugierten Carbonylverbindungen:

$$RCH{=}CHCH_2\overset{O}{\overset{\|}{C}}H \xrightarrow{H^+\ oder\ HO^-} RCH_2CH{=}CH\overset{O}{\overset{\|}{C}}H$$

Reaktionen α,β-ungesättigter Aldehyde und Ketone:

10 Reduktionen

Hydrierung

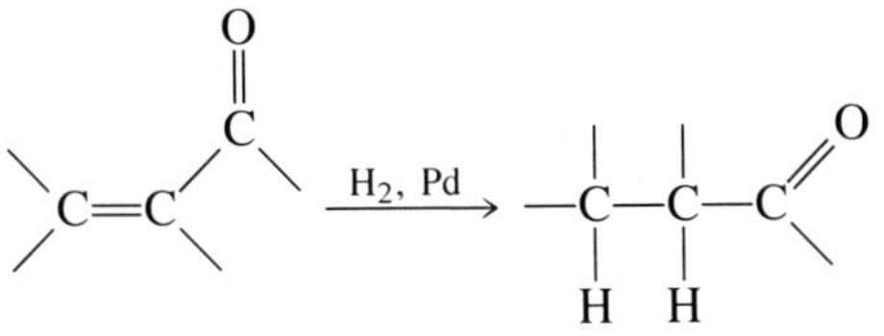

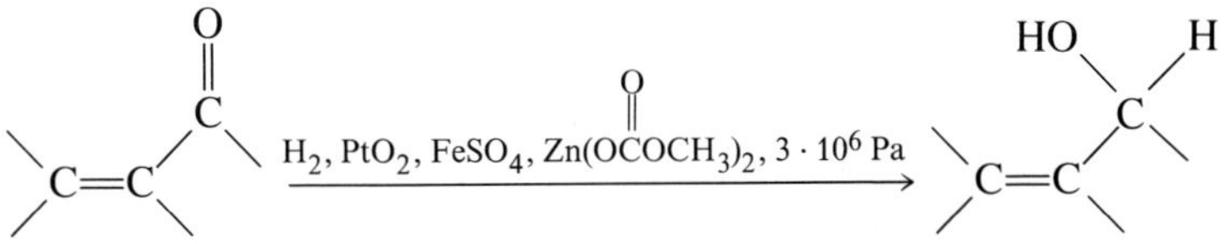

$$>C{=}C<\!C(=O)- \xrightarrow{H_2,\ Pd} -\underset{H}{C}-\underset{H}{C}-C(=O)-$$

$$>C{=}C<\!C(=O)- \xrightarrow{H_2,\ PtO_2,\ FeSO_4,\ Zn(OCOCH_3)_2,\ 3 \cdot 10^6\ Pa} >C{=}C<\!C(OH)(H)-$$

Reduktion durch Ein-Elektronen-Übertragung

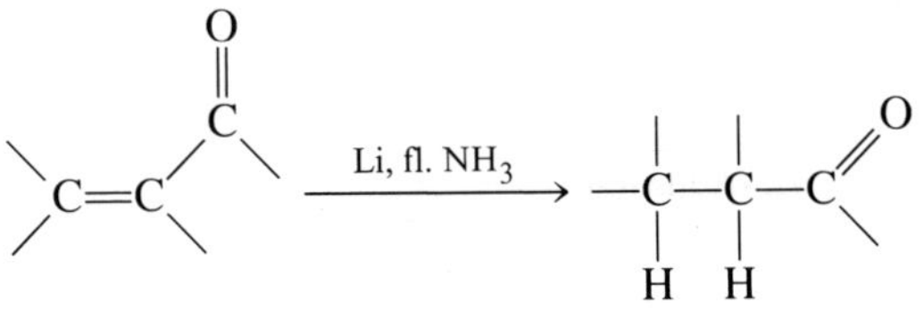

$$>C{=}C<\!C(=O)- \xrightarrow{Li,\ fl.\ NH_3} -\underset{H}{C}-\underset{H}{C}-C(=O)-$$

11 Halogenaddition

$$>C{=}C<\!C(=O)- \xrightarrow{X_2} -\underset{X}{C}-\underset{X}{C}-C(=O)-$$

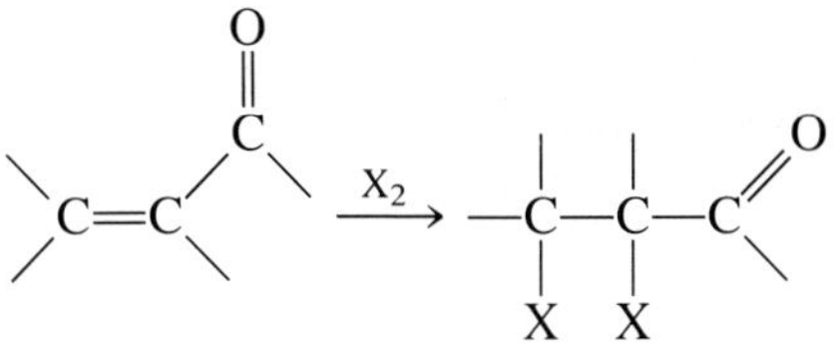

12 Kondensation mit Amin-Derivaten

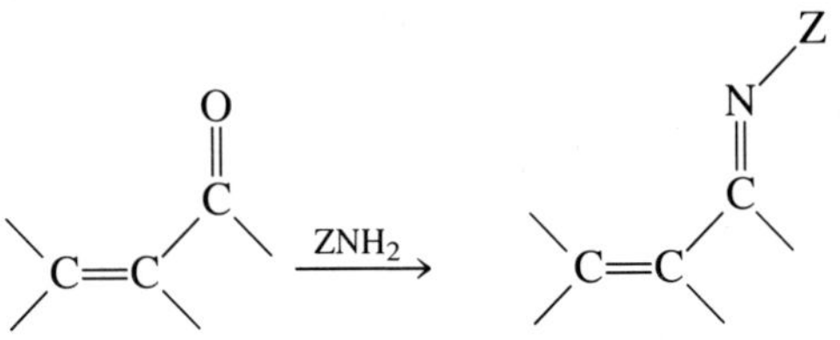

$$>C{=}C<\!C(=O)- \xrightarrow{ZNH_2} >C{=}C<\!C(=N{-}Z)-$$

Z = OH, NH_2, RNH, R, etc.

Konjugierte Additionen an α,β-ungesättigte Aldehyde und Ketone

13 Cyanwasserstoff-Addition

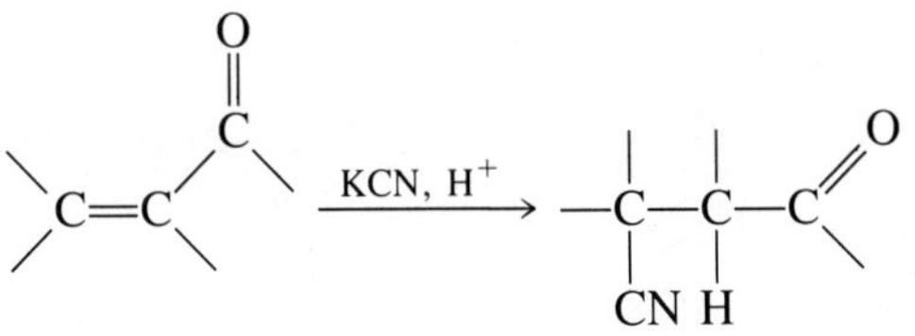

$$>C{=}C<\!C(=O)- \xrightarrow{KCN,\ H^+} -\underset{CN}{C}-\underset{H}{C}-C(=O)-$$

14 Wasser, Alkohole und Amine

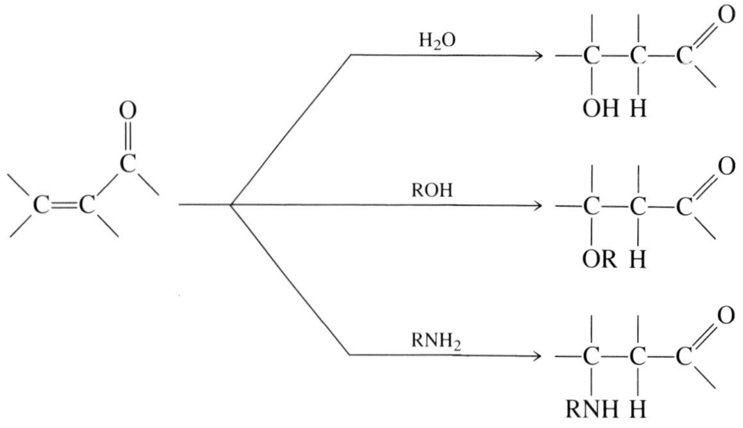

15 Metallorganische Reagenzien

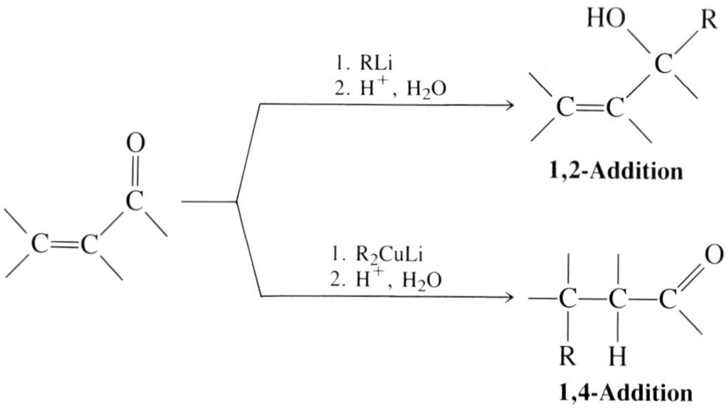

Cuprat-Addition gefolgt von Alkylierungen des Enolates:

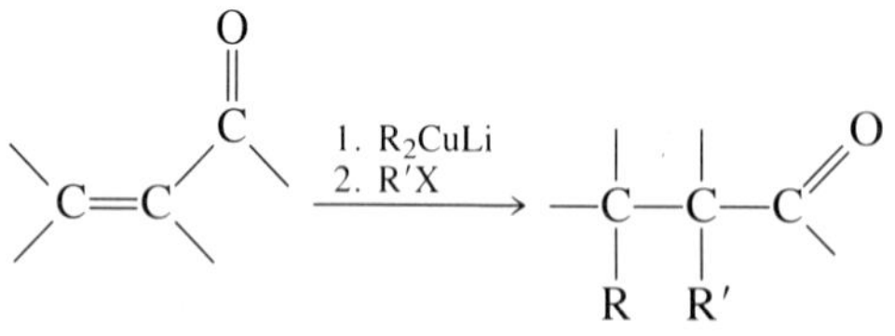

16 Michael-Reaktion

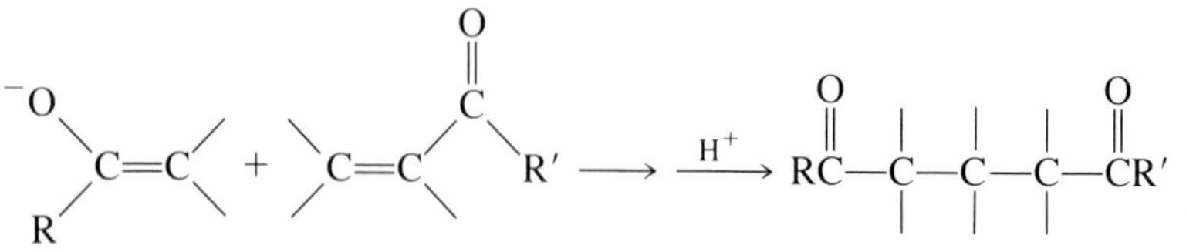

17 Robinson-Annelierung

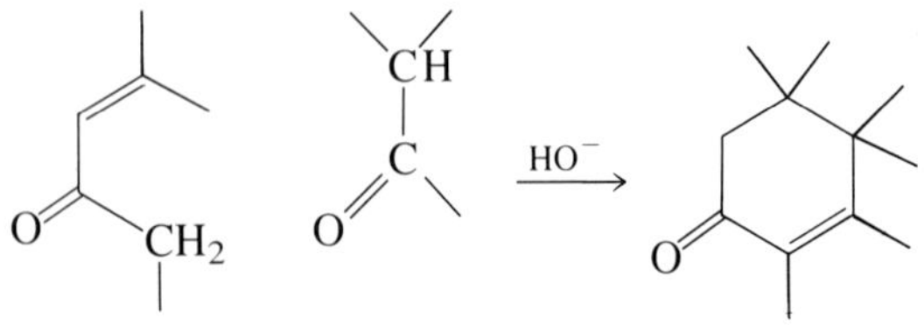

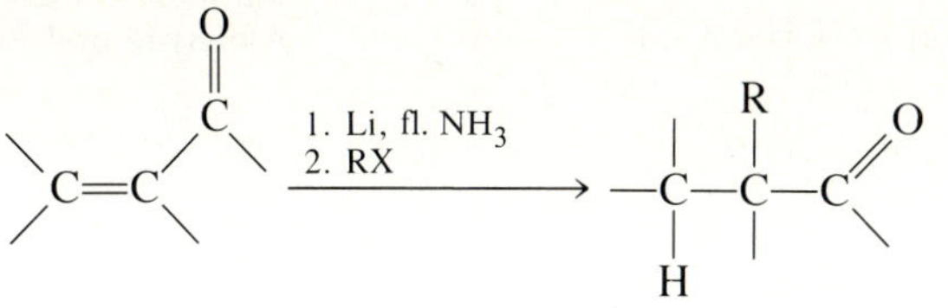

$$\mathrm{>C{=}C<\!\!-C(=O)-} \xrightarrow[\text{2. RX}]{\text{1. Li, fl. } NH_3} \mathrm{-CH-CR-C(=O)-}$$

Zusammenfassung

1 Die der Carbonylgruppe benachbarten Wasserstoffatome sind wegen der elektronenziehenden Eigenschaft der Carbonylgruppe sauer, und weil die gebildeten Enolat-Ionen resonanzstabilisiert sind.

2 Ein elektrophiler Angriff auf Enolate kann sowohl am α-Kohlenstoffatom als auch am Sauerstoffatom erfolgen. Halogenalkane bevorzugen in der Regel die erste Möglichkeit.

3 Enamine sind neutrale Analoga der Enolate. Sie können zu Iminium-Kationen β-alkyliert werden. Diese hydrolysieren bei wäßriger Aufarbeitung zu Aldehyden oder Ketonen.

4 Aldehyde und Ketone stehen mit ihren Enolformen im Gleichgewicht. Die Umwandlung wird durch Säuren oder Basen katalysiert. Dadurch besteht die Möglichkeit einer einfachen α-Deuterierung und die der stereochemischen Äquilibrierung.

5 Die α-Halogenierung von Carbonylverbindungen kann säure- oder basenkatalysiert sein. Bei der Säurekatalyse wird das Enol durch Angriff auf die Doppelbindung halogeniert; eine weitere Enolisierung wird durch das schon vorhandene Halogenatom stark verlangsamt. Bei der Basenkatalyse wird das Enolat am Kohlenstoffatom angegriffen, und die erneute Enolatbildung wird durch die schon eingebauten Halogenatome beschleunigt.

6 Enolate sind Nucleophile und greifen in der Aldolreaktion die Carbonyl-Kohlenstoffatome von Aldehyden und Ketonen reversibel an. In der Michael-Addition wird das β-Kohlenstoffatom α,β-ungesättigter Carbonylverbindungen angegriffen.

7 Carbonyl-Ylide sind resonanzstabilisiert.

8 α,β-Ungesättigte Aldehyde und Ketone zeigen die normale Chemie der jeweiligen Doppelbindung (C=C oder C=O). Das konjugierte System kann auch als Ganzes reagieren, wie säure- und basenkatalysierte 1,4-Additionen zeigen (konjugierte Addition). Cuprate alkylieren die β-Position, wahrscheinlich durch einen Elektronenübertragungsmechanismus. Auf eine β-Protonierung bei Reduktionen in flüssigem Ammoniak kann eine α-Alkylierung des gebildeten Enolat-Ions folgen.

Aufgaben

1 Zeichnen Sie die Strukturen von (i) jedem Enol und (ii) jedem Enolat-Ion, das aus einer jeden der folgenden Verbindungen gebildet werden kann.

(a) 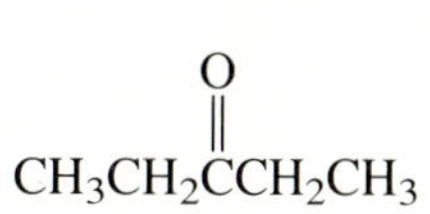 $CH_3CH_2C(=O)CH_2CH_3$

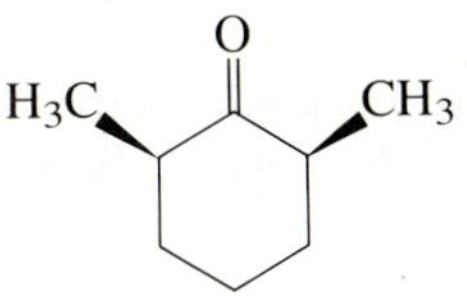

(b) 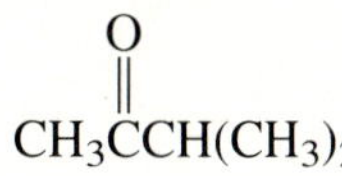 $CH_3C(=O)CH(CH_3)_2$

(c) 2,6-Dimethylcyclohexanon (H_3C, CH_3; beide Keile)

(d) 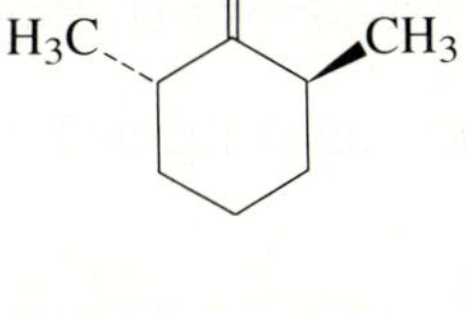 2,6-Dimethylcyclohexanon (H_3C gestrichelt, CH_3 Keil)

(e) 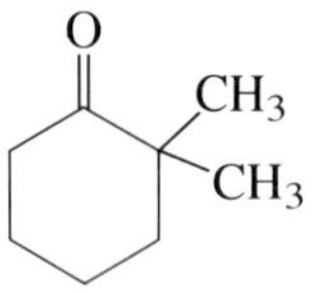 2,2-Dimethylcyclohexanon

(g) $(CH_3)_3CCH$ (mit C=O)

(f) 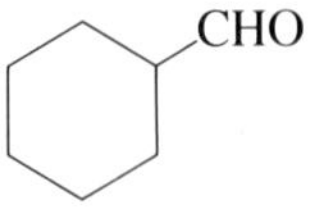 Cyclohexancarbaldehyd (CHO)

(h) $(CH_3)_3CCH_2CH$ (mit C=O)

2 Welche Produkte sind zu erwarten, wenn man Cyclohexanon mit einem Äquivalent LDA umsetzt, gefolgt von einem Äquivalent von:

(a) CH_3CH_2Br

(b) $(CH_3)_2CHCl$

(c) 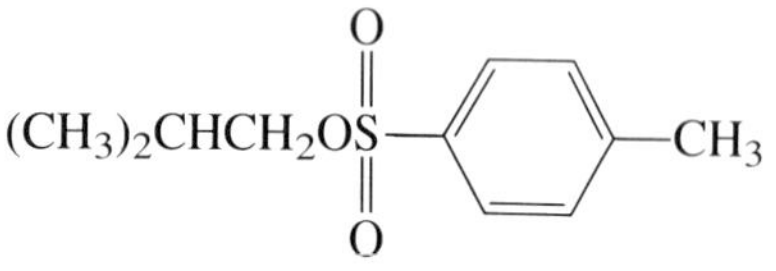 $(CH_3)_2CHCH_2OSO_2$–C₆H₄–CH_3

(d) $(CH_3)_3CCl$

3 Welches sind die Produkte der folgenden Reaktionssequenzen:

(a) 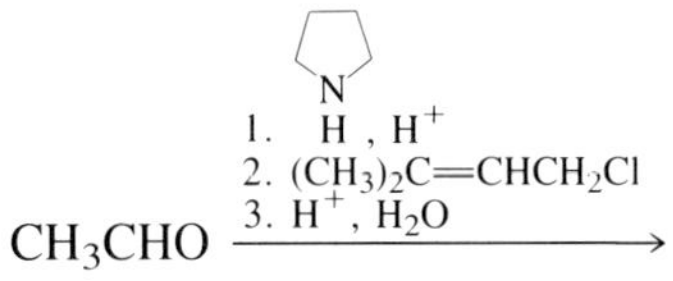 CH_3CHO → 1. Pyrrolidin, H^+; 2. $(CH_3)_2C{=}CHCH_2Cl$; 3. H^+, H_2O

(b) 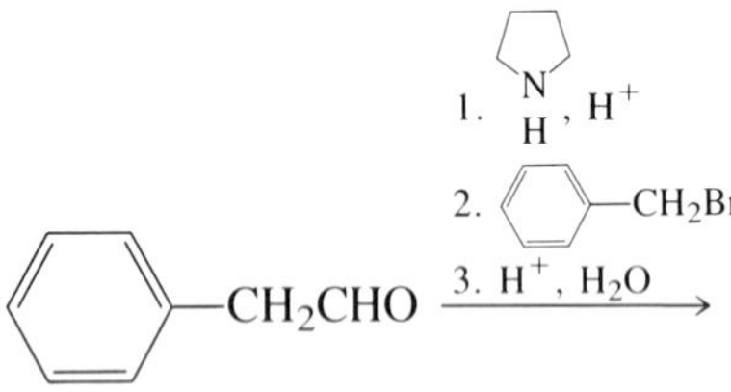 $C_6H_5CH_2CHO$ → 1. Pyrrolidin, H^+; 2. $C_6H_5CH_2Br$; 3. H^+, H_2O

4 Das Problem von einfacher und doppelter Alkylierung von Ketonen durch Behandlung mit Iodmethan und Base wurde in Abschnitt 16.1 erwähnt. Schreiben Sie einen detaillierten Mechanismus, der zeigt, wie selbst dann eine geringe Menge Dialkylierungsprodukt entsteht, wenn nur ein Äquivalent Iodmethan und ein Äquivalent Base vorhanden sind. Glauben Sie, daß das Problem durch die Alkylierung der entsprechenden Enamine gelöst werden kann? Erklären Sie Ihre Antwort.

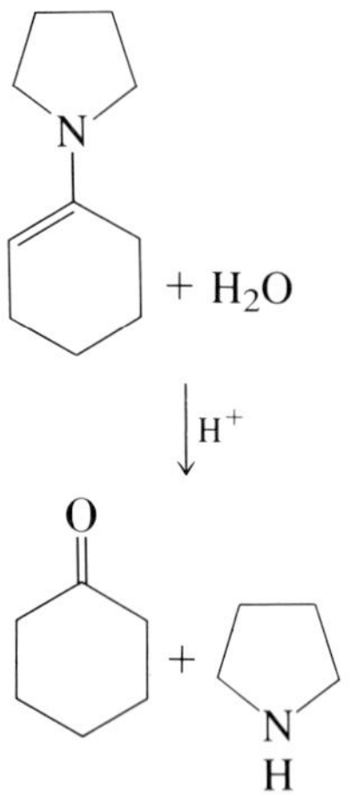

5 Würde die Alkylierung eines Enamins anstatt eines Enolates durch ein sekundäres Halogenalkan eher zur erfolgreichen Alkylierung eines Ketons führen?

6 Schlagen Sie einen Mechanismus für die säurekatalysierte Hydrolyse des Pyrrolidin-Enamins von Cyclohexanon vor (s. Rand).

Randformel: Pyrrolidin-Enamin von Cyclohexanon + H_2O $\xrightarrow{H^+}$ Cyclohexanon + Pyrrolidin (N–H)

7 Welche der Carbonylverbindungen aus Aufgabe 1 würde einen positiven Iodoform-Test ergeben?

8 Welche Produkte würden entstehen, wenn man eine jede der Carbonylverbindungen aus Aufgabe 1 behandeln würde mit

(a) alkalischem D_2O;
(b) 1 Äquivalent Br_2 in Ethansäure (Essigsäure);
(c) überschüssigem Cl_2 in wäßriger Base.

9 Propandial, $OHCCH_2CHO$, liegt in polaren Lösungsmitteln überwiegend in einer isomeren Struktur vor. Zeichnen Sie diese stabilere Struktur. Würden Sie dasselbe für Butandial, $OHCCH_2CH_2CHO$ erwarten?

10 Beschreiben Sie die experimentellen Bedingungen, die Ihnen am geeignetsten erscheinen, um die folgenden Verbindungen aus den entsprechenden unhalogenierten Ketonen darzustellen.

(a) $C_6H_5CH(Br)C(=O)CH_3$ **(b)** $CH_3CCl_2C(=O)CCl_2CH_3$ **(c)** $CH_3C(=O)CH_2Cl$

11 Zeichnen Sie die für die folgenden Aldolreaktionen zu erwartenden Produkte.

(a) $2\ C_6H_5-CH_2CHO \xrightarrow{NaOH}$

(b) $C_6H_5-CHO + (CH_3)_2CHCHO \xrightarrow{NaOH}$

(c) $HC(=O)CH(CH_3)CH_2CH_2CH_2C(=O)CH_3 \xrightarrow{NaOH}$

(d) Cyclooctan mit zwei gegenüberliegenden CHO-Gruppen $\xrightarrow{NaOH}$

12 Wie würden Sie die folgenden Verbindungen mit Aldolreaktionen darstellen?

(a) $(CH_3)_2CHCH_2CH(OH)CH(CH(CH_3)_2)CHO$

(b) $CH_3CH_2CH(CH_2CH_3)CH(OH)C(CH_2CH_3)_2CHO$

(c) $(CH_3)_3CCH(OH)CH(CH_2CH_2CH_2CH_3)CHO$

(d) $C_6H_5-CH{=}CHC(=O)-C_6H_5$

(e) bicyclisches Enon mit CH_3 und $=O$

(f) bicyclisches Keton mit OH und $=O$

13 Aldolkondensationen können durch Säuren katalysiert werden. Schlagen Sie einen Mechanismus für eine säurekatalysierte Aldolkondensation vor, und verdeutlichen Sie dabei die Rolle des Protons (Hinweis: Überlegen Sie, welches Nucleophil in einer sauren Lösung vorliegt, in der kaum Enolat-Ionen vorhanden sein werden.).

14 **(a)** In Abschnitt 16.3 wurde die enzymatische Oxidation einer Lysingruppe zu einem Aldehyd beschrieben. Welche Arten von Intermediaten sind für eine solche Reaktion zu erwarten? Hinweise: Konsultieren Sie Aufgabe 21 in Kap. 4, Abschn. 3.4 und Abschn. 15.6.
(b) Eine ähnliche enzymkatalysierte Oxidation ist der erste Schritt im Metabolismus des Amphetamins, welcher im endoplasmatischen Retikulum der Leber abläuft. Zeichnen Sie die Strukturen sowohl des Endproduktes dieser Oxidation wie auch des Intermediates, das unmittelbar vor dem Endprodukt durchlaufen wird.

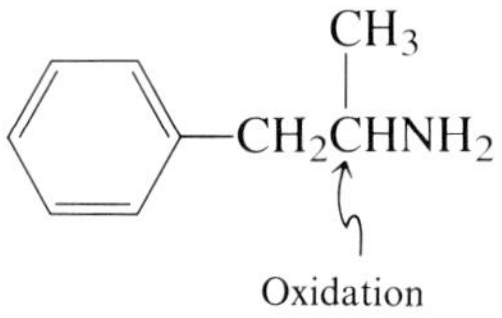

CH_3
$C_6H_5-CH_2CHNH_2$
Oxidation

Amphetamin

15 Die unten dargestellten Verbindungen sind Bestandteile einer neuen (1981) sehr geschickten Steroidsynthese für die Klasse der Cortisone. Beschreiben Sie, wie (Reagenzien, Reaktionsbedingungen) die drei Umwandlungen (**a, b, c**) ausgeführt werden könnten.

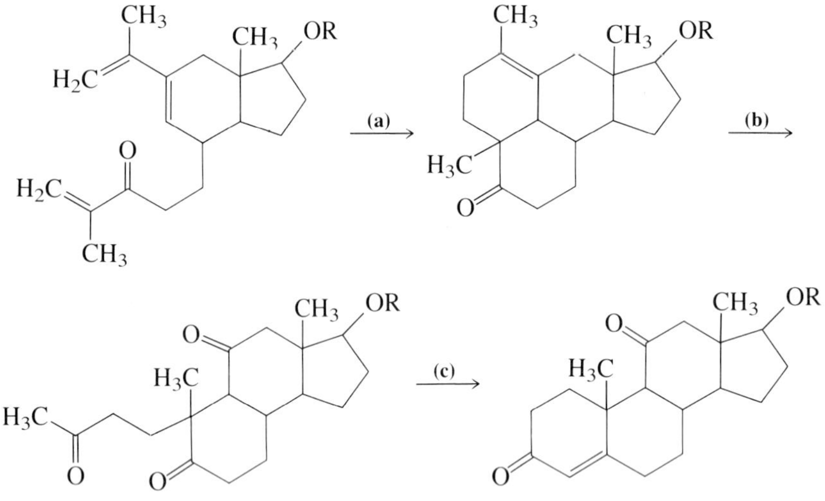

CH_3 CH_3 OR H_2C O H_2C CH_3 (a) → CH_3 CH_3 OR H_3C O (b) →

CH_3 OR O H_3C H_3C O O (c) → O CH_3 OR H_3C O

R = $Si(CH_3)_2C(CH_3)_3$, eine Schutzgruppe für Alkohole

Die letzte Reaktion der Sequenz (**c**) könnte zu einem unerwünschten isomeren Produkt führen. Schlagen Sie eine Struktur für dieses Isomer vor, schreiben Sie einen Mechanismus für seine Bildung und nennen Sie einen Grund, warum tatsächlich die abgebildete Verbindung isoliert wird.

16 Ein frischer Salat könnte die folgenden Verbindungen enthalten: 2-Hexenal (Aroma von Tomaten), 3-Octen-2-on (Pilzgeschmack), 2-Nonenal und 2,4-Nonadienal (Geschmack und Aroma von Gurken). In Abschnitt 16.4 wurde die Synthese von 2-Nonenal vorgestellt. Schreiben Sie ähnliche Reaktionsfolgen für die Darstellung der übrigen dieser natürlich vorkommenden Verbindungen aus gesättigten Aldehyden.

17 In Abschnitt 16.4 wurden vier präparative Wege zu α,β-ungesättigten Aldehyden und Ketonen beschrieben. Wählen Sie für jede der folgenden Verbindungen die Methode aus, die nach Ihrer Meinung besonders geeignet und praktikabel ist.

(a) 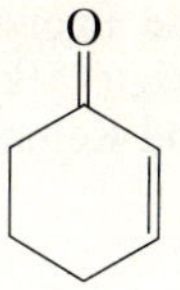 Cyclohex-2-enon (Strukturformel: O=C im Sechsring mit C=C-Doppelbindung)

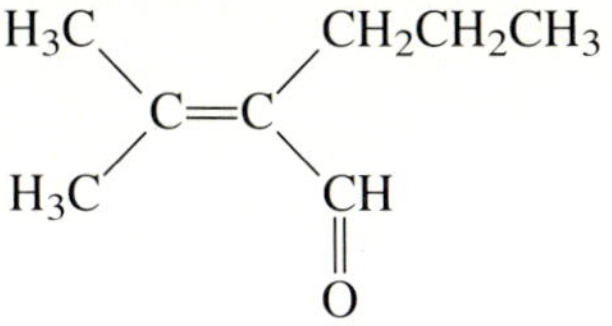

(b) $(H_3C)_2C{=}C(CH_2CH_2CH_3)CH{=}O$

(c) $H_2C{=}CHC(=O)CH_2CH_2CH_2CH_2CH_3$

18 Welches sind die zu erwartenden Hauptprodukte der Reaktionen der Carbonylverbindungen aus Aufgabe 17 mit den folgenden Reagenzien:

- **(a)** H_2, Pd
- **(b)** $LiAlH_4$
- **(c)** Cl_2
- **(d)** $NH_2NHC(=O)NH_2$
- **(e)** KCN, H^+
- **(f)** CH_3MgI
- **(g)** $(CH_3CH_2CH_2CH_2)_2CuLi$
- **(h)** $(CH_3CH_2CH_2CH_2)_2CuLi$, dann $CH_2{=}CHCH_2Cl$

19 Erwarten Sie, daß die Addition von HCl an die Doppelbindung von 3-Buten-2-on der Markovnikov-Regel hinsichtlich der Orientierung der Addition folgt? Erklären Sie Ihre Antwort durch ein mechanistisches Argument.

$CH_3C(=O)CH{=}CH_2$
3-Buten-2-on

20 Schlagen Sie anhand der gegebenen Informationen Strukturen für jede der folgenden Verbindungen vor:

(a) $C_5H_{10}O$, NMR-Spektrum A, UV $\lambda_{max}(\varepsilon) = 280\ (18)$ nm.

(b) C_5H_8O, NMR-Spektrum B, UV $\lambda_{max}(\varepsilon) = 220\ (13\,200),\ 310\ (40)$ nm.

(c) C_6H_{12}, NMR-Spektrum C, UV $\lambda_{max}(\varepsilon) = 189\ (8000)$ nm.

(d) $C_6H_{12}O$, NMR-Spektrum D, UV $\lambda_{max}(\varepsilon) = 282\ (25)$ nm.

Schlagen Sie nun für jede der folgenden Umwandlungen geeignete Reagenzien vor (Die Buchstaben beziehen sich auf die Verbindungen, die die NMR-Spektren A–D haben).

(e) A $\longrightarrow$ C

(f) B $\longrightarrow$ D

(g) B $\longrightarrow$ A

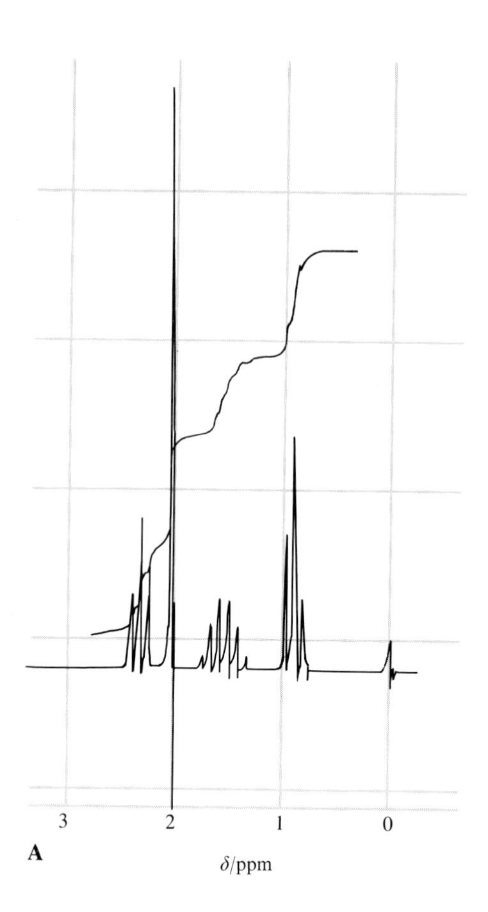

A

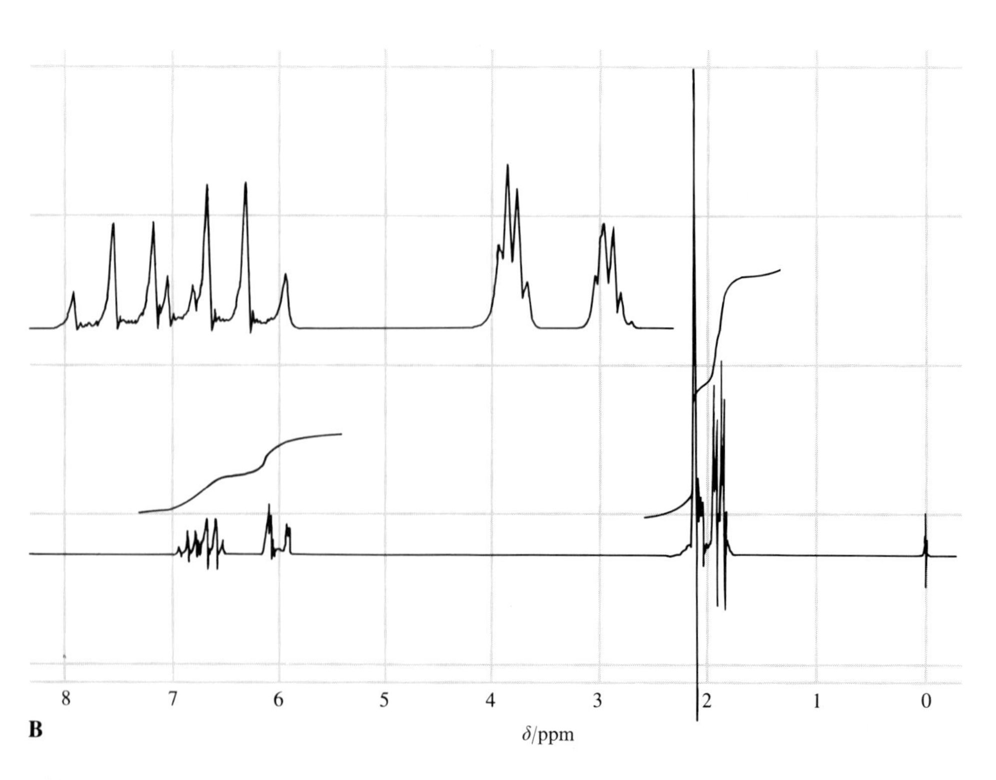

B

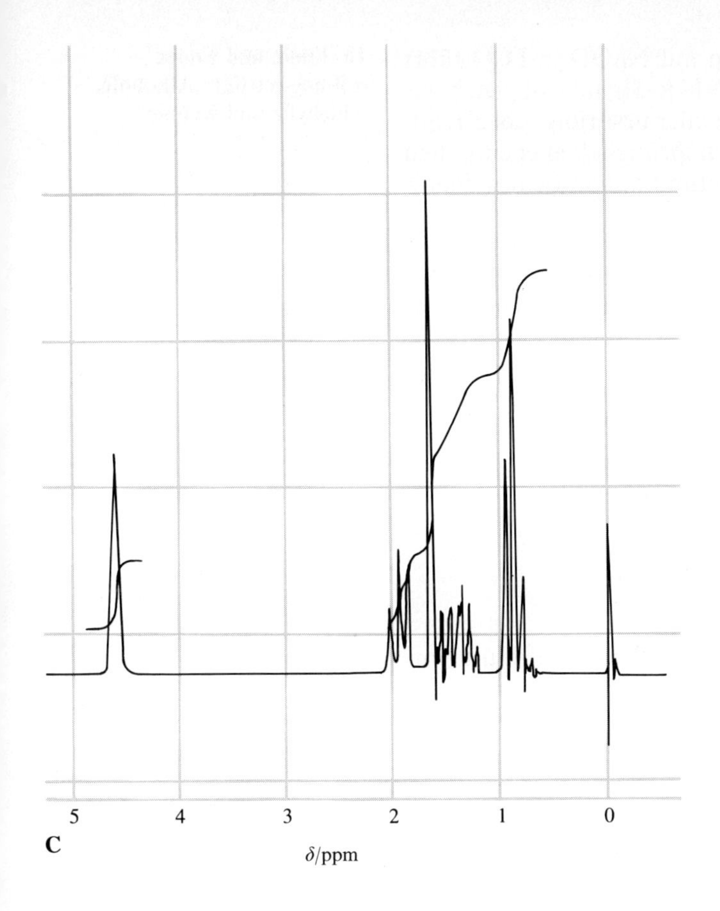

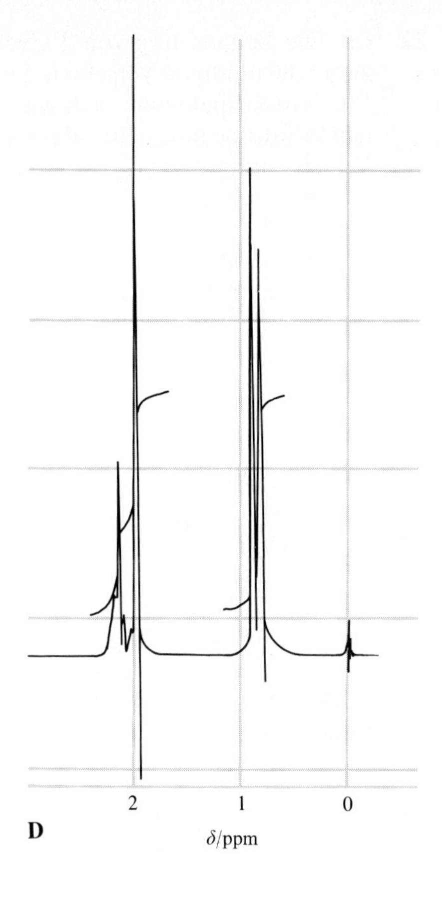

21 Die Behandlung von Cyclopentan-1,3-dion mit Iodmethan in Gegenwart von Base führt zu einem Gemisch aus drei Produkten:

Cyclopentan-1,3-dion $\xrightarrow{\text{NaOH, }CH_3I}$ 2-Methylcyclopentan-1,3-dion (**i**; CH_3, H) + 2,2-Dimethylcyclopentan-1,3-dion (**ii**; CH_3, CH_3) + 3-Methoxycyclopent-2-enon (**iii**; H, OCH_3)

(a) Geben Sie eine mechanistische Beschreibung der Bildung dieser drei Produkte.

(b) Die Reaktion von Produkt (iii) mit Cuprat-Reagenzien führt zum Verlust der Methoxygruppe, z. B.

iii (OCH_3) $\xrightarrow{\text{1. }(CH_3CH_2CH_2CH_2)_2CuLi\text{ 2. }H^+, H_2O}$ **iv** ($CH_2CH_2CH_2CH_3$)

Schlagen Sie für diese Reaktion, die einen weiteren Weg zu β-substituierten Enonen eröffnet, einen Mechanismus vor. Hinweis: Betrachten Sie Übung 16-14.

22 **(a)** Die Behandlung von 2-Cyclopentenon mit NaOD in D_2O führt zum vollständigen Verschwinden aller ^1H NMR-Signale, obgleich das ^{13}C NMR-Spektrum nach wie vor Signale aller ursprünglichen Kohlenstoffatome mit mehr oder weniger den ursprünglichen chemischen Verschiebungen zeigt. Erklären Sie den Befund anhand eines detaillierten Mechanismus.
(b) Der Ketoaldehyd (i) wurde mit wäßriger Base erhitzt, um ein bestimmtes cyclisches α,β-ungesättigtes Keton darzustellen. Das gewünschte Produkt wurde aber nicht erhalten, stattdessen wurde ein Isomer, das Enon (ii) gebildet.

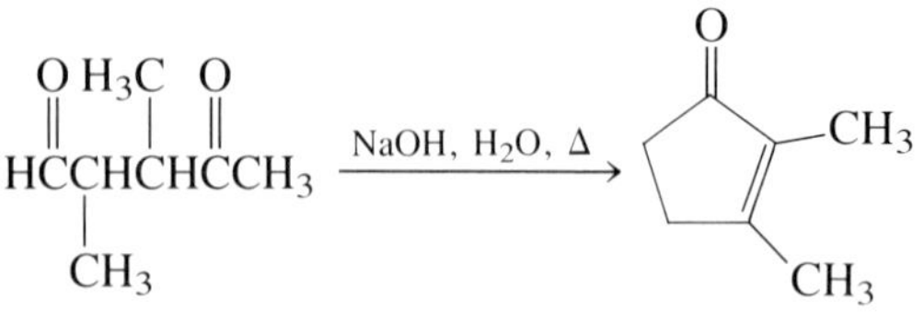

$$\underset{\mathbf{i}}{\mathrm{HC(=O)CH(CH_3)CH(CH_3)C(=O)CH_3}} \xrightarrow{\mathrm{NaOH,\ H_2O,\ \Delta}} \underset{\mathbf{ii}}{\text{2,3-Dimethyl-2-cyclopentenon}}$$

Welches α,β-ungesättigte Keton würden Sie bei der Behandlung von (i) mit Base erwarten? Formulieren Sie einem Mechanismus für die Bildung von (ii). Hinweis: Überlegen Sie, ob das erwartete Enon ein Intermediat bei der Bildung von (ii) sein könnte.

23 Eine ungewöhnliche Synthese von Steroiden der Cortisongruppe beinhaltet die folgenden zwei Reaktionen:

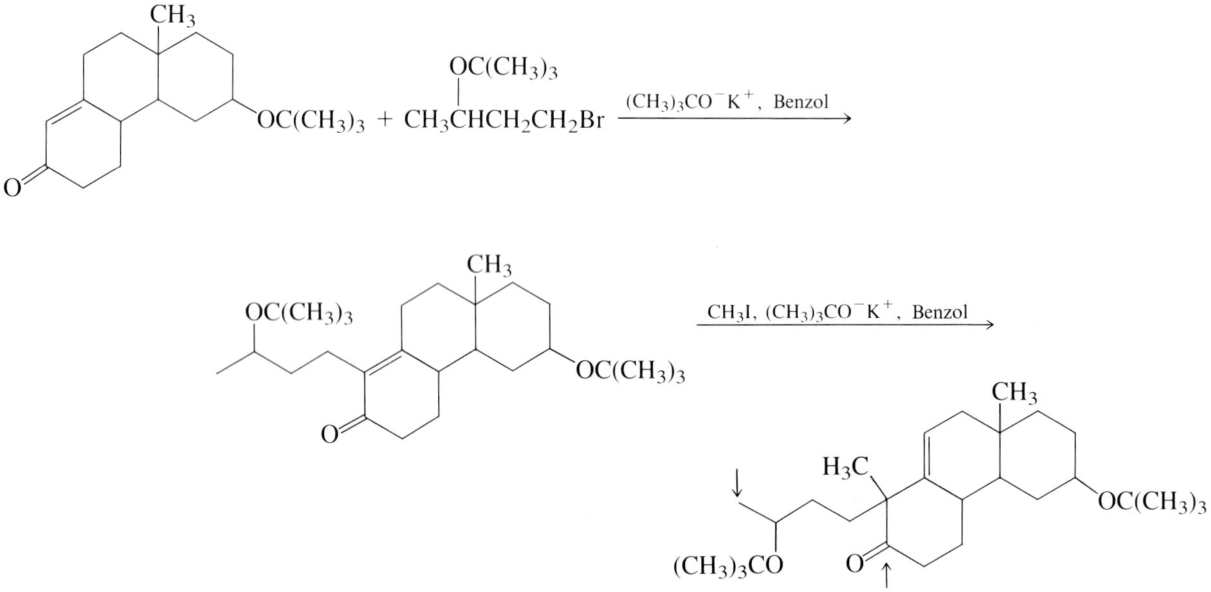

Enon (tricyclisch, CH_3, $OC(CH_3)_3$) + $CH_3CH(OC(CH_3)_3)CH_2CH_2Br$ $\xrightarrow{(CH_3)_3CO^-K^+,\ \text{Benzol}}$ alkyliertes Enon (mit $OC(CH_3)_3$-Seitenkette) $\xrightarrow{CH_3I,\ (CH_3)_3CO^-K^+,\ \text{Benzol}}$ Produkt (H_3C, CH_3, $(CH_3)_3CO$, $OC(CH_3)_3$; zwei Kohlenstoffatome durch Pfeile markiert)

(a) Schlagen Sie Mechanismen für diese beiden Umwandlungen vor. Überlegen Sie sich gründlich, wo das Edukt-Enon deprotoniert wird. Insbesondere wird das Alkenyl-Wasserstoffatom in dieser Reaktion *nicht* als erstes durch Base abgespalten.
(b) Schlagen Sie eine Reaktionsfolge vor, durch die die durch Pfeile markierten Kohlenstoffatome in der abgebildeten Struktur unter Bildung eines sechsgliedrigen Ringes verbunden werden.

24 Zeichnen Sie die für die folgenden Reaktionen zu erwartenden Produkte:

(a) $C_6H_5\overset{O}{\overset{\|}{C}}CH_2CH_2CH_3 \xrightarrow[2.\ CH_3CH_2Br]{1.\ LDA}$

(b) H, H, =O $\xrightarrow[2.\ BrCH_2\overset{O}{\overset{\|}{C}}OCH_3]{1.\ NaH}$

(c) H_3C, CH_3, O $\xrightarrow[2.\ C_6H_5CH_2Cl]{1.\ (CH_3)_2CuLi}$

(d) CH_3, OH, CH_3, O $\xrightarrow[2.\ CH_3CH_2CH_2Cl]{1.\ Li,\ NH_3}$

(e) O, CH_3, $(CH_2)_4Br$ $\xrightarrow{LDA}$

(f) Schreiben Sie einen detaillierten Mechanismus für Reaktion **e**.

25 Welche Produkte werden bei den folgenden Reaktionen nach wäßriger Aufarbeitung gebildet?

(a) $C_6H_5\overset{O}{\overset{\|}{C}}CH_3 + CH_2{=}CH\overset{O}{\overset{\|}{C}}C_6H_5 \xrightarrow{LDA}$

(b) O $+ (CH_3)_2C{=}CH\overset{O}{\overset{\|}{C}}H \xrightarrow{NaOH}$

(c) O $\xrightarrow[2.\ CH_2{=}CH\overset{O}{\overset{\|}{C}}CH_3]{1.\ (CH_2{=}CH)_2CuLi}$

(d) CH_3, O $\xrightarrow[2.\ (CH_3)_2C{=}CH\overset{O}{\overset{\|}{C}}CH_3]{1.\ (CH_3)_2CuLi}$

(e) Welche Ergebnisse erwarten Sie bei der Behandlung der Produkte aus den Reaktionen **c** und **d** mit Base?

26 Schreiben Sie die Endprodukte der folgenden Reaktionssequenzen:

(a) [Strukturformel] + $CH_2{=}CHCCH_3$ (C=O) $\xrightarrow{NaOCH_3,\ CH_3OH,\ \Delta}$

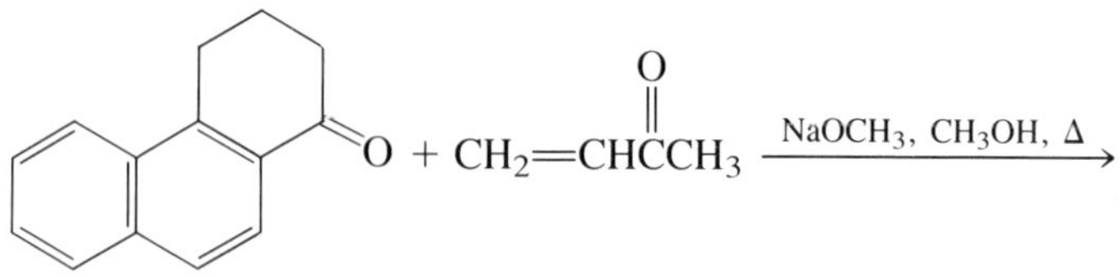

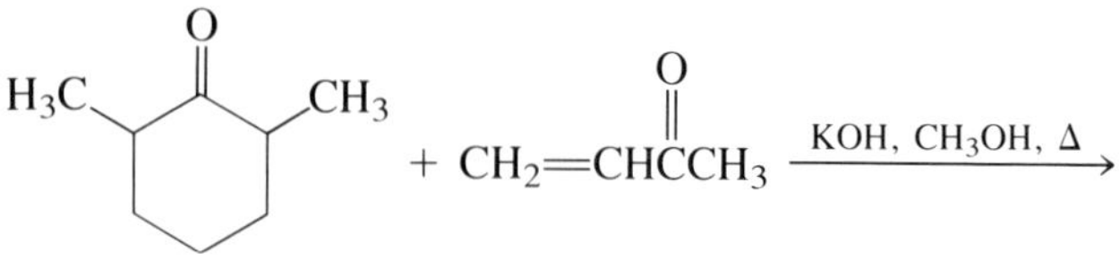

(b) [Strukturformel mit H_3C, CH_3, O] + $CH_2{=}CHCCH_3$ (C=O) $\xrightarrow{KOH,\ CH_3OH,\ \Delta}$

(c) [Strukturformel] $\xrightarrow{1.\ NaH,\ (CH_3CH_2)_2O;\ 2.\ HC{\equiv}CCCH_3\ (C=O)}$

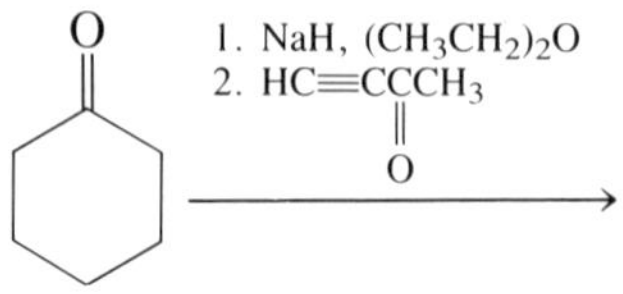

(d) Formulieren Sie einen detaillierten Mechanimus für Reaktionsfolge **c**.

27 Schlagen Sie Synthesen für die folgenden Verbindungen vor, wobei Sie von Michael-Reaktionen Gebrauch machen, denen Aldolkondensationen folgen (z. B. Robinson-Annelierung). Jede der abgebildeten Verbindungen kommt in einer oder mehreren Totalsynthesen von Steroidhormonen vor.

(a) [Strukturformel mit H_3C, OCH_3, O]

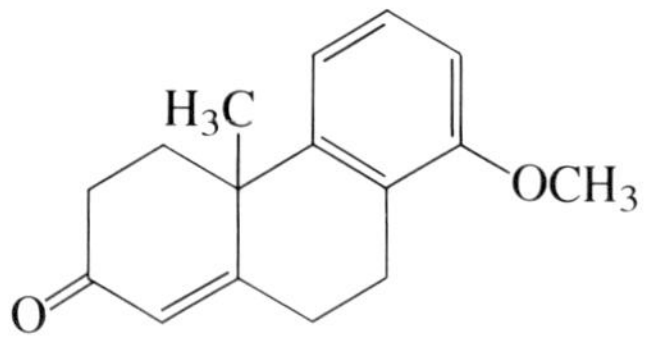

(b) [Strukturformel mit O, $CO_2CH_2CH_3$]

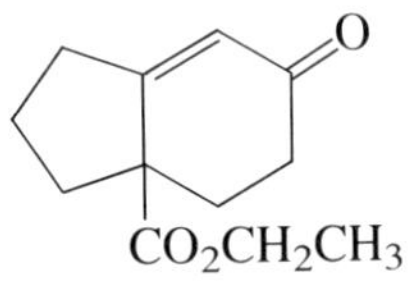

(c) [Strukturformel mit CH_3O, C, O, CH_3, CHO]

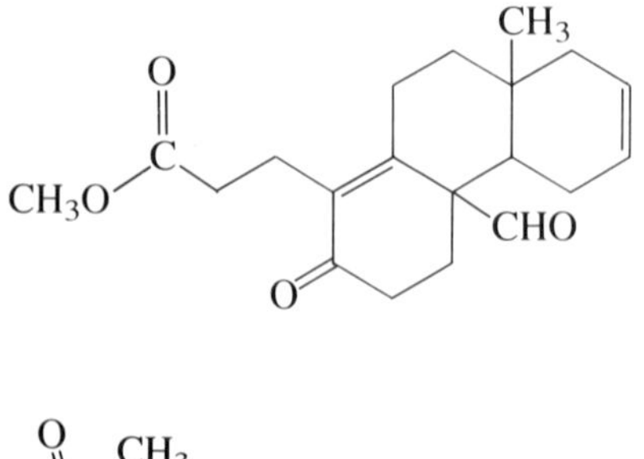

(d) [Strukturformel mit O, CH_3]

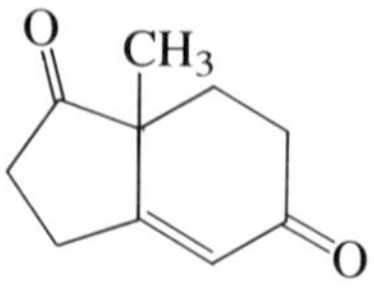

28 Die folgende Steroidsynthese enthält modifizierte Versionen von zwei wichtigen Reaktionstypen, die in diesem Kapitel behandelt wurden. Identifizieren Sie diese Reaktionstypen und formulieren Sie detaillierte Mechanismen für die dargestellten Reaktionen.

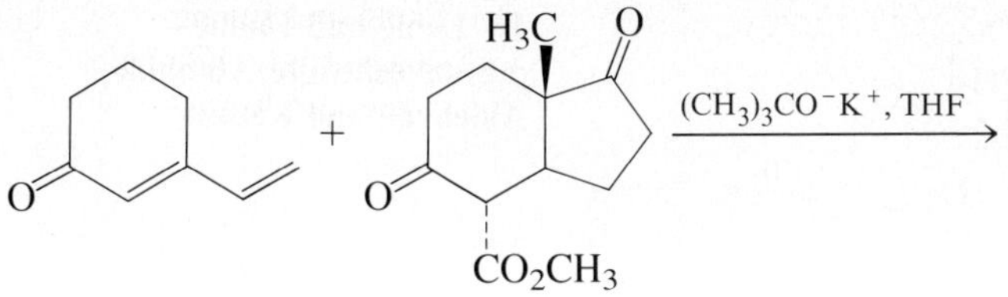

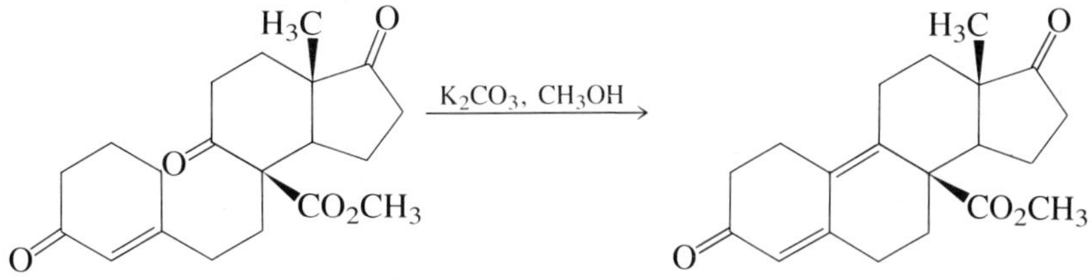

$(CH_3)_3CO^-K^+$, THF

K_2CO_3, CH_3OH

29 Überlegen Sie sich sinnvolle Synthesen für die folgenden Verbindungen. Ignorieren Sie dabei die Stereochemie.

(a) 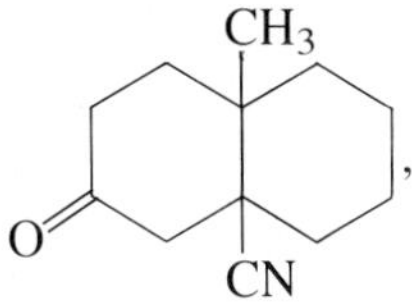 , aus Cyclohexanon.

(b) 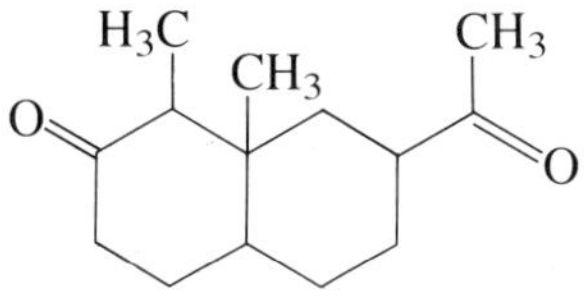 , aus 2-Cyclohexenon

(Hinweis: Stellen Sie im ersten Schritt 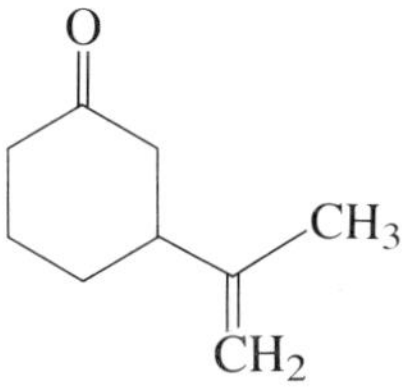 dar).

30 Setzen Sie die Reagenzien **a**, **b**, **c**, **d** und **e** in das folgende Reaktionsschema ein. Jeder Buchstabe steht für einen oder mehrere Reaktionsschritte. Dies ist der Anfang einer Synthese von Germanicol, einem natürlichen Triterpen.

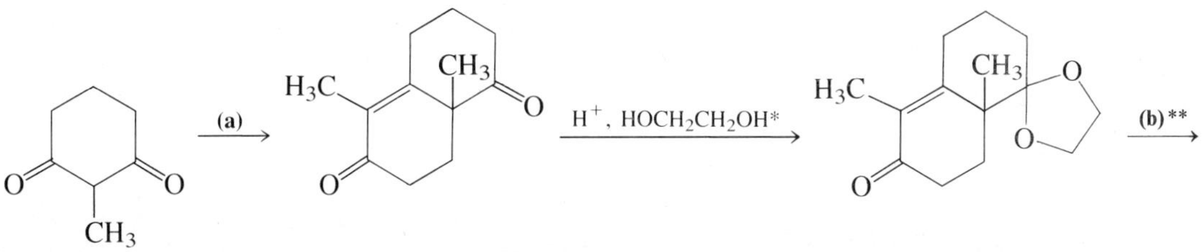

(a) → H^+, $HOCH_2CH_2OH$* → **(b)**** →

* Selektiver Schutz der reaktiveren Carbonylgruppe

** Hinweis: S. Aufgabe 23.

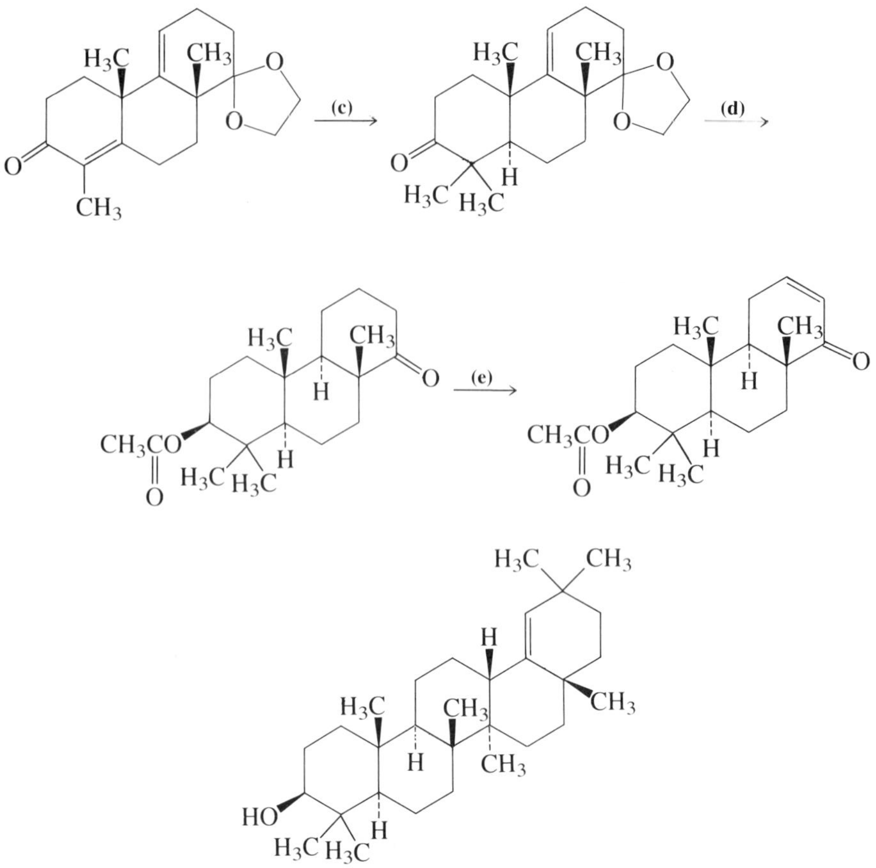

H_3C CH_3 O O O CH_3 (c) → H_3C CH_3 O O O H H_3C H_3C (d) →

H_3C CH_3 O H CH_3CO O H H_3C H_3C (e) → H_3C CH_3 O H CH_3CO O H H_3C H_3C

H_3C CH_3 H H_3C CH_3 CH_3 H CH_3 HO H H_3C H_3C

Germanicol

17 Carbonsäuren und Infrarot-Spektroskopie

Ist an das Kohlenstoffatom der Carbonylgruppe eine Hydroxygruppe gebunden, ergibt sich eine neue funktionelle Gruppe, die **Carboxygruppe**, die für die **Carbonsäuren** charakteristisch ist. Man schreibt diesen Substituenten allgemein $-COOH$ oder $-CO_2H$, wir werden in den folgenden Abschnitten beide Schreibweisen verwenden. In gewisser Hinsicht kann man Carbonsäuren als Hydroxycarbonyl-Derivate auffassen, da sie in einigen Reaktionen ähnlich wie Alkohole, in anderen ähnlich wie Ketone reagieren. Sie zeigen also sowohl saures wie basisches Verhalten: das Proton der OH-Gruppe wie auch die ganze Gruppe selbst läßt sich durch andere Substituenten ersetzen, und das Kohlenstoffatom der Carbonylgruppe kann durch Nucleophile angegriffen werden. Aufgrund der unmittelbaren Nachbarschaft beider Gruppen hat die Carboxygruppe jedoch auch ihre eigene unverwechselbare Chemie.

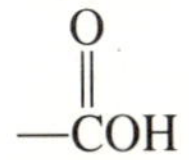

O
‖
—COH
Die Carboxygruppe

δ^-
elektrophil
:O:
basisch
C δ^+
R
Ö—H
sauer

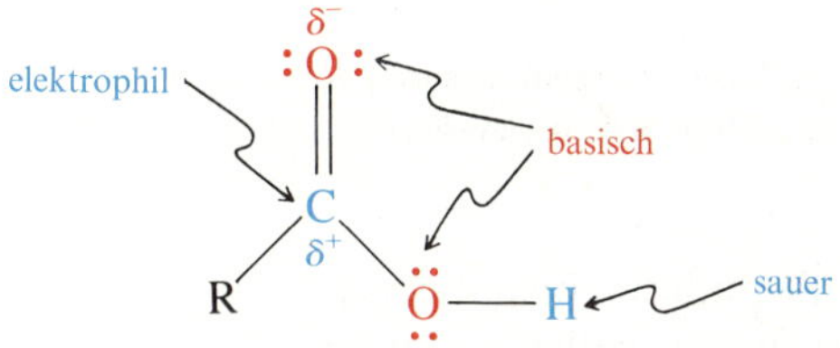

In diesem Kapitel stellen wir zunächst das Nomenklatursystem der Carbonsäuren vor. Dann untersuchen wir einige ihrer physikalischen Eigenschaften einschließlich der NMR-Spektren und stellen eine andere analytische Methode, die in der organischen Chemie benutzt wird, vor: die Infrarot-Spektroskopie. Im Rest des Kapitels beschreiben wir die Darstellung und Reaktivität der Carbonsäuren und einiger ihrer natürlich vorkommenden Vertreter.

17.1 Das Nomenklatursystem der Carbonsäuren

Von vielen Carbonsäuren sind die Trivialnamen gebräuchlich, die meist die natürliche Quelle, aus der die Säuren das erstemal isoliert wurden, angeben (s. Tab. 17-1). Diese werden auch häufig (insbesondere bei den niederen Mitgliedern dieser Verbindungsklasse) in der Literatur verwendet.

Tabelle 17-1 Namen und natürliches Vorkommen einiger Carbonsäuren

Struktur	IUPAC-Name	Trivialname	natürliches Vorkommen
$HCOOH$	Methansäure	Ameisensäure	Ameisen
CH_3COOH	Ethansäure	Essigsäure	Essig
CH_3CH_2COOH	Propansäure	Propionsäure	Milchprodukte (*pion*, griechisch: Fett)
$CH_3CH_2CH_2COOH$	Butansäure	Buttersäure	Butter (besonders ranzige)
$CH_3(CH_2)_3COOH$	Pentansäure	Valeriansäure	Baldrianwurzeln
$CH_3(CH_2)_4COOH$	Hexansäure	Capronsäure	Ziegengeruch (*caper*, latein.: Ziege)

Im IUPAC-System wird der Name einer Carbonsäure aus dem Namen des Stammalkans durch Anhängen des Wortes **-säure** abgeleitet. Der Stamm der Alkansäure wird so numeriert, daß der Kohlenstoff der Carboxygruppe die Nummer 1 erhält. Alle Substituenten entlang der längsten Kette, die die funktionelle Gruppe enthält, werden dann mit einem entsprechenden Zahlenvorsatz versehen.

Br
|
$CH_3CHCOOH$
2-Brompropansäure
(α-Brompropionsäure)

$CH_2{=}CHCOOH$
Propensäure
(Acrylsäure)

H_3C CH_3
| |
$CH_3CH_2CHCHCOOH$
2,3-Dimethylpentansäure
(α,β-Dimethylvaleriansäure)

Die Carboxygruppe hat eine höhere Priorität als alle anderen bisher diskutierten Gruppen. Bei Carbonsäuren mit mehreren funktionellen Gruppen wählt man diejenige längste Kette, die soviele funktionelle Gruppen wie möglich enthält.

$CH_3CH_2CH_2CH_2$
|
$CH_2{=}CHCHCH_2CH_2CH_2COOH$
5-Butyl-6-heptensäure
(besser als 5-Ethenylnonansäure)

O
‖
$CH_3CCHCH_2CH_2COOH$
|
$CH_2CH_2CH_3$
5-Oxo-4-propylhexansäure

Cl, Br, 2, 1, COOH
1-Brom-2-chlorcyclopentancarbonsäure

Gesättigte cyclische Säuren bezeichnet man als **Cycloalkancarbonsäuren**. Der Ring-Kohlenstoff, an den die Carboxygruppe gebunden ist, ist dann C-1.

Dicarbonsäuren werden systematisch als **Alkandisäuren**, häufig jedoch mit ihren Trivialnamen benannt. In den folgenden Beispielen sind die IUPAC-Namen und die Trivialnamen einer Reihen von Dicarbonsäuren angegeben.

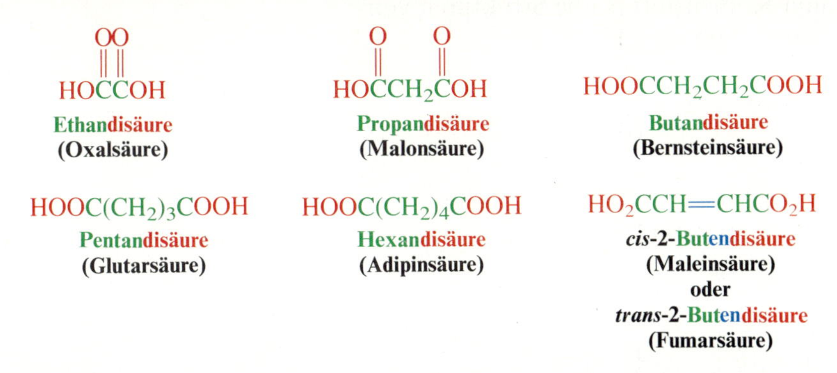

Übung 17-1

Geben Sie bei den folgenden Beispielen die systematischen Namen für die gezeichneten Strukturformeln an oder zeichnen Sie die Strukturen für die angegebenen Namen:

(a) [Strukturformel: Br, Cl, O, OH] ; (b) [Strukturformel: COOH, O] ;

(c) 2,2-Dibromhexandisäure; (d) 4-Hydroxypentansäure.

Fassen wir zusammen: Der systematische Name der Carbonsäuren ergibt sich aus dem Namen des Stammalkans durch Anhängen des Wortes -säure. Cyclische Derivate bezeichnet man als Cycloalkancarbonsäuren, Systeme mit zwei Carboxygruppen als Alkandisäuren.

17.2 Die physikalischen Eigenschaften der Carbonsäuren

Wie sieht die Struktur einer typischen Carbonsäure aus? Haben Carbonsäuren charakteristische physikalische Eigenschaften? Im folgenden Abschnitt wollen wir diese Fragen beantworten, wobei wir besonders intensiv auf die Struktur der Methansäure (Ameisensäure) eingehen. Carbonsäuren liegen meist in Form von über Wasserstoffbrücken gebundenen Dimeren vor und zeigen charakteristische NMR-Spektren.

Die Struktur der Methansäure (Ameisensäure)

Die Struktur des Methansäure-Moleküls (Ameisensäure) ist in Abb. 17-1 dargestellt. Sie entspricht ungefähr der eines „Hydroxymethanals" mit angenähert trigonal ebenem Carbonyl-Kohlenstoff (s. die Strukturen von Methanol, Abb. 8-1B und von Ethanal, Abb. 15-2).

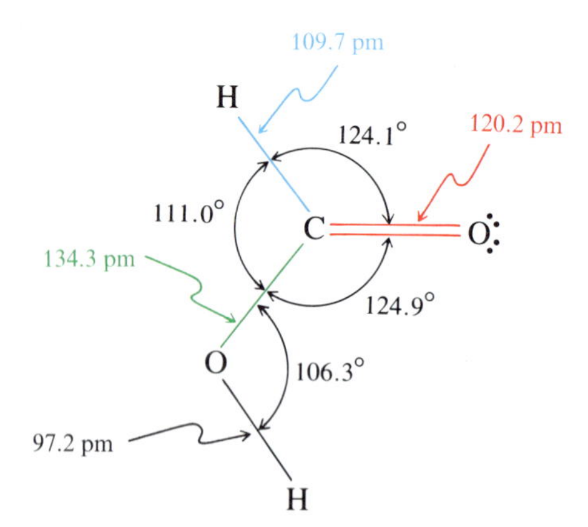

Abb. 17-1 Molekülstruktur von Methansäure (Ameisensäure).

Aus den physikalischen Konstanten läßt sich die Polarität der Carboxygruppe und ihre Tendenz zur Ausbildung von Wasserstoffbrücken erkennen

Die Carboxyfunktion ist aufgrund der polarisierbaren Carbonyl-Doppelbindung und der Hydroxygruppe, die Wasserstoffbrücken zu anderen polaren Molekülen, wie Wasser, Alkoholen und Carbonsäuren ausbildet, stark polar. Es ist daher nicht überraschend, daß die Carbonsäuren mit kleinerer molarer Masse vollständig mit Wasser mischbar sind (bis zur Butansäure). Als reine Flüssigkeiten und sogar in recht verdünnten Lösungen (in aprotischen Lösungsmitteln) liegen Carbonsäuren größtenteils als über Wasserstoffbrücken gebundene Dimere vor, die Stärke einer einzelnen O–H···O-Bindung beträgt etwa 25 bis 33 kJ/mol.

Carbonsäuren dimerisieren leicht

O···H—O
2 RCOOH ⟶ R—C C—R
O—H···O

zwei Wasserstoffbrücken-Bindungen

Aufgrund ihrer Fähigkeit, im festen und im flüssigen Zustand Wasserstoffbrücken auszubilden, haben Carbonsäuren relativ hohe Schmelz- und Siedepunkte (s. Tab. 17-2).

Kernmagnetische Resonanz: Das Proton der Carbonsäure und der Carbonyl-Kohlenstoff absorbieren bei niedrigem Feld

Wie in den Aldehyden und Ketonen sind die Wasserstoffatome am der Carboxygruppe benachbarten Kohlenstoff im ^{1}H-NMR-Spektrum etwas entschirmt, teilweise wegen des lokalen magnetischen Feldes, das durch

Tabelle 17-2 Schmelz- und Siedepunkte von funktionellen Derivaten der Alkane mit unterschiedlicher Kettenlänge

Derivat	Smp./°C	Sdp./°C
CH_4	−182.5	−161.7
CH_3Cl	−97.7	−24.2
CH_3OH	−97.8	65.0
HCHO	−92.0	−21.0
HCOOH	8.4	100.6
CH_3CH_3	−183.3	−88.6
CH_3CH_2Cl	−136.4	12.3
CH_3CH_2OH	−114.7	78.5
CH_3CHO	−121.0	20.8
CH_3COOH	16.7	118.2
$CH_3CH_2CH_3$	−187.7	−42.1
$CH_3CH_2CH_2Cl$	−122.8	46.6
$CH_3CH_2CH_2OH$	−126.5	97.4
CH_3COCH_3	−95.0	56.5
CH_3CH_2CHO	−81.0	48.8
CH_3CH_2COOH	−20.8	141.8

die Bewegung der π-Elektronen entsteht, teilweise aufgrund des induktiven Effektes der positiv polarisierten Carbonylfunktion. Der Effekt nimmt rasch mit steigendem Abstand von der funktionellen Gruppe ab. Ein besonderer Fall ist die Ameisensäure. Diese Verbindung hat ein „aldehydisches“ Proton, das ein Signal bei charakteristisch niedrigem Feld gibt. Die Resonanz des Hydroxy-Protons liegt bei sehr niedrigem Feld ($\delta = 10-13$ ppm). Wie in den NMR-Spektren der Alkohole hängt dessen chemische Verschiebung stark von der Konzentration, dem Lösungsmittel und der Temperatur ab. Dies ergibt sich aus der ausgeprägten Neigung der OH-Gruppe, Wasserstoffbrücken auszubilden. Das freie (nicht in einer Wasserstoffbrücke gebundene) saure Proton hat eine chemische Verschiebung $\delta = 5.7$ ppm. Das ^{1}H-NMR-Spektrum von Pentansäure ist in Abb. 17-2 dargestellt.

Chemische Verschiebungen im ^{1}H-NMR von Alkansäuren

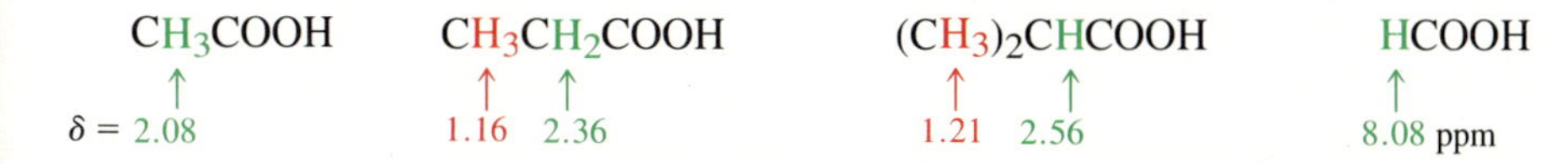

Die ^{13}C-NMR-Verschiebungen der Carbonsäuren sind ebenfalls ähnlich denen der Aldehyde und Ketone, sie zeigen mäßig entschirmte Kohlenstoffatome in direkter Nachbarschaft zur Carbonylgruppe und die typische Carbonylabsorption bei niedrigem Feld. Das Ausmaß der Entschirmung ist allerdings nicht ganz so groß, da die positive Polarisierung des Carboxy-Kohlenstoffs durch die Anwesenheit der OH-Gruppe etwas verkleinert wird.

Typische chemische Verschiebungen im ^{13}C-NMR von Alkansäuren

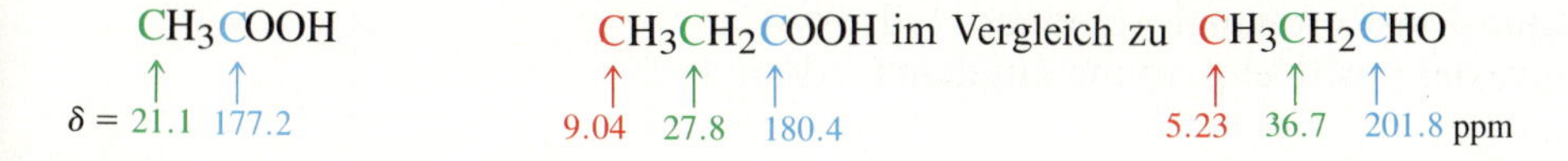

Wie diese geringe Entschirmung zustandekommt, versteht man am besten, wenn man dipolare Resonanzstrukturen zeichnet. Bei Aldehyden und Ketonen hat nur eine dieser Strukturen eine merkbare Beteiligung am Resonanzhybrid – die mit dem Carbenium-Ion-Charakter.

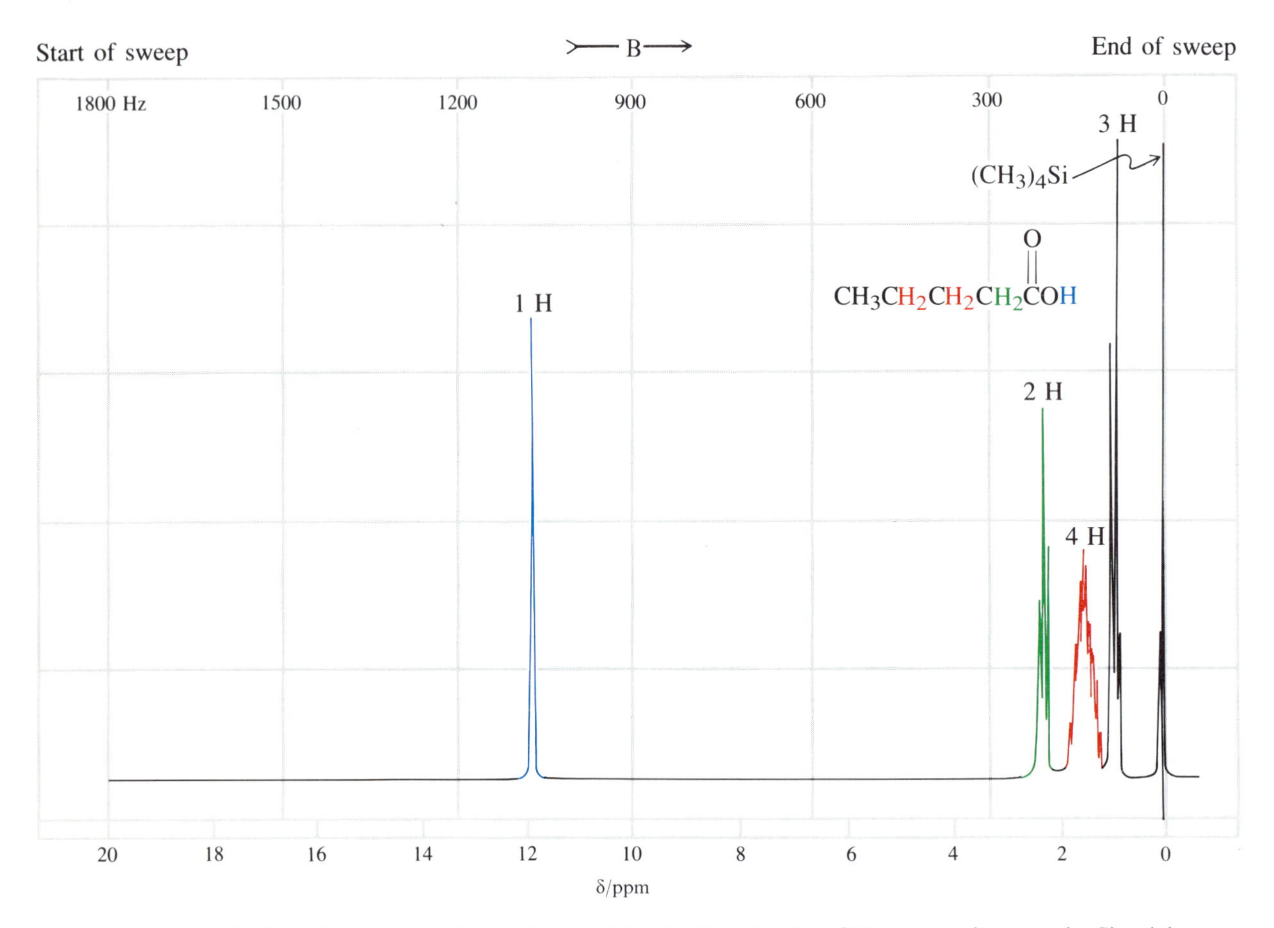

Abb. 17-2 90 MHz ^{1}H-NMR-Spektrum von Pentansäure in CCl_4. Die Skala ist bis auf 20 ppm erweitert, um das Signal des sauren Protons bei $\delta = 11.83$ ppm zeigen zu können. Die Methylenwasserstoffe an C-2 absorbieren beim nächstniedrigen Feld als Triplett ($\delta = 2.25$ ppm, $J = 7$ Hz), danach folgt das Multiplett der vier Wasserstoffe der nächsten beiden Methylengruppen. Die Methylgruppe erscheint als verzerrtes Triplett bei höchstem Feld ($\delta = 0.90$ ppm, $J = 6$ Hz).

Resonanzstrukturen bei Aldehyden und Ketonen

$$\left[H_3C{-}\overset{\overset{:O:}{\|}}{C}{-}R \longleftrightarrow H_3C{-}\overset{\overset{:\ddot{O}:^-}{|}}{\overset{+}{C}}{-}R \right]$$

Die, wenn auch geringere, Beteiligung der zweiten Resonanzstruktur am Resonanzhybrid erklärt die starke Entschirmung des Carbonyl-Kohlenstoffs und der benachbarten Kohlenstoffatome.

Bei den Carbonsäuren gibt es jedoch noch eine weitere wichtige Resonanzstruktur, in der der Hydroxy-Sauerstoff ein Elektronenpaar zur Verfügung stellt, genau wie in der Oxonium-Ion-Resonanzform eines Hydroxy-Carbenium-Ions. So wird die Menge der positiven Ladung auf dem Carbonyl-Kohlenstoff verringert.

Resonanzstrukturen bei Carbonsäuren

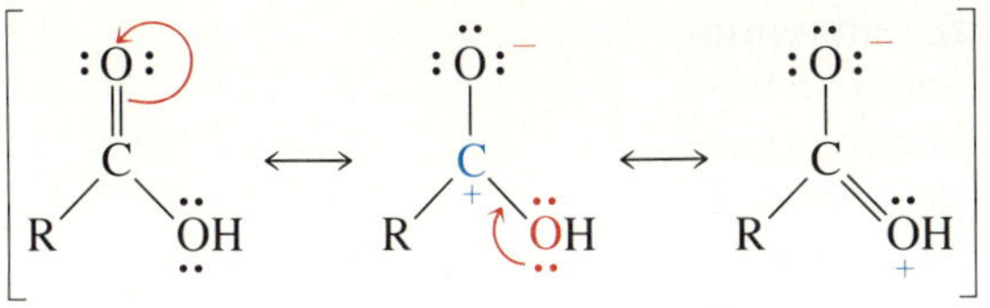

17.3 Eine weitere Methode zur Identifizierung von funktionellen Gruppen: Die Infrarot-Spektroskopie

Die dritte Resonanzstruktur erklärt den im Vergleich zu Aldehyden und Ketonen geringeren entschirmenden Effekt des Carbonyl-Kohlenstoffs.

Übung 17-2

Eine übelriechende Carbonsäure mit dem Sdp. 164 °C gab die folgenden NMR-Daten: ^{1}H-NMR (CCl_4) $\delta = 1.00$ (t, $J = 7.4$ Hz, 3 H), 1.65 (sex, $J = 7.5$ Hz, 2 H), 2.31 (t, $J = 7.4$ Hz, 2 H) und 11.68 (s, 1 H) ppm; ^{13}C-NMR (CS_2) $\delta = 13.4$, 18.5, 36.3 und 179.6 ppm. Ordnen Sie eine Struktur zu.

Zusammenfassend können wir sagen, daß die physikalischen Eigenschaften der Carbonsäuren das Vorhandensein einer polarisierbaren Carbonylfunktion und einer Hydroxygruppe, die in der Lage ist, Wasserstoffbrücken auszubilden, anzeigen. Carbonsäuren haben also ungewöhnlich hohe Schmelz- und Siedepunkte, stark entschirmte NMR-Signale für das saure Proton und den Carbonyl-Kohlenstoff und mäßig entschirmte Kerne in Nachbarschaft zur funktionellen Gruppe. Die positive Polarisierung des Carbonyl-Kohlenstoffs wird jedoch durch die Beteiligung einer Oxonium-Ion-Resonanzstruktur am Resonanzhybrid etwas abgeschwächt.

17.3 Eine weitere Methode zur Identifizierung von funktionellen Gruppen: Die Infrarot-Spektroskopie

Eine weitere Methode zur Identifizierung von Carbonsäuren und anderen funktionellen Gruppen ist die **Infrarot-Spektroskopie**. Bei diesem Verfahren macht man es sich zunutze, daß Moleküle durch Absorption von infraroter Strahlung zu Schwingungen angeregt werden. Die Lage der Absorptionslinien hängt von der Art der im Molekül vorhandenen funktionellen Gruppen ab, das gesamte Spektrum ist aber wie ein „Fingerabdruck“ nur für ein bestimmtes Molekül charakteristisch.

Durch Absorption von infrarotem Licht werden Molekülschwingungen angeregt

Bei der kernmagnetischen Resonanz werden Kernspins durch Radiowellen dazu angeregt, ihre Ausrichtung im magnetischen Feld zu ändern ($\Delta E \sim 4 \times 10^{-6}$ kJ/mol; Kap. 10). Spektroskopie im ultravioletten und sichtbaren Bereich wird mit energiereicherem Licht durchgeführt, das Übergänge von Elektronen auf höhere Energieniveaus ermöglicht

($\Delta E \sim 167 - 1256$ kJ/mol; Abschn. 14.7). Bei Absorption von Energien, die etwas niedriger als die des sichtbaren Lichtes sind, werden Moleküle zu **Schwingungen** angeregt. Licht, das diese Energie besitzt, entstammt dem **infraroten** oder **IR-Bereich** des elektromagnetischen Spektrums (s. Abb. 10-2). Der mittlere Bereich, das *mittlere* Infrarot ist in der organischen Analyse der wichtigste. IR-Absorptionsbanden werden entweder durch die Wellenlänge λ des absorbierten Lichts in Mikrometern ($\lambda \sim 2.5 - 16.7$ µm; s. Abb. 10-2) oder durch deren reziproken Wert, die *Wellenzahl*, $\tilde{\nu}$ (Einheit cm^{-1}; $\tilde{\nu} = 1/\lambda$) charakterisiert. Ein typisches IR-Spektrum umfaßt einen Bereich von 600 bis 4000 cm^{-1}, die Energie der Strahlung reicht von 4.1 bis 41.9 kJ/mol.

Die Wirkungsweise eines einfachen IR-Spektrometers entspricht dem in Abb. 10-3 gezeigten Bild. Moderne Systeme benutzen hochentwickelte Rapid-Scan-Techniken und sind mit Computern verbunden. Hierdurch wird die Speicherung von Daten, die Manipulation von Spektren, der Vergleich mit Spektrensammlungen und die Bestimmung unbekannter Verbindungen anhand gespeicherter Spektren ermöglicht.

Die Anregung von Molekülschwingungen kann man sich anhand eines einfachen Modells veranschaulichen. Die Atome A und B seien wie zwei Massen an einer Feder miteinander verbunden. Diese Feder dehnt sich und zieht sich mit einer bestimmten Frequenz $\tilde{\nu}$ zusammen, (s. Abb. 17-3). In diesem Bild hängt die Frequenz, mit der beide Atome schwingen, von der Stärke der Bindung zwischen ihnen und ihrer Atommasse ab. Tatsächlich läßt sich diese Bewegung mit Hilfe des Hookschen Gesetzes beschreiben.

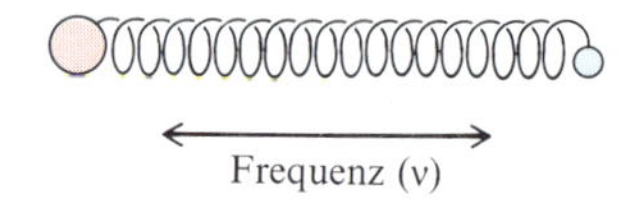

Abb. 17-3 Zwei ungleiche Massen an einer schwingenden Feder: Ein Modell für die Schwingungsanregung einer Bindung.

Das Hooksche Gesetz und die Anregung von Schwingungen

$$\tilde{\nu} = k \cdot \sqrt{f \cdot \frac{(m_1 + m_2)}{m_1 m_2}}$$

$\tilde{\nu}$ = Wellenzahl der Schwingung in cm^{-1}
k = Konstante
f = Kraftkonstante, charakteristisch für die Stärke der Feder (Bindung)
m_1, m_2 = An den Enden der Feder befindliche Massen (Atome)

Diese Gleichung könnte dazu verleiten, in einem IR-Spektrum für jede Bindung in einem Molekül nur jeweils einen Peak zu erwarten. So sollte Ethansäure (Essigsäure) fünf Peaks zeigen. Es müßte sogar möglich sein, die relative Lage der Absorptionsbanden vorauszusagen. So ist z. B. die Dissoziationsenergie der O–H-Bindung größer als die der C–H-Bindung; die Schwingung der O–H-Bindung sollte daher bei höheren Wellenzahlen liegen. Eine ähnliche Betrachtung könnte man für die C–O-Doppelbindung im Vergleich zur Einfachbindung anstellen. Das IR-Spektrum von Ethan-(Essig)säure ist in Abb. 17-4 dargestellt.

Einige Schwingungsmöglichkeiten der Ethansäure (Essigsäure)

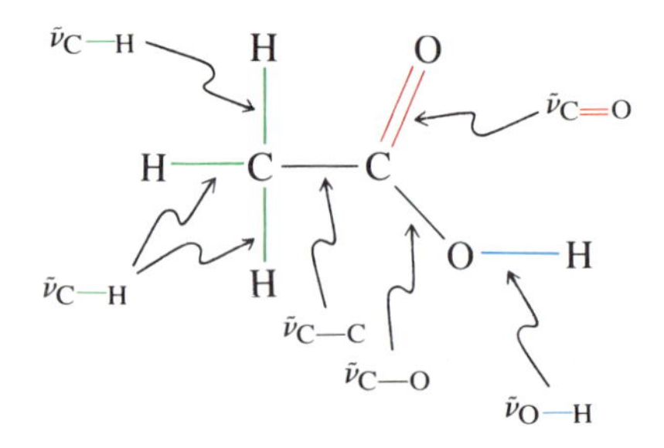

Es ist jedoch offensichtlich, daß die Dinge nicht so einfach sind wie erwartet. Eindeutig lassen sich mehr als fünf Banden (einige von ihnen erscheinen nur als schlecht aufgelöste Schultern) im Spektrum unterscheiden. Wie läßt sich das erklären?

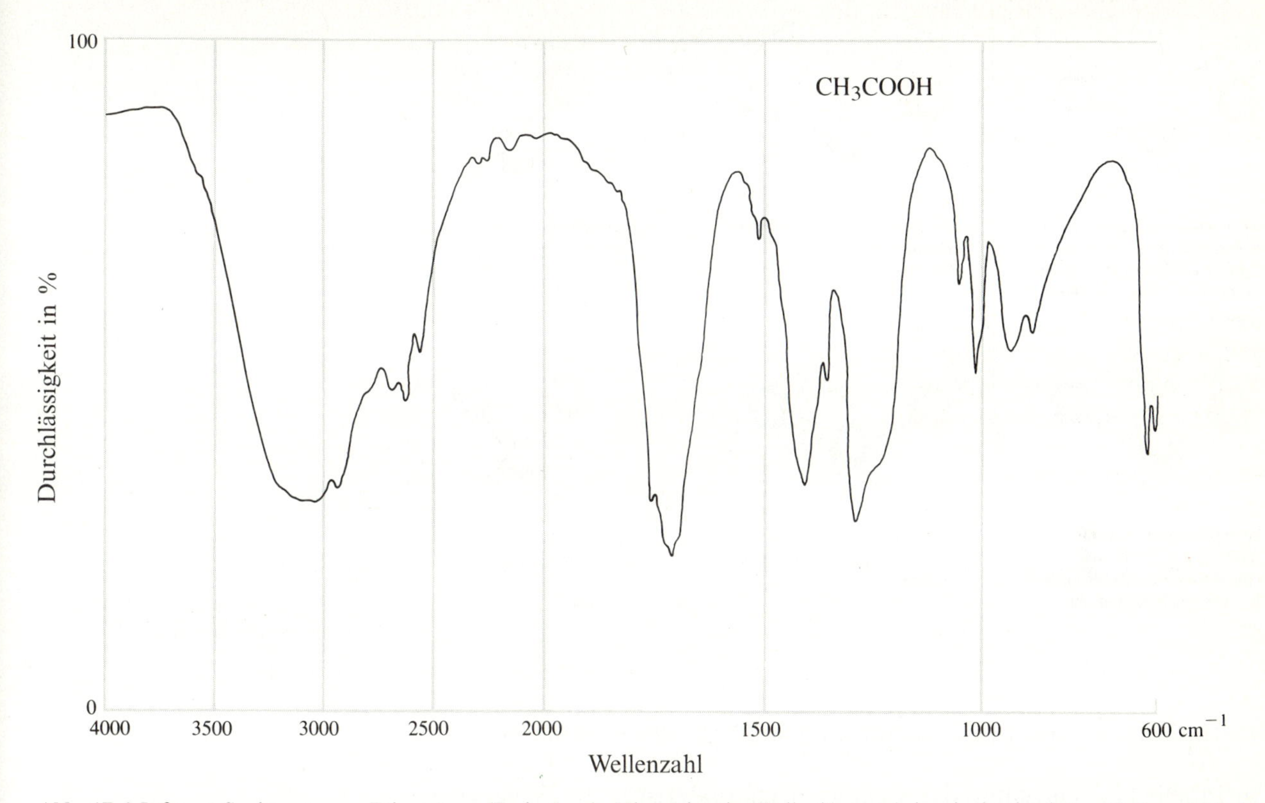

Abb. 17-4 Infrarot-Spektrum von Ethansäure (Essigsäure). Die reziproke Wellenlänge wird, mit der höchsten Wellenzahl links beginnend, gegen den Anteil der Durchlässigkeit in Prozent aufgetragen. 100% Durchlässigkeit bedeutet keine Absorption.

Komplexe Schwingungen und Kopplungen

Der Hauptgrund für die Komplexität von Infrarot-Spektren liegt in der Vielzahl von möglichen Schwingungen und in der Tatsache, daß viele Schwingungen mechanisch gekoppelt sind. Die Kopplung erinnert an die Kernkopplung im NMR-Spektrum, aufgrund derer komplizierte und nicht nach erster Ordnung zu lösende Spektren entstehen, sie hat aber hier einen anderen Ursprung. Moleküle, die infrarotes Licht absorbieren, führen nämlich nicht nur Streck- sondern auch die verschiedensten Biegebewegungen durch, außerdem gibt es noch Kombinationen aus beiden Bewegungsarten. Die unterschiedlichen Schwingungsmöglichkeiten an einem tetraedrischen Kohlenstoff sind in Abb. 17-5 gezeigt. Zu ihnen gehören symmetrische und asymmetrische Valenzschwingungen (stretching), Deformations- (bending), Pendel- (rocking), Torsions- (twist) und Kippschwingungen (wagging).

Diese Fülle von Möglichkeiten macht eine Interpretation des gesamten Spektrums recht schwierig. Dennoch ist die IR-Spektroskopie in der Praxis des organischen Chemikers aus zwei Gründen von großem Nutzen: erstens erscheinen die Schwingungsbanden einer Reihe von funktionellen

Gruppen bei charakteristischen Wellenzahlen und zweitens läßt sich das gesamte Spektrum zur Identifizierung einer Verbindung verwenden, da jede Substanz ihr eigenes unverwechselbares Spektrum hat.

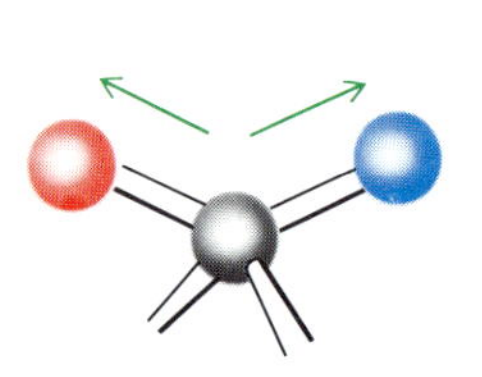

symmetrische Valenzschwinung (beide äußeren Atome entfernen sich gleichzeitig vom Zentrum oder nähern sich ihm).

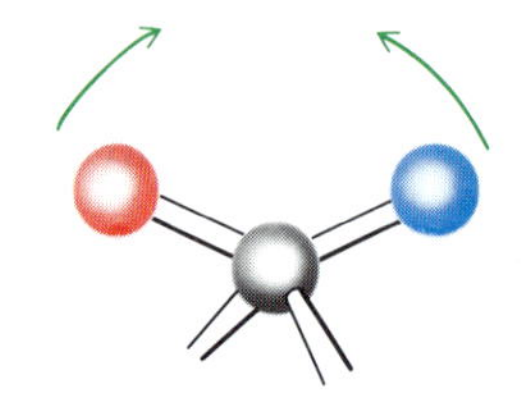

symmetrische Deformationsschwingung „in plane" (bending)

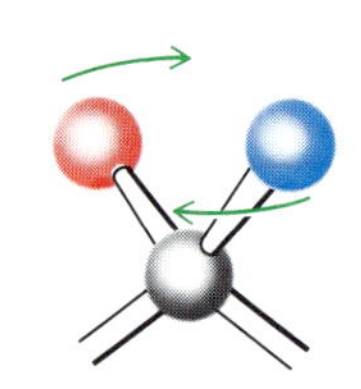

Torsionsschwingung „out of plane" (twist)

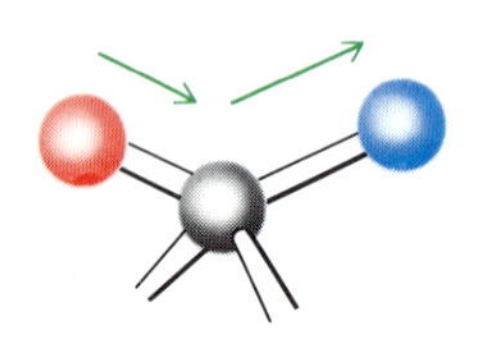

asymmetrische Valenzschwingung (wenn sich das eine Atom zum Zentrum hin bewegt, entfernt sich das andere)

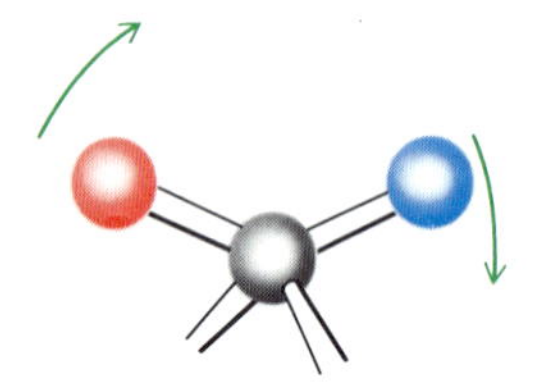

asymmetrische Deformationsschwingung „in plane" (rocking)

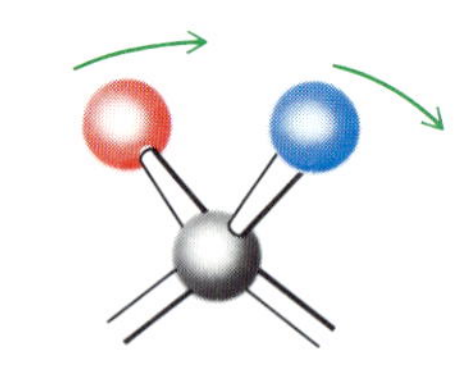

Kippschwingung „out of plane" (wagging)

Abb. 17-5 Die verschiedenen Möglichkeiten der Schwingung am tetraedrischen Kohlenstoffatom.

Funktionelle Gruppen zeigen typische Infrarot-Absorptionen

In Tabelle 17-3 sind einige der wichtigsten charakteristischen Wellenzahlen für die funktionellen Grupen und Bindungen, die uns bisher begegnet sind, aufgeführt, für die Alkane, Alkene, Alkine, Alkohole, Ether, Aldehyde und Ketone und (in diesem Kapitel) die Carbonsäuren. In der folgenden Diskussion wollen wir die Deformationsschwingungen nur kurz streifen, da sie meist von geringerer Intensität sind, mit anderen Absorptionen überlagern und komplizierte Aufspaltungsmuster zeigen können.

Tabelle 17-3 Wellenzahlbereich von charakteristischen Valenzschwingungen organischer Moleküle

Bindung oder funktionelle Gruppe	$\tilde{\nu}$ in cm^{-1}
RO–H (Alkohole)	3200–3650
$RC(=O)O-H$ (Carbonsäuren)	2500–3300
R_2N-H (Amine)	3300–3500
$RC\equiv C-H$ (Alkine)	3260–3330
$>C=C<$–H (Alkene)	3050–3150
$-\overset{\vert}{\underset{\vert}{C}}-H$ (Alkane)	2840–3000

Tabelle 17-3 (Fortsetzung)

Bindung oder funktionelle Gruppe	$\tilde{\nu}$ in cm^{-1}
RC≡CH (Alkine)	2100–2260
RC≡N (Nitrile)	2220–2260
RC(=O)H, RC(=O)R′ (Aldehyde, Ketone)	1690–1750
RC(=O)OR′ (Ester)	1735–1750
RC(=O)OH (Carbonsäuren)	1710–1760
>C=C< (Alkene)	1620–1680
RC—OR′ (Alkohole, Ether)	1000–1260

Der Fingerprint-Bereich

In den Abbildungen 17-6 bis 17-9 sind die IR-Spektren von Pentan und Hexan bei zwei verschiedenen Auflösungen gezeigt. Obwohl das Grundmuster dieser Spektren ähnlich ist, unterscheiden sie sich in ihrer Feinstruktur. Diese Unterschiede werden bei größerer Auflösung sogar noch deutlicher, insbesondere im Bereich zwischen 600 und 1500 cm^{-1}, dem sogenannten *Fingerprint-Bereich*. Die typischen C–H-Valenzschwingun-

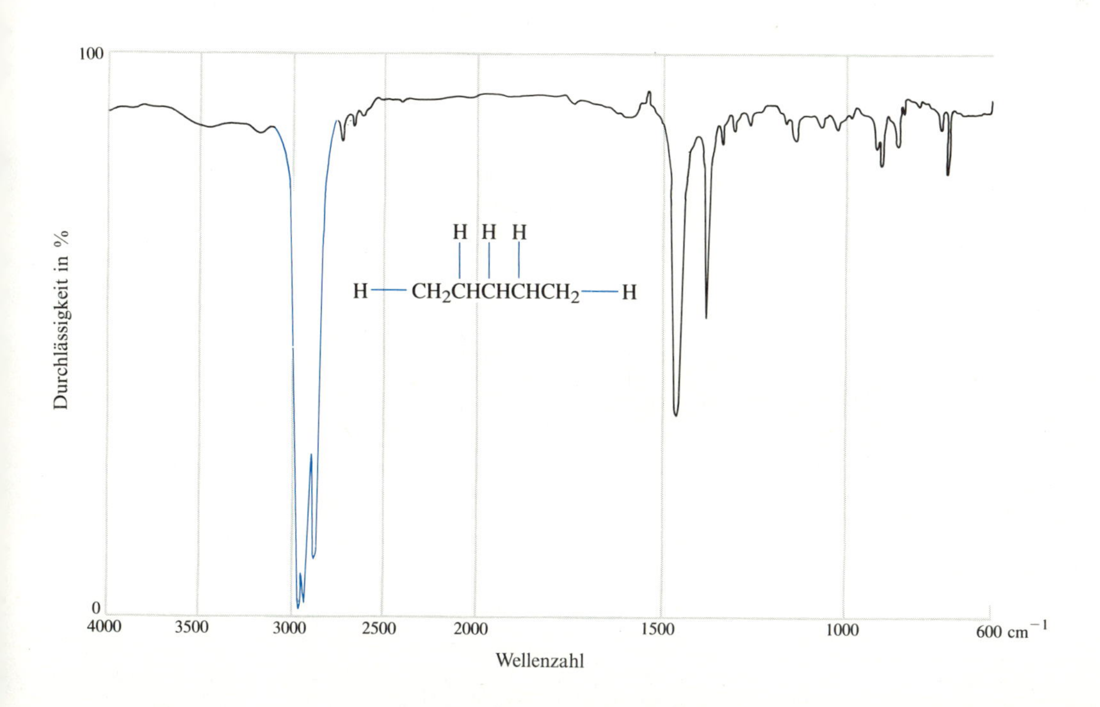

Abb. 17-6 IR-Spektrum von Pentan: $\tilde{\nu}_{C-H\ Valenz}$ = 2960, 2930 und 2870 cm^{-1}; $\tilde{\nu}_{C-H\ Deform}$ = 1460, 1380 und 730 cm^{-1}.

gen der Alkane liegen im Bereich von 2840 bis 3000 cm^{-1}. Drei andere Banden, die durch Deformationsbewegungen zustandekommen, befinden sich bei etwa 1460, 1380 und 730 cm^{-1}. Alle gesättigten Kohlenwasserstoffe (einschließlich der Cycloalkane) zeigen ähnliche Absorptionen.

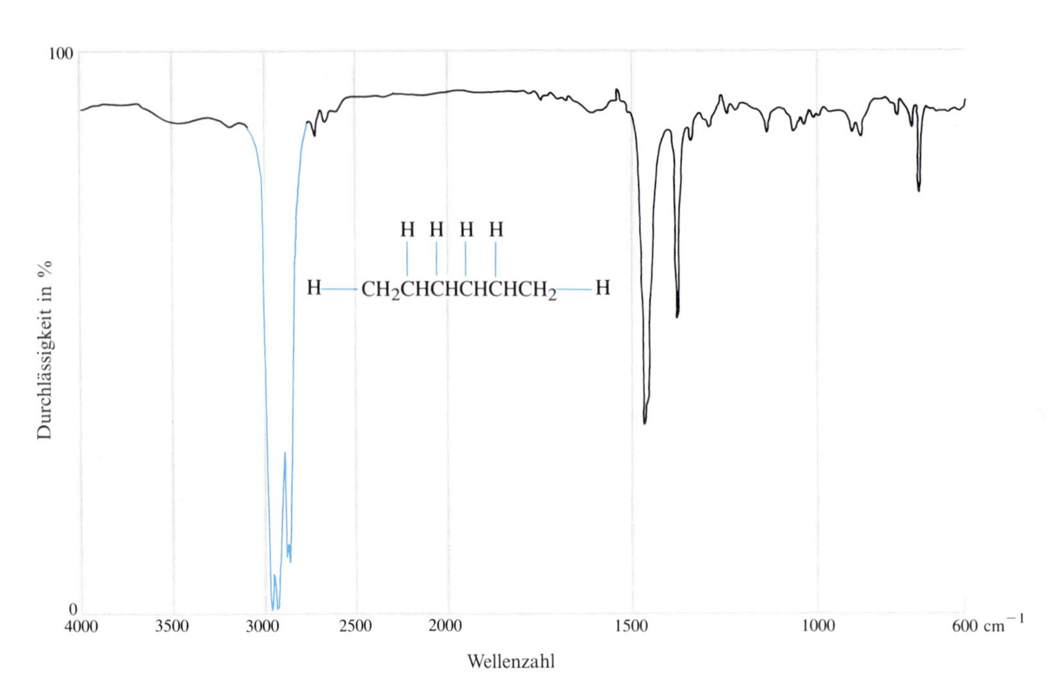

Abb. 17-7 IR-Spektrum von Hexan. Die Hauptbanden liegen an ähnlichen Stellen wie im IR-Spektrum von Pentan.

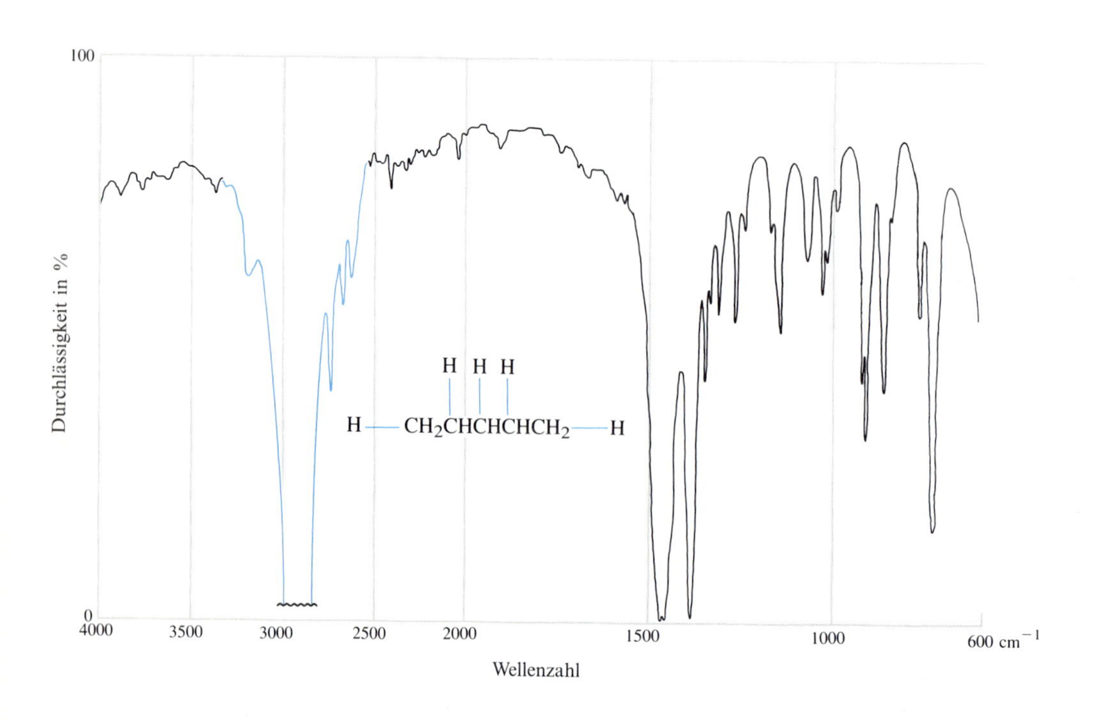

Abb. 17-8 IR-Spektrum von Pentan bei höherer Auflösung (im Vergleich zu Abb. 17-3). Es wird deutlich, daß sich die IR-Spektren von Pentan und Hexan im Fingerprint-Bereich zwischen 600 und 1500 cm^{-1} unterscheiden (s. Abb. 17-9).

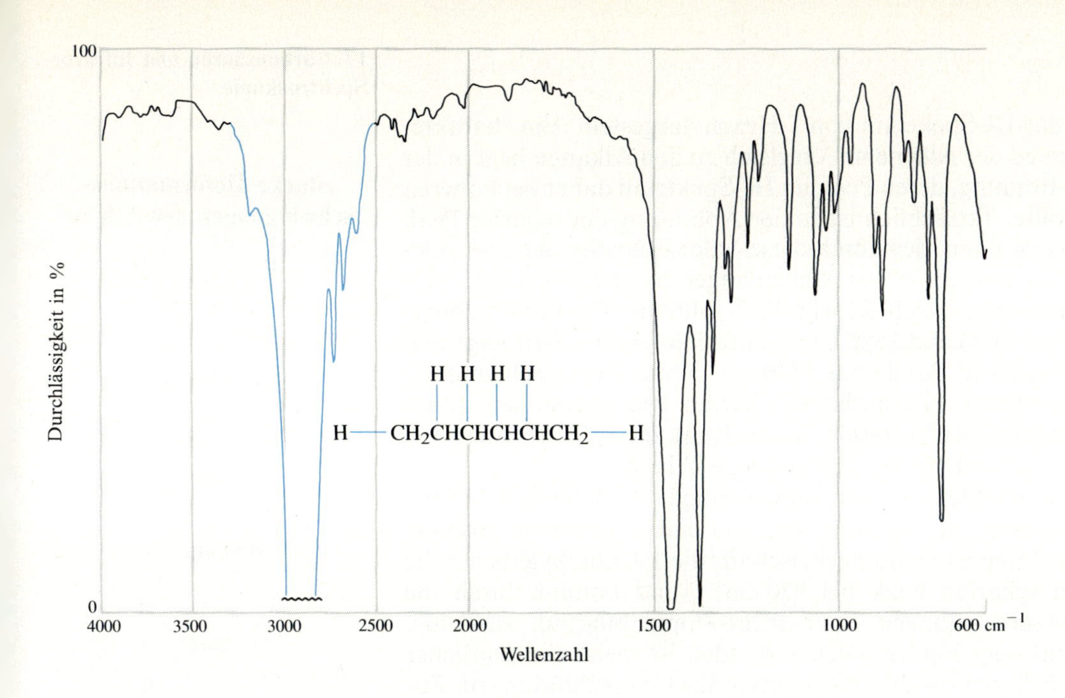

Abb. 17-9 IR-Spektrum von Hexan bei höherer Auflösung (im Vergleich zu Abb. 17-7).

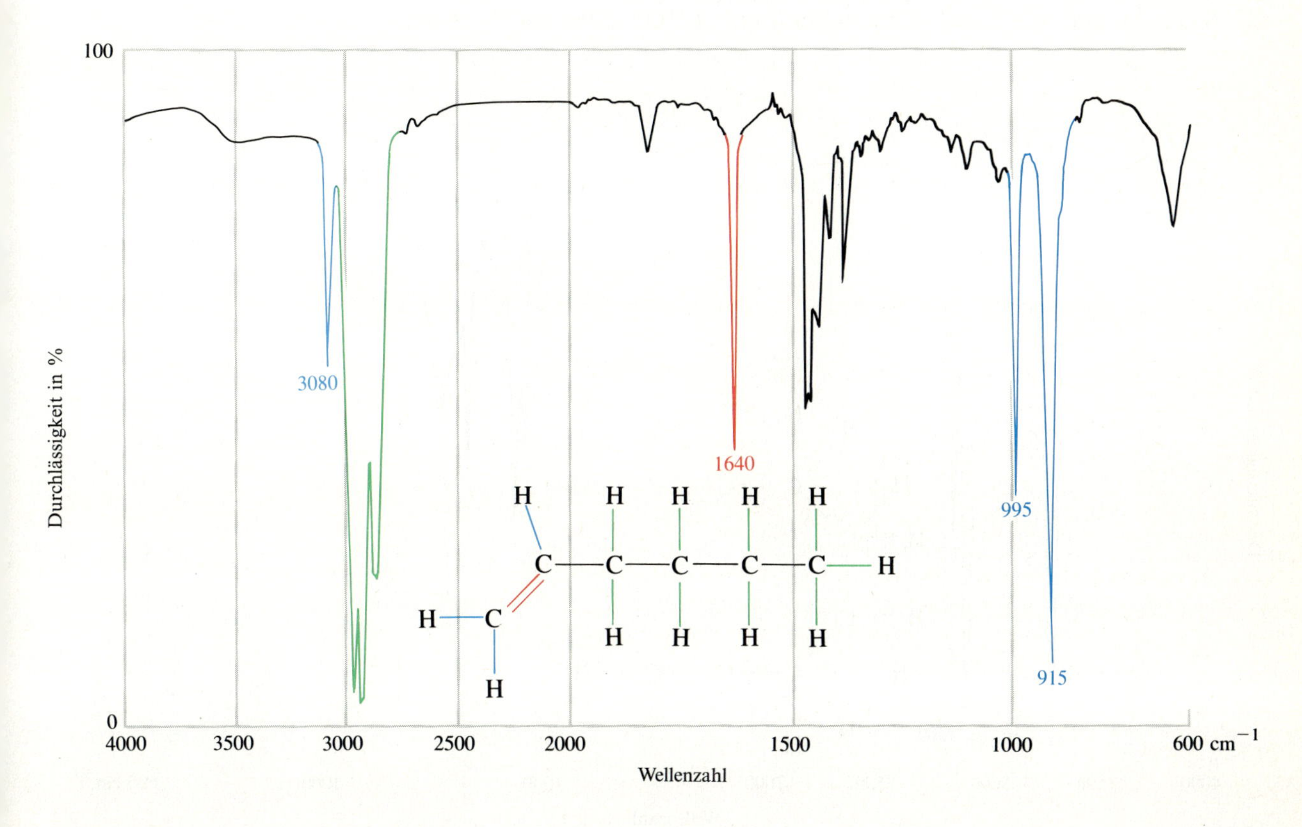

Abb. 17-10 IR-Spektrum von 1-Hexen: $\tilde{\nu}_{C_{sp^2}-H\ \text{Valenz}} = 3080\ \text{cm}^{-1}$; $\tilde{\nu}_{C=C\ \text{Valenz}} = 1640\ \text{cm}^{-1}$, $\tilde{\nu}_{C_{sp^2}-H\ \text{Deform}} = 995$ und $915\ \text{cm}^{-1}$.

Alkene

In Abb. 17-10 ist das IR-Spektrum von 1-Hexen dargestellt. Ein charakteristischer Unterschied der Alkene im Vergleich zu den Alkanen liegt in der stärkeren C_{sp^2}-H-Bindung, deren Peak im IR-Spektrum daher bei höheren Energien liegen sollte. Tatsächlich ist in der Abbildung ein scharfer Peak bei 3080 cm^{-1} zu erkennen, der durch diese Valenzschwingung zustandekommt, und der bei etwas höheren Wellenlängen als die übrigen C–H-Streckschwingungen liegt. Nach Tabelle 17-3 sollte die C=C-Stretching-Bande zwischen etwa 1620 und 1680 cm^{-1} auftreten. Abb. 17-10 zeigt eine relativ starke und scharfe Bande bei 1640 cm^{-1}, die dieser Schwingung zugeordnet werden kann. Die anderen scharfen Peaks kommen durch Deformationsschwingungen zustande. So sind z. B. die beiden Signale bei 915 und 995 cm^{-1} typisch für ein endständiges Alken.

Zwei andere scharfe Deformationsschwingungen sind typisch für bestimmte Substitutionsmuster in Alkenen. Die eine ergibt eine einzelne Bande bei 890 cm^{-1} und ist charakteristisch für die 1,1-Dialkylethene; die andere gibt einen scharfen Peak bei 970 cm^{-1} und kommt durch die C_{sp^2}-Deformationsschwingungen einer trans-Doppelbindung zustande. Das Vorhandensein oder Fehlen solcher Banden ist meist ein deutlicher Hinweis für das Vorliegen spezifisch substituierter Doppelbindungen. Zusammen mit dem NMR (Abschn. 11-3) ist eine ziemlich sichere Strukturbestimmung möglich.

Starke Deformationsschwingungen der Alkene

(R)(H)C=C(H)(H)
915, 995 cm^{-1}

(R)(R)C=C(H)(H)
890 cm^{-1}

(R)(H)C=C(H)(R)
970 cm^{-1}

Alkine

Die charakteristischen IR-Valenzschwingungensbanden der Alkine (s. Tab. 17-3) kommen durch die C–H-Bindung zum Wasserstoff (3260–3330 cm^{-1}) und die C≡C-Dreifachbindung (2100–2260 cm^{-1}, Abb.

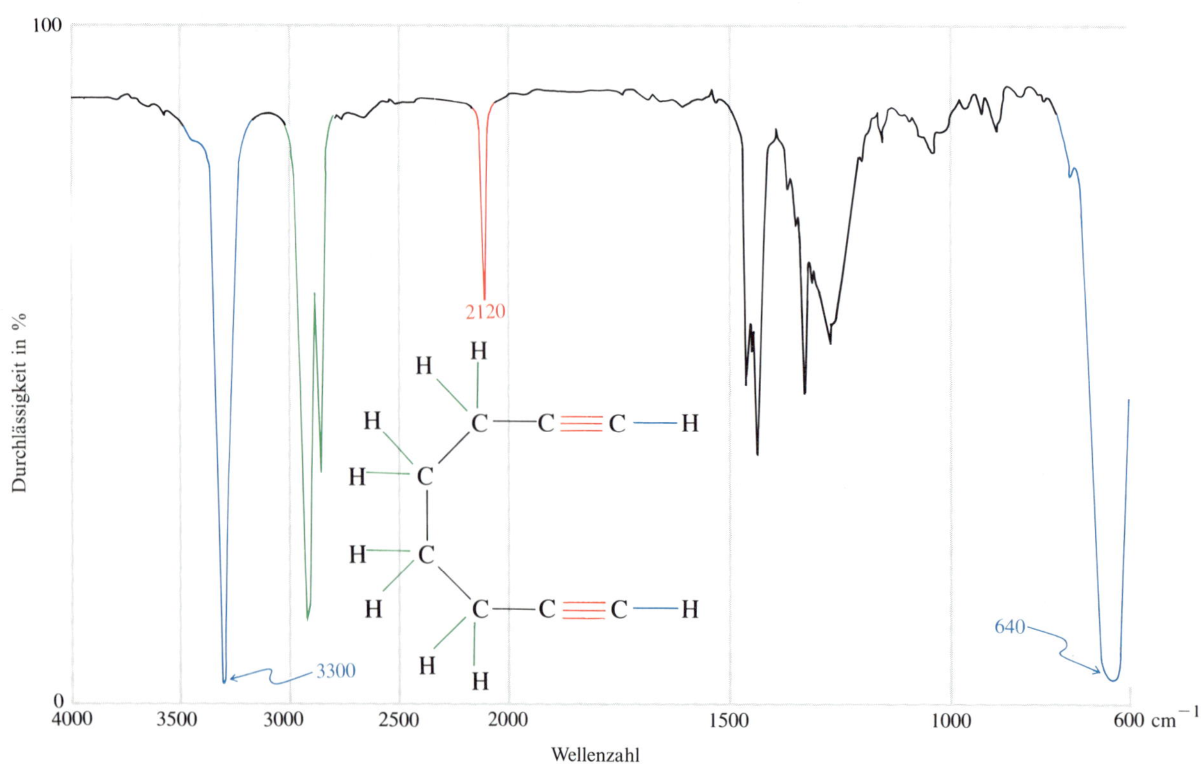

Abb. 17-11 IR-Spektrum von 1,7-Octadiin: $\tilde{\nu}_{C_{sp^2}-H\ Valenz} = 3300\ cm^{-1}$, $\tilde{\nu}_{C\equiv C\ Valenz} = 2120\ cm^{-1}$; $\tilde{\nu}_{C_{sp^2}-H\ Deform} = 640\ cm^{-1}$.

17-11) zustande. Beide erscheinen bei höheren Wellenzahlen als die entsprechenden Schwingungen in den Alkenen. Ein breiter C_{sp}-H-Deformations-Peak tritt bei etwa 640 cm^{-1} auf.

Alkohole

Die O–H-Valenzschwingung ist die auffälligste Bande in den IR-Spektren der Alkohole, die als ein breiter Peak, der sich über einen recht großen Bereich erstreckt, erscheint (3200–3650 cm^{-1}, Abb. 17–12). Die Breite

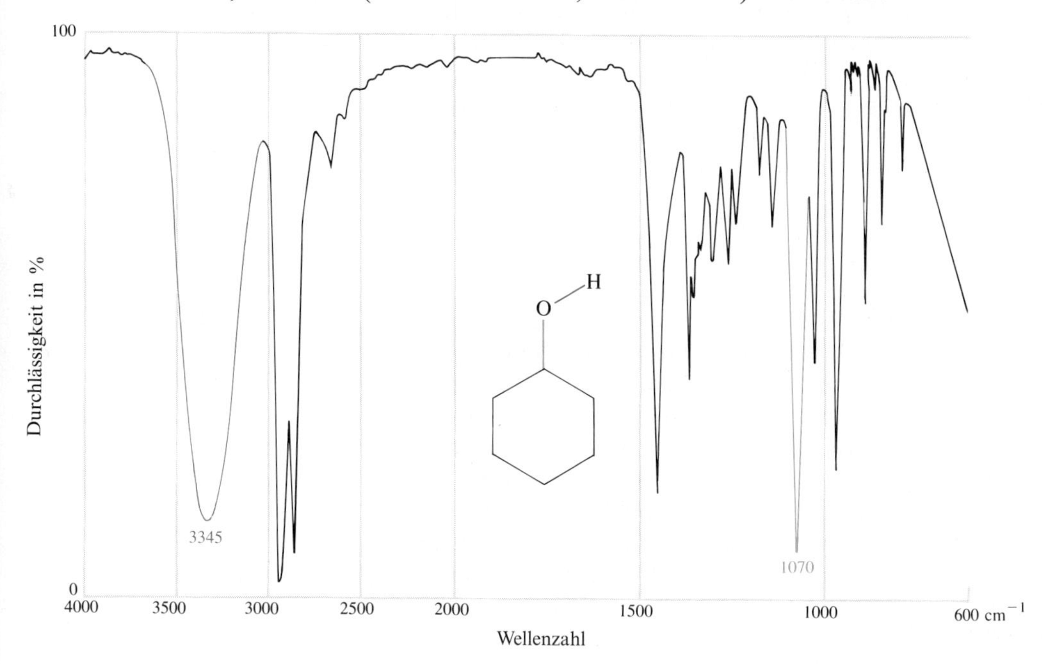

Abb. 17-12 IR-Spektrum von Cyclohexanol: $\tilde{\nu}_{O-H\ Valenz} = 3345\ cm^{-1}$; $\tilde{\nu}_{C-O} = 1070\ cm^{-1}$. Auffällig ist der breite OH-Peak.

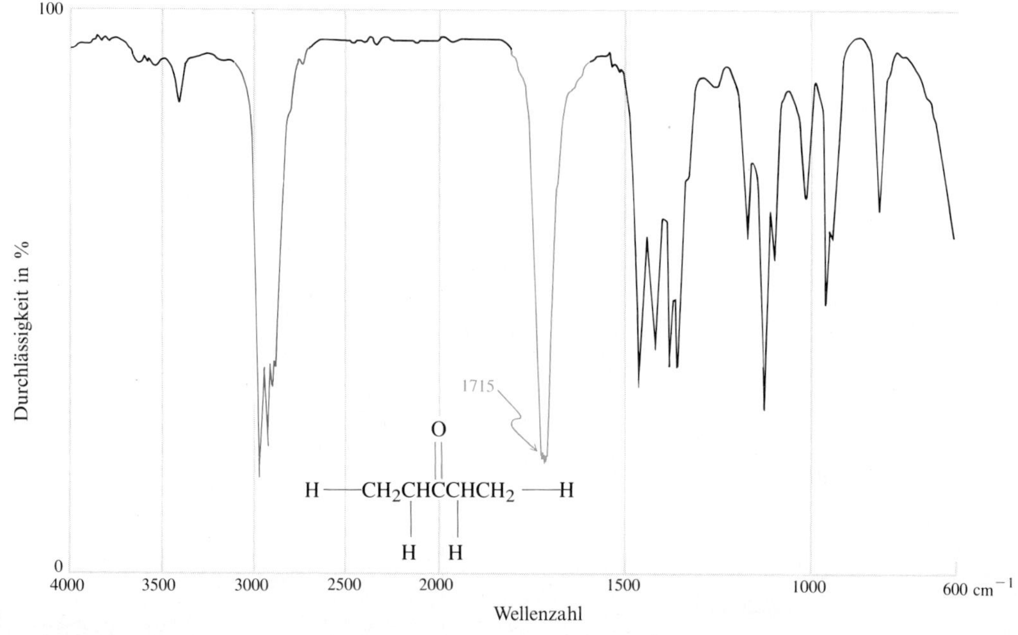

Abb. 17-13 IR-Spektrum von 3-Pentanon: $\tilde{\nu}_{C=O\ Valenz} = 1715\ cm^{-1}$.

dieses Peaks kommt durch Wasserstoffbrücken-Bindungen zu anderen Alkohol- oder zu Wassermolekülen zustande. Wasserfreie Alkohole in verdünnter Lösung zeigen schärfere Banden, die in einem engeren Bereich liegen (3620–3650 cm^{-1}).

Aldehyde und Ketone

Vor dem Aufkommen der ^{13}C-NMR-Spektroskopie als Routinemethode, aus der sich die Anwesenheit der Carbonylgruppe in Aldehyden und Ketonen aufgrund der charakteristischen Verschiebung des Carbonyl-Kohlenstoffs zu niedrigem Feld erkennen läßt, war die IR-Spektroskopie die einzige Möglichkeit zum direkten Nachweis dieser funktionellen Gruppe. Die C=O-Valenzschwingung ist ungewöhnlich stark und tritt normalerweise innherhalb eines relativ engen Bereiches auf (1690–1750 cm^{-1}, Abb. 17-13).

Carbonsäuren

Die Carboxygruppe setzt sich aus einer Carbonylgruppe und einem daran gebundenen Hydroxysubstituenten zusammen. Daher sind beide charakteristischen Valenzschwingungen im Infrarot-Spektrum zu erkennen (Abb. 17-4 und 17-14). Die O–H-Bindung verursacht eine breite Bande bei niedrigerer Wellenzahl (2500–3300 cm^{-1}) als bei den Alkoholen, was an den starken Wasserstoffbrücken liegt. Das IR-Spektrum von Propansäure ist in Abb. 17-14 gezeigt. Vergleicht man es mit dem der Ethansäure (Essigsäure) (s. Abb. 17-4), sieht man, daß beide sehr ähnliche Absorptionsmuster für die O–H-Valenzschwingung (sie überlappt mit den C–H-Stretching-Banden) und für die C=O-Valenzschwingung, aber eindeutig unterschiedliche Fingerprint-Bereiche haben.

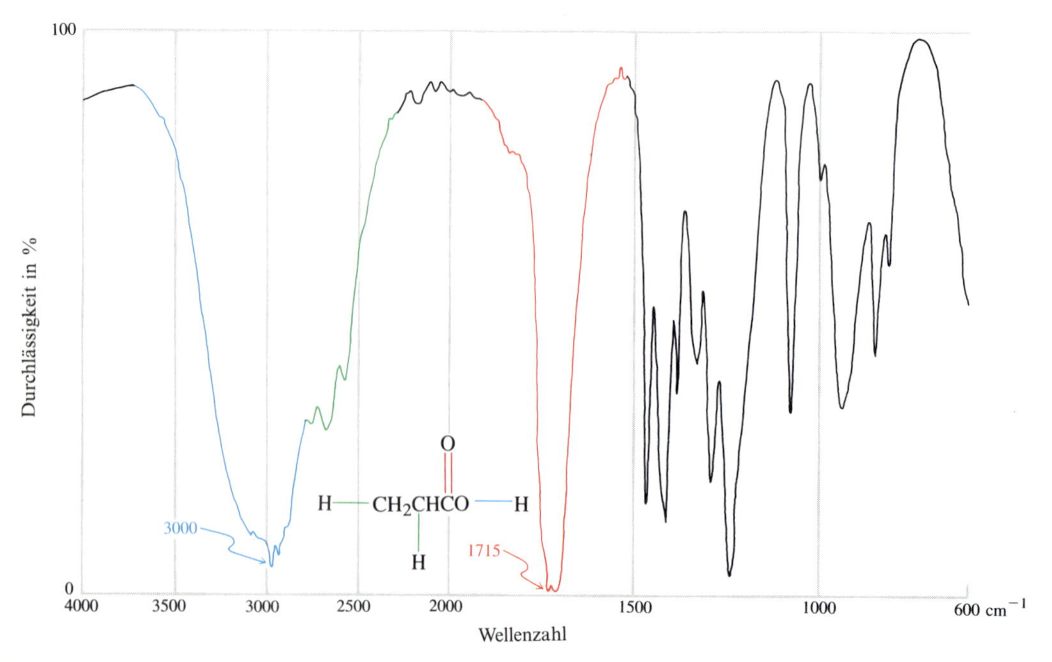

Abb. 17-14 IR-Spektrum von Propansäure: $\tilde{\nu}_{O-H\ Valenz} = 3000\ cm^{-1}$. $\tilde{\nu}_{C=O\ Valenz} = 1715\ cm^{-1}$.

Übung 17-3
Eine farblose Flüssigkeit ergab eine Elementaranalyse mit folgenden Werten: C, 25.41 %, H, 3.18 %; Cl, 37.53 %. Die spektroskopischen Daten waren folgende: ^{1}H-NMR (CD_3COCH_3) $\delta = 10.35$ (s, 1 H) und 5.36 (s, 2 H) ppm; ^{13}C-NMR (CS_2) = 173.8 und 41.3 ppm; IR (reine Phase) 3080 und 1728 cm^{-1}. Welche Struktur hat die Verbindung?

Fassen wir zusammen: Das Vorliegen bestimmter funktioneller Gruppen läßt sich mit Hilfe der Infrarot-Spektroskopie nachweisen. Durch infrarotes Licht werden Bindungen in Molekülen zu Schwingungen angeregt. Die Valenzschwingungen starker Bindungen und leichter Atome haben relativ hohe Frequenzen. Im Spektrum werden anstelle der Frequenzen (c/λ) die Wellenzahlen ($1/\lambda$) angegeben. Schwache Bindungen und schwere Atome absorbieren entsprechend dem Hookschen Gesetz bei niedrigeren Wellenzahlen. Wegen der Vielfalt der Valenz und Deformationsschwingungen sind Infrarot-Spektren gewöhnlich kompliziert aufgebaut. Sie sind jedoch für eine Verbindung so charakteristisch wie ein Fingerabdruck. Unterschiedlich substituierte Alkene zeigen Valenzschwingungen bei etwa 3080 (C—H) und 1640 (C=C) cm^{-1}, und Deformationsschwingungen zwischen 890 und 990 cm^{-1}. Die charakteristischen Banden der Alkine liege bei etwa 3300 (C—H) und 2120 (C≡C) cm^{-1}, Alkohole absorbieren bei 3345 (O—H), Aldehyde und Ketone bei etwa 1715 (C=O) und Carbonsäuren bei ungefähr 3000 (O—H) und 1710 (C=O) cm^{-1}.

17.4 Acidität und Basizität von Carbonsäuren

Wie die Alkohole (Abschn. 8.3) zeigen Carbonsäuren saures und basisches Verhalten: Die Deprotonierung zu Carboxylat-Ionen ist relativ einfach, die Protonierung schwieriger.

Bei der Deprotonierung von Carbonsäuren entstehen resonanzstabilisierte Anionen

Wie schon der Name erkennen läßt, reagieren Carbonsäuren sauer. Das saure Verhalten ist weitaus stärker ausgeprägt als bei den Alkoholen, obwohl das saure Proton in beiden Fällen einer Hydroxygruppe entstammt.

Carbonsäuren sind mittelstarke Säuren

$$\mathrm{RC(=O)\ddot{O}H} + \mathrm{H_2\ddot{O}} \rightleftharpoons \mathrm{RC(=O)\ddot{O}:^-} + \mathrm{H\ddot{O}H_2^+}$$

$K_a \sim 10^{-4}$–10^{-5}
$pK_a \sim 4$–5

Woher kommt das? Der Unterschied liegt in der Carbonylgruppe, an die der Hydroxysubstituent gebunden ist. Der positiv polarisierte Kohlenstoff übt einen induktiven elektronenziehenden Effekt auf die benachbarten Gruppen aus, und, was noch wichtiger ist, ermöglicht eine Resonanzstabilisierung des resultierenden Carboxylat-Ions. Diese Effekte sind diesselben wie bei den Aldehyden und Ketonen, in denen die Carbonylgruppe acidifizierend auf die Protonen der benachbarten C–H-Einheiten wirkt und die gebildeten Enolat-Ionen resonanzstabilisiert (Kap. 16).

Resonanz in Carboxylat- und Enolat-Ionen

Carboxylat-Ion:

$$B:^- + RCOOH \rightleftharpoons BH + \left[RC(=O)-O^- \longleftrightarrow {}^-O-RC=O \right]$$

Enolat-Ion:

$$B:^- + R'C(=O)CH_2R \rightleftharpoons BH + \left[R'C(=O)-\ddot{C}^-HR \longleftrightarrow R'C(-O^-)=CHR \right]$$

Anders als bei den Enolaten sind die beiden Resonanzstrukturen in den Carboxylat-Ionen äquivalent (Abschn. 1.7). Hieraus ergibt sich, daß die Carboxylate symmetrisch gebaut sind, mit gleichen Kohlenstoff-Sauerstoff-Bindungslängen (126 pm), die zwischen denen einer Kohlenstoff-Sauerstoff-Doppelbindung und -Einfachbindung (134 pm) in den entsprechenden Säuren liegen (Abb. 17-1). Man kann die Carboxylat-Ionen als Sauerstoff-Analoga des Allyl-Anions auffassen, das ebenfalls über äquivalente Resonanzstrukturen beschrieben wird (Abschn. 14.1).

Elektronenziehende Substituenten erhöhen die Säurestärke der Carbonsäuren

Wie bei den Alkoholen, Aldehyden und Ketonen erhöhen elektronenziehende Substituenten in Nachbarschaft zur Carboxygruppe deren Acidität. Die pK_a-Werte einiger Carbonsäuren sind in Tabelle 17-4 aufgeführt. Sind

Tabelle 17-4 pK_a-Werte einiger Carbon- und Mineralsäuren

Verbindung	pK_a	Verbindung	pK_a
CH_3COOH	4.74	$CH_3CH_2CH_2COOH$	4.9
$ClCH_2COOH$	2.86	$CH_3CH_2CHClCOOH$	3.8
$Cl_2CHCOOH$	1.26	$CH_3CHClCH_2COOH$	4.1
Cl_3CCOOH	0.64	$ClCH_2CH_2CH_2COOH$	4.5
F_3CCOOH	0.23		
		H_3PO_4	2.15 (erster pK_a)
$HOOCCOOH$	2.77, 5.81	HNO_3	−1.3
$HOOCCH_2COOH$	3.15, 6.30	HCl	−2.2
$HOOCCH_2CH_2COOH$	5.84, 6.34	H_2SO_4	−5.2 (erster pK_a)
$HOOC(CH_2)_4COOH$	5.57, 6.38		
		H_2O	15.7
		CH_3OH	15.5

mehrere elektronenziehende Substituenten im Molekül vorhanden, können Carbonsäuren die Stärke von Mineralsäuren haben. Der induktive Effekt ist weitaus weniger ausgeprägt, wenn sich der Substituent in einiger Entfernung von der funktionellen Gruppe befindet.

Übung 17-4

Ordnen Sie die Säuren der folgenden Gruppen nach abnehmender Acidität:

(c) Cyclohexancarbonsäure (COOH); 1-Fluorcyclohexancarbonsäure (F, COOH am selben C); 4-Fluorcyclohexancarbonsäure (COOH, F)

Die Dicarbonsäuren haben zwei pK_a-Werte, für jede der beiden funktionellen Gruppen einen. Bei der Ethandisäure (Oxalsäure) und der Propandisäure (Malonsäure) ist der erste pK_a weitaus kleiner als der zweite. Dies kommt durch den wechselseitigen elektronenziehende Effekt der beiden Carboxygruppen zustande. Bei den höheren Dicarbonsäuren sind beide pK_a sehr ähnlich, da die Carboxygruppen weiter voneinander entfernt sind und sich nicht mehr beeinflussen.

Wegen der relativ großen Acidität der Carbonsäuren kann man die entsprechende Salze, die **Carboxylate** leicht durch Behandeln der Säure mit einer Base, wie z. B. NaOH, erhalten. Der systematische Name der Salze setzt sich dann aus dem Namen des Kations und dem des Stammalkans durch Anhängen der Silbe **-oat** anstelle von **-säure** zusammen. $HCOO^-Na^+$ heißt daher Natriummethanoat (Natriumformiat, die deutschen Trivialnamen der Säure-Anionen leiten sich häufig von der lateinischen Bezeichnung der Säuren ab: in diesem Falle *Acidum formicum* = Ameisensäure); $CH_3COO^-Li^+$ bezeichnet man als Lithiumethanoat (-acetat) etc. Carboxylatsalze sind weitaus besser wasserlöslich als die entsprechenden Säuren, da das polare Anion leicht solvatisiert wird.

Bildung von Carboxylatsalzen

$$CH_3C(CH_3)_2CH_2CH_2COOH \xrightarrow{NaOH,\ H_2O} CH_3C(CH_3)_2CH_2CH_2COO^-Na^+ + HOH$$

4,4-Dimethylpentansäure (etwas wasserlöslich) → **Natrium-4,4-dimethylpentanoat (wasserlöslich)**

Bei der Protonierung von Carbonsäuren entstehen resonanzstabilisierte Kationen

Im Prinzip können beide Sauerstoffatome der Carboxygruppe ein Proton an ihre freien Elektronenpaare addieren, ebenso wie Alkohole durch starke Säuren zu Oxonium-Ionen protoniert werden (s. Abschn. 8.3). Welches Sauerstoffatom ist stärker basisch und bildet daher die Bindung zu einem Proton aus? Nach allem, was wir wissen, ist es der Carbonyl-Sauerstoff. Warum? Diese Frage können wir über die Betrachtung der Resonanzstrukturen beantworten. Durch Protonierung der Hydroxygruppe entsteht ein Oxonium-Ion, für das man nur eine Resonanzstruktur schreiben kann, bei der Protonierung am Carbonyl-Sauerstoff sind drei Resonanzstrukturen möglich, dieses Ion ist also resonanzstabilisiert.

Protonierung einer Carbonsäure

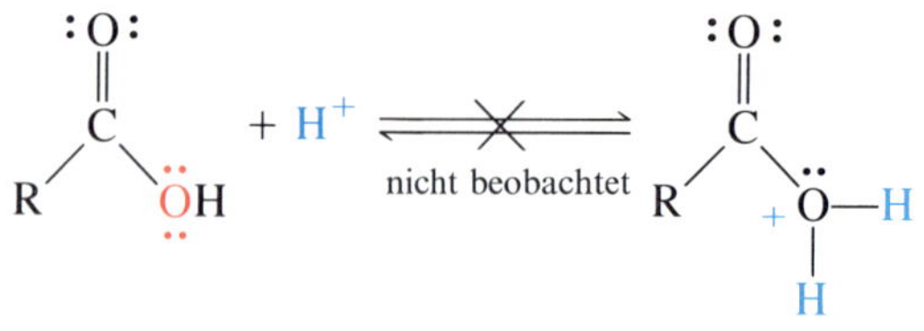

nicht beobachtet

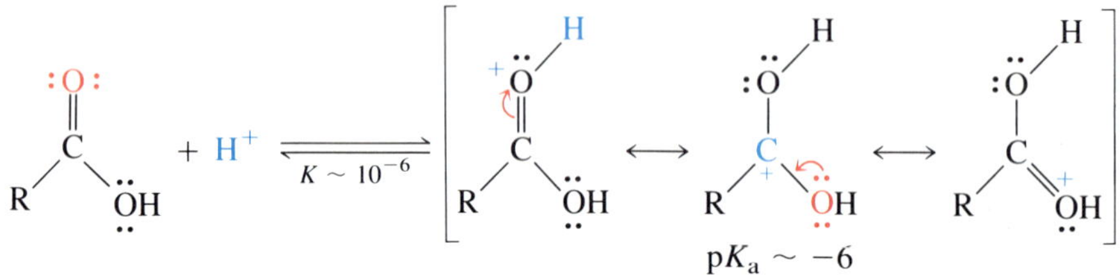

$K \sim 10^{-6}$

$pK_a \sim -6$

Dennoch ist die Protonierung sehr erschwert, wie die große Säurestärke der konjugierten Säure ($pK_a \sim -6$) zeigt. Sie ist schwieriger als die eines Alkohols (pK_a des Oxonium-Ions ~ -3), was zeigt, daß die Elektronendichte am Carbonyl-Sauerstoff geringer ist. Wir werden jedoch sehen, daß diese Protonierung bei vielen Reaktionen der Carbonsäuren und ihrer Derivate eine wichtige Rolle spielt.

Übung 17-5

Der pK_a von protoniertem Propanon (Aceton) ist -7.2, der von protonierter Ethansäure (Essigsäure) -6.1. Geben Sie eine Erklärung.

Zusammenfassend läßt sich sagen, daß Carbonsäuren deshalb sauer reagieren, weil bei ihrer Deprotonierung resonanzstabilisierte Anionen entstehen. Elektronenziehende Gruppen erhöhen die Acidität, obwohl dieser Einfluß sehr schnell mit steigendem Abstand von der Carboxygruppe abnimmt. Die Protonierung ist schwierig, aber möglich und erfolgt am Carbonyl-Sauerstoff. Hierbei entsteht ein resonanzstabilisiertes Kation.

17.5 Die Darstellung von Carbonsäuren

In diesem Abschnitt beschreiben wir Methoden zur Darstellung von Carbonsäuren. Einige dieser Verfahren haben wir schon bei der Beschreibung der Chemie anderer funktioneller Grupen erwähnt: die Oxidation primärer Alkohole und von Aldehyden (Abschn. 9.4, 15.3 und 15.8) und die Haloform-Reaktion (Abschn. 9.4 und 16.2), andere sind neu: die basische Permanganat-Oxidation von Alkenen, die Reaktion organometallischer

Reagenzien mit Kohlendioxid und die Hydrolyse von Nitrilen. Andere Darstellungsmethoden wollen wir in späteren Kapiteln besprechen. Dies sind

1 Hydrolyse anderer Carbonsäure-Derivate (Kap. 18)

$$\mathrm{RC(=O)X + HOH \longrightarrow RCOOH + HX}$$

2 Benzilsäure-Umlagerung (Abschn. 22.1)

$$\mathrm{RC(=O){-}C(=O)R \xrightarrow[2.\ H^+,\ H_2O]{1.\ HO^-} RC(R)(OH)COOH}$$

3 Malonester- und verwandte Estersynthesen (Abschn. 22.4)

$$\mathrm{(H)(R)C(COOR')_2 \xrightarrow[-\,2\,R'OH]{1.\ HO^-;\ 2.\ H^+,\ H_2O} (H)(R)C(COOH)_2 \xrightarrow{\Delta} (H)(R)C(H)COOH + O{=}C{=}O}$$

4 Friedel-Crafts-Alkanoylierung mit Anhydriden (Abschn. 25.3 und 25.4)

$$\mathrm{R{-}C_6H_4{-}H + Bernsteinsäureanhydrid \xrightarrow{AlCl_3} C_6H_5{-}CO{-}CH_2CH_2{-}COOH}$$

5 Oxidation aromatischer Seitenketten (Abschn. 24.2)

$$\mathrm{C_6H_5CH_2R \xrightarrow{KMnO_4,\ HO^-} C_6H_5COOH}$$

6 Kolbe-Reaktion (Abschn. 24.4)

$$\mathrm{C_6H_5OH + CO_2 \xrightarrow[2.\ H^+,\ H_2O]{1.\ HO^-} \textit{o}\text{-}HOC_6H_4COOH}$$

7 Aminosäuresynthesen (Abschn. 27.2)

Bei der Oxidation von Alkenen mit Permanganat entstehen Carbonsäuren

Behandelt man Alkene mit basischem Kaliumpermanganat, kann die Doppelbindung vollständig oxidativ gespalten werden, wobei Carbonsäuren entstehen. (Unter neutralen Bedingungen bleibt die Reaktion auf der Stufe der vicinalen Diole stehen; s. Abschn. 12.5). Solche Oxidationen verlaufen am besten bei endständigen Alkenen. So entsteht z. B. aus 3,7-Dimethyl-1-octen 2,6-Dimethylheptansäure (und CO_2). Man erhält also aus einem endständigen Alken eine Carbonsäure mit einer um ein Kohlenstoffatom kürzeren Kette.

$$CH_3CH(CH_3)CH_2CH_2CH_2CH(CH_3)CH{=}CH_2 \xrightarrow[\text{Propanon (Aceton), 7 °C}]{KMnO_4,\ NaHCO_3,} CH_3CH(CH_3)CH_2CH_2CH_2CH(CH_3)COOH + CO_2$$

45%

2,6-Dimethylheptansäure

Oxidation von primären Alkoholen und von Aldehyden zu Carbonsäuren

Primäre Alkohole lassen sich zu Aldehyden oxidieren, die dann sehr leicht weiter zu den entsprechenden Carbonsäuren oxidiert werden können (Abschn. 9.4, 15.3 und 1.8).

$$RCH_2OH \xrightarrow{\text{Oxidation}} RCH{=}O \xrightarrow{\text{Oxidation}} RC(=O)OH$$

Als Oxidationsmittel kann man CrO_3, $KMnO_4$, Salpetersäure oder andere Reagenzien verwenden.

$$CH_3(CH_2)_3CH(CH_2CH_3)CH_2OH \xrightarrow{KMnO_4,\ H_2O,\ NaOH,\ 12\ h} CH_3(CH_2)_3CH(CH_2CH_3)COOH$$

74%

2-Ethyl-1-hexanol → **2-Ethylhexansäure**

Salpetersäure, HNO_3, ist eines der billigsten starken Oxidationsmittel. Seine oxidierende Wirkung kommt durch die leichte Reduzierbarkeit zu NO_2 zustande:

$$2\ HNO_3 + ClCH_2CH_2CH{=}O \xrightarrow{25\ °C} ClCH_2CH_2C(=O)OH + 2\ NO_2 + H_2O$$

79%

3-Chlorpropanal → **3-Chlorpropansäure**

In Gegenwart von Vanadinpentoxid kann Salpetersäure sogar sekundäre Alkohole und Ketone unter gleichzeitiger Spaltung von C—C-Bindungen oxidieren.

$$\text{Cyclohexanol} \xrightarrow{50\%\ HNO_3,\ V_2O_5,\ 60\ °C} HO_2C(CH_2)_4CO_2H$$

60%

Cyclohexanol → **Hexandisäure (Adipinsäure)**

Die Haloform-Reaktion ergibt Carbonsäuren durch Abbau von Ketonen

Die Haloform-Reaktion (Abschn. 9.4 und 16.2) wird gelegentlich für synthetische Zwecke benutzt.

$$CH_3C(=O)CH_2C(CH_3)_2C_6H_5 \xrightarrow[2.\ H^+,\ H_2O]{1.\ I_2,\ HO^-} HOC(=O)CH_2C(CH_3)_2C_6H_5 + CHI_3$$

4-Methyl-4-phenyl-2-pentanon → **3-Methyl-3-phenylbutansäure** (84%) + **Triiodmethan (Iodoform)**

Organometallische Verbindungen reagieren mit Kohlendioxid zu Carbonsäuren

Kohlendioxid kann man als „Diketon" des Kohlenstoffs ansehen. Als solches wird es von organometallischen Reagenzien ebenso angegriffen wie Aldehyde und Ketone. Es entsteht dabei ein Carboxylat, aus dem man nach wässriger Aufarbeitung und Ansäuern die Säure erhält.

Carboxylierung von organometallischen Verbindungen

$$R^{\delta-}—Mg^{\delta+}X + {}^{\delta-}:O{=}{}^{\delta+}C{=}O:^{\delta-} \longrightarrow R—C(=O)—\ddot{O}:^-\ {}^+MgX \xrightarrow[-\ XMgOH]{H^+,\ HOH} RCOOH$$

$$RLi + CO_2 \longrightarrow RCOO^-Li^+ \xrightarrow[-\ LiOH]{H^+,\ HOH} RCOOH$$

Da man organometallische Reagenzien aus den entsprechenden Halogenalkanen synthetisieren kann, läßt sich auf diese Weise die homologe Säure mit einer um ein Kohlenstoffatom verlängerten Kette darstellen: $RX \longrightarrow RCOOH$.

$$CH_3CH_2CHClCH_3 + Mg \longrightarrow CH_3CH_2CH(MgCl)CH_3 \xrightarrow[2.\ H^+,\ H_2O]{1.\ CO_2} CH_3CH_2CH(COOH)CH_3$$

2-Chlorbutan → **2-Methylbutansäure** (86%)

$$CH_3C{\equiv}CH \xrightarrow{1.\ CH_3CH_2CH_2CH_2Li,\ THF,\ Hexan,\ -30\,°C;\ 2.\ CO_2,\ 0\,°C;\ 3.\ H^+,\ H_2O} CH_3C{\equiv}CCOOH$$

Propin → **2-Butinsäure** (98%)

Nitrile hydrolysieren zu Carbonsäuren

Ein weiteres Verfahren zur Darstellung der nächsthöheren Carbonsäure aus einem Halogenalkan läuft über die Hydrolyse eines intermediären Nitrils. Erinnern wir uns daran (Abschn. 6.3), daß das Cyanid-Ion ein gutes Nucleophil ist, das man zur Synthese von Nitrilen verwenden kann. Das Nitril reagiert mit heißer wässriger Säure oder Base zu der entsprechenden Säure und Ammoniak.

Carbonsäuren aus Halogenalkanen über Nitrile

$$RX \xrightarrow[-X^-]{CN^-} RC{\equiv}N \xrightarrow{1.\ OH^-\ \ 2.\ H^+,\ H_2O} RCOOH + NH_3$$

Den Mechanismus dieser Reaktion wollen wir in Abschnitt 18.6 diskutieren. Obwohl dieses Verfahren auf den ersten Blick keinen Vorteil gegenüber Grignard-Reaktionen bietet, ist es in Wahrheit eine wertvolle Ergänzung. So brauchen Hydroxy- und Carboxygruppen im Molekül nicht geschützt zu werden.

$$CH_3(CH_2)_{15}CN \xrightarrow{1.\ KOH,\ CH_3CH_2OH,\ H_2O,\ 31\ h,\ \Delta\ \ 2.\ HCl,\ H_2O} CH_3(CH_2)_{15}COOH \quad 79\%$$

Heptadecannitril → **Heptadecansäure**

$$ClCH_2COOH \xrightarrow{1.\ NaCN,\ Na_2CO_3\ \ 2.\ NaOH,\ 60\text{–}70\,°C\ \ 3.\ HCl,\ H_2O} HOOCCH_2COOH \quad 80\%$$

Chlorethansäure → **Propandisäure (Malonsäure)**

$$HOCH_2CH_2Cl \xrightarrow{1.\ NaCN\ \ 2.\ OH^-,\ H_2O,\ \Delta\ \ 3.\ H^+,\ H_2O} HOCH_2CH_2COOH \quad 65\%$$

2-Chlorethanol → **3-Hydroxypropansäure**

Übung 17-6

Wie würden Sie bei den folgenden Beispielen das erste Molekül in das zweite überführen? (Es ist jedesmal mehr als ein Schritt erforderlich):

(a) Cyclohexyl-CHO ----→ Cyclohexyl-HOCHCOOH

(b) Methylencyclohexan ----→ 1-Methylcyclohexan-carbonsäure (H_3C, COOH)

(c) Br-Cyclohexan-OCH_3 ----→ COOH-Cyclohexan-OCH_3

Fassen wir zusammen: Es gibt mehrere Methoden zur Herstellung von Carbonsäuren über Oxidation, Carboxylierung und Hydrolyse geeigneter Vorstufen. So kann man beispielsweise Alkene, sekundäre Alkohole und Ketone oxidativ spalten, und primäre Alkohole und Aldehyde zu Carbonsäuren oxidieren. Bei der Haloform-Reaktion wird ein Kohlenstoffatom der Kette abgespalten und es entsteht die Säure des nächstniederen Homologen, während die Carboxylierung organometallischer Verbindungen oder die Hydrolyse von Nitrilen die Säure des nächsthöheren Homologen ergibt.

17.6 Reaktivität der Carboxygruppe: Der Additions-Eliminierungs-Mechanismus

Neben ihren Säure-Base-Eigenschaften reagieren Carbonsäuren an der Carbonylgruppe ähnlich wie Aldehyde und Ketone (Abschn. 15.4); der Carbonyl-Kohlenstoff wird von Nucleophilen angegriffen, der Sauerstoff ist der Angriffspunkt von Elektrophilen, die benachbarten Wasserstoffatome reagieren sauer und sind enolisierbar. Ein nucleophiler Angriff auf die Carboxygruppe verläuft jedoch anders als bei Aldehyden und Ketonen. Der Hydroxysubstituent (er selbst oder eine modifizierte Form) fungiert als Abgangsgruppe, wodurch neue Carbonylderivate entstehen.

Der Carbonyl-Kohlenstoff der Carbonsäuren wird von Nucleophilen angegriffen

Der Carbonyl-Kohlenstoff der Carbonsäuren ist elektrophil und kann von Nucleophilen angegriffen werden. Im Gegensatz zu den Additionsprodukten der Aldehyde und Ketone kann das *intermediäre Alkoxid durch Abspaltung eines Hydroxid-Ions zerfallen.* Diesen Prozeß, in dem das Nucleophil an Stelle der Hydroxygruppe ins Molekül eintritt, nennt man **Additions-Eliminierungs-Reaktion**.

Additions-Eliminierungs-Reaktion einer Carbonsäure

$$\mathrm{R{-}C({=}O){-}OH} + \mathrm{Nu}^- \underset{}{\overset{\text{Addition}}{\rightleftharpoons}} \mathrm{R{-}C(O^-)(Nu){-}OH} \overset{\text{Eliminierung}}{\rightleftharpoons} \mathrm{R{-}C({=}O){-}Nu} + {}^-\mathrm{OH}$$

tetraedrisches Zwischenprodukt

Bei dieser Reaktion entsteht im ersten Schritt aus dem sp^2-hybridisierten Kohlenstoff der Carbonylgruppe ein sp^3-hybridisierter mit tetraedrischer Umgebung (im Gegensatz zu Ausgangsverbindung und Produkt). Man bezeichnet es daher als **tetraedrisches Zwischenprodukt**. Erinnern wir uns jedoch daran, daß das Hydroxy-Proton sauer reagiert und die meisten Nucleophile basisch sind. Daher kann eine Säure-Base-Reaktion in Konkurrenz zu dem nucleophilen Angriff treten:

$$R-C(O^-)(OH)(Nu) \underset{\text{reversible nucleophile Addition (Weg } a)}{\overset{Nu:^-}{\rightleftharpoons}} RC(=O)OH \underset{\text{reversible Säure-Base-Reaktion (Weg } b)}{\overset{:Nu^-}{\rightleftharpoons}} RC(=O)O^- + NuH$$

Ist das Nucleophil sehr basisch (z. B. ein Alkoxid-Ion), verläuft die Bildung des Carboxylat-Ions praktisch irreversibel. Auch die Zugabe eines Überschusses des nucleophilen Reagenz ist wirkungslos, da Carboxylate gegenüber nucleophilen Angriffen nahezu inert sind. Um ein negativ geladenes Teilchen anzugreifen, ist ein sehr starkes Nucleophil erforderlich. Solche Reaktionen verlaufen nur mit organometallischen Reagenzien (s. Abschn. 17.10).

Ist das Nucleophil weniger basisch, verläuft die Bildung des Carboxylat-Ions reversibel, der nucleophile Angriff tritt in Konkurrenz zu dieser Reaktion. Dennoch gehen Carbonsäuren selbst Additions-Eliminierungs-Reaktionen nur unter bestimmten Bedingungen ein (s. Abschn. 17.9 und 17.10), da stets Komplikationen durch Deprotonierung der Säure durch das Nucleophil auftreten. Solche Prozesse sind jedoch bei anderen Carbonsäure-Derivaten der Form RCOL, in denen L keinen aciden Wasserstoff enthält (z. B. L = Cl, OR, NR_2) häufig. Das Ergebnis ist der Austausch der Abgangsgruppe L durch das Nucleophil Nu.

Nucleophile Substitution von Carbonsäure-Derivaten

$$RC(=O)L + {}^-:Nu \longrightarrow RC(=O)Nu + {}^-:L$$

Einen Spezialfall einer Additions-Eliminierungs-Reaktion haben wir schon in Abschn. 16.2 beschrieben. Im letzten Schritt der Haloform-Reaktion reagierte das Hydroxid-Ion als Nucleophil, die Abgangsgruppe war ein Trihalogenmethyl-Anion, $:CX_3^-$

Additions-Eliminierungs-Reaktionen werden von Säuren und Basen katalysiert

Additionen an die Carbonylgruppe von Carbonsäuren und ihrer Derivate sind säure- oder basenkatalysiert. Basen sorgen für eine maximale Konzentration des negativ geladenen (deprotonierten) Nucleophils (wie OH^-, RO^- und RS^-), das die angreifende Spezies ist.

Basenkatalysierte Additions-Eliminierungs-Reaktion

(L = Abgangsgruppe, B = Base)

Schritt 1: Deprotonierung von NuH

$$\text{Nu—H} + {}^{-}\!:\!\text{B} \rightleftharpoons {}^{-}\!:\!\text{Nu} + \text{BH}$$

Schritt 2: Addition-Eliminierung

$$\text{R—C(=O)—L} + {}^{-}\!:\!\text{Nu} \rightleftharpoons \text{R—C(O}^{-}\text{)(Nu)—L} \rightleftharpoons \text{R—C(=O)—Nu} + {}^{-}\!:\!\text{L}$$

Schritt 3: Rückgewinnung des Katalysators

$${}^{-}\!:\!\text{L} + \text{H—B} \rightleftharpoons \text{LH} + {}^{-}\!:\!\text{B}$$

(als andere Möglichkeit kann $:L^{-}$ als Base in Schritt 1 reagieren.)

Säuren protonieren den Sauerstoff, wodurch der Carbonyl-Kohlenstoff leichter von einem neutralen Nucleophil angegriffen werden kann.

Säurekatalysierte Additions-Eliminierungs-Reaktion

Schritt 1: Protonierung

$$\text{R—C(=O)—L} + \text{H}^{+} \rightleftharpoons \text{R—C(=O}^{+}\text{H)—L}$$

Schritt 2: Addition-Eliminierung

$$\text{R—C(=O}^{+}\text{H)—L} + :\text{NuH} \rightleftharpoons \text{R—C(OH)(}^{+}\text{Nu—H)—L} \rightleftharpoons \text{R—C(OH)(Nu)—}^{+}\text{LH} \rightleftharpoons \text{R—C(=O}^{+}\text{H)—Nu} + \text{LH}$$

Schritt 3: Deprotonierung

$$\text{R—C(=O}^{+}\text{H)—Nu} \rightleftharpoons \text{R—C(=O)—Nu} + \text{H}^{+}$$

Das Endergebnis einer Additions-Eliminierungs-Reaktion ist der Austausch der Abgangsgruppe durch ein Nucleophil. In den folgenden Abschnitten und in Kapitel 18 werden wir sehen, wie wichtig dieser Reaktionsweg für die gegenseitige Überführung von Carbonsäure-Derivaten ist.

Zusammenfassend läßt sich sagen, daß der mögliche Angriff eines Nucleophils auf den Carbonyl-Kohlenstoff durch eine Nebenreaktion kompliziert werden kann, in der das Nucleophil als Base reagiert und die Säure deprotoniert. Mit weniger basischen Nucleophilen, und noch allgemeiner, mit Carbonsäure-Derivaten ohne saure Wasserstoffatome, die aber eine geeignete Abgangsgruppe L enthalten, kann ein nucleophiler Angriff stattfinden, auf den dann die Eliminierung von L erfolgt. Diese Additions-Eliminierungs-Folge wird durch Basen und Säuren katalysiert.

17.7 Überführung von Carbonsäuren in ihre Derivate: Alkanoyl-(Acyl-)Halogenide und Anhydride

Die möglichen Komplikationen, die sich aus der Acidität der Carboxyfunktion ergeben, lassen sich umgehen, indem man die Hydroxygruppe schützt oder in eine andere funktionelle Gruppe überführt. Hierdurch entstehen eine Fülle von Carbonsäure-Derivaten, die wir in diesem und dem folgenden Abschnitt betrachten wollen. Zunächst befassen wir uns mit den Alkanoyl- (Acyl)halogeniden, in denen die Hydroxygruppe der Säure durch ein Halogen ersetzt ist, und den Anhydriden, wo RCOO anstelle von OH steht.

$$\overset{\displaystyle O}{\underset{}{\|}}\atop RCX$$

Alkanoyl- (Acyl-) halogenid

Wie läßt sich die Hydroxygruppe in den Carbonsäuren durch Halogene ersetzen?

Der Hydroxysubstituent ist nicht nur bei S_N2-,sondern auch bei Additions-Eliminierungs-Reaktionen eine schlechte Abgangsgruppe. Um sie in einem Alkohol zu ersetzen, muß man sie zunächst in eine bessere Abgangsgruppe, wie einen anorganischen Ester, überführen (s. Abschn. 9.3). Ähnlich geht man vor, um die Hydroxygruppe einer Carbonsäure durch Halogen zu ersetzen. So ergibt z. B. die Reaktion einer Carbonsäure mit $SOCl_2$, PCl_5 oder PBr_3 die entsprechenden **Alkanoyl- (Acyl-)halogenide**:

$$\underset{\textbf{Butansäure}}{CH_3CH_2CH_2\overset{O}{\overset{\|}{C}}OH} \xrightarrow{Cl\overset{O}{\overset{\|}{S}}Cl,\ \text{Rückfluß}} \underset{\textbf{Butanoylchlorid}}{\underset{85\%}{CH_3CH_2CH_2\overset{O}{\overset{\|}{C}}Cl}} + O{=}S{=}O + HCl$$

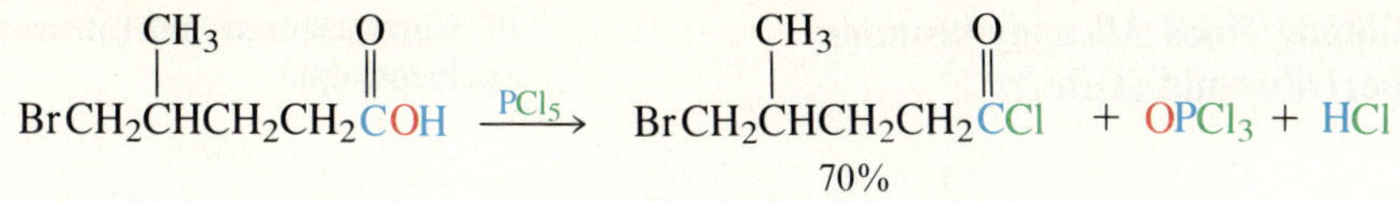

$$BrCH_2CH(CH_3)CH_2CH_2COOH \xrightarrow{PCl_5} BrCH_2CH(CH_3)CH_2CH_2CCl(=O) + OPCl_3 + HCl$$

70%

5-Brom-4-methylpentansäure → **5-Brom-4-methylpentanoylchlorid**

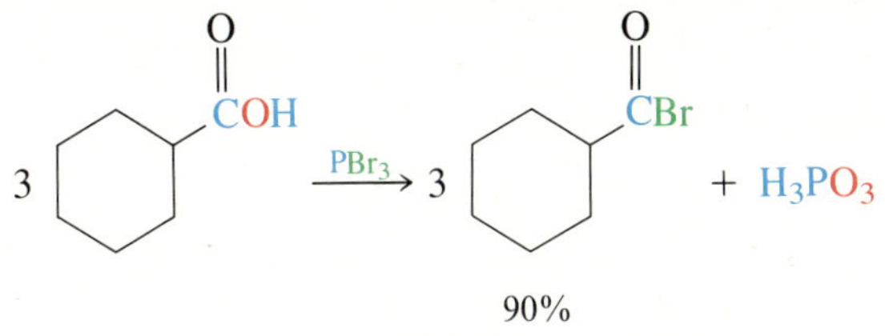

$$3\ C_6H_{11}COOH \xrightarrow{PBr_3} 3\ C_6H_{11}CBr(=O) + H_3PO_3$$

90%

Die Mechanismen, nach denen diese Reaktionen verlaufen, entsprechen den bei den Alkoholen beschriebenen. Zunächst wird ein anorganisches Derivat der Säure gebildet. Der neue Substituent ist eine gute Abgangsgruppe und zieht außerdem Elektronendichte vom Carbonyl-Kohlenstoff ab. Hierdurch wird der nucleophile Angriff auf dem Kohlenstoff der Carbonylgruppe sehr erleichtert, das im ersten Schritt freigesetzte Proton katalysiert diese Reaktion.

Mechanismus der Bildung eines Alkanoyl- (Acyl-)chlorids mit Thionylchlorid ($SOCl_2$):

Schritt 1: Aktivierung

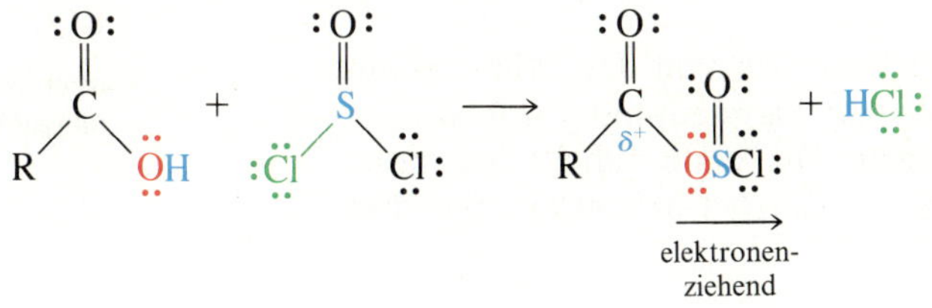

$$RC(=O)OH + Cl_2S{=}O \longrightarrow RC^{\delta+}(=O)OS(=O)Cl + HCl$$

elektronen-ziehend

Schritt 2: Addition

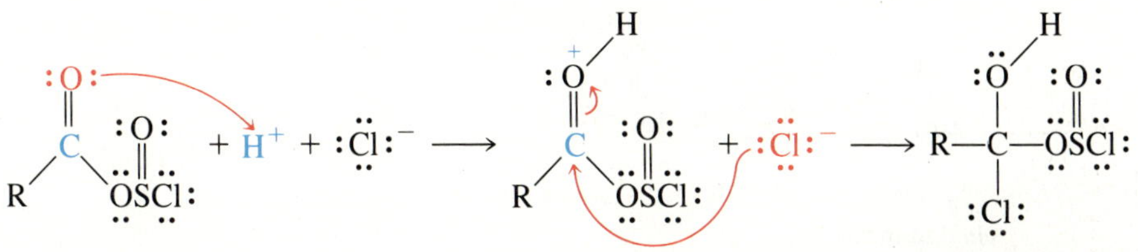

$$RC(=O)OS(=O)Cl + H^+ + :Cl:^- \longrightarrow RC(=O^+H)OS(=O)Cl + :Cl:^- \longrightarrow R{-}C(OH)(Cl){-}OS(=O)Cl$$

tetraedrisches Zwischenprodukt

Schritt 3: Eliminierung

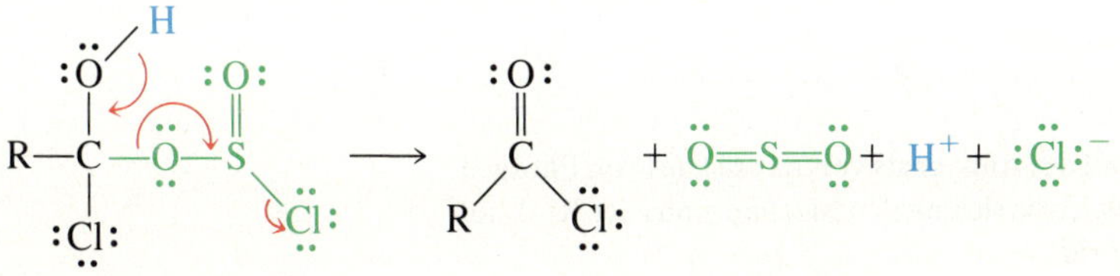

$$R{-}C(OH)(Cl){-}O{-}S(=O)Cl \longrightarrow RC(=O)Cl + O{=}S{=}O + H^+ + :Cl:^-$$

Mechanismus der Bildung eines Alkanoylbromids mit Phosphortribromid (PBr_3):

Schritt 1: Aktivierung

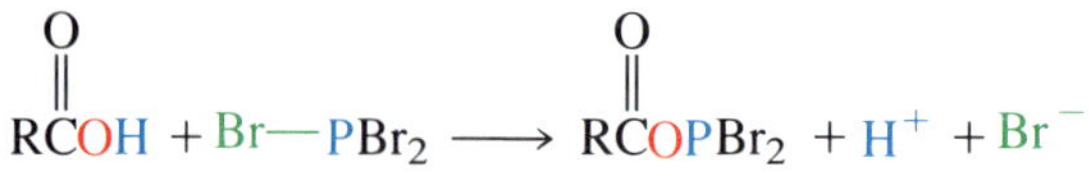

$$\mathrm{RC(=O)OH} + \mathrm{Br{-}PBr_2} \longrightarrow \mathrm{RC(=O)OPBr_2} + \mathrm{H^+} + \mathrm{Br^-}$$

Schritt 2 und 3: Addition und Eliminierung

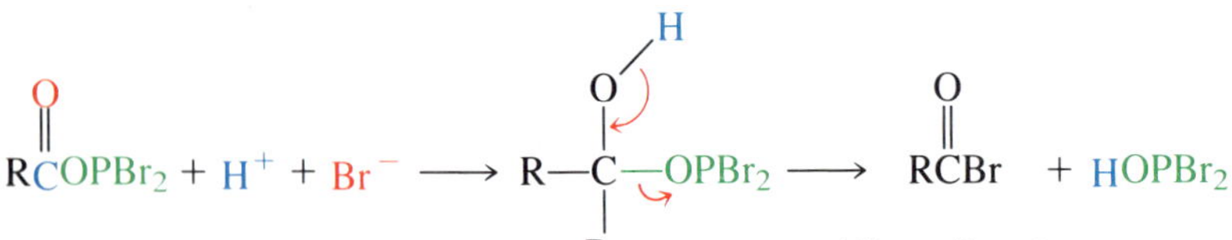

$$\mathrm{RC(=O)OPBr_2} + \mathrm{H^+} + \mathrm{Br^-} \longrightarrow \mathrm{R{-}C(OH)(Br){-}OPBr_2} \longrightarrow \mathrm{RC(=O)Br} + \mathrm{HOPBr_2}$$

Alkanoylbromid

Säuren reagieren mit Alkanoylhalogeniden zu Anhydriden

Phosgen, $\mathrm{ClC(=O)Cl}$, das Dialkanoylchlorid der Kohlensäure, $\mathrm{HOC(=O)OH}$ (H_2CO_3), oder Oxalylchlorid, $\mathrm{ClC(=O){-}C(=O)Cl}$, das sich von der Ethandisäure (Oxalsäure) ableitet, lassen sich ebenfalls zur Darstellung von Alkanoylchloriden anderer Carbonsäuren benutzen. Der erste Schritt bei diesen Transformationen ist die Bildung eines instabilen **Carbonsäureanhydrid**, das zu dem entsprechenden Produkt zerfällt.

$\mathrm{RC(=O)OC(=O)R'}$

Carbonsäure-anhydrid

Alkanoylchloride über Anhydride

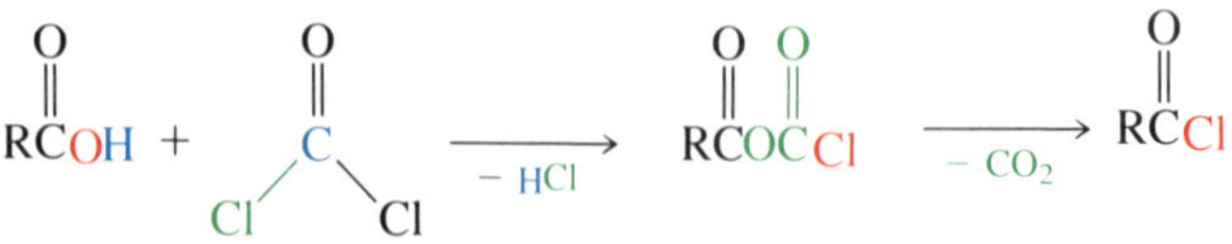

$$\mathrm{RC(=O)OH} + \mathrm{Cl_2C{=}O} \xrightarrow{-\ \mathrm{HCl}} \mathrm{RC(=O)OC(=O)Cl} \xrightarrow{-\ \mathrm{CO_2}} \mathrm{RC(=O)Cl}$$

Phosgen — **ein Anhydrid**

$$\mathrm{RC(=O)OH} + \mathrm{ClC(=O){-}C(=O)Cl} \xrightarrow[\mathrm{HCl}]{} \mathrm{RC(=O)OC(=O){-}C(=O)Cl} \longrightarrow \mathrm{RC(=O)Cl} + \mathrm{CO_2} + \mathrm{CO}$$

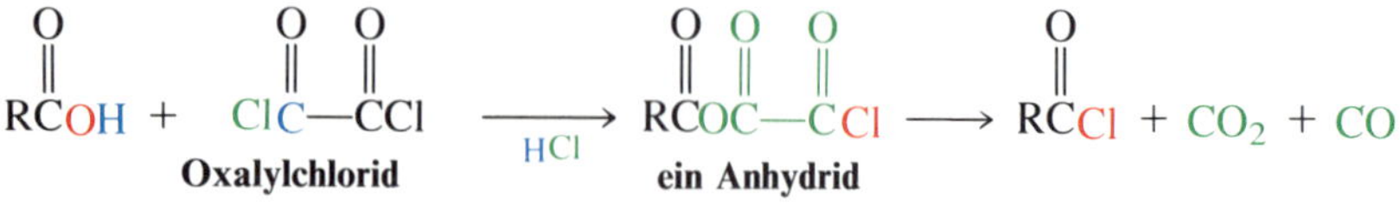

Oxalylchlorid — **ein Anhydrid**

Übung 17-7

Schlagen Sie einen Mechanismus für den Zerfall des Anhydrids vor, das sich (a) von Phosgen, (b) von Oxalylchlorid ableitet. Hinweis: Erinnern Sie sich an den Mechanismus der Reaktion zwischen einer Carbonsäure und Thionylchlorid.

Mit anderen Alkanoylchloriden als Phosgen und Oxalylchlorid bilden die Carbonsäuren stabile Anhydride.

$$\underset{\textbf{Butansäure}}{CH_3CH_2CH_2\overset{O}{\overset{\|}{C}}OH} + \underset{\textbf{Butanoylchlorid}}{Cl\overset{O}{\overset{\|}{C}}CH_2CH_2CH_3} \xrightarrow{\Delta,\ 8\ h} \underset{\substack{85\% \\ \textbf{Butansäureanhydrid}}}{CH_3CH_2CH_2\overset{O}{\overset{\|}{C}}O\overset{O}{\overset{\|}{C}}CH_2CH_2CH_3} + HCl$$

Durch Reaktion eines Alkanoylhalogenids mit einem Carboxylatsalz entsteht, wie am Rand gezeigt, das Anhydrid unter neutralen Bedingungen.

Wie aus dem Namen ersichtlich, leiten sich die Anhydride der Carbonsäuren formal von diesen durch Abspaltung von Wasser ab. Tatsächlich kann man sie so auch durch thermische Dehydratisierung darstellen, obwohl dieses Verfahren normalerweise keine besonders effektive Methode zur Darstellung von Anhydriden aus zwei Säuremolekülen ist. Bei Dicarbonsäuren ist andererseits auf diese Weise leicht eine intramolekulare Wasserspaltung zu den cyclischen Anhydriden möglich, wenn dabei ein fünf- oder sechsgliedriger Ring entsteht.

$$CH_3CH_2CH_2COO^-Na^+ + CH_3\overset{O}{\overset{\|}{C}}Cl \longrightarrow \underset{\textbf{ein „gemischtes“ Anhydrid}}{CH_3CH_2CH_2\overset{O}{\overset{\|}{C}}O\overset{O}{\overset{\|}{C}}CH_3} + NaCl$$

Bildung von cyclischen Anhydriden

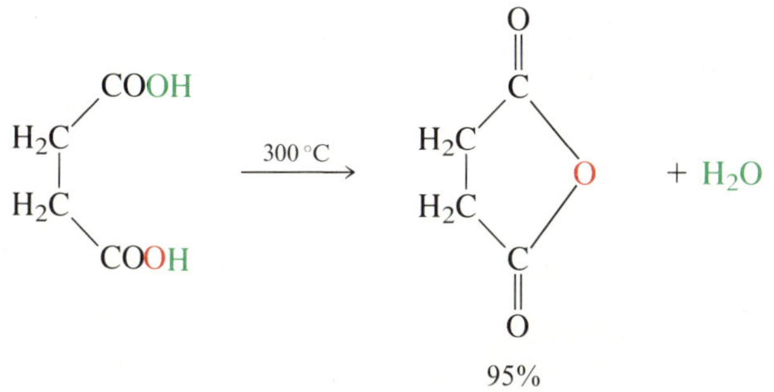

$$\underset{\substack{\textbf{Butandisäure} \\ \textbf{(Bernsteinsäure)}}}{HOOC{-}CH_2{-}CH_2{-}COOH} \xrightarrow{300\,°C} \underset{\substack{95\% \\ \textbf{Butandisäureanhydrid} \\ \textbf{(Bernsteinsäureanhydrid)}}}{\text{cyclisch: } H_2C{-}C(=O){-}O{-}C(=O){-}CH_2 \text{ (Ring)}} + H_2O$$

Da die Halogene in den Alkanoylhalogeniden und der RCO_2-Substituent in den Anhydriden gute Abgangsgruppen sind, und sie die benachbarte Carbonylfunktion aktivieren, sind diese Carbonsäure-Derivate wertvolle synthetische Zwischenprodukte bei der Darstellung anderer Verbindungen. Dies wollen wir in den Abschnitten 18.2 und 18.3 genauer diskutieren.

Übung 17-8

Schlagen Sie, ausgehend von Carbonsäuren oder deren Derivaten, zwei Darstellungsmöglichkeiten für die folgenden Verbindungen vor:

(a) $CH_3\overset{O}{\overset{\|}{C}}O\overset{O}{\overset{\|}{C}}CH_2CH_3$; (b) $CH_3\overset{H_3C}{\overset{|}{C}}H\overset{O}{\overset{\|}{C}}Cl$.

Übung 17-9

Schlage Sie einen Mechanismus für die thermische Bildung von Butandisäureanhydrid aus der Disäure vor.

Lassen Sie uns zusammenfassen: Die Hydroxygruppe in COOH kann durch Halogene unter Verwendung derselben Reagenzien, die man bei der Überführung von Alkoholen in Halogenalkane verwendet – $SOCl_2$, PCl_5 oder PBr_3 – ersetzt werden. Eine andere Möglichkeit ist die Umsetzung der Carbonsäuren mit Phosgen oder Oxalylchlorid und die Zersetzung des intermediär gebildeten Anhydrids. Stabile Anhydride entstehen bei der Reaktion eines Alkanoylchlorids mit einer Carbonsäure oder deren Salz. Carbonsäureanhydride kann man ebenfalls durch Dehydratisierung der entsprechenden Säuren darstellen. Diese Reaktion verläuft am besten intramolekular, wobei cyclische Anhydride entstehen.

17.8 Überführung von Carbonsäuren in ihre Derivate: Synthese von Estern

Ester, die die allgemeine Formel $R\overset{O}{\overset{\|}{C}}OR'$ haben, sind die wichtigsten Carbonsäure-Derivate. In diesem Abschnitt beschreiben wir, wie Ester aus Carbonsäuren dargestellt werden und befassen uns näher mit den mechanistischen Details einer dieser Methoden, der von Mineralsäuren katalysierten Veresterung von Carbonsäuren mit Alkoholen.

Säurekatalysierte Veresterung

$$\underset{\textbf{Carbonsäure}}{R\overset{O}{\overset{\|}{C}}OH} + \underset{\textbf{Alkohol}}{R'OH} \overset{H^+}{\rightleftharpoons} \underset{\textbf{Ester}}{R\overset{O}{\overset{\|}{C}}OR'} + H_2O$$

Carbonsäuren reagieren mit Alkoholen zu Estern

Gibt man eine Carbonsäure und einen Alkohol zusammen, findet keine Reaktion statt. Bei Zugabe katalytischer Mengen einer anorganischen Säure, wie Schwefelsäure oder Chlorwasserstoff, reagieren jedoch beide Komponenten langsam miteinander, wobei ein **Ester** und Wasser gebildet werden (s. Abschn. 9.3).

Diese Umsetzung verläuft nicht sehr exotherm und das chemische Gleichgewicht wird bald erreicht. Man kann das Gleichgewicht in Richtung der Produkte verschieben, indem man entweder eine der beiden Ausgangsverbindungen im Überschuß einsetzt, oder indem man den Ester oder das Wasser selektiv aus dem Reaktionsgemisch entfernt. So werden Veresterungen häufig in dem entsprechenden Alkohol als Lösungsmittel durchgeführt:

$$\underset{\substack{\textbf{Ethansäure}\\\textbf{(Essigsäure)}}}{CH_3\overset{O}{\overset{\|}{C}}OH} + \underset{\substack{\textbf{Lösungs-}\\\textbf{mittel}}}{CH_3OH} \xrightleftharpoons{H_2SO_4,\ \Delta} \underset{\substack{85\%\\\textbf{Methylethanoat}\\\textbf{(Essigsäuremethylester)}}}{CH_3\overset{O}{\overset{\|}{C}}OCH_3} + H_2O$$

Die Umkehrung der Veresterung ist die **Esterhydrolyse**. Diese Reaktion wird unter denselben Bedingungen wie die Veresterung durchgeführt, nur daß man, zur Verschiebung des Gleichgewichts, einen Überschuß an Wasser verwendet und in einem mit Wasser mischbaren Lösungsmittel arbeitet.

$$\mathrm{CH_3CH_2CH_2CH_2C(CH_3)_2COOCH_2CH_3} \xrightarrow{\mathrm{H_2SO_4,\ HOH,\ Propanon\ (Aceton),\ \Delta}}$$

Ethyl-2,2-dimethylhexanoat

$$\mathrm{CH_3CH_2CH_2CH_2C(CH_3)_2COOH + CH_3CH_2OH}$$

85%

Methylethanoat (Essigsäuremethylester)

Der Mechanismus der Veresterung

Die Veresterung einer Carbonsäure mit Methanol läßt sich verfolgen, wenn man den Sauerstoff des Alkohols mit dem ^{18}O-Isotop markiert. Aufgrund der Markierung kann man zwischen zwei möglichen Mechanismen unterscheiden, ^{18}O kann entweder im Ester oder im gebildeten Wasser erscheinen.

Zwei mögliche Produkte der Veresterung mit markiertem Methanol

Der markierte Sauerstoff erscheint im Ester:

$$\mathrm{RC(=O)OH + H^{18}OCH_3 \underset{}{\overset{H^+}{\rightleftharpoons}} RC(=O)^{18}OCH_3 + H_2O}$$

Der markierte Sauerstoff erscheint im Wasser:

$$\mathrm{RC(=O)OH + H^{18}OCH_3 \overset{H^+}{\not\rightleftharpoons} RC(=O)OCH_3 + H_2{}^{18}O}$$

nicht beobachtet

Wie das Experiment zeigt, verläuft die Reaktion nach dem ersten Weg; der Alkohol-Sauerstoff wird in das Estermolekül eingebaut. Diese und andere Beobachtungen haben dazu geführt, folgenden Mechanismus für die säurekatalysierte Veresterung und deren Umkehrung, die Hydrolyse, vorzuschlagen.

Mechanismus der säurekatalysierten Veresterung und der Esterhydrolyse:

Schritt 1: Protonierung der Carboxygruppe

$$\mathrm{RC(=\ddot{O}:)\ddot{O}H \underset{-H^+}{\overset{+H^+}{\rightleftharpoons}} \left[RC(=\overset{+}{O}H)OH \longleftrightarrow R\overset{+}{C}(OH)OH \longleftrightarrow RC(OH)=\overset{+}{O}H \right]}$$

Dihydroxycarbenium-Ion

Schritt 2: Angriff durch Methanol

$$\mathrm{R{-}C(=\overset{+}{O}H){-}OH} + CH_3OH \rightleftharpoons \mathrm{R{-}C(OH)(OH)(\overset{+}{O}HCH_3)} \underset{+\,H^+}{\overset{-\,H^+}{\rightleftharpoons}} \mathrm{R{-}C(OH)(OH)(OCH_3)}$$

tetraedrisches Zwischenprodukt

Schritt 3: Wasserabspaltung

$$\mathrm{R{-}C(OH)(OH)(OCH_3)} \underset{-\,H^+}{\overset{+\,H^+}{\rightleftharpoons}} \mathrm{R{-}C(OH)(\overset{+}{O}H_2)(OCH_3)} \underset{+\,H_2O}{\overset{-\,H_2O}{\rightleftharpoons}}$$

$$\left[\mathrm{R{-}C(=\overset{+}{O}H){-}OCH_3} \longleftrightarrow \mathrm{R{-}\overset{+}{C}(OH){-}OCH_3}\right] \underset{+\,H^+}{\overset{-\,H^+}{\rightleftharpoons}} \mathrm{R{-}C(=O){-}OCH_3}$$

Zuerst entsteht durch die Protonierung der Säure ein delokalisiertes Dihydroxycarbenium-Ion (Schritt 1). Hierdurch wird ein nucleophiler Angriff des Methanols auf den Carbonyl-Kohlenstoff ermöglicht. Durch Abspaltung eines Protons aus dem ersten Addukt entsteht das tetraedrische Zwischenprodukt der nucleophilen Addition (Schritt 2). Diese Spezies stellt den entscheidenden Punkt des gesamten Reaktionswegs dar, denn sie kann säurekatalysiert in Vorwärts- und Rückrichtung zerfallen. Im letzteren Fall leitet die Protonierung am Methoxy-Sauerstoff die Abspaltung von Methanol über die umgekehrte Reaktionsfolge der Schritte 1 und 2 ein. Die Protonierung an einem der beiden Hydroxy-Sauerstoffatome führt jedoch zu einer Abspaltung von Wasser und dem Esterprodukt (Schritt 3). Dieser Mechanismus erklärt gut, warum Säurekatalyse erforderlich ist, und warum das ^{18}O-Isotop im Ester erscheint.

Übung 17-10

Die unvollständige Hydrolyse von Methylethanoat (Methylacetat, Essigsäuremethylester) mit $H_2{}^{18}O$ ergibt teilweise markiertes Ausgangsmaterial, $CH_3C(={}^{18}O)OCH_3$, Erklären Sie, warum.

Hydroxysäuren können durch intramolekulare Veresterung zu Lactonen reagieren

Behandelt man Hydroxysäuren mit katalytischen Mengen Mineralsäuren, können intramolekulare Ester gebildet werden. Cyclische Ester bezeichet man als **Lactone** (s. Abschn. 18.4).

Bildung von Lactonen

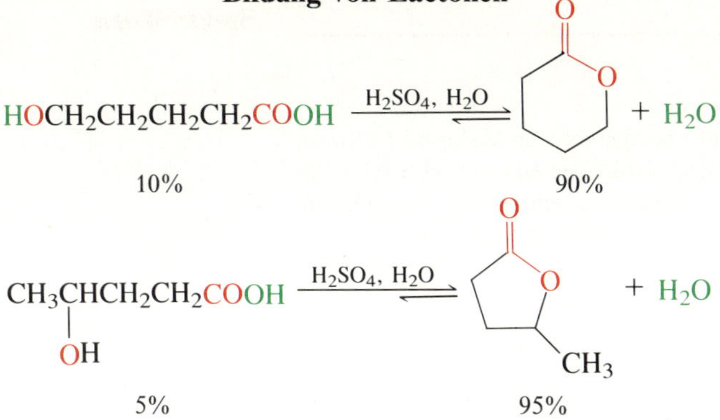

Die Bildung von Lactonen ist nur bei fünf- und sechsgliedrigen Ringen und bei großen Ringen, in denen Ringspannung und transannulare Wechselwirkungen vernachlässigbar sind, begünstigt (s. Abschn. 4.2 und 9.5).

Übung 17-11

Erklären Sie das folgende Ergebnis über einen Mechanismus:

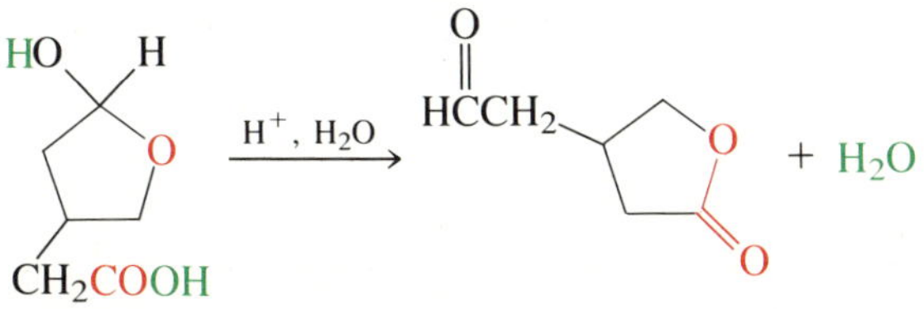

Zur Darstellung von makrocylischen Lactonen (Lactone mit großen Ringen) muß man bei hohen Verdünnungen arbeiten, um eine intramolekulare Veresterung zu begünstigen. Dennoch ist die Bildung von Polymeren als Konkurrenzreaktion häufig sehr ausgeprägt, da die Lactonbildung reversibel verläuft.

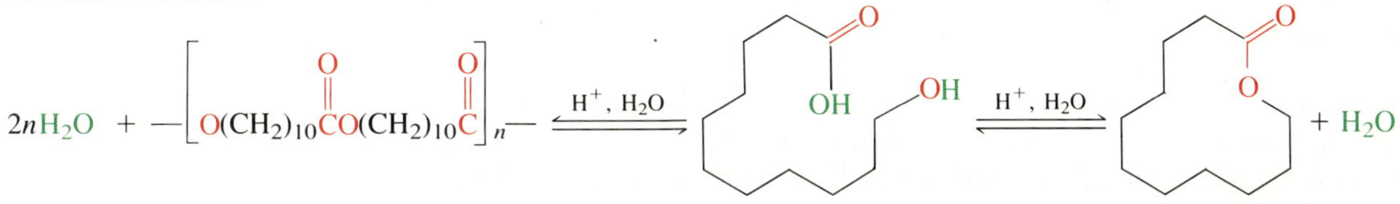

Polymer **geringe Ausbeute**

Die Synthese makrocyclischer Lactone ist von synthetischem Interesse, da das Grundgerüst vieler Antibiotika (der *Makrolid-Antibiotika*) ein substituiertes Großringlacton ist.

Makrolid-Antibiotika

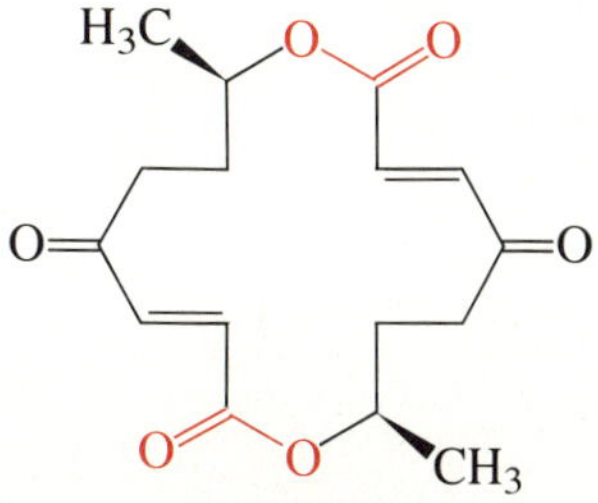

Pyrenophorin

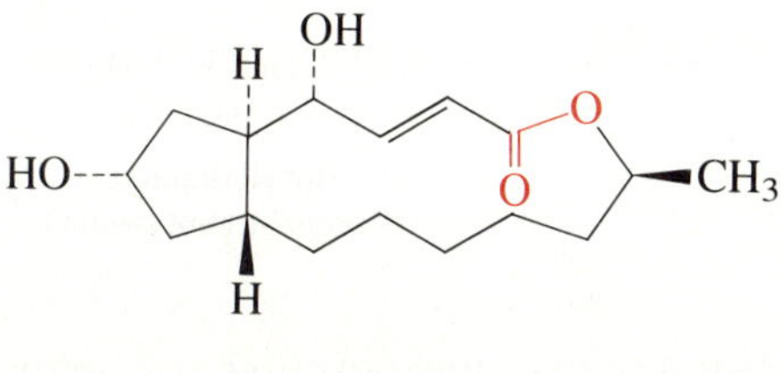

Brefeldin A

Kasten 17-1

Enantioselektive Lactonsynthese in der Natur

Wie bei vielen anderen chiralen Naturstoffen wird auch bei den meisten Makrolid-Lactonen in der Natur nur ein Enantiomer gebildet. Ein Beispiel dafür, wie eine solche Selektivität erreicht werden kann, ist die enantioselektive Lactonsynthese, ausgehend von meso-Diolen, die von einer Alkohol-Dehydrogenase aus der Pferdeleber katalysiert wird.

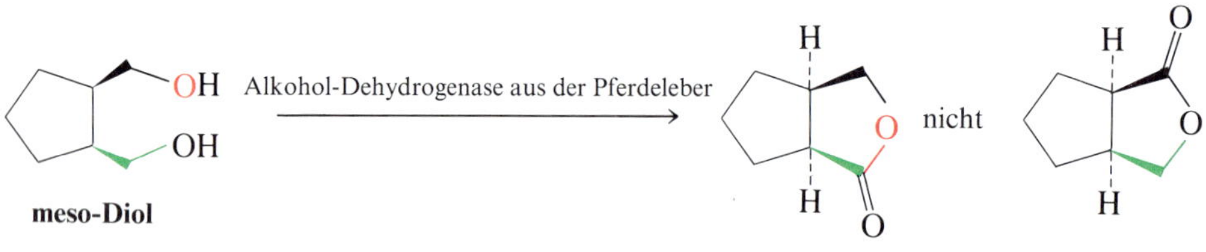

meso-Diol $\xrightarrow{\text{Alkohol-Dehydrogenase aus der Pferdeleber}}$ Lacton (72%) nicht Lacton

meso-Diol

72%

Veresterungen von Carbonsäuren können auch über andere Mechanismen verlaufen

Neben der säurekatalysierten Veresterung können Carbonsäuren auch über andere Reaktionen in Ester überführt werden. Zwei besonders wichtige sind die nucleophile Substitution von Halogenalkanen mit Carboxylat-Ionen und die Bildung von Methylestern durch Reaktion von Carbonsäuren mit Diazomethan, CH_2N_2.

Die erste von beiden Reaktionen haben wir bereits bei den Synthesen von Alkoholen beschrieben (Abschn. 8.4). Carboxylat-Ionen sind Nucleophile, die Ester über S_N2-Reaktionen bilden, insbesondere wenn die Substrate primäre Halogenalkane sind. So reagiert Iodbutan mit Natriumethanoat (-acetat) zu Butylethanoat (Butylacetat, Essigsäurebutylester).

$$CH_3CH_2CH_2CH_2I + CH_3\overset{O}{\overset{\|}{C}}O^-Na^+ \xrightarrow{CH_3CO_2H,\ 100\ ^\circ C} CH_3CH_2CH_2CH_2O\overset{O}{\overset{\|}{C}}CH_3 + Na^+I^-$$

95%

Iodbutan — **Natriumethanoat (Natriumacetat)** — **Butylethanoat (Essigsäurebutylester)**

Diese Methode läßt sich auch zur Darstellung makrocyclischer Lactone verwenden.

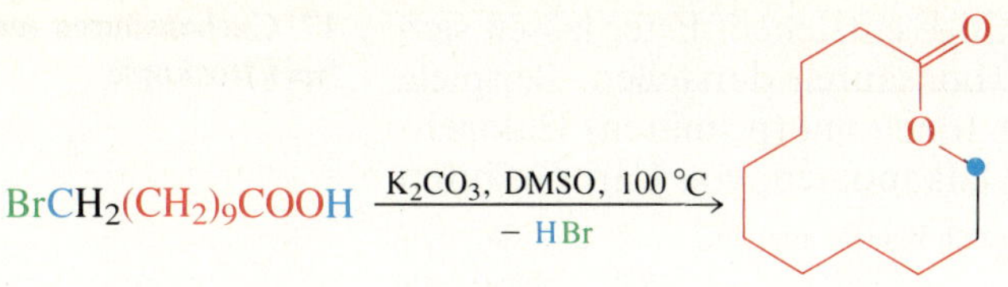

$$BrCH_2(CH_2)_9COOH \xrightarrow[-\ HBr]{K_2CO_3,\ DMSO,\ 100\,°C}$$ (Lacton) 89%

Übung 17-12

Schlagen Sie eine Synthese von Lacton B aus A vor. Überführen Sie den Bromsubstituenten (reaktiver) in eine Carboxygruppe.

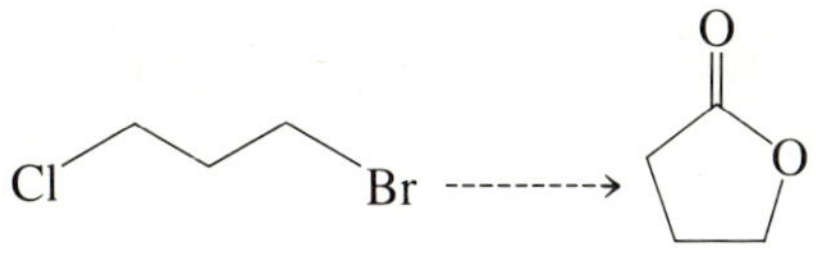

Cl–CH₂CH₂CH₂–Br (**A**) ---------→ (γ-Butyrolacton, **B**)

Übung 17-13

Erklären Sie die folgenden stereochemischen Ergebnisse:

(a) 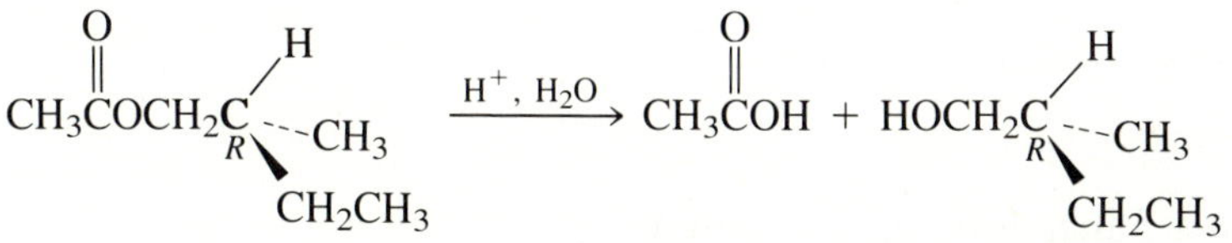 $CH_3COOCH_2C(H)(CH_3)(CH_2CH_3)$ (*R*) $\xrightarrow{H^+,\ H_2O}$ $CH_3COOH + HOCH_2C(H)(CH_3)(CH_2CH_3)$ (*R*)

(b) 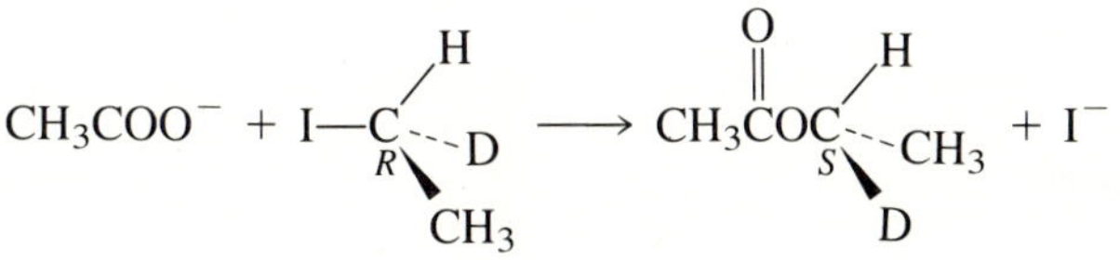 $CH_3COO^- + I{-}C(H)(D)(CH_3)$ (*R*) $\longrightarrow$ $CH_3COOC(H)(CH_3)(D)$ (*S*) $+ I^-$

Der zweite Veresterungsmethode wird nur in kleinem Maßstab zur Überführung einer Säure in den entsprechenden Methylester verwendet. Man benötigt dazu Diazomethan, CH_2N_2 (s. Abschn. 21.5), eine hochreaktive und toxische Verbindung. Das Gleichgewicht dieser Umsetzung wird durch die Bildung von gasförmigem Stickstoff nach rechts verschoben.

$$CH_3C\equiv CCOOH + CH_2N_2 \longrightarrow CH_3C\equiv CCOOCH_2H + N_2$$

80%

2-Butinsäure **Methyl-2-butinoat**

Lassen Sie uns zusammenfassen: Carbonsäuren reagieren mit Alkoholen zu Estern, wenn eine katalytische Menge einer anorganischen Säure im Reaktionsgemisch vorhanden ist. Diese Reaktion ist nur leicht exotherm, und das Gleichgewicht läßt sich durch geeignete Wahl der Reaktionsbedingungen in beide Richtungen verschieben. Die Umkehrung der Veresterung ist die Esterhydrolyse. Der Mechanismus der Veresterung verläuft über eine säurekatalysierte Addition von Alkohol an die Carbonylgruppe, darauf folgt eine säurekatalysierte Dehydratisierung. Eine intramolekulare Veresterung ergibt Lactone, deren Bildung nur dann begünstigt ist, wenn fünf- oder sechsgliedrige Ringe entstehen. Ester lassen sich auch über andere Mechanismen aus Carbonsäuren darstellen. Beispiele hierfür sind die Reaktion von Carboxylat-Ionen mit (primären) Halogenalkanen, und, zur Darstellung von Methylalkanoaten, von Carbonsäuren mit Diazomethan.

17.9 Überführung von Carbonsäuren in ihre Derivate: Amidsynthesen

In diesem Abschnitt zeigen wir, daß die Carbonylfunktion der Carbonsäuren auch von Aminen angegriffen werden kann, wodurch eine weitere Klasse von Derivaten, die **Carbonsäureamide**, entsteht. Der Mechanismus dieser Reaktion ähnelt stark dem der säurekatalysierten Veresterung.

$RC(=O)NR'_2$

Carbonsäure-amid

Amine reagieren gegenüber Carbonsäuren als Basen und als Nucleophile

Da Stickstoff nicht so elektronegativ wie Sauerstoff ist, sind Amine nucleophiler und basischer als Alkohole (s. Kap. 21), und sie können auf beide Arten mit Carbonsäuren reagieren. Gibt man eine Säure und ein Amin zusammen, bildet sich sofort das Ammoniumsalz.

Ammoniumsalze aus Carbonsäuren

$$RC(=O)O{-}H + :NH_3 \rightleftharpoons RC(=O)O^{-}\ H\overset{+}{N}H_3$$

Ammoniak — Ammoniumalkanoat

Die Salzbildung ist beim Erhitzen reversibel, dabei läuft ein langsamer, aber thermodynamisch günstigerer Prozeß, bei dem der Stickstoff den Carbonyl-Kohlenstoff angreift, ab. Eine Additions-Eliminierungs-Reaktion führt zu einem **Amid***, in dem NR_2 die OH-Gruppe ersetzt hat.

Mechanismus der Amidbildung:

$$RC(=O)OH + :NH_3 \rightleftharpoons R{-}C(O^-)(OH)({}^{+}NH_3) \xrightleftharpoons{\text{Protonen-übertragung}} R{-}C(O^-)(\overset{+}{O}H_2)(NH_2) \rightleftharpoons H_2O: + RC(=O)NH_2$$

Amid

* Denken Sie daran, die Bezeichnung Carbonsäureamide nicht mit den Alkalisalzen von Aminen, auch Amide genannt, zu verwechseln (z.B. Lithiumamid, $LiNH_2$, etc.).

Beispiel:

$$CH_3CH_2CH_2COOH + (CH_3)_2NH \xrightarrow{155\,°C} CH_3CH_2CH_2\overset{\overset{O}{\|}}{C}N(CH_3)_2 + HOH$$

84%

***N,N*-Dimethylbutanamid**

Die Amidbildung ist reversibel. Beim Behandeln von Amiden mit heißer basischer oder saurer wässriger Lösung gewinnt man die Carbonsäuren und Amine wieder zurück (s. Abschn. 18.5).

Dicarbonsäuren reagieren mit Aminen zu Imiden

Dicarbonsäuren können zweimal mit dem Stickstoff des Ammoniaks oder von primären Aminen reagieren. Hierbei entstehen **Imide**, die Stickstoffanaloga der cyclischen Anhydride.

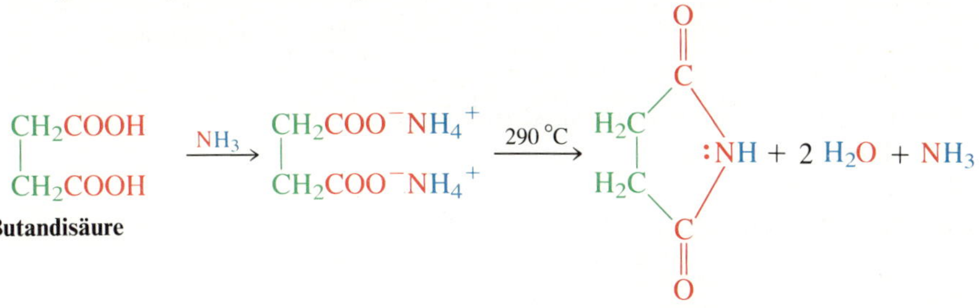

$$\begin{matrix} CH_2COOH \\ | \\ CH_2COOH \end{matrix} \xrightarrow{NH_3} \begin{matrix} CH_2COO^-NH_4^+ \\ | \\ CH_2COO^-NH_4^+ \end{matrix} \xrightarrow{290\,°C} \text{Butanimid} + 2\,H_2O + NH_3$$

Butandisäure

(Ring: H_2C–C(=O)–$\ddot{N}H$–C(=O)–H_2C)

83%

Butanimid

(Succinimid)

Sie werden sich sicher an die Verwendung von *N*-Halogenbutanimiden bei Halogenierungen erinnern (Abschn. 3.8 und 14.2).

Aminosäuren cyclisieren zu Lactamen

Ebenso wie die Hydroxysäuren cyclisieren auch einige Aminosäuren zu den entsprechenden cyclischen Amiden, den Lactamen (Abschn. 18.5).

$$H_2\overset{+}{N}(H)CH_2CH_2CH_2\overset{\overset{O}{\|}}{C}O^- \rightleftharpoons H_2\ddot{N}CH_2CH_2CH_2\overset{\overset{O}{\|}}{C}OH \xrightarrow{\Delta} \text{Lactam} + HOH$$

86%

Lactam

Übung 17-14

Formulieren Sie einen detaillierten Mechanismus für die Bildung von Butanimid aus Butandisäure und Ammoniak.

Wir können also zusammenfassen: Carbonsäuren reagieren mit Aminen zu Amiden nach einem ähnlichen Mechanismus, wie sie mit Alkoholen zu Estern reagieren, mit dem Unterschied, daß zunächst Ammoniumsalze gebildet werden. Amine greifen auch Dicarbonsäuren unter Bildung von Imiden, den Stickstoffanaloga der cyclischen Carbonsäureanhydride, an. Die Aminogruppe von Aminosäuren kann mit der Carboxygruppe desselben Moleküls zu intramolekularen Amiden, den Lactamen, reagieren.

17.10 Reaktionen von Carbonsäuren mit Organolithiumverbindungen und Lithiumaluminiumhydrid: Nucleophiler Angriff auf die Carboxylatgruppe

Dieser Abschnitt zeigt, daß Carboxylatgruppen, auch wenn sie durch ihre negative Ladung desaktiviert sind, doch von starken Nucleophilen, wie Organolithium-Reagenzien und Lithiumaluminiumhydrid, angegriffen werden können. Bei diesen Umsetzungen entstehen Ketone bzw. Alkohole.

Organolithium-Reagenzien machen aus Carboxylat-Ionen Ketone

Obwohl ein nucleophiler Angriff auf ein negativ geladenes Teilchen schwierig ist, können sich Organolithium-Verbindungen an die Carbonylgruppe eines Carboxylat-Ions addieren. So entsteht bei der Behandlung eines Carboxylatsalzes mit Methyllithium ein Zwischenprodukt, das das Dianion eines geminalen Diols ist. Bei der wässrigen Aufarbeitung bildet sich zunächst das Keton-Hydrat (Abschn. 15.5), das sofort zum Keton dehydratisiert.

$$C_6H_{11}CH_2CO^-Li^+ \xrightarrow{CH_3Li,\ THF} C_6H_{11}CH_2C(CH_3)(O^-Li^+)_2 \xrightarrow[-\,2\,LiOH]{H^+,\ H_2O} C_6H_{11}CH_2C(CH_3)(OH)_2 \xrightarrow{-\,H_2O} C_6H_{11}CH_2CCH_3\ (C{=}O)$$

Lithium cyclohexylethanoat

76% **1-Cyclohexyl-2-propanon**

Diese Reaktion ist eine sehr nützliche, allgemein anwendbare Synthesemethode für Methylketone. Der Einfachheit halber geht man von einer Carbonsäure aus und gibt zwei Äquivalente Methyllithium hinzu. Das erste Äquivalent reagiert mit dem sauren Proton zu Methan und dem Carboxylatsalz. Das zweite Äquivalent greift dann das Salz an und es entsteht beim Aufarbeiten das Methylketon.

Stufenweise Methylketon-Synthese

$$CH_2{=}CHC(CH_3)_2COOH \xrightarrow[-\ CH_3H]{CH_3Li,\ THF} CH_2{=}CHC(CH_3)_2COO^-Li^+ \xrightarrow[-\ 2\ LiOH]{1.\ CH_3Li,\ THF;\ 2.\ H^+,\ H_2O} CH_2{=}CHC(CH_3)_2{-}\overset{O}{\overset{\|}{C}}CH_3$$

2,2-Dimethyl-3-butensäure → 55% **3,3-Dimethyl-4-penten-2-on**

Andere Alkyllithium-Reagenzien reagieren wie Methyllithium zu den entsprechenden Ketonen.

Übung 17-15

Beim Behandeln von Butyllithium mit Kohlendioxid bei erhöhten Temperaturen entsteht nach der wässrigen Aufarbeitung 5-Nonanon. Geben Sie eine Erklärung.

Bei der Reduktion von Carbonsäuren mit Lithiumaluminiumhydrid entstehen Alkohole

Ein anderes extrem starkes Nucleophil ist Lithiumaluminiumhydrid. Dieses Reagenz reduziert Carbonsäuren bis hin zu den entsprechenden Alkoholen, die man nach wässriger Aufarbeitung erhält:

$$RCOOH \xrightarrow{1.\ LiAlH_4,\ THF;\ 2.\ H^+,\ H_2O} RCH_2OH$$

Beispiel:

$$\text{(Bicyclo[2.2.1]heptyl)-COOH} \xrightarrow{1.\ LiAlH_4,\ THF;\ 2.\ H^+,\ H_2O} \text{(Bicyclo[2.2.1]heptyl)-CH}_2\text{OH}\quad 65\%$$

Im ersten Schritt dieser Umsetzung entsteht das Lithiumsalz der Säure und es entwickelt sich gasförmiger Wasserstoff. Danach reduziert ein weiteres Äquivalent Hydrid durch Addition die Carbonylfunktion, wobei vermutlich ein durch Aluminium komplexiertes Dianion eines geminalen Diols entsteht. Ein weiteres Äquivalent Hydrid ersetzt einen der sauerstoffhaltigen Substituenten, beim Aufarbeiten des entstandenen Alkoxids in Säuren entsteht der Alkohol.

Vermutlicher Mechanismus der Reduktion von Carbonsäuren durch Lithiumaluminiumhydrid

Schritt 1: Salzbildung

$$R\overset{O}{\overset{\|}{C}}OH + LiAlH_4 \longrightarrow R\overset{O}{\overset{\|}{C}}O^-Li^+ + H{-}H + AlH_3$$

Schritt 2: Hydrid-Addition

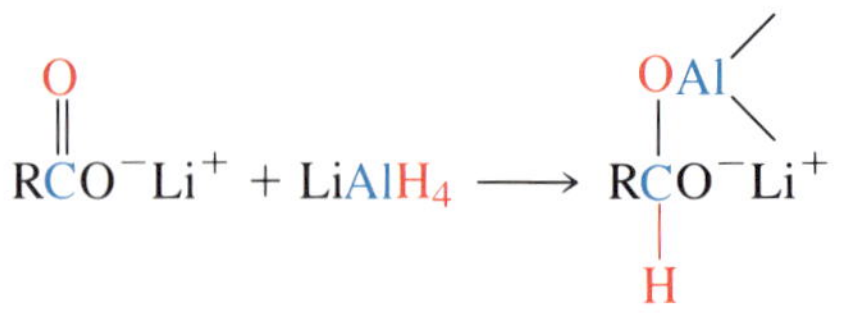

$$\mathrm{R\overset{\overset{O}{\|}}{C}O^-Li^+ + LiAlH_4 \longrightarrow R\overset{\overset{OAl\langle}{|}}{\underset{\underset{H}{|}}{C}}O^-Li^+}$$

Schritt 3: Substitution durch Hydrid

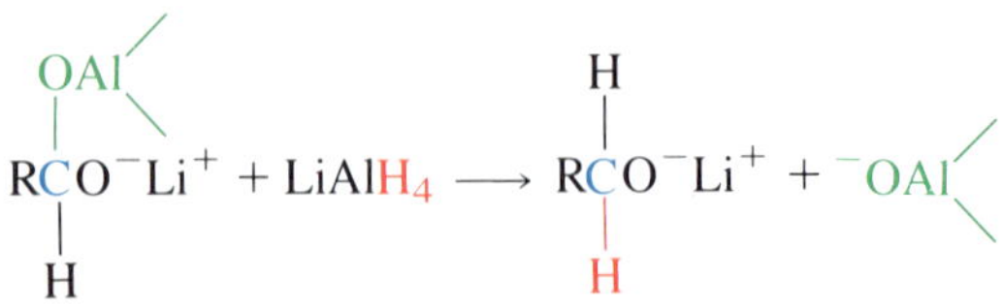

$$\mathrm{R\overset{\overset{OAl\langle}{|}}{\underset{\underset{H}{|}}{C}}O^-Li^+ + LiAlH_4 \longrightarrow R\overset{\overset{H}{|}}{\underset{\underset{H}{|}}{C}}O^-Li^+ + {}^-OAl\langle}$$

Schritt 4: Hydrolyse

$$\mathrm{RCH_2O^-Li^+ \xrightarrow{HOH} RCH_2OH + Li^+OH^-}$$

Übung 17-16

Schlagen Sie Syntheseschemata zur Darstellung der Verbindung B aus der Verbindung A vor:

(a) **A:** $CH_3CH_2CH_2CN$, **B:** $CH_3CH_2CH_2CH_2OH$;

(b) **A:** Cyclopropyl$-CH_2COOH$, **B:** Cyclopropyl$-CH_2CD_2OH$.

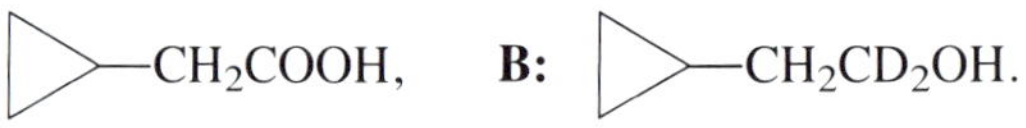

Zusammenfassend läßt sich sagen, daß sich Organolithium-Reagenzien und Lithiumaluminumhydrid aufgrund ihres stark nucleophilen Charakters an die Carbonylgruppe von Carboxylaten addieren können. Alkyllithiumverbindungen überführen die Carboxyfunktion in die Carbonylgruppe eines Ketons, Lithiumaluminiumhydrid reduziert Carbonsäuren zu Alkoholen.

17.11 Reaktionen von Carbonsäuren: Substitution in Nachbarstellung zur Carboxygruppe und Decarboxylierung

Wie andere Carbonylverbindungen bilden auch Carbonsäuren (als Carboxylate) Enolat-Ionen, die nucleophile Substitutionen eingehen können. Enole sind auch Zwischenprodukte bei der Bromierung des der Carboxygruppe benachbarten Kohlenstoffs. Als letztes wollen wir die Decarboxylierung von Carbonsäuren betrachten, die über eine Ein-Elektronen-Oxidation der entsprechenden Carboxylate läuft.

Die Wasserstoffatome in Nachbarschaft zur Carbonylgruppe von Carbonsäuren sind acid

Die Carbonylgruppe von Aldehyden und Ketonen übt eine acidifizierende Wirkung auf die benachbarten Wasserstoffatome aus (Abschn. 16.1). Dies gilt auch für Carbonsäuren (und ihre Derivate, s. Kap. 18). Beim Behandeln mit Base bilden sie zunächst Carboxylate. In Anwesenheit eines weiteres Äquivalents einer starken Base, wie Lithiumdiisopropylamid (LDA) und eines stark polaren aprotischen Cosolvens wie Hexamethylenphosphorsäuretriamid, HMPT (Abschn. 6.10, Tabelle 6-8), können sie nochmals deprotoniert werden. Hierbei entsteht ein **Carbonsäure-Dianion**, das ein außerordentlich starkes Nucleophil ist.

Bildung des Dianions der Nonansäure

$$CH_3(CH_2)_6CH_2COOH \xrightarrow[-\,2\,(CH_3CH)_2NH,\ CH_3]{2\,LDA,\ THF,\ HMPT,\ 25\,°C,\ 30\,min} \left[CH_3(CH_2)_6\overset{-}{C}H{-}C(=O)O^- \longleftrightarrow CH_3(CH_2)_6\overset{-}{C}H{-}C(=O)O^- \longleftrightarrow CH_3(CH_2)_6CH{=}C(O^-)O^- \right] + 2\,Li^+$$

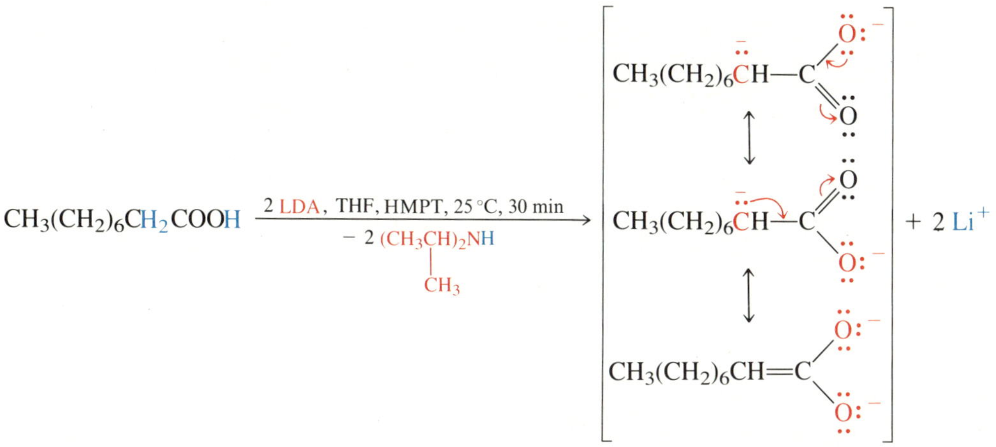

Nonansäure — **Nonansäure-Dianion**

Es zeigt dieselben nucleophilen Reaktionen wie die anderen Enolat-Ionen (Abschn. 16.1 und 16.3) – also Alkylierung, Öffnung von Oxacyclopropan-Ringen und Aldolkondensation.

Alkylierung des Dianions der Nonansäure

$$CH_3(CH_2)_6\overset{-}{C}HC(=O)O^-\ 2\,Li^+ \xrightarrow[-\,LiBr]{CH_3CH_2CH_2CH_2Br\ (1\ Äquivalent),\ 0-25\,°C} CH_3(CH_2)_6CH(CH_2CH_2CH_2CH_3)C(=O)O^-\,Li^+ \xrightarrow[-\,LiOH]{H^+,\ HOH} CH_3(CH_2)_6CH(CH_2CH_2CH_2CH_3)C(=O)OH$$

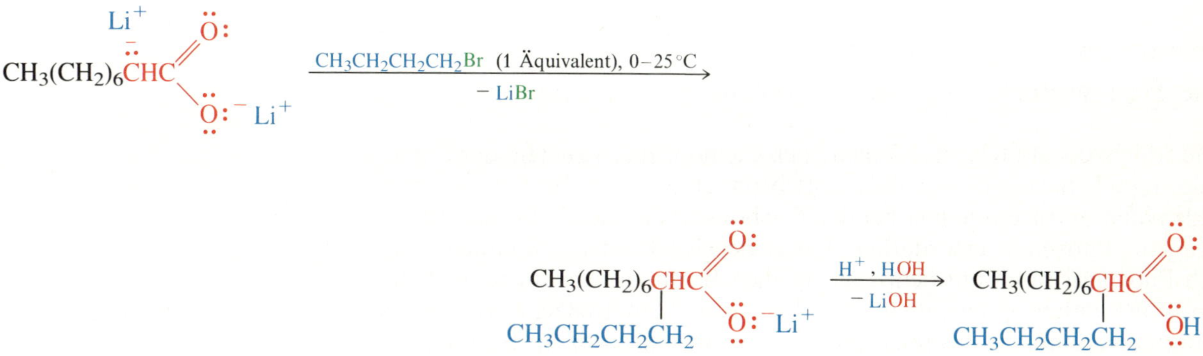

97%

2-Butylnonansäure

Da die Dianionen stark basisch sind, verläuft die Alkylierung nur bei primären Halogenalkanen glatt. Oxacyclopropane werden in einer für

S_N2-Reaktionen typischen Weise geöffnet, wobei 4-Hydroxycarbonsäuren entstehen. Durch Aldolkondensation erhält man 3-Hydroxycarbonsäuren.

Nucleophile Reaktionen des Dianions der 2-Methylpropansäure

2-Methylpropansäure → 2 LDA, THF, HMPT, 50 °C, 2 h → Dianion (Li^+)

1. Cyclohexenoxid; 2. H^+, H_2O → 91% **eine 4-Hydroxycarbonsäure**

1. $CH_3CH_2\overset{O}{\overset{\|}{C}}CH_2CH_3$; 2. H^+, H_2O → $CH_3CH_2C(OH)(CH_2CH_3)-C(CH_3)_2COOH$ **eine 3-Hydroxycarbonsäure**

1. $Br(CH_2)_5Br$, 0–40 °C; 2. H^+, H_2O → $HOOCC(CH_3)_2(CH_2)_5C(CH_3)_2COOH$ 62% **2,2,8,8-Tetramethylnonandisäure**

Übung 17-17

Schlagen Sie für die folgenden Verbindungen Synthesen, ausgehend von Ethansäure (Essigsäure) vor:

(a) $HOCH_2CH_2CH_2COOH$; (b) $(CH_3)_2C(OH)CH_2COOH$; (c) CH_3CH_2COOH.

Bromierung von Carbonsäuren: Die Hell-Volhard-Zelinsky-Reaktion

Wie Aldehyde und Ketone können auch Carbonsäuren an dem der Carbonylgruppe benachbarten Kohlenstoff bromiert werden. Im Gegensatz zu Aldehyden und Ketonen ist bei den Carbonsäuren jedoch ein besonderes Reagenz, Phosphor, erforderlich. Unter den Reaktionsbedingungen setzt sich Phosphor rasch mit dem zugegebenen Brom zu dem Initiator, PBr_3, um. (Eine andere Möglichkeit ist es, PBr_3 direkt einzusetzen.) Mit diesem Initiator verläuft die Bromierung von Carbonsäuren nach der **Hell-Volhard-Zelinsky*-Reaktion**.

* Carl M. Hell, 1849–1926, Professor an der Universität Stuttgart; Jacob Volhard, 1834–1910, Professor an der Universität Halle; Nicolai D. Zelinsky, 1861–1953, Professor an der Universität Moskau.

Hell-Volhard-Zelinsky-Reaktion

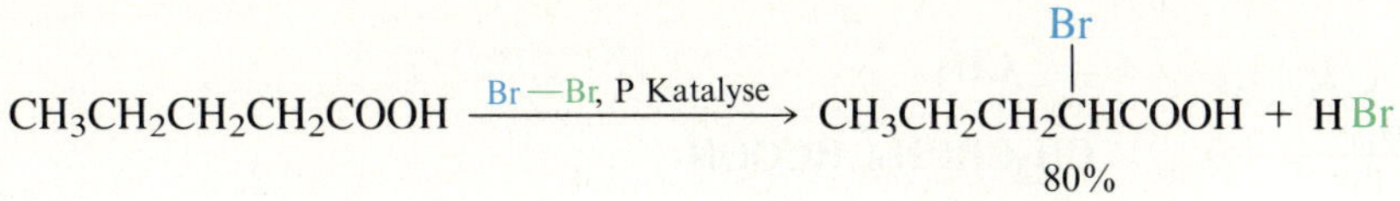

$$CH_3CH_2CH_2CH_2COOH \xrightarrow{Br-Br,\ P\ Katalyse} CH_3CH_2CH_2CH(Br)COOH + HBr$$

80%
2-Brompentansäure

Beim Mechanismus dieser Reaktion tritt intermediär ein Alkanoylbromid auf, das durch Reaktion von PBr_3 mit der Carbonsäure entstanden ist (s. Abschn. 17.7). Dieses Derivat enolisiert bei Säurekatalyse außerordentlich rasch. Das Enol wird dann zu dem 2-Bromalkanoylbromid bromiert, das dann eine Austauschreaktion mit der noch unveränderten Säure eingeht. Dabei entstehen die Bromsäure und ein weiteres Molekül Alkanoylbromid. Das letztere tritt erneut in den Reaktionscyclus ein.

Mechanismus der Hell-Volhard-Zelinski-Reaktion

Schritt 1: Bildung des Alkanoylbromids

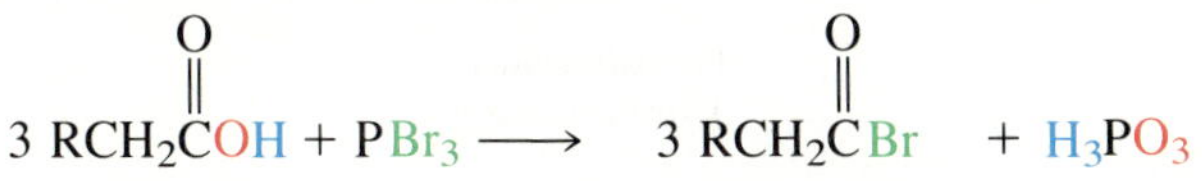

$$3\ RCH_2C(=O)OH + PBr_3 \longrightarrow 3\ RCH_2C(=O)Br + H_3PO_3$$

Alkanoylbromid

Schritt 2: Enolisierung

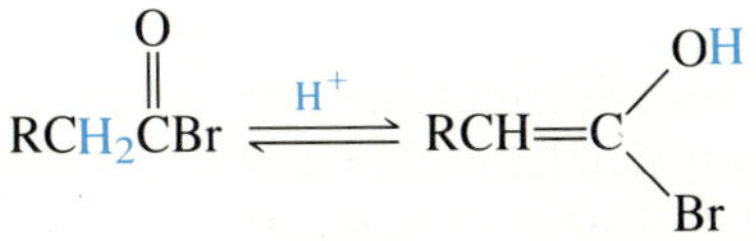

$$RCH_2C(=O)Br \overset{H^+}{\rightleftharpoons} RCH{=}C(OH)Br$$

Enol

Schritt 3: Bromierung

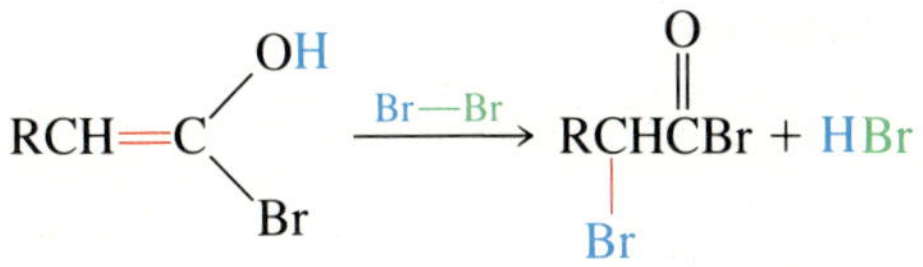

$$RCH{=}C(OH)Br \xrightarrow{Br-Br} RCH(Br)C(=O)Br + HBr$$

Schritt 4: Austausch

$$RCH(Br)C(=O)Br + RCH_2C(=O)OH \rightleftharpoons RCH(Br)C(=O)OH + RCH_2C(=O)Br$$

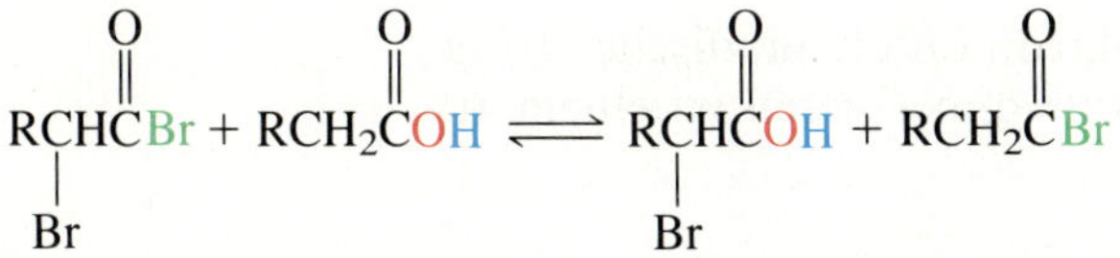

Die über die Hell-Volhard-Zelinski-Reaktion gebildete Bromcarbonsäure kann in Verbindungen mit anderen funktionellen Gruppen überführt werden. So entsteht beim Behandeln mit wässriger Base die 2-Hydroxysäure, durch Reaktion mit einem Amin eine Aminosäure (s. Abschn. 27.2). Die Substitution des Broms durch Cyanid ergibt eine 2-Cyanocarbonsäure, die dann zur Dicarbonsäure hydrolysiert werden kann.

Synthese von Carbonsäuren mit weiteren funktionellen Gruppen über 2-Bromcarbonsäuren

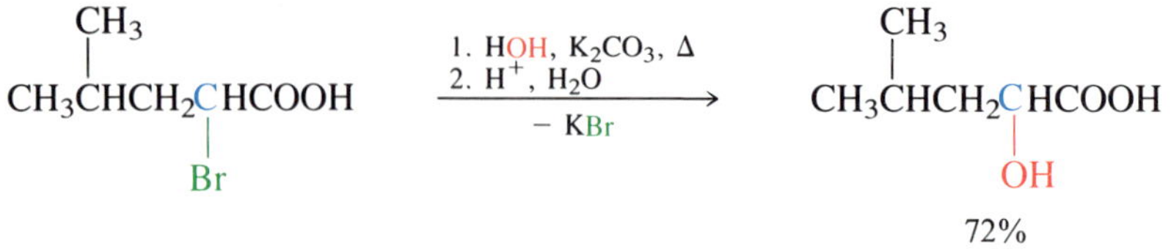

$$CH_3CH(CH_3)CH_2CH(Br)COOH \xrightarrow[-\ KBr]{1.\ HOH,\ K_2CO_3,\ \Delta;\ 2.\ H^+,\ H_2O} CH_3CH(CH_3)CH_2CH(OH)COOH$$

72%

2-Brom-4-methylpentansäure → **2-Hydroxy-4-methylpentansäure**

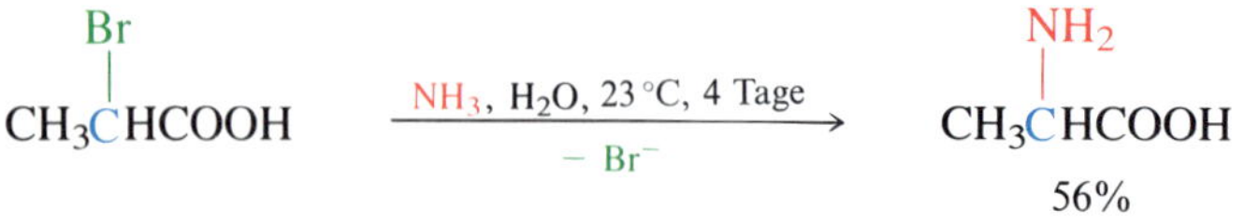

$$CH_3CH(Br)COOH \xrightarrow[-\ Br^-]{NH_3,\ H_2O,\ 23\,^\circ C,\ 4\ Tage} CH_3CH(NH_2)COOH$$

56%

2-Brompropansäure → **2-Aminopropansäure (Alanin)**

$$BrCH_2COOH \xrightarrow[-\ KBr,\ -\ H_2O]{KCN,\ NaOH} NCCH_2COO^-Na^+ \xrightarrow{1.\ H_2O,\ HO^-;\ 2.\ H^+,\ H_2O} HOOCCH_2COOH$$

Bromethansäure → **Propandisäure (Malonsäure)**

Ein-Elektronen-Übertragung führt zur Decarboxylierung von Carbonsäuren

Bei der Ein-Elektronen-Oxidation von Carboxylat-Ionen entsteht ein sehr instabiles RCOO·-Radikal, das sich unter Abgabe von Kohlendioxid zersetzt. Das entstandene Radikal reagiert dann weiter, indem es dimerisiert oder ein geeignetes Atom aus einem Molekül der Umgebung abspaltet. Das Ergebnis der Reaktion ist die **Decarboxylierung** der Carbonsäure und die Bildung eines Alkan- oder Alkenderivats.

Erzeugung und Zerfall eines RCOO·-Radikals

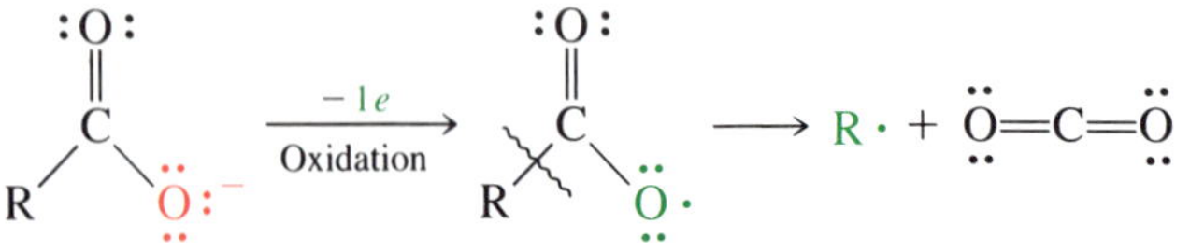

$$RCOO^- \xrightarrow[Oxidation]{-1e} RCOO\cdot \longrightarrow R\cdot + O{=}C{=}O$$

Bei der **Kolbe*-Elektrolyse** wird das Elektron durch anodische Oxidation abgespalten. Die entstandenen Radikale dimerisieren zu einem Alkan.

$$CH_3CH_2CH_2CH_2COO^-Na^+ \xrightarrow[\text{anodische Oxidation}]{} CH_3CH_2CH_2CH_2COO\cdot \longrightarrow CO_2 + CH_3CH_2CH_2\dot{C}H_2$$

$$2\ CH_3CH_2CH_2\dot{C}H_2 \xrightarrow[\text{Dimerisierung}]{} CH_3(CH_2)_6CH_3$$

90 %

* Hermann Kolbe, 1818–1884, Professor an der Universität Leipzig.

Kasten 17-2

Organische elektrochemische Reaktionen

Die Kolbe-Elektrolyse ist eine organische Redoxreaktion, die in einer elektrochemischen Zelle durchgeführt wird. Die Vorteile dieser Methode liegen in der Möglichkeit zur Kontrolle des Elektrodenpotentials und in der Einfachheit der Reaktion, da man keine chemischen Oxidations- oder Reduktionsmittel einsetzen muß. Elektrochemische Verfahren eignen sich zur Reduktion von Halogenalkanen zu Alkanen, von Carbonylverbindungen zu Alkoholen und von Nitroverbindungen zu Aminen. Durch elektrochemische Oxidationen sind Alkohole in Ketone, Amine in Imine und Sulfide in Sulfoxide und Sulfone überführt worden, um nur einige Möglichkeiten zu nennen. Ein wichtige industrielle Anwendung dieser Methode ist die elektrochemische Hydrodimerisierung von Propennitril (Acrylnitril) zu Butandinitril (Adipinsäuredinitril), die wir in Abschnitt 21.6 besprechen.

Bei der **Hunsdieker-Reaktion** * führt man die Oxidation auf chemischem Wege durch: Ein Silbersalz der Carbonsäure wird mit einem Halogen, im allgemeinen Brom, behandelt. Silberbromid fällt aus, Kohlendioxid wird frei und es bildet sich ein Bromalkan, in dem Brom anstelle der Carboxyfunktion eingetreten ist.

Allgemeine Formulierung der Hunsdieker-Reaktion

$$RCOO^-Ag^+ + Br{-}Br \longrightarrow RBr + CO_2 + AgBr$$

Durch diese Reaktion läßt sich ein Carboxylatsalz in ein Bromalkan mit einer um ein Kohlenstoffatom kürzeren Kette überführen, wie z. B.

$$\underset{\textbf{Dodecansäure}}{CH_3(CH_2)_{10}COOH} \xrightarrow[2.\ Br-Br,\ CCl_4]{1.\ AgNO_3,\ KOH,\ H_2O} \underset{\textbf{1-Bromundecan}}{\underset{67\%}{CH_3(CH_2)_{10}Br}}$$

Der Mechanismus dieser Reaktion läuft über ein Alkanoylhypobromit, RCOOBr, das zu dem RCOO·-Radikal zerfällt. Nach der Decarboxylierung spaltet das Alkylradikal ein Bromatom aus einem weiteren Molekül Hypobromit ab. Es entsteht das Bromalkan und ein weiteres RCOO·-Radikal, das erneut in den Reaktionscyclus eintritt.

Mechanismus der Hunsdieker-Reaktion:

Schritt 1: Bildung des Hypobromits

$$RC(=\ddot{O}:)\ddot{\underset{..}{O}}:^-Ag^+ \xrightarrow{Br-Br} \underset{\textbf{Hypobromit}}{RC(=\ddot{O}:)\underset{..}{\ddot{O}}Br} + AgBr$$

---

* Dr. Heinz Hunsdieker, geb. 1904, Firma Vogt und Co., Köln-Braunsfeld

Schritt 2: Bildung des RCOO·-Radikals

$$RC(=O)\ddot{O}-\ddot{B}r: \longrightarrow RC(=O)\ddot{O}\cdot + :\ddot{B}r\cdot$$

Schritt 3: Zerfall des RCOO·-Radikals

$$R-C(=O)\ddot{O}\cdot \longrightarrow R\cdot + \ddot{O}=C=\ddot{O}$$

Schritt 4: Bildung des Halogenalkans und RCOO·

$$R\cdot + RC(=O)\ddot{O}Br \longrightarrow RBr + RC(=O)\ddot{O}\cdot$$

Weitere Beispiele von Decarboxylierungen finden sich im enzymatischen Abbau von 2-Oxopropansäure (Brenztraubensäure) (s. Abschn. 22.1) und bei den Reaktionen der 3-Ketocarbonsäuren (s. Abschn. 22.4).

Übung 17-18

Entwickeln Sie Vorschläge für Synthesen der folgenden Verbindungen aus Butansäure:

(a) $CH_3CH_2CH(CH_3)Br$; (b) CH_3COOH.

Fassen wir zusammen: Die 2-Position von Carboxylatsalzen ist leicht sauer und läßt sich mit LDA in Gegenwart von HMPT zu den entsprechenden Dianionen deprotonieren. Der gebildete Enolat-Kohlenstoff ist nucleophil und kann genau wie die gewöhnlichen Enolate alkyliert wird. Mit katalytischen Mengen Phosphor lassen sich Carbonsäuren an C-2 bromieren (Hell-Volhard-Zelinsky-Reaktion). Bei dieser Reaktion entstehen 2-Bromalkanoylbromide als Zwischenstufen. Bei der elektrochemischen Oxidation oder der Halogenierung von Carboxylaten werden instabile RCOO·-Radikale gebildet, die sich zu Kohlendioxid und den entsprechenden Alkylradikalen zersetzen. Das Radikal kann entweder mit einem Alkan kuppeln (Kolbe-Elektrolyse) oder zu dem entsprechenden Halogen- (im allgemeinen Brom-)alkan halogeniert werden (Hunsdieker-Reaktion).

17.12 Vorkommen und biochemische Funktion einiger Carbonsäuren

Wenn man sich die Vielfalt der Reaktionen, die Carbonsäuren eingehen können, ansieht, kann es nicht verwundern, daß sie nicht nur im Laboratorium, sondern auch in der Natur außerordentlich wichtige synthetische Zwischenstufen sind.

Wie aus Tabelle 17-1 ersichtlich, treten sogar die einfachsten Carbonsäuren häufig in der Natur auf. *Methansäure* (*Ameisensäure*) findet man nicht nur in Ameisen, wo sie als Alarmpheromon wirkt, sondern auch in Pflanzen. So ist sie mit für den brennenden Schmerz, den man beim Berühren einer Brennessel verspürt, verantwortlich. Methansäure wird in großem Maßstab am einfachsten durch Reaktion von gepulvertem Natriumhydroxid mit Kohlenmonoxid unter Druck hergestellt. Die Umsetzung verläuft über einen nucleophilen Angriff und eine anschließende Protonierung.

17.12 Vorkommen und biochemische Funktion einiger Carbonsäuren

Synthese von Methansäure (Ameisensäure)

$$\mathrm{NaOH + CO \xrightarrow{150\,^\circ C,\ 700-800\ kPa} HCOO^-Na^+ \xrightarrow{H^+,\ H_2O} HCOOH}$$

Ethansäure (*Essigsäure, acidum aceticum*) bildet sich auf natürlichem Wege bei der enzymatischen Oxidation des durch Gärung entstandenen Ethanols. Die Säure und ihr Anhydrid sich sehr wichtige Industriechemikalien, die zur Produktion von Monomeren für die Polymerisation, z. B. Ethenylethanoat (Vinylacetat, Abschn. 12.8 und 13.7), sowie als Grundstoffe bei der Synthese von Pharmaka, Farbstoffen und Pestiziden verwendet werden. Über drei wichtige industrielle Syntheseverfahren werden jährlich ca. 290 000 Tonnen allein in der Bundesrepublik erzeugt. Dies sind: die Ethen-Oxidation über Ethanal (Acetaldehyd, s. Abschn. 12.8); die Luftoxidation von Butan und die Carbonylierung von Methanol. Diese Reaktion verlaufen über komplexe Mechanismen.

Ethansäure (Essigsäure) durch Oxidation von Ethen

$$\mathrm{CH_2{=}CH_2 \xrightarrow[\text{Wacker-Verfahren}]{O_2,\ H_2O,\ PdCl_2/CuCl_2\text{-Katalyse}} CH_3CHO \xrightarrow{O_2, Co^{3+}\text{-Katalyse}} CH_3COOH}$$

Ethansäure (Essigsäure) durch Oxidation von Butan

$$\mathrm{CH_3CH_2CH_2CH_3 \xrightarrow{O_2,\ Co^{3+}\text{-Katalyse},\ 1500-2000\ kPa,\ 180\,^\circ C} CH_3COOH}$$

Ethansäure (Essigsäure) durch Carbonylierung von Methanol (Monsanto-Verfahren)

$$\mathrm{CH_3OH \xrightarrow{CO,\ Rh^{3+}\text{-Katalyse},\ I_2,\ 3000-4000\ kPa,\ 180\,^\circ C} CH_3COOH}$$

Ethansäure (Essigsäure) ist auch ein wichtiger Naturstoff. So ist sie beispielweise der Grundbaustein in der Biosynthese der Fette (s. nächster Unterabschnitt) und ist als Verteidungungspheromon einiger Ameisen- und Skorpionarten identifiziert worden.

Eine sehr wichtige Klasse von natürlich vorkommenden Carbonsäuren sind die *Aminosäuren*, die Monomereinheiten von wichtigen biologischen Polymeren wie den Peptiden und Proteinen. Diese Verbindungen wollen wir in Kapitel 27 besprechen.

Natürliche Fette hydrolysieren zu langkettigen Carbonsäuren

Die natürlichen **Fette** sind Ester langkettiger Carbonsäuren (s. Abschn. 18.4). Durch Hydrolyse oder *Verseifung* (die Bezeichnung kommt daher, daß die dabei gebildeten Salze Seifen sind) entstehen die entsprechenden **Fettsäuren**. Die wichtigsten Fettsäuren – z. B. Hexadecansäure (Palmitinsäure) und *cis*-9-Octadecensäure (Ölsäure) – enthalten zwischen zwölf und zweiundzwanzig Kohlenstoffatomen und können ungesättigt sein.

$CH_3(CH_2)_{14}COOH$

Hexadecansäure (Palmitinsäure)

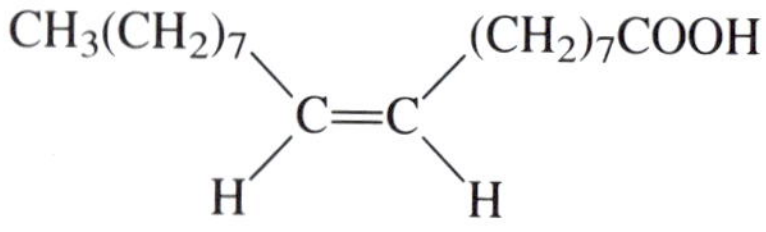

$CH_3(CH_2)_7(H)C{=}C(H)(CH_2)_7COOH$

***cis*-9-Octadecensäure (Ölsäure)**

Die meisten Fettsäuren enthalten eine gerade Anzahl von Kohlenstoffatomen in der Kette, da sie sich alle biologisch von der Ethansäure (Essigsäure) ableiten. Die Beziehung ist durch ein sehr elegantes Experiment, in dem man einfach ^{14}C-markierte Ethansäure an einige Organismen verfütterte, aufgeklärt worden. Man fand, daß in den gebildeten Fettsäuren nur jedes zweite Kohlenstoffatom radioaktiv markiert war:

$$CH_3{}^{14}COOH \xrightarrow{\text{Organismus}}$$
$$CH_3{}^{14}CH_2CH_2{}^{14}CH_2CH_2{}^{14}CH_2CH_2{}^{14}CH_2CH_2{}^{14}CH_2CH_2{}^{14}CH_2CH_2{}^{14}CH_2CH_2{}^{14}COOH$$

markierte Hexandecan (Palmitin-)säure

Den Ablauf dieser Polymerisation kann man sich systematisch folgendermaßen vorstellen. Zunächst wird die Ethansäure (Essigsäure) durch Bildung eines reaktiven Esters (Acetyl-Coenzym A) mit der Mercaptogruppe von Coenzym A (abgekürzt HSCoA, s. Abb. 17–15), einem wichtigen Bindeglied bei biologischen Reaktionen, aktiviert. Dieser Thioester wird dann mit Hilfe eines Enzyms, der sogenannten Acetyl-CoA-Carboxylase, zu Malonyl-Coezym A carboxyliert. Nun kommt ein neues Enzymsystem, die Fettsäure-Synthetase, zur Wirkung, das die Kettenverlängerung katalysiert. Als erstes werden die beiden Alkanoylgruppen im Acetyl- und im

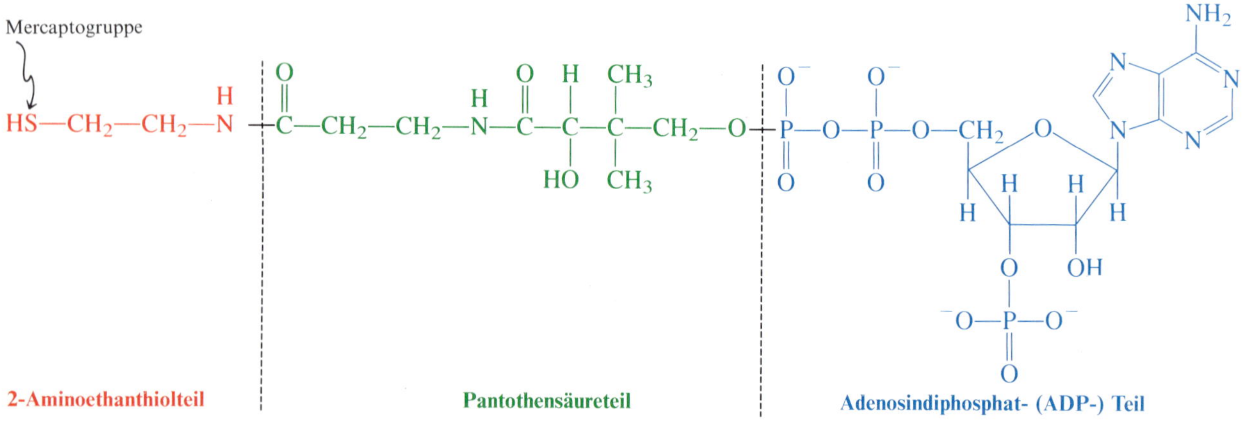

Mercaptogruppe

$HS{-}CH_2{-}CH_2{-}NH{-}C(=O){-}CH_2{-}CH_2{-}NH{-}C(=O){-}CH(OH){-}C(CH_3)_2{-}CH_2{-}O{-}P(=O)(O^-){-}O{-}P(=O)(O^-){-}O{-}CH_2$–Ribose(3'-$OPO_3^{2-}$, 2'-OH)–Adenin($NH_2$)

2-Aminoethanthiolteil | **Pantothensäureteil** | **Adenosindiphosphat- (ADP-) Teil**

Abb. 17-15 Struktur von Coenzym A. In unserem Fall ist der entscheidende Teil die Mercaptofunktion. Der Einfachheit halber kann man den Namen als HSCoA abkürzen.

Malonyl-Coenzym A (hier verwenden wir nur die Trivialnamen) unabhängig voneinander enzymatisch auf zwei Moleküle eines anderen Proteins mit einer Mercaptogruppe, dem Acyl-Carrier-Protein, übertragen. Die entstandenen beiden Spezies reagieren dann unter Freisetzung von CO_2 miteinander zu einem 3-Oxobutansäurethioester. (Der Kupplungsschritt ist ähnlich wie bei den Malonestersynthesen, die wir in Abschn. 22.4 betrachten wollen). Die 3-Oxogruppe des Thioesters wird dann stufenweise reduziert, zunächst zum Alkohol, dann durch Dehydratisierung zum α,ß-ungesättigten Ester, der dann anschließend hydriert wird. Der entstandene Butansäureester durchläuft dann erneut eine ähnliche Reaktionsfolge zur Kettenverlängerung um zwei Kohlenstoffatome, bis nach einer Reihe von Reaktionscyclen die gewünschte Fettsäure synthetisiert ist.

Mechanismus der Biosynthese von Fettsäuren

Schritt 1: Bildung des Thioesters

$$CH_3COOH + HSCoA \longrightarrow CH_3\overset{O}{\overset{\|}{C}}SCoA + HOH$$

Ethan-(Essig-)säure — Coenzym A — Acetyl-Coenzym A

Schritt 2: Carboxylierung

$$CH_3\overset{O}{\overset{\|}{C}}SCoA + CO_2 \xrightarrow{\text{Acetyl-CoA-Carboxylase}} HO\overset{O}{\overset{\|}{C}}CH_2\overset{O}{\overset{\|}{C}}SCoA$$

Malonyl-CoA

Schritt 3: Transfer von Alkanoylgruppen

$$CH_3\overset{O}{\overset{\|}{C}}SCoA + HS\text{–}\boxed{\text{Protein}} \longrightarrow CH_3\overset{O}{\overset{\|}{C}}S\text{–}\boxed{\text{Protein}} + HSCoA$$

Acyl-Carrier-Protein

$$HO\overset{O}{\overset{\|}{C}}CH_2\overset{O}{\overset{\|}{C}}SCoA + HS\text{–}\boxed{\text{Protein}} \longrightarrow HO\overset{O}{\overset{\|}{C}}CH_2\overset{O}{\overset{\|}{C}}S\text{–}\boxed{\text{Protein}} + HSCoA$$

Acyl-Carrier-Protein

Schritt 4: Kopplung

$$HO\overset{O}{\overset{\|}{C}}CH_2\overset{O}{\overset{\|}{C}}S\text{–}\boxed{\text{Protein}} \xrightarrow[-CO_2]{CH_3\overset{O}{\overset{\|}{C}}S\text{–}\boxed{\text{Protein}}} CH_3\overset{O}{\overset{\|}{C}}CH_2\overset{O}{\overset{\|}{C}}S\text{–}\boxed{\text{Protein}}$$

3-Oxobutansäurethioester

Schritt 5: Reduktion

$$CH_3\overset{O}{\overset{\|}{C}}CH_2\overset{O}{\overset{\|}{C}}S\text{–}\boxed{\text{Protein}} \xrightarrow{\text{Reduktion}} CH_3CH_2CH_2\overset{O}{\overset{\|}{C}}S\text{–}\boxed{\text{Protein}}$$

ein Butansäurethioester

weitere Schritte: Wiederholung der Schritte 1 bis 5, anschließend Hydrolyse

$$CH_3CH_2CH_2\overset{\overset{\displaystyle O}{\|}}{C}S\text{—}\boxed{\text{Protein}} \xrightarrow{H_2O} CH_3(CH_2)_nCOOH + HS\text{—}\boxed{\text{Protein}}$$

langkettige Fettsäure

Alle Schritte unterliegen einer sorgfältigen energetischen Kontrolle und die bei den Reaktionen freiwerdenden Wärmebeträge werden gewöhnlich zum „Treiben" anderer Prozesse benutzt. Das ganze System muß sehr selektiv sein, denn das Enzym Fettsäure-Synthetase baut die ganze sechzehn Kohlenstoffatome lange Kette der Hexadecan- (Palmitin-)säure in einer Reaktionsfolge auf – ohne daß Zwischenprodukte freigesetzt werden – bis das Endprodukt fertig ist. Obwohl die Struktur des „Fließbands" nicht genau bekannt ist, nimmt man an, daß das Enzym aus einem Cluster mehrerer Proteine mit einer molaren Masse von etwa 2 300 000 besteht.

Langkettige Carboxylate sind Seifen

Die Natrium und Kaliumsalze der Fettsäuren haben die interessante Eigenschaft, sich in wässriger Lösung zu kugelförmigen Haufen von Molekülen, sogenannten **Micellen**, zusammenzuballen (s. Abb. 17-16). Die Moleküle sind dabei so angeordnet, daß sich die hydrophoben Alkylketten der Säuren im Inneren der Micellen befinden. Dies kommt aufgrund ihrer gegenseitigen Anziehung durch London-Kräfte und ihrer Neigung, so wenig wie möglich mit dem Wasser in Berührung zu kommen, zustande. Die polaren, wassersolvatisierten Carboxylat-Kopfgruppen bilden einen kugelförmigen Wall um die Kohlenwasserstoffe im Zentrum. Carboxylate bilden auch Filme auf der Wasseroberfläche, in denen die polaren Gruppen in das Wasser ragen und die hydrophobe Schicht der Alkylketten

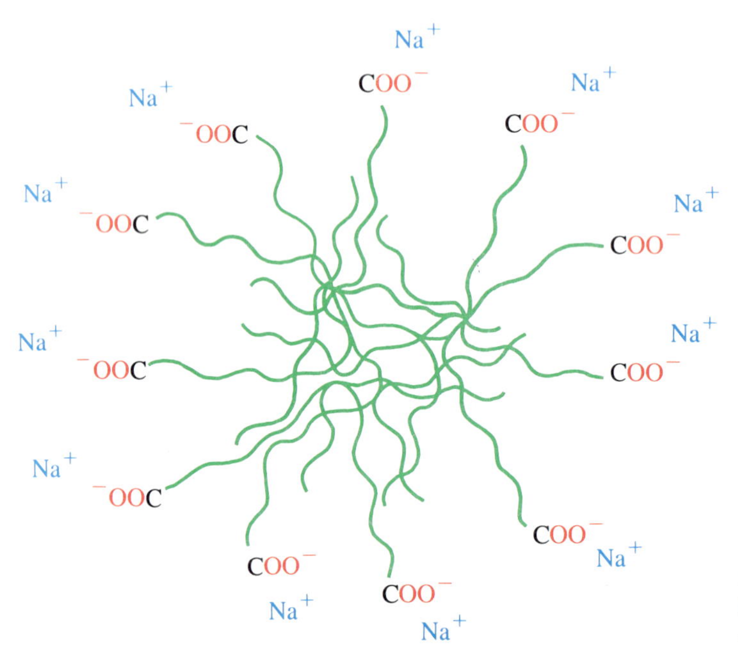

Abb. 17-16 Schematische Darstellung der Micellenbildung einer Fettsäure in Wasser.

darüberliegt. Hierdurch verkleinert sich die Oberflächenspannung und es kommt die Schaumbildung, die typisch für Seifen ist, zustande. Tatsächlich gehören Carboxylatsalze zu den ersten Seifen, die von den Menschen benutzt wurden. Ihre Wirkung besteht hauptsächlich darin, daß sie bestimmte wasserunlösliche Stoffe (Öle, Fette) im Inneren der Seifenmicellen lösen, und daß sie die Oberflächenspannung des Wassers senken, wodurch eine vollständige Benetzung der Wäsche erreicht wird. Moderne Detergentien bestehen hauptsächlich aus Alkansulfonaten, $CH_3(CH_2)_nCH_2SO_3^-K^+$, die, genau wie Seifen, biologisch abbaubar sind, aber mit den Calcium- und Magnesium-Ionen im „harten“ Wasser im Gegensatz zu den Fettsäure-Anionen keine wasserunlöslichen Niederschläge bilden.

Eine wichtige natürlich vorkommende langkettige Carbonsäure ist die *Arachidonsäure*. Diese Substanz scheint die biologische Vorstufe einer Fülle von wichtigen chemischen Substanzen im menschlichen Körper, wie den Prostaglandinen (Abschn. 16.5), Thromboxanen, Prostacyclinen und Leukotrienen zu sein (versuchen Sie einmal, diese Strukturen von der Arachidonsäure abzuleiten).

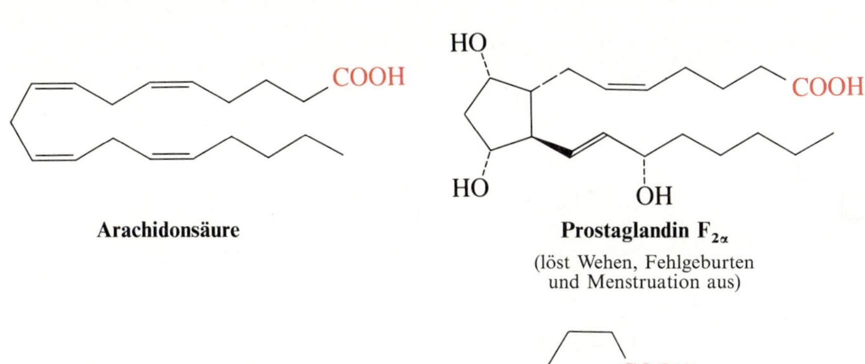

Arachidonsäure

Prostaglandin $F_{2\alpha}$
(löst Wehen, Fehlgeburten und Menstruation aus)

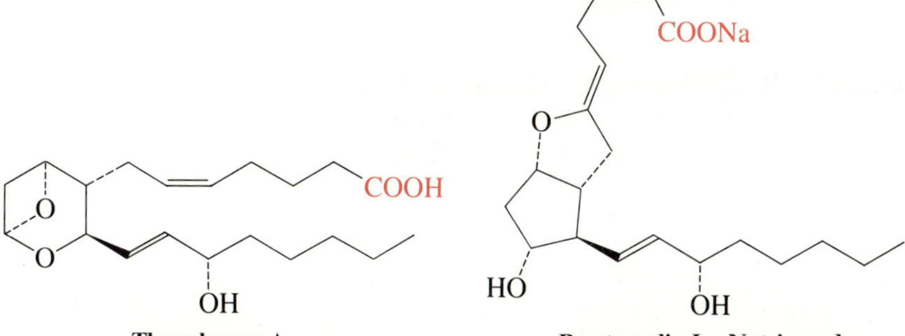

Thromboxan A_2
(bewirkt die Kontraktion der glatten Muskulatur und die Blutgerinnung)

Prostacyclin I_2, Natriumsalz
(stärkster natürlicher Inhibitor der Blutgerinnung; gefäßerweiternd, wird bei Bypass-Operationen am Herzen, bei Nierenpatienten usw. eingesetzt)

OH OH COOH

Leukotrien B_4
(wichtiger chemotaktischer Faktor; bewirkt z. B. Zellwanderungen)

Diese Moleküle haben eine große pharmakologische Wirksamkeit und sind die Zielverbindungen einer Reihe von Synthesen.

Neben den natürlich vorkommenden langkettigen Carbonsäuren sind außerdem in vielen Naturstoffen Carboxygruppen als Substituenten in komplizierteren Molekülgerüsten enthalten. In biologischer Umgebung hat die Carboxygruppe wahrscheinlich die Funktion, die Wasserlöslichkeit zu erhöhen, Salzbildung oder Ionentransport zu erleichtern und micellenartige Zusammenballungen zu ermöglichen.

Die *Gibellerinsäure* gehört zu einer Gruppe von pflanzlichen Wuchsstoffen, die durch Fermentation entstehen.

Lysergsäure ist ein Hauptprodukt der Hydrolyse von Mutterkorn-Extrakten, einer Pilzart, die parasitär auf Grasarten, unter anderem auch Roggen, lebt. Viele Derivate der Lysergsäure zeigen eine ausgeprägte psychotomimetische Wirkung. Im Mittelalter sind bei tausenden von Menschen nach dem Genuß von mit Mutterkorn verunreinigtem Roggenbrot bestimmte Vergiftungserscheinungen wie Halluzinationen, Krämpfe, Delirium, epileptische Erscheinungen und Tod aufgetreten. Das synthetische Lysergsäurediethylamid (LSD) ist eines der stärksten bekannten Halluzinogene. Die wirksame orale Dosis beträgt beim Menschen nur etwa 0.05 mg.

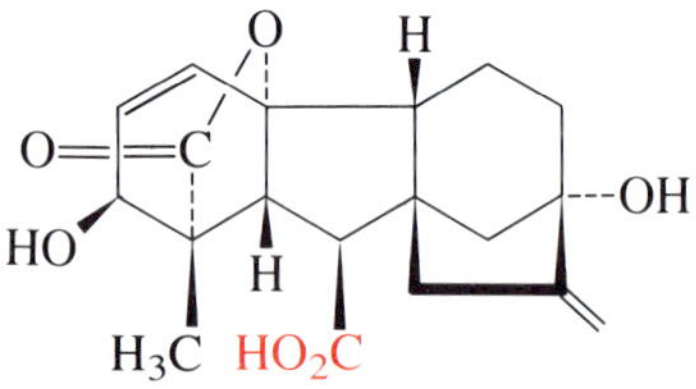

Gibberellinsäure

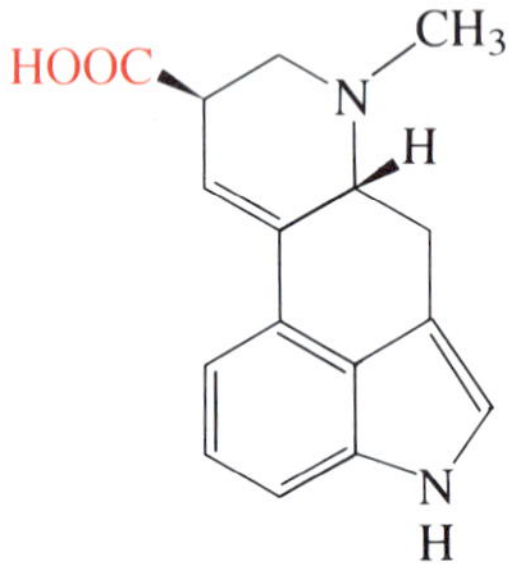

Lysergsäure

Bestimmte Steroide, die Gallensäuren (z.B. *Cholsäure*, s. Abschn. 4.7), werden im Gallengang gefunden und dienen im Körper zur Emulgierung und Absorption der Fette über die Bildung von Micellen. Die *Penicilline* sind Antibiotika, die sich von 2-Aminosäuren ableiten (s. Abschn. 18.5).

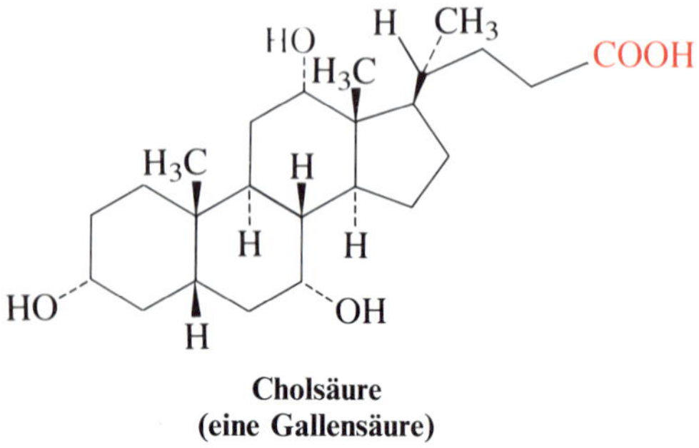

Cholsäure (eine Gallensäure)

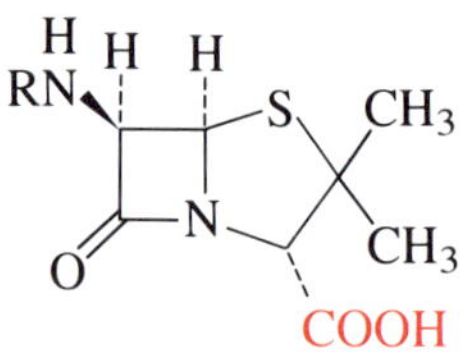

Penicilline (R steht für unterschiedliche Gruppen)

In diesem Abschnitt haben wir also einige Beispiele aus der strukturellen Vielfalt der Carbonsäuren, insbesondere von solchen, die in lebenden Organismen vorkommen, kennengelernt und etwas über ihre biologische Funktion erfahren.

Zusammenfassung neuer Reaktionen

1 Acidität von Carbonsäuren

$$RCOOH + H_2O \longrightarrow [RCOO^- \longleftrightarrow RCOO^-] + H_3O^+$$

resonanzstabilisiertes Carboxylat-Ion

$K_a = 10^{-4}-10^{-5}$, $pK_a \sim 4-5$

Salzbildung:

$$RCOOH + NaOH \longrightarrow RCOO^-Na^+ + H_2O$$

2 Basizität von Carbonsäuren

$$R{-}C(=O)OH + H^+ \rightleftharpoons [R{-}C(={}^+OH){-}OH \longleftrightarrow R{-}C(OH){=}{}^+OH]$$

resonanzstabilisierte protonierte Carbonsäure

Darstellung von Carbonsäuren

3 Oxidative Spaltung von Alkenen

$$RCH{=}CH_2 \xrightarrow{KMnO_4,\ OH} RCOOH + CO_2$$

4 Oxidation primärer Alkohole und Aldehyde

$$RCH_2OH \xrightarrow{\text{Oxidationsmittel}} RCOOH$$

Oxidationsmittel: CrO_3, $KMnO_4$, HNO_3

$$RCHO \xrightarrow{\text{Oxidationsmittel}} RCOOH$$

Oxidationsmittel: CrO_3, $KMnO_4$, Ag^+, H_2O_2, HNO_3

5 Oxidation von Ketonen

$$RC(=O)CH_2R' \xrightarrow{50\%\ HNO_3,\ \Delta,\ V_2O_5} RCOOH + R'COOH$$

Haloform-Reaktion:

$$RC(=O)CH_3 \xrightarrow[2.\ H^+,\ H_2O]{1.\ X_2,\ HO^-} RCOOH + HCX_3$$

6 Carboxylierung organometallischer Reagenzien

$$RMgX + CO_2 \longrightarrow RCOO^-MgX^+ \xrightarrow{H^+,\ H_2O} RCOOH$$

$$RLi + CO_2 \longrightarrow RCOO^-Li^+ \xrightarrow{H^+,\ H_2O} RCOOH$$

7 Hydrolyse von Nitrilen

$$RC{\equiv}N \xrightarrow{H_2O,\ \Delta,\ H^+ \text{ oder } OH^-} RCOOH + NH_3$$

Reaktionen von Carbonsäuren

8 Nucleophiler Angriff auf die Carbonylgruppe

Basenkatalysierte Additions-Eliminierungs-Reaktion:

$$R\overset{O}{\overset{\|}{C}}OH + :Nu^- \xrightarrow[\text{Addition}]{} R{-}\underset{Nu}{\overset{O^-}{C}}{-}OH \xrightarrow[\text{Eliminierung}]{} R\overset{O}{\overset{\|}{C}}Nu + HO^-$$

tetraedrisches Zwischenprodukt

Säurekatalysierte Additions-Eliminierungs-Reaktion:

$$R\overset{O}{\overset{\|}{C}}OH \underset{}{\overset{H^+}{\rightleftharpoons}} R\overset{^+OH}{\overset{\|}{C}}OH \overset{:NuH}{\rightleftharpoons} R{-}\underset{^+NuH}{\overset{OH}{C}}{-}OH \overset{-H^+}{\rightleftharpoons}$$

$$R{-}\underset{Nu}{\overset{OH}{C}}{-}OH \overset{H^+}{\rightleftharpoons} R{-}\underset{Nu}{\overset{OH}{C}}{-}\overset{+}{O}H_2 \overset{-H_2O}{\rightleftharpoons} R\overset{^+OH}{\overset{\|}{C}}Nu \overset{-H^+}{\rightleftharpoons} R\overset{O}{\overset{\|}{C}}Nu$$

tetraedrisches Zwischenprodukt

Derivate von Carbonsäuren

9 Alkanoylhalogenide

$$RCOOH + SOCl_2 \longrightarrow R\overset{O}{\overset{\|}{C}}Cl + SO_2 + HCl$$

Alkanoylchlorid

$$RCOOH + PCl_5 \longrightarrow R\overset{O}{\overset{\|}{C}}Cl + O{=}PCl_3 + HCl$$

$$3\ RCOOH + PBr_3 \longrightarrow 3\ R\overset{O}{\overset{\|}{C}}Br + H_3PO_3$$

Alkanoylbromid

$$RCOOH + COCl_2 \longrightarrow RC(=O)Cl + CO_2 + HCl$$

$$RCOOH + ClC(=O){-}C(=O)Cl \longrightarrow RC(=O)Cl + CO_2 + CO + HCl$$

10 Carbonsäureanhydride

$$RCOOH + RC(=O)Cl \xrightarrow{\Delta} \underset{\textbf{Anhydrid}}{RC(=O)OC(=O)R} + HCl$$

$$RCOO^-Na^+ + R'C(=O)Cl \longrightarrow \underset{\textbf{gemischtes Anhydrid}}{RC(=O)OC(=O)R'} + NaCl$$

Cyclische Anhydride:

$$(CH_2)_n(COOH)_2 \xrightarrow[-\,H_2O]{\Delta} (CH_2)_n\text{-cyclisches Anhydrid } (C(=O){-}O{-}C(=O))$$

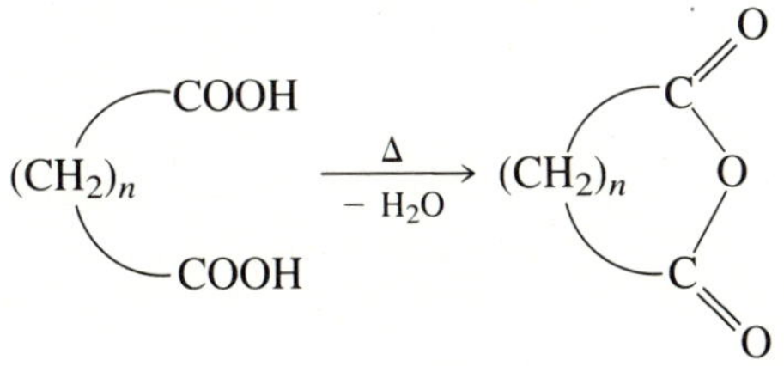

geht am besten bei fünf- und sechsgliedrigen Ringen

11 Ester

Säurekatalysierte Veresterung:

$$RCO_2H + R'OH \underset{K \sim 1}{\overset{H^+}{\rightleftharpoons}} RC(=O)OR' + H_2O$$

Cyclische Ester (Lactone):

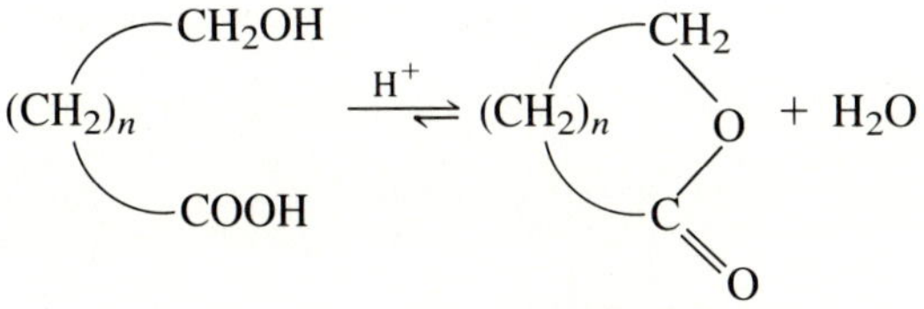

$$(CH_2)_n(CH_2OH)(COOH) \overset{H^+}{\rightleftharpoons} \underset{\textbf{Lacton}}{(CH_2)_n(CH_2{-}O{-}C(=O))} + H_2O$$

$K > 1$ bei fünf- und sechsgliedrigen Ringen

Nucleophile Substitution durch Carboxylat-Ionen:

$$RCO_2^-Na^+ + R'X \longrightarrow RCO_2R' + NaX$$

Diazomethan-Reaktion:

$$RCOOH + CH_2N_2 \longrightarrow RCOOCH_3 + N_2$$

12 Amide

$$\mathrm{RCOOH + R'NH_2 \xrightarrow{\Delta} RC(=O)NHR' + H_2O}$$

Imide:

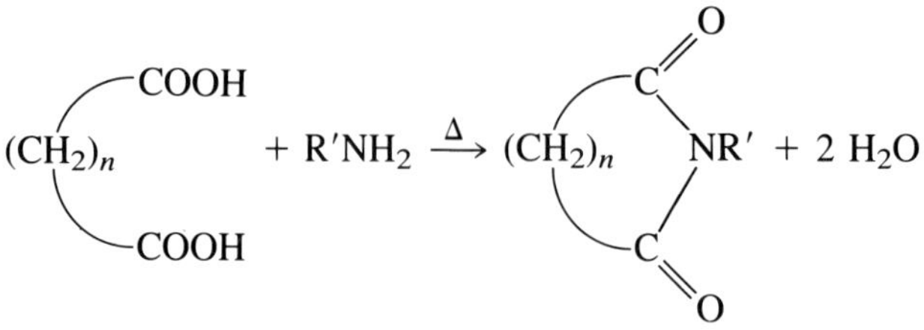

$$\mathrm{(CH_2)_n(COOH)_2 + R'NH_2 \xrightarrow{\Delta} (CH_2)_n(C{=}O)_2NR' + 2\,H_2O}$$

Cyclische Amide (Lactame):

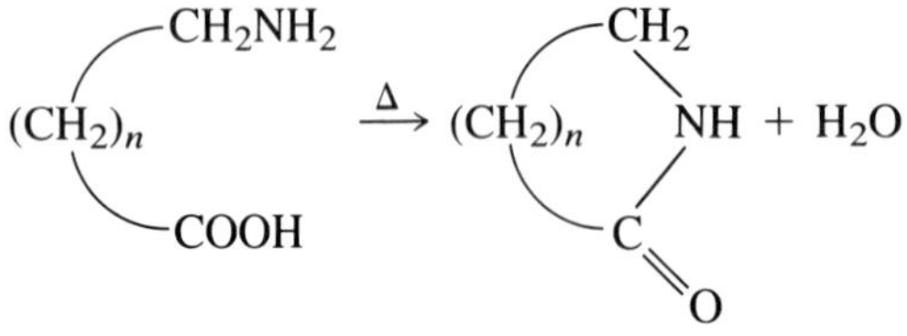

$$\mathrm{(CH_2)_n(CH_2NH_2)(COOH) \xrightarrow{\Delta} (CH_2)_n(CH_2)(NH)(C{=}O) + H_2O}$$

Lactam

13 Reduktion mit organometallischen Reagenzien

$$\mathrm{RCOOH \xrightarrow[2.\ H^+,\ H_2O]{1.\ 2R'Li} RC(=O)R'}$$

14 Reduktion mit Lithiumaluminiumhydrid

$$\mathrm{RCOOH \xrightarrow[2.\ H^+,\ H_2O]{1.\ LiAlH_4} RCH_2OH}$$

15 Bildung und Reaktionen von Dianionen der Carbonsäuren

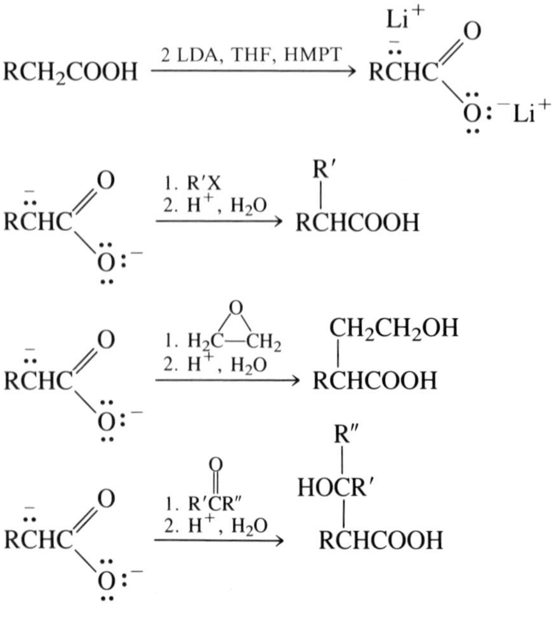

$$\mathrm{RCH_2COOH \xrightarrow{2\ LDA,\ THF,\ HMPT} R\ddot{C}^{-}HC(=O)\ddot{O}{:}^{-}\ (2\ Li^+)}$$

$$\mathrm{R\ddot{C}^{-}HC(=O)\ddot{O}{:}^{-} \xrightarrow[2.\ H^+,\ H_2O]{1.\ R'X} RCH(R')COOH}$$

$$\mathrm{R\ddot{C}^{-}HC(=O)\ddot{O}{:}^{-} \xrightarrow[2.\ H^+,\ H_2O]{1.\ H_2C\overset{O}{—}CH_2} RCH(CH_2CH_2OH)COOH}$$

$$\mathrm{R\ddot{C}^{-}HC(=O)\ddot{O}{:}^{-} \xrightarrow[2.\ H^+,\ H_2O]{1.\ R'C(=O)R''} RCH(C(OH)R'R'')COOH}$$

16 Bromierung: Hell-Volhard-Zelinsky-Reaktion

$$RCH_2COOH \xrightarrow{Br_2,\ \text{katalytische Mengen P}} RCH(Br)COOH$$

17 Substitutionsreaktionen an 2-Bromcarbonsäuren

$$RCH(Br)COOH \xrightarrow{HO^-,\ H_2O} RCH(OH)COOH$$

$$RCH(Br)COOH \xrightarrow{NH_3,\ \Delta} RCH(NH_2)COOH$$

$$RCH(Br)COOH \xrightarrow{NaCN,\ NaOH} RCH(C{\equiv}N)COO^-Na^+ \xrightarrow[2.\ H^+,\ H_2O]{1.\ H_2O,\ HO^-} RCH(COOH)COOH$$

Decarboxylierung von Carbonsäuren

18 Kolbe-Elektrolyse

$$RCOO^-Na^+ \xrightarrow[-e^-\ (\text{Anode})]{} RCOO\cdot \xrightarrow[-CO_2]{} R\cdot \xrightarrow{2\times} R-R$$

19 Hunsdieker-Reaktion

$$RCOO^-Ag^+ \xrightarrow{Br_2} RBr + CO_2 + AgBr$$

Besondere Darstellungsverfahren einiger Carbonsäuren

20 Methansäure (Ameisensäure)

$$CO + NaOH \longrightarrow HCOO^-Na^+ \xrightarrow{H^+,\ H_2O} HCOOH$$

21 Ethansäure (Essigsäure)

Ethen-Oxidation:

$$CH_2{=}CH_2 \xrightarrow{O_2,\ H_2O,\ PdCl_2/CuCl_2\text{-Katalyse}} CH_3CHO \xrightarrow{O_2,\ Co^{3+}\text{-Katalyse}} CH_3COOH$$

Butan-Oxidation:

$$CH_3CH_2CH_2CH_3 \xrightarrow{O_2,\ Co^{3+}\text{-Katalyse},\ \Delta,\ \text{Druck}} CH_3COOH$$

Carbonylierung von Methanol:

$$CH_3OH \xrightarrow{CO,\ Rh^{3+}\text{-Katalyse},\ I_2,\ \Delta,\ \text{Druck}} CH_3COOH$$

Zusammenfassung

1 Carbonsäuren werden nach der IUPAC-Nomenklatur als Alkansäuren bezeichnet. Der Carbonyl-Kohlenstoff erhält immer die Zahl 1, die anderen Kohlenstoffatome in der längsten Kette, die die Carboxygruppe enthält, werden dann fortlaufend durchnumeriert, die anderen Ketten als Substituenten behandelt. Dicarbonsäuren nennt man Alkandisäuren.

2 Die Carboxygruppe ist annähernd trigonal eben gebaut. Außer in sehr verdünnten Lösungen bilden Carbonsäuren Dimere über Wasserstoffbrücken.

3 Das saure Proton der Carbonsäure ist aufgrund der Wasserstoffbrücken relativ weit zu niedrigem Feld hin verschoben, das Ausmaß der Verschiebung ist aber unterschiedlich ($\delta = 10-13$). Der Carbonyl-Kohlenstoff ist auch relativ stark entschirmt, aber aufgrund der Resonanzbeteiligung der Hydroxygruppe nicht so stark wie bei Aldehyden und Ketonen.

4 Die Infrarot-Spektroskopie mißt die Anregung von Schwingungen. Die Energie der auftreffenden Strahlung reicht von etwa 4 bis 40 kJ/mol ($\Delta\lambda \sim 2.5-16.7$ um; $\Delta\tilde{\nu} \sim 600-4000\ \text{cm}^{-1}$). Bestimmte funktionelle Gruppen zeigen charakteristische Peaks, die sich aus Valenz-, Deformations- und anderen Arten von Schwingungen sowie aus Kombinationen von diesen ergeben. Jedes Molekül hat sein eigenes Absorptionsmuster im IR-Spektrum (Fingerprint), durch das es, wie durch einen Fingerabdruck, charakterisiert ist.

5 Die Carbonylgruppe in Carbonsäuren addiert Nucleophile, wodurch zunächst ein instabiles tetraedrisches Zwischenprodukt entsteht. Dieses Zwischenprodukt kann durch Eliminierung der Hydroxygruppe zerfallen, wobei ein Carbonsäurederivat entsteht.

6 Alkanoylhalogenide bilden sich beim Angriff anorganischer Halogenide ($SOCl_2$, PCl_5, PBr_3) auf die Carboxygruppe. Alkanoylchloride lassen sich auch durch Behandlung von Carbonsäuren mit Phosgen oder Oxalylchlorid darstellen. Bei diesen Prozessen bilden sich intermediär instabile gemischte Carbonsäureanhydride, die sich unter Freisetzung von CO_2 bzw. CO_2 und CO (bei Oxalylchlorid) zu den entsprechenden Produkten zersetzen.

7 Der Mechanismus der säurekatalysierten Veresterung läßt sich mit markiertem Sauerstoff prüfen. Es zeigt sich, daß die Alkoxygruppe des Esters aus dem Alkohol stammt.

8 Organolithium-Reagenzien und Lithiumaluminiumhydrid sind so ausgeprägt nucleophil, daß sie sich an die Carbonylgruppe von Carboxylat-Ionen addieren. Über diese Prozesse ist die Synthese von Ketonen und die Reduktion von Carbonsäuren zu primären Alkoholen möglich.

9 Die 2-Position von Dianionen der Carbonsäuren reagiert in S_N2-Reaktionen genau wie die entsprechende Position von Enolaten.

Aufgaben

1 Benennen Sie (IUPAC-System) oder zeichnen Sie die Strukturen der folgenden Verbindungen.

(a) 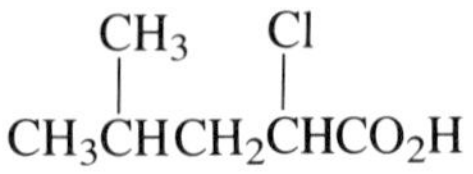 CH_3 und Cl über den Kettengliedern: $CH_3CHCH_2CHCO_2H$ (mit CH_3 an C-4 und Cl an C-2)

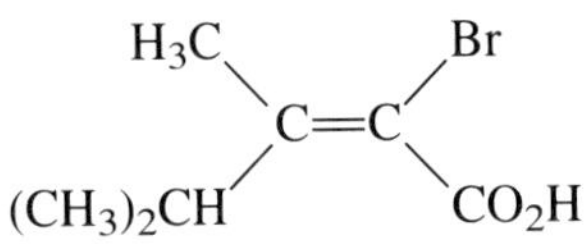

(b) 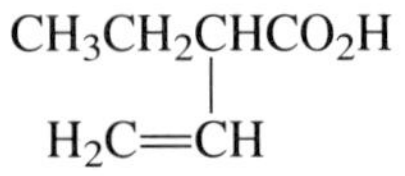 $CH_3CH_2CHCO_2H$ mit $H_2C{=}CH$ am CH

(c) H_3C und $(CH_3)_2CH$ an C=C, gegenüber Br und CO_2H

(d) 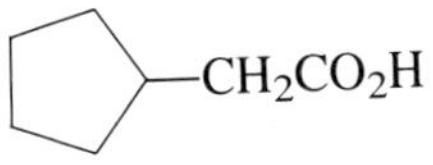 Cyclopentyl–CH_2CO_2H

(e) [Cyclohexan mit OH und CO_2H]

(f) Cl(HO$_2$C)C=C(H)CO$_2$H

(g) 4-Aminobutansäure (auch als „GABA", γ-Aminobuttersäure bekannt, diese Verbindung spielt bei biochemischen Prozessen im Gehirn eine wichtige Rolle)
(h) *meso*-2,3-Dimethylbutandisäure
(i) 2-Oxopropansäure (Brenztraubensäure)
(j) *trans*-2-Methanoylcyclohexancarbonsäure

2 Ordnen Sie die am Rand gezeigten Moleküle (1) nach abnehmenden Siedepunkten (2) nach abnehmender Löslichkeit in Wasser. Erläutern Sie Ihre Antworten.

COOH

CHO

CH_2OH

CH_3

3 Würden Sie nach dem Hookschen Gesetz erwarten, daß die IR-Banden der C–X-Bindungen von gewöhnlichen Halogenalkanen (X = Cl, Br, I) bei höheren oder niedrigeren Wellenzahlen als die von Bindungen von Kohlenstoff zu leichteren Elementen (z. B. Sauerstoff) liegen?

4 Welchen Wellenlängen entsprechen die angegebenen Wellenzahlen von IR-Banden?

(a) 1720 cm^{-1} (C=O)
(b) 1650 cm^{-1} (C=C)
(c) 3300 cm^{-1} (Alkin C–H)
(d) 890 cm^{-1} (Alken-Deformationsschwingung)
(e) 1100 cm^{-1} (C–O)
(f) 2260 cm^{-1} (C≡N)

5 Das IR-Spektrum von 1,4-Nonadiin zeigt eine starke, scharfe Bande bei 3300 cm^{-1}. Wie kommt diese Bande zustande? Beim Behandeln von 1,4-Nonadiin mit $NaNH_2$ und anschließend mit D_2O verschwindet sie, es erscheint stattdessen eine Bande bei 2850 cm^{-1}.

(a) Welches Produkt entsteht bei dieser Reaktion?
(b) Welche neue Bindung ist für die IR-Absorption bei 2580 cm^{-1} verantwortlich?
(c) Berechnen Sie mit Hilfe des Hookschen Gesetzes die ungefähre Lage der neuen Bande aus der Struktur des ursprünglichen Moleküls und dessen IR-Spektrum. Nehmen Sie an, daß *k* und *f* unverändert bleiben.

6 Sie sind ins Chemikalienlager gegangen, um nach einigen isomeren Brompentanen zu suchen. Auf dem mit $C_5H_{11}Br$ gekennzeichneten Regal befinden sich drei Flaschen, deren Etiketten abgefallen sind. Das NMR-Gerät ist kaputt und so entwickeln Sie folgendes Experiment, um zu bestimmen, welches Isomer in welcher Flasche ist: Eine Probe aus jeder Flasche wird in wässrigem Ethanol mit NaOH behandelt und dann das IR-Spektrum jedes Produktes oder Produktgemisches aufgezeichnet. Dabei erhalten Sie die folgenden Ergebnisse:

(i) $C_5H_{11}Br$-Isomer in Flasche A $\xrightarrow{NaOH}$ IR-Banden bei 1660, 2850–3020 und 3350 cm^{-1}

(ii) $C_5H_{11}Br$-Isomer in Flasche B $\xrightarrow{NaOH}$ IR-Banden bei 1670 und 2850–3020 cm^{-1}

(iii) $C_5H_{11}Br$-Isomer in Flasche C $\xrightarrow{NaOH}$ IR-Banden bei 2850–2960 und 3350 cm^{-1}

Beantworten Sie die folgenden Fragen:

(a) Was können Sie den Daten über jedes Produkt oder Produktgemisch entnehmen?
(b) Schlagen Sie eine Struktur für den Inhalt jeder Flasche vor. Läßt sich mit den Daten einer der drei Flaschen mehr als eine Struktur in Einklang bringen?

7 Ordnen Sie zu jeder Struktur auf der linken Seite der folgenden Tabelle die zu ihr gehörenden IR-Banden auf der rechten Seite zu. Es sind nur die für die Strukturbestimmung wichtigen Banden angegeben (br steht für breite Bande).

Verbindung	**IR-Banden**
(a) $CH_3(CH_2)_3O(CH_2)_3CH_3$	(1) 3060, 2925, 1646, 1438, 1380, 888 cm^{-1}
(b) CH_2, H_3C, H_3C, HO, CH_3	(2) 3000, 2915, 1460, 1370, 1120 cm^{-1}
(c) $CH_3CH_2CH_2\overset{O}{\overset{\Vert}{C}}OCH_2CH_3$	(3) 3080, 3020, 2960, 2900, 2260, 1647, 1418, 990, 935 cm^{-1}
(d) 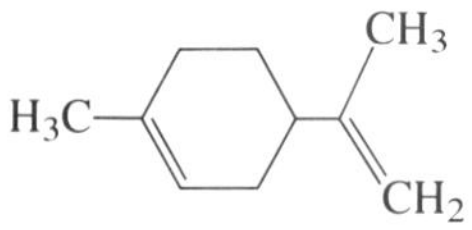 H_3C, CH_3, CH_2	(4) 2975, 2880, 2260, 1464, 1433 cm^{-1}
(e) $CH_3\overset{CH_3}{\overset{\vert}{C}H}\underset{\underset{O}{\Vert}}{C}CH_3$	(5) 3300–2500 (br), 2905, 2840, 1708, 1465, 1430, 1410 cm^{-1}
(f) $CH_2{=}CHCH_2CN$	(6) 3300–2500 (br), 1730 (br), 1710, 1400, 1366, 1163 cm^{-1}
(g) $CH_3(CH_2)_{14}CO_2H$	(7) 3330 (br), 3300, 2937, 2878, 2120, 1360, 1025 cm^{-1}
(h) $CH_3CH_2CH_2CN$	(8) 3356 (br), 2900, 1666, 1466, 1380, 1130, 896 cm^{-1}
(i) $HC{\equiv}CCH_2OH$	(9) 2970, 2880, 1718, 1470, 1370 cm^{-1}
(j) $CH_3\overset{O}{\overset{\Vert}{C}}CH_2CH_2CO_2H$	(10) 2955, 2930, 2870, 1737, 1461, 1372, 1183 cm^{-1}

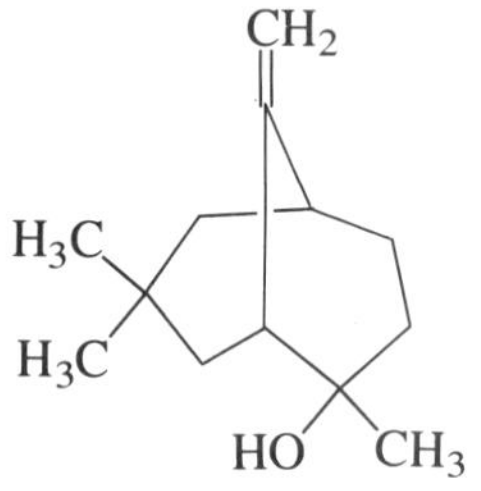

8 **(a)** Eine unbekannte Verbindung D hat die Formel $C_7H_{12}O_2$ und das im folgenden angegebene IR-Spektrum. Zu welcher Verbindungsklasse gehört diese Substanz? (Nehmen Sie die Spektren aus Absch. 17.3 zu Hilfe.)

(b) Bestimmen Sie mit Hilfe der NMR- und IR-Spektren auf den Seiten 799 bis 802 und der spektroskopischen und chemischen Information aus der unten angegebenen Reaktionsfolge, die Struktur der Verbindung D und der anderen unbekannten Substanzen E bis I. In den Reaktionsgleichungen finden sich Hinweise auf relevante Abschnitte aus früheren Kapiteln. Versuchen Sie aber zunächst, die Frage ohne zusätzliche Hilfe zu beantworten.
(c) Eine weitere unbekannte Verbindung J hat die Formel $C_8H_{14}O_4$. Auf Seite 802 sind ihr NMR- und IR-Spektrum abgebildet. Schlagen Sie eine Struktur für diese Verbindung vor. Tabelle 17-3 könnte Ihnen dabei helfen.

$$\underset{\mathbf{E}}{C_6H_{10}} \xrightarrow[\text{Abschn. 12-3}]{\text{1. } Hg(OCCH_3)_2,\ H_2O \quad \text{2. } NaBH_4} \underset{\mathbf{F}}{C_6H_{12}O} \xrightarrow[\text{Abschn. 9-4}]{CrO_3,\ H_2SO_4,\ \text{Propanon (Aceton)},\ 0\,°C}$$

(O über C mit Doppelbindung in $Hg(O\overset{\overset{O}{\|}}{C}CH_3)_2$)

E: ^{13}C NMR: δ = 22.1, 24.5, 126.2 ppm
^{1}H NMR-E

F: ^{13}C NMR: δ = 24.4, 25.9, 35.5, 69.5 ppm

$$\underset{\mathbf{G}}{C_6H_{10}O} \xrightarrow[\text{Abschn. 15-7}]{CH_2{=}P(C_6H_5)_3} \underset{\mathbf{H}}{C_7H_{12}} \xrightarrow[\text{Abschn. 12-4}]{\text{1. } BH_3 \quad \text{2. } HO^-,\ H_2O_2} \underset{\mathbf{I}}{C_7H_{14}O} \xrightarrow[\text{Abschn. 9-4}]{Na_2Cr_2O_7,\ H_2O,\ H_2SO_4} \mathbf{D}$$

G: ^{13}C NMR: δ = 23.8, 26.5, 40.4, 208.5 ppm
IR-G

H: IR-H

I: IR-I
^{1}H NMR-I

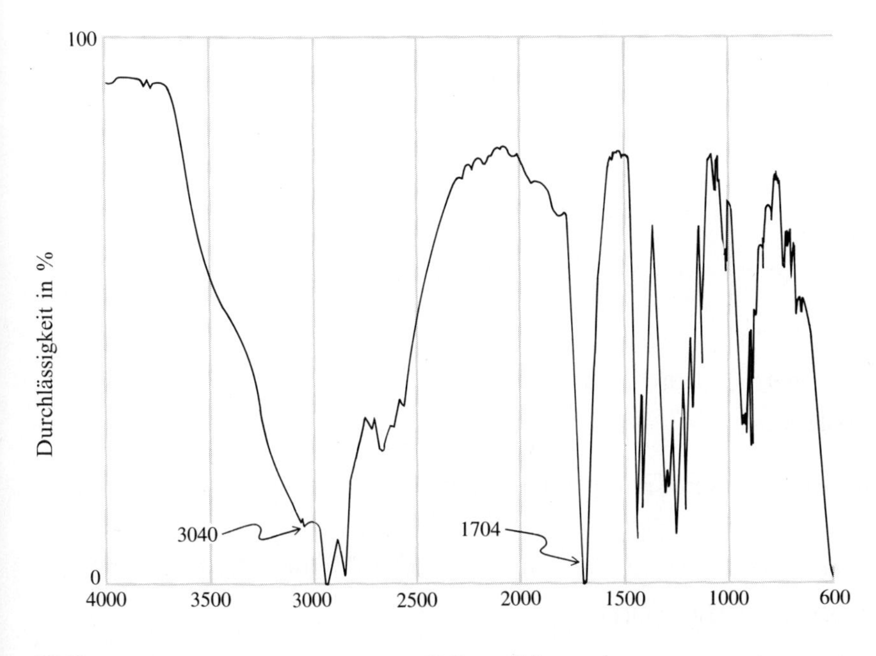

IR-D Wellenzahl in cm^{-1}

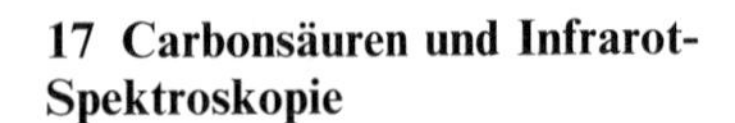

(d) Verbindung J läßt sich leicht aus E synthetisieren. Schlagen Sie eine Reaktionsfolge vor.
(e) Entwickeln Sie einen Weg für die Synthese von D aus F, der völlig unterschiedlich zu dem in Teil b dargestellten ist.
(f) Schlagen Sie schließlich ein Syntheseschema vor, das die Umkehrung des in Teil b dargestellten ist, die Überführung von D in E.

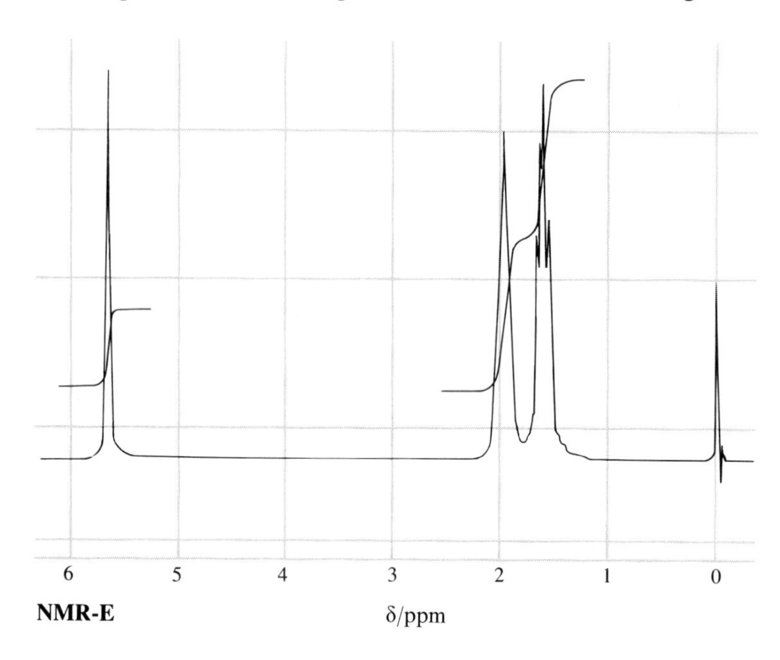

NMR-E

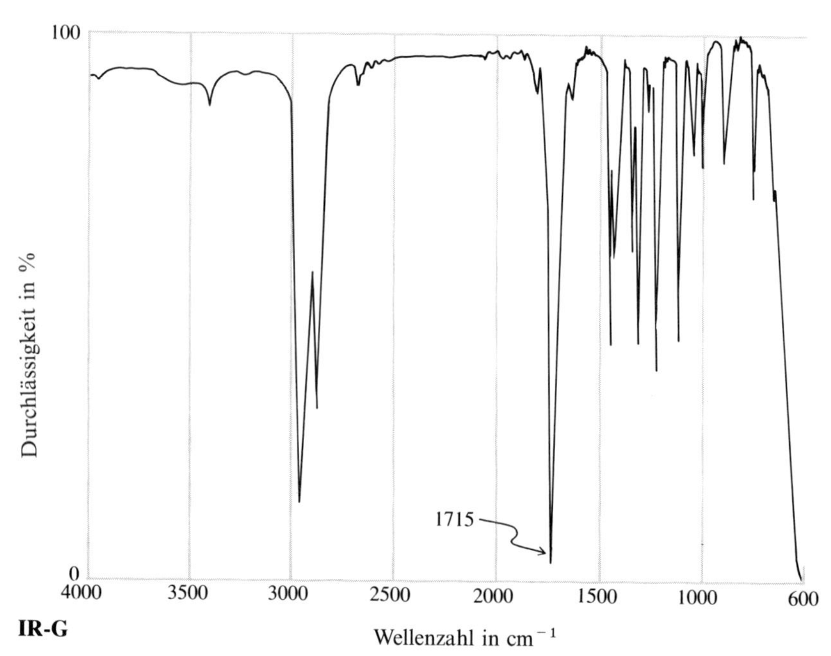

IR-G

9 Ordnen Sie die Verbindungen in den folgenden Gruppen nach abnehmender Acidität.

(a) $CH_3CH_2CO_2H$, $CH_3\overset{\overset{\displaystyle O}{\|}}{C}CH_2OH$, $CH_3CH_2CH_2OH$

(b) $BrCH_2CO_2H$, $ClCH_2CO_2H$, FCH_2CO_2H

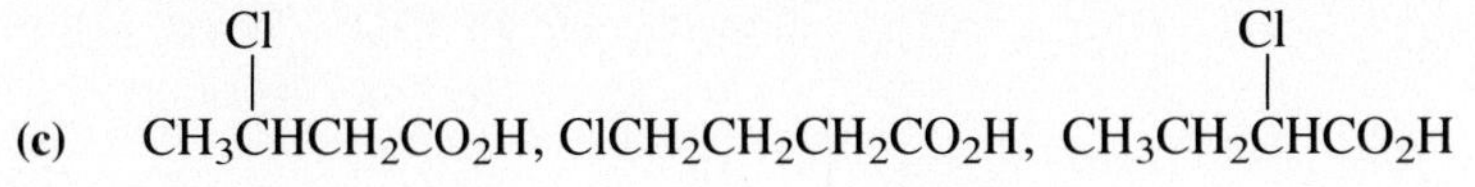

(d) CF_3CO_2H, CBr_3CO_2H, $(CH_3)_3CCO_2H$

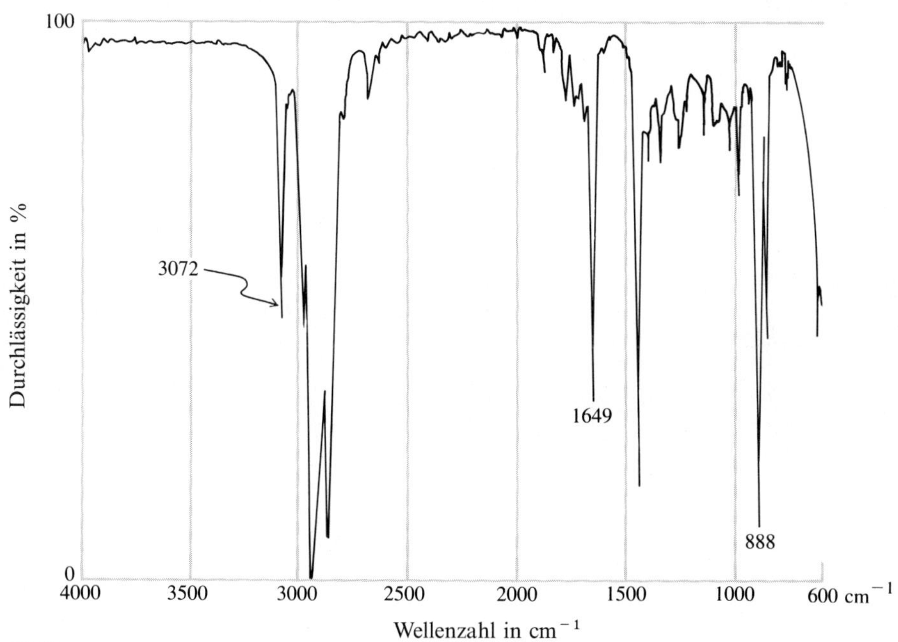

IR-H

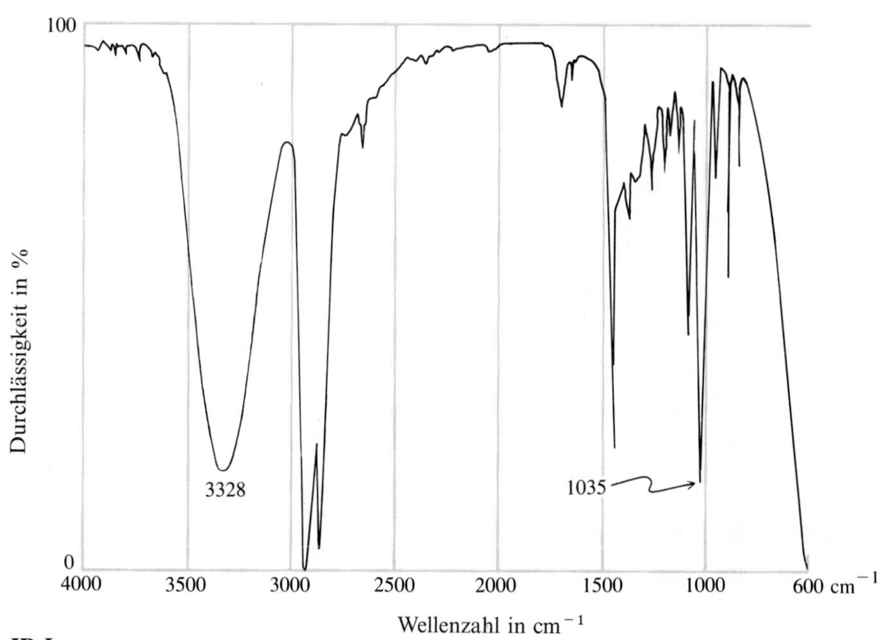

IR-I

10 Hat Ihrer Meinung nach Ethanamid (Acetamid) im Vergleich zu Ethansäure (Essigsäure) eine größere oder geringere Acidität? Wo würden Sie die von Propanon (Aceton) einordnen? An welcher Stelle wird Ethanamid (Acetamid) durch sehr starke Säuren protoniert?

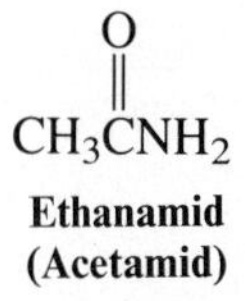

Ethanamid (Acetamid)

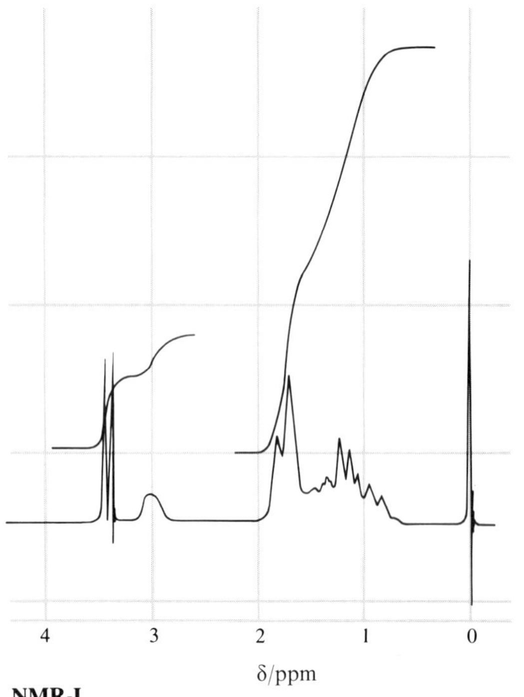

NMR-I

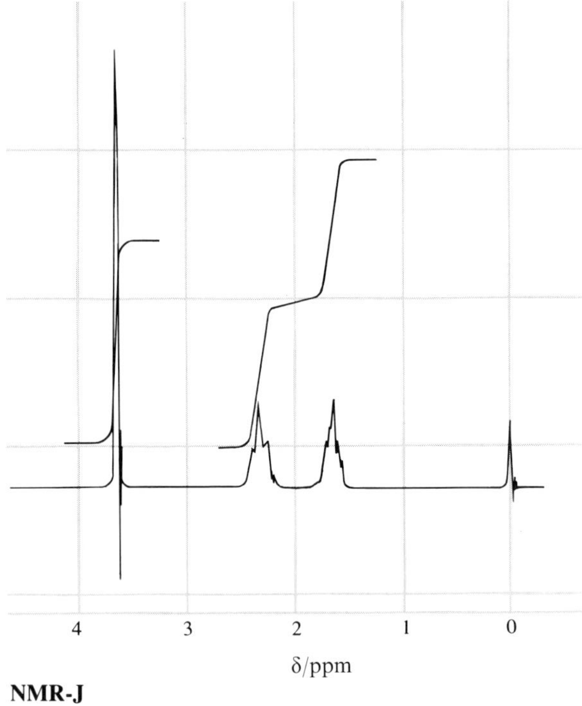

NMR-J

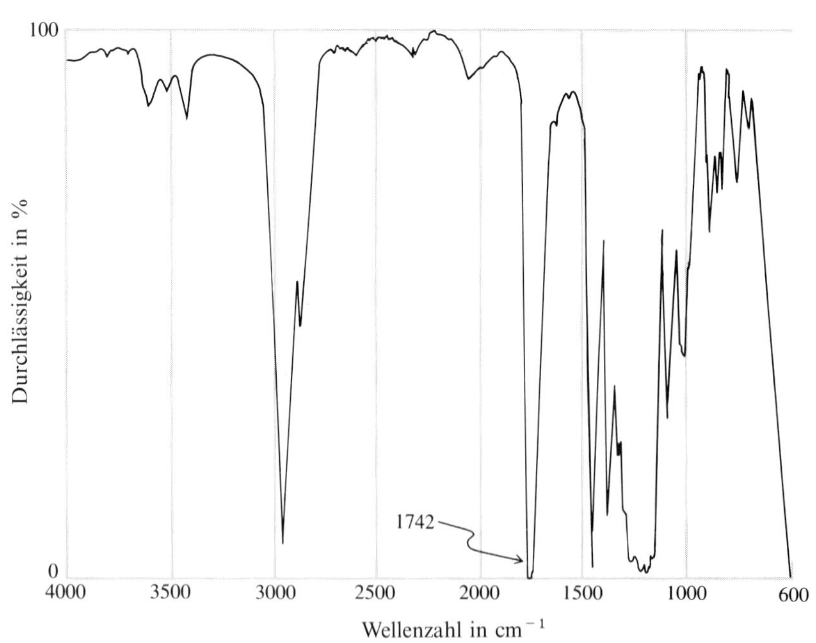

IR-J

11 Geben Sie geeignete Reagenzien für die folgenden Umsetzungen an.

(a) $(CH_3)_2CHCH_2CHO \longrightarrow (CH_3)_2CHCH_2CO_2H$

(b) Cyclopentyl–$CH{=}CH_2 \longrightarrow$ Cyclopentyl–CO_2H

(c) 2-Br-Decalin (Br) $\longrightarrow$ 2-Decalin-CO_2H

(d) $CH_3CH(OH)CH_2CH_2Cl \longrightarrow CH_3CH(OH)CH_2CH_2CO_2H$

(e) $CH_3CH_2CH(CO_2H)CH_3 \longrightarrow CH_3CH_2CH(CH_3){-}COC(=O){-}CH(CH_3)CH_2CH_3$ (mit O O über COC: H_3C, O, O, CH_3)

(f) $(CH_3)_3CCO_2H \longrightarrow (CH_3)_3CCO_2C(CH_3)_3$

(g) 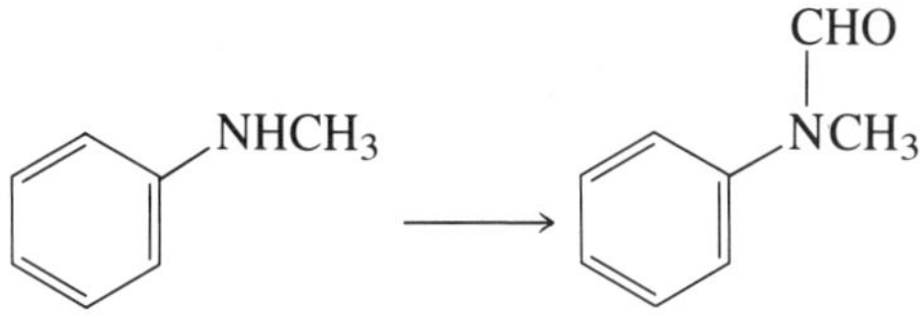 $C_6H_5{-}NHCH_3 \longrightarrow C_6H_5{-}N(CHO)CH_3$

(h) 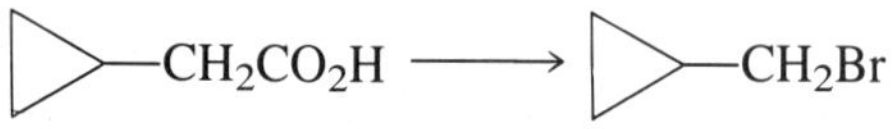 Cyclopropyl$-CH_2CO_2H \longrightarrow$ Cyclopropyl$-CH_2Br$

12 Beim Versuch einer CrO_3-Oxidation von 1,4-Butandiol zu Butandisäure entsteht ein beträchtlicher Anteil von „γ-Butyrolacton“. Geben Sie eine mechanistische Erklärung.

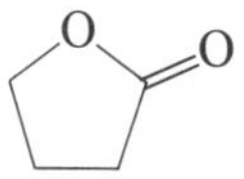

γ-Butyrolacton

13 Geben Sie an, wie Sie die folgenden Carbonsäuren synthetisieren würden, ohne daß Sie dabei einfach primäre Alkohole oder Aldehyde oxidieren. Sonst können Sie jedes Ausgangsmaterial verwenden.

(a) $CH_3CH_2CH_2CH_2CH_2CH_2CO_2H$

(b) $CH_3CH(OH)CH_2CO_2H$

(c) $H_3C{-}C(CH_3)_2{-}CO_2H$

(d) 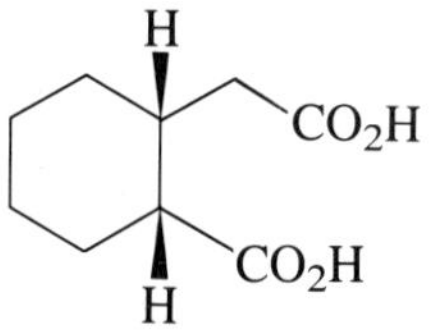 Cyclohexan mit CH_2CO_2H und CO_2H an benachbarten C-Atomen (H, H)

14 Formulieren Sie die detaillierten Mechanismen der folgenden Substitutionsreaktionen nach den allgemeinen Schemata aus Abschn. 17.6. Beachten Sie: Hierbei handelt es sich um Reaktionen, die wir genauer in Kap. 18 betrachten wollen. Schlagen Sie sie aber bitte nicht dort nach.

(a) 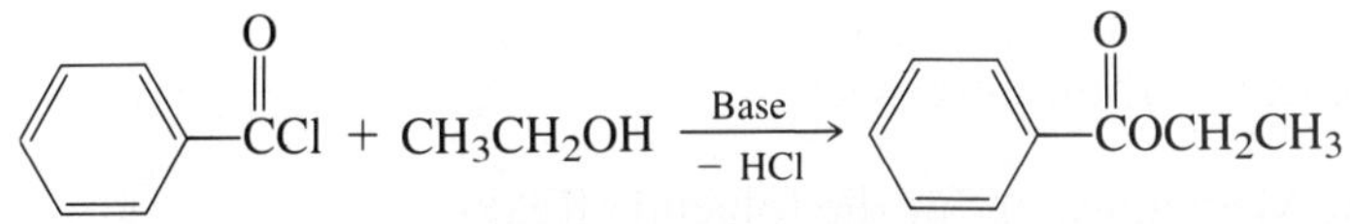 $C_6H_5{-}\overset{O}{\overset{\|}{C}}Cl + CH_3CH_2OH \xrightarrow[-\ HCl]{Base} C_6H_5{-}\overset{O}{\overset{\|}{C}}OCH_2CH_3$

(b) $CH_3\overset{O}{\overset{\|}{C}}NH_2 + H_2O \xrightarrow{Säure} CH_3\overset{O}{\overset{\|}{C}}OH + \overset{+}{N}H_4$

15 **(a)** Schreiben Sie einen Mechanismus für die Veresterung von Propansäure mit ^{18}O-markiertem Ethanol. In welchem Produkt findet sich der markierte Sauerstoff?
(b) Bei der säurekatalysierten Hydrolyse eines unmarkierten Esters mit ^{18}O-markiertem Wasser ($H_2{}^{18}O$) findet sich in beiden Sauerstoffatomen der entstandenen Carbonsäure ^{18}O. Wie läßt sich das mechanistisch erklären? Hinweis: Benutzen Sie die Tatsache, das alle Schritte im Mechanismus reversibel sind.

16 Schlagen Sie Strukturen für die einzelnen Produkte auf dem folgenden Syntheseweg vor.

Ausgangsverbindung (H, H; =O), IR: 1745 cm^{-1} → [1. Pyrrolidin (N–H), H^+; 2. $(CH_3)_2C{=}CHCH_2Br$; 3. H^+, H_2O] → $C_{14}H_{22}O$ **K** (IR: 1675 und 1745 cm^{-1}) → [$HOCH_2CH_2OH$, H^+] → $C_{16}H_{26}O_2$ **L** (IR: 1670 cm^{-1}) → [$KMnO_4$, $NaHCO_3$, Propanon (Aceton)] →

$C_{13}H_{20}O_4$ **M** (IR: 1715 und 3000 cm^{-1}) → [1. H^+, H_2O; 2. $NaBH_4$] → $C_{11}H_{18}O_3$ **N** (IR: 1715, 3000 und 3350 cm^{-1}) → [katalytische Mengen H^+, Δ] → $C_{11}H_{16}O_2$ **O** (IR: 1770 cm^{-1})

17 S_N2-Reaktionen einfacher Carboxylat-Ionen mit Halogenalkanen in wässriger Lösung verlaufen im allgemeinen mit sehr geringer Ausbeute.

(a) Können Sie dies erklären?
(b) In Abschnitt 17.8 ist die Reaktion von 1-Iodbutan mit Natriumethanoat (-acetat) in Ethan- (Essig-)säure dargestellt. Warum ist Ethan- (Essig-)säure für diese Reaktion ein besseres Lösungsmittel als Wasser?
(c) Die Reaktion von 1-Iodbutan mit Natriumdodecanoat läuft in wässriger Lösung überraschend glatt, weitaus besser als die Reaktion mit Natriumethanoat (-acetat) (s. die folgende Gleichung). Erklären Sie diese Beobachtung. (Hinweis: Natriumdodecanoat ist eine Seife und bildet in Wasser Micellen.)

$$CH_3CH_2CH_2CH_2I + CH_3(CH_2)_{10}CO_2^-Na^+ \xrightarrow{H_2O} CH_3(CH_2)_{10}\overset{O}{\overset{\|}{C}}OCH_2CH_2CH_2CH_3$$

18 **(a)** Diazomethan, CH_2N_2, wird allgemein als Resonanzhybrid zweier Lewis-Strukturen dargestellt. Vergleichen Sie beide.
(b) Schlagen Sie einen Mechanismus für die Bildung eines Methylesters aus Diazomethan und einer Carbonsäure vor.

19 Formulieren Sie zwei mögliche Mechanismen für die folgende Reaktion. Hinweis: Beachten Sie die beiden möglichen Stellen im Molekül, an denen eine Protonierung erfolgen kann, und welche mechanistischen Konsequenzen sich hieraus ergeben.

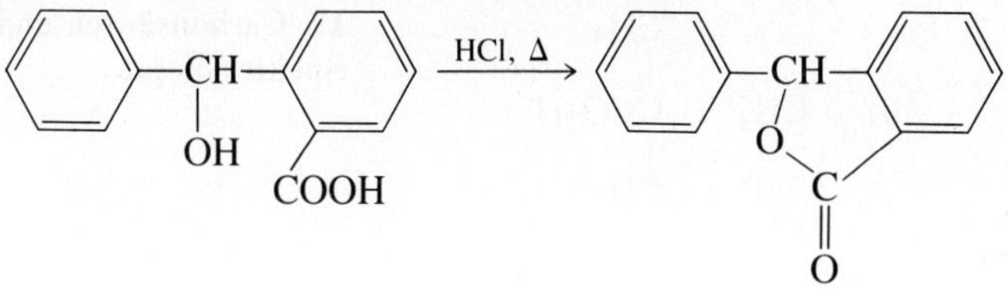

$$\text{C}_6\text{H}_5\text{–CH(OH)–C}_6\text{H}_4\text{–COOH} \xrightarrow{\text{HCl},\ \Delta} \text{Lacton}$$

Entwickeln Sie ein Experiment mit markierten Isotopen, mit dessen Hilfe Sie zwischen den beiden Mechanismen unterscheiden können.

20 Geben Sie die Produkte der Reaktion von Propansäure mit den folgenden Reagenzien an.

(a) $SOCl_2$
(b) PBr_3
(c) CH_3CH_2COBr + Pyridin
(d) $(CH_3)_2CHOH$ + HCl
(e) CH_2N_2
(f) KOH, CH_3CH_2I, DMSO
(g) 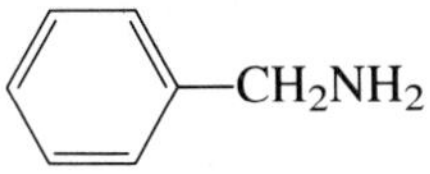 C_6H_5–CH_2NH_2
(h) Produkt von Teil **g**, stark erhitzt
(i) $LiAlH_4$
(j) 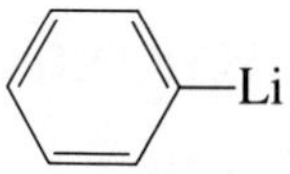 C_6H_5–Li
(k) 2 LDA in HMPT
(l) Produkt von Teil **k** + $CH_2{=}CHCH_2Cl$

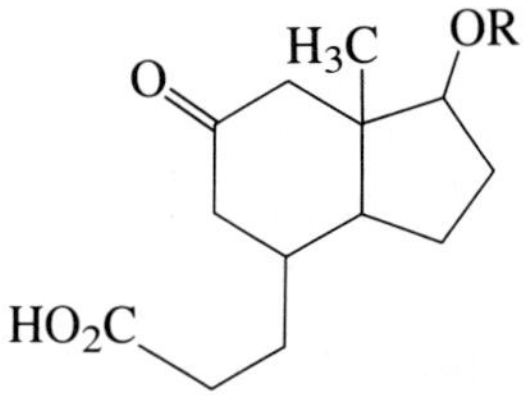

21 Die Ausgangsverbindung von Aufgabe 15 aus Kap. 16 wird in zwei Stufen aus der am Rand gezeigten Ketosäure dargestellt. Machen Sie einen Synthesevorschlag.

H₃C OR O HO₂C

22 Entwickeln Sie, ausgehend von Cyclohexanol, mehrere alternative Synthesen von 4-Cyclohexyl-2-butanon und benutzen Sie in jedem Fall einen der folgenden Reaktionstypen zur Knüpfung einer C–C-Bindung.

(a) konjugierte Addition.
(b) Öffnung eines Dreiringethers (Oxacyclopropan).
(c) Wittig-Reaktion.

Welcher Syntheseweg ist der beste?

23 Schlagen Sie eine Synthese von Dihydrotageton, einer im japanischen Heilpflanzenöl vorkommenden Verbindung, vor. Gehen Sie dabei ausschließlich von Verbindungen mit vier oder weniger Kohlenstoffatomen aus.

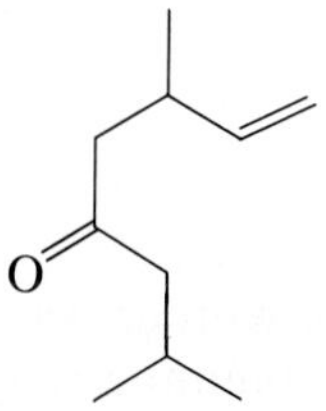

Dihydrotageton

24 Entwickeln Sie eine Synthese von Hexansäure aus Pentansäure.

25 Geben Sie Reagenzien und Reaktionsbedingungen an, mit deren Hilfe sich 2-Methylbutansäure mit guter Ausbeute in

(a) das entsprechende Alkanoyl- (Acyl-)chlorid
(b) den entsprechenden Methylester
(c) den entsprechenden 2-Butylester
(d) das gemischte Anhydrid mit Ethan- (Essig-)säure
(e) das *N*-Methylamid
(f) $CH_3CH_2CH(CH_3)C(=O)CH_3$
(g) $CH_3CH_2CH(CH_3)CH_2OH$

(h) 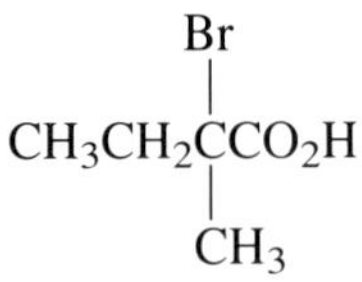 $CH_3CH_2C(Br)(CH_3)CO_2H$ (i) 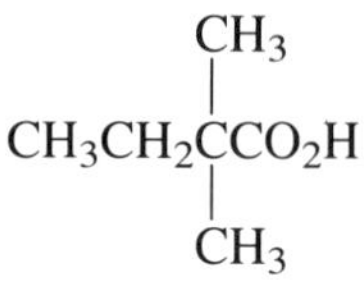 $CH_3CH_2C(CH_3)_2CO_2H$

überführen läßt.

26 Zeigen Sie, wie man die Hell-Volhard-Zelinski-Reaktion zur Synthese der folgenden Verbindungen verwenden kann, wenn man in jedem Fall von einer einfachen Monocarbonsäure ausgeht. Geben Sie bei einem Ihrer Synthesewege detailliert den Mechanismus aller Reaktionsschritte an.

(a) 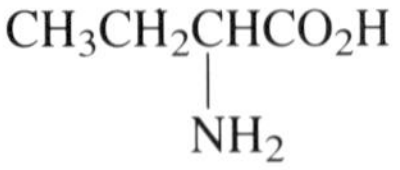 $CH_3CH_2CH(NH_2)CO_2H$

(b) $C_6H_5CH(CO_2H)CO_2H$

(c) $CH_3CH_2CH(CH_3)CH_2CH(OH)CO_2H$

(d) $HO_2CCH_2SSCH_2CO_2H$

(e) $(CH_3CH_2)_2NCH_2CO_2H$

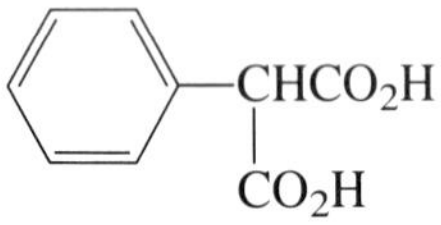

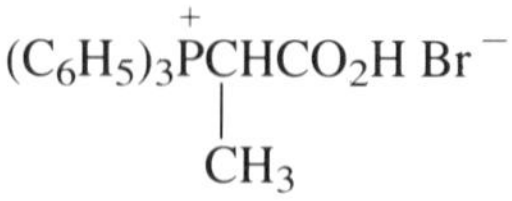

(f) $(C_6H_5)_3\overset{+}{P}CH(CH_3)CO_2H\ Br^-$

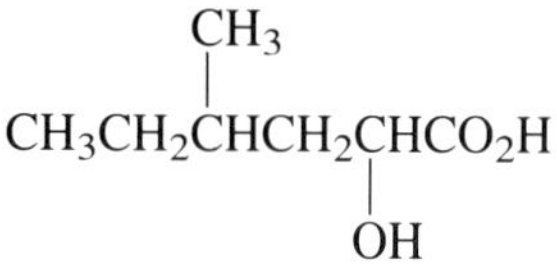

27 Zeichnen und vergleichen Sie die Resonanzstrukturen der Dianionen der Kohlensäure, H_2CO_3, und der Ethan- (Essig-)säure.

(a) Vergleichen Sie die Basizität dieser Dianionen. Erklären Sie den Unterschied.
(b) Welche Strukturen haben die Dianionen, die man sich von (1) Propanon (Aceton) und (2) 2-Methylpropen abgeleitet denken kann? Zeichnen Sie für beide alle Resonanzformen.
(c) Schlagen Sie Methoden vor, nach denen man diese Dianionen synthetisieren könnte.
(d) Das Produkt der folgenden Reaktion zeigt im ^{1}H-NMR-Spektrum nur zwei Signale: ein Singulett bei $\delta = 0.5$ und ein weiteres Singulett bei $\delta = 4.0$ ppm im Intensitätsverhältnis 9:1. Welches Produkt ist entstanden?

$$CH_3CO_2H \xrightarrow[\text{2. } 2(CH_3)_3SiCl]{\text{1. 2 LDA, HMPT}}$$

28 Wie würden Sie die folgenden Moleküle aus den angegebenen Ausgangsverbindungen synthetisieren? Ihnen steht dafür jedes Reagenz, das Sie wünschen, zur Verfügung.

(a) 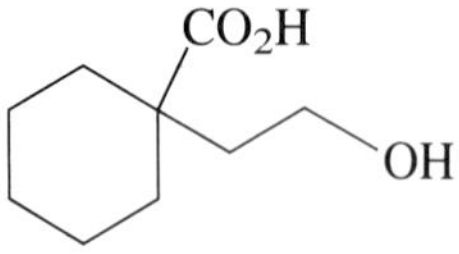 1-(2-Hydroxyethyl)cyclohexancarbonsäure (Strukturformel: Cyclohexanring mit CO_2H und CH_2CH_2OH am selben C-Atom) aus Cyclohexanon

(b) 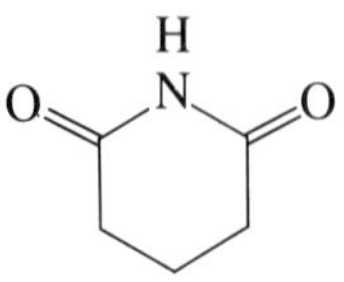 Glutarimid (Strukturformel: sechsgliedriger Ring mit N–H und zwei C=O) aus Cyclopenten

(c) 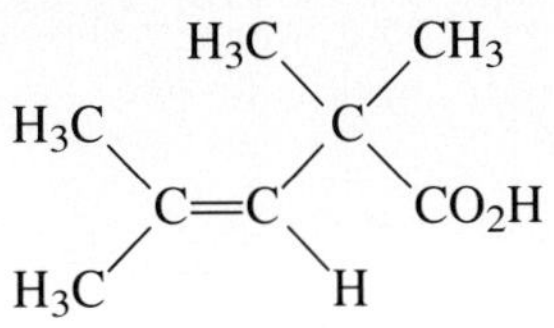 $(H_3C)_2C{=}C(H){-}C(CH_3)_2{-}CO_2H$ aus 2-Propanol

(d) 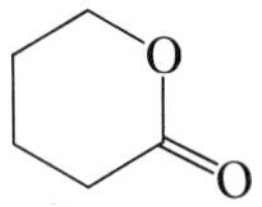 [Tetrahydropyran-2-on] aus Ethan- (Essig-)säure und 3-Brompropen

29 Die Hunsdieker-Decarboxylierung ist eine der Methoden der Wahl zur Synthese der Bromcyclopropane. Erklären Sie, warum das so ist, indem Sie die Probleme, die bei anderen Methoden zur Synthese von Halogenderivaten des Cyclopropans auftauchen, beschreiben.

30 Die „Iridoide" sind eine Klasse von Monoterpenen mit starker und breiter biologischer Aktivität. Zu ihnen gehören Insektizide und tierische Lockstoffe. Im folgenden ist eine Synthese von Neonpetalacton, eines der Nepetalactone, das in Katzenminze enthalten ist, angegeben. Benutzen Sie die angegebene Information zur Ableitung der weggelassenen Strukturen.

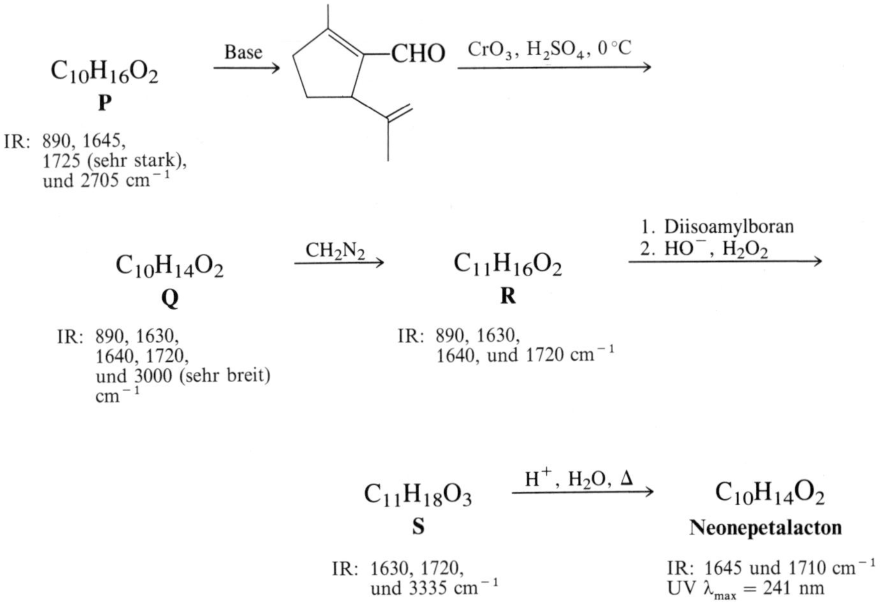

$C_{10}H_{16}O_2$ **P** $\xrightarrow{\text{Base}}$ [Cyclopenten-CHO mit Methyl- und Isopropenylgruppe] $\xrightarrow{CrO_3,\ H_2SO_4,\ 0\,°C}$

IR: 890, 1645, 1725 (sehr stark), und 2705 cm^{-1}

$C_{10}H_{14}O_2$ **Q** $\xrightarrow{CH_2N_2}$ $C_{11}H_{16}O_2$ **R** $\xrightarrow{\text{1. Diisoamylboran; 2. } HO^-,\ H_2O_2}$

Q — IR: 890, 1630, 1640, 1720, und 3000 (sehr breit) cm^{-1}

R — IR: 890, 1630, 1640, und 1720 cm^{-1}

$C_{11}H_{18}O_3$ **S** $\xrightarrow{H^+,\ H_2O,\ \Delta}$ $C_{10}H_{14}O_2$ **Neonepetalacton**

S — IR: 1630, 1720, und 3335 cm^{-1}

Neonepetalacton — IR: 1645 und 1710 cm^{-1}; UV $\lambda_{max} = 241$ nm

18 Derivate von Carbonsäuren und Massenspektroskopie

Carbonsäure-Derivate gehen mit Nucleophilen wie Wasser, organometallischen Verbindungen und reduzierenden Hydrid-Reagenzien Substitutionsreaktionen ein. Diese Umsetzungen verlaufen nach dem uns bereits bekannten Additions-Eliminierungs-Mechanismus.

Additions-Eliminierungs-Reaktionen an Derivaten von Carbonsäuren

$$RC(=O)L + :Nu^- \longrightarrow R{-}C(O^-)(Nu){-}L \longrightarrow RC(=O)Nu + :L^-$$

Die relative Reaktivität der Substrate nimmt in folgender Reihenfolge ab: Alkanoyl- (Acycl-)halogenide sind am reaktivsten, gefolgt von den Anhydriden, den Estern und schließlich den Amiden, die am reaktionsträgsten sind. Je stärker das freie Elektronenpaar der Abgangsgruppe L über die Carbonylfunktion delokalisiert ist, desto mehr wird das Carbonsäure-Derivat stabilisiert, d.h. seine Reaktivität verringert. Die Reaktivität hängt außerdem vom induktiven Effekt, den die Abgangsgruppe L auf den Carbonyl-Kohlenstoff ausübt, ab.

Reaktivität von Carbonsäure-Derivaten bei nucleophilen Additions-Eliminierungs-Reaktionen

$$\underset{\textbf{Alkanoylhalogenid}}{RCX(=O)} > \underset{\textbf{Anhydrid}}{RC(=O)OC(=O)R} > \underset{\textbf{Ester}}{RC(=O)OR'} > \underset{\textbf{Amid}}{RC(=O)NR'_2}$$

Beispiele:

$$RC(=O)X + HOH \xrightarrow[\text{schnell}]{20\,°C} RCOOH + HX$$

$$RC(=O)OC(=O)R + HOH \xrightarrow[\text{langsam}]{20\,°C} RCOOH + RCOOH$$

$$\mathrm{R\overset{\overset{\displaystyle O}{\|}}{C}OR'} + \mathrm{HOH} \xrightarrow[\text{sehr langsam}]{\text{Anwesenheit eines Katalysators und Erhitzen erforderlich}} \mathrm{RCOOH} + \mathrm{R'OH}$$

$$\mathrm{R\overset{\overset{\displaystyle O}{\|}}{C}NR'_2} + \mathrm{HOH} \xrightarrow[\text{extrem langsam}]{\text{Anwesenheit eines Katalysators und längeres Erhitzen erforderlich}} \mathrm{RCOOH} + \mathrm{HNR'_2}$$

Wir beginnen in diesem Kapitel mit dem Vergleich einiger struktureller und spektroskopischer Eigenschaften der Derivate von Carbonsäuren. Danach folgt eine Beschreibung der Chemie der einzelnen Derivatklassen, wobei wir den Schwerpunkt auf die nucleophilen Substitutionen und die gegenseitige Überführung von funktionellen Gruppen legen. Die Alkannitrile, RC≡N, behandeln wir als Spezialfall von Carbonsäure-Derivaten, weil sie ähnliche Reaktionen wie die anderen Systeme eingehen. Schließlich stellen wir in diesem Kapitel eine andere physikalische Meßmethode, die von großem Wert für die organische Chemie ist, vor: die Massenspektroskopie.

18.1 Relative Reaktivität von Carbonsäure-Derivaten und ihre strukturellen und spektroskopischen Eigenschaften

Wie für die Carbonsäuren selbst, lassen sich auch für ihre Derivate Resonanzstrukturen mit Beteiligung des freien Elektronenpaars (der freien Elektronenpaare) des Substituenten formulieren.

Resonanz bei Carbonsäure-Derivaten

$$\left[\mathrm{R{-}\overset{\overset{\displaystyle :\ddot{O}:}{\|}}{C}{-}\ddot{L}} \longleftrightarrow \mathrm{R{-}\overset{\overset{\displaystyle :\ddot{O}:^-}{|}}{C}{=}L^+} \right]$$

Die Resonanz ist um so größer, je stärker diese Elektronenpaare delokalisiert werden können, und je besser die entsprechenden Orbitale überlappen. Bewegt man sich also vom Kohlenstoff ausgehend im Periodensystem nach rechts (L wird elektronegativer und die Überlappung geringer), sollte das Ausmaß der Resonanz ab- und die Reaktivität zunehmen. Allein über diesem Einfluß läßt sich die Reihenfolge der Reaktivität von Carbonsäure-Derivaten schon zum großen Teil erklären. Anhydride sind reaktiver als Ester, da das an der Resonanz beteiligte freie Elektronenpaar am zentralen Sauerstoff des Anhydrids von zwei Carbonylgruppen geteilt werden muß.

Das Ausmaß der Resonanz beeinflußt die Struktur der funktionellen Gruppe

Das Ausmaß der Resonanz läßt sich auch an den Strukturparametern der Carbonsäure-Derivate erkennen, insbesondere, wenn man die reaktivsten (Alkanoyl- bzw. Acylhalogenide) mit den am wenigsten reaktiven Systemen (Estern und Amiden) vergleicht. Bei diesen ist die C–L-Bindung bereits deutlich kürzer als eine normale C–L-Einfachbindung (s. Tab. 18-1). Die Beteiligung der dipolaren Resonanzstruktur ist bei den Amiden

Tabelle 18-1 C–L Bindungslängen in RC(=O)L im Vergleich zu Bindungslängen von R–L-Einfachbindungen

L	Bindungslänge in pm	Bindungslänge in pm
Cl	178	179
OCH_3	143	136
NH_2	147	136

groß genug, um die Konformation der Amidbindung recht starr zu machen. Diese Starrheit läßt sich aus den NMR-Spektren der Amide erkennen. So findet man z. B. beim *N,N*-Dimethylmethanamid (*N,N*-Dimethylformamid) zwei Singuletts für beide Methylgruppen, die sich aus der Langsamkeit der Rotation um die C–N-Bindung im Vergleich zur NMR-Zeitskala ergeben. Die Rotationsbarriere (E_a = 88 kJ/mol) kommt durch die Stärke der π-Bindung zwischen dem Carbonyl-Kohlenstoff und dem Stickstoff zustande.

Verlangsamte Rotation im *N,N*-Dimethylmethanamid

$(H_3C)_2N{-}CHO \xrightleftharpoons{\text{Rotation}} (H_3C)_2N{-}CHO$

$E_a = 88$ kJ/mol

Übung 18-1

Die Methylgruppe im ^{1}H-NMR-Spektrum von 1-Ethanoyl-2-phenylhydrazid (s. Rand), tritt bei Raumtemperatur als zwei Singuletts bei δ = 2.02 und 2.10 ppm auf. Beim Erhitzen im Probenröhrchen auf 100 °C gibt dieselbe Verbindung nur ein Signal in diesem Bereich. Wie läßt sich das erklären?

$CH_3C(=O)NHNHC_6H_5$

Das Ausmaß der Resonanz in Carbonsäure-Derivaten läßt sich auch mit Hilfe der Infrarot-Spektroskopie zeigen. Mit zunehmender Beteiligung der dipolaren Struktur am Resonanzhybrid wird die C=O-Bindung geschwächt, und die Carbonyl-Valenzschwingung erscheint bei niedrigerer Frequenz (s. Tab. 18-2).

Ein ähnlicher Trend läßt sich bei den chemischen Verschiebungen im ^{13}C-NMR-Spektrum der Carbonyl-Kohlenstoffatome von Carbonsäure-Derivaten nicht erkennen – alle Signale liegen bei etwa 170 ppm (s. Abschn. 17.2).

Tabelle 18-2 Wellenzahlen der Carbonyl-Valenzschwingungen von Carbonsäure-Derivaten

$R\overset{O}{\overset{\|}{C}}L$

L	$\tilde{\nu}_{C=O}$ cm^{-1}	
Cl	1790–1815	
$O\overset{O}{\overset{\|}{C}}R$	1740–1790 1800–1850	Aufgrund mechanischer Kopplung werden zwei Banden beobachtet, die durch asymmetrische und symmetrische Valenzschwingungen zustandekommen
OR	1735–1750	
NR'_2	1650–1690	

Chemische Verschiebungen des Carbonyl-Kohlenstoffs im ^{13}C-NMR von Carbonsäure-Derivaten

$CH_3\overset{O}{\overset{\|}{C}}Cl$	$CH_3\overset{O}{\overset{\|}{C}}O\overset{O}{\overset{\|}{C}}CH_3$	$CH_3\overset{O}{\overset{\|}{C}}OH$	$CH_3\overset{O}{\overset{\|}{C}}OCH_3$	$CH_3\overset{O}{\overset{\|}{C}}NH_2$
δ = 170.3	166.9	177.2	170.7	172.6 ppm

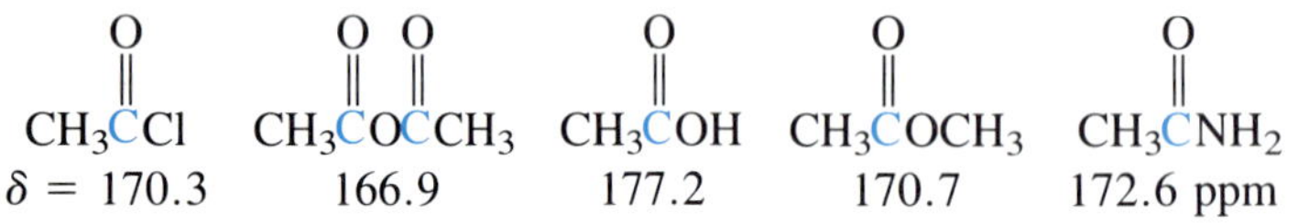

Carbonsäure-Derivate zeigen basisches und saures Verhalten

Das Ausmaß der Resonanz bei Carbonsäure-Derivaten erkennt man auch an ihrer Basizität (Protonierung am Carbonyl-Sauerstoff) und Acidität (Enolatbildung). In allen Fällen erfordert die Protonierung starke Säuren, aber sie wird erleichtert, wenn die Beteiligung der Gruppe L am Resonanzhybrid zunimmt.

Protononierung eines Carbonsäure-Derivates

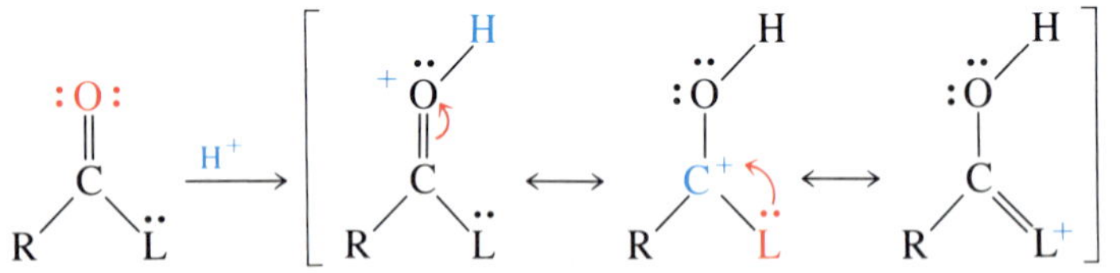

$$R\overset{:O:}{\overset{\|}{C}}\ddot{L} \xrightarrow{H^+} \left[R\overset{^+\ddot{O}H}{\overset{\|}{C}}\ddot{L} \longleftrightarrow R\overset{:\ddot{O}H}{\overset{|}{C^+}}\ddot{L} \longleftrightarrow R\overset{:\ddot{O}H}{\overset{|}{C}}{=}L^+ \right]$$

die protonierte Spezies wird durch eine relativ starke Beteiligung dieser Struktur am Resonanzhybrid stabilisiert

Die pK_a-Werte der konjugierten Säuren von Carbonsäure-Derivaten zeigen, daß die Alkanoyl- (Acyl-)halogenide die schwächsten Basen (d. h. ihre konjugierten Säuren sind die stärksten Säuren und haben die kleinsten pK_a-Werte) sind. Ester sind etwa so basisch wie Carbonsäuren, Amide am basischsten.

pK_a-Werte einiger am Sauerstoff protonierter Carbonsäure-Derivate

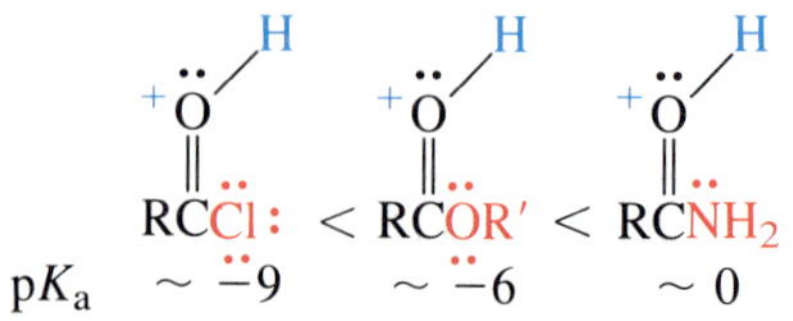

$$R\overset{^+\ddot{O}H}{\overset{\|}{C}}\ddot{Cl}: \; < \; R\overset{^+\ddot{O}H}{\overset{\|}{C}}\ddot{O}R' \; < \; R\overset{^+\ddot{O}H}{\overset{\|}{C}}\ddot{N}H_2$$

$$pK_a \quad \sim -9 \qquad \sim -6 \qquad \sim 0$$

Übung 18-2

Erklären Sie über Resonanzstrukturen, warum Ethanoyl- (Acetyl-)chlorid eine schwächere Base als Ethanamid (Acetamid) ist.

Aus ähnlichen Gründen nimmt die Acidität der Wasserstoffatome in Nachbarschaft zur Carbonylgruppe in dieser Reihe ab. Die Acidität eines Ketons liegt zwischen der eines Alkanoylchlorids und eines Esters.

Acidität der α-Wasserstoffatome von Carbonsäure-Derivaten im Vergleich mit Propanon (Aceton)

$$\underset{\sim 16}{CH_3\overset{O}{\overset{\|}{C}}Cl} < \underset{\sim 20}{CH_3\overset{O}{\overset{\|}{C}}CH_3} < \underset{\sim 25}{CH_3\overset{O}{\overset{\|}{C}}OCH_3} < \underset{\sim 30}{CH_3\overset{O}{\overset{\|}{C}}N(CH_3)_2}$$

pK_a

Die Amide, in denen ein oder zwei Wasserstoffatome an den Stickstoff gebunden sind, werden am *Stickstoff* zu **Amidat-Ionen** deprotoniert. Der pK_a dieser Position ist relativ niedrig, weil das Amidat-Ion, genau wie ein Carboxylat-Ion, resonanzstabilisiert ist. Da Stickstoff eine geringere Elektronegativität als Sauerstoff hat, ist der pK_a eines Amids um mehr als zehn Einheiten größer als der einer Carbonsäure.

Resonanz in Amidat-Ionen

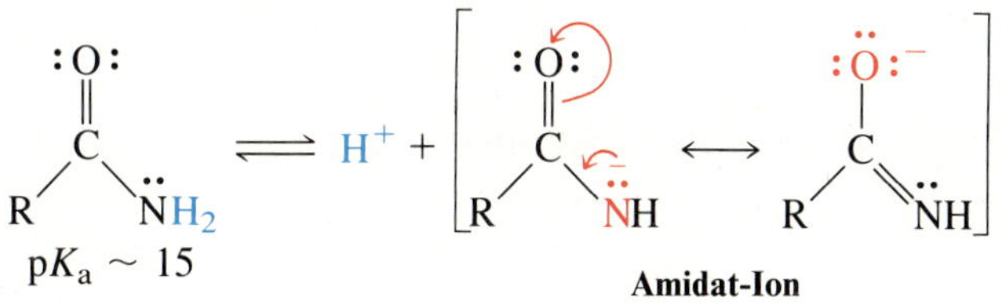

$$\underset{pK_a \sim 15}{R\overset{:O:}{\overset{\|}{C}}\ddot{N}H_2} \rightleftharpoons H^+ + \left[R\overset{:O:}{\overset{\|}{C}}\ddot{N}H^- \longleftrightarrow R\overset{:\ddot{O}:^-}{\overset{|}{C}}{=}\ddot{N}H \right]$$

Amidat-Ion

Übung 18-3

Der pK_a von 1,2-Benzoldicarboximid, (Phthalimid, A) ist 8.3, also beträchtlich kleiner als der von Benzolcarboxamid, (Benzamid, B). Warum?

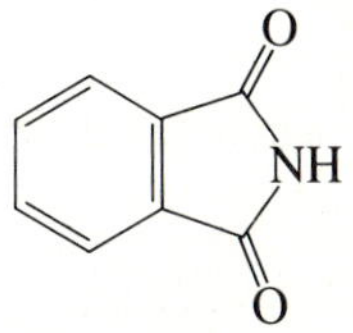

A

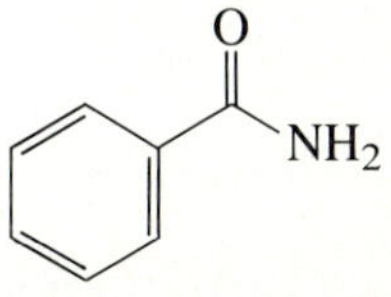

B

Fassen wir zusammen: Das Ausmaß der Resonanzbeteiligung des freien Elektronenpaars (der freien Elektronenpaare) der Gruppe L in $R\overset{O}{\overset{\|}{C}}L$, und damit die relative Reaktivität des entsprechenden Derivats bei nucleophilen Additions-Eliminierungs-Reaktionen, wird durch die Elektronegativität dieser Gruppe bestimmt. Dieser Einfluß läßt sich aus Bestimmungen der Struktur und spektroskopischen Messungen sowie an der relativen Acidität und Basizität der α-Wasserstoffatome und des Carbonyl-Sauerstoffs erkennen. Amide, an deren Stickstoffatom noch Wasserstoffatome gebunden sind, lassen sich zu den resonanzstabilisierten Amidat-Ionen deprotonieren.

18.2 Die Chemie der Alkanoylhalogenide

Nach einem kurzen Überblick über die Nomenklatur der Alkanoyl-(Acyl-)halogenide beschäftigen wir uns in diesem Abschnitt mit den Reaktionen dieser Verbindungsklasse, insbesondere solchen, bei denen das Halogen durch Nucleophile substituiert wird. Hierdurch entstehen Anhydride, Ester, Amide, Ketone und Aldehyde.

Die Namen der Alkanoylhalogenide

Die Verbindungen des Typs RCOX benennt man nach der IUPAC-Nomenklatur derart, das man an den Namen des Stammalkans der Carbonsäure, von der sie sich ableiten, die Endung **-oylhalogenid** anhängt. In der noch meist verwendeten Nomenklatur wird der Name aus der Bezeichnung der Stamms der Säuregruppe und der Endung -halogenid gebildet. Das Chlorid der Essigsäure würde dann nach der neusten Nomenklatur Ethanoylchlorid, im andern Fall Acetylchlorid heißen.

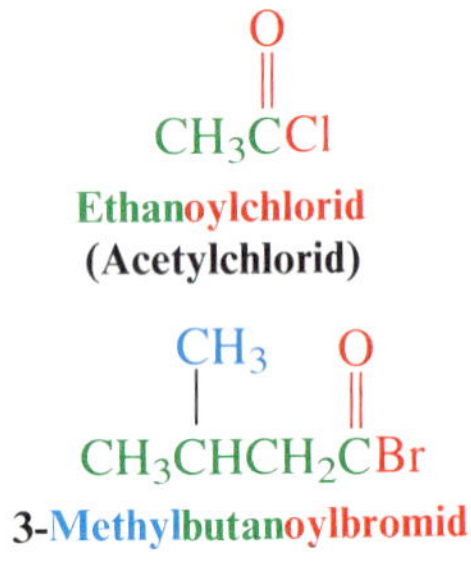

Alkanoylchloride reagieren mit Nucleophilen

Alkanoylhalogenide reagieren mit Nucleophilen über einen Additions-Eliminierungs-Mechanismus.

Additions-Eliminierungs-Reaktion von Alkanoylhalogeniden

$$RC(=O)X + {:}Nu^- \longrightarrow R-C(O^-)(Nu)-X \longrightarrow RC(=O)Nu + {:}X{:}^-$$

Bei dem Nucleophil kann es sich um Wasser (dann entsteht die entsprechende Carbonsäure), ein Carboxylat-Ion (es entsteht ein Anhydrid), einen Alkohol (Reaktion zum Ester), ein Amin (Reaktion zum Amid) oder organometallische Reagenzien handeln (Reaktion zum Keton). Außerdem können mit Hydriden und Wasserstoff (am Katalysator) Aldehyde erhalten werden. Wegen dieser Fülle von Reaktionsmöglichkeiten sind Alkanoylhalogenide wichtige synthetische Zwischenstufen. Die meisten anderen Carbonsäure-Derivate gehen ähnliche Reaktionen ein.

Lassen Sie uns nun diese Umsetzungen im einzelnen betrachten (mit Ausnahme der Bildung von Anhydriden, die wir im Abschn. 17.7 besprochen haben). Bei den Beispielen beschränken wir uns auf Alkanoylchloride, die am einfachsten zugänglich sind, aber diese Reaktionen lassen sich großenteils auch an den anderen Alkanoylhalogeniden durchführen.

$$RCX \xrightarrow{HOH} RCOH + HX$$
$$RCX \xrightarrow{R'CO^-M^+} RCOCR' + MX$$
$$RCX \xrightarrow{R'OH} RCOR' + HX$$
$$RCX \xrightarrow{R'NH_2} RCNHR' + HX$$
$$RCX \xrightarrow{R'MgX} RCR' + XMgX$$
$$RCX \xrightarrow{LiAl(OR)_3H} RCH + LiX + Al(OR)_3$$
$$RCX \xrightarrow{H—H,\ \text{Katalysator}} RCH + HX$$

Wasser hydrolysiert Alkanoylchloride zu Carbonsäuren

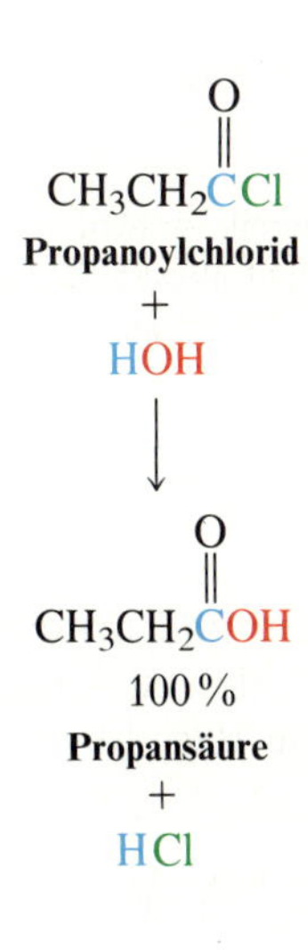

Alkanoylchloride reagieren oft außerordentlich heftig mit Wasser zu den entsprechenden Carbonsäuren. Diese Umsetzung verläuft über eine Variante des allgemeinen Additions-Eliminierungs-Mechanismus.

Mechanismus der Hydrolyse von Alkanoylchloriden:

$$CH_3CH_2C(=O)Cl + H_2\ddot{O} \longrightarrow CH_3CH_2—C(O^-)(Cl)(OH_2^+) \xrightarrow{-\,:Cl:^-}$$

$$CH_3CH_2C(=O)\overset{+}{O}H_2 \longrightarrow CH_3CH_2COH + H^+$$

Alkohole reagieren mit Alkanoylchloriden zu Estern

Der Reaktion von Alkanoylchloriden mit Alkoholen läuft über einen recht ähnlichen Mechanismus wie die mit Wasser und ist eine sehr gute Möglichkeit zur Darstellung von Estern. Meist gibt man eine Base zur Neutralisation des als Nebenprodukt entstehenden Chlorwasserstoffs hinzu. Da man die Alkanoylchloride leicht aus den entsprechenden Carbonsäuren erhält (Abschn. 17.7), ist der Reaktionsweg

$RCOOH \longrightarrow RCOCl \longrightarrow RCOOR'$ eine gute Veresterungsmethode, bei der man das Problem der Gleichgewichtseinstellung bei der säurekatalysierten Esterbildung vermeidet (s. Abschn. 17.8). Als Basen können Alkalihydroxide, Pyridin oder Amine verwendet werden.

Estersynthese aus Carbonsäuren über Alkanoylchloride

$$RCOOH \xrightarrow[-\,HCl]{SOCl_2} RCOCl \xrightarrow[-\,HCl]{R'OH,\ Base} RCOOR'$$

Beispiele:

$$CH_3COCl + HOCH_2CH_2CH_3 \xrightarrow{N(CH_2CH_3)_3} CH_3COOCH_2CH_2CH_3 \ (75\%) + H\overset{+}{N}(CH_2CH_3)_3Cl^-$$

Ethanoylchlorid (Acetylchlorid) — **Propanol** — **Propylethanoat** — **Triethylammoniumchlorid**

$$\text{Cyclobutyl-COCl} + HO\text{-Cyclopropyl} \xrightarrow{\text{Pyridin}} \text{Cyclobutyl-COO-Cyclopropyl}\ (55\%) + C_5H_5\overset{+}{N}H\ Cl^-$$

Pyridiniumhydrochlorid

Übung 18-4

Wie Sie bereits wissen, wird 2-Methyl-2-propanol (*tert*-Butylalkohol) in Gegenwart von Säuren dehydratisiert. Schlagen Sie eine Synthese von 1,1-Dimethylethylethanoat (Essigsäure-*tert*-Butylester) aus Ethansäure (Essigsäure) vor.

Amine reagieren mit Alkanoylchloriden zu Amiden

Sekundäre und primäre Amine sowie Ammoniak setzen sich mit Alkanoylchloriden zu Amiden um. Das entstandene HCl wird wiederum durch zugesetzte Base (die ein Überschuß Amin sein kann) neutralisiert.

$$CH_3CH(CH_3)COCl + NH_3\ (\text{Überschuß}) \xrightarrow{H_2O} CH_3CH(CH_3)CONH_2\ (70\%) + \overset{+}{N}H_4Cl^-$$

2-Methylpropanoylchlorid — **2-Methylpropanamid**

$$CH_2{=}CHCOCl + 2\,CH_3NH_2 \xrightarrow{\text{Benzol, } 5\,^\circ C} CH_2{=}CHCONHCH_3\ (68\%) + CH_3\overset{+}{N}H_3Cl^-$$

Propenoylchlorid — ***N*-Methylpropenamid**

Diese Umsetzung verläuft nach einer einfachen Modifizierung des Mechanismus, den wir für die Reaktion von Alkanoylchloriden mit Wasser oder Alkoholen beschrieben haben.

Mechanismus der Amidbildung aus Alkanoylchloriden:

$$RC(=O)Cl + H_2\ddot{N}R' \longrightarrow R{-}C(O^-)(Cl)(N^+H_2R') \xrightarrow{-:\ddot{Cl}:^-} RC(=O)N^+H_2R' \longrightarrow RC(=O)\ddot{N}HR' + H^+$$

Im letzten Reaktionsschritt gibt der Stickstoff ein Proton ab. Daraus folgt, daß tertiäre Amine keine Amide bilden können, sie reagieren zu **Alkanoylammoniumsalzen**. Diese Salze sind gegenüber Nucleophilen genauso reaktiv wie Alkanoylhalogenide, da das tertiäre Amin eine ausgezeichnete Abgangsgruppe ist.

Bildung und Reaktivität von Alkanoylammoniumsalzen

$$\overset{O}{\overset{\|}{R C Cl}} + (CH_3)_3N: \longrightarrow \overset{O}{\overset{\|}{R C \overset{+}{N}(CH_3)_3}}Cl^- \xrightarrow{:NuH} \overset{O}{\overset{\|}{R C Nu}} + H\overset{+}{N}(CH_3)_3Cl^-$$

Alkanoylammoniumchlorid

Übung 18-5

Bei den Darstellungen einiger Amide wird ein Alkanoylhalogenid mit einem teuren primären oder sekundären Amin umgesetzt, so daß es sich von selbst verbietet, das Amin als Base zur Neutralisierung des Halogenwasserstoffs zu verwenden. Wie kann man das Problem lösen?

Umsetzung von Alkanoylchloriden mit organometallischen Reagenzien: Synthese von Ketonen

Grignard- und andere organometallische Reagenzien greifen die Carbonylgruppe von Alkanoylhalogeniden unter Bildung der entsprechenden Ketone an. Das Alkanoylhalogenid ist so viel reaktiver als das gebildete Keton, daß eine weitere Umsetzung des Ketons in den entsprechenden Alkohol nicht zu befürchten ist. Bei den Grignard-Verbindungen wird Selektivität dadurch erreicht, daß man die Reaktion bei niedrigen Temperaturen durchführt.

$$CH_3CH_2CH_2\overset{O}{\overset{\|}{C}}Cl + CH_3(CH_2)_5MgBr \xrightarrow[2.\ H^+,\ H_2O]{1.\ THF,\ -78\,°C} CH_3CH_2CH_2\overset{O}{\overset{\|}{C}}(CH_2)_5CH_3 + ClMgBr$$

Butanoylchlorid — **4-Decanon** 95%

Weniger reaktive organometallische Verbindungen greifen Ketone unter normalen Bedingungen nicht an und können daher eingesetzt werden, ohne daß man befürchten muß, Alkohole als Nebenprodukte zu bekommen. Beispiele hierfür sind Cuprat-Reagenzien, die aus Alkyllithium-Verbindungen und Kupferiodid, wie in Abschn. 8.5 beschrieben, erhältlich sind.

$$2\ C_6H_{11}{-}\overset{O}{\overset{\|}{C}}Cl + [(CH_3)_2C{=}CH]_2CuLi \longrightarrow 2\ C_6H_{11}{-}\overset{O}{\overset{\|}{C}}CH{=}C(CH_3)_2 + LiCl + CuCl$$

70%

Bei der Reduktion von Alkanoylchloriden entstehen Aldehyde

Es gibt zwei Möglichkeiten, Alkanoylchloride in Aldehyde zu überführen: die Reduktion durch Hydrid oder die katalytische Hydrierung. Da die normalerweise verwendeten reduzierenden Hydride wie Natriumborhydrid oder Lithiumaluminiumhydrid Aldehyde in Alkohole überführen, muß man ihre Reaktivität verringern, um eine Weiterreaktion zu verhindern. Durch Umsetzung von $LiAlH_4$ mit drei Äquivalenten 2-Methyl-2-propanol (*tert*-Butylalkohol, s. Abschn. 8.4) entsteht ein modifiziertes Lithiumaluminiumhydrid – Lithiumtri(*tert*-butoxy)aluminiumhydrid. Bei dieser Vorbehandlung werden drei der reaktiven Hydridliganden durch andere Gruppen ersetzt. Der eine verbleibende ist nucleophil genug, um ein Alkanoylhalogenid, aber nicht den entstehenden Aldehyd, anzugreifen.

Reduktion durch modifiziertes Lithiumaluminiumhydrid

Herstellung des Reagenz:

$$LiAlH_4 + 3\,(CH_3)_3COH \longrightarrow LiAl[OC(CH_3)_3]_3H + 3\,H{-}H$$

Lithiumtri(*tert*-butoxy)-aluminiumhydrid

Reduktion:

$$R\overset{O}{\overset{\|}{C}}Cl + LiAl[OC(CH_3)_3]_3H \xrightarrow[\text{2. } H^+,\ H_2O]{\text{1. Lösungsmittel Ether}} R\overset{O}{\overset{\|}{C}}H + LiCl + Al[OC(CH_3)_3]_3$$

Beispiele:

$$\text{Cyclopropyl-}\overset{O}{\overset{\|}{C}}Cl \xrightarrow[\text{2. } H^+,\ H_2O]{\text{1. } LiAl[OC(CH_3)_3]_3H,\ THF,\ -78\,^\circ C} \text{Cyclopropyl-}CHO \quad 42\,\%$$

$$CH_3CH{=}CH\overset{O}{\overset{\|}{C}}Cl \xrightarrow[\text{2. } H^+,\ H_2O]{\text{1. } LiAl[OC(CH_3)_3]H,\ (CH_3OCH_2CH_2)_2O,\ -78\,^\circ C} CH_3CH{=}CH\overset{O}{\overset{\|}{C}}H \quad 48\,\%$$

2-Butenoylchlorid **2-Butenal**

Bei der Reaktion mit katalytisch aktiviertem Wasserstoff wird die Carbonyl-Chlor-Bindung reduktiv geöffnet, es entstehen der entsprechende Aldehyd und Chlorwasserstoff. Eine Hydrierung mit gleichzeitigem Bindungsbruch bezeichnet man auch als **Hydrogenolyse**. Die Hydrierung von Alkanoylchloriden nennt man nach ihrem Entdecker **Rosenmund *-Reduktion**. Bei dieser Reduktion wird ein besonderer Katalysator verwendet, Palladium auf Bariumsulfat, den man mit Zusätzen wie Chinolin teilweise

---

* Karl W. Rosenmund, 1884–1964, Professor an der Universität Kiel.

vergiftet, um die Metalloberfläche in eine weniger aktive Form zu überführen (ähnlich wie die Lindlar-Katalysatoren, s. Abschn. 13.6).

$$\text{C}_6\text{H}_{11}\text{CH}_2\overset{\text{O}}{\overset{\|}{\text{C}}}\text{Cl} \xrightarrow{\text{H}-\text{H, Pd/BaSO}_4\text{, Chinolin}} \text{C}_6\text{H}_{11}\text{CH}_2\overset{\text{O}}{\overset{\|}{\text{C}}}\text{H} + \text{HCl}$$

71%

Übung 18-6

Wie würden Sie die folgenden Verbindungen aus Butanoylchlorid (Butyrylchlorid) synthetisieren?

(a) $CH_3CH_2CH_2\overset{O}{\overset{\|}{C}}OH$; (b) $CH_3CH_2CH_2\overset{O}{\overset{\|}{C}}O\overset{O}{\overset{\|}{C}}CH_3$; (c) $CH_3CH_2CH_2\overset{O}{\overset{\|}{C}}O-C_6H_{11}$;

(d) $CH_3CH_2CH_2\overset{O}{\overset{\|}{C}}N(CH_3)_2$; (e) $CH_3CH_2CH_2\overset{O}{\overset{\|}{C}}CH_2CH_3$; (f) $CH_3CH_2CH_2\overset{O}{\overset{\|}{C}}H$.

Lassen Sie uns zusammenfassen: Alkanoylchloride werden von einer Reihe von Reagenzien nucleophil angegriffen, wobei nach dem Additions-Eliminierungs-Mechanismus andere Carbonsäurederivate, Ketone und Aldehyde entstehen. Aldehyde lassen sich aus Alkanoylchloriden auch durch Hydrierung, wie bei der Rosenmund-Reduktion, darstellen. Aufgrund ihrer Reaktivität sind Alkanoylhalogenide wichtige Zwischenstufen bei der Synthese anderer Carbonylderivate.

18.3 Die Chemie der Carbonsäureanhydride: Etwas weniger reaktive Analoga der Alkanoylhalogenide

In diesem Abschnitt stellen wir kurz das System zur Benennung von Carbonsäureanhydriden vor, beschreiben, wie man sie über Ketene darstellen kann, und zeigen, welche Reaktionen sie eingehen können. Obwohl sie weniger reaktiv sind, verhalten sich die Anhydride in chemischen Reaktionen sehr ähnlich wie die Alkanoylhalogenide.

Die Namen der Anhydride

Carbonsäureanhydride entstehen aus den Carbonsäuren durch Dehydratisierung (Abschn. 17.7). Entsprechend werden sie auch benannt, indem man das Wort **anhydrid** einfach an den Namen der Säure (oder, bei gemischten Anhydriden, an den Namen der Säuren) anhängt.

$$CH_3\overset{O}{\overset{\|}{C}}O\overset{O}{\overset{\|}{C}}CH_3$$

Ethansäureanhydrid (Acetanhydrid)

$$CH_3\overset{O}{\overset{\|}{C}}O\overset{O}{\overset{\|}{C}}CH_2CH_3$$

Ethansäure-Propansäure-Anhydrid

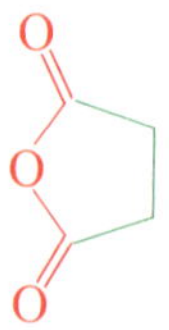

Butandisäureanhydrid (Bernsteinsäureanhydrid)

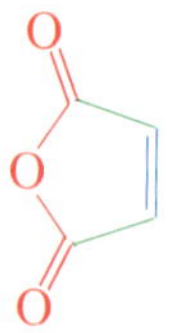

2-Butendisäureanhydrid (Maleinsäureanhydrid)
(diese Verbindung ist ein Diels-Alder-Dienophil, Tab. 14-1)

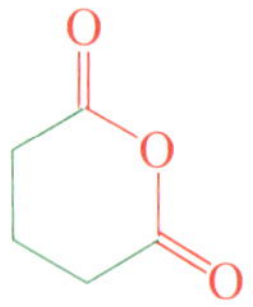

Pentandisäureanhydrid (Glutarsäureanhydrid)

Wie kann man Anhydride aus Ketenen darstellen

Carbonsäureanhydride lassen sich nicht nur durch Reaktion von Alkanoylhalogeniden mit Carbonsäuren oder Carboxylaten (s. Abschn. 17.7) sondern auch aus Ketenen darstellen. Keten selbst, $CH_2=C=O$, kann man als das Sauerstoffanalogon des Allens, $CH_2=C=CH_2$ (s. Abschn. 13.4, Abb. 13-7) oder als das Methylenanalogon von Kohlendioxid, $O=C=O$, auffassen. Beim Behandeln von Keten mit Ethansäure (Essigsäure) entsteht Ethansäureanhydrid (Acetanhydrid).

$$\underset{\textbf{Keten}}{CH_2{=}C{=}O} + \underset{\textbf{Ethan- (Essig-)Säure}}{CH_3\overset{O}{\overset{\|}{C}}OH} \longrightarrow \underset{\textbf{Ethansäure- (Essigsäure-)Anhydrid}}{CH_3\overset{O}{\overset{\|}{C}}O\overset{O}{\overset{\|}{C}}CH_3}$$

Dieses Verfahren wird kommerziell zur Herstellung eines großen Teils des Bedarfs an Ethansäureanhydrid (Acetanhydrid) der Bundesrepublik benutzt (1982 wurden 76 000 Tonnen hergestellt). Keten selbst erzeugt man in großem Maßstab durch Hochtemperatur-Pyrolyse von Propanon (Aceton). Bei dieser Reaktion entsteht Methan als zweites Produkt.

$$CH_3\overset{O}{\overset{\|}{C}}CH_3 \xrightarrow{700\,^\circ C} CH_4 + \underset{\textbf{Keten}}{CH_2{=}C{=}O}$$

Allgemeine Darstellungsverfahren für substituierte Ketene basieren auf der Dehydrohalogenierung von Alkanoylhalogeniden oder der Dehalogenierung von 2-Halogenalkanoylhalogeniden. Die letztgenannten Ausgangsverbindungen lassen sich glatt durch die Hell-Volhard-Zelinski-Reaktion (s. Abschn. 17.11) mit einer stöchiometrischen Menge PBr_3 darstellen.

Darstellungsverfahren für Ketene

$$RCH_2\overset{O}{\overset{\|}{C}}Cl \xrightarrow{N(CH_2CH_3)_3} RCH{=}C{=}O + H\overset{+}{N}(CH_2CH_3)_3Cl^-$$

$$R\underset{\underset{Br}{|}}{C}H\overset{O}{\overset{\|}{C}}Br \xrightarrow{Zn} RCH{=}C{=}O + BrZnBr$$

Wegen ihres elektrophilen Carbonyl-Kohlenstoffatoms sind Ketene sehr reaktiv, sie ähneln in ihrem chemischen Verhalten etwas den Alkanoylhalogeniden. So reagieren sie mit Wasser zu Carbonsäuren, mit Alkoholen zu Estern, mit Aminen zu Amiden, und, wie wir gesehen haben, mit Carbonsäuren zu Anhydriden.

$$RR'CH\overset{O}{\overset{\|}{C}}OH \xleftarrow{H_2O} RR'C{=}C{=}O \xrightarrow{R''OH} RR'CH\overset{O}{\overset{\|}{C}}OR''$$

$$RR'C{=}C{=}O \xrightarrow{R''NH_2} RR'CH\overset{O}{\overset{\|}{C}}NHR''$$

$$RR'C{=}C{=}O \xrightarrow{R''\overset{O}{\overset{\|}{C}}OH} RR'CH\overset{O}{\overset{\|}{C}}O\overset{O}{\overset{\|}{C}}R''$$

Carbonsäureanhydride reagieren in nucleophilen Additions-Eliminierungs-Reaktionen wie Alkanoylhalogenide

Die Reaktionen der Carbonsäureanhydride verlaufen – wenn auch weniger heftig – analog zu denen der Alkanoylhalogenide. Die Abgangsgruppe ist ein Carboxylat- anstelle eines Halogenid-Ions.

Nucleophile Additions-Eliminierungs-Reaktion an Anhydriden

$$R\overset{:O:}{\overset{\|}{C}}-\ddot{O}-\overset{:O:}{\overset{\|}{C}}R + :NuH \longrightarrow R\underset{\underset{^+NuH}{|}}{\overset{:\ddot{O}:^-}{\overset{|}{C}}}-\ddot{O}-\overset{:O:}{\overset{\|}{C}}R \longrightarrow R\overset{:O:}{\overset{\|}{C}}-Nu\overset{+}{H} + {}^-:\ddot{O}\overset{:O:}{\overset{\|}{C}}R \longrightarrow R\overset{:O:}{\overset{\|}{C}}Nu + H\ddot{O}\overset{:O:}{\overset{\|}{C}}R$$

Beispiele:

$$CH_3\overset{O}{\overset{\|}{C}}O\overset{O}{\overset{\|}{C}}CH_3 \xrightarrow{HOH} \underset{100\,\%}{CH_3\overset{O}{\overset{\|}{C}}OH} + HO\overset{O}{\overset{\|}{C}}CH_3$$

Ethansäure (Acet-)Anhydrid **Ethan- (Essig-)Säure**

$$CH_3CH_2\overset{O}{\overset{\|}{C}}O\overset{O}{\overset{\|}{C}}CH_2CH_3 \xrightarrow{CH_3OH} \underset{83\,\%}{CH_3CH_2\overset{O}{\overset{\|}{C}}OCH_3} + HO\overset{O}{\overset{\|}{C}}CH_2CH_3$$

Propansäureanhydrid **Methylpropanoat** **Propansäure**

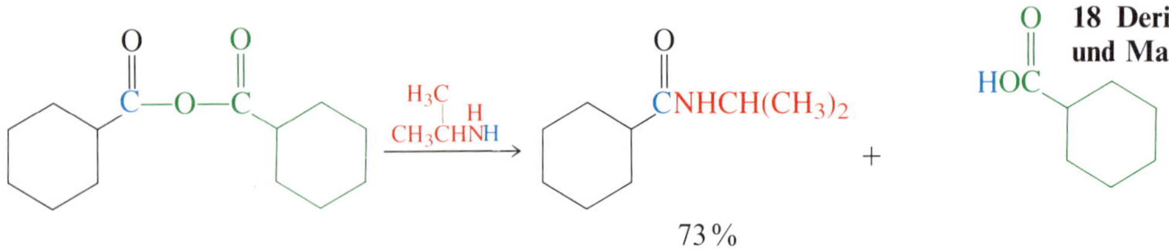

Cyclohexancarbonsäureanhydrid $\xrightarrow{(CH_3)_2CHNH_2}$ *N*-(1-Methylethyl)-cyclohexancarboxamid (73%) + Cyclohexancarbonsäure

Abgesehen von den Hydrolysereaktionen ist die als Nebenprodukt entstandene Carbonsäure normalerweise unerwünscht und wird durch Aufarbeitung mit wässriger Base entfernt. Cyclische Anhydride gehen ähnliche nucleophile Additions-Eliminierungs-Reaktionen ein, die zur Ringöffnung führen.

Nucleophile Ringöffnung von cyclischen Anhydriden

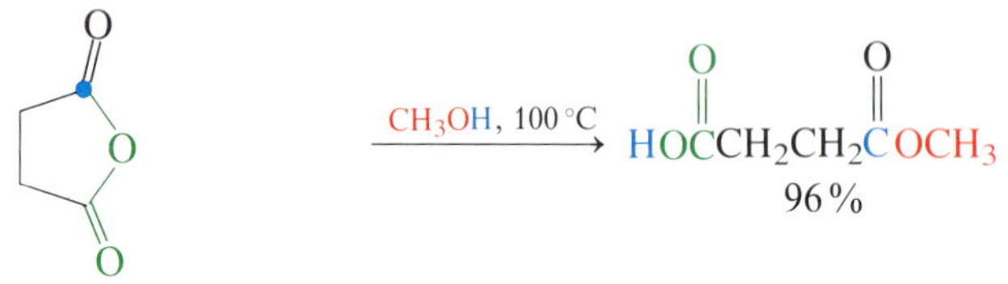

Butandisäure- (Bernsteinsäure-)Anhydrid $\xrightarrow{CH_3OH,\ 100\,^{\circ}C}$ $HO\overset{O}{\overset{\|}{C}}CH_2CH_2\overset{O}{\overset{\|}{C}}OCH_3$ (96%)

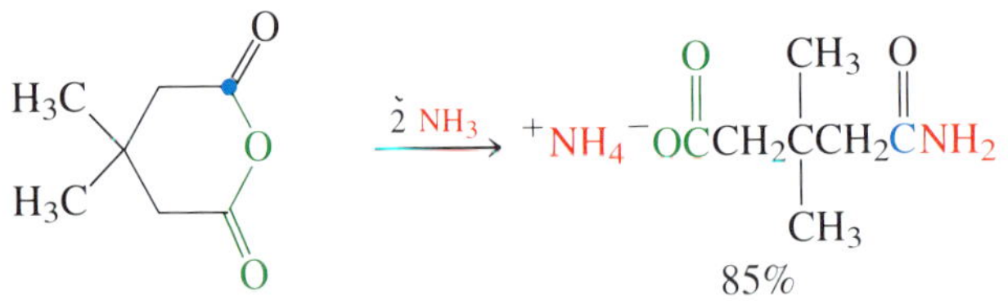

3,3-Dimethylpentandisäureanhydrid $\xrightarrow{2\ NH_3}$ $^{+}NH_4\,^{-}O\overset{O}{\overset{\|}{C}}CH_2C(CH_3)_2CH_2\overset{O}{\overset{\|}{C}}NH_2$ (85%)

Übung 18-7

Beim Behandeln von Butandisäureanhydrid (Succinanhydrid, Bernsteinsäureanhydrid) mit Ammoniak bei erhöhten Temperaturen entsteht eine Verbindung $C_4H_5NO_2$. Wie sieht ihre Struktur aus?

Übung 18-8

Formulieren Sie den Mechanismus der Reaktion von Ethansäure- (Acet-)anhydrid mit Methanol in Gegenwart von Schwefelsäure oder Natriummethoxid.

Zusammenfassend läßt sich sagen, daß man Anhydride aus Alkanoylhalogeniden oder Ketenen durch Behandeln mit einer Carbonsäure erhält. Diese Verbindungen reagieren mit Nucleophilen in derselben Weise wie Alkanoylhalogenide, nur daß die Abgangsgruppe eine Carbonsäure oder ein Carboxylat ist. Cyclische Anhydride ergeben Derivate von Dicarbonsäuren.

18.4 Ester: Mäßig reaktiv, aber von großer chemischer Bedeutung

Wie bereits in Abschn. 17.8 erwähnt, sind die Ester die wichtigste Klasse von Derivaten der Carbonsäuren. Nach einer kurzen Einführung in ihre Nomenklatur beschreiben wir in diesem Abschnitt einige ihrer Eigenschaften, ihre Verwendung, ihr Vorkommen in der Natur und ihre Chemie.

Die Namen der Ester und einige ihrer Eigenschaften

Nach der neusten IUPAC-Nomenklatur bezeichnet man Ester als Alkylalkanoate. Die Estergruppe, $-\overset{\overset{O}{\|}}{C}OR$, als Substituenten nennt man **Alkoxycarbonyl**. Im deutschen Sprachraum stehen wir allerdings vor der Schwierigkeit, daß wir uns nun mit drei unterschiedlichen Nomenklaturen, die alle nebeneinander benutzt werden, herumschlagen müssen. So werden Sie in einer Apotheke sicherlich wenig Erfolg haben, wenn Sie dort „Ethylethanoat" verlangen. Hätten Sie nach „Essigsäureethylester" gefragt, hätte man Ihnen sicherlich ohne Zögern ein Fläschchen mit der gewünschten Substanz auf den Tisch gestellt. In der Lackindustrie würde man dieselbe Verbindung wiederum als Ethylacetat (dies entspricht auch dem internationalen Sprachgebrauch) bezeichnen. Wir verwenden im vorliegenden Text die neueste IUPAC-Nomenklatur und geben in Klammern den gebräuchlicheren deutschen Namen an.

Cyclische Ester bezeichnet man als Lactone (dies ist der Trivialname, s. Abschn. 17.8, der systematische Name wäre Oxa-2-cycloalkanon, Abschn. 26.1). Die Ringgröße gibt man durch den Vorsatz α, (Dreiring), β (Vierring), γ (Fünfring), δ (Sechsring) etc. an.

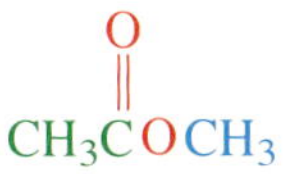

$CH_3\overset{\overset{O}{\|}}{C}OCH_3$
Methylethanoat
(Essigsäuremethylester)

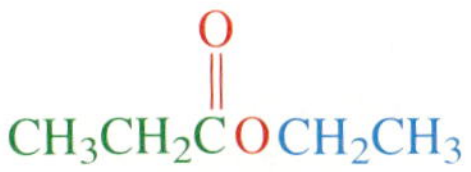

$CH_3CH_2\overset{\overset{O}{\|}}{C}OCH_2CH_3$
Ethylpropanoat
(Propionsäureethylester)

$CH_3\overset{\overset{O}{\|}}{C}OCH_2CH_2\overset{\overset{CH_3}{|}}{C}HCH_3$
3-Methylbutylethanoat
(Essigsäureisopentylester, Bestandteil des Bananenaromas)

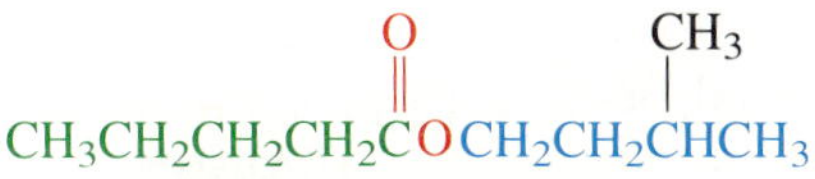

$CH_3CH_2CH_2CH_2\overset{\overset{O}{\|}}{C}OCH_2CH_2\overset{\overset{CH_3}{|}}{C}HCH_3$
3-Methylbutylpentanoat
(Valeriansäureisopentylester, Bestandteil des Apfelaromas)

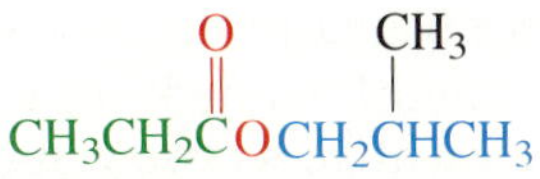

$CH_3CH_2\overset{\overset{O}{\|}}{C}OCH_2\overset{\overset{CH_3}{|}}{C}HCH_3$
2-Methylpropylpropanoat
(Propionsäureisobutylester, Bestandteil des Rumaromas)

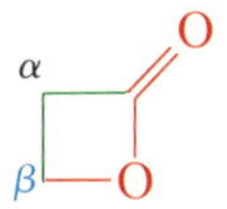

α, β, O, O
β-Propriolacton
(diese Verbindung ist ein Carcinogen und würde systematisch Oxa-2-cyclobutanon heißen; s. Abschn. 26.1)

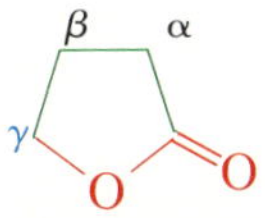

β, α, γ, O, O
γ-Butyrolacton
(besser: Oxa-2-cyclopentanon)

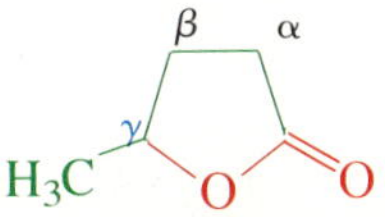

β, α, γ, H_3C, O, O
γ-Valerolacton
(besser: 5-Methyl-2-oxa-cyclopentanon)

Übung 18-9

Benennen Sie die folgenden Ester:

(a) $CH_3CH_2COCH_2CH_2CH_3$ (mit C=O); (b) $CH_3OCCH_2CH_2COCH_3$ (mit zwei C=O); (c) $CH_2{=}CHCO_2CH_3$.

Viele Ester haben einen charakteristischen angenehmen Geruch. Sie sind wichtige Komponenten von natürlichen und künstlichen Fruchtaromen. Ester mit kleinerer molarer Masse, wie Ethylethanoat (Essigsäureethylester, Sdp. 77 °C) und Butylethanoat (Essigsäurebutylester, Sdp. 127 °C) finden als Lösungsmittel Verwendung. Höhere nichtflüchtige Ester benutzt man als Weichmacher (s. Abschn. 12.7) für steife Polymere – z. B. bei flexiblen Rohrsystemen, Kautschukröhren und Polstermaterialien.

Wachse, Öle und Fette sind Ester

Ester langkettiger Carbonsäuren und Alkohole sind die Hauptbestandteile der tierischen und pflanzlichen **Wachse**.

$CH_3(CH_2)_{14}\overset{O}{\overset{\|}{C}}O(CH_2)_{15}CH_3$

Hexadecylhexadecanoat
(Cetylpalmitat)
(Wachs aus dem Walrat)

$CH_3(CH_2)_n\overset{O}{\overset{\|}{C}}O(CH_2)_mCH_3$

$n = 24, 26;\ m = 29, 31$

Bienenwachs

Die pflanzlichen und tierischen **Öle** und **Fette** sind Triester des 1,2,3-Propantriol (Glycerin) (s. Abschn 17.12) und der Fettsäuren. Man bezeichnet sie auch als Triglyceride.

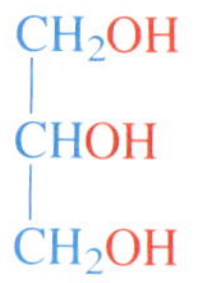

Zwischen Fetten und Ölen besteht chemisch kein Unterschied, Fette sind nur bei Raumtemperatur fest. Öle enthalten gewöhnlich einen höheren Anteil von ungesättigten Fettsäuren. Sie lassen sich durch katalytische Hydrierung in feste Fette überführen. Alle Margarinesorten werden auf diese Weise hergestellt. Ein Zuviel an gesättigten Fetten in der Nahrung kann zu Arteriosklerose (Versteifen der Arterienwände) führen. Aus gesundheitlichen Gründen werden daher pflanzliche Öle, die stark ungesättigt sind, immer beliebter. Biologisch dienen Fette als Energiequellen, sie werden bis zu CO_2 und Wasser abgebaut.

Wachse und Fette gehören zu den **Lipiden**. Dies sind wasserunlösliche Biomoleküle, die sehr gut in organischen Lösungsmitteln wie Chloroform löslich sind. Sie dienen als „Brennstoff" und Energiedepot und sind Bestandteile biologischer *Membranen*. Eine wichtige Klasse von Membranli-

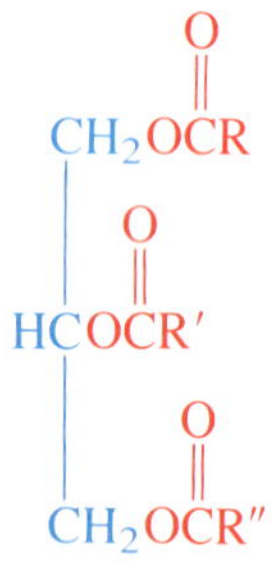

CH_2OH – $CHOH$ – CH_2OH

1,2,3-Propantriol
(Glycerin)

CH_2OCR – $HCOCR'$ – CH_2OCR'' (jeweils mit C=O)

1,2,3-Propantrioltriester
(Triglycerid)

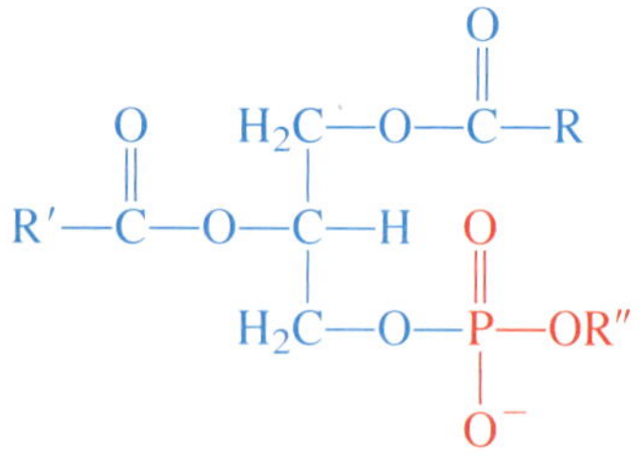

$R'{-}\overset{O}{\overset{\|}{C}}{-}O{-}CH(CH_2{-}O{-}\overset{O}{\overset{\|}{C}}{-}R)(CH_2{-}O{-}\overset{O}{\overset{\|}{P}}(O^-){-}OR'')$

ein Phosphoglycerid

Hexadecansäure- (Palmitinsäure-) Einheit

$CH_3(CH_2)_7CH{=}CH(CH_2)_7\overset{O}{\overset{\|}{C}}OCH(CH_2O\overset{O}{\overset{\|}{C}}(CH_2)_{14}CH_3)(CH_2O\overset{O}{\overset{\|}{P}}(O^-)O(CH_2)_2\overset{+}{N}(CH_3)_3)$

cis

cis-9-Octadecensäure-
(Ölsäure-)Einheit

Cholin-Einheit

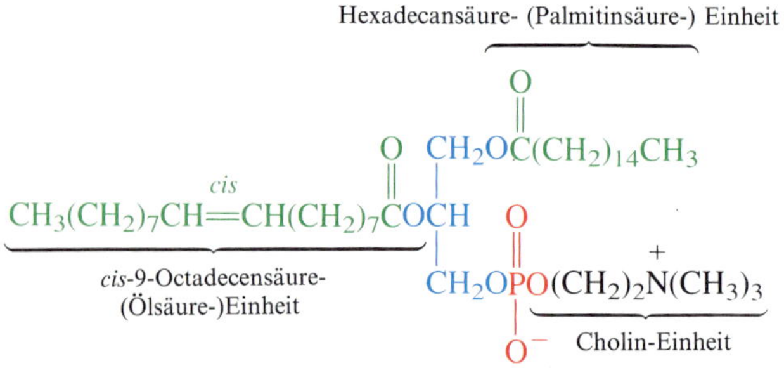

Palmitoyloleylphosphatidylcholin

piden sind die **Phospholipide**, Di- und Triester, in denen Alkohole mit Carbonsäuren und Phosphorsäure verestert sind. In den **Phosphoglyceriden** ist ein Molekül Glycerin mit zwei Fettsäuremolekülen in Nachbarstellung sowie einer Phosphat-Einheit verestert, an die noch ein weiterer Alkoholsubstituent, wie Cholin, gebunden ist.

Da in diesen Molekülen zwei lange hydrophobe Fettsäureketten und eine polare Kopfgruppe (der Phosphat-Cholin-Substituent) enthalten sind, können sie in wässriger Lösung Micellen bilden (s. Abschn. 17.12, Abb. 17-16). In den Micellen ist die Phophat-Einheit von Wasser solvatisiert, die Esterketten liegen im hydrophoben Inneren der Micelle (s. Abb. 18-1A).

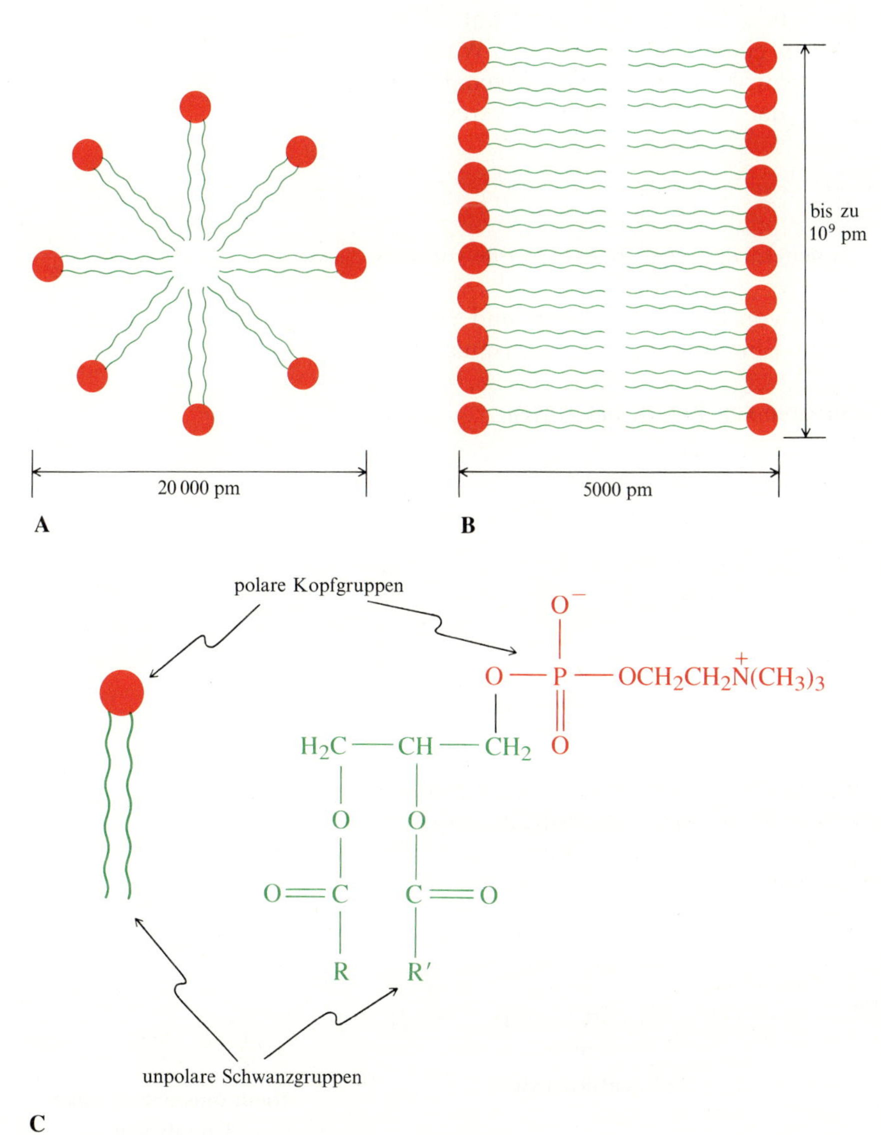

Abb. 18-1 A Micellenbildung durch Phospholipid-Moleküle B Lipid-Doppelschicht aus Phopholipid-Molekülen C Die polaren Kopf- und unpolaren Schwanzgruppen in Phopholipiden (aus: *Biochemistry*, 2d ed., von Lubert Stryer. W.H. Freeman and Company, Copyright © 1975, 1981.)

Phosphoglyceride können sich auch noch auf eine andere Weise anordnen: Sie bilden eine Schicht, die wie ein Molekül dick ist und in der immer 2 Lipid-Moleküle einander gegenüber liegen. Man bezeichnet sie als **Lipid-Doppelschicht** (Abb. 18-1B). Diese Eigenschaft ist sehr bemerkenswert, denn die Größe von Micellen ist gewöhnlich begrenzt (Durchmesser < 20 000 pm), Doppelschichten können 1 mm Länge erreichen. Sie sind daher die idealen Bausteine für Zellmembranen, die als durchlässige

Barrieren zur Regulierung des Moleküĺtransports in und aus der Zelle fungieren. Lipid-Doppelschichten sind relativ stabile Molekülanordnungen. Die Kräfte, die zu ihrer Bildung führen, sind ähnlich denen, die in Micellen wirken: London-Wechselwirkungen zwischen den hydrophoben Alkanketten, Coulomb- und Solvatations-Kräfte zwischen den polaren Kopfgruppen und zwischen ihnen und Wasser.

Ester hydrolysieren zu Carbonsäuren

Im Gegensatz zu den Alkanoylhalogeniden und der Carbonsäureanhydriden reagieren Ester in Abwesenheit eines Katalysators nicht mit Wasser und Alkoholen. Erhitzt man Ester in einem Überschuß von Wasser in Gegenwart von Mineralsäuren, so hydrolysieren sie. Der Mechanismus dieser Reaktion ist die Umkehrung der säurekatalysierten Veresterung (Abschn. 17.8).

Übung 18-10

Formulieren Sie einen Mechanismus für die säurekatalysierte Hydrolyse von γ-Butyrolacton.

Die Hydrolyse von Estern wird auch von Basen katalysiert und verläuft dann über einen einfachen Additions-Eliminierungs-Mechanismus.

Mechanismus der Hydrolyse von Estern mit Basen

$$RC(=O)OCH_3 + {}^-OH \rightleftharpoons R-C(O^-)(OH)-OCH_3 \rightleftharpoons RC(=O)O-H + {}^-OCH_3 \longrightarrow RC(=O)O^- + HOCH_3$$

Carboxylat-Ion

Im Gegensatz zu der säurekatalysierten Hydrolyse ist diese Reaktion kein Gleichgewichtsprozeß. Der letzte Schritt, im dem die Säure in das Carboxylat-Ion überführt wird, ist praktisch irreversibel. Daraus folgt, daß man zumindest stöchiometrische Mengen Hydroxid einsetzen muß (häufig nimmt man sogar einen Überschuß).

$$CH_3CH(CH_3)CH_2C(=O)OCH_3 \xrightarrow[2.\ H^+,\ H_2O]{1.\ KOH,\ H_2O,\ CH_3OH,\ \Delta} CH_3CH(CH_3)CH_2C(=O)OH + CH_3OH$$

Methyl-3-methylbutanoat → **3-Methylbutansäure** 100%

Übung 18-11

Formulieren Sie einen Mechanismus für die basische Hydrolyse von γ-Butyrolacton.

Reaktion von Estern mit Alkoholen: Umesterung

Reaktionsschema einer Umesterung

$$RC(=O)OR' + R''OH \underset{}{\overset{H^+\ \text{oder}\ {}^-OR''}{\rightleftharpoons}} RC(=O)OR'' + R'OH$$

Die säure- oder basenkatalysierte Umsetzung von Alkoholen mit Estern bezeichnet man als **Umesterung**. Hierdurch wird die direkte Überführung eines Esters in einen anderen ermöglicht, ohne daß man über die freie Säure gehen muß. Die Umesterung ist eine Gleichgewichtsreaktion. Um das Gleichgewicht zu verschieben, nimmt man gewöhnlich einen hohen Überschuß an Alkohol, gelegentlich verwendet man den Alkohol gleich als Lösungsmittel.

$$C_{17}H_{35}\overset{O}{\overset{\|}{C}}OCH_2CH_3 + CH_3OH \xrightarrow{H^+ \text{ oder } ^-OCH_3} \underset{90\,\%}{C_{17}H_{35}\overset{O}{\overset{\|}{C}}OCH_3} + CH_3CH_2OH$$

Ethyloctadecanoat **Lösungsmittel** **Methyloctadecanoat**

Lactone werden durch Umesterung zu Hydroxyestern geöffnet:

$$\gamma\text{-Butyrolacton} + BrCH_2CH_2CH_2OH \xrightarrow{H^+} HOCH_2CH_2CH_2\overset{O}{\overset{\|}{C}}OCH_2CH_2CH_2Br \quad 80\,\%$$

γ-Butyrolacton **3-Brompropanol** **3-Brompropyl-4-hydroxybutanoat**

Der Mechanismus der sauren und basischen Umesterung entspricht dem der Hydrolyse zu den Carbonsäuren.

Übung 18-12

β-Propiolacton A (s. Randspalte) reagiert mit Methanol im Basischen wie erwartet zu Methyl-3-hydroxypropanoat B. Im Sauren entsteht jedoch 3-Methoxypropansäure C. Können Sie Mechanismen formulieren, die diesen Unterschied erklären?

A (β-Propiolacton)

$$HOCH_2CH_2\overset{O}{\overset{\|}{C}}OCH_3$$
B

$$CH_3OCH_2CH_2\overset{O}{\overset{\|}{C}}OH$$
C

Amide aus Estern

Ester reagieren mit den nucleophileren Aminen ohne Zugabe eines Katalysators zu den Amiden.

Amidbildung aus Methylestern

$$R\overset{O}{\overset{\|}{C}}OCH_3 + R'\overset{H}{N}H \longrightarrow R\overset{O}{\overset{\|}{C}}NHR' + CH_3OH$$

Beispiel:

$$\underset{\textbf{Methyl-9-octadecenoat}}{CH_3(CH_2)_7CH{=}CH(CH_2)_7\overset{O}{\overset{\|}{C}}OCH_3} + \underset{\textbf{1-Dodecanamin}}{CH_3(CH_2)_{11}\overset{H}{N}H} \xrightarrow{230\,°C}$$

$$\underset{\textbf{N-Dodecyl-9-octadecenamid}}{CH_3(CH_2)_7CH{=}CH(CH_2)_7\overset{O}{\overset{\|}{C}}NH(CH_2)_{11}CH_3} + CH_3OH$$

Auch diese Reaktion läuft über einen Additions-Eliminierungs-Mechanismus.

Übung 18-13

Formulieren Sie einen Mechanismus für die Bildung von Ethanamid (Acetamid), $CH_3\overset{O}{\overset{\|}{C}}NH_2$, aus Methylethanoat (Essigsäuremethylester) und Ammoniak.

Grignard-Reagenzien überführen Ester in Alkohole

Ester reagieren mit zwei Äquivalenten Grignard-Reagenz zu Alkoholen (Abschn. 8.6). Auf diese Weise entstehen aus gewöhnlichen Estern tertiäre, aus Methansäure- (Ameisensäure-)estern sekundäre Alkohole.

Alkohole aus Estern und Grignard-Verbindungen

$$CH_3CH_2\overset{O}{\overset{\|}{C}}OCH_2CH_3 + 2\ CH_3CH_2CH_2MgBr \xrightarrow[-\ CH_3CH_2OH]{1.\ (CH_3CH_2)_2O \quad 2.\ H^+,\ H_2O} CH_3CH_2\underset{CH_2CH_2CH_3}{\overset{OH}{C}}CH_2CH_2CH_3$$

69%

Ethylpropanoat — **Propylmagnesiumbromid** — **4-Ethyl-4-heptanol**

$$H\overset{O}{\overset{\|}{C}}OCH_3 + 2\ CH_3CH_2CH_2CH_2MgBr \xrightarrow[-\ CH_3OH]{1.\ (CH_3CH_2)_2O \quad 2.\ H^+,\ H_2O} H\underset{CH_2CH_2CH_2CH_3}{\overset{OH}{C}}CH_2CH_2CH_2CH_3$$

85%

Methylmethanoat (Ameisensäure-methylester) — **Butylmagnesiumbromid** — **5-Nonanol**

Die Reaktion beginnt wahrscheinlich mit der Addition der organometallischen Verbindung an die Carbonylfunktion, wobei das Magnesiumsalz eines Halbacetals entsteht (s. Abschn. 15.5). Bei Raumtemperatur erfolgt dann rasche Eliminierung zu einem intermediären Keton [oder Aldehyd, wenn man Methanoate (Ameisensäureester), verwendet]. Die entstandene Carbonylgruppe addiert dann sofort ein zweites Äquivalent Grignard-Reagenz. Nach saurer Aufarbeitung erhält man den entsprechenden Alkohol.

Mechanismus der Alkoholsynthese aus Estern und Grignard-Verbindungen:

$$R\overset{O}{\overset{\|}{C}}OCH_3 + R'MgBr \longrightarrow R-\underset{R'}{\overset{O-MgBr}{C}}-OCH_3 \xrightarrow[-\ CH_3OMgBr]{}$$

$$R\overset{O}{\overset{\|}{C}}R' \xrightarrow{R'MgBr} R-\underset{R'}{\overset{OMgBr}{C}}-R' \xrightarrow{H^+,\ H_2O} R-\underset{R'}{\overset{OH}{C}}-R'$$

Die Reaktion der Dialkylcarbonate, $RO\overset{O}{\overset{\|}{C}}OR$, den Diestern der Kohlensäure, $HO\overset{O}{\overset{\|}{C}}OH$, ist ein Spezialfall der Umsetzungen mit Grignard-Verbindungen. Sie ergeben tertiäre Alkohole, in denen drei Alkylgruppen durch die organometallische Verbindung eingeführt wurden. In diesem Fall fungieren beide Alkoxysubstituenten als Abgangsgruppen.

$$CH_3O\overset{O}{\overset{\|}{C}}OCH_3 + 3\ CH_3CH_2MgBr \xrightarrow[-\,2\ CH_3OH]{1.\ THF,\ 25\,°C \quad 2.\ H^+,\ H_2O} CH_3CH_2-\overset{OH}{\overset{|}{\underset{CH_2CH_3}{\underset{|}{C}}}}-CH_2CH_3$$

85%

Dimethylcarbonat | **Ethylmagnesiumbromid** | **3-Ethyl-3-pentanol**

Dialkylcarbonate lassen sich ohne Schwierigkeiten aus Phosgen und Alkoholen darstellen.

$$Cl\overset{O}{\overset{\|}{C}}Cl + 2\ CH_3OH \longrightarrow CH_3O\overset{O}{\overset{\|}{C}}OCH_3 + 2\ HCl$$

Phosgen | **Dimethylcarbonat**

Ester werden durch Hydrid-Reagenzien zu Alkoholen oder Aldehyden reduziert

Die Reduktion von Estern zu Alkoholen durch Lithiumaluminiumhydrid haben wir bereits in Abschnitt 8.4 erwähnt. Bei diesem Prozeß sind 0.5 Äquivalente Hydrid erforderlich, da pro Esterfunktion nur zwei Wasserstoffatome benötigt werden:

$$(\text{Pyrrolidin-1-yl})\underset{CH_3}{\underset{|}{CH}}\overset{O}{\overset{\|}{C}}OCH_2CH_3 \xrightarrow[-\,CH_3CH_2OH]{1.\ LiAlH_4\ (0.5\ \text{Äquivalente}),\ (CH_3CH_2)_2O \quad 2.\ H^+,\ H_2O} (\text{Pyrrolidin-1-yl})\underset{CH_3}{\underset{|}{CH}}CH_2OH$$

90%

Verwendet man ein milderes Reduktionsmittel, bleibt die Reaktion auf der Stufe des Aldehyds stehen. Ein Beispiel hierfür ist die Umsetzung mit Bis(2-methylpropyl)aluminiumhydrid bei niedrigen Temperaturen in Toluol.

$$CH_3\overset{H_3C}{\overset{|}{C}}H\overset{O}{\overset{\|}{C}}OCH_2CH_3 + (CH_3\overset{CH_3}{\overset{|}{C}}HCH_2)_2AlH \xrightarrow[-\,CH_3CH_2OH]{1.\ Toluol,\ -60\,°C \quad 2.\ H^+,\ H_2O} CH_3\overset{CH_3}{\overset{|}{C}}HCHO$$

Ethyl-2-methylpropanoat | **Bis(2-methylpropyl)aluminiumhydrid (Diisobutylaluminiumhydrid)** | **2-Methylpropanal**

Mit Bis(2-methylpropyl)aluminiumhydrid läuft nur der erste Additionsschritt der Reaktion ab. Nach saurer Aufarbeitung der gebildeten Alkoxyaluminium-Verbindung entsteht das Halbacetal des Aldehyds, das rasch zu dem Produkt zerfällt. Diese Methode ist selbst bei komplizierten Molekülen erfolgreich.

Mechanismus der Reduktion mit Bis(2-methylpropyl)-aluminiumhydrid [(Diisobutylaluminium)hydrid]:

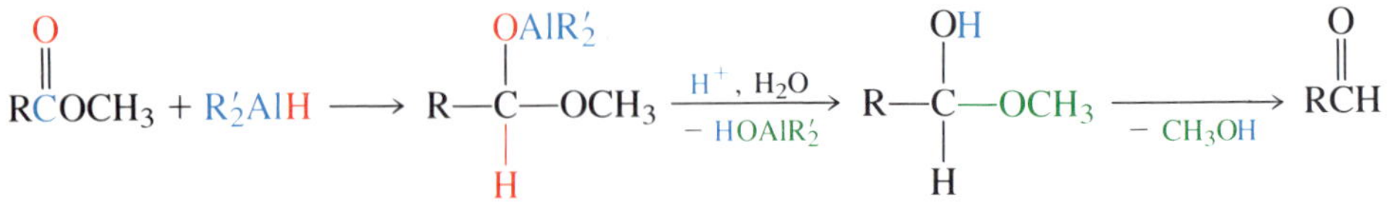

$$RC(=O)OCH_3 + R'_2AlH \longrightarrow R{-}CH(OAlR'_2){-}OCH_3 \xrightarrow[-\,HOAlR'_2]{H^+,\ H_2O} R{-}CH(OH){-}OCH_3 \xrightarrow[-\,CH_3OH]{} RCHO$$

Halbacetal

Beispiel:

$$\xrightarrow{(CH_3CH(CH_3)CH_2)_2AlH,\ \text{Toluol},\ -60\,°C}$$

CH_3O, CH_3O, N, H, CH_2CH_3, H, H, $CH_2CO_2CH_2CH_3$ → CH_3O, CH_3O, N, H, CH_2CH_3, H, H, CH_2CHO

83%

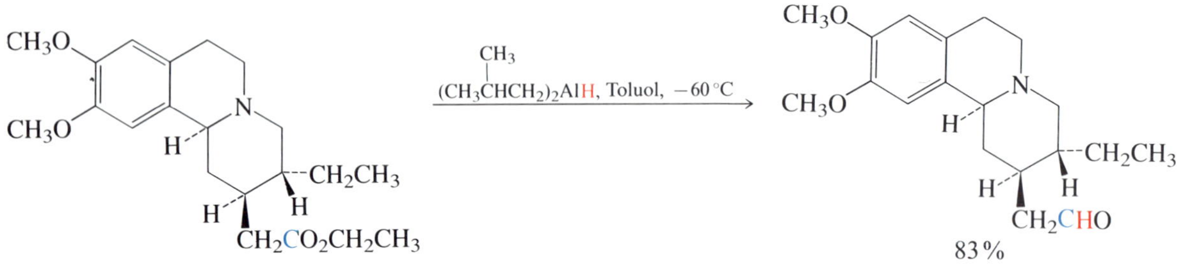

Ester bilden Enolate

Die Acidität des α-Wasserstoffs ist bei Estern groß genug, um beim Behandeln mit starker Base bei niedrigen Temperaturen zur Bildung von **Ester-Enolaten** zu führen. Ester-Enolate reagieren wie die Enolate von Ketonen, sie gehen Alkylierungen, Öffnungsreaktionen von Oxacyclopropanen und Aldolkondensationen ein.

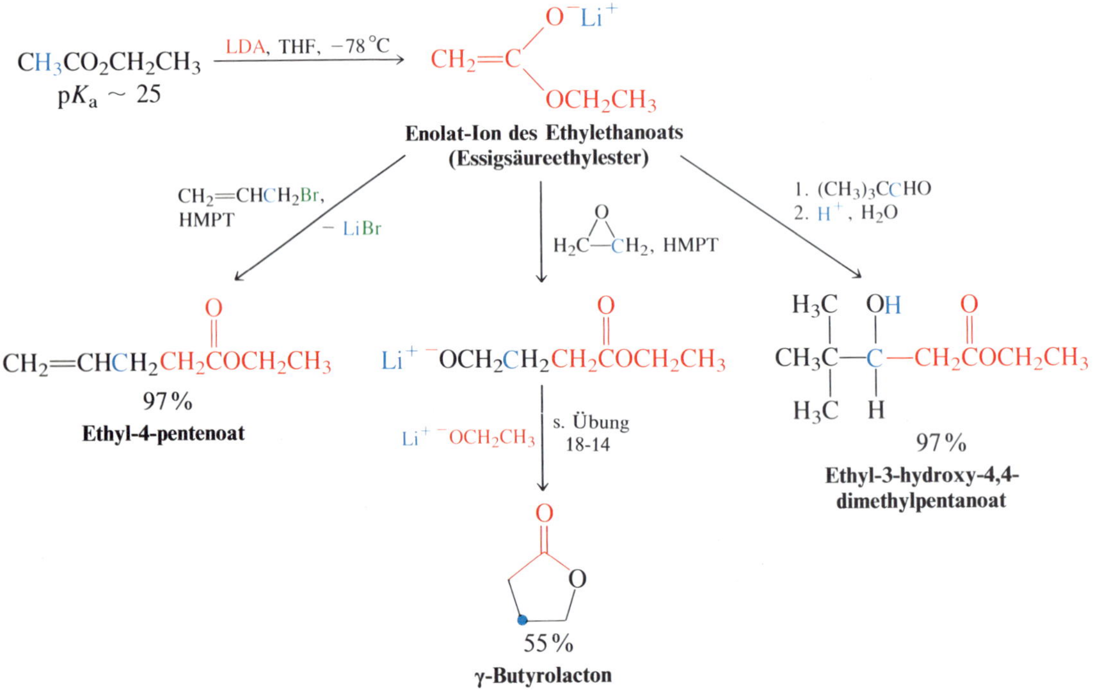

$$\underset{pK_a \sim 25}{CH_3CO_2CH_2CH_3} \xrightarrow{LDA,\ THF,\ -78\,°C} CH_2{=}C(O^-Li^+)(OCH_2CH_3)$$

Enolat-Ion des Ethylethanoats (Essigsäureethylester)

$CH_2{=}CHCH_2Br$, HMPT, $-$ LiBr → $CH_2{=}CHCH_2CH_2COCH_2CH_3$ (C=O) 97% **Ethyl-4-pentenoat**

$H_2C{-}CH_2$ (Oxacyclopropan), HMPT → $Li^+\ ^-OCH_2CH_2CH_2COCH_2CH_3$ (C=O) → ($Li^+\ ^-OCH_2CH_3$; s. Übung 18-14) → γ-Butyrolacton 55% **γ-Butyrolacton**

1. $(CH_3)_3CCHO$ 2. H^+, H_2O → $(CH_3)_3C{-}CH(OH){-}CH_2COCH_2CH_3$ (C=O) 97% **Ethyl-3-hydroxy-4,4-dimethylpentanoat**

Der pK_a von Estern ist um fünf Einheiten größer als der von Aldehyden und Ketonen. Ester-Enolate sind also basischer als die Enolate von Ketonen. Sie zeigen daher die typischen Nebenreaktionen starker Basen: E2-

Prozesse (insbesondere bei sekundären, tertiären und verzweigten Halogeniden) und Deprotonierungen.

Übung 18-14

Erklären Sie, warum das Enolat-Ion des Ethylethanoats (Essigsäureethylester) mit Oxacyclopropan zu γ-Butyrolacton reagiert.

Ester-Enolate greifen nicht nur die Carbonylgruppe von Aldehyden und Ketonen, sondern auch die von Estern an. Bei dieser Umsetzung, die als **Claisen*-Kondensation** bekannt ist, reagiert das Enolat-Ion über einen Additions-Eliminierungs-Mechanismus mit der Esterfunktion, wobei ein 3-Ketoester entsteht. Das Enolat muß nicht in stöchiometrischen Konzentrationen vorliegen, es genügt, wie bei der Aldolkondensation, eine Gleichgewichtskonzentration (s. Abschn. 15.7). Sowohl das Alkoxid wie der Ester sollten sich von demselben Alkohol ableiten, um Nebenreaktionen durch Umesterung zu verhindern.

$$CH_3\overset{O}{\overset{\|}{C}}OCH_2CH_3 + CH_3\overset{O}{\overset{\|}{C}}OCH_2CH_3 \xrightarrow[-\,CH_3CH_2OH]{CH_3CH_2O^-Na^+,\; CH_3CH_2OH} CH_3\overset{O}{\overset{\|}{C}}CH_2\overset{O}{\overset{\|}{C}}OCH_2CH_3$$

75%

Ethyl-3-oxobutanoat

Mechanismus der Claisen-Kondensation:

Schritt 1: Bildung des Ester-Enolats

$$CH_3\overset{O}{\overset{\|}{C}}OCH_2CH_3 \xrightleftharpoons{CH_3CH_2O^-Na^+}$$

$$Na^+\left[{}^-:CH_2{-}C\begin{matrix}\nearrow \ddot{O}: \\ \searrow \ddot{O}CH_2CH_3\end{matrix} \longleftrightarrow CH_2{=}C\begin{matrix}\nearrow \ddot{O}:^- \\ \searrow \ddot{O}CH_2CH_3\end{matrix}\right] + CH_3CH_2OH$$

Schritt 2: Nucleophile Addition

$$CH_3\overset{:\ddot{O}:}{\overset{\|}{C}}OCH_2CH_3 + {}^-:CH_2\overset{O}{\overset{\|}{C}}OCH_2CH_3 \rightleftharpoons CH_3{-}\underset{CH_2\overset{\|}{\underset{O}{C}}OCH_2CH_3}{\overset{:\ddot{O}:^-}{C}}{-}OCH_2CH_3$$

Schritt 3: Eliminierung

$$CH_3\underset{CH_2\underset{O}{\underset{\|}{C}}OCH_2CH_3}{\overset{:\ddot{O}:^-}{C}}{-}OCH_2CH_3 \rightleftharpoons CH_3\overset{O}{\overset{\|}{C}}CH_2\overset{O}{\overset{\|}{C}}OCH_2CH_3 + {}^-:\ddot{O}CH_2CH_3$$

3-Ketoester

* Ludwig Claisen, 1851–1930, Professor an der Universität Berlin.

Schritt 4: Deprotonierung

$$CH_3\overset{O}{\overset{\|}{C}}CH_2\overset{O}{\overset{\|}{C}}OCH_2CH_3 + {}^-:\ddot{O}CH_2CH_3 \longrightarrow$$

Sauer, p$K_a \sim 11$

$$\left[CH_3\overset{O}{\overset{\|}{C}}-\overset{-}{\ddot{C}}H-\overset{O}{\overset{\|}{C}}OCH_2CH_3 \longleftrightarrow CH_3\overset{:\ddot{O}:^-}{\overset{|}{C}}=CH-\overset{O}{\overset{\|}{C}}OCH_2CH_3 \longleftrightarrow CH_3\overset{O}{\overset{\|}{C}}-CH=\overset{:\ddot{O}:^-}{\overset{|}{C}}OCH_2CH_3\right] + CH_3CH_2OH$$

Schritt 5: Protonierung bei der Aufarbeitung

$$CH_3\overset{O}{\overset{\|}{C}}\ddot{C}H\overset{O}{\overset{\|}{C}}OCH_2CH_3 \xrightarrow{H^+,\ H_2O} CH_3\overset{O}{\overset{\|}{C}}CH_2\overset{O}{\overset{\|}{C}}OCH_2CH_3$$

Die Claisen-Kondensation ist exakt das Ester-Analogon der Aldolkondensation. Sie ist eine Gleichgewichtsreaktion, die auf der Stufe der Bildung des 3-Ketoesters endotherm ist. Das Gleichgewicht wird durch irreversible Überführung des 3-Ketoesters in das entsprechende Enolat-Ion auf die Seite der Produkte verschoben. Dieser letzte Schritt ist energetisch begünstigt, da die Acidität des Protons, das von den beiden Carbonylgruppen umgeben ist, durch Resonanzstabilisierung des Anions stark erhöht ist (p$K_a \sim 11$). Hieraus ergibt sich, das 3-Ketoester und β-Dicarbonylverbindungen ganz allgemein wichtige Zwischenstufen bei Synthesen sind. Dies werden wir noch genauer in Abschnitt 22.4 betrachten. Bei der Claisen-Kondensation bildet sich der 3-Ketoester erst bei der anschließenden sauren Aufarbeitung.

Pyrolyse von Estern ergibt Alkene

Ester sind thermisch recht stabil. Erhitzt man sie jedoch auf Temperaturen über 300 °C, zersetzen sie sich in die entsprechende Carbonsäure und ein Alken. Die Reaktion verläuft konzentiert über einen sechsgliedrigen cyclischen Übergangszustand. In dem Moment, in der der Carbonyl-Sauerstoff mit der Abspaltung eines β-Wasserstoffs beginnt, fängt die Sauerstoff-Kohlenstoff-Bindung der Alkoxygruppe an, aufzubrechen. Bei dieser Umsetzung werden drei Elektronenpaare verschoben, ähnlich wie bei der Diels-Alder und der *retro*-Diels-Alder-Reaktion (s. Abschn. 14.5):

Esterpyrolyse

$$R\overset{O}{\overset{\|}{C}}OCH_2CH_2R' \xrightarrow{300\,°C} R\overset{O}{\overset{\|}{C}}OH + CH_2=CHR'$$

Mechanismus der Esterpyrolyse:

R, C, O, O, H_2C, H, C, R′, H → [R, C, O, O, H_2C, H, C, R′, H]‡ → R, C, O, O, H, H_2C, C, H, R′

sechsgliedriger cyclischer Übergangszustand mit Verschiebung von sechs Elektronen

Der Wasserstoff und die Estergruppe treten auf derselben Seite der sich entwickelnden π-Bindung aus dem Molekül aus. Diesen Prozeß bezeichnet man als ***syn*-Eliminierung** im Gegensatz zu dem *anti*-Übergangszustand der meisten E2-Reaktionen (Abschn. 7.5), bei dem zwar auch sechs Elektronen verschoben werden, die Atome aber nicht cyclisch angeordnet sind.

Übung 18-15

Geben Sie an, welche Produkte bei der Reaktion von Methylcyclohexancarboxylat mit den folgenden Verbindungen oder unter den folgenden Bedingungen entstehen (Wenn nötig, nach erfolgter wässriger Aufarbeitung): (a) H^+, H_2O; (b) OH^-, H_2O; (c) $CH_3CH_2O^-$, CH_3CH_2OH; (d) NH_3, ; (e) $2CH_3MgBr$; (f) $LiAlH_4$; (g) 1. LDA, 2. CH_3I; (h) 300 °C.

Fassen wir zusammen: Ester bezeichnet man als Alkylalkanoate. Die meisten von ihnen haben einen angenehmen Geruch und treten in der Natur als Geruchsstoffe, Wachse, Öle und Fette auf. Mit wässriger Säure oder Base hydrolysieren sie zu den entsprechenden Carbonsäuren oder Carboxylaten, mit Alkoholen erfolgt eine Umesterung, mit Amine reagieren sie bei erhöhten Temperaturen zu Amiden. 1 mol Ester kann 2 mol Grignard-Reagenz addieren, wobei tertiäre Alkohole [oder sekundäre Alkohole bei den Methanoaten (Ameisensäureestern)] entstehen. Lithiumaluminiumhydrid reduziert Ester bis zum Alkohol, verwendet man Bis(2-methylpropyl)aluminium- (Diisobutylaluminiumhydrid), bleibt die Reaktion auf der Stufe des Aldehyds stehen. Mit LDA entstehen Ester-Enolate, die sich durch Elektrophile alkylieren lassen. Handelt es sich bei dem Elektrophil um einen anderen Ester, bildet sich ein 3-Ketoester und man bezeichnet die Reaktion als Claisen-Kondensation. Erhitzt man schließlich Ester auf über 300 °C, pyrolysieren sie über einen konzertierten Eliminierungsprozeß zu Alkenen und Carbonsäuren.

18.5 Amide: Die reaktionsträgsten Carbonsäure-Derivate

Die Carbonylgruppe der Carbonsäureamide wird von allen Carbonsäure-Derivaten am wenigsten leicht von Nucleophilen angegriffen. Nach einer Einführung in die Nomenklatur der Amide und einem kurzen Einschub, in dem wir die biologische Aktivität des β-Lactam-Systems der Penicilline betrachten, erfolgt dann eine Beschreibung der Reaktionen der Amide.

Die Nomenklatur der Amide

Systematisch bezeichnet man Amide als **Alkanamide**, bei den Trivialnamen wird an den lateinischen Wortstamm der Säure die Endung **-amid** ange-

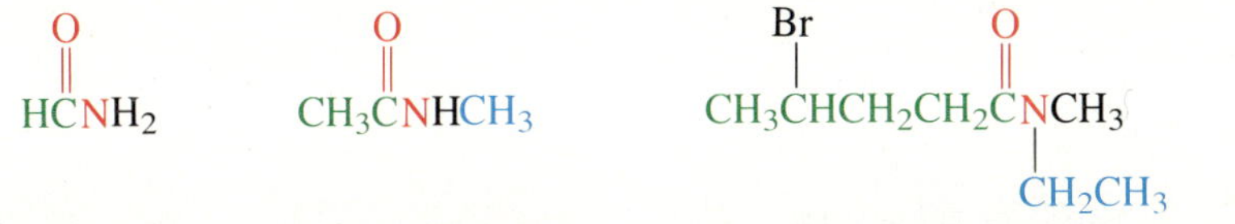

$HC(=O)NH_2$ — **Methanamid** **(Formamid)** primäres Amid

$CH_3C(=O)NHCH_3$ — ***N*-Methylethanamid** **(*N*-Methylacetamid)** sekundäres Amid

$CH_3CH(Br)CH_2CH_2C(=O)N(CH_3)CH_2CH_3$ — **4-Brom-*N*-ethyl-*N*-methylpentanamid** tertiäres Amid

hängt. Substituenten am Stickstoff werden durch den Vorsatz *N*- oder *N,N*-, je nach Anzahl der gebundenen Gruppen gekennzeichnet. Je nach Anzahl der an den Stickstoff gebundenen Gruppen unterscheidet man primäre, sekundäre und tertiäre Amide.
Es gibt auch einige Amidderivate der Kohlensäure, H_2CO_3 (s. Abschn. 18.4): die Harnstoffe, Carbaminsäuren und Carbaminsäureester (Urethane).

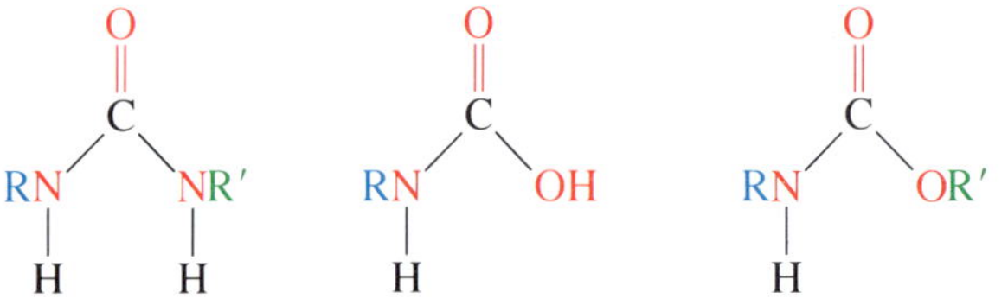

ein Harnstoff **eine Carbaminsäure** **ein Carbaminsäureester-(Urethan)**

Cyclische Amide nennt man **Lactame** (s. Abschn. 17.9; ein systematischer Name wäre 2-Azacycloalkanone, s. Abschn. 26.1). Die Nomenklaturregeln für Lactame entsprechen denen für Lactone. Die Penicilline sind annelierte β-Lactame.

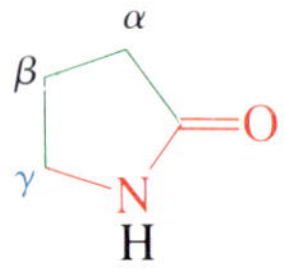

γ-Butyrolactam (Systematischer Name: 2-Azacyclopentanon)

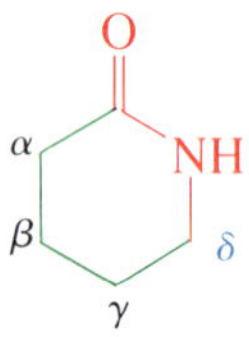

δ-Valerolactam (Systematischer Name: 2-Azacyclohexanon)

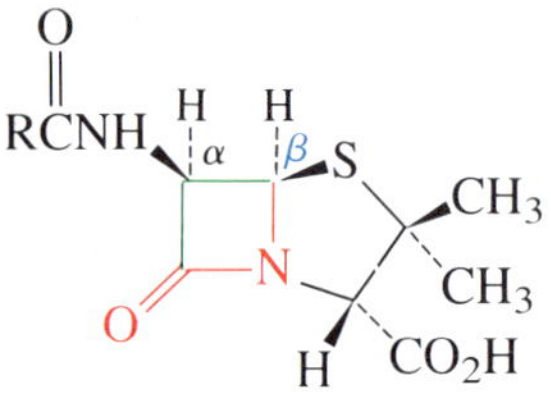

Penicillin (ein β-Lactam-Derivat)

Kasten 18-1

Penicillin, ein Antibiotikum mit einem β-Lactamring

Die Entdeckung des Penicillins als äußerst wirksames Breitband-Antibiotikum war einer der Meilensteine in der medizinischen Chemie. Wie bei vielen dieser Entdeckungen hat der Zufall eine entscheidende Rolle gespielt. Im Jahre 1928 bemerkte der englische Bakteriologe Alexander Fleming, daß einige *Staphylokokken*-Kulturen, die er auf einem Labortisch abgestellt hatte, von Mikroorganismen aus der Laborluft kontaminiert waren. An einigen Stellen war ein grüner Rasen von Schimmelpilzen, *Penicillium notatum*, gewachsen, und die Staphylokokken-Kulturen in der Nähe dieses Pilzes waren zerstört. Die Substanz, die diese antibiotische Wirkung zeigte, nannte man Penicillin, bis zu ihrer Reinisolierung vergingen aber noch etwa zehn Jahre. Später synthetisierte man eine Reihe verschiedener Penicilline, die sich in der Gruppe R unterscheiden. In *Penicillin* G ist eine Phenylmethyl- (Benzyl-, $C_6H_5CH_2$-) Gruppe an die Amidfunktion gebunden, Ampicillin hat einen Phenyl(amino)methyl-($C_6H_5CHNH_2$) Substituenten. In struktureller und biologischer Verwandschaft zu den Penicillinen stehen die Cephalosporine, wichtige Antibiotika, die häufig bei Spezies wirksam sind, bei denen die Penicilline keine Wirkung zeigen.

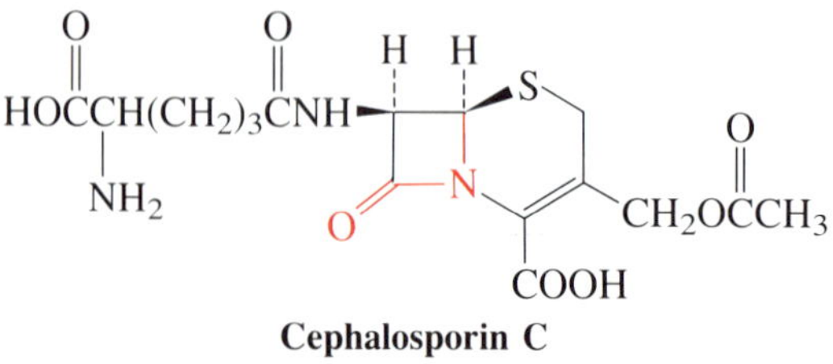

Cephalosporin C

Der gespannte β-Lactamring ist für die antibiotische Wirkung dieser Verbindungen verantwortlich. Da die Spannung bei der Ringöffnung verschwindet, sind β-Lactame im Vergleich zu gewöhnlichen Amiden ungewöhnlich reaktive Verbindungen. Das Enzym *Transpeptidase*, das eine zentrale Verknüpfungsreaktion bei der Biosynthese der Zellwände von Bakterien katalysiert, akzeptiert Penicillin als Substrat. Das Penicillin alkanoyliert (acyliert) dann einen nucleophilen Sauerstoff des Enzyms, wodurch dieses seine Wirksamkeit verliert. Der Aufbau der Zellwände wird gestoppt, der Organismus stirbt. Diese Reaktion ist die Umkehrung der Amidbildung aus Estern (s. Abschn. 18.4).

Wirkung von Penicillin

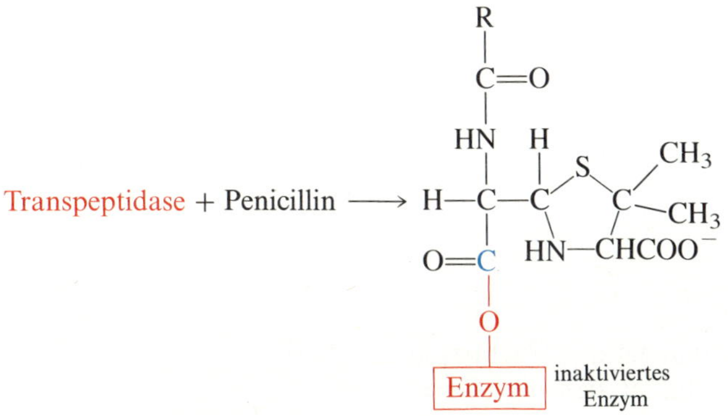

Transpeptidase + Penicillin ⟶ [R–C(=O)–HN–CH(–C(=O)–O–Enzym)–CH(H)–Thiazolidinring: S, $C(CH_3)_2$, HN–CHCOO$^-$]

Enzym — inaktiviertes Enzym

Einige Bakterien sind gegenüber Penicillin resistent, da sie ein Enzym, die *Penicillinase,* produzieren, das den β-Lactamring hydrolysiert, bevor er sich an die Transpeptidase binden kann. Die Geschwindigkeit dieser Hydrolyse hängt von der Struktur des β-Lactams ab. Cephalosporine werden von der Penicillinase nicht angegriffen. Trotzdem sind aufgrund des ständigen Auftauchens neuer, gegen Antibiotika resistenter Bakterienstämme, das durch die häufig unverantwortliche Verordnung von Penicillin und anderer Antibiotika gefördert wurde, intensive Anstrengungen zur Entdeckung neuer, aktiverer und selektiver Systeme erforderlich.

Nucleophile Addition an Amide: Wasser, Alkohole und Hydride

Die Amide sind aufgrund der besonderen Fähigkeit des freien Elektronenpaars am Stickstoff, in Resonanz zu treten, die reaktionsträgsten Carbonsäure-Derivate. Daher sind für nucleophile Additions-Eliminierungs-Reaktionen an Amiden energische Bedingungen erforderlich. So erfolgt eine Hydrolyse beispielsweise nur bei langem Erhitzen in stark saurer oder basischer wässriger Lösung. Bei der sauren Hydrolyse wird das Amin in Form des entsprechenden Ammoniumsalzes freigesetzt.

Saure Hydrolyse eines Amids

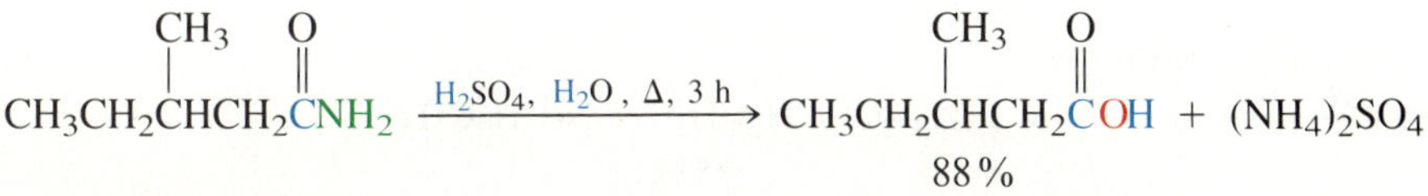

$$CH_3CH_2CH(CH_3)CH_2C(=O)NH_2 \xrightarrow{H_2SO_4,\ H_2O,\ \Delta,\ 3\ h} CH_3CH_2CH(CH_3)CH_2C(=O)OH + (NH_4)_2SO_4$$

3-Methylpentanamid — **3-Methylpentansäure** 88%

Mechanismus:

$$R-C(=\ddot{O}:)-\ddot{N}H_2 \underset{-H^+}{\overset{+H^+}{\rightleftharpoons}} R-C(=O^+H)-\ddot{N}H_2 \underset{-H_2\ddot{O}:}{\overset{+H_2\ddot{O}:}{\rightleftharpoons}} R-C(\ddot{O}H)(H_2O:^+)-\ddot{N}H_2 \underset{+H^+}{\overset{-H^+}{\rightleftharpoons}} R-C(\ddot{O}H)(\ddot{O}H)-\ddot{N}H_2 \underset{-H^+}{\overset{+H^+}{\rightleftharpoons}}$$

$$R-C(\ddot{O}H)(\ddot{O}H)-\overset{+}{N}H_3 \rightleftharpoons R-C(=O^+H)-\ddot{O}H + :NH_3 \longrightarrow R-C(=O:)-\ddot{O}H + NH_4^+$$

Bei der basischen Hydrolyse entsteht zunächst das Carboxylatsalz und das Amin. Nach Aufarbeitung im Sauren bildet sich die Säure.

Basische Hydrolyse eines Amids

$$CH_3CH_2CH_2\overset{O}{\overset{\|}{C}}\ddot{N}HCH_3 \xrightarrow{H\ddot{O}:^-,\ H_2O,\ \Delta} CH_3CH_2CH_2\overset{O}{\overset{\|}{C}}\ddot{O}:^- + CH_3\ddot{N}H_2 \xrightarrow{H^+,\ H_2O} CH_3CH_2CH_2\overset{O}{\overset{\|}{C}}\ddot{O}H + CH_3\overset{+}{N}H_3$$

N-**Methylbutanamid** — **Butansäure** 87%

Mechanismus der Hydrolyse von Amiden durch Basen

$$R-C(=\ddot{O}:)-\ddot{N}H_2 \overset{^-:\ddot{O}H}{\rightleftharpoons} R-C(:\ddot{O}:^-)(:\ddot{O}H)-\ddot{N}H_2 \rightleftharpoons R-C(=O:)-\ddot{O}H + :\ddot{N}H_2^- \longrightarrow R-C(=O:)-\ddot{O}:^- + H\ddot{N}H_2$$

Ähnliche Reaktionen lassen sich auch mit Alkoholen durchführen, wobei Ester entstehen.

$$C_6H_{11}-\overset{O}{\overset{\|}{C}}NHCH_3 \xrightarrow{CH_3CH_2OH,\ HCl} C_6H_{11}-\overset{O}{\overset{\|}{C}}OCH_2CH_3 + CH_3NH_3^+Cl^-$$

N-**Methylcyclohexancarboxamid** — **Cyclohexancarbonsäure-ethylester** 85%

Beim Behandeln mit Lithiumaluminiumhydrid werden Amide in hoher Ausbeute in die entsprechenden Amine überführt.

$$(CH_3)_2CHCH_2CH_2\overset{O}{\overset{\|}{C}}N(CH_2CH_3)_2 \xrightarrow[2.\ H^+,\ H_2O]{1.\ LiAlH_4,\ (CH_3CH_2)_2O} (CH_3)_2CHCH_2CH_2CH_2N(CH_2CH_3)_2$$

***N,N*-Diethyl-4-methylpentanamid** — ***N,N*-Diethyl-4-methylpentanamin** 85%

$$\gamma,\gamma\text{-Dimethyl-}\gamma\text{-lactam} \xrightarrow[\text{2. } H^+,\ H_2O]{\text{1. } LiAlH_4,\ (CH_3CH_2)_2O} \text{2,2-Dimethylazacyclopentan (80\%)}$$

γ,γ-Dimethyl-γ-lactam (Systematischer Name: 3,3-Dimethyl-2-azacyclopentanon)

80%
2,2-Dimethylazacyclopentan (2,2-Dimethylpyrrolidin)

Im Gegensatz zu den Reaktionen von Carbonsäuren und Estern mit Lithiumaluminiumhydrid entstehen hier keine Alkohole, diese Reaktion nimmt eine Sonderstellung ein. Der Mechanismus verläuft vermutlich zunächst über eine Hydrid-Addition, auf die eine Aluminat-Eliminierung folgt. Das entstandene Iminium-Ion (s. Abschn. 15.6) wird dann durch einen zweiten Hydrid-Angriff reduziert.

Vermutlicher Mechanismus der Amid-Reduktion durch Hydrid

$$RCONR'_2 \xrightarrow{LiAlH_4} R{-}CH(O{-}Al){-}NR'_2 \xrightarrow{-\ {-}AlO^{:-}} RCH{=}\overset{+}{N}R'_2 \xrightarrow{LiAlH_4} RCH_2NR'_2$$

Nimmt man modifizierte Hydrid-Reagenzien, bleibt die Reduktion der Amide auf der Stufe des Aldehyds stehen, vermutlich entsteht dabei intermediär das Halbacetal (s. Abschn. 15.6). Solche Reaktionen verlaufen im allgemeinen am besten bei den *N,N*-Dialkylalkanamiden. Häufig benutzte Hydride sind Bis(2-methylpropyl)aluminium- (Diisobutylaluminium-)hydrid und Lithiumtrialkoxyaluminiumhydride.

$$CH_3(CH_2)_3CON(CH_3)_2 \xrightarrow[\text{2. } H^+,\ H_2O]{\text{1. } (CH_3CH(CH_3)CH_2)_2AlH,\ (CH_3CH_2)_2O} CH_3(CH_2)_3CHO\ \ 92\%$$

***N,N*-Dimethylpentanamid** **Pentanal**

Mechanismus der Reduktion von Amiden zu Aldehyden

$$RCON(CH_3)_2 \xrightarrow{HAlR'_2} RCH(OAlR'_2)N(CH_3)_2 \xrightarrow[-\ HOAlR'_2]{H^+,\ H_2O} RCH(OH)N(CH_3)_2 \xrightarrow[-\ HN(CH_3)_2]{H^+,\ H_2O} RCHO + H_2\overset{+}{N}(CH_3)_2$$

Halbaminal

Übung 18-16

Beim Behandeln von Amid A mit $LiAlH_4$ und anschließender saurer Aufarbeitung entsteht B. Erklären Sie das. (Hinweis: Lesen Sie Abschn. 15.5 und 15.6 noch einmal).

$$\mathbf{A} \xrightarrow{LiAlH_4,\ (CH_3CH_2)_2O} \xrightarrow{H^+,\ H_2O} \mathbf{B}$$

A **B**

Amid-Enolate und Amidate

Protonen, die an den Amid-Stickstoff oder das α-Kohlenstoffatom der Carbonylgruppe gebunden sind, reagieren sauer; der NH-Wasserstoff hat einen pK_a von etwa 15, der CH-Wasserstoff ist weniger acid, der pK_a beträgt etwa 30 (s. Abschn. 18.1).

$$R\bar{C}HC(=O)NH_2 + H^+ \rightleftharpoons RCH_2C(=O)NH_2 \rightleftharpoons RCH_2C(=O)NH^- + H^+$$

Amidenolat-Ion — $pK_a \sim 30$ (CH), $pK_a \sim 15$ (NH) — **Amidat-Ion**

In der Praxis kann daher ein Proton vom Kohlenstoff nur bei den tertiären Amiden, in denen der Stickstoff blockiert ist, abgespalten werden. Beide Anionen reagieren als Nucleophile und ermöglichen die Synthese substituierter Amide.

OCH$_3$, H$_3$C, H$_3$C, C—NH$_2$, O $\xrightarrow[- \text{H—H}]{\text{NaH, } C_6H_6}$ OCH$_3$, H$_3$C, H$_3$C, C—NH$^-$ Na$^+$, O (**Amidat-Ion**) $\xrightarrow[- \text{NaI}]{\text{CH}_3\text{I, DMF}}$ OCH$_3$, H$_3$C, H$_3$C, CNHCH$_3$, O >66%

$$CH_3CH_2C(=O)N(CH_3)_2 \xrightarrow[- NH_2H]{NaNH_2,\ NH_3} CH_3\bar{C}HC(O^-Na^+)N(CH_3)_2 \xrightarrow[- NaBr]{CH_3CH_2Br} CH_3CH(CH_2CH_3)C(=O)N(CH_3)_2$$

***N*,*N*-Dimethylpropanamid** — **Amidenolat-Ion** — ***N*,*N*-Dimethyl-2-methylbutanamid** 62%

Bei der Halogenierung primärer Amide entstehen Amine

In Gegenwart von Base läuft an primären Amiden eine besondere Halogenierungsreaktion, die **Hofmann*-Umlagerung**, ab, bei der die Carbonylgruppe aus dem Molekül abgespalten wird, und ein primäres Amin mit einem Kohlenstoff weniger in der Kette entsteht.

Hofmann-Umlagerung

$$RC(=O)NH_2 \xrightarrow{X_2,\ NaOH,\ H_2O} RNH_2 + O{=}C{=}O$$

Beispiel:

$$CH_3(CH_2)_6CH_2CONH_2 \xrightarrow{Cl_2,\ NaOH} CH_3(CH_2)_6CH_2NH_2 + O{=}C{=}O$$

Nonanamid — **Octanamin**

* Das ist der Hofmann von der Hofmann-Regel bei den E2-Eliminierungen (Abschn. 11.5)

Mechanismus:

Schritt 1: Amidat-Bildung

$$RC(=O)NH_2 + {}^-:\ddot{O}H \rightleftharpoons RC(=O)\ddot{N}H^- + H\ddot{O}H$$

Schritt 2: Halogenierung

$$RC(=O)\ddot{N}H^- + :\ddot{X}-\ddot{X}: \longrightarrow RC(=O)\ddot{N}H(-\ddot{X}:) + :\ddot{X}:^-$$

Schritt 3: Bildung des *N*-Halogen-Amidats

$$RC(=O)\ddot{N}H(-\ddot{X}:) + {}^-:\ddot{O}H \rightleftharpoons RC(=O)\ddot{N}^-{-}\ddot{X}: + H\ddot{O}H$$

***N*-Halogenamidat**

Schritt 4: Halogenid-Eliminierung

$$RC(=O)\ddot{N}^-{-}\ddot{X}: \longrightarrow RC(=O)\ddot{N} + :\ddot{X}:^-$$

Acylnitren

Schritt 5: Umlagerung

$$R-C(=O)-\ddot{N}: \longrightarrow \ddot{O}=C=\ddot{N}-R$$

Isocyanat

Ähnlich wie:

$$-\overset{|}{\underset{R}{C}}-\overset{+}{C}\langle \longrightarrow \rangle\overset{+}{C}-\overset{|}{\underset{R}{C}}-$$

Schritt 6: Hydrolyse zur Carbaminsäure und Zersetzung

$$R-\ddot{N}=C=\ddot{O} \xrightarrow{H_2O} R(H)N-C(=O)-\ddot{O}H \longrightarrow R\ddot{N}H_2 + CO_2$$

Carbaminsäure

Die Reaktion beginnt mit der Bildung eines Amidat-Ions, gefolgt von einer α-Halogenierung, verläuft also zunächst sehr ähnlich wie die basenkatalysierte Halogenierung der Aldehyde und Ketone (s. Abschn. 16.2). Danach wird das zweite Proton von einem zweiten Molekül abgespalten. Es entsteht ein *N*-Halogen-Amidat, das spontan ein Halogenid-Ion eliminiert. Das Ergebnis beider Schritte ist eine ungewöhnliche α-Eliminierung von HX, Proton und Abgangsgruppe waren an dasselben Atom gebunden. Das gebildete Teilchen enthält einen Stickstoff, der nur von einem Elektronensextett umgeben ist, also einen Elektronenmangel aufweist.

Solche Verbindungen nennt man, in Analogie zu den Carbenen, $:CR_2$ (s. Abschn. 21.5), Nitrene. Bei der Hofmann-Umlagerung tritt ein Acylnitren als reaktive Zwischenstufe auf. Das Acylnitren stabilisiert sich durch 1,2-Verschiebung der Alkylgruppe zu einem **Isocyanat**. Diese Umlagerung ähnelt den 1,2-Verschiebungen von Alkylsubstituenten in Carbenium-Ionen: In beiden Fällen bewegt sich die wandernde Gruppe mit ihrem Elektronenpaar zum Ort des Elektronenmangels. Isocyanate lassen sich als Stickstoffanaloga der Ketene, $R_2C{=}C{=}O$ (Abschn. 18.3), oder des Kohlendioxids, $O{=}C{=}O$, auffassen. Genau wie in den Ketenen ist der *sp*-hybridisierte Carbonyl-Kohlenstoff stark elektrophil. Im wässrigen Medium, in dem man normalerweise bei Hofmann-Umlagerungen arbeitet, entsteht bei der Wasseranlagerung an das Isocyanat eine **Carbaminsäure**. Carbaminsäuren sind instabil und zersetzen sich zu Kohlendioxid und dem entsprechenden Amin.

Man führt die Hofmann-Umlagerung im allgemeinen durch, indem man das Amid zu einer kalten wässrigen Hypohalogenidlösung gibt (sie entsteht bei der Reaktion $X_2 + OH^- \longrightarrow HOX + X^-$), und dann das Reaktionsgemisch erhitzt.

$$C_6H_{11}CONH_2 + NaOBr \xrightarrow[- NaBr]{75°C} C_6H_{11}NH_2 + O{=}C{=}O$$

Cyclohexancarboxamid — **Natriumhypobromid** — 65% **Cyclohexanamin**

In einigen Fällen verändert man das Verfahren, indem man in einem Alkohol, wie Methanol, als Lösungsmittel arbeitet. Dann entsteht bei der Addition des Alkohols an das intermediäre Isocyanat ein Carbaminsäureester (Urethan), der unter den Reaktionsbedingungen stabil ist und isoliert werden kann. Bei der darauffolgenden Hydrolyse des Esters erfolgt Decarboxylierung, und es entsteht das gewünschte Amin.

Bildung von Carbaminsäureestern bei der Hofmann-Umlagerung

$$CH_3(CH_2)_{29}CH_2\overset{\overset{O}{\|}}{C}NH_2 \xrightarrow[-\,2\,NaBr,\;-\,2\,CH_3OH]{Br_2,\;2\,CH_3O^-Na^+,\;CH_3OH} CH_3(CH_2)_{29}CH_2N{=}C{=}O \xrightarrow{CH_3OH}$$

$$CH_3(CH_2)_{29}CH_2NH\overset{\overset{O}{\|}}{C}OCH_3 \xrightarrow[-CH_3O^-]{^-OH,\;H_2O} CH_3(CH_2)_{29}CH_2NH_2 + CO_2$$

Carbaminsäureester (Urethan) — 100% Gesamtausbeute

Die Reaktion von Methylisocyanat mit den unterschiedlichsten Alkoholen und Aminen wird industriell zur Produktion einer Reihe von stark wirksamen Herbiziden und Insektiziden benutzt.

$$CH_3N{=}C{=}O + C_{10}H_7OH \longrightarrow C_{10}H_7O\overset{\overset{O}{\|}}{C}NHCH_3$$

Methylisocyanat — **1-Naphthalinol (1-Naphthol)** — **1-Naphthyl-*N*-methylcarbamat (Sevin, ein Insektizid)**

Methylisocyanat ist äußerst giftig, der MAK-Wert beträgt 0.025 mg/m^3. Ende 1984 ist in der Stadt Bhopal in Indien eine große Menge dieser Substanz, die dort zur Herstellung des Insektizids Sevin benutzt wurde, freigeworden. Dies hat zum Tode von über 2000 Menschen geführt; insgesamt sind mindestens 300 000 Personen mit Methylisocyanat in Kontakt gekommen. Diese Katastrophe, der bisher schlimmste Unfall in der Geschichte der chemischen Industrie, hat zu einer Neufestlegung der Sicherheitsbestimmungen bei der Handhabung großer Mengen toxischer Chemikalien geführt.

Übung 18-17

Formulieren Sie einen detaillierten Mechanismus für die Addition von Wasser an ein Isocyanat und für die Decarboxylierung der entstandenen Carbaminsäure.

Übung 18-18

Schlagen Sie eine Reaktionsfolge vor, über die Sie Ester A (s. Rand) in Amin B überführen.

$COOCH_3$

A

NH_2

B

Wir fassen zusammen: Carbonsäureamide bezeichnet man systematisch als Alkanamide, cylische Amide nennt man Lactame. Sie lassen sich durch saure oder basische Katalyse zu Carbonsäuren hydrolysieren, durch Lithiumaluminiumhydrid zu den Aminen reduzieren. Bei Verwendung modifizierter Hydride bleibt die Reduktion der Amide auf der Stufe des Aldehyds stehen. Beim Behandeln mit Base wird der Stickstoff, oder, bei den tertiären Amiden, der α-Kohlenstoff deprotoniert. Dabei entstehen die entsprechenden Amidate bzw. Enolat-Ionen. In der Hofmann-Umlagerung reagieren Amide mit Halogenen im Basischen zu Aminen mit einer um ein Kohlenstoffatom kürzeren Kette.

18.6 Eine besondere Klasse von Carbonsäurederivaten: Alkannitrile

Nitrile, $RC\equiv N$, rechnet man zu den Derivaten der Carbonsäuren, weil der Kohlenstoff in den Nitrilen in derselben Oxidationsstufe wie in der Carboxylgruppe vorliegt, und weil sich Nitrile leicht in andere Derivate von Carbonsäuren überführen oder aus ihnen darstellen lassen. In diesem Abschnitt besprechen wir die Nomenklaturregeln für Nitrile, Struktur und Bindung der Nitrilgruppe und einige ihrer charakteristischen Eigenschaften. Dann vergleichen wir die Chemie der Nitrile mit der anderer Carbonsäurederivate.

$CH_3C\equiv N$

Ethannitril
(Acetonitril)

$CH_3CH_2C\equiv N$

Propannitril
(Propionitril)

CH_3

$CH_3CHCH_2C\equiv N$

3-Methylbutannitril

Namensgebung bei Nitrilen

Systematisch bezeichnet man diese Verbindungsklasse als **Alkannitrile**. Bei dem Trivialnamen wird gewöhnlich am den lateinischen Wortstamm der Säure die Endung **-onitril** angehängt, gelegentlich hängt man auch an den Namen der Alkylgruppe die Endung **-cyanid** an. (z. B. Benzonitril, aber

Benzylcyanid). Die Kette numeriert man wie bei den Carbonsäuren. Entsprechende Regeln gelten für die Dinitrile, die sich von den Dicarbonsäuren ableiten. Den Substituenten –CN nennt man **cyano**. Cyanocycloalkane bezeichnet man als Cycloalkancarbonitrile.

$CH_2C{\equiv}N$
|
$CH_2C{\equiv}N$

Butandinitril
(Bernsteinsäurenitril)

(Cyclohexanring, Positionen 1–6, an C-1: C≡N)

Cyclohexancarbonitril

$N{\equiv}C\,CH_2\overset{O}{\overset{\|}{C}}OCH_2CH_3$

Ethylcyanoethanoat
(Cyanessigsäureethylester)

Bindung, Molekülstruktur und spektroskopische Eigenschaften der Alkannitrile

In den Nitrilen sind beide Atome der funktionellen Gruppe *sp*-hybridisiert, das freie Elektronenpaar am Stickstoff besetzt das *sp*-Hybridorbital, das vom Rest des Moleküls weg gerichtet ist. Hybridisierung und Struktur der Nitrilgruppe sind sehr ähnlich wie bei den Alkinen (s. Abb. 18-2; siehe auch Abb. 13-1 und 13-2).

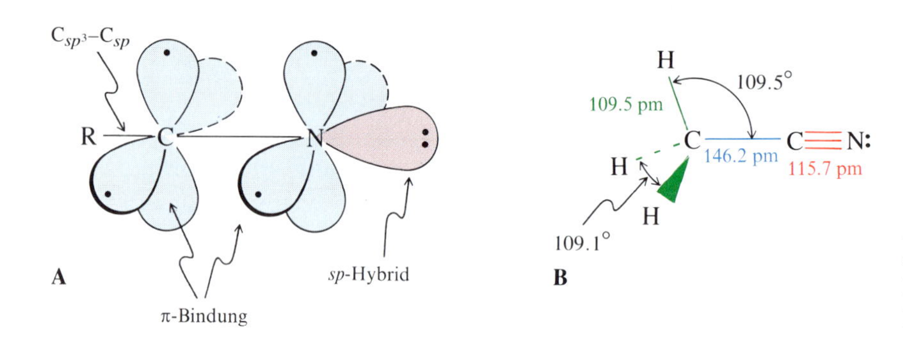

Abb. 18-2 A Die Molekülorbitale der Nitrilgruppe.
B Molekülstruktur von Ethannitril (Acetonitril).

Im Infrarot-Spektrum erscheint die C≡N-Valenzschwingung bei etwa 2250 cm^{-1}, liegt also in demselben Bereich wie die C≡C-Absorption. Das ^1H-NMR-Spektrum der Nitrile zeigt, daß die Protonen in Nachbarschaft zur Nitrilgruppe etwa ebenso stark entschirmt wie die anderer Carbonsäure- und Alkinderivate sind (s. Tab. 18-3).

Die ^{13}C-NMR-Absorption des Nitrilkohlenstoffs liegt aufgrund der größeren Elektronegativität des Stickstoffs im Vergleich zum Kohlenstoff bei niedrigerem Feld ($\delta \sim 112$–126 ppm) als die von Alkinen ($\delta \sim 65$–85 ppm).

Tabelle 18-3 Chemische Verschiebungen im ^1H-NMR von substituierten Methanen CH_3X

X	δ_{CH_3}
–H	0.23
–Cl	3.06
–OH	3.39
$-\overset{O}{\overset{\|}{C}}H$	2.18
–COOH	2.08
$-CONH_2$	2.02
–C≡N	1.98
–C≡CH	1.80

Übung 18-19

1,3-Dibrompropan wird mit Natriumcyanid in Dimethylsulfoxid-d_6 behandelt und die Reaktion im ^{13}C-NMR verfolgt. Nach einigen Minuten erscheinen vier neue Peaks, von denen einer im Vergleich zu den anderen stark nach niedrigem Feld verschoben ist ($\delta = 117.6$ ppm). Danach bilden sich drei weitere Peaks, die bei $\delta = 119.1$, 22.6 und 17.6 ppm liegen. Die Signale des Ausgangsmaterials und des Zwischenprodukts verschwinden allmählich. Geben Sie hierfür eine Erklärung.

Nitrile reagieren basisch und sauer

Die elektronenziehende Kraft des Stickstoffs in der Nitrilgruppe läßt sich über eine dipolare Resonanzstruktur darstellen:

$$[R{-}C{\equiv}N: \longleftrightarrow R{-}\overset{+}{C}{=}\ddot{N}:^{-}]$$

Das freie Elektronenpaar am Stickstoff macht die Nitrilfunktion leicht basisch, der Stickstoff kann also ebenso wie der Carbonyl-Sauerstoff der Carbonsäuren (s. Abschn. 17.4) ein Proton addieren. Im Vergleich zu einem Imin oder Amin wird das *sp*-hybridisierte Nitrilsystem jedoch weitaus weniger leicht protoniert.

Basizität des freien Elektronenpaars am Stickstoff in den verschiedenen Hybridisierungen

$$\underset{sp^3}{R_3N:} > \underset{sp^2}{R_2C{=}N{:}R} > \underset{sp}{R{-}C{\equiv}N:}$$

Es sei daran erinnert, daß die elektronenziehende Kraft eines Atoms von der sp^3- über die sp^2- zur sp-Hybridisierung zunimmt (s. Abschn. 13.2). Daher ist das protonierte Nitril, auch wenn es durch Resonanz stabilisiert ist, weitaus saurer als z. B. das Ammonium-Ion, wie man an den pK_a-Werten erkennen kann.

Ammoniak ist weitaus basischer als ein Alkannitril

$$\underset{\uparrow sp}{R{-}C{\equiv}N:} + H^+ \underset{K \sim 10^{-10}}{\rightleftharpoons} \left[R{-}C{\equiv}\overset{+}{N}H \longleftrightarrow R{-}\overset{+}{C}{=}\ddot{N}H\right] \quad pK_a \sim -10$$

$$\underset{\uparrow sp^3}{H_3N:} + H^+ \underset{K = 10^{9.5}}{\rightleftharpoons} NH_4^+ \quad pK_a = 9.5$$

Nitrile, die Wasserstoffatome in Nachbarschaft zu der Cyanogruppe enthalten, reagieren außerdem sauer, ihre pK_a-Werte liegen in der Größenordnung von denen der Ester. Die negative Ladung der entstandenen Anionen kann delokalisiert werden.

$$\underset{pK_a \sim 25}{RCH_2C{\equiv}N:} + :B^- \rightleftharpoons \left[R\ddot{C}^{-}H{-}C{\equiv}N: \longleftrightarrow RCH{=}C{=}\ddot{N}:^-\right] + BH$$

Wie bei den anderen Carbonsäure-Derivaten lassen sich auch bei den Nitrilen diese durch Deprotonierung entstandenen Anionen alkylieren.

Alkylierung von Nitrilen

$$\underset{\textbf{Butannitril}}{CH_3CH_2CH_2CN} \xrightarrow[-\,LiBr]{1.\ LDA,\ (CH_3CH_2)_2O \quad 2.\ CH_3CH_2Br} \underset{\textbf{2-Ethylbutannitril}}{CH_3CH_2CH(CH_2CH_3)CN} \quad 75\%$$

Nitrile hydrolysieren zu Carbonsäuren

Wie bereits in den Abschnitten 15.7 und 17.5 erwähnt, werden Nitrile durch wässrige Säure oder Base zu den entsprechenden Carbonsäuren hydrolysiert. Der Mechanismus dieser Reaktionen läuft intermediär über das Amid und schließt Additions-Eliminierungs-Schritte ein.

Mechanismus der säurekatalysierten Hydrolyse von Nitrilen:

$$R{-}C{\equiv}N: \underset{-H^+}{\overset{+H^+}{\rightleftharpoons}} \left[R{-}C{\equiv}\overset{+}{N}{-}H \longleftrightarrow R{-}\overset{+}{C}{=}\ddot{N}{-}H\right] \underset{-H_2\ddot{O}}{\overset{+H_2\ddot{O}}{\rightleftharpoons}} R{-}C(=\ddot{N}H){-}\overset{+}{\ddot{O}}H_2 \underset{+H^+}{\overset{-H^+}{\rightleftharpoons}}$$

$$R{-}C(=\ddot{N}H){-}\ddot{O}H \underset{-H^+}{\overset{+H^+}{\rightleftharpoons}} \left[R{-}C(=\overset{+}{N}H_2){-}\ddot{O}H \longleftrightarrow R{-}C(\ddot{N}H_2){=}\overset{+}{O}H\right] \underset{+H^+}{\overset{-H^+}{\rightleftharpoons}} R{-}C(\ddot{N}H_2){=}\ddot{O}: \xrightarrow{H^+} \xrightarrow{H_2O} RCOOH + NH_4^+$$

Amid-Tautomer

Bei der säurekatalysierten Umsetzung folgt nach der Protonierung am Stickstoff ein nucleophiler Angriff durch Wasser. Durch Abgabe eines Protons entsteht ein neutrales Zwischenprodukt, ein Tautomer des Amids. Durch Umlagerung bildet sich hieraus das Amid, das sich dann, wie in Abschnitt 18.5 beschrieben, weiter hydrolysieren läßt.

Bei der basenkatalysierten Hydrolyse der Nitrile entsteht das Anion des Amid-Tautomers durch direkten Angriff des Hydroxids. Nachfolgende Protonierung und Protonenverschiebung ergibt das Amid, das mit weiterer Base, wie in Abschn. 18.5 dargestellt, hydrolysiert.

Mechanismus der basenkatalysierten Hydrolyse von Nitrilen:

$$R{-}C{\equiv}N: \overset{^-:\ddot{O}H}{\rightleftharpoons} R{-}C(=\ddot{N}:^-){-}\ddot{O}H \overset{HOH}{\rightleftharpoons} R{-}C(=\ddot{N}H){-}\ddot{O}{-}H + {}^-:\ddot{O}H \underset{+H\ddot{O}H}{\overset{-H\ddot{O}H}{\rightleftharpoons}}$$

$$\left[R{-}C(=\ddot{N}H){-}\ddot{O}:^- \longleftrightarrow R{-}C(^-:\ddot{N}H){=}\ddot{O}:\right] \overset{HOH}{\rightleftharpoons} R{-}C(\ddot{N}H_2){=}\ddot{O}: + {}^-:\ddot{O}H \longrightarrow \xrightarrow{H^+} R\overset{O}{\overset{\|}{C}}OH + NH_4^+$$

Für die Hydrolyse der Nitrile sind normalerweise energische Bedingungen – konzentrierte Säure oder Base bei hohen Temperaturen – erforderlich.

$$N{\equiv}C(CH_2)_4C{\equiv}N \xrightarrow{H^+,\ H_2O,\ 300\,°C} HOOC(CH_2)_4COOH$$

97%

Hexandinitril (Adiponitril) → **Hexandisäure (Adipinsäure)**

H₃C-substituted aryl cyclohexyl nitrile $\xrightarrow{KOH,\ H_2O,\ \Delta,\ HOCH_2CH_2OCH_2CH_2OH}$ corresponding carboxylic acid (COOH)

93%

Organometallische Reagenzien greifen Nitrile unter Bildung von Ketonen an

Starke Nucleophile, wie organometallische Reagenzien, addieren sich an Nitrile, wobei die Anionen von Iminen entstehen. Bei saurer Aufarbeitung erhält man das neutrale Imin, daß rasch zum Keton hydrolysiert wird (s. Abschn. 15.6).

Ketonsynthese aus Nitrilen

$$R{-}C{\equiv}N + R'M \longrightarrow \underset{R\quad R'}{\overset{:\ddot{N}^-M^+}{\overset{\|}{C}}} \xrightarrow[-\ MOH]{H^+,\ HOH} \underset{R\quad R'}{\overset{\ddot{N}H}{\overset{\|}{C}}} \xrightarrow{H^+,\ H_2O} \underset{R\quad R'}{\overset{O}{\overset{\|}{C}}} + NH_4^+$$

Beispiele:

$$\text{4-Methylcyclohex-3-enyl-}CH(CH_3)CH_2CN \xrightarrow[2.\ H^+,\ H_2O]{1.\ CH_3CH(CH_3)CH_2Li,\ (CH_3CH_2)_2O,\ Heptan} \text{4-Methylcyclohex-3-enyl-}CH(CH_3)CH_2C(=O)CH_2CH(CH_3)_2$$

76%

$$CH_3CN \xrightarrow[2.\ H^+,\ H_2O]{1.\ CH_3(CH_2)_3CH_2MgBr,\ THF} CH_3\overset{O}{\overset{\|}{C}}(CH_2)_4CH_3$$

44%

Ethannitril (Acetonitril) → **2-Heptanon**

Reduktion von Nitrilen durch Hydrid-Reagenzien: Synthese von Aldehyden und Aminen

Hydrid-Reagenzien können ebenfalls als Nucleophil mit dem Nitril-Kohlenstoff reagieren. Wie organometallische Verbindungen addieren sich modifizierte Lithiumaluminiumhydride, z. B. $LiAlH(OCH_2CH_3)_3$, nur einmal an Nitrile unter Bildung der Imin-Anionen, die vermutlich mit Aluminium komplexiert sind. Bei der wäßrigen Aufarbeitung entstehen dann die Aldehyde.

Aldehydsynthese aus Nitrilen

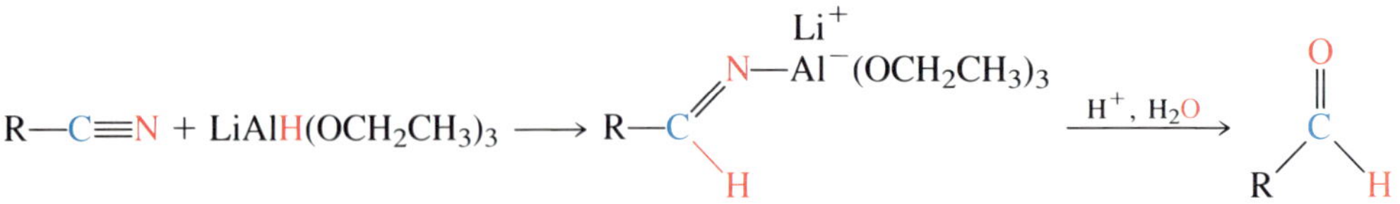

$$R{-}C{\equiv}N + LiAlH(OCH_2CH_3)_3 \longrightarrow R{-}C(H){=}N{-}Al^{-}(OCH_2CH_3)_3\ Li^+ \xrightarrow{H^+,\ H_2O} R{-}C(=O){-}H$$

Beispiel:

$$CH_3CH_2CH_2C{\equiv}N \xrightarrow[2.\ H_2SO_4,\ H_2O]{1.\ LiAlH(OCH_2CH_3)_3,\ (CH_3CH_2)_2O} CH_3CH_2CH_2\overset{O}{\overset{\|}{C}}H$$

Butannitril — **Butanal** 69%

Ein weiteres Reagenz, das Nitrile zu Aldehyden reduziert, ist Bis(2-methylpropyl)aluminiumhydrid [Diisobutylaluminiumhydrid].

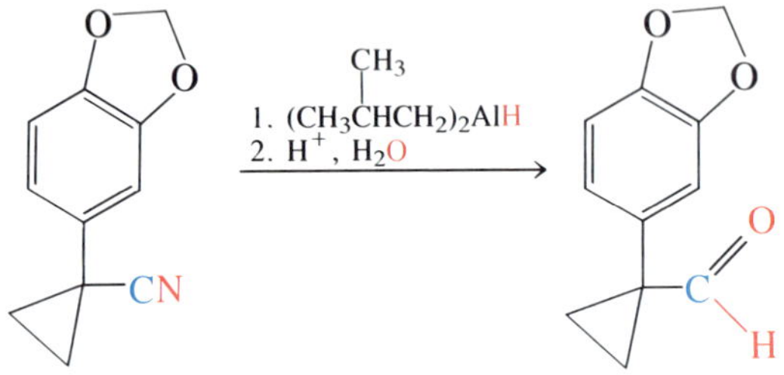

$$\xrightarrow[2.\ H^+,\ H_2O]{1.\ (CH_3\overset{CH_3}{\overset{|}{C}}HCH_2)_2AlH}$$

85%

Beim Behandeln von Nitrilen mit starken Hydrid-Reduktionsmitteln erfolgt eine zweifache Hydrid-Addition, man erhält nach der wässrigen Aufarbeitung Amine. Am besten ist hierfür Lithiumaluminiumhydrid geeignet:

$$CH_3CH_2CH_2CN \xrightarrow[2.\ H^+,\ H_2O]{1.\ LiAlH_4} CH_3CH_2CH_2CH_2NH_2$$

Butannitril — **Butanamin** 86%

Übung 18-20

Bei der Reduktion eines Nitrils durch $LiAlH_4$ zu einem Amin werden vier Wasserstoffatome an die C–N-Dreifachbindung addiert; zwei entstammen dem Reduktionsmittel, zwei dem Wasser bei der wässrigen Aufarbeitung. Formulieren Sie einen Mechanismus für diese Umsetzung.

Genau wie die Dreifachbindung in den Alkinen (s. Abschn. 13.6) wird auch die Nitrilgruppe durch katalytisch aktivierten Wasserstoff hydriert. Das Ergebnis der Reaktion ist dasselbe wie bei der Reduktion durch Lithiumaluminiumhydrid: es entsteht ein Amin. Alle vier Wasserstoffatome entstammen dem Wasserstoffgas.

$$CH_3CH_2CH_2C{\equiv}N \xrightarrow{H_2,\ PtO_2,\ CH_3CH_2OH,\ CHCl_3} CH_3CH_2CH_2CH_2NH_2$$

Butannitril — **Butanamin** 96 %

$$CH_3(CH_2)_5OCH_2CH_2C{\equiv}N \xrightarrow{H_2,\ Rh\text{-}Al_2O_3\ NH_3,\ CH_3CH_2OH} \underset{100\ \%}{CH_3(CH_2)_5OCH_2CH_2CH_2NH_2}$$

3-Hexoxypropannitril **3-Hexoxypropanamin**

Übung 18-21

Wie würden Sie die folgenden Verbindungen aus Pentannitril darstellen?

(a) $CH_3CH_2CH_2CH(CH_3)CN$; (b) $CH_3(CH_2)_3COOH$; (c) $CH_3(CH_2)_3C(=O)CH_3$;

(d) $CH_3(CH_2)_3C(=O)(CH_2)_3CH_3$; (e) $CH_3(CH_2)_3CH(=O)$; (f) $CH_3(CH_2)_3CD_2ND_2$.

Wir wollen zusammenfassen: Nitrile bezeichnet man systematisch als Alkannitrile. Beide Atome der C-N-Dreifachbindung sind *sp*-hybridisiert, das freie Elektronenpaar am Stickstoff besetzt das *sp*-Orbital, das nicht an der Bindung beteiligt ist. Die Nitril-Streckschwingung erscheint bei $2250\ cm^{-1}$, die ^{13}C-NMR-Absorption liegt bei etwa 120 ppm. Das Elektronenpaar am Stickstoff ist nur äußerst schwach basisch, im Gegensatz dazu sind die Wasserstoffatome in Nachbarschaft zu der funktionellen Gruppe etwa ebenso sauer wie bei den Estern. Bei der säure- oder basenkatalysierten Hydrolyse der Nitrile entstehen Carbonsäuren, organometallische Reagenzien (RLi, RMgBr) addieren sich an die Nitrilgruppe, bei der Hydrolyse der Additionsprodukte bilden sich Ketone. Mit modifizierten Hydrid-Reagenzien erhält man nach Addition und Hydrolyse Aldehyde, mit $LiAlH_4$ oder katalytisch aktiviertem Wasserstoff wird die Nitrilfunktion in das entsprechende Amin überführt.

18.7 Bestimmung der molaren Masse von organischen Verbindungen: Massenspektroskopie

Mit dem vorhergehenden Abschnitt haben wir die Vorstellung der wichtigsten funktionellen Gruppen in der organischen Chemie einschließlich der Amine abgeschlossen. (Eine systematische Diskussion der stickstoffhaltigen Verbindungen folgt noch in den Kapiteln 21, 26 und 27). In diesem Abschnitt wollen wir als letzte wichtige physikalische Meßmethode in der organischen Chemie die **Massenspektroskopie** diskutieren, die man zur Bestimmung der molaren Masse benutzen kann. Wir beginnen mit einer Beschreibung eines Massenspektrometers und der physikalischen Grundlagen, auf denen diese Meßmethode beruht.

Im Massenspektrometer werden Molekül-Ionen aufgrund ihrer Masse getrennt

Die Massenspektroskopie ist keine Spektroskopie im herkömmlichen Sinne, da ihr nicht die Wechselwirkung elektromagnetischer Strahlung mit

Atomen oder Molekülen zugrundeliegt (s. Abschn. 10.1). Ein Massenspektrum kommt vielmehr dadurch zustande, daß im Vorfeld erzeugte, geladene Teilchen beim Gang durch ein Magnetfeld von der geraden Bahn abgelenkt werden. Je leichter ein Teilchen und je höher es geladen ist, desto größer ist seine Ablenkung. Das Ausmaß der Ablenkung von der geraden Bahn ist also abhängig von den Quotienten m/z (Masse/Ladung) des Teilchens. Da, wie wir im folgenden sehen werden, organische Moleküle oder Molekülbruchstücke meist nur einfach positiv ionisiert werden, die Ladung z also gleich der Elementarladung e ist, kann man vereinfacht sagen, daß die Ionen aufgrund ihrer unterschiedlichen Masse getrennt werden (s. Abb. 18-3), ein Massenspektrum läßt sich also auch zur Bestimmung der molaren Masse einer Verbindung verwenden.

Lassen Sie uns nun kurz die Wirkung eines Massenspektrometers beschreiben. Als erstes wird die Probe in die Einlaßkammer gegeben und verdampft (wenn es sich nicht bereits um ein Gas handelt). Durch eine feine Düse oder ähnliches kann dann eine kleine Menge der Substanz in die Hochvakuumkammer des Spektrometers gelangen. Hier leitet man die neutralen Moleküle (M) durch einen Elektronenstrahl, der im allgemeinen auf 70 eV (etwa 6690 kJ/mol) beschleunigt ist. Beim Auftreffen der Elektronen wird den Molekülen so viel Energie übertragen, daß einige von ihnen ein Elektron ausstoßen können. Es bildet sich ein Radikal-Kation ($M^{+\bullet}$), das sogenannte **Molekül-Ion**.

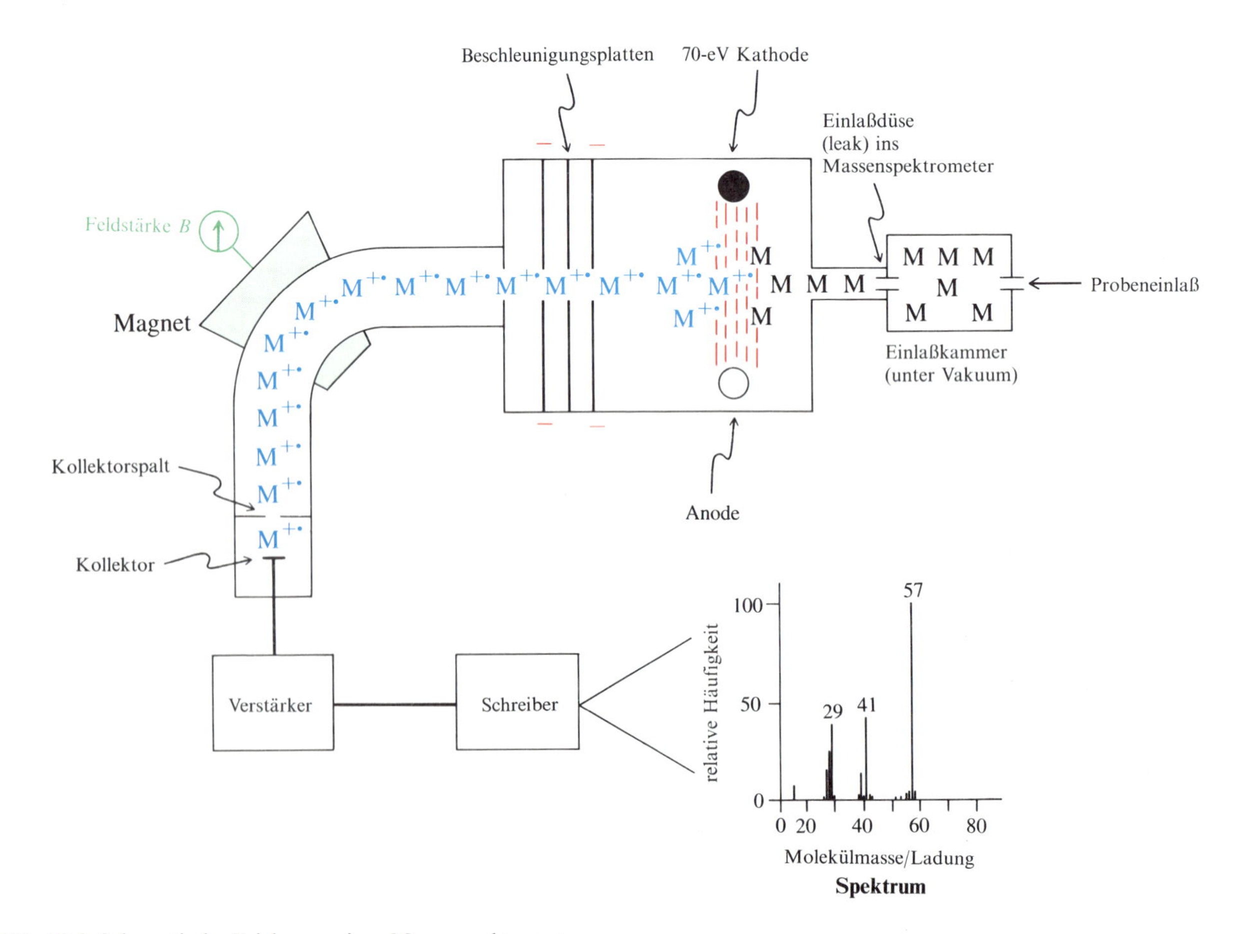

Abb. 18-3 Schematische Zeichnung eines Massenspektrometers.

Ionisierung eines Moleküls durch auftreffende Elektronen

M	+	e (70 eV) ⟶	$M^{+\cdot}$	+ 2 e
neutrales Molekül		**ionisierende Strahlung**	**Radikal-Kation (Molekül-Ion)**	

Die meisten organischen Moleküle werden, wie gesagt, nur einfach ionisiert. Als geladene Teilchen werden sie nun in einem elektrischen Feld beschleunigt. Das beschleunigte $M^{+\bullet}$-Ion gelangt daraufhin in ein Magnetfeld, wo es in eine Kreisbahn abgelenkt wird, deren Radius vom Quotienten m/z und der Stärke des Feldes abhängt. Die Stärke des Magnetfelds läßt sich nun so verändern, daß jeweils nur Ionen einer bestimmten Masse (genauer: mit einem bestimmten m/z-Verhältnis) durch den Kollektorspalt gelangen können. Dieses Ereignis wird elektronisch in ein Signal umgewandelt, das als Peak aufgezeichnet wird. Verändert man kontinuierlich die Feldstärke, erhält man für ein Gemisch von Verbindungen eine Reihe von Peaks, jeden auf der Stelle des Spektrums, die für eine bestimmte molare Masse charakteristisch ist. Neutrale Moleküle werden nicht beschleunigt oder abgelenkt und verbleiben daher im Spektrometer, wo sie schließlich durch Abpumpen entfernt werden.

In einem Massenspektrum trägt man den m/z-Wert (Abszisse) gegen die Peakhöhe (Ordinate) auf, die ein Maß für die relative Häufigkeit von Ionen mit dieser molaren Masse ist. Die Häufigkeit wird dabei auf den größten Peak im Spektrum, den sogenannten **Basis-Peak** bezogen, dessen relative Häufigkeit gleich 100 gesetzt wird.

Molekülmassen organischer Moleküle

CH_4
$m/z = 16$

CH_3OH
$m/z = 32$

CH_3COCH_3 (mit C=O)
$m/z = 74$

Übung 18-22

Drei unbekannte Verbindungen, die nur C, H und O enthalten, ergeben im Massenspektrum folgende Molekül-Peaks. Zeichnen Sie so viele vernünftige Strukturen wie möglich: (a) $m/z = 46$; (b) $m/z = 30$; (c) $m/z = 56$.

Molekül-Ionen gehen Fragmentierungsreaktionen ein

Aus der Massenspektroskopie lassen sich nicht nur Informationen über das Molekül-Ion, sondern, da dieses außerdem **Fragmentierungen** eingeht, auch über die darin enthaltenen Struktureinheiten erhalten. Da die Energie des ionisierenden Elektronenstrahls bei weitem größer ist, als die zum

Tabelliertes Spektrum

m/z	relative Häufigkeit in %	Molekül- oder Fragment-Ion
17	1.1	$(M + 1)^{+\cdot}$
16	100.0 (Basis-Peak)	$M^{+\cdot}$ (Molekül-Ion)
15	85.0	$(M - 1)^{+\cdot}$
14	9.2	$(M - 2)^{+\cdot}$
13	3.9	$(M - 3)^{+\cdot}$
12	1.0	$(M - 4)^{+\cdot}$

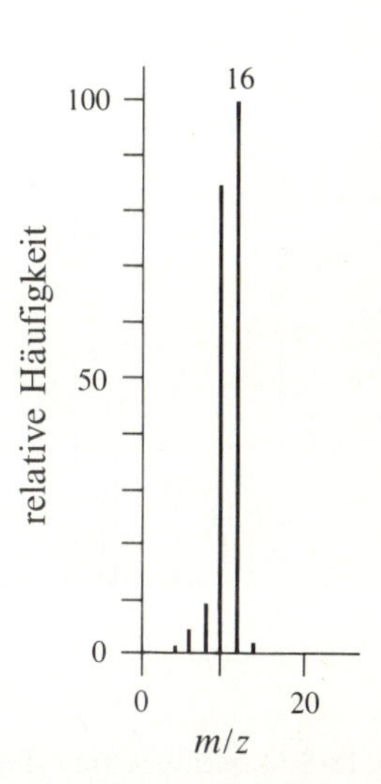

Abb. 18-4 Das Massenspektrum von Methan. Rechts ist das Spektrum gezeigt, wie es tatsächlich aufgezeichnet wird, links ist es in Tabellenform angegeben. Die relativen Intensitäten der einzelnen Peaks sind auf den größten Peak (**Basis-Peak**) bezogen. Beim Methan kommt der Basis-Peak bei $m/z = 16$ durch das Molekül-Ion zustande.

Aufbrechen einer typischen organischen Bindung benötigte, brechen einige der ionisierten Moleküle in praktisch alle möglichen Paare von Bruchstücken auseinander, wodurch eine Reihe von weiteren Peaks im Massenspektrums auftreten, die alle eine geringere Masse als das Molekül-Ion, von dem sie sich ableiten, haben. Das dabei erhaltene Spektrum bezeichnet man dann als **massenspektroskopisches Fragmentierungsmuster**.

So enthält das Massenspektrum des Methans z. B. neben dem Peak des Molekül-Ions Linien für CH_3^+, CH_2^+, CH^+ und C^+ (s. Abb. 18-4). Diese können als Radikal-Kationen oder Carbenium-Ionen, je nach Art der Fragmentierung (die wir hier nicht genauer untersuchen wollen) vorliegen. Die relative Häufigkeit der einzelnen Spezies, die durch die Peakhöhe gegeben ist, läßt auf die relative Leichtigkeit ihrer Bildung schließen. Wie man sehen kann, wird die erste C–H-Bindung recht leicht geöffnet, der Peak bei $m/z = 15$ erreicht 85% der Häufigkeit des Molekül-Ions. Das Aufbrechen von zwei, drei oder vier C–H-Bindungen ist schwieriger, die relative Häufigkeit der entsprechenden Ionen ist geringer.

Aus Massenspektren läßt sich die Isotopenverteilung der Elemente erkennen

Betrachtet man das Massenspektrum des Methans genauer, sieht man einen kleinen Peak (1.1%) bei $m/z = 17$, den $(M + 1)^{+\bullet}$-Peak. Wie ist es möglich, daß es Molekül-Ionen gibt, deren molare Masse um eins größer ist? Dies liegt daran, daß Kohlenstoff nicht isotopenrein ist. Etwa 1.1% des natürlich vorkommenden Kohlenstoffs liegt als ^{13}C-Isotop vor (s. Tab. 10-1), wodurch der zusätzliche Peak zustandekommt.

Auch vom Wasserstoff gibt es ein natürlich vorkommendes Isotop mit größerer molarer Masse, das Deuterium. Da die natürliche Isotopenhäufigkeit des Deuteriums aber nur 0.015% beträgt, vernachlässigt man Deuterium in den Massenspektren im allgemeinen. Andere Elemente, die häufig in organischen Molekülen auftreten, wie Stickstoff (0.36% ^{15}N),

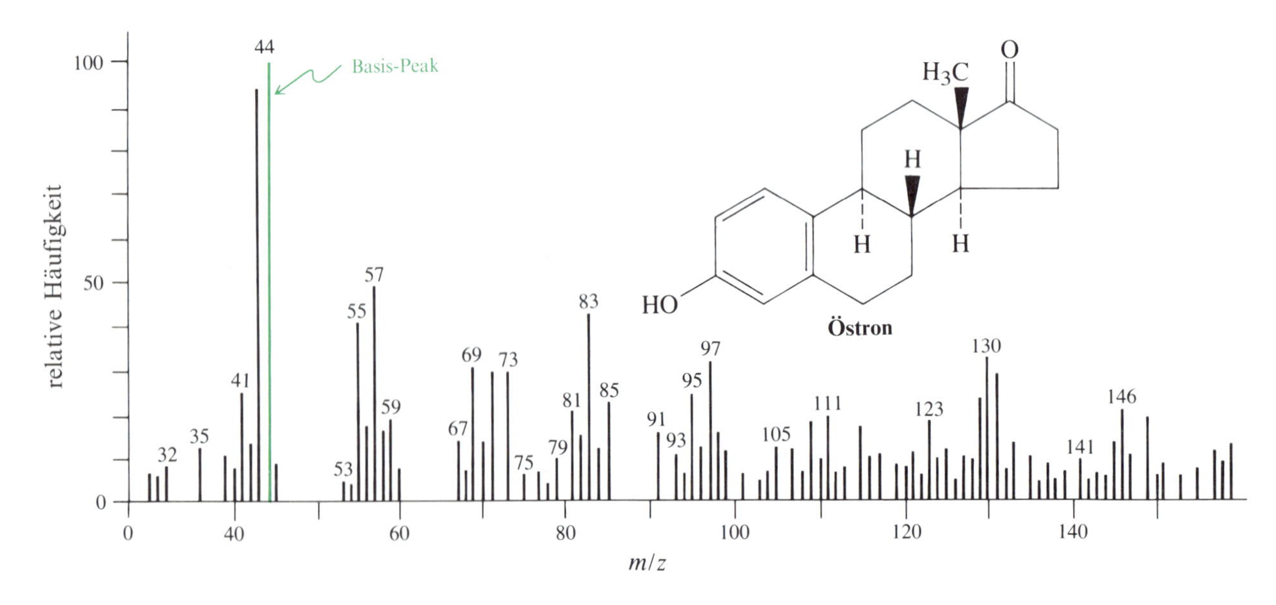

Abb. 18-5 Massenspektrum (Fortsetzung auf der folgenden Seite) des weiblichen Sexualhormons Östron. Das Molekül enthält 18 Kohlenstoffatome, die Höhe des $(M + 1)^{+\bullet}$-Peaks sollte daher etwa 18% der Intensität des $M^{+\bullet}$-Peaks betragen. Dies stimmt gut mit dem tatsächlich gefundenen Wert überein. Auffällig ist das extensive und komplexe Fragmentierungsmuster. Der Basis-Peak liegt bei $m/z = 44$.

Sauerstoff (vernachlässigbar wenig ^{17}O; 0.204% ^{18}O) und Schwefel (0.76% ^{33}S; 4.22% ^{34}S; vernachlässigbare Mengen ^{36}S) haben jedoch einen höheren Anteil von Isotopen mit größerer molarer Masse, so daß in den Massenspektren von Verbindungen, die diese Elemente enthalten, auch Molekül-Peaks mit höherem m/z-Wert gefunden werden. Die Spektren werden daher komplizierter und erfordern eine genaue statistische Analyse. Die zu erwartende Peakverteilung bei vielen Isotopenkombinationen ist in Tabellen aufgeführt. Wir wollen dies aber nicht im Detail betrachten, sondern uns eine einfache Faustregel merken, die für viele organische Verbindungen (die aber nicht Cl, S, Br oder andere nicht isotopenreine Elemente enthalten) gilt: Die Höhe des $(M + 1)^{+\bullet}$-Peaks (relativ zu $M^{+\bullet}$) beträgt $n \times 1.1\%$, wobei n gleich der Anzahl der Kohlenstoffatome im Molekül ist. Im Spektrum von Ethan z. B. beträgt die Höhe des $(M + 1)^{+\bullet}$-Peaks bei $m/z = 31$ etwa 2.2% des Molekülpeaks. Dies hat statistische Gründe. Die Wahrscheinlichkeit, ein ^{13}Kohlenstoffatom zu finden, ist in einer Verbindung mit zwei Kohlenstoffatomen doppelt so groß wie in einem Ein-Kohlenstoff-Molekül. Bei einer Drei-Kohlenstoff-Einheit wäre sie dreimal so groß, etc. Ein Massenspektrum des Achtzehn-Kohlenstoff-Steroids Östron (s. Abschn. 4.7) ist in Abb. 18-5 gezeigt.

Halogenhaltige Verbindungen ergeben auch zusätzliche Isotopen-Peaks. Während Fluor und Iod isotopenrein sind, liegen Chlor (75.53% ^{35}Cl; 24.47% ^{37}Cl) und Brom (50.54% ^{79}Br; 49.46% ^{81}Br) als Mischungen zweier Isotope vor. Bei Brom sind beide Isotope etwa gleich häufig, bei Chlor beträgt die Häufigkeit des selteneren Isotops immerhin noch 24.47%. Hierdurch kommt es zur Bildung charakteristischer Molekül-Ionen. So beträgt z. B. die molare Masse von 1-Brompropan, wenn man sie aus der mittleren Atommasse der Elemente berechnet, 123. Im Massenspektrum findet man jedoch keinen Peak an dieser Stelle (s. Abb. 18-6). Des Rätsels Lösung ergibt sich aus der tatsächlichen Isotopenverteilung in diesem Molekül, es liegt etwa ein 1:1 Gemisch aus $CH_3CH_2CH_2{}^{79}Br$ und $CH_3CH_2CH_2{}^{81}Br$ vor. Daher treten im Massenspektrum zwei Molekül-

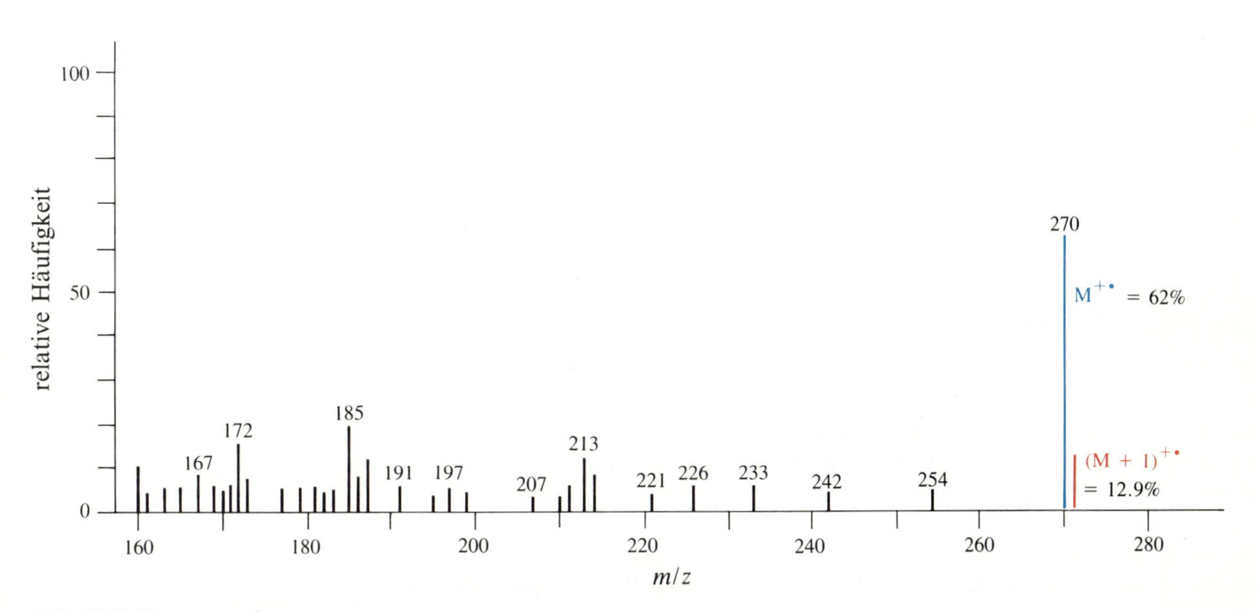

Abb. 18-5 (Fortsetzung)

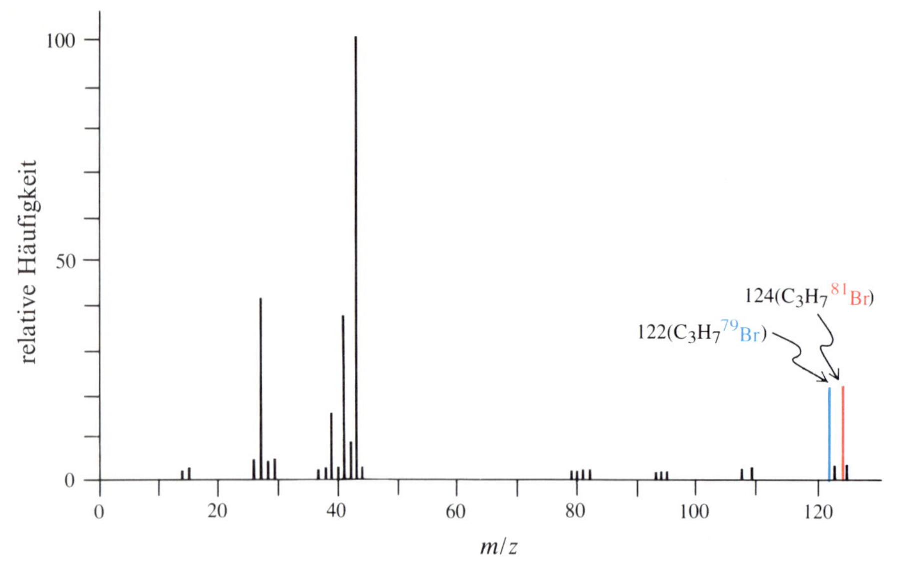

Abb. 18-6 Massenspektrum von 1-Brompropan.

Ionen, bei $m/z = 122$ und $m/z = 124$ auf. Entsprechend zeigen auch die Spektren der Monochloralkane zwei Molekül-Ionen, deren molare Masse um zwei unterschiedlich ist, nämlich für $R^{35}Cl$ und $R^{37}Cl$, die aber in diesem Fall aufgrund der unterschiedlichen Häufigkeit beider Isotope im Verhältnis 3:1 vorliegen. Das Auftreten solcher Peaks ist ein deutlicher Hinweis für das Vorliegen von Chlor oder Brom im Molekül.

Übung 18-23

Welches Peak-Muster erwarten Sie für das Molekül-Ion von Dibrommethan?

Übung 18-24

Verbindungen ohne ungepaarte Elektronen, die C, H und O enthalten, haben gerade molare Massen, Verbindungen, in denen C, H, O und eine ungerade Anzahl von N-Atomen enthalten sind, ungerade molare Massen. Bei gerader Anzahl von N-Atomen findet man aber wieder eine gerade Masse. Geben Sie eine Erklärung.

Die Fragmentierungen von Molekülen lassen sich vorhersagen

Beim Auftreffen der Elektronen brechen schwächere Bindungen leichter als stärkere auf. Die entstandenen Bruchstücke selbst können dann in noch kleinere Stücke zerfallen. Das Ergebnis dieser fortschreitenden Fragmentierungen läßt sich aus den Massenspektren der isomeren Kohlenwasserstoffe Pentan, 2-Methylbutan und 2,2-Dimethylpropan (Abb. 18-7, 18-8 und 18-9) ablesen. In jedem Fall ist der Molekül-Peak relativ klein, da die Fragmentierungen schnell und extensiv verlaufen. Die Fragmentierungsmuster der drei Verbindungen sind jedoch sehr unterschiedlich. Im Massenspektrum des Pentans (Abb. 18-7) ist eine Reihe von Peaks zu erkennen, die durch mehr oder weniger zufällige Brüche von C—C-Bin-

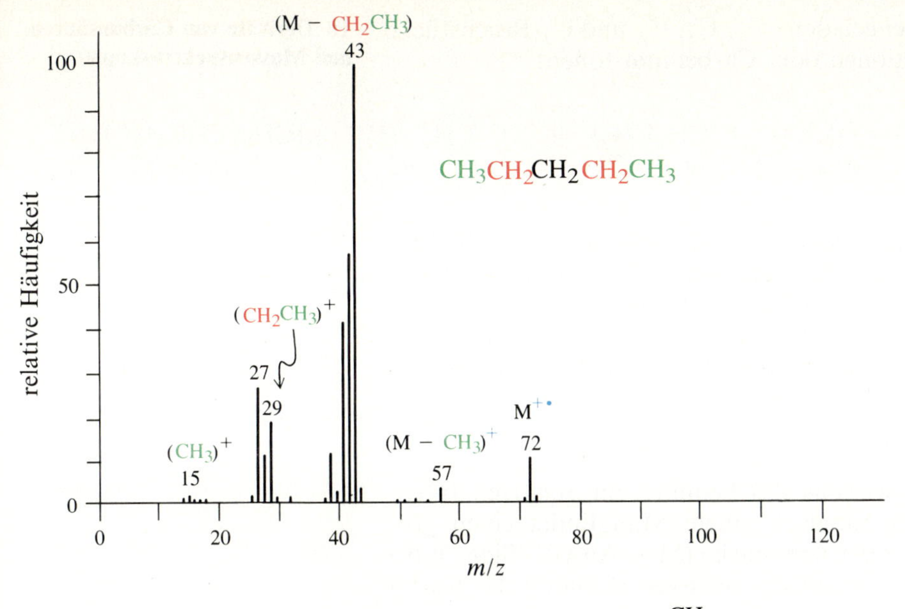

Abb. 18-7 Massenspektrum von Pentan.

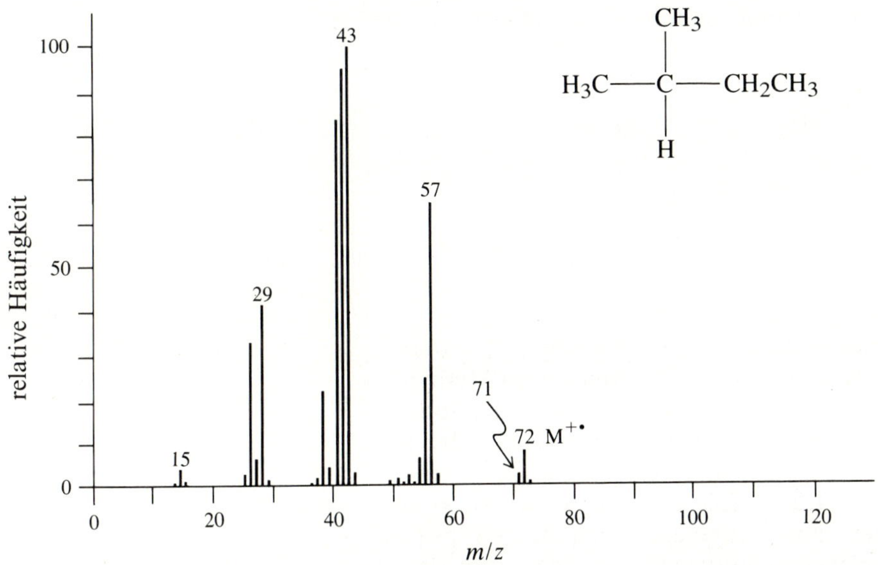

Abb. 18-8 Massenspektrum von 2-Methylbutan.

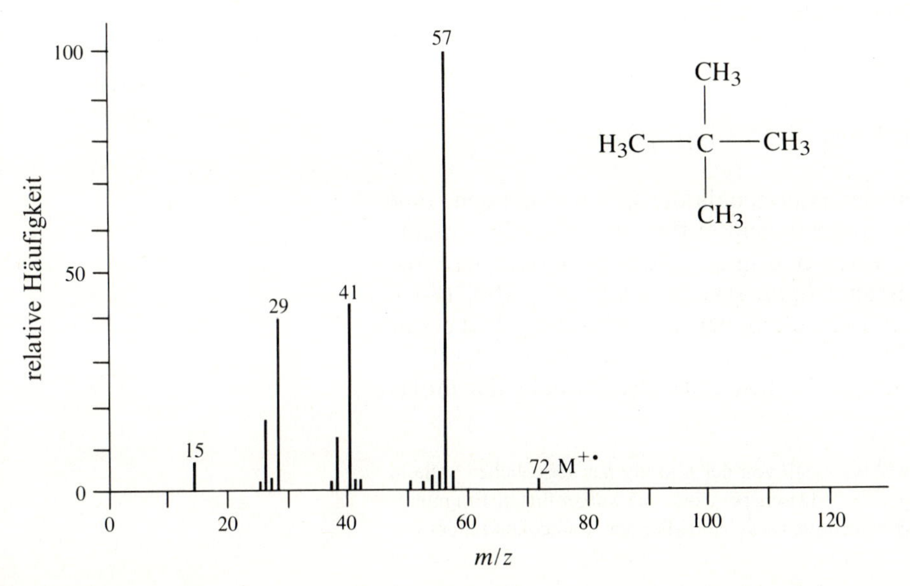

Abb. 18-9 Massenspektrum von 2,2-Dimethylpropan.

dungen entstanden sind, wobei geladene C_4, C_3, C_2 und C_1-Bruchstücke gebildet werden (Radikal-Kationen oder Carbenium-Ionen):*

$$[CH_3\text{-}CH_2\text{-}CH_2\text{-}CH_2\text{-}CH_3]^{+\cdot} \longrightarrow [CH_3]^+ + [CH_3CH_2]^+ + [CH_3CH_2CH_2]^+ + [CH_3CH_2CH_2CH_2]^+$$
$$m/z = 72 \qquad m/z = 15 \qquad m/z = 29 \qquad m/z = 43 \qquad m/z = 57$$

Neben dem Molekül-Peak findet man also eine Linie bei $m/z = 57$ $(M - CH_3)^+$, darauf folgen Peaks, die die sukzessive Abspaltung von CH_2-Einheiten anzeigen: $m/z = 43$ $(M - CH_2CH_3)^+$ und $m/z = 29$ $(M - CH_3CH_2CH_2)^+$. Diese Fragment-Peaks sind von Gruppen kleinerer Linien umgeben, die sich aus der Abspaltung derselben Bruchstücke vom ^{13}C $(M + 1)^+$-Ion und von Wasserstoffatomen ergeben [$(M - 1)^+$, $(M - 2)^+$, etc.]

Das Massenspektrum von 2-Methylbutan (s. Abb. 18-8) zeigt ein ähnliches Fragmentierungsmuster wie das des Pentans: die relativen Intensitäten der Peaks sind jedoch unterschiedlich. Man findet einen größeren $(M - 1)^+$-Peak bei $m/z = 71$ und starke $(M - \text{Alkyl})^+$-Signale bei $m/z = 57$ und 43. Sie ergeben sich aus der relativen Stabilität der Kationen, die durch bevorzugte Fragmentierung am höhersubstitutierten tertiären Kohlenstoff entstanden sind.

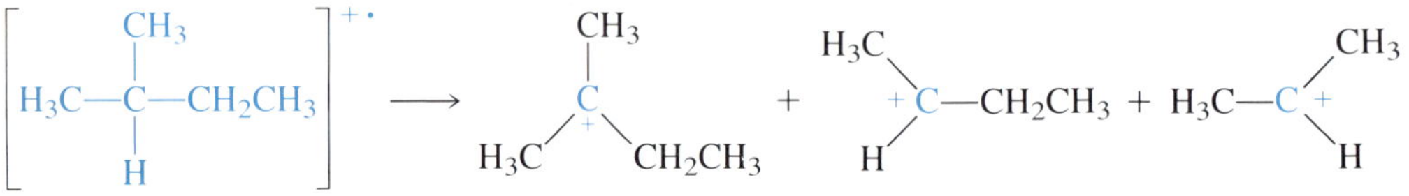

$$[H_3C\text{—}CH(CH_3)\text{—}CH_2CH_3]^{+\cdot} \longrightarrow (H_3C)(CH_3)C^+\text{—}CH_2CH_3 + (H_3C)(H)C^+\text{—}CH_2CH_3 + H_3C\text{—}C^+(H)\text{—}CH_3$$
$$m/z = 72 \qquad m/z = 71 \qquad m/z = 57 \qquad m/z = 43$$

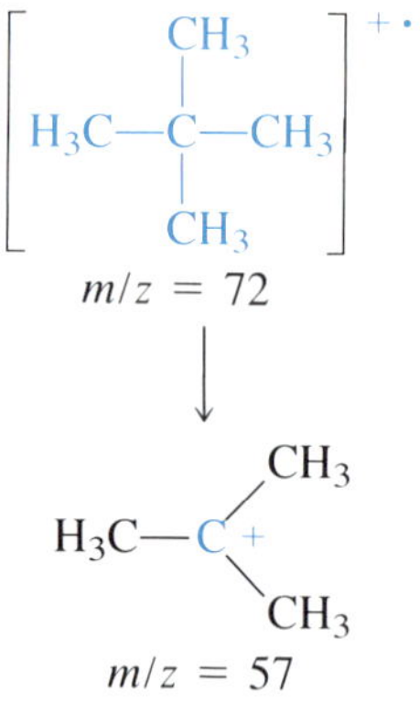

Dieser Effekt wird im Massenspektrum von 2,2-Dimethylpropan noch deutlicher (s. Abb. 18-9). Hier entsteht durch Abspaltung eines Methylradikals vom Molekül-Ion das 1,1-Dimethylethyl- (*tert*-Butyl)-Kation als Basis-Peak bei $m/z = 57$. Diese Fragmentierung verläuft so leicht, daß das Molekül-Ion kaum sichtbar ist. Im Spektrum finden sich auch Peaks bei $m/z = 41$ und 29, obwohl daß Molekül nicht direkt in Bruchstücke mit dieser molaren Masse aufbrechen kann. Fragment-Ionen dieses Typs sind gewöhnlich das Ergebnis komplexer Strukturumlagerungen, von denen einige wie die Carbenium-Ionen-Umlagerungen, die wir in Abschn. 9.2 behandelt haben, verlaufen.

$$[H_3C\text{—}C(CH_3)_2\text{—}CH_3]^{+\cdot} \; (m/z = 72) \longrightarrow H_3C\text{—}C^+(CH_3)\text{—}CH_3 \; (m/z = 57)$$

Fragmentierungen an funktionellen Gruppen

Auch an den Massenspektren der Halogenalkane ist zu erkennen, daß relativ schwache Bindungen besonders leicht aufbrechen. Das Fragment-Ion $(M - X)^+$ ist in diesen Spektren häufig der Basis-Peak, wie man aus dem Massenspektrum von 1-Brompropan erkennen kann (s. Abb. 18-6).

Etwas Ähnliches beobachtet man auch bei den Massenspektren der Alkohole, die Wasser unter Bildung eines ausgeprägten $(M - H_2O)^{+\cdot}$-Peaks eliminieren (Abb. 18-10). Der Verlust eines Bruchstücks der mola-

* Diese Gleichung ist weder von der Masse noch von der Ladung her abgeglichen. Alle in dieser und in folgenden Gleichungen der Massenspektroskopie aufgeführten Fragment-Ionen können Kationen oder Radikal-Kationen sein, sind aber der Einfachkeit halber nur als Kationen dargestellt.

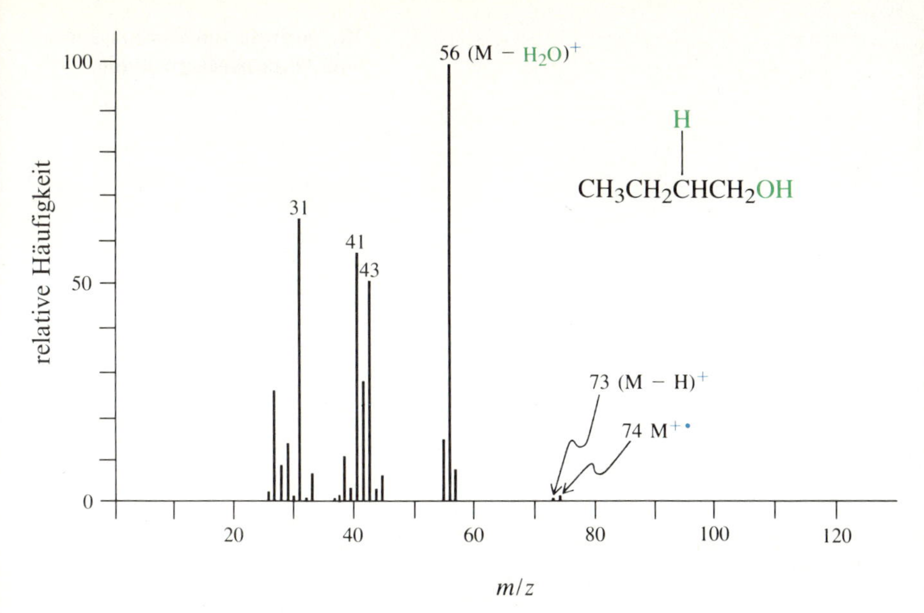

18.7 Bestimmung der molaren Masse von organischen Verbindungen: Massenspektroskopie

Abb. 18-10 Massenspektrum von 1-Butanol. Der Peak des Molekül-Ions bei $m/z = 74$ ist klein, da das Molekül-Ion rasch unter Wasserabspaltung in das Ion mit $m/z = 56$ übergeht. Andere Fragment-Ionen sind wahrscheinlich Propyl ($m/z = 43$) Allyl (2-Propenyl) ($m/z = 41$) und Hydroxymethyl ($m/z = 31$).

ren Masse 18 ist meist ein sicherer Hinweis für das Vorhandensein einer Alkoholfunktion im Molekül.

Alkohol-Fragmentierung durch Dehydratisierung

$$\left[\mathrm{R{-}C(OH)(H){-}CH(H)R'}\right]^{+\cdot} \longrightarrow [\mathrm{RCH{=}CHR'}]^{+\cdot} + \mathrm{H_2O}$$

$$\mathbf{M^{+\cdot}} \qquad\qquad \mathbf{(M - 18)^{+\cdot}}$$

Übung 18-25

Versuchen Sie, das Aussehen des Massenspektrums von 3-Methyl-3-heptanol vorauszusagen.

Das Fragmentierungsmuster von Carbonylverbindungen ist ebenfalls sehr charakteristisch. Lassen Sie uns als Beispiel die isomeren Ketone 2-Pentanon, 3-Pentanon und 3-Methyl-2-butanon betrachten. Ihre Massenspektren (s. Abb. 18-11) zeigen deutlich und sauber getrennte Fragmentierungs-Ionen. Beim Zerfall einer Carbonylverbindung erfolgt zunächst eine **α-Spaltung**. Bei diesem Prozeß wird eine der beiden Alkylbindungen zur Carbonylfunktion aufgebrochen, wobei das entsprechende **Acylium-Kation** und ein Alkylbruchstück entsteht.

α-Spaltung von Carbonylverbindungen

$$\left[\mathrm{R{-}C({=}\ddot{O}{:}){-}R'}\right]^{+\cdot} \xrightarrow{\alpha\text{-Spaltung}} \mathrm{R\overset{+}{C}{\equiv}O{:}} + \mathrm{R'^{+}} + \mathrm{R^{+}} + \mathrm{{:}\overset{+}{O}{\equiv}CR'}$$

$$\left[\mathrm{R{-}\overset{+}{C}{=}\ddot{O}{:}} \longleftrightarrow \mathrm{R{-}C{\equiv}\overset{+}{O}{:}}\right]$$

Acylium-Kation

Das Acylium-Ion (s. Randspalte) bildet sich aufgrund seiner Resonanzstabilisierung recht leicht.

Die entstandenen Fragment-Ionen sind für die Strukturbestimmung sehr wertvoll, da man aus ihnen die ungefähre Zusammensetzung der beiden Alkylgruppen eines Ketons ablesen kann. So läßt sich 2-Pentanon

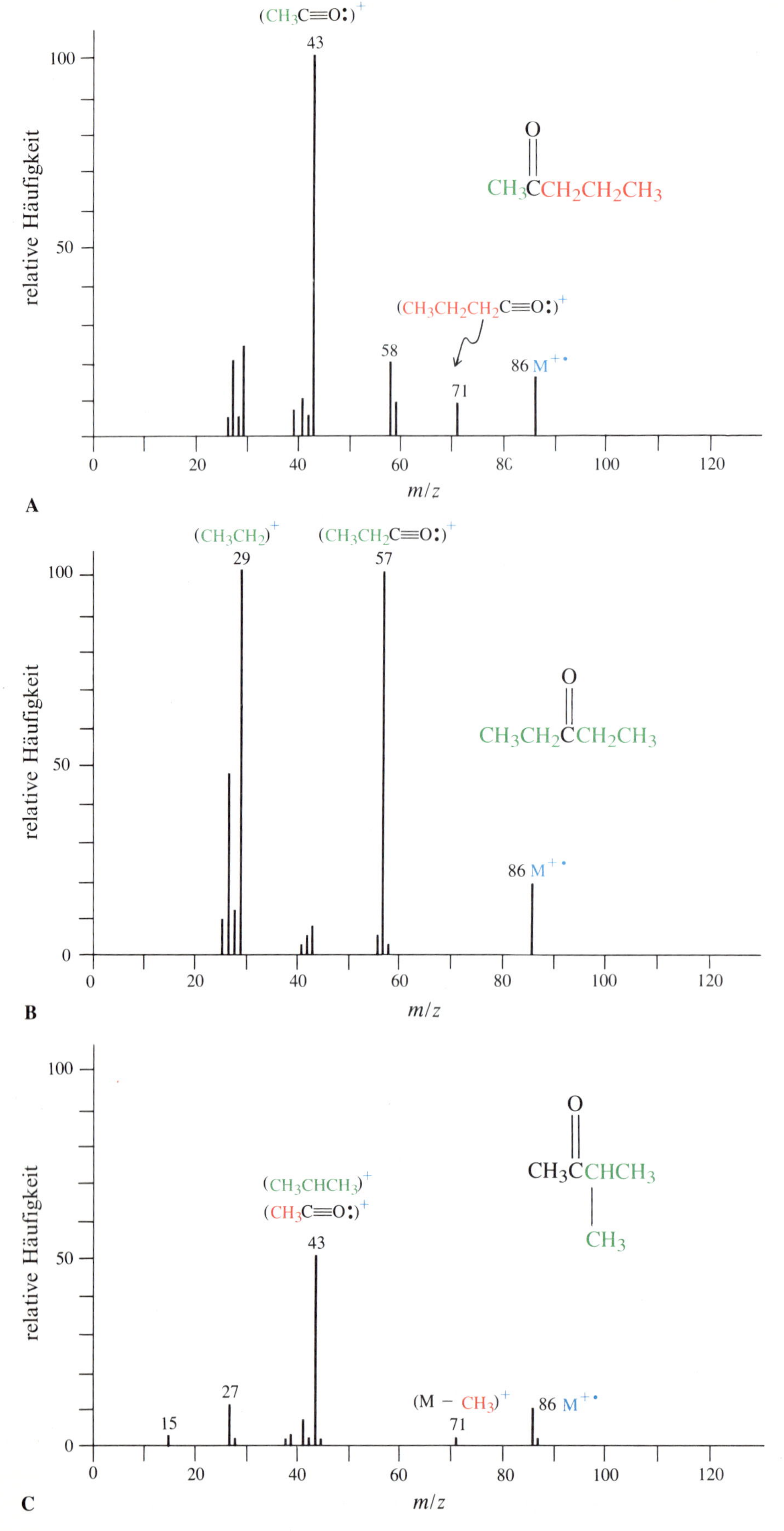

Abb. 18-11 Massenspektrum von (A) 2-Pentanon; (B) 3-Pentanon und (C) 3-Methyl-2-butanon.

leicht von 3-Pentanon unterscheiden: bei der α-Spaltung von 2-Pentanon bilden sich vier Fragment-Ionen (zwei von ihnen stimmen im m/z-Wert überein) bei $m/z = 15, 43$, und 71, beim 3-Pentanon nur zwei, bei $m/z = 29$ und 57:

α-Spaltung im 2-Pentanon

$$H_3C\!-\!C(=\ddot{O})\!-\!CH_2CH_2CH_3 \longrightarrow CH_3^+ + :\overset{+}{O}{\equiv}CCH_2CH_2CH_3 + CH_3C{\equiv}\overset{+}{O}: + {}^{+}CH_2CH_2CH_3$$

$m/z = 86$ (**2-Pentanon**); $m/z = 15$; $m/z = 71$; $m/z = 43$; $m/z = 43$

α-Spaltung im 3-Pentanon

$$CH_3CH_2\!-\!C(=\ddot{O})\!-\!CH_2CH_3 \longrightarrow CH_3CH_2^+ + CH_3CH_2C{\equiv}\overset{+}{O}:$$

$m/z = 86$; $m/z = 29$; $m/z = 57$

Kann man 2-Pentanon auch von 3-Methyl-2-butanon unterscheiden? Nicht anhand der α-Spaltung – in beiden Molekülen sind die Substituentengruppen CH_3 und C_3H_7 enthalten. Vergleicht man jedoch die Massenspektren beider Verbindungen (Abb. 18-11 A und C), erkennt man beim 2-Pentanon einen weiteren Peak bei $m/z = 58$, der den Verlust eines Molekülfragments der molaren Masse 28 anzeigt. Dieses Bruchstück fehlt in den Spektren der beiden anderen Isomeren und ist charakteristisch für das Vorhandensein von Wasserstoffatomen in γ-Stellung zur Carbonylgruppe. Verbindungen mit dieser strukturellen Eigenheit und einer Kette, die beweglich genug ist, daß der γ-Wasserstoff nahe genug an den Carbonyl-Sauerstoff herankommt, gehen eine Spaltung über die **McLafferty-Umlagerung*** ein. Im Laufe dieser Reaktion spaltet sich das Molekül-Ion des ursprünglichen Ketons in einem unimolekularen Prozeß in zwei Bruchstücke (ein neutrales Fragment, das sich aber auch im Massenspektrometer ionisieren läßt und dann einen Peak gibt, sowie in ein Radikal-Kation). Der Mechanismus dieses Prozesses entspricht dem der Esterpyrolyse (s. Abschn. 18.4).

Vergleich zwischen Esterpyrolyse und McLafferty-Umlagerung

Esterpyrolyse:

RHC(H)–H₂C–O–C(=O)–R′ →(Δ) RCH=CH₂ (**Alken**) + HO–C(=O)–R′ (**Carbonsäure**)

$$RHC(H)\!-\!H_2C\!-\!O\!-\!C(=O)\!-\!R' \xrightarrow{\Delta} RCH{=}CH_2 + HO\!-\!C(=O)\!-\!R'$$

* F. W. McLafferty, geb. 1923, Professor an der Cornell University, Ithaca, New York.

McLafferty-Umlagerung:

$$\left[\begin{array}{c} \text{RHC}(\gamma)\text{–H} \cdots \text{O}{=}\text{C(R')} \\ \beta\ \text{H}_2\text{C} - \text{CH}_2(\alpha) - \text{C} \end{array}\right]^{+\bullet} \longrightarrow \begin{array}{c}\text{RCH}\\ \| \\ \text{CH}_2\end{array} + \left[\text{H}_2\text{C}{=}\text{C(OH)}\text{–R}'\right]^{+\bullet}$$

Im Gegensatz zu der Esterpyrolyse entsteht bei der McLafferty-Umlagerung keine Carbonsäure, sondern ein Keton in der Enolform. Enthält das Molekül-Ion keine γ-Wasserstoffe, ist die McLafferty-Umlagerung nicht möglich:

$$\left[CH_3CH_2\overset{O}{\overset{\|}{C}}\underset{\alpha}{C}H_2\underset{\beta}{C}H_3\right]^{+\bullet} \longrightarrow \text{keine McLafferty-Umlagerung}$$
$m/z = 86$

$$\left[CH_3\overset{O}{\overset{\|}{C}}\underset{\alpha}{C}H(\underset{\beta}{C}H_3)_2\right]^{+\bullet} \longrightarrow \text{keine McLafferty-Umlagerung}$$
$m/z = 86$

aber:

$$\left[CH_3\overset{O}{\overset{\|}{C}}\underset{\alpha}{C}H_2\underset{\beta}{C}H_2\underset{\gamma}{C}H_2\text{–H}\right]^{+\bullet} \longrightarrow \left[H_3C\text{—}C(OH){=}CH_2\right]^{+\bullet} + CH_2{=}CH_2$$
$m/z = 86$ $\qquad$ $m/z = 58$

Übung 18-26

Wie kommen die gekennzeichneten Peaks in den Massenspektren von Pentanal, Pentansäure und Methylpentanoat, die in den Abbildungen 18-12, 18-13 und 18-14 gezeigt sind, zustande?

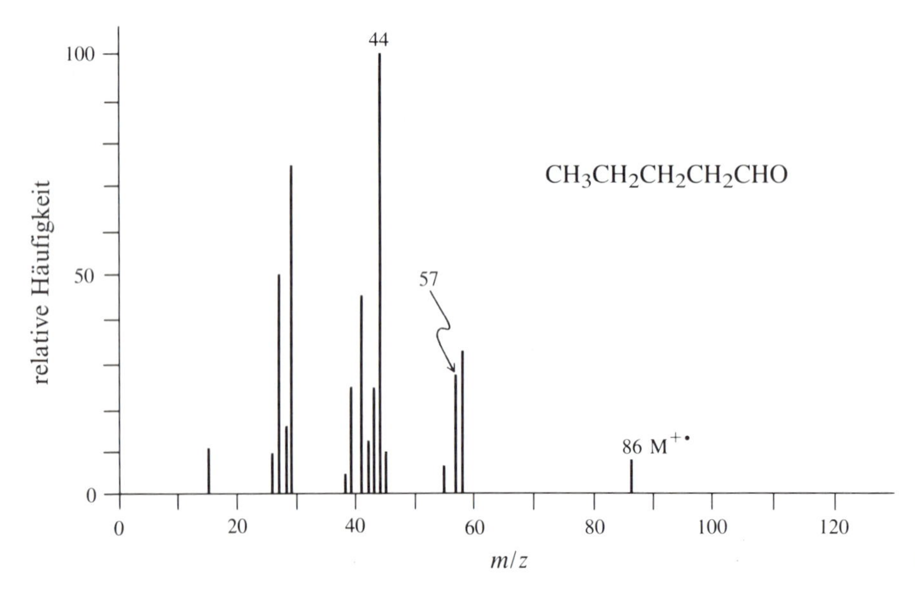

Abb. 18-12 Massenspektrum von Pentanal.

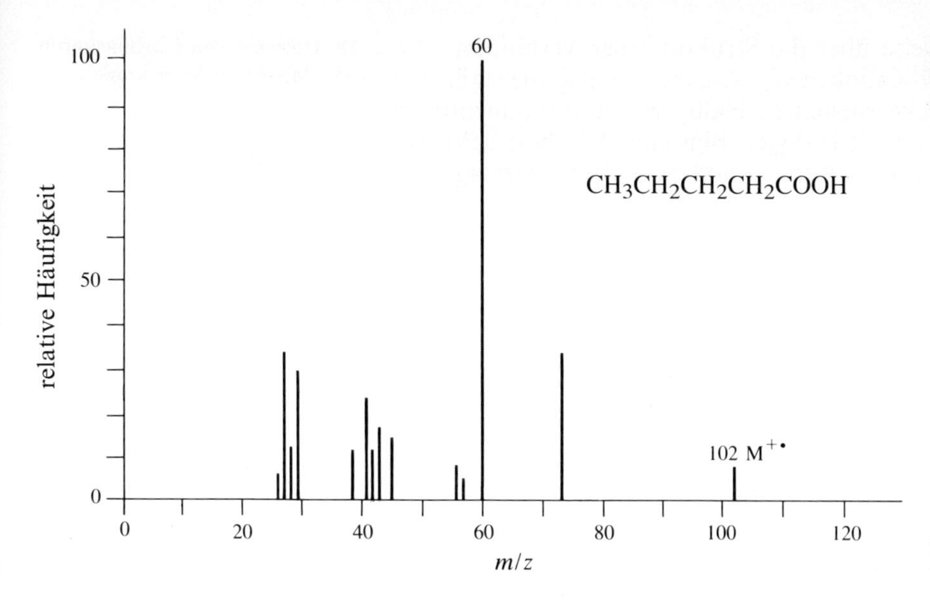

Abb. 18-13 Massenspektrum von Pentansäure.

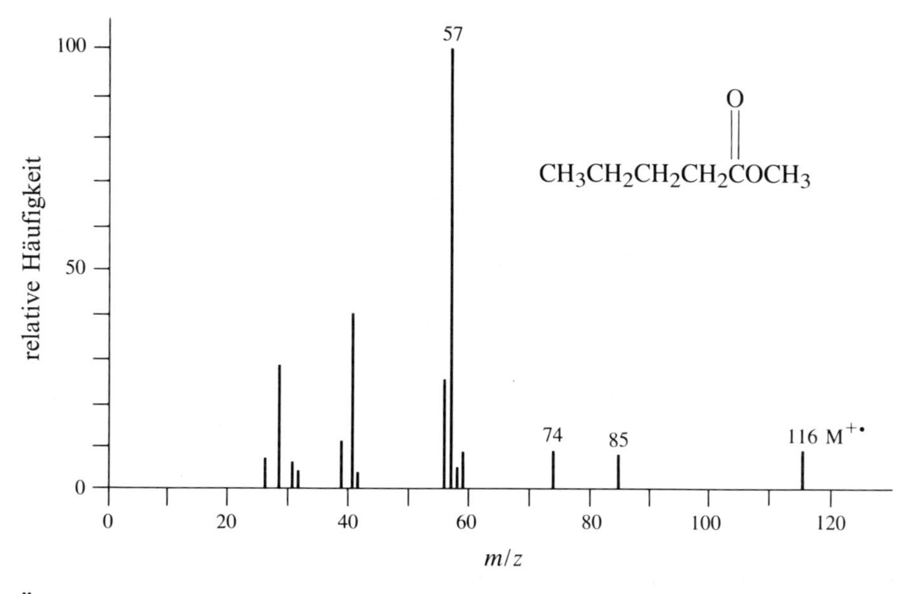

Abb. 18-14 Massenspektrum von Methylpentanoat.

Übung 18-27

Wie können Sie anhand eines Massenspektrums zwischen (a) 3-Methyl-2-pentanon und 4-Methyl-2-pentanon und (b) 2-Ethylcyclohexanon und 3-Ethylcyclohexanon unterscheiden?

Ähnliche Umlagerungen sowie α-Spaltungen beobachtet man auch im Massenspektrum von Aldehyden und Carbonsäure-Derivaten.

Fassen wir noch einmal zusammen: Moleküle können durch einen Elektronenstrahl der Energie 70 eV ionisiert werden, wobei Radikal-Kationen entstehen, die durch ein elektrisches Feld beschleunigt und danach durch unterschiedliche Ablenkung im Magnetfeld getrennt werden. Im Massenspektrometer nutzt man diesen Effekt zur Bestimmmung der molaren Masse von Verbindungen aus. Das Molekül-Ion ist gewöhnlich von Fragmenten kleinerer Masse und von „Satelliten", die durch das Vorhandensein weniger häufiger Isotope verursacht werden, begleitet. In einigen Fällen, wie beispielsweise beim Cl und Br, können zwei oder mehr Isotope in vergleichbarer Häufigkeit vorliegen. Aus dem Fragmentierungsmuster ergeben sich wichtige Hinweise über die Struktur einer Verbindung. So spalten sich z. B. die Radikal-Kationen von Alkanen so, daß die stabilsten positiv geladenen Bruchstücke entstehen, Halogenalkane fragmentieren durch Aufbrechen der Kohlenstoff-Halogen-Bindung, Alkohole dehydratisieren rasch, Ketone gehen α-Spaltungen und McLafferty-Umlagerungen ein.

Zusammenfassung neuer Reaktionen

1 Reihenfolge der Reaktivität von Carbonsäure-Derivaten

$$\underset{\textbf{Alkanoylhalogenid}}{\mathrm{RCX}} > \underset{\textbf{Anhydrid}}{\mathrm{RCOCR}} > \underset{\textbf{Ester}}{\mathrm{RCOR'}} > \underset{\textbf{Amid}}{\mathrm{RCNH_2}}$$

(jeweils mit C=O)

2 Basizität des Carbonyl-Sauerstoffs

$$\mathrm{R(L{:})C{=}\ddot{O}{:}} \xrightleftharpoons{H^+} \left[\underset{\mathbf{A}}{\mathrm{R(L{:})C{=}\overset{+}{O}H}} \longleftrightarrow \underset{\mathbf{B}}{\mathrm{R(L{:})\overset{+}{C}{-}\ddot{O}H}} \longleftrightarrow \underset{\mathbf{C}}{\mathrm{R(\overset{+}{L}{=})C{-}\ddot{O}H}} \right]$$

Die Basizität nimmt mit steigender Beteiligung der Struktur C am Resonanzhybrid zu.

3 Enolat-Bildung

$$\mathrm{RCH_2C(L{:}){=}O{:}} \xrightleftharpoons{\text{Base}} \left[\underset{\mathbf{A}}{\mathrm{RCH{=}C(L{:}){-}\ddot{O}{:}^-}} \longleftrightarrow \underset{\mathbf{B}}{\mathrm{R\overset{-}{\ddot{C}}H{-}C(L{:}){=}\ddot{O}{:}}} \longleftrightarrow \underset{\mathbf{C}}{\mathrm{R\overset{-}{\ddot{C}}H{-}C({=}L^+){-}\ddot{O}{:}^-}} \right]$$

Die Acidität des neutralen Teilchens nimmt allgemein mit abnehmender Beteiligung der Resonanzstruktur C am Anion zu.

4 Amidat-Bildung

$$\underset{pK_a \sim 15}{\mathrm{R\overset{:O:}{\overset{\|}{C}}{-}\ddot{N}HR'}} \longrightarrow \left[\mathrm{R\overset{:O:}{\overset{\|}{C}}{-}\overset{-}{\underset{\cdot\cdot}{\ddot{N}}}R'} \longleftrightarrow \mathrm{R\overset{:\ddot{O}:^-}{\overset{|}{C}}{=}\ddot{N}R'} \right] + H^+$$

Reaktionen von Alkanoylhalogeniden (Acylhalogeniden)

5 Mit Wasser

$$\mathrm{RCX} + H_2O \longrightarrow \underset{\textbf{Carbonsäure}}{\mathrm{RCOH}} + HX$$

(jeweils mit C=O)

6 Mit Salzen von Carbonsäuren

$$\mathrm{R\overset{O}{\overset{\|}{C}}X + R'CO_2^-Na^+ \longrightarrow R\overset{O}{\overset{\|}{C}}O\overset{O}{\overset{\|}{C}}R' + Na^+X^-}$$

Carbonsäure-anhydrid

7 Mit Alkoholen

$$\mathrm{R\overset{O}{\overset{\|}{C}}X + R'OH \longrightarrow R\overset{O}{\overset{\|}{C}}OR' + HX}$$

Ester — HX (neutralisiert mit Pyridin, Triethylamin oder anderer Base)

8 Mit Aminen

$$\mathrm{R\overset{O}{\overset{\|}{C}}X + R'NH_2 \longrightarrow R\overset{O}{\overset{\|}{C}}NHR' + HX}$$

Amid — HX (neutralisiert mit Pyridin, Triethylamin, Überschuß $R'NH_2$ oder anderer Base)

9 Mit organometallischen Reagenzien

$$\mathrm{R\overset{O}{\overset{\|}{C}}X \xrightarrow[2.\ H^+,\ H_2O]{1.\ R'_2CuLi} R\overset{O}{\overset{\|}{C}}R' + CuX + LiX}$$

Keton

10 Mit Wasserstoff (Rosenmund-Reduktion)

$$\mathrm{R\overset{O}{\overset{\|}{C}}X + H_2 \xrightarrow{Pd/BaSO_4,\ Chinolin} R\overset{O}{\overset{\|}{C}}H + HX}$$

Aldehyd

11 Mit Hydriden

$$\mathrm{R\overset{O}{\overset{\|}{C}}X \xrightarrow[2.\ H^+,\ H_2O]{1.\ LiAl[OC(CH_3)_3]_3H} R\overset{O}{\overset{\|}{C}}H + LiX + Al[OC(CH_3)_3]_3}$$

Aldehyd

12 Dehydrohalogenierung von Alkanoylhalogeniden zu Ketenen

$$\mathrm{RCH_2\overset{O}{\overset{\|}{C}}X \xrightarrow{N(CH_2CH_3)_3} RCH{=}C{=}O + (CH_3CH_2)_3\overset{+}{N}HX^-}$$

Keten

13 Dehalogenierung von Halogenalkanoylhalogeniden zu Ketenen

$$\mathrm{R\underset{X}{\underset{|}{C}}H\overset{O}{\overset{\|}{C}}X \xrightarrow{Zn} RCH{=}C{=}O + ZnX_2}$$

14 Reaktionen von Ketenen

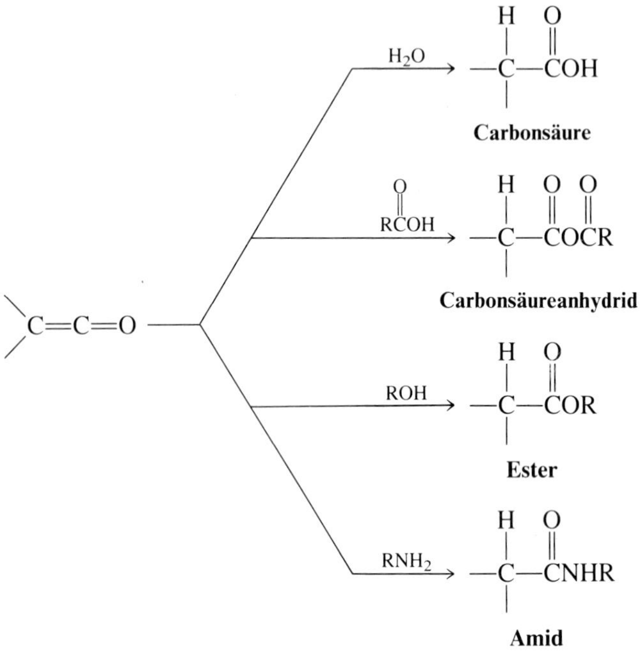

$$>C{=}C{=}O \xrightarrow{H_2O} -\overset{H}{\underset{|}{\overset{|}{C}}}-\overset{O}{\overset{\|}{C}}OH \quad \textbf{Carbonsäure}$$

$$>C{=}C{=}O \xrightarrow{R\overset{O}{\overset{\|}{C}}OH} -\overset{H}{\underset{|}{\overset{|}{C}}}-\overset{O}{\overset{\|}{C}}O\overset{O}{\overset{\|}{C}}R \quad \textbf{Carbonsäureanhydrid}$$

$$>C{=}C{=}O \xrightarrow{ROH} -\overset{H}{\underset{|}{\overset{|}{C}}}-\overset{O}{\overset{\|}{C}}OR \quad \textbf{Ester}$$

$$>C{=}C{=}O \xrightarrow{RNH_2} -\overset{H}{\underset{|}{\overset{|}{C}}}-\overset{O}{\overset{\|}{C}}NHR \quad \textbf{Amid}$$

15 Großtechnische Ketensynthese

$$CH_3\overset{O}{\overset{\|}{C}}CH_3 \xrightarrow{700\,^\circ C} CH_2{=}C{=}O + CH_4$$

16 Großtechnische Ethansäureanhydrid- (Acetanhydrid-)Synthese

$$CH_2{=}C{=}O + CH_3\overset{O}{\overset{\|}{C}}OH \longrightarrow CH_3\overset{O}{\overset{\|}{C}}O\overset{O}{\overset{\|}{C}}CH_3$$

Reaktionen von Carbonsäureanhydriden

17 Mit Wasser

$$R\overset{O}{\overset{\|}{C}}O\overset{O}{\overset{\|}{C}}R + H_2O \longrightarrow 2\ R\overset{O}{\overset{\|}{C}}OH$$

Carbonsäure

18 Mit Alkoholen

$$R\overset{O}{\overset{\|}{C}}O\overset{O}{\overset{\|}{C}}R + R'OH \longrightarrow R\overset{O}{\overset{\|}{C}}OR' + R\overset{O}{\overset{\|}{C}}OH$$

Ester

19 Mit Aminen

$$\mathrm{R\overset{O}{\overset{\|}{C}}O\overset{O}{\overset{\|}{C}}R + R'NH_2 \longrightarrow \underset{\textbf{Amid}}{R\overset{O}{\overset{\|}{C}}NHR'} + R\overset{O}{\overset{\|}{C}}OH}$$

Reaktionen von Estern

20 Mit Wasser (Esterhydrolyse)

Säurekatalyse:

$$\mathrm{R\overset{O}{\overset{\|}{C}}OR' + H_2O \xrightarrow{\text{katalytische Mengen } H^+} \underset{\textbf{Carbonsäure}}{R\overset{O}{\overset{\|}{C}}OH} + R'OH}$$

Basenkatalyse:

$$\mathrm{R\overset{O}{\overset{\|}{C}}OR' + \underset{\text{1 Äquivalent}}{{}^-OH} \xrightarrow{H_2O} \underset{\textbf{Carboxylat-Ion}}{R\overset{O}{\overset{\|}{C}}O^-} + R'OH}$$

21 Mit Alkoholen (Umesterung)

$$\mathrm{R\overset{O}{\overset{\|}{C}}OR' + R''OH \xrightarrow{H^+ \text{ oder } {}^-OR''} \underset{\textbf{Ester}}{R\overset{O}{\overset{\|}{C}}OR''} + R'OH}$$

22 Mit organometallischen Reagenzien

$$\mathrm{R\overset{O}{\overset{\|}{C}}OR'' \xrightarrow[\text{2. } H^+,\ H_2O]{\text{1. 2 R'MgX}} \underset{\textbf{tertiärer Alkohol}}{R\text{—}\underset{R'}{\overset{OH}{C}}\text{—}R'} + R''OH}$$

Methylmethanoat (Ameisensäuremethylester):

$$\mathrm{H\overset{O}{\overset{\|}{C}}OCH_3 \xrightarrow[\text{2. } H^+,\ H_2O]{\text{1. 2 R'MgX}} \underset{\textbf{sekundärer Alkohol}}{H\text{—}\underset{R'}{\overset{OH}{C}}\text{—}R'} + CH_3OH}$$

Dimethylcarbonat:

$$\mathrm{CH_3O\overset{O}{\overset{\|}{C}}OCH_3 \xrightarrow[\text{2. } H^+,\ H_2O]{\text{1. 3 R'MgX}} \underset{\textbf{tertiärer Alkohol}}{R'\text{—}\underset{R'}{\overset{OH}{C}}\text{—}R'} + 2\ CH_3OH}$$

23 Mit Hydriden

$$RCOR' \xrightarrow[2.\ H^+,\ H_2O]{1.\ LiAlH_4} RCH_2OH$$

$$RCOR' \xrightarrow[2.\ H^+,\ H_2O]{1.\ (CH_3CH(CH_3)CH_2)_2AlH} RCH$$

(RCOR': C=O; RCH: C=O)

24 Als Enolate (nach saurer Aufarbeitung erhaltene Produkte)

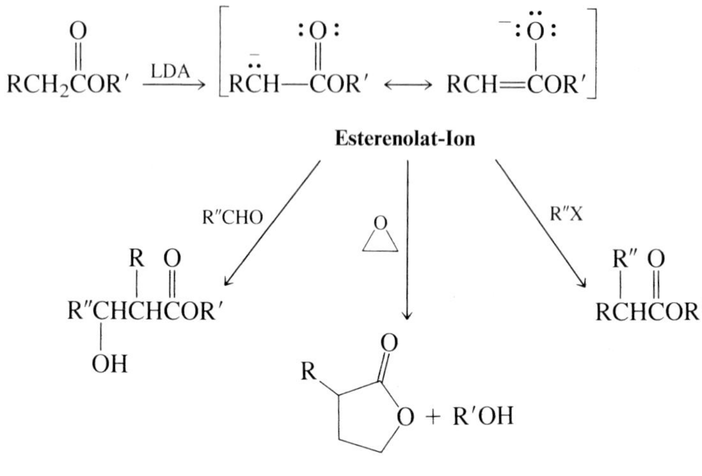

$$RCH_2COR' \xrightarrow{LDA} \left[R\ddot{C}^{-}H{-}COR' \longleftrightarrow RCH{=}C(O^-)OR' \right]$$

Esterenolat-Ion

Esterenolat-Ion $\xrightarrow{R''CHO}$ $R''CH(OH)CH(R)COR'$

Esterenolat-Ion $\xrightarrow{\text{Oxiran}}$ α-R-γ-Butyrolacton + R'OH

Esterenolat-Ion $\xrightarrow{R''X}$ $RCH(R'')COR'$

25 Claisen-Kondensation

$$2\ CH_3COCH_2CH_3 \xrightarrow[2.\ H^+,\ H_2O]{1.\ CH_3CH_2O^-,\ CH_3CH_2OH} CH_3CCH_2COCH_2CH_3 + CH_3CH_2OH$$

$pK_a \sim 11$ (am CH_2 zwischen den Carbonylgruppen)

26 Esterpyrolyse

$$RCOCH_2CH_2R' \xrightarrow[\textit{syn}\text{-Eliminierung}]{300\,°C} RCOH + CH_2{=}CHR'$$

Reaktionen von Amiden

27 Mit Wasser

$$RCNHR' + H_2O \xrightarrow{H^+,\ \Delta} RCOH + R'\overset{+}{N}H_3$$

Carbonsäure

$$RCNHR' + H_2O \xrightarrow{HO^-,\ \Delta} RCO^- + R'NH_2$$

28 Mit Hydriden

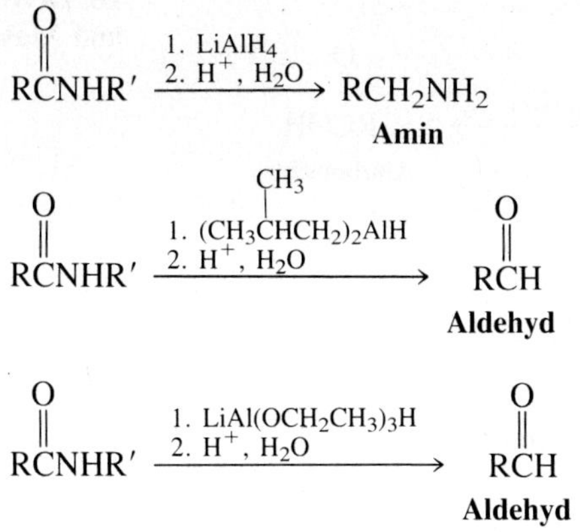

$$\mathrm{RC(=O)NHR'} \xrightarrow[\text{2. } H^+,\ H_2O]{\text{1. } LiAlH_4} \mathrm{RCH_2NH_2}$$

Amin

$$\mathrm{RC(=O)NHR'} \xrightarrow[\text{2. } H^+,\ H_2O]{\text{1. } (CH_3CH(CH_3)CH_2)_2AlH} \mathrm{RC(=O)H}$$

Aldehyd

$$\mathrm{RC(=O)NHR'} \xrightarrow[\text{2. } H^+,\ H_2O]{\text{1. } LiAl(OCH_2CH_3)_3H} \mathrm{RC(=O)H}$$

Aldehyd

29 Als Enolate und Amidate

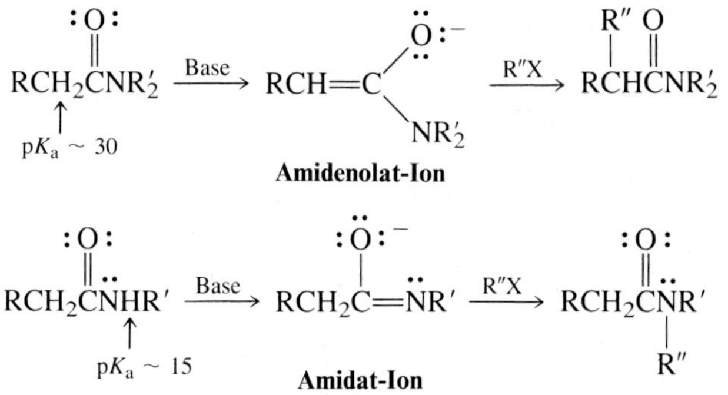

$$\mathrm{RCH_2C(=O)NR'_2} \xrightarrow{\text{Base}} \mathrm{RCH{=}C(\ddot{O}:^-)(NR'_2)} \xrightarrow{R''X} \mathrm{RCH(R'')C(=O)NR'_2}$$

$pK_a \sim 30$ (am CH_2)

Amidenolat-Ion

$$\mathrm{RCH_2C(=O)\ddot{N}HR'} \xrightarrow{\text{Base}} \mathrm{RCH_2C(\ddot{O}:^-){=}\ddot{N}R'} \xrightarrow{R''X} \mathrm{RCH_2C(=O)\ddot{N}(R'')R'}$$

$pK_a \sim 15$ (am NH)

Amidat-Ion

30 Hofmann-Umlagerung

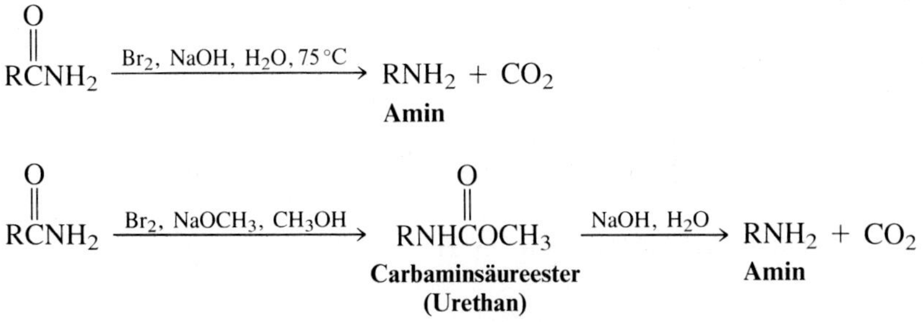

$$\mathrm{RC(=O)NH_2} \xrightarrow{Br_2,\ NaOH,\ H_2O,\ 75\,^\circ C} \mathrm{RNH_2} + CO_2$$

Amin

$$\mathrm{RC(=O)NH_2} \xrightarrow{Br_2,\ NaOCH_3,\ CH_3OH} \mathrm{RNHC(=O)OCH_3} \xrightarrow{NaOH,\ H_2O} \mathrm{RNH_2} + CO_2$$

Carbaminsäureester (Urethan) → **Amin**

Reaktionen von Nitrilen

31 Protonierung

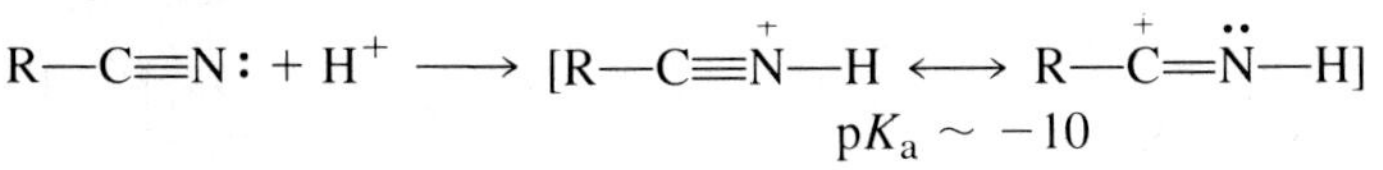

$$\mathrm{R{-}C{\equiv}N:} + H^+ \longrightarrow [\mathrm{R{-}C{\equiv}\overset{+}{N}{-}H} \longleftrightarrow \mathrm{R{-}\overset{+}{C}{=}\ddot{N}{-}H}]$$

$pK_a \sim -10$

32 Deprotonierung

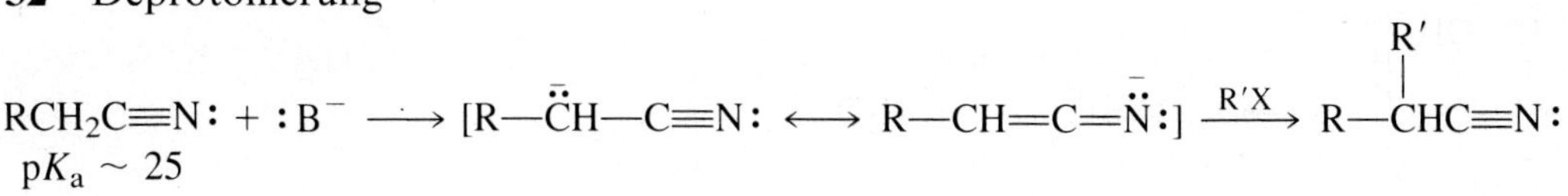

$$\mathrm{RCH_2C{\equiv}N:} + :B^- \longrightarrow [\mathrm{R{-}\ddot{C}H^-{-}C{\equiv}N:} \longleftrightarrow \mathrm{R{-}CH{=}C{=}\ddot{N}:^-}] \xrightarrow{R'X} \mathrm{R{-}CH(R')C{\equiv}N:}$$

$pK_a \sim 25$

33 Mit Wasser

$$RC{\equiv}N + H_2O \xrightarrow{H^+ \text{ oder } HO^-, \Delta} \underset{\textbf{Amid}}{RC(=O)NH_2} \xrightarrow{H^+ \text{ oder } HO^-, \Delta} \underset{\textbf{Carbonsäure}}{RC(=O)OH}$$

34 Mit organometallischen Reagenzien

$$RC{\equiv}N \xrightarrow[2.\ H^+,\ H_2O]{1.\ R'MgX \text{ or } R'Li} \underset{\textbf{Keton}}{RC(=O)R'}$$

35 Mit Hydriden

$$RC{\equiv}N \xrightarrow[2.\ H^+,\ H_2O]{1.\ LiAlH_4} \underset{\textbf{Amin}}{RCH_2NH_2}$$

$$RC{\equiv}N \xrightarrow[2.\ H^+,\ H_2O]{1.\ LiAlH(OCH_2CH_3)_3} \underset{\textbf{Aldehyd}}{RC(=O)H}$$

$$RC{\equiv}N \xrightarrow[2.\ H^+,\ H_2O]{1.\ (CH_3CH(CH_3)CH_2)_2AlH} \underset{\textbf{Aldehyd}}{RC(=O)H}$$

36 Katalytische Hydrierung

$$RC{\equiv}N \xrightarrow{H_2,\ PtO_2} \underset{\textbf{Amin}}{RCH_2NH_2}$$

Fragmentierung im Massenspektrometer

(Alle Fragmente können Kationen, Radikal-Kationen oder Radikale sein.)

37 Alkane

$$[RCH_2CH_2R]^{+\cdot} \longrightarrow RCH_2^+ + R\overset{+}{C}HCH_2R + RCH_2CH_2^+ + R^+ + H^+$$

$$[R_3C{-}H]^{+\cdot} \longrightarrow R_3C^+ + R_2CH^+ + R^+ + H^+$$

38 Halogenalkane

$$[R{-}X]^{+\cdot} \longrightarrow R^+ + X^+$$

39 Alkohole

$$\left[{-}\overset{H}{\underset{|}{C}}{-}\overset{OH}{\underset{|}{C}}{-}\right]^{+\cdot} \longrightarrow [\,{>}C{=}C{<}\,]^{+\cdot} + H_2O$$

Spaltung:

$$\left[\begin{matrix} O \\ \| \\ RCR' \end{matrix}\right]^{+\cdot} \longrightarrow RC\equiv\overset{+}{O}: + R'^{+} + R^{+} + :\overset{+}{O}\equiv CR'$$

McLafferty-Umlagerung:

$$\left[\underset{\gamma\ \ \beta\ \ \alpha}{RCH_2CH_2CH_2}\overset{O}{\overset{\|}{C}}R'\right]^{+\cdot} \longrightarrow RCH{=}CH_2 + \left[CH_2{=}C\begin{matrix} OH \\ R' \end{matrix}\right]^{+\cdot}$$

Zusammenfassung

1 Die elektrophile Reaktivität des Carbonyl-Kohlenstoffs in den Derivaten von Carbonsäuren wird durch Substituenten mit ausgeprägten Elektronendonator-Eigenschaften geschwächt. Dieser Effekt, der sich mit Hilfe der IR-Spektroskopie nachweisen läßt, ist nicht nur für die Abnahme der Reaktivität gegenüber Nucleophilen und Säuren, sondern auch für die in der Reihe Alkanoylhalogenide – Anhydride – Ester – Amide steigende Basizität verantwortlich. Die Wirkung als Elektronendonator ist beim Stickstoff in den Amiden so ausgeprägt, daß die Drehung um die Amidbindung so langsam verläuft, daß im NMR unterschiedliche Signale für an den Stickstoff gebundene Protonen (oder für die Protonen von an den Stickstoff gebundenen Alkylgruppe) gefunden werden.

2 Carbonsäure-Derivate bezeichnet man, je nach der gebundenen funktionellen Gruppe, systematisch als Alkanoylhalogenide, Alkylalkanoate, Alkanamide oder Alkannitrile.

3 Alle Derivate der Carbonsäuren hydrolysieren mit Wasser (häufig unter saurer oder basischer Katalyse) zu den entsprechenden Carbonsäuren; mit Alkoholen reagieren sie zu Estern, mit Aminen zu Amiden. Mit Grignard- und anderen organometallischen Reagenzien bilden sie Ketone, Ester können weiter bis zu den entsprechenden Alkoholen reagieren. Durch Reduktion mit katalytisch aktiviertem Wasserstoff oder mit Hydriden entstehen Produkte in unterschiedlichen Oxidationsstufen: Aldehyde, Alkohole oder Amine.

4 Langkettige Ester sind die Bestandteile der tierischen und pflanzlichen Wachse. Triester des Glycerins sind die Bausteine der natürlichen Öle und Fette. Bei ihrer Hydrolyse bilden sich Seifen. Triglyceride, die Phosphorsäureester-Untereinheiten enthalten, gehören zu der Klasse der Phospholipide. Da sie aus einer hochpolaren Kopfgruppe und einem hydrophoben Schwanz bestehen, bilden sie Micellen und Lipid-Doppelschichten.

5 Durch Umesterung läßt sich ein Ester in einen anderen überführen.

6 Die funktionelle Gruppe der Nitrile weist einige Ähnlichkeiten zu der der Alkine auf. Beide Atome der Gruppe sind *sp*-hybridisiert, wodurch das einsame Elektronenpaar am Stickstoff großenteils seine Basizität einbüßt. Die IR-Valenzschwingung erscheint bei etwa $2250\ cm^{-1}$. Die Wasserstoffatome in Nachbarschaft zu der Cyanogruppe sind acid und im ^{1}H-NMR entschirmt. Die ^{13}C-NMR-Absorption der Nitrilkohlenstoffatome liegt aufgrund der Elektronegativität des Stickstoffs bei relativ niedrigem Feld ($\delta \sim 112-116$ ppm).

7 In der Massenspektroskopie werden Moleküle ionisiert und die entstandenen Ionen im Magnetfeld aufgrund ihres m/z-Verhältnisses getrennt. Da der ionisierende Strahl eine hohe Energie hat, fragmentieren die ionisierten Moleküle in kleinere Bruchstücke, die ebenfalls im Massenspektrometer getrennt und als Peaks aufgezeichnet werden. Das Vorhandensein bestimmter Elemente (wie Cl, Br) läßt sich aus den charakteristischen Isotopen-Peaks im Spektrum erkennen. Aus den Signalen der Fragment-Ionen im Massenspektrum kann man die Struktur eines Moleküls ableiten.

Aufgaben

1 Erklären Sie die relative Reihenfolge der Acidität von Carbonsäure-Derivaten (s. Abschn. 18.1) mit Hilfe von Resonanzstrukturen.

2 Geben Sie bei den folgenden Paaren von Molekülen an, bei welchem von beiden die angegebene Eigenschaft stärker ausgeprägt ist.

(a) Länge der C–X-Bindung: Ethanoylfluorid oder Ethanoylchlorid.
(b) Acidität der halbfett gedruckten Wasserstoffatome: $\mathbf{H}$: $C\mathbf{H}_2(COCH_3)_2$ oder $C\mathbf{H}_2(COOCH_3)_2$.
(c) Reaktivität gegenüber einem zugegeben Nucleophil: ein Amid, z. B. $CH_3C(=O)N(CH_3)_2$ oder ein Imid, z. B. $CH_3C(=O)N(CH_3)C(=O)CH_3$
(d) hohe Frequenz der Carbonyl-Valenzschwingung in Infrarot: Ethylethanoat oder Ethenylethanoat.

3 Beim Behandeln mit starker Base und nachfolgender Protonierung erfolgt bei den Verbindungen (i) und (ii) eine cis-trans-Isomerisierung, bei Verbindung (iii) jedoch nicht. Geben Sie eine Erklärung.

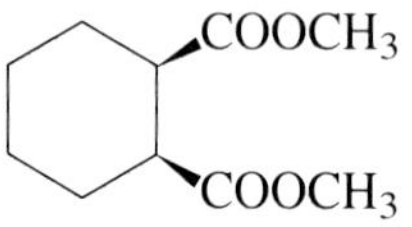

i: cis-1,2-Cyclohexan mit zwei $COOCH_3$-Gruppen; ii: cis-1,2-Cyclohexan mit zwei $CON(CH_3)_2$-Gruppen; iii: cis-1,2-Cyclohexan mit zwei $CONH_2$-Gruppen

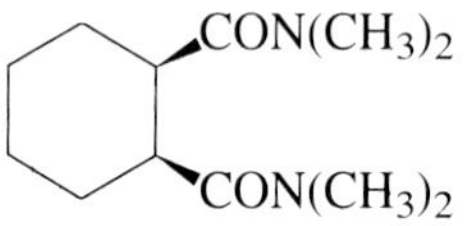

4 Welche(s) Produkt(e) entsteht (entstehen) bei den folgenden Reaktionen?

(a) 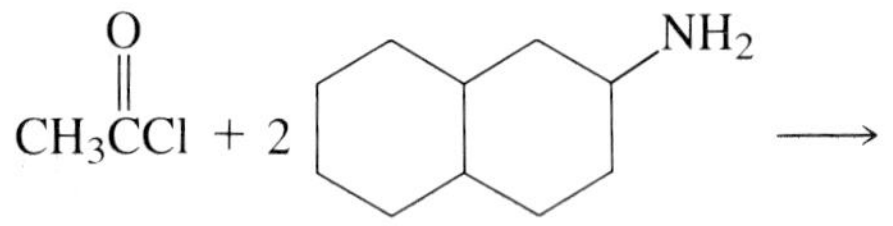 $CH_3C(=O)Cl$ + 2 (Decalin-2-yl-NH_2) $\longrightarrow$

(b) 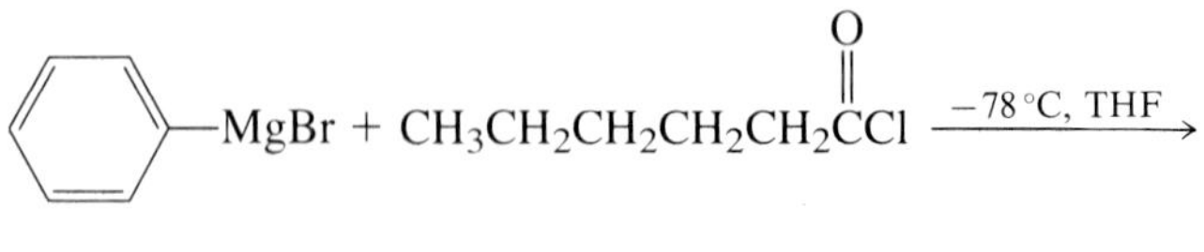 C_6H_5–MgBr + $CH_3CH_2CH_2CH_2CH_2C(=O)Cl \xrightarrow{-78\,°C,\ THF}$

(c) $(H_3C)_3C{-}C(=O)Cl \xrightarrow{LiAl[OC(CH_3)_3]_3H,\ THF,\ -78\,°C}$

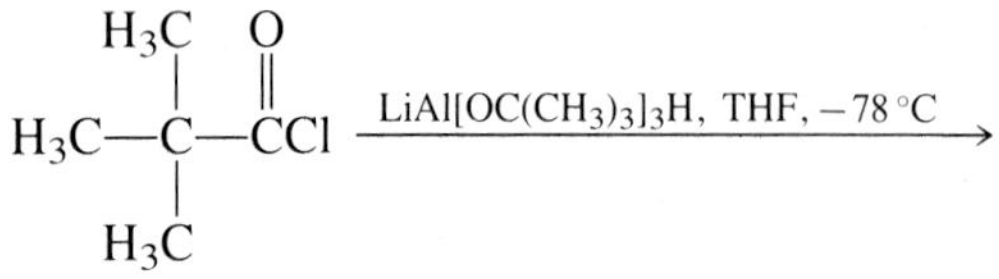

(d) 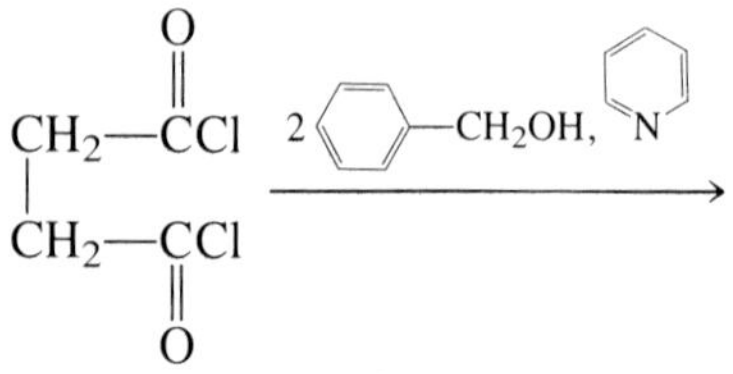 $ClC(=O){-}CH_2{-}CH_2{-}C(=O)Cl \xrightarrow{2\ C_6H_5{-}CH_2OH,\ \text{Pyridin}}$

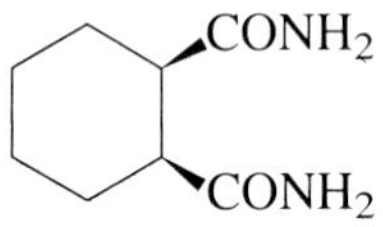

(e) 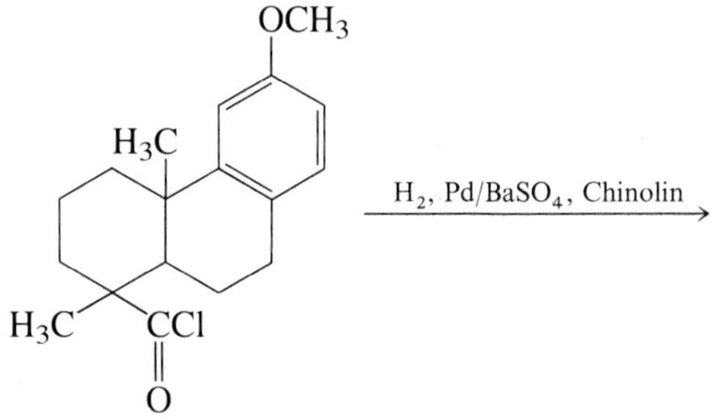 (tricyclisches Säurechlorid mit OCH_3, H_3C, H_3C, $C(=O)Cl$) $\xrightarrow{H_2,\ Pd/BaSO_4,\ \text{Chinolin}}$

5 **(a)** Schlagen Sie Mechanismen für (1) die Bildung von Methylketen, $CH_3CH{=}C{=}O$, aus Propanoylchlorid und $N(CH_2CH_3)_3$ und (2) die Reaktion von Methylketen mit Wasser vor.
(b) Welche Faktoren könnten bestimmen, ob ein Alkanoylhalogenid mit einem tertiären Amin zu einem Alkanoylammoniumhalogenid (s. Abschn. 18.2) oder zu einem Keten reagiert (Abschn. 18.3).

6 Welche(s) Produkt(e) entsteht (entstehen) Ihrer Meinung nach bei der Reaktion von Ethansäureanhydrid (Acetanhydrid) mit den folgenden Reagenzien. Nehmen Sie in jedem Fall an, daß das Reagenz in großem Überschuß vorliegt.

(a) $(CH_3)_2CHOH$
(b) NH_3
(c) C_6H_5–MgBr
(d) $LiAlH_4$

7 Schreiben Sie das Produkt (die Produkte) der Reaktion von Butandisäureanhydrid (Bernsteinsäureanhydrid, Succinanhydrid) mit den Reagenzien aus Aufgabe 6 auf.

8 Nach Beendigung einer Reaktion steht jeder Chemiker und selbstverständlich auch jede Chemikerin vor den Problem, die Glasgeräte zu säubern. Da im Kolben verbliebene Reste der Verbindungen giftig, explosiv oder sonstwie gefährlich sein, oder andere unangenehme Eigenschaften haben können, sollte man vor dem Abwasch erst einmal nachdenken, welche chemischen Vorgänge man damit vielleicht auslöst. Stellen Sie sich vor, Sie haben gerade eine Synthese von Hexanoylchlorid durchgeführt, um vielleicht Reaktion **b** von Aufgabe 4 durchzuführen. Nun müssen Sie zunächst die mit dem Alkanoylhalogenid verschmutzten Glasgeräte säubern. Hexanoylchlorid und Hexansäure habe beide einen widerlichen Geruch.

(a) Wäre es eine gute Idee, die Glasgeräte mit Wasser und Seife zu reinigen? Erläutern Sie Ihre Antwort.
(b) Schlagen Sie eine angenehmere Alternative vor. Gehen Sie dabei von der Chemie der Alkanoylhalogenide und den physikalischen Eigenschaften (insbesondere dem Geruch) der anderen Carbonsäure-Derivate aus.

9 Die Carbonyl-Valenzschwingung der Ester liegt im Infrarot-Spektrum bei etwa 1740 cm^{-1}, bei den Lactonen ist die entsprechende Bande hingegen stark von der Ringgröße abhängig. Am Rand sind drei Beispiele von Lactonen gezeigt. Wie erklären Sie sich die jeweilige Lage der IR-Banden dieser Kleinring-Lactone?

1735 cm^{-1} 1770 cm^{-1}

1840 cm^{-1}

10 Formulieren Sie einen detaillierten Mechanismus für die säurekatalysierte Umesterung von Ethyl-2-methylpropanat (Isobuttersäureethylester) in den entsprechenden Methylester. Ihr Mechanismus sollte deutlich die katalytische Rolle des Protons erkennen lassen.

11 Zeigen Sie, wie Sie die folgende Umsetzung durchführen würden, in der die Estergruppe an der linken unteren Seite des Moleküls in einen Alkohol überführt wird, der Ester an der oberen Seite aber erhalten bleibt. (Hinweis: Versuchen Sie keine Esterhydrolyse. Sehen Sie sich genau an, wie die Estergruppen an das Steroid gebunden sind und gehen Sie von einem Ansatz über eine Umesterung aus).

CH_3 CH_3 $C\text{—}OCH_3$ O CH_3 O C H_3C O $\xrightarrow{?}$ CH_3 CH_3 $C\text{—}OCH_3$ O CH_3 HO

12 Geben Sie die jeweiligen Produkte der folgenden Reaktionen an.

(a) $COOCH_3$ $COOCH_3$ $\xrightarrow{\text{1. KOH, } H_2O\text{; 2. } H^+\text{, } H_2O}$

(b) H_3C O $=O$ CH_3CH_2 $\xrightarrow{(CH_3)_2CHNH_2\text{, } CH_3OH\text{, } \Delta}$

(c) $CH_3\overset{O}{\overset{\|}{C}}OCH_3$ + Überschuß (Cyclopentyl)MgBr $\xrightarrow{\text{1. } (CH_3CH_2)_2O\text{, 20 °C; 2. } H^+\text{, } H_2O}$

(d) $CH_3O\overset{O}{\overset{\|}{C}}OCH_3$ + Überschuß (Cyclopropyl)–MgBr $\xrightarrow{\text{1. } (CH_3CH_2)_2O\text{, 20 °C; 2. } H^+\text{, } H_2O}$

(e) $C_6H_5\text{—}CH(CH_3)COOCH_2CH_3$ $\xrightarrow{\text{1. LDA, THF, −78 °C; 2. } \overset{O}{CH_2\text{—}CH_2}\text{, HMPT; 3. } H^+\text{, } H_2O}$

(f) (Cyclohexyl)$COOCH_3$ $\xrightarrow{\text{1. } (CH_3\overset{CH_3}{\overset{|}{C}}HCH_2)_2AlH\text{, Toluol, −60 °C; 2. } H^+\text{, } H_2O}$

13 Die Abspaltung der C-17-Seitenkette bestimmter Steroide ist ein entscheidender Schritt bei der Synthese einer Reihe von Hormonen, wie Testosteron, aus Steroiden der leichter zugänglichen Pregnan-Familie:

CH_3 H_3C O H_3C H H H HO $\xrightarrow{\text{mehrere Stufen}}$ CH_3 OH H_3C H H H O

Pregnan-3α-ol-20-on **Testosteron**

Wie würden Sie die am Rande gezeigte, vergleichbare Umsetzung von Ethanoylcyclopentan in Cyclopentanol durchführen? Beachten Sie, daß Sie bei diesem und den folgenden synthetischen Problemen Reaktionen aus verschiedenen Gebieten der Chemie der Carbonylgruppe benutzen müssen (Kapitel 15 – 18).

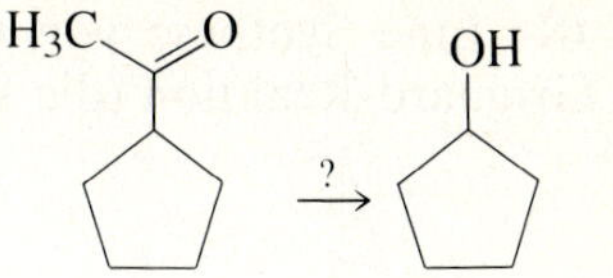

H_3C O OH ? →

14 Eine sehr nützliche Methode zur Darstellung bestimmter Typen von Diolen benutzt die Reaktion von „Bis-Grignard-Verbindungen“ mit einem Lacton:

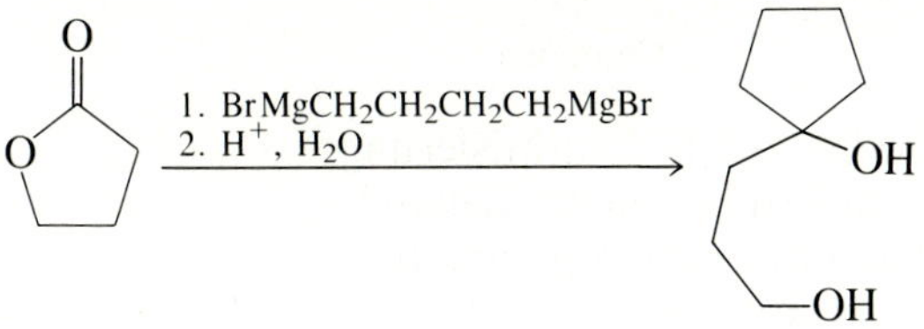

O O 1. $BrMgCH_2CH_2CH_2CH_2MgBr$ 2. H^+, H_2O → OH OH

(a) Formulieren Sie einen Mechanismus für diese Umsetzung.
(b) Zeigen Sie, wie Sie diese allgemeine Methode zur Synthese der Diole (i) und (ii) einsetzen würden.

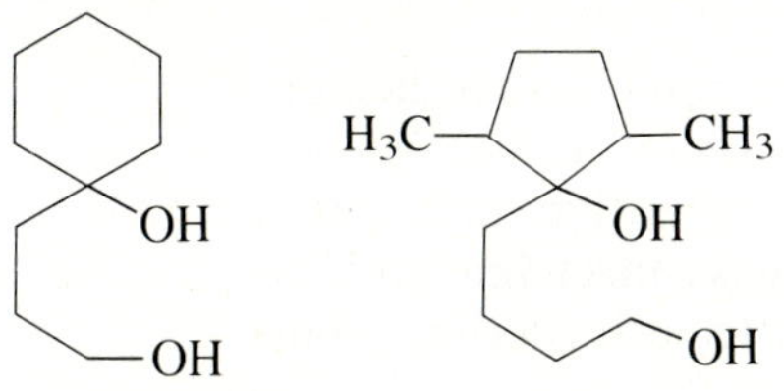

OH OH **i** H_3C CH_3 OH OH **ii**

15 Die Reaktion zwischen dem Enolat des Ethylethanoats (Essigsäureethylesters) und 2,2-Dimethylpropanal ist in Abschn. 18.4 als Beispiel für die Addition eines Ester-Enolats an die Carbonylgruppe eines Ketons oder Aldehyds angeführt. Würde die entsprechende Reaktion beim Propanal selbst auch funktionieren? Wenn ja, warum, wenn nein, warum nicht?

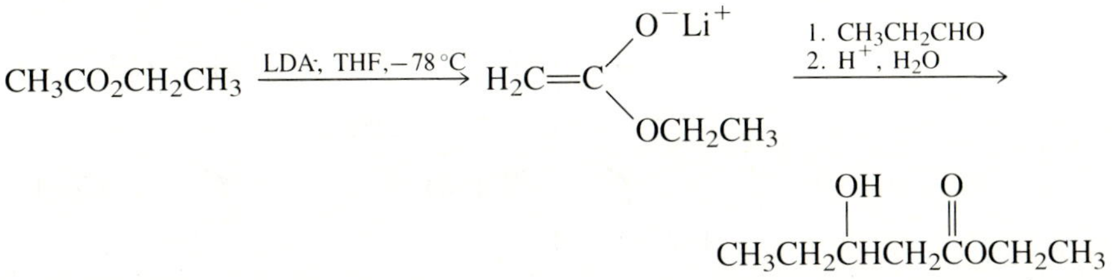

$$CH_3CO_2CH_2CH_3 \xrightarrow{\text{LDA, THF, } -78\,^\circ C} H_2C{=}C(O^-Li^+)(OCH_2CH_3) \xrightarrow[\text{2. } H^+,\ H_2O]{\text{1. } CH_3CH_2CHO} CH_3CH_2CH(OH)CH_2C(=O)OCH_2CH_3$$

16 Schlagen Sie eine Synthesefolge für die Überführung der am Rand dargestellten Carbonsäure (i) in das natürlich vorkommende Sesquiterpen α-Curcumen vor.

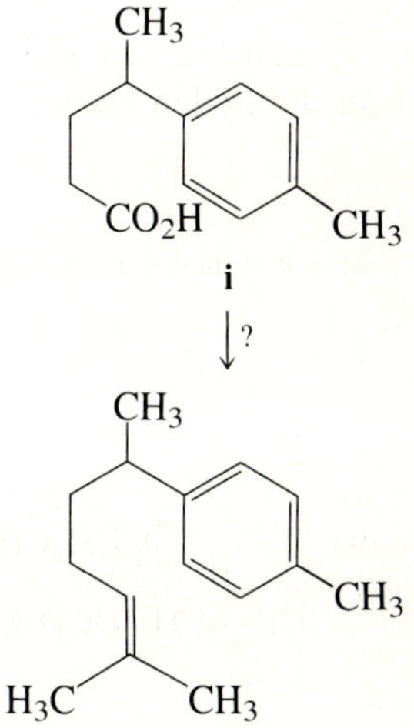

CH_3 CO_2H CH_3 **i** ↓? CH_3 CH_3 H_3C CH_3 **α-Curcumen**

17 Wie würden Sie Oleuropinsäure (die man aus Olivenbäumen isolieren kann) synthetisieren, wenn Ihnen als Ausgangsverbindung die im folgenden gezeigte Ketosäure (i) zur Verfügung stünde?

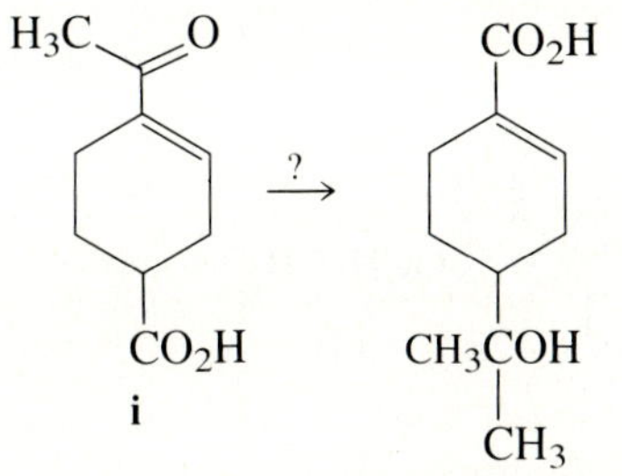

H_3C O CO_2H **i** ? → CO_2H CH_3COH CH_3 **Oleuropinsäure**

18 Eine Synthese von Camphen aus Camphenilon beginnt mit einer Grignard-Reaktion (die Wittig-Reaktion funktioniert nicht):

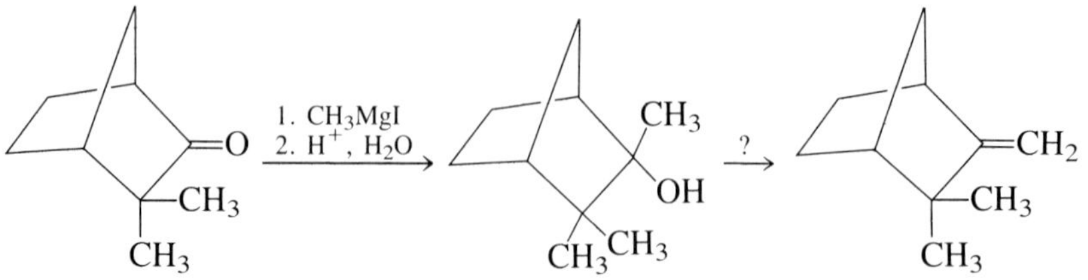

1. CH_3MgI
2. H^+, H_2O

?

Camphenilon **Camphen**

Unglücklicherweise führen die üblichen Methoden zur Dehydratisierung des entstandenen sekundären Alkohols nicht zum Erfolg. Bei der Behandlung mit Säure und anderen Versuchen, die Alkoholfunktion in eine bessere Abgangsgruppe zu überführen, entsteht ein Carbenium-Ion, das außerordentlich leicht Umlagerungen eingeht.

Schlagen Sie eine Reaktionsfolge zur Überführung dieses tertiären Alkohols in Camphen vor, bei der alle Bedingungen, die zu Carbenium-Ionen-Umlagerungen führen, vermieden werden.

19 Im folgenden ist ein Auschnitt aus der Synthese von Chrysanthemensäure, einem natürlich vorkommenden Insektizid, gezeigt. Einige Verbindungen aus der Reaktionsfolge haben wir herausgegriffen und durch Pfeile verbunden. Wie würden Sie die durch Pfeile gekennzeichneten Umsetzungen (es können ein oder mehrere Schritte erforderlich sein) durchführen?

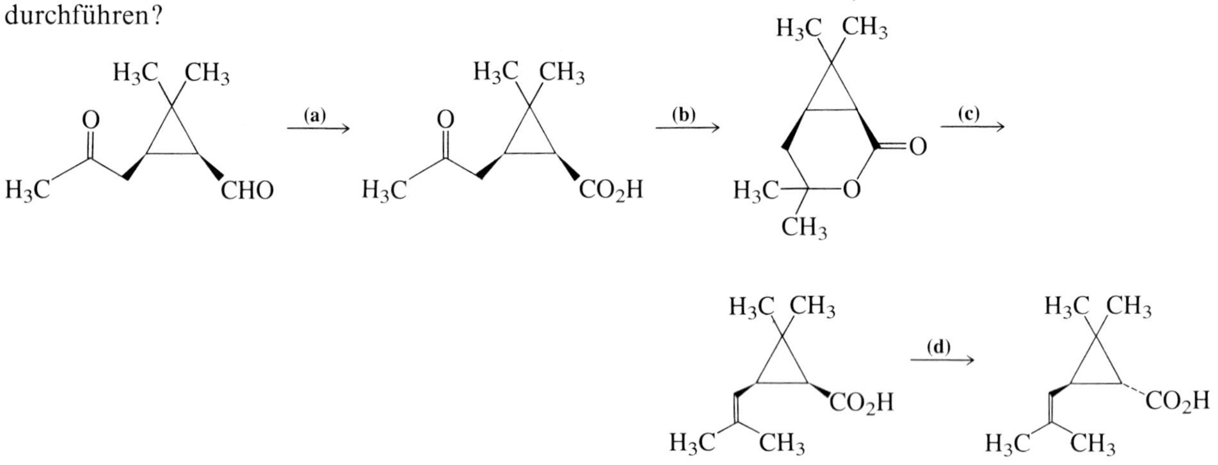

(a) (b) (c) (d)

Chrysanthemensäure

20 Zeigen Sie, wie sich die folgenden Moleküle durch Claisen-Kondensation darstellen lassen.

(a) $CH_3CH_2C(O)CH(CH_3)C(O)OCH_2CH_3$

(b) $(CH_3)_2CHCH(CO_2CH_2CH_3)C(O)CH_2CH(CH_3)_2$

(c) $C_6H_5CH_2C(O)CH(CO_2CH_2CH_3)C_6H_5$

(d) OCH_2CH_3

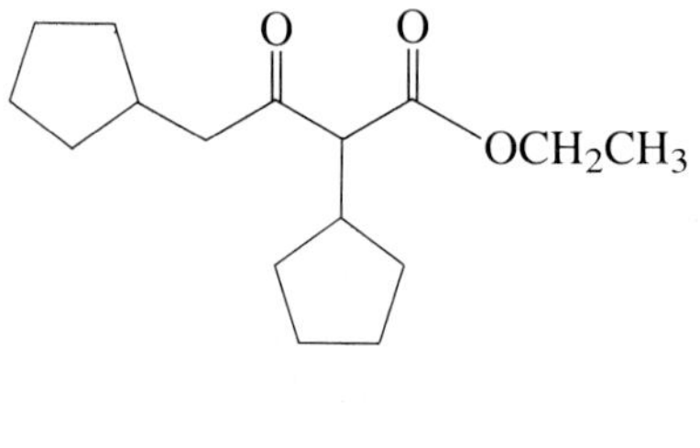

21 Erwarten Sie, daß eine Claisen-Kondensation zwischen dem Enolat-Ion eines Esters und der Carbonylgruppe eines anderen Esters (*gekreuzte Claisen-Kondensation*) im allgemeinen mit guten Ausbeuten verläuft? Erläutern Sie Ihre Antwort.

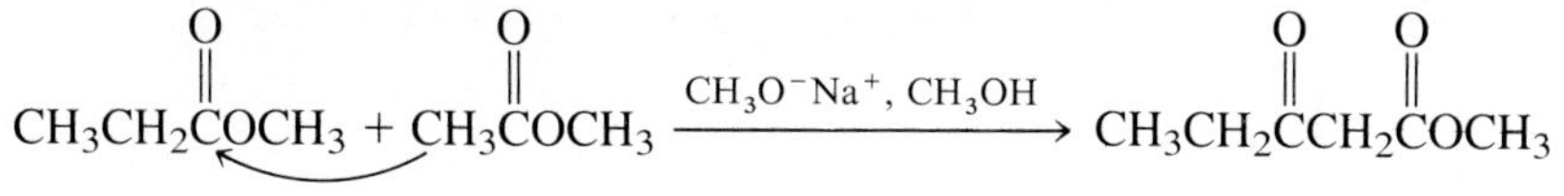

$$CH_3CH_2\overset{O}{\overset{\|}{C}}OCH_3 + CH_3\overset{O}{\overset{\|}{C}}OCH_3 \xrightarrow{CH_3O^-Na^+,\ CH_3OH} CH_3CH_2\overset{O}{\overset{\|}{C}}CH_2\overset{O}{\overset{\|}{C}}OCH_3$$

22 Gekreuzte Claisen-Kondensationen (s. Aufgabe 21) sind dann zur Synthese von 3-Ketoestern geeignet, wenn einer der beiden Ester keine Wasserstoffatome in α-Stellung hat. Warum? Zeigen Sie, wie Sie die folgenden 3-Ketoester über gekreuzte Claisen-Kondensationen darstellen würden.

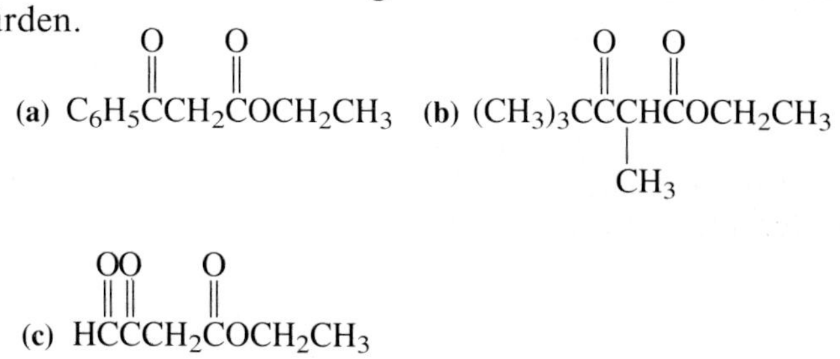

(a) $C_6H_5\overset{O}{\overset{\|}{C}}CH_2\overset{O}{\overset{\|}{C}}OCH_2CH_3$ **(b)** $(CH_3)_3C\overset{O}{\overset{\|}{C}}\underset{CH_3}{\underset{|}{C}}H\overset{O}{\overset{\|}{C}}OCH_2CH_3$

(c) $H\overset{O}{\overset{\|}{C}}\overset{O}{\overset{\|}{C}}CH_2\overset{O}{\overset{\|}{C}}OCH_2CH_3$

23 Schlagen Sie ein Syntheseschema für die Überführung des Lactons (i) in das Amin (ii), einer Vorstufe zu der Naturstoffklasse der Monoterpene (iii), vor.

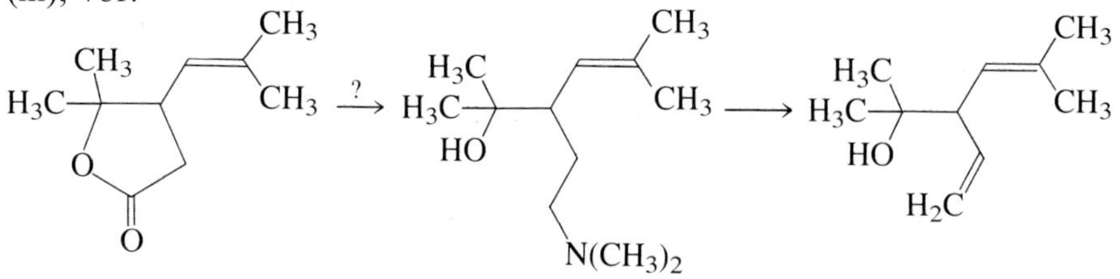

i $\xrightarrow{?}$ ii $\longrightarrow$ iii

(i: Lacton mit H_3C, CH_3, O, O und $CH=C(CH_3)_2$; ii: $(H_3C)_2C(HO)$–, $CH=C(CH_3)_2$, $N(CH_3)_2$; iii: $(H_3C)_2C(HO)$–, $CH=C(CH_3)_2$, $H_2C=$)

24 Zeigen Sie, wie Sie Chlorpheniramin, ein stark wirksames Antihistaminikum, aus der Carbonsäure (i) oder (ii), die im folgenden gezeigt sind, darstellen würden. Benutzen Sie in beiden Synthesen unterschiedliche Carbonsäureamide.

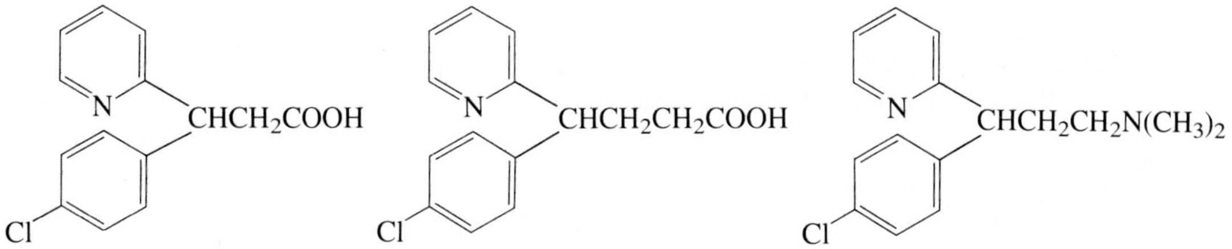

i: $CHCH_2COOH$ (N, Cl)

ii: $CHCH_2CH_2COOH$ (N, Cl)

Chlorpheniramin: $CHCH_2CH_2N(CH_3)_2$ (N, Cl)

25 Zeichnen Sie bei der folgenden Reaktion von Cyclohexanon zu 1-Cyclohexencarbonsäure die Strukturformeln der Zwischenprodukte und erklären Sie jeden Reaktionsschritt.

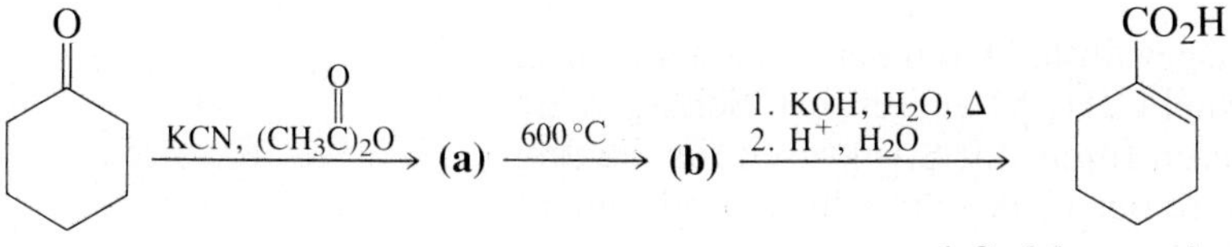

Cyclohexanon (O) $\xrightarrow{KCN,\ (CH_3\overset{O}{\overset{\|}{C}})_2O}$ **(a)** $\xrightarrow{600\,°C}$ **(b)** $\xrightarrow[2.\ H^+,\ H_2O]{1.\ KOH,\ H_2O,\ \Delta}$ CO_2H

1-Cyclohexencarbonsäure

26 Schlagen Sie eine Synthese von β-Selinen, das zu einer weitverbreiteten Familie von Sesquiterpenen gehört, vor, wenn Ihnen als Ausgangsverbindung der dargestellte Alkohol zurVerfügung steht. Als eine Zwischenstufe Ihrer Synthese sollte ein Nitril auftreten.

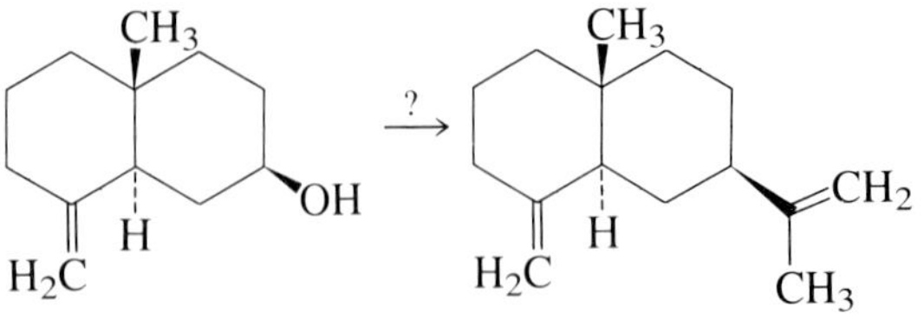

***β*-Selinen**

27 Zeichnen Sie die Struktur des Produkts der ersten der folgenden Reaktionen und schlagen Sie dann einen Syntheseweg vor, über den es schließlich in das als letztes gezeichnete methylsubstituierte Keton überführt wird. Diese Reaktion ist ein Beispiel für eine gebräuchliche Methode zur Einführung „angularer Methylgruppen" bei Steroidsynthesen. Beachten Sie, daß Sie die Carbonylgruppe schützen müssen.

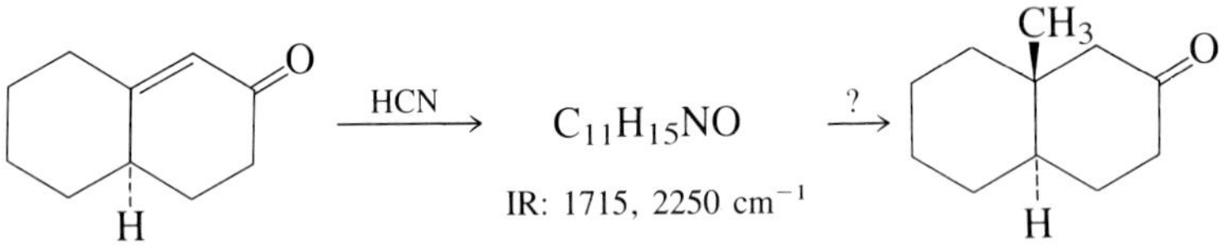

28 **(a)** Die Dieckmann-Reaktion ist die intramolekulare Variante der Claisen-Kondensation. Zeigen Sie, wie sich die Ketoester (i) und (ii) mit Hilfe dieser Reaktion darstellen lassen.

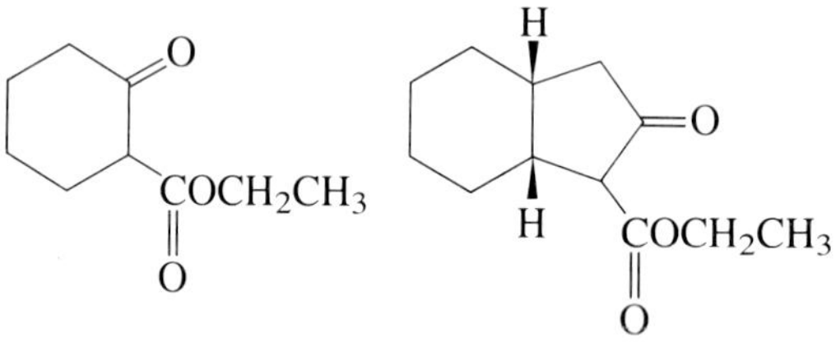

(b) Eine ähnliche Kondensation bei Dinitrilen bezeichnet man als Thorpe-Ziegler-Reaktion. Formulieren Sie einen detaillierten Mechanismus für diese Synthese cyclischer α-Cyanoketone.

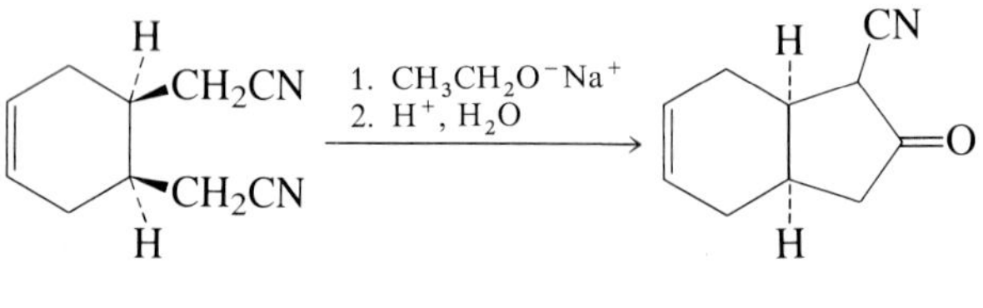

29 Ordnen Sie im Massenspektrum von 1-Brompropan so viele Peaks wie Sie können zu (s. Abb. 18-6).

30 In der folgenden Tabelle sind ausgewählte Daten der Massenspektren der drei isomeren Alkohole der Formel $C_5H_{12}O$ aufgeführt. Schlagen Sie aufgrund der Lage der Peaks und deren Intensität Strukturen für die drei Isomeren vor. Ein Strich bedeutet, daß der Peak sehr schwach oder nicht vorhanden ist.

m/z	Isomer A	Isomer B	Isomer C
88 M^+	–	–	–
87 $(M-1)^+$	2	2	–
73 $(M-15)^+$	–	7	55
70 $(M-18)^+$	38	3	3
59 $(M-29)^+$	–	–	100
55 $(M-15-18)^+$	60	17	33
45 $(M-43)^+$	5	100	10
42 $(M-18-28)^+$	100	4	6

31 Im folgenden sind die spektroskopischen und analytischen Eigenschaften zweier unbekannter Verbindungen gegeben. Schlagen Sie für jede Verbindung eine Struktur vor.

(a) Analyse: 74.94% C, 12.58% H (Rest O).
^{1}H-NMR: $\delta = 0.90$ (t, 3 H), 1.0–1.6 (m, 8 H), 2.05 (s, 3 H) und 2.25 (t, 2 H) ppm.
IR: 1715 cm^{-1}.
UV: $\lambda_{max}(\varepsilon) = 280(15)$ nm.
MS: m/z des Molekül-Ions ist 128; Intensität des $(M+1)^+$-Peak ist 9% vom M^+-Peak; wichtige Fragmente bei: $m/z = 113$ $(M-15)^+$, $m/z = 85$ $(M-43)^+$, $m/z = 71$ $(M-57)^+$, $m/z = 58$ $(M-70)^+$ (zweitgrößter Peak) und $m/z = 43$ $(M-79)^+$ (Basis-Peak).

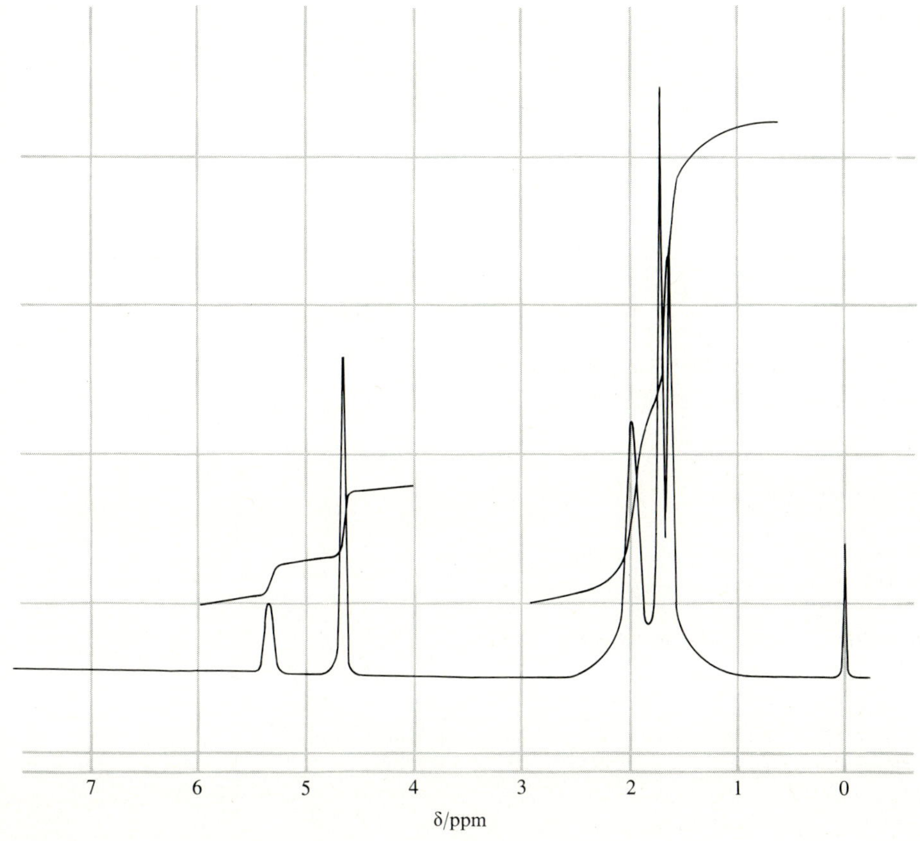

B

(b) Analyse: 88.16% C, 11.84% H.
^{1}H-NMR: s. Spektrum B.
^{13}C-NMR (nicht entkoppelt): $\delta = 20.5$ (q), 23.8 (q), 30.6 (t), 30.9 (t), 41.2 (d), 120.8 (d), 132.2 (s) und 149.7 (s) ppm.
IR: wichtige Banden bei 3060 (mittelstark), 3010 (mittelstark), 1680 (schwach), 1646 (mittelstark) und 880 (sehr stark) cm^{-1}.
UV: $\lambda_{max} < 200$ nm.
MS: m/z des Molekül-Ions ist 136; Intensität des $(M + 1)^+$-Peaks ist 11 % des M^+ -Peaks; wichtige Fragmente liegen bei $m/z = 121$ $(M - 15)^+$, $m/z = 95$ $(M - 41)^+$, $m/z = 68$ $(M - 68)^+$ (Basis-Peak) und $m/z = 41$ $(M - 95)^+$.

19 Die besondere Stabilität des cyclischen Elektronensextetts

Benzol und die elektrophile aromatische Substitution

Im Jahr 1825 erhielt der englische Wissenschaftler Faraday* durch die Pyrolyse von Walrat eine farblose Flüssigkeit (Sdp. 80.1 °C, Smp. 5.5 °C) mit der empirischen Formel CH. Diese Verbindung war mit der Theorie, nach der jeder Kohlenstoff vier Valenzen zu anderen Atomen ausbilden mußte, nicht in Einklang zu bringen. Besonders die ungewöhnliche Stabilität und chemische Trägheit (Abschn. 14.4) dieser Substanz fiel auf. Man nannte die Verbindung **Benzol** und stellte schließlich die Summenformel C_6H_6 dafür auf. In der darauffolgenden Zeit schlugen mehrere Forscher Strukturen für diese Verbindung vor, die sich jedoch alle als inkorrekt erwiesen, so z. B. Dewar-Benzol, Claus-Benzol, Ladenburg-Prisman und Benzvalen. Tatsächlich wurden seither Dewar-Benzol, Ladenburg-Prisman und Benzvalen (nicht aber Claus-Benzol) hergestellt. Diese Verbindungen sind jedoch instabil und ihre Isomerisierung zu Benzol verläuft sehr exotherm. Es war Kekulé**, der im Jahre 1865 vorschlug, daß Benzol aus sich rasch ineinander umwandelnden *Isomeren* von Cyclohexatrien bestehen sollte. Heute wissen wir, daß diese Hypothese nicht völlig richtig ist. Nach der modernen Elektronentheorie kann man Benzol durch zwei äquivalente *Resonanzstrukturen* des Cyclohexatriens beschreiben (Abschn. 14.4).

Strukturvorschläge für Benzol

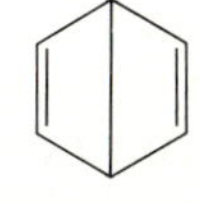

Dewar-Benzol

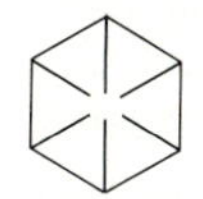

Claus-Benzol

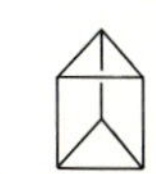

Ladenburg-Prisman

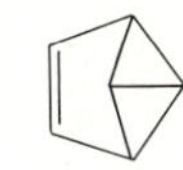

Benzvalen

Dieses Kapitel befaßt sich mit den physikalischen und chemischen Eigenschaften von Benzol. Zuerst erfahren wir, wie man substituierte Benzolderivate benennt. Dann werden wir uns mit der Elektronen- und Molekülstruktur der Stammverbindung beschäftigen, sowie die Merkmale der besonderen Stabilisierung, der Aromatizität, wiederholen. Der aromatische Charakter und die spezielle Struktur von Benzol beeinflussen dessen spektroskopische Eigenschaften. Am Ende wollen wir uns den Mechanismus der elektrophilen aromatischen Substitution erarbeiten. Diese Reaktionsklasse, mit der substituierte Benzolderivate gut zugänglich sind, haben wir in Abschn. 14.4 schon kennengelernt.

---

* Michael Faraday, 1791–1867, Professor am Royal Institute of Chemistry, London

** Professor F. August Kekulé, siehe Abschn. 1.4

19.1 Die systematische Benennung von Benzolderivaten

Aufgrund des starken Aromas, das viele Benzolderivate ausströmen, nennt man sie **aromatische Verbindungen** (Abschn. 14.4). Deshalb gilt Benzol, obwohl es nicht unbedingt besonders angenehm riecht, als Stammverbindung der Aromaten. Eine Anzahl wohlriechender aromatischer Verbindungen haben Eigennamen, die oft auf die natürliche Herkunft hinweisen. Manche dieser Namen sind anerkannte IUPAC-Namen.

Einige aromatische Geschmacksstoffe

Methyl-2-hydroxybenzolcarboxylat (Methylsalicylat, Wintergrün-Öl)

4-Hydroxy-3-methoxybenzolcarbaldehyd (Vanillin, Vanille-Aroma)

5-Methyl-2-(1-methylethyl)phenol (Thymol, Thymian-Aroma)

Der allgemeine Ausdruck für substituierte Benzolderivate lautet **Arene**. Ein Aren als Substituent heißt **Arylgruppe**, abgekürzt **Ar**. Die einfachste Arylgruppe heißt **Phenyl**, C_6H_5 (Abschn. 14.4).

Sie sollten sich darüber im klaren sein, daß, wann immer Sie Benzol als Sechseck mit drei Doppelbindungen niederschreiben, dies nur eine von zwei Resonanzstrukturen darstellt. Anders kann man die Benzolstruktur auch als Sechseck mit einem inneren Kreis schreiben.

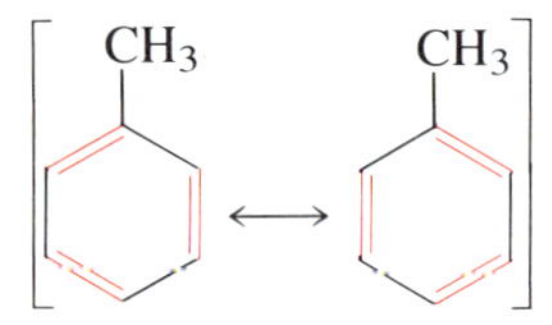

ist dasselbe wie

Viele monosubstituierten Benzolderivate benennt man, indem man den Substituentennamen dem Wort „Benzol" voranstellt:

Fluorbenzol **Nitrobenzol** **(1,1-Dimethylethyl)benzol (*tert*-Butylbenzol)**

Bei disubstituierten Benzolderivaten können die Substituenten drei mögliche Stellungen zueinander einnehmen. Bei benachbarten Substituenten stellt man dem Namen die Vorsilbe **1,2-** (**ortho-**, oder ***o***-, aus dem griechischen, gerade) voran, **1,3** (**meta**, oder ***m***-, griechisch für versetzt) für 1,3-disubstituierte Derivate und **1,4** (**para-**, oder ***p***-, griechisch für jenseits) für 1,4-disubstituierte Verbindungen. Die Substituenten werden in alphabetischer Reihenfolge genannt.

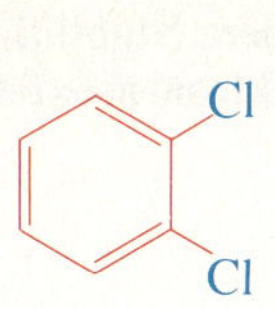

1,2-Dichlorbenzol (*o*-Dichlorbenzol) **1-Brom-3-nitrobenzol** (*m*-Bromnitrobenzol) **1-Ethyl-4-(1-methylethyl)benzol** (*p*-Ethylisopropylbenzol)

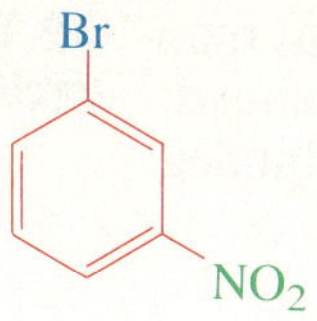

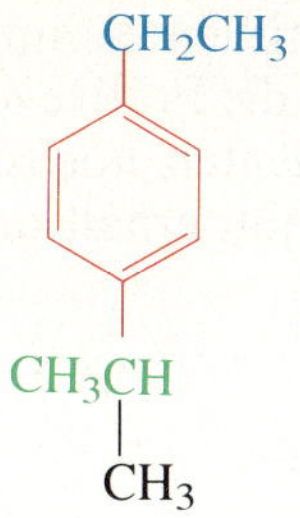

Für die Benennung drei- oder höhersubstituierter Derivate werden die sechs Kohlenstoffatome des Rings so gezählt, daß die Substituenten möglichst niedrige Nummern erhalten. Dies kennen wir bereits von der Nomenklatur des Cyclohexans.

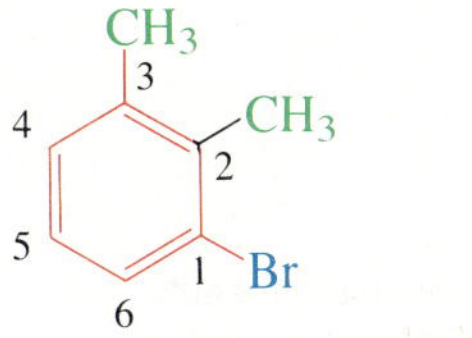

1-Brom-2,3-dimethylbenzol 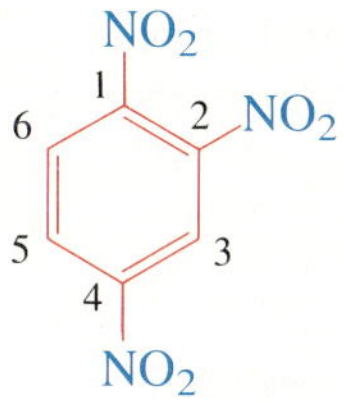 **1,2,4-Trinitrobenzol** 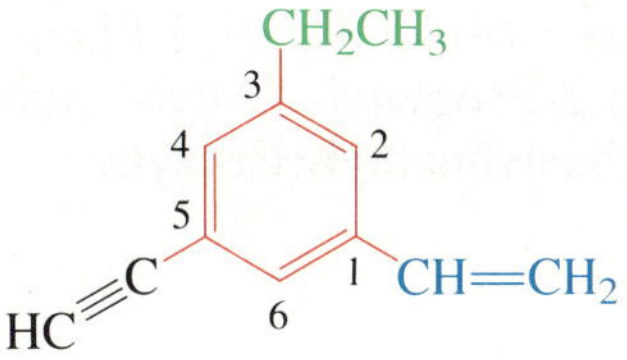 **1-Ethenyl-3-ethyl-5-ethinylbenzol**

Auf die folgenden Verbindungen werden wir in diesem Buch öfter stoßen. Achten Sie darauf, daß die systematischen Namen die Priorität von funktionellen Gruppen oder des aromatischen Rings wiedergeben. So lautet der systematische Name eines Benzols mit einer OH- und einer Methylgruppe Methylphenol, nicht Hydroxytoluol, der systematische Name der Benzoesäure ist Benzolcarbonsäure, nicht Hydroxycarbonylbenzol.

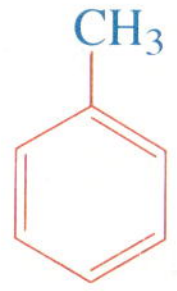

Methylbenzol (Toluol) **1,2-Dimethylbenzol** (*o*-Xylol) **1,3,5-Trimethylbenzol** (Mesitylen)

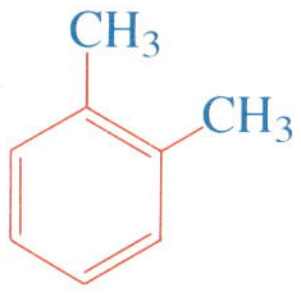

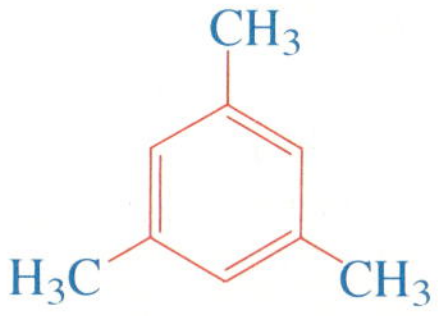

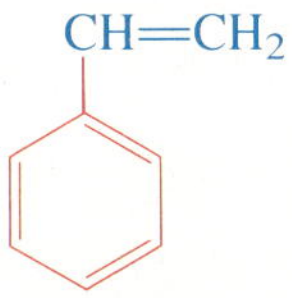

Ethenylbenzol (Styrol) **Phenol** 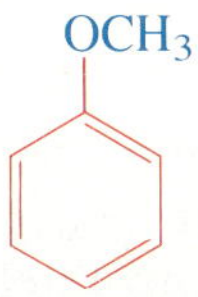 **Methoxybenzol** (Anisol) **Benzolcarbonsäure** (Benzoesäure)

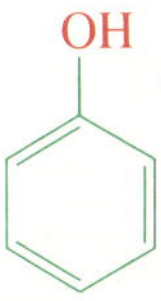

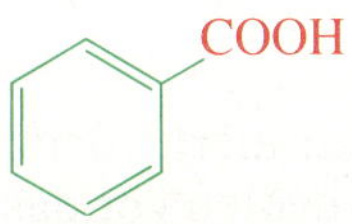

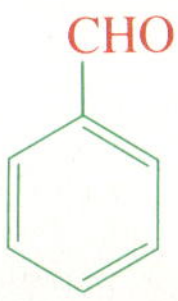

Benzolcarbaldehyd (Benzaldehyd) **1-Phenylethanon** (Acetophenon) **Benzolamin** (Anilin)

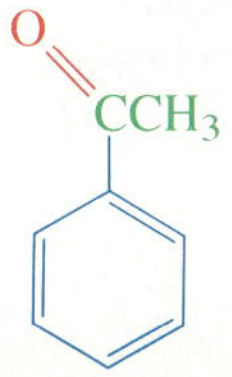

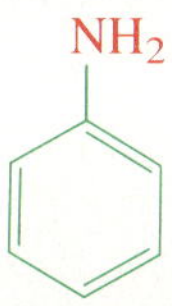

Tragen diese Verbindungen weitere Substituenten am Ring, benennt man sie, indem man den Ring durchzählt oder die Präfixe *o*-, *m*- und *p*- benutzt. Das Kohlenstoffatom, das den Substituenten höchster Priorität bindet, der der Verbindung den Stammnamen gibt, erhält die Nummer 1.

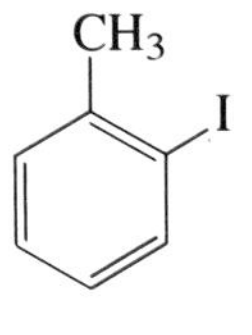

CH_3 I Br OH Br Br $CH{=}CH_2$ Br

1-Iod-2-methylbenzol (*o*-Iodtoluol) **2,4,6-Tribromphenol** 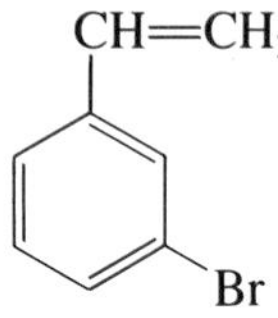 **1-Brom-3-ethenylbenzol (*m*-Bromstyrol)**

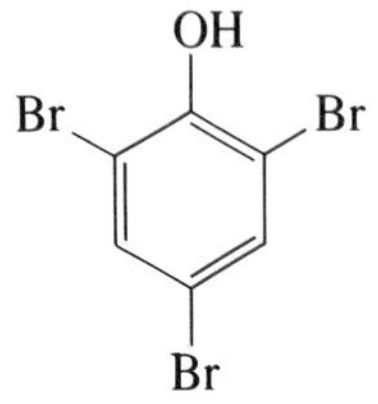

C_6H_5 als Substituent einer Kette mit funktionellen Gruppen höherer Priorität oder als Teil eines komplexen Moleküls wird Phenyl genannt. Die $C_6H_5CH_2$-Gruppe, die mit dem 2-Propenyl- (Allyl-) Substituenten verwandt ist (Abschn. 24.1) heißt **Phenylmethyl (Benzyl)**.

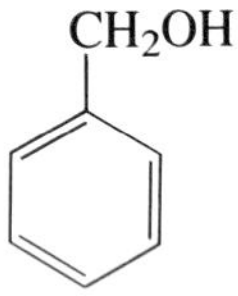

CH_2OH

Phenylmethanol (Benzylalkohol)

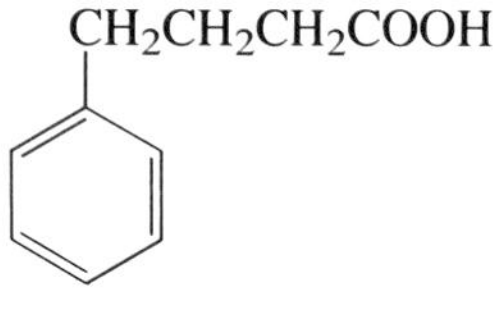

$CH_2CH_2CH_2COOH$

4-Phenylbutansäure

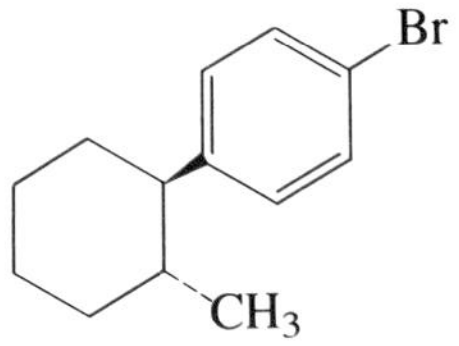

Br CH_3

***trans*-1-(4-Bromphenyl)-2-methylcyclohexan**

Übung 19-1

Geben Sie die systematischen und die Trivialnamen der folgenden substituierten Benzolderivate an:

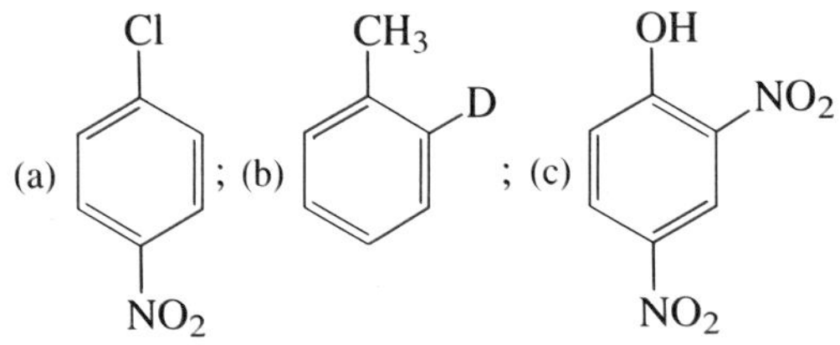

(a) Cl NO_2 ; (b) CH_3 D ; (c) OH NO_2 NO_2

Übung 19-2

Zeichnen Sie die Strukturen der folgenden Moleküle: (a) (1-Methylbutyl)benzol; (b) 1-Ethenyl-4-nitrobenzol (*p*-Nitrostyrol); (c) 2-Methyl-1,3,5-trinitrobenzol, (2,4,6-Trinitrotoluol – das hochexplosive TNT).

Übung 19.3

Die folgenden Namen sind falsch. Geben Sie die korrekten Namen an: (a) 3,5-Dichlorbenzol; (b) *o*-Aminophenylfluorid; (c) *p*-Fluorbrombenzol.

Wir fassen zusammen: Einfach substituierte Benzolderivate benennt man, indem man den Namen des Substituenten vor das Wort Benzol stellt. Bei höher substituierten Systemen gibt die Bezeichnung 1,2- oder *ortho*, 1,3- oder *meta*, 1,4- oder *para* die Stellung der Substituenten an. Alternativ kann man den Ring durchnumerieren und die so festgelegten Substituenten alphabetisch ordnen. Viele einfache Benzolderivate haben Trivialnamen.

19.2 Die Struktur von Benzol: Ein erster Blick auf die Aromatizität

Benzol ist ungewöhnlich reaktionsträge; es geht keine Additionsreaktionen wie normale Alkene ein (Abschn. 14.4). In diesem Abschnitt werden wir die Ursache dafür kennenlernen: das cyclische Elektronensextett bewirkt eine besondere Stabilität. Die Energie, die durch die Delokalisierung der sechs π-Elektronen frei wird, heißt Resonanzenergie des Benzols. Wieviel diese ausmacht, können wir abschätzen, indem wir die Hydrierungswärmen von Benzol mit der von Modellsystemen, z. B. 1,3-Cyclohexadien vergleichen, bei dem eine cyclische Konjugation nicht möglich ist.

Der Benzolring enthält sechs gleichmäßig überlappende *p*-Orbitale

Abbildung 19-1 zeigt uns die elektronische Struktur des Benzolrings. Alle Kohlenstoffatome sind sp^2-hybridisiert und jedes *p*-Orbital überlappt gleichmäßig mit seinen beiden Nachbarn. Die auf diese Weise delokalisierten Elektronen bilden eine π-*Wolke* oberhalb und unterhalb der Ringebene (Abb. 19-2).

Nach diesem Bild sollte das Benzolmolekül ein völlig symmetrisches Sechseck mit gleichartigen C–C-Bindungen bilden. In der Tat wurde

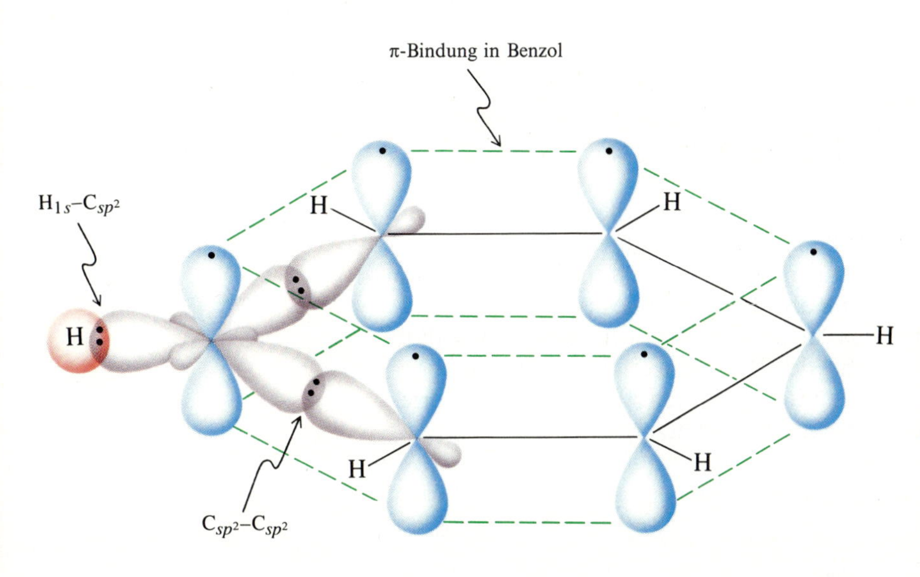

Abb. 19-1 Orbitalbild der Bindungsverhältnisse in Benzol. Die σ-Bindungen sind als durchgezogene Linien dargestellt. Zur besseren Übersicht sind nur die Bindungen zu einem Kohlenstoffatom mit *p*-Orbitalen und sp^2-Hybridorbitalen ausführlich gezeichnet.

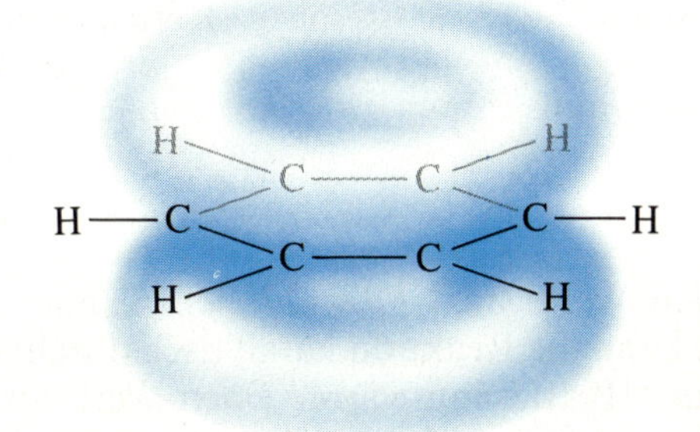

Abb. 19-2 Die sechs überlappenden *p*-Orbitale des Benzols bilden eine π-Elektronenwolke ober- unterhalb der Molekülebene.

diese Struktur experimentell bestätigt (Abb. 19-3). Es liegen keine alternierenden Einfach- und Doppelbindungen vor, wie es zu erwarten wäre, wenn Benzol ein konjugiertes Trien, ein „Cyclohexatrien" wäre. Die C–C-Bindungslänge in Benzol beträgt 139 pm und liegt damit zwischen dem Wert einer Einfachbindung (147 pm) und dem einer Doppelbindung (134 pm) in 1,3-Butadien (Abb. 14-8).

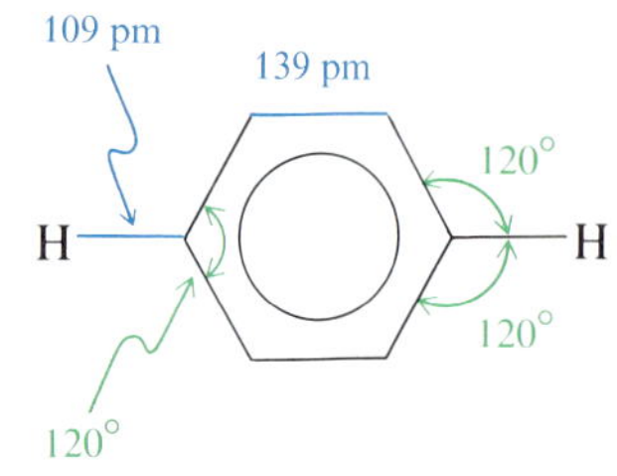

Abb. 19-3 Struktur des Benzolmoleküls. Alle sechs C–C-Bindungen sind gleich lang; alle Bindungswinkel betragen 120°.

Benzol ist besonders stabil: Hydrierungswärmen

Um ein Maß für die relative Stabilität einer Reihe von Alkenen zu bekommen, kann man ihre Hydrierungswärmen bestimmen (Abschn. 11.4 und 14.3). Ein ähnliches Experiment können wir mit Benzol durchführen, und seine Hydrierungswärme mit der von 1,3-Cyclohexadien und Cyclohexen vergleichen. Diese Verbindungen sind besonders gut dafür geeignet, da man aus allen durch Hydrierung Cyclohexan erhält.

Bei der Hydrierung von Cyclohexen werden 120 kJ/mol frei. Dieser Wert ist im Einklang mit der Hydrierungswärme einer cis-Doppelbindung (Abschn. 11.4). Die Hydrierungswärme von 1,3-Cyclohexadien ($\Delta H^0 = -230$ kJ/mol) beträgt etwas weniger als die doppelte Menge von Cyclohexen, da das konjugierte Dien resonanzstabilisiert ist (Abschn. 14.3), wobei die Resonanzenergie in diesem Fall $2 \times (120) - 230 = 10$ kJ/mol ausmacht.

$+ H_2 \xrightarrow{\text{Pt-Katalysator}}$ $\qquad \Delta H^0 = -120$ kJ/mol

$+ 2\,H_2 \xrightarrow{\text{Pt-Katalysator}}$ $\qquad \Delta H^0 = -230$ kJ/mol

Wie können wir die Hydrierungswärme von Benzol abschätzen? Läßt man besondere Resonanzeffekte außer Betracht, könnte man für das Molekül drei konjugierte Doppelbindungen annehmen, ähnlich wie in Cyclohexen, die sich mit Einfachbindungen abwechseln. (Dies wird in der Struktur links hervorgehoben, die das normalerweise für Benzol reguläre Sechseck verzerrt wiedergibt.) Wenn der Resonanzeffekt in Benzol ebensoviel ausmacht wie in 1,3-Cyclohexadien, könnten wir ΔH^0 der Hydrierungswärme von Benzol folgendermaßen abschätzen:

$+ 3\,H_2 \xrightarrow{\text{Katalysator}}$ $\qquad \Delta H^0 = ?$

$\Delta H^0 = 3$ (ΔH^0 der Hydrierung von) + 3 (Resonanz-Korrektur in)

$$= 3 \times (-120) + (3 \times 10) \text{ kJ/mol}$$
$$= -360 + 30 \text{ kJ/mol}$$
$$= -330 \text{ kJ/mol}$$

Wie sehen die experimentellen Werte aus? Obwohl Benzol nur schwer hydriert wird (Abschn. 14.4), kann die Reaktion katalytisch durchgeführt werden und man erhält für die Hydrierungswärme einen Wert von ΔH^0 -206 kJ/mol, viel weniger also als der errechnete Wert von -330 kJ/mol.

In Abbildung 19-4 sind die Ergebnisse der drei Hydrierungsexperimente nochmals zusammengefaßt und dem errechneten Wert eines hypothetischen Cyclohexatriens gegenübergestellt. Es fällt sofort auf, daß Benzol viel stabiler ist als ein cyclisches Trien mit alternierenden Einfach- und Doppelbindungen. Der Unterschied zwischen den Hydrierungswärmen (und den Bildungsenthalpien) beträgt ungefähr 124 kJ/mol und wird als **Resonanzenergie** von Benzol bezeichnet. Andere Namen dafür sind *Delokalisierungsenergie, aromatische Stabilisierung*, oder einfach **Aromatizität** von Benzol. Die ursprüngliche Bedeutung dieses Wortes hat sich also im Lauf der Zeit gewandelt und sie bezeichnet heute eher eine thermodynamische Eigenschaft, keinen Geruch mehr.

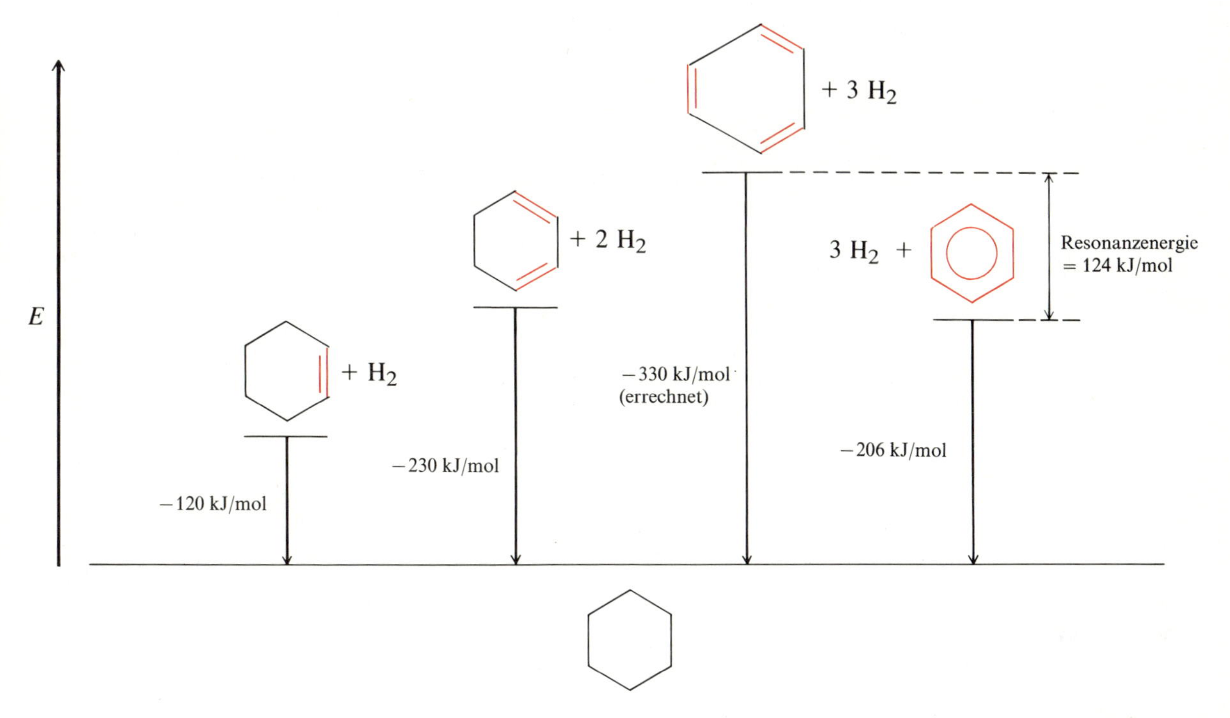

Abb. 19-4 Hydrierungswärmen von Cyclohexen, 1,3-Cyclohexadien, dem hypothetischen 1,3,5-Cyclohexatrien (errechnet) und Benzol. Alle vier Verbindungen werden zu Cyclohexan hydriert. Daraus ergibt sich für die Resonanzenergie von Benzol ein Betrag von ungefähr 124 kJ/mol.

Die Molekülorbitale von Benzol

Die sechs cyclisch angeordneten, überlappenden *p*-Orbitale bilden einen Satz von sechs Molekülorbitalen. Dem gegenübergestellt sind in Abbildung 19-5 die Molekülorbitale eines offenkettigen Analogons, 1,3,5-Hexatrien. Wie auch bei 1,3-Butadien (Abb. 14-9) haben die Molekülorbitale mit zunehmender Energie eine zunehmende Anzahl von Knoten. Aufgrund der Symmetrie des Benzolmoleküls kann das Hinzufügen eines oder zwei Knoten auf zweierlei Weise erfolgen, damit entstehen zwei Paare von energiegleichen Molekülorbitalen, ψ 2,3 und ψ 4,5. Diese energiegleichen Orbitale sind *entartet*, sie bilden die höchsten besetzten und die niedrigsten unbesetzten Orbitale des Benzols. 1,3,5-Hexatrien dagegen läßt sich mit einem Satz unterschiedlicher (nicht entarteter) Molekülorbitale beschreiben. Die Energieniveaus der Molekülorbitale beider Systeme sind in Abb. 19-6 zu ersehen (vgl. Abb. 14-10). Jedes System hat sechs *p*-Elektronen, die sich auf die drei bindenden Molekülorbitale verteilen. Benzol ist stabiler als 1,3,5-Hexatrien, da zwei seiner drei besetzten Molekülorbitale von niedrigerer Energie sind.

Manche Reaktionen verlaufen über einen aromatischen Übergangszustand

Manche Reaktionen, die eine komplizierte, konzertierte Bewegung von drei Elektronenpaaren beinhalten, können auf einfache Weise erklärt werden, wenn man einen benzolähnlichen Übergangszustand in Betracht zieht, so z. B. bei der Diels-Alder-Reaktion (Abschn. 14.5), der Esterpyro-

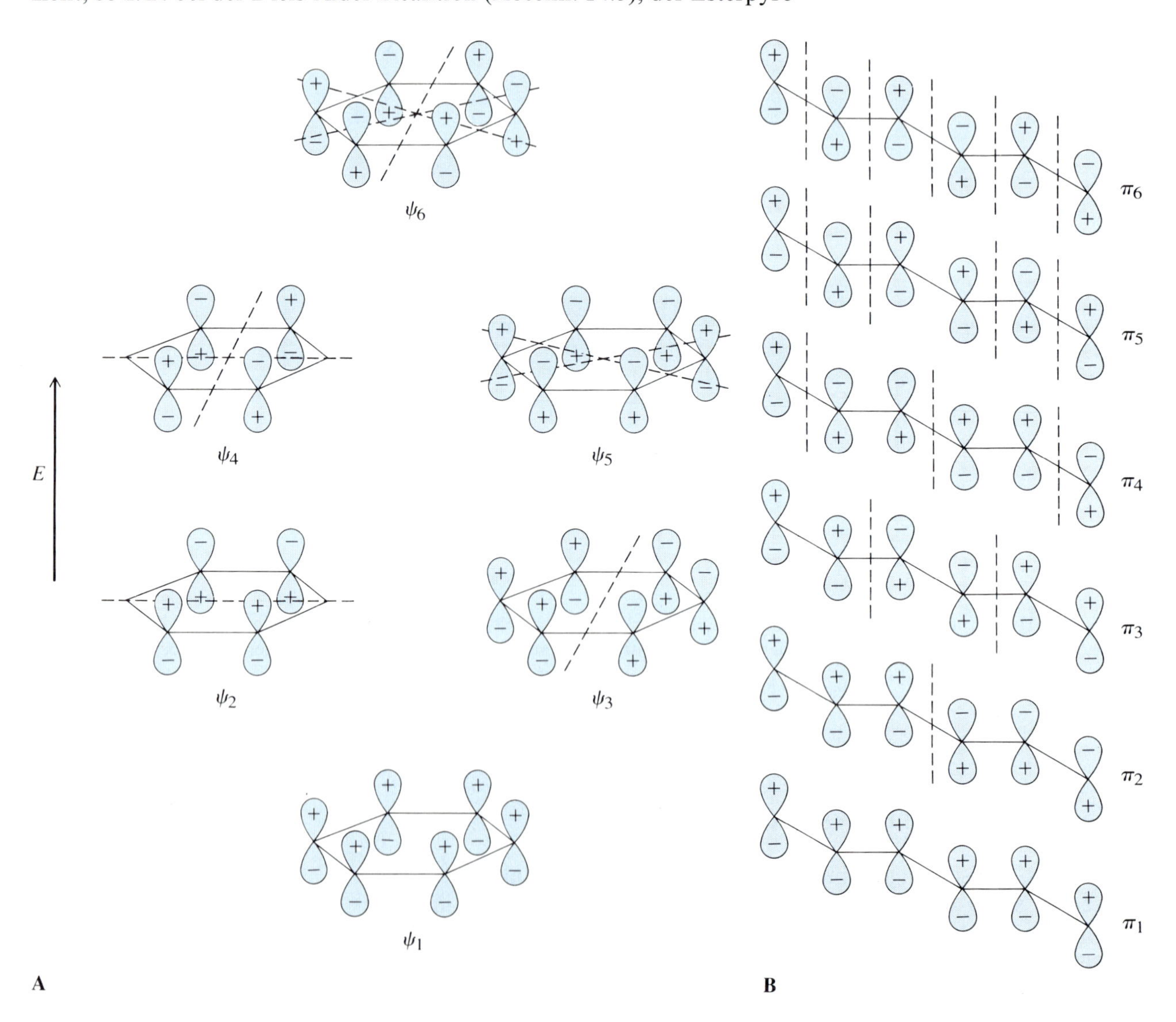

Abb. 19-5 Molekülorbitale von Benzol (A) und von 1,3,5-Hexatrien (B). Einfachheitshalber sind alle Molekülorbitale gleich groß gezeichnet. Orbitallappen gleichen Vorzeichens können überlappen (bindende Wechselwirkung). Knotenebenen sind durch gestrichelte Linien festgelegt; sie trennen unterschiedliche Vorzeichen. Die Energie der Orbitale nimmt mit steigendern Anzahl von Knoten zu. Beachten Sie, daß Benzol zwei Sätze von entarteten Orbitalen hat, von denen die mit geringerer Energie besetzt sind (ψ_2, ψ_3). Die anderen sind leer (ψ_4, ψ_5).

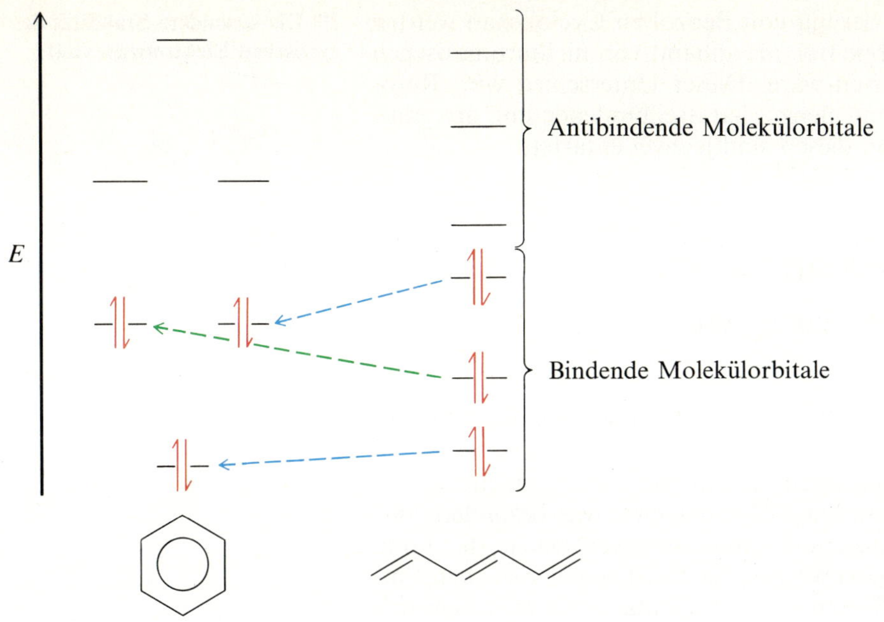

Antibindende Molekülorbitale

E

Bindende Molekülorbitale

Abb. 19-6 Energieniveaus der Molekülorbitale von Benzol und 1,3,5-Hexatrien. In beiden Systemen besetzen die π-Elektronen nur bindende Molekülorbitale. In Benzol sind zwei besetzte Molekülorbitale von geringerer Energie als in 1,3,5-Hexatrien, eines ist energiereicher, so daß insgesamt das π-System des Benzols stabiler ist.

lyse (Abschn. 18.4) und der McLafferty-Umlagerung (Abschn. 18.7). Alle drei Reaktionen verlaufen über einen Übergangszustand, bei dem sich die sechs cyclisch angeordneten Elektronen in π-Orbitalen (oder in Orbitalen mit π-Charakter) überlappen. Die elektronische Struktur gleicht der des Benzols und ist energetisch gegenüber einer alternativen, stufenweise ablaufenden Bindungsbildung bevorzugt. Übergangszustände dieses Typs nennt man daher aromatisch.

Aromatische Übergangszustände

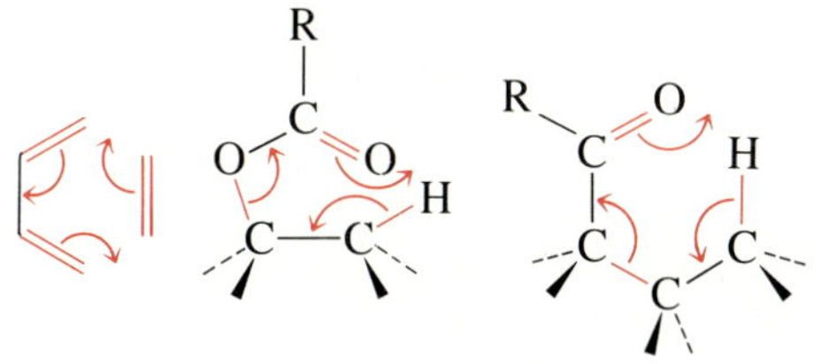

Übung 19-4

Wenn Benzol ein Cyclohexatrien wäre, gäbe es jeweils zwei Isomere von 1,2-Dichlorbenzol und 1,2,4-Trichlorbenzol. Zeichnen Sie diese Isomere.

Übung 19-5

Die thermische Ringöffnung von Cyclobuten zu 1,3-Butadien verläuft exotherm ($\Delta H^0 = -42$ kJ/mol, Abschn. 14.5). Andererseits ist dieselbe Reaktion von Benzocyclobuten, A zu B *endotherm* um den gleichen Betrag. Erklären Sie diesen Befund.

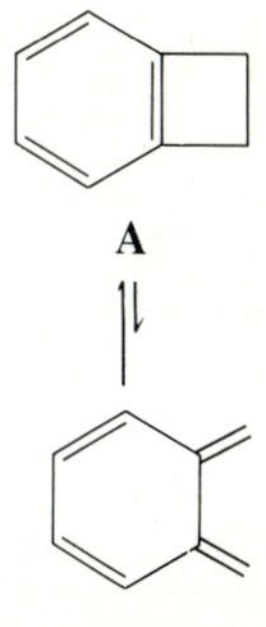

A

B

$\Delta H^0 \sim +42$ kJ/mol

Wir halten fest: Das Benzolmolekül bildet ein reguläres Sechseck aus sechs sp^2-hybridisierten Kohlenstoffatomen. Die Länge der aromatischen C–C-Bindung liegt zwischen der einer Einfach- und der einer Doppelbindung. Die Elektronen, die die *p*-Orbitale besetzen, bilden eine π-Wolke ober- und unterhalb der Molekülebene. Die Struktur von Benzol kann durch zwei gleichwertige Resonanzstrukturen von Cyclohexatrien wiedergegeben werden. Bei der Hydrierung von Benzol zu Cyclohexan werden etwa 124 kJ/mol weniger Energie frei, als anhand von nichtaromatischen Modellverbindungen zu erwarten wäre. Dieser Unterschied wird Resonanzenergie von Benzol genannt. Benzol hat drei bindende und drei antibindende Molekülorbitale. Von diesen sind je zwei entartet.

19.3 Die spektroskopischen Eigenschaften von Benzol

In welchem Ausmaß spiegelt sich die cyclische Konjugation und die Resonanzenergie in den Spektren von Benzol und seinen Derivaten wider? In diesem Abschnitt werden wir erfahren, daß die besondere Elektronenanordnung bestimmte UV-Banden zur Folge hat und, was besonders auffällt, daß die cyclische Delokalisierung Ringströme verursacht, die durch die NMR-Spektroskopie entdeckt werden. Sie führt zu einer starken Entschirmung der Ringwasserstoffatome. Darüber hinaus unterscheiden sich die Kopplungskonstanten von 1,2-(*ortho*), 1,3-(*meta*) und 1,4-(*para*)-ständigen Wasserstoffatomen in substituierten Benzolverbindungen und können so das Substitutionsmuster enthüllen.

Das Elektronenspektrum von Benzol

Absorptionsspektroskopie im ultravioletten und sichtbaren Bereich beruht auf der Tatsache, daß Licht einer bestimmten Wellenlänge (Energie) Elektronen anregen kann, d.h. Elektronen aus besetzten Molekülorbitalen in leere Molekülorbitale zu befördern vermag. (Abschn. 14.7). Die Leichtigkeit, mit der diese Übergänge vonstatten gehen, gehorcht komplizierten Regeln. In erster Näherung jedoch können wir festhalten, daß die Absorption der längsten Wellenlänge dem Elektronenübergang niedrigster

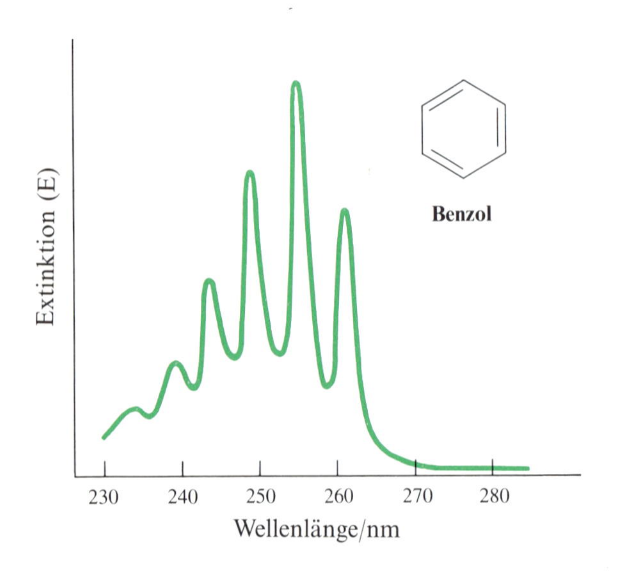

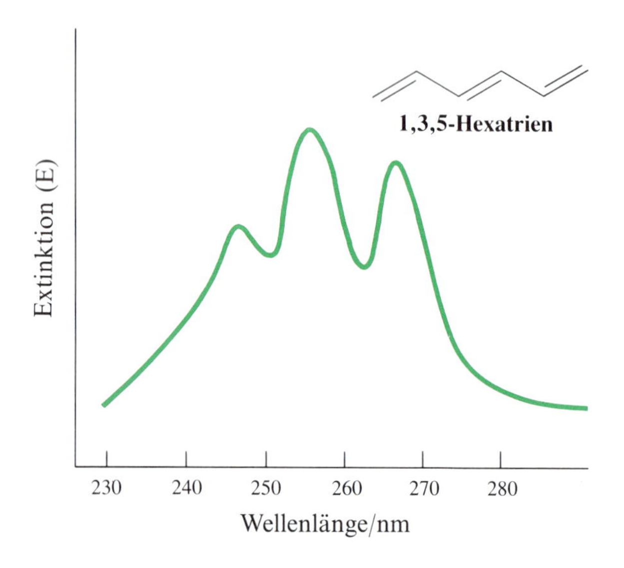

Abb. 19-7 UV-Spektrum von Benzol: λ_{max} (ε) = 234 (30), 238 (50), 243 (100), 249 (190), 255 (220), 261 (150) nm und 1,3,5-Hexatrien: λ_{max} (ε) = 247 (33900), 258 (43700), 268 (36300) nm. Die dazugehörigen Extinktionskoeffizienten sind bei 1,3,5-Hexatrien sehr viel größer als bei Benzol, das rechte Spektrum wurde deshalb bei niedrigerer Konzentration aufgenommen.

Energie zwischen dem höchsten besetzten Molekülorbital und dem niedrigsten unbesetzten Orbital entspricht. In Abbildung 19-6 sehen wir, daß dieser Energieunterschied bei Hexatrien geringer ist als bei Benzol; das ist oft der Fall, wenn man aromatische Verbindungen mit ihren offenkettigen nicht-aromatischen Gegenstücken vergleicht. Daher findet man die λ_{max}-Werte von 1,3,5-Hexatrien bei einer höheren Wellenlänge als die von Benzol (Abb. 19-7).

Mit der Einführung von Substituenten ändern sich die UV- und sichtbaren Spektren der Aromaten in ganz charakteristischer Weise; dies konnte man zur Synthese „maßgeschneiderter" Farbstoffe ausnutzen. (Abschn. 24.6). Einfach substituierte Benzole absorbieren zwischen 250 und 290 nm. Die wasserlösliche 4-Aminobenzolcarbonsäure (*p*-Aminobenzoesäure, PABA, $4-H_2N-C_6H_4-COOH$) z. B. hat eine λ_{max} von 289 nm mit einem recht hohen Extinktionskoeffizienten von 18 600. Aufgrund dieser Eigenschaft (und weil sie ungiftig ist) verwendet man diese Substanz in Sonnenschutz-Lotionen. Hier wirkt sie wie ein Filter, der die gefährlichen UV-Strahlen des Sonnenlichts absorbiert.

Schwingungsabsorptionen des Benzolrings

Die Infrarot-Spektren von Benzol und seinen Derivaten zeigen in drei Bereichen charakteristische Banden. Die Phenyl-Wasserstoff-Valenzschwingung erscheint bei 3030 cm^{-1}. Dieser Wert liegt sehr nahe an der Wellenzahl einer Alkenyl-Wasserstoff-Valenzschwingung und ist im Einklang mit einer $C_{sp^2}-H$-Bindung. In der nächsten Region, von 1500–2000 cm^{-1} absorbiert die C–C-Valenzschwingung des aromatischen Rings. Endlich findet man zwischen 650 und 1000 cm^{-1} eine Reihe von Banden, die der C–H-Deformationsschwingung out of plane (aus der Molekülebene heraus) zuzuordnen sind.

Typische Infrarot-C – H-Deformationsschwingungen (out of plane) von substituierten Benzolderivaten (in cm^{-1})

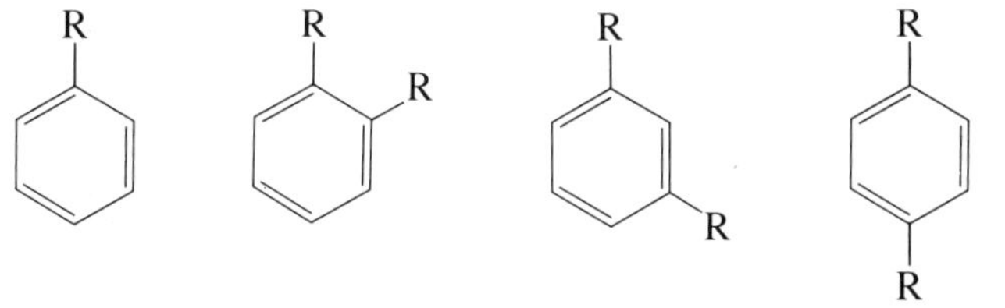

R (mono)	R, R (1,2)	R, R (1,3)	R, R (1,4)
690–710	735–770	690–710	790–840
730–770		750–810	

Aus der genauen Lage dieser Banden geht das spezifische Substitutionsmuster eindeutig hervor. So liegt die Absorption von 1,2-Dimethylbenzol (*o*-Xylol) bei 738 cm^{-1}, das 1,4-Isomer absorbiert bei 793 cm^{-1}, und das 1,3-Isomer (Abb. 19-8) hat zwei Absorptionen in diesem Bereich, bei 690 und 765 cm^{-1}.

Kernmagnetische Resonanz aromatischer Verbindungen

Für die Identifizierung aromatischer Verbindungen ist die ^1H-NMR-Spektroskopie ein unentbehrliches Hilfsmittel geworden. Die cyclische Delokalisierung des aromatischen Rings hat eine ungewöhnlich starke

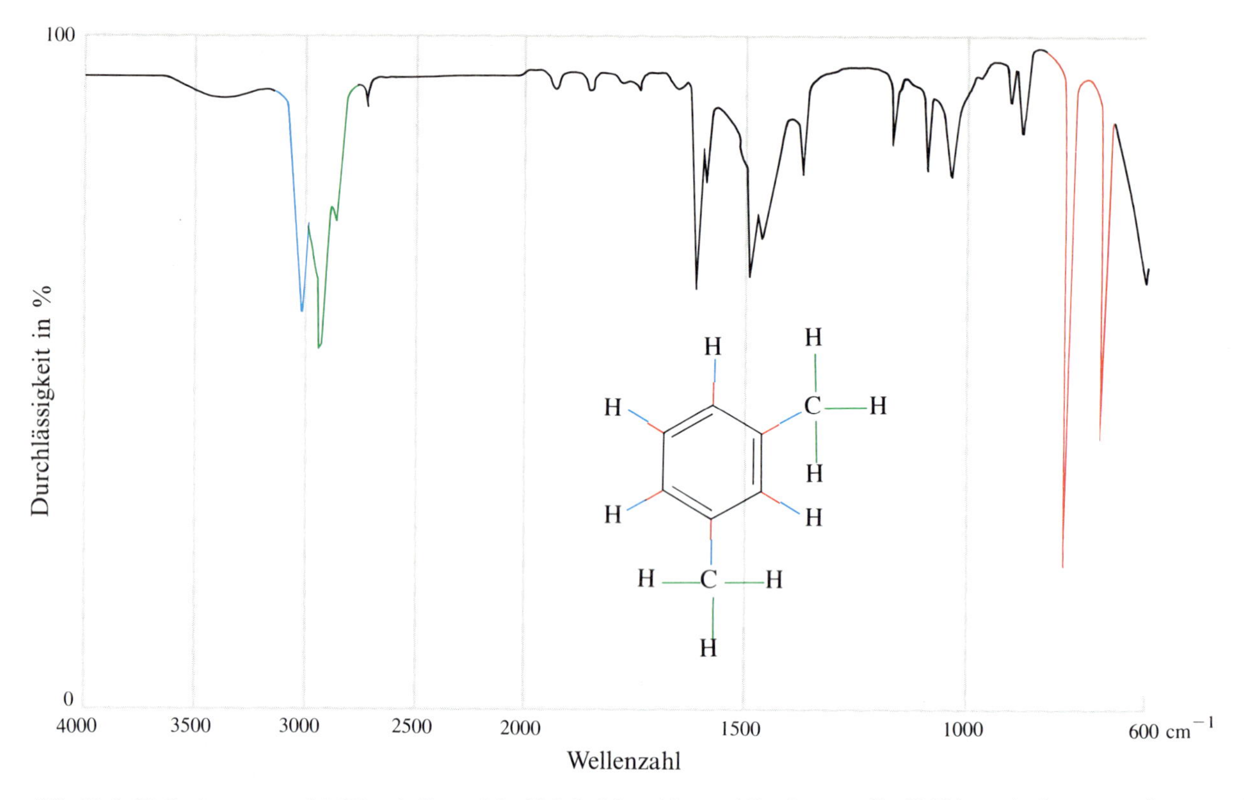

Abb. 19-8 IR-Spektrum von 1,3-Dimethylbenzol (*m*-Xylol). Man sieht zwei Banden von C–H-Valenzschwingungen, die aromatische C–H-Valenzschwingung bei 3030 cm^{-1} und die gesättigte C–H-Valenzschwingung bei 2920 cm^{-1}. Die zwei Absorptionen bei 690 und 765 cm^{-1} sind für 1,3-disubstituierte Benzolderivate charakteristisch.

Entschirmung zur Folge, so daß die Ringprotonen bei sehr niedrigem Feld absorbieren ($\delta \sim 6.5–8.5$ ppm, siehe Abschn. 11.3), niedriger sogar als Alkenyl-Protonen ($\delta \sim 4.6–5.7$ ppm, siehe Abschn. 11.3).

Das ^{1}H-NMR-Spektrum von Benzol zeigt ein scharfes Singulett der sechs äquivalenten Wasserstoffatome bei $\delta = 7.27$ ppm. Wie kann man diese starke Entschirmung erklären? Vereinfacht könnte man das cyclische

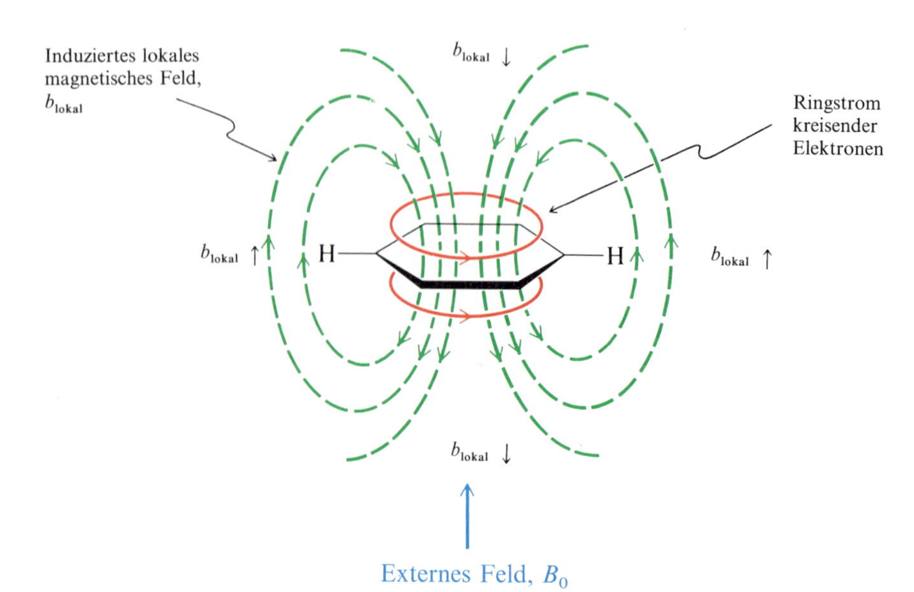

Abb. 19-9 Der Einfluß eines äußeren Magnetfeldes B_0 auf die π-Elektronen in Benzol. Ein Ringstrom im Sechsring erzeugt ein lokales Magnetfeld, das im Ring dem äußeren Feld entgegengerichtet ist, dieses jedoch außerhalb des Rings verstärkt.

π-System mit einer Drahtschleife vergleichen. Bringt man diese Schleife in ein dazu senkrechtes magnetisches Feld (B_0), fließt ein elektrischer Strom (genannt Ringstrom) in der Schleife, der wiederum ein neues lokales magnetisches Feld (b_{lokal}) aufbaut, das in der Schleife dem äußeren Feld B_0 entgegengerichtet ist (Abb. 19-9). Außerhalb der Schleife verstärkt jedoch das induzierte Feld b_{lokal} das äußere Feld B_0. Hier, d. h. in einem lokalen Feld, das sich aus $B_0 + b_{lokal}$ aufbaut, befinden sich die aromatischen Wasserstoffatome. Um bei einer konstanten Frequenz ν Resonanz zu erzeugen, muß man also die Feldstärke auf diesen Wert ($B_0 + b_{lokal}$) reduzieren: die Kerne sind entschirmt. Dieser Effekt ist nahe am Ring am stärksten und nimmt mit zunehmender Entfernung von diesem ab. Benzylprotonen sind deshalb nur um etwa 0.4 bis 0.5 ppm mehr entschirmt als Allylprotonen. Sind die Wasserstoffatome noch weiter vom π-System entfernt, unterscheiden sie sich in ihrer chemischen Verschiebung nur gering voneinander und absorbieren fast an gleicher Stelle wie Alkan-Wasserstoffatome.

Das Ringstrom-Modell kann nicht nur die Entschirmung von Wasserstoffatomen außerhalb des π-Elektronenkreises erklären, sondern auch die *Abschirmung* von Kernen, die *über* dem Ring liegen. Bei manchen substituierten Benzolderivaten läßt sich dieser Effekt gut beobachten. Betrachten wir als Beispiel das *para*-verbrückte Benzolderivat [10]Cyclophan (vom griechischen *phainein*, ähneln, z. B. einem Ring ähneln). Die Methylenprotonen dieser Verbindung haben sehr unterschiedliche chemische Verschiebungen, da manche von ihnen sich in der entschirmten Region befinden, manche jedoch im abschirmenden Bereich des induzierten Feldes liegen (Abb. 19-10).

Obwohl das NMR-Spektrum von Benzol nur ein einziges scharfes Signal zeigt, erhält man von substituierten Derivaten oft komplizierte Muster. So sind in einer monosubstituierten Verbindung die zum Substituenten *ortho*, *meta* und *para*-ständigen Wasserstoffatome spektroskopisch verschieden und können deshalb unterschiedliche chemische Verschiebungen haben. Darüber hinaus können alle nicht äquivalenten Kerne über den Ring miteinander koppeln, so daß man oft ein Spektrum höherer Ordnung erhält. Betrachten wir als Beispiel das NMR-Spektrum von Brombenzol

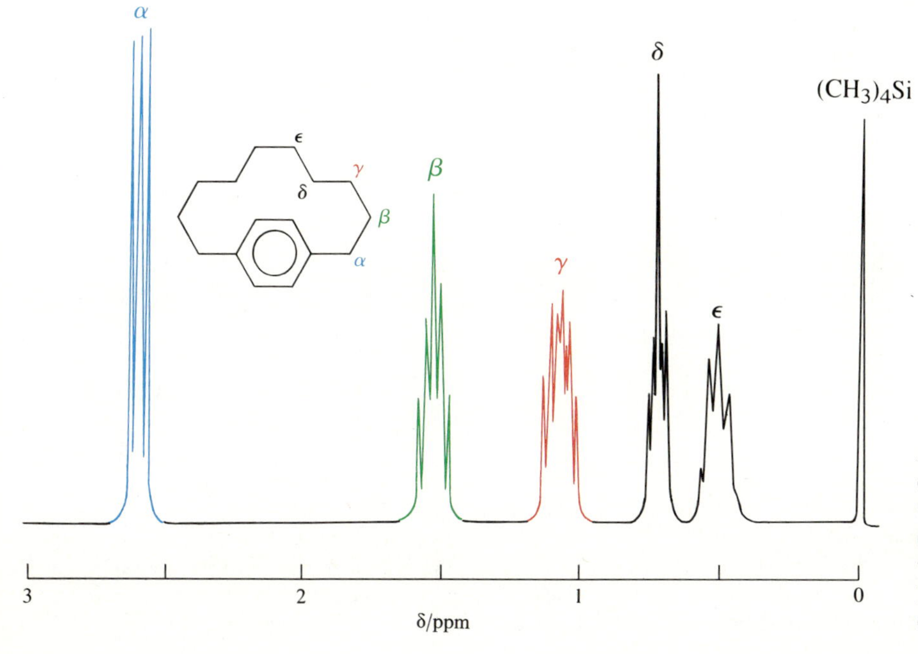

Abb. 19-10 Der Alkan-Bereich eines 220 MHz ^1H-NMR-Spektrums von [10]Cyclophan in CCl_4. (Mit freundlicher Genehmigung von Prof. Michael J. McGlinchey, McMaster University, Hamilton, Ontario, Kanada).

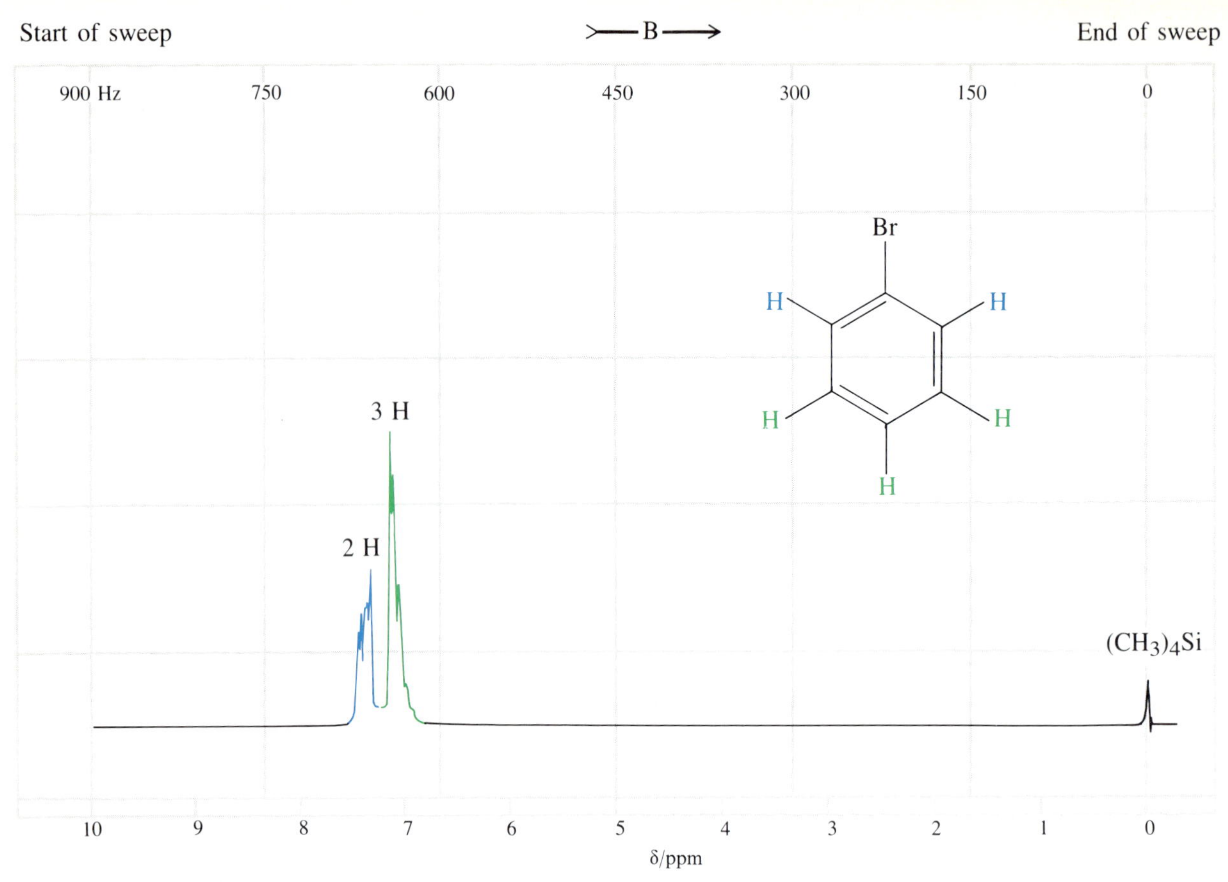

Abb. 19-11 90 MHz ^1H-NMR-Spektrum von Brombenzol in CCl_4.

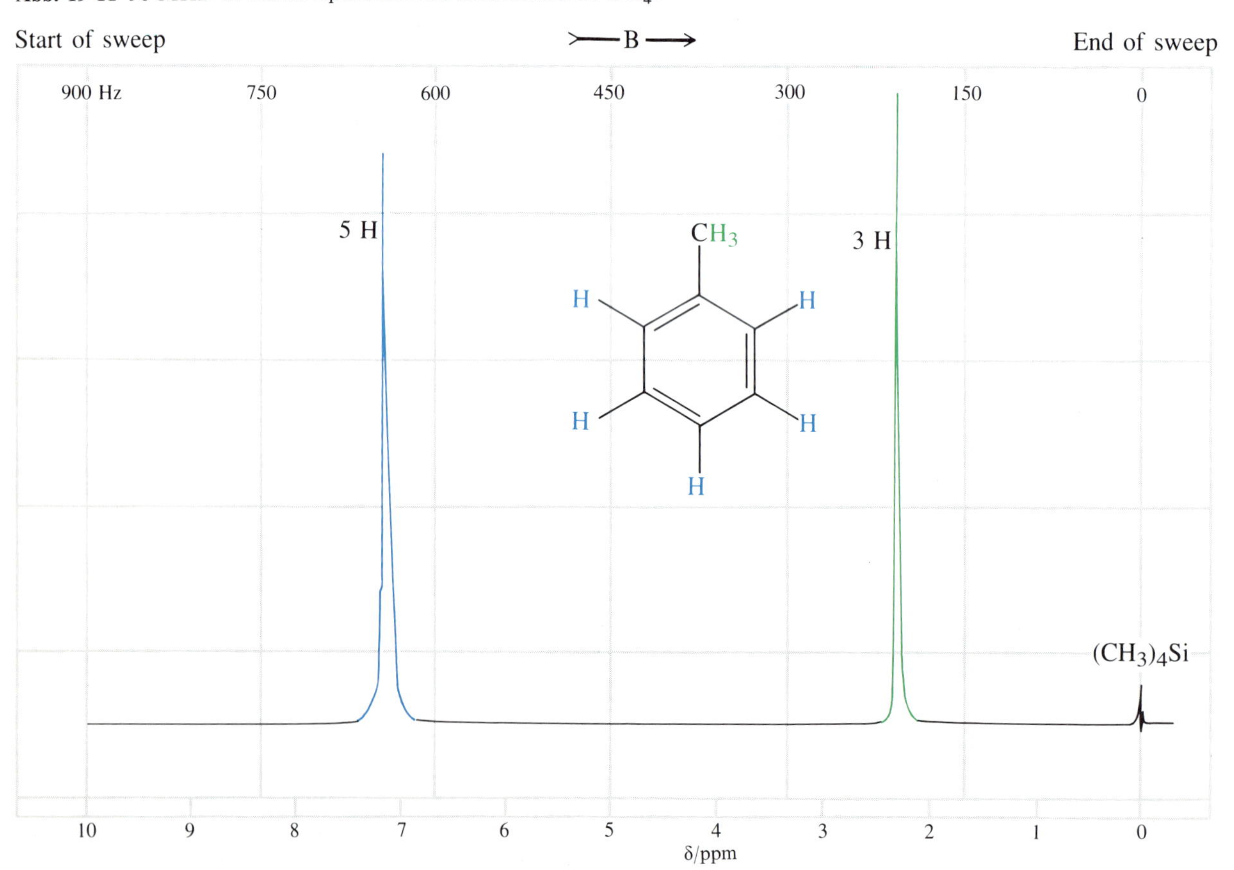

Abb. 19-12 90 MHz ^1H-NMR-Spektrum von Methylbenzol (Toluol) in CCl_4.

(Abb. 19-11). Durch das Bromatom erfahren die benachbarten Wasserstoffatome verglichen mit Benzol eine Tieffeldverschiebung ($\Delta\delta = 0.22$ ppm), das *meta*-Wasserstoffatom ist dagegen leicht hochfeldverschoben ($\Delta\delta = -0.13$ ppm), ebenso das *para*-Wasserstoffatom ($\Delta\delta = 0.03$ ppm). Außerdem koppeln alle Protonen miteinander und erzeugen so ein kompliziertes Spektralmuster.

Es gibt Substituenten, die die chemische Verschiebung der Ringprotonen nur gering beeinflussen, so daß diese (fast) alle an der gleichen Stelle absorbieren und ein verbreitertes Singulett ergeben. Solche eine Absorption finden wir in dem NMR-Spektrum von Methylbenzol (Toluol) (Abb. 19-12).

Manchmal bewirken Substituenten Unterschiede in den chemischen Verschiebungen, die groß genug sind, um ein Spektrum erster Ordnung zu erzeugen. Dies ist besonders bei Benzolderivaten der Fall, die sowohl elektronenabziehende (entschirmende) Substituenten und elektronenliefernde (abschirmende) Substituenten tragen. So zeigt das ^{1}H-NMR-Spektrum von (4-(*N,N*-Dimethylamino)benzolcarbaldehyd) (*p*-Dimethylaminobenzaldehyd) einen Satz von zwei Dubletts für die aromatischen Wasserstoffatome (Abb. 19-13). Die Absorption bei höherem Feld ($\delta = 6.69$ ppm) sind den Wasserstoffatomen *ortho* zur elektronenreichen Aminogruppe zuzuordnen, während das Dublett bei $\delta = 7.76$ ppm den Wasserstoffatomen *ortho* zur elektronenziehenden Methanoyl-(Formyl)-Gruppe zuzuordnen ist. Die Kopplungskonstante zwischen jedem der

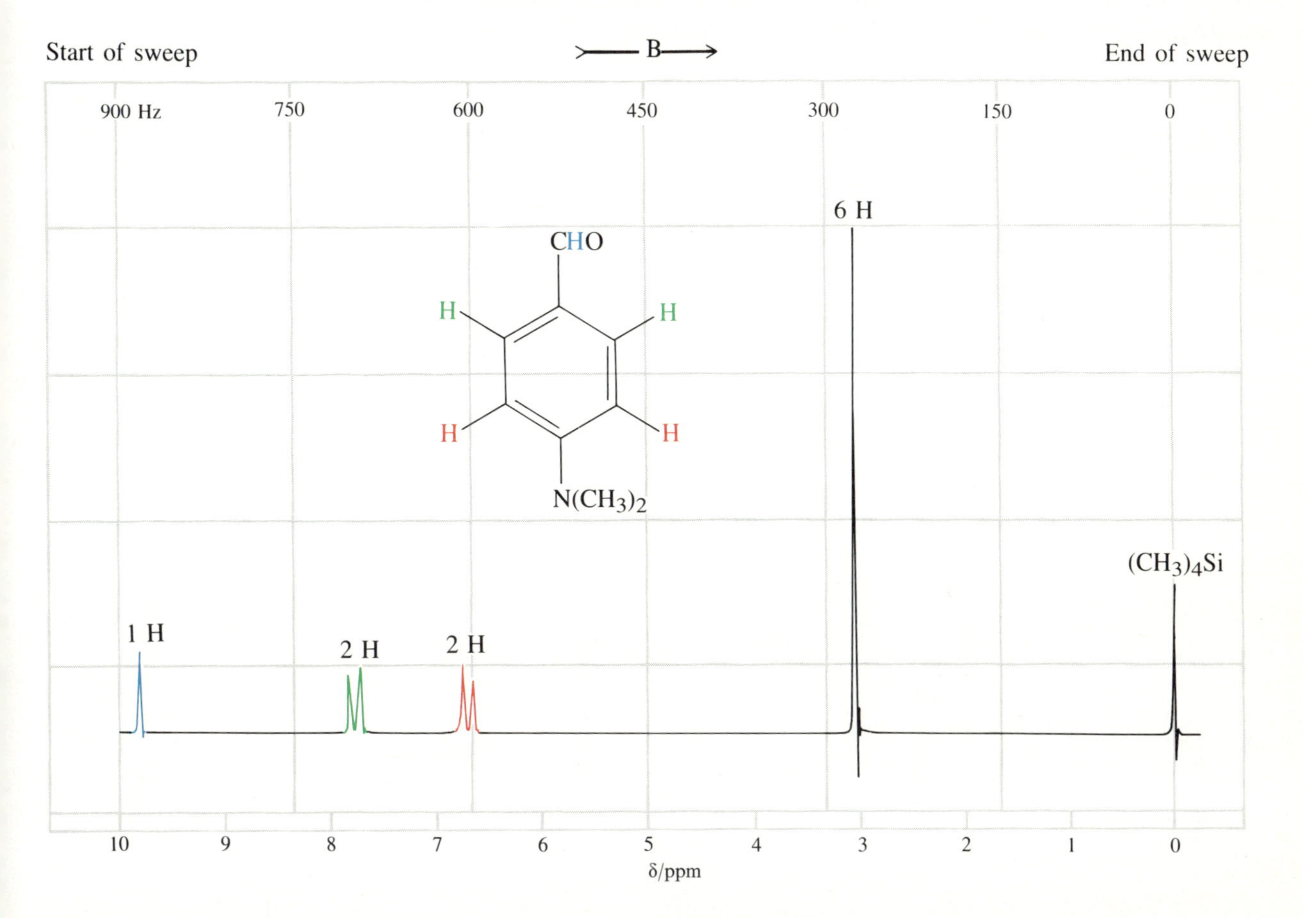

Abb. 19-13 90 MHz ^{1}H-NMR-Spektrum von 4-*N,N*-Dimethylaminobenzolcarbaldehyd (*p*-Dimethylaminobenzaldehyd) in $CDCl_3$. Neben den zwei aromatischen Dubletts ($J = 9$ Hz) zeigt es Singuletts der Methylprotonen ($\delta = 3.07$ ppm) und der Methanoyl-(Formyl-)Protonen ($\delta = 9.80$ ppm)

beiden Wasserstoffatome neben der Aminogruppe und ihrem entsprechenden Nachbarn neben der Methanoyl-(Formyl)-Gruppe beträgt 9 Hz. Dieser Wert ist typisch für eine *ortho*-Kopplung. Andere Kopplungskonstanten in Benzol sind kleiner, 2–3 Hz für *meta*-Kopplung und ungefähr 1 Hz für *para*-Kopplung.

In Abbildung 19-14 ist ein Spektrum erster Ordnung mit allen drei Arten von Kopplungskonstanten dargestellt. 1-Methoxy-2,4-dinitrobenzol (2,4-Dinitroanisol) trägt drei Ringwasserstoffatome mit recht unterschiedlichen chemischen Verschiebungen und Aufspaltungsmustern. Die *para*-Kopplung ist so gering, daß sie sich nur in einer Verbreiterung äußert. Das Wasserstoffatom *ortho* zur Methoxygruppe erscheint deshalb als verbreitertes Dublett bei $\delta = 7.30$ ppm mit einer *ortho*-Kopplungskonstanten von $J = 9$ Hz. Das Wasserstoffatom, das zu beiden Seiten von Nitrogruppen flankiert ist, absorbiert bei niedrigster Feldstärke ($\delta = 8.73$ ppm); es erscheint ebenfalls als Dublett mit einer *meta*-Kopplungskonstanten von $J = 3$ Hz, da es durch Kopplung mit dem Kern *meta* zur Methoxygruppe aufspaltet; dieses letztgenannte Wasserstoffatom erzeugt ein doppeltes Dublett bei $\delta = 8.50$ ppm, da es gleichzeitig mit den anderen beiden Ringprotonen koppelt.

Im Gegensatz zu den ^{1}H-NMR-Spektren von Benzol und seinen Derivaten zeigt die ^{13}C-Spektroskopie keinen Ringstromeffekt, da die chemischen Verschiebungen von Kohlenstoffatomen weitgehend von der Ladung und der Hybridisierung bestimmt werden. Außerdem liegen die Kohlenstoffatome des Rings genau in der Mitte zwischen entschirmten und abgeschirmten Bereichen um den Benzolkern, so daß jeglicher Einfluß

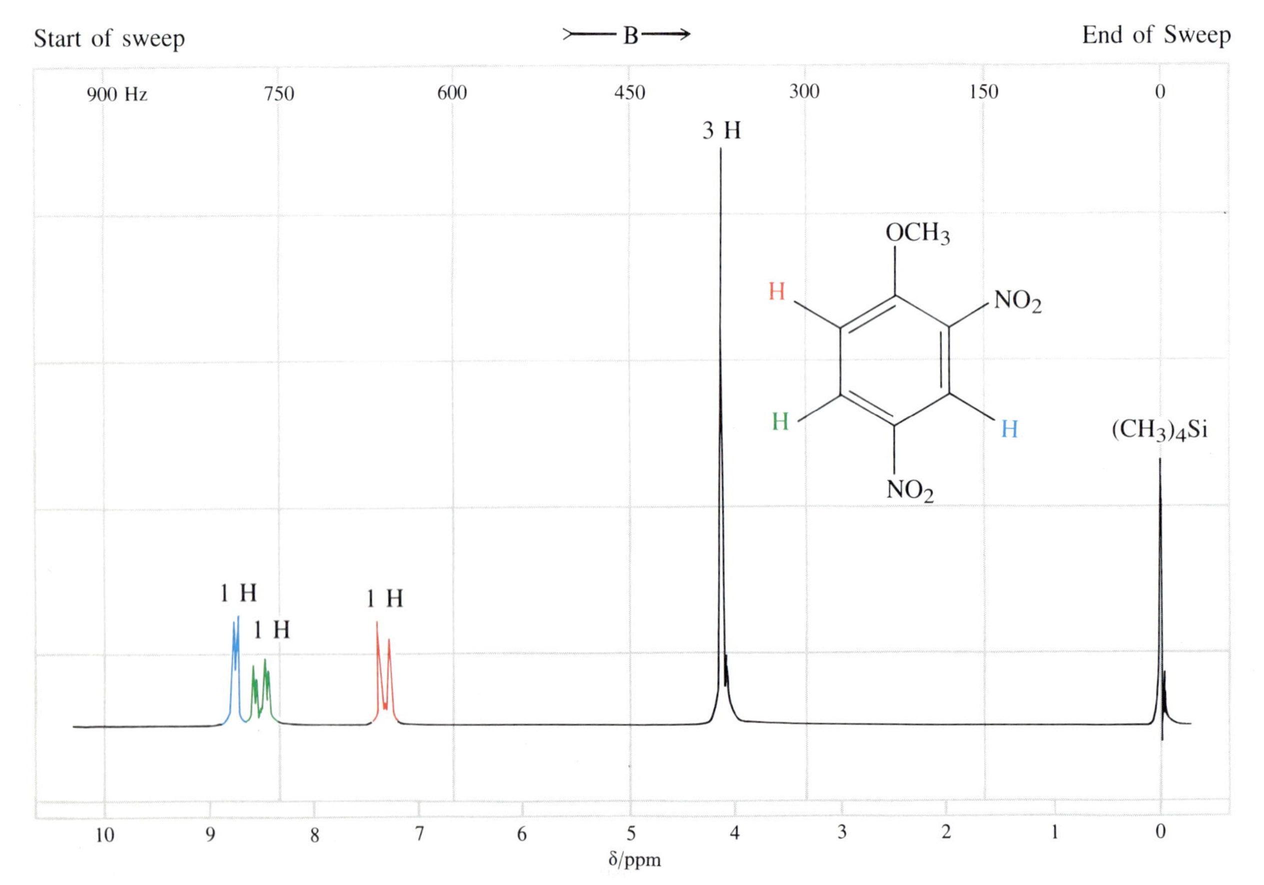

Abb. 19-14 ^{1}H-NMR-Spektrum von 1-Methoxy-2,4-dinitrobenzol (2,4-Dinitroanisol) in $CDCl_3$.

des Ringstroms erlischt. Charakteristische Werte von unsubstituierten Benzolkohlenstoffatomen finden sich in einem Bereich von 120 bis 135 ppm, gleichen also den analogen Alken-Kohlenstoffatomen. Alkylsubstituierte Kerne absorbieren bei niedrigerem Feld, Benzol-Kohlenstoffatome, die polare Gruppen tragen, können hoch- oder tieffeldverschoben sein (Tab. 19-1). Symmetrisch substituierte Benzolderivate haben recht einfache ^{13}C-Spektren. 1,3,5-Trimethylbenzol zum Beispiel zeigt nur drei Linien, die Spektren des 1,2,3-Isomers und des 1,2,4-Isomers dagegen sind komplizierter (sechs bzw. neun Linien).

Tabelle 19-1 ^{13}C-NMR-Daten ausgewählter Benzolderivate in ppm

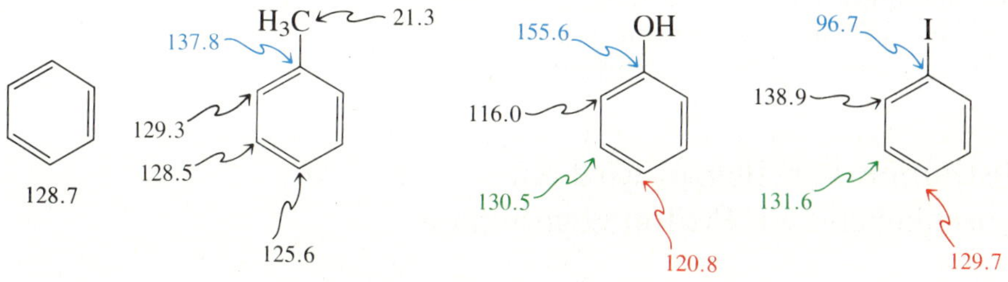

128.7

H_3C 21.3
137.8
129.3
128.5
125.6

OH
155.6
116.0
130.5
120.8

I
96.7
138.9
131.6
129.7

Übung 19-6

Die Elementaranalyse eines Kohlenwasserstoffs hatte folgendes Ergebnis: 89.55% C; 10.45% H. Man erhielt folgende spektroskopischen Daten: ^{1}H-NMR (90 MHz): δ = 7.02 (s, 4H), 2.82 (Septett, J = 7.0 Hz, 1 H), 2.28 (s, 3 H), und 1.22 ppm (d, J = 7.0 Hz, 6 H); ^{13}C-NMR: δ = 21.3, 24.2, 38.9, 126.6, 128.6, 134.8 und 145.7 ppm; Massenspektrum: m/z = 134 (M^+), 119 und 77; IR: $\tilde{\nu}$ = 3030, 2970, 2880, 1515, 1465 und 813 cm^{-1}; UV: λ_{max} (ε) = 265 (450). Welche Struktur hat dieser Kohlenwasserstoff?

Wir fassen zusammen: Mit spektroskopischen Methoden kann man Benzol und seine Derivate identifizieren und ihre Struktur aufklären. Elektronenabsorption findet zwischen 250 und 290 nm statt. Infrarot-Schwingungsbanden findet man bei 3030 ($C_{aromatisch}$-H), von 1500 bis 2000 (C–C) und von 650 bis 1000 cm^{-1} (C–H-Deformation, out of plane). Die meiste Information erhält man durch das NMR-Spektrum, das die Absorption aromatischer Wasserstoffatome und Kohlenstoffatome bei niedrigem Feld zeigt. Die stärkste Kopplung findet zwischen *ortho*-Wasserstoffatomen statt, *meta*- und *para*-Kopplung wird zunehmend geringer.

19.4 Elektrophile aromatische Substitution – Darstellung von Benzolderivaten

Obwohl Benzol eher reaktionsträge ist, wird es von Elektrophilen angegriffen (Abschn. 14.4). Im Gegensatz zu den Alkenen führt ein solcher Angriff jedoch zu einer *Substitution* eines Wasserstoffatoms, nicht zu einer *Addition*.

Elektrophile aromatische Substitution

$$C_6H_6 + E^+X^- \longrightarrow C_6H_5E + H^+X^-$$

Elektrophil

Die Bedingungen, die man für diese Reaktion schaffen muß, würden bei nicht-aromatischen konjugierten Systemen eine glatte Polymerisation bewirken. Aufgrund seiner großen Stabilität übersteht der Benzolring diese Reaktion jedoch. In diesem Abschnitt befassen wir uns mit dem allgemeinen Mechanismus der elektrophilen aromatischen Substitution.

Bei der elektrophilen Substitution von Benzol wird ein Elektrophil addiert und anschließend ein Proton abgespalten

Das Elektrophil greift den Benzolkern genauso an, wie es eine gewöhnliche Doppelbindung angreifen würde.

Mechanismus der elektrophilen aromatischen Substitution

Schritt 1: Angriff des Elektrophils

Schritt 2: Abspaltung des Protons

Der erste Schritt ist thermodynamisch ungünstig, da die cyclische Delokalisierung und damit der aromatische Charakter dabei verlorengeht. Dieser Verlust wird zum Teil durch die Delokalisierung der Ladung in dem resultierenden Hexadienyl-Kation ausgeglichen (Abb. 19-15).

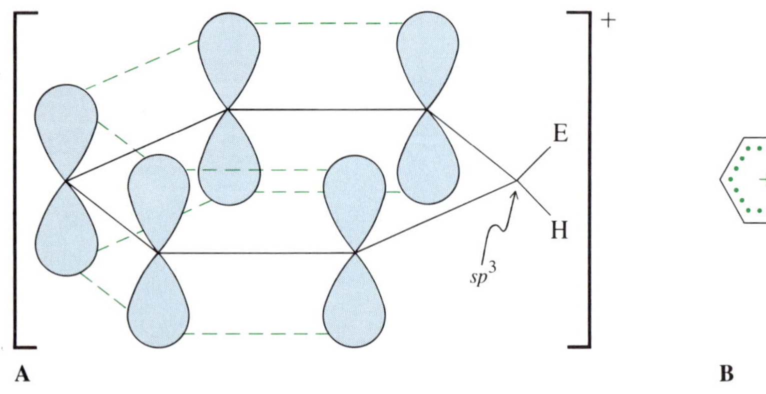

Abb. 19-15 A. Orbitalbild des Hexadienyl-Kations, das durch den Angriff eines Elektrophils auf den Benzolring entsteht. Die cyclische Konjugation wird an dem sp^3-hybridisierten Kohlenstoff unterbrochen. (Die vier Elektronen des π-Systems sind nicht gezeigt).
B. Die delokalisierte Ladung des Hexadienyl-Kations dargestellt durch punktierte Linien.

Nach diesem Schritt wird der aromatische Ring wieder regeneriert, indem das Proton von dem sp^3-hybridisierten Kohlenstoffatom abgespalten wird. Dies ist energetisch günstiger als eine Reaktion mit dem Gegenion von E^+, wodurch das Additionsprodukt entstünde.

Beide Schritte der elektrophilen aromatischen Substitution sind im Prinzip reversibel. Die Gesamtreaktion verläuft jedoch exotherm, da die neue Bindung stärker ist als die alte. Ein Diagramm des Verlaufs der potentiellen Energie während der elektrophilen aromatischen Substitution in Abbildung 19-16 zeigt dies deutlich. Der erste Schritt der Reaktion ist geschwindigkeitsbestimmend, er führt zu einem Übergangszustand, in dem die Bindung zwischen dem Elektrophil und einem Ring-Kohlenstoffatom gerade im Entstehen ist. Die Abspaltung des Protons erfolgt rasch, da sie in einem exothermen Schritt zur Ausbildung des aromatischen Produkts führt. Dieser Schritt treibt die Gesamtreaktion voran.

Dies ist eine verallgemeinernde Beschreibung der elektrophilen aromatischen Substitution; wie sie in Einzelheiten verläuft, hängt vom Elektrophil ab. In den folgenden Abschnitten wollen wir die Reagenzien, die bei diesen Umsetzungen üblich sind, genauer untersuchen.

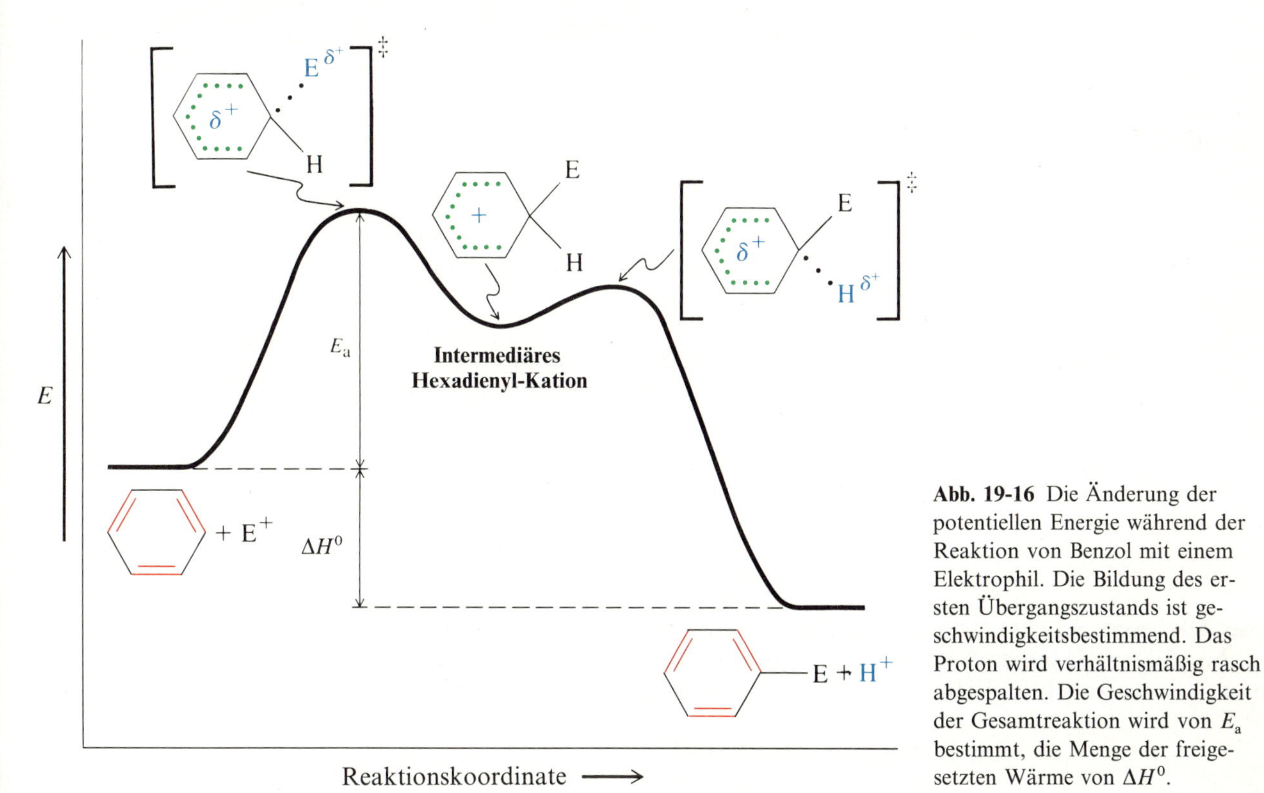

Abb. 19-16 Die Änderung der potentiellen Energie während der Reaktion von Benzol mit einem Elektrophil. Die Bildung des ersten Übergangszustands ist geschwindigkeitsbestimmend. Das Proton wird verhältnismäßig rasch abgespalten. Die Geschwindigkeit der Gesamtreaktion wird von E_a bestimmt, die Menge der freigesetzten Wärme von ΔH^0.

Übung 19-7

Wiederholen Sie Abschnitt 12.1 und erklären Sie, weshalb Additionsreaktionen an Benzol nicht vorkommen. (Berechnen Sie die ΔH^0-Werte für einige Additionsreaktionen).

Wir fassen zusammen: Die elektrophile aromatische Substitution wird mit dem Angriff des Elektrophils E^+ eingeleitet. So entsteht im geschwindigkeitsbestimmenden Schritt ein ladungsdelokalisiertes Cyclohexadienyl-Kation. In der darauffolgenden schnellen Abspaltung des Protons wird der aromatische, nun substituierte Ring wiederhergestellt.

19.5 Die Halogenierung von Benzol erfordert einen Katalysator

In diesem Abschnitt wollen wir ein Beispiel der elektrophilen aromatischen Substitution, die Halogenierung, näher untersuchen.In Gegenwart von Halogenen ist Benzol reaktionsträge, da Halogene nicht elektrophil genug sind, um die Aromatizität zu zerstören. In Verbindung mit Lewis-Säuren, z. B. Eisen(III)-halogeniden oder Aluminiumhalogeniden AlX_3 wird das Halogen aktiviert und seine Elektrophilie wächst. Wie funktioniert das? Lewis-Säuren sind Elektronenmangelverbindungen (Abschn. 8.3). Halogene sind aufgrund ihrer freien Elektronenpaare relativ elektronenreich. Bringt man ein Halogen, z. B. Br_2 mit $FeBr_3$ zusammen, bilden die beiden Verbindungen einen Lewis-Säure-Base-Komplex, so wie ein Grignard-Reagenz, eine Lewis-Säure, von Lösungsmittelmolekülen (Ether) koordiniert wird (Abschn. 8.6).

Aktivierung von Brom durch die Lewis-Säure $FeBr_3$

$$:\ddot{B}r{-}\ddot{B}r: \;\; FeBr_3 \longrightarrow \left[:\ddot{B}r{-}\overset{+}{\ddot{B}r}{-}\overset{-}{F}eBr_3 \longleftrightarrow \overset{+}{\ddot{B}r}{=}\ddot{B}r{-}\overset{-}{F}eBr_3 \right]$$

In diesem Komplex ist die Br – Br-Bindung polar, wodurch ein Bromatom elektrophilen Charakter hat. Der elektrophile Angriff auf Benzol erfolgt nun so, wie es im letzten Abschnitt beschrieben ist.

Elektrophiler Angriff auf Benzol durch aktiviertes Brom

$$C_6H_6 + :\ddot{B}r{-}\overset{+}{\ddot{B}r}{-}\overset{-}{F}eBr_3 \longrightarrow [C_6H_6Br]^+ + FeBr_4^-$$

Das bei diesem Schritt entstandene $FeBr_4^-$ wirkt als Base und entzieht dem intermediären Hexadienyl-Kation ein Proton. Es bilden sich Brombenzol und Bromwasserstoff, gleichzeitig wird der Katalysator $FeBr_3$ regeneriert.

Die Bildung von Brombenzol

$$[C_6H_6Br]^+ + :\ddot{B}r{-}\overset{-}{F}eBr_3 \longrightarrow C_6H_5Br + HBr + FeBr_3$$

Eine rasche Überschlagsrechnung bestätigt, daß die elektrophile Bromierung exotherm verläuft. Die Phenyl – Wasserstoff-Bindung ist etwa so stark wie die Alkenyl – Wasserstoff-Bindung (Abb. 11-6), nämlich ungefähr 465 kJ/mol (Tab. 19-2). Die Dissoziation des Brommoleküls in zwei Bromatome erfordert 193 kJ/mol. Insgesamt, für beide Prozesse, müssen also 658 kJ/mol aufgewendet werden. Demgegenüber stehen die Energien, die bei einer Phenyl-Brom-Bindung ($DH^0 = 339$ kJ/mol) und bei einer Wasserstoff-Brom-Bindung ($DH^0 = 366$ kJ/mol) frei werden, zusammen also 705 kJ/mol. Bildet man die Differenz, erhält man 47 kJ/mol, die bei der Gesamtreaktion freiwerden.

19.5 Die Halogenierung von Benzol erfordert einen Katalysator

Tabelle 19-2 Bindungsstärken DH^0 von Bindungen A–B in kJ/mol

A	B				
	F	Cl	Br	I	H
C_6H_5	528	402	339	272	465
F	155				569
Cl		243			432
Br			193		366
I				151	299

Übung 19-8

Benutzen Sie die Werte aus Tabelle 19-2, um ΔH^0 der elektrophilen Fluorierung, Chlorierung und Iodierung von Benzol zu errechnen.

Ebenso wie die radikalische Halogenierung von Alkanen (Abschn. 3.7) wird die aromatische Halogenierung mit den schwereren Halogenen immer weniger exotherm. Die Fluorierung ist so exotherm, daß Fluor mit Benzol explosionsartig reagiert. Die Chlorierung hingegen läßt sich kontrollieren, sie erfordert jedoch einen Katalysator, z. B. Aluminiumchlorid oder Eisen(III)-chlorid. Diese Reaktion verläuft nach dem gleichen Mechanismus wie die Bromierung. Die elektrophile Iodierung mit Iod ist jedoch bereits endotherm und gelingt auf diesem Wege nicht.

Die ungünstige Energiebilanz der Iodierung kann man ändern, indem man der Reaktionsmischung ein Silbersalz zufügt, das Iod aktiviert. Außerdem fällt eines der Produkte (Silberiodid) aus der Mischung aus und treibt so die Reaktion voran.

$$C_6H_5\text{–H} + \text{I–I} + Ag^+NO_3^- \longrightarrow C_6H_5\text{–I} + AgI + HNO_3$$

Eine andere Möglichkeit besteht darin, Iod in das reaktive Iodonium-Ion zu überführen, indem man ein Oxidationsmittel wie verdünnte Salpetersäure zusetzt (Abschn. 17.5).

$$I_2 \xrightarrow{HNO_3} 2\, I^+NO_3^-$$

Iodoniumnitrat

$$C_6H_5\text{–H} + I^+NO_3^- \longrightarrow C_6H_5\text{–I} + HNO_3$$

Übung 19-9

Löst man Benzol in D_2SO_4, verschwindet seine ^{1}H-NMR-Absorption bei $\delta = 7.27$ ppm. Eine neue Verbindung mit einem Molekül-Ion von $m/z = 84$ entsteht. Welche Verbindung ist das? Nach welchem Mechanismus könnte sie entstanden sein?

Übung 19-10

Professor G. Olah (siehe Abschn. 9.2) und seine Mitarbeiter ließen Benzol mit der extrem starken Säure HF-SbF_5 in dem nicht nucleophilen Solvens SO_2ClF-SO_2F_2 in einem NMR-Rohr reagieren. Sie beobachteten ein neues ^{1}H-NMR-Spektrum mit Absorptionen bei $\delta = 5.69$ (2 H), 8.22 (2 H), 9.42 (1 H) und 9.58 (2 H) ppm. Schlagen Sie für diese Spezies eine Struktur vor.

Wir fassen zusammen: Die Halogenierung von Benzol wird von Iod (endotherm) zu Fluor (explosiv) zunehmend exotherm. Chlorierung und Bromierung erfordern die Katalyse einer Lewis-Säure, die die X–X-Bindung polarisiert und damit die Elektrophilie des Halogens steigert.

19.6 Nitrierung und Sulfonierung von Benzol

Betrachten wir zwei weitere typische elektrophile Substitutionsreaktionen von Benzol, mit dem Nitronium-Ion, NO_2^+ zu Nitrobenzol, und mit Schwefeltrioxid, SO_3, zu Benzolsulfonsäure. Diese Reaktionen und die ihnen zugrundeliegenden Mechanismen sind das Thema dieses Abschnitts.

Nitrierung von Benzol durch elektrophilen Angriff des Nitronium-Ions

Die Reaktion von Benzol mit konzentrierter Salpetersäure in Gegenwart konzentrierter Schwefelsäure bei mäßig erhöhter Temperatur führt zur Nitrierung des Benzolrings (Abschn. 14.4). Da das Stickstoffatom in der Nitrogruppe von HNO_3 nicht elektrophil ist, muß es zuvor irgendwie aktiviert werden. Dies geschieht durch die zugefügte Schwefelsäure, die die Salpetersäure protoniert, worauf diese ein Molekül Wasser abspaltet unter Ausbildung des stark elektrophilen Nitronium-Ions, NO_2^+.

Aktivierung von Salpetersäure durch Schwefelsäure

$$HO{-}\overset{+}{N}(=O){-}O^- + H{-}OSO_3H \rightleftharpoons H\overset{+}{O}(H){-}\overset{+}{N}(=O){-}O^- + HSO_4^-$$

Salpetersäure

$$H\overset{+}{O}(H){-}\overset{+}{N}(=O){-}O^- \longrightarrow H_2O: + O{=}\overset{+}{N}{=}O$$

Nitronium-Ion

Man kann sogar einige Salze dieses Ions, z. B. $NO_2^+ PF_6^-$ isolieren und diese getrennt zur Nitrierung von Benzol einsetzen. Der elektrophile Angriff auf Benzol verläuft in etwa nach dem zuvor allgemein aufgestellten Mechanismus.

Mechanismus der aromatischen Nitrierung

$$C_6H_6 + \overset{+}{N}O_2 \longrightarrow [C_6H_6NO_2]^+ \xrightarrow{^-:\ddot{O}SO_3H} C_6H_5NO_2 + HOSO_3H$$

Nitrobenzol

Sulfonierung: Eine reversible Substitution

Konzentrierte Schwefelsäure reagiert bei Raumtemperatur nicht mit Benzol, sieht man von Protonierung ab (siehe Übung 19-9). Eine reaktivere Form dieser Säure, die „ rauchende Schwefelsäure " greift jedoch elektrophil an, da sie SO_3 enthält (Abschn. 14.4). Die handelsübliche rauchende Schwefelsäure enthält ungefähr 8 % Schwefeltrioxid, SO_3, in konzentrierter Säure. SO_3 ist die eigentliche reaktive Spezies. Aufgrund der stark elektronenziehenden Wirkung der drei Sauerstoffatome ist das Schwefelatom in SO_3 so elektrophil, daß es Benzol direkt angreift. Anschließend entsteht durch Protontransfer das Produkt Benzolsulfonsäure.

Mechanismus der aromatischen Sulfonierung

$$C_6H_6 + SO_3 \rightleftharpoons [C_6H_6SO_3] \rightleftharpoons C_6H_5SO_3H$$

Benzolsulfonsäure

Die aromatische Sulfonierung bildet ein thermodynamisches Gleichgewicht, das auf die Seite der Ausgangssubstanzen verschoben werden kann, indem man Schwefeltrioxid durch Reaktion mit Wasser entfernt. Dadurch entsteht in einer stark exothermen Reaktion Schwefelsäure. Erhitzt man daher Benzolsulfonsäure in wäßriger Schwefelsäure, kehrt sich die Sulfonierung vollständig um.

Hydratisierung von SO_3

$$SO_3 + HOH \longrightarrow O{=}SO(OH)_2 + \text{Wärme}$$

Umkehrung der Sulfonierung

$$C_6H_5SO_3H \xrightarrow{H_2O,\ H_2SO_4 \text{ als Katalysator, } 100\,°C} C_6H_5H + HOSO_3H$$

Die reversible Sulfonierung kann man bei aromatischen Substitutionen präparativ nutzen, da der Sulfonsäure-Substituent eine bestimmte Position des Benzolrings blockieren und so weitere Substituenten in andere Stellungen dirigieren kann (Abschn. 20.5).

Benzolsulfonsäuren sind von großer Bedeutung

Die Sulfonierung ist ein wichtiges Verfahren bei der Herstellung von *Detergentien* (Abschn. 17.12). Bis vor kurzem wurden langkettige verzweigte Alkylbenzolderivate zu den entsprechenden Sulfonsäuren sulfoniert und dann in ihre Natriumsalze überführt. Da solche Waschmittel jedoch nur schwer biologisch abbaubar sind, verwendet man heute stattdessen langkettige Alkansulfonate (Abschn. 17.12).

Darstellung aromatischer Detergentien

$$R-C_6H_5 \xrightarrow{SO_3,\ H_2SO_4} R-C_6H_4-SO_3H \xrightarrow[-\ H_2O]{NaOH} R-C_6H_4-SO_3^-\ Na^+$$

R = verzweigte Alkylgruppe

Auch bei der Herstellung von Farbstoffen spielt die Sulfonierung eine Rolle, da die Sulfonsäuregruppe farbige organische Verbindungen wasserlöslich macht (Abschn. 24.6).

Sulfonylchloride sind die Säurechloride der Sulfonsäuren (siehe Abschn. 6.7 und 9.3). Man stellt sie, ebenso wie auch Alkanoylchloride gewöhnlich durch die Reaktion der Natriumsalze mit PCl_5 oder $SOCl_2$ her.

$$2\ C_6H_5-SO_2O^-\ Na^+ + PCl_5 \longrightarrow 2\ C_6H_5-SO_2Cl + POCl_3 + 2\ Na^+Cl^-$$

Obwohl sie nicht ganz so reaktiv wie Alkanoylchloride sind, sind sie präparativ von Nutzen. Erinnern wir uns, daß wir die Hydroxygruppe eines Alkohols in eine gute Abgangsgruppe umwandeln können, indem wir den Alkohol in das 4-Methylbenzolsulfonat, (*p*-Toluolsulfonat, Tosylat, Abschn. 6.7 und 9.3) überführen.

Durch Reaktion von Sulfonylchloriden mit Aminen entstehen die **Sulfonamide**, zu deren Gruppe wichtige Arzneimittel gehören. Die antibakterielle Wirkung der Sulfonamide wurde 1932 entdeckt (Abschn. 9.8). Alle Sulfonamide enthalten die 4-Aminobenzolsulfonamid-Funktion (Sulfanilamid). Ihre Wirkungsweise besteht darin, bakterielle Enzyme, die die Synthese der Folsäure katalysieren, kompetitiv zu hemmen (Abschn. 26.6).

Einige Sulfonamide

$$RHN-C_6H_4-SO_2NHR'$$

Allgemeine Struktur

$$H_2N-C_6H_4-SO_2NH-(\text{5-}CH_3\text{-Isoxazol-3-yl})$$

Sulfamethoxazol (antibakteriell, bei Harnwegsinfektionen eingesetzt)

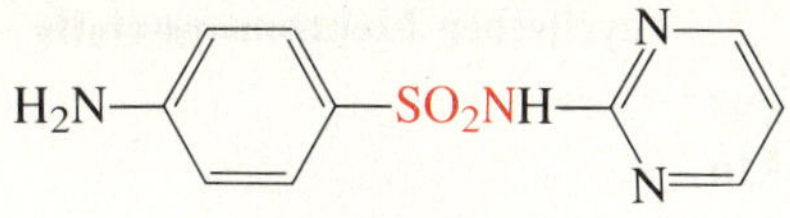

Sulfadiazin
(gegen Malaria)

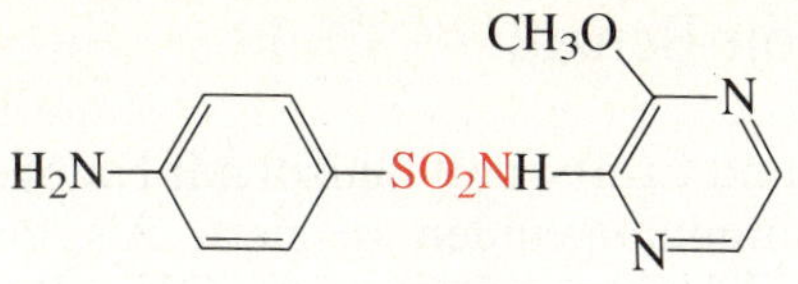

Sulfalen
(gegen Lepra)

Ungefähr 15 000 Sulfonamide wurden hergestellt und systematisch auf eine mögliche antibakterielle Wirkung getestet; aus einigen davon wurden neue Medikamente entwickelt. Mit der Entdeckung der Antibiotika rückten die Sulfonamide immer mehr in den Hintergrund. Dennoch war ihre Entdeckung ein Meilenstein in der systematischen Entwicklung der medizinischen Chemie. *

Übung 19-11

Beschreiben Sie den Mechanismus (a) der Umkehrung der Sulfonierung und (b) der Hydratisierung von SO_3.

Wir fassen zusammen: Bei der Nitrierung von Benzol ist das Nitronium-Ion, NO_2^+, das aktive Elektrophil. Es entsteht durch Abspaltung von Wasser aus protonierter Salpetersäure. Die Sulfonierung von Benzol gelingt mit rauchender Schwefelsäure, die Schwefeltrioxid, SO_3, als elektrophiles Agens enthält. Durch die Einwirkung von heißer verdünnter Säure wird die Sulfonierung reversibel. Benzolsulfonsäuren sind Vorstufen bei der Herstellung von Waschmitteln und Farbstoffen, nicht zuletzt bilden sie bei nucleophilen Substitutionen gute Abgangsgruppen.

19.7 Elektrophile aromatische Substitution unter Knüpfung einer C – C-Bindung; die Friedel-Crafts-Reaktionen

Bei keiner der elektrophilen Substitutionen, die wir bisher besprochen haben, entstanden neue C – C-Bindungen, obwohl dies eines der wichtigsten Ziele synthetischer organischer Chemie ist. Prinzipiell kann man sich eine Reaktion mit Benzol in der Gegenwart eines Reagenz mit einem elektrophilen Kohlenstoffatom vorstellen. In diesem Abschnitt werden wir zwei solcher Umsetzungen kennenlernen, die nach ihren Entdeckern **Friedel-Crafts-Reaktionen** ** heißen. Das Gelingen dieser Reaktion beruht auf der Verwendung einer Lewis-Säure, gewöhnlich Aluminiumchlorid. In Gegenwart dieses Reagenz greifen Halogenalkane Benzol unter Bildung von Alkylbenzolderivaten an, Alkanoylhalogenide ergeben Alkanoylbenzolderivate.

* Anm. d. Übers.: Heute finden Sulfonamide als orale Antidiabetika Verwendung.

** Charles Friedel, 1832–1899, Professor an der Sorbonne, Paris, und James M. Crafts, 1839–1917, Professor am Massachusetts Institute of Technology, Boston.

Elektrophile Alkylierung von Benzol

Im Jahr 1877 entdeckten Friedel und Crafts, daß Benzol mit Halogenalkanen in Gegenwart von Aluminiumhalogeniden reagiert. Als Produkte identifizierten sie Alkylbenzol und Halogenwasserstoff. Diese Reaktion, die auch in Gegenwart anderer Lewis-Säure-Katalysatoren abläuft, heißt **Friedel-Crafts-Alkylierung** von Benzol.

Friedel-Crafts-Alkylierung

$$C_6H_5H + RX \xrightarrow{AlX_3} C_6H_5R + HX$$

Die Reaktivität des Halogenalkans nimmt in der Reihenfolge RF > RCl > RBr > RI ab. Typische Lewis-Säuren bei dieser Reaktion sind (nach abnehmender Reaktivität geordnet) $AlBr_3$, $AlCl_3$, $FeCl_3$, $SbCl_5$ und BF_3.

$$CH_3CH_2Cl + C_6H_5H \xrightarrow{AlCl_3,\ 25°C} C_6H_5CH_2CH_3 + HCl$$

27.5%
Ethylbenzol

$$(CH_3)_3CCl + C_6H_5H \xrightarrow{AlCl_3,\ 0°C} C_6H_5C(CH_3)_3 + HCl$$

60%
(1,1-Dimethylethyl)benzol
(*tert*-Butylbenzol)

Bei primären Halogeniden koordiniert sich das Halogenatom des Halogenalkans an die Lewis-Säure. Diese Reaktion wird also ebenso wie die elektrophile Halogenierung eingeleitet. Dadurch entsteht eine positive Partialladung auf dem an das Halogen gebundene Kohlenstoffatom, das dadurch stärker elektrophil wird. Dem Angriff auf den Benzolring folgt wiederum die Abspaltung des Protons, und man erhält die beobachteten Produkte.

Mechanismus der Friedel-Crafts-Alkylierung mit primären Halogenalkanen

Schritt 1: Aktivierung des Halogenalkans

$$RCH_2{-}\ddot{X}: + AlX_3 \rightleftharpoons \overset{\delta^+}{R}CH_2{:}\overset{+}{\ddot{X}}{:}\overset{-}{Al}X_3$$

Schritt 2: Elektrophiler Angriff

$$C_6H_6 + \overset{\delta^+}{H_2C}(R){-}\overset{+}{\ddot{X}}{-}\overset{-}{Al}X_3 \longrightarrow [C_6H_6(CH_2R)]^+ + AlX_4^-$$

Schritt 3: Abspaltung des Protons

$$\text{Arenium-Ion (CH}_2\text{R, H)} + :\ddot{X}^{-}\!\!-\!\text{AlX}_3 \longrightarrow \text{C}_6\text{H}_5\text{CH}_2\text{R} + \text{HX} + \text{AlX}_3$$

Aus sekundären und tertiären Halogeniden entstehen meistens freie Carbenium-Ionen als Zwischenstufen, die den Benzolring in gleicher Weise angreifen wie das Kation NO_2^+.

Übung 19-12

Beschreiben Sie den Mechanismus der Bildung von (1,1-Dimethylethyl)benzol (*tert*-Butylbenzol) aus 2-Chlor-2-methylpropan (*tert*-Butylchlorid) und Benzol in Gegenwart von $AlCl_3$.

Übung 19-13

Behandelt man Benzol mit 1-Brom-3-fluorpropan in Gegenwart der Lewis-Säure Bortribromid, BBr_3, 30 min bei $-10\,°C$, erhält man eine Verbindung der Summenformel $C_9H_{11}Br$, die im ^{13}C-NMR-Spektrum sieben Peaks zeigt. Schlagen Sie für diese Verbindung eine Struktur vor.

Durch intramolekulare Friedel-Crafts-Alkylierung wird es möglich, an den Benzolkern einen weiteren Ring zu kondensieren.

$$\text{C}_6\text{H}_5(\text{CH}_2)_4\text{Cl} \xrightarrow[-\text{HCl}]{\text{AlCl}_3,\ \text{CS}_2 \text{ und } \text{CH}_3\text{NO}_2 \text{ als Lösungsmittel, } 25\,°\text{C, } 72\text{ h}} \text{Tetralin}$$

31%
Tetralin
(Trivialname)

Für Friedel-Crafts-Alkylierungen kann man alle Verbindungen benutzen, die Carbenium-Ionen ausbilden können, z. B. einen Alkohol oder ein Alken (Abschn. 9.2 und 12.3).

$$\text{C}_6\text{H}_6 + \text{CH}_3\text{CH}_2\text{CH(OH)CH}_3 \xrightarrow[-\text{HOH}]{\text{BF}_3,\ 60°\text{C, } 9\text{ h}} \text{CH}_3\text{CH}_2\text{CH(C}_6\text{H}_5\text{)CH}_3$$

36%
(1-Methylpropyl)benzol

$$\text{C}_6\text{H}_6 + \text{Cyclohexen} \xrightarrow{\text{HF, } 0°\text{C}} \text{C}_6\text{H}_5\text{–C}_6\text{H}_{11}$$

62%
Cyclohexylbenzol

Übung 19-14

(1-Methylethyl)benzol (Isopropylbenzol, Cumol) ist eine wichtige Industriechemikalie, die zu Phenol weiterverarbeitet wird (Abschn. 24.3). Isopropylbenzol wird aus Propen und Benzol in Gegenwart von Phosphorsäure hergestellt. Nach welchem Mechanismus entsteht diese Verbindung?

Die Grenzen der Friedel-Crafts-Alkylierung

Bei der Friedel-Crafts-Alkylierung treten zwei Nebenreaktionen auf, die die Bedeutung dieser Reaktion stark einschränken: zum einen die *Mehrfachalkylierung*, zum anderen die Umlagerung von *Carbenium-Ionen*. Dadurch verringert sich die Ausbeute an erwünschtem Produkt, gleichzeitig entstehen Mischungen, die nur schwer zu trennen sind.

Beispielsweise erhält man durch die Reaktion von Benzol mit 2-Brompropan in Gegenwart von $FeBr_3$ als Katalysator eine Mischung von (1-Methylethyl)benzol und 1,4-Bis(1-methylethyl)benzol, beide in relativ geringen Ausbeuten, da noch viele Nebenprodukte entstehen.

$$C_6H_6 + (CH_3)_2CHBr \xrightarrow[-\ HBr]{FeBr_3} C_6H_5CH(CH_3)_2 + C_6H_4[CH(CH_3)_2]_2$$

25%
(1-Methylethyl)benzol (Isopropylbenzol)

15%
1,4-Bis(1-methylethyl)benzol (*p*-Diisopropylbenzol)

Bei den bisher besprochenen Beispielen der elektrophilen aromatischen Substitution blieb die Reaktion stets auf der Stufe der Monosubstitution stehen. Warum ergibt sich bei Friedel-Crafts-Alkylierungen das Problem der mehrfachen Substitution? Der Grund dafür liegt in der Natur des neu eingeführten Substituenten. Durch Bromierung, Nitrierung und Sulfonierung werden elektronenziehende Substituenten in den Benzolring eingeführt, das Produkt wird *weniger* leicht elektrophil angegriffen als das Edukt. Dagegen ist ein alkylierter Benzolring elektronenreicher als ein unsubstituierter Ring und wird deshalb *leichter* elektrophil angegriffen.

Übung 19-15

Die Reaktion von Benzol mit Chlormethan in Gegenwart von $AlCl_3$ führt zu einer komplexen Mischung von Tri-, Tetra- und Pentamethylbenzolderivaten. Aus dieser Mischung kristallisiert eine Komponente selektiv aus: Smp. 80°C; Massenspektrum: $m/z = 134\ (M)^+$; ^1H-NMR $\delta = 2.27$ (s, 12 H) und 7.15 (s, 2 H) ppm; ^{13}C-NMR $\delta = 19.2$, 131.2 und 133.8 ppm. Zeichnen Sie die Struktur dieses Produkts.

Bei der aromatischen Alkylierung kann sich außerdem der Alkylrest umlagern (Abschn. 9.2), was diese Reaktion noch komplizierter macht. So führt der Versuch, Benzol mit 1-Brompropan und $AlCl_3$ zu propylieren, zu (1-Methylethyl)benzol.

$$C_6H_6 + CH_3CH_2CH_2Br \xrightarrow[-\ HBr]{AlCl_3} C_6H_5CH(CH_3)_2$$

Das Halogenalkan lagert sich dabei in Gegenwart der Lewis-Säure zum thermodynamisch begünstigten 1-Methylethyl-(Isopropyl)-Kation um.

Umlagerung von 1-Brompropan zu 1-Methylethyl-(Isopropyl)-Kation

$$CH_3CH(H)—CH_2—Br + AlCl_3 \longrightarrow CH_3\overset{+}{C}HCH_3 + BrAlCl_3$$

1-Methylethyl-(Isopropyl)Kation

Übung 19-16

Beim Versuch, Benzol mit 1-Chlorbutan in Gegenwart von $AlCl_3$ zu alkylieren, erhielt man nicht nur wie erwartet, Butylbenzol, sondern als Hauptprodukt (1-Methylpropyl)benzol. Beschreiben Sie den Mechanismus dieser Reaktion.

Aufgrund dieser Nebenreaktion verwendet man die Friedel-Crafts-Alkylierung für Synthesen nur selten. Kann man dieses Verfahren verbessern? Dazu wäre eine Spezies mit einem elektrophilen Kohlenstoffatom nötig, die sich nicht umlagern kann und die darüber hinaus den Ring für weitere Substitutionen desaktiviert. Es gibt eine solche Spezies: das **Acylium-Kation**, das bei der **Friedel-Crafts-Alkanoylierung (Friedel-Crafts-Acylierung)** eingesetzt wird.

Darstellung von Alkanoylbenzolderivaten (Acylbenzolderivaten) durch Friedel-Crafts-Alkanoylierung

Der Prototyp der Friedel-Crafts-Alkanoylierung ist die Ethanoylierung (Acetylierung) von Benzol mit Ethanoylchlorid (Acetylchlorid) in Gegenwart von Aluminumtrichlorid zu 1-Phenylethanon (Acetophenon). Bei dieser Reaktion entsteht intermediär das Ethanoyl-Kation, $CH_3C{\equiv}O:^+$.

Friedel-Crafts-Alkanoylierung

$$C_6H_5H + CH_3\overset{O}{\overset{\|}{C}}Cl \xrightarrow{AlCl_3} C_6H_5\overset{O}{\overset{\|}{C}}—CH_3 + HCl$$

61 %
1-Phenylethanon (Acetophenon)

Die Bildung des Acylium-Kations geschieht allgemein durch die Reaktion von Alkanoylhalogeniden mit Aluminiumtrichlorid. Ähnlich reagieren Carbonsäureanhydride mit Lewis-Säuren. Dabei koordiniert sich die Lewis-Säure an das Carbonyl-Sauerstoffatom. Dieser Komplex liegt im Gleichgewicht mit einer anderen Spezies vor, in der Aluminiumchlorid an das Halogenatom (von Alkanoylhalogeniden) oder an das verbrückende Sauerstoffatom (von Carbonsäureanhydriden) gebunden ist.

Komplexbildung der Lewis-Säure mit Alkanoylhalogeniden

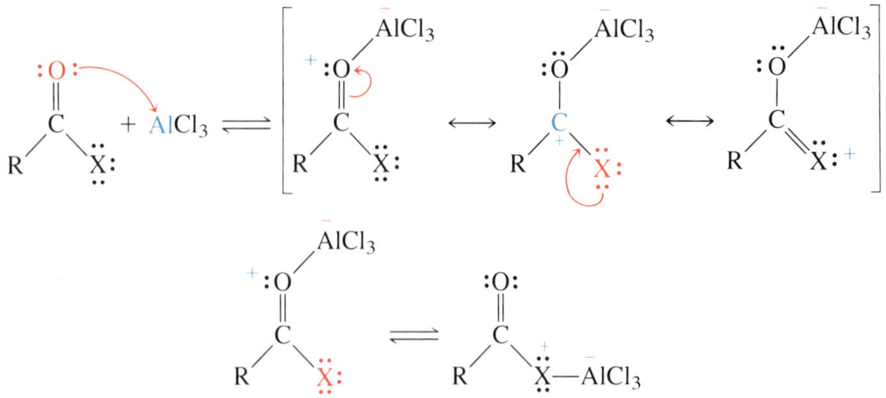

Komplexbildung der Lewis-Säure mit Carbonsäureanhydriden

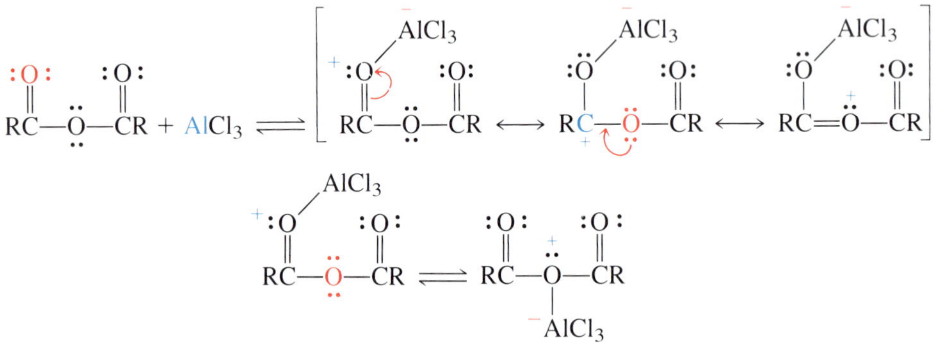

Diese Addukte können weiter in das Acylium-Ion dissozieren, wobei dieses in geringer Gleichgewichtskonzentration vorliegt. Das geschieht relativ leicht, da das Produkt resonanzstabilisiert ist (Abschn. 18.7).

Entstehung des Acylium-Ions

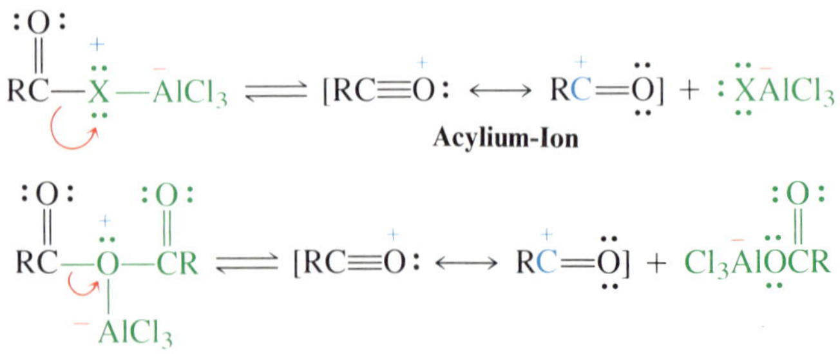

Acylium-Ion

Das Acylium-Ion ist genügend elektrophil, um Benzol nach dem üblichen Mechanismus der aromatischen Substitution anzugreifen.

Elektrophile Alkanoylierung

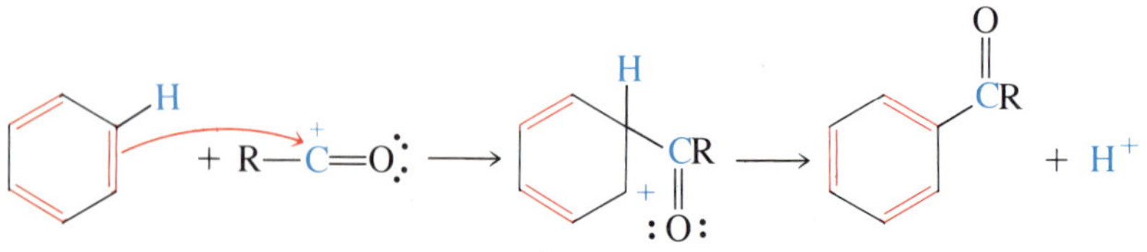

Da der neue Alkanoyl-Substituent elektronenziehend wirkt, schützt er den Ring vor weiterer Substitution. Dieser Effekt wird noch verstärkt, indem die Carbonylgruppe des Ketons einen starken Komplex mit dem Katalysator Aluminiumchlorid bildet. (Beachten Sie, daß das Carbonyl-Sauerstoffatom von Ketonen basisch ist, Abschn. 15.2).

Komplexbildung der Lewis-Säure mit 1-Phenylalkanonen

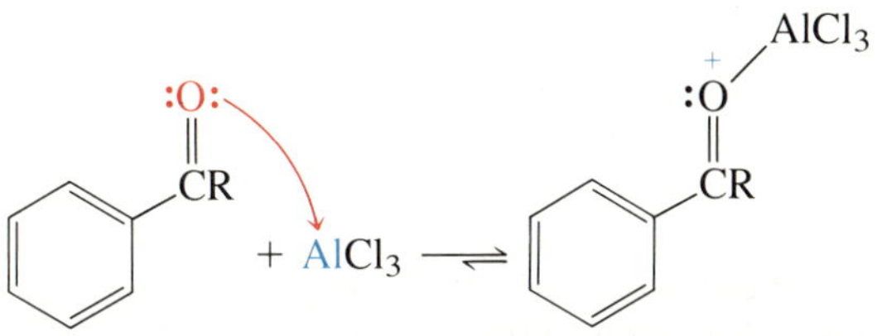

$$C_6H_5C(=\ddot{O}:)R + AlCl_3 \rightleftharpoons C_6H_5C(=\overset{+}{\ddot{O}}-\overset{-}{A}lCl_3)R$$

Da durch diese Komplexierung $AlCl_3$ als Katalysator für weitere Umsetzungen ausgeschaltet wird, muß man mindestens ein ganzes Äquivalent der Lewis-Säure zugeben, damit die Reaktion vollständig verläuft. Am Ende muß die Reaktionsmischung wäßrig aufgearbeitet werden, um das komplexierte Aluminiumchlorid zu hydrolysieren und das Keton freizusetzen.

Wäßrige Aufarbeitung nach der Friedel-Crafts-Alkanoylierung

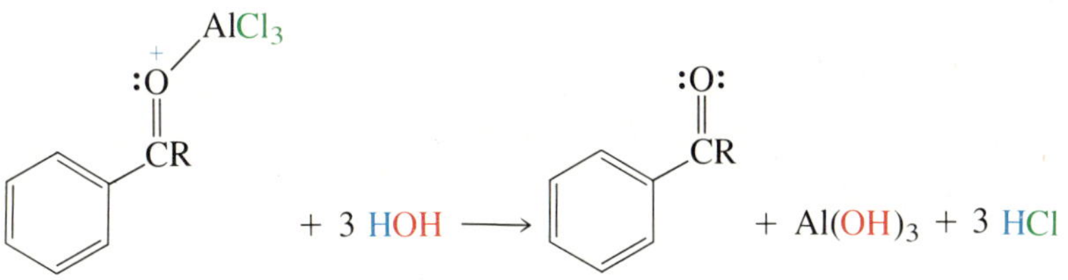

$$C_6H_5C(=\overset{+}{\ddot{O}}-\overset{-}{A}lCl_3)R + 3\ HOH \longrightarrow C_6H_5C(=\ddot{O}:)R + Al(OH)_3 + 3\ HCl$$

Beispiele dafür (sie alle beinhalten wäßrige Aufarbeitung):

$$C_6H_5H + CH_3CH_2\overset{O}{\overset{\|}{C}}Cl \xrightarrow[-\ HCl]{AlCl_3\ (1.7\ \text{Äquivalente})} C_6H_5\overset{O}{\overset{\|}{C}}CH_2CH_3$$

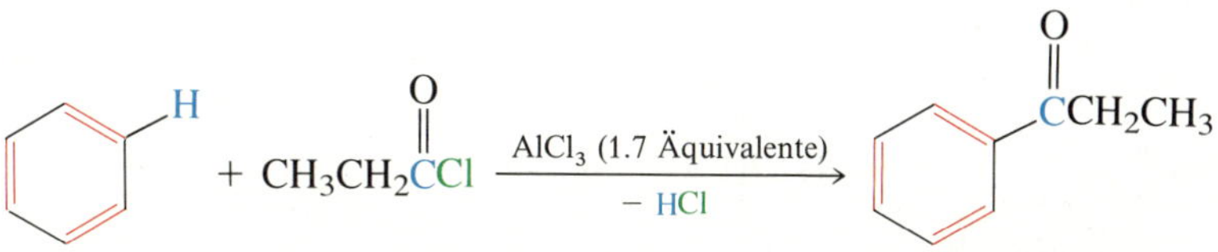

84%
1-Phenyl-1-propanon
(Propiophenon)

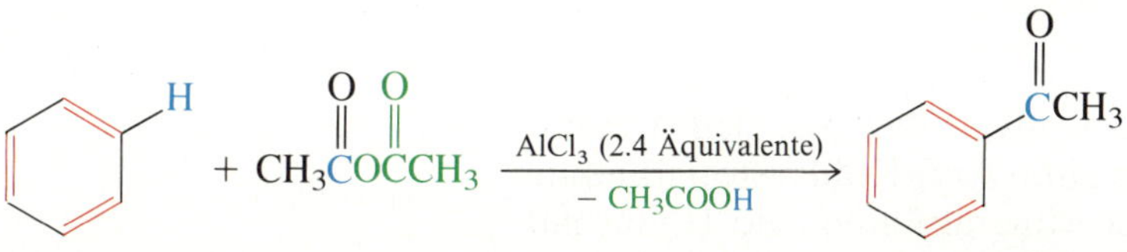

$$C_6H_5H + CH_3\overset{O}{\overset{\|}{C}}O\overset{O}{\overset{\|}{C}}CH_3 \xrightarrow[-\ CH_3COOH]{AlCl_3\ (2.4\ \text{Äquivalente})} C_6H_5\overset{O}{\overset{\|}{C}}CH_3$$

85%
1-Phenylethanon
(Acetophenon)

Übung 19-17

Die Gattermann-Koch-Reaktion ermöglicht es, die Methanoylgruppe (Formylgruppe, –CHO) direkt in den Benzolring einzuführen, indem man diesen mit CO unter Druck in Gegenwart von HCl und einer Lewis-Säure als Katalysator umsetzt. Methylbenzol (Toluol) wird mit 51 % Ausbeute in der *para*-Stellung methanoyliert (formyliert). Beschreiben Sie den Mechanismus dieser Reaktion.

$$CH_3C_6H_4\text{–}H + CO + HCl \xrightarrow{AlCl_3,\ CuCl} CH_3C_6H_4\text{–}CHO$$

Die Produkte der Friedel-Crafts-Alkanoylierung enthalten eine Carbonylgruppe, die man mit verschiedenen Methoden reduzieren kann (Clemmensen-Reduktion, Wolff-Kishner-Reduktion, reduktive Entschwefelung eines Thioketals mit Raney-Nickel, siehe Abschn. 15.5, 15.6 und 15.8). Damit bietet die Reaktionsfolge Alkanoylierung-Reduktion einen bequemen Zugang zu Alkylbenzolen, ohne die Nachteile der Friedel-Crafts-Alkylierung in Kauf zu nehmen.

Wolff-Kishner-Reduktion eines Produkts der Friedel-Crafts-Alkanoylierung

$$C_6H_5\overset{O}{\overset{\|}{C}}CH_3 \xrightarrow{NH_2NH_2,\ H_2O,\ KOH,\ HOCH_2CH_2OCH_2CH_2OCH_2CH_2OH,\ \Delta} C_6H_5CH_2CH_3$$

95%

Übung 19-18

Schlagen Sie eine Synthese von Hexylbenzol aus Hexansäure vor.

Übung 19-19

In Gegenwart von Lewis-Säuren und Mineralsäuren finden intramolekulare Alkanoylierungen bei verschiedenen Carbonsäure-Derivaten, einschließlich Estern statt. Erklären Sie die folgende Umsetzung anhand eines Mechanismus:

$$C_6H_5CH_2CH_2\overset{O}{\overset{\|}{C}}OCH_3 \xrightarrow{HF} \text{1-Indanon} + CH_3OH$$

73%

1-Indanon

(Trivialname)

Wir fassen zusammen: Die Friedel-Crafts-Alkylierung verläuft über Carbenium-Ionen oder Carbenium-Ion-Äquivalenten, die den aromatischen Ring elektrophil angreifen und eine Aryl-Kohlenstoff-Bindung knüpfen. In Gegenwart von Lewis- oder Mineralsäuren sind Halogenalkane, Alkene und Alkohole die Reagenzien der aromatischen Alkylierung. Dabei treten jedoch leicht Mehrfachalkylierung und Umlagerungen durch Wasserstoff- oder Alkylverschiebungen auf. Die Friedel-Crafts-Alkanoylierung umgeht diese Nebenreaktionen. Bei dieser Reaktion reagiert ein Alkanoylhalogenid oder ein Carbonsäureanhydrid mit dem Aromaten. Hier entstehen intermediär Acylium-Kationen, die den Ring elektrophil angreifen. Die dadurch gebildeten aromatischen Ketone können weiter modifiziert werden.

Zusammenfassung neuer Reaktionen

Zusammenfassung neuer Reaktionen

1 Hydrierung von Benzol

$$C_6H_6 \xrightarrow{H_2,\ \text{Katalysator}} C_6H_{12} \qquad \Delta H^0 = -206.4\ \text{kJ/mol}$$

Resonanzenergie: ~ −124 kJ/mol

2 Aromatische Übergangszustände

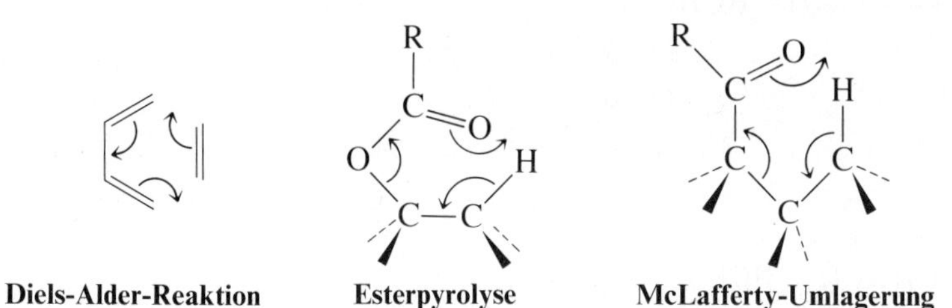

Diels-Alder-Reaktion **Esterpyrolyse** **McLafferty-Umlagerung**

Elektrophile aromatische Substitution

3 Chlorierung, Bromierung, Nitrierung und Sulfonierung

$$C_6H_6 \xrightarrow{X_2,\ FeX_3} C_6H_5X + HX \qquad X = Cl, Br$$

$$C_6H_6 \xrightarrow{HNO_3,\ H_2SO_4} C_6H_5NO_2 + H_2O$$

$$C_6H_6 \underset{H_2SO_4,\ H_2O,\ \Delta}{\overset{SO_3,\ H_2SO_4}{\rightleftharpoons}} C_6H_5SO_3H$$

4 Iodierung

$$C_6H_6 + I_2 + AgNO_3 \longrightarrow C_6H_5I + AgI + HNO_3$$

oder

$$2\ C_6H_6 + I_2 + 2\ HNO_3 \longrightarrow 2\ C_6H_5I + 2\ NO_2 + 2\ H_2O$$

5 Benzolsulfonylchloride

$$C_6H_5SO_3Na + PCl_5 \longrightarrow C_6H_5SO_2Cl + POCl_3 + NaCl$$

6 Friedel-Crafts-Alkylierung

$$C_6H_6 + RX \xrightarrow{AlCl_3} C_6H_5R + HX \quad \text{mehrfach alkylierte Produkte}$$

R kann sich umlagern

Intramolekular:

$$C_6H_5CH_2CH_2CH_2CH_2Cl \xrightarrow{AlCl_3} \text{Tetrahydronaphthalin} + HCl$$

Alkohole und Alkene als Substrate:

$$RCH(OH)R' + C_6H_6 \xrightarrow[- H_2O]{BF_3,\ 60^\circ C} C_6H_5CH(R')R$$

$$RCH{=}CH_2 + C_6H_6 \xrightarrow{HF,\ 0^\circ C} C_6H_5CH(R)CH_3$$

7 Friedel-Crafts-Alkanoylierung

$$C_6H_6 + RC(=O)Cl \xrightarrow{AlCl_3} C_6H_5C(=O)R + HCl$$

Anhydride:

$$C_6H_6 + CH_3C(=O)OC(=O)CH_3 \xrightarrow{AlCl_3} C_6H_5C(=O)CH_3 + CH_3COOH$$

Zusammenfassung

1 Die Namen substituierter Benzolderivate bildet man, indem man den Namen des Substituenten dem Wort „Benzol" je nach Priorität voran- oder nachstellt. Bei disubstituierten Verbindungen geben die Vorsilben 1,2-, 1,3- und 1,4 oder *ortho, meta* und *para* die Stellung der Substituenten an. Für viele Benzolderivate sind Eigennamen gebräuchlich, die manchmal den Stammnamen substituierter Derivate bilden. Als Substituent wird ein aromatisches System Aryl genannt; der einfachste Vertreter davon, C_6H_5, heißt Phenyl; dessen Homologes $C_6H_5CH_2$ heißt Phenylmethyl (Benzyl).

2 Benzol ist kein Cyclohexatrien, sondern ein delokalisiertes cyclisches System aus sechs π-Elektronen. Es bildet ein regelmäßiges Sechseck aus sechs sp^2-hybridisierten Kohlenstoffatomen. Alle sechs *p*-Orbitale überlappen gleichmäßig mit ihren Nachbarn. Aus der ungewöhnlich niedrigen Hydrierungswärme kann man die Resonanzenergie zu ungefähr 124 kJ/mol errechnen. Auch die Übergangszustände mancher Reaktionen, z.B. die Diels-Alder-Cycloaddition, die Esterpyrolyse und die McLafferty-Umlagerung erwerben durch aromatische Delokalisierung eine besondere Stabilität.

3 Die Besonderheit des Benzols ist in auffälligen UV-, IR- und NMR-Spektren zu erkennen. Am meisten Information erhält man aus den ^1H-NMR-Spektren, da die aromatischen Wasserstoffatome durch den induzierten Ringstrom einer ungewöhnlichen Entschirmung unterliegen. Aus den *o*-, *m*- und *p*-Kopplungskonstanten erhält man Auskunft über das Substitutionsmuster.

4 Die wichtigste Reaktion von Benzol ist die elektrophile aromatische Substitution. Im geschwindigkeitsbestimmenden Schritt wird das Elektrophil an den Ring addiert, wobei ein delokalisiertes Hexadienyl-Kation entsteht, der aromatische Charakter jedoch verlorengeht. Dieser wird durch rasche Deprotonierung zum jetzt substituierten Ring wieder hergestellt. Die Substitution ist exotherm, eine Addition dagegen wäre endotherm und findet deshalb nicht statt. Mit dieser Reaktion kann man Halogen- und Nitrobenzol, Benzolsulfonsäuren und alkylierte und alkanoylierte Derivate herstellen. Oft ist die Katalyse einer Lewis-Säure (bei der Chlorierung, Bromierung und Sulfonierung) oder die einer Mineralsäure (bei der Nitrierung und Sulfonierung) oder anderer Substanzen (Ag^+ bei der Iodierung) notwendig. Die Wirkung dieser Katalysatoren besteht darin, die Elektrophilie des Reagenz zu verstärken (so bei der Chlorierung, Bromierung, Alkylierung mit primären Alkylgruppen und Sulfonierung), oder stark elektrophile, positiv geladene Elektrophile zu erzeugen (bei der Iodierung I^+; bei der Nitrierung NO_2^+; bei der Alkylierung R^+; bei der Alkanoylierung RCO^+), oder die Reaktion auf andere Weise voranzutreiben (bei der Iodierung).

5 Benzolsulfonsäuren sind Vorstufen der Benzolsulfonylchloride. Diese reagieren mit Alkoholen zu Sulfonsäureestern, die gute Abgangsgruppen bilden und mit Aminen zu Sulfonamiden, zu deren Gruppe wichtige Arzneimittel gehören.

6 Im Gegensatz zu anderen elektrophilen Substitutionen aktiviert die Friedel-Crafts-Alkylierung den aromatischen Ring für weitere Substitutionen, so daß Mischungen mehrfach alkylierter Produkte entstehen.

Aufgaben

1 Benennen Sie die folgenden Verbindungen nach dem IUPAC-System und geben Sie, wo es möglich ist, auch die gebräuchlichen Eigennamen an.

(a) $COOCH(CH_3)_2$

(f) NH_2, CH_3, CH_2CH_3

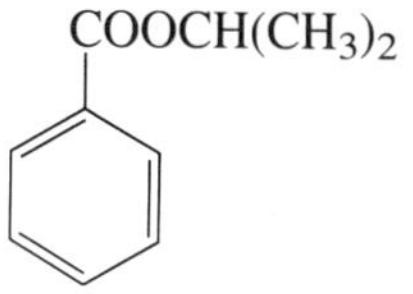

(b) $CH{=}CH_2$, CH_3

(g) CH_3, CH_3, Br

(c) D, D, $COCH_3$

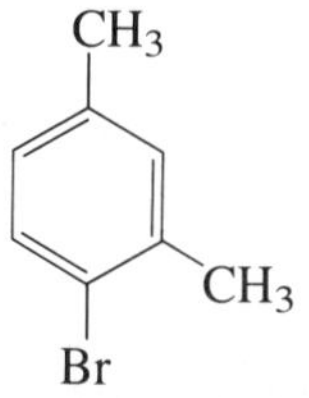

(h) OH, CH_3O, OCH_3, Br

(d) OH, CHO

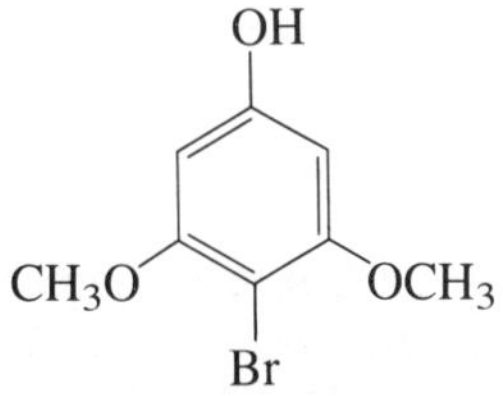

(i) $-CH_2COOH$

(e) NH_2, COOH

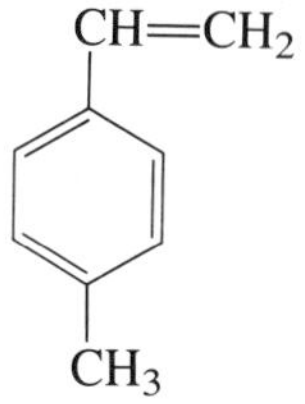

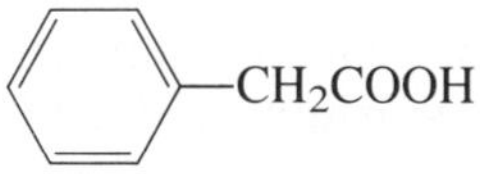

(j) OCH_3, NO_2

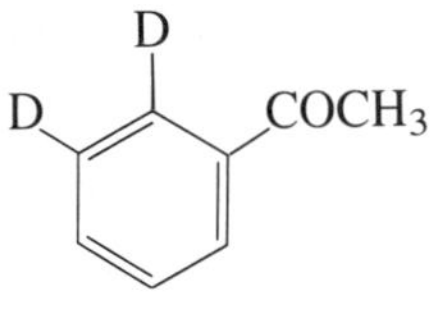

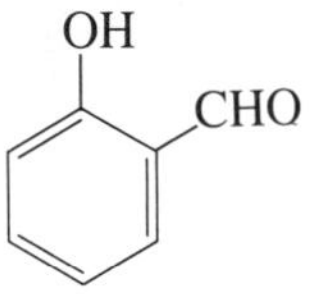

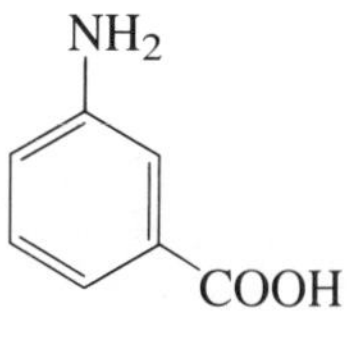

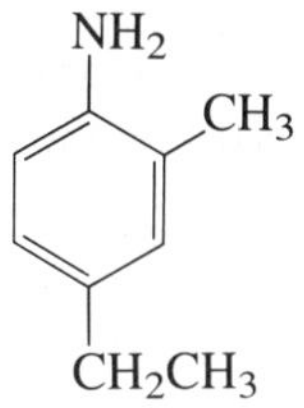

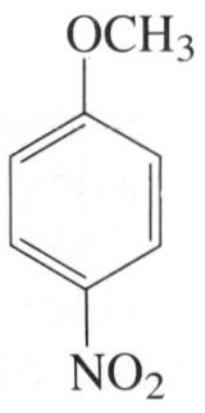

2 Benennen Sie die folgenden trivial bezeichneten Verbindungen mit ihrem systematischen IUPAC-Namen.

(a) (Duren)

(c) (Acetaminophen)

(b) (Hexylresorcinol)

(d) (Ibuprofen)

3 Zeichnen Sie die Strukturen folgender Verbindungen. Wenn Sie auf einen falschen Namen stoßen, geben Sie die korrekte Variante an.

(a) *o*-Chlorbenzylalkohol
(b) 2,4,6-Trihydroxybenzol
(c) 4-Nitro-*o*-xylol
(d) *m*-(Dimethylamino)benzoesäure
(e) 4,5-Dibromanilin
(f) *p*-Methoxy-*m*-nitroacetophenon

4 Die vollständige Verbrennung von Benzol verläuft exotherm, dabei werden ungefähr 3300 kJ/mol frei. Wieviel Wärme würde freigesetzt, wenn Benzol nicht aromatisch wäre?

5 Die vollständige Hydrierung von 1,3,5,7-Cyclooctatetraen verläuft exotherm, dabei werden 473 kJ/mol frei. Für die Hydrierung von Cycloocten ergibt sich ein Wert von $\Delta H^0 = -96$ kJ/mol. Würden Sie anhand dieser Daten Cyclooctatetraen als aromatisch einstufen?

1,3,5,7-Cycloocta-tetraen

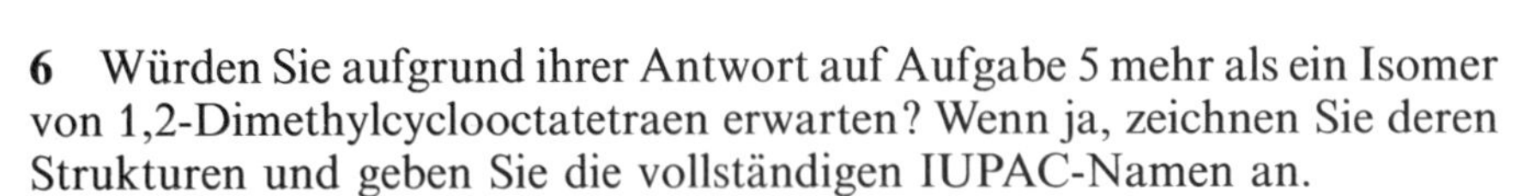

6 Würden Sie aufgrund ihrer Antwort auf Aufgabe 5 mehr als ein Isomer von 1,2-Dimethylcyclooctatetraen erwarten? Wenn ja, zeichnen Sie deren Strukturen und geben Sie die vollständigen IUPAC-Namen an.

7 Im dem folgenden Diagramm sehen Sie die potentiellen Energien zweier π-Systeme, der 2-Propenyl- (Allyl)-Gruppe und der Cyclopropenyl-Gruppe qualitativ dargestellt.

(a) Zeichnen Sie die drei Molekülorbitale eines jeden Systems mit ihren Vorzeichen, und markieren Sie bindende Überlappung und Knoten mit gestrichelten Linien wie in Abb. 19-5. Hat jedes dieser Systeme entartete Molekülorbitale?
(b) Mit wie vielen π-Elektronen würde das Cyclopropenyl-System (verglichen mit dem 2-Propenyl-System) maximale Stabilität errei-

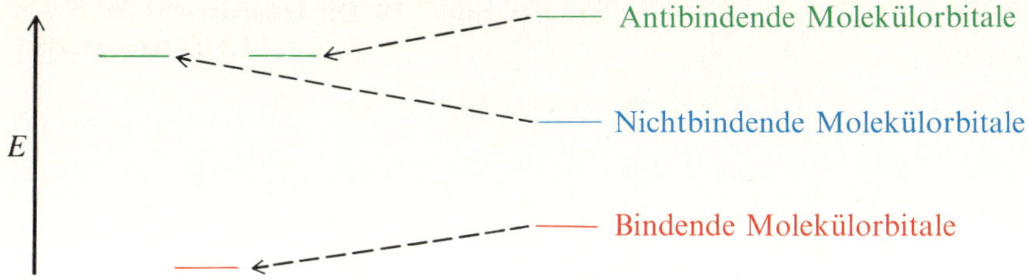

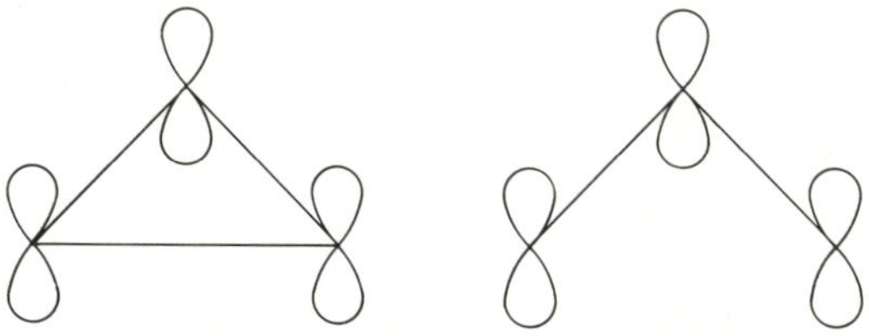

Antibindende Molekülorbitale

Nichtbindende Molekülorbitale

Bindende Molekülorbitale

E

Cyclopropenyl

2-Propenyl
(Allyl)

chen? (Vergleichen Sie mit Benzol, Abb. 19-6). Zeichnen Sie die Lewis-Strukturen dieser Systeme mit Ihrer gefundenen Anzahl von Elektronen und dazu passenden formellen Ladungen.
(c) Würden Sie das Cyclopropenyl-System, das Sie in Teil **b** gezeichnet haben, als aromatisch bezeichnen? Erklären Sie Ihre Antwort.

8 Wiederholen Sie den Unterabschnitt über aromatische Übergangszustände in Abschn. 19.2. Versuchen Sie, möglichst viele zusätzliche Reaktionen unter den Umsetzungen aus Abschn. 14.5 zu finden, die ebenfalls über aromatische Übergangszustände verlaufen.

9 Nachfolgend sind die spektroskopischen und andere Daten mehrerer Verbindungen aufgeführt. Schlagen Sie für jedes Beispiel eine Struktur vor.

(a) Analyse: 30.55% C, 1.71% H, 67.75% Br. ^{1}H-NMR: Spektrum A, (S. 914); ^{13}C-NMR: 3 peaks; IR: $\tilde{\nu} = 745$ (s, breit) cm^{-1}; UV: λ_{max} (ε) = 263 (150), 270 (250), und 278 (180) nm.
(b) Analyse: 79.98% C, 6.71% H. 1H-NMR: Spektrum B, (S. 914); ^{13}C-NMR: δ = 26.3 (q), 128.3 (d), 128.6 (d), 133.0 (d), 137.3 (s) und 197.4 (s) ppm. IR: $\tilde{\nu}$ = 1680 (s), 755 (s) und 690 (s) cm^{-1}. UV: λ_{max} (ε) = 240 (13000), 278 (1100) und 319 (50) nm.
(c) Analyse: 70.57% C, 5.92% H. ^{1}H-NMR: Spektrum C, (S. 915); IR: $\tilde{\nu}$ = 1690 (s) und 825 (s) cm^{-1}.
(d) Analyse: 44.95% C, 3.78% H, 42.72% Br. ^{1}H-NMR: Spektrum D, (S. 915); ^{13}C-NMR: 7 peaks; IR: $\tilde{\nu}$ = 765 (s) und 680 (s) cm^{-1}.
(e) Analyse: 54.29% C, 5.57% H, 40.14% Br. ^{1}H-NMR: Spektrum E, (S. 916); ^{13}C-NMR: δ = 20.6 (q), 23.6 (q), 124.2 (s), 129.0 (d), 136.0 (s) und 137.7 (s) ppm.

10 Durch Addition von Benzol an HF-SbF$_5$ (Übung 19-10) erhält man eine Spezies mit den folgenden ^{13}C-NMR-Absorptionen: δ = 52.2 (t), 136.9 (d), 178.1 (d) und 186.6 (d) ppm. Die Signale bei δ = 136.9 und 186.6 sind von doppelter Intensität als die übrigen Signale. Ordnen Sie die Signale dieses Spektrums zu.

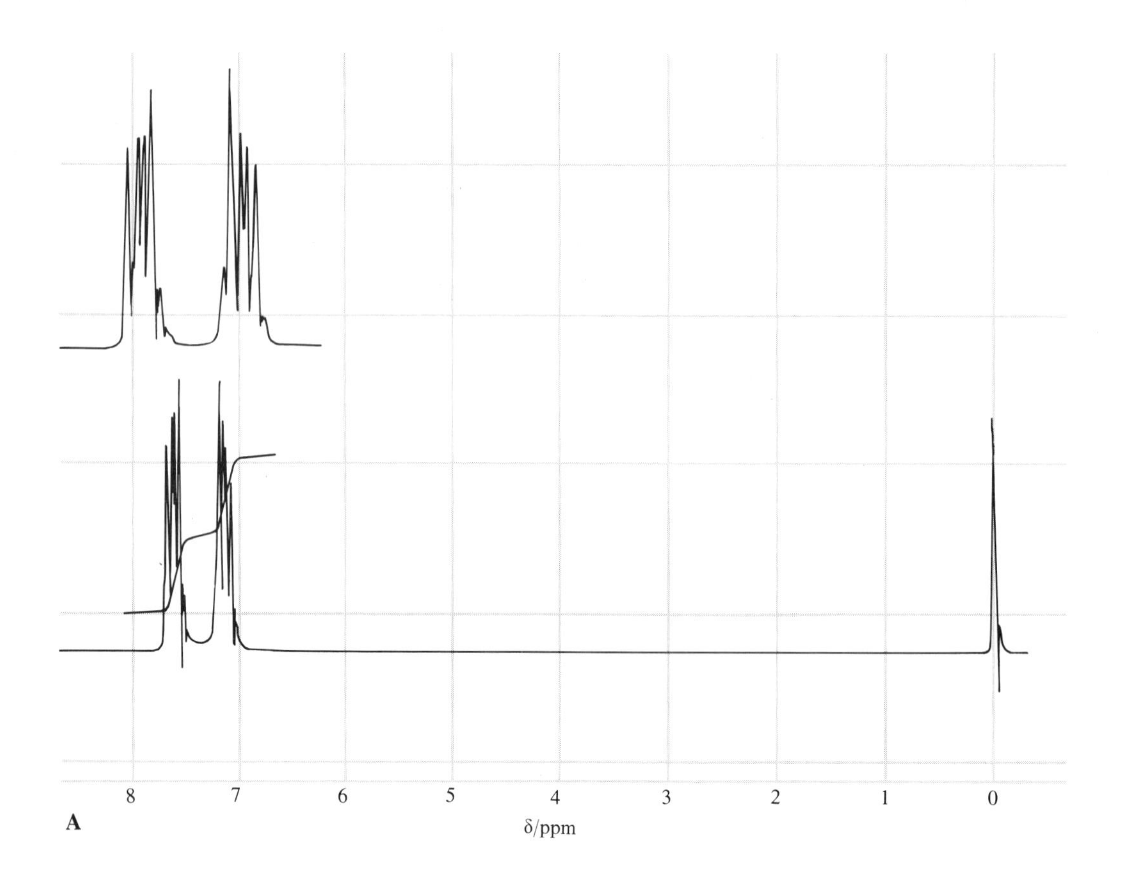

8
7
6
5
4
3
2
1
0
A
δ/ppm

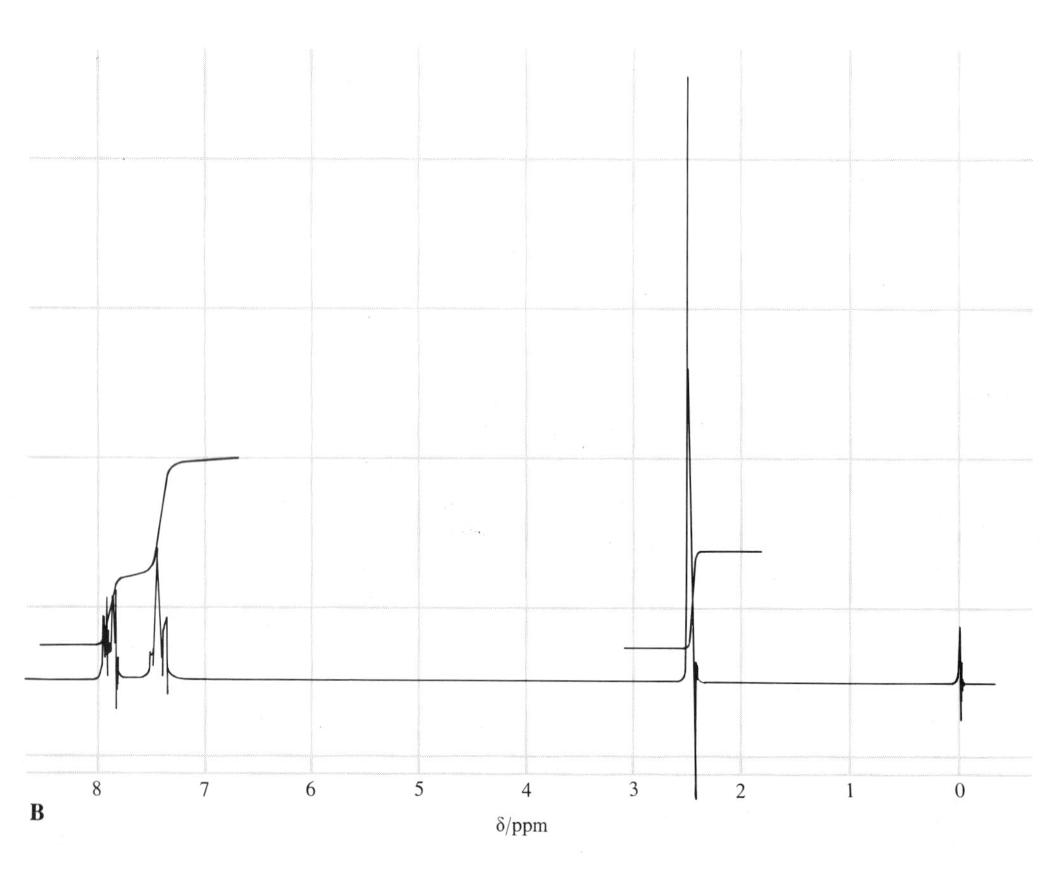

8
7
6
5
4
3
2
1
0
B
δ/ppm

11 Welches Hauptprodukt erwarten Sie bei der Addition der folgenden Reagenz-Mischungen an Benzol:

(a) $Cl_2 + AlCl_3$
(b) $T_2O + BF_3$ (T = Tritium, ^3H)
(c) $ICl + FeCl_3$ (Vorsicht! $DH^0_{ICl} = 74$ kJ/mol. Ist diese Reaktion exotherm?)
(d) N_2O_5 (dissoziiert leicht in NO_2^+ und NO_3^-)

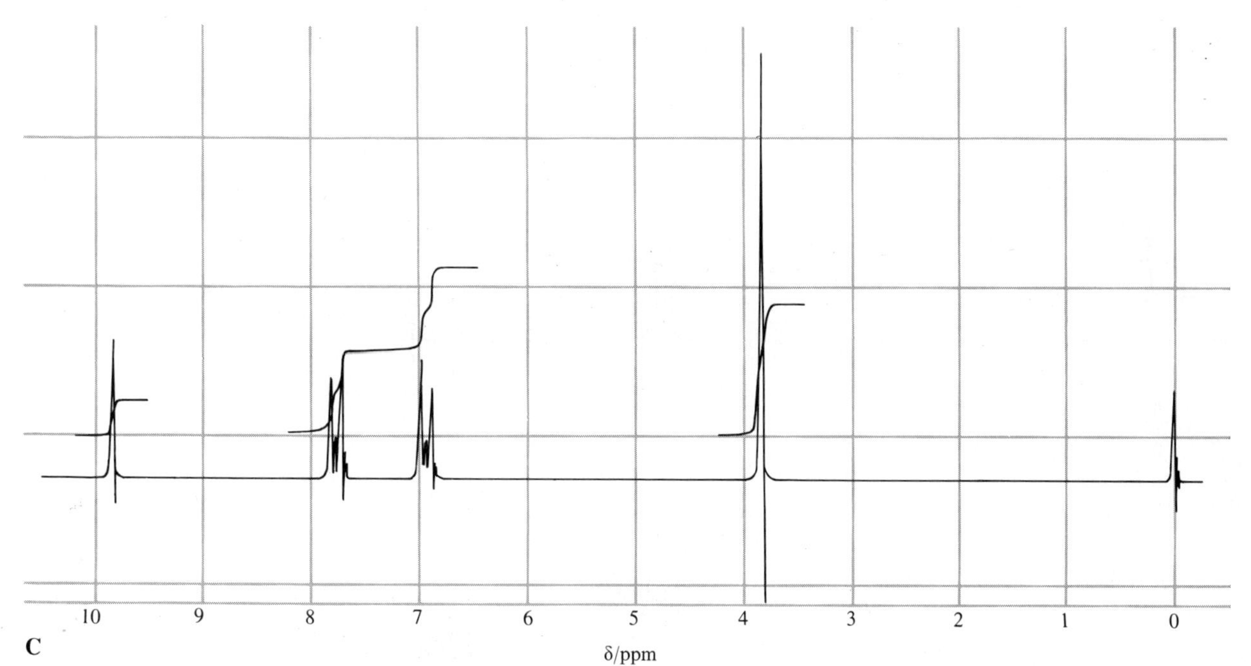

C

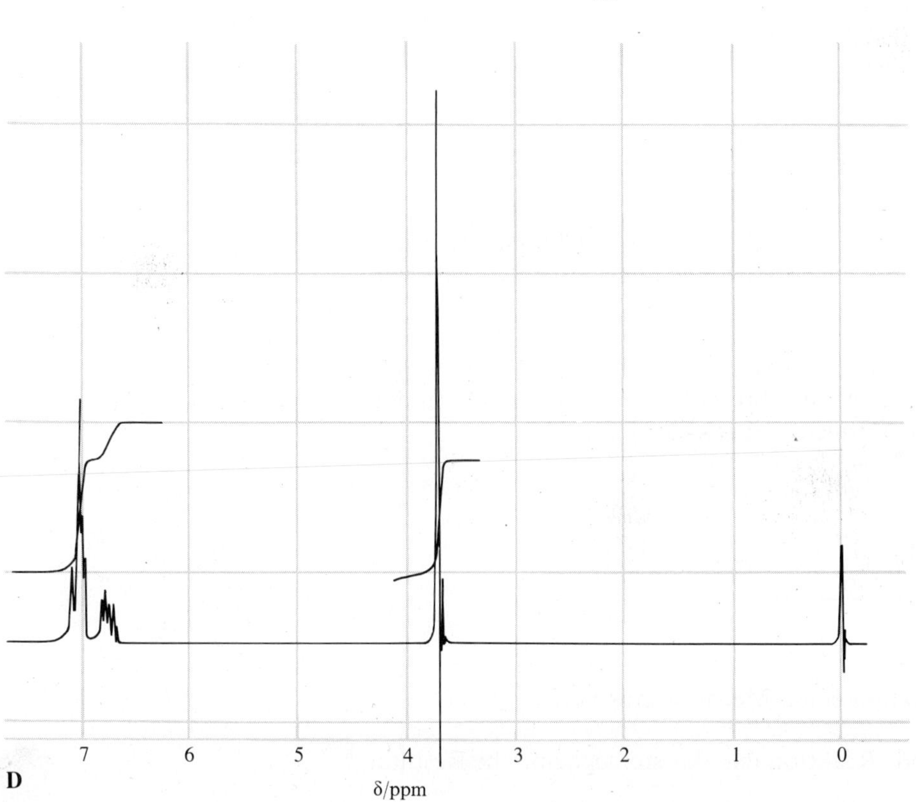

D

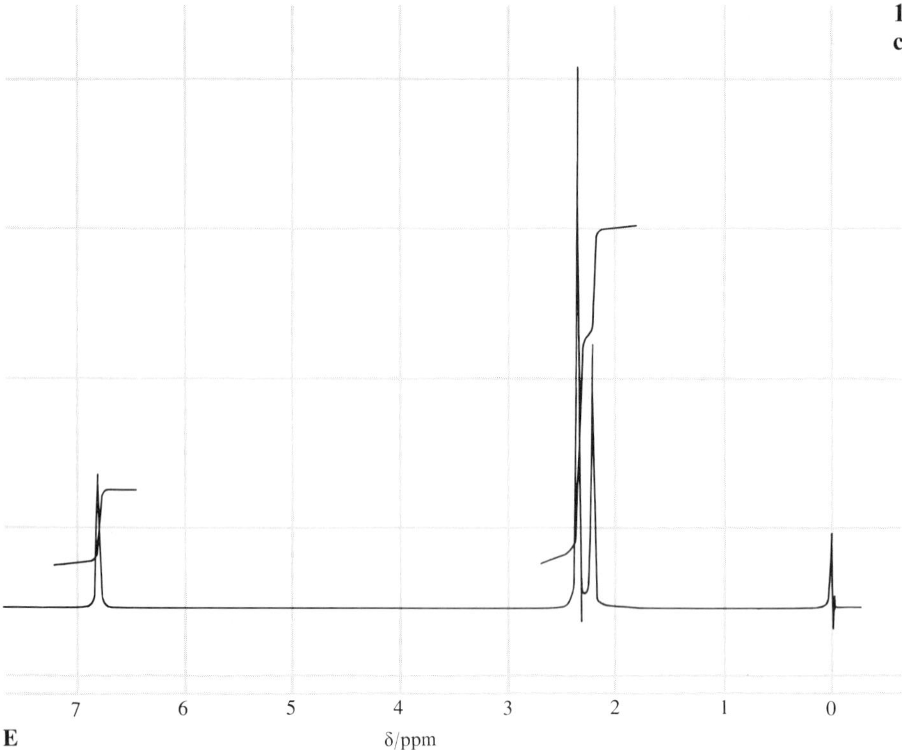

(e) $(CH_3)_2C{=}CH_2 + H_3PO_4$
(f) $(CH_3)_3CCH_2CH_2Cl + AlCl_3$

(g) $(CH_3)_2\overset{Br}{C}CH_2CH_2\overset{Br}{C}(CH_3)_2 + AlBr_3$

(h) H_3C—C_6H_4—$COCl + SbCl_5$

12 Beschreiben Sie die Mechanismen der Reaktionen **c** und **f** aus Aufgabe 11.

13 Nach welchem Mechanismus könnte die direkte Chlorsulfonierung von Benzol (siehe Rand) verlaufen? Sie ist eine alternative Synthese von Benzolsulfonsäurechlorid.

Benzol + 2 $ClSO_3H$ → $C_6H_5SO_2Cl$ + HCl + H_2SO_4

14 Neben der Gattermann-Koch-Reaktion (Übung 19-17) gibt es eine weitere Möglichkeit, die Methanoylgruppe (Formylgruppe) direkt in den Benzolring einzuführen, die Vilsmeier-Haack-Reaktion:

Benzol —(1. $HCON(CH_3)_2$, $POCl_3$; 2. H_2O)→ C_6H_5CHO

Schlagen Sie für diese Reaktion einen Mechanismus vor.

15 Erklären Sie die folgende Reaktion und das stereochemische Resultat durch einen Mechanismus.

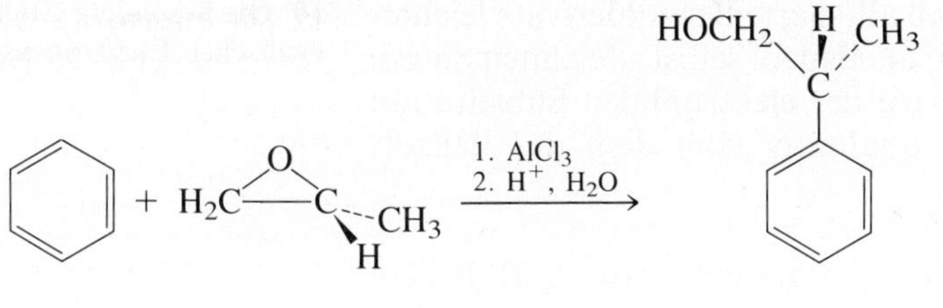

$$\text{Benzol} + H_2C\overset{O}{—}C(H)\text{--}CH_3 \xrightarrow[2.\ H^+,\ H_2O]{1.\ AlCl_3} HOCH_2\text{–}C(H)(CH_3)\text{–}C_6H_5$$

16 Mit einer gebräuchlichen intramolekularen Variante der Friedel-Crafts-Reaktion mit Ketonen erzeugt man Ringe:

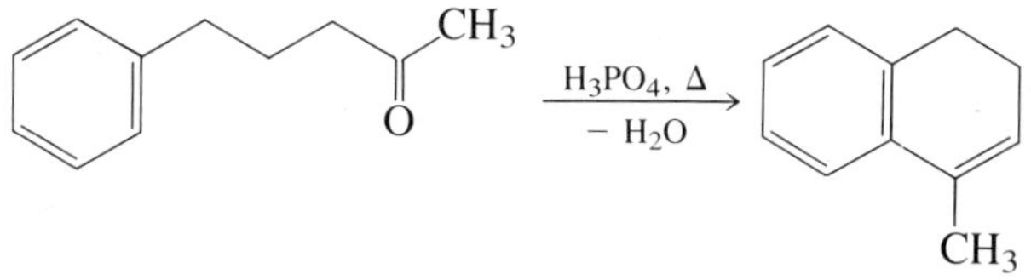

$$C_6H_5CH_2CH_2CH_2COCH_3 \xrightarrow[-\ H_2O]{H_3PO_4,\ \Delta} \text{(Dihydronaphthalin mit } CH_3\text{)}$$

(a) Nach welchem Mechanismus könnte diese Reaktion verlaufen?
(b) Entwerfen Sie eine Synthese für das Ausgangsketon, ausgehend von Benzol oder Methylbenzol (Toluol).
(c) Zeichnen Sie die Struktur des Produktes, das bei der ersten der folgenden Reaktionen entsteht. Suchen Sie zwei weitere Verfahren, um die nachfolgende Umsetzung zu vollziehen.

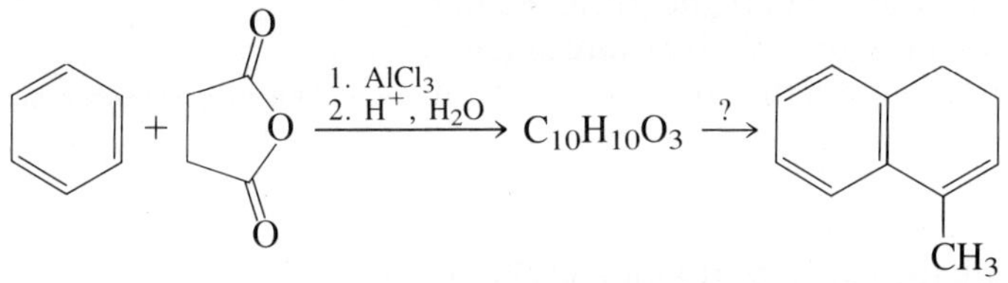

$$\text{Benzol} + \text{Bernsteinsäureanhydrid} \xrightarrow[2.\ H^+,\ H_2O]{1.\ AlCl_3} C_{10}H_{10}O_3 \xrightarrow{?} \text{(Dihydronaphthalin mit } CH_3\text{)}$$

IR: $\tilde{\nu}$ = 3000 (sehr breit), 1710, 1680, 755 und 690 cm^{-1}
UV: λ_{max} = 240, 278 und 319 nm

17 Überlegen Sie sich eine vernünftige Synthese für die folgenden Verbindungen. Verwenden Sie Benzol und beliebig andere nicht-aromatische Verbindungen als Ausgangsmaterialien.

(a) 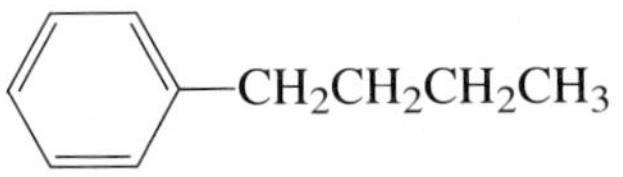 C_6H_5–$CH_2CH_2CH_2CH_3$ (Vorsicht! Geht das mit Friedel-Crafts-*Alkylierung?*)

(b) 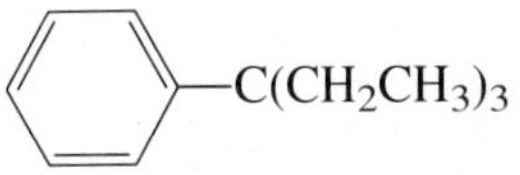 C_6H_5–$C(CH_2CH_3)_3$

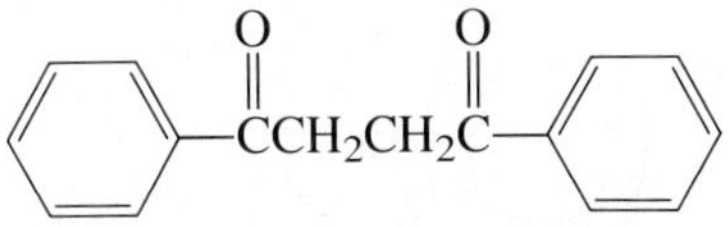

(c) C_6H_5–$\overset{O}{\overset{\|}{C}}CH_2CH_2\overset{O}{\overset{\|}{C}}$–$C_6H_5$

(d) 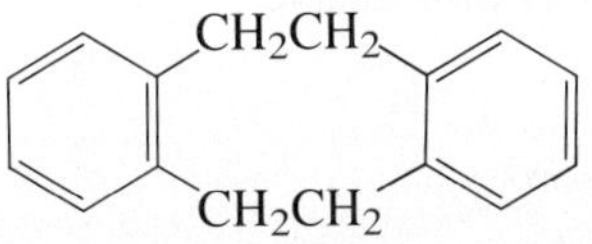 (zwei Benzolringe, verbunden durch CH_2CH_2 und CH_2CH_2)

Hier brauchen Sie zu Benzol ein weiteres aromatisches Edukt.

18 In diesem Buch wird behauptet, daß alkylierte Benzolderivate leichter einem elektrophilen Angriff unterliegen als Benzol selbst. Zeichnen Sie ein Energieprofil (ähnlich wie in Abb. 19-16) der elektrophilen Substitution von Methylbenzol (Toluol), das sich qualitativ vom dem des Benzols unterscheidet.

19 Zimtsäure und Zimtaldehyd sind Bestandteile von natürlichem Zimtöl. Beschreiben Sie Möglichkeiten, Zimtsäure und Zimtaldehyd darzustellen, ausgehend von Benzol und weiteren Substanzen, die Sie für nötig halten (Hinweis: siehe Übung 19-17). Geben Sie für jedes Molekül einen systematischen Namen an.

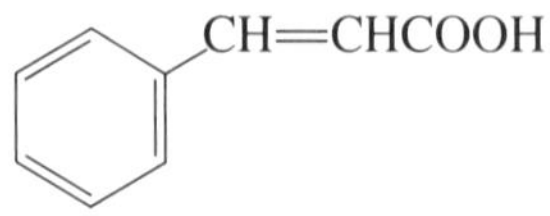

C_6H_5–CH=CHCOOH **Zimtsäure**

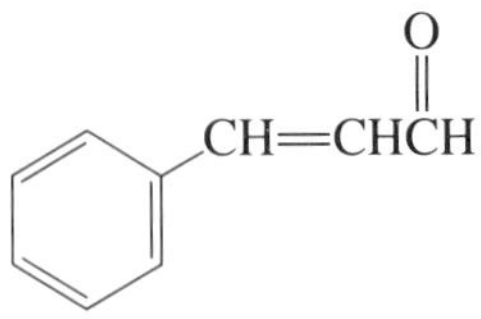

C_6H_5–CH=CHCH(=O) **Zimtaldehyd**

20 Metall-substituierte Benzolderivate werden seit langem in der Medizin verwendet. Vor der Entdeckung der Antibiotika waren Phenylarsen-Derivate die einzigen Mittel, mit denen man Syphilis bekämpfen konnte. Auch heute noch verwendet man Phenylquecksilber-Verbindungen als Fungizide und keimabtötende Wirkstoffe. Nachdem Sie nun die Grundprinzipien aromatischer Reaktionen kennen und aufgrund Ihrer Kenntnisse über das charakteristische Verhalten von Hg^{2+}-Verbindungen (siehe Abschn. 12.3), schlagen Sie für Phenylquecksilberethanoat eine vernünftige Synthese vor.

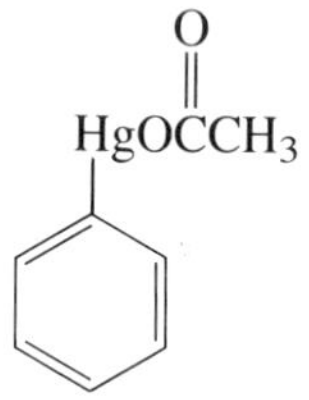

C_6H_5–HgOC(=O)CH_3 **Phenylquecksilberethanoat**

21 Halogenarene können wie Halogenalkane leicht in organometallische Reagenzien überführt werden, die als Quelle nucleophilen Kohlenstoffs dienen:

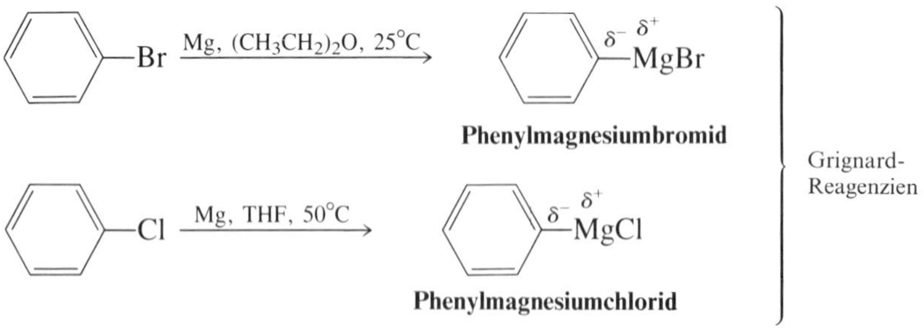

$$C_6H_5\text{–Br} \xrightarrow{\text{Mg, }(CH_3CH_2)_2O,\ 25°C} C_6H_5^{\delta-}\text{–}\overset{\delta+}{\text{MgBr}}$$
Phenylmagnesiumbromid

$$C_6H_5\text{–Cl} \xrightarrow{\text{Mg, THF, }50°C} C_6H_5^{\delta-}\text{–}\overset{\delta+}{\text{MgCl}}$$
Phenylmagnesiumchlorid

Grignard-Reagenzien

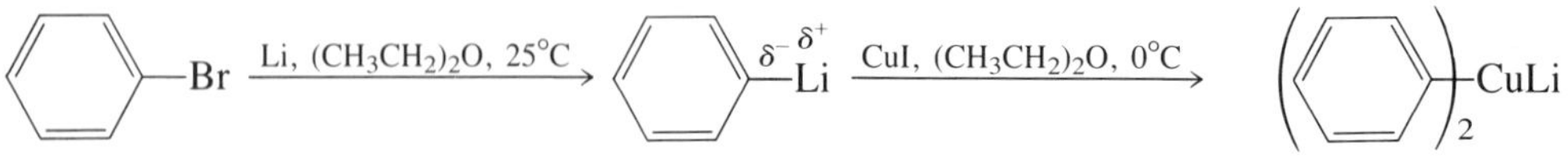

$$C_6H_5\text{–Br} \xrightarrow{\text{Li, }(CH_3CH_2)_2O,\ 25°C} C_6H_5^{\delta-}\text{–}\overset{\delta+}{\text{Li}} \xrightarrow{\text{CuI, }(CH_3CH_2)_2O,\ 0°C} (C_6H_5)_2\text{CuLi}$$
Phenyllithium **Lithiumdiphenylcuprat**

In ihrem chemischen Verhalten gleichen diese Reagenzien ihren allylischen Analoga. Geben Sie jeweils das Hauptprodukt der folgenden Reaktionssequenzen an:

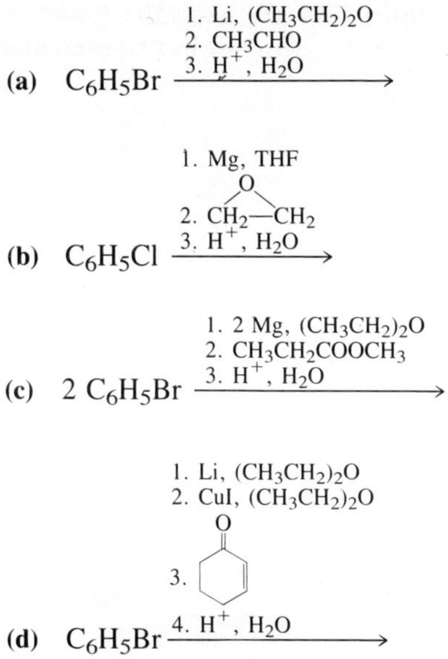

(a) $C_6H_5Br \xrightarrow[\text{3. } H^+,\ H_2O]{\text{1. Li, } (CH_3CH_2)_2O \quad \text{2. } CH_3CHO}$

(b) $C_6H_5Cl \xrightarrow[\text{3. } H^+,\ H_2O]{\text{1. Mg, THF} \quad \text{2. } CH_2\text{—}CH_2 \text{ (über O verbrückt)}}$

(c) $2\ C_6H_5Br \xrightarrow[\text{3. } H^+,\ H_2O]{\text{1. 2 Mg, } (CH_3CH_2)_2O \quad \text{2. } CH_3CH_2COOCH_3}$

(d) $C_6H_5Br \xrightarrow[\text{4. } H^+,\ H_2O]{\text{1. Li, } (CH_3CH_2)_2O \quad \text{2. CuI, } (CH_3CH_2)_2O \quad \text{3. Cyclohexenon}}$

22 Überlegen Sie sich vernünftige Darstellungsweisen für die folgenden Verbindungen. Gehen Sie dabei von Benzol aus und verwenden Sie Reaktionen, die in Aufgabe 21 vorgestellt wurden.

(a) C_6H_5—CH_2OH

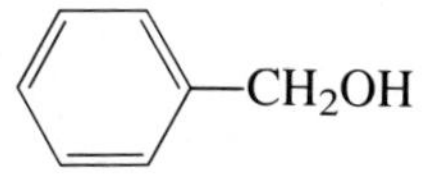

Phenylmethanol (Benzylalkohol)

Wird als Schutzgruppe verwendet, Abschn. 24.2 und 27.5

(b) C_6H_5—$CH_2CH(CH_3)NH_2$

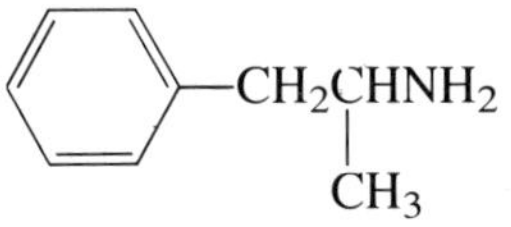

Amphetamin

Prototyp einer das Zentralnervensystem stimulierenden Verbindungsklasse

(c) $(C_6H_5)_2C(OH)$—$C(=O)$—O—CH_2CH_2—$\overset{+}{N}H(CH_2CH_3)_2\ Br^-$

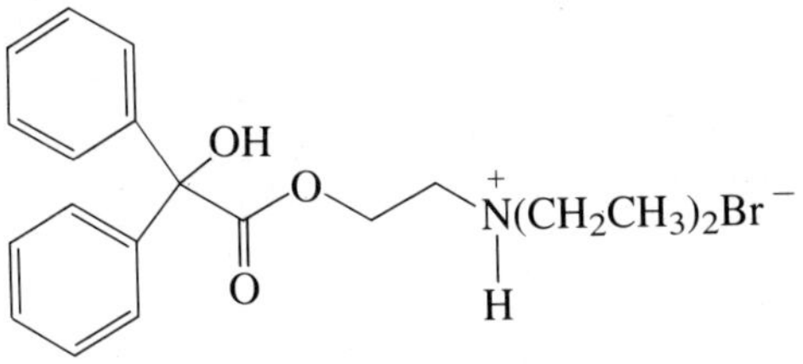

Benzactyzin

Ein Vertreter einer neuen Klasse von Medikamenten, die Blut und Gehirnzellen trennende Membranen passieren können (Blut-Hirn-Schranke). Die hier gezeigte Verbindung wirkt beruhigend.

20 Elektrophiler und nucleophiler Angriff auf Benzolderivate

Substituenten beeinflussen die Regioselektivität

In Kapitel 19 lernten wir eine neue Reaktion kennen: die elektrophile Substitution eines Wasserstoffatoms am Benzolring. Bei den meisten Elektrophilen bleibt diese Reaktion auf der Stufe der Monosubstitution stehen, da die neu eingeführte Gruppe den Ring für einen weiteren elektrophilen Angriff desaktiviert. Das heißt jedoch nicht, daß die Mehrfachsubstitution verhindert würde; sie verläuft ganz einfach langsamer. Mehrfach substituierte Benzolderivate entstehen vor allem dann, wenn der neu eingeführte Substituent elektronenliefernd wirkt, also die Elektronendichte des Benzolrings erhöht. Dies ist bei der Friedel-Crafts-Alkylierung der Fall, wo Mehrfachsubstitution leicht stattfindet. In diesem Kapitel werden wir die Einflüsse von aktivierenden und desaktivierenden Gruppen genauer untersuchen. Wir werden außerdem sehen, daß der substituierte Ring unter bestimmten Voraussetzungen auch von Nucleophilen und Basen angegriffen wird, wobei andere Substitutionsmechanismen ablaufen. Dieses Kapitel behandelt alle Haupttypen von Mechanismen, die hier auftreten können. Im letzten Abschnitt werden sie nochmals alle zusammengefaßt.

20.1 Aktivierung und Desaktivierung des Benzolrings

Welche Faktoren bestimmen die Aktivierung oder Desaktivierung des Benzolkerns hinsichtlich der elektrophilen aromatischen Substitution? Ein Substituent des Benzolrings übt entweder einen aktivierenden Effekt aus, indem er Elektronendichte auf den Ring überträgt, oder er desaktiviert diesen, indem er Elektronendichte abzieht. Auf diese Weise wird ein monosubstituierter Benzolring für einen weiteren elektrophilen Angriff entweder schwerer oder leichter zugänglich. Das Abziehen oder Liefern von Elektronen kann entweder durch induktive oder durch Resonanzeffekte zustandekommen.

Induktive Aktivierung und Desaktivierung durch Alkylgruppen

Betrachten wir als Beispiel Methylbenzol (Toluol). Die Alkylgruppe wirkt durch Induktion und durch Hyperkonjugation (Abschn. 7.3) elektronenliefernd, diese Verbindung ist deshalb gegenüber weiterer Substitution reaktiver als Benzol. Ein gegensätzliches Beispiel ist (Trifluormethyl)benzol. Hier wirken die elektronegativen Fluoratome stark elektronenziehend. Dieses Benzolderivat ist deshalb gegenüber Elektrophilen sehr viel weniger reaktiv als Benzol.

Der Einfluß von elektronenliefernden und elektronenziehenden Substituenten auf die Reaktivität des Benzolrings

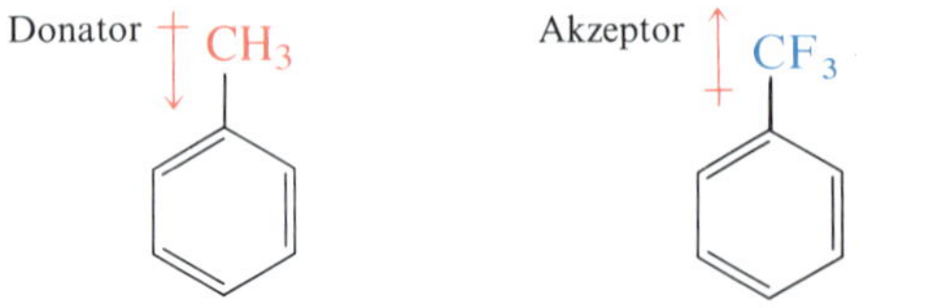

Donator CH_3 — Akzeptor CF_3

Relativ elektronenreicher Ring (reaktiv)

Relativ elektronenarmer Ring (weniger reaktiv)

Übung 20-1

Ordnen Sie die am Rand gezeigten Verbindungen nach abnehmender Aktivität gegenüber elektrophiler Substitution.

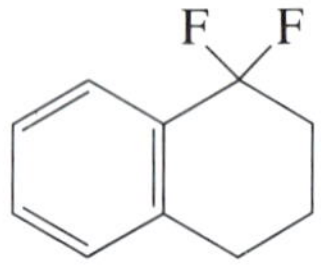

F F

A

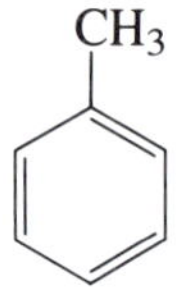

CH_3

B

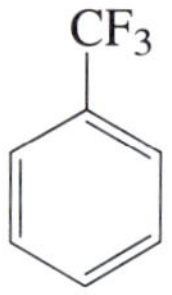

CF_3

C

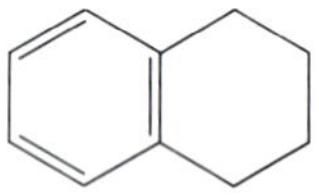

D

Resonanzbeiträge von Amino- und Hydroxygruppen überwiegen deren induktive Wirkungen

Betrachten wir nun einige Substituenten, die mit dem aromatischen π-System in Resonanz treten, z. B. die Aminogruppe in Anilin, $C_6H_5\ddot{N}H_2$. Da Stickstoff elektronegativer ist als Kohlenstoff, übt die Aminogruppe einen leicht elektronenziehenden Effekt aus. Das freie Elektronenpaar des Stickstoffatoms kann jedoch in das aromatische π-System miteingebracht werden, so daß die Ladungsdichte des Rings erhöht wird. Dieser Resonanzbeitrag überwiegt den induktiven Effekt bei weitem, so wie es auch bei Enaminen (Abschn. 15.6) der Fall ist. Anilin ist deshalb für weitere Substitution leicht zugänglich.

Induktive und Resonanzeffekte in Benzolamin (Anilin)

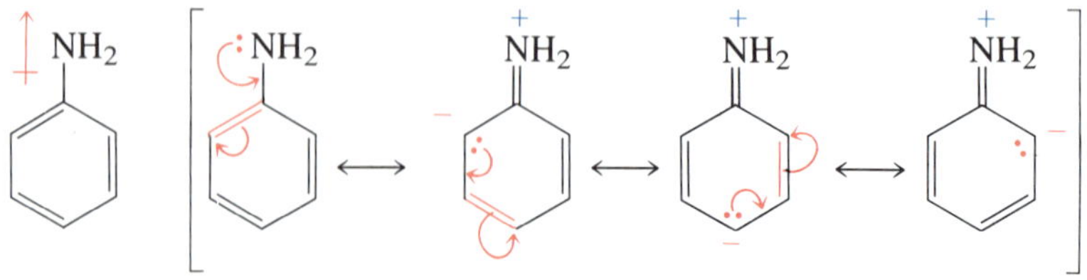

NH_2 — [$:NH_2$ ⟷ $\overset{+}{N}H_2$ ⟷ $\overset{+}{N}H_2$ ⟷ $\overset{+}{N}H_2$]

Induktiver Effekt (weniger ausgeprägt)

Resonanzeffekt (überwiegt)

Das elektronegative Sauerstoffatom in Phenol, C_6H_5OH, wirkt ebenfalls elektronenziehend. Aber auch hier überwiegt der Einfluß der Resonanz, so daß der Benzolkern aktiviert wird.

Induktive und Resonanzeffekte in Phenol

OH

Induktiver Effekt (weniger ausgeprägt)

Resonanzeffekt (überwiegt)

Übung 20-2

Der pK_a-Wert von Phenol ist mit 10 viel niedriger als der eines Alkanols. Können Sie dies mit Hilfe von Resonanzstrukturen von Phenol und des entsprechenden Anions erklären? Ebenso ist Benzolamin (Anilin) viel schwächer basisch als Methanamin (Abschn. 21.3). Erklären Sie auch dies.

Halogensubstituenten: Induktive Effekte übertreffen Resonanzeffekte

Bei Halogenarenen sind sowohl starke induktive Effekte wie auch Resonanzbeiträge in Betracht zu ziehen. Fluor als Substituent ist so elektronegativ, daß Fluorbenzol trotz Resonanz verglichen mit Benzol leicht desaktiviert ist. Man möchte erwarten, daß diese Tendenz, Elektronen abzuziehen, in der Gruppe nach unten hin abnimmt, da in dieser Richtung auch die Elektronegativität abnimmt (siehe Tab. 1-3). Es zeigt sich jedoch, daß alle Halogene den Ring desaktivieren, da sie mit zunehmender Größe immer schlechter in Resonanz mit dem π-System eintreten können. Erinnern wir uns, daß Resonanz durch Überlappung von π-Orbitalen zustandekommt, die sich in Größe und Energieinhalt möglichst ähnlich sein sollten (Abschn. 1.7). Bei Chlor-, Brom- und Iodbenzol ist das zunehmend schlechter der Fall (Abb. 20-1); in der Gruppe nehmen also sowohl induktive wie Resonanzbeiträge in gleicher Weise nach unten hin ab, wobei induktive Effekte die Resonanzwirkung immer leicht übertreffen.

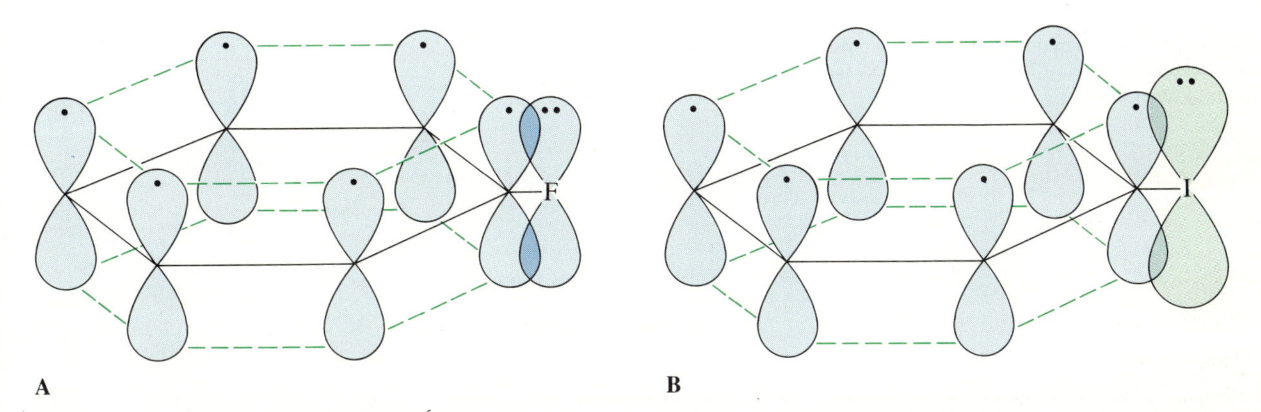

Abb. 20-1 Überlappung zwischen dem 2*p*-Orbital des Fluoratoms mit dem π-System von Benzol (A). Die Orbitale können sich gut überlappen, daher kompensiert der elektronenliefernde Resonanzeffekt den induktiven Elektronenzug durch Fluor. Bei den größeren Halogenen wird die Überlappung zunehmend schlechter (B). Da gleichzeitig die Elektronegativität abnimmt, bleibt netto die Wirkung des Halogens – schwache Desaktivierung – nahezu konstant.

Desaktivierung durch Resonanz

Durch Resonanz kann der Benzolring auch desaktiviert werden. Ein gutes Beispiel dafür ist Benzolcarbonsäure (Benzoesäure), C_6H_5COOH, bei der die Carboxygruppe Elektronen durch Resonanz abzieht. Aufgrund der Polarität der C–O-Doppelbindung (Abschn. 15.2) trägt der Ring in den dipolaren Resonanzstrukturen eine positive Ladung. Die gleichen Verhältnisse finden wir bei Nitroarenen, aromatischen Carbonylverbindungen, Arennitrilen und Arensulfonsäuren.

Elektronenabziehende Wirkung durch Resonanz am Beispiel der Benzolcarbonsäure (Benzoesäure)

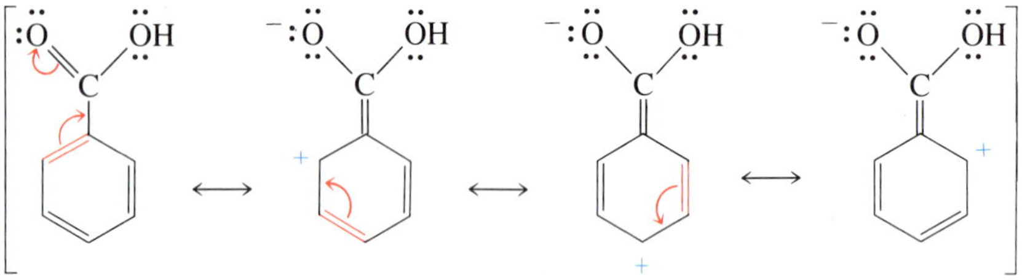

Übung 20-3
Ist der Benzolkern bei den folgenden Verbindungen aktiviert oder desaktiviert?

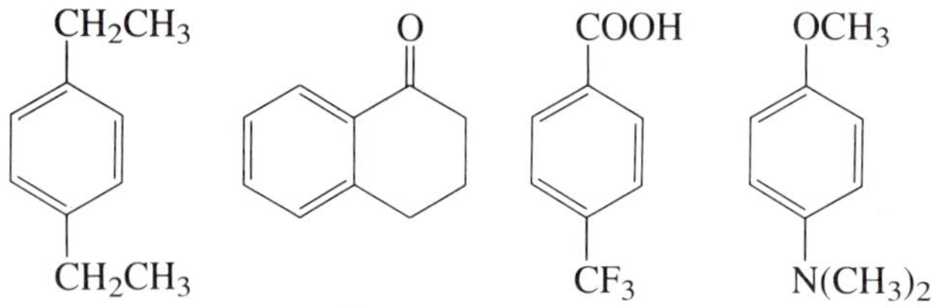

A: CH_2CH_3 / CH_2CH_3; B; C: COOH / CF_3; D: OCH_3 / $N(CH_3)_2$

Wir fassen zusammen: Induktive Effekte und Resonanz bestimmen, ob ein Substituent den Benzolring aktiviert oder desaktiviert. Resonanzeffekte überwiegen im allgemeinen induktive Effekte, außer bei den Halogenen. In Tab. 20-1 sind einige häufige Substituenten aromatischer Verbindungen und ihr Einfluß auf den Benzolring zusammengestellt.

Tabelle 20-1 Aktivierende und desaktivierende Substituenten am Benzolring

stark aktivierend	stark desaktivierend
$-\ddot{N}H_2$, $-\ddot{N}HR$, $-\ddot{N}R_2$,	$-NO_2$, $-CF_3$, $-\overset{+}{N}R_3$, $-\overset{O}{\overset{\Vert}{C}}OH$,
$-\ddot{O}H$, $-\ddot{O}R$	$-\overset{O}{\overset{\Vert}{C}}OR$, $-\overset{O}{\overset{\Vert}{C}}R$, $-SO_3H$, $-C\equiv N$
schwach aktivierend	schwach desaktivierend
Alkyl, Phenyl	$-\ddot{F}:$, $-\ddot{Cl}:$, $-\ddot{Br}:$, $-\ddot{I}:$

Übung 20-4
Weshalb wirken (a) $-NO_2$, (b) $-\overset{+}{N}R_3$, und (c) $-SO_3H$ stark desaktivierend? (d) Weshalb wirkt Phenyl leicht aktivierend? (Hinweis: Zeichnen Sie dipolare Grenzstrukturen).

20.2 Orientierung der Zweitsubstitution. Dirigierender induktiver Einfluß von Alkylsubstituenten

Übt ein bereits vorhandener Substituent einen Einfluß darauf aus, an welcher Stelle im Ring ein Elektrophil angreift? Wir wollen einige der Substrate, die wir im letzten Abschnitt besprochen haben, einer weiteren elektrophilen Substitution unterwerfen, und die Produktverteilung untersuchen. Beginnen wir mit Methylbenzol (Toluol), das die induktiv aktivierende Methylgruppe trägt.

Induktiv aktivierende Substituenten dirigieren nach *ortho* und *para*

Die elektrophile Bromierung von Methylbenzol (Toluol) führt hauptsächlich zu *para*- (60%) und zu *ortho*-Substitution (40%). Das *meta*-Produkt entsteht praktisch nicht.

Elektrophile Bromierung von Methylbenzol (Toluol) führt zu *ortho* und *para*-Substitution

CH_3 (Benzolring) $\xrightarrow[-\ HBr]{Br—Br,\ FeBr_3,\ CCl_4}$ 2-Brom-Produkt + 3-Brom-Produkt + 4-Brom-Produkt

40%	<1%	60%
2-Brom-1-methylbenzol (*o*-Bromtoluol)	**3-Brom-1-methylbenzol (*m*-Bromtoluol)**	**4-Brom-1-methylbenzol (*p*-Bromtoluol)**

Die Bromierung ist kein Spezialfall. Qualitativ ergeben Nitrierung und Sulfonierung dieselben Ergebnisse, nämlich hauptsächlich Substitution in *ortho*- und *para*-Stellung. Offensichtlich hat die Art des angreifenden Nucleophils wenig Einfluß auf die Isomerie der entstehenden Produkte.

CH_3 (Benzolring) $\xrightarrow[-\ H_2O]{HNO_3,\ H_2SO_4,\ 30°C}$ 2-NO_2-Produkt + 3-NO_2-Produkt + 4-NO_2-Produkt

60%	5%	35%
1-Methyl-2-nitrobenzol (*o*-Nitrotoluol)	**1-Methyl-3-nitrobenzol (*m*-Nitrotoluol)**	**1-Methyl-4-nitrobenzol (*p*-Nitrotoluol)**

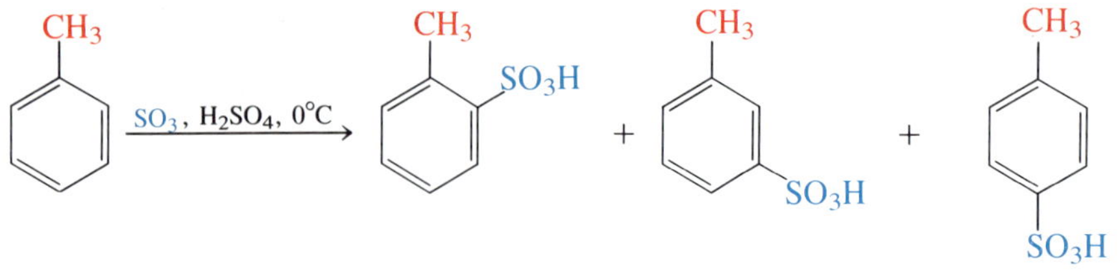

$$\text{Methylbenzol} \xrightarrow{SO_3,\ H_2SO_4,\ 0°C} \text{2-Methylbenzolsulfonsäure} + \text{3-Methylbenzolsulfonsäure} + \text{4-Methylbenzolsulfonsäure}$$

43%	4%	53%
2-Methylbenzolsulfonsäure (*o*-Toluolsulfonsäure)	**3-Methylbenzolsulfonsäure (*m*-Toluolsulfonsäure)**	**4-Methylbenzolsulfonsäure (*p*-Toluolsulfonsäure**

Können wir einen Mechanismus aufstellen, der diese Selektivität erklären kann? Dazu wollen wir die möglichen Resonanzstrukturen des Kations zeichnen, das nach dem Angriff des Elektrophils E^+ entsteht.

Resonanzstrukturen nach Angriff auf Methylbenzol (Toluol) in *ortho-*, *meta-* und *para-*Stellung

Ortho-Angriff: (E^+ = Elektrophil)

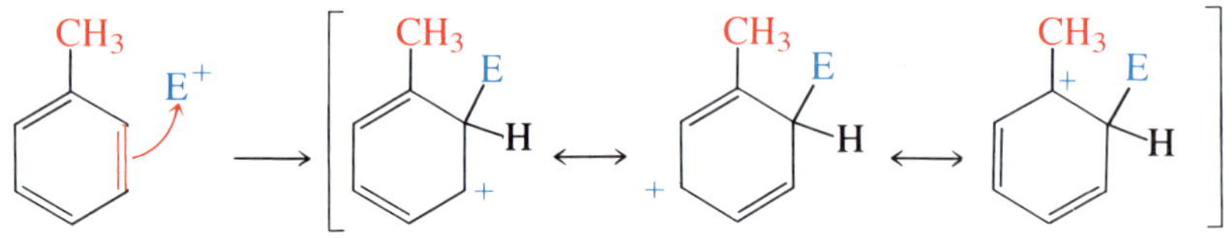

wichtigste Resonanzstruktur

Meta-Angriff:

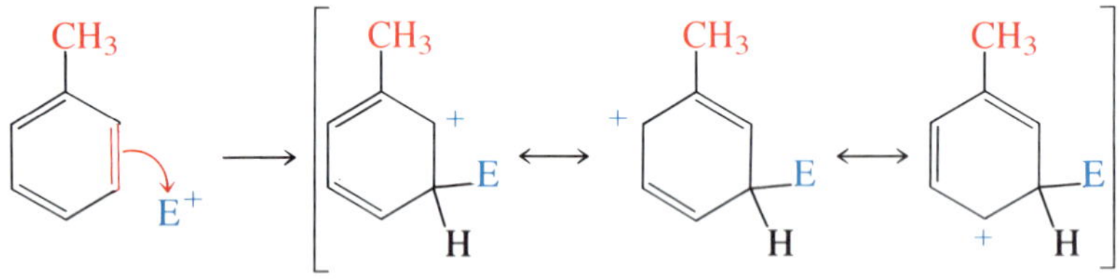

Para-Angriff:

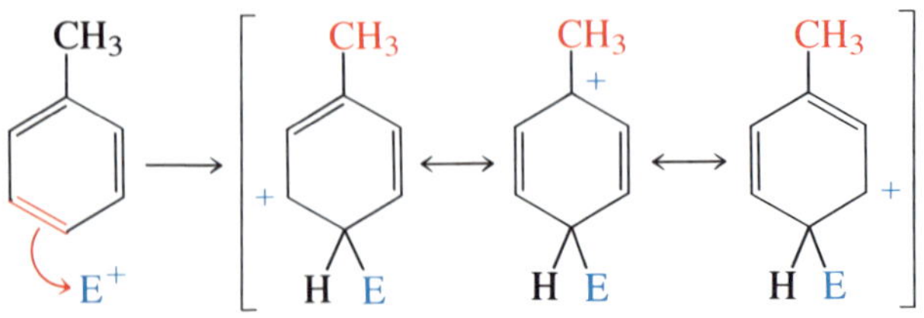

wichtigste Resonanzstruktur

Nur durch den Angriff in *ortho-* und *para-*Stellung entsteht ein Hexadienyl-Kation mit einer Resonanzstruktur, die eine positive Ladung neben der Alkylgruppe trägt. Da diese Struktur etwas vom Charakter eines tertiären Carbenium-Ions hat, kommt ihr mehr Bedeutung zu als anderen, die die positive Ladung an einem sekundären Kohlenstoffatom tragen.

Durch einen *meta*-Angriff dagegen entsteht eine Zwischenstufe, in der keine der möglichen Resonanzstrukturen von der Stabilität eines tertiären Carbenium-Ions profitiert. Der elektrophile Angriff auf ein Kohlenstoffatom *ortho* oder *para* zu einer Methylgruppe oder einer anderen Alkylgruppe führt deshalb zu einer Zwischenstufe, die stabiler ist als die, die durch einen *meta*-Angriff entstehen würde. Sie entsteht daher relativ schnell über einen Übergangszustand mit relativ niedriger Energie.

Übung 20-5

Schlagen Sie eine Synthese von 1,4-Diethylbenzol aus Ethylbenzol vor. Hinweis: Dabei müssen eventuell isomere Zwischenstufen getrennt werden.

Induktiv desaktivierende Substituenten dirigieren nach *meta*

Betrachten wir (Trifluormethyl)benzol. Diese Verbindung ist gegenüber elektrophilem Angriff desaktiviert und reagiert deshalb nur zögernd. Unter energischen Bedingungen aber erhält man Substitution, jedoch *nur* in *meta*-Stellung.

Elektrophile Nitrierung von (Trifluormethyl)benzol ergibt *meta*-Substitution

CF_3 CF_3

HNO_3, H_2SO_4

$- H_2O$

NO_2

Einziges Produkt

Auch dies kann man mit den verschiedenen Resonanzstrukturen erklären, die durch *ortho*, *meta*- oder *para*-Angriff entstehen.

Resonanzstrukturen nach *ortho*- *meta*- und *para*-Angriff auf (Trifluormethyl)benzol

Ortho-Angriff:

CF_3 E^+ ⟶ [CF_3 E H + ⟷ CF_3 E H + ⟷ CF_3 + E H]

unbedeutende Resonanzstruktur

Meta-Angriff:

CF_3 E^+ ⟶ [CF_3 + E H ⟷ CF_3 + E H ⟷ CF_3 E + H]

Para-Angriff:

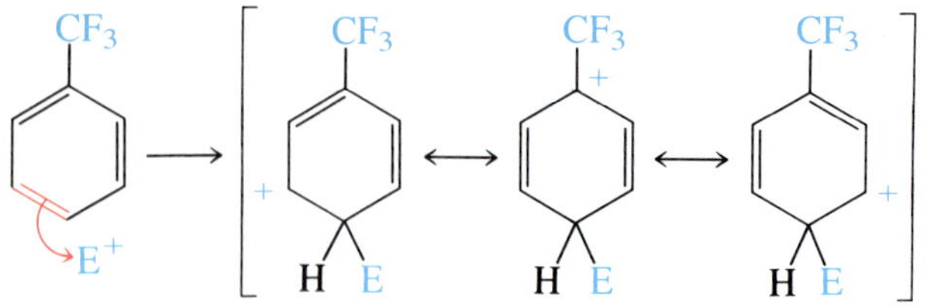

unbedeutende Resonanzstruktur

Dieselben Ursachen, die einen *ortho*- oder *para*-Angriff bei Methylbenzol (Toluol) begünstigen, wirken sich hier ungünstig aus: Bei *ortho*- und *para*-Angriff entsteht intermediär ein Kation mit Resonanzstrukturen, in denen die positive Ladung neben dem Substituenten plaziert wird. Eine elektronenliefernde Gruppe stabilisiert diese Struktur, ein elektronenziehender Substituent destabilisiert sie jedoch – stets ist es energetisch ungünstig, von einem positiv geladenen Zentrum Elektronendichte abzuziehen. Bei einem *meta*-Angriff wird diese Situation umgangen. Die Trifluormethyl-Gruppe dirigiert einen Substituenten daher in die *meta*-Stellung, genauer: Sie dirigiert ihn weg von *ortho*- und *para*-Kohlenstoffatomen.

Übung 20-6

Die elektrophile Bromierung einer äquimolaren Mischung von Methylbenzol (Toluol) und (Trifluormethyl)benzol mit einem Äquivalent Bromid ergibt nur 2- und 4-Brom-1-methylbenzol.Wie erklären Sie das?

Folgendes gilt also festzuhalten: Elektronenliefernde Substituenten aktivieren den Benzolring und dirigieren Elektrophile nach *ortho* und *para*. Elektronenziehende Gruppen desaktivieren den Ring und dirigieren Elektrophile in die *meta*-Stellung.

20.3 Dirigierende Wirkung von Substituenten, die in Resonanz zum Benzolring treten

Welche dirigierende Wirkung haben Substituenten, die mit ihren Elektronen zum Benzolring in Resonanzwechselwirkung treten können? Wieder wollen wir diese Frage klären, indem wir die Resonanzstrukturen vergleichen, die durch verschiedene Angriffsstellen entstehen.

Resonanz-aktivierende Gruppen dirigieren nach *ortho* und *para*

Für einen elektrophilen Angriff auf einen Resonanz-aktivierten Benzolring ist oft nicht einmal ein Katalysator notwendig. Die Reaktion verläuft rasch und vollständig regioselektiv zu den (oft mehrfach) substituierten *ortho*- und *para*-Produkten.

Elektrophile Bromierung von Benzolamin (Anilin) und Phenol in *ortho*- und *para*-Stellung

Benzolamin (Anilin) $\xrightarrow[-\ 3\ HBr]{3\ Br{-}Br,\ H_2O}$ 2,4,6-Tribrombenzolamin (2,4,6-Tribromanilin) 100%

Phenol $\xrightarrow[-\ 3\ HBr]{3\ Br{-}Br,\ H_2O}$ 2,4,6-Tribromphenol 100%

Bei Derivaten von Benzolamin (Anilin) und Phenol, z. B. *N*-Phenylethanamid (Acetanilid) und Methoxybenzol (Anisol) hält die Reaktion auf der Stufe der Monosubstitution an.

N-Phenylethanamid (Acetanilid) $\xrightarrow[-\ H_2O]{HNO_3,\ H_2SO_4,\ 20°C}$ *N*-(2-Nitrophenyl)-ethanamid (*o*-Nitroacetanilid) 21% + *N*-(3-Nitrophenyl)-ethanamid (*m*-Nitroacetanilid) Spuren + *N*-(4-Nitrophenyl)-ethanamid (*p*-Nitroacetanilid) 79%

Methoxybenzol (Anisol) $\xrightarrow[-\ H_2O]{HNO_3,\ 45°C}$ 1-Methoxy-2-nitrobenzol (*o*-Nitroanisol) 40% + 1-Methoxy-3-nitrobenzol (*m*-Nitroanisol) 2% + 1-Methoxy-4-nitrobenzol (*p*-Nitroanisol) 58%

Auch hier kann man die beobachtete Regioselektivität durch Resonanzstrukturen der verschiedenen intermediären Kationen erklären.

Resonanzstrukturen nach *ortho*, *meta*- und *para*-Angriff auf Benzolamin (Anilin)

Ortho-Angriff:

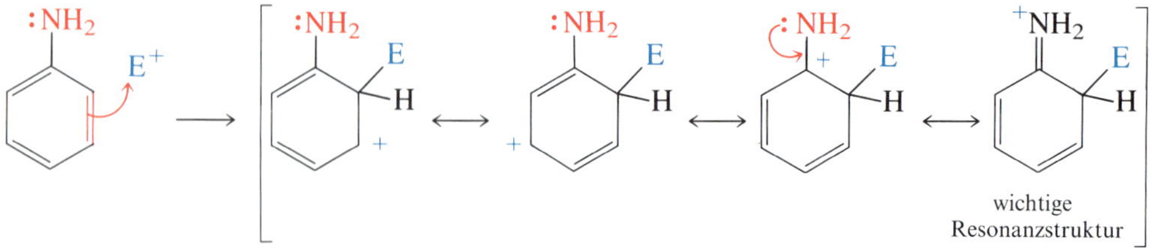

:NH_2 E$^+$ → [:NH_2 E H + ⟷ :NH_2 E H + ⟷ :NH_2 + E H ⟷ $^+NH_2$ E H]

wichtige Resonanzstruktur

Meta-Angriff:

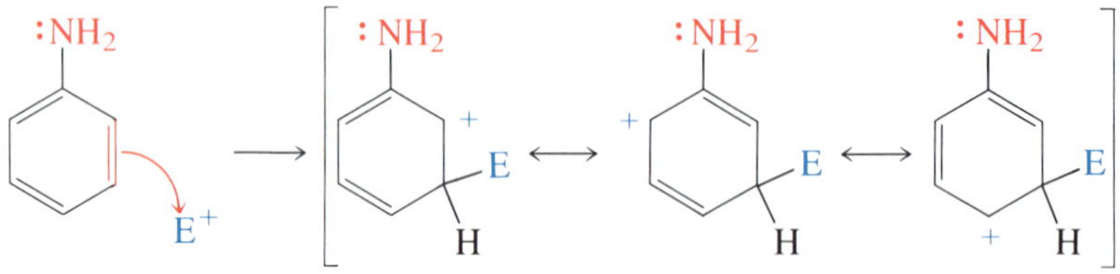

:NH_2 E$^+$ → [:NH_2 + E H ⟷ :NH_2 + E H ⟷ :NH_2 E + H]

Para-Angriff:

:NH_2 E$^+$ → [:NH_2 + E H ⟷ :NH_2 + E H ⟷ $^+NH_2$ E H ⟷ :NH_2 + E H]

wichtige Resonanzstruktur

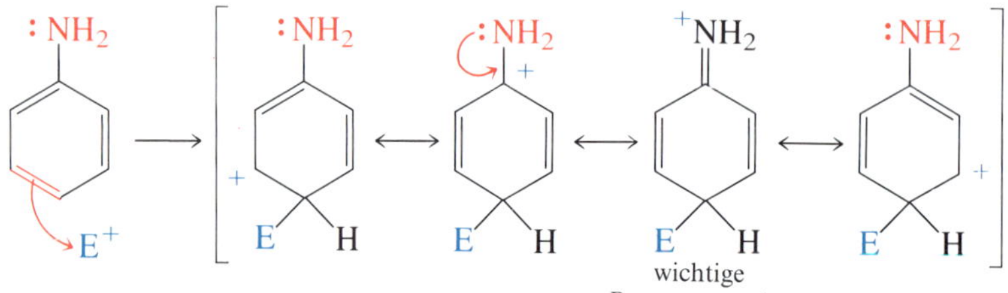

Ortho- und *para*-Substitution sind bevorzugt, da sie über Kationen verlaufen, für die man vier Resonanzstrukturen aufstellen kann, während bei der Zwischenstufe eines *meta*-Angriffs nur drei zu formulieren sind. Für Anilin ist die zusätzliche Resonanzstruktur dem Elektronenschub des Heteroatoms zu verdanken, wodurch ein Iminium-Ion entsteht.

Übung 20-7

Zeichnen Sie Resonanzstrukturen für die verschiedenen Angriffspunkte eines Elektrophils auf Methoxybenzol (Anisol).

Übung 20-8

N-Phenylethanamid (Acetanilid) wird langsamer bromiert als Benzolamin (Anilin). Weshalb? (Hinweis: Beeinflußt die Ethanoyl-(Acetyl)-Gruppe die Fähigkeit des Stickstoffatoms, mit dem freien Elektronenpaar in Resonanz zum Benzolring zu treten?

Übung 20-9

In stark saurer Lösung wird Benzolamin (Anilin) nur schwer elektrophil angegriffen, und *meta*-Substitution nimmt zu. Wie erklären Sie das?

Resonanz-desaktivierende Gruppen dirigieren nach *meta*

Wenden wir uns nun Benzolderivaten zu, die durch Resonanz desaktivierende Gruppen tragen. Hierher gehört die Benzolcarbonsäure (Benzoesäure), bei der die Nitrierung tausendfach langsamer verläuft als bei Benzol. Zum Vergleich: Methoxybenzol (Anisol) reagiert ungefähr tausend Mal schneller als Benzol. Während man aus Methoxybenzol fast ausschließlich *ortho*- und *para*-Substitutionsprodukt erhält, führt die Nitrierung von Benzolcarbonsäure überwiegend zum *meta*-Produkt.

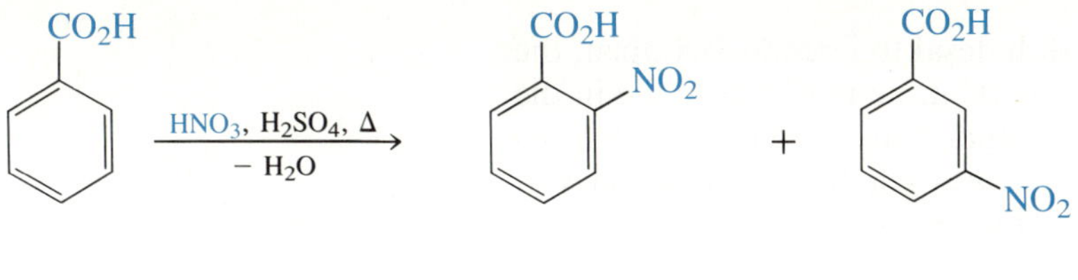

20.3 Dirigierende Wirkung von Substituenten, die in Resonanz zum Benzolring treten

CO_2H —(HNO_3, H_2SO_4, Δ; $- H_2O$)→ CO_2H / NO_2 + CO_2H / NO_2 + CO_2H / NO_2

18.5%	80%	1.5%
2-Nitrobenzolcarbonsäure (*o*-Nitrobenzoesäure)	**3-Nitrobenzolcarbonsäure (*m*-Nitrobenzoesäure)**	**4-Nitrobenzolcarbonsäure (*p*-Nitrobenzoesäure)**

Diese Selektivität kann man wiederum durch Resonanzstrukturen erklären.

Resonanzstrukturen nach *ortho*-, *meta*- und *para*-Angriff auf Benzolcarbonsäure (Benzoesäure)

Ortho-Angriff:

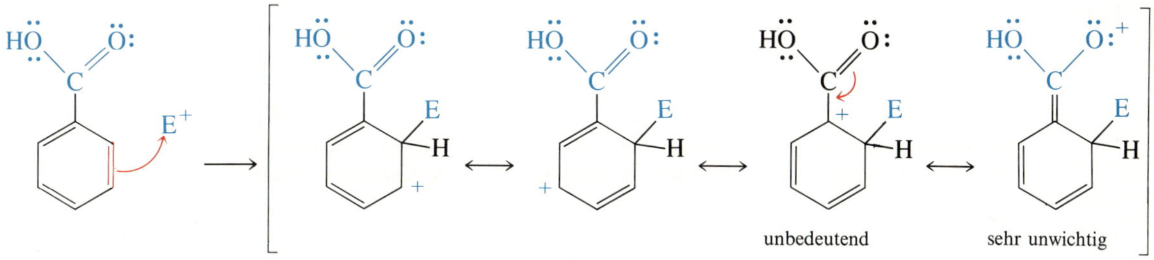

HÖ C Ö: E^+ → [HÖ C Ö: E H + ⟷ HÖ C Ö: E H + ⟷ HÖ C Ö: + E H ⟷ HÖ C $Ö:^+$ E H]

unbedeutend — sehr unwichtig

Meta-Angriff:

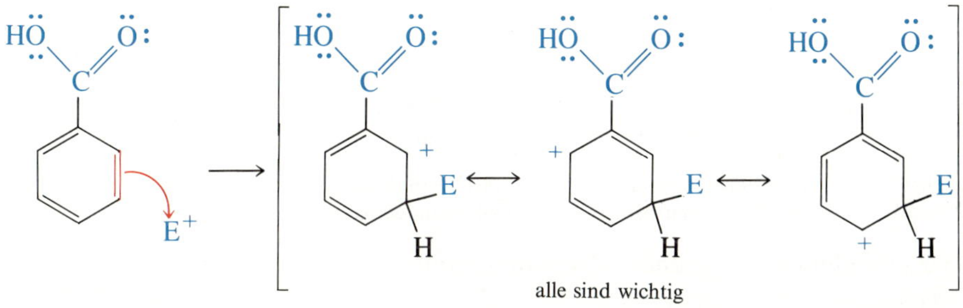

HÖ C Ö: E^+ → [HÖ C Ö: + E H ⟷ HÖ C Ö: + E H ⟷ HÖ C Ö: E + H]

alle sind wichtig

Para-Angriff:

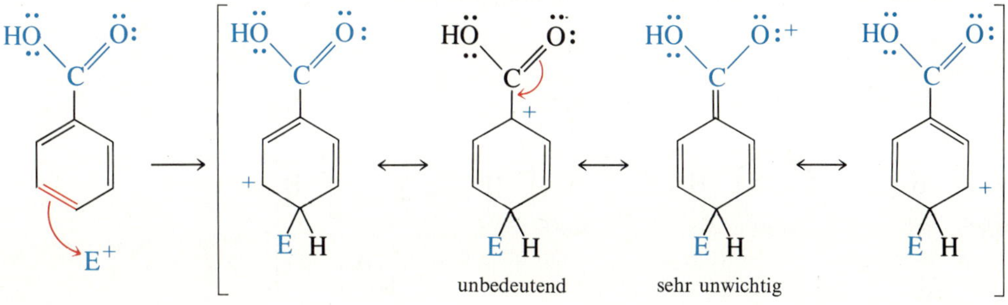

HÖ C Ö: E^+ → [HÖ C Ö: + E H ⟷ HÖ C Ö: + E H ⟷ HÖ C $Ö:^+$ E H ⟷ HÖ C Ö: + E H]

unbedeutend — sehr unwichtig

Der Angriff auf die *meta*-Position vermeidet auch hier, daß eine positive Ladung neben der elektronenziehenden Carboxygruppe entsteht. Bei *ortho*- und *para*-Angriff hingegen müssen recht energiereiche Resonanzstrukturen formuliert werden. Bei anderen desaktivierenden Substituenten sieht es genauso aus, so bei $-SO_3H$, $-C{\equiv}N$, $-CHO$, $-COOCH_3$ und $-NO_2$.

Man kann daher den Schluß ziehen, daß desaktivierende Gruppen, die entweder induktiv oder durch Resonanz wirken, neue Elektrophile in die *meta*-Stellung dirigieren, während aktivierende Substituenten zu den *ortho*- und *para*-Kohlenstoffatomen lenken. Dies gilt für alle Klassen von Substituenten mit einer Ausnahme, den Halogenen.

Ausnahmen bestätigen die Regel: Halogene desaktivieren, lenken jedoch nach *ortho* und *para*

Halogenatome ziehen durch induktive Effekte Elektronen ab, haben jedoch freie Elektronenpaare, mit denen sie mit dem Benzolring in Resonanz treten können. Gewöhnlich überwiegt jedoch der induktive Effekt, so daß Halogenarene desaktiviert sind (Abschn. 20.1). Dennoch erfolgt elektrophile Substitution hauptsächlich in *ortho*- und *para*-Stellung.

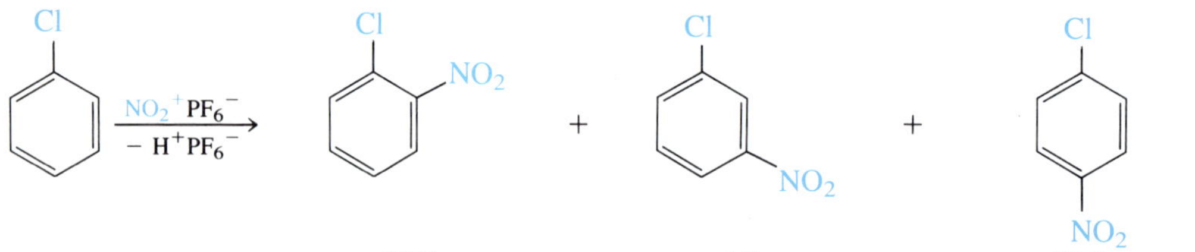
Cl
$NO_2^+PF_6^-$
$-H^+PF_6^-$
Cl
NO_2
+
Cl
NO_2
+
Cl
NO_2

29% **1-Chlor-2-nitrobenzol (*o*-Chlornitrobenzol)**

1% **1-Chlor-3-nitrobenzol (*m*-Chlornitrobenzol)**

70% **1-Chlor-4-nitrobenzol (*p*-Chlornitrobenzol)**

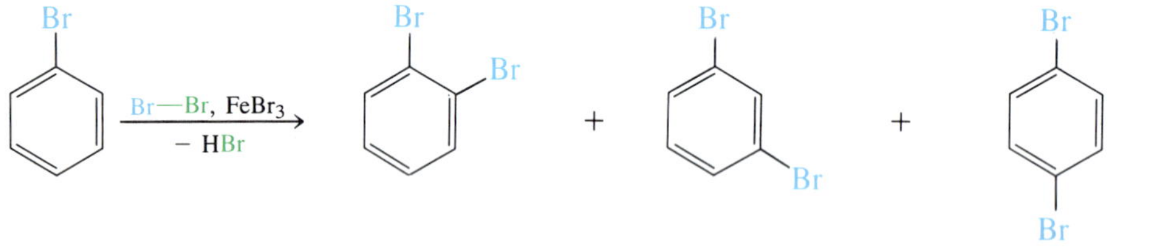
Br
Br—Br, $FeBr_3$
− HBr
Br
Br
+
Br
Br
+
Br
Br

13% **1,2-Dibrombenzol (*p*-Dibrombenzol)**

2% **1,3-Dibrombenzol (*m*-Dibrombenzol)**

85% **1,4-Dibrombenzol (*p*-Dibrombenzol)**

Mit Resonanzstrukturen der verschiedenen möglichen Zwischenstufen kann man diesen scheinbaren Widerspruch erklären.

Auswirkungen von *ortho*-, *meta*- und *para*-Angriff auf ein Halogenbenzol

Ortho-Angriff:

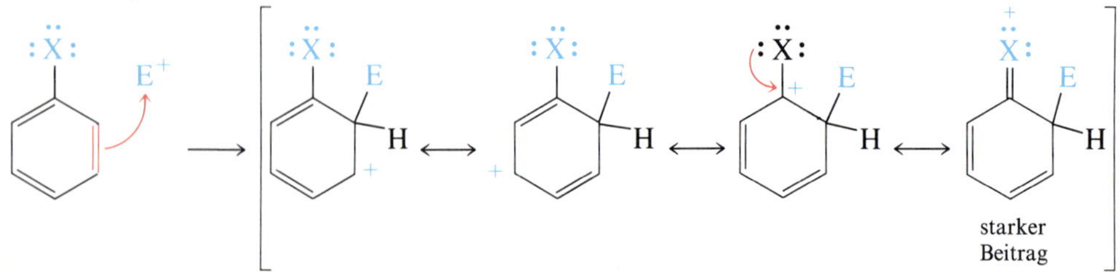
:X:
E+
:X:
E
H
:X:
E
H
:X:
E
H
X:
E
H
starker
Beitrag

Meta-Angriff:

Para-Angriff:

starker Beitrag

Beachten Sie, daß ein *ortho*- oder *para*-Angriff eine Resonanzstruktur erzeugt, bei der das Kohlenstoffatom in Nachbarschaft zum Halogenatom eine positive Ladung trägt. Obwohl dies auf den ersten Blick unvorteilhaft scheint, weil das Halogen induktiv elektronenabziehend wirkt, überwiegt jedoch der Resonanzeffekt, den das Halogen aufgrund seiner freien Elektronenpaare ausübt. Dies erlaubt die Delokalisierung der positiven Ladung. *Ortho*- und *para*-Substitution treten deshalb bevorzugt ein. Mit anderen Worten: in dem Hexadienyl-Kation (und dem ihm vorausgehenden Übergangszustand) macht Resonanz den induktiven Effekt des Halogens wett, obwohl in der ungeladenen Ausgangssubstanz gerade das Gegenteil zutrifft. In der geladenen Spezies kommt der Resonanzeffekt stärker zum Tragen, da er die Delokalisierung der Ladung erlaubt.

Tabelle 20-2 Dirigierende Wirkung von Substituenten bei der elektrophilen aromatischen Substitution

Ortho- und *para*-dirigierend	*Meta*-dirigierend
stark aktivierend	stark desaktivierend
$-\ddot{N}H_2$, $-\ddot{N}HR$, $-\ddot{N}R_2$, $-\ddot{O}H$, $-\ddot{O}R$	$-NO_2$, $-CF_3$, $-\overset{+}{N}R_3$, $-\overset{O}{\overset{\|}{C}}OH$,
schwach aktivierend	$-\overset{O}{\overset{\|}{C}}OR$, $-\overset{O}{\overset{\|}{C}}R$, $-SO_3H$, $-C{\equiv}N$
Alkyl, Phenyl	
schwach desaktivierend	
$-\ddot{F}:$, $-\ddot{Cl}:$, $-\ddot{Br}:$, $-\ddot{I}:$	

Mit diesem Abschnitt haben wir uns einen Überblick über die Regioselektivität des elektrophilen Angriffs auf monosubstituierte Benzolderivate verschafft. Eine Zusammenfassung finden wir in Tabelle 20-2. In Tab. 20-3 sind verschiedene einfach substituierte Benzole, deren relative Geschwindigkeit bei der elektrophilen Nitrierung sowie die Produktverteilung zusammengestellt.

Tabelle 20-3 Relative Geschwindigkeiten und bevorzugte Orientierung bei der Nitrierung einiger monosubstituierter Benzole, RC_6H_5

R	Relative Geschwindigkeit	Prozentualer Anteil der Isomere		
		Ortho	*Meta*	*Para*
OH	1000	40	<2	58
CH_3	25	58	4	38
H	1			
CH_2Cl	0.71	32	15.5	52.5
I	0.18	41	<0.2	59
Cl	0.033	31	<0.2	69
$CO_2CH_2CH_3$	0.0037	24	72	4
CF_3	2.6×10^{-5}	6	91	3
NO_2	6×10^{-8}	5	93	2
$\overset{+}{N}(CH_3)_3$	1.2×10^{-8}	0	89	11

20.4 Elektrophiler Angriff auf disubstituierte Benzole

Kann man aufgrund der Regeln, die wir bisher abgeleitet haben, die Regioselektivität bei mehrfacher Substitution vorhersagen? Dazu wollen wir die Reaktionen von disubstituierten Benzolen gegenüber Elektrophilen untersuchen.

Substituenteneffekte sind additiv

Die Wirkungen zweier Substituenten auf die relative Geschwindigkeit und auf die Orientierung der elektrophilen Substitution des Benzolrings addieren sich. Beispielsweise haben Dimethylbenzole (Xylole) ein Mehrfaches der Reaktivität von Methylbenzol. Alle Stellungen *ortho* oder *para* zu einer Methylgruppe können angegriffen werden, dabei spielt es keine Rolle, ob sie zu einem Substituenten auch *meta* sind. Denken Sie daran, daß eine Alkylgruppe auf die *meta*-Position keinen nennenswerten Einfluß ausübt, sie also weder aktiviert noch desaktiviert. Andererseits gibt es doppelt aktivierte Stellungen, die *ortho* zu einer, *para* zu einer anderen Alkylgruppe sind. Sie sind deshalb reaktiver als eine einfach aktivierte Stellung (siehe Abb. 20-2). So findet die Sulfonierung von 1,3-Dimethyl-

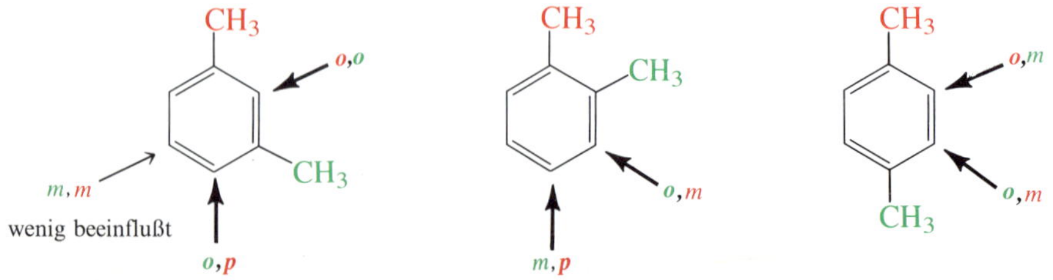

CH_3 o,o m,m wenig beeinflußt CH_3 o,p — CH_3 CH_3 o,m m,p — CH_3 o,m o,m CH_3

Abb. 20-2 Elektrophiler Angriff auf Dimethylbenzole (Xylole). Alle Stellungen *ortho* oder *para* zu einer Methylgruppe sind aktiviert. Das *meta*-Kohlenstoffatom ist weder aktiviert noch desaktiviert.

benzol (*m*-Xylol) nur in der 2- und 4-Stellung (d. h. in der 6-Stellung) statt, da beide doppelt aktiviert sind (*ortho* und *para*). C-5 dagegen steht zu beiden Alkylgruppen *meta* und ist deshalb weniger reaktiv. 1,2- und 1,4-Dimethylbenzol (*o*- und *p*-Xylol) können jedoch überall – wenn auch langsamer – angegriffen werden, da jedes Kohlenstoffatom nur einfach (*ortho* oder *para*) aktiviert ist.

Mit der gleichen Beweisführung kann man die Wirkung anderer aktivierender Substituenten erklären. Resonanz-Aktivierung übertrifft gewöhnlich die Aktivierung durch induktive Effekte, z. B. einer Alkylgruppe. So führt die Bromierung des Desinfektionsmittels 4-Methylphenol (*p*-Kresol) hauptsächlich zu 2-Brom-4-methylphenol.

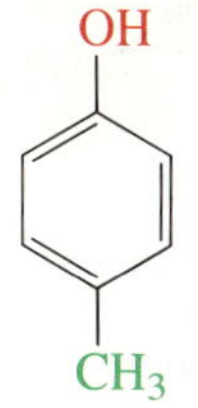

OH
CH_3
4-Methylphenol (*p*-Kresol)

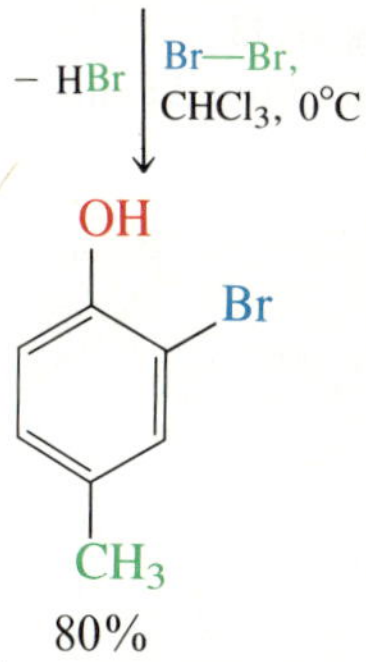

$-$ HBr | Br—Br, $CHCl_3$, 0°C

OH
Br
CH_3
80%
2-Brom-4-methylphenol

Übung 20-10

Welches Produkt erhält man durch Mononitrierung von:

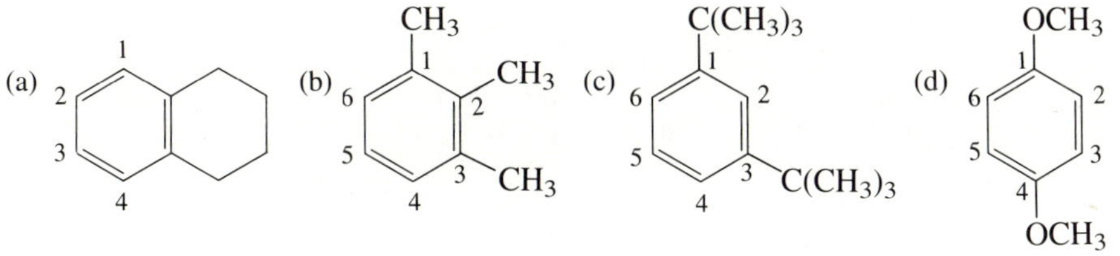

(a) 1, 2, 3, 4
(b) CH_3 1, CH_3 2, CH_3 3, 4, 5, 6
(c) $C(CH_3)_3$ 1, 2, $C(CH_3)_3$ 3, 4, 5, 6
(d) OCH_3 1, 2, 3, OCH_3 4, 5, 6

Übung 20-11

Das Lebensmittelkonservierungsmittel BHT (ein *tert*-butyliertes Hydroxytoluol) hat folgende Struktur. Entwerfen Sie eine Synthese dafür, ausgehend von 4-Methylphenol (*p*-Kresol).

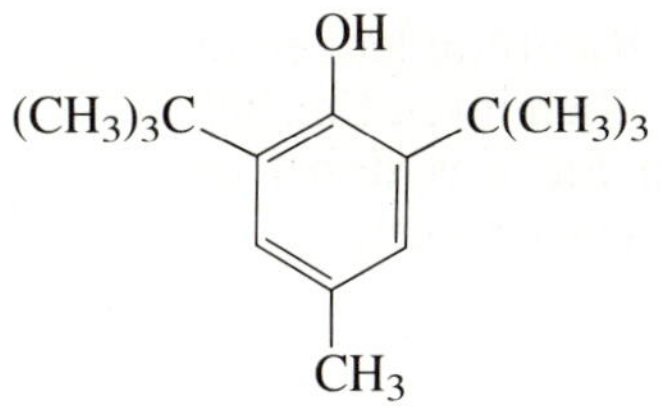

OH
$(CH_3)_3C$ $C(CH_3)_3$
CH_3
4-Methyl-2,6-bis(1,1-dimethylethyl)phenol (2,6-Di-*tert*-butyl-4-methylphenol)

Sind ausschließlich desaktivierende Substituenten vorhanden, tritt nur zögernd eine Reaktion ein, wobei ein Angriff bevorzugt in *meta*-Stellung zu den meisten Substituenten erfolgt. (*Ortho*- und *para*-Stellung sind besonders desaktiviert). Dieser Effekt wird bei der Nitrierung von 1,3-Benzoldicarbonsäure (Isophthalsäure) und 1,2-Benzoldicarbonsäure (Phthalsäure) deutlich.

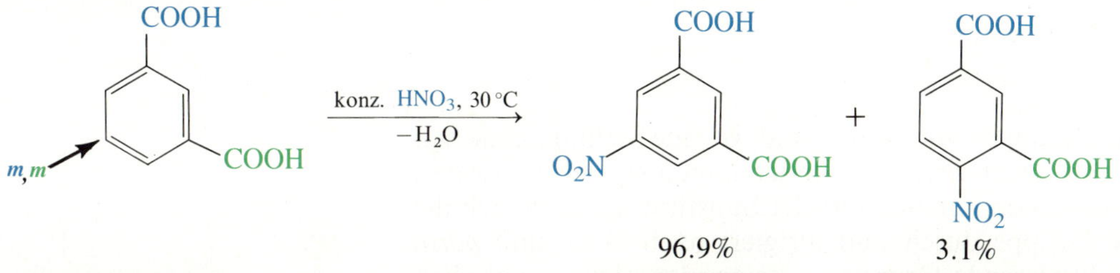

COOH, COOH, *m,m*
1,3-Benzoldicarbonsäure (Isophthalsäure)

konz. HNO_3, 30 °C; $-H_2O$

COOH, O_2N, COOH — 96.9% — **5-Nitro-1,3-benzoldicarbonsäure (5-Nitroisophthalsäure)**

\+ COOH, COOH, NO_2 — 3.1% — **4-Nitro-1,3-benzoldicarbonsäure (4-Nitroisophthalsäure)**

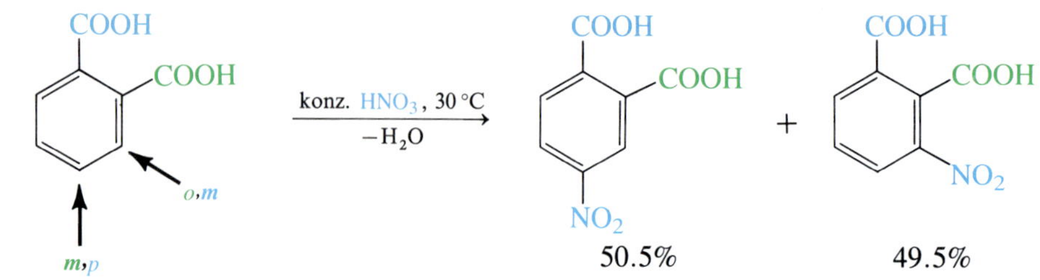

$$\text{1,2-Benzoldicarbonsäure (Phthalsäure)} \xrightarrow[-H_2O]{\text{konz. } HNO_3,\ 30\,°C} \text{4-Nitro-1,2-benzoldicarbonsäure (4-Nitrophthalsäure), } 50.5\% + \text{3-Nitro-1,2-benzoldicarbonsäure (3-Nitrophthalsäure), } 49.5\%$$

Übung 20-12

Welches Produkt entsteht bei der Mononitrierung von:

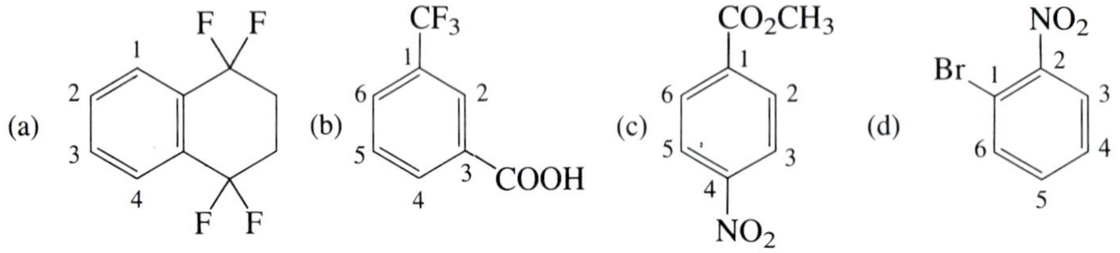

Der aktivierende Substituent setzt sich durch

Komplizierter wird es, wenn zwei in entgegengesetzte Richtung lenkende Gruppen vorhanden sind (*ortho*, *para* gegen *meta*). Sie üben ihren Einfluß gewöhnlich unabhängig voneinander aus. Verstärken Sie sich dabei in ihrer Wirkung, kann man das Ergebnis recht einfach vorhersagen.

Elektrophile Substitution bei sich gegenseitig verstärkender Substituentenwirkung

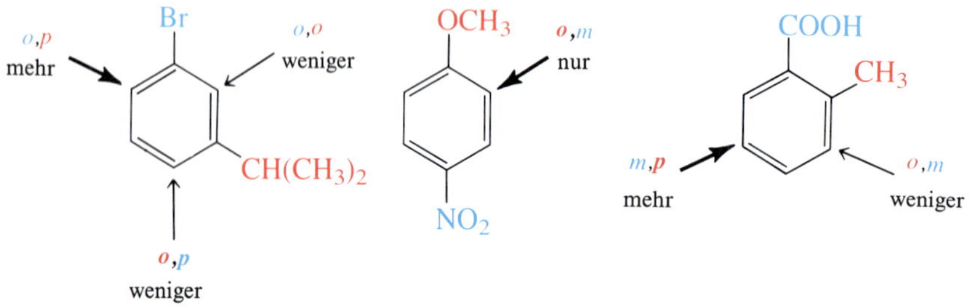

Wenn raumerfüllende Gruppen vorhanden sind, ist eine Stellung zwischen diesen Substituenten oft aus sterischen Gründen ungünstig. Konkurrieren die Substituenten miteinander um den Ort der Substitution, setzt sich die stärker aktivierende Gruppe durch und dirigiert nach *ortho* und *para*. Konkurrieren zwei aktivierende Gruppen miteinander, siegt gewöhnlich der bessere Elektronendonator. In den meisten anderen Fällen ergeben sich Produktgemische.

Die stärker aktivierende Gruppe kontrolliert den Ort des elektrophilen Angriffs

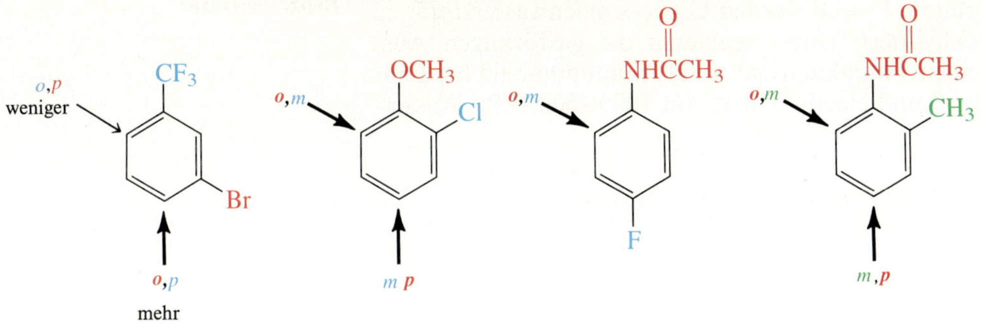

o,p weniger — CF_3 — Br — o,p mehr; OCH_3 — Cl — o,m — m p; NHCCH$_3$ (O) — F — o,m; NHCCH$_3$ (O) — CH_3 — o,m — m,p

Übung 20-13

An welcher Stelle erwarten Sie elektrophile aromatische Substitution?

(a) O, 1–8; (b) N, 1, 2 Br, 3–6; (c) OCH_3, 1, 2 NO_2, 3–6

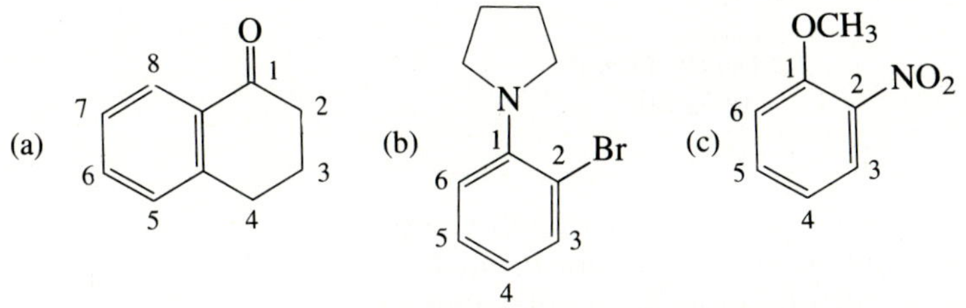

Wir fassen zusammen: Die elektrophile aromatische Substitution mehrfach substituierter Benzole wird von der am stärksten aktivierenden Gruppe und bis zu einem gewissen Ausmaß von sterischen Erfordernissen kontrolliert. Die Produktbildung ist am selektivsten, wenn nur eine aktivierende Gruppe neben rein desaktivierenden Gruppen vorhanden ist oder wenn alle Gruppen sich in ihrer dirigierenden Wirkung verstärken.

20.5 Synthetische Aspekte der Benzol-Chemie

In diesem Abschnitt werden wir uns mit der industriellen Herstellung von Benzol befassen und wie man Hydroaromaten im Labor „aromatisieren“ kann. Zuletzt wollen wir eine Strategie entwerfen, wie man die Synthese spezifisch substituierter Aromaten angeht.

Industrielle Herstellung von Benzol

Benzol fällt bei verschiedenen technischen Prozessen an, z. B. in der aromatischen Fraktion von Rohöl-Destillat, dem Dampf-Cracken von Alkenen, der sogenannten Hydrodealkylierung von Methylbenzol (Toluol) und der Pyrolyse von Kohle. In der Bundesrepublik Deutschland wurden 1985 über 1 200 000 Tonnen Benzol auf Petrobasis hergestellt, hauptsächlich durch katalytisches Reforming der Benzinfraktion (Abschn. 3.3), aus der man auch Methylbenzol (Toluol) und Dimethylbenzole (Xylole) erhält. Bei diesem, Platforming genannten, Prozeß werden C_{6-8}-Kohlenwasserstoffe zu einfachen Aromaten dehydriert. Dabei reagieren die gasförmigen Ausgangssubstanzen über einem Platinkatalysator auf Aluminiumoxid bei Temperaturen um 450–550 °C und einem Druck von 1000–5000 kPa Wasserstoff (siehe Abschn. 3.3).

Platforming-Prozeß zur Darstellung von Aromaten

CH_3 CH_3 — Pt/Al_2O_3, 450–550 °C, H_2 Druck → CH_3 CH_3 + 3 H_2

1,2-Dimethylcyclohexan **1,2-Dimethylbenzol (*o*-Xylol)**

Auf den ersten Blick scheint es befremdend, daß dieser Prozeß in einer Wasserstoffatmosphäre stattfindet, obwohl Wasserstoff eines der Produkte ist. Dies ist jedoch nötig, um Verkokung (die Bildung hochmolekularer Verbindungen, letztlich Koks) zu verhindern, das zusammenbacken und die Katalysatoroberfläche desaktivieren würde.

Durch Zusatz von Benzol, Methylbenzol (Toluol) und Dimethylbenzolen (Xylole) kann man die Qualität von Benzin verbessern, da die Oktanzahlen dieser Verbindungen größer als 100 sind (Abschn. 3.4).

Dehydrierung hydroaromatischer Verbindungen im Labor

Durch die Dehydrierung von Cyclohexan, Cyclohexen und Cyclohexadien-Derivaten (die man „hydroaromatische Verbindungen" nennt), kann man im Labor substituierte Benzole herstellen. Diese Umsetzungen finden gewöhnlich bei höheren Temperaturen unter Platin- oder Palladiumkatalyse statt. Das Metall liegt entweder als feines Pulver vor oder ist auf Aktivkohle aufgebracht. Der Mechanismus dieser Reaktion stellt wahrscheinlich die Umkehrung der Hydrierung von Doppelbindungen dar (Abschn. 12.2). Auf diese Weise werden z. B. kondensierte Benzole wie Naphthalin dargestellt (Abschn. 25.3).

Pt oder Pd/C 350 °C → + 3 H_2

Pd-C, 300°C → + 4 H_2

82%

Naphthalin

Eine Alternative ist die chemische Oxidation von Hydroaromaten z. B. mit Schwefel, Selen oder $KMnO_4$.

Darstellung von Aromaten durch Oxidation von Hydroaromaten

$$\text{Cyclohexan} \xrightarrow{S,\ \Delta} \text{Benzol} + 3\ H_2S$$

$$\text{Methylcyclohexadien} \xrightarrow{Se,\ \Delta} \text{Methylbenzol} + H_2Se$$

KMnO$_4$, Benzol, 18-Krone-6 (s. Abschn. 9.5)

1-Methyl-4-(1-methylethyl)-1,4-cyclohexadien → 100% **1-Methyl-4-(1-methylethyl)benzol (*p*-Methylisopropylbenzol)**

Spezifisch substituierte Benzole können durch sorgfältig geplante elektrophile Substitution konstruiert werden

Bei der Synthese eines spezifischen Benzolderivats hängt alles davon ab, daß der erste eingeführte Substituent weitere Substituenten in die richtige Position dirigiert. Es gibt bestimmte Reaktionen, die die dirigierende Wirkung eines Substituenten umkehren können. Ein Beispiel dafür ist die Umwandlung der *meta*-dirigierenden Nitrogruppe von Nitrobenzolen in die *ortho*, *para*-dirigierende Aminogruppe und umgekehrt. Für diese Umsetzung gibt es einfache Reagenzien. Die Reduktion kann durch katalytische Hydrierung erfolgen, die Oxidation durch Behandlung mit Trifluorperoxyethansäure (Trifluorperessigsäure).

Reversible Umwandlung einer *meta*-dirigierenden in eine *ortho*, *para*-dirigierende Gruppe

$$C_6H_5NO_2 \underset{CF_3C(=O)OOH}{\overset{H_2,\ Ni\ \text{oder}\ Fe,\ HCl}{\rightleftharpoons}} C_6H_5NH_2$$

Als praktisches Beispiel dieser Strategie betrachten wir die Synthese von 3-Ethylnitrobenzol. Die direkte Nitrierung von Ethylbenzol führt zu einer Mischung von 2- und 4-Nitro-1-ethylbenzol und ist deshalb für unser Vorhaben wertlos. Eine andere Möglichkeit, die Friedel-Crafts-Ethylierung von Nitrobenzol fällt ebenso weg, weil Nitrobenzol für die relativ schwach elektrophilen Friedel-Crafts-Reagenzien zu unreaktiv ist. Um unser Ziel zu erreichen, müssen wir deshalb einen Umweg über 1-(3-Nitrophenyl)ethanon

(m-Nitroacetophenon) wählen, das wir durch Nitrierung von 1-Phenylethanon (Acetophenon) erhalten.

CH_3CO, NO_2 —HCl, Zn(Hg)→ CH_3CH_2, NH_2 —CF_3COOH (O), CH_2Cl_2→ CH_3CH_2, NO_2

1-(3-Nitrophenyl)ethanon (m-Nitroacetophenon) | **3-Ethylbenzolamin (m-Ethylanilin)** | **3-Ethylnitrobenzol**

Bei dieser Umsetzung muß die *meta*-dirigierende Carbonylgruppe in die *ortho*, *para*-dirigierende Methylengruppe umgewandelt werden. Dies kann man unter Clemmensen-Bedingungen erreichen (Abschn. 15.8), gleichzeitig wird jedoch auch die Nitrogruppe reduziert und man erhält 3-Ethylbenzolamin (m-Ethylanilin). Im letzten Schritt muß also die Aminogruppe durch die Persäure reoxidiert werden. Mit dieser Methode eröffnet sich uns gleichzeitig ein Weg zur Darstellung von 3-Ethylbenzolamin (m-Ethylanilin), eine Verbindung, in der sich zwei *ortho*, *para*-dirigierende Gruppen in *meta*-Stellung zueinander befinden.

Ein ähnliches Problem taucht auf bei dem Versuch, ein *ortho*-substituiertes Benzol zu synthetisieren, bei dem beide Gruppen nach *meta* dirigieren. Wie könnte man beispielsweise o-Dinitrobenzol herstellen? Am besten geht man dabei von Benzolamin (Anilin) aus, wobei die Aminogruppe durch Ethanoylierung (Acetylierung) geschützt werden muß (Abschn. 18.5). Durch Nitrierung entsteht eine Mischung von o- und p-Nitroprodukten, von denen ersteres abgetrennt werden kann. Die Abspaltung der Schutzgruppe durch Hydrolyse des Amids (Abschn. 18.5) und nachfolgender Oxidation von 2-Nitrobenzolamin (o-Nitroanilin) führt zum gewünschten Produkt.

Synthese von 1,2-Dinitrobenzol (o-Dinitrobenzol)

NH_2 —CH_3CCl (O), Pyridin→ $HNCCH_3$ (O) —HNO_3→ $HNCCH_3$ (O), NO_2 + $HNCCH_3$ (O), NO_2 —Mit dem abgetrennten *ortho*-Isomer→

Benzolamin (Anilin) | **N-Phenylethanamid (Acetanilid)** | **N-(2-Nitrophenyl)-ethanamid (o-Nitroacetanilid)** | **N-(4-Nitrophenyl)-ethanamid (p-Nitroacetanilid)**

—H^+, H_2O→ H_2N, NO_2 —CF_3COOH (O), CH_2Cl_2→ NO_2, NO_2

2-Nitrobenzolamin (o-Nitroanilin) | **1,2-Dinitrobenzol (o-Dinitrobenzol)**

Im zweiten Schritt der Reaktionsfolge wird die Ausbeute erheblich geschmälert, da ein großer Anteil des unerwünschten Isomers entsteht, das erst einmal abgetrennt werden muß, was nicht immer leicht ist. Diese Schwierigkeiten kann man mit einem Trick umgehen: Durch Sulfonierung kann eine Stelle für weitere Substitution blockiert werden. *N*-Phenylethanamid (Acetanilid) wird aus sterischen Gründen hauptsächlich in der *para*-Stellung sulfoniert, so daß diese Stellung für einen weiteren elektrophilen Angriff nicht mehr zugänglich ist. Die Nitrogruppe kann deshalb nur *ortho* zum Stickstoffatom eintreten. Die Abspaltung der beiden Schutzgruppen in verdünnter Säure unter Erwärmen vervollständigt die Synthese.

20.6 Angriff auf ein bereits substituiertes aromatisches Kohlenstoffatom: *ipso*-Substitution

Durch reversible Sulfonierung kann eine Position blockiert werden

HNCCH$_3$ (=O) $\xrightarrow{SO_3,\ \text{konz. } H_2SO_4}$ HNCCH$_3$ (=O), SO$_3$H $\xrightarrow{HNO_3}$ HNCCH$_3$ (=O), NO$_2$, SO$_3$H $\xrightarrow{1.\ H^+,\ H_2O,\ \Delta \quad 2.\ OH^-,\ H_2O}$ NH$_2$, NO$_2$

Übung 20-14

Wie könnten Sie Verbindung A aus Benzol herstellen?

CH_2CH_3, NH_2, NH_2

A

Wir halten fest: Technisch wird Benzol hauptsächlich durch Reforming von Erdöl-Destillat hergestellt. Im Labor erhält man Aromaten durch Reaktion von Hydroaromaten mit Pd/C, S, Se oder $KMnO_4$. Durch sorgfältige Auswahl der Reihenfolge, nach der neue Substituenten eingeführt werden, kann man spezifisch mehrfach substituierte Benzole herstellen.

20.6 Angriff auf ein bereits substituiertes aromatisches Kohlenstoffatom: *ipso*-Substitution

In den vorangegangenen Abschnitten gingen wir stillschweigend von der Annahme aus, daß das eintretende Elektrophil nur drei Stellen zur Auswahl hat, ein monosubstituiertes Benzol anzugreifen: die *o*-, *m*- oder *p*-Stellung. Dabei nahmen wir an, daß aus irgendwelchen, vielleicht sterischen Gründen, der Angriff nicht am bereits substituierten Kohlenstoff erfolgt. Dies trifft zwar im allgemeinen zu, ist jedoch nicht *immer* der Fall: Es gibt Fälle der aromatischen Substitution, in denen ein bereits vorhandener Substituent verdrängt wird. Dieser Vorgang heißt ***ipso*-Substitution** (lat. *ipso*, auf sich selbst) und kann auf unterschiedliche Weise ablaufen und verschiedene Abgangsgruppen verdrängen.

Elektrophile *ipso*-Substitution

Ipso-Substitution beobachtet man bei der **Protodealkylierung** von Alkylbenzolen, einer Reaktion, die die Friedel-Crafts-Alkylierung umkehrt. Am leichtesten werden dabei tertiäre Alkylgruppen abgespalten.

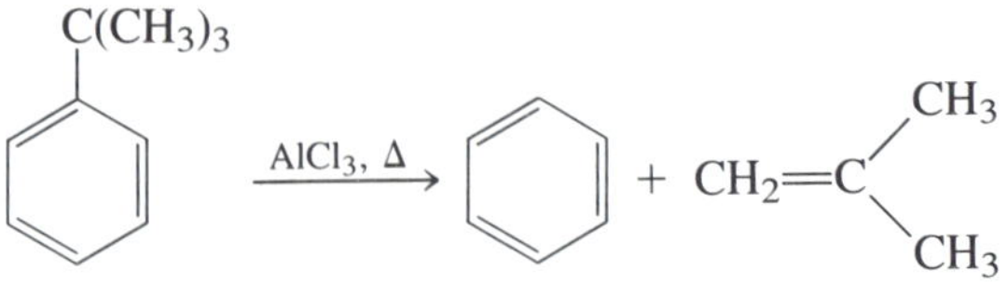

$$C_6H_5C(CH_3)_3 \xrightarrow{AlCl_3,\ \Delta} C_6H_6 + CH_2{=}C(CH_3)_2$$

Dabei findet wahrscheinlich anfangs Protonierung durch Spuren von HCl statt. Anschließend wird das 1,1-Dimethylethyl-(*tert*-Butyl)-Kation abgespalten, das sich umlagert, wobei das Proton regeneriert wird und 2-Methylpropen entsteht.

Mechanismus der Protodealkylierung von (1,1-Dimethylethyl)benzol:

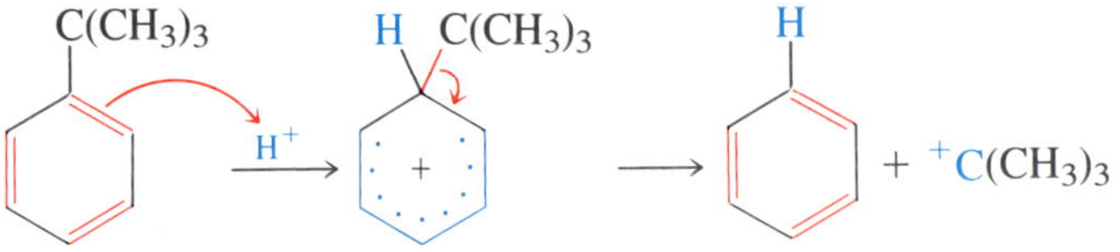

$$C_6H_5C(CH_3)_3 \xrightarrow{H^+} [C_6H_5(H)C(CH_3)_3]^+ \longrightarrow C_6H_6 + {}^+C(CH_3)_3$$

$${}^+C(CH_3)_3 \longrightarrow CH_2{=}C(CH_3)_2 + H^+$$

Ein *ipso*-Angriff findet auch bei der Umlagerung von Alkylbenzolen in Isomere statt; dabei wandert eine Alkylgruppe zu einem anderen Kohlenstoffatom des Benzolrings, es handelt sich also um eine typische Umlagerung eines Carbenium-Ions (Abschn. 9.2).

Umlagerung von 1,2- zu 1,3-Dimethylbenzol (*o*-Xylol zu *m*-Xylol)

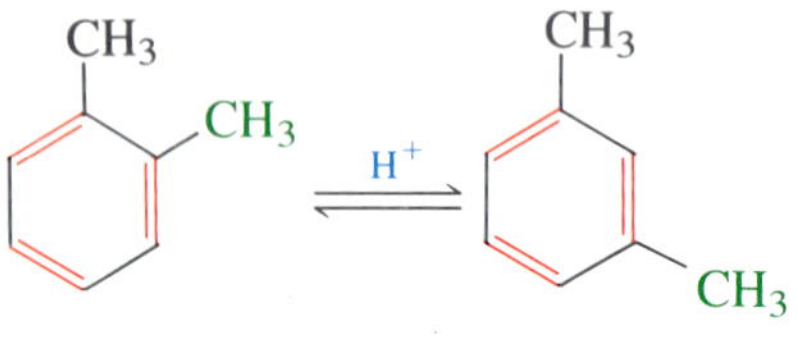

$$1,2\text{-}(CH_3)_2C_6H_4 \overset{H^+}{\rightleftharpoons} 1,3\text{-}(CH_3)_2C_6H_4$$

Mechanismus:

$$1,2\text{-}(CH_3)_2C_6H_4 + H^+ \rightleftharpoons [\text{H},\ CH_3]^+ \rightleftharpoons [\text{H},\ CH_3]^+ \rightleftharpoons 1,3\text{-}(CH_3)_2C_6H_4 + H^+$$

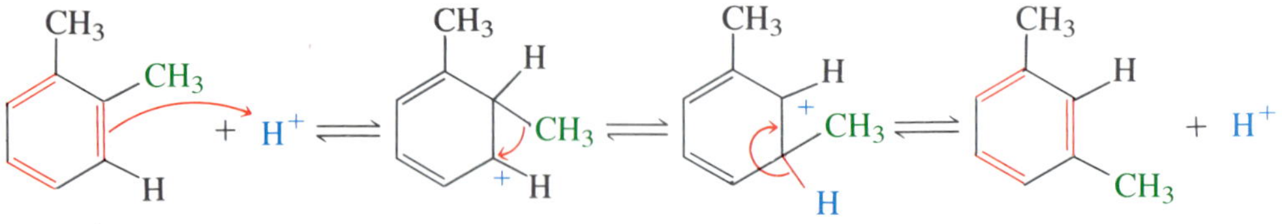

Übung 20-15

Behandelt man 2,4,6-Tribromphenol mit Brom in Wasser, verschwindet die rote Bromfarbe rasch und es entsteht ein neutrales, nicht-aromatisches Keton der Summenformel $C_6H_2Br_4O$. Welche Struktur hat diese Verbindung und nach welchem Mechanismus wurde sie gebildet?

Nucleophile aromatische *ipso*-Substitution

20.6 Angriff auf ein bereits substituiertes aromatisches Kohlenstoffatom: *ipso*-Substitution

Durch die Reaktion von 1-Chlor-2,4-dinitrobenzol mit Nucleophilen, z. B. dem Hydroxid-Ion, Methoxid oder Ammoniak wird das Halogen gegen das Nucleophil ausgetauscht.

Nucleophile aromatische *ipso*-Substitution

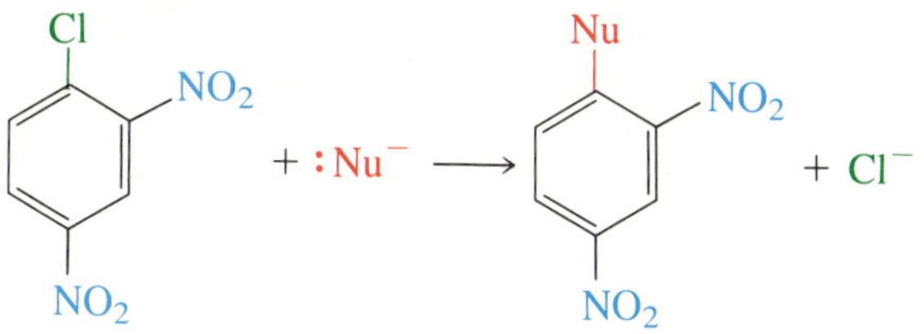

Cl, NO_2, NO_2 + :Nu^- ⟶ Nu, NO_2, NO_2 + Cl^-

Beispiele:

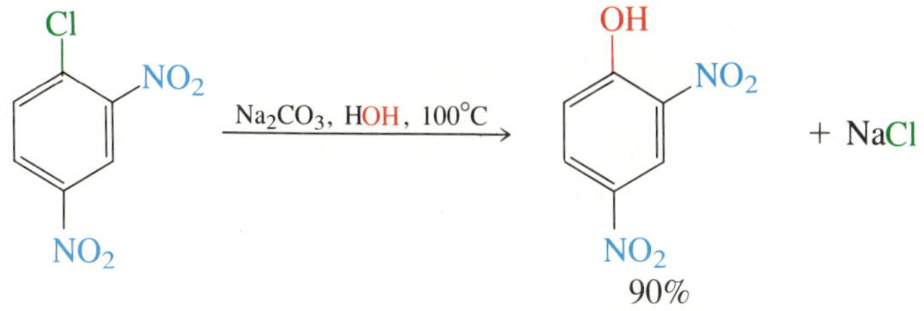

Cl, NO_2, NO_2 —(Na_2CO_3, HOH, 100°C)⟶ OH, NO_2, NO_2 + NaCl

90%

1-Chlor-2,4-dinitrobenzol **2,4-Dinitrophenol**

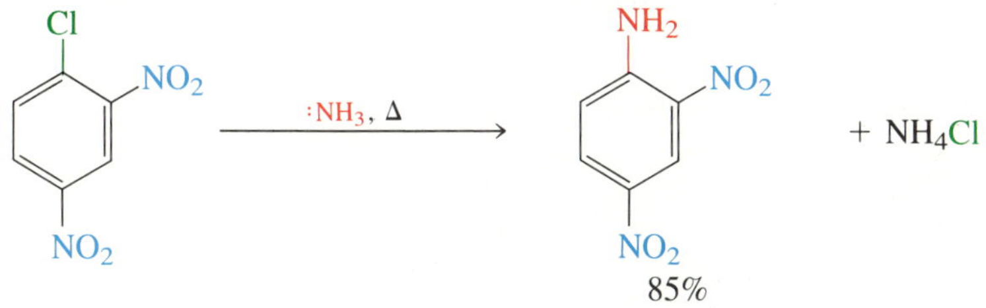

Cl, NO_2, NO_2 —(:NH_3, Δ)⟶ NH_2, NO_2, NO_2 + NH_4Cl

85%

2,4-Dinitrobenzolamin (2,4-Dinitroanilin)

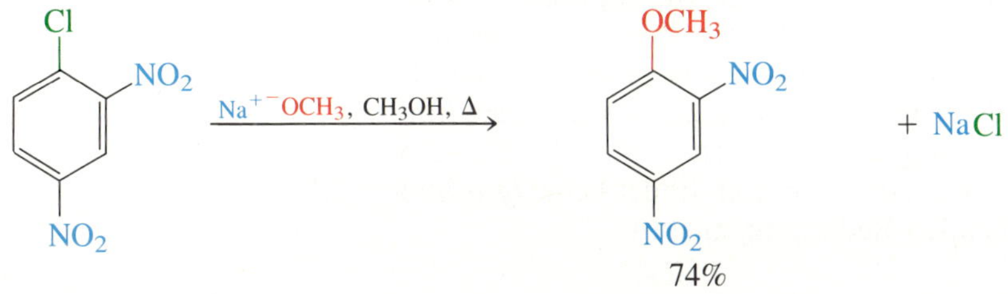

Cl, NO_2, NO_2 —(Na^{+} $^{-}OCH_3$, CH_3OH, Δ)⟶ OCH_3, NO_2, NO_2 + NaCl

74%

1-Methoxy-2,4-dinitrobenzol (2,4-Dinitroanisol)

Diese Reaktion nennt man **nucleophile aromatische Substitution**. Sie gelingt nur dann, wenn mindestens ein stark elektronenziehender Substituent, am besten jedoch mehrere, im Ring *ortho* oder *para* zur Abgangsgruppe vorhanden ist. Ihre Wirkung besteht darin, die Elektronendichte des Benzolrings herabzusetzen, also den Angriff des Nucleophils zu erleichtern und das intermediäre Hexadienyl-Anion durch Resonanz zu stabilisieren. Im Gegensatz zur S_N2-Reaktion der Halogenalkane läuft die

Substitution hier nach einem *zweistufigen Mechanismus* ab, einer *Additions-Eliminierungs-Reaktion*, die dem Mechanismus der nucleophilen Substitution von Carbonsäure-Derivaten (Kap. 18) ähnlich ist.

Mechanismus der nucleophilen aromatischen Substitution

Schritt 1: Addition

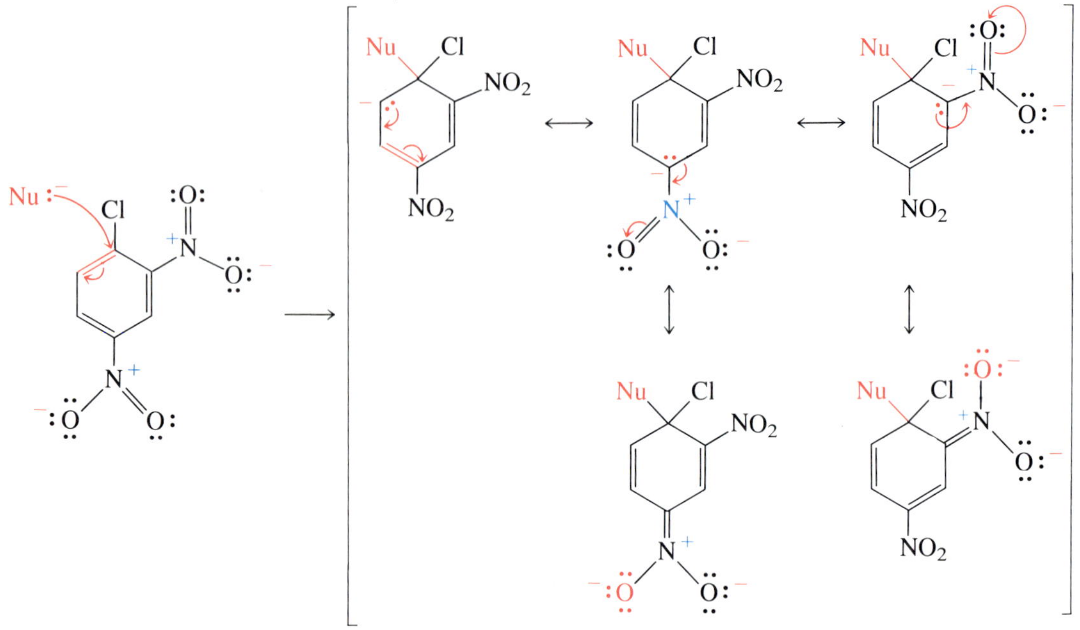

Nu: Cl :O: N O: O O: → Nu Cl NO2 NO2 ⟷ Nu Cl NO2 N :O O: ⟷ Nu Cl :O: N O: NO2 ; Nu Cl NO2 N :O O: ; Nu Cl :O: N O: NO2

Schritt 2: Eliminierung (nur eine Resonanzstruktur ist gezeigt)

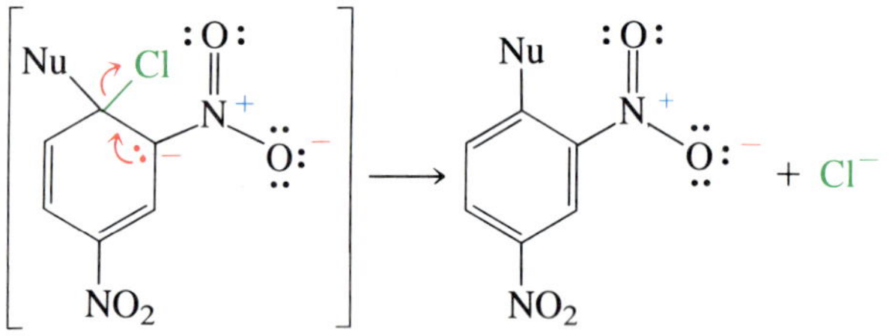

Nu Cl :O: N O: NO2 → Nu :O: N O: NO2 + Cl^-

Im ersten Schritt entsteht durch *ipso*-Angriff des Nucleophils ein Anion mit stark delokalisierter Ladung, das mit mehreren Resonanzstrukturen beschrieben werden kann. Bei dieser Zwischenstufe ist es wichtig, daß die elektronenziehenden Gruppen die negative Ladung mit übernehmen können. Wenn eine solche Delokalisierung unmöglich ist, z. B. in 1-Chlor-3,5-dinitrobenzol, wo diese Gruppen *meta*-ständig sind, findet keine *ipso*-Substitution unter den hier herrschenden Bedingungen statt.

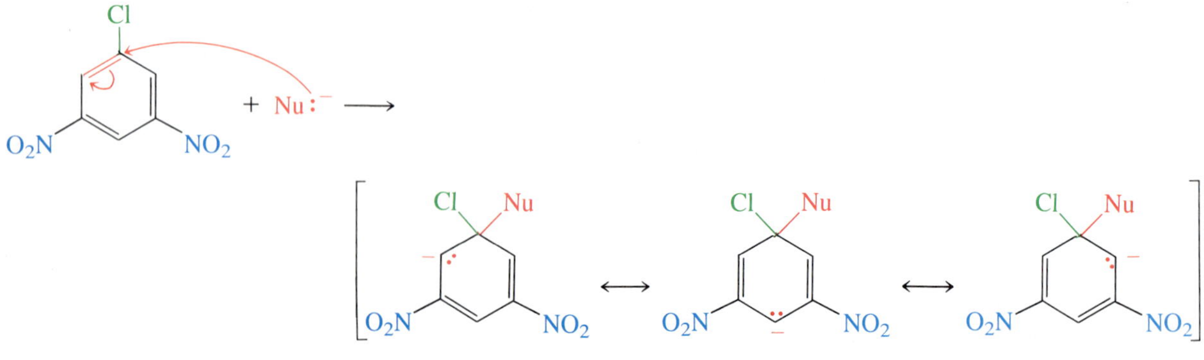

Cl O_2N NO_2 + Nu:$^-$ →

Cl Nu O_2N NO_2 ⟷ Cl Nu O_2N NO_2 ⟷ Cl Nu O_2N NO_2

Im zweiten Schritt wird die Abgangsgruppe abgespalten, wobei der aromatische Ring regeneriert wird. Man kann leicht vorhersagen, daß die Reaktivität der Halogenarene bei der nucleophilen Substitution mit zunehmender Nucleophilie des Reagenz steigt, sowie mit der Anzahl der elektronenziehenden Substituenten des Rings, besonders wenn diese sich in *ortho-* und *para*-Stellung befinden.

20.6 Angriff auf ein bereits substituiertes aromatisches Kohlenstoffatom: *ipso*-Substitution

Übung 20-16

Schildern Sie den Mechanismus der folgenden Umwandlung. Nehmen Sie an, daß der erste Schritt geschwindigkeitsbestimmend ist. Zeichnen Sie den Verlauf der potentiellen Energie während der Reaktion.

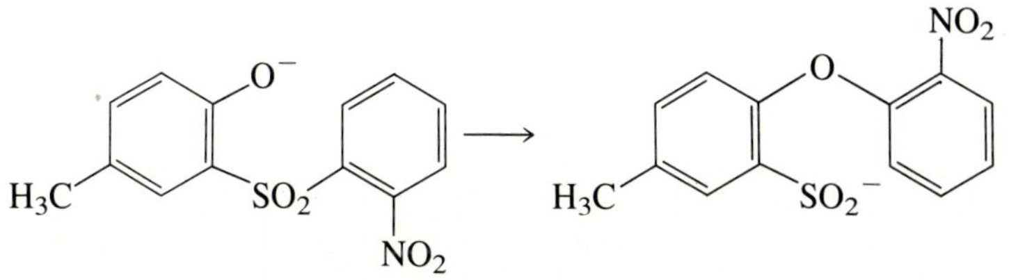

O^- H_3C SO_2 NO_2 ⟶ NO_2 O H_3C SO_2^-

Nucleophile aromatische Substitution durch Eliminierung-Addition: Der Arin-Mechanismus

Halogenarene gehen keine einfachen S_N2- oder S_N1-Reaktionen ein. Bei sehr hoher Temperatur und unter hohem Druck findet jedoch nucleophile Substitution statt. Bei der Reaktion in heißer Natronlauge mit anschließender neutralisierender Aufarbeitung geht Chlorbenzol in Phenol über.

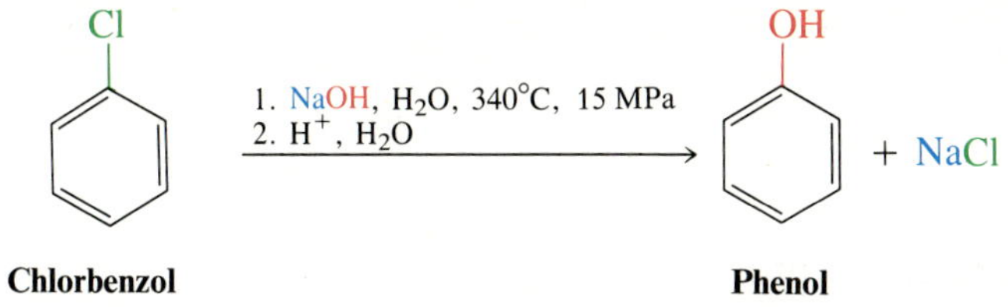

Cl ⟶ (1. NaOH, H_2O, 340°C, 15 MPa; 2. H^+, H_2O) OH + NaCl

Chlorbenzol **Phenol**

Durch eine ähnliche Reaktion mit Kaliumamid entsteht Benzolamin (Anilin).

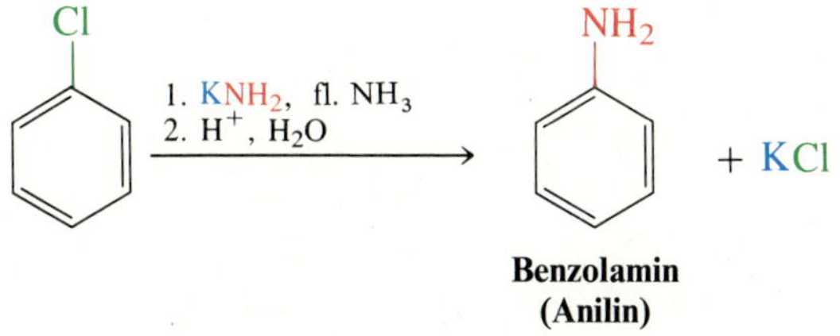

Cl ⟶ (1. KNH_2, fl. NH_3; 2. H^+, H_2O) NH_2 + KCl

Benzolamin (Anilin)

Man könnte annehmen, daß hier ein ähnlicher Mechanismus abläuft wie bei der Substitution von Halogenalkanen. Führt man jedoch die letztgenannte Reaktion mit radioaktiv markiertem Chlorbenzol durch (^{14}C bei C-1), erhält man ein seltsames Ergebnis: nur die Hälfte des Produkts enthält den Substituenten am markierten Kohlenstoff. Bei der anderen Hälfte sitzt die Aminogruppe am *benachbarten* Kohlenstoffatom.

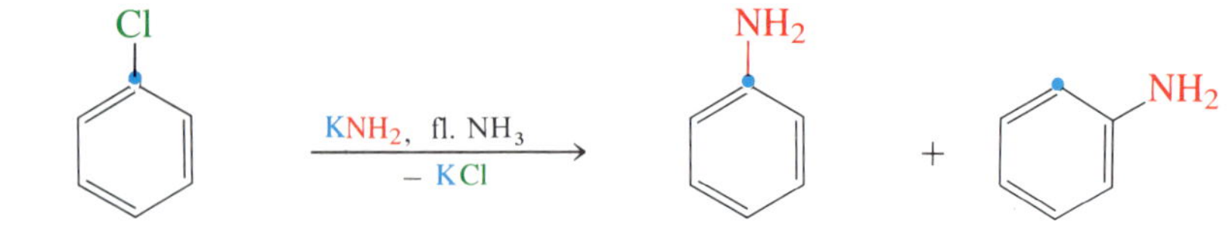

Cl / $\xrightarrow[- KCl]{KNH_2,\ fl.\ NH_3}$ NH₂ + NH₂

50%

Chlorbenzol-*1*-^{14}*C* **Benzolamin-*1*-^{14}*C*** **Benzolamin-*2*-^{14}*C***

Die Reaktion substituierter Halogenbenzole mit starken Basen führt zu einem ähnlichen Ergebnis. Beispielsweise entstehen aus 1-Halogen-2-methylbenzolen *ortho*- und *meta*-substituierte Produkte. 1-Halogen-4-methylbenzole werden in *meta*- und *para*-Stellung substituiert.

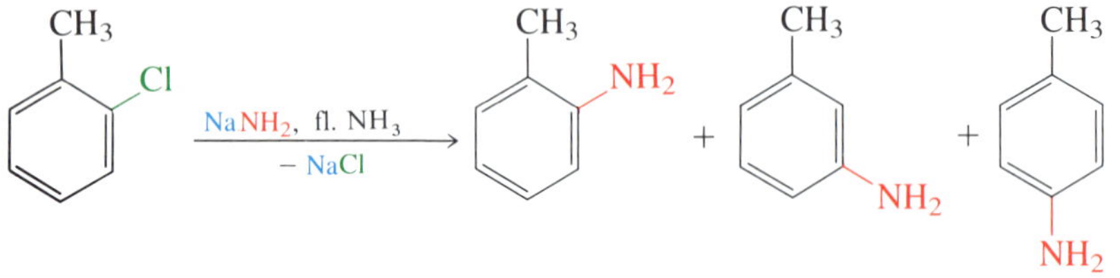

CH_3, Cl $\xrightarrow[- NaCl]{NaNH_2,\ fl.\ NH_3}$ CH_3, NH_2 + CH_3, NH_2 + CH_3, NH_2

Verhältnis: 45 : 55 : 0

66%

CH_3, Cl $\xrightarrow[- NaCl]{NaNH_2,\ fl.\ NH_3}$ CH_3, NH_2 + CH_3, NH_2 + CH_3, NH_2

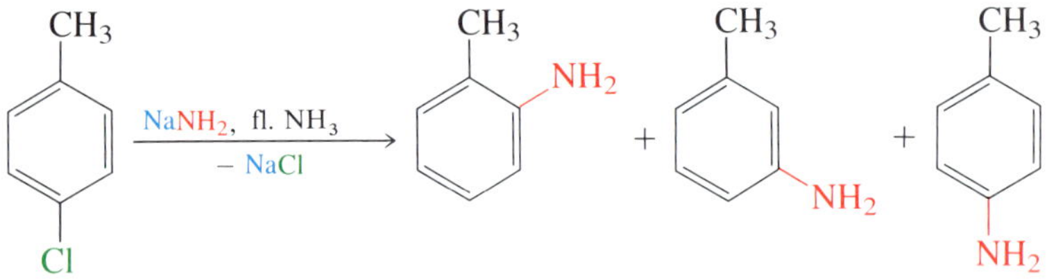

Verhältnis: 0 : 62 : 38

58%

Aus 1-Halogen-3-methylbenzolen hingegen erhält man alle möglichen Produkte.

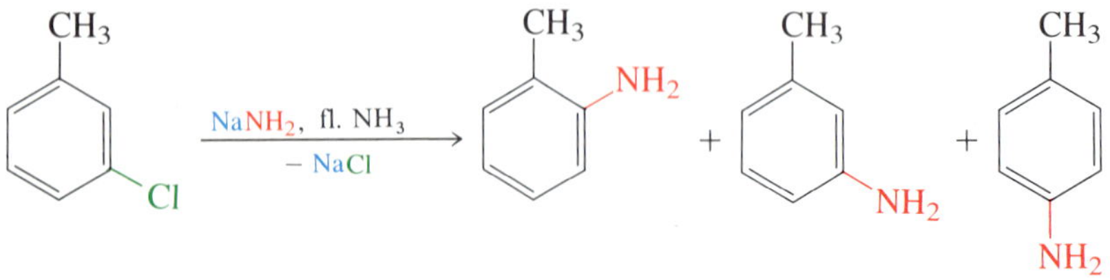

CH_3, Cl $\xrightarrow[- NaCl]{NaNH_2,\ fl.\ NH_3}$ CH_3, NH_2 + CH_3, NH_2 + CH_3, NH_2

Verhältnis: 22 : 56 : 22

61%

Bei diesen Verbindungen scheint also eine direkte Substitution ausgeschlossen. Wie lautet nun die Lösung dieses Rätsels? Die Antwort ergibt sich, wenn man in Betracht zieht, daß das eintretende Nucleophil nur in *ipso*- oder in *ortho*-Stellung zur Abgangsgruppe auftaucht. Dieser Befund und andere Beobachtungen kann man mit einer anfänglichen basen-induzierten Eliminierung von HX aus dem Benzolring erklären. Dieser Vorgang erinnert an die Dehydrohalogenierung von Halogenalkenen zu Alkinen (Abschn. 13.5). Im vorliegenden Fall entsteht durch die schrittweise Eliminierung über ein intermediäres Phenyl-Anion ein stark gespanntes, hochreaktives **Arin** namens **Benz-in**, oder **1,2-Dehydrobenzol**.

Mechanismus der nucleophilen Substitution einfacher Halogenarene

Schritt 1: Eliminierung

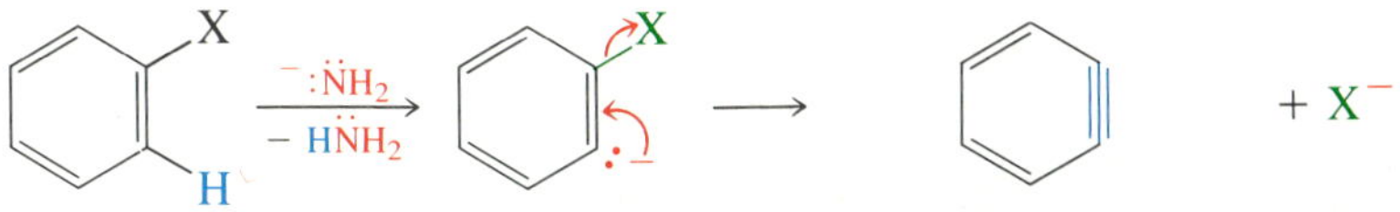

X, H; $^-:\ddot{N}H_2$, $- H\ddot{N}H_2$; X; $+ X^-$

Phenyl-Anion **Benz-in (Reaktive Zwischenstufe)**

Schritt 2: Addition

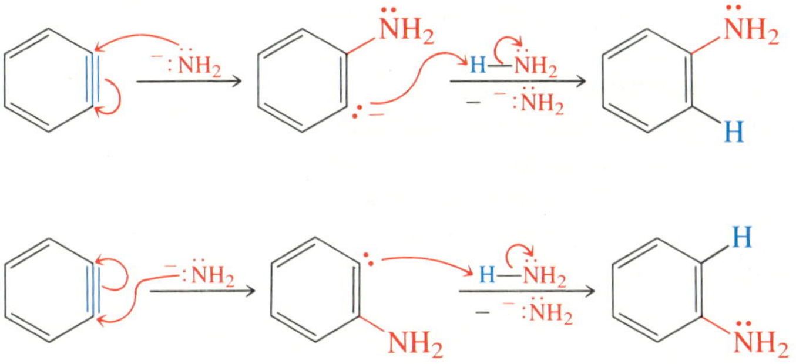

$^-:\ddot{N}H_2$; $\ddot{N}H_2$; $H—\ddot{N}H_2$, $- {}^-:\ddot{N}H_2$; $\ddot{N}H_2$, H

$^-:\ddot{N}H_2$; NH_2; $H—\ddot{N}H_2$, $- {}^-:\ddot{N}H_2$; H, $\ddot{N}H_2$

Benz-in ist deshalb so reaktiv, da Alkine eine lineare Struktur einnehmen müssen, damit eine gute Überlappung der *sp*-Hybridorbitale, die die Dreifachbindung aufbauen, stattfinden kann (Abschn. 13.2). Bei dem cyclischen Benz-in ist das nicht möglich, es ist deshalb nur kurzlebig und wird von dem nächstbesten Nucleophil, das vorhanden ist, abgefangen. In Ammoniak als Lösungsmittel entsteht deshalb Benzolamin (Anilin). Da die beiden an der Dreifachbindung beteiligten Atome gleich reaktiv sind, kann das Nucleophil an beiden gleichermaßen angreifen. So erhält man aus markiertem Chlorbenzol und den (Halogen)methylbenzolen die beobachteten Produkte.

Übung 20-17

Wie kommt die Regioselektivität der folgenden Reaktion zustande? (Hinweis: Berücksichtigen Sie den Einfluß der Methoxygruppe auf die Selektivität des Angriffs des Amid-Ions auf Benz-in.

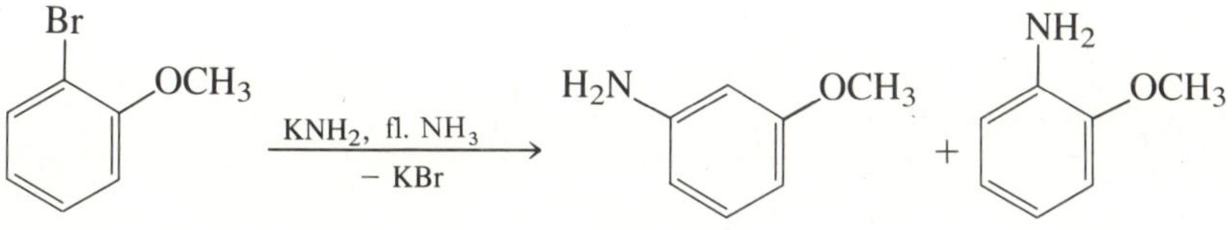

Br, OCH_3; KNH_2, fl. NH_3, $- KBr$; H_2N, OCH_3 + NH_2, OCH_3

viel wenig

Benz-in ist ein gespanntes Cycloalkin

Benz-in ist zu reaktiv, als daß man es isolieren und lagern kann. Unter gewissen Bedingungen kann man es jedoch spektroskopisch beobachten, beispielsweise wenn es durch Bestrahlung von 1,2-Benzoldcarbonylperoxid (Phthaloylperoxid) bei tiefer Temperatur entsteht. Bei der Photolyse dieser Verbindung bei 8 K (−265 °C) in einer festen Argon-Matrix (Smp. = −189 °C) beobachtet man eine Spezies, die man aufgrund ihrer IR- und UV-Spektren als Benz-in identifizieren kann, und die durch Eliminierung von zwei Äquivalenten Kohlendioxid entstand.

Durch sorgfältige Analyse dieser Spektren kam man zu dem Schluß, daß Benz-in eher eine Cycloalkin- denn eine Cycloallen-Struktur hat (Abb. 20-3A). Der ursprünglich symmetrische Benzolring ist durch die stark gespannte Dreifachbindung verzerrt. Man kann drei kurze und drei längere Bindungen ausmachen, sie bezeichnet man als *fixierte* oder *alternierende Bindungen*. Die durch die starke Spannung verursachte Destabilisierung beträgt etwa 184 kJ/mol.

Matrixerzeugung von Benz-in, einer reaktiven Zwischenstufe

1,2-Benzoldiolylperoxid (Phthaloylperoxid)

$h\nu$, 8 K

$+ 2\,CO_2$

Wir fassen zusammen: Die *ipso*-Substitution des Benzolrings kann entweder durch elektrophilen oder durch nucleophilen (basischen Angriff) eingeleitet werden. Die Protodealkylierung z. B. erfolgt elektrophil, wobei die Substituenten am Benzolring neu verteilt werden können. Trägt der aromatische Ring stark elektronenziehende Substituenten und eine Abgangsgruppe, kann die nucleophile aromatische Substitution eintreten: Das Nucleophil wird addiert, wobei ein ladungsdelokalisiertes Anion entsteht, anschließend tritt die Abgangsgruppe aus. Sehr starke Basen können HX aus einem Halogenaren abspalten, wodurch ein hochreaktives Arin entsteht, das durch den Angriff eines Nucleophils ein substituiertes Aren ergibt.

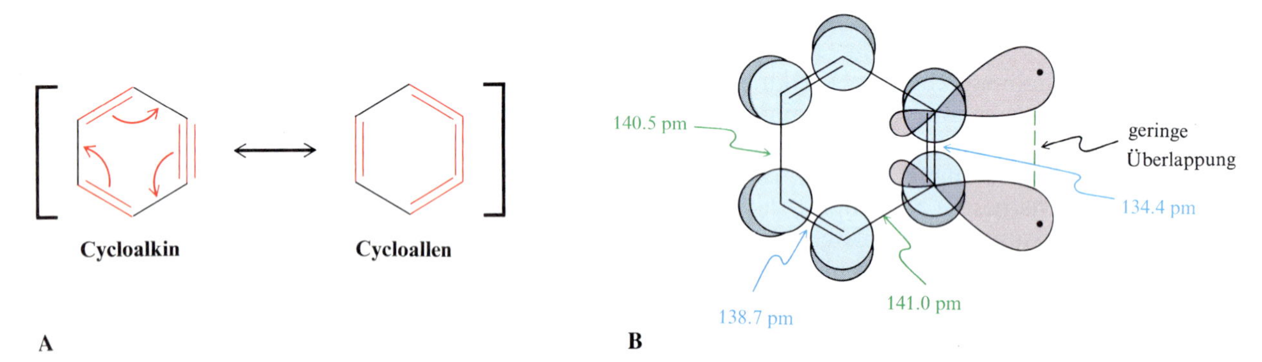

Abb. 20-3 Darstellungsweisen von Benz-in: (A) die Cycloalkin-Struktur ist gegenüber der Cycloallen-Struktur bevorzugt; (B) das Orbitalbild von Benz-in zeigt das aromatische System von sechs π-Elektronen senkrecht zu den reaktiven, nur schlecht überlappenden Hybridorbitalen, die die verzerrte Dreifachbindung bilden. Die Struktur von Benz-in weicht stark von regulären symmetrischen Sechseck ab, da die Dreifachbindung alternierende Bindungen erzwingt.

20.7 Zusammenfassung der organischen Reaktionsmechanismen: Substitution, Eliminierung, Addition und pericyclische Reaktionen

Mit diesem Kapitel haben wir die wichtigsten Klassen organischer Reaktionen und deren Mechanismen abgeschlossen. An dieser Stelle fassen wir sie nochmals zusammen.

Durch Substitutionsreaktionen können neue Gruppen eingeführt werden

Reaktionen, bei denen ein Atom oder Gruppen gegeneinander ausgetauscht werden, die **Substitutionsreaktionen**, gehören sicher zu den wichtigsten diskutierten Methoden. In Kap. 3 wurde gezeigt, daß durch *radikalische Halogenierung* funktionelle Gruppen in Alkane eingeführt werden können. In Kap. 6 wurden die zwei Möglichkeiten der *nucleophilen Substitution* behandelt: die bimolekulare (S_N2) und die unimolekulare (S_N1) Substitution. Bei einer S_N2-Reaktion verdrängt das eintretende Nucleophil direkt die Abgangsgruppe, während bei einem S_N1-Vorgang durch Dissoziation zunächst ein Carbenium-Ion entsteht, das ein Nucleophil einfängt (Kap. 7). Varianten dieser Möglichkeiten finden wir in der nucleophilen Additions-Eliminierungs-Reaktion der Carbonsäure-Derivate (Kap. 17 und 18) und bei der nucleophilen aromatischen Substitution (Abschn. 20.6). Die Kapitel 19 und 20 schließlich zeigten, daß bei Benzol und seinen Derivaten auch *elektrophile Substitution* möglich ist. In Tab. 20-4 finden Sie die Hauptmechanismen der Substitution zusammengefaßt.

Tabelle 20-4 Hauptmechanismen der Substitution

1 Radikalische Halogenierung

Alkane:

$$RH + X_2 \xrightarrow{h\nu \text{ oder Peroxid}} RX + HX \qquad \text{(Abschn. 3.4)}$$

Allylsysteme:

$$CH_3CH{=}CH_2 + X_2 \xrightarrow{h\nu \text{ oder Peroxid}} XCH_2CH{=}CH_2 + HX \qquad \text{(Abschn. 14.2)}$$

2 Nucleophile Substitution

S_N2-Reaktion

$$Nu{:}^- + CH_3{-}X \longrightarrow Nu{-}CH_3 + X^- \qquad \text{(Abschn. 6.3 bis 6.11)}$$

S_N1-Reaktion

$$(CH_3)_3CX \rightleftharpoons (CH_3)_3C^+ + X^- \xrightarrow{^-{:}Nu} (CH_3)_3CNu + X^- \qquad \text{(Abschn. 7.1 bis 7.3)}$$

2 Nucleophile Substitution (Fortsetzung)

Addition-Eliminierung von Carbonsäure-Derivaten

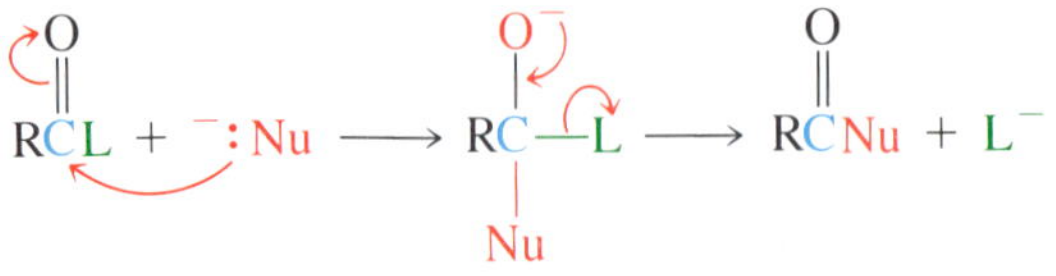

$$RC(=O)L + {}^{-}{:}Nu \longrightarrow RC(O^{-})(Nu)L \longrightarrow RC(=O)Nu + L^{-}$$

(Abschn. 17.6 bis 17.10, und 18.1 bis 18.6)

Nucleophile aromatische Substitution:

$$1\text{-}X\text{-}2,4,6\text{-}(NO_2)_3C_6H_2 + {}^{-}{:}Nu \longrightarrow \text{Meisenheimer-Komplex } (X, Nu) \longrightarrow 1\text{-}Nu\text{-}2,4,6\text{-}(NO_2)_3C_6H_2 + X^{-}$$

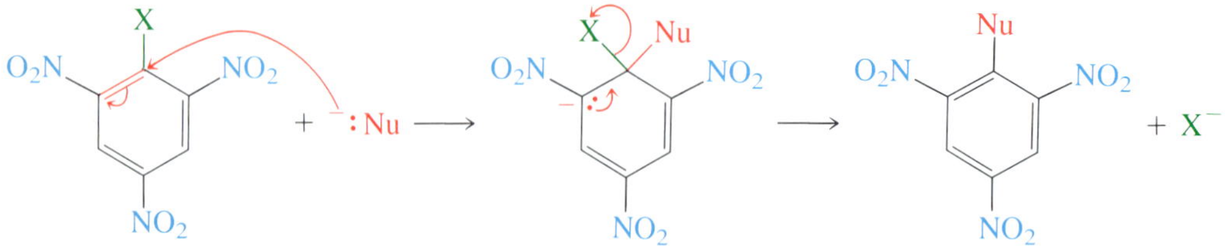

(Abschn. 20.6)

3 Elektrophile aromatische Substitution

$$C_6H_6 + E^{+} \longrightarrow C_6H_6E^{+} \longrightarrow C_6H_5E + H^{+}$$

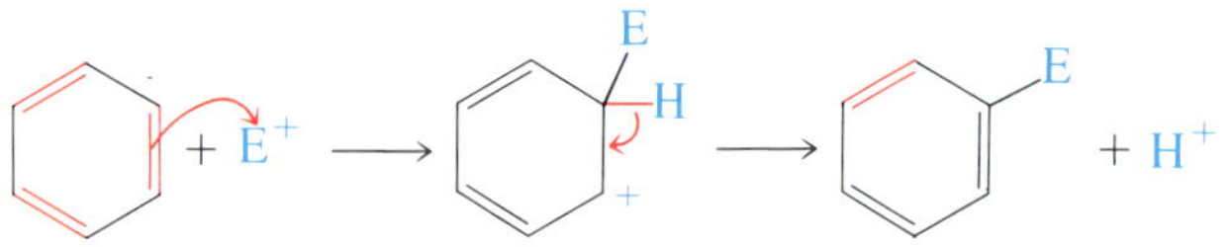

(Kap. 19 und 20)

Durch Eliminierung entstehen ungesättigte Systeme

Bei einer weiteren häufig vorkommenden Reaktion werden zwei Atome oder Atomgruppen von benachbarten Atomen abgespalten, so daß ein ungesättigtes Molekül entsteht, z. B. ein Alken, ein Alkin oder eine Carbonylverbindung. Zwei dieser Fälle, die bimolekulare (E2) und die unimolekulare Eliminierung (E1) sind in Kap. 7 beschrieben. Eine weitere Möglichkeit wurde im Zusammenhang mit der Chemie der Carbonylverbindungen diskutiert (Kap. 15). Ein letzter Spezialfall ist die Entstehung eines Arins durch Abstraktion eines Protons, gefolgt vom Austritt der Abgangsgruppe (Abschn. 20.6). Die wichtigsten Eliminierungsmechanismen sind in Tab. 20-5 aufgezählt.

Additionsreaktionen sättigen ungesättigte Systeme ab

Additionsreaktionen können bei Alkenen (Kap. 12 und 14), Alkinen (Kap. 13), Carbonylfunktionen (Kap. 15-17) und Benz-in (Abschn. 20.6) stattfinden. Sie können nucleophil, elektrophil oder radikalisch ablaufen. In Tab. 20-6 finden Sie die wichtigsten Mechanismen.

Bei pericyclischen Reaktionen treten keine Zwischenstufen auf

Eine letzte, wichtige Klasse von Reaktionen nennt man pericyclisch, da für sie ein cyclischer Übergangszustand charakteristisch ist, bei dem sich cyclisch angeordnete Orbitale kontinuierlich überlappen. Durch pericylische

Tabelle 20-5 Hauptmechanismen der Eliminierung

1 Bimolekulare Eliminierung

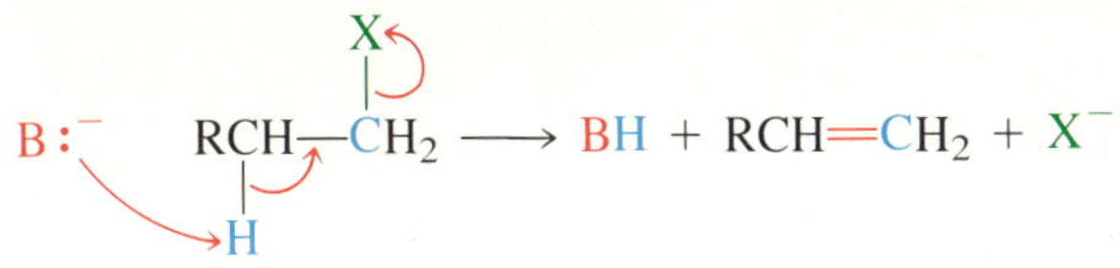

$$B:^- + RCH(H)-CH_2X \longrightarrow BH + RCH{=}CH_2 + X^-$$ (Abschn. 7.5)

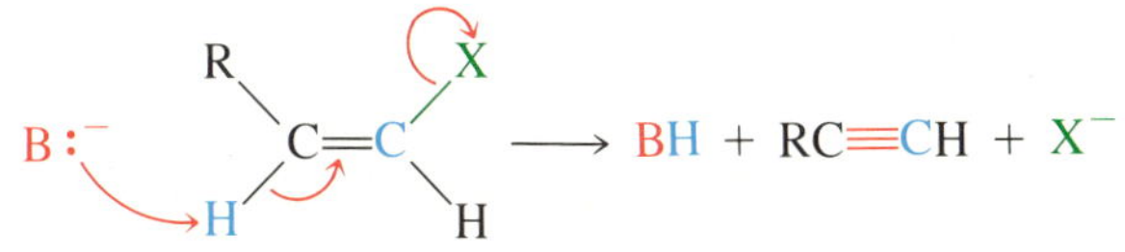

$$B:^- + R(H)C{=}C(X)H \longrightarrow BH + RC{\equiv}CH + X^-$$ (Abschn. 13.5)

2 Unimolekulare Eliminierung

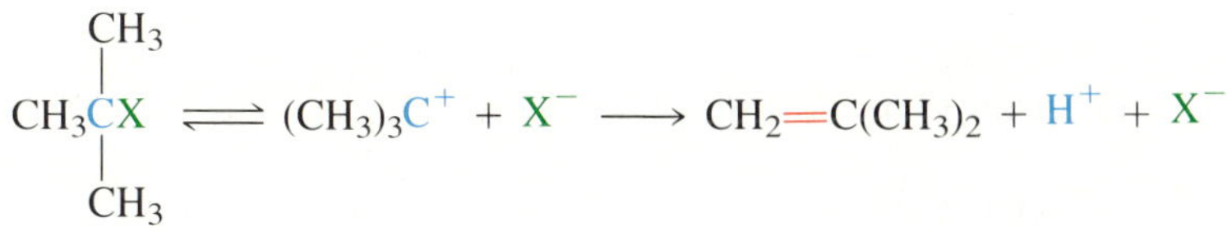

$$CH_3C(CH_3)_2X \rightleftharpoons (CH_3)_3C^+ + X^- \longrightarrow CH_2{=}C(CH_3)_2 + H^+ + X^-$$ (Abschn. 7.4)

3 Deprotonierung – Abspaltung

Carbonylverbindungen:

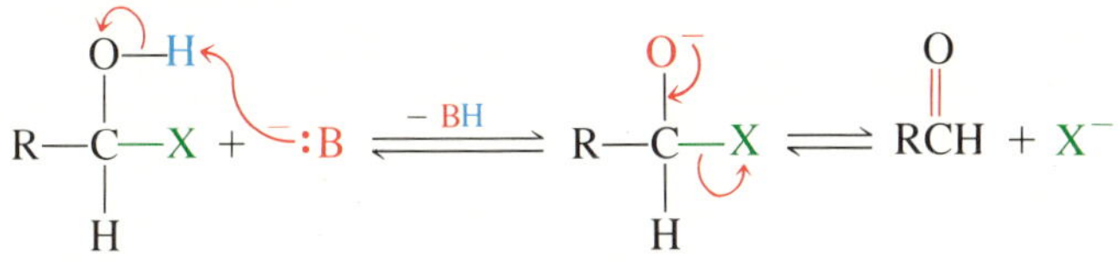

$$R-C(OH)(H)-X + {}^-{:}B \xrightleftharpoons{-\,BH} R-C(O^-)(H)-X \rightleftharpoons RCH{=}O + X^-$$ (Abschn. 15.4 bis 15.7)

Arin-Mechanismus: Bildung von Benz-in

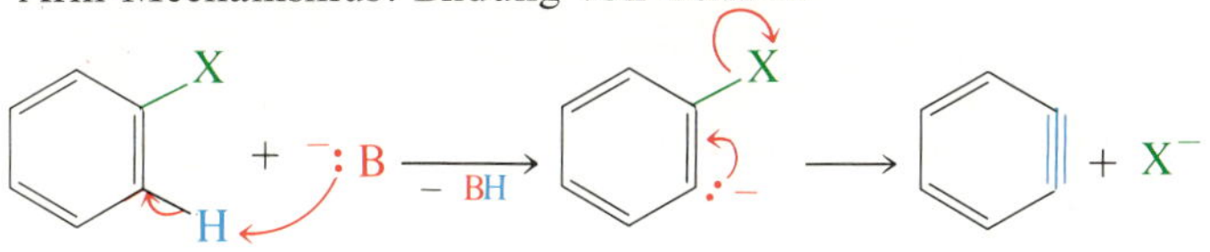

$$C_6H_5X\ (H\ ortho) + {}^-{:}B \xrightarrow{-\,BH} C_6H_4X^- \longrightarrow C_6H_4\ (Benz\text{-}in) + X^-$$ (Abschn. 20.6)

Reaktionen entstehen neue Ringe, wie in der Diels-Alder-Reaktion (Abschn. 14.5), Ringöffnungen und Ringschlüsse z. B. bei der gegenseitigen Umwandlung von Butadien und Cyclobuten (Abschn. 14.5) und Fragmentierungen, z. B. bei der Esterpyrolyse (Abschn. 18.4) und der McLafferty-Umlagerung (Abschn. 18.7). Beispiele dazu finden Sie in Tab. 20-7).

Tabelle 20-6 Hauptmechanismen der Addition

1 Elektrophile Additionen

Alkene:

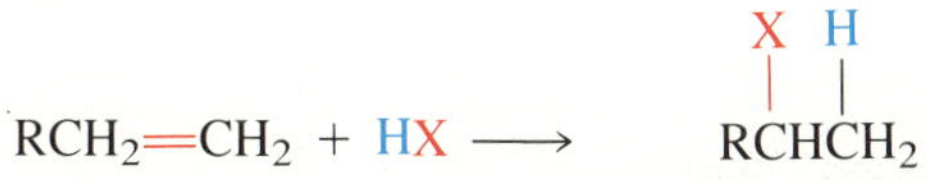

$$RCH_2{=}CH_2 + HX \longrightarrow RCH(X)CH_2(H)$$ (Abschn. 12.3)

Markovnikov-Produkt

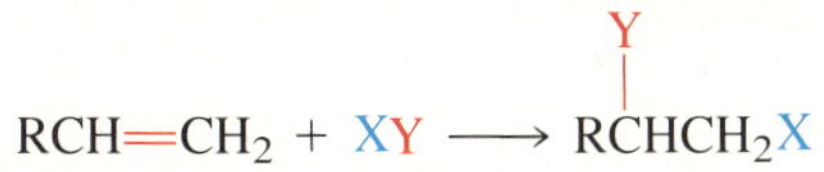

$$RCH{=}CH_2 + XY \longrightarrow RCH(Y)CH_2X$$ (Abschn. 12.3)

1 Elektrophile Additionen (Fortsetzung)

$$3\ RCH{=}CH_2 + BH_3 \longrightarrow (RCH(H)CH_2)_3B$$ (Abschn. 12.4)

$$RCH{=}CH_2 + H_2O_2 \xrightarrow{OsO_4} RCH(OH)CH_2OH$$ (Abschn. 12.5)

Alkine:

$$RC{\equiv}CH + HX \longrightarrow RC(X){=}CH(H)$$ (Abschn. 13.6)

$$RC{\equiv}CH + XY \longrightarrow RC(Y){=}CHX$$ (Abschn. 13.6)

$$3\ RC{\equiv}CH + BH_3 \longrightarrow (RCH{=}CH)_3B$$ (Abschn. 13.6)

Carbonylverbindungen:

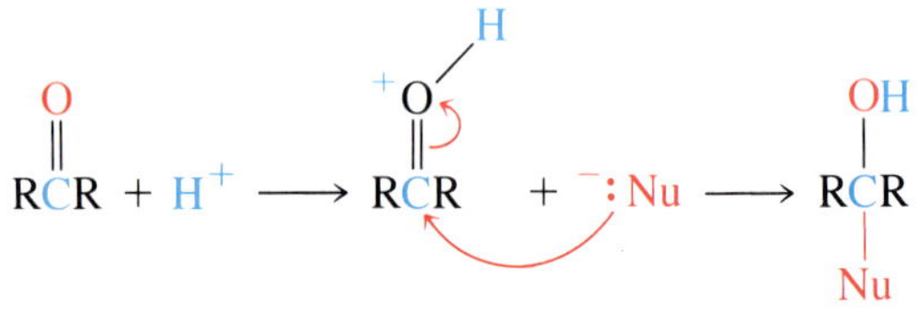

$$RC(=O)R + H^+ \longrightarrow RC(=O^+H)R + {}^-{:}Nu \longrightarrow RC(OH)(Nu)R$$ (Abschn. 15.4 bis 15.7)

2 Nucleophile Additionen

Carbonylverbindungen

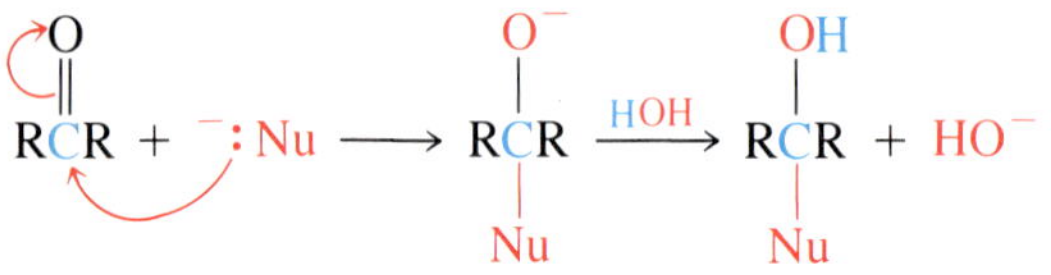

$$RC(=O)R + {}^-{:}Nu \longrightarrow RC(O^-)(Nu)R \xrightarrow{HOH} RC(OH)(Nu)R + HO^-$$ (Abschn. 15.4 bis 15.7 und 16.3)

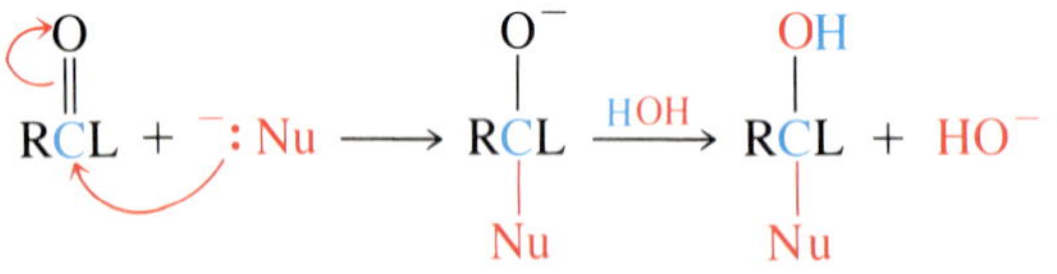

$$RC(=O)L + {}^-{:}Nu \longrightarrow RC(O^-)(Nu)L \xrightarrow{HOH} RC(OH)(Nu)L + HO^-$$ (Abschn. 17.6 bis 17.10 und 18.1 bis 18.6)

α,β-Ungesättigte Carbonylverbindungen:

$$RCH{=}CH{-}C(=O)R + {}^-{:}Nu \longrightarrow RCH(Nu)CH{=}C(O^-)R \xrightarrow{HOH} RCH(Nu)CH(H)C(=O)R + HO^-$$

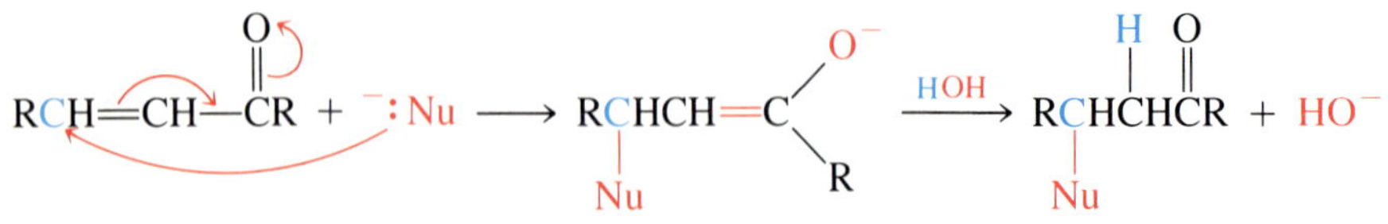

(Abschn. 16.5)

Additionen an Benz-in:

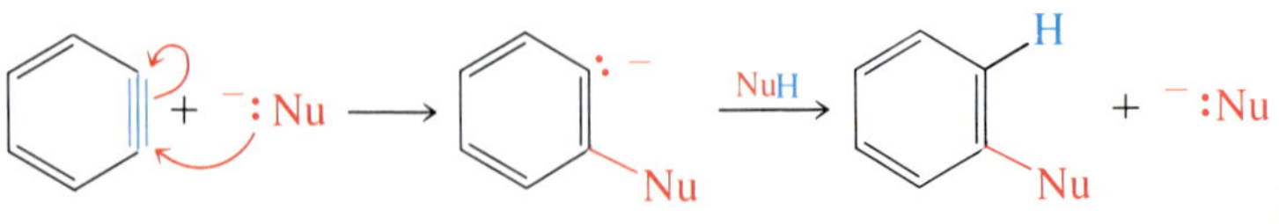

$$C_6H_4\ (\text{Benz-in}) + {}^-{:}Nu \longrightarrow C_6H_4(Nu)^{:-} \xrightarrow{NuH} C_6H_5Nu + {}^-{:}Nu$$

(Abschn. 20.6)

Tabelle 20-6 Hauptmechanismen der Addition (Fortsetzung)

3 Radikalische Additionen

Alkene:

$$\mathrm{RCH{=}CH_2 + HBr \xrightarrow{ROOR} RCH(H)CH_2Br}$$ (Abschn. 12.6)

Anti-Markovnikov-Produkt

Alkine:

$$\mathrm{RC{\equiv}CH + HBr \xrightarrow{ROOR} RCH{=}CHBr}$$ (Abschn. 13.6)

Kupplung von Radikalen:

$$\mathrm{R\cdot + R\cdot \longrightarrow R{-}R}$$ (Abschn. 3.3 und 3.5 bis 3.7)

$$\mathrm{2\ RC(=O)R \xrightarrow{2\,e} 2\ R\dot{C}(O^-)R \longrightarrow RC(O^-)(R){-}C(O^-)(R)R}$$ (Abschn. 15.8)

Tabelle 20-7 Beispiele pericyclischer Reaktionen

1 Diels-Alder-Cycloaddition

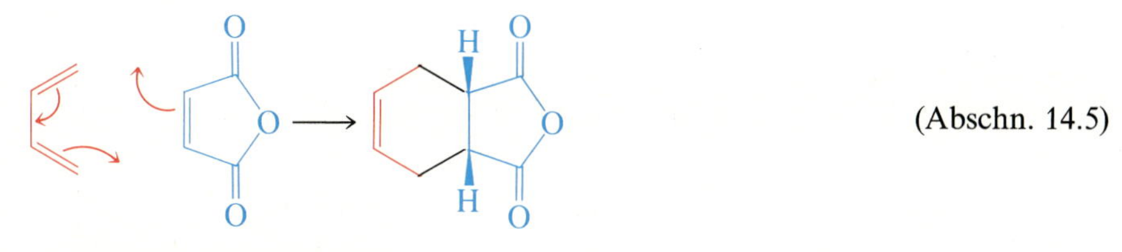

(Abschn. 14.5)

2 Andere Cycloadditionen

Photodimerisierung von Alkenen:

$$\mathrm{RCH{=}CH_2 + RCH{=}CH_2 \xrightarrow{h\nu}}$$ (1,2-Di-R-cyclobutan) (Abschn. 14.5)

Ozon-Addition an Alkene:

$$\mathrm{O{=}\overset{+}{O}{-}O^- + RCH{=}CHR \longrightarrow}$$ (Ring O–O–O, RCH—CHR) (Abschn. 12.5)

Primärozonid

Tabelle 20-7 Beispiele pericyclischer Reaktionen (Fortsetzung)

2 Andere Cycloadditionen (Fortsetzung)

Bildung cyclischer Osmate aus Alkenen

(Abschn. 12.5)

3 Elektrocyclische Reaktionen

Cyclobuten – 1,3-Butadien:

Δ oder $h\nu$

(Abschn. 14.5)

1,3-Cyclohexadien – 1,3,5-Hexatrien:

Δ oder $h\nu$

(Abschn. 14.5)

4 Fragmentierungen

Esterpyrolyse:

(Abschn. 18.4)

McLafferty-Umlagerung:

(Abschn. 18.7)

Zusammenfassung neuer Reaktionen

Darstellung von Benzol und seinen Derivaten

1 Industrielle Darstellung von Benzol durch Platforming

Pt/Al_2O_3, 450–550 °C, H_2 Druck

$+ 3\ H_2$

2 Dehydrierung von Hydroaromaten

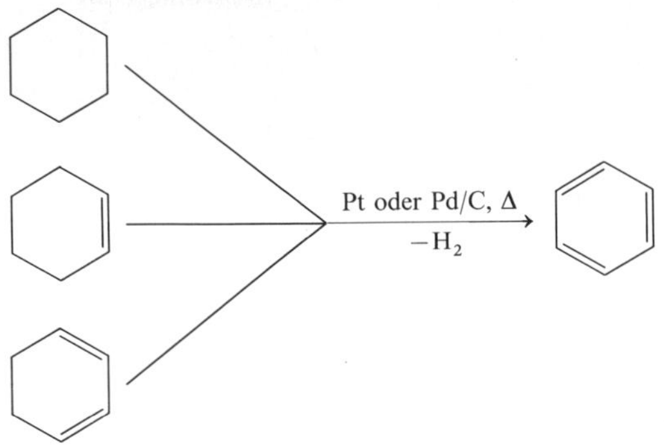

Pt oder Pd/C, Δ
$-H_2$

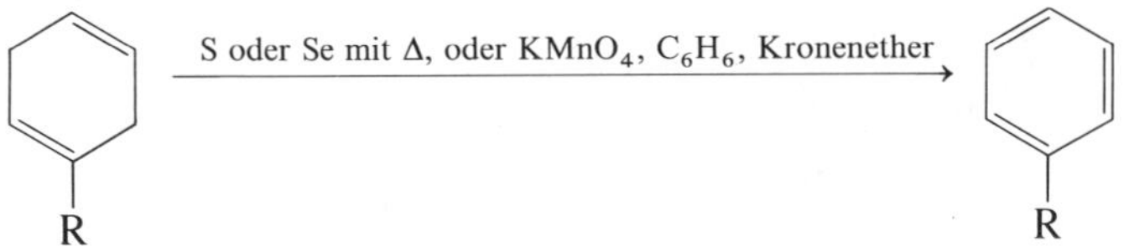

S oder Se mit Δ, oder $KMnO_4$, C_6H_6, Kronenether

R

R

Syntheseplanung: Umschalten oder Ausschalten dirigierender Effekte

3 Gegenseitige Umwandlung von Nitro- und Aminogruppen

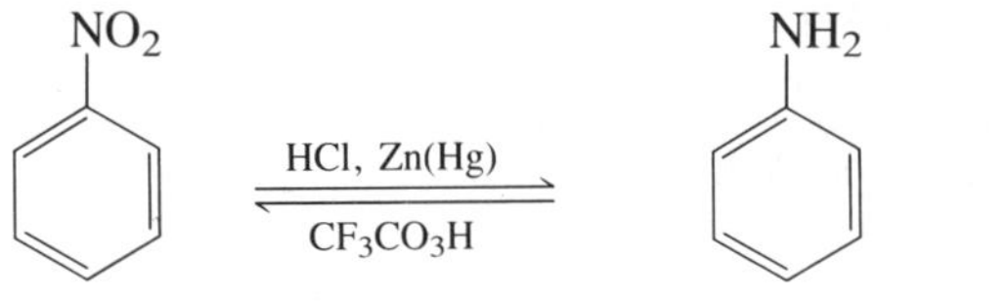

NO_2 — HCl, Zn(Hg) / CF_3CO_3H — NH_2

***Meta*-dirigierend** ***Ortho, para*-dirigierend**

4 Umwandlung der Alkanoyl- in die Alkylgruppe

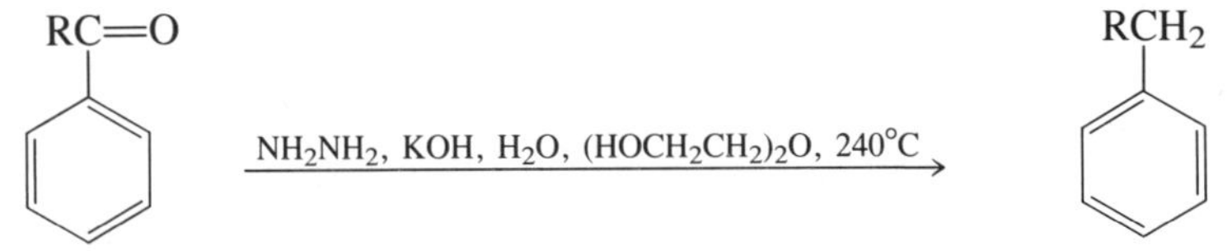

RC=O — NH_2NH_2, KOH, H_2O, $(HOCH_2CH_2)_2O$, 240°C — RCH_2

***Meta*-dirigierend** ***Ortho, para*-dirigierend**

5 Blockieren durch Sulfonierung

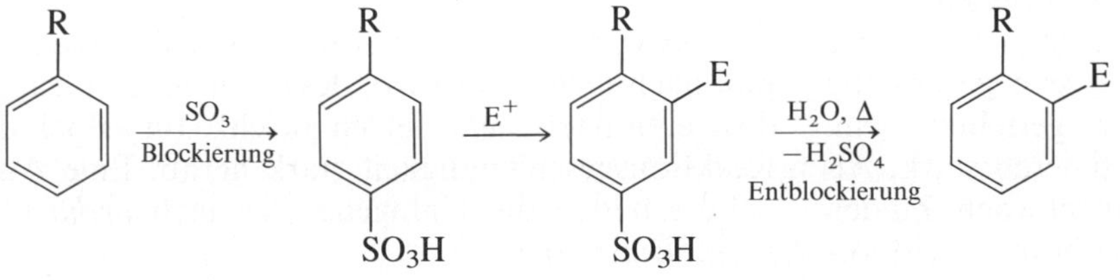

R — SO_3 Blockierung — R, SO_3H — E^+ — R, E, SO_3H — H_2O, Δ / $-H_2SO_4$ Entblockierung — R, E

6 Protodealkylierung

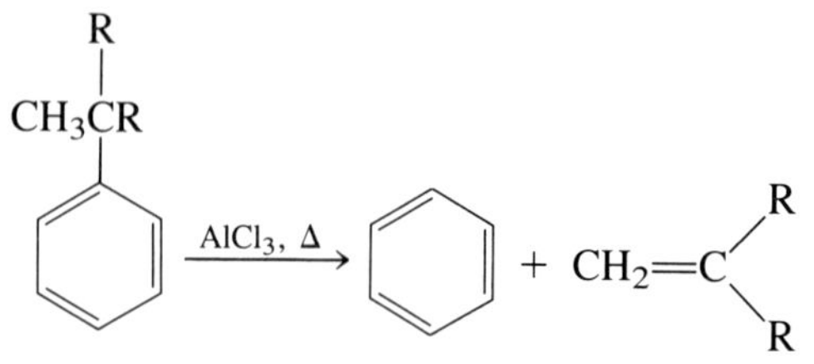

R
CH$_3$CR
AlCl$_3$, Δ
+ CH$_2$=C(R)R

7 Umlagerung

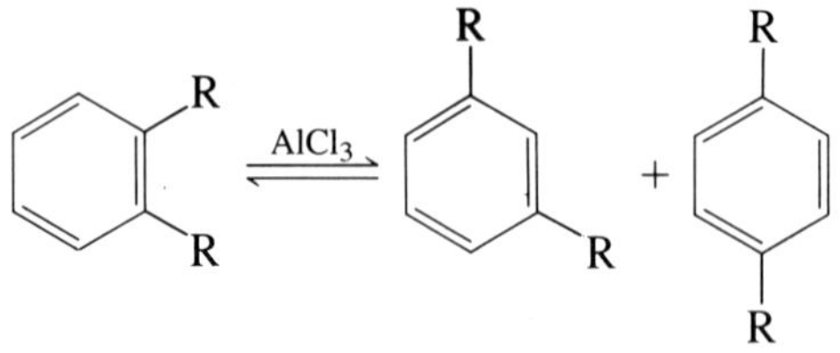

AlCl$_3$
R R R R R R

8 Nucleophile aromatische Substitution

Cl NO$_2$ NO$_2$
Nu:$^-$
Cl Nu NO$_2$ NO$_2$
Nu NO$_2$ NO$_2$ + Cl$^-$

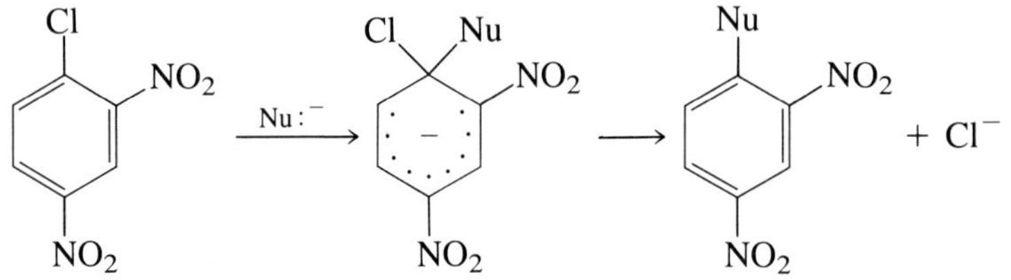

9 Aromatische Substitution über ein intermediäres Arin

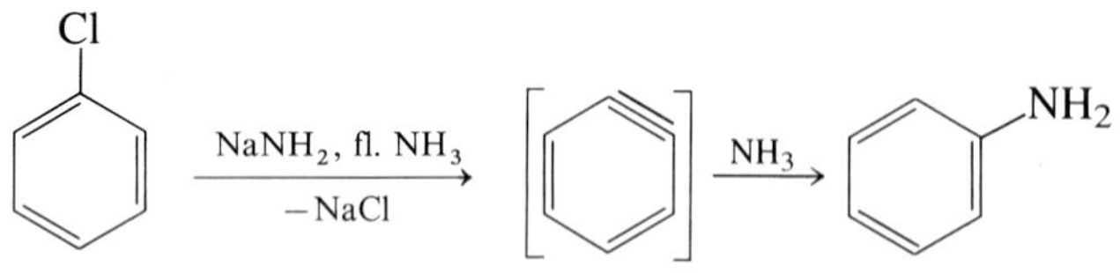

Cl
NaNH$_2$, fl. NH$_3$
−NaCl
NH$_3$
NH$_2$

Zusammenfassung

1 Die Substituenten des Benzolrings kann man in zwei Klassen aufteilen: elektronenliefernde, die den Ring aktivieren, und elektronenziehende, die den Ring desaktivieren. Diese Effekte können durch Induktion oder Resonanz ausgeübt werden. Sie können gleichzeitig auftreten und sich gegenseitig verstärken oder gegeneinander gerichtet sein. Amino- und Alkoxygruppen aktivieren stark, Alkyl- und Phenylsubstituenten nur schwach. Zu den stark desaktivierenden zählen die Nitro-, Trifluormethyl-, Sulfonsäure-, Carbonsäure-, Nitril- und positiv geladene Gruppen, während Halogene nur schwach desaktivieren.

2 Aktivierende Gruppen dirigieren das Elektrophil nach *ortho* und *para*, desaktivierende Gruppe dirigieren nach *meta*, setzen gleichzeitig jedoch die Reaktionsgeschwindigkeit stark herab. Eine Ausnahme bilden die Halogene, die nach *ortho* und *para* dirigieren.

3 Sind mehrere Substituenten vorhanden, bestimmt die aktivierende Wirkung jeder Gruppe die elektrophile aromatische Substitution. Im allgemeinen kontrolliert die stärker aktivierende Gruppe (oder die schwächer desaktivierende) die Regioselektivität des Angriffs in folgender Reihenfolge: stark aktivierende, nach *ortho/para* lenkende > schwach aktivierende, nach *ortho/para* lenkende > desaktivierende, nach *ortho/para* lenkende > schwach desaktivierende , nach *meta* lenkende > stark desaktivierende nach *meta* lenkende. Zum Beispiel:

$$OH > CH_3 > Br > CHO > NO_2$$

4 Die Synthesestrategie zur Herstellung mehrfach substituierter Benzole basiert auf der dirigierenden Wirkung der Substituenten, der Möglichkeit, durch chemische Manipulation die Orientierung umzukehren, und der Anwendung blockierender Gruppen.

5 Die nucleophile aromatische *ipso*-Substitution wird durch zunehmende Nucleophilie des Angreifers und mit steigender Anzahl elektronenziehender Substituenten des Benzolrings beschleunigt, besonders wenn diese sich in *ortho*- oder *para*-Stellung zum Angriffsort befinden.

6 Benz-in wird durch die starke Ringspannung, verursacht durch die zwei *sp*-hybridisierten Kohlenstoffatome, die die Dreifachbindung ausbilden, destabilisiert.

7 Zu den wichtigsten Reaktionen organischer Chemie gehören Substitution, Eliminierung, Addition und pericyclische Reaktionen.

Aufgaben

1 Ordnen Sie die Verbindungen der folgenden Gruppen nach abnehmender Reaktivität gegenüber elektrophiler Substitution und erläutern Sie Ihre Auswahl.

(a) $C_6H_5CCl_3$, $C_6H_5CH_3$, $C_6H_5CHCl_2$, $C_6H_5CH_2Cl$

(b) $C_6H_5CH_2CH_3$, $C_6H_5CH_2CCl_3$, $C_6H_5CH_2CF_3$, $C_6H_5CF_2CH_3$

(c) $C_6H_5OCH_3$, $C_6H_5O^-Na^+$, $C_6H_5OCCH_3$ (mit C=O)

(d) $C_6H_5COCH_3$, $C_6H_5COO^-Na^+$, $C_6H_5CONH_2$

2 Ist der Benzolring in den folgenden Verbindungen aktiviert oder desaktiviert?

(a) 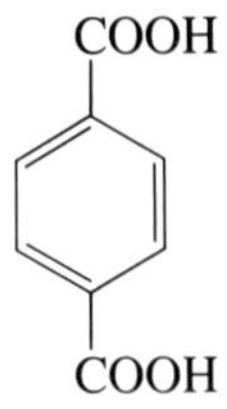 COOH, COOH (b) 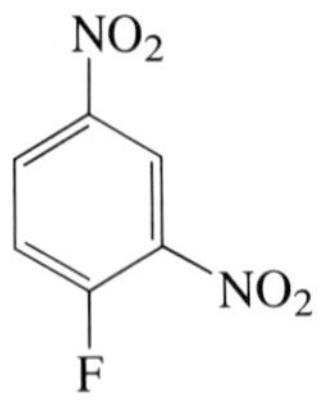 NO_2, NO_2, F (c) 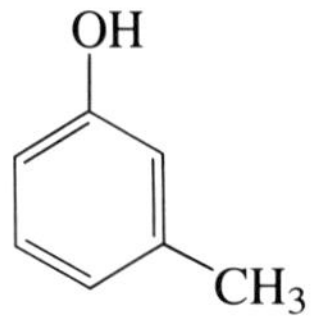 OH, CH_3

(d) 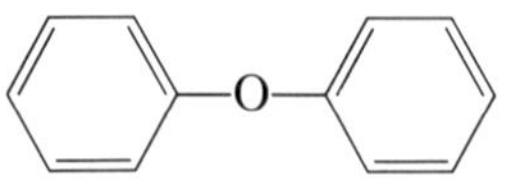 –O– (e) 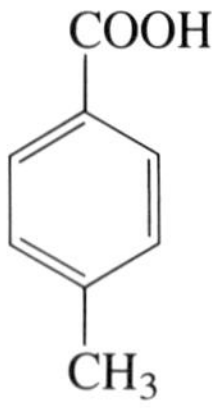 COOH, CH_3 (f) NH_2, OH

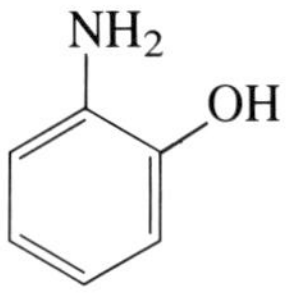

(g) 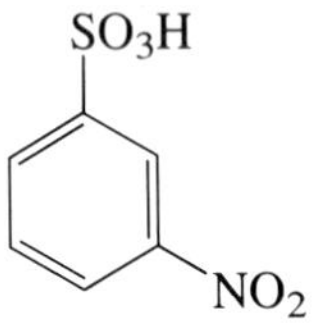 SO_3H, NO_2 (h) 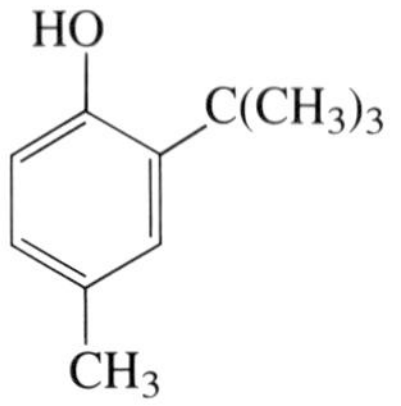 HO, $C(CH_3)_3$, CH_3

3 Zeichnen Sie Resonanzstrukturen, mit denen Sie die desaktivierende, *meta*-dirigierende Wirkung der $-SO_3H$-Gruppe in Benzolsulfonsäure erklären können.

4 Können Sie folgender Behauptung zustimmen? Erläutern Sie Ihre Antwort.

„Stark elektronenziehende Substituenten am Benzolring dirigieren nach *meta*, indem Sie die *meta*-Stellung weniger als die *ortho*- und *para*-Stellung desaktivieren.“

5 Welches Produkt (welche Produkte) entstehen überwiegend bei folgenden elektrophilen Substitutionsreaktionen?

(a) 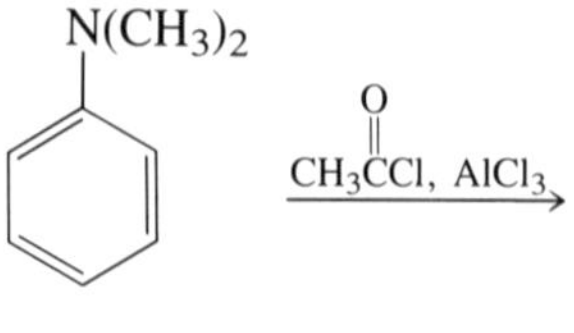 $N(CH_3)_2$ $\xrightarrow{CH_3\overset{O}{\overset{\|}{C}}Cl,\ AlCl_3}$

(b) Cl $\xrightarrow{Br_2,\ Fe}$

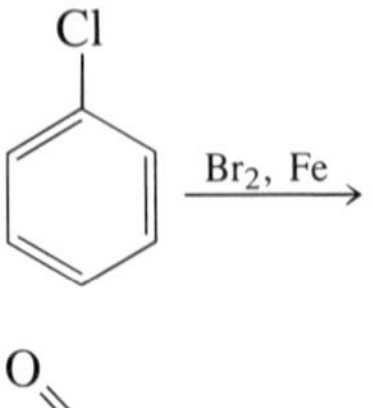

(c) $\overset{O}{\|}CCH_2CH_3$ $\xrightarrow{HNO_3,\ H_2SO_4}$

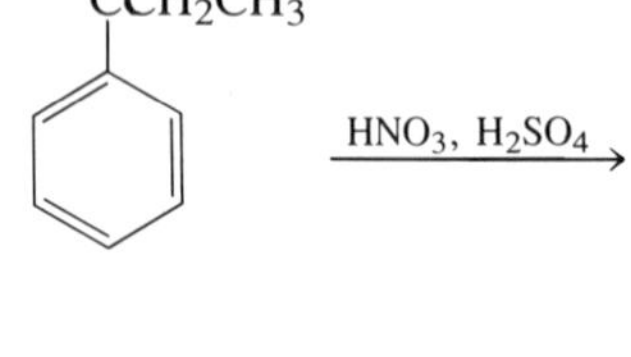

(d) 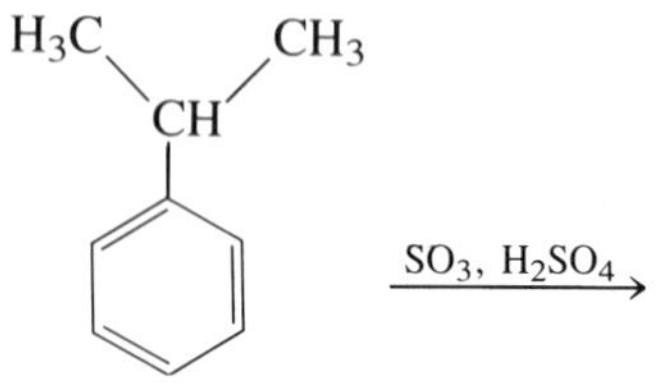 H_3C, CH_3, CH $\xrightarrow{SO_3,\ H_2SO_4}$

(e) 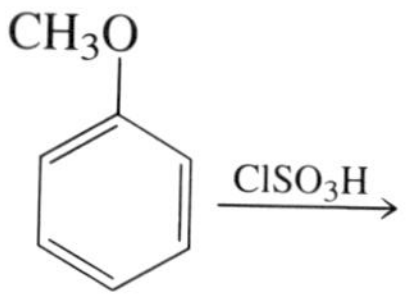 CH_3O $\xrightarrow{ClSO_3H}$

(f) 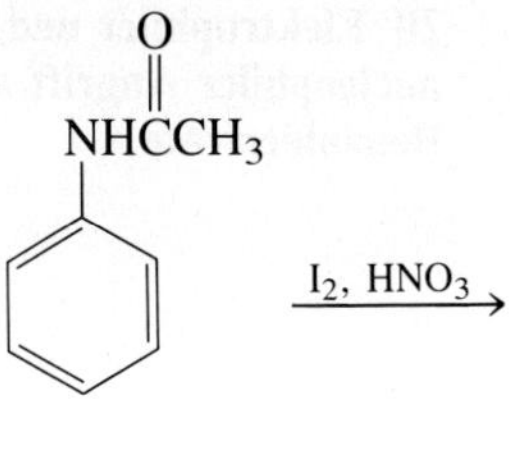 Acetanilid ($C_6H_5NHCOCH_3$) $\xrightarrow{I_2,\ HNO_3}$

(g) 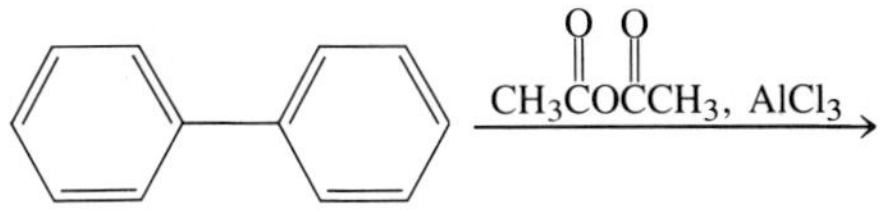 Biphenyl $\xrightarrow{CH_3COCCH_3\ (O\ O),\ AlCl_3}$

(h) 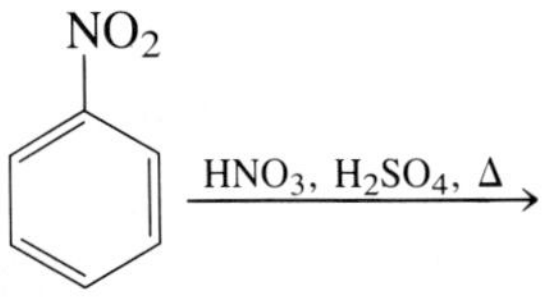 Nitrobenzol ($C_6H_5NO_2$) $\xrightarrow{HNO_3,\ H_2SO_4,\ \Delta}$

6 Thiophenol, C_6H_5SH, geht keine elektrophile Substitution am Benzolring ein. Weshalb? Was geschieht wohl, wenn Thiophenol mit einem Elektrophil reagiert? (Hinweis: Wiederholen Sie in den Kapiteln 6 und 9 das Verhalten von Schwefelverbindungen).

7 Die Methoxygruppe wirkt stark aktivierend und dirigiert nach *ortho/para*. Dennoch sind die *meta*-Positionen in Methoxybenzol (Anilin) gegenüber elektrophiler Substitution verglichen mit Benzol leicht *desaktiviert*. Weshalb?

8 Welche Hauptprodukte erwarten Sie bei folgenden Reaktionen?

(a) 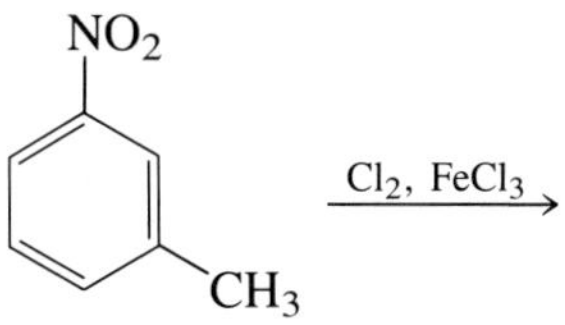 1-Nitro-3-methylbenzol (NO_2, CH_3) $\xrightarrow{Cl_2,\ FeCl_3}$

(b) 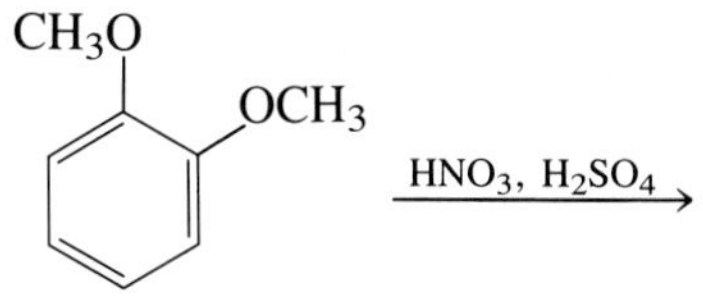 1,2-Dimethoxybenzol (CH_3O, OCH_3) $\xrightarrow{HNO_3,\ H_2SO_4}$

(c) 1-Chlor-4-methylbenzol (Cl, CH_3) $\xrightarrow{SO_3,\ H_2SO_4}$

(d) 2-Ethylbenzoesäure ($COOH$, CH_3CH_2) $\xrightarrow{HNO_3,\ H_2SO_4}$

(e) 1,3-Diaminobenzol (NH_2, H_2N) $\xrightarrow{Br_2,\ H_2O}$

(f) 3-Acetylbenzolsulfonsäure (SO_3H, CCH_3 mit $=O$) $\xrightarrow{Br_2,\ FeBr_3}$

(g) 5-Nitroindan (O_2N) $\xrightarrow{HNO_3,\ H_2SO_4}$

(h) 4-Nitroacetanilid ($NHCCH_3$ mit $=O$, NO_2) $\xrightarrow{Cl_2,\ Fe}$

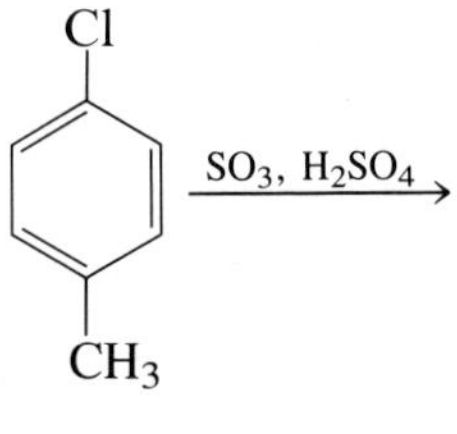

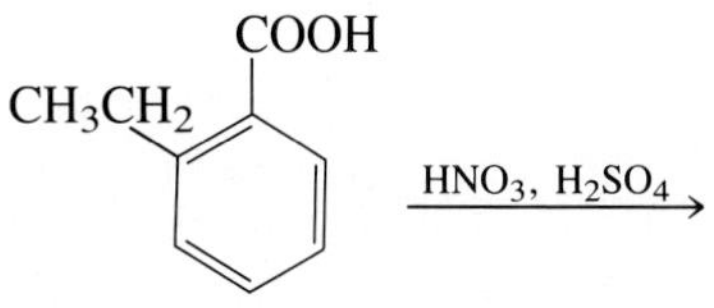

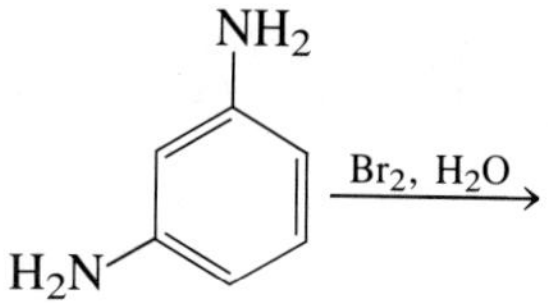

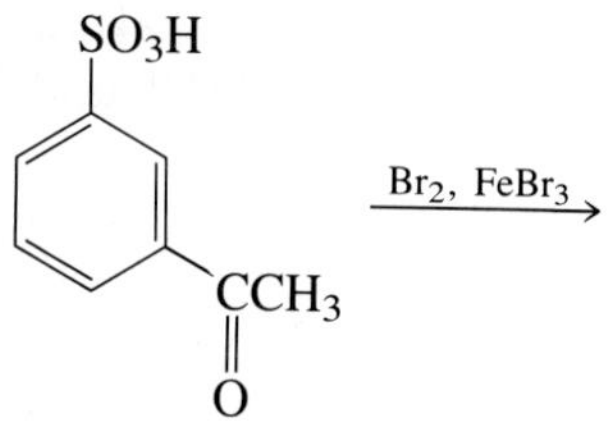

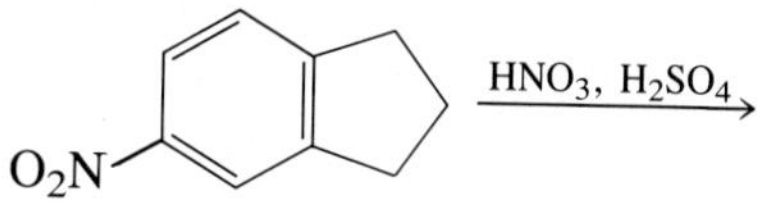

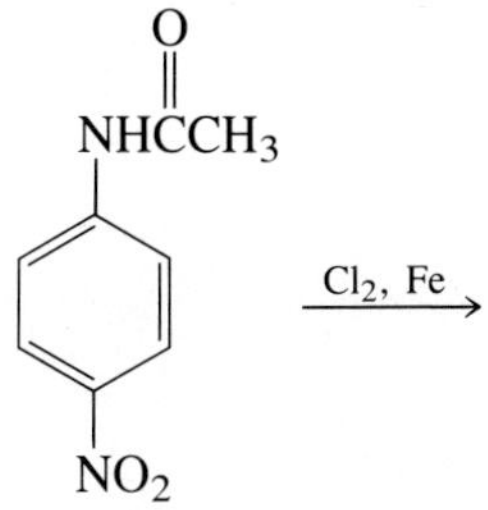

(i) p-Nitrochlorbenzol (NO_2, Cl) $\xrightarrow{CH_3Cl,\ AlCl_3}$

(j) 4-Methyl-2-nitroanisol (CH_3, NO_2, OCH_3) $\xrightarrow{SO_3,\ H_2SO_4}$

9 Bei welchem der drei Trimethylbenzole, die Sie am Rand sehen, erwarten Sie die größte Reaktivität gegenüber elektrophiler Substitution?

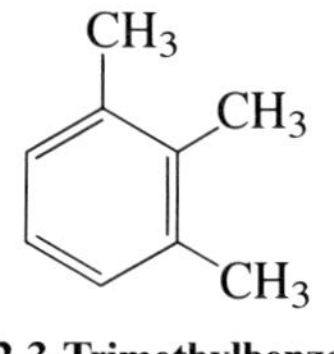

1,2,3-Trimethylbenzol

1,2,4-Trimethylbenzol

1,3,5-Trimethylbenzol

10 Die Nitrosogruppe, $-NO$, wirkt als Substituent des Benzolrings *ortho*, *para*-dirigierend, desaktiviert jedoch. Zeichnen Sie die Lewis-Struktur der Nitrosogruppe, um diesen Befund zu erklären. Wie wirkt diese Gruppe induktiv und durch Resonanz auf den Benzolring? (Hinweis: Kennen Sie andere Substituenten, die ebenfalls *ortho*, *para*-dirigieren, jedoch desaktivieren?)

11 In der nachstehenden Reaktionsgleichung sehen Sie die für eine Nitrosierung typischen Bedingungen. Schlagen Sie für diese Reaktion einen ausführlichen Mechanismus vor.

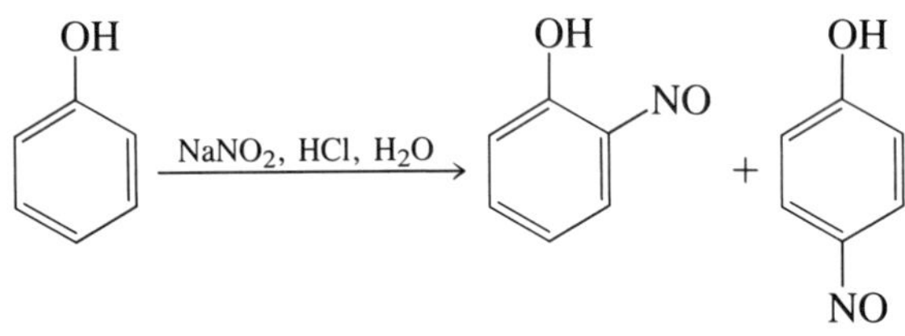

12 Identifizieren Sie die Verbindungen A bis D anhand ihrer Elementaranalysen und der nachfolgend gezeigten Spektren. Schlagen Sie daraufhin Synthesen vor für die Verbindungen B, C und D, ausgehend von Verbindung A.

A: 45.90 C; 3.21 H; 50.89% Br. ^{1}H-NMR und IR-Spektrum A.
B: 41.89 C; 3.52 H; 46.45 Br; 8.14% N. ^{1}H-NMR und IR-Spektrum B.
C: Analyse identisch mit B. ^{1}H-NMR und IR-Spektrum C.
D: 28.72 C; 2.01 H; 63.69 Br; 5.58% N. ^{1}H-NMR und IR-Spektrum D.

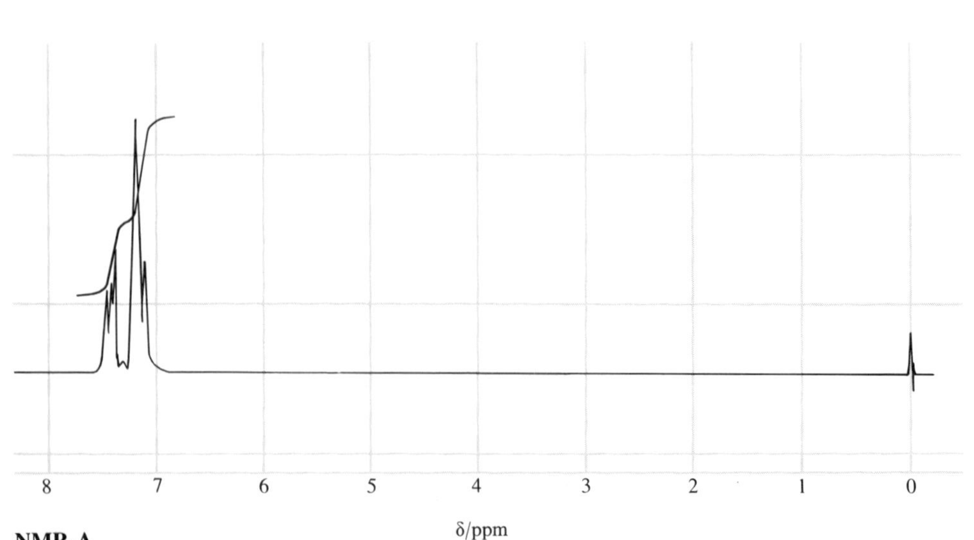

NMR-A

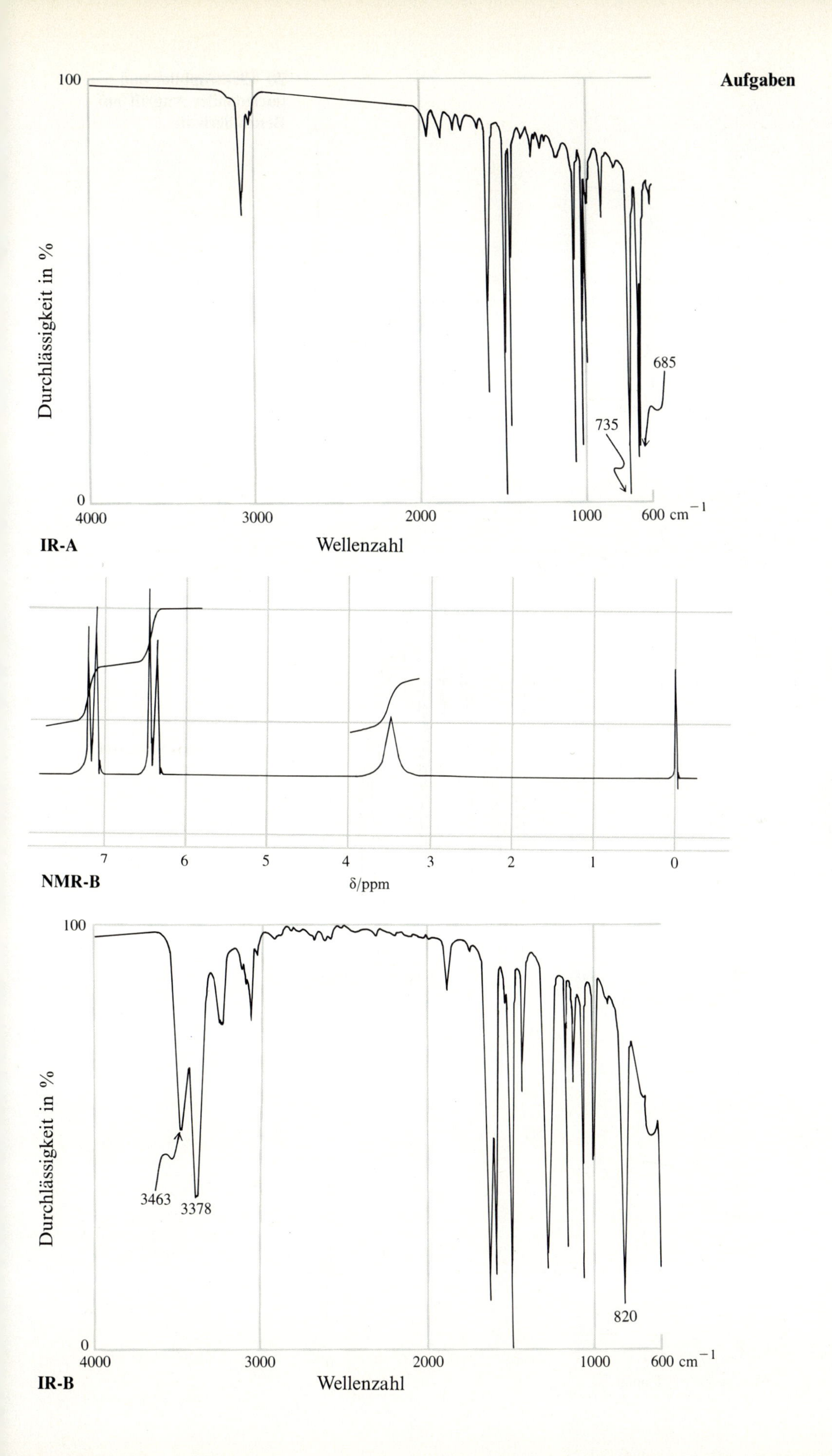
100
0
Durchlässigkeit in %
4000
3000
2000
1000
600 cm^{-1}
735
685
IR-A
Wellenzahl
7
6
5
4
3
2
1
0
NMR-B
δ/ppm
100
0
Durchlässigkeit in %
3463
3378
820
4000
3000
2000
1000
600 cm^{-1}
IR-B
Wellenzahl

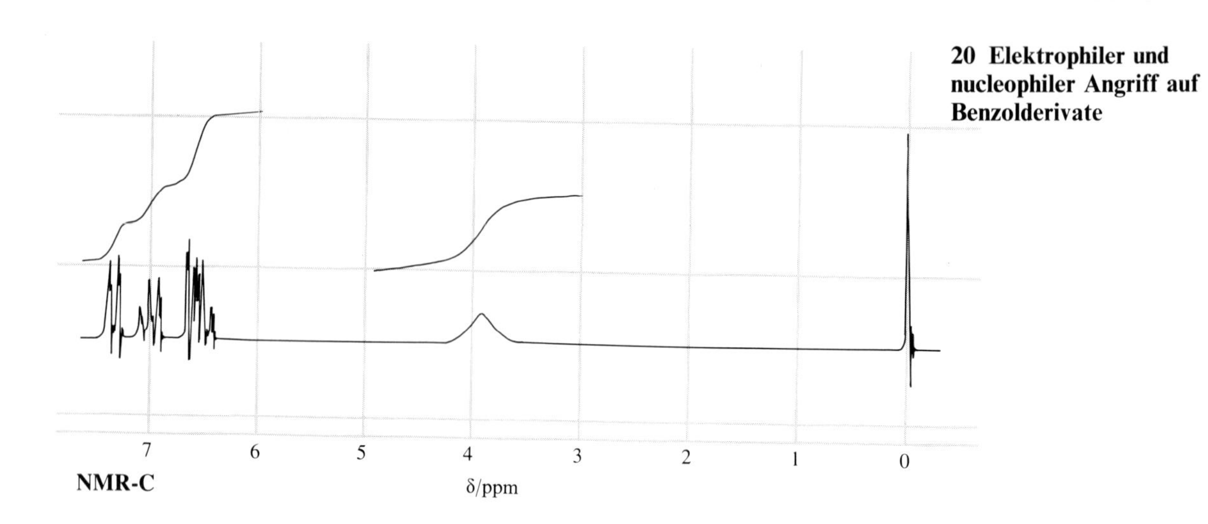

NMR-C

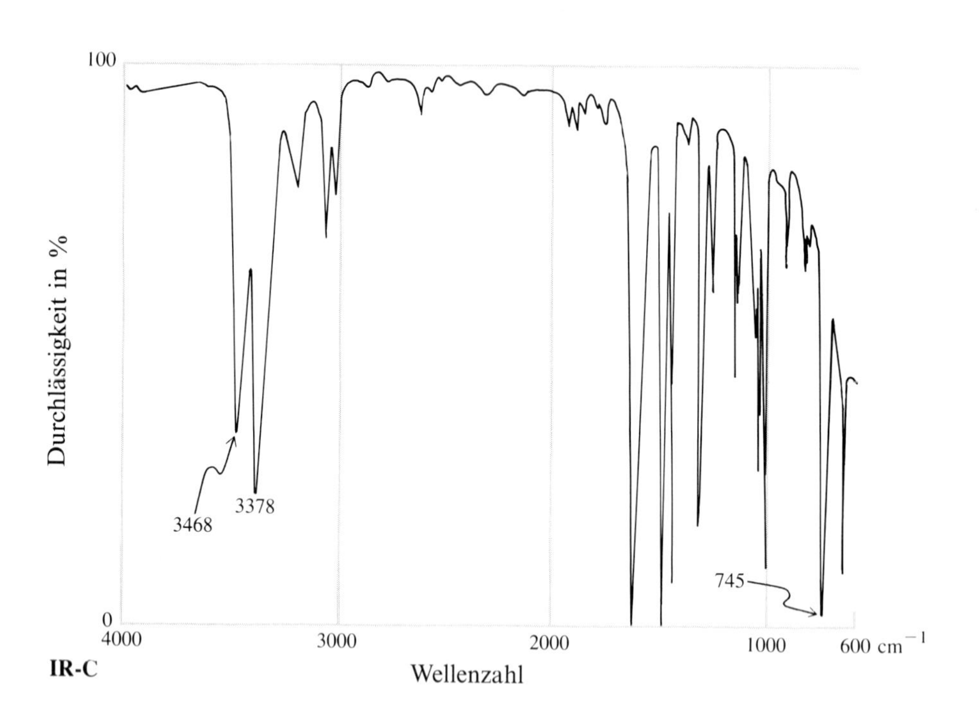

IR-C

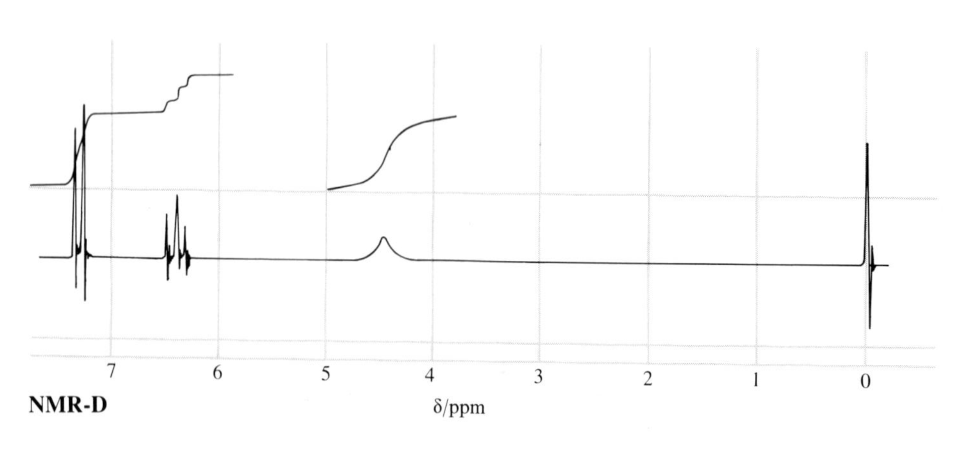

NMR-D

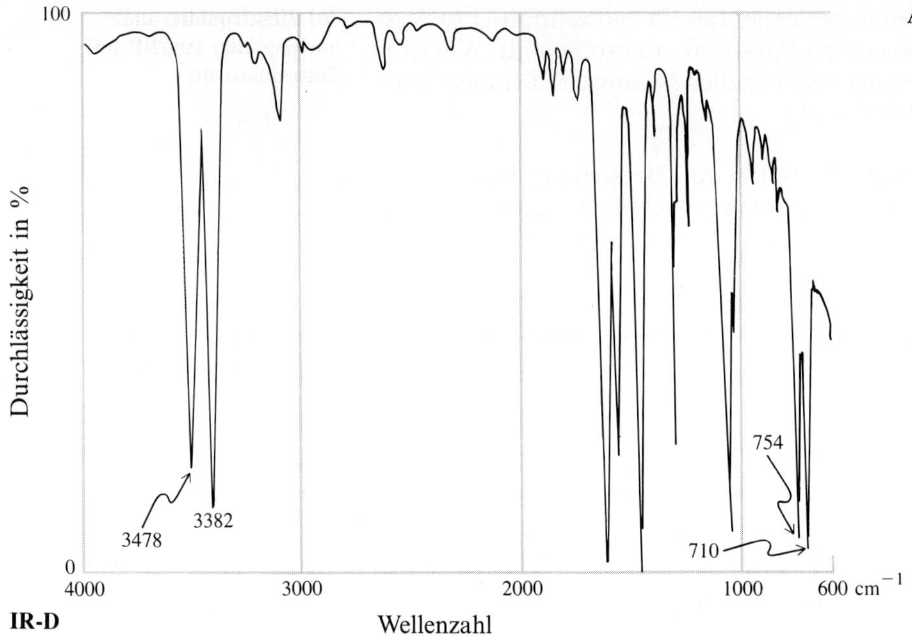

IR-D

13 Entwerfen Sie eine vernünftige Synthese der folgenden mehrfach substituierten Arene aus Benzol.

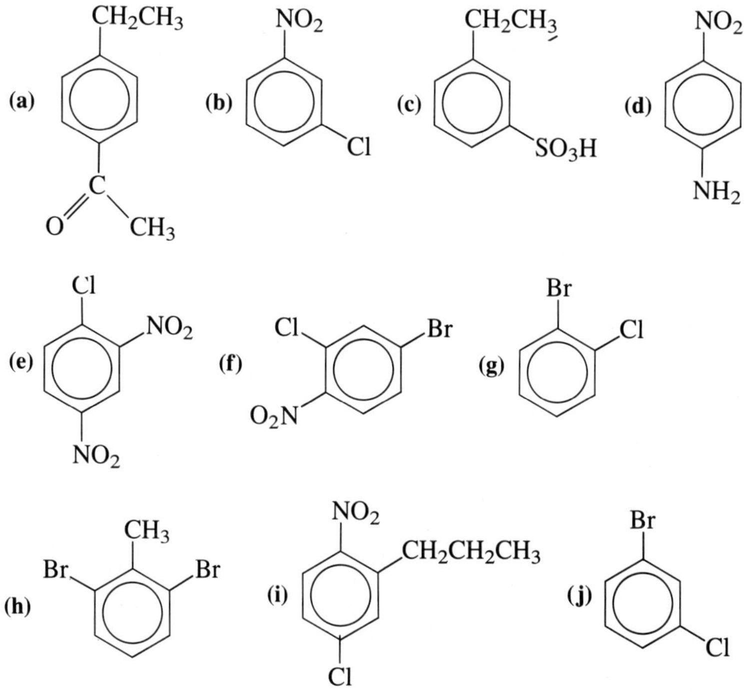

(a) CH_2CH_3, $C(=O)CH_3$
(b) NO_2, Cl
(c) CH_2CH_3, SO_3H
(d) NO_2, NH_2
(e) Cl, NO_2, NO_2
(f) Cl, Br, O_2N
(g) Br, Cl
(h) CH_3, Br, Br
(i) NO_2, $CH_2CH_2CH_3$, Cl
(j) Br, Cl

14 4-Methoxyphenylmethanol (Anisylalkohol) ist unter anderem am Duft von Lavendel und am Geschmack von Lakritze beteiligt. Schildern Sie eine Synthese dieser Verbindung, ausgehend von Methoxybenzol (Anisol).

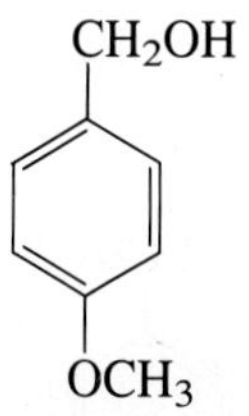

CH_2OH
OCH_3
4-Methoxyphenylmethanol (Anisylalkohol)

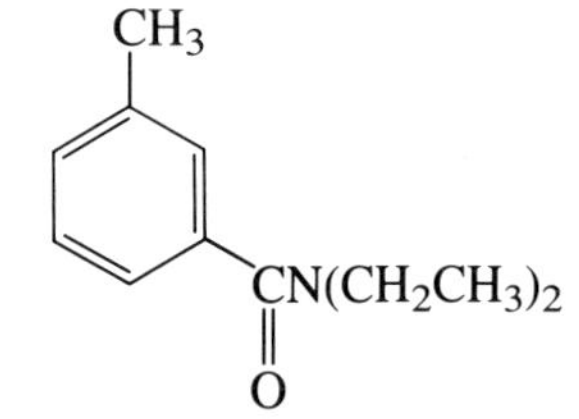

15 Der wirksame Bestandteil nahezu aller Insektenabwehrmittel ist *N,N*-Diethyl-3-methylbenzolcarboxamid (*N,N*-Diethyl-*m*-toluamid). Wie würden Sie diese Verbindung aus Benzol herstellen? (Hinweis: Synthetisieren Sie zunächst 1-Brom-3-methylbenzol.)

16 Erstellen Sie eine effiziente Methode zur Herstellung von 2,5-Dimethylbenzolamin (2,5-Dimethylanilin), einer wichtigen Vorstufe für verschiedene synthetische Farbstoffe. Gehen Sie dabei von Methylbenzol (Toluol) aus.

17 Ordnen Sie die folgenden Verbindungen nach abnehmender Reaktivität gegenüber wäßriger Base.

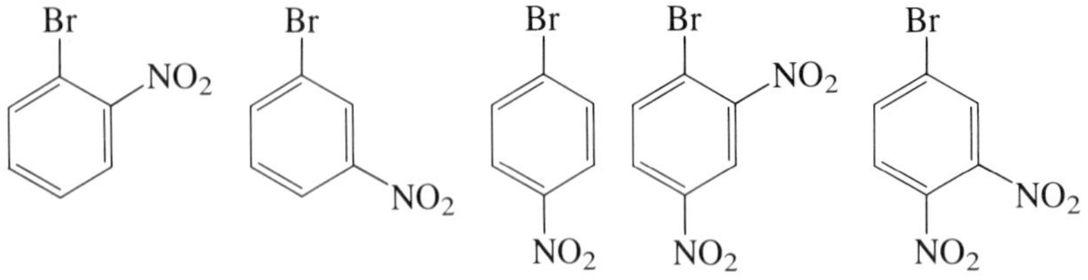

Br, NO_2 | Br, NO_2 | Br, NO_2 | Br, NO_2, NO_2 | Br, NO_2, NO_2

18 Welches Hauptprodukt (welche Hauptprodukte) erwarten Sie bei jeder der folgenden Reaktionen? Beschreiben Sie jeweils den Mechanismus, nach dem die Reaktion abläuft.

(a) 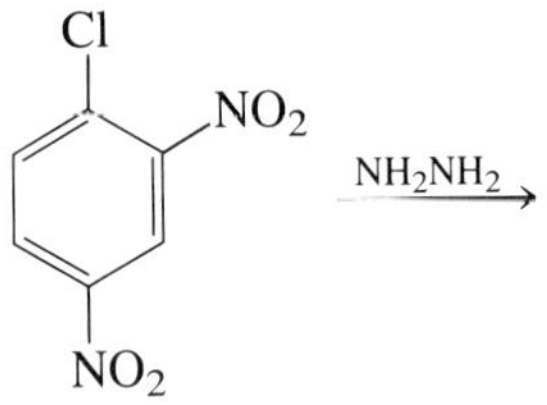 Cl, NO_2, NO_2 $\xrightarrow{NH_2NH_2}$

(b) 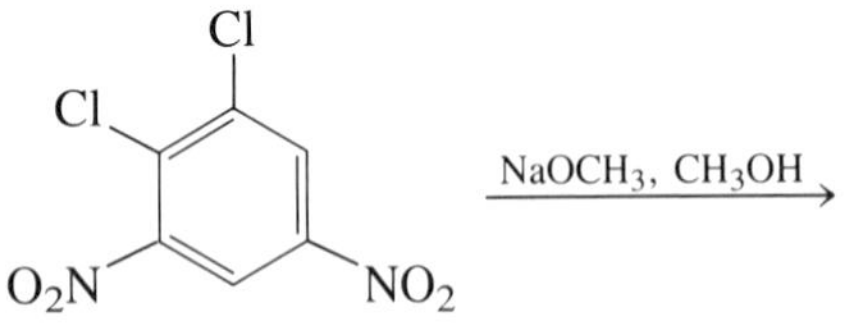 Cl, Cl, O_2N, NO_2 $\xrightarrow{NaOCH_3,\ CH_3OH}$

(c) 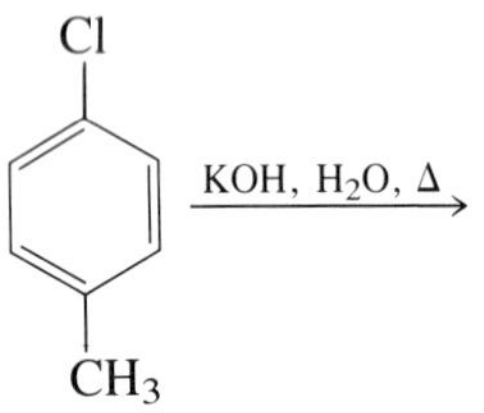 Cl, CH_3 $\xrightarrow{KOH,\ H_2O,\ \Delta}$

(d) 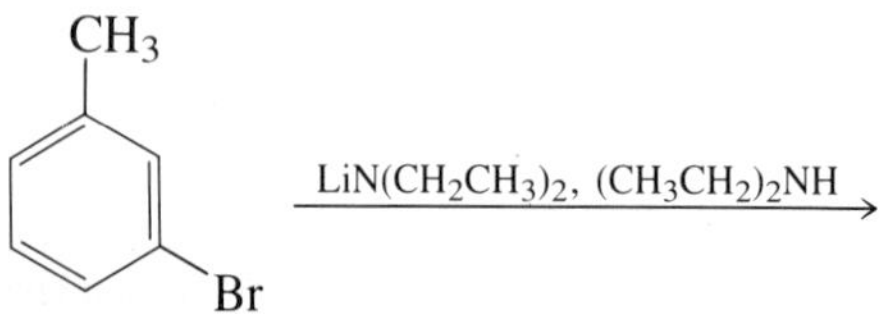 CH_3, Br $\xrightarrow{LiN(CH_2CH_3)_2,\ (CH_3CH_2)_2NH}$

20 Elektrophiler und nucleophiler Angriff auf Benzolderivate

CH_3, $\underset{\displaystyle O}{\overset{\|}{C}}N(CH_2CH_3)_2$

***N,N*-Diethyl-3-methylbenzolcarboxamid**

19 Nachstehend finden Sie ein Schema der Synthese von Propalin, einem Herbizid. Fügen Sie die fehlenden Reagenzien oder Zwischenstufen ein. Wie lautet der IUPAC-Name von Propalin? (Hinweis: Achten Sie genau auf den Namen der Stammverbindung).

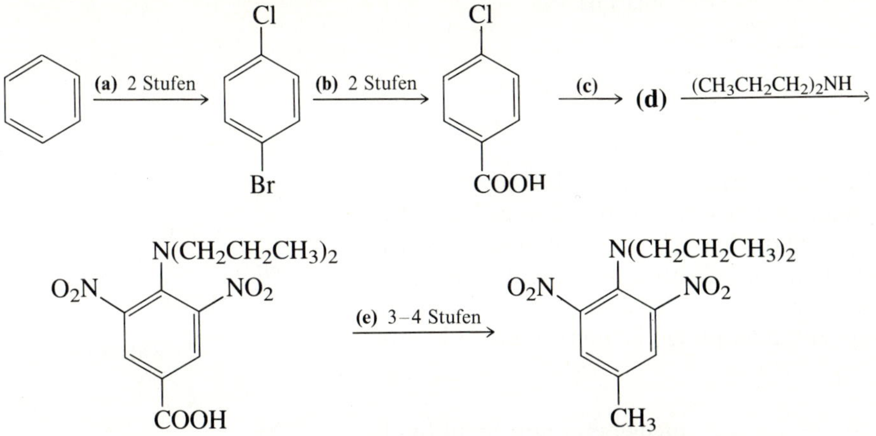

Benzol —(a) 2 Stufen→ 1-Brom-4-chlorbenzol (Cl, Br) —(b) 2 Stufen→ 4-Chlorbenzoesäure (Cl, COOH) —(c)→ **(d)** —$(CH_3CH_2CH_2)_2NH$→

$N(CH_2CH_2CH_3)_2$, O_2N, NO_2, COOH —(e) 3–4 Stufen→ $N(CH_2CH_2CH_3)_2$, O_2N, NO_2, CH_3

Propalin

20 In Abschn. 24.3 erfahren Sie einiges über die Herbizide 2,4-D und 2,4,5-T. Die letztgenannte Verbindung ist in Verruf gekommen, da sie in der Industrie aus 2,4,5-Trichlorphenol hergestellt wird, das unter Einwirkung von Base teilweise zu dem extrem giftigen und berüchtigten TCDD (2,3,7,8-Tetrachlordibenzo[*b*,*e*] [1,4]dioxin, oder kurz *Dioxin*) umgewandelt wird. Überlegen Sie sich für diese Reaktion einen sinnvollen Mechanismus.

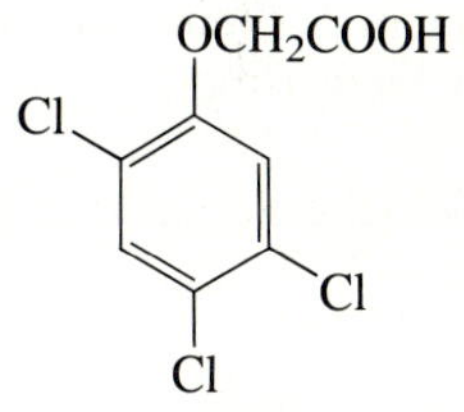

OCH_2COOH, Cl, Cl, Cl

2,4,5-T

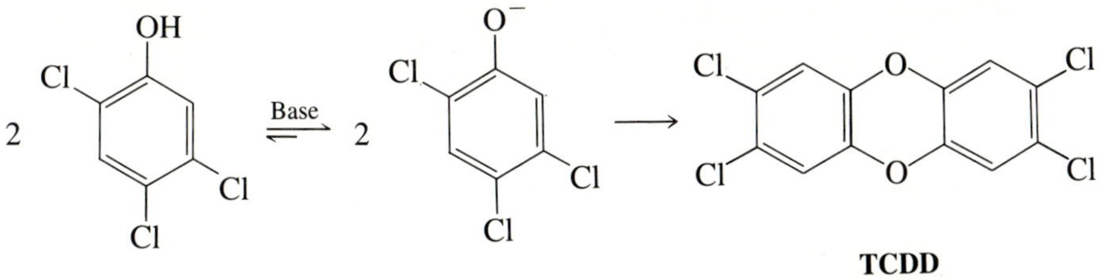

2 (OH, Cl, Cl, Cl) $\overset{\text{Base}}{\rightleftharpoons}$ 2 (O^-, Cl, Cl, Cl) ⟶ (Cl, Cl, O, O, Cl, Cl)

TCDD
(Dioxin)

21 Formulieren Sie, ausgehend von Benzolamin (Anilin), eine Synthese für Aklomid, das in der Veterinärmedizin zur Behandlung einiger exotischer Pilz- und Protozoen-Infektionen eingesetzt wird. Wie in Aufgabe 19 finden Sie bereits einige Zwischenstufen, um Ihnen das Syntheseschema kurz zu umreißen. Fügen Sie die fehlenden Zwischenstufen ein; jede davon kann bis zu drei Folgereaktionen erfordern. Geben Sie am Schluß den IUPAC-Namen von Aklomid an.

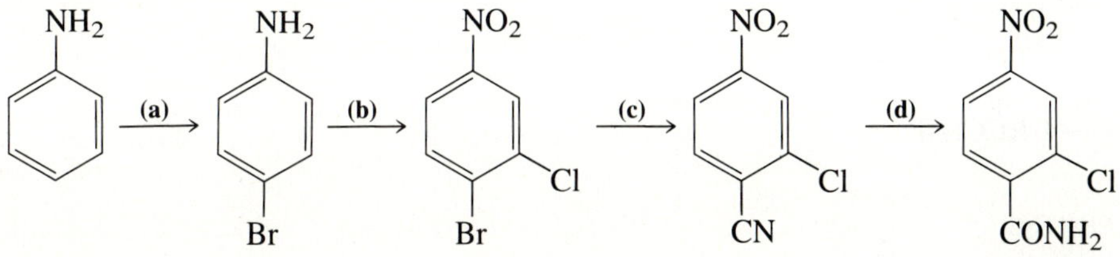

NH_2 —(a)→ NH_2, Br —(b)→ NO_2, Cl, Br —(c)→ NO_2, Cl, CN —(d)→ NO_2, Cl, $CONH_2$

Aklomid

22 Nach welchem Mechanismus läuft folgende Umwandlung ab? (Hinweis: Man braucht zwei Äquivalente Butyllithium.)

2-Fluoranisol (OCH_3, F) $\xrightarrow{\text{1. } CH_3CH_2CH_2CH_2Li \text{; 2. } H_2C{=}O \text{; 3. } H^+, H_2O}$ Produkt mit OCH_3, CH_2OH, $CH_2CH_2CH_2CH_3$

23 In einer etwas ungewöhnlichen Reaktion wird Tetracyanoethen (TCNE) in siedender wäßriger Base in Tricyanoethenol übergeführt. Bei dieser letztgenannten Verbindung wird die Enolform durch die drei Nitrilgruppen stabilisiert. Welcher Mechanismus könnte bei dieser Umwandlung ablaufen? (Hinweis: Den Anstoß für diese Reaktion geben dieselben Sachverhalte, die auch eine Form der nucleophilen aromatischen Substitution ermöglichen).

$(NC)_2C{=}C(CN)_2$ **TCNE** $\xrightarrow{NaOH,\ H_2O,\ 100°C}$ $(NC)_2C{=}C(CN)OH$

24 Führen Sie die Synthese von Östron fort, ausgehend von Struktur B aus Aufgabe 29, Kapitel 15. Eine Hilfestellung kann Ihnen Aufgabe 16, Kapitel 19 geben. Versuchen Sie, bis zu einem Derivat von Östron zu gelangen, daß eine Methoxy- anstelle einer Hydroxygruppe am aromatischen Ring trägt.

25 Welche Strukturen haben die Produkte A und B des nachstehenden Schemas?

cis-Stilben $\xrightarrow{h\nu}$ A $(C_{14}H_{12})$ $\xrightarrow{S,\ \Delta}$ B $(C_{14}H_{10})$ + H_2S

26 Teilen Sie die folgenden Reaktionen in eine oder mehr Reaktionsklassen ein, die in Abschn. 20.7 beschrieben sind.

(a) $RI \xrightarrow{LiAlD_4} RD$

(b) $RI \xrightarrow{\text{1. Mg; 2. } H_2C{=}O} RCH_2OH$

(c) $ROH \xrightarrow{SOCl_2} RCl$

(d) $RCH{=}CHR \xrightarrow{MCPBA}$ RCH—CHR (Epoxid, O-verbrückt)

(e) $RC{\equiv}CR \xrightarrow{H^+,\ H_2O,\ Hg^{2+}} RC({=}O)CH_2R$

(f) $RC{\equiv}CH \xrightarrow{\text{1. } CH_3CH_2CH_2CH_2Li \text{; 2. } R'X} RC{\equiv}CR'$

(g) $\mathrm{R\overset{\overset{\displaystyle O}{\|}}{C}R \xrightarrow{NH_2OH} R\overset{\overset{\displaystyle N-OH}{\|}}{C}R}$

(h) $\mathrm{RCH_2\overset{\overset{\displaystyle O}{\|}}{C}H \xrightarrow{NaOH} RCH_2\overset{\overset{\displaystyle OH}{|}}{C}H\underset{\underset{\displaystyle R}{|}}{C}H\overset{\overset{\displaystyle O}{\|}}{C}H}$

(i) $\mathrm{RCH_2COOCH_2CH_3 \xrightarrow{NaOCH_2CH_3} RCH_2\overset{\overset{\displaystyle O}{\|}}{C}\underset{\underset{\displaystyle R}{|}}{C}HCOOCH_2CH_3}$

(j) $\mathrm{C_6H_5C(CH_3)_3 \xrightarrow{H^+} C_6H_6 + CH_2{=}C(CH_3)_2}$

21 Amine und ihre Derivate

Neue, stickstoffhaltige funktionelle Gruppen

Amine sind Derivate des Ammoniaks, bei dem ein bis drei Wasserstoffatome durch Alkyl- oder Arylgruppen ersetzt wurden. Entsprechend gibt es primäre Amine (ein H ersetzt), sekundäre (2 H ersetzt) und tertiäre Amine (3 H ersetzt). Die Beziehung der Amine zu Ammoniak ist deshalb dieselbe wie die der Alkohole und Ether zu Wasser. Amine und andere stickstoffhaltigen Verbindungen gehören zu den am weitesten verbreiteten organischen Molekülen: zum Beispiel sind sie Bestandteil von Aminosäuren, Peptiden, Proteinen (Kap. 27) und Alkaloiden (Kap. 26). Viele von ihnen sind pharmazeutisch wirksam (Abschn. 21.6).

In vielerlei Hinsicht gleicht das chemische Verhalten der Amine dem der Alkohole und Ether (Kap. 8 und 9). So sind z. B. alle Amine basisch (obwohl primäre und sekundäre auch sauer reagieren können), sie bilden Wasserstoffbrücken, in Substitutionsreaktionen reagieren sie als Nucleophile. Es gibt jedoch einige Unterschiede, da Stickstoff weniger elektronegativ als Sauerstoff ist. Deshalb sind primäre und sekundäre Amine schwächer sauer und bilden schwächere Wasserstoffbrücken als Alkohole und Ether, sind jedoch stärker basisch und stärker nucleophil als diese.

Dieses Kapitel behandelt zunächst die Nomenklatur der Amine und fährt mit einer Diskussion der physikalischen, chemischen und physiologischen Eigenschaften dieser Verbindungsklasse fort.

H H N H

Ammoniak

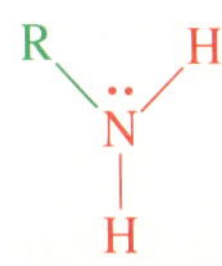

Primäres Amin

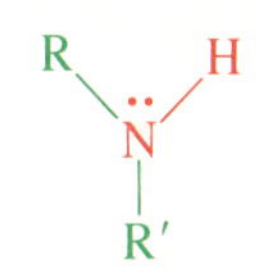

Sekundäres Amin

R R″ N R′

Tertiäres Amin

21.1 Benennung der Amine

Wie auch bei anderen funktionellen Gruppen, wird man durch die Vielzahl von Trivialnamen in der Literatur verwirrt. Am besten jedoch benennt man aliphatische Amine nach dem *Chemical-Abstracts*-System, d. h. man betrachtet sie als **Alkanamine**, bei denen dem Namen des Alkans das Wort „amin“ nachgefügt wird. Die Stellung der funktionellen Gruppe wird durch die Numerierung des daran gebundenen Kohlenstoffatoms angegeben, wie bei den Alkoholen (Abschn. 8.1).

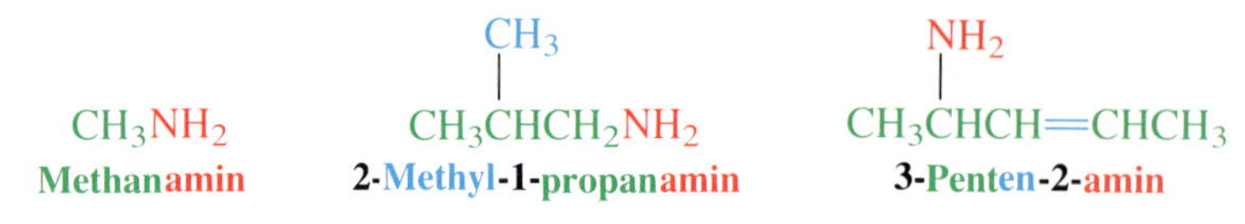

Nach diesem (Chemical-Abstracts-)System heißt Anilin Benzolamin (Abschn. 19.1). Bei sekundären und tertiären Aminen bildet der größte Alkylsubstituent den namensgebenden Stamm des Alkanamins, die anderen an das Stickstoffatom gebundenen Gruppen werden durch ein ihrem Namen vorangestelltes *N*- gekennzeichnet.

$C_6H_5NH_2$ **Benzolamin (Anilin)** — $CH_3N(H)CH_2CH_3$ ***N*-Methylethanamin** — $CH_3N(CH_3)CH_2CH_2CH_3$ ***N*,*N*-Dimethyl-1-propanamin**

Daneben gibt es eine weitere Möglichkeit, Amine zu benennen. Dabei wird die funktionelle, *Amino* genannte Gruppe, als Substituent des Alkanstamms angesehen. Nach derselben Betrachtungsweise wären Alkohole als Hydroxyalkane zu bezeichnen.

$CH_3CH_2NH_2$ **Aminoethan** — $(CH_3)_2NCH_2CH_2CH_3$ ***N*,*N*-Dimethylaminopropan** — $FCH_2CH_2CH(CH_3)N(H)CH_2CH_3$ **3-(Ethylamino)-1-fluorbutan**

CH_3NH_2 **Methylamin**

$(CH_3)_3N$ **Trimethylamin**

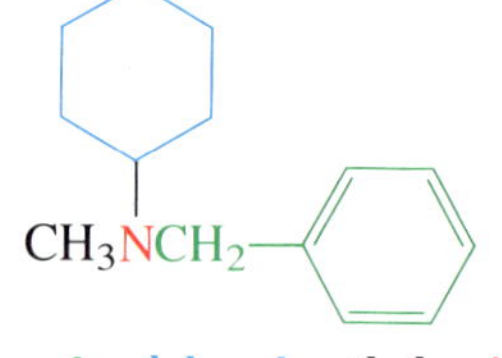

Benzylcyclohexylmethylamin

Viele Trivialnamen beruhen auf der Bezeichnung *Alkylamin* (siehe Rand), wie wir es von der (älteren) Benennung der Alkanole als Alkylalkohole her kennen.

Übung 21-1

Benennen Sie die folgenden Moleküle, einmal als Alkanamin, zum zweiten als Alkylamin.

(a) $CH_3CH(NH_2)CH_2CH_3$; (b) $C_6H_5N(CH_3)_2$; (c) $BrCH_2CH_2CH_2CH_2CH(CH_3)NH_2$.

Übung 21-2

Zeichnen Sie die Strukturen der folgenden Verbindungen (der Trivialname ist in Klammern angegeben): (a) 2-Propinamin (Propargylamin); (b) (*N*-2-Propenyl)phenylmethanamin (*N*-Allylbenzylamin); (c) *N*-Methyl-1,1-dimethylethanamin (*tert*-Butylmethylamin); (d) *N*,2-Dimethyl-2-propanamin (*tert*-Butylmethylamin).

Wir halten fest: Es gibt verschiedene Systeme, die Namen der Amine zu bilden. Nach *Chemical Abstracts* benennt man sie als *Alkanamine* und *Benzolamine*. Alternativ kann man sie als *Aminoalkan*, *Anilin* und *Alkylamin* bezeichnen.

21.2 Physikalische und Säure-Base-Eigenschaften der Amine

Werfen wir nun einen Blick auf einige physikalischen Eigenschaften einfacher Amine. Das Heteroatom befindet sich im Zentrum eines Tetraeders. Diese Struktur ist jedoch nicht starr, da am Stickstoffatom eine rasche Inversion stattfindet. Durch Protonierung oder Alkylierung zum Ammonium-Ion wird die Konfiguration eingefroren und das Ammonium-Ion kann, sofern es chiral es, in Enantiomere getrennt werden. Wenn wir einige physikalischen Konstanten kurz abgehandelt haben, werden wir in diesem Abschnitt das Verhalten der Amine bei der IR-, NMR- und Massenspektroskopie kennenlernen.

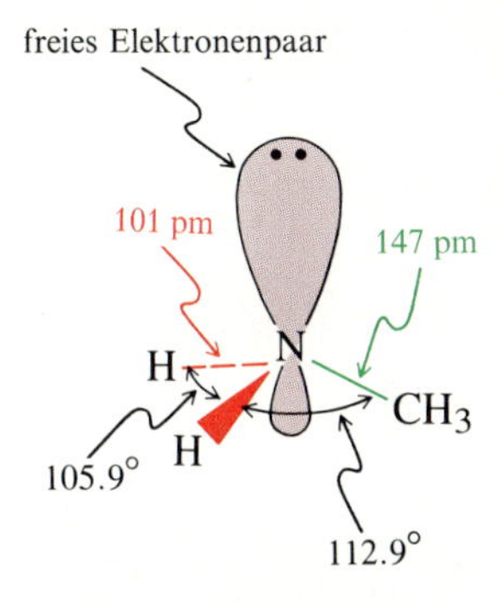

Abb. 21-1 Methanamin (Methylamin) hat eine nahezu tetraedische Struktur.

Alkanamine sind tetraedrisch

Das Stickstoffatom in Aminen ist sp^3-hybridisiert (siehe Abschn. 1.5, Abb. 1-17) und bildet deshalb einen nahezu regulären Tetraeder. Die Substituenten nehmen drei der Tetraederecken ein; in die vierte weist das freie Elektronenpaar des Stickstoffatoms. In Abb. 21-1 ist die Struktur von Methanamin (Methylamin) dargestellt.

Übung 21-3

Wenn Sie Abbildung 21-1 genau betrachten, werden Sie feststellen, daß die Bindungen zum Stickstoffatom in Methanamin (Methylamin) etwas länger sind als die entsprechenden Bindungen zum Sauerstoff in Methanol (Abb. 8-1B). Wie können Sie dies erklären?

Aufgrund der tetraedrischen Anordnung um das Stickstoffatom in einem Amin ist dieses chiral, wenn es drei verschiedene Substituenten trägt, wobei das freie Elektronenpaar als vierter Substituent zählt. Bild und Spiegelbild einer solchen Verbindung sind nicht miteinander zur Deckung zu bringen. Es verhält sich also wie ein Kohlenstoffatom als Chiralitätszentrum (Abschn. 5.1). Dies sehen wir am Beispiel des einfachen, chiralen Alkanamins *N*-Methylethanamin (Ethylmethylamin).

Bild und Spiegelbild von *N*-Methylethanamin (Ethylmethylamin)

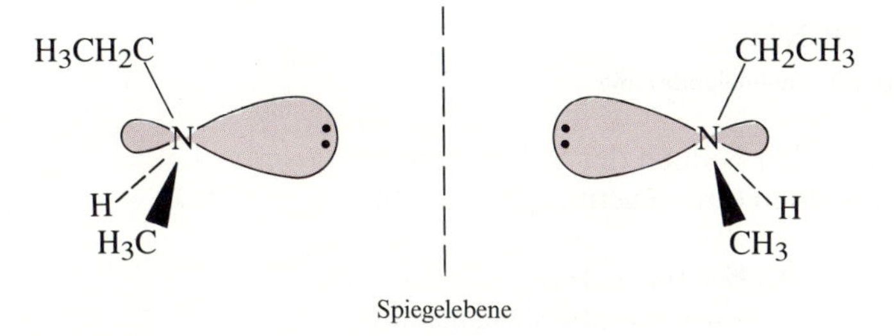

Die Konfiguration am Stickstoffatom ist jedoch nicht stabil, da eine rasche Isomerisierung durch **Inversion** stattfindet. In mancher Hinsicht gleicht diese Umwandlung der Inversion am Kohlenstoffatom während einer S_N2-Reaktion von Halogenalkanen (Abschn. 6.5, Abb. 6-7). Für die Inversion von Aminen ist jedoch die Gegenwart eines anderen Reagenz nicht erforderlich. Man kann sich vorstellen, daß das Aminmolekül einen Übergangszustand durchläuft, in dem das Stickstoffatom sp^2-hybridisiert ist, wie in Abb. 21-2. Für diese Bewegung muß in einfachen Aminen eine Energiebarriere von ungefähr 21–29 kJ/mol überwunden werden, wie man durch spektroskopische Methoden herausfand. Es ist deshalb nicht möglich, ein enantiomerenreines, einfaches di- oder trialkyliertes Amin bei Raumtemperatur zu erhalten, da es sofort racemisiert.

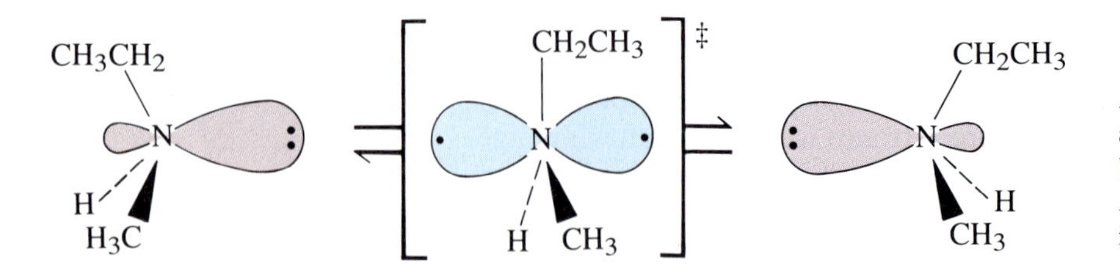

Abb. 21-2 Durch Inversion am Stickstoffatom werden die beiden Enantiomere von *N*-Methylethanamin rasch ineinander umgewandelt.

Übung 21-4

Die Methylen-Wasserstoffatome in *N*-Methylethanamin (Ethylmethylamin) sind diastereotop (siehe Abschn. 10.4). Erwarten Sie bei Raumtemperatur zwei verschiedene Absorptionen im ^{1}H-NMR-Spektrum?

Der Einfluß des freien Elektronenpaars: Ein erster Blick auf Protonierung und Alkylierung

Aufgrund der Basizität und der Nucleophilie des Stickstoffatoms von Aminen kann dieses protoniert und alkyliert werden, wodurch **substituierte Ammoniumsalze** entstehen. Je nach der Anzahl der Substituenten am Stickstoffatom entsteht so ein primäres, sekundäres, tertiäres oder quartäres Ammoniumsalz.

$$R\ddot{N}H_2 + H^+Cl^- \longrightarrow RNH_3^+Cl^-$$

Primäres Ammoniumchlorid

$$R\ddot{N}H_2 + RCl \longrightarrow R_2NH_2^+Cl^-$$

Sekundäres Ammoniumchlorid

$$R_3N\!: + H^+I^- \longrightarrow R_3NH^+I^-$$

Tertiäres Ammoniumiodid

$$R_3N\!: + RBr \longrightarrow R_4N^+Br^-$$

Quartäres Ammoniumbromid

Ammoniumsalze benennt man, indem man den Namen der Substituenten die Endung **-ammonium** anfügt und den Namen des Gegenions nachstellt.

$CH_3NH_3^+Cl^-$	$(CH_3CH_2)_4N^+I^-$	$[C_6H_5CH_2N(CH_3)_3]_2^{2+}SO_4^{2-}$
Methylammonium-chlorid	**Tetraethylammonium-iodid**	**Benzyltrimethylammonium-sulfat**

Sind alle vier Substituenten verschieden, ist das Ammonium-Ion chiral. Da das ursprünglich freie Elektronenpaar nun den vierten Substituenten bindet, ist die Konfiguration quartärer Ammoniumsalze stabil, und dieses kann, wenn es chiral ist, in Enantiomere getrennt werden. Dazu kann man ein enantiomerenreines chirales Sulfonat als Gegenion (siehe Abschn. 5.7) zufügen und die diastereomeren Salze fraktionierend kristallisieren.

Trennung eines chirales Ammoniumsalzes

$$\left[\begin{array}{c} CH_2CH{=}CH_2 \\ | \\ CH_3NCH_2C_6H_5 \\ | \\ C_6H_5 \end{array}\right]^+ I^- \xrightarrow[\substack{-\ NaI \\ (R^* = \text{optisch reiner chiraler Substituent})}]{\substack{R^*SO_3^-Na^+ \\ (\text{optisch rein})}} \left[\begin{array}{c} CH_2CH{=}CH_2 \\ | \\ CH_3NCH_2C_6H_5 \\ | \\ C_6H_5 \end{array}\right]^+ {}^-O_3SR^*$$

Racemisches Ammoniumiodid — **Diastereomere eines chiralen Ammoniumsulfonats**

1. Trennung durch fraktionierende Kristallisation
2. Zugabe von I^- (Austausch gegen $R^*SO_3^-$)

$$\longrightarrow \quad (H_3C)(C_6H_5)(CH_2CH{=}CH_2)(CH_2C_6H_5)N^+ I^- \quad + \quad (C_6H_5)(CH_3)(CH_2CH{=}CH_2)(CH_2C_6H_5)N^+ I^-$$

Getrennte Enantiomere eines chiralen Ammoniumiodids

Übung 21-5

Bestimmen Sie die absolute Konfiguration der beiden Enantiomeren des chirales Ammoniumsalzes, deren Trennung soeben beschrieben wurde.

Amine bilden schwächere Wasserstoffbrücken aus als Alkohole

Die besondere Fähigkeit der Alkohole, Wasserstoffbrücken auszubilden, ist für ihre hohen Siedepunkte verantwortlich (Abschn. 8.2, Abb. 8-2, Tab. 8-1). Die gleichen Eigenschaften erwarten wir bei den Aminen und finden diese in Tab. 21-1 bestätigt. Amine bilden jedoch schwächere Wasserstoffbrücken als Alkohole*, ihre Siedepunkte sind niedriger und sie lösen sich

Tabelle 21-1 Vergleich der physikalischen Eigenschaften von Aminen, Alkoholen und Alkanen (in °C)

Verbindung	Schmelzpunkt	Siedepunkt	Verbindung	Schmelzpunkt	Siedepunkt
CH_4	−182.5	−161.7	$(CH_3)_2NH$	−93	7.4
CH_3NH_2	−93.5	−6.3	$(CH_3)_3N$	−117.2	2.9
CH_3OH	−97.5	65.0	$(CH_3CH_2)_2NH$	−48	56.3
CH_3CH_3	−183.3	−88.6	$(CH_3CH_2)_3N$	−114.7	89.3
$CH_3CH_2NH_2$	−81	16.6	$(CH_3CH_2CH_2)_2NH$	−40	110
CH_3CH_2OH	−114.1	78.5	$(CH_3CH_2CH_2)_3N$	−94	155
$CH_3CH_2CH_3$	−187.7	−42.1	NH_3	−77.7	−33.4
$CH_3CH_2CH_2NH_2$	−83	47.8	H_2O	0	100
$CH_3CH_2CH_2OH$	−126.2	97.4			
$CH_3CH_2CH_2CH_2NH_2$	−49.1	77.8			

* Beachten Sie, daß zwar *alle* Amine bei einer Wasserstoffbrücken-Bindung als Protonenakzeptor wirken, daß jedoch nur primäre und sekundäre Amine auch als Protonendonator fungieren, da tertiäre Amine kein solches Proton haben.

schlechter in Wasser. Die Siedepunkte der Amine liegen im allgemeinen zwischen denen der entsprechenden Alkane und Alkohole. Einfache Amine sind in Wasser und Alkoholen löslich, da sie zu diesen Lösungsmitteln Wasserstoffbrücken ausbilden können. Wenn der hydrophobe Teil eines Amins sechs Kohlenstoffatome übersteigt, nimmt die Wasserlöslichkeit stark ab; größere Amine sind nahezu völlig unlöslich in Wasser.

Spektroskopischer Nachweis der Aminogruppe

Primäre und sekundäre Amine geben sich in ihrem IR-Spektrum zu erkennen, wo die charakteristische breite N—H Valenzschwingung zwischen 3300 und 3500 cm^{-1} auftritt. Primäre Amine zeigen in diesem Bereich zwei starke Peaks, während man bei sekundären Aminen nur eine sehr schwache Bande findet. Tertiäre Amine absorbieren in diesem Bereich nicht, da sie kein direkt Stickstoff-gebundenes Wasserstoffatom tragen. In Abb. 21-3 sehen Sie das Infrarot-Spektrum von Cyclohexanamin.

Auch die Kernresonanz-Spektroskopie zeigt die Gegenwart einer Aminogruppe. Wie das OH-Signal von Alkoholen, kann auch die Resonanz eines Amin-Wasserstoffatoms fast überall im normalen Wasserstoffbereich (manchmal verbreitert) auftreten. Die chemische Verschiebung hängt hier in großem Maße von der Geschwindigkeit des Protonenaustausches mit Wasser und vom Ausmaß der Wasserstoffbrücken-Bindung ab. Abb. 21-4 zeigt das ^{1}H-NMR-Spektrum von Azacyclohexan (Piperidin), einem cyclischen sekundären Amin. Das Wasserstoffatom des Amins erscheint bei $\delta = 1.29$ ppm, zwei weitere Signalgruppen findet man bei $\delta = 1.52$ und 2.73 ppm. Die Absorption bei tiefstem Feld kann den dem Stickstoffatom benachbarten Wasserstoffatomen zugeordnet werden, die aufgrund der Nähe des elektronegativen Stickstoffatoms entschirmt sein müssen.

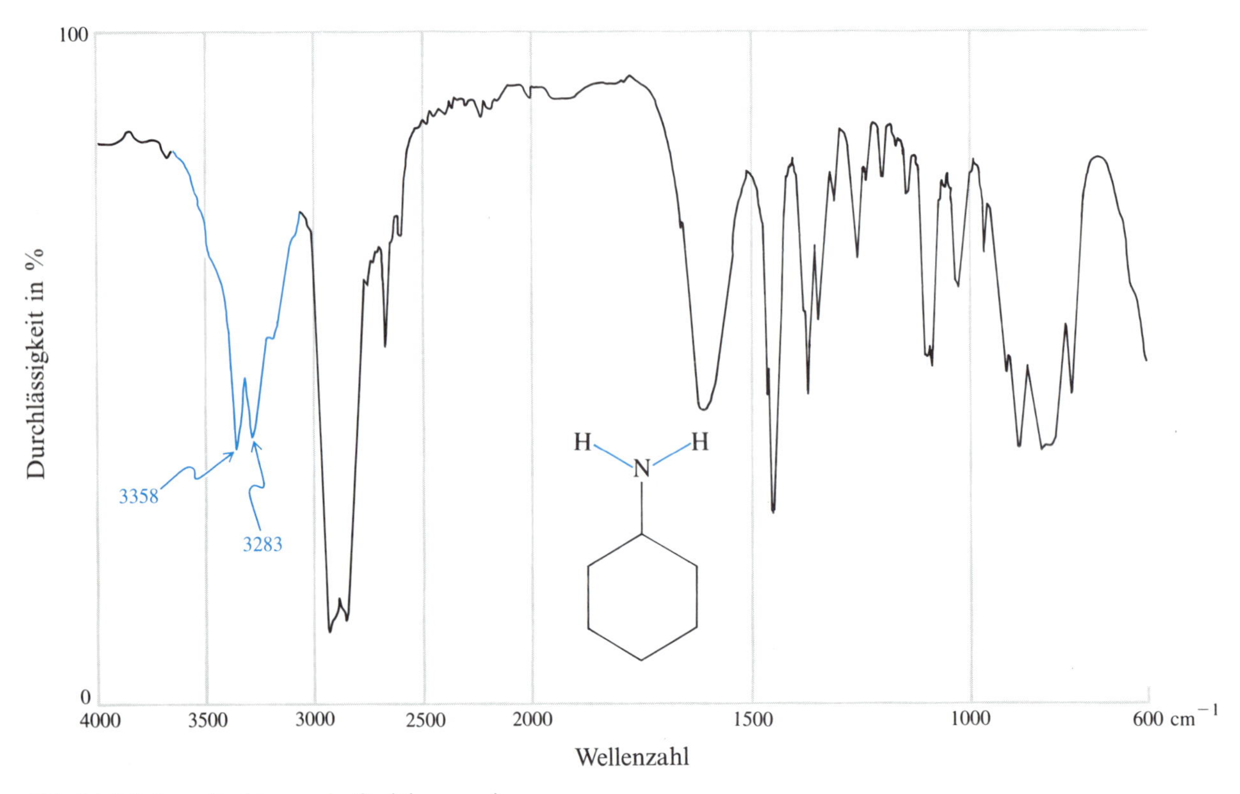

Abb. 21-3 Infrarot-Spektrum von Cyclohexanamin

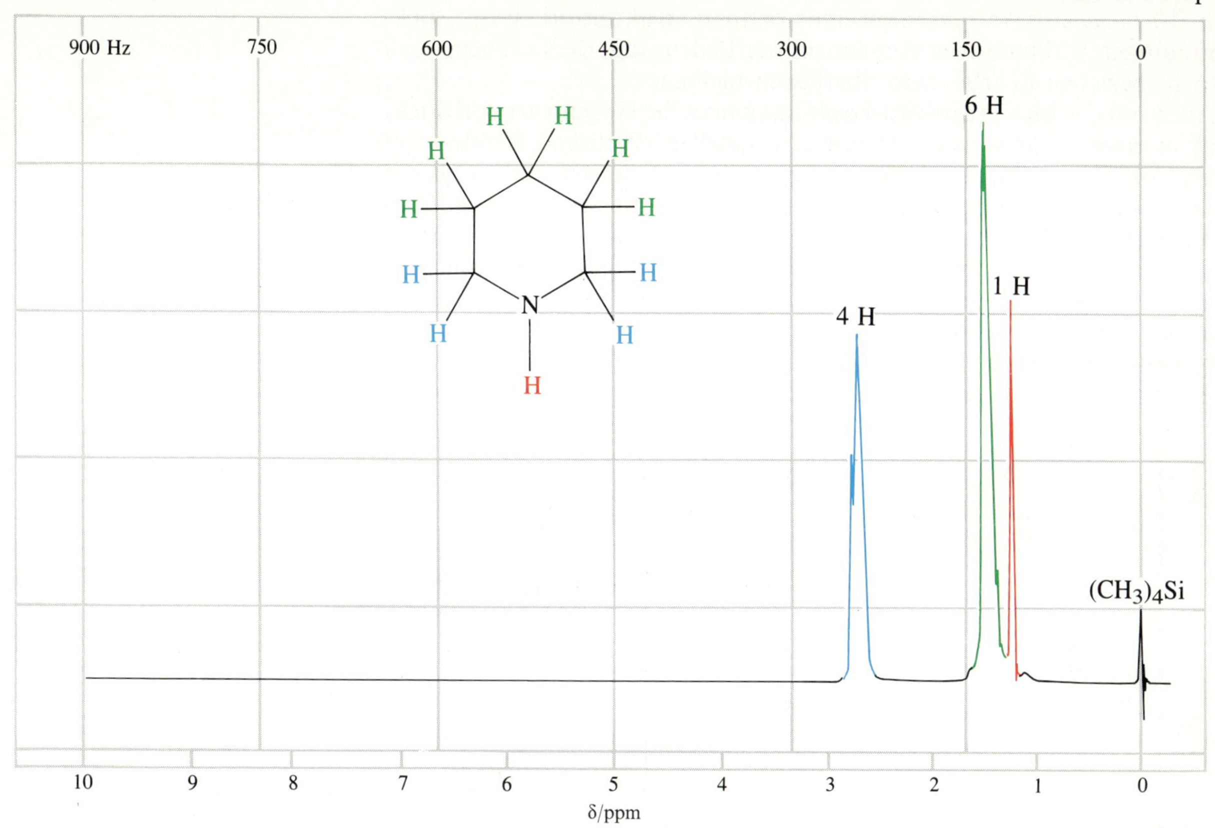

Abb. 21-4 90 MHz ^{1}H-NMR-Spektrum von Azacyclohexan (Piperidin) in wasserfreiem CCl_4. Das trockene Solvens bewirkt eine scharfe NH-Absorption.

Übung 21-6

Glauben Sie, daß die Wasserstoffatome neben dem Heteroatom in einem Amin R**CH₂**NH₂ mehr oder weniger entschirmt sind als die entsprechenden Wasserstoffatome in einem Alkohol R**CH₂**OH? Erklären Sie ihre Meinung.

Bei ^{13}C-NMR-Spektren ist eine ähnliche Tendenz festzustellen: Kohlenstoffatome, die direkt an das Stickstoffatom gebunden sind, erscheinen bei erheblich niedrigerem Feld als Kohlenstoffatome in Alkanen. Aber auch hier ist, wie in den Protronenspektren (Übung 21-6), der entschirmende Effekt von Stickstoff weniger ausgeprägt als der von Sauerstoff.

^{13}C-Verschiebungen einiger Amine (in ppm)

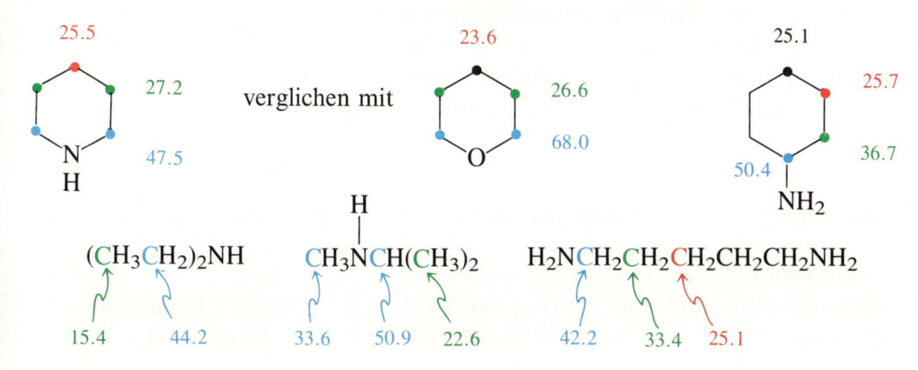

Die Isotope ^{14}N und ^{15}N kann man im NMR direkt beobachten (siehe Tab. 10-1). Dieses Verfahren gewinnt bei der Strukturaufklärung stickstoffhaltiger Verbindungen zunehmend an Bedeutung, dieses Thema soll jedoch speziellen Lehrbüchern überlassen bleiben.

Auch mit der Massenspektroskopie kann man die Gegenwart von Stickstoff in einer organischen Verbindung feststellen. Während Kohlenstoff vierwertig ist, ist Stickstoff dreiwertig. Aufgrund dessen und aufgrund seiner geraden Atommasse (14), haben Moleküle, die ein Stickstoffatom (oder eine ungerade Anzahl von Stickstoffatomen) haben, eine *ungerade* molare Masse (siehe Übung 18-24). Beispielsweise zeigt das Massenspektrum von *N,N*-Diethylethanamin (Triethylamin) den Peak des Molekül-Ions bei $m/z = 101$ (Abb. 21-5). Der Basis-Peak bei $m/z = 86$ wird durch den Verlust einer Methylgruppe verursacht. Solch eine Fragmentierung ist deshalb bevorzugt, da sie zu dem resonanzstabilisierten **Iminium-Ion** führt.

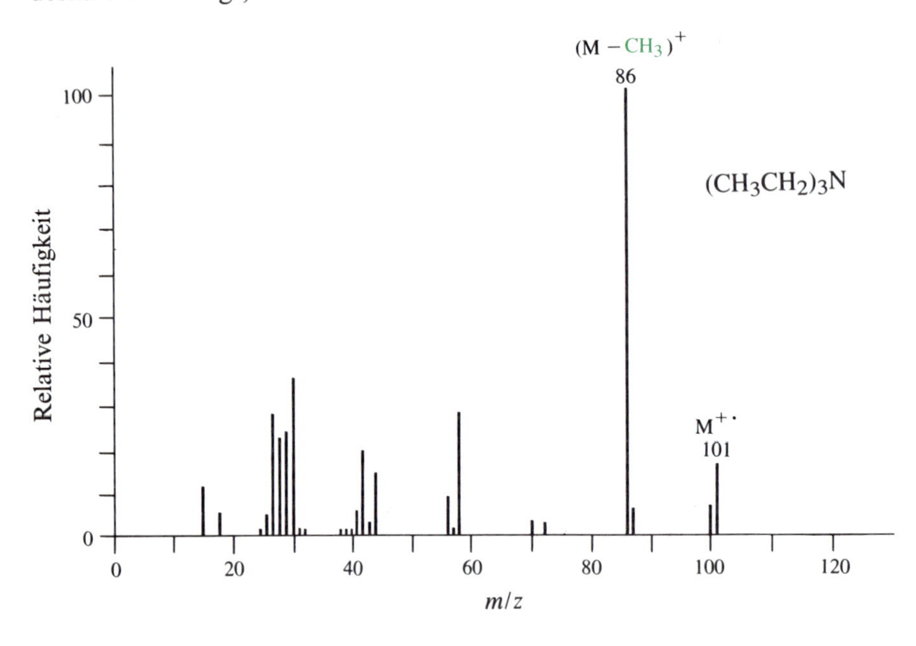

Abb. 21-5 Das Massenspektrum von *N,N*-Diethylethanamin (Triethylamin) zeigt den Peak des Molekül-Ions bei $m/z = 101$. Der Basis-Peak entsteht durch Verlust einer Methylgruppe: $m/z = 86$.

Fragmentierung von *N,N*-Diethylethanamin im Massenspektrometer

$$[(CH_3CH_2)_2\ddot{N}CH_2 \wr CH_3]^{+\cdot} \longrightarrow CH_3\cdot + [(CH_3CH_2)_2\ddot{N}-CH_2^{\;+} \longleftrightarrow (CH_3CH_2)_2\overset{+}{N}{=}CH_2]$$

***N,N*-Diethylethanamin (Triethylamin)** — **Ein Iminium-Ion**

Oft bricht die C–C-Bindung neben dem Stickstoffatom so leicht, daß das Molekül-Ion nicht beobachtet werden kann. Im Massenspektrum von 1-Hexanamin z. B., einem Isomer von *N,N*-Diethylethanamin, ist das Molekül-Ion ($m/z = 101$) kaum sichtbar; der höchste Peak entspricht dem Methyleniminium-Bruchstück $[CH_2{=}NH_2]^+$ ($m/z = 30$; Abb. 21-6).

Übung 21-7

Wie sehen in etwa die Spektren (IR, NMR, m/z) von *N*-Ethyl-2,2-dimethylpropanamin aus?

$$CH_3\overset{CH_3}{\underset{CH_3}{C}}CH_2NHCH_2CH_3$$

***N*-Ethyl-2,2-dimethylpropanamin**

Wir halten fest: Amine haben annähernd Tetraederstruktur, wobei das freie Elektronenpaar eine Tetraederecke einnimmt. Im Prinzip kann ein Amin chiral sein, unterliegt jedoch einer raschen Inversion am Stickstoff-

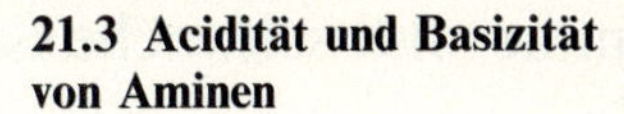

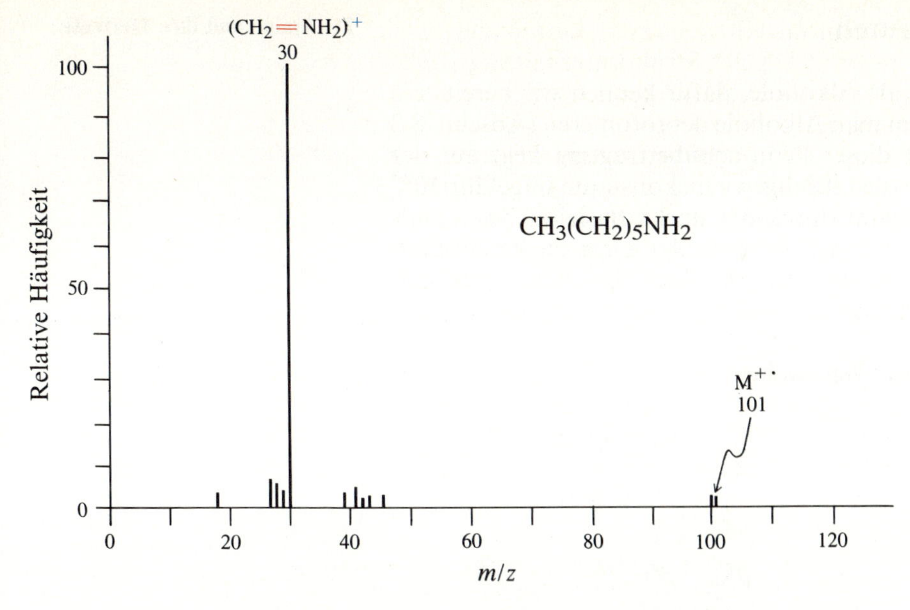

Abb. 21-6 Massenspektrum von 1-Hexanamin.

atom, so daß es nur schwer in enantiomerenreiner Form faßbar ist. Durch Protonierung und Alkylierung erhält man jedoch konfigurationsstabile Ammoniumsalze, die, wenn sie chiral sind, getrennt werden können. Die Siedepunkte der Amine sind höher als die entsprechender Alkane und niedriger als die analoger Alkohole, da sie schwächere Wasserstoffbrücken bilden. Letzteres beeinflußt auch die Wasserlöslichkeit, die ebenfalls zwischen vergleichbaren Alkanen und Alkoholen liegt. Die IR-Valenzschwingung der N—H-Bindung erscheint in einem Bereich zwischen 3300 und 3500 cm^{-1}, die chemische Verschiebung des an den Stickstoff gebundenen Wasserstoffatoms kann variieren. Durch die elektronenabziehende Wirkung des Stickstoffatoms werden benachbarte Kohlenstoff- und Wasserstoffatome entschirmt, jedoch in geringerem Ausmaß als in Alkoholen und Ethern. Die Massenspektren einfacher Alkanamine mit nur einem Stickstoffatom im Molekül haben einen ungeradzahligen Peak des Molekül-Ions, da Stickstoff dreiwertig ist. Die Fragmentierung erfolgt meist so, daß das resonanzstabilisierte Iminium-Ion entsteht.

21.3 Acidität und Basizität von Aminen

Amine sind, wie Alkohole (Abschn. 8.3) sauer *und* basisch. Da Stickstoff jedoch weniger elektronegativ ist als Sauerstoff, sind Amine ungefähr um 20 Größenordnungen schwächer sauer als vergleichbare Alkohole. Andererseits wird das freie Elektronenpaar leicht protoniert, so daß Amine gute Basen sind.

Acidität und Basizität von Aminen

$$R\ddot{N}H(-H) + {}^{-}\!:\!B \underset{}{\overset{K_a}{\rightleftharpoons}} R\ddot{\underset{..}{N}}H^{-} + HB$$

$$R\ddot{N}H_2 + HA \overset{K_b}{\rightleftharpoons} R\overset{+}{N}H_2(-H) + {}^{-}\!:\!A$$

Amine sind schwache Säuren

Amine sind schwächer sauer als Alkohole, dafür kennen wir bereits ein Beispiel: Mit Amid-Ionen kann man Alkohole deprotonieren (Abschn. 8.3 und 9.1). Das Gleichgewicht dieser Protonenübertragung liegt auf der Seite des Alkoxid-Ions, wobei die Gleichgewichtskonstante ungefähr 10^{20} beträgt. Dieser hohe Wert kommt durch die starke Basizität des Amids zustande, diese wiederum spiegelt sich wider in der geringen Bereitschaft von Aminen, ein Proton abzugeben. Der pK_a-Wert von Ammoniak und Alkanaminen beträgt ungefähr 35.

pK_a von Aminen

$$RNH_2 + H_2O \underset{}{\overset{K_a}{\rightleftharpoons}} RNH^- + H_2OH^+ \qquad K_a = \frac{[RNH^-][H_2OH^+]}{[RNH_2]} \sim 10^{-35}$$

$$pK_a \sim 35$$

Für die Deprotonierung von Aminen sind überaus starke Basen nötig, z. B. Alkyllithium-Verbindungen. Lithiumdiisopropylamid (LDA) z. B., eine sterisch stark gehinderte Base, die wir von manchen bimolekularen Eliminierungen her kennen (Abschn. 7.5), stellt man im Labor durch Umsetzung von *N*-(1-Methylethyl)-2-propanamin (Diisopropylamin) mit Butyllithium her.

Herstellung von LDA

$$CH_3CH(CH_3)NHCH(CH_3)CH_3 \xrightarrow[- CH_3CH_2CH_2CH_2H]{CH_3CH_2CH_2CH_2Li} [(CH_3)_2CH]_2N^- Li^+$$

N-(1-Methylethyl)-2-propanamin (Diisopropylamin) → **Lithiumdiisopropylamid, LDA**

Eine alternative Möglichkeit, Amid-Ionen darzustellen, ist die Umsetzung von Aminen mit Alkalimetallen. Diese lösen sich, wenn auch recht langsam, in Aminen, dabei entwickelt sich Wasserstoff und es entstehen Aminsalze (Amide). So erhält man z. B. Natriumamid durch Auflösen von metallischem Natrium in flüssigem Ammoniak in Gegenwart katalytischer Mengen Fe^{3+}, das den Elektronen-Transfer erleichtert. In Abwesenheit eines solchen Katalysators löst sich Natrium einfach in Ammoniak auf, wodurch eine stark reduzierend wirkende Lösung entsteht (Abschn. 13.6).

Herstellung von Natriumamid

$$2\,Na + 2\,NH_3 \xrightarrow{\text{katalyt. Mengen } Fe^{3+}} 2\,NaNH_2 + H_2$$

Amine sind Basen

Amine deprotonieren Wasser in geringem Ausmaß, so daß Ammonium- und Hydroxid-Ionen entstehen. Amine sind also, wie erwartet, viel stärker basisch als Alkohole. Das quantitative Maß der Basenstärke, der pK_b-Wert (siehe Abschn. 6.7), beträgt bei Aminen ungefähr 4.

$$R\ddot{N}H_2 + H\ddot{O}H \xrightleftharpoons{K_b} R\overset{H}{\overset{|+}{N}}H_2 + H\ddot{O}:^- \qquad K_b = \frac{[R\overset{H}{\overset{|+}{N}}H_2][H\ddot{O}:^-]}{[R\ddot{N}H_2]} \sim 10^{-4}$$

Amin

$$pK_b \sim 4$$

Alkanamine sind etwas stärker basisch als Ammoniak, aber schwächer basisch als das Hydroxid-Ion ($pK_b = -1.7$).

pK_b-Werte einer Reihe einfacher Amine

	NH_3	CH_3NH_2	$(CH_3)_2NH$	$(CH_3)_3N$
$pK_b =$	4.76	3.38	3.27	4.21

Ammoniumsalze sind schwache Säuren

Oft ist es von Nutzen, sich die Basizität einer Verbindung anhand der Stärke ihrer konjugierten Säure (Abschn. 6.7) vorzustellen. Die konjugierten Säuren der Amine sind die entsprechenden Ammonium-Ionen.

Acididät von Ammonium-Ionen

$$R\overset{H}{\overset{|+}{N}}H_2 + H_2\ddot{O} \xrightleftharpoons{K_a} R\ddot{N}H_2 + H_2\overset{+}{\ddot{O}}H \qquad K_a = \frac{[R\ddot{N}H_2][H_2\overset{+}{\ddot{O}}H]}{[R\underset{H}{\underset{|+}{N}}H_2]} \sim 10^{-10}$$

$$pK_a \sim 10$$

Aus dem pK_b-Wert errechnet man leicht den pK_a-Wert der konjugierten Säure, da folgende Gleichung gilt: $pK_a + pK_b = 14$ (Abschn. 6.7).

pK_a-Werte einer Reihe einfacher Ammoniumsalze *

	$\overset{+}{N}H_4$	$CH_3\overset{+}{N}H_3$	$(CH_3)_2\overset{+}{N}H_2$	$(CH_3)_3\overset{+}{N}H$
$pK_a =$	9.24	10.62	10.73	9.79

Wir halten fest: Amine sind schwache Säuren und werden durch Alkyllithium-Verbindungen oder durch Alkalimetalle in Amid-Ionen überführt. Sie sind jedoch starke Basen, allerdings etwas schwächer als das Hydroxid-Ion.

* Leider herrscht in der Literatur oft die verwirrende Praxis, den pK_a-Wert eines Ammoniumsalzes auf das neutrale Amin zu beziehen. In der Behauptung „Der pK_a von Methanamin beträgt 10.62“ ist in Wirklichkeit der pK_a des Methylammonium-Ions gegeben. Der pK_a von Methanamin beträgt 35.

21.4 Synthese von Aminen

Dieser Abschnitt befaßt sich mit den mannigfaltigen Möglichkeiten, Amine herzustellen. Manche dieser Reaktionen kennen wir bereits: Die Alkylierung einfacher Amine zu höher substituierten Produkten (Abschn. 21.2); die Alkylierung des Azid-Ions (Abschn. 6.3) mit anschließender Reduktion; die Alkylierung von 1,2-Benzoldicarboximid (Phthalimid), wobei das Amin anschließend durch Hydrolyse freigesetzt wird; die reduktive Aminierung von Aldehyden und Ketonen; die Reduktion von Carbonsäureamiden durch Lithiumaluminiumhydrid (Abschn. 18.5), die Hofmann-Umlagerung und verwandte Reaktionen (Abschn. 18.5).

Alkylierung von Aminen führt zu höher substituierten Aminen

Amine sind nucleophil; sie reagieren mit Halogenalkanen zu Ammoniumsalzen (Abschn. 6.3 und 21.2). Die Reaktion ist jedoch kompliziert, da meist mehrfachalkylierte Amine entstehen. Wie kommt dies zustande?

Betrachten wir die Alkylierung von Ammoniak mit Brommethan. Wenn wir äquimolare Mengen der Ausgangssubstanzen vorlegen, entsteht als Produkt Methylammoniumbromid, das mit dem vorliegenden Ammoniak sofort ein Proton austauscht. Die geringen Mengen von Methanamin, die so entstehen, konkurrieren mit Ammoniak um das Alkylierungsreagenz. Durch weitere Methylierung entsteht ein Dimethylammoniumsalz, das sein Proton an jede der beiden anwesenden Stickstoffbasen geben kann, so daß *N*-Methylmethanamin (Dimethylamin) entsteht. Damit haben wir ein drittes Nucleophil in unserer Reaktionsmischung, das mit Brommethan reagieren kann zu *N*,*N*-Dimethylmethanamin (Trimethylamin) und schließlich zu Tetramethylammoniumbromid. So kommt es zu einer Mischung von Alkylammoniumsalzen und Alkanaminen.

Methylierung von Ammoniak

$$H_3N\!: + CH_3Br \longrightarrow CH_3\overset{+}{N}H_3\ Br^-$$

Methylammoniumbromid

$$CH_3\overset{+}{N}H_2(H)\ Br^- + :NH_3 \rightleftharpoons CH_3\ddot{N}H_2 + H\overset{+}{N}H_3\ Br^-$$

Methanamin

$$CH_3\ddot{N}H_2 + CH_3Br \longrightarrow (CH_3)_2\overset{+}{N}H_2\ Br^-$$

Dimethylammoniumbromid

$$(CH_3)_2\overset{+}{N}H(H)\ Br^- + :NH_3 \text{ oder } CH_3\ddot{N}H_2 \rightleftharpoons (CH_3)_2\ddot{N}H + H\overset{+}{N}H_3\ Br^- \text{ oder } CH_3\overset{+}{N}H_2(H)\ Br^-$$

***N*-Methylmethanamin (Dimethylamin)**

$$(CH_3)_2\ddot{N}H + CH_3Br \longrightarrow (CH_3)_3\overset{+}{N}H\ Br^-$$

Trimethylammoniumbromid

$$(CH_3)_3\overset{+}{N}H\ Br^- + \text{Amin} \rightleftharpoons (CH_3)_3N\!: + \text{Amin-Hydrobromid}$$

***N*,*N*-Dimethylmethanamin (Trimethylamin)**

$$(CH_3)_3N\!: + CH_3Br \longrightarrow (CH_3)_4N^+\ Br^-$$

Tetramethylammoniumbromid

Durch einen großen Überschuß von Ammoniak oder einem anderen Ausgangsamin läßt sich der Anteil der mehrfach alkylierten Produkte zurückdrängen, aber auch dann erhält man oft nur mäßige Ausbeuten.

$$(CH_3CH_2CH_2)_2NH + CH_3CH_2I \longrightarrow (CH_3CH_2CH_2)_2NCH_2CH_3 + (CH_3CH_2CH_2)_2\overset{+}{N}H_2 I^-$$

Überschuß — 40%

N-Propylpropanamin (Dipropylamin) — **N,N-Ethylpropylpropanamin (Ethyldipropylamin)**

Einen weiteren Nachteil bedeutet es, wenn man ein relativ wertvolles Amin als Substrat einsetzt. In solchen Fällen greift man besser zu indirekten Verfahren.

Übung 21-8

Benzolamin (Anilin) kann, wie auch andere Amine, durch (Chlormethyl)benzol (Benzylchlorid, $C_6H_5CH_2Cl$) benzyliert werden. Während jedoch Alkanamine bereits bei Raumtemperatur reagieren, sind für diese Umsetzung Temperaturen zwischen 90 und 95 °C nötig. Erklären Sie dies (Hinweis: siehe Abschn. 20.1).

Durch indirekte Alkylierung kann man Amine gut herstellen

Um die Alkylierung von Aminen kontrolliert durchzuführen, ist ein Stickstoff-Nucleophil notwendig, das nur einmal reagiert. Durch das Cyanid-Ion z. B. wird ein Halogenalkan in ein Nitril umgewandelt, das daraufhin zum entsprechenden Amin reduziert werden kann (Abschn. 18.6). Mit dieser Reaktion erhält man netto aus $RX \longrightarrow RCH_2NH_2$.

Umwandlung eines Halogenalkans in das homologe Amin durch Substitution mit Cyanid und anschließender Reduktion

$$RX + {}^-CN \longrightarrow RC{\equiv}N + X^-$$

$$RC{\equiv}N \xrightarrow{LiAlH_4 \text{ oder } H_2,\ PtO_2} RCH_2NH_2$$

Ein Beispiel:

$$Br(CH_2)_8Br + NaCN \xrightarrow[-2\,NaBr]{DMSO} NC(CH_2)_8CN \xrightarrow{H_2,\ \text{Raney-Ni},\ 10\ MPa} H_2NCH_2(CH_2)_8CH_2NH_2$$

1,8-Dibromoctan — **Decandinitril** (93%) — **1,10-Decandiamin** (80%)

Um eine Aminogruppe einzuführen, ohne gleichzeitig die Kohlenstoffkette zu verlängern, braucht man ein modifiziertes Stickstoff-Nucleophil, das nach der ersten Alkylierung unreaktiv sein muß. Solch ein Nucleophil ist das Azid-Ion, N_3^-, das mit Halogenalkanen zu **Alkylaziden** reagiert, die wiederum durch katalytische Hydrierung (Pd/C) oder mit Lithiumaluminiumhydrid zu den entsprechenden primären Aminen reduziert werden.

$$\text{C}_5\text{H}_9\text{CH}_2\text{CH}_2\text{CH}_2Br + Na^+N_3^- \xrightarrow[-\,Na^+Br^-,\ S_N2\text{-Reaktion}]{CH_3CH_2OH} \text{C}_5\text{H}_9\text{CH}_2\text{CH}_2\text{CH}_2N{=}\overset{+}{N}{=}N^- \xrightarrow{1.\ LiAlH_4,\ (CH_3CH_2)_2O\quad 2.\ H^+,\ H_2O} \text{C}_5\text{H}_9\text{CH}_2\text{CH}_2\text{CH}_2NH_2$$

91% **3-Cyclopentylpropylazid** — 89% **3-Cyclopentylpropanamin**

Eine weitere Variante dieser indirekten Methode besteht darin, ein Halogenalkan mit Nitrit zum entsprechenden Nitroalkan umzusetzen, das z. B. mit Eisen zum Amin reduziert werden kann.

Darstellung eines Amins durch Bildung eines Nitroalkans und Reduktion

$$CH_3(CH_2)_5\overset{Br}{\overset{|}{C}}HCH_3 \xrightarrow[- NaBr]{NaNO_2,\ DMF,\ 45\ h} CH_3(CH_2)_5\overset{NO_2}{\overset{|}{C}}HCH_3 \xrightarrow{Fe,\ FeSO_4,\ H^+} CH_3(CH_2)_5\overset{NH_2}{\overset{|}{C}}HCH_3$$

2-Bromoctan — **2-Nitrooctan** (58%) — **2-Octanamin** (90%)

Diese Sequenz erinnert an die aromatische Nitrierung mit anschließender Reduktion zum Arenamin (Anilin, Abschn. 20.5), Nitroarene entstehen jedoch durch elektrophile, nicht durch nucleophile Nitrierung.

Arenamine (Aniline) aus Aromaten

$$\text{Methylbenzol} \xrightarrow[- 2\ H_2O]{HNO_3,\ H_2SO_4} \text{1-Methyl-2,4-dinitrobenzol} \xrightarrow{H_2,\ Ni,\ \Delta} \text{4-Methyl-1,3-benzoldiamin}$$

Methylbenzol (Toluol) — 87% **1-Methyl-2,4-dinitrobenzol (2,4-Dinitrotoluol)** — 75% **4-Methyl-1,3-benzoldiamin (2,4-Diaminotoluol)**

Übung 21-9

Nitromethan hat einen ungewöhnlich niedrigen pK_a-Wert von ungefähr 10 (dies wird bei der Synthese alkylierter Derivate und der entsprechenden Amine ausgenutzt). Wie erklären Sie sich diesen Wert?

Ein nicht-reduktiver Zugang zu primären Aminen geht von dem Anion von 1,2-Benzoldicarboximid (Phthalimid) aus, dem cyclischen Imid der 1,2-Benzoldicarbonsäure (Phthalsäure). Dieses Verfahren ist als **Gabriel-Synthese*** bekannt.

Da das Stickstoffatom in 1,2-Benzoldicarboximid (Phthalimid) von zwei Carbonylfunktionen flankiert ist, ist die NH-Gruppe ungewöhnlich acid ($pK_a = 8.3$), stärker als ein gewöhnliches Amid ($pK_a = 15$, siehe Übung 18.3). Sie wird deshalb bereits von einer so milden Base wie dem Carbonat-Ion deprotoniert; das entstehende Anion wird in guter Ausbeute alkyliert. Durch saure Hydrolyse setzt man das Amin anschließend als Ammoniumsalz frei. Behandelt man dieses mit Base, erhält man das freie Amin.

* Siegmund Gabriel, 1851–1924, Professor an der Universität Berlin.

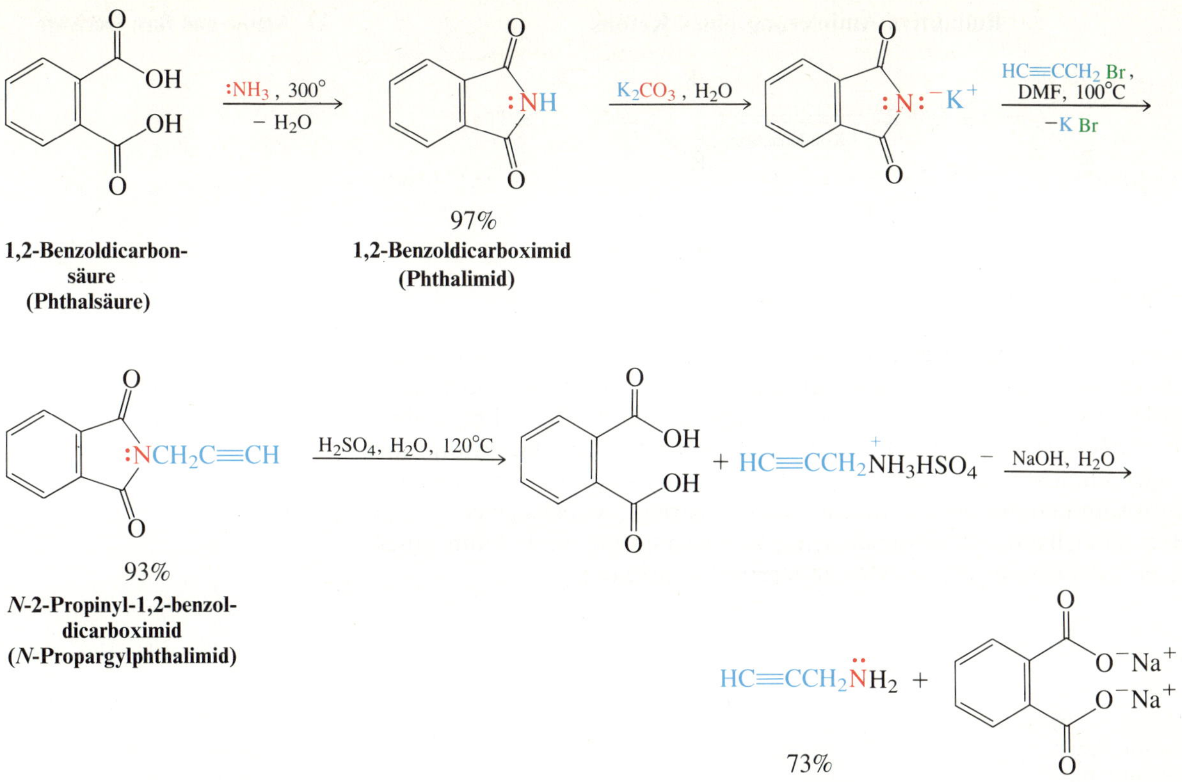

1,2-Benzoldicarbonsäure (Phthalsäure) $\xrightarrow[-H_2O]{:NH_3,\ 300°}$ 1,2-Benzoldicarboximid (Phthalimid) 97% $\xrightarrow{K_2CO_3,\ H_2O}$ Kaliumphthalimid ($:\ddot{N}:^- K^+$) $\xrightarrow[-KBr]{HC{\equiv}CCH_2Br,\ DMF,\ 100°C}$

N-2-Propinyl-1,2-benzoldicarboximid (N-Propargylphthalimid) 93% $\xrightarrow{H_2SO_4,\ H_2O,\ 120°C}$ Phthalsäure + $HC{\equiv}CCH_2\overset{+}{N}H_3HSO_4^-$ $\xrightarrow{NaOH,\ H_2O}$

$HC{\equiv}CCH_2\ddot{N}H_2$ + Dinatriumphthalat (O^-Na^+)

1,2-Benzoldicarbonsäure (Phthalsäure)

97%
1,2-Benzoldicarboximid (Phthalimid)

93%
***N*-2-Propinyl-1,2-benzoldicarboximid (*N*-Propargylphthalimid)**

73%
2-Propinamin (Propargylamin)

wird bei wäßriger Aufarbeitung entfernt

Übung 21-10

Ein *N*-Alkyl-1,2-benzoldicarboximid (*N*-Alkylphthalimid) wird häufig mit Base oder mit Hydrazin, H_2NNH_2 gespalten. Dabei erhält man das 1,2-Benzoldicarboxylat A bzw. das Hydrazid B. Beschreiben Sie die Mechanismen beider Umwandlungen.

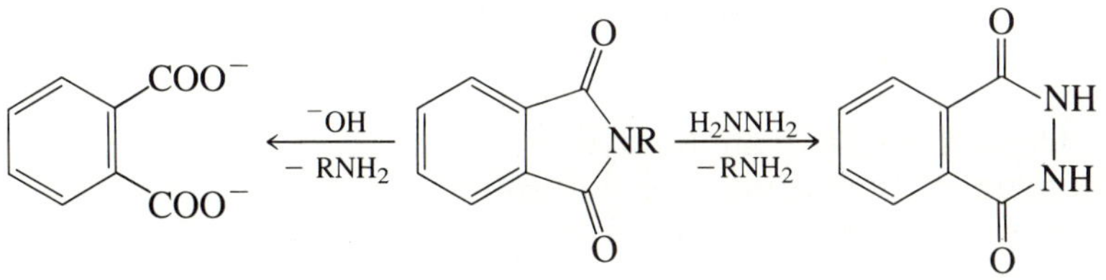

A ($C_6H_4(COO^-)_2$) $\xleftarrow[-RNH_2]{^-OH}$ N-Alkylphthalimid (NR) $\xrightarrow[-RNH_2]{H_2NNH_2}$ B (Phthalhydrazid, NH–NH)

A **B**

Darstellung von Aminen durch Kondensation mit Carbonylverbindungen und anschließender Reduktion

Die Kohlenstoff-Stickstoff-Doppelbindung von Iminen kann, ebenso wie die Kohlenstoff-Sauerstoff-Doppelbindung von Aldehyden und Ketonen durch katalytische Hydrierung oder mit Hydrid-Reagenzien reduziert werden. Dabei entstehen die entsprechenden Aminderivate. Da man Imine durch Kondensation von Aminen mit Carbonylverbindungen erzeugt, führt diese Methode letztlich zur **reduktiven Aminierung** eines Aldehyds oder Ketons.

$$R(R')C{=}O + H_2NR'' \underset{\text{Kondensation}}{\rightleftharpoons} R(R')C{=}NR'' + H_2O$$

$$R(R')C{=}NR'' \xrightarrow[\text{Reduktion}]{} R'{-}C(R)(H){-}NHR''$$

Für den Erfolg dieser Reaktion ist die Selektivität der Reduktionsmittel, katalytisch aktivierter Wasserstoff oder Natriumcyanoborhydrid, $Na^+BH_3CN^-$ ausschlaggebend. Beide reagieren mit der Imin-Doppelbindung rascher als mit der Carbonyl-Doppelbindung. Diese Reaktion führt man gewöhnlich durch, indem man die Carbonyl-Komponente und das Amin zusammen mit dem Reduktionsmittel vorlegt, wobei sich ein vorgelagertes Gleichgewicht zwischen Carbonylverbindung und Amin einerseits, und dem Imin und Wasser andererseits ausbildet.

$$C_6H_5CHO + NH_3 \underset{+H_2O}{\overset{-H_2O}{\rightleftharpoons}} C_6H_5CH{=}NH \xrightarrow{H_2,\ Ni,\ CH_3CH_2OH,\ 70°C,\ 9\ MPa} C_6H_5CH_2NH_2\ (89\%)$$

Benzolcarbaldehyd (Benzaldehyd) — nicht isoliert — **Phenylmethanamin (Benzylamin)**

$$\text{Cyclohexanon} + NH_3 \underset{+H_2O}{\overset{-H_2O}{\rightleftharpoons}} \text{Cyclohexanimin} \xrightarrow{NaBH_3CN,\ CH_3CH_2OH,\ pH = 2-3} \text{Cyclohexanamin}\ (61\%)$$

Cyclohexanon — nicht isoliert — **Cyclohexanamin**

Natriumcyanoborhydrid stellt man her, indem man Natriumborhydrid, $NaBH_4$, mit Cyanwasserstoff umsetzt. Die elektronenziehende Cyanogruppe beeinträchtigt die Fähigkeit des Borhydrid-Ions, H^- auf die zu reduzierende Gruppe zu übertragen. Deshalb wirkt Cyanoborhydrid als Reduktionsmittel selektiver. Im Gegensatz zu Borhydrid ist es in protischen sauren Medien (pH = 2–3) auch relativ stabil, so daß es für reduktive Aminierungen das Mittel der Wahl ist.

Die reduktive Aminierung von Methanal (Formaldehyd) bietet einen bequemen Zugang zur Methylierung eines sekundären Amins. Primäre Amine werden mit dieser Methode zweifach methyliert.

$$C_5H_9NHCH_2C_6H_5 + CH_2{=}O \xrightarrow{NaBH_3CN,\ CH_3OH} C_5H_9N(CH_3)CH_2C_6H_5\ (100\%)$$

***N*-(Phenylmethyl)cyclopentanamin (Benzylcyclopentylamin)** — ***N*-Methyl-*N*-(phenylmethyl)cyclopentanamin (Benzylcyclopentylmethylamin)**

$$(CH_3)_3CCH_2NH_2 + 2\ CH_2{=}O \xrightarrow{NaBH_3CN,\ CH_3OH} (CH_3)_3CCH_2N(CH_3)_2\ (84\%)$$

2,2-Dimethylpropanamin — ***N,N*,2,2-Tetramethylpropanamin**

Reduktive Aminierung mit sekundären Aminen führt zu den entsprechenden *N,N*-Dialkylamino-Derivaten.

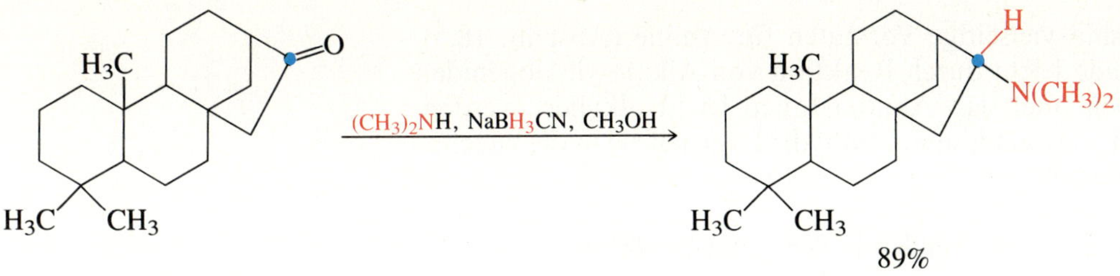

H_3C ... $\xrightarrow{(CH_3)_2NH,\ NaBH_3CN,\ CH_3OH}$ ... H, $N(CH_3)_2$, H_3C, CH_3 89%

Übung 21-11

Reduktive Aminierung mit einem sekundären Amin verläuft über ein intermediäres Iminium-Ion. Beschreiben Sie den Mechanismus dieser Reaktion.

Übung 21-12

Erklären Sie die folgende Umsetzung anhand eines Mechanismus:

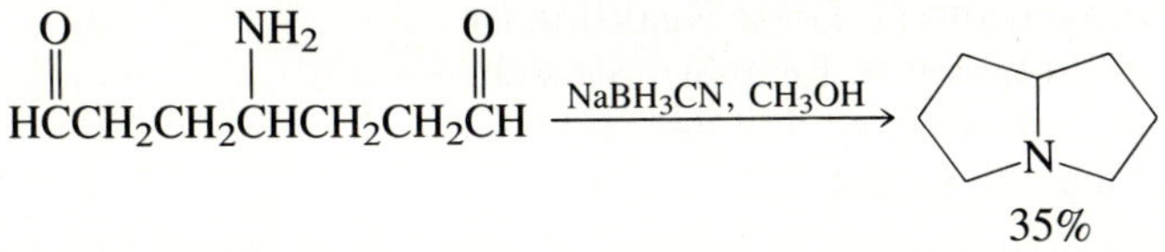

$$HCCH_2CH_2CHCH_2CH_2CH\ (O,\ NH_2,\ O) \xrightarrow{NaBH_3CN,\ CH_3OH} \text{(N)}\quad 35\%$$

In einer der reduktiven Aminierung verwandten Reaktion werden Oxime (die durch Kondensation von Carbonylverbindungen mit Hydroxylamin entstehen, Abschn. 15.6), mit Lithiumaluminiumhydrid zu primären Aminen reduziert. Im allgemeinen isoliert man das Oxim vor der Reduktion.

Darstellung von Aminen aus Oximen

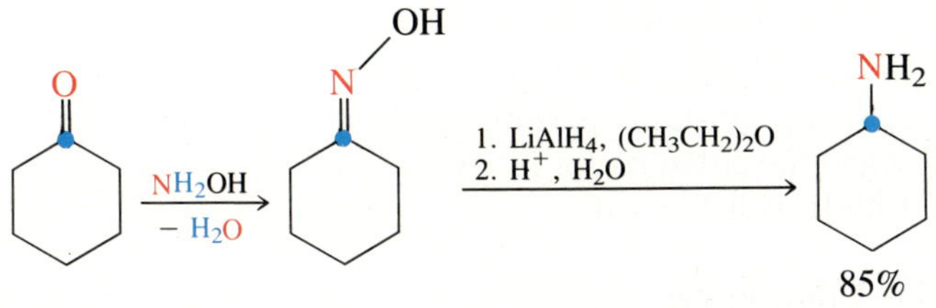

$$\text{O} \xrightarrow[-\ H_2O]{NH_2OH} \text{N–OH} \xrightarrow{1.\ LiAlH_4,\ (CH_3CH_2)_2O;\ 2.\ H^+,\ H_2O} NH_2\quad 85\%$$

Durch Verwendung des milderen Reduktionsmittels Natriumcyanoborhydrid ist es möglich, das intermediär gebildete Hydroxylamin zu isolieren.

Bildung von Hydroxylaminen aus Oximen

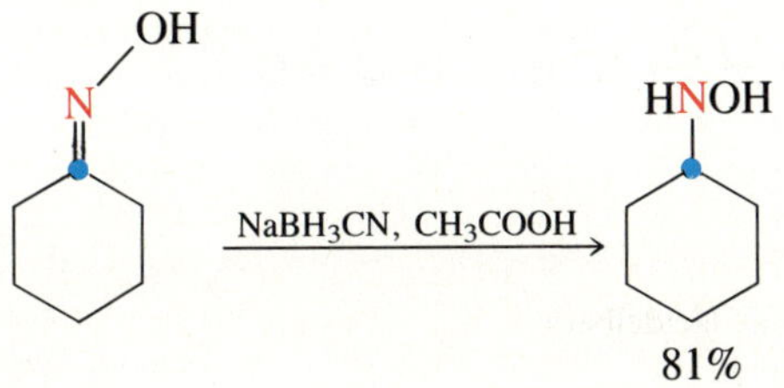

$$\text{N–OH} \xrightarrow{NaBH_3CN,\ CH_3COOH} HNOH\quad 81\%$$

Amine entstehen aus Amiden durch Reduktion und durch Oxidation

Carbonsäureamide sind vielseitige Vorstufen für Amine (Abschn. 18.5). Wir wissen, daß Amide leicht durch Reaktion von Alkanoylhalogeniden mit Aminen entstehen, und daß Amidat-Ionen leicht alkyliert werden. Durch Reduktion mit Lithiumaluminiumhydrid werden sie in die zugehörigen Amine umgewandelt.

Der Gebrauch von Amiden in der Amin-Synthese

$$RC(=O)Cl + H_2\ddot{N}R' \xrightarrow[-H]{Base} RC(=O)\ddot{N}HR' \xrightarrow[-H{-}H]{NaH} RC(=O)\ddot{\bar{N}}R'\,Na^+ \xrightarrow[-NaX]{R''X} RC(=O)\ddot{N}R'R'' \xrightarrow{LiAlH_4,\ (CH_3CH_2)_2O} RCH_2\ddot{N}R'R''$$

Amidat-Ion

Primäre Amide werden durch Oxidation mit Brom oder Chlor in Gegenwart von Natriumhydroxid in Amine umgewandelt. Diese Reaktion ist uns als Hofmann-Umlagerung (Abschn. 18.5) bekannt. Erinnern Sie sich, daß die Carbonylgruppe dabei als CO_2 entfernt wird, so daß das entstandene Amin ein Kohlenstoffatom weniger als das Edukt hat.

Darstellung von Aminen durch Hofmann-Umlagerung

$$RC(=O)NH_2 \xrightarrow{Br_2,\ NaOH,\ H_2O} RNH_2 + O{=}C{=}O$$

In ähnlichen Umsetzungen geht man von einem Alkanoylhalogenid aus (**Curtius*-Umlagerung**) oder von einer Carbonsäure (**Schmidt**-Umlagerung**), die in beiden Fällen mit Natriumazid reagieren.

Bei der Curtius-Umlagerung verdrängt das Azid-Ion zunächst das Halogenid durch einen Addition-Eliminierungs-Mechanismus. Das resultierende Alkanoylazid spaltet Stickstoff ab, wobei intermediär ein Acylnitren entsteht, das als Zwischenstufe auch bei der Hofmann-Umlagerung postuliert wird. Durch die Wanderung der Alkylgruppe entsteht ein Isocyanat, das in Gegenwart von Wasser zum Amin hydrolysiert wird.

Mechanismus der Curtius-Umlagerung

$$RC(=O)Cl + Na^+N_3^- \xrightarrow[-NaCl]{CHCl_3} RC(=O){-}\ddot{\bar{N}}{-}\overset{+}{N}{\equiv}N{:} \xrightarrow[-N_2]{\Delta}$$

Alkanoylazid

$$RC(=O)\ddot{N}{:} \xrightarrow[Umlagerung]{} RN{=}C{=}O \xrightarrow{H_2O} RNH_2 + O{=}C{=}O$$

Acylnitren

* Theodor Curtius, 1857–1928, Professor an der Universität Heidelberg.

** Dr. Karl F. Schmidt, 1887–1971, Knoll AG, Ludwigshafen.

Eine einmalige Besonderheit der Curtius-Umlagerung ist, daß sie in inerten Lösungsmitteln wie Methannitril (Acetonitril) auf der Stufe des Isocyanats angehalten werden kann:

$$\text{(Dioxolan, Ethinyl)}-CH_2CH_2-\underset{\underset{O}{\|}}{C}Cl \xrightarrow[-\,N_2,\ -\,NaCl]{Na^+N_3^-,\ CH_3CN,\ 82°C} \text{(Dioxolan, Ethinyl)}-CH_2CH_2-N{=}C{=}O$$

84%

Die Schmidt-Umlagerung verläuft über dieselben Stufen, nur geht man hier von einer Carbonsäure aus und erhält das Amin direkt. Die Addition-Eliminierungs-Reaktion, durch die das Alkanoylazid entsteht, wird durch Schwefelsäure katalysiert. Diese wird durch die basische Aufarbeitung neutralisiert.

$$CH_3(CH_2)_{16}COOH \xrightarrow[2.\ NaOH,\ H_2O]{1.\ Na^+N_3^-,\ H_2SO_4,\ C_6H_6} CH_3(CH_2)_{15}CH_2NH_2$$

96%

Octadecansäure **Heptadecanamin**

Übung 21-13

Schlagen Sie verschiedene Methoden vor, *N*-Methylhexanamin aus Hexanamin (zwei Möglichkeiten) und aus *N*-Hexylmethanamid herzustellen.

Wir fassen zusammen: Amine erhält man durch Alkylierung von Ammoniak oder anderen Aminen, wobei man allerdings Mischungen und schlechte Ausbeuten in Kauf nehmen muß. Bessere, indirekte Labormethoden arbeiten deshalb mit Nitrilen, Aziden und Nitrogruppen oder mit geschützten Systemen wie 1,2-Benzoldicarboximid (Phthalimid) bei der Gabriel-Synthese. In einer reduktiven Aminierung entstehen Alkanamine durch reduktive Kondensation von Aminen mit Aldehyden und Ketonen. Amide werden mit Hydriden zu Aminen reduziert oder über intermediäre Isocyanate zu diesen oxidiert, z. B. bei der Hofmann-Umlagerung.

21.5 Das freie Elektronenpaar prägt das chemische Verhalten der Amine

Das chemische Verhalten der Amine wird von der Nucleophilie des Stickstoffatoms wesentlich bestimmt. In früheren Abschnitten trat diese Eigenschaft bereits hervor. Beispielsweise reagieren Amine mit Halogenalkanen zu Ammoniumsalzen (Abschn. 21.2 und 21.4). Amine kondensieren mit Aldehyden und Ketonen unter Bildung von Iminen und Enaminen (Abschn. 15.6). In einer Additions-Eliminierungs-Folge reagieren sie mit Carbonsäure-Derivaten zu Amiden (Abschn. 18.5).

Dieser Abschnitt befaßt sich mit weiteren Möglichkeiten des nucleophilen Verhaltens der Amine und der einzigartigen Chemie der daraus entstehenden stickstoffhaltigen Verbindungen. Diese Chemie manifestiert sich in mehreren Reaktionen, die nach ihren Entdeckern benannt sind: die Hofmann-Eliminierung, die Mannich-Reaktion und die Cope-Eliminierung.

Quartäre Ammoniumsalze eliminieren tertiäre Amine unter Bildung von Alkenen

Durch nucleophilen Angriff eines Amins auf ein Halogenalkan entsteht ein Ammonium-Ion. Bei einen quartären Ion ist keine weitere Alkylierung möglich, da keine substituierbaren Protonen mehr vorhanden sind. Dennoch sind quartäre Ammoniumsalze instabil, besonders in Gegenwart starker Basen, da sie eine bimolekulare Eliminierung eingehen können, die zur Ausbildung eines Alkens führt. Dabei greift die Base das zum Stickstoff β-ständige Wasserstoffatom an, und das neutrale Trialkylamin tritt zusammen mit seinem Elektronenpaar aus. Diese Reaktion heißt **Hofmann*-Eliminierung**. Sie gleicht der säurekatalysierten Dehydratisierung von Alkoholen, in der Wasser als Abgangsgruppe fungiert.

Hofmann-Eliminierung

$$\mathrm{H{-}C{-}C{-}\overset{+}{N}R_3} \;+\; {}^{-}\!:\!\ddot{\mathrm{O}}\mathrm{H} \longrightarrow \mathrm{C{=}C} + \mathrm{HOH} + :\mathrm{NR_3}$$

Alken

Bei der Durchführung der Hofmann-Eliminierung wird das Amin zunächst mit einem Überschuß Iodmethan vollständig methyliert (*erschöpfende Methylierung*) und dann mit feuchtem Silberoxid (einer Quelle von OH^-) behandelt, um das Ammoniumhydroxid zu erzeugen. Durch Erhitzen erfolgt der Abbau dieses Salzes zum Alken. Der Vorteil von Iodmethan gegenüber anderen Halogenalkanen liegt auf der Hand: von einem Alkyltrimethylammonium-Salz erhält man ein einziges Umlagerungsprodukt.

Hofmann-Eliminierung von Butanamin

$$\underset{\textbf{Butanamin}}{\mathrm{CH_3CH_2CH_2CH_2NH_2}} \xrightarrow{\text{Überschuß } \mathrm{CH_3I,\ K_2CO_3,\ H_2O}} \underset{\textbf{Butyltrimethylammonium-iodid}}{\mathrm{CH_3CH_2CH_2CH_2\overset{+}{N}(CH_3)_3I^-}} \xrightarrow[-\ \mathrm{AgI}]{\mathrm{Ag_2O,\ H_2O}}$$

$$\underset{\textbf{Butyltrimethylammonium-hydroxid}}{\mathrm{CH_3CH_2\overset{H}{\overset{|}{C}}HCH_2\overset{+}{N}(CH_3)_3\ HO^-}} \xrightarrow{\Delta} \underset{\textbf{1-Buten}}{\mathrm{CH_3CH_2CH{=}CH_2}} + \mathrm{N(CH_3)_3} + \mathrm{HOH}$$

---

* derselbe August W. von Hofmann, der auch die Hofmann-Regel für E2-Reaktionen aufstellte (Abschn. 11.5) und die Hofmann-Umlagerung (Abschn. 18.5) entdeckte.

Übung 21-14

Welche Alkene können durch Hofmann-Eliminierung von (a) *N*-Ethylpropanamin (*N*-Ethylpropylamin) und (b) 2-Butanamin entstehen?

Die Hofmann-Eliminierung wurde zur Strukturaufklärung von stickstoffhaltigen Naturstoffen (Alkaloiden, Abschn. 26.7) eingesetzt. Vor allem dann, wenn der Stickstoff Teil eines Ringsystems ist, kann durch wiederholte Hofmann-Eliminierung die Lage des Heteroatoms genau zurückverfolgt werden.

N-Methylazacycloheptan → (1. CH_3I; 2. Ag_2O, H_2O; 3. Δ) → $N(CH_3)_2$ **N,N-Dimethyl-5-hexenamin** → (1. CH_3I; 2. Ag_2O, H_2O; 3. Δ) → **1,5-Hexadien** + $N(CH_3)_3$

Übung 21-15

Ein unbekanntes Amin der Summenformel $C_7H_{13}N$ zeigt im ^{13}C-NMR-Spektrum nur drei Linien bei $\delta = 21.0$, 26.8 und 47.8 ppm. Durch dreimalige Hofmann-Eliminierung entsteht 3-Ethenyl-1,4-pentadien (Trivinylmethan) und Isomere davon mit anderer Stellung der Doppelbindung (die als Nebenprodukte durch basenkatalysierte Isomerisierung entstanden). Welche Struktur hat das unbekannte Amin?

Iminium-Ionen alkylieren Enole

Durch Kondensation von Methanal (Formaldehyd) mit Ammoniak, primären oder sekundären Aminen entstehen Iminium-Ionen, die genügend elektrophil sind, um mit enolisierbaren Aldehyden und Ketonen zu reagieren. Der Vorgang, der hier abläuft, gleicht der Aldolkondensation (Abschn. 15.7). In diesem Fall greift das Enol eine Kohlenstoff-Stickstoff-Doppelbindung anstelle einer Carbonylgruppe an. Diese Reaktion ist als **Mannich*-Reaktion** bekannt; sie führt zu den entsprechenden β-*N*-Methylaminocarbonyl-Verbindungen. Dabei wird gewöhnlich die enolisierbare Carbonylverbindung in Gegenwart von Methanal (Formaldehyd), des Amins und HCl erhitzt. Das Produkt entsteht als Hydrochlorid. Das freie Amin (die *Mannich-Base*) erhält man durch Behandlung mit Base.

Mannich-Reaktion

$$CH_3CH(CH_3)CH{=}O + CH_2{=}O + CH_3NH_2 \xrightarrow[2.\ HO^-,\ H_2O]{1.\ HCl,\ CH_3CH_2OH,\ \Delta} (CH_3)_2C(CHO)CH_2NHCH_3$$

2-Methylpropanal → 70% **2-Methyl-(2-*N*-methylaminomethyl)-propanal** **Mannich-Base**

$$\text{Cyclohexanon} + CH_2{=}O + (CH_3)_2NH \xrightarrow{HCl,\ CH_3CH_2OH,\ \Delta} \text{2-}[CH_2\overset{+}{N}H(CH_3)_2\,Cl^-]\text{-cyclohexanon}$$

85% **Salz der Mannich-Base**

* Carl Mannich, 1877–1947, Professor an der Universität Berlin.

Mechanismus der Mannich-Reaktion:

Schritt 1: Bildung des Iminium-Ions

$$CH_2{=}O + (CH_3)_2\overset{+}{N}H_2Cl^- \longrightarrow CH_2{=}\overset{+}{N}(CH_3)_2Cl^- + H_2O$$

Schritt 2: Enolisierung

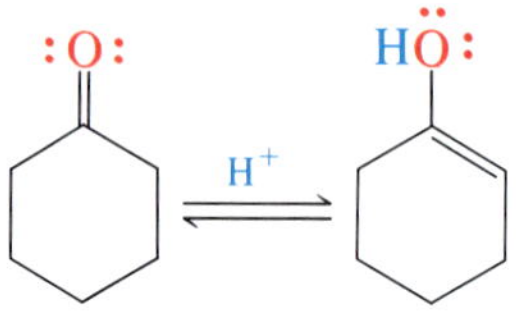

H⁺

Schritt 3: Bildung der C – C-Bindung

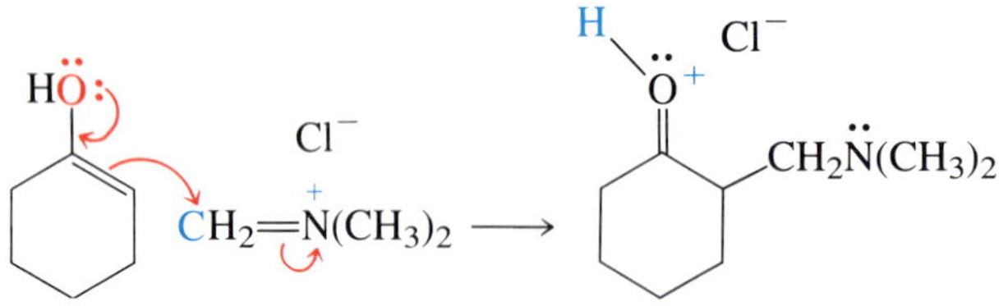

$$CH_2{=}\overset{+}{N}(CH_3)_2 \; Cl^- \longrightarrow CH_2\ddot{N}(CH_3)_2$$

Schritt 4: Bildung des Salzes als Hydrochlorid

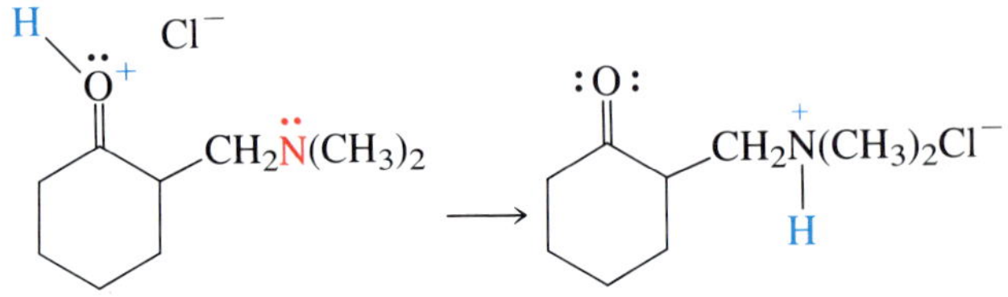

$$CH_2\ddot{N}(CH_3)_2 \longrightarrow CH_2\overset{+}{N}H(CH_3)_2Cl^-$$

Salz der Mannich-Base

Nucleophiler Angriff von Stickstoff auf Sauerstoff: Oxidation von Aminen zu Aminoxiden

Amine werden leicht von Oxidationsmitteln angegriffen, wobei aus primären und sekundären Aminen meist komplexe Produktgemische entstehen. Die Oxidation tertiärer Amine mit wäßrigem Wasserstoffperoxid oder mit Peroxycarbonsäuren (Abschn. 12.5) führt zu den entsprechenden **Aminoxiden**. (Bindung in Aminoxiden, siehe Abschn. 1.2).

$$(CH_3)_3N\colon + 30\%\ H_2O_2 \xrightarrow{CH_3OH,\ H_2O} (CH_3)_3\overset{+}{N}{-}\ddot{\underset{..}{O}}\colon^-$$

95%

Trimethylaminoxid

$$C_6H_5CH(CH_3)\ddot{N}(CH_3)_2 \xrightarrow{35\%\ H_2O_2,\ H_2O} C_6H_5CH(CH_3)\overset{+}{N}(O^-)(CH_3)_2$$

98%

Bei Temperaturen über 100 °C zerfällt ein Aminoxid mit einem β-ständigen Wasserstoff zu einem *N,N*-Dialkylhydroxylamin und einem Alken.

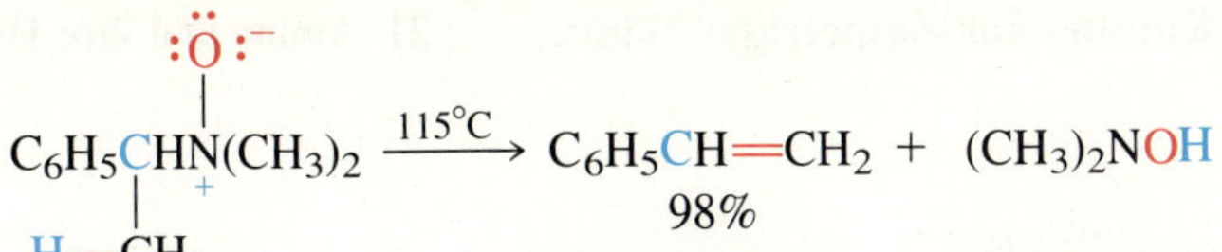

$$C_6H_5CH(CH_3)\overset{+}{N}(O^-)(CH_3)_2 \xrightarrow{115°C} C_6H_5CH{=}CH_2 + (CH_3)_2NOH$$

98%

Ethenylbenzol (Styrol) — ***N,N*-Dimethylhydroxylamin**

Dieser Vorgang ist als **Cope*-Eliminierung** bekannt und erinnert an die Esterpyrolyse (Abschn. 18.4), verläuft aber bei niedrigeren Temperaturen und ist deshalb für die Synthese von Alkenen nützlicher. Dabei findet eine *syn*-Eliminierung über einen cyclischen Übergangszustand statt.

***syn*-Eliminierung von Aminoxiden**

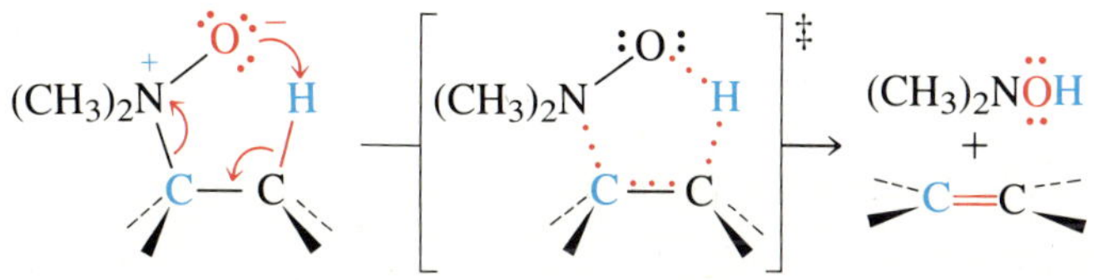

$$(CH_3)_2\overset{+}{N}(O^-)\text{–C–C–H} \longrightarrow [\ddagger] \longrightarrow (CH_3)_2NOH + C{=}C$$

Übung 21-16

Zeichnen Sie das Diastereomer von Verbindung A (siehe Rand), aus dem durch Cope-Eliminierung Verbindung B, ((*E*)-1-Methyl-1-propenyl)benzol entsteht.

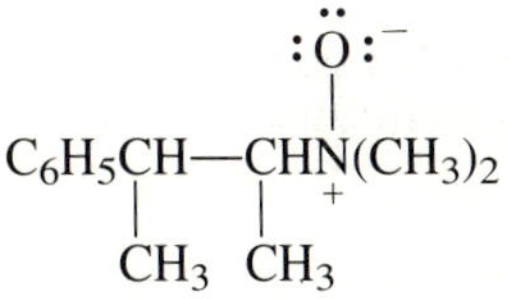

A: $C_6H_5CH(CH_3)\text{—}CH(CH_3)\overset{+}{N}(O^-)(CH_3)_2$

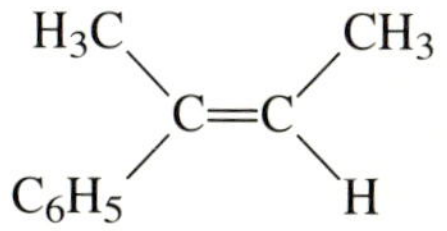

B: $(H_3C)(C_6H_5)C{=}C(CH_3)(H)$

Übung 21-17

Schildern Sie eine kurze Synthese (nicht mehr als fünf Schritte) von Methylencyclohexan, A (siehe unten), aus Cyclohexancarbonsäure, wobei im letzten Schritt eine Cope-Eliminierung stattfinden soll.

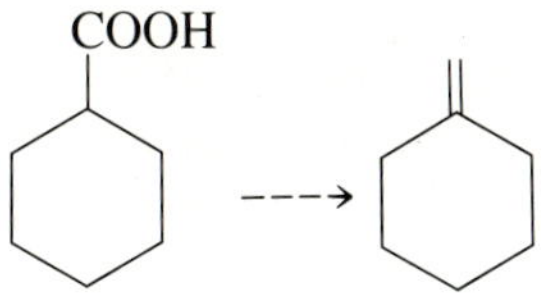

Cyclohexan-COOH ---→ A

Nucleophiler Angriff von Stickstoff auf Stickstoff: *N*-Nitrosamine und Diazonium-Ionen

Bei der Reaktion von Aminen mit Salpetriger Säure findet ein nucleophiler Angriff auf das intermediär gebildete Nitrosyl-Kation, NO^+, statt oder mit anderen Worten: dieses Nitrosyl-Kation greift elektrophil an. Welches Produkt entsteht, hängt in starken Maße davon ab, ob ein Alkanamin oder ein Benzolamin (Anilin) vorliegt, und ob es tertiär, sekundär oder primär ist. Aufgrund ihrer besonderen Struktur und des daraus resultierenden Verhaltens werden aromatische Amine in Abschnitt 24.4 gesondert behandelt. Dieser Abschnitt beschreibt nur einfache Alkanamine.

Salpetrige Säure wird gewöhnlich *in situ* durch Behandlung von Natriumnitrit mit verdünnter Salzsäure hergestellt. Dabei liegt sie im Gleichgewicht mit dem Nitrosyl-Kation vor. (Vergleichen Sie mit der Herstellung des Nitronium-Kations aus Salpetersäure, Abschn. 19.6).

* Arthur C. Cope, 1909–1966, Professor am Massachusetts Institute of Technology.

Mechanismus der Bildung des Nitrosyl-Kations aus Salpetriger Säure:

Schritt 1: Bildung der Salpetrigen Säure

$$Na^{+}\ {}^{-}:\ddot{\underset{..}{O}}-\ddot{N}=\ddot{\underset{..}{O}} \xrightarrow[-\ NaCl]{HCl} H\ddot{\underset{..}{O}}-\ddot{N}=\ddot{\underset{..}{O}}$$

Natriumnitrit **Salpetrige Säure**

Schritt 2: Protonierung

$$H\ddot{\underset{..}{O}}-\ddot{N}=\ddot{\underset{..}{O}} \overset{H^{+}}{\rightleftharpoons} H_2\overset{+}{\ddot{O}}-\ddot{N}=\ddot{\underset{..}{O}}$$

Schritt 3: Wasserabspaltung

$$H_2\overset{+}{\ddot{O}}-\ddot{N}=\ddot{\underset{..}{O}} \rightleftharpoons \left[{}^{+}:N=\ddot{\underset{..}{O}} \longleftrightarrow :N\equiv\overset{+}{O}:\right] + H_2\ddot{\underset{..}{O}}$$

Nitrosyl-Kation

Das elektrophile Nitrosyl-Kation greift Amine unter Bildung von *N*-Nitrosammoniumsalzen an.

$$-\overset{|}{N}: + {}^{+}\ddot{N}=\ddot{\underset{..}{O}} \longrightarrow -\overset{|}{\underset{|}{N}}{}^{+}-\ddot{N}=\ddot{\underset{..}{O}}$$

***N*-Nitrosammonium-salz**

Der weitere Verlauf der Reaktion hängt von der Anzahl der Wasserstoffatome am Stickstoff ab. Tertiäre *N*-Nitrosammoniumsalze sind bei niedrigen Temperaturen stabil, zerfallen jedoch beim Erhitzen, wobei Produktmischungen entstehen. Sekundäre *N*-Nitrosammoniumsalze werden einfach deprotoniert, wobei hauptsächlich die relativ stabilen ***N*-Nitrosamine** entstehen.

$$(CH_3)_2NH \xrightarrow{NaNO_2,\ HCl,\ H_2O,\ 0°C} (CH_3)_2\overset{H}{\overset{|}{N}}{}^{+}-N=O\ Cl^{-} \xrightarrow[-\ HCl]{} (H_3C)_2N-N=O$$

88%–90%
***N*-Nitrosodimethylamin**

Die aus primären Aminen ursprünglich gebildeten Monoalkyl-*N*-Nitrosamine sind instabil und zerfallen rasch zu komplexen Produktmischungen. Für diese Labilität ist das verbleibende Proton am Stickstoffatom verantwortlich. Durch eine Reihe von Wasserstoffverschiebungen lagern sich diese Verbindungen zunächst zu den entsprechenden Diazohydroxiden um. Durch Protonierung und anschließender Wasserabspaltung entstehen die hochreaktiven **Diazonium-Ionen**. Diese verlieren leicht Stickstoff und bilden Carbenium-Ionen. Diese wiederum können sich umlagern, ein Proton abgeben oder ein Nucleophil abfangen (Abschn. 9.2), so daß man gewöhnlich eine ganze Palette von Produkten erhält.

Mechanismus des Zerfalls primärer *N*-Nitrosamine:

Schritt 1: Umlagerung zum Diazohydroxid

$$\mathrm{R(H)\ddot{N}{-}\ddot{N}{=}\ddot{O}} \underset{-\,H^+}{\overset{+\,H^+}{\rightleftharpoons}} \left[\mathrm{R(H)\ddot{N}{-}\ddot{N}{=}\ddot{O}H^+} \longleftrightarrow \mathrm{R(H)N^+{=}\ddot{N}{-}\ddot{O}H}\right] \underset{+\,H^+}{\overset{-\,H^+}{\rightleftharpoons}} \mathrm{R{-}\ddot{N}{=}\ddot{N}{-}\ddot{O}H}$$

Diazohydroxid

Schritt 2: Wasserabspaltung zum Diazonium-Ion

$$\mathrm{R{-}\ddot{N}{=}\ddot{N}{-}\ddot{O}H} \underset{-\,H^+}{\overset{+\,H^+}{\rightleftharpoons}} \mathrm{R{-}\ddot{N}{=}\ddot{N}{-}\dot{O}H_2^+} \underset{H_2O}{\overset{-\,H_2O}{\rightleftharpoons}} \mathrm{R{-}\overset{+}{N}{\equiv}N{:}}$$

Diazonium-Kation

Schritt 3: Stickstoffabspaltung zum Carbenium-Ion

$$\mathrm{R{-}\overset{+}{N}{\equiv}N{:}} \xrightarrow[-\,N_2]{} \mathrm{R^+} \longrightarrow \text{Produktgemische}$$

Kasten 21-1

***N*-Nitrosamine sind carcinogen**

Von *N*-Nitrosodialkanaminen ist bekannt, daß sie bei verschiedenen Tierarten Krebs auslösen können und sie stehen im Verdacht, auch für Menschen carcinogen zu wirken, obwohl es dafür noch keine direkten Beweise gibt. Die meisten Nitrosamine scheinen Leberkrebs hervorzurufen, es gibt jedoch einige, deren carcinogenes Potential sehr organ-spezifisch zu sein scheint (Blase, Lunge, Speiseröhre, Nasenhöhlen usw.).

Die carcinogene Wirkung ist noch nicht aufgeklärt, man glaubt jedoch, daß anfangs durch enzymatische Oxidation einer der α-Positionen letztlich ein monoalkyliertes *N*-Nitrosamin entsteht. Diese Verbindung zerfällt zu einem Carbenium-Ion, das als starkes Elektrophil vermutlich die Basen in der DNA angreift. Diese Schädigung des Genoms löst die Entartung zur Krebszelle aus.

Nitrosamine fand man in den verschiedensten Arten von gepökeltem Fleisch, z. B. in geräuchertem Fisch, Wiener Würstchen (*N*-Nitrosodimethylamin) und gebratenem Speck [*N*-Nitrosoazacyclopentan (*N*-Nitrosopyrrolidin), siehe Übung 26.11]. Darüber hinaus entstehen sie aus natürlichen Aminen und zugefügtem Nitrit bei physiologischem pH im Magen von Versuchstieren. Der Nitritspiegel im Körper hängt von äußeren Faktoren ab, z. B. vom Trinkwasser, der Nahrung und von Nahrungszusätzen. Frischer Spinat z. B. enthält ungefähr 5 mg Nitrit/kg. Lagert man das Gemüse im Kühlschrank, steigt der Nitritgehalt bis zu 300 mg/kg. Nitrit wird weithin benutzt, um Fleisch- und Wurstwaren zu konservieren und um Farbe und Geschmack hervorzuheben. Im Jahre 1982 wurde deshalb der Gebrauch von Nitrit für solche Zwecke auf 100–150 ppm eingeschränkt.

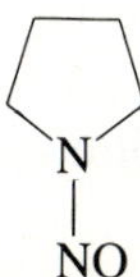

***N*-Nitrosoazacyclopentan (*N*-Nitrosopyrrolidin)**

Darstellung von Diazomethan aus *N*-Methyl-*N*-Nitrosamiden

Durch Nitrosierung von *N*-Methylamiden entstehen *N*-Methyl-*N*-nitrosamide.

$$\mathrm{RC(=O)NHCH_3} \xrightarrow[-\,H^+]{NO^+} \mathrm{RC(=O)N(NO)CH_3}$$

Ein *N*-Methyl-*N*-nitrosamid

Diese Verbindungen sind Vorstufen von **Diazomethan**, einer wichtigen synthetischen Zwischenstufe (Abschn. 17.8). Behandelt man z. B. *N*-Methyl-*N*-Nitrosoharnstoff in Ether mit 40 %iger wäßriger KOH bei 0 °C, erhält man eine gelbe Lösung von Diazomethan.

Bildung von Diazomethan

$$\mathrm{CH_3N(N{=}O)C(=O)NH_2} \xrightarrow{\mathrm{KOH,\ H_2O,\ (CH_3CH_2)_2O,\ 0°C}} \mathrm{CH_2{=}\overset{+}{N}{=}\ddot{N}:^-} + \mathrm{NH_3} + \mathrm{K_2CO_3} + \mathrm{H_2O}$$

***N*-Methyl-*N*-nitrosoharnstoff** — **Diazomethan**

Bei dieser Reaktion wird vermutlich zunächst ein Hydroxid-Ion addiert. Durch Eliminierung eines Diazoxid-Ions entsteht intermediär Diazohydroxid, das unter den stark basischen Bedingungen Wasser eliminiert unter Ausbildung von Diazomethan.

Mechanismus der Bildung von Diazomethan aus *N*-Methyl-*N*-Nitrosoharnstoff

Schritt 1: Addition von Hydroxid

$$\mathrm{CH_3N(N{=}O)C(=O)NH_2} + {}^-\mathrm{:\ddot{O}H} \longrightarrow \mathrm{CH_3N(N{=}O)\!-\!C(O^-)(OH)\!-\!NH_2}$$

Schritt 2: Eliminierung

$$\mathrm{CH_3N(N{=}O)\!-\!C(O^-)(OH)\!-\!NH_2} \longrightarrow \mathrm{CH_3N{=}N{-}\ddot{O}:^-} + \mathrm{HOC(=O)NH_2}$$

$$\mathrm{CH_3N{=}N{-}O^-} \xrightarrow{\mathrm{HOH}} \mathrm{CH_3N{=}NOH} + {}^-\mathrm{:\ddot{O}H} \qquad \mathrm{HOC(=O)NH_2} \longrightarrow \mathrm{CO_2} + \mathrm{HNH_2}$$

Diazohydroxid

Schritt 3: Wasserabspaltung

$$\mathrm{H{-}CH_2N{=}NOH} + {}^-\mathrm{:\ddot{O}H} \xrightarrow[-\,\mathrm{HOH}]{} {}^-\mathrm{:CH_2{-}N{=}N{-}OH} \xrightarrow[-\,{}^-\mathrm{:OH}]{} \left[{}^-\mathrm{:CH_2{-}\overset{+}{N}{\equiv}N:} \longleftrightarrow \mathrm{CH_2{=}\overset{+}{N}{=}\ddot{N}:^-} \right]$$

Diazomethan ist äußerst giftig und im Gaszustand (Sdp. −24 °C) und in konzentrierter Lösung hochexplosiv. Deshalb läßt man es sofort nach seiner Entstehung weiterreagieren. Reste von Diazomethan zerstört man, indem man Ethansäure (Essigsäure) hinzufügt, wobei sich der Methylester bildet (Abschn. 17.8).

$$CH_3C(=O)OH + CH_2N_2 \longrightarrow CH_3C(=O)OCH_2H + N_2$$

Je nachdem, wieviel Äquivalente des Reagenz vorliegen, entstehen durch Angriff von Diazomethan auf Alkanoylchloride zwei verschiedene Produkte. Ein Äquivalent Diazomethan erzeugt ein Chlormethylketon:

$$CH_3CH_2C(=O)Cl + CH_2N_2 \xrightarrow{(CH_3CH_2)_2O,\ 5^\circ C} \underset{\substack{50\% \\ \textbf{1-Chlor-2-butanon}}}{CH_3CH_2C(=O)CH_2Cl} + N_2$$

Das Kohlenstoffatom von Diazomethan greift dabei die Carbonylgruppe nucleophil an. Durch Eliminierung von Chlorid entsteht ein Diazonium-Ion. Schließlich wird die Abgangsgruppe N_2 durch das Halogenid nucleophil verdrängt.

Mechanismus der Bildung von Chlormethylketonen aus Alkanoylchloriden und Diazomethan:

Schritt 1: Nucleophile Addition

$$CH_3CH_2C(=\ddot{O}:)\ddot{C}l: + {}^-:CH_2—\overset{+}{N}{\equiv}N: \rightleftharpoons CH_3CH_2C(:\ddot{O}:^-)(:\ddot{C}l:)CH_2—\overset{+}{N}{\equiv}N:$$

Schritt 2: Eliminierung von Chlorid

$$CH_3CH_2C(:\ddot{O}:^-)(:\ddot{C}l:)CH_2—\overset{+}{N}{\equiv}N: \rightleftharpoons \underset{\textbf{Ein Diazonium-Ion}}{CH_3CH_2C(=\ddot{O}:)CH_2—\overset{+}{N}{\equiv}N:} + :\ddot{C}l:^-$$

Schritt 3: Verdrängung von Stickstoff durch Chlorid

$$CH_3CH_2C(=\ddot{O}:)CH_2—\overset{+}{N}{\equiv}N: + :\ddot{C}l:^- \longrightarrow CH_3CH_2C(=\ddot{O}:)CH_2\ddot{C}l: + :N{\equiv}N:$$

Arbeitet man mit zwei Äquivalenten Diazomethan, wird die Zwischenstufe, das Diazonium-Ion, abgefangen und zu einem **α-Diazoketon** deprotoniert.

Bildung eines α-Diazoketons durch Reaktion von Alkanoylchloriden mit Diazomethan

$$CH_3CH_2C(=O)CH(H)-\overset{+}{N}\equiv N: + Cl^- + \bar{:}CH_2-\overset{+}{N}\equiv N: \longrightarrow H-CH_2-\overset{+}{N}\equiv N + \left[CH_3CH_2C(=O)-CH=\overset{+}{N}=\ddot{N}^- \leftrightarrow CH_3CH_2C(=O)-\bar{C}H-\overset{+}{N}\equiv N: \leftrightarrow CH_3CH_2C(-O^-)=CH-\overset{+}{N}\equiv N:\right]$$

$$H-CH_2-\overset{+}{N}\equiv N + Cl^- \longrightarrow CH_3Cl + N_2$$

Ein α-Diazoketon

Durch die die Carbonylgruppe einbeziehende Resonanzeffekte sind α-Diazoketone stabiler als Diazoalkane, und man kann sie isolieren und lagern. (Vergl. die Stabilität entsprechender Keton-Ylide aufgrund ähnlicher Resonanz, Abschn. 16.4).

Diazoalkane zerfallen unter Licht- und Wärmeeinfluß, oder wenn sie katalytischen Mengen von Kupfer ausgesetzt sind. Dabei entstehen Stickstoff und hochreaktive Carbene. Carbene sind elektrophil und werden von Alkenen abgefangen, wobei, meist auf stereospezifische Weise, Cyclopropane entstehen.

$$H_2\bar{\ddot{C}}-\overset{+}{N}\equiv N: \xrightarrow{h\nu \text{ oder } \Delta \text{ oder Cu}} H_2C: \quad + :N\equiv N:$$

Methylen

Carben-Addition an Doppelbindungen

$$\text{Cyclohexen} + CH_2N_2 \xrightarrow{h\nu} \text{Bicyclo[4.1.0]heptan} + N_2$$

40%

Bicyclo[4.1.0]heptan

$$CH_3CH_2CH=CHCH_2CH_3 \;(cis) + CH_2N_2 \xrightarrow{Cu,\ \Delta} cis\text{-Diethylcyclopropan} + N_2$$

50%–70%

***cis*-Diethylcyclopropan**

Übung 21-18

Bestrahlt man die Diazoverbindung A in Heptan bei –78 °C, erhält man einen Kohlenwasserstoff C_4H_6, der drei Signale im ^{1}H-NMR und zwei Signale im ^{13}C-NMR, alle in der aliphatischen Region zeigt. Schlagen Sie für dieses Molekül eine Struktur vor.

$$CH_2=CHCH_2CH=\overset{+}{N}=\ddot{N}:^-$$

A

Übung 21-19

Durch welche Syntheseverfahren könnte man Hexansäure in folgende Verbindungen überführen:

(a) 1-Chlor-2-heptanon

(b) $CH_3(CH_2)_4C(=O)CHN_2$ (c) $CH_3(CH_2)_4C(=O)$–(Bicyclo[4.1.0]heptyl)

Carbene können sich auch aus Halogenmethanen bilden. Behandelt man z.B. Trichlormethan (Chloroform) mit starken Basen, findet eine ungewöhnliche Eliminierungsreaktion statt, bei der das Proton und die Abgangsgruppe von demselben Kohlenstoff abgespalten werden, wobei Dichlorcarben entsteht. Auf ähnliche Weise entsteht durch Einwirkung von Butyllithium auf Dichlormethan (Methylenchlorid) Chlorcarben. Eine weitere Quelle für das Carben Methylen ist Diiodmethan, wenn es mit Zinkpulver (das meist mit Kupfer aktiviert ist) umgesetzt wird. Diese Mischung nennt man **Simmons-Smith-Reagenz***. Alle Carbene können nur als reaktive Zwischenstufen erzeugt werden; sie fangen gewöhnlich rasch Alkene ab, wobei Cyclopropane entstehen.

Bildung von Dichlorcarben aus Chloroform und Reaktion mit Cyclohexen

$$HCCl_3 + (CH_3)_3CO^- \xrightarrow[- (CH_3)_3COH]{} {}^-:CCl_2(Cl) \longrightarrow :CCl_2 + Cl^-$$

Dichlorcarben

$$\text{Cyclohexen} + :CCl_2 \longrightarrow \text{7,7-Dichlorbicyclo[4.1.0]heptan}$$

59%

Bildung von Chlorcarben aus Dichlormethan und Reaktion mit 2-Methylpropen

$$H_2C{=}C(CH_3)_2 + HCCl(H)(Cl) \xrightarrow[- CH_3CH_2CH_2CH_2H \; - LiCl]{CH_3CH_2CH_2CH_2Li} \text{1-Chlor-2,2-dimethylcyclopropan (HCCl, H, H, CH}_3\text{, CH}_3)$$

Simmons-Smith-Reagenz zur Synthese von Cyclopropanen

$$\text{cis-}HC(CH_3){=}C(CH_3)H + CH_2I_2 \xrightarrow[-\text{Metalliodid}]{Zn\text{-}Cu, (CH_3CH_2)_2O} \text{cis-1,2-Dimethylcyclopropan (CH}_2\text{)}$$

* Dr. Howard E. Simmons, geb. 1929, und Dr. Ronald D. Smith, geb. 1930, E. I. du Pont de Nemours and Company, Wilmington, Delaware.

Wir fassen zusammen: Bei den Reaktionen der Amine greift Stickstoff nucleophil Kohlenstoff-, Sauerstoff- und andere Stickstoffatome an. Quartäre Ammoniumsalze, die durch Alkylierung des Amins entstehen, gehen in Gegenwart von Base eine Hofmann-Eliminierung ein, wobei sich, vermutlich durch einen E2-Mechanismus, Alkene bilden. Aminoxide, die durch Oxidation tertiärer Amine entstehen, wandeln sich in einer Cope-Eliminierung zu Alkenen um, einem Prozeß, der der Esterpyrolyse ähnelt. Die Kondensation von Methanal (Formaldehyd) mit Aminen erzeugt Iminium-Ionen, die ähnlich wie Aldole mit enolisierbaren Aldehyden und Ketonen zu aminomethylierten Carbonylderivaten reagieren (Mannich-Reaktion). Durch Salpetrige Säure werden Amine nitrosiert. Aus sekundären Aminen und Amiden entstehen die carcinogenen *N*-Nitrosamine und Nitrosamide. Primäre *N*-Nitrosamine zerfallen über Carbenium-Ionen zu Produktgemischen. Durch Einwirkung von Hydroxid auf *N*-Methylnitrosamide entsteht Diazomethan. Diese hochreaktive Verbindung ist eine wichtige Zwischenstufe bei Bildung von Methylestern aus Carbonsäuren, bei der Umwandlung von Alkanoylchloriden in Chlormethylketone, bei der Erzeugung von α-Diazoketonen und als Methylenquelle für die Bildung von Cyclopropanen aus Alkenen. Carbene als reaktive Zwischenstufen entstehen auch aus Halogenmethanen durch Dehydrohalogenierung oder Dehalogenierung.

21.6 Einige Verwendungszwecke von Aminen

Amine finden vielseitige Verwendung. In diesem Abschnitt lernen wir einige medizinisch wirksamen Amine kennen. Weiter erfahren wir, wie optisch aktive Amine zur Enantiomerentrennung eingesetzt werden und diskutieren die Fähigkeit quartärer Ammoniumsalze, als Katalysatoren die Grenzflächen organischer und wäßriger Lösungsmittel zu überwinden (Phasentransfer-Katalysatoren). Der Abschnitt schließt mit der Chemie eines industriell wichtigen Amins, 1,6-Hexandiamin (Hexamethylendiamin), das zur Herstellung von Nylon benötigt wird.

Viele Amine sind physiologisch aktiv

Stickstoff ist in einer großen Anzahl physiologisch aktiver Verbindungen enthalten. Viele bekannte Rausch- und Aufputschmittel sind einfache Amine, z. B. Adrenalin, Levopropylhexedrin, Hexamethylentetramin, Amphetamin und Mescalin (siehe unten). Viele, jedoch nicht alle dieser Verbindungen tragen die stets wiederkehrende Einheit 2-Phenylethanamin (β-Phenetylamin). Obwohl der Wirkmechanismus dieser Substanzen noch nicht aufgeklärt ist, scheint es, daß diese Struktureinheit für die Bindung an einen Rezeptor nötig ist.

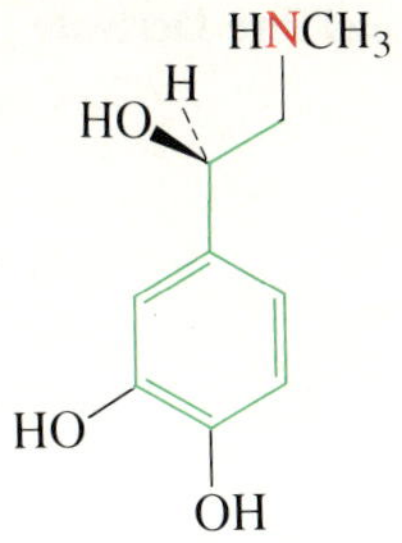

Adrenalin
ein Neurotransmitter

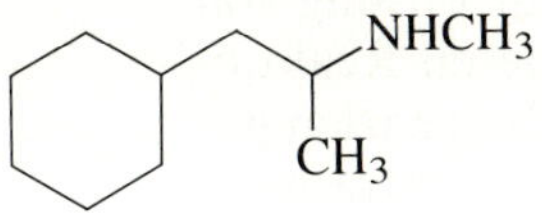

Levopropylhexedrin (Eventin)
das *R*-Enantiomer ist ein Appetitzügler

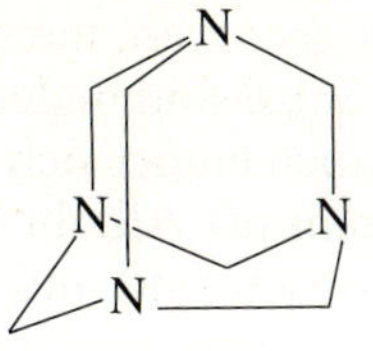

Hexamethylentetramin (Urotropin)
wirkt antibakteriell

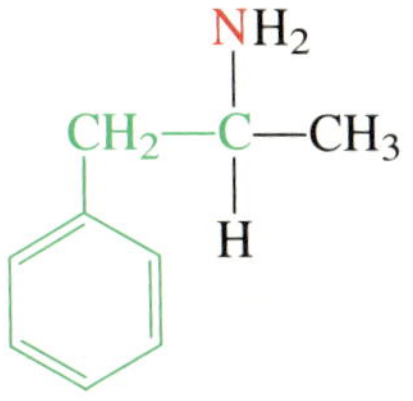

Amphetamin
Antidepressivum, stimuliert das Zentralnervensystem

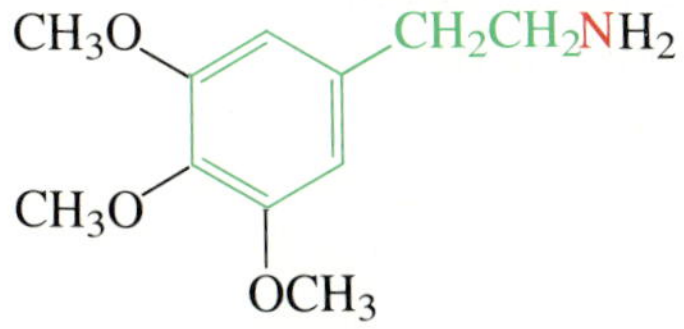

Mescalin
Ein Halluzinogen

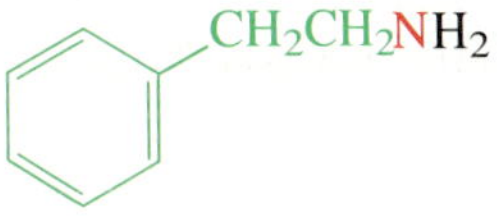

2-Phenylethanamin (β-Phenethylamin)

Diese Verbindungen stimulieren das Zentralnervensystem, steigern die Aktivität von Herz und Kreislauf, erhöhen die Körpertemperatur und verringern den Appetit. Aufgrund dieser letztgenannten Eigenschaft werden sie zur Unterstützung kalorienreduzierter Diät und im Kampf gegen die Fettleibigkeit verwendet. Sie führen jedoch auch zu psychischer Abhängigkeit und sind, besonders wenn sie im Übermaß genommen werden, gefährlich. Viele physiologisch aktive, stickstoffhaltige Verbindungen enthalten Stickstoff als Teil eines Ringsystems (Stickstoffheterocyclen, Kap. 26).

Optisch aktive Amine dienen zur Enantiomerentrennung

Einige in der Natur vorkommenden optisch aktiven Amine, insbesondere Alkaloide (Kap. 26) dienen zur Enantiomerentrennung (Abschn. 5.7 und 21.2). Sie bilden beispielsweise mit chiralen racemischen Carbonsäuren leicht diastereomere Ammoniumsalze, die fraktionierend kristallisiert werden können. Durch anschließende Ansäuerung wird das Amin regeneriert und man erhält die reinen Enantiomere der Säure.

Quartäre Ammoniumsalze als Phasentransfer-Katalysatoren

Quartäre Ammoniumsalze mit hydrophoben Alkylsubstituenten können eine Reaktion zwischen Reaktanten vermitteln, die in unmischbaren Lösungsmitteln gelöst sind – meist Wasser und einem organischen Lösungsmittel. Diese Wirkung bezeichnet man als **Phasentransfer-Katalyse**, da sie eine Spezies durch die Phasengrenze zur anderen Spezies transportieren.

Oft taucht bei der Planung einer Reaktion das Problem auf, ein Lösungsmittel für Reagenzien mit verschiedenen Löslichkeitseigenschaften zu finden. Ein gutes Beispiel dafür ist die S_N2-Reaktion, bei der eine organische Verbindung, z. B. ein Halogenalkan, meist mit einem anorganischen Reagenz, einem Salz, reagiert. Salze sind in den meisten organischen Lösungsmitteln unlöslich, Wasser jedoch eignet sich nicht zur Lösung von Halogenalkanen. Deshalb benutzt man oft Alkohole bei diesen Reaktionen, da sie sowohl polar als auch protisch sind und beide Reagenzien gut solvatisieren. Eine Alternative ist die Verwendung eines Phasentransfer-Katalysators, der dieses Problem umgeht, indem er den Durchgang der Reaktionspartner zwischen den unlöslichen Phasen ermöglicht. Mit katalytischen Mengen eines quartären Ammoniumsalzes (z. B. ein Tetrabutylammonium-, Hexadecyltrimethylammonium- oder Benzyltriethylammoniumhalogenid) können die beiden Reaktanden durch die Phasengrenze hindurch zueinander gelangen.

Erhitzt man z. B. eine wäßrige Lösung von Natriumcyanid und 1-Chloroctan in Decan, findet man keine Anzeichen einer S_N2-Reaktion. Fügt man jedoch eine kleine Menge Benzyltrimethylammoniumchlorid hinzu, entsteht das Nonannitril innerhalb weniger Stunden in quantitativer Ausbeute.

$$CH_3(CH_2)_7Cl + Na^+CN^- \longrightarrow CH_3(CH_2)_7CN + Na^+Cl^-$$

1-Chloroctan → **Nonannitril** (100%)

Die Reaktion findet statt, da das quartäre Ammonium-Ion aufgrund seiner hydrophoben Substituenten und seinem polarem Ende sowohl in der wäßrigen als auch in der organischen Phase löslich ist. Beim Eintritt in die organische Phase trägt es jedesmal ein Chlorid- oder ein Cyanid als Gegenion. Chlorid führt zu keiner sichtbaren Reaktion, Cyanid tauscht rasch gegen Chlorid aus. Das resultierende quartäre Ammoniumchlorid kehrt in die wäßrige Phase zurück, wo es wiederum sein Gegenion gegen Cyanid austauscht und so weiter (Abb. 21-7). Das quartäre Ammonium-Ion wirkt

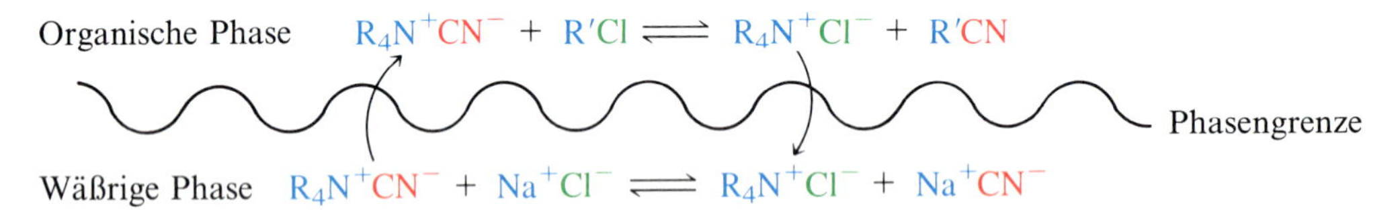

Abb. 21-7 Phasentransfer-Katalyse bei der S_N2-Reaktion eines Chloralkans mit Cyanid.

also als *shuttle*, der Cyanid in die organische Phase und Chlorid in die wäßrige Phase transportiert. Phasentransfer-Katalyse wird bei einer Vielzahl von organischen Reaktionen angewendet, wodurch diese oft spürbar beschleunigt werden, und Selektivität und Ausbeute steigen. Diese Technik bleibt nicht nur auf S_N2-Reaktionen beschränkt, sondern wird u. a. auch bei Carben-Additionen, Oxidationen und Reduktionen benutzt.

Phasentransfer-Katalyse zwischen wäßrig-organischen Phasen

Ethersynthese:

$$CH_3CH_2CH_2CH_2OH + C_6H_5CH_2Cl \xrightarrow[-\ HCl]{(CH_3CH_2CH_2CH_2)_4\overset{+}{N}\ HSO_4^-,\ 35°C,\ 1.5\ h} C_6H_5CH_2OCH_2CH_2CH_2CH_3$$

92%

Nitril-Alkylierung:

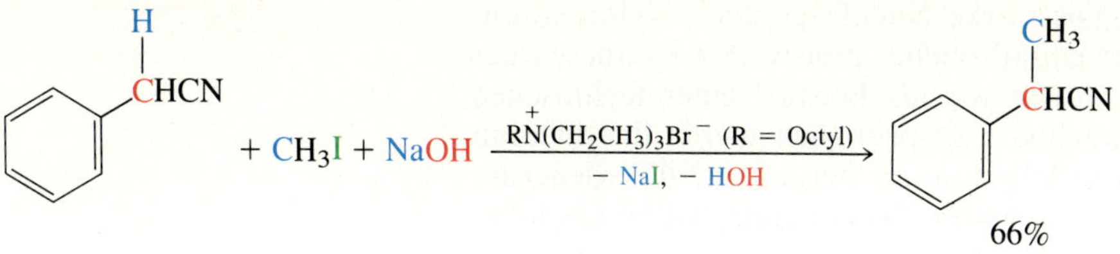

$$C_6H_5CH_2CN + CH_3I + NaOH \xrightarrow[-\,NaI,\ -\,HOH]{R\overset{+}{N}(CH_2CH_3)_3Br^-\ (R = Octyl)} C_6H_5CH(CH_3)CN$$

66%

Carben-Addition:

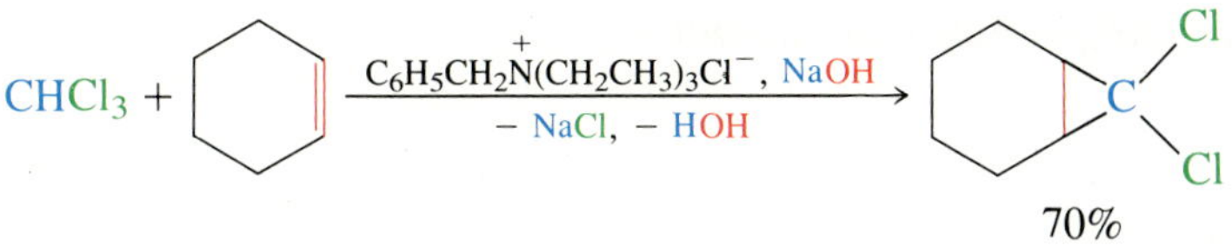

$$CHCl_3 + \text{Cyclohexen} \xrightarrow[-\,NaCl,\ -\,HOH]{C_6H_5CH_2\overset{+}{N}(CH_2CH_3)_3Cl^-,\ NaOH} \text{7,7-Dichlorbicyclo[4.1.0]heptan}$$

70%

Oxidation:

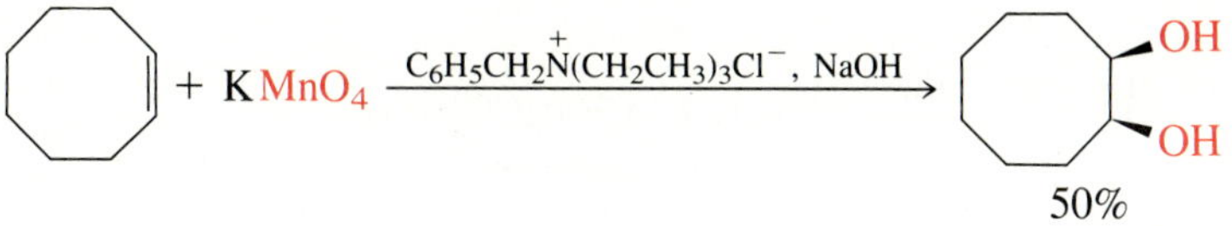

$$\text{Cycloocten} + KMnO_4 \xrightarrow{C_6H_5CH_2\overset{+}{N}(CH_2CH_3)_3Cl^-,\ NaOH} \text{cis-Cyclooctan-1,2-diol}$$

50%

Reduktion:

$$\text{2-Nonanon} + NaBH_4 \xrightarrow{R_4N^+X^-} \text{2-Nonanol}$$

100%

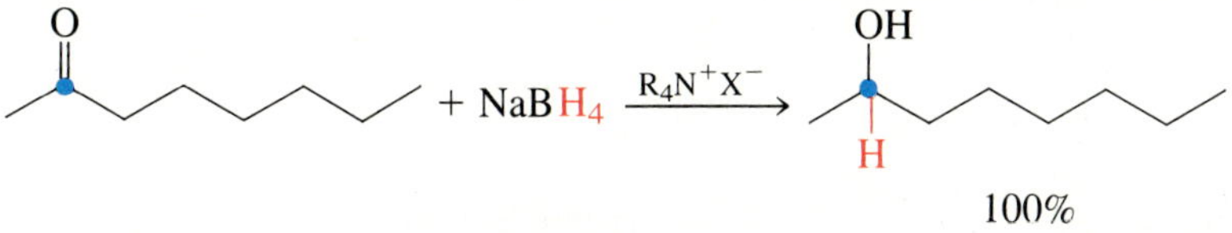

Ein industriell bedeutendes Amin: 1,6-Hexandiamin (Hexamethylendiamin)

Eines der wichtigsten technisch hergestellten Amine ist 1,6-Hexandiamin (Hexamethylendiamin, HMDA). Diese Verbindung wird zusammen mit Hexandisäure (Adipinsäure) copolymerisiert. Durch diesen Prozeß entsteht Nylon 66, aus dem wiederum Strumpfwaren, Seile, Schnüre und anderes Gerät sowie Textilfasern im Umfang von Millionen Tonnen hergestellt werden.

Copolymerisation von Adipinsäure mit HMDA

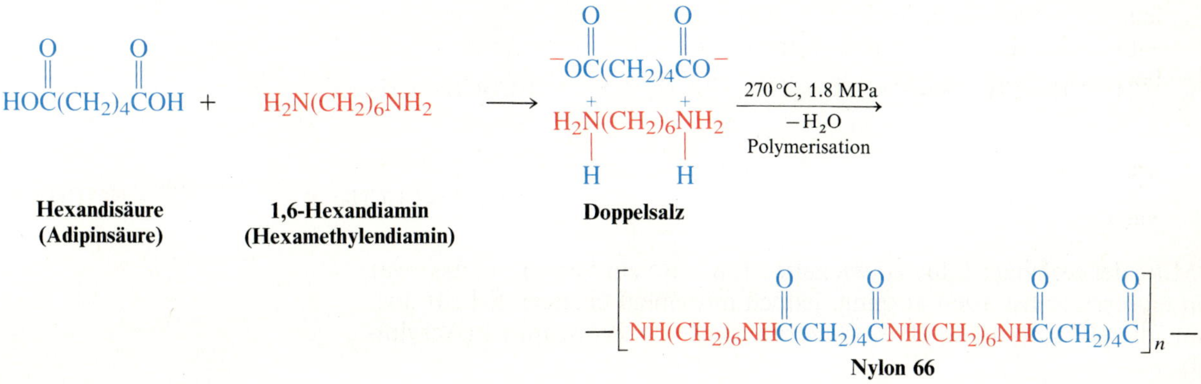

$$\underset{\textbf{Hexandisäure (Adipinsäure)}}{HO\overset{O}{\overset{\|}{C}}(CH_2)_4\overset{O}{\overset{\|}{C}}OH} + \underset{\textbf{1,6-Hexandiamin (Hexamethylendiamin)}}{H_2N(CH_2)_6NH_2} \longrightarrow \underset{\textbf{Doppelsalz}}{{}^-O\overset{O}{\overset{\|}{C}}(CH_2)_4\overset{O}{\overset{\|}{C}}O^-\ \ H_3\overset{+}{N}(CH_2)_6\overset{+}{N}H_3} \xrightarrow[-H_2O,\ \text{Polymerisation}]{270\,°C,\ 1.8\ MPa}$$

$$-\!\left[NH(CH_2)_6NH\overset{O}{\overset{\|}{C}}(CH_2)_4\overset{O}{\overset{\|}{C}}NH(CH_2)_6NH\overset{O}{\overset{\|}{C}}(CH_2)_4\overset{O}{\overset{\|}{C}}\right]_n\!-$$

Nylon 66

Nylon 66 ist ein Polyamid, das durch Kondensation der Säure mit dem Diamin unter Druck entsteht. Die starke Nachfrage nach Nylon stimulierte die Entwicklung mehrerer einfallsreicher preiswerter Synthesen der monomeren Vorstufen. Diese wollen wir als Beispiel einer technischen Entwicklung ausführlicher betrachten. Ursprünglich wurde das Diamin von du Pont aus Hexandisäure (Adipinsäure) hergestellt, die wiederum aus Benzol gewonnen wurde. Dabei wurde Benzol zunächst zu Cyclohexan hydriert, dieses wurde anschließend mit Luft zu einer Mischung von Cyclohexanon und Cyclohexanol oxidiert. Durch oxidative Ringspaltung kam man zu der gewünschten Säure.

Herstellung von Hexandisäure (Adipinsäure) aus Benzol

$$\text{Benzol} \xrightarrow{H_2,\ Pt\text{-}Al_2O_3,\ 200°C,\ 3.7\ MPa} \text{Cyclohexan} \xrightarrow{O_2,\ Co^{3+}\text{-Katalysator}}$$

$$\text{Cyclohexanon} + \text{Cyclohexanol} \xrightarrow{O_2,\ HNO_3,\ Cu/V\text{-Katalysator}} HOC(=O)(CH_2)_4C(=O)OH$$

Hexandisäure (Adipinsäure)

Durch Ammoniak wurde die Disäure in Hexandinitril (Adiponitril) umgewandelt. Durch katalytische Hydrierung erhielt man schließlich das Diamin.

$$HOC(=O)(CH_2)_4C(=O)OH \xrightarrow[-\,4\,H_2O]{NH_3,\ \Delta} N{\equiv}C(CH_2)_4C{\equiv}N \xrightarrow{H_2,\ Ni,\ 130°C,\ 14.7\ MPa} H_2N(CH_2)_6NH_2$$

Hexandinitril (Adiponitril) — **1,6-Hexandiamin (Hexamethylendiamin)**

Dieses Verfahren konnte (wiederum von du Pont) verbessert werden, als man erkannte, daß 1,3-Butadien den Ausgangsstoff für eine kürzere Synthese von Hexandinitril stellen konnte. Durch Chlorierung von Butadien erhielt man eine Mischung aus 1,2- und 1,4-Dichlorbuten (Abschn. 14.3). Diese Mischung ließ sich mit Natriumcyanid in Gegenwart von Kupfercyanid direkt in das Dinitril überführen. Das gewünschte Produkt erhielt man dann durch selektive Hydrierung.

Synthese von Hexandinitril (Adiponitril) aus 1,3-Butadien

$$CH_2{=}CH{-}CH{=}CH_2 \xrightarrow{Cl{-}Cl} ClCH_2CH{=}CHCH_2Cl + ClCH_2CH(Cl)CH{=}CH_2 \xrightarrow[-\,NaCl]{CuCN,\ NaCN}$$

$$NCCH_2CH{=}CHCH_2CN \xrightarrow{H_2,\ \text{Katalysator}} NC(CH_2)_4CN$$

Mitte der sechziger Jahre entwickelte Monsanto ein Verfahren, das zwar von teureren Substanzen ausging, jedoch mit einem einzigen Schritt auskam: die elektrolytische Hydrodimerisierung von Propennitril (Acrylnitril).

Elektrolytische Hydrodimerisierung von Propennitril (Acrylnitril)

$$CH_2{=}CHC{\equiv}N \xrightarrow{1\,e} \dot{C}H_2{-}\ddot{\bar{C}}H{-}C{\equiv}N \xrightarrow{H^+} \dot{C}H_2{-}CH_2{-}C{\equiv}N \xrightarrow{1\,e}$$

Propennitril (Acrylnitril) — **Radikal-Anion** — **Radikal**

$$\ddot{\bar{C}}H_2{-}CH_2{-}C{\equiv}N \xrightarrow{CH_2{=}CH{-}C{\equiv}N} N{\equiv}CCH_2CH_2CH_2\ddot{\bar{C}}HC{\equiv}N \xrightarrow{H^+} NC(CH_2)_4CN$$

Anion

Man nimmt an, daß bei diesem Prozeß Propennitril, wie gezeigt, kathodisch zum Radikal-Anion reduziert wird; durch Protonierung entsteht daraufhin ein Radikal, das auf der Elektrodenoberfläche rasch zum Anion weiterreduziert wird. Diese Spezies greift vorhandenes Ausgangsmaterial wie bei der Michael-Reaktion (Abschn. 16.5) an, wobei durch Protonierung das Dinitril entsteht.

Mit der Erstellung einer neuen Synthese reagierte du Pont auf Monsantos Herausforderung. Sie ging wiederum von 1,3-Butadien aus, kam jedoch ohne Chlor aus und vermied Probleme des Umweltschutzes, die bei der Vernichtung von Kupfersalzen auftreten. Anstelle von Natriumcyanid gebrauchte man die billigere Blausäure, HCN. Rein gedanklich war dies die einfachste Methode: Zwei Mokeküle Cyanwasserstoff wurden direkt regioselektiv an Butadien addiert. Dabei ist ein Übergangsmetall als Katalysator notwendig, z. B. Eisen, Kobalt oder Nickel. Gewöhnlich sind auch Lewis-Säuren und Phosphane, meist Triphenylphosphan, $P(C_6H_5)_3$, nötig.

Addition von Cyanwasserstoff an 1,3-Butadien

$$CH_2{=}CHCH{=}CH_2 + 2\,HCN \xrightarrow{\text{Katalysator}} NC(CH_2)_4CN$$

Wir sahen, daß Amine und ihre Salze als Arzneimittel, zur Trennung von Enantiomeren, als Phasentransfer-Katalysatoren, und, am Beispiel von 1,6-Hexandiamin, als Industriechemikalien, verwendet werden.

Zusammenfassung neuer Reaktionen

1 Acidität von Aminen, Bildung von Amiden

$$RNH_2 + H_2O \rightleftharpoons R\bar{N}H + H_3\overset{+}{O} \qquad K_a \sim 10^{-35}$$

$$R_2NH + CH_3CH_2CH_2CH_2Li \rightleftharpoons R_2N^-Li^+ + CH_3CH_2CH_2CH_3$$

Lithiumdialkylamid

$$2\,NH_3 + 2\,Na \xrightarrow{\text{Katalyt. Mengen } Fe^{3+}} 2\,NaNH_2 + H_2$$

2 Basizität von Aminen

$$RNH_2 + H_2O \rightleftharpoons R\overset{+}{N}H_3 + OH^- \qquad K_b \sim 10^{-3.5}$$

$$R\overset{+}{N}H_3 + H_2O \rightleftharpoons RNH_2 + H_3O^+ \qquad K_a \sim 10^{-10}$$

Salzbildung:

$$RNH_2 + HCl \longrightarrow R\overset{+}{N}H_3Cl^-$$

Ein Alkylammoniumchlorid

3 Durch Alkylierung

$$R\ddot{N}H_2 + R'X \longrightarrow R\overset{R'}{\overset{|+}{N}}H_2\,X^-$$

Nachteil: Mehrfachalkylierung

$$R\overset{R'}{\overset{|+}{N}}H_2X^- + R'X \longrightarrow \longrightarrow \longrightarrow R\overset{+}{N}R'_3X^-$$

4 Primäre Amine aus Nitrilen

$$RX + CN^- \xrightarrow[-X^-]{S_N2} RCN \xrightarrow{LiAlH_4 \text{ oder } H_2,\ \text{Katalysator}} RCH_2NH_2$$

5 Primäre Amine aus Aziden

$$RX + N_3^- \xrightarrow[-X^-]{S_N2} RN_3 \xrightarrow{LiAlH_4} RNH_2$$

6 Primäre Amine aus Nitroverbindungen

Nitroalkane:

$$RX + NO_2^- \xrightarrow[-X^-]{S_N2} RNO_2 \xrightarrow{Fe,\ FeSO_4,\ H^+} RNH_2$$

Nitroarene:

$$C_6H_5R \xrightarrow[-H_2O]{HNO_3,\ H_2SO_4} 4\text{-}O_2N\text{-}C_6H_4R \xrightarrow{H_2,\ Ni,\ \Delta} 4\text{-}H_2N\text{-}C_6H_4R$$

7 Primäre Amine durch Gabriel-Synthese

$$\text{Phthalimid (NH)} \xrightarrow{1.\ K_2CO_3\quad 2.\ RX} \text{N-R-Phthalimid} \xrightarrow{1.\ H_2SO_4,\ H_2O,\ 120^\circ C\quad 2.\ NaOH} RNH_2$$

8 Amine durch reduktive Aminierung

$$R\overset{O}{\overset{\|}{C}}R' \xrightarrow{NH_3,\ NaBH_3CN} R\text{—}\underset{H}{\underset{|}{\overset{NH_2}{\overset{|}{C}}}}\text{—}R'$$

Reduktive Methylierung mit Methanal (Formaldehyd):

$$R_2NH + CH_2{=}O \xrightarrow{NaBH_3CN} R_2NCH_3$$

9 Primäre Amine und Hydroxylamine aus Oximen

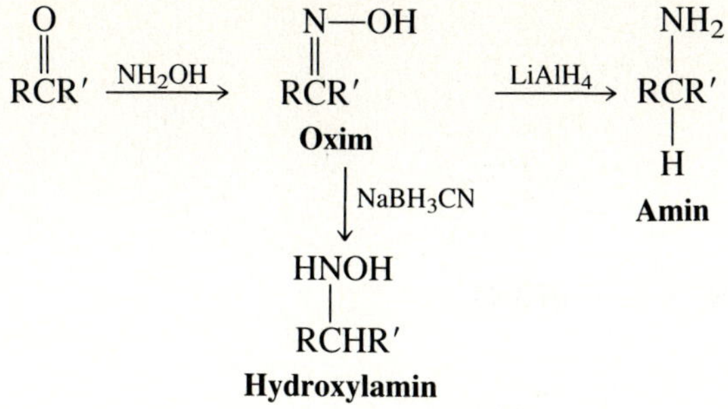

$$\mathrm{RC(=O)R'} \xrightarrow{\mathrm{NH_2OH}} \underset{\textbf{Oxim}}{\mathrm{RC(=N{-}OH)R'}} \xrightarrow{\mathrm{LiAlH_4}} \underset{\textbf{Amin}}{\mathrm{RCH(NH_2)R'}}$$

$$\textbf{Oxim} \xrightarrow{\mathrm{NaBH_3CN}} \underset{\textbf{Hydroxylamin}}{\mathrm{RCH(NHOH)R'}}$$

10 Amine aus Amiden

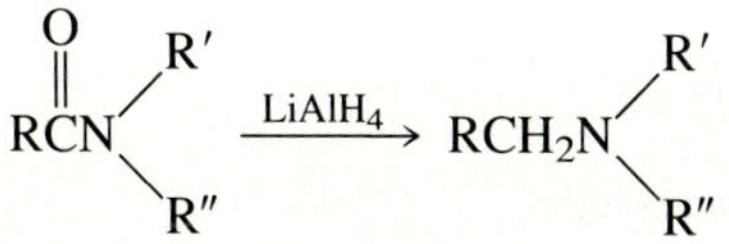

$$\mathrm{RC(=O)NR'R''} \xrightarrow{\mathrm{LiAlH_4}} \mathrm{RCH_2NR'R''}$$

11 Hofmann-Umlagerung

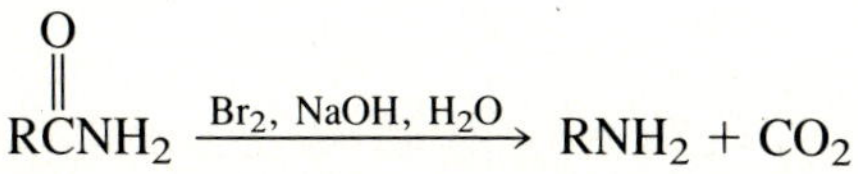

$$\mathrm{RC(=O)NH_2} \xrightarrow{\mathrm{Br_2,\ NaOH,\ H_2O}} \mathrm{RNH_2 + CO_2}$$

12 Curtius-Umlagerung

$$\mathrm{RC(=O)Cl + Na^+N_3^-} \xrightarrow[\mathrm{-\ NaCl,\ -\ N_2}]{} \mathrm{RN{=}C{=}O} \xrightarrow{\mathrm{H_2O}} \mathrm{RNH_2 + CO_2}$$

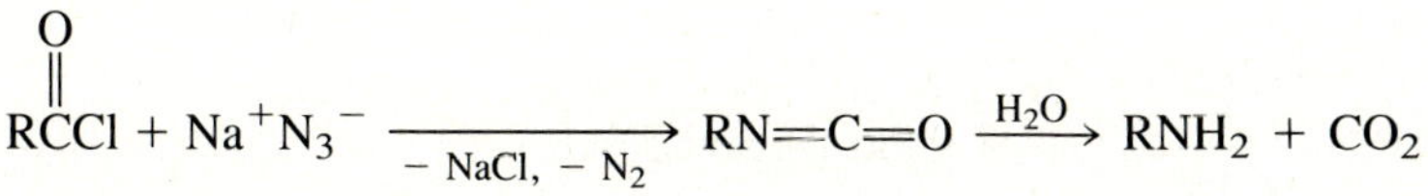

13 Schmidt-Umlagerung

$$\mathrm{RC(=O)OH} \xrightarrow{\mathrm{1.\ Na^+N_3^-,\ H_2SO_4;\ 2.\ NaOH}} \mathrm{RNH_2 + CO_2}$$

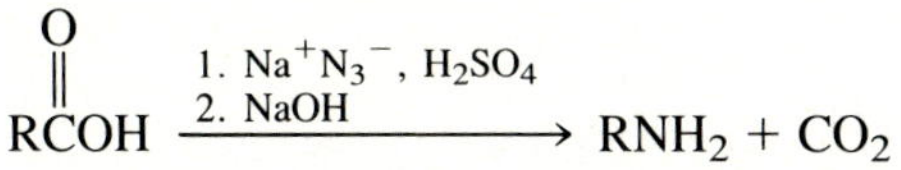

Reaktionen der Amine

14 Hofmann-Eliminierung

$$\mathrm{RCH_2CH_2NH_2} \xrightarrow{\text{Überschuß } \mathrm{CH_3I,\ K_2CO_3}} \mathrm{RCH_2CH_2\overset{+}{N}(CH_3)_3I^-} \xrightarrow[\mathrm{-AgI}]{\mathrm{Ag_2O,\ H_2O}}$$

$$\mathrm{RCH_2CH_2\overset{+}{N}(CH_3)_3\,{}^-OH} \xrightarrow{\Delta} \mathrm{RCH{=}CH_2 + N(CH_3)_3 + H_2O}$$

15 Mannich-Reaktion

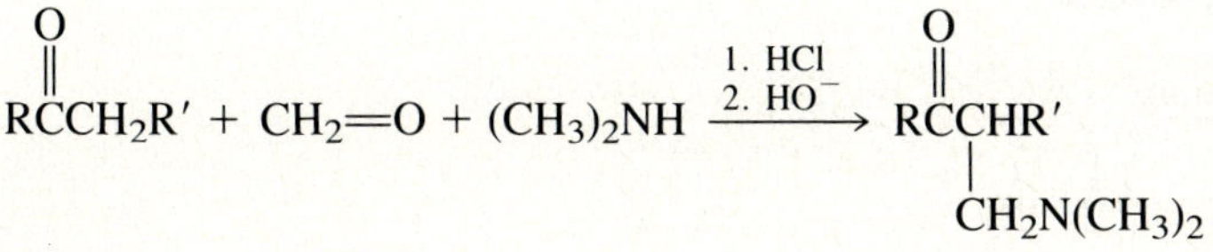

$$\mathrm{RC(=O)CH_2R' + CH_2{=}O + (CH_3)_2NH} \xrightarrow{\mathrm{1.\ HCl;\ 2.\ HO^-}} \mathrm{RC(=O)CHR'(CH_2N(CH_3)_2)}$$

16 Synthese von Aminoxiden

$$R_3N\!: + H_2O_2 \longrightarrow R_3\overset{+}{N}-\ddot{\underset{..}{O}}\!:^-$$

17 Cope-Eliminierung

$$RCH_2CHR'(\overset{+}{N}(CH_3)_2-O^-) \xrightarrow{\Delta} RCH{=}CHR' + (CH_3)_2NOH$$

18 Nitrosierung von Aminen

Tertiäre Amine:

$$R_3N \xrightarrow{NaNO_2,\ H^+X^-} R_3\overset{+}{N}-NO\ X^-$$

tertiäres *N*-Nitrosammoniumsalz

Sekundäre Amine:

$$RR'NH \xrightarrow{NaNO_2,\ H^+} RR'N{-}N{=}O$$

***N*-Nitrosamin**

Primäre Amine:

$$RNH_2 \xrightarrow{NaNO_2,\ H^+} RN{=}NOH \xrightarrow[-H_2O]{H^+} RN_2^+ \xrightarrow[-N_2]{} R^+ \longrightarrow \text{Produktgemisch}$$

19 Diazomethan

$$CH_3N(N{=}O)\overset{O}{\overset{\|}{C}}R \xrightarrow{KOH} CH_2{=}\overset{+}{N}{=}\ddot{N}\!:^-$$

Reaktionen von Diazomethan:

$$R\overset{O}{\overset{\|}{C}}OH + CH_2N_2 \longrightarrow R\overset{O}{\overset{\|}{C}}OCH_3 + N_2$$

$$R\overset{O}{\overset{\|}{C}}Cl + \underset{\text{1 Äquivalent}}{CH_2N_2} \longrightarrow \underset{\textbf{Chlormethylketon}}{R\overset{O}{\overset{\|}{C}}CH_2Cl} + N_2$$

$$R\overset{O}{\overset{\|}{C}}Cl + \underset{\text{2 Äquivalente}}{CH_2N_2} \longrightarrow \underset{\boldsymbol{\alpha}\textbf{-Diazoketon}}{R\overset{O}{\overset{\|}{C}}CH{=}\overset{+}{N}{=}\ddot{N}\!:^-} + CH_3Cl + N_2$$

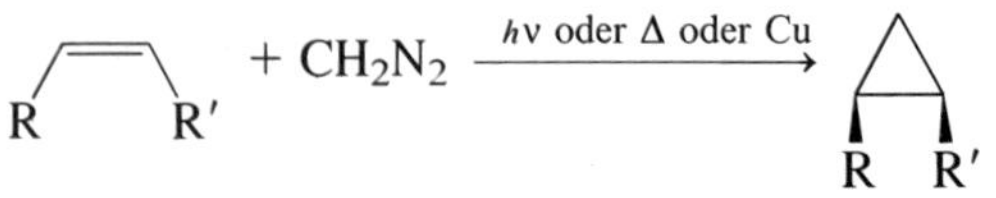

$$RCH{=}CHR'\ (cis) + CH_2N_2 \xrightarrow{h\nu \text{ oder } \Delta \text{ oder } Cu} \text{cis-1-R-2-R'-Cyclopropan}$$

Andere Carben-Quellen:

$$CHCl_3 \xrightarrow{\text{Base}} :CCl_2$$

$$CH_3Cl \xrightarrow{\text{Base}} :CHCl$$

$$CH_2I_2 \xrightarrow{\text{Zn/Cu}} :CH_2$$

20 Phasentransfer-Katalyse

$$R'X + :Nu^- \xrightarrow{R_4\overset{+}{N}X^-} R'Nu + X^-$$

21 Synthese von Nylon 66

$$\underset{\substack{\textbf{Hexandisäure}\\ \textbf{(Adipinsäure)}}}{HO\overset{O}{\overset{\|}{C}}(CH_2)_4\overset{O}{\overset{\|}{C}}OH} + \underset{\substack{\textbf{1,6-Hexandiamin}\\ \textbf{(Hexamethylen-}\\ \textbf{diamin)}}}{H_2N(CH_2)_6NH_2} \xrightarrow[-\,H_2O]{} \underset{\textbf{Nylon 66}}{-\!\!\left[NH(CH_2)_6NH\overset{O}{\overset{\|}{C}}(CH_2)_4\overset{O}{\overset{\|}{C}}\right]_n\!\!-}$$

22 Synthese von Hexandisäure

$$C_6H_6 \xrightarrow{\substack{1.\ H_2,\ Pt/Al_2O_3,\ 200\,°C,\ 3.7\ MPa\\ 2.\ O_2,\ Co^{3+}\ \text{als Kat.}\\ 3.\ O_2,\ HNO_3,\ Cu/V\ \text{als Kat.}}} HOOC(CH_2)_4COOH$$

23 Synthese von 1,6-Hexandiamin

Aus Hexandisäure:

$$HOOC(CH_2)_4COOH \xrightarrow{\substack{1.\ NH_3,\ \Delta\\ 2.\ H_2,\ Ni,\ 130\,°C,\ 14.7\ MPa}} H_2N(CH_2)_6NH_2$$

Aus 1,3-Butadien:

$$CH_2{=}CH{-}CH{=}CH_2 \xrightarrow{\substack{1.\ Cl_2\\ 2.\ CuCN,\ NaCN\\ 3.\ H_2,\ \text{Katalysator}}} H_2N(CH_2)_6NH_2$$

$$CH_2{=}CH{-}CH{=}CH_2 \xrightarrow{\substack{1.\ HCN,\ \text{Katalysator}\\ 2.\ H_2,\ \text{Katalysator}}} H_2N(CH_2)_6NH_2$$

Aus Propennitril:

$$2\ CH_2{=}CH{-}C{\equiv}N \xrightarrow{2\,e,\ 2\,H^+} NC(CH_2)_4CN \xrightarrow{H_2,\ \text{Katalysator}} H_2N(CH_2)_6NH_2$$

Zusammenfassung

1 Wie Ether und Alkohole als Derivate von Wasser betrachtet werden, kann man auch Amine von Ammoniak herleiten.

2 *Chemical Abstracts* benennt Amine als Alkanamine (und Benzolamine), Alkylsubstituenten am Stickstoff werden als *N*-Alkylgruppen bezeichnet. Ein anderes System beruht auf der Bezeichnung Aminoalkan, während Trivialnamen sich von Alkylaminen herleiten.

3 Das Stickstoffatom in Aminen ist sp^3-hybridisiert, wobei das freie Elektronenpaar den Platz eines Substituenten einnimmt. Diese Tetraederstruktur unterliegt einer raschen Inversion durch einen planaren Übergangszustand. Wird das freie Elektronenpaar jedoch zur Bindung eines vierten Substituenten benutzt, wird die Tetraeder-Struktur eingefroren, und die Verbindung kann, sofern sie chiral ist, in Enantiomere getrennt werden.

4 Das freie Elektronenpaar des Stickstoffatoms ist weniger fest gebunden als freie Elektronenpaare von Sauerstoff in Ether und Alkoholen, da Stickstoff weniger elektronegativ ist als Sauerstoff. Dies äußert sich in geringerer Fähigkeit zur Wasserstoffbrücken-Bindung, höherer Basizität und Nucleophilie und geringerer Acidität.

5 Mit Hilfe der Infrarot-Spektroskopie kann man primäre und sekundäre Amine unterscheiden. Im Kernresonanz-Spektrum kann man die Gegenwart eines Stickstoff-gebundenen Wasserstoffs feststellen; durch die Nähe des Stickstoffs werden Wasserstoff- und Kohlenstoffatome entschirmt. Im Massenspektrum sind die Fragmente der Iminium-Ionen charakteristisch.

6 Die NR_3-Gruppe eines quartären Amins $R'-\overset{+}{N}R_3$ ist eine gute Abgangsgruppe bei E2-Reaktionen, z. B. bei der Hofmann-Eliminierung.

7 Die Cope-Eliminierung eines Aminoxids verläuft über einen cyclischen Übergangszustand zu einem Alken und Alkylhydroxylamin.

8 Aufgrund ihrer Nucleophilie greifen Amine elektrophilen Kohlenstoff, z. B. in Halogenalkanen, Aldehyden und Ketonen, Carbonsäuren und deren Derivaten an. Der Angriff erfolgt auch auf elektrophilen Sauerstoff, z. B. bei Wasserstoffperoxid und Peroxycarbonsäuren und auf Stickstoff, z. B. beim Nitrosyl-Kation.

9 Die Wirkungsweise eines Phasentransfer-Katalysators beruht auf seiner Fähigkeit, sich zwischen einer wäßrigen und einer organischen Phase rasch bewegen zu können. Den Anionen, an die er bindet, wird es dadurch möglich, in beide Phasen zu gelangen, wo sie als Nucleophil, Base oder Redox-Reagenz reagieren.

Aufgaben

1 Geben Sie für die folgenden Amine mindestens zwei Namen an.

(a) 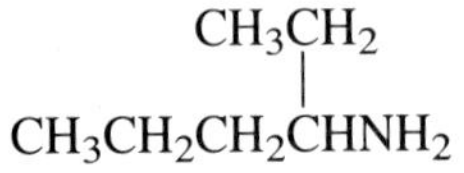 $CH_3CH_2CH_2CH(CH_2CH_3)NH_2$ (CH₃CH₂ am CH)

(b) 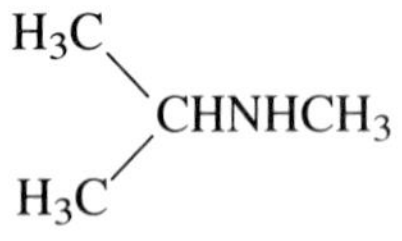 $(H_3C)_2CHNHCH_3$

(c) 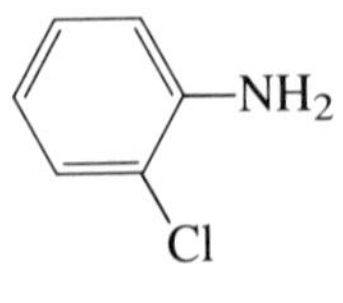 2-Chlorphenyl-NH_2 (Benzolring mit NH_2 und Cl in ortho-Stellung)

(d) 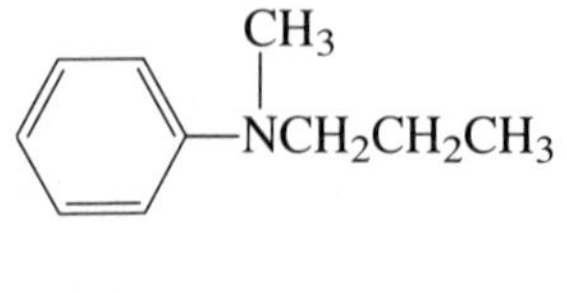 Phenyl-$N(CH_3)CH_2CH_2CH_3$

(e) $(CH_3)_3N$

(f) 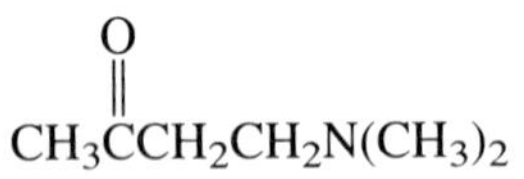 $CH_3C(=O)CH_2CH_2N(CH_3)_2$

(g) 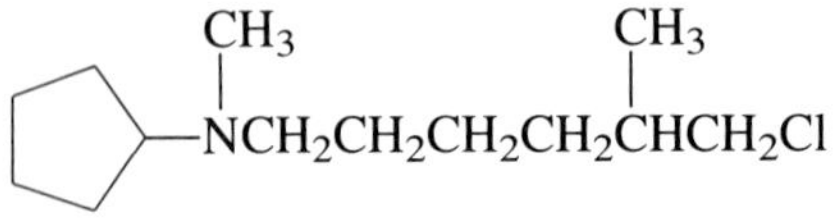 Cyclopentyl-$N(CH_3)CH_2CH_2CH_2CH_2CH(CH_3)CH_2Cl$

(h) $(CH_3CH_2)_2NCH_2CH{=}CH_2$

2 Zeichnen Sie die Strukturen, auf die folgende Namen passen:

(a) *N,N*-Dimethyl-3-cyclohexenamin
(b) *N*-Ethyl-2-phenylethylamin
(c) 2-Aminoethanol
(d) *m*-Chloranilin

3 Von Abschn. 21.2 wissen Sie, daß die Inversion am Stickstoffatom unter Umhybridisierung verläuft.

(a) Wie groß ist ungefähr der Energieunterschied zwischen sp^3-hybridisiertem Stickstoff (pyramidal) und sp^2-hybridisiertem Stickstoff (trigonal planar) in Ammoniak und einfachen Aminen?
(b) Betrachten Sie das Stickstoffatom und das Kohlenstoffatom in folgenden Spezies: Methyl-Kation, Methylradikal und Methyl-Anion. Vergleichen Sie die stabilsten Strukturen und die Hybridisierung bei jeder dieser Verbindungen. Halten Sie sich an Grundprinzipien von Orbitalenergien und Bindungsstärken, um Ähnlichkeiten und Unterschiede zu erklären.

4 Benutzen Sie die folgenden Daten der NMR- und Massenspektroskopie, um die Strukturen folgender beiden unbekannten Verbindungen aufzuklären.
Verbindung A: ^{1}H-NMR $\delta = 0.92$ (t, $J = 6$ Hz, 3 H), 1.32 (breit, s, 12 H), 2.28 (breit, s, 2 H) und 2.69 (t, $J = 7$ Hz, 2 H) ppm. Massenspektrum: m/z (relative Intensität) = 129 (0.6) und 30 (100).
Verbindung B: ^{1}H-NMR $\delta = 1.00$ (s, 9 H), 1.17 (s, 6 H), 1.28 (s, 2 H) und 1.42 (s, 2 H) ppm. Massenspektrum m/z (relative Intensität) = 129 (0.05), 114 (3), 72 (4) und 58 (100).

5 Nachstehend finden Sie spektroskopische Daten (^{13}C-NMR und IR) verschiedener isomerer Amine der Summenformel $C_6H_{15}N$. Schlagen Sie für jede Verbindung eine Struktur vor.

(a) ^{13}C-NMR: $\delta = 23.7$ (q) und 45.3 (d) ppm
IR: 3300 cm
(b) ^{13}C-NMR: $\delta = 12.6$ (q) und 46.9 (t) ppm
IR: keine Banden im Bereich von 3300–3500 cm^{-1}
(c) ^{13}C- NMR: $\delta = 12.0$ (q), 23.9 (t) und 52.3 (t) ppm
IR: 3280 cm^{-1}
(d) ^{13}C-NMR: $\delta = 14.2$ (q), 23.2 (t), 27.1 (t), 32.3 (t), 34.6 (t) und 42.7 (t) ppm
IR: 3280 und 3365 cm^{-1}
(e) ^{13}C-NMR: $\delta = 25.6$ (q), 38.7 (q) und 53.2 (s) ppm
IR: keine Absorption zwischen 3300–3500 cm^{-1}.

6 Für zwei Verbindungen aus Aufgabe 5 finden Sie die folgenden massenspektroskopischen Daten. Ordnen Sie diese der passenden Verbindung zu.

(a) m/z (relative Intensität) = 01 (8), 86 (11), 72 (79), 58 (10), 44 (40) und 30 (100).
(b) m/z (relative Intenstität) = 101 (3), 86 (30), 58 (14) und 44 (100).

7 Ist eine Verbindung mit einem hohen pK_b-Wert eine stärkere oder eine schwächere Base als eine Verbindung mit einem niedrigen pK_b? Antworten Sie, indem Sie ein allgemeines Säure/Base-Gleichgewicht aufstellen.

8 Welche Ergebnisse erwarten Sie, wenn Sie die folgenden Verbindungen hinsichtlich (i) ihrer Basizität und (ii) ihrer Acidität mit einfachen primären Aminen vergleichen?

(a) Carboxamide, z. B. CH_3CONH_2
(b) Imide, z. B. $CH_3CONHCOCH_3$
(c) Enamine, z. B. $CH_2{=}CHN(CH_3)_2$
(d) Benzolamine, z. B. C_6H_5—NH_2

9 Verschiedene stickstoffhaltige funktionelle Gruppen sind erheblich stärker basisch als gewöhnliche Amingruppen. Zu diesen gehört die Amidingruppe, die in DBN und DBU, zwei bei organischen Reaktionen häufig verwendeten Basen, vorkommt.

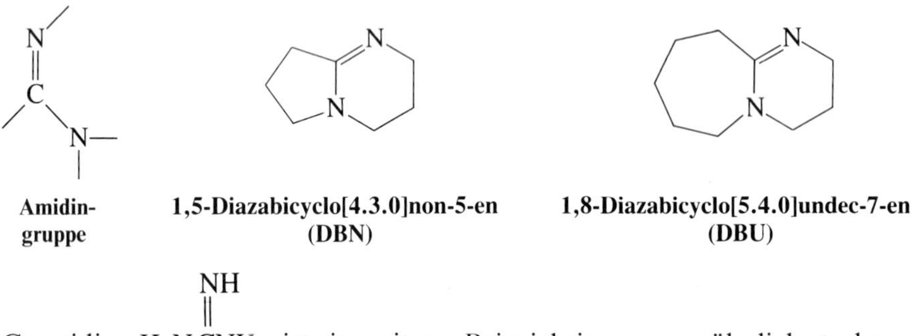

Amidingruppe | **1,5-Diazabicyclo[4.3.0]non-5-en (DBN)** | **1,8-Diazabicyclo[5.4.0]undec-7-en (DBU)**

Guanidin, $H_2NC(=NH)NH_2$ ist ein weiteres Beispiel einer ungewöhnlich starken organischen Base.

(a) Bei welchem Stickstoffatom dieser Basen erwarten Sie am ehesten Protonierung. Wie erklärt sich die gesteigerte Basizität dieser Systeme im Vergleich zu einfachen Aminen.
(b) Von welchen organischen Stammverbindungen leiten sich Amidine, bzw. Guanidin ab?

10 Durch Reaktion von (*R*)-*N*-Benzyl-*N*-ethyl-1-phenylethanamin mit Iodmethan entstehen zwei isomere Produkte in hoher Ausbeute. Beide haben die Summenformel $C_{18}H_{23}NI$. Sie können durch sorgfältige Umkristallisation getrennt werden. Ihre NMR-Spektren sind ähnlich, jedoch nicht identisch, und sie haben unterschiedliche Schmelzpunkte.

(a) Zeichnen Sie die Struktur des Ausgangsamins. Definieren Sie exakt die Stereochemie.
(b) Welche Produkte entstehen bei der Reaktion dieser Verbindung mit Iodmethan? Zeichnen und benennen Sie jedes.
(c) In welcher Beziehung stehen diese beide Produkte zueinander?

11 Nachstehend sehen sie verschiedene Vorschläge zur Synthese von Aminen. Geben Sie für jedes Beispiel an, ob die Reaktion (i) gut oder (ii) schlecht geht oder (iii) überhaupt nicht stattfindet. Geben Sie in den Fällen, in denen die Reaktion nicht glatt verläuft, die Gründe dafür an.

(a) $CH_3CH_2CH_2CH_2Cl \xrightarrow[\text{2. LiAlH}_4]{\text{1. KCN}} CH_3CH_2CH_2CH_2NH_2$

(b) $(CH_3)_3CCl \xrightarrow[\text{2. LiAlH}_4]{\text{1. NaN}_3} (CH_3)_3CNH_2$

(c) Cyclohexyl-$CONH_2$ $\xrightarrow{Br_2,\ NaOH,\ H_2O}$ Cyclohexyl-NH_2

(d) Cyclopentyl-$CH_2CH_2CH_2$-Br $\xrightarrow{CH_3NH_2}$ Cyclopentyl-$CH_2CH_2CH_2$-$NHCH_3$

(e) H, H, CH_3, CH_2Br $\xrightarrow{1.\ \text{Phthalimid } N^-K^+,\ DMF;\ 2.\ H^+,\ H_2O,\ \Delta}$ H, H, CH_3, CH_2NH_2

(f) C_6H_5COCl $\xrightarrow{1.\ C_6H_5CH_2NH_2,\ HO^-;\ 2.\ LiAlH_4}$ $(C_6H_5CH_2)_2NH$

(g) Cyclopentyl-CHO $\xrightarrow{1.\ (CH_3)_3CNH_2;\ 2.\ NaBH_3CN}$ Cyclopentyl-$CH_2NHC(CH_3)_3$

(h) $NH_2CH_2CH_2CHO$ $\xrightarrow{NaBH_3CN}$ Azetidin (NH)

(i) Br-Cyclohexan $\xrightarrow{1.\ HNO_3,\ H_2SO_4;\ 2.\ Fe,\ H^+}$ 1-Br-4-NH_2-Cyclohexan

(j) Azetidin-2-on (NH, O) $\xrightarrow{1.\ NaH;\ 2.\ CH_3I;\ 3.\ LiAlH_4}$ N-CH_3-Azetidin

12 Schlagen Sie für jede Methode aus Aufgabe 11, die weniger gut geht, eine Alternative vor. Beginnen Sie dabei mit derselben Ausgangssubstanz oder mit einer Substanz ähnlicher Struktur und Funktionalität.

13 Am Ende der meisten Aminsynthesen muß das Produkt von verschiedenen organischen und anorganischen Reagenzien, Nebenprodukten und Verunreinigungen getrennt werden. Im nachstehenden Schema finden Sie eine Übersicht einer typischen Aufarbeitung:

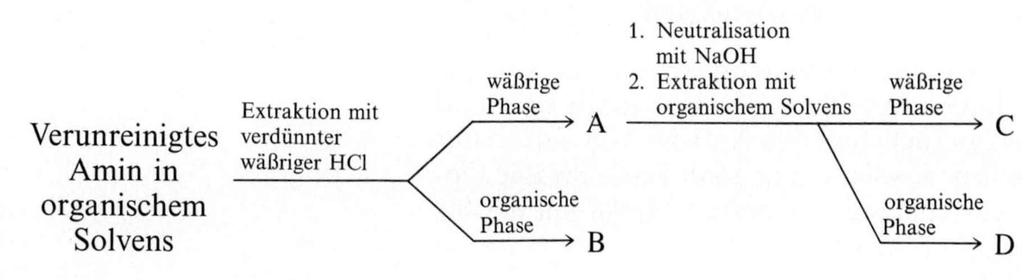

Nehmen Sie an, daß das Rohprodukt sowohl anorganische (wasserlösliche) und organische (wasserunlösliche) Verunreinigungen enthält und erklären Sie daraufhin den Zweck jedes Schritts des Schemas und identifizieren Sie die Substanzen, die bei den einzelnen Schritten mit A, B, C und D markiert sind. (Hinweis: Welchen Effekt hat die Reaktion von HCl mit einem typischen Amin auf dessen Wasserlöslichkeit).

14 Beschreiben Sie den Mechanismus der folgenden Reaktionen in allen Einzelschritten (siehe Abschn. 21.4). Das aktive Nucleophil ist H^- aus den Hydrid-Reagenzien.

(a) $(CH_3)_3CCH_2NH_2 \xrightarrow{CH_2{=}O,\ NaBH_3CN} (CH_3)_3CCH_2N(CH_3)_2$

(b) Cyclopentyl–$CH_2CH_2CH_2CH_2N_3$ $\xrightarrow{1.\ LiAlH_4;\ 2.\ H^+,\ H_2O}$ Cyclopentyl–$CH_2CH_2CH_2CH_2NH_2$

(c) Cyclohexanon-oxim ($C{=}N{-}OH$) $\xrightarrow{1.\ LiAlH_4;\ 2.\ H^+,\ H_2O}$ Cyclohexyl–NH_2

(d) $CH_3(CH_2)_{16}COOH \xrightarrow{1.\ NaN_3,\ H_2SO_4;\ 2.\ NaOH} CH_3(CH_2)_{15}CH_2NH_2$

15 Die Reaktionen der Nitroalkan-Anionen (siehe Übung 21-9) gleichen denen der Enolate: Alkylierung und Kondensation. Welche Produkte erwarten Sie bei den nachstehenden Reaktionsfolgen?

(a) $CH_3CH_2CH_2CH_2Br \xrightarrow{1.\ NaNO_2,\ DMF;\ 2.\ NaOCH_3;\ 3.\ CH_2{=}CHCH_2Cl}$

(b) $CH_3NO_2 \xrightarrow{1.\ C_6H_5CHO,\ NaOH;\ 2.\ H^+,\ H_2O}$

(c) Cyclohexyl–Cl $\xrightarrow{1.\ NaNO_2,\ DMF;\ 2.\ CH_2{=}CHCOCH_3,\ NaOH}$

16 In den letzten Jahren hat Pseudoephedrin allmählich Phenylpropanolamin als bevorzugtes freiverkäufliches Schnupfenmittel verdrängt.

$C_6H_5{-}CH(OH){-}CH(NH_2){-}CH_3$ — **Phenylpropanolamin**

$C_6H_5{-}CH(OH){-}CH(NHCH_3){-}CH_3$ — **Pseudoephedrin**

Stellen Sie sich vor, Sie sind Leiter eines größeren pharmazeutischen Labors, das auf einem großen Lager von Phenylpropanolamin sitzt und bekommen vom Vorstand des Unternehmens den Auftrag, von nun ab nur noch Pseudoephedrin herzustellen. Erwägen und analysieren Sie alle Optionen und machen Sie einen Vorschlag für die beste Lösung, mit der Sie diese Aufgabe angehen können.

17 Apetenil, ein Appetitzügler, hat die am Rand gezeigte Struktur. Ist es ein primäres, sekundäres oder tertiäres Amin? Suchen Sie eine effiziente Synthese von Apetenil aus jedem der folgenden Ausgangssubstanzen. Versuchen Sie, veschiedenartige Methoden auszunutzen.

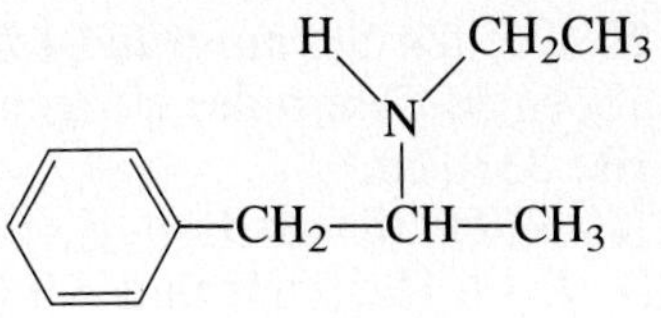

(a) $C_6H_5CH_2COCH_3$

(b) $C_6H_5CH_2CH(Br)CH_3$

(c) $C_6H_5CH_2CH(CH_3)COOH$

Apetenil

18 Verschiedene natürlichen Aminosäuren werden enzymatisch aus 2-Ketocarbonsäuren hergestellt, wobei ein bestimmtes Coenzym namens Pyridoxamin eine Rolle spielt. Zeigen Sie mit Pfeilen die Elektronenbewegung bei jedem Schritt des folgenden Synthese-Schemas von Phenylalanin aus Phenylbrenztraubensäure.

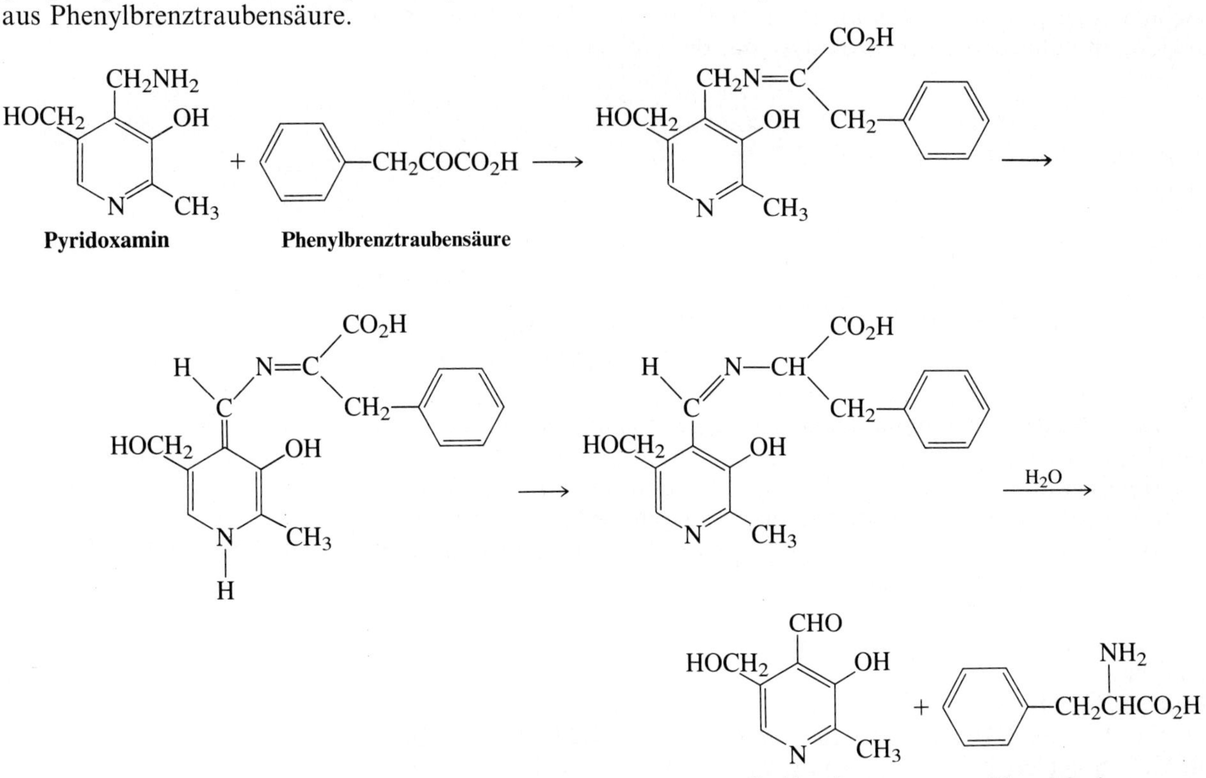

Pyridoxamin + **Phenylbrenztraubensäure** ($C_6H_5CH_2COCO_2H$) $\longrightarrow$ … $\longrightarrow$ … $\xrightarrow{H_2O}$ **Pyridoxal** + **Phenylalanin** ($C_6H_5CH_2CH(NH_2)CO_2H$)

19 Zeichnen Sie die Strukturen der Amine, die durch Hofmann-Eliminierung aus den folgenden Aminen entstehen können. Falls bei einer Verbindung mehr als ein Eliminierungscyclus möglich ist, geben Sie die Produkte jedes Cyclus an.

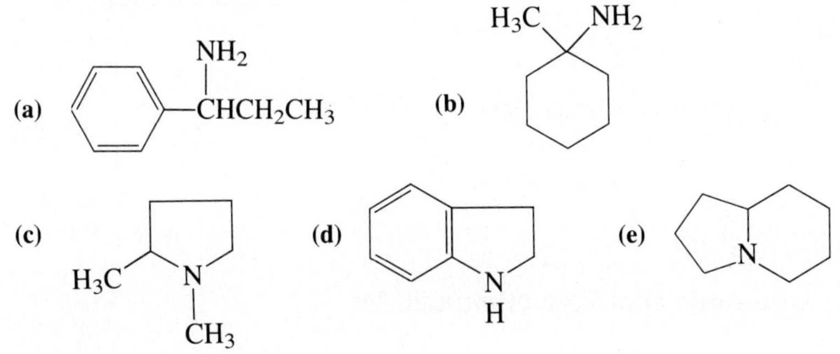

(a) $C_6H_5CH(NH_2)CH_2CH_3$

(b) 1-Methylcyclohexylamin (H_3C, NH_2)

(c) **(d)** **(e)**

20 Leiten Sie aufgrund folgender Information die Struktur von Coniin ab, einem Amin des giftigen, seit Jahrtausenden berüchtigten Schierlings.
IR: 3330 cm^{-1}
^{1}H-NMR: $\delta = 0.91$ (t, $J = 7$ Hz, 3 H), 1.33 (s, 1 H), 1.52 (m, 10 H), 2.70 (t, $J = 6$ Hz, 2 H) und 3.0 (m, 1 H) ppm.
Massenspektrum: Molekül-Ion $m/z = 127$; weitere: $m/z = 84$ (100) und 56 (20).

Coniin $\xrightarrow{\text{1. } CH_3I;\ \text{2. } Ag_2O,\ H_2O;\ \text{3. } \Delta}$ Mischung aus drei Verbindungen $\xrightarrow{\text{1. } CH_3I;\ \text{2. } Ag_2O,\ H_2O;\ \text{3. } \Delta}$ $(CH_3)_3N$ + Mischung aus 1,4-Octadien und 1,5-Octadien

21 Pethidin, die analgetisch wirksame Substanz von Dolantin, wird nacheinander zweimal erschöpfend einer Hofmann-Eliminierung unterworfen, anschließend einer Ozonolyse mit dem folgenden Ergebnis:

$C_{15}H_{21}NO_2$ (**Pethidin**) $\xrightarrow{\text{1. } CH_3I;\ \text{2. } Ag_2O,\ H_2O;\ \text{3. } \Delta}$ $C_{16}H_{23}NO_2$ $\xrightarrow{\text{1. } CH_3I;\ \text{2. } Ag_2O,\ H_2O;\ \text{3. } \Delta}$

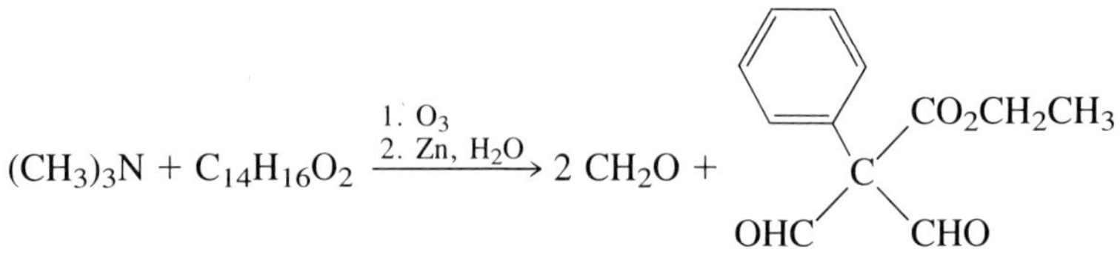
$(CH_3)_3N + C_{14}H_{16}O_2$
1. O_3
2. Zn, H_2O
2 CH_2O +
$CO_2CH_2CH_3$
C
OHC
CHO

(a) Schlagen Sie anhand dieser Information eine Struktur für Pethidin vor.
(b) Entwerfen Sie eine Synthese für Pethidin, die von Ethylphenylethanoat und *cis*-1,4-Dibrom-2-buten ausgeht. (Hinweis: Stellen Sie zunächst den Dialdehyd-Ester her, der am Rand gezeigt ist und wandeln sie diesen in Pethidin um).

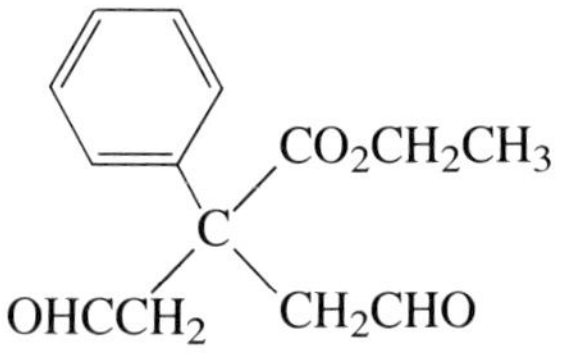
$CO_2CH_2CH_3$
C
$OHCCH_2$
CH_2CHO

22 Skytanthin ist ein Monoterpen-Alkaloid mit den folgenden Eigenschaften:
Analyse: $C_{11}H_{21}N$.
^{1}H-NMR: zwei CH_3-Dubletts ($J = 7$ Hz) bei $\delta = 1.20$ und 1.33 ppm; ein CH_3-Singulett bei $\delta = 2.32$ ppm; weitere breite Signale bei $\delta = 1.3$–2.7 ppm.
IR: keine Banden $\geqq$ 3100 cm

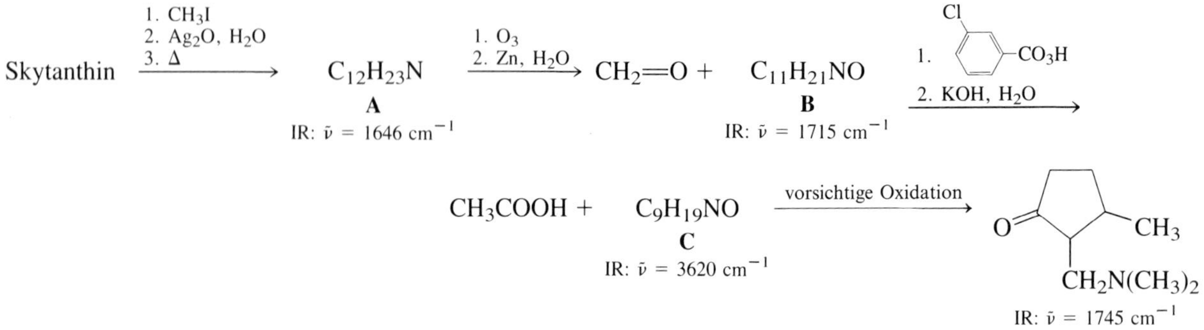
Skytanthin
1. CH_3I
2. Ag_2O, H_2O
3. Δ
$C_{12}H_{23}N$
A
IR: $\tilde{\nu}$ = 1646 cm^{-1}
1. O_3
2. Zn, H_2O
$CH_2{=}O$ +
$C_{11}H_{21}NO$
B
IR: $\tilde{\nu}$ = 1715 cm^{-1}
Cl
1.
CO_3H
2. KOH, H_2O
CH_3COOH +
$C_9H_{19}NO$
C
IR: $\tilde{\nu}$ = 3620 cm^{-1}
vorsichtige Oxidation
O
CH_3
$CH_2N(CH_3)_2$
IR: $\tilde{\nu}$ = 1745 cm^{-1}

Leiten Sie anhand dieser Daten die Strukturen von Skytanthin und der Abbauprodukte A, B und C ab.

23 Die Reaktion des tertiären Amins Tropinon mit (Brommethyl)benzol (Benzylbromid) ergibt nicht eines, sondern zwei quartäre Ammoniumsalze A und B.

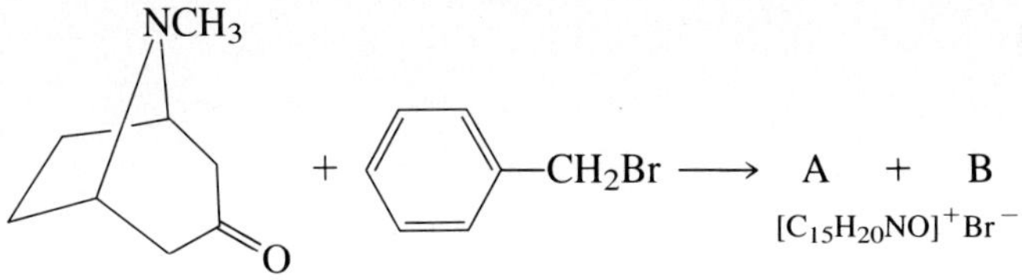

NCH_3 + $C_6H_5CH_2Br \longrightarrow$ A + B
$[C_{15}H_{20}NO]^+Br^-$

Tropinon
($C_8H_{13}NO$)

Die Verbindungen A und B sind Stereoisomere, die durch Basen ineinander umgewandelt werden; d. h. durch Behandlung eines reinen Isomers mit Base entsteht eine Gleichgewichtsmischung der beiden Isomere.

(a) Welche Strukturen haben A und B?
(b) In welcher Beziehung stehen die Stereoisomere?
(c) Nach welchem Mechanismus könnte sich das Gleichgewicht einstellen?

24 Der Versuch, eine Hofmann-Eliminierung mit einem Amin, das am β-Kohlenstoff eine Hydroxygruppe trägt, durchzuführen, führt zu einem Oxacyclopropan anstelle eines Alkens.

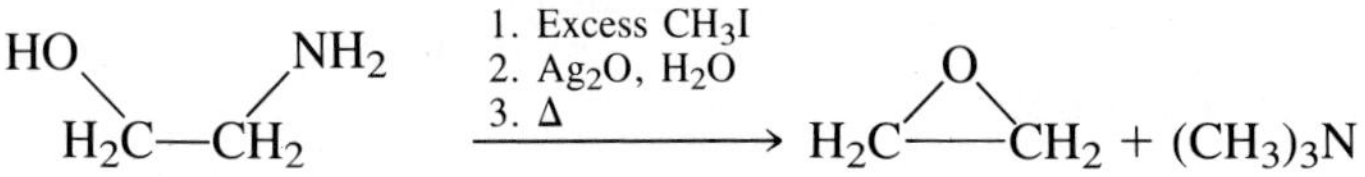

$$HOCH_2-CH_2NH_2 \xrightarrow{\text{1. Excess } CH_3I \quad \text{2. } Ag_2O,\ H_2O \quad 3.\ \Delta} H_2C\overset{O}{-}CH_2 + (CH_3)_3N$$

(a) Stellen Sie für diese Umwandlung einen sinnvollen Mechanismus auf.
(b) Pseudoephedrin (s. Aufgabe 16) und Ephedrin sind zwei nahe verwandte Naturstoffe, wie schon aus der Ähnlichkeit der Namen hervorgeht. In der Tat sind sie Stereoisomere. Leiten Sie aufgrund der folgenden Reaktionen die genaue Stereochemie von Ephedrin und Pseudoephedrin her.

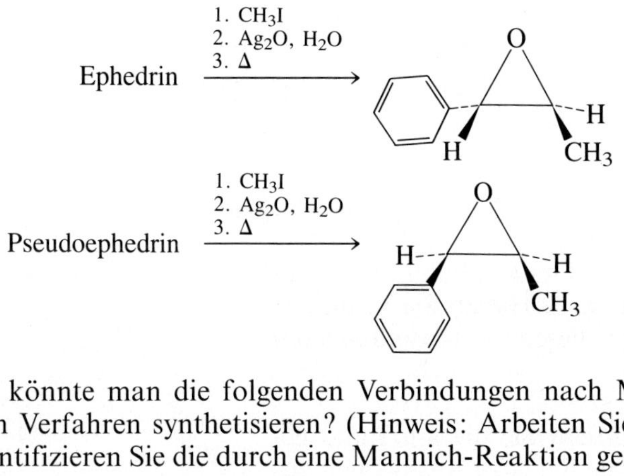

Ephedrin $\xrightarrow{\text{1. } CH_3I \quad \text{2. } Ag_2O,\ H_2O \quad 3.\ \Delta}$ (Oxacyclopropan: O; C_6H_5, H; H, CH_3)

Pseudoephedrin $\xrightarrow{\text{1. } CH_3I \quad \text{2. } Ag_2O,\ H_2O \quad 3.\ \Delta}$ (Oxacyclopropan: O; H, C_6H_5; H, CH_3)

25 Wie könnte man die folgenden Verbindungen nach Mannich oder ähnlichen Verfahren synthetisieren? (Hinweis: Arbeiten Sie retrosynthetisch, identifizieren Sie die durch eine Mannich-Reaktion geknüpften Bindungen.)

(a) $CH_3COCH_2CH_2N(CH_2CH_3)_2$

(b) (Indan-2-on mit $CH_2N(CH_3)_2$ in 1-Stellung) $-N(CH_3)_2$, $=O$

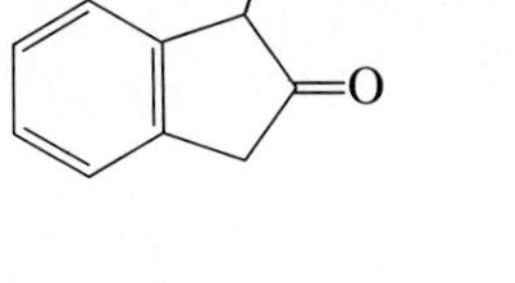

(c) $CH_3CH_2CH_2COCHCH_2N(CH_3)_2$ (mit CH_2CH_3 am CH)

(d) $CH_3COCH_2CH_2NCH_2CH_2COCH_3$ (mit CH_3 am N)

(e) $(CH_3CH_2)_2NCH_2CH_2NO_2$

(f) $H_3C—CH—CN$ (mit NH_2 am CH)

26 Tropinon (Aufgabe 23) wurde erstmals von Sir Robert Robinson (der die Robinson-Annelierung entdeckte, Abschn. 16.5) im Jahr 1917 durch folgende Reaktion hergestellt:

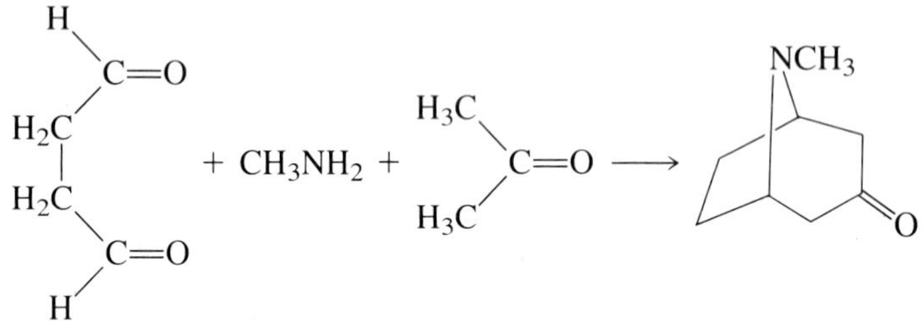

$$OHC–CH_2–CH_2–CHO + CH_3NH_2 + (H_3C)_2C{=}O \longrightarrow \text{Tropinon } (NCH_3, =O)$$

Welcher Mechanismus liegt dieser Reaktion zugrunde?

27 In der Natur entstehen viele Alkaloide aus einer Vorstufe namens Norlaudanosolin, diese wiederum entsteht wahrscheinlich durch Kondensation eins Amins (i) mit einem Aldehyd (ii):

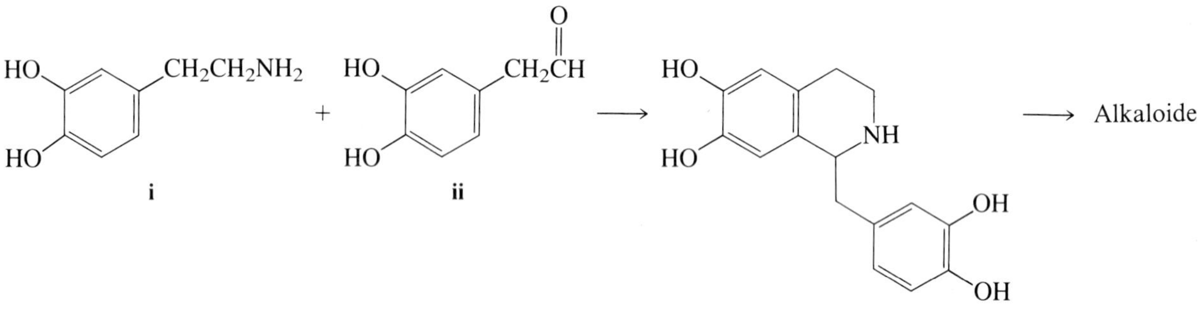

$$\underset{\mathbf{i}}{(HO)_2C_6H_3CH_2CH_2NH_2} + \underset{\mathbf{ii}}{(HO)_2C_6H_3CH_2CHO} \longrightarrow \textbf{Norlaudanosolin} \longrightarrow \text{Alkaloide}$$

Norlaudanosolin

Formulieren Sie einen Mechanismus für diese Umwandlung. Beachten Sie, daß dabei eine C—C-Bindung geknüpft wird. Haben Sie in diesem Kapitel eine Reaktion kennengelernt, die mit dieser C—C-Bindungsbildung verwandt ist?

28 Mit welchen zwei Synthesemethoden würden Sie die am Rand gezeigte Umwandlung durchführen? Kombinieren Sie dazu Reaktionen aus Abschn. 21.5.

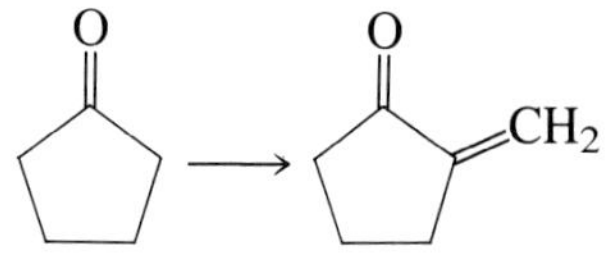

Cyclopentanon $\longrightarrow$ 2-Methylencyclopentanon ($=CH_2$)

29 Welche Produkte (eventuell mehrere) erwarten Sie bei folgenden Reaktionen?

(a) H_3C–CH(NH_2)–Cyclohexyl $\xrightarrow{NaNO_2,\ HCl}$

(b) Pyrrolidin (N–H) $\xrightarrow{NaNO_2,\ HCl,\ 0°C}$

(c) $H_2NCH_2COOCH_2CH_3 \xrightarrow{NaNO_2,\ HCl,\ 0°C}$

(d) Produkt von Teil **c** $\xrightarrow{\text{Cyclohexen},\ CuSO_4,\ \Delta}$

(e) Cyclopentenyl–$CH_2COCl \xrightarrow{1\ \text{Äquivalent}\ CH_2N_2}$

(f) Cyclopentenyl–CH_2COCl $\xrightarrow[2.\ CuSO_4,\ \Delta]{1.\ 2\ \text{Äquivalente}\ CH_2N_2}$ $C_8H_{10}O$
Ein Keton

30 Beschreiben Sie den Ablauf der Phasentransfer-Katalyse bei der Addition von Dichlorcarben an Cyclohexen mit einem Diagramm ähnlich wie in Abb. 21-7. (Hinweis: Welches Anion wird von dem quartären Ammonium-Kation aus der wäßrigen in die organische Phase gebracht?)

22 Verbindungen mit zwei funktionellen Gruppen

Eigenschaften und chemische Reaktivität von organischen Molekülen werden weitgehend von den enthaltenen funktionellen Gruppen bestimmt. Was geschieht eigentlich, wenn sich zwei unterschiedliche Funktionen in demselben Molekül befinden? Wie Sie gesehen haben, können beide Einheiten in vielen Fällen unabhängig voneinander reagieren, jede entsprechend ihrer eigenen charakteristischen Eigenschaften. So läßt sich z. B. 5-Hexensäure mit einer Base deprotonieren (wie andere Carbonsäuren auch) oder in Gegenwart eines Katalysators hydrieren (wie ein Alken).

$$\text{Hexansäure} \xleftarrow{H_2,\ Pt} \text{5-Hexensäure (COOH)} \xrightarrow[-\ HOH]{NaOH} \text{Natrium-5-hexenoat } (CO^-\ Na^+)$$

Hexansäure **5-Hexensäure** **Natrium-5-hexenoat**

Bei beiden Umsetzungen werden die reagierenden Zentren unabhängig voneinander in Produkte überführt, jedes reagiert so, wie man es für diese funktionelle Gruppe erwarten würde.

Bei einigen Reaktionen wird jedoch das typische chemische Verhalten einer funktionellen Gruppe durch das Vorhandensein einer anderen drastisch verändert. So können sich beispielsweise Nucleophile bei α,β-ungesättigten Carbonylverbindungen (s. Abschn. 16.4 und 16.5) an die C–C-Doppelbindung (1,4-Additionen) und nicht an die C–O-Doppelbindung (1,2-Addition) addieren.

$$CH_3CH_2CH_2\overset{O}{\overset{\|}{C}}H \xrightarrow{KCN,\ H^+} CH_3CH_2CH_2\underset{CN}{\overset{OH}{C}}H$$

Butanal **2-Hydroxypentannitril (Butanal-Cyanhydrin)**

$$CH_3CH{=}CH\overset{O}{\overset{\|}{C}}H \xrightarrow{KCN,\ H^+} CH_3\overset{NC}{C}H\overset{H}{C}H\overset{O}{\overset{\|}{C}}H$$

2-Butenal **2-Methyl-4-oxobutannitril (3-Cyanobutanal)**

Ist mehr als eine funktionelle Gruppe im Molekül vorhanden, können auch intramolekulare Reaktionen stattfinden.

HO–(CH₂)₅–Br → (NaOH; − NaBr, − HOH) → Oxacyclohexan (Tetrahydropyran)

5-Brom-1-pentanol ⟶̸ (NaOH; − NaBr) → HO–(CH₂)₅–OH 1,5-Pentandiol

Die Reaktivität des Benzols mit seinen aromatischen Doppelbindungen ist völlig anders als die des Cyclohexens.

$$C_6H_6 \xrightarrow[-\ HBr]{Br{-}Br,\ FeBr_3} C_6H_5Br$$

Benzol **Brombenzol**

Cyclohexen $\xrightarrow{Br{-}Br}$ *trans*-1,2-Dibromcyclohexan

Übung 22-1

Bei den folgenden Paaren von Verbindungen kann die zweite Verbindung Reaktionen eingehen, die bei der ersten unmöglich sind. Geben Sie für jedes Paar mindestens ein Beispiel für solche Reaktionen: (a) Benzol und 1,3-Cyclohexadien; (b) Propanal und Propenal; (c) Cyclohexanol und *cis*-1,2-Cyclohexandiol.

In diesem Kapitel wollen wir uns mit der Chemie bifunktioneller Verbindungen, die Carbonyl- und Hydroxyfunktionen enthalten, befassen. In früheren Kapiteln haben wir gesehen, wie diese Gruppen reagieren, wenn sie allein in einem Molekül vorliegen (Kap. 8, 9 und 15–18). Jetzt werden wir anhand neuer Reaktionen einige der typischen Eigenschaften bifunktioneller Systeme kennenlernen.

22.1 α-Dicarbonylverbindungen und ihre Vorstufen: α-Hydroxycarbonylverbindungen

Einige Vertreter der Klasse der Dicarbonylverbindungen sind im folgenden gezeigt. Bei vielen dieser Verbindungen sind noch stets die überlieferten Trivialnamen gebräuchlich. Durch griechische Buchstaben wird angegeben, ob die beiden Carbonyl-Kohlenstoffatome benachbart oder durch einen oder mehrere Kohlenstoffatome getrennt sind.

HC(=O)–C(=O)H	C_6H_5–C(=O)–C(=O)–C_6H_5	$CH_3C(=O)CH_2C(=O)CH_3$
Ethandial (Glyoxal, eine α-Dicarbonylverbindung)	**Diphenylethandion** (Benzil, eine α-Dicarbonylverbindung)	**2,4-Pentandion** (Acetylaceton, eine β-Dicarbonylverbindung)

$CH_3C(=O)CH_2C(=O)OCH_3$
Methyl-3-oxobutanoat (Acetessigsäuremethylester, eine β-Dicarbonylverbindung)

$CH_3C(=O)CH_2CH_2C(=O)H$
4-Oxopentanal (eine γ-Dicarbonylverbindung)

$HOC(=O)CH_2C(=O)OH$
Propandisäure (Malonsäure, eine β-Dicarbonylverbindung)

Sind beide Carbonylfunktionen um mehr als ein Kohlenstoffatom voneinander getrennt, wie im 4-Oxopentanal, können beide unabhängig voneinander reagieren. So ergibt die Reduktion dieser Verbindung das Diol, bei der Kondensation mit 2,4-Dinitrophenylhydrazin entsteht ein Dihydrazon und durch Oxidation mit Silberoxid läßt sich die Ketosäure darstellen.

Die Chemie von 4-Oxopentanal

$$CH_3CH(OH)CH_2CH_2CH_2OH \xleftarrow{NaBH_4} CH_3C(=O)CH_2CH_2CHO \xrightarrow{2,4\text{-}(O_2N)_2C_6H_3NHNH_2} CH_3C(=N\text{-}NH\text{-}C_6H_3(NO_2)_2)CH_2CH_2CH{=}N\text{-}NH\text{-}C_6H_3(NO_2)_2$$

1,4-Pentandiol ← **4-Oxopentanal**

$$CH_3C(=O)CH_2CH_2CHO \xrightarrow{Ag_2O} CH_3C(=O)CH_2CH_2COOH$$

4-Oxopentansäure

Auf der anderen Seite können beide Carbonylgruppen auch miteinander reagieren, wie in intramolekularen Aldolkondensationen.

$$CH_3C(=O)CH_2CH_2C(=O)H \xrightarrow{NaOH,\ H_2O} \text{2-Cyclopentenon} + H_2O$$

4-Oxopentanal → **2-Cyclopentenon**

Bei den α-Dicarbonylverbindungen sind beide Carbonylgruppen so eng beieinander, daß sie sich in ihrer Reaktivität sehr stark beeinflussen. Hieraus ergibt sich ein ganz neues chemisches Verhalten. In diesem Abschnitt wollen wir uns mit der Darstellung und den Reaktionen dieser Verbindungen befassen.

α-Diketone und α-Ketoaldehyde werden durch Oxidation von α-Hydroxycarbonylverbindungen dargestellt

α-Diketone und α-Ketoaldehyde stellt man häufig durch Oxidation von α-Hydroxycarbonylverbindungen dar. Wegen der Empfindlichkeit der Produkte sind besondere Reagenzien und Reaktionsbedingungen erforderlich, um eine Überoxidation zu Carbonsäuren unter Aufspaltung von C–C-Bindungen zu verhindern (s. Abschn. 17.5). Ein relativ einfaches Reagenz ist $KMnO_4$ in Ethansäureanhydrid (Acetanhydrid) als Lösungsmittel, das α-Hydroxyketone mit relativ wenig Überoxidation als Nebenreaktion in die gewünschten Produkte überführt. Ein Beispiel hierfür ist die Oxidation von 2-Hydroxy-1,2-diphenylethanon (Benzoin) zu Diphenylethandion (Benzil).

$KMnO_4$, $CH_3\overset{O}{\overset{\|}{C}}\overset{O}{\overset{\|}{C}}CH_3$ (Lösungsmittel), 5 °C

73%

2-Hydroxy-1,2-diphenylethanon (Benzoin) → **Diphenylethandion (Benzil)**

Ein milderes Oxidationsmittel ist Kupfer(II)-ethanoat (-acetat) in wässriger Ethan- (Essig-)säure. Der Mechanismus dieser Reaktion ist recht komplex und scheint die Übertragung von Elektronen auf das Metall einzuschließen.

$Cu(O\overset{O}{\overset{\|}{C}}CH_3)_2$, 50% CH_3COOH, H_2O, CH_3OH, 75 °C

75%

2-Hydroxycyclononanon → **1,2-Cyclononandion**

Wie erhält man α-Hydroxyketone: Acyloinkondensation von Estern

Die α-Hydroxyketone (auch als *Acyloine* bezeichnet), die man zur Synthese von α-Diketoverbindungen braucht, sind leicht durch **Acyloin-Kondensation** von Estern zugänglich. In Wahrheit ist dieser Prozeß keine Kondensation, sondern vielmehr eine reduktive Dimerisierung, ähnlich der Pinakol-Reaktion (s. Abschn. 15.8). Erhitzt man Ester mit metallischem Natrium in Ethoxyethan (Diethylether) oder Benzol (anschließend wässrige Aufarbeitung), erfolgt eine reduktive Kupplung, bei der das entsprechende α-Hydroxyketon entsteht.

Acyloin-„Kondensation"

$$2\,R\overset{O}{\overset{\|}{C}}OR' \xrightarrow[2.\ H^+,\ H_2O]{1.\ Na,\ (CH_3CH_2)_2O} R\overset{HO}{\overset{|}{C}}H\overset{O}{\overset{\|}{C}}R + 2\,R'OH$$

Acyloin

$$CH_3CH_2CH_2\overset{O}{\overset{\|}{C}}OCH_2CH_3 \xrightarrow[2.\ H^+,\ H_2O]{1.\ Na,\ (CH_3CH_2)_2O} CH_3CH_2CH_2\overset{O}{\overset{\|}{C}}\underset{OH}{\underset{|}{C}}HCH_2CH_2CH_3 + 2\,CH_3CH_2OH$$

80%

Ethylbutanoat → **5-Hydroxy-4-octanon**

Diese Reaktion verläuft vermutlich ähnlich wie die Pinakol-Kupplung. Als erstes wird der Ester durch Übertragung eines Elektrons des Metalls in das Radikal-Anion überführt. Vielleicht wird dieses Elektron direkt dem positiv polarisierten Carbonyl-Kohlenstoff übetragen. Das enstandene Radikal-Anion dimerisiert zum Dianion des entsprechenden Diols.

Mechanismus der Acyloin-Kondensation:

$$\left[\text{RC(=O)OR}' \longleftrightarrow \text{R}\overset{+}{\text{C}}(\text{O}^-)\text{OR}'\right] \xrightarrow{\text{Na}} \text{R}\dot{\text{C}}(\text{O}^-\,\text{Na}^+)\text{OR}' \xrightarrow{\text{Dimerisierung}} \text{R–C(O}^-\text{)(OR}'\text{)–C(O}^-\text{)(OR}'\text{)–R}\ (2\,\text{Na}^+) \xrightarrow{-\,2\,\text{Na}^{+\,-}\text{OR}'}$$

$$\left[\text{RC(=O)–C(=O)R} \longleftrightarrow \text{R}\overset{+}{\text{C}}(\text{O}^-)\text{–}\overset{+}{\text{C}}(\text{O}^-)\text{R}\right] \xrightarrow{2\,\text{Na}} \underset{\textbf{Endiolat}}{\text{RC(O}^-\text{)=C(O}^-\text{)R}\ (\text{Na}^+\,\text{Na}^+)} \xrightarrow[-\,2\,\text{NaOH}]{2\,\text{HOH}} \underset{\textbf{Endiol}}{\text{RC(OH)=C(OH)R}} \longrightarrow \underset{\textbf{Acyloin}}{\text{RC(=O)–CH(OH)R}}$$

Bei der Pinakol-Kupplung bleibt die Reaktion auf dieser Stufe stehen, bei der Acyloin-Kondensation kann das Dianion zwei Alkoxid-Ionen unter Bildung eines α-Diketons abspalten. Nach weiterer Reduktion durch Übertragung zweier Elektronen bildet sich ein Endiolat. Die wässrige Aufarbeitung ergibt dann über die Zwischenstufe des Endiols das α-Hydroxyketon. Wenn diese Folge von Schritten auch plausibel erscheint, ist der tatsächliche Mechanismus der Reaktion vermutlich komplizierter, da gelegentlich auch andere Produkte auftreten.

Läßt man Dicarbonsäureester unter den Bedingungen einer Acyloinkondensation reagieren, entstehen cyclische α-Hydroxyketone. Dieser Prozeß ist eine wichtigsten universell anwendbaren Ringschlußreaktionen, über die sich sowohl kleine gespannte wie große Ringe darstellen lassen.

Intramolekulare Acyloin-Kondensation

Dimethyl-*cis*-1,2-dimethylcyclohexan-1,2-dicarboxylat → 1. Na, NH_3, $(CH_3CH_2)_2O$, −78 °C; 2. H^+, H_2O → **8-Hydroxy-1,6-dimethylbicyclo[4.2.0]-7-octanon** (70%)

$CH_3OC(=O)(CH_2)_4C(=O)OCH_3$ (**Dimethylhexandioat**) → 1. Na, Methylbenzol (Toluol); 2. H^+, H_2O → **2-Hydroxycyclohexanon** (57%)

Alken-, Alkin- und Ethergruppen werden unter den Reaktionsbedingungen nicht angegriffen:

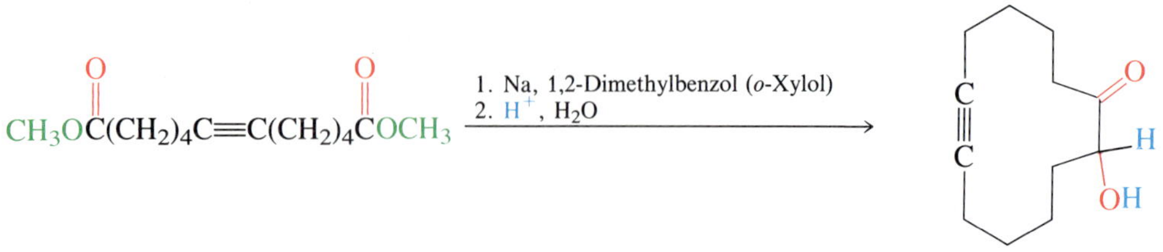

$$CH_3OC(=O)(CH_2)_4C{\equiv}C(CH_2)_4C(=O)OCH_3 \xrightarrow[2.\ H^+,\ H_2O]{1.\ Na,\ 1{,}2\text{-Dimethylbenzol}\ (o\text{-Xylol})}$$

73%

Dimethyl-6-dodecindioat → **2-Hydroxy-7-cyclododecinon**

Übung 22-2

Schlagen Sie eine Synthese der folgenden Moleküle aus geeigneten Diestern vor:

(a) 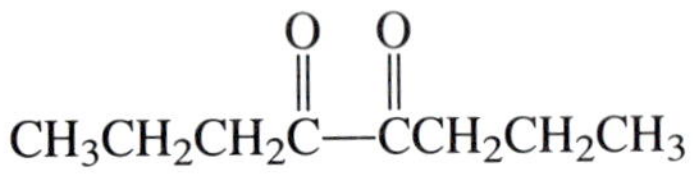 $CH_3CH_2CH_2C(=O){-}C(=O)CH_2CH_2CH_3$

(b)

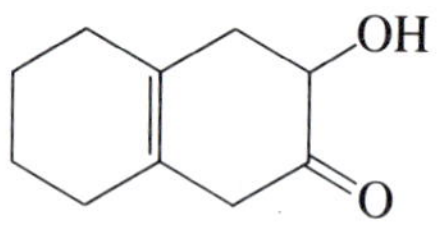

(c) 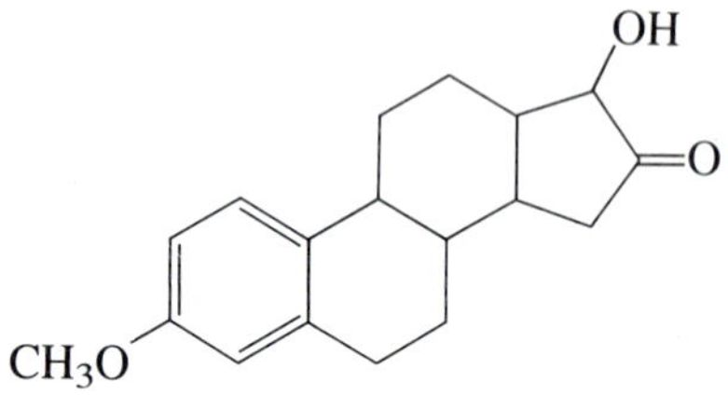 CH_3O … OH, =O

Kasten 22-1

Die Synthese von Catenanen durch Acyloin-Kondensation

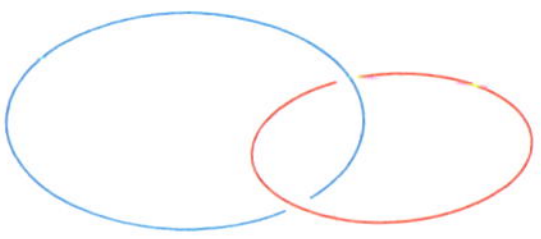

Über eine intramolekulare Acyloin-Kondensation hat man den ersten Vertreter einer ungewöhnlichen Klasse von Verbindungen, den **Catenanen** (*catena*, latein.: Kette) dargestellt. Ein Catenan ist eine Verbindung aus zwei Ringen, die wie die Glieder einer Kette ineinandergreifen. Ungewöhnlich ist, daß keine kovalente Bindung vorhanden ist, die die beiden Ringe zusammenhält.

ein Catenan

Ein Catenan, das aus zwei Ringen mit 34 Kohlenstoffatomen besteht, hat man folgendermaßen dargestellt: Zunächst ergab die cyclisierende Acyloin-Kondensation von Diethyltetratriacontandioat das cyclische Hydroxyketon, das dann durch eine Clemmensen-Reaktion (s. Abschn. 15.8) zu dem entsprechenden Cycloalkan reduziert wurde. Diese Reduktion wurde mit Deuteriumchlorid durchgeführt, um das Molekül zu markieren (etwa fünf D-Atome pro Molekül). Die Acyloinkondensation des ursprünglichen Diesters wurde dann erneut, diesmal in Gegenwart des deuterierten Makrocycloalkans, durchgeführt.

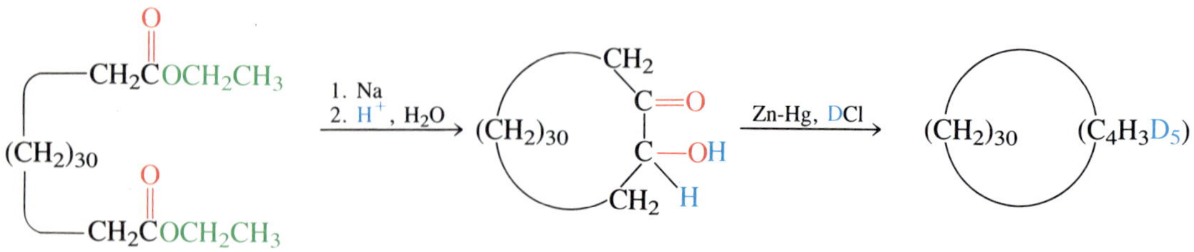

$$CH_3CH_2OC(=O)CH_2(CH_2)_{30}CH_2C(=O)OCH_2CH_3 \xrightarrow[2.\ H^+,\ H_2O]{1.\ Na} \text{cyclo-}[(CH_2)_{30}CH_2C(=O)CH(OH)CH_2] \xrightarrow{Zn\text{-}Hg,\ DCl} \text{cyclo-}[(CH_2)_{30}(C_4H_3D_5)]$$

Diethyltetratriacontandioat → **Pentadeuteriotetratriacontan**

Bei dieser Reaktion entstand hauptsächlich das gewöhnliche Kondensationsprodukt, aber auch ein neues Material, das, wie durch IR-Spektroskopie nachgewiesen, Deuterium enthielt ($\tilde{\nu}_{C-D} = 2105$, 2160 und 2200 cm^{-1}). Die neue Struktur war das Catenan, das sich durch Durchwinden der Diester-Kette durch den großen Cycloalkanring vor der zweiten Cyclisierung gebildet hatte.

Bildung des Catenans

$$(CH_2)_{30}, (CH_2)_{32}, (C_4H_3D_5) \text{ mit } COCH_2CH_3 \text{ und } CH_3CH_2OC(=O) \xrightarrow{1.\ Na;\ 2.\ H^+,\ H_2O} \text{Catenan mit } -C(=O)-C(OH)(H)- $$

1%–2%

Catenan

Daß beide Ringe tatsächlich die beschriebene Struktur einnahmen, wurde durch oxidative Spaltung der Hydroxyketon-Funktion nachgewiesen, bei der nicht deuterierte Tetratriacontandisäure entstand und das intakte deuterierte Cycloalkan $C_{34}H_{63}D_5$ freigesetzt wurde. Um das Catenan sprachlich von dem Gemisch der nicht miteinander verketteten Ringe zu unterscheiden, hat man für dieses die Bezeichnung *topologisches Isomer* geschaffen.

α-Hydroxyketone aus Aldehyden: Benzoin-Kondensation und verwandte Reaktionen

Eine zweite Möglichkeit zur Darstellung von α-Hydroxyketonen ist die Dimerisierung von Aldehyden in Gegenwart eines geeigneten Katalysators. So ergibt z. B. die Behandlung von Benzolcarbaldehyd (Benzaldehyd) mit einer katalytischen Menge Natriumcyanid in wässrigem Ethanol in hoher Ausbeute 2-Hydroxy-1,2-diphenylethanon.

$$2\ C_6H_5CHO \xrightarrow{Na^+CN^-,\ CH_3CH_2OH,\ H_2O} C_6H_5C(=O)-CH(OH)C_6H_5 \quad 95\%$$

Benzolcarbaldehyd (Benzaldehyd) → **2-Hydroxy-1,2-diphenylethanon (Benzoin)**

Katalytische Dimerisierung von Aldehyden zu α-Hydroxyketonen

$$RCH(=O) + HC(=O)R \xrightarrow{\text{Katalysator}} RC(=O)-CR(OH)H$$

Der Trivialname des Produkts lautet *Benzoin*, die Reaktion ist als **Benzoin-Kondensation** bekannt (obwohl es nicht nach der Definition aus Abschn. 15.6 nicht um eine Kondensation im engeren Sinne handelt).

Die Katalyse durch Cyanid-Ionen ist nur bei aromatischen Aldehyden möglich. Aliphatische Aldehyde gehen jedoch dieselbe Kupplungsreaktion in Gegenwart katalytischer Mengen von Thiazoliumsalzen ein. Ein Thialzoliumsalz leitet sich vom Thiazol durch Alkylierung am Stickstoff ab. Thiazol selbst ist eine heterocyclische Verbindung, die Schwefel und Stickstoff enthält (ein systematischer Name wäre 3-Aza-1-thia-2,4-cyclopentadien s. Abschn. 26.4). Ein Beispiel für einen solchen Katalysator ist *N*-Dodecylthiazoliumbromid, das durch den langkettigen Alkylsubstituenten in organischen Lösungsmitteln löslich wird:

Thiazol

Thiazoliumsalz (N^+–R, X^-)

$$2\ CH_3CH_2CH_2CH(=O) \xrightarrow{N\text{-Dodecylthiazoliumbromid } (N^+-(CH_2)_{11}CH_3,\ Br^-)} CH_3CH_2CH_2C(=O)-CH(OH)CH_2CH_2CH_3 \quad 76\%$$

Butanal → **5-Hydroxy-4-octanon**

Der Mechanismus dieser Aldehyd-Dimerisierung könnte im Prinzip über die Deprotonierung eines Aldehyds zum einem Benzoyl- oder Alkanoyl-Anion als Zwischenstufe laufen, das sich dann nucleophil an die Carbonylgruppe eines zweiten Aldehydmoleküls addiert.

Plausibler (aber falscher) Mechanismus der Bildung eines α-Hydroxyketons aus Aldehyden:

$$RC(=O)H \xrightleftharpoons{\text{Base}} RC(=O)^{:-} \xrightarrow{HC(=O)R} RC(=O){-}CHR(O^-) \xrightarrow[-\,HO^-]{HOH} RC(=O){-}CHR(OH)$$

Solche Anionen lassen sich aber auf diese Weise nicht darstellen (Basen addieren sich entweder an die Carbonylgruppe oder reagieren mit ihr zu den entsprechenden Enolaten, s. Kap. 15 und 16), und diese Schritte benötigen keinen besonderen Katalysator. In Wahrheit läuft die Reaktion über eine andere Folge von Schritten.

Mechanismus der Benzoin-Kondensation:

Schritt 1: Bildung des Cyanhydrins

$$C_6H_5CH{=}O + {}^-{:}CN{:} \rightleftharpoons C_6H_5{-}C(CN)(H){-}O^- \xrightleftharpoons{H^+} C_6H_5{-}C(CN)(H){-}OH$$

Cyanhydrin

Schritt 2: Deprotonierung an der Benzyl-Position

$$C_6H_5{-}C(CN)(OH){-}H \xrightleftharpoons{^-OH} C_6H_5{-}C(CN)(OH)^{:-} + HOH$$

Benzyl-Anion (ein maskiertes Benzoyl-Anion)

Schritt 3: Nucleophiler Angriff auf den ursprünglichen Aldehyd und Protonierung

$$C_6H_5{-}C(CN)(OH)^{:-} + HC(=O)C_6H_5 \rightleftharpoons C_6H_5C(CN)(OH){-}C(O^-)(H)C_6H_5 \xrightleftharpoons{HOH} C_6H_5C(CN)(OH){-}C(OH)(H)C_6H_5 + HO^-$$

Schritt 4: Deprotonierung und Abspaltung des Cyanid-Ions

$$C_6H_5C(CN)(OH){-}C(OH)(H)C_6H_5 \xrightleftharpoons{^-OH} C_6H_5C(CN)(O^-){-}C(OH)(H)C_6H_5 + HOH \rightleftharpoons C_6H_5C(=O){-}C(OH)(H)C_6H_5 + {}^-{:}CN{:} + HOH$$

Verwendet man Cyanid-Ionen als Katalysator, stehen immer einige Moleküle des aromatischen Aldehyds im Gleichgewicht mit dem entsprechenden Cyanhydrin (s. Abschn. 15.7). Obwohl das Cyanhydrin in Gegenwart von Base leichter an der Hydroxygruppe deprotoniert wird (der erster Schritt der Rückreaktion zum Aldehyd), ist die Benzyl-Position acid genug (s. Abschn. 24.1), daß hin und wieder durch Abspaltung eines Protons das Benzyl-Anion entsteht. Diese Deprotonierung ist nur möglich, weil das resultierende Anion durch Resonanz mit dem Benzolring und der gebundenen Nitrilfunktion (s. 18.6) stabilisiert ist. Der nucleophile Angriff dieser reaktiven Spezies (die als maskiertes Benzoyl-Anion wirkt) auf den ursprünglichen Aldehyd ergibt nach erfolgter Protonierung ein Hydroxycyanhydrin als Zwischenprodukt, das dann durch Abspaltung von HCN in das Produkt übergeht.

Übung 22-3

Formulieren Sie alle möglichen Resonanzstrukturen für das Benzyl-Anion, das sich vom Benzaldehyd-Cyanhydrin ableitet.

Alkanale reagieren auf diese Weise nicht miteinander, da die Bildung des maskierten Anions ohne den aromatischen Ring zu langsam verläuft. Man löst dieses Problem, indem man Thiazoliumsalze als Katalysator einsetzt. Diese Salze haben eine ungewöhnliche Eigenschaft – ein relativ saures Proton am Kohlenstoff zwischen beiden Heteroatomen (an C-2).

Thiazolium-Kationen reagieren sauer

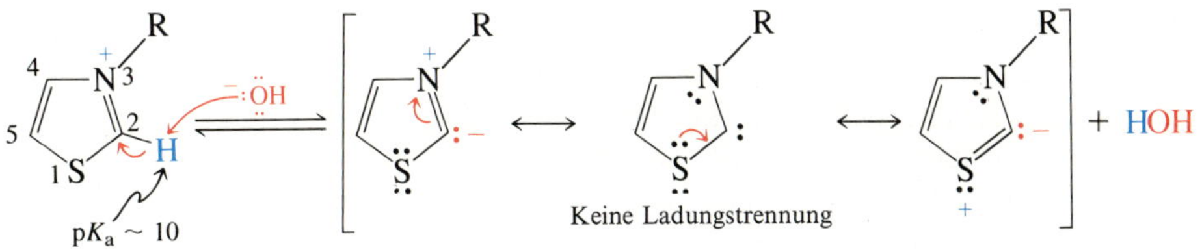

$pK_a \sim 10$

Keine Ladungstrennung

+ HOH

Die Acidität dieses Protons läßt sich über den aktivierenden Einfluß der positiven Ladung am benachbarten Stickstoff und die Möglichkeit, für das deprotonierte Teilchen mehrere Resonanzstrukturen zu formulieren (eine von ihnen zeigt keine Ladungstrennung, aber einen Elektronenmangel an C-2) erklären. Das C-2-Atom im deprotonierten Molekül ist nucleophil und addiert sich ebenso wie ein Cyanid-Ion reversibel an die Carbonylfunktion.

Mechanismus der durch Thiazolium-Ionen katalysierten Aldehydkupplung:

Schritt 1: Deprotonierung des Thiazolium-Ions

Schritt 2: Nucleophiler Angriff durch den Katalysator

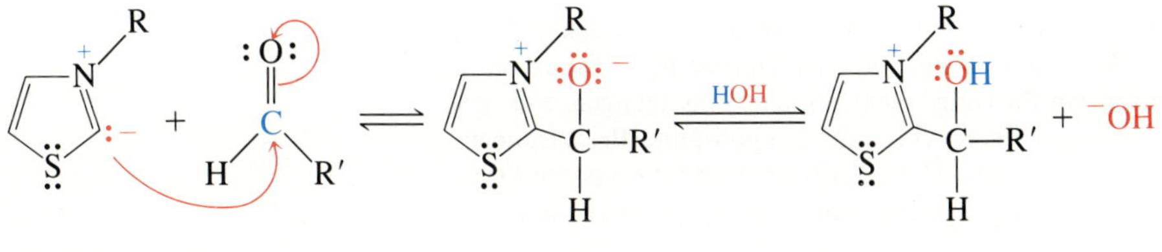

HOH

$+ \ ^{-}OH$

Schritt 3: Bildung des maskierten Alkanoyl-Anions

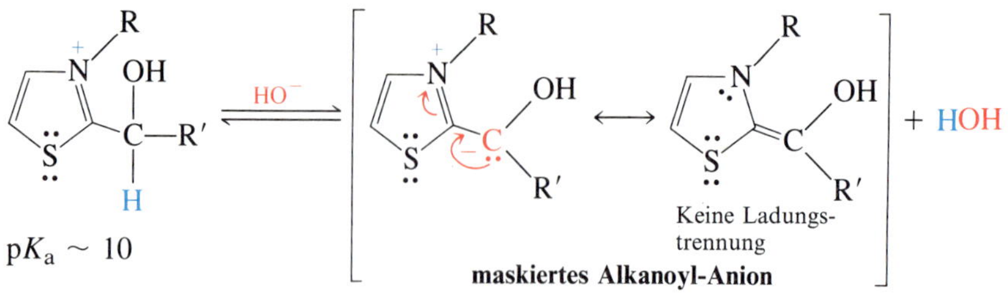

$pK_a \sim 10$

Keine Ladungstrennung

maskiertes Alkanoyl-Anion

+ HOH

Schritt 4: Nucleophiler Angriff auf den ursprünglichen Aldehyd

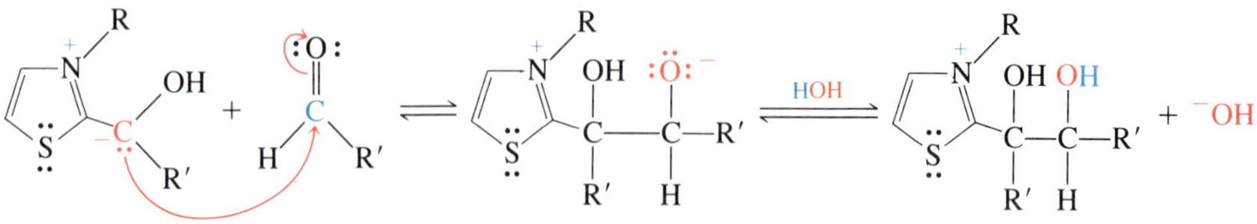

Schritt 5: Freisetzung des α-Hydroxyketons

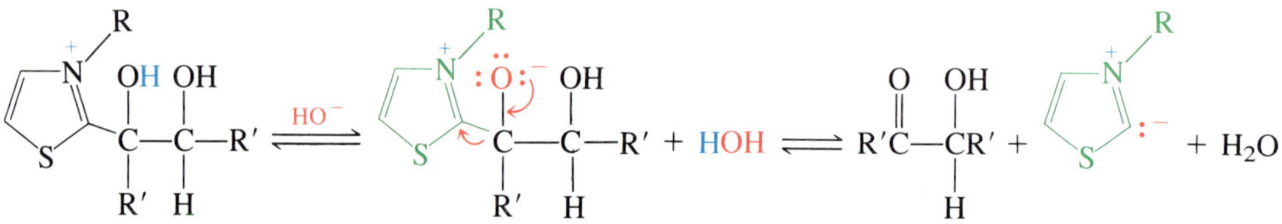

Der in Schritt 2 entstandene Alkohol ist dadurch bemerkenswert, daß in ihm die Thiazolium-Einheit als Substituent enthalten ist. Dieser Substituent übt induktiv und über Resonanz einen stark elektronenziehenden Effekt aus, und erhöht die Acidität des benachbarten Protons außerordentlich. Bei der Deprotonierung entsteht ein maskiertes Alkanoyl-Anion, das ungewöhnlich stabil ist, denn es läßt sich durch mehrere Resonanzstrukturen, eine davon ohne Ladungstrennung, beschreiben. Durch nucleophilen Angriff dieses Anions auf ein weiteres Molekül Aldehyd und darauffolgende Abspaltung der Thiazoliumgruppe wird das α-Hydroxyketon freigesetzt. Thiazoliumsalze wirken also bei dieser Reaktion als Katalysatoren in derselben Weise wie Cyanid-Ionen. In beiden Fällen liegt der entscheidende Punkt darin, den Aldehyd in ein Produkt zu überführen, das leichter als dieser ein Proton am Kohlenstoff abgibt, um das entsprechende maskierte Alkanoyl-Anion zu bilden.

Kasten 22-2

Thiamin: ein natürlich vorkommendes, katalytisch wirkendes Thiazoliumsalz

Die katalytische Wirkung von Thiazoliumsalzen bei der Dimerisierung von Aldehyden hat in der Natur eine Entsprechung, die Wirkung von Thiamin oder Vitamin B_1. Thiamin ist, in Form seines Pyrophosphats, ein Coenzym für einige biochemische Umsetzungen, z. B. der Transketolase-Reaktion und der Decarboxylierung von 2-Oxopropansäure (Brenztraubensäure) zu Ethanal (Acetaldehyd). Bei diesem Prozeß treten Zwischenprodukte desselben Typs wie bei der durch Thiazoliumsalze katalysierten Synthese von α-Hydroxyketonen auf.

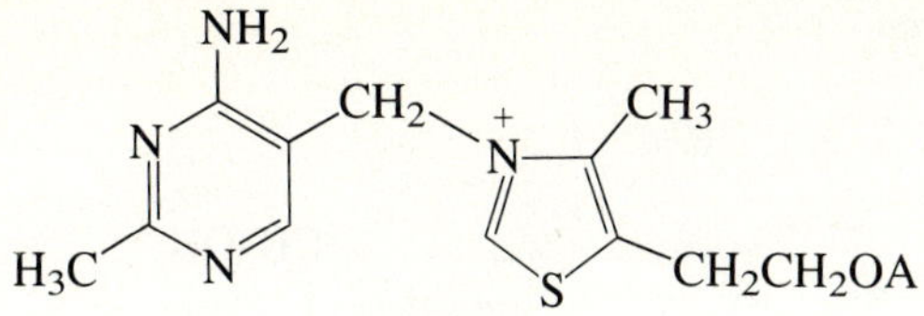

Thiamin

A = H

Thiaminpyrophosphat (TPP)

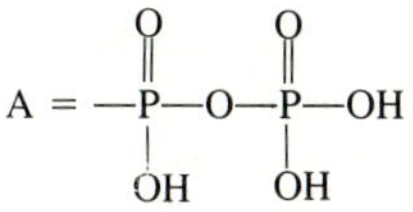

Das aktive Zentrum des Enzyms *Transketolase* enthält ein Thiaminpyrophosphat (TPP), mit dessen Hilfe es Aldehyd-Einheiten von einem Donator-Zucker auf einen Akzeptor unter Bildung eines neuen Zuckers übertragen kann (s. Kap. 23). Das deprotonierte Thiazoliumsalz greift zunächst das Donatormolekül an einer Carbonylfunktion an, wobei eine Additionsverbindung entsteht. Dieser Schritt verläuft in völliger Analogie zu der Addition an Aldehyde.

Aktivierung des Zuckers

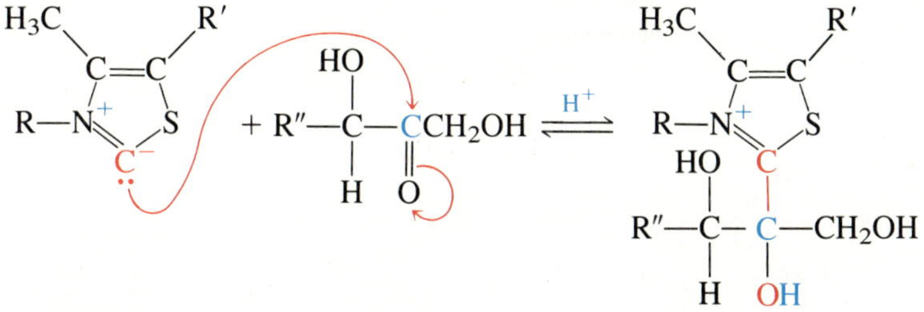

deprotoniertes Thiamin-pyrophosphat **Donator-Zucker** **Additions-verbindung**

Da der Donator-Zucker in Nachbarstellung zum Zentrum der Reaktion eine Hydroxygruppe enthält, kann die Additionsverbindung durch Umkehrung des Additionsprozesses zu einem Aldehyd und einer neuen Thiamin-Zwischenstufe zerfallen. An dieser erfolgt dann der nächste Reaktionsschritt.

Abspaltung des ursprünglichen Aldehyds

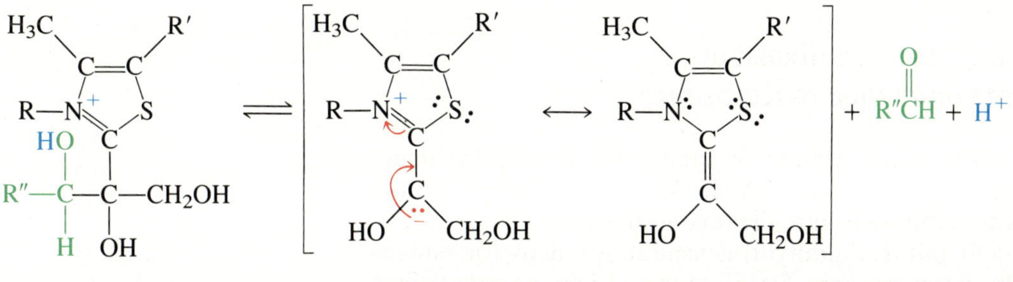

In diesem nächsten Schritt erfolgt der Angriff auf einen anderen Aldehyd unter Bildung einer neuen Additionsverbindung. Der Katalysator dissoziiert dann als Thiaminpyrophosphat ab, ein neues Zuckermolekül ist entstanden.

Einführung des neuen Aldehyds

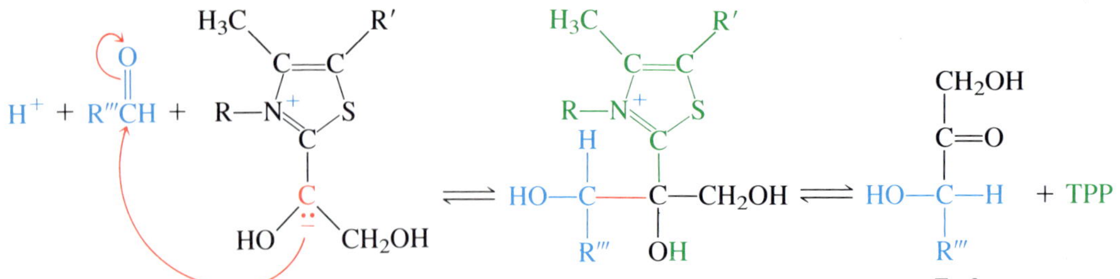

neuer Zucker

Die *Pyruvat-Dehydrogenase* katalysiert die Decarboxylierung von 2-Oxopropansäure (Brenztraubensäure, Salze Pyruvate). Am aktiven Zentrum dieses Enzyms findet sich ebenfalls eine Thiamin-Einheit, die sich nucleophil an die Ketofunktion im 2-Oxopropanoat-(Pyruvat-)Ion addieren kann. Diese Addition löst die Eliminierung von Kohlendioxid aus.

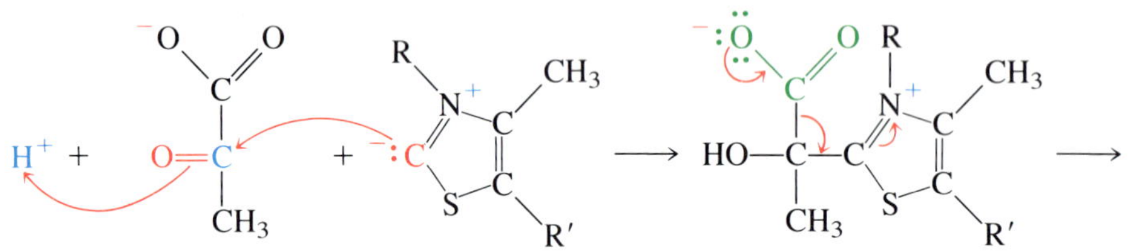

2-Oxopropanoat (Pyruvat)

Thiamin – Teil der Pyruvat-Dehydrogenase

Additionsverbindung

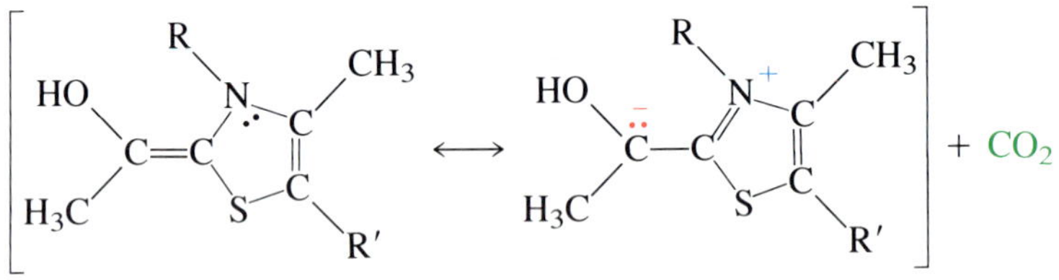

$+ CO_2$

Das entstandene Produkt wird daraufhin zu dem Ethanoyl- (Acetyl-)derivat oxidiert, und die Ethanoyl- (Acetyl-)gruppe schließlich auf Coenzym A übertragen, wobei Acetyl-CoA entsteht (s. Abschn. 17.12, Abb. 17-15).

Übung 22-4

Formulieren Sie eine vierstufige Synthese von 4-Hydroxy-2,5-dimethyl-3-hexanon aus 2-Brompropan.

2-Oxopropansäure (Brenztraubensäure), eine natürlich vorkommende α-Ketosäure

2-Oxopropansäure (Brenztraubensäure) ist eine α-Ketosäure. Ihr deutscher Trivialname leitet sich davon ab, daß sie sich durch trockene Destillation von 2,3-Dihydroxybutandisäure (Traubensäure), einer α-Hydroxysäure, s. Abschn. 5.5) mit Kaliumhydrogensulfat als dehydrierendem Mittel darstellen läßt. Diese trockene Destillation bezeichnete man früher als Brenzreaktion. Die intermediär entstandene 2-Oxobutandisäure spaltet Kohlendioxid ab (diese Reaktion ist typisch für 3-Ketosäuren, s. Abschn. 22.4) und es entsteht Brenztraubensäure.

Synthese von 3-Oxopropansäure (Brenztraubensäure)

$$\underset{\text{2,3-Dihydroxybutandisäure- (Traubensäure)}}{\mathrm{HOOCCH(OH)CH(OH)COOH}} \xrightarrow[-\,H_2O]{KHSO_4,\ \Delta} \left[\underset{\text{Enolform}}{\mathrm{HOOCH{=}C(OH)COOH}} \rightleftharpoons \underset{\text{Ketoform}}{\mathrm{HOOCCH_2C(=O)COOH}}\right] \xrightarrow{-\,CO_2} \underset{\text{2-Oxopropansäure (Brenztraubensäure)}}{\mathrm{CH_3C(=O)COOH}}$$

2,3-Dihydroxybutandisäure- (Traubensäure) — **2-Oxobutandisäure** — **2-Oxopropansäure (Brenztraubensäure)**

Eine alternative Darstellung geht von der Hydrolyse von 2-Oxopropannitril aus, das man durch Behandeln von Ethanoyl- (Acetyl-)chlorid mit Natriumcyanid bekommt.

$$\mathrm{CH_3C(=O)Cl} + \mathrm{Na^{+}\,{}^{-}CN} \xrightarrow[-\,NaCl]{} \underset{95\%}{\mathrm{CH_3C(=O)CN}} \xrightarrow{\text{Konz. HCl, 0 °C}} \underset{100\%}{\mathrm{CH_3C(=O)COOH}}$$

2-Oxopropannitril — **2-Oxopropansäure (Brenztraubensäure)**

Den Ethylester der Brenztraubensäure erhält man durch Oxidation von Ethyl-2-hydroxypropanoat (Milchsäureethylester, Ethyllactat):

$$\mathrm{CH_3CH(OH)CO_2CH_2CH_3} \xrightarrow{KMnO_4} \underset{54\%}{\mathrm{CH_3C(=O)CO_2CH_2CH_3}}$$

Ethyl-2-hydroxypropanoat (Ethyllactat) — **Ethyl-2-oxopropanoat (Ethylpyruvat)**

Die beiden Moleküle 2-Hydroxypropansäure (Milchsäure) und 2-Oxopropansäure (Brenztraubensäure) können im Körper gegenseitig ineinander überführt werden. Dies geschieht mit Hilfe eines Enzyms im Muskel, der *Milchsäure-Dehydrogenase*, die bei körperlicher Anstrengung Brenztraubensäure zu Milchsäure reduziert. Befindet sich der Muskel in Ruhe, katalysiert das Enzym die Umkehrung des Prozesses.

$$\mathrm{CH_3C(=O)COOH} \xrightleftharpoons{\text{Milchsäure-Dehydrogenase}} \mathrm{(HO)(H)(H_3C)C{-}COOH}$$

(*S*)-(+)-2-Hydroxypropansäure [(*S*)-(+)-Milchsäure]

Die Reduktion verläuft stereospezifisch, es entsteht nur die (*S*)-(+)-Säure. In der Natur entsteht 2-Oxopropansäure (Brenztraubensäure) durch enzymatischen Abbau von Kohlenhydraten (s Abschn. 23.4).

α-Dicarbonylverbindungen sind reaktiv

Die Reaktivität von α-Dicarbonylverbindungen ergibt sich aus Nachbarschaft der beiden Carbonyl-Doppelbindungen, wodurch sich die beiden funktionellen Gruppen gegenseitig für einen nucleophilen Angriff aktivieren.

Aktivierung von Dicarbonylverbindungen

Stellen des nucleophilen Angriffs

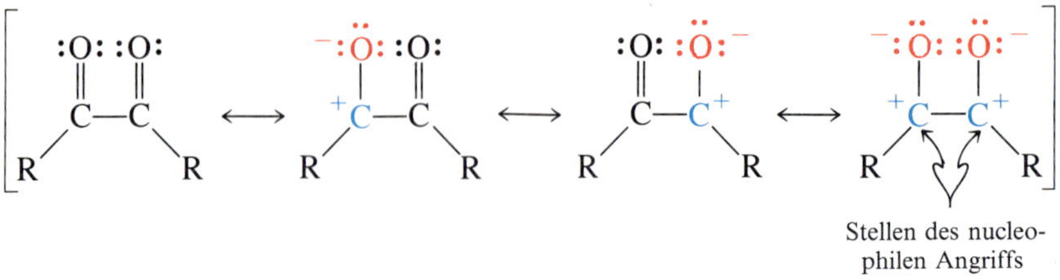

So bildet z. B. Ethandial (Glyoxal) rasch das Hydrat, im Gegensatz zu gewöhnlichen Aldehyden und Ketonen ist es sehr schwer, diese Verbindung vollständig zu dehydratisieren. Beim Behandeln mit Natriumhydroxid wird eine Umlagerung induziert, bei der das Natriumsalz der Hydroxyethansäure (Glycolsäure) entsteht:

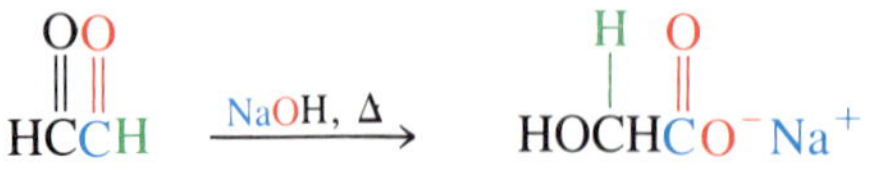

$$\text{HC(=O)C(=O)H} \xrightarrow{\text{NaOH, }\Delta} \text{HOCH}_2\text{CO}^-\text{Na}^+$$

Ethandial (Glyoxal) → **Natriumhydroxyethanoat (Natriumsalz der Glycolsäure)**

Diese Reaktion läuft bei allen α-Dicarbonylverbindungen, wie α-Ketoaldehyden und α-Diketonen ab. Sie trägt den Namen **Benzilsäure-Umlagerung**, weil Diphenylethandion (Benzil) unter diesen Bedingungen in Diphenylhydroxyethansäure (Benzilsäure) überführt wird.

Benzilsäure-Umlagerung

$KOH, H_2O, CH_3CH_2OH, 100\,°C$

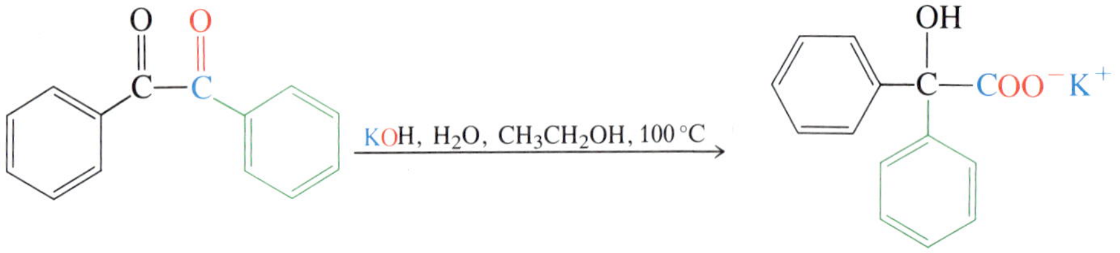

95%

Diphenylethandion (Benzil) → **Kaliumdiphenylhydroxyethanoat (Kaliumsalz der Benzilsäure)**

Wie geht diese Umlagerung vonstatten? Der Mechanismus der Benzilsäuresynthese beginnt mit der nucleophilen Addition eines Hydroxid-Ions an einen der aktivierten Carbonyl-Kohlenstoffe. Danach lagert sich das Molekül durch Wanderung des Substituenten am Alkoxid-Kohlenstoff zur benachbarten Carbonylfunktion um. Die Gruppe wandert mit ihrem Elektronenpaar, das sie auf die benachbarte Carbonyl-Doppelbindung überträgt. Eine Protonenübertragung beendet die Reaktionsfolge.

Mechanismus der Benzilsäure-Umlagerung:

Schritt 1: Addition des Hydroxid-Ions

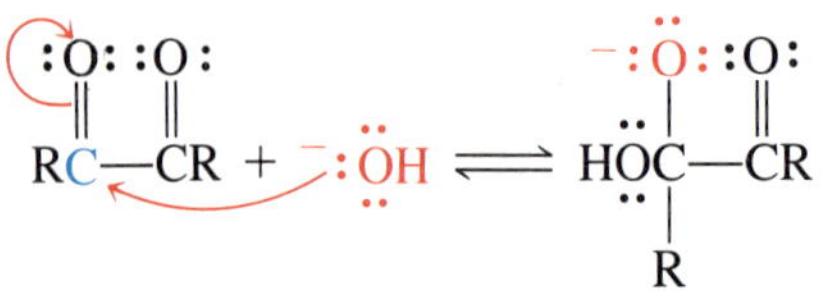

$$\text{RC(=O)C(=O)R} + {}^-\text{:}\ddot{\text{O}}\text{H} \rightleftharpoons \text{HOC(R)(O}^-\text{)}-\text{C(=O)R}$$

Schritt 2: Umlagerung

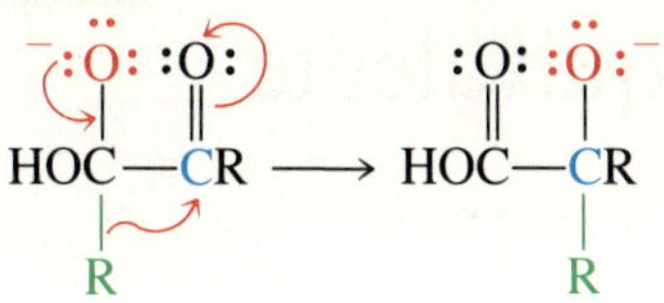

Schritt 3: Protonenübertragung

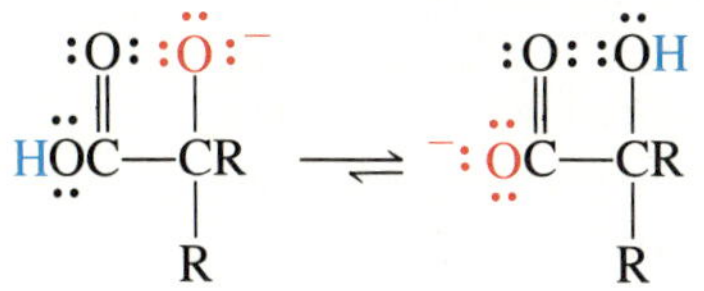

Bei cyclischen α-Diketonen führt diese Umlagerung zur Verkleinerung des Ringes.

Benzilsäure-Umlagerung von 1,2-Cyclohexandion

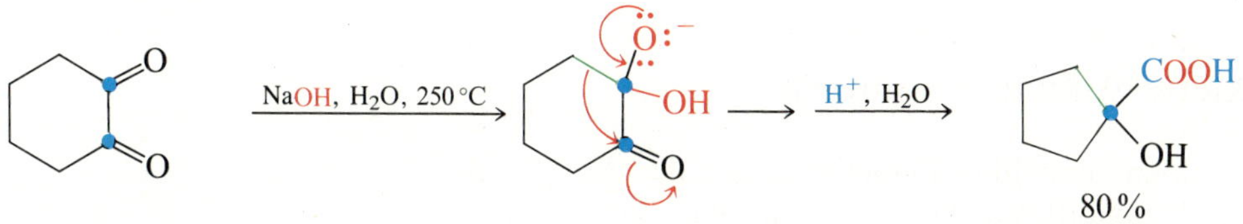

NaOH, H_2O, 250 °C; H^+, H_2O

1,2-Cyclohexandion

80%

1-Hydroxycyclopentan-carbonsäure

Übung 22-5

Erklären Sie die folgende Umlagerung mechanistisch. Hinweis: Beginnen Sie die Ringerweiterung wie gezeigt mit dem freien Elektronenpaar am Stickstoff.

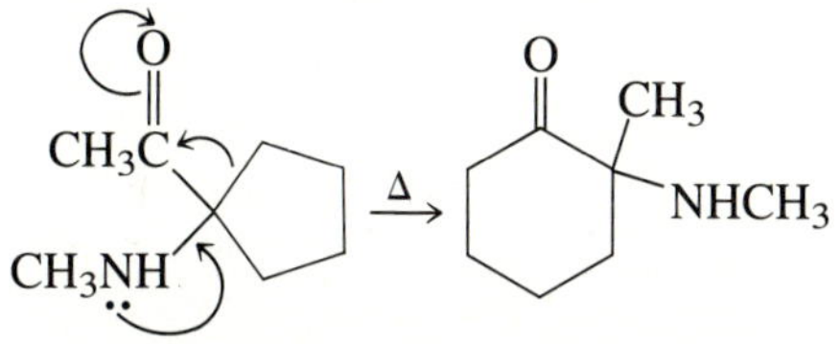

Fassen wir zusammen: α-Hydroxyketone (auch Acyloine genannt) lassen sich aus Estern durch Acyloin-Kondensation und aus Aldehyden durch Dimerisierung, die durch Cyanid-Ionen (aromatische Aldehyde) oder Thiazolium-Ionen (aliphatische Aldehyde) katalysiert wird, darstellen. Der letztere Prozeß hat in der Natur eine Entsprechung in den durch Thiamin katalysierten Aldehyd-Übertragungen und Pyruvat-Decarboxylierungen. Die Acyloin-Kondensation ist eine reduktive Kupplung über eine Folge von Elektronenübertragungen. Die Aldehyd-Dimerisierung verläuft über maskierte Benzoyl- oder Alkanoyl-Anionen. Durch Oxidation von α-Hydroxyketonen entstehen α-Diketone. 2-Oxopropansäure (Brenztraubensäure), eine α-Ketosäure, läßt sich durch trockene Destillation von 2,3-Dihydroxybutandisäure (Traubensäure) oder durch Hydrolyse von 2-Oxopropannitril darstellen. Sie bildet sich im ruhenden Muskel durch (reversible) enzymatische Oxidation des Ethylesters der (*S*)-(+)-2-Hydroxypropansäure (Milchsäure). Die α-Diketofunktion ist reaktiver als eine einzelne Carbonylgruppe. Sie wird leicht hydratisiert, bei Zugabe von Basen erfolgt eine Benzilsäure-Umlagerung.

22.2 Anionen des 1,3-Dithiacyclohexans (Dithians): Stöchiometrische Äquivalente des Alkanoyl- (Acyl-)Anions

Die Dimerisierung von Aldehyden unter Katalyse von Cyanid- oder Thiazolium-Ionen verläuft über Benzoyl- oder Alkanoyl-Anionen als *reaktive Zwischenstufen*: sie lassen sich nicht isolieren. Es gibt jedoch isolierbare Verbindungen, die in einer Fülle von stöchiometrischen Reaktionen die Rolle dieser maskierten Anionen übernehmen. Die Entwicklung solcher Reagenzien hat in der synthetischen organischen Chemie eine große Bedeutung, weil in ihnen der ursprünglich elektrophile Kohlenstoff der Carbonylgruppe nucleophilen Charakter erhält. Diese sogenannte Umpolung erfolgt auch bei der Darstellung organometallischer Reagenzien aus Halogenalkanen (s. Abschn. 8.5). In diesem Abschnitt beschreiben wir, wie man 1,3-Dithiacyclohexan (1,3-Dithian) als maskiertes Alkanoyl-Anion einsetzen kann.

1,3-Dithiacyclohexane (1,3-Dithiane): Vorstufen für maskierte Alkanoyl-Anionen

Behandelt man Dimethoxymethan [das Dimethylacetal des Methanals (Formaldehyds)] mit 1,3-Propandithiol in Gegenwart von Säure, findet eine *Umacetalisierung* zu 1,3-Dithiacyclohexan (1,3-Dithian), einem cyclischen Dithioacetal des Methanals (Formaldehyd, s. Abschn. 15.5), statt.

$$HSCH_2CH_2CH_2SH + H_2C(OCH_3)_2 \xrightarrow{BF_3,\ (CH_3CH_2)_2O,\ CHCl_3,\ \Delta} \text{1,3-Dithian} + 2\ CH_3OH$$

1,3-Propandithiol — **Dimethoxymethan** — **1,3-Dithiacyclohexan (1,3-Dithian)** 77%–84%

Übung 22-6

Formulieren Sie einen plausiblen Mechanismus für die säurekatalysierte Umacetalisierung von Dimethoxymethan zu 1,3-Dithiacyclohexan.

Die Wasserstoffatome der Methylengruppe zwischen den beiden Schwefelatomen sind relativ acid, der pK_a an dieser Stelle beträgt 31. Dieser Wert ist klein genug, daß starke Basen wie Butyllithium die Verbindung zum entsprechenden Anion deprotonieren können. Der Grund für die Acidität dieses Protons liegt in der Polarisierbarkeit des Schwefels (s. Abb. 6-11), wodurch eine benachbarte negative Ladung stabilisiert werden kann.

Deprotonierung von 1,3-Dithiacyclohexan

$$\text{1,3-Dithian } (pK_a = 31.1) \xrightarrow{CH_3CH_2CH_2CH_2Li,\ THF} \text{2-Lithio-1,3-dithian } (Li^+) + CH_3CH_2CH_2CH_2H$$

Auch andere Aldehyde als Methanal (Formaldehyd) lassen sich in diese Thioacetale überführen, aus denen nach Deprotonierung dann die entsprechenden 2-Alkyl-1,3-Dithiacyclohexan-Anionen entstehen.

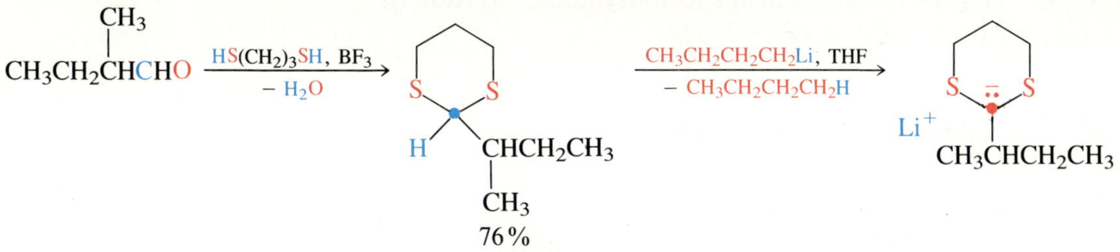

$$CH_3CH_2CH(CH_3)CHO \xrightarrow[-\ H_2O]{HS(CH_2)_3SH,\ BF_3} \text{2-(1-Methylpropyl)-1,3-dithiacyclohexan (76\%)} \xrightarrow[-\ CH_3CH_2CH_2CH_2H]{CH_3CH_2CH_2CH_2Li,\ THF} Li^+\ \text{2-Anion}\ (CH_3CHCH_2CH_3)$$

2-Methylbutanal

2-(1-Methylpropyl)-1,3-dithiacyclohexan

Diese Anionen können von einer Reihe von Reagenzien, z. B. primären und sekundären Halogenalkanen, Aldehyden und Ketonen oder Oxacyclopropanen alkyliert werden. Der elektrophile Carbonyl-Kohlenstoff ist also durch Umpolung im Thioacetal nucleophil geworden.

Alkylierung eines 1,3-Dithiacyclohexan-Anions

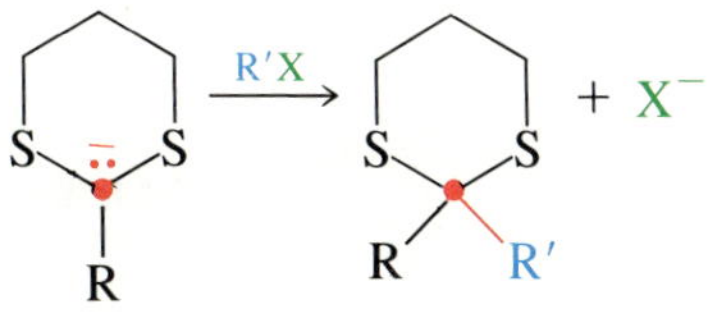

$$\text{2-R-1,3-Dithiacyclohexan-Anion} \xrightarrow{R'X} \text{2-R-2-R'-1,3-Dithiacyclohexan} + X^-$$

Beispiele:

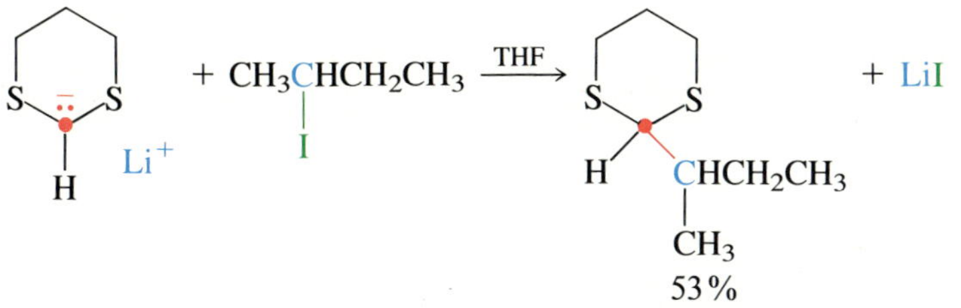

$$\text{1,3-Dithiacyclohexan-Anion}\ Li^+ + CH_3CHICH_2CH_3 \xrightarrow{THF} \text{2-}(CH(CH_3)CH_2CH_3)\text{-1,3-dithiacyclohexan} + LiI$$

53%

2-(1-Methylpropyl)-1,3-dithiacyclohexan

$$\text{1,3-Dithiacyclohexan-Anion} + C_6H_5CHO \longrightarrow \xrightarrow{H^+,\ H_2O} \text{2-}(CH(OH)C_6H_5)\text{-1,3-dithiacyclohexan}$$

91%

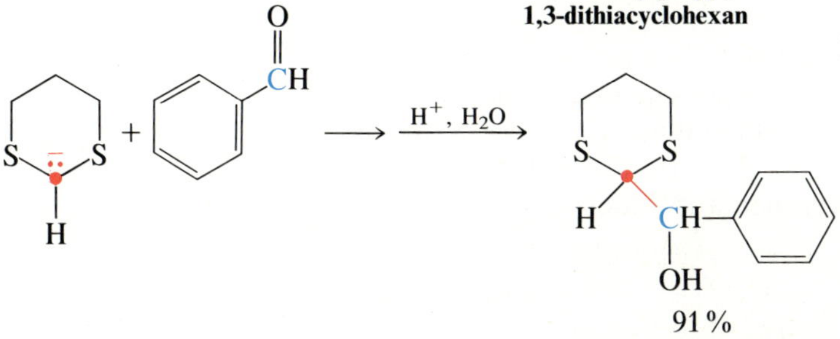

2-(1-Hydroxyphenylmethyl)-1,3-dithiacyclohexan

$$\text{1,3-Dithiacyclohexan-Anion} + \text{Oxacyclopropan} \longrightarrow \xrightarrow{H^+,\ H_2O} \text{2-}(CH_2CH_2OH)\text{-1,3-dithiacyclohexan}$$

75%

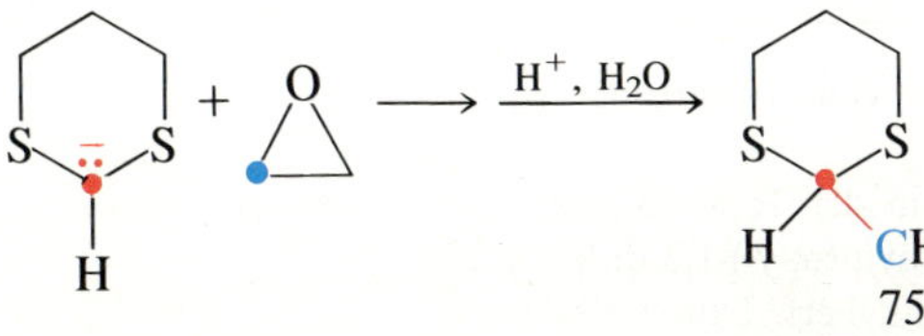

2-(2-Hydroxyethyl)-1,3-dithiacyclohexan

Die Thioacetal-Funktion wird dann durch Quecksilbersalze zu der entsprechenden Carbonylverbindung hydrolysiert (s. Abschn. 15.5). Die gesamte Reaktionsfolge – Thioacetalisierung, Bildung des Anions, Alkylierung, Hydrolyse – stellt also eine allgemeine Ketonsynthese aus Aldehyden dar.

Hydrolyse von 1,3-Dithianen

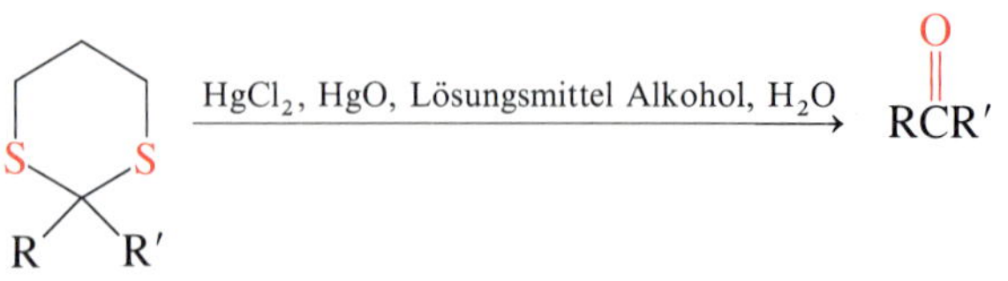

$$\text{2,2-R,R'-1,3-Dithian} \xrightarrow{HgCl_2,\ HgO,\ \text{Lösungsmittel Alkohol},\ H_2O} RC(=O)R'$$

Beispiel:

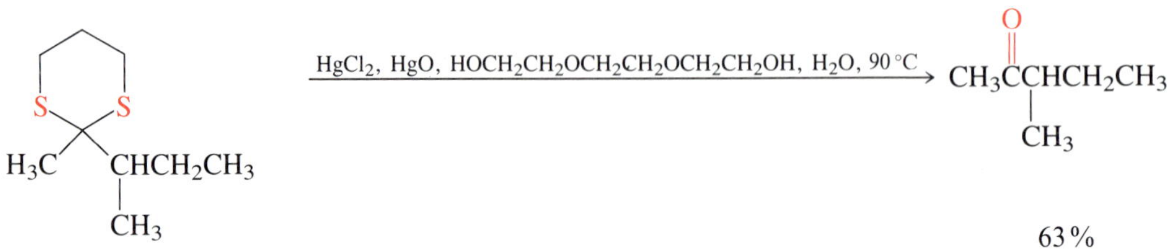

$$\text{2-Methyl-2-(1-methylpropyl)-1,3-dithiacyclohexan} \xrightarrow{HgCl_2,\ HgO,\ HOCH_2CH_2OCH_2CH_2OCH_2CH_2OH,\ H_2O,\ 90\,^\circ C} CH_3C(=O)CH(CH_3)CH_2CH_3$$

63%

2-Methyl-2-(1-methylpropyl)-1,3-dithiacyclohexan → **3-Methyl-2-pentanon**

Übung 22-7

Welche Struktur hat das Produkt der folgenden Reaktionssequenz?

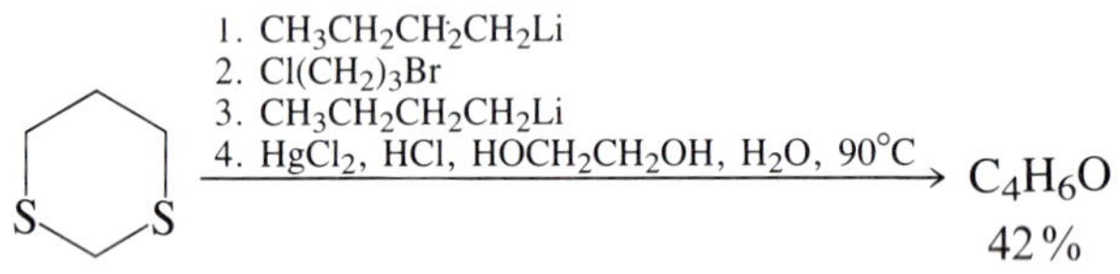

1,3-Dithian →
1. $CH_3CH_2CH_2CH_2Li$
2. $Cl(CH_2)_3Br$
3. $CH_3CH_2CH_2CH_2Li$
4. $HgCl_2$, HCl, $HOCH_2CH_2OH$, H_2O, 90°C

→ C_4H_6O 42%

Lassen Sie uns zusammenfassen: Ein Beispiel für eine Umpolung ist die Überführung von Aldehyden in die Anionen der entsprechenden 1,3-Dithiacyclohexane (1,3-Dithiane). Aus dem elektrophilen Carbonyl-Kohlenstoff wird ein nucleophiles Zentrum; dies ist die Grundlage einer synthetischen Methode zur Darstellung von Ketonen aus Aldehyden.

Kasten 22-3

Das 1,3-Dithiacyclohexan-Anion als Zwischenstufe in der Synthese eines Naturstoffs

Ein 1,3-Dithiacyclohexan als maskiertes Alkanoyl-Anion tritt in der Totalsynthese eines Sexuallockstoffs des Borkenkäfers *Ips confusus* auf. Das 2-(2-Methylpropyl)-1,3-dithiacyclohexan-Anion wird zunächst mit 2-(Brommethyl)-1,3-butadien alkyliert. Durch Hydrolyse der Thioacetalgruppe im Produkt und Reduktion der Carbonylfunktion entsteht dann der Naturstoff.

Totalsynthese des Sexuallockstoffs des Borkenkäfers

2-(2-Methylpropyl)-1,3-dithian-Anion + 2-(Brommethyl)-1,3-butadien $\xrightarrow{-\,Br^-}$ (51%) $\xrightarrow{HgCl_2}$ (59%) $\xrightarrow{NaBH_4}$ (66%) Sexuallockstoff des Borkenkäfers

22.3 Darstellung von β-Dicarbonylverbindungen: Die ungewöhnliche Acidität von Methylen-Wasserstoffatomen, die von zwei Carbonylgruppen flankiert sind

Wie wir in Abschn. 22.4 sehen werden, sind β-Dicarbonylverbindungen, wie β-Diketone und β- (oder 3-)Ketoester, sehr vielseitige synthetische Zwischenprodukte. In diesem Abschnitt beschreiben wir, wie man diese Systeme darstellt.

β-Dicarbonylverbindungen werden durch Claisen- und damit verwandte Kondensationen dargestellt

β-Ketoester entstehen bei der Claisen-Kondensation (s. Abschn. 18.4). So bildet sich z. B. bei der Reaktion von Ethylethanoat(-acetat) mit Natriumethoxid und darauffolgender saurer Aufarbeitung Ethyl-3-oxobutanoat (Acetessigsäureethylester, Acetessigester). Zunächst entsteht bei dieser Reaktion das Enolat-Ion des Ketoesters, dieser Schritt ist es, der die Gesamtreaktion in Richtung der Produkte treibt.

Claisen-Kondensation von Ethylethanoat (Essigsäureethylester)

$$2\ \mathrm{CH_3\overset{O}{\overset{\|}{C}}OCH_2CH_3} \xrightarrow{\mathrm{Na^{+}\,{}^{-}OCH_2CH_3,\ CH_3CH_2OH}} \left[\mathrm{CH_3\overset{:\ddot{O}:^-}{\overset{|}{C}}{=}CH{-}\overset{:O:}{\overset{\|}{C}}OCH_2CH_3} \longleftrightarrow \mathrm{CH_3\overset{:O:}{\overset{\|}{C}}{-}\ddot{C}H{-}\overset{:O:}{\overset{\|}{C}}OCH_2CH_3} \longleftrightarrow \mathrm{CH_3\overset{:O:}{\overset{\|}{C}}{-}CH{=}\overset{:\ddot{O}:^-}{\overset{|}{C}}OCH_2CH_3}\right] \xrightarrow{\mathrm{H^+,\ H_2O}} \mathrm{CH_3\overset{O}{\overset{\|}{C}}\underset{H}{\underset{|}{C}}H\overset{O}{\overset{\|}{C}}OCH_2CH_3}$$

Ethylethanoat (Essigsäureethylester) → **Ethyl-3-oxobutanoat (Acetessigester)**

Dieses Enolat ist ungewöhnlich stark durch Resonanz stabilisiert, da beide Carbonylgruppen an der Konjugation beteiligt sind. Die Wirkung der Resonanzstabilisierung zeigt sich in dem ungewöhnlich niedrigen pK_a-Wert von Ethyl-3-oxobutanoat (Acetessigester) und anderen β-Dicarbonylverbindungen (s. Tab. 22-1). In dieser Tabelle sind auch verwandte Systeme, wie Methyl-2-cyanoethanoat (2-Cyanoessigsäuremethylester) und Propandinitril aufgeführt.

Die Bedeutung des letzten Deprotonierungsschritts der Claisen-Kondensation zeigt sich an den Fällen, in denen der Ester nur einen α-Wasserstoff hat. Das Produkt der Reaktion wäre ein 2,2-disubstituierter 3-Ketoester, der kein α-Proton, das zur Verschiebung des Gleichgewichts erforderlich ist, enthält. Man beobachtet in diesen Fällen kein Claisen-Kondensationprodukt.

Tabelle 22-1 pK_a-Werte von β-Dicarbonyl- und verwandten Verbindungen

Name	Struktur	pK_a
2,4-Pentandion (Acetylaceton)	$\mathrm{CH_3\overset{O}{\overset{\|}{C}}CH_2\overset{O}{\overset{\|}{C}}CH_3}$	9
Methyl-2-cyanoethanoat (Methyl-2-cyanoacetat)	$\mathrm{NCCH_2\overset{O}{\overset{\|}{C}}OCH_3}$	9
Ethyl-3-oxobutanoat (Acetessigester)	$\mathrm{CH_3\overset{O}{\overset{\|}{C}}CH_2\overset{O}{\overset{\|}{C}}OCH_2CH_3}$	11
Propandinitril (Malondinitril)	$\mathrm{NCCH_2CN}$	13
Diethylpropandioat (Malonester)	$\mathrm{CH_3CH_2O\overset{O}{\overset{\|}{C}}CH_2\overset{O}{\overset{\|}{C}}OCH_2CH_3}$	13

Ein Beispiel für das Versagen einer Claisen-Kondensation

$$2\ \mathrm{(CH_3)_2CH\overset{O}{\overset{\|}{C}}OCH_2CH_3} \xleftarrow{\mathrm{CH_3CH_2O^-Na^+,\ CH_3CH_2OH}} \mathrm{(CH_3)_2CH\overset{O}{\overset{\|}{C}}{-}\underset{CH_3}{\underset{|}{\overset{CH_3}{\overset{|}{C}}}}{-}\overset{O}{\overset{\|}{C}}OCH_2CH_3} + \mathrm{CH_3CH_2OH}$$

Ethyl-2-methylpropanoat — **Ethyl-2,2,4-trimethyl-3-oxopentanoat**

Daß sich dieser Befund über eine ungünstige Gleichgewichtslage erklären läßt, kann man durch Behandeln eines 2,2-disubstituierten 3-Ketoesters mit Base zeigen: es läuft eine **Retro-Claisen-Kondensation** ab, die über einen Mechanismus verläuft, der genau die Umkehrung der Hinreaktion ist.

22.3 Darstellung von β-Dicarbonylverbindungen: Die ungewöhnliche Acidität von Methylen-Wasserstoffatomen, die von zwei Carbonylgruppen flankiert sind

Retro-Claisen-Kondensation

$$(CH_3)_2CHC(=O)-C(CH_3)_2-COCH_2CH_3 + CH_3CH_2\ddot{O}:^- \xrightarrow{CH_3CH_2\ddot{O}H} (CH_3)_2CHC(O^-)(OCH_2CH_3)-C(CH_3)_2-C(=O)OCH_2CH_3 \longrightarrow$$

$$(CH_3)_2CHC(=O)OCH_2CH_3 + (CH_3)_2C=C(O^-)OCH_2CH_3 \xrightarrow{CH_3CH_2\ddot{O}H} (CH_3)_2CHC(=O)OCH_2CH_3 + CH_3CH_2\ddot{O}:^-$$

Übung 22-8

Erklären Sie die folgenden Beobachtungen:

$$2\ CH_3C(=O)-C(CH_3)_2-COOCH_3 \xrightarrow[2.\ H^+,\ H_2O]{1.\ CH_3O^-Na^+,\ CH_3OH} CH_3C(=O)CH_2COOCH_3 + 2\ (CH_3)_2CHCOOCH_3$$

Claisen-Kondensationen zwischen zwei verschiedenen Estern

Gekreuzte Claisen-Kondensationen ergeben häufig, ebenso wie gekreuzte Aldolreaktionen (s. Abschn. 16.3), Produktgemische.

Gekreuzte Claisen-Kondensationen sind oft nicht selektiv

$$CH_3CH_2C(=O)OCH_2CH_3 + CH_3C(=O)OCH_2CH_3 \xrightarrow[2.\ H^+,\ H_2O]{1.\ CH_3CH_2O^-Na^+,\ CH_3CH_2OH}$$

$$CH_3CH_2C(=O)CH(CH_3)C(=O)OCH_2CH_3 + CH_3CH_2C(=O)CH_2C(=O)OCH_2CH_3 + CH_3C(=O)CH(CH_3)C(=O)OCH_2CH_3 + CH_3C(=O)CH_2C(=O)OCH_2CH_3$$

Eine selektive gekreuzte Kondensation ist jedoch möglich, wenn einer der beiden Reaktionspartner keine α-Wassserstoffatome hat, wie z. B. Ethylmethanoat (Ameisensäureethylester) oder Ethylbenzoat (Benzoesäureethylester).

Selektive gekreuzte Claisen-Kondensation

$$\mathrm{HCOCH_2CH_3} + \mathrm{CH_3COCH_2CH_3} \xrightarrow[2.\ H^+,\ H_2O]{1.\ CH_3CH_2O^-Na^+,\ CH_3CH_2OH} \mathrm{HCCH_2COCH_2CH_3}$$

80 %

Ethylmethanoat (Ameisensäureethylester)

Ethyl-3-oxopropanoat

$$\mathrm{C_6H_5CO_2CH_2CH_3} + \mathrm{CH_3CH_2COCH_2CH_3} \xrightarrow[2.\ H^+,\ H_2O]{1.\ CH_3CH_2O^-Na^+,\ CH_3CH_2OH} \mathrm{C_6H_5CCH(CH_3)COCH_2CH_3}$$

71 %

Ethylbenzolcarboxylat (Benzoesäureethylester)

Ethyl-2-methyl-3-oxo-3-phenylpropanoat

Bei der intramolekularen Claisen-Kondensation bilden sich cyclische Ketoester

Die intramolekulare Version der Claisen-Kondensation bezeichnet man als **Dieckmann*-Kondensation**, hierbei entstehen cyclische 3-Ketoester. Wie erwartet (s. Abschn. 9.5) verläuft sie am besten, wenn dabei fünf- oder sechsgliedrige Ringe entstehen.

$$\mathrm{CH_3CH_2OCCH_2CH_2CH_2CH_2CH_2COCH_2CH_3} \xrightarrow[2.\ H^+,\ H_2O]{1.\ CH_3CH_2O^-Na^+,\ CH_3CH_2OH}$$

60 %

Diethylheptandioat

Ethyl-2-oxocyclohexancarboxylat

$$\mathrm{CH_3CH_2OCCH(CH_3)CH_2CH_2CH_2COCH_2CH_3} \xrightarrow[2.\ H^+,\ H_2O]{1.\ CH_3CH_2O^-Na^+,\ CH_3CH_2OH}$$

70 %

Diethyl-2-methylhexandioat

Ethyl-3-methyl-2-oxocyclopentancarboxylat

Cyclische Verbindungen lassen sich auch durch **doppelte Claisen-Kondensation** mit Diestern wie Diethylethandioat (Oxalsäurediethylester) erhalten. Hierbei erfolgt im ersten Schritt eine intermolekulare, im zweiten Schritt eine intramolekulare Kondensation.

$$\mathrm{CH_3CH_2OCCOCH_2CH_3} + \mathrm{CH_3CH_2OC(CH_2)_3COCH_2CH_3} \xrightarrow[2.\ H^+,\ H_2O]{1.\ CH_3CH_2O^-Na^+,\ CH_3CH_2OH}$$

80 %

Diethylethandioat (Oxalsäurediethylester)

Diethylpentandioat

Diethyl-4,5-dioxo-1,3-cyclopentandicarboxylat

* Walter Dieckmann, 1869–1925, Professor an der Universität München.

Übung 22-9
Formulieren Sie einen Mechanismus für die Reaktion von Diethylethandioat mit Diethylpentandioat.

Übung 22-10
Nach welchem Mechanismus verläuft Ihrer Meinung nach die folgende Reaktion?

22.3 Darstellung von β-Dicarbonylverbindungen: Die ungewöhnliche Acidität von Methylen-Wasserstoffatomen, die von zwei Carbonylgruppen flankiert sind

Diethyl-1,2-benzoldicarboxylat (Phthalsäurediethylester) + $CH_3CO_2CH_2CH_3$ $\xrightarrow[\text{2. } H^+,\ H_2O]{\text{1. } CH_3CH_2O^-Na^+,\ CH_3CH_2OH}$ 2-Ethoxycarbonyl-1,3-indandion ($-CO_2CH_2CH_3$), 60%–80%

Mit Ketonen lassen sich gekreuzte Claisen-Reaktionen durchführen

Auch Ketone können an Claisen-Kondensationen teilnehmen. Da sie saurer als Ester sind, werden sie deprotoniert, bevor der Ester eine Möglichkeit hat, mit sich selbst zu kondensieren. Als Produkte dieser Reaktion können (nach saurer Aufarbeitung) β-Diketone, β-Ketoaldehyde und andere β-Dicarbonylverbindungen entstehen. Die Reaktion läßt sich mit einer Fülle von Ketonen und Estern sowohl inter- als auch intramolekular durchführen. Häufig verbessert sich die Ausbeute, wenn man stärkere Basen als Alkoxid-Ionen verwendet.

$$CH_3\overset{O}{\overset{\|}{C}}OCH_2CH_3 + CH_3\overset{O}{\overset{\|}{C}}CH_3 \xrightarrow[\text{2. } H^+,\ H_2O]{\text{1. NaH, } (CH_3CH_2)_2O} CH_3\overset{O}{\overset{\|}{C}}CH_2\overset{O}{\overset{\|}{C}}CH_3 \quad 85\%$$

Methyl-5-oxohexanoat $\xrightarrow[\text{2. } H^+,\ H_2O]{\text{1. } (C_6H_5)_3CO^-K^+,\ \text{1,2-Dimethylbenzol (}o\text{-Xylol)},\ \Delta}$ **1,3-Cyclohexandion** (100%)

Carbonate ergeben 3-Ketoester, mit Methanoaten (Ameisensäureestern) entstehen 3-Ketoaldehyde.

1-(4-Bromphenyl)-ethanon (*p*-Bromacetophenon) + $CH_3CH_2O\overset{O}{\overset{\|}{C}}OCH_2CH_3$ (**Diethylcarbonat**) $\xrightarrow[\text{2. } H^+,\ H_2O]{\text{1. NaH, } (CH_3CH_2)_2O,\ 25^\circ C,\ 66\ h}$ $4\text{-}BrC_6H_4\overset{O}{\overset{\|}{C}}CH_2\overset{O}{\overset{\|}{C}}OCH_2CH_3$ 25%

Ethyl-3-oxo-3-(4-bromphenyl)-propanoat

$$\text{Cyclohexanon} + HCOCH_2CH_3 \xrightarrow[2.\ H^+,\ H_2O]{1.\ CH_3CH_2O^-Na^+,\ CH_3CH_2OH} \text{2-(CHO)-Cyclohexanon}\quad 75\%$$

Ethylmethanoat (Ameisensäureethylester) — **2-Methanoylcyclohexanon (2-Formylcyclohexanon)**

Bei diesen Reaktionen entstehen zunächst Ketoenolate.

Mechanismus der Claisen-Kondensation mit Ketonen:

Schritt 1: Deprotonierung des Ketons

$$CH_3\overset{O}{\overset{\|}{C}}CH_3 \underset{\text{reversibel}}{\overset{CH_3CH_2O^-Na^+,\ CH_3CH_2OH}{\rightleftharpoons}} CH_2{=}C(O^-Na^+)CH_3 + CH_3CH_2OH$$

Schritt 2: Nucleophile Additions-Eliminierungs-Reaktion

$$CH_3\overset{O}{\overset{\|}{C}}OCH_2CH_3 + CH_2{=}C(O^-)CH_3 \underset{\text{reversibel}}{\rightleftharpoons} CH_3\overset{O}{\overset{\|}{C}}CH_2\overset{O}{\overset{\|}{C}}CH_3 + {}^-OCH_2CH_3$$

2,4-Pentandion (Acetylaceton)

Schritt 3: Deprotonierung des β-Diketons

$$CH_3\overset{O}{\overset{\|}{C}}\underset{H}{\underset{|}{C}}H\overset{O}{\overset{\|}{C}}CH_3 \xrightarrow[\text{verschiebt das Gleichgewicht}]{CH_3CH_2O^-Na^+} CH_3\overset{Na^+O^-}{\overset{|}{C}}{=}CH\overset{O}{\overset{\|}{C}}CH_3 + CH_3CH_2OH$$

Übung 22-11

Schlagen Sie Synthesen der folgenden Moleküle über Claisen- oder Dieckmann-Kondensationen vor.

(a) 2-Oxocyclohexyl-$\overset{O}{\overset{\|}{C}}CO_2CH_2CH_3$

(b) $CH_3\overset{O}{\overset{\|}{C}}CH_2\overset{O}{\overset{\|}{C}}H$

(c) 2-Oxocyclooctyl-$CO_2CH_2CH_3$

(d) $H_3C\overset{O}{\overset{\|}{C}}$-(2-Oxocyclopentyl)

Zusammenfassend läßt sich sagen, daß Claisen-Kondensationen endotherm sind und nur dann ablaufen, wenn man stöchiometrische Mengen einer Base zugibt, die stark genug ist, um den entstandenen 3-Ketoester zu deprotonieren. Gekreuzte Claisen-Kondensationen zwischen zwei Estern sind nur dann selektiv, wenn eine der beiden Komponenten keine α-Wasserstoffatome enthält. Mit Ketonen lassen sich gekreuzte Claisen-Kondensationen ebenfalls durchführen, weil sie saurer als Ester sind.

22.4 β-Dicarbonylverbindungen als synthetische Zwischenstufen

Nachdem wir gesehen haben, wie man β-Dicarbonylverbindungen darstellt, wollen wir untersuchen, wie man sie in der Synthese verwenden kann. In diesem Abschnitt zeigen wir, daß sich die entsprechenden Anionen leicht alkylieren lassen, und daß 3-Ketoester zu den entsprechenden Säuren hydrolysiert werden, aus denen durch Decarboxylierung Ketone oder neue Carbonsäuren entstehen können. Diese Umsetzungen eröffnen eine Vielfalt von synthetischen Wegen zu Molekülen mit anderen funktionellen Gruppen.

Anionen von β-Dicarbonylverbindungen sind nucleophil

Die ungewöhnliche Acidität von β-Ketocarbonylverbindungen läßt sich synthetisch nutzen, da man die durch Deprotonierung erhaltenen Anionen zu substituierten Derivaten alkylieren kann. So läßt sich z. B. Ethyl-3-oxobutanoat (Acetessigsäureethylester) leicht in die entsprechenden alkylierten Verbindungen überführen.

$$CH_3\overset{O}{\overset{\|}{C}}\underset{H}{\underset{|}{C}}H\overset{O}{\overset{\|}{C}}OCH_2CH_3 \xrightarrow[-\ CH_3CH_2OH,\ -\ NaI]{1.\ CH_3CH_2O^-Na^+\quad 2.\ CH_3I} CH_3\overset{O}{\overset{\|}{C}}\underset{CH_3}{\underset{|}{C}}H\overset{O}{\overset{\|}{C}}OCH_2CH_3$$

65%

Ethyl-3-oxobutanoat → **Ethyl-2-methyl-3-oxobutanoat**

$$CH_3\overset{O}{\overset{\|}{C}}\underset{CH_3}{\underset{|}{C}}H\overset{O}{\overset{\|}{C}}OCH_2CH_3 \xrightarrow[-(CH_3)_3COH,\ -\ KBr]{1.\ (CH_3)_3CO^-K^+\quad 2.\ C_6H_5CH_2Br} CH_3\overset{O}{\overset{\|}{C}}-\overset{CH_3}{\overset{|}{\underset{CH_2C_6H_5}{\underset{|}{C}}}}-\overset{O}{\overset{\|}{C}}OCH_2CH_3$$

77%

Ethyl-2-methyl-2-(phenylmethyl)-3-oxobutanoat

Andere β-Dicarbonylverbindungen gehen ähnliche Reaktionen ein:

$$CH_3\overset{O}{\overset{\|}{C}}\underset{H}{\underset{|}{C}}H\overset{O}{\overset{\|}{C}}CH_3 \xrightarrow[-\ KHCO_3,\ -\ KI]{K_2CO_3,\ CH_3I,\ \text{Propanon (Aceton)},\ \Delta} CH_3\overset{O}{\overset{\|}{C}}\underset{CH_3}{\underset{|}{C}}H\overset{O}{\overset{\|}{C}}CH_3$$

77%

2,4-Pentandion → **3-Methyl-2,4-pentandion**

$$\text{Ethyl-2-oxocyclohexancarboxylat} \xrightarrow[-\ CH_3CH_2OH \quad -\ NaBr]{1.\ CH_3CH_2O^-Na^+ \quad 2.\ CH_3CH_2CH_2CH_2Br} \text{Ethyl-1-butyl-2-oxocyclohexancarboxylat}\ (80\%)$$

Ethyl-2-oxocyclohexancarboxylat

80%

Ethyl-1-butyl-2-oxocyclohexan-carboxylat

$$CH_3CH_2O\overset{O}{\overset{\|}{C}}\underset{H}{\underset{|}{C}}H\overset{O}{\overset{\|}{C}}OCH_2CH_3 \xrightarrow[-\ CH_3CH_2OH \quad -\ NaBr]{1.\ CH_3CH_2O^-Na^+ \quad 2.\ CH_3CH_2\overset{CH_3}{\overset{|}{C}}HBr} CH_3CH_2O\overset{O}{\overset{\|}{C}}\underset{CH_3CH_2\underset{CH_3}{\underset{|}{C}}H}{\underset{|}{C}}H\overset{O}{\overset{\|}{C}}OCH_2CH_3$$

Diethylpropandioat

84%

Diethyl-2-(1-methylpropyl)-propandioat

Übung 22-12

Wie würden Sie 2,2-Dimethyl-1,3-cyclohexandion aus Methyl-5-oxohexanoat synthetisieren?

Übung 22-13

Erklären Sie den folgenden Befund:

$$\text{2-Methyl-1,3-cyclohexandion} \xrightarrow{Ba(OH)_2,\ H_2O} \xrightarrow{H^+,\ H_2O} HOOC(CH_2)_3\overset{O}{\overset{\|}{C}}CH_2CH_3 \quad 78\%$$

Hinweis: Betrachten Sie anstelle der Deprotonierung an Position 2 den nucleophilen Angriff von OH^- auf eine der Carbonylgruppen.

3-Ketosäuren decarboxylieren leicht: Eine neue Ketonsynthese

Die synthetische Bedeutung der Alkylierungsreaktionen von 3-Ketoestern liegt darin, daß sie nach erfolgter Hydrolyse leicht decarboxylieren, wobei neue Ketone und Carbonsäuren entstehen.

Decarboxylierung von 3-Ketosäuren

$$R\overset{O}{\overset{\|}{C}}\underset{R'}{\underset{|}{C}}H\overset{O}{\overset{\|}{C}}OCH_2CH_3 \xrightarrow[\text{Hydrolyse}]{} R\overset{O}{\overset{\|}{C}}\underset{R'}{\underset{|}{C}}H\overset{O}{\overset{\|}{C}}OH \xrightarrow{\Delta} R\overset{O}{\overset{\|}{C}}\underset{H}{\underset{|}{C}}HR' + CO_2$$

Keton

$$CH_3CH_2O\overset{O}{\overset{\|}{C}}\underset{R}{\underset{|}{C}}H\overset{O}{\overset{\|}{C}}OCH_2CH_3 \xrightarrow[\text{Hydrolyse}]{} HO\overset{O}{\overset{\|}{C}}\underset{R}{\underset{|}{C}}H\overset{O}{\overset{\|}{C}}OH \xrightarrow{\Delta} R\underset{H}{\underset{|}{C}}H\overset{O}{\overset{\|}{C}}OH + CO_2$$

Carbonsäure

Beispiele:

$$\underset{\textbf{Ethyl-2-butyl-3-oxobutanoat}}{CH_3\overset{O}{\overset{\|}{C}}\underset{(CH_2)_3CH_3}{\underset{|}{C}H}\overset{O}{\overset{\|}{C}}OCH_2CH_3} \xrightarrow[\substack{-CH_3CH_2OH \\ -CO_2}]{\substack{1.\ NaOH,\ H_2O \\ 2.\ H_2SO_4,\ H_2O,\ 100\,^\circ C}} \underset{\substack{60\% \\ \textbf{2-Heptanon}}}{CH_3\overset{O}{\overset{\|}{C}}\underset{H}{\underset{|}{C}H}(CH_2)_3CH_3}$$

$$\underset{\textbf{Diethyl-2-(1-methylpropyl)propandioat}}{CH_3CH_2O\overset{O}{\overset{\|}{C}}\underset{CH_3CH_2\underset{CH_3}{\underset{|}{C}H}}{\underset{|}{C}H}\overset{O}{\overset{\|}{C}}OCH_2CH_3} \xrightarrow[\substack{-CH_3CH_2OH \\ -CO_2}]{H_2SO_4,\ H_2O,\ \Delta} \underset{\substack{65\% \\ \textbf{3-Methylpentansäure}}}{CH_3CH_2\overset{CH_3}{\overset{|}{C}H}\underset{H}{\underset{|}{C}H}COOH}$$

Der Decarboxylierungsschritt verläuft über einen konzertierten Mechanismus und schließt einen cyclischen Übergangszustand ein, der etwas an den der Esterpyrolyse (s. Abschn. 18.4) oder der McLafferty-Umlagerung (s. Abschn. 18.7) erinnert.

Mechanismus der Decarboxylierung von 3-Ketosäuren

$$H_3C\overset{O}{\overset{\|}{C}}CH_2\overset{O}{\overset{\|}{C}}OH \longrightarrow H_3C\overset{OH}{\overset{|}{C}}{=}CH_2 + O{=}C{=}O \longrightarrow H_3C\overset{O}{\overset{\|}{C}}CH_2H + CO_2$$

$$HO\overset{O}{\overset{\|}{C}}CH_2\overset{O}{\overset{\|}{C}}OH \longrightarrow HO\overset{OH}{\overset{|}{C}}{=}CH_2 + O{=}C{=}O \longrightarrow HO\overset{O}{\overset{\|}{C}}CH_2H + CO_2$$

Die Abspaltung von CO_2 kann nur von der freien Carbonsäure erfolgen. Wenn der Ester unter basischen Bedingungen hydrolysiert wurde, neutralisiert man gewöhnlich das entstandene Carboxylat mit Säure, um die Decarboxylierung zu ermöglichen. Über diese Decarboxylierung kann man Verbindungen wie Ethyl-3-oxobutanoat in 3,3-disubstituierte Methylketone überführen (diese Strategie bezeichnet man als **Acetessigestersynthese**). Entsprechend sind Ester der Propandisäure (Malonsäure) gute Ausgangsmaterialien für 2,2-disubstituierte Carbonsäuren (**Malonestersynthese**).

Acetessigestersynthese

$$CH_3\overset{O}{\overset{\|}{C}}CH_2\overset{O}{\overset{\|}{C}}OCH_2CH_3 \dashrightarrow CH_3\overset{O}{\overset{\|}{C}}-\underset{R'}{\overset{R}{C}}-\overset{O}{\overset{\|}{C}}OCH_2CH_3 \dashrightarrow CH_3\overset{O}{\overset{\|}{C}}CH(R)(R')$$

3,3-disubstitutiertes Methylketon

Malonestersynthese

$$CH_3CH_2O\overset{O}{\overset{\|}{C}}CH_2\overset{O}{\overset{\|}{C}}OCH_2CH_3 \dashrightarrow CH_3CH_2O\overset{O}{\overset{\|}{C}}-\underset{R'}{\overset{R}{C}}-\overset{O}{\overset{\|}{C}}OCH_2CH_3 \dashrightarrow H-\underset{R'}{\overset{R}{C}}-COOH$$

2,2-disubstitutierte Carbonsäure

Die Regeln und Grenzen von S_N2-Reaktionen gelten natürlich auch für die Alkylierungsschritte dieser Synthesen. Tertiäre Halogenalkane ergeben mit den Anionen von β-Dicarbonylverbindungen daher hauptsächlich Eliminierungsprodukte. Man kann die Anionen jedoch mit guten Ausbeuten mit Alkanoylhalgeniden, α-Bromestern, α-Bromketonen und Oxacyclopropanen umsetzen.

Übung 22-14

Die erste Verbindung in den folgenden Teilen der Aufgabe wird nacheinander mit der gezeigten Reihe von Reagenzien behandelt; geben Sie die Endprodukte der Synthesefolgen an:

(a) $CH_3CH_2O_2C(CH_2)_5CO_2CH_2CH_3$: (1) $NaOCH_2CH_3$, (2) $CH_3(CH_2)_3I$, (3) NaOH, (4) H^+, H_2O, Δ.

(b) $CH_3CH_2O_2CCH_2CO_2CH_2CH_3$: (1) $NaOCH_2CH_3$, (2) CH_3I, (3) KOH, (4) H^+, H_2O, Δ.

(c) $CH_3\overset{O}{\overset{\|}{C}}\underset{CH_3}{\underset{|}{C}}HCO_2CH_3$: (1) NaH, C_6H_6, (2) $C_6H_5\overset{O}{\overset{\|}{C}}Cl$, und (3) H^+, H_2O, Δ;

(d) $CH_3\overset{O}{\overset{\|}{C}}CH_2CO_2CH_2CH_3$; (1) $NaOCH_2CH_3$, (2) $BrCH_2CO_2CH_2CH_3$, (3) NaOH, und (4) H^+, H_2O, Δ;

(e) $CH_3CH_2CH(CO_2CH_2CH_3)_2$: (1) $NaOCH_2CH_3$, (2) $BrCH_2CO_2CH_2CH_3$, (3) H^+, H_2O, Δ.

(f) $CH_3\overset{O}{\overset{\|}{C}}CH_2CO_2CH_2CH_3$: (1) $NaOCH_2CH_3$, (2) $BrCH_2\overset{O}{\overset{\|}{C}}CH_3$, und (3) H^+, H_2O, Δ.

Übung 22-15

Schlagen Sie eine Synthese von Cyclohexancarbonsäure aus Diethylpropandioat (Malonester), $CH_2(CO_2CH_2CH_3)_2$ und 1-Brom-5-chlorpentan, $Br(CH_2)_5Cl$ vor. Hinweis: Nehmen Sie Übung 22-8 zur Hilfe.

Übung 22-16

Formulieren Sie einen Mechanismus für die folgende Umsetzung:

$$CH_3\overset{O}{\overset{\|}{C}}CH_2CO_2CH_2CH_3 \xrightarrow[\text{3. } H^+,\ H_2O]{\text{1. NaOH, } H_2O,\ 0\,^\circ C \quad \text{2. } H_2C\overset{O}{—}CH_2} \text{2-Ethanoyl-}\gamma\text{-butyrolacton (60\%)}$$

60%

2-Ethanoyl-γ-butyrolacton

Fassen wir zusammen: β-Dicarbonylverbindungen wie Acetessigester (Ethyl-3-oxobutanoat) und Malonester (Diethylpropandioat) sind vielseitig verwendbare Bausteine für die Synthese komplexerer Moleküle. Aufgrund ihrer relativ großen Acidität bilden sie leicht die entsprechenden Anionen, die sich für nucleophile Substitutionsreaktionen an einer Fülle von Substraten verwenden lassen. Bei ihrer Hydrolyse entstehen instabile 3-Ketosäuren, die beim Erhitzen decarboxylieren.

22.5 Weitere Reaktionen von β-Dicarbonyl-Anionen: Die Knoevenagel-Kondensation und die Michael-Addition

Die stabilisierten Anionen, die sich von β-Dicarbonyl- und ähnlichen Verbindungen ableiten (s. Tab. 22-1), greifen, genau wie andere Enolat-Ionen auch, Carbonylverbindungen nucleophil an. Bei dieser Umsetzung, die man als **Knoevenagel*-Kondensation** bezeichnet, entstehen Aldolkondensationsprodukte. Bei α,β-ungesättigten Aldehyden und Ketonen erfolgt 1,4-Addition, diese Reaktion, die Michael-Addition, haben wir bereits in Abschn. 16.5 kennengelernt.

Bei der Knoevenagel-Kondensation wird die β-Dicarbonylverbindung mit einer katalytischen Menge einer schwachen Amin-Base, wie *N*-Ethylethanamin (Diethylamin) in Gegenwart eines Aldehyds oder Ketons behandelt, mit dem sie zu dem Aldolkondensationsprodukt reagiert.

Knoevenagel-Kondensation

$$CH_3CH_2CH_2CH_2\overset{O}{\overset{\|}{C}}H + H_2C(CO_2CH_2CH_3)_2 \xrightarrow[C_6H_6,\ \Delta]{(CH_3CH_2)_2NH,} CH_3(CH_2)_3CH{=}C(CO_2CH_2CH_3)_2 + H_2O$$

Pentanal — 80% **Ethyl-2-ethoxycarbonyl-2-heptenoat**

Die Knoevenagel-Kondensation läßt sich mit einer Reihe der in Tabelle 22-1 gezeigten Verbindungen durchführen.

---

* Emil Knoevenagel, 1865–1921, Professor an der Universität Heidelberg.

Übung 22-17

Geben Sie die Produkte der Knoevenagel-Kondensation der folgenden Reaktanden an:

(a) Cyclohexanon + $N{\equiv}CCH_2C{\equiv}N$

(b) $CH_3CH_2CH_2CHO + N{\equiv}CCH_2CO_2CH_2CH_3$;

(c) $CH_2{=}O + C_6H_5\overset{\overset{O}{\|}}{C}CH_2\overset{\overset{O}{\|}}{C}C_6H_5$;

(d) $C_6H_5CHO + CH_3\overset{\overset{O}{\|}}{C}CH_2CO_2CH_2CH_3$.

Übung 22-18

Der Mechanismus der Knoevenagel-Kondensation ist analog zu dem der Aldolreaktion. Formulieren Sie ihn.

Die Umsetzung von β-Dicarbonyl-Anionen mit α,β-ungesättigten Carbonylverbindungen ergibt eine 1,4-Addition (Michael-Addition). Auf diese Weise reagieren α,β-ungesättigte Ketone, Aldehyde, Nitrile und Carbonsäure-Derivate (sogenannte Michael-Akzeptoren). Es ist wiederum nur eine katalytische Menge Base erforderlich.

Michael-Addition

$$CH_2(CO_2CH_2CH_3)_2 + CH_2{=}CH\overset{\overset{O}{\|}}{C}CH_3 \xrightarrow[CH_3CH_2OH,\ -10\ \text{bis}\ 25\,°C]{\text{katalytische Mengen } CH_3CH_2O^-Na^+,} (CH_3CH_2O_2C)_2CHCH_2CH_2\overset{\overset{O}{\|}}{C}CH_3$$

71%

3-Buten-2-on (Methylvinylketon, Michael-Akzeptor)

Diethyl-2-(3-oxobutyl)propandioat

Übung 22-19

Welche Produkte entstehen bei den folgenden Michael-Additionen [die Base ist in eckigen Klammern angegeben]?

(a) $CH_3CH_2CH(CO_2CH_2CH_3)_2 + CH_2{=}CH\overset{\overset{O}{\|}}{C}H$ $[CH_3CH_2O^-Na^+]$;

(b) 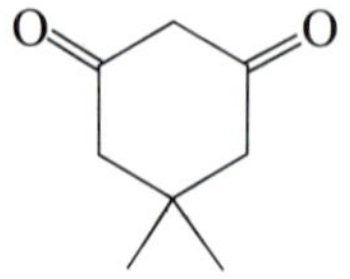 5,5-Dimethylcyclohexan-1,3-dion (Strukturformel) $+ CH_2{=}CHC{\equiv}N$ $[CH_3O^-Na^+]$;

(c) 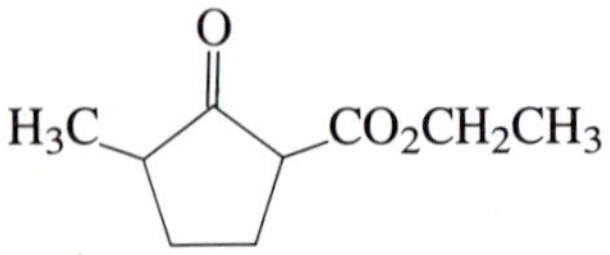 2-Methyl-5-(ethoxycarbonyl)cyclopentanon (Strukturformel: H_3C, O, $CO_2CH_2CH_3$) $+ CH_3CH{=}CHCO_2CH_2CH_3$ $[CH_3CH_2O^-K^+]$.

Übung 22-20
Erklären Sie die folgende Beobachtung:

$$\text{5,5-Dimethylcyclohexan-1,3-dion} + 2\ CH_2{=}CHC{\equiv}N \xrightarrow{CH_3O^-Na^+,\ CH_3OH} \text{2,2-Bis(2-cyanoethyl)-5,5-dimethylcyclohexan-1,3-dion}\ (81\%)$$

Hinweis: Beachten Sie die Protonenübertragung im ersten Michael-Addukt.

Übung 22-21
Erläutern Sie das Ergebnis der folgenden Umsetzung:

$$\text{2-Oxocyclohexancarbonsäure-ethylester } (CO_2CH_2CH_3) + CH_2{=}CH\overset{O}{\overset{\|}{C}}CH_3 \xrightarrow{CH_3CH_2O^-Na^+,\ CH_3CH_2OH} \text{bicyclisches Enon mit } CO_2CH_3\ (70\%)$$

Hinweis: Schauen Sie sich noch einmal die Robinson-Annelierung (s. Abschn. 16.5), eine Kombination aus Michael-Addition an α,β-ungesättigte Ketone und Aldolkondensation, an.

Lassen Sie uns zusammenfassen: β-Dicarbonyl-Anionen gehen, genau wie normale Enolat-Ionen, Aldolkondensationen (Knoevenagel-Kondensation) und Michael-Addtionen an ungesättigten Carbonylverbindungen ein.

Zusammenfassung neuer Reaktionen

1 Darstellung von α-Diketonen

$$R{-}\overset{OH}{\underset{H}{C}}{-}\overset{O}{\overset{\|}{C}}R' \xrightarrow[\text{oder } Cu(O\overset{O}{\overset{\|}{C}}CH_3)_2,\ CH_3COOH]{KMnO_4,\ CH_3\overset{O}{\overset{\|}{C}}O\overset{O}{\overset{\|}{C}}CH_3} R\overset{O}{\overset{\|}{C}}{-}\overset{O}{\overset{\|}{C}}R'$$

2 Acyloin-Kondensation

$$2\ R\overset{O}{\overset{\|}{C}}OR' \xrightarrow[2.\ H^+,\ H_2O]{1.\ Na,\ (CH_3CH_2)_2O} R\overset{OH}{CH}{-}\overset{O}{\overset{\|}{C}}R + 2\ R'OH$$

Intramolekulare Variante:

$$RO\overset{O}{\overset{\|}{C}}\frown\overset{O}{\overset{\|}{C}}OR \xrightarrow[2.\ H^+,\ H_2O]{1.\ Na,\ (CH_3CH_2)_2O} \text{cyclisches Acyloin } (C{=}O,\ C(OH)H) + 2\ ROH$$

3 Darstellung von Catenanen

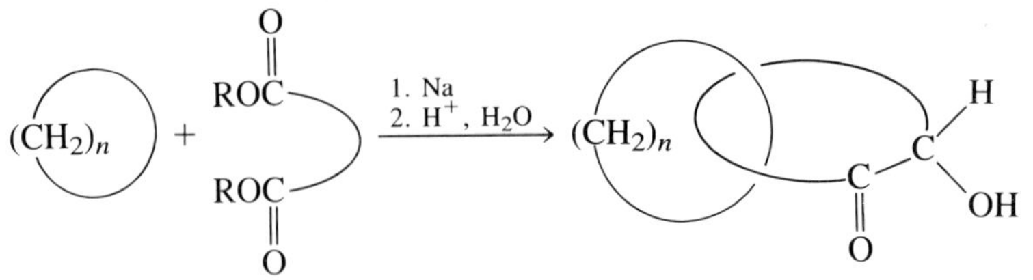

$$(CH_2)_n \text{ (Ring)} + ROC(=O)\text{—}\frown\text{—}C(=O)OR \xrightarrow[2.\ H^+,\ H_2O]{1.\ Na} (CH_2)_n\text{-Ring verschlungen mit Ring} \text{—}C(=O)\text{—}CH(OH)\text{—}$$

Catenan

4 Benzoin-Kondensation

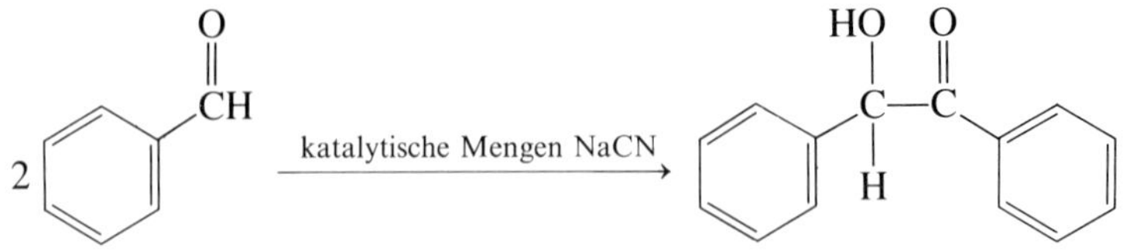

$$2\ C_6H_5CHO \xrightarrow{\text{katalytische Mengen NaCN}} C_6H_5CH(OH)\text{—}C(=O)C_6H_5$$

5 Katalyse durch Thiazoliumsalze bei der Kupplung von Aldehyden

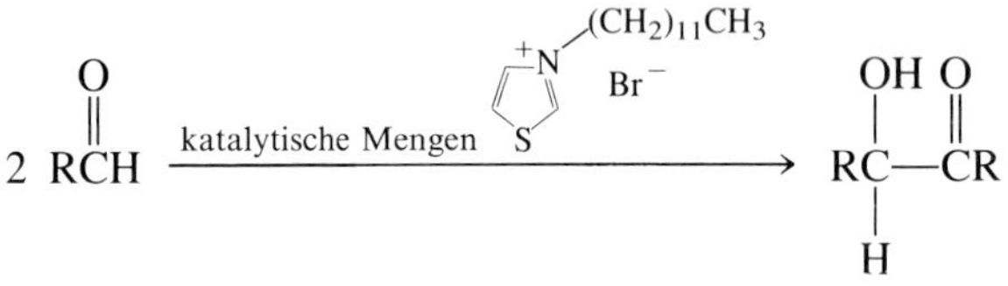

$$2\ RCHO \xrightarrow{\text{katalytische Mengen } N^+\text{-}(CH_2)_{11}CH_3\text{-Thiazolium } Br^-} RCH(OH)\text{—}C(=O)R$$

6 Darstellung und Reaktionen von 3-Oxopropansäure (Brenztraubensäure), einer α-Ketosäure

Darstellung:

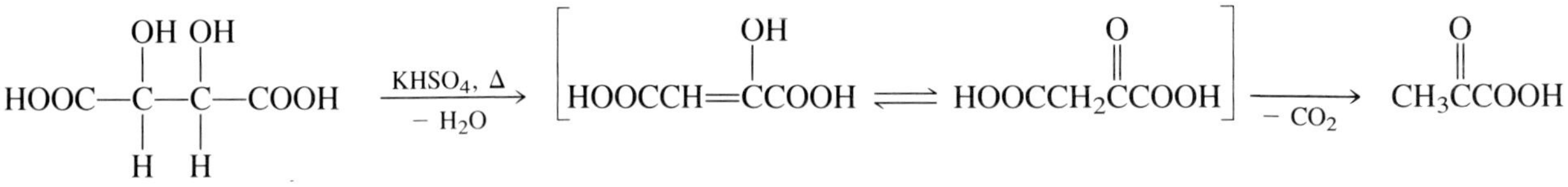

$$HOOC\text{—}CH(OH)\text{—}CH(OH)\text{—}COOH \xrightarrow[-\ H_2O]{KHSO_4,\ \Delta} \left[HOOCCH{=}C(OH)COOH \rightleftharpoons HOOCCH_2C(=O)COOH\right] \xrightarrow[-\ CO_2]{} CH_3C(=O)COOH$$

2,3-Dihydroxybutandisäure (Traubensäure) → **2-Oxopropansäure (Brenztraubensäure)**

$$CH_3C(=O)Cl + NaCN \xrightarrow[-\ NaCl]{} CH_3C(=O)CN \xrightarrow{HCl,\ H_2O,\ 0\,^\circ C} CH_3C(=O)COOH$$

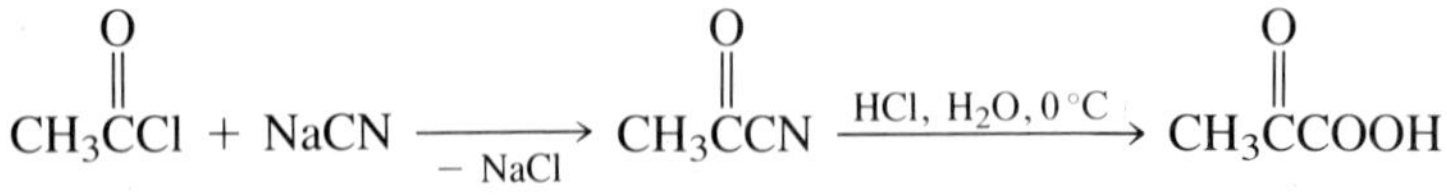

Brenztraubensäureester (Pyruvate) durch Oxidation von Milchsäureestern (Lactaten):

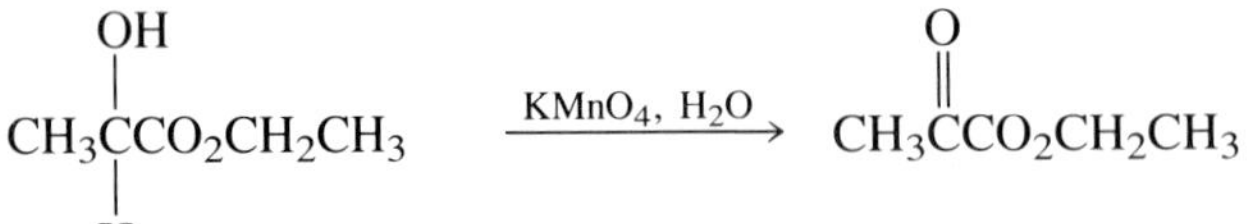

$$CH_3CH(OH)CO_2CH_2CH_3 \xrightarrow{KMnO_4,\ H_2O} CH_3C(=O)CO_2CH_2CH_3$$

Ethyl-2-hydroxypropanoat (Ethyllactat) → **Ethyl-2-oxopropanoat (Ethylpyruvat)**

Biologische Reduktion:

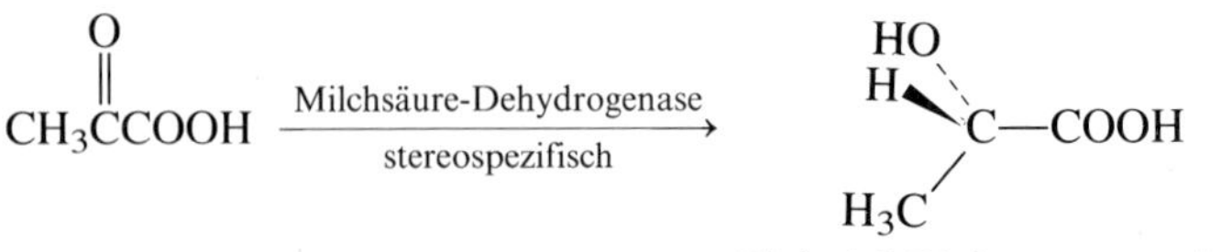

$$CH_3C(=O)COOH \xrightarrow[\text{stereospezifisch}]{\text{Milchsäure-Dehydrogenase}} (HO)(H)(H_3C)C\text{—}COOH$$

(*S*)-(+)-2-Hydroxypropansäure
(*S*)-(+)-Milchsäure

7 Aktivierung von α-Dicarbonylverbindungen

$$\underset{R}{}\overset{O^{\delta-}}{\overset{\|}{C^{\delta+}}}-\overset{O^{\delta-}}{\overset{\|}{C^{\delta+}}}\underset{R}{}$$

nucleophiler Angriff

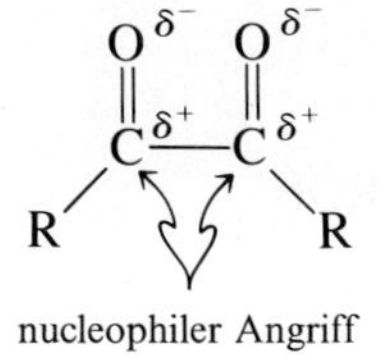

8 Benzilsäure-Umlagerung

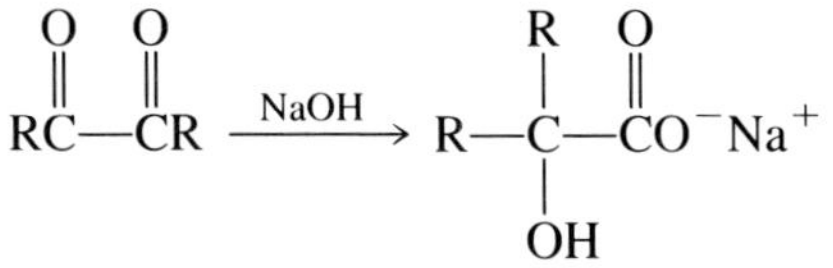

$$RC(=O)-C(=O)R \xrightarrow{NaOH} R-\underset{OH}{\overset{R}{C}}-\overset{O}{\overset{\|}{C}}O^-Na^+$$

9 Äquivalente von Alkanoyl- (Acyl-)Anionen

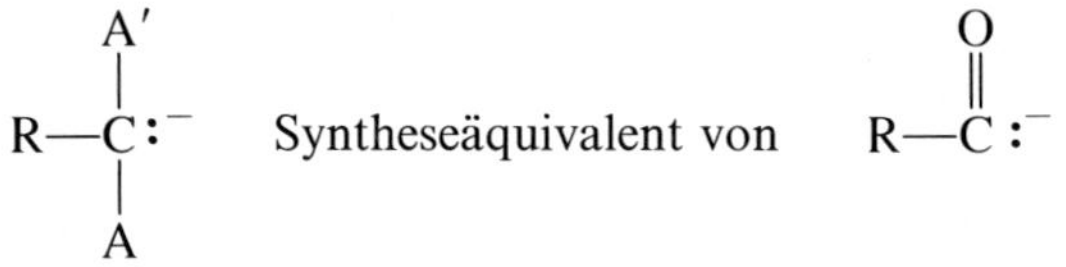

$$R-\underset{A}{\overset{A'}{C}}:^- \quad \text{Syntheseäquivalent von} \quad R-\overset{O}{\overset{\|}{C}}:^-$$

A = elektronenziehende, in Konjugation tretende oder polarisierbare Gruppe

1,3-Dithiacyclohexane (1,3-Dithiane):

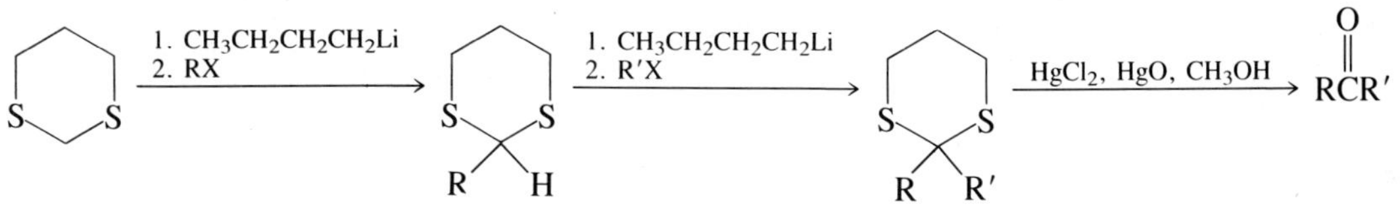

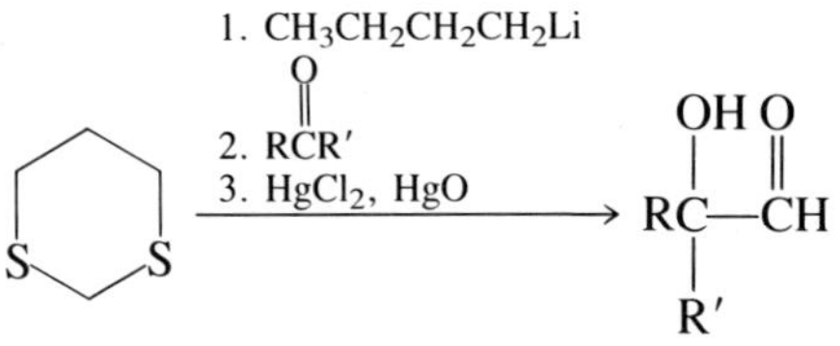

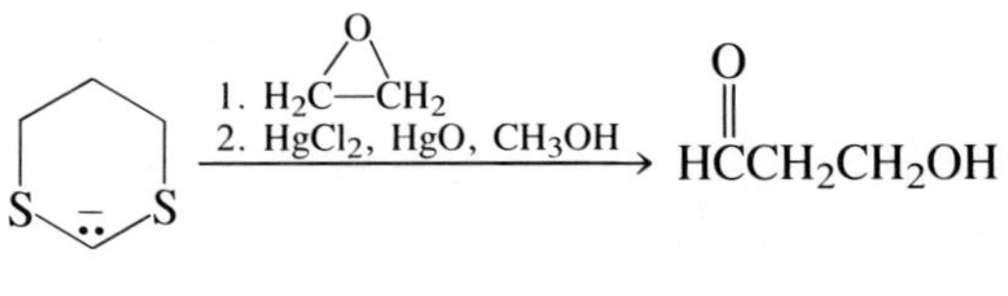

$$\text{1,3-Dithian} \xrightarrow[\text{2. RX}]{\text{1. } CH_3CH_2CH_2CH_2Li} \text{2-R-2-H-1,3-Dithian} \xrightarrow[\text{2. R'X}]{\text{1. } CH_3CH_2CH_2CH_2Li} \text{2-R-2-R'-1,3-Dithian} \xrightarrow{HgCl_2,\ HgO,\ CH_3OH} R\overset{O}{\overset{\|}{C}}R'$$

$$\text{1,3-Dithian} \xrightarrow[\text{2. } R\overset{O}{\overset{\|}{C}}R' \quad \text{3. } HgCl_2,\ HgO]{\text{1. } CH_3CH_2CH_2CH_2Li} R\underset{R'}{\overset{OH}{C}}-\overset{O}{\overset{\|}{C}}H$$

$$\text{2-Dithianyl-Anion} \xrightarrow[\text{2. } HgCl_2,\ HgO,\ CH_3OH]{\text{1. } H_2C\overset{O}{-}CH_2} H\overset{O}{\overset{\|}{C}}CH_2CH_2OH$$

Synthesen von β-Dicarbonylverbindungen

10 Claisen- und Retro-Claisen-Kondensationen

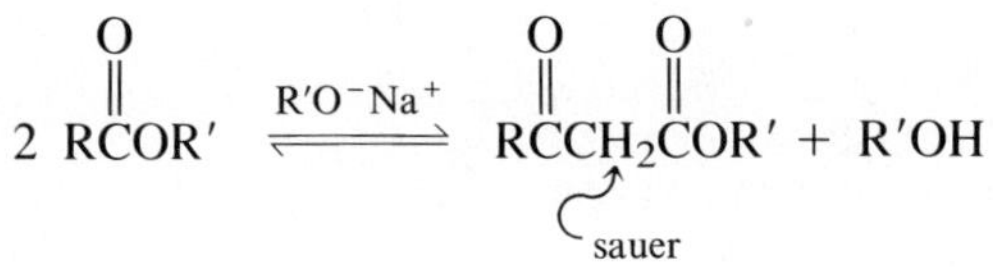

$$2\ R\overset{O}{\overset{\|}{C}}OR' \overset{R'O^-Na^+}{\rightleftharpoons} R\overset{O}{\overset{\|}{C}}\underset{\text{sauer}}{CH_2}\overset{O}{\overset{\|}{C}}OR' + R'OH$$

11 Dieckmann-Kondensation

$$(CH_2)_n(CO_2R)(CH_2CO_2R) \xrightarrow{RO^-Na^+} \text{cyclo-}[(CH_2)_n\text{-}C(=O)\text{-}CHCO_2R] + ROH$$

12 Doppelte Claisen-Kondensation

$$CH_2(CH_2CO_2R)_2 + ROC(=O)C(=O)OR \xrightarrow{RO^-Na^+} \text{Cyclopentan-1,2-dion-3,5-di}(CO_2R) + 2\ ROH$$

13 Synthese von β-Diketonen

$$RCOR' + CH_3CCH_3 \xrightarrow{RO^-Na^+} RCCH_2CCH_3 + R'OH$$
(with C=O in RC(=O)OR', CH₃C(=O)CH₃ and RC(=O)CH₂C(=O)CH₃)

Intramolekular:

$$(CH_2)_n(CCH_3)(CO_2R) \xrightarrow{RO^-Na^+} \text{cyclo-}[(CH_2)_n\text{-}C(=O)\text{-}CH_2\text{-}C(=O)] + ROH$$

14 Synthese von 3-Ketoestern

$$RC(=O)CH_3 + R'OC(=O)OR' \xrightarrow{R'O^-Na^+} RC(=O)CH_2C(=O)OR' + R'OH$$

15 Synthese von 3-Ketoaldehyden

$$RC(=O)CH_3 + HC(=O)OR' \xrightarrow{R'O^-Na^+} RC(=O)CH_2C(=O)H + R'OH$$

3-Ketoester als Synthesebausteine

16 Alkylierung von Enolaten

$$RC(=O)CH_2CO_2R' \xrightarrow[2.\ R''X]{1.\ R'O^-Na^+} RC(=O)CH(R'')CO_2R'$$

17 Decarboxylierung von 3-Ketosäuren

$$R\overset{O}{\overset{\|}{C}}CH_2\overset{O}{\overset{\|}{C}}OR' \xrightarrow[-\,R'O^-]{HO^-} R\overset{O}{\overset{\|}{C}}CH_2\overset{O}{\overset{\|}{C}}O^- \xrightarrow{H^+} R\overset{O}{\overset{\|}{C}}CH_2\overset{O}{\overset{\|}{C}}OH \xrightarrow[-\,CO_2]{\Delta} R\overset{O}{\overset{\|}{C}}CH_3$$

18 Acetessigestersynthesen

$$R\overset{O}{\overset{\|}{C}}CH_2\overset{O}{\overset{\|}{C}}OR' \xrightarrow{\substack{1.\ NaOR'\\ 2.\ R''X\\ 3.\ HO^-\\ 4.\ H^+,\ \Delta}} R\overset{O}{\overset{\|}{C}}CH_2R''$$

R'' = Alkyl, Alkanoyl (Acyl), $CH_2\overset{O}{\overset{\|}{C}}OR'''$, $CH_2\overset{O}{\overset{\|}{C}}R'''$
$R''X$ = Oxacyclopropan

19 Malonestersynthesen

$$RO\overset{O}{\overset{\|}{C}}CH_2\overset{O}{\overset{\|}{C}}OR \xrightarrow{\substack{1.\ NaOR\\ 2.\ R'X\\ 3.\ HO^-\\ 4.\ H^+,\ \Delta}} R'CH_2\overset{O}{\overset{\|}{C}}OH$$

R' = Alkyl, Alkanoyl (Acyl), $CH_2\overset{O}{\overset{\|}{C}}OR''$, $CH_2\overset{O}{\overset{\|}{C}}R''$
$R'X$ = Oxacyclopropan

20 Knoevenagel-Kondensation

$$R\overset{O}{\overset{\|}{C}}H + H_2C\begin{matrix} \diagup CO_2R' \\ \diagdown CO_2R' \end{matrix} \xrightarrow{R_2NH} RCH{=}C\begin{matrix} \diagup CO_2R' \\ \diagdown CO_2R' \end{matrix} + H_2O$$

21 Michael-Addition

$$CH_2{=}CH\overset{O}{\overset{\|}{C}}R + H_2C\begin{matrix} \diagup CO_2CH_3 \\ \diagdown CO_2CH_3 \end{matrix} \xrightarrow{CH_3O^-Na^+} R\overset{O}{\overset{\|}{C}}CH_2CH_2CH\begin{matrix} \diagup CO_2CH_3 \\ \diagdown CO_2CH_3 \end{matrix}$$

Zusammenfassung

1 Moleküle, die mehr als eine funktionelle Gruppe enthalten, können sich zum einen chemisch so verhalten, als ob jede Gruppe allein für sich im Molekül vorhanden wäre (insbesondere, wenn beide Zentren weiter voneinander entfernt sind), sie können aber auch neue Reaktionsweisen zeigen, die sich aus der Kombination der Eigenschaften beider Gruppen ergeben.

2 Da Alkanoyl- (Acyl-)Anionen nicht direkt durch Deprotonierung von Aldehyden erhältlich sind, muß man sie als maskierte reaktive Zwischenstufen intermediär einsetzen, oder sie in Verbindungen überführen, die in der gewünschten Weise reagieren, und aus denen man die Carbonylfunktion nach der Reaktion wieder zurückgewinnen kann.

3 Thiamin (Vitamin B_1) katalysiert in der Natur Reaktionen, die analog zu der Kupplung von Alkanalen zu α-Hydroxycarbonylverbindungen unter Thiazolium-Ionen-Katalyse oder zu der durch Cyanid-Ionen katalysierten Kupplung aromatischer Aldehyde verlaufen.

4 Die Wasserstoffatome am Kohlenstoff zwischen den beiden Carbonylgruppen einer β-Dicarbonylverbindung reagieren aufgrund des induktiven elektronenziehenden Effekts der beiden benachbarten Carbonylfunktionen und der Resonanzstabilisierung des durch Deprotonierung entstandenen Anions sauer.

5 Das Gleichgewicht der Claisen-Kondensation wird durch die Bildung eines stabilen β-Dicarbonyl-Anions in Richtung der Produkte verschoben.

6 Gekreuzte Claisen-Kondensationen zwischen Estern sind gewöhnlich nicht selektiv. Mit einigen Substraten wie nicht-enolisierbaren Estern oder mit Ketonen oder bei intramolekularer Claisen-kondensation erreicht man jedoch Produktselektivität.

7 3-Ketosäuren sind instabil, sie decarboxylieren in einem konzertierten Prozeß über einen sechsgliedrigen cyclischen Übergangszustand. Diese Eigenschaft und die nucleophile Aktivität des Anions von 3-Ketoestern machen die 3-Ketoester zu guten Ausgangsverbindungen für die Synthese von substituierten Ketonen und Säuren.

Aufgaben

1 Versucht man, an der einen funktionellen Gruppe einer bifunktionellen Verbindung eine anscheinend ganz normale Reaktion durchzuführen, kann es sein, daß diese, weil die zweite Gruppe stört, nicht zustandekommt oder völlig anders verläuft, als man sich das vorgestellt hat. Geben Sie bei den folgenden Reaktionsgleichungen an, welche der Reaktionen vermutlich wie dargestellt abläuft. In den anderen Fällen erläutern Sie, was Ihrer Meinung nach stattdessen passiert.

(a) O $\xrightarrow{Br_2}$ Br, Br, O

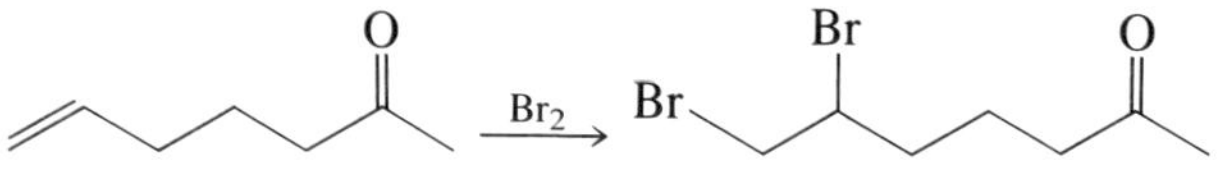

(b) O, Br $\xrightarrow{KCN}$ O, CN

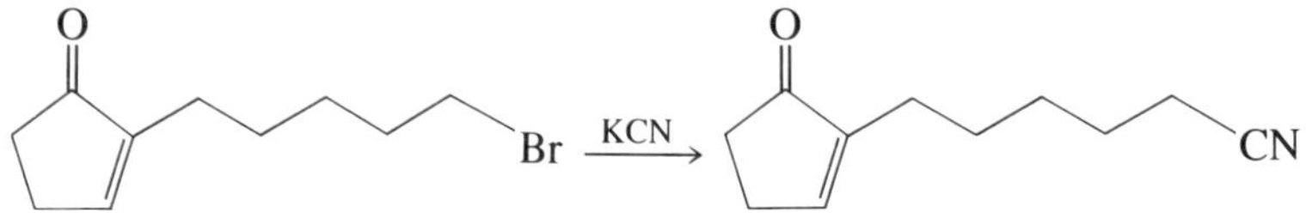

(c) COOH $\xrightarrow{LiAlH_4}$ CH_2OH

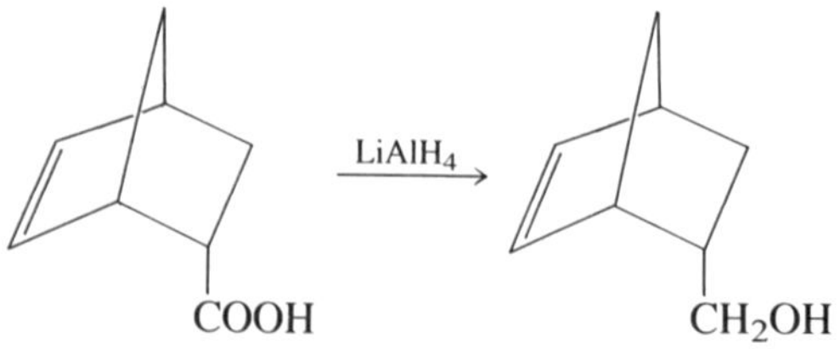

(d) OH $\xrightarrow{HCl}$ Cl

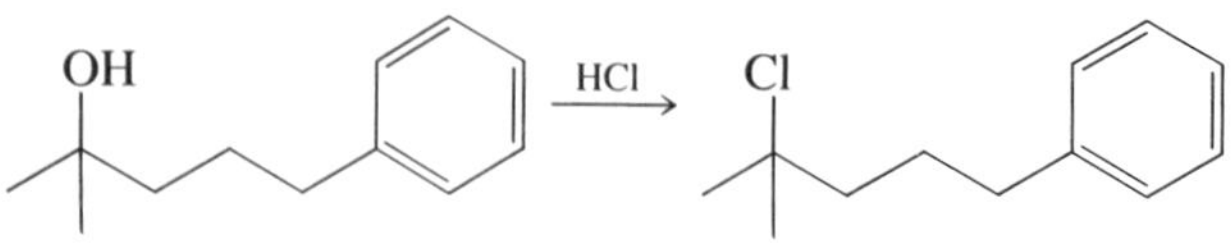

(e) O, I $\xrightarrow{LDA}$ O

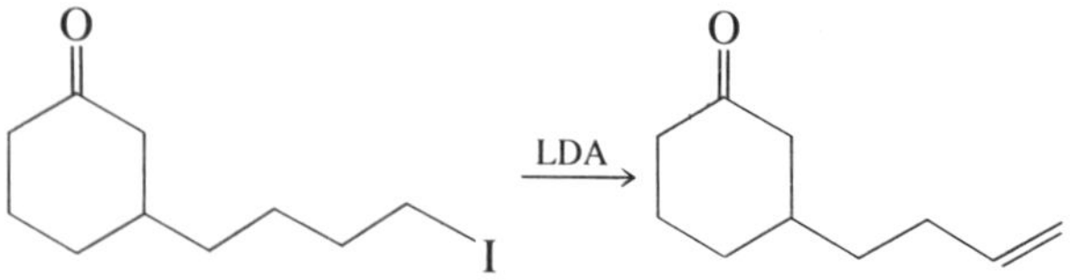

(f) H, N, COOH $\xrightarrow[2.\ (CH_3)_2CHOH]{1.\ SOCl_2}$ H, N, O, O

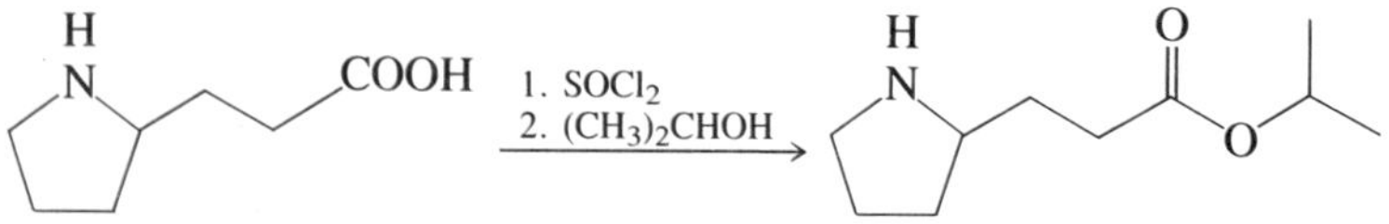

(g) 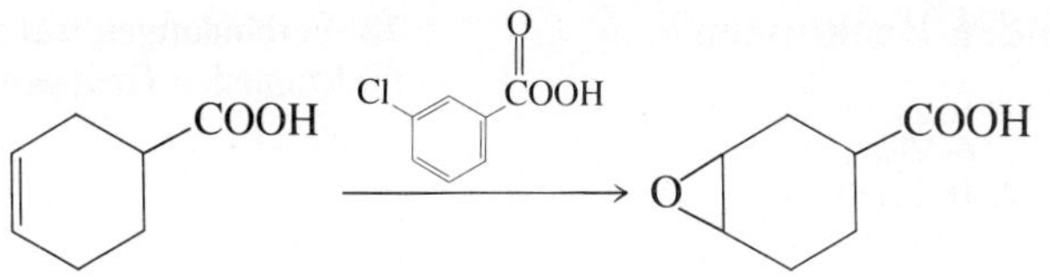 [Reaktionsschema: Cyclohexencarbonsäure + 3-Chlorperbenzoesäure → Epoxid]

COOH, Cl, COOH, O, COOH

(h) 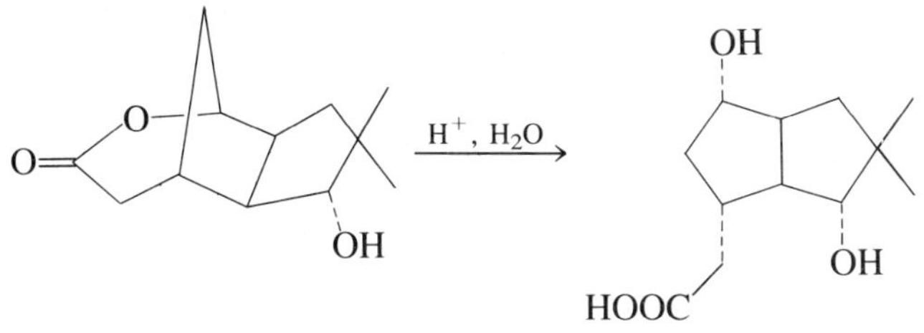 [Reaktionsschema] H^+, H_2O → OH, OH, HOOC

2 Das Sesquiterpen Maaliol läßt sich aus dem Alken (i) über die Zwischenstufe des Hydroxyketons (ii) darstellen. Schlagen Sie eine Folge von Syntheseschritten vor, mit deren Hilfe (i) in (ii) und dann (ii) in Maaliol überführt wird.

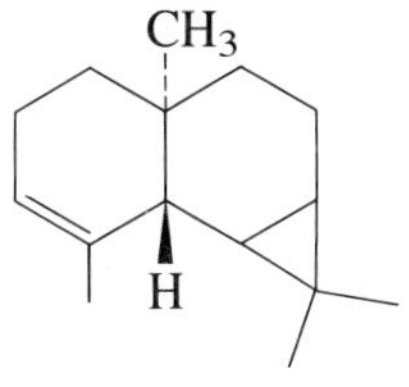

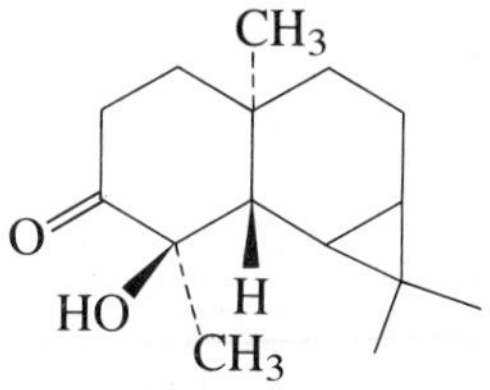

CH_3 H **i** — CH_3 O HO H CH_3 **ii** — CH_3 HO H CH_3 **Maaliol**

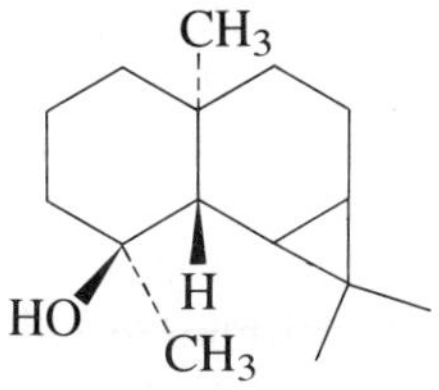

3 **(a)** Identifizieren Sie die unbekannte Verbindung A, die aus frischer ungeschlagener Sahne isoliert wird, und die Verbindung B, die für die charakteristische gelbe Farbe und den typischen Buttergeruch von Butter verantwortlich ist. Hier sind einige Daten:

A: MS m/z (relative Häufigkeit) = 88 (Molekül-Ion, schwach), 45 (100) und 43 (80).
^{1}H-NMR δ = 1.36 (d, J = 7 Hz, 3 H), 2.18 (s, 3 H), 373 (breit s, 1 H), 4.22 (q, J = 7 Hz, 1 H) ppm.
IR $\tilde{\nu}$ = 1718 und 3430 cm^{-1}.

B: MS m/z (relative Häufigkeit = 86 (17) und 43 (100).
^{1}H-NMR δ = 2.29 (s) ppm.
IR $\tilde{\nu}$ = 1708 cm^{-1}.

(b) Zu welchem Reaktionstyp gehört die Überführung von A in B? Erscheint es Ihnen plausibel, daß diese Reaktion bei der Herstellung von Butter aus Sahne ablaufen kann? Erklären Sie Ihre Antwort.
(c) Entwickeln Sie Laborsynthesen von A und B. Gehen Sie dabei nur von Verbindungen mit zwei Kohlenstoffatomen aus.
(d) Ein Absorptionsmaximum im UV-Spektrum von A liegt bei 271 nm, das von B bei 290 nm. (Die Verschiebung der Absorption in den violetten Bereich ist die Ursache für die gelbe Farbe von B.) Wie kommt diese Verschiebung zustande?

4 Am Rand ist die Strukturformel von Germacran, einem natürlich vorkommenden Cyclodecanderivat, dargestellt. Schlagen Sie eine kurze Synthese von Germacran, ausgehend von einem geeigneten acyclischen Diester, vor.

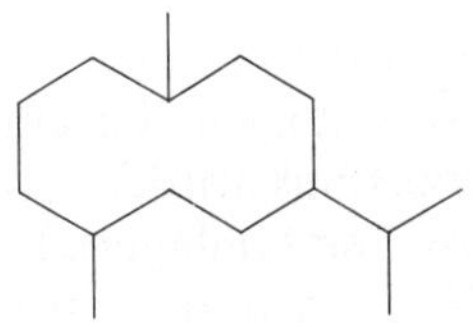

Germacran

5 Welche Produkte entstehen bei den folgenden Reaktionen?

(a) 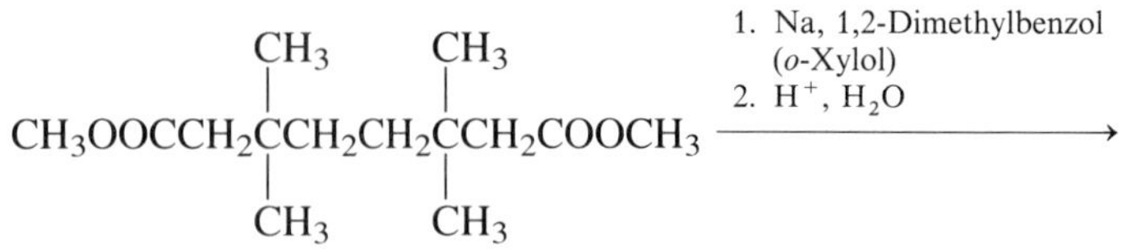 $CH_3OOCCH_2C(CH_3)_2CH_2CH_2C(CH_3)_2CH_2COOCH_3$ $\xrightarrow{\text{1. Na, 1,2-Dimethylbenzol (o-Xylol)} \quad \text{2. } H^+, H_2O}$

(b)  $(CH_3)_2CHCHO$ $\xrightarrow{\text{Thiazolium-}N^+(CH_2)_{11}CH_3Br^-}$

(c)  Cyclohexen-COOH $\xrightarrow{\text{1. } SOCl_2 \quad \text{2. NaCN} \quad \text{3. } H^+, H_2O}$

(d) 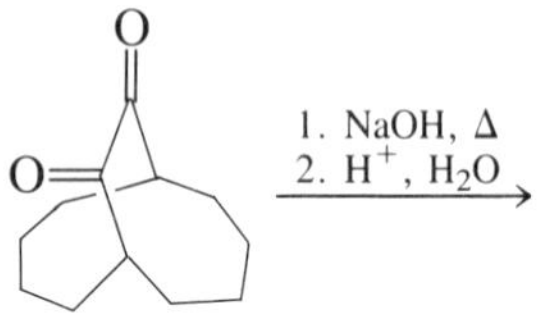 $\xrightarrow{\text{1. NaOH, } \Delta \quad \text{2. } H^+, H_2O}$

6 Gekreuzte Kupplungsreaktionen von Ketonen und Estern sind unter den Bedingungen von Acyloin-Kondensationen möglich. Was für ein Produkt entsteht ihrer Meinung nach bei der Reaktion von Natrium mit dem gezeigten Ketoester und anschließender wässriger Aufarbeitung?

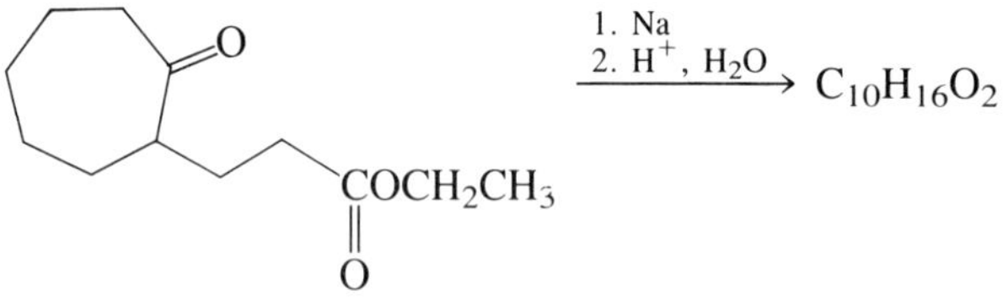

$\xrightarrow{\text{1. Na} \quad \text{2. } H^+, H_2O}$ $C_{10}H_{16}O_2$

$COCH_2CH_3$ (C=O)

7 Bei der Reaktion von Diphenylethandion (Benzil) mit 4-Methoxyphenylmagnesiumchlorid entsteht hauptsächlich das unten gezeigte α-Hydroxyketon. Erklären Sie dieses Ergebnis mechanistisch. Meinen Sie, daß thermodynamische Gründe bei der Bildung des Produkts eine Rolle spielen?

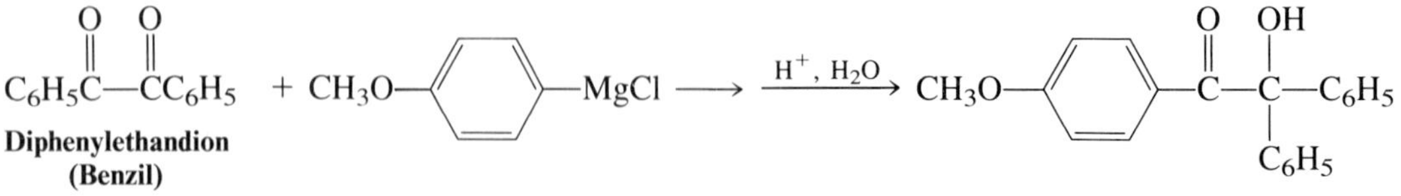

$C_6H_5C(=O){-}C(=O)C_6H_5 + CH_3O{-}C_6H_4{-}MgCl \longrightarrow \xrightarrow{H^+, H_2O} CH_3O{-}C_6H_4{-}C(=O){-}C(OH)(C_6H_5){-}C_6H_5$

Diphenylethandion (Benzil)

8 Eine technische Synthese des Analgetikums Pethidin (s. Übungsaufgabe 21, Kap. 21) beginnt mit der Carbonsäure (i) und läuft über die Zwischenstufen des Chlorketons (ii) und der Carbonsäure (iii). Beantworten Sie die folgenden Fragen.

(a) Schlagen Sie eine Synthesefolge vor, mit deren Hilfe (i) in (ii) überführt wird.

(b) Die Umlagerung von (ii) zu (iii) in Gegenwart von Base verläuft über einen ähnlichen Mechanismus wie die Benzilsäure-Umlagerung (s. Abschn. 22.2). Wie könnte dieser Mechanismus aussehen?

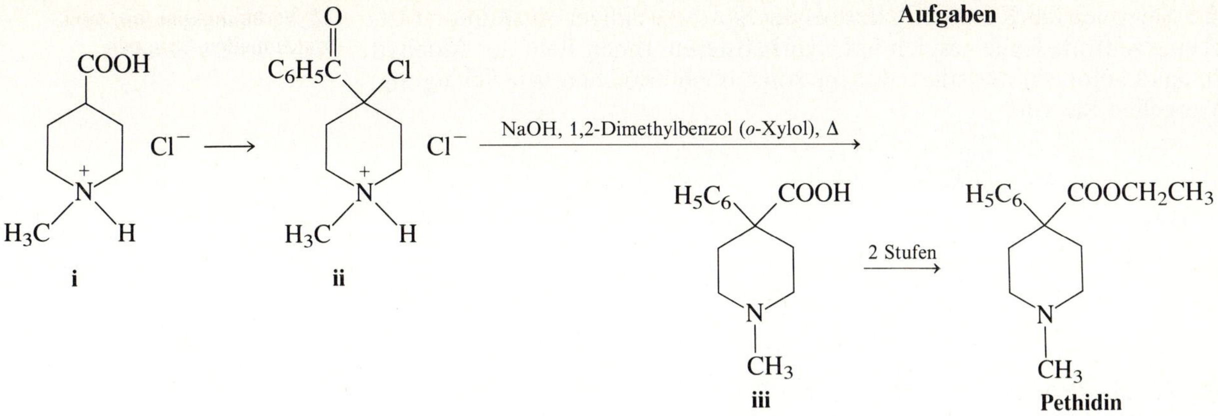

i: 4-Carboxy-1-methylpiperidinium-chlorid (COOH; H_3C, $\overset{+}{N}$, H) Cl^- ⟶ ii: ($C_6H_5\overset{O}{\overset{\|}{C}}$, Cl; H_3C, $\overset{+}{N}$, H) Cl^- $\xrightarrow{\text{NaOH, 1,2-Dimethylbenzol (}o\text{-Xylol), }\Delta}$ iii: (H_5C_6, COOH; N–CH_3) $\xrightarrow{\text{2 Stufen}}$ Pethidin: (H_5C_6, $COOCH_2CH_3$; N–CH_3)

9 Formulieren Sie chemische Gleichungen für alle primären Reaktionsschritte, die zwischen einer Base wie dem Ethoxid-Ion und einer Carbonylverbindung wie Ethanal (Acetaldehyd) erfolgen können. Erklären Sie, warum der Carbonyl-Kohlenstoff in diesem System nicht in merklichem Maße deprotoniert wird.

10 Geben Sie kurze Synthesen für die folgenden Moleküle aus den angegebenen Ausgangsverbindungen über Benzilsäure-Umlagerungen an.

(a) 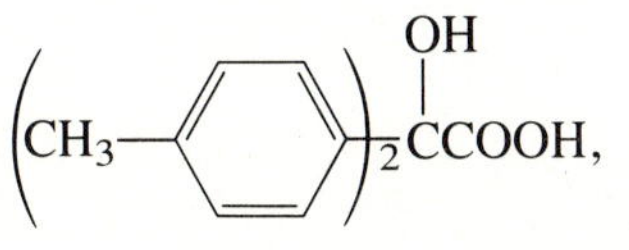 $(CH_3\text{–}C_6H_4\text{–})_2C(OH)COOH$,

ausgehend von $H_3C\text{–}C_6H_4\text{–}COOH$

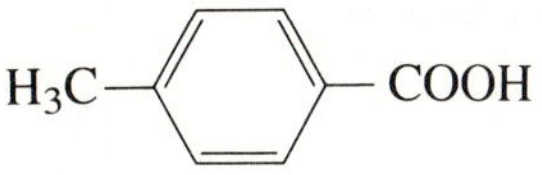

(b) $C_6H_5\text{—}CH(OH)\text{—}COOH$, ausgehend von C_6H_5CHO

(c) $C_6H_5CH_2\text{—}C(OH)(C_6H_5)\text{—}COOH$, ausgehend von C_6H_5CHO

11 Schlagen Sie eine einfache Synthese für die folgenden Moleküle unter Benutzung der in Abschnitt 22.3 beschriebenen Methoden (z. B. Umpolung) vor.

(a) $CH_2{=}CHCH(OH)C(=O)CH_2C_6H_5$

(b) 1-Cyclohexenyl–C(=O)–CH_2–CH=C(CH_3)$_2$

(c) $CH_3CH(OH)CH(CH_3)CHO$

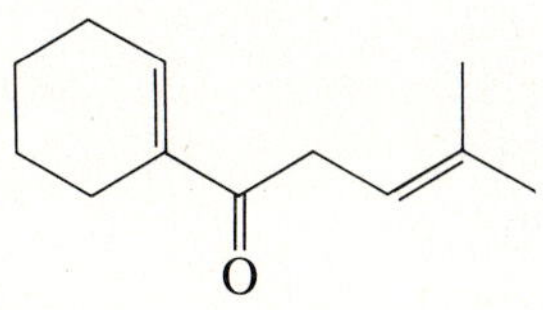

12 Sie sollen das Keton (iii), das bei der Synthese einiger Antitumor-Mittel eine zentrale Rolle gespielt hat, synthetisieren. Ihnen steht der Aldehyd (i), das Lacton (ii) und alles, was Sie sonst noch brauchen, zur Verfügung. Wie gehen Sie vor?

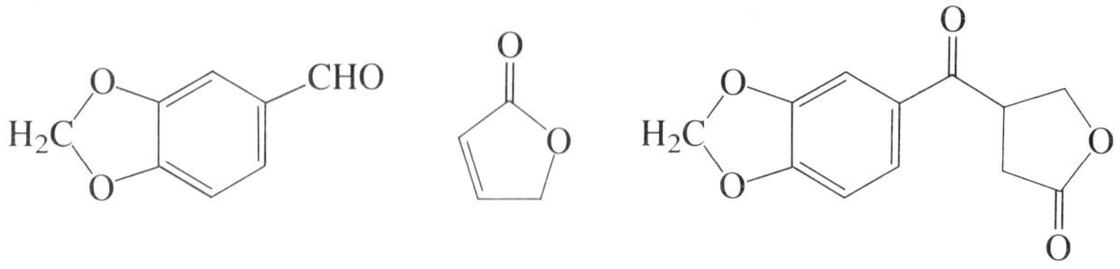

H_2C O O CHO — **i**   O O — **ii** H_2C O O O O O — **iii**

13 Welche Produkte entstehen bei der Reaktion der folgenden Moleküle (oder Kombinationen von Molekülen) mit $NaOCH_2CH_3$ in CH_3CH_2OH?

(a) $CH_3CH_2CH_2COOCH_2CH_3$

(b) $C_6H_5\overset{\displaystyle CH_3}{\overset{|}{C}}HCH_2COOCH_2CH_3$

(c) $C_6H_5CH_2\overset{\displaystyle CH_3}{\overset{|}{C}}HCOOCH_2CH_3$

(d) $CH_3CH_2O\overset{O}{\overset{\|}{C}}(CH_2)_4\overset{O}{\overset{\|}{C}}OCH_2CH_3$

(e) $CH_3CH_2O\overset{O}{\overset{\|}{C}}\underset{\displaystyle CH_3}{\underset{|}{C}}H(CH_2)_4\overset{O}{\overset{\|}{C}}OCH_2CH_3$

(f) $C_6H_5CH_2CO_2CH_2CH_3 + HCO_2CH_2CH_3$

(g) $C_6H_5CO_2CH_2CH_3 + CH_3CH_2CH_2CO_2CH_2CH_3$

(h) 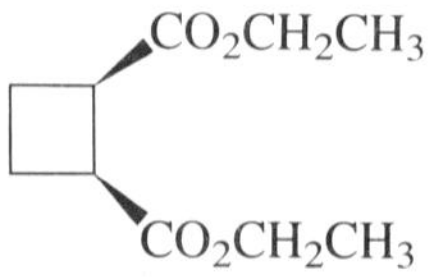 $CO_2CH_2CH_3$ / $CO_2CH_2CH_3$ (am Cyclobutanring) $+ CH_3CH_2O\overset{O}{\overset{\|}{C}}CH_2CH_2\overset{O}{\overset{\|}{C}}OCH_2CH_3$

(i) 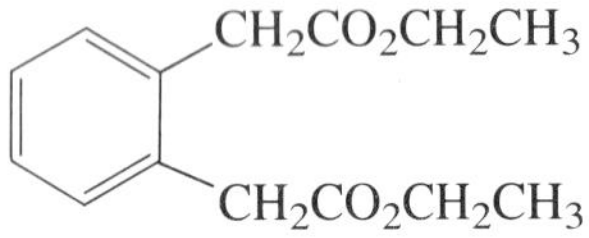 $CH_2CO_2CH_2CH_3$ / $CH_2CO_2CH_2CH_3$ (am Benzolring) $+ CH_3CH_2O\overset{O}{\overset{\|}{C}}—\overset{O}{\overset{\|}{C}}OCH_2CH_3$

14 Die folgende gekreuzte Claisen-Kondensation geht am besten, wenn eine der beiden Ausgangsverbindungen in großem Überschuß vorliegt.

$$CH_3CH_2\overset{O}{\overset{\|}{C}}OCH_3 + (CH_3)_2CH\overset{O}{\overset{\|}{C}}OCH_3 \xrightarrow{NaOCH_3,\ CH_3OH} (CH_3)_2CH\overset{O}{\overset{\|}{C}}\underset{\displaystyle CH_3}{\underset{|}{C}}H\overset{O}{\overset{\|}{C}}OCH_3$$

Von welcher der beiden Verbindungen würden Sie einen Überschuß einsetzen? Warum? Welche Konkurrenzreaktion gewinnt an Bedeutung, wenn die Reaktionspartner in vergleichbarer Menge vorliegen?

15 Schlagen Sie Synthesen der folgenden β-Dicarbonylverbindungen über Claisen- oder Dieckmann-Kondensationen vor.

(a) 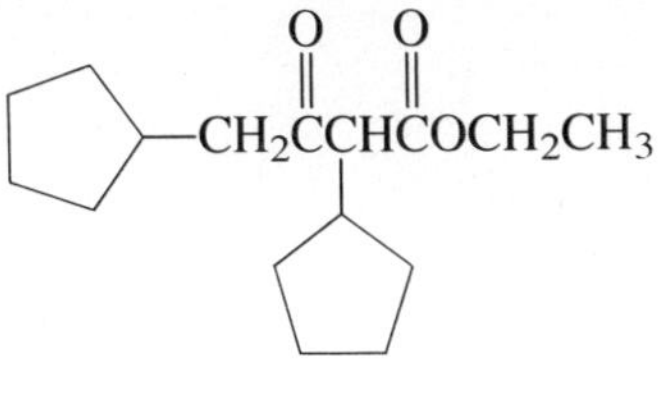 Cyclopentyl–$CH_2C(=O)CH(C_5H_9)C(=O)OCH_2CH_3$

(b) $C_6H_5C(=O)CH(C_6H_5)C(=O)OCH_2CH_3$

(c) 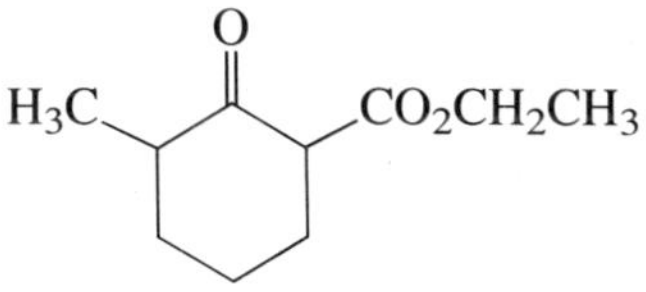 H$_3$C, O, $CO_2CH_2CH_3$ (Cyclohexanon)

(d) O, $CO_2CH_2CH_3$, H$_3$C, H$_3$C, O, $CO_2CH_2CH_3$ (Cycloheptandion)

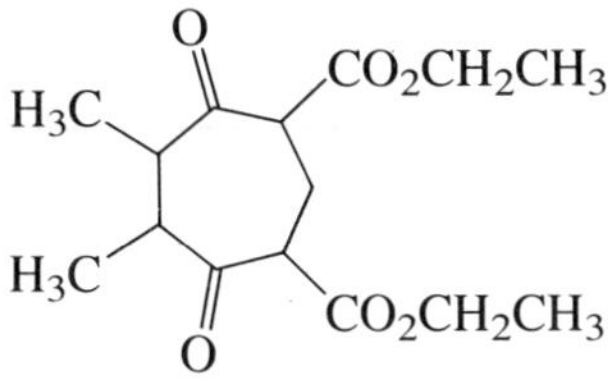

(e) $HC(=O)—C(=O)CH_2C(=O)OCH_2CH_3$

(f) $C_6H_5C(=O)CH_2C(=O)C_6H_5$

(g) $CH_3CH_2OC(=O)CH_2C(=O)OCH_2CH_3$

(h) 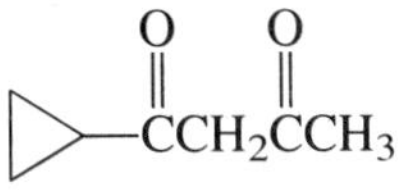 Cyclopropyl–$C(=O)CH_2C(=O)CH_3$

(i) 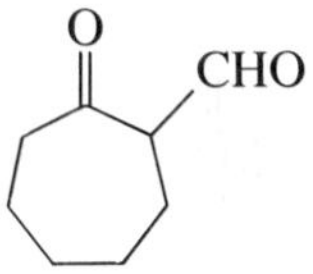 O, CHO (Cycloheptanon)

16 Glauben Sie, daß man Propandial leicht durch einfache Claisen-Kondensation darstellen kann? Wenn ja, warum, wenn nein, warum nicht.

$HC(=O)CH_2C(=O)H$

Propandial

17 Nootkaton wird in Grapefruits gefunden. Vervollständigen Sie das folgende Reaktionsschema zur Darstellung von Nootkaton aus 4-(1-Methylethenyl)cyclohexanon.

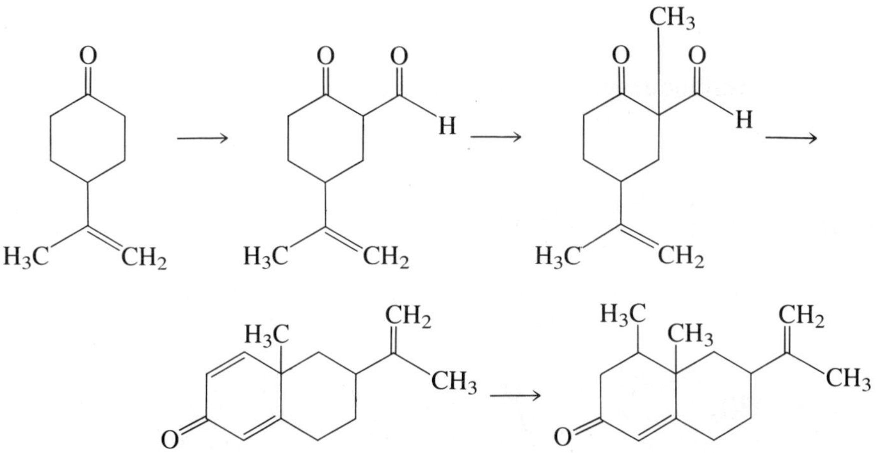

O; H$_3$C, CH$_2$ ⟶ O, O, H; H$_3$C, CH$_2$ ⟶ CH$_3$, O, O, H; H$_3$C, CH$_2$ ⟶

H$_3$C, CH$_2$, CH$_3$, O ⟶ H$_3$C, CH$_3$, CH$_2$, CH$_3$, O

Nootkaton

18 Wie würden Sie die folgenden Ketone über Acetessigestersynthesen darstellen?

(a) $CH_3C(=O)CH_2CH_2CH(CH_3)CH_3$

(c) Cyclobutyl-methylketon (Cyclobutan mit $C(=O)CH_3$)

(b) $CH_3C(=O)CH(CH_2C_6H_5)CH_2CH{=}CH_2$

(d) $CH_3C(=O)CH(CH_2CH_3)CH_2C(=O)OCH_2CH_3$

19 Die folgenden Ketone lassen sich nicht über die Acetessigestersynthese selbst (warum nicht?), sondern über eine Variante dieser Synthese darstellen. In dieser Variante synthetisiert man zunächst (über Claisen-Kondensation) einen geeigneten 3-Ketoester, $RC(=O)CH_2C(=O)OCH_2CH_3$, dessen Gruppe R in der Keton-Endstufe erscheint.

Synthetisieren Sie die folgenden Ketone. Geben Sie bei jedem Keton auch die Struktur und die Darstellung des benötigten 3-Ketoesters an.

(a) $CH_3CH_2C(=O)CH_2CH_3$

(b) $C_6H_5C(=O)CH(CH_3)CH_2CH_2CH_2CH_3$

(c) 2-($CH_2CH{=}CH_2$)-cyclopentanon (benutzen Sie eine Dieckmann-Kondensation.)

(d) 3,6-Bis($C_6H_5CH_2$)-cyclohexan-1,2-dion (benutzen Sie eine doppelte Claisen-Kondensation.)

20 Wie würden Sie die folgenden vier Verbindungen über Malonestersynthesen darstellen?

(a) $C_6H_5CH_2CH(COOH)CH_2CH_2CH_2CH_3$

(c) Indan-2-carbonsäure ($-COOH$)

(b) $HOOC-CH_2-CH_2-COOH$ ($H_2C-COOH$ / $H_2C-COOH$)

(d) α-Allyl-γ-butyrolacton (s. Übung 22-16.)

21 Was passiert, wenn man das Produkt von Übung 22-16 (2-Ethanoyl-γ-butyrolacton) mit wässriger Säure über einen längeren Zeitraum erhitzt?

22 Welche Klasse von Verbindungen erhält man beim Behandeln des Anions eines substituierten Malonesters mit einem Alkanoyl- (Acyl-) halogenid und anschließender saurer Hydrolyse und Erhitzen?

$$RCH(CO_2CH_2CH_3)_2 \xrightarrow[\text{3. } H^+,\ H_2O,\ \Delta]{\text{1. NaH, } C_6H_6 \quad \text{2. R'COCl}}$$

Zeigen Sie dies für $R = C_6H_5CH_2$ und $R' = (CH_3)_3C$. Geben Sie an, welche Teile des Endprodukts welcher Ausgangsverbindung entstammen (eine verwandte Reaktion findet sich in Übung 22-14c).

23 In Abschnitt 17.12 haben wir die Biosynthese langkettiger Carbonsäuren (Fettsäuren) über die Zwischenstufe des Acetyl-Coenzym A (Acetyl-CoA) vorgestellt. Formulieren Sie mit Hilfe des Stoffes aus diesem Kapitel einen plausiblen Mechanismus für einen der entscheidenden Schritte des Prozesses, die Kupplung der proteingebundenen Alkanoyl- und Malonyl-Einheiten (bei diesem Schritt wird die Kette um zwei Kohlenstoffatome verlängert):

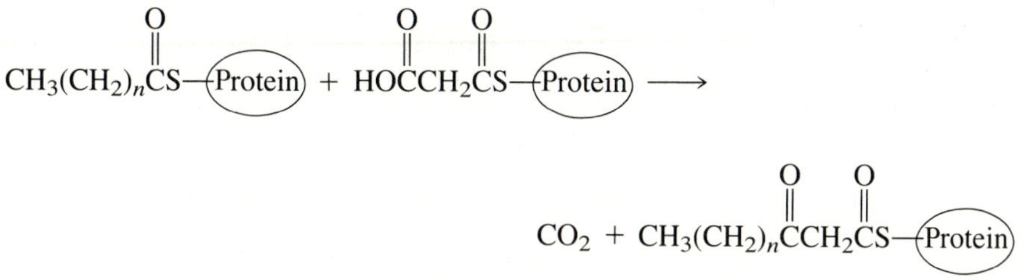

$$CH_3(CH_2)_n\overset{O}{\overset{\|}{C}}S\text{—Protein} + HO\overset{O}{\overset{\|}{C}}CH_2\overset{O}{\overset{\|}{C}}S\text{—Protein} \longrightarrow$$

$$CO_2 + CH_3(CH_2)_n\overset{O}{\overset{\|}{C}}CH_2\overset{O}{\overset{\|}{C}}S\text{—Protein}$$

24 Synthetisieren Sie die folgenden Verbindungen unter Benutzung der in Abschnitt 22.5 beschriebenen Methoden und, falls erforderlich, noch anderer Reaktionen. In jedem Fall sollte eine Ihrer Ausgangsverbindungen ein Aldehyd oder Keton, eine andere eine β-Dicarbonylverbindung sein.

(a) 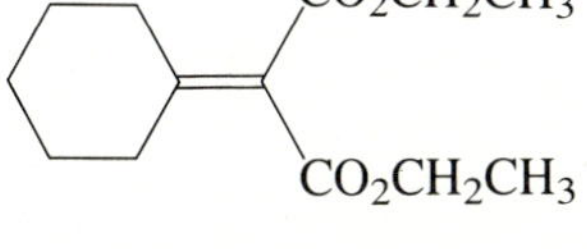 $CO_2CH_2CH_3$ / $CO_2CH_2CH_3$

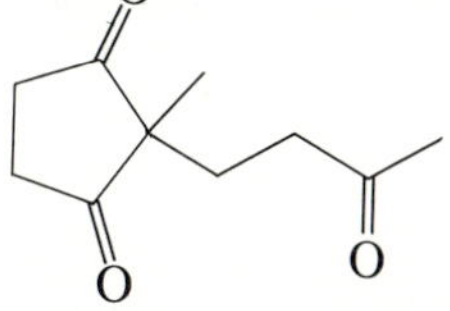

(b)

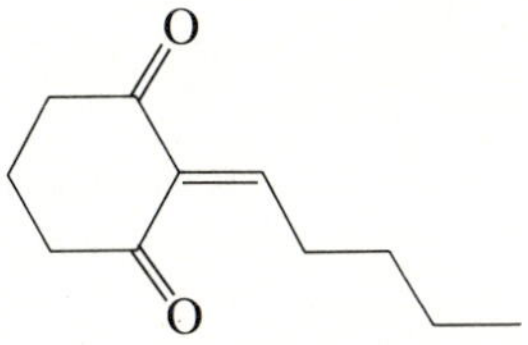

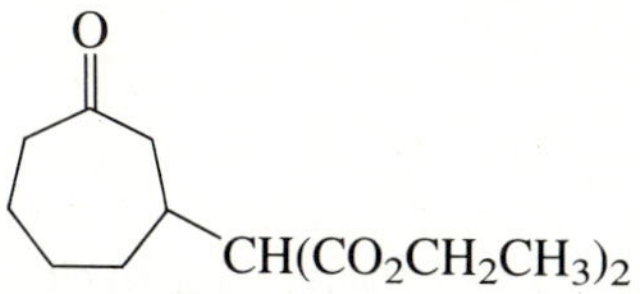

(c) 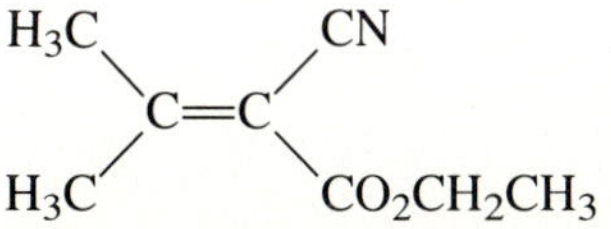 H_3C, H_3C >C=C< CN, $CO_2CH_2CH_3$

(d)

(e) $CH(CO_2CH_2CH_3)_2$

(f)

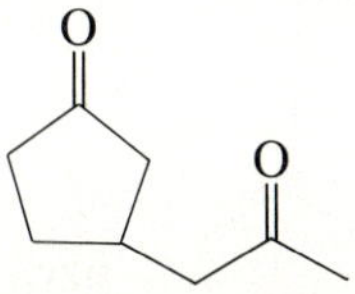

(Hinweis: Bei der Synthese muß ein Decarboxylierungsschritt erfolgen.)

25 Zeichnen Sie detailliert den Mechanismus der Michael-Addition von Malonester an 3-Buten-2-on in Gegenwart von Ethoxid auf. Kennzeichnen Sie alle reversiblen Schritte. Ist die Gesamtreaktion exo- oder endotherm? Erklären Sie, warum nur eine katalytische Menge Base erforderlich ist.

26 Einige der wichtigsten Synthesebausteine sind sehr einfache Moleküle. Obwohl man Cyclopentanon oder Cyclohexanon auch ohne Schwierigkeiten kaufen kann, ist es doch interessant zu sehen, wie man sie aus einfacheren Molekülen darstellen kann. Im folgenden sind mögliche analytische Zerlegungsreaktionen der beiden Ketone gezeigt. Entwerfen Sie anhand dieser Reaktionen Synthesen für beide Ketone aus den gezeigten Ausgangsmaterialien.

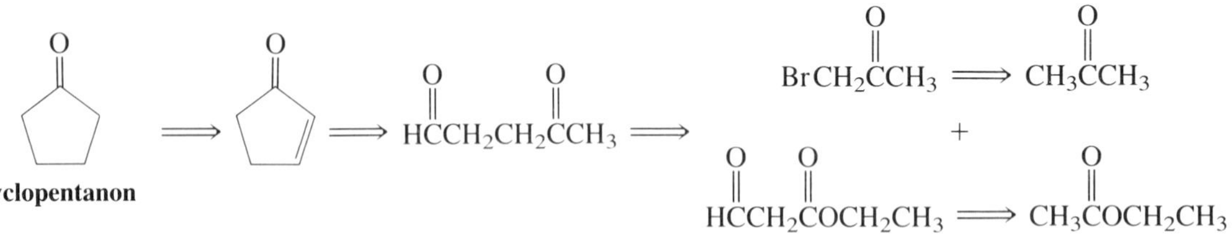

Cyclopentanon ⟹ (Cyclopentenon) ⟹ $HCCH_2CH_2CCH_3$ (O, O) ⟹ $BrCH_2CCH_3$ (O) ⟹ CH_3CCH_3 (O) + $HCCH_2COCH_2CH_3$ (O, O) ⟹ $CH_3COCH_2CH_3$ (O)

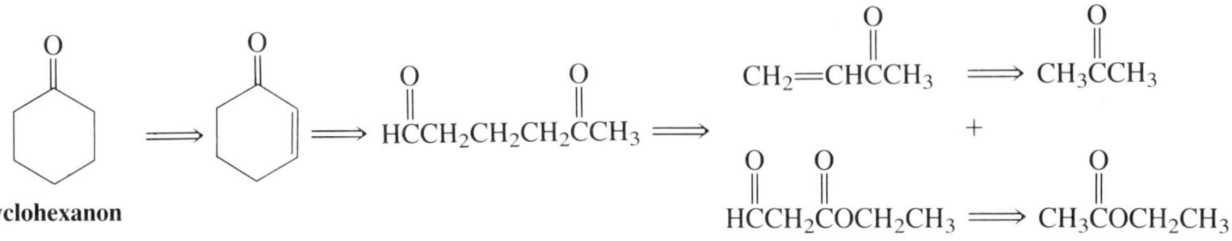

Cyclohexanon ⟹ (Cyclohexenon) ⟹ $HCCH_2CH_2CH_2CCH_3$ (O, O) ⟹ $CH_2{=}CHCCH_3$ (O) ⟹ CH_3CCH_3 (O) + $HCCH_2COCH_2CH_3$ (O, O) ⟹ $CH_3COCH_2CH_3$ (O)

27 Entwerfen Sie anhand der in diesem Kapitel beschriebenen Methoden Mehrstufensynthesen für die folgenden Moleküle. Alle Kohlenstoffatome in Ihrem Endprodukt sollten aus den angegebenen Bausteinen stammen.

(a) 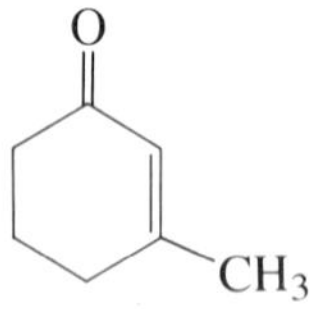 (3-Methylcyclohex-2-enon, O, CH_3), aus $CH_3CO_2CH_2CH_3$ und $CH_3COCH{=}CH_2$

(b) 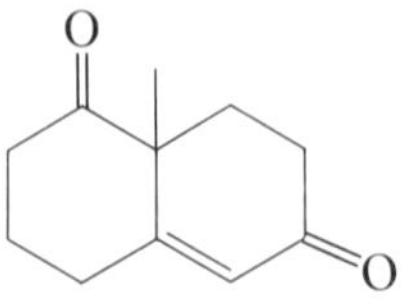 (bicyclisches Diketon, O, =O), aus CH_3I, $CH_2(CO_2CH_2CH_3)_2$ und $CH_3CCH{=}CH_2$ (O)

(c) 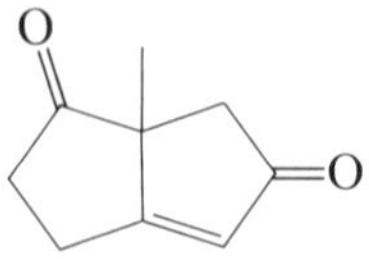 (bicyclisches Diketon, O, =O), aus CH_3I, $CH_2(CO_2CH_2CH_3)_2$ und $BrCH_2CCH_3$ (O)

Hinweis für Teil **b** und **c**: Machen Sie zunächst (Cyclohexan-1,3-dion) bzw. 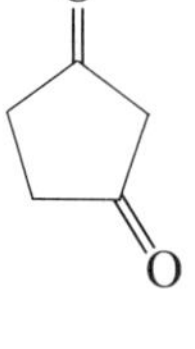 (Cyclopentan-1,3-dion),

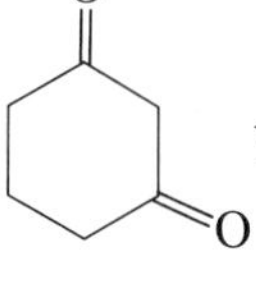

28 Wie lassen sich die in diesem Kapitel vorgestellen Methoden zur Synthese von

(a) 1,4-Dicarbonsäuren
(b) 4-Ketosäuren
(c) 1,4-Diketonen
(d) 1,5-Dicarbonsäuren
(e) 5-Ketosäuren
(f) 1,5-Diketonen

verwenden? Formulieren Sie entweder allgemeine Gleichungen oder geben Sie passende Beispiele an.

29 Im folgenden ist der synthetische Aufbau der Steroidgerüsts (Teil einer Totalsynthese des Hormons Östron) gezeigt. Formulieren Sie die Mechanismen aller gezeigten Schritte.

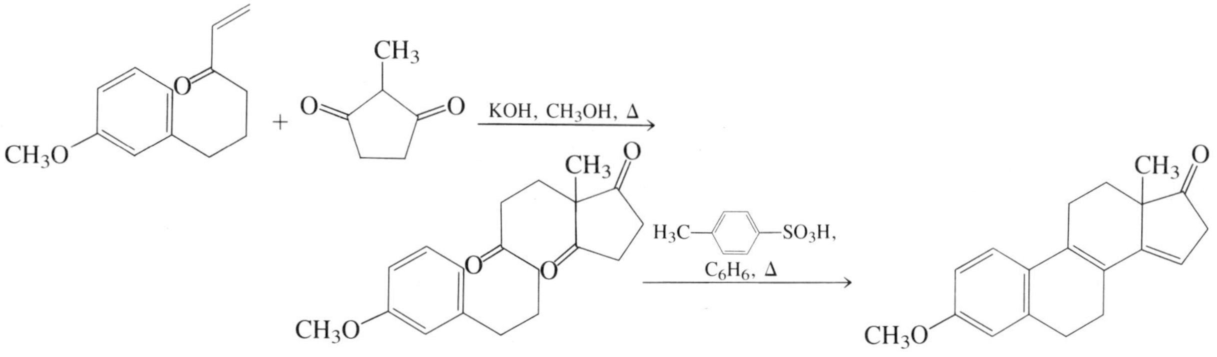

CH_3O CH_3 O O + KOH, CH_3OH, Δ → CH_3 O O O CH_3O H_3C—C_6H_4—SO_3H, C_6H_6, Δ → CH_3 O CH_3O

Hinweis: Ähnliche Prozesse wie sie im zweiten Schritt der Reaktion ablaufen, haben wir in Übungsaufgabe 13 von Kapitel 16 und Übungsaufgabe 16 von Kapitel 19 vorgestellt.

30 Die Knoevenagel-Kondensation in Verbindung mit einer Decarboxylierung ist eine einfache Methode zur Darstellung α,β-ungesättigter Säuren, Aldehyde, Ketone und Nitrile. Zeigen Sie, wie Sie mit dieser Methode Benzolcarbaldehyd (Benzaldehyd) in die folgenden Moleküle überführen würden. Benutzen Sie in jedem Beispiel eine andere Knoevenagel-Kondensation.

(a) C_6H_5—CH=CHCO$_2$H

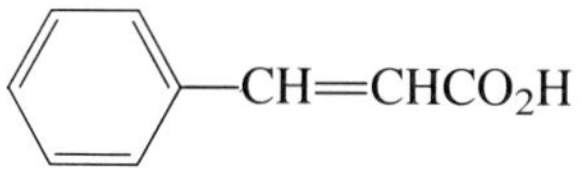

Zimtsäure

(b) C_6H_5—CH=CHCHO

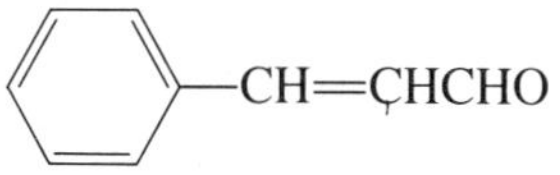

Zimtaldehyd

(c) C_6H_5—CH=CHC≡N

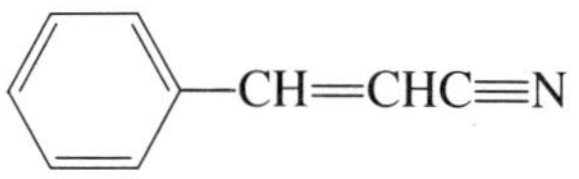

Zimtsäurenitril

23 Kohlenhydrate

Polyfunktionelle Naturstoffe

Die Klasse der Kohlenhydrate spielt in der Natur eine außerordentlich wichtige Rolle. So bilden sie die Gerüststoffe aller pflanzlichen Zellwände und wirken außerdem als chemisches Energiespeichersystem: sie werden zu Wasser, Kohlendioxid und Wärme (oder einer anderen Form von Energie) abgebaut und sind daher eine der wichtigsten Nahrungsquellen. Außerdem werden Fette (s. Abschn. 17.12 und 18.4) und Nucleinsäuren (s. Abschn. 27.7) aus Kohlenhydrat-Bausteinen aufgebaut. Cellulose, Stärke und gewöhnlicher Haushaltszucker sind Kohlenhydrate. Genau wie die Glucose, $C_6(H_2O)_6$, haben auch viele der einfachen Baueinheiten komplizierterer Kohlenhydrate die allgemeine Formel $C_n(H_2O)_n$.

In der Natur entstehen die Kohlenhydrate hauptsächlich über eine als **Photosynthese** bezeichnete Folge von Reaktionen. Bei diesem Prozeß wird Sonnenlicht von den Chlorophyll-Molekülen grüner Pflanzen absorbiert, und die dabei gewonnene photochemische Energie zur Überführung von Kohlendioxid und Wasser in Sauerstoff und Glucose verwendet.

Photosynthese von Glucose in grünen Pflanzen

$$6\ CO_2 + 6\ H_2O \underset{\text{beim Abbau freiwerdenden Energie}}{\overset{\text{Sonnenlicht, Chlorophyll}}{\rightleftharpoons}} \underset{\textbf{Glucose}}{C_6(H_2O)_6} + 6\ O_2$$

Der detaillierte Mechanismus dieser Umsetzung ist kompliziert und verläuft über viele Stufen. Im ersten Schritt erfolgt die Absorption eines Lichtquants durch das ausgedehnte π-System (s. Kap. 14) des Chlorophylls.

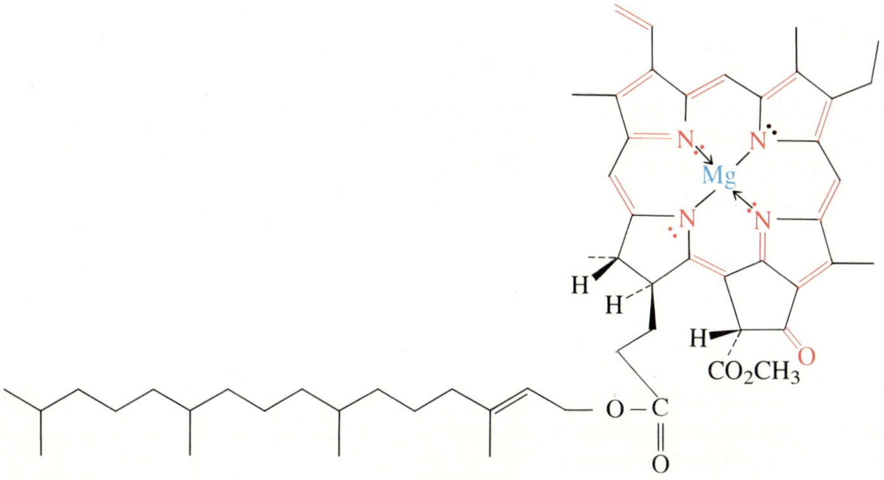

Chlorophyll a

Der Mechanismus des enzymatischen Abbaus der Kohlenhydrate war und ist immer noch Gegenstand intensiver Forschungen. Der Kreislauf der Photosynthese und des Kohlenhydratabbaus ist ein schönes Beispiel dafür, wie die Natur ihre Resourcen immer wieder verwendet. Als erstes werden Wasser, Kohlendioxid und Sonnenenergie in chemische Energie und Sauerstoff umgewandelt. Braucht der Organismus etwas von der gespeicherten Energie, setzt er diese durch Überführung der Kohlenhydrate in CO_2 und Wasser frei, wobei etwa dieselbe Menge Sauerstoff, die ursprünglich frei wurde, verbraucht wird.

In diesem Kapitel befassen wir uns zunächst mit der Struktur und der Nomenklatur der einfachsten Kohlenhydrate, der Zucker. Dann diskutieren wir die Chemie dieser Verbindungen, die durch das Vorliegen von Carbonyl- und Hydroxygruppen an Kohlenstoffketten unterschiedlicher Länge bestimmt wird. Als nächstes stellen wir einige für die Synthese oder Analyse von Zuckern wichtige Reaktionen vor, Methoden, mit denen man Ketten verlängern oder verkürzen kann. Schließlich beschreiben wir die verschiedenen Typen von Kohlenhydraten, die in der Natur vorkommen.

23.1 Die Namen und Strukturen der Kohlenhydrate

Die einfachsten Kohlenhydrate sind die Zucker oder **Saccharide**. Mit wachsender Kettenlänge enthalten Zucker eine steigende Anzahl von chiralen Kohlenstoffatomen, was zu einer Fülle von Diastereomeren führt. Zu unserem Glück kommt in der Natur hauptsächlich nur eine der möglichen Reihen von Enantiomeren vor. Da Zucker Polyhydroxycarbonylverbindungen sind, bilden sie cyclische Halbacetale, was die strukturelle und chemische Vielfalt dieser Verbindungsklasse noch erhöht.

Zucker teilt man in die Klassen der Aldosen und der Ketosen ein

Die Klasse der Kohlenhydrate teilt man nach Anzahl der Monomereinheiten im Molekül in Unterklassen ein. Besteht das Molekül nur aus einer Monomereinheit, spricht man von einem *Monosaccharid*, ein Dimer ist ein *Disaccharid*, ein Trimer ein *Trisaccharid.* Als nächste Gruppe folgen die *Oligo-* und schließlich die *Polysaccharide* (*saccharum*, latein.: Zucker). Ein Monosaccharid ist ein Aldehyd oder Keton mit mindestens zwei Hydroxygruppen. Die beiden einfachsten Vertreter dieser Verbindungsklasse sind daher 2,3-Dihydroxypropanal (Glycerinaldehyd) und 1,3-Dihydroxypropanon (1,3-Dihydroxyaceton).

$$\begin{array}{c} CHO \\ | \\ H-C-OH \\ | \\ CH_2OH \end{array} \qquad\qquad \begin{array}{c} CH_2OH \\ | \\ C=O \\ | \\ CH_2OH \end{array}$$

2,3-Dihydroxypropanal (Glycerinaldehyd) — eine Aldotriose

1,3-Dihydroxypropanon (1,3-Dihydroxyaceton) — eine Ketotriose

Zucker mit einer Aldehydgruppe bezeichnet man als **Aldosen**, solche mit einer Ketogruppe als **Ketosen**. Aufgrund ihrer Kettenlänge teilt man Zucker in *Triosen* (3 Kohlenstoffatome), *Tetrosen* (4 Kohlenstoffatome), *Pentosen* (5 Kohlenstoffatome), *Hexosen* (6 Kohlenstoffatome) usw. ein. 2,3-Dihydroxypropanal (Glycerinaldehyd) ist also eine Aldotriose, 1,3-Dihydroxypropanon eine Ketotriose.

Glucose, auch als Dextrose, Blutzucker oder Traubenzucker bezeichnet (*glykys*, griech: süß) ist ein Pentahydroxyhexanal und gehört daher zur Klasse der Aldohexosen. Glucose kommt in der Natur in vielen Früchten und Pflanzen vor und in Konzentrationen von 0.08% bis 0.1% im menschlichen Blut. Eine zur Glucose isomere Ketohexose ist die *Fructose*, der süßeste natürlich vorkommende Zucker (einige synthetische Zucker sind noch süßer), die ebenfalls in vielen Früchten und im Honig auftritt. Ein weiterer wichtiger natürlicher Zucker ist die Aldopentose *Ribose*, eines der Bauelemente der Ribonucleinsäuren (s. Abschn. 27.7). Die Summenformel aller dieser Zucker lautet $C_n(H_2O)_n$, entspricht also formal einem hydratisierten Kohlenstoff. Dies ist einer der Gründe dafür, daß man die Vertreter dieser Verbindungsklasse als Kohlenhydrate bezeichnet.

Ein Disaccharid entsteht aus zwei Monosacchariden durch Knüpfung einer Ether- (normalerweise Acetal-)Brücke. Bei der Hydrolyse bilden sich die beiden Monosaccharid-Einheiten wieder zurück. Durch Knüpfung einer Etherbindung zwischen einem Mono- und einem Disaccharid entsteht ein Trisaccharid und durch fortlaufende Wiederholung dieses Prozesses bildet sich schließlich ein natürliches Polymer (Polysaccharid). Die Grundgerüste der Cellulose und der Stärke bestehen aus solchen Kohlenhydrat-Polymeren (s Abschn. 23.4).

CHO
H—C—OH
HO—C—H
H—C—OH
H—C—OH
CH_2OH

Glucose

eine Aldohexose

CH_2OH
C=O
HO—C—H
H—C—OH
H—C—OH
CH_2OH

Fructose

eine Ketohexose

CHO
H—C—OH
H—C—OH
H—C—OH
CH_2OH

Ribose

eine Aldopentose

Übung 23-1

Zu welcher Klasse von Zuckern gehören die folgenden Monosaccharide?

(a) CHO / HCOH / HCOH / CH_2OH — **Erythrose**

(b) CHO / HOCH / HOCH / HCOH / CH_2OH — **Lyxose**

(c) CH_2OH / C=O / HOCH / HCOH / CH_2OH — **Xylulose**

Die meisten Zucker sind chiral und optisch aktiv

Mit Ausnahme von 1,3-Dihydroxypropanon enthalten alle bisher betrachteten Zucker chirale Kohlenstoffatome. Der einfachste chirale Zucker ist 2,3-Dihydroxypropanal (Glycerinaldehyd) mit einem asymmetrischen Kohlenstoff. Wie aus der Fischer-Projektion des Moleküls zu erkennen ist, hat das rechtsdrehende Enantiomer dieser Verbindung *R*-, das linksdrehende *S*-Konfiguration. Fischer-Projektionen werden außerordentlich häufig zur Darstellung von Zuckern benutzt. Falls Ihnen die Regeln zur Konstruktion und Handhabung dieser Projektionen nicht mehr gegenwärtig sind, sollten Sie in Abschn. 5.4 nachschlagen.

Fischer-Projektion der beiden Enantiomeren des 2,3-Dihydroxypropanals (Glycerinaldehyd)

H—C(CHO)(CH$_2$OH)—OH ist identisch mit H▶C◀OH (CHO oben, CH$_2$OH unten)

(*R*)-(+)-2,3-Dihydroxypropanal
[D-(+)-Glycerinaldehyd]
$[\alpha]_D^{25\,°C} = +8.7°$

HO—C(CHO)(CH$_2$OH)—H ist identisch mit HO▶C◀H (CHO oben, CH$_2$OH unten)

(*S*)-(−)-2,3-Dihydroxypropanal
(L-(−)-Glycerinaldehyd]
$[\alpha]_D^{25\,°C} = -8.7°$

Obwohl die *R*-*S*-Nomenklatur zur Benennung der Zucker völlig ausreicht, ist allgemein ein älteres Nomenklatursystem üblich. Dieses System wurde entwickelt, bevor man die absolute Konfiguration der Zucker bestimmen konnte. Hierbei wird die Konfiguration eines Zuckers mit der der beiden Enantiomere des 2,3-Dihydroxypropanals (Glycerinaldehyds) in Beziehung gesetzt. Anstelle der Buchstaben *R* und *S* verwendet man die Vorsätze D für das (+)-Enantiomer des Glycerinaldehyds und L für das (−)-Enantiomer (s. Abschn. 5.3). Diejenigen Monosaccharide, bei denen das Chiralitätszentrum, das am weitesten von der Aldehyd- oder Ketogruppe entfernt ist, dieselbe absolute Konfiguration wie D-(+)-2,3-Dihydroxypropanal [D-(+)-Glycerinaldehyd] hat, bezeichnet man als D-, diejenigen mit der umgekehrten Konfiguration als L-Zucker.

Bestimmung der Zugehörigkeit zur D- oder L-Reihe

CHO; H—OH; HO—H; H—OH; ⁓; H—OH; CH$_2$OH
am weitesten von der Carbonylgruppe entferntes Chiralitätszentrum
eine D-Aldose

CH$_2$OH; =O; H—OH; H—OH; ⁓; HO—H; CH$_2$OH
eine L-Ketose

Die D, L-Nomenklatur teilt die Familie der Zucker in zwei Reihen. Mit Zunahme der Anzahl der Chiralitätszentren steigt auch die Zahl der Stereoisomeren an. So hat die Aldotetrose 2,3,4-Trihydroxybutanal zwei Chiralitätszentren und kann daher in vier Stereoisomeren auftreten: als zwei Diasteromere, die jeweils ein Enantiomerenpaar bilden. Wie bei vielen Naturstoffen sind für diese Diasteromere Trivialnamen gebräuchlich, die auch fast ausschließlich in der Literatur benutzt werden. Der Hauptgrund liegt darin, daß die systematischen Namen wegen der Komplexität der Moleküle sehr lang und unhandlich sind. In diesem Kapitel weichen wir daher von dem gewohnten Verfahren ab, allen Molekülen systematische Namen zu geben. Das Isomer von 2,3,4-Trihydroxybutanals mit 2*R*,3*R*-Konfiguration bzw. 2*S*, 3*S*-Konfiguration nennt man *Erythrose*, ihr Diastereomer *Threose*. Sowohl Erythrose wie Threose treten als Enantiomerenpaar auf, von denen das eine Enantiomer zur D-, das andere zur L-Reihe gehört. Das Vorzeichen der optischen Drehung steht wiederum in keiner Beziehung zu der Konfigurationsbezeichnung D bzw. L (genau wie bei der *R,S*-Nomenklatur, s. Abschn. 5.3). So ist z. B. D-Glycerinaldehyd rechtsdrehend, D-Erythrose linksdrehend.

Die diastereomeren 2,3,4-Trihydroxybutanale: Erythrose und Threose

CHO	CHO	CHO	CHO
H–*R*–OH	HO–*S*–H	HO–*S*–H	H–*R*–OH
H–*R*–OH	HO–*S*–H	H–*R*–OH	HO–*S*–H
CH_2OH	CH_2OH	CH_2OH	CH_2OH
2*R*,3*R*	**2*S*,3*S***	**2*S*,3*R***	**2*R*,3*S***
D-(−)-Erythrose	**L-(+)-Erythrose**	**D-(−)-Threose**	**L-(+)-Threose**

Spiegelebene (zwischen D- und L-Erythrose) — Spiegelebene (zwischen D- und L-Threose)

Eine Aldopentose hat drei Chiralitätszentren und kommt daher in $2^3 = 8$ Stereoisomeren vor. In der Gruppe der Aldohexosen sind bereits $2^4 = 16$ solcher Isomere möglich. Warum benutzt man dann überhaupt die D, L-Nomenklatur, wo sie doch nur die absolute Konfiguration eines Chiralitätszentrums angibt? Der Grund ist sicher der, daß *fast alle natürlich vorkommenden Zucker zur D-Reihe gehören*. Offensichtlich hat sich die Natur beim Aufbau der Struktur der Zuckermoleküle für das eine Ende der Kette nur eine Konfiguration „ausgesucht". Ein weiteres Beispiel für eine solche Selektivität sind die Aminosäuren (s. Kap. 27).

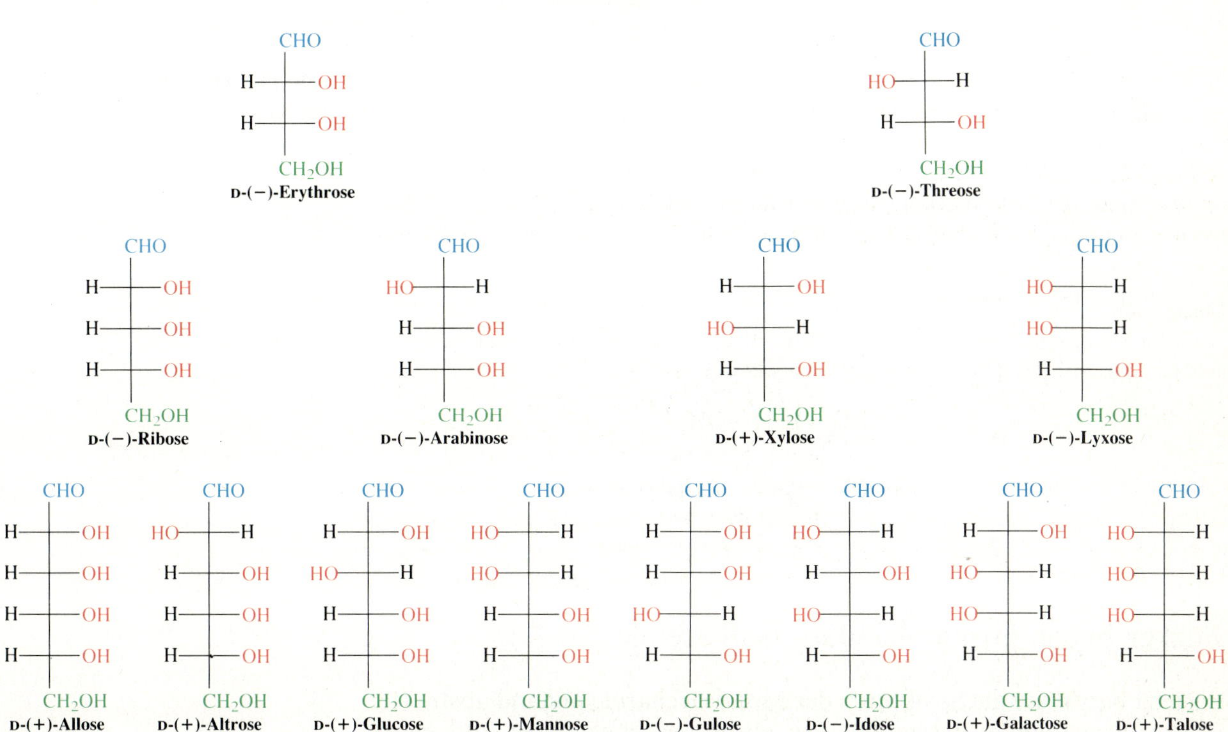

Abb. 23-1 Die D-Aldosen (bis zu den Aldohexosen).

In Abb. 23-1 ist die Reihe der D-Aldosen bis zu den Aldohexosen mit Angabe des Drehsinns und des Trivialnamens der einzelnen Verbindungen gezeigt. Alle Strukturen haben wir in der Fischer-Projektion dargestellt.

Um die Sache eindeutig zu machen, werden die Fischer-Projektionen nach einem bestimmten Standard gezeichnet: die Kohlenstoffkette wird senkrecht angeordnet und die Aldehydgruppe kommt an die Spitze des Moleküls. In Abb. 23-2 ist die analoge Reihe der Ketosen gezeigt.

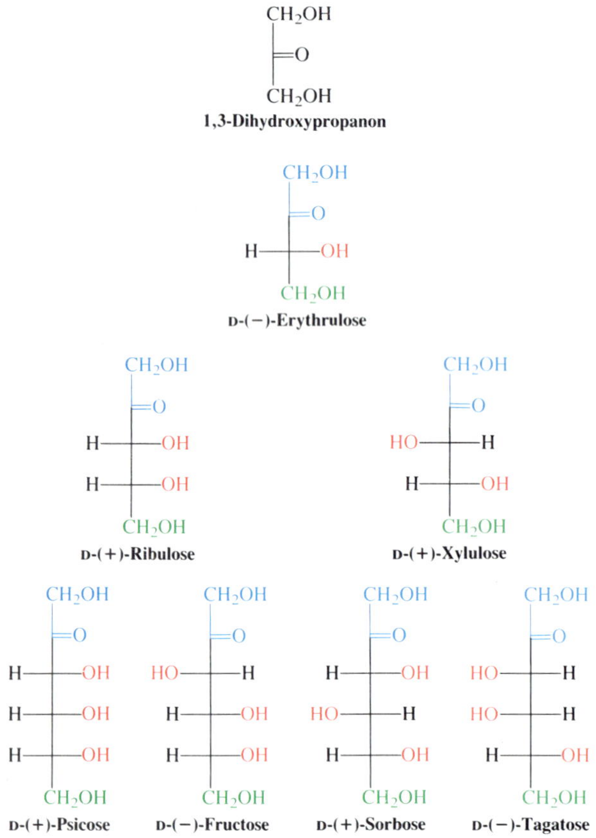

1,3-Dihydroxypropanon

D-(−)-Erythrulose

D-(+)-Ribulose **D-(+)-Xylulose**

D-(+)-Psicose **D-(−)-Fructose** **D-(+)-Sorbose** **D-(−)-Tagatose**

Abb. 23-2 Die D-Ketosen (bis zu den Ketohexosen).

Übung 23-2

(a) Wie lauten die systematischen Namen für (a) D-(−)-Ribose und (b) D-(+)-Glucose. Denken Sie daran, die absolute Konfiguration an jedem Chiralitäszentrum zu bestimmen.

Übung 23-3

Zeichnen Sie die Keilstrichformel des Zuckers A als Fischer-Projektion und finden Sie anhand Abb. 23-1 den Trivialnamen der Verbindung.

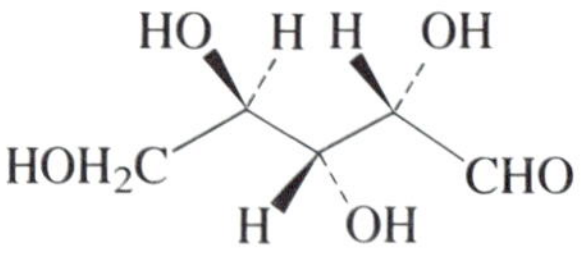

A

Zucker bilden intramolekulare Halbacetale

Bis jetzt haben wir die Strukturen der Monosaccharide anhand abstrakter Fischer-Projektionen dargestellt. Ein etwas anschaulicheres Bild geben uns die Keilstrichformeln.

Fischer-Projektion und Keilstrichformel der D-(+)-Glucose

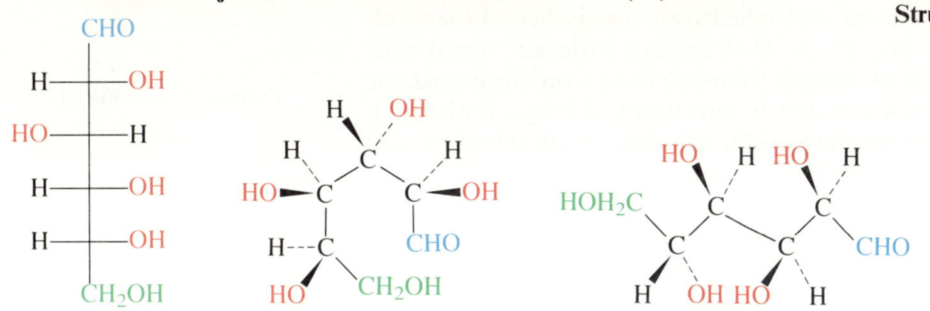

Fischer-Projektion — **Keilstrichformel der vollständig verdeckten Konformation** — **Keilstrichformel der vollständig gestaffelten Konformation**

Bei der Überführung einer Fischer-Projektion in eine Keilstrichformel (und umgekehrt) muß man sehr sorgfältig vorgehen. Erinnern wir uns daran (s. Abschn. 5.4), daß die Fischer-Projektion das Molekül in einer *vollständig verdeckten* Konformation zeigt. Diese Projektion läßt sich, wie gezeigt, in eine vollständig verdeckte Keilstrichformel überführen, indem man die Kohlenstoffkette als Halbkreis zeichnet. In unserer Zeichnung liegt die Aldehydgruppe rechts und die Kette verläuft entgegen dem Uhrzeigersinn. In dieser Darstellung steht der Substituent auf der rechten Seite der entsprechenden Fischer-Projektion oberhalb der Papierebene und ist auf den Betrachter hin gerichtet. Nun ordnet man das Molekül in einer vollständig gestaffelten Konformation an, wobei die Substituentengruppen, die ursprünglich alle auf derselben Seite des Molekül standen, nun abwechseln auf den Betrachter zu und von ihm fort gerichtet sind. (Zur genauen Betrachtung der Stereochemie der D-Glucose benutzen Sie am besten Molekülmodelle).

Zucker sind Hydroxycarbonylverbindungen, die im Prinzip intramolekulare Halbacetale ausbilden sollten (s. Abschn. 15.5). Tatsächlich liegen Glucose und die anderen Hexosen und Pentosen in einem Gleichgewicht zwischen der offenkettigen und der cyclischen Halbacetalform vor, wobei die zweite stark überwiegt. Obwohl sich prinzipiell jede der fünf Hydroxygruppen an die Carbonylgruppe des Aldehyds addieren könnte, ist die Bildung eines Sechsrings normalerweise bevorzugt, obwohl teilweise auch Fünfringe gebildet werden.

Bildung eines cyclischen Halbacetals bei der Glucose

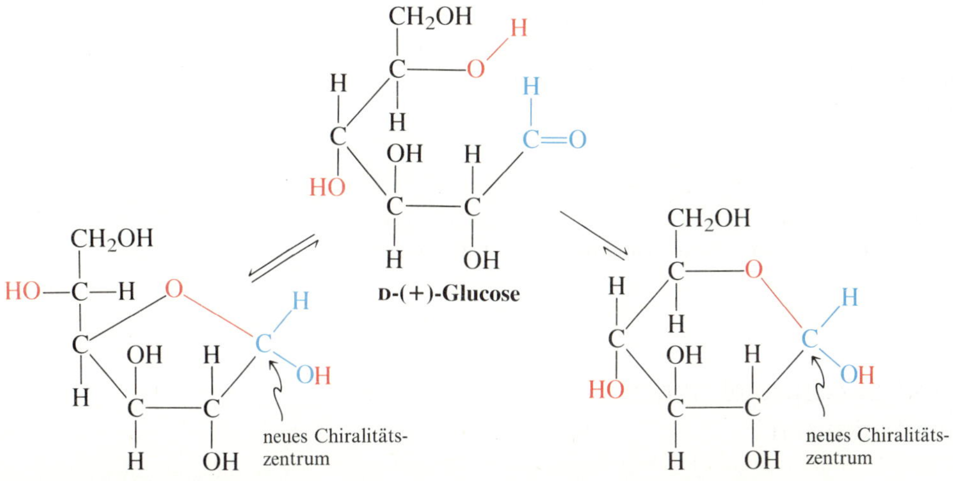

D-(+)-Glucofuranose weniger stabil — **D-(+)-Glucopyranose** stabiler

Das so entstandene Halbacetal bezeichnet man als **Pyranose**, dieser Name leitet sich von *Pyran*, einem sechsgliedrigen cyclischen Ether, ab (s. Abschn. 9.5 und 26.1). Zucker, die als Fünfring vorliegen, nennt man **Furanosen** nach dem sauerstoffhaltigen Fünfring *Furan*. Im Gegensatz zur Glucose, die fast ausschließlich in der Pyranoseform vorliegt, findet man bei der Fructose ein Gleichgewichtsgemisch zwischen Fructopyranose und Fructofuranose im Verhältnis 70:30.

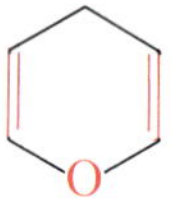

Pyran

Furan

Bildung des cyclischen Halbacetals bei der Fructose

D-Fructose

neues Chiralitätszentrum

30 %
D-(−)-Fructofuranose

neues Chiralitätszentrum

70 %
D-(−)-Fructopyranose

Betrachtet man die Strukturen der Furanosen und Pyranosen genauer, sieht man, daß der Carbonyl-Kohlenstoff bei der Cyclisierung in ein neues Chiralitätszentrum überführt wird. Bei der Halbacetalbildung entstehen also zwei neue Verbindungen, *zwei* Diastereomere, die sich in der Konfiguration der Halbacetalgruppe unterscheiden. Hat diese Gruppe *S*-Konfiguration, bezeichnet man den Zucker als α-Form, hat sie *R*-Konfiguration, spricht man von einer β-Form. Da sich diese Art der Diastereomerenbildung nur bei den Zuckern findet, hat man diesen Isomeren einen besonderen Namen gegeben: **Anomere**. Das neue Chiralitätszentrum nennt man das **anomere Kohlenstoffatom**.

Übung 23-4

Die beiden Anomere α- und β-D-Glucopyranose sollten bei der Halbacetalbildung zu gleichen Anteilen entstehen, weil sie Enantiomere sind. Ist das richtig oder falsch? Begründen Sie Ihre Antwort.

Fischer-, Haworth- und Sesselprojektionen von cyclischen Zuckerstrukturen

Wie läßt sich die Stereochemie der cyclischen Form von Zuckern am besten darstellen? Eine Möglichkeit ist es, die Fischer-Projektion beizubehalten und die durch den Ringschluß entstandenen neuen Bindungen einfach durch verlängerte Linien zu zeichnen.

Fischer-Projektion der Glucopyranosen

Cyclisierung →

α-D-(+)-Glucopyranose
Smp. 146 °C

β-D-(+)-Glucopyranose
Smp. 150 °C

Haworth* entwickelte eine Projektion, aus der sich die tatsächliche dreidimensionale Struktur des Zuckermoleküls besser erkennen läßt. Der cyclische Ether wird hierbei in der Strichschreibweise als Fünf- oder Sechseck gezeichnet, der anomere Kohlenstoff steht rechts, der Ether-Sauerstoff an der oberen Seite des Moleküls. Die Substituenten, die ober- bzw. unterhalb der Ringebene liegen, werden durch senkrechte Linien mit dem Grundgerüst verbunden.

Haworth-Projektionen

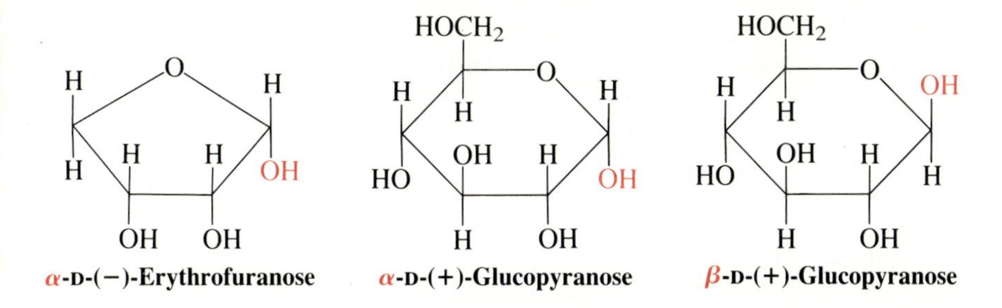

α-D-(−)-Erythrofuranose **α-D-(+)-Glucopyranose** **β-D-(+)-Glucopyranose**

Die OH-Gruppe am anomeren Kohlenstoffatom zeigt in der Haworth-Projektion beim α-Anomer nach unten, beim β-Anomer nach oben.

Übung 23-5

Zeichnen Sie die Struktur von (a) α-D-Fructofuranose, (b) β-D-Glucofuranose und (c) β-D-Arabinopyranose.

Haworth-Projektionen werden bis heute in der Zuckerchemie außerordentlich häufig benutzt, wir wollen aber, da wir schon einiges über Konformationen wissen (s. Abschn. 4.3 und 4.4), die cyclischen Formen der Zucker als Briefumschlag- (bei den Furanosen) oder Sesselkonformationen (bei den Pyranosen) zeichnen. Wie in der Haworth-Projektion steht der Ether-Sauerstoff normalerweise oben rechts, der anomere Kohlenstoff an der rechten Ecke des Briefumschlags oder Sessels.

* Sir Walter Haworth, 1883–1950, University of Birmingham, England, Nobelpreis 1937.

β-D-Glucofuranose *α*-D-Glucopyranose *β*-D-Glucopyranose

Obwohl es Ausnahmen gibt, nehmen die meisten Aldohexosen diejenige Sesselkonformation ein, bei der die relativ sperrige Hydroxymethylgruppe an C-5 äquatorial steht. Bei der Glucose bedeutet das, daß in der α-Form vier der fünf Substituenten äquatorial stehen, in der β-Form stehen *alle* Substituenten äquatorial. Dieses stabile Konformer ist nur bei der Glucose möglich, bei den anderen sieben Aldohexosen (s. Abb. 23-1) muß zwangsläufig mindestens ein Substituent axial stehen.

Übung 23-6

Berechnen Sie mit Hilfe der Werte aus Tabelle 4-3 den Unterschied der freien Enthalpie zwischen dem all-äquatorialen Konformer der α-D-Glucopyranose und demjenigen, das hieraus durch Umklappen des Ringes entsteht (Nehmen Sie an, daß $\Delta G^0_{CH_2OH} = \Delta G^0_{CH_3} = 7.1$ kJ/mol) und behandeln Sie den Ring-Sauerstoff wie eine Methylengruppe).

Glucose kristallisiert als α-Glucopyranose

Glucose fällt aus konzentrierten Lösungen bei Raumtemperatur aus und bildet Kristalle, die bei 146 °C schmelzen. Wie durch Röntgenstrukturanalysen nachgewiesen wurde, liegt in den Kristallen nur das α-D-(+)-Anomer der Glucopyranose vor (s. Abb. 23-3).

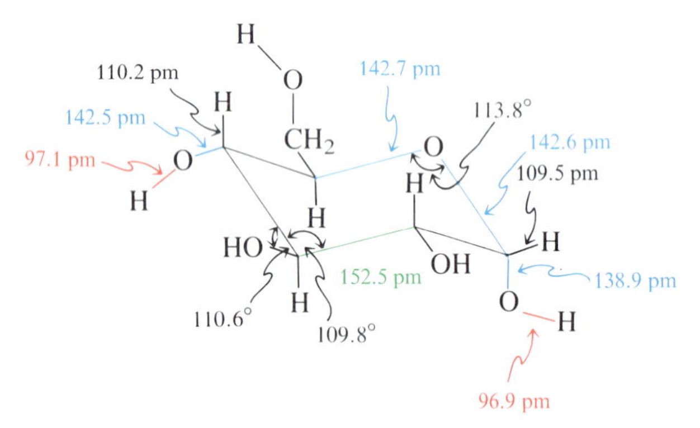

Abb. 23-3 Struktur von α-D-(+)-Glucopyranose mit einigen ausgewählten Bindungslängen und -winkeln.

Die beiden Anomere der Glucopyranose stehen im Gleichgewicht miteinander: Mutarotation

Löst man kristalline α-D-(+)-Glucopyranose in Wasser und mißt sofort den optischen Drehwert, erhält man einen Wert $[\alpha]_D^{25\,°C} = +112°$. Seltsamerweise nimmt dieser Wert mit der Zeit bis auf + 52.7° ab und bleibt dann konstant. Diese Änderung läßt sich durch Zugabe von Säure oder Base beschleunigen. Offenbar hat irgendeine chemische Veränderung stattgefunden, aufgrund derer sich die ursprüngliche spezifische Drehung der Probe geändert hat. In der Tat stellt sich in Lösung sehr schnell ein Gleichgewicht zwischen der α-Pyranose und einer kleinen Menge des offenkettigen Aldehyds ein (dieser Prozeß wird durch Säuren und Basen katalysiert, s. Abschn. 15.5), der dann selbst eine reversible Ringschlußreaktion zum β-Anomer eingeht.

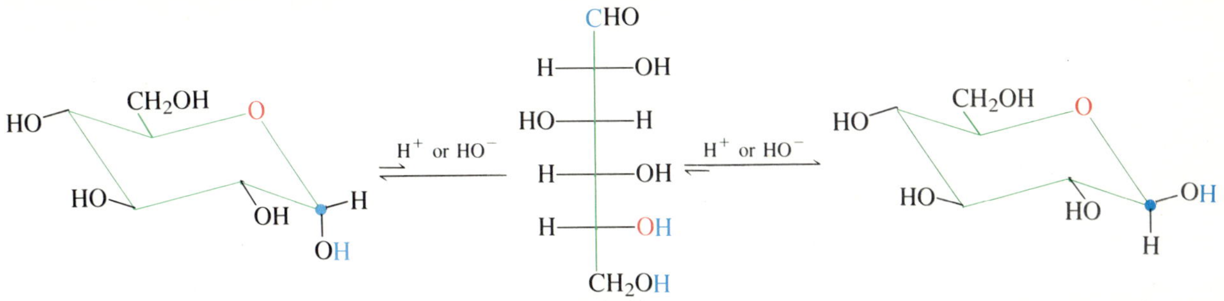

α-D-(+)-Glucopyranose
$[\alpha]_D^{25\,°C} = +112°$
36.4%

$\underset{H^+ \text{ or } HO^-}{\rightleftharpoons}$

Aldehydform
0.003%

$\underset{H^+ \text{ or } HO^-}{\rightleftharpoons}$

β-D-(+)-Glucopyranose
$[\alpha]_D^{25\,°C} = +18.7°$
63.6%

Die spezifische Drehung der β-Form ist weitaus kleiner (+ 18.7°) als die des α-Anomers; der beobachtete Drehwert der Lösung nimmt also ab. Entsprechend steigt die spezifische Drehung einer Lösung des reinen β-Anomers [Smp. 150 °C, erhältlich durch Kristallisation von Glucose aus Ethansäure (Essigsäure)] stetig von + 18.7° bis zu dem Endwert +52.7° an. An diesen Punkt ist ein Gleichgewicht erreicht, in dem zu 36.4 % Stoffmengenanteil das α-Anomer und 63.6 % das β-Anomer vorliegt. Die Änderung der optischen Drehung bei der Einstellung des Gleichgewichts zwischen einem Zucker und seinem Anomer bezeichnet man als **Mutarotation** (*mutare*, latein.: verändern, verwandeln).

Die Anwesenheit beider Anomere in einer wäßrigen Lösung von D-Glucose läßt sich aus dem ^{13}C-NMR-Spektrum erkennen (Abb. 23-4).

Übung 23-7

Ein alternativer Mechanismus für die Mutarotation läuft nicht über die Zwischenstufe des Aldehyds, sondern über Oxonium-Ionen. Formulieren Sie ihn.

Übung 23-8

Berechnen Sie das Gleichgewichtsverhältnis von α- und β-Glucopyranose (das im Text angegeben ist) aus der spezifischen Drehung der reinen Anomere und der gemessenen spezifischen Drehung im Gleichgewicht der Mutarotation.

Übung 23-9

Berechnen Sie anhand von Tab. 4-3 den Energieunterschied zwischen α- und β-Glucopyranose bei Raumtemperatur (25 °C). Dann berechnen Sie ihn aufgrund des Gleichgewichtsverhältnisses.

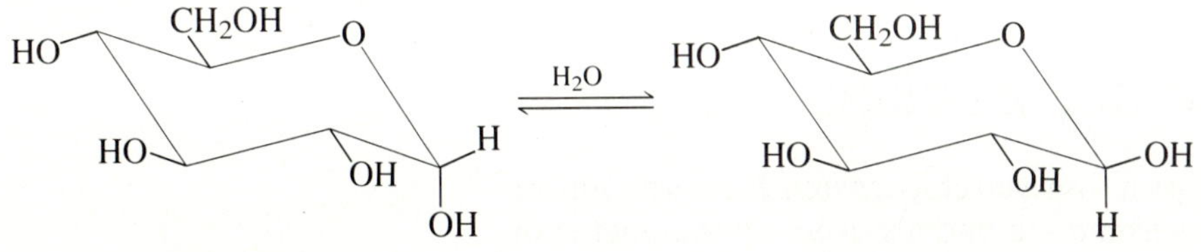

α-D-Glucopyranose $\underset{}{\overset{H_2O}{\rightleftharpoons}}$ **β-D-Glucopyranose**

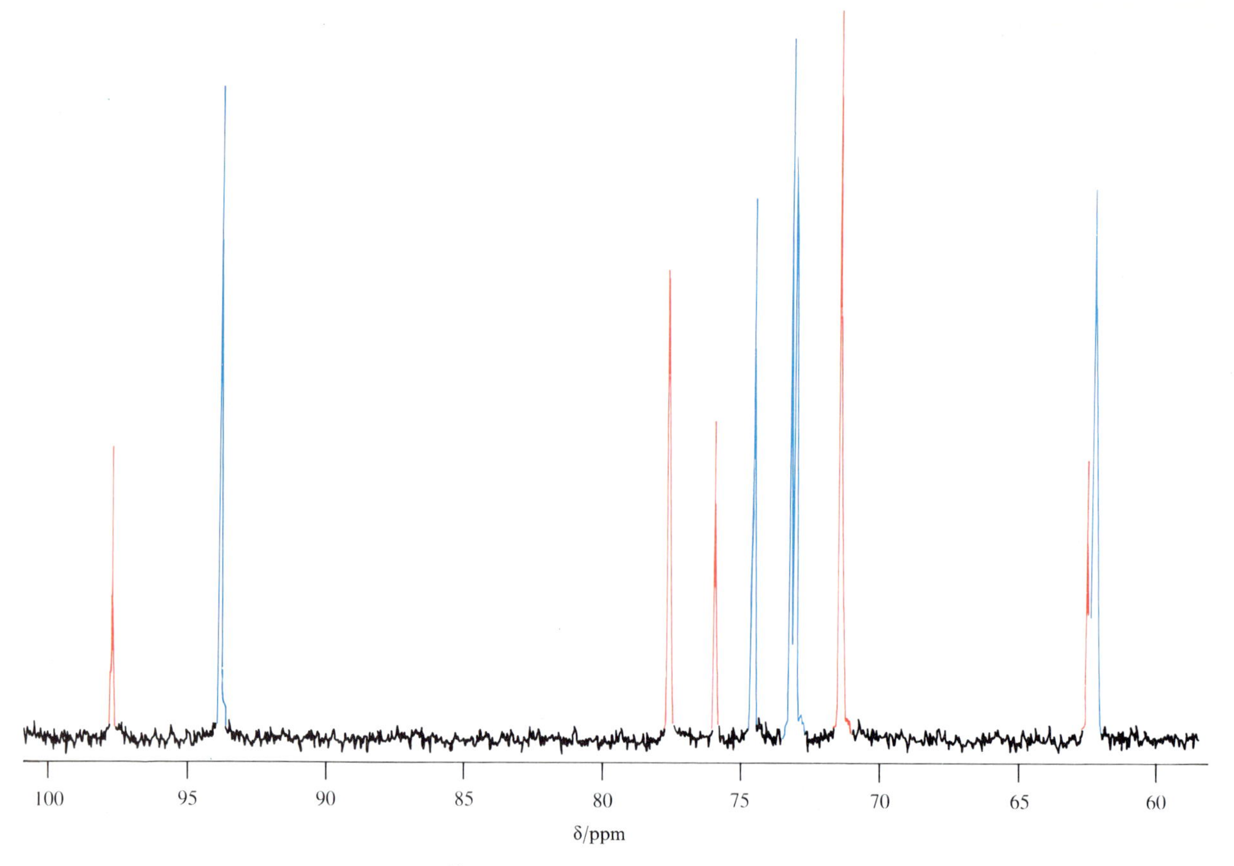

Abb. 23-4 63.07 MHz protonenentkoppeltes ^{13}C-NMR-Spektrum von Glucose in Wasser vor Einstellung des Gleichgewichts. Zwei Paare von Kohlenstoffatomen haben dieselbe chemische Verschiebung (ein Paar bei 72.3 ppm, das andere bei 77.4 ppm); man findet daher nur zehn Signale anstatt zwölf. Die Aldehydform läßt sich aufgrund ihrer geringen Konzentration nicht nachweisen. Für α-D-Glucose gelten folgende Zuordnungen (C-6 bis C-1): 62.3, 72.9, 71.3, 74.5, 73.2 und 93.7 ppm; für β-D-Glucose (C-6 bis C-1): 62.4, 77.4, 71.3, 77.4, 75.8 und 97.5 ppm.

Fassen wir zusammen: Die einfachsten Kohlenhydrate sind die Monosaccharide, die von der chemischen Struktur her Polyhydroxyaldehyde (Aldosen) und -ketone (Ketosen) sind. Zucker, bei denen das am weitesten von der Carbonylgruppe entfernte Chiralitätszentrum *R*-Konfiguration besitzt, gehören zur D-Reihe, hat es *S*-Konfiguration, gehören sie zur L-Reihe. Die meisten der natürlich vorkommenden Zucker sind D-Zucker. Die Hexosen und Pentosen können als fünf- oder sechsgliedrige cyclische Halbacetale vorliegen. Der Kohlenstoff der Halbacetalgruppe (anomerer Kohlenstoff) kann zwei Konfigurationen, α oder β haben. In Lösung stehen die α- und β-Form eines Zuckers miteinander im Gleichgewicht. Die Einstellung des Gleichgewichts läßt sich verfolgen, wenn man mit einem reinen Anomer beginnt und die zeitliche Änderung der spezifischen Drehung verfolgt. Dieses Phänomen bezeichnet man als Mutarotation.

23.2 Die Chemie der Zucker

Einfache Zucker können in Form von verschiedensten Isomeren auftreten: als offenkettige Carbonylverbindung und als α- und β-Anomere von Ringverbindungen unterschiedlicher Größe. Da alle Isomere schnell miteinander äquilibrieren, bestimmt die relative Geschwindigkeit der Reaktion der einzelnen Isomeren mit einem Reagenz die bei einer Umsetzung resultierende Produktverteilung. Wir können die Reaktionen von Zuckern in zwei Gruppen unterteilen, in solche, bei denen der Zucker aus der offenkettigen Form reagiert und solche, die an einer der Ringformen ablaufen. Manchmal treten jedoch beide Typen von Reaktionen miteinander in Konkurrenz.

Die Oxidation eines Zuckers führt zu einer Carbonsäure oder zum Abbau der Kette

Die offenkettigen Monosaccharide reagieren in der für polyfunktionelle Verbindungen typischen Weise. So enthalten Aldosen die oxidierbare Aldehydgruppe und geben daher mit den klassischen Oxidationstests wie Fehlingsche Lösung oder Tollens-Reagenz eine positive Reaktion (s. Abschn. 15.8). Der α-Hydroxysubstituent in den Ketosen wird ebenfalls von diesen Reagenzien oxidiert.

CHO
H—OH
HO—H
H—OH
H—OH
CH_2OH
D-Glucose

blauer Cu^{2+} Komplex, HO^-, H_2O (Fehling-Lösung) ⟶ Cu_2O + D-Gluconsäure

Cu_2O
ziegelroter Niederschlag

COOH
H—OH
HO—H
H—OH
H—OH
CH_2OH
D-Gluconsäure (eine Aldonsäure)

$\mathrm{RC(=O)CH(OH)R}$ (O, OH; RCCHR)
eine Ketose

Ag^+, $NH_4^+\,^-OH$, H_2O (Tollens-Reagenz) ⟶ Ag + $\mathrm{RC(=O)C(=O)R}$ (O O; RCCR)

Silberspiegel + **eine α-Dicarbonylverbindung**

Bei diesen Reaktionen werden die Aldosen in **Aldonsäuren**, die Ketosen in α-Dicarbonylverbindungen überführt. Zucker, bei denen diese Tests positiv verlaufen, bezeichnet man als **reduzierende Zucker**.

Aldonsäuren lassen sich in präparativem Maßstab durch Oxidation der Aldosen mit Brom in gepufferter wässriger Lösung (pH = 5–6) darstellen. So erhält man aus D-Mannose auf diese Weise D-Mannonsäure.

CHO
HO—H
HO—H
H—OH
H—OH
CH_2OH
D-Mannose

Br_2, H_2O / − 2 HBr ⟶

COOH
HO—H
HO—H
H—OH
H—OH
CH_2OH
75%
D-Mannonsäure

Beim Abdampfen des Lösungsmittels aus der wässrigen Lösung einer Aldonsäure bildet sich spontan das γ-Lacton (s. Abschn. 18.4).

Δ, $- H_2O$ — oder — 83%

D-Mannonsäure **D-Mannono-γ-lacton**

Übung 23-10

Man kann einen Mechanismus für die Überführung von Mannose in Mannono-γ-lacton durch direkte Oxidation der β-Mannopyranose formulieren. Welche Gruppe müßte dann oxidiert werden und welches Zwischenprodukt entsteht zunächst? (Hinweis: Wiederholen Sie die Reaktionen der cyclischen Halbacetale aus Abschn. 15.5 und die Umesterungen aus Abschn. 18.4).

Unter energischeren Bedingungen wird neben der Aldehydgruppe auch die primäre Alkoholfunktion oxidiert. Die entstandene Dicarbonsäure nennt man **Aldarsäure** oder **Zuckersäure**. Diese Oxidation läßt sich mit warmer verdünnter wässriger Salpetersäure durchführen (s. Abschn. 17.5). Am Rand ist dies am Beispiel der Oxidation von D-Mannose zu D-Mannarsäure gezeigt.

D-Mannose → HNO_3, H_2O, 60 °C → 44% **D-Mannarsäure**

Da in den Aldarsäuren zwei Carboxygruppen enthalten sind, können sie Dilactone bilden. So wird z. B. D-Mannarsäure beim Erhitzen zweimal dehydratisiert, wobei das Di-γ-lacton entsteht.

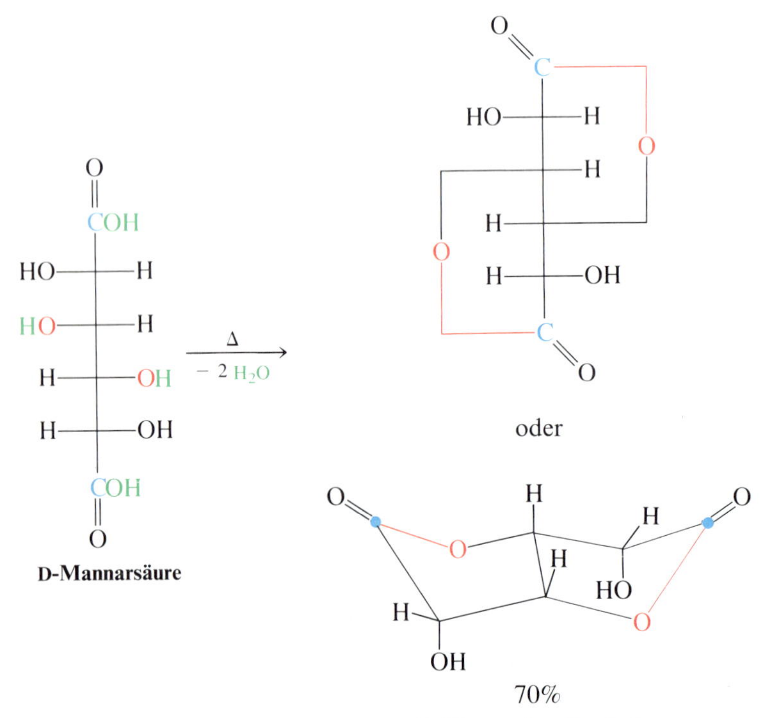

D-Mannarsäure **D-Mannarsäuredi-γ-lacton**

Übung 23-11

Die beiden Zucker D-Allose und D-Glucose (s. Abb. 23-1) unterscheiden sich nur in der Konfiguration an C-3 voneinander. Wenn Sie von beiden eine Probe haben und nicht wissen, welches welches ist, Ihnen aber ein Polarimeter und Salpetersäure zur Verfügung stehen, wie könnten Sie die beiden unterscheiden? Hinweis: Schreiben Sie die Oxidationsprodukte auf.

Durch Periodsäure werden Zucker oxidativ gespalten

Die Oxidationsmethoden für Zucker, die wir bisher beschrieben haben, ändern das Grundgerüst des betreffenden Moleküls nicht. Ein Reagenz, das zum Aufbrechen von C–C-Bindungen führt, ist die Periodsäure, HIO_4. Diese Verbindung baut vicinale Diole oxidativ zu Carbonylverbindungen ab.

Oxidative Spaltung von vicinalen Diolen durch Periodsäure

$$\text{cis-1,2-Cyclohexandiol} \xrightarrow{HIO_4,\ H_2O} \text{Hexandial (OHC(CH}_2)_4\text{CHO)}\quad 77\%$$

cis-**1,2-Cyclohexandiol** **Hexandial**

Der Mechanismus der Umsetzung verläuft über einen cyclischen Periodsäureester, der über einen aromatischen Sechs-Elektronen-Übergangszustand zerfällt.

Mechanismus der Periodsäurespaltung von vicinalen Diolen:

$$\begin{matrix} -\overset{|}{C}-OH \\ -\underset{|}{C}-OH \end{matrix} + HIO_4 \xrightarrow[-H_2O]{} \begin{matrix} -\overset{|}{C}-O \\ -\underset{|}{C}-O \end{matrix}\!\!>\!I(OH)(=O)_2 \longrightarrow 2\ \rangle C{=}O + HIO_3$$

cyclischer Periodsäureester

Da in den meisten Zuckern mehrere Paare von vicinalen Diolen enthalten sind, können bei der Oxidation mit HIO_4 komplexe Produktgemische entstehen. Gibt man genügend Oxidationsmittel hinzu, wird die Kette bis zu Ein-Kohlenstoff-Verbindungen vollständig abgebaut. Dieses Verfahren hat man zur Strukturaufklärung von Zuckern verwendet. So entstehen z. B. beim Behandeln von Glucose mit fünf Äquivalenten HIO_4 fünf Äquivalente Methansäure (Ameisensäure) und ein Äquivalent Methanal (Formaldehyd). Beim entsprechenden Abbau der isomeren Fructose wird die gleiche Menge Oxidationsmittel verbraucht, als Produkte entstehen aber drei Äquivalente der Säure, zwei Äquivalente Aldehyd und ein Äquivalent Kohlendioxid.

$$\text{D-Glucose} \xrightarrow{5\ HIO_4} 5\ HCOOH + HCHO$$

D-Glucose

$$\text{D-Fructose} \xrightarrow{5\ HIO_4} 3\ HCOOH + 2\ HCHO + CO_2$$

D-Fructose

Wie läßt sich das erklären? Zunächst können im Laufe der Reaktion unterschiedliche Typen von oxidierbaren Kohlenstoff-Einheiten entstehen. Eine endständige Hydroxymethylgruppe in Nachbarstellung zu einen anderen hydroxylierten Kohlenstoff (diese Anordnung findet sich immer an einem Ende der Kette eines Monosaccharids) kann zu Methanal (Formaldehyd) und der um ein Kohlenstoffatom kürzeren Aldose oxidiert werden:

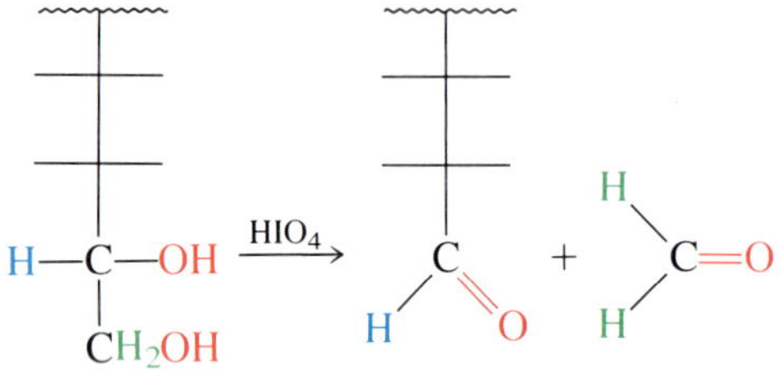

H—C—OH
CH₂OH
HIO₄
C
H O
+
H
C=O
H

Die Oxidationsprodukte eines Zuckers mit einer endständigen Aldehydgruppe (die in einer Aldose oder in einem Zwischenprodukt der Oxidation vorliegt) ergeben sich aus der entsprechenden hydratisierten Form, dem geminalen Diol, mit dem die Aldehydgruppe im Gleichgewicht steht (s. Abschn. 15.3 und 15.5). Bei der oxidativen Spaltung entstehen Methansäure (Ameisensäure) und eine neue, um ein Kohlenstoffatom kürzere Aldose.

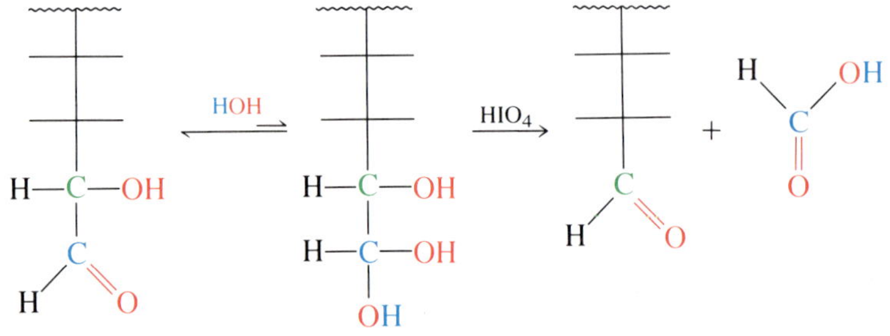

H—C—OH
C
H O
HOH
H—C—OH
H—C—OH
OH
HIO₄
C
H O
+
H OH
C
O

Schließlich ergibt eine terminale Hydroxymethylgruppe mit einer dazu benachbarten Carbonylfunktion (wie in der Fructose) bei der oxidativen Spaltung Methanal (Formaldehyd) und eine Carbonsäure. Auch diese Reaktion verläuft über das geminale Diol.

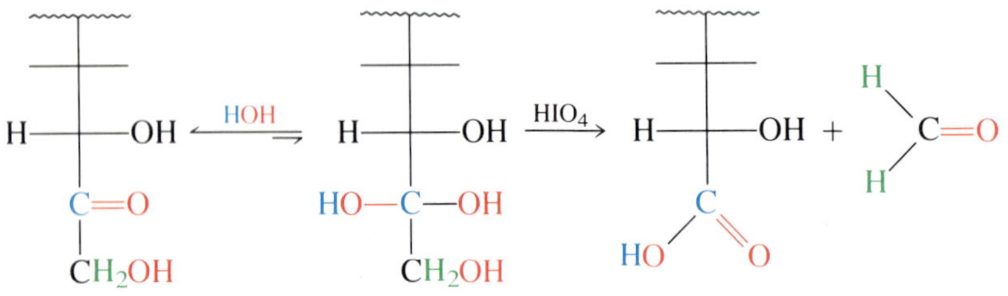

H—OH
C=O
CH₂OH
HOH
H—OH
HO—C—OH
CH₂OH
HIO₄
H—OH +
C
HO O
H
C=O
H

Enthält die entstandene Säure eine α-Hydroxygruppe, entstehen bei weiterer Oxidation Kohlendioxid und ein Aldehyd, der weiter abgebaut werden kann.

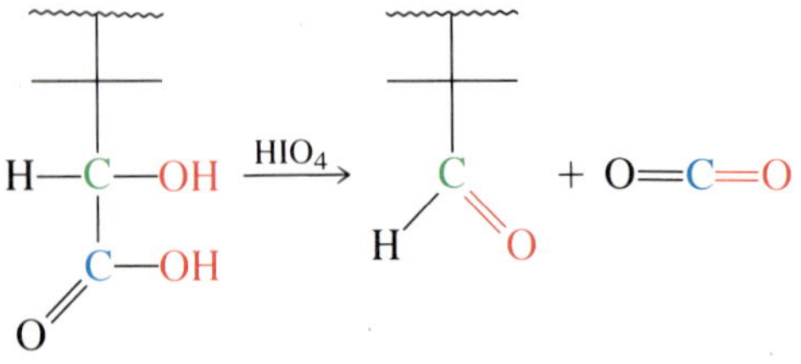

H—C—OH
C—OH
O
HIO₄
C
H O
+ O=C=O

Hieraus ergibt sich, daß (1) zur Spaltung jeder C–C-Bindung im Zucker ein Molekül HIO_4 verbraucht wird; (2) jede Aldehyd-Einheit über das geminale Diol ein Äquivalent Methansäure (Ameisensäure) ergibt und (3) die primäre Hydroxyfunktion zu Methanal (Formaldehyd), die Carbonylfunktion der Ketosen zu CO_2 oxidiert wird.

Die Anzahl der Äquivalente Periodsäure, die verbraucht werden, hängt von der Molekülgröße ab, aus dem Verhältnis der Oxidationsprodukte kann man auf die Zahl und die Anordnung der Hydroxy- und Carbonylgruppen schließen.

Übung 23-12

Geben Sie die Produkte (und ihr Verhältnis) an, die beim Behandeln der folgenden Verbindungen mit HIO_4 entstehen, falls überhaupt eine Reaktion stattfindet: (a) 1,2-Ethandiol (Ethylenglycol); (b) 1,2-Propandiol; (c) 1,2,3-Propantriol; (d) 1,3-Propandiol; (e) 2,4-Dihydroxy-3,3-dimethylcyclobutanon; (f) D-Threose.

Bei der Reduktion der Zucker entstehen Alditole

Aldosen und Ketosen lassen sich durch dieselben Reduktionsmittel reduzieren, die auch Aldehyde und Ketone in Alkohole überführen. Die entstandenen Polyhydroxyverbindungen bezeichnet man als **Alditole**. So ergibt z. B. D-Glucose beim Behandeln mit Natriumborhydrid D-Glucitol (andere Bezeichnungen sind D-Glucit, D-Sorbitol, D-Sorbit). Das Hydrid-Reagenz fängt die im Gleichgewicht vorliegende kleine Menge der offenkettigen Form des Zucker ab, wodurch das Gleichgewicht von der cyclischen Halbacetalform zum Produkt hin verschoben wird.

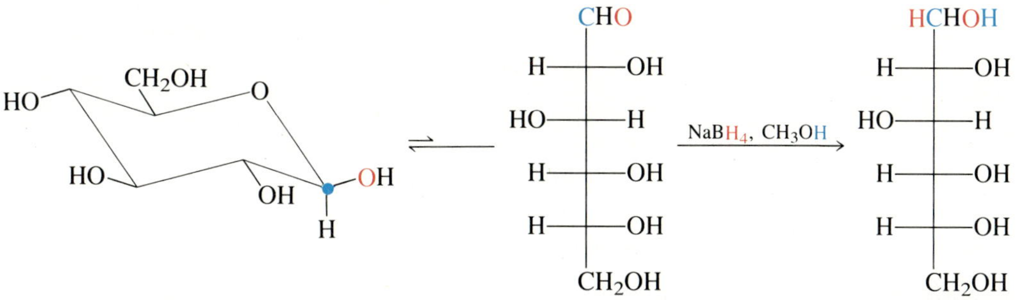

HO, CH₂OH, O, HO, OH, OH, H

D-Glucose ⇌ CHO; H–C–OH; HO–C–H; H–C–OH; H–C–OH; CH₂OH $\xrightarrow{NaBH_4,\ CH_3OH}$ HCHOH; H–C–OH; HO–C–H; H–C–OH; H–C–OH; CH₂OH

D-Glucitol (D-Sorbitol)

Viele Alditole kommen in der Natur vor. D-Glucitol findet man im rotem Seetang in Konzentrationen bis zu 14 %, außerdem in vielen Beeren (nicht aber in Weinbeeren), in Kirschen, Pflaumen, Birnen und Äpfeln. Technisch stellt man es durch Hochdruckhydrierung von Glucose oder durch elektrochemische Reduktion her.

Übung 23-13

(a) Bei der Reduktion der D-Ribose mit Natriumborhydrid entsteht ein Produkt, das nicht optisch aktiv ist. Geben Sie hierfür eine Erklärung. (b) Bei einer ähnlichen Reduktion der D-Fructose bilden sich zwei optisch aktive Produkte. Warum?

Die Carbonylgruppe geht Kondensationsreaktionen ein: Phenylhydrazone und Osazone

Wie erwartet, setzt sich die Carbonylfunktion der Aldosen und Ketosen mit Aminderivaten um (s. Abschn. 15.6). So erhält man beim Behandeln von D-Mannose mit Phenylhydrazin das entsprechende D-Mannose-Phenylhydrazon.

$$\text{D-Mannose} \xrightarrow{C_6H_5NHNH_2,\ CH_3CH_2OH,\ \Delta,\ 30\ \text{min}} \text{D-Mannose-Phenylhydrazon}\ (75\%) + H_2O$$

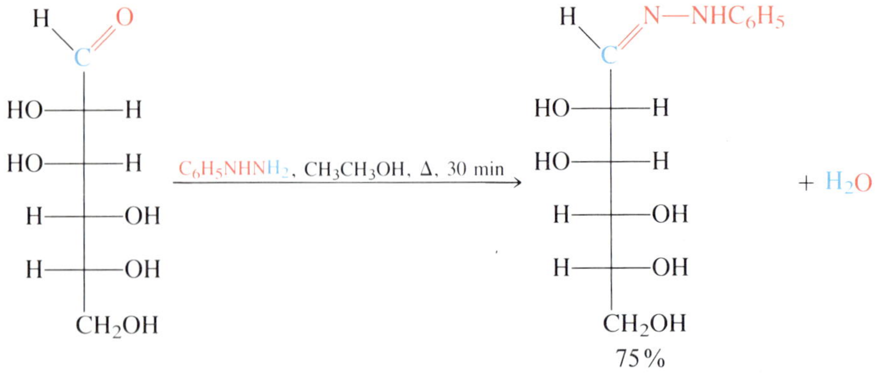

D-Mannose

D-Mannose-Phenylhydrazon

Überraschenderweise bleibt die Reaktion nicht auf dieser Stufe stehen, sondern läuft weiter, wenn man zwei weitere Äquivalente Phenylhydrazin hinzugibt. Als Endprodukt entsteht ein Di-Phenylhydrazon, ein **Phenylosazon**. Außerdem entstehen pro Formelumsatz je ein Äquivalent Benzolamin (Anilin), Ammoniak und Wasser.

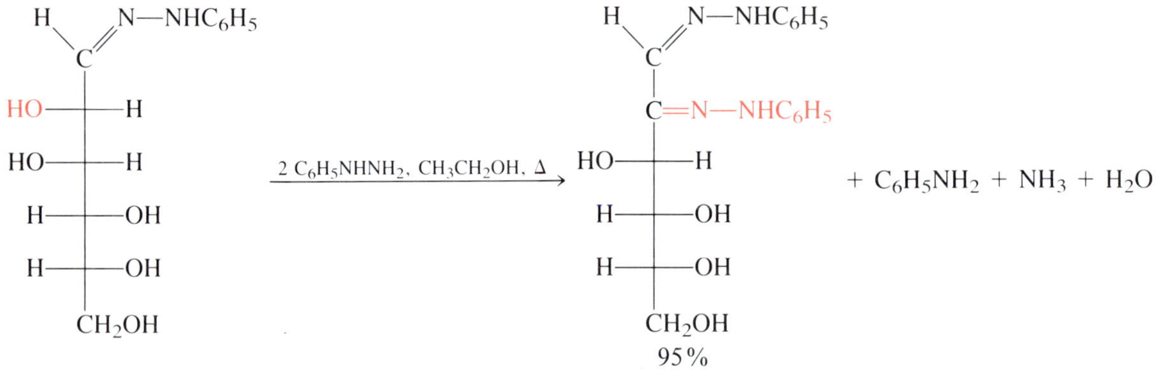

$$\xrightarrow{2\ C_6H_5NHNH_2,\ CH_3CH_2OH,\ \Delta} \text{ein Phenylosazon}\ (95\%) + C_6H_5NH_2 + NH_3 + H_2O$$

ein Phenylosazon

Obwohl der genaue Mechanismus der Osazonbildung noch nicht vollständig aufgeklärt ist, ist im folgenden Schema ein möglicher Reaktionsweg gezeigt. Wenn sie erst einmal gebildet sind, reagieren die Osazone auch mit einem Überschuß Phenylhydrazin nicht weiter, sondern sind unter den Reaktionsbedingungen stabil.

Mechanismus der Phenylosazon-Bildung

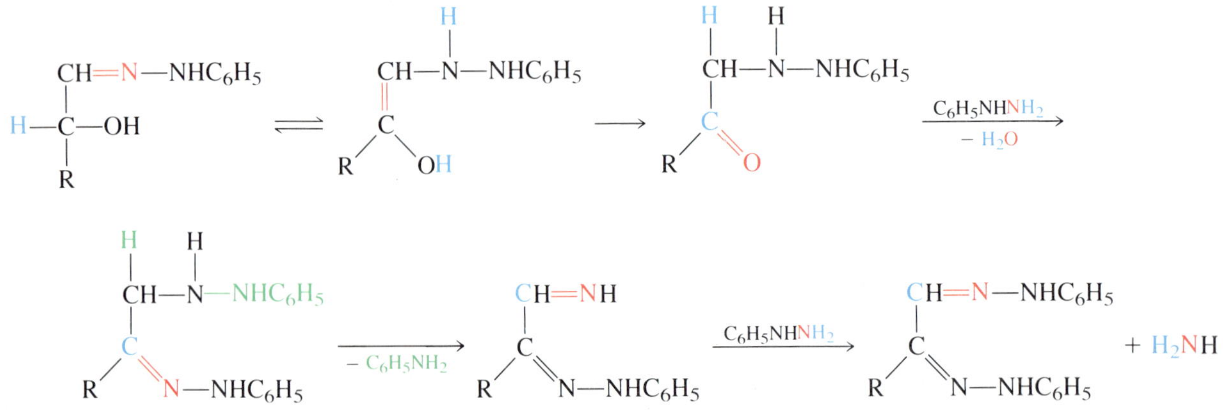

$$\xrightarrow{C_6H_5NHNH_2}_{-\ H_2O} \qquad \xrightarrow[-\ C_6H_5NH_2]{} \qquad \xrightarrow{C_6H_5NHNH_2} \qquad + H_2NH$$

Historisch bedeutete die Entdeckung der Osazonbildung einen entscheidenden Schritt bei der Entwicklung der praktischen Zuckerchemie. Zucker kristallisieren nämlich, wie viele andere Polyhydroxyverbindungen auch, aus Sirupen außerordentlich schlecht aus. Ihre Osazone bilden andererseits sehr leicht gelbe Kristalle mit scharfem Schmelzpunkt, wodurch die Isolierung und Charakterisierung vieler Zucker vereinfacht wird, insbesondere, wenn sie als Gemisch vorliegen oder sonstwie verunreinigt sind.

Übung 23-14

Vergleichen Sie die Strukturen der Phenylosazone von D-Glucose, D-Mannose und D-Fructose. Fällt Ihnen irgendetwas auf?

Die Hydroxygruppen der Zucker bilden Ester und Ether

Da sie Polyhydroxyverbindungen sind, lassen sich Zucker in verschiedene Alkoholderivate überführen. Ester können über Standardmethoden dargestellt werden (s. Abschn. 17.8). Meist setzt man dabei einen Überschuß Reagenz ein, damit alle Hydroxyfunktionen, einschließlich der Halbacetalgruppe, umgesetzt werden. So bildet sich z. B. beim Behandeln von β-Glucopyranose mit fünf Äquivalenten Ethansäureanhydrid (Acetanhydrid) das Pentaethanoat (Pentaacetat).

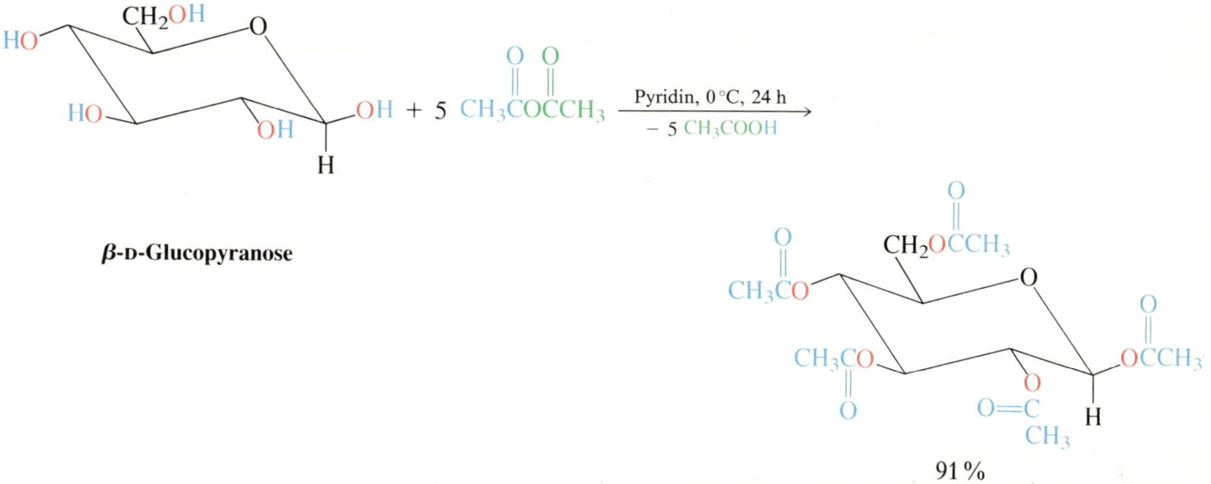

$$\text{β-D-Glucopyranose} + 5\ CH_3COCCH_3 \ (\text{Acetanhydrid}) \xrightarrow[-5\ CH_3COOH]{\text{Pyridin, 0 °C, 24 h}} \text{β-D-Glucopyranose-Pentaethanoat}\ (91\%)$$

β-D-Glucopyranose

91 %

β-D-Glucopyranose-Pentaethanoat

Unter den Bedingungen einer Williamson-Ethersynthese wird entsprechend eine vollständige Methylierung erreicht (s. Abschn. 9.5).

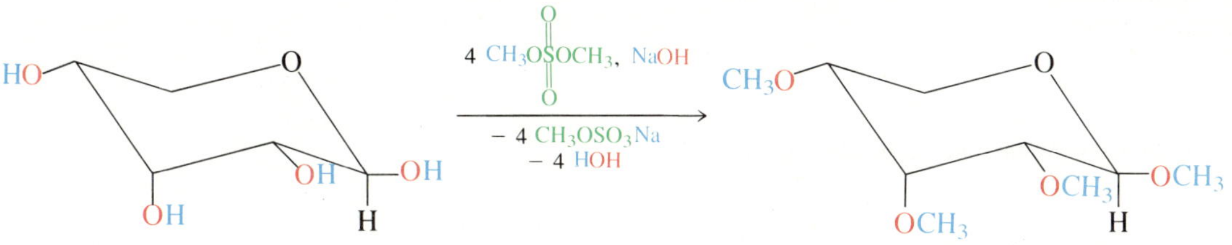

$$\text{β-D-Ribopyranose} \xrightarrow[-4\ CH_3OSO_3Na,\ -4\ HOH]{4\ CH_3OSO_2OCH_3,\ NaOH} \text{β-D-Ribopyranose-Tetramethylether}\ (70\%)$$

β-D-Ribopyranose

70 %

β-D-Ribopyranose-Tetramethylether

Die Acetalfunktion läßt sich dann selektiv zum Halbacetal hydrolysieren (s. Abschn. 15.5).

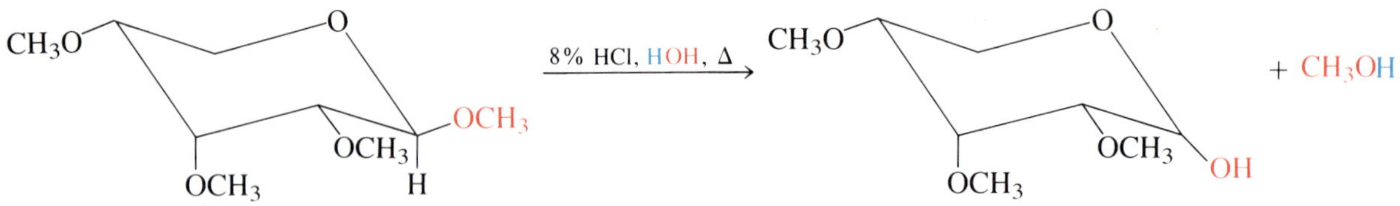

8% HCl, HOH, Δ → + CH_3OH

67%

D-Ribopyranose-Trimethylether
Gemisch aus α- und β-Form

Das Umgekehrte ist ebenfalls möglich; man kann die Halbacetal-Einheit selektiv in das Acetal überführen. So entstehen beim Behandeln von D-Glucose mit saurer methanolischer Lösung beide Methylacetale. Zuckeracetale bezeichnet man als **Glycoside**, Glucose bildet also *Glucoside*.

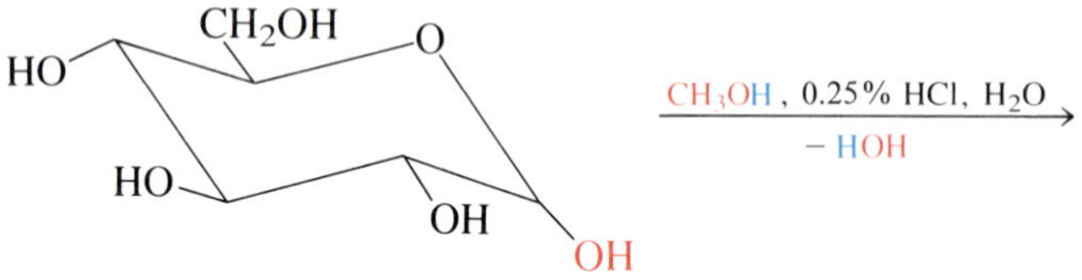

CH_3OH, 0.25% HCl, H_2O / − HOH →

α- oder β-D-Glucopyranose

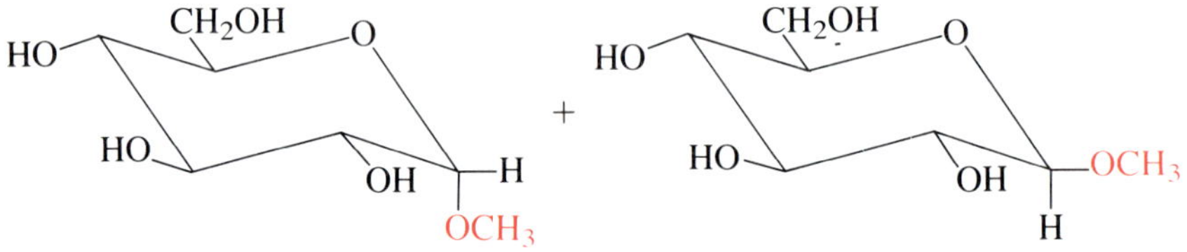

Methyl-α-D-glucopyranosid
Smp. 166 °C, $[\alpha]_D^{25\,°C} = +158°$

Methyl-β-D-glucopyranosid
Smp. 105 °C, $[\alpha]_D^{25\,°C} = -33°$

Da das anomere Kohlenstoffatom in den Glycosiden blockiert ist, zeigen sie in Abwesenheit von Säure keine Mutarotation, der Test mit Fehlingscher Lösung und Tollens-Reagenz fällt negativ aus (sie sind *nicht-reduzierende* Zucker), und sie sind indifferent gegenüber Reagenzien, die Carbonylgruppen angreifen. Bei Synthesen und Strukturaufklärungen ist es oft sehr wichtig, die Halbacetalgruppe auf diese Weise als Acetal zu schützen (s. Übung 23-17).

Übung 23-15

Unabhängig davon ob man von α- oder ß-D-Glucose ausgeht, erhält man bei der Methylierung mit saurer Methanollösung stets ein Gemisch der beiden Glucoside in demselben Stoffmengenverhältnis. Warum?

Übung 23-16

Zeichnen Sie die Struktur von Methyl-α-D-arabinofuranosid.

Übung 23-17

Methyl-α-D-glucopyranosid verbraucht bei der oxidativen Spaltung zwei Äquivalente HIO_4, und es entsteht jeweils ein Äquivalent Methansäure (Ameisensäure) und Dialdehyd A (s. Rand). Ein unbekanntes Aldopentomethylfuranosid reagiert mit einem Äquivalent HIO_4 zu A. Es entsteht keine Methansäure (Ameisensäure). Schlagen Sie eine Struktur für die unbekannte Verbindung vor. Gibt es mehr als eine Lösung?

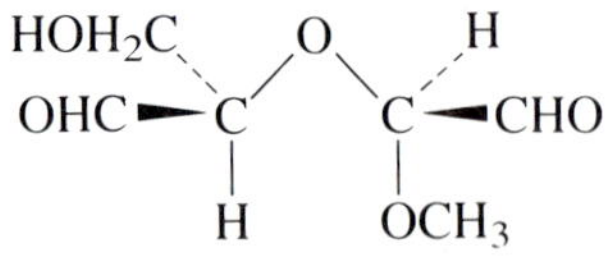

A

Benachbarte Hydroxygruppen von Zuckern können cyclische Ether und Ester bilden

Die Nachbarstellung von Hydroxygruppen in den Zuckern ermöglicht die Bildung cyclischer Ether und Esterderivate. So ist z. B. möglich, fünf- oder sechsgliedrige cyclische Zuckeracetale aus den vicinalen Hydroxygruppen und auch den β-Dioleinheiten durch Behandeln mit Carbonylverbindungen (s. Abschn. 15.5), und cyclische Carbonate durch Umsetzung mit Phosgen, $COCl_2$ (s. Abschn. 18.4), zu synthetisieren.

Bildung von cyclischen Acetalen und Carbonaten aus vicinalen Diolen

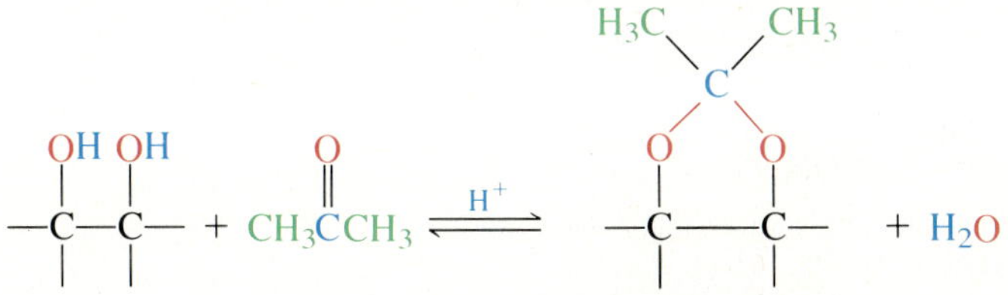

OH OH
—C—C— + CH_3CCH_3 (C=O) $\xrightleftharpoons{H^+}$ cyclisches Acetal (C mit H_3C, CH_3 über zwei O) + H_2O

Propanon-(Aceton-) Acetal

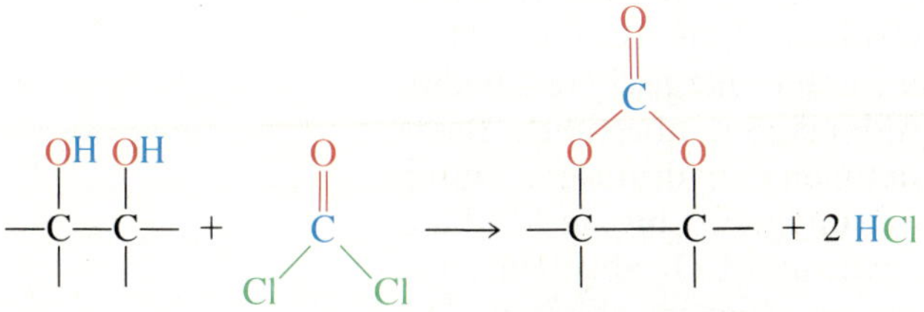

OH OH
—C—C— + $Cl_2C{=}O$ ⟶ cyclisches Carbonat (C=O über zwei O) + 2 HCl

Cyclisches Carbonat

Diese Umsetzungen verlaufen am besten, wenn beide Hydroxygruppen cis-ständig sind, da auf diese Weise ein relativ wenig gespannter Ring entsteht. So wird z. B. β-D-Arabinopyranose mit einem Überschuß von Propanon (Aceton) in Gegenwart von Säure in das Diacetal überführt.

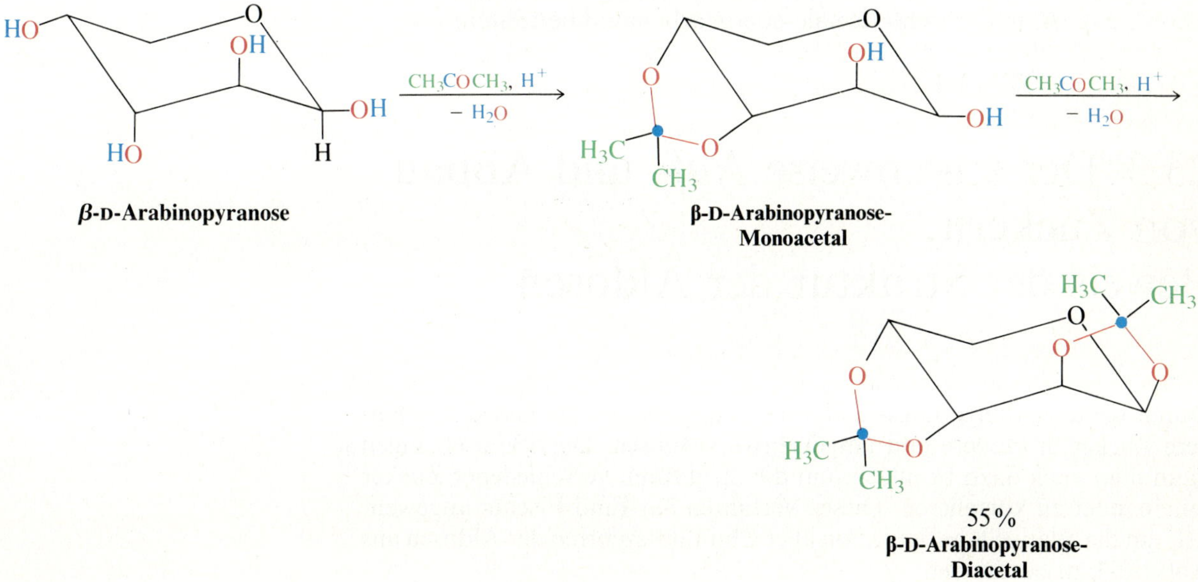

HO, OH, OH, HO, H, O

***β*-D-Arabinopyranose**

$\xrightarrow[-\,H_2O]{CH_3COCH_3,\ H^+}$

O, OH, OH, O, O, H_3C, CH_3

β-D-Arabinopyranose-Monoacetal

$\xrightarrow[-\,H_2O]{CH_3COCH_3,\ H^+}$

H_3C, CH_3, O, O, O, O, O, H_3C, CH_3

55%
β-D-Arabinopyranose-Diacetal

Will man an einer bestimmten Alkoholgruppe eines Zuckers eine selektive Umsetzung, wie die Oxidation zur Carbonylverbindung, die Überführung in eine Abgangsgruppe oder eine Eliminierung durchführen, überführt man häufig vorher die übrigen Hydroxygruppen in cyclische Acetale oder Ester, um sie vor dem Angriff des Reagenz zu schützen.

Übung 23-18

Schlagen sie eine brauchbare Synthese für die Darstellung von Verbindung A aus D-Galactose vor.

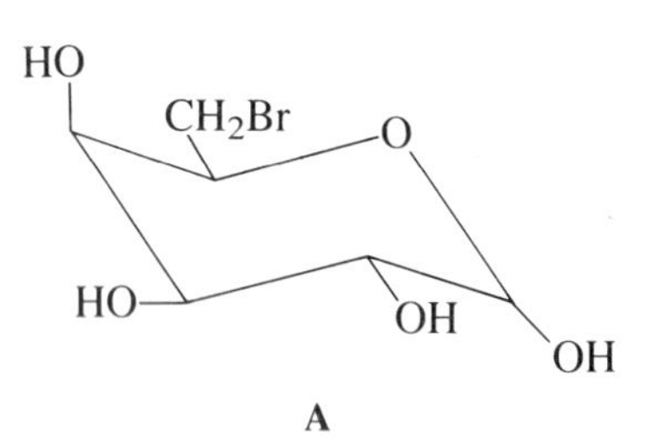

Zusammenfassend können wir sagen, daß die Chemie der Zucker im Großen und Ganzen der Chemie, die wir für Polyhydroxycarbonylverbindungen erwarten würden, entspricht. Die Oxidation (mit Br_2) der Aldehydgruppe von Aldosen ergibt Aldonsäuren; unter energischeren Bedingungen (mit HNO_3) werden Zucker in Aldarsäuren überführt. Beide Typen von Produkten werden leicht zu γ-Lactonen dehydratisiert. Durch oxidative Öffnung mit Periodsäure wird das Grundgerüst bis zur Methansäure (Ameisensäure), Methanal (Formaldehyd) und CO_2 abgebaut, wobei das Produktverhältnis von der Struktur des Zuckers abhängt. Die Reduktion der Carbonylfunktion (durch $NaBH_4$) ergibt Alditole. Mit einem Äquivalent Phenylhydrazin reagieren Zucker zum Phenylhydrazon, mit einem Überschuß Hydrazin-Reagenz erfolgt die Oxidation des zur Carbonylgruppe benachbarten Kohlenstoffs, und man erhält das Osazon. Die verschiedenen Hydroxygruppen lassen sich verestern oder verethern. Die Halbacetal-Einheit kann selektiv als Acetal geschützt werden, dieses Acetal nennt man ein Glycosid. Schließlich lassen sich die im Grundgerüst des Zuckers vorhandenen Diol-Einheiten je nachdem, wie ihre sterische Anordnung ist, in cyclische Acetale oder Carbonate überführen.

23.3 Der stufenweise Auf- und Abbau von Zuckern: Beweis der Struktur der Aldosen

Durch Kettenverlängerungs- und Verkürzungsreaktionen lassen sich längere Zucker in kürzere und umgekehrt überführen. Diese Umsetzungen kann man auch dazu benutzen, um die Strukturen verschiedener Zucker miteinander zu korrelieren. Dieses Verfahren hat Emil Fischer angewendet, um die relative Konfiguration aller Chiralitätszentren der Aldosen aus Abb. 23-1 zu bestimmen.

Kettenverlängerung: Kiliani-Fischer-Synthese

In der (modifizierten) **Kiliani-Fischer*-Synthese** der Zucker wird eine Aldose zunächst mit HCN behandelt, wobei das entsprechende Cyanhydrin entsteht. Da bei dieser Umsetzung ein neues Chiralitätszentrum entsteht, bilden sich zwei Diastereomere. Nach Trennung der Diastereomeren und partieller Reduktion der Nitrilgruppe durch katalytische Hydrierung in saurer wäßriger Lösung erhält man die Aldehydgruppen der Zucker mit der um ein Kohlenstoffatom verlängerten Kette. Die erhaltenen Diastereomere, die sich nur in der Konfiguration an C-2 unterscheiden, bezeichnet man als **Epimere**. (Zuweilen werden auch diastereomere Monosaccharide, die sich in der Konfiguration an einem anderen C-Atom unterscheiden, als Epimere bezeichnet. Dann setzt man jedoch gewöhnlich die Nummer des betreffenden Kohlenstoffs voraus und spricht von einem 3-Epimer, usw.) Bei dieser Hydrierung verwendet man einen modifizierten Palladiumkatalysator (ähnlich dem Lindlar-Katalysator, s. Abschn. 13.6) an dem das Nitril selektiv zum Imin reduziert wird. Bei Verwendung eines anderen Katalysators würde die Reduktion bis hin zum Amin erfolgen (s. Abschn. 18.6).

Kiliani-Fischer-Synthese von Zuckern

Schritt 1: Bildung des Cyanhydrins

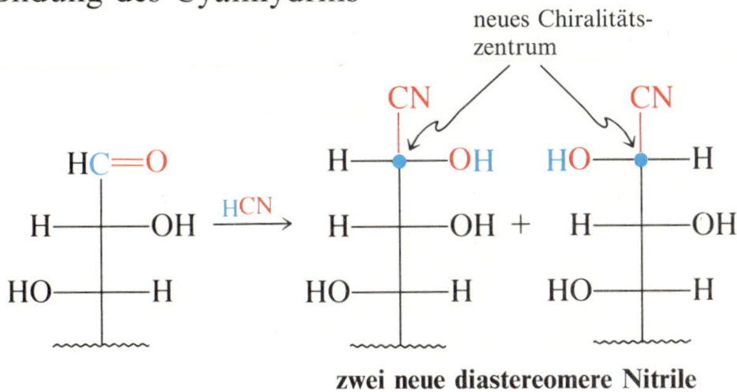

zwei neue diastereomere Nitrile

Schritt 2: Reduktion und Hydrolyse (es ist nur ein Diastereomer gezeigt)

C≡N, H—OH, H—OH, HO—H $\xrightarrow{H_2,\ Pd/BaSO_4,\ H^+,\ H_2O,\ 400\ kPa}$ HC=NH, H—OH, H—OH, HO—H $\xrightarrow[-\ NH_2H]{H_2O}$ HC=O, H—OH, H—OH, HO—H

Imin | **Zucker mit verlängerter Kette**

Übung 23-19

Welche Produkte entstehen bei der Kiliani-Fischer-Kettenverlängerung von (a) D-Erythrose und (b) D-Arabinose?

---

* Heinrich Kiliani, 1855–1945, Professor an der Universität Freiburg; Emil Fischer s. Abschn. 5.4.

Ebenso wie es über die Kiliani-Fischer-Synthese möglich ist, die Kette eines Zuckers um jeweils ein Kohlenstoffatom zu verlängern, läßt sich ein Zucker über dazu komplementäre Strategien Stück für Stück abbauen. Diese Umsetzungen bezeichnet man als **Wohl***- und **Ruff******-Abbau**. Bei beiden Verfahren wird die Carbonylgruppe einer Aldose abgespalten und gleichzeitig das zur ihr benachbarte Kohlenstoffatom zur Aldehydfunktion des neuen Zuckers oxidiert.

Der Wohl-Abbau ist im Prinzip die Umkehrung der Kiliani-Fischer-Synthese. Die Aldehydgruppe der Aldose wird hierbei zunächst durch Kondensation mit Hydroxylamin in ein Oxim überführt. Die anschließende vollständige Veresterung mit Ethansäureanhydrid (Acetanhydrid) ergibt als Zwischenprodukt ein Polyethanoyl-Derivat.

Wohl-Abbau von D-Gulose

D-Gulose $\xrightarrow[-\,H_2O]{H_2NOH}$ **D-Gulose-Oxim** (69%) $\xrightarrow[-\,6\,CH_3COOH]{6\,CH_3COCCH_3\text{ (Anhydrid)},\ \text{Pyridin},\ 100\,°C,\ 1\,h}$ **D-Gulose-Oxim-Hexaethanoat** $\xrightarrow{-\,CH_3COOH}$

D-Xylose-Cyanhydrin-Pentaethanoat $\xrightarrow[-\,5\,CH_3COOCH_3]{CH_3OH,\ CH_3O^-Na^+}$ **D-Xylose-Cyanhydrin** $\xrightarrow{-\,HCN}$ D-Xylose (90%)

* Alfred Wohl, 1863–1933, Professor an der Universität Danzig.

** Otto Ruff, 1871–1939, Professor an der Universität Danzig.

Diese Verbindung ist instabil und eliminiert Ethansäure (Essigsäure) unter Bildung des entsprechenden Nitrils. Die Estergruppen lassen sich dann durch Umesterung mit Natriummethoxid entfernen; unter diesen Bedingungen zerfällt das entstandene freie Cyanhydrin spontan in den um ein Kohlenstoffatom kürzeren Zucker.

Der Ruff-Abbau verläuft anders – bei ihm handelt es sich um ein oxidatives Decarboxylierungsverfahren. Zunächst oxidiert man den Zucker unter Standardbedingungen zur Aldonsäure. Die Umsetzung mit Wasserstoffperoxid in Gegenwart von Eisen(III)-Ionen führt dann zur Abspaltung der Carboxygruppe und zur Oxidation des neuen endständigen Kohlenstoffs zur nächstniederen Aldose. Der Mechanismus dieser Decarboxylierung ähnelt dem in Abschn. 17.11. beschriebenen.

Wegen der Empfindlichkeit der Produkte gegenüber den Reaktionsbedingungen sind die Ausbeuten bei beiden Abbaureaktionen ziemlich gering. Dennoch haben sie bei der Strukturaufklärung der Zucker eine wichtige Rolle gespielt (Übung 23-20). Als erster führte Emil Fischer solche Studien zur Bestimmung der relativen Konfiguration der Monosaccharide durch (der *Fischersche Konfigurationsbeweis*). Im nächsten Abschnitt wollen wir uns etwas genauer mit den logischen Grundlagen, die hinter Fischers Lösungsansatz stehen, befassen.

Ruff-Abbau von Zuckern

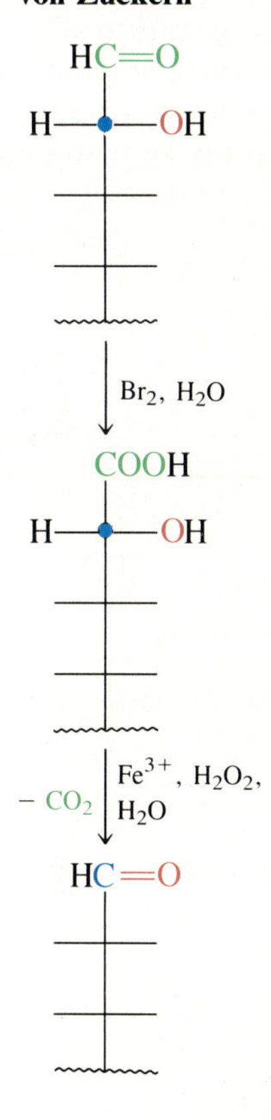

Übung 23-20

Der Wohl-Abbau zweier D-Pentosen mit gleicher Anzahl von Kohlenstoffatomen A und B ergibt zwei neue Zucker C und D. Bei der Oxidation von C mit HNO_3 entsteht *meso*-2,3-Dihydroxybutandisäure (Weinsäure), bei der von D eine optisch aktive Säure. Bei der Oxidation von A oder B mit HNO_3 bilden sich optisch aktive Aldarsäuren. Identifizieren Sie A, B, C und D.

Wie können wir die relative Konfiguration der Aldosen bestimmen? Eine Übung in Logik

Stellen Sie sich vor, jemand stellt vierzehn Präparategläschen vor Sie hin, und in jedem dieser Gläschen befindet sich eine der Tetrosen, Pentosen und Hexosen aus Abb. 23-1. Wie würden Sie die Struktur jeder Verbindung bestimmen?

Vor dieser Aufgabe stand Fischer Ende des neunzehnten Jahrhunderts, als den Chemikern noch keine modernen Spektrometer zur Verfügung standen. Fischer zeigte, wie sich dieses Problem ohne spektroskopische Methoden allein durch eine Kombination von chemischen Reaktionen und die logische Interpretation ihrer Ergebnisse lösen läßt. Er mußte nur eine Annahme machen: er ordnete willkürlich dem rechtsdrehenden 2,3-Dihydroxypropanal (Glycerinaldehyd) die D-Konfiguration (und nicht die seines Spiegelbilds) zu. Diese Annahme läßt sich nur mit Hilfe der Röntgenstrukturanalyse beweisen, und dies gelang 1950, lange nach Fischers Tod, tatsächlich. [Die Röntgenstrukturanalyse wurde allerdings nicht am (R)-2,3-Dihydroxypropanal (D-Glycerinaldehyd) selbst, sondern an der optisch aktiven 2,3-Dihydroxybutandisäure (Weinsäure) durchgeführt, mit der der Aldehyd über die D-Threose korreliert werden kann.] Fischer postulierte einfach, daß (+)-2,3-Dihydroxypropanal [(+)-Glycerinaldehyd] diese Konfiguration besäße und hatte glücklicherweise recht, andernfalls müßte man heutzutage alle Verbindungen aus Abb. 23-1 spiegelverkehrt zeichnen. Damals war es jedoch viel wichtiger, die *relative* Konfiguration an allen Chiralitätszentren zu bestimmen und jedem einzelnen Zucker eine nur für ihn gültige Sequenz dieser Zentren im Kohlenstoffgerüst zuzuordnen.

Da wir die richtige Struktur von (*R*)-2,3-Dihydroxypropanal (D-Glycerinaldehyd) kennen, sind wir nun in der Lage, die Strukturen aller höheren D-Aldosen eindeutig zu beweisen. (Nehmen Sie, wenn nötig Abb. 23-1 zur Hilfe, wenn Sie der Beweisführung folgen.) Zunächst führen wir am D-Glycerinaldehyd eine Kiliani-Fischer-Kettenverlängerung durch, wobei zwei neue isomere Zucker entstehen. Nach Trennung und Oxidation mit Salpetersäure erhält man aus dem einen Produkt *meso*-2,3-Dihydroxybutansäure (*meso*-Weinsäure), aus dem anderen eine optisch aktive Säure. Beim ersten Isomer muß es sich daher um D-Erythrose, beim zweiten um D-Threose handeln. Beachten Sie, daß die absolute Konfiguration am vorletzten Kohlenstoff in beiden Zuckern und im Ausgangsmaterial, dem (*R*)-2,3-Dihydroxypropanal (D-Glycerinaldehyd) dieselbe ist. Dies gilt, wie wir wissen, für alle D-Zucker. Beide Zucker unterscheiden sich in ihrer Konfiguration an C-2, sind also Epimere. D-Erythrose hat 2*R*-, D-Threose 2*S*-Konfiguration.

CHO
H—(*R*)—OH
H—OH
CH_2OH
D-Erythrose

CHO
HO—(*S*)—H
H—OH
CH_2OH
D-Threose

Nehmen wir nun D-Erythrose als neue Ausgangsverbindung, da wir ihre Struktur kennen,und verlängern wir die Kette weiter.

CHO
H—OH
H—OH
CH_2OH
D-Erythrose

Kiliani-Fischer-Synthese

COOH
H—OH
H—OH
H—OH
COOH
Meso

← HNO_3

CHO
H—OH
H—OH
H—OH
CH_2OH
D-Ribose

CHO
HO—H
H—OH
H—OH
CH_2OH
D-Arabinose

HNO_3 →

COOH
HO—H
H—OH
H—OH
COOH
optisch aktiv

Wieder erhalten wir zwei neue Zucker (das konnten wir auch erwarten, da wir wiederum ein neues Chiralitätszentrum eingeführt haben), zwei Pentosen. Wir kennen ihre Konfiguration an C-3 und C-4 (sie entspricht der an C-2 und C-3 im Ausgangsmaterial), aber nicht die an C-2. Bei der Oxidation entstehen wieder eine optisch inaktive und eine optisch aktive Dicarbonsäure. Die erste Pentose muß daher die Struktur der D-Ribose, die zweite die der D-Arabinose haben.

Über eine sehr ähnliche Kette von Überlegungen kann man die Struktur der D-Xylose (die zu einer meso-Disäure oxidiert wird) und der D-Lyxose (die bei der Oxidation eine optisch aktive Disäure ergibt) festlegen. Diese leiten sich synthetisch von der D-Threose ab, deren Struktur wir ganz am Anfang bestimmt haben.

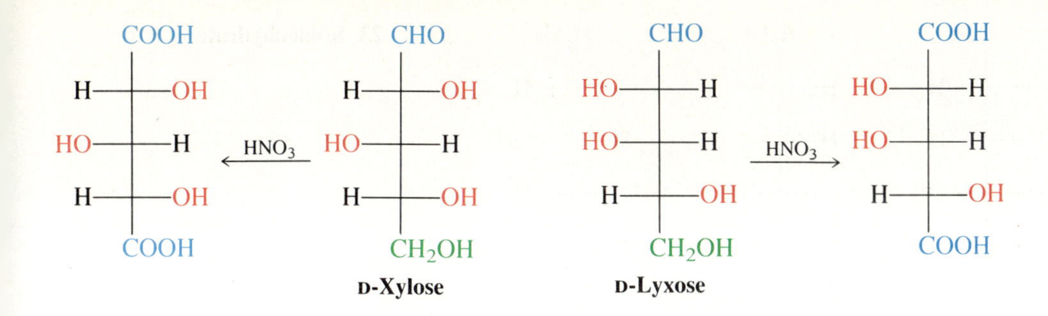

Wir kennen nun die Strukturen der vier Aldopentosen und können an jeder eine Kettenverlängerung durchführen. Dabei erhalten wir vier Paare von Aldohexosen, wobei sich jedes Paar von den anderen durch die Folge der Chiralitätszentren an C-3, C-4 und C-5 unterscheidet. Die beiden zu einem Paar gehörigen Verbindungen sind nur in ihrer Konfiguration an C-2 unterschiedlich.

Die Bestimmung der Struktur der vier Zucker, die sich von der D-Ribose und der D-Lyxose ableiten, erreicht man wieder durch Oxidation zur entsprechenden Aldarsäure. D-Allose und D-Galactose ergeben optisch inaktive Oxidationsprodukte, im Gegensatz zu ihren Gegenstücken D-Altrose und D-Talose, die zu optisch aktiven Dicarbonsäuren oxidiert werden.

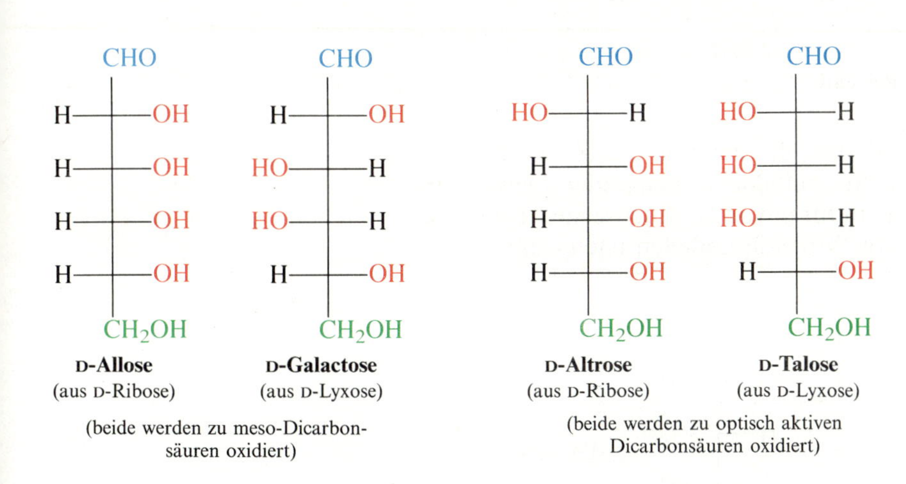

Übung 23-21

In der nachfolgenden Diskussion haben wir die Strukturen der D-Ribose und der D-Arabinose aufgrund der Tatsache bestimmt, daß bei der Oxidation der ersteren Verbindung eine meso-Dicarbonsäure, bei der Oxidation der zweiten ein optisch aktives Isomer entsteht. Könnten Sie dieselbe Zuordnung auch anhand der ^{13}C-NMR-Spektroskopie treffen?

Die Aufklärung der Struktur der vier verbleibenden Zucker läßt sich nicht über den bisher verwendeten Ansatz durchführen, da alle vier bei der Oxidation optisch aktive Dicarbonsäuren ergeben.

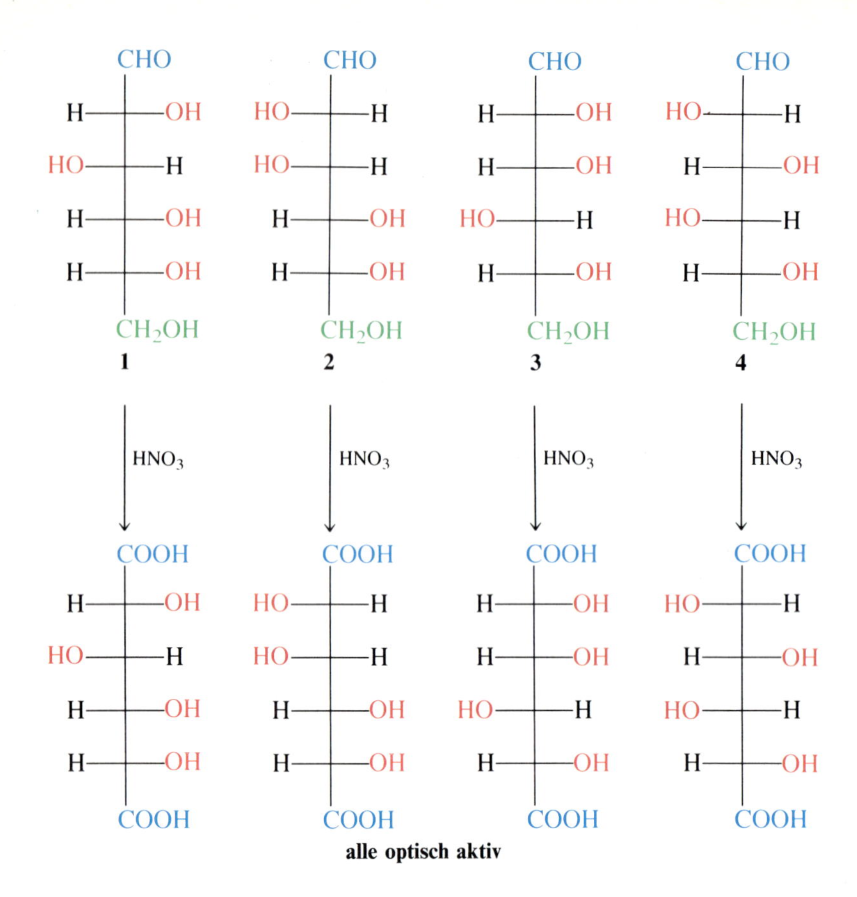

alle optisch aktiv

Man findet aber, daß die Carbonsäuren, die sich von den Zuckern 1 und 3 ableiten, Enantiomere sind – also Spiegelbilder voneinander. Dies ist nur dann möglich, wenn 1 und 3 die Strukturen von D-Glucose oder D-Gulose haben. Sie können dies anhand von Molekülmodellen nachprüfen.

1 —HNO$_3$→ COOH; H–C–OH; HO–C–H; H–C–OH; H–C–OH; COOH ¦ COOH; HO–C–H; H–C–OH; HO–C–H; HO–C–H; COOH ←HNO$_3$— 3

Spiegelebene

Wir müssen jetzt nur noch eine logische Überlegung anstellen: D-Arabinose wird über die Kiliani-Fischer-Synthese in zwei neue Zucker, 1 und 2 überführt, D-Xylose ergibt 3 und 4. Mit diesen Ergebnissen können wir alle Strukturzuordnungen treffen. Zucker 1 muß die Struktur der D-Glucose besitzen, Zucker 3 die der D-Gulose. Zucker 2 muß dann die Struktur der D-Mannose, Zucker 4 die der D-Idose zugeordnet werden.

Fassen wir zusammen: Ein Zucker läßt sich aus einem anderen durch stufenweise Kettenverlängerung oder -verkürzung darstellen. Mit Hilfe dieser Verfahren und den Symmetrieeigenschaften der verschiedenen Aldarsäuren läßt sich die Struktur der Aldosen bestimmen.

23.4 Disaccharide, Polysaccharide und andere in der Natur vorkommende Zucker

Ein beträchtlicher Anteil der natürlichen Zucker liegt in der dimeren, trimeren, oligomeren (zwischen zwei und zehn Monosaccharid-Einheiten) und polymeren Form vor.

Saccharose ist ein Disaccharid, das sich von der Glucose und der Fructose ableitet

Der Zucker, der uns allen am vertrautesten ist, ist der gewöhnliche Haushaltszucker, die **Saccharose** (Rohrzucker, engl. **sucrose**). In bundesdeutschen Haushalten wurden in den Jahren 1985/86 973 000 Tonnen Haushaltszucker verbraucht. Saccharose gehört zu den wenigen natürlichen chemischen Substanzen, die wir in unveränderter Form zu uns nehmen (andere Beispiele sind Wasser und Natriumchlorid). Man gewinnt Saccharose aus Zuckerrohr und Zuckerrüben, worin es relativ stark angereichert ist (etwa 14–20% Massenanteil), obwohl es auch in vielen anderen Pflanzen in geringeren Konzentrationen vorkommt. Die Weltproduktion liegt bei etwa 7.5×10^9 t/a und es gibt einige Länder (z. B. Kuba), deren gesamte Wirtschaft vom Weltmarktpreis des Rohrzuckers abhängig ist.

Wir haben die Saccharose in diesem Kapitel bisher nicht besprochen, da sie kein einfaches Monosaccharid, sondern ein Disaccharid ist, das aus zwei Einheiten besteht: aus Glucose und Fructose. Die Struktur der Saccharose läßt sich aus ihrem chemischen Verhalten ableiten: im Sauren hydrolysiert sie zu Glucose und Fructose; sie ist ein nichtreduzierender Zucker; sie bildet kein Osazon und man beobachtet keine Mutarotation. Aus diesen Befunden kann man schließen, daß die beiden Monosaccharid-Einheiten über eine Acetalbrücke zwischen den beiden anomeren Kohlenstoffatomen miteinander verbunden sind; auf diese Weise schützen sich die beiden cyclischen Halbacetalgruppen gegenseitig. Diese Hypothese wurde durch Röntgenstrukturanalyse bewiesen: Saccharose ist ein Disaccharid, in dem die α-D-Pyranoseform der Glucose mit β-D-Fructofuranose auf die beschriebene Weise verknüpft ist.

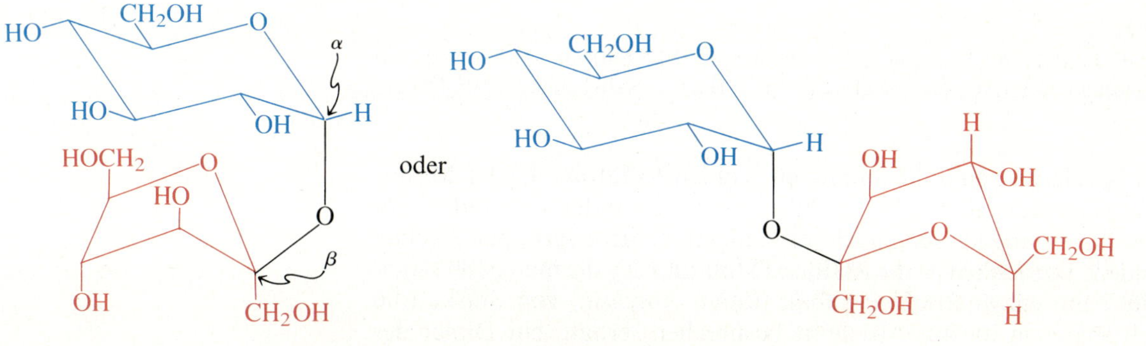

HO, CH_2OH, O, α, HO, OH, H, $HOCH_2$, O, HO, O, β, OH, CH_2OH

oder

HO, CH_2OH, O, HO, OH, H, H, OH, OH, O, O, CH_2OH, CH_2OH, H

Saccharose, ein α-D-Glucopyranosyl-β-D-fructofuranosid

Wir zeigen zwei Abbildungsmöglichkeiten des Moleküls. Links sind beide cyclischen Halbacetale in der üblichen Weise gezeichnet: der anomere Kohlenstoff rechts, der Acetal-Sauerstoff oben. Rechts ist eine andere Struktur, bei der die sterischen Wechselwirkungen günstiger sind, gezeigt, ein Rotamer, in dem beide Zuckereinheiten voneinander fort weisen.

Die spezifische Drehung der Saccharose beträgt + 66.5°. Beim Behandeln mit verdünnter Säure nimmt der Drehwert kontinuierlich bis zu einem Endwert von −20.0° ab. Denselben Effekt beobachtet man, wenn man man eine Saccharoselösung mit dem Enzym *Invertase* versetzt. Man bezeichnet dieses Phänomen als **Rohrzucker-Inversion** und es läuft nach einem ähnlichen Mechanismus wie die Mutarotation der Monosaccharide ab. Der Gesamtprozeß besteht aus drei einzelnen Reaktionen: der Hydrolyse des Disaccharids in die beiden Monosaccharide α-D-Glucopyranose und β-D-Fructofuranose; der Mutarotation der α-D-Glucopyranose bis zum Gleichgewicht mit der β-Form und der Mutarotation der β-D-Fructofuranose zu der etwas stabileren β-D-Fructopyranose. Da der spezifische Drehwert der Fructose (−92°) negativer ist als der Drehwert der Glucose (+52.7°) positiv, ist die Drehung des entstandenen Gemischs insgesamt negativ. Der Drehwert der Ausgangslösung ist also umgedreht (*invertiert*) worden.

Rohrzucker-Inversion

Übung 23-22

Geben Sie die Produkte der Reaktion (falls es überhaupt welche gibt) von Saccharose mit (a) einem Überschuß $(CH_3)_2SO_4$ und NaOH; (b) 1. H^+, H_2O, 2. $NaBH_4$ und (c) NH_2OH an.

In der Saccharose sind die anomeren Kohlenstoffatome beider Monosaccharid-Einheiten über eine Acetalbrücke miteinander verbunden. Im Prinzip sollte es möglich sein, auch mit anderen Hydroxygruppen Acetale auszubilden. Tatsächlich ist die **Maltose** (Malzzucker), die man in 80 %iger Ausbeute beim enzymatischen Abbau (durch *Amylase*) von Stärke (die wir noch später in diesem Abschnitt besprechen) erhält, ein Dimer der Glucose, in der der Sauerstoff der Halbacetalgruppe des einen Glucosemoleküls (in der Form des α-Anomeren) an C-4 des zweiten Moleküls gebunden ist.

β-Maltose, eine α-D-Glucopyranosyl-β-D-glucopyranose

Bei dieser Anordnung behält eine der beiden Glucose-Einheiten ihre ungeschützte Halbacetalstruktur und zeigt daher auch die charakteristische Chemie dieser Gruppe. So ist Maltose z. B. ein reduzierender Zucker, bildet Osazone und zeigt Mutarotation. Durch wässrige Säure oder das Enzym *Maltase* wird Maltose zu zwei Molkülen Glucose hydrolysiert. Maltose ist etwa ein Drittel so süß wie Saccharose.

Übung 23-23

Welches Produkt entsteht zunächst, wenn β-Maltose (a) mit Br_2 oxidiert; (b) mit zwei Äquivalenten Hydrazin umgesetzt; (c) Bedingungen, die Mutarotation bewirken, ausgesetzt wird.

Ein weiteres häufig vorkommendes Disaccharid ist die **Cellobiose**, die man durch Hydrolyse von Cellulose (die wir später in diesem Kapitel behandeln) erhält. Ihre chemischen Eigenschaften sind mit denen der Maltose fast identisch und dasselbe gilt auch für die Struktur: Der einzige Unterschied zwischen beiden Zuckern liegt in der unterschiedlichen Stereochemie der Acetalbrücke, beide Zucker sind β- und nicht α-verknüpft.

β-Cellobiose, eine β-D-Glucopyranosyl-β-D-glucopyranose

Durch wässrige Säure läßt sich Cellobiose ebenso wie Maltose in zwei Glucosemoleküle spalten. Für die enzymatische Hydrolyse ist jedoch ein anderes Enzym, die β-*Glucosidase*, erforderlich, die spezifisch nur die β-Acetalbrücke angreift. Im Gegensatz dazu ist die Maltase nur für α-Acetal-Einheiten, wie sie in der Maltose auftreten, spezifisch.

Das nach der Sacharose häufigste natürliche Disaccharid ist die **Lactose** (Milchzucker). Sie wird in der Frauenmilch und der Milch der meisten Säugetiere gefunden (etwa 5%ige Lösung) und macht mehr als ein Drittel der Trockensubstanz aus. Das Molekül der Lactose besteht aus eine Galactose- und einer Glucoseeinheit, die als β-D-Galactopyranosyl-D-glucopyranosid miteinander verbunden sind. Beim Auskristallisieren aus Wasser bildet sich nur das α-Anomer.

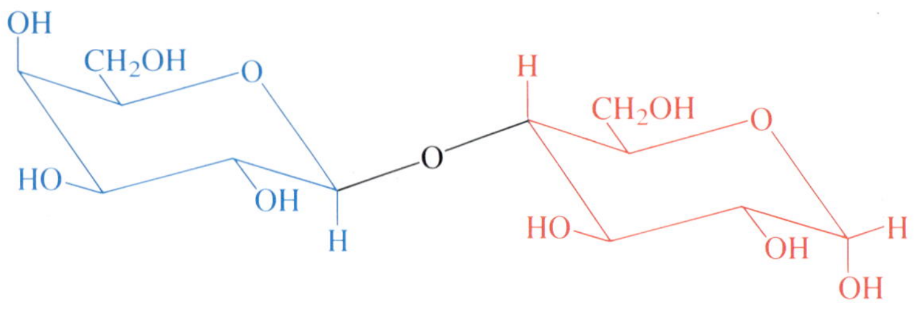

Kristalline α-Lactose, eine β-D-Galactopyranosyl-α-D-glucopyranose

Betrachtet man die Zahl der Möglichkeiten bei Anzahl und Art der möglichen Etherbindungen, ist es schon bemerkenswert daß die tatsächlich in der Natur gefundenen Strukturen im wesentlich auf die bis jetzt besprochenen Typen beschränkt ist. Genauso gibt es auch nur einige wenige natürliche Tri- und Tetrasaccharide, die in größerer Menge gefunden werden. Ein Beispiel ist die **Raffinose**, ein nichtreduzierendes Trisaccharid, das aus je einem Molekül D-Galactose, D-Glucose und D-Fructose besteht. Die Verknüpfung zwischen den beiden letzteren Komponenten ist mit der in der Saccharose identisch, die zwischen den ersten beiden Monosaccharid-Einheiten ist neu für uns, eine Acetalbrücke zwischen dem α-anomeren Kohlenstoff der Galactose und der endständigen Hydroxymethylgruppe der Glucose. Raffinose findet sich in bestimmten Pflanzen, wie australischer Manna und Baumwollsamen.

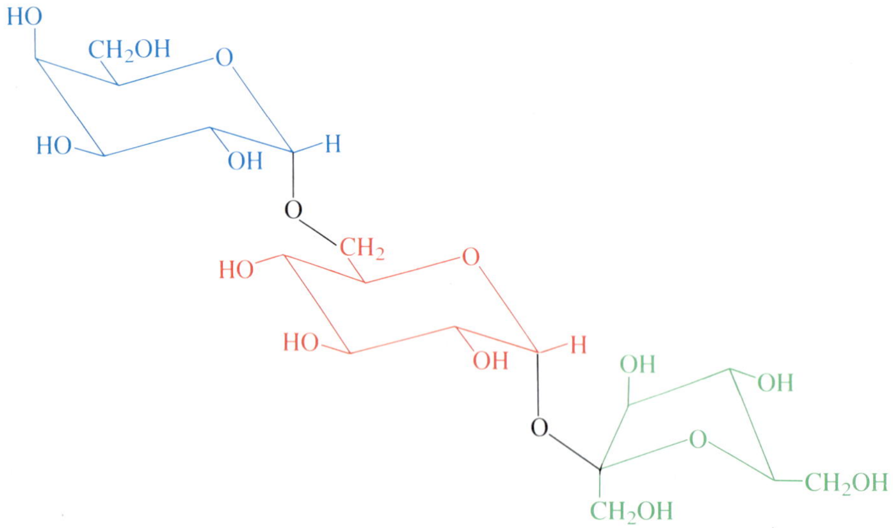

Raffinose

Polysaccharide sind die Polymere der Monosaccharide. Die im Prinzip mögliche strukturelle Vielfalt ist vergleichbar mit der der Polymere von Alkenen (Abschn. 12.7 und 12.8), insbesondere in Bezug auf Veränderung der Kettenlänge und Grad und Art der Verzweigung. Die Natur ist beim Bau solcher Polymere jedoch bemerkenswert konservativ. Die drei häufigsten natürlichen Polysaccharide, Cellulose, Stärke und Glycogen leiten sich alle von demselben Monomer, der Glucose, ab.

Die **Cellulose** ist ein 1,4-verknüpftes Poly-β-D-glucopyranosid, die aus etwa 3000 Monomereinheiten aufgebaut ist und eine molare Masse von etwa 500 000 hat. Im Cellulosemolekül sind die Monomereinheiten größtenteils linear angeordnet.

Cellulose

Die einzelnen Cellulosestränge neigen dazu, sich parallel zueinander auszurichten und sind durch eine große Zahl von Wasserstoffbrücken miteinander verbunden. Aufgrund dieser vielen Wasserstoffbrücken hat Cellulose eine sehr starre Struktur und dient daher auch als Gerüstsubstanz der pflanzlichen Zellwände. Alle pflanzliche Materie besteht zu einem großen Anteil aus Cellulose. Baumwollfasern, wie z. B. Filterpapier, sind fast reine Cellulose, in Holz und Stroh ist sie zu etwa 50% enthalten.

Wie Röntgenstrukturuntersuchungen ergeben, besteht die Cellulosekette aus sich wiederholenden Einheiten von 1030 pm und nicht 510 pm Länge, was der Länge einer Glucose-Einheit entspräche. Dies läßt sich dadurch erklären, daß jede zweite Glucose-Einheit um 180° im Verhältnis zu der vorhergehenden gedreht ist. Cellulose läßt sich daher am besten als Polycellobiose beschreiben. In dieser Anordnung sind Wasserstoffbrücken an beiden Seiten der Cellulosekette möglich, wodurch die lineare Ausrichtung und Steifheit noch erhöht wird (s. Abb. 23-5).

Einige Derivate der Cellulose sind von wirtschaftlichem Interesse. Bei der Überführung der freien Hydroxygruppen mit Salpetersäure in Salpetersäureester entsteht *Nitrocellulose*. Bei hohem Nitratgehalt ist das Material explosiv und wird als Schießpulver verwendet. Ein geringerer Nitratgehalt ergibt ein Polymer, das einer der ersten Kunststoffe war, Celluloid.

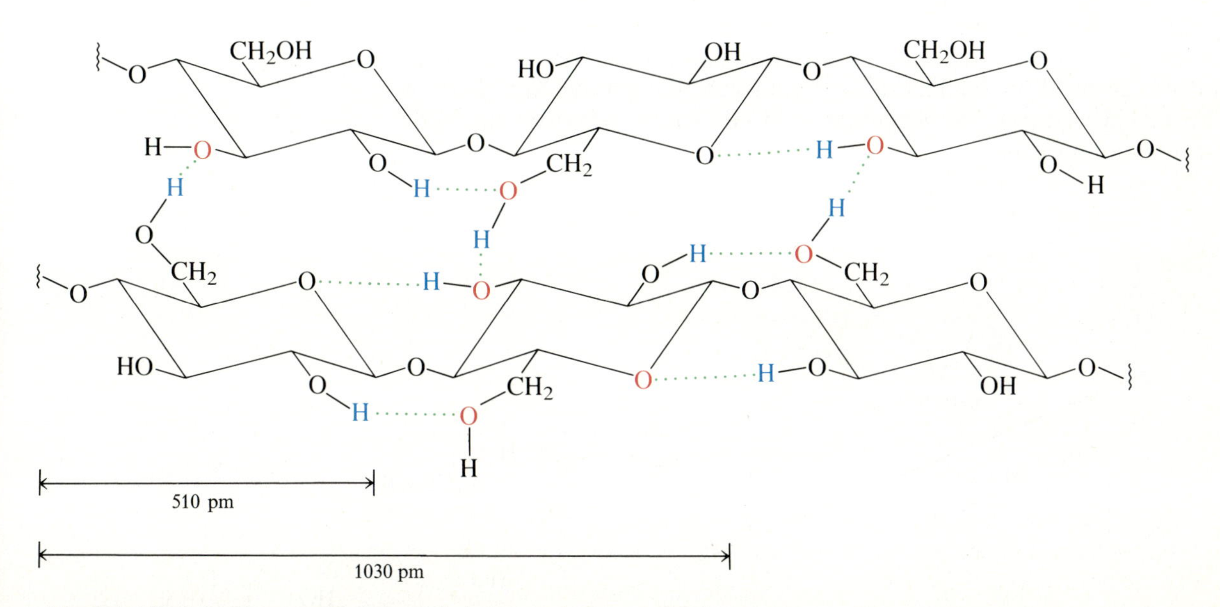

Abb. 23-5 Mögliche Wasserstoffbrücken-Bindungen zwischen zwei Cellulosesträngen. Diese Bindungen können sich sowohl innerhalb desselben Strangs wie auch zwischen zwei verschiedenen ausbilden.

Lange Zeit fand Nitrocellulose eine breite Anwendung in der Photo- und Filmindustrie. Da es aber leicht entflammbar ist und sich allmählich zersetzt, wird es heutzutage nur noch selten verwendet.

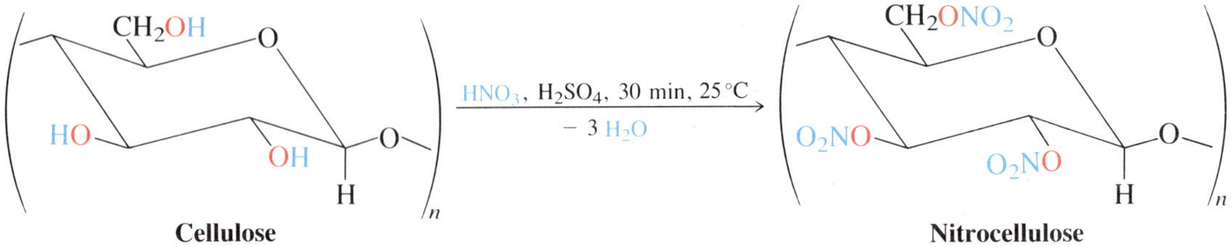

$$\text{Cellulose} \xrightarrow[-\,3\,H_2O]{HNO_3,\ H_2SO_4,\ 30\ \text{min},\ 25\,^\circ C} \text{Nitrocellulose}$$

Cellulose **Nitrocellulose**

Die Cellulose, die in fast allen Lösungsmitteln unlöslich ist, kann in eine lösliche Form überführt werden, indem man die Hydroxygruppen mit Schwefelkohlenstoff, dem Schwefelanalogon des CO_2, umsetzt. Die dabei entstandene funktionelle Gruppe ist die *Xanthogenatgruppe*. Bei der nachfolgenden Behandlung mit Säure läßt sich das unlösliche Polymer wiedergewinnen. Diesen Prozeß kann man so steuern, daß dabei Fasern (*Viskose, Rayon*) oder Folien (*Cellophan*) entstehen.

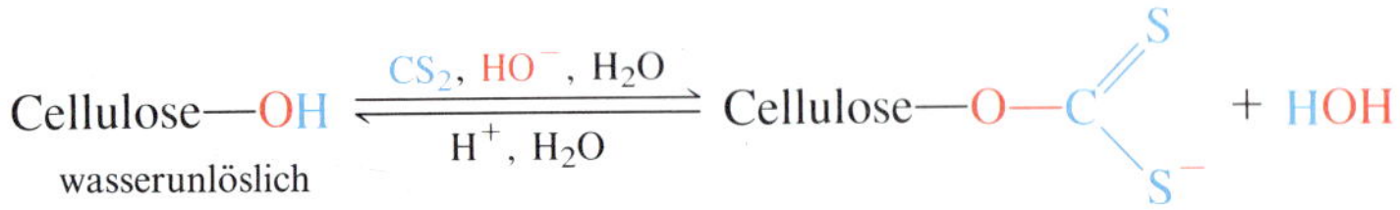

$$\text{Cellulose—OH} \underset{H^+,\ H_2O}{\overset{CS_2,\ HO^-,\ H_2O}{\rightleftharpoons}} \text{Cellulose—O—C}(=S)S^- + HOH$$

Cellulose—OH wasserunlöslich

Cellulosexanthogenat wasserlöslich

Anders als bei der Cellulose sind in der **Stärke** die einzelnen Glucose-Einheiten α-verknüpft. Die Stärke ist das Reservekohlenhydrat der Pflanzen und läßt sich durch wässrige Säure genau wie Cellulose in Glucose spalten. Die Hauptstärkequellen sind Kartoffeln, Mais, Weizen und Reis. In heißem Wasser quellen die Stärkekörner auf und ermöglichen so die Trennung der Stärke in ihre beiden Hauptbestandteile **Amylose** (~20%) und **Amylopektin** (~80%). Beide Formen sind in heißem Wasser löslich, die erstere aber schlechter in kaltem Wasser. Die Amylose enthält einige hundert Glucose-Einheiten im Molekül (molare Masse 150000–600000). Ihre Struktur unterscheidet sich von der der Cellulose, auch wenn beide Polymere unverzweigt sind. Aufgrund der unterschiedlichen Stereochemie am anomeren Kohlenstoff nimmt das Amylosemolekül bevorzugt eine spiralförmige Struktur (Helixstruktur) ein (nicht die gerade Kette, die in der Formel gezeigt ist). Im Gegensatz zur Cellulose ist Amylose aus Maltose-Einheiten aufgebaut.

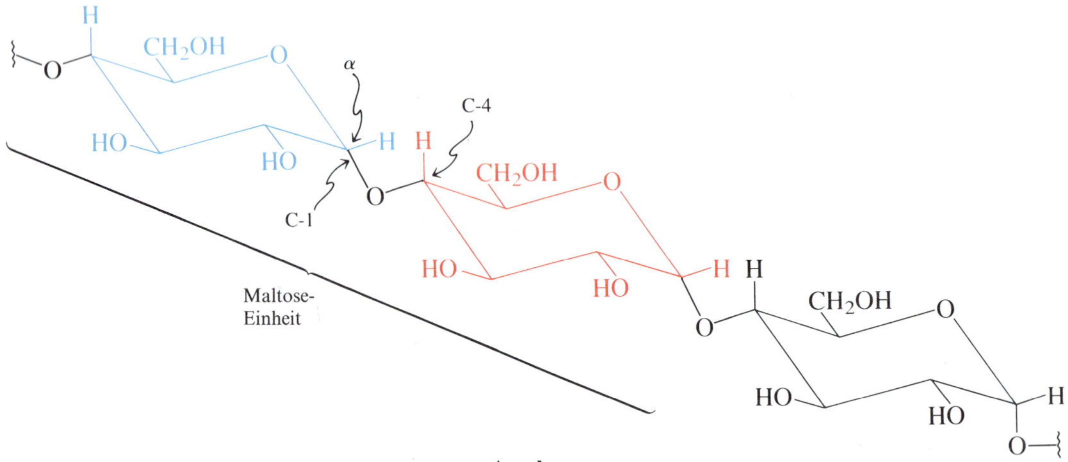

α C-4 C-1 Maltose-Einheit

Amylose

Im Unterschied zur Amylose ist das löslichere Amylopektin verzweigt, die Verzweigungspunkte liegen hauptsächlich an C-6 und treten etwa an jeder zwanzigsten bis fünfundzwanzigsten Glucose-Einheit auf. Die molare Masse des Amylopektins reicht von 200 000 bis über 1 Million.

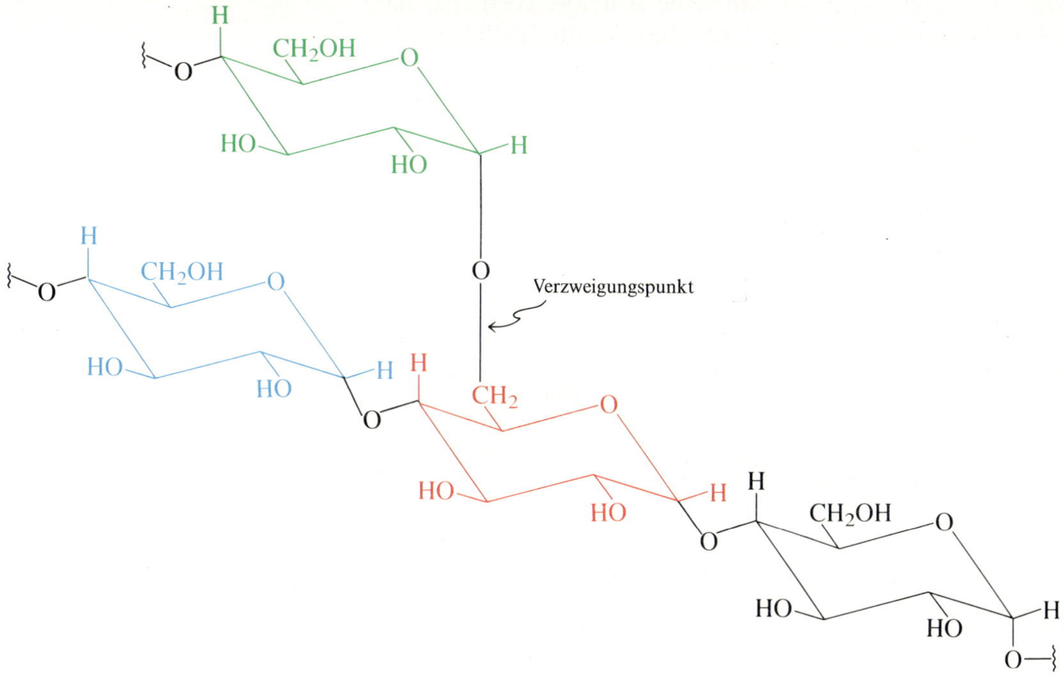

Verzweigungspunkt

Amylopectin

Glycogen: eine Energiequelle

Ein anderes Polysaccharid mit einer sehr ähnlichen Struktur wie das Amylopektin, aber einem höheren Verzweigungsgrad (eine Verzweigung auf zehn Glucose-Einheiten) und viel größerer molarer Masse (bis zu 100 Millionen) ist **Glycogen**. Diese Verbindung ist von großer biologischer Bedeutung, da sie eines der wichtigsten Polysaccharide zur Energiespeicherung bei Menschen und Tieren ist, und als sofort verfügbares Glucosedepot zwischen den Mahlzeiten und bei anstrengender körperlicher Tätigkeit dient. Glycogen ist besonders in der Leber und im ruhenden Skelettmuskel relativ stark angereichert. Die Art und Weise, in der die Zelle diesen Energiespeicher benutzt, ist wirklich faszinierend.

Ein spezielles Enzym, die *Phosphorylase*, baut als erstes das Glycogen bis zu einem Derivat der Glucose, dem α-D-Glucopyranosyl-1-phosphat, ab. Dieser Abbau beginnt an einer der nichtreduzierenden endständigen Zuckergruppen des Glycogenmoleküls und verläuft stufenweise – immer ein Glucosemolekül nach dem anderen. Da Glycogen so stark verzweigt ist, hat das Molekül viele Endgruppen, die das Enzym „abknabbern" kann, wodurch sichergestellt ist, daß zu Zeiten eines hohen Energieverbrauchs schnell eine ausreichende Menge Glucose zur Verfügung steht.

Die Phosphorylase ist nicht in der Lage, α-1,6-glycosidische Bindungen zu spalten. Sobald sich das Enzym einem solchen Verzweigungspunkt nähert (genaugenommen, sobald es eine endständige Gruppe erreicht, die vier Einheiten von diesem Punkt entfernt ist), hört es auf (s. Abb. 23-6). In diesem Stadium kommt ein anderes Enzym ins Spiel, die *Transferase*, die Blöcke von drei endständigen Glucosylresten von einem Zweig zum anderen verschieben kann. Es verbleibt ein einziger Glucosesubstituent am Verzweigungspunkt. Nun ist ein drittes Enzym erforderlich, das dieses letzte Hindernis entfernt und damit eine neue Kette eröffnet. Dieses Enzym ist spezifisch für den Bindungstyp, der gespalten werden soll: es ist die α-1,6-*Glucosidase*. Nachdem dieses Enzym seine Aufgabe verrichtet hat, kann die Phosphorylase mit dem Abbau der Glucosekette fortfahren, bis sie den nächsten Verzweigungspunkt erreicht, usw.

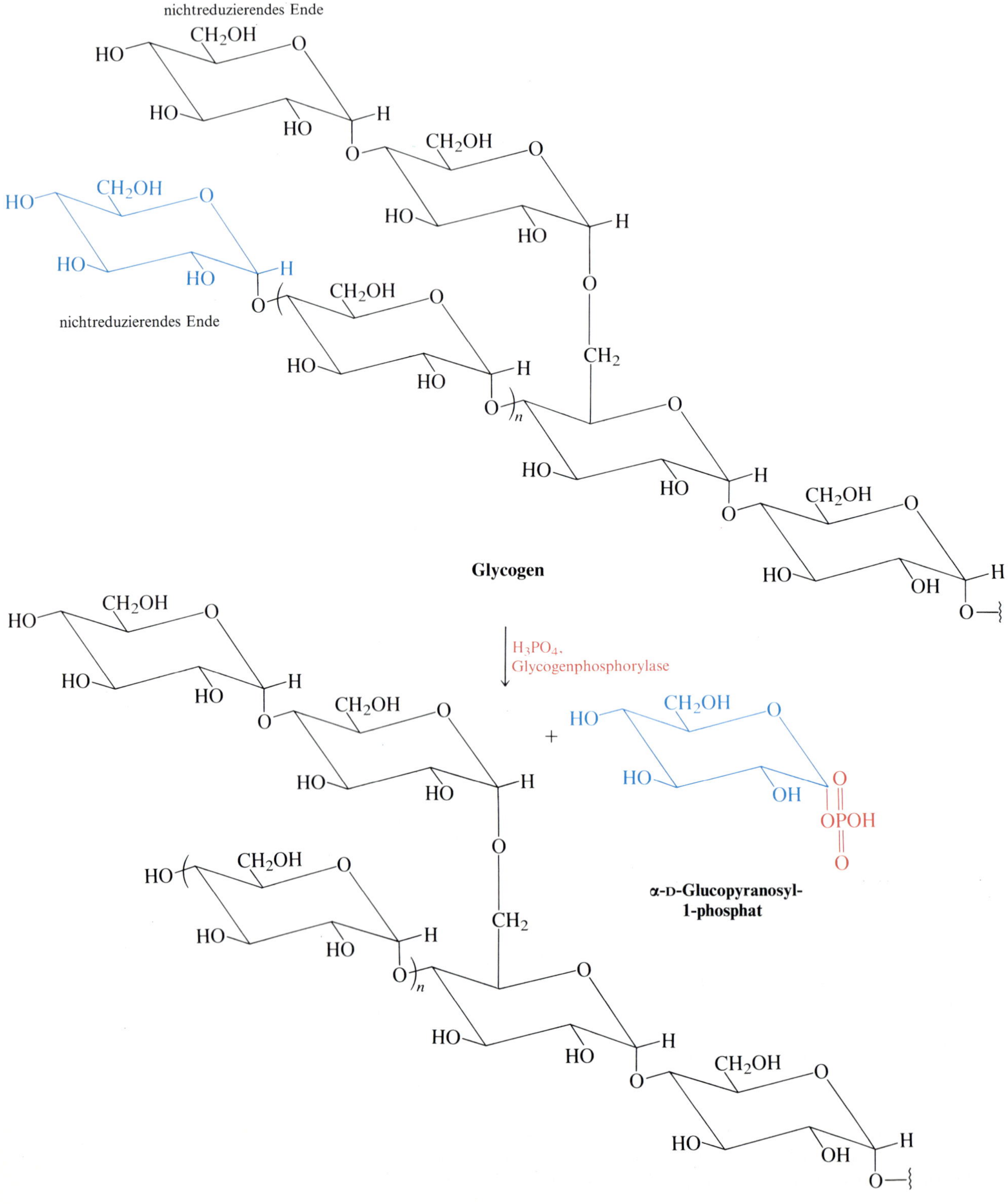

nichtreduzierendes Ende

nichtreduzierendes Ende

Glycogen

H_3PO_4, Glycogenphosphorylase

α-D-Glucopyranosyl-1-phosphat

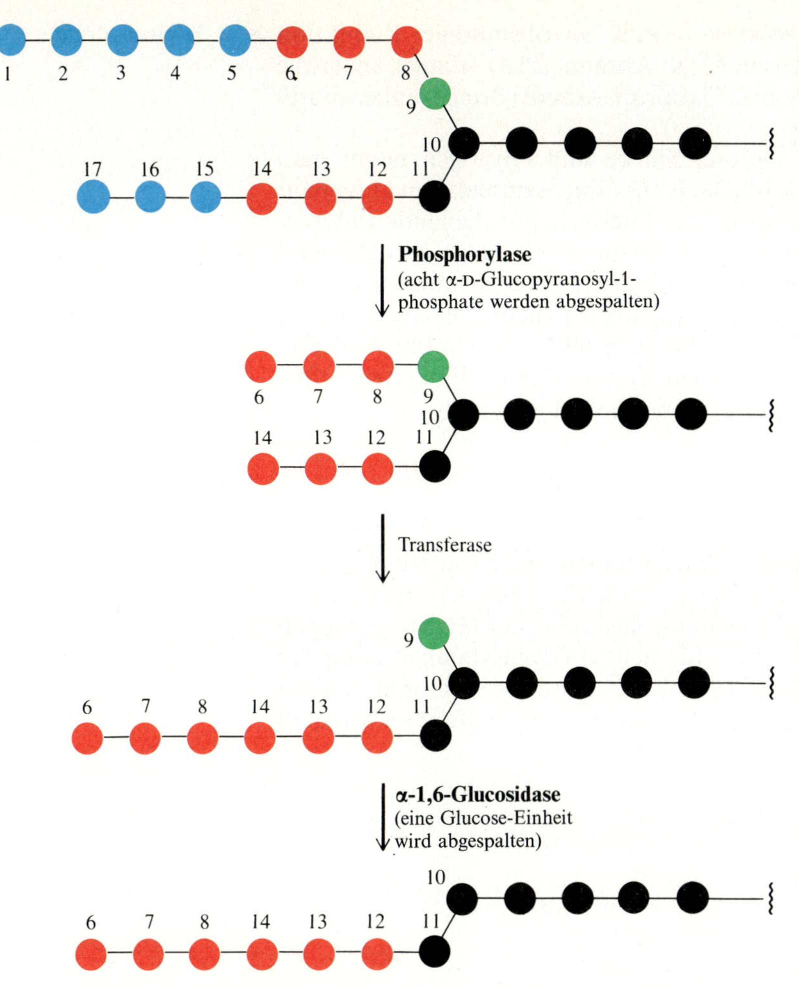

Abb. 23-6 Einzelne Stufen des Abbaus einer Glycogen-Seitenkette. Zunächst entfernt die Phosphorylase schrittweise die Glucose-Einheiten 1 bis 5 und 15 bis 17. Das Enzym befindet sich nun vier Zucker-Einheiten entfernt vom nächsten Verzweigungspunkt (10). Die Transferase bewegt die Einheiten 6 bis 8 in einem Block und hängt sie an Einheit 14 an. Ein drittes Enzym, α-1,6-Glucosidase baut die Verzweigung an Glucose-Einheit 10 ab, indem es Glucose 9 entfernt. Es ist eine unverzweigte Kette entstanden, die die Phosphorylase weiter abbauen kann.

Die Glucose, die aus dem Glycogen freigesetzt wurde, wird über einen komplizierten Reaktionsweg, der Glycolyse, an der mehrere Enyzme beteiligt sind, in 2-Oxopropansäure (Brenztraubensäure) überführt. Die Säure reagiert dann, in Abhängigkeit von der Art des Organismus und den Bedingungen, zu verschiedenen Produkten weiter.

Glucose (CHO; H–C–OH; HO–C–H; H–C–OH; H–C–OH; CH_2OH) $\xrightarrow{\text{Glycolyse}}$ $CH_3COCOOH$ **2-Oxopropansäure (Brenztraubensäure)**

$\xrightarrow{\text{Oxidation}}$ $CO_2 + H_2O$

$\xrightarrow{\text{Reduktion}}$ $CH_3CH(OH)COOH$ **2-Hydroxypropansäure (Milchsäure)**

$\xrightarrow{\text{Hefe}}$ CH_3CH_2OH

In aerober (sauerstoffreicher) Umgebung entstehen durch weitere Oxidation CO_2 und H_2O mit maximalem Energiegewinn. Bei schlechter Sauerstoffversorgung, wie z. B. im aktiv kontrahierenden Muskel oder z. B. bei der Sauerkrautherstellung, entsteht durch unvollständige Reduktion 2-Hydroxypropansäure (Milchsäure) (s. Abschn. 22.1). Einige anaerobe Organismen wie Hefe überführen 2-Oxopropansäure (Brenztraubensäure) in Ethanol.

Die drei Polysaccharide Cellulose, Stärke und Glycogen nennt man auch *Glucane*, weil sie fast ausschließlich aus Glucosemolekülen aufgebaut sind. Bei einigen Organismen ist das als Energiedepot dienende Polysaccharid aus anderen Zuckereinheiten aufgebaut. So ist *Inulin*, das Reservekohlenhydrat in den Wurzeln der Korbblütler, ein Fructan, da bei der Hydrolyse dieses Polysaccharids hauptsächlich Fructose entsteht. Inulin läßt sich aus den Wurzelknollen von Dahlien und Topinambur isolieren. Andere natürliche Polysaccharide, die nicht aus Glucose-Einheiten aufgebaut sind, sind die Xylane, Mannane und Galactane.

Modifizierte Zucker in der Natur

Viele der natürlich vorkommenden Zucker haben eine modifizierte Struktur oder sind an ein anderes organisches Molekül gebunden. Es gibt eine große Klasse von Zuckern, in denen mindestens eine der Hydroxygruppen durch eine Aminfunktion ersetzt ist. Sie heißen **Glycosylamine**, wenn der Stickstoff an das anomere Kohlenstoffatom gebunden ist, und **Aminodesoxyzucker**, wenn er einen Sauerstoff an einer anderen Stelle im Molekül ersetzt.

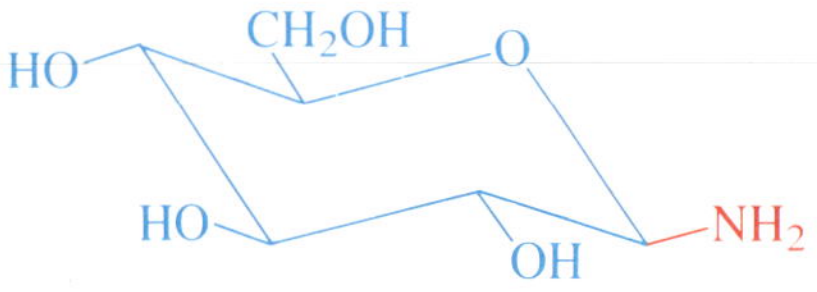

HO, CH_2OH, O, HO, OH, NH_2

β-D-Glucopyranosylamin
(ein Glycosylamin)

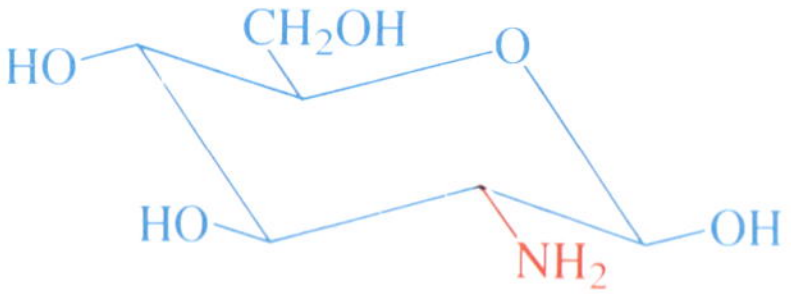

HO, CH_2OH, O, HO, NH_2, OH

β-D-Glucosamin oder
2-Amino-2-desoxy-D-glucopyranose
(ein Aminozucker)

Glycosylamine findet man in einer anderen Klasse von biologisch wichtigen Polymeren: den *Nucleinsäuren* (s Abschn. 27.7). Sie enthalten den genetischen Code und sind verantwortlich für die Biosynthese der Proteine. Die Monomereinheiten der Ribonucleinsäure sind die Nucleotide, substituierte Glycosylamine. Eine Beispiel ist Uridinphosphat.

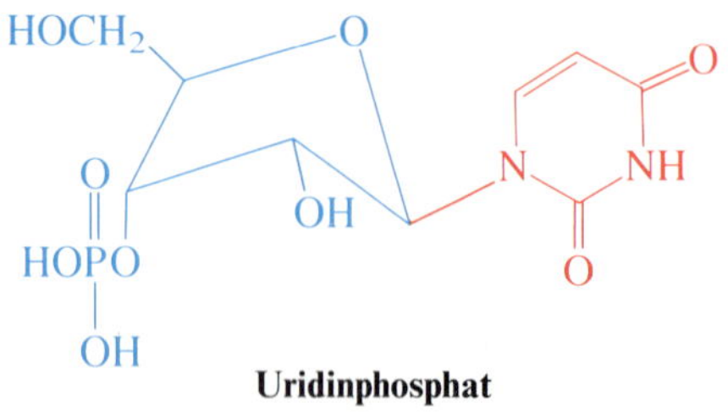

$HOCH_2$, O, O, HOPO, OH, OH, N, NH, O, O

Uridinphosphat

Das *Chitinmolekül* ist ein Polymer aus β-D-Glucosamin-Einheiten. Chitin ist zusammen mit Calciumcarbonat die Gerüstsubstanz der Panzer von Krebsen und Hummern.

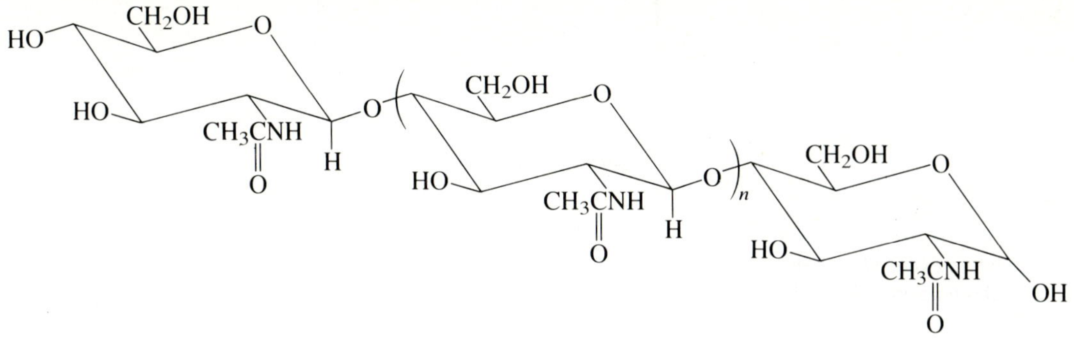

Chitin

Ist ein Zucker über seinen anomeren Kohlenstoff an die Hydroxygruppe eines anderen komplexen Rests gebunden, bezeichnet man ihn als **Glycon**, den Rest des Moleküls (oder das Produkt, das nach der hydrolytischen Abspaltung des Zuckers entsteht) als **Aglycon**. Beispiele für solche Verbindungen sind *Amygdalin* und *Adriamycin*. Amygdalin ist ein Glycosid, in dem das ungewöhnliche Disaccharid Gentiobiose (ein β-1,6-Glucosid) mit D-Mandelsäurenitril verknüpft ist. Diese Verbindung wird aus den Kernen von bitteren Mandeln und Aprikosen isoliert und ist für das typische Bittermandelaroma verantwortlich.

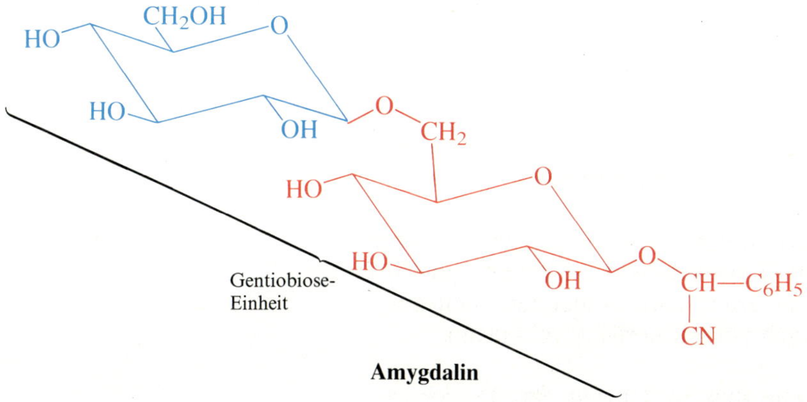

Gentiobiose-Einheit

Amygdalin

Adriamycin ist ein Vertreter der Familie der Anthracyclin-Antibiotika. Adriamycin und sein Desoxy-Analogon Daunomcyin haben sich als außerordentlich wirksam bei der Behandlung einer Fülle von verschiedenen Krebsarten erwiesen und bilden jetzt die Grundlage einer kombinierten Krebstherapie. Das Aglycon dieses Systems ist ein lineares tetracyclisches Grundgerüst mit einer Anthrachinon-Einheit (s. Abschn 25.4). Den Aminozucker bezeichnet man als Daunosamin.

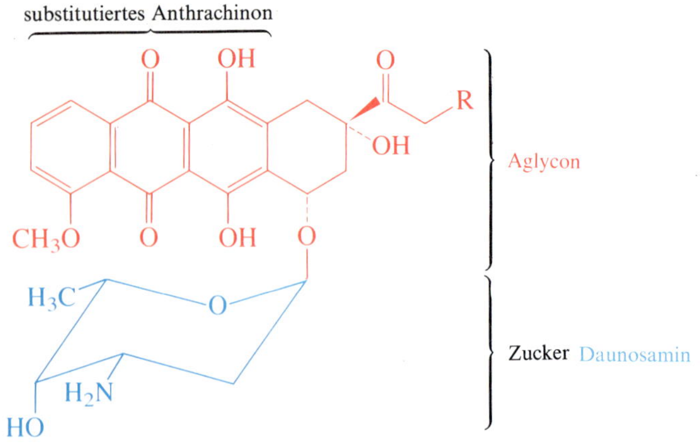

substituiertes Anthrachinon

Aglycon

Zucker Daunosamin

Adriamycin (R = OH)
Daunomycin (R = H)

Eine ungewöhnliche Gruppe von Antibiotika, die *Aminoglycosid-Antibiotika*, besteht fast ausschließlich aus Oligosaccharid-Einheiten. Von besonderer therapeutischer Bedeutung, z. B. bei der Behandlung der Tuberkulose, ist Streptomycin, das 1944 aus Kulturen des Schimmelpilzes *Streptomyces griseus* isoliert wurde.

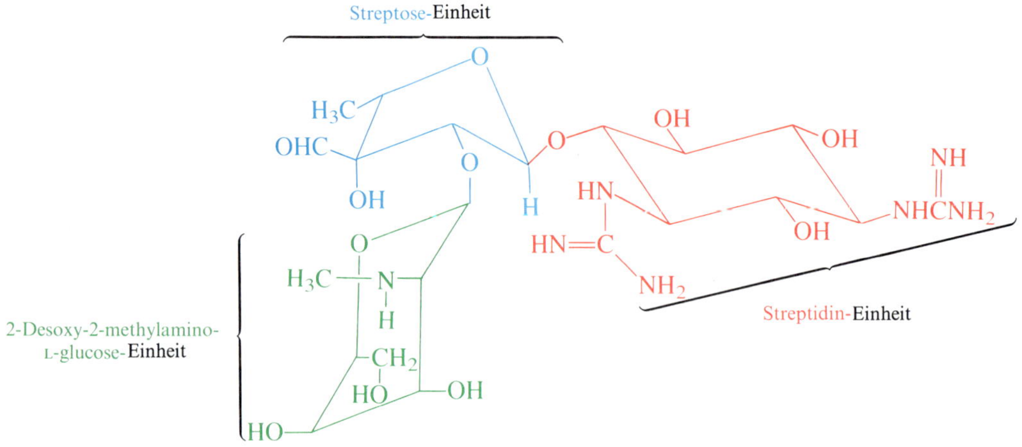

Streptose-Einheit

2-Desoxy-2-methylamino-L-glucose-Einheit

Streptidin-Einheit

Streptomycin

Das Molekül besteht aus drei Untereinheiten, von denen zwei Zucker sind: der Furanose Streptose und dem Glucosederivat 2-Desoxy-2-methylamino-L-glucose (einer der seltenen natürlich vorkommenden L-Zucker). Die dritte Untereinheit ist ein sechsfach substituiertes Cyclohexan.

Zusammenfassend können wir sagen, daß Saccharose ein Disaccharid ist, das sich von der α-D-Glucopyranose und der β-D-Fructofuranose durch Verknüpfung der anomeren Zentren ableitet. Bei der Hydrolyse dieses Dimers ändert der Drehwert sein Vorzeichen (Rohrzucker-Inversion), da die Verbindung hierdurch in die beiden Monomereinheiten zerlegt wird, die Mutarotation zeigen. Das Disaccharid Maltose ist ein Dimer der Glucose, in dem beide Komponenten über eine Kohlenstoff-Sauerstoff-Bindung zwischen dem α-anomeren Kohlenstoff des einen Glucosemoleküls und C-4 des zweiten verknüpft sind. Die Struktur der Cellobiose ist mit der der Maltose fast identisch, mit dem Unterschied, daß der Kohlenstoff der Acetalgruppe β-Konfiguration hat. In der Lactose ist β-D-Galactose mit Glucose in derselben Weise wie in der Cellobiose verknüpft. Die Polysaccharide Cellulose, Stärke und Glycogen sind alle Polyglucoside. Die Cellulose ist aus sich wiederholenden dimeren Cellobiose-Einheiten aufgebaut, Stärke ist hingegen eine Polymaltose. Das Molekül des Amylopektins, einer der beiden Stärkekomponenten, ist in relativ regelmäßigen Abständen verzweigt. Hierdurch wird, ebenso wie beim Glycogen, der enzymatische Abbau recht kompliziert. Beim Metabolismus dieser Polymere entsteht zunächst monomere Glucose, die dann zu 2-Oxopropansäure (Brenztraubensäure) oxidiert wird. Je nach Art des Organismus und der physiologischen Bedingungen kann das Molekül dann weiter zu CO_2 und H_2O oxidiert oder zu 2-Hydroxypropansäure (Milchsäure) bzw. Ethanol reduziert werden. Schließlich kommen viele Zucker in der Natur in modifizierter Form oder auch als Anhängsel an andere Strukturen vor. Beispiele hierfür sind Aminozucker, Glycosylamine, Amygdalin und Adriamycin. Die Aminoglycosid-Antibiotika sind aus Zucker- und carbocyclischen Einheiten aufgebaut.

Zusammenfassung neuer Reaktionen

1 Cyclische Halbacetalbildung bei Zuckern

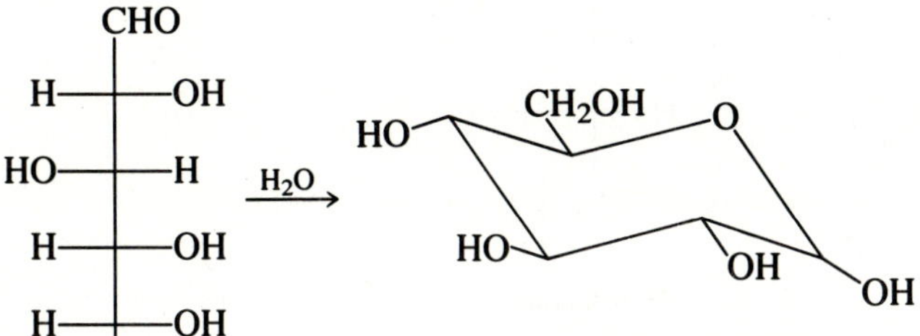

CHO, H–OH, HO–H, H–OH, H–OH, CH_2OH $\xrightarrow{H_2O}$ (Ring: CH_2OH, O, HO, HO, OH, OH)

α- und β-Glucopyranosen

2 Mutarotation

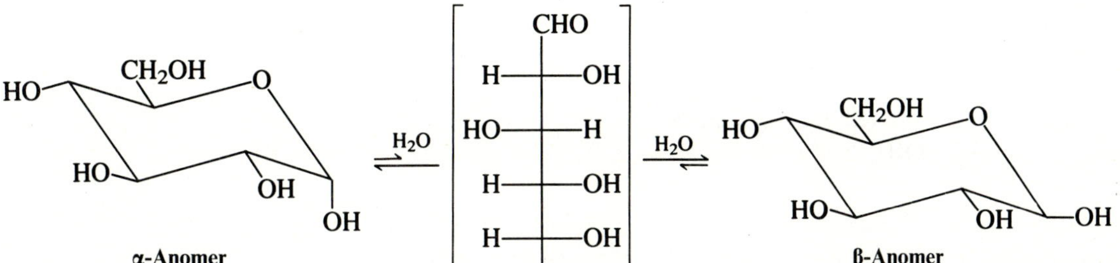

α-Anomer
$[\alpha]_D^{25\,°C} = +112°$

$\underset{H_2O}{\rightleftharpoons}$ [CHO, H–OH, HO–H, H–OH, H–OH, CH_2OH] $\underset{H_2O}{\rightleftharpoons}$

β-Anomer
$[\alpha]_D^{25\,°C} = +18.7°$

Gleichgewicht $[\alpha]_D^{25\,°C} = +52.7°$

3 Oxidation

Tests auf reduzierende Zucker:

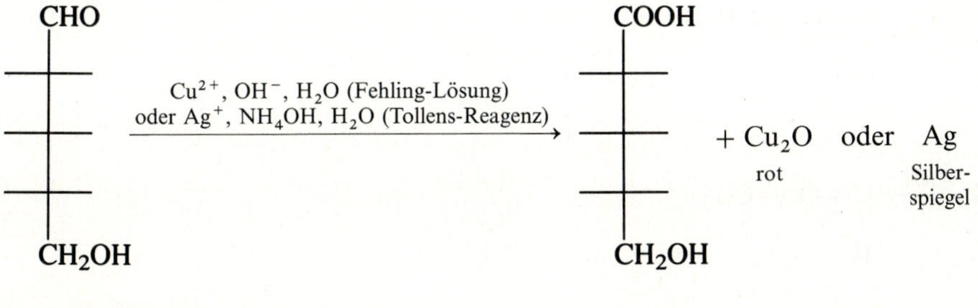

CHO … CH_2OH $\xrightarrow[\text{oder } Ag^+,\ NH_4OH,\ H_2O \text{ (Tollens-Reagenz)}]{Cu^{2+},\ OH^-,\ H_2O \text{ (Fehling-Lösung)}}$ COOH … CH_2OH $+ Cu_2O$ (rot) oder Ag (Silberspiegel)

Synthese von Aldonsäuren:

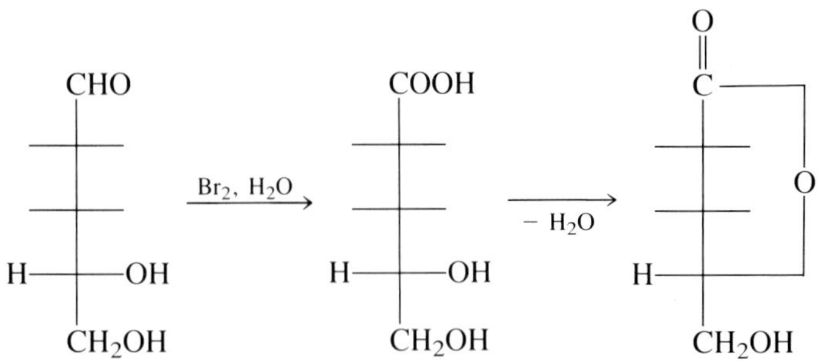

CHO, H—C—OH, CH_2OH $\xrightarrow{Br_2,\ H_2O}$ COOH, H—C—OH, CH_2OH $\xrightarrow[-\ H_2O]{}$ C=O / O, H—C, CH_2OH

Aldonsäure **γ-Lacton**

Synthese von Aldarsäuren:

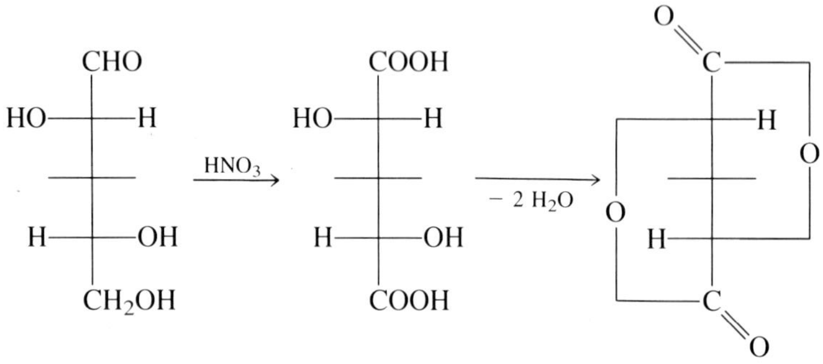

CHO, HO—C—H, H—C—OH, CH_2OH $\xrightarrow{HNO_3}$ COOH, HO—C—H, H—C—OH, COOH $\xrightarrow[-\ 2\ H_2O]{}$ O=C, —H, O, O, H—, C=O

Aldarsäure **Di-γ-lacton**

4 Zuckerabbau

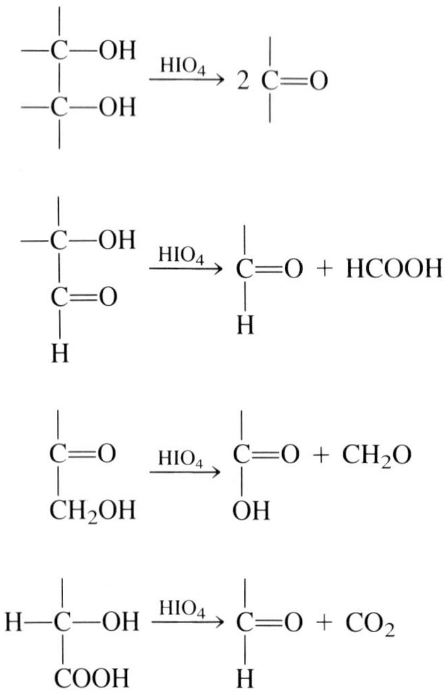

$$-\overset{|}{\underset{|}{C}}-OH \; / \; -\overset{|}{\underset{|}{C}}-OH \xrightarrow{HIO_4} 2\ \overset{|}{\underset{|}{C}}=O$$

$$-\overset{|}{C}-OH \; / \; \underset{H}{C}=O \xrightarrow{HIO_4} \overset{|}{\underset{H}{C}}=O + HCOOH$$

$$\overset{|}{C}=O \; / \; CH_2OH \xrightarrow{HIO_4} \overset{|}{\underset{OH}{C}}=O + CH_2O$$

$$H-\overset{|}{C}-OH \; / \; COOH \xrightarrow{HIO_4} \overset{|}{\underset{H}{C}}=O + CO_2$$

5 Reduktion

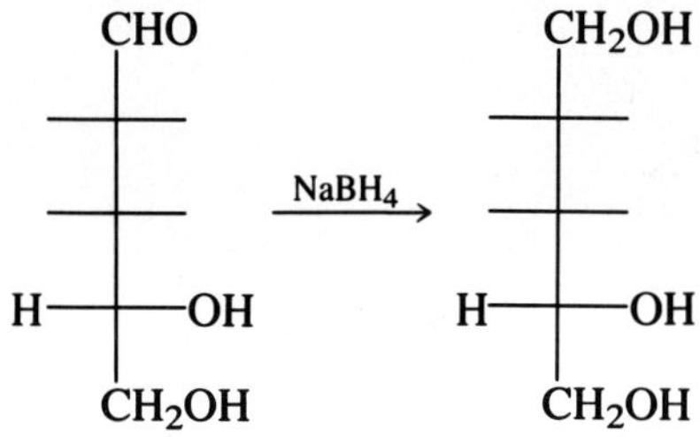

CHO
H—C—OH
CH_2OH

$\xrightarrow{NaBH_4}$

CH_2OH
H—C—OH
CH_2OH

6 Hydrazone und Osazone

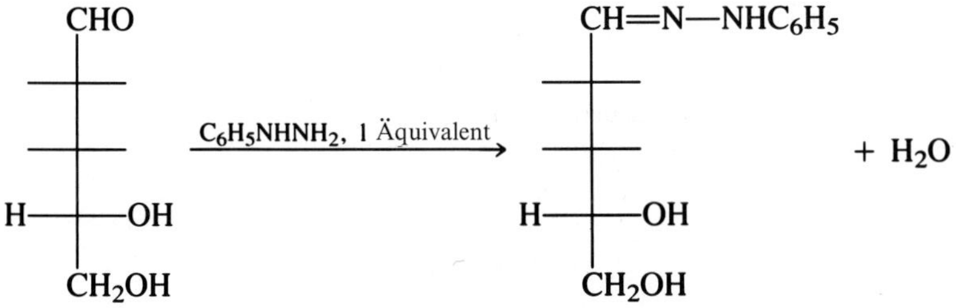

CHO
H—C—OH
CH_2OH

$\xrightarrow{C_6H_5NHNH_2,\ 1\ \text{Äquivalent}}$

$CH{=}N{-}NHC_6H_5$
H—C—OH
CH_2OH
Phenylhydrazon

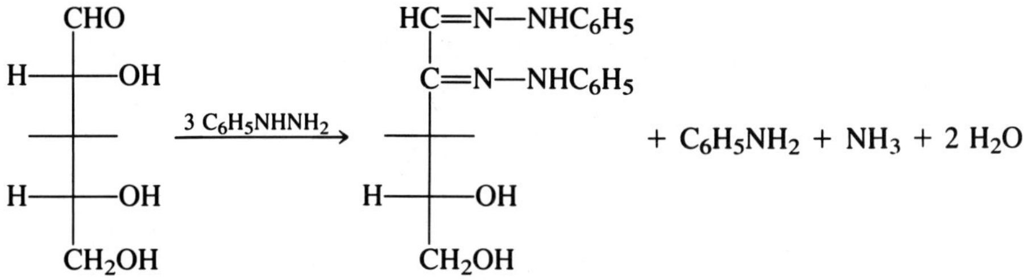

+ H_2O

CHO
H—C—OH
H—C—OH
CH_2OH

$\xrightarrow{3\ C_6H_5NHNH_2}$

$HC{=}N{-}NHC_6H_5$
$C{=}N{-}NHC_6H_5$
H—C—OH
CH_2OH
Osazon

+ $C_6H_5NH_2$ + NH_3 + $2\ H_2O$

7 Ester

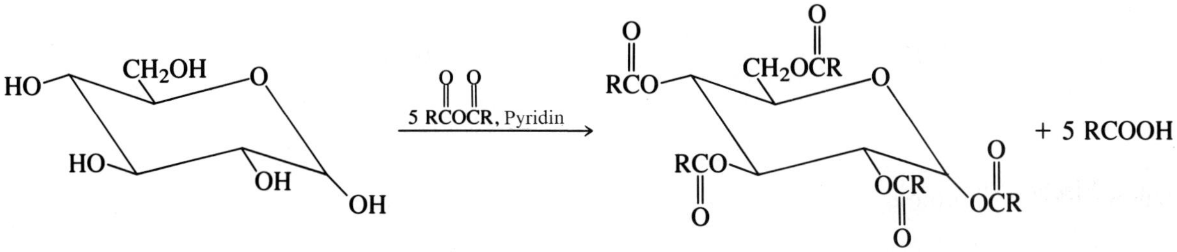

HO, CH_2OH, O, HO, OH, OH

α- und β-Anomere

$\xrightarrow{5\ RCOCR\ (O\ O),\ \text{Pyridin}}$

RCO (O), CH_2OCR (O), O, RCO (O), OCR (O), OCR (O)

α- und β-Anomere

+ 5 RCOOH

8 Glycoside

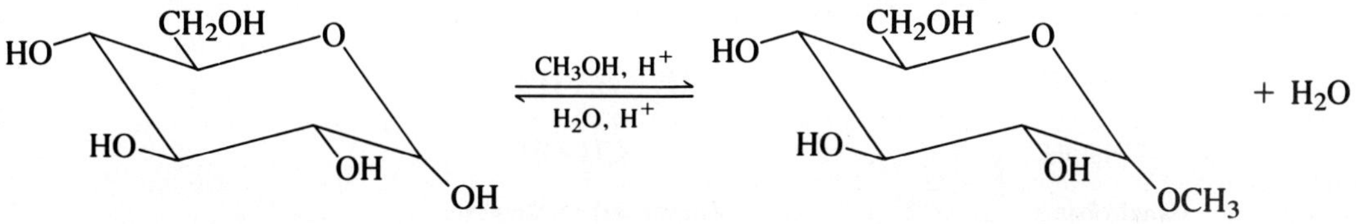

HO, CH_2OH, O, HO, OH, OH

α- und β-Anomere

$\underset{H_2O,\ H^+}{\overset{CH_3OH,\ H^+}{\rightleftharpoons}}$

HO, CH_2OH, O, HO, OH, OCH_3

α- und β-Anomere

+ H_2O

9 Ether

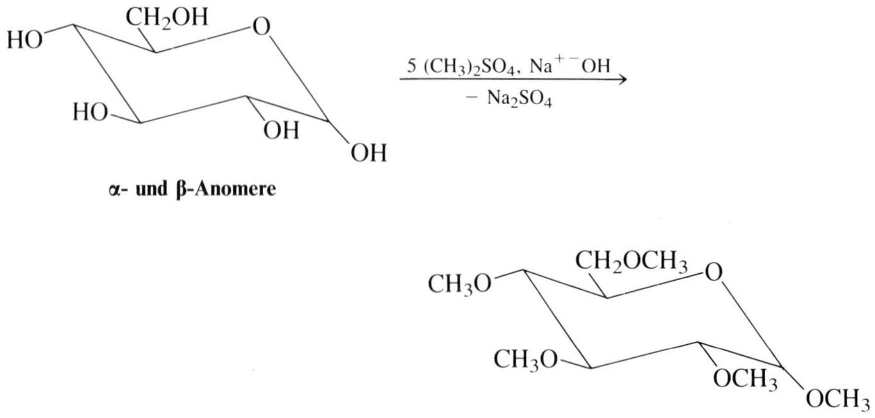

$\xrightarrow[- Na_2SO_4]{5\ (CH_3)_2SO_4,\ Na^+\ ^-OH}$

α- und β-Anomere

α- und β-Anomere

10 Cyclische Acetale

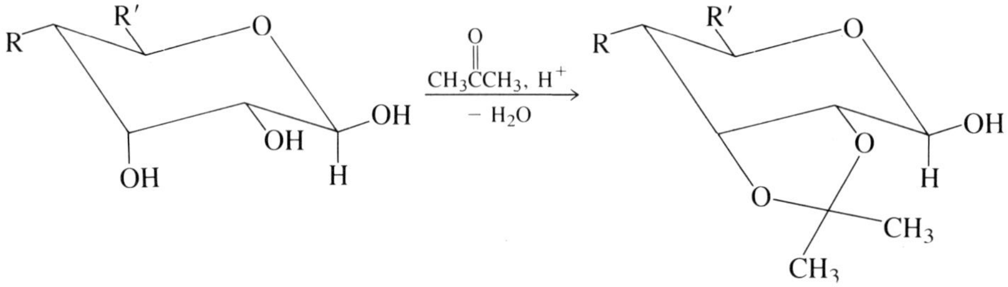

$\xrightarrow[- H_2O]{CH_3COCH_3,\ H^+}$

11 Cyclische Carbonate

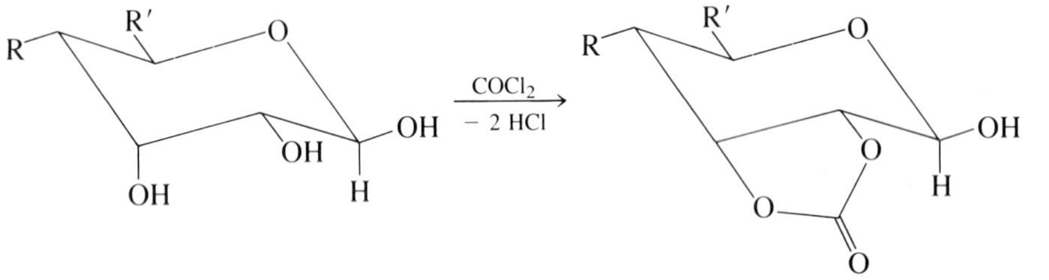

$\xrightarrow[- 2\ HCl]{COCl_2}$

12 Kiliani-Fischer-Synthese

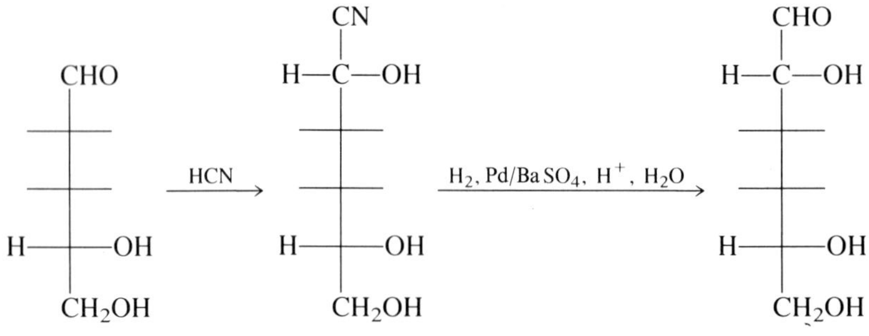

$\xrightarrow{HCN}$

$\xrightarrow{H_2,\ Pd/BaSO_4,\ H^+,\ H_2O}$

Zucker **Cyanhydrin** **Zucker mit verlängerter C-Kette**

13 Wohl-Abbau

$$\begin{array}{c} CHO \\ H-\!\!\!-\!\!\!-OH \\ -\!\!\!-\!\!\!- \\ H-\!\!\!-\!\!\!-OH \\ CH_2OH \end{array} \xrightarrow[-\,H_2O]{NH_2OH} \begin{array}{c} CH{=}NOH \\ H-\!\!\!-\!\!\!-OH \\ -\!\!\!-\!\!\!- \\ H-\!\!\!-\!\!\!-OH \\ CH_2OH \end{array} \xrightarrow{CH_3\overset{O}{\overset{\|}{C}}O\overset{O}{\overset{\|}{C}}CH_3} \begin{array}{c} N{\equiv}C \\ H-\!\!\!-\!\!\!-O\overset{O}{\overset{\|}{C}}CH_3 \\ -\!\!\!-\!\!\!- \\ H-\!\!\!-\!\!\!-O\overset{O}{\overset{\|}{C}}CH_3 \\ CH_2O\underset{O}{\underset{\|}{C}}CH_3 \end{array} \xrightarrow[-\,CH_3COO^-Na^+,\ -\,NaCN]{CH_3ONa,\ CH_3OH} \begin{array}{c} CHO \\ -\!\!\!-\!\!\!- \\ H-\!\!\!-\!\!\!-OH \\ CH_2OH \end{array}$$

Zucker — **Oxim** — **geschütztes Cyanhydrin** — **Zucker mit verkürzter C-Kette**

14 Ruff-Abbau

$$\begin{array}{c} CHO \\ H-\!\!\!-\!\!\!-OH \\ -\!\!\!-\!\!\!- \\ H-\!\!\!-\!\!\!-OH \\ CH_2OH \end{array} \xrightarrow{Br_2,\ H_2O} \begin{array}{c} COOH \\ H-\!\!\!-\!\!\!-OH \\ -\!\!\!-\!\!\!- \\ H-\!\!\!-\!\!\!-OH \\ CH_2OH \end{array} \xrightarrow[-\,CO_2]{Fe^{3+},\ H_2O_2} \begin{array}{c} CHO \\ -\!\!\!-\!\!\!- \\ H-\!\!\!-\!\!\!-OH \\ CH_2OH \end{array}$$

Zusammenfassung

1 Kohlenhydrate sind natürlich vorkommende Polyhydroxycarbonylverbindungen, die als Monomere, Dimere, Oligomere und Polymere auftreten können.

2 Monosaccharide bezeichnet man als Aldosen, wenn sie eine Aldehydgruppe, und als Ketosen, wenn sie eine Ketogruppe enthalten. Die Kettenlänge gibt man durch die Vorsilben tri-, tetr-, pent-, hex- usw. an.

3 Die allermeisten natürlichen Kohlenhydrate gehören zur D-Reihe; das bedeutet, daß das Chiralitätszentrum, das am weitesten von der Carbonylgruppe entfernt ist, dieselbe Konfiguration wie das chirale Kohlenstoffatom des (*R*)-(+)-2,3-Dihydroxypropanals [D-(+)-Glycerinaldehyd] hat.

4 Bei den Kohlenhydraten liegt die offenkettige Form mit freier Carbonylgruppe im Gleichgewicht mit der entsprechenden fünfgliedrigen (Furanose) oder sechsgliedrigen (Pyranose) cyclischen Halbacetalform vor. Das neue Chiralitätszentrum, das bei der Cyclisierung entsteht, nennt man das anomere Kohlenstoffatom und man bezeichnet die beiden Anomere als α und β.

5 Löst man ein reines Anomer eines Zuckers in einem Lösungsmittel, ändert sich die optische Drehung so lange, bis es zur Gleichgewichtseinstellung mit dem anderen Anomer gekommen ist. Diesen Vorgang bezeichnet man als Mutarotation.

6 Die Monosaccharide zeigen alle für Carbonyl-, Alkohol- und Halbacetalgruppen typischen Reaktionen. Hierzu gehört die Oxidation des Aldehyds zur Carboxyfunktion der Aldonsäure, die zweifache Oxidation zu den Aldarsäuren, die oxidative Spaltung von vicinalen Diol-Einheiten, die Reduktion zu Alditolen, Kondensationen, Veresterungen und Acetalbildung.

7 Die Synthese höherer Zucker basiert auf der Kiliani-Fischer-Kettenverlängerung, wobei das neue Kohlenstoffatom über ein Cyanid-Ion eingeführt wird. Zucker mit kürzerer Kette erhält man über den Wohl- oder Ruff-Abbau, bei denen ein endständiger Kohlenstoff entweder als Cyanid-Ion oder als CO_2 abgespalten wird.

8 Über Kettenverlängerungs- und verkürzungsreaktionen und anhand der Symmetrie-Eigenschaften der Aldarsäuren lassen sich strukturelle Korrelationen in der Reihe der Aldosen aufstellen.

9 Di- und höhere Saccharide entstehen durch Etherbildung zwischen Monosacchariden, an der Etherbrücke ist normalerweise mindestens eine Hydroxygruppe eines anomeren Kohlenstoffs beteiligt.

10 Die Änderung des Drehwerts der Saccharose (Rohrzucker-Inversion), die man in wässrigen Säurelösungen beobachtet, ergibt sich aus der Einstellung des Gleichgewichts zwischen dem Ausgangszucker und den verschiedenen cyclischen und anomeren Formen der beiden Monomer-Bausteine.

11 Viele Zucker enthalten ein modifiziertes Grundgerüst. Hydroxygruppen können durch Aminogruppen ersetzt sein, an das anomere Kohlenstoffatom können Substituenten unterschiedlicher Größe und Komplexität (Aglycone) gebunden sein, im Grundgerüst eines Zuckers können Sauerstoffatome fehlen, und der Zucker kann L-Konfiguration haben (selten).

Aufgaben

1 Zu welcher Klasse von Zuckern gehören die folgenden Monosaccharide? Welche sind D-, welche sind L-Zucker?

(a)
CHO
H—OH
$HOCH_2$—OH
CH_2OH

(+)-Apiose

(b)
CHO
H—OH
H—OH
HO—H
HO—H
CH_3

(−)-Rhamnose

(c)
CH_2OH
=O
HO—H
HO—H
H—OH
H—OH
CH_2OH

(+)-Mannoheptulose

2 Die Bezeichnung D und L bezieht sich bei Zuckern auf die Konfiguration des am weitesten von der Carbonylgruppe entfernten Chiralitätszentrum. Ändert man die Konfiguration an diesem Zentrum bei der D-Ribose (s. Abb. 23-1) von D nach L, erhält man dann als Produkt L-Ribose? Wenn nicht, welches Produkt ergibt sich? In welcher Beziehung steht es zur D-Ribose (um was für einen Typ von Isomeren handelt es sich)?

3 Zeichnen Sie offenkettige (Fischer-Projektion) Strukturen von L-(+)-Ribose und (L)-(−)-Glucose (s. Übung 23-2). Wie heißen diese Zucker systematisch?

4 Identifizieren Sie die folgenden Zucker, die durch unkonventionell gezeichnete Fischer-Projektionen dargestellt sind. Hinweis: bei der Überführung in „normalere" Darstellungen darf die Konfiguration an *keinem* Chiralitätszentrum verändert werden.

(a)
H
$HOCH_2$—CHO
OH

(b)
CH_2OH
=O
$HOCH_2$—H
OH

(c)
CH_2OH
HO—H
HO—H
H—OH
HO—H
CHO

(d)

	HO	
H	—	CHO
$HOCH_2$	—	H
	OH	

(e)

	H	
OHC	—	OH
H	—	OH
$HOCH_2$	—	OH
	H	

5 Zeichnen Sie die folgenden Zucker als offenkettige Fischer-Projektionen und geben Sie deren Trivialnamen an.

(a)

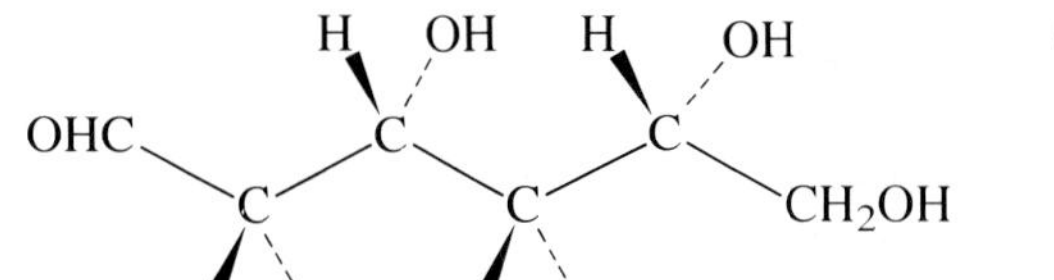

(b) $HOCH_2$, O, H, H, H, OH, OH, HO, CH_2OH

(c) CH_2OH, O, HO, H, H, H, HO, H, OH, OH, H

(d)

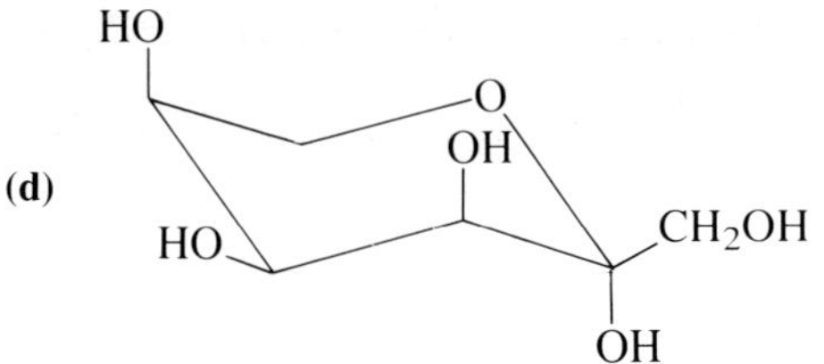

6 Zeichnen Sie für die folgenden Zucker (i) alle möglichen cyclischen Strukturen, benutzen Sie dabei entweder Haworth- oder Konformationsformeln, (ii) geben Sie an, welche Strukturen Pyranosen, welche Furanosen sind und (iii) zeichnen Sie α- und β-Anomere.

(a) (−)-Threose
(b) (−)-Allose(e)
(c) (−)-Ribulose.
(d) (+)-Sorbose
(e) (+)-Mannoheptulose (Aufgabe 1).

7 Zeigen einige der Zucker aus Aufgabe 5 keine Mutarotaton? Warum?

8 Zeichnen Sie die stabilste Konformation der folgenden Zucker in der Pyranoseform.

(a) α-D-Arabinose
(b) β-D-Galactose
(c) β-D-Mannose
(d) α-D-Idose.

9 Welche Produkte entstehen Ihrer Meinung nach, wenn die folgenden Zucker mit (i) Br_2, H_2O; (ii) HNO_3, H_2O, 60 °C; (iii) $NaBH_4$ und (iv) mit einem Überschuß $C_6H_5NHNH_2$, CH_3CH_2OH, Δ, reagieren. Geben Sie die Trivialnamen aller Produkte an.

(a) D-(−)-Threose
(b) D-(+)-Xylose.
(c) D-(+)-Galactose

10 Zeichnen Sie die Fischer-Projektion einer Aldohexose, die dasselbe Osazon wie **(a)** D-(−)-Idose und **(b)** L-(−)-Altrose ergibt.

11 **(a)** Welche der Aldopentosen (s. Abb. 23-1) ergeben bei der Reduktion mit $NaBH_4$ optisch aktive Alditole?

(b) Erklären Sie am Beispiel der D-Fructose die Ergebnisse der $NaBH_4$-Reduktion einer Ketose. Ist die Situation komplizierter als bei der Reduktion einer Aldose? Geben Sie eine Erklärung.

12 Welche der folgenden Glucosen und Glucosederivate zeigen Mutarotation?

(a) α-D-Glucopyranose.
(b) Methyl- α-D-glucopyranosid.
(c) Methyl-2,3,4,6-tetra-*O*-methyl-α-D-glucopyranosid (also der Tetramethylether an C-2, C-3, C-4 und C-6).
(d) 2,3,4,6-Tetra-*O*-methyl-α-D-glucopyranose.
(e) α-D-Glucopyranose-1,2-monopropanon-Acetal

13 **(a)** Warum läßt sich der Sauerstoff an C-1 bei einer Aldopyranose soviel leichter methylieren als die anderen Sauerstoffatome im Molekül?
(b) Warum kann die Methylethergruppe an C-1 bei einer vollständig methylierten Aldopyranose weitaus leichter als die anderen Methyletherfunktionen hydrolysiert werden?
(c) Welches Produkt (welche Produkte) entstehen bei der folgenden Reaktion?

$$\text{D-Fructose} \xrightarrow{CH_3OH,\ 0.25\%\ HCl,\ H_2O}$$

14 Zwei der vier Aldopentosen bilden beim Behandeln mit einem Überschuß saurem Propanon (Aceton) spontan Diacetale, die anderen beiden nur Monoacetale. Erklären Sie, warum.

15 **(a)** Ein Gemisch von (*R*)-2,3-Dihydroxypropanal (D-Glycerinaldehyd) und 1,3-Dihydroxypropanon (1,3-Dihydroxyaceton) gibt beim Behandeln mit wässriger NaOH rasch ein Gemisch dreier Zucker: D-Fructose, D-Sorbose und racemischer Dendroketose (am Rand ist nur ein Enantiomer gezeigt.) Erklären Sie dieses Ergebnis mit einem detaillierten Mechanismus.
(b) Das gleiche Produktgemisch erhält man auch, wenn man den Aldehyd oder das Keton allein mit Base behandelt. Wie ist das zu erklären? Hinweis: Sehen Sie sich genau die Zwischenprodukte in Ihrem Mechanismus für Teil **a** an.

CH_2OH
=O
H—OH
$HOCH_2$—OH
CH_2OH

Dendroketose

16 Ein entscheidender Schritt beim Kohlenhydrat-Metabolismus ist die enzymatische Überführung von D-Fructose-1,6-diphosphat in die beiden gezeigten Monophosphate mit kürzerer Kette:

$CH_2OP(O)(OH)_2$ / =O / HO—H / H—OH / H—OH / $CH_2OP(O)(OH)_2$ $\xrightarrow{\text{Enzym}}$ $CH_2OP(O)(OH)_2$ / =O / CH_2OH + CHO / H—OH / $CH_2OP(O)(OH)_2$

Es gibt eine nicht enzymkatalysierte Reaktion, bei der derselbe Typ von Bindungsöffnung stattfindet. Wie nennt man diese Umsetzung? Demonstrieren Sie den nichtenzymatischen Mechanismus anhand der gezeigten Kohlenhydratstrukturen. Hinweis: schlagen Sie in Abschn. 16.3 nach.

17 Schreiben Sie die fehlenden Reagenzien und Strukturen von **a** bis **g** auf oder zeichnen Sie sie. Was ist der Trivialname von **g**?

$$\text{D-(+)-Xylose} \xrightarrow{\textbf{(a)}} \underset{\text{D-Xylonsäure}}{\textbf{(b)}} \xrightarrow{\textbf{(c)}} \underset{\text{Methyl-D-xylonat}}{\textbf{(d)}} \xrightarrow{NH_3,\ \Delta} \underset{\textbf{(e)}}{C_5H_{11}NO_5} \xrightarrow{Br_2,\ NaOH} CO_2 + \underset{\textbf{(f)}}{C_4H_{11}NO_4} \xrightarrow{\Delta} NH_3 + \underset{\textbf{(g)}}{C_4H_8O_4}$$

Bei der gezeigten Reaktionsfolge (dem Weerman-Abbau) entsteht dasselbe Endprodukt wie bei welchen in diesem Kapitel beschriebenen Verfahren?

18 D-Sedoheptulose ist ein Zucker, der bei einem Abbaucyclus (dem *Pentose-Oxidations-Cyclus*) im Körper eine Rolle spielt. In diesem Cyclus wird Glucose in 2,3-Dihydroxypropanal (Glycerinaldehyd) und drei Äquivalente CO_2 überführt. Bestimmen Sie die Struktur der D-Sedoheptulose aufgrund der folgenden Informationen.

(i) D-Sedoheptulose $\xrightarrow{6\ HIO_4}$ 4 $\overset{O}{\overset{\|}{H C O H}}$ + 2 $\overset{O}{\overset{\|}{H C H}}$ + CO_2

(ii) D-Sedoheptulose $\xrightarrow{C_6H_5NHNH_2}$ ein Osazon, identisch mit dem aus Aldoheptose A gebildeten Osazon.

(iii) Aldoheptose A $\xrightarrow{\text{Ruff-Abbau}}$ Aldohexose B

(iv) Aldohexose B $\xrightarrow{HNO_3,\ H_2O,\ \Delta}$ optisch aktives Produkt

(v) Aldohexose B $\xrightarrow{\text{Ruff-Abbau}}$ D-Ribose

19 Sie führen eine Kiliani-Fischer-Synthese an D-Talose durch. Wie viele Produkte entstehen? Zeichnen Sie ihre Struktur(en). Gibt das Produkt (geben die Produkte) beim Behandeln mit warmer HNO_3 optisch aktive oder inaktive Dicarbonsäuren?

20 Schreiben Sie einen plausiblen Mechanismus für den Decarboxylierungsschritt beim Ruff-Abbau.

21 Der Fischersche Konfiguratonsbeweis war in Wahrheit experimentell viel schwieriger durchzuführen, als in Abschn. 23.3 dargestellt ist. So waren Glucose, Mannose und Arabinose die einzigen Zucker, die Fischer ohne Schwierigkeiten aus natürlichen Quellen erhalten konnte. (Erythrose und Threose waren damals überhaupt noch nicht bekannt.) Für seinen genialen Lösungsweg brauchte er Gulose, damit er den entscheidenden Vergleich der Dicarbonsäuren, den wir am Ende des Abschnitts beschrieben haben, anstellen konnte. Leider tritt Gulose nicht in der Natur auf, Fischer mußte sie synthetisieren. Seine Synthese, ausgehend von Glucose, war schwierig, da er an entscheidender Stelle ein problematisches Produktgemisch erhielt. Heutzutage ist Gulose z. B. über die folgende Synthese zugänglich.

Zeichnen Sie die fehlenden Reagenzien und Strukturen **a** bis **g** oder schreiben Sie sie auf. Beachten Sie die Anweisungen und Hilfestellungen in Klammern.

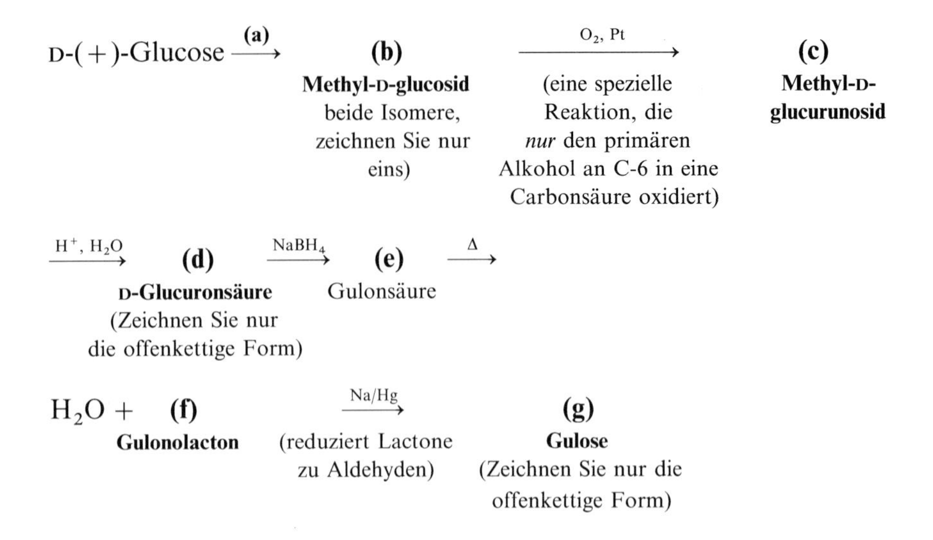

Ist die Gulose, die Fischer aus D-Glucose synthetisiert hat, ein L- oder ein D-Zucker? (Seien Sie vorsichtig, Fischer selbst hat sich zunächst vertan, was jahrelang zur *allgemeinen* Verwirrung führte.)

22 **(a)** Schreiben Sie einen detaillierten Mechanismus für die Isomerisierung von β-D-Fructofuranose, die durch Hydrolyse von Saccharose entsteht, in das Gleichgewichtsgemisch der β-Pyranose- und β-Furanoseformen.
(b) Obwohl Fructose in Oligo- und Polysacchariden gewöhnlich als Furanose vorliegt, nimmt sie in reiner kristalliner Form die β-Pyranoseform ein. Zeichnen Sie β-D-Fructopyranose in der stabilsten Konformation. In Wasser besteht das Gleichgewichtsgemisch bei 20 °C aus 80% Pyranose und 20 % Furanose.
(c) Wie groß ist der Unterschied der freien Enthalpie zwischen Pyranose- und Furanoseform bei dieser Temperatur?
(d) Reine β-D-Fructopyranose hat einen spezifischen Drehwert $[\alpha]_D^{20\,°C} = -132°$. Das Gleichgewichtsgemisch Pyranose-Furanose ein $[\alpha]_D^{20\,°C} = -92°$. Berechnen Sie $[\alpha]_D^{20\,°C}$ für reine β-D-Fructofuranose.

23 Geben Sie an, ob die folgenden Zucker und Zuckerderivate reduzierend oder nichtreduzierend sind.

(a) D-Glycerinaldehyd.
(b) D-Arabinose.
(c) β-D-Arabinopyranose-3,4-Monopropanon-Acetal.
(d) β-D-Arabinopyranose-Propanon-Diacetal.
(e) D-Ribulose.
(f) D-Galactose.
(g) Methyl-β-D-galactopyranosid.
(h) β-D-Galacturonsäure.
(i) β-Cellobiose.
(j) α-Lactose.

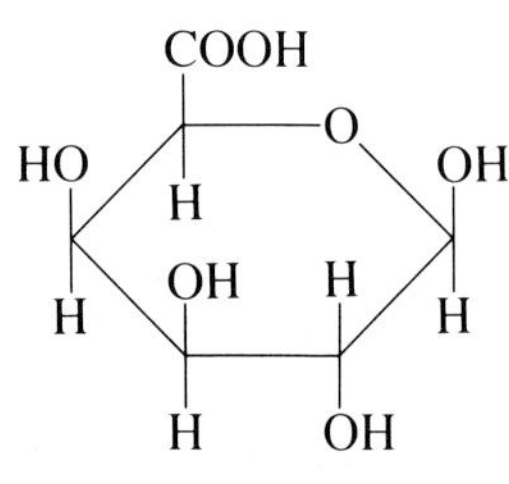

β-D-Galacturonsäure

24 Warum ist Raffinose (s. Abschn. 23.4) ein nichtreduzierender Zucker?

25 Zeigt α-Lactose Mutarotation? Veranschaulichen Sie den Prozeß anhand von Strukturformeln.

26 Trehalose, Sophorose und Turanose sind Disaccharide. Trehalose findet man in den Kokkons einiger Insekten, Sophorose tritt in einigen Bohnenarten auf und Turanose ist ein Inhaltsstoff von Honigsorten, die Bienen, die mit Kiefernsaft gefüttert werden, produzieren. Im folgenden sind einige Strukturen gezeigt. Suchen Sie hieraus aufgrund der darauf folgenden Informationen (i, ii, iii) die richtigen Strukturen der drei Disaccharide heraus.

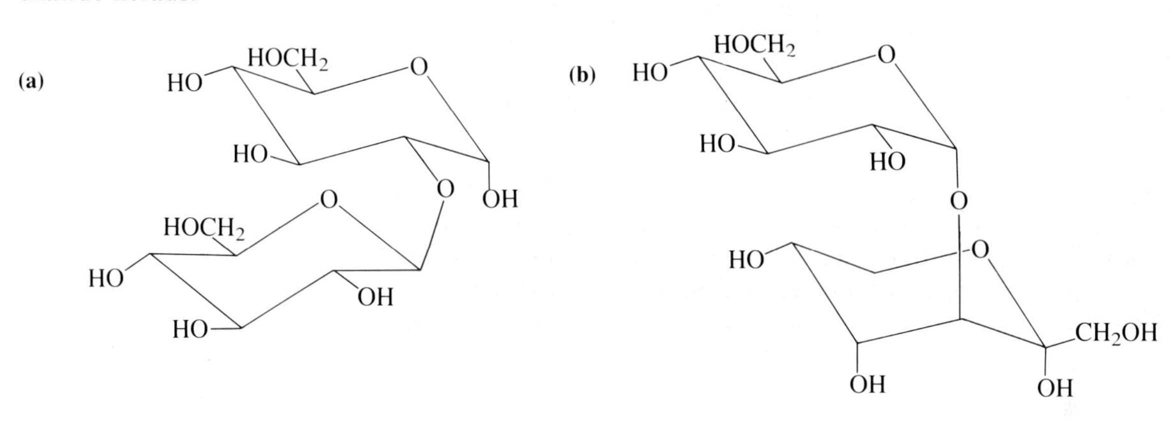

(c)

(d)

(i) Turanose und Sophorose sind reduzierende, Trehalose ein nichtreduzierender Zucker.
(ii) Bei der Hydrolyse eines Moleküls Sophorose oder Trehalose entstehen zwei Moleküle Aldose, bei der Trehalose entsteht ein Molekül Aldose, ein Molekül Ketose.
(iii) Die beiden Aldosen, aus denen Sophorose aufgebaut ist, sind Anomere voneinander.

27 Rutinose ist ein reduzierender Zucker, der Bestandteil einiger Bioflavonoide, einer Gruppe von Verbindungen, die in vielen Pflanzen vorkommt, ist. Sie sind von therapeutischem Interesse, da sie die Stärke der

Wände der Blutgefäße aufrechterhalten. Ein Rutinose-enthaltendes Bioflavonoid ist Hesperidin, das in Zitronen und Orangen auftritt.

Bei saurer Hydrolyse ergibt ein Molekül Rutinose je ein Molekül Glucose und ein Molekül Zucker C, der die Formel $C_6H_{12}O_5$ hat. Zucker C reagiert mit vier Äquivalenten HIO_4 zu drei Äquivalenten Methansäure und jeweils einem Äquivalent Methanal und Ethanal. Zucker C läßt sich wie am Rand gezeigt synthetisieren.

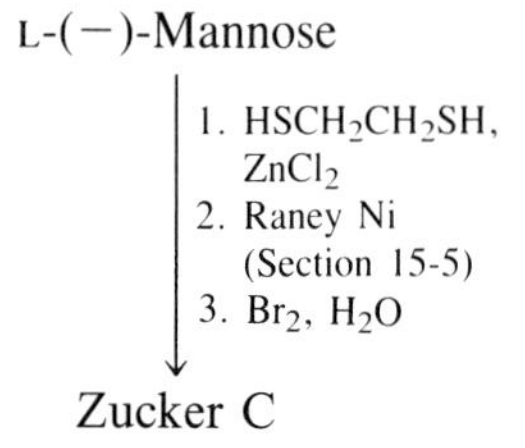

L-(−)-Mannose
1. $HSCH_2CH_2SH$, $ZnCl_2$
2. Raney Ni (Section 15-5)
3. Br_2, H_2O
Zucker C

(a) Welche Struktur hat Zucker C?
Bei der vollständigen Methylierung der Rutinose (mit einem Überschuß Dimethylsulfat) und anschließender saurer Hydrolyse erhält man ein Äquivalent Methyl-2,3,4-tri-*O*-methyl-D-glucosid und ein Äquivalent des 2,3,4-Tri-*O*-methyl-Derivats des Zuckers C.
(b) Welche Struktur (welche Strukturen) von Rutinose würden mit diesen Daten übereinstimmen?

28 Vitamin C (Ascorbinsäure) findet sich fast im gesamten Pflanzen- und Tierreich. (Nach Linus Pauling synthetisiert eine Bergziege 12 bis 14 g davon pro Tag.) Tiere produzieren Vitamin C in der Leber aus D-Glucose über eine vierstufige Synthese: D-Glucose ⟶ D-Glucuronsäure (s. Aufgabe 21) ⟶ D-Glucuronsäure-γ-lacton ⟶ L-gulonsäure-γ-lacton ⟶ Vitamin C.

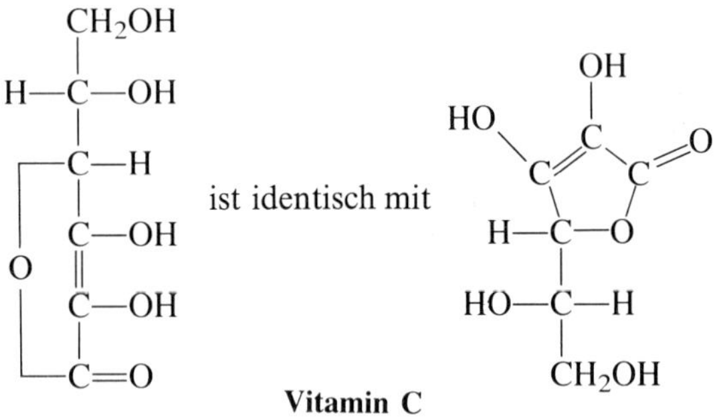

CH_2OH–CH(OH)–CH(–O–)–C(OH)=C(OH)–C(=O)–O– (Ring) ist identisch mit [Fünfring-Struktur: HO–C=C(OH)–C(=O)–O–C(H), mit Seitenkette HO–C–H, CH_2OH]

Vitamin C

Das Enzym, das die letzte Reaktion oxidiert, die sogenannte L-Gulonolacton-Oxidase, fehlt beim Menschen, einigen Affenarten, Meerschweinchen und Vögeln. Der Grund hierfür ist möglicherweise ein defektes Gen, das bei einer Mutation, die vielleicht vor 60 Millionen Jahren stattgefunden hat, entstanden ist. Daher müssen wir Menschen Vitamin C mit der Nahrung zu uns nehmen. Dabei kann es sich entweder um Vitamin C aus natürlichen Quellen oder um synthetisches handeln. Tatsächlich ist die Ascorbinsäure in fast allen Vitaminpräparaten synthetisch hergestellt. Eine Zusammenfassung einer der wichtigsten kommerziellen Synthesen ist im folgenden gezeigt. Schreiben oder zeichnen Sie die fehlenden Reagenzien und Produkte.

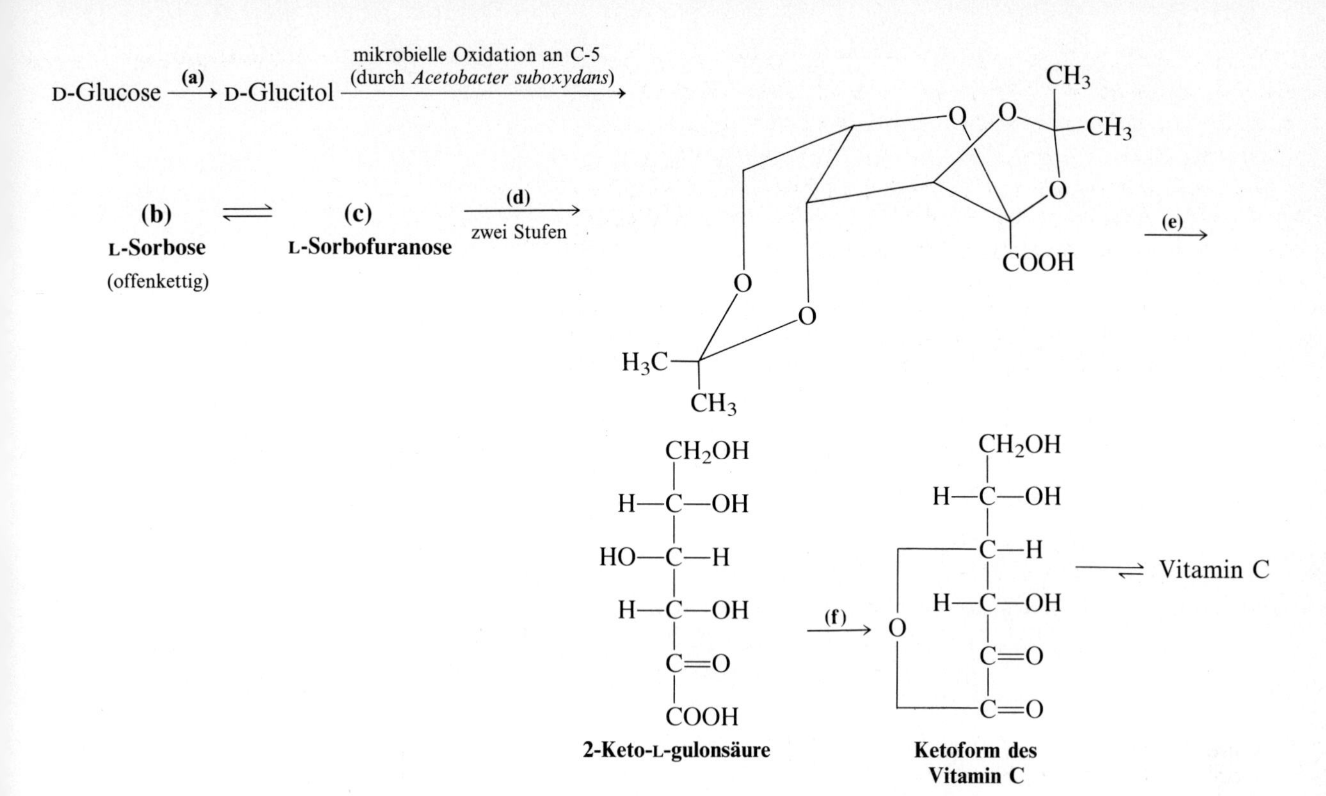

mikrobielle Oxidation an C-5
D-Glucose
(a)
D-Glucitol
(durch Acetobacter suboxydans)
(b)
L-Sorbose
(offenkettig)
(c)
L-Sorbofuranose
(d)
zwei Stufen
(e)
COOH
2-Keto-L-gulonsäure
(f)
Ketoform des
Vitamin C
Vitamin C

24 Substituierte Benzole

In den Kapiteln 22 und 23 haben wir uns hauptsächlich mit der Chemie von aliphatischen Molekülen mit zwei oder mehreren funktionellen Gruppen befaßt. Der Schwerpunkt lag dabei bei den sauerstoffhaltigen Substituenten. In diesem Kapitel weiten wir dieses Thema aus, indem wir die Reaktivität aromatischer Verbindungen mit zusätzlichen funktionellen Gruppen untersuchen. Dabei wollen wir folgende Fragen beantworten: Wie reaktiv ist der Benzolring im Vergleich zu anderen funktionellen Gruppen? Inwieweit ändert sich das Verhalten benachbarter Reaktionszentren durch das Vorhandensein eines aromatischen Rings?

24.1 Die Benzyl- (Phenylmethyl-)Gruppe ist ein Analogon zur Allyl- (2-Propenyl-)Gruppe: Resonanzstabilisierung der Benzylgruppe

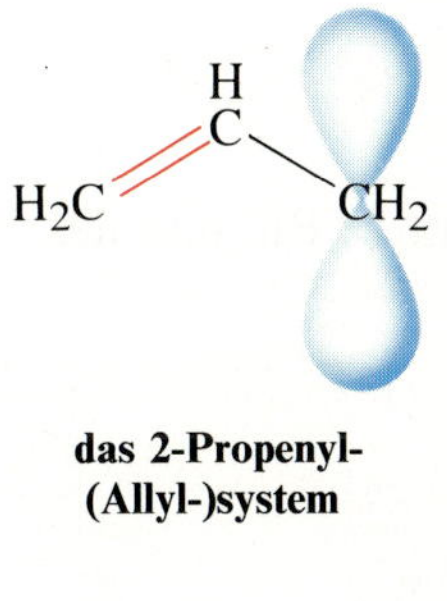

In einer vereinfachten Orbitalbetrachtung kann man die Benzyl- (Phenylmethyl-)Gruppe als Benzolring beschreiben, dessen π-System mit einem weiteren *p*-Orbital in Wechselwirkung tritt, ähnlich wie wir es im Allyl- (2-Propenyl-)System (s. Abschn. 14.1) für eine Doppelbindung beschrieben haben. Aufgrund dieser Wechselwirkung stabilisiert der Benzolring benachbarte radikalische, kationische und anionische Zentren über Resonanz.

H
C
H_2C
CH_2

das 2-Propenyl-(Allyl-)system

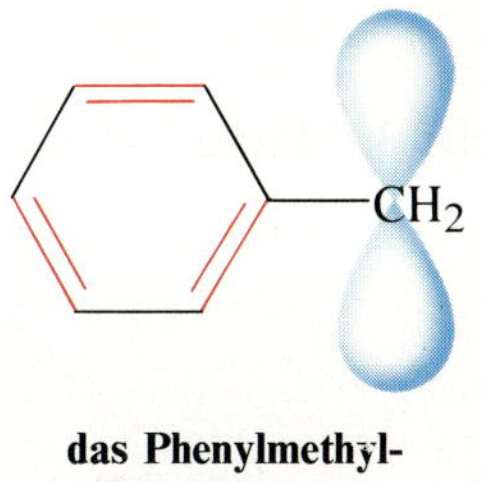

CH_2

das Phenylmethyl-(Benzyl-)system

Die Seitenketten-Halogenierung der Alkylbenzole wird durch die Resonanzstabilisierung der Benzylradikale erleichtert

Läßt man Chlor oder Brom auf Benzol einwirken, beobachtet man normalerweise keine Reaktion, wenn man nicht eine Lewis-Säure hinzugibt. Die Lewis-Säure katalysiert die Halogenierung des Rings (s. Abschn. 19.5).

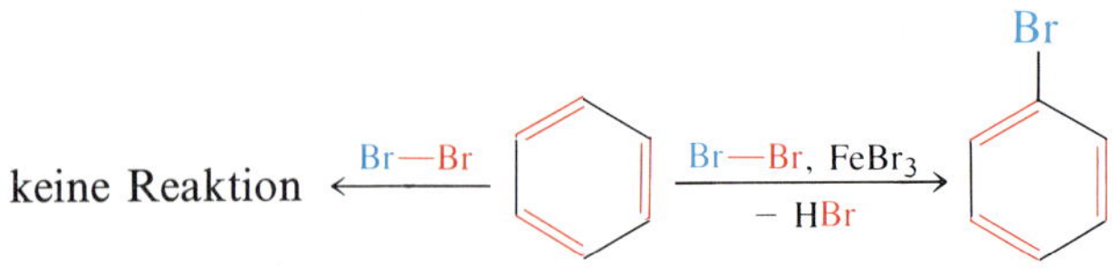

keine Reaktion $\xleftarrow{Br-Br}$ Benzol $\xrightarrow[-\ HBr]{Br-Br,\ FeBr_3}$ Brombenzol

Gibt man im Gegensatz dazu Methylbenzol (Toluol) und Chlor oder Brom zusammen, erhält man sogar in Abwesenheit eines Katalysators (obwohl Wärme oder Belichtung die Reaktion erleichtern) halogenierte Produkte. Analysiert man diese Produkte, stellt man fest, daß die Reaktion an der Methylgruppe, nicht am aromatischen Ring, abläuft. Bei einem Überschuß Halogen kann es zur Mehrfachsubstitution kommen.

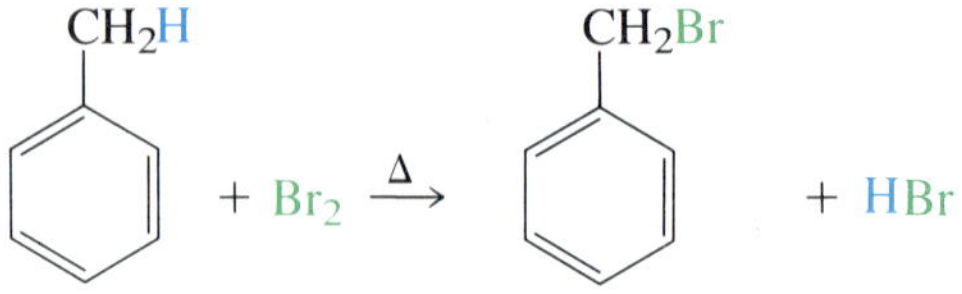

$$C_6H_5CH_2H + Br_2 \xrightarrow{\Delta} C_6H_5CH_2Br + HBr$$

(Brommethyl)-benzol

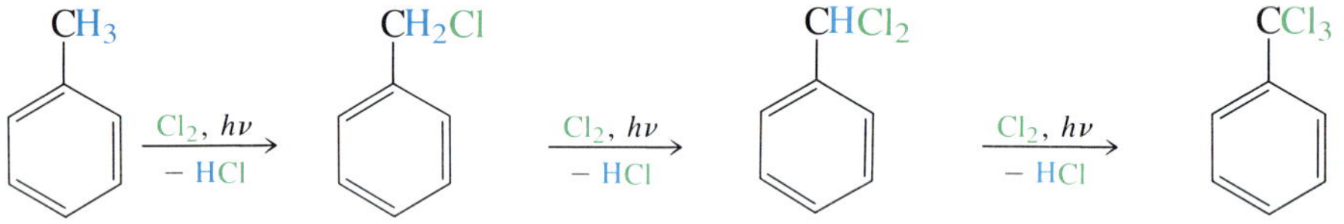

$$C_6H_5CH_3 \xrightarrow[-\ HCl]{Cl_2,\ h\nu} C_6H_5CH_2Cl \xrightarrow[-\ HCl]{Cl_2,\ h\nu} C_6H_5CHCl_2 \xrightarrow[-\ HCl]{Cl_2,\ h\nu} C_6H_5CCl_3$$

(Chlormethyl)-benzol **(Dichlormethyl)-benzol** **(Trichlormethyl)-benzol**

Bei diesen Prozessen entsteht bei der Substitution jedes Wasserstoffatoms jeweils ein Äquivalent Halogenwasserstoff. Ebenso wie die Halogenierung der Alkane (Abschn. 3.5 bis 3.8) und die Halogenierung der Alkene in Allylstellung (Abschn. 14.2) läuft auch der Mechanismus der Halogenierung der Benzylgruppe über radikalische Zwischenstufen.

Mechanismus der Halogenierung von Methylbenzol (Toluol):

Schritt 1: Dissoziation des Halogens

$$X_2 \xrightarrow{\Delta \text{ oder } h\nu} 2\ X\cdot$$

Schritt 2: Bildung des Benzylradikals

$$X\cdot + C_6H_5CH_2H \longrightarrow C_6H_5\dot{C}H_2 + HX$$

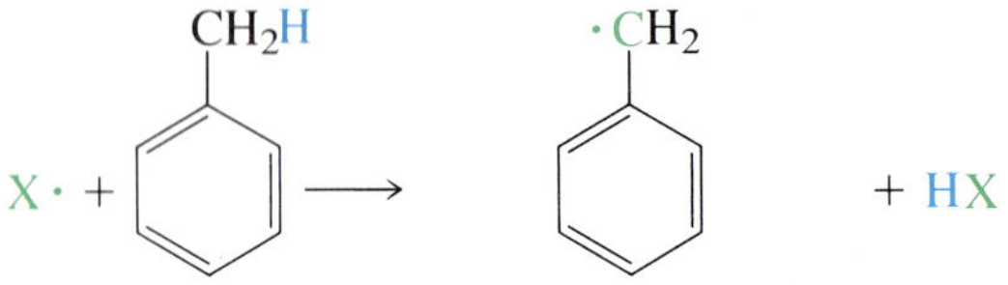

Benzylradikal

Schritt 3: Halogenierung des Benzylradikals

$$C_6H_5\dot{C}H_2 + X_2 \longrightarrow C_6H_5CH_2X + X\cdot$$

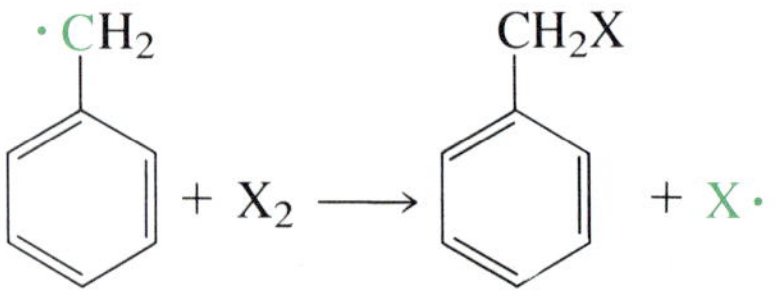

Im ersten Schritt (der durch Wärme oder Licht induziert wird) dissoziiert das Halogenmolekül in zwei Halogenatome. Eines von beiden abstrahiert dann einen Wasserstoff der Benzylgruppe, wodurch ein Benzylradikal entsteht. Dieses Zwischenprodukt reagiert dann mit einem weiteren Halogenmolekül zum Produkt (Halogenmethyl)benzol (Benzylhalogenid) und einem Halogenatom, das erneut in den Reaktionscyclus eintritt.

Die Halogenierung in Benzylstellung erfolgt deshalb so leicht, weil die benzylische C–H-Bindung relativ schwach ist: $DH^0 = 364$ kJ/mol, was nahezu dem Wert einer allylischen C–H-Bindung entspricht. Diese Bindung ist deshalb schwach, weil nach dem Bindungsbruch das π-System des Benzols mit dem benachbarten radikalischen Zentrum in Resonanz treten kann. Genau wie beim Allylradikal läßt sich dieser Effekt auf verschiedene Weise darstellen, z. B. über Resonanzstrukturen, gepunktete Linien, die das Ausmaß der Delokalisierung zeigen sollen, oder anhand der Atomorbitale (s. Abb. 24-1).

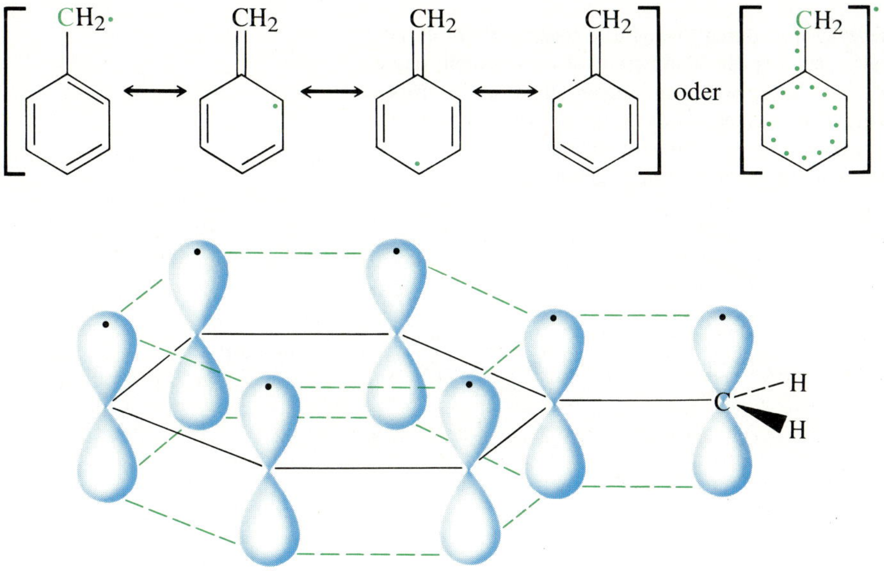

24.1 Die Benzyl- (Phenylmethyl-)Gruppe ist ein Analogon zur Allyl- (2-Propenyl-)Gruppe: Resonanzstabilisierung der Benzylgruppe

$CH_2\cdot$ ⟷ CH_2 ⟷ CH_2 ⟷ CH_2 oder CH_2

C — H — H

Abb. 24-1 Drei Möglichkeiten zur Darstellung der Delokalisierung im Benzyl- (Phenylmethyl-)Radikal.

Wenn Sie die verschiedenen Resonanzstrukturen des als Zwischenprodukt entstehenden Benzylradikals betrachten, werden Sie sich vielleicht fragen, warum der Angriff des Halogens nur an der Benzylstellung und nicht auch an der *ortho*- und *para*-Position erfolgt. Die Antwort ist einfach: Durch Reaktion an jedem anderen als dem Kohlenstoff der Benzylgruppe würde der aromatische Charakter des Benzolrings zerstört, der Übergangszustand einer solchen Reaktion wäre energetisch sehr ungünstig.

Übung 24-1

N-Brombutanimid (*N*-Bromsuccinimid, NBS) wird häufig für Bromierungen in Benzylstellung verwendet (genau wie für Bromierungen in Allylstellung, s. Abschn. 14.2). Die beiden im folgenden gezeigten Bromierungen wurden mit diesem Reagenz durchgeführt. Erklären Sie, wie die unterschiedliche Geschwindigkeit zustandekommt. Hinweis: Der Grund hierfür liegt nicht in der Struktur des Reagenz, sondern in der des radikalischen Zwischenprodukts.

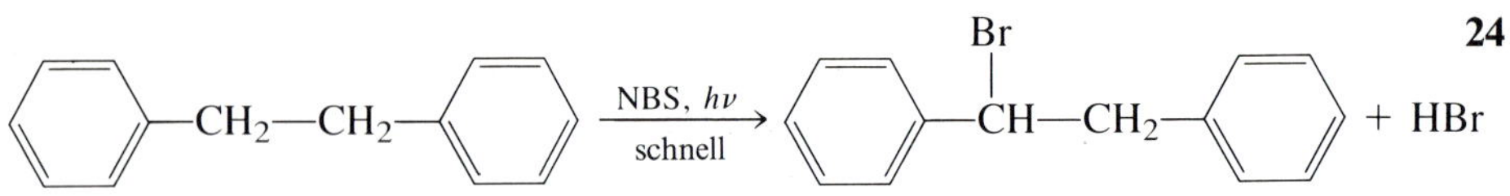

$C_6H_5-CH_2-CH_2-C_6H_5 \xrightarrow[\text{schnell}]{\text{NBS, } h\nu} C_6H_5-CHBr-CH_2-C_6H_5 + HBr$

1,2-Diphenylethan

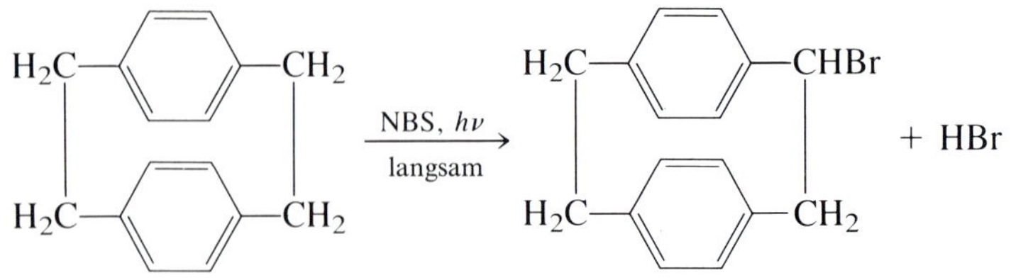

$\xrightarrow[\text{langsam}]{\text{NBS, } h\nu}$ + HBr

[2.2]Paracyclophan

Kasten 24-1

Triphenylmethyl: Ein stabiles Radikal

Sind weitere Wasserstoffatome der Benzylgruppe durch Phenylreste ersetzt, erhöht dies die Stabilität der entsprechenden Radikale. Das Triphenylmethylradikal ist so stabil, das es sogar bei Raumtemperatur in Lösung im Gleichgewicht mit einem, allerdings in großem Überschuß vorhandenen, Dimer vorliegt. Dieses Dimer ist nicht (wie Sie vielleicht erwartet haben) Hexaphenylethan, sondern ein Molekül, in dem eine Triphenylmethylgruppe an die *para*-Position eines der Phenylsubstituenten der anderen Gruppe gebunden ist.

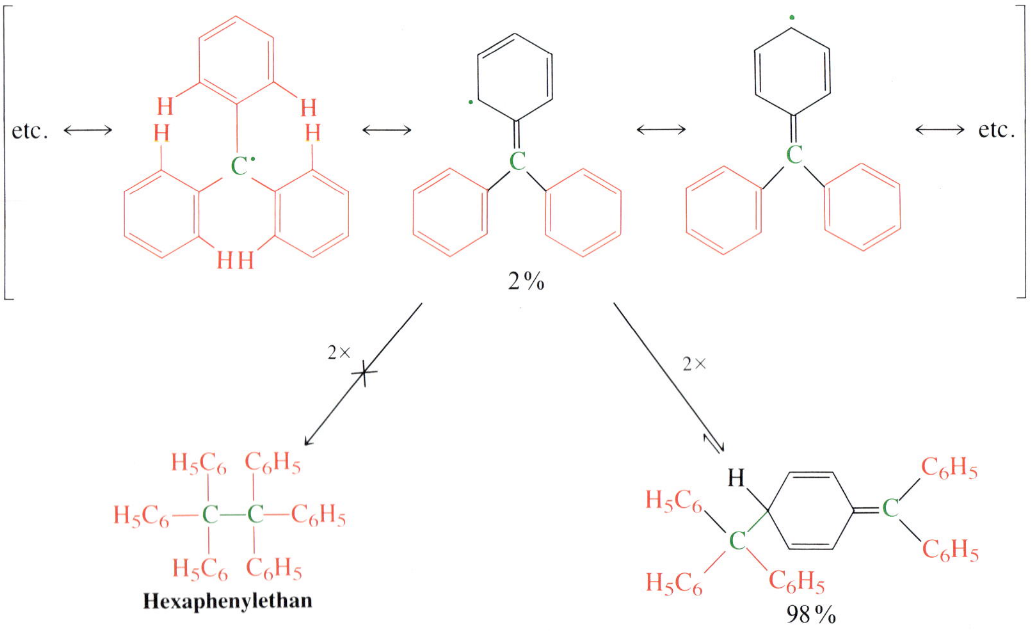

etc. ⟷ ⟷ ⟷ ⟷ etc.

2%

2× 2×

Hexaphenylethan

98%

Dieses unerwartete Ergebnis läßt sich über sterische Hinderung erklären: In Hexaphenylethan ist die Häufung von Gruppen an der neu gebildeten Bindung weitaus größer als bei dem alternativen Molekül. Um dies zu umgehen, wird sogar der Verlust der Aromatizität eines Benzolrings in Kauf genommen.

Übung 24-2

Schlagen Sie eine spektrokopische Methode vor, mit deren Hilfe man zwischen beide vorgeschlagenen Strukturen des Triphenylmethyl-Dimers unterscheiden kann. Welches Ergebnis würde man in beiden Fällen erhalten?

Die positive Ladung von Benzyl-Kationen ist delokalisiert

24.1 Die Benzyl- (Phenylmethyl-)Gruppe ist ein Analogon zur Allyl- (2-Propenyl-)Gruppe: Resonanzstabilisierung der Benzylgruppe

Aufgrund der Resonanzstabilisierung zeigen auch (Halogenmethyl)-benzole (Benzylhalogenide) und Phenylmethyl- (Benzyl)-sulfonate eine erhöhte Reaktivität. So reagiert z. B. das 4-Methylbenzolsulfonat von Phenylmethanol (Benzylalkohol) weitaus rascher mit Ethanol als das entsprechende Ethylsulfonat.

$$CH_3CH_2OSO_2C_6H_4CH_3 + CH_3CH_2OH \xrightarrow{k_1} CH_3CH_2OCH_2CH_3 + HO_3SC_6H_4CH_3$$

Ethyl-4-methyl-benzolsulfonat

$$C_6H_5CH_2OSO_2C_6H_4CH_3 + CH_3CH_2OH \xrightarrow{k_2} C_6H_5CH_2OCH_2CH_3 + HO_3SC_6H_4CH_3$$

Phenylmethyl-4-methylbenzolsulfonat **(Ethoxymethyl)benzol**

$$k_2 : k_1 = 100 : 1$$

Der Grund für diese unterschiedliche Geschwindigkeit ist, daß beide Reaktionen nach einem unterschiedlichen Mechanismus verlaufen. Ethyl-4-methylbenzolsulfonat kann keine S_N1-Reaktionen eingehen, es reagiert mit Ethanol über einen S_N2-Prozeß. Diese Umsetzung verläuft langsam, da Alkohole relativ schwache Nucleophile sind. Das Phenylmethylderivat kann demgegenüber ein delokalisiertes Carbenium-Ion bilden und so nach einem S_N1-Mechanismus reagieren.

Mechanismus der Ethanolyse von Phenylmethyl-4-methylbenzolsulfonat:

$$C_6H_5CH_2OSO_2C_6H_4CH_3 \longrightarrow [C_6H_5\overset{+}{C}H_2 \longleftrightarrow \ldots \longleftrightarrow \ldots \longleftrightarrow \ldots] + {}^-O_3SC_6H_4CH_3 \xrightarrow{CH_3CH_2OH} C_6H_5CH_2OCH_2CH_3 + HO_3SC_6H_4CH_3$$

Übung 24-3

Welches der beiden Chloride solvolysiert schneller: (Chlormethyl)benzol, (Benzylchlorid, $C_6H_5CH_2Cl$), oder Chlordiphenylmethan, $(C_6H_5)_2CHCl$? Erklären Sie Ihre Antwort.

Übung 24-4

Phenylmethanol (Benzylalkohol) reagiert in Gegenwart von HCl weitaus schneller zu Chlormethylbenzol (Benzylchlorid) als Ethanol bei einer entsprechenden Umsetzung zu Chlorethan reagiert. Warum?

Kasten 24-2

Das Triphenylmethyl-Kation bildet stabile Salze

Das Triphenylmethyl-Kation ist so stabil, daß man es in Form seiner Salze isolieren kann.

$$(C_6H_5)_3COH \xrightarrow[-\ HOH]{HBF_4,\ 0\,°C} (C_6H_5)_3C^+\ BF_4^-$$

92%
Triphenylmethyltetrafluoroborat
(stabiles orangefarbenes Salz)

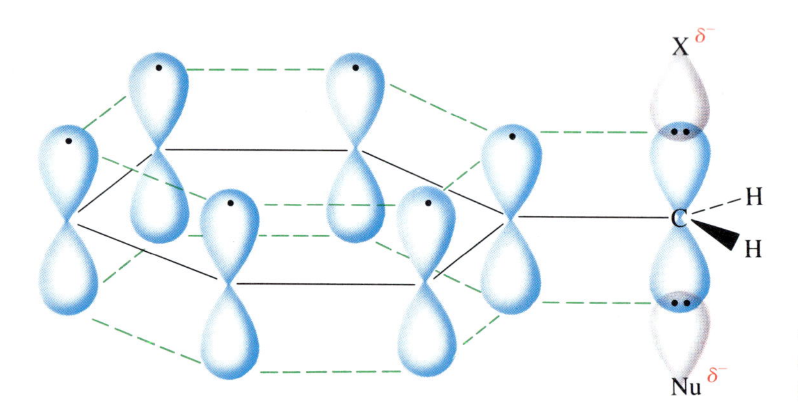

Abb. 24-2 Übergangszustand bei der S_N2-Reaktion eines (Halogenmethyl)benzols.

Die Resonanz im Benzyl-Kation erhöht auch die Geschwindigkeit von bimolekularen Substitutionen am Kohlenstoffatom der Benzylgruppe; solche Reaktionen verlaufen etwa zweimal so schnell wie die S_N2-Reaktionen von primären Halogenalkanen. Der Übergangszustand wird durch die Überlappung der Benzolorbitale mit den benachbarten *p*-Orbitalen stabilisiert (s. Abb. 24.2).

$$C_6H_5CH_2Br + {}^-CN \xrightarrow{S_N2} C_6H_5CH_2CN + Br^-$$

(Brommethyl)benzol → 81% **Phenylethannitril**

Die Methylgruppe im Methylbenzol (Toluol) ist relativ sauer: Resonanz im Benzyl-Anion

Auch eine negative Ladung in Nachbarstellung zu einem Benzolring wird ähnlich wie das entsprechende Radikal oder Kation über Resonanz stabilisiert.

$$C_6H_5CH_3 \rightleftharpoons \left[C_6H_5\ddot{C}H_2^- \longleftrightarrow \cdots \longleftrightarrow \cdots \longleftrightarrow \cdots \right] + H^+$$

$pK_a \sim 41$

24.1 Die Benzyl- (Phenylmethyl-)Gruppe ist ein Analogon zur Allyl- (2-Propenyl-)Gruppe: Resonanzstabilisierung der Benzylgruppe

Die Acidität von Methylbenzol (Toluol; $pK_a \sim 41$) ist daher weitaus größer als von Ethan ($pK_a \sim 50$) und mit der von Propen ($pK_a \sim 40$) vergleichbar. Ebenso wie sich Propen zum resonanzstabilisierten Allyl-Anion (s. Abschn. 14.1) deprotonieren läßt, kann auch Methylbenzol (Toluol) durch Butyllithium deprotoniert werden. Die entsprechende Grignard-Verbindung läßt sich auf die bekannte Weise aus einem (Halogenmethyl)benzol und Magnesium darstellen.

Deprotonierung von Methylbenzol

$$C_6H_5CH_3 + CH_3CH_2CH_2CH_2Li \xrightarrow{(CH_3)_2NCH_2CH_2N(CH_3)_2,\ THF,\ \Delta} C_6H_5CH_2Li + CH_3CH_2CH_2CH_2H$$

Methylbenzol (Toluol) → **Phenylmethyllithium (Benzyllithium)**

Kasten 24-3

Das Triphenylmethyl-Anion: ein Indikator

Triphenylmethan ($pK_a \sim 31$) wird von Butyllithium rasch zum roten Triphenylmethyl-Anion deprotoniert. Die Farbe dieser Spezies läßt sich als Indikator bei der Deprotonierung von Verbindungen, die saurer als Triphenylmethan selbst sind, verwenden. So läßt sich auf diese Weise der Endpunkt der Deprotonierung von Methoxyethin erkennen.

$$\underset{\textbf{Methoxyethin}}{CH_3OC{\equiv}CH} + (C_6H_5)_3CH\ (Spur) \xrightarrow[-CH_3CH_2CH_2CH_2H]{CH_3CH_2CH_2CH_2Li\ (leichter\ Überschuß)} CH_3OC{\equiv}C^- + \underset{\textbf{rot}}{(C_6H_5)_3C^-Li^+}$$

Übung 24-5

Welches der Moleküle aus den folgenden Paaren reagiert leichter mit den angegebenen Reagenzien und warum?

(a) 4-$CH_3OC_6H_4CH_2Br$ oder 4-$CH_3OC_6H_4CH_2Cl$ mit $NaOCH_3$ in CH_3OH

(b) $(C_6H_5)_2CH_2$ oder $C_6H_5CH_3$ mit $CH_3CH_2CH_2CH_2Li$

(c) $C_6H_5CH_2OH$ oder 4-$O_2NC_6H_4CH_2OH$ mit HCl

Fassen wir zusammen: Benzylradikale, -Kationen und -Anionen werden durch Resonanz mit dem Benzolring stabilisiert. Hierdurch werden die radikalische Halogenierung, S_N1- und S_N2-Reaktionen und die Bildung von Benzyl-Anionen erleichtert.

24.2 Oxidation und Reduktion von Benzol und seinen Derivaten

Aufgrund seines aromatischen Charakters ist der Benzolring relativ reaktionsträge. Trotzdem lassen sich an ihm bestimmte Umsetzungen durchführen – insbesondere elektrophile aromatische Substitutionen (s. Kap. 19 und 20) und (unter besonderen Bedingungen) sogar katalytische Hydrierung (s. Abschn. 19.2). In diesem Abschnitt beschreiben wir, wie bestimmte andere Reagenzien den Benzolkern und seine Substituenten oxidieren und reduzieren.

Ozonolyse des Benzolrings

Ozon spaltet Alkene an der Doppelbindung (s. Abschn. 12.5). Ist Ozon als Reagenz stark genug, um auch den Benzolring auf dieselbe Weise anzugreifen? Diese Frage können wir mit ja beantworten. Beim Behandeln von Benzol mit Ozon und daran anschließender reduktiver Aufarbeitung entsteht Ethandial (Glyoxal). Läßt man 1,2-Dimethylbenzol (*o*-Xylol) mit Ozon reagieren, erhält man ein statisches Gemisch aus allen prinzipiell möglichen Oxidationsprodukten, woraus man schließen kann, daß alle Doppelbindungen im aromatischen Ring etwa gleich reaktiv sind.

Ozonolyse des Benzolrings

$$\text{Benzol} \xrightarrow[2.\ (CH_3)_2S]{1.\ O_3} 3\ HC(=O)C(=O)H$$

Ethandial (Glyoxal)

$$\text{1,2-Dimethylbenzol} \xrightarrow[2.\ (CH_3)_2S]{1.\ O_3} CH_3C(=O)C(=O)CH_3 + CH_3C(=O)C(=O)H + HC(=O)C(=O)H$$

2,3-Butandion : **2-Oxopropanal** : **Ethandial (Glyoxal)**

1 : 2 : 3

Ein-Elektronen-Reduktion von Benzol: Eine Synthese von 1,4-Cyclohexadien

Die katalytische Hydrierung von Benzol läßt sich nicht anhalten, bevor alle drei Doppelbindungen reduziert sind. Eine selektive Reduktion ist jedoch über Ein-Elektronen-Übertragungen möglich. Beispiele für derartige Umsetzungen sind die Überführung von Alkinen in trans-Alkene durch Natrium in flüssigem Ammoniak (s. Abschn. 13.6), die Umwandlung von α,β-ungesättigten Carbonylverbindungen in ihre gesättigten Analoga (s. Abschn. 16.5), die Pinakol-Kupplung (s. Abschn. 15.8), die elektrolytische Hydrodimerisierung von Propennitril (Abschn. 21.6) und die Acyloin-Kondensation (s. Abschn. 22.1). Löst man entsprechend Benzol in einem Gemisch aus flüssigem Ammoniak und Ethanol und gibt ein Alkalimetall hinzu, erhält man 1,4-Cyclohexadien als Produkt. Diese Reaktion bezeichnet man als **Birch*-Reduktion**.

Birch-Reduktion von Benzol

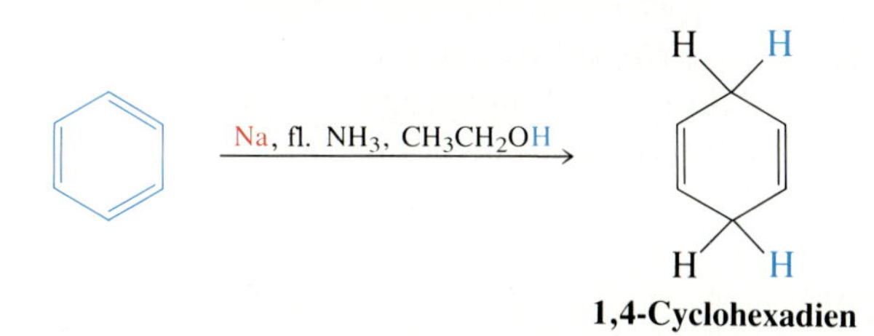

Mechanismus der Birch-Reduktion:

Schritt 1: Ein-Elektronen-Übertragung

+ Na ⟶ Na^+ + [⟷ ⟷]

Benzol-Radikalanion

Schritt 2: Protonierung

+ CH_3CH_2OH ⟶ [⟷ ⟷] + $CH_3CH_2O^-$

Cyclohexadienylradikal

Schritt 3: Zweite Ein-Elektronen-Übertragung

+ Na ⟶ Na^+ + [⟷ ⟷]

Cyclohexadienyl-Anion

Schritt 4: Zweite Protonierung

+ $CH_3CH_2O^-$ ⟷̸ + CH_3CH_2OH ⟶ + $CH_3CH_2O^-$

1,3-Cyclohexadien **1,4-Cyclohexadien**

* Arthur J. Birch, geb. 1915, Professor an der Cambridge University, England.

Der Mechanismus der Birch-Reduktion beginnt mit der Übertragung eines Elektrons auf Benzol, wobei ein Radikal-Anion entsteht. Durch Ethanol wird dann diese Spezies zu einem Cyclohexadienyl-Radikal protoniert, an dem eine zweite Ein-Elektronen-Übertragung erfolgt. Das entstandene Cyclohexadienyl-Anion wird dann erneut protoniert. Interessanterweise bildet sich bei dieser Protonierung ausschließlich das 1,4-Cyclohexadien und nicht das thermodynamisch stabilere konjugierte 1,3-Cyclohexadien.

Die Richtung der Birch-Reduktion kann durch Substituenten kontrolliert werden. Elektronendonatoren sind im Produkt gewöhnlich an die Alken-Kohlenstoffe, Elektronenakzeptoren an die gesättigten Kohlenstoffatome der Produkte gebunden. Dies gilt jedoch nur für Substituenten, die unter den Reaktionsbedingungen stabil sind. Alkine, Carbonylgruppen, Ester und andere leicht reduzierbare Gruppen dürfen daher nicht im Molekül vorhanden sein.

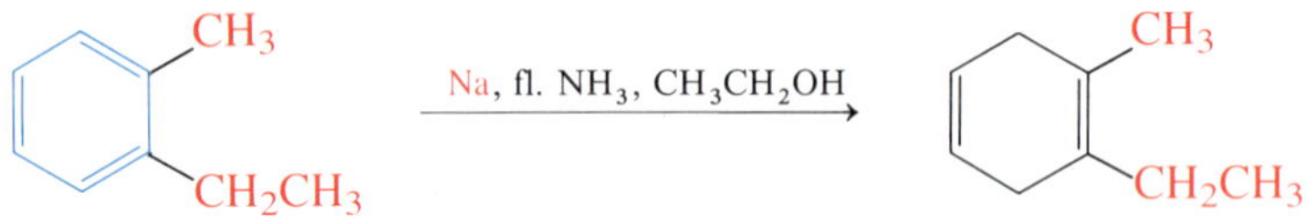

CH_3, CH_2CH_3 — Na, fl. NH_3, CH_3CH_2OH → CH_3, CH_2CH_3

85%

1-Ethyl-2-methylbenzol → **1-Ethyl-2-methyl-1,4-cyclohexadien**

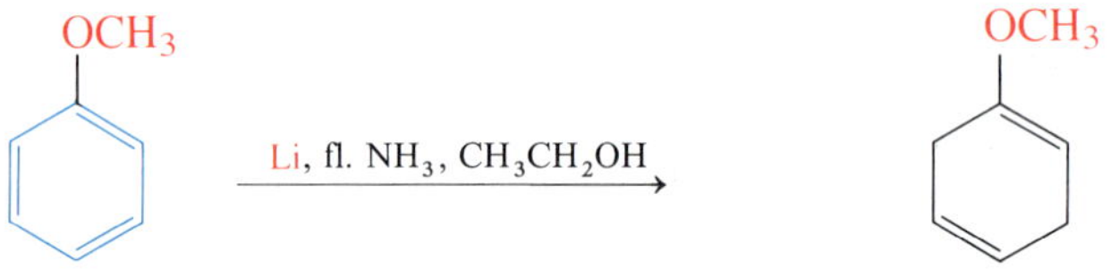

OCH_3 — Li, fl. NH_3, CH_3CH_2OH → OCH_3

84%

Methoxybenzol (Anisol) → **1-Methoxy-1,4-cyclohexadien**

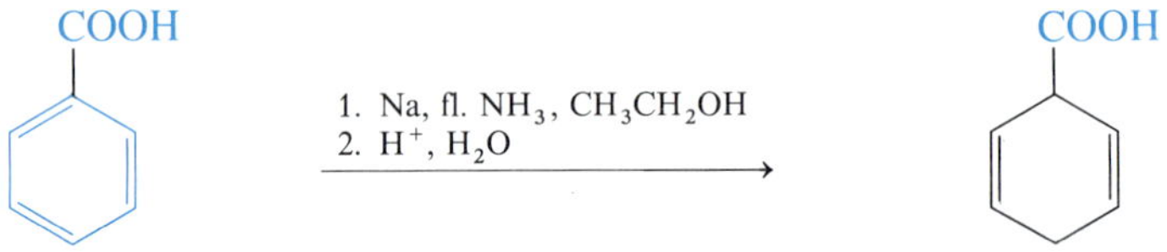

COOH — 1. Na, fl. NH_3, CH_3CH_2OH 2. H^+, H_2O → COOH

Benzolcarbonsäure (Benzoesäure) → **2,5-Cyclohexadiencarbonsäure**

Übung 24-6

Welche Produkte entstehen bei der Birch-Reduktion der folgenden Substrate: (a) Methylbenzol (Toluol); (b) 2-Methylbenzolcarbonsäure (*o*-Methylbenzoesäure); (c)

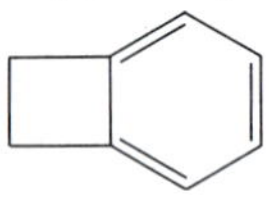

Übung 24-7

Eine wichtige Umsetzung bei der Synthese von Steroidhormonen ist die Überführung des Östronderivats A in das Enon B. Schlagen Sie hierfür eine Reaktionsfolge vor.

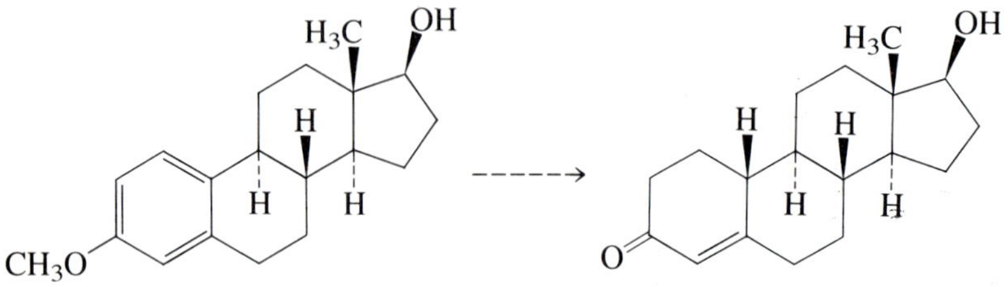

H_3C OH H H H CH_3O **A** - - - - → H_3C OH H H H H O **B**

Spezielle Oxidationen und Reduktionen von am Benzolring gebundenen Substituenten

Methylbenzole lassen sich durch Reagenzien wie $KMnO_4$, $Na_2Cr_2O_7$ und HNO_3 zu den entsprechenden Benzolcarbonsäuren (Benzoesäuren) oxidieren.

Oxidation des Benzyl-Kohlenstoffs von Methylbenzolen

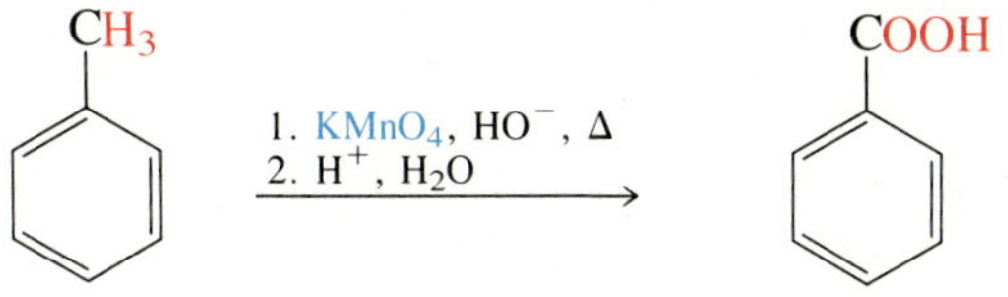

CH_3 — 1. $KMnO_4$, HO^-, Δ; 2. H^+, H_2O → COOH

100%

Methylbenzol (Toluol) → **Benzolcarbonsäure (Benzoesäure)**

CH_3, CH_2CCl_3, Cl — $Na_2Cr_2O_7$, H_2SO_4, CH_3COOH → COOH, CH_2CCl_3, Cl

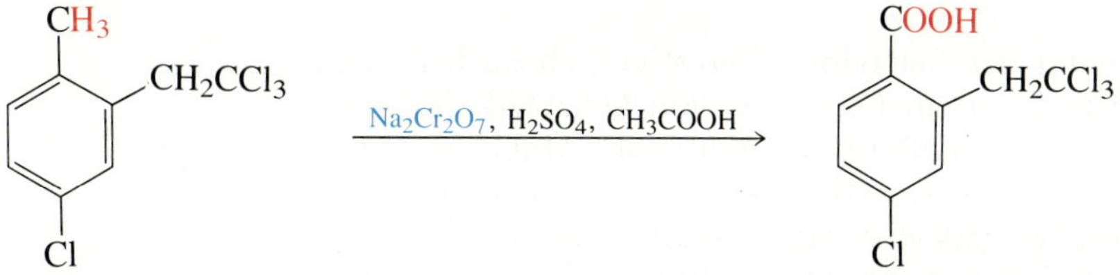

93%

4-Chlor-2-(2,2,2-trichlor-ethyl)-1-methylbenzol → **4-Chlor-2-(2,2,2-trichlor-ethyl)benzolcarbonsäure**

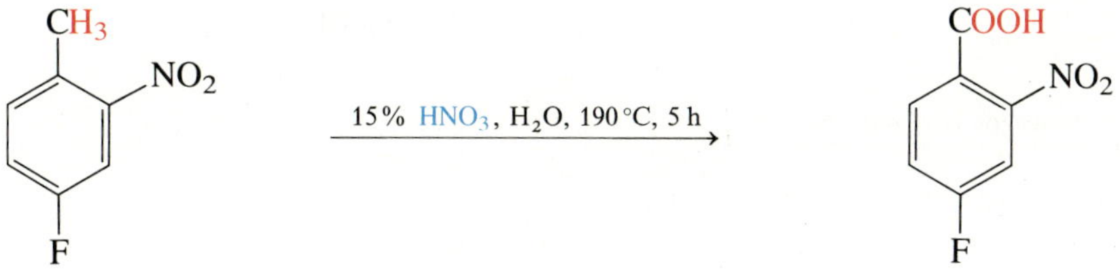

CH_3, NO_2, F — 15% HNO_3, H_2O, 190 °C, 5 h → COOH, NO_2, F

69%

4-Fluor-1-methyl-2-nitrobenzol → **4-Fluor-2-nitrobenzolcarbonsäure**

Diese Oxidationen verlaufen offensichtlich nach einem komplexen Mechanismus; man nimmt an, daß intermediär Benzyl-Kationen entstehen. Längere Seitenketten werden oxidativ an der Benzylstellung abgespalten.

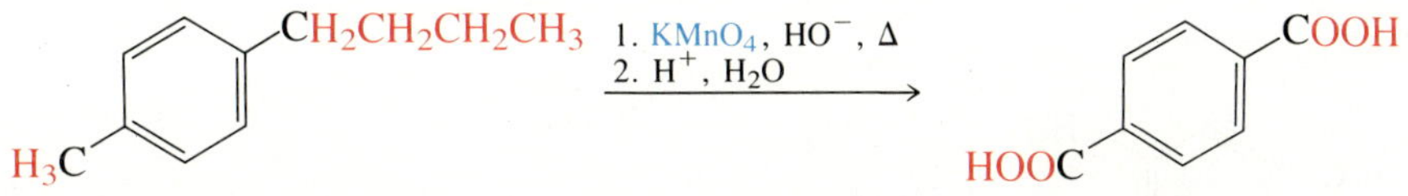

H_3C, $CH_2CH_2CH_2CH_3$ — 1. $KMnO_4$, HO^-, Δ; 2. H^+, H_2O → HOOC, COOH

80%

1-Butyl-4-methylbenzol → **1,4-Benzoldicarbonsäure (Terephthalsäure)**

In der Industrie verwendet man Sauerstoff (weil er billig ist) als Oxidationsmittel zur Herstellung von Benzolcarbonsäuren (Benzoesäuren) in großem Maßstab. Für diesen Zweck sind spezielle Katalysatoren entwikkelt worden. So läßt sich z. B. Benzolcarbonsäure (Benzoesäure) aus Methylbenzol (Toluol) und Sauerstoff in Gegenwart eines gemischten Cobalt-Mangan-Ethanoat- (-Acetat-)Katalysators machen. 1,2-Benzoldicarbonsäure- (Phthalsäure-)anhydrid erhält man aus 1,2-Dimethylbenzol (*o*-Xylol) durch Gasphasenoxidation mit Luft und Vanadinpentoxid (betr. der Verwendung dieses Katalysators bei der Oxidation von Cyclohexanol zu Hexandisäure s. Abschn. 17.5).

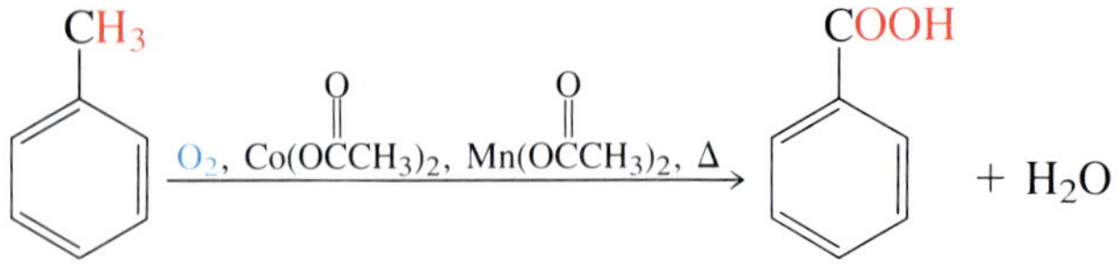

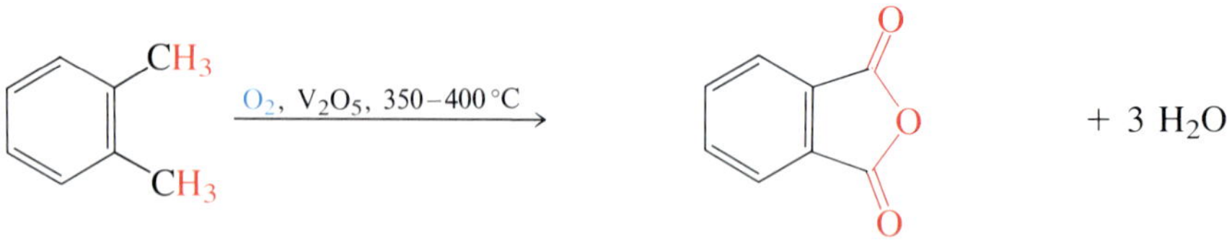

O_2, Co(OCCH$_3$)$_2$, Mn(OCCH$_3$)$_2$, Δ

+ H_2O

O_2, V_2O_5, 350–400 °C

+ 3 H_2O

1,2-Benzoldicarbonsäureanhydrid (Phthalsäureanhydrid)

Die besondere Reaktivität der Benzylposition zeigt sich auch an den milden Bedingungen, unter denen die Oxidation von Benzylalkoholen zu den entsprechenden Carbonylverbindungen abläuft. Mit MnO_2 beispielsweise verlaufen diese Oxidationen selektiv in Gegenwart anderer (nichtbenzylischer) Hydroxygruppen. (Es sei daran erinnert, daß man MnO_2 zur Überführung von Allylalkoholen in α,β-ungesättigte Aldehyde und Ketone verwendet; s. Abschn 16.4.)

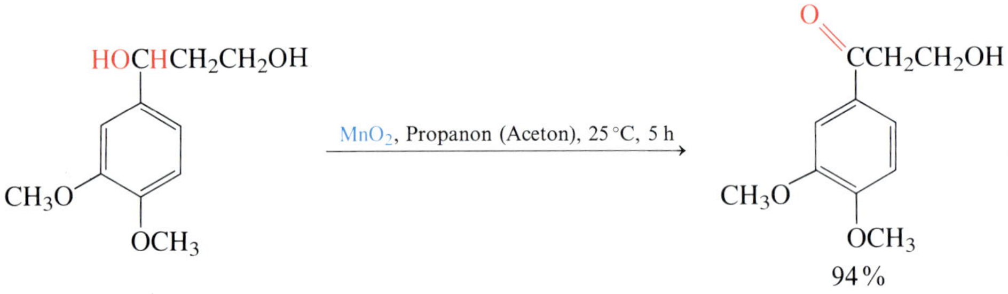

HOCHCH$_2$CH$_2$OH, CH$_3$O, OCH$_3$

MnO_2, Propanon (Aceton), 25 °C, 5 h

CCH$_2$CH$_2$OH, CH$_3$O, OCH$_3$

94%

Benzylalkohole und -ether lassen sich auch katalytisch hydrieren. Bei dieser Reaktion wird die Bindung zwischen dem Benzyl-Kohlenstoff und dem Sauerstoff aufgebrochen, es handelt sich dabei also um eine Hydrogenolyse (s. Abschn. 18.2).

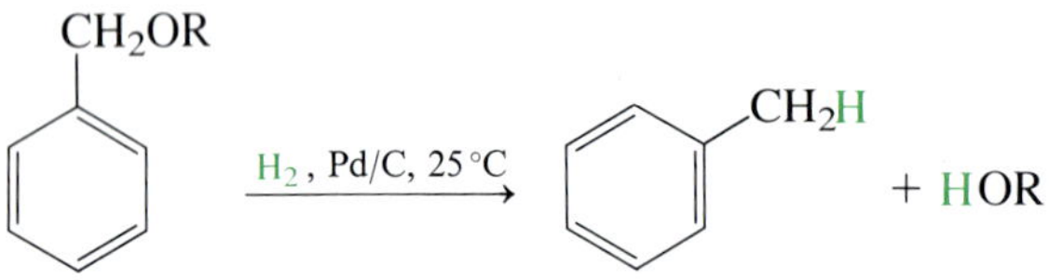

CH$_2$OR

H_2, Pd/C, 25 °C

CH$_2$H

+ HOR

Diese Reaktion ist bei gewöhnlichen Alkoholen und Ethern nicht möglich. Daher ist der Benzylsubstituent eine wertvolle Schutzgruppe für Hydroxyfunktionen, da er sich unter neutralen Bedingungen entfernen läßt.

Übung 24-8

Formulieren Sie Syntheseschemata für die Überführung der folgenden Ausgangsmaterialien in die gezeigten Produkte.

(a) Tetralin ------→ 1-substituiertes Tetralin mit $(CH_3)_2COH$

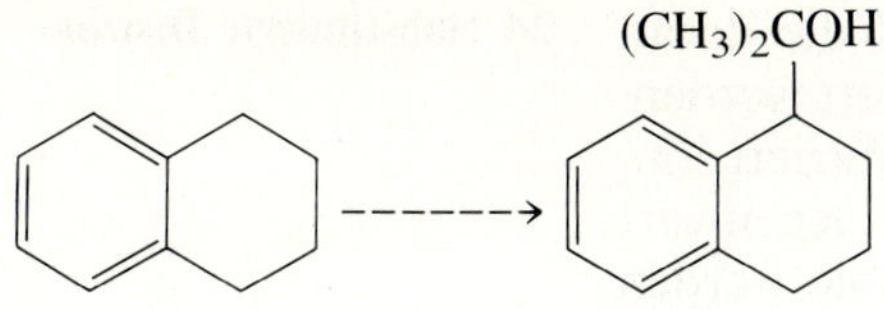

(b) Benzol mit CH_2CH_3 ------→ Benzol mit CH_3

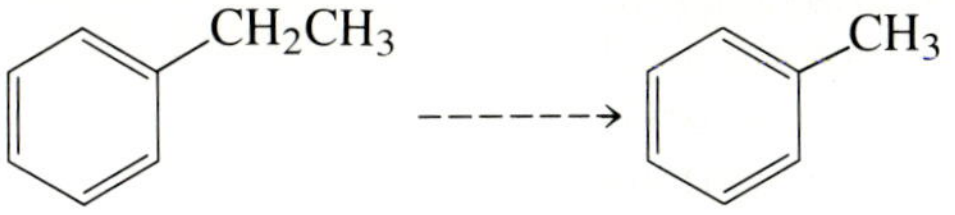

(c) H_3C, CH_3, H_3C, CH_3 (Tetramethylbenzol) ------→ O, O, O, O, O, O (Pyromellitsäuredianhydrid)

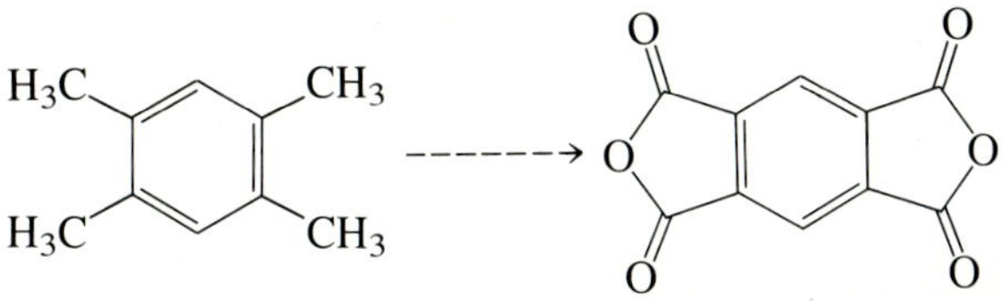

Kasten 24-4

Die Benzylgruppe als Schutzgruppe für Alkohole

Bei der im folgenden gezeigten Synthese eines Sesquiterpens wird eine Benzyl-Schutzgruppe benutzt. Sie können anhand des Reaktionsschemas einige grundlegende organische Umsetzungen wiederholen.

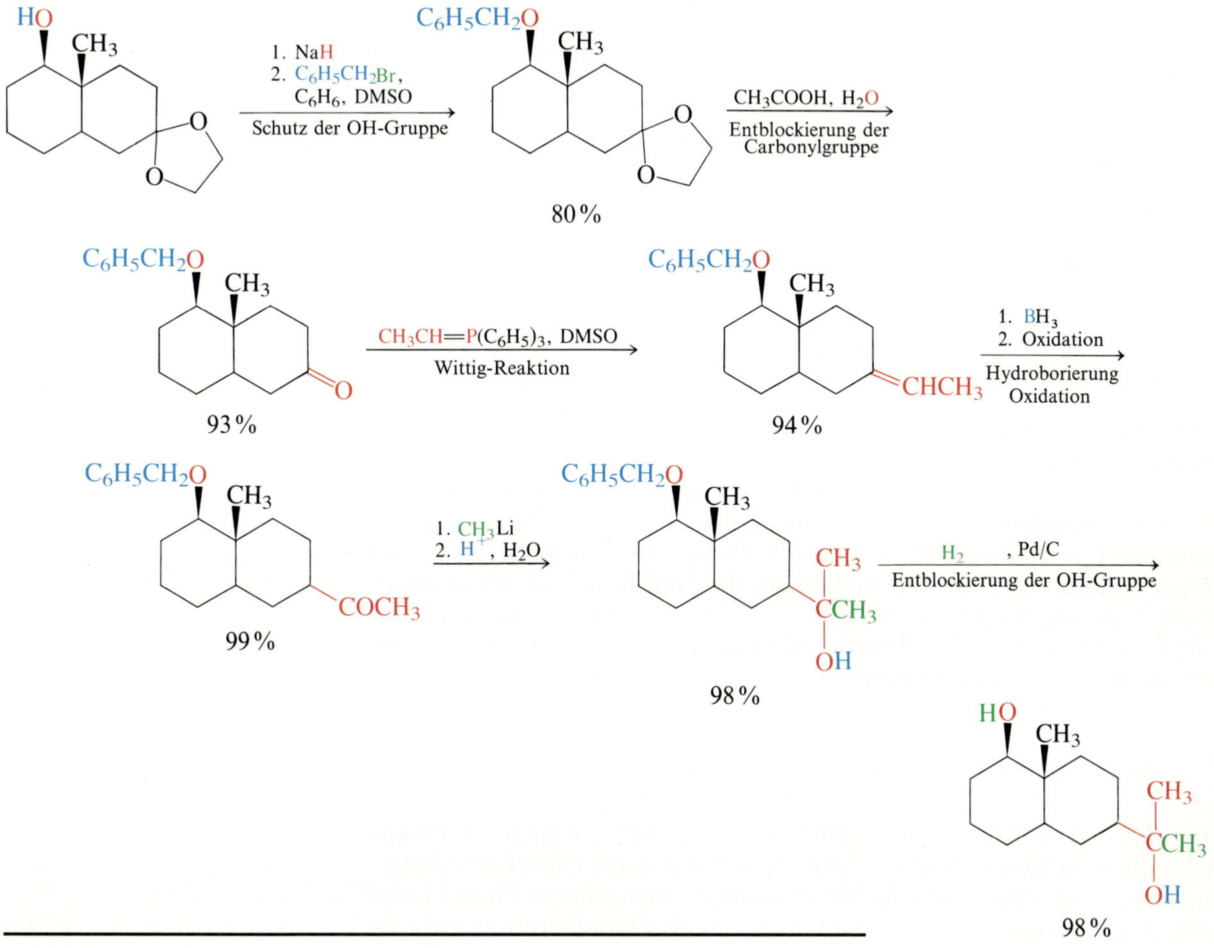

HO, CH_3, O, O → (1. NaH; 2. $C_6H_5CH_2Br$, C_6H_6, DMSO; Schutz der OH-Gruppe) → $C_6H_5CH_2O$, CH_3, O, O (80 %) → (CH_3COOH, H_2O; Entblockierung der Carbonylgruppe) →

$C_6H_5CH_2O$, CH_3, O (93 %) → ($CH_3CH{=}P(C_6H_5)_3$, DMSO; Wittig-Reaktion) → $C_6H_5CH_2O$, CH_3, $=CHCH_3$ (94 %) → (1. BH_3; 2. Oxidation; Hydroborierung Oxidation) →

$C_6H_5CH_2O$, CH_3, $COCH_3$ (99 %) → (1. CH_3Li; 2. H^+, H_2O) → $C_6H_5CH_2O$, CH_3, CH_3, CCH_3, OH (98 %) → (H_2, Pd/C; Entblockierung der OH-Gruppe) →

HO, CH_3, CH_3, CCH_3, OH (98 %)

Um noch einmal zusammenzufassen: Der Benzolring und die daran gebundenen Substituenten können selektiv oxidiert und reduziert werden. Ozon oxidiert den Ring, Natrium in flüssigem Ammoniak reduziert ihn. Die Oxidation der Benzylstellung von Alkylgruppen erfolgt in Gegenwart von Permanganat, Chromat oder Salpetersäure; Benzylalkohole werden durch Mangandioxid in die entsprechenden Ketone überführt. Bei industriellen Oxidationen mit Sauerstoff benutzt man spezielle Katalysatoren (Co, Mn, V). Auf diese Weise wird Benzolcarbonsäure (Benzoesäure) aus Methylbenzol (Toluol) und 1,2-Benzolcarbonsäure- (Phthalsäure-) anhydrid aus 1,2-Dimethylbenzol (*o*-Xylol) hergestellt. Die Benzyletherfunktion läßt sich hydrogenolytisch spalten, die Benzylgruppe ist also eine gute Schutzgruppe für die Hydroxyfunktion von Alkoholen.

24.3 Namen und Darstellung von Phenolen

Verbindungen mit Hydroxygruppen am Benzolring bezeichnet man als Phenole (s. Abschn. 19.1). Ungewöhnlich an diesen Verbindungen ist ihre Enolstruktur. Wie Sie wissen, sind Enole im allgemeinen nicht stabil: aufgrund der relativ starken Carbonylbindung tautomerisieren sie leicht zu den entsprechenden Ketonen. In den Phenolen ist jedoch die Enolform energetisch günstiger als die Ketoform, da so der aromatische Charakter des Benzolrings erhalten bleibt.

Keto- und Enolform des Phenols

2,4-Cyclohexadienon ⇌ Phenol

Phenole und ihre Ether sind in der Natur ubiquitär, einige Derivate finden Anwendung in der Medizin und als Herbizide, andere sind wichtige Industriechemikalien. In diesem Abschnitt wollen wir uns zunächst mit der Namensgebung der Phenole befassen. Dann beschreiben wir einen wichtigen Unterschied zwischen den Phenolen und den Alkanolen – die höhere Acidität der Phenole, die sich aus der Nachbarschaft des aromatischen Rings ergibt. Der aromatische Ring ist auch der Grund dafür, daß Phenole ganz anders als Alkohole, nämlich durch aromatische Substitution, dargestellt werden müssen.

Wie benennt man Phenole

Phenol selbst war früher unter dem Namen *Carbolsäure* bekannt. Es kristallisiert in farblosen Nadeln (Smp. 41 °C), hat einen charakteristischen Geruch und ist etwas wasserlöslich. Wässrige Lösungen von Phenol (oder seiner methylsubsitutierten Derivate) werden als Desinfektionsmittel verwendet, hauptsächlich benutzt man es jedoch zur Herstellung von Polymeren (*Phenolharze*). Reines Phenol verursacht starke Hautverätzungen und ist giftig; es wird von Todesfällen berichtet, die bereits nach der Aufnahme von 1 g Phenol eintraten. Durch Absorption über die Haut kann es zu ernsthaften Vergiftungen kommen.

Substituierte Phenole benennt man entsprechend dem System, das wir in Abschn. 19.1 beschrieben haben. Bei der Benennung substituierter Benzole hat die Carboxy- und die Carbonylgruppe eine höhere Priorität als die Hydroxygruppe. Phenylether bezeichnet man als Alkoxybenzole, die C_6H_5O-Gruppe als Substituenten nennt man **Phenoxy**. Von vielen Phenolderivaten sind die Trivialnamen verbreitet.

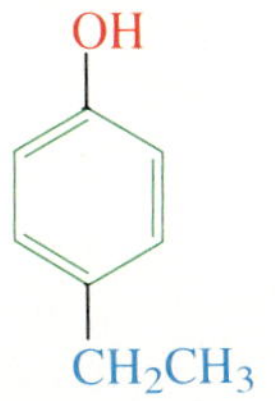

OH, CH_2CH_3
4-Ethylphenol (*p*-Ethylphenol)

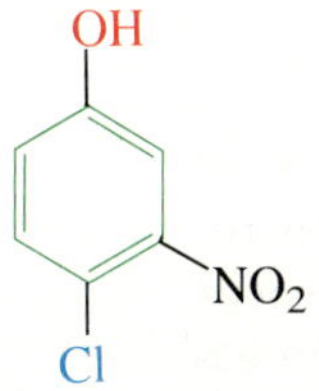

OH, NO_2, Cl
4-Chlor-3-nitrophenol

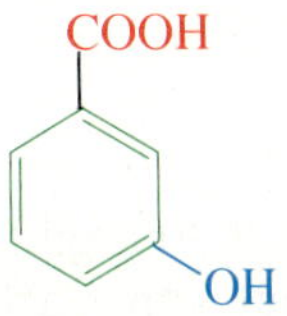

COOH, OH
3-Hydroxybenzolcarbonsäure (*m*-Hydroxybenzoesäure)

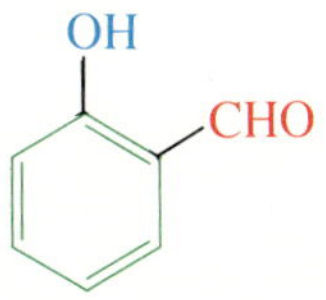

OH, CHO
2-Hydroxybenzolcarbaldehyd (*o*-Hydroxybenzaldehyd Salicylaldehyd)

OH, CH_3
4-Methylphenol (*p*-Kresol)

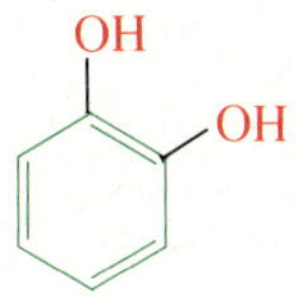

OH, OH
1,2-Benzoldiol (Brenzcatechin)

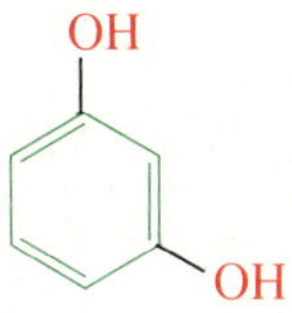

OH, OH
1,3-Benzoldiol (Resorcin)

OH, OH
1,4-Benzoldiol (Hydrochinon)

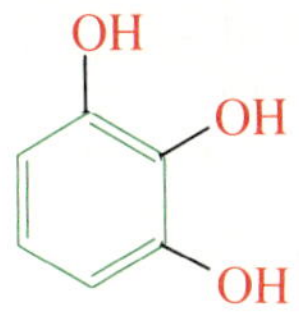

OH, OH, OH
1,2,3-Benzoltriol (Pyrogallol)

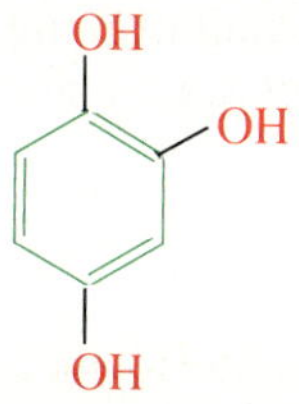

OH, OH, OH
1,2,4-Benzoltriol (Hydroxyhydrochinon)

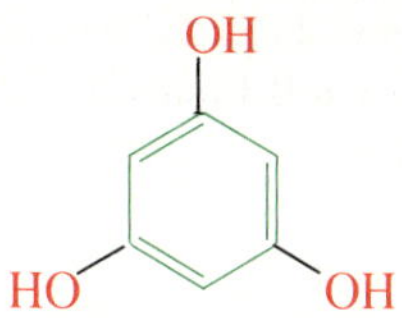

OH, HO, OH
1,3,5-Benzoltriol (Phloroglucin)

Phenole reagieren ungewöhnlich stark sauer

Die pK_a-Werte der Phenole liegen im Bereich von 8 bis 10. Warum sind sie soviel saurer als die Alkanole? Der Grund hierfür liegt in der Resonanz: Die negative Ladung im entsprechenden Anion wird aufgrund der Delokalisierung über den aromatischen Ring stabilisiert.

Acidität von Phenol

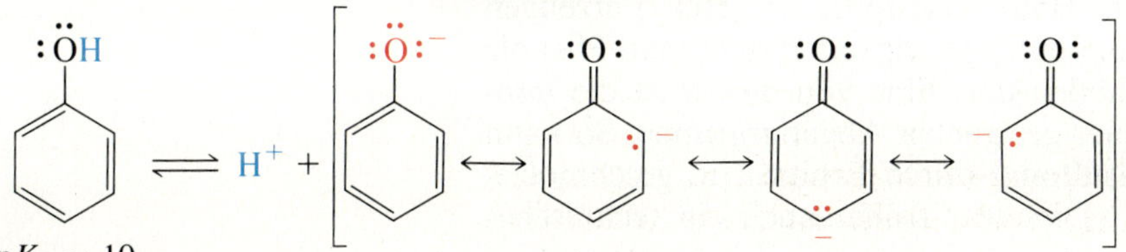

:ÖH ⇌ H^+ + [:Ö:$^-$ ⟷ :O: ⟷ :O: ⟷ :O:]

$pK_a \sim 10$

Die Acidität dieses Systems läßt sich stark durch Ringsubstituenten, die sich an der Resonanz beteiligen können, beeinflussen. So beträgt z. B. der pK_a von 4-Nitrophenol 7.15.

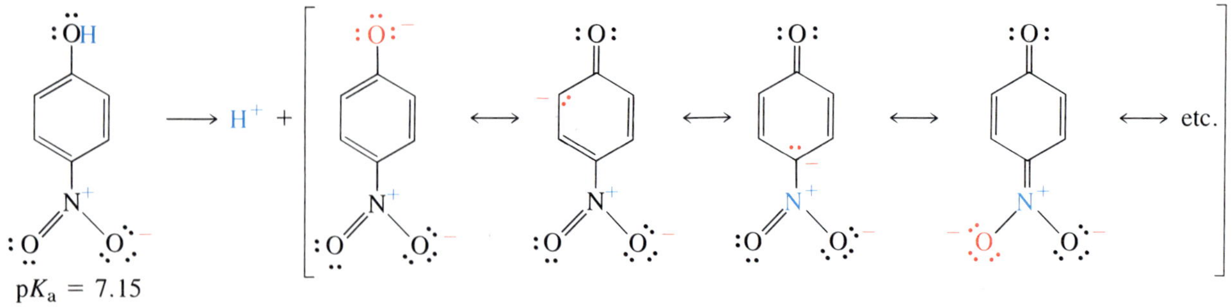

$$\text{4-Nitrophenol } (pK_a = 7.15) \longrightarrow H^+ + [\text{Resonanzstrukturen des 4-Nitrophenolat-Anions} \longleftrightarrow \ldots \longleftrightarrow \text{etc.}]$$

Das 2-Isomer hat eine vergleichbare Säurestärke (pK_a = 7.22), während eine Nitrogruppe an C-3 einen pK_a von 8.39 ergibt. Bei mehreren Nitrosubstituenten am Ring wird die Acidität von Carbonsäuren oder sogar Mineralsäuren erreicht. Elektronenliefernde Substituenten haben den gegenteiligen Effekt.

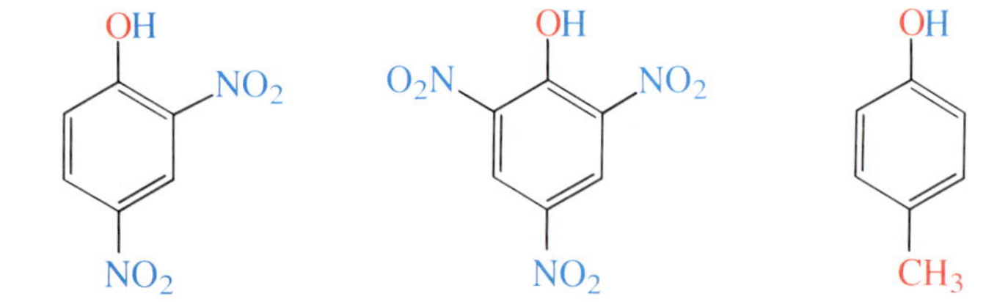

2,4-Dinitrophenol
pK_a = 4.09

2,4,6-Trinitrophenol (Pikrinsäure)
pK_a = 0.25

4-Methylphenol (*p*-Kresol)
pK_a = 10.26

Wie wir in Abschn. 24.4 zeigen, reagiert der Sauerstoff im Phenol und dessen Ethern auch schwach basisch, Phenolether lassen sich nach erfolgter Protonierung spalten.

Übung 24-9

Warum ist 3-Nitrophenol (*m*-Nitrophenol) weniger sauer als die beiden anderen Isomere, aber saurer als Phenol selbst?

Übung 24-10

Ordnen Sie nach steigender Säurestärke: Phenol, A; 3,4-Dimethylphenol, B; 3-Hydroxybenzolcarbonsäure (*m*-Hydroxybenzoesäure), C; *p*-(Fluormethyl)phenol, D.

Darstellung von Phenolen: Einführung einer Hydroxygruppe in den aromatischen Ring durch *ipso*-Substitution

Die direkte elektrophile Addition von OH an Benzole ist schwierig, da Reagenzien, die eine elektrophile Hydroxygruppe, wie HO^+, erzeugen können, sehr selten sind. Wegen dieser Schwierigkeiten stellt man Phenole mit verschiedenen anderen Methoden dar. Eine von diesen ist die *ipso*-Substitution (s. Abschn. 20.6) einer geeigneten Abgangsgruppe. So kann man Phenol aus Natriumbenzolsulfonat durch Erhitzen in geschmolzenem Natriumhydroxid machen. (Dies war früher auch ein technisches Verfahren.)

Direkte nucleophile aromatische Hydroxylierung

$C_6H_5SO_3^-Na^+ + 2\,NaOH \xrightarrow{350\,°C} C_6H_5O^-Na^+ + Na_2SO_3 + H_2O$

Natriumphenoxid

Bei dieser Reaktion entsteht zunächst das Phenolat, das man anschließend mit HCl behandelt. Ein weiterer technischer Prozeß war die nucleophile Substitution von Chlorbenzol, der vermutlich über ein intermediäres Benz-in verläuft (s. Abschn. 20.6).

$$C_6H_5Cl \xrightarrow[2.\ HCl]{1.\ NaOH,\ 350°C} C_6H_5OH$$

Übung 24-11

1-Chlor-4-methylbenzol (*p*-Chlortoluol) ist kein gutes Ausgangsmaterial für die Herstellung von 4-Methylphenol (*p*-Kresol) über direkte Reaktion mit heißer NaOH, da dabei ein Gemisch aus zwei Produkten entsteht. Warum ist das so, und welche Produkte entstehen? Schlagen Sie eine Synthese ausgehend vom Methylbenzol (Toluol) vor. Wiederholen Sie die Teile von Kap. 20, die für dieses Problem wichtig sind.

Kasten 24-5

Chlorphenole sind stark toxische Verbindungen

Die direkte nucleophile Substitution von Chlorid in Chlorarenen ermöglicht die Synthese einer Reihe von Herbiziden, Pestiziden und Bakteriziden. So ensteht z. B. bei der Hydroxylierung von 1,2,4,5-Tetrachlorbenzol 2,4,5-Trichlorphenol (2,4,5-TCP), ein Zwischenprodukt bei der Synthese von 2,4,5-Trichlorphenoxyethansäure (2,4,5-T).

$$C_6H_2Cl_4 \xrightarrow[-\ NaCl]{1.\ NaOH,\ 150°C;\ 2.\ H^+,\ H_2O} C_6H_2Cl_3OH \xrightarrow[-\ NaCl]{ClCH_2COOH,\ NaOH,\ H_2O,\ \Delta} C_6H_2Cl_3OCH_2COOH$$

2,4,5-Trichlorphenol (2,4,5-TCP)

85%

2,4,5-Trichlorphenoxyethansäure (2,4,5-Trichlorphenoxyessigsäure, 2,4,5-T)

Diese Säure ist ein stark wirksames Herbizid, das häufig zur Beseitigung von Unterholz verwendet wird. Ein 1:1-Gemisch des Butylesters von 2,4,5-T und seinem 2,4-Dichloranalogon (2,4-D) wurde in riesigen Mengen (mehr als 40 Millionen L in den Jahren 1965 bis 1970) während des Vietnamkriegs als Entlaubungsmittel (Code-Name: Agent Orange) eingesetzt.

Diese Verbindungen sind giftige Reizstoffe. 2,4,5-T hat eine traurige Berühmheit aufgrund einer noch weitaus toxischeren Verunreinigung, die in kleinen Mengen während der Herstellung entsteht, erlangt: 2,3,7,8-Tetrachlordibenzo-*p*-dioxin (TCDD, oder, vereinfacht *Dioxin*). Wie man gezeigt hat, entsteht Dioxin beim Erhitzen von 2,4,5-T auf 500 °C bis 600 °C, bei der Herstellung von 2,4,5-T muß die Reaktionstemperatur daher außerordentlich sorgfältig kontrolliert werden. Dioxin läßt sich auch direkt aus 2,4,5-Trichlorphenol durch Kupplung über doppelte Dehydrochlorierung machen.

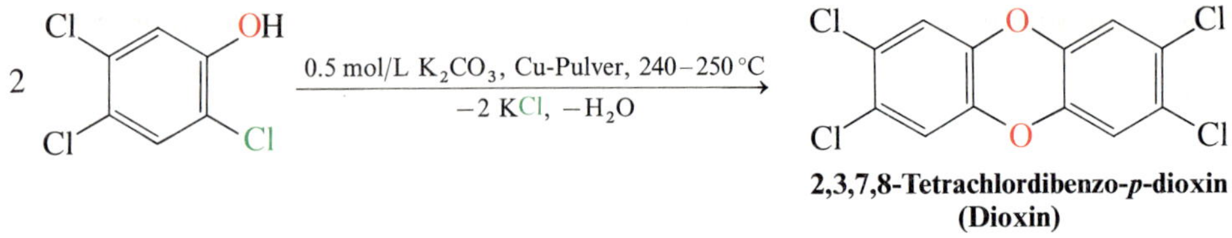

$$2\ \text{2,4,5-Trichlorphenol} \xrightarrow[-2\,KCl,\ -H_2O]{0.5\ mol/L\ K_2CO_3,\ Cu\text{-Pulver},\ 240-250\,°C} \text{2,3,7,8-Tetrachlordibenzo-}p\text{-dioxin}$$

2,3,7,8-Tetrachlordibenzo-*p*-dioxin
(Dioxin)

Die Toxizität von Dioxin (letale Dosis bei Versuchstieren, in mol/kg Körpergewicht) ist etwa 500 mal höher als die von Strychnin und mehr als 100 000mal höher als die von Natriumcyanid. Es wirkt embryotoxisch, teratogen (verursacht Mißbildungen beim Fetus) und wird als krebserregende Substanz beim Menschen eingestuft. In subletalen Konzentrationen verursacht es starke Hautausschläge und schwere Hautschäden (*Chlorakne*). Im Jahre 1976 wurde durch eine außer Kontrolle geratene Reaktion in einer chemischen Fabrik in Seveso eine Wolke von überhitzem 2,4,5-Trichlorphenol, das mit Dioxin kontaminiert war, freigesetzt. Man schätzt, daß etwa 60 kg dieser Substanz verdampften und in die Umgebung gelangten. Viele Tiere fanden dabei den Tod, und eine große Zahl von Menschen erlitten schwere Hautverletzungen.

Weitere Beispiele für chlorierte Phenole mit physiologischer Wirkung sind Pentachlorphenol, ein Fungizid und Hexachlorophen (Gebrauchsname), ein Hautdesinfektionsmittel, das früher als Zusatz in Seifen und anderen Toilettenartikeln enthalten war. Es wurde verboten, als man entdeckte, daß es Hirnschädigungen verursacht.

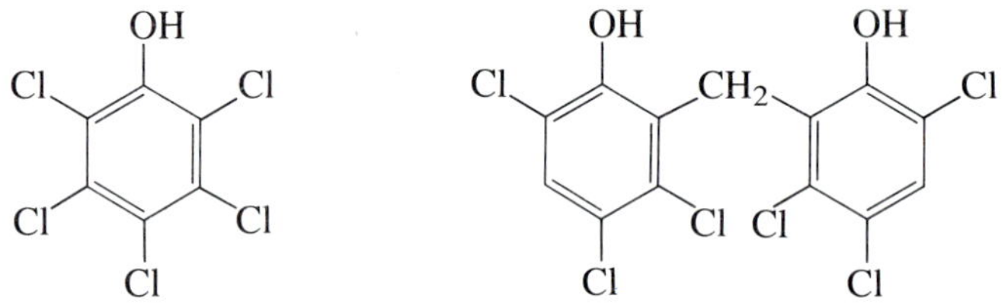

2,3,4,5,6-Pentachlorphenol
(Pentachlorphenol, ein Fungizid)

Hexachlorophen
(ein Hautdesinfektionsmittel)

Darstellung von Phenol durch das Cumolhydroperoxid-Verfahren: Die Wirtschaftlichkeit von Industrieprozessen

An einem anderen industriellen Herstellungsverfahren lassen sich gut die ökonomischen Anforderungen zeigen, denen jeder Prozeß, der kommerziell genutzt werden soll, genügen muß. Bei dieser Synthese, dem sogenannten Cumolhydroperoxid-Verfahren, werden Benzol und Propen über eine Reihe von Stufen durch Luft zu Phenol und Propanon (Aceton) oxidiert. Obwohl das Ziel dieser Reaktionsfolge eigentlich das Phenol ist, ist es das Verkaufspotential des Keton-Nebenprodukts, das den Prozeß wirtschaftlich macht.

Cumolhydroperoxid-Verfahren

$$CH_3CH{=}CH_2 + C_6H_6 + O_2 \longrightarrow CH_3\overset{O}{\overset{\|}{C}}CH_3 + C_6H_5OH$$

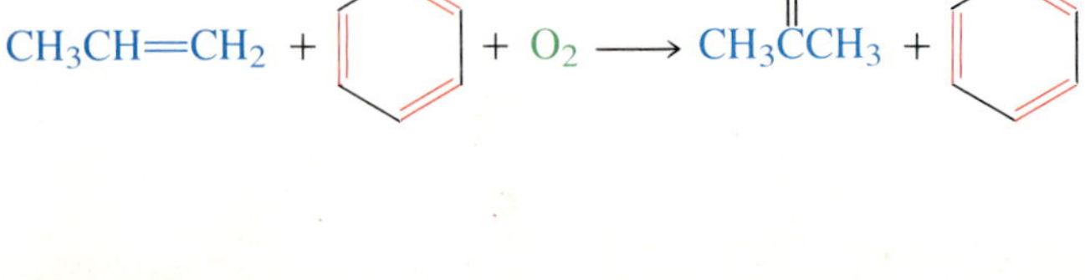

Die Synthese verläuft über mehrere voneinander unabhängige Stufen. Bei der ersten Reaktion wird Benzol durch Friedel-Crafts-Alkylierung mit Propen unter sauren Bedingungen in (1-Methylethyl)benzol, (Cumol, Isopropylbenzol) überführt (s. Abschn. 19.7).

Reaktion 1: Alkylierung von Benzol

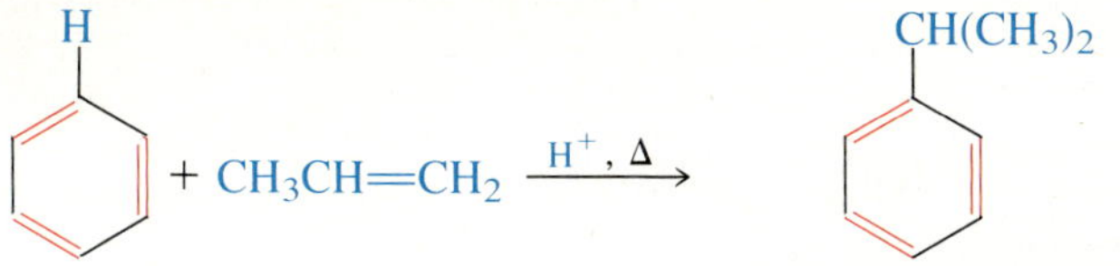

$$C_6H_5H + CH_3CH{=}CH_2 \xrightarrow{H^+,\ \Delta} C_6H_5CH(CH_3)_2$$

1-Methylethylbenzol (Isopropylbenzol oder Cumol)

Reaktion 2: Oxidation zum Hydroperoxid

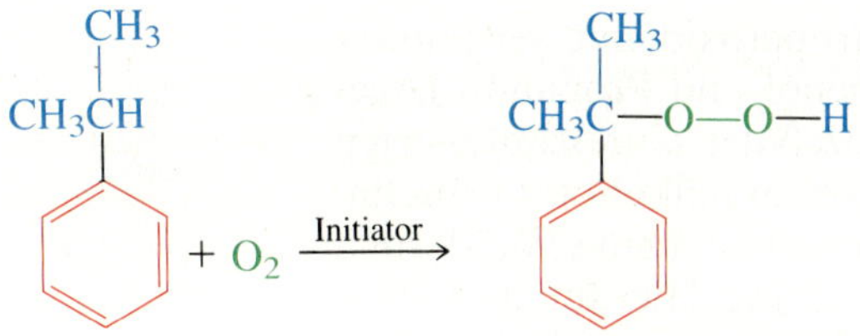

$$C_6H_5CH(CH_3)CH_3 + O_2 \xrightarrow{\text{Initiator}} C_6H_5C(CH_3)(CH_3){-}O{-}O{-}H$$

1-Methyl-1-phenylethyl-hydroperoxid (Cumolhydroperoxid)

Reaktion 3: Spaltung zu den Produkten

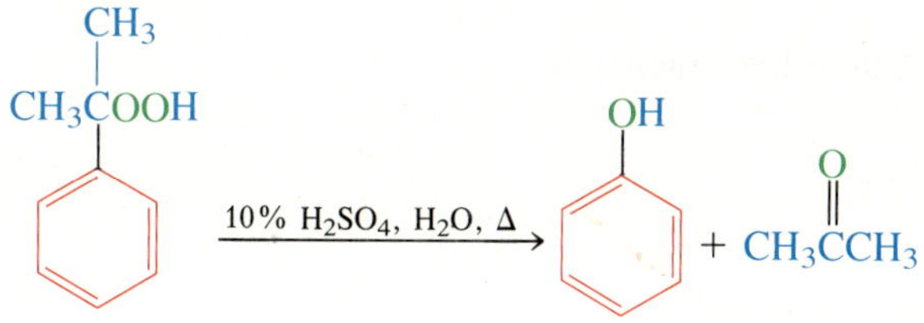

$$C_6H_5C(CH_3)_2OOH \xrightarrow{10\%\ H_2SO_4,\ H_2O,\ \Delta} C_6H_5OH + CH_3\overset{O}{\overset{\|}{C}}CH_3$$

In der zweiten Reaktion wird das Alkylbenzol durch Luft radikalisch zum entsprechenden Hydroperoxid oxidiert. Dieser Prozeß verläuft sehr leicht, da das tertiäre Benzylradikal recht stabil ist. Als Initiator der Kettenreaktion wirkt der Sauerstoff.

Mechanismus der Cumolhydroperoxid-Bildung:

Schritt 1: Kettenstart

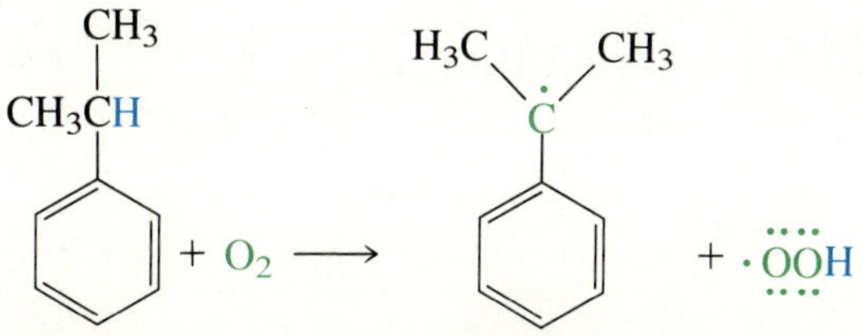

$$C_6H_5CH(CH_3)CH_3 + O_2 \longrightarrow C_6H_5\dot{C}(CH_3)_2 + \cdot\ddot{O}\ddot{O}H$$

tertiäres Benzylradikal

Schritt 2 und 3: Kettenfortpflanzung

$$C_6H_5\dot{C}(CH_3)_2 + O_2 \longrightarrow C_6H_5C(CH_3)_2{-}O{-}O\cdot$$

$$C_6H_5C(CH_3)_2{-}O{-}O\cdot + C_6H_5CH(CH_3)_2 \longrightarrow C_6H_5C(CH_3)_2{-}O{-}OH + C_6H_5\dot{C}(CH_3)_2$$

Im letzten Schritt behandelt man das Hydroperoxid mit verdünnter Schwefelsäure, wobei die beiden Produkte, Phenol und Propanon (Aceton) entstehen. Mechanistisch ähnelt dieser Prozeß der säurekatalysierten Umlagerung von 2,2-Dimethyl-1-propanol (Neopentylalkohol, s. Abschn. 9.2). Nach der Protonierung der Hydroxygruppe erfolgt eine Wanderung der Phenylgruppe mit gleichzeitiger Wasserabspaltung. Hierdurch entsteht ein umgelagertes Carbenium-Ion, das sich durch Resonanz mit dem Sauerstoff der Phenoxygruppe stabilisiert. Nach Anlagerung von Wasser und nachfolgender Deprotonierung und Reprotonierung der beiden Sauerstoffatome bildet sich ein Zwischenprodukt, das rasch zu den Produkten zerfällt.

Mechanismus der Zersetzung von Cumolhydroperoxid:

$$C_6H_5C(CH_3)_2{-}O{-}OH + H^+ \longrightarrow C_6H_5C(CH_3)_2{-}O{-}\overset{+}{O}H_2 \xrightarrow[-\,H_2O]{\text{Wanderung der Phenylgruppe}}$$

$$\left[(H_3C)_2\overset{+}{C}{-}O{-}C_6H_5 \longleftrightarrow (H_3C)_2C{=}\overset{+}{O}{-}C_6H_5\right] \xrightarrow{H_2O} CH_3C(CH_3)(\overset{+}{O}H_2){-}O{-}C_6H_5 \xrightarrow{\text{Protonenverschiebung}}$$

$$CH_3C(CH_3)(HO){-}\overset{+}{O}H{-}C_6H_5 \xrightarrow{\text{Zersetzung}} C_6H_5OH + CH_3C(=\overset{+}{O}H)CH_3 \longrightarrow C_6H_5OH + CH_3C(=O)CH_3 + H^+$$

Phenole aus Arendiazoniumsalzen

Im Laboratorium stellt man Phenole im allgemeinen über Arendiazoniumsalze, $ArN_2^+X^-$, dar. Erinnern wir uns daran, daß primäre Alkanamine am Stickstoff nitrosiert werden können, daß sich aber die entstandenen Primärprodukte zu instabilen Diazoniumsalzen umlagern – sie bilden unter Abgabe von Stickstoff Carbenium-Ionen (s. Abschn. 21.5). Im Gegensatz dazu reagieren Benzolamine (Aniline) mit kalter salpetriger Säure zu den relativ stabilen Diazoniumsalzen. Diese Reaktion bezeichnet man als *Diazotierung*.

Diazotierung

NH_2 R $\xrightarrow{NaNO_2,\ H^+,\ H_2O,\ 0\,°C}$ $N \equiv N^+$ R

Arendiazonium-Ion

Die Reaktionen dieser Salze wollen wir ausführlicher in Abschn. 24.6 behandeln. Für die Synthese von Phenolen ist wichtig, daß Diazoniumsalze beim Erhitzen Stickstoff unter Bildung reaktiver Aryl-Kationen abspalten. Diese reagieren mit Wasser zu den gewünschten Phenolen.

Zersetzung von Arendiazoniumsalzen

$N \equiv N^+$ R $\xrightarrow[-\ N_2]{\Delta}$ $^+$ R $\xrightarrow[-\ H^+]{HOH}$ OH R

Aryl-Kation

Übung 24-12

Entwickeln Sie eine Synthese von (4-Phenylmethyl)phenol (*p*-Benzylphenol) ausgehend von Benzol.

Fassen wir zusammen: Phenole liegen aufgrund der Stabilisierung durch den aromatischen Ring in der Enolform vor. Entsprechend den Nomenklaturregeln für aromatische Verbindungen, die wir in Abschn. 19.1 entwickelt haben, bezeichnet man Derivate mit Carboxy- oder Methanoyl- (Formyl-)Gruppen am aromatischen Ring als Hydroxybenzolcarbonsäuren (Hydroxybenzoesäuren) oder Hydroxybenzolcarbaldehyde (Hydroxybenzaldehyde). Da die entsprechenden Anionen resonanzstabilisiert sind, reagieren Phenole sauer. Phenole lassen sich nach vier verschiedenen Methoden darstellen: durch direkte nucleophile Hydroxylierung, Hydroxylierung von Halogenbenzolen über Arin-Zwischenstufen, das Cumolhydroperoxid-Verfahren (nur Phenol selbst) und durch Zersetzung von Arendiazoniumsalzen in Wasser.

24.4 Die Reaktivität der Phenole: Chemie von Alkoholen und Aromaten

Die Hydroxygruppe der Phenole zeigt einige der Reaktionen, die wir bei den Alkoholen kennengelernt haben (s. Kap. 9), wie Protonierung, Williamson-Ethersynthese und Esterbildung. Der aromatische Ring andererseits wird leicht von Elektrophilen angegriffen, wobei substituierte Derivate entstehen.

Der Sauerstoff der Phenole ist nur schwach basisch

Phenole (und deren Ester) lassen sich durch starke Säuren zu den entsprechenden Oxonium-Ionen protonieren. Die Hydroxygruppe zeigt also, genau wie bei den Alkoholen, amphoteren Charakter (s. Abschn. 8.3). Allerdings ist die Basizität der Phenole noch weniger ausgeprägt als die der Alkanole, da die freien Elektronenpaare am Sauerstoff über den aromatischen Ring delokalisiert sind (s. Abschn. 20.1). Die pK_a-Werte der Phenyloxonium-Ionen sind daher kleiner als die der Alkoxonium-Ionen.

pK_a-Werte von Methyl- und Phenyloxonium-Ionen

$$CH_3\overset{+}{O}H_2 \rightleftharpoons CH_3OH + H^+ \qquad pK_a = -2.2$$

$$C_6H_5\overset{+}{O}H_2 \rightleftharpoons C_6H_5OH + H^+ \qquad pK_a = -6.7$$

Anders als sekundäre und tertiäre Oxonium-Ionen, die sich von Alkoholen ableiten, dissoziieren Phenyloxonium-Ionen nicht unter Bildung von Phenyl-Kationen, da der Energieinhalt dieser Ionen sehr groß wäre (s. Abschn. 24.6).

Protonierte Alkoxybenzole werden in Gegenwart von Nucleophilen wie Br^- oder I^- (z. B. aus HBr oder HI) zu Phenolen und den entsprechenden Halogenalkanen gespalten.

$$\text{3-}(CH_3O)C_6H_4COOH \xrightarrow{HBr,\ \Delta} \text{3-}(HO)C_6H_4COOH + CH_3Br$$

90%

3-Methoxybenzolcarbonsäure (*m*-Methoxybenzoesäure) → **3-Hydroxybenzolcarbonsäure (*m*-Hydroxybenzoesäure)**

Dieselbe Reaktion ist auch mit einigen Lewis-Säuren möglich.

$$(2\text{-}CH_3OC_6H_4CO)_2 \xrightarrow[\text{2. } H^+,\ H_2O]{\text{1. } AlCl_3,\ HCl,\ \text{Nitrobenzol (Lösungsmittel)}} (2\text{-}HOC_6H_4CO)_2 + 2\ CH_3Cl$$

60%

Übung 24-13
Warum entsteht bei der Spaltung eines Alkoxybenzols durch Säure nicht das Halogenbenzol und das Alkanol?

Williamson-Ethersynthesen mit Phenolen

Das Phenoxid-Ion ist ein gutes Nucleophil; es substituiert die Abgangsgruppe der Halogenalkane und Alkylsulfonate, wobei Alkoxybenzole entstehen. Diese Reaktionen lassen sich sogar in Gegenwart von Alkanolen selektiv durchführen, da sich beide Hydroxyfunktionen stark in ihrer Acidität unterscheiden.

$$\text{3-Chlorphenol} + CH_3CH_2CH_2Br \xrightarrow[-\,NaBr,\ -\,HOH]{NaOH,\ H_2O} \text{1-Chlor-3-propoxybenzol (63\%)}$$

3-Chlorphenol
(*m*-Chlorphenol)

63%
1-Chlor-3-propoxybenzol
(*m*-Chlorphenylpropylether)

$$\text{(4-Hydroxymethyl)phenol} + (CH_3)_2SO_4 \xrightarrow[-\,Na_2SO_4,\ -\,HOH]{NaOH} \text{4-Methoxyphenylmethanol (40\%)}$$

(4-Hydroxymethyl)phenol
[(*p*-Hydroxymethyl)phenol]

40%
4-Methoxyphenylmethanol
(*p*-Methoxybenzylalkohol)

Phenole bilden Phenylalkanoate

Für die Veresterung der Phenole sind im allgemeinen aktivierte Carbonsäure-Derivate, wie Alkanoylhalogenide oder Carbonsäureanhydride erforderlich, da die Reaktion mit der Carbonsäure selbst (unter Säurekatalyse, s. Abschn. 17.8) in diesem Falle endotherm ist.

$$\text{4-Methylphenol} + CH_3CH_2\overset{O}{\overset{\|}{C}}Cl \xrightarrow[-\,NaCl,\ -\,HOH]{NaOH,\ H_2O} \text{4-Methylphenylpropanoat}$$

Propanoylchlorid

4-Methylphenol
(*p*-Kresol)

4-Methylphenylpropanoat
(Propionsäure-*p*-methylphenylester)

Kasten 24-6

Aspirin, ein Phenylalkanoat mit physiologischer Wirkung

Bei der Ethanoylierung (Acetylierung) von 2-Hydroxybenzolcarbonsäure (*o*-Hydroxybenzoesäure, Salicylsäure) entsteht das Medikament *Aspirin*, das vermutlich das am meisten gebrauchte Arzneimittel der Welt ist.

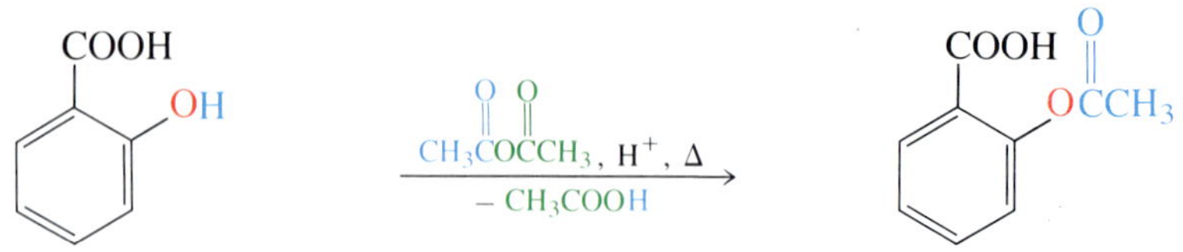

$$\xrightarrow[-\ CH_3COOH]{CH_3\overset{O}{\overset{\|}{C}}O\overset{O}{\overset{\|}{C}}CH_3,\ H^+,\ \Delta}$$

2-Hydroxybenzolcarbonsäure (*o*-Hydroxybenzoesäure (Salicylsäure)

2-Ethanoyloxybenzolcarbonsäure (*o*-Acetoxybenzoesäure, Acetylsalicylsäure, Aspirin)

Aspirin wirkt als Analgetikum (Schmerzmittel), Antipyretikum (fiebersenkendes Mittel) und Antirheumatikum (insbesondere bei Arthritis). Man nimmt an, daß es in die Synthese der Prostaglandine eingreift (s. Abschn. 16.5) und dadurch fiebersenkend, schmerzlindernd und entzündungshemmend wirkt. Obwohl es ein beliebtes Arzneimittel ist, hat es einige unerwünschte Nebenwirkungen – es kann zu Magenverstimmung und sogar Magenblutungen führen. Kürzlich ist auch der Verdacht aufgekommen, daß es einige Krankheiten – vor allem das Reysche Syndrom, ein Hirnerkrankung, bei Kindern auslöst. Dies ist sicher einer der Gründe dafür, daß in den letzten Jahren der Verkauf anderer Analgetika, wie Paracetamol (ein anderes Phenolderivat, das durch Ethanoylierung von *p*-Aminophenol hergestellt wird) ständig angestiegen ist.

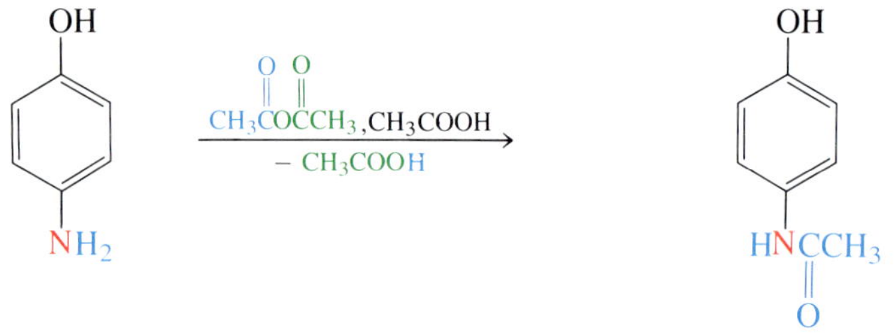

$$\xrightarrow[-\ CH_3COOH]{CH_3\overset{O}{\overset{\|}{C}}O\overset{O}{\overset{\|}{C}}CH_3,\ CH_3COOH}$$

4-Aminophenol (*p*-Aminophenol)

***N*-(4-Hydroxyphenyl)ethanamid [*N*-(*p*-Hydroxyphenyl)acetamid, Paracetamol]**

Übung 24-14

Erklären Sie, warum bei der Synthese von Paracetamol das Amid und nicht der Ester entsteht.

Phenole sind aktivierte Substrate bei der elektrophilen aromatischen Substitution

Der aromatische Ring der Phenole ist aktiviert, und wird daher rasch in *ortho*- und *para*-Stellung elektrophil substituiert (s. Abschn. 20.1 und 20.3). So erfolgt die Nitrierung sogar mit verdünnter wässriger Salpetersäure.

$$\text{Phenol} \xrightarrow{HNO_3,\ CHCl_3,\ 15°C} \text{2-Nitrophenol} + \text{4-Nitrophenol}$$

26%
2-Nitrophenol
(*o*-Nitrophenol)

61%
4-Nitrophenol
(*p*-Nitrophenol)

Bei der Friedel-Crafts-Alkanoylierung (-Acylierung) von Phenolen werden stets Ester als Nebenprodukte gebildet, es ist daher besser, die Phenole vorher durch Ethergruppen zu schützen.

$$\text{Methoxybenzol} + CH_3CCl \xrightarrow[-\ HCl]{AlCl_3,\ CS_2} \text{1-(4-Methoxyphenyl)ethanon}$$

Methoxybenzol
(Anisol)

70%
1-(4-Methoxyphenyl)ethanon
(*p*-Methoxyacetophenon)

Die elektrophile Substitution in *para*-Stellung ist häufig aus sterischen Gründen bevorzugt. Normalerweise erhält man jedoch Gemische aus *ortho*- und *para*-subsituierten Produkten, deren Zusammensetzung stark von den Reagenzien und den Reaktionsbedingungen abhängt.

Übung 24-15

Bei der Friedel-Crafts-Methylierung von Methoxybenzol (Anisol) mit Chlormethan in Gegenwart von $AlCl_3$ erhält man ein Produktgemisch *ortho*:*para* im Verhältnis 2:1. Beim Behandeln von Methoxybenzol mit 2-Chlor-2-methylpropan (tert-Butylchlorid) entsteht unter denselben Bedingungen nur 1-Methoxy-4-(1,1-dimethylethyl)benzol (*p-tert*-Butylanisol). Erklären Sie, warum.

Kasten 24-7

Phenolphthalein: Ein pH-Indikator

Eine interessante Anwendung der Friedel-Crafts-Reaktion findet man in der Synthese von Phenolphthalein. Hier greift 1,2-Benzoldicarbonsäureanhydrid (Phthalsäureanhydrid) zwei Moleküle Phenol an.

$$2\ \text{Phenol} + \text{Phthalsäureanhydrid} \xrightarrow[-\ H_2O]{H^+,\ \Delta} \text{Phenolphthalein}$$

1,2-Benzoldicarbonsäureanhydrid
(Phthalsäureanhydrid)

Phenolphthalein

Ein möglicher Mechanismus für diese Reaktion ist im folgenden gezeigt.

Mechanismus der Bildung von Phenolphthalein:

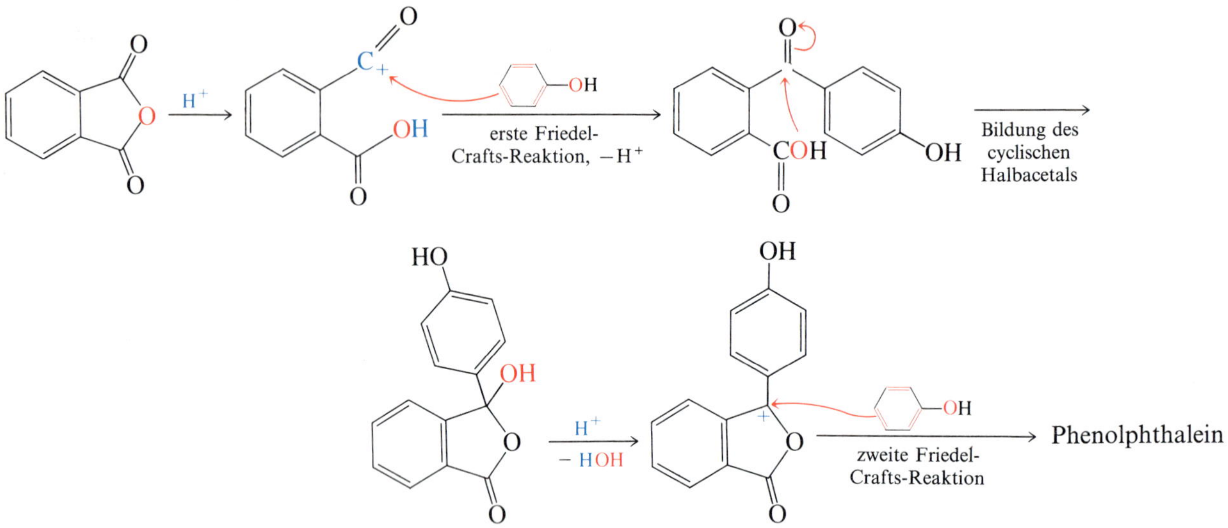

Phenolphthalein wird im Laboratorium häufig als pH-Indikator benutzt. Bei einem pH von unter 8.5 liegt das Molekül in der farblosen Lactonform vor. Bei einem pH-Wert von 9 werden die beiden Hydroxyprotonen abgespalten und der Lactonring öffnet sich. Es entsteht ein tiefrotes Dianion. Die Farbe kommt durch die ausgedehnte Delokalisierung der Ladung innerhalb des Systems zustande.

Phenolphtalein als pH-Indikator

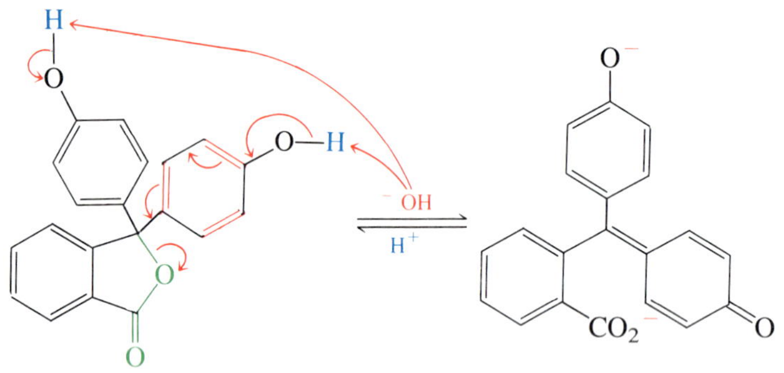

farblose Lactonform
bei pH < 8.5

rotes Dianion
bei pH > 9

Ein guter pH-Indikator muß folgende Eigenschaften haben: (1) einen scharfen Farbumschlag zwischen beiden Formen, (2) saure und basische Strukturen müssen sich schnell ineinander umlagern und (3) muß das Molekül im interessierenden pH-Bereich stabil sein.

Die besondere Reaktivität der Phenoxid-Ionen

Unter basischen Bedingungen lassen sich an Phenolen sogar mit sehr schwachen Elektrophilen elektrophile Substitutionen durchführen. Die Reaktionen laufen über intermediäre Phenoxid-Ionen. Eine technisch wichtige Anwendung ist die Reaktion mit Methanal (Formaldehyd), die *o*- und *p*-Hydroxymethylierung ergibt. Mechanistisch kann man diese Prozesse als Enolat-Kondensationen ansehen, sie verlaufen sehr ähnlich wie die Aldolkondensationen (s. Abschn. 16.3).

Hydroxymethylierung von Phenol

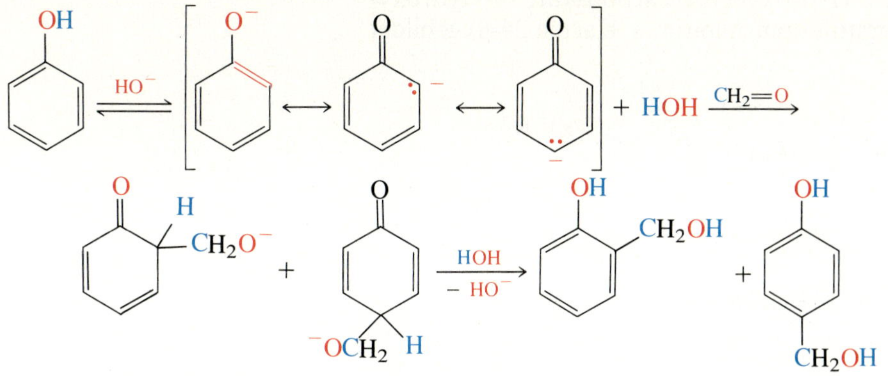

OH, $\overset{HO^-}{\rightleftharpoons}$ [O⁻ ⟷ O ⟷ O] + HOH $\xrightarrow{CH_2{=}O}$

H, CH_2O^- + $^-OCH_2$ H $\xrightarrow[-\ HO^-]{HOH}$ OH, CH_2OH + OH, CH_2OH

Die zunächst gebildeten Aldolprodukte sind instabil, sie dehydratisieren beim Erhitzen, wobei reaktive Zwischenverbindungen, sogenannte Chinomethane, entstehen:

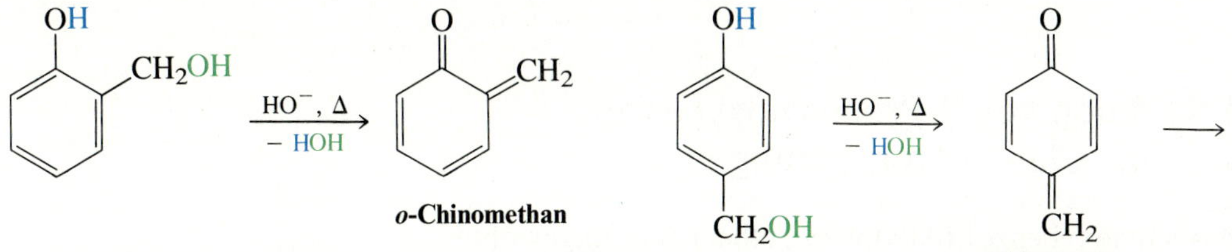

OH, CH_2OH $\xrightarrow[-\ HOH]{HO^-,\ \Delta}$ O, CH_2 **o-Chinomethan** OH, CH_2OH $\xrightarrow[-\ HOH]{HO^-,\ \Delta}$ O, CH_2 **p-Chinomethan** ⟶

Diese sind α,β-ungesättigte Carbonylverbindungen und können mit überschüssigen Phenoxid-Ionen in einer Michael-Addition (s. Abschn. 16.5) reagieren. Die gebildeten Phenole lassen sich erneut hydroxymethylieren und der gesamte Prozeß beginnt von vorn. Schließlich entsteht ein komplexes Phenol-Methanal- (Phenol-Formaldehyd-)Polymer, ein sogenanntes Phenolharz. Hauptsächlich verwendet man diese Harze für die Sperrholzfabrikation, für Isoliermaterialien, für Phenolgießharzmischungen und für Laminate (Mehrschichtsysteme).

Synthese von Phenolharzen

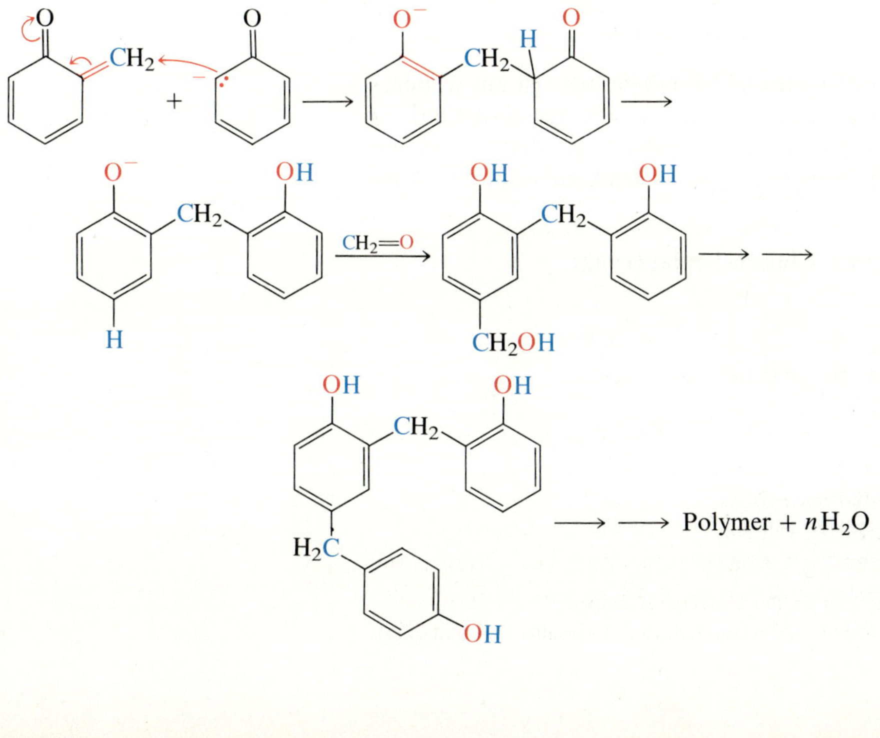

O, CH_2 + O ⟶ O⁻, CH_2, H, O ⟶

O⁻, CH_2, OH, H $\xrightarrow{CH_2{=}O}$ OH, CH_2, OH, CH_2OH ⟶ ⟶

OH, CH_2, OH, H_2C, OH ⟶ ⟶ Polymer + $n\,H_2O$

Bei der **Kolbe*-Reaktion** greift das Phenoxid-Ion ein Molekül Kohlendioxid an, wobei das Salz der 2-Hydroxybenzolcarbonsäure (*o*-Hydroxybenzoesäure), Salicylsäure, Vorstufe zum Aspirin; s. Kasten 24-6) gebildet wird:

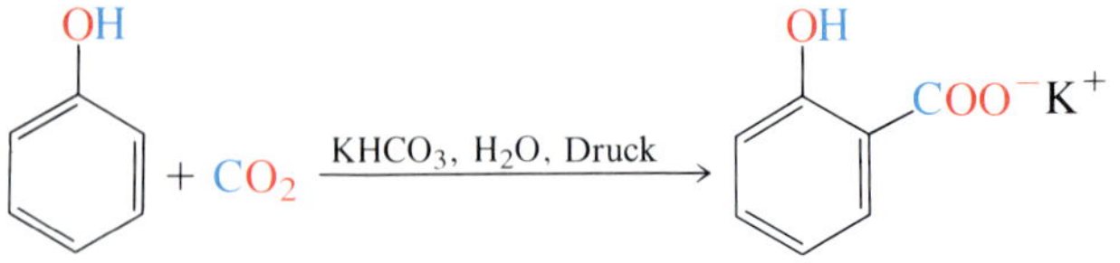

$$\text{C}_6\text{H}_5\text{OH} + CO_2 \xrightarrow{KHCO_3,\ H_2O,\ \text{Druck}} o\text{-HOC}_6\text{H}_4\text{COO}^- K^+$$

Übung 24-16

Formulieren Sie einen Mechanismus für die Kolbe-Synthese.

Übung 24-17

Hexachlorophen (s. Abschn. 24.3) wird in einer einstufigen Synthese aus 2,4,5-Trichlorphenol und Methanal (Formaldehyd) in Gegenwart von Schwefelsäure hergestellt. Wie verläuft die Reaktion? (Hinweis: Formulieren Sie eine säurekatalysierte Hydroxymethylierung als ersten Schritt).

Elektrocyclische Reaktion von 2-Propenyloxybenzol (Allylphenylether): Die Claisen-Umlagerung

Bei 200 °C geht 2-Propenyloxybenzol (Allylphenylether) eine ungewöhnliche Reaktion ein, die ähnlich wie eine elektrophile Substitution aussieht, aber nach einem anderen Mechanismus verläuft: Die Ausgangsverbindung lagert sich zu 2-(2-Propenyl)phenol (*o*-Allylphenol) um.

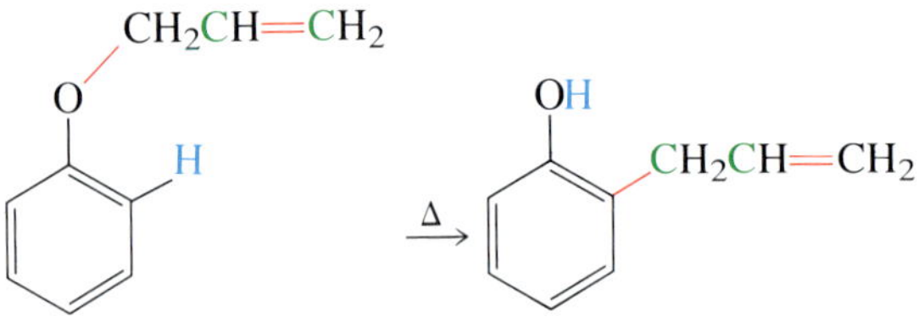

$$\text{C}_6\text{H}_5\text{OCH}_2\text{CH}{=}\text{CH}_2 \xrightarrow{\Delta} o\text{-HOC}_6\text{H}_4\text{CH}_2\text{CH}{=}\text{CH}_2$$

2-Propenyloxybenzol (Allylphenylether) → 75% **2-(2-Propenyl)phenol (*o*-Allylphenol)**

Diese Umsetzung, die sogenannte **Claisen**-Umlagerung**, ist ein weiteres Beispiel für eine konzertierte Reaktion mit einem Übergangszustand, in dem sechs Elektronen verschoben werden. Zunächst entsteht dabei ein hochenergetisches Isomer, 6-(2-Propenyl)-2,4-cyclohexadienon, das dann zum Endprodukt enolisiert.

Mechanismus der Claisen-Umlagerung:

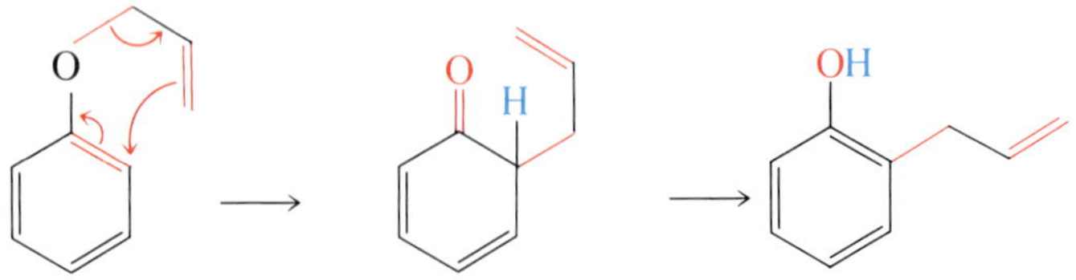

Allylphenylether → **6-(2-Propenyl)-2,4-cyclohexadienon** → *o*-Allylphenol

* Hermann Kolbe, 1818–1884, Professor an der Universität Leipzig.

** Dies ist der Professor Claisen von der Claisen-Kondensation (Abschn. 18.4 und 22.3).

Bei dem nicht-aromatischen 1-Ethenoxy-2-propen (Allylvinylether) bleibt die Claisen-Umlagerung auf der ersten Stufe stehen, da die Carbonylgruppe in diesem Molekül stabil ist. Man bezeichnet diese Reaktion als *aliphatische Claisen-Umlagerung*.

Aliphatische Claisen-Umlagerung

CH=CH₂ / H₂C / O / CH=CH₂ —255 °C⇌ CH₂=CH / CH₂ / CH₂ / O=CH

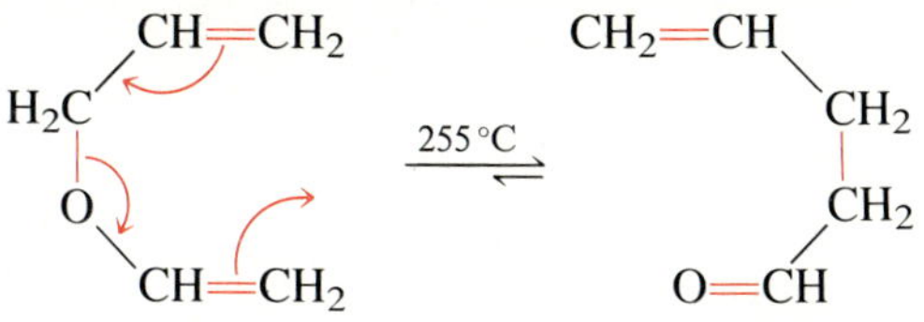

50%

1-Ethenoxy-2-propen (Allylvinylether) — **4-Pentenal**

Eine analoge Reaktion an 1,5-Dienen nennt man **Cope*-Umlagerung**.

Cope-Umlagerung

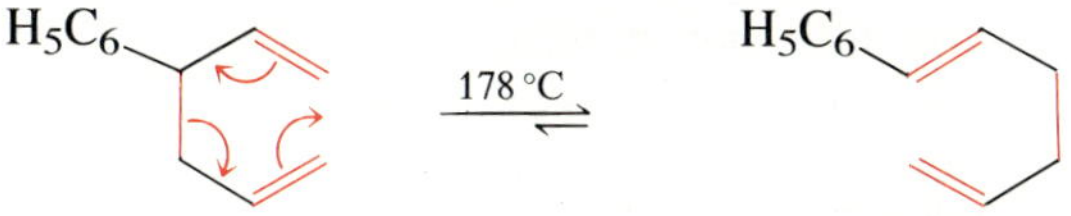

H_5C_6 —178 °C⇌ H_5C_6

72%

3-Phenyl-1,5-hexadien — ***trans*-1-Phenyl-1,5-hexadien**

Übung 24-18

Entwickeln Sie ein Experiment, mit dessen Hilfe Sie die entartete Cope-Umlagerung im 1,5-Hexadien nachweisen könnten.

Übung 24-19

Erklären Sie die folgende Umsetzung mechanistisch.

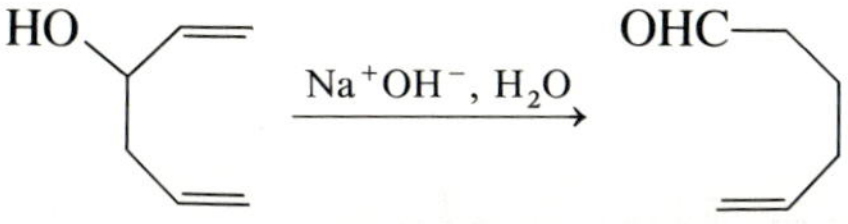

HO —Na^+OH^-, H_2O→ OHC

Kasten 24-8

Exotische entartete Cope-Umlagerungen

Bicyclo[5.1.0]octa-2,5-dien geht eine ungewöhnliche entartete Cope-Umlagerung ein. Bei 180 °C geht dieses Molekül in eine identische Struktur über, in der aber andere Atome als im Ausgangsmolekül miteinander verbunden sind (wie wir mit Hilfe der Numerierung der Kohlenstoffatome gezeigt haben).

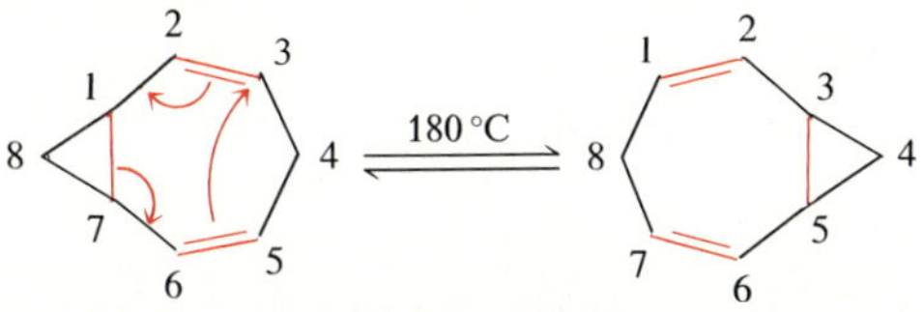

1 2 3 4 5 6 7 8 —180 °C⇌ 1 2 3 4 5 6 7 8

Bicyclo[5.1.0]octa-2,5-dien

* Dies ist der Professor Cope von der Cope-Eliminierung (s. Abschn. 21.5).

Ein noch faszinierenderes Molekül ist **Bullvalen**, das sich strukturell von Bicyclo[5.1.0]octa-2,5-dien ableitet, indem die Kohlenstoffatome 5 und 8 über eine Etherbrücke verbunden sind. Dieses Molekül kann mehr als 1.2 Millionen entartete Cope-Umlagerungen eingehen, von denen hier nur zwei gezeigt sind.

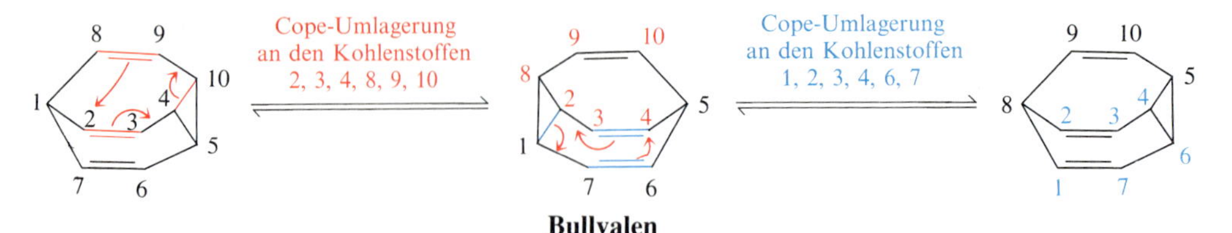

Bullvalen

Jede beliebige Kombination von drei benachbarten Kohlenstoffatomen kann zu jedem Zeitpunkt das Gerüst des Cyclopropanrings bilden. Die entartete Umlagerung im Bullvalen ist schnell in der NMR-Zeitskala. Bei 100 °C findet man nur *eine* Wasserstoffresonanz, da alle Positionen schnell äquilibrieren. Bei −25 °C zeigt das Spektrum jedoch zwei Absorptionen, eine im Alken- (6 H) und eine im gesättigten Bereich (4 H), wie man es auch für eine eingefrorene Struktur erwarten würde.

Zusammenfassend können wir sagen, daß Phenole und Alkoxybenzole als bifunktionelle Moleküle reagieren. Der Sauerstoff läßt sich protonieren, obwohl er weniger basisch als der von Alkanolen und Alkoxyalkanen ist. Protonierte Phenole und deren Derivate ionisieren nicht zu Phenyl-Kationen, aber die Ether können durch HX zu Phenolen und Halogenalkanen geöffnet werden. Alkoxybenzole stellt man durch Williamson-Ethersynthese, Arylalkanoate durch Alkanoylierung her. Der Benzolring der Phenole wird leicht elektrophil substituiert, insbesondere unter basischen Bedingungen. Phenoxid-Ionen lassen sich hydroxymethylieren und carboxylieren. 2-Propenyloxybenzol lagert sich zu 2-(2-Propenyl)phenol (*o*-Allylphenol) über einen elektrocyclischen Mechanismus, bei dem sechs Elektronen verschoben werden, um (Claisen-Umlagerung). Aliphatische ungesättigte Ether und Kohlenwasserstoffe mit 1,5-Dien-Einheiten gehen ähnliche konzertierte Reaktionen ein (aliphatische Claisen-Umlagerung bzw. Cope-Umlagerung).

24.5 Oxidationsprodukte von Phenolen: Cyclohexadiendione (Chinone)

Phenole lassen sich zu Carbonylverbindungen oxidieren. Anders als bei der Oxidation der Alkanole läßt sich ein Monoketon nicht isolieren, die Reaktion läuft bis zur Stufe der **Cyclohexadiendione (Benzochinone)**. In diesem Abschnitt beschäftigen wir uns mit der Chemie dieser neuen Verbindungsklasse.

Cyclohexadiendione (Benzochinone) und Benzoldiole (Hydrochinone) bilden Redoxpaare

1,2- und 1,4-Benzoldiole (Brenzcatechine und Hydrochinone) lassen sich durch eine Reihe von Oxidationsmitteln, wie Natriumdichromat oder Silberoxid, zu den entsprechenden Diketonen oxidieren. Aus 1,2-Benzoldiol

(Brenzcatechin) erhält man so das 3,5-Cyclohexadien-1,2-dion (*o*-Benzochinon), aus 1,4-Benzoldiol das 2,5-Cyclohexadien-1,4-dion (*p*-Benzochinon). Sind die entstandenen Dione reaktiv, sind die Ausbeuten gering. Ein Beispiel hierfür ist das 1,2-Dion, das sich unter den Reaktionsbedingungen teilweise zersetzt.

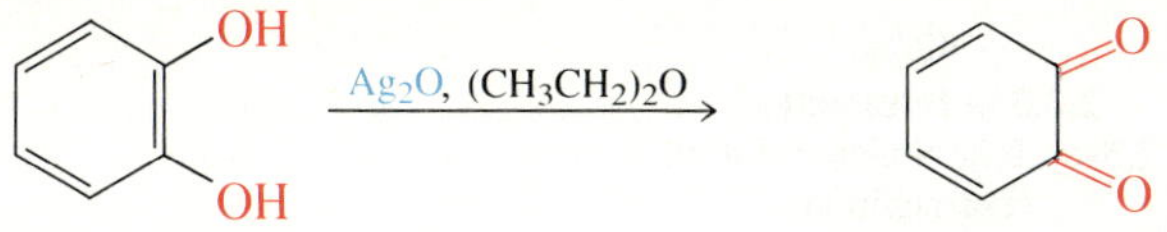

Ag_2O, $(CH_3CH_2)_2O$ →

geringe Ausbeute

1,2-Benzoldiol (Brenzcatechin) → **3,5-Cyclohexadien-1,2-dion (*o*-Benzochinon)**

$Na_2Cr_2O_7$, H_2SO_4 →

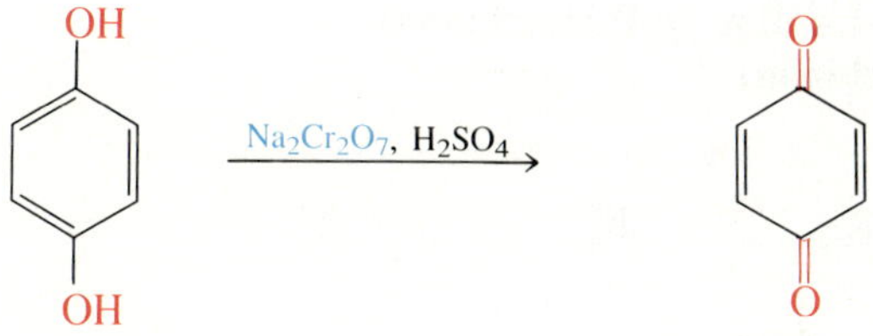

92%

1,4-Benzoldiol (Hydrochinon) → **2,5-Cyclohexadien-1,4-dion (*p*-Benzochinon)**

Sogar Phenole mit nur einer Hydroxygruppe können zu solchen Dionen oxidiert werden. Der zweite Sauerstoff wird dann an C-4 (para-Stellung) in den Ring eingeführt. Ein Reagenz, das für diese Reaktion besonders geeignet ist, ist Kaliumnitrosodisulfonat, eine radikalische Spezies, die auch als **Frémysches* Salz** bekannt ist. Man stellt dieses stabile, wasserlösliche Salz durch Oxidation von Natriumhydroxylamindisulfonat mit Kaliumpermanganat dar.

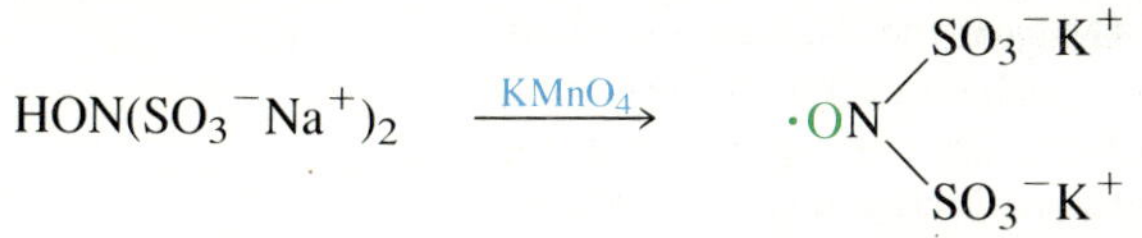

$$HON(SO_3^-Na^+)_2 \xrightarrow{KMnO_4} \cdot ON(SO_3^-K^+)_2$$

67%

Natriumhydroxylamindisulfonat → **Kaliumnitrosodisulfonat (Frémysches Salz)**

Übung 24-20

Zeichnen Sie eine Lewis-Struktur für das Frémysche Salz.

Oxidation von Phenolen durch das Frémysche Salz

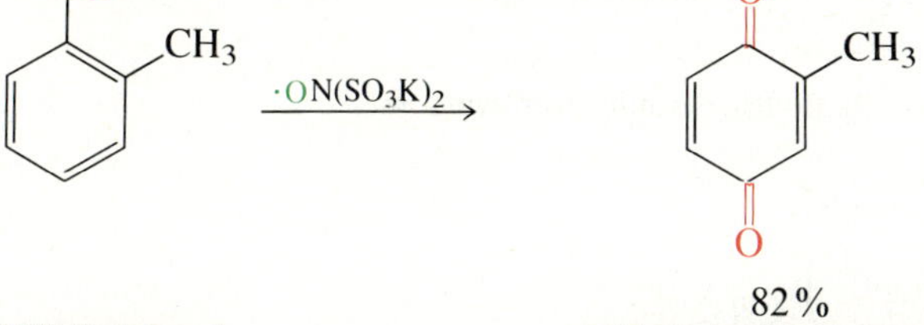

$\cdot ON(SO_3K)_2$ →

82%

2-Methylphenol (*o*-Kresol) → **2-Methyl-2,5-cyclohexadien-1,4-dion (*o*-Toluchinon)**

---

* Edmond Frémy, 1814–1894, Professor an der École Polytechnique, Paris.

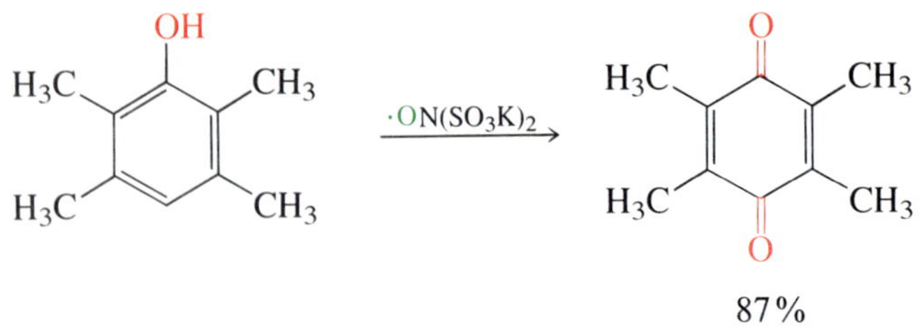

$$\text{2,3,5,6-Tetramethylphenol} \xrightarrow{\cdot ON(SO_3K)_2} \text{2,3,5,6-Tetramethyl-2,5-cyclohexadien-1,4-dion (Durochinon)}$$

87%

2,3,5,6-Tetramethylphenol

2,3,5,6-Tetramethyl-2,5-cyclohexadien-1,4-dion (Durochinon)

Diese Dione wirken als milde Oxidationsmittel bei organischen Substraten, wobei die Dion-Einheit zum Diol reduziert wird. Diese reversible Reduktions-Oxidations-Beziehung läßt sich über eine allgemeine Redoxgleichung beschreiben.

Redoxbeziehung zwischen 2,5-Cyclohexadien-1,4-dion (*p*-Benzochinon) und 1,4-Benzoldiol (Hydrochinon)

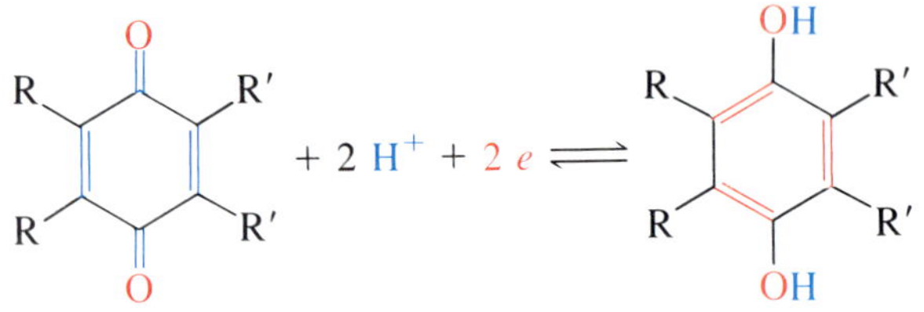

$$\text{Chinon} + 2\,H^+ + 2\,e \rightleftharpoons \text{Hydrochinon}$$

Kasten 24-9

Natürlich vorkommende Cyclohexadiendione (Chinone) als reversible Oxidationsmittel

In der Natur tritt das Chinon-Dihydrochinon-Redoxpaar in reversiblen Oxidationsreaktionen auf. Diese sind wiederum ein Teil der komplizierten Stufenfolge von Reaktionen, an denen der Sauerstoff bei biochemischen Abbauprozessen beteiligt ist. Eine wichtige Gruppe von Verbindungen, die diese Funktion erfüllen, sind die **Ubichinone** (der Name soll verdeutlichen, daß sie in der Natur ubiquitär vorkommen), die man auch insgesamt als **Coenzym Q (Co – Q)** bezeichnet. Die Ubichinonc sind substituierte Derivate des 2,5-Cyclohexadien-1,4-dions (*p*-Benzochinons), die eine Seitenkette enthalten, die aus 2-Methylbutadien-Einheiten (Isopren, s. Abschn. 4.7 und 14.6) aufgebaut ist.

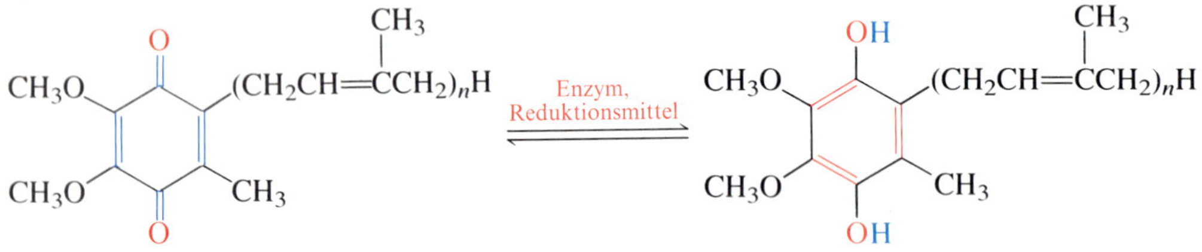

$$\text{Ubichinon: } (CH_3O)_2(CH_3)C_6O_2\text{–}(CH_2CH{=}C(CH_3)CH_2)_nH \underset{}{\xrightleftharpoons[]{\text{Enzym, Reduktionsmittel}}} (CH_3O)_2(CH_3)C_6(OH)_2\text{–}(CH_2CH{=}C(CH_3)CH_2)_nH$$

Ubichinone (*n* = 6, 8, 10) (Coenzym Q)

Eine verwandte Verbindung ist Vitamin K_1, ein Bestandteil des Blutes, der mit verantwortlich für die Blutgerinnung ist.

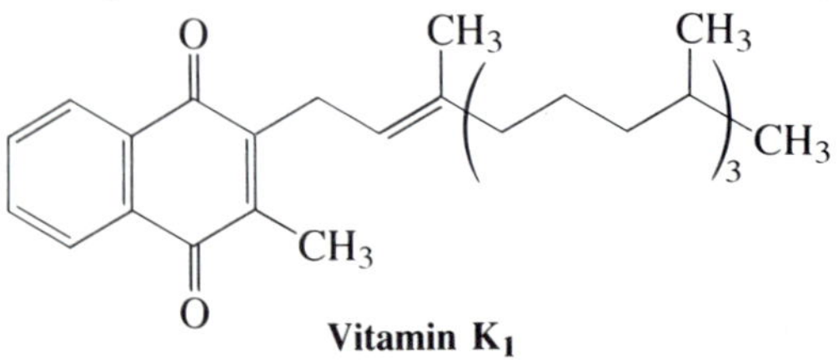

Vitamin K_1

2,5-Cyclohexadien-1,4-dione (*p*-Benzochinone) und Photographie

1,4-Benzoldiol (Hydrochinon) läßt sich als Entwickler in der Photographie benutzen. Schwarzweißfilme enthalten winzige Kristalle von Silberbromid. Bei der Belichtung wird das Silberbromid photoaktiviert. In dieser Form kann es rasch von alkalischem 1,4-Benzoldiol (Hydrochinon) zu metallischem Silber reduziert werden, das einen schwarzen Niederschlag bildet. Die belichteten Bereiche einer photographischen Platte oder eines Films sind dann nach dem Entwickeln schwarz gefärbt.

Photographischer Prozeß

$$AgBr \xrightarrow[\text{Photoaktivation}]{h\nu} AgBr^*$$

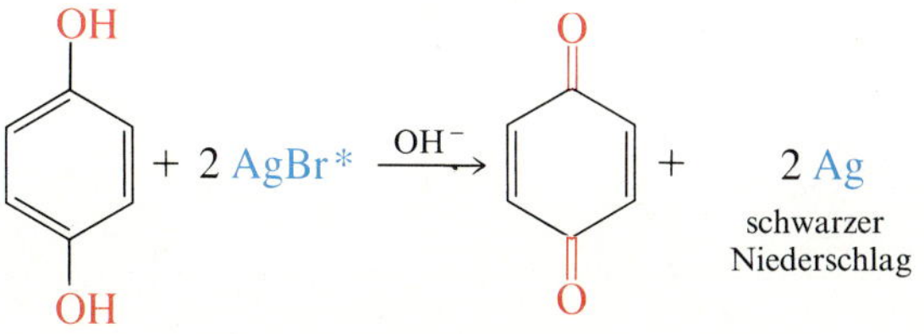

$$\text{1,4-Benzoldiol} + 2\,AgBr^* \xrightarrow{OH^-} \text{p-Benzochinon} + 2\,Ag$$

schwarzer Niederschlag

In der Praxis kommt der Film nach dem Belichten und Entwickeln in ein Fixierbad, einer Lösung einer Substanz wie Natriumthiosulfat, die das nicht reduzierte Silberbromid aus der lichtempfindlichen Schicht lösen kann. Die meisten käuflichen Entwickler enthalten 4-Aminophenole (*p*-Aminophenole) und nicht 1,4-Benzoldiol (Hydrochinon).

Metol: ein photographischer Entwickler

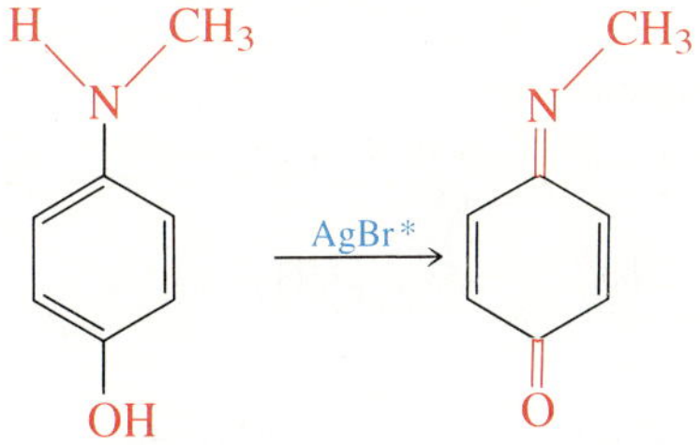

$$\text{Metol} \xrightarrow{AgBr^*} \text{Chinon-N-methylimin}$$

Metol

Die Enon-Einheiten der 2,5-Cyclohexadien-1,4-dione (*p*-Benzochinone) gehen konjugierte Additionen und Diels-Alder-Additionen ein

2,5-Cyclohexadien-1,4-dione (*p*-Benzochinone) reagieren bei konjugierten Additionen (s. Abschn. 16.5) wie α,β-ungesättigte Ketone. So addieren sie z. B. Chlorwasserstoff zu einem intermediären Hydroxydienon, das zu dem aromatischen 2-Chlor-1,4-benzoldiol enolisiert.

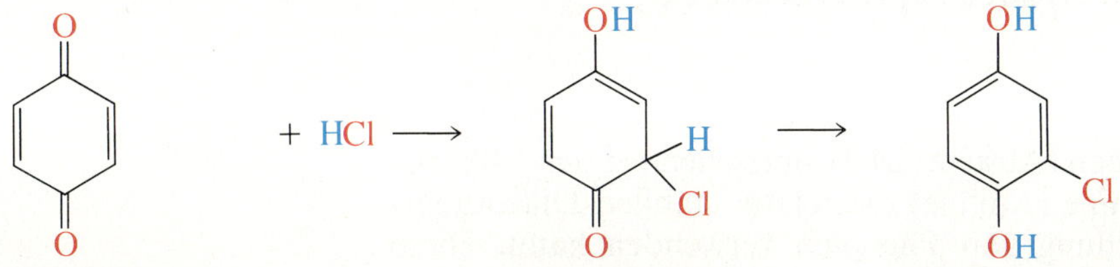

$$\text{2,5-Cyclohexadien-1,4-dion} + HCl \longrightarrow \text{6-Chlor-4-hydroxy-2,4-cyclohexadienon} \longrightarrow \text{2-Chlor-1,4-benzoldiol}$$

2,5-Cyclohexadien-1,4-dion (*p*-Benzochinon) **6-Chlor-4-hydroxy-2,4-cyclohexadienon** **2-Chlor-1,4-benzoldiol**

Die Doppelbindung geht auch Cycloadditionen an Diene ein (s. Abschn. 14.5). Das Primäraddukt an 1,3-Butadien tautomerisiert beim Erhitzen mit Säure zum aromatischen System.

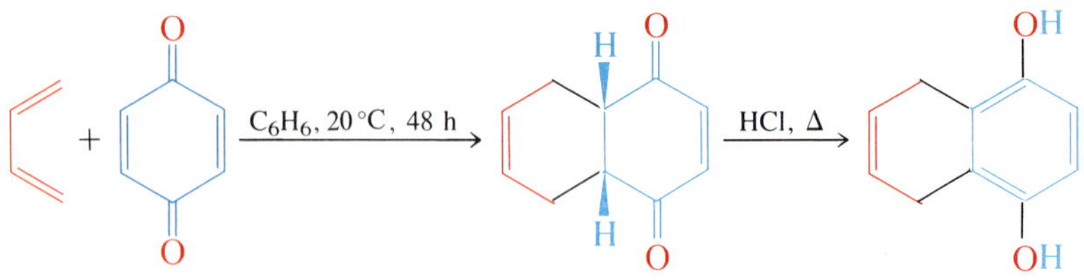
O
O
C_6H_6, 20 °C, 48 h
H
O
H
O
HCl, Δ
OH
OH

88 % Gesamtausbeute

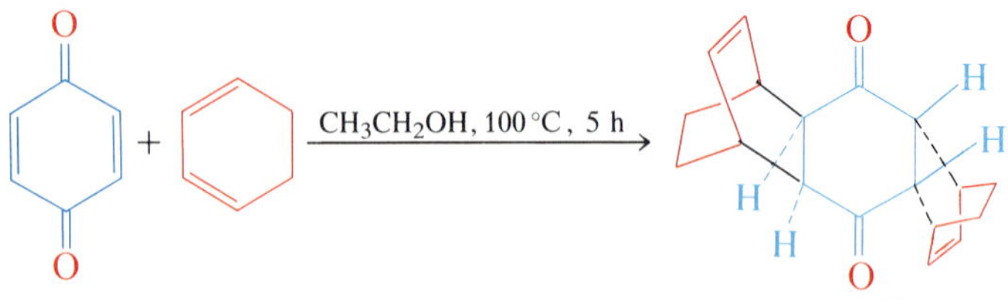
O
O
CH_3CH_2OH, 100 °C, 5 h
O
H
H
H
H
O

Überschuß

80 %

Bis-endo-Addukt

Diels-Alder-Additionen an cyclische Diene folgen der endo-Regel, wie am Beispiel der doppelten Addition an 1,3-Cyclohexadien gezeigt.

Übung 24-21

Erklären Sie das folgende Reaktionsergebnis über einen Mechanismus.

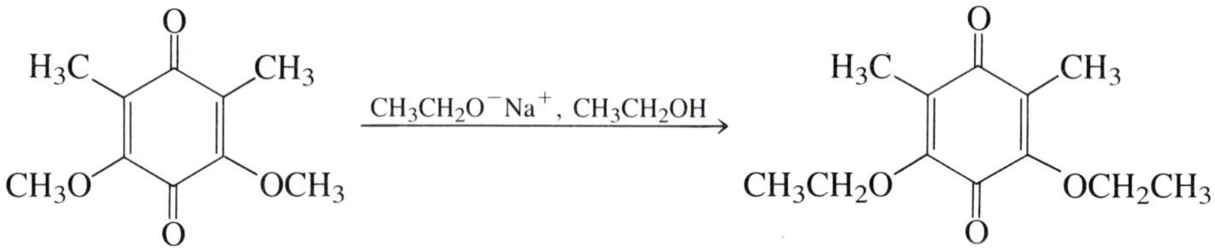
O
H_3C
CH_3
CH_3O
OCH_3
O
$CH_3CH_2O^-Na^+$, CH_3CH_2OH
O
H_3C
CH_3
CH_3CH_2O
OCH_2CH_3
O

Fassen wir zusammen: Phenole lassen sich zu den entsprechenden Dionen (Benzochinonen) oxidieren. Die Dione stehen im reversiblen Redoxgleichgewicht mit den Diolen und gehen konjugierte Additionen und Diels-Alder-Additionen an die Doppelbindungen ein.

24.6 Arendiazoniumsalze, wichtige synthetische Zwischenprodukte

Wie wir bereits erwähnt haben (Abschn. 24.3), entstehen bei der *N*-Nitrosierung primärer Benzolamine (Aniline) die relativ stabilen Diazoniumsalze, die man zur Darstellung von Phenolen verwenden kann. Diese Stabilität steht im Widerspruch zu der Reaktivität der Alkandiazonium-Ionen, die schon bei ihrer Bildung spontan unter Stickstoffabgabe zerfallen (s. Abschn. 21.5). Warum sind die aromatischen Systeme so viel stabiler? Diese Fragen wollen wir in diesem Abschnitt beantworten. Aus Arendiazoniumsalzen lassen sich Halogenarene und Arennitrile durch Substitution des Stickstoffs darstellen. Außerdem sind sie die Vorstufen der aromatischen Azoverbindungen, die aus ihnen durch elektrophile Substitution hervorgehen.

Arendiazoniumsalze sind resonanzstabilisiert

Der Grund für die relative Stabilität der Arendiazoniumsalze liegt in ihrer Möglichkeit zur Resonanz und in der hohen Energie der Aryl-Kationen, die bei der Abgabe von Stickstoff entstehen. Eines der Elektronenpaare des aromatischen π-Systems kann über die funktionelle Gruppe delokalisiert werden, es lassen sich Resonanzstrukturen mit Ladungstrennung formulieren, die eine Doppelbindung zwischen dem Benzolring und dem gebundenen Stickstoff enthalten. Dies ist im folgenden für das Benzoldiazonium-Kation gezeigt.

Resonanz im Benzoldiazonium-Kation

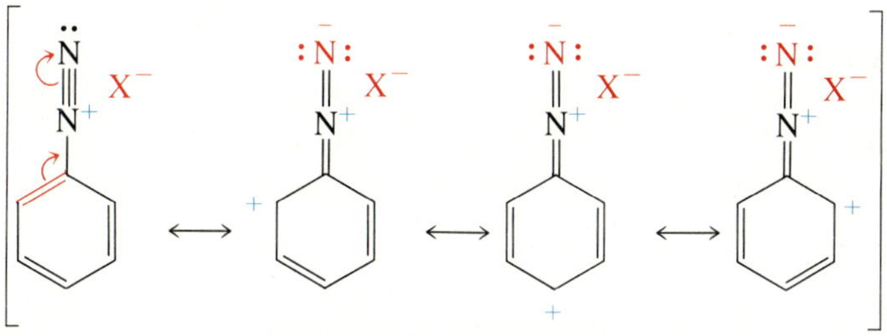

Diese Salze spalten erst bei erhöhten Temperaturen Stickstoff zu den sehr reaktiven Phenyl-Kationen ab. In wässriger Lösung erhält man so die Phenole (s. Abschn. 24.3).

Warum ist das Phenyl-Kation so reaktiv? Schließlich ist es doch ein Carbenium-Ion, das Teil eines Benzolrings ist. Sollte es nicht, ebenso wie das Benzyl-Kation, resonanzstabilisiert sein? Die Antwort ist nein, wie man auch der Darstellung des Molekülorbitals des Phenyl-Kations erkennen kann (s. Abb. 24-3). Das leere Orbital mit der positiven Ladung ist eines der sp^2-Hybridorbitale, die *senkrecht* zu dem π-System, das für die aromatische Resonanzstabilisierung sorgt, stehen. Dieses Orbital kann also nicht mit den π-Bindungen überlappen und die positive Ladung nicht delokalisiert werden.

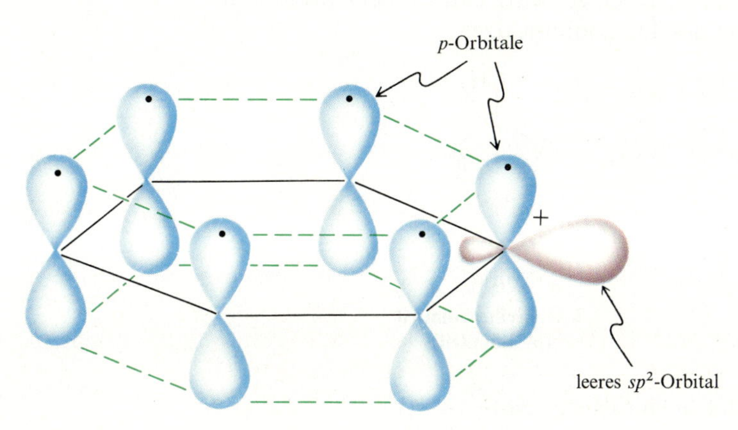

Abb. 24-3 Orbitalbild des Phenyl-Kations.

Arendiazoniumsalze lassen sich in andere substituierte Benzole überführen

Zersetzt man Arendiazoniumsalze in Gegenwart anderer Nucleophile als Wasser, reagieren diese mit dem intermediären Phenyl-Kation. So erhält man Iodarene aus den entsprechenden Arenaminen (Anilinen) durch Diazotierung in Gegenwart von HI.

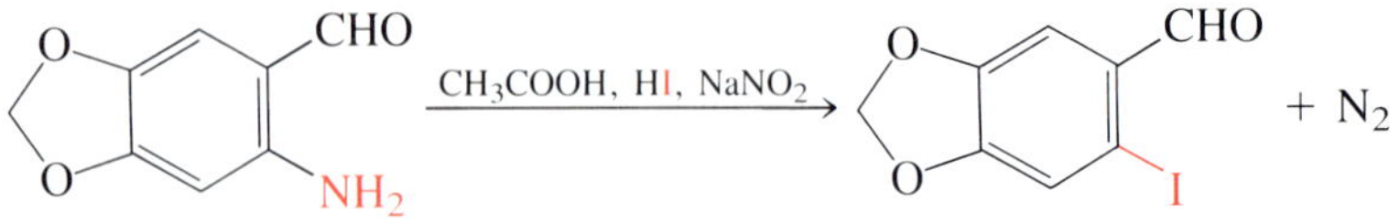

CH_3COOH, HI, $NaNO_2$ → $+ N_2$

53 %

Versucht man, andere Halogenarene auf diese Weise zu erhalten, erhält man häufig aufgrund von Nebenreaktionen Produktgemische. Eine Lösung dieses Problems ist die **Sandmeyer *-Reaktion**, in der ausgenutzt wird, daß der Austausch des Stickstoffsubstituenten gegen Halogen in Gegenwart von Kupfer(I)-salzen beträchtlich erleichtert wird. Der genaue Mechanismus dieser Zersetzungsreaktion ist nicht bekannt, man nimmt aber an, daß er über radikalische Zwischenstufen läuft.

Sandmeyer-Reaktion

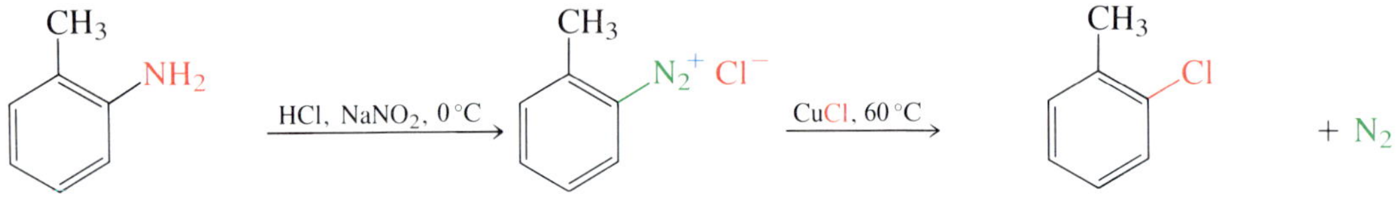

HCl, $NaNO_2$, 0 °C → N_2^+ Cl^- → CuCl, 60 °C → $+ N_2$

2-Methylbenzolamin (*o*-Methylanilin)

79 % Gesamtausbeute
1-Chlor-2-methylbenzol (*o*-Chlortoluol)

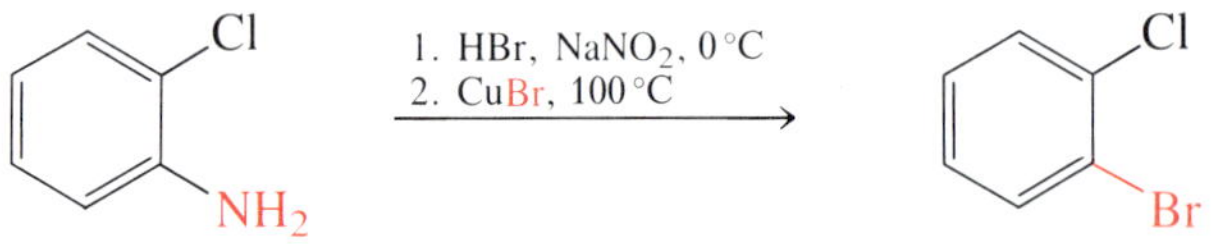

1. HBr, $NaNO_2$, 0 °C
2. CuBr, 100 °C

73 %

2-Chlorbenzolamin (*o*-Chloranilin)

1-Brom-2-chlorbenzol (*o*-Bromchlorbenzol)

Auch bei der Darstellung aromatischer Nitrile aus Arenaminen (Anilinen) arbeitet man unter Katalyse von Kupfer(I)-Ionen. Zu diesem Zweck gibt man Kupfer(I)-cyanid, CuCN, in Gegenwart eines Überschusses an Kaliumcyanid zu einer Lösung des Diazoniumsalzes.

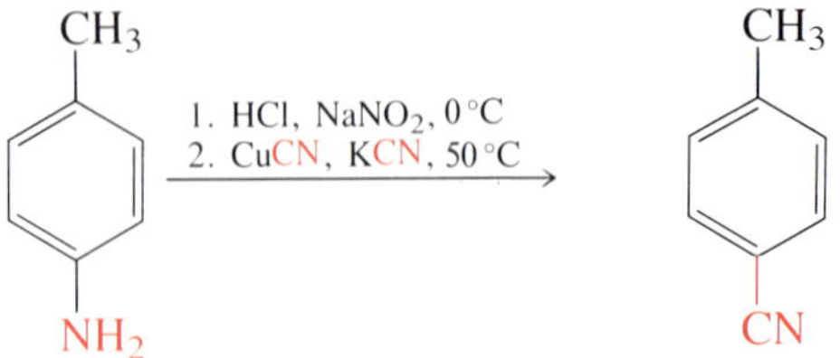

1. HCl, $NaNO_2$, 0 °C
2. CuCN, KCN, 50 °C

70 %
4-Methylbenzolnitril (*p*-Tolunitril)

* Dr. Traugott Sandmeyer, 1854–1922, in Firma Geigy, Basel.

Durch thermische Zersetzung der Diazoniumtetrafluoroborate lassen sich die entsprechenden Fluorarene darstellen. Diese Umsetzung bezeichnet man als **Schiemann*-Reaktion**, sie verläuft ohne Zugabe eines Katalysators. Diese Reaktion ist deshalb wichtig, weil die direkte elektrophile Fluorierung von Benzol mit Fluor aufgrund des stark exothermen Charakters schwierig unter Kontrolle zu halten ist.

COOH, $N_2^+Cl^-$ —HBF_4→ COOH, $N_2^+BF_4^-$ —120 °C→ COOH, F + N_2 + BF_3

78 %

Diazonium-tetrafluoroborat

2-Fluorbenzol-carbonsäure (*o*-Fluorbenzoesäure)

Die Diazoniumgruppe läßt sich auch reduktiv durch Reduktionsmittel entfernen. Über die Reaktionsfolge Diazotierung-Reduktion kann man die Aminogruppe in Arenaminen (Anilinen) durch Wasserstoff ersetzen. Als Reduktionsmittel verwendet man unter anderem wässrige hypophosphorige Säure, H_3PO_2, und Natriumborhydrid in nichtwässrigen Lösungsmitteln. Man benutzt dieses Verfahren, um Arene mit einem bestimmten Substitutionsmuster zu synthetisieren. Hierbei dient die Aminogruppe als dirigierender Substituent und wird dann im letzten Syntheseschritt entfernt.

CH_3, Br, N_2^+ —H_3PO_2, H_2O, 25 °C→ CH_3, Br, H

85 %

1-Brom-3-methylbenzol (*m*-Bromtoluol)

Sehen wir uns z. B. die Synthese von 1,3-Dibrombenzol (*m*-Dibrombenzol) an. Die direkte elektrophile Bromierung ist für diesen Zweck ungeeignet; nachdem das erste Bromatom eingeführt wurde, greift das zweite in *ortho*- oder *para*-Stellung an. Was man braucht, ist ein *meta*-dirigierender Substituent, der dann schließlich in Brom überführt wird. Ein solcher Substituent ist die Nitrogruppe. Durch zweifache Nitrierung von Benzol erhält man 1,3-Dinitrobenzol (*m*-Dinitrobenzol). Reduktion ergibt das Benzoldiamin, das dann in das Dihalogenderivat überführt wird.

—HNO_3, H_2SO_4, Δ→ NO_2, NO_2 —H_2, Pd→

NH_2, NH_2 —1. $NaNO_2$, H^+, H_2O; 2. CuBr, 100 °C→ Br, Br

* Günther Schiemann, 1899–1969, Professor an der Technischen Universität Hannover.

Übung 24-22

Schlagen Sie eine Synthese für 1,3,5-Tribrombenzol aus Benzol vor.

Elektrophile Substitution durch Arendiazoniumsalze: Azokupplung

Aufgrund ihrer positiven Ladung haben Arendiazoniumsalze elektrophilen Charakter. Diese Ladung ist jedoch delokalisiert und die Salze sind daher nicht besonders reaktiv. Trotzdem lassen sich mit ihnen elektrophile aromatische Substitutionen an aktivierten Aromaten, wie Phenol oder Benzolamin (Anilin) durchführen. Diesen Reaktionstyp bezeichnet man als **Azokupplung**; es entstehen dabei stark farbige Verbindungen, von denen viele als Farbstoffe (*Azofarbstoffe*) verwendet werden. So ergibt die Reaktion von *N,N*-Dimethylbenzolamin (*N,N*-Dimethylanilin) mit Benzoldiazoniumchlorid den leuchtend gelben Farbstoff *Buttergelb*, das früher als Lebensmittelfarbstoff verwendet wurde, inzwischen jedoch als carcinogen gilt.

Azokupplung

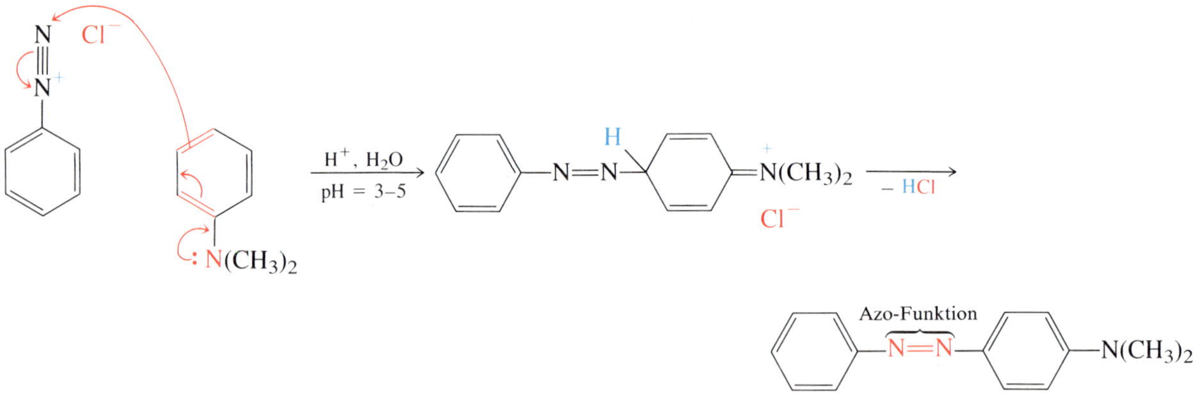

4-Dimethylaminoazobenzol
(*p*-Dimethylaminoazobenzol, Buttergelb)

Einige Azofarbstoffe werden als Säure-Base-Indikatoren verwendet, da sie ihre Farbe ändern, wenn sie protoniert werden. So ist Buttergelb im pH-Bereich $\leqq 3$ rot, bei pH $\geqq 4$ gelb. Bei niedrigem pH wird das Farbstoffmolekül an der Azofunktion (nicht an der Dimethylaminogruppe) protoniert, da das entsprechenden Kation resonanzstabilisiert ist.

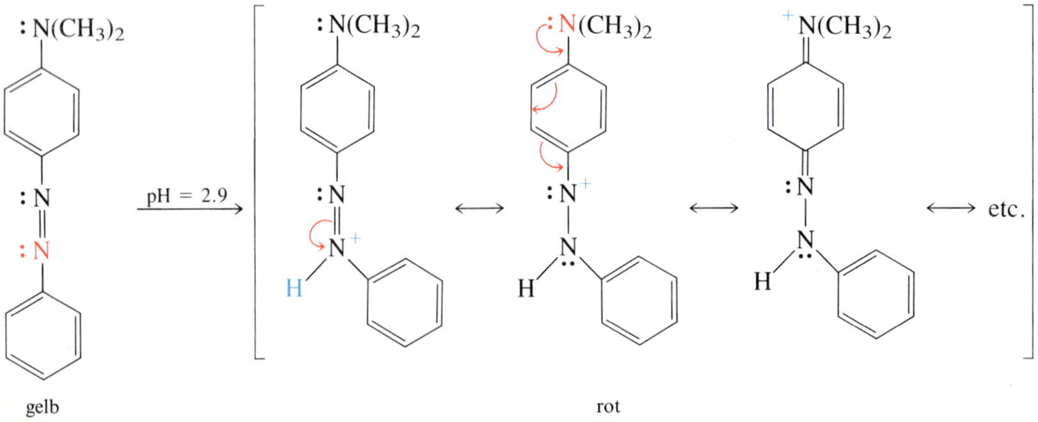

gelb

rot

Die in der Textilfärberei verwendeten Farbstoffe enthalten normalerweise Sulfonsäuregruppen, die die Wasserlöslichkeit erhöhen und aufgrund derer sich das Farbstoffmolekül über Ionenbindungen an die polaren Gruppen des Polymergerüsts der Faser anlagern kann.

Industriefarbstoffe

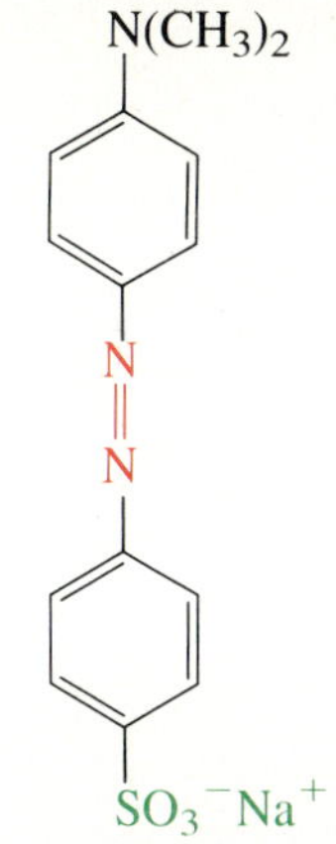

$N(CH_3)_2$ … N=N … $SO_3^-Na^+$

Methylorange
pH = 3.1, rot
pH = 4.4, gelb

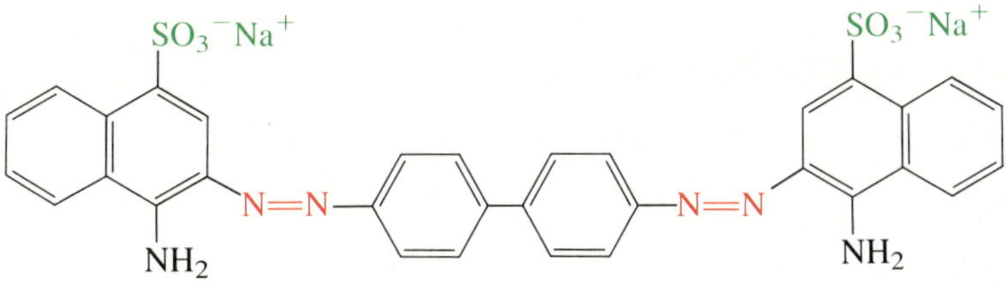

$SO_3^-Na^+$ … NH_2 … N=N … N=N … $SO_3^-Na^+$ … NH_2

Kongorot
pH = 3.0, blauviolett
pH = 5.0, rot

Zusammengefaßt gilt, daß man Arendiazoniumsalze, die aus Resonanzgründen stabiler als Alkandiazoniumsalze sind, als Ausgangsverbindungen für Phenole, Halogenalkane, Arennitrile und für reduzierte aromatischen Verbindungen verwenden kann. Als Zwischenstufen in einigen dieser Reaktionen können Aryl-Kationen auftreten, die außerordentlich reaktiv sind, da bei ihnen keine Resonanzstabilisierung möglich ist. Andere Reaktionen verlaufen nach komplizierteren Mechanismen. Diese Vielfalt von Umsetzungen an Arendiazoniumsalzen ermöglicht die regioselektive Darstellung substituierter Benzole. Schließlich können Arendiazonium-Kationen aktivierte Benzolringe durch Azokupplung angreifen. Bei diesen elektrophilen Substitutionen entstehen Azobenzole, die meist stark farbig sind.

Zusammenfassung neuer Reaktionen

Resonanz im Benzylsystem

1 Radikalische Halogenierung

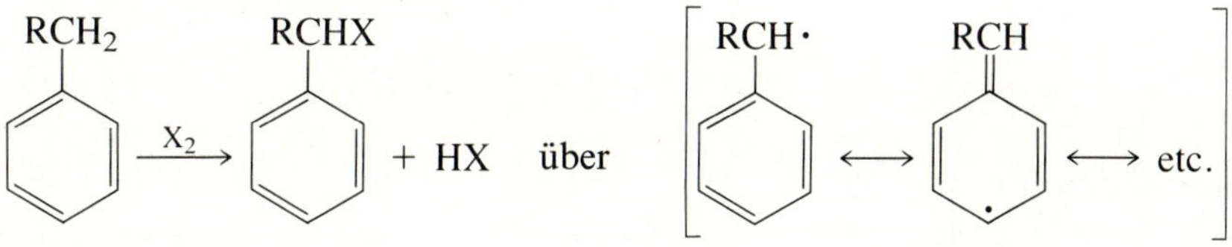

RCH_2-Benzol $\xrightarrow{X_2}$ $RCHX$-Benzol + HX über [$RCH\cdot$-Benzol $\longleftrightarrow$ RCH (chinoid, Radikal in para-Stellung) $\longleftrightarrow$ etc.]

Benzylradikal

2 Solvolyse

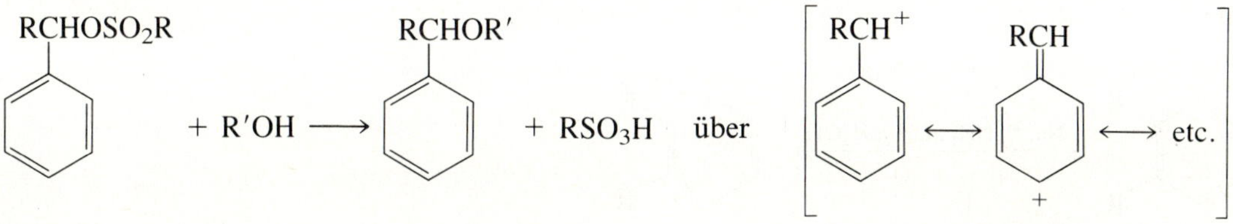

$RCHOSO_2R$-Benzol + R′OH $\longrightarrow$ $RCHOR'$-Benzol + RSO_3H über [RCH^+-Benzol $\longleftrightarrow$ RCH (chinoid, + in para-Stellung) $\longleftrightarrow$ etc.]

Benzyl-Kation

3 (Halogenmethyl)benzole (Benzylhalogenide) aus Phenylmethanol (Benzylalkohol)

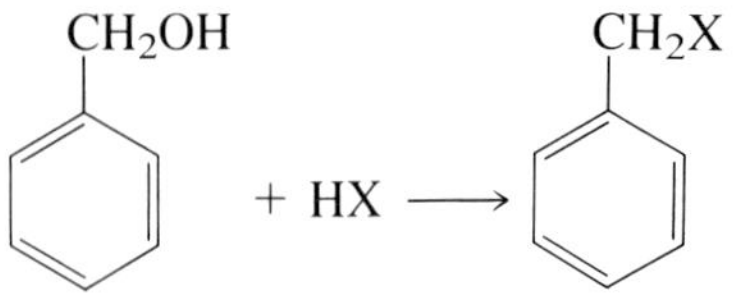

$$C_6H_5CH_2OH + HX \longrightarrow C_6H_5CH_2X$$

4 S_N2-Reaktionen an (Halogenmethyl)benzolen

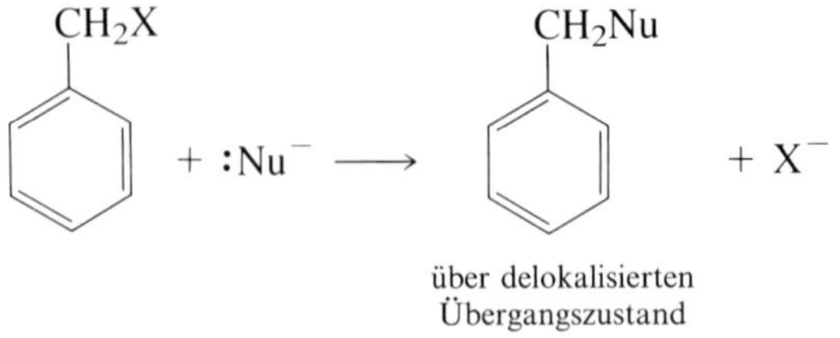

$$C_6H_5CH_2X + :Nu^- \longrightarrow C_6H_5CH_2Nu + X^-$$

über delokalisierten Übergangszustand

5 Deprotonierung des Benzyl-Kohlenstoffs

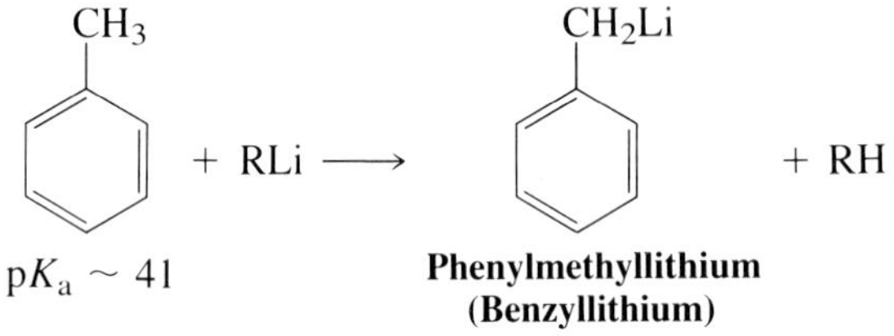

$$C_6H_5CH_3 + RLi \longrightarrow C_6H_5CH_2Li + RH$$

$pK_a \sim 41$

Phenylmethyllithium (Benzyllithium)

Oxidation und Reduktion des aromatischen Rings

6 Ozonolyse

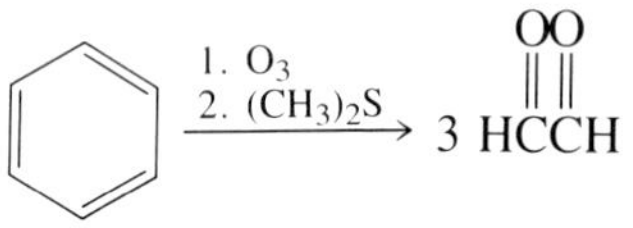

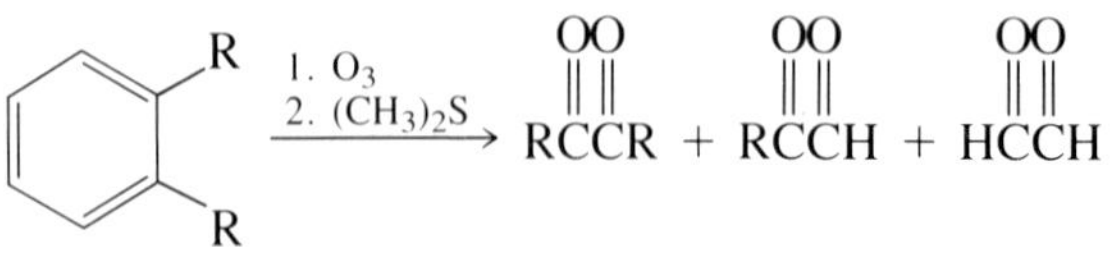

$$C_6H_6 \xrightarrow[2.\ (CH_3)_2S]{1.\ O_3} 3\ \text{HC(=O)C(=O)H}$$

$$\text{1,2-R}_2C_6H_4 \xrightarrow[2.\ (CH_3)_2S]{1.\ O_3} \text{RC(=O)C(=O)R} + \text{RC(=O)C(=O)H} + \text{HC(=O)C(=O)H}$$

7 Birch-Reduktion

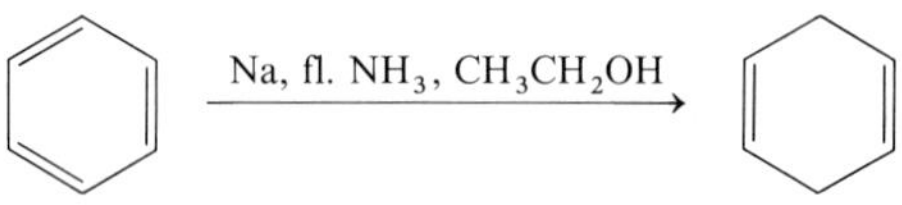

$$C_6H_6 \xrightarrow{Na,\ fl.\ NH_3,\ CH_3CH_2OH} \text{1,4-Cyclohexadien}$$

Regioselektivität:

$$\text{1,2-R}_2C_6H_4 \xrightarrow{Na,\ fl.\ NH_3,\ CH_3CH_2OH} \text{1,2-Dialkyl-1,4-cyclohexadien}$$

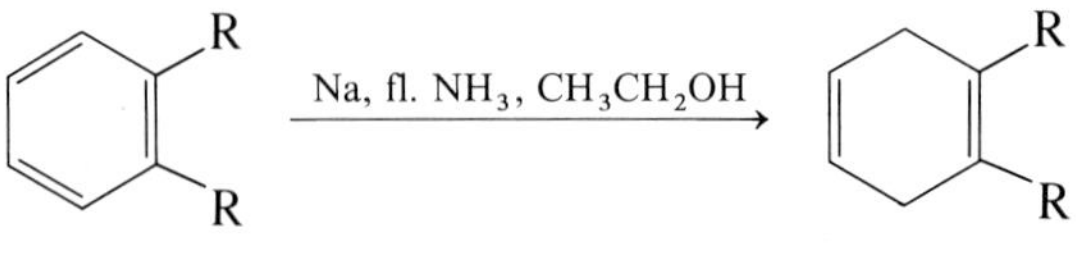

R = Alkyl

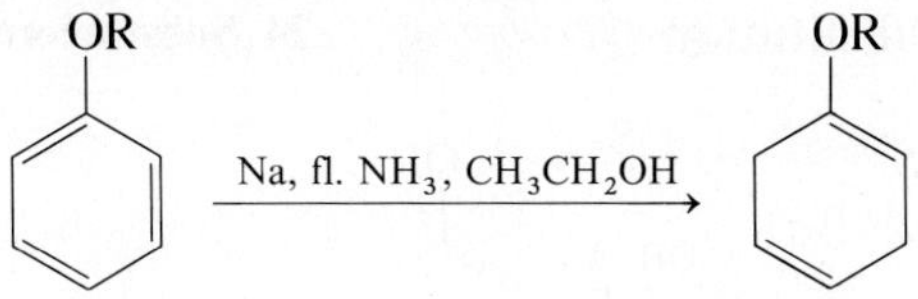

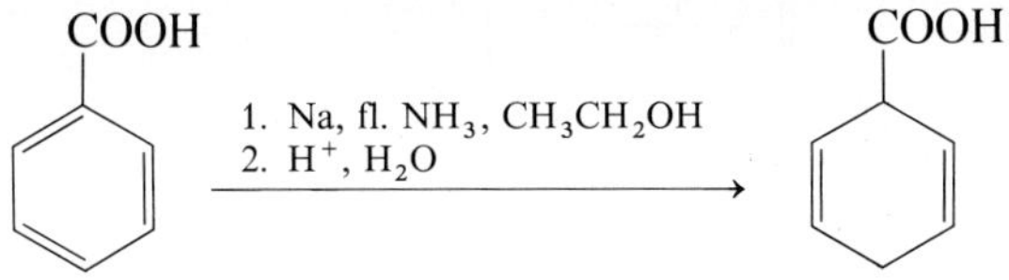

Zusammenfassung neuer Reaktionen

OR (Benzolring) $\xrightarrow{Na,\ fl.\ NH_3,\ CH_3CH_2OH}$ OR (Cyclohexa-1,4-dien)

COOH (Benzolring) $\xrightarrow[2.\ H^+,\ H_2O]{1.\ Na,\ fl.\ NH_3,\ CH_3CH_2OH}$ COOH (Cyclohexa-2,5-dien)

Oxidations- und Reduktionsreaktionen an Seitenketten von Aromaten

8 Oxidation

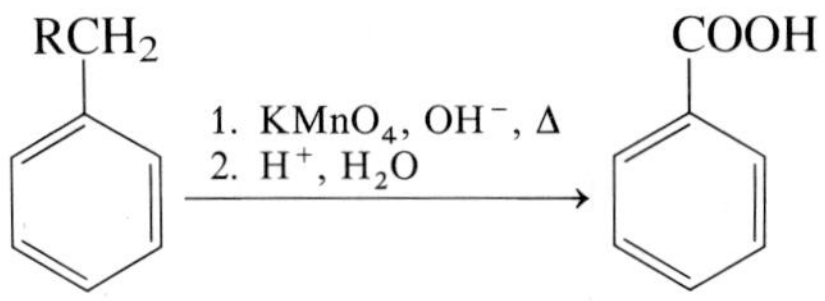

$C_6H_5CH_2R \xrightarrow[2.\ H^+,\ H_2O]{1.\ KMnO_4,\ OH^-,\ \Delta} C_6H_5COOH$

Andere geeignete Oxidationsmittel:

$Na_2Cr_2O_7$, H^+; HNO_3, H_2O; O_2, $Co(OCCH_3)_2$ (O über C), $Mn(OCCH_3)_2$ (O über C); O_2, V_2O_5.

Benzylalkohole:

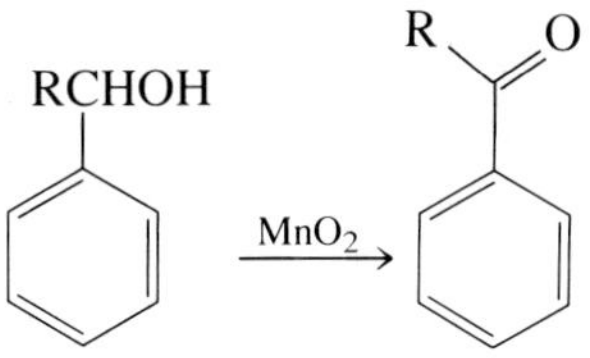

$C_6H_5CHOHR \xrightarrow{MnO_2} C_6H_5C(=O)R$

9 Reduktion

$C_6H_5CH_2OR \xrightarrow{H_2,\ Pd/C} C_6H_5CH_3 + ROH$

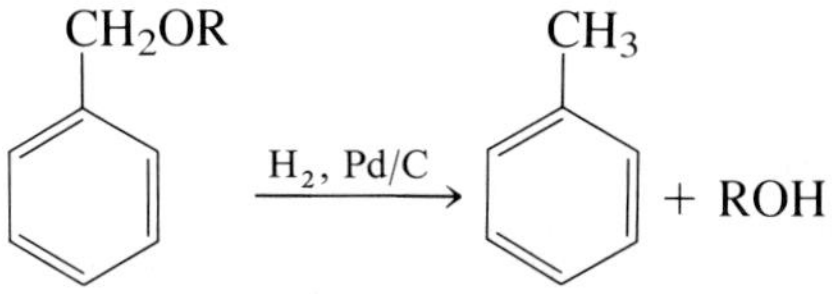

$C_6H_5CH_2$ ist eine Schutzgruppe für ROH

Phenole

10 Acidität

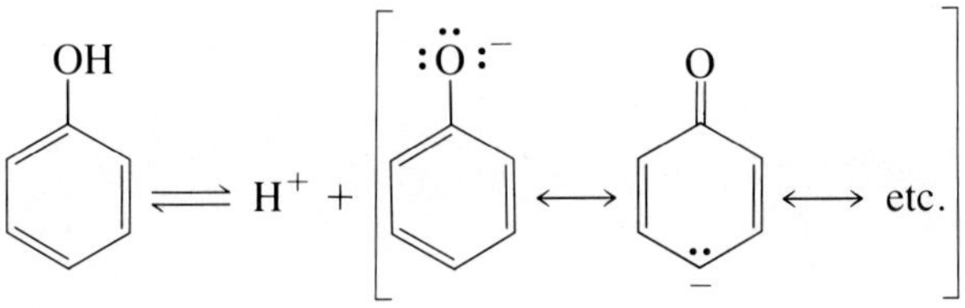

$C_6H_5OH \rightleftharpoons H^+ + [\ C_6H_5\ddot{O}:^- \longleftrightarrow$ (Cyclohexadienon mit negativer Ladung am Ring) $\longleftrightarrow$ etc. $]$

11 Darstellung durch nucleophile aromatische Substitution

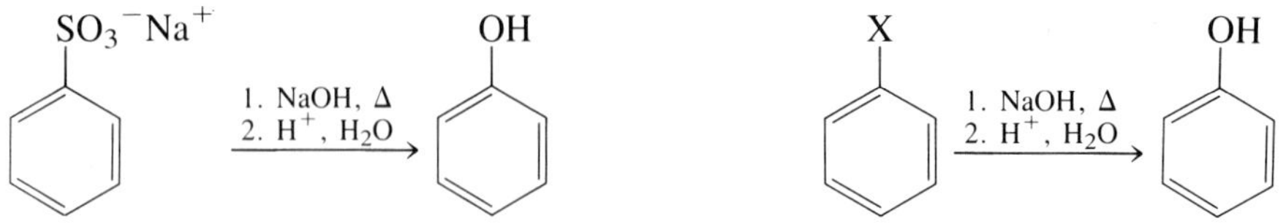

$$C_6H_5SO_3^-Na^+ \xrightarrow[2.\ H^+,\ H_2O]{1.\ NaOH,\ \Delta} C_6H_5OH \qquad C_6H_5X \xrightarrow[2.\ H^+,\ H_2O]{1.\ NaOH,\ \Delta} C_6H_5OH$$

12 Cumolhydroperoxid-Verfahren

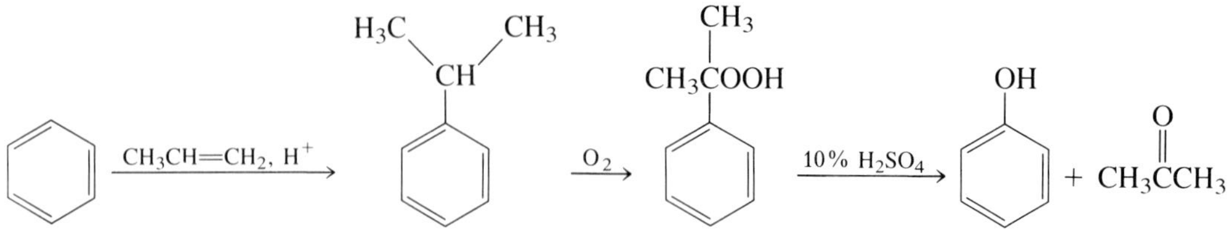

$$C_6H_6 \xrightarrow{CH_3CH{=}CH_2,\ H^+} C_6H_5CH(CH_3)_2 \xrightarrow{O_2} C_6H_5C(CH_3)_2OOH \xrightarrow{10\%\ H_2SO_4} C_6H_5OH + CH_3\overset{O}{\overset{\|}{C}}CH_3$$

13 Hydrolyse von Arendiazoniumsalzen

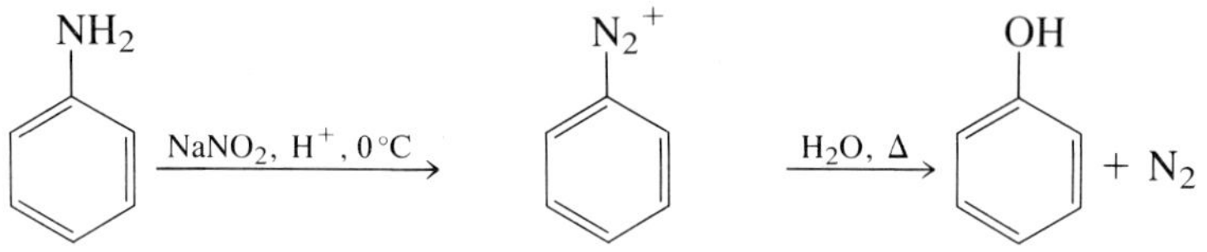

$$C_6H_5NH_2 \xrightarrow{NaNO_2,\ H^+,\ 0\,^\circ C} C_6H_5N_2^+ \xrightarrow{H_2O,\ \Delta} C_6H_5OH + N_2$$

Benzoldiazonium-Kation

Reaktionen von Phenolen und Alkoxybenzolen

14 Etherspaltung

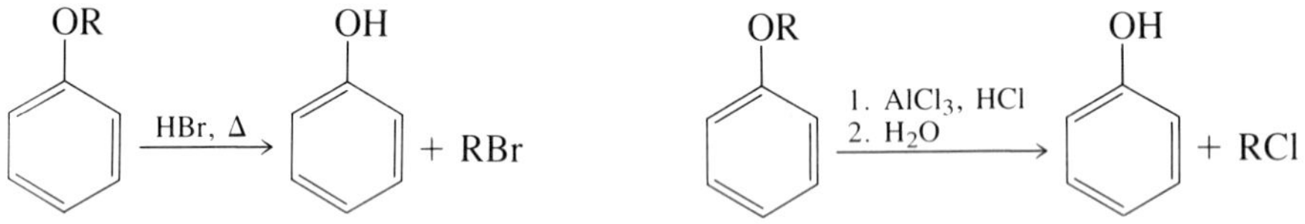

$$C_6H_5OR \xrightarrow{HBr,\ \Delta} C_6H_5OH + RBr \qquad C_6H_5OR \xrightarrow[2.\ H_2O]{1.\ AlCl_3,\ HCl} C_6H_5OH + RCl$$

15 Etherbildung

$$C_6H_5OH + RX \xrightarrow{NaOH,\ H_2O} C_6H_5OR$$

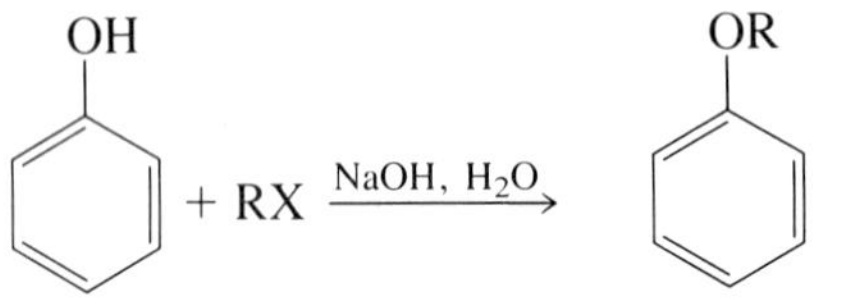

Alkoxybenzol

16 Veresterung

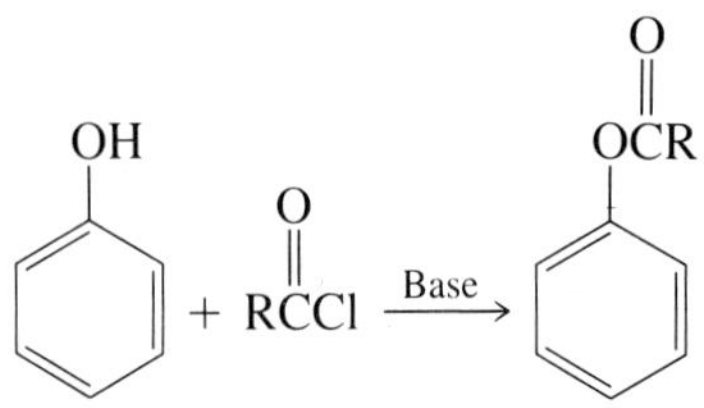

$$C_6H_5OH + R\overset{O}{\overset{\|}{C}}Cl \xrightarrow{Base} C_6H_5O\overset{O}{\overset{\|}{C}}R$$

17 Elektrophile aromatische Substitution

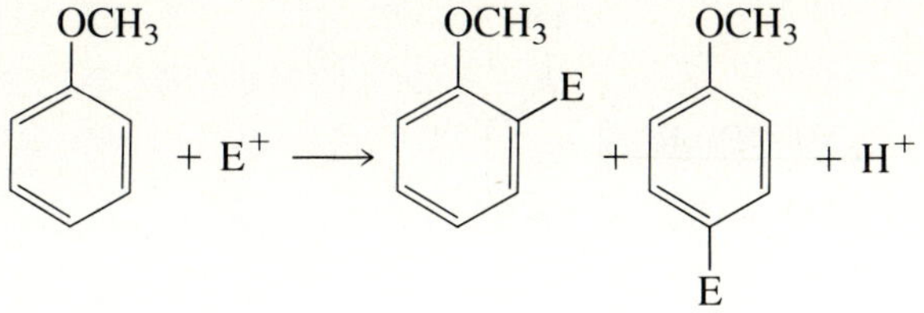
OCH3
+ E+
OCH3
E
+
OCH3
+ H+
E

18 Phenolharze

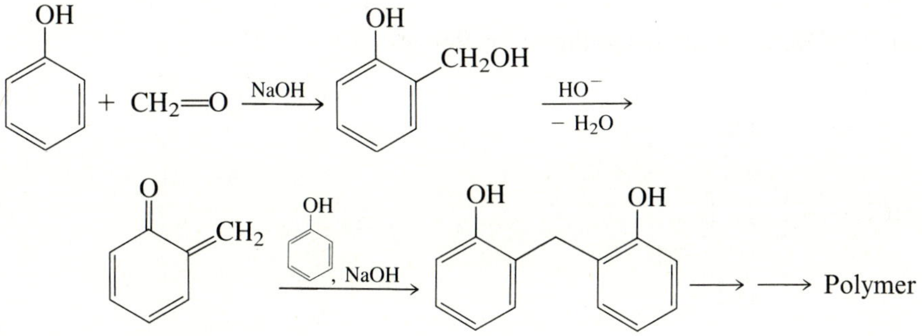
OH
+ CH2=O
NaOH
OH
CH2OH
HO−
− H2O
O
CH2
OH
, NaOH
OH
OH
Polymer

19 Kolbe-Reaktion

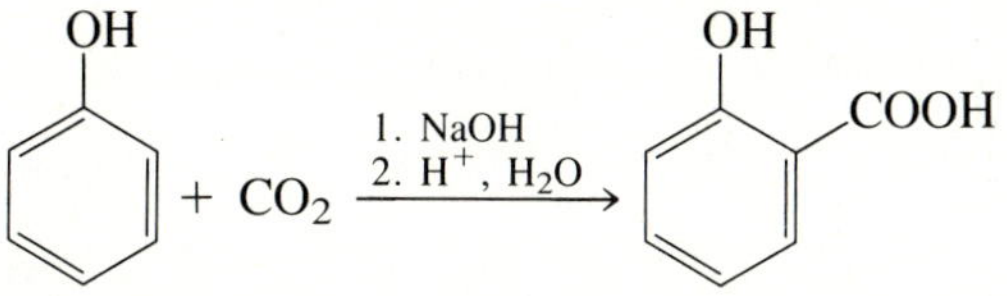
OH
+ CO2
1. NaOH
2. H+, H2O
OH
COOH

20 Claisen-Umlagerung

Aromatische Claisen-Umlagerung:

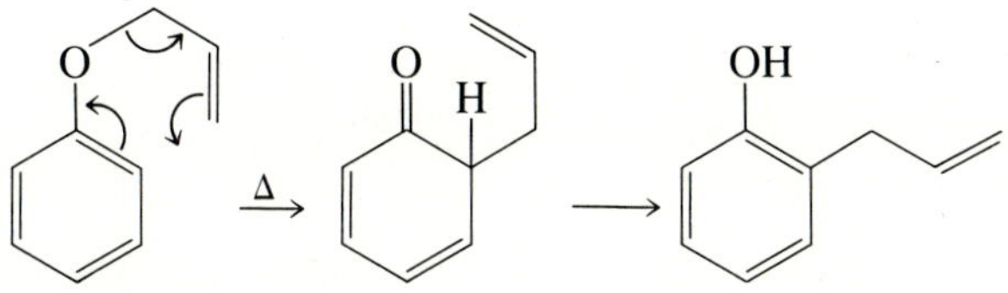
O
Δ
O
H
OH

Aliphatische Claisen-Umlagerung:

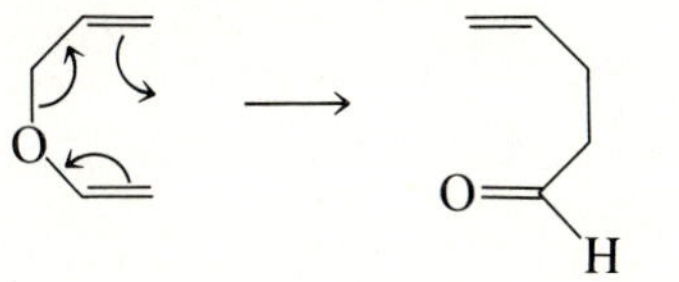
O
O
H

21 Cope-Umlagerung

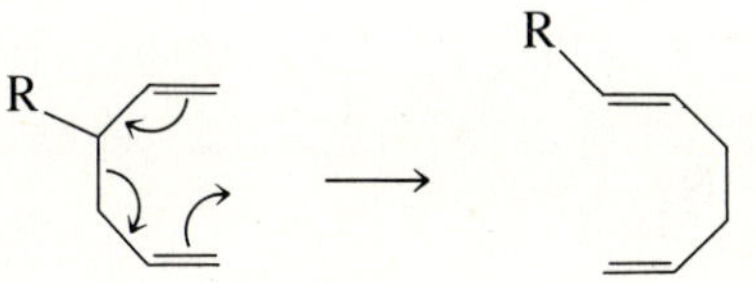
R
R

22 Oxidation

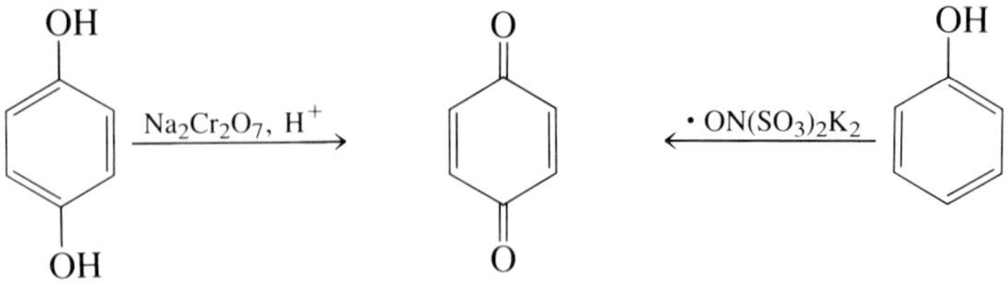

OH, OH → ($Na_2Cr_2O_7$, H^+) → O, O ← ($\cdot ON(SO_3)_2K_2$) ← OH

2,5-Cyclohexadien-1,4-dion (*p*-Benzochinon)

23 Konjugierte Additionen an 2,5-Cyclohexadien-1,4-dione (*p*-Benzochinone)

O, O + HCl ⟶ OH, Cl, OH

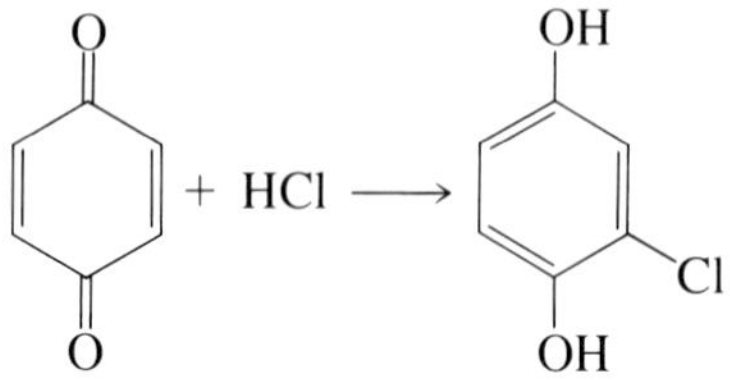

24 Diels-Alder-Cycloadditionen an 2,5-Cyclohexadien-1,4-dione (*p*-Benzochinone)

O, O + ⟶ O, H, O, H

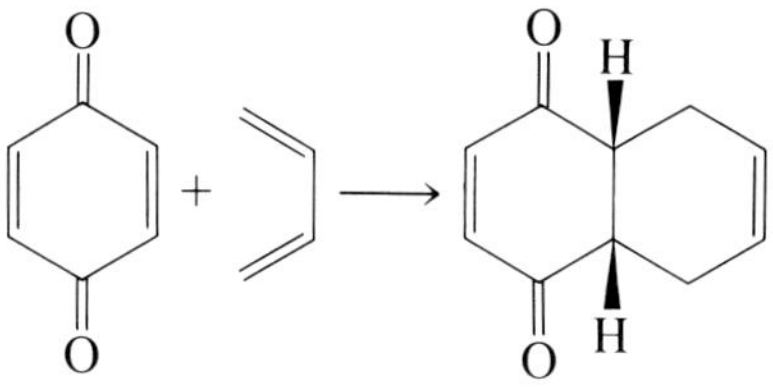

Arendiazoniumsalze

25 Resonanz

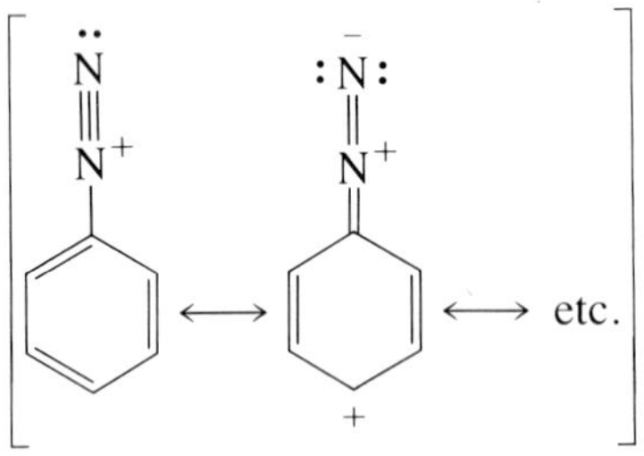

N, N^+ ⟷ :N:, N^+, + ⟷ etc.

26 Sandmeyer-Reaktionen

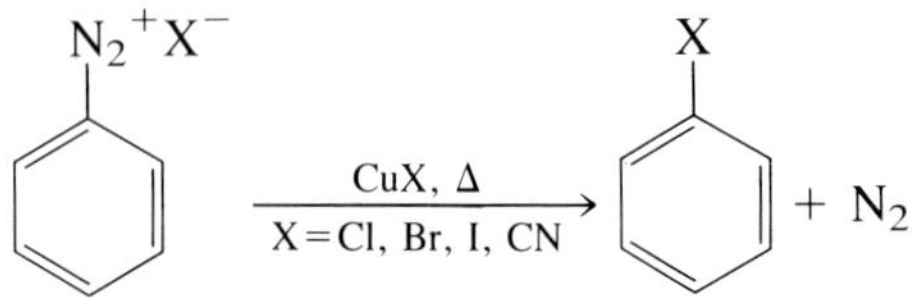

$N_2{}^+X^-$ → (CuX, Δ; X=Cl, Br, I, CN) → X + N_2

27 Schiemann-Reaktion

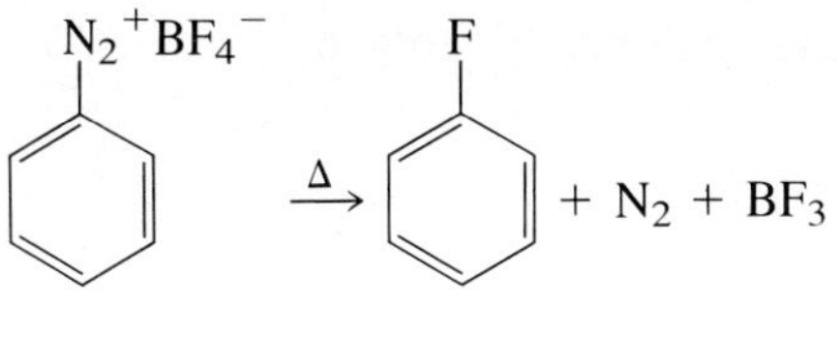

$$C_6H_5N_2^+BF_4^- \xrightarrow{\Delta} C_6H_5F + N_2 + BF_3$$

28 Reduktion

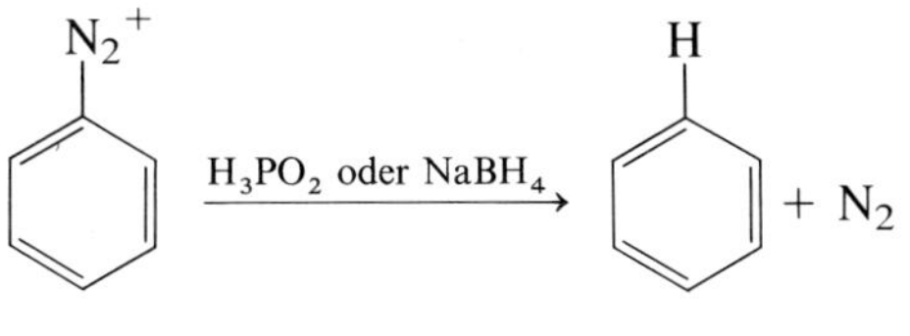

$$C_6H_5N_2^+ \xrightarrow{H_3PO_2 \text{ oder } NaBH_4} C_6H_6 + N_2$$

29 Azokupplung

$$C_6H_5N_2^+ + C_6H_5OH \longrightarrow C_6H_5-N{=}N-C_6H_4-OH + H^+$$

Azo-Verbindung

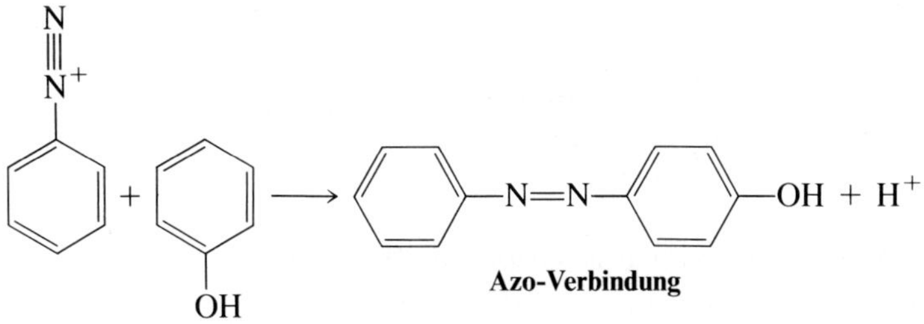

Zusammenfassung

1 Die Bildung von Benzylradikalen, -Kationen und -Anionen wird durch Resonanz der gebildeten Zentren mit dem π-System des Benzols erleichtert. S_N2-Reaktionen am Kohlenstoff der Benzylgruppe verlaufen aufgrund der Resonanzmöglichkeit im Übergangszustand besonders rasch.

2 Das aromatische π-System von Benzolderivaten kann durch Ozonolyse oder Birch-Reduktion zerstört werden.

3 Phenole sind aromatische Enole, sie zeigen Reaktionen, die charakteristisch für die Hydroxyfunktion und für aromatische Ringe sind.

4 Cyclohexandiendione und Benzoldiole treten im Laboratorium und in der Natur als Redoxpaare bei Redoxreaktionen auf.

5 Arendiazonium-Ionen sind resonanzstabilisiert, aus ihnen können jedoch reaktive Aryl-Kationen entstehen, in denen die positive Ladung nicht in den aromatischen Ring hinein delokalisiert werden kann.

6 Die Aminogruppe läßt sich zur Steuerung von elektrophilen aromatischen Zweit- und Drittsubstitutionen benutzen, nach der Reaktion kann sie dann durch Diazotierung und Reduktion entfernt werden.

1 Welche Hauptprodukte entstehen Ihrer Meinung nach bei den folgenden Reaktionen?

(a) CH_2CH_3 $\xrightarrow{Cl_2 (1\ \text{Äquivalent}),\ h\nu}$

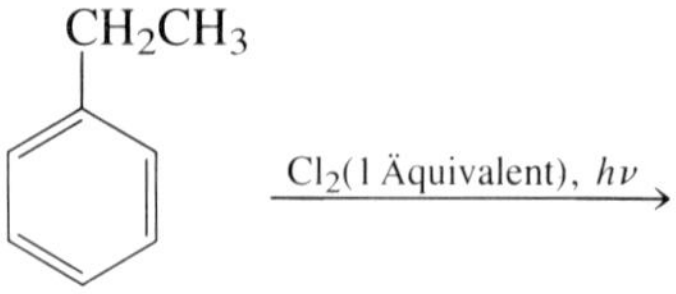

(b) $\xrightarrow{\text{NBS } (1\ \text{Äquivalent}),\ h\nu}$

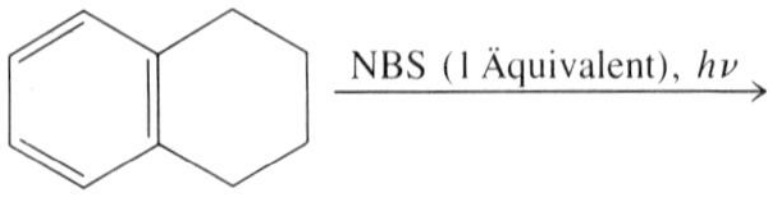

(c) H_3C H_3C $-CH_2CH_2CH_2CH_3$ $\xrightarrow{Br_2\ (1\ \text{Äquivalent}),\ \Delta}$

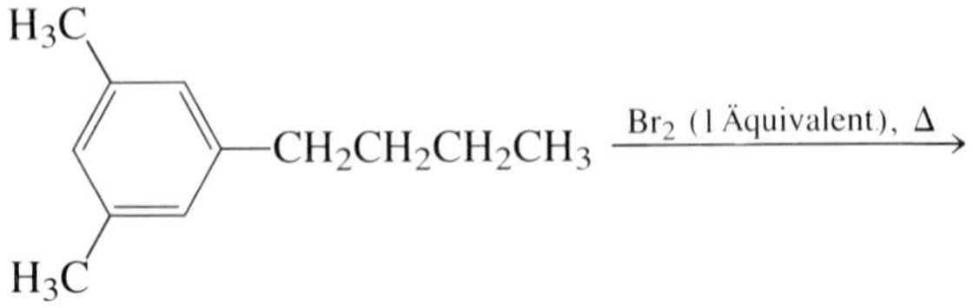

2 Verdeutlichen Sie durch Zeichnen von Resonanzstrukturen, warum die Anlagerung eines Halogenatoms an die *para*-Stellung eines Benzylradikals ungünstiger als die Anlagerung an die Benzylstellung ist.

3 Betrachten Sie die Biosynthese von Noradrenalin aus Dopamin (s. Kap.5, Aufgabe 27). Ist der Ort, an dem die Reaktion stattfindet, im Einklang mit den Prinzipien, die wir in diesem Kapitel beschreiben haben? Wäre eine nicht-enzymatische Durchführung dieser Umsetzung leichter oder schwerer? Begründen Sie Ihre Antwort.

4 Welche Produkte entstehen bei den folgenden Reaktionen oder Reaktionssequenzen?

(a) $BrCH_2CH_2CH_2-$ $-CH_2Br$ $\xrightarrow{H_2O,\ \Delta}$

(b) CH_2Cl 1. KCN, DMSO 2. H^+, H_2O, Δ $\rightarrow$

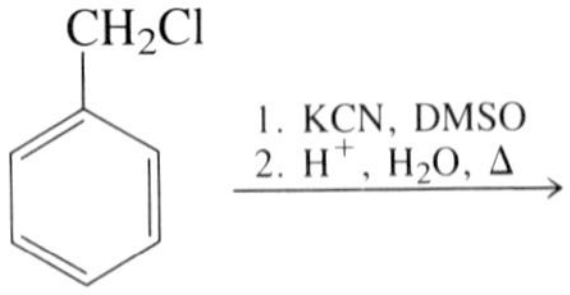

(c) 1. $CH_3CH_2CH_2CH_2Li$, $(CH_3)_2NCH_2CH_2N(CH_3)_2$ 2. C_6H_5CHO 3. H^+, H_2O, Δ $\rightarrow$

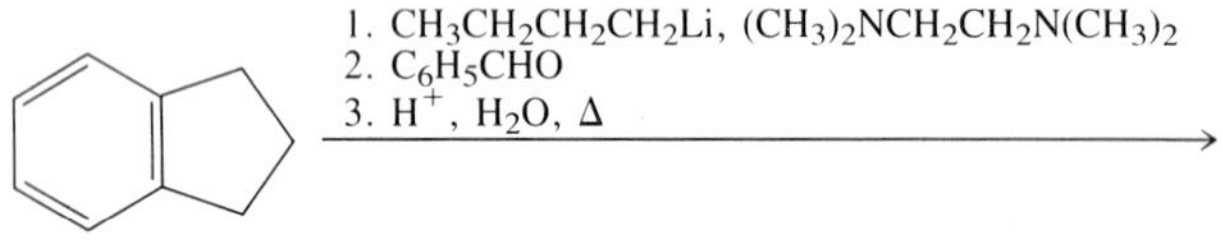

5 Der Kohlenwasserstoff mit dem Trivialnamen Fluoren (s. Randspalte) ist, genau wie Triphenylmethan, sauer genug ($pK_a \sim 23$) um als Indikator für Deprotonierungsreaktionen von Verbindungen mit größerer Acidität verwendet zu werden. Welche(r) Wasserstoff(e) ist (sind) am stärksten acid? Erklären Sie die relative Stabilität der konjugierten Base anhand von Resonanzstrukturen.

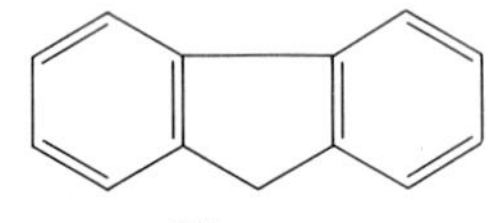

Fluoren

6 *N,N*,2-Trimethylbenzolamin wird von Butyllithium bei 0 °C rasch deprotoniert. Bei dieser Reaktion müssen keine weiteren Amine hinzugegeben werden (vergleichen Sie die Deprotonierung von Methylbenzol, Abschn. 24.1). Erklären Sie diesen Befund und zeichnen Sie die Struktur des entstandenen Lithium-Reagenz.

7 **(a)** Ist es möglich, allein über eine Ozonolyse zwischen den drei Isomeren von Dimethylbenzol (Xylol) zu unterscheiden? Geben Sie die entsprechenden Reaktionen an.

(b) Bei der Ozonolyse entstehen aus dem unbekannten Kohlenwasserstoff A die beiden gezeigten Produkte in äquimolaren Mengen. Formulieren Sie eine Struktur für Kohlenwasserstoff A, die im Einklang mit dem Ergebnis ist.

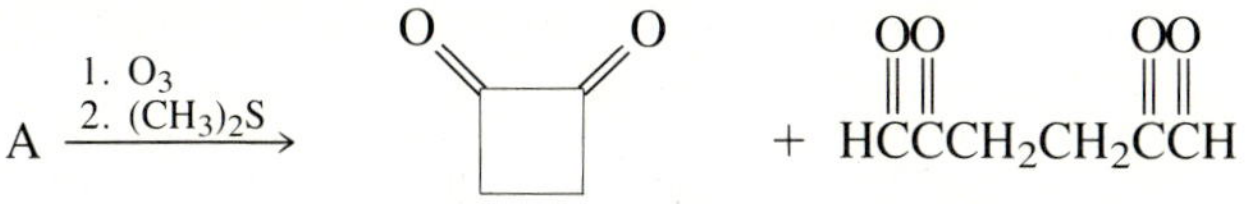

A $\xrightarrow[2.\ (CH_3)_2S]{1.\ O_3}$ **1,2-Cyclobutandion** + $HCCCH_2CH_2CCH$ (**2,5-Dioxohexandial**)

8 Welche(s) Produkt(e) erhält man Ihrer Meinung nach bei der folgenden Reaktionssequenz, die benutzt wird, um Steroide und „Norhomosteroide" für biologische Tests zu synthetisieren.

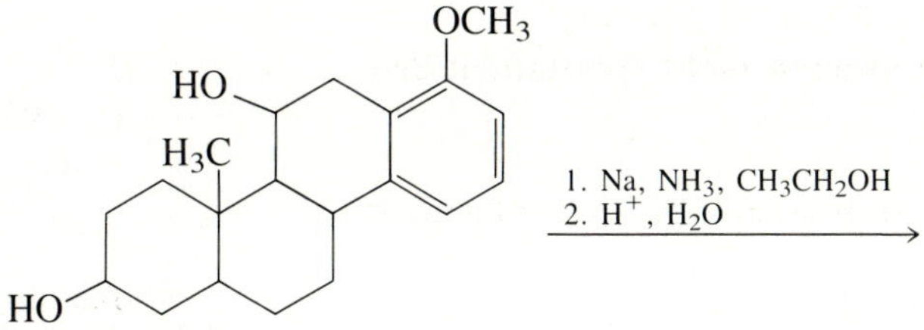

OCH_3, HO, H_3C, HO $\xrightarrow[2.\ H^+,\ H_2O]{1.\ Na,\ NH_3,\ CH_3CH_2OH}$

9 Entwickeln Sie eine einfache, praktische und effiziente Synthese für die folgenden Verbindungen. Gehen Sie dabei von Benzol oder Methylbenzol aus. Nehmen Sie an, daß sich das *para*-Isomer (aber nicht das *ortho*-Isomer) vollständig aus Gemischen von *ortho*- und *para*-Substitutionsprodukten abtrennen läßt.

(a) $CH_2CH_2C{\equiv}CH$

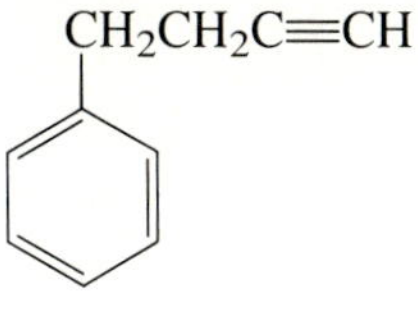

(c) O, $COOCH_3$

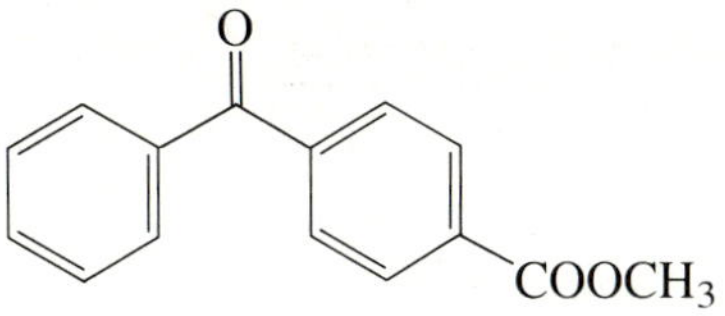

(b) $CONH_2$, Cl

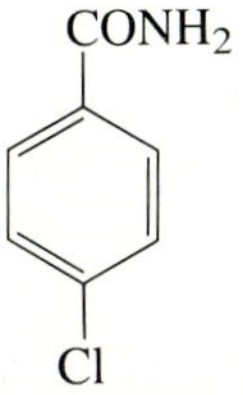

(d) COOH, Br, Br

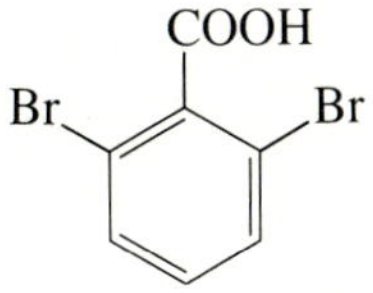

10 Bei der Synthese von Germanicol, mit deren Anfang wir uns in Aufgabe 30 von Kap. 16 befaßt haben, werden bei späteren Reaktionsschritten einige Reaktionen von Arenen benutzt. Fügen Sie die Reagenzien **a** bis **e** ein, die in der Reaktionsfolge nicht angegeben sind. Jeder Buchstabe kann für einen bis drei Schritte stehen.

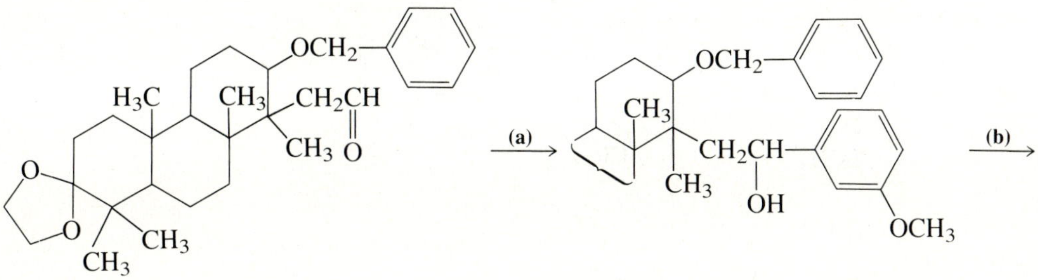

OCH_2, H_3C, CH_3, CH_2CH, CH_3 O, O, O, CH_3, CH_3 $\xrightarrow{(a)}$ OCH_2, CH_3, CH_2CH, CH_3, OH, OCH_3 $\xrightarrow{(b)}$

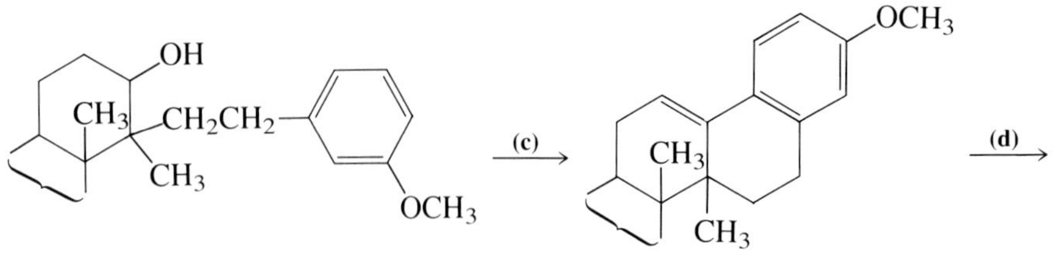

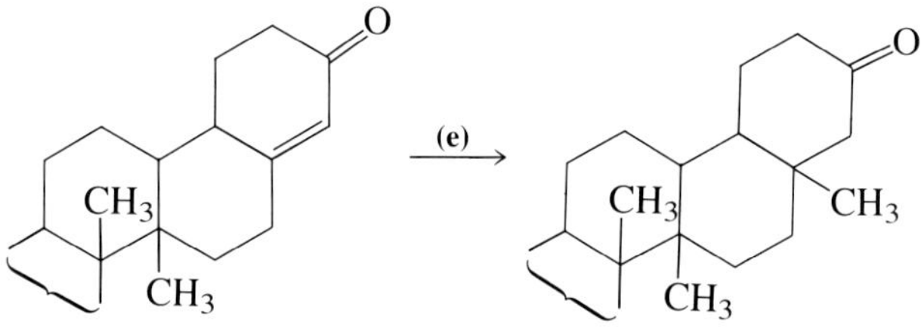

(c) → (d) →

(e) →

11 6,6-Dialkyl-2,4-cyclohexandienone enolisieren nicht spontan zu den entsprechenden Phenolen. Warum nicht?

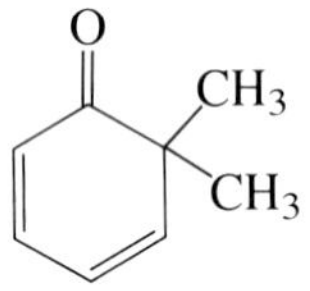

6,6-Dimethyl-2,4-cyclohexadienon

12 Welche Produkte bilden sich Ihrer Meinung nach bei den folgenden Reaktionen und Reaktionssequenzen?

(a) 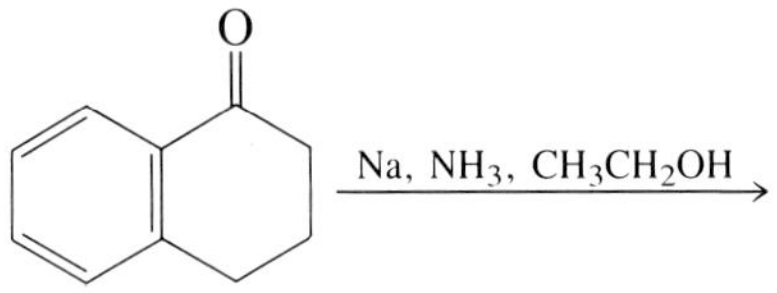 $\xrightarrow{Na,\ NH_3,\ CH_3CH_2OH}$

(b) 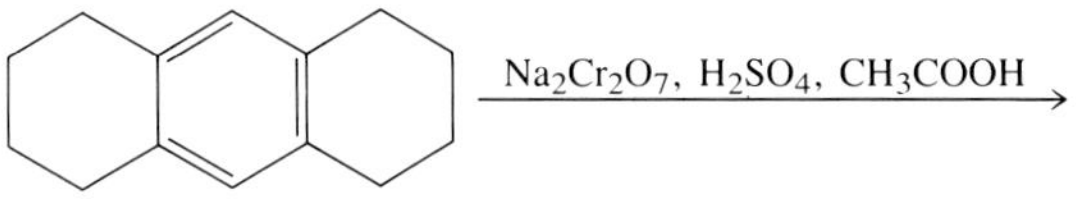 $\xrightarrow{Na_2Cr_2O_7,\ H_2SO_4,\ CH_3COOH}$

(c) 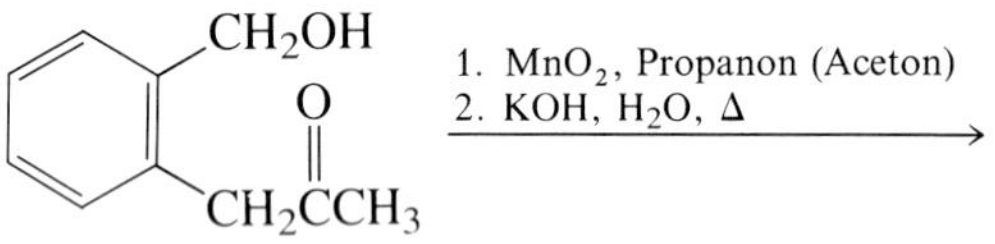 1. MnO_2, Propanon (Aceton) 2. KOH, H_2O, Δ →

(d) 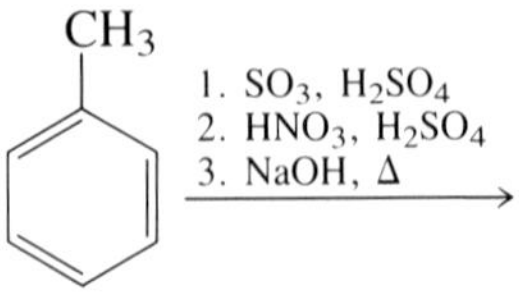 1. SO_3, H_2SO_4 2. HNO_3, H_2SO_4 3. NaOH, Δ →

13 Ordnen Sie die folgenden Verbindungen nach abnehmender Acidität.

(a) CH_3OH

(b) CH_3COOH

(c) 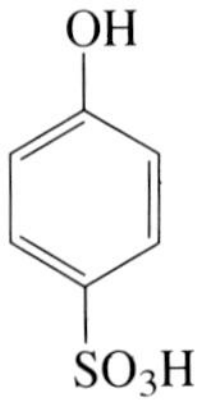 OH / SO_3H

(d) 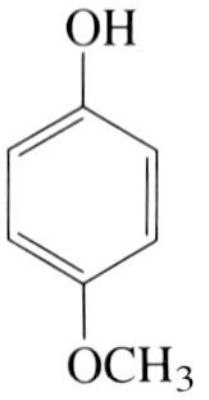 OH / OCH_3

(e) 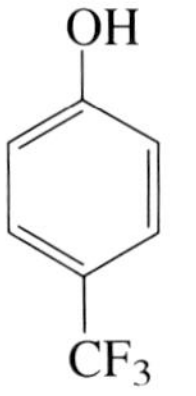 OH / CF_3

(f) 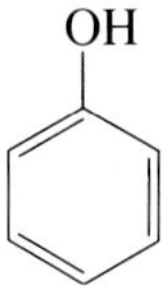 OH

Aufgaben

14 Entwerfen Sie eine Synthese für die folgenden Phenole. Nehmen Sie als Ausgangsverbindung jeder Synthese entweder Benzol oder ein beliebiges monosubstituiertes Benzol.

(a) (4-Methylphenol: OH, CH_3)

(b) (2,6-Dibromphenol: OH, Br, Br)

(c) Die drei Benzoldiole

(d) (OH, Cl, NO_2, NO_2)

15 Schlagen Sie, ausgehend von Benzol, Synthesen für die folgenden Phenolderivate vor.

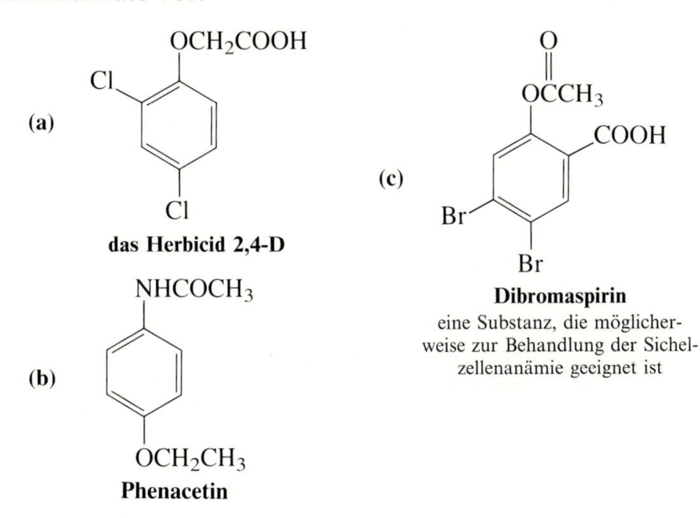

das Herbicid 2,4-D

Phenacetin

Dibromaspirin
eine Substanz, die möglicherweise zur Behandlung der Sichelzellenanämie geeignet ist

16 **(a)** Schlagen Sie einen Mechanismus für die Spaltung eines Alkoxyarens (z. B. Methoxybenzol) durch $AlCl_3$ vor.

(b) Ein verwandter Prozeß ist die Reaktion eines Arylesters (z. B. eines Phenylalkanoats) mit $AlCl_3$, bei der man Alkanoylphenole erhält:

(Phenylethanoat $\xrightarrow{AlCl_3}$ 2-Ethanoylphenol + 4-Ethanoylphenol)

Nach welchem Mechanismus läuft Ihrer Meinung nach diese Reaktion, die sogenannte *Fries-Verschiebung*, ab?

(c) Wie läßt sich die Fries-Verschiebung bei der Synthese von 2-Ethanoyl-4-methylphenol einsetzen?

(OH, $\overset{O}{\|}CCH_3$, CH_3)

2-Ethanoyl-4-methylphenol

17 Welche Produkte entstehen bei den gezeigten Folgen von Reaktionen?

(a) [Hydrochinon] 1. 2 $CH_2{=}CHCH_2Br$, NaOH 2. Δ ⟶

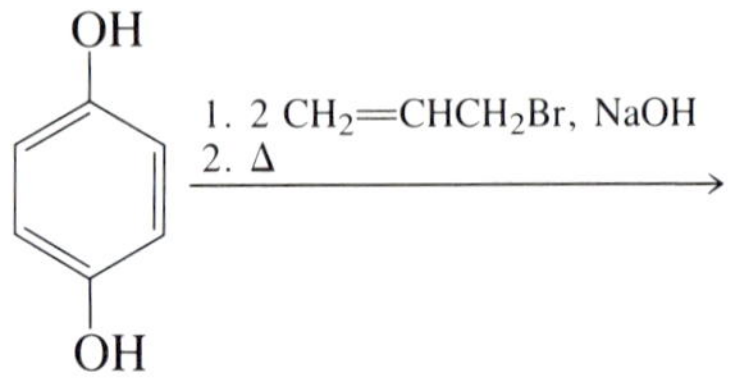

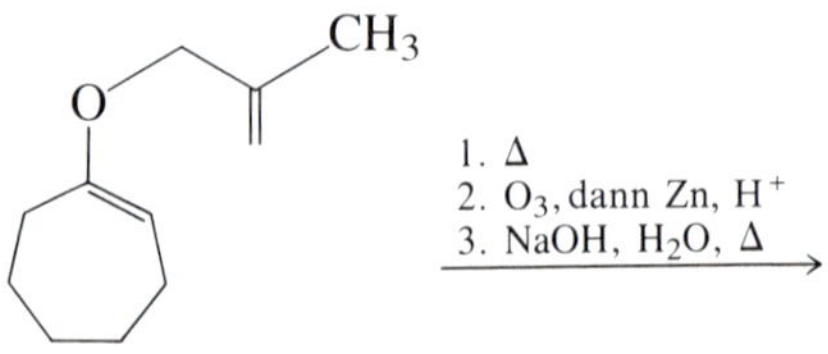

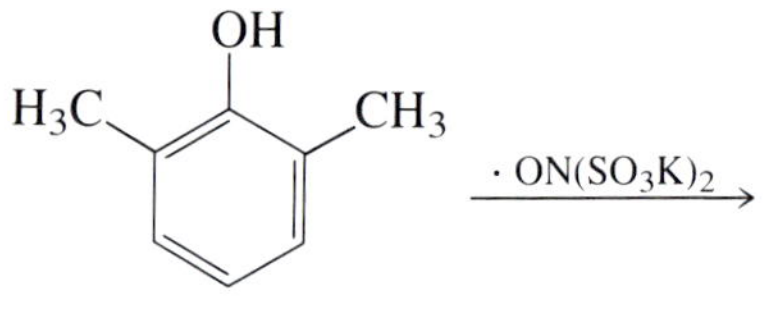

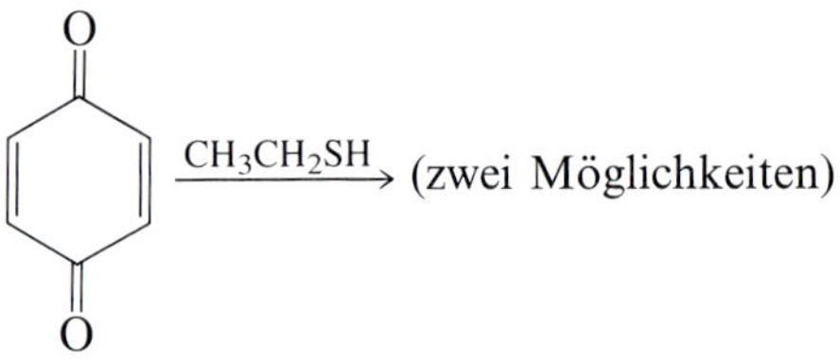

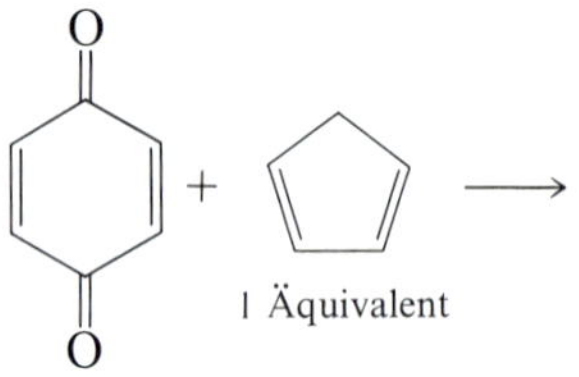

(b) [Enolether] 1. Δ 2. O_3, dann Zn, H^+ 3. NaOH, H_2O, Δ ⟶

(c) Δ ⟶

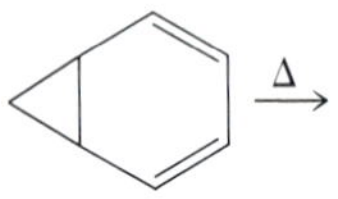

(d) Ag$_2$O ⟶

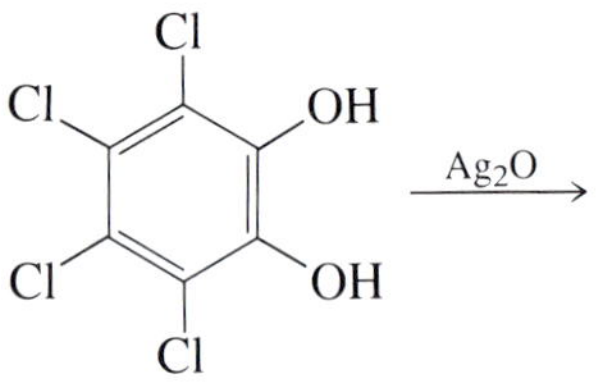

(e) $\cdot ON(SO_3K)_2$ ⟶

(f) CH_3CH_2SH ⟶ (zwei Möglichkeiten)

(g) + [Cyclopentadien] ⟶
1 Äquivalent

(h) + [Cyclopentadien] ⟶
Überschuß

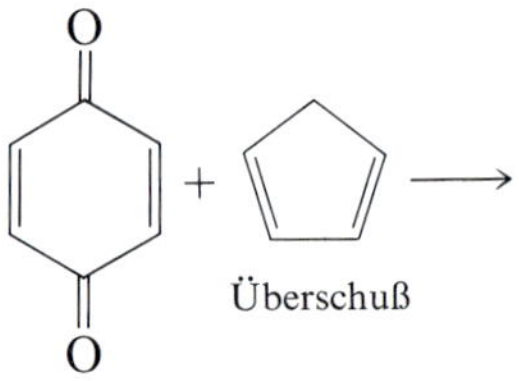

18 In der Kinderheilkunde hat Paracetamol gegenüber Aspirin den Vorteil, daß *flüssige Darreichungsformen von Paracetamol* (genau gesagt, Paracetamol in mit Geschmacksstoffen versehenem Wasser) stabil sind, vergleichbare Aspirinlösungen nicht. Warum?

19 Juvabion ist ein Sesquiterpen aus der Balsamtanne mit einer hohen Juvenilhormon-Aktivität (d. h. es verhindert die Reifung der Larven einiger Insekten). Eine Skizze der Synthese ist im folgenden gezeigt. Fügen Sie die fehlenden Reagenzien ein.

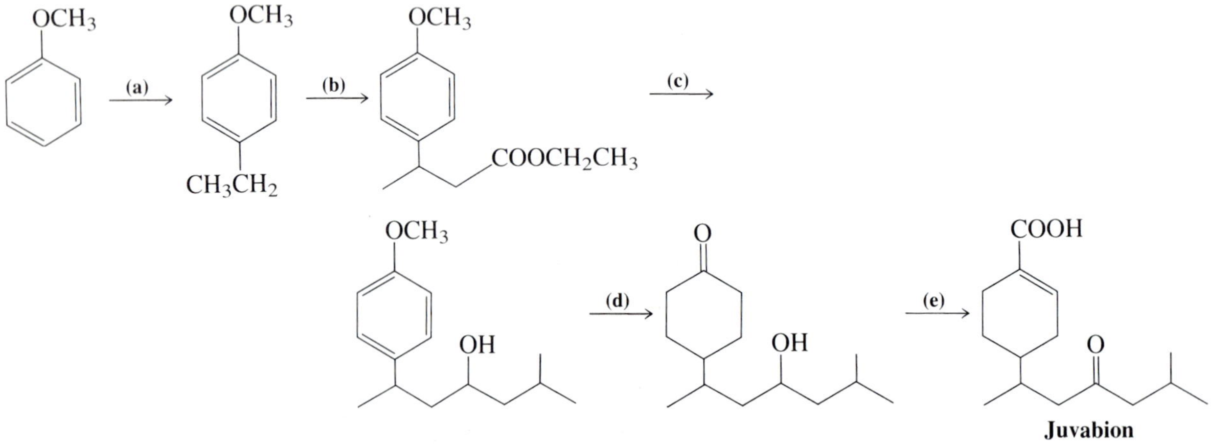

OCH_3 —(a)⟶ OCH_3, CH_3CH_2 —(b)⟶ OCH_3, $COOCH_2CH_3$ —(c)⟶ OCH_3, OH —(d)⟶ O, OH —(e)⟶ COOH, O

Juvabion

20 Die biochemische Oxidation aromatischer Ringe wird durch eine Gruppe von Enzymen aus der Leber, den sogenannten Aryl-Hydroxylasen, katalysiert. Ein Teil dieses chemischen Prozesses ist die Überführung toxischer aromatischer Kohlenwasserstoffe wie Benzol in wasserlösliche Phenole, die leicht ausgeschieden werden können. Die Hauptaufgabe dieses Enzyms ist jedoch, die Synthese biologisch wichtiger Verbindungen, wie der Aminosäure Tyrosin, zu ermöglichen.

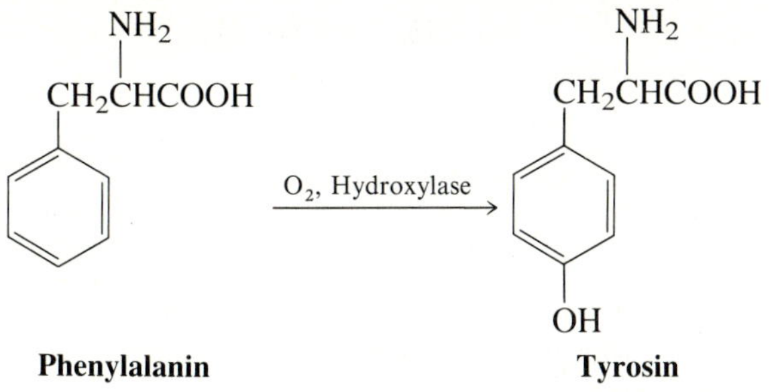

NH_2 | $CH_2CHCOOH$ $\xrightarrow{O_2,\ \text{Hydroxylase}}$ NH_2 | $CH_2CHCOOH$ ... OH

Phenylalanin **Tyrosin**

(a) Welche der folgenden Möglichkeiten erscheint Ihnen aufgrund Ihrer Kenntnisse in Organischer Chemie am wahrscheinlichsten?

(i) Der Sauerstoff wird durch elektrophile Substitution im Ring eingeführt.
(ii) Die Einführung des Sauerstoffs erfolgt durch radikalischen Angriff.
(iii) Der Sauerstoff wird durch nucleophilen Angriff auf den Ring eingeführt.

(b) Man nimmt allgemein an, daß die Hydroxylierung von Arenen über Oxacyclopropan-Zwischenstufen erfolgt. Einen Hinweis hierfür gibt die folgende Beobachtung: Wenn die Stelle des Moleküls, die hydroxyliert werden soll, am Anfang mit Deuterium markiert wurde, ist in einem beträchtlichen Teil der Produkte noch Deuterium enthalten, das anscheinend zur *ortho*-Position der neueingeführten Hydroxylgruppe gewandert ist:

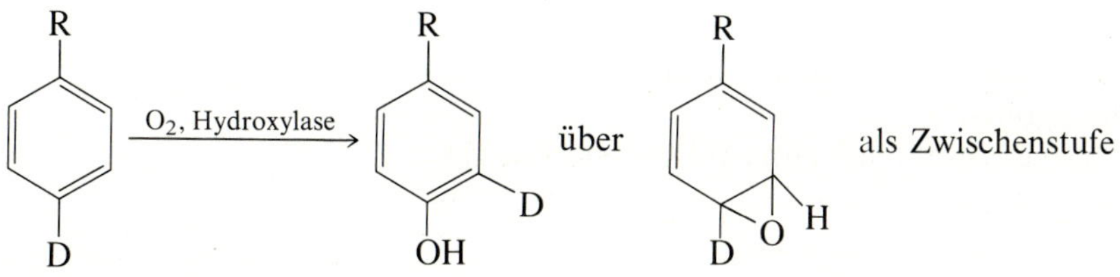

R ... D $\xrightarrow{O_2,\ \text{Hydroxylase}}$ R ... D, OH über R ... D, O, H als Zwischenstufe

Schlagen Sie einen plausiblen Mechanismus für die Bildung des Oxacyclopropan-Zwischenproduktes und seine weitere Umsetzung in das Produkt vor. Gehen Sie davon aus, daß katalytische Mengen Säure und Base zur Verfügung stehen.

Übrigens: Bei Personen, die an der Erbkrankheit Phenylketonurie leiden, funktioniert das hier beschriebene Hydroxylase-Enzymsystem nicht. Stattdessen wird Phenylalanin im Gehirn in 2-Phenyl-2-oxopropansäure (Phenylbrenztraubensäure) überführt. Dies ist die Umkehrung des Prozesses, den wir in Aufgabe 18 von Kap. 21 gezeigt haben. Eine erhöhte Konzentration dieser Verbindung im Gehirn kann zu schweren Entwicklungsstörungen führen. Personen mit Phenylketonurie (dies läßt sich bereits bei der Geburt bestimmen) müssen daher eine phenylalaninarme Diät erhalten.

21 Eine Labormethode zur Synthese der Aminosäure Phenylalanin (Übungsaufgabe 21) benutzt das Reagenz *Phthalimidomalonester*, der wie gezeigt dargestellt wird.

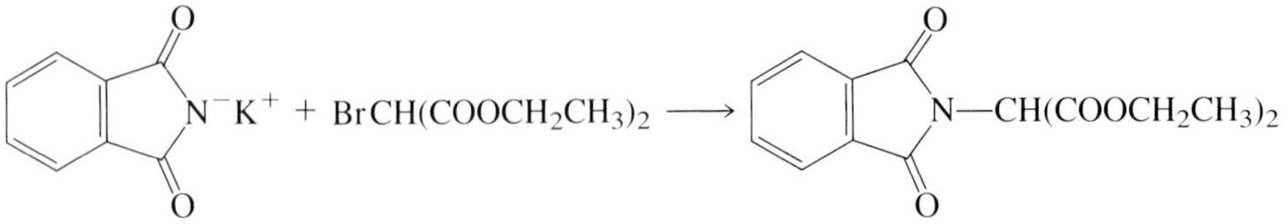

N^-K^+ + $BrCH(COOCH_2CH_3)_2$ ⟶ N—$CH(COOCH_2CH_3)_2$

Kalium-phthalimid | **Diethyl-2-brompropandioat (Brommalonsäure-ethylester)** | **Phthalimidomalonester**

Schlagen Sie eine Synthese von Phenylalanin aus diesem Reagenz und entweder Benzol oder Methylbenzol (Toluol) vor. Hinweis: Wiederholen Sie Abschn. 22.4.

22 Folgen Sie den Anweisungen unter **a** bis **d** für das folgenden Reaktionsschema, nach dem eine ausgefeilte Synthese eines Vertreters der *Anthracycline*, die zu den wichtigsten Verbindungen in der Krebstherapie gehören, abläuft.

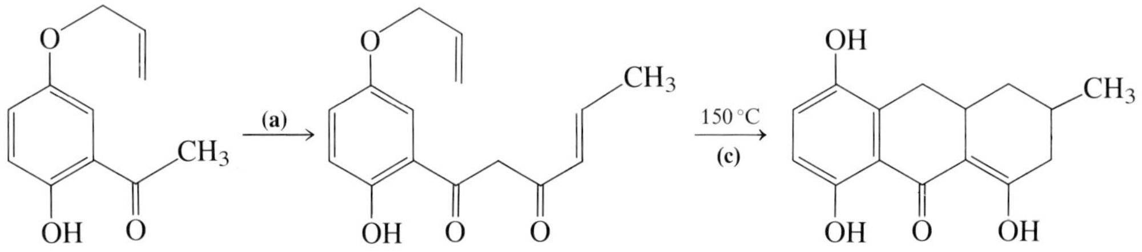

(a) ⟶ **(b)** —150 °C (c)⟶ **(d)**

(a) Welche Reagenzien benötigt man für diesen Schritt?
(b) Formulieren Sie ein anderes Tautomer für diese Zielverbindung (Hinweis: Abschn. 16.2),
(c) Beim Erhitzen laufen zwei Reaktionen nacheinander ab. Welche? Formulieren Sie den Mechanismus.
(d) Das Produkt von Reaktion **c** ergibt nach einer Isomerisierung das Endprodukt. Geben Sie an, wie und warum diese Isomerisierung stattfindet.

23 Cope-Umlagerungen werden häufig bei Ringvergrößerungsreaktionen eingesetzt. Setzen Sie im folgenden Schema, in dem der Aufbau eines Zehnrings skizziert ist, die fehlenden Reagenzien und Produkte ein.

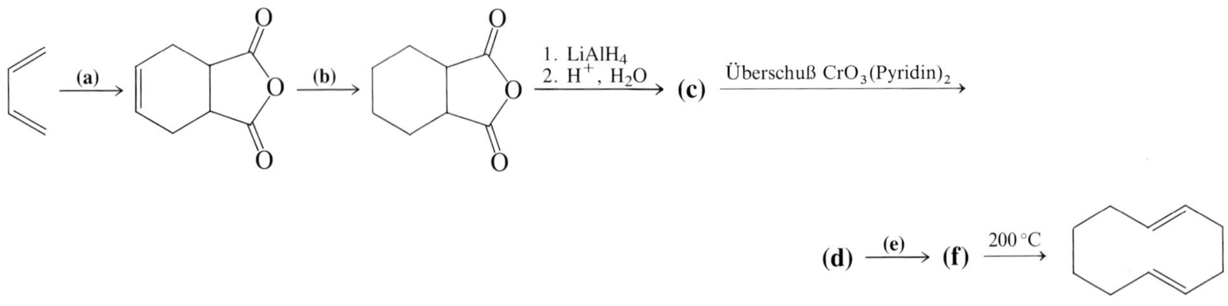

(a) ⟶ (b) ⟶ 1. $LiAlH_4$ 2. H^+, H_2O ⟶ **(c)** —Überschuß $CrO_3(Pyridin)_2$⟶

(d) —(e)⟶ **(f)** —200 °C⟶

24 Substituenten können einen erheblichen Einfluß auf die Redoxbeziehung zwischen 2,4-Cyclohexadien-1,4-dionen (*p*-Benzochinonen) und 1,4-Benzoldiolen (Hydrochinonen) haben, indem eine der beiden Formen gegenüber der anderen durch Resonanz stabilisiert wird.

Vergleichen Sie die folgenden drei Gleichgewichte. Welches von Ihnen liegt am weitesten links? Welches liegt am weitesten rechts? Zeichnen Sie Resonanzstrukturen, um zu verdeutlichen, wie die Substituenten durch stärkere Stabilisierung einer von beiden Formen das Gleichgewicht verschieben.

(i) $\rightleftharpoons 2\,H^+ + 2\,e^- +$

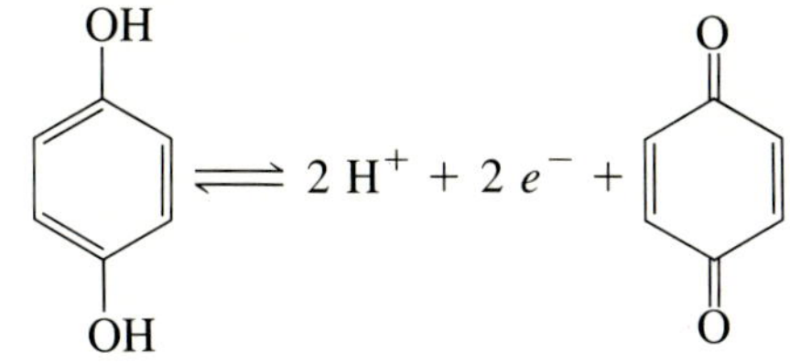

(ii) $\rightleftharpoons 2\,H^+ + 2\,e^- +$

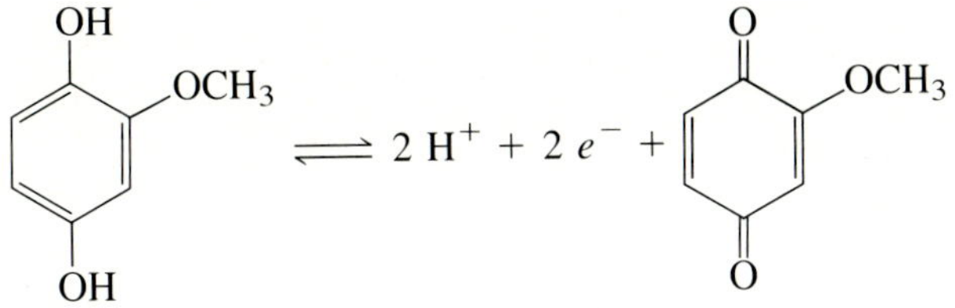

(iii) $\rightleftharpoons 2\,H^+ + 2\,e^- +$

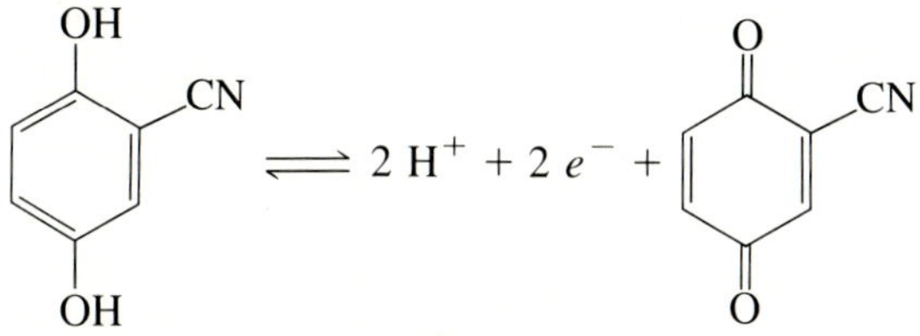

25 Geben Sie einen vollständigen Mechanismus für die Diazotierung von Benzolamin (Anilin) in Gegenwart von HCl und $NaNO_2$ und einen plausiblen Mechanismus (dem auf dem basiert, was wir in Abschn. 24.6 behandelt haben) für dessen Überführung in Iodbenzol beim Behandeln mit einer wässrigen Lösung von Iodid-Ionen (z. B. einer K^+I^--Lösung) an.

26 Entwerfen Sie eine Synthese für die folgenden Benzolderivate. Fangen Sie bei jeder Synthese mit Benzol an.

(a)

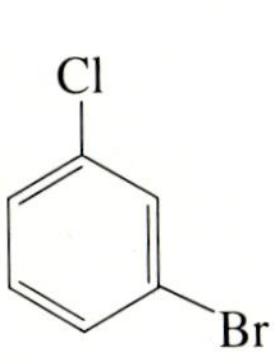

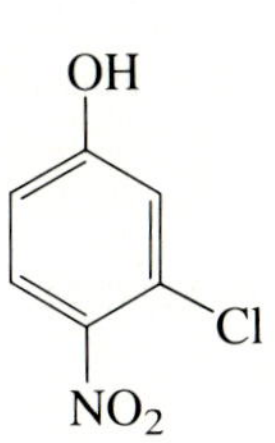

(b)

(c)

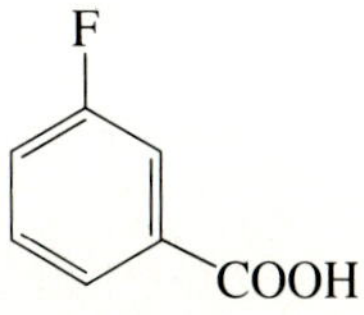

(d)

(e) 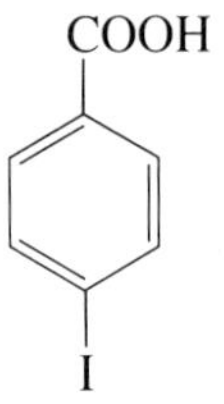 4-Iodbenzoesäure (COOH, I)

(g) 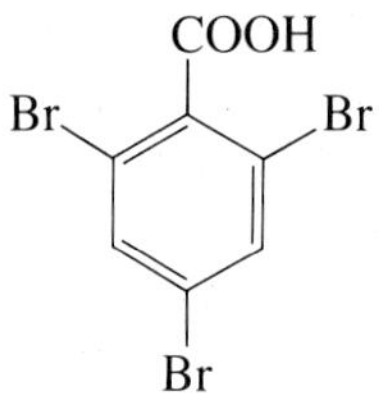 2,4,6-Tribrombenzoesäure (COOH, Br, Br, Br)

(f) 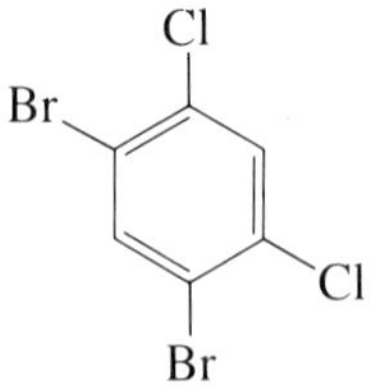 Br, Cl, Cl, Br

(h) 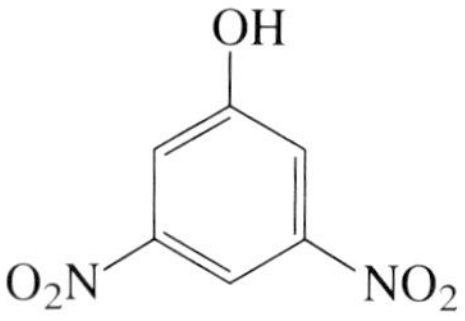 OH, O_2N, NO_2

27 Geben Sie die wahrscheinlichste Struktur der Produkte der folgenden Reaktionssequenzen an.

(a) 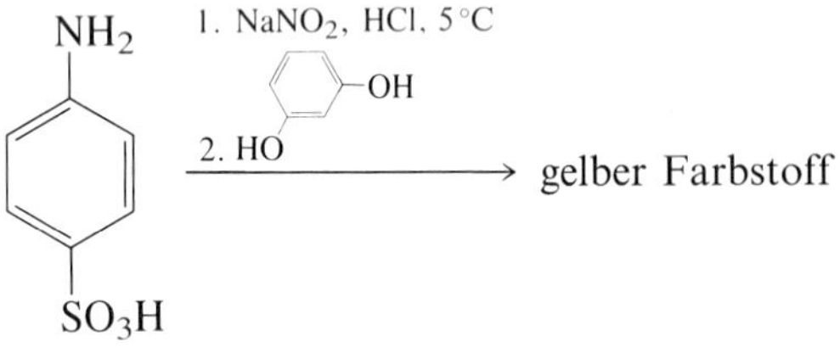 NH_2 / SO_3H — 1. $NaNO_2$, HCl, 5 °C; 2. HO–C_6H_4–OH → gelber Farbstoff

(b) 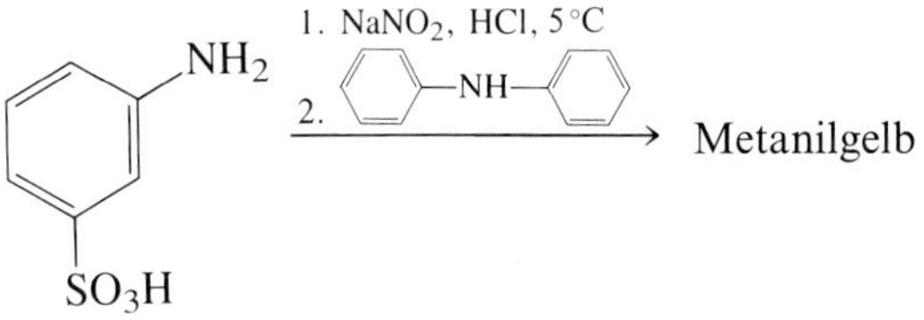 NH_2 / SO_3H — 1. $NaNO_2$, HCl, 5 °C; 2. C_6H_5–NH–C_6H_5 → Metanilgelb

Nehmen Sie bei der folgenden Reaktion an, daß die elektrophile Substitution überwiegend am aktivierten Ring erfolgt.

(c) 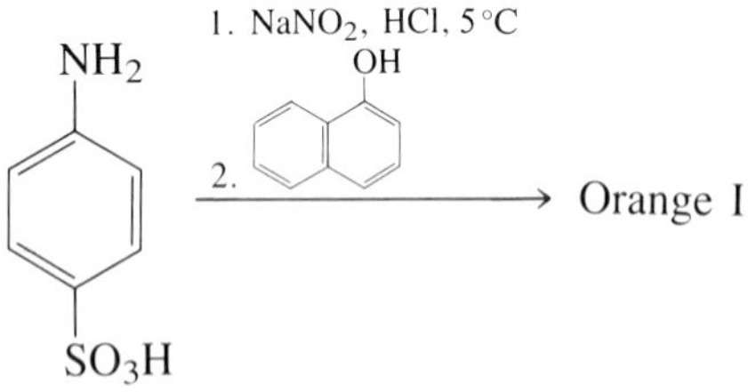 NH_2 / SO_3H — 1. $NaNO_2$, HCl, 5 °C; 2. OH-Naphthalin → Orange I

28 Geben Sie die Ausgangsmaterialien und Reagenzien an, die Sie zur Synthese der drei im folgenden aufgeführten Verbindungen brauchen.

(a) Methylorange (s. Abschn. 24.6)
(b) Kongorot.
(c) Prontosil, H_2N–$C_6H_3(NH_2)$–N=N–C_6H_4–SO_2NH_2, das mikrobiell in Sulfanilamid, H_2N–C_6H_4–SO_2NH_2, überführt wird.

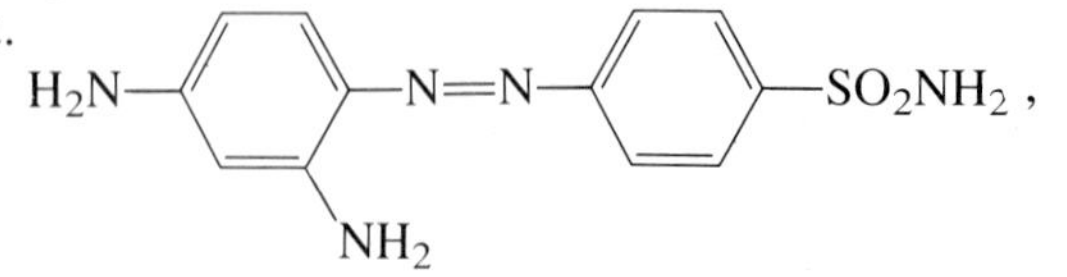

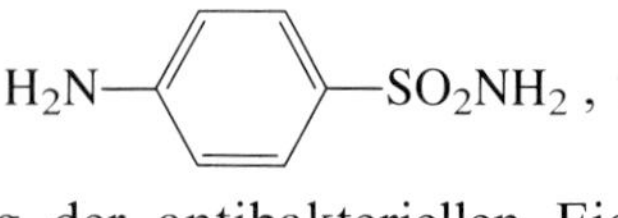

Die zufällige Entdeckung der antibakteriellen Eigenschaften von Prontosil in den dreißiger Jahren führte indirekt zur Entwicklung der Sulfonamid-Antibiotika in den vierziger Jahren.

29 Ein verbreiteter natürlicher Aromastoff A mit der Formel $C_{14}H_{18}O_8$ läßt sich mit verdünnter wässriger Säure in ein Äquivalent D-Glucose und ein Äquivalent einer Verbindung B mit der Formel $C_8H_8O_3$ hydrolysieren. Das ^{1}H-NMR-Spektrum β dieser Verbindung ist im folgenden gezeigt, außerdem sind noch die folgenden spektroskopischen Daten bekannt:
IR: $\tilde{\nu} = 3160, 1663, 853, 807\ cm^{-1}$.
^{13}C-NMR: δ = 56.0 (q), 109.5 (d), 114.8 (d), 127.4 (d), 129.5 (s), 147.5 (s), 152.3 (s) und 191.3 (d) ppm.

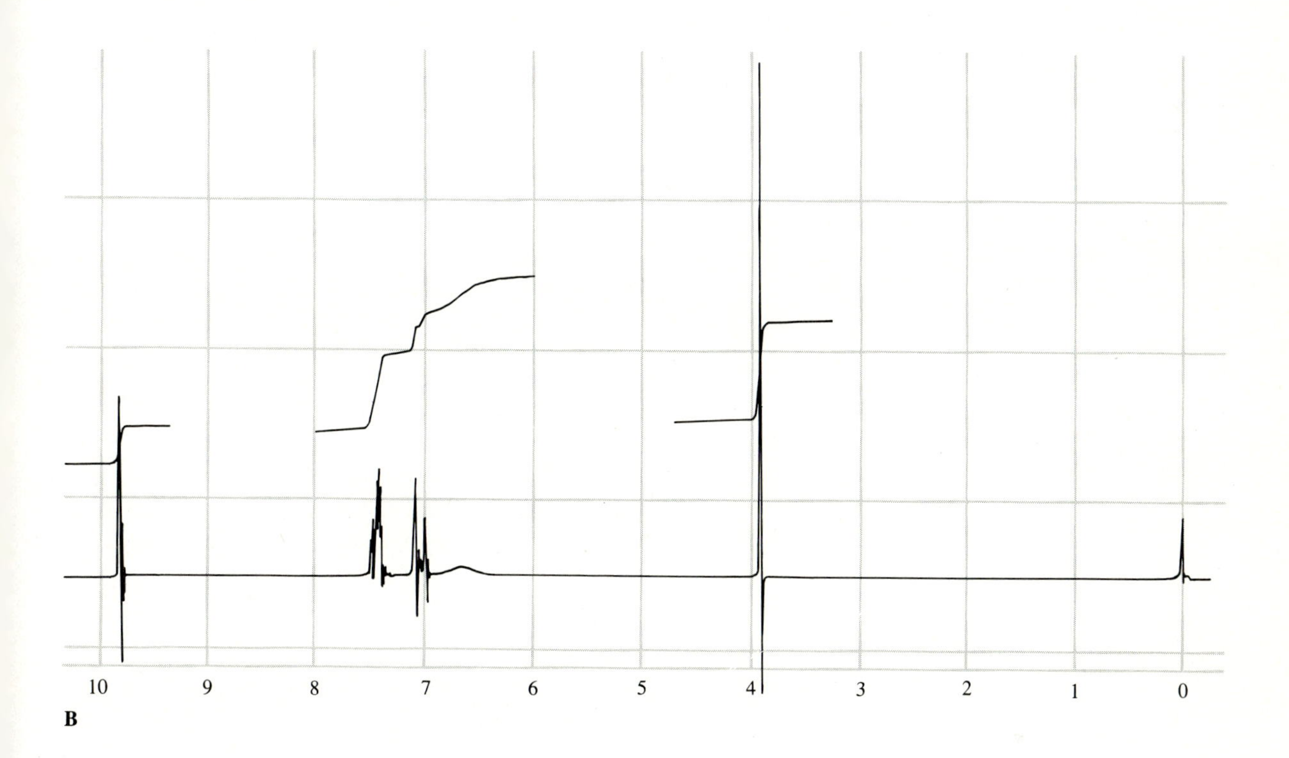

Beim Behandeln von B mit Ag_2O erhält man Verbindung C mit der Formel $C_8H_8O_4$, die sich außerdem aus Benzolcarbonsäure (Benzoesäure) synthetisieren läßt.

COOH (Benzoesäure) $\xrightarrow{\text{1. } SO_3,\ H_2SO_4;\ \text{2. } KOH,\ \Delta;\ \text{3. } CH_3I,\ NaOH}$ $C_8H_8O_3$ (**D**) $\xrightarrow{\text{Konz. } H_2SO_4,\ \Delta^*}$ $C_8H_8SO_6$ (**E**) $\xrightarrow{\text{1. } HNO_3,\ H_2SO_4,\ \Delta;\ \text{2. } H^+,\ H_2O,\ \Delta}$

$C_8H_7NO_5$ (**F**) $\xrightarrow{H_2,\ Pd}$ $C_8H_9NO_3$ (**G**) $\xrightarrow{\text{1. } NaNO_2,\ H^+,\ H_2O,\ 0\,°C;\ \text{2. } H_2O,\ \Delta}$ C

(a) Identifizieren Sie die Struktur der Verbindungen B bis G.
(b) Behandelt man A mit einem Überschuß $(CH_3)_2SO_4$ und NaOH vor der sauren Hydrolyse, erhält man als Produkte B und den 2,3,4,6-Tetramethylether der D-Glucose. Formulieren Sie eine vernünftige Struktur für Verbindung A.

---
* substituiert para zur stärksten aktivierenden Gruppe.

25 Mehrkernige benzoide Kohlenwasserstoffe und andere cyclische Polyene

Wir wissen jetzt, wie Benzol und dessen Derivate reagieren und in welchem Ausmaß Umsetzungen dieser Verbindungen durch die Aromatizität des Benzolrings bestimmt werden. Was passiert nun, wenn mehrere Benzolringe zu einem ausgeweiteten π-System kondensiert (anneliert) sind? Sind diese Verbindungen ebenso stabil wie Benzol? Ist vielleicht die Delokalisierung von sechs Elektronen über den Ring und die sich daraus ergebende Stabilisierung des Benzols einzigartig, oder gibt es andere cyclische Polyene, für die das auch zutrifft? Diese Fragen wollen wir in diesem Kapitel beantworten.

25.1 Nomenklatur von mehrkernigen Aromaten

Durch Kondensation oder Annelierung (s. Abschn. 4.6) mehrerer Benzolringe ergibt sich eine Verbindungsklasse, die man als **mehrkernige benzoide Kohlenwasserstoffe** bezeichnet. In diesen Strukturen teilen zwei oder mehrere Benzolringe zwei oder mehr Kohlenstoffatome. Da es kein einfaches Nomenklatursystem für diese Verbindungsklasse gibt, verwenden wir die Trivialnamen.

Es gibt nur eine Möglichkeit, zwei Benzolringe zu kondensieren. Die dabei erhaltene Verbindung heißt Naphthalin. Eine weitere Annelierung kann linear erfolgen, woraus sich die Moleküle Anthracen, Tetracen, Pentacen usw. ergeben. Die gesamte Verbindungsklasse nennt man **Acene**. Ist einer von drei Ringen angular (im Winkel) ankondensiert, was man als **peri-Kondensation** bezeichnet, erhält man Phenanthren, an das weitere Ringe anneliert werden können, woraus sich eine Fülle von anderen benzoiden Polycyclen ergibt.

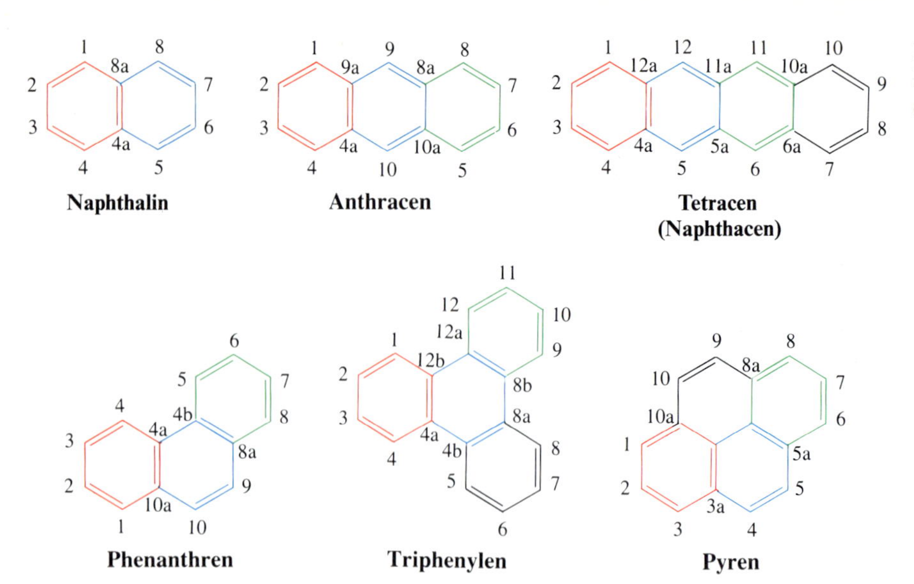

Jedes dieser Moleküle hat sein eigenes Numerierungssystem für die Kohlenstoffatome entlang der Peripherie. Ein quartärer Kohlenstoff erhält die Nummer des vorhergehenden Kohlenstoffs, woran die Buchstaben „a“, „b“ usw. angehängt werden, die angeben, wie nahe der quartäre Kohlenstoff an diesem Kohlenstoff ist.

Übung 25-1

Benennen Sie die folgenden Verbindungen oder zeichnen Sie ihre Strukturen: (a) 2,6-Dimethylnaphthalin; (b) 1-Brom-6-nitrophenanthren; (c) 9,10-Diphenylanthracen;

(d) COOH

(leiten Sie den Namen von dem des entsprechenden Benzolderivats ab);

(e)

OCH_3

Fassen wir zusammen: mehrkernige benzoide Kohlenwasserstoffe entstehen durch Kondensation von Benzolringen. Diese Verbindungen tragen Trivialnamen und jede hat ihr eigenes Numerierungssystem für die Kohlenstoffatome der Peripherie. Die quartären Kohlenstoffatome werden noch gesondert durch Buchstaben gekennzeichnet.

25.2 Die physikalischen Eigenschaften von Naphthalin, dem kleinsten mehrkernigen benzoiden Kohlenwasserstoff

Im Gegensatz zu Benzol, das bei Raumtemperatur flüssig ist, ist Naphthalin eine farblose kristalline Substanz mit einem Schmelzpunkt von 80 °C. Sicherlich kennt jeder von uns Naphthalin als Mottenpulver (den charakteristischen Geruch dieser Verbindung bringt jeder sofort mit Mottenkugeln in Verbindung) und Insektizid, obwohl es in diesem Bereich teilweise durch chlorierte Verbindungen wie 1,4-Dichlorbenzol (*p*-Dichlorbenzol) ersetzt wurde.

Naphthalin ist aromatisch: Ein Blick auf die Spektren

Ist Naphthalin noch aromatisch? Lassen Sie uns die Spektren dieser Verbindung, insbesondere das UV- und das NMR-Spektrum betrachten.

Das ultraviolette Spektrum von Naphthalin (s. Abb. 25-1) ist mit Peaks bis zu Wellenlängen von 320 nm typisch für ein ausgedehntes konjugiertes System. Hieraus läßt sich schließen, daß die Elektronen delokalisiert sind und das π-System sich über mehr Atome als beim Benzol erstreckt (s. Abschn. 19.2, Abb. 19-7). Offensichtlich überlappen also die *p*-Orbitale der vier zusätzlichen Kohlenstoffatome mit denen des annelierten Benzolrings. Tatsächlich ist es möglich, mehrere Resonanzstrukturen zu zeichnen.

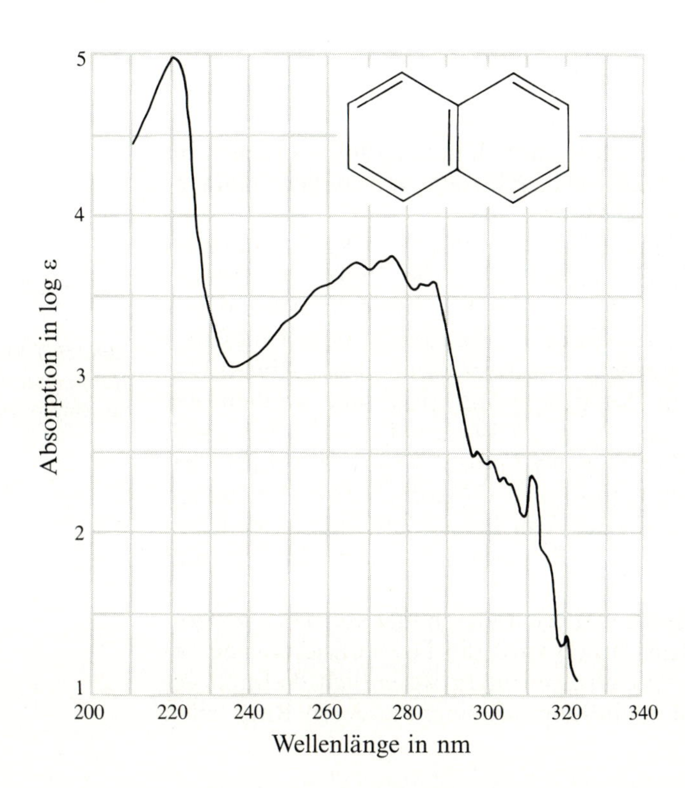

Abb. 25-1 Die ausgeweitete π-Konjugation im Naphthalin zeigt sich im UV-Spektrum (gemessen in 95% Ethanol).

Resonanzstrukturen von Naphthalin

Das Orbitalbild der Überlappung der zehn *p*-Orbitale ist in Abb. 25-2 gezeigt.

Nach diesen Darstellungen sollte Naphthalin eine symmetrische Struktur mit planaren und nahezu sechseckigen Benzolringen und zwei senkrecht aufeinanderstehenden Symmetrieebenen haben. Diese Erwartung

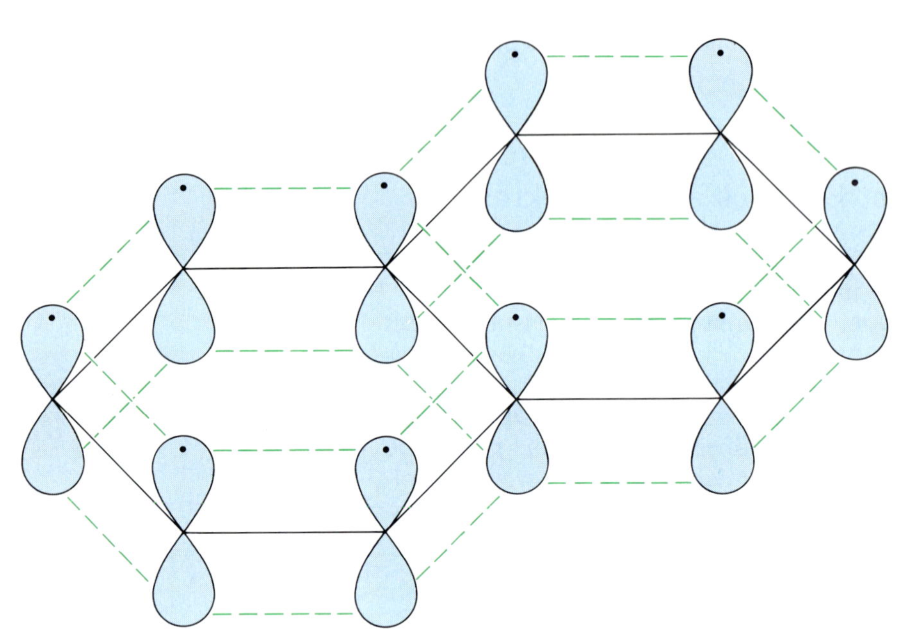

Abb. 25-2 Orbitalbild der Überlappung im Naphthalin.

wird durch die Röntgenstrukturanalyse bestätigt (s. Abb. 25-3). Die C–C-Bindungen unterscheiden sich in ihrer Länge kaum von denen im Benzol (139 pm), sind aber deutlich verschieden von reinen Einfach- (154 pm) und Doppelbindungen (133 pm).

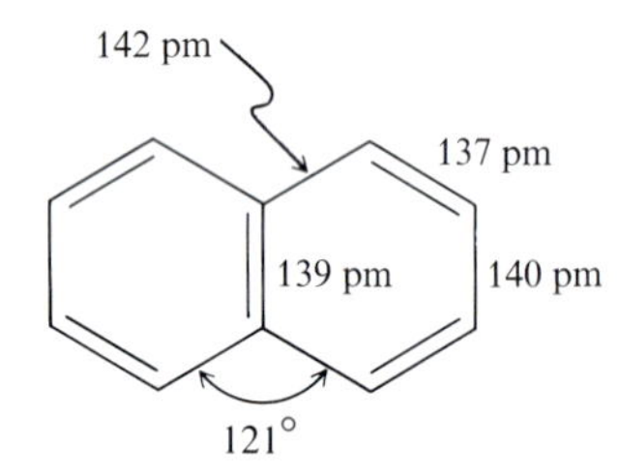

Abb. 25-3 Molekülstruktur von Naphthalin. Die Bindungswinkel im Ring betragen 120°.

Wie sieht es nun mit dem aromatischen Charakter von Naphthalin aus? Hier kann uns das ^{1}H-NMR-Spektrum helfen (s. Abb. 25-4). Man erkennt zwei symmetrische Multipletts bei $\delta = 7.40$ und 7.77 ppm, die charakteristisch für aromatische Wasserstoffatome, die durch den Ringstrom der π-Elektronen entschirmt werden, sind (s. Abschn. 19.2, Abb. 19-9). Die Kopplungskonstanten im Naphthalinring sind sehr ähnlich wie die in substituierten Benzolen: $J_{ortho} = 7.54$ Hz, $J_{meta} = 1.37$ Hz und $J_{para} = 0.66$ Hz. Im ^{13}C-NMR-Spektrum finden sich drei Linien bei $\delta = 126.5$, 128.5 und 134.4 ppm (quartäre C-Atome). Die chemischen Verschiebungen liegen also im Bereich von Benzolderivaten. Aus diesen strukturellen und spektroskopischen Befunden läßt sich ableiten, daß Naphthalin aromatisch ist.

Entsprechendes gilt auch für die meisten anderen mehrkernigen benzoiden Kohlenwasserstoffe. Offensichtlich wird die Delokalisierung der π-Elektronen in den einzelnen Benzolringen nicht wesentlich dadurch gestört, daß sie mindestens eine π-Bindung mit einem anderen Ring teilen müssen.

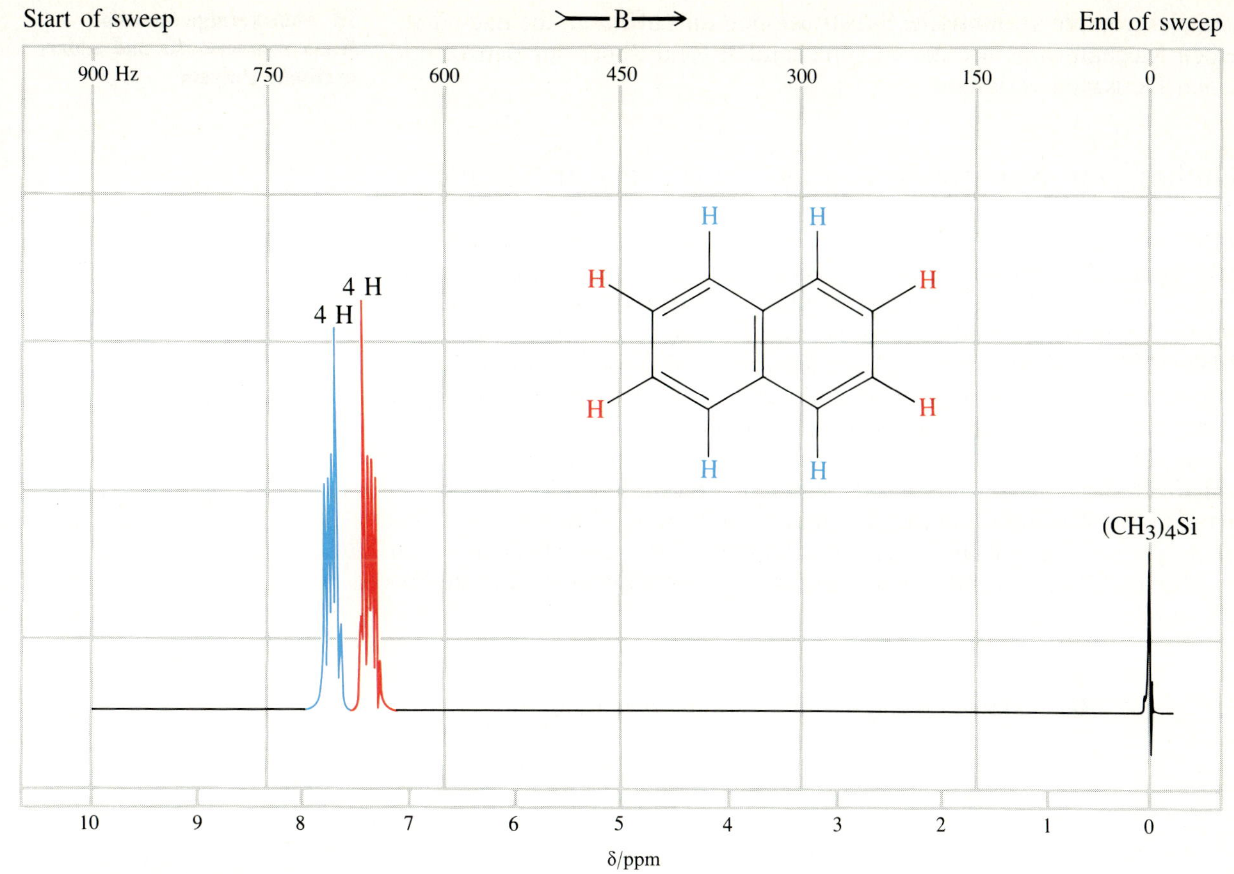

Abb. 25-4 90 MHz ^{1}H-NMR-Spektrum von Naphthalin in CCl_4.

Übung 25-2

Ein substituiertes Naphthalin $C_{10}H_8O_2$ gab die folgenden spektroskopischen Daten: $m/z = 160$ (M^+); ^{1}H-NMR $\delta = 6.92$ (dd, $J = 7.5$ Hz und 1.4 Hz, 2 H), 7.00 (s, 2 H) und 7.60 (d, $J = 7.5$ Hz, 2 H) ppm; ^{13}C-NMR = 107.5, 115.3, 123.0, 129.3, 136.8 und 155.8 ppm; IR $\tilde{\nu} = 3100$ cm^{-1}. Welche Struktur hat diese Verbindung?

Lassen Sie uns zusammenfassen: Die physikalischen Eigenschaften von Naphthalin sind typisch für ein aromatisches System. Aus dem UV-Spektrum erkennt man, daß alle π-Elektronen über beide Ringe delokalisiert sind, die Röntgenstrukturanalyse ergibt Bindungslängen und -winkel, die sehr ähnlich wie die im Benzol sind. Das ^{1}H-NMR-Spektrum zeigt stark entschirmte Protonen, die einen aromatischen Ringstrom anzeigen. Andere mehrkernige benzoide Kohlenwasserstoffe haben ähnliche Eigenschaften, man betrachtet sie als aromatisch.

25.3 Synthesen und Reaktionen von Naphthalinen

In diesem Abschnitt zeigen wir, wie sich Naphthalin über uns bereits bekannte Reaktionen synthetisieren läßt. Am Naphthalinring selbst kann man elektrophile aromatische Substitutionen durchführen, die nach demselben Mechanismus wie die entsprechenden Reaktionen an Benzol und seinen Derivaten verlaufen.

Synthese von Naphthalinen: Eine Übung in Annelierung

Naphthalin und seine Methylderivate isoliert man aus dem Steinkohlenteer, spezifisch substituierte Derivate müssen jedoch synthetisiert werden. Eine allgemeine Darstellung des Naphthalinsystems beginnt mit einem substituierten Benzol und benutzt dann eine Folge bekannter Reaktionen: Friedel-Crafts-Alkanoylierung (-Acylierung, s. Abschn. 19.7) mit Butandisäureanhydrid (Bernsteinsäureanhydrid), Clemmensen-Reduktion (s. Abschn. 15.8) des entstandenen Ketons, danach eine intramolekulare Friedel-Crafts-Alkanoylierung zur Ausbildung des zweiten Ringes und schließlich die Überführung des entstandenen bicyclischen Systems in die aromatische Verbindung durch Grignard-Addition (s. Abschn. 8.6), säurekatalysierte Dehydratisierung (s. Abschn. 7.4) und Dehydrierung (s. Abschn. 20.5). Hierüber lassen sich z. B. 1,7-dialkylierte Naphthaline sehr einfach darstellen.

Eine einfache Synthese von 1,7-Dialkylnaphthalinen

Benzolderivat (R aktivierend) + **Butandisäureanhydrid (Bernsteinsäureanhydrid)** —$AlCl_3$, Friedel-Crafts-Alkanoylierung→ **4-Aryl-4-oxobutansäure** —Zn(Hg), HCl, Clemmensen-Reduktion→

4-Arylbutansäure —HF, intramolekulare Friedel-Crafts-Alkanoylierung→ —1. R′MgX 2. H^+, H_2O→

Substituiertes Dihydronaphthalin —Pd/C, Δ, $-H_2$→ **1,7-disubstituiertes Naphthalin**

Übung 25-3

Schlagen Sie eine Synthese von 2-Ethylnaphthalin, ausgehend von Benzol und einem beliebigen anderen einfachen Reagenz, vor.

Naphthalin ist für elektrophile Substitutionen aktiviert

Beim Behandeln von Naphthalin mit Brom erhält man sogar ohne Katalysator rasch und glatt 1-Bromnaphthalin. Der aromatische Charakter dieser Verbindung zeigt sich also auch an seinem Reaktionsverhalten: Mit Elektrophilen reagiert es in Substitutions- und nicht in Additionsreaktionen.

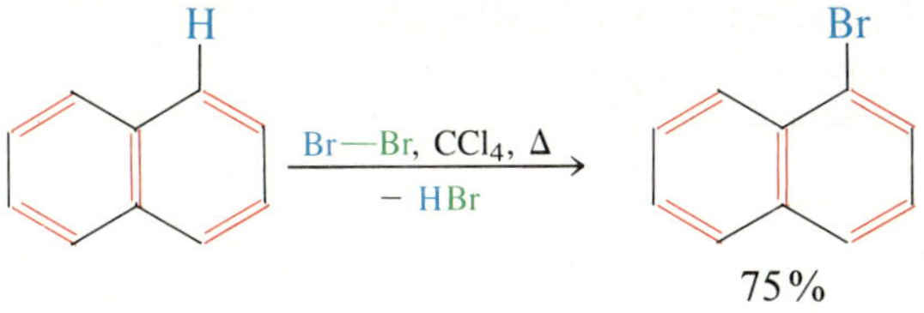

$$\xrightarrow[-\text{HBr}]{\text{Br—Br}, \text{CCl}_4, \Delta}$$

75%
1-Bromnaphthalin

Die milden Bedingungen, unter denen diese Umsetzung abläuft, zeigen auch, daß Naphthalin für elektrophile aromatische Substitutionsreaktionen aktiviert ist. Der elektrophile Angriff verläuft deshalb so leicht, weil das intermediär gebildete Kation resonanzstabilisiert ist. Bei zwei der möglichen Resonanzstrukturen bleibt das aromatische System eines Benzolrings erhalten.

Elektrophile Substitution von Naphthalin: Angriff an C-1

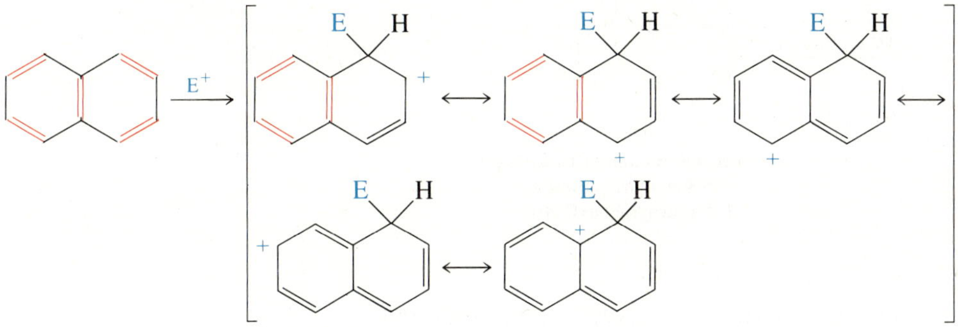

Warum erfolgt die Substitution durch Brom nur an C-1 und nicht an C-2? Dies können wir beantworten, wenn wir die Resonanzstrukturen für das Kation, das wir im zweiten Fall erhalten würden, genauer betrachten. Ebenso wie für den elektrophilen Angriff an C-1 lassen sich fünf solcher Strukturen formulieren.

Elektrophiler Angriff auf Naphthalin an C-2

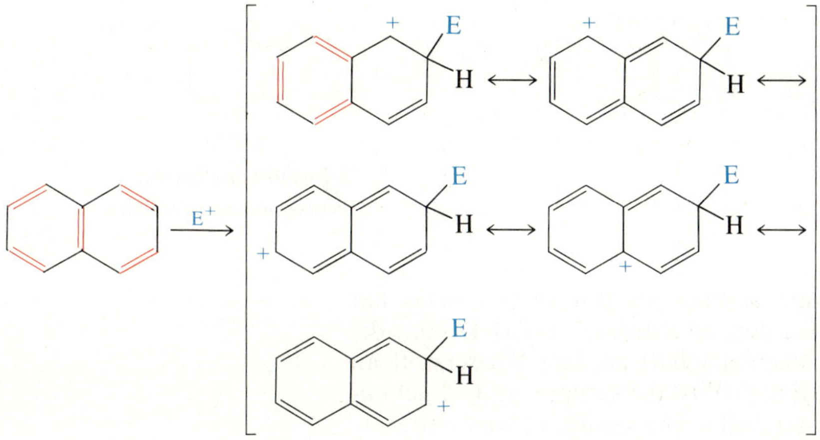

Obwohl man diesem Ergebnis auf den ersten Blick entnehmen könnte, daß beide Übergangszustände von ähnlicher Energie sind, besteht doch ein wichtiger Unterschied: Beim Angriff auf C-1 gibt es *zwei* Resonanzstrukturen, bei denen ein Benzolring intakt bleibt, beim Angriff auf C-2 nur *eine*. Da der erste Schritt der elektrophilen aromatischen Substitution geschwindigkeitsbstimmend ist (s. Abschn. 19.4, Abb. 19-16) und das Energieniveau des Übergangszustands der relativen Stabilität des entstandenen Carbenium-Ions entspricht, erfolgt der Angriff an C-1 schneller als an C-2. Dies gilt auch für andere elektrophile Substitutionsreaktionen am Naphthalin, wie die Nitrierung und Friedel-Crafts-Alkanoylierung.

HNO_3, CH_3COOH, Δ; $-H_2O$

Hauptprodukt **1-Nitronaphthalin** + Nebenprodukt **2-Nitronaphthalin**

C_6H_5COCl, $AlCl_3$, CS_2; $-HCl$

81%
1-(Phenylmethanoyl)naphthalin (1-Benzoylnaphthalin; 1-Naphthylphenylketon)

Ein besonderer Fall ist die Sulfonierung von Naphthalin. Bei 80 °C erhält man hauptsächlich 1-Naphthalinsulfonsäure. Behandelt man diese Verbindung jedoch bei 165 °C mit konzentrierter Schwefelsäure, isomerisiert sie zu der stabileren 2-Naphthalinsulfonsäure. Die Erklärung ist, daß die erste Sulfonierung reversibel ist (s. Abschn. 19.6), und dann ein Angriff an C-2 erfolgt, der das thermodynamisch begünstigte Produkt ergibt.

SO_3H — 165 °C / konz. H_2SO_4, 80 °C — konz. H_2SO_4, 165 °C — SO_3H

96%
1-Naphthalinsulfonsäure
(Kinetisches Produkt)

85%
2-Naphthalinsulfonsäure
(Thermodynamisches Produkt)

Warum ist 2-Naphthalinsulfonsäure stabiler als das Isomer? Das hat hauptsächlich sterische Gründe: Bei der Substitution an C-1 kommt die neu eintretende Gruppe in enge Nachbarschaft zu dem Wasserstoff an C-8, was zu sterischer Hinderung führt. Wird die Gruppe an C-2 gebunden, sind beide benachbarten Wasserstoffatome genügend weit entfernt.

Sterische Hinderung in 1-substituierten Naphthalinen

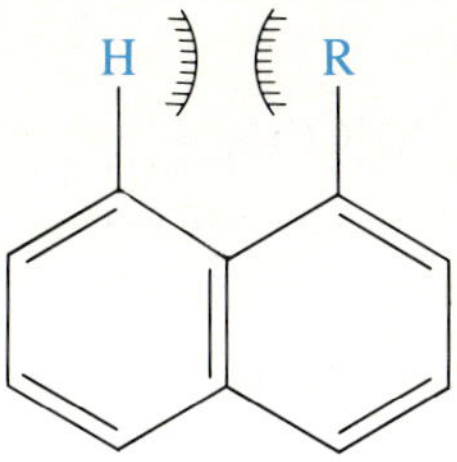

H R

Elektrophiler Angriff auf substituierte Naphthaline: Kontrolle der Regioselektivität

Die Orientierungsregeln für den elektrophilen Angriff auf monosubstituierte Benzole (s. Kap. 20) lassen sich leicht auf das Naphthalinsystem ausweiten. Der substituierte Ring wird durch die bereits vorhandene Gruppe am meisten beeinflußt: eine aktivierende Gruppe lenkt den neuen Substituenten in denselben Ring, eine desaktivierende Gruppe in den noch unsubstituierten. So wird z. B. 1-Naphthalinol (1-Naphthol) an C-2 und C-4 elektrophil nitriert.

Nitrierung von 1-Naphthalinol (1-Naphthol)

OH

HNO_3, H_2SO_4
$-\ H_2O$

^+O–H, H, NO_2 und ^+O–H, NO_2, H

Para-Angriff *Ortho*-Angriff

$-\ H^+$

OH, NO_2 + OH, NO_2

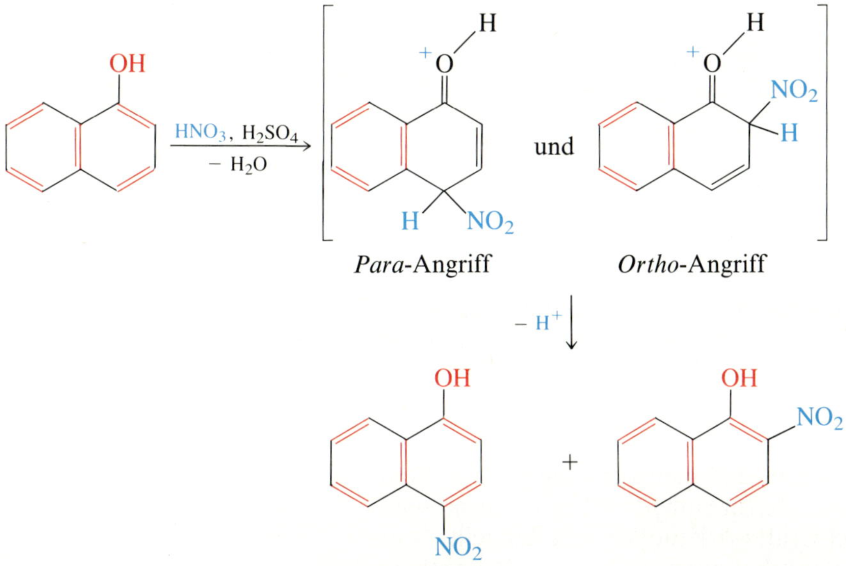

4-Nitro-1-naphthalinol (4-Nitro-1-naphthol; Hauptprodukt)

2-Nitro-1-naphthalinol (2-Nitro-1-naphthol; Nebenprodukt)

Befindet sich die aktivierende Gruppe an C-2, gibt es zwei Möglichkeiten für eine *ortho*-Substitution, an C-1 und C-3. In *para*-Stellung befindet sich ein quartärer Kohlenstoff, der keine Substitutionsreaktionen eingehen kann. Die Resonanzstrukturen für die Übergangszustände beim Angriff an C-1 und C-3 zeigen, daß die Substitution an C-1 trotz der sterischen Hinderung begünstigt ist, da in diesem Fall einer der beiden Benzolringe seinen aromatischen Charakter behält.

Aktivierender Substituent an C-2

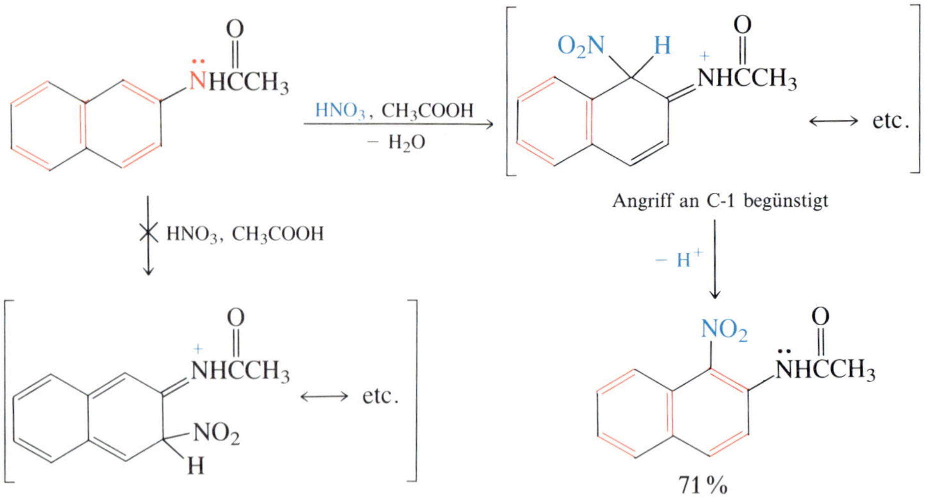

HNO_3, CH_3COOH, $- H_2O$

Angriff an C-1 begünstigt

$- H^+$

HNO_3, CH_3COOH

Angriff an C-3 nicht begünstigt

71%
***N*-(1-Nitro-2-naphthyl)ethanamid**

Eine desaktivierende Gruppe lenkt einen zweiten Substituenten in den noch unsubstituierten Ring. Die Substitution erfolgt dort an den Positionen, die in Nachbarstellung zum ersten Ring sind (C-5 und C-8). Man erhält also dieselbe Orientierung wie bei einem unsubstituierten Naphthalin.

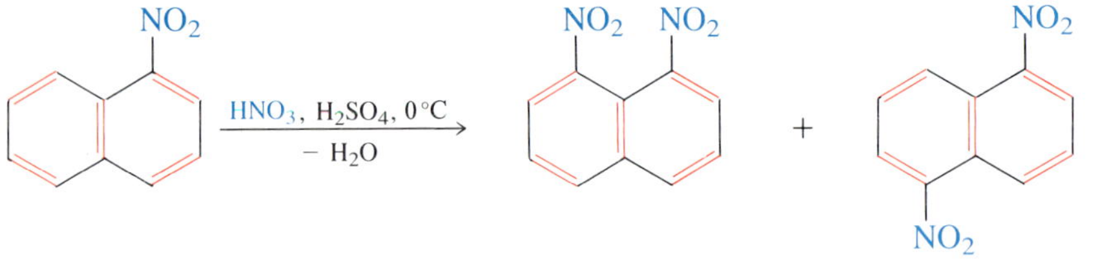

HNO_3, H_2SO_4, 0 °C, $- H_2O$

30%
1,8-Dinitronaphthalin

60%
1,5-Dinitronaphthalin

Übung 25-4

Geben Sie anhand der Zahl und der relativen Stabilität der verschiedenen Resonanzstrukturen, die Sie für den ersten Übergangszustand beim elektrophilen Angriff zeichnen können, an, in welcher Stellung eine Nitrierung von (a) 1-Ethylnaphthalin; (b) 2-Nitronaphthalin und (c) 5-Methoxy-1-nitronaphthalin erfolgt.

Zusammenfassend können wir sagen, daß man substituierte Naphthaline allgemein aus Benzol und Butandisäureanhydrid (Bernsteinsäureanhydrid) über eine doppelte Friedel-Crafts-Alkanoylierung darstellt. Hierdurch wird der Benzolring in ein Naphthalingerüst überführt. Naphthalin ist für elektrophile aromatische Substitutionen aktiviert, der kinetisch begünstigte Angriff erfolgt an C-1. Die Sulfonierung ist reversibel und ergibt schließlich das an C-2 substituierte Derivat. Dies ist das thermodynamisch stabilere Produkt, da hier keine gegenseitige sterische Hinderung mit dem Wasserstoff an C-8 vorliegt. Ein aktivierender Erstsubstituent lenkt einen zweiten in den Ring, an den er selbst gebunden ist, ein desaktivierender in den noch unsubstituierten Ring. Die Regioselektivität bei Zweit- und Drittsubstitutionen ist im Einklang mit den allgemeinen Regeln, die man für die elektrophile aromatische Substitution von Benzolderivaten entwickelt hat.

25.4 Tricyclische benzoide Kohlenwasserstoffe: Anthracen und Phenanthren

Durch lineare bzw. angulare Kondensation eines dritten Benzolrings entstehen die beiden nächsthöheren Systeme, Anthracen und Phenanthren. Obwohl sie Isomere sind und sehr ähnlich scheinen, sind sie thermodynamisch unterschiedlich stabil: Anthracen ist um etwa 25 kJ/mol instabiler als Phenanthren. Formuliert man alle möglichen Resonanzstrukturen für beide Moleküle, sieht man auch, warum. Für Anthracen lassen sich nur vier verschiedene Strukturen zeichnen, von denen nur zwei zwei vollständig aromatische Ringe enthalten. Phenanthren wird durch fünf Resonanzstrukturen repräsentiert, zwei von ihnen enthalten zwei aromatische Ringe, eine sogar drei.

Resonanz im Anthracen

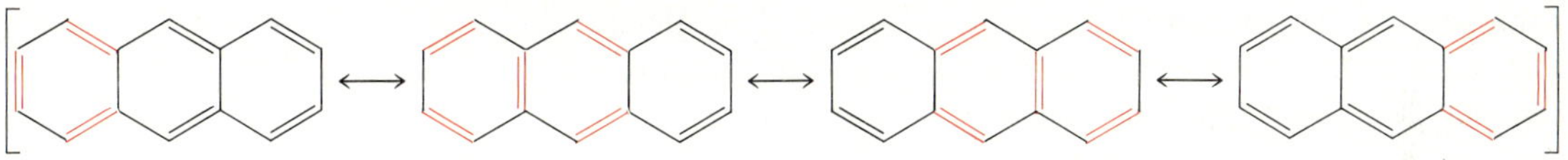

Resonanz im Phenanthren

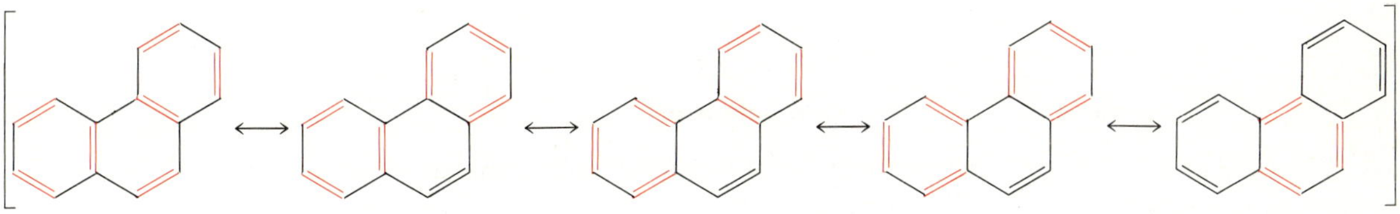

In diesem Abschnitt befassen wir uns mit der Darstellung und den Reaktionen dieser Verbindungen.

Übung 25-5

Formulieren Sie alle möglichen Resonanzstrukturen von Tetracen (Naphthacen, s. Abschn. 25.1). Wieviele vollständig aromatische Ringe sind maximal in einer Struktur möglich?

Synthese von Anthracen und Phenanthren

Genau wie Naphthalin lassen sich auch die höheren benzoiden Kohlenwasserstoffe Anthracen und Phenanthren durch Ringschlußreaktionen darstellen. So ergibt z.B. eine Friedel-Crafts-Reaktion von Benzol mit 1,2-Benzoldicarbonsäureanhydrid (Phthalsäureanhydrid) mit nachfolgender Clemmensen-Reduktion der entstandenen Säure und dem Ringschluß über eine zweite (intramolekulare) Friedel-Crafts-Reaktion Anthron (Trivialname), das sich leicht in Anthracen und sein 9-substituiertes Derivat umsetzen läßt.

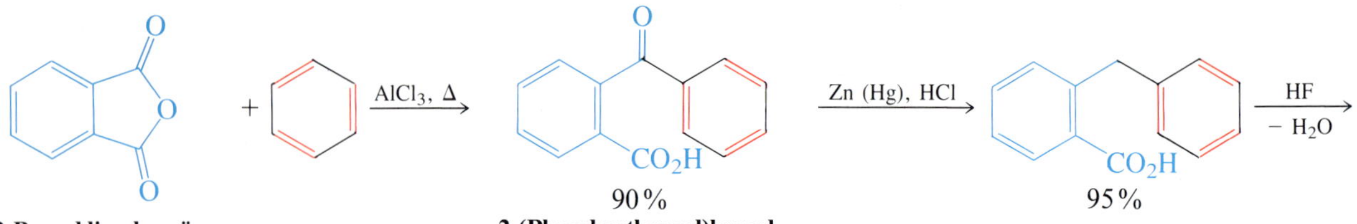

$AlCl_3$, Δ

Zn (Hg), HCl

HF, $- H_2O$

CO_2H

90%

95%

1,2-Benzoldicarbonsäure-anhydrid (Phthalsäureanhydrid)

2-(Phenylmethanoyl)benzolcarbonsäure (2-Benzoylbenzoesäure)

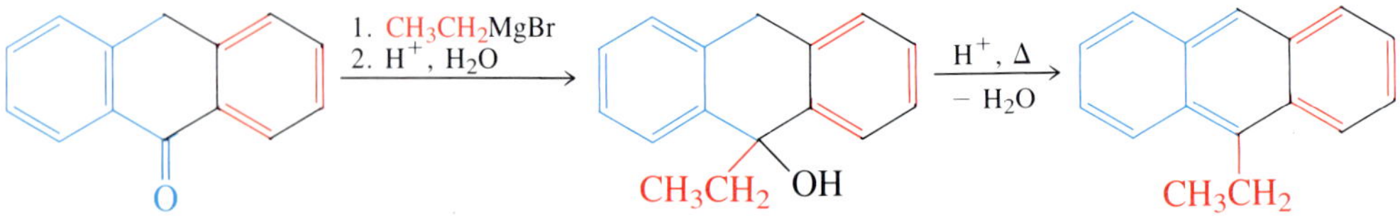

1. CH_3CH_2MgBr
2. H^+, H_2O

H^+, Δ, $- H_2O$

CH_3CH_2 OH

CH_3CH_2

82%

Anthron

80–90%

9-Ethylanthracen

Interessanterweise ist Anthron stabil, obwohl es die Ketoform des vollständig delokalisierten Anthracenols darstellt. Offensichtlich gleicht der Gewinn an Resonanzenergie bei der Tautomersierung zum Enol nicht den Verlust der starken C–O-Doppelbindung aus.

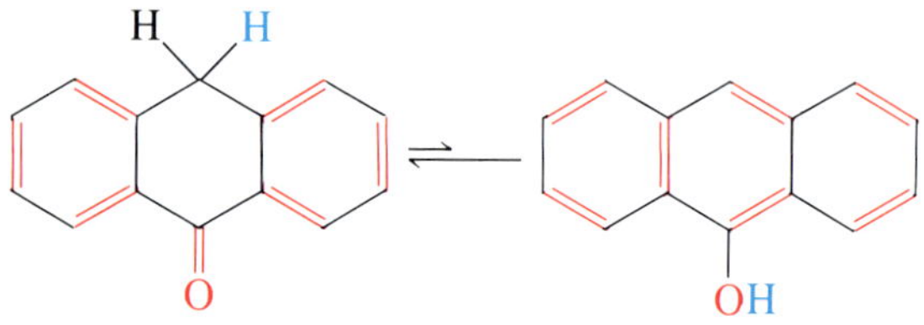

H H

O

OH

Anthron **9-Anthracenol**

Das läßt vermuten, daß der mittlere Ring im Anthracen nicht ganz so aromatisch wie Benzol selbst ist. Zu einem ähnlichen Schluß kommt man auch, wenn man die Resonanzstrukturen (in nur zwei der vier Resonanzstrukturen ist der Ring aromatisch) oder, wie wir gleich sehen, die Reaktionen von Anthracen untersucht.

Eine andere Möglichkeit zur Konstruktion des Anthracen-Gerüsts geht von Diels-Alder-Cycloadditionen aus. So reagiert 2,5-Cyclohexadien-1,4-dion (*p*-Benzochinon) mit 1,3-Butadien über eine Diels-Alder-Reaktion

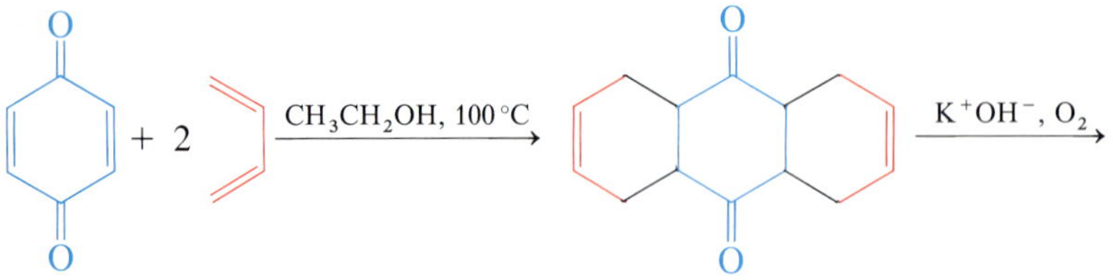

+ 2

CH_3CH_2OH, 100 °C

K^+OH^-, O_2

60%

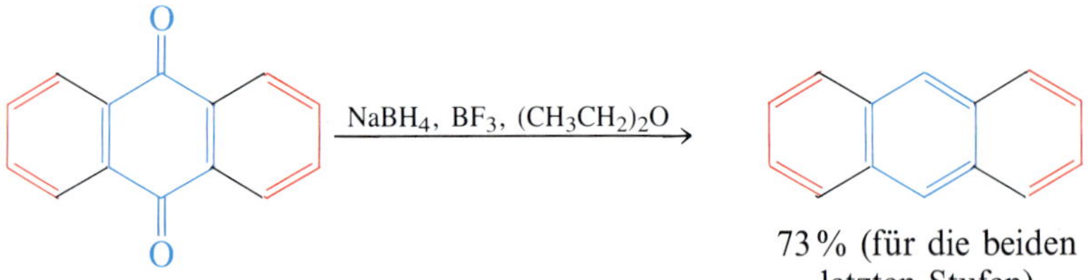

$NaBH_4$, BF_3, $(CH_3CH_2)_2O$

9,10-Anthrachinon

73% (für die beiden letzten Stufen)

Anthracen

nicht nur einmal (s. Abschn. 24.5), sondern zweimal. Diels und Alder selbst haben diese Umsetzung im Jahre 1928 durchgeführt. Das entstandene Addukt läßt sich leicht zum entsprechenden Dion (9,10-Anthrachinon) oxidieren, das man dann mit Natriumborhydrid und einer Lewis-Säure zu Anthracen reduziert.
Da sich die doppelte Diels-Alder-Reaktion auch mit substituierten Dienen durchführen läßt, kann man auf diese Weise die unterschiedlichsten substituierten Anthracene herstellen. Durch Reaktionen der beiden Carbonylgruppen mit organometallischen Reagenzien lassen sich auch Modifikationen der 9- und 10-Positionen vornehmen.

Übung 25-6

Schlagen Sie einen plausiblen Mechanismus für die Reduktion von 9,10-Anthracendion (9,10-Anthrachinon) mit Natriumborhydrid zu Anthracen vor. Hinweis: Was bewirkt die Lewis-Säure?

Übung 25-7

Entwickeln Sie eine Synthese von 2,3,6,7-Tetramethyl-9,10-diphenylanthracen, ausgehend von 2,5-Cyclohexadien-1,4-dion (*p*-Benzochinon).

Auch Phenanthrene lassen sich durch Ringschlußreaktionen darstellen. So bekommt man z. B. bei der Friedel-Crafts-Reaktion von Naphthalin mit Butandisäureanhydrid (Bernsteinsäureanhydrid) in Nitrobenzol eine Substitution an C-1 und C-2. Die beiden gebildeten 4-(1-Naphthyl)- und 4-(2-Naphthyl)-4-oxobutansäuren werden unter Clemmensen-Bedingungen reduziert und dann zum Phenanthren-Gerüst cyclisiert.

$AlCl_3$, $C_6H_5NO_2$ → COOH 36 % + HOOC 47 % → Zn-Hg, HCl, Δ

COOH 90 % + HOOC → $AlCl_3$, $- H_2O$ → O + O 88 %

Die entstandenen Ketone werden durch nachfolgende Reduktion, Dehydratisierung und Dehydrierung in Phenanthren überführt, oder man trennt sie und setzt jedes für sich zu substituierten Derivaten um.

O → 1. $CH_3CH_2CH_2CH_2Li$ 2. H^+, H_2O 3. S, Δ →

Übung 25-8
Warum erhält man bei der intramolekularen Friedel-Crafts-Alkanoylierung von A nicht Keton B?

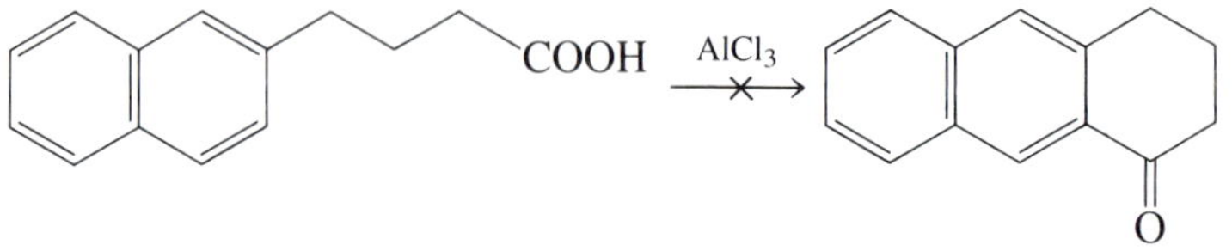

COOH $\xrightarrow{AlCl_3}$ (nicht) O

A **B**

Eine alternative Reaktionsfolge beginnt mit 1,2-Diarylethenen (auch Stilbene genannt) und benutzt den photochemischen conrotatorischen elektrocyclischen Ringschluß von *cis*-1,3,5-Hexatrienen zu Cyclohexadienen (s. Abschn. 14.5). Das zunächst gebildete Dihydrophenanthren ist sehr reaktiv und läßt sich nicht isolieren.

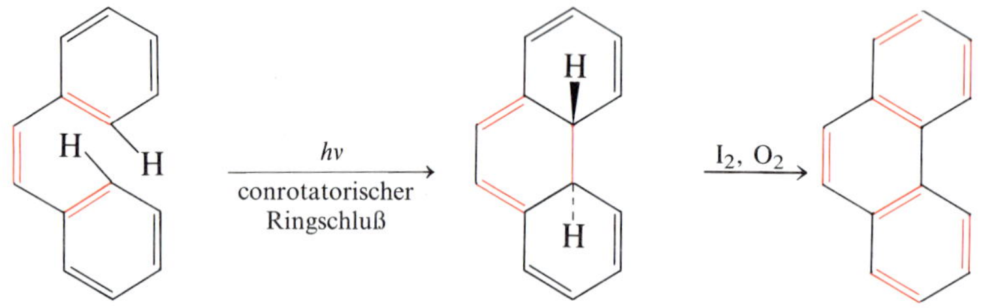

H H $\xrightarrow{h\nu}$ conrotatorischer Ringschluß H H $\xrightarrow{I_2,\ O_2}$

***cis*-1,2-Diphenylethen (*cis*-Stilben)** ***trans*-4a,4b-Dihydrophenanthren** 82%

Es kann jedoch durch Zugabe von Oxidationsmitteln, wie Sauerstoff in Gegenwart katalytischer Mengen Iod, abgefangen werden. Unter diesen Bedingungen erhält man die entsprechenden Phenanthrene in guten Ausbeuten.

Der mittlere Ring von Anthracenen und Phenanthrenen ist reaktiv

Durch Addition an C-9 und C-10 von Anthracen und Phenanthren entstehen Moleküle mit zwei getrennten, intakten Benzol-Einheiten. Infolgedessen sind diese beiden Positionen weitaus reaktiver, als man für einen Benzolring erwarten sollte. So ergibt die katalytische Hydrierung die entsprechenden Dihydroaromaten.

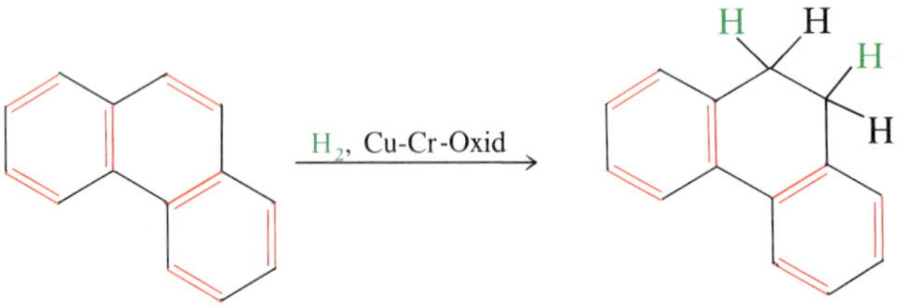

$\xrightarrow{H_2,\ \text{Cu-Cr-Oxid}}$ H H H H

77%
9,10-Dihydrophenanthren

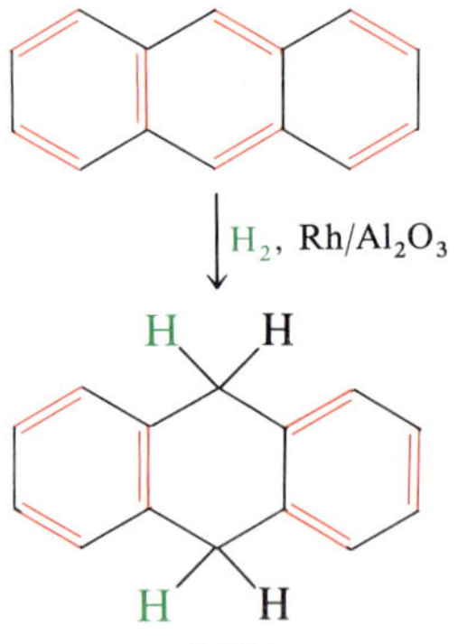

$\downarrow H_2,\ Rh/Al_2O_3$

H H H H

85%
9,10-Dihydroanthracen

Kasten 25-1

Helicene

Die oxidative Photocyclisierung von 1,2-Diarylethenen hat man auch für die Synthese komplexerer benzoider Kohlenwasserstoffe ausgenutzt. Ein besonders interessanter Fall ist Phenanthro[3,4-*c*]phenanthren, in dem sechs angular kondensierte Benzolringe in einem fast vollständigen Kreis angeordnet sind. Man hat diese Verbindung durch doppelte Photocyclisierung dargestellt.

$\xrightarrow{C_6H_6,\ h\nu,\ I_2,\ O_2}$

60%

Phenanthro[3,4-*c*]phenanthren (Hexahelicen)

Dieses Molekül trägt den Trivialnamen *Hexahelicen*, da es in eine schraubenförmige Struktur gezwungen wird – wäre das Molekül planar, müßten Teile der beiden endständigen Benzolringe denselben Raumbereich einnehmen (deshalb mußten wir die obere Abbildung verzerrt zeichnen). Das Molekül ist also aus der Ebene herausgedreht und bildet eine Schraube (s. Abb. 25-5), die in Abhängigkeit von der Richtung der Verdrehung entweder rechts- oder linksgängig sein kann.

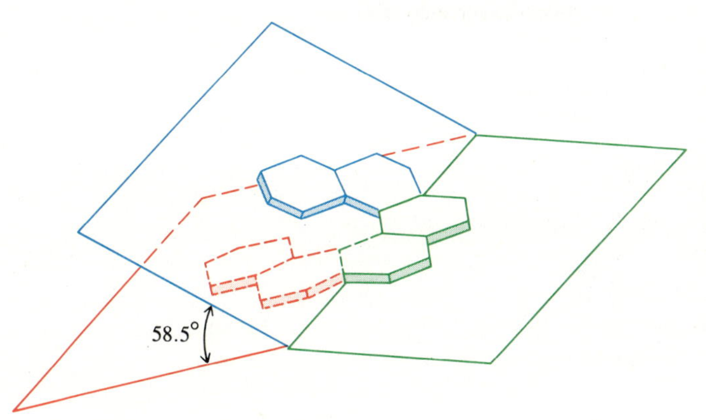

Abb. 25-5 Räumliche Struktur des Hexahelicens. Die Helixstruktur läßt sich mit Hilfe der drei eingezeichneten Ebenen beschreiben. In jeder liegt näherungsweise eine Naphthalin-Einheit. Der Winkel zwischen den beiden Ebenen, die die endständigen Benzolringe enthalten, beträgt etwa 58.5°.

Aufgrund dieser Helix-Struktur ist Hexahelicen chiral und seine reinen Enantiomere haben einen großen spezifischen Drehwert: $[\alpha]_D^{25\,°C} = 3640°$. Andere höhere Helicene zeigen eine noch ausgeprägtere optische Aktivität. Helicene sind übrigens Verbindungen, die chiral sind, obwohl sie kein Chiralitätszentrum besitzen (s. Kap. 5).

Bei der Halogenierung entstehen häufig Additions- anstelle von Substitutionsprodukten, das gebildete Dihalogenid geht aber leicht unter Halogenwasserstoffabspaltung in die entsprechenden Halogenarene über.

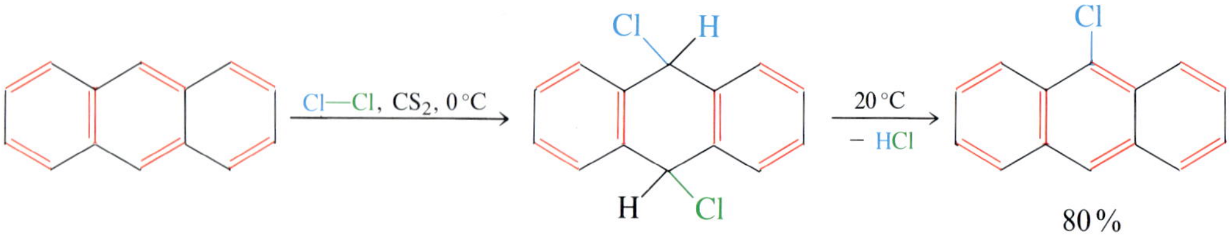

Cl—Cl, CS_2, 0 °C

20 °C
− HCl

9,10-Dichlor-9,10-dihydroanthracen

80%
9-Chloranthracen

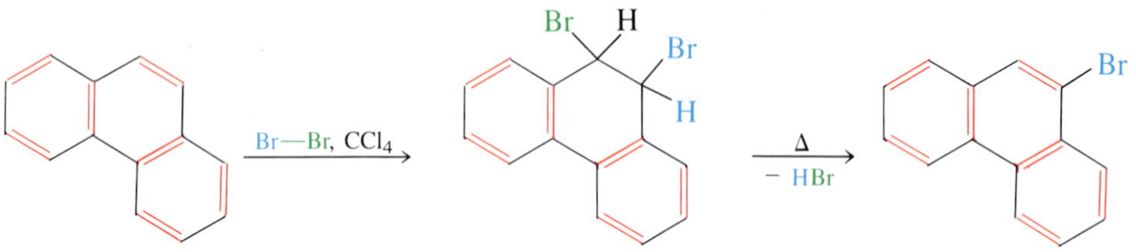

Br—Br, CCl_4

Δ
− HBr

9,10-Dibrom-9,10-dihydrophenanthren

94%
9-Bromphenanthren

Man kann die Halogenierung von Anthracen als 1,4-Addition an ein 1,3-Dien ansehen (s. Abschn. 14.3). Der Dien-Charakter dieser Einheit manifestiert sich auch in Diels-Alder-Cycloadditionen.

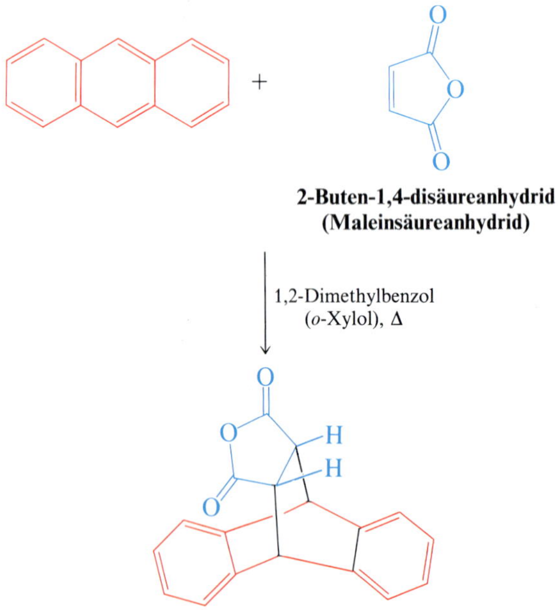

2-Buten-1,4-disäureanhydrid (Maleinsäureanhydrid)

1,2-Dimethylbenzol (*o*-Xylol), Δ

95%

Diese Reaktion ist bei Phenanthren nicht möglich, da das Molekül nur eine reaktive Doppelbindung enthält. Diese Bindung kann jedoch photochemische [2 + 2]Cycloadditionen eingehen (s. Abschn. 14.5).

$$\text{Phenanthren} + \text{CH(CO}_2\text{CH}_3\text{)=CH(CO}_2\text{CH}_3\text{)} \xrightarrow{h\nu,\ (CH_3CH_2)_2O} \text{Cyclobutan-Addukt (CO}_2\text{CH}_3\text{)}_2$$

62%

Übung 25-9

Nach welchem Mechanismus sollte Ihrer Meinung nach die folgende Umsetzung verlaufen? Hinweis: Beginnen Sie mit der Protonierung am Stickstoff.

$$\text{2-Biphenylyl-}CH_2CN \xrightarrow{\text{konz. } H_2SO_4,\ 0\,°C} \text{9-Phenanthrenamin } (NH_2)$$

85%

9-Phenanthrenamin

Mehrkernige benzoide Kohlenwasserstoffe aus der Kohle

Viele benzoide Kohlenwasserstoffe, einschließlich Benzol, lassen sich aus **Kohle** gewinnen. Beim Erhitzen von Kohle unter Luftabschluß entsteht Leuchtgas, das aus Methan und anderen gasförmigen Produkten besteht. Als Destillationsrückstand verbleibt der **Steinkohlenteer**, der bei der fraktionierenden Destillation Benzol, Methylbenzol (Toluol), die Dimethylbenzole (Xylole), Phenole, Naphthalin, höhere mehrkernige Aromaten und heterocyclische Verbindungen ergibt (s. Kap. 26). Der Rest ist **Koks**, den man in großen Mengen für die Eisen- und Stahlproduktion benötigt.

Kohle ist nicht einfach Kohlenstoff, sondern ein amorphes Polymer, das aus Schichten von durch schwache Kräfte verbundenen mehrkernigen aromatischen und hydroaromatischen Verbindungen besteht (s. Abb. 25-6). Beim Erhitzen zerfällt die ursprüngliche Kohlestruktur in Fragmente mit molaren Massen zwischen 300 und 1000, von denen ein großer Anteil in organischen Lösungsmitteln löslich ist. An Verfahren zur Kohleverflüssigung und der Überführung von Kohle in flüssige Brennstoffe wird ständig gearbeitet, da sich hieraus eine Möglichkeit ergibt, Kohle als Grundprodukt neuer Industriechemikalien zu verwenden.

Mehrkernige Aromaten und Krebs

Viele der mehrkernigen benzoiden Kohlenwasserstoffe sind carcinogen (krebserregend). Die erste Beobachtung, daß Krebs beim Menschen durch solche Verbindungen ausgelöst werden kann, wurde im Jahre 1775 von Sir Percival Pott, einem Chirurgen am Londoner St. Bartholomew's Hospital gemacht, der entdeckte, daß Schornsteinfeger häufig an Hodenkrebs erkranken. Seit der Zeit sind viele Forschungen darüber angestellt worden, welche mehrkernigen Aromaten diese physiologische Wirkung zeigen, und

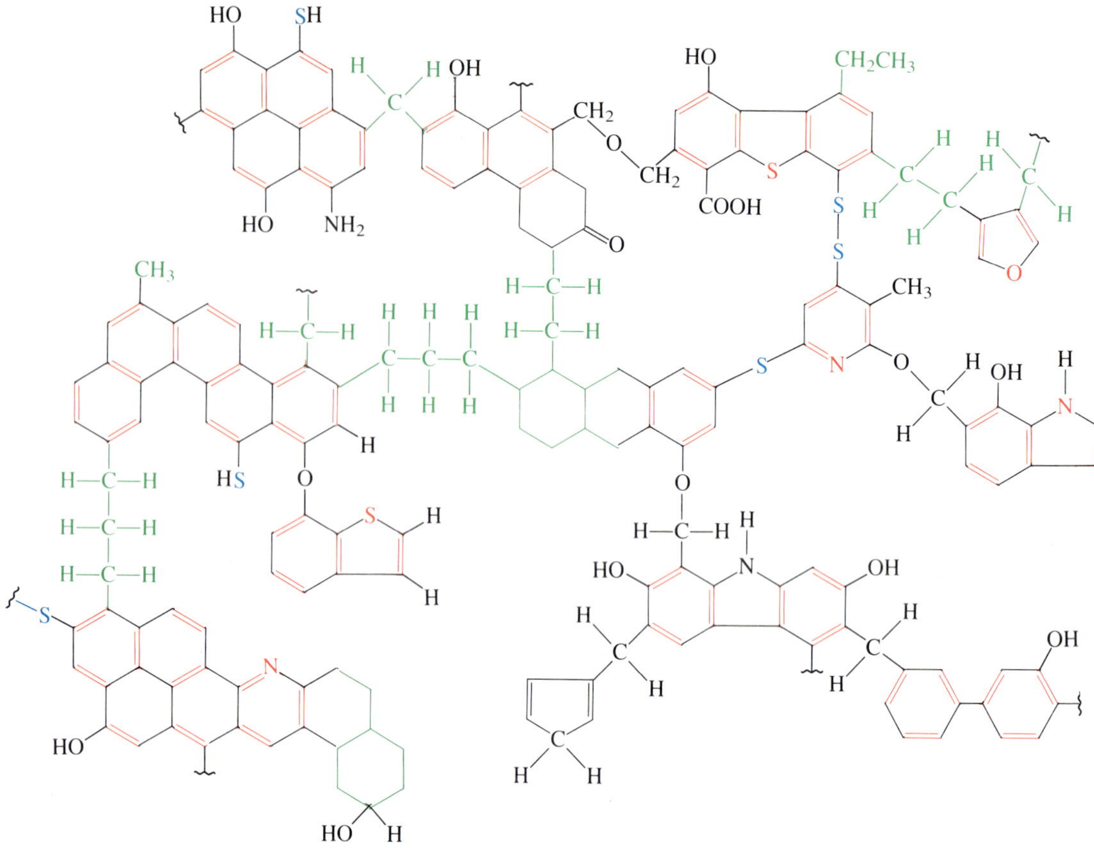

Abb. 25-6 Vorgeschlagenes Modell für einen Ausschnitt aus der Struktur der Kohle.

in welcher Beziehung ihre Struktur zu ihrer Wirkung steht. Ein besonders gut erforschtes Molekül ist Benz[*a*]pyren, ein Umweltgift, das fast ubiquitär verbreitet ist. Benz[*a*]pyren entsteht bei der Verbrennung organischer Materie, wie Automobiltreibstoff und Erdöl (in Ölheizungen und Kraftwerken), bei der Müllverbrennung, bei Waldbränden, man findet es im Zigaretten- und Zigarrenrauch und sogar in gegrilltem Fleisch. In Ballungsgebieten wie dem Ruhrgebiet wurden vor ein paar Jahren noch 10–15 ng Benz[*a*]pyren pro m^3 Luft gemessen.

Carcinogene benzoide Kohlenwasserstoffe

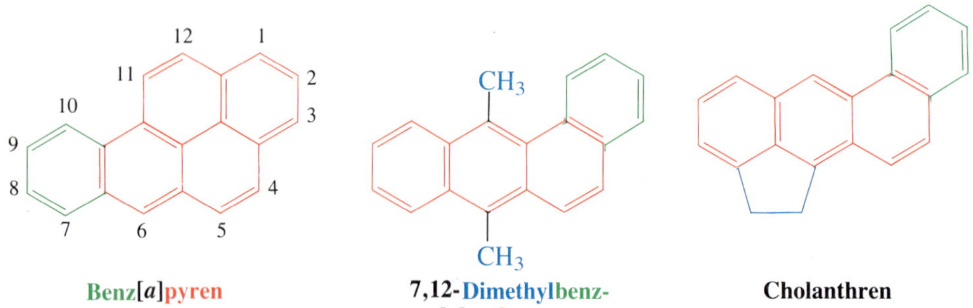

Benz[*a*]pyren | **7,12-Dimethylbenz-[*a*]anthracen** | **Cholanthren**

Wodurch kommt nun die carcinogene Wirkung von Benz[*a*]pyren zustande? Diese Frage kann man noch nicht vollständig beantworten. Man nimmt an, daß ein oxidierendes Enzym (eine *Oxidase*) aus der Leber den

Kohlenwasserstoff in das Oxacyclopropan (Epoxid) an C-7 und C-8 überführt. Ein anderes Enzym (*Epoxid-Hydratase*) katalysiert die Hydratisierung des Produkts zum trans-Diol. Durch weitere Oxidation entsteht dann das eigentliche Carcinogen, ein neues Oxacyclopropan an C-9 und C-10.

Enzymatische Überführung von Benz[*a*]pyren in das eigentliche Carcinogen

10
9
8
7
Oxidase
Hydratase
O

Benz[*a*]pyren-oxacyclopropan

HO
OH
Oxidase
O
HO
OH

7,8-Dihydrobenz[*a*]pyren-*trans*-7,8-diol

Carcinogen

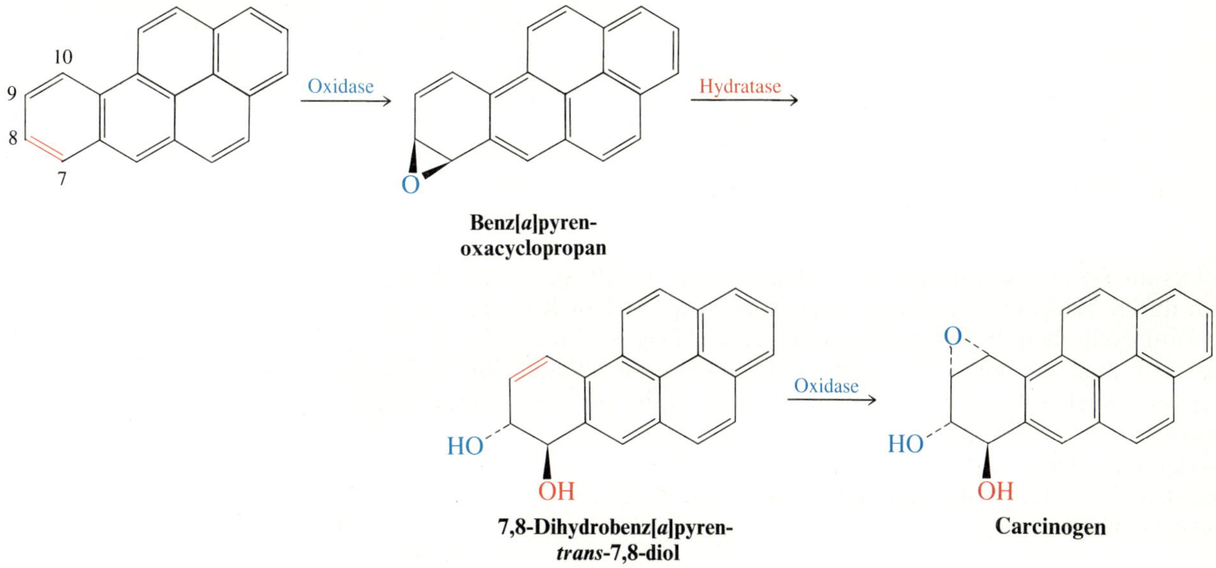

Vermutlich erfolgt das krebsauslösende Ereignis dann, wenn der Aminstickstoff des Guanins, einer der Basen im DNA-Strang (s. Abschn. 27.7), den Dreiring nucleophil angreift. Bei dieser Reaktion wird die Struktur eines der Basenpaare der DNA signifikant geändert, was zu Fehlern und Störungen bei der DNA-Replikation führt.

Das krebsauslösende Ereignis

O
HO
OH
DNA
O
N
NH
HC
N
N
NH
DNA
HO
HO
OH

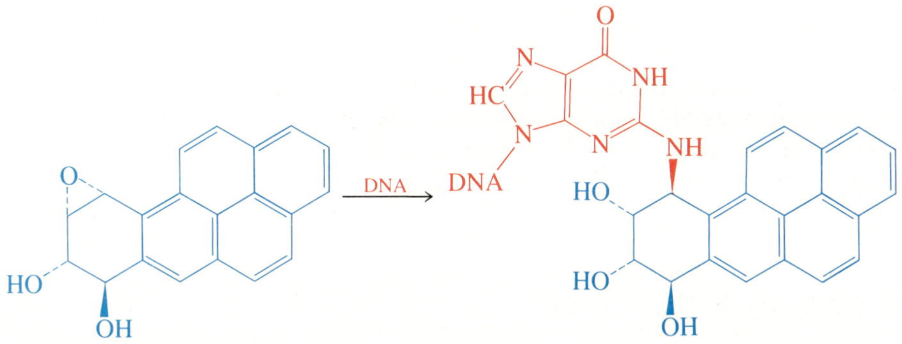

Diese Fehler können zu einer Veränderung (Mutation) des genetischen Codes führen, wodurch dann unter Umständen das Wachstum einer Linie von rasch und undifferenziert wuchernden Zellen ausgelöst wird, was typisch für Krebs ist. Nicht alle Mutationen sind carcinogen, die meisten von ihnen führen nur zur Zerstörung der einen betroffenen Zelle. Die Exposition gegenüber dem Carcinogen erhöht nur die Wahrscheinlichkeit eines krebsauslösenden Ereignisses.

Wie Sie sehen, wirkt das Carcinogen bei der DNA als Alkylierungsmittel. Daraus läßt sich schließen, daß andere Alkylierungsmittel auch krebserregend sind, und das scheint tatsächlich der Fall zu sein. Die MAK-

Kommission der Deutschen Forschungsgemeinschaft stuft auch solche einfachen Alkylierungsmittel wie 1,2-Dibromethan, Diazomethan, Ethylmethansulfonat und β-Propiolacton in die Gruppe der krebserregenden Arbeitsstoffe ein.

Carcinogene Alkylierungsmittel und deren reaktive Zentren

$BrCH_2CH_2Br$ — **1,2-Dibromethan**

CH_2N_2 — **Diazomethan**

$CH_3SO_2OCH_2CH_3$ — **Ethylmethansulfonat**

H_2C—O, H_2C—C=O (Vierring) — ***β*-Propiolacton**

Lassen Sie uns zusammenfassen: Anthracene und Phenanthrene lassen sich durch Friedel-Crafts-Reaktionen von aromatischen Ringverbindungen mit cyclischen Anhydriden synthetisieren. Das Anthracen-Gerüst erhält man auch einfach durch doppelte Diels-Alder-Cycloaddition an 2,5-Cyclohexadien-1,4-dione (*p*-Benzochinone), während ein alternativer Syntheseweg für Phenanthrene über die oxidative Photocyclisierung von 1,2-Diarylethenen geht. Beide Systeme haben reaktive mittlere Ringe, die Wasserstoff (in Gegenwart eines Katalysators), Halogene und Alkene addieren können.

25.5 1,3-Cyclobutadien, 1,3,5,7-Cyclooctatetraen und andere cylische Polyene: Die Hückel-Regel

Ist die durch cyclische Delokalisierung von π-Elektronen bedingte Stabilität und Reaktivität eine Besonderheit von Benzol und mehrkernigen Aromaten, oder gibt es andere cyclische π-Systeme, die dieselben Eigenschaften haben? Wie wir im folgenden sehen werden, sind andere cyclische konjugierte Polyene dann aromatisch, wenn sie $4n + 2\pi$-Elektronen (n kann null oder eine natürliche Zahl sein) enthalten. Diese Gesetzmäßigkeit bezeichnet man als Hückel-Regel.

1,3-Cyclobutadien, das kleinste cyclische Polyen

1,3-Cyclobutadien ist ein äußerst reaktives Molekül, das keine aromatischen Eigenschaften zeigt. Es ist nur bei extrem tiefen Temperaturen überhaupt beobachtbar und muß aus speziellen Vorstufen durch Zersetzung unter Belichtung dargestellt werden.

Darstellung von 1,3-Cyclobutadien

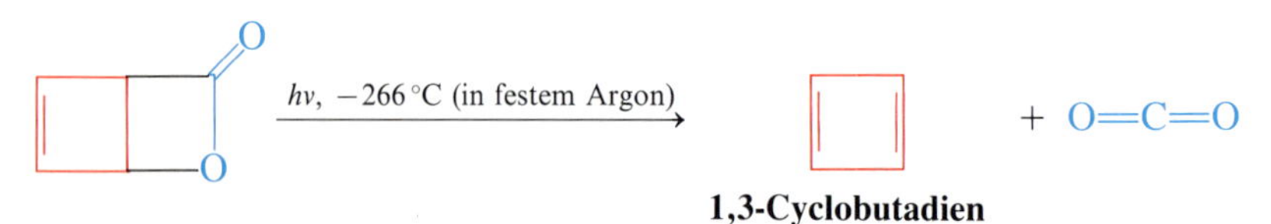

Die Reaktivität zeigt sich an der Schnelligkeit, mit der es sich in Diels-Alder-Reaktionen umsetzt, in denen es entweder als Dien oder Dienophil reagieren kann.

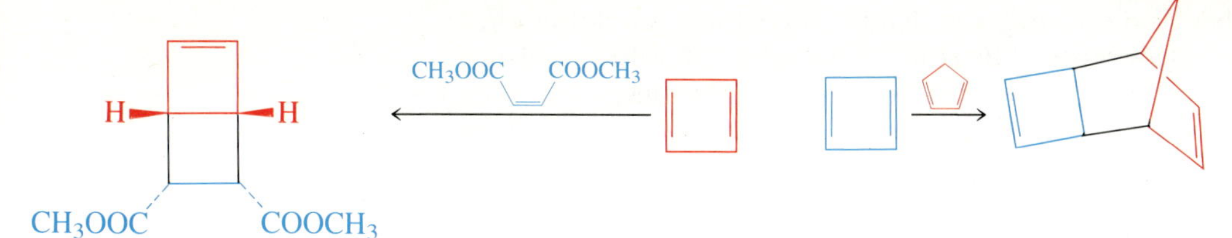

Übung 25-10

1,3-Cyclobutadien dimerisiert schon bei $-200\,^{\circ}C$ zu zwei isomeren Produkten. Schlagen Sie Strukturen für diese Dimere vor.

Substituierte Cyclobutadiene sind weniger reaktiv, insbesondere, wenn die Substituenten sperrig sind; sie wurden dazu benutzt, die spektroskopischen Eigenschaften des 4π-Systems zu untersuchen. Besonders interessant ist das ^1H-NMR-Spektrum von 1,2,3-Tris(1,1-dimethylethyl)cyclobutadien (1,2,3-Tri-*tert*-butylcyclobutadien), bei dem das Signal der Ringwasserstoffe bei $\delta = 5.38$ ppm liegt, also bei weitaus höherem Feld, als man für ein aromatisches System erwarten sollte. Diese und andere Eigenschaften von Cyclobutadien zeigen, daß es keinerlei Ähnlichkeit mit Benzol hat. Lassen Sie uns nun das nächsthöhere cyclische Polyen-Analogon des Benzols, 1,3,5,7-Cyclooctatetraen, betrachten.

1,3,5,7-Cyclooctatetraen ist nicht planar und nicht aromatisch

1,3,5,7-Cyclooctatetraen läßt sich in guten Ausbeuten durch nickelkatalysierte Cyclotetramerisierung von Ethin (s. Abschn. 13.7) darstellen. Es ist eine gelbe Flüssigkeit vom Sdp. 152 °C, die bei Kühlung stabil ist, aber beim Erhitzen rasch polymerisiert. 1,3,5,7-Cyclooctatetraen wird an der Luft oxidiert, läßt sich leicht zu Cycloocten und Cyclooctan hydrieren und geht elektrophile Additionen und Cycloadditionen ein. Diese Reaktivität sollte man nicht gerade erwarten, wenn das Molekül aromatisch wäre. Spektroskopische und Strukturdaten bestätigen dieses Ergebnis. Im ^1H-NMR-Spektrum ist ein scharfes Singulett bei $\delta = 5.68$ ppm zu erkennen, das typisch für ein Alken ist. Die Bestimmung der Molekülstruktur ergibt, daß Cyclooctatetraen eindeutig *nicht planar*, sondern wannenförmig ist (s. Abb. 25-7). Die Doppelbindungen sind nahezu orthogonal und alternieren mit Einfachbindungen.

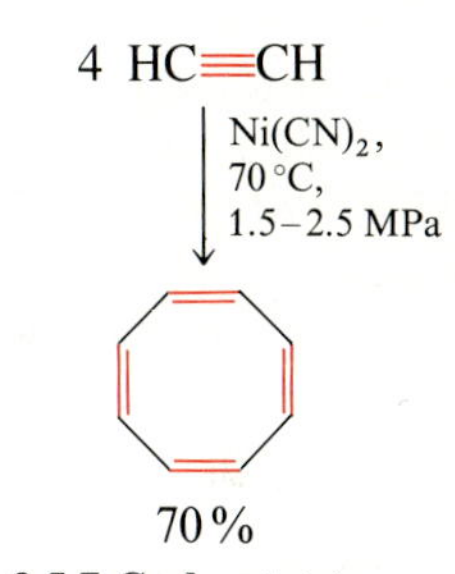

Nur cyclische konjugierte Polyene mit $4n + 2\pi$-Elektronen sind aromatisch

Anders als Cyclobutadien und Cyclooctatetraen sind bestimmte höhere cyclische konjugierte Polyene aromatisch. Alle von ihnen haben eine gemeinsame Eigenschaft: sie besitzen $4n + 2\pi$-Elektronen.

Das erste derartige System wurde im Jahre 1956 von Sondheimer (s. Abschn. 13.6) synthetisiert, es war das 1,3,5,7,9,11,13,15,17-Cyclooctade-

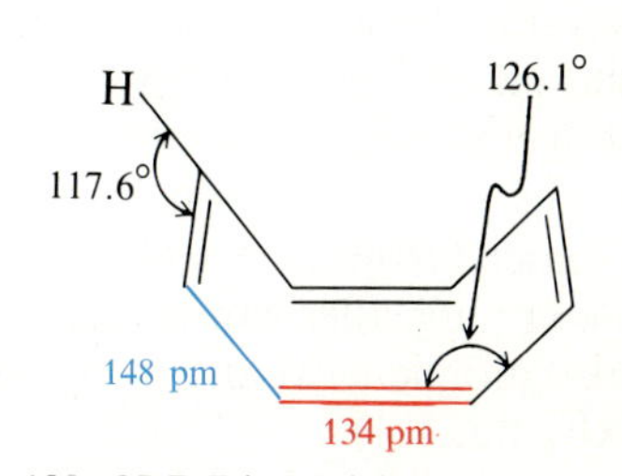

Abb. 25-7 Die Molekülstruktur von 1,3,5,7-Cyclooctatetraen.

canonaen mit achtzehn π-Elektronen. Um derart umständliche Namen zu vermeiden, führte Sondheimer ein einfacheres Nomenklatursystem für die cyclischen Polyene ein. Er gab vollständig konjugierten monocyclischen Kohlenwasserstoffen der allgemeinen Formel $(CH)_N$ den Namen **[*N*]Annulene**, wobei *N* die Größe des Rings bezeichnet. Cyclobutadien wäre dann also [4]Annulen, Benzol [6]Annulen, Cyclooctatetraen [8]Annulen. Die von Sondheimer synthetisierte Verbindung, das erste ungespannte aromatische System in dieser Reihe nach Benzol heißt [18]Annulen.

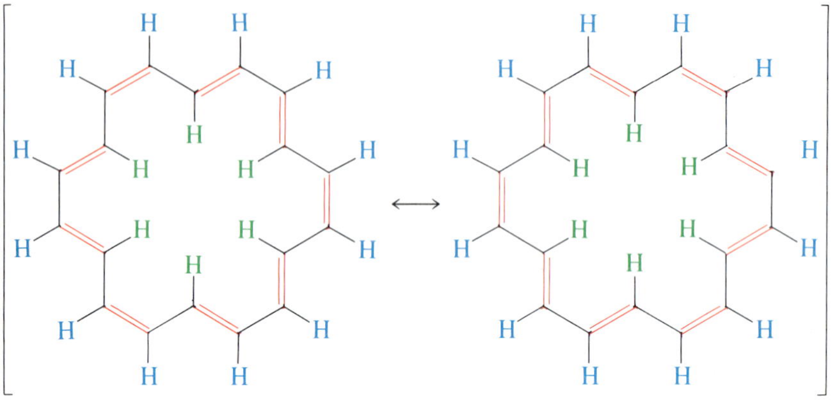

[18]Annulen
(1,3,5,7,9,11,13,15,17-Cyclooctadecanonaen)

[18]Annulen enthält delokalisierte Elektronen, ist nahezu eben gebaut und alle Bindungen im Molekül sind von etwa gleicher Länge. Ebenso wie Benzol läßt es sich daher als Hybrid von zwei gleichen Resonanzstrukturen beschreiben. In Übereinstimmung mit seinem aromatischen Charakter ist das Molekül relativ stabil und geht elektrophile aromatische Substitutionen ein. Es zeigt genau wie Benzol im ^{1}H-NMR einen Ringstrom.

Übung 25-11

Das ^{1}H-NMR-Spektrum von [18]Annulen zeigt zwei Signale, bei $\delta = 9.28$ (12 H) und -2.99 (6 H) ppm. Können Sie das erklären? Hinweis: Sehen Sie sich die Abb. 19-9 und 19-10 genauer an.

Inzwischen sind viele andere Annulene synthetisiert worden: solche mit $4n$ π-Elektronen, wie Cyclobutadien und Cyclooctatetraen sind nicht aromatisch, diejenigen mit $4n + 2$π-Elektronen, wie Benzol und [18]Annulen sind aromatisch. Dieses Verhalten ist bereits früher von dem theoretischen Chemiker Hückel* vorhergesagt worden, der die $4n + 2$- oder Hückel-Regel im Jahre 1938 formulierte. Diese Regel ergibt sich aus dem Aufbau und der Besetzung der Molekülorbitale von cyclischen konjugierten Dienen. Durch Mischen der *p*-Atomorbitale der Ring-Kohlenstoffatome ergibt sich eine gleiche Anzahl von π-Molekülorbitalen (s. Abb. 25-8). Alle π-Niveaus, mit Ausnahme des niedrigsten bindenden und des höchsten antibindenden Orbitals, bestehen aus Paaren entarteter Orbitale. Die vollständige Besetzung aller bindenden Orbitale, und damit ein stabiler Zustand, ist nur möglich, wenn im System $4n + 2$π-Elektronen vorhanden sind (s. Abschn. 1.4).

* Erich Hückel, 1896–1984, Professor an der Universität Marburg.

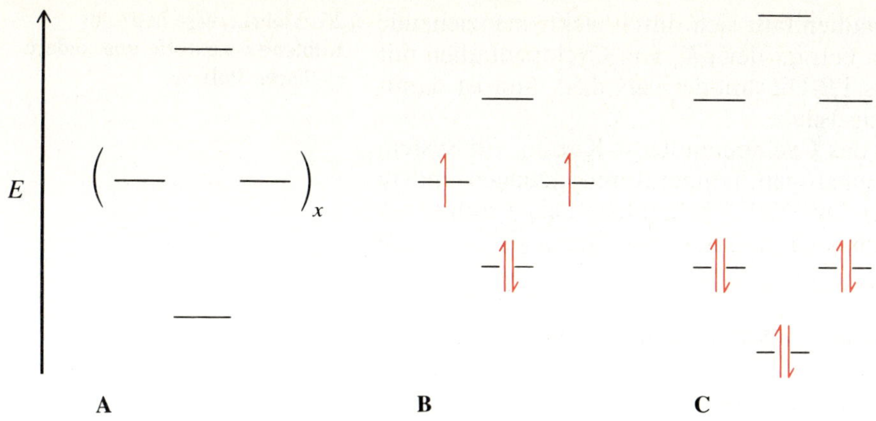

Abb. 25-8 A. Die regelmäßige Anordnung der π-Molekülorbitale in cyclischen konjugierten Polyenen.
B. Energieniveaus der Molekülorbitale von 1,3-Cyclobutadien: mit vier Elektronen kann keine vollständige Besetzung der bindenden Orbitale ereicht werden.
C. Im Benzol sind alle bindenden MOs doppelt besetzt.

Übung 25-12

Das ungewöhnliche Molekül 1,6-Methano[10]annulen ergibt im ^{1}H-NMR-Spektrum zwei Gruppen von Signalen bei $\delta = 7.10$ (8 H) und -0.50 (2 H) ppm. Läßt sich hieraus ein aromatischer Charakter ableiten?

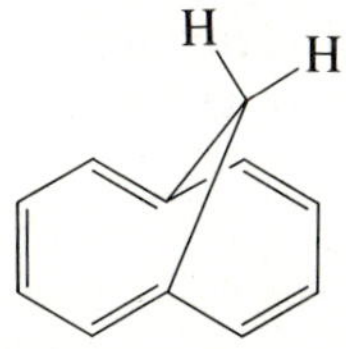

1,6-Methano[10]annulen

Übung 25-13

Geben Sie aufgrund der Hückel-Regel an, ob die folgenden Moleküle aromatisch oder nicht-aromatisch sind: (a) [30]Annulen; (b) [16]Annulen;

(c) 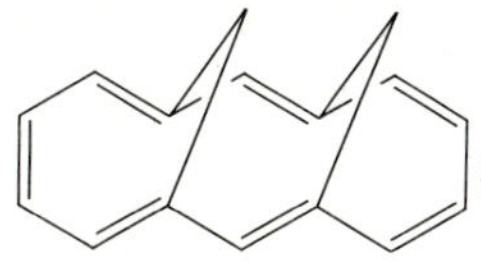 ; (d)

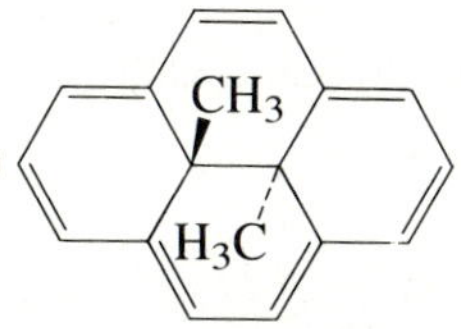

Die Hückel-Regel und geladene Moleküle

Die Hückel-Regel gilt auch für geladene Moleküle, solange eine cyclische Delokalisierung möglich ist. So ist z. B. 1,3-Cyclopentadien ungewöhnlich sauer ($pK_a \sim 16$), da durch Abspaltung eines Protons das Cyclopentadienyl-Anion mit sechs delokalisierten π-Elektronen entsteht, in dem die negative Ladung gleichmäßig über alle fünf Kohlenstoffatome verteilt ist. Der pK_a von Propen (s. Abschn. 14.1) beträgt als Vergleich 40.

Das aromatische Cyclopentadienyl-Anion

$\rightleftharpoons H^+ +$ [$\longleftrightarrow$ $\longleftrightarrow$ $\longleftrightarrow$ etc.] oder

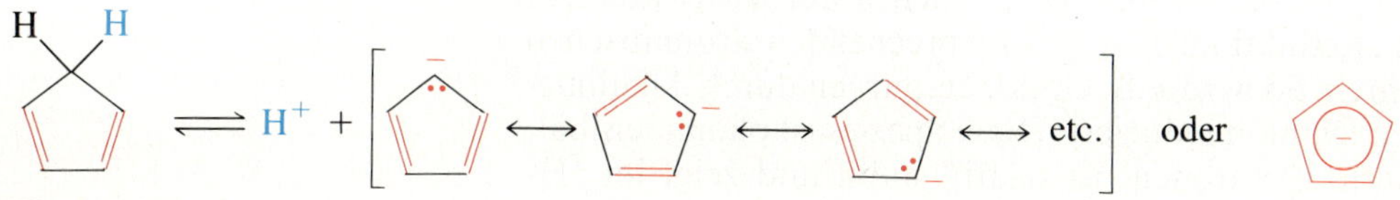

$pK_a = 16$

Die Acidität von 1,3-Cyclopentadien läßt sich durch elektronenziehende Substituenten noch steigern. So beträgt der pK_a von Cyclopentadien mit einer Cyanogruppe 9.8, der des 1,3-Dicyanoderivats 2.52, und ist damit kleiner als der von Ethan- (Essig-)säure.

Im Gegensatz dazu läßt sich das Cyclopentadienyl-Kation, ein System mit vier π-Elektronen, nur bei niedrigen Temperaturen erzeugen, indem man 5-Brom-1,3-cyclopentadien mit SbF_5 behandelt. Das Produkt ist extrem reaktiv und liegt nach den spektroskopischen Daten als Diradikal vor.

Das nicht-aromatische Cyclopentadienyl-Kation

Br H; SbF_5, −200 °C; ⟷ ⟷ ⟷ etc. SbF_5Br^-

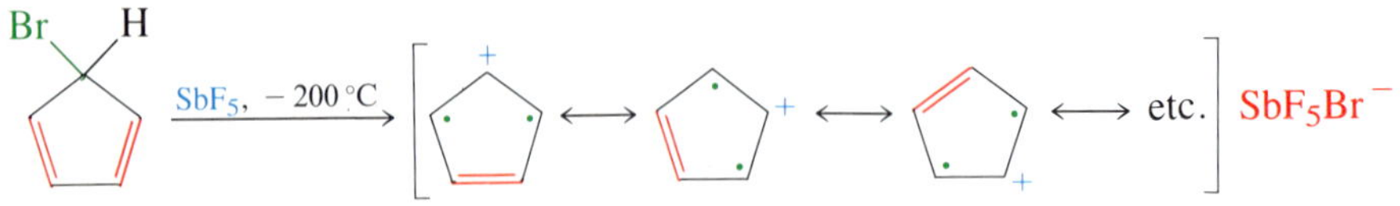

Behandelt man 1,3,5-Cycloheptatrien mit Brom, erhält man ein stabiles Salz, Cycloheptatrienylbromid. Das organische Kation dieses Salzes besitzt sechs delokalisierte π-Elektrone und die positive Ladung ist gleichmäßig über sieben Kohlenstoffatome verteilt. Obwohl es sich um ein Carbenium-Ion handelt, ist das System so reaktionsträge, wie man es für ein aromatisches System erwarten würde.

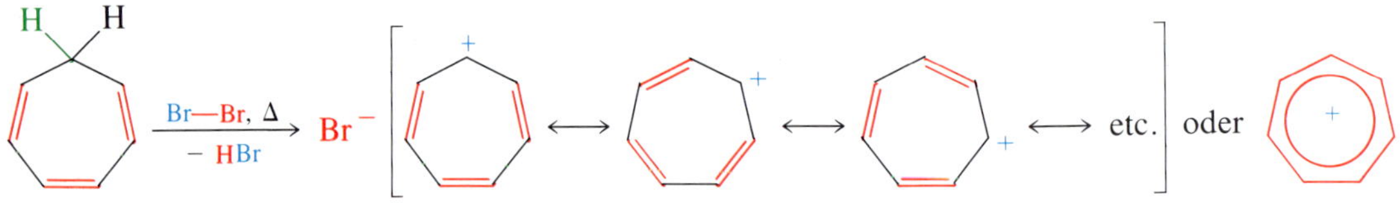

H H; Br—Br, Δ; − HBr; Br^- ⟷ ⟷ ⟷ etc. oder

Übung 25-14

Zeichnen Sie ein Orbitalbild von (a) dem Cyclopentadienyl-Anion und (b) dem Cycloheptatrienyl-Kation (s. Abb. 19-1).

Übung 25-15

Kennzeichnen Sie anhand der Hückel-Regel die folgenden Moleküle als aromatisch oder nicht-aromatisch: (a) Cyclopropenyl-Kation; (b) Cyclononatetraenyl-Anion; (c)

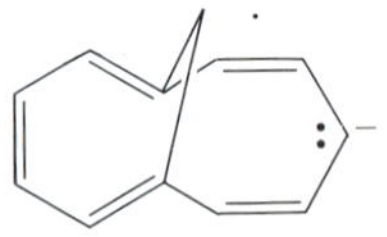

Zwei-Elektronen-Reduktion und -Oxidation von nicht-aromatischen Polyenen

Cyclische Systeme mit $4n\pi$-Elektronen lassen sich durch Zwei-Elektronen-Oxidationen und -Reduktionen in die entsprechenden aromatischen Verbindungen überführen. So wird z. B. Cyclooctatetraen durch Alkalimetalle zum aromatischen Dianion reduziert. Diese Spezies ist planar, enthält vollständig delokalisierte Elektronen, ist relativ stabil und zeigt im ^{1}H-NMR einen aromatischen Ringstrom.

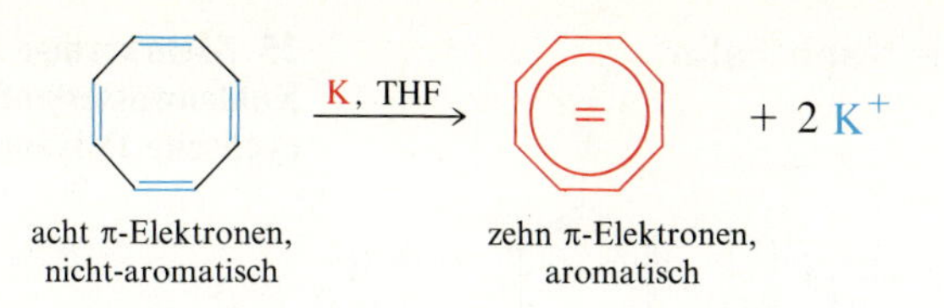

Ähnlich läßt sich [16]Annulen zum Dianion reduzieren oder zum Dikation oxidieren, die beide aromatisch sind. Bei der Bildung des Dikations ändert sich die Konfiguration des Moleküls.

vierzehn π-Elektronen, aromatisch

CF_3SO_3H, SO_2, CH_2Cl_2, −80 °C

[16]Annulen
sechzehn π-Elektronen, nicht-aromatisch

K, THF

achtzehn π-Elektronen, aromatisch

Übung 25-16

Das Trien A geht leicht durch zweifache Deprotonierung in das stabile Dianion B über. Hingegen ist das neutrale Analogon von B, das Tetraen C (Pentalen) extrem instabil. Warum?

Base

A **B** **C**

Übung 25-17

Azulen ist eine tiefblaue (s. Abb. 14-18) aromatische Verbindung, die von Elektrophilen leicht an C-1, von Nucleophilen an C-4 angegriffen wird. Wie erklären Sie sich das?

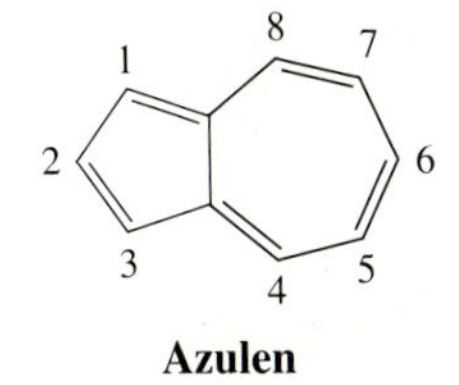

Azulen

Zusammengefaßt gilt, daß cyclische konjugierte Polyene aromatisch sind, wenn sie $4n + 2\,\pi$-Elektronen besitzen. Diese Zahl entspricht einem vollständig aufgefüllten Satz von bindenden Molekülorbitalen. Bei $4n\,\pi$-Systemen sind die bindenden Orbitale unvollständig besetzt, diese Verbindungen sind instabil, reaktiv und zeigen im ^{1}H-NMR keine aromatischen Ringströme.

Zusammenfassung neuer Reaktionen

1 Darstellung von Naphthalin

1. Bernsteinsäureanhydrid, $AlCl_3$
2. Zn (Hg), HCl
3. HF

1. $NaBH_4$
2. H^+
3. Pd/C, Δ

2 Elektrophile aromatische Substitution an Naphthalin

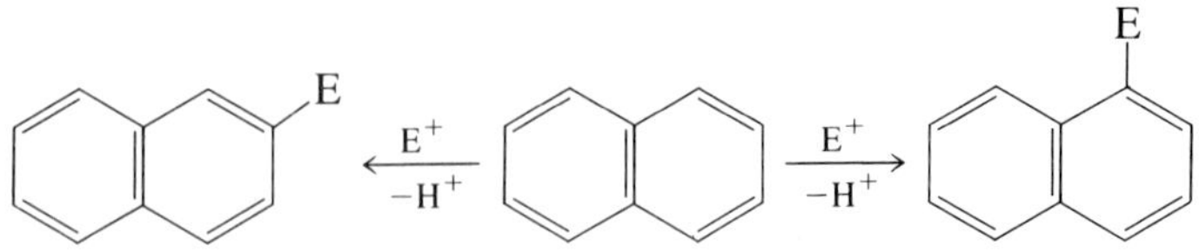

E
E^+
$-H^+$
E^+
$-H^+$
E

thermodynamisches Produkt

kinetisches Produkt

3 Darstellung von Anthracen und Phenanthren

Anthracen:

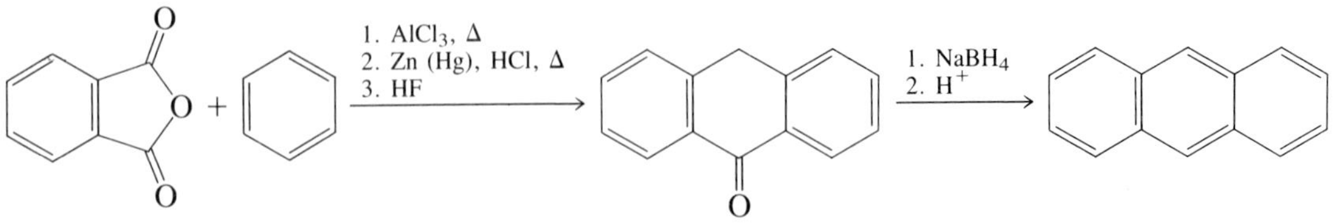

O
O +
O
1. $AlCl_3$, Δ
2. Zn (Hg), HCl, Δ
3. HF
O
1. $NaBH_4$
2. H^+

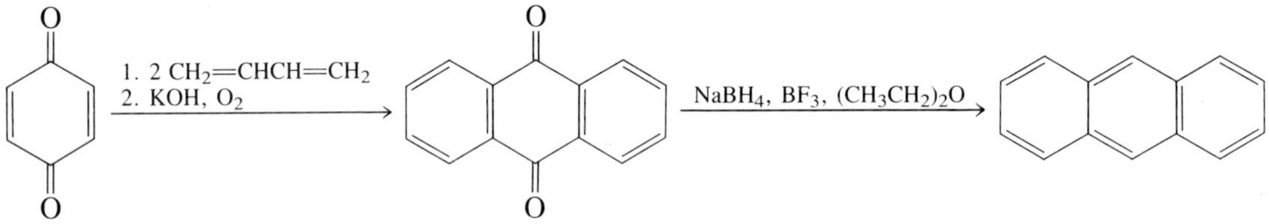

O
O
1. 2 $CH_2{=}CHCH{=}CH_2$
2. KOH, O_2
O
O
$NaBH_4$, BF_3, $(CH_3CH_2)_2O$

Phenanthren:

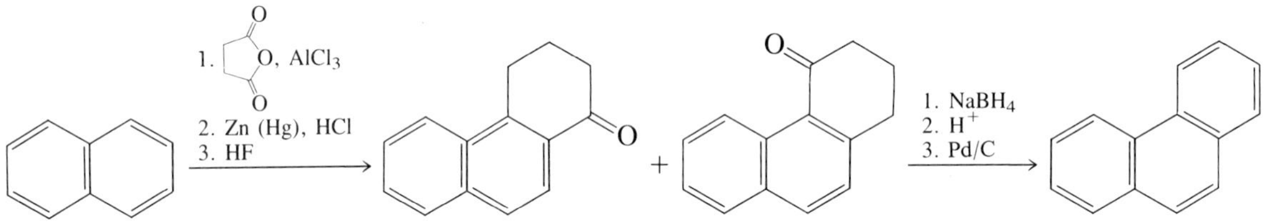

O
1. O, $AlCl_3$
O
2. Zn (Hg), HCl
3. HF
O
+
O
1. $NaBH_4$
2. H^+
3. Pd/C

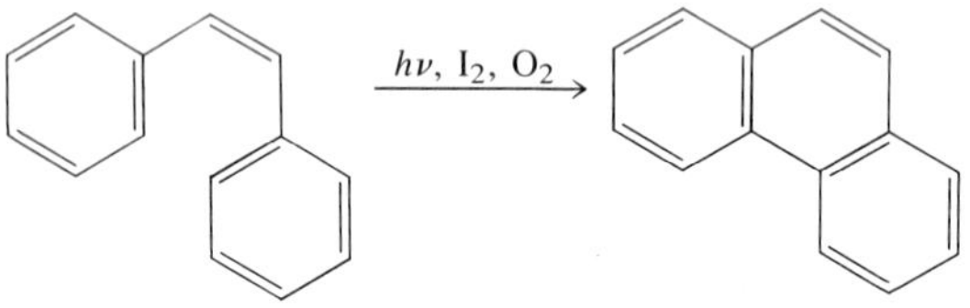

$h\nu$, I_2, O_2

4 Reaktionen von Anthracen und Phenanthren

Reduktion:

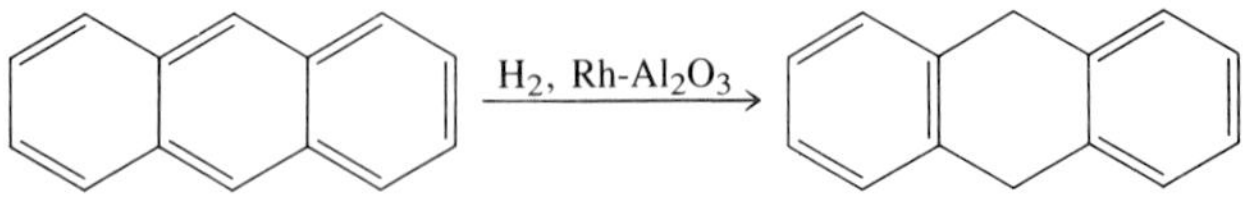

H_2, Rh-Al_2O_3

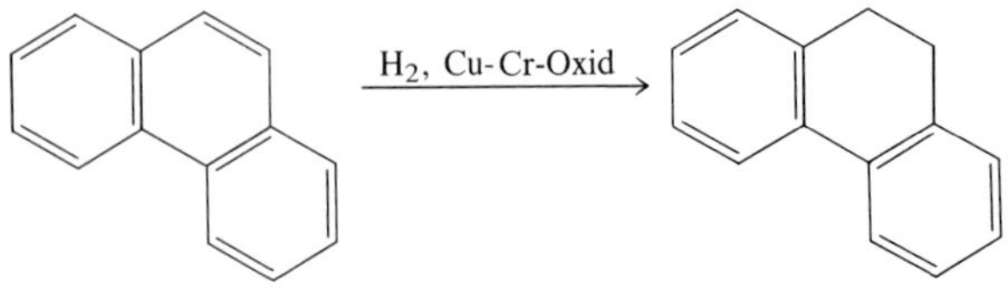

H_2, Cu-Cr-Oxid

Halogenierung (Addition-Eliminierung)

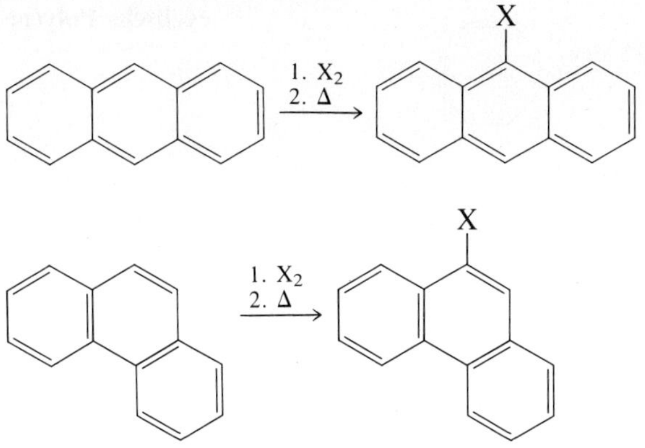
1. X_2
2. Δ
X
1. X_2
2. Δ
X

Cycloaddition

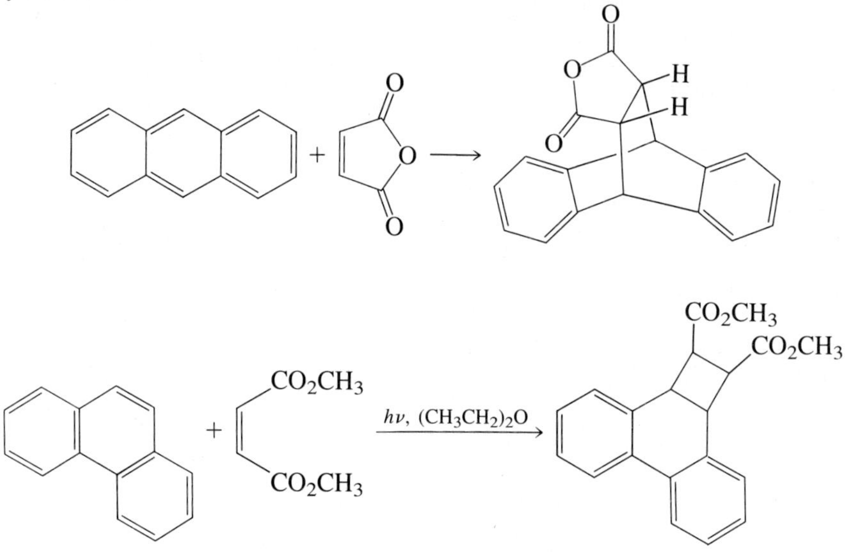
O
O
O
O
O
O
H
H
CO_2CH_3
CO_2CH_3
$h\nu$, $(CH_3CH_2)_2O$
CO_2CH_3
CO_2CH_3

Hückel-Regel

5 1,3-Cyclobutadien

Darstellung:

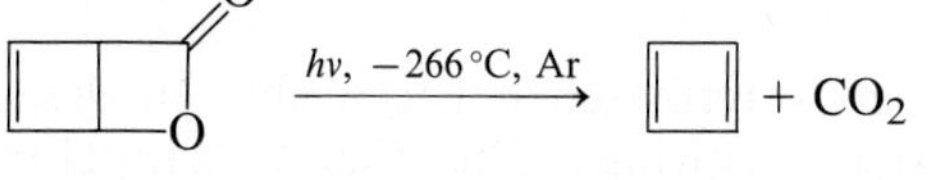
O
O
$h\nu$, −266 °C, Ar
+ CO_2

Diels-Alder-Cycloaddition:

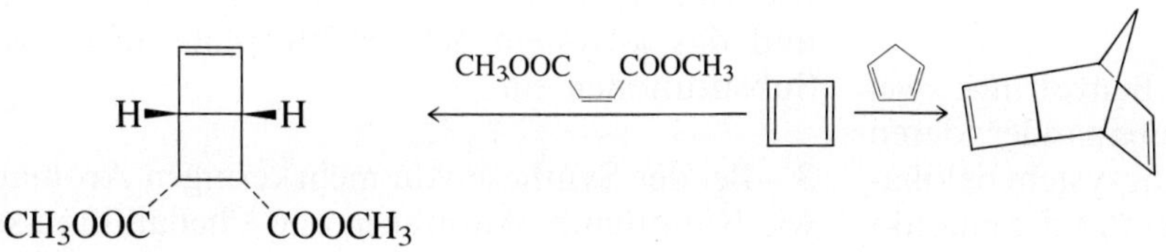
H
H
CH_3OOC
$COOCH_3$
CH_3OOC
$COOCH_3$

6 Darstellung von 1,3,5,7-Cyclooctatetraen

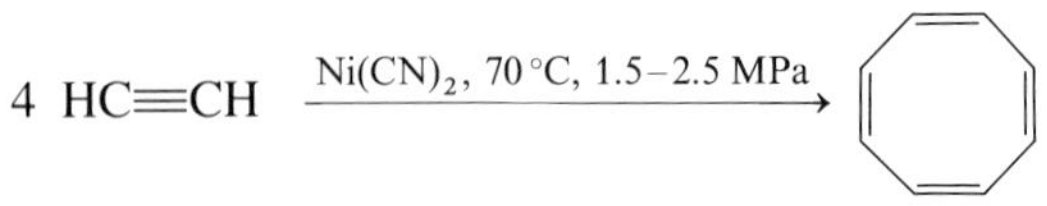

4 HC≡CH $\xrightarrow{Ni(CN)_2,\ 70\,°C,\ 1.5-2.5\ MPa}$

7 Darstellung des Cyclopentandienyl-Anions

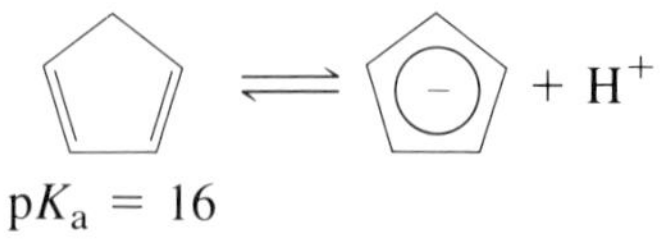

⇌ + H^+

$pK_a = 16$

8 Darstellung des Cyclopentadienyl-Kations

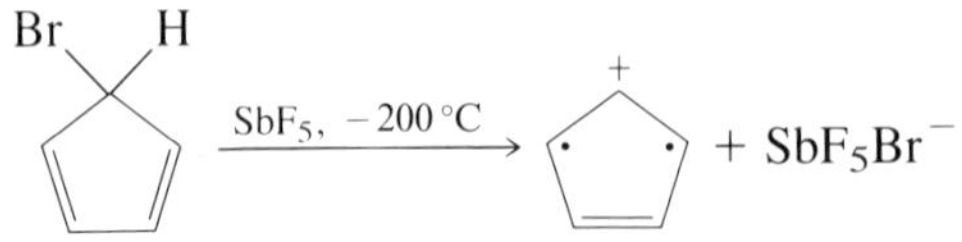

Br H

$\xrightarrow{SbF_5,\ -200\,°C}$ + SbF_5Br^-

9 Darstellung des Cycloheptatrienyl-Kations

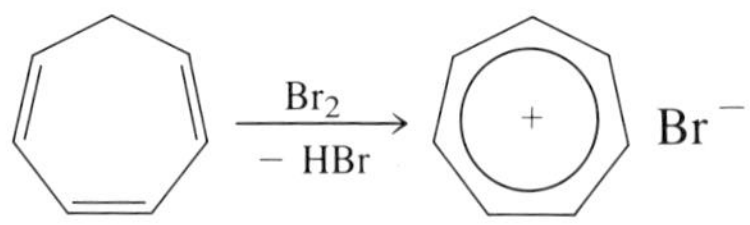

$\xrightarrow[-\ HBr]{Br_2}$ Br^-

10 Darstellung des Cyclooctatetraen-Dianions

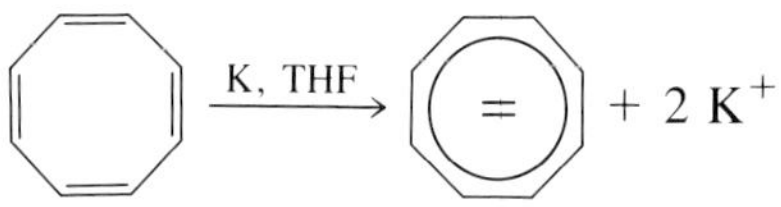

$\xrightarrow{K,\ THF}$ + 2 K^+

11 Darstellung des [16]Annulen-Dikations und -Dianions

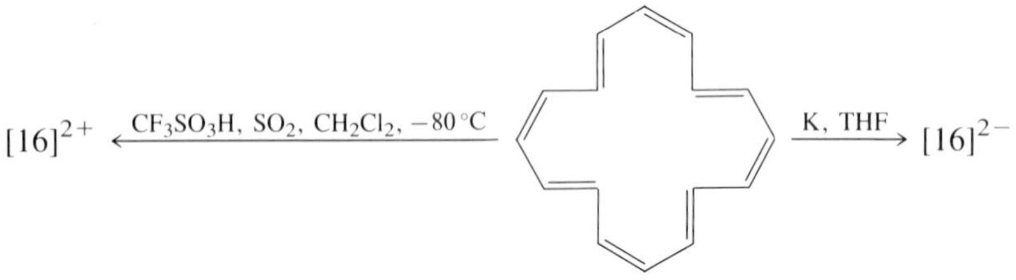

$[16]^{2+}$ $\xleftarrow{CF_3SO_3H,\ SO_2,\ CH_2Cl_2,\ -80\,°C}$ $\xrightarrow{K,\ THF}$ $[16]^{2-}$

[16]Annulen

Zusammenfassung

1 Die mehrkernigen benzoiden Kohlenwasserstoffe bestehen aus linear oder angular kondensierten Benzolringen. Die einfachsten Vertreter dieser Verbindungsklasse sind Naphthalin, Anthracen und Phenanthren.

2 In diesen Molekülen teilen die Benzolringe zwei (oder mehr) Kohlenstoffatome miteinander, deren π-Elektronen über das gesamte Ringsystem delokalisiert sind. Naphthalin zeigt also einige der charakteristischen Eigenschaften des aromatischen Benzolrings: Das Elektronenspektrum ist typisch für eine ausgeweitete Konjugation der π-Elektronen, im ^{1}H-NMR ist der entschirmende Ringstromeffekt zu erkennen, die Bindungen alternieren kaum und das π-System geht elektrophile aromatische Substitutionen ein.

3 Bei der Synthese von mehrkernigen Aromaten, wie Naphthalin, Anthracen und Phenanthren setzt man Ringschlußreaktionen, wie intramolekulare Friedel-Crafts-Alkanoylierungen, Diels-Alder-Cycloadditionen und oxidative Photocyclisierungen ein.

4 Bei Naphthalin ist die elektrophile Substitution an C-1 kinetisch begünstigt, da das intermediär gebildete Carbenium-Ion relativ stabil ist. Allerdings besteht zwischen Substituenten an dieser Stellung und der Gruppe an C-8 sterische Hinderung. Bei reversiblen Substitutionsreaktionen erhält man daher bei erhöhten Temperaturen das thermodynamisch stabile Produkt, in dem das Elektrophil an C-2 in den Ring eintritt.

5 Elektronenliefernde Gruppen an einem der beiden Ringe im Naphthalin dirigieren einen Zweitsubstituenten in den Ring, an den sie gebunden sind, und zwar in die *ortho*- und *para*-Positionen. Elektronenziehende Gruppen lenken ein neues Elektrophil in den noch unsubstituierten Ring, die Subsitution erfolgt dort bevorzugt an C-5 und C-8.

6 Die Kohlenstoffatome 9 und 10 im Anthracen- und Phenanthrengerüst reagieren ähnlich wie die an der Doppelbindung von Alkenen, sie können mit Elektrophilen Additionsreaktionen eingehen.

7 Der krebsserregende Aromat Benz[*a*]pyren geht erst durch den Metabolismus im Körper in das eigentliche Carcinogen über. Dieses ist wahrscheinlich ein Oxacyclopropandiol, in dem an C-7 und C-8 Hydroxygruppen gebunden, und C-9 und C-10 über eine Sauerstoffbrücke verbunden sind. Dieses Molekül kann die Stickstoffatome der DNA-Basen alkylieren, wodurch Mutationen ausgelöst werden.

8 Benzol ist nach der Hückel- $(4n + 2)$- Regel der zweiteinfachste aromatische Kohlenwasserstoff $(n = 1)$. Die meisten $4n$ π-Systeme sind recht reaktiv und zeigen keine aromatischen Eigenschaften. Die Hückel-Regel läßt sich auch auf aromatische geladene Systeme, wie das Cyclopentadienyl-Anion, das Cycloheptatrienyl-Kation und das Cyclooctatetraen-Dianion anwenden.

Aufgaben

1 Bei der katalytischen Hydrierung von Naphthalin über Pd/C werden rasch 2 mol H_2 aufgenommen. Schlagen Sie eine Struktur für das Produkt vor.

2 Das ^{1}H-NMR-Spektrum von Naphthalin zeigt zwei Multipletts (s. Abb. 25-4). Die Absorption bei hohem Feld ($\delta = 7.40$ ppm) kommt durch die Wasserstoffatome an C-2, C-3, C-6 und C-7, die bei niedrigem Feld ($\delta = 7.70$ ppm) durch die Wasserstoffatome an C-1, C-4, C-5 und C-8 zustande. Warum sind Ihrer Meinung nach die letzteren Protonen stärker entschirmt?

3 Eine unbekannte Verbindung, deren Molekül-Ion-Peak im Massenspektrum bei $m/z = 144$ erscheint, zeigt im IR-Spektrum eine breite intensive Absorption bei etwa 3290 cm^{-1}, hat ein ^{13}C-NMR-Spektrum mit zehn Signalen zwischen $\delta = 105$ und 115 ppm und das im folgenden gezeigte ^{1}H-NMR-Spektrum A. Schlagen Sie eine Struktur für diese Verbindung vor. Hinweis: Beachten Sie das Ein-Protonen-Singulett im ^{1}H-NMR-Spektrum bei $\delta = 72.25$ ppm.

4 Zeichnen Sie die Struktur von *N, N, N', N'*-Tetramethyl-1,8-naphthalindiamin. Diese Verbindung ist eine so starke Base, daß man ihr den Spitznamen „Protonenschwamm" gegeben hat. Versuchen Sie, die hohe Basizität des Protonenschwamms zu erklären.

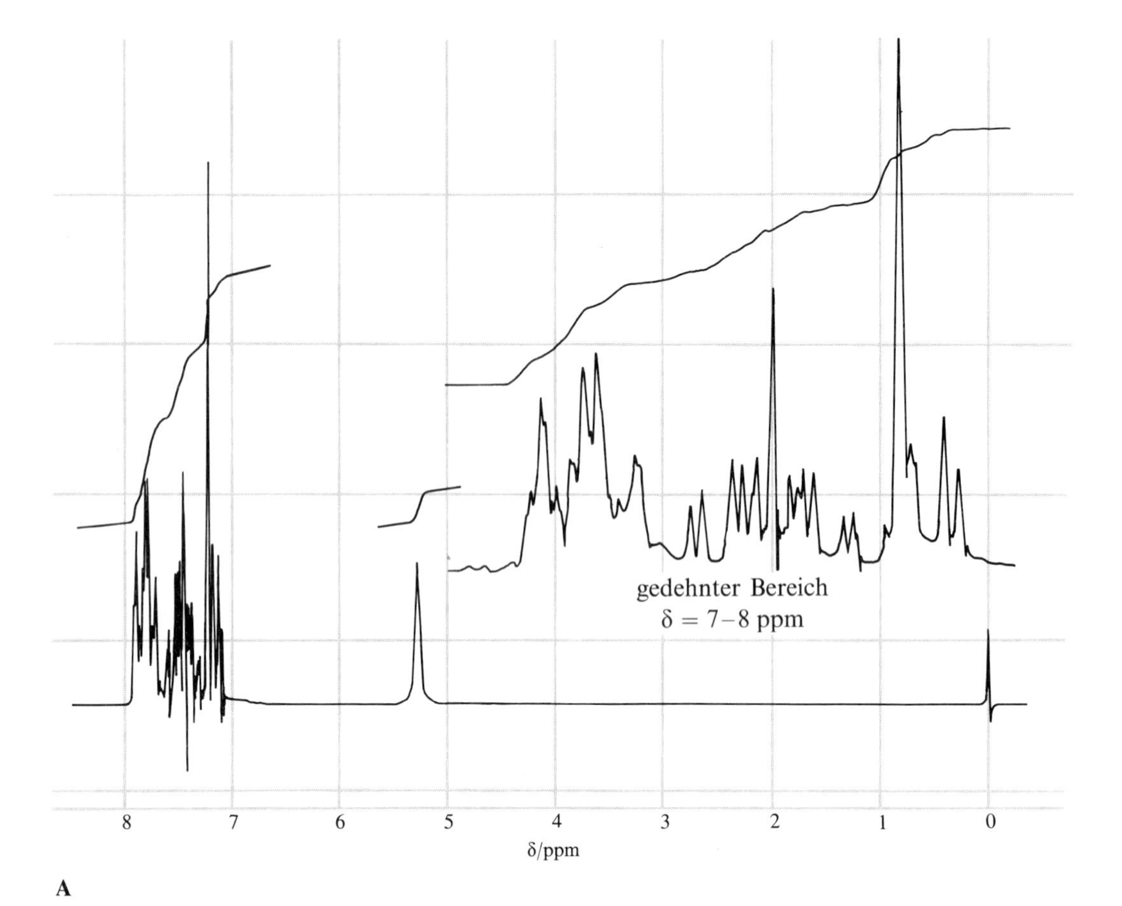

A

5 Welche Hauptprodukte entstehen bei der Mononitrierung der folgenden disubstituierten Naphthaline.

(a) 1,3-Dimethylnaphthalin.
(b) 1-Chlor-5-methoxynaphthalin.
(c) 1,7-Dinitronaphthalin.
(d) 1,6-Dichlornaphthalin.

6 Welche(s) Produkt(e) entstehen Ihrer Meinung nach bei den folgenden Reaktionen?

(a) $\xrightarrow{Cl_2,\ CCl_4,\ \Delta}$

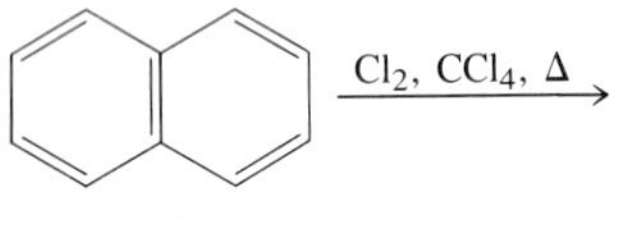

(b) OCH_3 $\xrightarrow{HNO_3}$

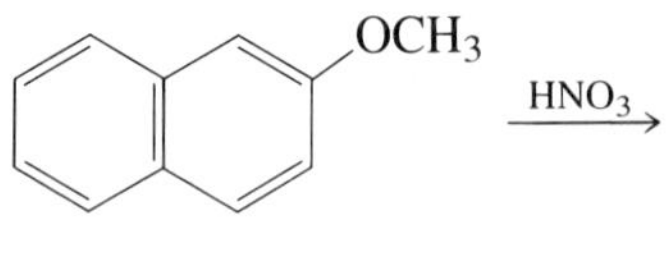

(c) CH_3 $\xrightarrow{\text{konz. } H_2SO_4,\ \Delta}$

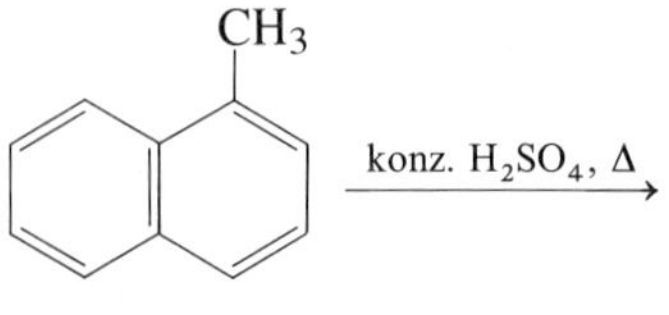

(d) 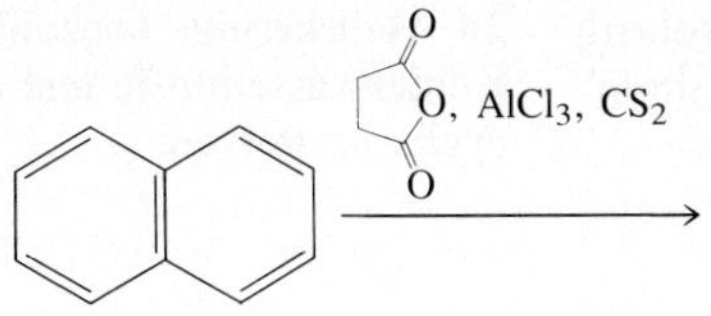 [Naphthalin] $\xrightarrow{\text{Bernsteinsäureanhydrid, } AlCl_3,\ CS_2}$

(e) 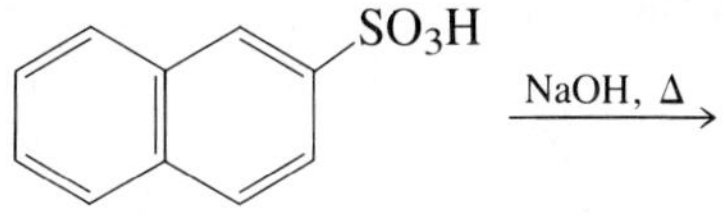 [2-Naphthalinsulfonsäure, SO_3H] $\xrightarrow{NaOH,\ \Delta}$

(f) Produkt von **e** $\xrightarrow{HO_3S-C_6H_4-N_2^+,\ NaOH,\ 5\,°C}$ Orange II (Farbstoff)

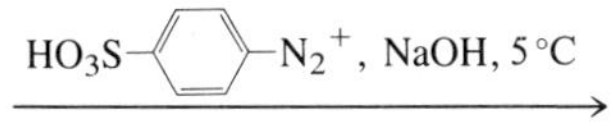

(g) 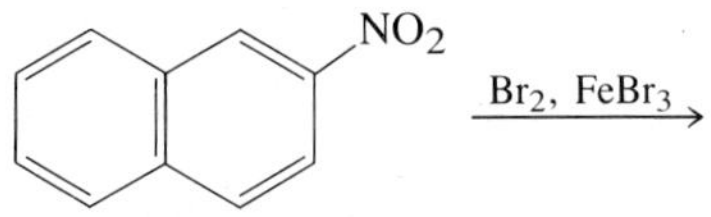 [2-Nitronaphthalin, NO_2] $\xrightarrow{Br_2,\ FeBr_3}$

(h) 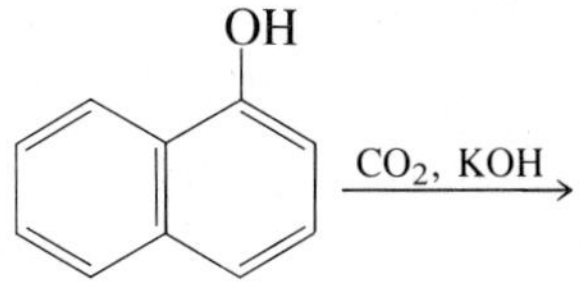 [1-Naphthol, OH] $\xrightarrow{CO_2,\ KOH}$

7 Bei der folgenden Reaktionsfolge entsteht der Farbstoff Allurarot. Wie sieht seine Struktur aus?

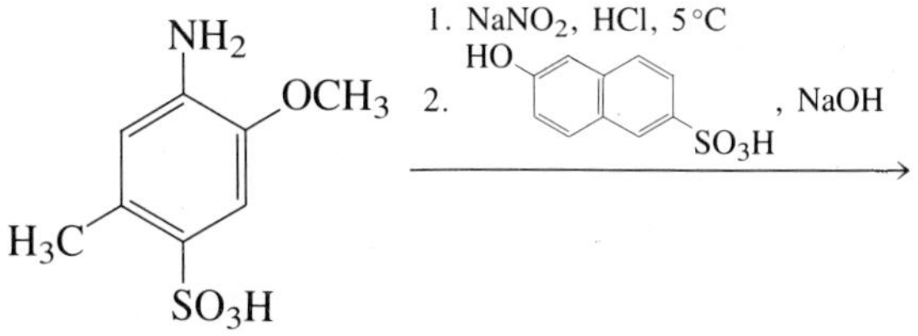

[NH_2, OCH_3, H_3C, SO_3H-substituiertes Benzol] $\xrightarrow{\text{1. } NaNO_2,\ HCl,\ 5\,°C \quad \text{2. HO-Naphthalin-}SO_3H,\ NaOH}$

8 Entwickeln Sie eine einfache Synthese von 1,4-Naphthalindiol, ausgehend von 2,5-Cyclohexadien-1,4-dion (*p*-Benzochinon).

9 Schlagen Sie eine Synthese von 2-(2-Propenyl)-1-naphthalinol aus Naphthalin vor.

10 Welche(s) Produkt(e) erhält man bei der Friedel-Crafts-Alkanoylierung (-Acylierung) von Naphthalin mit 1,2-Benzoldicarbonsäureanhydrid (Phthalsäureanhydrid)? Benutzen Sie die erhaltenen Produkte zur Synthese eines oder mehrerer mehrkerniger Aromaten nach den allgemeinen Darstellungsweisen aus Abschn. 25.3 und 25.4.

11 Das Steroid Equilenin ist ein Östrogen, das zuerst aus dem Harn von trächtigen Stuten isoliert wurde.

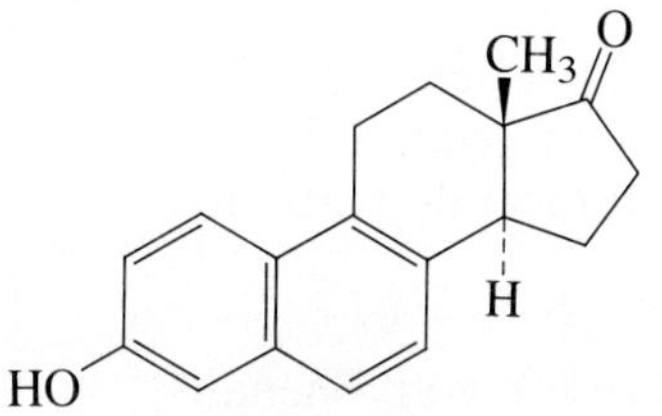

[Struktur: HO, CH_3, O, H]

Equilenin

Equilenin war das erste natürliche Steroid, dessen Totalsynthese gelang (1939). Der Plan der entscheidenden ersten Syntheseschritte ist im folgenden gezeigt. Setzen Sie die fehlenden Reagenzien **a** bis **e** ein.

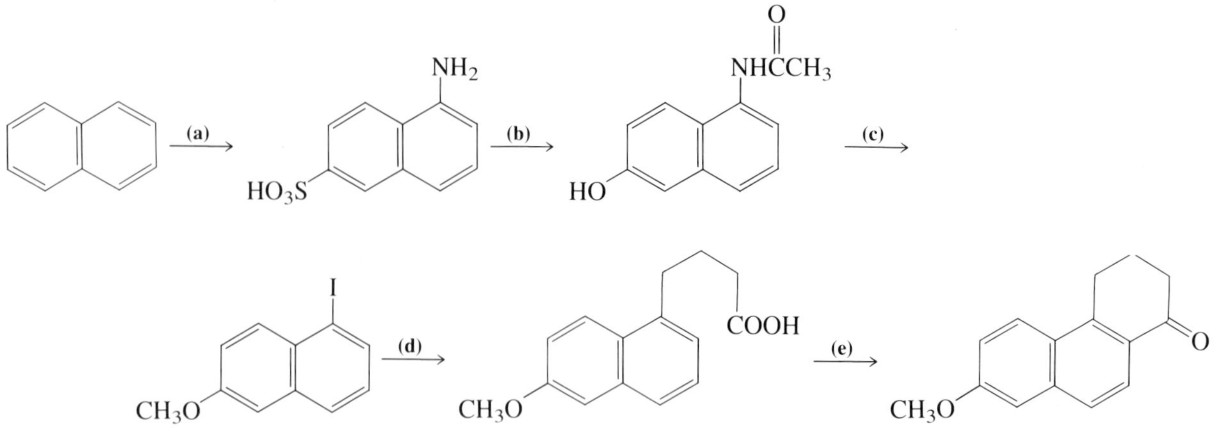

(a) → NH_2, HO_3S → (b) → $NHCCH_3$ (O), HO → (c) →

I, CH_3O → (d) → COOH, CH_3O → (e) → O, CH_3O

12 Der einfachste Vertreter der Vitamin K-Gruppe (s. Abschn. 24.5) ist Vitamin K_3. Entwerfen Sie eine Synthese dieser Substanz, ausgehend von Benzol. Welche Verbindung(en) benötigen Sie sonst noch?

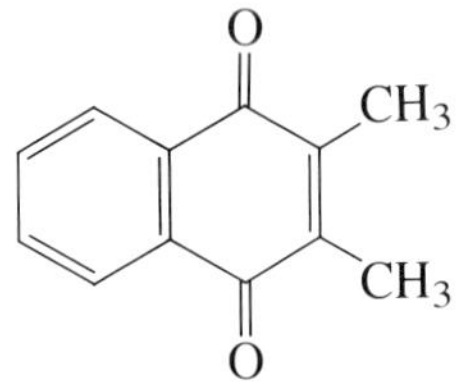

O, CH_3, CH_3, O

Vitamin K_3

13 Zeichnen Sie die Strukturen der Produkte, die bei den folgenden Reaktionen entstehen.

(a) $\xrightarrow{HNO_3,\ H_2SO_4}$

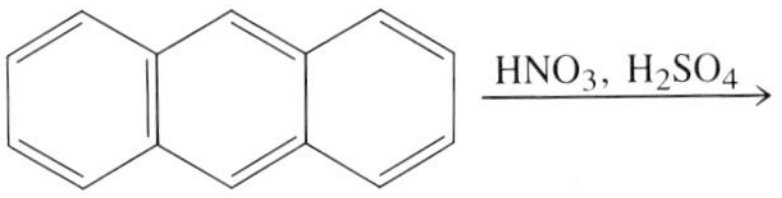

(b) $\xrightarrow{O=\langle\rangle=O}$

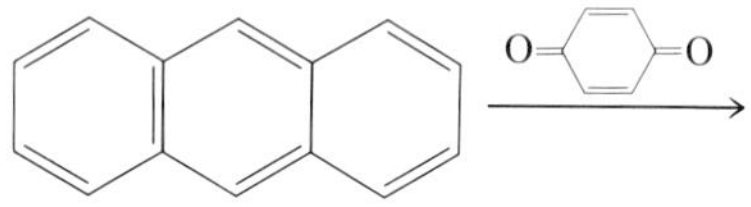

(c) $\xrightarrow{MCPBA}$

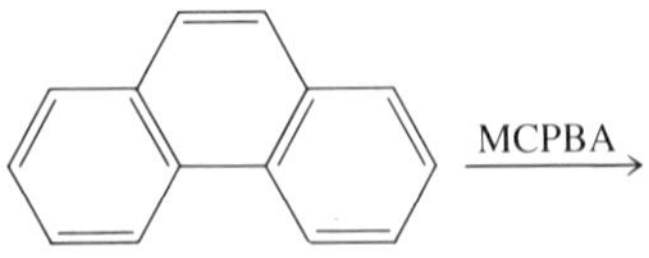

(d) Br $\xrightarrow{NaNH_2,\ NH_3}$

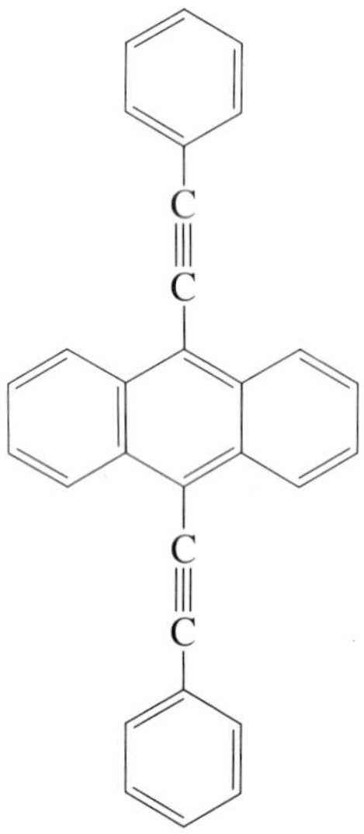

C≡C, C≡C

9,10-Di(phenylethinyl)-anthracen

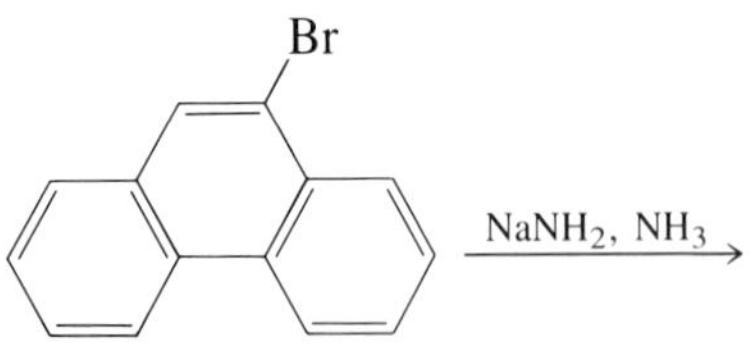

14 In vielen Produkten, die Chemolumineszenz aufweisen, ist 9,10-Di(phenylethinyl)anthracen enthalten, das eine leuchtend grüne Fluoreszenz zeigt. Entwickeln Sie eine Synthese dieses Anthracenderivats aus 2,5-Cyclohexadien-1,4-dion (*p*-Benzochinon).

15 Bei der Friedel-Crafts-Alkanoylierung (-Acylierung) von Phenanthren erfolgt die Substitution hauptsächlich im 3-Stellung:

Wie läßt sich das erklären? Hinweis: Berücksichtigen Sie elektronische und sterische Faktoren.

16 Zeichnen Sie für alle Kohlenwasserstoffe aus Abschn. 25.1 eine Resonanzstruktur, aus der deutlich wird, daß das Molekül $4n + 2\pi$-Elektronen enthält. Unterscheidet sich eines der sechs Systeme von den übrigen?

17 Welche der folgende Strukturen sind nach der Hückel-Regel aromatisch?

18 Das ^{1}H-NMR-Spektrum des stabilsten Isomers von [14]Annulen zeigt zwei Signale, bei $\delta = -0.61$ (4 H) und 7.88 (10 H) ppm. Im folgenden sind zwei mögliche Strukturen für [14]Annulen dargestellt. Wodurch unterscheiden sie sich? Welche entspricht dem beschriebenen NMR-Spektrum?

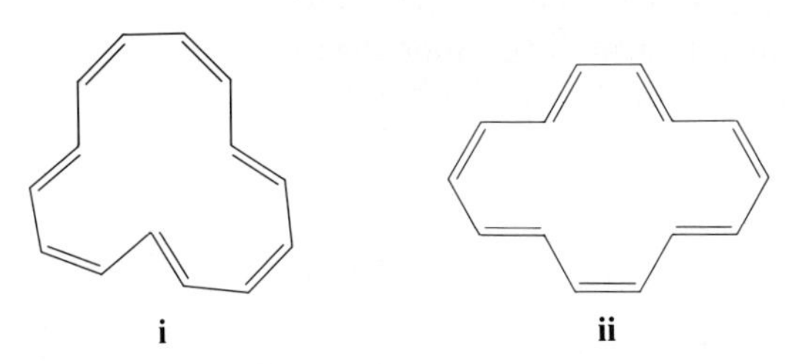

19 Die ungewöhnliche Acidität von Fluoren ($pK_a \sim 23$) haben wir bereits in Aufgabe 5 von Kap. 24 erwähnt. Gehen Sie Ihre Antwort auf diese Frage noch einmal durch und ergänzen oder korrigieren Sie Ihre Erklärung anhand Abschn. 25.5.

20 Beim Behandeln von 3,4-Dibrom-1,2-diphenylcyclobuten mit der starken Lewis-Säure SbF_5 in einem inerten Lösungsmittel entsteht eine Spezies mit den folgenden Signalen im ^{1}H-NMR-Spektrum: $\delta = 8.78$ (m, 4 H), 9.40 (m, 6 H) und 10.68 (s, 2 H) ppm. Welche Struktur hat diese Spezies Ihrer Meinung nach?

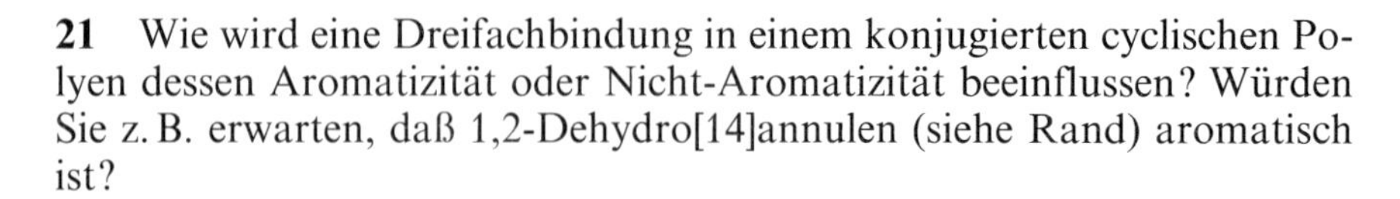

1,2-Dehydro[14]annulen

21 Wie wird eine Dreifachbindung in einem konjugierten cyclischen Polyen dessen Aromatizität oder Nicht-Aromatizität beeinflussen? Würden Sie z. B. erwarten, daß 1,2-Dehydro[14]annulen (siehe Rand) aromatisch ist?

2,4,6-Cycloheptatrienon (Tropon)

2,4-Cyclopentadienon

22 **(a)** 2,4,6-Cycloheptatrienon (Tropon) ist völlig stabil, sein kleinerer Verwandter 2,4-Cyclopentadienon jedoch ein extrem reaktives Molekül, das nur eine kurze Lebensdauer hat. Wie erklären Sie sich das? Hinweis: Wie sehen die entsprechenden dipolaren Resonanzstrukturen, an denen die Carbonylgruppe beteiligt ist, für beide Systeme aus? **(b)** Erklären Sie das unerwartete Ergebnis der folgenden Reaktion.

1. $(CH_3)_3CLi$
2. CH_3I

23 Frühere Arbeiten, die die Struktur der hochwirksamen Opiumalkaloide aufklären sollten, wurden durch ungewöhnliche Ergebnisse von Standardreaktionen zur Strukturbestimmung kompliziert. So ergibt Codein nach zweimaliger Hofmann-Eliminierung das gezeigte Phenanthrenderivat. Welche Umsetzungen haben stattgefunden, und nach welchem Mechanismus sind sie abgelaufen?

1. CH_3I
2. Ag_2O, Δ
3. CH_3I
4. Ag_2O, Δ

$\rightarrow (CH_3)_3N + CH_2{=}CH_2 +$

Codein

24 Entwickeln Sie eine mehrstufige Synthese für die Überführung der Verbindungen (i) und (ii) in das tetracyclische Diketon (iii), einer Zwischenstufe bei der Synthese von Daunomycin, das in der Krebstherapie eingesetzt wird.

i **ii** **iii**

26 Heterocyclen

Heteroatome in cyclischen organischen Verbindungen

Als *carbocyclisch* bezeichnet man Ringmoleküle, deren Ringe nur aus Kohlenstoffatomen aufgebaut sind. In den sogenannten **Heterocyclen** ist mindestens ein Kohlenstoff des Rings durch ein Heteroatom wie Stickstoff, Sauerstoff, Schwefel, Phosphor, Silicium, ein Metall usw. ersetzt. Am häufigsten findet man Stickstoff oder Sauerstoff oder beide gemeinsam in heterocyclischen Systemen. Einige dieser Verbindungen sind uns schon bei der Besprechung der cyclischen Ether, z. B. der Oxacyclopentane (Tetrahydrofuran) und Kronenether (s. Abschn. 9.5), der cyclischen Acetale (s. Abschn. 15.5 und 23.2), der cyclischen Dicarbonsäure-Derivate (Abschn. 17.7, 17.8, 17.9, 18.3, 18.4 und 18.5), der Halonium-Ionen (Abschn. 12.3) und der 1,3-Dithiacyclohexane (Dithiane, Abschn. 22.2) begegnet.

Man hat geschätzt, daß mehr als 65% aller auf dem Gebiet der Chemie publizierten Arbeiten auf irgendeine Weise etwas mit heterocyclischen Systemen zu tun haben. Über die Hälfte aller Naturstoffe sind Heterocyclen und heterocyclische Ringe sind in außerordentlich vielen pharmakologisch wirksamen Molekülen enthalten. In einigen früheren Kapiteln haben wir schon Vertreter dieser Naturstoffklassen kennengelernt. Im folgenden sind noch einige Beispiele aufgeführt.

Cocain

(Stimulans, Lokalanästhetikum, Vorkommen in Cocablättern)

Pyridoxin, Vitamin B_6

(Coenzym)

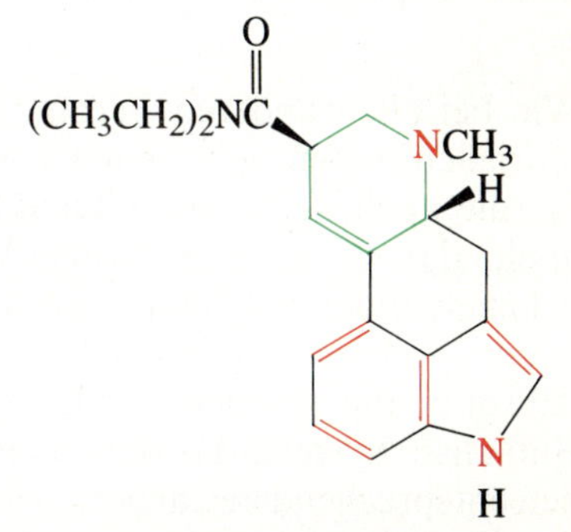

Lysergsäurediethylamid

(LSD; Psychotomimetikum)

Vitamin B_{12}
(Cobalamin)

(katalysiert biologische Umlagerungen und Methylierungen)

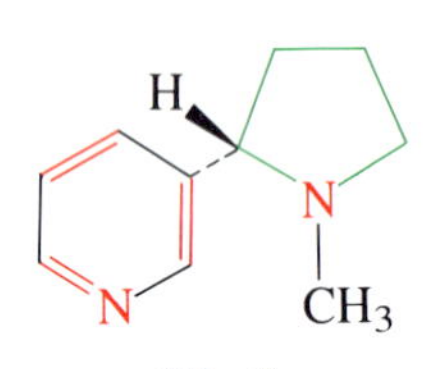

Nicotin

(Vorkommen in getrockneten Tabakblättern in Konzentrationen von 2–8%)

In diesem Kapitel beschreiben wir die Nomenklatur, Synthesen und Reaktionen einiger gesättigter und aromatischer heterocyclischer Verbindungen, wobei wir mit den kleinsten Systemen, den Heterocyclopropanen, beginnen und dann zu den größeren Heterocyclen übergehen. Ein Teil dieser Chemie ist nicht neu, sondern entspricht Umsetzungen, die wir bereits bei den Carbocyclen besprochen haben. Andererseits bewirkt die Anwesenheit eines Heteroatoms jedoch auch eine spezielle Reaktivität, aufgrund deren sich einige heterocyclischen Verbindungen in ihrem chemischen Verhalten von ihren carbocyclischen Analoga unterscheiden.

26.1 Die Nomenklatur der Heterocyclen

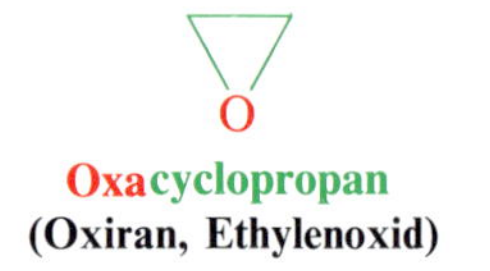

Oxacyclopropan
(Oxiran, Ethylenoxid)

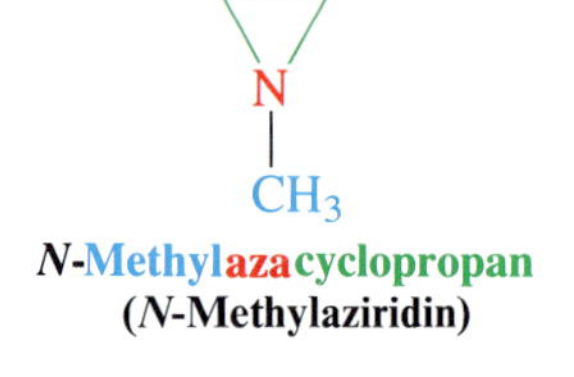

***N*-Methylazacyclopropan**
(*N*-Methylaziridin)

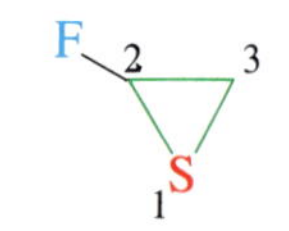

2-Fluorthiacyclopropan
(2-Fluorthiiran)

Wie bei allen anderen Verbindungsklassen, die wir in diesem Buch beschrieben haben, gibt es auch bei den Heterocyclen viele Verbindungen, für die auch heute noch Trivialnamen gebräuchlich sind. Dazu kommt noch, daß es mehrere Nomenklatursysteme für Heterocyclen gibt, die nebeneinander verwendet werden. Diese muß man einerseits im Kopf haben, andererseits läßt sich nicht jedes auf alle Moleküle anwenden und teilweise sind sie nicht eindeutig. In diesem Kapitel verwenden wir das einfachste System, das die Heterocyclen so behandelt, als ob sie sich von den entsprechenden Carbocyclen ableiten. Das Vorhandensein und die Art des Heteroatoms werden dann durch einen Namensvorsatz angegeben: **Aza-** für Stickstoff, **oxa-** für Sauerstoff, **thia-** für Schwefel, **phospha-** für Phosphor usw. Den geläufigsten zweiten Namen haben wir dahinter in

Klammern angegeben. Der Ort von möglichen Substitutenten wird durch Numerierung der Ringatome, vom Heteroatom ausgehend, gekennzeichnet.

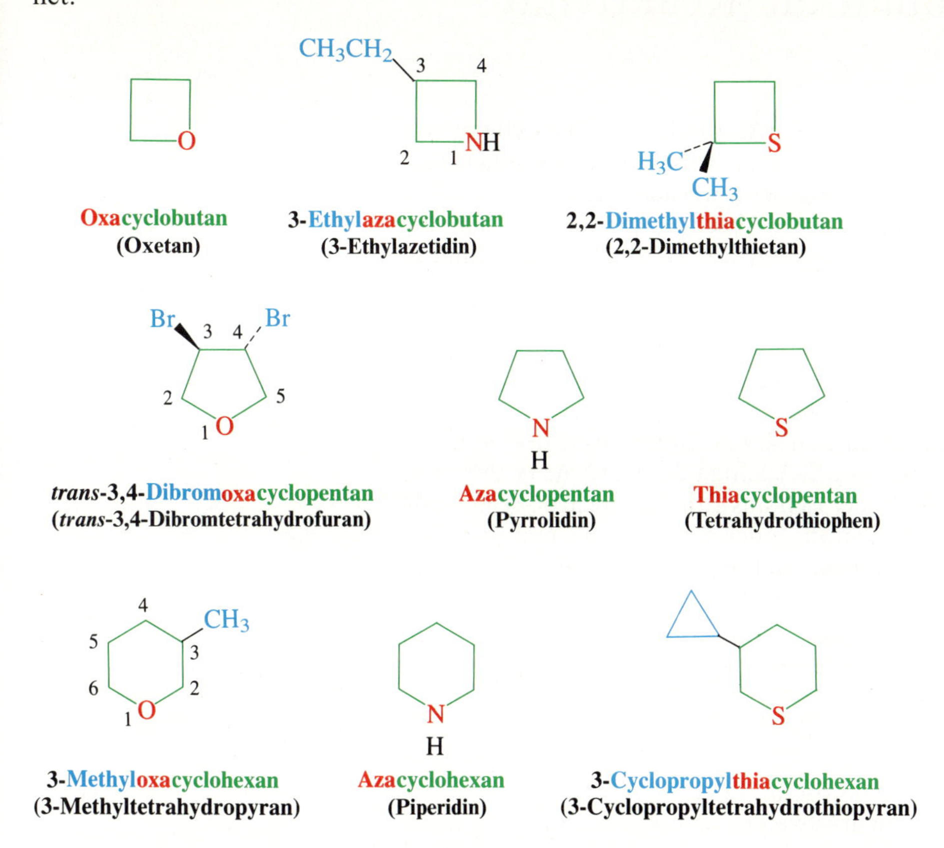

Obwohl man die ungesättigten Heterocyclen im Prinzip auch nach diesem System benennen könnte (Furan z. B. würde 1-Oxa-2,4-cyclopentadien und Pyridin Azabenzol, oder besser Aza-1,3,5-cyclohexatrien heißen), haben sich die Trivialnamen dermaßen eingebürgert, daß wir sie hier auch benutzen werden.

Pyrrol **Furan** **Thiophen** **Pyridin** **Chinolin** **Indol** **Adenin**

(s. Abschn. 27.5)

Übung 26-1

Benennen oder zeichnen Sie die folgenden Verbindungen: (a) *trans*-2,4-Dimethyloxacyclopentan (trans-2,4-Dimethyltetrahydrofuran); (b) *N*-Ethylazacyclopropan;

(c) O_2N … N … NO_2 ; (d) Br … N H

26.2 Dreiring-Heterocyclen: Spannung bestimmt die Reaktivität

In diesem Abschnitt beschreiben wir einige Methoden zur Darstellung von Heterocyclen, insbesondere solche, bei denen Ringschlußreaktionen und elektrophile Additionen an Alkene eingesetzt werden. Genau wie die bereits besprochenen Oxacyclopropane (s. Abschn. 9.6), gehen auch die andere Heteroatome enthaltenden Dreiringe aufgrund der Ringspannung leicht Ringöffnungsreaktionen ein.

Darstellungsmöglichkeiten für Heterocyclopropane

Azacyclopropane (Aziridine) lassen sich durch direkte Addition von Nitrenen (s. Abschn. 18.5), den Stickstoff-Analoga der Carbene (s. Abschn. 21.5), an Alkene darstellen. So bildet sich aus Ethylazidocarboxylat (Azidokohlensäureethylester) bei Belichtung oder Erhitzen ein reaktives Nitren, das von einem Alken abgefangen werden kann, wobei die entsprechenden Azacyclopropane in mäßigen Ausbeuten entstehen.

$$\left[:N{\equiv}\overset{+}{N}{-}\ddot{\underset{..}{N}}^{-}{-}\overset{O}{\overset{\|}{C}}OCH_2CH_3 \longleftrightarrow {}^{-}:\ddot{N}{=}\overset{+}{N}{=}\ddot{N}{-}\overset{O}{\overset{\|}{C}}OCH_2CH_3 \longleftrightarrow :N{\equiv}\overset{+}{N}{-}\ddot{N}{=}\overset{{}^{-}:\ddot{O}:}{\overset{|}{C}}OCH_2CH_3\right] \xrightarrow{h\nu \text{ oder } \Delta}$$

$$:N{\equiv}N: + :\ddot{N}{-}\overset{O}{\overset{\|}{C}}OCH_2CH_3 \xrightarrow[-N_2]{\text{Cyclohexen}} \text{Bicyclus-}N{-}CO_2CH_2CH_3$$

ein Nitren

50%

Bessere Ausbeuten lassen sich erzielen, wenn man das Azid zunächst in einer Cycloaddition mit der Doppelbindung reagieren läßt. Die Reaktion verläuft analog zu der Primärozonidbildung durch Addition von Ozon an Alkene (s. Abschn. 12.5). Die erhaltenen Produkte, die Triazoline, sind jedoch stabiler.

$$\text{Norbornen} + \ddot{N}{\equiv}\overset{+}{N}{-}\ddot{N}:^{-}{-}CO_2CH_2CH_3 \xrightarrow{\text{Pentan, 25 °C}} \text{Triazolin} \xrightarrow{h\nu,\ \text{Propanon (Aceton)}} \text{Aziridin-}NCO_2CH_2CH_3 + :N{\equiv}N:$$

94%

ein Triazolin

95%

Die meisten Synthesen von Azacyclopropanen (Aziridinen) verwenden Ringschlußreaktionen. So addiert sich z. B. Iodisocyanat, ein elektrophiles Reagenz mit einem positiv polarisieren Iod (z. B. I^+NCO^-; s. Abschn. 12.3), an Doppelbindungen unter Bildung des Iodisocyanat-Derivats.

+ I—N=C=O —$(CH_3CH_2)_2O$→ —CH_3OH→ —50% NaOH, H_2O, 22 °C, 3 Tage / − HOH→

Iodisocyanat **_trans_-2-Iodcyclohexylisocyanat** **Carbaminsäureester**

—− I^-→ **ein _N_-Methoxycarbonylazacyclopropan** 80% —KOH, H_2O, Δ / − CH_3OH→ → NH + CO_2 90%

Isocyanate treten auch intermediär bei der Hofmann-Umlagerung auf, wo sie sich sofort mit Alkohol zu den entsprechenden Carbaminsäureestern umsetzen. In unseren Falle erhält man das gewünschte Zwischenprodukt durch Behandeln mit Methanol. Das relativ saure Amid-Proton ($pK_a \sim 15$) dieses Moleküls läßt sich durch Basen abspalten, und das Amidat-Ion geht eine intramolekulare S_N2-Reaktion ein, bei der ein _N_-Methoxycarbonylazacyclopropan entsteht. Durch basische Hydrolyse bei leicht erhöhten Temperaturen wird die Carboxygruppe abgespalten (s. Abschn. 18.5), und man erhält das freie cyclische Amin.

Übung 26-2

Azacyclopropane (Aziridine) kann man auch aus Oxacyclopropanen über die Folge (1) RNH_2, (2) HCl, (3) Base machen. Wie läuft diese Reaktionssequenz ab?

Intramolekulare S_N2-Reaktionen lassen sich auch zur Darstellung von Oxacyclopropanen (auch Epoxide genannt) aus vicinalen Chloralkoholen verwenden (s. Abschn. 9.5). Ein alternativer Weg zur Darstellung von Oxacyclopropanen geht über die Oxidation von Alkenen mit Peroxycarbonsäuren (s. Abschn. 12.5). Es sei daran erinnert, daß diese Reaktion über einen elektrophilen Mechanismus läuft.

Darstellung von Oxacyclopropanen aus Alkenen

Hieraus ergibt sich, daß Doppelbindungen, an die elektronenziehende Gruppen gebunden sind (z. B. α,β-ungesättigte Carbonylverbindungen) unter dieser Bedingungen nur sehr zögernd reagieren. Sie lassen sich jedoch durch einen nucleophilen Sauerstofflieferanten zu den entsprechenden Oxacyclopropanen oxidieren. Behandelt man α,β-ungesättigte Aldehyde oder Ketone mit basischem Wasserstoffperoxid, findet eine Michael-Addition (s. Abschn. 16.5) statt, bei der das Hydroperoxid-Ion als Nucleophil reagiert.

Bildung eines Oxacyclopropans aus Propenal mit basischem Wasserstoffperoxid

$$H_2C{=}CHCH{=}O \xrightarrow{30\%\ H_2O_2,\ NaOH,\ CH_3OH} \text{2-Methanoyloxacyclopropan (85\%)}$$

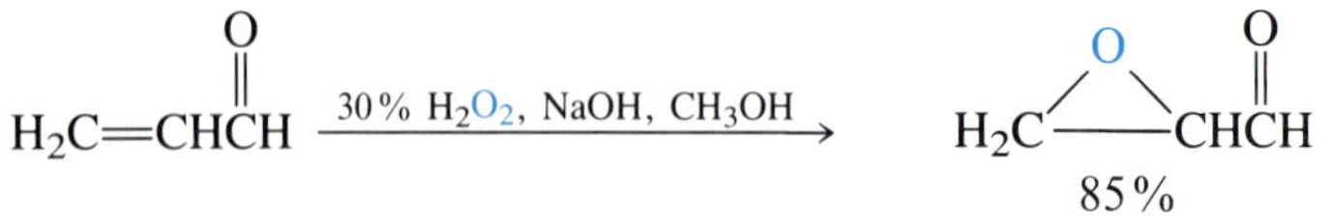

Propenal **2-Methanoyloxacyclopropan**

Mechanismus:

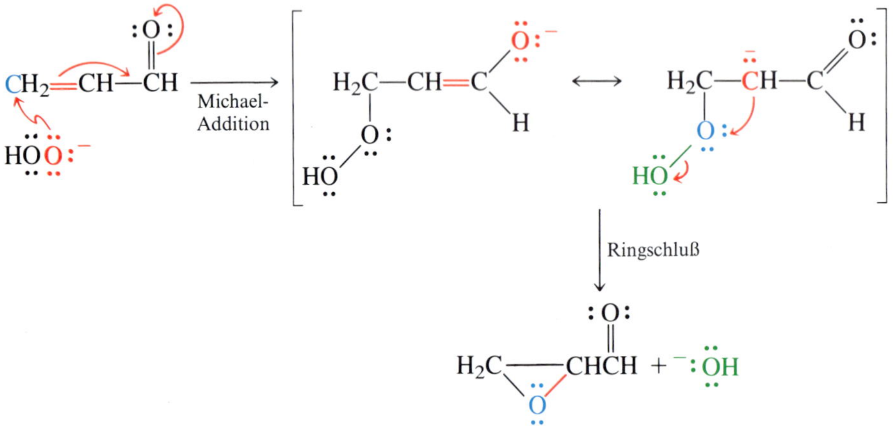

Michael-Addition

Ringschluß

Übung 26-3

Beim Behandeln von *cis*- oder *trans*-3-Penten-2-on mit basischem H_2O_2 erhält man dasselbe Produkt, *trans*-2-Ethanoyl-3-methyloxacyclopropan. Wie läßt sich das mechanistisch erklären?

Thiacyclopropane (Thiirane) synthetisiert man am besten aus den leicht zugänglichen Oxacyclopropanen. Ein Reagenz, mit dem man die Sauerstoff- direkt in die Schwefelverbindung überführen kann, ist Kaliumthiocyanat, K^+SCN^-. Die Umsetzung ist stereospezifisch und verläuft unter Inversion an beiden reagierenden Kohlenstoffatomen.

Direkte Überführung eines Oxacyclopropans in ein Thiacyclopropan

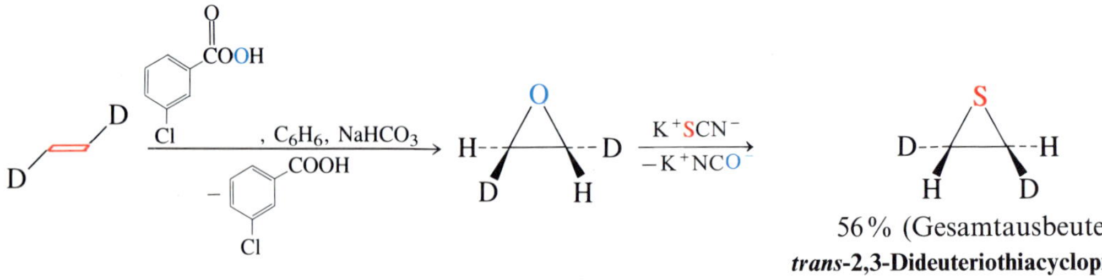

C_6H_6, $NaHCO_3$; K^+SCN^-, $-K^+NCO^-$

56% (Gesamtausbeute)

***trans*-2,3-Dideuteriothiacyclopropan**

Der Mechanismus der Reaktion beginnt mit einer nucelophilen Öffnung des Oxacyclopropanrings. Das so gebildete Alkoxid-Ion addiert sich dann an die Nitrilgruppe zu einem intermediären heterocyclischen Anion.

Mechanismus:

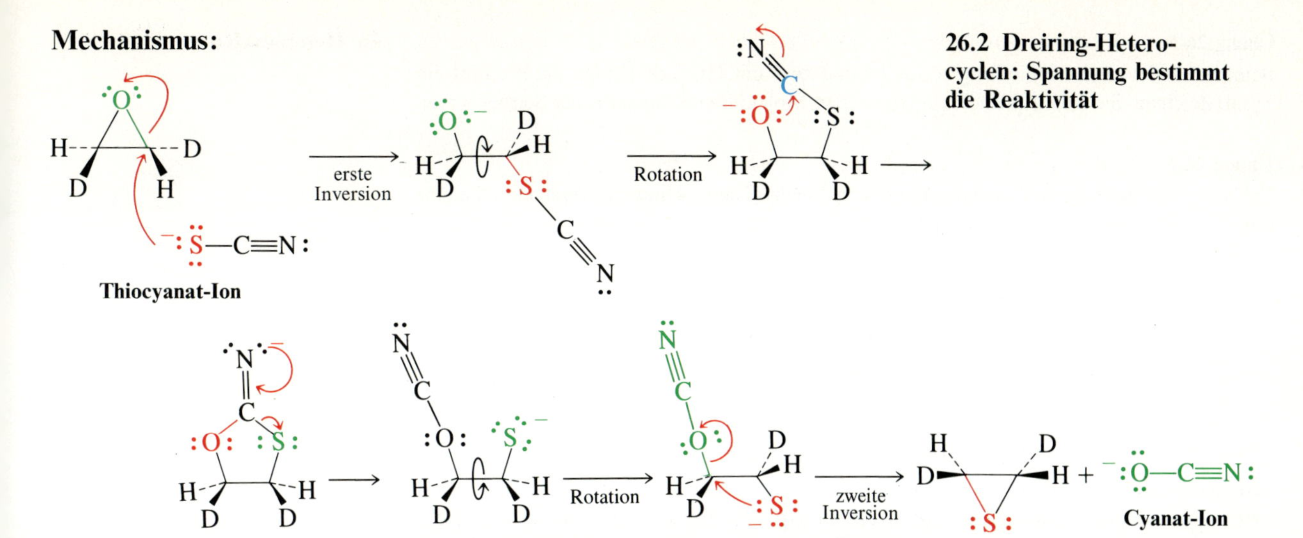

Die Ringöffnung in entgegengesetzter Richtung und eine darauffolgende intramolekulare Substitution der Cyanatfunktion ergibt als Endprodukt das Thiacyclopropan.

Übung 26-4

Schlagen Sie eine Synthese für Verbindung A (s. Randspalte) aus Cyclohexan vor.

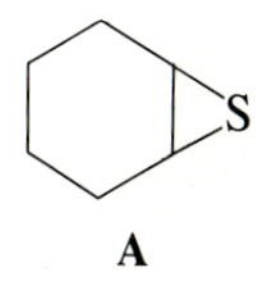

Die Ringspannung bestimmt die Reaktivität der Heterocyclopropane

Da die Ringspannung bei der nucleophilen Ringöffnung aufgehoben wird, sind Heterocyclopropane recht reaktiv. Unter basischen Bedingungen tritt das Nucleophil am Kohlenstoffatom mit den wenigsten Substituenten ein, und es kommt zur Inversion der Konfiguration (s. Abschn. 9.6).

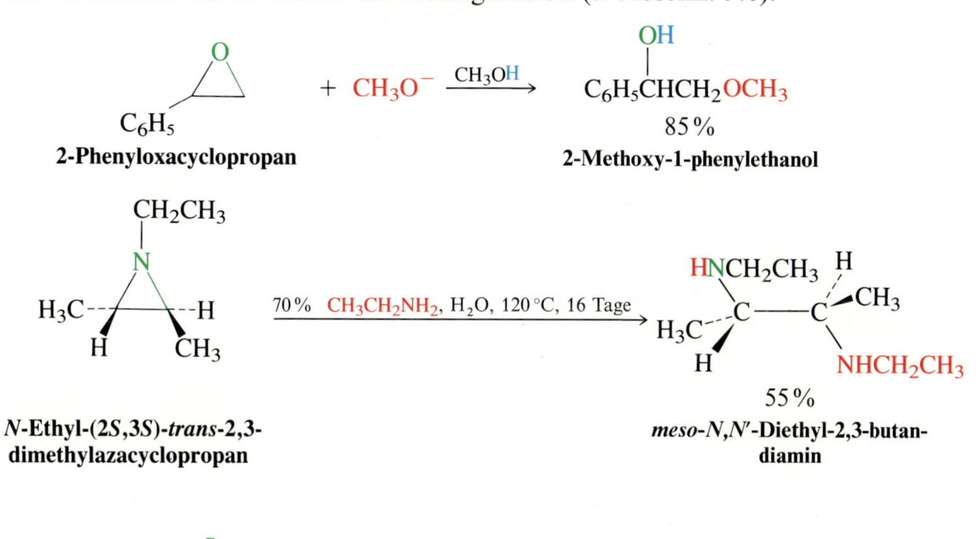

1. $LiAlD_4$
2. H^+, H_2O

35%

(2*R*,3*R*)-*trans*-2,3-Dimethylthiacyclopropan

(2*R*,3*S*)-3-Deuterio-2-butanthiol

Übung 26-5

Beim Behandeln von Verbindung A aus Übung 26-4 mit HCl erhält man als Produkt ein Thiol. Zeichnen Sie die Struktur des entstandenen Moleküls einschließlich der Stereochemie.

Übung 26-6

Erklären Sie das folgende Ergebnis über einen Mechanismus. Hinweis: Versuchen Sie eine durch Lewis-Säure katalysierte Ringöffnung.

$MgBr_2$, $(CH_3CH_2)_2O$ →

100%

Fassen wir zusammen: Heterocyclopropane stellt man durch direkte Addition von Heteroatomen enthaltenden Elektrophilen, wie Nitrenen oder Peroxycarbonsäuren, durch nucleophile Addition von Hydroperoxid-Ionen an α,β-ungesättigte Carbonylverbindungen oder durch Austausch des Heteroatoms (wie bei der Überführung von Oxa- in Thiacyclopropane) dar. Die große Reaktivität dieser Verbindungen ergibt sich dadurch, daß die Ringspannung bei der Ringöffnung aufgehoben wird.

26.3 Darstellung und Reaktionen vier- und fünfgliedriger Heterocycloalkane

In diesem Abschnitt fassen wir kurz die Methoden zur Darstellung einiger der vier- und fünfgliedrigen Heterocycloalkane sowie deren Reaktionen zusammen. Heterocyclobutane erhält man durch Ringschlußreaktionen, die allerdings mit geringer Geschwindigkeit verlaufen, (s. Abschn. 9.5) und durch [2 + 2]Cycloadditionen (s. Abschn. 14.5). Aufgrund der Ringspannung sind sie reaktiver als die entsprechenden Heterocyclopentane. Diese lassen sich auch durch intramolekulare S_N2-Reaktionen oder aus den entsprechenden ungesättigten Systemen durch Hydrierung darstellen.

Darstellung vier- und fünfgliedriger Heterocycloalkane

Obwohl Ringschlußreaktionen zu Vierring-Heterocycloalkanen über intramolekulare S_N2-Reaktionen relativ langsam verlaufen, erhält man doch in einer Reihe von Fällen brauchbare Ausbeuten.

$$HOSO_2OCH_2CH_2CH_2NHC(CH_3)_3 \xrightarrow[-\ K_2SO_4,\ -\ 2\ HOH]{2\ KOH,\ H_2O,\ \Delta} \text{Azacyclobutan-}NC(CH_3)_3\ (47\%)$$

***N*-(1,1-Dimethylethyl)azacyclobutan**

HO, CH_2CH_2Cl (1-(2-Chlorethyl)cyclohexanol) $\xrightarrow[-\ NaCl,\ -\ H{-}H]{NaH,\ (CH_3CH_2)_2O}$ Spiro-Oxacyclobutan

55%

Übung 26-7
(2-Chlormethyl)oxacyclopropan reagiert mit Hydrogensulfid-Ionen zu Thiacyclobutan-3-ol. Formulieren Sie einen Mechanismus für diese Umsetzung.

Vierring-Heterocyclen erhält man auch durch direkte [2+2]Cycloadditionen geeigneter Doppelbindungen. Diese Reaktionen lassen sich photochemisch bzw. durch spezielle Katalysatoren induzieren, oder man setzt reaktive Substrate, wie Chlorsulfonylisocyanat, ein.

[2+2]Cycloadditionen bei der Synthese von Heterocyclobutanen

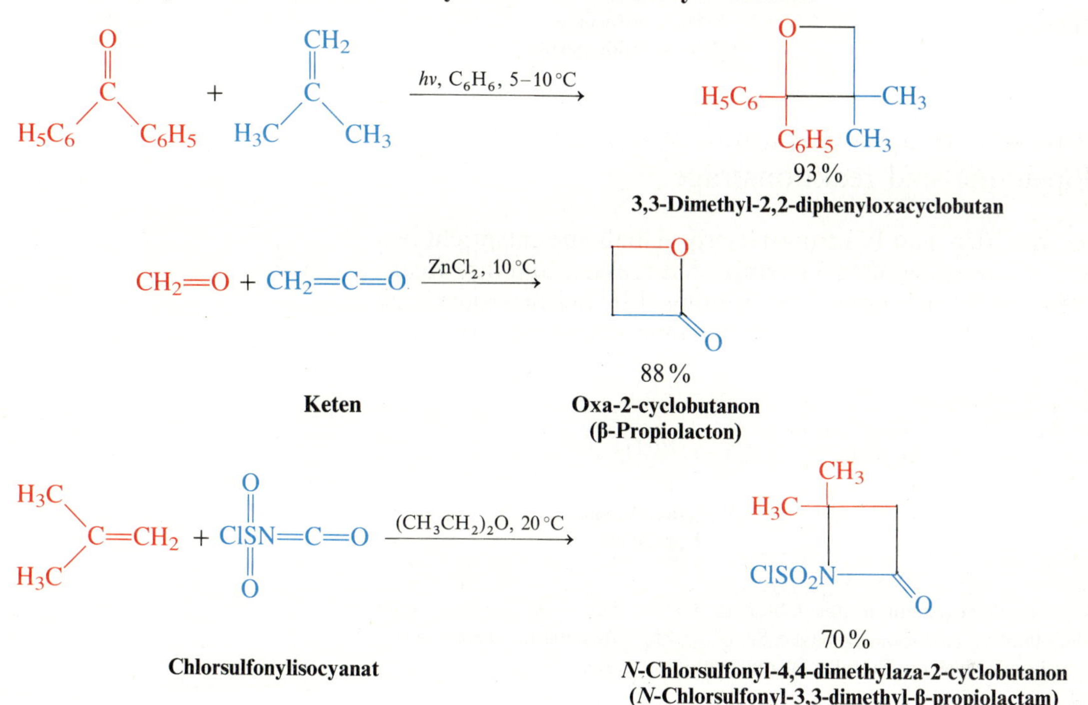

Übung 26-8
Die eben beschriebenen Cycloadditionen an Keten laufen vermutlich über dipolare Zwischenstufen. Formulieren sie entsprechende Mechanismen.

Heterocycloalkane mit fünfgliedrigen (und größeren Ringen) werden meist durch intramolekulare S_N2-Reaktion dargestellt. Eine Alternative ist die katalytische Hydrierung der entsprechenden ungesättigten Verbindungen, falls sie leicht zugänglich sind. Pyrrole überführt man auf diese Weise in Azacyclopentane und Furane in Oxacyclopentane. Thiophen läßt sich schwieriger reduzieren, weil Schwefel ein Katalysatorgift ist. Mit einem Überschuß Katalysator erhält man jedoch Thiacyclopentan in guten Ausbeuten.

H_2, Pt, CH_3CO_2H

N–CO_2CH_3 → N–CO_2CH_3, 95 %

N-Methoxycarbonylpyrrol → **N-Methoxycarbonylazacyclopentan (N-Methoxycarbonylpyrrolidin)**

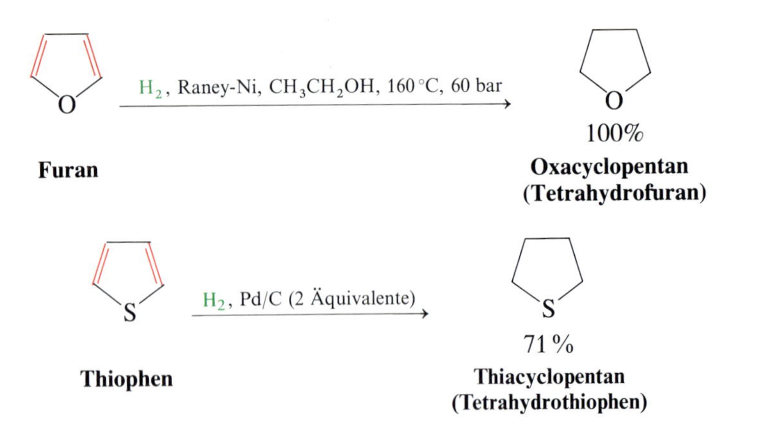

Heterocyclobutane sind als gespannte Systeme reaktiv, Heterocyclopentane sind reaktionsträge

Die Reaktivität der Vier- und Fünfring-Heterocycloalkane entspricht den Erwartungen: Nur die gespannten Vierringe sind reaktiv, und ihre Reaktionen verlaufen gewöhnlich unter Ringöffnung. Ein Beispiel hierfür ist die Reaktion von Oxacyclobutan mit Methanamin (Methylamin).

$$\text{Oxacyclobutan} + CH_3NH_2 \xrightarrow{150\,°C} CH_3NH(CH_2)_3OH$$

45 %

N-Methyl-3-amino 1-propanol

Übung 26-9

Beim Behandeln von Thiacyclobutan mit Chlor in $CHCl_3$ bei $-70\,°C$ erhält man $ClCH_2CH_2CH_2SCl$ in 30% Ausbeute. Schlagen Sie einen Mechanismus für diese Umsetzung vor. Hinweis: Der Schwefel in Sulfiden ist nucleophil (s. Abschn. 9.7).

Übung 26-10

2-Methyloxacyclobutan reagiert mit Chlorwasserstoff zu zwei Produkten. Zeichnen Sie ihre Strukturen.

Die nahezu spannungsfreien Heterocyclopentane sind relativ inert. Erinnern wir uns daran, daß man Oxacyclopentan (Tetrahydrofuran, THF) als Lösungsmittel benutzt. Aza- und Thiacyclopentane reagieren so, wie man es für Amine und Thiole erwarten würde (s. Abschn. 9.7, 15.6, 16.1 und 21.5).

Übung 26-11

Beim Behandeln von Azacyclopentan (Pyrrolidin) mit Natriumnitrit in Ethan- (Essig-)säure erhält man eine Flüssigkeit vom Sdp. 99–100 °C (20 kPa) und der Summenformel $C_4H_8N_2O$. Schlagen Sie eine Struktur für diese Verbindung vor.

Fassen wir zusammen: Die vier- und fünfgliedrigen Heterocycloalkane lassen sich durch intramolekulare S_N2-Reaktionen und (dies gilt für die Vierringe) durch [2 + 2]Cycloaddition darstellen. Wie man erwarten kann, gehen die gespannten Vierring-Heterocyclokalkane leichter als die Fünfringe nucleophile Ringöffnungsreaktionen ein.

26.4 Aromatische Hetero-cyclopentadiene: Pyrrol, Furan und Thiophen

1-Hetero-2,4-cyclopentadiene enthalten eine Butadien-Einheit, die über ein Heteroatom mit freien Elektronenpaaren überbrückt ist. Sind die Elektronen in diesen Systemen delokalisiert, so daß ein aromatisches 6 π-System entsteht?

In diesem Abschnitt beantworten wir diese Frage, wiederholen die Methoden zur Darstellung dieser Verbindungen und ihrer Derivate und beschreiben einige ihrer Reaktionen, insbesondere elektrophile aromatische Substitutionen.

Pyrrol, Furan und Thiophen enthalten delokalisierte freie Elektronenpaare

Die Elektronenstruktur der drei Heterocyclen Pyrrol, Furan und Thiophen ist ähnlich wie die des Cyclopentadienyl-Anions (s. Abschn. 25.5). Das Cyclopentadienyl-Anion kann man als Butadien mit einem negativ geladenen Kohlenstoff als Brücke ansehen, dessen Elektronenpaar über die anderen vier Kohlenstoffatome delokalisiert ist. In den entsprechenden Heterocyclen befindet sich ein neutrales Atom mit einem bzw. zwei freien Elektronenpaaren an dieser Stelle.

Analogie zwischen Cyclopentadienyl-Anion und den aromatischen Heterocyclopentadienen

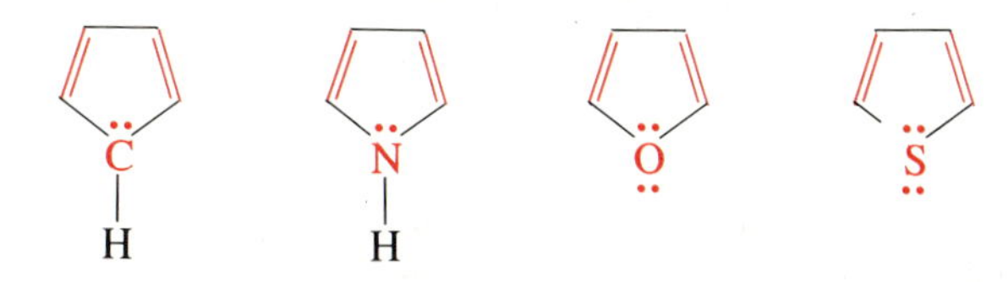

Eines dieser Paare ist ebenfalls über den Ring delokalisiert, wodurch der Fünfring insgesamt 6 π-Elektronen erhält. Um eine maximale Überlappung zu erreichen, sind die Heteroatome sp^2-hybridisiert (s. Abb. 26-1)

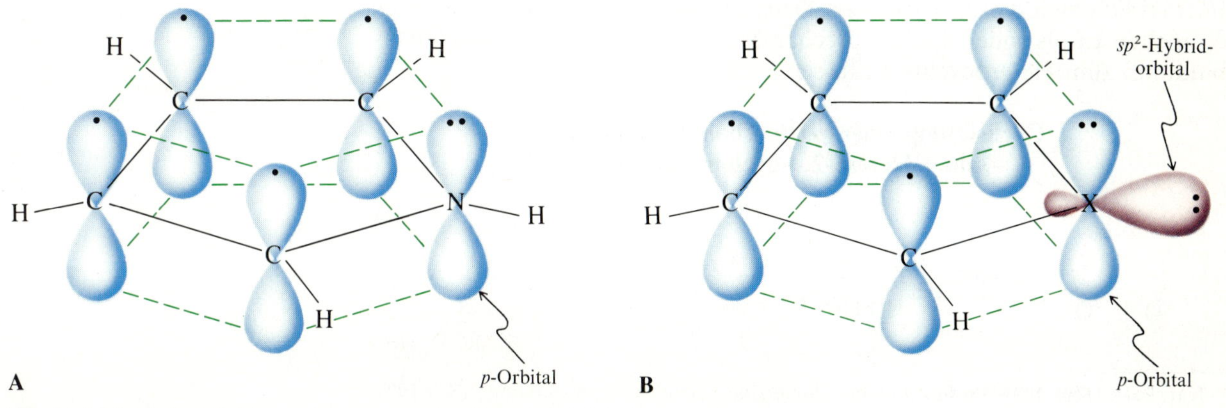

Abb. 26-1 Molekülorbital-Darstellungen von (A) Pyrrol und (B) Furan und Thiophen (X = O oder S).

und das an der Delokalisierung beteiligte Elektronenpaar befindet sich im verbleibenden *p*-Orbital. In Pyrrol mit einem freien Elektronenpaar ist an den sp^2-hybridisierten Stickstoff noch ein Wasserstoff gebunden, der in der horizontalen Spiegelebene des Moleküls liegt. Bei Furan und Thiophen befindet sich das zweite freie Elektronenpaar in einem der sp^2-Hybridorbitale in derselben Ebene und kann daher nicht an der Überlappung teilnehmen. Eine ähnliche Anordnung findet sich auch im Phenyl-Anion (s. Abschn. 20.6) oder dem Phenyl-Kation (bei dem dieses Orbital leer ist; s. Abschn. 24-6, Abb. 24-3).

Die Delokalisierung des freien Elektronenpaars in den 1-Hetero-2,4-cyclopentadienen läßt sich auch über Resonanzstrukturen mit Ladungstrennung beschreiben. Dies ist im folgenden an Pyrrol gezeigt.

Resonanzstrukturen des Pyrrols

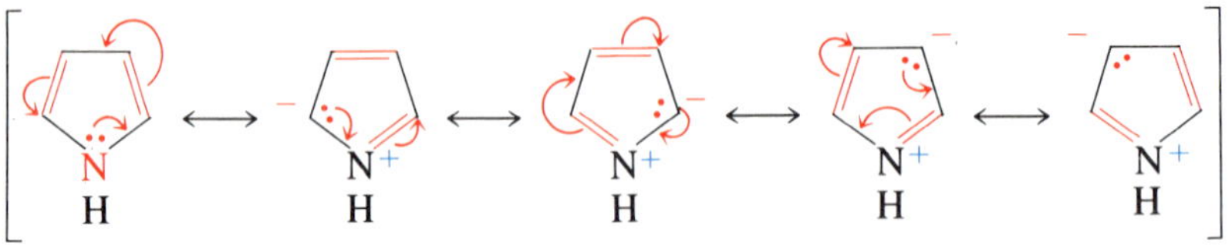

N N⁺ N⁺ N⁺ N⁺
H H H H H

Wie man sieht, gibt es vier dipolare Resonanzstrukturen, in denen sich die positive Ladung auf dem Heteroatom und die negative Ladung an einem jeweils anderen Kohlenstoffatom befindet. Diesem Bild kann man entnehmen, daß das Heteroatom relativ elektronenarm, die Kohlenstoffatome relativ elektronenreich sein sollten. Tatsächlich wird dies durch das Reaktionsverhalten dieser Verbindungen bestätigt.

Übung 26-12

Azacyclopentan (Pyrrolidin) hat ein Dipolmoment von 5.2×10^{-30} C m, Pyrrol eins von 5.99×10^{-30} C m. Die Vektoren der Dipole zeigen in beiden Molekülen jedoch in entgegengesetzter Richtung. Geben Sie für beide Moleküle die Richtung des Vektors an, und begründen Sie Ihre Antwort.

Darstellung von Pyrrolen, Furanen und Thiophenen

Bei den Synthesen der Heterocyclopentadiene werden eine Reihe von unterschiedlichen Cyclisierungsstrategien benutzt. Eine allgemeine Methode ist die **Paal-Knorr*-Synthese** (für Pyrrole) mit ihren verschiedenen Varianten (für die anderen Heterocyclen). Man erhält die Zielverbindung durch Behandeln einer enolisierbaren γ-Dicarbonylverbindung mit einem Amin (bei den Pyrrolen), mit P_2O_5 (Furane) oder P_2S_5 (Thiophene). Formal läßt sich dieser Prozeß als Dehydratisierung eines intermediären doppelten Enols (oder der entsprechenden Stickstoff- bzw. Schwefelverbindung) zum Heterocyclus auffassen.

Cyclisierung einer γ-Dicarbonylverbindung zum 1-Hetero-2,4-cyclopentadien

R R ⇌ R HO OH R $\xrightarrow{R'NH_2,\ P_2O_5,\ \text{oder}\ P_2S_5}$ R X R

O O

X = NR′, O, oder S

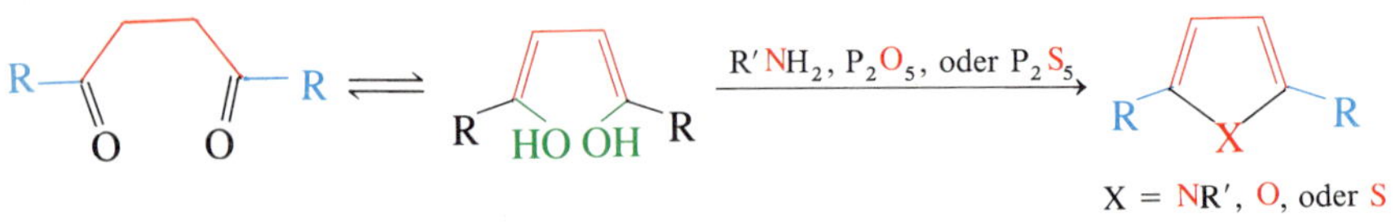

* Karl Paal, 1860–1935, Professor an der Universität Erlangen; Ludwig Knorr, 1859-1921, Professor an der Universität Jena.

Beispiele:

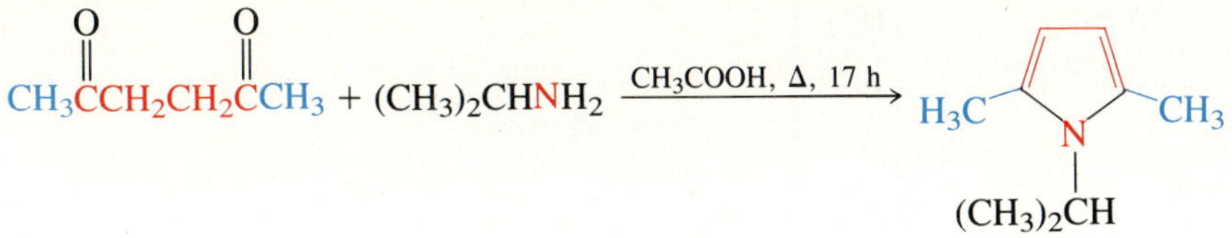

$$CH_3\overset{O}{\overset{\|}{C}}CH_2CH_2\overset{O}{\overset{\|}{C}}CH_3 + (CH_3)_2CHNH_2 \xrightarrow{CH_3COOH,\ \Delta,\ 17\ h}$$

70%

N-1-Methylethyl-2,5-dimethylpyrrol

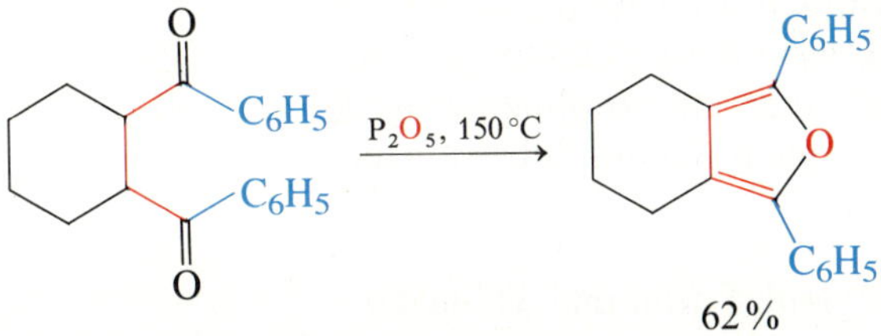

$$\xrightarrow{P_2O_5,\ 150\,°C}$$

62%

$$CH_3\overset{O}{\overset{\|}{C}}CH_2CH_2\overset{O}{\overset{\|}{C}}CH_3 \xrightarrow{P_2S_5,\ 140-150\,°C}$$

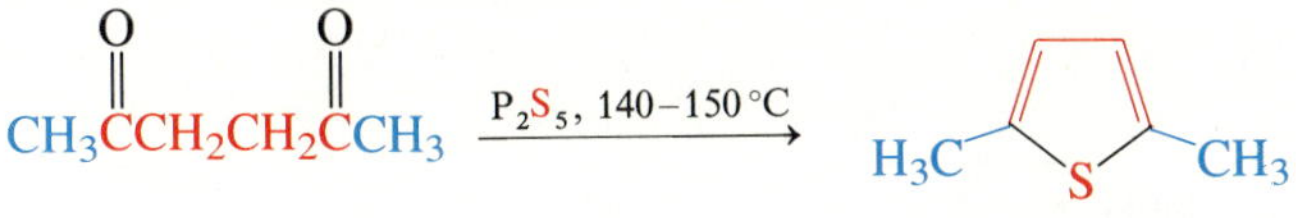

60%

2,5-Dimethylthiophen

Übung 26-13

Nach der folgenden Reaktionsgleichung läuft eine andere Pyrrolsynthese ab. Formulieren Sie einen Mechanismus für diese Umsetzung.

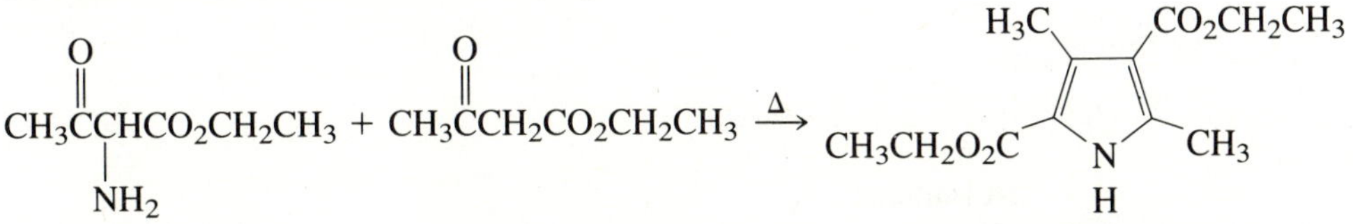

$$CH_3\overset{O}{\overset{\|}{C}}\underset{NH_2}{\underset{|}{C}H}CO_2CH_2CH_3 + CH_3\overset{O}{\overset{\|}{C}}CH_2CO_2CH_2CH_3 \xrightarrow{\Delta}$$

Ethyl-2-amino-3-oxobutanoat | **Ethyl-3-oxobutanoat** | **Diethyl-3,5-dimethylpyrrol-2,4-dicarboxylat**

Aromatische Heterocyclopentadiene gehen elektrophile aromatische Subsitutionsreaktionen ein

Wie man es für aromatische Systeme erwarten kann, gehen 1-Hetero-2,4-cyclopentadiene elektrophile aromatische Substitutionsreaktionen ein. Dabei kann der Angriff an zwei möglichen Stellen erfolgen: an C-2 und an C-3. Welche ist reaktiver? Eine Antwort läßt sich auf die gleiche Weise finden, auf die wir die Regioselektivität der elektrophilen aromatischen Substitution an substituierten Benzolen (s. Kap. 20) vorhergesagt haben: durch Abzählen aller möglichen Resonanzstrukturen für beide Positionen des Angriffs.

Resonanzstrukturen für den elektrophilen Angriff an C-2 und C-3 bei aromatischen Heterocyclopentadienen

Angriff an C-2:

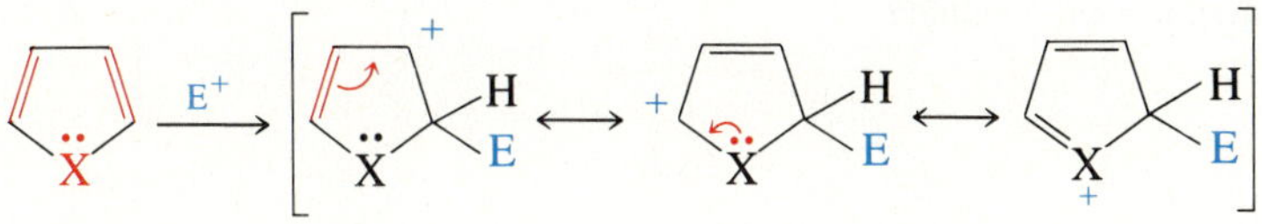

Angriff an C-3:

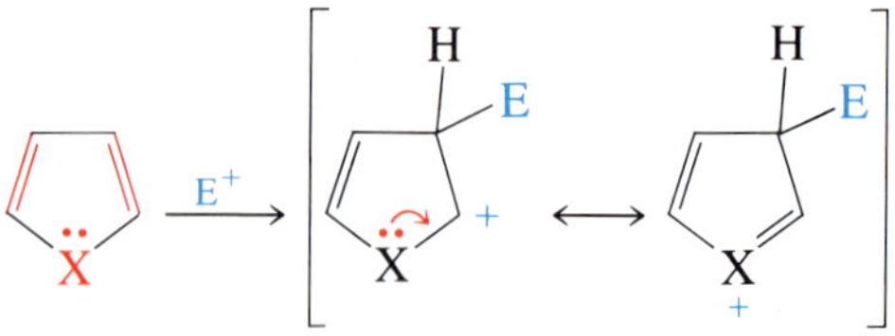

Beide Übergangszustände werden aufgrund der Resonanzbeteiligung des Heteroatoms stabilisiert, für den des Angriffs an C-2 läßt sich jedoch eine Resonanzstruktur mehr formulieren, eine Substitution wird also bevorzugt an dieser Position erfolgen. Tatsächlich wird diese Selektivität auch allgemein beobachtet. Da aber auch C-3 für einen elektrophilen Angriff aktiviert ist, können, je nach den Bedingungen, nach Art des Substrats und des Elektrophils, Produktgemische entstehen.

Elektrophile aromatische Substitution an Pyrrol, Furan und Thiophen

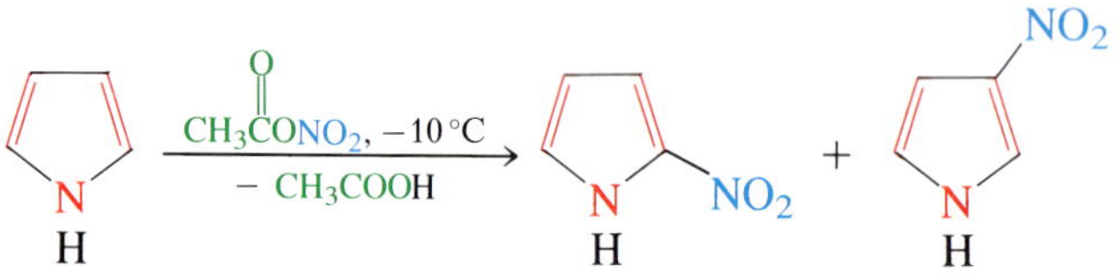

CH_3CONO_2, −10 °C; − CH_3COOH

50 % **2-Nitropyrrol** + 13 % **3-Nitropyrrol**

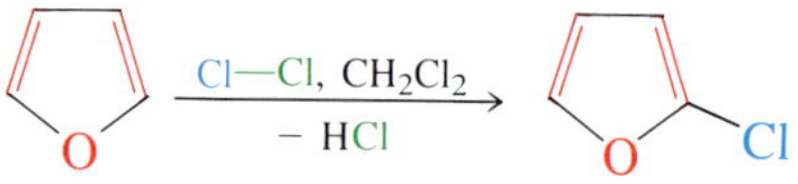

Cl—Cl, CH_2Cl_2; − HCl

64 % **2-Chlorfuran**

CH_3CCl, $SnCl_4$; − HCl

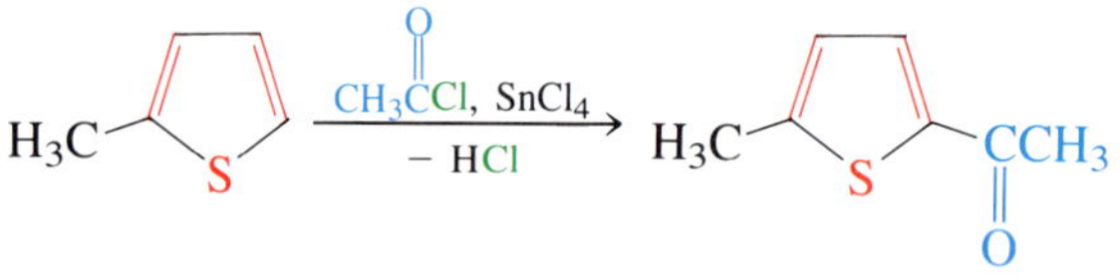

64 % **2-Ethanoyl-5-methylthiophen**

Die relative nucleophile Reaktivität der drei Heterocyclen nimmt in der Reihenfolge Pyrrol > Furan > Thiophen (> > Benzol) ab.

Übung 26-14

Bei der Protonierung von Pyrrol entsteht eine Spezies, die fünf Signale im ^{1}H-NMR-Spektrum und vier Peaks im ^{13}C-NMR-Spektrum zeigt. Ordnen Sie dieser Spezies eine Struktur zu.

Übung 26-15

Bei der Monobromierung von Thiophen-3-carbonsäure erhält man nur ein Produkt. Wie sieht dessen Struktur aus, und warum erhält man nur ein Produkt?

1-Hetero-2,4-cyclopentadiene können Ringöffnungs- und Cycloadditionsreaktionen eingehen

Furane sind maskierte γ-Dicarbonylverbindungen, die sich unter milden Bedingungen hydrolysieren lassen. Diese Reaktion kann man als Umkehrung der Paal-Knorr-Synthese ansehen. Pyrrole polymerisieren unter diesen Bedingungen, Thiophen ist stabil.

Demaskierung eines Furans durch Hydrolyse zur γ-Dicarbonylverbindung

$$\text{2,5-Dimethylfuran} \xrightarrow{CH_3COOH,\ H_2SO_4,\ H_2O,\ \Delta} CH_3\overset{O}{\overset{\|}{C}}CH_2CH_2\overset{O}{\overset{\|}{C}}CH_3$$

90%

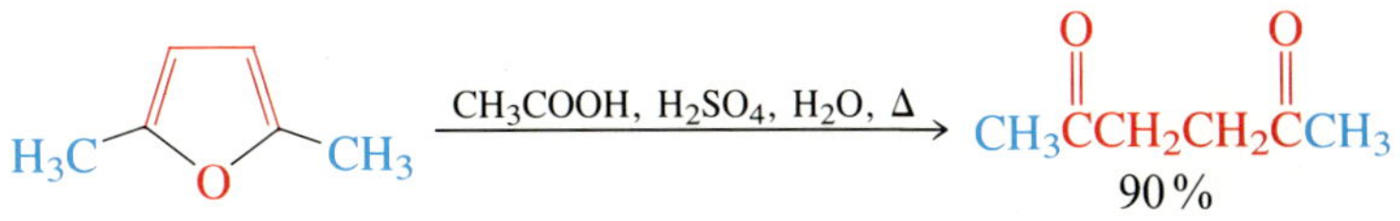

2,5-Hexandion

Mechanismus:

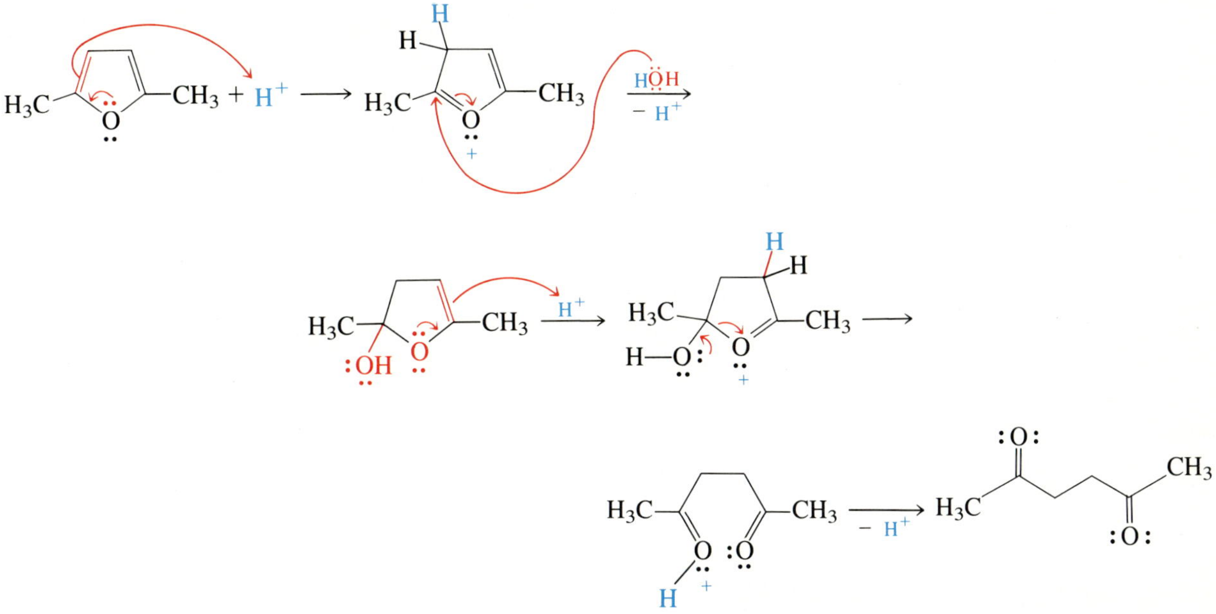

$$H_3C\text{-Furan-}CH_3 + H^+ \longrightarrow H_3C\text{-}C^+\text{(protoniertes Furan)-}CH_3 \xrightarrow[-\ H^+]{H\ddot{O}H}$$

$$H_3C\text{-(2-Hydroxy-2,3-dihydrofuran)-}CH_3 \xrightarrow{H^+} \text{H}_3C\text{-(H–O)-}\overset{+}{O}\text{=C-}CH_3 \longrightarrow$$

$$H_3C\text{-C(=}\overset{+}{O}H\text{)-}CH_2CH_2\text{-C(=O)-}CH_3 \xrightarrow{-\ H^+} H_3C\text{-C(=O)-}CH_2CH_2\text{-C(=O)-}CH_3$$

Pyrrol geht ähnliche Ringöffnungsreaktionen in Gegenwart von Hydroxylamin-Hydrochlorid ein, wobei das Dioxim (s. Abschn. 15.6) des Butandials entsteht.

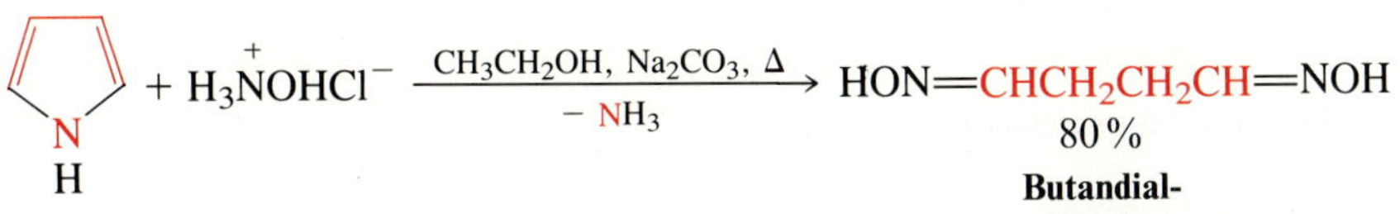

$$\text{Pyrrol} + H_3\overset{+}{N}OHCl^- \xrightarrow[-\ NH_3]{CH_3CH_2OH,\ Na_2CO_3,\ \Delta} HON{=}CHCH_2CH_2CH{=}NOH$$

80%

Butandial-Dioxim

Bei der durch Raney-Nickel katalysierten reduktiven Entschwefelung (s. Abschn. 15.5) von Thiophenderivaten bilden sich die schwefelfreien acyclischen gesättigten Verbindungen.

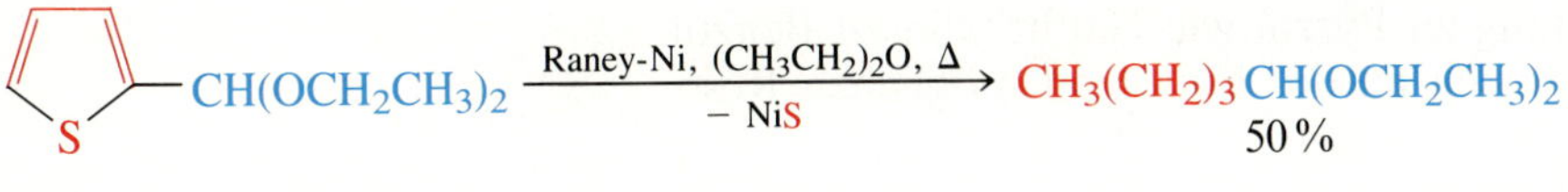

$$\text{2-Thienyl-}CH(OCH_2CH_3)_2 \xrightarrow[-\ NiS]{\text{Raney-Ni},\ (CH_3CH_2)_2O,\ \Delta} CH_3(CH_2)_3CH(OCH_2CH_3)_2$$

50%

Der Schwefel im Thiophen läßt sich mit Peroxycarbonsäuren zu hochreaktiven Thiophensulfoxid- und Thiophensulfon-Zwischenprodukten oxidieren, die miteinander in einer Diels-Alder-Cycloaddition reagieren. Diese Umsetzung verläuft allerdings mit niedrigen Ausbeuten.

30% H_2O_2, CH_3COOH, 23 °C, 7 Tage

Thiophensulfoxid + **Thiophensulfon** (nicht isolierbar) ⟶ 15%

Auch die anderen aromatischen Heterocyclen gehen Diels-Alder-Cycloadditionen ein, was auf einen Dien-Charakter des π-Systems hindeutet.

$(CH_3CH_2)_2O$, 25°C ⟶ 95% **Endo-Addukt** kinetisches Produkt; 90°C ⟶ 90% **Exo-Addukt** Thermodynamisches Produkt

Übung 26-16

Erklären Sie das folgende Ergebnis.

NCO_2CH_3 + $CH_3O_2C-C \equiv C-CO_2CH_3$ ⟶ (200°C, 1 h) 40% **Trimethyl-*N*,3,4-pyrroltricarboxylat**

Bei dieser Reaktion wird auch noch ein anderes Produkt gebildet. Welches?

Indol, ein Benzpyrrol

Das bedeutendste benzolannelierte Derivat der 1-Hetero-2,4-cyclopentadiene ist zweifellos das Indol, das in vielen Naturstoffen enthalten ist. Indol steht in derselben Beziehung zu Pyrrol wie Naphthalin zu Benzol. Sein elektronischer Aufbau läßt sich an der Fülle von möglichen Resonanzstrukturen erkennen.

Resonanz in Indol

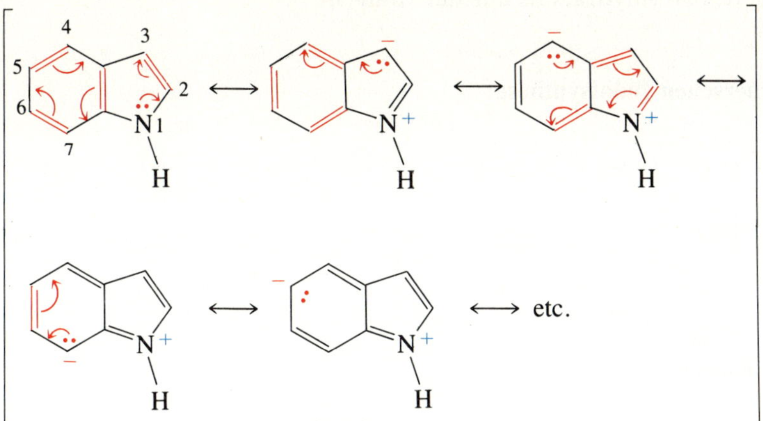

Indol

Obwohl die Resonanzstrukturen, bei denen das cyclische 6 π-Elektronensystem des annelierten Benzolrings gestört ist, von geringerer Bedeutung sind, zeigen sie den elektronenliefernden Effekt des Heteroatoms.

Indole werden im allgemeinen durch die **Fischersche* Indolsynthese** dargestellt. Bei diesem Verfahren wird ein Arylhydrazon eines Aldehyds oder Ketons (s. Abschn. 15.6) mit Polyphosphorsäure (PPA), einer anderen anorganischen Säure oder einer Lewis-Säure behandelt; hierdurch kommt es durch Abspaltung von Ammoniak unter gleichzeitiger Ringschlußreaktion zum gewünschten Heterocyclus.

Fischersche Indolsynthese

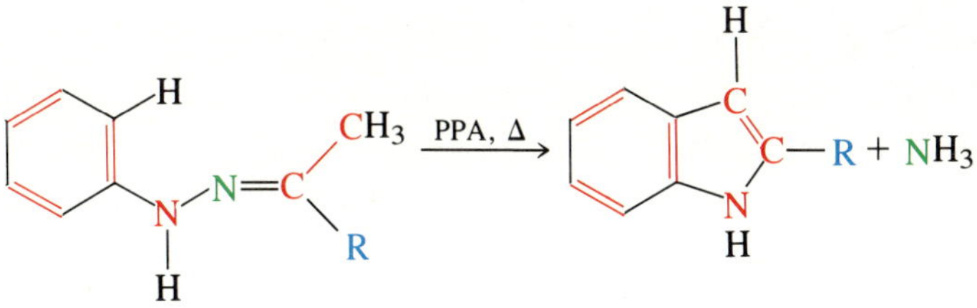

PPA, Δ ; + NH_3

Beispiele:

PPA, 100 °C ; $-NH_3$

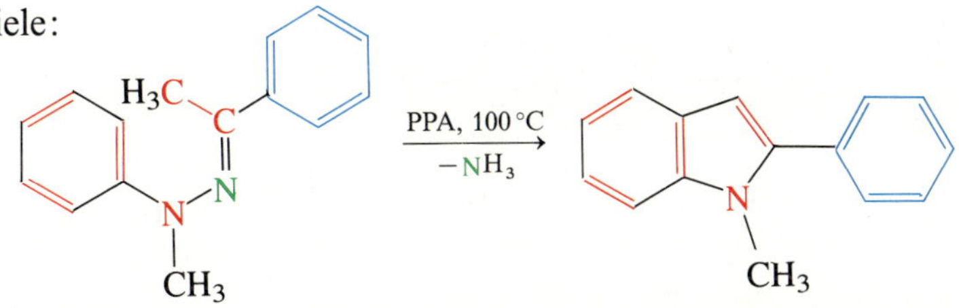

73 %
***N*-Methyl-2-phenylindol**

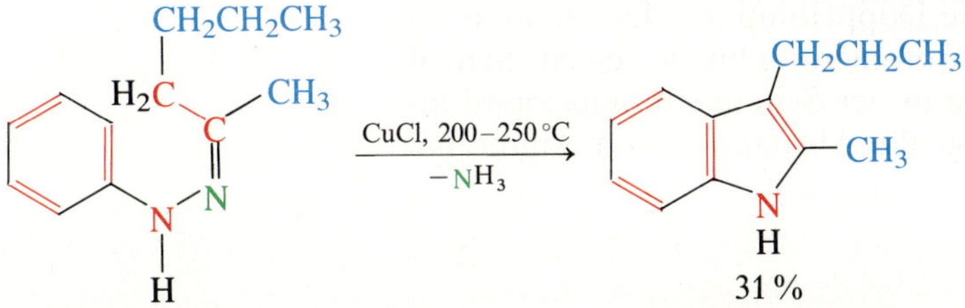

CuCl, 200–250 °C ; $-NH_3$

31 %
2-Methyl-3-propylindol

* Professor Emil Fischer, s. Abschn. 5.4

Der Mechanismus der Fischerschen Indolsynthese beginnt vermutlich mit einer säurekatalysierten Umlagerung des Arylhydrazons aus der Imin- in die Enaminform (s. Abschn. 15.6).

Mechanismus der Fischerschen Indolsynthese:

H_3C R C N N H **Imin** katalytische Mengen H^+ H_2C R C N N H H **Enamin** $+ 2H^+$ $- 2H^+$

H_2C R C H N N H H H „Diaza-Cope-" Umlagerung H CH_2—C R NH_2 NH_2 $- H^+$ $+ H^+$

R CH_2—C NH_2 N: H_2 R NH_2 N H H H^+ -Verschiebung

H H R NH_3 N H $- \ddot{N}H_3, - H^+$ H R N H

Die beiden basischen Stickstoffatome werden vermutlich in dem stark sauren Milieu protoniert. Hierdurch entsteht ein aktiviertes System, das eine Art „Diaza-Cope"-Umlagerung eingeht (s. Abschn. 24.4), an der eine der aromatischen π-Bindungen und die Doppelbindung des Enamins beteiligt ist. Bei der darauffolgenden Deprotonierung bildet sich ein Benzolamin (Anilin), das die Iminiumgruppe in der Seitenkette nucleophil angreift. Nach diesem Ringschluß erfolgt die Abspaltung von Ammoniak und eines Protons zum aromatischen Indolsystem.

Übung 26-17

Welche Produkte entstehen beim Behandeln der folgenden Arylhydrazone mit Säure: (a) 2-Methylcyclohexanon-Phenylhydrazon; (b) 1-Phenyl-2-propanon-Phenylhydrazon (zwei Produkte); (c) 2-Oxopropansäure-Phenylhydrazon (Brenztraubensäure-Phenylhydrazon).

Übung 26-18
Erklären Sie das folgende Ergebnis:

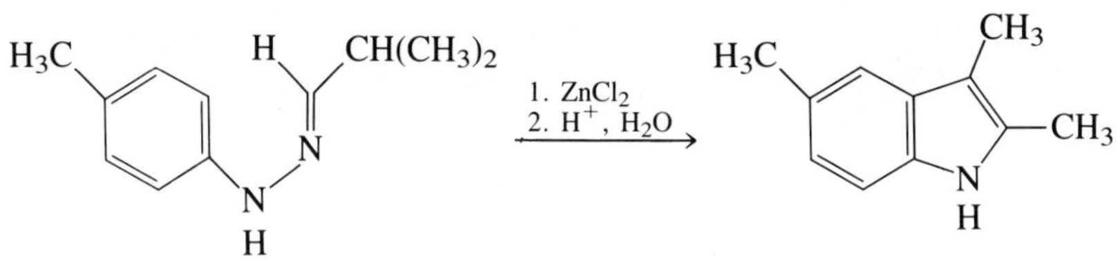

$\xrightarrow[\text{2. } H^+,\ H_2O]{\text{1. } ZnCl_2}$

Übung 26-19
An welcher Stelle wird eine elektrophile aromatische Substituition am Indol bevorzugt erfolgen? Erklären Sie Ihre Wahl.

Zusammenfassend läßt sich sagen, daß Pyrrol, Furan und Thiophen delokalisierte aromatische π-Systeme enthalten, die dem im Cyclopentadienyl-Anion entsprechen. Eine allgemeine Methode zur Darstellung von 1-Hetero-2,4-cyclopentadienen basiert auf der Cyclisierung enolisierbarer 1,4-Dicarbonylverbindungen. Durch Beteiligung des freien Elektronenpaars des Heteroatoms am Resonanzhybrid wird die Elektronendichte an den Ring-Kohlenstoffatomen vergrößert, und diese Systeme gehen daher leichter als Benzol elektrophile aromatische Substitutionsreaktionen ein. Der elektrophile Angriff an C-2 ist häufig begünstigt, aber Substitution an C-3 wird, je nach den Bedingungen, nach Art des Substrats und des Elektrophils, auch beobachtet. Einige Ringe lassen sich durch Hydrolyse oder reduktiver Entschwefelung (bei den Thiophenen) öffnen. Die Dien-Einheit ist auch reaktiv genug, um Diels-Alder-Reaktionen einzugehen. Indol ist ein Benzpyrrol mit einem delokalisierten π-System. Indole stellt man durch Behandeln von Arylhydrazonen mit Säure dar. Dies führt im Endeffekt zum Ringschluß und zur Abspaltung eines Moleküls Ammoniak (Fischersche Indol-Synthese).

26.5 Pyridin, ein Azabenzol

Durch Ersetzen einer CH-Einheit im Benzol durch einen sp^2-hybridisierten Stickstoff erhält man formal das Molekül des Pyridins. Wie man aus seinen physikalischen und chemischen Eigenschaften schließen kann, ist Pyridin aromatisch. In diesem Abschnitt beschreiben wir die Elektronenstruktur des Pyridins, die Darstellung einiger seiner Derivate und elektrophile und nucleophile Substitutionsreaktionen am Pyridinsystem. Als Beispiel für die praktische Anwendung der Pyridin-Chemie beschreiben wir dann die Synthese von Nicotin.

Pyridin ist ein cyclisches aromatisches Imin

Pyridin enthält genau wie die Imine ein sp^2-hybridisiertes Stickstoffatom (s. Abschn. 15.6). Im Gegensatz zu Pyrrol wird nur ein Elektron des Stickstoffs zur Vervollständigung des 6π-Systems benötigt, das freie Elektronenpaar verbleibt daher auf dem Stickstoff und befindet sich in einem

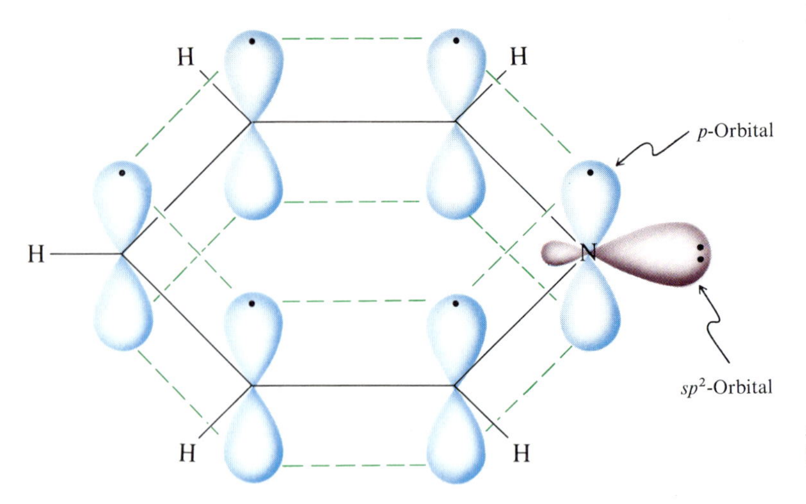

Abb. 26-2 Molekülorbital-Darstellung von Pyridin.

der sp^2-Orbitale in der Molekülebene (s. Abb. 26-2). Die Situation entspricht also der des Phenyl-Anions. In Pyridin gibt das Heteroatom daher nicht überschüssige Elektronendichte an den Rest des Moleküls ab, sondern es passiert genau das Gegenteil: Weil Stickstoff elektronegativer als Kohlenstoff ist, zieht er induktiv und über Resonanz Elektronendichte aus dem Ring heraus.

Resonanz in Pyridin

Übung 26-20

Das Dipolmoment von Azacyclohexan (Piperidin) beträgt 5.22×10^{-30} C m. In welche Richtung zeigt der Vektor des Dipols? Beantworten Sie dieselbe Frage für Pyridin. Ist das Dipolmoment des Pyridins Ihrer Meinung nach größer oder kleiner als das des Azacyclohexans (Piperidins)? Begründen Sie Ihre Antwort.

Die aromatische Delokalisierung der π-Elektronen im Pyridin läßt sich aus dem Vorhandensein eines Ringstroms im ^{1}H-NMR-Spektrum erkennen. Die elektronenziehende Eigenschaft des Stickstoffs erkennt man aus der größerer chemischen Verschiebung (stärkere Entschirmung) der Wasserstoffatome an C-2 und C-4, was man auch aufgrund der Resonanzstrukturen erwarten sollte.

Chemische Verschiebungen (ppm) im ^{1}H-NMR-Spektrum von Pyridin und Benzol

H 7.27

7.46 H

H 7.06

H 8.50

Da das freie Elektronenpaar am Stickstoff nicht an der Konjugation teilnimmt (wie im Pyrrol, Übung 26-14), reagiert Pyridin als schwache Base. (Bei zahlreichen organischen Umsetzungen wird es auch als solche eingesetzt.) Im Vergleich zu den Alkanaminen (pK_a von Ammoniumsalzen 10), hat das Pyridinium-Ion einen kleinen pK_a-Wert, da der Stickstoff sp^2- und nicht sp^3-hybridisiert ist (s. Abschn. 11.2.).

Pyridin ist eine schwache Base

+ H^+

⇌

Pyridinium-Ion
pK_a = 5.29

Pyridin ist der einfachste Vertreter der Reihe der Azabenzole. Einige seiner höheren Aza-Analoga sind im folgenden gezeigt. Sie verhalten sich ähnlich wie Pyridin, zeigen aber immer stärker den Effekt der Aza-Substitution – vor alle eine zunehmende Verarmung an Elektronen.

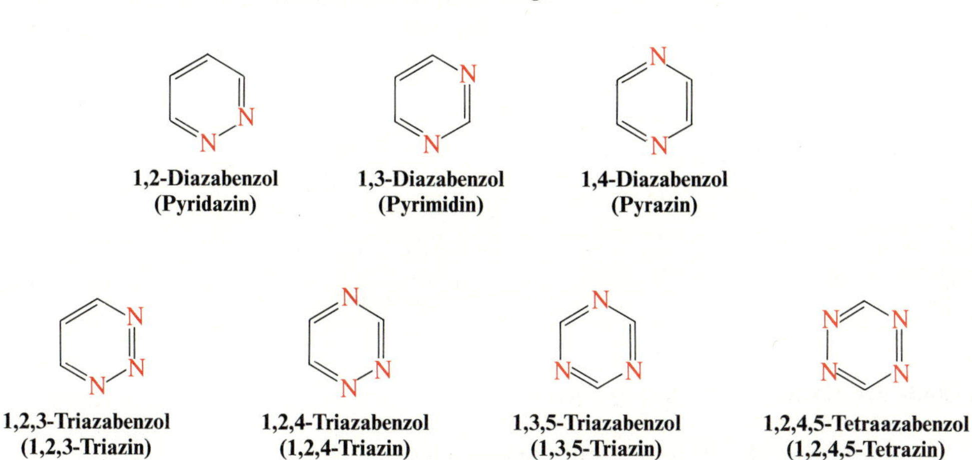

Pyridine lassen sich durch Kondensationsreaktionen darstellen

Pyridin selbst und die einfachen Alkylpyridine erhält man aus dem Steinkohlenteer. Viele der mehrfach substituierten Pyridine werden dann durch elektrophile und nucleophile Substitution der einfacheren Derivate dargestellt.

Pyridine kann man auch durch Kondensationsreaktionen acyclischer Ausgangsmaterialien, wie Carbonylverbindungen und Ammoniak, darstellen. Die Methode mit dem größten Anwendungsbereich ist die **Hantzsch*-Pyridin-Synthese**. Bei dieser Reaktion setzen sich zwei Moleküle einer β-Dicarbonylverbindung und je ein Molekül Aldehyd und Ammoniak miteinander über mehrere Stufen zu einem substituierten Dihydropyridin um, das leicht durch Salpetersäure zum aromatischen System oxidiert wird.

Hantzsch-Synthese von 2,6-Dimethylpyridin

Ist die β-Dicarbonylverbindung ein 3-Ketoester, erhält man als Produkt einen 3,5-Pyridindicarbonsäureester. Nach der Hydrolyse und der anschließenden Pyrolyse des Calciumsalzes der Säure erfolgt Decarboxylierung.

Wahrscheinlich reagiert dabei der Aldehyd [in diesem Beispiel Methanal (Formaldehyd)] in einer Knoevenagel-Kondensation (s. Abschn. 22.5) mit dem 3-Ketoester. Gleichzeitig setzt sich ein zweites Molekül des Esters mit dem Ammoniak um, wobei das Enamin in Gleichgewichtskonzentrationen entsteht (s. Abschn. 15.6). Das Enamin reagiert dann mit dem aktivierten Produkt der Knoevenagel-Kondensation in einer Michael-Addition.

* Arthur Hantzsch, 1857–1935, Professor an der Universität Leipzig.

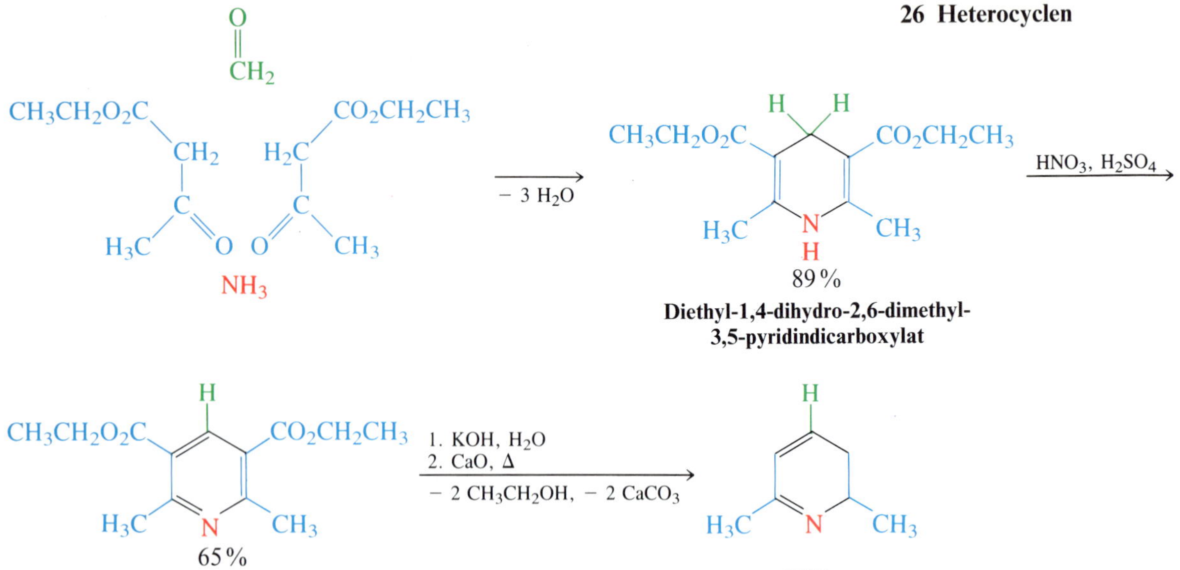

$$\mathrm{H_2C{=}O} + 2\ \mathrm{CH_3COCH_2CO_2CH_2CH_3} + \mathrm{NH_3} \xrightarrow{-3\,H_2O}$$

89 %

Diethyl-1,4-dihydro-2,6-dimethyl-3,5-pyridindicarboxylat

$\xrightarrow{HNO_3,\ H_2SO_4}$

65 %

Diethyl-2,6-dimethyl-3,5-pyridindicarboxylat

$\xrightarrow[-\,2\,CH_3CH_2OH,\ -\,2\,CaCO_3]{1.\ KOH,\ H_2O\quad 2.\ CaO,\ \Delta}$

65 %

2,6-Dimethylpyridin

Mechanismus der Hantzsch-Pyridin-Synthese:

Schritt 1: Knoevenagel-Kondensation des Aldehyds mit dem 3-Ketoester

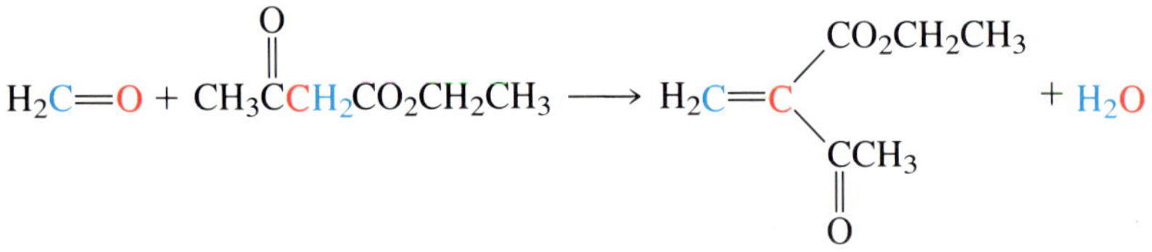

$$\mathrm{H_2C{=}O} + \mathrm{CH_3\overset{O}{\overset{\|}{C}}CH_2CO_2CH_2CH_3} \longrightarrow \mathrm{H_2C{=}C(CO_2CH_2CH_3)(\overset{O}{\overset{\|}{C}}CH_3)} + \mathrm{H_2O}$$

Schritt 2: Enaminbildung des 3-Ketoesters mit Ammoniak

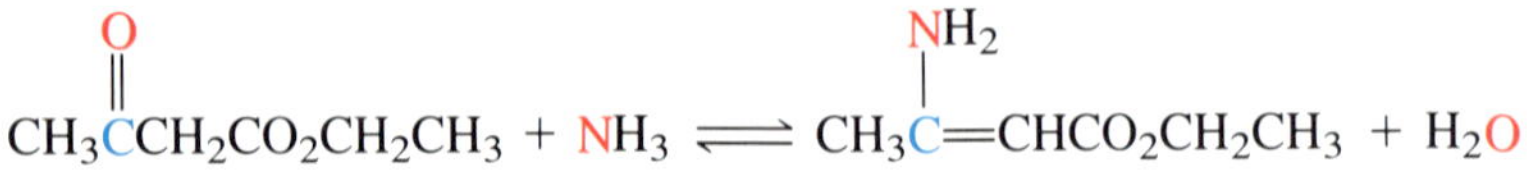

$$\mathrm{CH_3\overset{O}{\overset{\|}{C}}CH_2CO_2CH_2CH_3} + \mathrm{NH_3} \rightleftharpoons \mathrm{CH_3\overset{NH_2}{\overset{|}{C}}{=}CHCO_2CH_2CH_3} + \mathrm{H_2O}$$

Enamin

Schritt 3: Michael-Addition des Enamins an das Knoevenagel-Kondensationsprodukt und Protonenverschiebung

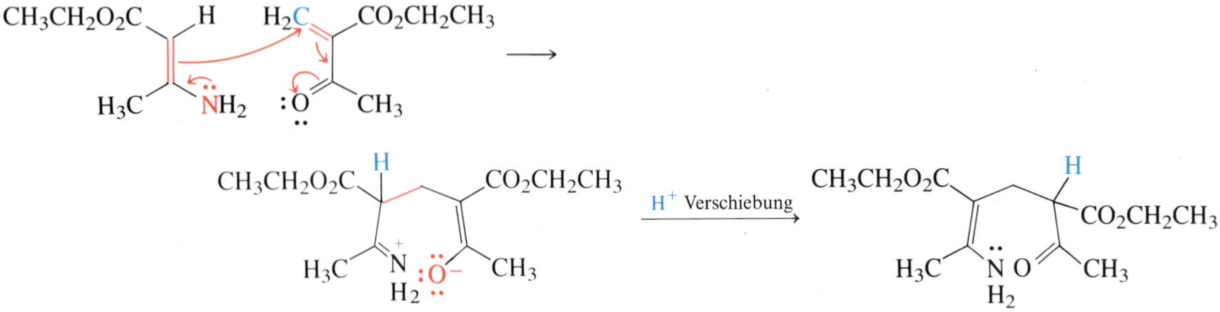

$\longrightarrow$

$\xrightarrow{H^+\ \text{Verschiebung}}$

Keto-Enamin

Schritt 4: Intramolekulare Kondensation des Keto-Enamins und Umlagerung

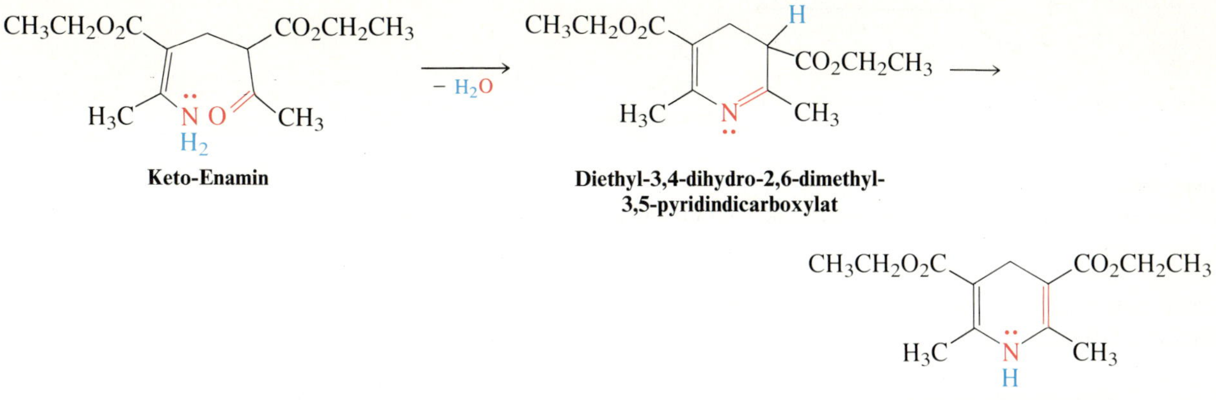

$CH_3CH_2O_2C$ $CO_2CH_2CH_3$ H_3C N O CH_3 H_2 $\xrightarrow{-H_2O}$ $CH_3CH_2O_2C$ H $CO_2CH_2CH_3$ H_3C N CH_3 $\longrightarrow$

Keto-Enamin

Diethyl-3,4-dihydro-2,6-dimethyl-3,5-pyridindicarboxylat

$CH_3CH_2O_2C$ $CO_2CH_2CH_3$ H_3C N CH_3 H

Diethyl-1,4-dihydro-2,6-dimethyl-3,5-pyridindicarboxylat

Im gebildeten dipolaren Zwischenprodukt erfolgt eine Protonenverschiebung zu einem intermediären Keto-Enamin, das leicht eine intramolekulare Kondensation eingeht. Das so gebildete 3,4-Dihydropyridin-Derivat ist weniger stabil als das entsprechende 1,4-Dihydro-Isomer und lagert sich daher durch eine einfache Protonenverschiebung zu diesem um.

Übung 26-21

Welche Ausgangsmaterialien würden Sie für die Hantzsch-Synthese der folgenden Pyridine einsetzen?

(a) 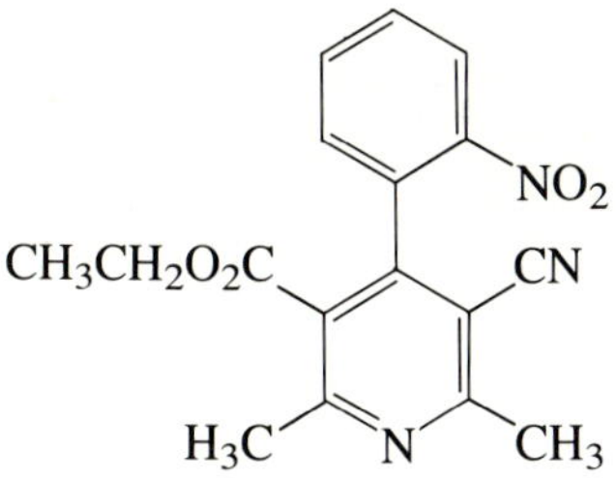 $CH_3CH_2O_2C$ NO_2 CN H_3C N CH_3 (b) 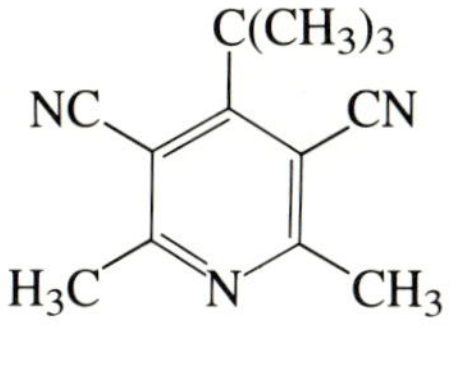 $C(CH_3)_3$ NC CN H_3C N CH_3 (c) CH_3 CH_3CH_2 N CH_2CH_3

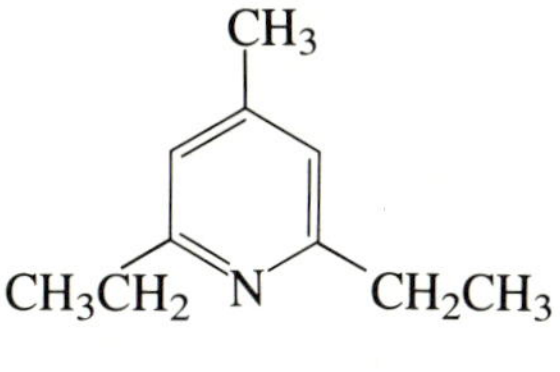

Pyridine gehen elektrophile aromatische Substitutionen nur unter extremen Bedingungen ein

Da der Pyridinring elektronenarm ist, lassen sich elektrophile aromatische Substitutionen an diesem System nur unter großen Schwierigkeiten durchführen, und die Reaktionen verlaufen um Größenordnungen langsamer als bei Benzol.

Elektrophile aromatische Substitution an Pyridin

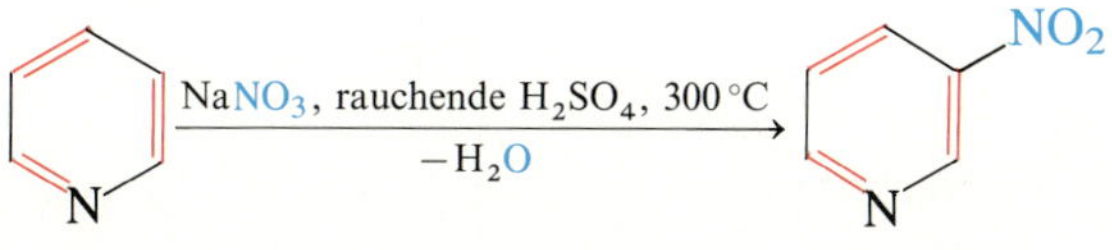

N $\xrightarrow[-H_2O]{NaNO_3,\ \text{rauchende}\ H_2SO_4,\ 300\,°C}$ N NO_2

4.5%

3-Nitropyridin

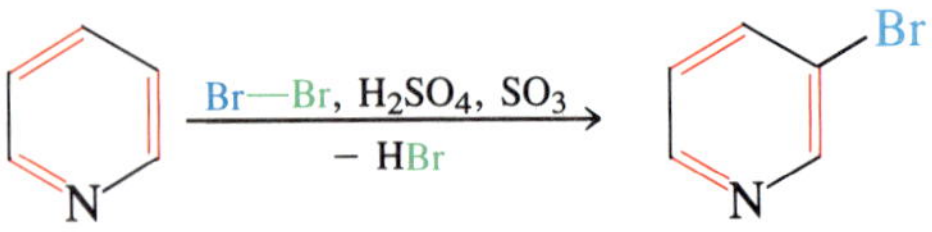

Br—Br, H_2SO_4, SO_3 / − HBr

86%

3-Brompyridin

Übung 26-22

Erklären Sie, warum die elektrophile aromatische Substitution am Pyridin an C-3 erfolgt.

Bei aktivierenden Substituenten sind mildere Reaktionsbedingungen möglich, oder die Reaktion verläuft mit besseren Ausbeuten.

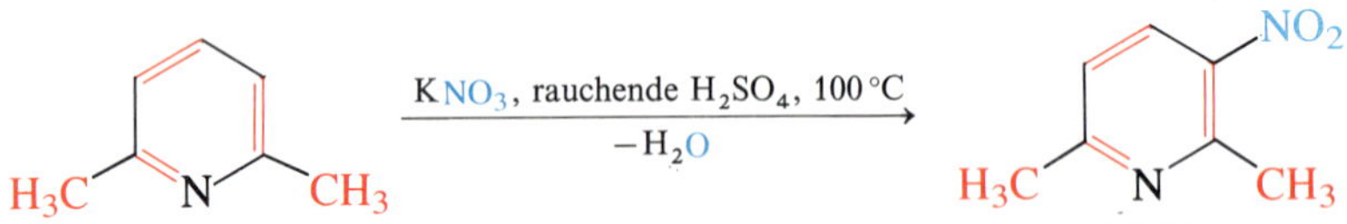

KNO_3, rauchende H_2SO_4, 100 °C / $-H_2O$

81%

2,6-Dimethylpyridin → **2,6-Dimethyl-3-nitropyridin**

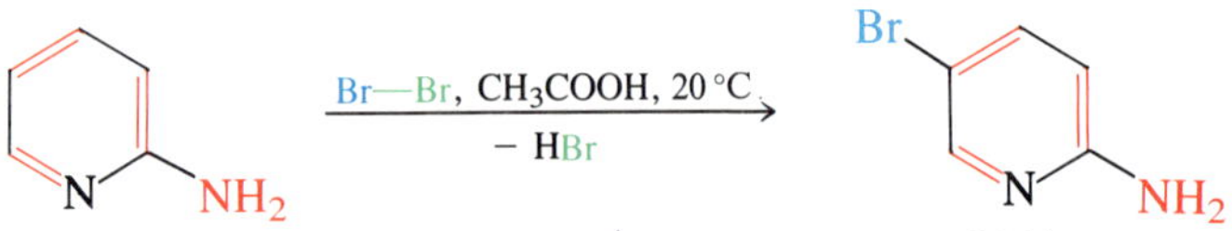

Br—Br, CH_3COOH, 20 °C / − HBr

90%

2-Aminopyridin → **2-Amino-5-brompyridin**

Pyridin geht nucleophile Substitutionen ein

Da der Pyridinring relativ elektronenarm ist, lassen sich an ihm nucleophile Substitutionen weitaus leichter als an Benzol durchführen (s. Abschn. 20.6). Der Angriff erfolgt bevorzugt an C-2 und C-4, weil sich hierbei Übergangszustände ergeben, bei denen die negative Ladung am Stickstoff liegt. Um besser verstehen zu können, wie nucleophile Substitutionen am Pyridinring ablaufen, ist es eine gute Hilfe, das System als cyclisches Imin anzusehen. Ein Angriff an C-2 entspricht einer 1,2-Addition an die Iminfunktion und einen Angriff an C-4 kann man als konjugierte Addition an ein α,β-ungesättigtes System auffassen.

Resonanzstrukturen der Übergangszustände bei einem nucleophilen Angriff auf Pyridin an C-2, C-3 und C-4

Angriff an C-2:

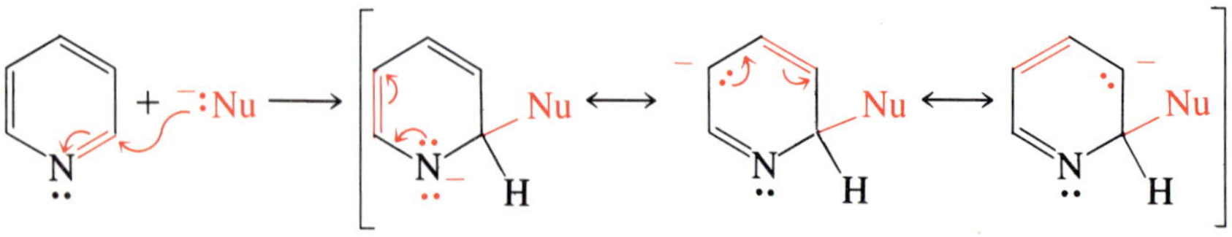

$+ \ ^{-}\!:\!Nu \longrightarrow$ [Nu, H ⟷ Nu, H ⟷ Nu, H]

Angriff an C-3:

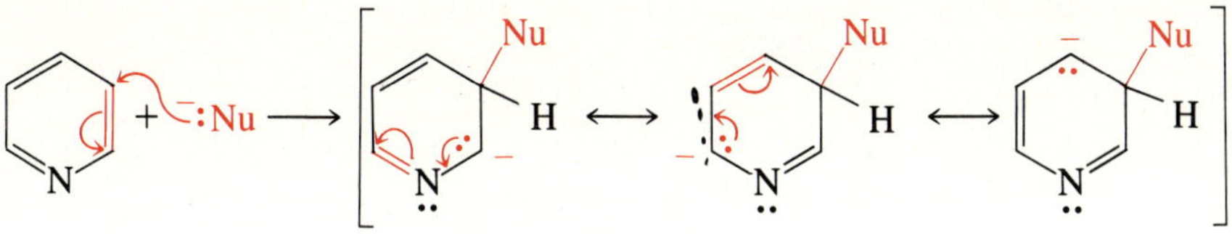

Nu Nu Nu
+ :Nu ⟶ [H ⟷ H ⟷ H]
N N N N

Angriff an C-4:

Nu H Nu H Nu H
+ :Nu ⟶ [⟷ ⟷]
N N N N

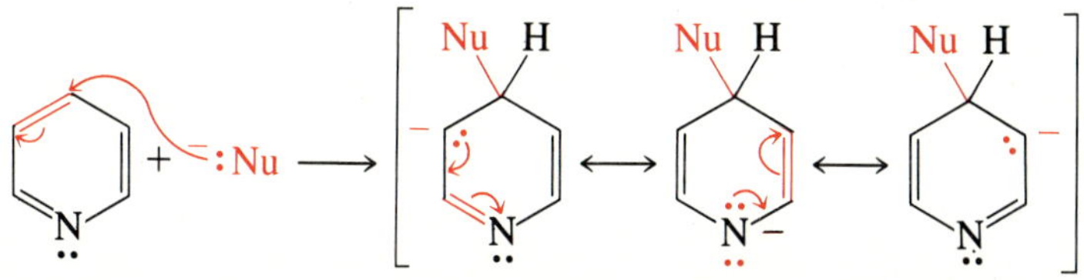

Ein Beispiel einer nucleophilen Substitution am Pyridin ist die **Tschitschibabin*-Reaktion**, bei der der Heterocyclus durch Behandeln mit Natriumamid in flüssigem Ammoniak in 2-Aminopyridin überführt wird. Vor der sauren Aufarbeitung entsteht dabei das resonanzstabilisierte 2-Pyridinamid-Ion. Im Gegensatz zur elektrophilen Substitution, bei der eine Deprotonierung erfolgt, wird hierbei ein Hydrid-Ion abgespalten.

Die Tschitschibabin-Reaktion

1. $NaNH_2$, fl. NH_3
2. H^+, H_2O

N ⟶ N NH_2

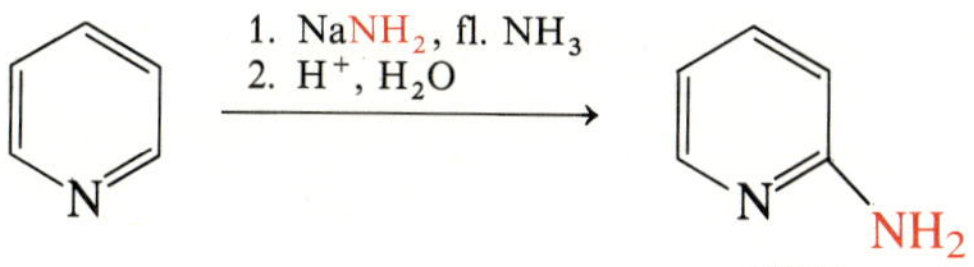

70%

2-Aminopyridin

Mechanismus:

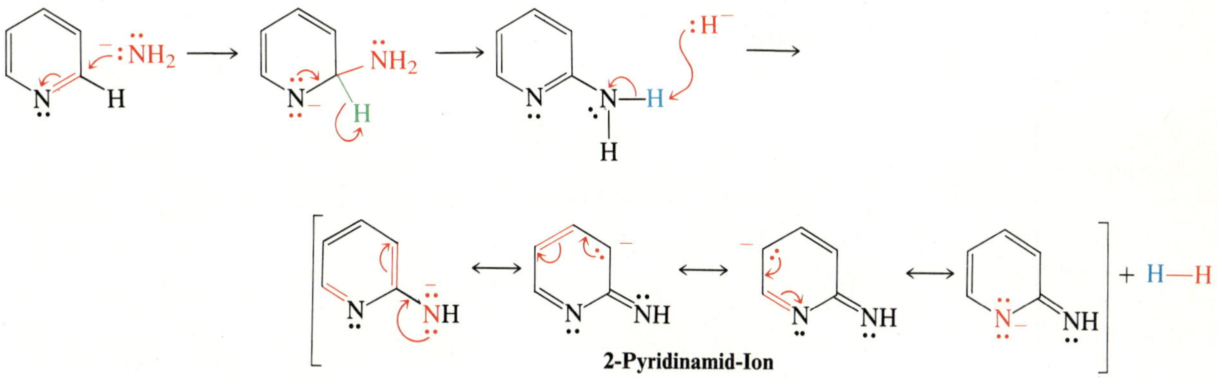

$:NH_2$ ⟶ NH_2 ⟶ N—H $:H^-$ ⟶

N H N H N H

[NH ⟷ NH ⟷ NH ⟷ NH] + H—H

2-Pyridinamid-Ion

Beim Behandeln von Pyridinen mit Grignard- oder Organolithium-Reagenzien laufen mit der Tschitschibabin-Reaktion verwandte Umsetzungen ab.

* Alexei E. Tschitschibabin, 1871–1945, Professor an der Universität Moskau.

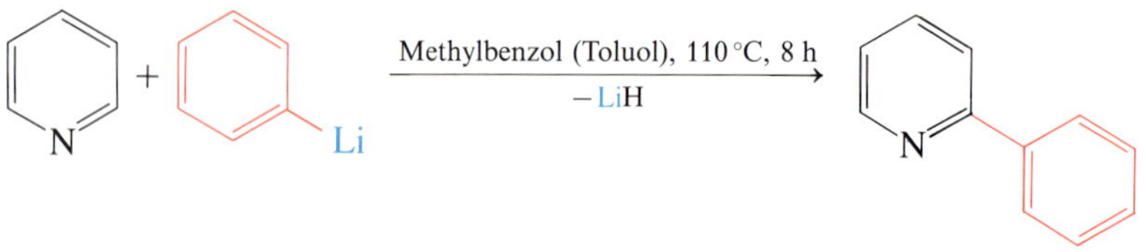

Pyridin + Phenyllithium $\xrightarrow[-\text{LiH}]{\text{Methylbenzol (Toluol), 110 °C, 8 h}}$ 2-Phenylpyridin

49 %

2-Phenylpyridin

Bei den meisten nucleophilen Substitutionen an Pyridinen treten Halogenide als Austrittsgruppen auf, wobei die 2- und 4-Halogenpyridine besonders reaktiv sind.

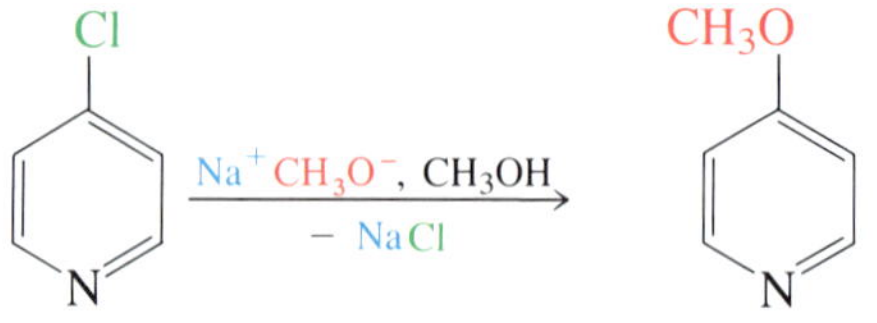

4-Chlorpyridin $\xrightarrow[-\text{NaCl}]{Na^+ CH_3O^-,\ CH_3OH}$ 4-Methoxypyridin (CH_3O)

75 %

4-Methoxypyridin

Übung 26-23

Die Reaktionsgeschwindigkeiten von 2-, 3- und 4-Chlorpyridin mit Natriummethoxid in Methanol stehen im Verhältnis 3000:1:81000 zueinander. Wie läßt sich das erklären?

Kasten 26-1

Pyridiniumsalze in der Natur: Nicotinamid-adenin-dinucleotid

Ein komplexes Derivat des Pyridinium-Ions, **Nicotinamid-adenin-dinucleotid** (NAD^+), ist ein wichtiges biologisches Oxidationsmittel. Seine Struktur setzt sich aus einem Pyridinring [abgeleitet von der Pyridin-3-carbonsäure (Nicotinsäure)], zwei Molekülen Ribose (s. Abschn. 23.1), die über eine Pyrophosphat-Brücke verknüpft sind, und der Base Adenin (s. Abschn. 27.1) zusammen.

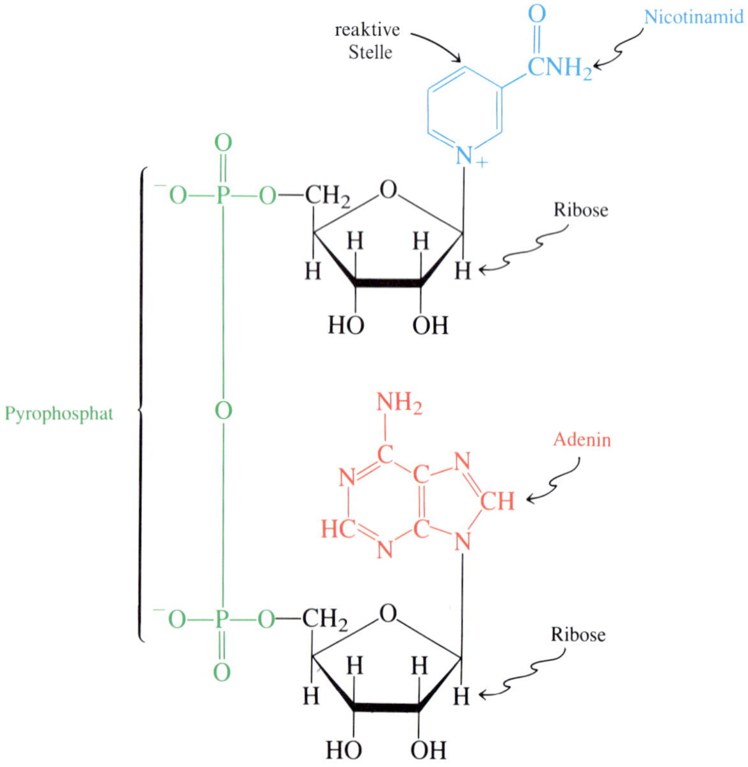

reaktive Stelle

Nicotinamid (CNH_2, C=O)

Ribose

Pyrophosphat

Adenin

Ribose

Nicotinamid-adenin-dinucleotid

Reduktion von NAD^+

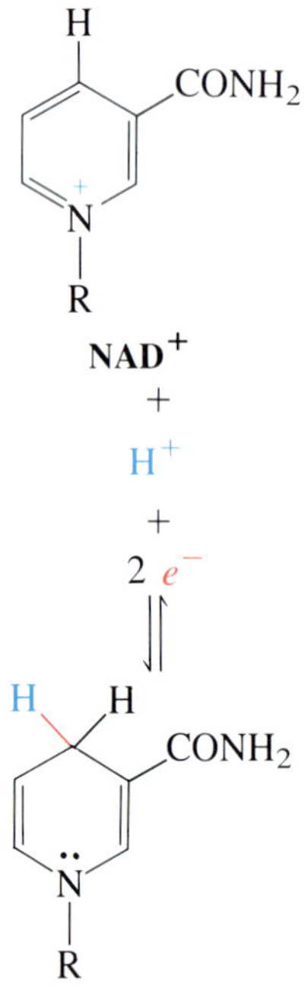

$NAD^+ + H^+ + 2\,e^- \rightleftharpoons NADH$

NAD^+

NADH

Die meisten Organismen erhalten ihre Energie durch Oxidation (Abgabe von Elektronen) von als Brennstoff verwendeten Molekülen, wie Glucose oder Fettsäuren, wobei das eigentliche Oxidans (Elektronenakzeptor) der Sauerstoff ist, der zu Wasser reagiert. Solche biologischen Oxidationen verlaufen über eine Kaskade von Elektronenübertragungsreaktionen, für die das intermediäre Auftreten bestimmter Redox-Reagenzien erforderlich ist. Ein solches Molekül ist NAD^+. Bei der Oxidation eines Substrats wird der Pyridiniumring im NAD^+ selbst in einer Zwei-Elektronen-Reduktion reduziert, bei der simultan eine Protonierung erfolgt.

NAD^+ ist der Elektronenakzeptor bei vielen biologischen Oxidationen von Alkoholen zu Aldehyden (z. B. der Überführung von Vitamin A in Retinal, s. Abschn. 16.4). Diese Reaktion kann man als Hydridübertragung von dem Kohlenstoff, an das die Alkoholgrupe gebunden ist, auf das Pyridiniumsystem auffassen. Dabei wird gleichzeitig die Alkoholgruppe deprotoniert.

Oxidation von Alkoholen durch NAD^+

H, RC—O—H, H, $CONH_2$, N^+, R ⟶ O, RCH + H, H, $CONH_2$, N, R + H^+

Die Totalsynthese von Nicotin: Eine Übung in Heterocyclenchemie

Nicotin ist ein einfaches Pyridinderivat, an dessen Synthese man einige der Prinzipien der Heterocyclenchemie verdeutlichen kann. Die erste Totalsynthese dieser Verbindung gelang im Jahre 1928. Als Ausgangsverbindung verwendete man Ethyl-3-pyridincarboxylat (Nicotinsäureethylester), das in einer Claisen-Kondensation (s. Abschn. 22.3) mit *N*-Methyl-γ-butyrolactam (*N*-Methylpyrrolidinon) umgesetzt wurde. Nach saurer Hydrolyse des Lactamrings erhielt man die 3-Ketocarbonsäure, die, wie erwartet, decarboxylierte (s. Abschn. 22.4). Das entstandene Keton wurde durch katalytische Hydrierung reduziert, und der Alkohol mit Iodwasserstoff zum entsprechenden Iodid umgesetzt. Beim Behandeln mit verdünnter Base erfolgte dann Ringschluß zu racemischem Nicotin.

Totalsynthese von Nicotin

O, $COCH_2CH_3$, N + H, H, O, N, CH_3 —($CH_3CH_2O^-Na^+$, C_6H_6, Δ; $-\ CH_3CH_2OH$)⟶ O, N, O, N, CH_3 —(konz. HCl, 130 °C)⟶

Ethyl-3-pyridincarboxylat (Ethyl-β-nicotinat)

***N*-Methyl-γ-butyrolactam (*N*-Methylpyrrolidinon)**

70%

H_2, Pd/C, H_2O, 24 h

38 %
3-[4-(*N*-Methylamino)butanoyl]pyridin

HI, 100 °C, 4 h
− HOH

K_2CO_3, KHO, H_2O, Δ, 24 h
− HHO
− KI

31 % bezogen auf 3-[4-(*N*-Methylamino)butanoyl]pyridin
(*R*,*S*)-Nicotin

26.6 Chinolin und Isochinolin: Die Benzpyridine

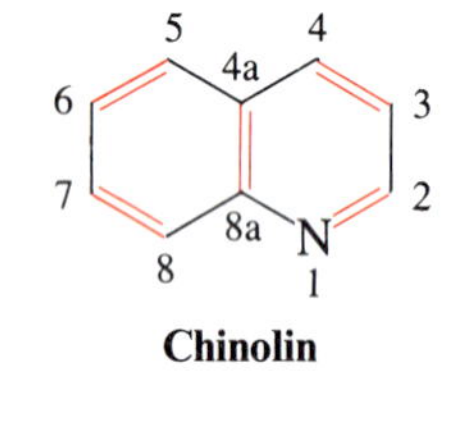

Chinolin

Isochinolin

Benzol läßt sich auf zwei verschiedene Arten an den Pyridinring kondensieren, wodurch sich die beiden Azanaphthaline Chinolin und Isochinolin* ergeben. Beide Verbindungen sind Flüssigkeiten mit hohen Siedepunkten. Viele ihre Derivate finden sich in der Natur oder sind auf der Suche nach pharmakologisch aktiven Substanzen synthetisiert worden. Wie Pyridin sind auch Chinolin und Isochinolin leicht aus dem Steinkohlenteer zugänglich. Substituierte Derivate erhält man über Kondensationsreaktionen.

Darstellung von Chinolinen und Isochinolinen

Chinolinderivate lassen sich mit Hilfe der **Friedländer**-Synthese** darstellen, bei der ein 2-Aminobenzolcarbaldehyd und ein enolisierbares Carbonylderivat miteinander umgesetzt werden.

* Nach unserer systematischen Heterocyclen-Nomenklatur sollten diese beiden Verbindungen 1-Aza- und 2-Aza-naphthalin heißen.

** Paul Friedländer, 1857–1923, Professor an der Technischen Universität Darmstadt.

Friedländer-Synthese von Chinolinen

2-Aminobenzolcarbaldehyd + Ethanal (Acetaldehyd) $\xrightarrow[-2\,H_2O]{H_2O,\ NaOH,\ 40-50\,°C}$ Chinolin (85%)

2-Amino-3,4-dimethoxybenzolcarbaldehyd + Diethyl-2-oxobutandioat $\xrightarrow[-2\,H_2O]{NaOH,\ H_2O,\ \Delta}$ Diethyl-7,8-dimethoxychinolin-2,3-dicarboxylat (65%)

Übung 26-24
Formulieren Sie einen Mechanismus für die Friedländer-Synthese.

Das Isochinolinsystem erhält man über die **Bischler-Napieralski*-Synthese**, in der ein intramolekularer Cyclisierungsschritt vom Friedel-Crafts-Typ erfolgt. Bei dieser Synthese wird das Amid eines 2-Phenylethanamins (β-Phenethylamin) mit Phosphorpentoxid oder einem ähnlichen Dehydratisierungsmittel behandelt, wobei ein 3,4-Dihydroisochinolin entsteht. Dieses Produkt läßt sich dann zum vollständig aromatischen System dehydrieren.

Bischler-Napieralski-Synthese von 1-Phenylisochinolin

$\xrightarrow{POCl_3,\ P_2O_5,\ 1,2\text{-Dimethylbenzol } (o\text{-Xylol}),\ \Delta,\ 1\ h}$ 1-Phenyl-3,4-dihydroisochinolin (100%) $\xrightarrow[-H_2]{Pd,\ 200\,°C}$ 1-Phenylisochinolin (90%)

Übung 26-25
Formulieren Sie einen Mechanismus für die Bischler-Napieralski-Synthese von 1-Phenyl-3,4-dihydroisochinolin.

* A. Bischler und B. Napieralski veröffentlichten ihre Synthese im Jahre 1893 an der Universität Zürich.

Reaktionen der Chinoline und Isochinoline: Elektrophile greifen den Benzolring, Nucleophile den Pyridinring an

Da Pyridin im Vergleich zu Benzol ein elektronenarmer Aromat ist, erfolgen elektrophile Substitutionen am Chinolin und Isochinolin am Benzolring. Genau wie bei Naphthalin findet die Substitution bevorzugt an den Kohlenstoffatomen in Nachbarstellung zu dem zweiten Ring statt.

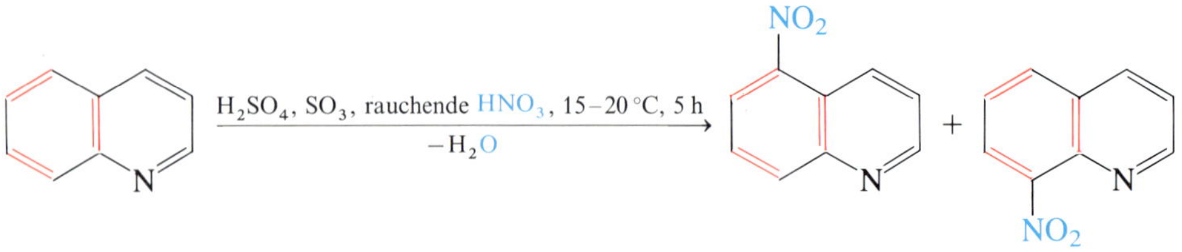

H_2SO_4, SO_3, rauchende HNO_3, 15–20 °C, 5 h; $-H_2O$

35 % **5-Nitrochinolin** + 43 % **8-Nitrochinolin**

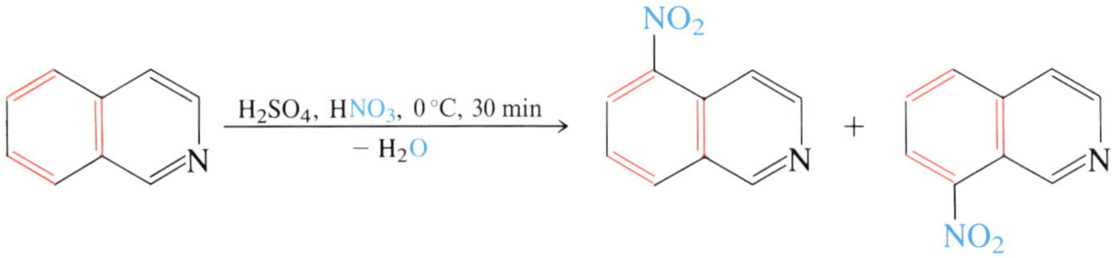

H_2SO_4, HNO_3, 0 °C, 30 min; $-H_2O$

72 % **5-Nitroisochinolin** + 8 % **8-Nitroisochinolin**

Im Gegensatz dazu greifen Nucleophile den elektronenarmen Pyridinring an. Diese Reaktionen verlaufen analog zu den entsprechenden Umsetzungen am Pyridin.

Tschitschibabin-Reaktion an Chinolin und Isochinolin

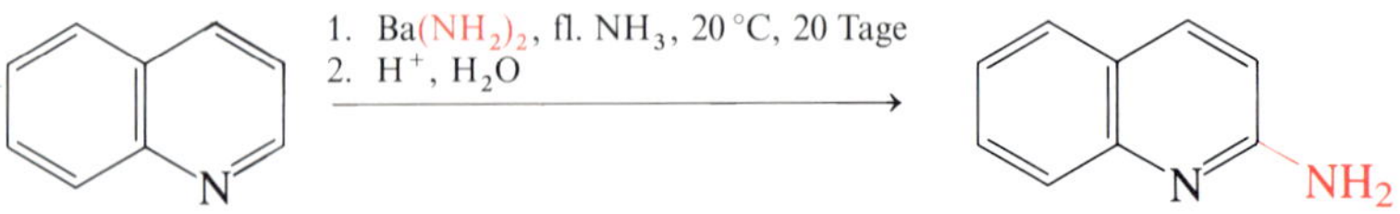

1. $Ba(NH_2)_2$, fl. NH_3, 20 °C, 20 Tage
2. H^+, H_2O

80 % **2-Aminochinolin**

COOH

1. KNH_2, fl. NH_3
2. CH_3COOH

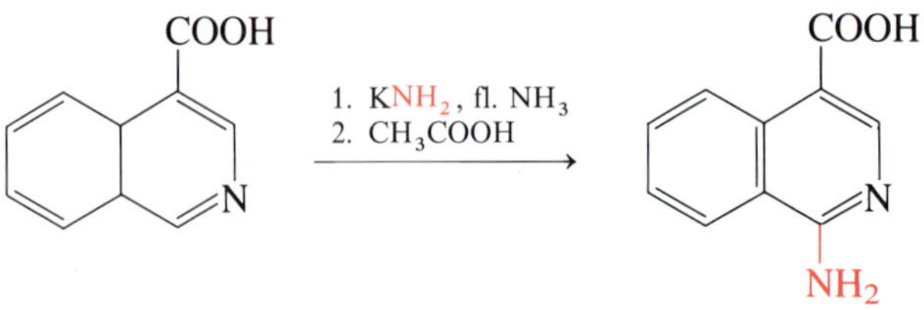

71 % **1-Aminoisochinolin-4-carbonsäure**

Übung 26-26

Chinolin und Isochinolin reagieren mit organometallischen Reagenzien auf dieselbe Weise wie Pyridin (s. Abschn. 26.5). Welche Produkte entstehen, wenn beide mit 2-Propenylmagnesiumbromid reagieren?

Am Rand und nachfolgend sind einige höhere Aza-Analoga des Naphthalins dargestellt.

1,4-Diazanaphthalin (Chinoxalin)

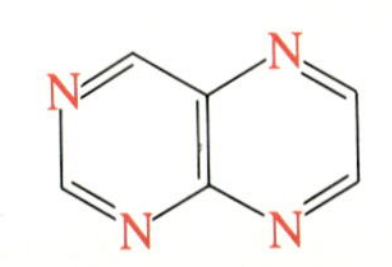

1,3,8-Triazanaphthalin (Pyrido[2,3-*d*]pyrimidin)

1,3,5,8-Tetraazanaphthalin (Pteridin)

1,2-Diazanaphthalin (Cinnolin)

2,3-Diazanaphthalin (Phthalazin)

1,3-Diazanaphthalin (Chinazolin)

Kasten 26-2

Natürliches Vorkommen von 1,3,5,8-Tetraazanaphthalin (Pteridin)

Das 1,3,5,8-Tetraazanaphthalin- (Pteridin-) Ringsystem findet sich in einer Reihe von interessanten Naturprodukten. Xanthopterin und Leukopterin sind z. B. in den Flügeln von Schmetterlingen enthalten.

Xanthopterin

(gelbes Pigment aus den Flügeln des Zitronenfalters)

Leucopterin

(farbloses Flügelpigment des Kohlweißlings)

Folsäure (s. Abschn. 19.6) ist ein wichtiges Biomolekül, das sich aus einem 1,3,5,8-Tetraazanaphthalin- (Pteridin-)ring, 4-Aminobenzolcarbonsäure und (*S*)-2-Aminopentandisäure (Glutaminsäure) (s. Abschn. 27.1) zusammensetzt. Säugetiere müssen diese Substanz mit der Nahrung aufnehmen.

1,3,5,8-Tetraazanaphthalin-Teil

4-Aminobenzolcarbonsäure-Teil

(*S*)-2-Aminopentansäure-(Glutaminsäure-)Teil

Folsäure (**X** = **OH**, **R** = **H**)

Methotrexat (**X** = $\mathbf{NH_2}$, **R** = $\mathbf{CH_3}$)

Tetrahydrofolsäure wirkt als biologischer Überträger von Ein-Kohlenstoff-Einheiten. Der reaktive Teil des Moleküls befindet sich an den Stickstoffatomen *N*-5 und *N*-10.

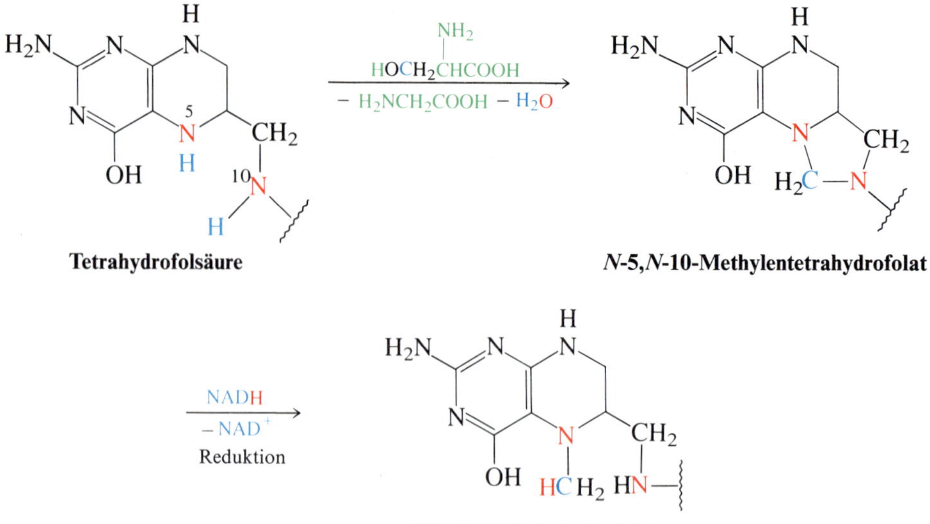

NH_2
$HOCH_2CHCOOH$
$- H_2NCH_2COOH - H_2O$

Tetrahydrofolsäure

***N*-5,*N*-10-Methylentetrahydrofolat**

NADH
$- NAD^+$
Reduktion

***N*-5-Methyltetrahydrofolat**

Ein Derivat der Folsäure, Methotrexat, besitzt mit ihr genügend strukturelle Ähnlichkeit, daß es einige der Reaktionen der Folsäure eingehen kann. Diese Verbindung wirkt auch als Inhibitor bei einigen Zellteilungsprozessen, die durch Folsäure gesteuert werden. Daher ist es ein wichtiges Medikament bei der Chemotherapie von Krebs. Da sich Krebszellen weitaus schneller teilen als normale Zellen, werden sie durch diese Verbindung am stärksten an der Zellteilung gestört.

Riboflavin (Vitamin B_2) ist ein benzolanneliertes Analogon des 1,3,5,8-Tetraazanaphthalins (Pteridin), an das eine Ribose-Einheit gebunden ist. Man findet es in tierischen und pflanzlichem Gewebe.

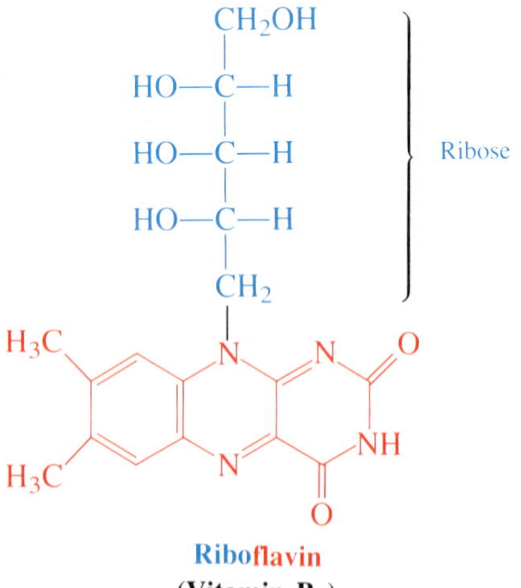

Ribose

Riboflavin
(Vitamin B_2)

Fassen wir zusammen: Die Azanaphthaline Chinolin und Isochinolin kann man als Benzpyridine ansehen. Sie lassen sich durch Kondensationsreaktionen (Friedländer- und Bischler-Napieralski-Synthese) synthetisieren, bei denen der Heterocyclus an einen bereits bestehenden substituierten Benzolring kondensiert wird. Elektrophile greifen den Benzolring der Azanaphthaline, Nucleophile den Pyridinring an.

26.7 Stickstoffhaltige Heterocyclen in der Natur: Alkaloide

Alkaloide sind natürliche stickstoffhaltige Verbindungen, die vor allem in Pflanzen auftreten. Der Name leitet sich davon ab, daß alle Alkaloide charakteristische basische (alkali-ähnliche) Eigenschaften zeigen, die durch das freie Elektronenpaar am Stickstoff zustandekommen. Eine Reihe von Alkaloiden haben wir schon in früheren Abschnitten dieses Buches vorgestellt.

Viele Alkaloide sind von außerordentlich starker pharmakologischer Wirkung. Eines der am stärksten wirksamen und am meisten mißbrauchten Alkaloide ist *Heroin*, das Ethanoyl- (Acetyl-)derivat des Morphins (s. Abschn. 9.8). Morphin und verwandte Alkaloide sind für die physiologische Wirkung des Schlafmohns verantwortlich. Die Gefährlichkeit dieser Drogen liegt darin, daß sie zu physischer und psychischer Abhängigkeit führen.

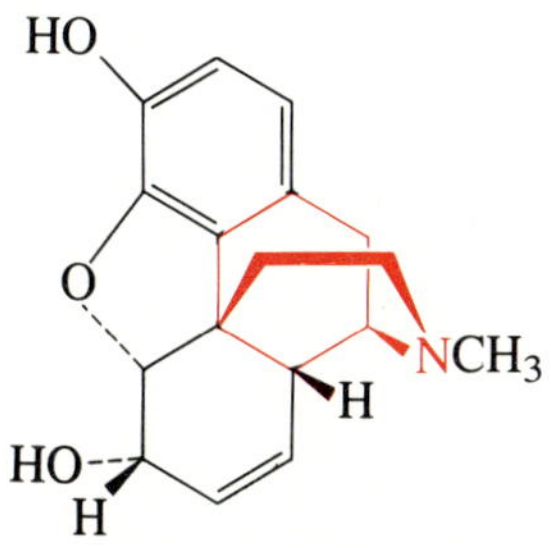

HO, O, HO, H, H, NCH_3
Morphin

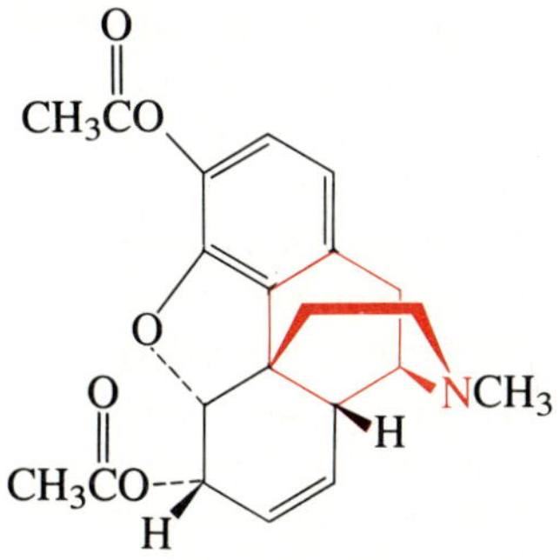

CH_3CO (O), O, CH_3CO (O), H, H, NCH_3
Heroin

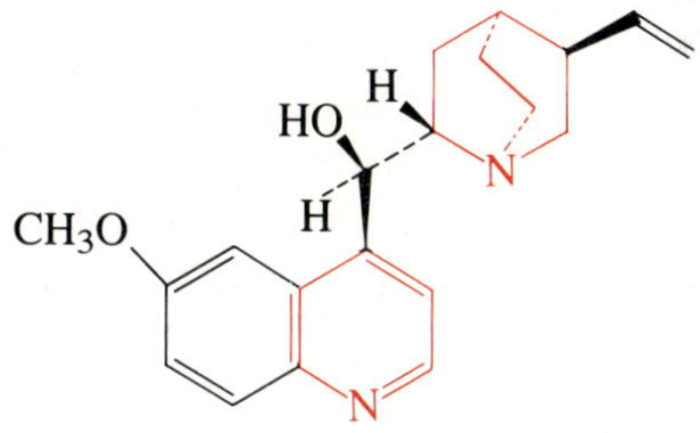

CH_3O, HO, H, H, N, N
Chinin

Chinin, das aus der Chinarinde isoliert wird (in Konzentrationen von 8%), ist das am längsten bekannte wirksame Malariamittel. Der Name Malaria leitet sich von den italienischen Worten *malo*, schlecht, und *aria*, Luft, ab, weil man früher glaubte, daß diese Krankheit durch giftige Sumpfgase verursacht wird. Ein Malariaanfall beginnt mit einem Frösteln, das von einem Fieberschub begleitet oder gefolgt wird, und endet mit einem Schweißausbruch. Derartige Anfälle können sich in regelmäßigen Abständen wiederholen. Der Erreger der Malaria ist ein Protozoen-Parasit (*Plasmodium*-Art), der durch den Stich einer infizierten weiblichen *Anopheles*-Mücke übertragen wird. Man schätzt, daß etwa 10 Millionen Menschen an dieser Krankheit leiden, und es gibt Anzeichen, daß die Zahl der Erkrankungen zunimmt.

Strychnin und *Brucin* sind die tödlichen Ingredientien vieler Kriminalromane (die lethale Dosis bei Tieren ist etwa 5–10 mg/kg).

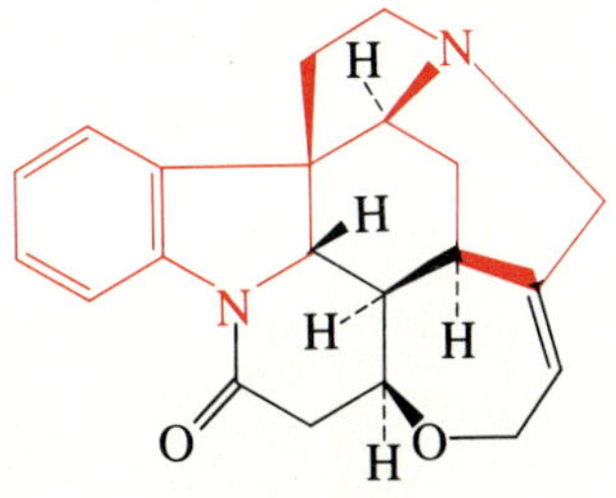

H, N, H, N, H, H, O, H, O
Strychnin

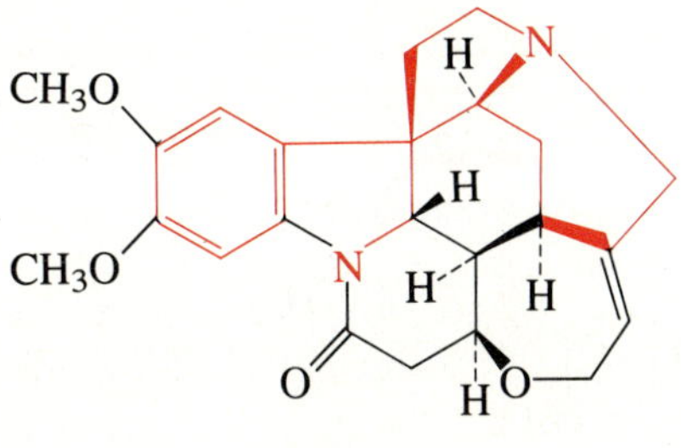

CH_3O, CH_3O, H, N, H, N, H, H, O, H, O
Brucin

Das Isochinolin- und das 1,2,3,4-Tetrahydroisochinolin-System findet man in vielen Alkaloiden, und Derivate dieser Systeme zeigen physiologische Wirkung, z. B. als Halluzinogene, als Beruhigung- und Anregungsmittel und als blutdrucksenkende Mittel.

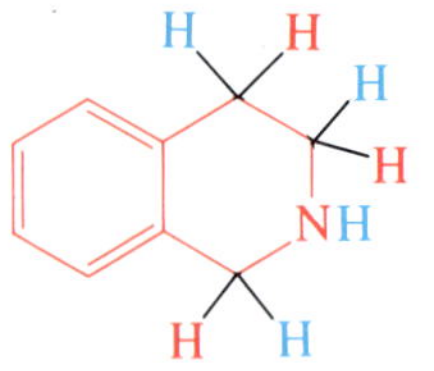

1,2,3,4-Tetrahydro-isochinolin

Kasten 26-3

Tetrahydroisochinoline und Alkoholismus

Man hat die Hypothese aufgestellt, daß Tetrahydroisochinoline, die nach der Alkoholaufnahme gebildet werden, für das *Delirium tremens* verantwortlich sind. Dies ist ein Aufregungszustand, der mit Zittern, Halluzinationen und Anfällen verbunden, und für Alkoholiker typisch ist. Diese Hypothese basiert darauf, daß durch enzymatische Oxidation des in der Blutbahn befindlichen Ethanols der Gehalt an Ethanal (Acetaldehyd) in Gehirn erhöht wird. Ethanal (Acetaldehyd) wirkt als Inhibitor eines Enzyms (*Aldehyd-Dehydrogenase*), das für die Oxidation von 3,4-Dihydroxyphenylethanal (3,4-Dihydroxyphenylacetaldehyd), einem anderen Stoffwechselprodukt des Gehirns, zur entsprechenden Säure verantwortlich ist. Dieser Aldehyd leitet sich ebenfalls durch enzymatische Oxidation von 4-(2-Aminoethyl)-1,2-benzoldiol (Dopamin) ab. Liegen sie in erhöhten Konzentrationen vor, können der Aldehyd und das Amin miteinander zu dem biologischen Molekül *N*-Norlaudanosolin reagieren. Wie man weiß, ist dieses Tetrahydroisochinolin eine Vorstufe in der Biosynthese von Morphin, das, wenn es im Gehirn auf diese Weise entsteht, verantwortlich für *Delirium tremens* sein könnte.

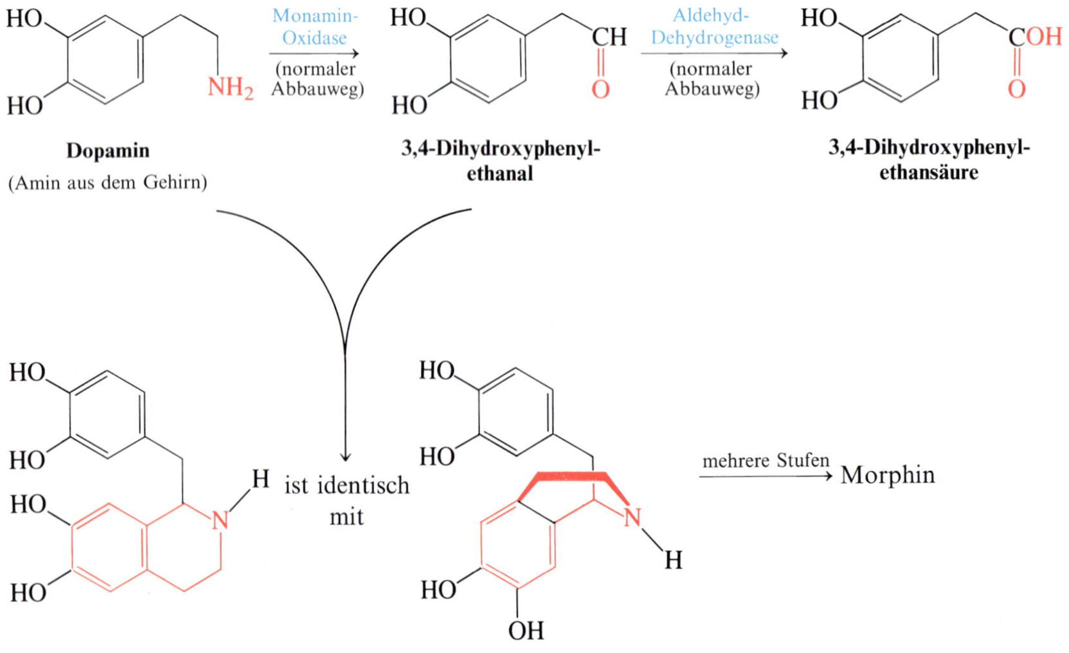

Dopamin (Amin aus dem Gehirn) $\xrightarrow{\text{Monamin-Oxidase (normaler Abbauweg)}}$ **3,4-Dihydroxyphenylethanal** $\xrightarrow{\text{Aldehyd-Dehydrogenase (normaler Abbauweg)}}$ **3,4-Dihydroxyphenylethansäure**

ist identisch mit

N-Norlaudanosolin $\xrightarrow{\text{mehrere Stufen}}$ Morphin

In der folgenden Sequenz ist gezeigt, wie *N*-Norlaudanosolin biologisch in Morphin überführt wird.

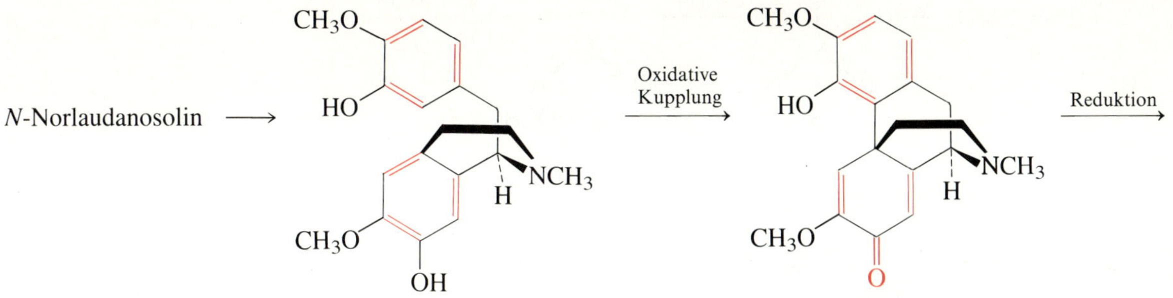

N-Norlaudanosolin ⟶ Reticulin —Oxidative Kupplung→ Salutaridin —Reduktion→ Salutaridinol —(− HOH)→ Thebain ⇢ Morphin

Reticulin **Salutaridin** 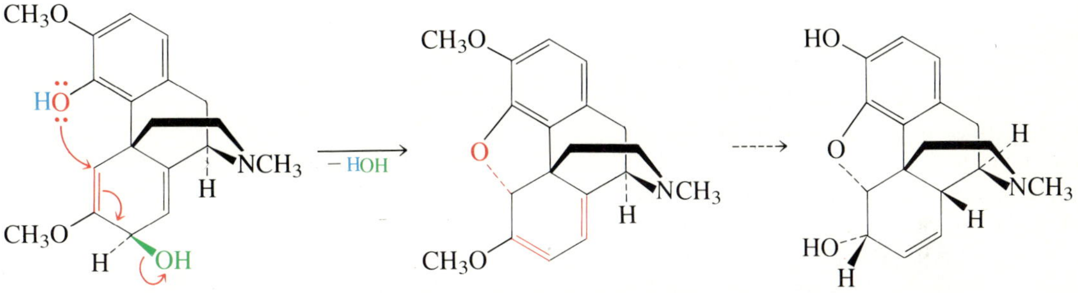 **Salutaridinol** **Thebain** **Morphin**

Beim ersten Methylierungsschritt bildet sich Reticulin, das eine oxidative Kupplungsreaktion eingeht. Die Kupplung erfolgt *ortho* zu der einen, *para* zu der anderen Hydroxygruppe, es entsteht Salutaridin. Eine enzymatische Reduktion zu Salutaridinol, gefolgt von der Knüpfung einer Etherbrücke, ergibt dann Thebain, eine Vorstufe des Morphins.

Zusammengefaßt gilt, daß viele natürliche stickstoffhaltige Verbindungen Alkaloide sind, die in den verschiedensten Bereichen physiologische Wirksamkeit zeigen.

Zusammenfassung neuer Reaktionen

1 Synthese von Azacyclopropanen (Aziridinen)

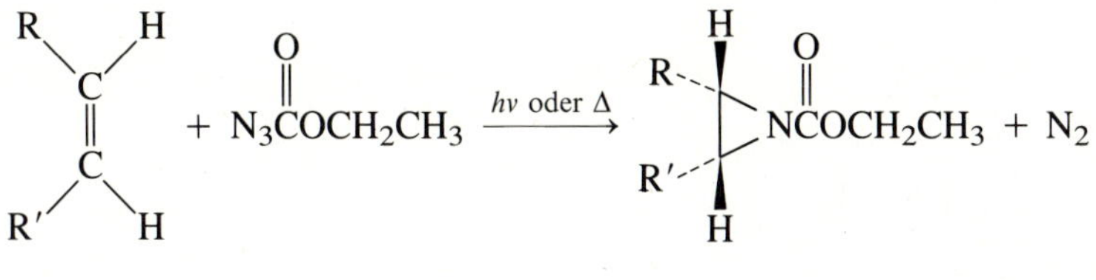

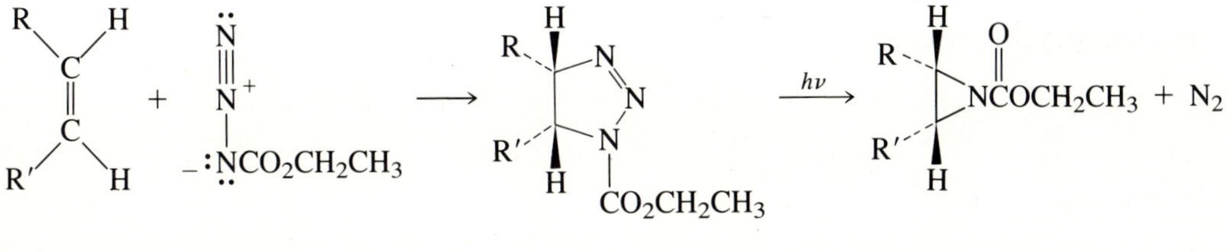

$$RCH{=}CHR' + N_3\overset{O}{\overset{\|}{C}}OCH_2CH_3 \xrightarrow{h\nu \text{ oder } \Delta} \text{Aziridin-}N\overset{O}{\overset{\|}{C}}OCH_2CH_3 + N_2$$

$$RCH{=}CHR' + \ddot{N}{=}N^+{-}\ddot{N}^-CO_2CH_2CH_3 \longrightarrow \text{Triazolin-}N{-}CO_2CH_2CH_3 \xrightarrow{h\nu} \text{Aziridin-}N\overset{O}{\overset{\|}{C}}OCH_2CH_3 + N_2$$

$$R(H)C{=}C(R')H + IN{=}C{=}O \longrightarrow R(H)(I)C{-}C(R')(H)NCO \xrightarrow{CH_3OH} R(H)(I)C{-}C(R')(H)NHCOCH_3 \xrightarrow{50\%\ NaOH}$$

$$\text{Aziridin-}NCOCH_3 \xrightarrow{KOH,\ \Delta} \text{Aziridin-}NCOOH \longrightarrow \text{Aziridin-}NH + CO_2$$

2 Synthese von Oxacyclopropanen

$$RR'C{=}CR''R''' + RCOOH \longrightarrow \text{Oxacyclopropan (}R, R', R'', R'''\text{)} + RCOH$$

Aus α,β-ungesättigten Carbonylverbindungen:

$$H_3C{-}CH{=}CH{-}CO{-}CH_3 \xrightarrow{H_2O_2,\ HO^-} \text{Enolat-Zwischenstufe} \longrightarrow \text{Oxacyclopropan mit }COCH_3\text{ und }CH_3$$

3 Synthese von Thiacyclopropanen (Thiiranen)

$$\text{Oxacyclopropan (}H, R, R', H\text{)} \xrightarrow{KSCN} \text{Thiacyclopropan (}R, H, H, R'\text{)}$$

4 Reaktionen von Heterocyclopropanen

$$\text{Heterocyclopropan (X)} \xrightarrow{1.\ ^-{:}Nu\ \text{oder}\ HNu;\ 2.\ H_2O} X{-}CH_2{-}CH_2{-}Nu(H)$$

5 Synthese von Heterocyclobutanen

$:\ddot{X}{-}CH_2CH_2CH_2{-}\ddot{N}u^- \longrightarrow$ (Nu-Ring) $+ :\ddot{X}:^-$

$R_2C{=}O + R'R''C{=}CH_2 \xrightarrow{h\nu}$ Oxetan (R, R, R', R'')

$CH_2{=}O + CH_2{=}C{=}O \xrightarrow{ZnCl_2}$ Oxetan-2-on

$RR'C{=}CH_2 + ClSO_2N{=}C{=}O \longrightarrow$ $ClSO_2N$-Azetidinon (R, R')

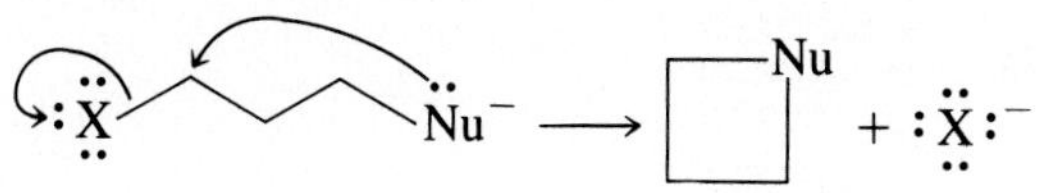

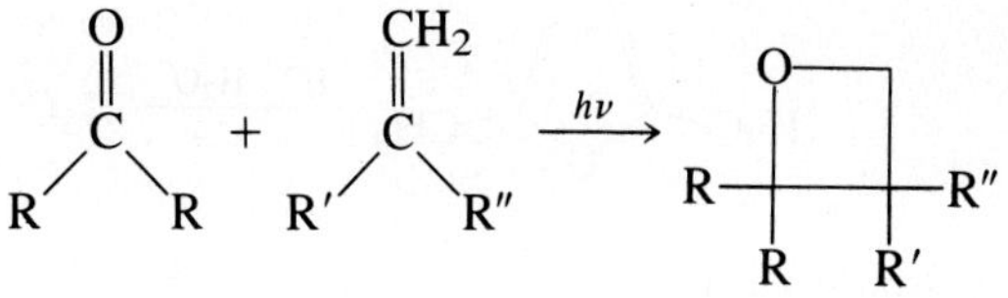

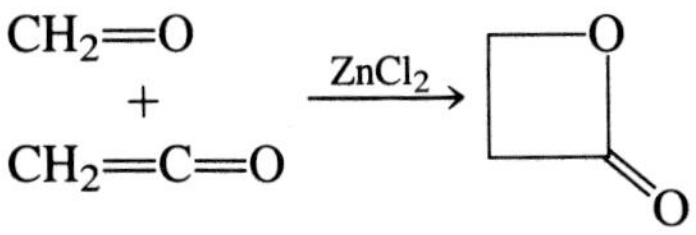

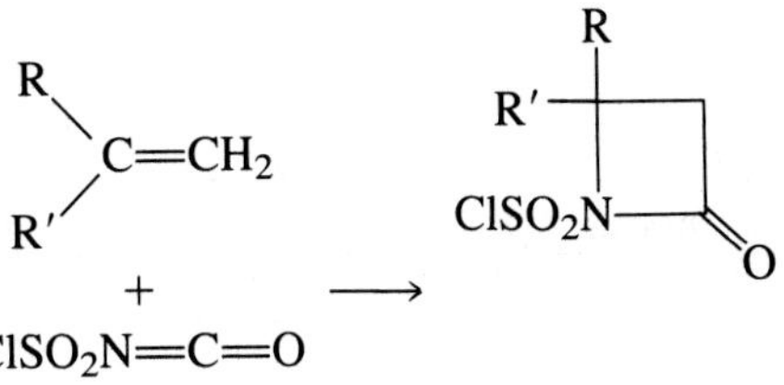

6 Ringöffnung von Heterocyclobutanen

$:Nu$ + Heterocyclobutan $\longrightarrow :\ddot{X}(CH_2)_3Nu$

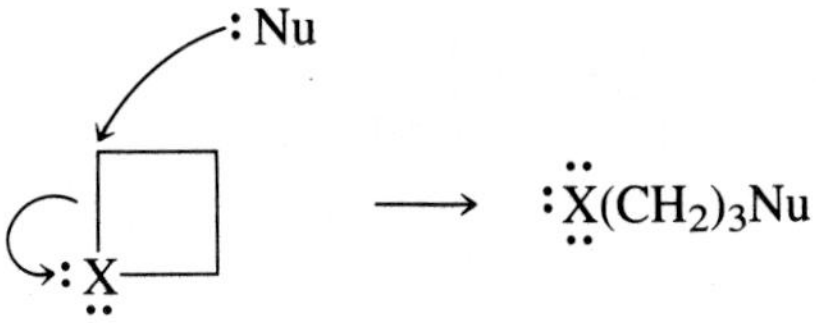

7 Synthese von Heterocyclopentanen

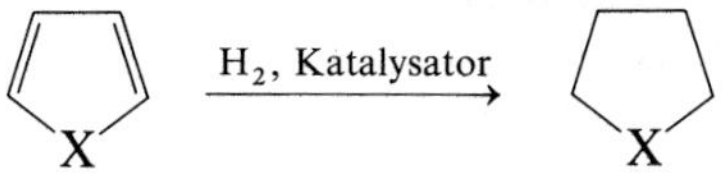

$\xrightarrow{H_2,\ \text{Katalysator}}$

8 Paal-Knorr-Synthese von 1-Hetero-2,4-cyclopentadienen

R–CO–CH₂CH₂–CO–R $\xrightarrow{P_2O_5,\ \Delta}$ 2,5-R₂-Furan (O)

$\downarrow P_2S_5$: 2,5-R₂-Thiophen (S)

$(NH_4)_2CO_3$, Δ: 2,5-R₂-Pyrrol (N–H)

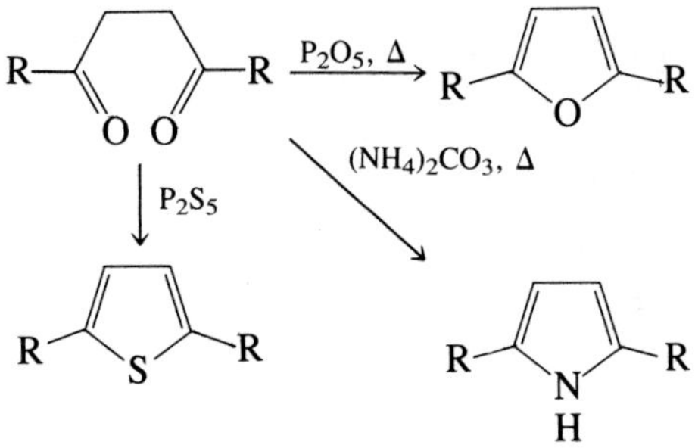

9 Reaktionen von 1-Hetero-2,4-cyclopentadienen

Elektrophile Substitution:

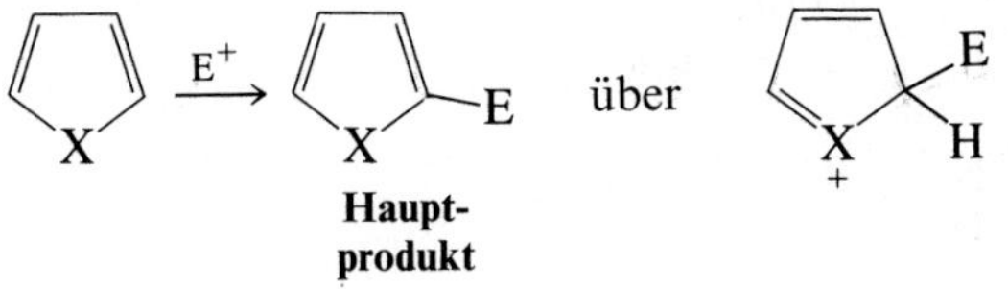

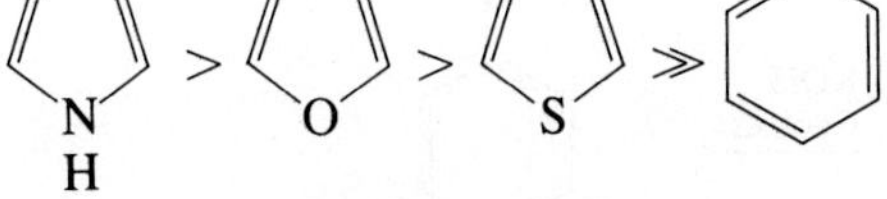

$\xrightarrow{E^+}$ (2-E, X) über (E, H, X^+)

Haupt-produkt

N–H > O > S ≫ Benzol

relative Geschwindigkeit

Ringöffnung:

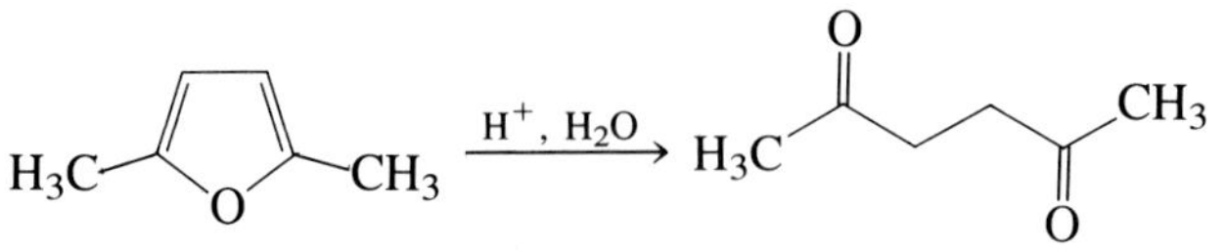

H_3C CH_3 O — H^+, H_2O → H_3C O CH_3 O

Cycloaddition:

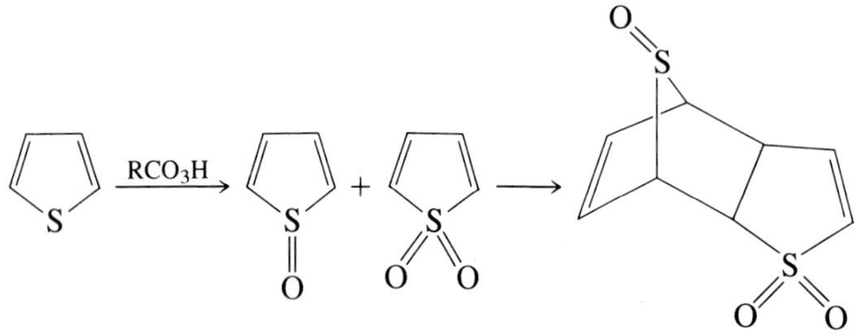

S — RCO_3H → S O + S O O → O S S O O

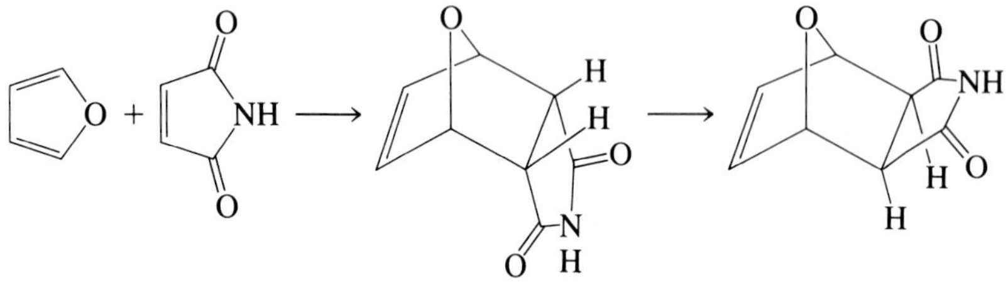

O + O NH O → O H H O N O H → O O NH H O H

endo-Addukt
kinetisches
Produkt

exo-Addukt
thermodynamisches
Produkt

10 Fischersche Indolsynthese

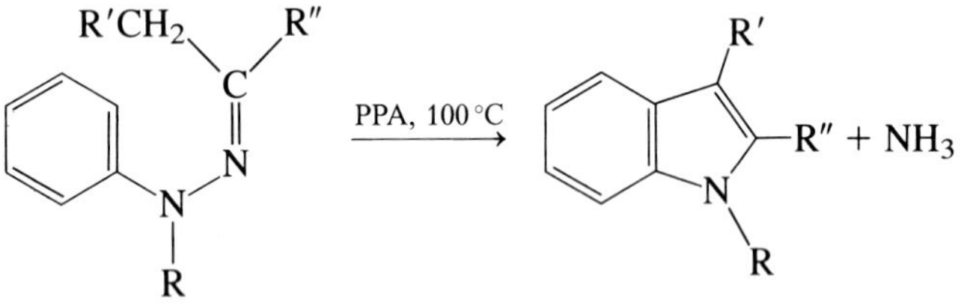

$R'CH_2$ R'' C N N R — PPA, 100 °C → R′ R″ N R + NH_3

11 Hantzsch-Pyridin-Synthese

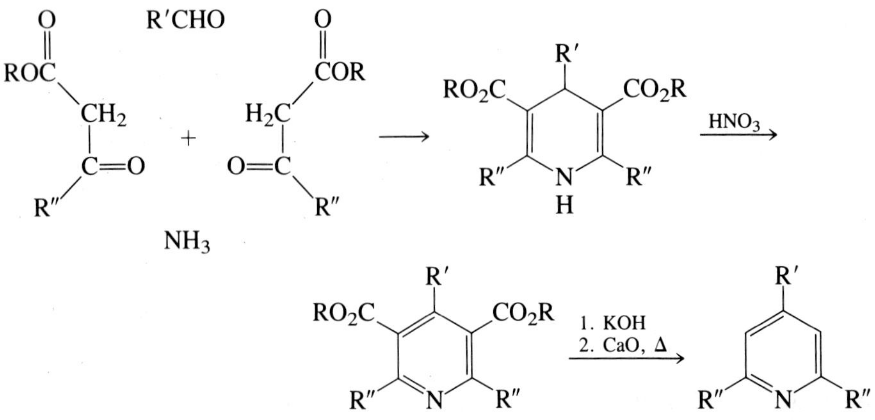

O ROC CH_2 C=O R″ + R′CHO + NH_3 + O COR H_2C O=C R″ → R′ RO_2C CO_2R R″ N H R″ — HNO_3 →

R′ RO_2C CO_2R R″ N R″ — 1. KOH 2. CaO, Δ → R′ R″ N R″

12 Reaktionen von Pyridin

Protonierung:

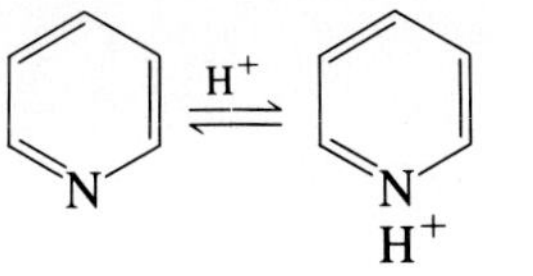

H^+ ; N ; N ; H^+

$pK_a = 5.29$
Pyridinium-Ion

Elektrophile Substitution:

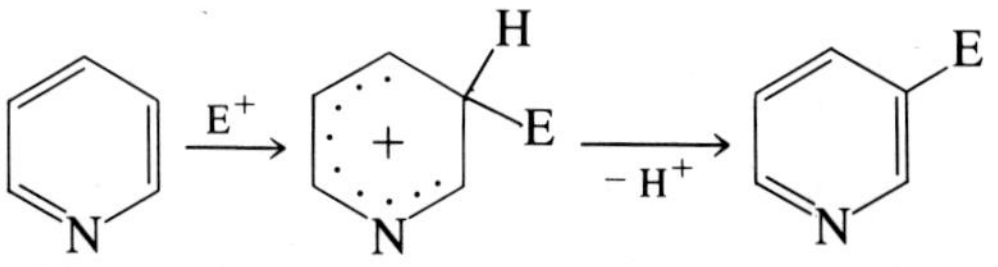

N ; E^+ ; H ; + ; E ; N ; $-H^+$; E ; N

Nucleophile Substitution:

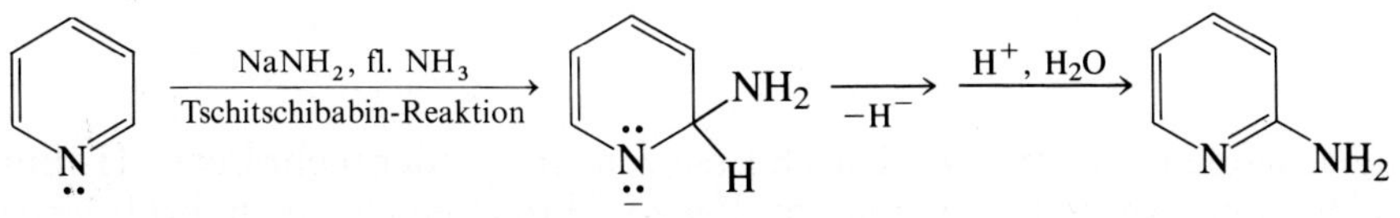

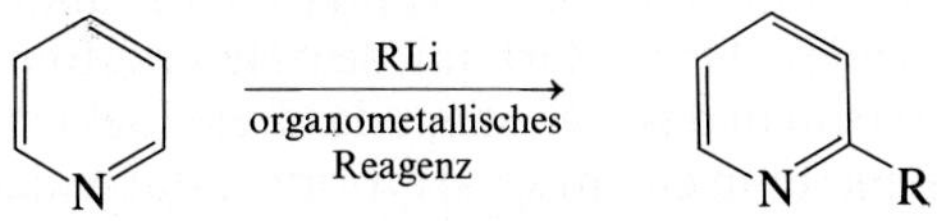

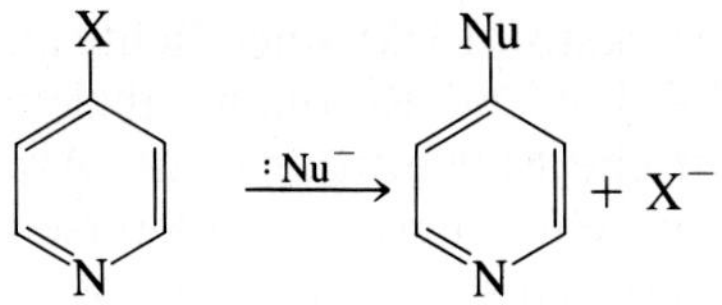

N ; $NaNH_2$, fl. NH_3
Tschitschibabin-Reaktion
N ; NH_2 ; H ; $-H^-$; H^+, H_2O ; N ; NH_2

N ; RLi
organometallisches
Reagenz
N ; R

X ; N ; :Nu^- ; Nu ; N ; $+ X^-$

Halogenpyridin

13 Friedländer-Chinolin-Synthese

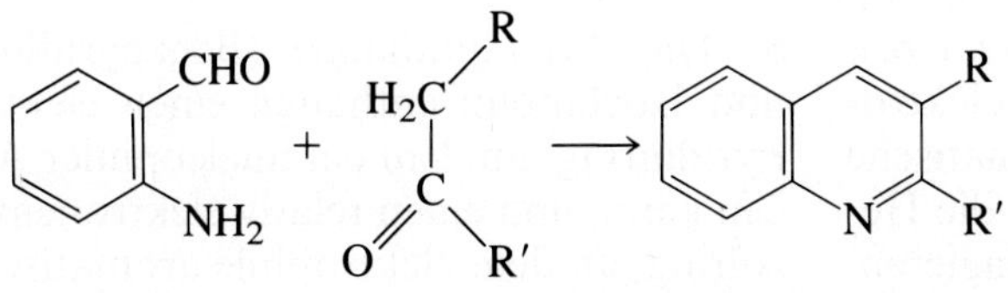

CHO ; NH_2 ; + H_2C ; R ; C ; O ; R′ → R ; N ; R′

14 Bischler-Napieralski-Synthese von Isochinolinen

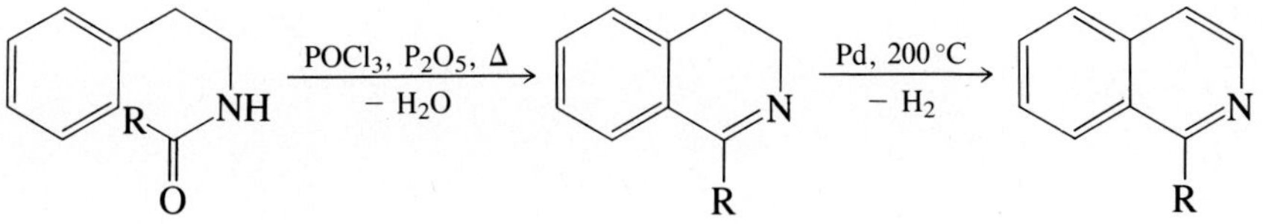

R ; NH ; O ; $POCl_3$, P_2O_5, Δ ; $-H_2O$; N ; R ; Pd, 200 °C ; $-H_2$; N ; R

Elektrophile Substitution:

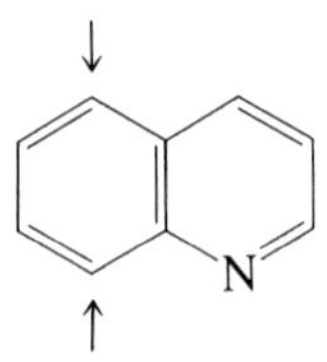

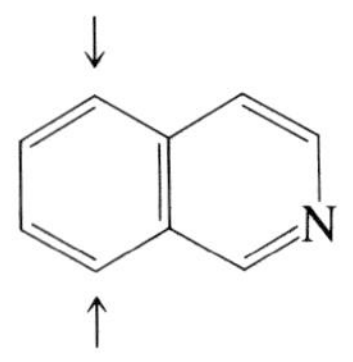

N N

Nucleophile Substitution:

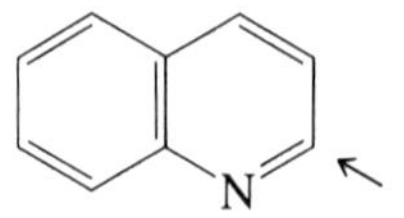

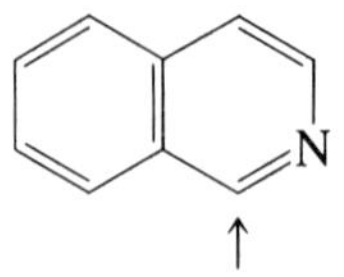

N N

Zusammenfassung

1 Man kann Heterocycloalkane benennen, indem man die Nomenklatur der Cycloalkane benutzt, und das Vorhandensein eines Heteroatoms durch den Vorsatz aza- für Stickstoff, oxa- für Sauerstoff, thia für Schwefel usw. angibt. Daneben gibt es noch Namen, die sich aus anderen Nomenklatursystemen ergeben, und die Trivialnamen, die auch häufig in der Literatur, insbesondere für die aromatischen Heterocyclen, benutzt werden.

2 Die gespannten drei- und viergliedrigen Heterocycloalkane reagieren rasch mit Nucleophilen unter Ringöffnung.

3 1-Hetero-2,4-cyclopentadiene sind aromatisch und haben eine ähnliche Anordnung von sechs π-Elektronen wie das Cyclopentadienyl-Anion. Das Heteroatom ist sp^2-hybridisiert, und das p-Orbital steuert seine zwei Elektronen zum π-System bei. Daraus ergibt sich, daß die Dien-Einheit elektronenreich ist und rasch elektrophile aromatische Substitutionen eingeht. Außerdem können die Heteroatome auf die für sie typische Weise reagieren. So läßt sich der Stickstoff in Pyrrol nitrosieren, der Schwefel in Thiophen oxidieren.

4 Durch Ersetzen einer (oder mehrerer) CH-Einheiten im Benzol durch einen sp^2-hybridisierten Stickstoff erhält man formal Pyridin (und die anderen Azabenzole). Das p-Orbital des Heteroatoms gibt ein Elektron in das π-System, das freie Elektronenpaar verbleibt in einem sp^2-Hybridorbital in der Molekülebene. Azabenzole sind elektronenarm, da der elektronegative Stickstoff Elektronendichte aus dem Ring über Induktion und Resonanz abzieht. Elektrophile aromatische Substitutionen an Azabenzole verlaufen nur sehr langsam. Andererseits ist die nucleophile aromatische Substitution erleichtert. Beispiele hierfür sind die Tschitschibabin-Reaktion, Substitutionen durch organometallische Reagenzien in Nachbarstellung zum Stickstoff und bei den Halogenpyridinen der Austausch von Halogenid-Ionen gegen Nucleophile.

5 Die Azanaphthaline (Benzpyridine) Chinolin und Isochinolin enthalten einen elektronenarmen Pyridinring, an dem ein nucleophiler Angriff erfolgen kann, und einen relativ elektronenreichen Benzolring, an dem elektrophile aromatische Substitutionen ablaufen können. Diese erfolgen gewöhnlich an den zum Heterocyclus benachbarten Positionen.

1 Benennen oder zeichnen Sie die folgenden Verbindungen.

(a) *cis*-2,3-Diphenyloxacyclopropan
(b) 3-Azacyclobutanon
(c) 1,3-Oxathiacyclopentan
(d) 2-Butanoyl-1,3-dithiacyclohexan

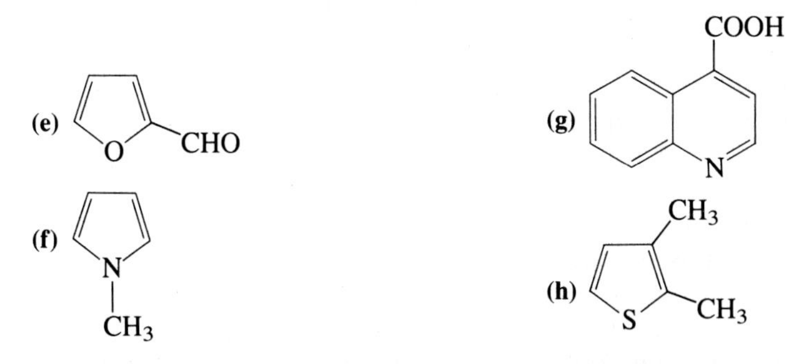

2 Welche(s) Produkt(e) entsteht (entstehen) Ihrer Meinung nach bei den folgenden Reaktionssequenzen?

(a) H(H$_3$C)C=C(CH$_3$)H $\xrightarrow{\text{INCO}}$

(b) Produkt von Teil **a** $\xrightarrow{\text{1. } CH_3OH \text{; 2. NaOH, } H_2O \text{; 3. KOH, } \Delta}$

(c) (Cyclohexyliden)=CH_2 $\xrightarrow{IN_3}$ (Hinweis: Zeichnen Sie eine Lewis-Formel von IN_3.)

(d) Produkt von Teil c $\xrightarrow{\text{1. } LiAlH_4 \text{; 2. } H_2O}$ (Hinweis: Abschn. 21.4)

3 Bei den beiden folgenden Reaktionen erhält man als Produkte Steroide mit derselben Summenformel, aber völlig unterschiedlichen Strukturen. Zeichnen Sie die Strukturen und erklären Sie, wie die verschiedenen Ergebnisse zustandekommen.

(a) (Steroid: O, H$_3$C, H, H, H$_3$C, H$_3$C, =O) $\xrightarrow{C_6H_5CO_3H,\ CHCl_3}$

(b) (Steroid: O, H$_3$C, H, H, H$_3$C, H$_3$C, =O) $\xrightarrow{30\%\ H_2O_2,\ NaOH,\ CH_3OH}$

4 Bei den beiden nächsten Reaktionen entstehen stereoisomere Produkte. Zeichnen Sie die Strukturen der Produkte und versuchen Sie, das unterschiedliche Ergebnis zu erklären. Hinweis: Machen Sie ein Modell.

(a) 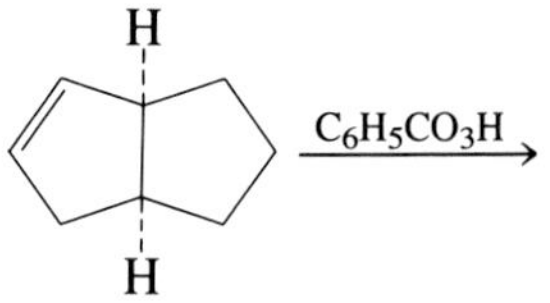 H, H (bicyclische Struktur) $\xrightarrow{C_6H_5CO_3H}$

(b) 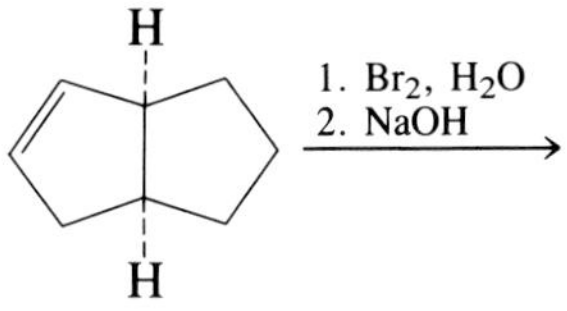 H, H (bicyclische Struktur) $\xrightarrow[\text{2. NaOH}]{\text{1. } Br_2,\ H_2O}$

5 Die Darzens-Kondensation ist eine der älteren Methoden (1904) zur Synthese von Dreiring-Heterocyclen. Im allgemeinen wird dabei ein 2-Halogenester mit einem Carbonylderivat in Gegenwart von Base umgesetzt. Die folgenden Beispiele der Darzens-Kondensation zeigen, wie man sie zur Synthese von Oxacyclopropanen und Azacyclopropanen verwenden kann. Schlagen Sie einen plausiblen Mechanismus für diese Reaktionen vor.

(a) 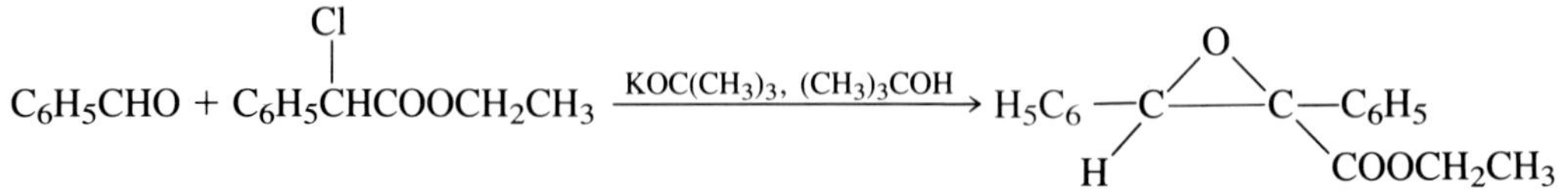 $C_6H_5CHO + C_6H_5CH(Cl)COOCH_2CH_3 \xrightarrow{KOC(CH_3)_3,\ (CH_3)_3COH}$ H_5C_6—C(H)—O—C(C_6H_5)($COOCH_2CH_3$)

(b) 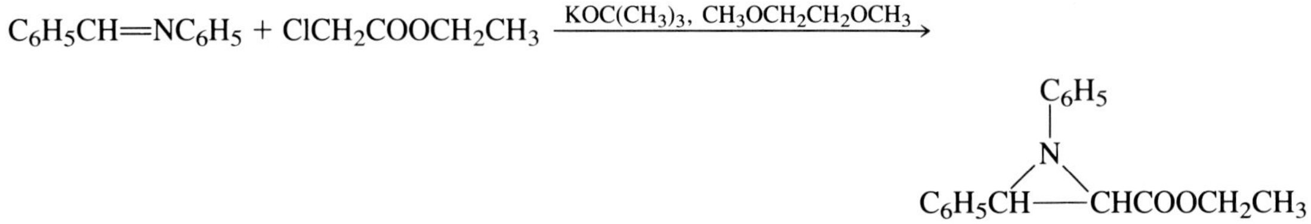 $C_6H_5CH{=}NC_6H_5 + ClCH_2COOCH_2CH_3 \xrightarrow{KOC(CH_3)_3,\ CH_3OCH_2CH_2OCH_3}$ C_6H_5CH—N(C_6H_5)—$CHCOOCH_2CH_3$

6 Entwickeln Sie eine Synthese für jede der folgenden heterocyclischen Verbindungen. Bauen Sie in jedem Fall den heterocyclischen Ring aus geeigneten nicht-heterocyclischen Vorstufen.

(a) 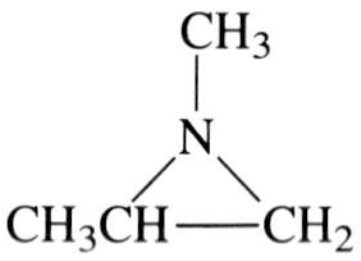 CH_3CH—N(CH_3)—CH_2

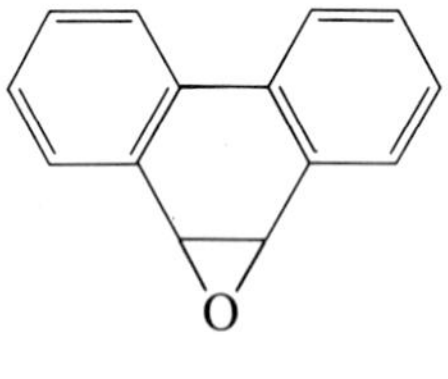

(b) 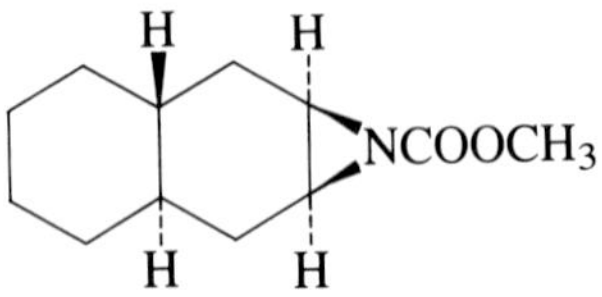 H, H, H, H, $NCOOCH_3$

(c) O

(d) 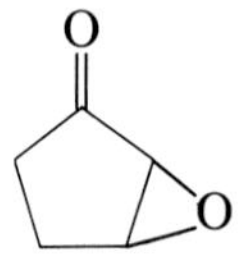 O, O

7 Welche Produkte entstehen bei den folgende Reaktionssequenzen?

(a) 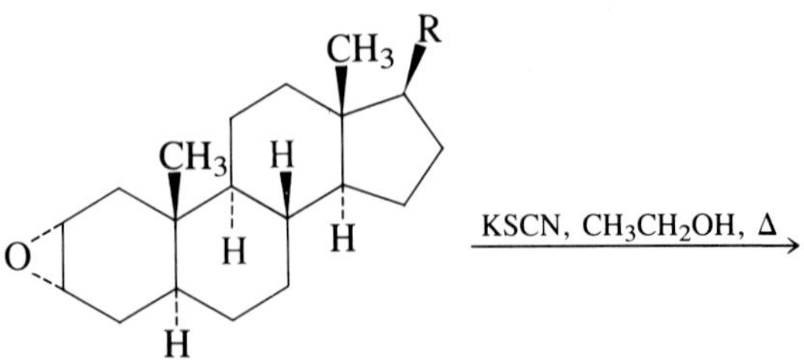 O, CH_3, H, H, H, CH_3, R, H, H $\xrightarrow{KSCN,\ CH_3CH_2OH,\ \Delta}$

(R = Alkylkette)

(b) 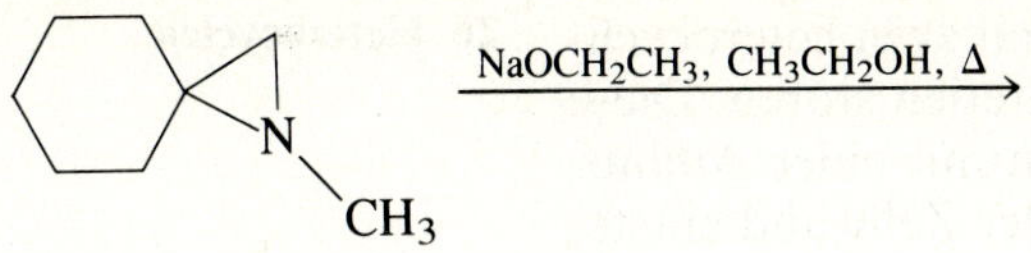 [Cyclohexan-spiro-aziridin, N–CH_3] $\xrightarrow{NaOCH_2CH_3,\ CH_3CH_2OH,\ \Delta}$

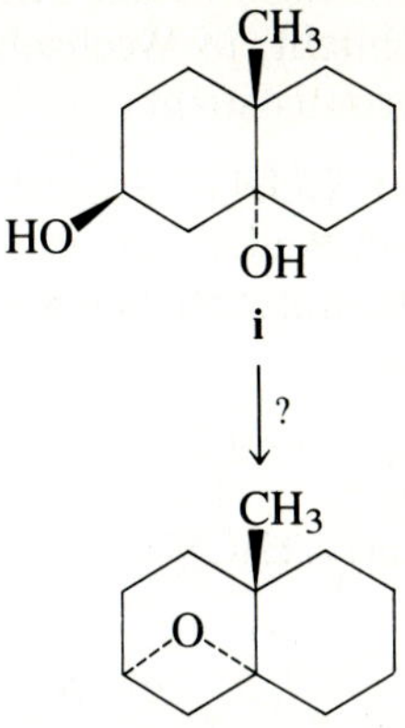

(c) 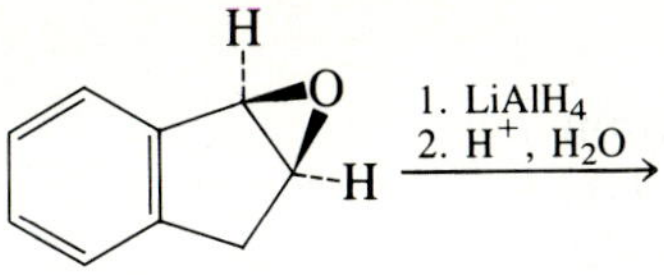 [Indenoxid] $\xrightarrow[2.\ H^+,\ H_2O]{1.\ LiAlH_4}$

8 Schlagen Sie eine Methode für die Überführung des Diols (i) (s. Randspalte) in Oxacyclobutan (ii) vor.

CH_3 HO OH **i** → ? → CH_3 O **ii**

9 Intramolekulare Versionen von [2 + 2]Cycloadditionen werden häufig zur Darstellung von polycyclischen Strukturen, die Heterocyclobutane enthalten, benutzt. Unter photochemischen Bedingungen cyclisiert 5-Hexen-2-on zu einem isomeren Produkt, das die folgenden ^{1}H-NMR-Daten zeigt. Schlagen Sie eine Struktur für das Produkt vor.

$$CH_3\overset{O}{\overset{\|}{C}}CH_2CH_2CH{=}CH_2 \xrightarrow{h\nu}$$ ^{1}H-NMR: δ = 1.35 (s, 3 H), 2.29 (m, 4 H), 2.85 (m, 1 H), 4.39 (d von d, 1 H), und 4.81 (d von d, 1 H) ppm.

5-Hexen-2-on

10 **(a)** Die am Rand gezeigte Verbindung mit dem Trivialnamen 1,3-Dibrom-5,5-dimethylhydantoin ist gut als Quelle von elektrophilem Brom (Br^+) für Additionsreaktionen geeignet. Geben Sie einen systematischeren Namen für diese heterocyclische Verbindung an.
(b) Ein noch bemerkenswerterer Heterocyclus (B) wird nach der folgenden Reaktionssequenz dargestellt. Leiten Sie aufgrund der gegebenen Informationen Strukturen für A und B ab, und benennen Sie die letztere Verbindung.

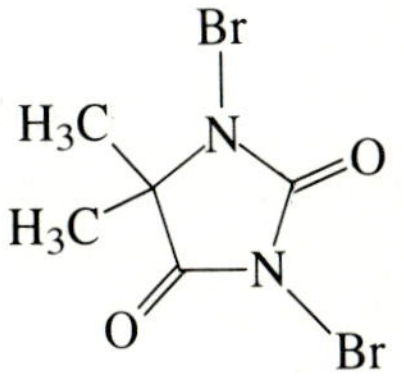

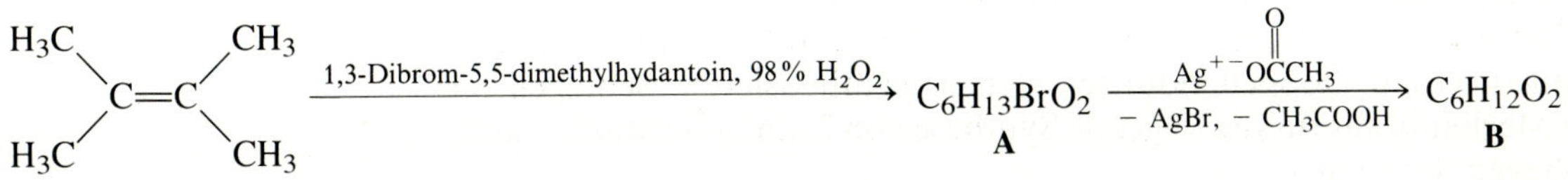

[1,3-Dibrom-5,5-dimethylhydantoin: Br, H_3C, N, O, H_3C, N, O, Br]

$$(H_3C)_2C{=}C(CH_3)_2 \xrightarrow{1,3\text{-Dibrom-5,5-dimethylhydantoin, } 98\%\ H_2O_2} \underset{\mathbf{A}}{C_6H_{13}BrO_2} \xrightarrow[-\ AgBr,\ -\ CH_3COOH]{Ag^{+\ -}O\overset{O}{\overset{\|}{C}}CH_3} \underset{\mathbf{B}}{C_6H_{12}O_2}$$

Heterocyclus B ist eine gelbe, kristalline Verbindung mit süßlichem Geruch, die sich bei vorsichtigem Erwärmen in zwei Moleküle Propanon (Aceton) zersetzt, von denen eines im angeregten $n \longrightarrow \pi^*$-Zustand entsteht (s. Abschn. 14.7 und 15.2). Dieses in einem angeregten Elektronenzustand befindliche Produkt zeigt Chemolumineszenz.

$$B \longrightarrow CH_3\overset{O}{\overset{\|}{C}}CH_3 + \left[CH_3\overset{O}{\overset{\|}{C}}CH_3\right]^{n \rightarrow \pi^*} \longrightarrow h\nu + 2\ CH_3\overset{O}{\overset{\|}{C}}CH_3$$

Heterocyclen mit ähnlicher Struktur wie B sind für die Chemolumineszenz einer Reihe von Lebewesen verantwortlich (z. B. der Feuerfliege und einige Tiefseefische); sie dienen auch als Energiequelle für kommerzielle Chemolumineszenzprodukte (Aufgabe 14 von Kap. 25).

11 Die Penicilline sind eine Klasse von Antibiotika mit zwei heterocyclischen Ringen, die den Aufbau der Zellwände der Bakterien stören. Diese Störung kommt dadurch zustande, daß das Penicillin mit einer Aminogruppe eines Proteins, das Löcher, die beim Aufbau der Zellwand entstehen schließt, in Wechselwirkung tritt. Das Zellinnere läuft aus, und der Organismus stirbt.

(a) Welches Produkt entsteht Ihrer Meinung nach bei der Reaktion von Penicillin G mit der Aminogruppe eines Proteins (Protein-NH_2)? Hinweis: Suchen Sie zuerst die elektrophilste Stelle im Penicillinmolekül.

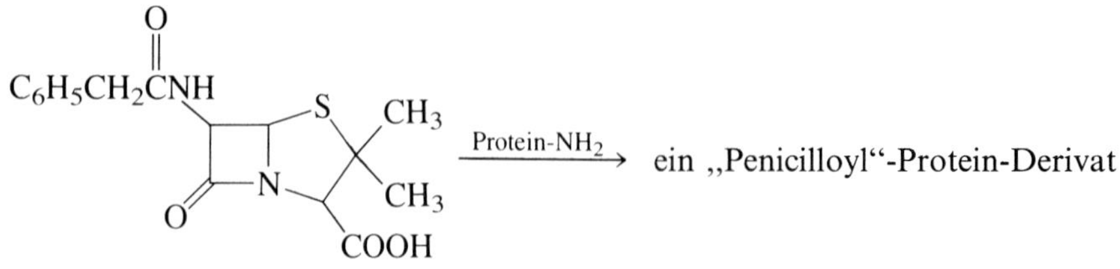

$C_6H_5CH_2C(=O)NH$–[β-Lactam/Thiazolidin, S, N, O, CH_3, CH_3, COOH] $\xrightarrow{\text{Protein-NH}_2}$ ein „Penicilloyl"-Protein-Derivat

Penicillin G

(b) Penicillin-resistente Bakterien scheiden ein Enzym (Penicillinase) aus, das die Hydrolyse des Antibiotikums schneller katalysiert, als dieses die Zellwand-Proteine angreifen kann. Schlagen Sie eine Struktur für das Produkt der Hydrolysereaktion vor, und versuchen Sie, zu erklären, warum die antibiotischen Eigenschaften von Penicillin bei der Hydrolyse zerstört werden.

$$\text{Penicillin G} \xrightarrow{H_2O,\ \text{Penicillinase}} \text{Penicillinsäure}$$

(Hydrolyseprodukt, keine antibiotische Aktivität)

12 Azacyclohexane (Piperidine) lassen sich durch Reaktion von Ammoniak mit *gekreuzt-konjugierten Dienonen* (Ketone, die an beiden Seiten in Konjugation mit Doppelbindungen stehen) synthetisieren. Schlagen Sie einen Mechanismus für die folgende Synthese von 2,2,6,6-Tetramethylazacyclohexan-4-on vor.

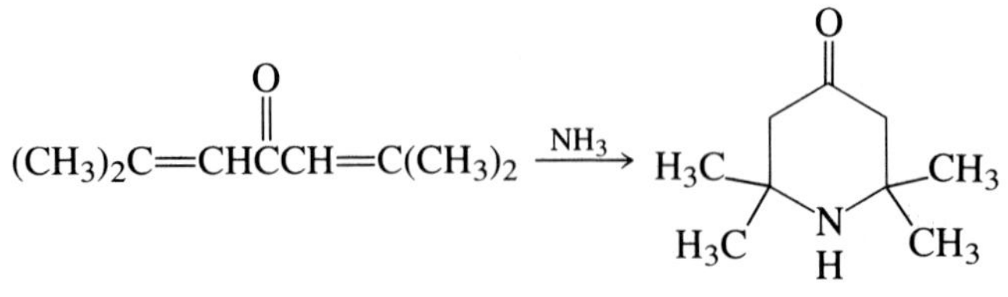

$$(CH_3)_2C{=}CH\overset{O}{\overset{\|}{C}}CH{=}C(CH_3)_2 \xrightarrow{NH_3} \text{2,2,6,6-Tetramethylazacyclohexan-4-on}$$

13 Verbindung C, C_8H_8O, zeigt das ^1H-NMR-Spektrum C. Beim Behandeln mit konzentrierter wässriger HCl geht sie fast augenblicklich in eine Verbindung D mit dem Spektrum D über. Für die integrierten Intensitäten der Signale im Spektrum D ergibt sich etwa folgendes: $\delta = 7.1 - 7.4$ (5H), 4.8 (1H), 4.2 (2H) und 3.8 (2H) ppm. Welche Struktur hat Verbindung C und welches Produkt erhält man beim Behandeln mit wässriger Säure?

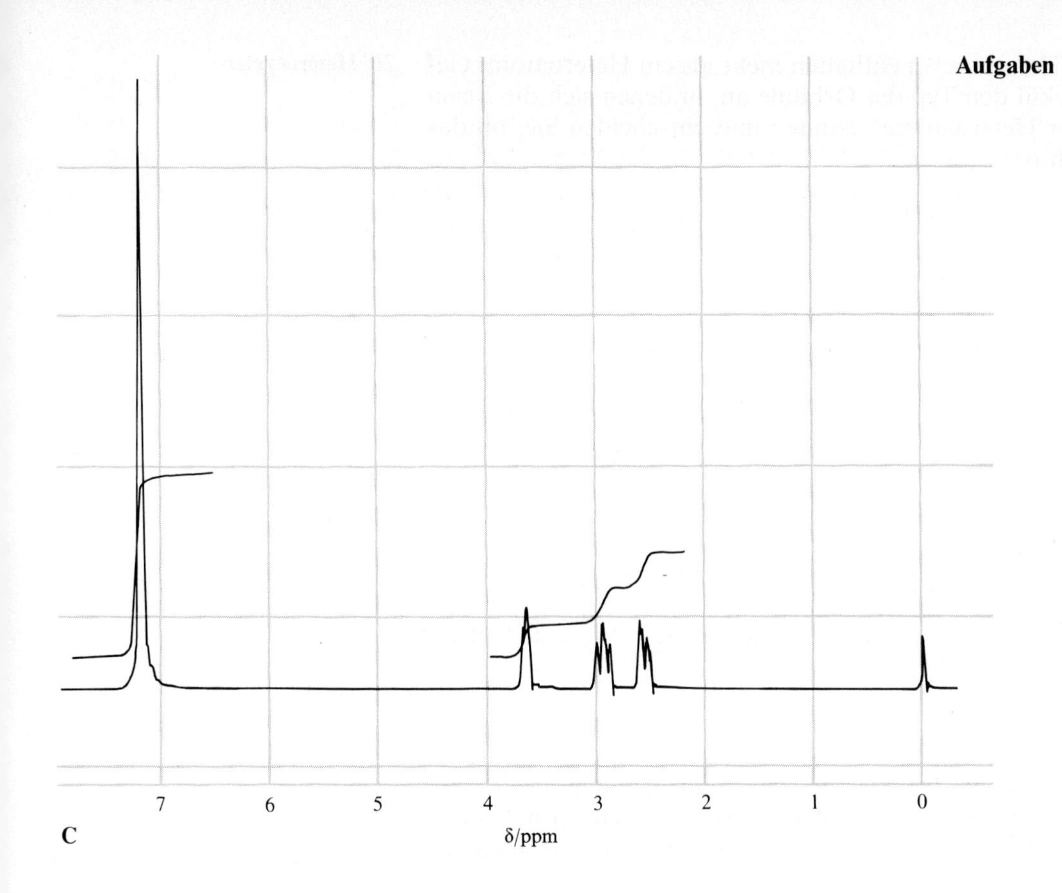

C

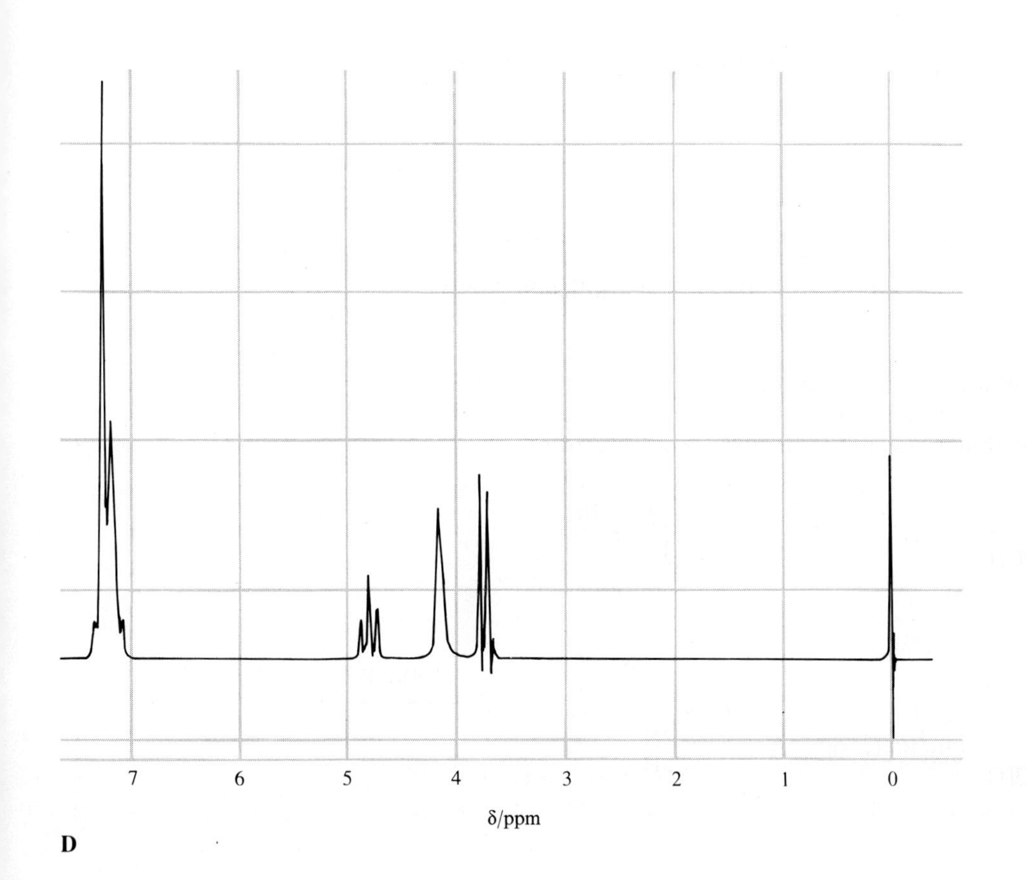

D

14 Die folgenden Heterocyclen enthalten mehr als ein Heteroatom. Geben Sie jedem Molekül den Typ der Orbitale an, in denen sich die freien Elektronenpaare der Heteroatome befinden und entscheiden Sie, ob das Molekül aromatisch ist.

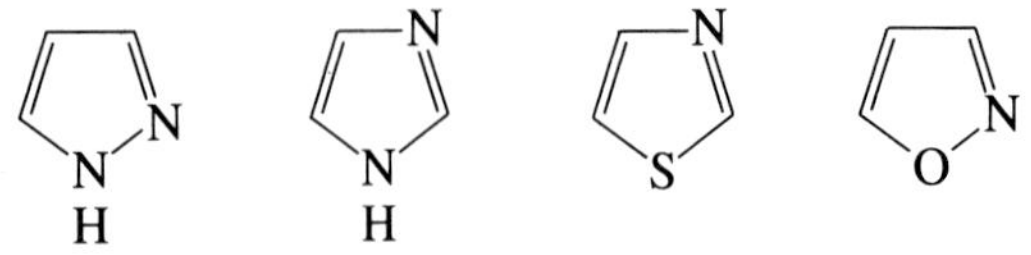

Pyrazol **Imidazol** **Thiazol** **Isoxazol**

Erwarten Sie, daß einer dieser Heterocyclen eine stärkere Base als Pyrrol ist?

15 Geben Sie die Produkte der folgenden Reaktionen an.

(a) $\xrightarrow{CH_3NH_2}$

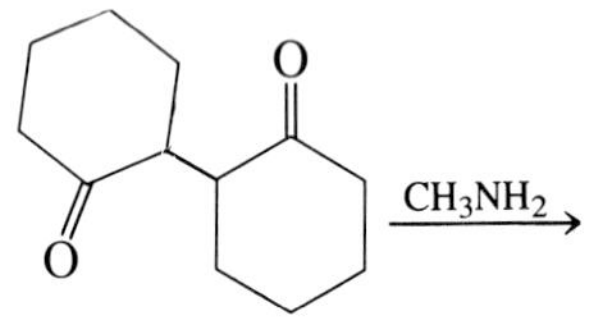

(b) $\xrightarrow{P_2O_5,\ \Delta}$

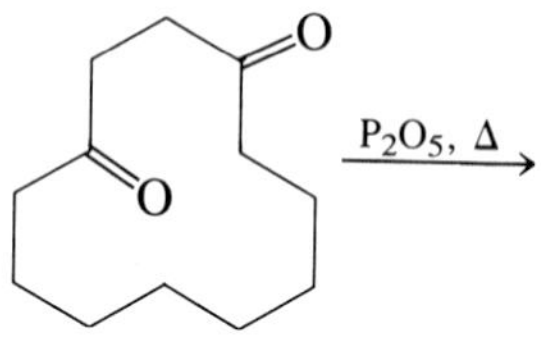

16 1-Hetero-2,4-cyclopentadiene lassen sich durch Kondensation einer α-Dicarbonylverbindung und bestimmten, Heteroatomen enthaltenden Diestern, darstellen. Schlagen Sie einen Mechanismus für die folgende Pyrrolsynthese vor.

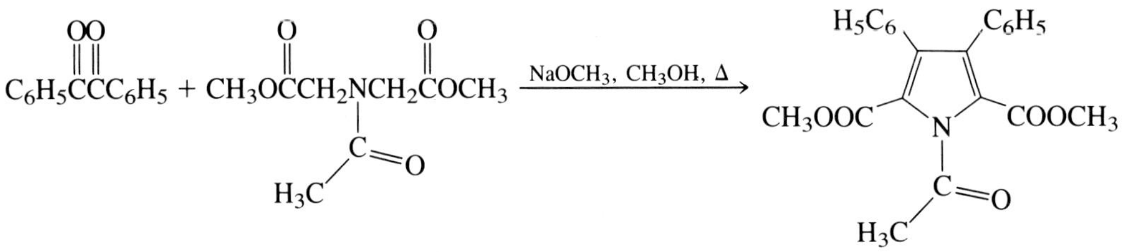

$$C_6H_5COCOC_6H_5 + CH_3OOCCH_2N(COCH_3)CH_2COOCH_3 \xrightarrow{NaOCH_3,\ CH_3OH,\ \Delta}$$

H_5C_6, C_6H_5, CH_3OOC, N, $COOCH_3$, C=O, H_3C

Wie würden Sie 2,5-Thiophendicarbonsäure über einen ähnlichen Ansatz synthetisieren?

17 Welches Hauptprodukt (welche Hauptprodukte) erwarten Sie bei den folgenden Reaktionen? Erklären Sie, warum Sie meinen, daß die Substitution gerade an der von Ihnen gekennzeichneten Position erfolgt.

(a) $COOCH_3$ $\xrightarrow{Cl_2}$

(b) CH_3 $\xrightarrow{HNO_3,\ H_2SO_4}$

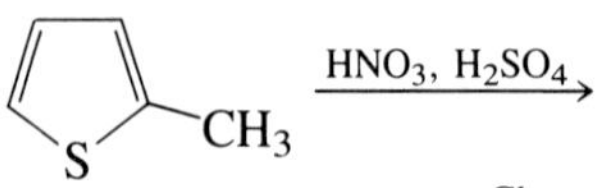

(c) $C(=O)CH_3$ $\xrightarrow{CH_3CHClCH_3,\ AlCl_3}$

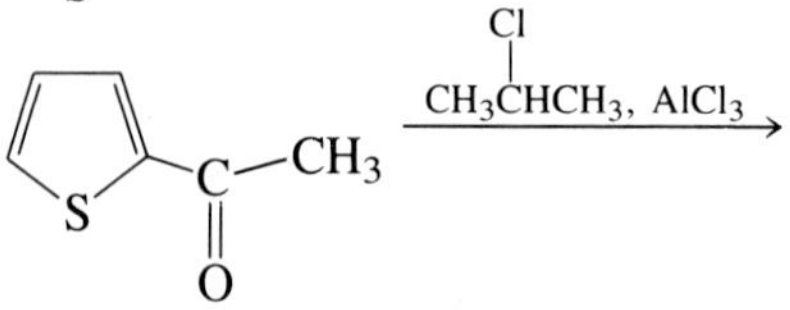

(d) Br $\xrightarrow{Br_2}$

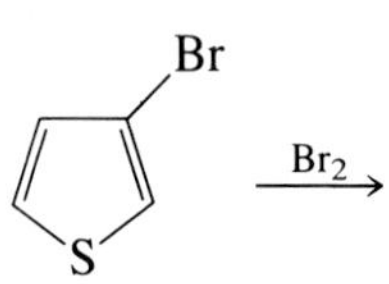

(e) $\xrightarrow{C_6H_5N_2^+Cl^-,\ NaOH,\ H_2O}$

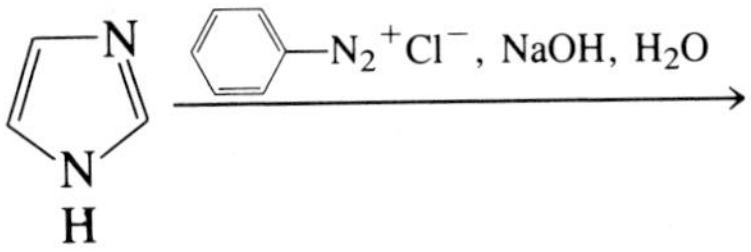

18 Thiophen und die entsprechende Selenverbindung, Selenophen, sind gegenüber Elektrophilen nicht gleich reaktiv. Man findet, daß eine von beiden Verbindungen fünfzigmal schneller als die andere bromiert wird. Welche reagiert schneller und warum?

19 Welche Produkte entstehen bei den folgenden Reaktionen?

(a) 4-(Dimethylamino)pyridin (H_3C, CH_3, N) $\xrightarrow{\text{rauchende } H_2SO_4\text{, } 270°C}$

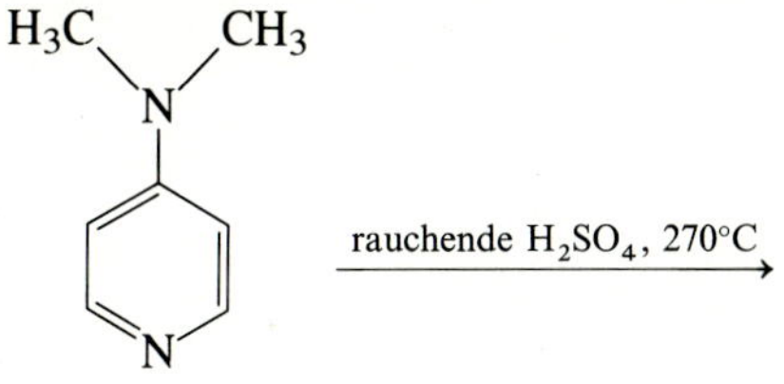

(b) Furan + Thiophen-Anhydrid (S, O, O, O) $\xrightarrow{\Delta\text{, Druck}}$

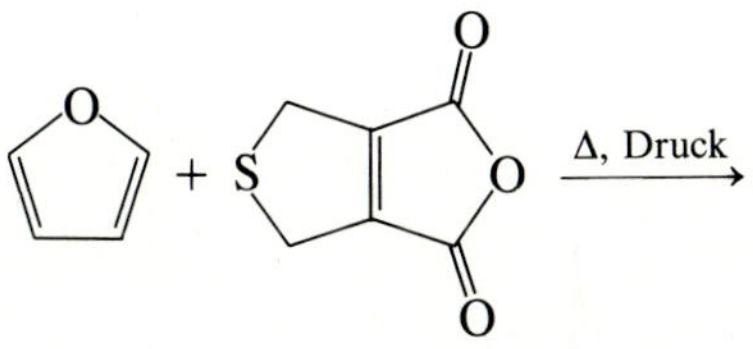

(c) 2-Brompyridin (N, Br) $\xrightarrow{KSH\text{, } CH_3OH\text{, } \Delta}$

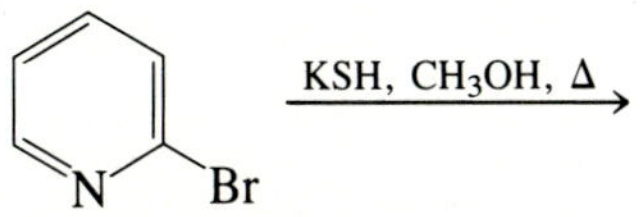

(d) Thiophen (S) 1. C_6H_5COCl, $SnCl_4$ 2. Raney Ni, Δ ⟶

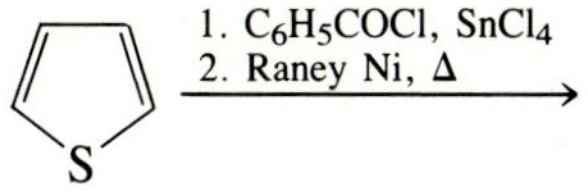

(e) Pyridin (N) $\xrightarrow{(CH_3)_3CLi\text{, } \Delta}$

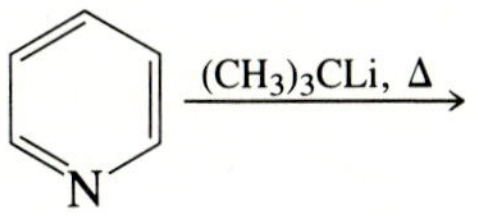

20 Schlagen Sie für jeden der folgenden substituierten Heterocyclen eine Synthese vor. Verwenden Sie dafür Synthesesequenzen aus diesem Kapitel.

(a) Chinolin mit O=CCH₃ und CH_3 (N) — $\overset{O}{\parallel}CCH_3$, CH_3

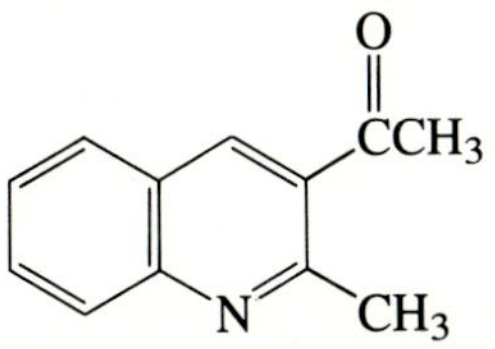

(b) H_5C_6, N, C_6H_5

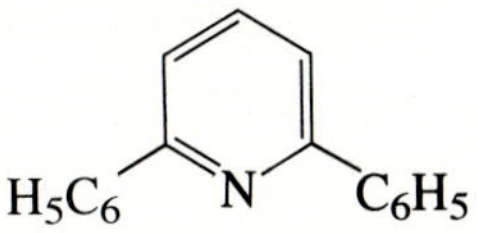

(c) H_3C, CH_3, N, H

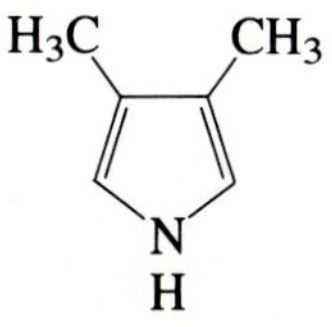

(d) CH_3O, CH_3, CH_3, N, H

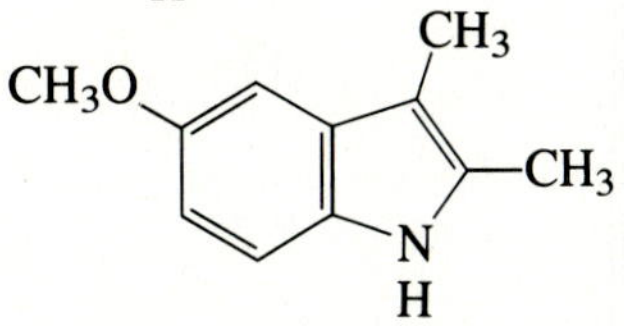

21 Heterocyclus E, C_5H_6O, besitzt das ^{1}H-NMR-Spektrum E und wird von H_2/Raney-Nickel in F überführt. Identifizieren Sie die Verbindungen E und F. Beachten Sie: Die Kopplungskonstanten in den Spektren der Verbindungen aus dieser und der nächsten Aufgabe sind recht klein, man kann sie daher nicht so gut wie die am Benzolring zur Strukturbestimmung heranziehen.

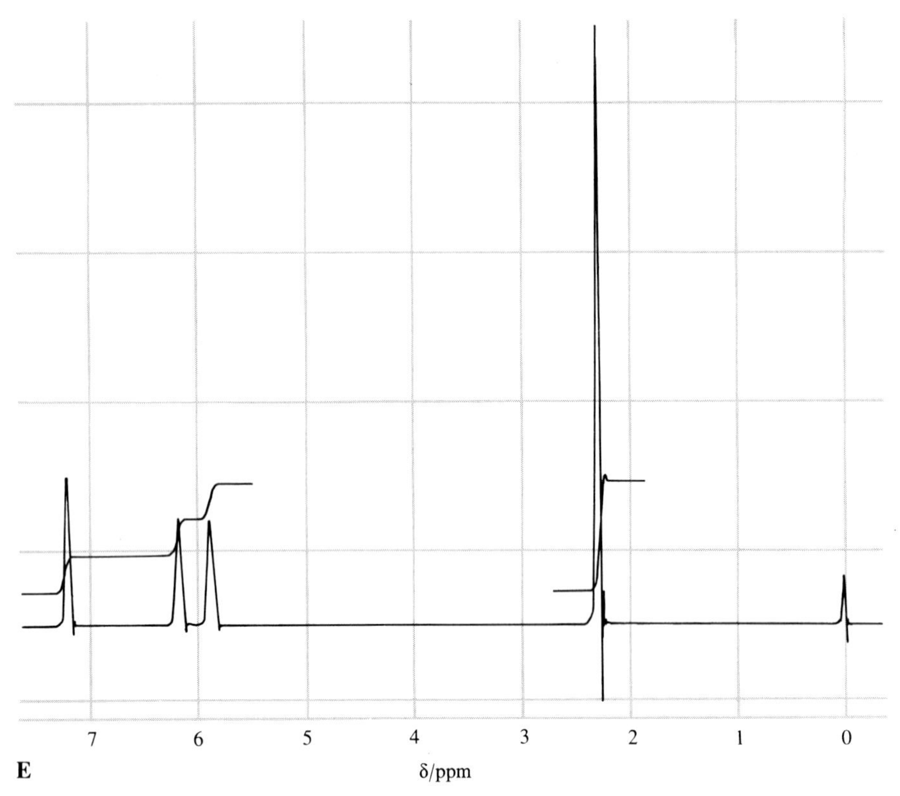

22 Die kommerzielle Synthese eines bestimmten wichtigen Heterocyclenderivats erfordert das Behandeln eines Gemisches von Aldopentosen (aus Maiskolben, Stroh usw.) mit heißer Säure unter dehydratisierenden Bedingungen. Das Produkt G hat das ^{1}H-NMR-Spektrum G, zeigt eine

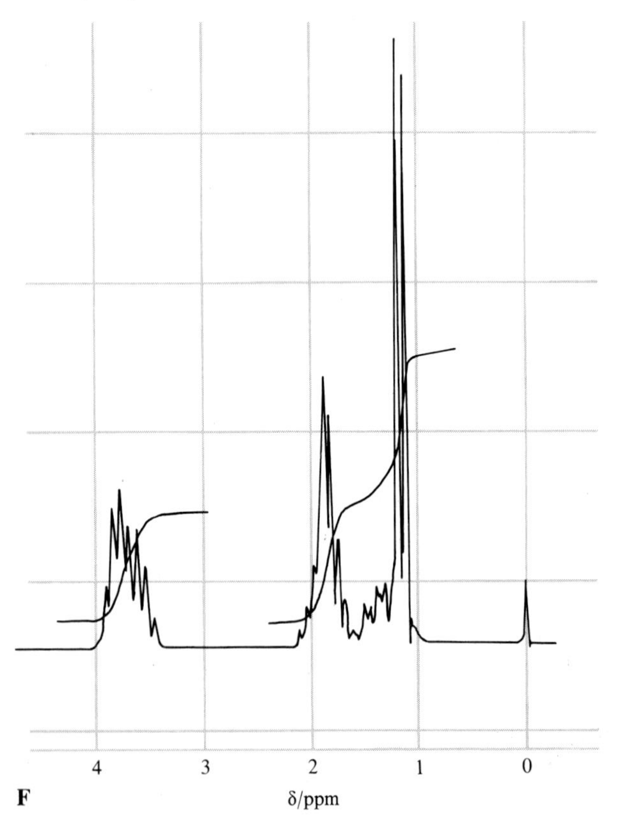

starke IR-Bande bei $1670\ cm^{-1}$ und wird in nahezu quantitativer Ausbeute gebildet. Identifizieren Sie G und formulieren Sie einen Mechanismus für seine Bildung.

$$\text{Aldopentosen} \xrightarrow{H^+,\ \Delta} \underset{\mathbf{G}}{C_5H_4O_2}$$

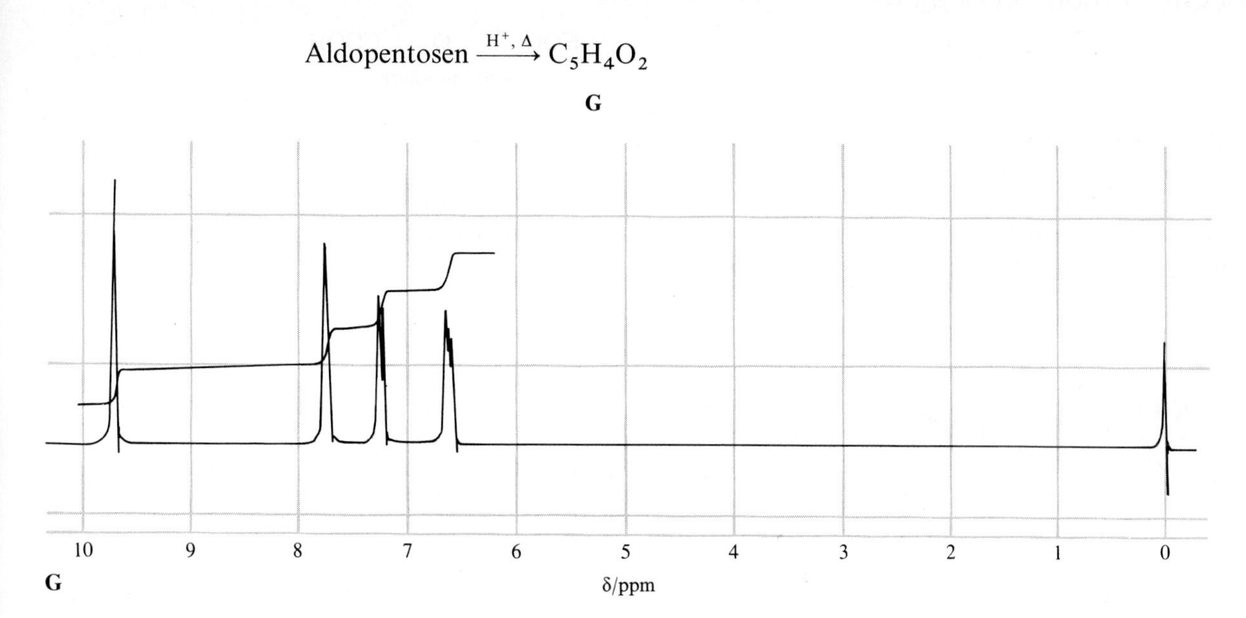

Verbindung G ist ein wichtiges Ausgangsmaterial für Synthesen. In der folgenden Reaktionssequenz wird es in *Furethonium* überführt, das große Bedeutung bei der Behandlung des grünen Stars hat. Welche Struktur hat Furethonium?

$$G \xrightarrow[\text{2. Überschuß } CH_3I]{\text{1. } NH_3,\ NaBH_3CN} \text{Furethonium}$$

23 Behandelt man ein 3-Alkanoylindol mit $LiAlH_4$, wird die Carbonylgruppe bis zur CH_2-Gruppe reduziert. Geben Sie hierfür einen plausiblen Mechanismus an. Beachten Sie: Der direkte nucleophile Austausch eines Alkoxids durch Hydrid ist *nicht* plausibel.

3-(RC(=O))-Indol (N–H) $\xrightarrow{\text{Überschuß } LiAlH_4,\ (CH_3CH_2)_2O,\ \Delta}$ 3-(CH_2R)-Indol (N–H)

(Vergl. C_6H_5–C(=O)R $\xrightarrow{LiAlH_4}$ C_6H_5–CH(OH)—R)

24 Chelidonsäure, ein Derivat des 4-Oxacyclohexanons (Trivialname γ-Pyron) findet sich in zahlreichen Pflanzen und läßt sich aus Propanon (Aceton) und Diethylethandioat (Oxalsäurediethylester) synthetisieren. Formulieren Sie einen Mechanismus für diese Umsetzung.

$$CH_3\overset{O}{\overset{\|}{C}}CH_3 + CH_3CH_2O\overset{O}{\overset{\|}{C}}\overset{O}{\overset{\|}{C}}OCH_2CH_3 \xrightarrow[\text{2. HCl, }\Delta]{\text{1. NaOCH}_2\text{CH}_3\text{, CH}_3\text{CH}_2\text{OH}}$$

HOOC, O, COOH

Chelidonsäure

25 Reserpin ist ein natürlich vorkommendes Indol-Alkaloid, das als starkes Beruhigungs- und blutdrucksenkendes Mittel wirkt. Viele derartige Verbindungen haben eine charakteristische Struktureigenschaft: Einen Stickstoff an einer Verknüpfungsstelle zweier Ringe, der durch zwei Kohlenstoffatome von einem zweiten Stickstoff getrennt ist.

CH_3O, N, H, H, N, H, H, OCH_3, CH_3OOC, OOC, OCH_3, OCH_3, OCH_3

Reserpin

Eine Reihe von Verbindungen, in denen sich diese Struktureinheit ebenfalls findet, sind synthetisiert worden und wirken ebenfalls blutdrucksenkend und blutgerinnungshemmend. Eine der Synthesen ist im folgenden gezeigt. Benennen oder zeichnen Sie die fehlenden Reagenzien und Produkte **a** bis **c**.

N, $CO_2CH_2CH_3$ $\xrightarrow{\text{(a)}}$ N(H), $CO_2CH_2CH_3$ $\xrightarrow[-\,CH_3CH_2OH]{H_2C\text{—}CH_2\text{ (NH)}, \Delta}$ $C_8H_{14}N_2O$ **(b)** $\xrightarrow{LiAlH_4}$ $C_8H_{16}N_2$ **(c)**

26 Schlagen Sie, ausgehend von Benzolamin (Anilin) und Pyridin, eine Synthese für das Sulfonamid Sulfapyridin vor:

N, NHS(O)(O), NH_2

Sulfapyridin

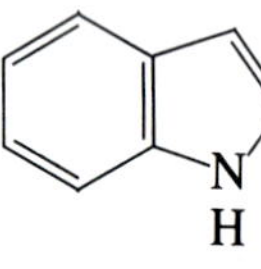

Indol

N, N, H

Benzimidazol

27 Schreiben Sie die detaillierten Mechanismen für die ersten beiden Reaktionen in der Totalsynthese von Nicotin auf (s. Abschn. 26.5).

28 Derivate des Benzimidazols haben eine ähnliche biologische Aktivität wie Indole und Purine (ein Beispiel eines Purins ist Adenin, s. Abschn. 26.1). Benzimidazole stellt man allgemein aus Benzol-1,2-diaminen dar. Entwerfen Sie eine kurze Synthese von 2-Methylbenzimidazol aus Benzol-1,2-diamin.

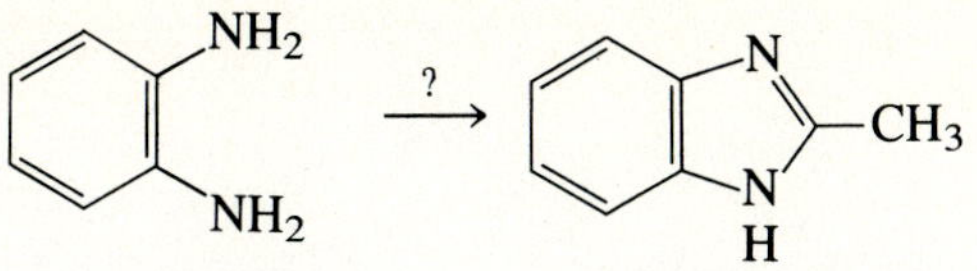

Benzol-1,2-diamin $\xrightarrow{?}$ 2-Methylbenzimidazol

Benzol-1,2-diamin **2-Methylbenzimidazol**

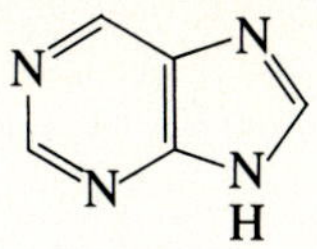

Purin

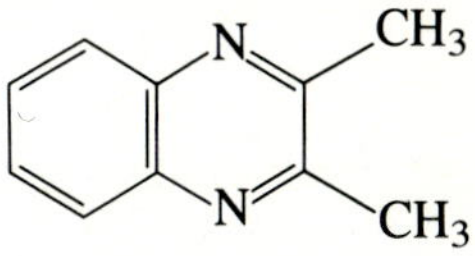

2,3-Dimethylchinoxalin

Mediquox

29 Benzol-1,2-diamin (s. Aufgabe 28) ist auch die geeignete Vorstufe für die Synthese von Chinoxalinderivaten. Schlagen Sie eine einfache Methode zur Überführung von Benzol-1,2-diamin in 2,3-Dimethylchinoxalin vor. Diese Verbindung ist eine Vorstufe von *Mediquox*, einem Medikament zur Behandlung von Erkrankungen der Atemwege bei Geflügel.

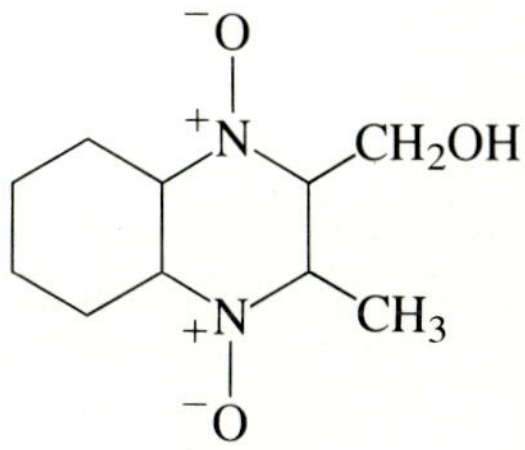

30 Im folgenden ist eine schnelle Synthese für einen der Heterocyclen aus diesem Kapitel gezeigt. Zeichnen Sie die Struktur des Produkts, mit dem abgebildeten ^{1}H-NMR-Spektrum H.

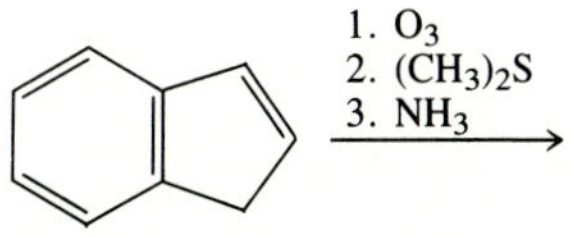

1. O_3
2. $(CH_3)_2S$
3. NH_3

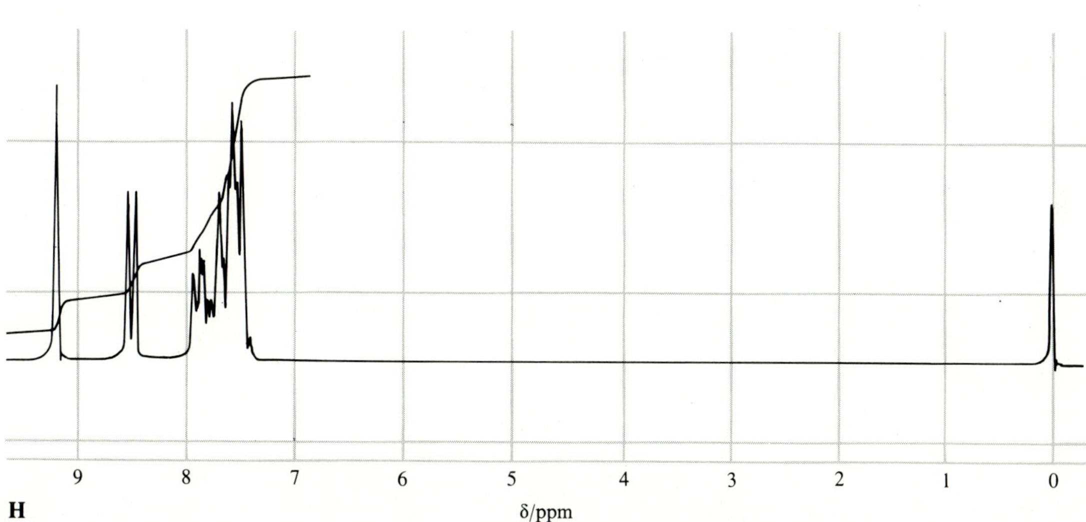

H

27 Aminosäuren, Peptide und Proteine

Stickstoffhaltige natürliche Monomere und Polymere

In Kapitel 23 haben wir gesehen, daß Monosaccharide durch wiederholtes Knüpfen von Etherbindungen zu anderen Monosacchariden Polymere bilden können. In der Natur dienen die so entstandenen Polysaccharide zur Energiespeicherung und als Gerüstsubstanz von Zellwänden. In diesem Kapitel wollen wir einen zweiten Typ von natürlichen Polymeren betrachten, die **Polypeptide**.

Die Monomereinheit der Polypeptide ist eine **2-Aminosäure** (oder α-Aminosäure). Das Polymer entsteht dadurch, daß immer jeweils eine Carbonsäurefunktion der einen Aminosäure mit der Aminogruppe einer anderen reagiert, deren Carboxygruppe dann wiederum mit der Aminfunktion der nächsten reagieren kann. So entsteht eine Kette von Amiden (s. Abschn. 18.5). Die Amidbindung, durch die zwei Aminosäuren verknüpft werden, bezeichnet man auch als **Peptidbindung**.

$$2n\ \mathrm{H_2N{-}CH(R){-}C({=}O)OH} \longrightarrow {-}(\mathrm{NH{-}CH(R){-}C({=}O){-}NH{-}CH(R){-}C({=}O)})_n{-} + 2n\ \mathrm{H_2O}$$

2-Aminosäure (α-Aminosäure) → **Polyaminosäure (Polypeptid)**

Die Oligomere, die auf diese Weise gebildet werden, nennt man **Peptide**. So ergeben zwei Aminosäuren ein Dipeptid, drei ein Tripeptid, usw. Bestimmte lange natürliche Polypeptide bezeichnet man als **Proteine**. Einige Proteinmoleküle enthalten mehr als 8000 Aminosäure-Einheiten und ihre molare Masse ist größer als 1 000 000.

Proteine erfüllen in biologischen Systemen die unterschiedlichsten Funktionen. So wirken sie z. B. bei vielen chemischen Reaktionen in der Natur als Katalysatoren (**Enzyme**). Die katalysierten Umsetzungen reichen in ihrer Komplexität von der einfachen Hydratisierung von Kohlendioxid bis zur Replikation eines ganzen Chromosoms. Enzyme können bestimmte Reaktionen mehrere millionenfach beschleunigen.

Proteine dienen auch als Transport- und Speichersysteme. So erfolgt der Transport des Sauerstoffs durch das Protein *Hämoglobin*, Eisen wird von *Transferrin* im Blut transportiert und in der Leber durch *Ferritin* gespeichert. Proteine spielen eine entscheidende Rolle bei koordinierten Bewegungen, wie der Kontraktion von Muskeln. Sie wirken als mechanische

Stütze für Haut und Knochen, sind als Antikörper verantwortlich für unseren Immunschutz, erzeugen und übertragen Nervenreize (*Rhodopsin* z. B. ist das Photorezeptor-Protein in den Stäbchenzellen der Netzhaut, s. Abschn. 16.4) und steuern das Wachstum und die Differenzierung – das bedeutet, sie kontrollieren, wieviel und welcher Teil des genetischen Codes, der in der DNA gespeichert ist, zu einem bestimmten Zeitpunkt genutzt wird.

27.1 Struktur und Säure-Base-Eigenschaften der Aminosäuren

In diesem Kapitel beginnen wir mit der Beschreibung der Struktur der zwanzig häufigsten natürlichen Aminosäuren, den Bausteinen der Proteine. Obwohl man alle sehr einfach auch systematisch benennen könnte, macht das eigentlich niemand, und so verwenden auch wir die Trivialnamen. Da bei den Aminosäuren eine Amino- und eine Carboxyfunktion in demselben Molekül vorliegen, sind sie amphoter – zeigen also saures und basisches Verhalten.

Nomenklatur und Struktur der 2-Aminosäuren: Das Chiralitätszentrum besitzt *S*-Konfiguration

Obwohl es mehr als fünfhundert natürlich vorkommende Aminosäuren gibt, bestehen die Proteine aller Organismen, von den Bakterien bis zum Menschen, zum überwiegenden Teil aus nur zwanzig verschiedenen Aminosäuren. Der erwachsene Mensch kann acht von diesen nicht selbst synthetisieren. Diese acht, die sogenannten *essentiellen Aminosäuren,* müssen wir mit der Nahrung zu uns nehmen (s. Tab. 27-1, Fußnote a). Bei den zwanzig in der Natur verbreitetsten Aminosäuren befindet sich die Aminogruppe an C-2, dem α-Kohlenstoff. Aminosäuren lassen sich als Keilstrichformel oder als Fischer-Projektionen zeichnen.

Möglichkeiten zur Darstellung der Strukturen von (2*S*)-Aminosäuren und ihre Beziehung zu den L-Zuckern

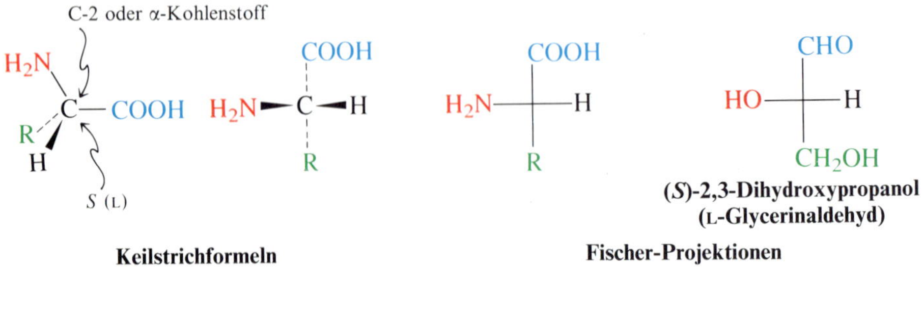

C-2 oder α-Kohlenstoff

H_2N, C, COOH, R, H

S (L)

COOH, H_2N, C, H, R

COOH, H_2N, H, R

CHO, HO, H, CH_2OH

(*S*)-2,3-Dihydroxypropanol (L-Glycerinaldehyd)

Keilstrichformeln **Fischer-Projektionen**

In allen Aminosäuren außer Glycin befindet sich an C-2 ein Chiraliätszentrum, das normalerweise *S*-Konfiguration besitzt. Genau wie bei den Zuckern (s. Abschn. 23.1), verwendet die ältere Nomenklatur die Vorsätze

Tabelle 27-1 Die wichtigsten natürlich vorkommenden (2*S*)-Aminosäuren

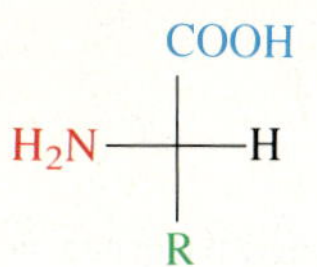

R	Name	Drei-Buch-staben-Code	pK_a der COOH-Gruppe	pK_a der $^+NH_3$-Gruppe	pK_a der sauren Funktion in R
—H	Glycin	Gly	2.4	9.8	–
Aminosäuren ohne polare Gruppen:					
$—CH_3$	Alanin	Ala	2.4	9.9	–
$—CH(CH_3)_2$	Valin [a]	Val	2.3	9.7	–
$—CH_2CH(CH_3)_2$	Leucin [a]	Leu	2.3	9.7	–
$—CH(CH_3)CH_2CH_3$ (*S*)	Isoleucin [a]	Ile	2.3	9.7	–
$—CH_2C_6H_5$	Phenylalanin [a]	Phe	2.6	9.2	–
$HN—C(COOH)(H)—CH_2$ (Ring) [b]	Prolin	Pro	2.0	10.6	–
Aminosäuren mit Hydroxygruppen:					
$—CH_2OH$	Serin	Ser	2.2	9.4	–
$—CH(OH)CH_3$ (*R*)	Threonin [a]	Thr	2.1	9.1	–
$—CH_2—C_6H_4—OH$	Tyrosin	Tyr	2.2	9.1	10.1
Aminosäuren mit weiteren Aminogruppen:					
$—CH_2C(=O)NH_2$	Asparagin	Asn	2.0	8.8	–
$—CH_2CH_2C(=O)NH_2$	Glutamin	Gln	2.2	9.1	–
$—(CH_2)_4NH_2$	Lysin [a]	Lys	2.2	9.2	10.8 [c]
$—(CH_2)_3NHC(=NH)NH_2$	Arginin	Arg	1.8	9.0	13.2 [c]
$—CH_2$-Indolyl (N–H)	Tryptophan [a]	Trp	2.4	9.4	–
$—H_2C$-Imidazolyl (NH, N)	Histidin	His	1.8	9.2	6.1 [c]

H_2N—C(COOH)(H)—R

Tabelle 27-1 (Fortsetzung) Die wichtigsten natürlich vorkommenden (2*S*)-Aminosäuren

R	Name	Drei-Buch-staben-Code	pK_a der COOH-Gruppe	pK_a der $^+NH_3$-Gruppe	pK_a der sauren Funktion in R
Aminosäuren mit Mercapto- oder Sulfidgruppen:					
—CH_2SH	Cystein	Cys	1.9	10.3	8.4
—$CH_2CH_2SCH_3$	Methionin[a]	Met	2.2	9.3	–
Aminosäuren mit Carboxygruppen					
—CH_2COOH	Asparaginsäure	Asp	2.0	10.0	3.9
—CH_2CH_2COOH	Glutaminsäure	Glu	2.1	10.0	4.3

[a] essentielle Aminosäuren. [b] vollständige Struktur. [c] pK_a der konjugierten Säure.

D- und L-, wodurch alle (2*S*)-Aminosäuren vom (*S*)-2,3-Dihydroxypropanal (L-Glycerinaldehyd) abgeleitet werden.

Die Trivialnamen und Strukturen der wichtigsten Aminosäuren sowie ihre pK_a-Werte sind in Tab. 27-1 angegeben. Zur Abkürzung der Namen wird allgemein ein Dreibuchstaben-Code verwendet, der, wie wir sehen werden (s. Abschn. 27.3), die Beschreibung von Peptiden sehr vereinfacht. Die Gruppe R in $RCH(NH_2)COOH$ kann eine Alkyl- oder Arylgruppe sein, und sie kann Hydroxy-, Amino-, Mercapto bzw. Sulfid- und Carboxygruppen enthalten.

Wie wir bereits bei der Diskussion der natürlichen D-Zucker betont haben (s. Abschn. 23.1), bedeutet die Tatsache, daß ein Molekül zur L-Reihe gehört nicht, daß es notwendigerweise linksdrehend ist. Obwohl Leucin linksdrehend ist ($[\alpha]_D^{25\,°C} = -10.8°$), drehen z. B. Alanin ($[\alpha]_D^{25\,°C} = +8.5°$), Valin ($[\alpha]_D^{25\,°C} = +13.9°$) und Isoleucin ($[\alpha]_D^{25\,°C} = +13.9°$) Schwingungsebene des linear polarisierten Licht nach rechts.

H_2N—C(COOH)(H)—R ⇌ $H_2\overset{+}{N}(H)$—C(COO^-)(H)—R

Zwitterion

Übung 27-1

Geben Sie die systematischen Namen von Alanin, Valin, Leucin, Isoleucin, Phenylalanin, Serin, Tyrosin, Lysin, Cystein, Methionin, Asparaginsäure und Glutaminsäure an.

Aminosäuren reagieren sauer und basisch

Da sie Carboxy- und Aminogruppen enthalten, ist es nicht überraschend, daß Aminosäuren amphoter sind (s. Abschn. 8.3), also sauer und basisch reagieren können. Ein Ammonium-Ion (pK_a ~10-11) ist deutlich weniger sauer als eine Carbonsäure (pK_a ~2-5); Aminosäuren liegen daher tatsächlich als **zwitterionische Ammoniumcarboxylate** vor. Die stark polare Natur dieser Struktur ermöglicht es, daß Aminosäuren besonders stabile Kristallgitter ausbilden. Daher sind viele von ihnen nahezu unlöslich und schmelzen nicht, sondern zersetzen sich beim Erhitzen.

In wässriger Lösung bilden sich unterschiedliche Säure-Base-Gleichgewichte unter Beteiligung der funktionellen Gruppen aus. Betrachten wir z. B. die einfachste Aminosäure, Glycin. In Abhängigkeit vom pH der

Lösung kann Glycin hauptsächlich als diprotoniertes Kation (pH < 1), als monoprotoniertes Zwitterion (pH 6) oder als deprotoniertes 2-Aminocarboxylat-Ion vorliegen (pH > 13).

$$H_2\overset{+}{N}(H)CH_2COOH \underset{H^+}{\overset{HO^-}{\rightleftharpoons}} H_2\overset{+}{N}(H)CH_2COO^- \underset{H^+}{\overset{HO^-}{\rightleftharpoons}} H_2NCH_2COO^-$$

Überwiegt bei pH < 1 — Überwiegt bei pH ~ 6 — Überwiegt bei pH > 13

In Tab. 27-1 sind die pK_a-Werte für die entsprechenden Gleichgewichte aufgeführt. Der erste pK_a (2.4 für Glycin) gilt für das Gleichgewicht

$$H_3\overset{+}{N}CH_2COOH + H_2O \rightleftharpoons H_3\overset{+}{N}CH_2COO^- + H_2\overset{+}{O}H$$

pK_a = 2.4

$$K_1 = \frac{[H_3\overset{+}{N}CH_2COO^-][H_2\overset{+}{O}H]}{[H_3\overset{+}{N}CH_2COOH]} = 10^{-2.4}$$

Wie Sie sehen können, ist dieser pK_a um mehr als zwei Einheiten kleiner als der einer gewöhnlichen Carbonsäure (pK_a CH_3COOH = 4.74). Dieser Unterschied ergibt sich aus dem elektronenziehenden Effekt der protonierten Aminogruppe. Der zweite pK_a-Wert (9.8) ist für den zweiten Deprotonierungsschritt charakteristisch:

$$H_3\overset{+}{N}CH_2COO^- + H_2O \rightleftharpoons H_2NCH_2COO^- + H_2\overset{+}{O}H$$

pK_a=9.8

$$K_2 = \frac{[H_2NCH_2COO^-][H_2\overset{+}{O}H]}{[H_3\overset{+}{N}CH_2COO^-]} = 10^{-9.8}$$

Es ist wichtig zu wissen, bei welchem pH-Wert die Konzentration der neutralen zwitterionischen Form am größten ist. Das muß an dem Punkt sein, an dem die Deprotonierungsreaktion dieser Spezies im Gleichgewicht mit der Protonierungsreaktion steht, und daher $[H_3\overset{+}{N}CH_2COOH]=[H_2NCH_2COO^-]$ ist. Um den pH an diesem Punkt zu berechnen, lösen wir die Gleichungen des Massenwirkungsgesetzes für den ersten und zweiten Deprotonierungsschritt jeweils nach $[H_3\overset{+}{N}CH_2COO^-]$ auf:

erster Schritt: $$[H_3\overset{+}{N}CH_2COO^-] = \frac{[H_3\overset{+}{N}CH_2COOH] \times 10^{-2.4}}{[H_2\overset{+}{O}H]}$$

zweiter Schritt: $$[H_3\overset{+}{N}CH_2COO^-] = \frac{[H_2NCH_2COO^-][H_2\overset{+}{O}H]}{10^{-9.8}}$$

wir erhalten also:

$$\frac{[H_2NCH_2COO^-][H_2\overset{+}{O}H]}{10^{-9.8}} = \frac{[H_3\overset{+}{N}CH_2COOH] \times 10^{-2.4}}{[H_2\overset{+}{O}H]}$$

und

$$[H_2\overset{+}{O}H]^2 = \frac{10^{-12.2} \times [H_3\overset{+}{N}CH_2COOH]}{[H_2NCH_2COO^-]}$$

Da $[H_3\overset{+}{N}CH_2COOH] = [H_2NCH_2COO^-]$, folgt: $[H_2\overset{+}{O}H] = 10^{-6.1}$; also pH = 6.1.

Diesen Punkt bezeichnet man auch als **isolelektrischen Punkt** (p*I*), da die Zahl der positiv geladenen Aminosäuremoleküle gleich der Zahl der negativ geladenen ist, und daher keine Wanderung der Aminosäure in einem von außen angelegten elektrischen Feld beobachtet wird. Wie man leicht nachprüfen kann, ist der isoelektrische Punkt der Mittelwert der beiden pK_a-Werte der Säure.

$$pI = \frac{pK_{COOH} + pK_{\overset{+}{N}H_2H}}{2}$$

Die Situation wird etwas komplizierter, wenn die Seitenkette der Aminosäure eine weitere saure oder basische Funktion enthält. In Tabelle 27-1 finden sich hierfür sieben Beispiele. Das erste ist Tyrosin mit einem sauren 4-Hydroxyphenylmethyl-Substituenten, der einen für Phenole typischen pK_a von 10.1 hat (s. Abschn. 24.4).

Zuordnung der pK_a-Werte in ausgewählten Aminosäuren auf die einzelnen Gruppen

Tyrosin: COOH 2.2; $H\overset{+}{N}H_2$ 9.1; OH 10.1

Lysin: COOH 2.2; $H\overset{+}{N}H_2$ 9.2; $\overset{+}{N}H_2H$ 10.8

Arginin: COOH 1.8; $H\overset{+}{N}H_2$ 9.0; $H{-}\overset{+}{N}(H){=}C(NH_2){-}NH$ 13.2

Tyrosin **Lysin** **Arginin**

Lysin enthält eine weitere Aminogruppe, die im stark sauren Milieu ebenfalls protoniert werden kann, wodurch ein Dikation entsteht. Bei Erhöhung des pH-Werts gibt zunächst die Carboxygruppe ein Proton ab, danach wird der Stickstoff an C-2 deprotoniert, und erst dann die Aminogruppe der Seitenkette. Der isoelektrische Punkt ist dann der Mittelwert der beiden letzteren pK_a-Werte, p*I* = 10.

Arginin enthält einen Substituenten, den wir noch nicht kennen, die relativ basische **Guanidinogruppe** (pK_a der konjugierten Säure ~13).

Übung 27-2

Guanidin findet sich in Rübensaft, in Pilzen, Maiskeimen, den Hülsen des Reiskorns, in Miesmuscheln und Regenwürmern. Die Basizität dieser Verbindung kommt aufgrund der Bildung einer stark resonanzstabilisierten protonierten Form zustande. Zeichnen Sie die Resonanzstrukturen dieser Form. Hinweis: Wiederholen Sie Abschn. 18.1.

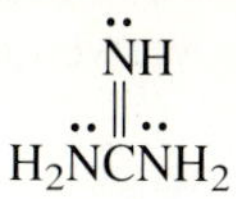

Guanidin

Histidin enthält einen weiteren neuen Substituenten, ein **Imidazol**. Die Imidazole gehören zur Gruppe der Diheterocyclopentadiene. Andere Beispiele sind Oxazol, Thiazol und Pyrazol. In diesen Ringen, die alle aromatischen Charakter haben, befindet sich das freie Elektronenpaar des eines Stickstoffatoms wie beim Pyridin in einem sp^2-Hybridorbital, das des anderen *N*-Atoms (oder Heteroatoms) befindet sich im *p*-Orbital und ist an der Resonanz beteiligt.

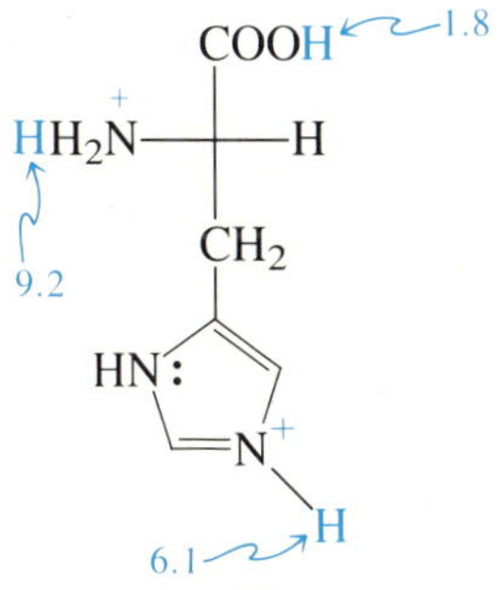

Histidin 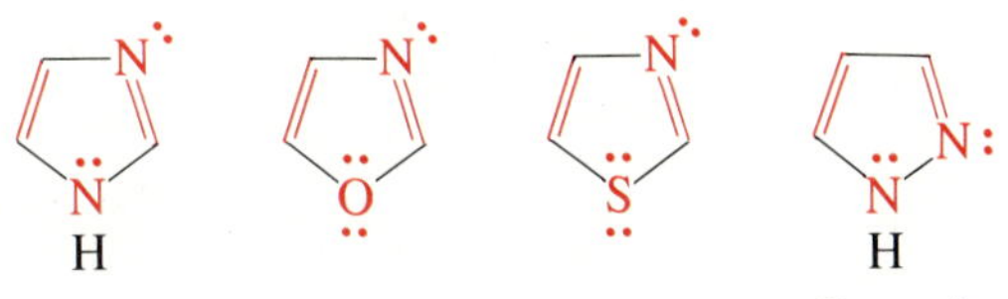 **Imidazol** **Oxazol** **Thiazol** **Pyrazol**

Übung 27-3

Zeichnen Sie ein Orbitalbild von Imidazol (nehmen Sie Abb. 26-1 als Modell).

Der Imidazolkern ist relativ basisch, da bei der Protonierung eine resonanzstabilisierte Spezies entsteht, die sich durch zwei äquivalente Resonanzstrukturen beschreiben läßt.

Resonanz im protonierten Imidazol

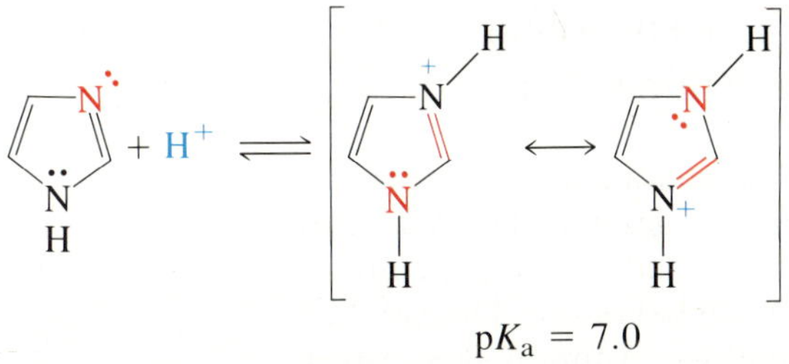

$pK_a = 7.0$

Diese Resonanzstabilisierung ist vergleichbar mit der in Amiden (s. Abschn. 18.1). Imidazol ist bei physiologischem pH in beträchtlichem Ausmaß protoniert und kann daher am aktiven Zentrum einer Reihe von Enzymen als Protonenakzeptor und -donator wirken.

Die Aminosäure Cystein enthält einen Mercaptosubstituenten. Erinnern wir uns daran, daß abgesehen von ihrem sauren Charakter, Thiole unter milden Bedingungen zu Disulfiden oxidiert werden können (s. Abschn. 9.7). In der Natur sind eine Reihe von Enzymen in der Lage, die Mercaptogruppen der Cysteinmoleküle in den Proteinen und Peptiden oxidativ zu kuppeln, was zu einer reversiblen Verknüpfung von Peptidsträngen führt (s. Abschn. 9.7).

Asparagin- und Glutaminsäure sind Aminodicarbonsäuren. Bei physiologischem pH sind beide Carboxygruppen deprotoniert, die Moleküle liegen in Form der zwitterionischen Anionen Aspartat und Glutamat vor. Mononatriumglutamat wird in vielen Nahrungsmitteln als Geschmacksverstärker verwendet.

Zusammengefaßt können wir sagen, daß es zwanzig wichtige Aminosäuren (19 2*S*-Aminosäuren und das achirale Glycin) gibt, die üblicherweise mit ihren Trivialnamen benannt werden. Wenn das Molekül nicht noch weitere saure oder basische Gruppen enthält, wird sein Säure-Base-Verhalten durch zwei pK_a-Werte bestimmt, der niedrigere von beiden ist charakteristisch für die Deprotonierungsreaktion der Carboxygruppe. Am isolektrischen Punkt, dem Mittelwert der beiden pK_a-Werte, beobachtet man in einem äußeren elektrischen Feld keine Wanderung der Aminosäuremoleküle. Einige Aminosäuren enthalten außerdem noch weitere saure oder basische Funktionen, wie Hydroxy-, Amino-, Guanidino-, Imidazolyl-, Mercapto- und Carboxygruppen.

27.2 Darstellung von Aminosäuren: Eine Kombination aus Amin- und Carbonsäurechemie

Mit der Chemie der Amine haben wir uns in Kap. 21, mit der der Carbonsäuren und ihrer Derivate in den Kapiteln 17 und 18 befaßt. In diesem Abschnitt wollen wir unser Wissen aus diesen Kapiteln zusammenfassen und zur Darstellung von 2-Aminosäuren benutzen. Optisch aktive Aminosäuren erhält man durch Racematspaltung oder durch biologische Methoden.

Von Carbonsäuren zu 2-Aminosäuren: Hell-Volhard-Zelinsky-Reaktion mit nachfolgender Aminierung

Wie läßt sich ein 2-Aminosubstituent am schnellsten in ein Carbonsäuremolekül einführen? Im Abschn. 17.11 haben wir gezeigt, daß man eine neue funktionelle Gruppe am Kohlenstoffatom 2 einer Säure am einfachsten über eine Hell-Volhard-Zelinsky-Bromierung bekommt. Danach läßt sich das Brom im Produkt durch ein Nucleophil wie Ammoniak substituieren. Auf diese Weise erhält man racemisches Alanin aus Propansäure in zwei Schritten mit insgesamt 45% Ausbeute.

$$\underset{\textbf{Propansäure}}{CH_3CH_2COOH} \xrightarrow[-HBr]{Br-Br,\ \text{katalytische Mengen}\ PBr_3} \underset{\substack{80\% \\ \textbf{2-Brompropansäure}}}{CH_3\overset{\overset{Br}{|}}{C}HCOOH} \xrightarrow[-HBr]{NH_3,\ H_2O,\ 25\,^\circ C,\ 4\ \text{Tage}} \underset{\substack{56\% \\ \textbf{(}\boldsymbol{R,S}\textbf{)-Alanin}}}{CH_3\overset{\overset{^+NH_3}{|}}{C}HCOO^-}$$

Leider sind bei diesem Reaktionsweg die Ausbeuten oft recht gering. Besser ist es, die Aminogruppe über eine Gabriel-Synthese einzuführen (s. Abschn. 21.4).

Anwendung der Gabriel-Synthese bei der Darstellung von Aminosäuren

Bei der Gabriel-Synthese von Aminen wird das Anion des 1,2-Benzoldicarboximids (Phthalimid) *N*-alkyliert und das entstandene Produkt mit Säure zum Amin und 1,2-Benzoldicarbonsäure (Phthalsäure) hydrolysiert. Verwendet man im ersten Reaktionssschritt Diethyl-2-brompropandioat (2-Brommalonester, leicht darstellbar durch Bromierung von Diethylpropandioat, als Alkylierungsmittel), kann man das Produkt hydrolysieren und dann mit Säure decarboxylieren (s. Abschn. 22.4). Im nächsten Hydrolyseschritt wird dann die Aminosäure freigesetzt.

Gabriel-Synthese von Glycin

$HCBr(COOCH_2CH_3)_2$ + Kaliumphthalimid ($:N:^- K^+$) $\xrightarrow{-\,KBr}$ Phthalimido-$CH(COOCH_2CH_3)_2$ (85%) $\xrightarrow[-\,2\,CH_3CH_2OH]{H^+,\,H_2O,\,\Delta}$

Diethyl-2-brompropandioat (2-Brommalonester) **Kalium-1,2-benzol dicarbonsäure (Kaliumphthalimid)**

Phthalimido-$CH(COOH)_2$ $\xrightarrow{-\,CO_2}$ $\xrightarrow[-\,C_6H_4(COOH)_2]{H^+,\,H_2O}$ $H_3\overset{+}{N}CH_2COO^-$

85%

Glycin

Ein Vorteil diser Methode liegt darin, daß sich das zunächst gebildete 2-substituierte Propandioat (ein substituierter Malonester) seinerseits noch alkylieren läßt, was die Darstellung einer Fülle substituierter Aminosäuren ermöglicht.

Phthalimido-$CH(CO_2CH_2CH_3)_2$ $\xrightarrow{1.\ CH_3CH_2O^-Na^+\ \ 2.\ RX\ \ 3.\ H^+,\,H_2O,\,\Delta}$ $RCH(\overset{+}{N}H_3)COO^-$

Übung 27-4

Entwickeln Sie Gabriel-Synthesen von Methionin, Asparaginsäure und Glutaminsäure.

Bei einer Variante der Gabriel-Synthese wird Diethyl-*N*-ethanoyl-2-aminopropandioat (Acetamidomalonester) anstelle des Imidderivats eingesetzt.

$CH_3C(=O)NHCH(CO_2CH_2CH_3)_2$ $\xrightarrow[-\,HOH]{NaOH,\ CH_2{=}O}$ $\xrightarrow{H^+,\,H_2O,\,\Delta}$ $HOCH_2CH(\overset{+}{N}H_3)COO^-$

Diethyl-*N*-ethanoyl-2-aminopropandioat (Acetamidomalonester)

65%

Serin

Aminosäuren aus Aldehyden: Strecker-Synthese

Die **Strecker*-Synthese** benutzt in ihrem entscheidenden Schritt eine Variante der Reaktion von Aldehyden und HCN zu Cyanhydrinen (s. Abschn. 15.7).

$$\mathrm{RCH{=}O} + \mathrm{HCN} \rightleftharpoons \mathrm{R{-}CH(OH){-}CN}$$

Cyanhydrin

Führt man dieselbe Reaktion in Gegenwart von Ammoniak durch, addiert sich das intermediäre Imin an Cyanwasserstoff, wodurch das entsprechende 2-Aminonitril entsteht. Bei der nachfolgenden sauren oder basischen Hydrolyse erhält man die gewünschte Aminosäure.

Strecker-Synthese von Alanin

$$\underset{\text{Ethanal (Acetaldehyd)}}{\mathrm{CH_3CH{=}O}} \xrightarrow[-\,\mathrm{H_2O}]{\mathrm{NH_3}} \underset{\text{Imin}}{\mathrm{CH_3CH{=}NH}} \xrightarrow{\mathrm{HCN}} \underset{\text{2-Aminopropannitril}}{\mathrm{H_3C{-}CH(NH_2){-}CN}} \xrightarrow{\mathrm{H^+,\ H_2O}} \underset{\text{Alanin, 55\%}}{\mathrm{CH_3CH(\overset{+}{N}H_3)COO^-}}$$

Übung 27-5

Wie würden Sie Glycin und Methionin über eine Strecker-Synthese darstellen?

Wie synthetisiert man enantiomerenreine Aminosäuren?

Bei allen bisher besprochenen Methoden entstehen die Aminosäuren als Racemate. Für viele synthetische Zwecke – insbesondere bei Peptid- und Proteinsynthesen – werden jedoch enantiomerenreine Verbindungen gebraucht, sie müssen *S*-Konfiguration besitzen. Daher muß man entweder die erhaltenen Racemate spalten (s. Abschn. 5.7) oder enantioselektive Reaktionen entwickeln, bei denen nur das gewünschte *S*-Enantiomer entsteht.

Eine einfache Methode zur Racematspaltung würde über die Trennung von diastereomeren Salzen der beiden Enantiomere laufen. Hierbei geht man so vor, daß die Aminogruppe zunächst als Amid geschützt, und dann das erhaltene Produkt mit einem optisch aktiven Amin (s. Abschn. 21.6) wie dem Alkaloid Brucin (s. Abschn. 26.7) umgesetzt wird. Die beiden erhaltenen Diastereomere lassen sich dann durch fraktionierende Kristallisation trennen. Leider ist diese Methode in der Praxis oft recht mühselig und die Ausbeuten häufig gering.

* Adolf Strecker, 1822–1871, Professor an der Universität Würzburg.

Spaltung von racemischem Valin

$$(CH_3)_2CHCH(\overset{+}{N}H_3)COO^- + HCOOH \xrightarrow[\text{Aminogruppe}]{\text{Schutz der}} (CH_3)_2CHCH(NHCHO)COOH + HOH$$

(*R*,*S*)-Valin → 80% **(*R*,*S*)-*N*-Methanoylvalin [(*R*,*S*)-*N*-Formylvalin]**

Brucin (abgekürzt B), CH_3OH, 0 °C

(*S*)-Salz: $HC(O)NH$–C(H)($COO^-\ ^+BH$)–$CH(CH_3)_2$; (*R*)-Salz: $HB^{+}\ ^{-}OOC$–C(H)(NHC(O)H)–$(CH_3)_2HC$

Trennung durch fraktionierende Kristallisation

NaOH, H_2O, 0°C — Entfernung von Brucin und Hydrolyse des Amids | NaOH, H_2O, 0°C

$H_3\overset{+}{N}$–C(H)(COO^-)–$CH(CH_3)_2$: 70% **(*S*)-Valin**

^{-}OOC–C(H)($\overset{+}{N}H_3$)–$(CH_3)_2HC$: 70% **(*R*)-Valin**

Die Alternative ist, das Chiralitätszentrum an C-2 gleich enantioselektiv zu bilden, wie es die Natur bei der Biosynthese von Aminosäuren macht. So überführt das Enzym *Glutamat-Dehydrogenase* die prochirale Carbonylgruppe der 2-Oxopentandisäure durch eine biologische reduktive Aminierung (chemische reduktive Aminierungen s. Abschn. 21.4) in den Aminosubstituenten der (*S*)-Glutaminsäure. Als Reduktionsmittel wirkt NADH (s. Abschn. 26.5).

$$HOOCCH_2CH_2C(=O)COOH + NH_3 + H^+ \xrightarrow[-\,NAD^+]{\text{NADH, Glutamat-Dehydrogenase}} HOOCCH_2CH_2CH(\overset{+}{N}H_3)COO^- + H_2O$$

2-Oxopentandisäure → **(*S*)-Glutaminsäure**

(*S*)-Glutaminsäure ist die direkte Vorstufe in der Biosynthese von Glutamin, Prolin und Arginin. Außerdem wirkt sie zusammen mit dem Enzym *Transaminase* als Aminierungsmittel für andere 2-Oxosäuren, wodurch andere Aminosäuren zugänglich werden.

$$H{-}C(\overset{+}{N}H_3)(R){-}COO^- + R'C(=O)COO^- \underset{}{\overset{\text{Transaminase}}{\rightleftharpoons}} RC(=O)COO^- + H{-}C(\overset{+}{N}H_3)(R'){-}COO^-$$

Bei der chemischen Synthese wird die katalytische Wirkung von Enzymen bei der Darstellung optisch reiner Aminosäuren ausgenutzt. Diese Methode bezeichnet man als **kinetische Racematspaltung**. Bei diesem Prozeß ist es dem Enzym aufgrund seiner eigenen Chiralität möglich, immer nur eines von beiden Enantiomeren auszusuchen, das dann in ein anderes Produkt überführt wird. Das verbleibende Enantiomer läßt sich dann aus dem Gemisch abtrennen.

Ein Beispiel für dieses Prinzip ist die enzymatische kinetische Spaltung von racemischem Alanin durch die *Schweinenieren-Acylase I.* Dieses Enzym katalysiert ausschließlich bei *N*-alkanoylierten (2*S*)-Aminosäuren die Hydrolyse von Amidbindungen. In der Praxis wird die racemische Säure zunächst mit Ethansäureanhydrid (Acetanhydrid) ethanoyliert (acetyliert) und das entstandene *N*-Ethanoylalanin (*N*-Acetylalanin) danach zusammen mit dem Enzym in wässrige Lösung gegeben.

Biologische kinetische Spaltung von racemischem Alanin

$$CH_3CH(\overset{+}{N}H_3)COO^- \xrightarrow[-\,CH_3COOH]{CH_3COCCH_3\,(O\,O),\ CH_3COOH,\ \Delta} CH_3CH(NHCOCH_3)COOH$$

(*R*,*S*)-Alanin → (*R*,*S*)-*N*-Ethanoylalanin

1. Schweinenieren-Acylase, pH = 7.0–7.2, 38 °C, 24 h
2. CH_3CH_2OH

$$\rightarrow H_3\overset{+}{N}-C(COO^-)(CH_3)-H \;+\; H-C(COOH)(CH_3)-NHCCH_3(=O)$$

(*S*)-Alanin (fällt aus) + (*R*)-*N*-Ethanoylalanin (bleibt in Lösung)

Bei Zugabe von Ethanol zu dem Gemisch kristallisiert die natürliche (*S*)-Aminosäure aus, das löslichere (*R*)-*N*-Ethanoylalanin reagiert nicht und verbleibt in der Mutterlauge. Dieses Verfahren ist sehr effektiv, zur Spaltung von 600 g Aminosäure benötigt man nur 150 mg des Enzyms.

Zur Darstellung kleiner Mengen enantiomerenreiner Produkte kann man racemische Aminosäuren einer spezifischen enzymatischen Oxidation unterwerfen. Bei diesem Verfahren wird das eine Enantiomer zerstört, das andere bleibt erhalten. Auf diese Weise erhält man mit Klapperschlangengift, das *L-Aminosäure-Oxidase* enthält, die reine *R*-Form, während Behandeln mit *D-Aminosäure-Oxidase* aus den Nieren das reine S-Enantiomer ergibt. Für Reaktionen in großem Maßstab ist diese Methode nicht geeignet, da sich eines der beiden Enantiomere nicht zurückgewinnen läßt.

Fassen wir zusammmen: racemische Aminosäuren lassen sich durch Aminierung von 2-Bromcarbonsäuren, über die Gabriel-Synthese und die Strecker-Synthese darstellen. Diese verläuft über eine Imin-Variante der Darstellung von Cyanhydrinen mit nachfolgender Hydrolyse. Enantiomerenreine Aminosäuren kann man durch Racematspaltung oder mit Hilfe biologischer Methoden erhalten.

27.3 Oligomere und Polymere von Aminosäuren: Die Struktur von Peptiden und Proteinen

Wie wir bereits in der Einführung zu diesem Kapitel erwähnt haben, lassen sich Aminosäuren durch vielfaches Knüpfen von Amidbindungen zu Polypeptiden polymerisieren. In diesem Abschnitt zeigen wir, wie man solche Polypeptidketten darstellen kann, wie die Strukturen von Polypeptiden und Proteinen aussehen, und wie man die Aminosäuresequenz in solchen Polymeren bestimmen kann.

Polypeptide in der Kurzschreibweise

Beim Zeichnen einer Polypeptidkette schreibt man das Amino-Ende an die linke, das Carboxy-Ende an die rechte Seite der Kette. Die Konfiguration an allen Chiralitätszentren ist vereinbarungsgemäß *S*.

Zeichnen der Struktur eines Tripeptids

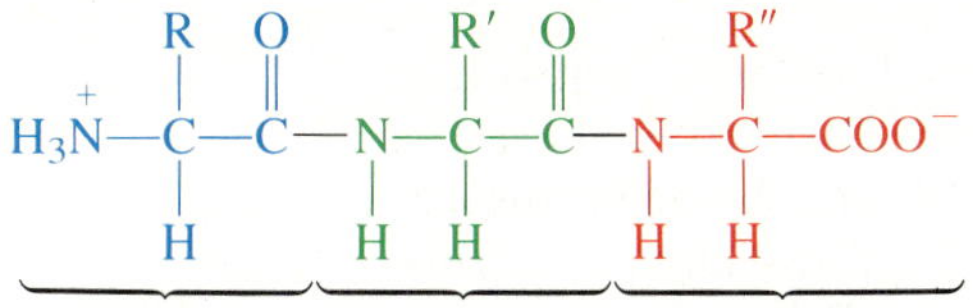

$$H_3\overset{+}{N}-\underset{H}{\overset{R}{C}}-\overset{O}{\overset{\|}{C}}-\underset{H}{N}-\underset{H}{\overset{R'}{C}}-\overset{O}{\overset{\|}{C}}-\underset{H}{N}-\underset{H}{\overset{R''}{C}}-COO^-$$

Amino-säure 1 | Amino-säure 2 | Amino-säure 3

Die Kette, die die Amid- (Peptid-)Bindungen enthält, bezeichnet man als **Hauptkette**, die Substituenten R, R′ usw. sind die **Seitenketten**. Die einzelnen Aminosäure-Einheiten, aus denen das Peptid aufgebaut ist, sind die sogenannten **Reste**. In einigen Proteinen sind zwei oder mehrere Polypeptidketten durch Disulfidbrücken (s. Abschn. 9.7 und 27.1) oder Wasserstoffbrücken miteinander verbunden.

Die Namensgebung bei den Peptiden ist ganz einfach. Man beginnt an dem Ende mit der freien Aminosäure und hängt dann die Bezeichnungen für die einzelnen Reste einfach aneinander, bis man beim Rest mit der endständigen Carboxygruppe angekommen ist. Da man bei diesem Verfahren sehr schnell zu endlos langen Namen kommt, benutzt man für längere Peptide in die Tab. 27-1 aufgeführten Abkürzungen.

$$H_3\overset{+}{N}CH_2-\overset{O}{\overset{\|}{C}}-NH\overset{CH_3}{C}HCOO^-$$

Glycylalanin
Gly-Ala

$$H_3\overset{+}{N}\overset{CH_3}{C}H-\overset{O}{\overset{\|}{C}}-NHCH_2COO^-$$

Alanylglycin
Ala-Gly

$$H_3\overset{+}{N}\overset{C_6H_5CH_2}{C}H-\overset{O}{\overset{\|}{C}}-NH\overset{(CH_3)_2CHCH_2}{C}H-\overset{O}{\overset{\|}{C}}-NH\overset{CH_3CHOH}{C}HCOO^-$$

Phenylalanylleucylthreonin
Phe-Leu-Thr

Lassen Sie uns einige Beispiele von Peptiden und deren strukturelle Vielfalt betrachten. Aspartam, ein Dipeptidester ist ein kalorienarmer künstlicher Süßstoff. In der Drei-Buchstaben-Schreibweise wird die endständige Estergruppe durch $-OCH_3$ angegeben. Glutathion, ein Tripeptid, findet sich in allen lebenden Zellen, in besonders hohen Konzentrationen in der Augenlinse. Dieses Molekül ist deshalb ungewöhnlich, weil hier der Glutaminsäurerest über die γ-Carboxygruppe (als γ-Glu gekennzeichnet) an den Rest des Peptids gebunden ist.

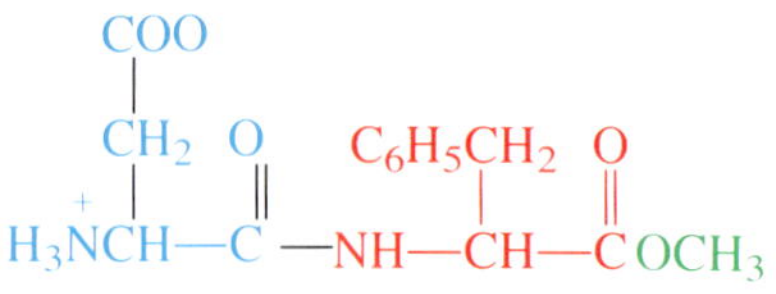

$$\overset{+}{H_3N}CH(CH_2COO)-\overset{O}{\overset{\|}{C}}-NH-CH(CH_2C_6H_5)-\overset{O}{\overset{\|}{C}}OCH_3$$

Aspartylphenylalaninmethylester
Asp-Phe-OCH_3
(Aspartam)

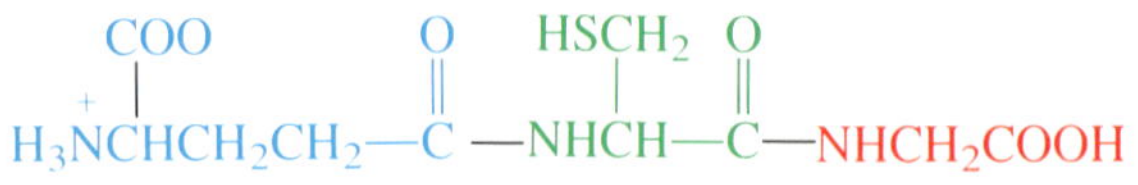

$$\overset{+}{H_3N}CH(COO)CH_2CH_2-\overset{O}{\overset{\|}{C}}-NHCH(HSCH_2)-\overset{O}{\overset{\|}{C}}-NHCH_2COOH$$

γ-Glutamylcysteinylglycin
γ-Glu-Cys-Gly
(Glutathion)

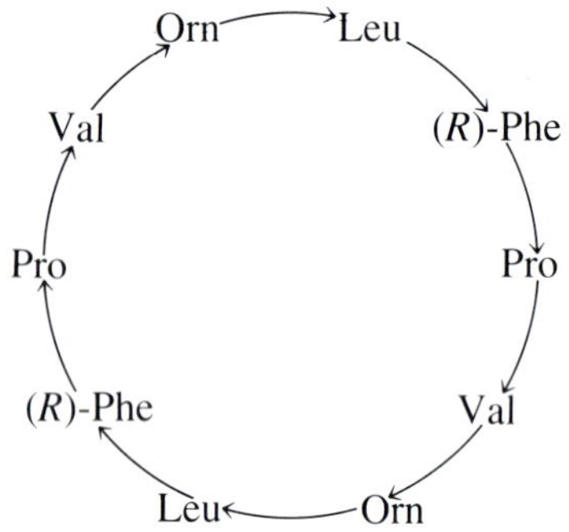

Orn → Leu → (*R*)-Phe → Pro → Val → Orn → Leu → (*R*)-Phe → Pro → Val → Orn

Gramicidin S

Glutathion wirkt als biologisches Reduktionsmittel, indem es selbst rasch an der Mercapto-Einheit des Cysteins zum dimeren Disulfid oxidiert wird. Gramicidin S ist ein cyclisches Peptid-Antibiotikum, das sich aus zwei identischen Pentapeptiden zusammensetzt, die Kopf an Schwanz verbunden sind. In diesem Molekül ist Phenylalanin in der *R*-Konfiguration und eine seltene Aminosäure, Ornithin, enthalten [Orn, ein niederes Homologes (eine CH_2-Gruppe weniger) des Lysins.] In der Kurzdarstellung, in der Gramicidin S gezeigt ist, ist die Richtung, in der die Aminosäuren miteinander verknüpft sind (Amino- zu Carboxyrichtung) durch Pfeile angezeigt.

Obwohl Kurzdarstellungen praktisch sind, lassen sich an ihnen keine nicht-kovalenten Wechselwirkungen in den Peptiden erkennen. In der Keilstrichformel von Gramicidin S sind einige wichtige Wasserstoffbrükken zu erkennen, die entscheidend an der stereochemischen Starrheit des Ringes beteiligt sind.

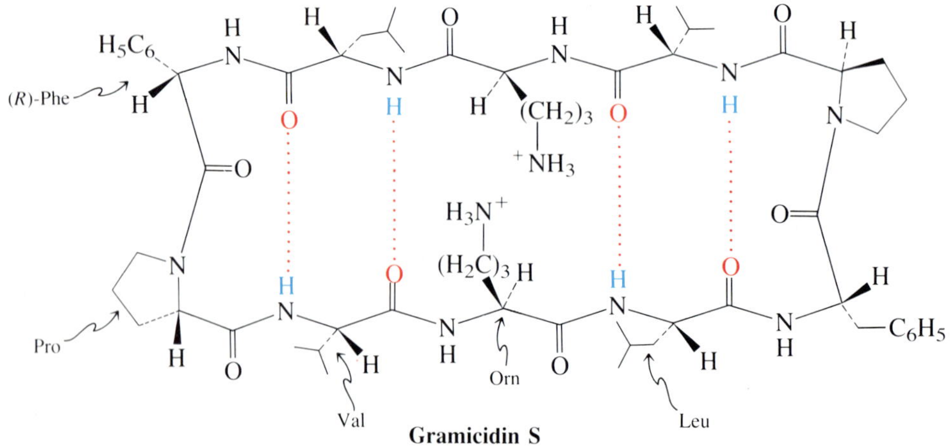

(*R*)-Phe, Pro, Val, Orn, Leu, H_5C_6, C_6H_5, $(CH_2)_3$, $^+NH_3$, H_3N^+, $(H_2C)_3$

Gramicidin S
(Keilstrichformel)

Ein zweiter Faktor, der eine gewisse Starre des Moleküls bewirkt, ist die stark dipolare Natur der Amidgruppe (s. Abschn. 18.1), wodurch die Rotationsbarriere um die relativ kurze Carbonyl-Stickstoff-Bindung recht groß wird.

Eine kompliziertere Aminosäuresequenz findet sich im Proteinhormon Insulin (s. Abb. 27-1), das als Medikament in der Diabetestherapie einge-

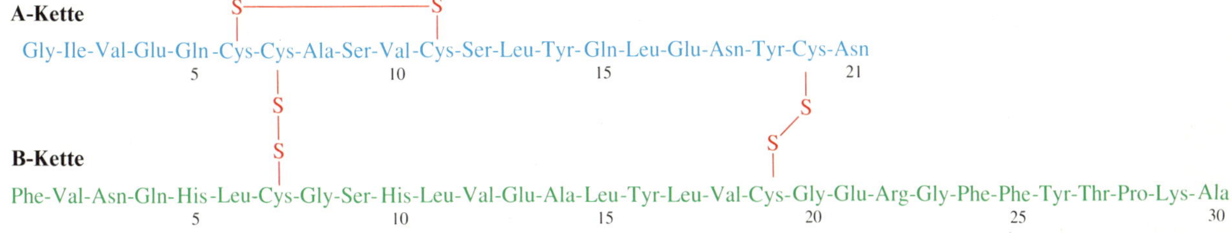

Abb. 27-1 Aminosäurensequenz von Rinderinsulin. Das Amino-Ende liegt in beiden Ketten links.

setzt wird, da es den Glucoseabbau reguliert. Da man bei den meisten synthetischen Verfahren zur Darstellung von Insulin nur geringe Ausbeuten erhält, wird bis heute der größte Teil dieses Proteins aus der Bauchspeicheldrüse von Schlachttieren gewonnen. Seit kurzer Zeit ist auch ein Insulinpräparat im Handel, das mit Hilfe der Gentechnologie erzeugt wurde.

Insulin ist aus zwei Peptidketten A und B aufgebaut, die aus insgesamt 51 Aminosäureresten bestehen. Diese Ketten sind über zwei Disulfidbrükken miteinander verbunden, eine weitere Disulfidbrücke befindet sich zwischen den Cysteinresten an den Positionen 6 und 11 der A-Kette, wodurch sie in eine schleifenförmige Struktur gezwungen wird. Beide Ketten sind so zusammengefaltet, daß die sterischen Wechselwirkungen möglichst klein, die elektrostatischen und van-der-Waals-Anziehungskräfte möglichst groß sind. Aufgrund dieser Kräfte ergibt sich eine ziemlich dichte dreidimensionale Struktur (s. Abb. 27-2).

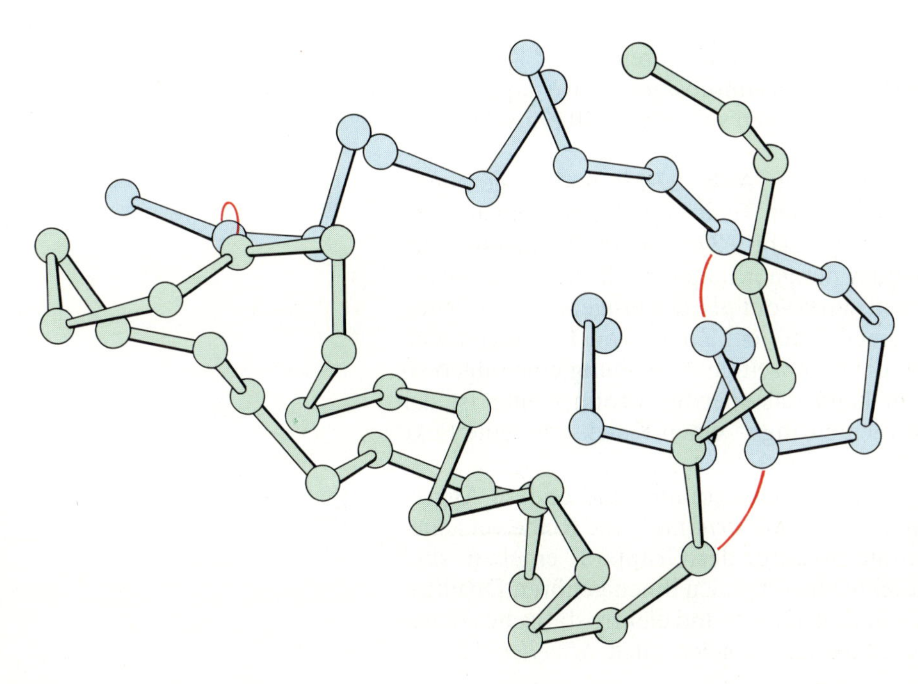

Abb. 27-2 Dreidimensionale Struktur von Insulin. Die Reste von Kette A sind blau, die von Kette B grün gezeichnet. Die Dissulfidbrücken sind rot markiert. (Nach *Biochemistry,* 2d ed. von Lubert Stryer. W.H. Freeman and Company, Copyright © 1975, 1981.)

Übung 27-6
Vasopressin, auch als antidiuretisches Hormon bekannt, kontrolliert die Wasserausscheidung im Körper. Zeichnen Sie die Struktur des Moleküls. Beachten Sie, daß sich eine intramolekulare Disulfidbrücke zwischen den beiden Cystein-Einheiten befindet.

```
S—————————————S
|             |
Cys-Tyr-Phe-Gln-Asn-Cys-Pro-Arg-Gly-NH2
```

Vasopressin

Proteine sind räumlich gefaltet: Sekundär- und Tertiärstrukturen

Wie Insulin nehmen auch andere Polypeptidketten wohldefinierte, dreidimensionale Strukturen ein, und nicht die lose, zufällige Anordnung, wie sie Abb. 27-3A zeigt. Während die Aminosäurensequenz der Kette die *Primärstruktur* festlegt, bezeichnet man das Faltungsmuster als Sekundärstruktur. Die *Sekundärstruktur* kommt teilweise durch Disulfidbrücken, hauptsächlich jedoch aufgrund der Starrheit der Amidbindung und der Maximierung der Wasserstoffbrücken und anderen nichtkovalenten Bindungen entlang der Kette(n) zustande. Zwei mögliche Anordnungen sind die *Faltblattstruktur,* oder β-*Konfiguration,* und die α-*Helix* (s. Abb. 27-3B und C).

In der Faltblattstruktur (s. Abb. 27-3B) sind zwei Ketten so angeordnet, daß jeweils die Aminogruppe einer Peptidbindung gegenüber der Carbonylgruppe einer anderen liegt, so daß sich zwischen beiden Gruppen Wasserstoffbrücken ausbilden können. Solche Bindungen sind auch innerhalb derselben Kette möglich, wenn sie schleifenförmig angeordnet ist. Sind viele derartige Bindungen in einem System enthalten, kann es recht starr werden. In der β-Konfiguration stehen benachbarte Ebenen, die durch die drei Atome (C,O, N) der Amidbindungen festgelegt werden, in einen bestimmten Winkel zueinander, wodurch die Faltblattstruktur entsteht (s. Abb. 27-4).

Die α-Helix (Abb. 27-3C) ermöglicht intramolekulare Wasserstoffbrükken zwischen nahe beieinanderliegenden Aminosäuren in der Kette. Auf jeder Windung der Helix befinden sich 3.6 Aminosäuren, zwei äquivalente Punkte an aufeinanderfolgenden Windungen sind etwa 540 pm voneinander entfernt.

Nicht alle Polypeptide nehmen die in Abb. 27-3B und C gezeigten idealisierten Strukturen an. Einige (oder Teile von ihnen) zeigen auch zufällige ungeordnete Strukturen (s. Abb. 27-3A), die manchmal im Gleichgewicht mit einer oder beiden der geordneteren Alternativen stehen. Derartige Gleichgewichte können stark vom pH der umgebenden Lösung abhängen. Bildet sich entlang einer Kette ein Zuviel von Ladungen gleichen Vorzeichens aus, erzwingt die gegenseitige Abstoßung eine ungeordnetere Orientierung. Außerdem kann das sperrige Prolin – hier ist der Amid-Stickstoff Teil des Substituentenrings – einen Knick oder eine Ecke in einer α-Helix bewirken.

Durch weiteres Falten, Verknäulen (engl.: coiling) und andere Aggregate von Polypeptiden entsteht deren *Tertiärstruktur*. Eine Reihe verschiedener Kräfte, die sich aus Art und Struktur der Gruppe R ergeben, sind an der Stabilisierung dieser Moleküle beteiligt. Zu ihnen gehören Disulfidbrücken, Wasserstoffbrücken, London-Kräfte und elektrostatische Anziehungs- und Abstoßungskräfte. Außerdem spielen auch *Micellen-Effekte*

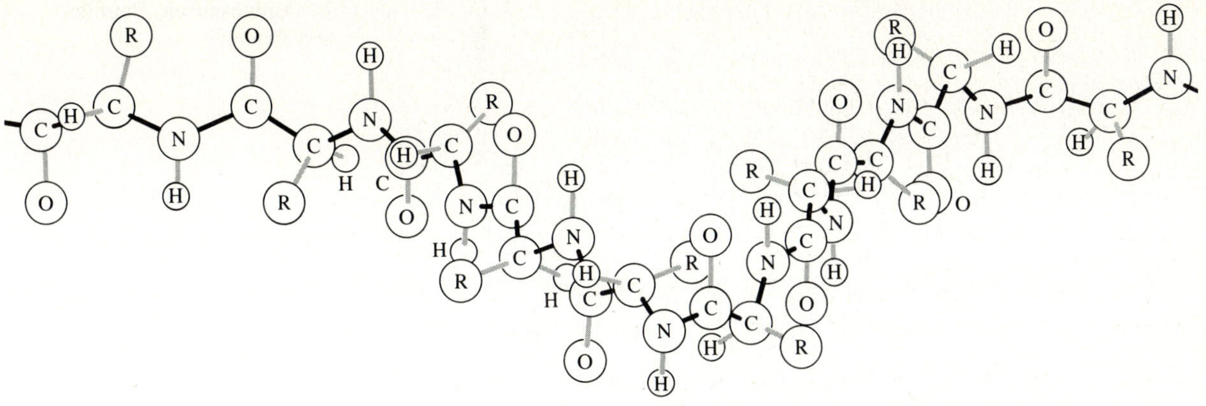

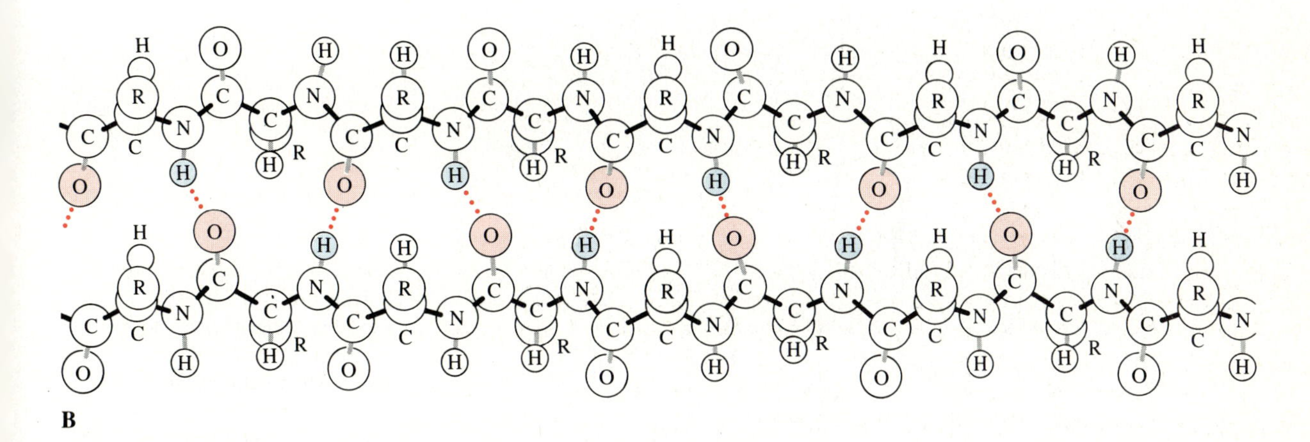

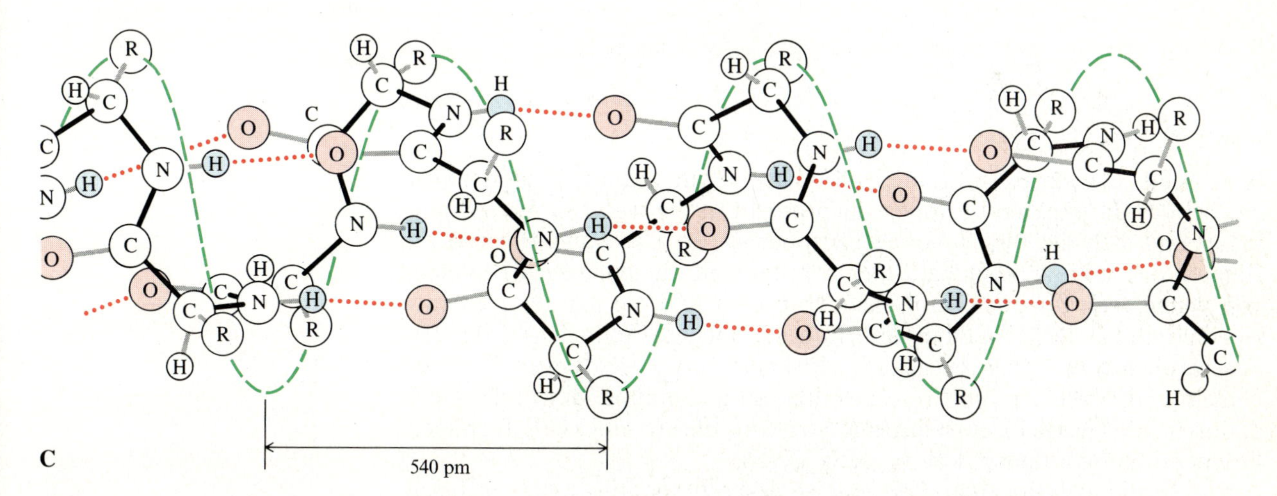

Abb. 27-3 Verschiedene strukturelle Anordnungen von Polypeptiden: (A) zufällige, ungeordnete Struktur, (B) die Faltblattstruktur oder β-Konfiguration, die durch Wasserstoffbrücken (gepunktete Linien) zwischen zwei Polypeptidsträngen zusammengehalten wird; (C) die α-Helix, in der das Polymer als rechtsgängige Schraube angeordnet ist, die durch intramolekulare Wasserstoffbrücken starr in Form gehalten wird. (Nach „Proteins“, von Paul Doty, Scientific American, September 1957. Copyright © 1957. *Scientific American,* Inc.)

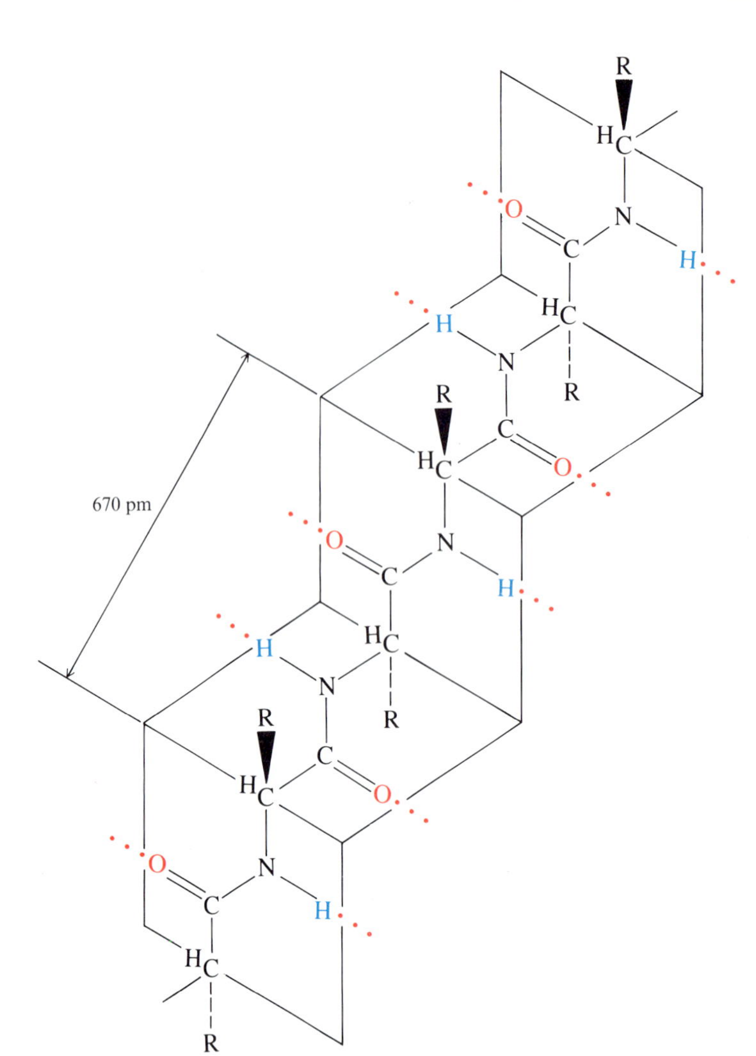

Abb. 27-4 Faltblattstruktur eines Polypeptids. Die farbigen Peptidbindungen legen die einzelnen Ebenen fest, die Seitenketten befinden sich entweder ober- oder unterhalb der Blattebenen. Die gepunkteten Linien zeigen Wasserstoff zu einer Nachbarkette oder zum Wasser an.

(s. Abschn. 18.4, Abb. 18.1) eine Rolle: Das Polymer nimmt eine Struktur an, bei der die polaren Gruppen nach außen in die wässrige Umgebung ragen und sich die hydrophoben Gruppen (z. B. Alkyl und Phenyl) im Inneren der Micelle befinden. Stark gefaltet sind die **globulären Proteine**, von denen viele für den chemischen Transport und die Katalyse verantwortlich sind (z. B. Myoglobin und Hämoglobin, s. Abschn. 27-6). Bei den **Faserproteinen** wie *Myosin* (in den Muskeln) und *α-Keratin* (in Haaren, Nägeln und Wolle) sind mehrere α-Helices so umeinander gewunden, daß dadurch eine **Überhelix** entsteht, eine Struktur, die aus einer helixförmigen Polypeptidkette aufgebaut ist (s. Abb. 27-5).

Die Tertiärstruktur eines Proteins ist deshalb wichtig, weil hierdurch eine Tasche oder aktive Stelle im Molekül entstehen kann, in die nur ein bestimmtes Substrat des Proteins hineinpaßt. Bei den Enzymen erleichtert diese Struktureigenschaft die Komplexierung des Substrats, die Aktivierung und die Umsatzgeschwindigkeit. Bei anderen Proteinen kann sich hier ein Molekül anlagern, das einfach an eine andere Stelle transportiert werden soll. Bei der Denaturierung, d. h. der Zerstörung der Tertiärstruktur eines Proteins, fällt dieses gewöhnlich aus der Lösung aus und verliert jede katalytische Wirkung. Eine Denaturierung erfolgt, wenn das Protein starker Hitze oder extremen pH-Werten ausgesetzt wird. Denken Sie nur einmal daran, was mit klarem Eiweiß passiert, wenn man es in eine heiße

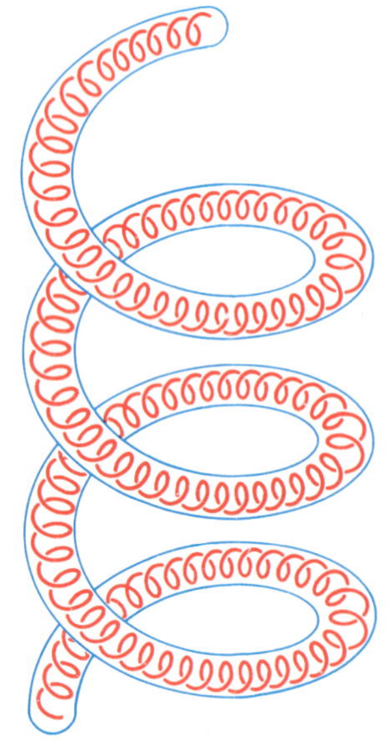

Abb. 27-5 Idealisiertes Bild einer Überhelix, einer Helix in einer Helix.

Bratpfanne gibt, oder wie Milch aussieht, wenn man sie in Tee mit Zitrone gießt.

Einige Moleküle wie Hämoglobin (s. Abschn. 27-6) besitzen auch eine *Quartärstruktur,* in der zwei oder mehrere Aminosäureketten, jede mit ihrer eigenen Tertiärstruktur, miteinander eine größere Anordnung bilden.

Lassen Sie uns zusammenfassen: Polypeptide sind Polymere von Aminosäuren, die durch Amidbindungen miteinander verknüpft sind. Ihre Aminosäuresequenz läßt sich mit Hilfe einer Kurzschreibweise, in der die dreibuchstabigen Abkürzungen, die in Tab. 27-1 gezeigt sind, verwendet werden, darstellen. Polypeptide können cyclisch und auch über Dilsulfid- und Wasserstoffbrücken verbunden sein. Die Sequenz der Aminosäuren ist die Primärstruktur eines Polypeptids, durch Falten entsteht die Sekundärstruktur und durch weiteres Falten, Verknäulen und Aggregieren die Tertiärstruktur.

27.4 Bestimmung der Primärstruktur von Polypeptiden: Sequenzanalyse

Die biologische Wirksamkeit der Polypeptide und Proteine ist an eine definierte Aminosäurensequenz gebunden. Ende der fünfziger und Anfang der sechziger Jahre wurde entdeckt, daß diese Sequenzen genetisch in der DNA, dem Molekül, in dem die Erbsubstanz enthalten ist, festgelegt sind (s. Abschn. 27.7). Die Identifizierung der Primärstruktur der Polypeptide, die sogenannte **Sequenzanalyse**, erhebt gleichzeitig die Frage, wie das genetische Material in der DNA gespeichert ist, und wie es weitergegeben wird. Kennt man die Aminosäurensequenz eines Proteins, ist sein Wirkungsmechanismus leichter zu verstehen. Die Funktion eines Proteins kann durch Veränderung einer einzigen Aminosäure innerhalb einer Sequenz total geändert werden. So entsteht z. B. die Sichelzellenanämie, eine unter Umständen tödliche Erbkrankheit, dadurch, daß eine einzige Aminosäure im Protein Hämoglobin (s. Abschn. 27.6) verändert ist. Die Sequenzanalyse spielt auch eine wichtige Rolle bei der Aufklärung der Evolution. So haben im allgemeinen bei verwandten Spezies Proteine mit ähnlicher Wirkung auch eine ähnliche Aminosäuresequenz. Die Enge der Verwandtschaft läßt sich dann durch Bestimmung der Primärstruktur ermitteln. In diesem Abschnitt zeigen wir, wie man dies mit chemischen Mitteln in Verbindung mit analytischen Methoden tun kann.

Der erste Schritt: Aufbrechen der Sulfidbrücke und Reinigung

Viele Polypeptide bestehen aus zwei oder mehr Ketten, die durch Disulfidbrücken miteinander verbunden sind. Im ersten Schritt bei der Analyse solcher Strukturen bricht man diese Bindungen auf und trennt die entstandenen Untereinheiten. Dies läßt sich z. B. durch Oxidation der Disulfidbrücke zu Sulfonsäuren mit Peroxymethansäure (Peroxyameisensäure) erreichen.

Der folgende Reinigungsschritt ist ein schwieriges Problem und kann viele Stunden in Anspruch nehmen. Es gibt einige Methoden, mit denen sich Polypeptide aufgrund ihrer Größe, der Löslichkeit in einem bestimmten Lösungsmittel, der Ladung bzw. der Fähigkeit, sich an einen Träger zu binden, trennen lassen.

In der *Dialyse* wird das Polypeptid von kleineren Molekülbruchstücken über eine Filtration durch eine semipermeable Membran abgetrennt. Eine zweite Methode, die *Gelfiltration-Chromatographie,* benutzt ein aus winzigen Kügelchen bestehendes Kohlenhydratpolymer, das sich in einer Trennsäule befindet. Kleinere Moleküle diffundieren im allgemeinen leichter in die Kügelchen hinein und verweilen eine längere Zeit auf der Säule als größere, sie werden daher langsamer eluiert. Bei der *Ionenaustausch-Chromatographie* trennt ein geladener Träger Moleküle aufgrund der Zahl der auf ihnen befindlichen Ladungen. So bindet eine Säule, auf der sich Carboxylatgruppen befinden, positiv geladene (z. B. an der Aminfunktion protonierte) Polypeptide, aber keine neutralen oder negativen Spezies. Eine Trennung läßt sich über eine Änderung des pH-Werts des Laufmittels erreichen. Hierdurch wird letztendlich die Anzahl der Ladungen auf dem Träger und auf den zu trennenden Polypeptiden bestimmt.

Dieses Prinzip wird auch in der *Elektrophorese* angewendet. Hierbei mißt man die Beweglichkeit eines Polypeptids im elektrischen Feld. Ein Fleck des zu trennenden Gemisches wird auf ein Stück Filterpapier aufgetragen, das mit einer gepufferten wässrigen Lösung befeuchtet ist, und an dem zwei Elektroden angebracht sind. Legt man Spannung an, bewegen sich positiv geladene Teilchen zur Kathode, negativ geladene zur Anode. Die Geschwindigkeit v jedes wandernden Teilchens ist proportional zur Feldstärke E und der Ladung z des Moleküls (diese hängt wiederum vom pH ab) und umgekehrt proportional einer Konstante f, die von der äußeren Gestalt des Teilchens abhängt, dem sogenannten *Reibungswiderstand.*

$$v = \frac{Ez}{f}$$

Die Trennwirkung dieser Methode ist außerordentlich. Mehr als tausend verschiedene Proteine einer Bakterienspezies sind so in einem einzigen Experiment getrennt worden.

Die *Affinitätschromatographie* benutzt schließlich die Tendenz von Polypeptiden, sich über Wasserstoffbrücken und andere Anziehungskräfte schwach an bestimmte Träger zu binden. Peptide unterschiedlicher Größe und Gestalt haben auf einer Säule, in der sich ein solcher Träger befindet, verschiedene Retentionszeiten.

Nachdem man die einzelnen Polypeptidstränge, die beim Aufbrechen der Disulfidbrücken entstanden sind, gereinigt hat, erfolgt im nächsten Schritt der Strukturanalyse die qualitative und quantitative Bestimmung der enthaltenen Aminosäuren.

Der zweite Schritt: Welche Aminosäuren sind vorhanden?

Um zu bestimmen, welche Aminosäuren und wieviel von jeder im Polypeptid vorhanden sind, wird die gesamte Kette durch Hydrolyse der Amidbindungen (HCl, 6 mol/L, 110 °C, 24 h) zum Gemisch der freien Aminosäuren abgebaut. Das Gemisch wird dann in einem automatischen **Aminosäure-Analysator** getrennt. Dieses Gerät besteht aus einer Ionenaustauschersäule, die mit einem negativ geladenen Träger, der gewöhnlich Carboxylat- oder Sulfonat-Ionen enthält, gepackt ist. Als Laufmittel verwendet man eine leicht saure Lösung. Je nach ihrer Struktur werden die Aminosäuren zum größerem oder geringerem Teil protoniert und daher mehr oder weniger stark vom Träger festgehalten, sie werden also getrennt. Eine noch bessere Auftrennung erreicht man, indem man das pH des Laufmittels langsam ansteigen läßt. Hierdurch werden die Aminosäuren entsprechend ihrem pK_a-Wert nacheinander deprotoniert und so eluiert, am Anfang erscheinen die sauersten, am Ende die basischsten Aminosäuren.

Am Ende der Säule befindet sich ein Analysator, ein Reservoir, das einen bestimmten Indikator enthält. Die eluierten Aminosäuren bewirken einen Farbumschlag des Indikators nach violett, dessen Intensität proportional zur Stoffmenge der Säure ist. Diese Farbumschläge lassen sich als Funktion der Zeit oder des eluierten Volumens an Laufmittel aufzeichnen, wobei man ein charakteristisches Chromatogramm erhält (s. Abb. 27-6). Die Fläche unter jedem Peak ist ein Maß für den relativen Anteil an einer bestimmten Aminosäure im Gemisch.

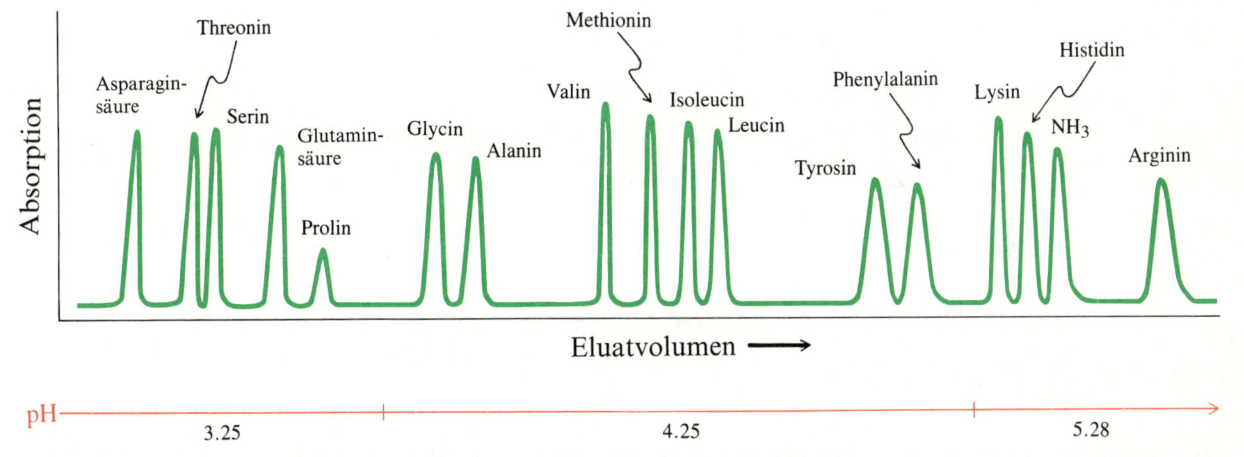

Abb. 27-6 Ergebnis der Trennung verschiedener Aminosäuren mit einem Aminosäure-Analysator unter Benutzung eines polysulfonierten Ionenaustauscherharzes (als Chromatogramm aufgezeichnet). Die stärker sauren Produkte (z.B. Asparaginsäure) werden im allgemeinen zuerst eluiert. Ammoniak wird dem Gemisch als Vergleichssubstanz beigegeben.

Mit dem Aminosäure-Analysator kann man die Zusammensetzung eines Polypeptids schnell bestimmen. So ergibt z. B. das Chromatogramm von hydrolysiertem Glutathion (s. Abschn. 27.3) drei Peaks gleicher Größe, die Glutaminsäure, Glycin und Cystein entsprechen.

Übung 27-7
Welche Ergebnis erwarten Sie bei der Aminosäureanalyse der A-Kette von Insulin (s. Abb. 27-1) ?

Nachdem man nun den groben Aufbau eines Polypeptids kennt, bestimmt man mit anderen Methoden die Reihenfolge, in der die einzelnen Aminosäuren aneinander gebunden sind: die Aminosäurensequenz.

Der dritte Schritt: Sequenzbestimmung der Aminosäuren von Amino-Ende aus

Es gibt einige chemische Methoden, mit deren Hilfe man die Identität des Rests am Amino-Ende eines Polypeptids bestimmen kann. Sie alle nützen die unverwechselbaren Eigenschaften dieser Gruppe aus, es ist die einzige mit einem freien Aminosubstituenten. Diese Eigenschaft ermöglicht spezifische chemische Reaktionen, die dazu dienen, die endständige Aminosäure zu markieren.

Ein solches Verfahren ist der **Sanger*-Abbau**. Bei diesem Prozeß wird das Peptid zunächst mit 1-Fluor-2,4-dinitrobenzol umgesetzt. Die Aminogruppe der endständigen Aminosäure greift dieses Reagenz in einer nucleophilen aromatischen Substitution an (s. Abschn. 20.6). Nach der Hydrolyse des Polypeptids bleibt der Dinitrophenylrest an der Aminosäure haften und die so markierte Aminosäure läßt sich im Gemisch leicht aufgrund ihres chromatographischen Verhaltens identifizieren.

Sanger-Abbau der A-Kette des Insulins

$$O_2N\text{-}C_6H_3(NO_2)\text{-}F + H_2\ddot{N}CH_2C(=O)\text{—}NH\text{—}CH(CH(CH_3)CH_2CH_3)\text{—}C(=O)\text{—}NH\text{—}\sim\sim \text{ A-Kette des Insulins}$$

$$\downarrow -HF$$

$$O_2N\text{-}C_6H_3(NO_2)\text{-}NHCH_2C(=O)\text{—}NH\text{—}CH(CH(CH_3)CH_2CH_3)\text{—}C(=O)\text{—}NH\text{—}\sim\sim \text{ A-Kette des Insulins}$$

$$\downarrow 6\ \text{mol/L HCl},\ H_2O$$

$$O_2N\text{-}C_6H_3(NO_2)\text{-}NHCH_2COOH + \text{Ile, Ala, Val, Glu, Gln, Ser, Leu, Tyr, Asn, Cys}$$

markiertes Gly

Der größte Nachteil der Sanger-Methode liegt darin, daß man die Polypeptidkette nach der Markierung vollständig abbauen muß. Es wäre besser, wenn man ein Reagenz hätte, das die *selektive Entfernung* des endständigen Aminosäurerest ermöglicht und den Rest der Kette intakt läßt, so daß man dann dasselbe Reagenz noch einmal auf die Kette einwirken lassen könnte. Auf diese Weise wäre es möglich, jeweils eine Aminosäure nach der anderen zu identifizieren. Ein solches Reagenz ist Phenylthioisocyanat, $C_6H_5N{=}C{=}S$, das man beim **Edman**-Abbau** benutzt.

Erinnern wir uns daran (s. Abschn. 18.5), daß Isocyanate gegenüber einem nucleophilen Angriff sehr reaktiv sind und dasselbe gilt auch für ihre Schwefel-Analoga. Beim Edman-Abbau addiert sich die endständige

* Frederick Sanger, geb. 1918, Professor an der Universität Cambridge, Nobelpreis 1958 und 1980.

** Pehr Edman, geb. 1916, Professor an der Universität Lund, Schweden.

Aminogruppe an das Reagenz, wobei ein Thioharnstoffderivat entsteht. Beim Behandeln mit einer schwachen Säure unter Bedingungen, unter denen die Peptidbindungen nicht hydrolysiert werden, spaltet das Molekül die markierte Aminosäure als Phenylthiohydantoin ab, der Rest des Polypeptids bleibt unverändert. Die neue Kette, die eine neue endständige Aminogruppe hat, kann nun einem weiteren Edman-Abbau unterworfen werden, um den nächsten endständigen Aminosäurerest zu identifizieren, usw. Das ganze Verfahren ist automatisiert worden und ermöglicht so die Routinebestimmung von Polypeptiden mit bis zu zwanzig Aminosäuren. Bei längeren Polypeptiden ist die Methode nicht mehr praktikabel, da es zu Verunreinigungen kommt.

Edman-Abbau der A-Kette von Insulin

Übung 27-8

Schreiben Sie einen Mechanismus für die Bildung von Glycin-Phenylthiohydantoin durch Reaktion von Phenylisothiocyanat mit Glycinamid, $H_2NCH_2CONH_2$.

Polypeptidketten lassen sich an bestimmten Stellen öffnen

Mit Hilfe des Edman-Verfahrens läßt sich die Aminosäurensequenz nur bei den kürzeren Polypeptiden ohne allzu großen Aufwand bestimmen. Man braucht daher Methoden, mit deren Hilfe man die längeren Ketten auf selektive und vorhersagbare Weise in kleinere Fragmente aufbrechen kann. Dies macht man in der Praxis durch enzymatische Hydrolyse. So spaltet z. B. *Trypsin,* ein Enzym des Verdauungstrakts, Polypeptide nur am Carboxy-Ende von Arginin und Lysin.

Selektive Hydrolyse der B-Kette von Insulin durch Trypsin

Phe-Val-Asn-Gln-His-Leu-Cys-Gly-Ser-His-Leu-Val-Glu-Ala-Leu-Tyr-Leu-Val-Cys-Gly-Glu-Arg-Gly-Phe-Phe-Tyr-Thr-Pro-Lys-Ala
(5, 10, 15, 20, 25, 30)

↓ Trypsin, H_2O

Phe-Val-Asn-Gln-His-Leu-Cys-Gly-Ser-His-Leu-Val-Glu-Ala-Leu-Tyr-Leu-Val-Cys-Gly-Glu-Arg + Gly-Phe-Phe-Tyr-Thr-Pro-Lys + Ala

Ein selektiveres Enzym ist *Clostripain,* das nur am Carboxy-Ende von Arginin spaltet. Im Gegensatz dazu ist *Chymotrypsin,* das sich genau wie Trypsin im Verdauungstrakt von Säugetieren findet, weniger selektiv und spaltet am Carboxy-Ende von Phenylalanin, Tryptophan und Tyrosin. Andere Enzyme haben eine ähnliche Selektivität (s. Tab. 27-2). Auf diese Weise läßt sich ein längeres Polypeptid in mehrere kleinere aufbrechen, deren Sequenz man dann mit dem Edman-Verfahren bestimmen kann.

Tabelle 27-2 Spezifität von hydrolysierenden Enzymen bei der Spaltung von Polypeptiden

Enzym	Ort der Spaltung
Trypsin	Lys, Arg, Carboxy-Ende
Clostripain	Arg, Carboxy-Ende
Chymotrypsin	Phe, Trp, Tyr, Carboxy-Ende
Pepsin	Asp, Glu, Leu, Phe, Trp, Tyr, Carboxy-Ende
Thermolysin	Leu, Ile, Val, Amino-Ende

Übung 27-9

Ein Polypeptid, das aus 21 Aminosäuren besteht, wird durch Thermolysin hydrolysiert. Als Produkte erhält man Gly, Ile, Val-Cys-Ser, Leu-Tyr-Gln, Val-Glu-Gln-Cys-Cys-Ala-Ser und Leu-Glu-Asn-Tyr-Cys-Asn. Hydrolysiert man daselbe Polypeptid mit Chymotrypsin, entstehen Cys-Asn, Gln-Leu-Glu-Asn-Tyr und Gly-Ile-Val-Glu-Gln-Cys-Ala-Ser-Val-Cys-Ser-Leu-Tyr. Geben Sie die Aminosäurensequenz dieses Moleküls an.

Fassen wir zusammen: Die Struktur von Polypeptiden läßt sich mit Hilfe verschiedener Abbauschemata bestimmen. Zunächst werden die Disulfidbrücken gespalten, dann werden die Art und relative Häufigkeit der enthaltenen Aminosäuren in jeder Polypeptidkette durch vollständige Hydrolyse und Aminosäureanalyse ermittelt. Die Reste mit endständiger Aminogruppe identifiziert man über einen Sanger- oder Edman-Abbau. Durch wiederholten Edman-Abbau läßt sich die Sequenz kleinerer Polypeptide bestimmen. Solche kürzeren Ketten erhält man aus längeren Polypeptiden durch spezielle enzymatische Hydrolyse.

27.5 Synthese von Polypeptiden: Eine Herausforderung für die Schutzgruppenchemie

Einerseits sind Peptidsynthesen eine recht triviale Angelegenheit, nur ein einziger Bindungstyp, die Amidbindung, muß geknüpft werden. Wie man eine solche Bindung zustandebringt, haben wir in Abschn. 17.9 beschrieben, warum sollten wir es noch einmal diskutieren? In diesem Abschnitt sehen wir, daß das selektive Knüpfen dieser Bindungen große Probleme aufwirft, für die man spezielle Lösungen finden muß. Nehmen wir eine so einfache Zielverbindung wie das Dipeptid Glycylalanin. Würde man Glycin und Alanin einfach erhitzen, um die Peptidbindung durch Dehydratisierung zu ausbilden zu lassen, erhielte man ein komplexes Gemisch an Di-, Tri- und höheren Peptiden mit zufälliger Zusammensetzung. Das kommt daher, daß die beiden reaktiven Enden der zwei Ausgangsverbindungen Glycin und Alanin rein statistisch so reagieren können, daß sich Glycin mit Glycin oder Glycin mit Alanin umsetzt, wobei im zweiten Fall jedes Molekül sowohl über seine Aminogruppe wie über seine Carboxygruppe reagieren kann. Außerdem hat man keine Möglichkeit, eine unkontrollierte und ungezielte Oligomerisierung zu verhindern.

Versuch zur Synthese von Glycylalanin durch thermische Dehydratisierung

$$\text{Gly} + \text{Ala} \xrightarrow[-H_2O]{\Delta} \underset{\text{gewünschtes Produkt}}{\text{Gly-Gly}} + \text{Ala-Gly} + \text{Gly-Ala} + \text{Ala-Ala} + \text{Gly-Gly-Ala} + \text{Ala-Gly-Ala} \quad \text{etc.}$$

Selektive Peptidsynthesen erfordern Schutzgruppen

Um Peptidbindungen selektiv knüpfen zu können, müssen die funktionellen Gruppen der Aminosäuren geschützt sein. Es gibt Schutzgruppen für die Amin- und die Carboxyfunktion. Die Aminogruppe wird häufig durch eine **Phenylmethoxycarbonylgruppe** (abgekürzt **Carbobenzoxy** oder **Cbz)** blockiert, die sich durch Reaktion einer Aminosäure mit Phenylmethylchlormethanoat (Chlorameisensäurebenzylester) einführen läßt.

Schutz der Aminogruppe in Glycin

$$\underset{\textbf{Glycin}}{H_3\overset{+}{N}CH_2COO^-} + \underset{\substack{\textbf{Phenylmethylchlormethanoat}\\\textbf{(Chlorameisensäurebenzylester)}}}{C_6H_5\text{—}CH_2O\overset{O}{\overset{\|}{C}}Cl} \xrightarrow[\substack{-\,NaCl\\-\,HOH}]{NaOH} \underset{\substack{80\,\%\\\textbf{Phenylmethoxycarbonylglycin}\\\textbf{(Carbobenzoxyglycin, Cbz-Gly)}}}{C_6H_5\text{—}CH_2O\overset{O}{\overset{\|}{C}}NHCH_2COOH}$$

Die Schutzgruppe wird durch Hydrogenolyse abgespalten (s. Abschn. 24.2), wobei zunächst die Carbaminsäure als reaktive Zwischenstufe (s. Abschn. 18.5) entsteht. Diese decarboxyliert sofort unter Freisetzung der Aminfunktion.

Abspaltung der Amino-Schutzgruppe in Glycin

$$C_6H_5-CH_2O\overset{O}{\overset{\|}{C}}NHCH_2COOH \xrightarrow{H_2,\ Pd/C} C_6H_5CH_2H + \underbrace{HO\overset{O}{\overset{\|}{C}}NH}_{\text{Carbaminsäurefunktion}}CH_2COOH \longrightarrow CO_2 + H_3\overset{+}{N}CH_2COO^- \quad 95\,\%$$

Eine weitere Schutzgruppe für die Aminfunktion ist die **1,1-Dimethylethoxycarbonyl- (*tert*-Butoxycarbonyl-, Boc-)**Gruppe, die durch Reaktion mit Bis(1,1,-dimethylethyl)dicarbonat (Di-*tert*-Butyldicarbonat) eingeführt wird.

Schutz der Aminogruppe in Aminosäuren als Boc-Derivat

$$H_3\overset{+}{N}\overset{R}{\overset{|}{C}}HCOO^- + (CH_3)_3CO\overset{O}{\overset{\|}{C}}O\overset{O}{\overset{\|}{C}}OC(CH_3)_3 \xrightarrow[-\ CO_2,\ -\ (CH_3)_3COH]{(CH_3CH_2)_3N} (CH_3)_3CO\overset{O}{\overset{\|}{C}}NH\overset{R}{\overset{|}{C}}HCOOH$$

Bis(1,1-dimethylethyl)-dicarbonat (Di-*tert*-butyl-dicarbonat)

70–100 %
1,1-Dimethylethoxycarbonylaminosäure (*tert*-Butoxycarbonylaminosäure, Boc-Aminosäure)

Eine Entblockierung erreicht man in diesem Falle durch Behandeln mit Säure unter so milden Bedingungen, daß die anderen Peptidbindungen nicht angegriffen werden.

Abspaltung der Boc-Gruppe

$$(CH_3)_3CO\overset{O}{\overset{\|}{C}}NH\overset{R}{\overset{|}{C}}HCOOH \xrightarrow{HCl\ \text{oder}\ CF_3COOH,\ 25\,°C} H_3\overset{+}{N}\overset{R}{\overset{|}{C}}HCOO^- + CO_2 + CH_2{=}C(CH_3)_2$$

Übung 27-10

Der Mechanismus der Abspaltung der Boc-Gruppe verläuft anders als der normaler Esterhydrolysen (s. Abschn. 18.4); in diesem Falle entsteht intermediär das 1,1-Dimethylethyl- (*tert*-Butyl-) Kation. Formulieren Sie diesen Mechanismus.

Die endständige Carboxygruppe einer Aminosäure wird durch Bildung eines einfachen Esters, wie eines Methyl- oder Ethylesters, geschützt. Die Entblockierung erreicht man durch Behandeln mit Base; diese Reaktion verläuft selektiv, weil Ester gegenüber Nucleophilen reaktiver als Amide sind. Phenylmethylalkanoate lassen sich durch Hydrogenolyse unter neutralen Bedingungen spalten.

Nachdem wir nun gesehen haben, wie sich beide Enden einer Aminosäure schützen lassen, ist es auch klar, wie man eine selektive Peptidsynthese durchführen kann: Man koppelt eine an der Aminogruppe geschützte mit einer an der Carboxygruppe geschützten Einheit.

Zur Ausbildung einer Peptidbindung muß die Carboxygruppe aktiviert werden

Da die Schutzgruppen säuren- und basenlabil sind, muß die Peptidbindung unter den mildesten Bedingungen, die möglich sind, geknüpft werden. Zur Aktivierung der Carboxygruppe benutzt man spezielle Reagenzien.

Das Reagenz mit dem größten Anwendungsbereich ist vielleicht **Dicyclohexylcarbodiimid (DCC)**. Die elektrophile Reaktivität dieses Reagenz entspricht etwa der von Keten (s. Abb. 18.3) oder eines Isocyanats, es wird im Endeffekt zu *N,N'*-Dicyclohexylharnstoff hydratisiert.

Knüpfung von Peptidbindungen mit Hilfe von Dicyclohexylcarbodiimid

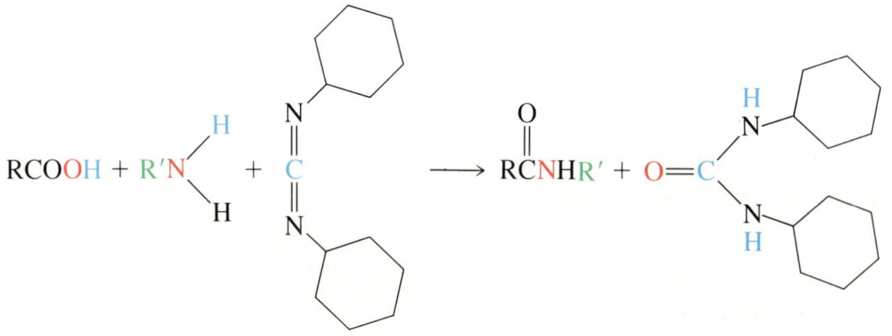

RCOOH + R'NH₂ + Dicyclohexylcarbodiimid ⟶ RCONHR' + *N,N'*-Dicyclohexylharnstoff

Dicyclohexylcarbodiimid **N,N'-Dicyclohexylharnstoff**

Der Mechanismus dieser Umsetzung beginnt vermutlich mit der Anlagerung der Carbonsäure an DCC, genauso wie sie sich an Keten unter Bildung eines Anhydrids (s. Abschn. 18.3) addieren würde. Ebenso wie ein Anhydrid enthält das Produkt eine aktivierte Carbonylgruppe, die vom Amin über einen Additions-Eliminierungs-Mechanismus angegriffen wird.

Mechanismus der Knüpfung von Peptidbindungen mit Hilfe von DCC:

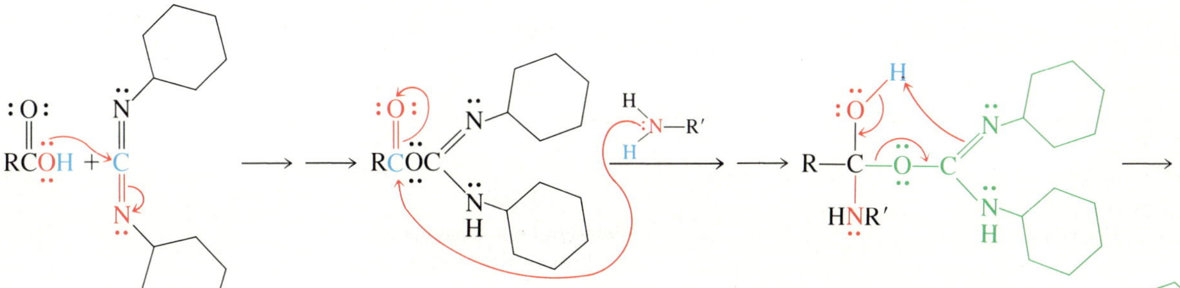

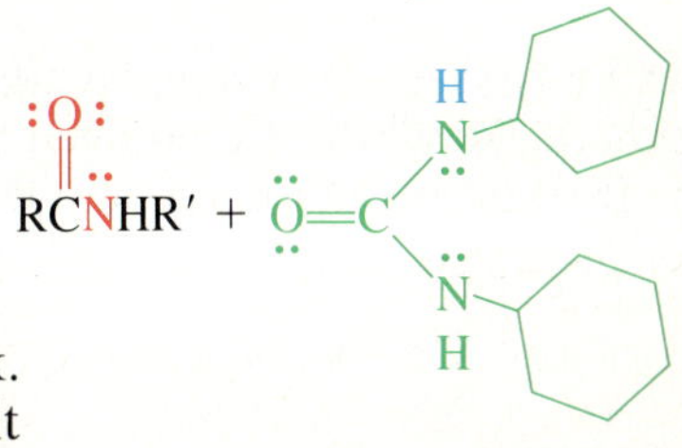

RCOOH + DCC ⟶ ⟶ RCOC(=N–C₆H₁₁)NH–C₆H₁₁ —(H₂N–R')⟶ ⟶ R–C(OH)(HNR')–O–C(=N–C₆H₁₁)NH–C₆H₁₁ ⟶ RCNHR' (=O) + O=C(NH–C₆H₁₁)₂

Kehren wir nun zum Problem der Synthese von Glycylalanin zurück. Man löst es, indem man ein an der Aminogruppe geschütztes Glycin mit einem Alaninester in Gegenwart von DCC zusammengibt. Das entstandene Produkt wird dann zum gewünschten Dipeptid entblockiert.

Darstellung von Gly-Ala

$$(CH_3)_3CO\overset{O}{\overset{\|}{C}}NHCH_2COOH + H_2N\overset{H_3C}{\overset{|}{C}}H\overset{O}{\overset{\|}{C}}OCH_2C_6H_5 \xrightarrow{DCC}$$

Boc-Gly Ala-$OCH_2C_6H_5$

$$(CH_3)_3CO\overset{O}{\overset{\|}{C}}NHCH_2\overset{O}{\overset{\|}{C}}NH\overset{H_3C}{\overset{|}{C}}H\overset{O}{\overset{\|}{C}}OCH_2C_6H_5 \xrightarrow[2.\ H_2,\ Pd/C]{1.\ H^+,\ H_2O}$$

Boc-Gly-Ala-$OCH_2C_6H_5$

$$H_3\overset{+}{N}CH_2\overset{O}{\overset{\|}{C}}NH\overset{CH_3}{\overset{|}{C}}HCOO^- + C_6H_5CH_3 + CO_2 + CH_2{=}C(CH_3)_2$$

Gly-Ala

Will man ein höheres Peptid darstellen, muß nur das eine Ende entblokkiert werden. Danach erfolgt eine zweite Kupplung, usw.

Übung 27-11

Wie würden Sie Leu-Ala-Val aus seinen Aminosäurebestandteilen synthetisieren?

Die Darstellung von Polypeptiden läßt sich automatisieren: Die Merrifield-Festphasen-Peptidsynthese

Ein genialer Syntheseweg für Polypeptide ist von Merrifield* entwickelt worden, bei dem die Verknüpfung der Aminosäuren an Polystyrol als festem Träger erfolgt. Das Verfahren bezeichnet man als **Festphasen-Synthese**.

Polystyrol-Kügelchen quellen, obwohl sie unlöslich sind, in bestimmten organischen Lösungsmitteln wie Dichlormethan beträchtlich auf. Durch dieses Aufquellen wird es Reagenzien erleichtert, sich in die Polymermatrix hinein- und hinaus zu bewegen. So lassen sich in die Phenylringe Substituenten durch elektrophile aromatische Substitution einführen.

Elektrophile Chlormethylierung von Polystyrol

$$\text{—}CH_2\text{—}CH(C_6H_5)\text{—}CH_2\text{—}CH(C_6H_5)\text{—} \xrightarrow[-\ CH_3CH_2OH]{ClCH_2OCH_2CH_3,\ SnCl_4} \text{—}CH_2\text{—}CH(C_6H_4CH_2Cl)\text{—}CH_2\text{—}CH(C_6H_5)\text{—}$$

Polystyrol **Polystyrol mit eingeführten funktionellen Gruppen**

Bei Festphasen-Polypeptidsynthesen wird Polystrol zu 1–10% chlormethyliert. Durch diesen geringen Substitutionsgrad wird sichergestellt, daß die Reaktionszentren auf der Oberfläche der Kügelchen nicht untereinander reagieren.

* Robert B. Merrifield, geb. 1921, Professor an der Rockefeller University, New York, Nobelpreis 1984.

Übung 27-12
Formulieren Sie einen plausiblen Mechanismus für die Chlormethylierung der Benzolringe in Polystyrol.

Eine Dipeptidsynthese an chlormethyliertem Polystyrol läuft folgendermaßen ab:

Festphasen-Synthese eines Dipeptids

$$(CH_3)_3CO\overset{O}{\overset{\|}{C}}NH\overset{R}{\overset{|}{C}}HCOO^- + ClCH_2\text{–C}_6\text{H}_4\text{–}\sim \text{Polystyrolkette}$$

1. Anknüpfung der geschützten Aminosäure ($- Cl^-$)

$$(CH_3)_3CO\overset{O}{\overset{\|}{C}}NH\overset{R}{\overset{|}{C}}H\overset{O}{\overset{\|}{C}}OCH_2\text{–C}_6\text{H}_4\text{–}\sim \text{Polystyrolkette}$$

2. Entblockierung des Amino-Endes (CF_3CO_2H, CH_2Cl_2)

$$H_2N\overset{R}{\overset{|}{C}}H\overset{O}{\overset{\|}{C}}OCH_2\text{–C}_6\text{H}_4\text{–}\sim \text{Polystyrolkette}$$

3. Kopplung an geschützte zweite Aminosäure ($(CH_3)_3CO\overset{O}{\overset{\|}{C}}NH\overset{R'}{\overset{|}{C}}HCOOH$, DCC)

$$(CH_3)_3CO\overset{O}{\overset{\|}{C}}NH\overset{R'}{\overset{|}{C}}H\overset{O}{\overset{\|}{C}}NH\overset{R}{\overset{|}{C}}H\overset{O}{\overset{\|}{C}}OCH_2\text{–C}_6\text{H}_4\text{–}\sim \text{Polystyrolkette}$$

4. Entblockierung des Amino-Endes (CF_3CO_2H, CH_2Cl_2)

$$H_2N\overset{R'}{\overset{|}{C}}H\overset{O}{\overset{\|}{C}}NH\overset{R}{\overset{|}{C}}H\overset{O}{\overset{\|}{C}}OCH_2\text{–C}_6\text{H}_4\text{–}\sim \text{Polystyrolkette}$$

5. Abspaltung des Dipeptids vom Polymer (HF)

$$\overset{+}{H_3}N\overset{R'}{\overset{|}{C}}H\overset{O}{\overset{\|}{C}}NH\overset{R}{\overset{|}{C}}HCOO^- + FCH_2\text{–C}_6\text{H}_4\text{–}\sim \text{Polystyrolkette}$$

Dipeptid

Zunächst wird eine an der Aminogruppe geschützte Aminosäure an der Polystyrol-Matrix durch nucleophile Substitution des Chlorids der Benzylgruppe durch die Carboxylatgruppe verankert. Nach der Entblockierung erfolgt dann die Kopplung mit einer zweiten an der Aminogruppe geschützten Aminosäure. Durch erneute Entblockierung und darauffolgende Abspaltung des Dipeptids von der Matrix durch Behandeln mit Fluorwasserstoff wird dann die Sequenz vervollständigt.

Der große Vorteil der Festphasen-Methode liegt darin, daß sich die Produkte sehr einfach isolieren lassen. Da alle Zwischenstufen fest an das

Polymer gebunden sind, kann man sie durch einfaches Filtrieren und Waschen reinigen. Natürlich braucht man auch nicht auf der Stufe des Dipeptids aufhören. Durch Wiederholung der Entblockierungs- und Kopplungschritte erhält man immer länger werdende Peptide. Merrifield hat eine Maschine entwickelt, die die einzelnen Reaktionsschritte automatisch durchführt, jeder Cyclus nimmt nur einige Stunden in Anspruch. Auf diese Weise wurde die erste Totalsynthese des Proteins Insulin erreicht. Zur Verknüpfung der einundfünzig Aminosäuren beider Ketten waren mehr als 5000 verschiedene Arbeitsgänge erforderlich, aber dank des automatisierten Verfahrens dauerte dies nur einige Tage.

Die automatisierte Proteinsynthese eröffnet aufregende Möglichkeiten. Einmal läßt sie sich dazu verwenden, die Struktur von Polypeptiden, die durch Kettenabbau und Sequenzbestimmung analysiert wurden, abzusichern. Zweitens kann man mit ihrer Hilfe auch nicht natürlich vorkommende Proteine darstellen, die möglicherweise aktiver und spezifischer als die natürlichen sind. Diese Proteine könnten sich vielleicht als außerordentlich wertvoll bei der Behandlung bestimmter Krankheiten oder zur Aufklärung des Zusammenhangs zwischen chemischer Struktur und biologischer Wirkung erweisen.

Zusammengefaßt läßt sich sagen, daß man Polypeptide durch Kopplung einer an der Aminogruppe geschützten mit einer an der Carboxygruppe geschützten Aminosäure darstellen kann. Geeignete Schutzgruppen sind leicht zu spaltende Ester und verwandte Funktionen. Die Kopplung erfolgt mit Dicyclohexylcarbodiimid als dehydratisierendem Mittel unter milden Bedingungen. Die Festphasen-Synthese ist ein automatisiertes Verfahren, bei dem eine über die Carboxygruppe an einem festen Träger verankerte Peptidkette aus an der Aminogruppe geschützen Monomeren über Kopplung-Entblockierungs-Cyclen aufgebaut wird.

27.6 Polypeptide in der Natur: Sauerstofftransport durch die Proteine Myoglobin und Hämoglobin

In diesem Abschnitt befassen wir uns mit zwei natürlichen Polypeptiden, die bei den Wirbeltieren als Sauerstoffträger wirken: den Proteinen Myoglobin und Hämoglobin. Myoglobin findet sich in den Muskeln, wo es Sauerstoff speichert und bei Bedarf freisetzt. Hämoglobin ist in den roten Blutzellen enthalten und für den Sauerstofftransport verantwortlich. Ohne Hämoglobin könnte das Blut nur einen Bruchteil (etwa 2%) des vom Körper benötigten Sauerstoffs absorbieren. Wie ist Sauerstoff an diese Proteine gebunden?

Aktive Zentren im Myoglobin und Hämoglobin: Die Häm-Gruppe

Das Geheimnis für die Fähigkeit von Myoglobin und Hämoglobin, als Sauerstoffträger fungieren zu können, liegt darin, daß in beiden Molekü-

27.6 Polypeptide in der Natur: Sauerstofftransport durch die Proteine Myoglobin und Hämoglobin

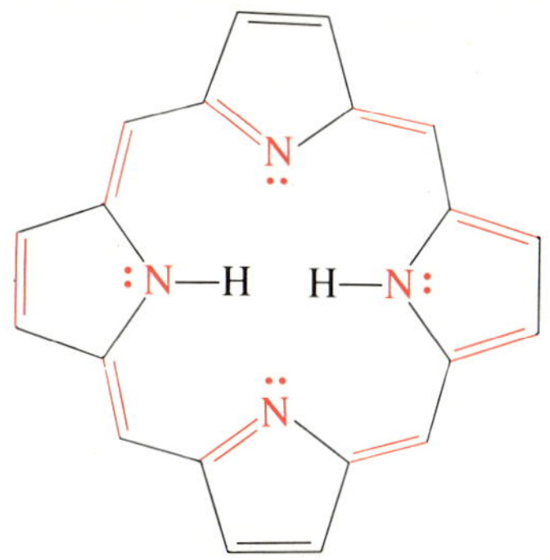

Porphine 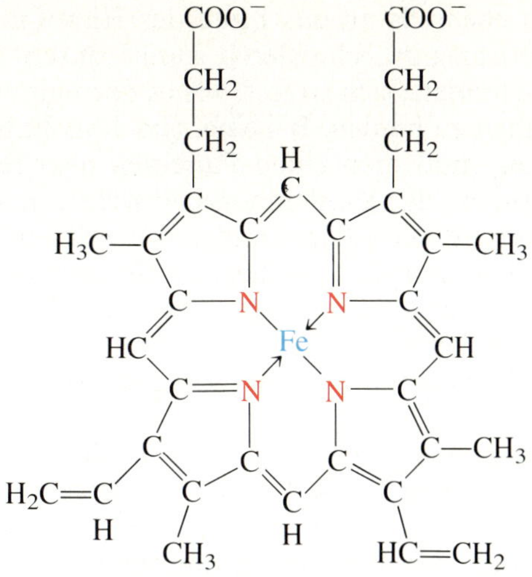 **Häm**

Abb. 27-7 Porphin ist das einfachste Porphyrin. Das System bildet einen aromatischen Ring mit 18 delokalisierten π-Elektronen. Die Häm-Gruppe bindet den Sauerstoff. Die als Pfeile gezeichneten Bindungen zum Eisen sind dative Bindungen.

len eine bestimmte Einheit, eine sogenannte **Häm-Gruppe**, enthalten ist. Die Häm-Gruppe ist kein Polypeptid, sondern ein cyclischer organischer Ligand (ein **Porphyrin**), der aus vier miteinander verbundenen, substituierten Pyrrol-Einheiten aufgebaut ist, in deren Zentrum sich ein Eisenatom befindet (s. Abb. 27-7) Dieser Komplex ist rot und für die charakteristische Farbe des Bluts verantwortlich.

Das Eisen im Häm ist an vier Stickstoffatome gebunden, kann aber noch zwei Liganden ober- und unterhalb der Ebene des Porphyrinrings anlagern. Im Myoglobin ist eine dieser Gruppen der Imidazolring einer Histidin-Einheit, die an eines der α-Helix-Segmente des Proteins gebunden ist (s. Abb. 27-8A). Der andere Ligand bestimmt die Funktion des Proteins, es ist der Sauerstoff. Dicht bei dem sauerstoffbindenden Zentrum befindet sich ein Imidazolring einer zweiten Histidin-Einheit, der offensichtlich diese Stelle am Häm durch sterische Hinderung schützt. So wird

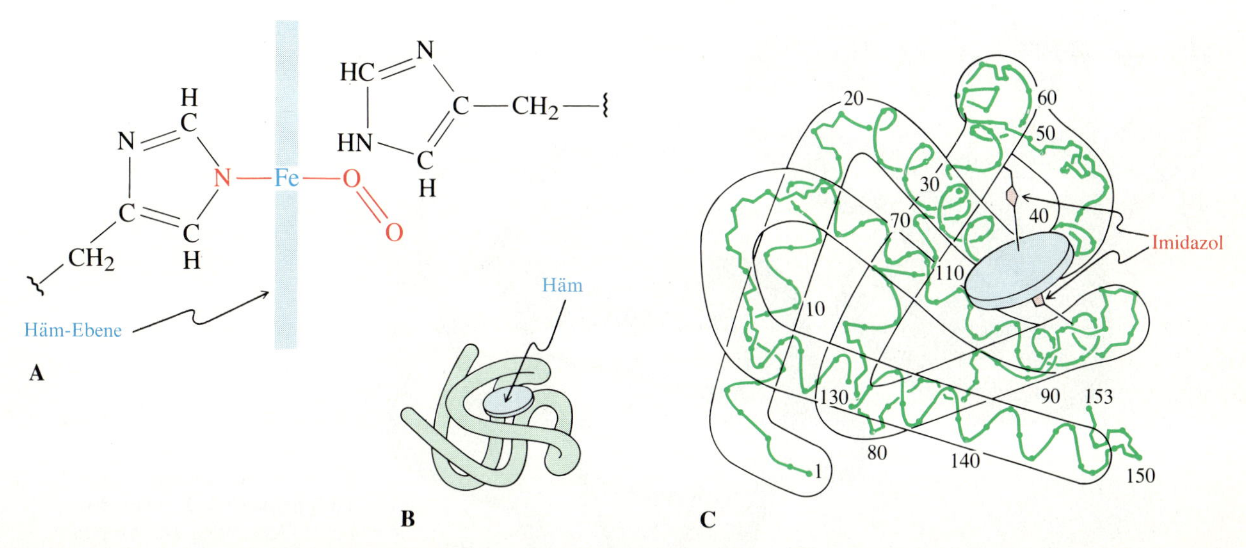

Abb. 27-8 A. Schematische Darstellung des aktiven Zentrums im Myoglobin. B. Schematische Darstellung der Tertiärstruktur von Myoglobin und seinem Häm. C. Sekundär- und Tertiärstruktur von Myoglobin (nach „The Hemoglobin Molecule", von M.F. Perutz, *Scientific American,* November 1964, Copyright © 1964, Scientific American, Inc.).

z. B. Kohlenmonoxid, das sich ebenfalls an das Eisen der Häm-Gruppe binden und so den Sauerstofftransport blockieren kann, durch diese zweite Imidazolgruppe daran gehindert, sich so fest, wie es normalerweise der Fall wäre, an die Häm-Einheit zu binden. Bei einer (noch nicht tödlichen) Kohlenmonoxidvergiftung muß man einen Patienten also reinen Sauerstoff einatmen lassen, der dann das Kohlenmonoxid wieder aus den Bindungen im Myoglobin verdrängt. Die beiden Imidazolsubstituenten in Nachbarschaft des Eisenatoms der Häm-Gruppe liegen aufgrund des einzigartigen Faltungsmusters des Proteins eng beieinander. Der Rest der Polypetidkette dient als Hülle, die das aktive Zentrum vor unerwünschten Eindringlingen abschirmt und die Kinetik seiner Wirkung kontrolliert (s. Abb. 27-8B und C).

Myoglobin und Hämoglobin sind exzellente Beispiele für die vier verschiedenen Strukturstufen von Proteinen. Die Primärstruktur des Myoglobins besteht aus 153 Aminosäureresten mit bekannter Sequenz. Myoglobin ist in acht Segmente mit α-Helixstruktur unterteilt, die seine Sekundärstruktur bestimmen. Das längste dieser Segmente besteht aus 23 Resten. Die Tertiärstruktur hat die Ecken und Knicke, die Myoglobin seine charakteristische Gestalt geben.

Hämoglobin enthält vier Proteinketten: zwei **α-Ketten** mit jeweils 141 Resten und zwei **β-Ketten** mit jeweils 146 Resten. Jede Kette hat ihre eigene Häm-Gruppe und eine dem Myoglobin ähnliche Tertiärstruktur. Obwohl die Wechselwirkungen zwischen beiden α-Ketten bzw. beiden β-Ketten gering sind, bestehen doch viele Kontaktstellen zwischen ihnen. Außerdem ist α_1 dicht an β_1 angelagert, dasselbe gilt auch für α_2 und β_2. Durch diese Wechselwirkungen kommt die Quartärstruktur des Hämoglobins zustande (s. Abb. 27-9).

Die Faltung des Hämoglobin- und Myoglobinmoleküls ist bei den verschiedenen lebenden Organismen sehr ähnlich, auch wenn sie sich in ihrer

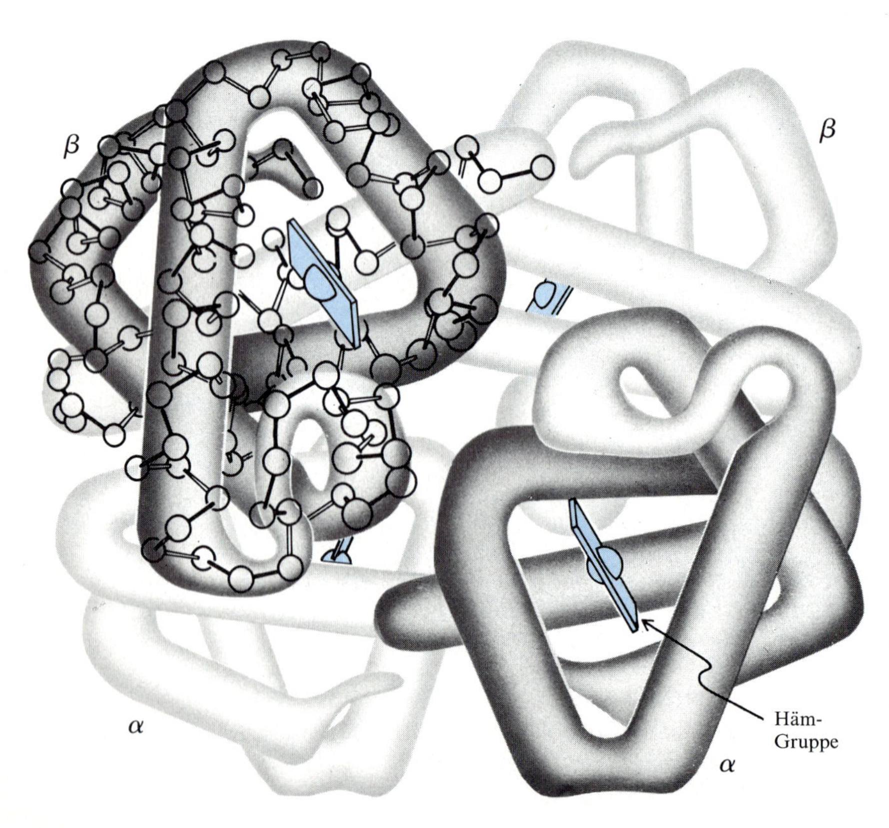

Abb. 27-9 Die Quartärstruktur von Hämoglobin. Jede α- und β-Kette hat ihre eigenen Häm-Gruppe (nach R.E. Dickerson und I.Geis, 1969, *The Structure and Action of Proteins*, Benjamin-Cummings, S. 56, Copyright 1969 von Irving Geis.)

Aminosäurensequenz unterscheiden. Hieraus kann man schließen, daß in dieser bestimmten Tertiärstruktur eine optimale Anordnung um die Häm-Gruppe erreicht wird. Hierdurch wird es dem Häm ermöglicht, Sauerstoff in der Lunge aufzunehmen, ihn während des Transports sicher zu binden und dann am Ort, an dem er gebraucht wird, freizusetzen.

27.7 Die Biosynthese der Proteine: Nucleinsäuren

Wie baut die Natur die Struktur der Proteine zusammen? Die Antwort auf diese Frage ergibt sich aus einer der aufregendsten Entdeckungen der Naturwissenschaften, der Natur und Wirkungsweise des genetischen Codes. Die gesamte Erbinformation ist in den **Desoxyribonucleinsäuren (DNA)** enthalten. Die Übersetzung dieser Information in die Synthese der vielen Enzyme, die für die Zellfunktionen erforderlich sind, wird von den **Ribonucleinsäuren (RNA)** durchgeführt. Neben den Kohlenhydraten und Polypeptiden sind die Nucleinsäuren der dritte Haupttyp von biologischen Polymeren. Ihre Monomereinheiten bezeichnet man als **Nucleotide**. Genau wie die Aminosäuren in einer Polypeptidkette haben auch die Nucleotide charakteristische Struktureigenschaften. Sie enthalten anstelle der Amino- und der Carboxygruppe, die über einen unterschiedlich substituierten Kohlenstoff miteinander verbunden sind, eine *Phosphatgruppe*, die über eine *Zucker-Einheit* *N*-glycosidisch mit einem *Stickstoff-Heterocyclus*, der **DNA-** oder **RNA-Base**, verknüpft ist. Im letzten Abschnitt dieses Buches wollen wir einen Eindruck von der Struktur und Wirkung dieser biologischen Polymere gewinnen.

Vier Heterocyclen definieren die Struktur der Nucleinsäuren

Im Vergleich zu der strukturellen Vielfalt anderer Naturstoffe sind DNA und RNA einfach aufgebaut. Alle Bausteine der Nucleinsäuren haben mehrere funktionelle Gruppen, und es ist eines der Wunder der Natur, daß die Evolution einige wenige spezifische Strukturkombinationen selektiert hat. Nucleinsäuren sind Polymere, in denen Zucker-Einheiten, an die noch verschiedene Basen gebunden sind, über Phosphat-Einheiten miteinander verknüpft sind (s. Abb. 27-10).

In der DNA besteht der Zuckeranteil aus 2-Desoxyribose, und man findet nur vier verschiedene Basen: Cytosin (C), Thymin (T), Adenin (A) und Guanin (G). Der für die RNA charakteristische Zucker ist die Ribose, und auch in der RNA sind vier Basen enthalten, Thymin ist aber durch Uracil ersetzt.

Formal läßt sich das Nucleotid zusammenbauen, indem zunächst die Hydroxygruppe an C-1 des Zuckers durch eine der Stickstoffbasen ersetzt wird. Die entstande Moleküleinheit ist ein **Nucleosid**. Als zweites wird dann ein Phosphatrest an C-5 des Zuckers eingeführt. Da in der DNA und

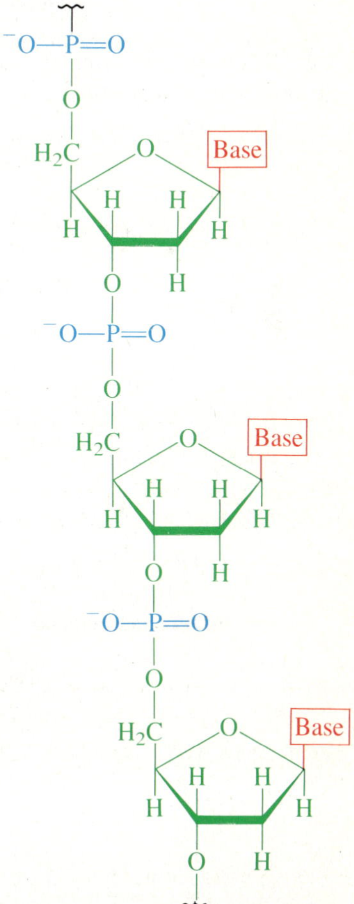

Abb. 27-10 Ausschnitt aus einer DNA-Kette.

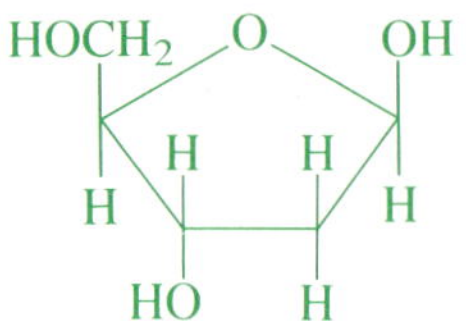

HOCH$_2$ O OH, H H H H, HO H

2-Desoxyribose

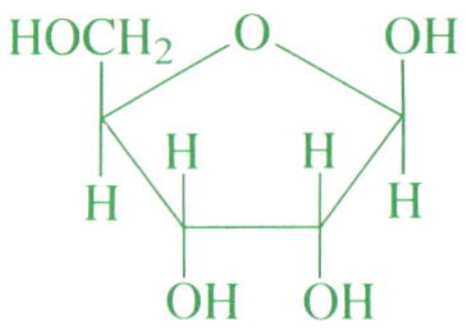

HOCH$_2$ O OH, H H H H, OH OH

Ribose

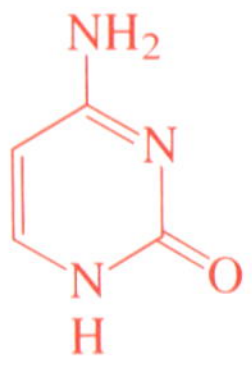

Cytosin (C) 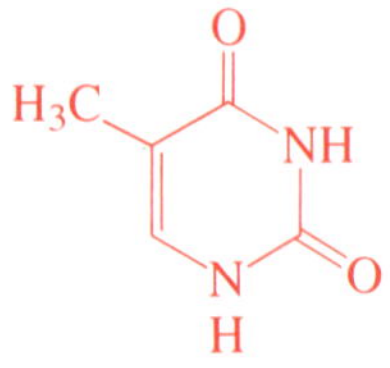 **Thymin (T)**  **Adenin (A)**

Guanin (G) 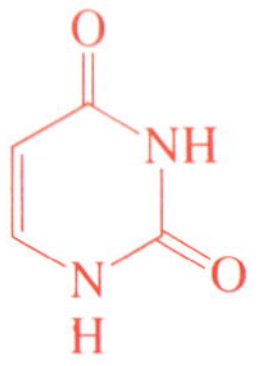 **Uracil (U)**

der RNA jeweils vier verschiedene Basen enthalten sind, gibt es auch jeweils vier Nucleotide.

Die vier Nucleotide der DNA

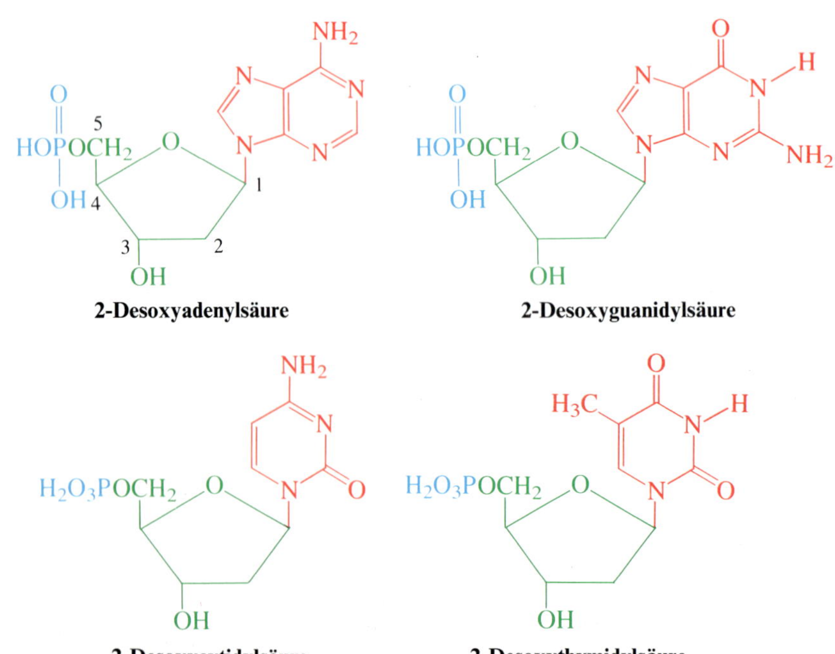

2-Desoxyadenylsäure **2-Desoxyguanidylsäure**

2-Desoxycytidylsäure **2-Desoxythymidylsäure**

Die vier Nucleotide der RNA

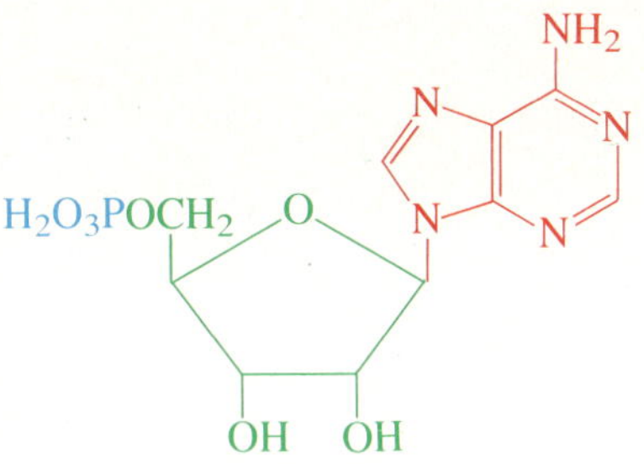

Adenylsäure

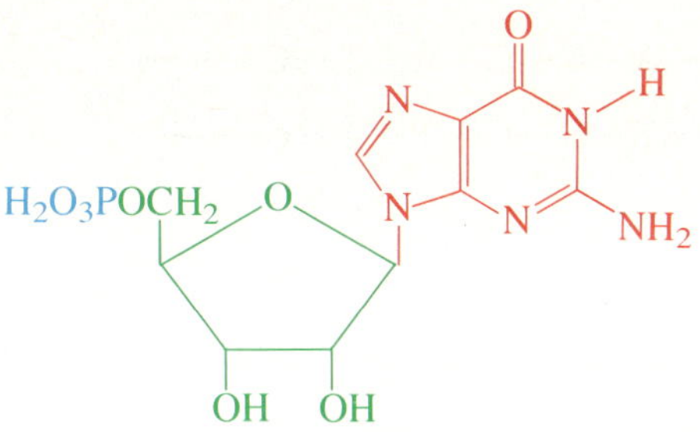

Guanidylsäure

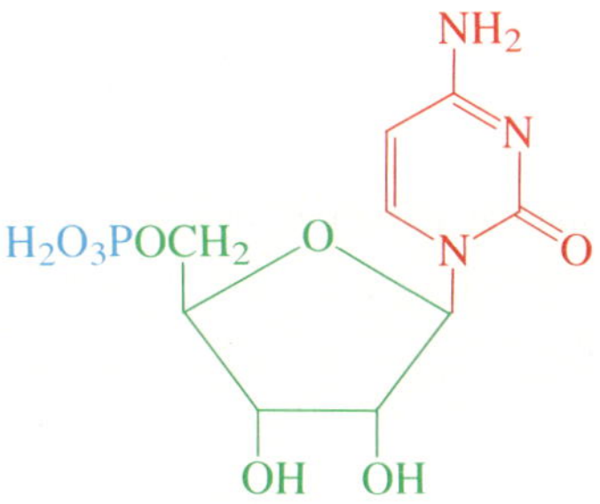

Cytidylsäure

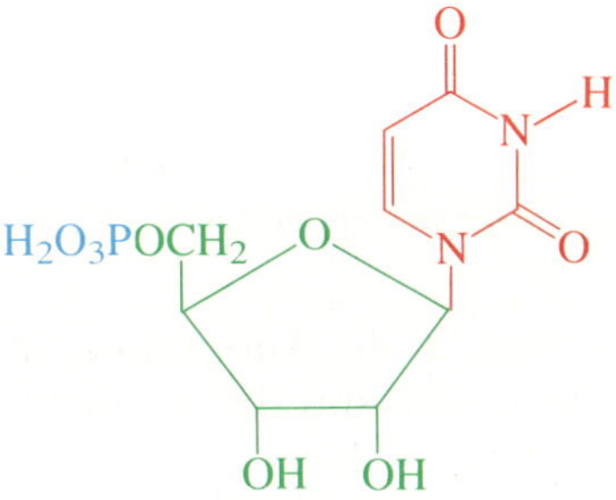

Uridylsäure

Die in Abb. 27-10 gezeigte Polymerkette läßt sich dann leicht durch wiederholtes Knüpfen von Phosphatester-Brücken von C-5 der Zucker-Einheit des einen Nucleotids zu C-3 des Zuckers eines anderen aufbauen. In diesem Polymer spielen die Basen dieselbe Rolle wie der 2-Substituent in den Aminosäuren der Polypeptide: ihre Sequenz kann von einer Nucleinsäure zur anderen unterschiedlich sein. Diese Basensequenz hat eine fundamentale biologische Bedeutung.

Nucleinsäuren liegen als Doppelhelix vor

Nucleinsäuren können außerordentlich lange Ketten bilden, deren molare Massen in den Milliarden liegen. Wie die Proteine können sie Sekundär- und Tertiärstrukturen einnehmen. Im Jahre 1953 stellten Watson und Crick* ihre berühmte Hypothese auf, daß DNA eine Doppelhelix-Struktur, die aus zwei Strängen mit komplementärer Basensequenz besteht, einnimmt. Die entscheidende Information, aufgrund derer diese Hypothese entwickelt wurde, war die, daß in der DNA der verschiedensten Organismen das Verhältnis Adenin zu Thymin sowie Guanin zu Cytosin stets eins zu eins war. Dies führte zu der Annahme, daß zwei DNA-Ketten durch Wasserstoffbrücken so zusammengehalten werden, daß Adenin und Guanin in der einen Kette immer Thymin und Cytosin in der anderen gegenüberstehen (s. Abb. 27-11). Wenn ein Ausschnitt aus dem einen DNA-Strang die Sequenz –A–G–C–T–A–C–G–A–T–C– hat, ist dieses Segment über Wasserstoffbrücken an einen Strang mit der

* James D. Watson, geb. 1928, Professor an der Harvard University, Nobelpreis 1960 (Medizin); Francis H. F. C. Crick, geb. 1916, Professor an der Universität Cambridge, Nobelpreis 1960 (Medizin).

komplementären Sequenz –T–C–G–A–T–G–C–T–A–G– gebunden.

~~~~–A–G–C–T–A–C–G–A–T–C–~~~~

~~~~–T–C–G–A–T–G–C–T–A–G–~~~~

Adenin-Thymin **Guanin-Cytosin**

Abb. 27-11 Wasserstoffbrücken zwischen den komplementären Basenpaaren Adenin-Thymin und Guanin-Cytosin.

Aufgrund anderer struktureller Gegebenheiten ist die Anordnung, in der die Wasserstoffbrücken maximal ausgebildet sind und die sterische Abstoßung minimiert ist, die Doppelhelix (s. Abb. 27-12).

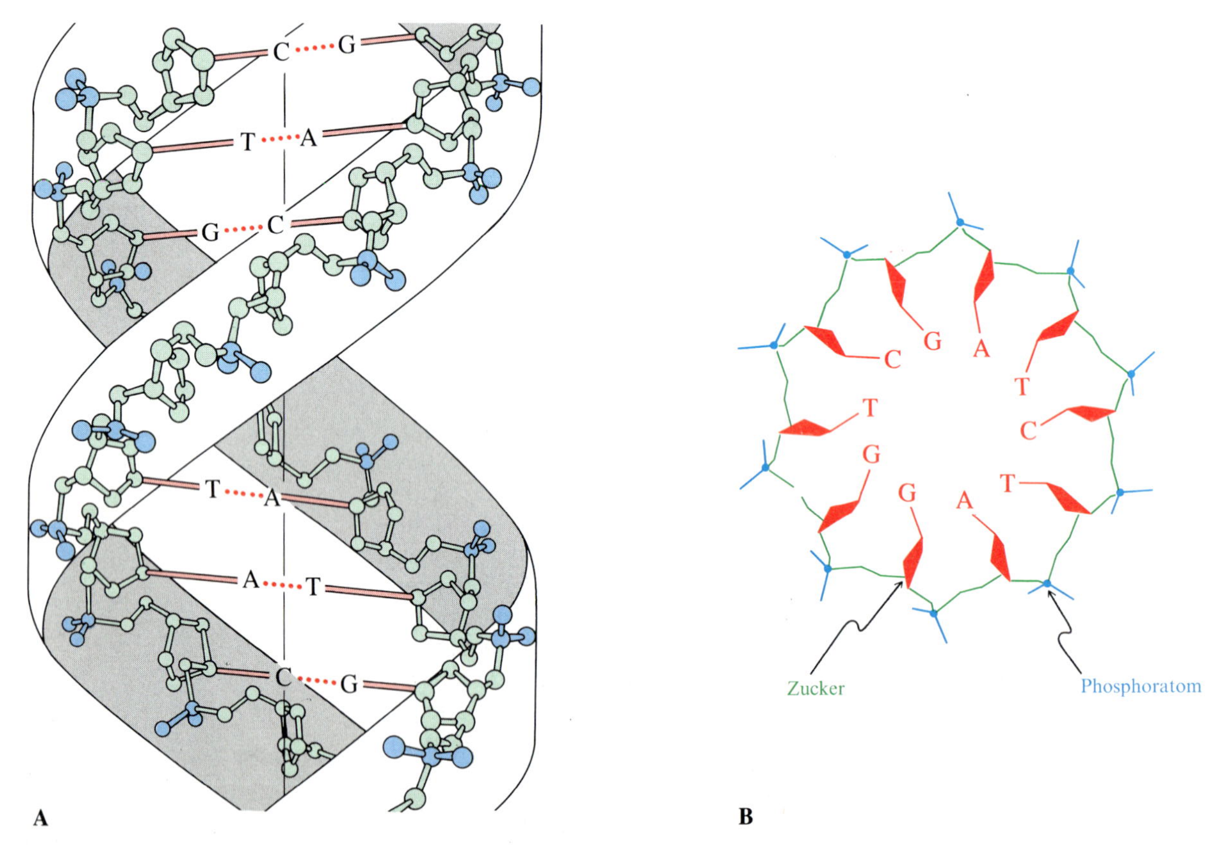

Abb. 27-12 A. Die beiden Nucleinsäurestränge einer DNA-Doppelhelix werden durch Wasserstoffbrücken zwischen den zueinander komplementären Basen zusammengehalten. Beide Ketten laufen in entgegengesetzter Richtung und alle Basen befinden sich im Inneren der Doppelhelix. Der Durchmesser der Helix beträgt 2000 pm, die Basen auf den komplementären Strängen sind 340 pm voneinander entfernt, die Windungen wiederholen sich nach etwa 3400 pm entlang der Achse. B. Eine der Stränge einer DNA-Doppelhelix, in Richtung der Molekülachse (nach *Biochemistry,* 2d ed., von Lubert Stryer. W.H. Freeman and Company, Copyright © 1975, 1981).

Die DNA repliziert sich durch Aufwinden der Doppelhelix und Zusammenbau neuer komplementärer Stränge

Die Basensequenz in den Nucleinsäuren kann unbegrenzt variieren. Watson und Crick postulierten, daß die spezifische Basensequenz einer bestimmten DNA alle Informationen, die für die Teilung einer Zelle sowie für das Wachstum und die Entwicklung des gesamten Organismus erforderlich sind, enthält. Außerdem entwickelten sie aufgrund der exakten Komplementarität der Doppelhelix-Struktur ein Modell, wie sich die DNA repliziert (verdoppelt) und den genetischen Code weitergibt. In diesem Mechanismus wirkt jeder der beiden DNA-Stränge als Matrize. Die Doppelhelix windet sich von einem Ende her teilweise auf, und Enyzme beginnen daraufhin, den neuen DNA-Strang durch Kopplung von Nucleotiden aufzubauen. Der neue Strang erhält dann eine Sequenz, die komplementär zu der in der Matrize ist, so daß sich wiederum jeweils C und G und A und T gegenüberstehen (s. Abb. 27-13). So entstehen schließlich aus dem Original zwei vollständige, neue Doppelhelices.

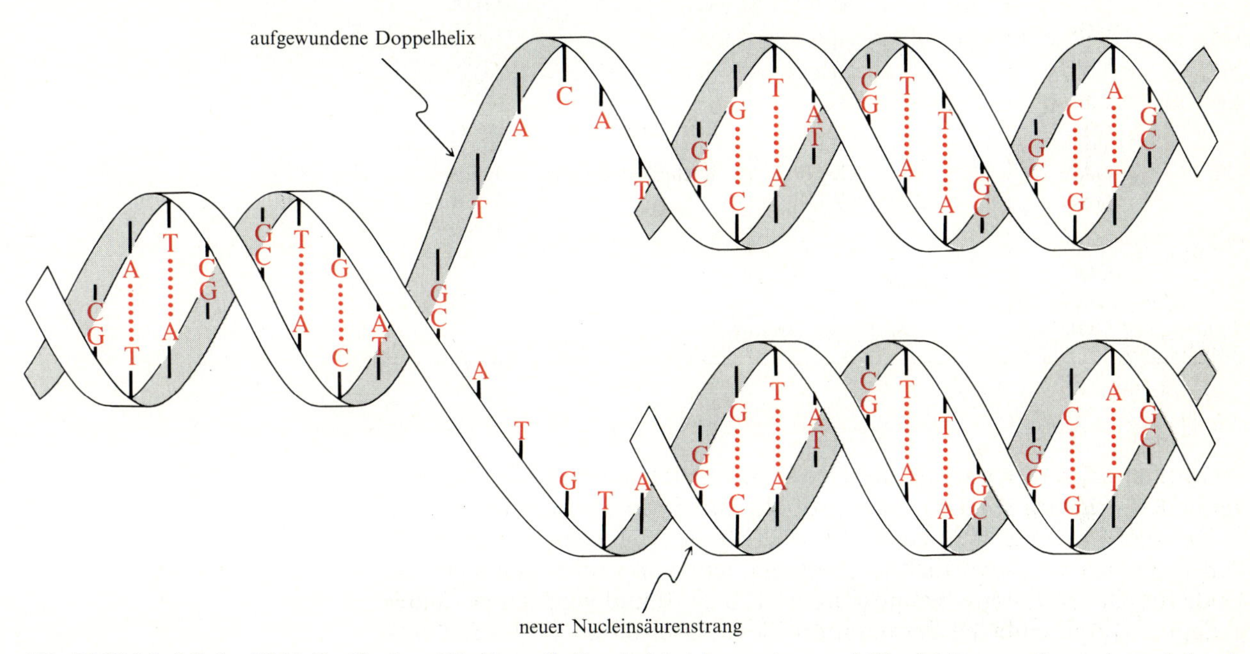

Abb. 27-13 Modell der DNA-Replikation. Die Doppelhelix windet sich zuerst zu zwei Einzelsträngen auf, von denen jeder als Matrize zum Aufbau der komplementären Nucleinsäuresequenz dient.

Proteinsynthese über RNA

Die RNA bildet sich an der DNA über einen Replikationsprozeß, der sehr ähnlich wie der eben beschriebene verläuft. In der RNA ist jedoch Ribose anstelle von Desoxyribose als Zucker-Einheit enthalten, und Uracil ist anstelle von Thymin eingebaut. Die so gebildete Nucleinsäure ist die sogenannte **Boten-** oder **Messenger-RNA** (**mRNA**; s. Abb. 27-14). Sie hat eine

~~~~—A—G—C—T—A—C—~~~~~—A—C—~~~~

U—C—G—A—U—G—~~~~~—T—G

mRNA

Abb. 27-14 Vereinfachtes Bild der Synthese der Messenger-RNA.
~~~~

Tabelle 27-3 Drei-Basen-Codes der häufigsten Aminosäuren in der Proteinsynthese

Aminosäure	Basensequenz	Aminosäure	Basensequenz	Aminosäure	Basensequenz
Ala	GCA	His	CAC	Ser	AGC
	GCC		CAU		AGU
	GCG	Ile	AUA		UCA
	GCU		AUC		UCG
Arg	AGA		AUU		UCC
	AGG	Leu	CUA		UCU
	CGA		CUC	Thr	ACA
	CGC		CUG		ACC
	CGG		CUU		ACG
	CGU		UUA		ACU
Asn	AAC		UUG	Trp	UGG
	AAU	Lys	AAA	Tyr	UAC
Asp	GAC		AAG		UAU
	GAU	Met	AUG	Val	GUA
Cys	UGC	Phe	UUU		GUG
	UGU		UUC		GUC
Gln	CAA	Pro	CCA		GUU
	CAG		CCC	Ketteninitiation	AUG
Glu	GAA		CCG	Kettenbeendigung	UGA
	GAG		CCU		UAA
Gly	GGA				UAG
	GGC				
	GGG				
	GGU				

wesentlich kürzere Kette als die DNA und bleibt nicht an die Matrize gebunden, sondern spaltet sich ab, sobald ihre Synthese beendet ist.

Die mRMA ist die Matrize, die für die richtige Aminosäurensequenz in den Proteinen verantwortlich ist. Jede Sequenz von drei Basen steht als Code für eine bestimmte Aminosäure (s. Tab 27-3) und wird daher **Codon** genannt. Durch einfache Permutation dieser Drei-Basen-Codes mit insgesamt vier Basen ergibt $4^3 = 64$ mögliche unterschiedliche Sequenzen. Dies ist mehr als genug, da für die Proteinsynthese nur zwanzig verschiedene Aminosäuren gebraucht werden. Das mag nach Verschwendung aussehen, man muß aber berücksichtigen, daß die nächstniedrige Alternative, ein Zwei-Basen-Code, nur $4^2 = 16$ Kombinationen ergäbe, und das wäre wiederum zu wenig.

Die Codons überlappen nicht, anders gesagt, die drei Basen, die eine Aminosäure spezifizieren, sind nicht Teil eines anderen vorausgehenden oder folgenden Codons. Außerdem wird die Basensequenz „in einem weg" gelesen, ein Codon folgt sofort auf das nächste, ohne daß sie durch genetische „Kommas" oder „Trennstriche" getrennt sind. Die Natur benutzt auch tatsächlich alle 64 Codons, von denen allerdings einige dieselbe Aminosäure spezifizieren (s. Tab. 27-3). Nur Tryptophan und Methionin werden durch einen einzigen Drei-Basen-Code charakterisiert. Einige Codons wirken als Signale zum Start oder zur Beendigung der Synthese einer Polypeptidkette. Wie Sie sehen, ist das Initiator-Codon (AUG) auch das Codon für Methionin. Erscheint dieses Codon, *nachdem* eine Kette initiiert wurde, beginnt die Produktion von Methionin. Die vollständige Basensequenz der DNA einer Zelle definiert ihren **genetischen Code**.

Mutationen in der Basensequenz der DNA können durch physikalische (Strahlung) oder chemische (Carcinogene; s. z. B. Abschn. 25.4) Einflüsse ausgelöst werden. Bei Mutationen kann entweder eine Base durch eine andere ersetzt oder eine oder mehrere Basen angefügt bzw. zerstört werden. Hierin liegt der potentielle Wert von mehreren Codons für dieselbe Aminosäure. Würde z. B. die Sequenz CCG (Prolin) in die Sequenz CCC mutiert, würde Prolin trotzdem normal synthetisiert.

Übung 27-13

Es ist die folgende RNA-Sequenz gegeben, welche Aminosäurensequenz wird daraus produziert? Denken Sie daran, daß die Kette ein initiierendes und ein beendendes Codon haben muß. Was würde passieren, wenn das erste U der Kette durch Strahlung zerstört würde?

G–G–A–U–G–A–A–G–U–A–U–G–C–A–U–C–A
–U–G–C–U–U–A–A–G–C–U–A–G–C–A–A–U

Proteine werden entlang der mRNA-Matrize mit Hilfe einer Gruppe von anderen wichtigen Nucleinsäuren, den **Träger-Ribonucleinsäuren (Tranfer-Ribonucleinsäuren, tRNA)** synthetisiert. Diese sind Moleküle mit relativ niedriger molarer Masse, die etwa 70 bis 90 Nucleotide enthalten. Jede tRNA ist so gebaut, daß sie während des Aufbaus des Proteins eine der zwanzig Aminosäuren zur mRNA bringen kann. Beim Längerwerden beginnt die Proteinkette ihre charakteristische Sekundär- und Tertiärstruktur zu entwickeln (α-Helix, Faltblatt, usw.). Dies wird von Enzymen unterstützt, die die nötigen Disulfidbrücken ausbilden. All das geschieht mit bemerkenswerter Geschwindigkeit. Man schätzt, daß die Biosynthese eines Proteins, das aus etwa 150 Aminosäureresten besteht, weniger als eine Minute in Anspruch nimmt. Eindeutig ist die Natur, zumindest in diesem Bereich, den synthetischen organischen Chemikern haushoch überlegen.

Fassen wir zusammen: Die Nucleinsäuren DNA und RNA sind Polymere, die entsprechenden Monomereinheiten bezeichnet man als Nucleotide. Jede der beiden Nucleinsäuren ist aus vier verschiedenen Nucleotiden aufgebaut, die sich nur in der Struktur der Base unterscheiden: In der DNA findet man Cytosin (C), Thymin (T), Adenin (A) und Guanin (G), in der RNA Cytosin, Uracil (U), Adenin und Guanin. Die beiden Nucleinsäuren unterscheiden sich auch in ihrer Zucker-Einheit: Desoxyribose bei der DNA, Ribose bei der RNA. Die DNA-Replikation und die RNA-Synthese an der DNA wird durch den komplementären Charakter der Basenpaare A–T, G–C und A–U erleichtert. Die Doppelhelix windet sich auf und wirkt als Matrize für die Replikation. RNA ist verantwortlich für die Biosynthese der Proteine. Jede Drei-Basen-Sequenz, Codon genannt, steht als Code für eine Aminosäure. Die Codons überlappen nicht und dieselbe Aminosäure kann durch mehrere Codons spezifiziert sein.

Zusammenfassung neuer Reaktionen

1 Acidität von Aminosäuren

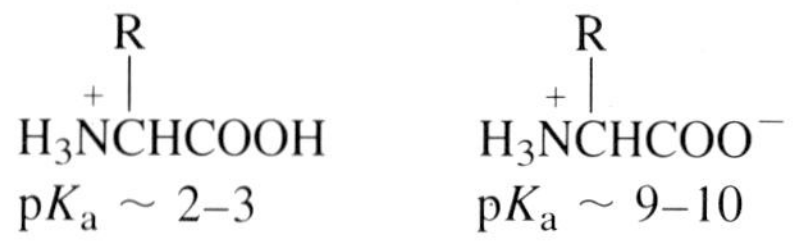

$$\overset{+}{H_3N}CH(R)COOH \quad pK_a \sim 2\text{–}3 \qquad \overset{+}{H_3N}CH(R)COO^- \quad pK_a \sim 9\text{–}10$$

$$\text{Isoelektrischer Punkt } pI = \frac{pK_{COOH} + pK_{\overset{+}{N}H_3}}{2}$$

2 Der relativ basische Guanidinosubstituent in Arginin

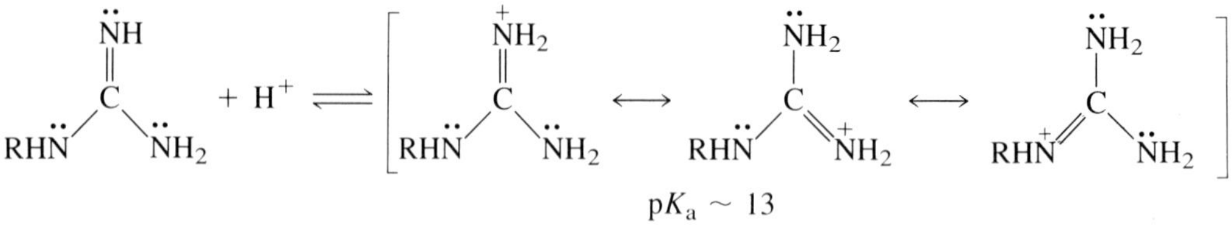

$$RNH{-}C(=NH){-}NH_2 + H^+ \rightleftharpoons \left[RNH{-}C(=\overset{+}{N}H_2){-}NH_2 \longleftrightarrow RNH{-}C(NH_2){=}\overset{+}{N}H_2 \longleftrightarrow R\overset{+}{N}H{=}C(NH_2){-}NH_2 \right]$$

$pK_a \sim 13$

3 Die Basizität von Imidazol in Histidin

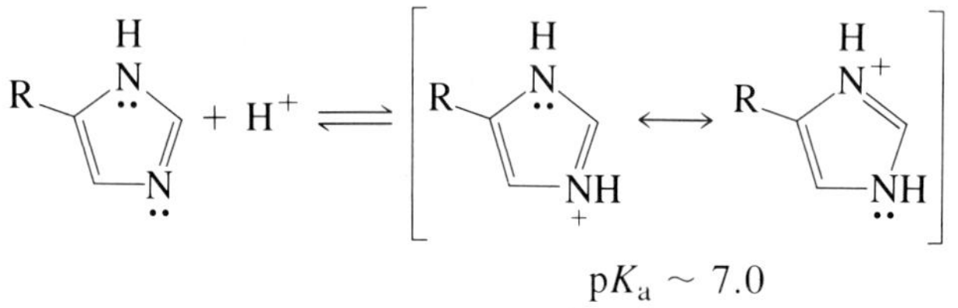

$$\text{R-Imidazol} + H^+ \rightleftharpoons \left[\text{R-Imidazolium (}\overset{+}{N}H\text{)} \longleftrightarrow \text{R-Imidazolium (}\overset{+}{N}H\text{)} \right]$$

$pK_a \sim 7.0$

Darstellung von Aminosäuren

4 Hell-Volhard-Zelinsky-Bromierung mit nachfolgender Aminierung

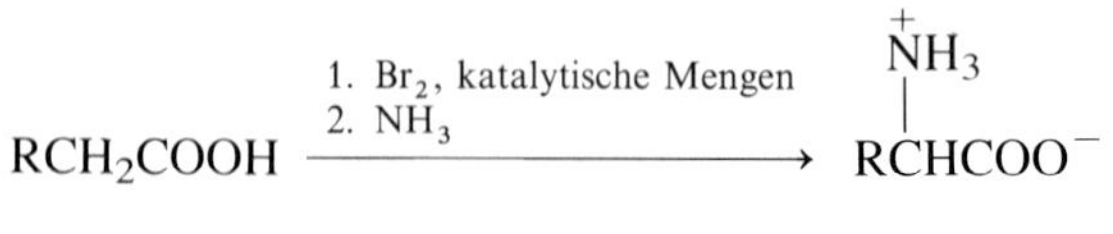

$$RCH_2COOH \xrightarrow[2.\ NH_3]{1.\ Br_2,\ \text{katalytische Mengen}} RCH(\overset{+}{N}H_3)COO^-$$

5 Gabriel-Synthese

$$\text{Phthalimid-}N^-K^+ + BrCH(CO_2CH_3)_2 \xrightarrow[-\ KBr]{} \text{Phthalimid-}NCH(CO_2CH_3)_2 \xrightarrow[3.\ H^+,\ H_2O,\ \Delta]{1.\ RO^-Na^+\quad 2.\ R'X} R'CH(\overset{+}{N}H_3)COO^-$$

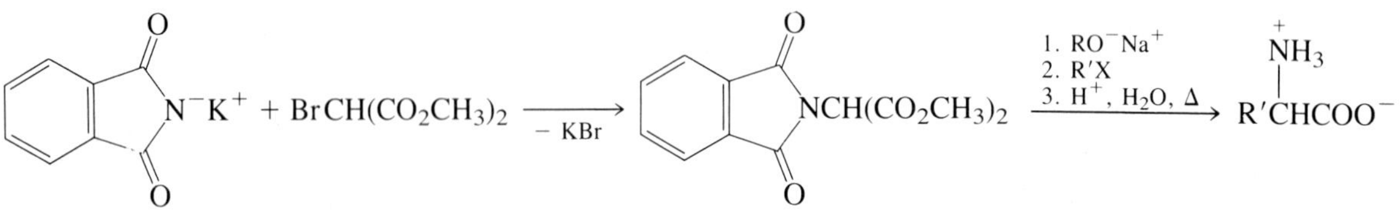

Variante:

$$CH_3\overset{O}{\overset{\|}{C}}NHCH(CO_2R)_2 \xrightarrow[2.\ H^+,\ H_2O,\ \Delta]{1.\ NaOH,\ R'X} R'CH(NH_3)COO^-$$

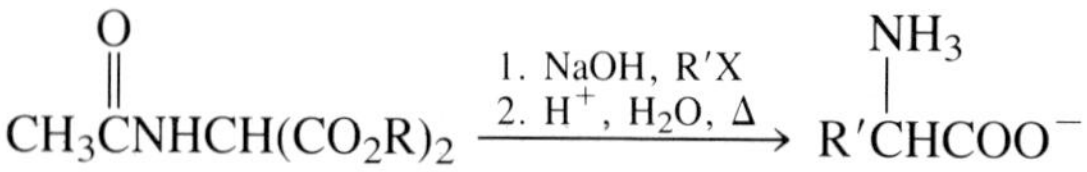

Zusammenfassung neuer Reaktionen

6 Strecker-Synthese

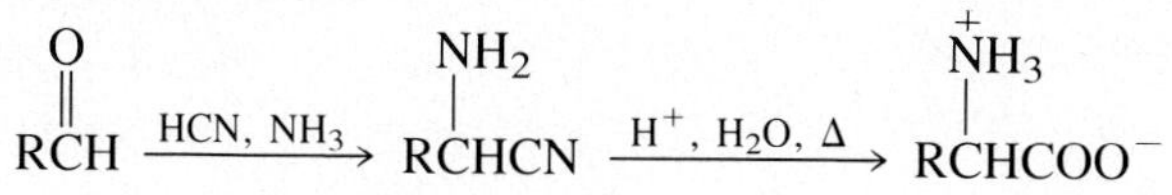

$$\mathrm{RCHO} \xrightarrow{\mathrm{HCN,\ NH_3}} \mathrm{RCH(NH_2)CN} \xrightarrow{\mathrm{H^+,\ H_2O,\ \Delta}} \mathrm{RCH(\overset{+}{N}H_3)COO^-}$$

7 Enzymatische kinetische Racematspaltung

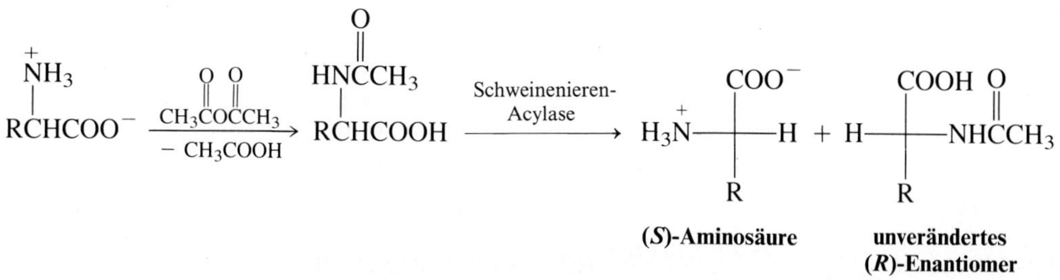

$$\mathrm{RCH(\overset{+}{N}H_3)COO^-} \xrightarrow[-\ \mathrm{CH_3COOH}]{\mathrm{CH_3COCOCH_3}} \mathrm{RCH(NHCOCH_3)COOH} \xrightarrow{\text{Schweinenieren-Acylase}} \mathrm{H_3\overset{+}{N}{-}C(COO^-)(H)(R)} + \mathrm{H{-}C(COOH)(NHCOCH_3)(R)}$$

(*S*)-Aminosäure — **unverändertes (*R*)-Enantiomer**

Sequenzanalyse von Polypeptiden

8 Spaltung von Disulfidbrücken

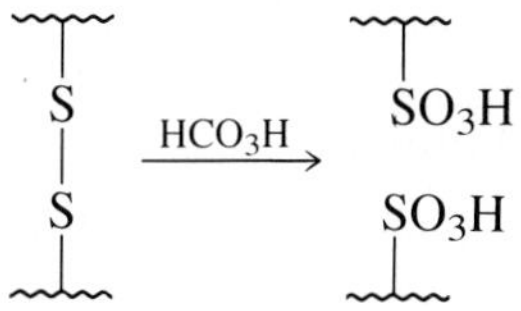

$$\mathrm{{\sim}S{-}S{\sim}} \xrightarrow{\mathrm{HCO_3H}} \mathrm{{\sim}SO_3H} + \mathrm{{\sim}SO_3H}$$

9 Hydrolyse

$$\text{Peptid} \xrightarrow{6\ \mathrm{mol/L\ HCl},\ 110\,^\circ\mathrm{C},\ 24\ \mathrm{h}} \text{Aminosäuren}$$

10 Sanger-Abbau

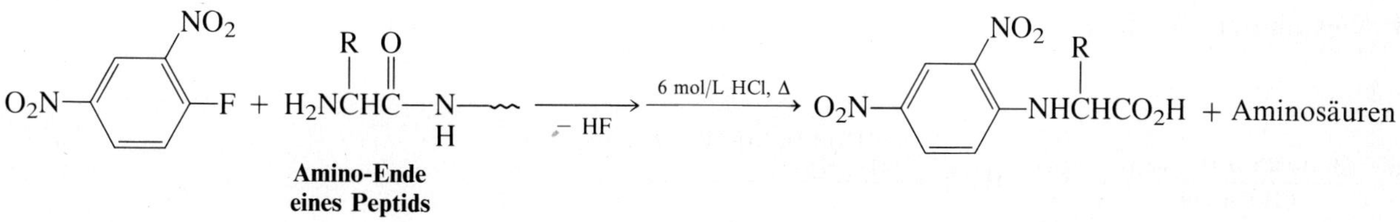

$$\mathrm{2,4\text{-}(O_2N)_2C_6H_3F} + \mathrm{H_2NCH(R)C(O){-}NH{\sim}} \xrightarrow{-\ \mathrm{HF}} \xrightarrow{6\ \mathrm{mol/L\ HCl},\ \Delta} \mathrm{2,4\text{-}(O_2N)_2C_6H_3{-}NHCH(R)CO_2H} + \text{Aminosäuren}$$

Amino-Ende eines Peptids

11 Edman-Abbau

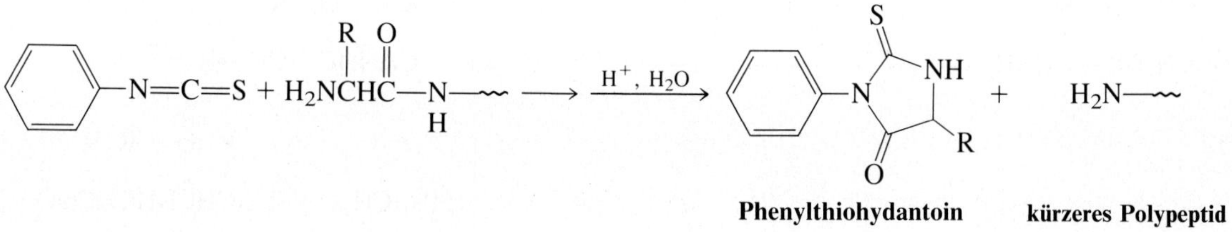

$$\mathrm{C_6H_5{-}N{=}C{=}S} + \mathrm{H_2NCH(R)C(O){-}NH{\sim}} \longrightarrow \xrightarrow{\mathrm{H^+,\ H_2O}} \text{Phenylthiohydantoin} + \mathrm{H_2N{\sim}}$$

Phenylthiohydantoin — **kürzeres Polypeptid**

12 Schutzgruppen

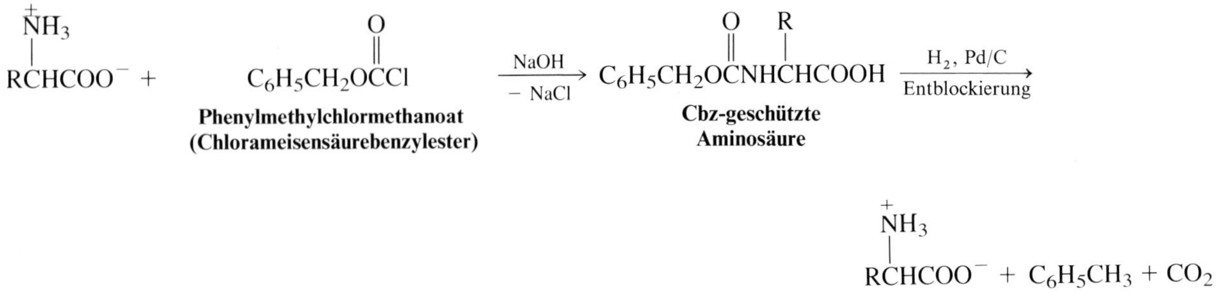

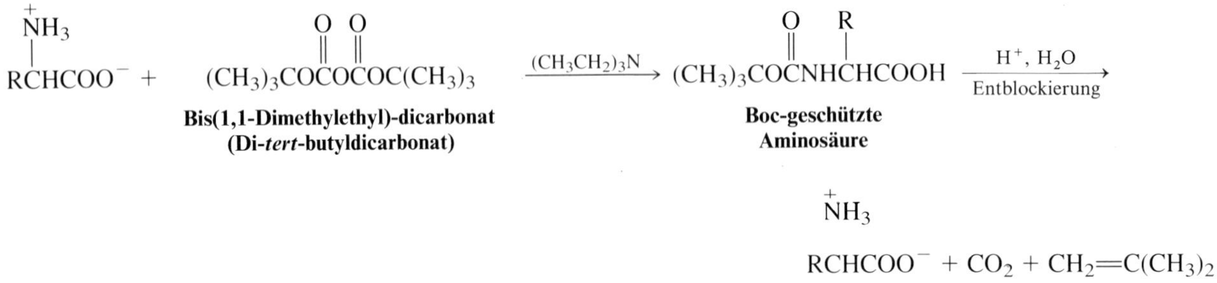

$$R\overset{\overset{+}{N}H_3}{C}HCOO^- + C_6H_5CH_2O\overset{O}{\overset{\|}{C}}Cl \xrightarrow[-\ NaCl]{NaOH} C_6H_5CH_2O\overset{O}{\overset{\|}{C}}NH\overset{R}{C}HCOOH \xrightarrow[\text{Entblockierung}]{H_2,\ Pd/C} R\overset{\overset{+}{N}H_3}{C}HCOO^- + C_6H_5CH_3 + CO_2$$

Phenylmethylchlormethanoat (Chlorameisensäurebenzylester)

Cbz-geschützte Aminosäure

$$R\overset{\overset{+}{N}H_3}{C}HCOO^- + (CH_3)_3CO\overset{O}{\overset{\|}{C}}O\overset{O}{\overset{\|}{C}}OC(CH_3)_3 \xrightarrow{(CH_3CH_2)_3N} (CH_3)_3CO\overset{O}{\overset{\|}{C}}NH\overset{R}{C}HCOOH \xrightarrow[\text{Entblockierung}]{H^+,\ H_2O} R\overset{\overset{+}{N}H_3}{C}HCOO^- + CO_2 + CH_2{=}C(CH_3)_2$$

Bis(1,1-Dimethylethyl)-dicarbonat (Di-*tert*-butyldicarbonat)

Boc-geschützte Aminosäure

13 Knüpfen von Peptidbindungen mit Dicyclohexylcarbodiimid

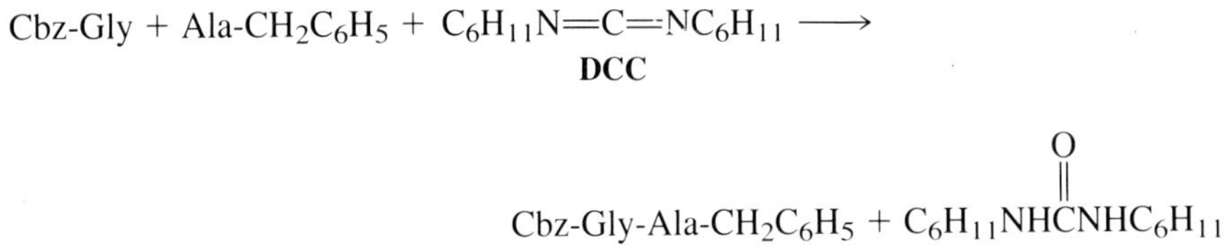

$$\text{Cbz-Gly} + \text{Ala-}CH_2C_6H_5 + \underset{\textbf{DCC}}{C_6H_{11}N{=}C{=}NC_6H_{11}} \longrightarrow \text{Cbz-Gly-Ala-}CH_2C_6H_5 + C_6H_{11}NH\overset{O}{\overset{\|}{C}}NHC_6H_{11}$$

14 Festphasen-Synthese

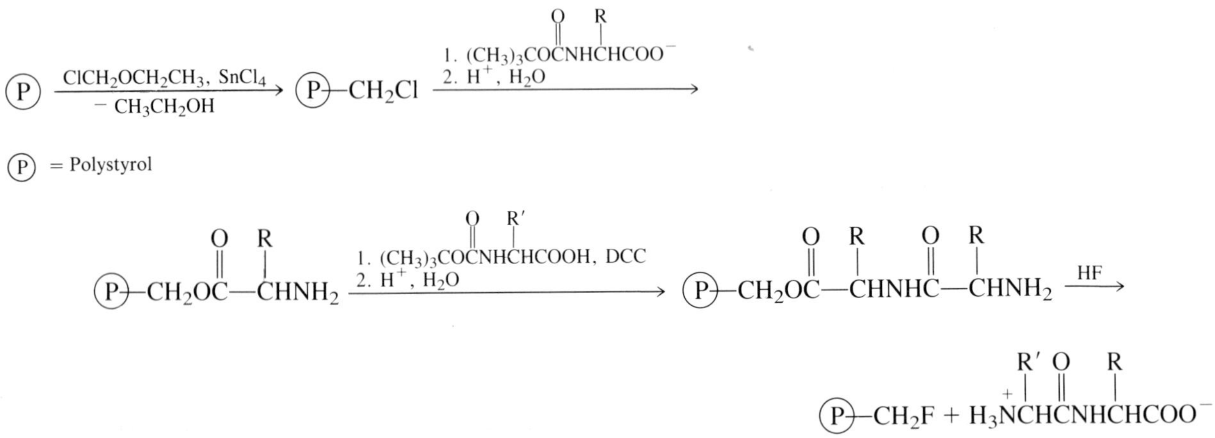

$$Ⓟ \xrightarrow[-\ CH_3CH_2OH]{ClCH_2OCH_2CH_3,\ SnCl_4} Ⓟ\!-\!CH_2Cl \xrightarrow[2.\ H^+,\ H_2O]{1.\ (CH_3)_3CO\overset{O}{\overset{\|}{C}}NH\overset{R}{C}HCOO^-}$$

Ⓟ = Polystyrol

$$Ⓟ\!-\!CH_2O\overset{O}{\overset{\|}{C}}\!-\!\overset{R}{C}HNH_2 \xrightarrow[2.\ H^+,\ H_2O]{1.\ (CH_3)_3CO\overset{O}{\overset{\|}{C}}NH\overset{R'}{C}HCOOH,\ DCC} Ⓟ\!-\!CH_2O\overset{O}{\overset{\|}{C}}\!-\!\overset{R}{C}HNH\overset{O}{\overset{\|}{C}}\!-\!\overset{R}{C}HNH_2 \xrightarrow{HF} Ⓟ\!-\!CH_2F + H_3\overset{+}{N}\overset{R'}{C}H\overset{O}{\overset{\|}{C}}NH\overset{R}{C}HCOO^-$$

Zusammenfassung

1 Polypeptide sind Polymere von Aminosäuren, die durch Amidbindungen verknüpft sind. Die meisten natürlichen Polypeptide bestehen aus nur neunzehn verschiedenen (2*S*)-Aminosäuren und dem nicht chiralen Glycin. Für alle diese Aminosäuren werden im chemischen Sprachgebrauch Trivialnamen und Drei-Buchstaben-Abkürzungen verwendet.

2 Aminosäuren sind amphoter, sie lassen sich protonieren und deprotonieren.

3 Neben der fraktionierenden Kristallisation von Diastereomeren kann man enantiomerenreine Aminosäuren auch durch kinetische Spaltung eines racemischen Gemischs mit Hilfe von Enzymen erhalten.

4 Polypeptide können sehr unterschiedliche Strukturen einnehmen, sie können linear oder cyclisch sein, Ketten können über Disulfidbrücken verbunden sein, Faltblattstrukturen, α-Helix oder Überhelixstrukturen annehmen oder eine ungeordnete Konformation haben. Dies hängt von der Molekülgröße, der Zusammensetzung, von Wasserstoffbrücken-Bindungen, elektrostatischen und London-Kräften ab.

5 Aminosäuren werden hauptsächlich aufgrund ihrer pH-abhängigen Fähigkeit, sich an feste Träger zu binden, getrennt.

6 Bei der Sequenzanalyse von Polypeptiden benutzt man eine Kombination aus selektivem Kettenabbau und nachfolgender Aminosäuren-Analyse der erhaltenen kürzeren Polypeptid-Bruchstücke.

7 Bei der Peptidsynthese werden endgruppengeschützte Aminosäuren mit Dicyclohexylcarbodiimid gekoppelt. Das Produkt läßt sich an einem von beiden Enden selektiv entblockieren und die Kette weiter verlängern. Benutzt man feste Träger, wie in der Merrifield-Synthese, kann man das Verfahren automatisieren.

8 Die Proteine Myoglobin und Hämoglobin sind Polypeptide, in denen die Aminosäurenkette das aktive Zentrum, das Häm, umhüllt. Das Häm enthält ein Eisenatom, das Sauerstoff reversibel bindet, wodurch die Sauerstoffaufnahme, der -transport und die -abgabe ermöglicht werden.

9 Die Nucleinsäuren sind Biopolymere, in denen Zucker-Einheiten, an die eine Stickstoffbase *N*-glycosidisch gebunden ist, über Phosphatbrücken miteinander verknüpft sind. In der DNA und der RNA sind nur jeweils vier verschiedene Basen und ein Zucker enthalten. Da sich zwischen den Basen Adenin-Thymin, Guanin-Cytosin und Adenin-Uracil besonders begünstigte Wasserstoffbrücken ausbilden können, kann eine Nucleinsäure eine dimere Helixstruktur annehmen, bei der die Basensequenz auf beiden Strängen komplementär ist. Bei der Replikation der DNA und der RNA-Synthese an der DNA windet sich diese Anordnung auf und wirkt als Matrize. Für die Proteinsynthese ist jede Aminosäure durch drei aufeinanderfolgende RNA-Basen, das sogenannte Codon, spezifiziert. So läßt sich die Basensequenz (der genetische Code) in einem RNA-Strang in eine spezifische Aminosäurensequenz eines Proteins übersetzen.

Aufgaben

1 Zeichnen Sie stereochemisch richtige Strukturformeln für Isoleucin und Threonin (s. Tab. 27-1). Wie würde der systematische Name von Threonin lauten?

2 Bei Aminosäuren bezeichnet man *Diastereomere* mit der Abkürzung *allo*. Zeichnen Sie Allo-L-Isoleucin und geben Sie der Verbindung einen systematischen Namen.

3 Zeichnen Sie die Struktur, die jede der folgenden Aminosäuren in wässriger Lösung beim angegebenen pH haben würde. Berechnen Sie für jede Aminosäure den isoelektrischen Punkt.

(a) Alanin bei pH = 1, 7 und 12.
(b) Serin bei pH = 1, 7 und 12.

(c) Tyrosin bei pH = 1, 7, 9.5 und 12.
(d) Histidin bei pH = 1, 5, 7 und 12.
(e) Cystein bei pH = 1, 7, 9 und 12.
(f) Asparaginsäure bei pH = 1, 3, 7 und 12.
(g) Arginin bei pH = 1, 7, 12 und 14.

4 Teilen Sie die Aminosäuren in Aufgabe 3 danach ein, ob sie bei pH = 7 **(a)** positiv geladen, **(b)** neutral oder **(c)** negativ geladen sind.

5 Schlagen Sie eine vernünftige Synthese für die folgenden Aminosäuren in racemischer Form vor. Benutzen Sie dazu entweder eine der Methoden aus Abschn. 27.2 oder einen von Ihnen entwickelten Syntheseweg.

(a) Valin. **(d)** Threonin.
(b) Leucin. **(e)** Lysin.
(c) Prolin.

6 **(a)** Wie verläuft die Strecker-Synthese von Phenylalanin? Ist das Produkt chiral? Zeigt es optische Aktivität?
(b) Verwendet man in der Strecker-Synthese von Phenylalanin anstelle von NH_3 ein optisch aktives Amin, erhält man überwiegend ein Enantiomer als Produkt.

Bestimmen Sie in den folgenden Strukturen die absolute Konfiguration an jedem Chiralitätszentrum und erklären Sie, warum man bei Verwendung eines chiralen Amins im Endprodukt ein Stereoisomer bevorzugt erhält.

$C_6H_5CH_2CH$ —($C_6H_5C(NH_2)(H)H_3C$, HCN; $-H_2O$)→ $C_6H_5CH_2$–C(H)(NC)–NH–C(H)(CH_3)–C_6H_5 hauptsächlich —(1. H^+, H_2O; 2. H_2, Pd-C)→ $C_6H_5CH_2$–C(H)($\overset{+}{N}H_3$)COO^- hauptsächlich

7 Der antibakterielle Wirkstoff im Knoblauch, das Allicin (s. Aufgabe 36 von Kap. 9), wird aus der seltenen Aminosäure Alliin mit Hilfe des Enzyms *Allinase* synthetisiert. Da Allinase ein extrazelluläres Enzym ist, findet dieser Prozeß nur statt, wenn Knoblauchzellen zerstört werden. Schlagen Sie eine vernünftige Synthese für die Aminosäure Alliin vor. Hinweis: Fangen Sie mit der Entwicklung einer Synthese für eine Aminosäure aus Tab. 27-1 an, die strukturell mit Alliin verwandt ist.

$H_2C{=}CHCH_2S(O)CH_2CH(\overset{+}{N}H_3)COO^-$
Alliin

8 Entwerfen Sie ein Verfahren zur Trennung eines Gemischs der vier Stereoisomeren des Isoleucins in seine vier Bestandteile: (+)-Isoleucin, (−)-Isoleucin, (+)-Alloisoleucin und (−)-Alloisoleucin (s. Aufgabe 2). Benutzen Sie die Eigenschaft von Alloisoleucin, in 80%igem Ethanol bei allen Temperaturen wesentlich besser löslich als Isoleucin zu sein.

9 Identifizieren Sie die folgenden Strukturen als Dipetid, Tripeptid usw. und markieren Sie alle Peptidbindungen.

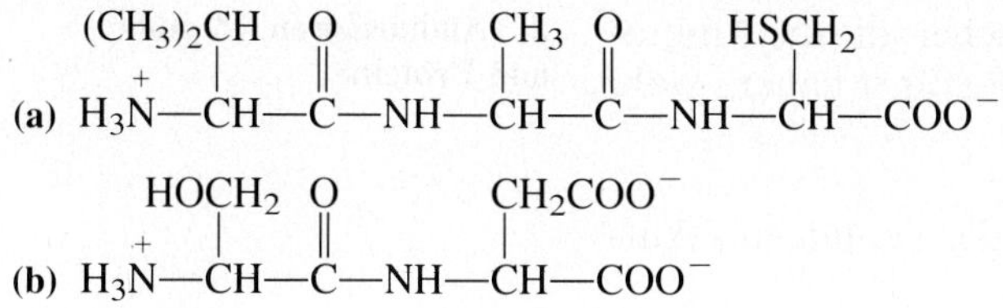

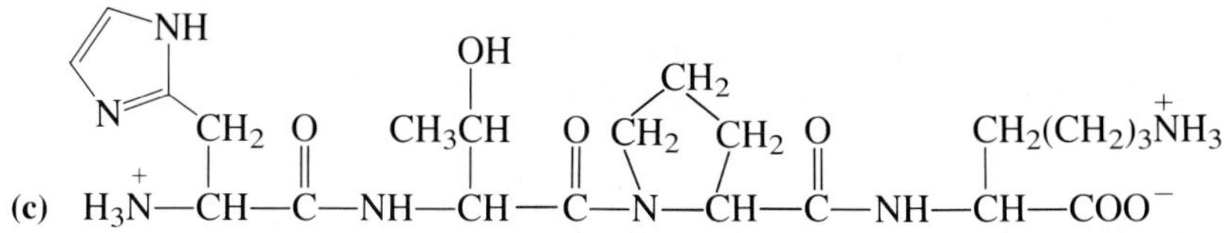

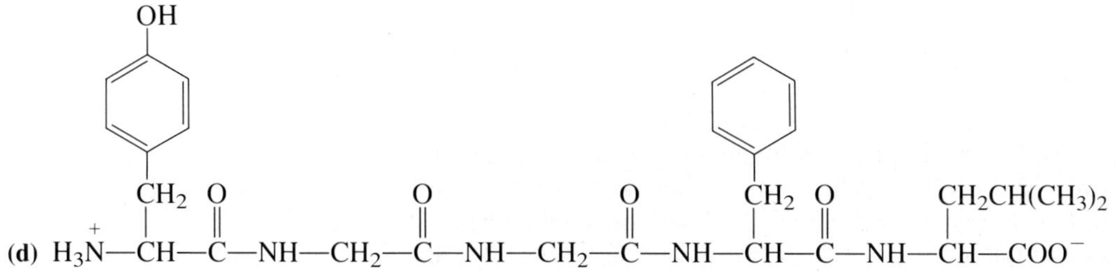

$(CH_3)_2CH \quad O \quad CH_3 \quad O \quad HSCH_2$

(a) $H_3\overset{+}{N}-CH-\overset{\|}{C}-NH-CH-\overset{\|}{C}-NH-CH-COO^-$

$HOCH_2 \quad O \quad CH_2COO^-$

(b) $H_3\overset{+}{N}-CH-\overset{\|}{C}-NH-CH-COO^-$

NH, N (Imidazolring); OH; CH_2

$CH_2 \quad O \quad CH_3CH \quad O \quad CH_2 \quad CH_2 \quad O \quad CH_2(CH_2)_3\overset{+}{N}H_3$

(c) $H_3\overset{+}{N}-CH-\overset{\|}{C}-NH-CH-\overset{\|}{C}-N-CH-\overset{\|}{C}-NH-CH-COO^-$

OH

$CH_2 \quad O \quad O \quad O \quad CH_2 \quad O \quad CH_2CH(CH_3)_2$

(d) $H_3\overset{+}{N}-CH-\overset{\|}{C}-NH-CH_2-\overset{\|}{C}-NH-CH_2-\overset{\|}{C}-NH-CH-\overset{\|}{C}-NH-CH-COO^-$

10 Schreiben Sie die Peptidstrukturen aus Aufgabe 9 mit Hilfe der Drei-Buchstaben-Abkürzungen für Aminosäuren in Kurzschreibweise.

11 Welche der Aminosäuren aus Aufgabe 3 und der Peptide aus Aufgabe 9 wandern in einem Elektrophoreseapparat bei pH = 7 **(a)** zur Anode oder **(b)** zur Kathode?

12 Seide nimmt eine β-Faltblattstruktur ein, deren Polypeptidketten aus der sich wiederholenden Aminosäurensequenz Gly-Ser-Gly-Ala-Gly-Ala bestehen. Welche Eigenschaften der Aminosäureseitenketten begünstigen offensichtlich die β-Faltblattstruktur? Können Sie das aus den Abbildungen 27-3B und 27-4 erklären?

13 Wieviele Abschnitte mit α-Helixstruktur können Sie in der Struktur von Myoglobin erkennen (s. Abb. 27-8C). Prolinreste befinden sich im Myoglobin an den Positionen 37, 88, 100 und 120. Welchen Einfluß üben diese Proline auf die Tertiärstruktur des Moleküls aus?

14 78 der 153 Aminosäuren im Myoglobin enthalten polare Seitenketten (z. B. Arg, Asn, Asp, Gln, Glu, His, Lys, Ser, Thr, Trp und Tyr). Wenn Myoglobin seine natürliche gefaltete Konformation einnimmt, zeigen 76 dieser 78 polaren Seitenketten (alle außer den zwei Histidinen) nach außen von der Oberfläche weg. Im Inneren des Myoglobins befinden sich nur Gly, Val, Leu, Ala, Ile Phe, Pro und Met. Wie erklären Sie sich das?

15 Erklären Sie die folgenden drei Beobachtungen.

(a) Seide ist wie die meisten Polypeptide mit Faltblattstruktur wasserunlöslich.
(b) Globuläre Proteine wie Myoglobin lösen sich im allgemeinen leicht in Wasser.
(c) Wird die Tertiärstruktur eines globulären Proteins zerstört (Denaturierung), fällt es aus wässriger Lösung aus.

16 Beschreiben Sie mit eigenen Worten, wie die Forscher, die die Aminosäuren-Analyse von Vasopressin (Übung 27-6) durchgeführt haben, wohl vorgegangen sind.

17 Welche Produkte entstehen beim Sanger-Abbau der Peptide aus Aufgabe 9?

18 Was erhält man bei der Reaktion von Gramicidin S mit 1-Fluor-2,4-nitrobenzol (Sangers Reagenz)? Mit Phenylisothiocyanat (Edman-Abbau)?

19 Das Polypeptid Bradykinin ist ein Gewebehormon, das im Körper schmerzauslösend wirkt. Beim Behandeln von Bradykinin mit 1-Fluor-2,4-dinitrobenzol und nachfolgender vollständiger sauren Hydrolyse entsteht *N*-(2,4-Dinitrophenyl)arginin zusammen mit freiem Arg, Gly, Phe, Pro und Ser. Bei der unvollständigen sauren Hydrolyse werden die Bradykininmoleküle in eine Reihe von Peptidbruchstücken gespalten, unter denen sich Arg—Pro—Pro—Gly, Phe—Arg, Ser—Pro—Phe und Gly—Phe—Ser befinden. Bei vollständiger Hydrolyse und nachfolgender Aminosäuren-Analyse erhält man ein Verhältnis Pro : Phe : Arg : Gly : Ser = 3 : 2 : 2 : 1 : 1. Leiten Sie die Aminosäurensequenz von Bradykinin ab.

20 Somatostatin ist ein Polypeptidhormon, das mehrere Funktionen, wie z. B. die Regulierung der Insulinausscheidung durch die Bauchspeicheldrüse hat. Es wird daher zur Behandlung einiger Arten von Diabetes eingesetzt. Somatostatin enthält eine Disulfidbrücke, nach deren Öffnen mit HCO_3H man nur eine einzige Polypeptidkette erhält.

(a) Was können Sie daraus entnehmen?

Beim Behandeln dieser Polypeptidkette mit Trypsin ergeben sich die folgenden drei Peptide: Ala—Gly—Cys(SO_3H)—Lys, Thr—Phe—Thr—Ser—Cys(SO_3H) und Asn—Phe—Phe—Trp—Lys.

(b) Was sagt das über die Struktur von Somatostatin aus?

Bei der Hydrolyse des Polypeptids mit Chrymotrypsin erhält man Lys—Thr—Phe, Thr—Ser—Cys(SO_3H), Ala—Gly—Cys(SO_3H)—Lys—Asn—Phe, freies Phe und freies Trp.

(c) Schreiben Sie die vollständige Aminosäurensequenz von Somatostatin auf.

21 Die Aminosäurensequenz von Met-Enkephalin, einem Peptid aus dem Gehirn, das eine starke opiatähnliche biologische Wirkung zeigt, ist Tyr—Gly—Gly—Phe—Met. Welche Produkte erhält man bei einem stufenweisen Edman-Abbau von Met-Enkephalin?

Das Peptid, das in Teil **d** von Aufgabe 9 gezeigt ist, ist Leu-Enkephalin, ein Verwandter des Met-Enkephalins mit ähnlichen Eigenschaften. Wie unterscheidet sich das Ergebnis eines Edman-Abbaus von Leu-Enkephalin von dem von Met-Enkephalin?

22 Das Hypophysenhormon Corticotropin wirkt stimulierend auf die Nebennierenrinde. Leiten Sie seine Primärstruktur aufgrund der folgenden Information ab.

(a) Bei der Hydrolyse mit Chymotrypsin entstehen sechs Peptide: Arg—Trp, Ser—Tyr, Pro—Leu—Glu—Phe, Ser—Met—Glu—His—Phe, Pro—Asp—Ala—Gly—Glu—Asp—Gln—Ser—Ala—Glu—Ala—Phe und Gly—Lys—Pro—Val—Gly—Lys—Lys—Arg—Arg—Pro—Val—Lys—Val—Tyr.

(b) Bei der Hydrolyse mit Trypsin erhält man freies Lysin, freies Arginin und die folgenden fünf Peptide: Trp—Gly—Lys, Pro—Val—Lys, Pro—Val—Gly—Lys, Ser—Tyr—Ser—Met—Glu—His—Phe—Arg und Val—Tyr—Pro—Asp—Ala—Gly—Glu—Asp—Gln—Ser—Ala—Glu—Ala—Phe—Pro—Leu—Glu—Phe.

23 Glucagon ist ein Hormon der Bauchspeicheldrüse, das eine entgegengesetzte Wirkung wie Insulin hat, es erhöht den Glucosespiegel im Blut. Glucagon besteht aus einer Polypeptidkette mit 29 Aminosäure-Einheiten. Beim Behandeln von Glucagon mit Thermolysin entstehen vier Bruchstücke, das Tripeptid Val—Gln—Tyr, das Tetrapeptid Leu—Met—Asn—Thr, ein Peptid A mit neun Aminosäuren und ein Peptid B mit 13 Aminosäuren. Beim Sanger-Abbau von A erhält man *N*-(2,4-Dinitrophenyl)leucin, beim Sanger-Abbau von B *N*-(2,4-Dinitrophenyl)histidin.

Peptid A wird von Chymotrypsin nicht gespalten, beim Behandeln mit Clostripain ergeben sich jedoch die Bruchstücke Leu—Asp—Ser—Arg, Ala—Gln—Asp—Phe und ein freies Arg.

Peptid B wird von Chymotrypsin in Ser—Lys—Tyr, Thr—Ser—Asp—Tyr und His—Ser—Gln—Gly—Thr—Phe gespalten.

(a) Wieviel wissen Sie in diesem Stadium sicher über die Struktur von Glucagon? Welche Unsicherheiten bestehen noch?

(b) Bei der Hydrolyse des intakten Glucagonmoleküls mit Trypsin erhält man unter anderem das Peptid Tyr—Leu—Asp—Ser—Arg. Hilft Ihnen das weiter?

(c) Bei der Chymotrypsin—Hydrolyse des intakten Hormons entsteht unter anderem Leu—Met—Asn—Thr, dasselbe Tetrapeptid wie beim Behandeln mit Thermolysin. Können Sie jetzt das gesamte Molekül zusammenbauen?

24 Schlagen Sie eine Synthese für Leu-Enkephalin (Teil **d** von Aufgabe 9) aus seinen Aminosäurebestandteilen vor.

25 Im folgenden ist das Molekül des Thyrotropin-Releasing-Hormons (TRH) gezeigt. Dieses Hormon wird vom Hypothalamus ausgeschieden und bewirkt die Freisetzung von Tyrotropin durch die Hypophyse, das dann wiederum die Schilddrüse stimuliert. Die Schilddrüse produziert Hormone wie Tyroxin, die allgemein kontrollierend auf den Metabolismus wirken.

HN—CH—C(=O)—NH—CH—C(=O)—N—CH—C(=O)—NH_2

Pyroglutaminsäure **Histidin** **Prolinamid**

Bei der ersten Isolierung von TRH mußten vier Tonnen Hypothalamusgewebe verarbeitet werden, aus denen dann 1mg des Hormons gewonnen wurden. Wie man wohl nicht erst betonen muß, ist es ein bißchen bequemer, TRH im Labor zu synthetisieren, als es aus natürlichen Quellen zu extrahieren. Entwerfen Sie eine Synthese von TRH aus Glu, His und Pro. Beachten Sie, daß Pyroglutaminsäure nur das Lactam von Glu ist und sich leicht durch Erhitzen von Glu auf Temperaturen zwischen 135° und 140 °C gewinnen läßt.

26 Betrachten Sie die Synthese von Aspartam (s. Abschn. 27.3). Enthält einer der Aminosäure-Bausteine ein Strukturelement, das die Synthese schwierig gestalten könnte? Welche anderen Aminosäuren enthalten Gruppen, die bei der Synthese von Peptiden, in denen sie enthalten sind, Probleme machen können?

27 **(a)** Die abgebildeten Strukturen der vier DNA-Basen (s. Abschn. 27.7) zeigen nur die stabilsten Tautomere. Zeichnen Sie ein oder mehrere alternative Tautomere für jeden dieser Heterocyclen (näheres über Tautomerie steht in Abschn. 13.6, 16.1 und 16.2).
(b) In bestimmten Fällen kann die Anwesenheit einer kleinen Menge eines der weniger stabilen Tautomere in der DNA zu Fehlern bei der Replikation oder der m-RNA-Synthese aufgrund falscher Basenpaarung führen. Ein Beispiel ist das Imin-Tautomer des Adenins, das sich mit Cytosin anstatt mit Thymin paart. Zeichnen Sie eine mögliche Struktur für das über Wasserstoffbrücken gebundene Basenpaar (s. Abb. 27-11).
(c) Leiten Sie mit Hilfe von Tab. 27-3 eine mögliche Aminosäurensequenz für eine mRNA ab, die den Code für die fünf Aminosäuren des Met-Enkephalins enthält, ab (s. Aufgabe 21). Wenn sich die falsche Basenpaarung an der ersten möglichen Stelle der Synthese dieser mRNA-Sequenz ereignen würde, welche Konsequenz hätte dies auf die Aminosäuresequenz des Peptids? (Lassen Sie das Initiations-Codon außer acht.)

28 Faktor VIII ist eines der Proteine, die an der Blutgerinnung beteiligt sind. Ein Defekt in dem Gen, dessen DNA-Sequenz den Code für Faktor VIII enthält, ist für die klassische Hämophilie (*Bluterkrankheit*) verantwortlich. Faktor VIII besteht aus 2332 Aminosäuren. Wieviele Nucleotide werden zur Codierung seiner Synthese gebraucht?

29 Hydroxyprolin (Hyp) ist wie viele andere Aminosäuren, die nicht „offiziell“ als essentiell eingestuft sind, doch eine biologisch sehr wichtige Verbindung. Hydroxyprolin macht etwa 14% des Aminosäurengehalts des Proteins Collagen aus. Collagen ist der Hauptbestandteil der Haut und des Bindegewebes. Es ist auch, zusammen mit anorganischen Verbindungen, in Nägeln, Knochen und Zähnen enthalten.

(a) Der systematische Name von Hydroxyprolin ist (2*S*, 4*R*)-4-Hydroxyazacyclopentan-2-carbonsäure. Zeichnen Sie eine Strukturformel dieser Aminosäure mit richtiger Stereochemie.
(b) Hydroxyprolin wird im Körper in peptidgebundener Form aus peptidgebundenem Prolin und O_2 synthetisiert. Dieser Prozeß ist enzym-katalysiert und erfordert die Gegenwart von Vitamin C. In Abwesenheit von Vitamin C bildet sich nur ein defektes, Hyp-armes Collagen. Vitamin C-Mangel verursacht *Skorbut,* eine Mangelerkrankung, die durch Hautbluten und geschwollenes, blutendes Zahnfleisch charakterisiert ist.

Identifizieren Sie in der folgenden Reaktionssequenz, einer effizienten Laboratoriumssynthese von Hydroxyprolin, die Reagenzien (i) und (ii), und formulieren Sie einen detaillierten Mechanismus für die mit einem Stern markierten Schritte.

$ClCH_2CH(O)CH_2$ (Epoxid) $\xrightarrow{i}$ N-Phthalimido-$CH_2CH(O)CH_2$ (Epoxid) $\xrightarrow{Na^{+}\,{}^{-}CH(COOCH_2CH_3)_2^{*}}$

Phthalimido-NCH_2-(Lacton mit $COOCH_2CH_3$) $\xrightarrow{SO_2Cl_2}$

Phthalimido-NCH_2-(Lacton mit Cl und $COOCH_2CH_3$) $\xrightarrow{ii^{*}}$ Hydroxyprolin

(c) Gelatine, ein teilweise hydrolysiertes Collagen, ist reich an Hydroxyprolin und wird daher häufig zur Behandlung von splitternden oder brüchigen Nägeln verordnet. Wie die meisten Proteine wird Gelatine jedoch im Magen und im Dünndarm vor der Absorption fast vollständig in ihre Aminosäurenbestandteile aufgebrochen. Ist das freie Hydroxyprolin, das so in den Blutkreislauf gelangt, von irgendeinem Nutzen für die Synthese von Collagen im Körper? Hinweis: Ist in Tab. 27-3 ein Drei-Basen-Code für Hydroxyprolin enthalten?

30 Sichelzellenanämie ist eine oft tödliche Erbkrankheit, die durch einen einzigen Fehler im DNA-Gen, das die β-Kette des Hämoglobin codiert, verursacht wird. Die richtige Nucleinsäurensequenz (von der mRNA-Matrize gelesen) fängt mit AUGGUGCACCUGACUCCUG**A**GGA-GAAG . . . . an.

(a) Übersetzen Sie dies in die entsprechende Aminosäurensequenz des Proteins.
(b) Die Mutation, aufgrund derer die Sichelzellenanämie zustandekommt, ergibt sich durch Ersetzen des fettgedruckten A in der vorhergehenden Sequenz durch U. Welche Konsequenz für die entsprechende Aminosäurensequenz hat dieser Fehler?
(c) Durch diese Sequenzänderung verändern sich die Eigenschaften des Hämoglobinmoleküls – insbesondere seine Polarität und Gestalt. Schlagen Sie Gründe für beide Effekte vor (Entnehmen Sie die Strukturen der Aminosäuren Tab. 27-1 und die Struktur von Myoglobin, die ähnlich wie die von Hämoglobin ist, Abb. 27-8C. Beachten Sie den Ort der einzelnen Aminosäuren innerhalb der Tertiärstruktur des Proteins.)

Lösungen zu den Übungen

Kapitel 1

1-1

$:\ddot{Cl}:\ddot{Cl}:$ $\quad$ $:\ddot{F}:\ddot{Si}:\ddot{F}:$ (mit $:\ddot{F}:$ oben und unten) $\quad$ $:\ddot{Cl}:\ddot{C}:\ddot{Cl}:$ (mit $:\ddot{Cl}:$ oben und unten) $\quad$ $H:\ddot{P}:H$ (mit H unten)

1-2

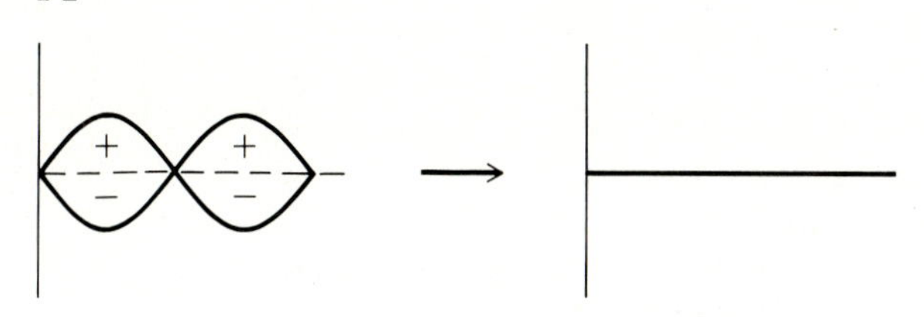

1-3

S $(1s)^2(2s)^2(2p)^6(3s)^2(3p)^4$
P $(1s)^2(2s)^2(2p)^6(3s)^2(3p)^3$

1-4

Das MO-Diagramm sieht ähnlich aus wie das des H_2-Moleküls (s. Abb. 1-8 und 1-9). Da sich nur ein Elektron im antibindenden, aber zwei Elektronen im bindenden MO befinden, resultiert eine Bindung.

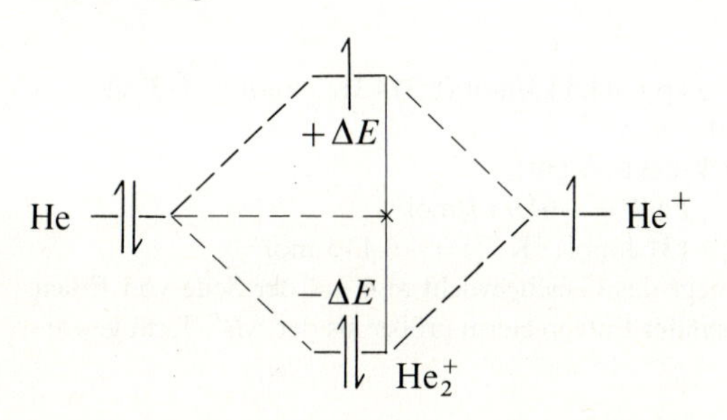

1-5

CH_3^+ oder $H:\overset{+}{C}:H$ (mit H unten) — kein Oktett $\qquad$ CH_3^- oder $H:\overset{-}{\ddot{C}}:H$ (mit H unten)

einsames Elektronenpaar

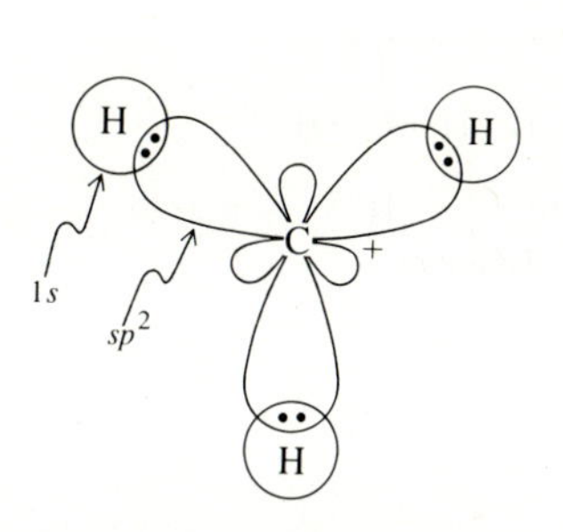

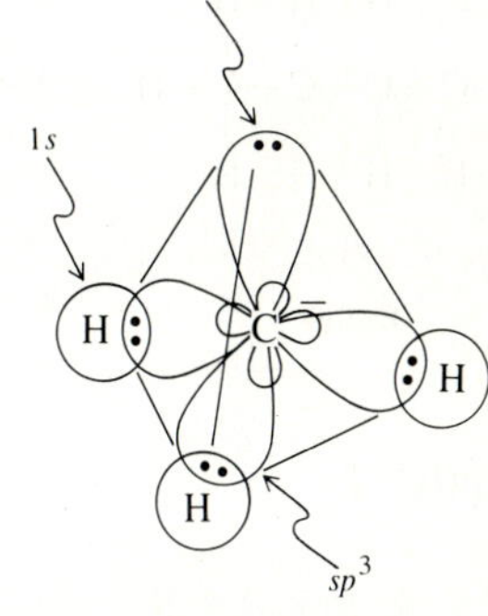

trigonal, sp^2 hybridisiert, Elektronenmangelverbindung wie BH_3.

tetraedisch, sp^3 hybridisiert, alle äußeren Orbitale vollständig gefüllt.

1-6

Es sollte nahezu trigonal sein (wenn man das freie Elektronenpaar mitzählt), mit identischen N–O-Bindungslängen und jeweils einer halben negativen Ladung auf jedem Sauerstoffatom.

$$\left[:\ddot{O}{=}\ddot{N}{-}\ddot{O}:^- \longleftrightarrow {}^-:\ddot{O}{-}\ddot{N}{=}\ddot{O}:\right]$$

1-7

(a) $$\left[{}^-:C{\equiv}\overset{+}{N}{-}\ddot{O}:^- \longleftrightarrow {}^{2-}\ddot{C}{=}\overset{+}{N}{=}\ddot{O}\right]$$

Die linke Struktur ist bevorzugt, da die Ladungen gleichmäßiger verteilt sind, und die negative Ladung sich auf dem relativ elektronegativen Sauerstoff befindet.

(b) $\left[{}^{-}\ddot{\underset{\cdot\cdot}{N}}=\ddot{\underset{\cdot\cdot}{O}} \longleftrightarrow \ddot{\underset{\cdot\cdot}{N}}:\ddot{\underset{\cdot\cdot}{O}}:^{-}\right]$

Die linke Struktur ist bevorzugt, da der Stickstoff in der rechten kein Elektronenoktett hat.

1-8

$C_6H_{12}O_6$, Molekülmasse

6 C: 72.067
12 H: 12.096
6 O: 95.996

gesamt: 180.159

$$\%C: \frac{72.067}{180.159} \times 100 = 40.0$$

$$\%H: \frac{12.096}{180.159} \times 100 = 6.71$$

$$\%O: \frac{95.996}{180.159} \times 100 = 53.28$$

1-9

```
   H  H  H  H              H
   |  |  |  |              |
H—C—C—C—C—H          H  H—C—H
   |  |  |  |          |     |
   H  H  H  H       H—C——————C—H
                       |     |
                       H  H—C—H
                             |
                             H
```

Butan **Isobutan**

Kapitel 2

2-1

(a)

(b) höhere Homologe

$CH_3CH_2CH_2CH(CH_3)CH_3$, $CH_3CH_2CH(CH_3)CH_2CH_3$, $CH_3CH_2C(CH_3)_2CH_3$, $CH_3CH(CH_3)CH(CH_3)CH_3$

niedrige Homologe

$CH_3CH(CH_3)CH_3$, $CH_3CH_2CH_2CH_3$

2-2

$CH_3CH(CH_3)CH_2CH_2CH_3$ — **Isohexan**

$CH_3C(CH_3)_2CH_3$ — **Neopentan**

2-3

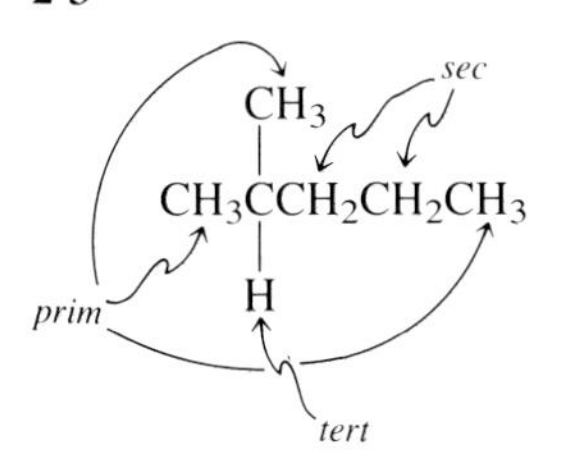

2-4

Erklärt sich von selbst.

2-5

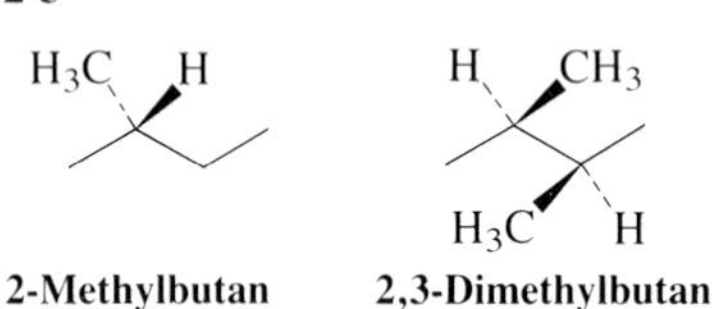

2-Methylbutan **2,3-Dimethylbutan**

2-6

In diesem Beispiel (im folgenden gezeigt) ist die Energiedifferenz zwischen beiden gestaffelten Konformationen recht klein. (siehe Seite 1313, oben)

2-7

$$\Delta G^0 = \Delta H^0 - T\Delta S^0$$
$$= -64.9 \text{ kJ/mol} - (298 \text{ K} \times -131 \text{ J mol}^{-}\text{K}^{-1})$$
$$= -25.86 \text{ kJ/mol}$$

Die Entropieänderung ist negativ, da bei dieser Reaktion aus zwei Molekülen eines wird.

2-8

Nach 50% Umsatz ist nur noch die Hälfte der Ausgangskonzentration vorhanden. Für eine Reaktion erster Ordnung gilt: Geschwindigkeit = k[A]. Nach 50% Umsatz ist die Geschwindigkeit auf die Hälfte der Anfangsgeschwindigkeit abgesunken. Bei einer Reaktion zweiter Ordnung gilt: Geschwindigkeit $=k$[A][B]. Bei 50% Umsatz ergibt sich: Geschwindigkeit $=k(1/2)$ [A](1/2) [B] = 1/4 der Ausgangsgeschwindigkeit.

2-9

$k = 10^{14}\,s^{-1} \exp(244.5 \text{ kJ/mol}/(8.314 \text{ JK}^{-1}\text{mol}^{-1}\ 773 \text{ K})$
$= 3.03 \times 10^{-3}\,s^{-1}$

Für die Rückreaktion gilt:

$\Delta G^0 = \Delta H^0 - T\Delta S^0 = -64.9$ kJ/mol
$-(773 \text{ K} \times -131 \text{ J mol}^{-1}\text{K}^{-1}) = -6.4$ kJ/mol

Bei 500 °C liegt das Gleichgewicht also auf der Seite von Ethen und HCl, weil der Entropieterm größer als der ΔH^0-Term geworden ist.

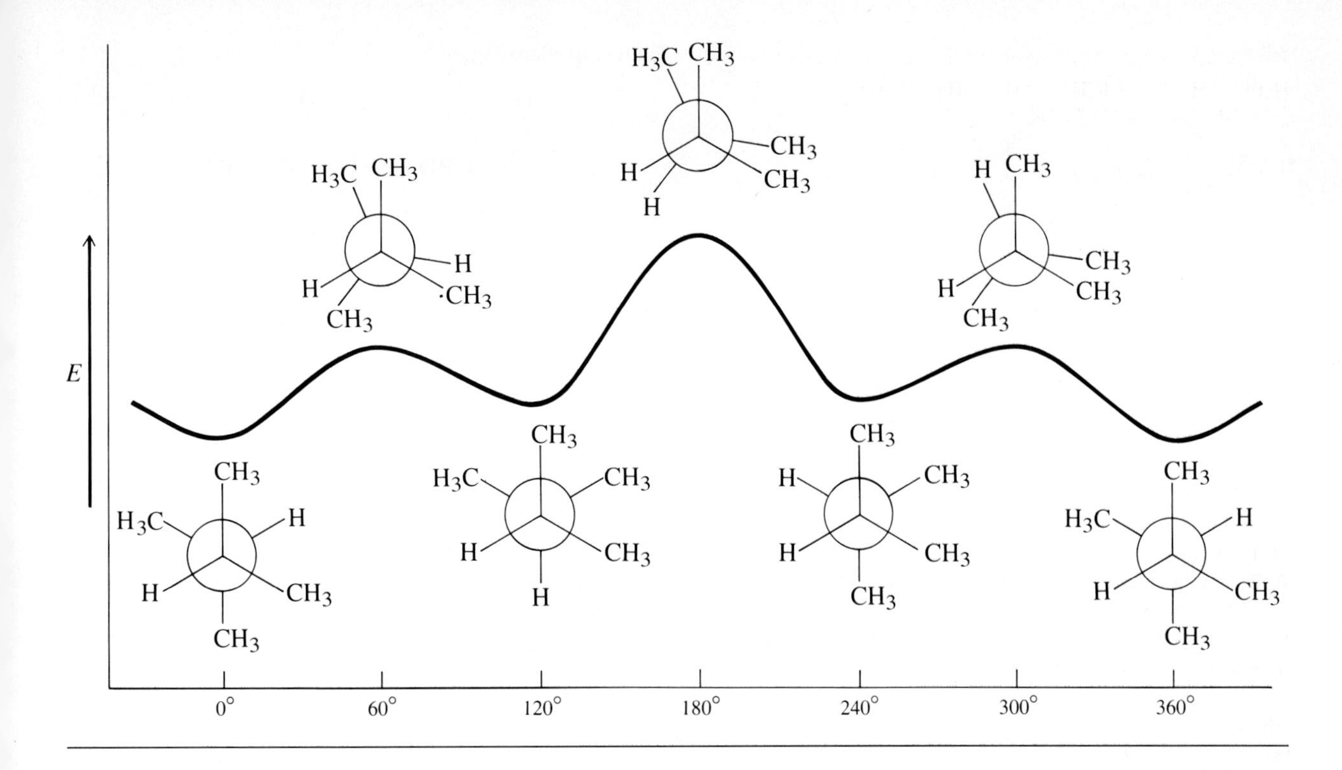

Kapitel 3

3-1
Eine einfache Antwort wäre, daß die Stärke einer Bindung nicht nur von der Größe und der Energie der beteiligten Orbitale, sondern auch von Coulombschen Wechselwirkungen abhängt. Geht man von N über O nach F, steigt die Kernladung an, die Elektronen in der Bindung zu CH_3 werden stärker angezogen. Die Polarität der Bindung nimmt zu.

3-2
zuerst: CH_3–CH_3 $DH^0 = 377$ kJ/mol
als zweites: CH_3–$C(CH_3)_3$ $DH^0 = 352$ kJ/mol

3-3
$3\ C + 3\ H_2 \longrightarrow$ Cyclopropan $\Delta H_f^0 = +53.2$ kJ/mol
Cyclopropan $+ 4.5\ O_2 \longrightarrow 3\ CO_2 + 3\ H_2O$

$\Delta H^0\ (3\ CO_2) = -1182.0$ kJ
$\Delta H^0\ (3\ H_2O) = \ \ -857.9$ kJ

-2039.9 kJ

ΔH^0_{Verb} (Cyclopropan) $= -2039.9$ kJ/mol $- (+53.2$ kJ/mol$)$
$= -2093.1$ kJ/mol

3-4

$$CH_3CH_3 + Cl_2 \xrightarrow{h\nu} CH_3CH_2Cl + HCl$$

$\Delta H^0 = 410$ kJ/mol $+ 243$ kJ/mol $- 335$ kJ/mol $- 431$ kJ/mol
$= -113$ kJ/mol

Mechanismus:
Kettenstart:

$Cl_2 \xrightarrow{h\nu} 2\,:\ddot{\underset{..}{Cl}}\cdot$ $\Delta H^0 = +243$ kJ/mol

Kettenfortpflanzung:

$CH_3CH_3 + :\ddot{\underset{..}{Cl}}\cdot \longrightarrow CH_3CH_2\cdot + HCl$:
$\Delta H^0 = -21$ kJ/mol

$CH_3CH_2\cdot + Cl_2 \longrightarrow CH_3CH_2Cl$: $+ :\ddot{\underset{..}{Cl}}\cdot$
$\Delta H^0 = -92$ kJ/mol

Kettenabbruch:

$:\ddot{\underset{..}{Cl}}\cdot + :\ddot{\underset{..}{Cl}}\cdot \longrightarrow Cl_2$
$\Delta H^0 = -243$ kJ/mol

$CH_3CH_2\cdot + :\ddot{\underset{..}{Cl}}\cdot \longrightarrow CH_3CH_2Cl$:
$\Delta H^0 = -335$ kJ/mol

$CH_3CH_2\cdot + \cdot CH_2CH_3 \longrightarrow CH_3CH_2CH_2CH_3$
$\Delta H^0 = -343$ kJ/mol

3-5
$CH_4 + Cl_2 + Br_2 \longrightarrow CH_3Cl + CH_4 + Cl_2 + Br_2 + HCl$
Cl_2 ist reaktiver als Br_2.

3-6
$CH_3CH_2CH_2CH_3 + Cl_2 \xrightarrow{h\nu}$

$CH_3CH_2CH_2CH_2Cl + CH_3CH_2CH(Cl)CH_3 + HCl$

Produktverhältnis primär/sekundär:
$(6 \times 1):(4 \times 4) = 6:16 = 3:8$
Anders gesagt, 2-Chlorbutan: 1-Chlorbutan $= 8:3$.

3-7

H_3C, H (Methylcyclohexan) ⟶ A ($ClCH_2$, H) + B (H_3C, Cl) + C (H_3C, H, Cl) + D (H_3C, H, Cl) + E (H_3C, H, Cl)

3 primäre Wasserstoffe, 3 Typen von jeweils 2 sekundären Wasserstoffen, 1 tertiärer Wasserstoff. Relative Anteile von A, B, C, D, E:

$$A:B:C:D:E = (3 \times 1):(1 \times 5):(4 \times 4):(4 \times 4):(2 \times 4) = 3:5:16:16:8$$

Dieses Problem ist in Wirklichkeit noch komplizierter, da cis- und trans-Isomere entstehen (s. Abschn. 4.1).

3-8

(a) $RH + SO_2Cl_2 \xrightarrow{\text{Initiator}} RCl + SO_2 + HCl$

möglicher Mechanismus:

Kettenstart:

$Init\cdot + SO_2Cl_2 \longrightarrow Init\text{-}Cl + \cdot SO_2Cl$

Kettenfortpflanzung:

$$\cdot SO_2Cl + RH \longrightarrow R\cdot + HSO_2Cl$$
$$HSO_2Cl \longrightarrow HCl + SO_2$$

$$R\cdot + SO_2Cl_2 \longrightarrow RCl + \cdot SO_2Cl$$

Kettenabbruch (nur eine Abbruchsreaktion ist gezeigt):

$R\cdot + \cdot SO_2Cl \longrightarrow RSO_2Cl$

Eine andere Möglichkeit wäre, daß bei einem zweiten Startschritt $Cl\cdot$ entsteht:

$\cdot SO_2Cl \longrightarrow SO_2 + \cdot Cl$

Die weiteren Fortpflanzungsschritte würden dann genauso verlaufen, wie mit Cl_2 als Chlorierungsmittel. Diese Möglichkeit ist aber unwahrscheinlich, da die Selektivität bei Chlorierungen mit SO_2Cl_2 anders als bei Chlorierungen mit Cl_2 ist. Die Reaktion muß also über einen anderen Cyclus verlaufen.

(b)

(N-Chlorsuccinimid) NCl + RH $\xrightarrow{\text{Initiator}}$ (Succinimid) NH + RCl

Kettenstart:

$Init\cdot$ + N—Cl (Succinimid) ⟶ Init–Cl + N· (Succinimidyl)

Kettenfortpflanzung:

N· (Succinimidyl) + RH ⟶ NH (Succinimid) + R·

R· + N—Cl (Succinimid) ⟶ RCl + N· (Succinimidyl)

Kettenabbruch (nur eine Abbruchsreaktion gezeigt):

R· + N· (Succinimidyl) ⟶ R—N (Succinimid)

3-9

$$CH_3CH_2CH_3$$
↑ ↑

Es entsteht ein Gemisch, da Chlorierung am primären und sekundären Kohlenstoff erfolgen kann (s. Pfeile).

$$(CH_3)_4C \longrightarrow (CH_3)_3CCH_2Cl$$

Nur ein Typ von C – H-Bindungen, man sollte eine gute Produktselektivität erhalten.

Cyclohexan ⟶ Chlorcyclohexan

Dieselbe Situation wie beim 2,2-Dimethylpropan.

H_3C, H (Methylcyclohexan, Pfeile an verschiedenen Positionen)

Gemisch aus verschiedenen Produkten.

Kapitel 4

4-1
Aspekte der Ringspannung und Konformationsanalyse werden in den Abschn. 4.2 bis 4.5 besprochen.

Cycloalkane sind weniger flexibel als offenkettige Alkane, ihre Konformation ist stärker fixiert. Cyclopropan muß eben sein und alle Wasserstoffe müssen verdeckt stehen. Bei den höheren Cycloalkanen nimmt die Flexibilität zu, die H-Atome können gestaffelte Konformationen einnehmen, bei den noch größeren Ringen können die C-Atome des Ringes anti zueinander stehen.

4-2

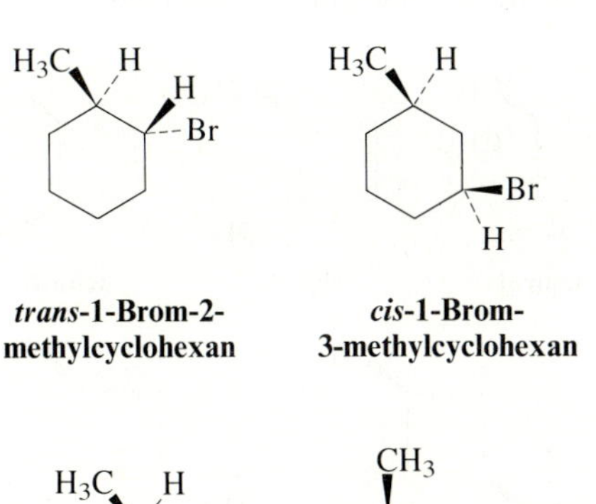

***trans*-1-Brom-2-methylcyclohexan** ***cis*-1-Brom-3-methylcyclohexan**

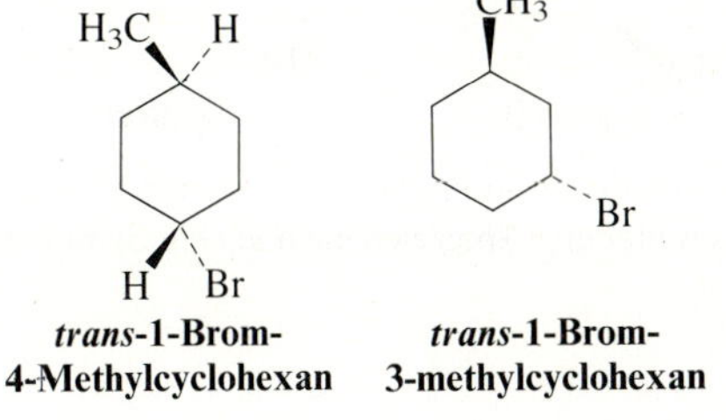

***trans*-1-Brom-4-Methylcyclohexan** ***trans*-1-Brom-3-methylcyclohexan**

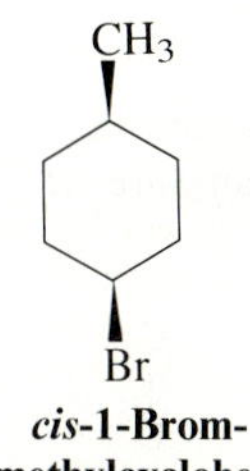

***cis*-1-Brom-4-methylcyclohexan**

4-3
ΔG^0 (gauche-verdecktes Butan) = 15.1 kJ/mol. Bei einem ebenen Cyclohexanmolekül ergeben sich sechs ekliptische „Butansegmente". Also gilt ΔG^0 (Sessel-ebenes Cyclohexan) $= 6 \times 15.1$ kJ/mol = 90.4 kJ/mol.

4-4
(a) ΔG^0 = Energiedifferenz zwischen axialer Methyl- und Ethylgruppe: 7.33 kJ/mol − 7.12 kJ/mol also etwa 0.2 kJ/mol; der Unterschied ist sehr gering.
(b) s. Teil a.
(c) 7.33 kJ/mol + 7.12 kJ/mol = 14.45 kJ/mol.

4-5
Nach abnehmender Stabilität geordnet:

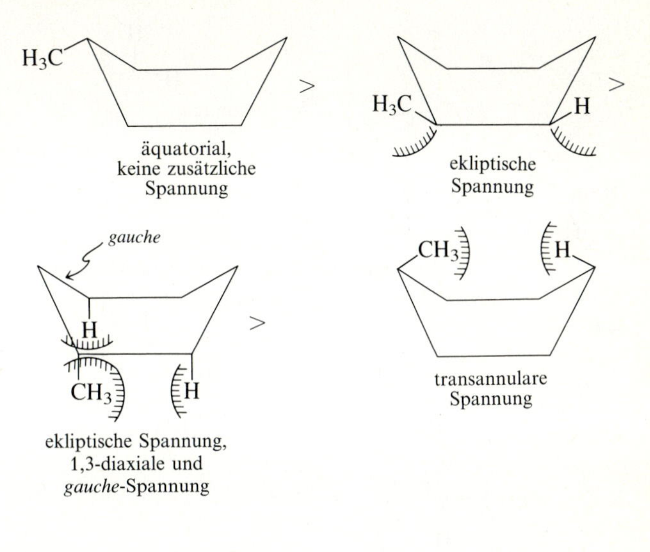

4-6
Es gibt drei, die nach abnehmender Stabilität geordnet sind:

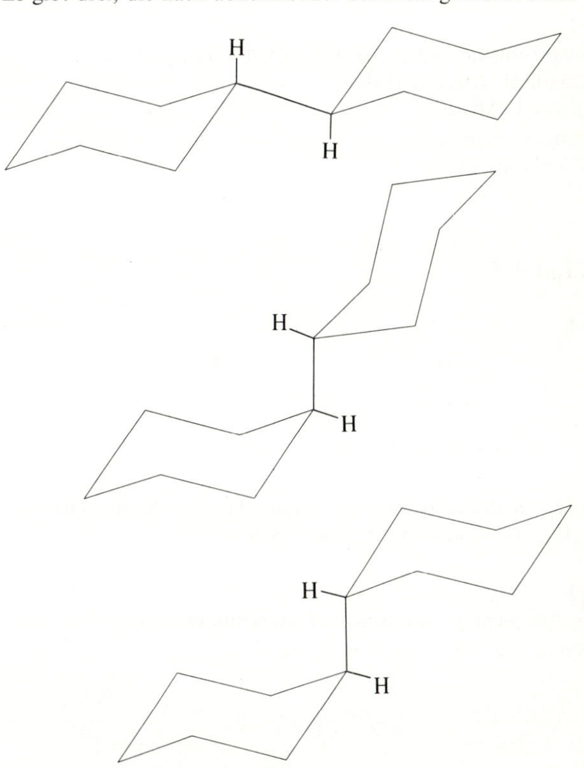

4-7
trans-Bicyclo[4.4.0]decan ist recht starr. Ein vollständiges Umklappen von einer Sesselkonformation in die andere ist nicht möglich. Beim cis-Isomer lassen sich axiale und äquatoriale Positionen andererseits durch Umklappen der beiden Ringe ineinander überführen. Die Energiebarriere für diesen Austausch ist klein (E_a = 59 kJ/mol). Da eine der C − C-Bindungen, mit denen die Ringe verknüpft sind, immer axial stehen muß, ist das cis-Isomer um 8 kJ/mol instabiler als das trans-Isomer (aus Messungen der Verbrennungsenthalpie).

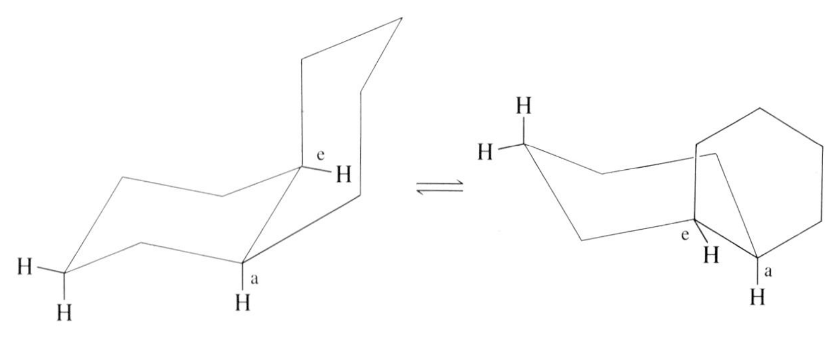

Umklappen des Ringes im *cis*-Bicyclo[4.4.0]decan

4-8

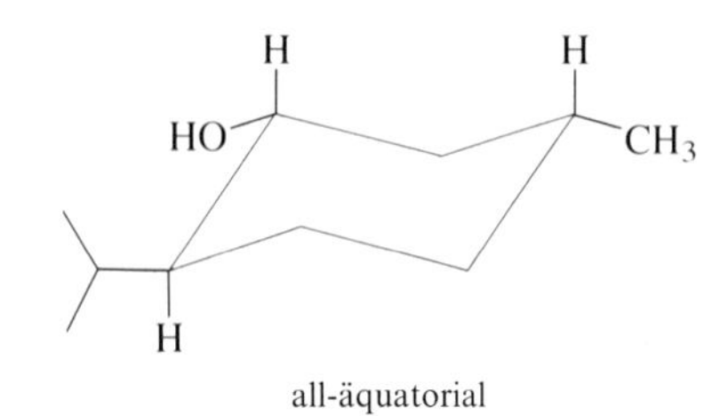

all-äquatorial

4-9
Chrysanthemensäure: Alken, Carbonsäure, Ester.
Grandisol: Alken, Alkohol.
Menthol: Alkohol.
Campfer: Keton.
β-Cadinen: Alken.

Kapitel 5

5-1

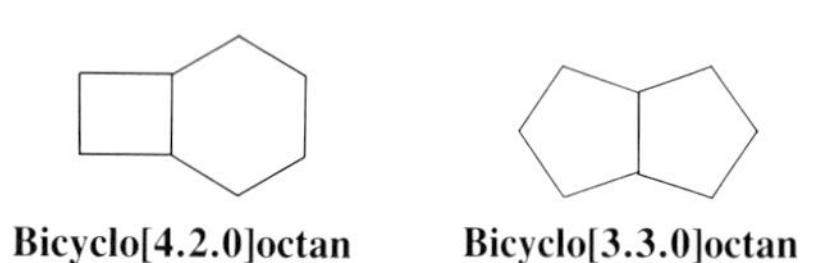

Bicyclo[4.2.0]octan **Bicyclo[3.3.0]octan**

Beide Kohlenwasserstoffe haben dieselbe Summenformel: C_8H_{14}. Sie sind also Strukturisomere.

5-2
Es gibt mehrere Wannen- und Twistformen von Methylcyclohexan, von denen einige gezeigt sind:

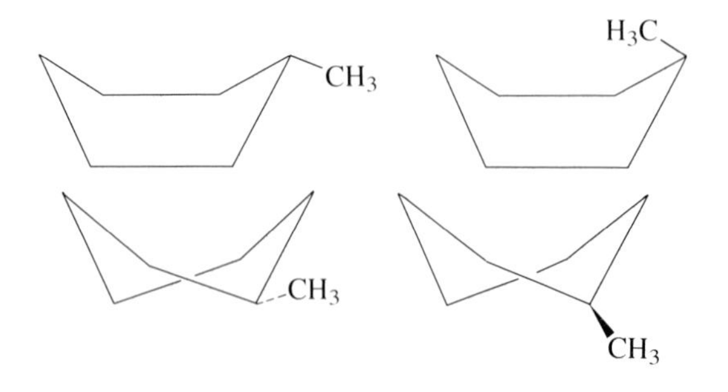

5-3
Alle sind chiral, 2-Methylbutadien (Isopren) selbst ist jedoch achiral. Anzahl der Chiralitätszentren: Chrysanthemensäure 2; Grandisol, 2; Menthol, 3; Campher, 2; β-Cadinen, 3; Cholesterin, 8; Cholsäure, 11; Cortison, 6; Testosteron, 6; Östradiol, 5; Progesteron, 6; Norethinodrel, 5; Mestranol, 5.

5-4

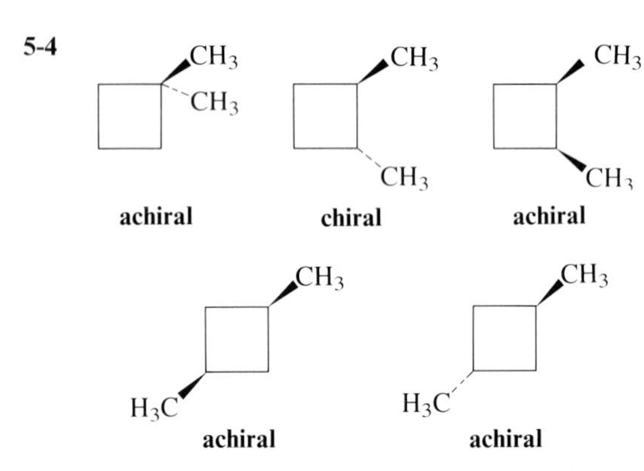

trans-1,2-Dimethylcyclobutan ist das einzige Molekül in dieser Reihe, das weder eine Spiegelebene noch ein Symmetriezentrum hat.

5-5
(+)-Bromchlorfluormethan: *R*
(−)-Bromchlorfluormethan: *S*
(−)-2-Brombutan: *R*
(+)-2-Brombutan: *S*
(+)-2-Aminopropansäure: *S*
(−)-2-Hydroxypropansäure: *R*

5-6

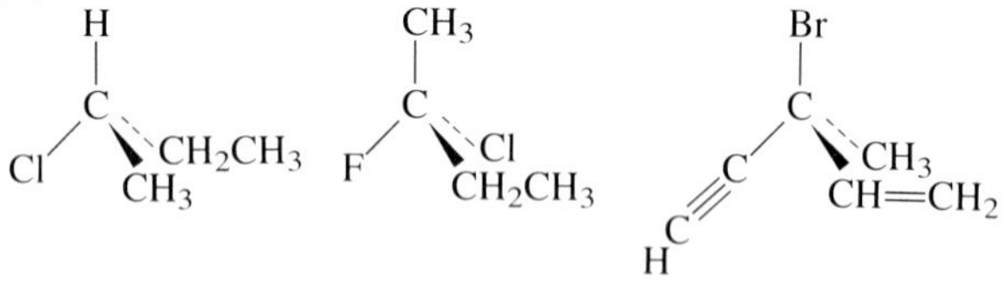

H, C, Cl, CH_2CH_3, CH_3 — ***S***

CH_3, C, F, Cl, CH_2CH_3 — ***R***

Br, C, C≡C–H, CH_3, $CH{=}CH_2$ — ***S***

5-7

H; Br—+—Cl; F

H; Cl—+—Br; F

CH_2CH_3; H—+—Br; CH_3

CH_2CH_3; Br—+—H; CH_3

H; H_2N—+—CH_3; COOH

H; HO—+—COOH; CH_3

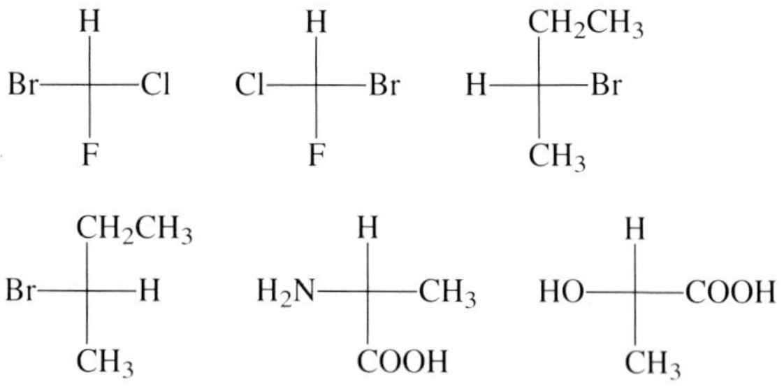

H
H_3C—C—CH_2CH_3
Cl

CH_3
CH_3CH_2—C—Cl
F

Br
$CH_2{=}CH$—C—CH_3
$C{\equiv}CH$

5-8

a Br, *d* H—C—D *c*, CH_3 *b* ⟶ *a*—C—*b* (*d* oben, *c* unten): ***R***

c Cl, *d* F—C—Br *b*, I *a* ⟶ *c*—C—*a* (*d* oben, *b* unten): ***R***

c CH_3, *a* H_2N—C—COOH *b*, H *d* ⟶ *b*—C—*a* (*d* oben, *c* unten): ***S***

5-9

1: (2*S*, 3*S*)-2-Fluor-3-methylpentan.
2: (2*R*, 3*S*)-2-Fluor-3-methylpentan.
3: (2*R*, 3*R*)-2-Fluor-3-methylpentan.
4: (2S, 3*S*)-2-Fluor-3-methylpentan.
1 und 2 sind Diastereomere; 1 und 3 sind Enantiomere; 1 und 4 sind identisch; 2, 3 und 4 sind Diastereomere; 3 und 4 sind Enantiomere.

5-10

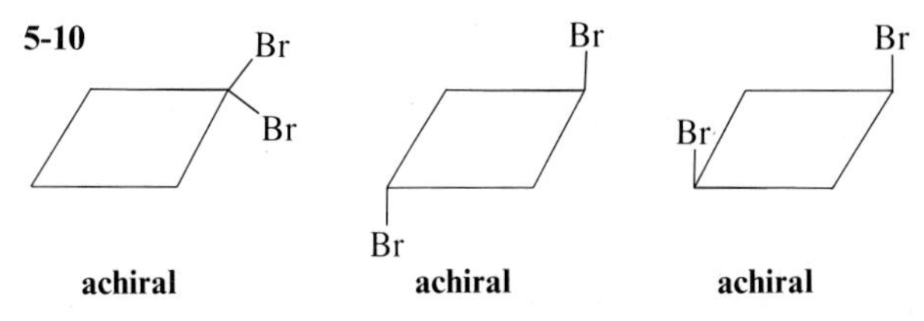

achiral **achiral** **achiral**

Alle übrigen isomeren Dibromcyclobutane haben keine Chiralitätszentren.

Br, Br: **achiral** — Br, Br: **chiral** — Br, Br: **meso**

Br, Br, Spiegelebene: **meso** — Br, Br: **chiral**

cis-1,3-Dibromcyclopentan ist eine meso-Form, weil das Molekül eine Spiegelebene hat. Die Methylengruppe, die beide Chiralitätszentren verbindet, liegt in dieser Spiegelebene.

5-11

CH_3	CH_3	CH_3	CH_3
H—Br	Br—H	Br—H	Br—H
H—Cl	H—Cl	Cl—H	H—Cl
H—F	H—F	H—F	F—H
CH_3	CH_3	CH_3	CH_3

Einschließlich der vier Spiegelbildisomere ergeben sich vier zueinander diastereomere Enantiomerenpaare.

5-12

Bei fast jeder Halogenierung an C-2 entsteht ein Racemat. Die Ausnahme ist die Bromierung, bei der sich achirales 2,2-Dibrombutan bildet. Bei der Bromierung an C-3 erhält man die beiden Diastereomere des 2,3-Dibrombutans, von denen das eine, das 2*R*,3*S*-Diastereomer eine meso-Form ist.

5-13

Angriff an C-1:

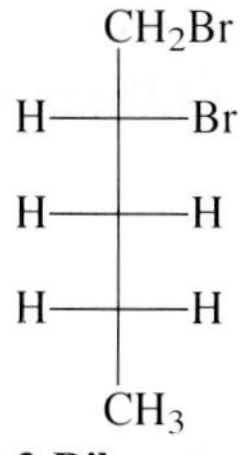

(*R*)-1,2-Dibrompentan
chiral, optisch aktiv

Angriff an C-2:

CH_3
Br—Br
H—H
H—H
CH_3

2,2-Dibrompentan
achiral

Angriff an C-3:

CH_3	CH_3
H—Br	H—Br
H—Br	Br—H
H—H	H—H
CH_3	CH_3
(2*S*,3*R*)-2,3-Dibrompentan	**(2*S*,3*S*)-2,3-Dibrompentan**
chiral, optisch aktiv	chiral, optisch aktiv

Diastereomere, entstehen in ungleichen Anteilen

Angriff an C-4:

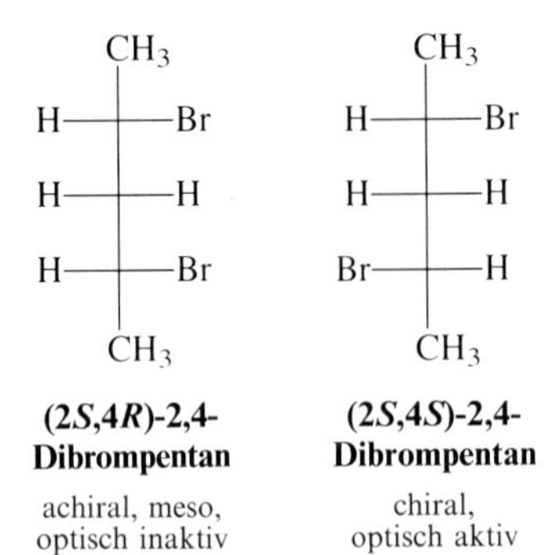

(2*S*,4*R*)-2,4-Dibrompentan
achiral, meso, optisch inaktiv

(2*S*,4*S*)-2,4-Dibrompentan
chiral, optisch aktiv

Diastereomere, zu ungleichen Anteilen gebildet

Angriff an C-5:

(*S*)-1,4-Dibrompentan
chiral, optisch aktiv

5-14
Angriff an C-1:

Beide Verbindungen sind chiral, werden aber in gleicher Menge gebildet, man erhält also ein optisch inaktives Racemat.

Angriff an den Methylgruppen:

Beide sind Diastereomere, entstehen nicht in gleichen Mengen, das Produktgemisch ist optisch aktiv.

Angriff an C-3:

chirales cis-Diastereomer (meso)
entsteht nicht in gleicher Menge wie das trans-Dihalogenid, optisch aktiv

chirales trans-Diastereomer
entsteht nicht in gleicher Menge wie das cis-Isomer, optisch aktiv

Angriff an C-4:

chirales cis-Diastereomer
entsteht nicht in gleicher Menge wie das trans-Dihalogenid, optisch aktiv

chirales trans-Diastereomer
entsteht nicht in gleicher Menge wie das cis-Isomer, optisch aktiv

Kapitel 6

6-1

CH_2CH_2I

Beachten Sie die Ähnlichkeit dieser Struktur mit der von 6-(2-Chlor-2,3,3-trimethylbutyl)undecan. Warum wird sie unterschiedlich benannt?

6-2

(a) $CH_3CH_2CH_2CH_2\ddot{I}:$

(b) $CH_3CH_2CH_2CH_2\ddot{O}CH_2CH_3$

(c) $CH_3CH_2CH_2CH_2\ddot{N}{=}\overset{+}{N}{=}\ddot{N}:^-$

(d) $[CH_3CH_2CH_2CH_2As(CH_3)_3]^+ \; :\ddot{Br}:^-$

(e) $[CH_3CH_2CH_2CH_2\ddot{S}e(CH_3)CH_3]^+ \; :\ddot{Br}:^-$

6-3

(a) $CH_3I + :N(CH_3)_3$

(b) Es gibt zwei Möglichkeiten

$CH_3\ddot{S}:^- + CH_3CH_2\ddot{I}:$ oder $CH_3\ddot{I}: + CH_3CH_2\ddot{S}:^-$

6-4

$$H_3C{-}\ddot{\underset{..}{Cl}}: \xrightarrow{\text{langsam}} \cdot CH_3 + :\ddot{\underset{..}{Cl}}\cdot$$

$$:\ddot{\underset{..}{Cl}}\cdot + {}^{-}:\ddot{\underset{..}{O}}H \xrightarrow{\text{schnell}} :\ddot{\underset{..}{Cl}}:^{-} + \cdot\ddot{\underset{..}{O}}H$$

$$\cdot CH_3 + \cdot\ddot{\underset{..}{O}}H \xrightarrow{\text{schnell}} H_3C{-}\ddot{\underset{..}{O}}H$$

Beim ersten Schritt muß die Dissoziationsenergie der C–Cl-Bindung aufgebracht werden, er ist deshalb langsam. Der zweite (Elektronentransfer) und der dritte Schritt (Radikal-Rekombination) sind schnell.

6-5

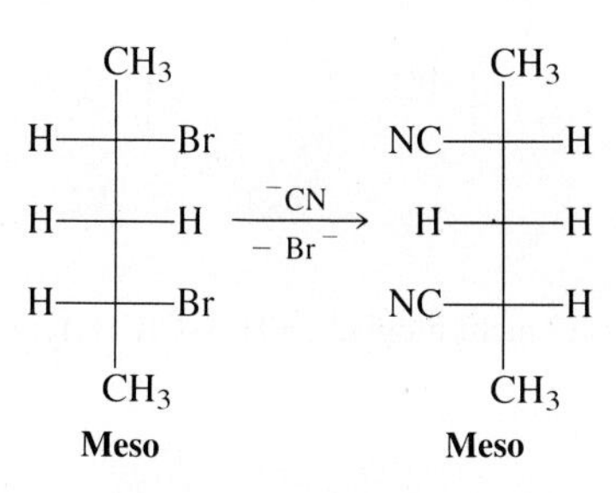

Meso **Meso**

CH_3 (Cyclohexan) $\xrightarrow[-\,I^-]{^-CN}$ CH_3 (Cyclohexan)

I CN

Trans **Cis**

6-6

I^- ist eine bessere Abgangsgruppe als Cl^-. Als Produkt entsteht deshalb $Cl(CH_2)_6SeCH_3$.

6-7

$$pK_b = 14 - pK_a$$

I^-	Br^-	Cl^-	HSO_4^-	$CH_3SO_3^-$	F^-	CH_3COO^-
19.2	18.7	16.2	19	15.2	10.8	9.3

CN^-	CH_3S^-	CH_3O^-	HO^-	H_2N^-	CH_3^-
4.8	4	−1.5	−1.7	−21	∼ −36

6-8

OH, CH_3 (Cyclohexan) $\xrightarrow[-\,HCl]{CH_3SO_2Cl}$ CH_3SO_2–O, CH_3 (Cyclohexan) $\xrightarrow[-\,CH_3SO_3Na]{NaI}$ I, CH_3 (Cyclohexan)

6-9

Tetrahydropyran $+ H^+ \longrightarrow$ protoniertes Oxan ($\overset{+}{O}$–H) $\xrightarrow{:\ddot{I}:^-}$ $H\ddot{O}$–(CH₂)₅–I $\xrightarrow{H^+}$

$H_2\overset{+}{O}$–(CH₂)₅–I $\xrightarrow{:\ddot{I}:^-}$ H_2O + I–(CH₂)₅–I

6-10

(a) CH_3S^- **(b)** CH_3NH^- **(c)** HSe^-

6-11

(a) $P(CH_3)_3$ **(b)** $CH_3CH_2Se^-$ **(c)** H_2O

6-12

(a) CH_3SeH **(b)** $(CH_3)_2PH$

6-13

(a) CH_3S^- **(b)** $(CH_3)NH$

6-14

Die reaktiven Substrate sind **(a)** Br-Cyclohexan

und **(b)** $CH_3CH_2CH_2Br$

6-15

Cyclohexyl–CH_2Br > H_3C-Cyclohexyl–CH_2Br

Kapitel 7

7-1

Verbindung A ist ein 2,2-Dialkyl-1-halogenpropan-Derivat (Neopentylhalogenid). Der die potentielle Abgangsgruppe tragende primäre Kohlenstoff ist stark gehindert, deshalb also sehr unreaktiv gegenüber jeglicher Substitution. Verbindung B ist ein 1,1-Dialkyl-1-halogenethan-Derivat (*tert*-Alkylhalogenid) und erliegt der Solvolyse.

7-2

Gebrochene Bindungen: 281 + 498 = 779 kJ/mol

Geknüpfte Bindungen: 389 + 364 = 753 kJ/mol

$$\Delta H^0 = +26\ \text{kJ/mol}$$

Demnach sollte die Reaktion endotherm sein. Sie findet dennoch statt, da ein Überschuß von Wasser vorliegt und bei der Solvatation der Produkte Energie freiwird.

7-3

OH $\xrightleftharpoons{H^+}$ $^+OH_2$

$^+OH_2$ $\rightleftharpoons$ + H_2O

$\xrightleftharpoons{Br^-}$ Br

Dieser Mechanismus folgt exakt der Umkehr der Hydrolyse von 2-Brom-2-methylpropan.

7-4

Br $\rightleftharpoons$ + Br^- $\rightleftharpoons$ Br

R **Achiral** ***S***

Das Molekül dissoziiert in das achirale tertiäre Carbenium-Ion. Durch Rekombination entsteht eine 1 : 1 Mischung von *R*- und *S*-Produkt.

7-5

A $\rightleftharpoons$ H_3C, H, CH_3 (Planar)

H_2O, $-H^+$ / H_2O, $-H^+$

H_3C, H, CH_3, OH — H_3C, H, OH, CH_3

7-6

$$(CH_3)_3COH + H^+ \rightleftharpoons (CH_3)_3C^+ + H_2O$$

Br^- schneller → $(CH_3)_3CBr$; Cl^- langsamer → $(CH_3)_3CCl$

7-7

Das bicyclische System kann nur schwer ein planares Carbenium-Ion ausbilden, wie es für einen S_N1-Vorgang erforderlich ist. Ein Rückseitenangriff wie bei einer S_N2-Reaktion ist völlig ausgeschlossen.

7-8

(a) Es handelt sich um eine S_N2-Reaktion mit Inversion.

(b) In einem schwach nucleophilen protischen Solvens findet hauptsächlich Solvolyse über ein intermediäres achirales Carbenium-Ion statt.

7-9

$$(CH_3)_3CBr \rightleftharpoons (CH_3)_3C^+ + Br^-$$

CH_3CH_2OH, S_N1 → $(CH_3)_3COCH_2CH_3$ + H^+

H_2O, S_N1 → $(CH_3)_3COH$ + H^+

E1 → $H_2C{=}C(CH_3)_2$ + H^+

7-10

Br $\xrightarrow{HO^-}$ OH + (Cyclohexen)

S_N2 **E2**

7-11

$CH_2{=}CH_2$; E2 nicht möglich; $CH_2{=}C(CH_3)_2$; E2 nicht möglich.

7-12

I^- ist eine bessere Abgangsgruppe; HI wird deshalb stereoselektiv eliminiert.

7-13

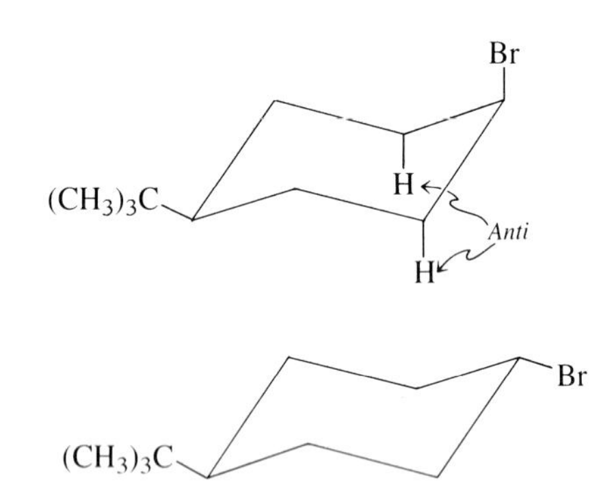

In beiden Fällen bevorzugt die 1,1-Dimethylethyl-Gruppe die äquatoriale Stellung. Daher steht im cis-Isomer die Abgangsgruppe *anti* zu zwei Wasserstoffatomen. Im trans-Isomer nimmt Brom zwangsläufig eine äquatoriale Stellung ein ohne *anti*-ständige Wasserstoffatome. Damit Eliminerung stattfinden kann, muß das Molekül zunächst seine Konformation ändern, wofür ungefähr 23 kJ/mol aufgebracht werden müssen (Tab. 4-3).

7-14

(a) $N(CH_3)_3$, stärker basisch, schwächer nucleophil

(b) $(CH_3CH)_2N^-$ (mit CH_3), die stärker gehinderte Base

(c) Cl^-, stärker basisch, schwächer nucleophil

7-15

(a) Beim zweiten Beispiel erhält man mehr E2-Produkt, weil eine stärkere Base vorhanden ist.

(b) Beim ersten Beispiel erhält man das E2-Produkt, hauptsächlich deshalb, weil eine starke, gehinderte Base vorhanden ist.

Kapitel 8

8-1

(a) 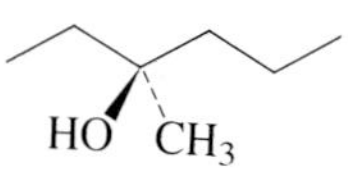 HO CH$_3$ (b) 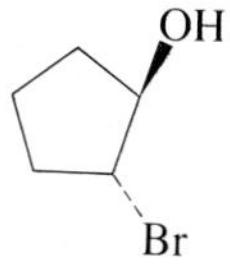 OH Br

(c) $(CH_3)_3CCH_2OH$

8-2

(a) 4-Methyl-2-pentanol; **(b)** *cis*-4-Ethylcyclohexanol; **(c)** 3-Brom-2-chlor-1-butanol.

8-3

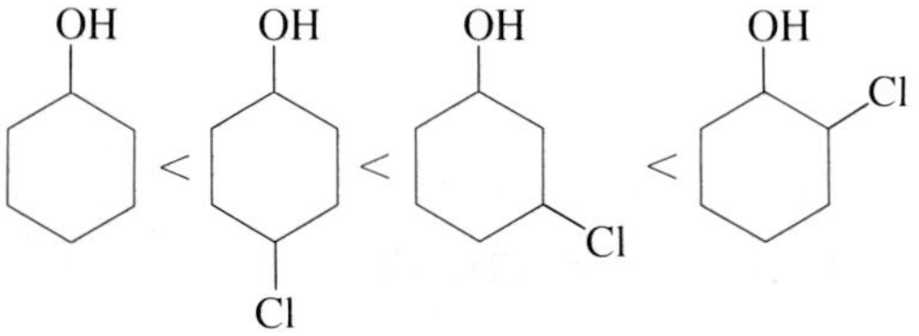

OH < OH, Cl < OH, Cl < OH, Cl

8-4

In Lösung ist $(CH_3)_3COH$ eine schwächere Säure als CH_3OH. Das Gleichgewicht liegt auf der rechten Seite.

8-5

Der erste Schritt ist eine S_N2-Reaktion, die zu Inversion führt. Beim zweiten Schritt bleibt das Chiralitätszentrum unverändert. Daher entsteht (*S*)-2-Butanol.

8-6

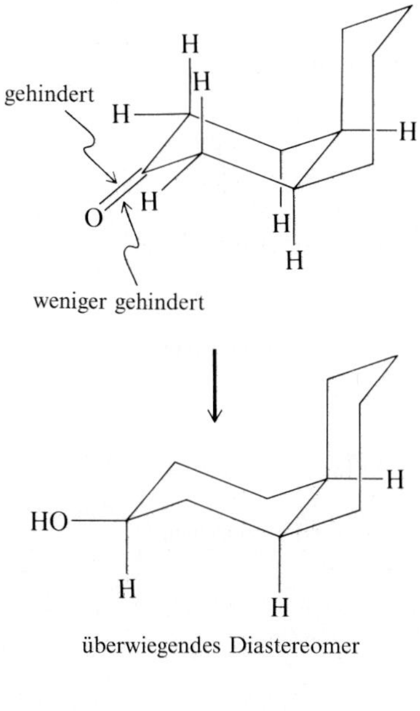

gehindert

weniger gehindert

HO

überwiegendes Diastereomer

8-7

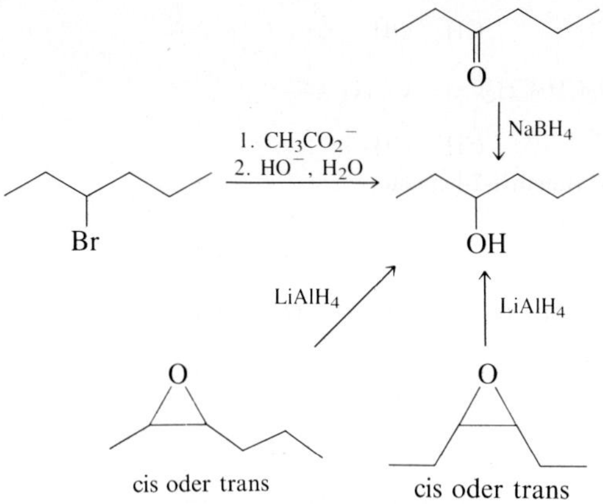

O

NaBH$_4$

1. $CH_3CO_2^-$
2. HO^-, H_2O

Br

OH

LiAlH$_4$

LiAlH$_4$

O

O

cis oder trans

cis oder trans

Man beachte: Aus dieser Ausgangsverbindung entsteht durch Reduktion auch 2-Hexanol

8-8

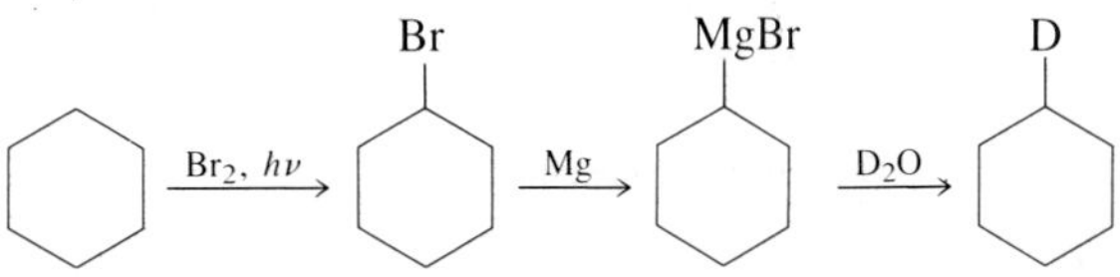

$\xrightarrow{Br_2,\, h\nu}$ Br $\xrightarrow{Mg}$ MgBr $\xrightarrow{D_2O}$ D

8-9

$$(CH_3)_4C \xrightarrow{Br_2,\, h\nu} (CH_3)_3CCH_2Br \xrightarrow{Li}$$

$$(CH_3)_3CCH_2Li \xrightarrow{CuI} [(CH_3)_3CCH_2]_2CuLi \xrightarrow{(CH_3)_3CCH_2Br}$$

$$(CH_3)_3CCH_2CH_2C(CH_3)_3$$

8-10

$$(CH_3)_2CHOH \xrightarrow{HBr} (CH_3)_2CHBr \xrightarrow{Mg}$$

$$(CH_3)_2CHMgBr \xrightarrow{CH_2=O} (CH_3)_2CHCH_2OH$$

8-11

(a) $CH_3CH_2CH_2MgBr + CH_3\overset{O}{\overset{\|}{C}}H$

(b) 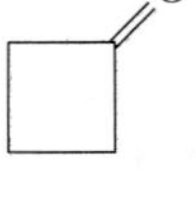 Cyclobutanon (O) + $(CH_3)_3CLi$

(c) $CH_3\overset{O}{\overset{\|}{C}}OCH_3 + 2\ CH_3MgBr$

(d) $CH_3CH_2CH_2CH_2Li + H_2C\overset{O}{—}CH_2$

8-12

$$CH_3CH_2CH_2CH_2C(CH_3)_2-C(OH)(CH_3)CH_3 \Longrightarrow$$

2,3,3-Trimethyl-2-heptanol

$$CH_3\overset{O}{\overset{\|}{C}}CH_3 + CH_3CH_2CH_2CH_2C(CH_3)_2Li \Longrightarrow$$

$$CH_3CH_2CH_2CH_2C(CH_3)_2Br \Longrightarrow$$

2-Brom-2-methylhexan

$$CH_3CH_2CH_2CH_2C(CH_3)_2OH \Longrightarrow$$

2-Methyl-2-hexanol

$$CH_3\overset{O}{\overset{\|}{C}}CH_3 + CH_3CH_2CH_2CH_2MgBr$$

8-13

$$(CH_3)_3COH \xrightarrow[2.\ Mg]{1.\ HBr} (CH_3)_3CMgBr \xrightarrow{H_2C-CH_2\ (O)}$$

$$(CH_3)_3CCH_2CH_2OH \xrightarrow{(CH_3CH(CH_3))_2N^-Li^+}$$

$$(CH_3)_3CCH_2CH_2O^-Li^+ \xrightarrow{CH_3I} (CH_3)_3CCH_2CH_2OCH_3$$

Kapitel 9

9-1

$$CH_3OH + CN^- \underset{}{\overset{K = 10^{-6.3}}{\rightleftharpoons}} CH_3O^- + HCN$$

$pK_a = 15.5$ $pK_a = 9.2$

Antwort: nein

9-2

2-Methylcyclohexanol $\underset{}{\overset{H^+}{\rightleftharpoons}}$ protoniertes Alkohol ($-\overset{+}{O}H_2$) $\overset{-H_2\ddot{O}:}{\rightleftharpoons}$

H_3C, H (Cyclohexyl, +) $\longrightarrow$ CH_3 (+), H, H (Cyclohexyl) $\xrightarrow{:\ddot{Br}:^-}$ H_3C, $\ddot{Br}:$ (Cyclohexan)

sekundäres Carbenium-Ion — tertiäres Carbenium-Ion

9-3

(a) $CH_3C(OCH_3)(CH_3)CH_2CH_2CH_3$

(b) 1-Chlor-1-ethylcyclohexan (CH_3CH_2, Cl)

9-4

$$CH_3CH(CH_3)CH_2CHClCH_3 \overset{-Cl^-}{\rightleftharpoons} CH_3CH(CH_3)CH_2\overset{+}{C}HCH_3 \overset{\text{H-Verschiebung}}{\rightleftharpoons}$$

sekundäres Carbenium-Ion

$$CH_3CH(CH_3)\overset{+}{C}HCH_2CH_3 \xrightarrow{\text{zweite H-Verschiebung}}$$

sekundäres Carbenium-Ion

$$CH_3\overset{+}{C}(CH_3)CH_2CH_2CH_3 \xrightarrow[-H^+]{CH_3OH} CH_3C(CH_3)(OCH_3)CH_2CH_2CH_3$$

tertiäres Carbenium-Ion

9-5

Cyclohexanon (C=O)

90%

Cyclohexanon

9-6

4-Methylcyclohexanol (CH_3, OH) $\xrightarrow[-H_2O]{H^+}$ Carbenium-Ion (CH_3, +) $\xrightarrow{\text{H-Verschiebung}}$ tertiäres Carbenium-Ion (CH_3, +) $\xrightarrow{-H^+}$ 1-Methylcyclohexen (CH_3)

9-7

A ⟶ [Cyclohexyl-Kation (+) neben 1-Hydroxycyclohexyl, HO] ⟶

[Spiro-Carbokation (+), HO ⟷ Spiro-Oxocarbenium-Ion, HO^+] $\xrightarrow{-H^+}$ Spiroketon (O)

9-8
(a) P, I_2; **(b)** HCl; **(c)** PBr_3

9-9

$CH_3OH \xrightarrow{1.\ PBr_3;\ 2.\ Mg} CH_3MgBr$

$CH_3OH \xrightarrow{1.\ K_2Cr_2O_7,\ H^+;\ 2.\ CH_3OH,\ H^+} HCOCH_3$ (mit C=O)

$CH_3MgBr + HCOCH_3$ ⟶ $CH_3CH(OH)CH_3$ (OH, CH_3CCH_3, H) $\xrightarrow{1.\ K_2Cr_2O_7,\ H^+;\ 2.\ CH_3MgBr;\ 3.\ HBr} (CH_3)_3CBr$

9-10
Dies ist ein Beispiel für die Williamson-Ethersynthese, die im nächsten Unterabschnitt behandelt wird.

$H\ddot{O}CH_2CH_2CH_2CH_2\ddot{B}r: \xrightarrow[-H_2O]{HO^-}$ [$:\ddot{O}:^-$ greift intramolekular an, –Br:] ⟶ Oxacyclopentan (:Ö:) $+ :\ddot{B}r:^-$

Oxacyclopentan (Tetrahydrofuran)

9-11

[Cyclopentan mit H, Br (oben), R, R, OH, H (unten)] $\xrightarrow[\text{schnell}]{NaOH}$ [Cyclopentenoxid, H H, O] Meso

(1*R*, 2*R*)-2-Bromcyclopentanol

Der nucleophile Sauerstoff und die Abgangsgruppe stehen trans (*anti*).

[Cyclopentan mit OH, Br (oben), S, R, H, H (unten)] $\xrightarrow{NaOH}$ keine Epoxid-Bildung; relativ langsame E2 und S_N2-Reaktion

(1*S*, 2*R*)-2-Bromcyclopentanol

Hier sind Nucleophil und Abgangsgruppe cis (*syn*).

9-12

$BrCH_2CH_2CH_2OH \xrightarrow{1.\ (CH_3)_3COH,\ H^+;\ 2.\ Mg;\ 3.\ D_2O;\ 4.\ H^+,\ H_2O} DCH_2CH_2CH_2OH$

9-13

Mechanismus 1:

$H\ddot{O}CH_2CH_2CH_2CH_2\ddot{O}H + H^+ \rightleftharpoons$

[H_2C–CH_2–CH_2–$\overset{+}{O}H_2$; H_2C–$\ddot{O}$:–H] $\xrightarrow{-H_2\ddot{O}}$ [Oxacyclopentan, $\overset{+}{O}$–H] $\rightleftharpoons$ Oxacyclopentan (:Ö:) $+ H^+$

Mechanismus 2:

$CH_3\overset{CH_3}{C}(:\ddot{O}H)CH_2CH_2CH_2CH_2\ddot{O}H + H^+ \underset{+H_2\ddot{O}}{\overset{-H_2\ddot{O}}{\rightleftharpoons}}$

[$(CH_3)_2\overset{+}{C}$–CH_2–CH_2–CH_2–CH_2–$\ddot{O}$–H] ⟶ [Oxacyclohexan mit $\overset{+}{O}$–H, –CH_3, CH_3] $\rightleftharpoons$ [Oxacyclohexan (:Ö:), –CH_3, CH_3] $+ H^+$

9-14
(a) Dieser Ether wird am besten durch Solvolyse synthetisiert:

$CH_3CH_2\overset{CH_3}{\underset{CH_3}{C}}Br + CH_3\overset{CH_3}{\underset{H}{C}}OH \longrightarrow CH_3CH_2\overset{CH_3}{\underset{CH_3}{C}}\text{—O—}\overset{CH_3}{\underset{H}{C}}CH_3$

Solvens — **2-Methyl-2-(1-methylethoxy)butan**

Die Alternative, eine S_N2-Reaktion würde Eliminierung ergeben:

$$CH_3CH_2C(CH_3)_2O^- + CH_3CHBrCH_3 \longrightarrow CH_3CH{=}CH_2 + CH_3CH_2C(CH_3)_2OH$$

(b) Am besten benutzt man eine S_N2-Reaktion mit einem Halogenmethan, da ein solches Alkylierungsmittel keine Eliminierung eingehen kann. Die Alternative, eine nucleophile Substitution eines 1-Halogen-2,2-dimethylpropans ist normalerweise zu langsam.

$$CH_3C(CH_3)_2CH_2O^- + CH_3Cl \longrightarrow CH_3C(CH_3)_2CH_2OCH_3 + Cl^-$$

1-Methoxy-2,2-dimethylpropan

$$CH_3C(CH_3)_2CH_2Br + CH_3O^- \longrightarrow \text{langsam, unwahrscheinlich}$$

9-15

$$CH_3OCH_3 + 2\,HI \xrightarrow{\Delta} 2\,CH_3I + H_2O$$

Mechanismus:

$$CH_3\ddot{O}CH_3 + H\ddot{I}: \rightleftharpoons CH_3\overset{+}{O}(H)CH_3 + :\ddot{I}:^-$$

$$:\ddot{I}:^- \; CH_3{-}\overset{+}{O}(H){-}CH_3 \longrightarrow CH_3\ddot{I}: + H\ddot{O}CH_3$$

$$CH_3\ddot{O}H + H\ddot{I}: \rightleftharpoons CH_3\overset{+}{O}H_2 + :\ddot{I}:^-$$

$$:\ddot{I}:^- \; CH_3{-}\overset{+}{O}(H){-}H \longrightarrow CH_3\ddot{I}: + H_2\ddot{O}$$

9-16

Methyllithium reagiert mit Verbindung A zunächst zu einer weniger stabilen Konformation (trans-diaxial) von 2-Methylcyclohexanol, das sich in die stabilere trans-diäquatoriale Form umlagert.

A — 1. CH_3Li, 2. H^+, H_2O ⟶

trans-diaxial — Umklappen des Rings ⟶ **trans-diäquatorial**

***trans*-2-Methylcyclohexanol**

9-17

Angriff durch Wasser

(2*R*,3*R*)-*trans*-2,3-Dimethyloxacyclopropan — H^+, H_2O ⟶ (*R*,*S*) + (*S*,*R*)

Spiegelebene

***meso*-2,3-Butandiol (Optisch inaktiv)**

Beide Produkte sind identisch mit *meso*-2,3-Butandiol (Optisch inaktiv).
Da das Ausgangsmaterial symmetrisch ist, wird jedes der beiden Kohlenstoffatome des Cyclopropanrings mit gleicher Wahrscheinlichkeit angegriffen, so daß in jedem Fall *das gleiche* Molekül entsteht.

9-18

(a) Oxacyclopropan + HS^- ⟶ $HOCH_2CH_2S^-$ $\xrightarrow{\text{Oxacyclopropan}}$ $\xrightarrow{H^+,\ H_2O}$ $HOCH_2CH_2SCH_2CH_2OH$ $\xrightarrow{SOCl_2}$ $ClCH_2CH_2SCH_2CH_2Cl$

(b) Intramolekulare Bildung des Sulfoniumsalzes:

$$ClCH_2CH_2\ddot{S}CH_2{-}CH_2{-}Cl \longrightarrow ClCH_2CH_2{-}\overset{+}{S}(CH_2CH_2)\; Cl^-$$

Nucleophile greifen unter Ringöffnung an:

$$ClCH_2CH_2\overset{+}{S}(CH_2CH_2) + :Nu \longrightarrow ClCH_2CH_2\ddot{S}CH_2CH_2Nu^+$$

Kapitel 10

10-1

$CH_3(CH_2)_4CH(CH_3)OH$ $\quad$ $(CH_3)_3C\text{—}C(CH_3)_2OH$

10-2

$DH^0_{Cl_2} = 243$ kJ/mol.
$\Delta E = 119\ 748\ /\ \lambda$ (ΔE in kJ/mol, λ in nm).
$\lambda = 119\ 748\ /\ \Delta E = 490$ nm, im Bereich des ultravioletten und sichtbaren Lichtes.

10-3

$\delta = 288/90 = 3.20$ ppm und $\delta = 297/90 = 3.30$ ppm. Bei Verwendung eines 100 MHz-Spektrometers würde man die Signale bei 320 und 330 Hz beobachten [$(CH_3)_4Si$ tritt bei 0 Hz in Resonanz] beobachten.

10-4

In beiden Fällen treten die Methyl-Wasserstoffatome bei höherem Feld (niedrigerer Frequenz) in Resonanz. In $ClCH_2OCH_3$ sind die Methylen-Wasserstoffatome wegen des verstärkten elektronenziehenden Effektes der beiden Heteroatome ziemlich entschirmt. In $CH_3OCH_2CH_2OCH_3$ liegt der Unterschied darin, daß es sich um primäre und sekundäre Wasserstoffatome handelt.

10-5

(a) $(CH_3)_3C\text{—}C(CH_3)_3$
1 Signal

(b) $CH_3OCH_2CH_2OCH_2CH_2OCH_3$
3 Signale

(c) $H_2C\text{—}CH_2$ (über O verbrückt)
1 Signal

10-6

(a) Keine.

(b) CH_3, H

(c) 7, 4, 3, 1, 2

aber nicht an C-7

10-7

Cl, Cl_2, $h\nu$, Cl, Cl, +, Cl Cl, +, Cl, Cl

cis *trans*

1,1-Dichlorcyclopropan zeigt nur ein Signal, wogegen *cis*-1,2-Dichlorcyclopropan drei Signale zeigt (die beiden den Chloratomen benachbarten Wasserstoffatome an C-1 und C-2 sind äquivalent, die an C-3 diastereotop). Im Unterschied dazu sind die Wasserstoffatome an C-3 im *trans*-Isomer nicht diastereotop, wie man durch eine Rotation um 180° um die zweizählige Drehachse des Moleküls zeigen kann:

H **H** **Cl** Cl 180°-Rotation **H** H **Cl** Cl

Daher zeigt das Spektrum dieser Verbindung nur zwei Signale.

10-8

Die folgenden Werte für δ wurden in CCl_4 gemessen:
(a) $\delta = 3.38$ (q, $J = 7.1$ Hz, 4H), 1.12 (t, $J = 7.1$ Hz, 6H) ppm;
(b) $\delta = 3.53$ (t, $J = 6.2$ Hz, 4H), 2.34 (quin, $J = 6.2$ Hz, 2 H) ppm;
(c) $\delta = 3.19$ (s, 1H), 1.48 (q, $J = 6.7$ Hz, 2H), 1.14 (s, 6H), 0.90 (t, $J = 6.7$ Hz, 3H) ppm.

10-9

Das bei höchstem Feld bzw. tiefster Frequenz zu beobachtende Dublett ($J = 6.5$ Hz) der relativen Intensität 6 ist den beiden äquivalenten Methylgruppen zuzuordnen. Die Aufspaltung zum Dublett erfolgt durch das benachbarte tertiäre Wasserstoffatom. Das Dublett bei niedrigstem Feld (höchster Frequenz) ($J = 6$ Hz) der relativen Intensität 2 wird durch die beiden Wasserstoffatome der Chlormethylgruppe hervorgerufen, die mit dem benachbarten tertiären Wasserstoffatom koppeln. Demnach koppelt das tertiäre Wasserstoffatom gleichzeitig mit den entsprechenden Kopplungskonstanten mit sechs Methyl- und zwei Methylenprotonen. Das so gebildete Multiplett sollte ein Septett von Tripletts oder ein Triplett von Septetts sein: Maximal sind 21 Linien möglich.Da jedoch die Kopplungskonstanten zu den beiden Sätzen äquivalenter Protonen ähnlich sind, beobachtet man entsprechend der $(N+1)$-Regel nur neun Linien.

10-10

$H_3C\text{—}CH_2\text{—}CH_2\text{—}Br$

qt ttq tt

10-11

(a) 3; **(b)** 3; **(c)** 7; **(d)** 2.

Kapitel 11

11-1
(a) 2,3-Dimethyl-2-hepten
(b) 3-Bromcyclopenten

11-2
(a) *cis*-1,2-Dichlorethen
(b) *trans*-3-Hepten

11-3
(a) (*E*)-1,2-Dideuterio-1-propen
(b) (*Z*)-2-Fluor-3-methoxy-2-penten

11-4
(a) OH **(b)** OH

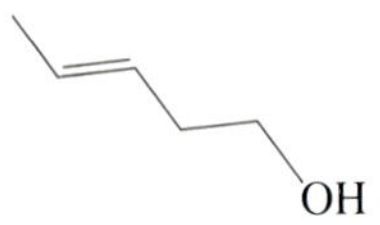

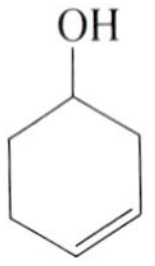

11-5
(a)

(b) (1-Methylethenyl)cyclopentan oder (1-Methylvinyl)cyclopentan

11-6

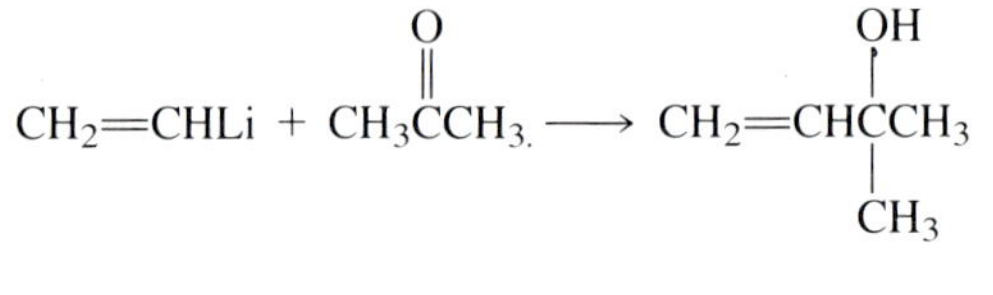

$$CH_2{=}CHLi + CH_3\overset{O}{\overset{\|}{C}}CH_3 \longrightarrow CH_2{=}CH\underset{CH_3}{\overset{OH}{C}}CH_3$$

Die Reaktion von Ethenyllithium (Vinyllithium) mit Carbonylverbindungen verläuft ähnlich denen anderer metallorganischer Alkyllithiumverbindungen.

11-7
Das Brücken-Wasserstoffatom an C-7 im ersten Isomer liegt in dem Bereich, der durch die Doppelbindung *abgeschirmt* wird.

11-8

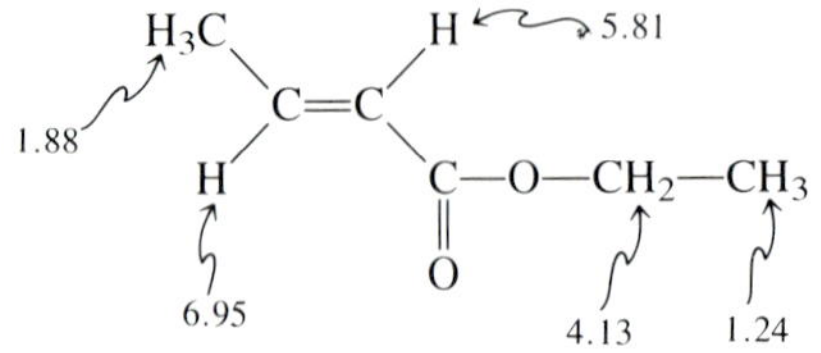

$(H_3C)(H)C{=}C(H)-C(=O)-O-CH_2-CH_3$

H_3C: 1.88; H (an C mit CH_3): 6.95; H: 5.81; CH_2: 4.13; CH_3: 1.24

Die *trans*-Kopplungskonstante beträgt 16.0 Hz. Die Kopplungen zur Methylgruppe an der Doppelbindung stehen in Einklang mit den Werten aus Tab. 11-1.

11-9
1-Hexen < *cis*-3-Hexen < *trans*-4-Octen < 2,3-Dimethyl-2-buten.

11-10
Wenn man ein Molekülmodell von A baut (ohne die Bauteile zu zerbrechen), erkennt man die extreme Spannung, von der ein großer Teil durch eine Hydrierung freigesetzt werden kann. Man kann die Spannungsenergie von A (relativ zu der von B) abschätzen, indem man ΔH^0 der Hydrierung einer „normalen" tetrasubstituierten Doppelbindung (~ -113 kJ/mol) von ΔH^0 der Umwandlung von A nach B subtrahiert: 159 kJ/mol.

11-11

$(CH_3)_2C{=}CHCH_3$ $(CH_3)_2CHCH{=}CH_2$

A **B**

11-12

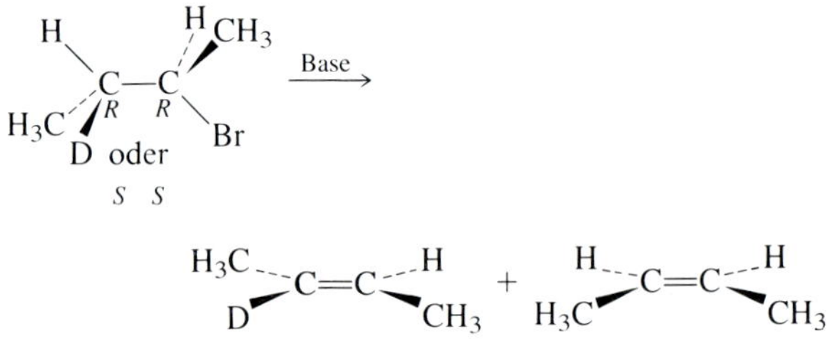

H, H_3C, D (*R*) — C—C — (*R*) H, CH_3, Br oder *S S* $\xrightarrow{\text{Base}}$

$H_3C(D)C{=}C(H)CH_3$ + $H(H_3C)C{=}C(H)CH_3$

E cis (*Z*)

H, D, H_3C (*S*) — C—C — (*R*) H, CH_3, Br oder *R S* $\xrightarrow{\text{Base}}$

$D(H_3C)C{=}C(H)CH_3$ + $H_3C(H)C{=}C(H)CH_3$

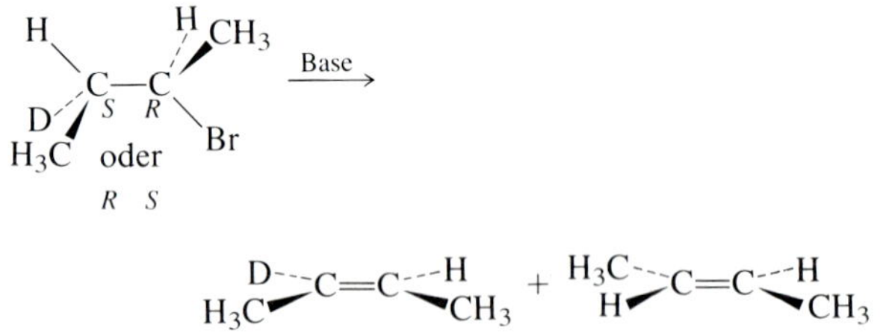

Z trans (*E*)

Man beachte, daß im ersten Fall ein Isomerenpaar gebildet wird, dessen Konfiguration der des Isomenpaares im zweiten Fall *entgegengesetzt* ist. Inwieweit deuteriumhaltige Produkte dominieren, hängt in beiden Fällen vom Deuterium-Isotopieeffekt ab. Die erhaltenen *E*- und *Z*-Isomeren von 2-Deuterio-2-buten sind jedoch in jedem Fall isotopenrein. Es wird kein protisches 2-Buten mit derselben Konfiguration gebildet. Die protischen 2-Butene sind auch isotopenrein, sie enthalten kein Deuterium.

11-13

Erste Reaktion:

$$CH_3\overset{H_3C}{\underset{H}{C}}-\overset{H}{\underset{H}{C}}-\overset{OH}{\underset{H}{C}}CH_3 \xrightarrow[-H_2O]{H^+}$$

$$CH_3\overset{H_3C}{\underset{H}{C}}-\overset{H}{\underset{H}{C}}-\overset{+}{C}(CH_3)H \longrightarrow CH_3\overset{H_3C}{\underset{H}{C}}-\overset{+}{\underset{H}{C}}-\overset{H}{\underset{H}{C}}CH_3$$

$-H^+ \downarrow$ $\qquad$ $-H^+ \downarrow$

$(CH_3)_2CHCH{=}CHCH_3$ $\qquad$ $(H_3C)_2C{=}C(H)CH_2CH_3$

Zweite Reaktion:

$$CH_3\overset{CH_3}{\underset{CH_3}{C}}-\overset{H}{\underset{OH}{C}}CH_3 \xrightarrow[-H_2O]{H^+} CH_3\overset{CH_3}{\underset{CH_3}{C}}-\overset{+}{C}(H)CH_3 \longrightarrow$$

$$(H_3C)_2\overset{+}{C}-\overset{CH_3}{\underset{CH_3}{C}}-H$$

$-H^+$ $\swarrow$ $\qquad$ $-H^+ \downarrow$

$H_2C{=}C(H_3C)-C(CH_3)_2-H$ $\qquad$ $(H_3C)_2C{=}C(CH_3)_2$

11-14

H₃C-substituierter Vinylcyclohexan $\underset{-H^+}{\overset{+H^+}{\rightleftharpoons}}$ Carbeniumion ($\overset{+}{C}H-CH_3$) $\underset{+H^+}{\overset{-H^+}{\rightleftharpoons}}$

Ethylidencyclohexan ($=CHCH_3$, H₃C) $\underset{-H^+}{\overset{+H^+}{\rightleftharpoons}}$

tertiäres Carbeniumion (CH_2CH_3, H₃C, +) $\underset{+H^+}{\overset{-H^+}{\rightleftharpoons}}$ Cyclohexen (CH_2CH_3, H₃C)

tetrasubstituiertes Alken, am stabilsten

11-15

$$CH_3CH_2OCH_2CH_3 \underset{-H^+}{\overset{+H^+}{\rightleftharpoons}}$$

$$H-CH_2CH_2\overset{+}{\underset{\cdot\cdot}{O}}(H)CH_2CH_3 \xrightarrow[-H_2SO_4]{HOSO_3^-}$$

$$CH_2{=}CH_2 + CH_3CH_2OH$$

Das Ethanol kann nach dem früher beschriebenen Mechanismus dehydratisiert werden.

11-16

Die Bildung von A erfolgt durch eine säurekatalysierte Umlagerung, *nicht* durch eine Oxidation.

(Steroid-Gerüst mit HO, H_3C, Doppelbindung) $\underset{-H^+}{\overset{+H^+}{\rightleftharpoons}}$

(tertiäres Carbeniumion) $\xrightleftharpoons{\text{langsame H-Wanderung}}$

(sekundäres Carbeniumion) $\xrightleftharpoons{\text{schnelle H-Wanderung}}$

[HO–C$^+$ $\longleftrightarrow$ $HO^+{=}$C]

Hydroxy-Carbeniumion

$\xrightarrow[-H^+]{}$ A

Man beachte, daß die erste Wasserstoff-Wanderung energetisch ungünstig ist (von einem tertiären zu einem sekundären Carbeniumion), durch die energetisch günstigen folgenden Schritte wird das Gleichgewicht jedoch zum Produkt hin verschoben.

Kapitel 12

12-1

$$CH_2{=}CH_2 + HO{-}OH \longrightarrow H-\overset{HO}{\underset{H}{C}}-\overset{OH}{\underset{H}{C}}-H$$

271.5 $\qquad$ 213.5 $\qquad$ $2\times(\sim 385)$

Daraus ergibt sich $\Delta H^0 = -285$ kJ/mol. Obwohl es sich um eine stark exotherme Reaktion handelt, ist ein Katalysator erforderlich (s. z. B. Abschn. 12.5).

12-2

$$\mathrm{(H_3C)(D)C{=}C(D)(CH_2CH_3)} \longrightarrow$$

$$\mathrm{(S,R)\text{-}H_3C(D)(H)C{-}C(H)(D)CH_2CH_3 \; + \; (R,S)\text{-}H_3C(D)(H)C{-}C(H)(D)CH_2CH_3}$$

racemisch

12-3

C(CH₃)₃ — gehindert durch die 1,1-Dimethylethyl-Gruppe

weniger gehindert

12-4

$$\mathrm{CH_3CH_2(H)(CH_3)C{-}C(CH_3){=}CH_2}\;(S) \xrightarrow{\text{H}_2,\ \text{Katalysator}} \mathrm{CH_3CH_2(H)(CH_3)C{-}CH(CH_3)_2}\;(S)$$

Kein Stereozentrum

12-5

(a) 2-Bromhexan (Skelettformel mit Br)

(b)

$$\mathrm{(CH_3)_2CBrCH_2CH_3}$$

(c) 1-Brom-4-methylcyclohexan + 1-Brom-3-methylcyclohexan

cis und trans

12-6

Die Protonierung des 1,1-Dimethylethyl-Kations (*tert*-Butyl-Kations) ist reversibel. Mit D^+ erfolgt ein schneller Austausch aller Wasserstoffatome gegen Deuterium.

$$\mathrm{CH_2{=}C(CH_3)_2 \underset{-D^+}{\overset{+D^+}{\rightleftharpoons}} DCH_2\overset{+}{C}(CH_3)_2 \underset{+H^+}{\overset{-H^+}{\rightleftharpoons}}}$$

$$\mathrm{DCH{=}C(CH_3)_2 \underset{-D^+}{\overset{+D^+}{\rightleftharpoons}} D_2CH\overset{+}{C}(CH_3)_2 \underset{+H^+}{\overset{-H^+}{\rightleftharpoons}}}$$

$$\mathrm{D_2C{=}C(CH_3)_2 \underset{-D^+}{\overset{+D^+}{\rightleftharpoons}} D_3C\overset{+}{C}(CH_3)_2 \underset{+H^+}{\overset{-H^+}{\rightleftharpoons}}}$$

$$\mathrm{(D_3C)(H_3C)C{=}CH_2 \underset{-D^+}{\overset{+D^+}{\rightleftharpoons}}} \text{ usw.} \dashrightarrow$$

$$\mathrm{(CD_3)_3C^+ \underset{-D_2O}{\overset{D_2O}{\rightleftharpoons}} (CD_3)_3COD + D^+}$$

12-7

$$\mathrm{CH_2{=}CH_2 + F{-}F \longrightarrow FCH_2{-}CH_2F}$$

272 155

$2 \times (\sim 448)$ kJ/mol

$\Delta H^\circ = -469$ kJ/mol

$$\mathrm{CH_2{=}CH_2 + I{-}I \longrightarrow ICH_2{-}CH_2I}$$

272 151

$2 \times (\sim 222)$ kJ/mol

$\Delta H^\circ = -21$ kJ/mol

12-8

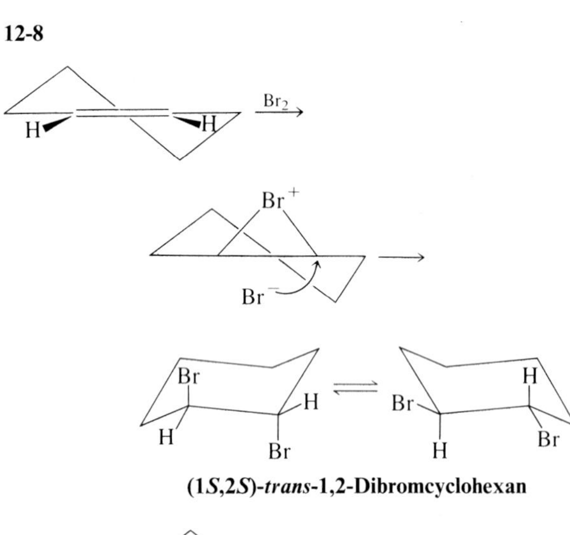

(1*S*,2*S*)-*trans*-1,2-Dibromcyclohexan

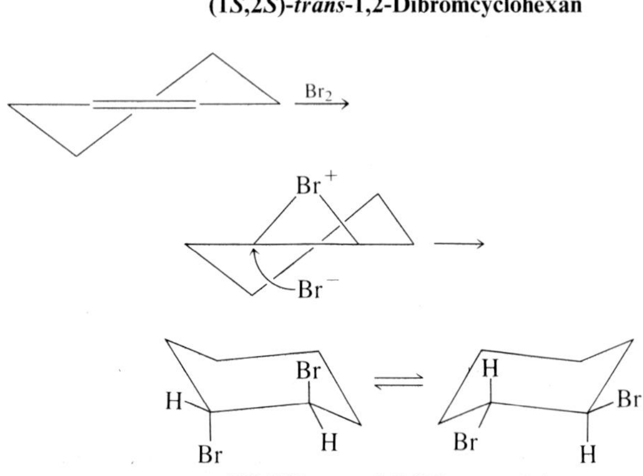

(1*R*,2*R*)-*trans*-1,2-Dibromcyclohexan

Die *anti*-Addition als erster Reaktiosschritt führt bei beiden Konformationen zum *trans*-diaxialen Konformer.

12-9

(a) Es wird nur ein Diastereomer gebildet (als Racemat):

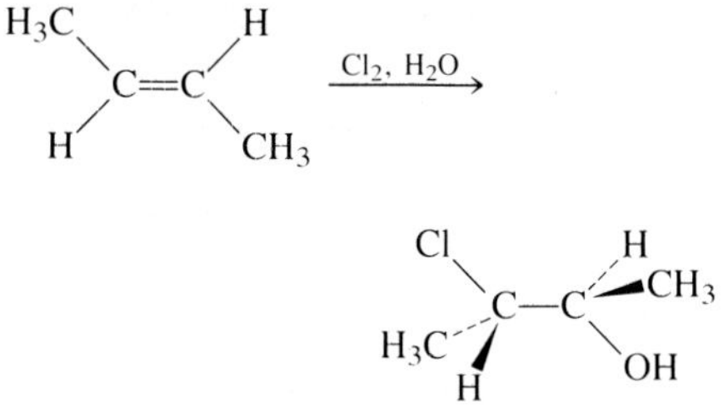

H_3C, H, C=C, H, CH_3 $\xrightarrow{Cl_2,\ H_2O}$

Cl, H, C—C, CH_3, H_3C, H, OH + Enantiomer

(b) Es werden zwei Isomere gebildet, von jedem aber nur ein Diastereomer (racemisch):

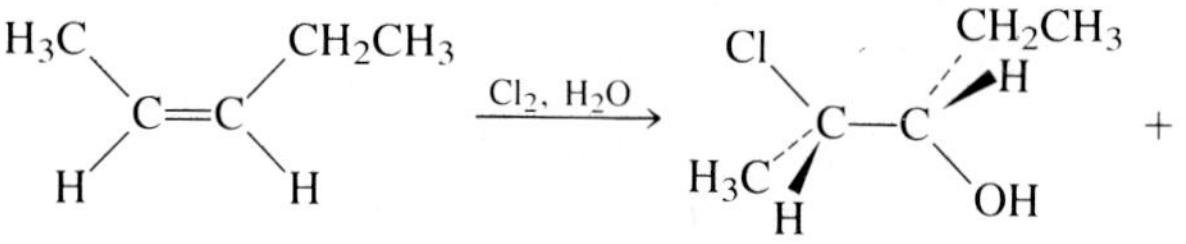

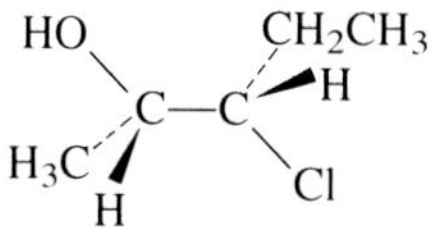

H_3C, CH_2CH_3, C=C, H, H $\xrightarrow{Cl_2,\ H_2O}$ Cl, CH_2CH_3, H, C—C, H_3C, H, OH +

HO, CH_2CH_3, C—C, H, H_3C, H, Cl + Enantiomer

12-10

(a) $CH_3CH(OCH_3)CH_2Cl$ (beide Enantiomere)

(b) Br, H_3C, OH + OH, H_3C, Br +

Br, H_3C, OH + OH, H_3C, Br

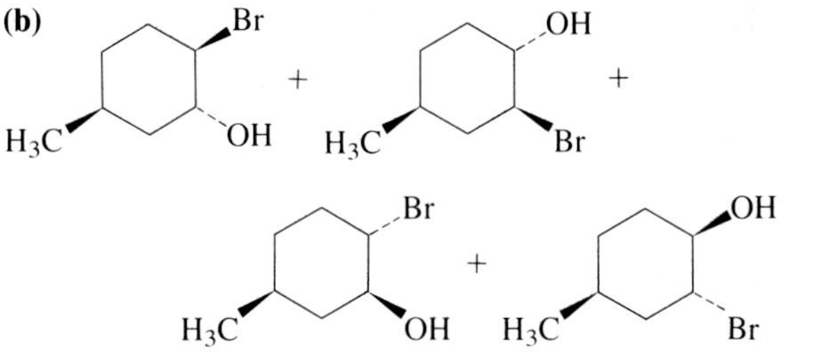

+ alle Enantiomeren

12-11

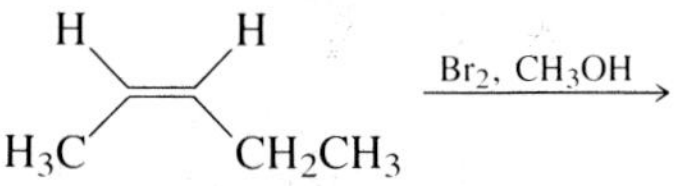

H, H, H_3C, CH_2CH_3 $\xrightarrow{Br_2,\ CH_3OH}$

***cis*-2-Pentene**

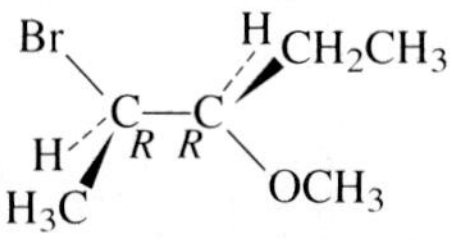

Br, H, CH_2CH_3, C—C, H, *R R*, H_3C, OCH_3 + Enantiomer

Die Öffnung des Bromonium-Ions kann auch zur Bildung von (3*R*,2*R*)- und (3*S*,2*S*)-3-Brom-2-methoxypentan führen.

12-12

Der Mercurierung folgt ein *intramolekularer* Abfang des Mercurinium-Ions durch eine der Hydroxygruppen.

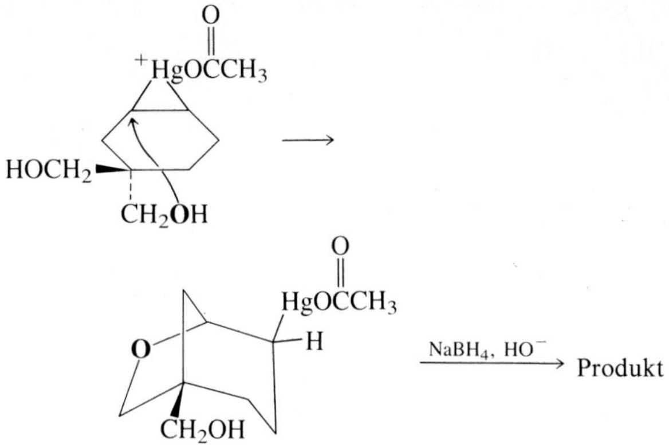

$^+HgOCCH_3$ (O), $HOCH_2$, CH_2OH ⟶

$HgOCCH_3$ (O), H, O, CH_2OH $\xrightarrow{NaBH_4,\ HO^-}$ Produkt

12-13

(a) $CH_3CH_2CH_2OH$

(b) H, OH, C—C, D, *S R*, CH_3, H_3C, D + Enantiomer

12-14

(a) H, D, Br, D + Enantiomer

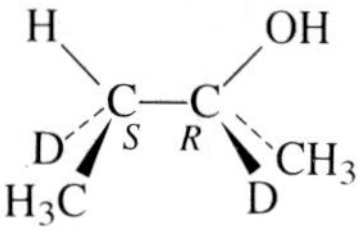

(b) H, Br, C—C, H_3C, *R R*, CH_3, D, D + Enantiomer

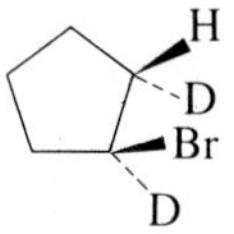

12-15

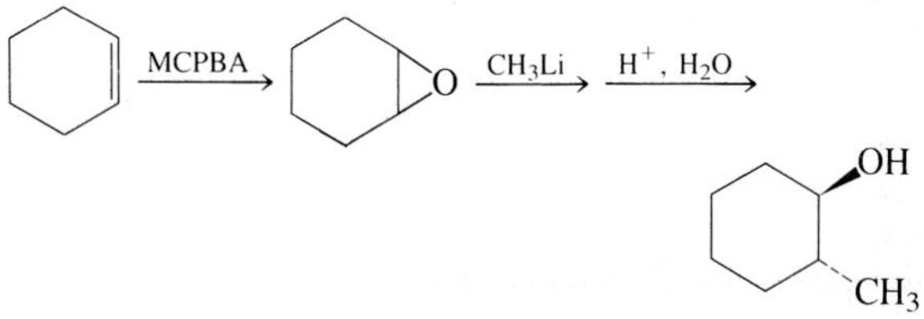

$\xrightarrow{MCPBA}$ O $\xrightarrow{CH_3Li}$ $\xrightarrow{H^+,\ H_2O}$

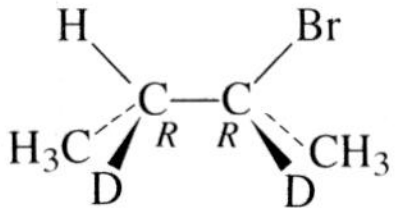

OH, CH_3

12-16

(a) OH, HO, H + Enantiomer

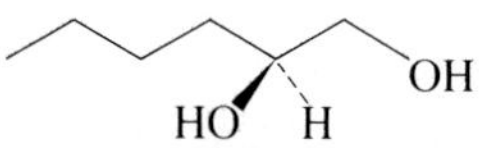

(b) OH, OH + Enantiomer

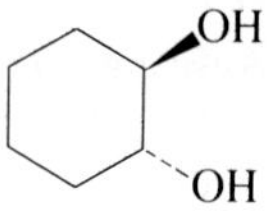

70%

(c) HO, H, CH_2CH_3, C—C, H, H_3C, OH + Enantiomer

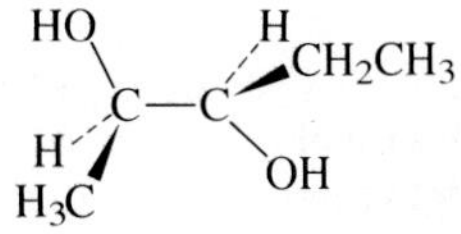

12-17

H_3C CH_3 / $C{=}C$ / H H $\xrightarrow{H_2O_2,\ \text{kat. } OsO_4}$

HO OH / H_3C C—C CH_3 / H H — das gleiche wie — HO H CH_3 / H_3C C—C / H OH

ekliptisch **gestaffelt**

Meso

H_3C H / $C{=}C$ / H CH_3 $\xrightarrow{H_2O_2,\ \text{kat. } OsO_4}$

HO OH / H_3C C—C H / H CH_3 — das gleiche wie — HO H_3C H / H_3C C—C OH / H

ekliptisch **gestaffelt**

(*R*,*R*), (*S*,*S*)

12-18

$C_{12}H_{20}$

12-19

(a) O, H_3C, CHO + CH_2O **(b)** OH + CH_3OH

12-20

Lassen Sie sich nicht dadurch verwirren, daß dieselbe Verbindung unterschiedlich gezeichnet wurde: O O ist dasselbe wie O O. Daher ist die Ausgangsverbindung .

12-21

Reaktion mit HI: 272 − 222 = +50 kJ/mol
Reaktion mit HCl: 431 − 339 = +92 kJ/mol

12-22

Kettenstart:

$$Br{-}CBr_3 + RO^{\cdot} \longrightarrow ROBr + {\cdot}CBr_3$$

↑ schwache Bindung

Kettenwachstum:

$$CH_3CH{=}CH_2 + {\cdot}CBr_3 \longrightarrow CH_3\dot{C}H{-}CH_2(CBr_3)$$

$$CH_3\dot{C}HCH_2CBr_3 + BrCBr_3 \longrightarrow CH_3CH(Br)CH_2CBr_3 + {\cdot}CBr_3$$

12-23

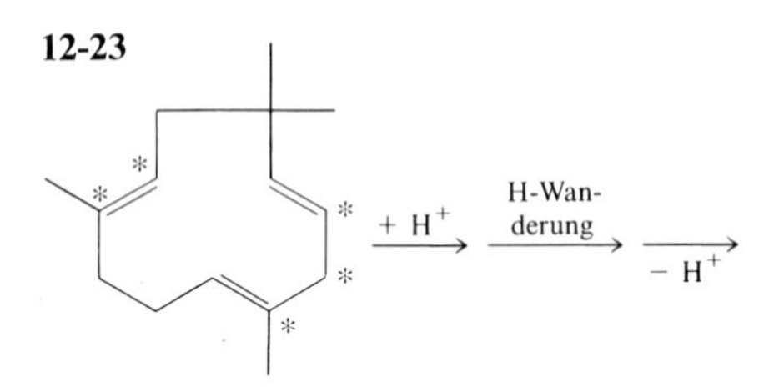

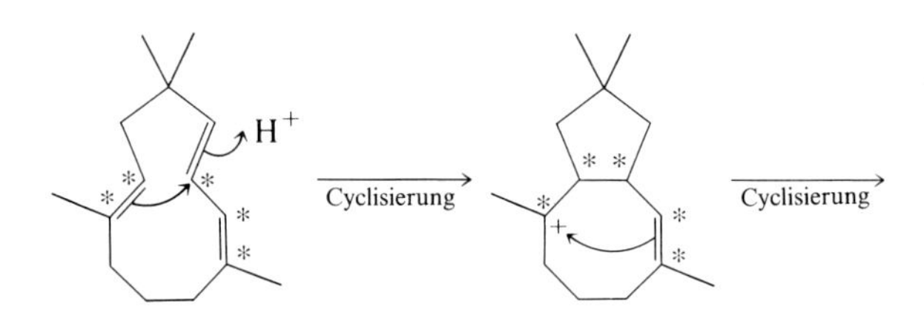

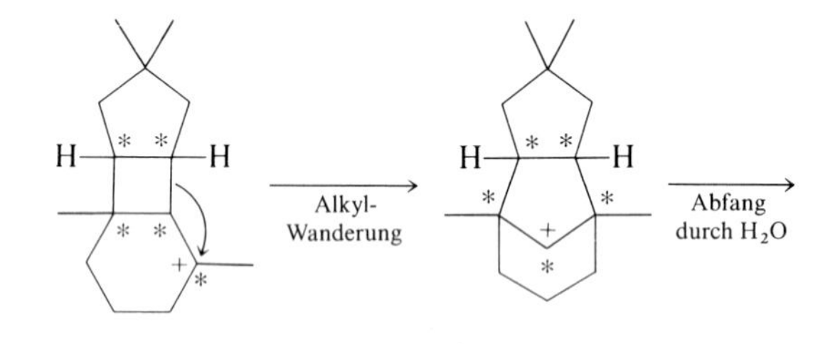

H H OH + H^+

12-24

Hierbei handelt es sich um ein irreguläres Copolymer, das beide Monomere in zufälliger Anzahl, jedoch regioselektiv entlang der Kette enthält. Schlagen Sie einen Mechanismus zu seiner Bildung vor!

$$-\left[-(-CH_2CCl_2-)_m-(-CH_2CHCl-)_n-\right]-$$

Kapitel 13

13-1

(a)

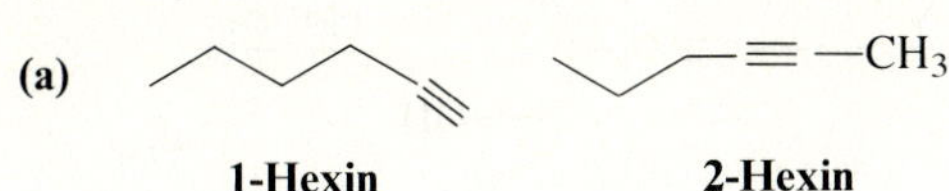

1-Hexin **2-Hexin**

3-Hexin **4-Methyl-1-pentin**

H_3C H CH3 H

(*R*)-3-Methyl-1-pentin **(*S*)-3-Methyl-1-pentin**

$\equiv -CH_3$ $(CH_3)_3C-\equiv$

4-Methyl-2-pentin **3,3-Dimethyl-1-butin**

(b) (*R*)-3-Methyl-1-penten-4-in.

(c) OH OH H OH H

3-Butin-1-ol **(*S*)-3-Butin-2-ol** **(*R*)-3-Butin-2-ol**

$H_3C-\equiv$ OH $\equiv -OH$

2-Butin-1-ol **1-Butin-1-ol**

(Diese Verbindung ist außerordentlich instabil und existiert nicht in Lösung.)

13-2

Nur diejenigen Basen werden Ethin ($pK_a = 25$) deprotonieren, bei denen der pK_a der konjugierten Säure höher ist als der von Ethin: $(CH_3)_3COH$, $pK_a \sim 18$, daher ist $(CH_3)_3CO^-$ zu schwach; LDA ist jedoch geeignet, denn $[(CH_3)_2CH]_2NH$, $pK_a \sim 40$.

13-3

$$\underset{_dH}{\overset{Br}{}}\!\!>C{=}C<\!\!\underset{_{dd}CH_2-C\equiv C-H_t}{\overset{H_{dt}}{}}$$

Hierbei werden Allylkopplungen, die sehr klein sind, vernachlässigt.

13-4

$\Delta G^0 = -RT \ln K = 15.8$ kJ/mol.

13-5

Reihenfolge der Acidität:

$$CH_3CH=C=\mathbf{CH_2} < CH_3\mathbf{CH_2}C\equiv CH$$

Beide Deptrotonierungen führen zum selben Anion. Da 1,2-Butadien stabiler ist als 1-Butin, wird es schneller deprotoniert. Zeichnen Sie ein Energie-Diagramm!

13-6

Ja. Es gibt keine Symmetrieelemente wie Spiegelebene oder Inversionszentrum, die zu einer achiralen Verbindung führen würden.

13-7

Die dem Fluoratom direkt benachbarten Wasserstoffatome sind acider, und Br^- ist eine bessere Abgangsgruppe als F^-.

$$\underset{F}{CH_2}-\underset{Br}{CH_2} \xrightarrow{CH_3O^-} FHC{=}CH_2$$

13-8

(a) $HC\equiv CLi \xrightarrow{CH_3CH_2CH_2Br}$

$$HC\equiv CCH_2CH_2CH_3 \xrightarrow[2.\ CH_3CH_2CHO]{1.\ CH_3CH_2CH_2CH_2Li}$$

$$CH_3CH_2\overset{OH}{C}HC\equiv CCH_2CH_2CH_3$$

(b)

$$CH_3(CH_2)_3C\equiv CH \xrightarrow[2.\ HCOOCH_3]{1.\ CH_3CH_2MgBr}$$

$$CH_3(CH_2)_3C\equiv C\overset{OH}{\underset{H}{C}}C\equiv C(CH_2)_3CH_3$$

13-9

In Gegenwart von Natriumamid wird die terminale Alkingruppe deprotoniert. Dadurch wird eine Elektronenübertragung zu einer negativ geladenen Alkinylgruppe nicht begünstigt.

$$CH_3(CH_2)_2C\equiv C(CH_2)_4C\equiv CH \xrightarrow{NaNH_2,\ fl.\ NH_3}$$

$$CH_3(CH_2)_2C\equiv C(CH_2)_4C\equiv C\colon^- \xrightarrow{Na,\ fl.\ NH_3} \xrightarrow{H^+,\ H_2O}$$

$$CH_3(CH_2)_2CH{=}CH(CH_2)_4C\equiv CH$$

75%

13-10

$$CH_3(CH_2)_3C\equiv CH \xrightarrow[2.\ CH_3COOD]{1.\ \text{Diisoamylboran}} \underset{H}{\overset{CH_3(CH_2)_3}{}}\!\!>C{=}C<\!\!\underset{D}{\overset{H}{}}$$

$$CH_3(CH_2)_3C\equiv CH \xrightarrow{1.\ CH_3CH_2MgBr;\ 2.\ D_2O;\ 3.\ \text{Diisoamylboran};\ 4.\ CH_3COOH} \underset{H}{\overset{CH_3(CH_2)_3}{}}\!\!>C{=}C<\!\!\underset{H}{\overset{D}{}}$$

13-11

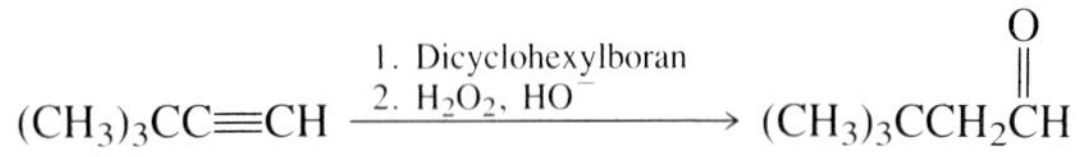

$$(CH_3)_3CC\equiv CH \xrightarrow[\text{2. } H_2O_2,\ HO^-]{\text{1. Dicyclohexylboran}} (CH_3)_3CCH_2\overset{O}{\overset{\|}{C}}H$$

13-12
Die Protonierung führt zur Bildung eines durch das Bromatom stabilisierten Kations:

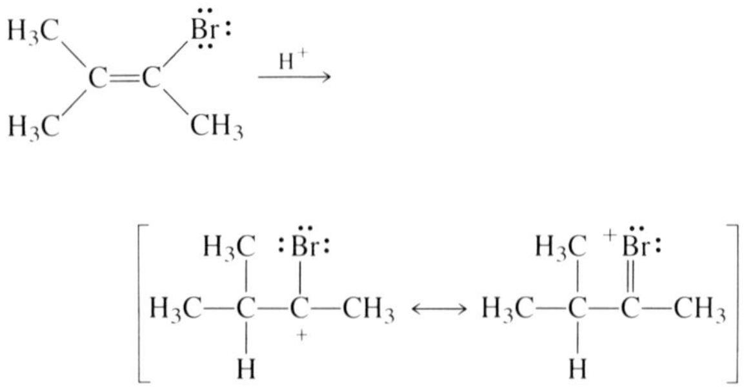

$$(H_3C)_2C{=}C(\ddot{Br}{:})CH_3 \xrightarrow{H^+}$$

$$\left[H_3C{-}\overset{H_3C}{\underset{H}{C}}{-}\overset{:\ddot{Br}:}{\overset{+}{C}}{-}CH_3 \longleftrightarrow H_3C{-}\overset{H_3C}{\underset{H}{C}}{-}\overset{^+\ddot{Br}:}{\overset{\|}{C}}{-}CH_3 \right]$$

13-13

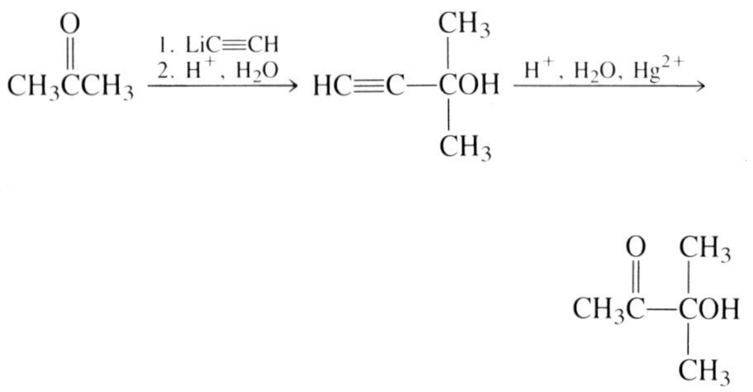

$$CH_3\overset{O}{\overset{\|}{C}}CH_3 \xrightarrow[\text{2. } H^+,\ H_2O]{\text{1. LiC}\equiv\text{CH}} HC\equiv C{-}\overset{CH_3}{\underset{CH_3}{C}}OH \xrightarrow{H^+,\ H_2O,\ Hg^{2+}}$$

$$CH_3\overset{O}{\overset{\|}{C}}{-}\overset{CH_3}{\underset{CH_3}{C}}OH$$

13-14

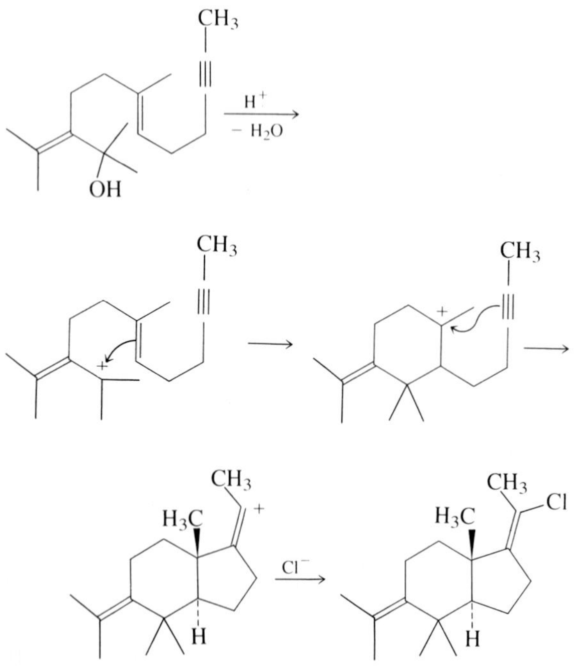

$$\xrightarrow[-\,H_2O]{H^+} \longrightarrow \longrightarrow \xrightarrow{Cl^-}$$

CH_3, OH, H_3C, H, Cl

13-15

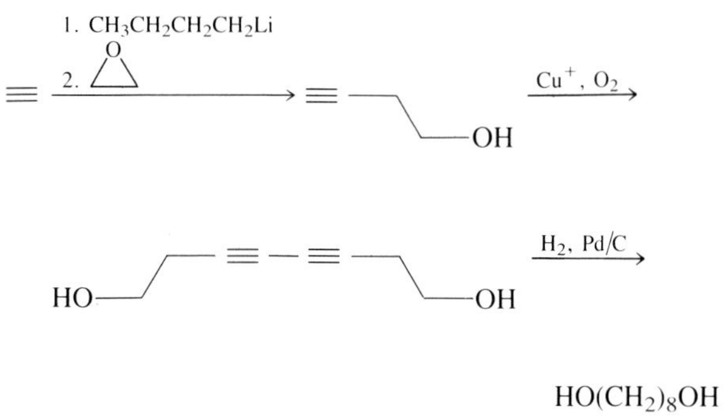

$$\equiv \xrightarrow[\text{2. Ethylenoxid}]{\text{1. } CH_3CH_2CH_2CH_2Li} \equiv{-}CH_2CH_2{-}OH \xrightarrow{Cu^+,\ O_2}$$

$$HO{-}CH_2CH_2{-}\equiv{-}\equiv{-}CH_2CH_2{-}OH \xrightarrow{H_2,\ Pd/C}$$

$$HO(CH_2)_8OH$$

13-16

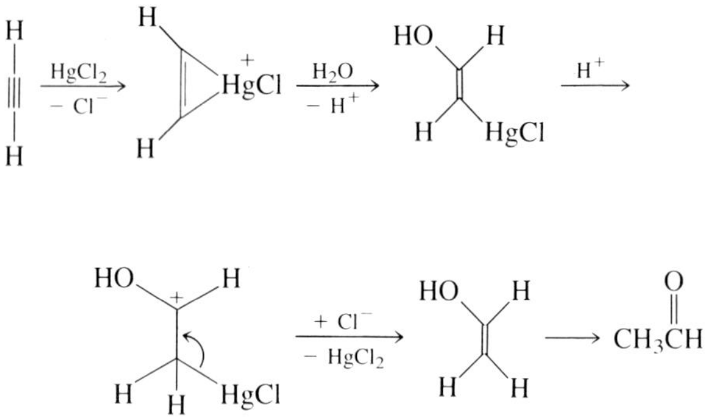

$$HC\equiv CH \xrightarrow[-\,Cl^-]{HgCl_2} \overset{+}{HgCl}\text{-Komplex} \xrightarrow[-\,H^+]{H_2O} (HO)HC{=}CH(HgCl) \xrightarrow{H^+}$$

$$HO{-}\overset{+}{C}H{-}CH_2(HgCl) \xrightarrow[-\,HgCl_2]{+\,Cl^-} (HO)HC{=}CH_2 \longrightarrow CH_3\overset{O}{\overset{\|}{C}}H$$

13-17

$$RC\equiv CCH_2\ddot{N}(CH_3)CH_2CH_2{-}Cl \longrightarrow RC\equiv CCH_2\overset{+}{N}(CH_3)(CH_2CH_2)\ Cl^- \xrightarrow[-\,Cl^-]{Nu:^-} RC\equiv CCH_2\ddot{N}(CH_3)CH_2CH_2Nu$$

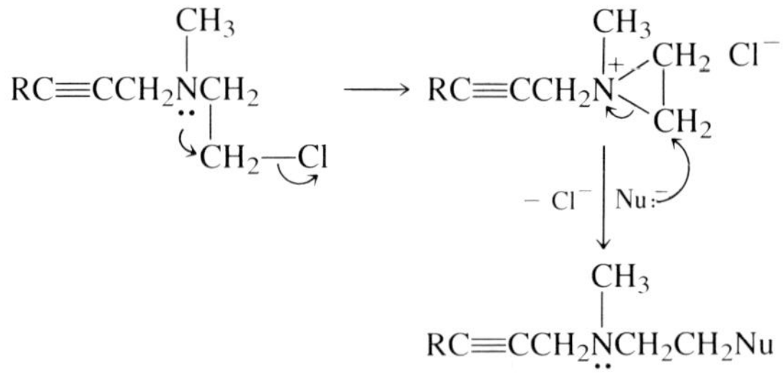

Kapitel 14

14-1
Das intermediäre Allyl-Kation ist achiral.

14-2

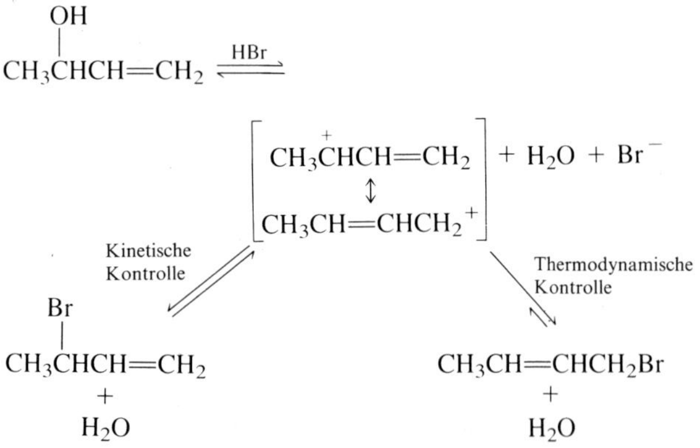

$$CH_3\overset{OH}{CH}CH{=}CH_2 \overset{HBr}{\rightleftharpoons} \left[CH_3\overset{+}{C}HCH{=}CH_2 \updownarrow CH_3CH{=}CHCH_2^+ \right] + H_2O + Br^-$$

Kinetische Kontrolle: $CH_3\overset{Br}{CH}CH{=}CH_2 + H_2O$

Thermodynamische Kontrolle: $CH_3CH{=}CHCH_2Br + H_2O$

14-3

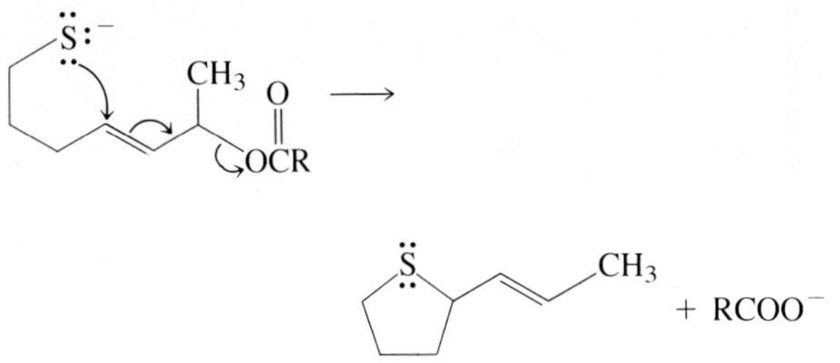

$\xrightarrow{}$ + $RCOO^-$

14-4

(a) (b)

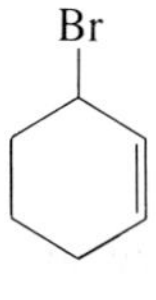

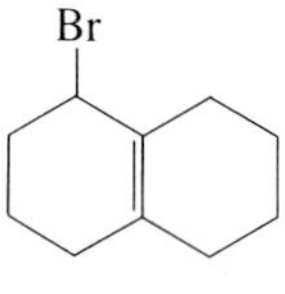

(c) +

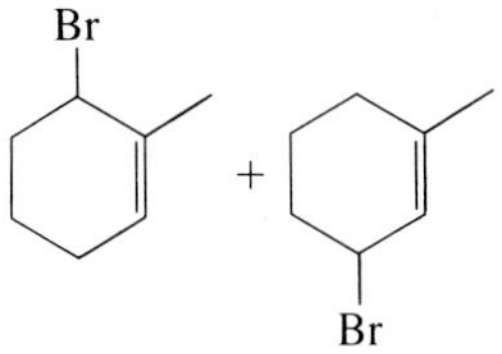

Eine Bromierung an der primären allylischen Position ist zu langsam.

14-5

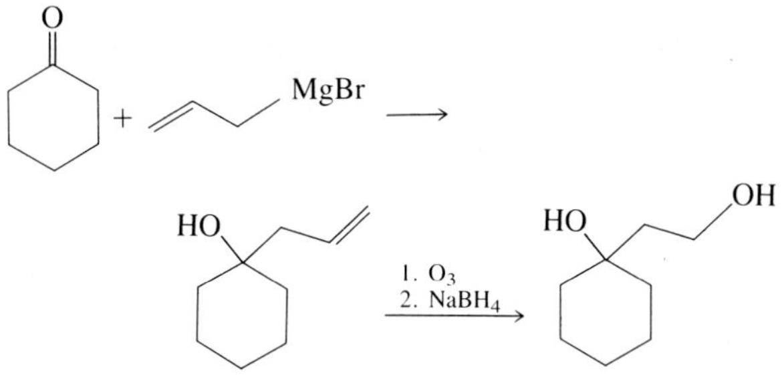

$+ \; MgBr \longrightarrow$

$\xrightarrow[2.\ NaBH_4]{1.\ O_3}$

14-6

(a) 5-Brom-1,3-cycloheptadien
(b) (*E*)-2,3-Dimethyl-1,3-pentadien

(c) (d)

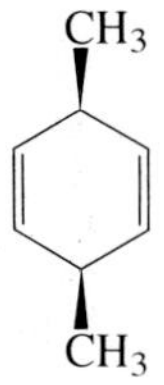

14-7

Eine interne *trans*-Doppelbindung ist um etwa 11.3 kJ/mol stabiler als eine terminale Doppelbindung (s. Abb. 11-12). Dieser Energieunterschied summiert sich mit der zu erwartenden Resonanzenergie von 14.7 kJ/mol zu 26.0 kJ/mol, was dem beobachteten Wert nahekommt.

14-8

Der Effekt der beiden Doppelbindungen auf die doppelt allylische Methylgruppe ist in etwa additiv. Man kann DH^0 der zentralen Methylengruppe grob abschätzen indem man von DH^0 einer sekundären C–H-Bindung (397.8 kJ/mol) den doppelten Wert der allylischen Stabilisierung subtrahiert (in diesem Fall weniger als erwartet, etwa 2 × 50 kJ/mol).

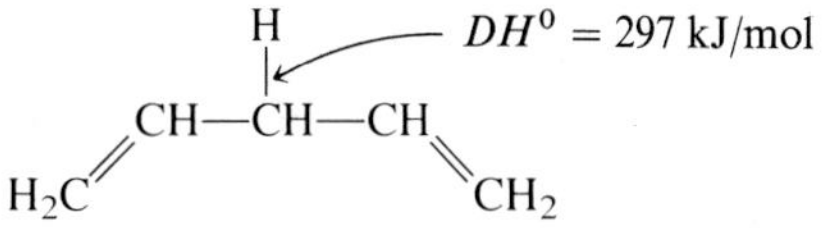

$DH^0 = 297$ kJ/mol

$H_2C{=}CH{-}CH(H){-}CH{=}CH_2$

14-9

(a) $HOCH_2CH(CH_3)CH(CH_3)CH_2OH \xrightarrow{PBr_3}$

$BrCH_2CH(CH_3)CH(CH_3)CH_2Br \xrightarrow{(CH_3)_3CO^-K^+,\ (CH_3)_3COH}$ $H_2C{=}C(CH_3){-}C(CH_3){=}CH_2$

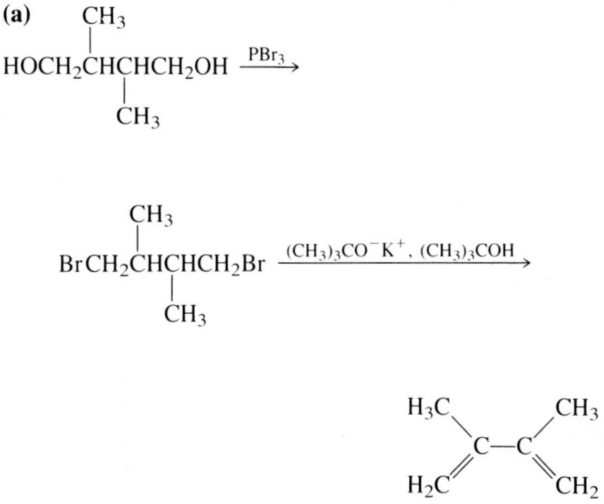

(b)

$\xrightarrow[-\ HBr]{Br_2,\ h\nu}$ $\xrightarrow[-\ CH_3OH,\ -\ NaBr]{CH_3O^-Na^+}$

$\xrightarrow[-\ HBr]{NBS}$

$\xrightarrow[-\ (CH_3)_3COH,\ -\ KBr]{(CH_3)_3CO^-K^+,\ (CH_3)_3COH}$

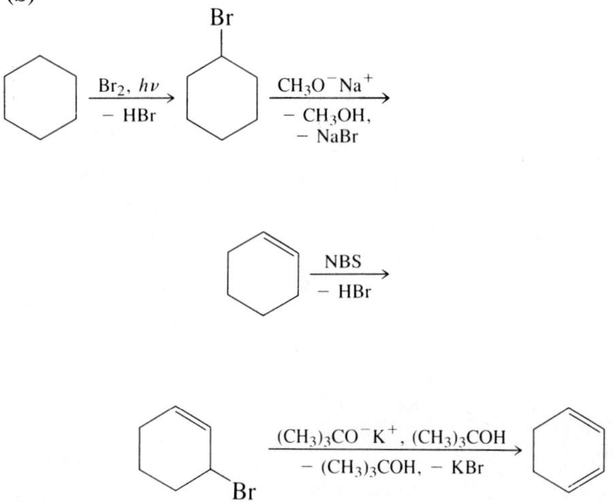

14-10

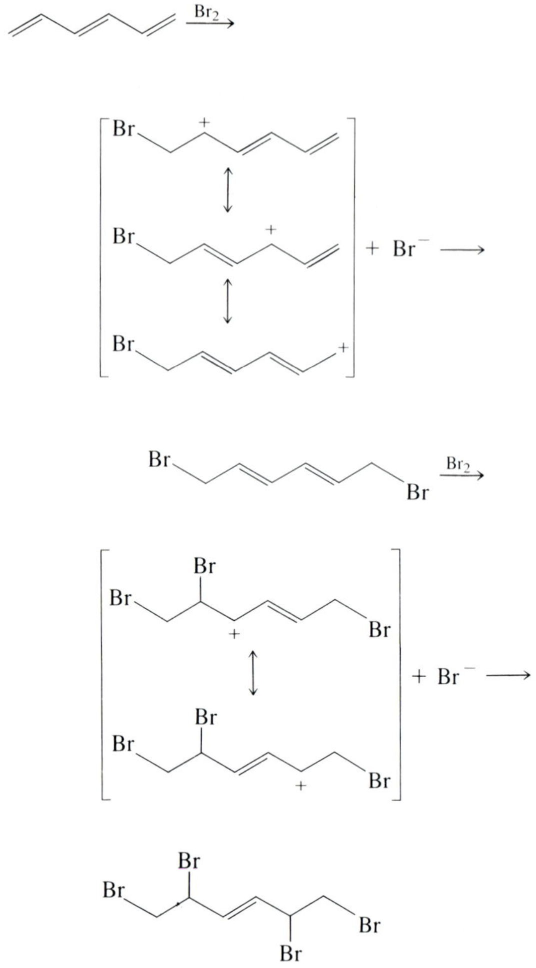

$\xrightarrow{Br_2}$

[Br + ↕ Br + ↕ Br +] + Br^- ⟶

Br Br $\xrightarrow{Br_2}$

[Br Br + Br ↕ Br Br + Br] + Br^- ⟶

Br Br Br Br

14-11

(a) 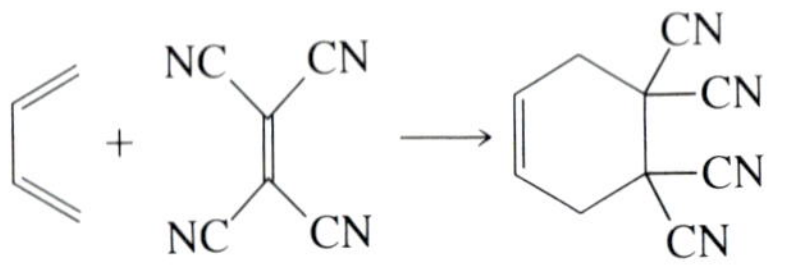 + NC CN NC CN ⟶ CN CN CN CN

(b) 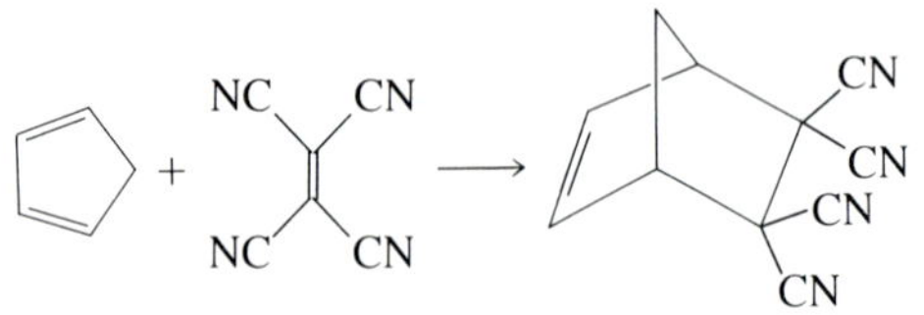 + NC CN NC CN ⟶ CN CN CN CN

Bauen Sie ein Molekülmodell dieses Produktes!

(c) 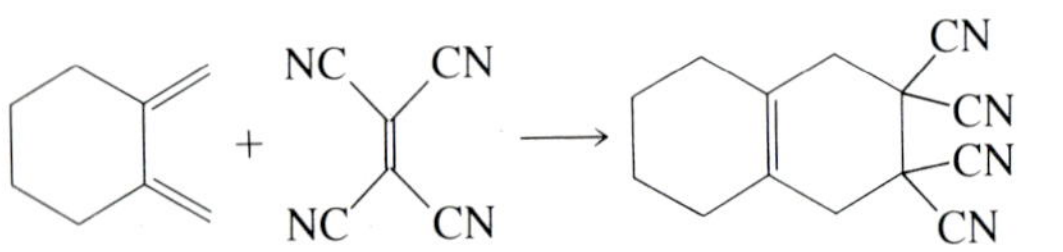 + NC CN NC CN ⟶ CN CN CN CN

14-12

(a) 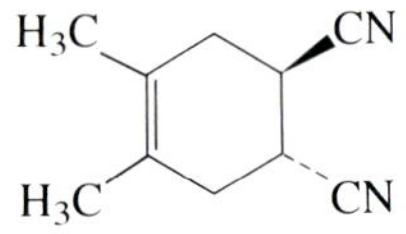 H_3C H_3C CN CN

(b) 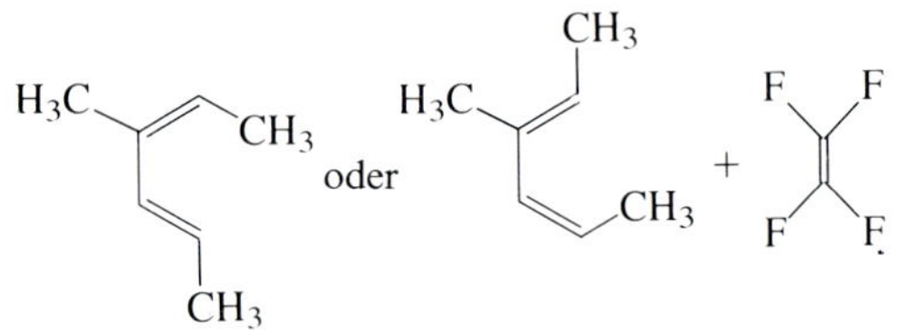 H_3C CH_3 CH_3 oder CH_3 H_3C CH_3 + F F F F

14-13

Wegen sterischer Hinderung kann das *cis-trans*-Isomer nicht die *s-cis*-Konformation einnehmen.

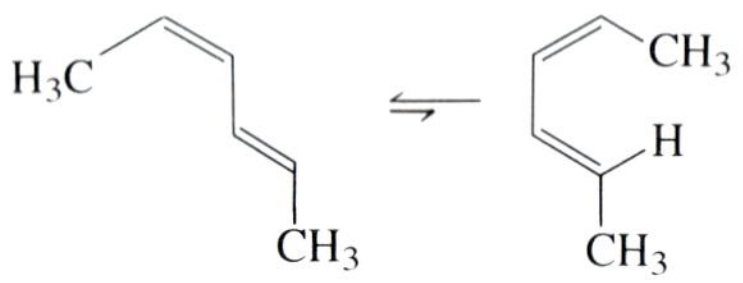

H_3C CH_3 ⇌ CH_3 H CH_3

Sterisch gehindert

14-14

(a) 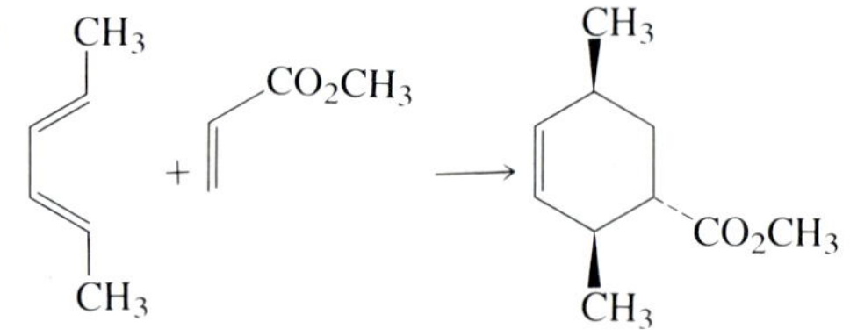 CH_3 CH_3 + CO_2CH_3 ⟶ CH_3 CO_2CH_3 CH_3

(b) 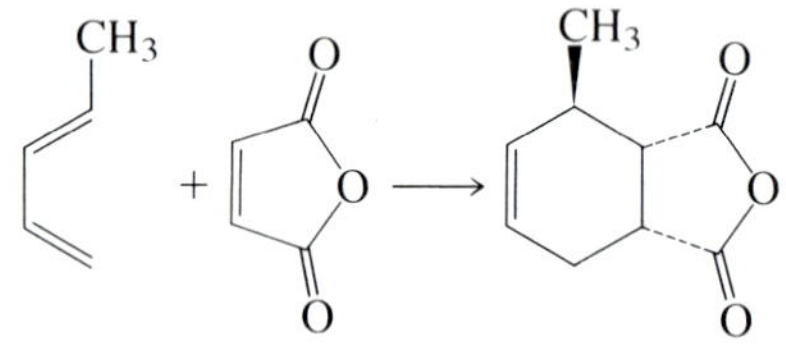 CH_3 + O O O ⟶ CH_3 O O O

(c) 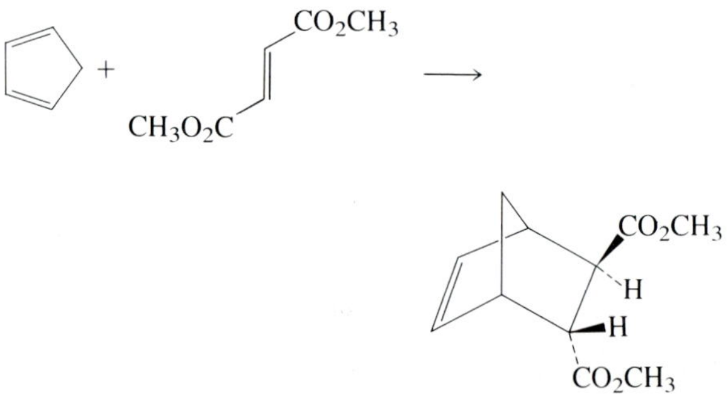 + CO_2CH_3 CH_3O_2C ⟶

CO_2CH_3 H H CO_2CH_3

14-15
Das erste Produkt ist das Resultat einer *exo*-Addition, das zweite das einer *endo*-Addition.

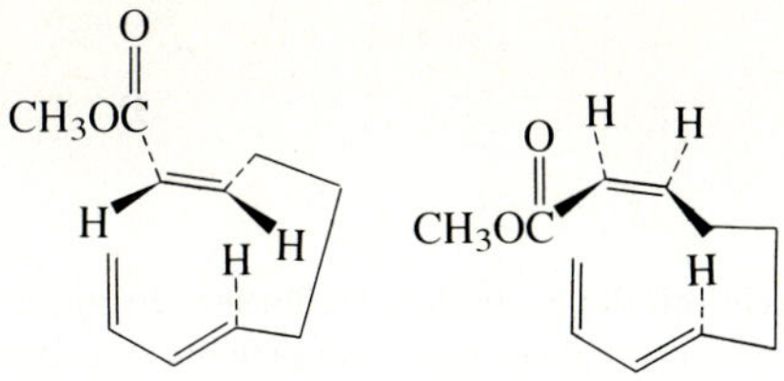

CH_3OC (=O) ... H H H ... CH_3OC (=O) H H H

14-16
Diese Reaktion wird auch als Domino-Diels-Alder-Cycloaddition bezeichnet.

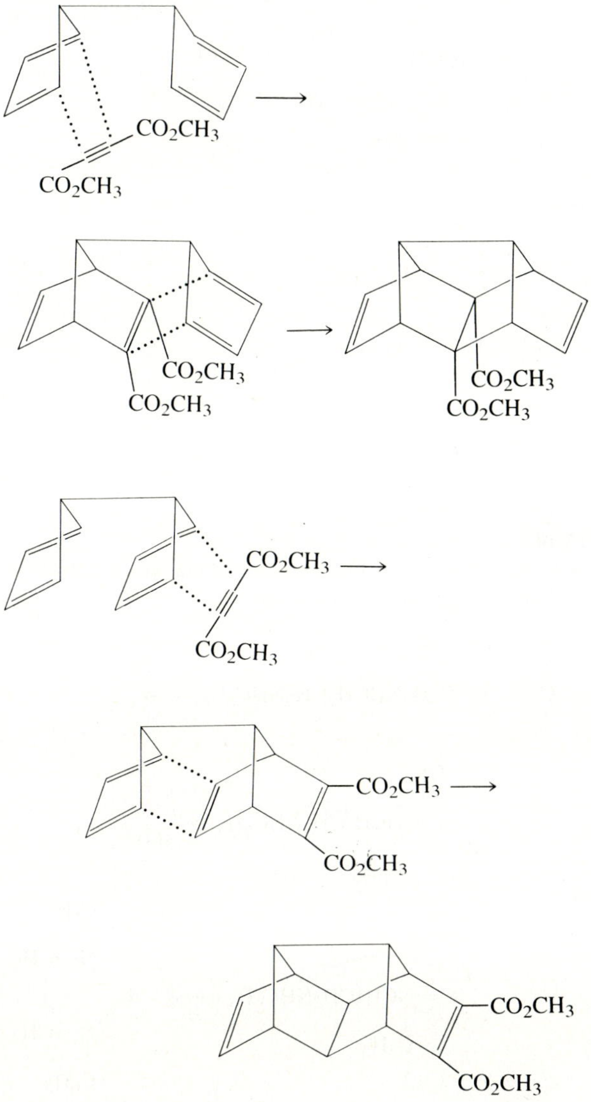

CO_2CH_3 ⟶ CO_2CH_3

CO_2CH_3 CO_2CH_3 ⟶ CO_2CH_3 CO_2CH_3

CO_2CH_3 ⟶ CO_2CH_3

CO_2CH_3 ⟶ CO_2CH_3

CO_2CH_3 CO_2CH_3

14-17

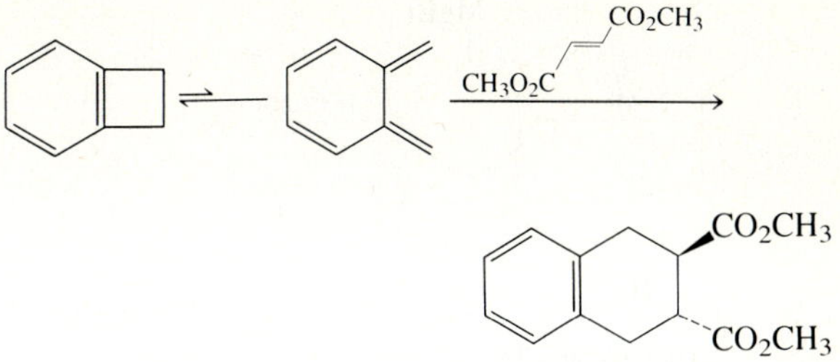

CH_3O_2C–CH=CH–CO_2CH_3 ⟶ CO_2CH_3 CO_2CH_3

14-18
Conrotatorisch.

14-19

λ_{max} = 217 nm ⟶ berechnet 222 nm (gemessen 222.5 nm) ⟶

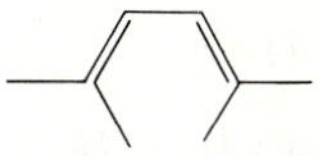

berechnet 237 nm
(gemessen 241.5 nm)

Kapitel 15

15-1
(a) 2-Cyclohexenon
(b) (*E*)-4-Methyl-4-hexenal
(c) O
(d) OH O H

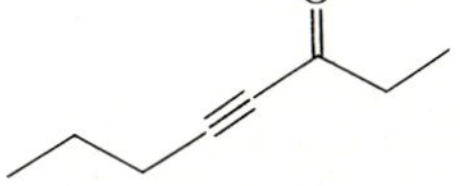

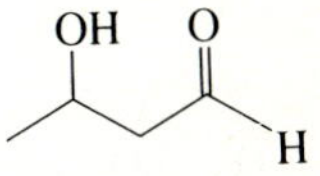

15-2

$CH_3\overset{O}{\overset{\|}{C}}CH_2CH_2\overset{O}{\overset{\|}{C}}CH_3$

15-3

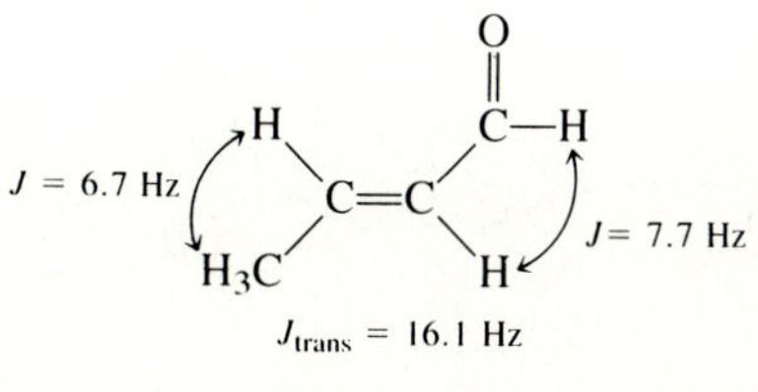

J = 6.7 Hz; J = 7.7 Hz; J_{trans} = 16.1 Hz

15-4

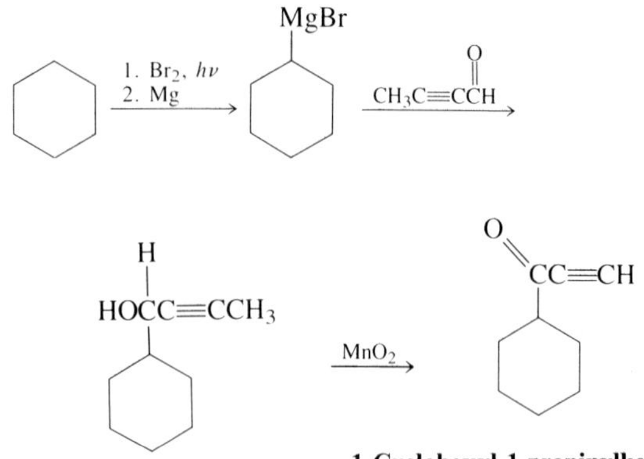

1. Br_2, $h\nu$ 2. Mg; $CH_3C{\equiv}CCHO$; MnO_2

1-Cyclohexyl-1-propinylketon

15-5

(a) $Cl_3CCCH_3 < Cl_3CCH < Cl_3CCCCl_3$

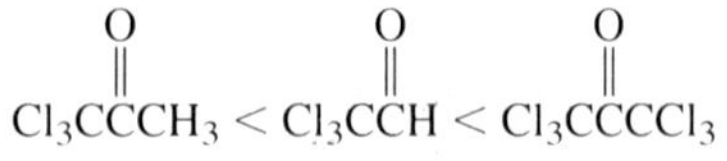

(b) $CH_3CCH_3 + H_2{}^{18}O \rightleftharpoons \rightleftharpoons CH_3C(OH)(^{18}OH)CH_3 \rightleftharpoons \rightleftharpoons CH_3C(^{18}O)CH_3 + H_2O$

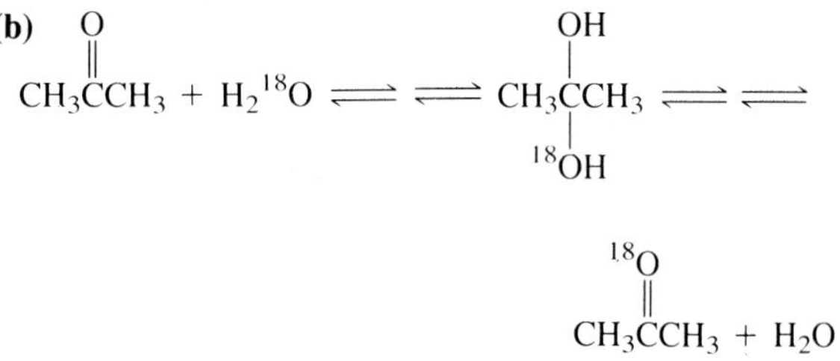

15-6

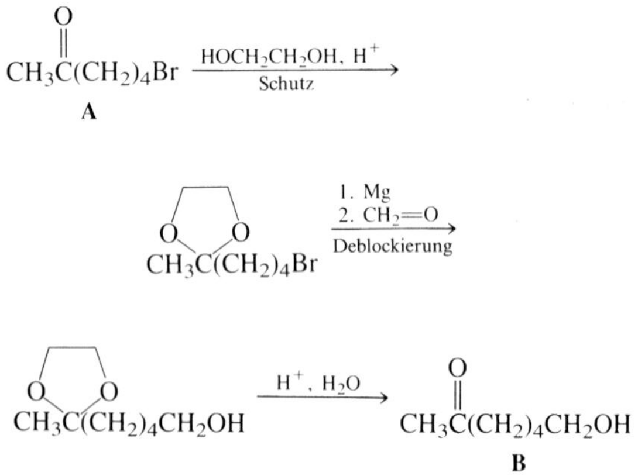

$CH_3C(O)(CH_2)_4Br$ (A) $\xrightarrow[\text{Schutz}]{HOCH_2CH_2OH,\ H^+}$

$\xrightarrow[\text{Deblockierung}]{1.\ Mg\quad 2.\ CH_2{=}O}$

$\xrightarrow{H^+,\ H_2O}$ $CH_3C(O)(CH_2)_4CH_2OH$ (B)

15-7

C

H^+; $-H^+$

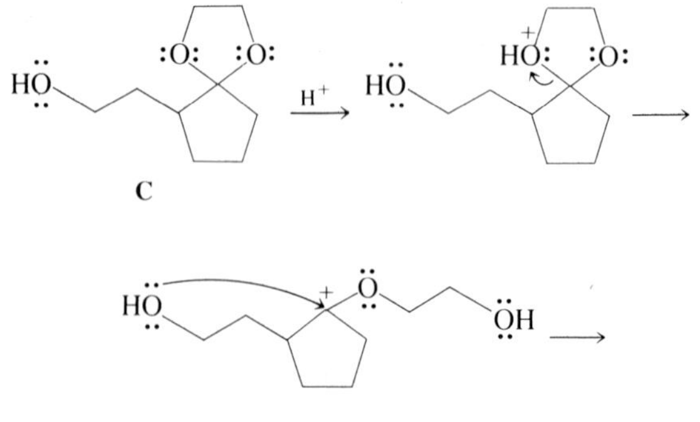

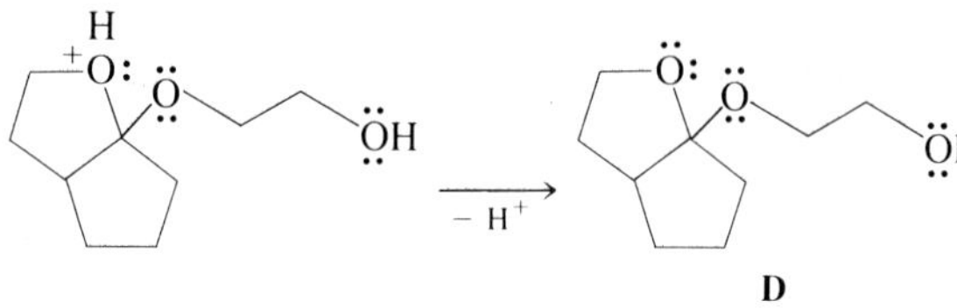

D

15-8

Sorbose steht mit der cyclischen Halbacetal-Form im Gleichgewicht, die einen fünfgliedrigen Ring enthält. Zweifache Bildung eines Propanon-Acetals vervollständigt die Umsetzung.

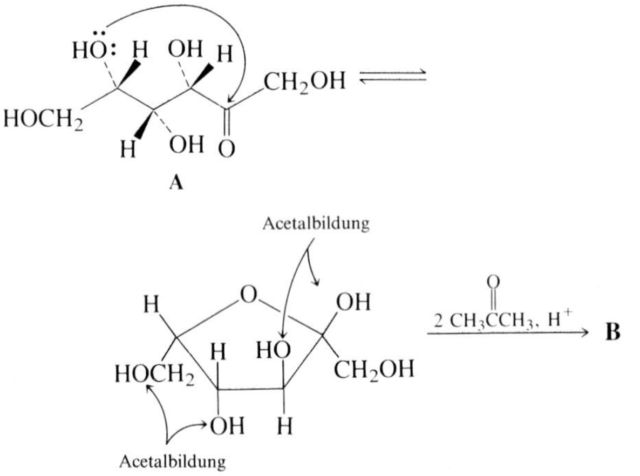

A

Acetalbildung

Acetalbildung

$2\ CH_3CCH_3,\ H^+$ → B

15-9

1. O_3 2. CH_3SCH_3

1. $HSCH_2CH_2SH$ 2. Raney Ni

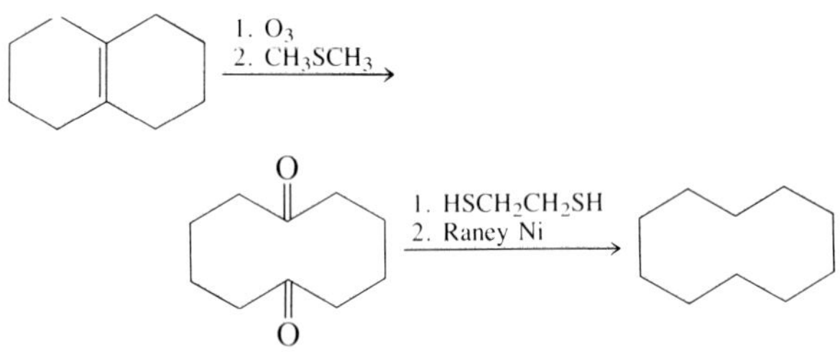

15-10

Der Mechanismus der Imidazolidinbildung ähnelt dem für die Bildung von Acetalen formulierten.

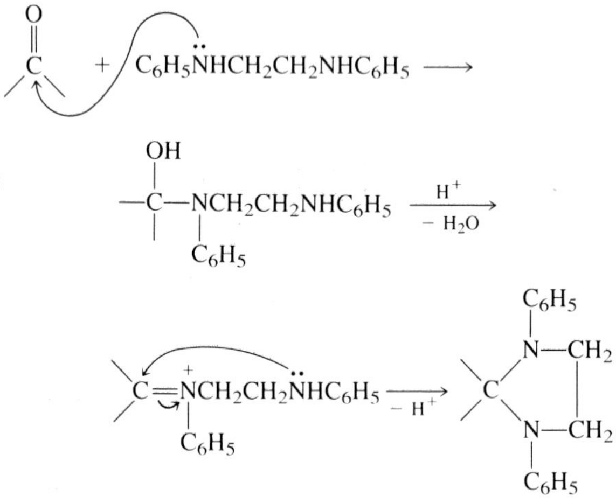

$C_6H_5NHCH_2CH_2NHC_6H_5$ →

$\xrightarrow[-H_2O]{H^+}$

$\xrightarrow{-H^+}$

15-11

(a) N

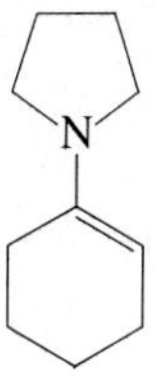

(b) N N

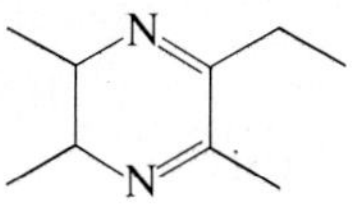

(c) HO ... H, N–NHC$_6$H$_5$

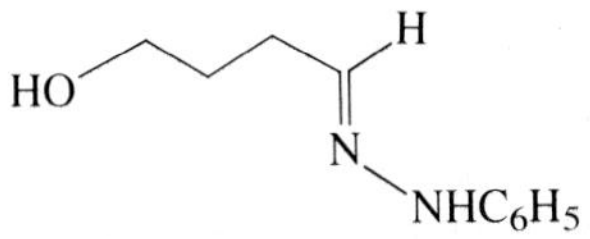

15-12

(a)

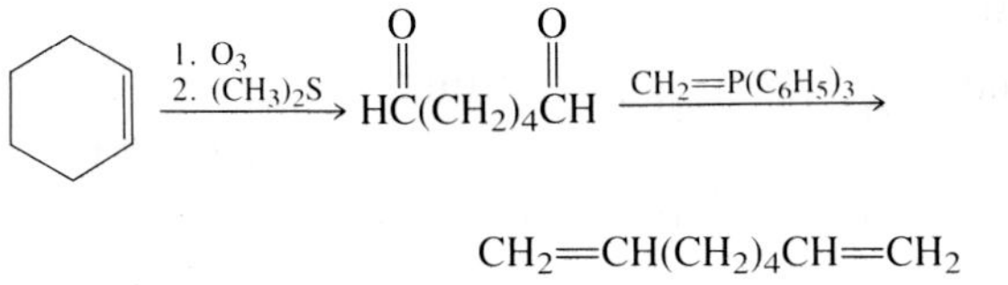

$$\xrightarrow[2.\ (CH_3)_2S]{1.\ O_3} H\overset{O}{\overset{\|}{C}}(CH_2)_4\overset{O}{\overset{\|}{C}}H \xrightarrow{CH_2{=}P(C_6H_5)_3}$$

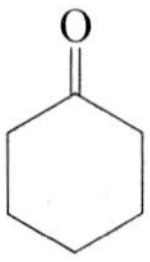

$$CH_2{=}CH(CH_2)_4CH{=}CH_2$$

(b)

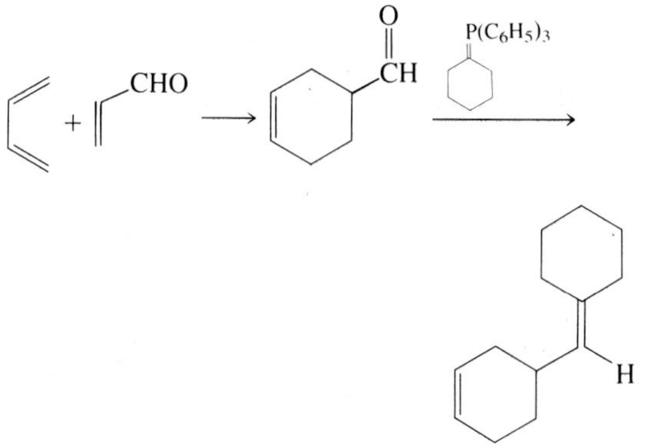

$+$ CHO $\longrightarrow$ O, CH $\xrightarrow{P(C_6H_5)_3}$

H

15-13

(a) O $+ CH_3CH{=}S(CH_3)_2$

(b) CH$_3$, O $+ CH_2{=}S(CH_3)_2$

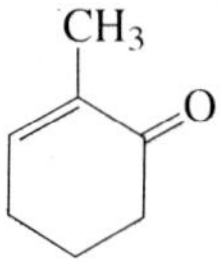

(c) $CH_3CH_2\overset{O}{\overset{\|}{C}}H + CH_2{=}S(CH_3)_2$

15-14

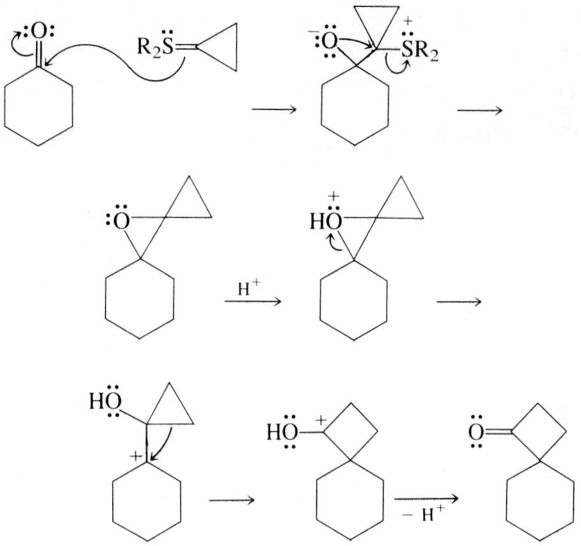

:O: + R$_2$S$=$ $\longrightarrow$:O: SR$_2$ $\longrightarrow$

:O: $\xrightarrow{H^+}$ HO $\longrightarrow$

HO $\longrightarrow$ HO $\xrightarrow{-\ H^+}$ O$=$

15-15

$$CH_3\overset{:O:}{\overset{\|}{C}}CH_3 + :\overset{-}{C}H_2{-}\overset{+}{N}{\equiv}N:$$

$$CH_3\overset{:O:^-}{\overset{|}{C}}{-}CH_2{-}\overset{+}{N}{\equiv}N: \qquad CH_3\overset{:O:^-}{\overset{|}{C}}{-}CH_2{-}\overset{+}{N}{\equiv}N:$$

CH$_3$ CH$_3$

$-\ N_2$ $-\ N_2$

$$CH_3\overset{:O:}{\overset{\|}{C}}CH_2CH_3 + N_2$$

H$_3$C, H$_3$C, C, :O:, CH$_2$

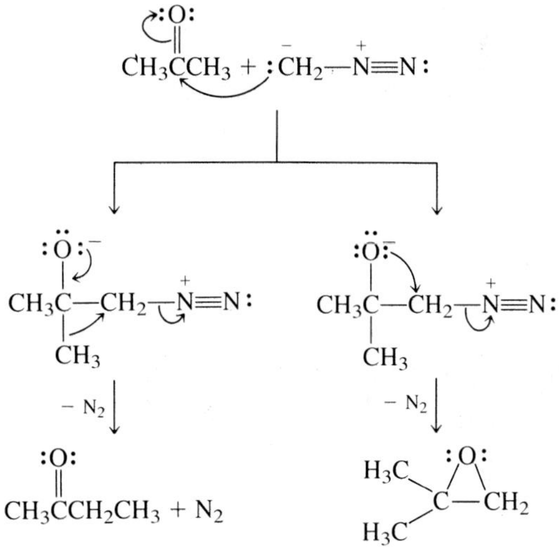

15-16

(a) $CH_2{=}CHCH_2CH_2O\overset{O}{\overset{\|}{C}}CH_3$

(b) O, O

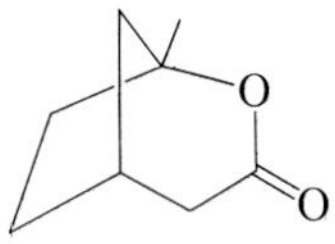

(c) $(CH_3)_3CO\overset{O}{\overset{\|}{C}}CH_3$

15-17

$$CH_3CH_2CH{=}CH_2 \xrightarrow[2.\ (CH_3)_2S]{1.\ O_3}$$

$$CH_3CH_2\overset{O}{\overset{\|}{C}}H \xrightarrow{CH_3\overset{O}{\overset{\|}{C}}CH_3,\ TiCl_3,\ Li}$$

$$CH_3CH_2CH{=}C(CH_3)_2$$

Kapitel 16

16-1

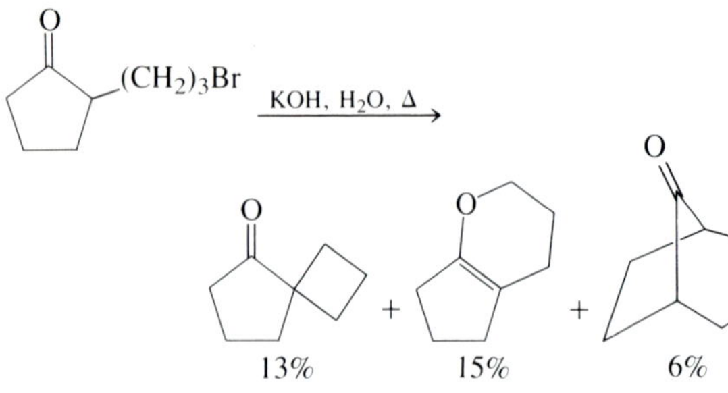

$(CH_2)_3Br$ — KOH, H_2O, Δ →

13% + 15% + 6%

16-2

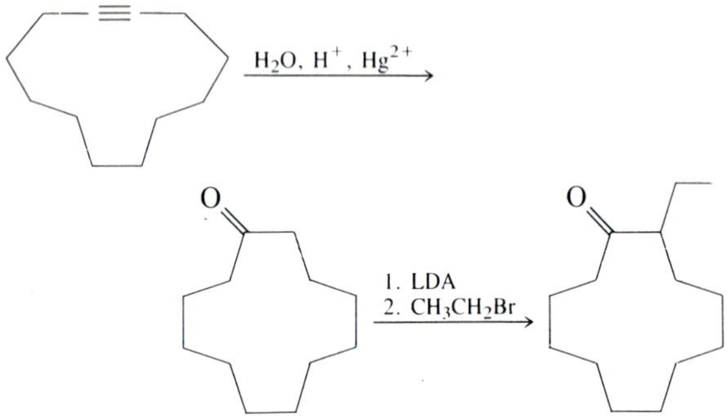

H_2O, H^+, Hg^{2+} →

1. LDA
2. CH_3CH_2Br →

16-3

Erstes Produkt:

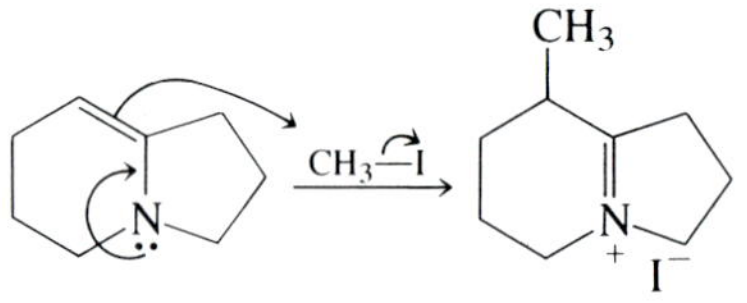

CH_3—I → CH_3, N^+ I^-

Zweites Produkt:

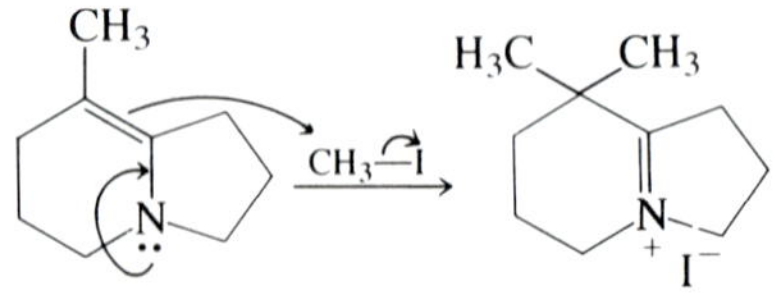

CH_3 — CH_3—I → H_3C CH_3, N^+ I^-

Drittes Produkt:

H_3C H — $^-$:ÖH, $-H_2O$ →

CH_3 — CH_3—I → CH_3, N^+ CH_3 I^-

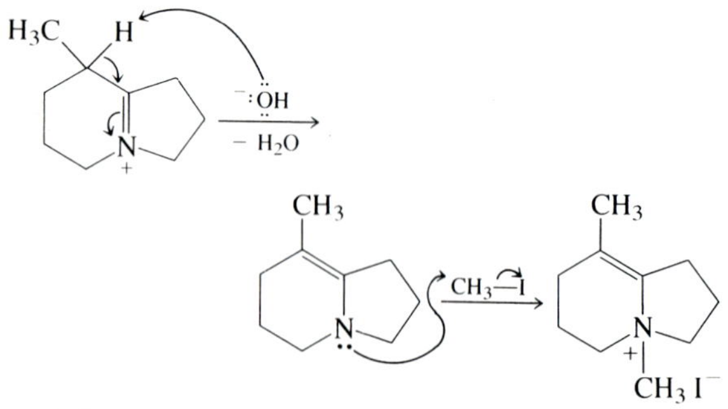

In diesem Fall ist die *C*-Alkylierung ziemlich gehindert. Daher wird die *N*-Alkylierung wahrscheinlicher.

16-4

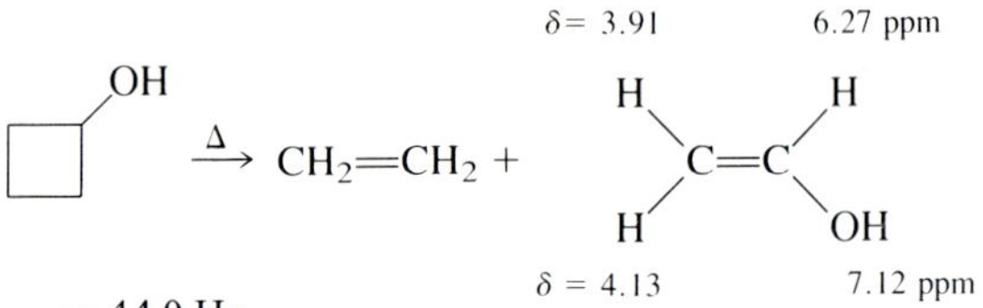

OH —Δ→ $CH_2{=}CH_2$ + (H)(H)C=C(H)(OH)

δ = 3.91 6.27 ppm

δ = 4.13 7.12 ppm

J_{trans} = 14.0 Hz
J_{cis} = 6.5 Hz
J_{gem} = 1.8 Hz

Zwei der Alkenyl-Wasserstoffatome treten bei ungewöhnlich hohem Feld (niedriger Frequenz) in Resonanz. Dieses Phänomen beobachtet man allgemein in den NMR-Spektren von Enolen und ihren Derivaten. Können Sie das erklären? (Hinweis: Zeichnen Sie die dipolare Resonanzstruktur von Ethenol.)

16-5

(a) D, D, D, D (O)

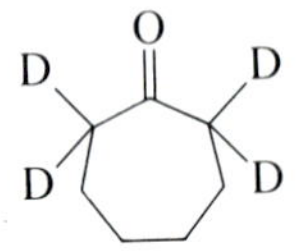

(b) $(CH_3)_3CCH$ (O)

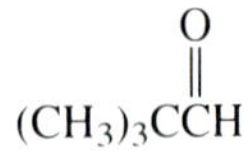

Kein Wasserstoffatom für die Enolisierung vorhanden

(c) $(CH_3)_3CCCD_3$ (O)

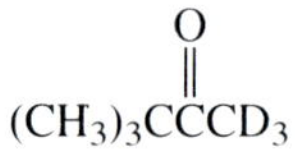

(d) D D, O, D, D, CHO, D

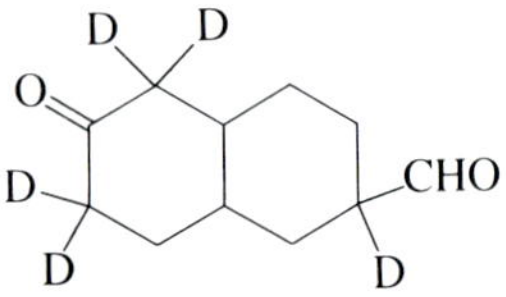

16-6

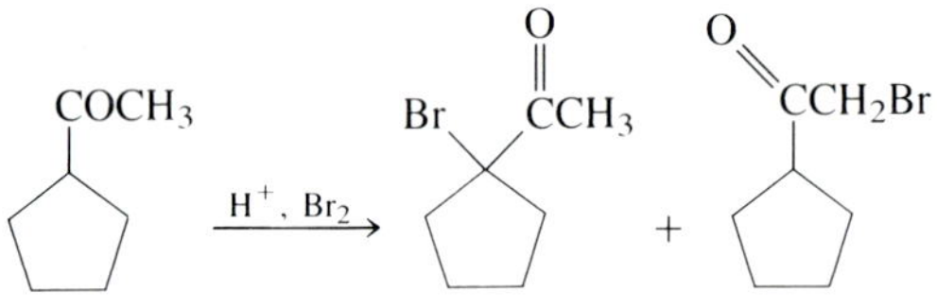

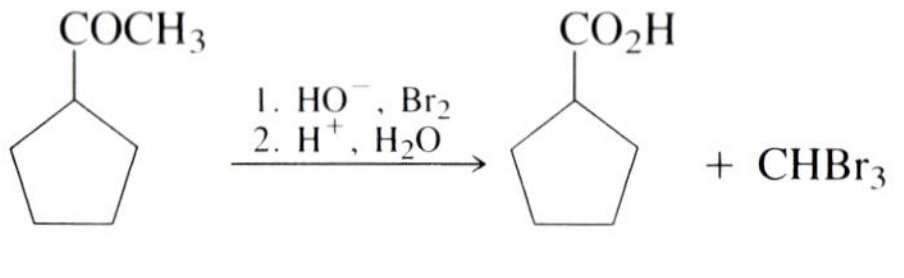

$COCH_3$ — H^+, Br_2 → Br CCH_3 (O) + CCH_2Br (O)

$COCH_3$ — 1. HO^-, Br_2 2. H^+, H_2O → CO_2H + $CHBr_3$

16-7

:Ö: :Ö: — Cl_2, HO^- → Cl Cl :Ö: :Ö: — $^-$:ÖH →

Cl Cl :Ö: :Ö:$^-$ ÖH → :O: CH_3 :Ö:$^-$ HÖCCH$_2$CCH$_2$C=CCl$_2$ (CH_3) →

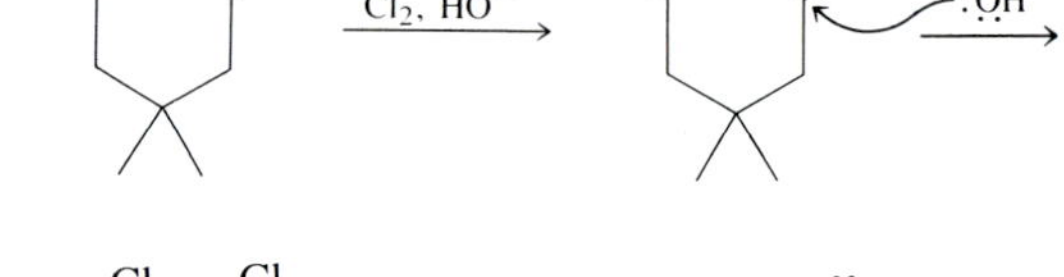

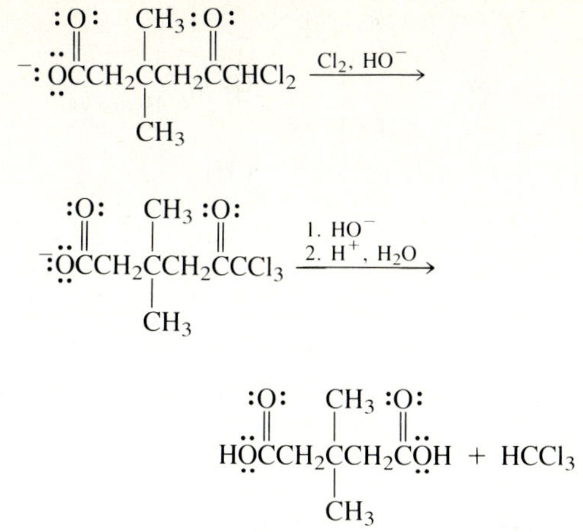

$$^{-}\!:\ddot{O}C(=O)CH_2C(CH_3)_2CH_2C(=O)CHCl_2 \xrightarrow{Cl_2,\ HO^-}$$

$$^{-}\!:\ddot{O}C(=O)CH_2C(CH_3)_2CH_2C(=O)CCl_3 \xrightarrow[2.\ H^+,\ H_2O]{1.\ HO^-}$$

$$HOC(=O)CH_2C(CH_3)_2CH_2C(=O)OH + HCCl_3$$

16-8

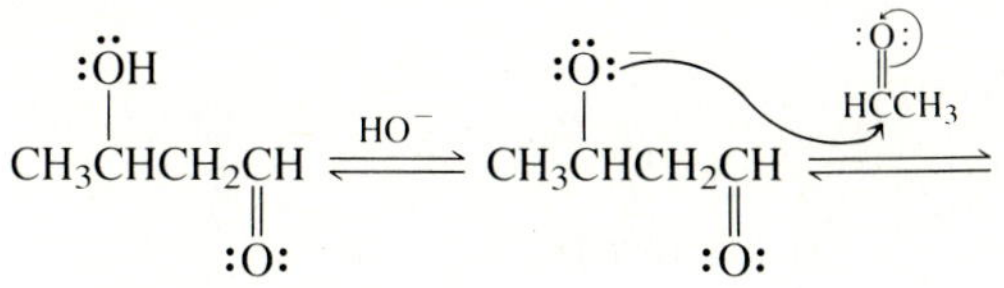

$$CH_3CH(OH)CH_2CHO \underset{}{\overset{HO^-}{\rightleftharpoons}} CH_3CH(O^-)CH_2CHO \rightleftharpoons$$

Aldol

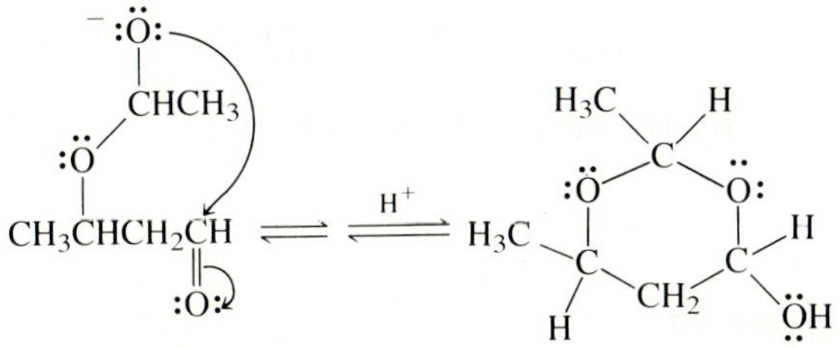

$$CH_3CH(OCH(O^-)CH_3)CH_2CHO \overset{H^+}{\rightleftharpoons}$$ (cyclic hemiacetal: 2,6-dimethyl-4-hydroxy-1,3-dioxane ring with H_3C, H, CH_2, OH)

16-9

(a) $C_6H_5CH{=}CHCHO$

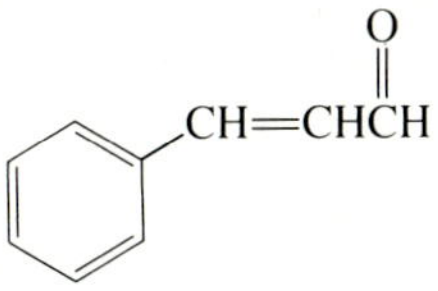

(b) (cyclohexyl)CH(OH)–C(CHO)(cyclohexane)

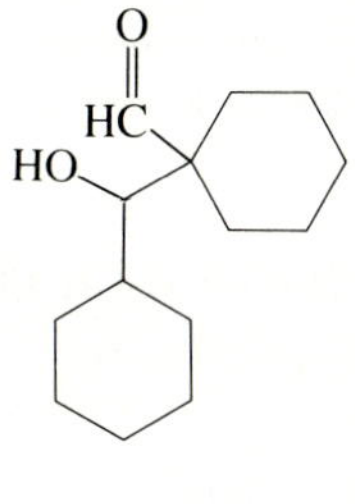

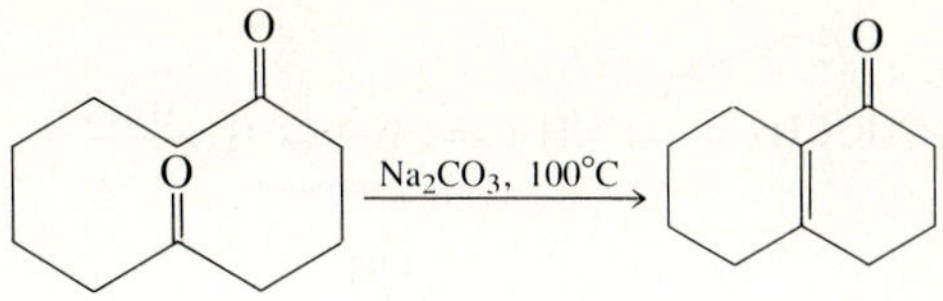

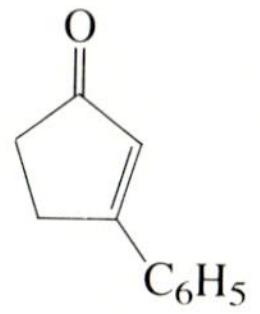

(c) $CH_2{=}CHCH{=}C(CH_3)CHO$

16-10

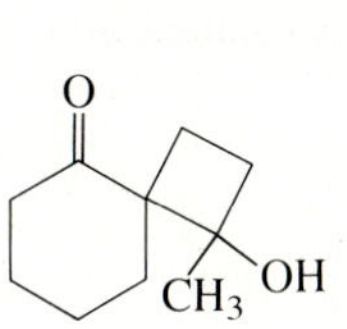

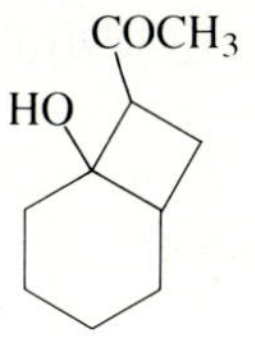

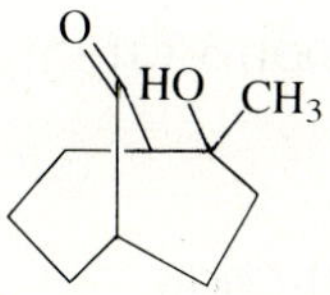

(spiro cyclohexanone–cyclobutane with CH_3, OH); (bicyclic with HO, $COCH_3$); (bicyclic ketone with HO, CH_3)

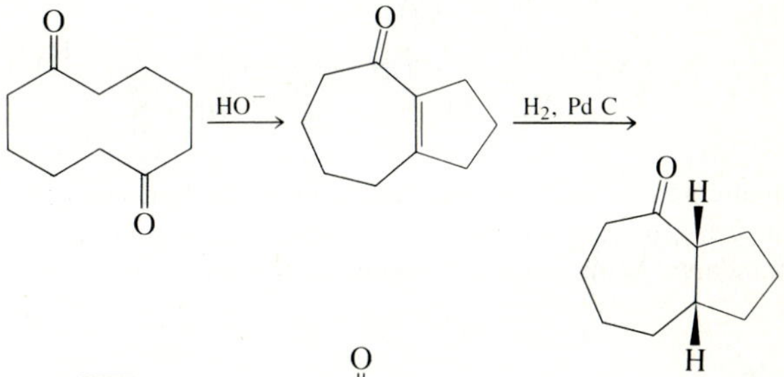

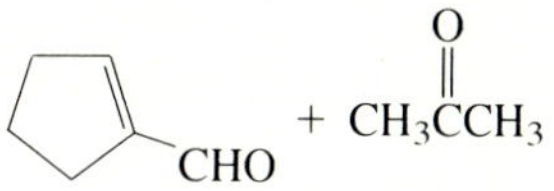

16-11

(a) (cyclodecane-1,6-dione) $\xrightarrow{Na_2CO_3,\ 100°C}$ (bicyclic enone)

(b) 3-C_6H_5-cyclopent-2-enone

(c) (bicyclic enone with propyl group)

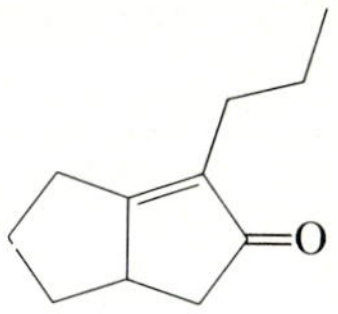

16-12

(a) (cyclodecane-1,6-dione) $\xrightarrow{HO^-}$ (bicyclic enone) $\xrightarrow{H_2,\ Pd\ C}$ (cis-fused bicyclic ketone, H, H)

(b) (cyclopentene)CHO + $CH_3C(=O)CH_3$

(c) $C_6H_4(CHO)_2$ + O=(cyclooctane)

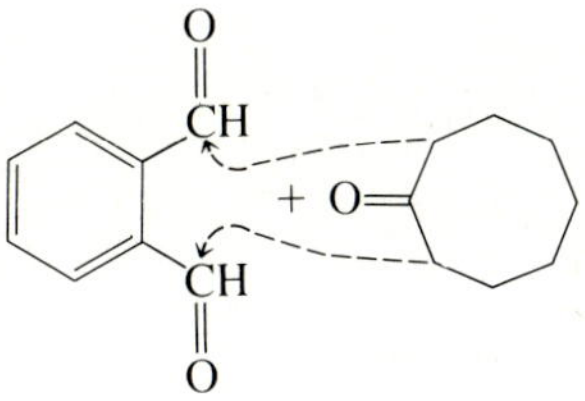

16-13

$$CH_3CH_2CHO \xrightarrow{(C_6H_5)_3P{=}CHCHO}$$

$$CH_3CH_2CH{=}CHCHO \xrightarrow[2.\ LiAlH_4]{1.\ H_2,\ Pd/C}$$

$$CH_3CH_2CH_2CH_2CH_2OH$$

16-14

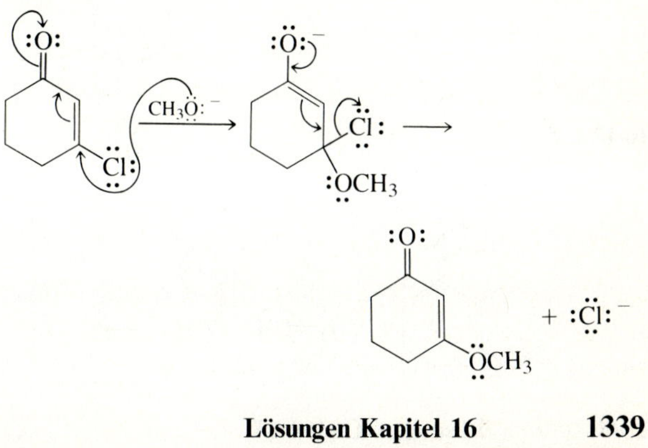

(3-chlorocyclohex-2-enone) $\xrightarrow{CH_3\ddot{O}:^-}$ (enolate with Cl and $:\ddot{O}CH_3$) $\longrightarrow$

(3-methoxycyclohex-2-enone, $\ddot{O}CH_3$) + $:\ddot{Cl}:^-$

16-15

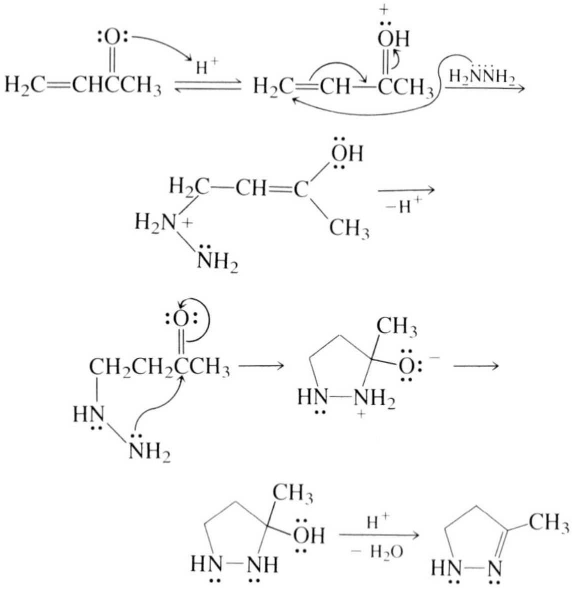

$$H_2C{=}CH\overset{:O:}{C}CH_3 \underset{}{\overset{H^+}{\rightleftharpoons}} H_2C{=}CH{-}\overset{+\ddot{O}H}{C}CH_3 \xrightarrow{H_2\ddot{N}\ddot{N}H_2}$$

$$H_2C{-}CH{=}C(\ddot{O}H)(CH_3)\text{ mit } H_2\overset{+}{N}{-}\ddot{N}H_2 \text{ an } H_2C \xrightarrow{-H^+}$$

$$CH_2CH_2\overset{:\ddot{O}:}{C}CH_3 \text{ mit } H\ddot{N}{-}\ddot{N}H_2 \longrightarrow \text{Ring } (H\ddot{N}{-}\overset{+}{N}H_2,\ CH_3,\ {-}\ddot{O}:^-) \longrightarrow$$

$$\text{Ring } (H\ddot{N}{-}\ddot{N}H,\ CH_3,\ \ddot{O}H) \xrightarrow[-H_2O]{H^+} \text{Ring } (H\ddot{N}{-}\ddot{N}{=}C{-}CH_3)$$

Ein alternativer Mechanismus besteht in der Bildung eines Hydrazons, gefolgt von einer intramolekularen 1,4-Addition der sekundären Aminogruppe. Formulieren Sie ihn!

16-16

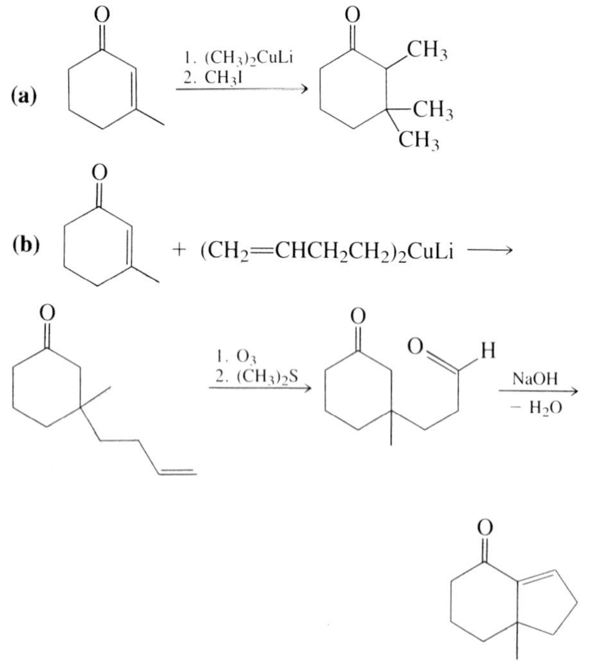

(a) 3-Methylcyclohex-2-enon (O) $\xrightarrow[2.\ CH_3I]{1.\ (CH_3)_2CuLi}$ Cyclohexanon (O) mit CH_3, CH_3, CH_3

(b) 3-Methylcyclohex-2-enon (O) $+ (CH_2{=}CHCH_2CH_2)_2CuLi \longrightarrow$

Cyclohexanon (O) mit Methyl und Butenyl $\xrightarrow[2.\ (CH_3)_2S]{1.\ O_3}$ Cyclohexanon (O) mit CH_2CH_2CHO (O, H) $\xrightarrow[-H_2O]{NaOH}$ bicyclisches Enon (O)

16-17

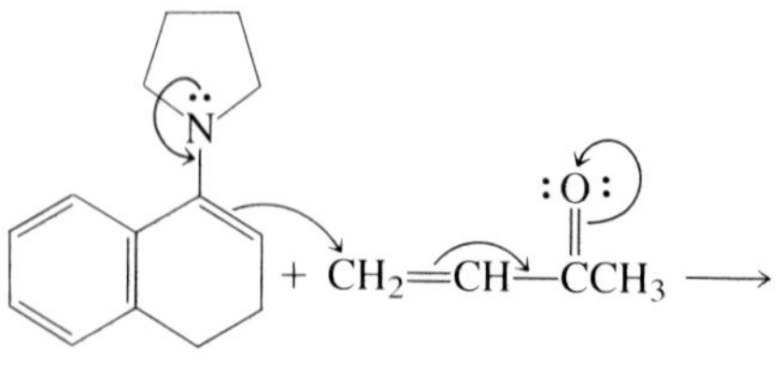

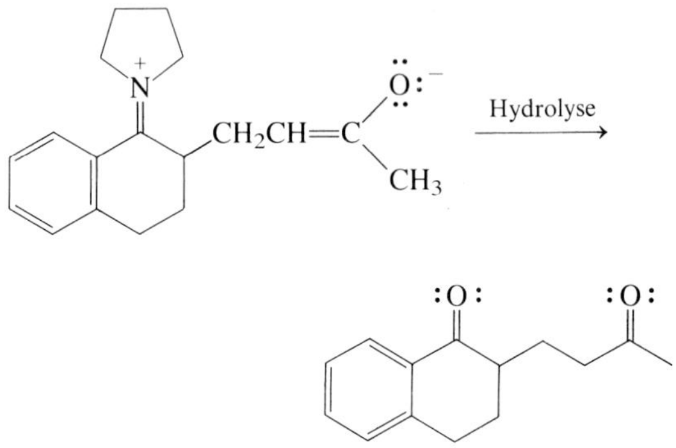

Enamin ($\ddot{N}$, Pyrrolidin) $+ CH_2{=}CH{-}\overset{:\ddot{O}:}{C}CH_3 \longrightarrow$

Iminium ($\overset{+}{N}$) mit $CH_2CH{=}C(\ddot{O}:^-)(CH_3)$ $\xrightarrow{\text{Hydrolyse}}$ Diketon (:O:, :O:)

16-18

(a) $CH_3\overset{:\ddot{O}:^-}{C}{=}CH_2 + CH_2{=}CH\overset{O}{C}CH_3$

(b) Cyclohexenolat ($:\ddot{O}:^-$) $+ CH_2{=}CH\overset{O}{C}CH_3$

(c) $C_6H_5CH{=}\overset{:\ddot{O}:^-}{C}CH_3 + CH_2{=}CH\overset{O}{C}CH_3$

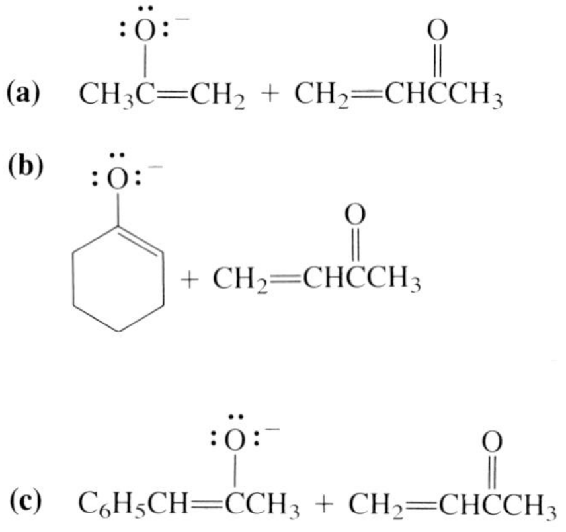

Kapitel 17

17-1

(a) 5-Brom-3-chlorheptansäure

(b) 4-Oxacyclohexancarbonsäure

(c) 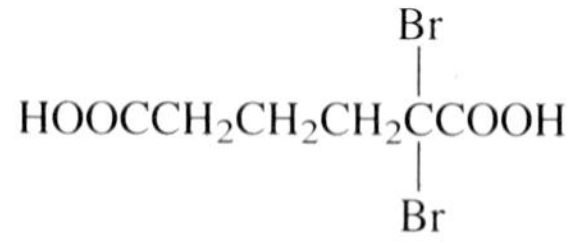 $HOOCCH_2CH_2CH_2\overset{Br}{\underset{Br}{C}}COOH$

(d) 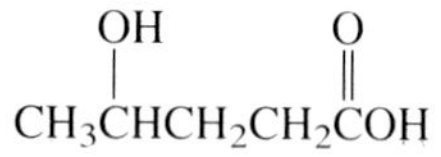 $CH_3\overset{OH}{C}HCH_2CH_2\overset{O}{C}OH$

17-2

$CH_3CH_2CH_2COOH$ Butansäure (Buttersäure)

17-3

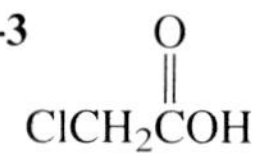

$ClCH_2\overset{O}{C}OH$

17-4

(a) $CH_3CBr_2COOH > CH_3CHBrCOOH > CH_3CH_2COOH$

(b) 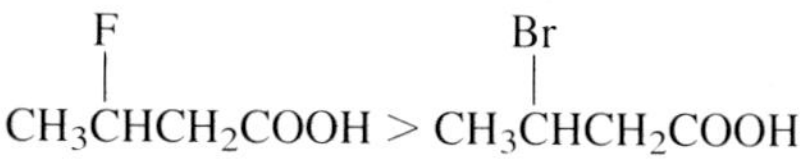 $CH_3\overset{F}{C}HCH_2COOH > CH_3\overset{Br}{C}HCH_2COOH$

(c) 1-Fluorcyclohexancarbonsäure > 4-Fluorcyclohexancarbonsäure ≥ Cyclohexancarbonsäure

17-5

Für protoniertes Propanon (Aceton) lassen sich weniger Resonanzformen formulieren:

$$CH_3\overset{O}{\overset{\|}{C}}CH_3 + H^+ \rightleftharpoons \left[CH_3\overset{^+OH}{\overset{\|}{C}}CH_3 \longleftrightarrow CH_3\overset{OH}{\overset{|}{\underset{+}{C}}}CH_3\right]$$

$$CH_3\overset{O}{\overset{\|}{C}}OH + H^+ \rightleftharpoons$$

$$\left[CH_3\overset{^+OH}{\overset{\|}{C}}{-}OH \longleftrightarrow CH_3\overset{OH}{\overset{|}{\underset{+}{C}}}{-}OH \longleftrightarrow CH_3\overset{OH}{\overset{|}{C}}{=}\overset{+}{O}H\right]$$

17-6

(a) 1. HCN, 2. H^+, H_2O.

(b) Methylencyclohexan $\xrightarrow{HBr}$ 1-Brom-1-methylcyclohexan (H_3C, Br) $\xrightarrow{1.\ Mg;\ 2.\ CO_2;\ 3.\ H^+,\ H_2O}$ 1-Methylcyclohexancarbonsäure (H_3C, COOH)

(c) 1-Brom-4-methoxycyclohexan (Br, OCH_3) $\xrightarrow[-\ Br^-,\ S_N2]{^-CN}$ 4-Methoxycyclohexancarbonitril ($N{\equiv}C$, OCH_3) $\xrightarrow{1.\ HO^-,\ H_2O;\ 2.\ H^+,\ H_2O}$ 4-Methoxycyclohexancarbonsäure (COOH, OCH_3)

17-7

Bei der Bildung beider Anhydride entsteht auch HCl, das ihre Zersetzung katalysiert.

(a)

$$RC(=\ddot{O})\ddot{O}C(=\ddot{O})Cl \xrightarrow{H^+} RC(=\overset{+}{O}H)\ddot{O}C(=\ddot{O})Cl \xrightarrow{Cl^-}$$

$$R{-}C(Cl)(\ddot{O}H){-}\ddot{O}{-}C(=O){-}Cl \longrightarrow RC(=\overset{+}{O}H)Cl + \ddot{O}{=}C{=}\ddot{O} + Cl^-$$

$$RC(=\overset{+}{O}H)Cl \longrightarrow RC(=O)Cl + H^+$$

(b)

$$RC(=\ddot{O})\ddot{O}C(=\ddot{O}){-}C(=\ddot{O})Cl \xrightarrow{HCl} R{-}C(Cl)(\ddot{O}H){-}\ddot{O}{-}C(=O){-}C(=O){-}Cl \longrightarrow$$

$$RC(=O)Cl + \ddot{O}{=}C{=}\ddot{O} + :C{\equiv}O: + H^+ + Cl^-$$

17-8

(a)

$$1.\ CH_3\overset{O}{\overset{\|}{C}}Cl + Na^{+\,-}O\overset{O}{\overset{\|}{C}}CH_2CH_3$$

$$2.\ CH_3\overset{O}{\overset{\|}{C}}O^-Na^+ + Cl\overset{O}{\overset{\|}{C}}CH_2CH_3$$

(b)

$$CH_3\overset{H_3C}{\overset{|}{C}}H\overset{O}{\overset{\|}{C}}OH + SOCl_2 \text{ oder } COCl_2$$

17-9

Die Reaktion verläuft autokatalytisch.

Butandisäure + H^+ $\longrightarrow$ protonierte Säure (^+OH) $\longrightarrow$ cyclisches Zwischenprodukt (HO, OH, $\overset{+}{O}H$) $\longrightarrow$

cyclisches Zwischenprodukt (HO, $\overset{+}{O}H_2$) $\xrightarrow{-\ H_2O}$ protoniertes Anhydrid (O—H, +) $\longrightarrow$ Bernsteinsäureanhydrid + H^+

17-10
Das tetraedrische Zwischenprodukt, das nach der Wasseranlagerung an den Ester entstanden ist, enthält zwei äquivalente Hydroxygruppen. Die Bildung ist reversibel, die Rückreaktion, bei der Wasser eliminiert und der Ester zurückgebildet wird, kann mit gleicher Wahrscheinlichkeit über die markierte oder unmarkierte Spezies verlaufen.

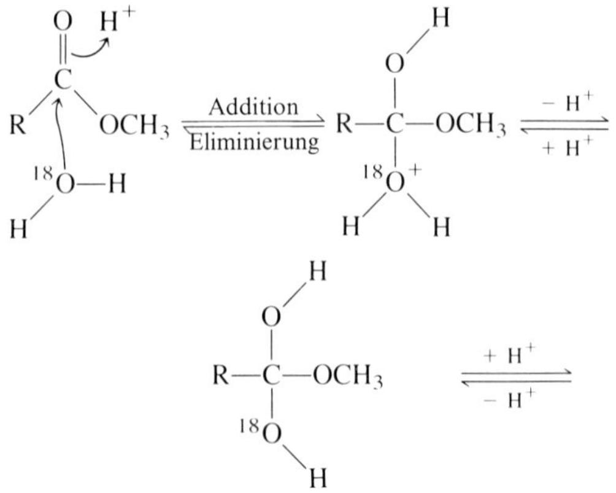

Addition ⇌ Eliminierung; $-H^+$ ⇌ $+H^+$; $+H^+$ ⇌ $-H^+$

Tetraedrisches Zwischenprodukt, beide OH-Gruppen äquivalent

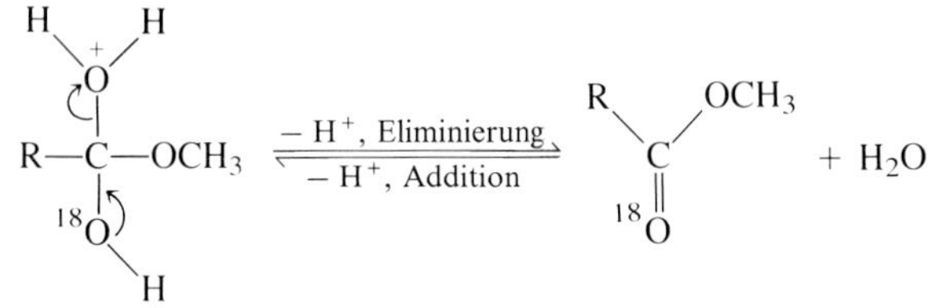

$-H^+$, Eliminierung ⇌ $-H^+$, Addition; $+ H_2O$

markierter Ester

17-11

H^+ ⇌; $-H^+$ ⇌

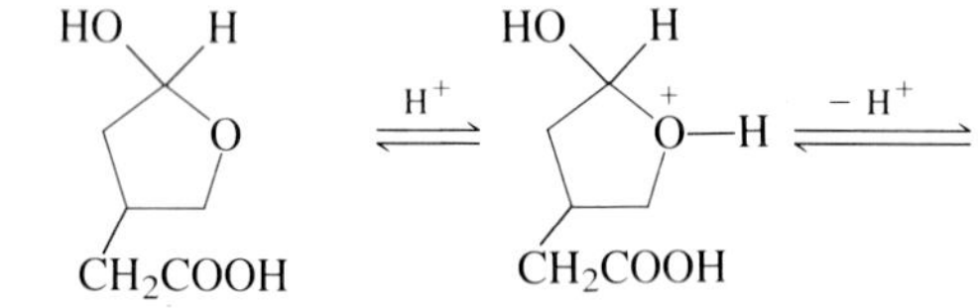

intramolekulares Halbacetal (s. Abschn. 15-5)

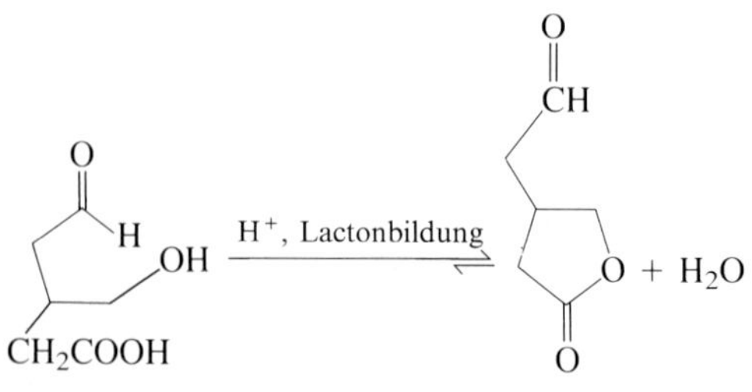

H^+, Lactonbildung; $+ H_2O$

17-12

$\xrightarrow[-Br^-]{CN}$

$\xrightarrow{H^+, H_2O, \text{Hydrolyse}}$

$\xrightarrow[-H_2O]{NaOH, \Delta}$

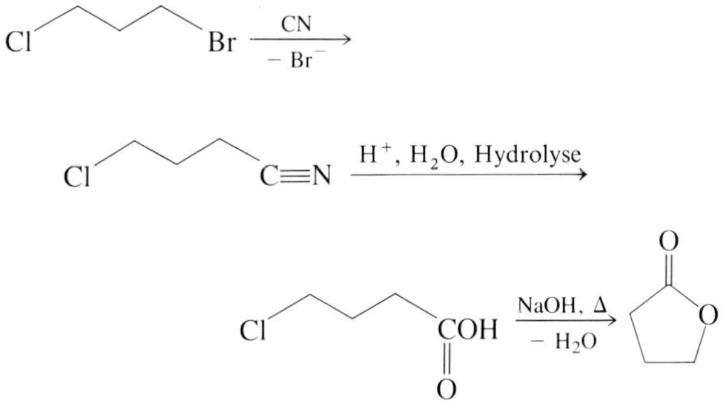

17-13
(a) Bei der Hydrolyse des Esters wird die Konfiguration am Chiralitätszentrum nicht verändert.
(b) Bei der S_N2-Reaktion mit Carboxylat-Ionen kommt es zur Konfigurationsumkehr am Chiralitätszentrum.

17-14

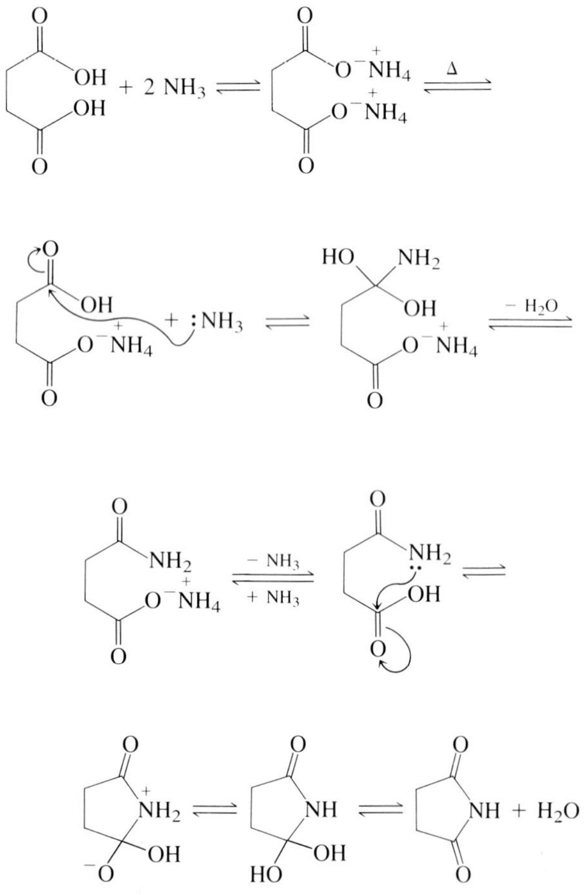

$+ 2\ NH_3$ ⇌; Δ ⇌

$+ :NH_3$ ⇌; $-H_2O$ ⇌

$-NH_3$ ⇌ $+NH_3$; ⇌

⇌ ⇌ $+ H_2O$

17-15

$$CH_3CH_2CH_2CH_2Li \xrightarrow{CO_2} CH_3CH_2CH_2CH_2\overset{O}{\overset{\|}{C}}O^-Li^+ \xrightarrow{CH_3CH_2CH_2CH_2Li}$$

$$CH_3CH_2CH_2CH_2\underset{CH_3CH_2CH_2CH_2}{\underset{|}{\overset{O^-Li^+}{\overset{|}{C}}}}O^-Li^+ \xrightarrow{H^+,\ H_2O} (CH_3CH_2CH_2CH_2)_2C{=}O$$

17-16

(a) 1. H^+, H_2O, 2. $LiAlH_4$, 3. H^+, H_2O;
(b) $LiAlD_4$, 2. H^+, H_2O.

17-17

$$CH_3COOH \xrightarrow{2\ LDA} \underset{\mathbf{A}}{^-:CH_2\overset{:O:}{\overset{\|}{C}}\ddot{O}:^-}$$

(a) $\mathbf{A} + H_2C\overset{O}{—}CH_2$ (Ethylenoxid) **(b)** $\mathbf{A} + CH_3COCH_3$
(c) $\mathbf{A} + CH_3I$

17-18

(a) $CH_3CH_2CH_2COOH \xrightarrow{1.\ 2\ LDA;\ 2.\ CH_3I;\ 3.\ H^+,\ H_2O} CH_3CH_2\overset{CH_3}{\overset{|}{C}}HCOOH \xrightarrow{1.\ AgNO_3,\ KOH;\ 2.\ Br_2} CH_3CH_2\overset{CH_3}{\overset{|}{C}}HBr$

(b) $CH_3CH_2CH_2COOH \xrightarrow{1.\ AgNO_3,\ KOH;\ 2.\ Br_2} CH_3CH_2CH_2Br \xrightarrow{1.\ (CH_3)_3CO^-K^+;\ 2.\ KMnO_4,\ HO^-} CH_3COOH$

Kapitel 18

18-1

Bei Raumtemperatur ist die Drehung um die Amidbindung langsam in der NMR-Zeitskala, man beobachtet zwei verschiedene Rotamere:

$$H_3C\overset{O}{\overset{\|}{C}}—\underset{H}{N}—NHC_6H_5 \rightleftharpoons H_3C\overset{O}{\overset{\|}{C}}—\underset{NHC_6H_5}{N}—H$$

Beim Erwärmen stellt sich das Gleichgewicht so rasch ein, daß man im NMR nicht mehr zwischen zwei verschiedenen Spezies unterscheiden kann.

18-2

$$H_3C\overset{:O:}{\overset{\|}{C}}\ddot{\underset{..}{Cl}}: + H^+ \longrightarrow$$

$$\left[H_3C\overset{^+:O—H}{\overset{\|}{C}}\ddot{Cl}: \longleftrightarrow H_3C\overset{:\ddot{O}—H}{\overset{|}{C^+}}\ddot{Cl}: \longleftrightarrow H_3C\overset{:\ddot{O}—H}{\overset{|}{C}}{=}\ddot{Cl}:^+ \right]$$

geringe Beteiligung am Resonanzhybrid

$$H_3C\overset{:O:}{\overset{\|}{C}}\ddot{N}H_2 + H^+ \longrightarrow$$

$$\left[H_3C\overset{^+:O—H}{\overset{\|}{C}}\ddot{N}H_2 \longleftrightarrow H_3C\overset{:\ddot{O}—H}{\overset{|}{C^+}}\ddot{N}H_2 \longleftrightarrow H_3C\overset{:\ddot{O}—H}{\overset{|}{C}}{=}\overset{+}{N}H_2 \right]$$

starke Beteiligung am Resonanzhybrid

18-3

Die negative Ladung kann über zwei Carbonylgruppen delokalisiert werden.

Phthalimid (:N—H) $\xrightarrow[-\ H_2O]{^-:\ddot{O}H}$

[Phthalimid-Anion mit negativer Ladung am N $\longleftrightarrow$ negative Ladung am oberen O ($:\ddot{O}:^-$), C=N $\longleftrightarrow$ negative Ladung am unteren O ($:\ddot{O}:^-$), C=N]

18-4

$$CH_3COOH \xrightarrow{SOCl_2} CH_3\overset{O}{\overset{\|}{C}}Cl \xrightarrow{(CH_3)_3COH,\ (CH_3CH_2)_3N} CH_3\overset{O}{\overset{\|}{C}}OC(CH_3)_3 + (CH_3CH_2)_3\overset{+}{N}HCl^-$$

18-5
Stellen Sie das Alkanoyltriethylammonium-Salz mit *N,N*-Diethylethanamin (Triethylamin) dar, und geben Sie dann das teuere Amin zu.

18-6

(a) H_2O **(b)** $CH_3\overset{O}{\overset{\|}{C}}O^-Na^+$; **(c)** Cyclohexanol (OH);
(d) $(CH_3)_2NH$; **(e)** CH_3CH_2MgBr, $-78\,°C$;
(f) $LiAl[OC(CH_3)_3]_3$.

18-7

Butanimid (Succinimid) [Ringformel: NH]; s. Abschn. 17.9

18-8
Säurekatalyse:

$$CH_3\overset{O}{\overset{\|}{C}}O\overset{O}{\overset{\|}{C}}CH_3 \underset{-H^+}{\overset{+H^+}{\rightleftharpoons}} CH_3\overset{+OH}{\overset{\|}{C}}O\overset{O}{\overset{\|}{C}}CH_3 \underset{-CH_3OH}{\overset{+HOCH_3}{\rightleftharpoons}}$$

$$CH_3\underset{HO^+CH_3}{\overset{HO}{C}}O\overset{O}{\overset{\|}{C}}CH_3 \underset{+H^+}{\overset{-H^+}{\rightleftharpoons}} CH_3\underset{OCH_3}{\overset{HO}{C}}O\overset{O}{\overset{\|}{C}}CH_3 \underset{-H^+}{\overset{+H^+}{\rightleftharpoons}}$$

$$CH_3\underset{OCH_3}{\overset{OH}{C}}-O-\overset{+OH}{\overset{\|}{C}}CH_3 \rightleftharpoons CH_3\overset{+O-H}{\overset{\|}{C}}OCH_3 + CH_3\overset{O}{\overset{\|}{C}}OH$$

$$CH_3\overset{+O-H}{\overset{\|}{C}}OCH_3 \underset{+H^+}{\overset{-H^+}{\rightleftharpoons}} CH_3\overset{O}{\overset{\|}{C}}OCH_3$$

Basen„katalyse" (hierfür ist allerdings ein Äquivalent Base erforderlich):

$$CH_3OH + :B^- \rightleftharpoons BH + CH_3O:^-$$

$$CH_3\overset{O}{\overset{\|}{C}}O\overset{O}{\overset{\|}{C}}CH_3 + {}^-:OCH_3 \longrightarrow$$

$$CH_3\underset{OCH_3}{\overset{^-O}{C}}-O-\overset{O}{\overset{\|}{C}}CH_3 \longrightarrow CH_3\overset{O}{\overset{\|}{C}}OCH_3 + CH_3\overset{O}{\overset{\|}{C}}O:^-$$

18-9
(a) Propylpropanoat
(b) Dimethylbutandioat
(c) Methylpropenoat (Methylacrylat)

18-10

Lacton $\underset{-H^+}{\overset{H^+}{\rightleftharpoons}}$ protoniertes Lacton $\underset{-H_2O}{\overset{+H_2O}{\rightleftharpoons}}$ $\underset{+H^+}{\overset{-H^+}{\rightleftharpoons}}$

Hydrat (HO, OH) $\underset{-H^+}{\overset{+H^+}{\rightleftharpoons}}$ (HO, OH, +OH) $\rightleftharpoons$

$HO\text{–}CH_2CH_2CH_2\text{–}C(=OH^+)OH \underset{+H^+}{\overset{-H^+}{\rightleftharpoons}} HO\text{–}CH_2CH_2CH_2\text{–}C(=O)OH$

4-Hydroxybutansäure

18-11

Lacton $\underset{-HO^-}{\overset{HO:^-}{\rightleftharpoons}}$ (${}^-O$, OH) $\rightleftharpoons$

${}^-O\text{–}CH_2CH_2CH_2\text{–}C(=O)OH \longrightarrow HO\text{–}CH_2CH_2CH_2\text{–}C(=O)O:^-$

18-12
Basisches Methanol:

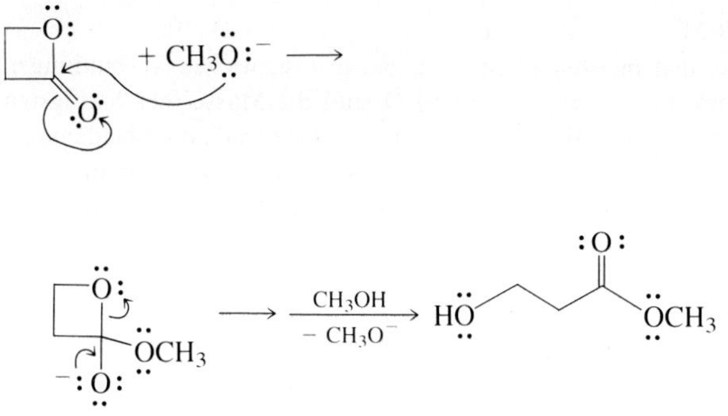

$$\text{(β-Lacton)} + CH_3\ddot{O}:^- \longrightarrow$$

$$\longrightarrow \xrightarrow[-\ CH_3O^-]{CH_3OH} H\ddot{O}\text{—}CH_2CH_2\text{—}C(=\ddot{O}:)\ddot{O}CH_3$$

Mit Methanol im Sauren läuft stattdessen eine S_N2-Reaktion am β-Kohlenstoff ab:

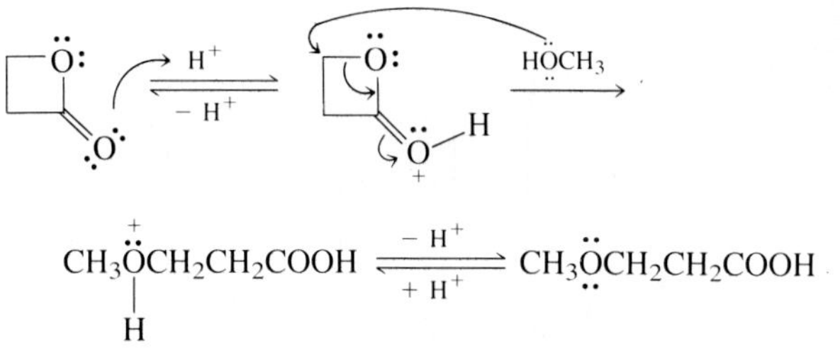

$$\underset{-\ H^+}{\overset{H^+}{\rightleftharpoons}} \qquad \xrightarrow{H\ddot{O}CH_3}$$

$$CH_3\overset{+}{\ddot{O}}(H)CH_2CH_2COOH \underset{+\ H^+}{\overset{-\ H^+}{\rightleftharpoons}} CH_3\ddot{O}CH_2CH_2COOH$$

Diese Reaktion ist typisch für gespannte Lactone.

18-13

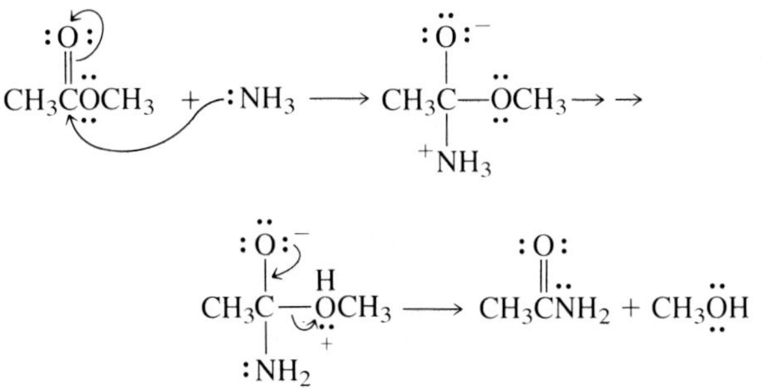

$$CH_3C(=\ddot{O}:)\ddot{O}CH_3 + :NH_3 \longrightarrow CH_3C(\ddot{O}:^-)(\ddot{O}CH_3)(^+NH_3) \rightarrow \rightarrow$$

$$CH_3C(\ddot{O}:^-)(\overset{+}{O}(H)CH_3)(:NH_2) \longrightarrow CH_3C(=\ddot{O}:)NH_2 + CH_3\ddot{O}H$$

18-14
Dies zunächst gebildete Alkoxid geht eine intramolekulare Umesterung ein:

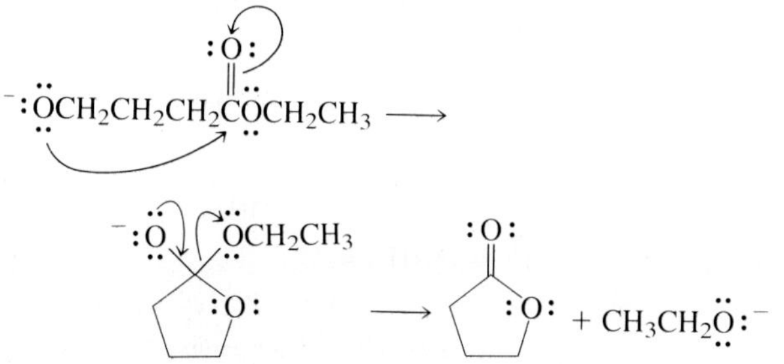

$$^-:\ddot{O}CH_2CH_2CH_2C(=\ddot{O}:)\ddot{O}CH_2CH_3 \longrightarrow$$

$$\longrightarrow \text{(γ-Butyrolacton)} + CH_3CH_2\ddot{O}:^-$$

18-15

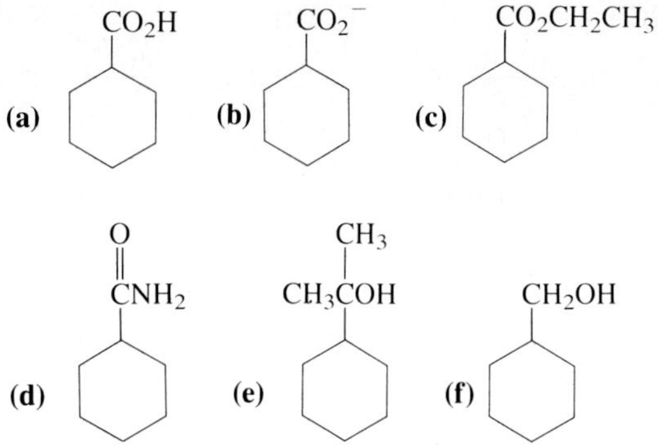

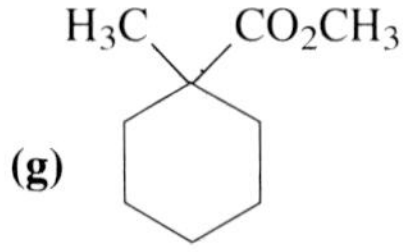

(a) CO_2H (b) CO_2^- (c) $CO_2CH_2CH_3$

(d) $C(=O)NH_2$ (e) $CH_3C(CH_3)OH$ (f) CH_2OH

(g) H_3C, CO_2CH_3 (h) keine Reaktion

18-16

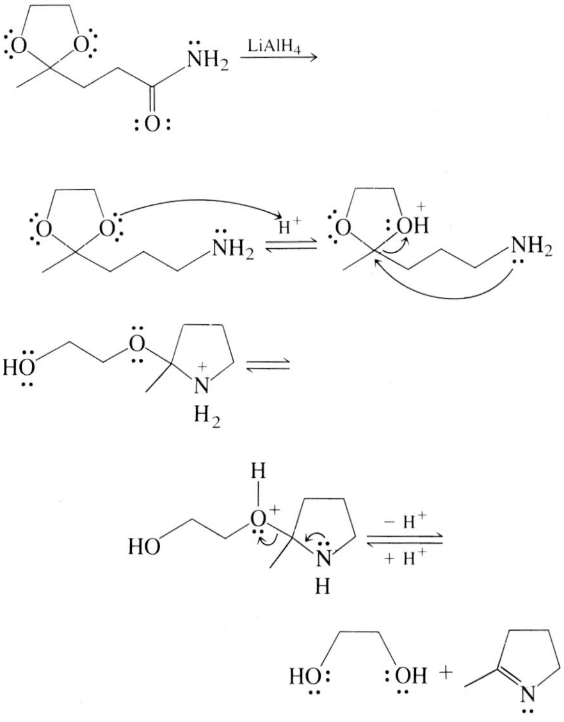

$$\ddot{N}H_2 \xrightarrow{LiAlH_4}$$

$$\ddot{N}H_2 \overset{H^+}{\rightleftharpoons} \qquad :\ddot{O}H \qquad NH_2$$

$$H\ddot{O} \qquad \overset{+}{N}H_2 \qquad \rightleftharpoons$$

$$HO \qquad \overset{+}{O}H \qquad NH \qquad \underset{+\ H^+}{\overset{-\ H^+}{\rightleftharpoons}}$$

$$H\ddot{O}: \quad :\ddot{O}H \quad + \quad \ddot{N}$$

18-17

$$R\ddot{N}{=}C{=}\ddot{O} + H_2\ddot{O}: \longrightarrow$$

$$\left[R\ddot{N}{=}C(\ddot{O}:^-)(\overset{+}{O}H_2) \longleftrightarrow R\overset{-}{\ddot{N}}\text{—}C(=\ddot{O}:)(\overset{+}{O}H_2) \right] \xrightarrow{\text{zweifache } H^+\text{-Verschiebung}}$$

$$RN^+H_2\text{—}C(=\ddot{O}:)(\ddot{O}:^-) \longrightarrow R\ddot{N}H_2 + \ddot{O}{=}C{=}\ddot{O}$$

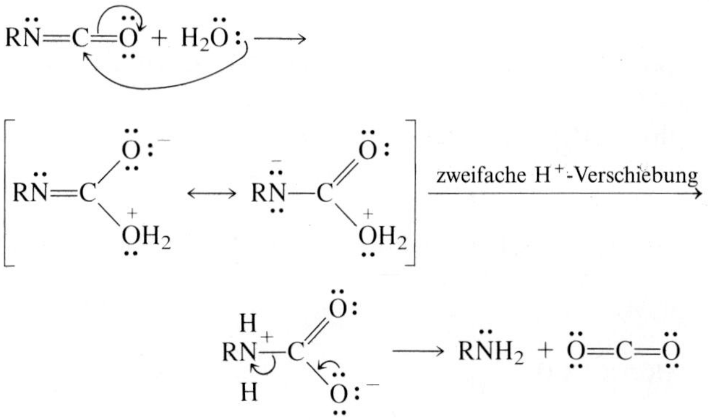

18-18

$COOCH_3$ (verzweigte Kette) $\xrightarrow{H^+, H_2O, \Delta}$ $COOH$ $\xrightarrow{1.\ SOCl_2,\ 2.\ NH_3}$ $CONH_2$ $\xrightarrow{Br_2, HO^-}$ NH_2

In Abschn. 21.4 sehen wir, daß es möglich ist, die Carbonsäure direkt in das Amin zu überführen, ohne daß das Amid als Zwischenstufe entsteht.

18-19

$BrCH_2CH_2CH_2Br \xrightarrow[-\ Br^-]{^-CN}$

$BrCH_2CH_2CH_2C{\equiv}N \xrightarrow[-\ Br^-]{^-CN} NCCH_2CH_2CH_2CN$

117.6 — 119.1 22.6 17.6

und 3 weitere Signale

18-20

Die genauen Einzelheiten des Mechanismus der Reaktion sind nicht bekannt. Ein möglicher Mechanismus ist:

$R{-}C{\equiv}N \xrightarrow{LiAlH_4} R(H)C{=}N{-}AlH_3^-Li^+ \xrightarrow{LiAlH_4}$

$R{-}CH_2{-}N(AlH_3^-Li^+)_2 \xrightarrow{H^+, H_2O} RCH_2NH_2$

18-21

(a) 1. LDA, 2. CH_3I; **(b)** 1. H_2O, HO^-, 2. H^+, H_2O; **(c)** 1. H^+, CH_3OH, 2. H^+, H_2O; **(d)** $CH_3CH_2CH_2CH_2MgBr$, 2. H^+, H_2O; **(e)** 1.$(CH_3CH(CH_3)CH_2)_2AlH$, 2. H^+, H_2O; **(f)** D_2, Pt.

18-22

(a) CH_3OCH_3, CH_3CH_2OH, (Dioxiran), $HCOH$ (Ameisensäure);

(b) $CH_2{=}O$; **(c)** (Oxetan), $O{=}C{=}C{=}O$, ,

(Methyloxiren), $CH_2{=}CHCHO$, $HC{\equiv}CCH_2OH$, $CH_3C{\equiv}COH$,

$HC{\equiv}COCH_3$, (Methylenoxiran), (Oxabicyclobutan), (Cyclopropanon), (Cyclopropenol).

18-23

CH_2Br_2: m/z = 172, 174, 176; Intensitätsverhältnis 1:2:1.

18-24

Bei den meisten Elementen, die in organischen Verbindungen vorkommen, wie C, H und O sind die Masse (des häufigsten Isotops) und die Valenz entweder beide gerade oder beide ungerade. Stickstoff ist eine wichtige Ausnahme: Die Atommasse ist 14, die Valenz ist 3. Dieses Phänomen hat zur Formulierung der **Stickstoffregel** geführt, die dieser Übung zugrundeliegt.

18-25

Massenspektrum von 3-Methyl-3-heptanol.

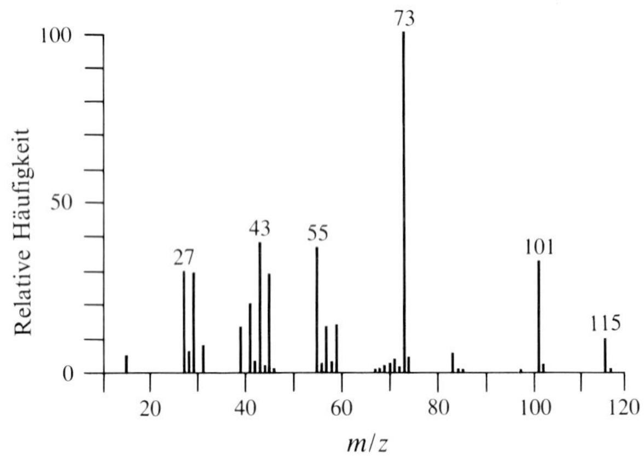

Die wichtigsten primären Fragmente kommen durch Aufbrechen der zur Hydroxygruppe α-ständigen Bindungen zustande. Warum? Überlegen Sie, wie stark diese sind und wie die Elektronenstruktur des resultierenden Radikal-Kations aussieht. (Zeichnen Sie Resonanzstrukturen.) Fragmentieren diese Kationen durch Abspaltung von Wasser?

18-26

Pentanal: m/z = 57, $CH_3CH_2CH_2CH_2$ (α-Spaltung)

m/z = 44, $H_2C{=}C(OH)H$ (McLafferty-Umlagerung)

Pentansäure: m/z = 60, $H_2C{=}C(OH)OH$ (McLafferty-Umlagerung)

Methylpentanoat: m/z = 57, $CH_3CH_2CH_2CH_2$ (α-Spaltung)

m/z = 85, $CH_3CH_2CH_2CH_2C{=}O$ (α-Spaltung)

m/z = 74, $H_2C{=}C(OH)OCH_3$ (McLafferty-Umlagerung)

18-27

(a) Beide zeigen dasselbe α-Fragmentierungsmuster, aber unterschiedliche McLafferty-Umlagerungen:

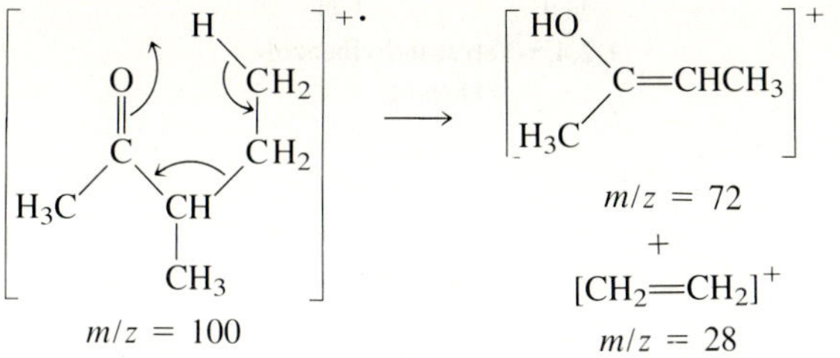

$[H_3C{-}C({=}O){-}CH(CH_3){-}CH_2{-}CH_2{-}H]^{+\cdot}$ $m/z = 100$ ⟶ $[(HO)(H_3C)C{=}CHCH_3]^+$ $m/z = 72$ + $[CH_2{=}CH_2]^+$ $m/z = 28$

(b) Beide zeigen dasselbe α-Fragmentierungsmuster, aber nur 2-Ethylcyclohexanon hat einen für die McLafferty-Umlagerung notwendigen γ-Wasserstoff:

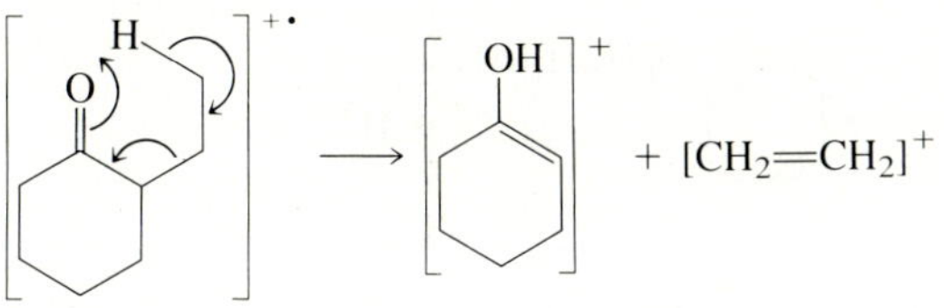

$[\text{2-Ethylcyclohexanon}]^{+\cdot}$ ⟶ $[OH\text{-Cyclohexen}]^+$ + $[CH_2{=}CH_2]^+$

Kapitel 19

19-1

(a) 1-Chlor-4-nitrobenzol (*p*-Chlornitrobenzol)
(b) 1-Deuterio-2-methylbenzol (*o*-Deuteriotoluol)
(c) 2,4-Dinitrophenol

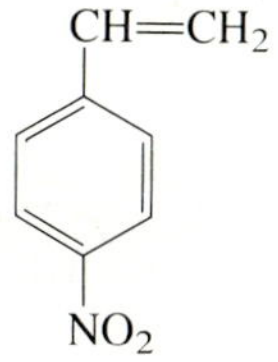

19-2

(a) 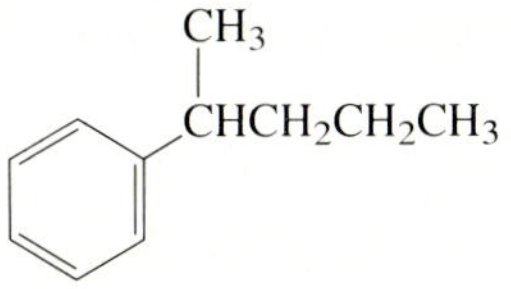 $C_6H_5{-}CH(CH_3)CH_2CH_2CH_3$

(b) $CH{=}CH_2$, NO_2 (para)

(c) CH_3, O_2N, NO_2, NO_2

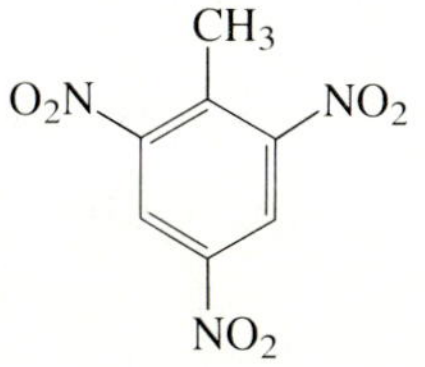

19-3

(a) 1,3-Dichlorbenzol (*m*-Dichlorbenzol)
(b) 2-Fluorbenzolamin (*o*-Fluoranilin)
(c) 1-Brom-4-fluorbenzol (*p*-Bromfluorbenzol)

19-4

1,2-Dichlorbenzol:

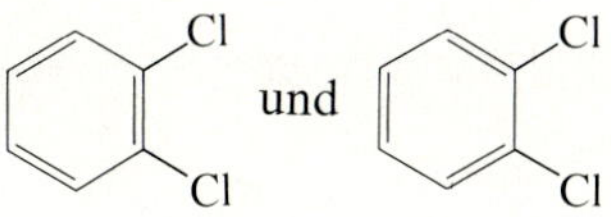

Cl, Cl und Cl, Cl

1,2,4-Trichlorbenzol:

Cl, Cl, Cl und Cl, Cl, Cl

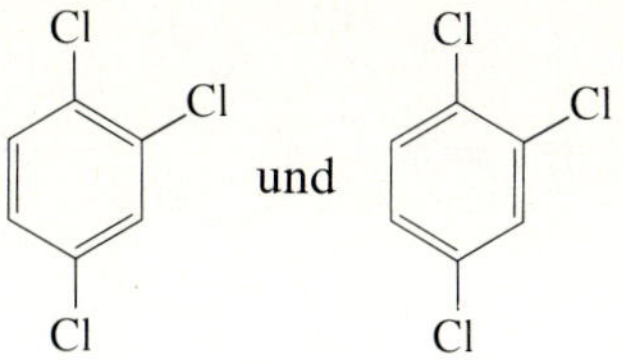

19-5

In B ist die cyclische Anordnung der sechs π-Elektronen und damit die Aromatizität verlorengegangen. Die Ringöffnung ist daher endotherm.

19-6

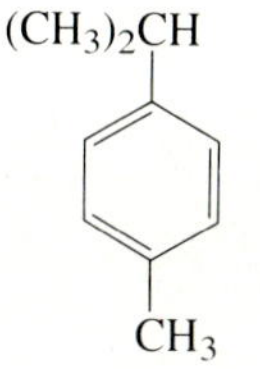

$(CH_3)_2CH$, CH_3

19-7

Nach Tab. 12-1 verlaufen elektrophile Additionen an Alkene exotherm, wobei bis zu 113 kJ/mol freiwerden. Bei Additonen an Benzol würden dagegen ungefähr 124 kJ/mol an Resonanzenergie verlorengehen, deshalb sind sie thermodynamisch nicht möglich.

19-8

Fluorierung: −476 kJ/mol
Chlorierung: −126 kJ/mol
Iodierung: +45 kJ/mol (endotherm)

19-9

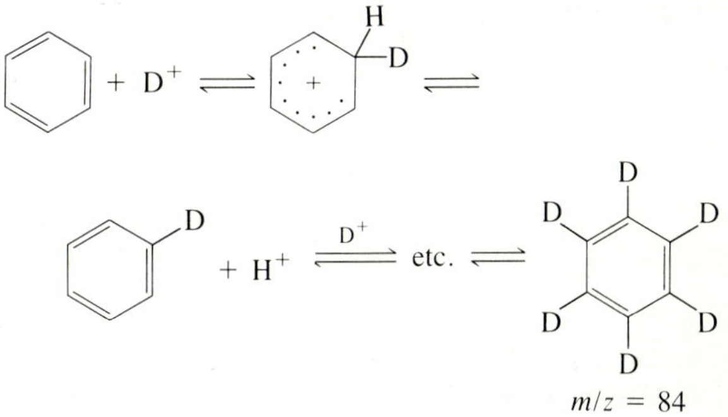

+ D^+ ⇌ (H, D, +) ⇌

(D) + H^+ $\xrightarrow{D^+}$ etc. ⇌ (D, D, D, D, D, D)

$m/z = 84$

19-10

$\xrightarrow{HF,\ SbF_5,\ SO_2ClF,\ SO_2F_2,\ -129°C}$

H H $\delta = 5.69$ ppm
H $\delta = 9.58$ ppm
H $\delta = 8.22$ ppm
H $\delta = 9.42$ ppm

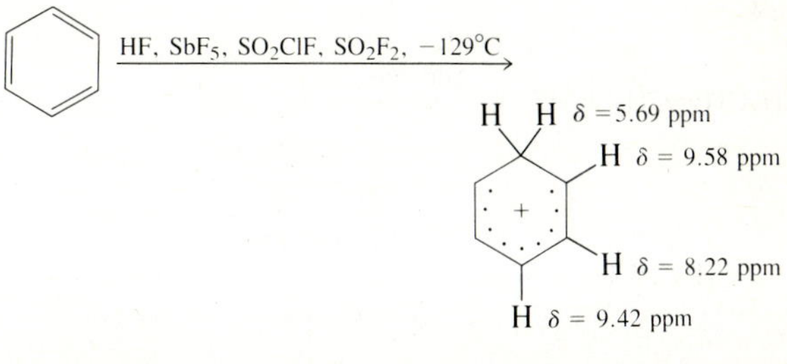

Die Zuordnung der NMR-Signale basiert auf dem Betrag der Ladungen auf den einzelnen Kohlenstoffatomen des Hexadienyl-Kations, wie man sie aufgrund von Resonanzstrukturen erwartet.

19-11

(a) $C_6H_5SO_3H + H^+ \rightleftharpoons$ [HO_3S, H]-Cyclohexadienyl-Kation (+) $\rightleftharpoons$

[^-O_3S, H]-Cyclohexadienyl-Kation (+) $\rightleftharpoons C_6H_5H + SO_3$

(b) $:O: = S(=\ddot{O})_2 + H\ddot{O}H \longrightarrow$

$:O: = S(=\ddot{O})(-\ddot{O}:^-)(-{}^+\ddot{O}H_2) \xrightarrow{H^+\text{-Verschiebung}} :O: = S(=\ddot{O})(-\ddot{O}H)(-:\ddot{O}H)$

19-12

$(CH_3)_3CCl + AlCl_3 \longrightarrow (CH_3)_3C^+ + AlCl_4^-$

1,1-Dimethylethyl (*tert*-Butyl) Kation

$(CH_3)_3C^+ + C_6H_6 \longrightarrow$ [H, $C(CH_3)_3$]-Cyclohexadienyl-Kation (+)

[H, $C(CH_3)_3$]-Cyclohexadienyl-Kation (+) $+ AlCl_4^- \longrightarrow$

$C_6H_5C(CH_3)_3 + HCl + AlCl_3$

19-13

In dem Dihalogenalkan wird Fluor leichter durch eine Friedel-Crafts-Alkylierung substituiert, wobei (3-Brompropyl)benzol entsteht.

19-14

$CH_3CH{=}CH_2 + H^+ \xrightarrow{\text{Markovnikov-Addition}}$

$CH_3\overset{+}{C}HCH_3 \xrightarrow{C_6H_6}$ [H, $CH(CH_3)_2$]-Cyclohexadienyl-Kation (+) $\longrightarrow$

$C_6H_5CH(CH_3)_2 + H^+$

19-15

H_3C, CH_3, H_3C, CH_3

1,2,4,5-Tetramethylbenzol (Duren)

19-16

$CH_3CH_2CH(H)CH_2{-}Cl + AlCl_3 \longrightarrow$

$CH_3CH_2\overset{+}{C}HCH_3 + AlCl_4^-$

$\xrightarrow{C_6H_6} \longrightarrow C_6H_5CH(CH_3)CH_2CH_3 + H^+$

Diese Darstellung ist vereinfacht, denn ein freies primäres Carbenium-Ion (Schritt 2) wird kaum entstehen. Möglicherweise geschieht die Wanderung der Methylgruppe und des Wasserstoffs gleichzeitig (Schritt 3). Die Wanderung der Methylgruppe könnte auch mit dem Abfang des im Entstehen begriffenen Carbenium-Ions durch Chlorid einhergehen. Dieses primäre Halogenalkan könnte dann gleichzeitig mit einer H-Verschiebung dissoziieren, wie im Text beschrieben.

19-17

$:\overset{-}{C}{\equiv}\overset{+}{O}: + H^+ \rightleftharpoons [H{-}C{\equiv}\overset{+}{O}: \longleftrightarrow H{-}\overset{+}{C}{=}\ddot{O}:]$

Methanoyl-(Formyl-) Kation

H_3C-$C_6H_5 + H{-}\overset{+}{C}{=}\ddot{O} \longrightarrow$ [H, CH=O]-Kation (H_3C, +) $\longrightarrow$

H_3C-C_6H_4-CH=O $+ H^+$

19-18

$C_6H_6 +$ Heptansäure (O, OH) $\xrightarrow[\text{3. } NH_2NH_2,\ H_2O,\ NaOH,\ (HOCH_2CH_2)_2O,\ \Delta]{\text{1. } SOCl_2 \quad \text{2. } AlCl_3}$

Heptylbenzol

19-19

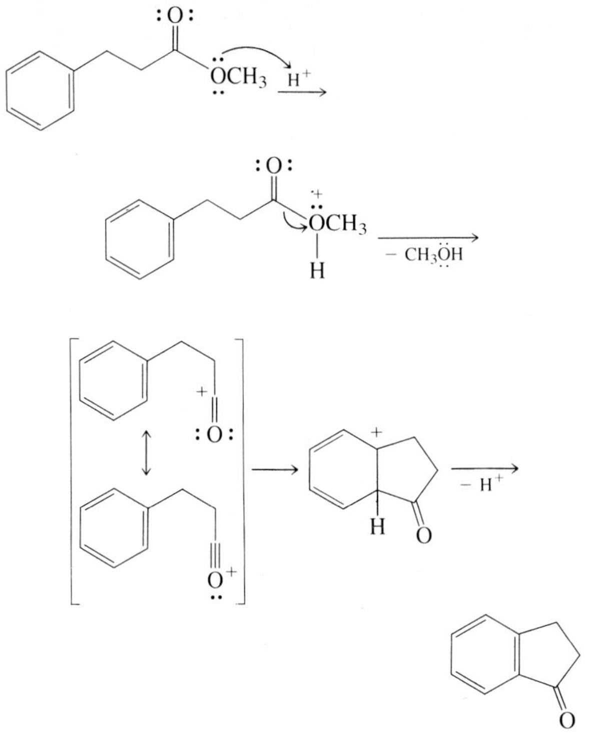

20-3
Aktviert: A, D Desaktiviert: B,C

20-4

(a)

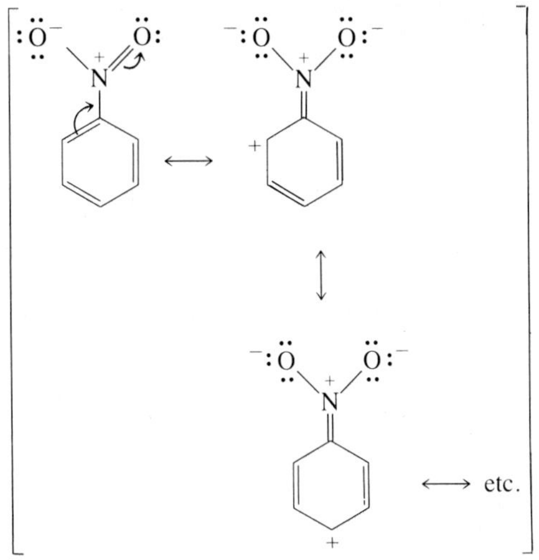

Die Nitrogruppe desaktiviert induktiv (positive Ladung auf Stickstoff) und durch Resonanz mit dem Ring. Der letztgenannte Beitrag ist gering, da er die Resonanz in der Nitrogruppe selbst stört, die der im Allylsystem ähnelt:

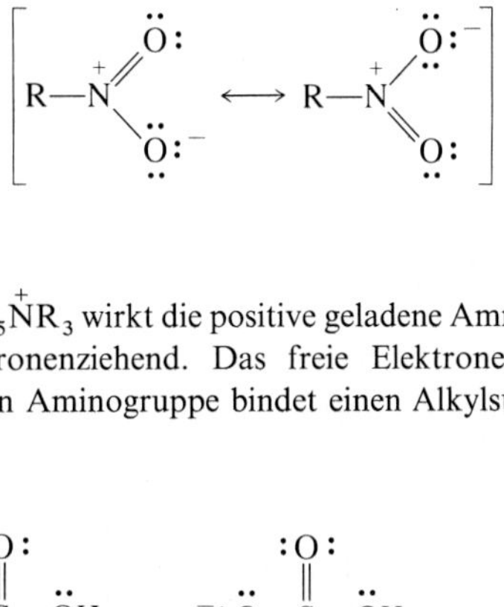

(b) In $C_6H_5\overset{+}{N}R_3$ wirkt die positive geladene Ammoniumgruppe stark elektronenziehend. Das freie Elektronenpaar der ursprünglichen Aminogruppe bindet einen Alkylsubstituenten.

(c)

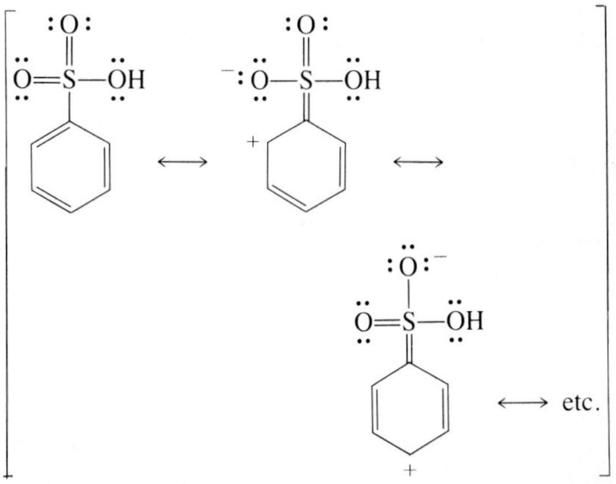

Benzolsulfonsäure ist durch Resonanz desaktiviert, wie auch Benzolcarbonsäure (Benzoesäure).

Kapitel 20

20-1
D, B, A, C. Dem annelierten Ring D kann man die Wirkung von zwei Alkylsubstituenten zuschreiben.

20-2
In drei der Resonanzstrukturen von Phenol trägt der Sauerstoff eine positive Ladung, wie in einer protonierten Carbonylverbindung. Das entsprechende Anion ist außerdem ungewöhnlich stabil, da die negative Ladung in den Ring delokalisiert wird.

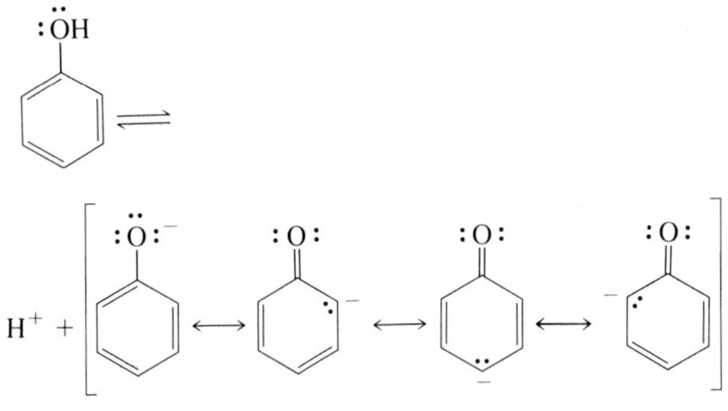

Das freie Elektronenpaar des Stickstoffatoms in Benzolamin (Anilin) tritt in Resonanz mit dem Benzolring und steht daher für Protonierung weniger zur Verfügung.

(d)

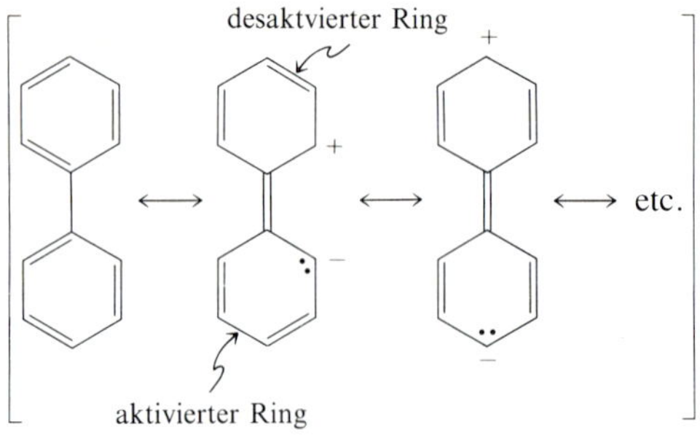

desaktvierter Ring

etc.

aktivierter Ring

Man beachte, daß in Phenylbenzol (IUPAC-Name: Biphenyl) aufgrund von Resonanzstrukturen deutlich wird, daß der eine Ring in dem Maße aktiviert wird, wie der andere desaktiviert wird. Der Endeffekt sollte gleich Null sein. Dies stimmt jedoch nicht: die hohe Anzahl der π-Elektronen machen das System elektronenreicher als Benzol, daher wirkt Phenyl schwach aktivierend.

20-5

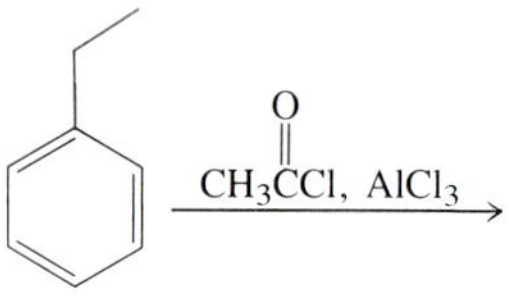

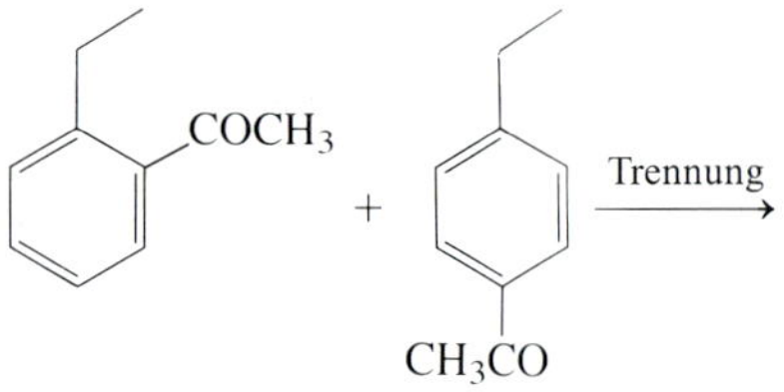

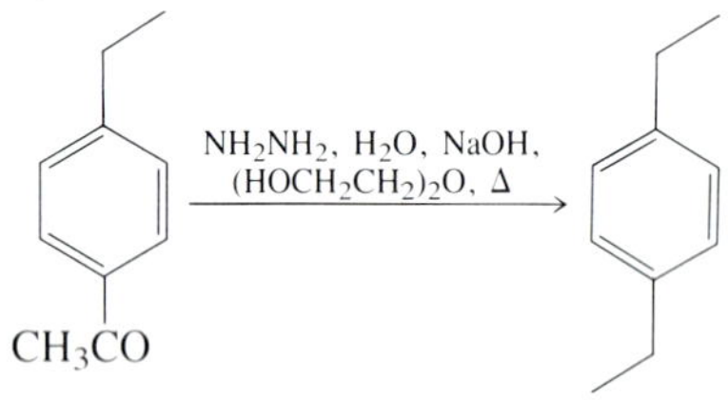

CH_3CCl, $AlCl_3$

$COCH_3$ + CH_3CO Trennung

CH_3CO NH_2NH_2, H_2O, NaOH, $(HOCH_2CH_2)_2O$, Δ

20-6

Methylbenzol (Toluol) ist aktiviert und reagiert deshalb mit dem Elektrophil, bevor dieses den desaktivierten Ring von (Trifluormethyl)benzol angreifen kann.

20-7

Ortho-Angriff:

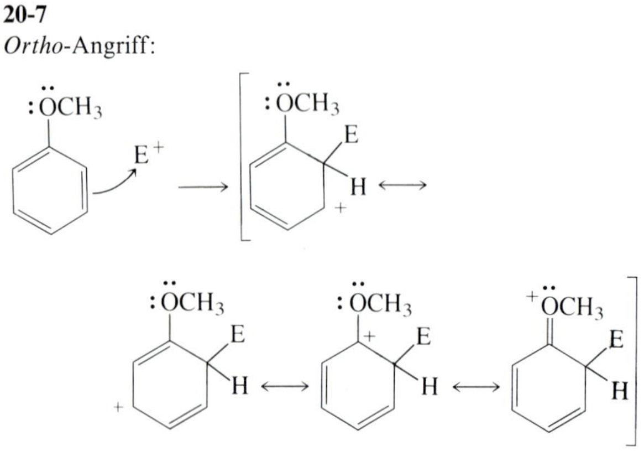

$:\ddot{O}CH_3$ E^+

Meta-Angriff:

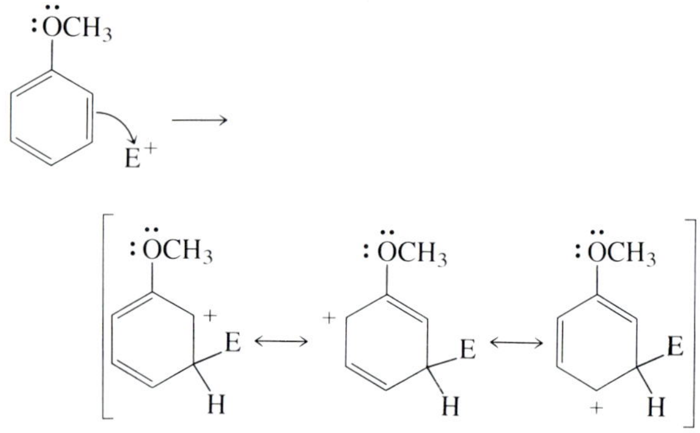

$:\ddot{O}CH_3$ E^+

Para-Angriff:

$:\ddot{O}CH_3$ E^+

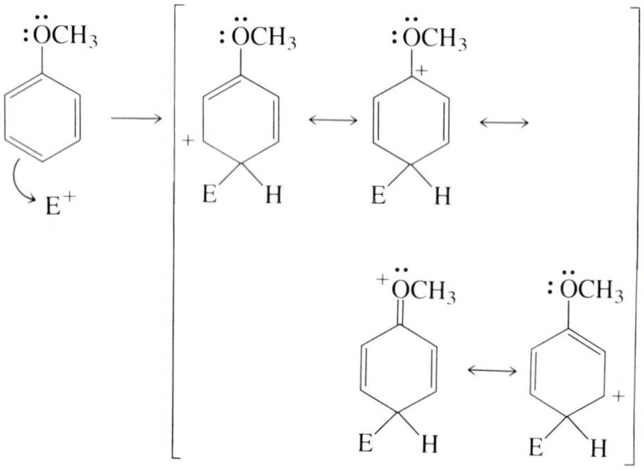

20-8

Das freie Elektronenpaar tritt in Resonanz zur Amidbindung und ist deshalb dem Ring weniger verfügbar.

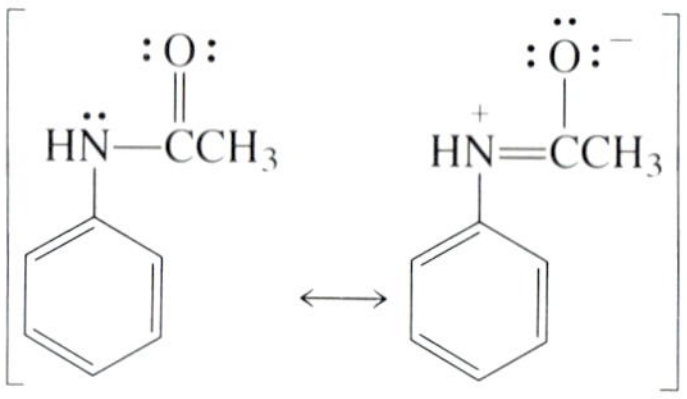

$H\ddot{N}—CCH_3$ ⟷ $H\overset{+}{N}=CCH_3$

20-9

Benzolamin (Anilin) ist in starker Säure vollständig protoniert. Das freie Elektronenpaar tritt nicht mehr in Resonanz mit dem Ring. Der Ammoniumsubstituent ist ein schwacher Desaktivator und dirigiert nach *meta*.

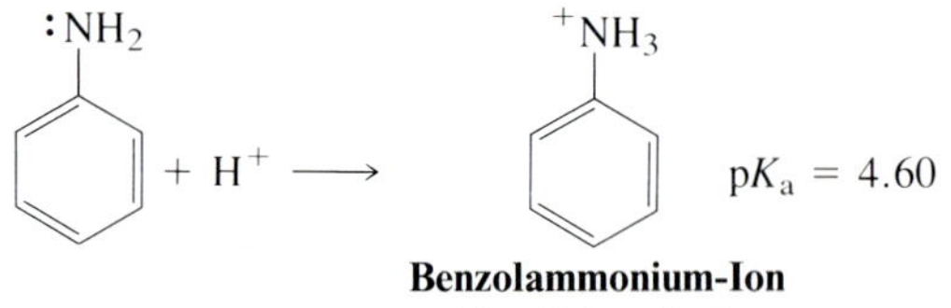

$:NH_2$ + H^+ ⟶ $^+NH_3$ $pK_a = 4.60$

Benzolammonium-Ion (Anilinium-Ion)

20-10
(a) C-1 (= C-4) und C-2 (= C-3); **(b)** C-4 (= C-6) und C-5); **(c)** hauptsächlich C-4, etwas C-2, da dies, wenn auch doppelt aktiviert, sterisch gehindert ist; **(d)** C-2 (= C-3 = C-5 = C-6).

20-11

OH, CH_3 + $(CH_3)_3COH$ $\xrightarrow[-\ H_2O]{H^+}$

OH, $(CH_3)_3C$, $C(CH_3)_3$, CH_3

20-12
(a) C-3 und C-4; **(b)** C-5; **(c)** hauptsächlich C-2, wenig C-3, da die Nitrogruppe stärker desaktiviert als die Estergruppe (Tab. 20-3); **(d)** hauptsächlich C-4, da NO_2 nach *meta* dirigiert und Br nach *ortho*, *para*; aus sterischen Gründen wird C-6 nur wenig substituiert.

20-13
(a) C-5 und C-7, **(b)** C-4 und C-6; **(c)** C-4 und C-6.

20-14

$\xrightarrow{\text{1. } CH_3COCl,\ AlCl_3 \quad \text{2. } HCl,\ Zn(Hg)}$ $\xrightarrow{\text{1. } HNO_3 \quad \text{2. } H_2,\ Ni}$ A

20-15

OH, Br, Br, Br $\xrightarrow[-\ Br^-]{Br_2}$

OH, Br, Br, Br, Br $\xrightarrow{-\ H^+}$ O, Br, Br, Br, Br

20-16

H_3C, SO_2, NO_2 $\xrightarrow{\text{langsam}}$

A

H_3C, SO_2, NO_2 $\xrightarrow{\text{schnell}}$

Zwischenstufe B

NO_2, H_3C, SO_2^-

C

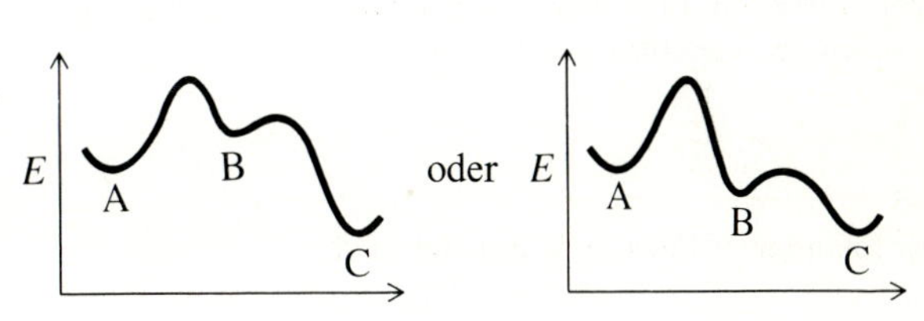

20-17

Br, $\ddot{O}CH_3$ $\xrightarrow[-\ NH_3,\ -\ Br^-]{^-:\ddot{N}H_2}$

$\ddot{O}CH_3$ $\xrightarrow{^-:\ddot{N}H_2}$ $H_2\ddot{N}$, $\ddot{O}CH_3$

Durch Addition von Amid an die erste Zwischenstufe Benz-in entsteht ein Intermediat, das durch die induktiv elektronenabziehende Methoxygruppe stabilisiert wird; es entsteht daher regioselektiv. Durch Protonierung entsteht das Hauptprodukt. Man beachte, daß in diesem System Resonanz nicht möglich ist, da das reaktive Elektronenpaar sich in einem sp^2-Orbital rechtwinklig zum π-System befindet.

Kapitel 21

21-1
(a) 2-Butanamin, *sec*-Butylamin
(b) *N,N*-Dimethylbenzolamin, *N,N*-Dimethylanilin
(c) 6-Brom-2-hexanamin, 5-Brom-2-methylpentylamin

21-2
(a) $HC{\equiv}CCH_2NH_2$; **(b)** $C_6H_5CH_2NHCH_2CH{=}CH_2$
(c) $(CH_3)_3CNHCH_3$
(d) wie **c**

21-3
Das schwächer elektronegative Stickstoffatom – verglichen mit Sauerstoff – bewirkt diffusere Orbitale und daher längere Bindungen zu anderen Atomen.

21-4
Nein. Inversion fürht zur raschen Gleichgewichtseinstellung zwischen den verschiedenen Umgebungen.

21-5
Das Enantiomer links ist *S*, das andere *R*.

21-6
Weniger, da Stickstoff schwächer elektronegativ als Sauerstoff ist. (Tab. 10-2 und 10-3 zeigt den Effekt der Elektronegativität von Substituenten auf die chemische Verschiebung).

21-7

IR:	sekundäres Amin, daher eine schwache Bande bei 3400 cm^{-1}
^{1}H-NMR:	s der 1,1-Dimethylethyl-(*tert*-Butyl-)Gruppe bei hohem Feld, s der dieser benachbarten Methylengruppe bei 2.7 ppm q der zweiten Methylen-Einheit nahe zur ersten t der einzigen Methylgruppe bei hohem Feld, am nächsten zum 1,1-Dimethylethyl-(*tert*-Butyl-) Signal
^{13}C-NMR:	fünf Signale, zwei davon bei niedrigem Feld, ca. 45–50 ppm
Massenspektrum:	m/z = 115 (M^+), 100 $[(CH_3)_3CCH_2NH{=}CH_2]$ und 58 $(CH_2{=}NHCH_2CH_3)^+$. In diesem Fall können durch Fragmentierung zwei verschiedene Iminium-Ionen entstehen.

21-8
Wie in Abschn. 20.1 erwähnt, tritt das freie Elektronenpaar des Stickstoffs in Resonanz mit dem Benzolring. Dieser Stickstoff ist daher weniger nucleophil als in einem Alkanamin.

21-9
Das Nitromethan-Anion ist resonanzstabilisiert.

$CH_3NO_2 \quad + \quad ^-{:}B \rightleftharpoons$
$pK_a = 10.21$

$$\left[^-{:}CH_2{-}\overset{+}{N}(=\ddot{O}{:})(\ddot{O}{:}^-) \longleftrightarrow CH_2{=}\overset{+}{N}(\ddot{O}{:}^-)(\ddot{O}{:}^-) \right]$$

Nitromethan-Anion

Es kann alkyliert werden und Aldolreaktionen eingehen.

21-10

:NR + $^-$:ÖH ⟶ :NR ⟶

:O: ÖH NR ⟶ COO$^-$ NHR :O:

:NR + $H_2\ddot{N}\ddot{N}H_2$ ⟶ Addition-Eliminierung

:O: $\ddot{C}NHNH_2$ CNHR :O: ⟶ intramolekulare Addition-Eliminierung

:O: NH NH :O: + $R\ddot{N}H_2$

21-11

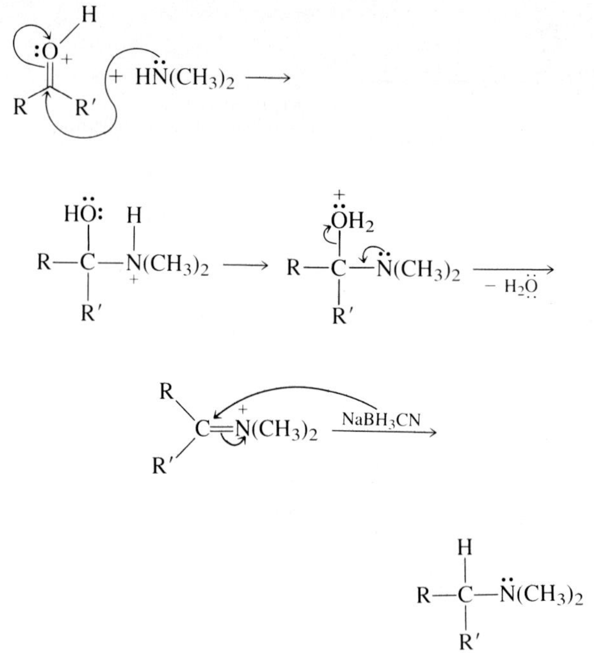

$:O^+$–H, R, R′ + $H\ddot{N}(CH_3)_2$ ⟶

R—C(–$H\ddot{O}$:)(–R′)—$\overset{+}{N}H(CH_3)_2$ ⟶ R—C(–$\overset{+}{\ddot{O}}H_2$)(–R′)—$\ddot{N}(CH_3)_2$ $\xrightarrow{-H_2\ddot{O}}$

R, R′ C=$\overset{+}{N}(CH_3)_2$ $\xrightarrow{NaBH_3CN}$

R—CH(R′)—$\ddot{N}(CH_3)_2$

21-12

Nicht alle Zwischenstufen sind gezeigt.

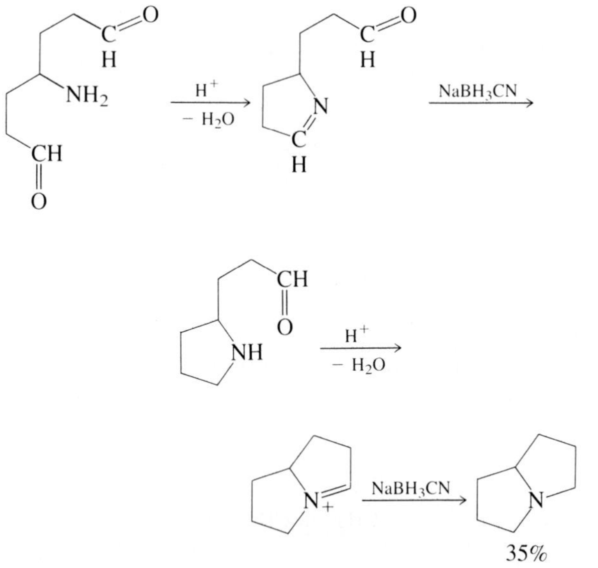

CHO, NH_2, CH=O $\xrightarrow[-H_2O]{H^+}$ CHO, N, CH $\xrightarrow{NaBH_3CN}$

CH=O, NH $\xrightarrow[-H_2O]{H^+}$

N^+ $\xrightarrow{NaBH_3CN}$ N

35%

21-13

(a) NH_2 + CH_3I

Excess

(b) NH_2 + $CH_2{=}O$ + $NaBH_3CN$

(c) NHCH(=O) + $LiAlH_4$

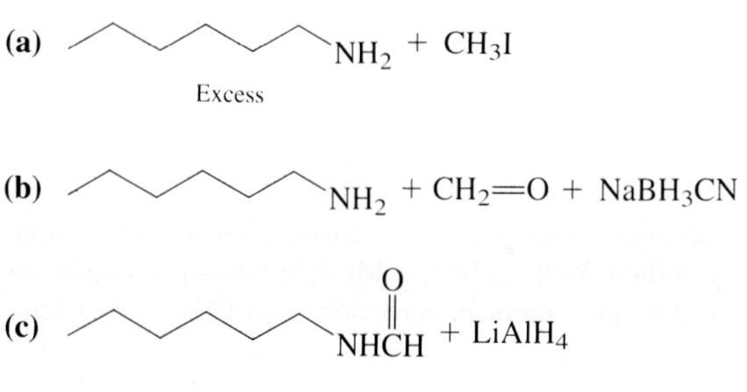

21-14

(a) $CH_3CH{=}CH_2$ und $CH_2{=}CH_2$; **(b)** $CH_3CH_2CH{=}CH_2$ und $CH_3CH{=}CHCH_3$ (cis und trans). Interessanterweise überwiegt in beiden Fällen das terminale Alken. Diese Reaktion ist gemäß der Hofmann-Regel (Abschn. 11.5) kinetisch kontrolliert. Der Angriff der Base erfolgt bevorzugt am besser zugänglichen Ende der raumerfüllenden quartären Ammoniumgruppe.

21-15

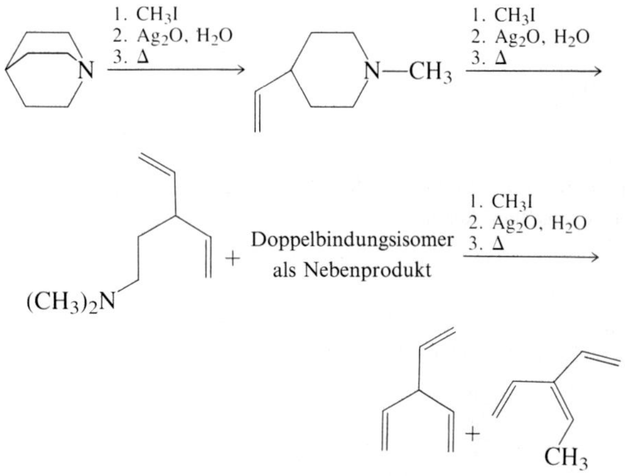

N $\xrightarrow{1.\ CH_3I\quad 2.\ Ag_2O,\ H_2O\quad 3.\ \Delta}$ N—CH_3 $\xrightarrow{1.\ CH_3I\quad 2.\ Ag_2O,\ H_2O\quad 3.\ \Delta}$

$(CH_3)_2N$ + Doppelbindungsisomer als Nebenprodukt $\xrightarrow{1.\ CH_3I\quad 2.\ Ag_2O,\ H_2O\quad 3.\ \Delta}$

+ CH_3

21-16

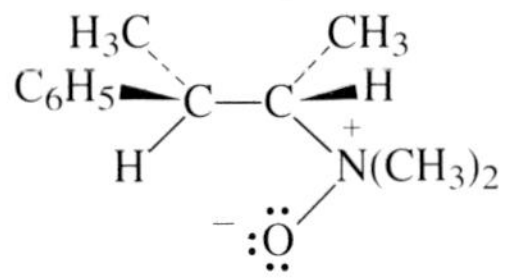

H_3C, CH_3, C_6H_5, C—C, H, H, $\overset{+}{N}(CH_3)_2$, $^-{:}\ddot{O}{:}$

21-17

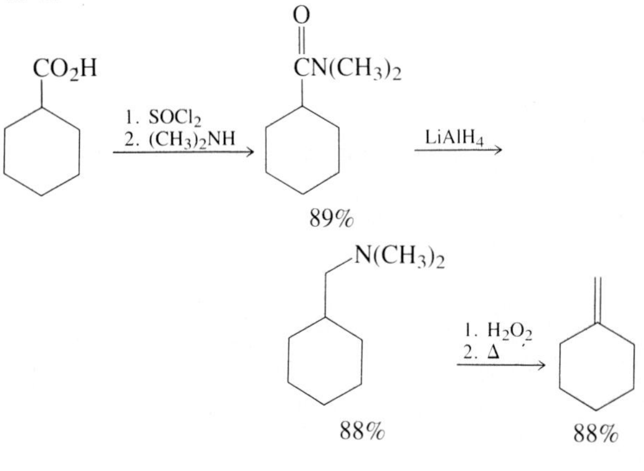

CO_2H $\xrightarrow{1.\ SOCl_2\quad 2.\ (CH_3)_2NH}$ C(=O)$N(CH_3)_2$ $\xrightarrow{LiAlH_4}$

89%

$N(CH_3)_2$ $\xrightarrow{1.\ H_2O_2\quad 2.\ \Delta}$

88% 88%

21-18

H H H H H H

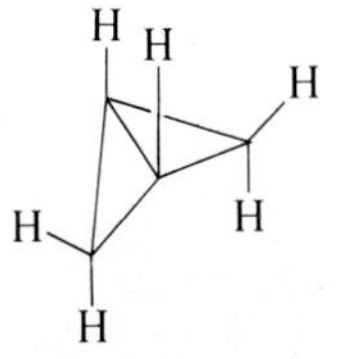

Bicyclo[1.1.0]butan

21-19
(a) 1. $SOCl_2$, 2. CH_2N_2 (1 Äquivalent)
(b) 1. $SOCl_2$, 2. CH_2N_2 (1 Äquivalent)
(c) 1. $SOCl_2$, 2. CH_2N_2 (2 Äquivalente), Cyclohexen, $CuSO_4$, Δ

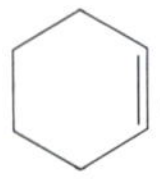

Kapitel 22

22-1
(a) Diels-Alder-Reaktion; **(b)** Michael-Addition; **(c)** Bildung eines cyclischen Acetals.

22-2
(a) $CH_3CH_2CH_2CO_2CH_3$, 1. Na, 2. Cu^{2+}

(b) 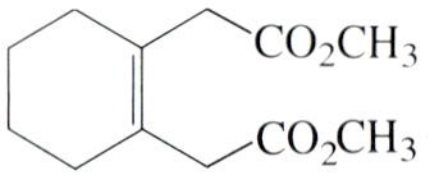 CO_2CH_3, CO_2CH_3 + Na

(c) 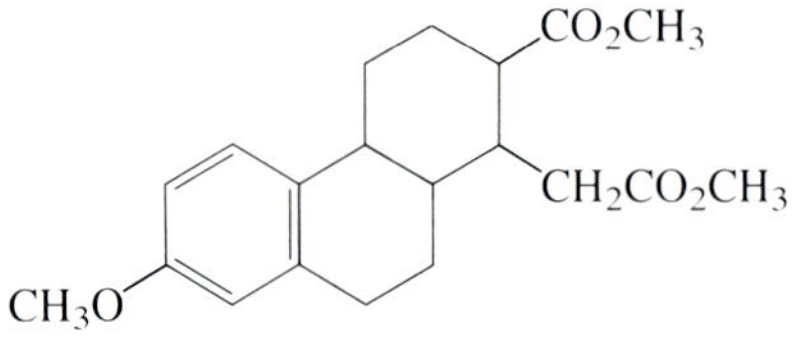 CO_2CH_3, $CH_2CO_2CH_3$, CH_3O + Na

22-3

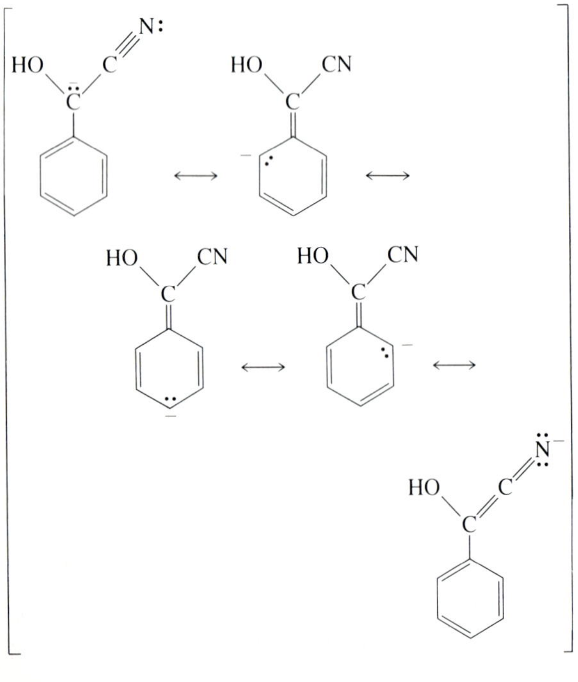

HO, C≡N: ; HO, CN ; HO, CN ; HO, CN ; HO, C=N⁻

22-4

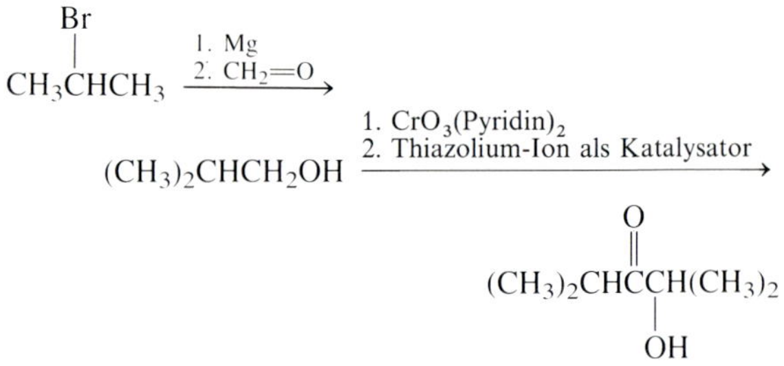

$CH_3CH(Br)CH_3 \xrightarrow{1.\ Mg;\ 2.\ CH_2{=}O} (CH_3)_2CHCH_2OH \xrightarrow{1.\ CrO_3(Pyridin)_2;\ 2.\ \text{Thiazolium-Ion als Katalysator}} (CH_3)_2CHC(=O)CH(OH)CH(CH_3)_2$

22-5

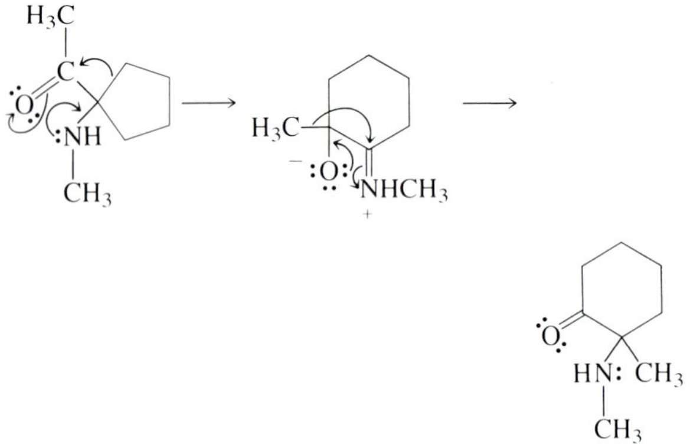

H_3C, C, O, NH, CH_3 ⟶ H_3C, $^-$:O:, $\overset{+}{N}HCH_3$ ⟶ O, HN: CH_3, CH_3

22-6

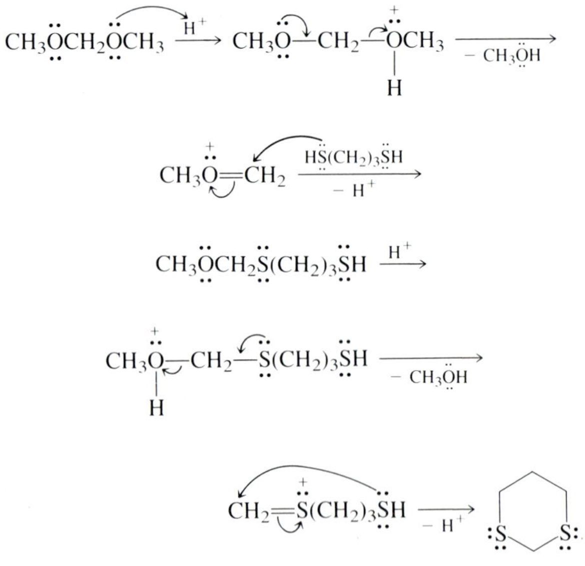

$CH_3OCH_2OCH_3 \xrightarrow{H^+} CH_3O{-}CH_2{-}\overset{+}{O}(H)CH_3 \xrightarrow{-\ CH_3OH}$

$CH_3\overset{+}{O}{=}CH_2 \xrightarrow[-\ H^+]{HS(CH_2)_3SH}$

$CH_3OCH_2S(CH_2)_3SH \xrightarrow{H^+}$

$CH_3\overset{+}{O}(H){-}CH_2{-}S(CH_2)_3SH \xrightarrow{-\ CH_3OH}$

$CH_2{=}\overset{+}{S}(CH_2)_3SH \xrightarrow{-\ H^+}$ 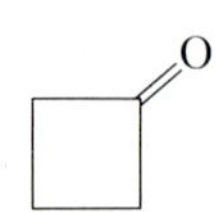

22-7

O

22-8
Das Ausgangsmaterial geht eine retro-Claisen-Kondensation ein. Das auf diese Weise gebildete Methylethanoat (Essigsäuremethylester) reagiert dann in einer normalen Claisen-Kondensation.

22-9

Der Mechanismus ist verkürzt dargestellt, nur die wichtigsten Schritte sind gezeigt.

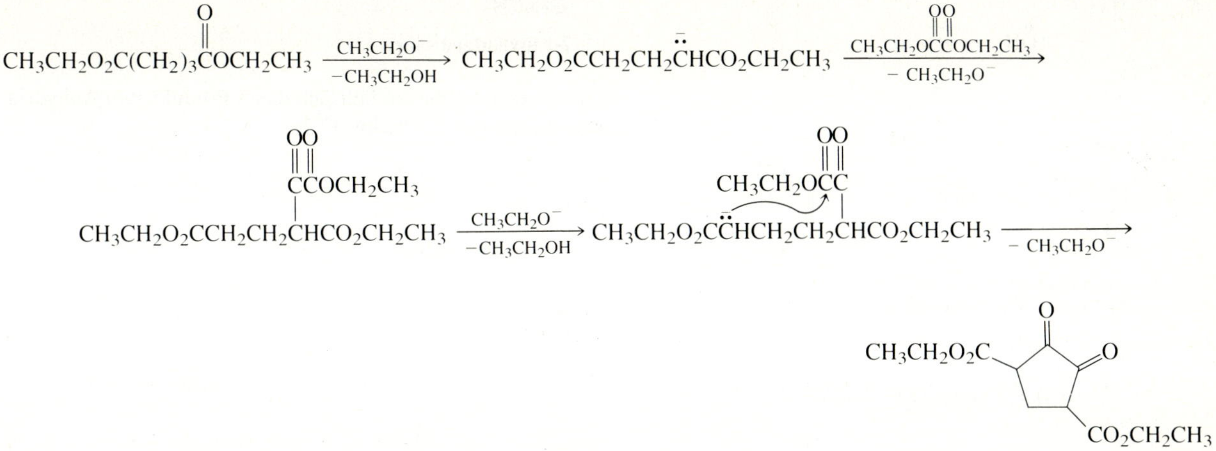

$$CH_3CH_2O_2C(CH_2)_3\overset{O}{\overset{\|}{C}}OCH_2CH_3 \xrightarrow[-CH_3CH_2OH]{CH_3CH_2O^-} CH_3CH_2O_2CCH_2CH_2\ddot{C}^-HCO_2CH_2CH_3 \xrightarrow[-\ CH_3CH_2O^-]{CH_3CH_2OCCOCH_2CH_3 \text{ (OO)}}$$

$$CH_3CH_2O_2CCH_2CH_2CH(CCOCH_2CH_3)CO_2CH_2CH_3 \xrightarrow[-CH_3CH_2OH]{CH_3CH_2O^-} CH_3CH_2O_2C\ddot{C}^-HCH_2CH_2CH(CCOCH_2CH_3)CO_2CH_2CH_3 \xrightarrow[-\ CH_3CH_2O^-]{}$$

$CH_3CH_2O_2C$–(Cyclopentan-1,2-dion)–$CO_2CH_2CH_3$

22-10

Auch diesen Mechanismus haben wir verkürzt.

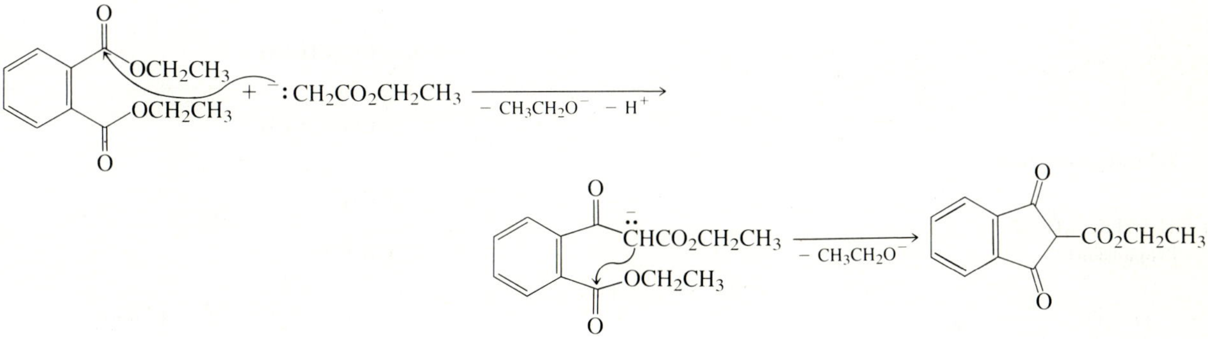

Phthalsäurediethylester (OCH_2CH_3, OCH_2CH_3) + $^-:CH_2CO_2CH_2CH_3$ $\xrightarrow[-\ CH_3CH_2O^-\ \ -\ H^+]{}$

$\ddot{C}^-HCO_2CH_2CH_3$ / OCH_2CH_3 $\xrightarrow[-\ CH_3CH_2O^-]{}$ Indan-1,3-dion–$CO_2CH_2CH_3$

22-11

(a) 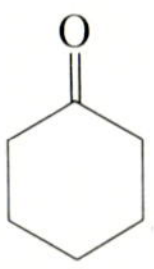 Cyclohexanon + $CH_3CH_2O_2CCO_2CH_2CH_3$

1. $CH_3CH_2O^-$, 2. H^+, H_2O

(b) $CH_3\overset{O}{\overset{\|}{C}}CH_3 + HCO_2CH_2CH_3$

1. $CH_3CH_2O^-$, 2. H^+, H_2O

(c) 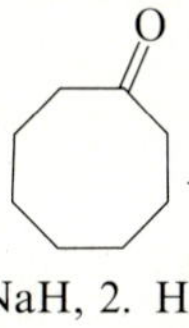 Cyclooctanon + $CH_3CH_2O\overset{O}{\overset{\|}{C}}OCH_2CH_3$

1. NaH, 2. H^+, H_2O

(d) 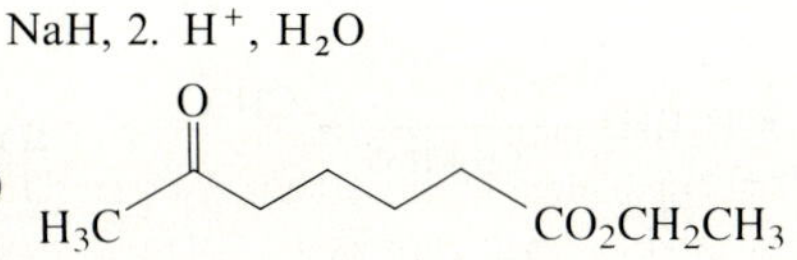 H_3C–CO–$(CH_2)_4$–$CO_2CH_2CH_3$

1. $CH_3CH_2O^-$, 2. H^+, H_2O

22-12

$CH_3\overset{O}{\overset{\|}{C}}CH_2CH_2CH_2CO_2CH_3 \xrightarrow[\text{s. Abschn.}]{1.\ (C_6H_5)_3CO^-K^+\ \ 2.\ H^+,\ H_2O}$

1,3-Cyclohexandion 100% $\xrightarrow{2\ NaOCH_3,\ CH_3I,\ CH_3OH}$

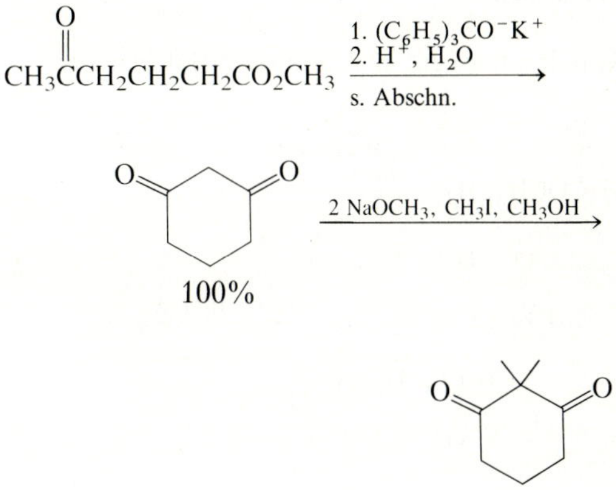

80%

2,2-Dimethyl-1,3-cyclohexandion

22-13

$$\text{2-Methyl-1,3-cyclohexandion} + {}^{-}\text{:}\ddot{\text{O}}\text{H} \longrightarrow$$

$$\longrightarrow \text{HO–C(=O)–CH}_2\text{CH}_2\text{CH}_2\text{–C(O}^-\text{)=CH–CH}_3 \longrightarrow$$

das Enolat-Ion ist eine relativ gute Abgangsgruppe

$$CH_3CH_2\overset{\overset{:O:}{\|}}{C}(CH_2)_3CO_2^- \xrightarrow{H^+,\ H_2O} CH_3CH_2\overset{\overset{:O:}{\|}}{C}(CH_2)_3COOH$$

22-14

(a) 2-Butylcyclohexanon (Cyclohexanon mit Butylrest in 2-Stellung)

2-Butylcyclohexanon

(b) $CH_3CH_2CO_2H$
Propansäure

(c) $CH_3\overset{\overset{O}{\|}}{C}\underset{\underset{CH_3}{|}}{C}H\overset{\overset{O}{\|}}{C}–C_6H_5$
2-Methyl-1-phenyl-1,3-butandion

(d) Diese Reaktionsfolge gilt allgemein für 2-Halogenester:

$$CH_3\overset{\overset{O}{\|}}{C}CH_2\overset{\overset{O}{\|}}{C}OCH_2CH_3 \xrightarrow[2.\ BrCH_2CO_2CH_2CH_3]{1.\ CH_3CH_2O^-Na^+}$$

$$CH_3\overset{\overset{O}{\|}}{C}\underset{\underset{CH_2\overset{\|}{\underset{O}{C}}OCH_2CH_3}{|}}{C}H\overset{\overset{O}{\|}}{C}OCH_2CH_3 \xrightarrow[2.\ H^+,\ H_2O,\ \Delta]{1.\ NaOH}$$

$$CH_3\overset{\overset{O}{\|}}{C}CH_2CH_2\overset{\overset{O}{\|}}{C}OH$$

4-Oxopentansäure

Nur die zur Ketogruppe β-ständige Carboxygruppe kann decarboxyliert werden.

(e) $HO\overset{\overset{O}{\|}}{C}\underset{\underset{CH_3CH_2}{|}}{C}HCH_2\overset{\overset{O}{\|}}{C}OH$

2-Ethylbutandisäure

Durch starkes Erhitzen läßt sich dieses Produkt zum Anhydrid dehydratisieren (s. Abschn. 17.7).

(f) $CH_3\overset{\overset{O}{\|}}{C}CH_2CH_2\overset{\overset{O}{\|}}{C}CH_3$

2,5-Hexandion

22-15

$$CH_2(CO_2CH_2CH_3)_2 + Br(CH_2)_5Cl \xrightarrow[-\ CH_3CH_2OH,\ NaBr]{CH_3CH_2O^-Na^+}$$

$$Cl(CH_2)_5\overset{\overset{H}{|}}{\underset{\underset{CO_2CH_2CH_3}{|}}{C}}CO_2CH_2CH_3 \xrightarrow[-\ CH_3CH_2OH]{CH_3CH_2O^-Na^+}$$

$$Cl(CH_2)_5\ddot{C}^-(CO_2CH_2CH_3)_2\ Na^+ \xrightarrow{-\ NaCl}$$

$$\text{1,1-Cyclohexandicarbonsäurediethylester}\ \xrightarrow[2.\ H^+,\ H_2O,\ \Delta]{1.\ KOH,\ CH_3CH_2OH}$$

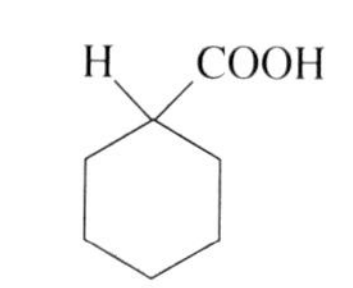

Cyclohexancarbonsäure

22-16

$$CH_3\overset{\overset{O}{\|}}{C}CH_2\overset{\overset{O}{\|}}{C}OCH_2CH_3 \xrightarrow[2.\ H_2C\overset{O}{—}CH_2]{1.\ NaOH,\ H_2O,\ 0°C}$$

$$CH_3\overset{\overset{O}{\|}}{C}\ddot{C}^-HCO_2CH_2CH_3 + H_2C\overset{\ddot{O}}{—}CH_2 \longrightarrow$$

$$CH_3\overset{\overset{O}{\|}}{C}\underset{\underset{H_2C–CH_2–\ddot{O}:^-}{|}}{C}H\overset{\overset{O}{\|}}{C}OCH_2CH_3 \xrightarrow{-\ CH_3CH_2O^-} CH_3\overset{\overset{O}{\|}}{C}\text{–(γ-Butyrolacton-3-yl)}$$

22-17

All diese Reaktionen sind in der Literatur beschrieben, die angegebenen Ausbeuten sind die Literaturausbeuten.

(a) 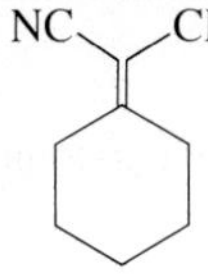 $(NC)_2C{=}C_6H_{10}$ (Cyclohexyliden), 80%

(b) 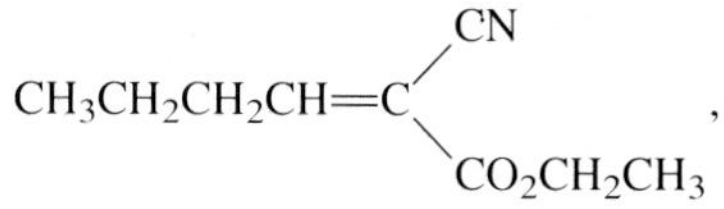 $CH_3CH_2CH_2CH{=}C(CN)CO_2CH_2CH_3$, 74%

(c) 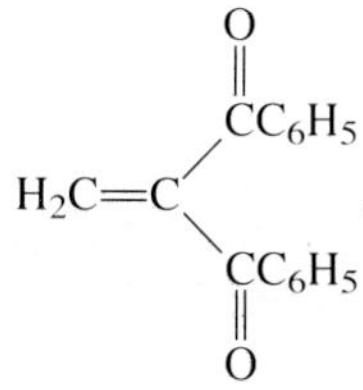 $H_2C{=}C(COC_6H_5)_2$, 98%

(d) 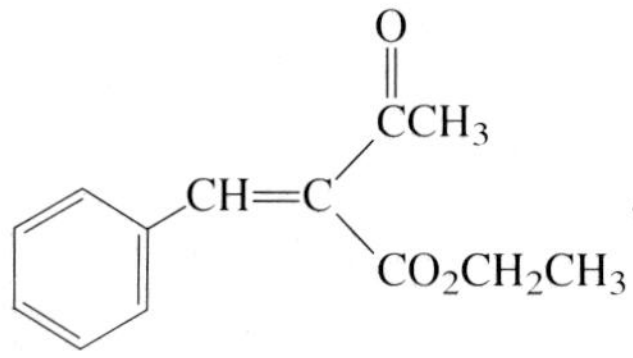 $C_6H_5CH{=}C(COCH_3)CO_2CH_2CH_3$, 95%

22-18

A = aktivierende Gruppe

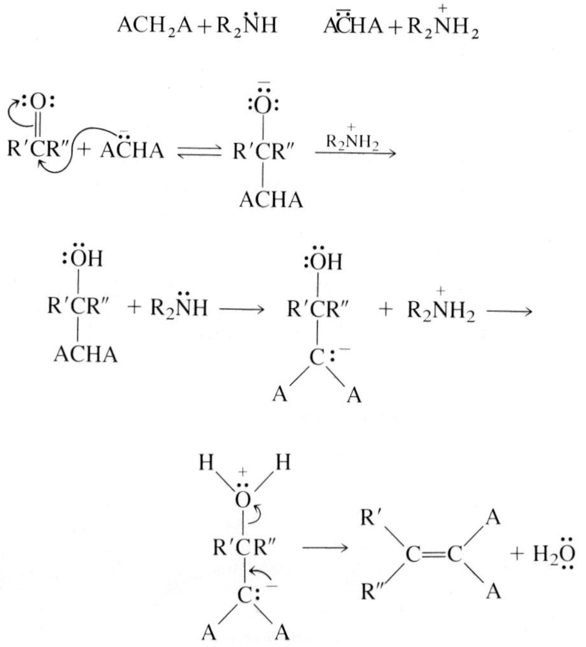

$ACH_2A + R_2\ddot{N}H \quad A\bar{C}HA + R_2\overset{+}{N}H_2$

$R'\overset{O}{\overset{\|}{C}}R'' + A\bar{C}HA \rightleftharpoons R'\overset{:\ddot{O}:^-}{C}R''(ACHA) \xrightarrow{R_2\overset{+}{N}H_2}$

$R'C(OH)R''(ACHA) + R_2\ddot{N}H \longrightarrow R'C(OH)R''(\bar{C}A_2) + R_2\overset{+}{N}H_2 \longrightarrow$

$R'C(\overset{+}{O}H_2)R''(\bar{C}A_2) \longrightarrow R'R''C{=}CA_2 + H_2\ddot{O}$

22-19

(a) 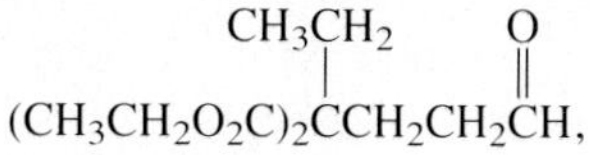 $(CH_3CH_2O_2C)_2C(CH_2CH_3)CH_2CH_2CHO$, 40%

(b) 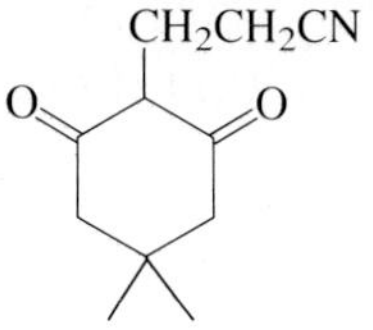 2-(CH_2CH_2CN)-5,5-Dimethylcyclohexan-1,3-dion, 56%

(c) 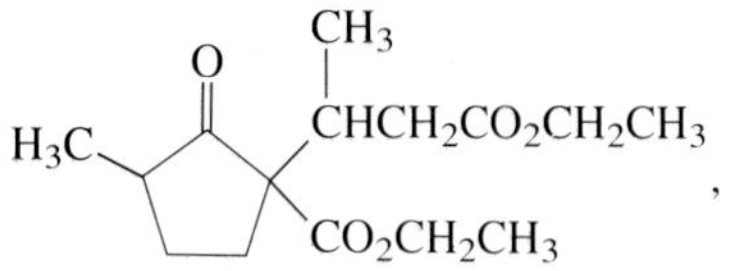 2-[$CH(CH_3)CH_2CO_2CH_2CH_3$]-2-($CO_2CH_2CH_3$)-5-Methylcyclopentanon (H_3C), 66%

22-20

Dimedon-Anion $+ CH_2{=}CHCN \longrightarrow$

$NC\bar{C}HCH_2$-Dimedon-Addukt (H sauer) $\longrightarrow$

Anion des 2-(2-Cyanethyl)-dimedons $\xrightarrow[\text{zweite Michael-Addition}]{CH_2=CHCN} \longrightarrow$ 2,2-Bis(2-cyanethyl)-5,5-dimethylcyclohexan-1,3-dion (NC, CN)

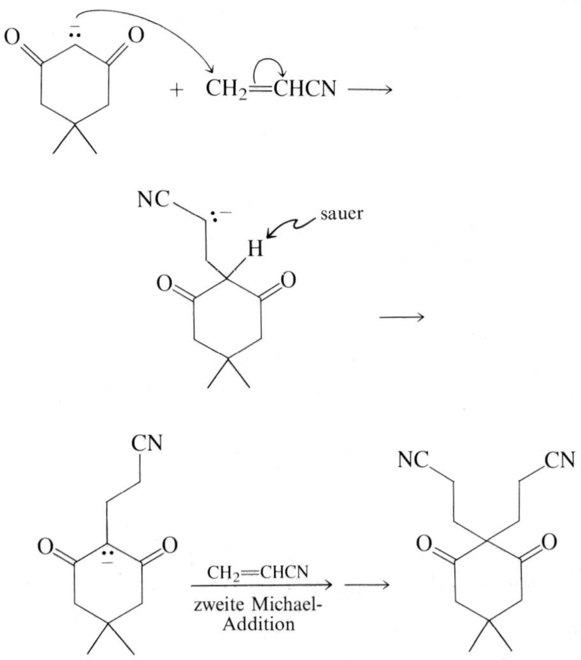

22-21

Erster Schritt: Michael-Addition

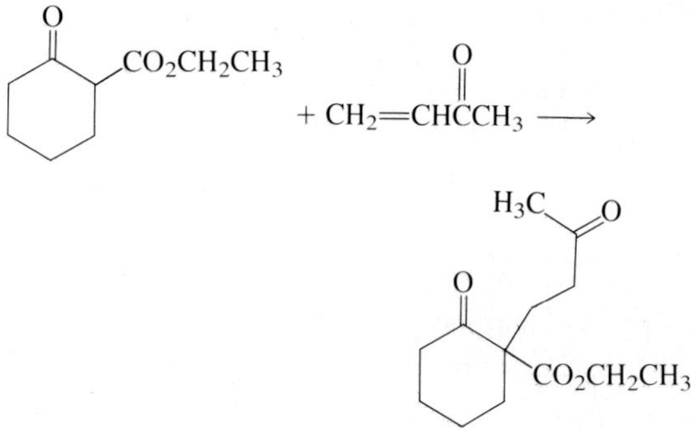

2-($CO_2CH_2CH_3$)-cyclohexanon $+ CH_2{=}CHCCH_3$ (C=O) $\longrightarrow$

2-($CH_2CH_2COCH_3$)-2-($CO_2CH_2CH_3$)-cyclohexanon

Zweiter Schritt: Aldol-Kondensation

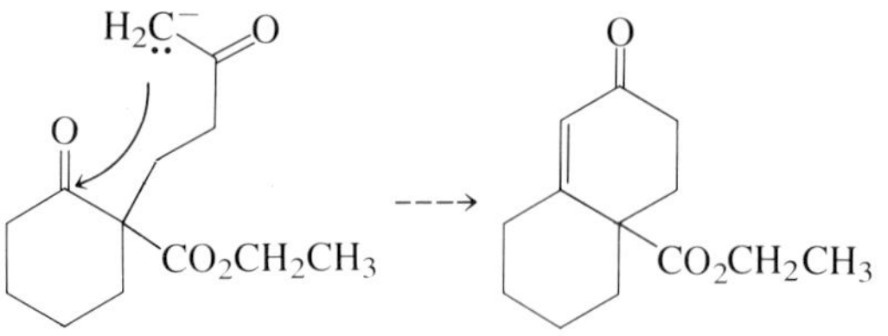

Kapitel 23

23-1

(a) Aldotetrose; **(b)** Aldopentose; **(c)** Ketopentose.

23-2

(a) (2*R*, 3*R*, 4*R*)-2,3,4,5-Tetrahydroxypentanal

(b) (2*R*, 3*S*, 4*R*, 5*R*)-2,3,4,5,6-Pentahydroxyhexanal

23-3

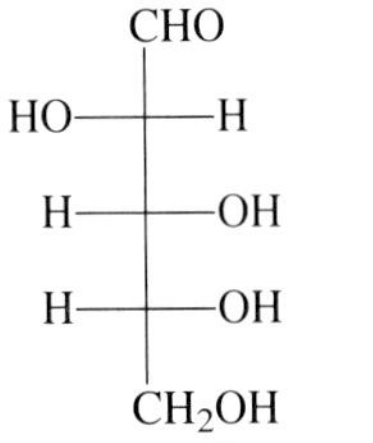

D-(−)-Arabinose

23-4

Falsch. Sie sollten in ungleichen Mengen entstehen, da es sich um zwei Diastereomere handelt. Tatsächlich ist das Verhältnis α zu β 36:64. Entsprechend liegen im Gleichgewicht in wäßriger Lösung 3% α-D- und 57% β-D-Fructopyranose, 9% α-D- und 3% β-D-Fructofuranose vor.

23-5

(a)

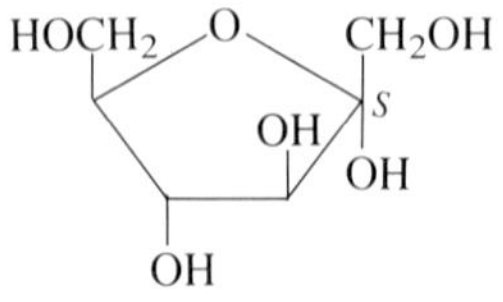

(b)

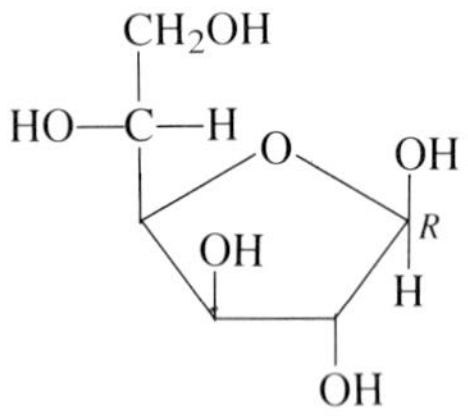

(c)

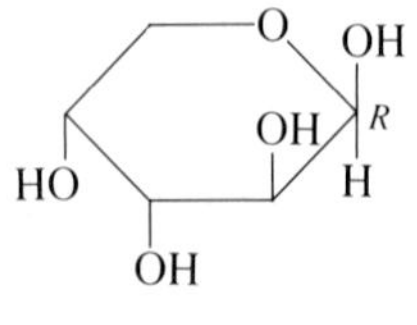

23-6

Vier axiale OH-Gruppen, 4 × 3.94 kJ/mol, eine axiale CH_2OH-Gruppe, 1 × 7.12 kJ/mol; ΔG = 22.88 kJ/mol. Die Konzentration dieses Konformers in Lösung ist daher zu vernachlässigen.

23-7

Es sind nur das anomere C-Atom und die Nachbaratome gezeigt.

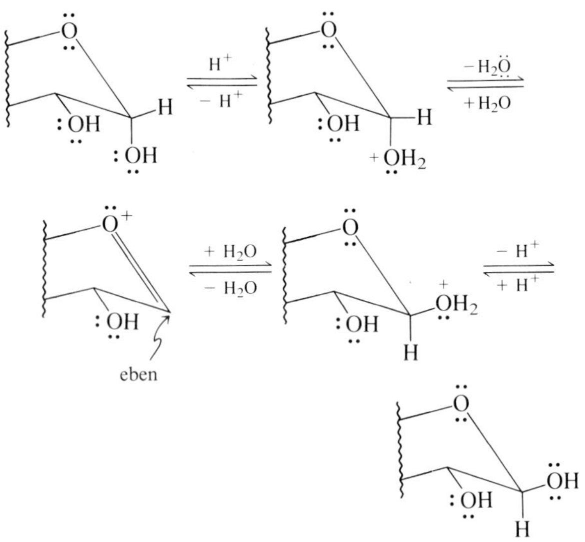

eben

23-8

Reine α-Form +112°; reine β-Form, +18.7° (Δα = 93.3°). Nach Einstellung des Gleichgewichts α_D^{20} = +52.7°. Stoffmengenanteil von α: (52.7° − 18.7°)/93.3° = 0.364. Der Stoffmengenanteil von β ist daher 0.636. Das Stoffmengenverhältnis β:α = 0.636/0.364 = 1.75:1.

23-9

ΔG^0 (geschätzt) = −3.94 kJ/mol (eine axiale OH-Gruppe); $\Delta G^0 = -RT\ln K = -8.314\ \text{J K}^{-1}\ \text{mol}^{-1} \times 298\ \text{K}\ \ \ln\ 63.6/36.4 = -1.38\ \text{kJ/mol}$

Der Unterschied zwischen beiden Werten kommt dadurch zustande, daß der Sechsring ein cyclischer Ether (und kein Cyclohexan) ist.

23-10

Durch Oxidation des anomeren C-Atoms entsteht das δ-Lacton, das dann durch eine intramolekulare Umesterung zum γ-Lacton isomerisiert, das stabiler ist.

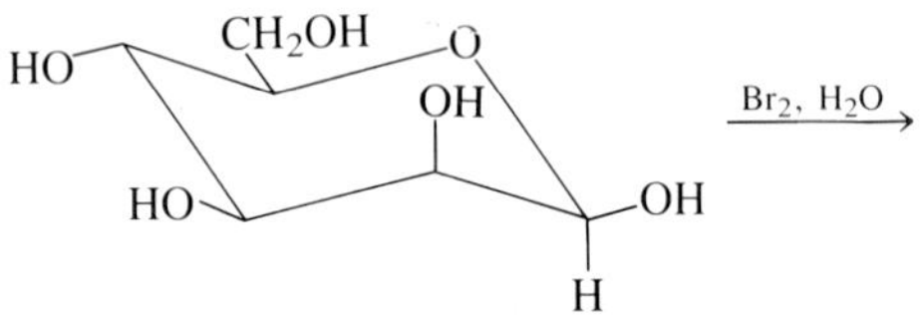

Br_2, H_2O

β-D-Mannopyranose

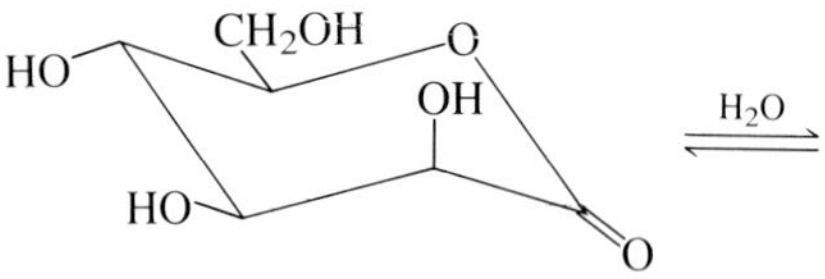

H_2O

D-Mannono-δ-lacton

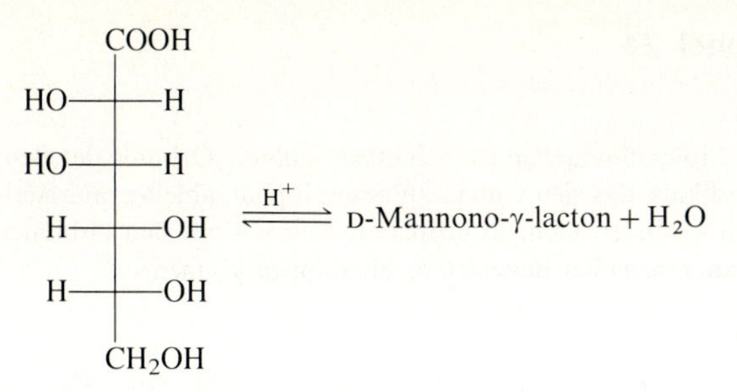

D-Mannonsäure

23-11

Bei der Oxidation der D-Glucose sollte eine optisch aktive Aldarsäure entstehen, bei der Oxidation von D-Allose geht die optische Aktivität verloren. Dies ergibt sich daraus, daß nach der Oxidation an jedem Ende der Kette derselbe Substituent vorhanden ist.

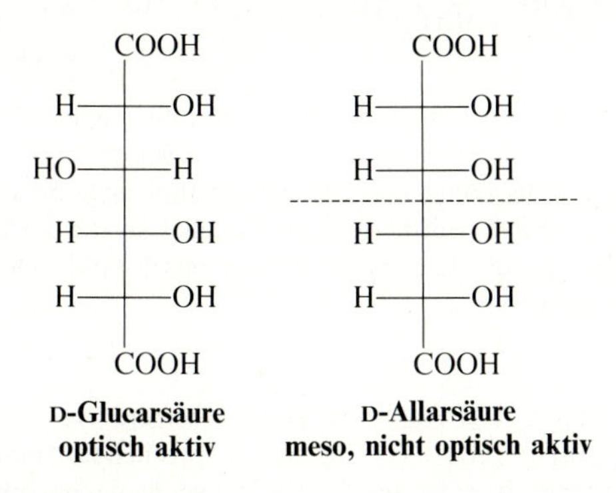

D-Glucarsäure optisch aktiv **D-Allarsäure meso, nicht optisch aktiv**

Hierdurch ändert sich die Symmetrie des Moleküls. D-Allarsäure hat eine Spiegelebene, ist daher eine meso-Verbindung und optisch inaktiv. (Hieraus folgt auch, daß D-Allarsäure identisch mit L-Allarsäure ist.) D-Glutarsäure ist andererseits noch optisch aktiv.

Andere einfache Aldosen, die sich in meso-Aldarsäuren überführen lassen, sind D-Erythrose, D-Ribose, D-Xylose und D-Galactose (s. Abb. 23-1).

23-12

(a) 2 $CH_2{=}O$; **(b)** $CH_3CH{=}O + CH_2{=}O$; **(c)** 2 $CH_2{=}O + HCOOH$; **(d)** keine Reaktion; **(e)** $OHCC(CH_3)_2CHO + CO_2$; **(f)** 3 $HCOOH + CH_2{=}O$.

23-13

(a) Ribitol ist eine meso-Verbindung **(b)** D-Mannitol (hauptsächlich) und D-Glucitol

23-14

Alle sind identisch.

23-15

Der Mechanismus der Acetalbildung verläuft in beiden Fällen über dasselbe Kation als Zwischenstufe:

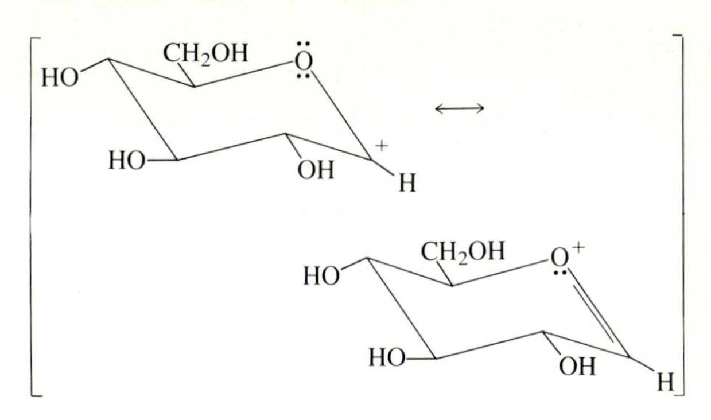

23-16

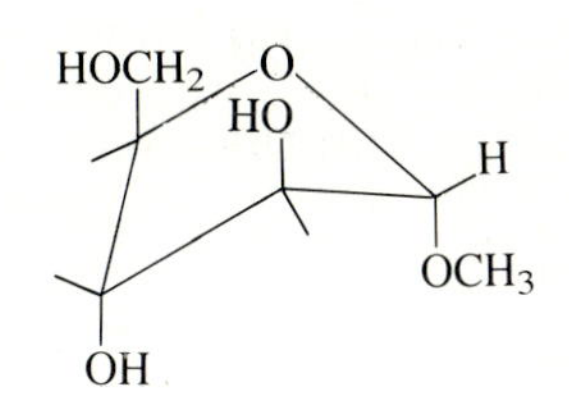

23-17

Dieselbe Struktur wie die in Übung 23-16, oder ihre Diastereomere an C-2 und C-3.

23-18

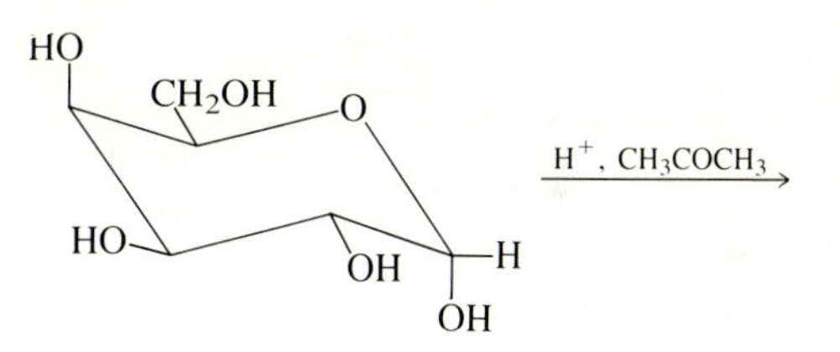

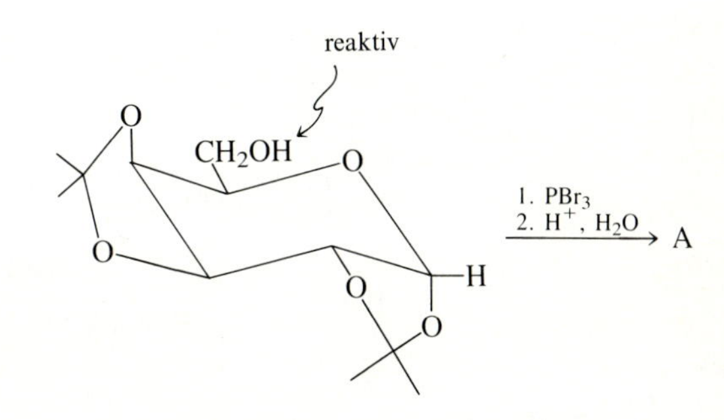

23-19

(a) D-Ribose und D-Arabinose
(b) D-Glucose und D-Mannose

23-20

A, D-Arabinose; B, D-Lyxose; C, D-Erythrose; D, D-Threose.

23-21

Im ^{13}C-NMR der Ribarsäure würden nur drei, in dem der Arabinarsäure fünf Linien auftreten.

23-22

(a)

CH_3O, CH_2OCH_3, O, CH_3O, CH_3O, H, OCH_3, OCH_3, O, O, CH_3OCH_2, CH_2OCH_3

(b)

	CH_2OH			CH_2OH	
H		OH	HO		H
HO		H	HO		H
H		OH	H		OH
H		OH	H		OH
	CH_2OH			CH_2OH	

(Fischer projections joined by "+")

(c) keine Reaktion.

23-23

(a)

HO, CH_2OH, O, HO, OH, H, H, O, CH_2OH, OH, COOH, HO, OH

(b)

HO, CH_2OH, O, HO, OH, H, H, O, CH_2OH, OH, H, C, $NNHC_6H_5$, C, HO, $NNHC_6H_5$

(c)

HO, CH_2OH, O, HO, OH, H, H, O, 4, CH_2OH, O, HO, 3, 2, OH, 1, H, OH

α-Maltose

Kapitel 24

24-1

Aus Molekülmodellen ist ersichtlich, daß die Orbitale des Benzylradikals, das sich vom [2.2]Paracyclophan ableitet, aus sterischen Gründen nicht in größerem Ausmaß mit den Orbitalen des angrenzenden Benzolrings überlappen können.

24-2

Das ^{13}C-NMR-Spektrum von Hexaphenylethan sollte fünf Linien enthalten, das des beobachteten Dimers 14 Linien.

24-3

$(C_6H_5)_2CHCl$ solvolysiert schneller, da die zusätzliche Phenylgruppe für eine zusätzliche Resonanzstabilisierung des intermediären Carbenium-Ions sorgt. Unter S_N1-Bedingungen ist dieses Molekül noch reaktiver als 2-Chlor-2-methylpropan (tert-Butylchlorid).

24-4

$$C_6H_5CH_2OH \xrightarrow[-H_2O]{H^+} C_6H_5CH_2^+ \xrightarrow{Cl^-} C_6H_5CH_2Cl$$

(S_N1-Mechanismus)

Ethanol muß über einen S_N2-Mechanismus reagieren, bei dem das Chlorid-Ion die protonierte Hydroxygruppe angreift. Selbst wenn die Umsetzung von Phenylmethanol über diesen Reaktionsweg verliefe, würde sie doch schneller als die des Ethanols verlaufen, da die Ladung im Übergangszustand delokalisiert werden kann.

24-5

(a) $4\text{-}CH_3OC_6H_4CH_2Br$, da es eine bessere Austrittsgruppe enthält; **(b)** $(C_6H_5)_2CH_2$, da das entsprechende Anion besser resonanzstabilisiert ist; **(c)** $C_6H_5CH_2OH$, da das entsprechende Phenylmethyl-(Benzyl-)Kation nicht durch die zusätzliche Nitrogruppe destabilisiert ist (zeichnen Sie Resonanzstrukturen).

24-6

(a) CH_3 **(b)** COOH, CH_3 **(c)**

24-7

CH_3O $\xrightarrow{Na,\ fl.\ NH_3,\ CH_3CH_2OH}$

CH_3O $\xrightarrow{H^+,\ H_2O}$ HO $\longrightarrow$

O $\xrightarrow{H^+,\ H_2O}$ HO $\longrightarrow$

H, O

24-8

(a) 1. NBS, 2. Mg, 3. $(CH_3)_2CO$, 4. H^+, H_2O; **(b)** 1. $KMnO_4$, 2. $LiAlH_4$, 3. NaOH, CH_3I, 4. H_2, Pd/C; **(c)** 1. $KMnO_4$, 2. H^+, H_2O, 3. $(-2\ H_2O)$.

24-9

Die Nitrogruppe wirkt in allen Positionen aufgrund ihres induktiven Effekts elektronenziehend, begünstigt also die Abspaltung eines Protons. Sie kann aber die negative Ladung des Anions nur dann über Resonanz stabilisieren, wenn sie an C-2 oder C-4 gebunden ist.

24-10

B, A, D, C.

24-11

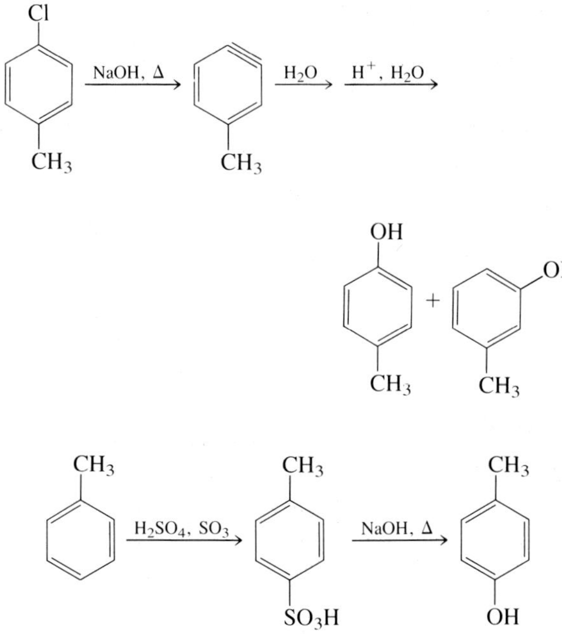

Cl, CH_3 —NaOH, Δ→ CH_3 —H_2O→ —H^+, H_2O→ OH, CH_3 + OH, CH_3

CH_3 —H_2SO_4, SO_3→ CH_3, SO_3H —NaOH, Δ→ CH_3, OH

24-12

—1. $C_6H_5\overset{O}{\overset{\|}{C}}Cl$, $AlCl_3$ 2. Zn(Hg), HCl→ CH_2 —1. HNO_3, H_2SO_4 2. H_2, Ni→

NH_2, CH_2 —1. $NaNO_2$, H^+, H_2O 2. Δ→ OH, CH_2

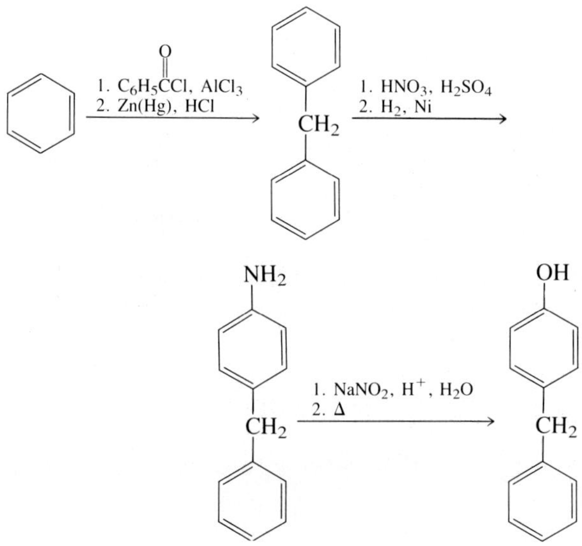

24-13

Ein solcher Prozeß würde den nucleophilen Angriff eines Halogenid-Ions am Benzolring erfordern, eine solche Umsetzung findet nicht statt.

24-14

Amine sind nucleophiler als Alkohole; diese Regel gilt auch für Benzolamine (Aniline) im Vergleich zu Phenolen.

24-15

Die 1,1-Dimethylethyl-(*tert*-Butyl-)gruppe ist weitaus größer als die Methylgruppe, sie greift daher bevorzugt an C-4 an.

24-16

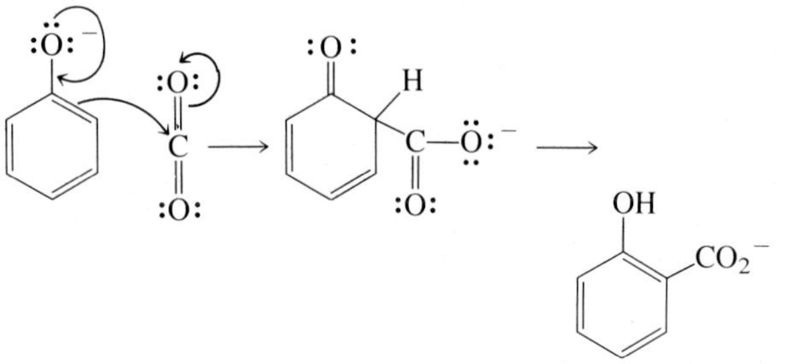

$:\ddot{O}:^-$ + $:O:$=C=$:O:$ → $:O:$, H, $C-\ddot{O}:^-$, $:O:$ → OH, CO_2^-

24-17

$:\ddot{O}H$, Cl, Cl, Cl + $CH_2=\overset{+}{\ddot{O}}H$ →

$^+\ddot{O}H$, Cl, H, $CH_2\ddot{O}H$, Cl, Cl —$-H^+$→

$:\ddot{O}H$, Cl, $CH_2\ddot{O}H$, Cl, Cl —H^+, $-H_2O$→

$^+\ddot{O}H$, Cl, CH_2, Cl, Cl + $:\ddot{O}H$, Cl, Cl, Cl —$-H^+$→

$:\ddot{O}H$, Cl, Cl, Cl, Cl, Cl, Cl, $:\ddot{O}H$

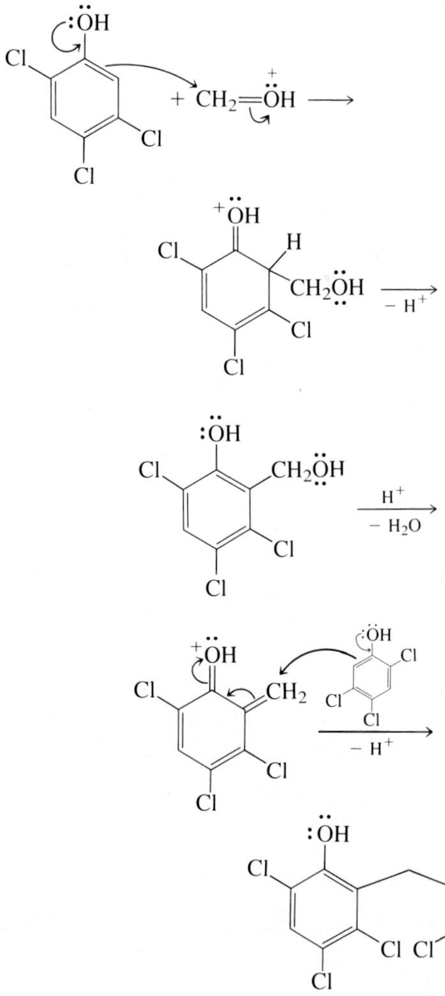

Hexachlorophen

24-18

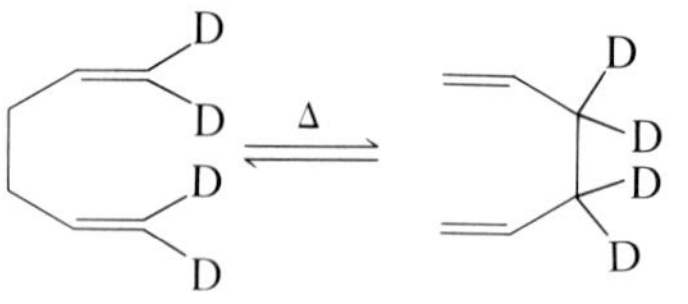

Diese Reaktion läßt sich mit Hilfe der ^{1}H-NMR-Spektroskopie verfolgen. Man sieht das Erscheinen der Signale der endständigen Alkenyl-Wasserstoffe und die Abnahme der Intensität der Peaks, die sich den gesättigten Positionen zuordnen lassen.

24-19

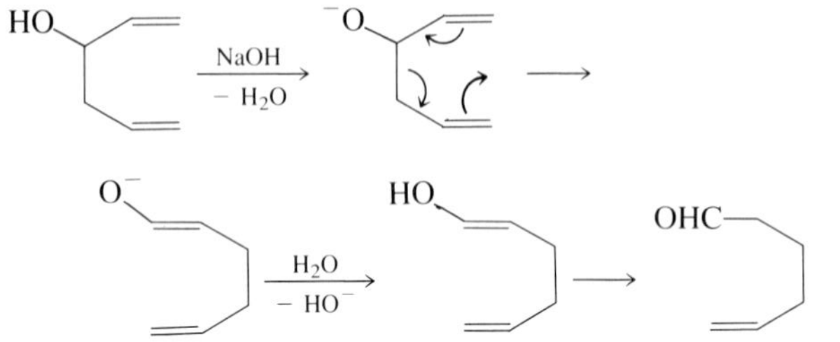

Die Cope-Umlagerung verläuft in diesem Fall besonders schnell, da die negative Ladung im zunächst verliegenden Enolat-Ion delokalisiert wird.

24-20

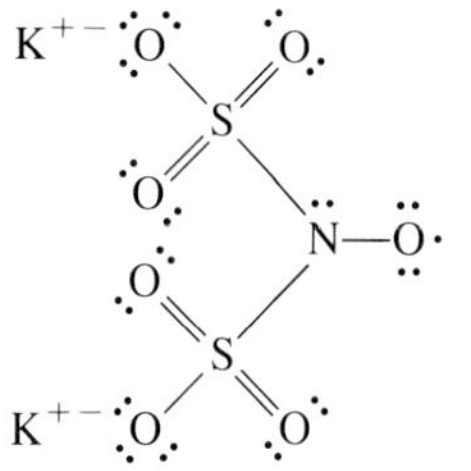

24-21
Dieser Austausch verläuft über zwei aufeinanderfolgende Additions-Eliminierungs-Cyclen.

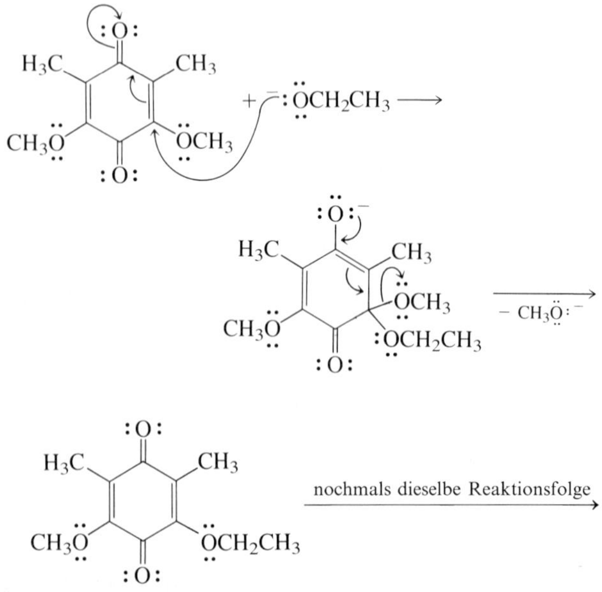

nochmals dieselbe Reaktionsfolge

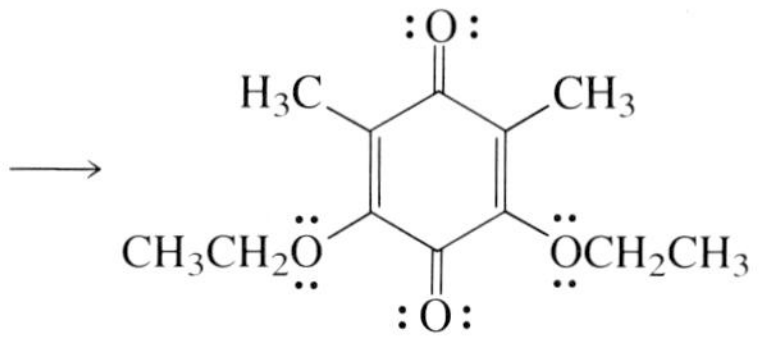

24-22

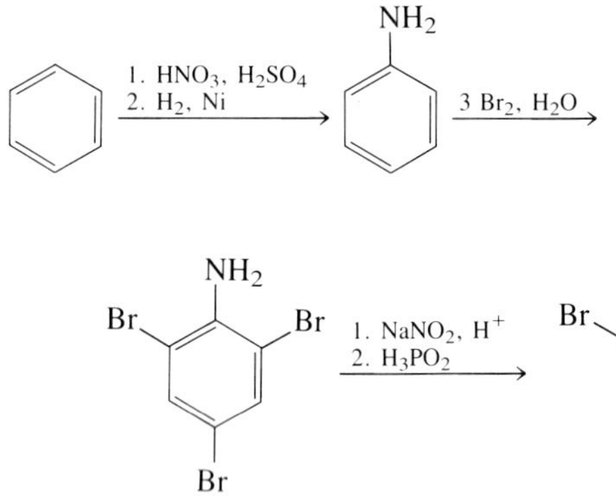

1. HNO_3, H_2SO_4 2. H_2, Ni; 3 Br_2, H_2O; 1. $NaNO_2$, H^+ 2. H_3PO_2

Kapitel 25

25-1

(a)

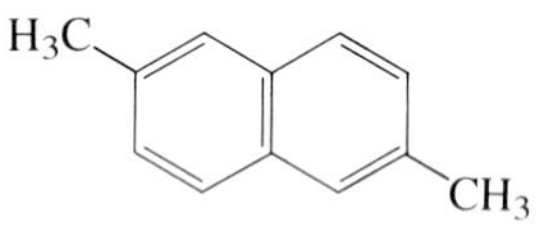

(b)

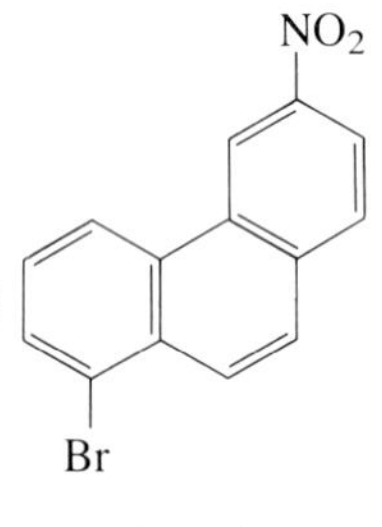

(c)

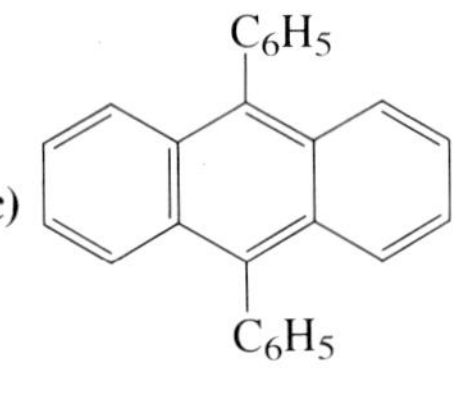

(d) 1-Naphthalincarbonsäure (1-Naphthoesäure)
(e) 2-Methoxytriphenylen

25-2

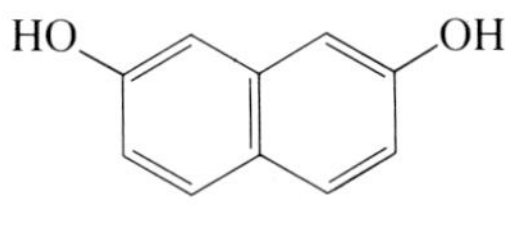

25-3

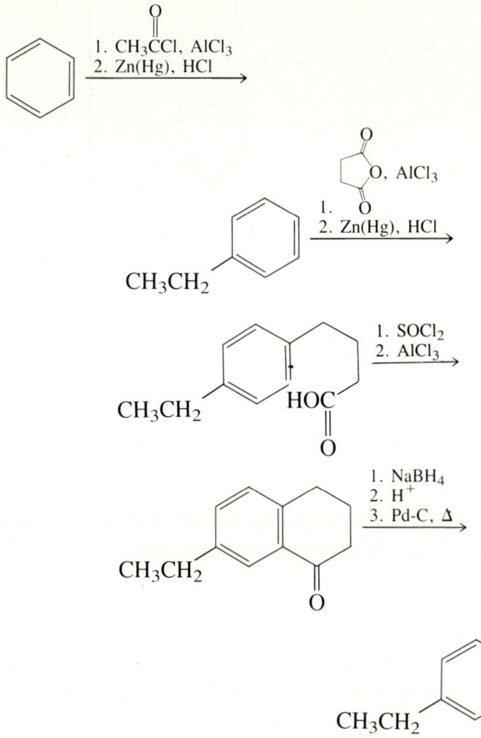

1. CH_3CCl (O), $AlCl_3$
2. Zn(Hg), HCl

1. Bernsteinsäureanhydrid (O), $AlCl_3$
2. Zn(Hg), HCl

CH_3CH_2

1. $SOCl_2$
2. $AlCl_3$

CH_3CH_2 HOC (O)

1. $NaBH_4$
2. H^+
3. Pd-C, Δ

CH_3CH_2

CH_3CH_2

25-4

(a) an C-4; **(b)** an C-5 und C-8; **(c)** an C-8.

25-5

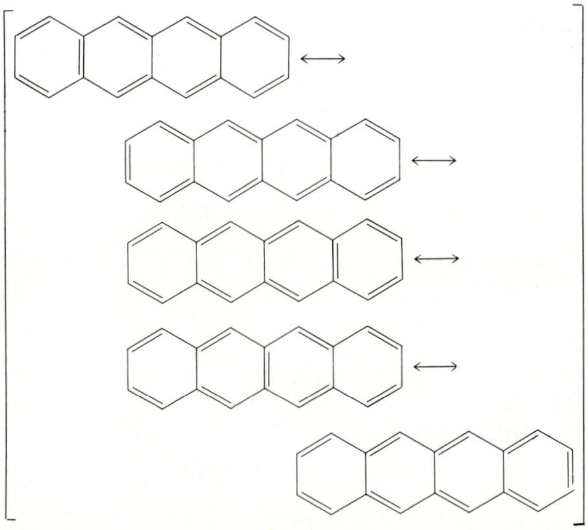

Maximal sind zwei vollständig aromatische Benzolringe (Kékulé-Strukturen) möglich, diese finden sich in drei der vier möglichen Resonanzstrukturen (der ersten, dritten und vierten).

25-6

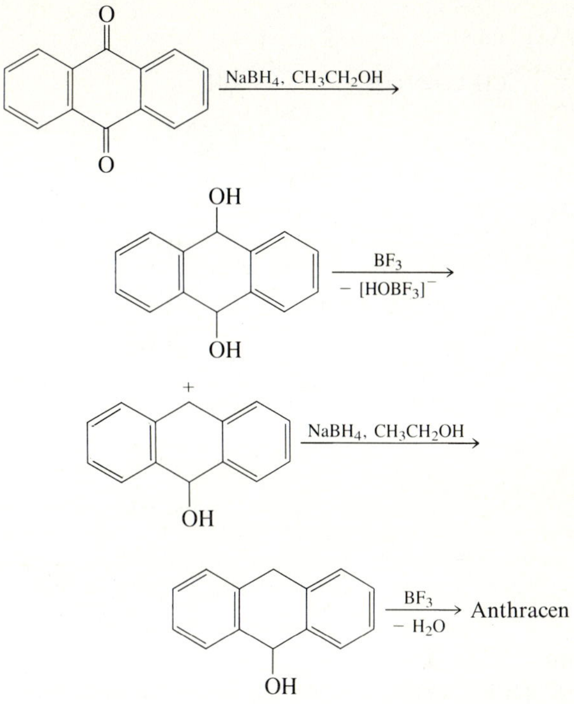

$NaBH_4$, CH_3CH_2OH

OH

OH

BF_3
$- [HOBF_3]^-$

$NaBH_4$, CH_3CH_2OH

OH

BF_3
$- H_2O$
Anthracen

OH

25-7

2 H_3C, H_3C + (Chinon) ⟶

H_3C, H_3C, CH_3, CH_3

S, Δ

H_3C, H_3C, CH_3, CH_3

1. 2 C_6H_5MgBr
2. $NaBH_4$, BF_3

C_6H_5, H_3C, H_3C, CH_3, CH_3, C_6H_5

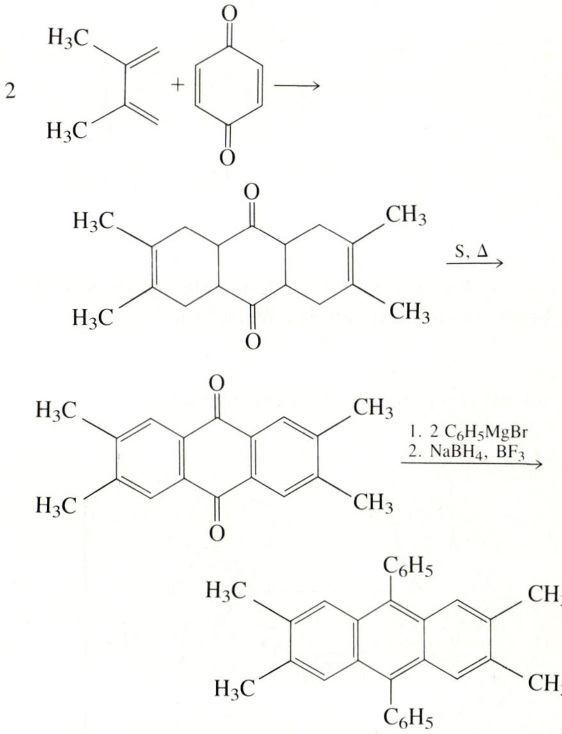

25-8

Aus Resonanzgründen ist der Angriff an C-3 nicht begünstigt (s. Abschn. 25-3).

25-9

$CH_2C{\equiv}N:$ $\xrightarrow{H^+}$ CH_2 $\overset{+}{C}{\equiv}NH$ $\longrightarrow$

H^+-Verschiebung $\longrightarrow$ H H $\overset{+}{N}H_2$ $\xrightarrow{-H^+}$ NH H

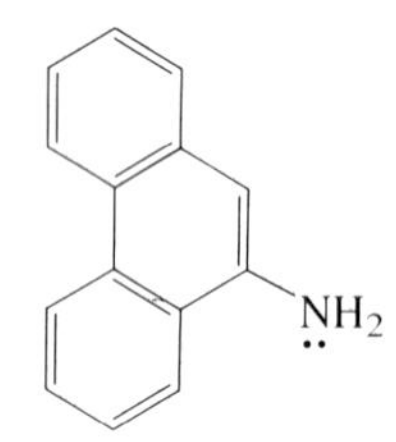

25-10
Zwei Moleküle reagieren in einer ungewöhnlichen Diels-Alder-Reaktion miteinander, das eine fungiert als Dien, das andere als Dienophil.

H H H H + H H H H

25-11
Der Ringstromeffekt entschirmt die äußeren zwölf Elektronen, aber schirmt die inneren sechs ab.

25-12
Ja, die acht Elektronen in der π-Peripherie werden entschirmt, die Brückenwasserstoffe werden abgeschirmt.

25-13
(a), **(c)**, **(d)** aromatisch; **(b)** nicht aromatisch.

25-14

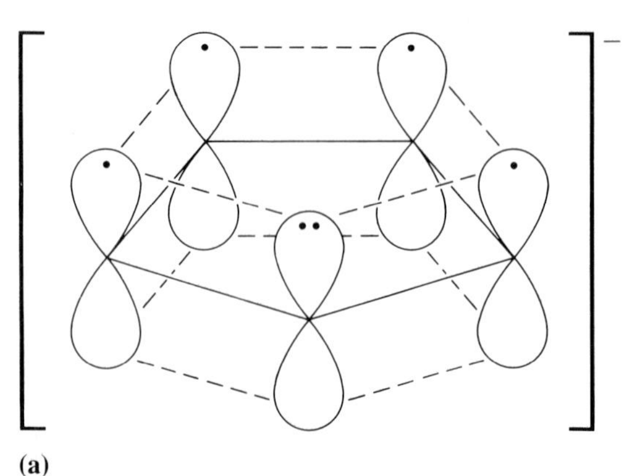

(a)

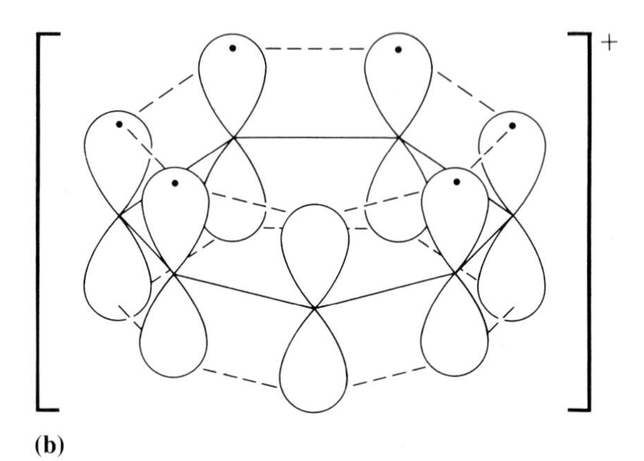

(b)

25-15
(a), **(b)**, aromatisch; **(c)** nicht aromatisch.

25-16
Das Dianion bildet ein aromatisches System von zehn π-Elektronen, aber Pentalen selbst hat $4n\,\pi$-Elektronen.

25-17
Durch elektrophilen Angriff an C-1 entsteht eine Resonanzstruktur mit einem Cycloheptatrienyl-Kation. Entsprechend bildet sich beim nucleophilen Angriff an C-4 ein Zwischenprodukt mit einem Cyclopentadienyl-Anion.

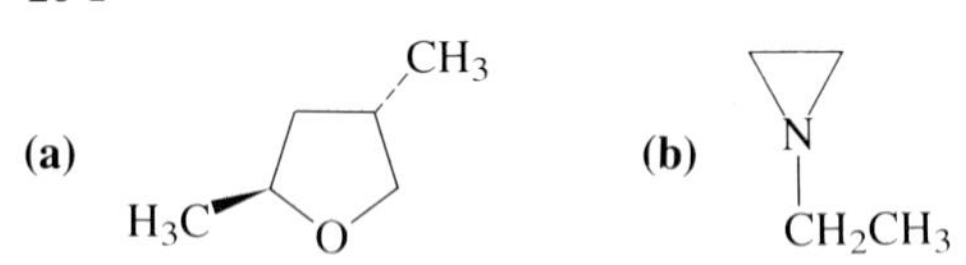

Kapitel 26

26-1

(a) CH_3 H_3C O **(b)** N CH_2CH_3

(c) 2,6-Dinitropyridin
(d) 4-Bromindol

26-2

O + $R\ddot{N}H_2$ $\longrightarrow$ $\longrightarrow$ $H\ddot{O}:$ NHR $\xrightarrow[-H_2O]{HCl}$

Cl :NHR $\xrightarrow[-HCl]{Base}$ N R

26-3

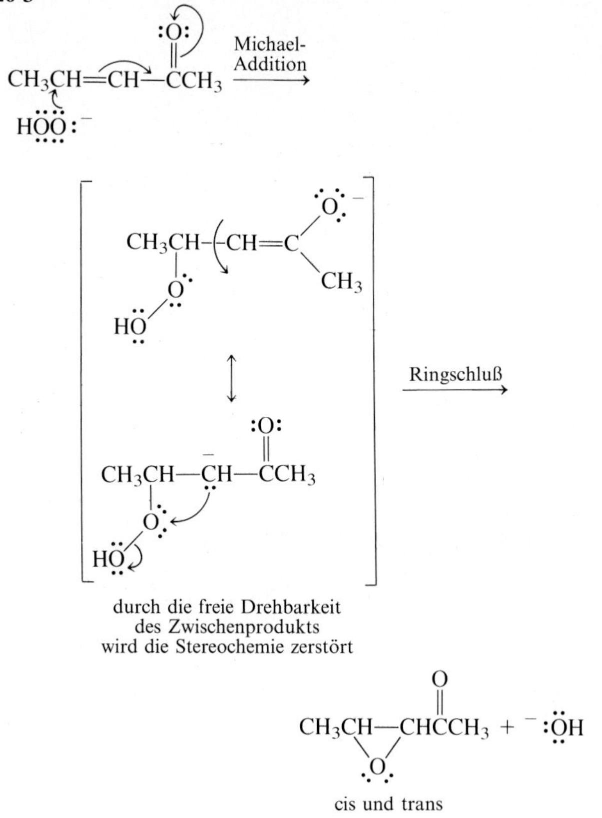

$CH_3CH{=}CH{-}CCH_3$ (=O) + $HOO:^-$ —Michael-Addition→

[$CH_3CH(OOH){-}CH{=}C(O^-)CH_3$ ↔ $CH_3CH(OOH){-}\overset{-}{C}H{-}C(=O)CH_3$] —Ringschluß→

durch die freie Drehbarkeit des Zwischenprodukts wird die Stereochemie zerstört

$CH_3CH{-}CHCCH_3$ (epoxide, C=O) + $^-:OH$

cis und trans

26-4

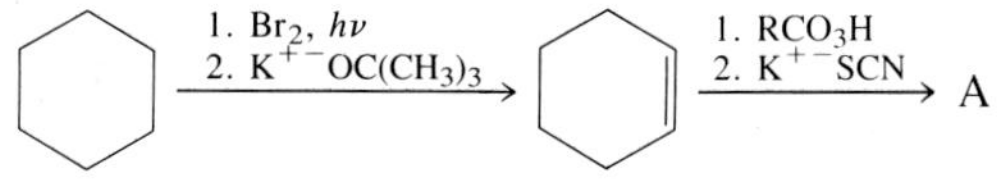

Cyclohexan —1. Br_2, $h\nu$; 2. $K^+\,^-OC(CH_3)_3$→ Cyclohexen —1. RCO_3H; 2. $K^+\,^-SCN$→ A

26-5

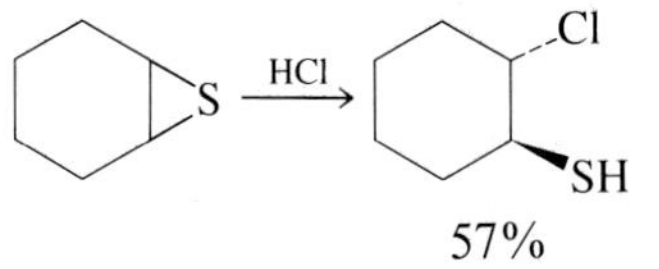

Cyclohexenepisulfid —HCl→ 2-Chlorcyclohexanthiol (Cl, SH)

57%

26-6

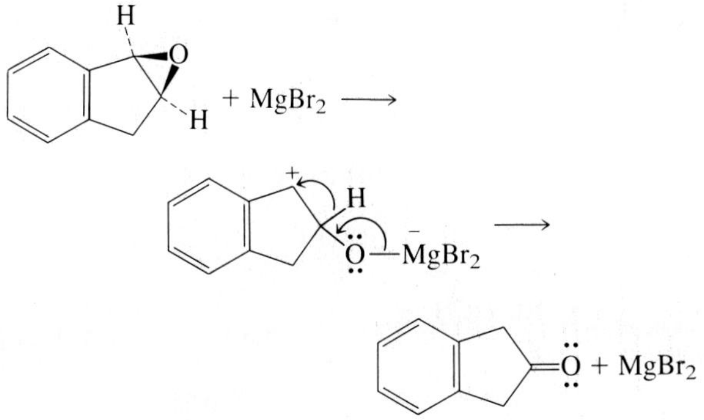

Indenoxid + $MgBr_2$ ⟶

Carbokation-Zwischenstufe mit $O{-}\overset{-}{Mg}Br_2$ ⟶

2-Indanon (=O) + $MgBr_2$

26-7

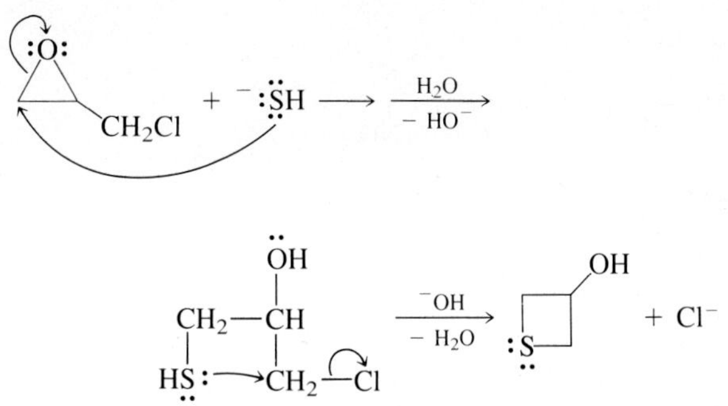

Epichlorhydrin (CH_2Cl) + $^-:SH$ ⟶ —H_2O, $-HO^-$→

$HS{-}CH_2{-}CH(OH){-}CH_2{-}Cl$ —^-OH, $-H_2O$→ 3-Hydroxythietan (OH) + Cl^-

26-8

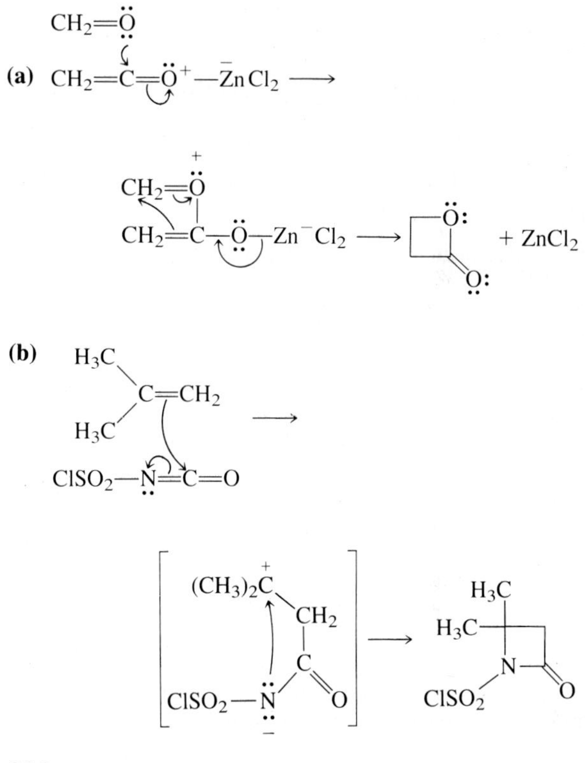

(a) $CH_2{=}O$ + $CH_2{=}C{=}O^+{-}\overset{-}{Zn}Cl_2$ ⟶

$CH_2{=}\overset{+}{O}$ / $CH_2{=}C{-}O{-}Zn^-Cl_2$ ⟶ β-Lacton (O, =O) + $ZnCl_2$

(b) $(H_3C)_2C{=}CH_2$ + $ClSO_2{-}N{=}C{=}O$ ⟶

[$(CH_3)_2\overset{+}{C}{-}CH_2{-}C(=O){-}\overset{-}{N}{-}SO_2Cl$] ⟶ 4,4-Dimethyl-1-($ClSO_2$)-azetidin-2-on (H_3C, H_3C, N, O, $ClSO_2$)

26-9

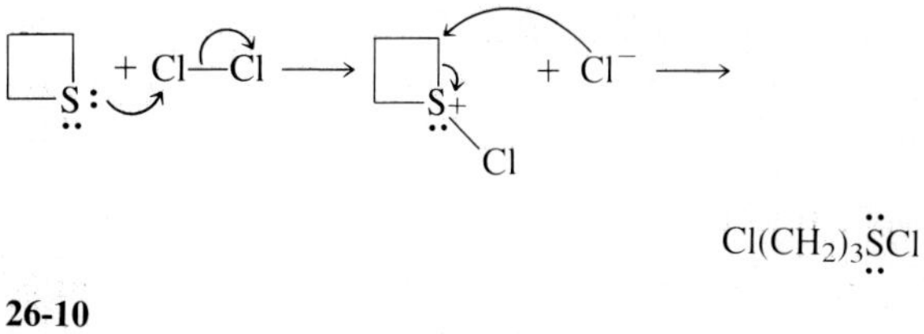

Thietan + $Cl{-}Cl$ ⟶ S-Chlorthietanium (S^+, Cl) + Cl^- ⟶

$Cl(CH_2)_3SCl$

26-10

2-Methyloxetan (CH_3) + HCl ⟶ protoniertes Oxetan (CH_3, O^+, H) + Cl^- ⟶

$CH_3CH(Cl)CH_2CH_2OH$ + $CH_3CH(OH)CH_2CH_2Cl$

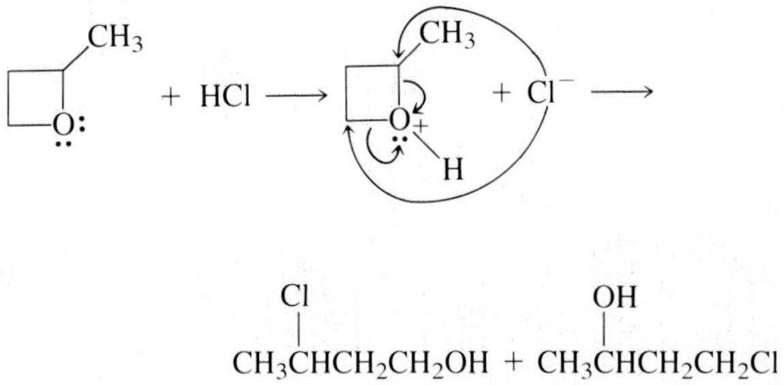

26-11

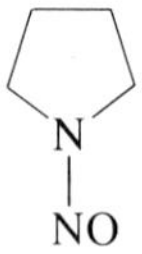

N
NO

26-12

N
H

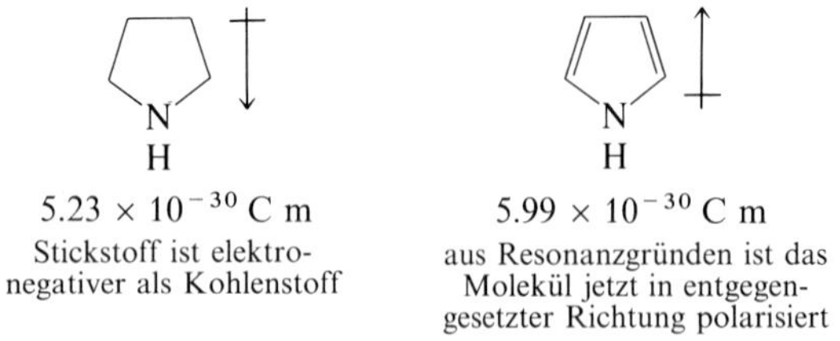

5.23×10^{-30} C m
Stickstoff ist elektronegativer als Kohlenstoff

N
H

5.99×10^{-30} C m
aus Resonanzgründen ist das Molekül jetzt in entgegengesetzter Richtung polarisiert

26-13

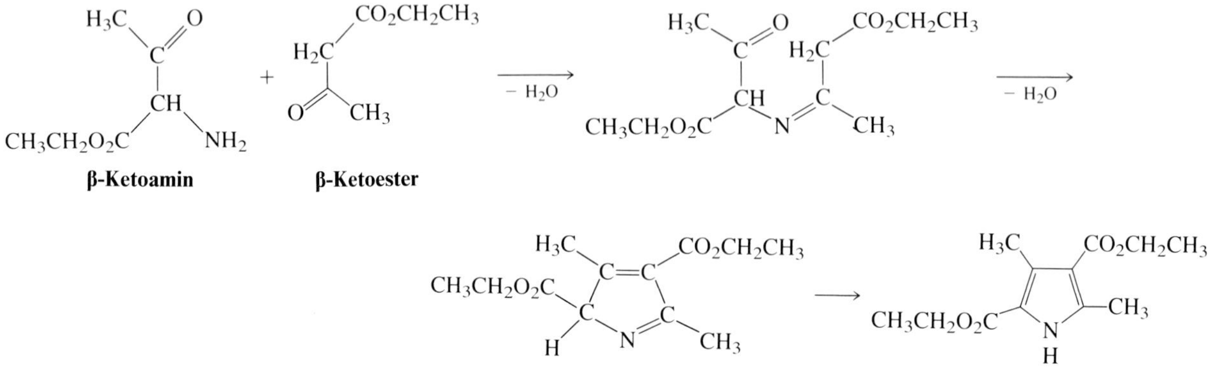

H_3C O C CH $CH_3CH_2O_2C$ NH_2 + $CO_2CH_2CH_3$ H_2C O CH_3 $\xrightarrow{-H_2O}$ H_3C O $CO_2CH_2CH_3$ C H_2C CH C $CH_3CH_2O_2C$ N CH_3 $\xrightarrow{-H_2O}$

β-Ketoamin **β-Ketoester**

H_3C $CO_2CH_2CH_3$ C=C $CH_3CH_2O_2C$ C C H N CH_3 $\longrightarrow$ H_3C $CO_2CH_2CH_3$ $CH_3CH_2O_2C$ N CH_3 H

26-14

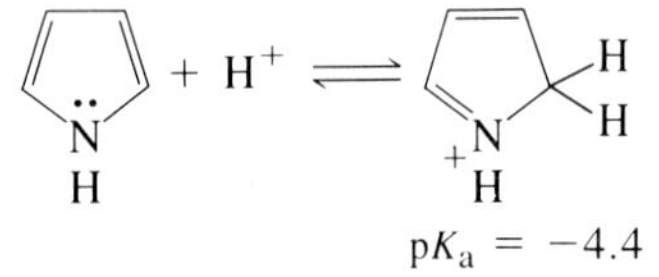

N H + H^+ $\rightleftharpoons$ N H H $^+$ H

$pK_a = -4.4$

26-15

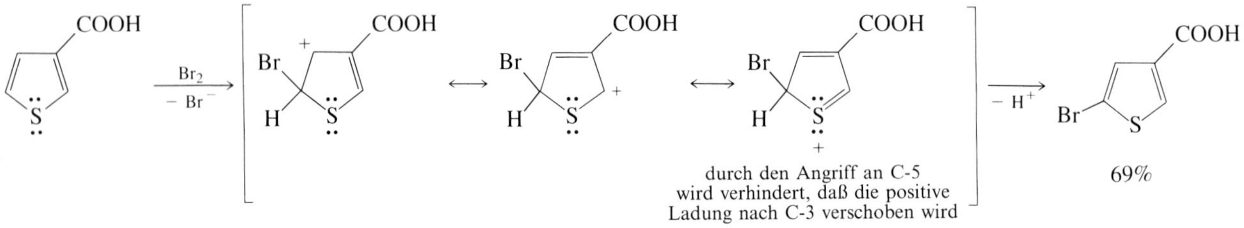

COOH S $\xrightarrow[-Br^-]{Br_2}$ [Br COOH H S $^+$ $\longleftrightarrow$ Br COOH H S $^+$ $\longleftrightarrow$ Br COOH H S $^+$] $\xrightarrow{-H^+}$ COOH Br S

durch den Angriff an C-5 wird verhindert, daß die positive Ladung nach C-3 verschoben wird

69%

26-16

NCO_2CH_3 + CO_2CH_3 ≡ CO_2CH_3 $\longrightarrow$ CO_2CH_3 N CO_2CH_3 CO_2CH_3 $\xrightarrow{\text{Retro-Diels-Alder-Reaktion}}$ HC≡CH + CH_3O_2C CO_2CH_3 N CO_2CH_3

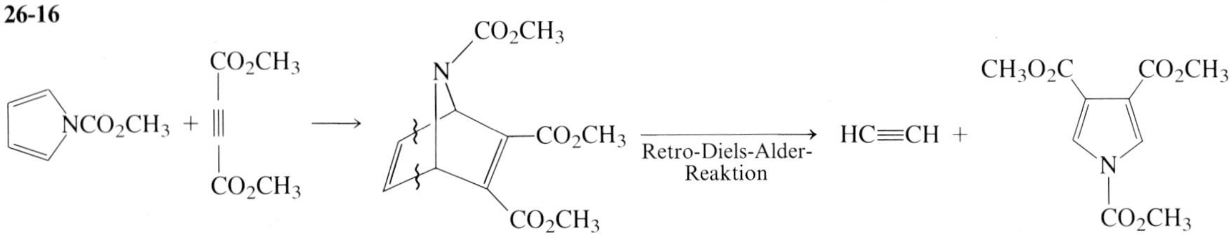

26-17

(a) CH$_3$ $\xrightarrow{H_2SO_4}$ CH$_3$

N N H — N H

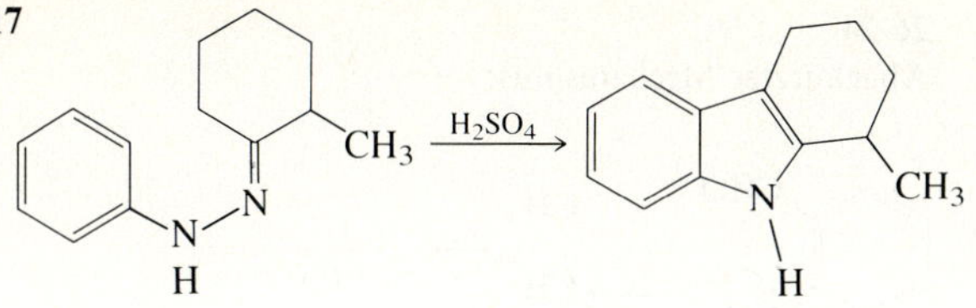

(b) H$_3$C C$_6$H$_5$ $\xrightarrow{PPA}$ C$_6$H$_5$ —CH$_3$ + C$_6$H$_5$

N N H — N H — N H

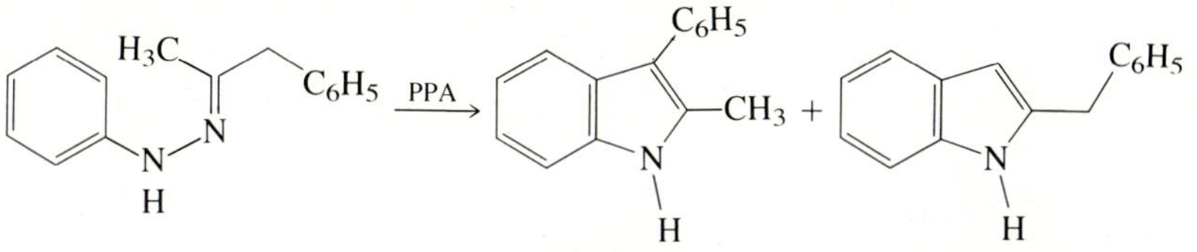

2-Methyl-3-phenylindol **2-(Phenylmethyl)-indol**

(c) H$_3$C COOH $\xrightarrow{PCl_5}$ —COOH

N N H — N H

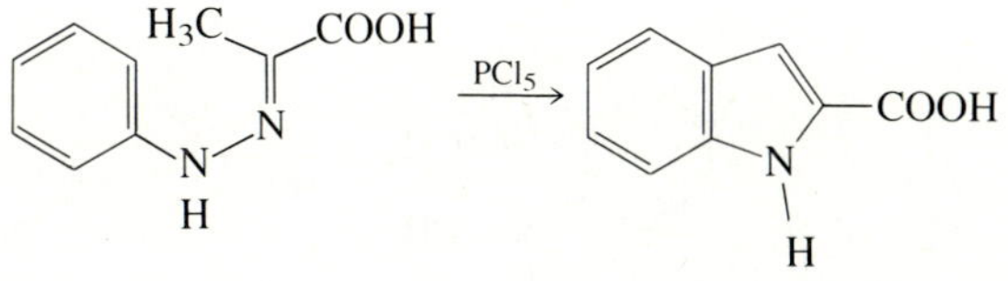

2-Indolcarbonsäure

26-18

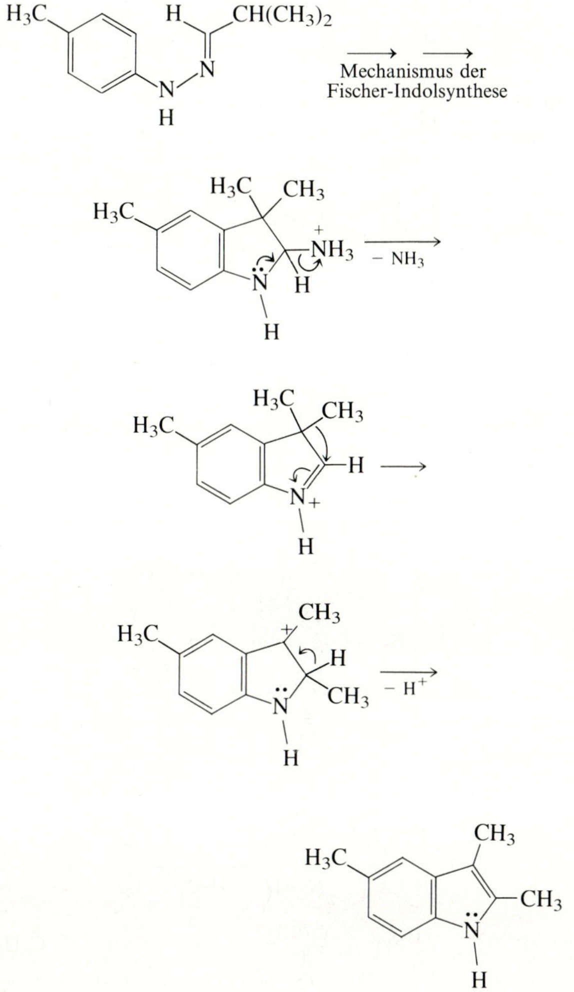

H$_3$C H CH(CH$_3$)$_2$ N N H

$\longrightarrow$ $\longrightarrow$
Mechanismus der Fischer-Indolsynthese

H$_3$C H$_3$C CH$_3$ $\overset{+}{N}H_3$ N H H $\xrightarrow{-NH_3}$

H$_3$C H$_3$C CH$_3$ —H $\longrightarrow$ N^+ H

H$_3$C CH$_3$ H CH$_3$ N H $\xrightarrow{-H^+}$

H$_3$C CH$_3$ —CH$_3$ N H

26-19

N H $+ E^+ \longrightarrow$

[E H + $\longleftrightarrow$ E H ^+N H H]

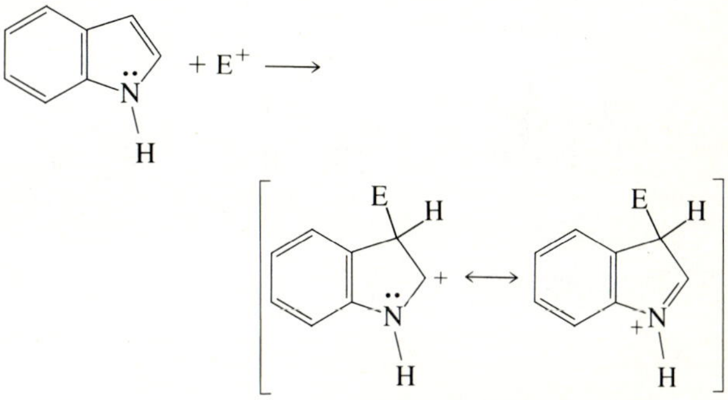

nur beim Angriff an C-3 entsteht eine Iminium-Resonanzstruktur, bei der die Aromatizität des Benzolrings erhalten bleibt

26-20

Wegen der Elektronegativität des Stickstoffs zeigt der Vektor des Dipolmoments in beiden Verbindungen in Richtung des Heteroatoms. Das Dipolmoment von Pyridin beträgt 7.52×10^{-30} C m, es ist größer als das des Azacyclohexans (Piperidin), weil der Stickstoff im Pyridin sp^2-hybridisiert ist (über den Einfluß der Hybridisierung auf die Stärke der elektronenziehenden Wirkung s. Abschn. 11.2).

26-21

(a) $CH_3\overset{O}{\overset{\|}{C}}CH_2CO_2CH_2CH_3$, NH_3, (Benzolring mit NO_2 und CHO),

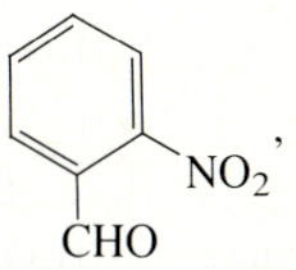

$CH_3\overset{O}{\overset{\|}{C}}CH_2CN$;

(b) $CH_3\overset{O}{\overset{\|}{C}}CH_2CN$, NH_3, $(CH_3)_3CCHO$;

(c) $CH_3CH_2\overset{O}{\overset{\|}{C}}CH_2CO_2CH_2CH_3$, NH_3, CH_3CHO.

26-22

C-3 ist die am wenigsten desaktivierte Ringposition. Bei Angriff auf C-2 oder C-4 entstehen intermediär Kationen, für die sich Resonanzstrukturen mit der positiven Ladung am elektronegativen Stickstoff zeichnen lassen.

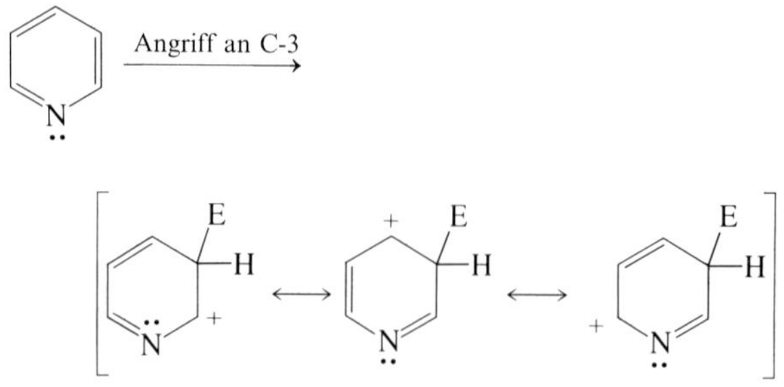
Angriff an C-3

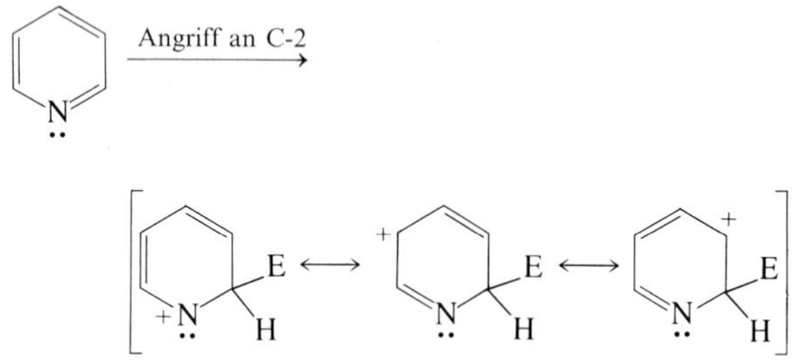
Angriff an C-2

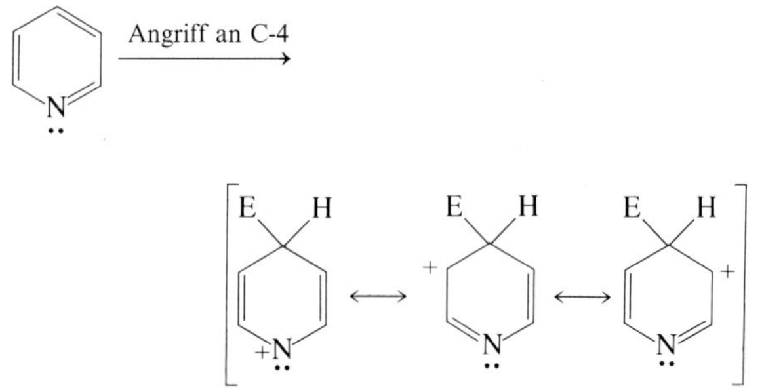
Angriff an C-4

26-23

Beim Angriff an C-2 oder C-4 entstehen stärker resonanzstabilisierte Anionen (nur die wichtigsten Resonanzstrukturen sind gezeigt):

2-Chlorpyridin, 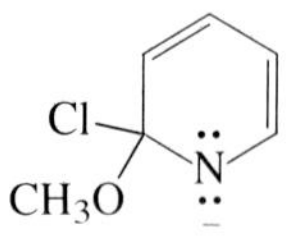

3-Chlorpyridin, 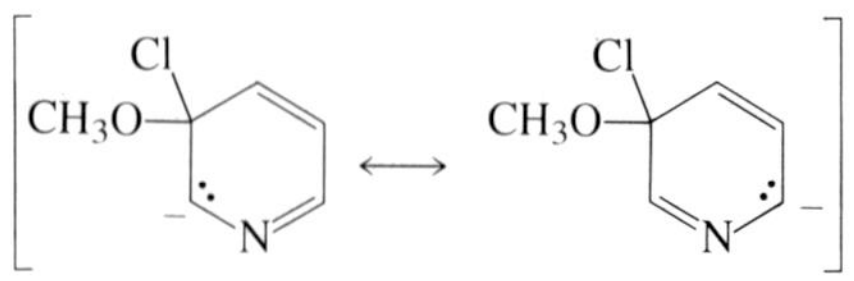

4-Chlorpyridin, 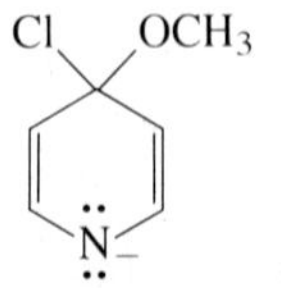

26-24

Abgekürzter Mechanismus:

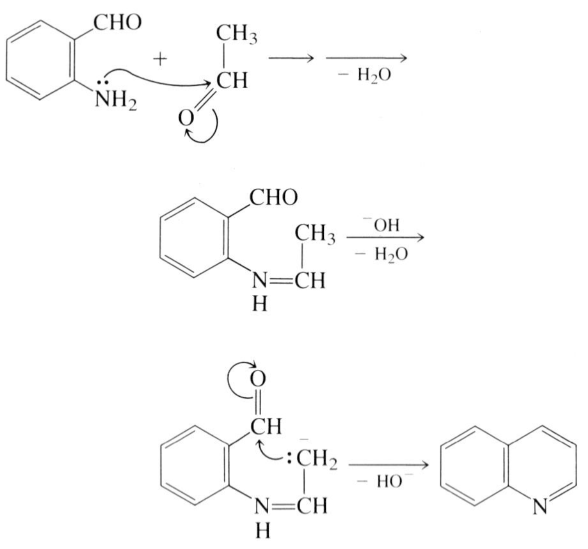
CHO
NH2
CH3
CH
O
− H2O
⁻OH
N=CH
H
CH2
− HO⁻
N

26-25

Abgekürzter Mechanismus:

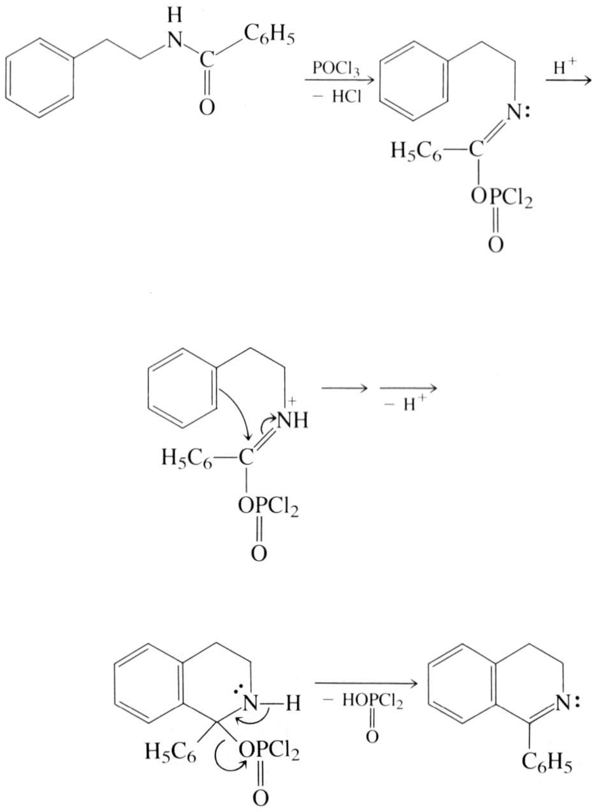
C6H5
POCl3
− HCl
H⁺
H5C6
OPCl2
− H⁺
− HOPCl2

26-26

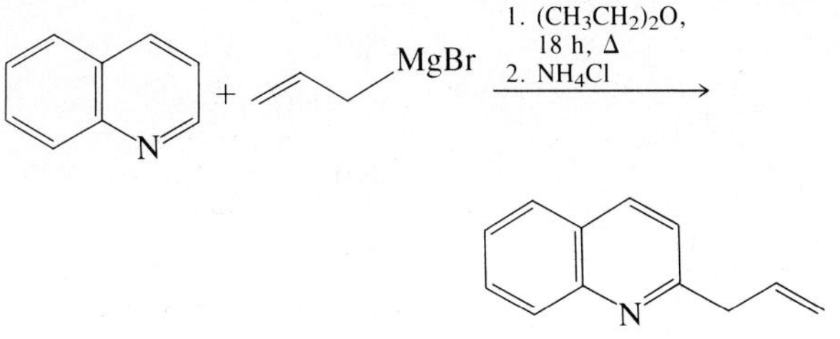

Chinolin + $CH_2{=}CHCH_2MgBr$ $\xrightarrow[\text{2. } NH_4Cl]{\text{1. } (CH_3CH_2)_2O,\ 18\ h,\ \Delta}$ 2-(2-Propenyl)chinolin, 56%

Isochinolin + $CH_2{=}CHCH_2MgBr$ $\xrightarrow[\text{2. } NH_4Cl]{\text{1. } (CH_3CH_2)_2O,\ 18\ h,\ \Delta}$ 1-(2-Propenyl)isochinolin, 57%

56%
2-(2-Propenyl)chinolin

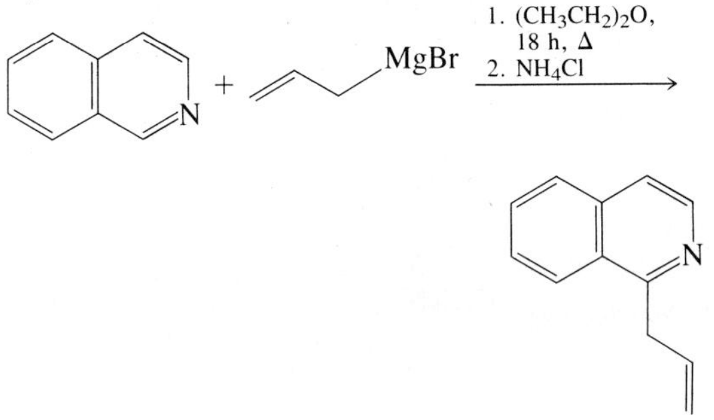

57%
1-(2-Propenyl)isochinolin

Kapitel 27

27-1

(2*S*)-Aminopropansäure; (2*S*)-Amino-3-methylbutansäure; (2*S*)-Amino-4-methylpentansäure; (2*S*-)-Amino-3-methylpentansäure; (2*S*)-Amino-3-phenylpropansäure; (2*S*)-Amino-3-hydroxypropansäure; (2*S*)-Amino-3-(4-hydroxyphenyl)propansäure; (2*S*,6)-Diaminohexansäure; (2*S*)-Amino-3-mercaptopropansäure; (2*S*)-Amino-4-(methylthio)butansäure; (2*S*)-Aminobutansäure; (2*S*)-Aminopentandisäure.

27-2

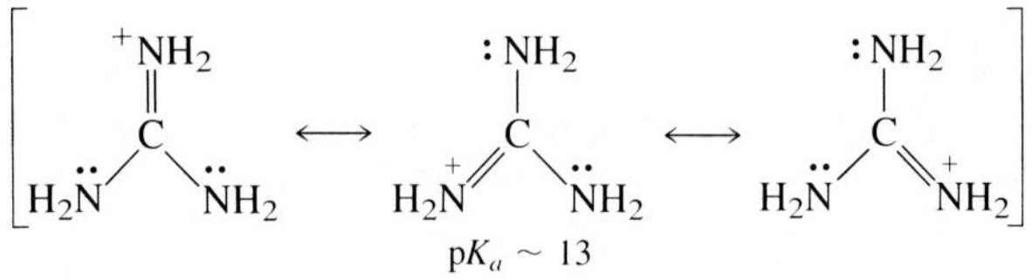

$$\left[H_2\ddot{N}-C(={}^{+}NH_2)-\ddot{N}H_2 \longleftrightarrow H_2\overset{+}{N}{=}C(-\ddot{N}H_2)-\ddot{N}H_2 \longleftrightarrow H_2\ddot{N}-C(-\ddot{N}H_2)={}\overset{+}{N}H_2 \right]$$

$pK_a \sim 13$

27-3

H, C, C, H, N, N, H, C, H

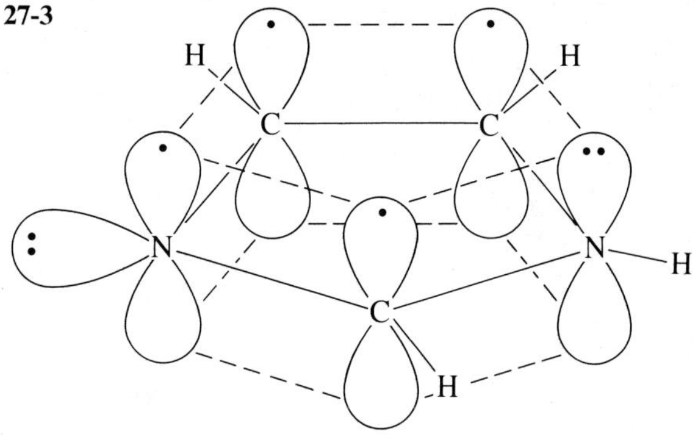

27-4

Im folgenden sind die Literaturausbeuten angegeben.

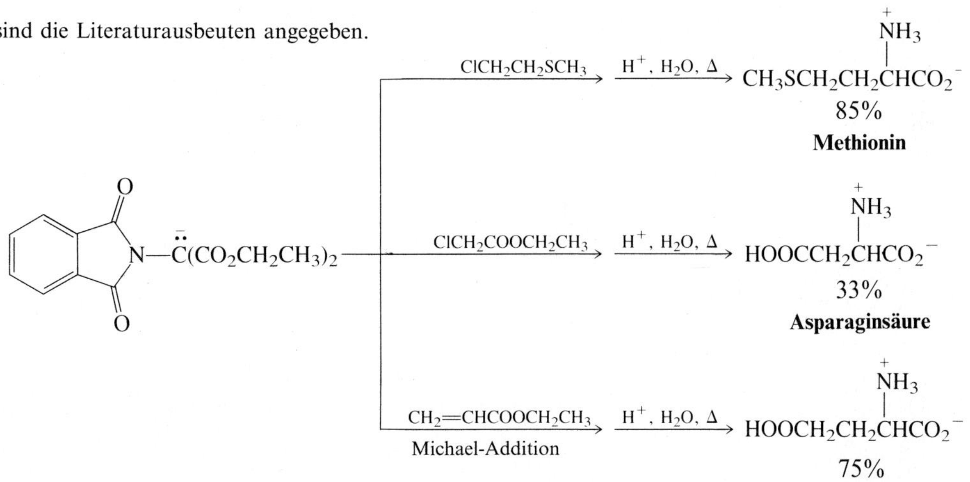

$$C_6H_4(CO)_2N-\ddot{C}(CO_2CH_2CH_3)_2$$

$\xrightarrow{ClCH_2CH_2SCH_3}$ $\xrightarrow{H^+,\ H_2O,\ \Delta}$ $CH_3SCH_2CH_2CH(\overset{+}{N}H_3)CO_2^-$
85%
Methionin

$\xrightarrow{ClCH_2COOCH_2CH_3}$ $\xrightarrow{H^+,\ H_2O,\ \Delta}$ $HOOCCH_2CH(\overset{+}{N}H_3)CO_2^-$
33%
Asparaginsäure

$\xrightarrow[\text{Michael-Addition}]{CH_2{=}CHCOOCH_2CH_3}$ $\xrightarrow{H^+,\ H_2O,\ \Delta}$ $HOOCH_2CH_2CH(\overset{+}{N}H_3)CO_2^-$
75%
Glutaminsäure

27-5

Diese Synthesen finden sich in der Literatur:

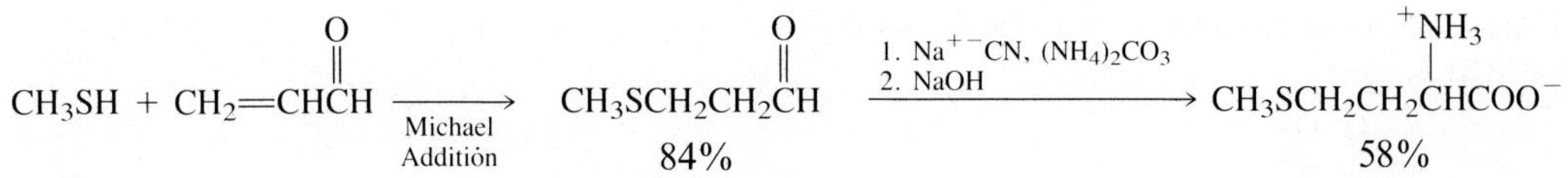

$$CH_2{=}O \xrightarrow{NH_4^{+}\,{}^{-}CN,\ H_2SO_4} H_2NCH_2CN \xrightarrow{BaO,\ H_2O,\ \Delta} H_3\overset{+}{N}CH_2COO^-$$

2-Aminoethannitril — 42% **Glycin**

$$CH_3SH + CH_2{=}CHCH{=}O \xrightarrow[\text{Addition}]{\text{Michael}} CH_3SCH_2CH_2CH{=}O \xrightarrow[\text{2. NaOH}]{\text{1. } Na^{+}\,{}^{-}CN,\ (NH_4)_2CO_3} CH_3SCH_2CH_2CH(\overset{+}{N}H_3)COO^-$$

84% **3-(Methylthio)propanal** — 58% **Methionin**

27-6

$$\overset{+}{H_3N}CH(CH_2S-)\overset{O}{\overset{\|}{C}}-NHCH(CH_2C_6H_4OH)\overset{O}{\overset{\|}{C}}-NHCH(CH_2C_6H_5)\overset{O}{\overset{\|}{C}}-NHCH(CH_2CH_2CONH_2)\overset{O}{\overset{\|}{C}}-NHCH(CH_2CONH_2)\overset{O}{\overset{\|}{C}}-NHCH(CH_2S-)\overset{O}{\overset{\|}{C}}-N\underset{\text{(Pyrrolidinring)}}{-CH-}\overset{O}{\overset{\|}{C}}-NHCH((CH_2)_3NHC(=NH)NH_2)\overset{O}{\overset{\|}{C}}-NHCH_2\overset{O}{\overset{\|}{C}}NH_2$$

$$H_2C-S-S-CH_2 \text{ (Disulfidbrücke)}$$

27-7

Bei der Hydrolyse der A-Kette entsteht jeweils ein Äquivalent Gly, Ile und Ala, jeweils zwei Äquivalente Val, Glu, Gln, Ser, Leu, Tyr und Asn, sowie vier Äquivalente Cys.

27-8

$$C_6H_5\ddot{N}{=}C{=}S + H_2\ddot{N}CH_2CONH_2 \longrightarrow C_6H_5\ddot{\underset{..}{N}}^{-}-C(=S)-\overset{+}{N}H_2CH_2CONH_2 \xrightarrow{H^+\text{-Verschiebung}} C_6H_5\ddot{N}H-C(=S)-NH-CH_2-C(=O)-NH_2 \xrightarrow{H^+}$$

$$\text{(Ring:) } H(C_6H_5)\overset{+}{N}-C(=S)-NH-CH_2-C(OH)(NH_2) \xrightarrow{H^+\text{-Verschiebung}} C_6H_5N-C(=S)-NH-CH_2-C(\ddot{O}H)(\overset{+}{N}H_3) \xrightarrow{-H^+} C_6H_5N-C(=S)-NH-CH_2-C(=O) + NH_3$$

27-9

Es handelt sich um die A-Kette des Insulins.

27-10

$$(CH_3)_3CO\overset{O}{\overset{\|}{C}}NH\overset{R}{\overset{|}{C}}HCOOH \overset{H^+}{\rightleftharpoons} (CH_3)_3C-O-\overset{+O-H}{\overset{\|}{C}}NH\overset{R}{\overset{|}{C}}HCOOH \rightleftharpoons (CH_3)_3C^+ + O{=}\overset{OH}{\overset{|}{C}}NH\overset{R}{\overset{|}{C}}HCOOH \xrightarrow[-H^+]{}$$

$$\overset{+}{H_3N}\overset{R}{\overset{|}{C}}HCOO^- + CO_2 + CH_2{=}C(CH_3)_2$$

27-11

1. $Ala + (CH_3)_3CO\overset{O}{\overset{\|}{C}}O\overset{O}{\overset{\|}{C}}OC(CH_3)_3 \longrightarrow \text{Boc-Ala} + CO_2 + (CH_3)_3COH$
2. $Val + CH_3OH \xrightarrow{H^+} Val-OCH_3 + H_2O$
3. $Boc-Ala + Val-OCH_3 \xrightarrow{DCC} Boc-Ala-Val-OCH_3$
4. $Boc-Ala-Val-OCH_3 \xrightarrow{H^+} Ala-Val-OCH_3 + CO_2$ $+ CH_2{=}C(CH_3)_2$
5. $Leu + (CH_3)_3CO\overset{O}{\overset{\|}{C}}O\overset{O}{\overset{\|}{C}}OC(CH_3)_3 \longrightarrow \text{Boc-Leu} + CO_2 + (CH_3)_3COH$

6. Boc – Leu + Ala – Val – OCH_3 $\xrightarrow{DCC}$
Boc – Leu – Ala – Val – OCH_3

7. Boc – Leu – Ala – Val – OCH_3 $\xrightarrow[2.\ HO^-,\ H_2O]{1.\ H^+,\ H_2O}$ Leu – Ala – Val

27-12

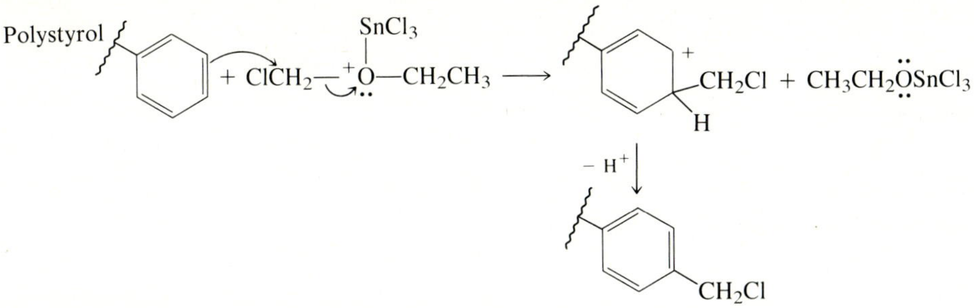

Polystyrol + $ClCH_2-\overset{+}{O}(SnCl_3)-CH_2CH_3$ ⟶ [Arenium-Ion mit CH_2Cl und H] + $CH_3CH_2\ddot{O}SnCl_3$

$-H^+$ ↓

[Polystyrol-C_6H_4-CH_2Cl]

27-13

Vor der Mutation: Lys – Tyr – Ala – Ser – Cys – Leu – Syr
Nach der Mutation: His – His – Ala
Alle Nucleotide vor dem Initiator-Codon und nach dem Terminator-Codon werden nicht berücksichtigt.

Register

Kursiv gedruckte Seitenzahlen verweisen auf Abbildungen oder Tabellen. Dem Anliegen des Autors folgend, wurden chemische Verbindungen im allgemeinen unter ihrem systematischen Namen eingeordnet – dazu findet sich jeweils bei den Trivialnamen ein entsprechender Hinweis. Ausnahmen sind vor allem biochemische Verbindungen und Fälle von sehr langen und komplizierten systematischen Namen.

C

D

E

H

N

Q

R

S

T

U

V